DICTIONNAIRE

DE

PHYSIOLOGIE

PAR

CHARLES RICHET

PROFESSEUR DE PHYSIOLOGIE A LA FACULTÉ DE MÉDECINE DE PARIS

AVEC LA COLLABORATION

DE

MM. E. ABELOUS (Toulouse) — ALEZAÏS (Marseille) — ANDRÉ (Paris) — S. ARLOING (Lyon)
ATHANASIU (Bukarest) — BARDIER (Toulouse) — BEAUREGARD (Paris) — R. DU BOIS-REYMOND (Berlin)
G. BONNIER (Paris) — F. BOTTAZZI (Florence) — E. BOURQUELOT (Paris) — ANDRÉ BROCA (Paris)
CAMUS (Paris) — J. CARVALLO (Paris) — CHARRIN (Paris) — A. CHASSEVANT (Paris) — CORIN (Liège)
E. DE CYON (Genève) — A. DASTRE (Paris) — R. DUBOIS (Lyon) — W. ENGELMANN (Berlin)
G. FANO (Florence) — X. FRANCOTTE (Liège) — L. FREDERICQ (Liège) — J. GAD (Leipzig) — GELLÉ (Paris)
E. GLEY (Paris) — L. GUINARD (Lyon) — M. HANRIOT (Paris) — HÉDON (Montpellier)
F. HEIM (Paris) — P. HENRIJEAN (Liège) — J. HÉRICOURT (Paris) — F. HEYMANS (Gand)
H. KRONECKER (Berne) — J. IOTEYKO (Bruxelles) — PIERRE JANET (Paris) — LAHOUSSE (Gand)
LAMBERT (Nancy) — E. LAMBLING (Lille) — P. LANGLOIS (Paris) — L. LAPICQUE (Paris)
CH. LIVON (Marseille) — E. MACÉ (Nancy) — GR. MANCA (Padoue) — MANOUVRIER (Paris)
L. MARILLIER (Paris) — M. MENDELSSOHN (Pétersbourg) — E. MEYER (Nancy) — MISLAWSKI (Kazan)
J.-P. MORAT (Lyon) — A. MOSSO (Turin) — J.-P. NUEL (Liège) — F. PLATEAU (Gand)
G. POUCHET (Paris) — E. RETTERER (Paris) — P. SÉBILEAU (Paris) — C. SCHÉPILOFF (Genève)
J. SOURY (Paris) — W. STIRLING (Manchester) — J. TARCHANOFF (Pétersbourg) — TRIBOULET (Paris)
E. TROUESSART (Paris) — H. DE VARIGNY (Paris) — E. VIDAL (Paris)
G. WEISS (Paris) — E. WERTHEIMER (Lille)

PREMIER FASCICULE DU TOME IV

AVEC GRAVURES DANS LE TEXTE

PARIS

ANCIENNE LIBRAIRIE GERMER BAILLIÈRE ET Cie

FÉLIX ALCAN, ÉDITEUR

108, BOULEVARD SAINT-GERMAIN, 108

1899

10

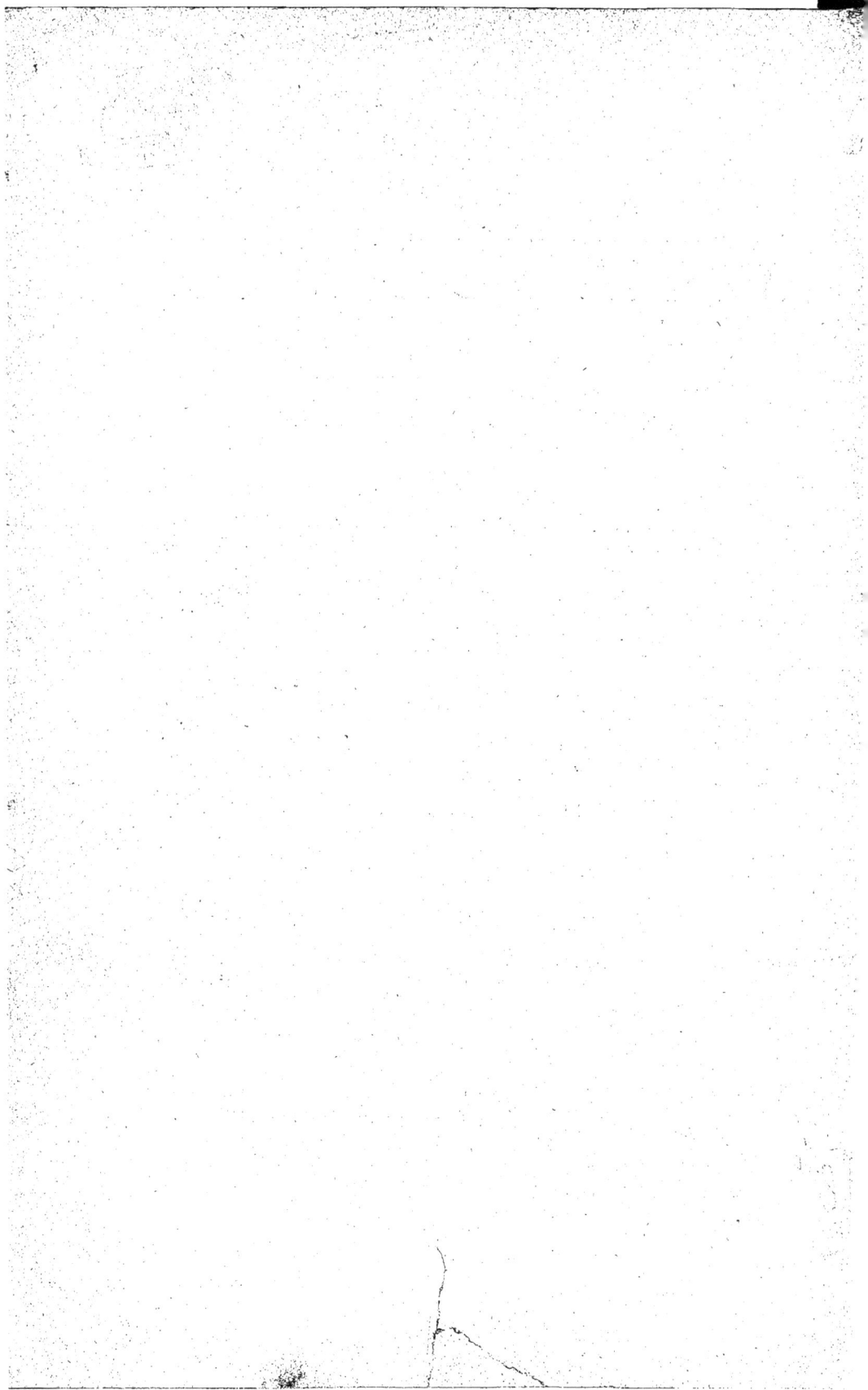

DICTIONNAIRE

DE

PHYSIOLOGIE

———

TOME IV

DICTIONNAIRE
DE
PHYSIOLOGIE

PAR

CHARLES RICHET

PROFESSEUR DE PHYSIOLOGIE A LA FACULTÉ DE MÉDECINE DE PARIS

AVEC LA COLLABORATION

DE

MM. E. ABELOUS (Toulouse) — ALEZAÏS (Marseille) — ANDRÉ (Paris) — S. ARLOING (Lyon)
ATHANASIU (Bukarest) — BARDIER (Toulouse) — BEAUREGARD (Paris) — R. DU BOIS-REYMOND (Berlin)
G. BONNIER (Paris) — F. BOTTAZZI (Florence) — E. BOURQUELOT (Paris) — ANDRÉ BROCA (Paris)
CAMUS (Paris) — J. CARVALLO (Paris) — CHARRIN (Paris) — A. CHASSEVANT (Paris) — CORIN (Liège)
E. DE CYON (Genève) — A. DASTRE (Paris) — R. DUBOIS (Lyon) — W. ENGELMANN (Berlin)
G. FANO (Florence) — X. FRANCOTTE (Liège) — L. FREDERICQ (Liège) — J. GAD (Leipzig) — GELLÉ (Paris)
E. GLEY (Paris) — L. GUINARD (Lyon) — M. HANRIOT (Paris) — HÉDON (Montpellier)
F. HEIM (Paris) — P. HENRIJEAN (Liège) — J. HÉRICOURT (Paris) — F. HEYMANS (Gand)
H. KRONECKER (Berne) — J. IOTEYKO (Bruxelles) — PIERRE JANET (Paris) — LAHOUSSE (Gand)
LAMBERT (Nancy) — E. LAMBLING (Lille) — P. LANGLOIS (Paris) — L. LAPICQUE (Paris)
LAUNOIS (Paris) — CH. LIVON (Marseille) — E. MACÉ (Nancy) — GR. MANCA (Padoue) — MANOUVRIER (Paris)
L. MARILLIER (Paris) — M. MENDELSSOHN (Pétersbourg) — E. MEYER (Nancy) — MISLAWSKI (Kazan)
J.-P. MORAT (Lyon) — A. MOSSO (Turin) — J.-P. NUEL (Liège) — PACHON (Bordeaux) — F. PLATEAU (Gand)
E. PFLÜGER (Bonn) — G. POUCHET (Paris) — E. RETTERER (Paris) — P. SÉBILEAU (Paris)
C. SCHÉPILOFF (Genève) — J. SOURY (Paris) — W. STIRLING (Manchester) — J. TARCHANOFF (Pétersbourg)
THOMAS (Paris) — TRIBOULET (Paris) — E. TROUESSART (Paris) — H. DE VARIGNY (Paris)
E. VIDAL (Paris) — G. WEISS (Paris) — E. WERTHEIMER (Lille)

TOME IV

C-D

AVEC 109 GRAVURES DANS LE TEXTE

PARIS

ANCIENNE LIBRAIRIE GERMER BAILLIÈRE ET Cie

FÉLIX ALCAN, ÉDITEUR

108, BOULEVARD SAINT-GERMAIN, 108

1900

DICTIONNAIRE

DE

PHYSIOLOGIE

COCAÏNE. — L'étude qui suit comprend trois parties :

I. La première est relative aux propriétés de la cocaïne, envisagées aux points de vue chimique, physique, pharmacologique : elle est complétée par un appendice qui traite des diverses cocaïnes et de la série cocaïnique.

II. La seconde partie a reçu le plus de développement. Elle est consacrée à *l'action générale* de la cocaïne, c'est-à-dire à l'action que cette substance exerce, lorsque, introduite dans l'organisme, elle a pénétré dans le sang et a été amenée par la circulation au contact des éléments vivants. Ce chapitre se subdivise en quatre articles, consacrés à la physiologie générale, à la physiologie spéciale, à la pathologie et à la pharmacologie thérapeutique.

III. La troisième partie est consacrée à *l'action locale* de la cocaïne et à son emploi chirurgical.

L'histoire de la cocaïne est de date récente. Elle commence en 1862. Elle se développa surtout entre 1884 et le moment présent. Les nombreux travaux publiés dans ces dernières années ont amené trois espèces de progrès, très appréciables, dans nos connaissances relatives à cet alcaloïde.

En premier lieu, on a résolu un problème physiologique, jusque-là débattu, relatif à la nature de l'action générale produite par cet agent. Jusqu'en 1889, on inclinait à adopter l'opinion de quelques expérimentateurs : Laborde, Laffont, Arloing, Baldi, c'est-à-dire à considérer la cocaïne comme un « *curare sensitif,* » ou encore comme un poison des seules terminaisons sensitives. Depuis ce moment, les travaux de U. Mosso, Albertoni, Danilewski, etc., ont décidément fait pencher la balance d'un autre côté et obligé les physiologistes à ranger la cocaïne parmi les *anesthésiques généraux.*

En second lieu, on a été mieux éclairé sur les *périls* de l'absorption de la cocaïne, même à faible dose ; et, en conséquence, on a mieux posé les règles de son emploi en chirurgie, pour l'anesthésie locale.

Troisièmement, enfin, on a complété l'étude chimique de cette substance ; on a précisé différents points relatifs à son emploi thérapeutique.

I. — Propriétés générales.

1. *Origine. Production.* — **2.** *Propriétés de la coca.* — **3.** *Découverte de la cocaïne; propriétés qui l'ont fait introduire en médecine : action anesthésiante et vaso-constrictive.* — **4.** *Constitution chimique de la cocaïne.* — **5.** *Extraction.* — **6.** *Sels de la cocaïne.* — **7.** *Essai du chlorhydrate de cocaïne.* — **8.** *Réactions du chlorhydrate de cocaïne.* — **9.** *Son identification; son décel.* — **10.** *Analogies.* — **11.** *Observations préliminaires.*

1. Origine. — La cocaïne est un alcaloïde extrait des feuilles de la coca (*Erythroxylou coca*, Lamarck).

La plante est un arbuste, haut de 2 à 3 mètres, à branches rugueuses et rougeâtres, souvent épineuses. Ses feuilles, qui en sont la partie utilisée, présentent à la face inférieure un fuseau orienté suivant l'axe, et de couleur brunâtre. Elles sont alternes, constamment pétiolées, à limbe entier, ovales, à nervation caractéristique, larges dans l'espèce ordinaire ($0^m,45$ sur $0^m,25$).

L'Erythroxylon est originaire de l'Amérique du Sud, du Pérou et de la Bolivie. Elle a été introduite en Espagne, à Séville, en 1569, par MONARDES; elle a été décrite en 1749 par DE JUSSIEU et nommée par LAMARCK.

Actuellement, sa culture s'est beaucoup développée en même temps que ses usages. C'est au Pérou et en Bolivie qu'elle est le plus répandue; elle réussit également en plaines basses et humides et en montagnes. La production annuelle de ces pays atteint, en feuilles, plus de 25 millions de kilogrammes.

La plante est encore cultivée abondamment à Ceylan, à Java, à la Jamaïque et dans les Indes anglaises. Mais il s'agit là, le plus souvent, de variétés qui, à côté de la cocaïne utile (benzoyl-cocaïne), contiennent des homologues plus ou moins utilisables et des alcaloïdes accessoires. Ces variétés sont l'*E. coca spruceanum*, BURCK, à feuilles étroites, cultivée à Java; l'*E. coca bolivianum* à larges feuilles exploitée à Ceylan et dans les Indes anglaises; l'*E. coca truxillo* du Pérou, à feuilles étroites.

NITZBERG a fourni les éléments du tableau suivant qui indique la richesse moyenne des feuilles en cocaïne, suivant l'origine.

ORIGINE	COCAÏNE p. 100.	COCAÏNES HOMOLOGUES p. 100.
Pérou (à larges feuilles)	1,00	0
Ceylan	0,70	0
Java	0,60	0,15
Jamaïque	0,26	0,34
Indes	0,43	0,26

2° La propriété qui a définitivement appelé l'attention sur la cocaïne, c'est son action sur l'œil. — Instillée sur le globe oculaire en solution au centième, à la dose de quatre à dix gouttes, elle en anesthésie la surface. De plus, elle dilate la pupille. C'est KARL KOLLER qui signala ces propriétés au Congrès d'ophtalmologie de Vienne, le 15 septembre 1884. Elles furent constatées presque en même temps, et confirmées aussitôt après, par A. BENSON (de Dublin), KŒNIGSTEIN, REUSS et HOCK, JELLINCK. Depuis ce moment, la cocaïne est devenue l'un des plus précieux auxiliaires de la chirurgie oculaire.

3° Son action anesthésiante sur les muqueuses, avec lesquelles elle entre en contact, l'a fait employer dans la médecine et dans la chirurgie spéciale du larynx, du pharynx, de l'oreille, des fosses nasales; en gynécologie et, enfin, en obstétrique. Dans beaucoup de ces applications, c'est son *action vaso-constrictive* qui joue le rôle principal.

4° Enfin, l'action anesthésiante de la cocaïne dans les tissus, où on la fait pénétrer, lui a ouvert l'accès de la *chirurgie ordinaire*. Elle y joue le rôle d'un agent remarquable d'insensibilité locale.

Telle est, en abrégé, l'histoire de la cocaïne.

2. Propriétés de la coca. — Les habitants de la Bolivie, du Pérou, de la Nouvelle-Grenade (Colombie), du territoire Argentin, employaient depuis un temps immémorial les feuilles de coca, mâchées avec de la chaux ou avec les cendres alcalines de certaines plantes (llipta), comme excitant et réconfortant, pour supprimer les sensations de fatigue qui accompagnent les longues marches et les dépenses de force considérables, pour atténuer le mal des hauteurs, le terrible *Soroché*, pour faire disparaître ou rendre supportables les sensations de faim et de soif. Cette opinion des vertus de la coca a pris à notre époque une forme plus scientifique. On a dit que la coca était un anti-déperditif, un aliment d'épargne typique.

En réalité, c'est seulement un excitant, et il offre les seuls avantages des excitants généraux, avec leurs inconvénients. C'est-à-dire qu'à la longue il devient, en définitive, un agent d'épuisement dont l'usage continué conduit à la maigreur excessive, au marasme et à la ruine physiologique; les vieux *coqueros* en fournissent un exemple frappant.

Incidemment, les chiqueurs de feuilles de coca avaient constaté l'action anesthésique de cette substance sur la muqueuse buccale. Le premier effet qu'ils ressentent, en effet, est une impression de chaleur, puis d'engourdissement de la langue et du pharynx; bientôt après se manifeste une stimulation générale.

3. Découverte de la cocaïne. — Propriétés qui l'ont fait introduire en médecine. — C'est la propriété anesthésique qui a déterminé l'introduction de la cocaïne en médecine. Avec les feuilles de coca, qui d'ailleurs contiennent d'autres substances que la cocaïne vraie, les effets sont complexes et incertains; les usages devaient rester limités. La découverte de l'alcaloïde extrait des feuilles permit un emploi rationnel : c'est à partir de ce moment que la cocaïne se répandit.

L'alcaloïde cocaïne a été découvert trois fois, à quelques années d'intervalle. Suivant Knapp, il aurait été préparé pour la première en 1855, sous le nom d'érythroxyline par Gaedeke; il aurait été obtenu une seconde fois en 1857 par Samuel B. Percy, de New-York; mais, en définitive, c'est Niemann, élève de Woehler, qui, l'ayant préparé de nouveau, le nomma et le fit connaître en 1859.

C'est donc avec l'alcaloïde que l'on observa, de rechef, l'action anesthésiante sur la cavité buccale. Schroff (de Vienne), en 1862, aperçut nettement cette propriété. Frohnmüller et Plosz la signalèrent aussi en 1863. Mantegazza, Moreno y Maïz s'en occupèrent aussi. Fauvel, à Paris, l'utilisa dans les affections douloureuses du pharynx et du larynx (1878) et il fut suivi dans cette voie par du Cazal (1881).

4. Constitution chimique de la cocaïne. — La cocaïne répond à la formule totale $C^{17}H^{21}AzO^4$. (Lossen). Son histoire chimique est, par elle-même, infiniment intéressante, indépendamment de toute application. On peut dire avec Einhorn qu'elle est l'éther d'un acide aromatique, comme l'atropine, la vératrine, etc. C'est *l'éther méthylique de l'acide benzoyl-ecgonine*. Par fixation d'eau (ébullition prolongée), la cocaïne en effet se scinde, se saponifie en alcool méthylique et benzoyl-ecgonine.

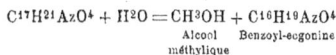

$$C^{17}H^{21}AzO^4 + H^2O = CH^3OH + C^{16}H^{19}AzO^4$$
Alcool   Benzoyl-ecgonine
méthylique

celle-ci par nouvelle fixation d'eau (action de l'acide chlorhydrique) donne de l'acide benzoïque et de l'ecgonine.

$$C^{16}H^{19}AzO^4 + H^2O = C^6H^5COOH + C^9H^{15}AzO^3$$
Benzoyl-ecgonine   Acide benzoïque   Ecgonine

De telle sorte qu'en définitive, par fixation de deux molécules d'eau, la cocaïne se sépare en trois molécules, à savoir : alcool méthylique, acide benzoïque, ecgonine. Cette dernière, base de presque tous les alcaloïdes cocaïniques, constitue l'acide tropine-carbonique.

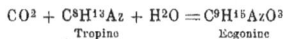

$$CO^2 + C^8H^{13}Az + H^2O = C^9H^{15}AzO^3$$
Tropine   Ecgonine

La tropine constitue d'ailleurs le noyau fondamental des alcaloïdes des solanées (atropine, hyoscyamine, duboisine, etc.).

Cette constitution a été vérifiée par voie synthétique. Grâce aux travaux de Lossen, Liebermann, Giesel, Merck et Einhorn, on a reconstitué la cocaïne au moyen de ses trois composants, alcool méthylique, acide benzoïque, ecgonine. Nous avons besoin de connaître cette constitution et de la retenir, parce qu'elle nous permettra de nous rendre compte des homologies de la cocaïne et des groupements auxquels sont dues ses propriétés.

Pour le moment, contentons-nous de considérer la cocaïne véritable, la *benzoyl-cocaïne* dont il sera uniquement question, à moins d'avis contraire.

Deux mots de ses propriétés.

La cocaïne pure cristallise dans l'alcool, en gros prismes; dans la ligroïne, en belles aiguilles. Elle fond à 98°. Elle est soluble dans le chloroforme, l'éther, l'alcool, la benzine, le toluène, le sulfure de carbone, l'éther acétique. Elle dévie à gauche le plan de polarisation. Son pouvoir rotatoire en solution chloroformique est d'environ — 15°.

Exactement $[\alpha]_D = 15°,827 + 0.005848\ n$... n indiquant le pourcentage en chloroforme de la solution; la température étant 20°).

La cocaïne est une base. Elle se combine à un équivalent d'acide pour former des sels neutres.

5. Extraction. — L'extraction se fait par divers procédés, tous fondés sur les deux traits principaux de la cocaïne au point de vue physico-chimique, à savoir : 1° la basicité de cette substance, dont on profite pour la déplacer par la chaux ou par les alcalis, ou pour la combiner avec un acide, acide sulfurique, acide tartrique, et 2° la solubilité, à l'état d'alcaloïde, dans l'alcool, l'éther, la benzine, le pétrole; et à l'état de sels, dans l'eau et l'alcool.

1° La cocaïne brute est obtenue par le *procédé* BIGNON. Les feuilles de coca sont pulvérisées : la poudre est humectée par un alcali qui déplace et libère l'alcaloïde, et traitée ensuite par les dissolvants, benzine, pétrole qui l'enlèvent.

2° Le *procédé* DUQUESNEL est le plus habituel.

Les feuilles sont pulvérisées et traitées par l'alcool, qui dissout à la fois la cocaïne et ses sels habituels. On sépare ensuite l'alcool par distillation. Le résidu (sels organiques et alcaloïdes) est traité par l'acide tartrique en solution aqueuse concentrée; celui-ci s'empare de l'alcaloïde combiné aux acides organiques, et de l'alcaloïde libre. On ajoute de l'eau distillée pour précipiter les impuretés insolubles dans l'eau et qui avaient passé dans l'alcool lors de la première opération (chlorophylle, graisses, résines). On filtre. On évapore doucement. On a la cocaïne à l'état de tartrate.

On décompose ensuite le tartrate par l'ammoniaque et on s'empare de la cocaïne par l'éther. On distille l'éther et l'on fait cristalliser la cocaïne dans l'alcool.

La variété truxillo coca du Pérou, à feuilles étroites, fournit, à côté de la cocaïne ordinaire, la cinnamyl-cocaïne, la cocamine, l'isococamine.

Les deux autres variétés de Java et des Indes anglaises contiennent également de la cinnamyl-cocaïne, de l'isococamine; et, de plus, celles de Java renferment de la benzoyl pseudo tropine, de la palmityl-β-amyrine; il y a de la cocétine, dans celle des Indes.

Il faut enfin signaler d'autres alcaloïdes qui existent dans la coca de l'Amérique du Sud, l'hygrine, l'homo-cocaïne, l'homo-isococaïne, l'acide cocatannique; de plus, la carotine.

6. Sels de la cocaïne. — **Chlorhydrate de cocaïne.** — C'est à l'état de sels que la cocaïne est utilisée. La raison en est simple : c'est que la cocaïne est insoluble en liqueur aqueuse, tandis que la plupart de ses sels sont solubles. Le plus employé est le chlorhydrate de cocaïne, qui répond à la formule $C^{17}H^{21}AzO^4,HCl$. Il cristallise à l'état anhydre : fond à 201°,5. Il est soluble dans l'eau (une partie dans 0,75 d'eau froide); plus soluble dans l'alcool; soluble dans le chloroforme et l'acétone; insoluble dans l'éther; dévie à gauche et possède un pouvoir rotatoire d'environ — 52°.

Les autres sels sont rarement employés. Les plus connus sont le bromhydrate, le nitrate, $C^{17}H^{21}AzO^4HAzO^3$; le sulfate, $(C^{17}H^{21}AzO^4)^2H^2SO^4$, l'oxalate et le salicylate $C^{17}H^{21}AzO^4C^7H^6O^3$.

7. Essai du chlorhydrate de cocaïne. — Pour juger de la pureté du chlorhydrate de cocaïne on aura recours aux réactions suivantes (CH. NITZBERG) :

1° Le produit pur, chauffé sur la lame de platine, doit brûler sans laisser de résidu.

2° Le poids du chlorhydrate ne doit pas diminuer si on le chauffe à 100°.

3° Le chlorhydrate doit se dissoudre dans l'acide sulfurique ou dans l'acide azotique sans se colorer.

4° Si l'on ajoute dans la solution acidulée de chlorhydrate de cocaïne quelques gouttes de permanganate de potasse, il ne doit pas y avoir décoloration.

5° Essai de MAC-LAGAN. On dissout $0^{gr},1$ de chlorhydrate dans 87 centimètres cubes d'eau et l'on ajoute 3 gouttes d'ammoniaque; la solution doit rester claire ou donner un dépôt cristallin, tandis que, si la cocaïne était accompagnée d'isopropylcocaïne, il y aurait un *trouble blanc*.

8. Réactions du chlorhydrate de cocaïne. — Les caractères principaux sont les suivants :

1° Amertume de la solution, avec sensation spéciale de chaleur, puis insensibilité de la langue;

2° Précipitation par l'ammoniaque et les alcalis fixes;

3° Précipité cristallin violet de permanganate de cocaïne lorsqu'on traite la solution par le permanganate de potasse;

4° Précipité jaune par l'acide phénique et par le chlorure d'or et de platine;

5° Précipité blanc par le chlorure de mercure et brun par l'eau iodée;

6° Précipité orange en traitant la solution acide de chlorhydrate de cocaïne par le bichromate de potasse.

9. Identification du chlorhydrate de cocaïne. — Pour identifier le chlorhydrate de cocaïne on doit déterminer son point de fusion et son pouvoir rotatoire.

Décel du chlorhydrate de cocaïne. — Une réaction simple, indiquée par FERREIRA DA SILVA, permet de déceler des quantités minimes de cocaïne (fraction de milligramme).

On traite une petite quantité de la substance suspecte par quelques gouttes d'acide nitrique fumant; on évapore à siccité; le résidu, auquel on ajoute 1 ou 2 gouttes de solution alcoolique concentrée de potasse, dégage une odeur de menthe poivrée.

PATEIN a fait connaître un procédé analogue. On verse quelques gouttes de la liqueur suspecte dans un verre de montre; on ajoute quelques gouttes d'alcool à 95° et une pastille de potasse caustique. On brasse. Il se développe une odeur caractéristique d'acide benzoïque.

10. Analogies. — La cocaïne a des rapports chimiques étroits avec l'atropine et avec les alcaloïdes que l'on peut considérer comme provenant de l'union d'une base (pyridique) avec un acide à noyau aromatique. On retrouvera dans l'action physiologique de cette substance, en particulier sur l'œil, sur la respiration, etc., quelques analogies avec les effets de l'atropine.

11. Observations préliminaires. — Il faut, avant d'aborder l'étude des effets de la cocaïne, se rappeler que ce nom même n'est qu'une abréviation incorrecte qui désigne le *chlorhydrate de cocaïne*, ou mieux encore, le *chlorhydrate de benzoyl-cocaïne*, comme les noms de morphine et d'atropine désignent abréviativement le chlorhydrate de morphine et le sulfate d'atropine.

En second lieu, pour comprendre certaines dissidences entre les auteurs, il faut être prévenu que les solutions aqueuses de chlorhydrate de cocaïne s'altèrent vite, par exemple en trois ou quatre jours, d'où le conseil de les préparer extemporanément.

En troisième lieu, il est bon de se souvenir que les solutions concentrées sont nécessairement alcooliques. Bien que le chlorhydrate de cocaïne soit assez soluble dans l'eau, les solutions se font lentement au-dessus de 10 p. 100. Lors donc que l'on veut des concentrations supérieures à 10 p. 100 ou 15 p. 100, on doit recourir aux solutions alcooliques.

II. — Action générale de la cocaïne sur l'organisme.

§ I. — PHYSIOLOGIE GÉNÉRALE DE LA COCAÏNE

12. Caractères des anesthésiques généraux. — Le rôle de la cocaïne (distribuée par le sang dans l'organisme et le pénétrant) a donné lieu à de nombreuses discussions. Elle sont à peu près closes aujourd'hui. La cocaïne doit être rangée plus ou moins près des anesthésiques généraux. Elle en a les caractères. Quels sont ces caractères ?

D'abord *l'universalité d'action.* C'est là un trait essentiel des anesthésiques bien mis en lumière par CL. BERNARD, à propos du chloroforme et de l'éther qui agissent sur tous les éléments anatomiques, on peut dire sur toutes les formes du protoplasma, qu'il soit animal ou végétal, et sur toutes ses variétés, depuis la cellule d'épithélium vibratile jusqu'à la cellule de levure de bière; sur toutes les activités physiologiques, depuis la sensibilité consciente jusqu'à la germination.

Le second caractère des anesthésiques est le *caractère temporaire,* fugitif, la caducité, la non-pérennité de leur action. Le véritable anesthésique suspend les phénomènes pour un moment; et ceux-ci reparaissent lorsqu'on éloigne l'agent perturbateur (V. **Anesthésiques**).

Ces caractères se retrouvent-ils chez la cocaïne ?

13. Influence des doses. — Avant d'examiner les réponses qui ont été faites à cette question et précisément pour en apprécier la diversité, il faut faire une observation préalable. C'est à savoir que la cocaïne est l'une des substances qui obéissent le plus nettement à la loi indiquée par CL. BERNARD, que j'ai appelée *loi de l'excitation préparalytique : Le poison qui abolit les propriétés d'un organe (nerveux) commence par les exalter.* L'anesthésie, la paralysie, sont toujours précédées d'une période d'excitation. Il en est, ai-je dit, des organes vivants comme de ces brasiers de houille dont la flamme est attisée par les premières gouttes de l'eau qui finira par l'éteindre. Mais la phase d'excitation et la phase de paralysie qui toujours se succèdent peuvent le faire à intervalles plus ou moins grands, suivant la nature et la dose du toxique employé, et il apparaître ainsi plus ou moins distinctement. Il y a des anesthésiques en quelque sorte foudroyants, comme le protoxyde d'azote, avec lesquels la phase d'excitation est franchie d'un bond; la paralysie semble alors survenir d'emblée. C'est une trombe d'eau qui s'abat sur le foyer de tout à l'heure et le submerge d'un seul coup. L'action est plus lente avec le chloroforme, et les phénomènes d'excitation deviennent évidents, sauf le cas où l'on emploie des doses massives et capables de sidérer le patient. L'éther arrive en troisième ligne, avec une action encore plus dilatée, qui permet aux phénomènes d'excitation de se développer à l'aise. Il résulte de ces observations et du fait de la susceptibilité plus ou moins grande des différents tissus et organes, que l'on voit l'excitation des uns coïncider avec la paralysie des autres; et, c'est là ce qui donne au tableau de l'anesthésie son extrême variété. Mais il est clair que cette variété ne veut pas dire indétermination ou dérèglement. Elle obéit au contraire précisément aux deux lois que nous venons de rappeler de *l'excitation préparalytique* et de la *susceptibilité hiérarchique* ou *spécifique des différents tissus.*

Ces considérations trouvent précisément une de leurs meilleures applications en ce qui concerne la cocaïne. C'est un agent anesthésique à action extrèmement dilatée; de telle sorte que, suivant les doses employées, il pourra manifester sur tel ou tel organe l'effet d'excitation ou l'effet de paralysie.

La question des doses prend donc ici une importance tout à fait capitale. On ne peut faire l'histoire physiologique de la cocaïne sans distinguer, à chaque moment, encore plus que pour toute autre substance, *l'action des doses fortes* et *l'action des doses faibles.*

De là une complication inévitable dans l'étude physiologique de la cocaïne, puisque, d'autre part, ces notions de doses fortes et de doses faibles sont essentiellement contingentes. Elles varient suivant les circonstances, suivant l'espèce de l'animal, suivant la fonction que l'on a en vue, suivant le mode d'introduction de l'agent; malgré cette diversité, on peut poser quelques règles générales.

14. Procédés d'administration. — L'action de la cocaïne sur l'organisme s'étudie dans deux conditions principales : 1° en la faisant pénétrer par la voie physiologique, c'est-à-dire par l'intermédiaire du sang qui l'amène au contact des différents tissus; et cela, en l'administrant par injection stomacale, par injection sous-cutanée ou interstitielle ou par injection veineuse; 2° en l'amenant au contact des différents tissus préalablement mis au jour ou non, par *application locale, directe.*

1° Si l'on opère sur le chien, la dose physiologique moyenne pour *l'injection intraveineuse* est de 2 milligrammes de chlorhydrate de cocaïne par kilogramme de l'animal; la dose de 20 milligrammes est mortelle. En injection sous-cutanée, les effets sont plus lents et plus irréguliers, en raison des variations considérables que peut présenter l'absorption ; la dose mortelle varie entre 20 et 40 milligrammes par kilo du poids de l'animal. Enfin par la *voie gastrique* il faut des doses plus fortes. Chez l'homme, par exemple, la dose de $0^{gr},1$ décigramme (10 centigrammes) est une dose faible pour l'ingestion stomacale ; elle produit, outre l'excitation cérébrale légère, une augmentation de la sensibilité cutanée ; les doses de 30 à 50 centigrammes peuvent provoquer un commencement d'empoisonnement avec troubles dans la circulation et dans l'état général. En injection sous-cutanée, on observe des effets généraux avec les doses de $0^{gr},20$ centigrammes et quelquefois avec des doses beaucoup plus faibles.

D'ailleurs, la sensibilité à l'action de la cocaïne varie avec des circonstances diverses ; d'abord, l'espèce de l'animal ; puis avec sa température centrale ; puis avec le développement de son système nerveux. Ainsi la cocaïne est plus active en général chez l'animal dont le sang est le plus chaud, ou chez celui dont le système cérébral est plus développé, et indépendamment de ces deux conditions, chez certains animaux plus que chez certains autres. L'homme est plus sensible que le chien ; le chien plus que les rongeurs ; ceux-ci plus que les vertébrés inférieurs (CH. RICHET et LANGLOIS). D'autre part, chez les pigeons, il faut des doses quatre ou cinq fois plus fortes que chez les chiens pour produire les mêmes effets (U. Mosso).

2° Les *applications directes* mettent en œuvre, ordinairement, des doses de chlorhydrate de cocaïne infiniment plus élevées. On fait habituellement usage de solutions variant de 1 à 10 p. 100, que l'on applique directement sur les nerfs, muscles, tissus que l'on veut influencer. Il importe de remarquer que ces solutions de 1 p. 100 à 10 p. 100 sont des *doses fortes*, presque colossales. On s'en rendra compte, par exemple, si l'on opère sur un chien de 13 kilogrammes et si l'on baigne son nerf avec la solution à 10 p. 100 appliquée directement. Pour obtenir le même effet, c'est-à-dire pour mettre le nerf en rapport avec du sang à 10 p. 100 de chlorhydrate de cocaïne, l'animal ayant 1 kilogramme de sang (1/13 du poids du corps), il faudrait lui injecter 100 grammes de cocaïne, au lieu de la dose physiologique de 2 milligrammes par kilogramme, ou, en tout, au lieu de 26 milligrammes. On met donc en jeu, dans le cas de l'application locale de la solution à 10 p. 100, une dose 4000 fois plus forte que la dose physiologique de l'injection normale.

On devra toujours avoir présente à l'esprit cette différence des doses minimes et des doses massives, si l'on veut interpréter convenablement les résultats contradictoires annoncés par différents physiologistes.

En voici un exemple. On peut, par des injections sous-cutanées graduées, intoxiquer un lapin jusqu'au point où il présentera de la contracture (ARLOING). La peau reste sensible ; l'attouchement de la conjonctive détermine encore le réflexe oculo-palpébral. On verse alors une goutte de la solution à 1 p. 100 sur l'un des yeux ; celui-ci devient insensible, tandis que l'autre, arrosé pourtant intérieurement par le poison circulant dans le sang, est resté sensible. L'explication de ce paradoxe est facile. C'est une question de doses. Dans l'œil où a eu lieu l'instillation, les éléments nerveux de la conjonctive sont en contact avec une solution infiniment plus concentrée que dans l'œil soumis seulement à l'irrigation intérieure.

15. Universalité d'action de la cocaïne. — Reprenons maintenant, à la clarté de ces principes, la question de *l'universalité d'action de la cocaïne.*

P. REGNARD et R. DUBOIS l'ont contestée. P. REGNARD remarque que, tandis que les alcaloïdes de l'opium et des strychnées, et la belladone, arrêtent la fermentation alcoolique, c'est-à-dire l'activité vitale de la levure (*Saccharomyces cerevisiæ*), la même dose de cocaïne n'agit point. Elle finit toutefois par exercer une action toxique, mais à une dose 100 fois plus forte et dans des conditions où d'autres substances étrangères, et qu'on ne peut même regarder comme toxiques, différents sels par exemple, seraient capables de troubler la fermentation. De son côté, R. DUBOIS niait l'action de la cocaïne sur la germination.

D'autre part, et tout au contraire, A. CHARPENTIER (de Nancy) affirme à la fois cette action de la cocaïne sur la fermentation et sur la germination. Il suffit d'employer des doses convenables. Il considère que ces doses n'ont rien d'excessif et que leur effet n'est pas une intoxication banale, mais bien une véritable anesthésie. Les intoxications banales, en effet, suspendent la fermentation et la germination d'une manière définitive, en tuant la levure ou la graine. Au contraire, la cocaïne suspend la vie de la levure et de la graine d'une manière temporaire. Elle arrête, en particulier, les mouvements des infusoires, et l'auteur cite un infusoire à chlorophylle qu'il a eu l'occasion d'étudier, le *Zygoselmis orbicularis,* dont les mouvements sont supprimés et la fonction chlorophyllienne anéantie avec une dose de 1/100 000, résultat qui n'est obtenu qu'avec des doses de strychnine vingt fois plus considérables et des doses d'atropine cent fois plus grandes. Il est vrai que, dans ce cas, les facultés anéanties par la cocaïne ne reparaissent point.

Ce débat sur l'action universelle de la cocaïne a été repris récemment. D'une façon générale il a abouti à l'affirmative. En ce qui concerne la germination, Mosso (29) a observé la succession des effets ordinaires de cet agent. La cocaïne, à petites doses, favorise la germination des graines et le développement de la plante. On s'en assure, en cultivant sur du coton imbibé de solution de cocaïne (depuis 1 à 5 p. 1000) des graines de *Phaseolus multiflorus.* On constate alors l'*effet excitant des doses faibles.* On constate de même l'*effet paralysant des doses fortes;* les solutions à 1 p. 100 retardent le développement de la graine; les solutions à 2 p. 100 le suspendent.

D'une façon plus générale, on tend à admettre maintenant que la cocaïne exerce une action universelle sur le protoplasma vivant.

C'est la conclusion à laquelle arrive P. ALBERTONI. Il observe, lui aussi, la succession de l'action excitante et de l'action paralysante.

L'effet excitant est le plus facile à saisir : il est cependant rendu manifeste au moyen des cils vibratiles de l'œsophage de la grenouille que l'on humecte avec la solution à 2,5 p. 1000 de cocaïne dans l'eau salée physiologique (7,5 p. 1000 de NaCl); on note une accélération évidente du transport des particules posées sur cette membrane, c'est-à-dire en réalité du mouvement des cils vibratiles.

L'effet paralysant est l'état définitif. Des larves de lépidoptères mises dans des solutions physiologiques de chlorure de sodium contenant de 1/2 à 2 p. 100 de cocaïne perdent rapidement et passagèrement leurs mouvements. Les amibes sont dans le même cas. Les grandes cellules du sang d'écrevisse perdent leur activité amœboïde. Les spermatozoïdes (cobaye, lapin) deviennent immobiles. Les cils vibratiles cessent de se mouvoir et de transporter les corps étrangers. Le courant musculaire et nerveux s'éteint plus rapidement. La diapédèse des leucocytes n'a plus lieu dans le mésentère de la grenouille. Cependant, à propos de cette dernière observation, il importe de rappeler que dans les expériences de J. MASSART et Ch. BORNET, la cocaïne n'a pas suspendu le chimiotaxisme des leucocytes, comme font le chloroforme ou la paraldéhyde. DANILEWSKY (48) retrouve l'effet anesthésique dans tous les embranchements, qu'il y ait ou non système nerveux, que celui-ci soit ou non localisé. Il note aussi le rétablissement des fonctions après lavage du tissu cocaïnisé.

Enfin, au degré près, le protoplasma moteur est atteint comme le protoplasma sensitif, mais après lui.

L'effet paralysant sur le protoplasma d'un grand nombre d'éléments organiques, nerf moteur de la grenouille, muscles, etc., avait déjà été signalé par LABORDE. Les recherches plus récentes confirment donc et étendent cette action universelle. Mosso montre que la cocaïne appliquée localement agit sur les nerfs moteurs et les paralyse; elle agit sur les nerfs sensitifs : elle agit d'une manière précoce sur les cellules nerveuses de la moelle, et, là encore, on peut apercevoir la succession des effets d'excitation et de paralysie. Enfin, en ce qui concerne les muscles qui paraissaient échapper à l'action du poison, on retrouve, soit en opérant sur l'animal entier, soit en faisant des applications locales, les effets excitants et paralysants.

Il résulte de cet ensemble d'observations que la cocaïne possède avec une netteté sans doute moins grande que le chloroforme et l'éther, mais cependant suffisante, l'attribut des véritables anesthésiques qui est d'exercer une action universelle sur le protoplasma vivant. Les mêmes observations établissent, en même temps que cette influence est transitoire, passagère, et qu'elle peut disparaître sans laisser de traces. C'est là un second caractère des substances anesthésiques. D'après cela, la cocaïne est *théoriquement* un anesthésique général.

Mais elle ne l'est point *pratiquement.* Et cette conclusion ressort aussi bien des explications que nous venons de donner que de l'étude détaillée de la physiologie spéciale de la cocaïne.

Des deux côtés on arrive à la même conséquence importante pour la pratique : c'est à savoir que la cocaïne ne peut être utilisée pour l'anesthésie totale. L'insensibilisation véritable ou même l'analgésie ne surviennent qu'après l'effet d'excitation que l'on doit toujours éviter en anesthésie; et, d'ailleurs, elle est tardive, elle n'arrive qu'à la fin comme un phénomène ultime de l'intoxication cocaïnique, alors que la vitalité de l'animal est gravement atteinte.

§ II. — PHYSIOLOGIE SPÉCIALE

Le tableau des effets produits par la cocaïne introduite dans le sang a été tracé d'une manière sensiblement concordante par les observateurs fort nombreux qui se sont occupés de la question : VULPIAN, GRASSET, ARLOING, LABORDE, FEINBERG, NIKOLSKY, DANINI, TAR-CHANOFF, FREUD, ZUNTZ, VON ANREP, LAFFONT, FLEISCHER, U. MOSSO, etc.

Les traits principaux de l'action cocaïnique sont au nombre de trois : *l'agitation, l'analgésie plus ou moins complète; la vaso-constriction.* Comme effets secondaires, on peut noter les modifications apportées par le poison dans les diverses fonctions : circulation, respiration, calorification, digestion, etc.

a. — *Effets principaux.*

16. — 1° *Agitation.* — Chez l'animal (chien), on observe une mobilité incessante. Le chien ne reste plus un moment en repos; il obéit à des impulsions motrices irrésistibles; il exécute des mouvements violents, continuels, qui se prolongent pendant des heures entières. Si la dose est plus élevée ou si elle a été absorbée plus rapidement, ce sont des accès convulsifs cloniques ou tonico-cloniques (ils font défaut chez les animaux à sang froid), des spasmes, des décharges tétaniques avec opisthothonos. A cet égard le tableau ressemble à celui de l'empoisonnement strychnique. Ces manifestations excito-motrices sont en proportion des doses administrées et de la rapidité de leur diffusion.

Chez l'homme, avec des doses faibles de 0gr,12 à 0gr,15, on observe des phénomènes d'excitation analogues et particulièrement un tremblement des mains qui survient environ une demi-heure après l'injection et dure autant de temps.

2° *Analgésie.* — L'analgésie peu marquée chez le chien, un peu plus accentuée chez le lapin, davantage encore chez la grenouille et le cobaye, ne débute pas aussitôt que l'excitation motrice, mais elle finit par rejoindre celle-ci et par coexister avec elle : elle est plus ou moins marquée, mais toutefois jamais complète. Chez l'homme, même dans les cas d'empoisonnement, les doses sont rarement assez fortes pour que l'on observe l'insensibilité. On l'a constatée seulement dans un petit nombre de cas (1 sur 87, DELBOSC) Elle se serait présentée plusieurs fois, dans les cas où la cocaïne avait été introduite dans l'estomac (MAGITOT). Il est arrivé assez souvent que l'on n'a pu réussir à l'apercevoir, tout en la recherchant expressément (HEYMANS). D'autres fois, enfin — et c'est ce qui arrive chez les cocaïnomanes, — il se manifeste plutôt de l'hyperesthésie et des troubles divers de la sensibilité.

L'analgésie anesthésique, a été étudiée au point de vue général, dans un autre travail (A. DASTRE. *Anesthésiques*, 215). Il n'y a pas lieu d'y revenir ici.

On peut seulement faire remarquer que cette analgésie cocaïnique, tardive, difficile à atteindre par l'administration de la cocaïne à l'intérieur, a soulevé une discussion de grande importance au point de vue théorique. Les physiologistes sont divisés à son sujet. Pour les uns, le phénomène est *d'origine périphérique* et constitue d'ailleurs un *trait caractéristique et essentiel* de l'empoisonnement cocaïnique. Les autres lui assignent une *origine cérébrale* et une *importance secondaire.*

De là deux conceptions différentes de l'action cocaïnique. L'une des théories envisage la cocaïne comme une sorte de *curare sensitif,* portant son action sur les terminaisons sensitives et respectant les fonctions des centres nerveux dont l'excitabilité peut même être exagérée. Cette théorie du *curare sensitif* a été soutenue par V. LABORDE, M. LAFFONT, ARLOING, BALDI.

La seconde manière, qui est la nôtre, de concevoir le rôle analgésique de la cocaïne est tout à fait différente. La cocaïne ne localise nullement son action à la périphérie; ce n'est pas un poison essentiellement sensitif; c'est un poison universel comme les véritables anesthésiques, produisant l'analgésie par le même mécanisme que ceux-là; intermédiaire entre le chloroforme et l'éther d'une part et la strychnine d'autre part; agissant sur les éléments pour les exciter d'abord et les paralyser ensuite.

3° *Vaso-constriction.* — Il y a suractivité des nerfs vaso-constricteurs.

Les muqueuses sont décolorées : chez l'homme, la face et les mains sont d'une pâleur extrême : l'oreille et les extrémités sont froides. Le sujet ressent une impression de froid, quoique, comme dans le premier stade de la fièvre, la température centrale soit élevée.

b. — *Effets spéciaux.*

17. Action sur le pouls. — La constriction vasculaire s'observe même avec des doses très faibles; par exemple dans le cas d'ingestion stomacale de 10 centigrammes. Les expériences pléthysmographiques montrent, dans ce cas, la diminution de volume de l'avant-bras, diminution très notable et qui atteint son maximum une heure après l'ingestion, au moment où la respiration est le plus ralentie. On note, en même temps, la disparition des oscillations respiratoires et des ondulations de TRAUBE et HERING que l'on observe généralement dans les tracés pléthysmographiques (U. Mosso). Les graphiques du pouls montrent également la disparition du rebondissement dicrote, et des oscillations dans la partie descendante de la courbe de chaque pulsation.

L'action vaso-constrictive résulte d'une excitation du centre vaso-moteur général ou des plexus nerveux intra-vasculaires, ou des unes et des autres simultanément. On voit qu'elle s'accompagne d'une diminution de l'élasticité des vaisseaux. Le pouls est d'ailleurs *accéléré* et rendu intermittent. Ce n'est qu'à la fin, lorsque les phénomènes d'excitation font place à la dépression générale et au coma, que le cœur se ralentit et s'arrête définitivement (VON ANREP); mais seulement après la respiration.

18. Action sur la pression sanguine. — Quant à la pression sanguine, elle est considérablement accrue, et ce fait est précisément en rapport avec la vaso-constriction universelle. Toutefois, l'élévation (voir DASTRE, *Anesthésiques*, 216) est précédée d'un abaissement passager. Cet effet, fugace dans le cas des doses moyennes ou fortes, devient plus durable et plus facile à saisir avec les doses faibles (VON ANREP, LABORDE, U. MOSSO). Il est sans importance dans le tableau de l'empoisonnement; mais il est intéressant pour la physiologie du cœur. On en doit la connaissance à VULPIAN. Comme exemple : chez un chien, la pression carotidienne étant de 13 centimètres s'abaisse à 9 centimètres pendant quelques instants, pour se relever et se fixer aussitôt après à 21 centimètres de mercure. La chute passagère de pression coïncide d'ailleurs avec un ralentissement du cœur, passager lui-même. Ces phénomènes fugaces seraient dus à l'action de la cocaïne sur la surface de l'endocarde. Ils font bientôt place aux phénomènes durables et caractéristiques : l'*élévation de pression* et l'*accélération cardiaque.*

19. Action sur le cœur. — Le cœur est accéléré; tout au moins, ses battements ne sont pas ralentis; il présente des irrégularités, des intermittences. Chez la grenouille, la force et la fréquence des battements sont augmentées. A haute dose, les contractions deviennent de plus en plus toniques, et finalement le cœur s'arrête en systole. Ces symptômes d'excitation sont passagers, et le cœur reprend ses battements quand on y fait passer du sang frais. D'après cela, la cocaïne serait un tonique du cœur. Quelques médecins l'emploient dans cette vue. W. HAMMOND (52) l'administre à la dose de 3 centigrammes par jour en trois fois dans le cas de faiblesse du cœur. Au bout de quelques jours les doses sont doublées.

On observe un arrêt des cœurs lymphatiques, dû, comme nous le verrons, à la paralysie de la moelle épinière.

Quant à l'action du nerf vague sur le cœur, elle est conservée et même augmentée (LABORDE). On aurait, cependant, observé une phase courte d'excitabilité diminuée (U. Mosso). ANREP et DURDUFI ont obtenu des effets de paralysie complète. Ces assertions diverses peuvent se concilier en admettant que les uns ont observé la phase d'excitation correspondant au début et aux petites doses, et les autres la phase de paralysie correspondant à la fin ou aux fortes doses. Dans ce dernier cas, il y aurait paralysie des terminaisons périphériques des vagues, c'est-à-dire, en définitive, une action favorable sur le muscle cardiaque.

20. Action sur la respiration. — La cocaïne, comme l'atropine et la strychnine, appartient à la catégorie des stimulants respiratoires, accroissant la quantité d'air qui traverse les poumons, et exerçant leur action par une influence directe sur les centres nerveux qui président aux mouvements respiratoires.

Avec les doses fortes, la fréquence des respirations s'accroît ; on note une accélération. Les graphiques accusent cette accélération avec conservation de la forme des courbes, mais diminution notable de l'amplitude. Chez les animaux qui ont reçu des doses *toxiques*, les choses vont ainsi jusqu'à ce qu'enfin la respiration s'arrête (un peu avant le cœur), par suite d'une immobilisation tétanique du diaphragme.

Avec les doses physiologiques fortes, il peut y avoir diminution des processus respiratoires, probablement par suite de dépression générale (U. Mosso).

A *petites doses*, chez l'homme, la fréquence des mouvements respiratoires reste la même ou peut diminuer. C'est ce qui arrive, par exemple, à la suite de l'ingestion stomacale de 10 centigrammes de chlorhydrate de morphine. Mais, en tout cas, la quantité d'air inspiré augmente, et cette augmentation est un fait constant, tant que les doses employées n'engendrent pas des troubles dans les fonctions générales du système nerveux. Cette augmentation de l'oxygène inspiré est confirmée par l'examen du sang et de la température centrale.

21. Action sur le sang. — Ch. Bohr (*Skandin. Arch. für Physiol.*, III, 101, 1891) a constaté que dans l'empoisonnement par la cocaïne, la teneur spécifique en oxygène du sang artériel est légèrement augmentée ; elle est diminuée dans le sang veineux, de sorte que l'écart normal se trouve exagéré.

22. Action sur la température centrale. — La température centrale est augmentée. La production calorifique est accrue.

Chez le chien qui a reçu en injection veineuse environ 7 à 40 milligrammes par kilog. d'animal, la température s'élève à mesure que l'agitation se prolonge, et elle peut atteindre de 38° à 43°, au moment des convulsions cloniques. Inversement, d'ailleurs, les convulsions surviennent d'autant plus vite et par suite, avec une dose d'autant moindre que la température de l'animal est déjà plus élevée. P. Langlois et Ch. Richet (*Arch. de Phys.*, 1889)[1].

Il faut noter que l'élévation thermique n'est pas due seulement à la suractivité musculaire. Chez un chien fortement curarisé et dont les muscles inertes se refroidissaient continuellement, Angelo Mosso a vu l'injection de cocaïne produire une augmentation de 2° dans la température, en une demi-heure. Elle s'éleva de 38° à 40° sans que l'animal eût fait aucun mouvement ; notons, en passant, que la température du cerveau reste pendant ce temps supérieure à celle du rectum.

Le refroidissement que l'on constate en touchant la peau pâle et exsangue des sujets cocaïnés est donc purement périphérique ; il y a, en réalité, économie ou surproduction thermique. Cette élévation thermique subsisterait encore après que la moelle aurait été séparée du cerveau par une section (U. Mosso).

23. Action sur la digestion. — On a signalé une augmentation des mouvements péristaltiques de l'estomac et de l'intestin, aboutissant quelquefois à des vomissements (von Anrep). En ce qui concerne l'intestin, Sprimont a observé des borborygmes et de la diarrhée consécutive. Les médecins qui ont administré la cocaïne à l'intérieur ont souvent noté l'effet diarrhéique.

24. Action sur l'œil. — La cocaïne est aujourd'hui l'un des plus précieux auxiliaires de la chirurgie oculaire. On la fait agir sur l'œil, en l'employant en instillations locales (5 à 10 gouttes en solutions à 1/100 ou 7 à 12 gouttes de la solution à 1/200). Prise à l'intérieur, à dose suffisante, c'est-à-dire considérable, l'action générale serait la même.

Le phénomène qui apparaît le premier, c'est *l'insensibilisation de la cornée et de la*

---

1. A propos de cette action de la température sur l'activité de la cocaïne, on peut noter l'observation faite par quelques médecins et chirurgiens, que la solution de cocaïne est d'autant plus efficace qu'on l'emploie plus chaude en applications locales. Par exemple, T. Coste (de Gênes) obtient une anesthésie plus rapide, plus intense, plus durable et plus étendue, en faisant usage de solutions chauffées de 50° à 55°. On peut ainsi réduire beaucoup le titre des solutions.

conjonctive. — On a étudié la marche et les circonstances de cette insensibilité. — Nous verrons tout à l'heure, à propos de l'action sur les muqueuses de la bouche et de la langue, que les sensibilités disparaissent dans l'ordre suivant : sensibilité spéciale gustative, puis sensibilité électrique, puis enfin sensibilité thermique.

Lorsqu'on agit sur la conjonctive, on voit les effets se succéder dans le même ordre ; la sensibilité tactile disparaît avant la sensibilité thermique (DONALDSON, GOLSCHEIDER) ; la sensation thermique est encore nette après la disparition du tact ; plus tard, elle devient obtuse et le patient peut confondre le chaud avec le froid (E. BERGER).

Avec l'insensibilité de la conjonctive, les autres phénomènes qui résultent de l'application locale de la cocaïne sur l'œil sont les suivants : la dilatation de la pupille qui suit l'anesthésie et qui lui survit ; la dilatation de la fente palpébrale, ou écartement des paupières et la fixité du globe oculaire due à la contraction de la capsule lisse de l'orbite. En même temps on observe un aspect terne de la cornée.

V. LIMBOURG (1892) a étudié en détail et comparativement cette action de la cocaïne sur l'œil. La cocaïne, comme l'atropine, paralyse d'emblée les terminaisons de l'oculomoteur commun, tandis que la muscarine, la pilocarpine, la nicotine les excitent. La mydriase cocaïnique est moindre en général (c'est l'inverse chez le lapin) que la mydriase atropinique. La pupille cocaïnisée réagit à l'éclairement, ce qui n'a pas lieu pour l'atropine qui rend l'iris inexcitable à tous les agents. C'est même cette influence d'un éclairement trop intense qui atténue et masque, en partie, la mydriase cocaïnique. L'iris est légèrement analgésié si l'on attend un temps suffisant. L'acuité visuelle et la réfraction ne sont point altérées (24).

La pression intra-oculaire est un peu abaissée (A. WEBER). La tension des milieux oculaires est cependant moins diminuée que lorsqu'on fait usage du chloroforme, et cette circonstance permet de vider plus facilement, dans l'opération de la cataracte, la chambre antérieure des débris de la substance corticale (SCHWEIGGER). Il y a constriction des vaisseaux de l'œil ; il y a une légère paralysie de l'accommodation.

En résumé, la cocaïne excite les nerfs dilatateurs de la pupille : elle paralyse les nerfs sensitifs ; elle modifie les phénomènes de l'excitation directe de l'iris. Elle affecte les éléments musculeux et nerveux de l'iris, les nerfs sensibles de la cornée et la partie antérieure de la rétine.

25. Action sur la muqueuse bucco-linguale et sur le sens du goût. — L'action sur la sensibilité de la muqueuse buccale est l'une des plus anciennement connues. Elle a été observée par les indigènes qui employaient les feuilles de coca, et en 1857, elle a été signalée expressément par S. R. PERCY.

On enseignait, jusqu'à ces derniers temps, que la cocaïne détruisait à la fois le goût et la sensibilité tactile (L. BRUNTON). En réalité (L. E. SHORE (42), si l'on badigeonne la langue avec une solution à 1 p. 100 ou 3 p. 100 on constate la disparition de la sensation à la douleur, du goût de l'amer, avec conservation de la sensibilité tactile. En prolongeant l'action, l'ordre de disparition des diverses sensibilités est le suivant : 1° disparition de la sensibilité à la douleur ; 2° disparition du goût de l'amer ; 3° du goût du sucré ; 4° du goût du salé ; 5° du goût de l'acide ; 6° de la perception tactile, qui résiste le plus longtemps. On perçoit clairement la pointe d'une épingle, alors que l'on ne sent point la douleur qu'elle produit, et l'on distingue nettement deux points à 1 millimètre de distance. La sensibilité tactile disparaît enfin. Toutes les sensibilités, y compris, à la fin, la sensibilité électrique acide sont alors abolies. La sensibilité thermique subsiste seule : si l'on excite avec le courant électrique, on n'observe que des sensations thermiques [HERMANN (21)].

26. Action sur les réflexes. — *Réflexe rotulien.* — Les faibles doses exaltent ce réflexe. Chez les chiens, la section de la moelle allongée le fait disparaître : l'injection de 15 milligrammes par kilogramme, dans la veine jugulaire de l'animal soumis à la respiration artificielle, le fait reparaître plus fort qu'à l'état normal. Une dose plus élevée (20 milligrammes par kilogramme) chez le chien ou le lapin supprime temporairement (pendant quatre à cinq minutes) le réflexe qui se remonte ensuite (U. MOSSO).

Il en est de même des *Réflexes vésicaux.* — U. Mosso notait pléthysmographiquement les variations de volume de la vessie. Toutes les fois que, chez le chien curarisé, l'on faisait une injection de cocaïne, la vessie pendant quelques minutes cessait de répondre aux excitations douloureuses par la contraction habituelle.

27. Action sur les sécrétions. — Enfin, dans la phase d'excitation, presque tous les observateurs ont signalé une augmentation des sécrétions, particulièrement de la salivation sous-maxillaire et en général du ptyalisme (Hallsted Hall, Arloing, etc.). Mais dans la phase qui suit, on observe, au contraire, fréquemment, une diminution des sécrétions et une sécheresse marquée de la bouche.

La sécrétion urinaire mérite une mention spéciale. Les mictions fréquentes ont été signalées par un grand nombre d'observateurs à la suite des empoisonnements cocaïniques. Il s'agit quelquefois d'une véritable polyurie persistant assez longtemps [Lorenz (25)].

28. Action sur les muscles. — On avait méconnu, au début, l'action musculaire de la cocaïne. En réalité, la cocaïne exerce une action sur les muscles lorsqu'elle est mise en contact avec eux. Sighicelli (1885) avait observé qu'instillée dans l'œil du lapin, elle abolit, outre la sensibilité, la contractilité des muscles striés du bulbe oculaire (et il ajoutait : des muscles lisses de l'iris). De même, si on l'applique sur l'intestin, le courant d'induction n'en provoque plus la contraction. La même chose s'observe, enfin, pour les muscles lisses des vaisseaux.

U. Mosso a étudié l'action de la cocaïne sur les muscles de la grenouille, du chien et de l'homme. Chez la grenouille, l'emploi de doses faibles favorise la contraction des muscles soustraits à l'influence nerveuse (par le curare); des doses plus fortes (20 milligrammes dans l'abdomen) empêchent la contraction. Cette paralysie n'est que temporaire, puisqu'en lavant le muscle avec la solution chlorure de sodium en circulation artificielle, celui-ci récupère ses propriétés. Si l'on inscrit, chez le chien, la contraction du muscle gastro-cnémien, on constate qu'à doses faibles (1 milligramme par kilogramme d'animal), la cocaïne exerce une action excitante sur la contraction; la dose de 3 milligrammes est déjà une dose forte et produit un effet paralysant. En pratiquant la circulation artificielle dans le train postérieur, on observe mieux encore les phénomènes de paralysie, sans être troublé par toute la symptomatologie de l'empoisonnement. On constate ainsi que les doses de 5 milligrammes par kilogramme du poids de l'animal produisent une augmentation de la contraction musculaire; des doses plus fortes produisent une diminution.

Chez l'homme, U. Mosso a fait connaître les modifications provoquées par la cocaïne dans l'activité d'un groupe de muscles convenablement choisis pour l'étude, les fléchisseurs du doigt médius. Il en a observé avec soin la contraction volontaire et la contraction provoquée. Il a constaté ainsi que la cocaïne agit sur le système musculaire comme excitant, à doses faibles (1 décigramme par la voie de l'estomac); elle agit comme paralysant si elle passe rapidement dans la circulation sanguine en doses plus fortes. L'effet de renforcement de la cocaïne sur le muscle apparaît plus nettement sur le muscle fatigué, où après le jeûne. On s'assure encore que cet agent améliore temporairement l'activité des muscles épuisés par la fatigue.

En résumé, la cocaïne, indépendamment de son action sur le système nerveux, exerce une action directe sur les muscles, augmentant à petites doses la force des contractions; tandis qu'à doses fortes elle la fait diminuer.

Lorsque l'animal cocaïnisé ne succombe pas à l'empoisonnement, et lorsqu'il se rétablit, on observe, dans la période de retour, une certaine maladresse du système musculaire (neuro-musculaire) et des phénomènes de titubation qui ne se rattachent pas directement à l'état des muscles, mais que *l'on a expliqués par une obtusion persistante de la sensibilité tactile.*

29. Action sur le foie. — Comme d'autres alcaloïdes, la cocaïne serait retenue, puis fixée ou détruite partiellement par le foie. Gley (19) s'assure que le chlorhydrate de cocaïne est toxique pour le chien à la dose de 2 centigrammes par kilogramme d'animal, en injection dans une veine de la circulation générale. Or, si l'on injecte dans la veine porte, il faut 4centigr,23, d'où la conclusion que le foie retient plus de la moitié du poison; de plus, les convulsions sont plus tardives et moins violentes. Dans le bout périphérique de l'artère fémorale il faudrait 3centigr,48. Chouppe a contesté la précision de ces expériences, sans en apporter de contraires.

D'autre part, le foie subit du fait de la cocaïne des modifications importantes.

EHRLICH (15) aurait découvert une sorte d'action spécifique de la cocaïne sur le foie; ou, pour parler plus exactement, une lésion caractéristique de l'intoxication cocaïnique. Ses observations ont été faites sur des souris. La lésion serait une *dégénérescence vacuolaire* des cellules hépatiques. Celles-ci sont énormément augmentées de volume; le protoplasma raréfié est refoulé autour du noyau lui-même atrophié. Le glycogène a disparu.

Il y a aussi dégénérescence graisseuse de quelques cellules hépatiques et des cellules des voies biliaires et sanguines. Macroscopiquement, le foie présente une hypertrophie considérable et une coloration pâle, anémique, avec quelques taches de congestion et des foyers de nécrose.

Des substances très voisines de la cocaïne ne produisent pas de lésions semblables.

30. Action sur le système nerveux. — Le point capital de l'histoire de la cocaïne est relatif à son action sur le système nerveux. C'est précisément à l'occasion de cette action que se sont produites les deux théories de la *cocaïne, curare sensitif* et de la *cocaïne, anesthésique général*.

Nous avons dit que la cocaïne administrée à dose convenable (forte) produisait une analgésie générale. La question est de savoir si cette analgésie est *d'origine centrale* ou bien *d'origine périphérique*.

Il faut examiner successivement les deux cas : (a) le cas de l'application localisée, celui où la cocaïne agit localement sans passer dans la circulation générale; puis, en second lieu, (b) le *cas de l'action généralisée* où la cocaïne pénètre et se répand à l'intérieur de l'économie.

a) *Application localisée.* — *Indépendance de l'anesthésie d'avec la vaso-constriction.* — Dans le cas d'application locale de la cocaïne sur une muqueuse, la conjonctive par exemple, la question ne fait pas de pas doute. Il s'agit d'une action périphérique exercée par le poison sur les terminaisons nerveuses. On avait d'abord proposé d'autres explications. Partant de ce fait que l'application locale, en même temps qu'elle supprime la sensibilité, provoque une constriction énergique des vaisseaux, on avait voulu rattacher les deux effets l'un à l'autre et expliquer le premier par le second, la cocaïne atteignant la sensibilité en anémiant le tissu et en abaissant ainsi sa vitalité. C'est à tort. La cause véritable est ailleurs. La démonstration en est facile à donner :

L'insensibilité de la conjonctive n'est pas due au resserrement des vaisseaux (voir DASTRE, *Anesthésiques*, 221-222). Si, en effet, chez un lapin dont l'œil a été insensibilisé par la cocaïne, on coupe le cordon sympathique du même côté, une vascularisation énorme remplace l'anémie, et cependant l'analgésie locale persiste (ARLOING). — La démonstration peut être donnée autrement au moyen de la pilocarpine dont les effets sont antagonistes de ceux de la cocaïne sur les vaisseaux qu'elle dilate et sur la pupille qu'elle contracte; et cependant l'insensibilité cocaïnique persiste encore (M. LAFFONT). — D'une autre manière encore, les opérations pratiquées au moyen de la bande d'ESMARCH (ROBSON, CORNING, KUMMER), prouvent que l'insensibilité n'est pas due à l'anémie. La bande produit, il est vrai, de l'anémie artérielle, mais, en même temps aussi, l'hyperhémie veineuse, et la sensibilité persiste parfaitement. Si l'on injecte de la cocaïne, il y a insensibilité; l'insensibilisation est même plus complète que dans le cas de l'injection simple sans emploi de la bande (insensibilisation renforcée). La cocaïne avec hyperhémie veineuse (cas de la bande) a agi plus énergiquement sur la sensibilité que la cocaïne avec anémie (cas où l'on n'emploie pas la bande).

Action sur les terminaisons nerveuses. — La cause véritable de l'analgésie cocaïnique réside dans une action nerveuse spéciale exercée par la substance sur les terminaisons nerveuses sensitives. La cocaïne, dans le cas d'application locale, porte incontestablement son effet sur les éléments nerveux, délicats, dissociés, des terminaisons. Lorsqu'on l'applique sur une muqueuse, le résultat est, en effet, d'autant plus accentué que le contact avec l'élément nerveux est mieux assuré. La muqueuse la plus atteinte est celle de la conjonctive et de la cornée où les terminaisons nerveuses sont intra-épithéliales. Il se produit vraisemblablement un changement temporaire, une altération passagère des éléments nerveux directement touchés. ARLOING a essayé de saisir cette altération. Il immerge un fragment de nerf sciatique de grenouille dans une solution forte de cocaïne comparativement à un autre qui est plongé dans l'eau distillée; celui-ci ne présente de coagulation qu'au voisinage de la gaine de Schwann. Le contenu des fibres est devenu, dans le premier, d'un brun jaunâtre, coagulé et dissocié. C'est une action de ce genre qui se produirait dans tous les filets nerveux (terminaisons) quand elles entrent en contact avec l'agent toxique.

b) Action généralisée. Théorie du curare sensitif. — Passons maintenant au cas général où la cocaïne est introduite dans l'organisme, à l'intérieur, par l'injection veineuse, l'injection sous-cutanée, ou l'ingestion gastrique.

On sait qu'avec les doses fortes on a noté l'analgésie coïncidant avec l'agitation, ou, en d'autres termes, la disparition des réactions que provoque habituellement l'irritation des appareils périphériques coïncidant avec la persistance des mouvements volontaires.

Cette insensibilité, quelle en est la cause? Quelques physiologistes ont été amenés à prétendre qu'elle était la même que dans le cas précédent, que c'était une paralysie des terminaisons nerveuses sensitives, lesquelles, cette fois, seraient atteintes du dedans par l'irrigation sanguine au lieu qu'elles sont atteintes par le dehors à la suite de l'application directe. Dans cette hypothèse, l'action de la cocaïne porterait primitivement et spécifiquement sur les terminaisons sensitives : le cordon sensitif lui-même ne serait pas encore attaqué, les autres parties du système nerveux resteraient indemnes ou ne seraient intéressées que faiblement.

C'est la théorie de la cocaïne, *curare sensitif.* D'après les auteurs de cette théorie, l'analgésie cocaïnique, toute différente de celle du chloroforme et de l'éther, serait périphérique et limitée d'abord au tégument. Celui-ci, devenu une enveloppe inerte, établirait une barrière entre l'animal empoisonné et le monde extérieur. L'animal ne sent plus la douleur; puis, il devient indifférent au contact des objets. La même obtusion s'étendrait aux terminaisons des nerfs spéciaux, de la vue, du goût, de l'odorat.

La théorie du curare sensitif, mise en avant et soutenue par J. V. Laborde, Laffont, Arloing, Baldi, et que moi-même j'avais acceptée, dans mon livre sur *les Anesthésiques,* sur l'autorité de ces physiologistes, semble décidément mal fondée et doit être rejetée.

Pour que la cocaïne formât le pendant du curare, qu'elle fût le poison des terminaisons nerveuses sensitives comme celui-ci l'est des terminaisons motrices, il faudrait un certain nombre de conditions qui ne sont point remplies. Il faudrait : 1° *que l'action portât réellement sur les terminaisons nerveuses sensitives;* 2° *qu'elle portât sur elles primitivement, sinon exclusivement,* c'est-à-dire que celles-ci fussent atteintes avant les centres nerveux, moelle encéphale, et nerfs moteurs ou exclusivement à eux.

Or, quoi que l'on ait pu dire, ces conditions ne sont point réalisées : 1° pour l'atteinte prétendue des terminaisons nerveuses, on donnait comme preuve, chez le chien et le cobaye, l'absence de réaction aux excitations douloureuses qui provoquent ordinairement les mouvements de défense ou de fuite, mouvements qui n'ont pas lieu et qui sont cependant possibles puisque l'animal exécute encore des mouvements volontaires. Mais ce fait, qui n'est autre que le fait normal de l'analgésie, cadre parfaitement avec une action toxique portant seulement sur les centres nerveux, comme c'est le cas avec le chloroforme et l'éther.

Tout au contraire, il y a des expériences positives qui établissent les deux points suivants, à savoir : α, que les terminaisons nerveuses ne sont pas essentiellement atteintes; et β, d'autres qui établissent que les centres nerveux le sont.

α. Pour établir que les terminaisons nerveuses sensitives ne sont pas essentiellement atteintes dans l'analgésie cocaïnique, U. Mosso irrite la peau des pattes chez un chien fortement cocaïnisé et il observe la conservation des réflexes vésicaux jusque dans une période très avancée de l'intoxication. Le tégument (à la condition que l'irritation y ait été exactement limitée) n'est donc pas une barrière rendue infranchissable par l'action de la cocaïne. La conservation de ces réflexes est, au contraire, parfaitement d'accord avec l'existence d'une analgésie d'origine centrale.

A la vérité, on pourrait objecter à cette expérience que l'excitant employé est l'électricité, c'est-à-dire le plus diffusible de tous. Si l'on admet, précisément, que les cordons sensitifs sont hyperexcitables dans ce cas, c'est-à-dire dans le même temps où les terminaisons sont paralysées (Laffont), c'est eux que l'on aurait excités. L'expérience précédente perdrait toute valeur. Mais précisément l'exactitude de cette nouvelle hypo-thèse de l'hyperexcitabilité concordant avec l'analgésie est suspecte. On verra tout à l'heure (observation, n° 32) d'autres objections à ces expériences de U. Mosso.

β. Pour établir que *les cellules nerveuses de la moelle sont essentiellement atteintes par la cocaïne*, on coupe (grenouille) la moelle au niveau de la 4ᵉ vertèbre, et l'on injecte sous la peau de l'abdomen 3 à 4 milligrammes de cocaïne. Le but de cette préparation est de laisser arriver la cocaïne partout, sauf dans le segment inférieur de la moelle. La disposition des vaisseaux de la moelle est telle, en effet, qu'elle est irriguée du haut en bas par des vaisseaux partant du bulbe. Si l'on a coupé les vaisseaux et les artères ver-tébrales en sectionnant la moelle, le tronçon inférieur ne recevra que peu de sang cocaïné par les anastomoses des artères lombaires. Les autres organes et la peau en recevront tout autant qu'auparavant. On constate, dans ces conditions, que les excitations élec-triques, mécaniques, chimiques, portées sur le train postérieur, conservent leur effet pen-dant un certain temps, tandis que celles qui portent sur le train antérieur ne provoquent plus de réflexes. La sensibilité est donc conservée dans les parties qui correspondent à un segment de moelle non intoxiquée.

Inversement, si l'on empêche (au moyen de la ligature pratiquée selon le procédé de CL. BERNARD sur un membre à l'exclusion des nerfs) la cocaïne à dose forte d'agir sur les membres postérieurs, sur les terminaisons sensitives et sur les nerfs, on n'en observe pas moins que le tégument et même le nerf sciatique sont rendus insensibles. Les réflexes sensitifs ont disparu.

γ. Enfin, il ne serait pas exact de prétendre que le *système nerveux qui préside à la sensibilité*, qu'il s'agisse non seulement des terminaisons, mais même des cordons ner-veux, ou des cellules nerveuses de la moelle, est frappé *primitivement* ou *exclusivement*.

Un des premiers effets de la cocaïne, à doses modérées, est d'agir sur les centres supérieurs, sur les hémisphères cérébraux. On en peut donner pour preuve les phénomènes d'ivresse, de subdélirium, les accès de fureur ou d'attendrissement, la loquacité, l'hilarité, les troubles intellectuels signalés chez l'homme dans les cas d'empoisonnement cocaïnique. Ce sont là des phénomènes presque constants; et ils se produisent alors que la sensibilité n'est pas atteinte. Le plus souvent même, dans les cas d'empoisonnement chez l'homme (ce qui a lieu avec des doses qui ne sont jamais très fortes), on n'observe pas de troubles de la sensibilité générale. MANTEGAZZA, HEYMANN, RICCI n'ont pas aperçu de troubles de cet ordre, et, sur 87 cas rapportés dans la *Thèse* de DELBOSC, 1889, il y en a un seul où ils aient été notés. Chez les animaux, où les constatations de ce genre sont difficiles ou impossibles, on constate que l'agitation, les troubles vaso-moteurs et respiratoires pré-cèdent l'analgésie, c'est-à-dire que l'hyperexcitabilité du cerveau, du bulbe et des voies kinésodiques précède l'altération du système sensitif.

Les expériences de A. Mosso sur l'action excito-thermique de la cocaïne parlent dans le même sens, à savoir : l'excitation directe du cerveau par la cocaïne à doses modérées. Cet expérimentateur a vu que chez un chien (d'ailleurs chloralisé) la cocaïne élevait au bout de deux minutes la température du cerveau. La dose était de 10 centi-grammes pour un chien de forte taille. Ce fait peut se formuler en disant que la cocaïne a rendu plus intenses les processus chimiques et la production de chaleur dans le cerveau. Ce qu'il y a de singulier, c'est que l'animal ne s'éveille pas, c'est-à-dire que l'activité psychique n'est pas capable de rétablir la conscience. Il est vrai, et nous le dirons ici une fois pour toutes, que les expériences thermiques de A. Mosso n'écartent pas assez net-tement une autre interprétation possible de l'élévation thermique ; la constriction vascu-laire périphérique avec refroidissement de la peau détermine une économie de la chaleur rayonnée qui pourrait suffire à expliquer l'élévation thermométrique, avec le maintien ou même l'abaissement réel des processus chimiques cérébraux.

On a cherché à mettre en évidence l'action excitante de la cocaïne sur les hémi-sphères cérébraux, en appliquant directement la substance sur la surface corticale mise à nu (CHARPENTIER, BIERNACKI, *Archives de Physiologie*, avril 1891). L'expérience réussit chez les animaux à sang froid (grenouilles avec solution faible). Chez les animaux à sang chaud, l'application locale est un procédé trop brutal pour montrer la première phase de l'action, c'est-à-dire l'effet excitant. On aperçoit seulement l'effet paralysant. La cocaïne appliquée sur les centres psycho-moteurs affaiblit leur excitabilité (Tamass, Bianchi, Giorgieri, Carvallo, Aducco). E. Belmondo (4) arrive au même résultat. Il détermine le courant minimum agissant sur un point de la zone motrice : il applique la solution de cocaïne à 10 p. 100, et il cherche de nouveau l'excitabilité. Ou bien, laissant la zone motrice intacte, il badigeonne de cocaïne la substance corticale avoisinante, particulièrement celles des zones sensitives postérieures. Il constate dans l'un et l'autre cas la diminution de l'excitabilité des zones motrices. La cocaïne abaisse constamment l'excitabilité des centres moteurs. Augmentation ou abaissement prouvent ici, en tout cas, l'action directe sur le cerveau.

Le *système nerveux moteur*, lui-même, n'échappe pas à l'action de la cocaïne, comme l'ont cru les partisans de la théorie du curare sensitif. Les expériences d'application locale (c'est-à-dire action des doses fortes) ne laissent pas de doute à cet égard. A la vérité, les fibres sensitives sont paralysées avant le système moteur; mais celui-ci l'est à son tour. En voici les preuves : 1° H. Alms (1886) irrigue un membre avec une solution de cocaïne; il constate que le nerf a perdu la propriété d'irriter le muscle à un moment où le muscle excité directement se contracte. 2° U. Mosso applique sur les nerfs phréniques du chien quelques gouttes d'une solution de cocaïne à 10 p. 100, et le diaphragme cesse de se contracter : la paralysie purement temporaire dure de dix à quinze minutes. L'excitation pratiquée à ce moment au-dessus du point touché par la cocaïne ne provoque plus de contraction de ce muscle. Bientôt après, ce dernier reprend ses contractions. 3° En appliquant directement la cocaïne sur un nerf mixte, on observe que la réaction à la douleur disparaît d'abord, tandis que la motilité persiste; c'est ce qu'avait vu Feinberg (1886) en expérimentant sur le sciatique du lapin; mais celle-ci disparaît à son tour. En badigeonnant un segment de nerf sciatique de la grenouille avec une solution à 10 p. 100, on voit l'excitabilité du nerf s'éteindre successivement dans l'espace de six à sept minutes (Kochs, Alms, U. Mosso). Fr. Franck (15) a proposé d'utiliser ces observations en employant la cocaïne pour remplacer la section des nerfs par instrument tranchant, avec l'avantage d'une *restitutio ad integrum* qui se fait graduellement et d'une manière complète. On peut pratiquer une injection interstitielle dans la gaine celluleuse du nerf ou, ce qui est plus lent, faire pénétrer la solution par imbibition au moyen d'un manchon d'ouate hydrophile entourant le cordon nerveux. L'action ne s'étend guère utilement au delà de 1 à 2 centimètres de part et d'autre du point atteint. Chez un chien de moyenne taille, il faut injecter 2 à 4 gouttes de la solution à 5 p. 100 pour paralyser le vague et le sciatique ; 2 gouttes suffisent pour le récurrent.

Lorsqu'on procède par injection dans le tissu cellulaire ou les vaissseaux, etc., on est empêché d'observer les résultats de l'action sur les nerfs moteurs par le développement des accidents concomitants et l'impossibilité d'employer des doses suffisantes. C'est ainsi qu'Anrep avait vu les fibres sensibles du nerf sciatique paralysées presque complètement sans que les fibres motrices le fussent, — observation qui semble éminemment favorable à l'idée d'une action exclusive de la substance sur le système sensitif périphérique. — Mais la paralysie de la sensibilité est due, dans ce cas, non à la fibre sensitive, mais à la cellule médullaire correspondante, car on l'observe encore en empêchant la cocaïne d'agir sur les nerfs et leurs terminaisons périphériques (U. Mosso). Nous avons dit, d'autre part, que les cordons nerveux sensitifs et leurs terminaisons continuent à fonctionner (excitations provoquant les réflexes vésicaux) dans une période très avancée de l'empoisonnement.

Résumé. — En résumé, la cocaïne agit sur le protoplasma en général et sur tous les protoplasmas nerveux en particulier, par excitation d'abord et paralysie ensuite.

Les applications locales sur les muqueuses et les injections sous-cutanées montrent qu'elle paralyse les terminaisons nerveuses.

Les faits d'excitation cérébrale (ivresse, troubles intellectuels) et les expériences d'application directe montrent qu'elle atteint d'une manière très précoce les hémisphères cérébraux.

Les expériences de Freud sur la perception des sons et celles de U. Mosso avec les excitations électro-cutanées montrant que la cocaïne abrège le temps de la réaction physiologique, alors qu'elle n'exerce pas une influence appréciable sur la conductibilité nerveuse, autorisent à penser qu'elle accélère la perception en excitant les fonctions psychiques des centres cérébraux.

Les troubles vaso-moteurs, respiratoires, circulatoires, prouvent l'action sur le bulbe : les applications directes fournissent la même démonstration, car, en appliquant chez le chien trois gouttes de la solution à 10 p. 100 sur le bulbe, on a vu la respiration s'arrêter en quelques secondes et les animaux mourir (U. Mosso).

L'action paralysante sur les cellules nerveuses de la moelle est démontrée par les expériences de disparition des réflexes sensitifs, dans une région du tégument non irriguée par la cocaïne si, d'ailleurs, le segment médullaire correspondant est irrigué. L'action irritatrice sur les mêmes cellules médullaires serait prouvée par l'hyperesthésie cutanée observée pour des doses faibles chez l'homme (en admettant, bien entendu, que les troubles de la sensibilité soient dus à l'intervention de ces cellules médullaires). Cette hyperesthésie cutanée, signalée comme l'un des symptômes de la cocaïnomanie, peut être observée chez l'homme à la suite d'ingestion gastrique de doses variant entre 5 et 8 centigrammes.

Les applications directes, les injections interstitielles montrent l'action sur les nerfs sensitifs et moteurs.

De même pour l'action sur le système sympathique ; la cocaïne appliquée localement sur le cordon cervical annule plus ou moins rapidement l'irritabilité de ses fibres ; employée en injections sous-cutanées ou veineuses (méthode faible), elle agit peu ou point (LANGLEY et DICKINSON. *The Journal of the Physiology*, xi, 509).

Reste à fixer l'ordre dans lequel ces actions se produisent. Les hémisphères cérébraux seraient les premiers atteints ; puis la moelle, puis le bulbe en serait à la période d'excitation, tandis que les cellules sensitives de la moelle en seraient déjà à la phase de paralysie ; puis, en dernier lieu, les terminaisons nerveuses et les nerfs sensitifs, et enfin les terminaisons motrices et les nerfs moteurs.

On remarquera que cet ordre est précisément celui qui correspond à l'action des anesthésiques, tels que le chloroforme et l'éther. Comme eux, la cocaïne intéresse d'abord les fonctions psychiques du cerveau, puis produit de l'agitation, puis éteint la sensibilité à la douleur, d'abord dans les extrémités, puis dans le tronc et en dernier lieu dans la conjonctive. La sensibilité disparaît avant la motilité.

Cet ensemble de faits amène donc à considérer la cocaïne, non plus comme un curare sensitif, mais comme un agent très voisin des anesthésiques (1). C'est un anesthésique général qui offre cette particularité de ne pouvoir pas servir à l'anesthésie générale.

32. Observations.

I. — L'expérience capitale qui plaidait en faveur de la théorie du curare sensitif était celle de LAFFONT. On excite la peau : rien. On excite le nerf sensitif : réactions réflexes exagérées, — ce qui montrerait que toutes les parties sont indemnes, sauf les terminaisons. « Son tégument (chien) est comme une enveloppe inerte et, cependant, à l'intérieur de cette enveloppe inerte, il peut parfaitement sentir et même plus vivement qu'à l'ordinaire. Les troncs nerveux sensitifs présentent une hyperexcitabilité notable ; leur pincement, les irritations de toute nature que l'on peut porter sur eux provoquent des douleurs intenses et des mouvements réflexes peut-être exaltés. » C'est l'exactitude de cette observation qui est précisément contredite.

D'autre part, on peut faire aussi quelques objections aux expériences qui lui sont contraires. Par exemple, en ce qui concerne la conservation des réflexes vésicaux (constatée par U. Mosso) — on remarquera que toutes les fois que l'expérimentateur faisait une injection de cocaïne au chien curarisé, la vessie cessait, *pendant quelques minutes*, de répondre aux excitations cutanées par la contraction habituelle. Ce n'est qu'après cette période que les réflexes sensitifs reparaissent. Mosso néglige précisément cette première période. Inversement, dans les expériences de section de la moelle, il n'attache précisément d'importance qu'à la persistance de l'excitabilité du train postérieur *pendant les dix à quinze premières minutes* et non à la phase ultime. De même dans l'expérience avec le nerf phrénique. Comme les effets sont inverses dans les deux périodes consécutives (excitation, paralysie), il est clair qu'en choisissant arbitrairement celle des deux périodes que l'on voudra, on aura aussi les effets que l'on voudra. On voit que le champ des controverses n'est pas fermé absolument.

II. — *Théorie mécanique.* — E. MAUREL (1895) a proposé une théorie nouvelle de l'action cocaïnique, et même, en général, de l'action anesthésique.

Les leucocytes (ou au moins certains d'entre eux) sont très sensibles à l'action de la cocaïne.

Sous cette influence ils deviennent sphériques et sont capables d'entraver la circulation des hématies dans les capillaires les plus fins.

Cette obstruction plus ou moins complète est encore renforcée par une seconde propriété de la cocaïne, propriété vaso-constrictive, qui consiste à amener le resserrement des petites artères.

En résumé, la cocaïne *n'exercerait d'action élective initiale que sur les leucocytes et les nerfs vaso-moteurs;* ses effets seraient ceux qui résultent de *l'arrêt du cours des globules sanguins;* ce seraient ceux de l'ischémie par cause mécanique.

L'auteur avait été frappé de ce que, comme nous le disons plus loin (n° 46, B.), le *titre* des solutions de cocaïne a plus d'importance que la dose. Une solution à titre élevé, leucocyticide, produit la mort, *mort accidentelle,* à faible dose, si l'introduction a lieu par la voie sanguine; une dose plus forte ne produit pas la mort si le titre n'est pas si élevé. Il se ferait, par action de la solution concentrée sur les leucocytes, un arrêt embolique de la circulation dans le poumon qui entraîne une mort rapide.

Les observations seraient les suivantes : 1° il y aurait un rapport entre la sensibilité des leucocytes à la cocaïne et la sensibilité de l'animal lui-même; ces deux phénomènes seraient variables et varieraient dans le même sens; 2° il y a diminution des leucocytes circulants, à la suite de l'emploi de la cocaïne; 3° les leucocytes seraient plus sensibles à l'action de la cocaïne que les éléments nerveux et musculaires; 4° l'obstruction des vaisseaux capillaires par la poudre de lycopodes produit des phénomènes analogues à celle des injections de cocaïne : perte de sensibilité, excitation puis résolution musculaire. Tous les autres leucocyticides agissent d'ailleurs de la même façon; exemples : l'eau froide, l'eau à 56°, le bromhydrate de quinine, le sublimé, etc. Les anesthésiques généraux seraient dans le même cas.

III. — PATHOLOGIE DE LA COCAÏNE

Tableau de l'intoxication cocaïnique. — L'étude physiologique qui précède intéresse la médecine et la chirurgie en expliquant les accidents auxquels les malades sont exposés en cas d'applications maladroites ou malheureuses de la cocaïne.

Si les précautions ne sont pas convenablement prises pour limiter la pénétration de la cocaïne à la région qui doit subir l'opération; si l'alcaloïde est diffusé par le sang dans l'économie tout entière, on voit survenir des accidents qui reproduisent quelques traits de l'empoisonnement cocaïnique. Deux séries de faits plus ou moins nettement distincts se succèdent : il y a une *phase d'excitation* marquée par les trois symptômes : *excitation cérébrale, constriction vasculaire, convulsions;* puis une *phase de collapsus.*

Phase d'excitation. — Dans la première phase et surtout dans les cas légers, on voit souvent apparaître des troubles intellectuels, du délire, des hallucinations. Ces phénomènes sont dus à l'action spécifique du toxique sur les centres corticaux et aussi à l'anémie produite par la constriction des vaisseaux encéphaliques qui est également un phénomène de début. C'est cette *excitation cérébrale* que recherchent les cocaïnomanes; elle se manifeste par une sorte d'ivresse, de loquacité, de l'hilarité, des hallucinations de la vue et de l'ouïe, un subdélirium, des conversations avec des êtres imaginaires, du délire.

Les phénomènes de *constriction vasculaire* sont encore des phénomènes précoces. Ils sont dus à une excitation bulbaire du centre vaso-moteur. Ils se traduisent par une *pâleur livide* des mains et de la face.

En troisième lieu, le sujet est pris de tremblements convulsifs, d'excitation violente qui peut aller jusqu'aux crises tétaniformes et à l'opisthotonos. Les muscles des extrémités se contractent et cet état peut durer de une à sept heures. Ces *convulsions* se succèdent à intervalles plus ou moins réguliers; elles semblent spontanées, provoquées non par des stimulations extérieures, mais par des modifications centrales dues à l'action du toxique sur les centres nerveux. On discute encore la question de savoir quels sont les centres atteints : quelques auteurs ont pensé qu'il s'agissait de la moelle épinière. Mais, si l'on accepte l'expérience de Danini, il faudrait, au contraire, exclure la moelle proprement dite, car en séparant la moelle de l'encéphale on les ferait disparaître. En admettant donc pour ces convulsions l'origine encéphalique, quelques auteurs les font partir de l'écorce cérébrale excitée (Feinberg, Ch. Richet); d'autres, excluant l'excitation corticale, parce que l'expérience directe aurait montré qu'à la période des convulsions, l'excitabilité de l'écorce est diminuée, placent leur origine dans l'excitation de la région bulbo-protubérantielle (Tumass). C'est l'opinion la plus vraisemblable.

Il est à noter que le plus souvent, ainsi que nous l'avons déjà dit, les convulsions ne se montrent pas chez les animaux à sang froid; la période d'hyperexcitabilité fait défaut.

Cependant en élevant la température des grenouilles cocaïnisées jusqu'à 32°, on fait apparaître les phénomènes convulsifs.

Pour en revenir à l'homme, dans cette période on observe encore une sensation de cuisson au pharynx, une gêne de la déglutition, des nausées, des vertiges, perte de connaissance, une dilatation des pupilles, — enfin, des modifications de la respiration. Celles-ci sont dues à une action directe sur le centre respiratoire bulbaire : avec des doses faibles, il y a peu ou point d'accélération, et quelquefois même un léger ralentissement : avec les doses plus fortes, il y a tétanisation du diaphragme ; ce sont ces convulsions et ce tétanos qui entraînent dans la seconde période la mort de l'animal cocaïnisé.

La perte ou la diminution de la sensibilité sont tout à fait exceptionnelles à cette période. On les a constatées dans un nombre infime de cas (excepté naturellement pour la région ou pour la muqueuse où a lieu l'injection).

Collapsus. — Refroidissement. — A cette première phase d'excitation succède la phase de vertiges, d'angoisse précordiale, de défaillance, la syncope.

Les accidents commencent le plus souvent très rapidement après l'ingestion de cocaïne (une demi-minute dans le cas de Lorenz) ; ils ne se dissipent qu'assez lentement, suivant leur gravité. L'intoxication se manifeste pendant plusieurs jours, marquée par des troubles intellectuels, de l'insomnie, une cardialgie violente, une anorexie persistante. Hallopeau (19) a signalé des troubles analogues persistant plusieurs mois après une injection sous-gingivale de 8 milligrammes de chlorhydrate de cocaïne (céphalalgie, malaise, engourdissement des membres, accès de défaillance avec vertiges, prostration, mêlés à une excitation cérébrale traduite par de la loquacité et de l'agitation).

Effets consécutifs. — On a observé des effets consécutifs tels que : démarche spasmodique : réflexes rotuliens exagérés durant un certain nombre de jours ; maladresse musculaire attribuée à l'obtusion de la sensibilité tactile ; hypersécrétion glandulaire, ténesme rectal et vésical (Reich, Maierhausen, Heymann, Mannheim, Potter). On a noté très souvent une miction abondante, une véritable polyurie durant de deux ou trois jours à deux ou trois semaines. On peut négliger ces légers accidents à cause de leur caractère passager.

34. Accidents des opérations. — Le tableau précédent est plus ou moins complètement réalisé dans chaque cas particulier. Par exemple dans le cas de Moreau (*Soc. de Biol.*, 10 novembre 1888), on observe de l'excitation, des tremblements convulsifs, la dilatation pupillaire, des irrégularités du pouls, et le fait exceptionnel d'une analgésie générale sans perte de connaissance (explicable par cette circonstance, qu'il y avait eu précédemment absorption de morphine). Dans le cas de Ricci (*Deutsch. med. Woch.*, n° 11, 1887), on note : une excitation extrême, des gesticulations choréiques, une accélération du pouls et de la respiration. Dans le cas de Déjerine (*Soc. de Biol.*, 17 décembre 1887), un état demi-comateux avec contraction musculaire généralisée. Dans le cas de P. Berger (*Soc. de chirurgie.*, 751, 1891) : après un quart d'heure ou une demi-heure, coma, mouvements convulsifs de la face et des membres ; contraction des mâchoires ; mort. Dans le cas de Th. Hüber (21) (5 centigrammes de cocaïne pour extraction de polypes nasaux) ; sensation de brûlure sur la muqueuse pharyngienne ; sensation de constriction, et durant trois jours, faiblesse, troubles du sommeil. Dans le cas de Schwabach (33) (injection dans la caisse du tympan de 5 gouttes de la solution à 5 p. 100, soit 12^{milligr.},5) : malaise, céphalalgie, vertiges, vomissements, sensation du froid pendant trois jours. Dans le cas de Tzebicki (39) (herniotomie chez un garçon de deux ans et demi ; injection de cinq centigrammes dans le champ opératoire) : une demi-heure après, excitation violente ; mots inintelligibles ; contractions cloniques des extrémités ; pâleur du visage ; sueur froide ; injection des conjonctives ; dilatation pupillaire maxima ; strabisme convergent ; respiration de Cheyne-Stokes ; accès coupés de longs sommeils ; durée, 3 jours. Cas de Quénu (solution à 2 p. 100, quantité de 1 à 7 centigrammes ; 3 cas d'intoxication sur 60) : loquacité ; agitation ; élancements dans les membres ; face bouffie ; yeux larmoyants ; masséters contracturés. — Autre tableau : fourmillements dans les mains et dans les avant-bras ; malaises ; inquiétude ; douleurs ; contracture des fléchisseurs ; anesthésie des membres ; respiration brève ; mouvements irréguliers du cœur ; hébétude. Cas de Lorentz (23). Au bout d'une demi-minute, refroidissement, agitation, secousses, convulsions, membres en flexion, respiration rapide ; pouls à 150 ; sensation de brûlure au pharynx ; gêne de la déglutition. Polyurie durant trois semaines.

§ IV. — PHARMACOLOGIE ET THÉRAPEUTIQUE

35. Circonstances de l'intoxication. — Ces accidents se sont tellement multipliés dans la pratique des dentistes et des chirurgiens, dans l'espace de quelques années, que beaucoup d'entre eux ont renoncé à la cocaïne et la considèrent comme une substance d'un maniement infidèle et très dangereux.

Parmi les circonstances qui paraissent influer sur l'apparition des accidents, il faut signaler les injections ou applications faites à la tête (gencive, cavité nasale, oreille); les applications sur les séreuses enflammées (tunique vaginale); sur les muqueuses enflammées (urèthre, rectum); ces derniers cas s'expliquant par la rapidité de l'absorption.

36. Doses toxiques. Nombre des cas mortels. — La question la plus importante est celle des doses.

Le nombre des cas mortels a été très exagéré par suite de doubles emplois ou d'erreurs. P. Reclus (17 mai 1893) réduisait ce nombre à 14; et, en éliminant les cas d'ingestion et de pulvérisations prolongées, finalement à 8 empoisonnements par injections sous-cutanées. Ces cas mortels sont imputables à l'exagération des doses et à l'exagération du titre de la solution. Le médecin russe Kolomnine perd une malade à la suite d'une injection rectale de 1gr,5 de cocaïne et se suicide de désespoir. Dans les cas mortels, les doses ont été : 1gr,32; 1gr,25; 1gr,20; 0gr,80; 0gr,50; 0gr,37 dans les cas de Berger; 0gr,22 dans les cas de Richardière. Dans les trois cas mortels avec 6 centigrammes, 2 centigrammes, Reclus attribue la mort à la coïncidence d'autres affections et d'autres circonstances. De telle sorte qu'en définitive il n'y aurait aucun cas de mort authentique où la quantité de l'alcaloïde serait inférieure à 22 centigrammes.

Au début, l'on croyait à une toxicité moindre, et c'est successivement que l'on a abaissé la limite de tolérance. Ainsi Reclus, qui est, en France, l'un des partisans décidés de l'anesthésie chirurgicale par la cocaïne, est descendu progressivement, dans des publications successives, de la dose de 1 gramme (pour les hydrocèles) à 50 centigrammes, puis à 20 centigrammes, à 15 centigrammes, enfin à 12 ou à 10 centigrammes. Et cependant on a observé des accidents avec des doses plus faibles encore : Hœnel a vu des convulsions avec la dose de 11 centigrammes; Schwartz a eu une alerte avec 10 centigrammes dans l'hydrocèle; J.-R. Comte a vu des symptômes inquiétants survenir à la suite de l'injection de 4 centigrammes; P. Reynier, alerte après injection de 1 centigramme chez un sujet atteint d'insuffisance mitrale; Lorenz (de Harburg) a constaté des collapsus graves à la suite d'injection, dans le col utérin, de 2 centigrammes, de 1 centigramme et même de 7milligr,5; Schwabach, accidents avec 12milligr,5; Hallopeau, avec 8 milligrammes, Hugenschmidt, avec 2 et 3 milligrammes.

En ingestion gastrique, on ne doit pas dépasser 50 centigrammes (Laborde). Avec les doses plus fortes, on a vu des accidents (accidents mortels de Montalti et Landford, Thomas avec 1gr,50 et 1gr,20). On en a même observé avec 25 centigrammes (chez un enfant de 4 ans, Moizard, 1888).

37. Inconvénients ou accidents locaux de la cocaïne. — On a accusé la cocaïne de produire des accidents locaux, troubles trophiques, diminution de vitalité, mortification des tissus atteints (Bousquet, Kummer). C'est une assertion à vérifier.

D'autre part, on a indiqué un inconvénient possible de l'emploi prolongé de la cocaïne dans l'iritis. L'usage de cette substance a été préconisé comme éminemment favorable à toutes les périodes de l'iritis (A. Weber, Knapp, Schöler, Limbourg, etc.). Or Javal (1886) a cru voir que longtemps continuée, la cocaïne pourrait favoriser le développement des phénomènes du glaucome; observation à contrôler, car elle est peu compatible avec le fait que la cocaïne abaisse la pression intra-oculaire (A. Weber, Limbourg). Le glaucome a été (en tout cas) considéré comme une contre-indication à l'usage de la cocaïne. Enfin on a attribué à la cocaïne la production d'infiltrations cornéennes dues en réalité au sublimé (Galezowski, Pflüger, Bunge).

38. Prophylaxie et traitement des accidents cocaïniques. — On doit réussir, par des précautions bien observées et dont nous reparlerons à propos de l'emploi chirurgical de la cocaïne, à éviter ou à atténuer considérablement les accidents cocaïniques. Lorsque ces phénomènes sont survenus en dépit des précautions, ou par suite de leur inobservance, on est à peu près désarmé contre eux.

On a proposé le *nitrite d'amyle* (Schilling, de Nuremberg). Le nitrite d'amyle produit des effets apparents contraires à ceux de la cocaïne. L'inhalation de quelques gouttes de cette substance (3 à 6 gouttes) détermine une dilatation vasculaire généralisée, avec abaissement de la pression sanguine. Toutefois, il ne s'agit pas ici d'un effet vraiment antagoniste de l'effet cocaïnique; car le nitrite d'amyle n'agit point, comme l'ont prétendu Amez et Droz (1873), sur les vaso-constricteurs hyperexcités par la cocaïne pour les paralyser; il porte son action sur les nerfs vaso-dilatateurs, qu'il surexcite (Fr.-Franck), et la preuve, c'est qu'après inhalation de nitrite d'amyle, le cordon cervical a conservé la faculté de resserrer les vaisseaux de la tête. Ce sont deux actions identiques, c'est-à-dire excitantes, portant sur des mécanismes opposés, et non pas deux actions opposées portant sur un même mécanisme. C'est ainsi, au surplus, qu'il faut concevoir tous les antagonismes physiologiques, d'après J.-P. Morat. Quoi qu'il en soit, le nitrite d'amyle, en excitant les vaso-dilatateurs, fait disparaître la pâleur et la dilatation pupillaire et pare à quelques-uns des symptômes d'anémie; il diminue la pression artérielle. Mais ces effets ne sont pas permanents; ils se dissipent dans un laps de temps de trois à quatre minutes. Dans ces conditions, le nitrite d'amyle peut avoir raison d'un accès, d'une exacerbation, dans le cours d'une intoxication cocaïnique (cas de Lorenz). Mais, l'action fugace du nitrite d'amyle ne peut en une seule fois constituer un traitement approprié de l'intoxication cocaïnique, dont le caractère est d'être persistante et prolongée.

On a encore proposé *l'atropine*, qui réussirait à supprimer les effets convulsivants (Skinner, 1886).

Enfin, en troisième lieu, les *narcotiques* et *l'hydrate de chloral* ont été conseillés. Il est certain que, par beaucoup de traits, la cocaïne est l'antagoniste des narcotiques et particulièrement de l'hydrate de chloral (effets sur le cerveau, sur les vaisseaux, etc.). On peut songer à combattre les symptômes d'intoxication de l'une des substances par l'autre. U. Mosso a préconisé le chloral, une fois que l'on a écarté le danger du tétanos respiratoire, ce qui peut se faire au moyen du chloroforme. D'après ce physiologiste, une dose de 46 milligrammes de cocaïne serait annihilée par une dose de 1gr,5 de chloral; inversement la cocaïne serait un des meilleurs stimulants dans les empoisonnements par les narcotiques.

39. Cocaïnomanie. — Malgré la date récente de l'introduction de la cocaïne en médecine, il y a aujourd'hui des cocaïnomanes, comme il y a des morphinomanes. Ces personnes recherchent, dans l'usage habituel de ce poison, une excitation cérébrale, des impressions nouvelles et une sorte d'ivresse analogue à celle qu'aiment à se procurer les fumeurs d'opium. Au début, on les rencontrait surtout parmi les dentistes (cas de Déjerine). Souvent ce sont les mêmes sujets qui passent de la morphine à la cocaïne ou qui les associent. Mais les psychiâtres qui ont rencontré quelques-uns de ces cas sont d'accord pour déclarer que la cocaïne est un toxique bien plus redoutable que la morphine, par la rapidité et l'intensité de ses désordres intellectuels (hallucinations, délire des persécutions), par des désordres moteurs et des désordres sensitifs dont les plus caractéristiques seraient des troubles de la sensibilité cutanée (impression de petits insectes sous la peau que le sujet cherche à enlever avec des aiguilles). Ces troubles s'exaltent le soir, à la période hypnagogique. A ces troubles il faut ajouter les phénomènes suivants : perte d'appétit, de sommeil, marasme, vertiges, syncopes, attaques épileptoïdes qui en forment le cortège ordinaire (Saury, Séglas).

III. — Action locale de la cocaïne. — Anesthésie locale.
Emploi chirurgical.

40. *Modes d'emploi.* — **41.** *Action locale de la cocaïne.* — **42.** *Emploi en chirurgie oculaire. Modes d'emploi. Opérations profondes.* — **43.** *Emploi de la cocaïne pour les opérations ou pour l'intervention médicale sur les muqueuses :* a) *En général.* — b) *Muqueuses du larynx et du pharynx.* — c) *Muqueuse nasale. Muqueuse de l'oreille.* — d) *Muqueuses œsophagienne et stomacale.* — e) *Muqueuse urétrale.* — f) *Muqueuse vaginale.* — g) *Muqueuse anale.* — **44.** *Emploi de la cocaïne en obstétrique.* — **45.** *Emploi de la cocaïne dans l'art dentaire.* — **46.** *Emploi de*

40. Modes d'emploi. — La cocaïne constitue l'un des rares, sinon le seul anesthésique local spécifique (voir DASTRE, *Anesthésiques*, 285-286). Les autres substances rangées dans ce groupe sont moins actives (gaïacol proposé par J.-L. CHAMPIONNIÈRE), ou bien elles exercent une action compliquée d'effets altérants (acide phénique), ou, enfin, elles doivent être introduites dans les vaisseaux (leucocyticides, bromhydrate de quinine, sublimé, etc.).

L'origine des applications chirurgicales de la cocaïne se trouve dans la découverte faite en 1884, par K. KOLLER (de Vienne), de l'action insensibilisatrice exercée par cette substance sur la conjonctive oculaire et sur la cornée. Cette observation elle-même se rattache à celle de S.-P. PERCY, qui (en 1857) avait constaté que le chlorhydrate d'éry-throxyline (cocaïne) possédait la propriété singulière d'émousser et de paralyser la sen-sibilité de la langue. Mais le point de départ de toutes ces notions se trouve dans la constatation qu'ont faite de temps immémorial les mâcheurs de coca de l'Amérique du Sud de l'insensibilisation de la langue produite par les feuilles de ce végétal.

Après l'étude physiologique qui précède, nous n'avons à nous occuper ici que de l'em-ploi qui a été fait de la cocaïne pour l'anesthésie locale. — Le principe en est la mise en contact direct de la substance avec les extrémités nerveuses des parties que l'on veut anesthésier.

Le chlorhydrate de cocaïne est employé, pour l'anesthésie locale, de trois manières : 1° en instillations dans l'œil ; 2° en badigeonnages, tamponnements ou pulvérisations sur le tégument des muqueuses, si l'on recherche une anesthésie superficielle ; 3° en injec-tions dermiques ou hypodermiques, si l'on recherche une insensibilisation plus profonde.

Le chirurgien se propose, dans tous les cas et quel que soit le procédé, de limiter l'action aux tissus directement atteints par le liquide et d'éviter la diffusion générale de la cocaïne dans l'organisme.

Si l'on veut des effets locaux (insensibilisation et anémie), sans superposition des effets généraux (intoxication cocaïnique), on devra employer les précautions les plus attentives pour éviter que la cocaïne pénètre dans les vaisseaux ou qu'elle y diffuse par absorption. Ces précautions se résument à quatre : *injection traçante* (RECLUS), *solution étendue ; doses faibles ; restriction de la circulation.*

41. Action locale de la cocaïne. — Les effets locaux de la cocaïne se réduisent à deux principaux : l'insensibilisation des parties et une anémie très marquée. L'histoire chi-rurgicale de la cocaïne est presque entièrement contenue dans ces deux termes : action anesthésiante et action vaso-constrictive énergique.

La cocaïne exerce des effets divers dont le détail a été examiné plus haut. Mais ce qui explique son action anesthésiante, c'est une altération directe et passagère qu'elle produit sur les terminaisons nerveuses et les fibres nerveuses dissociées (et surtout non protégées par la myéline) avec lesquelles elle entre en contact direct. — Nous avons vu (n° 32, obs. II) que, pour E. MAUREL, cette action n'est pas directe : elle est précédée d'une obstruction mécanique de la circulation capillaire, qui en serait la cause.

42. Emploi en chirurgie oculaire. — Nous avons dit que la cocaïne a d'abord fait son entrée dans la chirurgie oculaire, grâce à KARL KOLLER (*Congrès ophtalmologique* de *Heidelberg*, 15 septembre 1884).

Le chlorhydrate de cocaïne est généralement employé en instillations simples dans le cul-de-sac conjonctival.

La solution habituelle est à 1/200 ; cependant on a employé les solutions à 4 p. 100 (HARTRIDGE) ; à 5 p. 100 (VON REUSS, PANAS), et même 8 p. 100 (BRADFORT). On fait tomber sur l'œil quelques gouttes de liquide (7 à 8 gouttes) dans un intervalle de quelques minutes. Après un quart d'heure, l'effet est obtenu, et il se maintient pendant une dizaine de minutes, temps suffisant pour les opérations. On peut d'ailleurs entretenir l'état d'anesthésie en renouvelant les instillations. Ces instillations répétées sont sans incon-vénient si on les espace suffisamment, car la cocaïne ne s'accumule pas dans l'organisme.

La raison de l'activité extrême de la cocaïne par rapport à la conjonctive cornéenne tiendrait, d'après l'opinion générale, à la facilité du contact de la solution avec les éléments nerveux des terminaisons et des ramuscules non protégés par la myéline. La solution pénètre successivement à travers l'épithélium, imprègne la terminaison nerveuse (sans être contrariée par l'irrigation sanguine, seconde condition favorable à l'efficacité), atteint les espaces lymphatiques, se mêle à l'humeur aqueuse et baigne l'iris (ARLOING).

1° Le premier effet remarquable de ces instillations est une insensibilité complète de la cornée et de la conjonctive, saines ou enflammées. En analysant de plus près cette insensibilité on a vu qu'elle portait d'abord sur la sensibilité à la douleur et sur la sensibilité à la pression. Elle laisse subsister la sensibilité au chaud et au froid (H. DONALDSON, 1883 ; GOLDSCHEIDER).

2° Un second effet, également précieux pour la pratique, est une *dilatation marquée* de la *pupille*. Cette mydriase est un peu tardive, elle arrive après que l'insensibilisation existe déjà et elle lui survit pendant plusieurs heures.

Nous avons signalé plus haut (n° 24) les caractères de cette mydriase : elle résulte de la paralysie des terminaisons de l'oculo-moteur commun : quant à ses caractères distinctifs d'avec la mydriase atropinique, nous avons indiqué l'analgésie légère de l'iris ; la réaction de la pupille cocaïnisée à l'éclairement ; la diminution de la pression intra-oculaire, moindre que la diminution chloroformique, la parésie légère de l'accommodation, la conservation de l'acuité visuelle et de la réfringence des milieux.

Nous avons indiqué aussi l'écartement des paupières : la propulsion du globe oculaire et sa fixité par suite de la contraction de la capsule lisse de l'orbite.

3° Le troisième effet, curatif, également, c'est la pâleur et *l'ischémie des membranes de l'œil*, qui exerce une influence antiphlogistique avantageuse.

Quant aux inconvénients de la cocaïne et à ses contre-indications, nous les avons également mentionnés (26). JAVAL pense que la cocaïne pourrait favoriser le développement des phénomènes glaucomateux; en tous cas, SCHWEIGGER et HARTRIDGE la considèrent comme contre-indiquée dans le glaucome. Au contraire, GROENOW prétend que la cocaïne n'élève pas la pression oculaire et qu'elle a de bons effets. Elle serait un adjuvant de la pilocarpine (*Soc. opht. de Heidelberg*, 1896). LAQUEUR a vu souvent la cocaïne abaisser la tension oculaire dans la cataracte.

Modes d'emploi. — Certains opérateurs, au lieu d'employer les solutions de chlorhydrate, ont eu recours à une pommade : vaseline et cocaïne, 5 p. 100. On introduit une petite masse de la grosseur d'une tête d'épingle dans l'un des culs-de-sac palpébraux (KATZAOUROFF et ZACHAREWSKY).

Opérations profondes. — L'insensibilisation obtenue par ces procédés reste superficielle et peu durable. Dans le cas d'opérations profondes, telles que l'extirpation du globe oculaire, on est obligé de modifier l'administration de la cocaïne. TURNBULL continue les instillations dans l'œil, même pendant l'opération. C. COKS pratique une injection dans les muscles, particulièrement dans le tendon du droit externe. On est ramené ainsi au cas général de l'emploi de la cocaïne pour les opérations de la chirurgie ordinaire.

43. Emploi de la cocaïne pour les opérations ou pour l'intervention médicale sur les muqueuses. — La solution de chlorhydrate de cocaïne appliquée en badigeonnages sur les muqueuses amène une insensibilisation et une décongestion de la surface touchée.

a) *Muqueuses bucco-linguales.* — On a d'abord connu ce fait pour ce qui concerne la muqueuse de la langue et de la bouche. VON ANREP (*A. g. P.*, 1879) serait le premier observateur qui aurait étendu cette propriété à toutes les muqueuses. De fait, le résultat est le même pour les muqueuses du nez, de la bouche, du pharynx, du larynx, du rectum, des voies génitales et urinaires. Il importe toutefois de remarquer que l'action est d'autant plus énergique qu'il s'agit de muqueuses à éléments plus délicats et plus riches en terminaisons superficielles. C'est parce que la conjonctive et la cornée réalisent au plus au degré ces conditions qu'elles seraient aussi les plus sensibles à l'influence cocaïnique.

Le badigeonnage des muqueuses ne produit, le plus souvent, qu'un amendement de la douleur, plutôt qu'une véritable anesthésie. Cependant, cette insensibilisation peut être suffisante pour les applications médicales et chirurgicales.

On employait au début les solutions assez concentrées : à 5 p. 100, à 10 p. 100, dans l'eau alcoolisée, surtout lorsqu'il y avait des raisons de réduire autant que possible la quantité de liquide (larynx, voies aériennes); mais la solution à 10 p. 100, avantageuse à cet égard, peut entraver la guérison d'une plaie et produire une nécrose (E. Kummer). Aujourd'hui, on tend à user des solutions plus faibles (à 2 p. 100); on a conseillé aussi la solution phéniquée contenant : chlorhydrate de cocaïne 1gr,50; eau, 100 grammes; acide phénique pur, 5 gouttes, qui ne donnerait point lieu à la production d'accidents. La résorption de la cocaïne serait empêchée; l'empêchement résulterait d'une mince eschare sur la muqueuse (J. Gluck, Semaine médicale, 1890; Cartaz, Gaz. hebd., 1891).

b) *Muqueuses du larynx et du pharynx*. — C'est par Moreno-y-Maïz (1868) qu'a été signalée l'anesthésie du larynx et du pharynx par la cocaïne; Jelinck (1884) se servit des solutions fortes pour les besoins de la laryngoscopie et les petites opérations sur le larynx. A la même époque, Stoerk a usé de la cocaïne pour l'ablation d'un polype des cordes vocales. Moure et Baratoux ont agi de même. On a encore employé le badigeonnage pour amender la douleur ou l'inflammation dans les amygdalites, ou pour pratiquer la cautérisation des amygdales. Rappelons enfin que, d'après Brown-Séquard, la cocaïne, comme le chloroforme, le chloral et l'acide carbonique, projeté sur le larynx pourrait, par inhibition, provoquer l'anesthésie générale.

c) *Muqueuse nasale. Muqueuse de l'oreille moyenne. Oreille externe.* — Les badigeonnages ont été employés dans les fosses nasales pour l'ablation de polypes (solution à 2 p. 100); Zwaardemaker (43) a eu recours à la pulvérisation avec mélange de poudre d'amidon au moyen d'un tube à ouverture latérale. Dans le catarrhe nasal chronique, on alterne ou on mélange les pulvérisations de cocaïne avec les pulvérisations au nitrate d'argent. Le traitement à la cocaïne serait utile dans l'acné de l'asthme nerveux dont l'accès commence par une sténose nasale et finit par une abondante sécrétion muqueuse.

La cocaïnisation de la muqueuse nasale a été employée pour divers usages.

1° On l'a pratiquée comme préventif des troubles respiratoires et cardiaques dans l'anesthésie chloroformique (Rosenberg, Soc. méd. de Berlin, 1894-1895). On prévient de cette manière les réflexes inhibitoires cardiaques et les troubles respiratoires précoces que détermine le premier contact de la vapeur irritante de l'éther et du chloroforme avec la muqueuse des voies aériennes. On obtiendrait ainsi une narcose plus rapide et moins troublée. L'application se fait au moyen d'un pulvérisateur qui injecte dans chaque narine 2 centigrammes de cocaïne en solution faible, puis, un peu après, 1 centigramme et ainsi de suite jusqu'à 6 centigrammes.

2° On l'a pratiquée encore pour faire disparaître la sensation de la nausée dans diverses circonstances (Ch. W. Ingraham, 1896) et spécialement dans l'état nauséeux de la grossesse et du mal de mer. Mais, dans ce cas, les injections épigastriques de A. Tiboni seraient plus efficaces.

3° On l'a employée, enfin, pour faire disparaître ou du moins atténuer les douleurs menstruelles. W. Fliess (de Berlin) badigeonne, dans ce but, une portion de la cloison des fosses nasales, à la fois vasculaire et glandulaire, telle que le *tuberculum septi*.

Ces effets plus ou moins certains sont empiriques.

En otologie, on a employé la cocaïne pour amener la sédation de la douleur et pour faciliter le cathétérisme de la trompe d'Eustache (Bouchet, Thèse de Paris, 1889, n° 395). Kieselbach, Baumgarten (4) ont employé des tampons d'ouate imbibés de la solution de cocaïne à 5 ou 10 p. 100 comme tympan artificiel. Ils ont constaté la diminution des bruits subjectifs à la suite d'injection dans la caisse du tympan. Schwabach (40), dans le cas de catarrhe chronique de l'oreille moyenne, conseille, pour faire disparaître les bruits subjectifs, l'injection, au moyen de la sonde, de 5 gouttes de la solution à 2 p. 100. La cocaïne paraît agir dans ces cas par sa propriété vaso-constrictive et antiphlogistique. Von Stein (43) préconise, dans toutes les maladies de l'oreille avec phénomènes d'hyperhémie, des injections tympaniques ou des applications dans le conduit auditif, de la solution suivante : résorcine, 1 décigramme; chlorhydrate de cocaïne, 20 à 50 centigrammes; eau distillée, 10 grammes; chlorhydrate de morphine, 1 à 5 centigrammes. On obtiendrait ainsi une guérison rapide de la myringite et une jugulation de l'otite moyenne.

Wolfenstein (New-York), dès le début de l'otite moyenne aiguë, instille dans le conduit auditif externe 5 à 6 gouttes de chlorhydrate à 5 p. 100. La douleur disparaît au bout d'un quart d'heure : on réitère dès qu'elle revient, et cela quatre ou cinq fois par jour pendant deux à trois jours. On abrégerait ainsi la durée de la maladie et l'on préviendrait la suppuration même imminente (1893).

Nous rappellerons que l'on a constaté fréquemment des accidents dans le cas d'injection de cocaïne dans l'oreille moyenne, *même avec* des doses de 2 à 5 gouttes de la solution à 5 p. 100. En tout cas, on observe souvent des accidents légers tels que nausées, syncopes, pâleurs, vertiges, somnolence et des éruptions dans le voisinage (eczéma, furonculose).

d) Muqueuse œsophagienne et stomacale. — On a employé la cocaïne en ingestion stomacale pour supprimer les spasmes œsophagiens (Freud) ; Constantin Paul (34) l'a donnée chez les gastralgiques et chez les cancéreux à la dose de 30 centigrammes par jour, en deux cuillerées de la solution à 1 p. 100. On l'a encore employée de la même manière contre les vomissements incoërcibles de la grossesse (Holz) ; contre ceux de la fièvre jaune Thorington); contre le mal de mer (Hantz). A. Tiboni (de Turin) obtient de bons résultats dans le cas de vomissements incoercibles de la grossesse en injectant deux fois par jour, à la région épigastrique, 0gr,01 de chlorhydrate de cocaïne (1897).

On a encore employé les ingestions de cocaïne dans diverses affections.

S. R. Wells et L. J. Carré (de Londres) traitent la coqueluche par l'usage interne de la cocaïne (1895). Trois fois par jour, ils administrent à l'enfant une dose de solution contenant, au total, de 4 milligrammes à 20 milligrammes, suivant l'âge (8 mois à 6 ans); on abrégerait ainsi l'évolution de la maladie, on atténuerait les symptômes, vomissements, anorexie, quintes, insomnie. — L'ingestion produirait un effet diarrhéique, sans inconvénient dans ce cas.

e) Muqueuse urétrale. — Knapp, Blumenteld, Eberle ont, les premiers, essayé d'émousser la sensibilité de la muqueuse urétrale au moyen d'une injection de 30 à 45 gouttes de la solution à 2 p. 100 que l'on fait retenir pendant quelques minutes. On réussit ainsi à faciliter les sondages et même les manœuvres de la lithotritie (Weir).

f) Muqueuse vaginale. — De très bonne heure (1884), E. Fraenkel et R. J. Levis ont eu recours aux badigeonnages de la muqueuse vulvovaginale, et de la partie vaginale du col, dans diverses circonstances; par exemple, pour permettre des opérations ou des manœuvres auxquelles la douleur crée un obstacle infranchissable ; cautérisations; enlèvement de végétations superficielles, condylomes, caroncules; et aussi, pour diminuer l'excitabilité réflexe dans le vaginisme (Lejars et Dujardin-Beaumetz). Polk, en Amérique, grâce à une solution à 4 p. 100, put pratiquer deux fois la suture du col (1884).

g) Muqueuse anale. — Pour ce qui concerne la muqueuse anale, la cocaïne a rendu des services très réels pour amender les douleurs dans les cas de fistule douloureuse (Mivart), pour permettre les manœuvres et pour diminuer l'excitabilité réflexe dans les cas de spasmes du sphincter anal (Fraenkel).

h) Muqueuse préputiale. — H. Wells a observé incidemment, à la suite d'applications pharyngiennes ou nasales, une rétraction considérable du pénis avec diminution de la sensibilité du gland et relâchement des testicules. D'où l'idée d'employer la cocaïne comme *anaphrodisiaque* (67). On a administré la cocaïne pour calmer l'excitation génésique, soit en ingestion, soit en injections urétrales, soit sous forme de lotions du gland et du prépuce avec la solution à 4 p. 100, soit enfin en pulvérisations pharyngées (3 centigrammes).

44. Emploi de la cocaïne en obstétrique. — Fraenkel s'est également proposé de savoir si la cocaïne pourrait atténuer la douleur de la parturition. Les douleurs produites par la dilatation du col, au moment du passage de la tête, résultent d'une distension et d'une dilacération des parties profondes, qui ne semblent guère justiciables de la cocaïne, puisqu'elles viennent des nerfs iléo-inguinaux et des nerfs iléo-hypogastriques, par suite des tiraillements éprouvés par les nerfs sympathiques de l'utérus. Ce n'est donc qu'après la sortie de la tête de l'utérus que l'indication de la cocaïne devient rationnelle — Pourtant, Dubois, Doléris et Boisieux ont obtenu de très bons effets des badigeonnages avec la solution à 4 p. 100 (*B. B.*, 17 janvier 1885). Plus tard (1886), Jeannel a usé avec profit de la solution à 5 p. 100 appliquée au moyen d'un pinceau ou d'un tampon de ouate laissé à demeure. Enfin F. Bousquet (6) a utilisé avec succès la cocaïne dans 32 accouchements (dont 20 naturels et 10 qui nécessitèrent le forceps, le basiotribe, ou la version). Il se servait de tampons imbibés de cocaïne, ou bien il pratiquait l'injection dans chaque grande lèvre, de 2 centigr. et demi de cocaïne (en solution à 5 p. 100) cinq à dix minutes avant l'expulsion spontanée ou l'intervention artificielle. On observe ainsi une atténuation considérable des souffrances. Barton Hirst (*Med. News.*, 30 décembre 1886) badigeonne la muqueuse vaginale et le périnée avec une pommade à 4 p. 100 quand la dilatation est complète et que la partie fœtale qui se présente commence à distendre l'entrée du vagin et du périnée. G.-R. Dabs (*British med. Journal*, 30 avril 1887), en cas de col mince, rigide, place sur l'orifice un tampon de ouate imprégné de la solution à 4 p. 100 de cocaïne dans l'huile de ricin. Dans le cas de rigidité du périnée, lorsque la dilatation est lente; dans les présentations de siège, chez les primipares, la cocaïne serait précieuse. La douleur est aussi amoindrie considérablement par les applications d'une solution forte sur la vulve et le vagin. Hartzhorne pousse le plus près possible du col, à l'aide d'une seringue, un mélange de 6 parties de cocaïne, 20 de glycérine et 24 de vaseline. Cantab (1887) emploie la cocaïne contre les premières douleurs du travail, surtout chez les primipares. Auvard et Secheyron réservent la cocaïne pour la période d'expulsion et l'appliquent aux organes génitaux externes (une demi-seringue de la solution à 5 p. 100 injectée dans chaque lèvre, près de la fourchette). Le moment favorable est cinq à dix minutes avant l'expulsion de la tête. En résumé, la cocaïne en badigeonnages, combat efficacement la douleur de la distension des portions sus-vaginale et intra-vaginale du col et du vagin (Chaigneau, Thèse 1890). Plus récemment, L. Acconci a utilisé la cocaïne d'une autre manière. Il l'administre par la bouche, à la dose de 3 centigrammes, répétée deux fois en vingt minutes. De cette manière, la cocaïne n'aurait pas une action très manifeste sur l'utérus, mais elle serait un puissant excitateur de la contraction des muscles abdominaux, et pourrait être administrée avec profit dans les cas de fatigue occasionnée par la longueur de la période expulsive (3).

45. Emploi de la cocaïne dans l'art dentaire. — La cocaïne a été extrêmement employée dans l'art dentaire. — Le badigeonnage de la gencive n'en anesthésie que la surface; on n'atteint pas ainsi l'alvéole et la pulpe dentaire. Il faut avoir recours à l'injection intra-gingivale; mais celle-ci ne permet même pas toujours d'insensibiliser la pulpe et de rendre l'extraction indolore (Magitot, Préterre, etc.).

Nous noterons, de plus, que c'est surtout dans ces opérations dentaires, comme d'ailleurs dans toutes celles de la région céphalique, que l'on signale de graves accidents.

Quoi qu'il en soit, la pratique est aujourd'hui très générale. On opère de la manière suivante : on a, pour l'injection sous-gingivale, une solution de chlorhydrate de cocaïne à 5 p. 100, ou même on la prépare extemporanément. Pour cela, dans une petite cupule où l'on a préalablement placé 5 centigrammes de chlorhydrate de cocaïne, on vide une seringue de Pravaz (rendue aseptique) pleine d'eau bouillie. On remplit alors de nouveau la seringue avec la solution obtenue. On injecte, en général, 2 à 3 centigrammes de cocaïne, c'est-à-dire un peu moins ou un peu plus de la moitié de la seringue. Pour que la piqûre elle-même ne soit pas douloureuse, quelques praticiens recommandent de comprimer la gencive et de faire l'injection dans la partie voisine du doigt, rendue exsangue pour la pression; d'autres obtiennent une anesthésie suffisante de la gencive en plaçant pendant quelques instants, à l'endroit de la piqûre, un petit tampon de ouate imbibé d'une solution de chlorhydrate de cocaïne à 1/6. On pratique l'injection en déplaçant la seringue (injection traçante, comme dans les opérations chirurgicales) à mesure que l'injection pénètre. L'injection terminée, on comprime un peu la gencive avec le doigt pendant quelques secondes, pour éviter que le liquide ou le sang ne s'écoulent, et l'on attend généralement de cinq à dix minutes avant de pratiquer l'extraction.

Les contre-indications seraient, outre les contre-indications générales, la périostite aiguë; les abcès dentaires; l'extraction de la dent de sagesse. Malgré ces précautions, des irrégularités ou des accidents peuvent quelquefois survenir (*Semaine médicale*, 20 mars 1890).

46. La cocaïne en chirurgie générale. — *Emploi de la cocaïne pour les opérations de la chirurgie courante. Injections dermiques.* — Quelques chirurgiens emploient la cocaïne pour produire l'insensibilisation dans un grand nombre d'opérations courantes : goître, résection de côtes, excision du sein, ouverture d'abcès, cure radicale des hernies, hydrocèle, anus artificiel, incision des foyers suppurés, extirpation des tumeurs sous-cutanées (kystes sébacés, lipomes), amputation d'une phalange ou d'un métartasien; dilatation anale; extirpation des hémorroïdes, castration, etc.

D'autres chirurgiens, comme nous le verrons, redoutent la cocaïne et la considèrent comme un agent dangereux et infidèle.

a) Mode d'emploi. — *Injections dermiques ou interstitielles.* — L'administration doit être faite en *injections dermiques ou interstitielles;* nous parlerons tout à l'heure des injection sous-cutanées, dont l'action insensibilisatrice ne se produit pas au point où elles sont pratiquées. — En ce qui concerne les régions recouvertes d'une muqueuse, le badigeonnage, c'est-à-dire la simple application superficielle, ne produit qu'une insensibilisation de surface, très légère, incomplète et peu durable. Le procédé ne peut convenir pour des opérations de profondeur. Si l'on veut obtenir une anesthésiation plus étendue en profondeur, plus durable et plus complète, il faut faire pénétrer la solution cocaïnique dans l'épaisseur même du tégument muqueux.

Ces injections profondes, dermiques ou interstitielles, sont encore plus nécessaires, si l'on veut produire l'insensibilisation de la peau, de manière à pratiquer les opérations dans toutes les régions recouvertes par le tégument externe. En effet, les simples applications de cocaïne sur la peau saine ne produisent aucun effet. Même en employant la solution très concentrée à 1/6, PAUL BERT n'a rien obtenu (*B. B.*, 17 janvier 1885). L'épiderme constitue une barrière à peu près infranchissable. On a essayé l'action sur des parties dénudées de leur épiderme, en appliquant le liquide sur une plaie de vésicatoire ou en l'injectant dans la sérosité de la cloque. On a observé alors une analgésie très marquée au bout de cinq minutes et disparaissant rapidement au bout de 12 minutes. L'anesthésie reste limitée; et, si l'application n'est pas extrêmement régulière, on trouve des points douloureux juxtaposés aux points insensibles. Ce n'est que dans le cas où la peau est dénudée ou très enflammée que l'absorption peut se produire. C'est de cette manière que BURCHARD a pu insensibiliser le doigt atteint de panaris en le trempant dans la solution de cocaïne, et que WEISS a pu panser d'une manière analogue des brûlures de la face.

L'anesthésie localisée par la cocaïne n'est donc possible, en général, qu'au moyen des injections dermiques ou interstitielles. Telle est la pratique des dentistes qui administrent le chlorhydrate de cocaïne en injections intra-gingivales, et des chirurgiens qui ont généralisé cette manière de faire à tout le tégument.

b) Précautions. — *Le titre et la dose.* — *Procédés de* RECLUS *et de* KUMMER. — Il est clair que les chances de pénétration dans la circulation et de diffusion dans l'organisme, et par conséquent d'intoxication cocaïnique générale, sont assez grandes avec ces injections, et qu'il faut prendre des précautions très attentives pour les écarter. Ces précautions se résument dans les quatre points suivants : *dose faible, titre faible; injection traçante* pour éviter la pénétration dans un vaisseau; *restriction de la circulation,* c'est-à-dire de l'absorption possible au moyen de la bande d'ESMARCK. — Ces conditions sont réalisées dans les deux procédés.

Le titre et la dose. — Pour ce qui concerne les doses, nous avons dit que, depuis le début de ces applications, on avait été amené à les diminuer de plus en plus. Les partisans de la cocaïne en chirurgie sont descendus par degrés de la dose 1^{gr},5 à celle de 50 centigrammes, 20 centigrammes, 15 centigrammes. On en est aujourd'hui à 10 centigrammes qui, convenablement employés, peuvent d'ailleurs parfaitement suffire. RECLUS (Voir n° 36) considère qu'il n'y a pas de danger mortel au-dessous de 22 centigrammes. On a eu cependant des accidents ou des alertes avec 20 centigrammes, 11, 10, 7 centigrammes (P. REYNIER); 12 milligrammes (SCHWABACH); 8 milligrammes (HALLOPEAU).

A la condition de dose, il faut donc joindre encore une autre condition : celle du *titre ou degré de dilution.* Les solutions concentrées créent des dangers plus grands que les solutions étendues. On doit éviter les solutions à 10 p. 100 dans l'eau alcoolisée, renoncer aux solutions à 5 p. 100, à 4 p. 100, et se borner aux solutions à 2 p. 100 et à 1 p. 100.

Cette question offre une réelle importance au point de vue général. On comprendrait facilement que les solutions concentrées fussent plus énergiques que les solutions étendues; et cela, parce qu'elles amènent dans le même temps et les mêmes circonstances une saturation plus grande de l'organisme. Mais, en l'absence même de cette saturation plus grande, le résultat semble le même. Une solution concentrée sera aussi toxique qu'une autre solution plus étendue qui introduirait dans le même temps cinq ou six fois plus de cocaïne dans l'économie totale. Le *titre* a, par conséquent, une influence indépendante de la *dose;* ce n'est pas seulement parce qu'il accroît la dose qu'il accroît l'effet. Il a son action propre.

Les choses se passent donc comme si la saturation forte d'une petite partie de l'économie avait par elle-même des conséquences toxiques graves; indépendamment de la saturation totale qui en résulte. Introduire dans le même temps la même dose totale ne produira pas toujours le même résultat. Celui-ci dépendra encore du titre. C'est pour rendre compte de cette sorte de paradoxe, que E. MAUREL a fait intervenir l'action leucocyticide et la dose leucocyticide de la cocaïne, et proposé sa théorie de l'embolie mécanique (n° 32, obs. ii) d'ailleurs discutable et peu compatible avec l'expérience de la bande d'ESMARCK dont il va être question plus loin.

Quoi qu'il en soit, cette distinction du titre et de la dose est une idée nouvelle qui résulte assez distinctement de l'étude de la cocaïne. Les chirurgiens et les médecins n'ont pas pu ne pas en avoir quelque notion confuse. P. RECLUS l'a aperçue nettement. Les physiologistes l'ont mise en évidence. La pratique les a obligés à en tenir compte. Nous l'avions signalée nettement à propos de la cocaïne, et, plus anciennement, dans d'autres circonstances; E. MAUREL l'a bien mise en évidence.

α. *Procédé de* P. RECLUS. — L'injection doit être faite suivant des règles précises sur lesquelles ont insisté RECLUS et WALL (*Revue de chirurgie*, 10 février 1889 et *Société de chirurgie*, 1891, 761).

Le liquide ne doit pas être poussé dans le tissu cellulaire sous-cutané, où il risquerait de se diffuser, mais dans le derme lui-même, où il est mieux retenu. On emploiera la solution à 2 p. 100 ou même à 1 p. 100. On ne dépassera point l'introduction de 10 centigrammes (15 à 17 au maximum) que l'on emploiera de manière à cerner le champ opératoire. *L'injection sera traçante*, c'est-à-dire que l'on poussera le piston de la seringue en même temps que l'on enfoncera l'aiguille dans le tissu. Le danger est, en effet, la pénétration de la solution dans une veine. L'injection a pour résultat de faire proéminer une ligne blanchâtre (d'anémie par constriction), de chaque côté de laquelle l'effet anesthésique s'étend sur une largeur d'un centimètre environ. — Un moyen précieux d'étendre encore l'action de la cocaïne en largeur et en profondeur est le massage de la place injectée.

L'injection doit tracer rigoureusement sur la peau la ligne même que suivra le bistouri; cette ligne, large d'environ 1 centimètre, est seule insensibilisée. Si l'on n'est pas sûr de la reconnaître au bourrelet blanc, puis rosé, qu'elle forme, il faudra la tracer au préalable à la teinture d'iode. On doit s'arranger de façon que la première piqûre seule soit douloureuse, les autres devant avoir lieu aux limites d'une traînée déjà anesthésique.

Note. — Quant aux détails extrêmes du manuel opératoire, on les trouvera indiqués par RECLUS (*Semaine médicale*, 25 janvier 1893) pour les cas suivants : 1° extirpation de tumeur sous-cutanée; 2° cure radicale de la hernie inguinale; 3° cure radicale de l'hydrocèle; 4° castration; 5° dilatation anale et extirpation d'hémorroïdes; 6° amputations de doigts ou d'orteils; — mais ces descriptions ne renferment rien d'essentiel en dehors de ce qui vient d'être dit.

β. *Procédé de* KUMMER (de Genève). — KUMMER (de Genève) a employé la cocaïne pour toutes les opérations sur les doigts et les orteils (panaris, ongles incarnés, etc.), toutes les fois, en un mot, que le champ opératoire peut être isolé du reste du corps par une ligature élastique.

Le danger des injections cocaïniques est évité grâce à deux précautions : La première consiste à pratiquer la constriction du membre au moyen de la *bande* d'ESMARCH. On empêche ainsi la résorption de la substance, et l'on *renforce et prolonge* son effet local (ROBSON, CORNING). La seconde précaution consiste à *laisser saigner* quelque peu la plaie avant de faire le pansement, afin de permettre l'élimination aussi complète que possible de la cocaïne retenue. Ce qui montre la nécessité de cette pratique, c'est, qu'à son défaut, dans le cas d'*injections perdues*, c'est-à-dire non suivies d'opérations sanglantes, les phénomènes d'intoxication sont la règle.

On procède de la manière suivante : On place à la base du doigt, par exemple, une mince bande élastique d'Esmarch ; puis on injecte en différents points, autour du champ d'opération, quelques gouttes d'une solution de cocaïne à 1 p. 100, en ayant soin de comprimer toutes les piqûres pour empêcher l'écoulement du liquide. Huit minutes après l'injection, on peut faire n'importe quelle opération sur la place préparée, aussi tranquillement que si le malade dormait. Chez les adultes, il ne faut point dépasser la dose de 5 centigrammes ; chez les enfants au-dessous de dix ans, la dose est de 1 centigramme.

Précautions générales. — Nous voyons que toutes les méthodes d'emploi de la cocaïne comportent des précautions particulières et minutieuses. Outre ces recommandations spéciales il ne faut pas négliger les précautions générales indiquées par la Commission de l'Académie de médecine (12 mai 1891) : La cocaïne ne devra pas être employée chez les cardiaques, dans les maladies chroniques et chez les névropathes ; l'injection de cocaïne sera toujours faite sur un sujet couché, sauf à le relever ensuite s'il s'agit d'une opération sur la tête ou la bouche ; — cette prescription a sa raison d'être dans l'observation que presque jamais il n'y aurait de syncope dans le décubitus dorsal, tandis qu'elles sont fréquentes chez les sujets redressés ; — la dose de cocaïne (qui, d'ailleurs, ne doit pas dépasser 8 à 10 centigrammes pour de vastes étendues opératoires) doit être proportionnelle à l'étendue de la surface à analgésier ; l'introduction devra être fractionnée (29). Notons enfin que les partisans les plus déterminés de la cocaïne en déconseillent l'emploi dans le cas de tissus enflammés où l'absorption est rapide et la pénétration dans les veines à redouter, par exemple dans le cas d'anthrax, phlegmons, adénites. Le chlorure de méthyle est alors préférable (75).

Ainsi employée, d'une façon graduée et méthodique, la cocaïne présente sur le chloroforme, l'éther, les anesthésiques généraux, de grands avantages, et elle se prête au plus grand nombre des opérations de la chirurgie ordinaire.

c) *Méthodes mixtes.* — *Association de la cocaïne au chloroforme* (Obalinsky) *et à l'éther* (Schleich). — Différents expérimentateurs (Tchaikowsky, Dransart, Terrier) ont essayé d'unir l'action du chloroforme à l'action générale de la cocaïne. C'était là une tentative tout à fait empirique et non justifiée par l'histoire physiologique de ces deux substances. Obalinsky (de Cracovie) procède ainsi : il chloroformise légèrement le sujet ; puis, pendant le sommeil chloroformique léger, il injecte sous la peau 2 à 5 centigrammes de cocaïne en solution à 3 p. 100. D'après vingt-cinq essais réalisés sur différents sujets, cette pratique aurait eu les avantages suivants : 1° elle aurait permis d'entretenir l'anesthésie générale avec une dose moindre de chloroforme ; 2° elle aurait rendu les vomissements plus rares ; 3° elle aurait supprimé au réveil les sensations désagréables, courbatures, etc. ; 4° elle aurait atténué les phénomènes d'excitation nerveuse.

R. Dubois a vu, au contraire, que la cocaïne, loin de favoriser l'anesthésie chloroformique, entraverait son développement régulier. D'ailleurs, l'emploi de la cocaïne comme agent général est rendu absolument inutile par l'apparition tardive de l'analgésie et prohibitif par le danger des accidents possibles. Cette substance doit rester un agent local.

C'est de cette manière locale que Schleich (41) l'associe au chloroforme et à l'éther : comme Obalinsky, il chloroformise légèrement le sujet. Puis, il pulvérise l'éther le long de la plaie future, et enfin, il pratique des injections de cocaïne le long de cette section et dans les différents tissus qui doivent être incisés à mesure qu'ils sont découverts (6 centigrammes en solution très étendue de 0, 75 p. 100). Schleich a pratiqué ainsi trois laparotomies et fait l'ablation de petites tumeurs ovariennes, sans plainte des patientes. Courtin (47) adopte une conduite un peu différente. Il insensibilise la peau (par l'éther pulvérisé) ou par application de cocaïne, s'il s'agit d'une muqueuse ; puis la section faite, il badigeonne les parties cruentées avec des éponges stérilisées imbibées avec la solution à 1/30. Le procédé peut réussir ; mais il expose évidemment à des irrégularités.

d) *Injections sous-cutanées.* — *Procédé de* A. Krogius. — A. Krogius (d'Helsingfors) a préconisé (1894) un procédé qui, pratiquement très analogue aux précédents, en diffère beaucoup au point de vue théorique. Il s'agit d'atteindre, non pas individuellement les filets nerveux de la partie qui doit être insensibilisée ; mais les cordons nerveux qui l'animent. L'action de la cocaïne est portée sur les troncs qui innervent la région. On utilise, pour cela, l'observation faite par FEINBERG (1886) et vérifiée depuis par KOCHS, ALM, U. Mosso, etc. C'est à savoir que si l'on applique directement la cocaïne sur un tronc nerveux, on voit l'excitabilité du nerf s'éteindre, dans l'espace de six à sept minutes, la sensibilité disparaissant avant la motilité. Au bout d'un temps variable, mais assez court, le nerf reprend ses propriétés. Il y a restitution complète, *restitutio ad integrum*. L'application de cocaïne peut se faire, soit en entourant le nerf isolé d'un manchon de ouate imbibée de la solution de cocaïne qui pénètre lentement; soit, plus rapidement, en injectant dans la gaine celluleuse du nerf deux à quatre gouttes de la solution à 5 p. 100. L'effet s'étend à une distance de 1 à 2 centimètres seulement du point d'introduction. On sait (n° 30 γ) que FR. FRANCK a utilisé cette manière de paralyser un nerf en un point de sa continuité, comme un moyen temporairement équivalant à la section, pour l'étude physiologique.

A. KROGIUS l'a employée pour les usages chirurgicaux, pour les opérations pratiquées sur les organes faciles à isoler, tels que les membres, les doigts, les orteils, la verge, à savoir : panaris, amputations, suture de tendons, désarticulations de doigts et orteils, ongles incarnés, phimosis. La solution étendue à 2 p. 100 est injectée, non dans le derme, mais sous la peau, transversalement à la racine du doigt, de manière à baigner les différents nerfs qui l'animent. On peut, en agissant ainsi, et en n'employant pas au delà de 3 centimètres cubes de la solution (en tout 6 centigrammes), obtenir au bout de dix minutes une insensibilité complète qui s'étend à la peau, muscles, tendons et périoste. En opérant de même, c'est-à-dire en poussant une injection sous-cutanée transversale au niveau de la gouttière épitrochléenne, on détermine une analgésie de toute la sphère d'innervation du nerf cubital. En procédant pour la racine de la verge comme pour la racine du doigt, on rend le prépuce insensible et l'on peut pratiquer sans douleur l'opération du phimosis. La dépense en cocaïne est insignifiante; on économise la dose.

e) *Valeur pratique de la cocaïne en chirurgie*. — On peut croire que, grâce aux précautions indiquées plus haut, on évitera, dans le plus grand nombre de cas, les inconvénients et les accidents de l'intoxication cocaïnique. Nous avons signalé ces accidents. Nous en avons donné le tableau (n⁰ˢ 33 et 34) et indiqué le traitement (n° 38). Ce sont eux qui, fréquemment reproduits dans des circonstances très diverses, ont alarmé les chirurgiens et amené quelques opérateurs à proscrire entièrement la cocaïne, comme un agent infidèle et redoutable. D'après ROUX et DUMONT (de Berne), les cas publiés de ces accidents s'élevaient, au mois d'octobre 1888, au chiffre respectable de 126, parmi lesquels DELBOSC (*Thèse de Paris*, 1889) trouvait seulement quatre accidents mortels attribuables à la cocaïne. Le nombre des accidents s'est infiniment accru depuis cette époque (voir n° 36). Mais on est jusqu'à un certain point en droit de penser que la plupart d'entre eux sont dus à ce que l'on ne connaissait pas encore assez bien les règles méthodiques de l'emploi de la cocaïne (n° 46), ou peut-être encore à ce qu'on l'employait dans un état insuffisant de pureté (n° 47). Beaucoup de chirurgiens sont convaincus de cette vérité. RECLUS a pratiqué 1 600 opérations sans accident grave et, depuis 1889 à 1891, 1 000 opérations sans alerte. SCHWARTZ a fait 300 opérations, avec une seule alerte : MOTY, 5 à 6 000 piqûres sans autre accident que deux syncopes. D'autre côté se trouvent des opérateurs moins favorisés : QUÉNU a trois accidents sur 60 opérations. LABBÉ, BERGER sont très réservés. L'avenir décidera si l'observation des règles précédemment posées assure entièrement la sécurité de l'opérateur. Et, s'il en est ainsi, comme il y a lieu de le croire, le chlorhydrate de cocaïne, incontestablement le meilleur des anesthésiques locaux, devra être considéré comme un précieux auxiliaire de la chirurgie.

47. Causes d'irrégularité dans l'action de la cocaïne. — Nous venons de dire que la valeur pratique de la cocaïne en chirurgie dépendait de l'observation stricte d'un certain nombre de précautions qui ont pour objet de prévenir une absorption trop rapide; mais il peut arriver aussi que les irrégularités dans les effets de la cocaïne soient dues encore, pour une part, à une autre cause, qui est son impureté possible. Les solutions aqueuses de cocaïne commencent à s'altérer au bout de trois ou quatre jours. Si la substance, d'autre part, n'a pas été cristallisée soigneusement, elle peut retenir des homologues de la cocaïne, tels que le cinnamyl-cocaïne ou l'isatropyl-cocaïne qui existent normalement dans les feuilles de coca et qui exercent des actions particulières sur le cœur ou sur les diverses fonctions de l'organisme. Enfin, BIGNON (43) a signalé une autre cause d'irrégularité : Lorsque la solution de chlorhydrate de cocaïne est franchement acide, les propriétés anesthésiques sont atténuées ou masquées en partie. Or la plupart des sels, et surtout les chlorhydrates cristallisés, peuvent retenir une petite quantité d'acide. L'inégalité dans les quantités d'acide ainsi retenues expliquerait les inégalités d'action des solutions à titre apparemment égal. Si l'on traite le chlorhydrate par un léger excès de carbonate de soude, on obtient un *lait de cocaïne*, l'alcaloïde étant en suspension dans une liqueur légèrement alcaline. On aurait ainsi une substance à son maximum d'activité dont le pouvoir anesthésique peut être double de certains chlorhydrates.

48. **Préparations diverses de cocaïne. — Sulfate, phénate, cantharidate de cocaïne. —** Les physiologistes ont employé d'autres sels de cocaïne que le chlorhydrate, par exemple le sulfate ; celui-ci a paru un peu moins maniable.

D'autre part, des médecins [J. GLÜCK et VON OEFELE (59)] ont préconisé le *phénate de cocaïne.*

On a remarqué que l'action propre de l'acide phénique présentait quelques analogies avec celle de la cocaïne : des deux parts il y a production d'ischémie et insensibilisation des tissus. On a pensé que la combinaison des deux substances ne diminuerait pas et, au contraire, pourrait exalter leurs propriétés.

En réalité, le phénate de cocaïne agit comme le chlorhydrate, à ces deux différences près : la première, c'est que l'insensibilité est plus persistante, et, la seconde, que les chances d'intoxication sont presque supprimées. Ces différences tiennent à la même cause, c'est-à-dire que le phénate est insoluble dans l'eau et très peu soluble dans les liquides organiques. On doit l'employer en solutions alcooliques à 1/10 pour les applications locales ; à 1/100 (eau, 50 ; alcool, 50) pour les injections hypodermiques. L'action est donc tout à fait localisée aux parties atteintes et la résorption très lente.

On a préconisé une autre préparation, le cantharidate de cocaïne, pour un usage très particulier, c'est-à-dire pour les cas où l'on emploie le cantharidate de soude : syphilis du nez et du larynx, ozène. Cette substance aurait, sur le sel de soude, l'avantage de n'irriter ni les reins, ni la vessie, ni l'intestin [HENNIG (54)]. On l'obtient en mélangeant une partie de cantharidine, deux parties de soude caustique, deux parties de chlorhydrate de cocaïne. La substance est soluble dans l'eau chaude et dans l'eau chloroformée. On l'emploie en injections à la dose de 1/10 de milligramme.

IV. — Appendice.
Série cocaïnique. — Dérivés et succédanés de la cocaïne.

A. **Dérivés. —** *49. Synthèse de la cocaïne. —* 50. *Les trois séries de dérivés. —* **51**. *Cocaïne dextrogyre. —* 52. *Dérivés par substitution du noyau alcoolique. —* 53. *Dérivés par substitution du noyau aromatique. —* 54. *Dérivés par substitution du noyau azoté.*
B. **Succédanés. —** 55. *Tropacocaïne. —* **56**. *Eucaïne A. —* 57. *Eucaïne B. —* 58. *Holocaïne.*

49. **Synthèse de la cocaïne —** La cocaïne est la méthyl-benzoyl-ecgonine (voir n° 4). Elle a trois constituants : l'alcool méthylique, l'acide benzoïque et l'ecgonine. On peut, de plusieurs manières, combiner ces trois éléments et, par conséquent, faire la synthèse de la cocaïne. L'un de ces procédés (EINHORN et WILLSTÄTER) consiste à dissoudre dans l'alcool méthylique les alcaloïdes accessoires qui restent après la préparation de la cocaïne, — et qui contiennent tous de l'ecgonine. On y fait passer ensuite un courant d'acide chlorhydrique sec et l'on fait bouillir la masse au réfrigérant ascendant. On a formé ainsi du chlorhydrate de méthyl-ecgonine qu'il restera à benzoyler. On distille l'alcool ; on verse le produit sirupeux dans l'eau où se précipitent les acides et les éthers aromatiques, ce qui permet de s'en débarrasser par filtration. On traite par un alcali qui met en liberté la méthyl-ecgonine qu'il suffit ensuite de traiter par le chlorure de benzoyle.

50. **Les trois séries de dérivés de la cocaïne. —** La constitution de la cocaïne fait prévoir un grand nombre d'homologues que l'on a retrouvés, en effet, dans les diverses variétés de la plante qui fournit la coca. On peut obtenir trois catégories de dérivés.

L'ecgonine restant d'abord l'élément fixe, on conçoit déjà deux séries d'homologues. Dans la première série, on remplacera le radical alcoolique de la cocaïne ordinaire ou méthyl par ses homologues l'éthyl, le propyl, l'isopropyl, le butyl, l'isobutyl. Dans la seconde série, c'est le noyau aromatique qui sera remplacé; au benzoyl on pourra substituer des radicaux homologues, phénylacétyl, isovaléryl, anisyl, cinnamyl, isopropyl, phtalyl. Enfin, un troisième groupe d'homologues pourra être obtenu par des substitutions portant sur l'ecgonine elle-même.

1° Pour nommer les corps de la première série, c'est-à-dire les éthers homologues de la cocaïne, où le radical alcoolique méthyl est remplacé par l'éthyl, le propyl, le butyl, etc., on pourra faire la convention de les appeler des *coca*. La cocaïne ordinaire est un éther méthylique, une méthyline; ce sera la *cocaméthyline*. On aura donc la *cocaéthyline*, la *cocapropyline*, la *cocaisopropyline*, la *cocabutyline*, la *cocaisobutyline*, tous corps qui, en effet, ont été préparés par W. MERCK.

2° Les corps de la seconde série sont obtenus par le remplacement du radical aromatique benzoyl par ses homologues phénylacétyl, isovaléryl, anisyl, cinnamyl, phtalyl, etc.; ils forment les cocaïnes, la *phénylacétylcocaïne*, l'*isovalérylcocaïne*, l'*anisylcocaïne*, la *cinnamylcocaïne*, l'*isopropylcocaïne*, la *phtalyldicocaïne*, corps qui ont été également préparés.

3° Enfin les substitutions peuvent porter sur l'ecgonine elle-même. En premier lieu on peut obtenir avec l'ecgonine de la cocaïne ordinaire, un produit de substitution qui est l'*homoecgonine*. A celle-ci correspond par conséquent une *homococaïne*. Les corps de la troisième série seront donc des *homococaïnes*; et, si l'on substitue le radical alcoolique méthyl, l'éthyl, le propyl, le butyl, on aura des *homococaéthyline*, *homococapropyline*, *homococabutyline*, appelés encore par la convention précédente, *homométhylcocaïne*, *homopropylcocaïne* (POULLSON), *homobutylcocaïne*. Les cocaïnes dont le groupe méthyl-amide est remplacé par le radical imide ont été nommés *norcocaïnes* (voir NITZBERG).

51. Cocaïne dextrogyre.

Les cocaïnes dextrogyres se rattachent également à des modifications de l'ecgonine. L'ecgonine est normalement active et lévogyre. Sa formule de constitution comporte deux carbones asymétriques et, par conséquent, permet d'entrevoir la possibilité pour elle d'une isomérie stéréochimique. EINHORN et MARQUARD ont en effet obtenu, en traitant convenablement (par la chaleur en présence d'un alcali) l'ecgonine ordinaire gauche, l'ecgonine droite. Tandis que l'ecgonine lévogyre fond à 198°, l'ecgonine dextrogyre fond à 254°; elle cristallise dans l'alcool en belles aiguilles.

A l'ecgonine dextrogyre correspond la même série de produits qu'à l'ecgonine lévogyre. Il y a par exemple une benzoyl-ecgonine dextrogyre, comme une benzoyl-ecgonine lévogyre; de même une méthyl-ecgonine dextrogyre, — et enfin une cocaïne dextrogyre, huile épaisse, fondant à 44°, cristallisant plus difficilement dans l'alcool que l'ordinaire. Le chlorhydrate de cocaïne dextrogyre est lui-même dextrogyre; on l'a cristallisé. Il est peu soluble dans l'eau (1, 55 dans 100 d'eau), il fond à 205°. On connaît les autres sels, iodhydrate, bromhydrate, sulfate, nitrate de cocaïne droite.

Action physiologique. — On a étudié l'action physiologique de ces divers composés de la série cocaïnique.

Avant d'entrer dans le détail de ces actions, faisons une première remarque générale. *C'est à la fonction éther que paraît liée la propriété anesthésique et, en partie, la toxicité et l'action spéciale sur le foie* (EHRLICH). C'est-à-dire que, si l'on chasse le radical alcoolique éthérifiant, si l'on considère l'ecgonine ou la benzoyl-ecgonine, ou les corps analogues, ils ne peuvent plus être employés comme la cocaïne. Au contraire, *les éthers homologues de la cocaïne ordinaire ont des propriétés très voisines de celle-ci.*

Cocaïne droite. Nous dirons un mot d'abord des composés les plus proches de la cocaïne ordinaire, c'est-à-dire la *cocaïne dextrogyre.* — Son action est la même que celle de la cocaïne ordinaire; elle est seulement plus rapide et plus fugace. Elle produirait surtout un effet plus irritant qui oblige à l'exclure de la chirurgie oculaire.

Reste à examiner les trois séries de composés mentionnés plus haut.

52. Éthers homologues. Dérivés par substitution du noyau alcoolique. — 1ʳᵉ série. — *Éthers homologues de la cocaïne.* — Les propriétés physiologiques de ces composés, où le méthyl est remplacé par les radicaux éthyl, propyl, isopropyl, etc., sont très proches de celles de la cocaïne ordinaire (SALCK).

L'éther éthylique ou *cocaéthyline* est un peu moins anesthésique et un peu moins toxique que la coca-méthyline ordinaire. Essayée chez les chats, elle n'a point produit la dilatation pupillaire.

La *coca-propyline*, et la *coca-isopropyline* sont dans des conditions analogues. La *coca-butyline* et la *coca-isobutyline* n'ont pas été obtenues cristallisées.

Il est à noter que l'on connaît les isomères dextrogyres de cette série : ils se comportent comme les lévogyres, avec la même différence signalée plus haut. C'est-à-dire que leur action est plus rapide et plus fugace.

53. Dérivés par substitution du noyau aromatique. — 2e *Série*. — Les composés de cette série dérivent de la cocaïne ordinaire par substitution au benzoyl de radicaux homologues, phénylacétyl, isovaléryl, anisyl, cinnamyl, etc. On a ainsi, au lieu de la cocaïne ordinaire, méthyl-benzoyl-ecgonine, ou *benzoyl-cocaïne*, les corps suivants : *phényl-acétyl-cocaïne*, ou *méthyl-phénylacétyl-ecgonine* (EINHORN et KLEIN), et de même les éthers méthyliques qui constituent l'*isovaléryl-cocaïne*, l'*anisyl-cocaïne* (LIEBERMANN), etc. Le plus étudié de ce corps a été la *cinnamyl-cocaïne*.

La *cinnamyl-cocaïne* ($C^{19}H^{23}AzO^4$) se rencontre dans les feuilles de coca, associée à la cocaïne ordinaire. Elle est rare dans la coca à larges feuilles de la Bolivie et du Pérou ; mais elle est abondante dans le truxillo coca à feuilles étroites et particulièrement dans la coca de Javaet des Indes anglaises (voir n° 1). On l'obtient par les mêmes opérations qui donnent la cocaïne ordinaire dont elle constitue une impureté. Elle y a été découverte par GIESEL ; LIEBERMANN l'a reproduite synthétiquement ; ses propriétés physiques ont été bien étudiées ; on en connaît les variétés dextrogyres. PAUL et COWNLEY l'ont étudiée physiologiquement. Elle est peu anesthésique et peu toxique. Sa présence dans la cocaïne n'a donc pour effet que d'en diluer et atténuer l'activité.

L'*isatropylcocaïne* ($C^{19}H^{23}AzO^4$), encore appelée *cocamine* ou *truxelline*, a été obtenue dans les mêmes conditions que la précédente. On en connaît trois isomères, α, ϐ, γ, amorphes. Ces cocaïnes ne sont pas anesthésiques. Elles constituent un poison du cœur très violent (LIEBREICH). On leur a attribué quelques-uns des accidents survenus dans l'emploi chirurgicale de la cocaïne.

Le *phtalyldicocaïne* (EINHORN et KLEIN) ne se rapprocherait pas davantage de la cocaïne, au point de vue des propriétés physiologiques, non plus que la métylvalérylecgonine ou valérylcocaïne. D'après POULSSON et EHRLICH, elles ne seraient pas anesthésiques.

Relation entre les propriétés physiologiques de la cocaïne et sa constitution. — Ces observations, rapprochées les unes des autres, montrent que la propriété anesthésique de la cocaïne ordinaire est liée d'une part à la fonction générale éther, c'est-à-dire au radical alcoolique et aussi à la fonction acide spéciale du radical aromatique benzoylecgonine. A lui seul, le composé ecgonine n'est pas anesthésique ; combiné au radical alcoolique, et devenu méthylecgonine le corps n'est pas encore anesthésique. Il ne le sera qu'après adjonction de l'acide benzoïque, ou radical aromatique. D'autre part, celui-ci sans le radical alcoolique, c'est-à-dire réduit au corps benzoylecgonine, n'a pas non plus de propriétés anesthésiantes.

Il est seulement convulsivant ou paralysant. Les éthers alcooliques de ce convulsivant deviennent anesthésiques, les éthers alcooliques des homologues où le benzoyl est substitué cessent d'être actifs.

54. Dérivés par substitution du noyau azoté. — 3e *Série*. — Homococaïnes. Norcocaïnes. — Les norcocaïnes seraient plus anesthésiques et en même temps beaucoup plus toxiques que la cocaïne ordinaire.

En résumé, on voit donc que le *pouvoir anesthésique est lié à la fonction éther en général et au caractère particulier du groupe acide introduit dans la molécule alcool-ecgonine (groupe anesthésiophore)*. Cette conclusion ressortira encore plus clairement de l'examen des eucaïnes, holocaïnes, tropacocaïnes, dont il va être question.

B. — *Succédanés de la cocaïne*. — A côté des cocaïnes dont nous venons de rappeler brièvement la série, se rangent d'autres corps, d'autres alcaloïdes qui accompagnent souvent la cocaïne dans diverses variétés de feuilles de coca. Telles sont : l'hygrine, la tropacocaïne, les eucaïnes, l'holocaïne. Ce ne sont point des cocaïnes, car elles n'ont point pour base l'ecgonine. Mais néanmoins ces trois dernières ont des relations chimiques assez étroites avec les cocaïnes, et aussi des relations physiologiques.

55. Tropacocaïne ou Benzoyl-pseudo-tropéine. — La tropacocaïne a été présentée par certains auteurs, (LIEBREICH, CHADBOURNE, HUGENSCHMIDT), comme la meilleure des cocaïnes.

C'est un alcaloïde qui existe dans la coca de Java, à petites feuilles. Elle en a été extraite par GIESEL. Elle a été étudiée d'une manière approfondie par LIEBERMANN.

Elle répond à la formule $C^{15}H^{19}AzO^3$. C'est une benzoyl-pseudo-tropéine. Elle se décompose en acide benzoïque et base isomère à la tropine dans les circonstances où la benzoylecgonine (benzoyltropinecarbonique) (voir n° 4) se dédouble en acide benzoïque et ecgonine. Par là ce corps se rattache à la cocaïne avec laquelle elle a en commun le noyau *benzoyltropine* et aux alcaloïdes des solanées (atropine, hyoscyamine, duboisine) dont elle a le noyau *tropine*.

C'est une base. Elle fond à 49°. Elle donne des sels; le nitrate (peu soluble); le chlorhydrate soluble dans l'alcool et cristallisable, fondant à 271°.

La *tropacocaïne* (chlorhydrate) a été essayée chez les animaux par LIEBREICH et CHADBOURNE (de Boston) et chez l'homme par un certain nombre de chirurgiens : SCHWEIGGER et SILEX, HUGENSCHMIDT, PAUL RECLUS, etc.

Cette substance est anesthésique comme la cocaïne, mais elle ne présente pas les deux autres propriétés de la cocaïne, d'être vaso-constrictive et mydriatique.

Elle est moins toxique que la cocaïne. Elle n'exerce point de pouvoir vaso-constricteur et par conséquent ne produit pas d'anémie cérébrale ni de syncope. Elle agit moins énergiquement aussi sur les fonctions de l'économie. Aux doses minimes où on l'emploie ($0^{gr},04$ en injection sous-cutanée chez l'homme), elle n'exerce pas d'effet sur la respiration, et seulement une action passagère sur la circulation, contrairement à la cocaïne dont l'influence circulatoire est d'assez longue durée.

Le fait que la tropacocaïne n'agit point pour dilater la pupille est intéressant, précisément à cause de la parenté que présente cette substance avec l'atropine (noyau tropine). Le seul signe commun avec l'atropine, c'est une sensation plus ou moins constante de sécheresse à la gorge. Les oculistes ont employé cette substance (en solution à 3 p. 100) pour diverses opérations. Ses avantages sur la cocaïne seraient les suivants, d'après T. BOKENHAM (Londres): pas de dilatation pupillaire, ni de troubles de l'accommodation, ni d'ischémie, ni d'hyperthermie de l'œil, pas d'augmentation de la pression intra-oculaire, pas de troubles psychiques. Elle est plus stable que la cocaïne et 4 fois moins toxique. On l'a employée dans l'art dentaire.

La dose conseillée en chirurgie pour l'injection sous-cutanée, qui doit être poussée lentement avec les précautions ordinaires, est de $0^{gr},025$ dans 10 gouttes d'eau; pour l'instillation dans l'œil, 1 à 2 gouttes de la solution à 3 p. 100. Les effets généraux (vertige, anxiété précordiale) sont assez analogues à ceux de la cocaïne.

En résumé, la tropacocaïne semble moins toxique, moins perturbatrice de l'équilibre physiologique que la cocaïne. Elle est antiseptique, et ses solutions peuvent se conserver pendant plusieurs mois (HUGENSCHMIDT), tandis que celles de cocaïne ne se conservent pas au delà de quatre ou cinq jours. L'anesthésie est rapide; elle est durable.

Elle serait donc, à beaucoup d'égards, préférable à la cocaïne : sur un seul point, le degré d'anesthésie, il y a doute. HUGENSCHMIDT prétend que l'anesthésie est plus profonde, P. RECLUS qu'elle est plus légère que celle de la cocaïne.

Eucaïnes. — Les eucaïnes A et B ont été découvertes par MERLING (1896). Ce sont des composés artificiels, intentionnellement construits sur le type de la cocaïne ou de la tropacocaïne.

56. Eucaïne A. — L'eucaïne A ($C^{19}H^{27}AzO^4$) est un éther méthylbenzoïque d'une acétone amine carboxylée, comme la cocaïne est l'éther méthylbenzoïque de la tropine carboxylée (ecgonine). Le raisonnement qui a conduit à sa préparation est le suivant :

La triacétonalkamine est un corps voisin de la tropine; ils sont dérivés l'un et l'autre de l'oxypipéridine ; s'il est carboxylé, il sera voisin de l'atropine carboxylée (ecgonine), benzoylé et méthylé, il donnera l'eucaïne, comme l'autre, dans les mêmes circonstances, la cocaïne.

L'eucaïne A est difficilement soluble dans l'eau, et facilement dans l'alcool, l'éther, le chloroforme et la benzine. Elle cristallise.

On en emploie le chlorhydrate; celui-ci est obtenu cristallisé avec une molécule d'eau. Il est peu soluble (9,5 dans 100 d'eau à 15°). La solution ne s'altère pas à l'air.

L'eucaïne A est vaso-dilatatrice, contrairement à la cocaïne. Elle ne dilate point la pupille. Elle est un peu plus irritante que la cocaïne, et produit une plus vive sensation de brûlure. Elle est aussi toxique (Pouchet) ou un peu moins (Vinci). L'action sur le cœur serait sensiblement la même (ralentissement). L'anesthésie serait plus courte et peut-être un peu plus légère. Somme toute, elle n'aurait point d'avantages sur la cocaïne (P. Reclus).

57. Eucaïne B. — L'eucaïne B est voisine de l'eucaïne A et de la tropacocaïne. Elle a pour point de départ la diacétonamine au lieu de la triacétonamine. C'est une benzoyl-vinyldiacétonalkamine. Sa formule est $C^{18}H^{21}AzO^2$.

On emploie pour l'anesthésie locale la solution à 2 p. 100. Ces solutions sont inaltérables. Les propriétés sont les mêmes que celles de l'eucaïne A. Elle est deux à trois fois moins toxique et par conséquent doit être préférée.

58. Holocaïne. — Cet alcaloïde a été préparé par Tauber. Il a pour formule $C^{18}H^{22}Az^2O^2$. C'est une base puissante. On en emploie le chlorhydrate en solution à 1 p. 100. On a préconisé cet anesthésique en ophtalmologie, comme le meilleur des agents de cet ordre et aussi en stomatologie. Il se comporte sous beaucoup de rapports comme la cocaïne, sauf qu'il est peut-être un peu plus toxique, ce qui oblige à des précautions au moins égales à celles qu'exige la cocaïne.

Ses avantages en chirurgie oculaire sont appréciables dans le cas d'extraction de corps étrangers de la cornée, des opérations sur la conjonctive, surtout lorsqu'elle est enflammée, dans les opérations de ptérygion, chalazion, strabisme (Lagrange et Cosse). Cette supériorité sur la cocaïne résulte des caractères physiologiques suivants :

L'holocaïne ne produit point de mydriase; point de paralysie de l'accommodation; pas de dessèchement ni d'opacité de la cornée, qui reste humide et brillante; pas d'abaissement de la tension intra-oculaire; pas d'élargissement de la fente palpébrale avec propulsion du globe oculaire. Il est possible d'employer la substance, même dans le cas de processus inflammatoires de l'œil (Natanson). La cocaïne serait préférable dans les opérations où il y a ouverture du globe de l'œil; dans l'iridectomie glaucomateuse. On peut mélanger les deux cocaïnes dans certains cas, par exemple dans l'opération de la cataracte.

Bibliographie depuis 1890. — 1. Albertoni (P.). *Action de la cocaïne sur la contractilité du protoplasma* (A. i. B., xv, 1, 1891, et *Annal. di Chimic. e di Farmacol.*, xii, 6, 305). — 2. Acconci (L.). *Contraction et inertie de l'utérus. Action de la cocaïne* (A. i. B., xvi, 208, 1891-1892, et *Giornale della R. Accad. di Torino*, nos 7 et 8, 1891). — 3. Baumgarten. *Vortheile und Nachtheile der Cocaïnbehandlung des Ohres* (*Monatsbl. f. Ohrenheilk.*, 1890, n° 2). — 4. Belmondo (E.). *Modifications de l'excitabilité corticale déterminées par la cocaïne* (*Lo Sperimentale*, xliv, août 1891). — 5. Bousquet (F.). *Emploi de la cocaïne en obstétrique* (*Semaine médicale*, 312, 1890) ; — 6. *Accidents locaux de la cocaïne* (*Bull. et Mém. de la Soc. de Chir. de Paris*, xvi, 297, 1890). — 7. Berger (P.). *Empoisonnement mortel produit par l'injection d'une solution de chlorhydrate de cocaïne dans la tunique vaginale à la suite de la ponction d'une hydrocèle* (*Ibid.*, xvii, 751, 1891). — 8. Deleporte (P.). *Les méthodes employées pour obtenir l'anesthésie chirurgicale au moyen de la cocaïne* (*Thèse de Paris*, n° 307, 1891). — 9. Berger, Reclus, Labbé, Quénu, Schwartz, Reynier (P.), Moty, Championnière, Pozzi. *Discussion sur l'anesthésie par la cocaïne* (*Bull. et Mém. de la Soc. de chir. de Paris*, xvii, 761, 1891). — 10. Dumont (F.). *Ueber gegenwartigen Stand der Cocaïn-Analgesie*, Wiesbaden, 8°, 1890. — 11. Einhorn (A.). *Ueber die Beziehungen des Cocaïns zum Atropin* (*Ber. d. Deutsch. Chem. Gesellsch.*, xxiii, 1338). — 12. Einhorn et Marquardt (A.). *Ueber Rechtscocaïn; Zur Kenntniss der Rechtscocaïn und der homologen Alkaloïde* (*Ibid.*, xxiii, 468 et 979). — 13. Ehrlich (P.). *Studien in der Cocaïnreihe* (*Deutsch. med. Wochenschrift*, n° 32, 717, 1890). — 14. Ferreira da Silva (A. J.). *Sur une réaction caractéristique de la cocaïne* (*Journal de pharmacie et de chimie*, xii, 345). — 15. François-Franck. *Action paralysante de la cocaïne sur les nerfs et les centres nerveux. Applications à la technique expérimentale* (A. de P., 562, 1892). — 16. Fleming (W. J.). *Nitrous oxyd, Cocaine, and other anæsthetics* (*Medico-Chirurg. Society of Glasgow. Discussion on anæsthetics*, 62, 1891). — 17. Gley (E.). *Action du foie sur le chlorhydrate de cocaïne* (B. B., 4 juillet 1891). — 18. Chouppe. *Même sujet* (*Ibid.*, 25 juillet 1891). — 19. Halloppeau (H.). *Sur une forme prolongée de cocaïnisme aigu* (*Bull. de l'Ac. de méd.*, Paris, 2 décembre 1890, et *Journal des* *onnaissances médicales*, 1891). — 20. HERMANN (L.) et LASERSTEIN. *Action de la cocaïne sur la sensibilité électrique de la langue* (A. g. P., XLIX, 519, 1891). — 21. HÜBER (TH.). *Eine interessante Cocaïn-Intoxication* (Deutsche Militärärtzl. Zeitsch., n° 4, 1890). — 22. KUMMER (E.). *De l'anesthésie locale par injection de cocaïne et du bon effet de la bande d'Esmarch* (Genève, 1889, et Société médicale de Genève, 1890). — 23. LIEBERMANN (C.) et GIESEL (F.). *Ueber eine Nebenproduct der technischen Cocaïn Synthese* (Ber. d. Deutsch. Chem. Gesellsch., XXIII, 508 et 926). — 24. LIMBOURG (V.). *Kritische und experimentelle Untersuchungen über die Iris Bewegungem und über den Einfluss von Giften auf dieselben, besonders des Cocaïns* (A. P. P., XXX, 93, 1892). — 25. LORENZ. *Accidents dus à la cocaïne* (Centralblatt für Gynæk., n° 51, 1891). — 26. MAGITOT. *Cocaïne et cocaïnisme* (Bullet. de l'Acad. de médecine, 12 mai 1891). — 27. MANNHEIM (P.). *Ueber das Cocaïn und seine Gefahren in physiologischer, toxikologischer, und therapeutischer Beziehung* (Zeitschr. f. klin. Medicin, XVIII, 380). — 28. MAUREL (E.). *Recherches sur les causes de la mort par la cocaïne* (Bulletin général de thérapeutique, n° 10, 201, 1892). — 29. UGOLINO MOSSO. *Action physiologique de la cocaïne et critique expérimentale des travaux publiés sur son mécanisme d'action* (A. i. B., XIV, fasc. III, 1891). — 30. PAUL (CONSTANTIN). *Cocaïne à l'intérieur* (Bull. de l'Acad. de méd. Paris, 12 mai 1891). — 31. PATEIN. *Nouveau procédé pour la recherche de la cocaïne* (Soc. de thérapeutique, 13 mai 1891, et Semaine médicale, 203, 1891). — 32. POULSSON (E). *Beiträge zur Kenntniss des pharmakologischen Gruppe der Cocaïns* (A. P. P., XXVII, 301). — 33. REICHERT (E. T.). *A study of the action of cocaïn on the circulation* (The Americ. Lancet, Detroit, n° 5, 163, 1891). — 34. SAURY. *Sur le cocaïnisme* (Cong. de méd. mentale de Rouen, 5-8 août 1890, et Semaine médicale, 278, 1890). — 35. SCHWABACH. *Intoxications Erscheinungen nach Einspritzung von Cocaïn Muriat in die Paukenhöhle* (Therapeut. Monotshefte, mars 1890). — 36. SCHLEICH. *Ether und cocaïne* (Berlin. klin. Wochenschr., n° 35, 1891). — 37. SHORE. *A contribution to our knowledge of taste sensations* (J. P., XIII, 206, 1892). — 38. STEIN (V.). *Resorcin in Verbindung mit Cocaïn bei Ohrenkrankeiten* (Monat schrift f. Ohrenheilkunde, n° 3, 1890, et C. W., 572, 1890). — 39. TRZEBICKY. *Ein Fall von Cocaïnvergiftung* (Wiener med. Wochenschrift, n° 38, 1891). — 40. ZWAARDEMAKER. *Cocaïne-seering van de... etc. Cocaïnisation des fosses nasales et de leur arrière-cavité* (C. W., 230, 1890). — 41. ADLER. *Emploi de la cocaïne dans la petite chirurgie* (Therapeut. Gazett., 15 août 1892). — 42. ARMAIGNAC. *De l'anesthésie locale par la cocaïne dans l'énucléation du globe oculaire* (Journal de médecine de Bordeaux, 25 février 1892). — 43. BIGNON. *Sur les propriétés anesthésiques de la cocaïne* (Bulletin général de thérapeutique, 29 février 1892). — 44. BISSEL (J.). *Quelques objections sur l'emploi de la cocaïne dans les maladies des voies génito-urinaires* (New-York med. record, 488). — 45. BOUCHARD. *Le chlorhydrate de cocaïne et les dentistes*, Lille, 1890. — 46. COMBE. *La cocaïne dans les opérations sur la bouche* (V° Congrès franç. de chirurgie, avril 1891). — 47. COURTIN. *Nouveau mode d'emploi de la cocaïne* (Semaine médicale, 10 février 1892). — 48. DANILEWSKY. *Ueber die physiologische Wirkung der Cocaïne, etc.* (A. g. P., LI, 446, 1892). — 49. DOMVILLE. *Cocaïne pour le traitement de l'onglé incarné* (South West. branch of Brit. med. Assoc., 17 octobre 1890). — 50. FRANC. *De l'anesthésie locale par le chlorhydrate de cocaïne en obstétrique et en gyné-cologie* (Journal de méd. de Bordeaux, 19 octobre 1890). — 51. GUINARD. *Cocaïne et circoncision* (Gaz. hebd. de méd., 13 septembre 1890). — 52. HAMMOND (W.). *La cocaïne et la strychnine dans le traitement de la faiblesse du cœur* (Sem. méd., 3 décembre 1890). — 53. HARRIES. *Médication cataphorique et cocaïne comme anesthésique local* (Lancet, 25 octobre 1890). — 54. HENNIG (A.). *Cantharidate de cocaïne* (Sem. médicale, 7 septembre 1892). — 55. GIESEL, LIEBERMANN, CHADBOURNE, ZCHWEIGGER, etc. *La tropacocaïne* (Voir S. méd., 31 août 1892). — 56. MANLEY. *Anesthésie par la cocaïne* (Bost. med. Journal, 13 novembre 1890). — 57. MARCIGUES. *Les accidents de l'anesthésie par la cocaïne* (Revue générale de clinique, n° 3, 1892). — 58. PERNICE. *De l'anesthésie cocaïnique* (Deutsch. med. Wochensch., n° 14, 287, 1890). — 59. VON ŒFELE. *Le phénate de cocaïne*, Münich, 1892. — 60. PLICQUE. *Anesthésie par la cocaïne dans la pratique chirurgicale* (Annal. de méd., 18 février 1891). — 61. RECLUS (P.). *La cocaïne en chirurgie* (Revue scient., 26 mars 1892). — 62. ROSSIER (G.). *De l'emploi de la cocaïne pour opérer les abcès du sein et les déchirures du périnée* (Corres-pond.-Blatt. f. schweiz. Aerzte, 1er août 1891). — 63. SCHELLLENBERG. *Ein Fall von Cocaïnvergiftung* (Therap. Monatsch., n° 6, 375, juin 1891). — 64. SEIFERT. *Sur l'emploi de la cocaïne* (Revue de laryngol., 15 mars 1892). — 65. PERCY SMITH. *Case of cocaïnism* (Jour-

nal of mental sc., juillet 1892). — 66. Troquart. *De l'emploi de la cocaïne dans les maladies des voies urinaires* (*Journal de méd. de Bordeaux*, 4 janvier 1891). — 67. Wells (H.). *La cocaïne calmant de l'excitation génésique* (*Sem. méd.*, 8 juin 1892). — 68. Reclus (P.) *Anesthésie par la cocaïne en chirurgie. Les accidents de la cocaïne. Les indications de la cocaïne* (*Ibid.*, 25 janvier, 17 mai, 20 septembre 1893). — 69. Berger (E.). *Remarques sur l'action physiologique de la cocaïne* (*B. B.*, 21 janvier 1893). '— 70. Viau (G.). *Étude critique des intoxications par la cocaïne* (*Journal d'odontologie*, mars 1893). — 71. Hugenschmidt. *Des injections de tropacocaïne comme anesthésique local* (*Sem. méd.*, 28 janvier 1893). — 72. Wood (H.) et Cerna (David). *The effects of drugs and other agencies upon the respiratory movements* (*J. P.*, xiii, 870). — 73. Mosso (A.). *Les phénomènes psychiques et la température du cerveau* (*A. i. B.*, xviii, 277). — 74. Wolfenstein. *Des effets de la cocaïne dans l'otite moyenne aiguë* (*Sem. méd.*, 11 mars 1893). — 75. Nitzberg (Ch.). *Cocaïnes, eucaïnes, holocaïne* (*Les nouveaux Remèdes*, 1898, nos 1 à 5). — 76. Natanson (A.). *Action thérapeutique de l'holocaïne* (*St-Pétersb. med. Wochenschrift*, 1897, n° 32). — 77. Maurel (E.). *Cocaïne. Ses propriétés toxiques et thérapeutiques*, Paris, 1895. — 78. Bignon (A.). *Sur les propriétés anesthésiques de la cocaïne* (*Bull. gén. de thérap.*, 1892, n° 8). — 79. Berger (E.). *Remarques sur l'action physiologique de la cocaïne* (*B. B.*, 1892, 63). — 80. Aducco (V.). *Action plus intense de la cocaïne quand on en répète l'administration à court intervalle* (*A. i. B.*, xx, 32). — 81. Kiesow (Fr.). *Ueber die Wirkung des Cocaïns und der Gymnemasäure auf die Schleimhaut der Zunge und der Mundraumes* (*Wundt's philos. Studien*, ix, 10). — 82. Vinci (G.). *Ueber die anesthesirende und toxische Wirkung einiger dem Cocaïn nahestehender Körper* (*A. P.*, 1897, 163). — 83. Féré (Ch.). *Note sur l'influence des injections préalables de solutions de chlorhydrate de cocaïne, dans l'albumine de l'œuf de poule, sur l'évolution de l'embryon* (*B. B.*, 1897, 597). — 84. Manca (G.). *Influence de la cocaïne sur la résistance des globules rouges du sang* (*A. i. B.*, xxiii, 391). — 85. Einhorn (A.) et Willstätter (R.). *Ueber die technische Darstellung des Cocaïns aus seinen Nebenalkaloïden* (*Ber. d. d. chem. Ges.*, xxvii, 1523 bis, 1524). — 86. Liebermann (C.). *Zur Abhandlung von Einhorn und Willstätter über die technische Darstellung von Cocaïn aus seinen Nebenalkaloïden* (*Ibid.*, xxvii, 2051 bis, 2053). — 87. Einhorn (A.) et His (H.). *Ueber einige in der Benzoylgruppe substituirte Cocaine* (*Ibid.*, xxvii, 1874 bis, 1879). — 88. Einhorn (A.) et Faust (E.). *Ueber Rechtscocaine, welche in der Benzoylgruppe substituirt sind* (*Ibid.*, xxvii, 1880 bis, 1887). — 89. Einhorn (A.). *Ueber die technische Darstellung der Cocaïns aus seinen Nebenalkaloïden* (*Ibid.*, xxvii, 2960). — 90. Ehrlich (P.) et Einhorn (A.). *Ueber die physiologische Wirkung der Verbindungen der Cocaïnreihe* (*Ibid.*, 1870 bis, 1873).

Voir en outre les indications données dans le cours de ce travail, et consulter Delbosc. *Étude exp. et clinique sur la cocaïne* (*Trav. du lab. de Ch. Richet*, ii, 1893, 529-564). — Dastre. *La Cocaïne* (*R. d. sc. méd.*, 1892, xl, 671-704). — Sallard. *Cocaïne et Cocaïnisme* (*R. de thér. méd. chir.*, 1893, lxiii, 163-170).

A. DASTRE.

COCCOGNINE ($C^{20}H^{22}O^8$). — Substance cristallisable, analogue à la daphnétine, retirée par Casselmann des semences du *Daphne mesereum* (*D. W.*, (1), 514).

CODÉINE. —La codéine ($C^{18}H^{21}AzO^3$) (de χωὴ, capsule de pavot) a été découverte en 1832 par Robiquet dans l'opium où elle existe, ainsi que la morphine, combinée à l'acide méconique. Elle a été étudiée par de nombreux auteurs, mais c'est surtout depuis le travail de Barbier, d'Amiens (1834), qu'elle est entrée dans la pratique. Au point de vue physiologique, citons surtout les recherches de Cl. Bernard et de Laborde.

Propriétés physiques et chimiques. — La codéine peut se présenter sous deux états : anhydre et hydratée. La codéine anhydre forme des cristaux .octaédriques réguliers à base rectangulaire. Pour l'obtenir on laisse évaporer sa dissolution dans l'éther anhydre. La codéine hydratée se présente sous la forme de prismes volumineux, tantôt allongés, tantôt aplatis : pour l'obtenir, on fait évaporer sa dissolution dans l'éther aqueux, elle renferme alors 5,68 p. 100 d'eau.

Elle est blanche, cristallisée, inodore, amère; exposée à l'air, elle ne s'altère pas; il faut 80 parties d'eau froide pour la dissoudre, mais 17 parties d'eau bouillante suffisent. Très soluble dans l'alcool, le chloroforme, l'éther, elle est presque insoluble dans les alcalis qui la séparent de ses solutions et, complètement insoluble dans la benzine.

La solution alcoolique dévie fortement à gauche le plan de polarisation de la lumière, et sous l'influence des acides son pouvoir rotatoire est à peine modifié.

A une douce chaleur, en présence de la potasse caustique, elle est attaquée et dégage de l'ammoniaque, de la méthylamine et une base volatile et cristallisée; il reste un résidu brun noir.

Elle est attaquée par le chlore, le brome, l'iode, l'acide azotique, l'acide chlorhydrique, le cyanogène, l'iodure d'éthyle, qui forment de la chlorocodéine, de la bromocodéine et de la tribromocodéine, de l'iodocodéine, de la nitrocodéine, de la chlorocodide, de la dicyanocodéine, de l'iodhydrate d'éthylcodéine. Elle se combine avec les acides pour former des sels dont les principaux sont les suivants : L'azotate, qui se présente sous la forme de petits cristaux prismatiques peu solubles dans l'eau froide, mais bien solubles dans l'eau bouillante; Le chlorhydrate est en aiguilles groupées en étoile, aiguilles qui sont des prismes à 4 pans terminés en biseau. Il est soluble dans 20 parties d'eau à 15°,5. Le chloromercurate est un sel blanc à cristaux groupés en étoiles; il est peu soluble dans l'eau froide, mais soluble dans l'eau bouillante et l'alcool. Le chloroplatinate est en houppes soyeuses, couleur orangée, il est soluble dans l'eau bouillante, mais en se décomposant en partie. Le sulfate est en cristaux qui ont l'aspect de longues aiguilles ou de prismes aplatis, se dissolvant mieux à chaud qu'à froid. Le tartrate est incristallisable. On peut encore obtenir les sels suivants : le ferrocyanure, l'iodate, le perchlorate et le phosphate qui sont des sels solubles.

Quand on dissout de la codéine dans l'acide sulfurique contenant 1 p. 100 de molybdate de sodium, on obtient une solution d'abord vert sombre, puis bleue et enfin jaune pâle, après quelques heures. La codéine se distingue de la morphine en ce qu'elle ne réduit ni l'acide iodique, ni les persels de fer; elle ne se colore pas en rouge par l'acide nitrique et enfin elle est soluble dans l'éther qui ne dissout pas la morphine.

(On trouvera dans le *Dict. de chimie* de Wurtz tous les détails chimiques.)

Extraction. — Il existe plusieurs procédés pour extraire la codéine, voici celui indiqué par le Codex. On concentre les eaux mères qui ont servi à la préparation de la morphine et l'on recueille le mélange de chlorhydrate de codéine et de chlorhydrate d'ammoniaque qui se dépose. On le dissout dans l'eau bouillante, et par le refroidissement le chlorhydrate de codéine seul cristallise en houppes soyeuses. Comme ce sel contient encore de petites quantités de morphine, on le triture avec une solution de potasse caustique en léger excès, qui retient la morphine en dissolution. La codéine précipitée reste sous la forme d'une masse visqueuse qui absorbe de l'eau, perd sa transparence et prend un aspect pulvérulent. On la lave avec un peu d'eau froide, on la sèche et on la dissout dans l'éther aqueux, qui l'abandonne en beaux cristaux (Dupuy).

Action physiologique. — Tous ceux qui ont étudié l'action physiologique de la codéine prétendent qu'elle ressemble à l'action de la morphine, mais bien atténuée. En parcourant les divers travaux publiés, il est facile de constater que la différence d'action entre ces deux substances est plus grande que ne semblent l'indiquer les expérimentateurs; il suffit, du reste, d'analyser les diverses fonctions.

Système nerveux. — C'est sur le système nerveux, et surtout sur le plexus solaire et le système du grand sympathique, que se produisent les principaux effets (Barbier). Cependant on trouve une assez grande divergence d'opinion entre les divers auteurs, car si les uns considèrent la codéine comme un sédatif du système nerveux, les autres, au contraire, lui reconnaissent une action excitante.

Pour Barbier (d'Amiens), à la dose de un à deux grains, la codéine agit sur le système nerveux et produit un sommeil sans congestion cérébrale. Elle ne donne pas de la céphalée et de la somnolence comme la morphine (Magendie). Elle procure un sommeil doux et paisible pour Martin-Solon. Cependant des résultats semblables n'ont pas été obtenus par tous les expérimentateurs. Ainsi William Gregory a constaté que 2 à 3 décigrammes de nitrate de codéine produisaient une excitation analogue à celles que produisent les boissons enivrantes avec démangeaisons sur tout le corps; quelques heures après se manifestent des nausées, quelquefois des vomissements et une dépression désagréable.

Pour Kunkel la codéine est un excitant.

Robiquet fils a cherché à élucider la raison des divergences entre les expérimentateurs et il en a trouvé la cause dans les doses employées. Il a vu qu'à la dose de 15 à 20 centigrammes, la codéine produit un sommeil lourd, une sorte d'ivresse; au réveil, le cerveau est engourdi et n'est plus maître de lui. A la dose de 20 à 30 milligrammes, il n'y a pas de stupeur, on éprouve du bien-être, du calme, le sommeil arrive doux et paisible, surtout chez les personnes nerveuses et excitables, et chez les hypocondriaques; au réveil le cerveau est reposé.

Cl. Bernard, qui a expérimenté minutieusement avec cette substance, s'exprime ainsi : Si nous comparons le sommeil de la codéine à celui de la morphine, nous verrons qu'ils diffèrent essentiellement l'un de l'autre. Cinq centigrammes de chlorhydrate de codéine injectés sous la peau peuvent également suffire pour endormir un jeune chien de taille moyenne. Si les chiens sont adultes ou plus grands, il faut également augmenter la dose pour obtenir le même effet. Mais, quelle que soit la dose, on ne parvient jamais à endormir les chiens aussi profondément par la codéine que par la morphine. L'animal peut être réveillé facilement, soit par le pincement des extrémités, soit par un bruit qui se fait autour de lui.

Quand on met le chien sur le dos dans la gouttière à expérience, il y reste tranquille, mais cependant l'animal a plutôt l'air d'être calmé que d'être vraiment endormi. Il est très excitable, au moindre bruit il tressaille des quatres membres, et si l'on frappe fortement et subitement sur la table où il se trouve couché, il ressaute et s'enfuit. Cette excitabilité n'est que l'exagération d'un semblable état que l'on voit dans la morphine; comme elle, on la voit disparaître par les excitations répétées.

La codéine émousse beaucoup moins la sensibilité que la morphine, et elle ne rend pas les nerfs paresseux comme elle, d'où il résulte que pour les opérations physiologiques la morphine est de beaucoup préférable à la codéine. Mais c'est surtout au réveil que les effets de la codéine se distinguent de ceux de la morphine. Les animaux codéinés à dose égale se réveillent sans effarement, sans paralysie du train postérieur et avec leur humeur naturelle; ils ne présentent pas ces troubles intellectuels qui succèdent à l'emploi de la morphine.

En voici un exemple: « Deux jeunes chiens habitués à jouer ensemble et tous deux d'une taille un peu au-dessus de la moyenne reçurent dans le tissu cellulaire sous-cutané de l'aisselle, et à l'aide d'une petite seringue, l'un 5 centigrammes de chlorhydrate de morphine dissous dans 1 centimètre cube d'eau, et l'autre 5 centigrammes de chlorhydrate de codéine administrés de la même manière. Au bout d'un quart d'heure environ, les deux chiens éprouvèrent des effets soporifiques. On les mit tous deux sur le dos dans la gouttière à expérience et ils dormirent tranquilles à peu près trois ou quatre heures. Alors les deux animaux réveillés présentaient le contraste le plus frappant. Le chien morphiné courait avec une démarche hyénoïde et l'œil effaré, ne reconnaissant plus personne et pas même son camarade codéiné qui, en vain, l'agaçait et lui sauter sur le dos pour jouer avec lui. Ce n'est que le lendemain que le chien à la morphine reprit sa gaieté et son humeur ordinaires. Deux jours après, les deux chiens étant très bien portants, la même expérience fut répétée, mais en sens inverse; c'est-à-dire que celui qui avait eu la morphine reçut la codéine et vice versa. Les deux chiens dormirent à peu près aussi longtemps que la première fois, mais au réveil les rôles des deux animaux furent complètement intervertis, comme l'avait été l'administration des substances. »

Les faits, cependant, ne paraissent pas toujours se passer ainsi, car si la codéine est somnifère, elle surexcite rapidement l'excitabilité réflexe et aboutit vite aux spasmes tétaniques et à la perte de la sensibilité et du mouvement, et pour peu que la dose soit élevée, les animaux succombent avec des phénomènes de paralysie générale et d'asphyxie (Laborde).

Barnay a remarqué que 0gr,05 sur le lapin exagéraient les réflexes; 0gr,10 produisaient des accidents convulsifs et tétaniformes; 0gr,15 amenaient la mort. Les phénomènes seraient les mêmes chez les jeunes chats. On constate quelquefois sur les animaux en expérience, des tremblements intenses et persistants (Schroff et Heinrich). La codéine aurait une action exhilarante pour Barbier, abrutissante pour Bardet.

Ces divergences semblent tenir aux doses employées, car, si avec la morphine on répète les doses, on produit un sommeil de plus en plus profond, tandis qu'avec la codéine on obtient bien au début du sommeil, mais à mesure que les doses augmentent il y a des tremblements, une exaltation de l'excitabilité réflexe de la moelle, comme si l'animal avait la moelle sectionnée transversalement, et enfin des convulsions tétaniques intenses; convulsions et tremblements qui se produisent aussi dans le codéisme chronique (BARNAY).

Recherchant la dose de codéine toxique pour le cobaye, j'ai eu l'occasion de constater l'action de cette substance sur cet animal dont le système nerveux est si impressionnable, et j'ai observé les tremblements et les mouvements convulsifs signalés par bien des expérimentateurs. Le cobaye n'est pas endormi par la codéine, il éprouve de la parésie qui commence par l'avant-train, ce qui n'empêche pas les membres d'exécuter des mouvements continuels et sans résultat, car la marche et impossible, les pattes n'ayant pas la force de supporter le corps. L'animal paraît en proie à des hallucinations, il se lance en effet de la table sur laquelle on le place et tombe; s'il est dans une cage, il vient se heurter aveuglément contre les parois.

Digestion. — La codéine ne paraît pas avoir une action bien marquée sur l'appareil de la digestion, cependant il arrive que l'on constate des nausées et des vomissements après l'absorption de deux à trois décigrammes (MAGENDIE, ROBIQUET fils, BARDET). BARBIER (d'Amiens) n'a rien observé de spécial, si ce n'est qu'il n'y a pas de constipation, ce que confirment les expériences de SPITZER, qui, dans ses recherches sur l'influence de l'opium et de la morphine sur l'intestin dit que si l'opium et la morphine diminuent les mouvements péristaltiques de l'intestin, les autres alcaloïdes, comme la codéine, etc., n'ont aucune influence sur l'intestin. C'est aussi l'opinion de LEUBUSCHER. Cependant, pour LAUDER BRUNTON, la codéine paralyserait les nerfs sensitifs de l'intestin, d'où son emploi avantageux dans les affections douloureuses de cet organe.

Respiration. — La codéine n'a pas d'action sur la respiration proprement dite; mais, grâce à son effet sur les nerfs de sensibilité, elle exerce une action particulièrement favorable sur la toux laryngienne survenant par quintes, ou la toux douloureuse des tuberculeux et de la grippe. C'est ce qu'ont constaté tous ceux qui l'ont employée. Je l'ai souvent prescrite, soit dans des cas de tuberculose laryngée, soit dans des cas de bronchite aiguë ou chronique, et presque toujours les effets ont été bons. On l'a employée dans la coqueluche, sans grand succès. En somme, comme pour l'appareil de la digestion, son emploi est bon dans les affections douloureuses de l'appareil respiratoire.

Circulation. — La codéine ne produit rien sur la circulation; mais sous son influence la chaleur organique baisse pour augmenter pendant le stade convulsif. LABORDE a constaté, en effet, que dès l'apparition des symptômes toxiques la température s'élevait. Cette élévation de température ne tient pas à une action directe de la codéine, mais aux phénomènes convulsifs, exactement comme dans le tétanos strychnique.

Sécrétions. — Les sécrétions ne sont pas sensiblement modifiées, si ce n'est dans le codéinisme chronique, pendant lequel elles sont augmentées (BARNAY).

Action sur la pupille. — Pour RABUTEAU, la pupille se contracte sous l'influence de la codéine. La contraction est en effet l'action primitive, mais si la dose est un peu élevée et qu'il y ait un début d'intoxication, on observe bientôt de la mydriase, ce qui ne se produit pas avec les autres alcaloïdes de l'opium, qui donnent de l'atrésie (LABORDE, BARNAY).

Toxicité. — La toxicité de la codéine est plus grande que celle de la morphine (CL. BERNARD, LABORDE).

Injectant à deux chiens de même taille, et dans des conditions expérimentales aussi semblables que possible, du chlorhydrate de morphine et du chlorhydrate de codéine par doses successives de 0gr,04, LABORDE a vu le sommeil morphinique devenir de plus en plus profond, mais sans provoquer d'accidents, alors que le sommeil codéique, pour la même dose d'agent toxique, aboutissait à une période convulsivante survenant brusquement et accompagnée de dilatation pupillaire. La mort survenait dans l'asphyxie; d'où LABORDE considère cette substance comme intermédiaire aux groupes des alcaloïdes hypnotiques et à celui des alcaloïdes convulsivants.

A quelle dose la codéine est-elle toxique? Il y a à ce sujet de grandes contradictions. BRARD (de Jonzac) a signalé un cas de mort après absorption de 0gr,15 de codéine; pour BARDET, la dose toxique serait de 0gr,40. Ce qu'il ne faut pas perdre de vue, c'est que, comme le fait remarquer Laborde, la codéine est une substance à action insidieuse dont on doit se méfier. J. S. Duff (de Pittsburg) a raconté un cas d'empoisonnement après absorption d'un demi-grain (0^{gr},03) par la bouche et d'un demi-grain (0^{gr},03) en injection hypodermique, et Pollak dit que la codéine n'est pas une substance indifférente, car l'on peut observer des phénomènes d'intoxication avec des doses de 0^{gr},06.

Chez les animaux les phénomènes convulsifs se développent assez rapidement. Nous avons déjà dit que, pour le lapin, comme pour le chat, 0^{gr},10, produisaient des accidents convulsifs tétaniformes et que 0^{gr},15 amenaient la mort. J'ai recherché quelle était la dose toxique pour le cobaye, et j'ai trouvé que pour tuer 100 grammes d'animal il fallait 0^{gr},015 de chlorhydrate de codéine.

Toxicologie. — Pour rechercher la codéine dans une intoxication, il faut employer la méthode de Stass modifiée. Pour caractériser la substance on emploie le réactif d'Erdmann; au moyen de l'acide sulfurique concentré, on obtient une coloration bleue. Voici une réaction très sensible due à Raby: à la codéine placée dans un verre de montre on ajoute deux gouttes de la solution usuelle d'hypochlorite de soude, on délaie l'alcaloïde et on ajoute quatre gouttes d'acide sulfurique concentré; après mélange au moyen d'une baguette de verre, il se produit une superbe coloration d'un bleu céleste et persistante (Dupuy).

Emploi thérapeutique. — Ce que nous avons dit des propriétés physiologiques de la codéine indique quel parti on peut tirer de cette substance en thérapeutique. C'est surtout son action sédative qu'il faut utiliser, car ses propriétés narcotiques sont loin d'égaler celles de la morphine. Son emploi est surtout indiqué dans les affections douloureuses des voies respiratoires. Ainsi Variot l'a employée avec succès, afin de prévenir le retour des accès de suffocation, chez les enfants atteints de croup, chez qui on pratique la dilatation de la glotte. Elle a donné de bons résultats dans les formes pulmonaires ou laryngées de la tuberculose, pour calmer les douleurs de côté, la dypsnée, la toux quinteuse et douloureuse; elle a été employée dans la pleurésie, la pneumonie, le catarrhe bronchique, la coqueluche et dans les accès d'asthme (Lœwenmeyer, Kobler, Vladimir Preininger, Braithwaite, A. Pollak, Variot, Bayeux, Widal, Rendu, Comby, etc.).

Son emploi dans le catarrhe bronchique présente, sur la morphine, l'avantage de faliciter l'expectoration.

Mauthner l'a recommandée dans le blépharospasme des enfants atteints de photophobie scrofuleuse.

Elle a été employée avec des succès relatifs dans les affections douloureuses des organes digestifs, des organes génito-urinaires et dans les maladies du système nerveux, mais elle ne peut remplacer la morphine; le seul avantage qu'elle ait, c'est qu'elle ne produit ni nausées, ni vomissements, ni perte d'appétit, ni constipation, ni malaise, ni pesanteur de tête, et qu'elle réussit quelquefois lorsque la morphine n'est pas supportée ou qu'elle a fini d'agir.

Comme hypnotique, quoique la codéine soit préconisée par Barbier, Berthé, Fonssagrives, Gubler, Krebel, Magendie, Martin-Solon, etc., nous avons vu, d'après les propriétés physiologiques de la codéine, ce que l'on pouvait en espérer.

On n'a pas encore élucidé la question, dit Vladimir Preininger, de savoir si après l'usage prolongé des injections hypodermiques de codéine, il pouvait se développer un codéinisme semblable au morphinisme. Il est possible qu'il existe un antagonisme entre ces deux substances, de sorte que s'il se produit un codéisme, il peut être arrêté par la morphine, de même que dans le morphinisme, la codéine peut être très utile. On trouve à ce propos, dans le *New-York Medical Journal* de novembre 1894, le fait d'un morphinomane anonyme, qui raconte qu'il a essayé sur lui et sur d'autres l'action de la codéine contre les symptômes dus à la cessation de la morphine. Les résultats ont été, paraît-il, excellents, et l'auteur recommande chaudement cette substance dans les cas semblables.

Modes d'emploi. — *Doses.* — La codéine et ses sels s'administrent en pilules, en prises, en potion, en solution, en sirop ou en injections sous-cutanées; la dose pour être active, doit être en moyenne de 0^{gr},10. Mais, à cause des idiosyncrasies, il faut y arriver progressivement et ne la dépasser qu'avec prudence, quoique certains auteurs disent que l'on peut aller jusqu'à 0^{gr},20 et même 0^{gr},40 (Bardet).

Bibliographie. — 1832. — Robiquet (*A. Chim. et Phys.*, li, 259).

1834. — Barbier (d'Amiens). *Obs. sur la codéine considérée comme agent thérapeutique* (*Bull. de thérap.*, vi, 141).

1856. — Berthé. *De l'action physiologique de la codéine* (*Monit. d. hôp.*, Paris, iv, 1052). — Robiquet (E.). *Action physiologique de la codéine* (*Ibid.*, Paris, iv, 1077).

1870. — Moore (J. W.). *The physiological action and therapeut. effects of codéine* (*Buffalo M. et S. J.*, x, 321-326).

1873. — Laborde. *Action physiolog. et toxique comparée de l'opium et de ses alcaloïdes* (*Bull. de thérapeut.*, lxxxv, 495).

1875. — Bernard (Cl.). *Leçons sur les anesthésiques et sur l'asphyxie*, Paris. — Rabuteau. *Éléments de thérapeut. et de pharm.*, Paris, 518. — Fonssagrives. Art. « Codéine » (*D. D.*, xviii, [1]).

1877. — Barnay. *Étud. expérim. sur l'act. physiolog. et toxique de la codéine comparée à celle de la narcéine et de la morphine* (*D. P.*, n° 201). — Bardet (G.). *Étude physiolog. et clinique sur la valeur thérapeutique des trois alcaloïdes soporifiques de l'opium* (*codéine, morphine, narcéine* (*D. P.*, n° 535). — Laborde et Barnay. *Étude expérim. sur l'act. physiologique et toxique de la codéine comparée à celle de la narcéine et de la morphine* (*Tribune méd.*, Paris, x, 304).

1884. — Beurmann. *Note sur l'action thérapeutique du chlorhydrate de codéine* (*Bull. de thérapeutique*, cvi, 496).

1887. — Lauder Brunton (*Assoc. méd. britanniq.*, Sect. de thérapeutique, août, session de Dublin; in *Semaine médicale*, 330).

1889. — Dujardin-Beaumetz (*Diction. de thérap.*, iv, 66). — Dupuy. *Alcaloïdes*, Paris, i, 410.

1890. — Heidingsfeld (W.). *Das Codein als Narcoticum und Anestheticum*, Strassb., 8°, 45 pag. — Kobler (G.). *Erfahrungen über den Werth des Codeins als Narcoticum* (*Wien. klin. Woch.*, cxviii, 233-235).

1891. — Lœwenmeyer (*Berliner klin. Wochensch.*, Berlin, n° 18); — (*London Practitionner*, London, août, in *Ann. of the Univers. medic. science*, v, 41-42).

1892. — Spitzer (A. P. P. 123. — Tauber (E.). *Ueber das Schicksal des Kodein im thierischem Organismus* (Diss. Strasbourg, Heitz, 8°, 27 p.).

1893. — Preininger (Vladimir) (*Therap. Monats.*, Berlin, oct.); — (*Am. Journ. of the med. sc.*, Philadelphia, mars 1894). — Mettenheimer (*The Lancet*, London, 18 juin, in *Annual of the Univers. med. sc.*, v, 106). — Pollak (Al.) (*Therap. Monatsh.*, Berlin, nov., déc.). — Leubuscher (*Wien. med. Presse*, Vienna, n° 14); — (*Deutsch. medic. Wochensc.*, Leipzig, n° 9, in *Ann. of the univers. med. sc.*, v, 104).

1894. — Braithwaite (J.). *De quelques indications thérapeutiques de la codéine* (*Semaine médic.*, Paris, 96). — Duff (J. S.) (de Pittsburg) (*Columbus med.* Ohio, juin, in *Ann. of the Univers. med. sc.*, 1895, v, 56).

1896. — Bayeux, Comby, Rendu, Variot, Widal. *La codéine comme adjuvant de la dilatation de la glotte dans le croup* (*Soc. méd. d. hôp.*, Paris, juillet).

CH. LIVON.

CŒUR. — (Voir le sommaire à la fin de l'article.)

CHAPITRE PREMIER

Fonctions mécaniques du cœur.

I. Résumé sur l'anatomie du cœur chez l'homme. — Le cœur, dont la forme est celle d'un cône renversé, est dirigé d'arrière en avant, de haut en bas et de droite à gauche. Sa face antérieure ou supérieure est convexe, sa face postérieure ou inférieure est légèrement aplatie. Tout près de sa base, le cœur est creusé d'un sillon circulaire (*sillon coronaire*). Sur les deux faces se trouve un sillon longitudinal. Le sillon de la face antérieure est appelé *sillon longitudinal antérieur*; et celui de la face postérieure, *sillon longitudinal postérieur*. Ces sillons verticaux correspondent à la *cloison interventriculaire* et à la *cloison interauriculaire* (*septum cordis*) qui divisent le cœur en deux cavités inégales, juxtaposées, ne communiquant pas entre elles : *cœur droit* et *cœur gauche*. Au sillon coronaire correspond une cloison qui divise chaque cœur en deux cavités superposées. La cavité supérieure s'appelle *oreillette*, et la cavité inférieure, *ventricule*. L'oreillette et le ventricule communiquent par un orifice appelé *orifice auriculo-ventriculaire*. Pas plus que les ventricules, les oreillettes ne communiquent entre elles. Les deux sillons longitudinaux se continuent l'un avec l'autre, tout près de la pointe, au bord droit, de sorte que la pointe du cœur fait partie du ventricule droit. Le cœur comprend donc quatre cavités : l'oreillette droite, l'oreillette gauche, le ventricule droit et le ventricule gauche.

Tout près de l'origine de l'aorte et de l'artère pulmonaire, les oreillettes possèdent chacune un court prolongement appelé *auricule*. L'auricule droite est la plus courte et tronquée ; l'auricule gauche est plus allongée et plus grêle, et elle possède sur son bord inférieur de nombreuses crénelures.

Dans la paroi postérieure de l'oreillette droite, en bas, on trouve l'embouchure de la *veine cave inférieure*, et en haut, l'embouchure de la *veine cave supérieure*.

Dans la paroi postérieure de l'oreillette gauche, on trouve, en haut et à droite, l'embouchure des deux *veines pulmonaires droites*, et plus bas, à gauche, l'embouchure des deux *veines pulmonaires gauches*.

L'*artère pulmonaire* naît à la partie antérieure de la base du ventricule droit, tout près du sillon longitudinal antérieur. En arrière et un peu à droite de l'artère pulmonaire, naît, de la base du ventricule gauche, l'*artère aorte*.

L'*artère coronaire droite* et l'*artère coronaire gauche* naissent de l'aorte ascendante, respectivement dans le sinus de VALSALVA droit et dans le sinus de VALSALVA gauche. L'artère coronaire droite parcourt le sillon coronaire droit et se termine dans le sillon longitudinal postérieur des ventricules ; la gauche, après un court trajet, se divise en deux branches, dont l'une s'engage dans le sillon coronaire gauche et l'autre dans le sillon longitudinal antérieur des ventricules. Ces deux artères envoient de petites branches aux oreillettes et aux ventricules. Toutes les veines du cœur débouchent dans le *sinus coronaire* qui s'ouvre dans l'oreillette droite.

L'oreillette droite surmonte, comme une poche renversée, l'orifice auriculo-ventriculaire droit. La cloison interauriculaire y présente une dépression appelée *fosse ovale*, formée presque exclusivement par l'adossement des deux membranes séreuses (vestiges du *trou de* BOTAL). La fosse ovale est en partie circonscrite d'un relief musculaire, demi-circulaire, ouvert en arrière et à droite, connu sous le nom d'*anneau de* VIEUSSENS. Sur la paroi postérieure se trouve l'orifice de la veine cave inférieure, qui présente, sur une partie de son pourtour, une mince lamelle valvulaire, dirigée de la paroi postérieure à la paroi interne, de droite à gauche, d'arrière en avant et de bas en haut ; c'est la valvule d'Eustache. Au-dessous de celle-ci on voit l'embouchure de la grande veine coronaire, munie, en bas et en arrière, d'une mince valvule, nommée *valvule de* THEBESIUS. Entre les orifices des veines caves, la paroi postérieure présente une saillie, *tubercule de* LOWER. L'oreillette gauche diffère de l'oreillette droite par une capacité moins grande, par des parois plus lisses, et surtout par la présence des quatre orifices des veines pulmonaires.

Le ventricule droit représente une espèce de cavité triangulaire dont la coupe transversale ressemble à un croissant. La paroi interne ou gauche est convexe, formée par la cloison qui fait une saillie considérable dans le ventricule droit. Les parois externes ou droites, l'une antérieure, l'autre postérieure, sont concaves ; elles se réunissent entre elles, au niveau du bord droit du cœur, en angle obtus, tandis qu'elles forment avec la paroi interne, en avant et en arrière, deux angles très aigus. Le sommet est envahi par un fort réseau de trabécules musculaires, une espèce de tissu caverneux.

La base du ventricule droit est percée de deux orifices circulaires, l'orifice auriculo-ventriculaire et l'orifice pulmonaire.

L'orifice auriculo-ventriculaire est bordé par un anneau fibreux sur lequel s'insère une valvule qui s'enfonce, en forme d'entonnoir, dans la cavité du ventricule. La valvule est divisée en trois festons ou valves, d'où le nom de *valvule tricuspide* ou *triglochine*. De ces trois valves, l'une est interne et appliquée contre la cloison ; la seconde antéro-externe et la troisième postéro-externe. A ces trois valves s'ajoutent le plus souvent deux petites valves accessoires, situées ; l'une, entre les deux valves externes ; l'autre, entre la valve postéro-externe et la valve interne. La face interne est lisse, tandis que la face externe reçoit l'insertion des cordages tendineux.

Les parois des ventricules présentent trois ordres de colonnes charnues. Les colonnes de premier ordre, appelées *muscles pupillaires* ou *piliers du cœur*, sont fixées par leur base aux parois ventriculaires, et rattachées par leur sommet aux cordages tendineux qui se rendent à la valvule auriculo-ventriculaire. Les colonnes du deuxième ordre sont libres dans leur partie moyenne et attachées par leurs deux extrémités aux parois ventriculaires. Les colonnes du troisième ordre restent sur toute leur longueur adhérentes aux parois sur lesquelles elles forment relief.

Marc Sée divise également en trois ordres les cordages tendineux qui partent des sommets des muscles papillaires, et quelquefois aussi directement de la paroi musculaire des ventricules ou d'un petit mamelon qui la surmonte.

Les cordages de 1er ordre, les plus forts, se rendent aux anneaux fibreux auriculo-ventriculaires, les uns en touchant simplement les autres en s'unissant étroitement, en tout ou en partie, à la face externe des valves. Les premiers s'appellent *cordages libres*, le deuxièmes, *cordages adhérents*.

Les cordages de 2e ordre, moins forts que les précédents, naissent des piliers ou des cordages de premier ordre et se terminent sur la face externe des valves, à une distance plus ou moins grande de leur bord libre. De même que les cordages de premier ordre, ils sont libres ou adhérents, et anastomosés entre eux.

Enfin les cordages de 3e ordre, qui sont les plus ténus, s'insèrent sur le bord libre des valves, où ils s'anastomosent entre eux, de façon à former une série de petites arcades. Ils naissent le plus souvent des cordages de 1er et de 2e ordre, plus rarement des piliers eux-mêmes.

Dans le ventricule droit, un pilier antérieur naît de la paroi antéro-externe, au voisinage de l'angle antérieur, à peu près au niveau du milieu de la hauteur de la cavité, par des faisceaux musculaires multiples. Ce pilier antérieur est terminé le plus souvent par deux ou trois sommets d'où partent des cordages tendineux. En arrière, près de l'angle postérieur, le plus souvent deux piliers postérieurs naissent du tissu caverneux de l'angle postérieur et du sommet du ventricule, et envoient des cordages tendineux aux bords postérieurs de la valve postéro-externe et de la valve interne, ainsi qu'à la languette accessoire postérieure. Outre ces colonnes de 1er ordre, il existe des colonnes de 2e et de 3e ordre entre-mêlées un peu partout, mais surtout à la partie inférieure du ventricule et vers l'union des deux parois.

La valve interne de l'orifice auriculo-ventriculaire droit, la plus large, reçoit des cordages tendineux de 2e et de 3e ordre, qui proviennent de la cloison inter-ventriculaire et des piliers postérieurs. La valve externe et antérieure reçoit des cordages tendineux de 1er de 2e et de 3e ordre de la cloison inter-ventriculaire et du pilier antérieur. Quant à la valve postérieure, elle reçoit en avant, du pilier antérieur, en arrière, des piliers postérieurs, des cordages dont la disposition, d'après Marc Sée, est la même que sur la valve antérieure.

Entre la valve interne et la paroi antérieure du ventricule, la cavité de celui-ci se prolonge en haut en s'amincissant graduellement. Cet infundibulum, appelé *conus arteriosus*, se continue directement avec l'artère pulmonaire.

L'orifice pulmonaire est muni de trois valvules, dites sigmoïdes ou semi-lunaires, suspendues à l'entrée de l'artère pulmonaire comme trois nids d'hirondelle disposés en triangle. La première est située en avant, la deuxième en arrière et à droite; la troisième en arrière et à gauche. Elles présentent une face supérieure concave, une face inférieure convexe, un bord libre qui est droit quand il est tendu et concave quand il est abandonné à lui-même, muni à sa partie moyenne d'un petit noyau dur appelé *nodule* ou *tubercule* d'Arantius, et enfin un bout adhérent, convexe, fixé sur la zone fibreuse de l'artère. Derrière les valvules, la paroi artérielles présente trois enfoncements appelés sinus de Valsalva.

La cavité du ventricule gauche est cylindro-conique; son sommet se confond avec la pointe du cœur, et sa base s'élève moins que l'infundibulum pulmonaire. La valvule auriculo-ventriculaire gauche est plus forte, plus épaisse et fixée à un plus grand nombre de cordages que la valvule droite. En outre, elle ne présente que deux valves ou festons entre lesquelles on voit deux petites valves intermédiaires; c'est pourquoi on l'appelle *valvule bicuspide* ou *mitrale*. La valve droite ou antéro-interne est la plus grande; elle sépare l'orifice auriculo-ventriculaire de l'orifice aortique; elle est lisse sur ses deux faces. La valve gauche, ou postéro-externe, est beaucoup plus petite, presque quadrangulaire, mais son bord inférieur est irrégulièrement découpé. Sa face interne est lisse, tandis que sa face externe est irrégulière, traversée par des cordages tendineux anastomosés.

Les deux parois externes du ventricule gauche présentent chacune une colonne charnue de 1er ordre : pilier antérieur et pilier postérieur. Ces muscles papillaires sont souvent divisés en deux ou trois piliers secondaires, et présentent à leur extrémité libre des mamelons d'où partent les cordages tendineux. Ces deux piliers sont plus rapprochés de l'angle gauche du cœur que de la cloison; ils sont unis l'un à l'autre par de nombreux faisceaux musculaires, et d'autre part aussi des colonnes charnues de 2e ordre les unissent à la paroi ventriculaire. La cloison ventriculaire et les deux parois, au voisinage de cette cloison, sont lisses, et l'espace qu'elles limitent n'est traversé par aucune trabécule musculaire. Cet espace est appelé, par MARC SÉE, *canal aortique*, parce qu'il se continue directement, en haut, avec l'aorte.

Les colonnes du 2e ordre, autres que celles dont nous venons de parler, et les colonnes du 3e ordre sont beaucoup moins nombreuses et plus petites que dans le ventricule droit.

La valve droite ne reçoit pas de cordages de 1er ordre. Les cordages de 2e ordre viennent du pilier antérieur pour le bord antérieur et du pilier postérieur pour le bord postérieur. La valve gauche reçoit des cordages de 1er, de 2e et de 3e ordre, provenant des piliers.

Entre la cloison inter-ventriculaire et la valve interne de la mitrale, c'est-à-dire à droite et en avant de l'orifice auriculo-ventriculaire gauche, le ventricule gauche offre aussi un infundibulum, comme le ventricule droit, *conus arteriosus*, qui se continue avec l'aorte. Les valves sigmoïdes de l'orifice aortique ne diffèrent pas de celles de droite, sauf qu'elles sont plus épaisses et ont un nodule d'ARANTIUS plus développé.

Structure du cœur. — Les parois du cœur sont formées par une couche musculaire, tapissée à l'intérieur par l'*endocarde* et enveloppée extérieurement par un sac fibro-séreux spécial, désigné sous le nom de *péricarde*.

Autour des orifices de la base des ventricules se trouvent des *anneaux fibreux* ou *zones fibreuses* qui servent de points d'insertion aux fibres musculaires des oreillettes et des ventricules. On les distingue en zones auriculo-ventriculaires et en zones artérielles. Elles envoient des prolongements : les premières aux valves auriculo-ventriculaires, les deuxièmes aux valves sigmoïdes. On divise les fibres musculaires des ventricules en deux groupes : 1° *fibres communes* aux deux ventricules (*fibres unitives* de GENDY); 2° *fibres propres* à chacun des deux ventricules.

Les fibres communes partent des anneaux fibreux des quatre orifices de la base des ventricules, et se dirigent obliquement vers la pointe du cœur, au voisinage de laquelle un grand nombre d'entre elles décrivent un tour de spire (tourbillon du cœur). Arrivées à la pointe du cœur, les fibres communes se réfléchissent à l'intérieur des ventricules et reviennent se fixer sur les anneaux fibreux. Les unes s'étalent à la face interne des cavités en formant des anses, ou bien, surtout dans le ventricule gauche, en décrivant un trajet en huit de chiffre (LUDWIG). Les autres se jettent dans les muscles papillaires et vont se fixer sur les anneaux fibreux par l'intermédiaire des cordages attachés aux valvules auriculo-ventriculaires.

Les fibres propres constituent la couche moyenne. Elles représentent pour chaque cavité un cône tronqué, dont la base, dirigée en bas, est enclavée entre les fibres réfléchies des couches communes. En s'adossant l'un à l'autre, ces deux cônes forment la cloison interventriculaire. D'après LUDWIG, les fibres propres ne sont pas indépendantes des fibres communes; mais les fibres, en décrivant des 8 de chiffres appartiennent tantôt à la couche superficielle, tantôt à la couche moyenne, et tantôt enfin à la couche profonde.

KREHL a récemment bien décrit la disposition des fibres musculaires dans les ventricules. Ses recherches ont porté sur le cœur du chien et de l'homme. En voici le résumé : dans le ventricule gauche, il y a deux espèces de fibres musculaires : des fibres qui se terminent par des tendons, et des fibres qui restent musculaires. En général les premières forment les couches externe et interne. Les fibres externes naissent aux anneaux fibreux de l'orifice auriculo-ventriculaire et de l'orifice aortique, descendent obliquement et pénètrent pour la plupart dans le tourbillon; ce ne sont que les fibres qui naissent du bord postérieur de l'anneau auriculo-ventriculaire qui sont destinées à former la couche superficielle du ventricule droit. Les fibres du tourbillon, arrivées à la pointe, se réfléchissent et s'étalent à la face interne de la cavité; elles se terminent soit par les muscles papillaires, soit par les cordages tendineux, soit par l'anneau auriculo-ventriculaire. Entre la couche superficielle et la couche profonde, se trouve la couche moyenne, disposée en forme de cône; cette couche moyenne n'est pas séparée des autres couches par du tissu conjonctif; bien plus, beaucoup de fibres de la couche superficielle pénètrent successivement dans la couche moyenne et dans la couche profonde. La direction de ces fibres se rapproche de l'horizontalité. Elles forment avec l'axe longitudinal du ventricule, de préférence un angle obtus. Ces fibres forment des anses qui ne se terminent pas par des tendons, mais qui reviennent à leur point de départ. Il existe encore des fibres qui sont communes aux deux ventricules. Les fibres superficielles du ventricule droit sont en relation avec le ventricule gauche et même avec les muscles papillaires de celui-ci; il en est de même pour la plupart des fibres profondes. Les fibres postérieures se dirigent à travers la cloison sur la face antérieure du ventricule gauche, tandis que les fibres antérieures prennent la direction inverse. Une couche de fibres, originaire de la face externe du ventricule droit, pénètre dans la partie inférieure de la cloison et s'y dirige en haut. Enfin un nombre assez considérable de fibres entoure les deux ventricules, sans participer à la formation de la cloison. Dans le ventricule droit, on distingue une partie par où le sang pénètre et une autre partie par où le sang s'échappe. La première, en forme d'une poche, est limitée en dedans par la cloison et en dehors par la fibre externe du ventricule. La deuxième partie est reliée à la première par une espèce de canal. Elles sont séparées l'une de l'autre par un bourgeon musculaire. Parmi les faisceaux musculaires du ventricule droit, les uns appartiennent en même temps au ventricule gauche; les autres, au contraire, lui sont propres, contribuant à la formation soit de la poche, soit du cône, soit des deux à la fois. La paroi externe de la poche comprend deux couches de faisceaux: une couche superficielle qui est mince et continue, et une couche profonde, plus épaisse, formée d'un réseau de trabécules. La couche superficielle est formée de faisceaux, dont les uns, originaires du ventricule gauche, partent de la cloison, soit de l'orifice aortique, tandis que les autres naissent à l'anneau auriculo-ventriculaire droit. La couche profonde est formée de faisceaux courts, qui partent du bord supérieur de la cloison, se dirigent d'abord directement en bas, contribuant ainsi à la formation de la cloison, puis quittent celle-ci à des hauteurs différentes, pour former des trabécules ou des muscles pupillaires. Le cône artériel comprend aussi deux couches: une couche interne longitudinale et une couche externe circulaire. Ce sont les fibres longitudinales qui pendant la systole produisent, à l'origine de l'artère pulmonaire, un bourrelet musculaire analogue à celui de l'aorte. Quant aux fibres musculaires, elles naissent de la cloison interventriculaire, à l'endroit où celle-ci se continue avec la paroi aortique, et se réfléchissent autour du cône. Parmi ces fibres, il en est qui ne se terminent pas dans le cône, mais qui pénètrent dans les couches superficielles du ventricule gauche.

Les fibres musculaires des oreillettes sont les unes communes aux deux cavités, les autres propres à chacune d'elles. Les fibres communes s'étendent transversalement d'une oreillette à l'autre, en franchissant le sillon inter-auriculaire. Les fibres propres forment des anneaux disposés en sphincter autour des orifices veineux, des orifices auriculo-ventriculaires et des auricules. Il y a encore les muscles pectinés qui commencent et se terminent autour des zones fibreuses auriculo-ventriculaires, en formant des anses à direction ascendante. La cloison inter-auriculaire est formée par l'adossement de ces fibres, au niveau du sillon qui limite les deux cavités.

Les différentes cavités du cœur possèdent une épaisseur variable, proportionnée au travail à effectuer, c'est-à-dire à la longueur du chemin que doit parcourir le sang chassé par la contraction. Les oreillettes ont des parois beaucoup plus minces que les ventricules, car elles sont seulement chargées de transmettre le sang aux ventricules. Le ventricule gauche, chargé d'envoyer le sang vers la périphérie du corps, est plus épais que le ventricule droit qui ne préside qu'à la petite circulation.

Quoique soustrait à l'influence de la volonté, le tissu musculaire du cœur est formé de fibres à striation transversale. Ces fibres sont anastomosées entre elles, de manière à former un immense réseau ; elles sont dépourvues de sarcolemme et leur noyau allongé occupe les centres de la fibre.

Le cœur de l'homme pèse en moyenne, à l'état adulte, de 300 à 350 grammes. Le ventricule droit ne pèse que la moitié du ventricule gauche.

Mécanisme de la contraction cardiaque. — Le cœur est chargé de mettre le sang en circulation dans les vaisseaux sanguins. Dans chaque moitié du cœur, chacune des deux cavités est le siège de deux mouvements opposés : l'un consiste dans la contraction et l'effacement de la cavité, l'autre dans la dilatation et le retour à son volume primitif de la cavité effacée lors de la contraction. On appelle *systole* (συστολη, resserrement) la contraction du cœur, et *diastole* (διαστολη, dilatation) le relâchement du cœur.

Succession des mouvements du cœur. — BOERHAAVE, LANCISI et NICHOLS crurent à l'alternance des mouvements entre le cœur droit et le cœur gauche ; et, d'après HEYNE, les mouvements étaient croisés, c'est-à-dire la contraction du ventricule d'un côté coïncidait, d'après lui, avec la contraction de l'oreillette du côté opposé, pendant que les deux autres cavités se trouvaient à l'état de repos. HALLER est le premier qui a réfuté ces opinions erronées, et tout le monde admet aujourd'hui que les mouvements des cavités de même nom sont isochrones ou simultanés, tandis que les mouvements des cavités de nom contraire sont alternatifs ou successifs. Cet isochronisme des mouvements dans les cavités similaires permet, quand on se contente d'étudier les grandes lignes du mécanisme cardiaque, de considérer le cœur double comme un cœur simple, puisque chaque mouvement observé, à droite, par exemple, s'accomplit à gauche dans le même temps et de la même manière.

Cependant la dissociation fonctionnelle des ventricules peut s'observer dans certaines circonstances anormales, par exemple, après l'administration de la digitaline (BAYET), pendant qu'on expérimente sur les nerfs pneumogastriques (ARLOING), pendant l'asphyxie, les nerfs pneumogastriques étant préalablement coupés (KNOLL), et sous l'influence de l'helléboréine (KNOLL).

On a longtemps discuté sur l'ordre dans lequel les actes cardiaques se succèdent.

VÉSALE attribua trois temps à chaque révolution du cœur, se succédant dans l'ordre suivant : la *dilatation*, la *contraction* et le *repos*. Chacun de ces temps était dû à l'action de fibres musculaires spéciales : la dilatation était opérée par les fibres droites, la contraction par les fibres transversales, et le repos par les fibres obliques. D'après VÉSALE, le repos est l'état intermédiaire entre la dilatation et la contraction.

La doctrine de la dilatation préalable a été soutenue par BEAU et par SPRING.

La durée d'un battement complet, dit BEAU, représente une mesure de trois temps. Le premier temps comprend la contraction de l'oreillette et la dilatation du ventricule, suivies rapidement de la contraction de cette dernière cavité ; le deuxième temps l'arrivée brusque du sang dans l'oreillette, et le troisième temps la réplétion entière de l'oreillette. D'après BEAU, les ventricules, après leur contraction, restent oblitérés, grâce au resserrement tonique des fibres musculaires. La pause serait caractérisée par la vacuité, l'inaction et la pâleur du ventricule ; elle est la continuation de la systole ventriculaire. Ce n'est qu'à la fin de la pause ou diastole, ou, ce qui revient au même, immédiatement avant la systole ventriculaire que le sang pénètre brusquement dans le ventricule.

D'après SPRING, après la systole ventriculaire qui efface et oblitère la cavité, il y a relaxation des parois, c'est-à-dire que les fibres musculaires sont abandonnées à leur élasticité. Il se forme ainsi un petit espace dans lequel reflue aussitôt le sang resté dans l'infundibulum et dans les mailles et les aréoles des colonnes charnues. Les valvules auriculo-ventriculaires restent appliquées à leur orifice. Aucune goutte de sang, à l'état normal, ne descend de l'oreillette. Le ventricule est au repos. Ensuite, l'activité se réveille, et au moment où la réplétion des oreillettes arrive à son maximum, ce qui s'annonce par un tressaillement des appendices auriculaires, les ventricules s'ouvrent, les valvules auriculo-ventriculaires s'abaissent, le sang des oreillettes descend dans les ventricules, et une nouvelle révolution cardiaque a lieu. Ainsi, d'après SPRING : 1° après la contraction, les ventricules restent un moment oblitérés, nuls comme cavité ou presque nuls ; 2° le maximum de leur dilatation n'a lieu qu'immédiatement avant la contraction suivante ;

3° ce maximum n'est pas le summum d'un mouvement progressif lent, mais un mouvement à part, un mouvement distinct.

Par conséquent, SPRING, en 1860, revenant à l'ordre adopté par VÉSALE, distingua trois temps, se succédant dans l'ordre suivant :

1° La dilatation ventriculaire (active) ou présystole avec resserrement concomitant des oreillettes; 2° le resserrement ventriculaire ou systole; 3° le repos ou diastole.

HARVEY combattit la doctrine de la dilatation préalable active, telle qu'elle avait été prônée par VÉSALE. Il distingua deux états seulement : le mouvement et le repos. Pendant le mouvement le cœur se vide et, pendant le repos il se remplit. En outre, d'après HARVEY, le mouvement est un : les contractions de l'oreillette et du ventricule se succèdent de très près, sans le moindre intervalle, et semblent se confondre, chez les animaux à sang chaud surtout, en un seul mouvement apparent (doctrine de l'unité du mouvement).

LANCISI le premier établit une distinction nette entre la systole des oreillettes et celle des ventricules, ainsi qu'entre la diastole des oreillettes et celle des ventricules. Il dit très clairement que les mouvements des oreillettes *anticipent* sur les mouvements des ventricules (doctrine du mouvement anticipant). Cependant, comme HARVEY, LANCISI n'admit pas un intervalle appréciable.

En 1850, SCHIFF professa aussi que la systole ventriculaire commence avant que la systole auriculaire n'ait cessé.

HALLER soutint l'alternance parfaite des actes auriculaires avec les actes ventriculaires; pendant que les oreillettes sont contractées, les ventricules sont relâchés et réciproquement (doctrine du mouvement alternant).

SÉNAC adopta l'opinion de HALLER. Les dilatations des ventricules, dit SÉNAC, sont égales aux contractions des oreillettes. Ces deux mouvements commencent et finissent en même temps; l'un est la mesure de l'autre, c'est-à-dire qu'ils ont la même force et la même vitesse.

Les médecins du comité anglais, institué pour l'élucidation de certaines questions concernant le fonctionnement du cœur, notamment du mode de succession des mouvements du cœur, réalisèrent un notable progrès, en recourant aux animaux de grande taille (veau, âne), sur lesquels ils pratiquèrent la respiration artificielle.

Plus tard, CHAUVEAU et FAIVRE aboutirent aux mêmes résultats, à peu de chose près, que les médecins du comité anglais, en prenant le cheval comme sujet de leurs expériences : la moelle épinière étant coupée entre l'atlas et l'axis, et la vie étant entretenue par la respiration artificielle, ils mirent le cœur à nu par la résection des côtes et l'excision du péricarde.

CHAUVEAU et FAIVRE, à l'instar du comité anglais, divisèrent chaque révolution du cœur en trois temps :

1° La contraction (systole) auriculaire, coïncidant avec la diastole ventriculaire;

2° La contraction (systole) ventriculaire, coïncidant avec la diastole auriculaire;

3° Le relâchement (diastole) général du cœur, avec dilatation de ses cavités par le sang qui continue d'y affluer.

Cependant, pour les médecins anglais, de même que pour CHAUVEAU et FAIVRE, la contraction ventriculaire empiète un peu sur le temps de la systole auriculaire.

Ce n'est qu'un peu plus tard que CHAUVEAU et MAREY, grâce à la méthode graphique, parvinrent à élucider entièrement la question. Ils constatèrent à toute évidence un intervalle appréciable entre la systole auriculaire et la systole ventriculaire.

CHAUVEAU et MAREY, en introduisant les ampoules exploratrices de leur cardiographe dans l'oreillette droite, dans le ventricule droit et dans le ventricule gauche (l'oreillette gauche n'est pas accessible) chez des chevaux vivants, ont pu recueillir le tracé des mouvements de ces diverses cavités (Voir **Cardiographie et Cheval**). Rappelons, disent ces auteurs, que les contractions s'accusent par une ascension brusque de la ligne du tracé, la fin des contractions par une descente, et les diastoles par une ligne sensiblement uniforme. Cela dit, si nous lisons sur la partie supérieure, qui répond à l'oreillette droite, nous trouvons, en allant de gauche à droite, une première ascension qui répond à la systole auriculaire; si nous passons à la deuxième ligne, qui traduit le jeu du ventricule droit, nous constatons que la première ascension *principale*, qui est produite par la systole ventriculaire, apparaît un certain temps après l'ascension de la ligne de l'oreillette.

Nous sommes donc sûrs maintenant que la révolution du cœur doit débuter par la systole de l'oreillette, laquelle est suivie de la systole du ventricule.

On peut étudier le rythme du cœur à l'aide de l'acupuncture, de la méthode graphique et de la photographie instantanée. Quand le cœur bat lentement, comme c'est le cas chez les grands animaux, l'œil nu suffit.

Le cœur, en se contractant, met le sang en circulation. Aussi, quand, chez un animal vivant, on enlève le cœur ou qu'on l'arrête par la muscarine, ou encore quand on lie les vaisseaux qui en partent, la circulation s'arrête-t-elle bientôt.

Le cœur droit ne renferme que du sang veineux, ramené de tout le corps par les veines caves qui s'abouchent dans l'oreillette droite; après avoir passé de celle-ci dans le ventricule droit : le sang veineux est lancé par l'artère pulmonaire dans les poumons où il se transforme en sang artériel. Le cœur gauche ne renferme que du sang artériel ramené des poumons par les veines pulmonaires qui s'ouvrent dans l'oreillette gauche. De l'oreillette gauche le sang passe dans le ventricule correspondant, d'où il est lancé dans l'aorte et ses divisions qui le distribuent à tous les organes, à l'intérieur desquels il devient sang veineux; il retourne ensuite au cœur droit. Par conséquent, le cœur droit préside à la petite circulation, et le cœur gauche à la grande circulation; c'est pourquoi les parois du ventricule gauche sont beaucoup plus épaisses que celles du ventricule droit.

Un liquide ne se meut qu'à la condition qu'il se trouve soumis à une pression inégale; il chemine toujours du côté où règne la plus faible pression. Pour que le cœur puisse refouler son contenu dans les artères, il faut que la pression intracardiaque soit supérieure à la pression artérielle, et, pour que le sang puisse retourner au cœur par les veines, il faut que la pression intracardiaque redevienne inférieure à la pression veineuse. Les fluctuations de la pression intracardiaque, tantôt pression positive, tantôt pression négative, sont déterminées par l'alternance des systoles et des diastoles, tandis que la direction du courant sanguin est due au jeu des valvules qui munissent les orifices artériels et auriculo-ventriculaires. La pression augmente et diminue simultanément dans les deux ventricules; car les mouvements des cavités similaires sont isochrones, par conséquent les ventricules se vident et se remplissent simultanément. Lorsque les ventricules se contractent, les orifices auriculo-ventriculaires se ferment, afin que le sang ne puisse pas refluer dans les oreillettes et lorsque les ventricules se relâchent, les orifices artériels se ferment afin que le sang ne puisse pas rebrousser chemin. Si les orifices auriculo-ventriculaires étaient dépourvus de valvules, capables de fonctionner comme des soupapes, pendant la systole ventriculaire, pas une goutte de sang ne pénètrerait dans les artères, puisque la pression y est considérablement supérieure à celle qui règne dans les oreillettes et dans les veines qui y débouchent; de même, si les orifices artériels étaient dépourvus de valvules, le sang artériel, pendant la diastole ventriculaire, retournerait dans le ventricule, puisque la pression y est, en ce moment, considérablement inférieure à la pression artérielle.

Systole auriculaire. — A la fin du repos, les oreillettes sont gorgées de sang, ce qui du reste est nettement indiqué par leur coloration et leur distension. Leur systole part des auricules et des embouchures veineuses, et se propage rapidement de haut en bas, sur l'ensemble des parois, dans la direction des orifices auriculo-ventriculaires. La systole a pour but d'exercer sur le sang que l'oreillette contient une pression brusque qui tend à le chasser par les orifices. Ces orifices sont l'embouchure des veines caves, des veines cardiaques et azygos et l'orifice auriculo-ventriculaire droit, pour l'oreillette droite; l'embouchure des veines pulmonaires et l'orifice auriculo-ventriculaire gauche pour l'oreillette gauche. Le retour du sang par les veines est impossible, car les embouchures veineuses sont rétrécies par la contraction de leurs sphincters, la contraction péristaltique débute au niveau de ces embouchures et à une certaine distance du cœur les veines sont munies de valvules. Cependant, d'après CHAUVEAU et ARLOING, une partie du sang reflue dans les veines jusqu'à ce qu'elle soit arrêtée par la tension de la colonne liquide qui descend vers le cœur. En faisant communiquer la partie inférieure de la veine jugulaire ou l'origine de la veine cave supérieure avec un manomètre enregistreur, on obtient un tracé qui, sur de grandes oscillations répondant aux mouvements respiratoires, présente de petites oscillations, plus développées pendant l'expiration que pendant l'inspiration dues, d'après

CHAUVEAU et ARLOING, au reflux du sang dans les veines au moment de la systole auriculaire. En outre, sur certains chevaux dont la poitrine est ouverte et la respiration artificiellement entretenue, ils ont vu les parois de la veine cave se gonfler pendant la systole auriculaire et se déprimer pendant la systole des ventricules. En tout cas, si reflux il y a, il ne peut être que très minime, car la pression exercée par l'oreillette contractée est très faible. En effet, en introduisant le doigt par une plaie faite dans

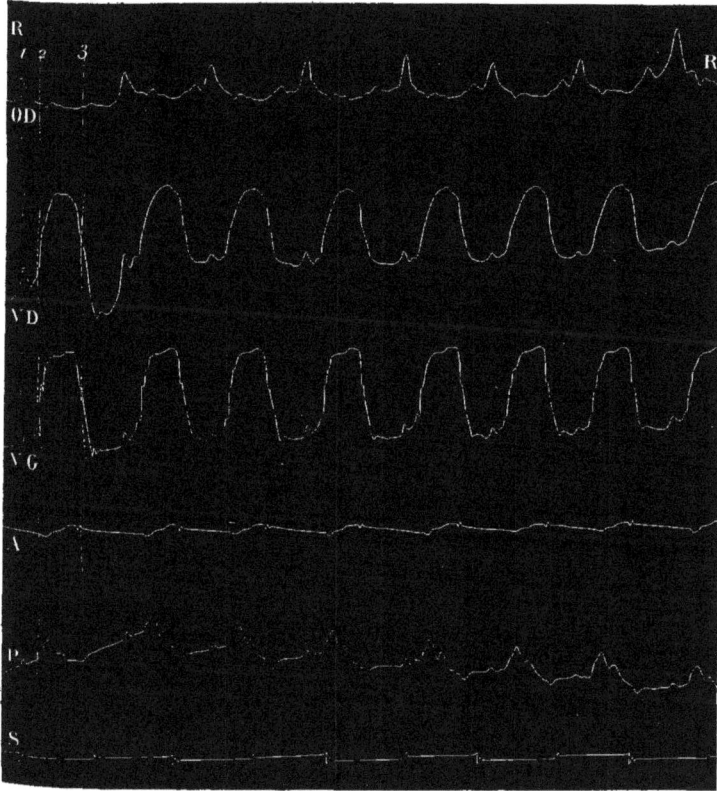

Fig. 1. — Rapports (chez le cheval) des mouvements cardiaques appréciés d'après les pressions intra-auriculaire et intra-ventriculaire, soit entre eux, soit avec les pulsations cardiaque et aortique (CHAUVEAU). OD, oreillette droite. — VD, ventricule droit. — VG, ventricule gauche. — A, aorte. — P, pulsation cardiaque extérieure. — S, signal électrique divisant le temps en secondes. — R, R, repères naturels. 1, sommet de la pulsation auriculaire. — 2, début de la pulsation ventriculaire. — 3, claquement des sigmoïdes au début de la diastole ventriculaire. Les repères surajoutés sont exactement superposés dans les cinq graphiques.

l'oreillette, jusqu'au niveau de l'orifice auriculo-ventriculaire, chez le cheval, on aperçoit, disent CHAUVEAU et ARLOING, que la systole auriculaire ne communique au sang qu'une faible impulsion, car le doigt sent à peine le frottement du liquide qui descend dans le ventricule. En outre, quand on incise la pointe du cœur, de façon à ouvrir les deux ventricules, on constate que le sang s'échappe simplement en nappe pendant la systole auriculaire.

L'oreillette ne peut donc se vider que du côté du ventricule où règne une pression plus faible que dans les veines, l'orifice auriculo-ventriculaire étant ouvert par suite de la disposition naturelle de sa valvule. L'oreillette en se vidant achève la réplétion du ventricule.

CHAUVEAU s'est assuré, sur le cheval, que les oreillettes ne se vident pas complètement, mais qu'elles conservent toujours une certaine quantité de sang. D'après COLLIN, les auricules seules se vident en entier. BEAU, au contraire, crut que l'oreillette se vide complètement, à chaque systole, et en outre qu'immédiatement après le sang veineux y entre avec violence et brusquement.

Les oreillettes peuvent être considérées comme des ampoules terminales du système veineux; ce sont des réservoirs destinés à achever la réplétion des ventricules. En effet, les ventricules, à l'état de repos, se remplissent en deux temps, comme l'avait déjà constaté, en 1840, le comité de Londres ; la diastole ventriculaire ou dilatation est effectuée en partie par l'afflux du sang des veines, commençant au moment où le ventricule se relâche, et continuant jusqu'à la systole suivante; mais elle est renforcée immédiatement avant cette dernière par un afflux rapide du sang des oreillettes. On comprend dès lors que les physiologistes n'attachent qu'une importance secondaire aux oreillettes. Aussi, comme le remarquait déjà LONGET, chez les animaux dont on a ouvert la poitrine, n'est-il pas rare de voir la portion auriculaire du cœur demeurer immobile, alors que la portion ventriculaire continue de battre, ne recevant du sang qu'en vertu de la tension veineuse et lançant néanmoins dans les artères des ondées bien appréciables par les battements qui en résultent. En outre, chez certains animaux, les oreillettes n'existent pas. On a cependant cité des cas où les oreillettes suppléaient les ventricules. Ainsi CHAUVEAU et ARLOING citent, d'après REID, l'observation d'ALLEN-BURN. Un homme avait vécu longtemps avec une calcification de la surface des ventricules qui certainement avait empêché leur contraction. Ajoutons encore que, si les oreillettes manquaient et que les veines s'ouvraient directement dans les ventricules, il en résulterait une stagnation veineuse pendant la systole ventriculaire.

CERADINI ne croit pas que l'oreillette ait pour fonction d'achever la réplétion du ventricule.

FRANÇOIS-FRANCK a repris la question en introduisant dans le cœur une palette hémodromométrique dont l'une des faces planes était orientée perpendiculairement au courant sanguin. Il est clair que, si la systole auriculaire produit un renforcement du courant diastolique, la palette subira une brusque déviation qui exagérera celle qu'elle présentait pendant la période de réplétion diastolique précédente. FRANÇOIS-FRANCK a constaté qu'au début même de la diastole ventriculaire un courant assez rapide s'établit de l'oreillette vers le ventricule, puis que le courant continue avec une lenteur relative, jusqu'au moment où survient la systole de l'oreillette, produisant un renforcement brusque de vitesse. D'après FRANÇOIS-FRANCK, au moment de la systole auriculaire, une partie du sang reflue dans les veines afférentes; mais le reflux ne se remarque pas dans la veine jugulaire.

Comment se comportent les valvules auriculo-ventriculaires pendant la systole des oreillettes ?

D'après LÖWEN, l'abaissement des valvules auriculo-ventriculaires serait dû à la traction qu'exercent sur elles, pendant la diastole ventriculaire, les cordages tendineux, quand, dans la diastole, la pointe du cœur s'éloigne de la base et entraîne avec elle les muscles papillaires. SÉNAC et LAËNNEC ont même admis l'abaissement actif des valvules, grâce aux muscles papillaires qui se contractent pendant la diastole ventriculaire. D'après SPRING, les muscles papillaires ne se contractent que pendant la présystole ventriculaire, qui coïncide avec la systole auriculaire. Grâce à la contraction de ces muscles, les valvules auriculo-ventriculaires sont abaissées brusquement en forme d'entonnoir. Aujourd'hui tout le monde admet que pendant la diastole ventriculaire les valvules ne subissent que d'impulsion du sang qui remplit les ventricules.

Quant à la forme et à la position qu'affectent ces valvules, on croyait autrefois qu'elles s'adossaient aux parois ventriculaires. Il est certain que sur le cœur flasque et détaché, les valvules prennent cette position. Il est vrai aussi que si l'on suspend le cœur par sa base et qu'on fasse tomber une colonne d'eau dans un des orifices auriculo-ventriculaires, mis à découvert par l'excision des oreillettes, on voit les valves s'écarter les unes des autres pour livrer passage au liquide, et, si celui-ci peut s'écouler par la pointe du ventricule, préalablement retranchée, les valves s'appliquent assez exactement contre les parois. Mais il n'en est pas de même quand les ventricules sont intacts. BAUMGARTEN, insistant sur le faible poids spécifique des valvules, a admis le premier qu'à mesure que les ventricules se remplissent, les valvules se relèvent graduellement et finissent par ne plus laisser entre elles qu'une mince ouverture. Sur le cœur détaché et rempli d'un liquide dont le poids spécifique ne diffère pas de celui du sang, BAUMGARTEN constata que les valvules forment un entonnoir dont la pointe se rapproche du centre des ventricules et dont la base est représentée par les insertions des valvules. Dans cette position, les parties centrales des valvules sont un peu voûtées vers le milieu du ventricule, tandis que leurs bouts sont renversés en dehors ou recroquevillés vers les parois du ventricule; en même temps les petits fils tendineux qui s'insèrent vers le bord libre des valvules sont relâchés. KREHL opine dans le même sens. Insistant surtout sur ce fait que la principale partie du ventricule gauche se trouve au-dessous de l'orifice aortique et non au-dessous de l'orifice auriculaire, l'auteur écrit : « La grande valve mitrale est constamment poussée par le sang en haut et vers le centre de l'orifice auriculo-ventriculaire, tandis que les extrémités inférieures de la valvule sont toujours plus rapprochées de l'axe central du ventricule gauche que les extrémités supérieures. Le sang s'écoule de l'oreillette à travers l'orifice, derrière les valves, et cherche, à mesure que le ventricule se remplit, à les rapprocher de plus en plus de la position qu'elles doivent prendre au début de la systole ventriculaire. Il en est de même pour le ventricule droit: les insertions des cordages, et par conséquent aussi les bords inférieurs des valves, sont forcés, grâce à la disposition des muscles papillaires, de se rapprocher du centre de la cavité. »

Dans un autre travail, KREHL écrit : « Quand l'oreillette vide son contenu dans le ventricule déjà distendu par le sang, il se produit, dans cette dernière cavité, des courants en forme de tourbillons, qui poussent les valves en haut et vers la ligne centrale, comme on peut s'en convaincre facilement sur le cœur détaché et privé de vie dans le ventricule duquel on verse lentement de l'eau par l'oreillette. En outre, les muscles qui partent de l'oreillette et pénètrent dans la valve auriculo-ventriculaire se contractent en même temps que les muscles de l'oreillette : il en résulte le rétrécissement de l'orifice, ainsi que, sur la fin de la diastole ventriculaire, le soulèvement des parties périphériques des valves et le rapprochement de leurs parties centrales vers le centre de la cavité.

Systole ventriculaire. — Lorsque la systole des oreillettes est achevée, les ventricules se contractent à leur tour. Le sang contenu dans leur cavité, se trouvant énergiquement comprimé, cherche à s'échapper par les orifices percés sur la base des ventricules, c'est-à-dire par les orifices auriculo-ventriculaires et les orifices artériels aortique et pulmonaire. Mais les valvules auriculo-ventriculaires se rabattent sur leur orifice et les ferment, tandis que les valvules sigmoïdes ouvrent l'orifice artériel, de sorte que le sang est forcé de pénétrer dans les vaisseaux artériels.

Étudions le jeu des valvules auriculo-ventriculaires et des valvules sygmoïdes, pendant la systole ventriculaire. Parmi les physiologistes, les uns admettent l'occlusion passive des orifices auriculo-ventriculaires par la pression que le sang exerce sur la face inférieure des valvules au moment de la systole; les autres, au contraire, admettent l'occlusion active par la contraction des muscles papillaires.

Théorie de l'occlusion passive. — LOWER exposa pour la première fois la théorie de l'occlusion des valvules auriculo-ventriculaires par la pression sanguine intra-ventriculaire : « Comme dans la systole, la pointe du cœur se rapproche de la base, les cordages tendineux se relâchent comme des rênes abandonnées, et les valvules relâchées sont soulevées par le sang qui s'y prend comme le vent dans une voile. » Aussi, d'après LOWER, le cœur se raccourcit-il pendant la systole ventriculaire : grâce à ce raccourcissement, les muscles papillaires et les cordages tendineux se relâchent, ce qui permet à la pression sanguine de relever les valvules et de déterminer l'occlusion des orifices. Quant aux piliers, ils n'interviennent, d'après LOWER, que passivement, comme s'ils étaient tout simplement formés de tissu fibreux.

HALLER modifia la doctrine de LOWER en faisant intervenir plus activement les muscles papillaires. D'après HALLER, les valvules auriculo-ventriculaires s'appliquent horizontalement à l'orifice correspondant, de façon à ne faire saillie ni dans l'oreillette, ni dans le ventricule; elles s'y appliquent par l'effet de la seule pression du sang; les colonnes charnues ou muscles papillaires se contractent pendant la systole, et leur contraction a pour effet de faire contre-poids à la trop grande pression du sang, et de maintenir les valvules horizontalement appliquées.

La théorie de l'occlusion passive, telle qu'elle a été modifiée par HALLER, est devenue classique; elle a été acceptée par BICHAT, SOMMERING, AUTENRIETH, MAGENDIE, PROCHASKA, BÉCLARD, VALENTIN, WUNDT, CHAUVEAU et FAIVRE, SPRING, etc. Les valvules, disent CHAUVEAU et FAIVRE, sont pendantes à la fin de la systole auriculaire; dès que la systole des ventricules commence, le sang s'engouffre sous les festons de la valvule auriculo-ventriculaire, les soulève, et, comme ces festons sont attachés aux parois du ventricule par des cordages dont la base est contractile, leurs pointes sont ramenées par le bas, tandis que leurs faces supérieures s'adossent, de manière à former, au niveau de l'orifice auriculo-ventriculaire légèrement rétréci, une voûte multiconcave qui sépare les ventricules des oreillettes. Les muscles papillaires auraient encore pour but, en se contractant en même temps que les parois ventriculaires, de proportionner la tension des cordages avec la puissance des systoles, et d'assurer toujours l'occlusion parfaite des orifices. Ainsi CHAUVEAU et FAIVRE admettent, à l'instar d'un grand nombre de partisans de l'occlusion active, le resserrement de l'orifice auriculo-ventriculaire, mais dans des limites beaucoup plus restreintes; pour eux, cet orifice se resserre assez pour permettre l'affrontement marginal des valves, mais pas plus.

D'après SPRING, la valvule auriculo-ventriculaire est tendue comme une cloison entre la cavité de l'oreillette et celle du ventricule. Son soulèvement est déterminé par la pression que le sang subit à la suite de la contraction des fibres propres du ventricule. Les cordages tendineux, surtout du 2e et du 3e ordre, servent à retenir les valvules. Mais pour cela il n'est

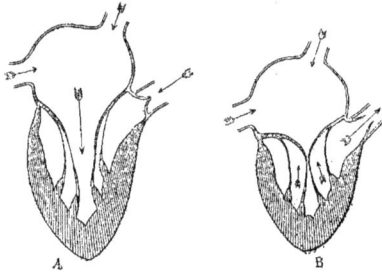

FIG. 2. — Schéma indiquant le jeu des valvules auriculo-ventriculaires et sigmoïdes. — A, pendant la diastole auriculaire. — B, pendant la systole ventriculaire (HÉDON).

pas nécessaire que les muscles papillaires se contractent; leur élasticité suffit. Une circonstance bien simple empêche le relâchement des cordages tendineux, c'est l'allongement du ventricule, qui va en augmentant vers la fin de la systole et maintient ainsi la tension des cordages. D'après SPRING, les muscles papillaires ne se contractent que dans la présystole et se relâchent dans la systole. D'après SPRING encore, on s'exagère communément la force à laquelle les cordages doivent résister, parce qu'on oublie que les valvules, dans leur résistance à la pression systolique, rencontrent encore un autre appui : c'est l'effort du sang auriculaire. La contraction des oreillettes n'est pas achevée quand la systole ventriculaire commence, et l'on sait que ces cavités ne se vident jamais entièrement. Le sang qui y reste continue donc à être comprimé par les parois, et pousse la valvule dans le sens opposé à celui du sang ventriculaire. Ainsi, d'après SPRING, pendant la systole ventriculaire, les muscles papillaires sont relâchés, et les valvules abandonnées à la pression du sang comprimé par les parois sont soulevées et ferment hermétiquement les orifices; les valvules y restent appliquées pendant la diastole passive; ce n'est que pendant la diastole active, ou présystole, qu'elles sont abaissées brusquement par la contraction des muscles papillaires.

Pour les partisans de la doctrine de l'occlusion passive, sans intervention active des muscles papillaires, voici quelles seraient la position et la forme des valvules auriculo-ventriculaires :

D'après SÉNAC, lorsque les valvules s'élèvent sous l'influence de la pression intraventriculaire, elles forment un plancher qui oblitère l'orifice, mais s'élève un peu au-dessus, comme un couvercle qui fait saillie ou bosse dans les oreillettes.

D'après Valentin, la pression intraventriculaire étale les valvules, les pousse l'une contre l'autre, avec enroulement des bords.

D'après Colin, lors de la systole, les valvules se lèvent brusquement, se tendent en s'affrontant, non seulement par leurs bords, comme le croyait Magendie, mais encore par une portion notable de leur face supérieure, qui s'infléchit pour devenir verticale. Chaque dentelure devient convexe en haut, et, par conséquent, concave en bas. D'après Chauveau et Faivre, si, chez le cheval, on introduit le doigt dans une oreillette, la droite par exemple, et que l'on explore l'orifice cuspidal, on sent, au moment même où les ventricules entrent en contraction, les valvules se redresser, s'affronter par leurs bords et se tendre, au point de devenir convexes par en haut, de manière à former un dôme multiconcave au-dessus de la cavité ventriculaire.

Marey exprime une opinion analogue à celle de Chauveau et Faivre : « Quand les ventricules sont remplis, ils se resserrent, et le sang soulève les valvules auriculaires. Celles-ci se ferment en se relevant comme des voiles du côté de l'oreillette et s'affrontent par leurs bords. Il n'y a donc pas de reflux du sang du ventricule vers les oreillettes pendant la contraction ventriculaire, mais seulement augmentation de la pression dans la cavité auriculaire, dont la capacité est légèrement réduite par l'espèce de hernie des membranes valvulaires. »

Théorie de l'occlusion active. — D'après les partisans de l'occlusion active, les muscles papillaires, en se contractant, non seulement empêchent le renversement des valvules cuspidales, mais rapprochent les différentes valves les unes des autres jusqu'au contact.

Meckel défendit le premier la doctrine de l'occlusion active. L'occlusion auriculo-ventriculaire se fait, dit-il, par la contraction des piliers qui rapprochent les divers segments des valvules en les tirant vers l'intérieur des ventricules.

Burdach émit une opinion mixte, attribuant l'occlusion à la fois à la contraction des piliers et à l'augmentation de la pression. « Si les valvules du cœur se comportaient d'une manière purement passive, et qu'elles ne fussent consolidées par des fibres tendineuses, dans quelques points de leur bord libre, qu'afin d'empêcher le sang de les chasser dans l'oreillette, les colonnes charnues que ces cordons terminent seraient absolument inutiles. Mais ce sont des muscles longitudinaux particuliers, qui se dégagent des parois du cœur, s'implantent à l'extrémité pointue du ventricule, s'y réunissent en un cercle très serré, et dont l'autre bout se termine par des filaments tendineux, dirigés eux-mêmes, en divergeant, vers l'anneau tendineux de l'entrée, allant gagner le feuillet externe des valvules, et s'y épanouissant en façon de palmettes. Il n'est pas douteux que ces muscles se contractent pendant la systole ; mais alors ils doivent, en vertu de leur situation, tirer les valvules de haut en bas et de dehors en dedans, les rapprocher de l'axe, les écarter des parois ; et cet effet doit d'autant plus avoir lieu, que les colonnes charnues sont unies par des faisceaux musculaires transverses qui, en se raccourcissant, les ramènent davantage encore dans l'axe du ventricule. Or les valvules ayant pris ainsi la forme d'un entonnoir, il reste entre les filets tendineux des vides au moyen desquels le sang arrive à la face externe des replis valvulaires, de sorte que, par la pression qu'il exerce alors de dehors en dedans, il complète l'occlusion que l'activité musculaire vivante avait commencée. »

D'après Parchappe, l'occlusion a lieu par le rétrécissement de l'orifice, ainsi que par le rapprochement et le froncement des valves sous l'influence de la contraction des muscles papillaires. Ces muscles, en se contractant, se rapprochent pour ne plus former qu'un pilier unique, de sorte que les festons s'engrènent mutuellement et forment un infundibulum ou cul-de-sac à sommet dirigé du côté du ventricule.

La sixième conclusion du comité de Londres est ainsi conçue : « Les colonnes charnues semblent agir en même temps que les parois des ventricules, et attirer les valvules auriculo-ventriculaires dans l'intérieur du ventricule. » Allen Thomson dit aussi que les colonnes charnues tirent les valves en bas et les rapprochent entre elles. La pression sanguine, dit-il, vient ensuite compléter le rapprochement.

Paladino croit avoir observé sur des cœurs de chien et de tortue, encore en mouvement, qu'à la fin de la systole auriculaire, les valvules sont relevées, grâce à la contraction des muscles qui des oreillettes descendent longitudinalement dans les valvules.

Quand la systole ventriculaire débute, les valvules sont attirées dans l'intérieur des ventricules, grâce à la contraction des muscles papillaires, en même temps que les valves s'affrontent mutuellement, en formant au-dessus d'elles un espace conique, grâce au rapprochement latéral des muscles papillaires. ROLLET semble partager l'opinion de PALADINO.

MARC SÉE doit être également rangé parmi les partisans de l'occlusion active, quoiqu'il admette que la pression du sang sur la face inférieure des valves est nécessaire pour parfaire l'occlusion. D'après MARC SÉE, le raccourcissement du cœur pendant la systole ventriculaire n'est pas suffisant pour neutraliser l'effet de la contraction des piliers; par conséquent, les valvules auriculo-ventriculaires sont fortement abaissées. Dans le ventricule gauche, les piliers en se contractant se serrent l'un contre l'autre dans l'angle gauche du ventricule et entraînent dans la même direction la grande valve qui figure alors un large rideau, tendu obliquement entre la moitié droite de la circonférence de l'orifice auriculo-ventriculaire et la portion gauche de la paroi ventriculaire, celle-ci, par suite de la contraction de ses fibres, se rapprochant de la valve. En même temps la petite valve gauche est tendue et abaissée. Grâce à cet abaissement et à cette tension, le sang, qui occupait l'espace situé entre la petite valve et la paroi, est refoulé de haut en bas vers le centre du ventricule. Les bords amincis de la valve, plissés par le rapprochement des cordages de premier ordre, s'engrènent avec les plis analogues de la grande valve, fermant hermétiquement l'orifice que limitent les bords de ces valves. La petite valve ne joue donc qu'un rôle secondaire; mais ce rôle est cependant important, car il empêche une partie du contenu sanguin de refluer dans l'oreillette, et ses plis marginaux s'engrènent avec ceux de la grande valve. Ainsi les deux valves de la mitrale s'appliquent l'une sur l'autre et sur la paroi ventriculaire gauche dans la plus grande partie de leur étendue. Au voisinage de l'orifice, elles ne se touchent pas, mais laissent entre leurs bords correspondants un espace triangulaire, par lequel le sang, comprimé pendant la systole, pourrait retourner dans l'oreillette s'il ne rencontrait là deux petites languettes membraneuses accessoires de forme triangulaire, qui sont interposées entre les bords des valves principales. Pendant la diastole, le sang coule de l'oreillette dans le ventricule en écartant légèrement la grande valve de la petite. De petites oscillations de la valve droite, voilà donc, en somme, écrit MARC SÉE, à quoi se réduisent les mouvements de la valvule mitrale, et l'occlusion est subite et complète, dès que la contraction commence. Dans le ventricule droit, les piliers antérieurs et postérieurs sont appliqués et pressés contre la cloison, au moment de la systole ventriculaire; il en est de même pour les parois externes du ventricule. La valve interne s'étale, pendant la systole, contre la cloison, et force le sang interposé entre la cloison et elle va passer dans le ventricule; mais elle ne contribue pas à l'occlusion de l'orifice auriculo-ventriculaire. La valve antérieure et la valve postérieure, par leurs grandes arcades, s'appliquent intimement sur la cloison interventriculaire, déjà recouverte par la valve interne, fermant en dehors et en arrière l'orifice auriculo-ventriculaire au niveau duquel elle peut se soulever en dôme sous l'influence de la pression sanguine. Dans le ventricule droit, l'occlusion de l'orifice auriculo-ventriculaire est rendue plus hermétique encore par le faisceau musculaire très épais qui, né de la paroi postérieure de l'infundibulum, descend obliquement à droite, sur la face interne de la paroi ventriculaire externe sur laquelle il forme un relief très saillant, et, après un trajet de 3 à 4 centimètres, se perd dans cette dernière, au niveau du sommet du pilier antérieur. Pendant la systole ventriculaire, le faisceau comprime les valves superposées de la tricuspide, et forme avec le pilier antérieur et son prolongement antérieur une sorte de centre ou de bourrelet semi-circulaire, limitant la cavité ventriculaire en arrière et en bas, tandis qu'en avant, entre ce centre et l'angle antérieur du ventricule, il reste un espace cylindrique se contournant avec l'artère pulmonaire, où le sang est refoulé avant d'être lancé dans l'artère pulmonaire. Le muscle compresseur de la valvule tricuspide est l'analogue du demi-sphincter qui remplace la valvule tricuspide dans le cœur des oiseaux.

LUTZE examina des cœurs de mammifères excisés du thorax et jetés pendant qu'ils battaient encore dans l'alcool bouillant et constata la même disposition des muscles papillaires et des valvules auriculo-ventriculaires que celle décrite par MARC SÉE.

Autres théories sur l'occlusion des valvules. — D'autres physiologistes ont adopté une opinion mixte, entre autres KÜRSCHNER et BAUMGARTEN.

Kürschner distingua deux temps dans la systole ventriculaire. Au début de la systole, les valves sont soulevées passivement par le sang comprimé, formant un plancher qui oblitère l'orifice; quand la systole est un peu plus avancée et que déjà une partie du sang a passé dans les artères, alors elles sont vivement abaissées vers la pointe du cœur par une contraction vigoureuse des muscles papillaires.

D'après Baumgarten, la fermeture de l'orifice auriculo-ventriculaire a lieu avant la systole ventriculaire, pendant l'intervalle qui s'écoule entre la systole de l'oreillette et la systole du ventricule. Pendant la systole auriculaire, une certaine quantité de sang est poussée avec énergie dans le ventricule déjà plein. Celui-ci se dilate, par conséquent, autant que possible, et l'augmentation de tension du sang entre les valvules et la surface ventriculaire distend toutes les parties de la valvule, déroule ses bords, rend l'entonnoir valvulaire plus horizontal et fait fermer les valvules. Baumgarten démontra expérimentalement sa théorie de la façon suivante : Sur un cœur excisé, il oblitéra les artères et laissa couler de l'eau, d'une hauteur d'un pied environ, à travers l'orifice veineux. Au moment de la suppression brusque de l'écoulement, l'orifice se fermait si hermétiquement qu'on pouvait renverser le cœur sans qu'une seule goutte s'échappât. L'occlusion de la valvule auriculo-ventriculaire n'est pas accompagnée de l'ouverture de l'orifice artériel, car à ce moment la pression intra-ventriculaire est encore de beaucoup inférieure à la pression artérielle (période pré-expulsive ou de tension).

L'expérience suivante sert à démontrer qu'une légère augmentation de la pression intra-ventriculaire suffit à amener l'occlusion de la valvule auriculo-ventriculaire. Sur un cœur excisé, on introduit un tube par l'artère pulmonaire dans le ventricule droit et un autre tube par l'aorte dans le ventricule gauche. Puis, après avoir enlevé les oreillettes, on immerge le cœur dans un vase rempli d'eau, de telle façon que les orifices auriculo-ventriculaires se trouvent un peu au-dessous du niveau du liquide. A mesure que les ventricules se remplissent, on voit les valvules se soulever graduellement et finir par oblitérer presque complètement les orifices. Si alors on souffle légèrement dans l'un ou l'autre des tubes, la fermeture devient hermétique au point qu'il n'échappe pas la moindre bulle d'air à travers l'orifice.

Weber prôna la même théorie dans un travail publié presque en même temps que celui de Baumgarten. La contraction ventriculaire, dit-il, ne succède pas immédiatement à la contraction auriculaire; il y a entre les deux un moment pendant lequel le sang est sous l'influence de l'élasticité des parois ventriculaires, et c'est cette élasticité qui opère la fermeture.

Quant à l'influence de la contraction des piliers pendant la systole ventriculaire, Baumgarten et Weber opinent dans le même sens que Kürschner. Il nous reste maintenant à passer brièvement en revue les travaux les plus récents.

D'après Hesse, ce sont surtout les muscles circulaires superficiels qui amènent le rétrécissement de la cavité ventriculaire, en repoussant à l'intérieur les muscles longitudinaux. Quant aux muscles papillaires, ils ne contribuent pas au rétrécissement de la cavité, car ils s'épaississent autant qu'ils se raccourcissent, et par conséquent ils tendent à augmenter la cavité dans le sens transversal et à la diminuer dans le sens longitudinal. Hesse croit, eu égard à la disposition en spirale des sillons et des bosselures sur la face interne, que le sang s'échappe du ventricule en tournant sur lui-même à l'instar du projectile lancé par les armes à feu. Lorsque le ventricule gauche se contracte, la valve antérieure de la valvule mitrale, sous l'influence de la poussée sanguine, s'éloigne de l'orifice aortique et vient s'engouffrer dans l'orifice veineux, de sorte que le même mouvement produit la dilatation de l'espace supra-papillaire qui conduit à l'orifice aortique et le rétrécissement de l'orifice veineux. Ce mouvement s'explique facilement par la position que prend la valvule au début de la systole. En effet, les deux muscles papillaires naissent de la paroi externe du ventricule gauche. Ces muscles s'éloignent d'autant plus de la cloison interventriculaire que la cavité se dilate davantage, attirant par leurs cordages la valve antérieure obliquement par rapport à l'axe du ventricule, de sorte que la face inférieure de cette valve est directement frappée par le courant sanguin systolique. Il en est de même pour la valve postérieure. Pendant la systole ventriculaire, les valves prennent une position convexe; car la partie voisine de l'insertion immobile se place horizontalement, pendant que la partie située près du bord libre se dirige plus ou moins verticalement. En outre, chacun des muscles papillaires envoie des cordages aux deux valves, de sorte que leur contraction amène forcément l'affrontement des bords valvulaires. HESSE insiste aussi sur le plissement des valvules, dû au rétrécissement de l'orifice. Quant au jeu de la valvule tricuspide, il ne diffère guère de celui de la mitrale.

SANDBORG et WORM-MÜLLER expérimentèrent sur des cœurs de bœuf, excisés du thorax, et après disparition de la rigidité cadavérique (expérience analogue à celle de GAD). D'après eux, la clôture des valvules cuspidales est due uniquement au sang refoulé contre la face inférieure des valvules. Les parties centrales sont soulevées jusqu'au niveau des orifices, tandis que les parties périphériques sont renversées en bas et s'adossent mutuellement avec engrenage des bords dentelés. Ils ne croient pas que les muscles papillaires contribuent à la fermeture des valvules auriculo-ventriculaires et tirent celles-ci vers la pointe du cœur.

KREHL décrit, dans le ventricule droit, trois muscles papillaires, dont deux très courts, naissant de la cloison inter-ventriculaire et le troisième faisant saillie à l'intérieur de la cavité de la paroi externe. KREHL s'est assuré que, lorsque tous les cordages sont tendus, la valvule tricuspide ne peut pas prendre une direction horizontale, mais est obligée de se voûter, à peu près comme l'indique HESSE. KREHL distingue deux espèces d'occlusion de la valvule tricuspide. La première a lieu à la fin de la systole auriculaire, avant le début de la systole ventriculaire, par simple affrontement des bords valvulaires sous l'influence de la pression sanguine (BAUMGARTEN). Ce qui prouve, dit KREHL, que l'orifice est fermé avant la systole ventriculaire, c'est que celle-ci ne détermine aucune trace de régurgitation dans l'oreillette; or, si l'occlusion se faisait seulement au moment de la systole ventriculaire, le sang qui se trouve entre les valvules serait certainement refoulé dans l'oreillette. La deuxième a lieu au début de la systole ventriculaire; elle n'est que le renforcement de la première. Lorsque le ventricule droit se contracte, l'orifice auriculo-ventriculaire se rétrécit, et les muscles papillaires, tout en se contractant, se rapprochent du centre de la cavité; il en résulte que les valves se plissent, s'adossent sur une grande étendue et s'abaissent à l'intérieur de la cavité. Ainsi la valvule tricuspide est déjà fermée avant que le ventricule commence à se contracter; mais, par la contraction ventriculaire, la fermeture est rendue plus solide et plus hermétique. Ainsi, d'après KREHL, il peut se produire une insuffisance auriculo-ventriculaire, en l'absence d'altérations valvulaires, lorsque la contraction du ventricule est entravée, soit par la présence de fongosités, soit par une trop forte dilatation du cœur.

TOWNSEND-PORTER croit que la fermeture des valvules auriculo-ventriculaires n'a lieu qu'après le début de la systole ventriculaire.

D'après ROY et ADAMI, l'activité du ventricule se compose des stades suivants : 1° Les parois ventriculaires se contractent avant les muscles papillaires; 2° les muscles papillaires se contractent rapidement, pendant que la contraction des parois ventriculaires est suspendue; 3° les muscles papillaires et les parois ventriculaires restent en contraction, mais celle-ci n'augmente plus; 4° les muscles papillaires se relâchent rapidement, pendant que les parois ventriculaires restent encore quelques temps en contraction. Ainsi, les muscles papillaires se contractent plus tard que les parois ventriculaires et se relâchent aussi plus tôt. La durée de contraction des muscles papillaires est, par rapport à celle des parois, comme 5 est à 8.

PATON combat la doctrine de LOWER, et admet que les valves s'adossent sur une grande étendue. Il fixa des cœurs de chien, de lapin, de chat et d'homme en des stades différents. Pour fixer le ventricule dans la systole achevée, c'est-à-dire à la fin de la période expulsive, il excisa le cœur, après avoir au préalable oblitéré ses gros vaisseaux à l'aide de pinces, le jeta dans l'eau bouillante et enleva ensuite les pinces. Pour le fixer dans la première période, période de tension, il le laissa dans l'eau bouillante pendant une ou deux secondes seulement, sans enlever les pinces; dans ce cas il n'y avait contraction que des parois et non des piliers; il constata alors que les valvules n'étaient pas fermées et qu'une certaine quantité de sang avait passé du ventricule dans l'oreillette.

Continuons maintenant l'étude de la systole ventriculaire.

Lorsque le ventricule se contracte, les valvules sigmoïdes ne s'ouvrent pas de suite. Ces valvules ne peuvent s'ouvrir que du moment où la pression intra-ventriculaire est supérieure à la pression qui règne dans les embouchures artérielles. Or comme celle-ci est toujours très élevée, il doit nécessairement s'écouler un certain temps avant l'ouverture. Pendant la *période pré-expulsive* ou *période de tension*, ou retard essentiel (CHAUVEAU et MAREY), le ventricule est fermé des deux côtés. Mais bientôt, la contraction continuant, la 'pression intra-ventriculaire devient suffisante pour ouvrir les valvules sigmoïdes et chasser son contenu. C'est la *période expulsive* qui commence.

Dans quelle position se trouvent les valvules sygmoïdes pendant la période expulsive?

D'après THEREBIUS, BURDACH et BRÜCKE, les valvules sigmoïdes sont complètement appliquées contre les parois artérielles, laissant l'orifice par où pénètre le sang largement ouvert.

D'après RUDINGER et CERADINI, au contraire, les bords libres des valvules sigmoïdes ne s'adossent nullement contre les parois artérielles, ils en restent même considérablement éloignés. .

Dans leurs expériences, SANDBORG et WORM-MÜLLER n'ont jamais vu, même en exerçant une pression considérable sur le ventricule, les faces supérieures ou concaves des valvules, ni même leurs bords libres, s'adosser contre les parois du sinus de VALSALVA. Ils ont constaté que les valvules, en se renversant, perdaient leur aspect lisse et se plissaient légèrement dans le sens longitudinal.

D'après KREHL, l'orifice artériel n'est pas largement ouvert pendant la systole ventriculaire, mais est réduit à une fente assez étroite. En effet, pendant la systole, il se forme, au-dessous des poches valvulaires et servant de soutien à ces dernières, des bourrelets musculaires qui s'avancent à l'intérieur du ventricule et sont dus à la contraction des fibres musculaires qui appartiennent aux sphincters et des fibres méridionales qui naissent à la base des valvules. La 'fente se rétrécit de plus en plus à mesure que la systole avance. En outre, le sang était forcé de passer par un orifice rétréci pour pénétrer immédiatement après dans le large espace limité par les sinus de VALSAVA, il se produit autour de l'axe central du conduit 'des tourbillon 'marginaux qui, s'engageant dans les poches valvulaires, tendent à rapprocher celles-ci les unes des autres.

GAD et HEYMANS admettent également l'existence des tourbillons grâce auxquels il existe toujours, entre les valvules et les parois, un espace rempli de liquide.

Après que le ventricule s'est vidé, il reste encore quelque temps 'contracté (contraction tardive D'EDGREN). La période post-expulsive de la 'systole ventriculaire est admise par LANDOIS, MOENS, BAXT, ROY et ADAMI et autres. MARTIUS, au contraire, ne l'admet pas, ou du moins croit qu'il est excessivement bref, s'étendant seulement depuis le moment où les valvules se ferment jusqu'au 2ᵉ bruit du cœur. HÜRTHLE ne l'admet pas non plus, sauf dans certains cas pathologiques, par exemple dans l'empoisonnement par la strychnine.

La période post-expulsive, comme le remarquent GAD et HEYMANS, est d'une grande utilité, si courte qu'elle soit. Si, disent ces auteurs, la contraction de la paroi ventriculaire persiste après la période d'expulsion, les valvules semi-lunaires peuvent, sous l'influence du tourbillon des sinus de VALSALVA; se rapprocher jusqu'au contact, avant que se forme dans le ventricule un vide où le sang pourrait refluer; si la diastole survient lorsque les valvules ont pris cette position, celles-ci seront tendues subitement par la production instantanée de la grande différence de pression qui s'établit sur leurs deux faces et aucune goutte de sang ne pourra refluer dans le ventricule.

Comment se ferment les valvules sigmoïdes?

D'après BURDACH, les valvules ayant leur bout libre garni d'une bandelette cartilagineuse, reviennent sur elles-mêmes, en vertu de leur élasticité, dès que la pression du sang qui sort du cœur vient à cesser. Si le sang contenu dans l'artère reflue vers le cœur, il trouve l'orifice bouché, et contribue à le clore mieux encore, parce qu'il s'engage dans les valvules et les tend davantage. CERADINI a démontré expérimentalement que l'opinion de BURDACH est erronée. WEBER a émis le premier l'opinion que la fermeture a lieu au moment du relâchement du ventricule, par un mouvement de recul du sang dans la partie inférieure des artères, c'est-à-dire au moment où la pression intra-ventriculaire devient inférieure à celle qui règne dans l'aorte et dans l'artère pulmonaire.

SANDBORG et WORM-MULLER partagent l'opinion de WEBER. La portion sanguine, disent-ils, qui occupe le centre de l'artère, c'est-à-dire au niveau de l'espace compris entre les valvules ouvertes et renversées en haut, peut refluer dans le ventricule, tandis que la portion qui occupe la périphérie vient lutter contre la face supérieure des valvules. Il s'ensuit que les deux faces de la valvule subissent une pression très inégale ; la pression sur la face inférieure est nulle ou insignifiante, tandis que celle qui s'exerce sur la face supérieure est énorme. Cette différence de pression amène nécessairement l'abaissement des valves et le rapprochement de leurs bords libres jusqu'au contact. Ainsi, d'après Sandborg et Worm-Muller, l'occlusion se fait au moment où les ventricules commencent leur relâchement et elle ne peut empêcher le reflux d'une minime quantité de sang.

D'après Ceradini, au contraire, la fermeture a lieu avant le début de la diastole ventriculaire, de sorte que tout reflux devient impossible. Voici comment cet auteur l'explique : Lorsque, dans un tube tenu horizontalement, la colonne liquide est mise en mouvement de bas en haut, par l'élévation du piston, la vitesse est beaucoup plus grande dans l'axe central qu'à la périphérie. En outre, il se produit un mouvement d'inversion : en bas, du côté du piston, les molécules sont entraînées vers le centre par action centripète, tandis que celles d'en haut sont entraînées vers la périphérie par action centrifuge. Le même phénomène se produit lorsque le liquide est refoulé grâce au glissement du tube le long du piston tenu immobile. Lorsqu'on suspend brusquement le mouvement du piston ou du tube, la partie centrale de la colonne liquide continue à se mouvoir en haut, tandis que la partie périphérique se meut en sens inverse. D'après Ceradini, une action analogue se produit aux embouchures artérielles pendant et après la systole des ventricules. La suppression brusque de la systole donne naissance à un courant périphérique, à direction centripète ou rétrograde, amenant l'occlusion brusque et hermétique des valvules.

D'après Moens, c'est le vide post-systolique, dont nous parlerons bientôt, qui est la cause de la fermeture.

D'après Krehl, lorsque la période expulsive est achevée, le mouvement du liquide dans l'axe central du vaisseau cesse, mais le mouvement marginal en tourbillon persiste encore quelque temps, amenant la fermeture des valvules. Lorsque le ventricule cesse de se contracter, le reflux sanguin ne fait que rendre la fermeture plus solide et plus hermétique, sans qu'au préalable une seule goutte ait pu refluer dans la cavité ventriculaire.

D'après Martius, l'élasticité des grosses artères distendues au maximum contribue, avec les tourbillons de fermeture, à l'occlusion des valvules sigmoïdes qui a lieu à la fin de la période expulsive, avant le début du relâchement.

On n'est pas d'accord sur la question de savoir si les ventricules se vident complètement ou non. Kürschner et ses partisans affirmèrent que le vide complet se fait grâce à l'abaissement brusque et vigoureux des valvules auriculo-ventriculaires. Hamernycke, Hope, Bamberger, Chauveau et Faivre, Spring, etc., opinèrent dans le sens contraire. Les ventricules, disent Chauveau et Faivre, ne se vident pas complètement pendant la systole. Il existe en effet, à la fin de ce mouvement, sous la voûte valvulaire du cœur gauche et du cœur droit, une cavité conique qui contient encore une certaine quantité de sang. On peut s'en assurer par l'exploration directe, au moyen du doigt introduit par l'orifice auriculo-ventriculaire, ou même par l'examen extérieur des ventricules, lesquels se montrent gros et globuleux à leur base (Voy. **Cheval**, *Dict. de Physiol.*, iii).

Dans ces derniers temps, Hesse et Sandborg, et Worm-Müller, ont repris la question, en fixant des cœurs pendant qu'ils étaient en contraction. D'après Hesse, la cavité du ventricule droit, pendant la systole, ne présente plus qu'une fente étroite, fortement courbée en dehors par suite de la courbure systolique de la cloison. En bas, la fente est presque effacée ; mais en haut, au-dessous de l'orifice auriculo-ventriculaire et surtout dans le conus artériel, elle a encore conservé une certaine largeur. Ce petit espace est dû aux muscles papillaires et à ce que, en haut, la cloison inter-ventriculaire est légèrement excavée. La cavité du ventricule gauche n'est pas non plus entièrement effacée, au-dessus des muscles papillaires, pendant l'état systolique.

Sandborg et Worm-Müller prétendent aussi que les ventricules ne peuvent pas se vider, mais qu'il y reste toujours à la fin de la systole une certaine quantité de sang.

Repos ou pause du cœur. — Pendant la diastole générale, le sang veineux coule librement des veines dans l'oreillette et de l'oreillette dans le ventricule sous l'influence de la pression veineuse, les valvules auriculo-ventriculaires s'étant abaissées dès le début de la diastole ventriculaire.

Contrairement aux partisans de la présystole active, la plupart des physiologistes admettent que la réplétion des ventricules est graduelle, mais augmente brusquement à la fin de la diastole, sous l'influence de la systole auriculaire qui cherche à se débarrasser de son contenu.

Roy et Adami distinguent trois périodes pendant la diastole ventriculaire : 1° Dilatation brusque et rapide; 2° dilatation lente par l'arrivée du sang veineux; 3° dilatation rapide par le flot sanguin lancé par l'oreillette.

D'après Chauveau et Arloing, en circulant dans le cœur, le sang éprouve une sorte de division, de battage qui a pour but de rendre sa composition plus homogène. C'est surtout pour le sang qui revient du tronc que cela est nécessaire. Aussi est-ce surtout à la face interne du cœur droit que l'on trouve cet aspect caverneux si propre à agiter et à mélanger la masse sanguine.

Modifications de la pression intra-cardiaque et action aspirante du cœur. — L'étude des modifications de la pression intra-cardiaque est intimement liée à celle de l'aspiration des ventricules pendant la diastole.

Déjà, deux cent cinquante ans avant notre ère, Erasistrate compara le cœur, au point de vue de son mécanisme, non seulement à une pompe foulante, mais aussi à une pompe aspirante; il crut que le cœur appelle le sang dans ses cavités en se dilatant activement. Galien adopta cette manière de voir. Puisque le cœur, disait-il, se dilate pour recevoir le sang, il faut que la dilatation soit antérieure à l'entrée du liquide, et par conséquent elle ne saurait en être la conséquence. Vésale, et plus tard Spring, se prononcèrent également en faveur de la dilatation active.

Harvey et Haller, au contraire, affirmèrent que la force foulante du cœur suffit pour ramener tout le sang vers le cœur; ils admirent donc exclusivement la dilatation passive.

Aujourd'hui la plupart des physiologistes admettent que les différentes cavités du cœur se dilatent passivement, sous l'influence de la pression du sang qui arrive des veines, pression déterminée par la systole ventriculaire; mais, il admettent aussi une légère dilatation active, contribuant à l'aspiration sanguine. Il n'est pas douteux, en effet, que, pendant la diastole, il règne une pression négative dans les cavités du cœur. Mais on est loin d'être d'accord sur la cause de la diastole active ou de la pression négative.

Wedemeyer introduisit dans la veine jugulaire d'un cheval une sonde élastique fixée à un tube recourbé, dont la branche descendante était plongée dans un vase rempli d'un liquide coloré. Or, à chaque systole, le liquide s'éleva de plusieurs pouces dans le tube pour s'abaisser de nouveau pendant la diastole.

Poiseuille introduisit par la veine jugulaire chez des chiens une sonde élastique jusque tout près de l'oreillette, et la relia avec son hémo-dynamomètre rempli d'une solution de carbonate de sodium. Il trouva une pression de + 55 millimètres pendant la diastole et + 65 millimètres pendant la systole; il attribua donc à l'oreillette droite une force d'aspiration de 10 millimètres.

Pour apprécier la nature des pressions diastoliques (pressions passives), Chauveau et Marey introduisirent dans les cavités du cœur du cheval une ampoule métallique de forme olivaire, criblée de petits trous et revêtue d'une membrane mince et très souple. Une ampoule ainsi construite est insensible aux pressions positives, mais très sensible, au contraire, aux pressions négatives (sonde à pressions négatives). Les tracés qu'ils ont obtenus à l'aide de cet appareil leur ont appris : 1° que dans l'oreillette droite la pression passive est presque constamment négative; elle ne devient positive qu'à la fin de la réplétion de cette cavité; 2° que dans le ventricule droit la pression est toujours positive vers le fond de cette cavité, tandis que, près de l'orifice auriculo-ventriculaire, la pression devient négative, durant un très court instant qui correspond au début des relâchements du ventricule; 3° que, dans le ventricule gauche, la pression est toujours négative, au début de la diastole, quelle que soit la position de l'ampoule; toujours positive, pendant le reste de cette période.

Pour évaluer les pressions passives, Chauveau et Marey firent communiquer l'ampoule plongée dans le cœur avec un tambour à levier et avec un manomètre. Ils constatèrent que l'abaissement de la pression dans l'oreillette droite varie habituellement entre — 7 et — 15 millimètres de mercure. Dans le ventricule droit, la pression a paru osciller entre — 16 millimètres et — 20 millimètres. Enfin, dans le ventricule gauche, les minima sont un peu inférieurs à ceux du ventricule droit et à peu près constamment au-dessous de zéro.

Pour évaluer les pressions systoliques ou pressions actives, qui sont toujours positives, CHAUVEAU et MAREY ont gradué leur appareil cardiographique, en déterminant la hauteur de la colonne manométrique qui correspond à une élévation déterminée du levier écrivant. De cette façon, ils ont évalué en millimètres de mercure la pression qui s'exerçait sur les ampoules plongées dans les cavités du cœur. Dans une expérience qui a semblé présenter à ces physiologistes une moyenne de leurs diverses épreuves, ils ont obtenu comme maximum de la force déployée pour chacune des cavités du cœur, les chiffres suivants : oreillette droite + $2^{mm},5$; ventricule droit + 24 millimètres; ventricule gauche + 128 millimètres.

L'oreillette gauche étant inaccessible aux sondes cardiaques, on est réduit, dit MAREY, à des conjectures, relativement à la force réelle de cette cavité; toutefois, en constatant que les efforts de l'oreillette dans le tracé du ventricule gauche ne sont pas plus intenses que dans celui du ventricule droit, on est en droit de conclure, avec assez de vraisemblance, que les deux oreillettes sont sensiblement d'égale force. Mais, les expériences de CHAUVEAU et MAREY ayant été faites sur des chevaux dont la poitrine n'avait pas été ouverte, on peut se demander si la pression négative diastolique n'est pas entièrement due à l'aspiration thoracique. En effet, l'aspiration thoracique est un fait indéniable. Les poumons sont intimement adossés contre la face interne de la cage thoracique et contre les organes y contenus, grâce à la pression atmosphérique qui règne à l'intérieur de la cavité pulmonaire et au vide qui existe entre les poumons et la paroi thoracique. Cependant, en dehors des poumons, entre ceux-ci et la cage du thorax, la pression est négative; car une petite partie de la pression atmosphérique a servi à dilater les poumons. D'après DONDERS, chez l'homme, pendant l'inspiration ordinaire, la pression dilatatrice des poumons est de 9 millimètres de mercure, et, pendant l'inspiration forcée, de 30 millimètres de mercure. Par conséquent, à supposer que la pression atmosphérique soit de 760 millimètres, la pression intra-thoracique ne sera que de 751 à 730 millimètres de Hg., pendant l'inspiration. Pendant l'expiration, les poumons sont moins dilatés, et, d'autre part la pression intra-pulmonaire est un peu plus élevée, car l'air comprimé ne peut pas s'échapper instantanément à travers les voies respiratoires relativement étroites. Il s'ensuit que, pendant l'expiration, la pression intra-thoracique est plus élevée que pendant l'inspiration, tout en étant encore négative. Grâce à la pression négative intra-thoracique, le cœur, ainsi que les veines intra-thoraciques, subissent une légère dilatation passive, et aspirent le sang. Cette aspiration est moins marquée pour les ventricules, surtout le gauche, que pour les oreillettes, à cause de l'épaisseur de leurs parois. D'autre part, l'aspiration exercée par l'oreillette gauche et le ventricule gauche est sans effet, car les veines pulmonaires sont soumises à la même diminution de pression que l'oreillette gauche où elles aboutissent. D'ailleurs, pour le ventricule droit, il ne faut pas non plus exagérer l'importance de cette aspiration; car, avec le thorax largement ouvert, la circulation continue à se faire normalement.

Il s'agit donc de savoir si, en dehors de l'aspiration pulmonaire, il existe encore d'autres causes qui rendent négative la pression dans les cavités cardiaques, pendant leur diastole.

Autrefois beaucoup d'observateurs crurent que c'était pendant l'état diastolique que le cœur repousse les résistances mécaniques qu'on lui oppose. PECHLIN a déjà signalé le fait en 1676 pour le cœur du requin. CH. WILLIAMS dit que la dilatation se fait avec une telle force chez les ânes et les veaux, qu'elle ouvrait la main qui serrait le ventricule, et CRUVEILHIER dit avoir vu la même chose chez un enfant atteint d'ectopie. Mais hâtons-nous de dire que c'est bien à tort qu'on a attribué ce phénomène à la diastole; c'est bien à la systole qu'il est dû.

JOHNSON et CHASSAIGNAC, jetant dans un vase plein d'eau des cœurs fraîchement extirpés et encore palpitants, observèrent que l'eau expulsée par les artères perdait graduellement sa couleur pour devenir bientôt complètement incolore.

L. FICK, en 1846, plaça dans un vase rempli d'eau le cœur privé de vie, après avoir introduit des tubes dans chacun des grands troncs vasculaires, l'aorte, l'artère pulmonaire, la veine cave supérieure et l'une des veines pulmonaires. Les tubes fixés dans les veines sont placés horizontalement afin de pouvoir servir de tubes aspirateurs, tandis que les tubes qui font suite aux artères émergent de l'eau. Si, après avoir comprimé le cœur entre les mains, on le relâche brusquement, l'eau rentre dans le cœur par les tubes horizontaux pour s'échapper de nouveau par les tubes artériels quand on renouvelle la compression ; on peut de cette façon faire fonctionner artificiellement le cœur comme une pompe foulante et aspirante.

Mosso répéta l'expérience de L. FICK de la façon suivante : il isole le cœur, puis il place une ligature commune sur tous les gros vaisseaux qui aboutissent à l'oreillette gauche, il remplit d'eau le ventricule gauche et il fixe dans l'aorte un tube en verre de 3 millimètres de diamètre et 40 millimètres de longueur. Le cœur ainsi préparé est placé sur une table, le tube étant maintenu dans la direction horizontale. Lorsqu'on saisit le cœur avec la main et qu'on le comprime, de façon à expulser la majeure partie du liquide qu'il contient, on constate qu'immédiatement après le relâchement la colonne de liquide contenue dans le tube revient dans le cœur par suite de l'aspiration exercée par les parois cardiaques. Si le tube est placé dans une position légèrement déclive, le même phénomène se produit, quoique alors l'aspiration ait à vaincre une certaine résistance. Une demi-heure après la mort de l'animal (chien de taille moyenne), on peut voir, pendant la diastole artificielle consécutive à une compression modérée, la colonne liquide rétrocéder de 10 à 35 centimètres.

Eu 1888, GOLTZ et GAULE expérimentèrent, sur des chiens dont le thorax était tantôt intact, tantôt largement ouvert, avec un manomètre à mercure, muni d'une soupape spéciale qui était à même de le transformer à volonté en un manomètre à maxima ou à minima. Dans une de leurs expériences, ils trouvèrent :.

Pendant la systole.

Pression maximum : dans l'oreillette droite   + 19,6 mm. Hg.
dans le ventricule droit   + 61,8 —
dans le ventricule gauche   + 14,5 —

Pendant la diastole.

Pression minimum : dans l'oreillette droite   — 10,0 mm. Hg.
dans le ventricule droit   — 17,2 —
dans le ventricule gauche — 5,2   —

Aux expériences de GOLTZ et GAULE, MOENS objecta que la pression négative ne coïncide pas avec la diastole du ventricule, mais avec la fin de la systole. Pour le prouver, MOENS expérimenta à l'aide d'un ballon en caoutchouc muni de deux orifices. L'un de ces orifices communiquait avec un tube dont l'extrémité libre plongeait dans un réservoir plein d'eau ; l'autre était relié à un manomètre à minima. Afin d'éliminer la force élastique du ballon, celui-ci était suspendu à une certaine hauteur au-dessus du réservoir, de sorte que la force d'aspiration se trouvait équilibrée par une colonne d'eau d'une certaine hauteur. Sous l'influence d'une brusque compression, le ballon vida son contenu par le tube ; mais à l'instant même où la compression cessa, le mercure baissait dans le manomètre, preuve que dans le ballon, immédiatement après l'expulsion de son contenu, régnait une pression négative. D'après MOENS, au moment où la compression cesse, le ballon est vide, mais le liquide à l'intérieur du tube continue encore à se mouvoir pendant un instant, produisant par conséquent en amont, c'est-à-dire dans le ballon, une pression négative. Le même phénomène a lieu dans les ventricules du cœur, à la fin de la systole. Cependant, d'après MOENS, cette pression négative, coïncidant avec la fin de la systole ventriculaire, n'a aucune influence sur la circulation veineuse, mais elle détermine l'occlusion des valvules sigmoïdes.

Pendant la diastole même, MOENS ne croit pas que le cœur puisse par lui-même, indépendamment de la rétractilité pulmonaire, exercer une action aspirante. Il extirpa le cœur d'un chien vivant, lia les oreillettes et introduisit un tube en verre dans le ventricule gauche par l'orifice aortique, l'extrémité libre du tube plongeant dans un vase rempli d'eau. Par la compression, le cœur se vida ; mais, quand survint le relâchement, l'eau ne fut pas aspirée. Antérieurement, en 1849, L. FICK avait fait des expériences analogues sur le cœur du chat, également avec un résultat négatif, contrairement à ce qu'il constata lorsqu'il opérait avec un cœur en état de rigidité cadavérique.

En 1883, S. DE JAGER détermina la pression maximum et minimum dans le ventricule gauche et dans l'aorte du chien, à l'aide d'un manomètre à maxima et à minima. Si, ainsi raisonnait DE JAGER, une pression négative se produit dans le ventricule en diastole, elle exercera une aspiration sur le sang des veines, car, en ce moment, l'orifice auriculo-ventriculaire est ouvert; si, au contraire, la pression négative n'a lieu qu'à la fin de la systole, comme le croit MOENS, l'aspiration s'exercera sur le sang artériel.

DE JAGER trouva :

EXPÉRIENCE I

AORTE.		VENTRICULE GAUCHE.	
Pression maximum.	Pression minimum.	Pression maximum.	Pression minimum.
+ 210 mm. Hg	+ 138 mm. Hg.	+ 220 mm. Hg.	— 36 mm. Hg.
+ 204 —	+ 130 —		
+ 208 —	+ 124 —		
+ 210 —	+ 116 —		
+ 212 —	+ 120 —	+ 234 —	— 38 —
+ 216 —	+ 104 —	+ 232 —	— 34 —

EXPÉRIENCE II

AORTE.		VENTRICULE GAUCHE.	
Pression maximum.	Pression minimum.	Pression maximum.	Pression minimum.
+ 150 mm. Hg.	+ 108 mm. Hg.	+ 168 mm. Hg.	— 30 mm. Hg.
+ 158 —	+ 86 —	+ 174 —	— 32 —
+ 162 —	+ 76 —		

EXPÉRIENCE III

AORTE.		VENTRICULE GAUCHE.	
Pression maximum.	Pression minimum.	Pression maximum.	Pression minimum.
+ 158 mm. Hg.	+ 114 mm. Hg.	+ 162 mm. Hg.	— 28 mm. Hg.
+ 156 —	+ 112 —	+ 150 —	— 22 —
+ 158 —	+ 112 —	+ 176 —	— 30 —
+ 158 —	+ 110 —	+ 164 —	— 26 —

S. DE JAGER conclut de ces expériences que, pendant la diastole, il existe une pression négative dans le ventricule gauche, mais que cette pression négative ne se propage pas dans l'aorte, et par conséquent qu'elle n'a pas lieu à la fin de la systole.

S. DE JAGER évalua en outre la pression dans le ventricule droit et dans l'oreillette droite, chez des chiens à thorax ouvert.

EXPÉRIENCE I

VENTRICULE DROIT.		OREILLETTE DROITE.	
Pression maximum.	Pression minimum.	Pression maximum.	Pression minimum.
+ 26 mm. Hg.	— 8 mm. Hg.	+ 10 mm. Hg.	— 2 mm. Hg.
+ 28 —	— 8 —		
+ 26 —	— 6 —		

EXPÉRIENCE II

VENTRICULE DROIT.	OREILLETTE DROITE.
Pression minimum.	Pression minimum.
— 24 mm. Hg.	— 4 mm. Hg.
	— 6 —
	— 2 —

EXPÉRIENCE III

VENTRICULE DROIT.	
Pression maximum.	Pression minimum.
+ 40 mm. Hg.	— 8 mm. Hg.
+ 30 —	— 5 —
+ 44 —	— 7 —

EXPÉRIENCE IV

VENTRICULE DROIT.	
Pression maximum.	Pression minimum.
+ 72 mm. Hg.	— 25 mm. Hg.
+ 60 —	— 38 —
+ 44 —	— 22 —

Ainsi S. DE JAGER trouva dans les deux ventricules une pression négative. Il en fut de même pour l'oreillette droite ; d'après lui, la pression négative se propage du ventricule dans l'oreillette, pendant la diastole. STEFANI a cherché à évaluer la force diastolique du ventricule chez les chiens, en mesurant la pression dans la veine cave supérieure d'une part, et d'autre part la pression qui est nécessaire dans la cavité péricardiale pour empêcher la dilatation diastolique. Il a trouvé en moyenne une force de 18 centimètres d'eau. D'autres physiologistes encore, tels que, V. FREY, MOSSO, FREDERICQ, ROLLESTON, HÜRTHLE, MAGINI, ROY et ADAMI, ont étudié les variations de la pression cardiaque, mais le plus souvent sans recourir à des estimations absolues (Voir article Cardiographie). V. FREY et KREHL ont fait remarquer que la pres-

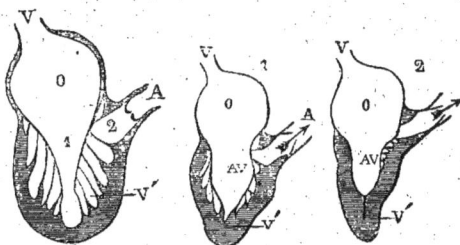

FIG. 3. — Schéma de l'occlusion des valvules (Küss).

sion négative peut manquer dans une foule de circonstances. D'ordinaire, après la section des nerfs vagues, elle fait défaut, parce que les systoles se succèdent si rapidement que dans les intervalles la pression n'a pas le temps de s'abaisser au-dessous de 0. Elle peut aussi faire défaut dans les cas de ralentissement très notable du cœur, lorsque les oreillettes et les veines sont tellement gorgées de sang que l'ouverture de l'orifice auriculo-ventriculaire et la réplétion du ventricule se produisent trop hâtivement, avant que la pression diastolique dans le ventricule ait atteint toute sa valeur. Le massage du ventre, l'asphyxie, etc., aboutissent au même résultat.

Les physiologistes expliquent de diverses façons la pression négative intraventriculaire, indépendante de la rétractilité pulmonaire.

Pour les uns, elle est due à l'élasticité des parois cardiaques, qui, resserrées pendant la systole, tendent à revenir à un état moyen, semblable en cela à un ballon en caoutchouc, qui, relâché, après avoir été comprimé, reprend sa forme primitive et fait le vide dans son intérieur (MAGENDIE,

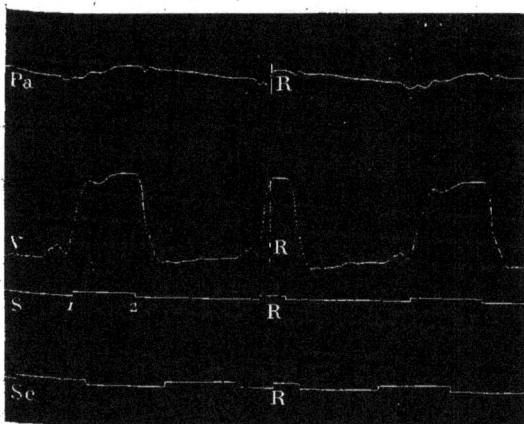

FIG. 4. — Inscription électrique des mouvements des valvules sigmoïdes déterminant l'ouverture et l'occlusion de l'orifice aortique (chez le cheval) (CHAUVEAU).
Sc, abcisse et temps divisé en demi secondes. — V, pression intra-ventriculaire (cœur gauche). — Pa, pulsation intra-aortique. — S, signal électrique indiquant l'ouverture 1 et la fermeture 2 de l'orifice aortique. — R, R, R, repères.

GOLTZ et GAULE, V. DE JAGER, MOSSO, etc.). D'après STEFANI, l'élasticité serait un processus vital sur lequel les nerfs pneumogastriques peuvent exercer une certaine influence.

2° SPRING, revenant à l'opinion de VÉSALE, croit que la réplétion du ventricule a lieu immédiatement avant la systole, pendant la présystole, et qu'elle a lieu encore une fois, brusquement, sous l'influence de la contraction de certains muscles. Comme VÉSALE,

SCHARSCHMIDT et HAMBERGER, SPRING admet que le cœur possède, dans ses parois, des fibres musculaires qui, dirigées en sens opposé, doivent être considérées comme antagonistes. Les unes sont communes aux deux cœurs et s'approchent de la direction longitudinale ; les autres sont propres à chaque ventricule et plus ou moins transversales. Les premières se contractent pendant la présystole et opèrent la dilatation des ventricules ; les deuxièmes se contractent pendant la systole et resserrent les ventricules. Les fibres communes, les premières appelées à l'activité, sont des anses ou des arcs, prenant leur point fixe aux anneaux fibro-cartilagineux qui entourent les orifices veineux et artériels, et ayant leur point de résistance, d'une part au tourbillon de la pointe du cœur, et de l'autre sur toute l'étendue de la paroi antérieure et de la paroi postérieure. Ici, la masse des fibres propres, inactives en ce moment et abandonnées à leur élasticité, est comprimée entre la couche superficielle et la couche profonde des fibres communes, et gagne ainsi une certaine hauteur. Par la contraction des fibres communes, la pointe est relevée vers la base, et les parois s'écartent l'une de l'autre ; en d'autres termes, la cavité ventriculaire se reforme, et, au fur et à mesure qu'elle s'agrandit, elle aspire une quantité de plus en plus grande de sang des oreillettes. Le ventricule se remplit, se raccourcit et s'élargit. Les plus communes sont dirigées obliquement de la base à la pointe, dans le sens d'une spirale très ouverte, par leur contraction l'axe de la spirale se raccourcit, par conséquent, la courbure devient plus grande ; en d'autres mots, l'espace qu'elles circonscrivent s'élargit. Il s'ajoute à cela que la majeure partie des anses communes ont leur portion réfléchie engagée non dans la même paroi que la portion directe, mais dans la paroi opposée. Cette circonstance, ainsi que la courbure en huit de chiffre des autres fibres qui continuent de faire partie de leur paroi d'origine, contribuent également à opérer l'ouverture des ventricules et leur dilatation.

Pour LUCIANI aussi, l'extension diastolique du cœur est un phénomène actif (tétanos extensif).

V. FREY ne rejette pas *a priori* l'activité musculaire comme une des causes de la diastole. En effet, dit-il, il est possible que les muscles longitudinaux et les muscles circulaires ne se contractent et ne se relâchent pas simultanément ; et alors on peut se figurer aisément un état actif du cœur, amenant la dilatation de celui-ci.

Changements de volume du cœur. — Quand le cœur se contracte, son volume diminue ; réciproquement, quand il se relâche et se dilate, son volume augmente. Or le sang expulsé du cœur n'est qu'en partie recueilli par les vaisseaux pulmonaires et par les autres vaisseaux de la cage thoracique, une partie du sang sort du thorax ; par conséquent, à chaque systole ventriculaire, le contenu de la poitrine diminue, et cette diminution systolique doit nécessairement exercer une aspiration, non seulement sur l'air atmosphérique, mais aussi sur le sang veineux. En d'autres mots, pendant la systole, le cœur agit également à l'instar d'une pompe aspirante.

BUISSON avait déjà remarqué qu'au moment de la systole les poumons se dilatent : le diaphragme s'élève, et les espaces intercostaux, sauf au niveau de la pointe du cœur, s'enfoncent : à chaque diastole, au contraire, les phénomènes inverses se produisent. Aussi, en introduisant dans sa bouche l'extrémité du tube d'un tambour à levier, remarqua-t-il un pouls *négatif* de l'air pulmonaire, synchrone avec le choc du cœur, en laissant la glotte largement ouverte, et au contraire un pouls *positif*, lorsque la glotte restait fermée. Ce fait fut vérifié plus tard par LOVEN.

CHAUVEAU admet aussi que les parties qui enveloppent le cœur, à savoir : les poumons, le diaphragme et même les parois thoraciques, éloignées de leur position d'équilibre par la systole, tendent à revenir à cette position et tirent à leur tour en sens inverse, c'est-à-dire excentriquement, sur les parois de la masse ventriculaire, dont les cavités se dilatent aussi et opèrent la succion.

MOSSO introduisit dans l'une des narines l'extrémité d'un tube relié à un tambour de MAREY ; l'autre narine, ainsi que la bouche, étaient fermées. En même temps il enregistra le choc du cœur. Il constata de cette façon une aspiration manifeste dans les poumons, au moment de la systole. MOSSO fit en outre des expériences simultanées sur le pouls carotidien et sur les variations de pression dans les narines. Il constata que l'aspiration pulmonaire se produisait un peu plus tôt que le pouls, mais qu'au début du pouls une seconde aspiration se faisait sentir. C'est que, remarqua Mosso, l'aspiration exercée par les poumons, au moment de la systole ventriculaire, est due à deux facteurs qui agissent successivement : 1° sous l'influence du choc du cœur, les parois thoraciques sont refoulées à l'extérieur : or le choc se manifeste pendant la période pré-expulsive ; 2° pendant la période expulsive, c'est-à-dire au début du pouls artériel, a lieu la diminution du contenu thoracique.

En enregistrant simultanément le pouls de la veine jugulaire et celui de la carotide, Mosso a constaté l'aspiration veineuse, au moment de la systole ventriculaire.

Lorsque le cœur diminue de volume, à chaque systole ventriculaire l'air se raréfie dans les voies pulmonaires. Aussi, quand on suspend sa respiration, la glotte restant ouverte, est-il facile d'enregistrer ces mouvements d'aspiration, auxquels LANDOIS a donné le nom de *mouvements cardio-pneumatiques*. Il suffit de tenir entre les lèvres l'extré-

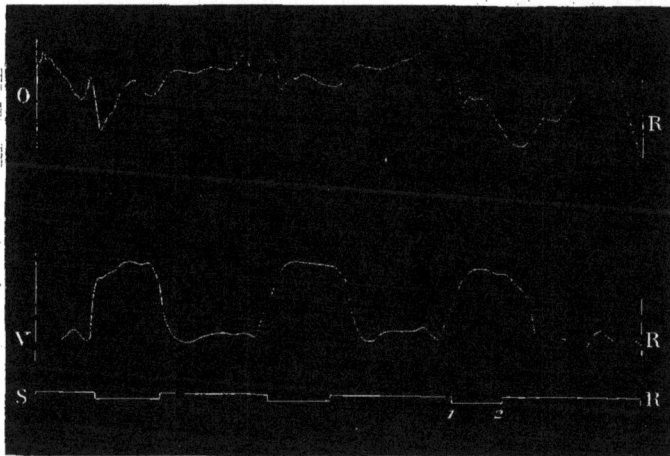

Fig. 5. — Inscription électrique des mouvements de la valvule tricuspide déterminant la fermeture et l'ouverture de l'orifice auriculo-ventriculaire droit, chez le cheval (CHAUVEAU). — V, pression intra-ventriculaire, cœur droit. — O, pression intra-auriculaire. — S, signal électrique indiquant la fermeture et l'ouverture de l'orifice auriculo-ventriculaire droit.

mité d'un tube relié à un tambour de MAREY et de fermer les narines. Ces mouvements ont été étudiés par CERADINI à l'aide de son *hémato-thoracographe* et par LANDOIS à l'aide de son *cardio-pneumographe*.

Si la glotte reste fermée, le pouls qu'on obtient n'est pas dû à l'aspiration de l'air dans les poumons, mais au contraire aux pulsations des artères bucco-pharyngiennes. C'est donc alors un pouls positif. Celui-ci existe également quand la glotte reste ouverte, mais alors il est masqué par le pouls négatif de l'air.

On peut aussi étudier les mouvements cardio-pneumatiques à l'aide des flammes manométriques et des moyens acoustiques (LANDOIS).

Circulation coronaire pendant la systole. — En 1819, VAUST fit remarquer que les artères cardiaques ne peuvent se remplir pendant la systole, d'abord parce qu'elles sont comprimées par la substance musculaire qui les entoure ; ensuite parce que, dans ce moment, les valvules recouvrent leur orifice. D'après VAUST, le sang ne pénètre dans les artères que pendant la diastole, quand les fibres musculaires sont relâchées et les valvules sygmoïdes fermées.

Plus tard, CH. WILLIAMS a affirmé le premier que la réplétion des artères coronaires, ne se faisant qu'après la systole des ventricules, contribue à la dilatation de ces cavités.

En 1854, BRÜCKE reprit la question. Il admit que les valvules sygmoïdes, ouvertes pendant la systole ventriculaire, recouvrent complètement les orifices des artères coronaires, au point qu'aucune portion de sang ne puisse y pénétrer, mais qu'à la fin de la systole, les valvules s'abaissent, le sang entre brusquement dans les artères en question. A cette question, Brücke rattache sa doctrine de l'automatisme du cœur : le cœur, devenu exsangue pendant la systole, est forcé de se relâcher jusqu'à ce que, par l'effet de ce relâchement, la circulation rétablie lui ait rendu son énergie de contractilité.

Il est assez probable que l'afflux plus grand du sang dans les artères coronaires, pendant la diastole ventriculaire, favorise la dilatation du ventricule. Donders injecta un liquide, sous forte pression, dans les artères coronaires d'un cœur mort et constata une aspiration manifeste dans les ventricules. Donders compara ce phénomène à l'extension et au redressement des villosités intestinales, se produisant également, après chaque contraction, grâce à l'influence de la pression sanguine. V. Wittich fit la même expérience et constata, contrairement à Donders, un rétrécissement.

Mais ce qui est manifestement faux dans la doctrine de Brücke, c'est que les artères ne reçoivent pas de sang, pendant la systole, car, nous venons de le voir, les valvules sigmoïdes ne s'adossent nullement contre les parois artérielles, fermant les orifices des artères coronaires. Aussi le jet de sang qui s'échappe de la piqûre faite à une artère coronaire est-il continu, et même renforcé à chaque systole; en outre les artères coronaires battent synchroniquement avec les autres artères du corps (Brown-Séquard et V. Ziemssen, Martin et Sidgwick, Sandborg et Worm-Muller). Chauveau et Rebattel évaluèrent la vitesse du sang dans les artères coronaires, pendant les diverses phases de la révolution du cœur. Les courbes obtenues montraient qu'au début de la systole la vitesse, de même que la pression, augmentait dans les artères coronaires, preuve qu'au début de la systole le sang continue à affluer dans les artères coronaires. Ensuite une nouvelle augmentation de pression se fait sentir, pendant laquelle la vitesse est très affaiblie. C'est le moment où la contraction du ventricule est si forte que les artères coronaires s'en trouvent comprimées. Enfin la vitesse s'accroît de nouveau, sans que la pression augmente : c'est le début de la diastole. Aussi, au début de la systole, le sang continue-t-il à affluer dans les artères coronaires; mais, plus tard, les divisions de ces artères dans la trame musculaire deviennent imperméables, à cause de la pression trop forte à laquelle les parois ventriculaires en contraction se trouvent soumises. Klug lia le cœur, pendant qu'il était encore parfaitement en vie, une fois pendant la systole, une autre fois pendant la diastole. Dans le premier cas, les vaisseaux superficiels étaient seuls injectés, les vaisseaux situés profondément étaient exsangues; dans le deuxième cas, au contraire, tous les vaisseaux indistinctement étaient gorgés de sang.

Autres phénomènes relatifs à la pression négative. — D'après Gaule et Mink, la cause de la pression négative réside dans la dilatation des embouchures artérielles, consécutive à la fermeture des valvules sigmoïdes. Les fibres musculaires des ventricules naissent à l'anneau fibreux où les orifices artériels sont enchâssés, puis vont contourner les ventricules, en formant des spirales. Lorsque cet anneau se dilate par suite du gonflement considérable des embouchures artérielles, les orifices musculaires se déploient et les spirales s'ouvrent. Aussi la pression négative se produit-elle au début de la diastole, au moment de l'occlusion des valvules sigmoïdes, et atteignant son maximum immédiatement au-dessous des valvules.

Rolleston croit que le rétrécissement des orifices veineux par les fibres circulaires peut amener une aspiration quand il cesse plus tard ou plus lentement que la contraction des autres muscles des parois ventriculaires.

Chauveau et Marey ont observé plusieurs fois dans le ventricule droit du cheval un peu avant la systole, une chute très notable de pression, qu'ils ont appelée *aspiration présystolique*. Chauveau et Marey avaient d'abord expliqué cette chute de la pression par la rétractilité pulmonaire, qui, à la fin de la diastole, ferait sentir le maximum de son action sur des cavités, dont la tonicité musculaire aurait singulièrement diminué. Plus tard, Chauveau et Arloing, en prenant des tracés simultanés du ventricule droit et du ventricule gauche, ont pu observer une aspiration présystolique dans le ventricule droit et une augmentation de pression dans le ventricule gauche; un accident positif dans le ventricule gauche correspondant à un accident négatif dans le ventricule droit. Aussi émirent-ils l'hypothèse que la dilatation du ventricule droit est due aux muscles papillaires, si puissants, du ventricule gauche, dont la contraction attirerait de ce côté le septum cardiaque. Ainsi s'expliquerait l'aspiration du cœur droit et la coïncidence de cette aspiration avec un petit choc précordial.

Modifications de la forme, du diamètre et de la position du cœur. — GALIEN enseigna que le cœur, pendant la systole, se rétrécit et s'allonge. Cette opinion était partagée par VÉSALE, BORELLI, WINSLOW et autres. Au contraire, LOWER, STÉNON, BASSUEL, FERREIN, LANCISI, SÉNAC, HALLER, etc., soutinrent le raccourcissement, se basant pour la plupart sur des raisons théoriques. Si le cœur s'allongeait, disait le chirurgien BASSUEL, les colonnes charnues des valvules auriculo-ventriculaires, fortement tendues par cet allongement, devraient maintenir les valvules dans un état d'abaissement qui permettrait au sang de retourner aux oreillettes. HALLER fut le premier qui s'adressa à l'observation directe pour élucider la question. Lorsqu'il approcha la pointe d'un scalpel du sommet du cœur d'une grenouille vivante, il constata que la pointe s'éloignait de l'instrument pendant la systole, et venait se blesser pendant la diastole. Dans un cas d'ectopie du cœur, il avait constaté aussi le raccourcissement systolique. Il ne signala qu'une seule exception, le cœur de l'anguille; mais FONTANA démontra la fausseté de cette exception.

Plus tard, le comité de Dublin et le comité de Philadelphie s'occupèrent aussi de la question. D'après le premier, le cœur se raccourcit, en se contractant, tandis que pour le deuxième il s'allonge. Dans la neuvième expérience, faite sur un cheval soumis à la respiration artificielle, il est dit : le ventricule gauche, pendant sa diastole, est aplati et allongé ; lors de sa systole, il est raccourci et prend une forme arrondie.

LUDWIG reprit la question chez le chat et observa sur le cœur *in situ* les modifications suivantes : pendant la diastole, la base du cœur possède la forme d'une ellipse dont le grand diamètre est dirigé de droite à gauche, et le petit d'avant en arrière. Pendant la systole, cette base prend la forme circulaire, de sorte que le diamètre transversal diminue et le diamètre antéro-postérieur augmente ; en outre, le cœur se raccourcit dans le sens longitudinal. Cependant LUDWIG observa que, si le cœur est détaché, et chargé, en position verticale, d'un poids à la pointe, le diamètre antéro-postérieur diminue aussi bien que le diamètre transversal, pendant la systole, tandis que l'axe longitudinal augmente. En parlant de cette expérience, TIGERSTEDT fait remarquer que la position du cœur et la manière dont il est soutenu influent sur la forme diastolique et que pendant la systole le cœur cherche à corriger cette forme : si pendant la diastole un des diamètres est plus grand qu'à l'état habituel, ce sera surtout ce diamètre-là qui pendant la systole se raccourcira, et réciproquement. Ainsi, lorsque le cœur repose par sa face postérieure sur une lamelle de verre, il prend pendant la diastole, la forme d'un gâteau aplati ; mais, pendant la systole, la base s'arrondit et la pointe se soulève. Lorsque le cœur est affaissé sur sa base, celle-ci se rétrécit pendant la systole, et la pointe remonte. Lorsque le cœur est suspendu par ses oreillettes, il pend, pendant la diastole, comme une poche aplatie, tandis que, pendant la systole, la base s'arrondit et la pointe se soulève en se rapprochant de la base.

CHAUVEAU et FAIVRE comparèrent les diamètres antéro-postérieur et latéral des ventricules, pendant la diastole et la systole, en mesurant la circonférence de la masse ventriculaire dans chacun de ces deux états. Ils constatèrent que le rétrécissement est à son maximum au niveau de la partie moyenne, qu'il est plus faible vers la pointe, et qu'il est à son minimum vers la base. Par conséquent, partout le diamètre antéro-postérieur est diminué, tandis que le diamètre latéral est augmenté. Quant à l'axe longitudinal, l'arrondissement du cône ventriculaire prouve qu'il est raccourci. CHAUVEAU et FAIVRE s'en assurèrent encore, en suspendant un cœur excisé de manière que sa pointe vienne effleurer un plan horizontal et fixe ; à chaque systole la pointe s'écartait sensiblement du plan, pour l'affleurer de nouveau au moment de la diastole.

SPRING insiste sur ce fait que, dans le vide thoracique, la forme du cœur diastolique dépend, jusqu'à un certain point, des mouvements du diaphragme et de ceux des poumons. La forme diastolique, dit-il, n'est pas l'opposé de la forme systolique ; à proprement parler, il n'y a pas de forme qui soit propre à la diastole. Pendant la période présystolique, l'agrandissement ou la dilatation du ventricule a lieu dans le sens de la largeur et de l'épaisseur, avec raccourcissement de l'axe longitudinal ou rapprochement de la pointe vers la base. Pendant la systole proprement dite, le resserrement a surtout lieu dans le sens du diamètre transversal ; le cœur change aussi en une forme conique; la forme sphérique qu'il avait prise dans la présystole, il s'allonge. La diminution du diamètre transversal va en croissant, de la base à la pointe, ce qui contribue à rendre l'allongement encore plus apparent qu'il n'est en réalité. Le diamètre antéro-postérieur ne semble pas subir de modification pendant la systole; quelquefois il lui a paru même qu'il augmentait encore pendant cet acte. Après la systole, le cœur revient sur lui-même, la pointe se rapproche un peu de la base, mais pas autant que pendant la présystole. Ce raccourcissement diastolique est passif, dû entièrement à l'élasticité des fibres, tandis que le raccourcissement présystolique estactif, dû à la contraction des muscles.

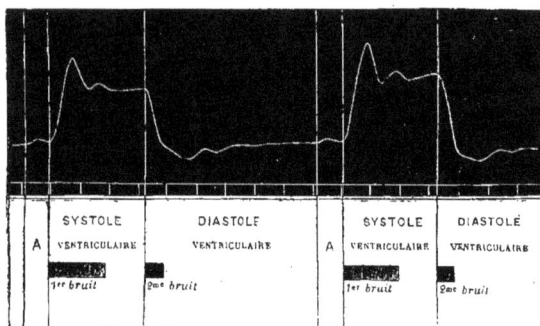

FIG. 6. — Bruits et choc du cœur (WALLER).
Temps marqué en dixièmes de seconde. — Rapport chronologique entre la systole et les bruits du cœur.

A l'état diastolique, dit HESSE, les ventricules ont une forme demi-arrondie : le diamètre transversal est plus grand que le diamètre antéro-postérieur, et celui-ci est plus grand que l'axe longitudinal. La face postérieure est moins convexe que la face antérieure. A l'état systolique, la forme est conique; les diamètres transversal et antéro-postérieur, pris à la base, sont manifestement raccourcis et presque au même degré, tandis que l'axe longitudinal n'est pas modifié. La différence de courbure des deux faces a disparu. La superficie de la base comprend chez le chien :

Sur le 1ᵉʳ cœur, *dilaté*, 77 centimètres carrés, *contracté*, 41 centimètres carrés.
Sur le 2ᵉ — — 67 — — — 36 —
Sur le 3ᵉ — — 52 — — — 52 — —

Cependant, dans le ventricule droit, HESSE a trouvé le raccourcissement de l'axe longitudinal, pendant la systole; mais il l'explique par la direction plus ou moins transversale de cet axe, par rapport au ventricule gauche, par suite de l'adossement du ventricule droit contre le ventricule gauche.

HAYCRAFT, en plongeant des épingles dans le cœur, chez des lapins et des chats, à travers la paroi thoracique, et, en outre, en examinant à l'aide de son cardioscope les mouvements cardiaques, chez les grenouilles et les animaux à sang chaud, trouva constamment, pendant la systole, une diminution de tous les diamètres, y compris l'antéro-postérieur.

Les recherches de KREHL ont abouti aux mêmes résultats que celles de HESSE.

D'après GAD et HEYMANS, pendant la période pré-expulsive, les fibres musculaires du cœur peuvent seulement se raccourcir tout autant que les ventricules, tout en conservant la même capacité, se rapprochant davantage de la forme sphérique (contraction isométrique); en effet, de tous les corps ayant même volume, c'est la sphère qui possède la plus petite surface. Pendant la période expulsive (contraction isotonique), l'axe longitudinal se raccourcit.

Le raccourcissement de l'axe longitudinal n'est pas produit par le déplacement de la pointe qui s'élève et se rapproche de la base, comme on l'admettait autrefois. CHAUVEAU et FAIVRE ont démontré par leurs expériences que la pointe du cœur n'opère ni des ascensions ni des descentes, mais reste immobile ou à peu près, et que c'est la base, surtout en avant et à gauche, qui descend et se rapproche de la pointe. Cette opinion est généralement adoptée.

D'après Chauveau et Faivre, l'abaissement de la base est un effet hydrodynamique, dans le sens de la doctrine de Hiffelsheim. Si la force de recul n'existait pas, la pointe du cœur remonterait vers les oreillettes, mais, à cause de la tendance inverse, déterminée par cette force, la pointe reste immobile, et la force porte son effet sur la base qui devient ainsi moins fixe que la pointe. D'autres auteurs croient que la disposition des fibres en spirale y contribue aussi. D'après Giraud-Teulon, cet abaissement de la base n'est pas un effet hydrodynamique; il résulterait tout simplement de la distension des vaisseaux artériels, par l'expulsion du sang, distension qui les force à s'allonger.

Locomotion du cœur. — Elle comprend trois mouvements : *mouvement d'abaissement, mouvement de levier* ou de *bascule*, et *mouvement de rotation* ou de *tension*.

Dans son mouvement d'abaissement, le cœur de l'homme est projeté en *bas et en avant*. Ce mouvement est dû, d'après Sénac et Hunter, à la tendance qu'aurait la crosse de l'aorte à se redresser, au moment où le sang s'engage dans ce vaisseau. Pour Hiffelsheim, au contraire, le cœur, au moment de la systole, est repoussé par un effet de recul que le cœur éprouve quand son contenu s'échappe brusquement par les orifices artériels, recul analogue à celui que subit une arme à feu lors de la décharge. Giraud-Teulon a réfuté cette théorie, en démontrant que la puissance contractile est supérieure à la résistance et que la machine inventée par Hiffelsheim ne réunissait pas les mêmes conditions physiques que le cœur. Giraud-Teulon démontra que, lorsque avec un appareil en caoutchouc, comme celui de Hiffelsheim, on se mettait dans les conditions de suspension analogues à celles du cœur, il ne se produisait aucun recul. En outre, le recul du cœur devrait avoir lieu à l'opposé de l'orifice d'écoulement, et, par conséquent, à la pointe, dont il devrait amener l'abaissement, ce qui n'a pas lieu, comme le prouvent les expériences de Chauveau et Faivre. Ces expériences prouvent également la fausseté de la théorie du redressement de la courbure de l'aorte.

Dans son mouvement de bascule, le cœur de l'homme se projette en *haut et en avant*. Pendant la diastole, le cœur de l'homme, comme Ludwig l'a démontré, est affaissé sur le centre tendineux du diaphragme, de sorte que l'axe longitudinal fait avec le diamètre antéro-postérieur un angle obtus en haut et aigu en bas. Pendant la systole, la pointe s'élève au point de transformer l'angle obtus en un angle droit. Kürschner est le premier qui ait remarqué le relèvement systolique de la pointe et son affaissement diastolique.

Kürschner croit que le mouvement de bascule est dû aux courants sanguins qui entrent et qui sortent du cœur. Pendant la diastole, la pointe est déprimée par l'entrée du sang dans les ventricules, et, pendant la systole, elle est brusquement ramenée au contact de la paroi thoracique, d'abord par la cessation de la cause qui l'avait déprimée auparavant, puis par la rétraction élastique de l'aorte et de l'artère pulmonaire, enfin par l'ajustement de la pointe aux orifices artériels.

D'après Hope, les ventricules représentent le long bras d'un levier dont le point d'appui est fourni par les oreillettes, et dont le point où agit la puissance se trouve à l'insertion de l'aorte et de l'artère pulmonaire ; au moment de la systole ventriculaire, les fibres musculaires sont tendues dans la direction de ces artères.

Filhol, Bouillaud, Parchappe, Ludwig et autres croient que le redressement de la pointe est tout simplement le résultat de la contraction des fibres en spirale.

Le mouvement de tension ou de rotation a déjà été décrit par Harvey et Haller. Le cœur se tord de gauche à droite et d'avant en arrière, de sorte que la face antérieure tourne légèrement à droite, et la face postérieure à gauche. Cruveilhier cite le cœur d'un enfant atteint d'ectopie du cœur, chez lequel, pendant la systole ventriculaire, le sommet du ventricule gauche, ou, ce qui revient au même, le sommet du cœur décrivait un mouvement de spirale ou en pas de vis, dirigé de droite à gauche et d'arrière en avant. Tigerstedt fait remarquer que Cruveilhier a probablement confondu systole avec diastole.

Kürschner a expliqué les mouvements de torsion par la direction que prend le courant sanguin en entrant et en sortant des ventricules. La direction du cœur s'adapterait toujours à ces courants. D'après Gad et Heymans, l'aorte ascendante et le tronc de l'artère pulmonaire se croisant et se contournant sur une certaine distance en forme d'un tour de spirale étroite, l'extension subie par ces vaisseaux pendant la période d'expulsion tend à redresser leur courbure et à dérouler le tour de la spirale; l'aorte située en arrière se trouve quelque peu en avant, l'artère pulmonaire se trouve quelque peu à droite et la résultante a pour effet de tourner tout le cœur dans le sens de la pronation de la main gauche. D'autres physiologistes l'expliquent par la disposition spéciale des fibres musculaires. Ainsi, d'après Cohen, les oreillettes ayant pour point d'attache principal les veines caves, les fibres transversales de ces cavités doivent, en se contractant, entraîner vers ces veines le côté gauche qui est moins solidement fixé à l'aide des veines pulmonaires; de là la rotation de gauche à droite au moment de la systole. Aux ventricules, il y aurait l'opposé : c'est le ventricule gauche qui est le plus solidement attaché par l'aorte et c'est sur ce tronc artériel que les fibres longitudinales cherchent leur point fixe; de là la rotation de droite à gauche lors de la diastole.

Choc du cœur. — On appelle choc du cœur ou choc précordial, le soulèvement rythmique des parois thoraciques, au niveau du cinquième espace intercostal, du côté gauche, un peu en dedans et en bas du mamelon. Quelques auteurs, cependant, pré-

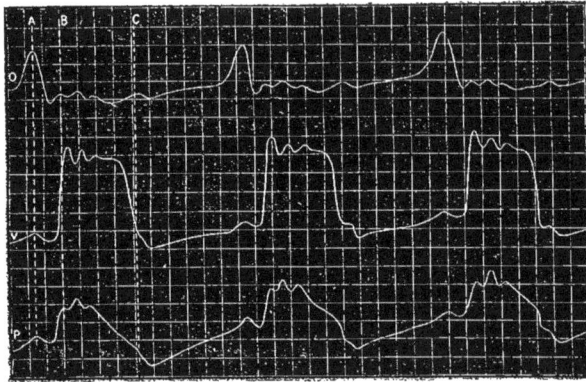

Fig. 7. — Tracé des mouvements de l'oreillette O, du ventricule V et du choc du cœur P.

tendent que c'est dans le quatrième espace intercostal gauche qu'on l'observe le plus souvent. D'ailleurs la position du corps influe sur l'endroit où il se produit (Ramsone).

Lorsque, chez un moribond, on marque l'endroit où le choc a lieu et qu'après la mort on y passe une aiguille, celle-ci pénètre dans la pointe du cœur (J. Meyer). C'est pourquoi, au lieu de choc du cœur, on dit souvent *choc de la pointe du cœur*.

Le choc est perceptible à l'œil et à la main. A la vue, on reconnaît manifestement un léger soulèvement bref, suivi d'affaissement et se faisant dans une étendue très limitée; on le voit mieux quand on regarde obliquement le thorax. Au doigt, on éprouve la sensation d'une légère impulsion, comme une chiquenaude. La position du corps qui entraîne le cœur contre la paroi thoracique augmente l'intensité du choc. Celui-ci est aussi plus perceptible pendant l'expiration que pendant l'inspiration.

On a beaucoup discuté sur le moment de sa production et sur sa cause.

Autrefois, tous les physiologistes professèrent, sur la foi de Harvey et de Haller, que le choc coïncide avec la systole des ventricules. Mais Beau, Corrigan, Tardieu, Verneuil et autres, élevèrent des doutes sur cette croyance et soutinrent que le choc est un phénomène diastolique des ventricules. Aujourd'hui, il n'est plus permis de douter du synchronisme du choc cardiaque et de la systole ventriculaire, grâce aux célèbres expériences cardiographiques de Chauveau et Marey. En prenant simultanément le tracé du choc précordial, le tracé du ventricule et le tracé de l'oreillette, on voit que l'instant où l'ampoule élastique, placée au niveau de la pointe du cœur, entre les muscles intercostaux, subit la plus forte compression, coïncide exactement avec la systole des ventricules. La systole de l'oreillette s'est produite un instant avant celle du ventricule, et elle ne détermine sur la courbe du choc qu'une légère ondulation qui précède la grande ascension. Si l'on supprime les systoles par l'électrisation des pneumogastriques, il n'y a plus de choc.

Quelle est la cause du choc précordial?

BEAU professa que le choc est dû à la distension brusque des ventricules par le sang qu'y lancent les oreillettes en contraction. LAENNEC, SKODA, SÉNAC et autres, invoquèrent l'allongement systolique du cœur, c'est-à-dire la projection de la pointe en bas et en avant, tandis que pour HOPE, FILHOS, BOUILLAUD, LUDWIG, etc., c'était le mouvement de bascule ou de levier, c'est-à-dire la projection de la pointe en avant et en haut qui était la principale cause du choc.

Les expériences de CHAUVEAU et FAIVRE ont le plus contribué à l'élucidation de la question. Elles montrèrent d'abord la fausseté de la doctrine de HIFFELSHEIM. En effet, la pointe reste immobile, ou, lorsqu'elle suit les mouvements rétrogrades de la partie supérieure des ventricules, chose rare, elle se déplace si peu qu'on ne saurait raisonnablement lui attribuer la moindre part dans la production du choc. CHAUVEAU et FAIVRE se sont assurés que ce n'est guère que par l'exploration tactile à travers le diaphragme, et en évitant l'entrée de l'air dans la poitrine, qu'on peut constater l'immobilité de la pointe du cœur, au moment de la systole des ventricules. Au contraire, quand le thorax est largement ouvert, on voit le plus souvent la pointe remonter vers la base. En outre, si l'explication du choc par le recul était fondée, la pulsation cardiaque devrait se faire sentir, chez les animaux, sous le sternum, c'est-à-dire à l'endroit qui répond à la pointe du cœur. Or elle se perçoit principalement du côté gauche de la poitrine et présente son maximum d'intensité au niveau de la partie moyenne du cœur. Aussi le soulèvement de la paroi thoracique n'a-t-il pas lieu dans le sens du recul, mais bien d'arrière en avant. S'il est vrai, dit HIFFELSHEIM, que le choc du cœur soit dû au recul imprimé au cœur par l'écoulement du sang dans les troncs artériels pendant la systole ventriculaire, en supprimant cet écoulement, sans interrompre, du reste, la contraction cardiaque, on doit supprimer le choc. Or, à l'aide de deux procédés, HIFFELSHEIM a constaté que les pulsations du cœur cessent de se faire sentir quand le sang ne peut plus s'écouler par les orifices artériels : 1° en liant les veines caves et azygos; 2° en comprimant les troncs artériels. Mais, d'après CHAUVEAU, il n'est pas exact de dire qu'on supprime les pulsations du cœur en empêchant la projection du sang dans les troncs artériels. Sur l'âne dont la moelle épinière était coupée dans l'intervalle atloïdo-occipital et respirant artificiellement, il a continué à sentir, pendant quelques temps au moins, après la ligature, près de leurs embouchures, des veines caves et azygos et même après la compression des artères pulmonaires et aorte afin d'empêcher la circulation dans les veines coronaires et bronchiques, les battements du cœur. La théorie du recul, disent CHAUVEAU et FAIVRE, est entièrement fausse, quoique le principe sur lequel elle repose soit exactement vrai.

D'après CHAUVEAU et FAIVRE, le changement dans l'étendue du diamètre du cœur, quelle que soit la position du sujet, s'opère d'une manière brusque et avec une force capable de faire équilibre à un poids considérable. Aussi reconnaîtra-t-on qu'il ne peut avoir lieu sans déterminer contre la paroi latérale du thorax, non pas un simple frottement, mais un choc des plus énergiques, cause de l'ébranlement communiqué à la cage thoracique au moment de la systole ventriculaire. Chez les animaux domestiques le choc se fait sentir plus vigoureusement à gauche qu'à droite, et manque même très souvent de ce dernier côté, ce qui s'explique très naturellement par la grande différence qui existe entre l'énergie du ventricule droit et celle du ventricule gauche; considération à laquelle il faut ajouter que la face droite du cœur est généralement séparée de la paroi thoracique correspondante par la substance pulmonaire dans une plus grande étendue que la face gauche. Du reste, l'intensité de ces deux pulsations, droite et gauche, peut varier avec la position des animaux; ils l'ont souvent vérifié sur le chat. Dans la station quadrupède, on sent, chez cet animal, les battements du cœur des deux côtés à la fois, mais plus forts à gauche qu'à droite. En couchant l'animal sur ce dernier côté, on rend la pulsation droite plus intense que la gauche, ou tout au moins on équilibre les deux pulsations. Si on le retourne du côté gauche, celle-là peut être entièrement anéantie. Enfin, par la compression latérale du thorax exercée au niveau de la partie moyenne des ventricules, on augmente l'énergie des deux chocs, et d'autant plus qu'on serre la poitrine davantage. Chez l'homme, la forme particulière de la poitrine amène un changement dans la conformation du cœur et du péricarde. Ces deux organes ne sont pas aplatis d'un côté à l'autre, mais d'arrière en avant. C'est donc dans cette dernière direction que doit avoir lieu l'augmentation du diamètre du cœur, au moment de la systole ventriculaire, ainsi que le choc de la masse ventriculaire contre la paroi thoracique. Si ce choc se fait sentir seulement à gauche du sternum, c'est que ce point se trouve seul en rapport avec le ventricule gauche.

Ce mot de choc du cœur, comme fait remarquer Marey, tend à propager une sorte d'erreur consistant à croire que le ventricule vient battre contre les parois thoraciques dont il s'éloignerait et se rapprocherait alternativement. Il n'y a en réalité, à chaque prétendu choc, qu'un contact plus prolongé et plus intime entre le cœur et la paroi thoracique, contact plus énergique à cause du durcissement subit qu'éprouve le ventricule au moment de la systole. Il se passe là quelque chose d'analogue à la sensation qu'on éprouve lorsqu'on embrasse dans les mains le cœur mis à nu d'un animal vivant : au moment de la systole ventriculaire le cœur se durcit violemment et repousse avec énergie la main qui pouvait le déprimer pendant la diastole. Nous ne pouvons considérer l'augmentation du diamètre antéro-postérieur, le mouvement de bascule de la pointe, la tension du cœur entier, le mouvement de recul, si tant est que celui-ci existe, que comme des causes accessoires; le durcissement est la cause principale. Ce qui prouve que ces causes n'ont qu'une importance secondaire, c'est que le choc débute pendant la période pré-expulsive.

Bruits du cœur. — Lorsqu'on applique l'oreille sur la région précordiale, on entend à chaque révolution du cœur deux bruits distincts qui se succèdent à un court intervalle (petit silence), pour se reproduire après un intervalle un peu plus long que celui qui les sépare (long silence).

Le premier bruit est sourd, grave et prolongé. On l'entend dans toute l'étendue de la région précordiale, mais son maximum d'intensité se trouve au niveau de la pointe (bruit inférieur).

Le deuxième bruit est plus clair, plus aigu, plus bref et nettement frappé. Il s'entend de préférence à la base du cœur (bruit supérieur).

Les bruits sont plus clairs chez les jeunes sujets, plus sourds chez les vieillards; et, à l'état normal, ils ne sont accompagnés ou marqués par aucun souffle, aucun prolongement; leur timbre est net et donne la sensation d'un choc bref et instantané (tic-tac). Les bruits du cœur étaient déjà connus par Harvey : mais Laennec est le premier qui les ait étudiés d'une façon approfondie.

Beaucoup d'auteurs ont employé la notation musicale pour évaluer le rythme des bruits. Beau compara un battement de cœur à une mesure à trois temps, dans laquelle le premier temps serait occupé par le premier bruit, le deuxième par le deuxième bruit, le troisième par le grand silence. Dans cette opinion, le premier et le deuxième bruits pourraient être représentés chacun par une noire et le silence par un soupir. D'après Barth et Roger, le rythme représente une sorte de mesure à trois temps, dans laquelle le premier bruit occupe le tiers environ; le petit silence, à peu près un sixième; le deuxième bruit, un sixième; et le grand silence, le dernier tiers. Dans cette opinion, le premier bruit serait formé par une noire, le petit silence par un demi-soupir, le deuxième bruit seulement par une croche, et le grand silence par un soupir. Béhier et Hardy ne croient pas que le petit silence ait la durée du deuxième bruit. D'après eux, l'intervalle qui sépare le premier bruit du deuxième est identiquement le même que celui qui sépare deux noires d'une même mesure. Pour ce qui regarde le deuxième bruit, il est plus bref que le premier, à peu près, pour continuer l'appréciation musicale, de la valeur d'une double croche, mais pas davantage et il faut reporter sur le grand silence le quart du soupir qui doit compléter alors la durée de la mesure à trois temps. Peut-être même cette brièveté apparente est-elle un effet de la différence de timbre, le premier bruit paraissant plus prolongé parce qu'il est plus sourd; et peut-être doit-on considérer le deuxième comme ayant la même durée que le premier, ainsi que le dit Beau. Cependant Béhier et Hardy inclinent plutôt à admettre une durée de trois doubles croches, le premier temps représentant une noire, le grand silence une noire plus une double croche, dans une mesure à trois temps. Du reste, ajoutent les auteurs, quand nous cherchons à établir en évaluations, il est bien entendu que nous parlons d'un cœur d'adulte fonctionnant normalement et battant avec une vitesse ordinaire, c'est-à-dire soixante à quatre-vingts fois par minute; car, si le cœur diminue de rapidité, le silence augmente de valeur et la mesure à trois temps devient inapplicable. Si, au contraire, les battements du cœur sont accélérés, le silence diminue et l'on n'a plus qu'une mesure qui se rapproche de la mesure à deux temps, les bruits se succédant à peu près avec la même rapidité que les noires dans cette mesure; c'est alors, du reste, que la dissemblance de durée dans les deux bruits nous a semblé plus appréciable : le silence ne reste plus saisissable que par la différence qui existe entre la durée du premier bruit et celle du deuxième. Tel est le rythme du cœur du fœtus et de celui des oiseaux, surtout quand ils sont jeunes, et c'est surtout quand une émotion morale, un violent exercice physique agissent sur le cœur de l'homme, ou quand il est le siège de certains états pathologiques, qu'il tend à se rapprocher de cette rapidité et de cette modification dans la valeur des différents temps qui constituent un battement complet.

Il n'est pas assurément une question de physiologie qui ait été autant controversée que celle qui traite de la genèse des bruits du cœur. SANDBORG a compté jusqu'à quarante différentes théories.

D'après LAENNEC, le premier bruit, ou le bruit sourd, coïncide avec la systole du ventricule et comprend la moitié de la durée d'une révolution; le deuxième bruit, ou le bruit clair, analogue au claquement de la soupape d'un soufflet ou au claquement d'un chien qui lape, correspond à la systole des oreillettes et occupe le tiers ou le quart d'une révolution. Ainsi LAENNEC place la cause du premier bruit dans la contraction du ventricule, et la cause du deuxième bruit dans la contraction des oreillettes. En outre, d'après LAENNEC, le repos du cœur succède à la systole auriculaire.

En 1828, TURNER publia un mémoire pour démontrer que LAENNEC s'était trompé en attribuant le deuxième bruit à la contraction des oreillettes, et en plaçant le repos immédiatement après cette contraction. Il admit, comme LAENNEC, que le premier bruit a lieu pendant la systole ventriculaire, mais il nia formellement que le deuxième bruit coïncidât avec la systole auriculaire.

En 1829, CORRIGAN distingua deux temps dans chaque révolution du cœur; le premier est constitué par la dilatation ventriculaire, déterminant le choc et le premier bruit; le deuxième temps comprend la contraction des ventricules déterminant le deuxième bruit. PIGEAUX partagea l'opinion de CORRIGAN. BEAU, qui était aussi un partisan de la diastole préalable, place le premier bruit, ainsi que le choc, au moment de la dilatation ventriculaire et de la contraction auriculaire, et le deuxième bruit au moment de la dilatation auriculaire.

D'après BURDACH, le premier bruit coïncide avec la systole des oreillettes, pendant laquelle les ventricules arrivent au maximum de leur dilatation, et le deuxième bruit avec la systole des ventricules.

MARC D'ÉPINE et HOPE observèrent que le premier bruit était synchrone avec la systole, et le deuxième bruit avec la diastole ventriculaire.

Un peu plus tard, CHAUVEAU et FAIVRE aboutirent aux mêmes résultats dans leurs études sur le cœur du cheval (Voy. **Cheval**, *Dict. de Physiol.*, III). Ils partagèrent en quatre temps la révolution du cœur : le premier temps est occupé par la systole auriculaire, mouvement tout à fait aphone; le deuxième par la systole ventriculaire, avec premier bruit; le troisième par le commencement de la diastole générale, avec deuxième bruit; le quatrième par la fin de cette diastole, aphone comme le premier temps. Chez l'homme, ils constatèrent que les choses se passent de la même manière, avec cette différence que la dernière phase manque complètement : le rythme des mouvements et des bruits était marqué par trois temps seulement.

TURNER attribua le premier bruit à la systole ventriculaire, et inclina à croire que le second pourrait bien être dû à ce que le cœur, après avoir été soulevé par la systole, retomberait dans la diastole sur le péricarde, de manière à produire un bruit appréciable.

PIGEAUX, en 1830, prôna une nouvelle théorie. Selon cet auteur, le choc et le frottement du sang contre les parois des vaisseaux engendrent des vibrations qui produisent les bruits dont l'intensité dépend de la force de progression du sang, et le timbre, de l'organisation des parois vibrantes; tout mouvement du cœur, considéré isolément, est aphone. L'oreillette, dilatée progressivement et sans bruit par le sang, le chasse par une contraction également aphone, dans le ventricule, dont les parois entrent en vibration et produisent le premier bruit. Le deuxième bruit est dû à la collision du sang contre les parois de l'aorte et de l'artère pulmonaire, pendant la systole ventriculaire.

En 1839, Pigeaux modifia sa théorie de la façon suivante : le premier bruit, bruit inférieur, est produit par le frottement du sang contre les parois des ventricules, les orifices et les parois des gros vaisseaux, pendant la systole ventriculaire; le deuxième bruit, bruit supérieur, est produit par le frottement du sang contre les parois des oreillettes, les orifices auriculo-ventriculaires et la cavité des ventricules.

Marc d'Épine soutient, en 1831, que la systole ventriculaire produit le premier bruit, et la diastole le deuxième bruit.

D'après Beau, le premier bruit est dû au choc de l'ondée sanguine lancée par la systole auriculaire dans la cavité ventriculaire, et aussi à la contraction du ventricule, qui suit immédiatement sa distension; le deuxième bruit résulte de l'irruption brusque de la colonne sanguine déversée par les troncs veineux dans l'oreillette en diastole. Ainsi Beau admet une origine complexe pour le premier bruit : la cause principale se trouve dans la projection du sang dans la cavité ventriculaire; et les causes accessoires résultent du choc du cœur diastolique contre la paroi thoracique et de la contraction ventriculaire (bruit musculaire).

Pour Magendie, le premier bruit est produit par le choc de la pointe du cœur contre la paroi thoracique, au moment de la systole ventriculaire; le volume considérable du ventricule expliquerait le timbre sourd de ce bruit, ainsi que le défaut d'élasticité de l'espace intercostal sur lequel a lieu le choc ventriculaire. Le deuxième bruit, au contraire, selon Magendie, est produit par le choc de la face antérieure du cœur, près de sa base, lors de la diastole ventriculaire; l'épaisseur peu considérable du corps qui frappe (l'oreillette), ainsi que la nature plus sonore du corps qui est frappé (le sternum), expliquent le timbre sonore du deuxième bruit. Magendie prétendit avoir constaté, dans ses expériences, qu'en enlevant le sternum, ou bien, en interposant, entre le cœur et le sternum, soit une couche d'étoupe, soit une certaine quantité d'eau injectée dans le péricarde, il cessait d'entendre les deux bruits.

Rouanet fut le premier qui attribua aux valvules un rôle considérable dans la production du bruit du cœur. Selon cet auteur, le premier bruit reconnaît pour cause essentielle le redressement et la tension des valvules auriculo-ventriculaires, par la projection du sang, pendant la systole des ventriculaires; le deuxième bruit est exclusivement dû au claquement des valvules sigmoïdes, sous le choc en retour du sang contenu dans les artères. La théorie de Rouanet, qui, d'après Milne-Edwards, a été empruntée à Carswell, a été l'objet d'une étude attentive de la part d'un certain nombre de médecins anglais, réunis en comité, ainsi que de la part de Chauveau et Faivre.

Une première série d'expériences fut instituée à Londres, et les résultats en furent publiés par Ch. Williams. La conclusion générale était celle-ci : le premier bruit du cœur dépend uniquement de la contraction ventriculaire; le deuxième bruit dépend du redressement brusque des valvules sigmoïdes, tenducs par l'action en retour des colonnes sanguines artérielles, au moment de la diastole ventriculaire. En effet, parmi les résultats obtenus on trouva les suivants : 1° Si l'on pressait sur les oreillettes de manière à les repousser dans les orifices auriculo-ventriculaires, la contraction ventriculaire devenait faible, irrégulière, le premier bruit persistait, mais était affaibli; 2° L'oreillette gauche fut incisée, et la valvule mitrale en partie détruite; à chaque contraction ventriculaire le sang s'échappait par saccade; le premier bruit persistait, et le deuxième était aboli; 3° A travers l'orifice mitral on introduisit un doigt dans le ventricule gauche, et on comprima le ventricule droit de manière à empêcher l'introduction du sang dans les deux cavités ventriculaires; le premier bruit put encore être entendu, mais moins clair que quand les ventricules se contractaient pleins de sang; 4° Si l'on pressait fortement sur l'origine des grosses artères, le deuxième bruit cessait; 5° Un crochet à dissection fut introduit dans l'artère pulmonaire, et, quand on exerçait sur lui des tractions de manière à empêcher l'occlusion des valvules semi-lunaires, le deuxième bruit était évidemment plus faible et accompagné d'un sifflement. Dans le même but on passa une alène recourbée dans l'aorte;

le deuxième bruit disparut alors tout à fait et fut remplacé par un bruit de sifflement. Lorsque le crochet et l'alène furent retirés, le deuxième bruit reparut, et le sifflement cessa de se faire entendre.

En 1835, un comité se réunit à Dublin et formula les conclusions suivantes :

1° Les bruits du cœur ne sont pas produits par le contact des ventricules avec le sternum et les côtes; mais ils sont le résultat de mouvements qui se passent en dedans du cœur et de ses vaisseaux.

2° Le sternum et la paroi antérieure du thorax, par leur contact avec les ventricules, ajoutent à l'éclat de ces bruits.

3° Le premier bruit correspond à la systole ventriculaire et coïncide avec elle en durée.

4° La cause du premier bruit est de nature à commencer et à finir avec la contraction du ventricule, et cette cause est active pendant toute la durée de la systole.

5° Le premier bruit ne dépend pas de l'occlusion des valvules auriculo-ventriculaires au commencement de la systole, car ce mouvement des valvules n'a lieu qu'au commencement de la systole, et dure beaucoup moins qu'elle.

6° Le premier bruit n'est pas non plus produit par le frottement des surfaces internes des ventricules l'une contre l'autre; car un frottement semblable est impossible avant que le sang soit expulsé du ventricule, tandis que le premier bruit commence avec le début de la systole ventriculaire.

7° Le premier bruit est produit, ou par le passage rapide du sang sur les surfaces internes et irrégulières des ventricules pour arriver aux orifices des artères, ou par le bruit musculaire des ventricules, ou, ce qui est probable, par l'une et l'autre de ces deux causes à la fois.

8° Le deuxième bruit coïncide avec la terminaison de la systole ventriculaire. Pour qu'il soit produit, il faut que les valvules artérielles (aortiques ou pulmonaires) n'offrent aucune lésion. Ce bruit semble être causé par la résistance subite qu'opposent ces valvules au mouvement rétrograde des colonnes sanguines repoussées par l'élasticité des troncs artériels vers le cœur, après chaque systole des ventricules.

Un troisième comité réuni à Philadelphie institua des expériences analogues sur des veaux, des moutons et des chevaux. La conclusion générale fut que le premier bruit, coïncidant avec la contraction ventriculaire, est dû surtout à cette contraction et en partie aussi au claquement des valvules auriculo-ventriculaires; le deuxième bruit reconnaît pour cause unique l'occlusion des valvules sigmoïdes redressées par le choc en retour de l'ondée artérielle.

CHAUVEAU et FAIVRE reprirent l'étude de la question par des expériences sur des chevaux adultes. Les comités anglais saisissaient à pleine main les deux troncs artériels, vers leur origine, pour intercepter complètement la circulation à leur intérieur. Or, alors le claquement des valvules sigmoïdes est rendu impossible, et le deuxième bruit est tout à fait anéanti; c'est donc à ce claquement valvulaire qu'est dû ce deuxième bruit. CHAUVEAU et FAIVRE, pour empêcher l'abaissement des valvules sigmoïdes sans interrompre la circulation, introduisirent dans les troncs artériels un trocart droit dont la gaine renferme plusieurs lames élastiques. L'instrument est enfoncé jusqu'au-dessous du niveau des valvules sigmoïdes pendant qu'elles sont relevées; puis la gaine du trocart est retirée pour permettre l'écartement des lames élastiques, qui s'appliquent alors entre les valvules et les empêchent de s'abaisser. On détruit ainsi le deuxième bruit, soit dans les deux artères, soit dans l'une seulement, et l'on entend très bien à la place un souffle doux après chaque systole du ventricule, souffle produit par le retour du sang dans ces cavités.

Par la section des valvules auriculo-ventriculaires, ou bien en introduisant par une très petite ouverture de l'oreillette une tige de fer terminée par un anneau, dans l'orifice auriculo-ventriculaire, de façon à empêcher l'appontement et la tension des valvules, le premier bruit est remplacé par un souffle. Peut-être, ajoutent CHAUVEAU et FAIVRE, ce premier bruit est-il renforcé par le choc du cœur contre la paroi thoracique. On ne peut pas objecter à cette explication, disent CHAUVEAU et ARLOING, que le premier bruit, s'entendant sur toute la surface du cœur, et surtout, avec son maximum d'intensité, vers la pointe, ne saurait être engendré par une cause qui siégerait aux orifices auriculo-ventriculaires. En effet, la tension brusque des valvules sous l'effort du sang pressé par la contraction énergique des ventricules déterminera outre la vibration des plis des valvules, celle de leurs cordages tendineux. Or, comme les valvules vont se rattacher au voisinage de la pointe du cœur, leurs cordages doivent transmettre à ce niveau les vibrations des valvules et les vibrations propres dont ils sont animés; enfin il ne faut pas oublier que c'est là que le contact du ventricule avec la paroi thoracique est le plus intime. Chauveau et Faivre, comme les expérimentateurs anglais, n'a pas pu anéantir le premier bruit, après la destruction des valvules auriculo-ventriculaires ou après avoir empêché leur mouvement. Ils ont ausculté le cœur sorti de la poitrine et placé sur une table, et ils ont encore entendu le premier bruit à chaque systole des ventricules, quoique ceux-ci fussent vides de sang et que les valvules ne pussent se relever.

Rouanet a institué des expériences sur la reproduction artificielle du deuxième bruit du cœur et Marey a également construit un appareil schématique, à l'aide duquel il a pu reproduire non seulement les bruits normaux du cœur, mais encore les bruits anormaux qu'entraînent les différentes altérations des valvules ou les déformations des orifices. Marey, à l'aide de cet appareil, vérifia l'influence des valvules sur la production des deux bruits.

Hellford et Fuller émirent des doutes sur l'intervention du son musculaire dans la production du premier bruit. Ils firent disparaître les deux bruits en arrêtant l'afflux sanguin dans le cœur par la compression des veines caves et des veines pulmonaires.

Ludwig et Dogiel confirmèrent l'exactitude du fait observé par les expérimentateurs anglais, que le premier bruit persistait, tout en étant affaibli, après la destruction des valvules auriculo-ventriculaires, ou après la suppression de leurs mouvements. Sur un chien vivant et curarisé, ils comprimaient doucement le cœur pour le vider aussi complètement que possible, et pendant la compression ils lièrent tous les vaisseaux. Ensuite ils détachèrent le cœur, celui-ci continua à battre encore pendant quelque temps, reproduisant à chaque systole un bruit assez analogue à celui qu'on perçoit dans les conditions normales, tandis que le deuxième bruit faisait complètement défaut.

Gutmann objecta à cette expérience que, sur le cœur vide de sang, les muscles papillaires, en se contractant, continuent à tendre les valvules auriculo-ventriculaires. Cependant Guttmann ne nie pas le concours de la contraction musculaire, comme cause secondaire, dans la formation du premier bruit, la tension valvulaire étant la cause principale. Marey admet aussi que le premier bruit du cœur est un phénomène plus complexe que le second, puis qu'il est constitué non seulement par la tension des valvules auriculo-ventriculaires, mais aussi par celle des parois ventriculaires du début de leur systole, écrit Marey, les ventricules sont trop larges pour le volume de sang qu'ils contiennent; aussi le premier effet de leur mouvement est-il d'en changer la forme. Les ventricules tendent à prendre sensiblement la forme sphérique, celle qui présente la plus petite surface possible pour une capacité donnée. Pour opérer ce changement, les fibres musculaires des ventricules n'ont pour ainsi dire aucune résistance à vaincre; mais, dès que la forme globuleuse est atteinte et que les valvules auriculo-ventriculaires fermées empêchent le sang de refluer dans l'oreillette, un obstacle soudain s'oppose au raccourcissement ultérieur des parois des ventricules; c'est l'incompressibilité du sang contenu dans ces cavités. Tout raccourcissement des fibres cardiaques sera donc arrêté; jusqu'à ce que l'effort qu'elles développent soit devenu assez grand pour chasser le sang dans l'aorte, en soulevant les valvules sigmoïdes, malgré la pression du sang aortique. Une membrane flasque qui devient subitement tendue; un resserrement facile qui subit un brusque temps d'arrêt en présence d'un obstacle, telles sont les conditions qui se rencontrent alors et qui doivent produire un ébranlement sonore. Cet ébranlement, la masse peut facilement le percevoir quand elle est placée sur les parois des ventricules : c'est ce durcissement soudain qu'on nomme la pulsation du cœur. Le premier bruit est donc produit non seulement par la tension subite des valvules, mais par celle des parois tout entières des ventricules. Si l'on admet une telle cause, le premier bruit devra s'entendre sur toute la surface des ventricules, car il n'est pas un point de leurs parois qui ne subisse, en même temps que les autres, la tension brusque dont nous venons de parler. C'est en effet ce qui arrive; on peut s'en assurer en promenant un stéthoscope sur les différents points de la surface d'un cœur mis à nu : quel que soit le point qu'on ausculte, on y entend le premier bruit avec une intensité égale.

D'après Spring, le premier ton est composé, à l'état normal, de deux tons qui, cependant, n'étant séparés par aucun intervalle, se continuent l'un dans l'autre sans se confondre. Dans la présystole les valvules qui s'étaient trouvées à l'état de fluidité pendant la diastole sont brusquement abaissées et tendues par les muscles pupillaires; elles rendent un son qui varie selon les circonstances : c'est le son présystolique. De sa nature, ce ton semble être très clair, fort et sec; un véritablement bruit de claquement, mais il n'apparaît que faible à l'oreille de l'observateur, surtout à la région de la pointe du cœur. La raison en est que, au moment de la présystole, cette pointe se retire, cesse d'être en contact avec la paroi thoracique, et rend ainsi les conditions de transmission moins favorables. Le ton présystolique s'entend mieux à la région de la base du cœur, chaque fois que cette base n'est pas recouverte par du tissu pulmonaire. Dès que le ventricule est rempli, la masse de sang y contenue reçoit une impulsion vive, qui est de la même nature que celle qui se transmet aux artères et s'appelle pouls artériel. Par les effets de cette impulsion, les valvules auriculo-ventriculaires encore vibrantes sont relevées et appliquées avec violence contre leur orifice. Le choc que les parois ventriculaires impriment à la masse de sang se transmet aux valvules qui, en outre, sont de nouveau fortement tendues, ainsi que les cordages tendineux qui les retiennent. Il y a donc les deux causes de vibrations réunies et, qui plus est, de vibrations régulières : le choc et la tension. Rien d'étonnant qu'il y ait un son. Ce son est plus long, plus fort et plus sourd que le son présystolique. On l'entend le mieux à la région de la pointe du cœur, parce qu'au moment de la systole cette pointe s'allonge et se presse contre le thorax, forme masse avec lui et avec le stéthoscope y appliqué : les conditions de transmission y sont donc des plus favorables. Ainsi, selon Spring, il y a trois tons cardiaques; le ton présystolique, le ton systolique et le ton diastolique; ce n'est pas un *tic-tac*, mais un *tic-tac-tac* à la pointe du cœur et un *tic-tic-tac* à la base.

Bayer soumit le cœur excisé à la circulation artificielle. Par l'élévation brusque de la pression, les valvules auriculo-ventriculaires se fermaient brusquement en produisant un son aigu et bref.

Grese obtint le même résultat que Bayer à l'aide d'une expérimentation analogue. Cependant Bayer et Grese se rallièrent à la doctrine de Ludwig, parce que le ton obtenu dans leurs expériences était tout différent de celui qu'on entend dans les conditions normales.

A l'aide de résonnateurs Wintrich trouva que le premier bruit se compose en réalité de deux tons distincts : un ton grave, produit par les muscles cardiaques, et un ton plus élevé, dû à la tension des valvules auriculo-ventriculaires.

On fit deux objections importantes aux partisans de la théorie musculaire : 1° Il est impossible dans les expériences de Ludwig d'enlever au cœur la totalité de son sang, par conséquent il est probable que les vibrations valvulaires continuent à se produire. 2° Ce ne sont que les muscles en tétanos qui puissent produire un son. La première objection n'est pas fondée, puisque dans les expériences le deuxième bruit disparaît. Quant à la deuxième objection, Ludwig fit remarquer que les fibres musculaires du cœur sont tellement enchevêtrées qu'il n'est pas étonnant que par la tension elles produisent un son.

Kasem-Beck reprit les expériences de Ludwig, mais en prenant la précaution d'enlever du cœur la totalité de son contenu. A un chien curarisé, il excisa rapidement le cœur, sans avoir au préalable ligaturé les vaisseaux qui en partent, et laissa évacuer tout le sang qu'il renfermait. Ensuite il plongea le cœur dans un vase plein de sang défibriné, chauffé à 38° ou 38°,5, mais en évitant que le sang ne pénétrât dans les ventricules. En outre, il introduisit, à travers les deux orifices auriculo-ventriculaires, un spéculum auriculaire, construit en gutta-percha, et maintenu en place à l'aide de la main. Aussi longtemps que les battements avaient conservé une certaine énergie, le premier bruit s'entendit distinctement, avec les mêmes caractères qu'il avait sur le cœur intact. Dans une deuxième série d'expériences, Kasem-Beck opéra sur le cœur *in situ*. A un chien curarisé, il ouvrit le thorax, excisa le péricarde et introduisit dans la cage thoracique l'index et le pouce de la main gauche, l'index derrière l'aorte et l'artère pulmonaire, le pouce au niveau du sillon auriculo-ventriculaire. Par la pression énergique du pouce contre l'index, l'afflux du sang dans le cœur est arrêté; comme le montrait le niveau de la pression mesurée dans l'artère carotide. Pendant ce temps, le deuxième bruit disparaissait complètement, tandis que le premier bruit persistait, quoique un peu affaibli, par suite de l'affaiblissement des systoles.

KREHL, à l'exemple de WILLIAMS et de CHAUVEAU et FAIVRE, introduisit par l'auricule de chaque oreillette un fin trocart contenu dans une gaine jusqu'au-dessous du niveau de l'orifice auriculo-ventriculaire ; la gaine étant retirée, les quatre lamelles élastiques se déployant pour empêcher l'occlusion de la valvule. Comme LUDWIG et DOGIEL, KREHL constata la conservation du premier bruit. Aussi admet-il, comme eux, que ce ton est dû à trois facteurs : le bruit musculaire des parois ventriculaires, les vibrations des valvules cuspidales et les vibrations des parois artérielles. Lorsque le chien perdait son sang par une blessure de l'artère carotide, le deuxième ton disparaissait, dès que l'animal avait perdu une notable quantité de sang, tandis que le premier ton continuait encore à se produire pendant quelque temps, avec plus d'intensité même qu'à l'état normal ; ce n'était qu'immédiatement avant la mort, quand le cœur ne battait plus que faiblement, que le premier ton faiblissait et finissait par s'éteindre. KREHL a trouvé aussi que les oreillettes résonnent pendant leur systole ; il croit avec JOHNSON et SCHREBER que ce sont ces vibrations auriculaires qui déterminent le troisième bruit faible qui précède le premier bruit dans le rythme galopant (bruit de galop).

Il importe encore d'ajouter que, d'après CRUVEILHIER, CERADINI et SANDBERG, le premier bruit dépend en grande partie des vibrations des valvules semi-lunaires, au moment de leur ouverture, au début de la systole ventriculaire. Comme le fait remarquer TIGESTEDT, il n'est pas possible de nier catégoriquement que l'ouverture des valvules semi-lunaires ne contribue pas dans une certaine mesure à produire le premier bruit, mais il est certain qu'on ne peut pas la considérer comme la cause principale, puisque le premier bruit commence à se faire entendre avant l'ouverture de ces valvules.

TALMA prétend que, lorsqu'un liquide coule d'une façon continue à travers un tube élastique et que momentanément la pression s'accroît brusquement à l'origine du tube, à cet instant le liquide coule avec une plus grande vitesse et une plus grande pression, et que, par suite de l'augmentation de vitesse, il se produit un bruit de courte durée, dû aux vibrations, non pas des parois du tube, mais du liquide lui-même. Or, d'après TALMA, les valvules cuspidales et semi-lunaires, à l'intérieur de la masse sanguine, sont incapables de vibrer et de produire un son, sous l'influence d'une augmentation brusque de pression. Aussi, d'après TALMA, c'est aux vibrations du sang qu'est dû le deuxième bruit, ainsi que, partiellement au moins, le premier bruit. WEBSTER a répété les expériences de TALMA et a trouvé que les valvules et le sang produisent, en vibrant, des bruits différents.

Nous pouvons affirmer, avec TIGESTEDT, que la cause du premier bruit cardiaque est fort complexe : c'est avant tout un bruit musculaire auquel viennent s'ajouter d'autres bruits accessoires déterminés par les vibrations des valvules cuspidales et semi-lunaires et par les vibrations du sang.

Quant au deuxième bruit, les expériences de ROUAULT et des Comités anglais ont démontré à toute évidence qu'il est dû à la tension des valvules semi-lunaires. Peut-être aussi faut-il faire intervenir les vibrations de la masse sanguine.

Mais il n'est pas certain que les valvules sigmoïdes se mettent à vibrer au moment de leur fermeture. D'après MARTIUS, à la fin de la période expulsive, les valvules sigmoïdes se ferment, grâce aux courants en tourbillon, mais elles ne se tendent et ne vibrent qu'au moment du relâchement des ventricules.

Les deux moitiés du cœur travaillant synchroniquement, il en résulte que l'auscultation ne fait entendre que deux bruits. En réalité cependant il y a quatre bruits. Les deux ventricules ont chacun, au moment de la systole, un bruit musculaire et un bruit valvulaire. Il en est de même pour le deuxième bruit. Le premier bruit du cœur droit s'entend le mieux au bout droit du sternum, à l'angle formé par la cinquième côte et le quatrième espace intercostal ; le premier bruit du ventricule gauche s'entend le mieux dans le quatrième espace intercostal gauche, ou plus vivement dans le cinquième espace intercostal gauche, au niveau de la pointe du cœur. Le deuxième bruit du ventricule droit s'entend le mieux dans le deuxième espace intercostal gauche, tout près du bord sternal ; le deuxième bruit du ventricule gauche s'entend le mieux au bord sternal droit à l'angle formé par la première côte et le deuxième espace intercostal.

Durée respective des différentes périodes de la révolution cardiaque. — HAL-
LER admet une alternance simple et parfaite entre les mouvements des oreillettes et
ceux des ventricules, en ce sens que ceux-ci sont relâchés quand celles-là sont contractées et réciproquement. Les deux mouvements, d'après HALLER, ont la même durée.

SÉNAC adopta l'opinion de HALLER : « Les dilatations des ventricules sont égales aux contractions des oreillettes; ces deux mouvements commencent et finissent en même temps;
l'un est la mesure de l'autre, c'est-à-dire, qu'ils ont la même force et la même vitesse. »

Le comité de Philadelphie donne à la systole auriculaire le quart d'une révolution, et
à la systole ventriculaire la moitié.

D'après KÜRSCHNER, la contraction des oreillettes prend au plus le tiers d'une révolution, et le relâchement, les deux autres tiers; quant aux ventricules, la systole et la
diastole occupent chacune la moitié.

D'après VOLKMANN, chez l'homme, l'intervalle qui sépare le premier bruit du deuxième,
comprenant la systole
ventriculaire, est à
peu près égal à l'in-
tervalle qui sépare le
deuxième bruit du
premier, comprenant
la diastole ventricu-
laire, y compris la
systole auriculaire.
VOLKMANN trouva, dans
un cas où le cœur
battait quatre-vingt-
quatre fois par mi-
nute, une durée de
0″,375 pour la systole
ventriculaire et une
durée de 0″,380 pour
la diastole ventricu-
laire. DONDERS trouva
que la durée systoli-
que, contrairement à
la durée diastolique,
ne varie pas sensible-
ment avec la fré-

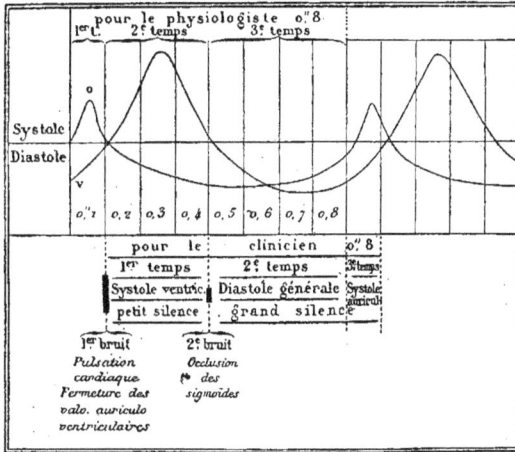

quence des battements. Chez une série d'individus dont la fréquence variait de 74,4 à
93,7 fois par minute, la durée de la phase systolique, calculée par la durée du petit
silence, ne variait que de 0,″372 à 0″,301. Lorsque, chez le même individu, le cœur
s'accélérait considérablement sous l'influence d'exercices musculaires, la durée systolique
n'offrait pas non plus une notable différence. Ainsi, quand la fréquence s'élevait de 63
à 124 fois par minute, la durée systolique ne descendait que de 0″,382 à 0″,199.

Chez un homme bien portant, couché horizontalement, avec 63-65 battements par
minute, LANDOIS trouva la durée systolique de 0″,311 à 0″,307. Elle variait de 0″,346 à
0″,190, avec une fréquence variable de 55 à 113 battements par minute, chez l'homme,
dans l'attitude normale. LANDOIS mesura en outre, sur le cardiogramme, la durée des
diverses phases de la systole ventriculaire : il trouva, pour le repos total : 0″,584 à 0″,213,
pour la systole ventriculaire, depuis le début jusqu'à l'apogée 0″,274 à 0″,057, pour l'intervalle qui sépare le début du relâchement ventriculaire au moment de l'occlusion des
valvules semi-lunaires de l'aorte, 0″,094 à 0″,066; pour l'intervalle qui sépare la fermeture des valvules aortiques de celle des valvules pulmonaires, 0″,100 à 0″,057; pour l'intervalle qui sépare la fermeture de l'orifice pulmonaire du début de la pause, 0″,259
à 0″,090.

CHAUVEAU et MAREY constatèrent, sur le tracé cardiographique du cheval, que la durée
de la systole des ventricules est près de quatre fois plus longue que celle des oreillettes,
et la durée de la diastole générale, ou de la pause, est à peu près égale à la durée des

deux premiers mouvements de la révolution cardiaque (Voy. art. **Cheval**). La vitesse du cylindre enregistreur étant connue, CHAUVEAU et MAREY calculèrent la durée des différentes phases de la révolution cardiaque et trouvèrent :

1er et 2me temps.
 1° Systole de l'oreillette = 1/10 seconde.
 2° Temps qui sépare cette systole de celle du ventricule = 1/10 et demi à 2/10 de seconde.
 3° Systole du ventricule = 3/10 et demi à 4/10 de seconde.

3me et 4me temps.　4° Diastole générale ou pause 6/10 de seconde.

EDGREN constata chez un homme bien portant, dont le cœur battait 70 fois par minute, que la durée systolique était de 0″,379 et la durée diastolique de 0″,483.

Chez une série d'hommes, avec une fréquence variable de 47 à 128 battements par minute, THURSTON trouva la durée systolique variant entre 0″,347 et 0″,257.

BAXT a étudié la durée des deux phases principales de la révolution du cœur, chez le chien, tantôt à l'état normal, tantôt après l'excitation des nerfs accélérateurs.

CŒUR NORMAL.		APRÈS EXCITATION DES NERFS ACCÉLÉRATEURS.	
Durée de la		Durée de la	
Systole ventriculaire.	Diastole ventriculaire.	Systole ventriculaire.	Diastole ventriculaire.
0,253	0,299	0,210	0,044
0,255	0,292	0,203	0,051
0,247	0,263	0,188	0,068
0,259	0,338	0,188	0,074

Ainsi, à l'instar des auteurs précédents, BAXT trouva que, malgré l'accélération considérable du cœur, la durée de la phase systolique ne varie que fort peu, contrairement à celle de la phase diastolique. En ralentissant le cœur à l'aide de l'excitation des nerfs vagues, V. FREY et KREHL trouvèrent que le ralentissement s'effectuait surtout par la prolongation de la phase diastolique. Ainsi la durée de la diastole varie beaucoup plus que celle de la systole, avec la fréquence des battements.

La plupart des physiologistes calculent la durée de la systole d'après l'intervalle qui sépare le premier bruit du deuxième bruit. D'après BAXT et FREY, cette durée est plus longue : elle s'étend depuis le début de la contraction ventriculaire jusqu'à la fin du relâchement. D'après HÜRTHLE et MARTIUS, au contraire, la phase systolique est plus courte, elle ne comprend que la période de tension et la période expulsive. D'après eux, la période de relâchement appartient déjà à la phase diastolique.

La période de tension, ou période pré-expulsive, dure, chez le chien, d'après HÜRTHLE, de 0″,02 à 0″,04, et la période expulsive de 0″,178 à 0″,195. FREDERICQ a trouvé également pour la période de tension une durée de 0″,02 à 0″,04, et MARTIUS 0″,03 à 0″,16. Chez l'homme la période de tension dure, d'après MAREY, 0″,10; d'après LANDOIS, 0″,085 et d'après EDGREN 0″,0934.

EINTHOVEN et GELUK enregistrèrent les bruits du cœur à l'aide du microphone. Le courant électrique était fourni par une pile BUNSEN et passait par le microphone et la bobine primaire d'un chariot, tandis que le courant secondaire se rendait à un électromètre capillaire. Auparavant HÜRTHLE s'était servi d'un procédé analogue, mais l'électromètre était remplacé par la patte galvanoscopique. Ils trouvèrent chez le lapin une durée de 0″,118, pour la systole, mesurée d'après l'intervalle qui sépare le commencement du premier bruit du commencement du deuxième bruit, et chez l'homme, 0″,312 à 0″,346 pour la systole et 0″,385 à 0″,518 pour la diastole.

Force et travail du cœur. — Dans un vase rempli de liquide, quelle que soit la forme du vase, la pression supportée par une portion de la surface immergée est égale au poids d'une colonne de ce liquide, ayant pour base la portion comprimée et pour hauteur la distance qui sépare cette portion du niveau supérieur du liquide (corollaire du principe de PASCAL).

Le ventricule gauche, en se contractant, surmonte une pression d'environ 20 centimètres de mercure. Nous en concluons que la force mise en jeu par un centimètre carré de sa paroi interne équivaut à une pression de : $200^{mm} \times 100^{mm^2} \times 13,6 = 272$ grammes. La force totale du ventricule gauche s'obtient en multipliant 272 par le nombre de centimètres carrés qui composent la superficie de la surface entière. D'après Hales, la force totale du ventricule gauche, chez le cheval, équivaudrait à 23 kilogrammes.

Dans le ventricule droit, chaque centimètre carré ne supporte qu'un poids de 109 grammes environ, la pression étant beaucoup moindre dans l'artère pulmonaire que dans l'aorte.

Malheureusement, il n'est pas possible de mesurer avec toute l'exactitude voulue la superficie de la paroi interne des ventricules, à cause des colonnes charnues et des anfractuosités. Le moyen le moins inexact, d'après Marey, serait de mesurer le volume du liquide que peut recevoir un ventricule en diastole et d'attribuer à cette cavité du cœur la surface d'une sphère qui aurait exactement ce volume.

La force du cœur est, comme celle de tous les muscles, proportionnelle à la résistance à vaincre, c'est-à-dire à la pression à laquelle le sang est soumis dans les artères. Or cette pression est sujette à toutes sortes d'influence. a) Plus le cœur est dilaté, plus grand doit être son effort en vue de se vider; b) Pendant la phase pré-expulsive, le ventricule tendant à prendre la forme sphérique, la pression supportée s'élèvera; c) Pendant la phase expulsive, le cœur devra déployer une force graduellement décroissante, à mesure qu'il arrive à un degré plus prononcé de son resserrement. Mais le muscle cardiaque s'affaiblit à mesure qu'il se contracte, et cet affaiblissement fait plus que compenser les avantages de la diminution de capacité du ventricule, la pression artérielle est plus faible à la fin de la systole qu'au début de celle-ci.

Dans les conditions normales, le cœur n'emploie pas le maximum de sa force, contrairement à ce qui arrive quand il existe un obstacle. Le procédé de Marey pour mesurer l'effort maximum, c'est-à-dire la plus grande force possible, consiste à soumettre le cœur de la tortue à une circulation artificielle. Le cœur est muni à l'une de ses veines d'un tube de caoutchouc qui, plongeant dans un réservoir plein de sang, remplit le cœur à la manière d'un siphon. Un autre tube représente les artères; il se bifurque et envoie une branche à un petit manomètre à mercure, tandis que l'autre branche continue son trajet pour verser le sang artériel dans le réservoir. Si on laisse le sang s'échapper, le manomètre accuse des élévations de pression à chaque systole; mais, si l'on empêche l'écoulement par la compression du tube, la force du ventricule s'appliquera en entier à faire monter le niveau du mercure. Le manomètre cardiaque de Ludwig peut également ment servir à cette évaluation.

Il serait difficile de réaliser cette expérience sur les mammifères; il faudrait placer un manomètre à l'origine de l'aorte, puis, au delà de ce manomètre, comprimer brusquement l'aorte au moment où le ventricule va entrer en systole.

A chaque systole, le cœur, surmontant les résistances, lance son onde sanguine dans l'embouchure artérielle: il exécute donc un travail mécanique dans le sens que les mécaniciens attachent à cette expression.

Un corps qui tombe librement d'une hauteur H acquiert une vitesse donnée par la formule $v = \sqrt{2\,g\,H}$.

$g = 9{,}8$ représente l'intensité de la pesanteur. Cette loi de Torricelli est également applicable à la vitesse du liquide s'écoulant par un orifice, pratiqué dans les minces parois d'un réservoir.

La force vive du liquide qui s'écoule est : $Fv = \frac{1}{2}\,mv^2$ ou mgH ou encore pH.

m représente la masse du liquide et p la masse divisée par l'intensité de la pesanteur, ou $\frac{m}{g}$. Par conséquent $\frac{mv^2}{2} = \frac{pv^2}{2g}$.

Si le ventricule en se contractant n'avait aucune résistance à vaincre et que le sang pût s'échapper librement, le travail effectué T serait :

$$T = \frac{mV^2}{2} = \frac{pV^2}{2g} = pH.$$

Mais le cœur doit lutter contre une grande résistance, et par conséquent ce n'est qu'une partie de sa force qui sert à mouvoir le sang. Nous représentons cette fraction par :

$$\frac{mV^2}{2} = \frac{pV^2}{2g} = ph.$$

Par conséquent le travail des résistances est égal au travail total diminué du travail utile :

$$PH - ph = p\,(H\text{-}h) = pR.$$

R représente la hauteur de liquide qui sert à vaincre les résistances le long des vaisseaux ; elle n'est donc autre chose que la pression moyenne des artères. Par conséquent le travail total du cœur est exprimé par la formule suivante :

$$T = \frac{mv^2}{2} + pR.$$

ou en remplaçant m par $\dfrac{p}{g}$.

$$T = \frac{pV^2}{2g} + pR = p\left(R + \frac{V^2}{2g}\right).$$

Par conséquent, pour mesurer le travail du ventricule gauche, on doit connaître al pression et la vitesse du sang dans l'aorte, ainsi que le volume de l'onde sanguine lancée dans l'aorte à chaque systole. Or nous savons approximativement qu'à l'origine de l'aorte, la pression est de $0^m,15$ de mercure et la vitesse de $0^m,5$. Il reste donc à déterminer le volume du pouls.

Pour évaluer le débit du cœur chez les animaux, les auteurs ont employé diverses méthodes et ont obtenu des chiffres différents (VOLKMANN, VIERORDT, ZUNTZ, TIGERSTEDT, STOLNIKOW, GRÉHANT et QUINQUAUD, etc.). A l'aide des résultats obtenus chez les animaux on a cherché à déterminer le volume du pouls chez l'homme. Ce volume serait, d'après VOLKMANN, 188 grammes ; VIERORDT, 180 grammes ; THOMAS YOUNG, 45 grammes ; HUXLEY, 100 grammes ; FICK, 50 à 73 grammes ; HOORWEG, 47 grammes ; ZUNTZ, 60 grammes ; TIGERSTEDT, 50 à 100 grammes ; GAD, 70 grammes.

Supposons que le débit soit de 70 grammes, le travail total du ventricule gauche sera à chaque systole :

$$70\left(0,15 \times 13,6 + \frac{0,5^2}{2 \times 9,8}\right) = 143,64 \text{ grammètres ou } 0,144 \text{ kilogrammètre.}$$

La plus grande partie du travail sert à vaincre les résistances :

$$70 \times 0,15 \times 13,6 = 142,8 \text{ grammètres ou } 0,143 \text{ kilogrammètre,}$$

et la plus petite à mouvoir le liquide :

$$\frac{70 \times 0,5^2}{2 \times 9,8} = 0,84 \text{ grammètre ou } 0,00084 \text{ kilogrammètre.}$$

En admettant que la pression dans l'artère pulmonaire n'est que de 6 centimètres, le travail du ventricule droit, le débit étant nécessairement le même que celui du ventricule gauche, sera environ 57,96 grammètres ou 0,058 kilogrammètre.

Par conséquent, à chaque systole du cœur, les deux ventricules réunis effectuent un travail de 201,6 grammètres ou 0,202 kilogrammètre.

Le travail par seconde, par minute, par heure ou par vingt-quatre heures s'obtiendra en multipliant le chiffre précédent par le nombre de systoles effectuées pendant une seconde, une minute, une heure ou vingt-quatre heures. Tout le travail du cœur se transforme dans l'organisme en chaleur. Le travail du cœur varie suivant certaines circonstances qui ont été bien étudiées, surtout par MAREY, sur le cœur de la grenouille soumis à la circulation artificielle.

1° Le travail varie avec la pression artérielle. Il atteint son maximum avec une pression moyenne ; si la pression est trop forte ou trop faible, le travail est moindre. Ces résultats sont conformes à ceux qu'on obtient avec les autres muscles.

2° Le travail croît avec la pression veineuse. Si la pression est trop faible, le cœur ne reçoit qu'une quantité insuffisante de sang et par conséquent n'envoie qu'une faible ondée.

3° L'élévation de la température amène d'abord une accélération du cœur et augmente le travail, puis le cœur devient trop rapide et n'a plus le temps d'effectuer sa réplétion d'une manière complète; les systoles, quoique plus nombreuses, auraient un moindre débit.

LAHOUSSE.

Bibliographie. — La bibliographie des travaux relatifs au mécanisme du cœur est impossible à donner en entier. Nous avons cité les travaux contemporains, à partir de 1876, les plus intéressants. Quant aux mémoires plus anciens, nous n'avons donné que les principaux. Voyez aussi la bibliographie de **Cardiographie**, de **Circulation** et des autres chapitres du **Cœur**.

1628. Harvey (W.). *Exercitatio anatomica de motu cordis et sanguinis in animalibus*, in-4, Francofurti; traduction française par Ch. Richet, Paris, Masson, in-8, 1879, in-12, 1893. — 1669. Lower (R.). *Tractatus de corde, item de motu et colore sanguinis et Chyli in eum transitu*, in-12, Londini. — 1698. Chirac. *De motu cordis adversaria analytica*, Monspelii, in-16. — 1715. Vieussens (R.). *Traité nouveau de la structure et des causes du mouvement naturel du cœur*, in-4, Toulouse. — 1716. Thebesius (A. C.). *Diss. de circulo sanguinis in corde*, in-8, Ludg. Bat. — 1783. Sénac. *Traité de la structure du cœur.* — 1813. Brachet. *Diss. sur la cause du mouvement de dilatation du cœur*, in-4, Paris. — 1830. Corrigan. *On the motions and sounds of the heart* (Dublin med. Trans., i, 151-203). — Hope (J.). *Strictures on an essay by Dr Corrigan on the motions and sounds of the heart* (Lond. med. Gaz., vi, 680-687). — 1832. Bryan. *On the motions and rhythm of the heart, and the causes of its sounds and impulse* (Lancet, (1), 486-489). — Rouanet. *Analyse des bruits du cœur* (D. Paris, n° 252). — 1833. Bryan. *On the precise nature of the movements of the heart, and on the function of the muscular bands contained in its cavities* (Lancet, (1), 741-744). — Carlile (H.). *Experiments and observations on the motions and sounds of the heart* (Dubl. journ. med. and chem. science, iv, 84-107). — 1835. Beau (J. H. S.). *Recherches sur les mouvements du cœur* (Arch. gén. de méd., ix, 389-428). — 1837. Skoda (J.). *Ueber den Herzstoss und die durch die Herzbewegungen verursachten Töne* (Med. Jahrb., Wien, xiii, 227-266). — 1840. Glendirning (J.). *Experiments on the motions and sounds of the heart, by the London committee of the British Association for* 1838-39 *and* 1839-40 (Lond. med. Gaz., xxvii, 71, 104, 152, 186, 267). — 1841. Cruveilhier. *Note sur les mouvements et les bruits du cœur* (Gaz. méd., (2), ix, 497-500). — 1844. Kuerschner (G.). *Herz und Herzhätigkeit* (Handwörterbuch der Physiol., Braunschweig, ii, 30-107). — Parchappe (M.). *Du cœur, de sa structure et de ses mouvements*, in-8, Atlas, in-4, Paris. — 1846. Skoda (J.). *Function of the papillary muscles of the heart* (Monthly Journ. of med. science, vi, 36-39). — 1849. Fick (L.). *Bemerkungen über einige Versuche zur Erläuterung der Mechanik des Herzens* (A. P., 283-285). — 1852. Surmay. *Rech. sur les mouvements et les bruits normaux du cœur, pour arriver au diagnostic des bruits anormaux qui se passent aux orifices de cet organe* (Gaz. méd. de Paris, vii, 653, 761). — Verneuil (A.). *Rech. sur la locomotion du cœur*, in-4, Paris. — 1854. Hiffelsheim (E.). *Le cœur bat parce qu'il recule, ou rech. expér. et théoriques sur la cause de la locomotion du cœur*, in-4, Paris. — 1855. Giraud-Teulon. *Note relative à une théorie nouvelle de la cause des battements du cœur* (Gaz. méd. de Paris, (3), x, 528-531); — *Lettre sur la nature réelle des mouvements de déplacement du cœur* (Ibid., 1856, xi, 557). — 1856. Chauveau (A.) et Faivre (J.). *Nouvelles rech. expér. sur les mouvements et les bruits normaux du cœur, envisagés au point de vue de la physiologie médicale* (Ibid., (3), xi, 365, 406, 437). — 1858. Halford. *Experiments on the action and sounds of the heart* (Med. Times and Gaz., xvi, 109, 191, 319). — 1859. Malherbe. *Considérat. sur le jeu des valvules auriculo-ventriculaires et les bruits du cœur* (Journ. de la physiol. de l'homme, ii, 632-647). — 1860. Spring (H.). *Mém. sur les mouvements du cœur* (Mém. de l'Acad. roy. de Belgique, xxxiii, 116). — 1863. Marey (J.). *Physiologie médicale de la circulation du sang*, in-8, Paris; — (Autre édition, 1881, in-8). — Rostan. *Succession des mouvements du cœur. Réfutation des opinions de M. Beau* (Gaz. des hôp., xxxvi, 289, 293, 305). — 1864. *Discussion sur la théorie des mouvements du cœur* (Bull. Acad. de méd., Paris, xxix, 598, 646, 693, 716, 750, 780, 819, 846, 886, 911, 972). — Gavarret. *Sur les mouvements et les bruits du cœur* (Rev. méd. franç. et étrangère, 595, 659, 710). — 1865. Onimus. *Ét. crit. et expér. sur l'occlusion des orifices auriculo-ventriculaires* (Journ. de l'anat. et de la physiol., ii, 356, et iii, 1866, avec Viry, 71-91). — 1866. Landois (L.). *Neue Bestimmung der zeitlichen Verhält-*

nisse bei der Contraction der Vorhöfe, der Ventrikel, dem Schluss der Semilunarklappen, der Diastole, und der Pause am Herzen des Menschen (C. W., IV, 177-180). — PATON (G.). On the action of the heart (Dubl. quart. journ. med. science, XLII, 35-59). — VULPIAN. Expér. sur la cause du premier bruit du cœur (bruit systolique) et sur le mécanisme du choc de cet organe contre la paroi thoracique (Bull. de la Soc. philomath., 135). — 1869. GARROD (A. H.). On the cause of the diastole of the ventricles of the heart (Journ. of Anat. und Physiol., III, 390-393). — PERLS (M.). Ueber Weite und Schlussfähigkeit der Herzmündungen und ihrer Klappen (D. Arch. f. Klin. med., V, 381-406). — 1870. CERADINI (G.). La meccanica del cuore (Ann. univers. di med., CCXI, 587). — 1871. GIESE. Untersuchungen über die Entstehung der Herztöne (Deutsche Klinik, 393). — LUCIANI (L.). Dell'attivita della diastole cardiaca rilevata dai suoi effetti e dalle potenze muscolari e nervose che la promuovono (Riv. clin. di Bologna, (2), 1, 33, 73, 109, 201). — 1872. CERADINI. Der Mechanismus der halbmondförmigen Herzklappen, Leipzig. — 1874. COLIN. Deux points de la physiologie du cœur (Bull. Ac. de méd. Paris, XXXVIII, 293-302); — Du fonctionnement des oreillettes du cœur (Ibid.. 482-505); — Discussion sur la théorie des mouvements du cœur (Ibid., 348, 387, 411, 459). — LUCIANI (L.). Sulla dottrina dell attivita diastolica, rivista fisio-patologia (Riv. clin. di Bologna, IV, 79-87, et Ibid., 1876, 210, 238). — LUTZE. Ein Beitrag zur Mechanik der Herzcontractionen, Leipzig. — RANSOME (A.). On the position of the heart's impulse, in different postures of the body, based upon chest rule measurements (Journ. of Anat. und Physiol., IX, 137-144). — SÉE (MARC). Sur le mode de fonctionnement des valvules auriculo-ventriculaires du cœur (A. d. P., 552-577; 848-883). — SURMAY. Note sur le mode d'occlusion des valvules auriculo-ventriculaires, à propos de la communication faite sur le même sujet par M. Sée (Union médicale, XXVIII, 38, 48). — WILCKENS (H.). Ueber die Rotationsbewegungen des Herzens nach einer directen Beobachtung am lebenden Menschen (D. Arch. f. klin. Med., XII, 233-247). — 1876. FEUERBACH (L. A.). Die Bewegung und das Axensystem des Herzens (A. g. P., XIV, 131-158). — LANDOIS (L.). Graphische Untersuchungen uber den Herzschlag im normalen und krankhaften Zustande, in-8, Berlin. — MOSSO (A.) et PAGLIANI (L.). Intorno alla non esistenza dell'attivita diastolica. Risposta al prof. Luciani (Riv. clinica di Bologna, VI, 347-349); — Critica sperimentale dell'attivita diastolica (Giorn. d. reale Acc. di med. di Torino, XXXIX, 290, 324). — PALADINO (G.). Contribuzione all' anatomia, istologia e fisiologia del cuore (Movimento, Napoli, VIII, 428, 449). — 1877. FRANÇOIS-FRANCK (A.). Recherches sur les changements de volume et les débits du cœur (C. R., LXXXIV, 1242-1244). — GIBSON (G. A.). On the auricular impulse (Edimb. med. journ., XXIII, 299-306). — 1878. HEYNSIUS. Ueber die Ursachen der Töne und Geräusche in Gefässsystem, Leiden. — HÜBER. Zur Geschichte des Herzschlages (Aerztl. Int. Bl., München, XXV, 361). — TRAUBE (L.). Zur Lehre vom Herz und Klappenstoss (Ges. Beitr. z. Path. und Physiol., III, 224-229). — 1879. GIBSON (G. A.). The sequence and duration of the cardiac movements (Journ. of Anat. and Physiol., XIV, 234-240). — LÖSCH (P.). Ueber die Locomotion der Herzspitze bei der Herzthätigkeit (C. W., XVII, 721, 883). — PENZOLDT (F.). Untersuchungen über mehrere Erscheinungen am Circulations und Respirations Apparate (Herzbewegung, Blutbewegung in der Aorta und Radialis, Stimmfremitus, Vesiculärathmen) angestellt an einer Fissura sterni congenita (Deutsches Arch. f. klin. Med., XXIV, 513-538). — ROY (C. S.). On the influences which modify the work of the heart (J. P., I, 452-496). — STEFANI (A.). Intorno alle variazioni del volume del cuore ed alla aspirazio diastolica (Arch. p. le sc. med., III, 1-8). — 1880. HESSE (F.). Beiträge zur Mechanik der Herzbewegung (Arch. f. An. und Entwick., 328-353). — MAREY (J.). Caractères distinctifs de la pulsation du cœur, suivant qu'on explore le ventricule droit ou le ventricule gauche (C. R., XCI, 405-407). — OEHL (E.). Sul movimento rotatorio del cuore (R. Ist. Lomb. di sc. e lett., Milano, XIII, 715-728). — PICARD. Variations du volume du cœur pendant la diastole (Gaz. des hôp., LIII, 956). — ROSOLIMOS (S.). Sur une nouvelle théorie du choc précordial (B. B., (7), II, 165-167, et Bull. Ac. de méd. Paris, 1881, X, 610; Trib. médic., 1881, XIV, 268-270). — SANDBORG et WORM MÜLLER. Études sur le mécanisme du cœur (trad. du norwégien), Christiania, in-8. — SANQUIRICO (C.). Contribuzione allo studio dei movimenti del cuore (Giorn. d. r. Acc. di med. di Torino, (3), XXVIII, 295-338). — 1881. ZIEMSSEN (A.). Studien über die Bewegungsvorgänge am menschlichen Herzen, sowie über die mechanische und electrische Erregbarkeit des Herzens, angestellt an dem freiliegenden Herzen der Catharina Serafin (D. Arch. f. klin. Med., XXX, 270-276 et 277-285). — 1882. BRIEGER (L.). Die Bewegungen der Herzbasis von einem mit engumgrentzer Ectopia cordis behafteten Menschen

(A. P., 177-181). — HOWELL (W. H.) et ELY (J. S.). On the effect of variations of arterial pressure on the duration of the systole and the diastole of the heart beat (JOHNS HOPK. Univ. Stud. biol. Labor. Baltimore, II, 453-464). — MACALISTER (D.). Form and mechanism of the heart (Brit. med. Journ., (2), 821-825). — SMOLENSKI (S.). Zur Theorie der Herzbewegungen (D. Arch. f. klin. Med., XXXI, 209-213). — WALLER (A.). Note sur la durée de la systole cardiaque (Progrès médical, x, 338-340). — 1883. HOWELL (W. H.) et DONALDSON (P.). Experiments upon the heart of the dog with reference to the maximum volume of blood sent out by the left ventricle in a single beat, and the influences of variations in venous pressure, arterial pressure, and pulse rate upon the work done by the heart (Proc. Roy. Lond. Soc., XXXV, 271-274). — JAGER (S. DE). Ueber die Saugkraft des Herzens (A. g. P., XXX, 491-511); — Sur la force aspiratrice du cœur (Arch. néerl. des sc. exactes et natur., XVIII, 259-279). — MARIANNINI et NAMIAS. Sulla sede del battito cardiaco (A. i. B., IV, 143-144). — 1884. BARRETT (J. W.). The cause of the first sound of the heart and the mode of action of the cardiac muscle (Journ. of Anat. and Physiol., XVIII, 270-274). — DUROZIEZ (P.). Sphincters des embouchures des veines caves et cardiaques. Occlusion hermétique pendant la présystole (C. R., XCIX, 362-363). — LUCHSINGER (B.). Zur Architectur der Semilunarklappen (A. g. P., XXXIV, 291-293). — 1885. VIERORDT (H.). Die Messung der intensität der Herztöne, Tubingen, Laupp, in-8, 129 p. — YEO (G.) et BARRETT (J. W.). Note on the cause of the first sound of the heart (J. P., VI, 145-149). — 1886. CHAPMAN (P. M.). On cardiography, with special reference to the relation of the time of duration of ventricular systole to that of diastolic interval (Med. Chir. Trans., LI, 297-315). — DOBROKLOUSKY (W.). Ueber den Einfluss des Rhythms der Herzcontractionen; 1, auf das Blutquantum welches das Herz während einer einmaligen Contraction herausschleudert. und 2, auf die Kraft des Herzmuskels (C. W., 50-51). — GAD (J.). Demonstration des Klappenspiels im Ochsenherzen mittelst intraventriculärer electrischer Beleuchtung (A. P., 380-382). — 1887. ROLLESTON (H. D.). Observations on the endocardial pressure curve (J. P., VIII, 235-262). — 1889. EDGREN (J. G.). Cardiographische und sphygmographische Studien (Skand. Arch. f. Physiol., I, 67-131). — KASEM-BECK (A.). Ueber die Entstehung des ersten Herztones (A. g. P., XLVII, 53-68). — KREHL (L.). Die Mechanik der Tricuspidalklappe (A. P., 289-294); — Ueber den Herzmuskelton (Ibid., 253-257). — ZIEMSSEN, MAXIMOVITCH et HEIGL. Studien über die Bewegungsvorgänge am menschlichen Herzen (des August Wittmann) (D. Arch. f. klin. Med., XLV, 1-42). — SCHEIBER. Bemerkungen zu Heigl's Aufsatz (Ibid., 1898, XLVII, 363-378). — 1890. GAULE (J.). Zur Deutung des negativen Drucks in den Herzventrikeln (C. W., 617-618). — HAYCRAFT (J. B.). The cause of the first sound of the heart (J. P., XI, 486-495). — HÜRTHLE (K.). Ueber den Semilunarklappenschluss (Verh. d. Congr. f. innere Med., 490-496). — KNOLL (PH.). Ueber Incongruenz in der Thätigkeit der beiden Herzhälften (Ac. W., XCIX, 31-53). — MINK (G.). Zur Deutung des negativen Drucks in den Herzventrikeln (C. P., IV, 569-572). — STEFANI (A.) et GALLERANI (G.). Contribuzione farmacologica alla dottrina dell'attivita della diastole (Arch. p. l. sc. med., XIV, 249-241). — 1891. FRANÇOIS-FRANCK (A.). Notes de technique pour l'exploration graphique du cœur mis à nu chez les mammifères (A. d. P., 762-772). — KREHL. Beiträge zur Kenntniss der Füllung und Entleerung des Herzens, Leipzig, Hirzel, in-8. — PATON (D. N.). On the action of the valves of the mammalian heart (Rep. of the labor. of the Roy. Coll. of Physicians, Edinburgh, IV, 36-43). — STEFANI (A.). Cardiovolume, pressione pericardica e attivita della diastole (Acc. med. chir. di Ferrara, 132 p. et A. i. B., 1892, XVIII, 119). — 1892. PORTER (W. T.). Researches on the filling of the heart (J. P., XIII, 513). — 1893. TIGERSTEDT. Physiologie des Kreislaufs. — V. HOLOWINSKI (A.). Physiologische und klinische Anwendungen eines neuen Microphons (Rhythmophons) bei der Auscultation von Herz-und Pulsbewegungen (Zeitschr. f. klin. Med., XXIII, 363-368). — HÜRTHLE (K.). Ueber die Erklärung des Cardiogramms mit Hülfe der Herztonmarkirung und über eine Methode zur mechanische Registrirung der Töne (Deutsch. med. Wochenschr., 4); — Vergleichende Prüfung der Tonographen von Frey's und Hürthle's (A. g. P., LIV, 319-338). — CAVAZZANI (E.). La courbe cardiovolumétrique dans les changements de position (Gior. d. r. Accad. di med. di Torino, (3), XLI; A. i. B., XIX, 384-401). — TIGERSTEDT (R.). Ueber die Ernährung des Säugethierherzens (Skandin. Arch. f. Physiol., V, 71-88). — FRANÇOIS-FRANCK (C. A.). Applications de la méthode des ampoules conjuguées à l'étude de la pression intra-cardiaque artérielle et veineuse, à la recherche de la force maxima du cœur et à l'examen des effets de la contractilité bronchique (A. d. P., (5), V, 83-92). — GLEY (E.). Faits de dissociations fonctionnelles de *quelques parties du cœur* (B. B., (9), v, 1053-1056). — ZOTH (O.). *Zwei Methoden zur photo graphischen Untersuchung der Herzbewegung von Kaltblutern* (*Festschr. Alexander Rollet zur Feier seines 30 Jubil. als Prof. an. d. med. Fac. in Graz.*, Iéna, 91-111, 2 pl.). — 1894. SÉJOURNET. *Contribut. à l'étude de la production physiol. des bruits du cœur* (*Un. médic. du Nord-Est*, Reims, XVIII, 127-129). — POTAIN. *Des souffles cardio-pulmonaires* (in *Clin. médicale de la Charité*, 325-506); — *Du choc de la pointe du cœur* (*Ibid.*, 507-548). — CHAUVEAU (A.). *Inscription électrique des mouvements des valvules sigmoïdes, déterminant l'ouverture et l'occlusion de l'orifice aortique* (C. R., CXVIII, 686-690). — EINTHOVEN (W.) et GELUK (M. A.). *Die Registrirung der Herztöne* (A. P., LVII, 617-639). — BAYLISS (M. W.) et STARLING (E. H.). *On the form of the intraventricular and aortic pressure curves obtained by a new method* (*Internat. Monatschr. f. Anat. u Physiol.*, XI, 426-435). — 1895. BUDAY (K.). *Ueber die Herzfüllung während des Lebens und nach dem Tode* (*Zeitschr. f. klin. Med.*, XXVIII, 348-361). — GERME (L.). *Études sur l'activité de la diastole des ventricules, sur son mécanisme et ses applications physiologiques et pathologiques* (C. R., CXX, 1110-1111). — NEWELL MARTIN (E.). *Experim. in regard to the supposed suction-pump action of the mammalian heart* (*Physiol. Papers*, Baltimore, 86-97). — SCHEIBER (S. H.). *Ueber eine neue Eintheilung der Herzbewegungen* (*Systole, Diastole*) *und die Ludwig' sche Herzstosstheorie* (*Ztschr. f. klin. Med.*, XXVIII, 402-416). — CHAUVEAU (CH.). *Sur le moment de l'occlusion et de l'ouverture des valvules sigmoïdes* (A. i. B., XXII, p. XLVIIIᵉ (XIᵉ *Congrès de médecine*, Rome). — VERAGUTH (O). *Untersuchungen über normale und entzündete Herzklappen* (A. A. P., CXXXIX, 59-79). — DAVISON (J. T. R.). *The physics of cardiac sounds and murmurs* (*Lancet*, (1), 1507, 1574). — GEIGEL (R.). *Entstehung und Zahl der normalen Herztöne* (A. A. P., CXLI, 1-27). — HÜRTHLE (K.). *Ueber die mechanische Registrirung der Herztöne* (A. g. P., LX, 263-290). — 1896. RODET. *Quelques observations sur les systoles avortées* (A. d. P., VIII, (5), 206-215). — HAYCRAFT (J.) et PATERSON (D. R.). *The changes in shape and in position of the heart during the cardiac cycle* (J. P., XIX, 496-506); — *The Time of contraction of the papillary muscles* (*Ibid.*, 262-265). — PORTER (W. T.). *A new method for the study of the intracardiac pressure curve* (*Journ. of experim. medicine*, I, 8 p.). — BROCKBANK (E. M.). *Causation of the double first cardiac sound* (*Brit. med. Jour.*, Lond., (1), 1437-1440). — BUDAY (K.). *Herzfüllungwährend des Lebens und nach dem Tode* (*Klin. u exp. Stud. von Basch.*, III, 106-119). — GEIGEL (R.). *Beitrag zur physicalischen Erklärung functioneller Herzgeräusche* (*Munch. med. Woch.*, nº 15). — HOLOWINSKI. *Sur la photographie des bruits du cœur* (C. R., CXXIII, 162-165; A. d. P., 893-897). — SAMWAYS (W.). *Sur l'influence des variations de volume de la cavité auriculaire du cœur sur le fonctionnement de l'oreillette* (*Arch. de méd. exp.*, VIII, 596-605). — VINTSCHGAU (M.). *Einige Bemerkungen über die physiologische Bedeutung der Muskelfasern in der Wand der sinus communis venarum cardiacarum* (A. g. P., LXVI, 79-96). — ZUNTZ et SCHUMBURG. *Ueber physiologische Versuche mit Hülfe des Röntgenstrahlen* (A. P., 550-552). — 1897. BARR (J.). *On the mechanism by which the first sound of the heart is produced* (*Lancet*, (2), 48-50). — FISCHEL (R.). *Ueber Tonusänderungen und die anderen graphisch an den vier Abtheilungen des Säugethierherzens bei elektrischer Reizung desselben zu ermittelnden Erscheinungen* (A. A. P., XXXVIII, 228-248). — HOORWEG (J. L.). *Ueber die bei einer Systole gelieferte Blutmenge* (A. g. P., LXVI, 474-477). — QUAIN (R.). *On the mechanism by which the first sound of the heart is produced* (*Proc. Roy. Lond. Soc.*, LXI, 331-343). — 1898. BOUCHARD (CH.). *L'ampliation de l'oreillette droite du cœur pendant l'inspiration démontrée par la radioscopie* (C. R., 24 janv.). — BRAUN (L.). *Ueber die Rotationsbewegung der linken Herzkammer* (*Wien. med. Presse*, XXXIX, 489-498). — GRATCHOW. *Sur les changements des oreillettes pendant leur activité* (*Rev. des sc. méd.*, LII, 420). — JAROTZKY (A.). *Ein unmittelbar vom Herzen aufgenommenes Cardiogramm* (*Zeitsch. f. klin. Med.*, XXXV, 301-314).

CHAPITRE II

L'innervation du cœur.

Introduction. — Parmi tous les organes vitaux, c'est au cœur qu'incombe la tâche mécanique la plus complexe et la plus difficile. Depuis les premiers jours de la vie embryonnaire et durant toute la vie, le cœur ne peut interrompre un seul instant sa besogne sans qu'immédiatement la mort ne s'ensuive. Chargé de distribuer le sang aux parties reculées et les plus infimes de l'organisme, le cœur doit, dans ce travail, se conformer à leurs besoins fonctionnels, aux heures consécutives de leur entrée en fonction; il doit vaincre les résistances inattendues que les troubles fonctionnels de tel organe peuvent opposer inopinément au passage libre du sang, augmenter soudain la quantité de ce liquide dans tel autre, qui par suite de modifications accidentelles en exige davantage, pour surmonter quelque influence nuisible à son activité vitale, restreindre l'afflux sanguin dans un troisième, que quelque processus morbide met momentanément hors d'état de remplir utilement son rôle physiologique.

Le cœur doit, en outre, régler la division de son travail suivant, d'une part, l'état de nutrition dans lequel se trouve son appareil musculaire, d'autre part, les difficultés et les obstacles que rencontre au moment donné l'écoulement du sang loin des cavités cardiaques. S'il se produit quelque désordre dans son mécanisme si complexe de pompe aspirante et foulante, il doit, sous peine de mort de l'individu, y apporter un remède immédiat, et cela sans interrompre son fonctionnement. Chez l'homme adulte il doit se remplir et se vider environ 115 200 fois en vingt-quatre heures, 42,048,000 fois dans le courant d'une année, plus de 4 milliards de fois pendant la vie d'un centenaire! Le travail mécanique que le cœur humain, cette pompe minuscule à parois minces et délicates, opère pendant les vingt-quatre heures, est égal à 70 000 kilogrammètres; ce travail pendant 70-80 ans suffirait pour soulever un train ordinaire de chemin de fer à la hauteur du Mont-Blanc.

Moins heureux que d'autres organes vitaux, comme, par exemple, l'appareil de la respiration ou celui de la digestion, le cœur ne peut obtenir aucun secours de l'intervention de notre *volonté*. Grâce aux muscles volontaires, nous pouvons modifier le rythme et la profondeur de la respiration, alléger ou exagérer le travail de ventilation de nos poumons. Nous pouvons, par des modifications quantitatives ou qualitatives, et même par des abstinences prolongées, intervenir efficacement dans le jeu de nos appareils digestifs. Nul ou presque nul est le concours que notre volonté peut prêter au merveilleux mécanisme qui, sans trêve, veille à l'entretien de la circulation sanguine. C'est à l'aide de ses propres ressources qu'il doit se tirer d'affaire chaque fois que notre ignorance ou notre imprudence lui imposent un surcroît de travail ou altèrent l'harmonie de son fonctionnement.

Cette tâche complexe ne peut s'effectuer avec une perfection si extraordinaire que moyennant certains appareils automatiques qui règlent les mouvements cardiaques, en influençant et en modifiant le rythme selon les besoins du moment, enfin, divisant le travail du cœur dans les conditions les plus favorables, tant pour la dépense de ses propres forces que pour la distribution la plus économique et la plus efficace du sang dans les divers organes; le cœur doit donc être en communication rapide avec toutes les parties du corps. Mais ce n'est pas seulement le rythme, c'est-à-dire la fréquence des contractions du cœur, c'est aussi la force de ses contractions qui nécessite un réglage continuel. Notre volonté ne pouvant intervenir d'aucune manière dans cette opération, c'est encore à l'aide d'appareils automatiques qu'elle doit s'accomplir. Le travail mécanique exécuté par le cœur étant considérable et incessant, son approvisionnement en matériel nécessaire pour la production des forces motrices doit être maintenu par des appareils régulateurs d'une perfection absolue. L'entretien de tous ces appareils automatiques particulièrement délicats exige à son tour des soins constants et bien appropriés.

Les cellules ganglionnaires sont distribuées dans les différentes parties du cœur et reliées entres elles par d'abondants filets nerveux qui le rattachent d'une part à la moelle épinière et au cerveau, et, par leur intermédiaire, aux nerfs sensibles du corps entier, d'autre part au système du grand sympathique et ses multiples ganglions, formant ainsi des centres nerveux supplémentaires. De leur côté, les artères et veines coronaires sont également munies d'un système nerveux particulier, destiné à régler d'une manière efficace la circulation du sang dans le muscle cardiaque. Enfin, un système de glandes vasculaires (thyroïdes, hypophyses, capsules surrénales, etc.), outre son puissant concours à la distribution du sang dans les parties spécialement délicates de l'organisme, produit des substances chimiques destinées à entretenir en bon état de fonctionnement ce système nerveux ganglionnaire si complexe, substances qui jouent un rôle un peu analogue à celui des fines huiles de graissage dans les appareils mécaniques de grande précision.

Depuis plusieurs années une école de jeunes physiologistes s'efforce d'enlever au système ganglionnaire et nerveux du cœur la part considérable et déterminante qu'il exerce dans le fonctionnement et la régulation de son mécanisme. Cette élite de nos organes cellulaires ne jouerait qu'un rôle tout à fait secondaire, presque celui de parasite inutile dans le cœur. Les fibres musculaires qui, jusqu'à présent, n'étaient considérées que comme les producteurs du travail mécanique dans l'organisme — en quelque sorte comme la machine produisant la force motrice, — seraient chargées elles-mêmes de remplir les fonctions régulatrices et réparatrices du cœur ; c'est d'elles que partiraient les excitations, ce sont elles qui conduiraient ces excitations, les subiraient et y répondraient par des contractions rythmiques. L'irritabilité, l'automatisme, la rythmicité appartiendraient en propre aux cellules musculaires. Pour ce qui est des ganglions de REMAK, de LUDWIG, de BIDDER et autres, de ces nombreux nerfs aux ramifications multiples, de ces plexus à mailles étroites qui forment autour des fibres musculaires un réseau si serré, pour ce qui est même des terminaisons nerveuses de ces fibres, peu s'en faut qu'on ne regarde leur présence dans le cœur comme une gêne pour l'exercice des facultés merveilleuses, des capacités innombrables, dont les cellules musculaires du cœur seraient douées depuis les premières heures de la vie embryonnaire.

Des expériences multiples et ingénieuses exécutées sur des cœurs de 'grenouilles séparés du corps — ou plutôt sur des fragments de ces cœurs, — des observations très intéressantes sur le fonctionnement des cœurs embryonnaires ainsi que de savantes études sur le cœur des animaux inférieurs ont fourni de nombreux arguments aux partisans de la théorie myogène des battements du cœur. Ces arguments seront développés dans le chapitre suivant par des représentants très autorisés de la nouvelle école : nous n'avons pas à insister ici sur les faits qui ont servi de base à cette théorie. Nous en discuterons cependant la valeur scientifique après avoir exposé le mécanisme si complexe de l'innervation du cœur.

Chez les vertébrés supérieurs le système nerveux qui régit les fonctions du cœur possède diverses origines ; une partie de ce système se trouve dans les parois mêmes du cœur, une autre provient du système central : cerveau et moelle épinière ; une troisième, du système ganglionnaire : grand sympathique. Chaque partie de ce système pris dans son ensemble est composée de cellules ganglionnaires et de fibres nerveuses. La coopération harmonique de ces trois parties assure *seule* le fonctionnement normal du cœur chez les vertébrés supérieurs adultes. La mise hors fonction de l'une d'elles ne supprime pas nécessairement les contractions cardiaques, mais celles-ci cessent de s'opérer dans les conditions indispensables pour que le cœur puisse remplir normalement son rôle physiologique.

A. **Système nerveux intra-cardiaque.** — Le système ganglionnaire du cœur se trouve dans ses diverses parties disposé par groupes, en ganglions. Les premiers ganglions découverts par REMAK (1) dans le cœur de veau en 1844 sont situés dans le sinus veineux ; ils sont particulièrement nombreux sur la limite de ce sinus, là où il touche les oreillettes. Un second groupe de cellules ganglionnaires, découvert par LUDWIG (2) en 1848, chez la grenouille, a son siège dans la cloison des oreillettes. Un troisième, les ganglions auriculo-ventriculaires de BIDDER (3), sur la base de cette cloison et dans la paroi de l'orifice auriculo-ventriculaire et, dans la partie supérieure du ventricule. Les recherches ultérieures de L. GERLACH (4), CLOETTA (5), SCHWEIGGER-SEIDEL (6), DOGIEL (7), DOGIEL et TUMANZOW (8) ont établi que des cellules ganglionnaires se rencontrent dans toutes les parties du cœur jusqu'à la limite du deuxième tiers du ventricule. Elles sont très nombreuses dans la partie supérieure du ventricule et deviennent plus rares dans le second tiers ; leur présence n'a pas pu jusqu'à présent être constatée dans le troisième tiers. Seul FRIEDLÄNDER (9) avait prétendu qu'on les trouvait dans toute fraction du muscle cardiaque, affirmation démentie par les recherches bien plus minutieuses des autres auteurs. Les cellules ganglionnaires du ventricule sont placées pour la plupart à la périphérie, entre le péricarde et la substance musculaire proprement dite ; elles sont plus rares dans le muscle lui-même. SCHWEIGGER-SEIDEL (6) a signalé, par contre, dans le muscle ventriculaire des mammifères de nombreux réseaux nerveux possédant des noyaux (*Kernanschwellungen*); ces réseaux nerveux existent dans toutes les parties du ventricule.

La structure intérieure de ces cellules ganglionnaires a été étudiée par REMAK, LUDWIG, BIDDER et plus récemment par RANVIER (10), chez lequel on trouve une étude complète des questions histologiques et physiologiques se rattachant à la nature des ganglions du cœur. D'après RANVIER, toutes les cellules du sinus sont à fibres spirales; ces fibres sont, ainsi que les fibres droites, de structure nerveuse. Dans les ganglions de BIDDER, RANVIER trouve « outre les cellules nerveuses à fibres spirales qui sont appendues à leur pourtour » dans leur intérieur, au milieu même des fibres nerveuses, d'autres cellules différentes des premières. Il suppose que la fibre spirale manque à ces dernières.

Les nerfs qui se rendent au cœur ont deux origines : la pneumogastrique et le grand sympathique. On a minutieusement étudié leur distribution dans les parois du cœur ainsi que leurs rapports avec les cellules ganglionnaires. On a surtout cherché à établir le caractère des fibres nerveuses du cœur d'après origine. Mais le pneumogastrique recevant déjà à sa sortie du crâne des filets sympathiques, il est très difficile de départager exactement dans le cœur même les fibres nerveuses suivant leur provenance.

Les terminaisons des fibres nerveuses dans le muscle cardiaque ont fait l'objet des recherches de SCHWEIGGER-SEIDEL (6), LANGERHANS (11), GERLACH et RANVIER. Nous devons renvoyer à leurs travaux pour les détails de ces terminaisons.

La distribution des nerfs cardiaques chez l'homme a été très soigneusement étudiée par VIGNAL (12). Voici en quels termes il expose leurs embranchements :

« Les branches des plexus coronaires émettent, même dans les portions supérieures, un grand nombre de rameaux qui pénètrent de suite en dessus du péricarde viscéral et ceux-ci en se divisant de nouveau et en s'anatomosant avec des rameaux voisins, forment, en dessous de celui-ci, un plexus à mailles allongées, qui envoie dans les plans musculaires un nombre considérable de petites branches. Dans le tiers supérieur de ce plexus, principalement dans les petites branches, on rencontre, outre les ganglions superficiels déjà décrits par REMAK, un nombre considérable d'autres plus petits qui deviennent de moins en moins abondants à mesure que l'on s'approche de la pointe du cœur, et qui disparaissent presque totalement, environ au point de naissance du deuxième tiers du ventricule. J'ai dit presque totalement, car les nerfs proches des gros vaisseaux portent des ganglions sur toute la moitié supérieure du ventricule (*loc. cit.*, p. 926). »

La découverte des ganglions dans le cœur par REMAK, LUDWIG et BIDDER donna bientôt lieu à des recherches destinées à élucider leur rôle physiologique. Le premier, VOLKMANN (13) émit nettement l'opinion que l'automatisme du cœur dépend de son système ganglionnaire; il donna même une théorie assez complète du fonctionnement du système nerveux intra-cardiaque. Les expériences les plus remarquables faites sur le cœur de la grenouille, expériences restées classiques par la précision de leur exécution ainsi que par l'importance de leurs résultats, appartiennent à STANNIUS. Il les effectua en liant différentes parties du cœur avec des fils de soie. Parmi les nombreuses *ligatures de* STANNIUS, les suivantes sont les plus importantes : 1) Une ligature, placée exactement au point où le sinus veineux débouche dans l'oreillette, arrête immédiatement le cœur dans une diastole prolongée. Les trois veines caves, ainsi que les sinus veineux, continuent à se contracter selon le même rythme qu'avant la ligature. 2) Si, pendant cet arrêt du cœur, on applique à la limite du ventricule et des oreillettes une ligature qui embrasse en même temps le bulbe artériel, le ventricule commence à se contracter, tandis que les oreillettes restent en repos. Souvent le bulbe artériel se met aussi à battre; ses battements sont plus fréquents que ceux du ventricule.

Pendant que le cœur est arrêté par la ligature appliquée à la limite du sinus veineux et des oreillettes, une excitation électrique ou mécanique de diverses parties du cœur peut provoquer quelques contractions, tantôt des oreillettes, tantôt du ventricule; ces contractions sont irrégulières et rarement isochrones. La ligature du sinus veineux au-dessus de la limite indiquée n'arrête pas les pulsations cardiaques; mais le nombre des battements des veines caves cesse d'être égal à celui des battements du cœur : ces derniers sont moins fréquents.

Les expériences de Stannius furent exécutées peu après la découverte des ganglions de Remak et de Ludwig. Il est donc tout naturel qu'il en ait attribué les effets à des excitations et à des séparations de ces ganglions produites par les ligatures. Voici comment on essaya d'expliquer les faits que nous venons de relater. Le ganglion de Remak est un centre excitateur qui provoque les mouvements automatiques du cœur : la ligature du sinus, en la séparant du reste du cœur, doit suspendre ces mouvements. Les ganglions des ventricules possèdent aussi, il est vrai, des propriétés excitatrices, mais seuls ils ne sont pas à même de vaincre les effets inhibiteurs des ganglions modérateurs situés dans la cloison inter-auriculaire : c'est pourquoi, aussitôt que la seconde ligature sépare le ventricule des oreillettes, il recommence ses contractions. Stannius laisse indécise la question de savoir quel est l'effet de la ligature elle-même sur les ganglions modérateurs, si elle provoque une excitation particulière de ces ganglions ou si leur excitation normale suffit à elle seule pour paralyser l'action des ganglions du ventricule. Son expérience avec la ligature des pneumogastriques à de différentes hauteurs de son parcours extra- et intracardiaque lui a pourtant montré qu'elle est impuissante à provoquer une excitation prolongée.

Presque en même temps que les expériences de Stannius, furent publiées sur le même sujet celles de Bidder (15). Ce physiologiste, ayant constaté que l'excitation mécanique du ventricule produit une pulsation pendant l'arrêt provoqué par l'excitation du pneumogastrique, attribue aux ganglions découverts par lui à la base du ventricule la faculté de produire des contractions uniquement par voie réflexe : ils n'auraient donc aucune puissance automatique. Ce pouvoir n'appartiendrait qu'aux cellules ganglionnaires des auricules et du sinus veineux. Ces dernières seraient par conséquent les seules susceptibles d'être influencées par l'excitation des pneumogastriques.

Déjà Stannius avait observé que l'arrêt du cœur provoqué par la première ligature n'est pas définitif ; que tôt ou tard la partie du cœur séparée du sinus veineux recouvre son activité rythmique. Heidenhain (16) est parti de cette observation pour attribuer l'arrêt uniquement à l'excitation des cellules modératrices par la ligature et nullement au retranchement des centres excitateurs du mouvement rhythmique. Que le mécanisme des centres modérateurs puisse être mis en excitation par la section ou la ligature, cela ne fait pas doute. Dès 1849, Ludwig et Hoffa (17) avaient démontré la possibilité d'exciter directement les nerfs de la cloison interauriculaire et de produire ainsi des arrêts de cœur. Cette possibilité, reconnue de nouveau par Eckhard (18), en 1876, Ranvier (10, p. 151 et suivantes), en 1877 et Dogiel (19) en 1890, l'ont confirmée par l'emploi d'excitations électriques et mécaniques. (Nous discuterons plus loin les expériences de Hoffmann sur les mêmes nerfs.) Si, quand on fait usage des excitations électriques, on n'obtient souvent l'arrêt qu'une fois l'excitation terminée, cela proviendrait de ce que l'excitation directe par les forts courants électriques empêche l'action des nerfs inhibiteurs de se manifester. Heidenhain pouvait donc, avec une apparence de raison, attribuer l'arrêt du cœur pendant la première ligature de Stannius à une excitation des nerfs modérateurs. Cette conclusion n'avait que le tort d'être exclusive et de ne pas tenir compte de l'effet que la séparation du ganglion de Remak du reste du cœur devait nécessairement exercer sur l'arrêt. Aussi l'explication donnée par Ludwig (20) est-elle plus exacte : la ligature de Stannius arrêterait les contractions du cœur aussi bien par l'excitation des pneumogastriques que par la séparation du cœur du sinus veineux.

Parmi les expériences de Heidenhain lui-même, il s'en trouve une indiquant de façon très claire que l'éloignement du sinus veineux — comme centre excitateur principal — a sa part dans l'arrêt du ventricule. En effet, il a démontré que la ligature du sillon auriculo-ventriculaire peut exciter le ganglion de Bidder et provoquer une série de pulsations rythmiques du ventricule. Goltz (21) a ensuite confirmé ce fait en montrant qu'il suffit de dénouer la ligature pour mettre fin immédiatement aux pulsations. Il est donc évident que la seconde ligature de Stannius rétablit les contractions cardiaques, non seulement parce qu'elle suspend l'action des centres modérateurs et inhibiteurs du cœur, mais aussi parce qu'elle est elle-même une cause d'excitation pour le ganglion de Bidder. *Elle remplace donc en partie* l'excitation automatique provenant normalement du ganglion de Remak, retranché par la première ligature de Stannius. Goltz, afin de s'assurer que la reprise des contractions du cœur n'était pas due à son excitation par l'air ambiant, exécuta ses expériences sous l'huile. Dans ce cas, l'enlèvement de la *seconde* ligature de STANNIUS empêcha effectivement cette reprise. Mais, comme l'enlèvement de la *première* ligature ne parvenait pas à rétablir les contractions cardiaques, GOLTZ en conclut que leur arrêt avait pour cause non une excitation des nerfs modérateurs, mais la séparation du reste du cœur du sinus veineux. Cette dernière conclusion est aussi exclusive que celle de HEIDENHAIN dans le sens opposé. Il est hors de doute que la partie auriculo-ventriculaire séparée du sinus est privée par ce fait des excitations *initiales* qui proviennent du ganglion de REMAK, point de départ des contractions du cœur. Mais cela n'empêche nullement que l'excitation des nerfs ou des ganglions modérateurs ne contribue à cet arrêt. Il n'est nullement indispensable que cette dernière excitation soit causée par la première ligature de STANNIUS elle-même. D'ailleurs, il ne serait pas admissible que la simple ligature produisit un arrêt aussi prolongé (trois quarts d'heure et plus). Mais les excitations normales physiologiques de ces centres continuant à s'exercer, il est tout naturel que le ganglion de BIDDER, *privé du concours de celui de REMAK, ne parvienne pas à vaincre les résistances provenant de ces centres : de là l'arrêt*. La seconde ligature de STANNIUS débarrasse le ganglion de BIDDER des entraves apportées par les centres modérateurs et le ventricule recommence à se contracter, tandis que les auricules continuent à être immobilisées par l'action des centres modérateurs situés dans leurs cloisons.

Ce n'est qu'ainsi que tous les faits en apparence contradictoires observés par les divers expérimentateurs trouvent leur explication la plus simple. Cette manière de voir n'est nullement inconciliable avec l'observation de KLUG (22), qu'après la section des pneumogastriques et leur dégénérescence, manifestée par l'inefficacité de leur excitation électrique, la première ligature de STANNIUS est encore à même de produire l'arrêt du cœur. Outre que la dégénérescence des fibres inhibitoires des pneumogastriques n'explique nullement la mise hors fonction des centres modérateurs du cœur, il reste entendu que la séparation du sinus veineux prive le reste du cœur de l'excitation initiale de ses mouvements, dont le ganglion de REMAK est le point de départ.

Un notable progrès dans l'étude des phénomènes de STANNIUS fut accompli par les observations faites sur des cœurs de grenouilles séparés du corps, mais *maintenus par une circulation artificielle* dans la condition se rapprochant le plus possible de celles où s'opère normalement le travail cardiaque. LUDWIG fut le créateur de cette méthode appliquée avec un égal succès aux autres organes importants. CYON (23) en fit le premier l'application au cœur. Séparé du corps, le cœur, fut *intégralement* mis en relation avec un système de tuyaux en verre qui leur permettait de recevoir le liquide destiné à la nutrition — le sérum du lapin — par la veine cave et de le renvoyer par ses propres forces dans l'aorte. Un embranchement de ce système de tuyaux mettait à volonté le cœur en communication avec un manomètre à mercure qui enregistrait ses mouvements selon la méthode usuelle (Voir la figure 9).

Les principaux faits observés à l'aide de ce procédé sont exposés plus loin. Bornons-nous à constater ici qu'ils démontraient que les variations de température, selon qu'elles sont ascendantes ou descendantes, brusques ou lentes, agissent différemment, mais toujours avec une régularité parfaite, sur les diverses parties du système nerveux intracardiaque, et qu'en outre, dans les limites de — 4° à + 37°, certaines températures sont particulièrement favorables au développement des forces excitatrices de ce système nerveux comme à celui des forces motrices des muscles. En somme, ces recherches très minutieuses ont établi — et c'est cette question qui pour le moment nous intéresse — la diversité des centres nerveux ganglionnaires situés dans le cœur de la grenouille, diversité dans leur manière d'être influencés non seulement par les variations de la température, mais aussi par des excitations électriques. Ainsi, par exemple, CYON observa que l'excitation du sinus veineux, qui d'ordinaire provoque un arrêt diastolique du cœur, produisait au contraire un véritable tétanos ou une contraction tonique de cet organe, une fois qu'il se trouvait dans l'état de repos déterminé par l'élévation de la température.

L'excitabilité de l'appareil régulateur dont le fonctionnement permet la contraction rythmique du cœur, c'est-à-dire la distribution régulière des excitations, est entièrement abolie quand la température du cœur de la grenouille est arrivée à + 37°-38°. L'arrêt du cœur est-il dû à un abaissement de la température, l'excitation du même sinus n'est à même de provoquer qu'une seule contraction cardiaque.

Une brusque variation de la température de 20° à 40° donne lieu, selon les observations de Cyon, à une forte irritation des terminaisons des pneumogastriques dans le cœur. Cela fut démontré non seulement par le ralentissement et la forme des pulsations

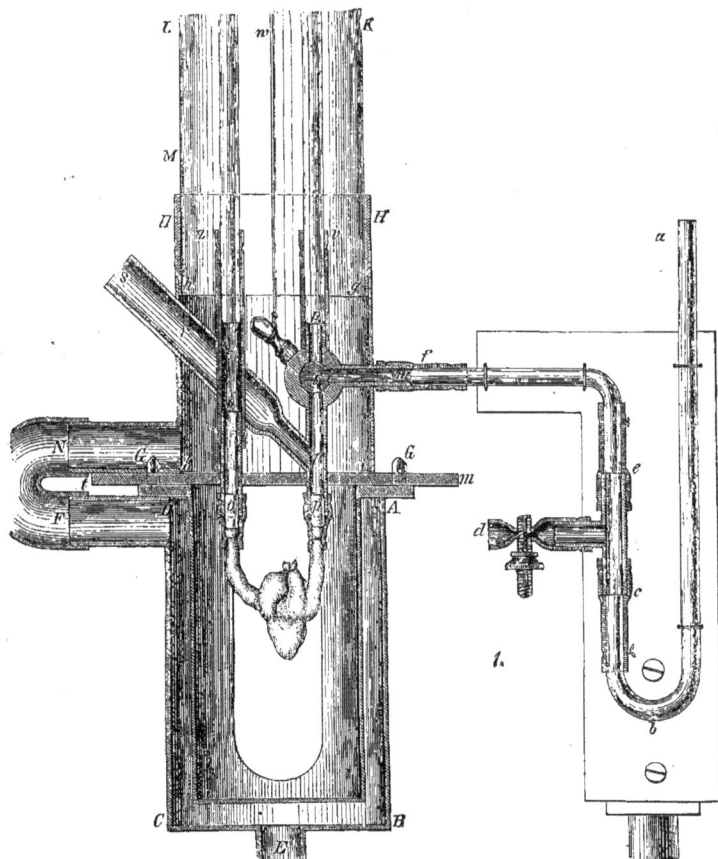

Fig. 9. — Appareil de Cyon pour l'entretien de la circulation artificielle dans le cœur de la grenouille. — oo, tuyaux de communication avec la veine cave. — pp, avec l'aorte. C. B. L. K. N. F. : chambre à doubles parois pour faire circuler l'eau à différentes températures. — a, b, c, e, f, manomètres à mercure pour l'enregistrement des battemens du cœur. — w, robinet pour mettre en communication le cœur avec le manomètre ou avec les tuyaux et la circulation du sang. Voir pour les détails le *Recueil des Travaux physiologiques* de Cyon, Berlin, 1868, ou *Methodik der physiologischen Versuche*, Saint-Pétersbourg, 1876.

spéciales dues à cette excitation, mais aussi par le fait qu'en introduisant dans le sérum des doses de curare suffisantes pour paralyser leurs terminaisons cardiaques, on annulait l'effet excitant des brusques variations de température. Les expériences ultérieures de Cyon (24) sur des animaux à sang chaud ont démontré que les brusques élévations de la température agissent identiquement sur *les centres des pneumogastriques situés dans le cerveau*. Il est donc hors de doute que les terminaisons périphériques et centrales

des pneumogastriques possèdent des propriétés identiques ; comme c'est à ces terminaisons qu'incombe la régularisation ou la modération des pulsations du cœur, il ne
peut être question d'attribuer ce rôle à de prétendues facultés de la fibre musculaire.
Nous verrons encore que d'autres facteurs, comme par exemple les gaz du sang, la
pression sur la surface du cœur, etc., agissent aussi d'une manière identique sur les terminaisons centrales et périphériques des nerfs cardiaques, faits absolument incompatibles avec la théorie myogène.

Parmi les autres recherches faites d'après les méthodes de Ludwig sur les cœurs
séparés du corps, celles de Luciani (25) ont une importance particulière par leurs rapports
directs avec les expériences de Stannius sur le système ganglionnaire du cœur. Luciani
s'est principalement servi des appareils dont Bowditch avait auparavant fait usage pour
ses études sur la pointe du cœur. Dans ces appareils une seule canule était employée pour
mettre le cœur en communication d'une part avec le manomètre enregistreur, d'autre
part avec la bouteille de Mariotte qui amenait au cœur le sérum nutritif. Cette canule,
Bowditch l'introduisait par l'oreillette jusqu'au fond du ventricule et appliquait la ligature destinée à la fixer sur la limite du premier et du second tiers de cette partie du
cœur ; le ganglion de Bidder était ainsi séparé du reste du ventricule. Luciani, au contraire, après avoir introduit la canule de la même manière que Bowditch, la fixait à différentes hauteurs des oreillettes. Le ganglion de Bidder, ainsi qu'une partie des filets
nerveux et cellules ganglionnaires de Ludwig situés dans la cloison intra-auriculaire, restait par conséquent en communication avec le ventricule.

Quelle que fût la hauteur exacte à laquelle Luciani appliquait la ligature, il observait
un phénomène constant : l'apparition des pulsations du cœur par groupes qu'il
appelle *périodes* et qui étaient séparés les uns des autres par des intervalles plus ou
moins prolongés, c'est-à-dire par des repos diastoliques. Ces périodes du cœur finissaient
d'ordinaire par la réapparition de pulsations de plus en plus isolées, rares et faibles, qui
aboutissaient à l'arrêt du cœur par l'épuisement.

Après une discussion approfondie des expériences de Stannius, Heidenhain, Goltz et
autres, Luciani constata une divergence notable entre les résultats de certaines ligatures
dans ses propres expériences et ceux observés par Stannius. Ainsi ce dernier, comme
nous l'avons vu, obtenait par l'application de la ligature dans le sillon atrio-ventriculaire
une série de pulsations du ventricule plus lentes que celles de l'oreillette. Luciani, en
appliquant une ligature à la même place, voyait se produire de véritables contractions
tétaniques du cœur, pouvant aller jusqu'à un *arrêt systolique*. Il attribue avec raison cette
divergence à la différence dans l'expérimentation : tandis que Stannius par sa ligature
empêchait le sang de s'écouler du ventricule et ne pouvait apercevoir que de faibles pulsations, Luciani, grâce à l'introduction d'une canule dans la cavité du cœur, permettait
au cœur d'accomplir ses contractions complètes. L'enregistrement de ces dernières par
le kymographion permettait de préciser leur véritable nature.

Dans son premier travail, Luciani inclinait à attribuer les *périodes* à la ligature et aux
modifications qu'elle produit dans le fonctionnement des centres automatiques. Ses expériences concernant l'influence de l'atropine, de la nicotine et de la muscarine sur l'apparition de ces phénomènes semblaient confirmer cette manière de voir.

Toutefois de nouvelles recherches sur la question, faites par Rossbach (26) sous la
direction de Kronecker, ont bientôt démontré que ce n'est pas dans la ligature, mais dans
les changements subis par le sérum qu'il fallait voir au moins une des causes des périodes
de Luciani. En effet, il suffisait de remplacer le sérum employé par le sang défibriné ou
par un sérum sanguinolent pour que le cœur, préparé selon la méthode de Luciani, se
contractât dans son rythme ordinaire, sans produire de périodes. Il suffisait même de
substituer au sérum une solution de chlorure de sodium à 0,6 p. 100 pour que les périodes
disparussent malgré la persistance de la ligature, et que le rythme normal reparût,
quoique dans des conditions de fréquence moindre. C'est à la disparition de l'oxygène
du sérum que Rossbach semble attribuer les périodes de Luciani. Sokolow et Luchsinger
(27), dans un travail sur le phénomène de Cheyne-Stokes, concluent également que les
périodes observées par Luciani dépendent, dans les expériences de Rossbach, de l'asphyxie.

A une conclusion identique est arrivé Langendorff (28) en étudiant les phénomènes
décrits par Stannius à l'aide d'une méthode différente. Au lieu de séparer le ventricule

du reste du cœur par une ligature ou par la section, il se servait d'une pincette qu'il appliquait sur le cœur d'une grenouille laissée *in situ.* Cette pincette pouvait être facilement enlevée. Au cours de ces expériences il observa, à côté d'un ralentissement considérable des pulsations dû à la séparation produite par la pincette, une tendance de ces pulsations à se grouper en périodes séparées par des intervalles plus ou moins prolongés. C'est également à l'asphyxie du cœur que Langendorff attribue ce phénomène.

Si donc les auteurs s'accordent sur la cause déterminante de ces périodes, la manière dont elle intervient dans le fonctionnement du cœur est moins bien établie. C'est là pourtant que se trouve le principal intérêt des *périodes* de Luciani ; car, seule, la connaissance du mécanisme intime par lequel l'asphyxie influence les diverses parties du cœur pourrait autoriser des conclusions précises sur les causes réelles de la rythmicité normale. L'asphyxie peut se produire par l'absence de l'oxygène ou par l'accumulation de l'acide carbonique. L'absence de l'oxygène peut, de son côté, entraver le rythme régulier du cœur soit par la privation d'une substance destinée à entretenir l'excitabilité ou la puissance fonctionnelle des parties nerveuses ou musculaires du cœur, soit enfin par l'accumulation dans le sang de substances toxiques, qu'à l'état normal l'oxydation est appelée à détruire, selon l'avis de Ch. Richet. C'est à cette dernière possibilité que semble s'arrêter Langendorff.

D'autres données expérimentales permettent pourtant d'expliquer l'action de l'asphyxie dans la production des périodes de Luciani sans avoir recours à l'intervention de ces substances toxiques. Nous faisons allusion à des expériences de Cyon (29) exécutées en 1867 dans le laboratoire de Claude Bernard à l'aide des appareils qui lui avaient servi pour rechercher l'influence des variations de la température sur le cœur (voir plus haut). Cet auteur n'a étudié l'action de l'acide carbonique et de l'oxygène que pendant des intervalles relativement courts. Il saturait le sérum qui circulait dans le cœur tantôt d'acide carbonique, tantôt d'oxygène, tantôt enfin d'un gaz indifférent. Afin d'accentuer les effets de ces gaz, Cyon, en outre, entourait le cœur d'une atmosphère du gaz qu'il s'agissait d'étudier.

Ces expériences ont démontré que la présence de l'oxygène dans le sang *est indispensable pour que les contractions du cœur puissent s'accomplir d'une manière rythmique régulière, c'est-à-dire pour qu'il puisse exécuter un travail utile.* Le cœur dont le sérum est saturé d'un gaz indifférent et qui, de plus, est entouré du même gaz, s'arrête après quelques faibles contractions. Il suffit de remplacer le gaz indifférent par l'oxygène, ou même par l'air ordinaire, pour restaurer les battements réguliers du cœur. D'après Cyon, l'oxygène libre n'est pas indispensable pour le travail régulier du *muscle* cardiaque, mais sert d'excitant aux centres nerveux automatiques du cœur.

L'acide carbonique dont on sature le sérum arrête également les battements du cœur. La suspension est instantanée, si l'on prend soin d'entourer en outre le cœur d'un courant d'acide carbonique. Cyon attribue cet arrêt à l'excitation des terminaisons des pneumogastriques dans le cœur ; il fonde cette conclusion sur une expérience dans laquelle ces terminaisons furent paralysées préalablement par l'addition de fortes doses de curare. (On ne connaissait pas encore alors l'action de l'atropine sur les pneumogastriques.) Dans ce cas le cœur ne s'arrêta pas en diastole ; ses battements devinrent très faibles et prenaient souvent un caractère péristaltique ; le ventricule ne se vidait que péniblement et imparfaitement. Un courant d'oxygène ou d'air atmosphérique rétablissait instantanément la régularité parfaite des pulsations. L'introduction de l'acide carbonique à fortes doses excite donc à un haut degré les nerfs régulateurs du cœur et augmente ainsi les obstacles qui, dans le cœur lui-même, s'opposent au passage des excitations automatiques sur les fibres musculaires.

Pendant la diastole provoquée par l'arrêt subit du cœur, dû à l'acide carbonique, une excitation du muscle cardiaque est, d'après Cyon, susceptible de donner lieu à des contractions isolées. Le muscle n'est donc point paralysé par l'action de ce gaz. Toutefois des expériences postérieures de Kronecker (30) et de ses élèves indiquent également que l'acide carbonique est à même de diminuer à la longue la force des contractions cardiaques.

A l'aide de ces données, confirmées depuis dans leurs grandes lignes par Klug (31), il devenait possible d'expliquer par quel mécanisme l'asphyxie, dans les expériences de Luciani, Rossbach et autres, déterminait les irrégularités du rythme cardiaque désignées sous le nom de périodes, ainsi que la crise aboutissant à l'arrêt du cœur par l'épuisement.

L'absence de l'oxygène doit y jouer un rôle prépondérant, et cela de la manière suivante : *L'absence de l'oxygène libre indispensable pour l'accomplissement du processus chimique qui provoque les pulsations du cœur* rend rares les excitations de l'appareil nerveux automatique. Il était plus difficile de déterminer la part exacte qui appartient à l'accumulation de l'acide carbonique dans la prolongation des pauses diastoliques, les quantités de ce gaz qui s'accumulent dans le sérum pendant la durée d'une expérience étant trop insignifiantes pour provoquer par elles-mêmes des arrêts diastoliques.

De nombreuses recherches poursuivies pendant trois ans par HJALMAR OEHRWALL (32) confirment en grande partie cette manière de voir. Instituées dans le but général d'étudier le mécanisme intime par lequel l'asphyxie détermine les périodes de LUCIANI, ces expériences furent commencées en 1893 dans le laboratoire de LUDWIG et achevées depuis chez TIGERSTEDT à Upsala. L'expérimentateur suédois a eu l'heureuse idée d'abandonner les méthodes qui réduisaient le cœur aux deux tiers du ventricule et de revenir à la méthode première, inaugurée par CYON en 1865 et consistant à étudier le cœur *entier* avec toutes ses parties essentielles, à l'aide d'un système de tuyaux qui permit à l'organe de recevoir le liquide nutritif par la veine cave et de l'envoyer par ses propres contractions dans l'aorte. Grâce à un arrangement spécial, OEHRWALL pouvait en outre enregistrer avec son appareil non seulement les contractions du ventricule, mais encore celles des oreillettes. Les résultats des recherches en question ont pleinement confirmé ceux obtenus par CYON. Ainsi HJELMAR OEHRWALL considère la constante diminution du nombre des pulsations pendant l'asphyxie comme un fait n'admettant pas d'exception. Les effets produits sur le cœur par la substitution d'un gaz indifférent à l'oxygène ou à l'air (l'hydrogène au lieu de l'azote dans les expériences de CYON) sont les mêmes que cet auteur a observés, comme aussi ceux de la reprise du fonctionnement du cœur par l'introduction de l'oxygène ou de l'air atmosphérique dans le sérum ou même dans l'air ambiant. Grâce à la circonstance que OEHRWALL a travaillé sur le cœur *entier*, les périodes de LUCIANI ne se produisaient pas régulièrement. Il a même observé que le cœur cessait de battre sous l'influence de l'asphyxie sans aucun changement préalable du rythme ou de l'étendue des pulsations (*loc. cit.*, p. 238). C'est à *l'absence de l'oxygène* que HJELMAR OEHRWALL attribue le rôle principal dans la production des modifications que l'asphyxie détermine dans le cœur, cette substance étant une condition indispensable pour les fonctions normales des ganglions et du *muscle* cardiaque. A l'acide carbonique, l'auteur est tenté d'attribuer un rôle bien moindre. Ce n'est pas qu'il n'ait, lui aussi, observé que sous l'action de l'acide carbonique le cœur s'arrête en diastole, mais il considère que les quantités de ce gaz étaient trop minimes au moment de l'apparition des périodes de LUCIANI. L'observation de ce dernier, que l'atropine n'empêche pas les changements des contractions rythmiques, paraissait à cet auteur comme un obstacle à leur interprétation par une excitation des appareils régulateurs, mais nous verrons plus loin que l'atropine peut paralyser les terminaisons des pneumogastriques tout en laissant intacts les ganglions modérateurs eux-mêmes.[4]

LUCIANI lui-même, dans son premier travail, inclinait déjà à considérer la présence de l'oxygène comme indispensable à l'étude de l'excitation normale des ganglions du cœur. En 1879 (33), il se prononça plus catégoriquement encore à ce sujet en attribuant les troubles de rythme qu'il avait observés aux changements dans les ganglions cardiaques eux-mêmes.

Tout récemment, W. T. PORTER, dans une communication faite au Congrès physiologique de Cambridge en août 1898, affirmait que le cœur des mammifères et même que certaines parties de ce cœur peuvent continuer leurs contractions si on leur fournit du sérum sous une pression basse, à condition qu'ils restent entourés d'oxygène à haute tension (Voir à la page 90 une expérience analogue de CYON). Les conclusions des expériences de CYON sur le cœur des vertébrés à sang froid sont donc valables également pour le cœur des mammifères. Aussi bien OEHRWALL que PORTER diffèrent de CYON en ce qu'ils considèrent à tort l'oxygène également nécessaire pour l'accomplissement du *travail du muscle cardiaque*. Nous revenons plus loin sur cette question importante.

L'oxygène est-il l'excitant normal des ganglions cardiaques ou son rôle dans le fonctionnement de ces derniers se borne-t-il à maintenir leur excitabilité? Il est difficile de se prononcer positivement entre ces deux hypothèses. Selon Pflüger, d'ailleurs, l'excitation n'était le plus souvent qu'une exagération du même processus qui maintient les éléments nerveux en état d'excitabilité.

Il y aurait plus d'intérêt à déterminer les rapports réciproques entre les divers groupes de cellules ganglionnaires. Les nombreuses recherches faites à ce sujet, dont nous avons résumé les plus importantes, permettent de formuler dès à présent certaines données incontestables. Le point de départ des excitations rythmiques du cœur se trouve dans le sinus veineux. Là-dessus sont d'accord tous les expérimentateurs qui ont étudié la question sans parti pris. Le ganglion de Remak doit donc être considéré — *parmi les éléments nerveux intracardiaques* — comme l'initiateur des mouvements rythmiques du cœur. Ainsi que l'ont démontré Lovèn (34), puis Tigerstedt et Strömberg (35), une seule excitation de ce ganglion suffit pour provoquer une série de pulsations et éventuellement pour accélérer dans une mesure considérable les pulsations constantes. Dans le même ordre d'idées doit être classée l'observation de Gaskell (36), que seule l'élévation de la température du sinus veineux suffit pour accélérer les pulsations de tout le cœur; par contre, celle de la température du ventricule est impuissante à agir sur les pulsations des autres parties du cœur.

Nous venons d'exposer les recherches de Cyon, d'Oehrwall et d'autres concernant l'importance de l'oxygène comme excitateur normal des ganglions moteurs. Or, longtemps déjà avant ces auteurs, Bezold (37) avait attiré l'attention sur ce fait que, dans le cœur de grenouille, les parties seulement où est situé le ganglion de Remak sont pourvues de vaisseaux sanguins, et que tout empêchement à l'échange des gaz dans le sinus ralentit les pulsations.

Récemment, plusieurs expérimentateurs ont donné une attention particulière aux pulsations des terminaisons des veines caves. Engelmann (38) a fait chez la grenouille des études très minutieuses sur les contractions spontanées des veines caves séparées du sinus veineux, et il est arrivé à conclure que c'est d'elles que part l'impulsion initiale pour le sinus veineux et, par conséquent, pour le reste du cœur. « De tout point des veines caves on peut produire une révolution complète du cœur et influencer le rythme de ses mouvements. » (*Loc. cit.*, 134.) Au moment où Engelmann écrivait ces lignes, on ignorait encore la présence de cellules ganglionnaires dans les parois de cette partie des veines caves. Aussi Engelmann a-t-il su trouver dans ce fait un argument sérieux en faveur de l'origine myogène des contractions cardiaques. Les fibres musculaires seraient donc les seules initiatrices de ces mouvements, tandis que les cellules du ganglion de Remak « n'influenceraient la production des excitations du cœur » que par une prétendue action trophique. Depuis la découverte de cellules ganglionnaires dans les veines caves par A. Dogiel, cette restriction apportée au rôle du ganglion de Remak tombe d'elle-même.

L'observation des veines caves a suggéré la même conclusion prématurée que celle des mouvements spontanés de l'uretère. Là aussi, Engelmann voyait une preuve que des contractions automatiques pouvaient se produire dans les fibres musculaires sans intervention de cellules nerveuses. A. Dogiel, Rude, Maier et surtout Protopopow (40) ont depuis démontré l'existence de nerfs, de cellules ganglionnaires et de ganglions dans toute la longueur de l'uretère.

Il reste donc acquis, en tout cas, que le ganglion de Remak, quelle que soit la source première de son excitation, met, lui, en mouvement rythmique le cœur tout entier. C'est de son excitation que dépend *en premier lieu* la *fréquence* des battements du cœur. Le ganglion de Bidder (sous cette dénomination nous comprenons non seulement le groupe de cellules ganglionnaires à la limite atrio-ventriculaire décrites par ce physiologiste, mais aussi toutes les autres cellules ganglionnaires découvertes par d'autres auteurs dans les parois du ventricule et surtout dans son tiers supérieur) peut certainement servir aussi de point de départ aux contractions du cœur, à défaut des excitations qui lui parviennent du ganglion de Remak, que ces excitations soient d'origine exclusivement réflexe (Goltz et autres) ou non. A l'état normal ces ganglions de Bidder sont destinés surtout à déterminer la *force* des contractions musculaires. Nous verrons plus loin les principales raisons qui militent en faveur de cette interprétation de leur rôle.

Quant aux cellules ganglionnaires disséminées sur le parcours des filets nerveux d'origine pneumogastrique ou sympathique, que Ludwig a constatés dans la paroi inter-auriculaire, leur disposition anatomique donne lieu de supposer qu'elles sont destinées à transmettre aux centres ganglionnaires du cœur lui-même les impulsions modératrices provenant des centres nerveux, moelle ou cerveau. Elles seraient donc des appareils régulateurs aussi bien de la *fréquence* que de la *force* des battements du cœur, c'est-à-dire du fonctionnement des ganglions de Remak et de Bidder. Nous reviendrons sur ce rôle du ganglion de Ludwig après avoir exposé celui du système nerveux *extra-cardiaque*. Mais dès à présent nous pouvons considérer, en termes généraux, que le travail des centres ganglionnaires du cœur est réparti de la manière indiquée entre ces trois ganglions, sans pourtant prétendre que leur délimitation anatomique soit aussi nettement précisée que le sont leurs fonctions physiologiques.

. B. **Appareils intra-cardiaques des animaux à sang chaud.** — Les données exposées jusqu'à présent ont été acquises presque exclusivement par des expériences sur des grenouilles et, en petite partie, sur des tortues. Ces données sont-elles applicables aux cœurs des animaux à sang chaud? Déjà Haller avait constaté expérimentalement que ces cœurs séparés du corps peuvent continuer à battre un certain temps, moins longtemps toutefois que le cœur des animaux à sang froid. Il résulte néanmoins de certaines observations que ce temps peut, à l'occasion, se prolonger notablement. Ainsi Vulpian (41) a vu chez un chien des contractions (fibrillaires, il est vrai) de l'auricule droite persister quatre-vingt-treize heures après la mort. Mais les contractions rythmiques durent rarement plus d'une heure. Valler et Reid (42) en ont observé pendant 72 minutes au maximum. Cyon (43) a constaté que les cœurs des chiens soumis préalablement à des pressions de 2 à 2 1/2 atmosphères, et ne respirant sous ces pressions que de l'oxygène pur, peuvent continuer à battre régulièrement pendant plus d'une heure, même quand ils sont complètement exsangues (Voir plus haut l'expérience de Porter).

Mais, pour pouvoir soumettre à des expériences plus prolongées le cœur des animaux à sang chaud, il est indispensable d'y établir une circulation artificielle du sang selon les méthodes appliquées par Cyon (23) et les autres élèves de Ludwig au cœur de la grenouille. Des essais heureux dans cette direction ont été faits, en premier lieu par Newell Martin (44) et ses élèves Donaldson, Howell et autres, puis par Langendorff (45) et tout récemment par Karl Hedbom (46), etc. Des nombreuses expériences exécutées par Newell Martin et tout dernièrement par Langendorff sur le cœur de lapin et celui du chat, les plus intéressantes sont certainement celles instituées pour étudier la manière dont le cœur est influencé par les variations de la température. Dans un des chapitres suivants sont relatées en détail les expériences de Cyon faites sur le cœur des grenouilles dans la même intention. Ces expériences ont démontré la précision avec laquelle on pouvait déduire les lois de l'action de pareilles variations. Or il était particulièrement important de rechercher si les mêmes lois régissent l'action de la température sur les cœurs des animaux à sang chaud.

Les deux expérimentateurs ont pu constater que, quant à l'influence exercée sur la *fréquence* des battements par les élévations lentes comme par les lents changements de la température, l'analogie est complète entre le cœur des animaux à sang chaud et celui de la grenouille. Langendorff insiste avec raison sur la ressemblance parfaite entre la courbe qui représente les rapports de la température et de la fréquence des battements du cœur chez le chat (*loc. cit.*, 392, fig. 29) et la courbe analogue obtenue par Cyon chez la grenouille (fig. 1, 12 du *Recueil des travaux scientifiques* de Cyon, 51, 12).

Pour l'action des diverses températures sur la *force* des contractions, Langendorff n'a pas réussi à obtenir des données aussi précises que celles recueillies par Cyon sur les grenouilles; la vitesse de la circulation du sang dans les cavités cardiaques exerçait une influence trop considérable sur cette force pour permettre d'attribuer *uniquement* aux variations de la température les changement obtenus.

Dans un autre ordre d'idées, l'analogie entre les cœurs des animaux à sang chaud et ceux des animaux à sang froid paraît être moins complète. Les expériences entreprises dans le laboratoire de Ludwig d'abord par Wooldridge (47) et poursuivies ensuite par Tigerstedt (48) à l'aide de méthodes plus perfectionnées, ont démontré que, malgré la ligature, malgré même une mise hors fonction plus parfaite des parties nerveuses situées à la limite auriculo-ventriculaire, les ventricules continuent à se contracter sous un moindre arrêt préalable. Cela indiquerait que les centres nerveux de Bidder sont beaucoup moins soumis au ganglion de Remak chez les animaux à sang chaud que chez les grenouilles. Une plus grande indépendance de ces centres chez les mammifères n'a rien de surprenant en elle-même, Dans tous les cas, il ne s'agit point d'une différence de principe, et cela d'autant plus que Tigerstedt lui-même constate que les battements automatiques du ventricule deviennent moins fréquents après la séparation. N'oublions pas, d'ailleurs, qu'entre les procédés expérimentaux de ces observateurs et ceux usités dans les ligatures de Stannius, il existait de notables différences.

Tout récemment, Krehl et Romberg (49) ont tenté de répéter avec plus d'exactitude les expériences de Stannius sur des animaux à sang chaud. A en croire le résumé de leurs travaux, ils auraient réussi à démontrer que les éléments nerveux du cœur ne 'jouent aucun rôle ni dans l'automatisme rythmique, ni même dans la régularisation des pulsations cardiaques. Il suffit pourtant d'examiner avec attention les procédés opératoires de ces auteurs ainsi que le compte rendu de leurs recherches, tel qu'ils l'ont publié, pour se convaincre que si la défectuosité de leurs méthodes n'autorise aucune conclusion sérieuse, les résultats qu'ils proclament ne répondent nullement aux données de leurs propres expériences. Ces résultats ne s'accordent même pas avec les exigences générales de la thèse qu'ils soutiennent. Nous reviendrons encore sur quelques-unes de ces expériences.

Si l'on voulait, sans idées préconçues et avec des méthodes réellement précises, vérifier les données de Stannius chez les animaux à sang froid, il faudrait expérimenter sur des cœurs complètement détachés du corps et placés à l'aide d'une circulation artificielle dans les conditions physiologiques les plus rapprochées de l'état normal.

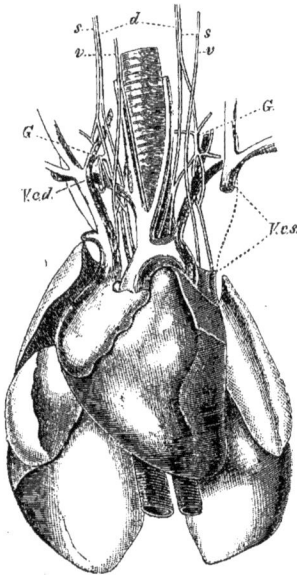

Fig. 10. — Nerfs du cœur chez un lapin d'après Cyon et Ludwig (Voir les mêmes ouvrages que pour la figure 9). — s, sympathique du cou. — v, pneumogastrique. — G, dernier ganglion cervical. — d, nerfs dépresseurs. — V. c. s. Veine cave descendante.

Tant que les preuves du contraire n'auront pas été fournies par des expériences d'une valeur indiscutable, on sera fondé à admettre que les systèmes nerveux cardiaques des animaux à sang chaud ne se distinguent de ceux des animaux à sang froid que par une différenciation plus parfaite de leurs fonctions, — différenciation nécessitée en première ligne par la multiplicité et la variété des filets nerveux qu'ils reçoivent de la moelle et du cerveau, ensuite par une nutrition plus parfaite, grâce à un système vasculaire très compliqué qui, de son côté, est régi par des nerfs vaso-moteurs.

C. **Système nerveux extra-cardiaque. Dispositions anatomiques.** — Les nerfs qui relient le cœur au cerveau passent par deux voies : le nerf pneumogastrique et le grand sympathique. Leur disposition anatomique varie dans les détails chez les différents animaux à sang chaud. Pour celle des nerfs provenant du pneumogastrique, nous renvoyons aux chapitres spéciaux : **Dépresseur et Pneumogastrique.** Nous ne donnerons ici que la distribution des nerfs accélérateurs du cœur dans les animaux chez qui elle a été particulièrement étudiée. Nous ne pouvons considérer comme nerfs accélérateurs ceux que dont les fonctions ont été démontrées par voie d'expériences physiologiques. Nous donnons ici par conséquent l'anatomie de ces nerfs chez le lapin, le chien, le chat et le cheval, pour ce qui est des mammifères, et, parmi les vertébrés à sang froid, chez la grenouille, l'alligator et le crocodile.

On verra plus loin que les nerfs accélérateurs du cœur furent découverts par E. et M. Cyon (75) en 1866, chez les lapins et les chiens. Nous prendons pour base de notre exposé la description anatomique donnée par eux du parcours de ces nerfs, ainsi que les figures publiées plus tard par E. Cyon (50 et 51) qui en représentent la distribution.

Après son parcours à côté du dépresseur, le nerf sympathique du cou aboutit chez le lapin au ganglion cervical inférieur. La forme et les embranchements de ce ganglion ne sont pas exactement les mêmes de chaque côté. Du côté droit il est d'ordinaire moins développé que du côté gauche. L'inverse a lieu pour les premiers ganglions thoraciques supérieurs, bien plus développés du côté gauche que du côté droit. Les mêmes rapports entre les dimensions de ces ganglions s'observent également chez le chien et le cheval.

Parmi les branches qui se détachent du ganglion cervical inférieur, plusieurs ont un parcours très régulier; les autres varient assez notablement chez les différents individus, ce qui doit tenir à la diversité des races. Au premier rang des branches constantes il faut mettre les deux nerfs qui forment l'anse de Vieussens entourant l'artère sous-claviculaire. A gauche cette anse se compose de deux branches bien nettes, qui se rejoignent au-dessous de l'artère ou un peu plus bas, en aboutissant au ganglion thoracique supérieur (Voir la fig. 10). A droite, les deux branches forment souvent un véritable anneau sans lien avec ce dernier ganglion. Quant aux branches dont le nombre et la marche présentent quelques

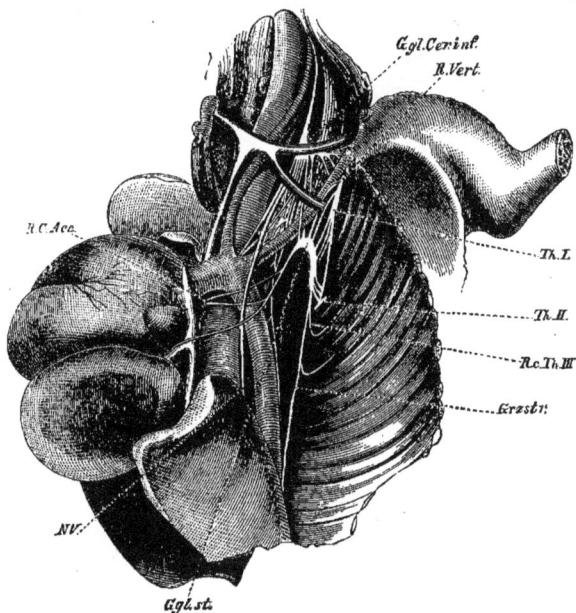

Fig. 11. — Nerfs du cœur chez le chien, côté gauche, d'après Cyon (Voir même ouvrage que pour les figures précédentes). — R. C. Acc, nerfs accélérateurs. On voit le dernier ganglion cervical ainsi que le premier thoracique et leur communication avec le grand sympathique, l'anse de Vieussens, etc.

variations, les unes se rendent au cœur, les autres communiquent avec le plexus cervical. Une branche forme d'ordinaire une anastomose avec le laryngé inférieur. Souvent même un nerf cardiaque se détache de ce dernier nerf, aussitôt qu'il s'est séparé de pneumogastrique et avant qu'il contourne la trachée. Parmi les branches dont nous venons de parler, les deux premières, en comptant de dedans en dehors, forment le prolongement du nerf dépresseur. La troisième est le nerf accélérateur. Ce dernier se forme souvent après une anastomose avec le nerf laryngé inférieur. Un autre nerf accélérateur se détache du ganglion thoracique supérieur.

Chez le chien la distribution des nerfs accélérateurs diffère un peu de ce qu'elle est chez le lapin. La figure 11 représente cette disposition du côté gauche. On voit plusieurs branches très fines qui entourent l'artère sous-claviculaire en dehors de l'anse de Vieussens. Le plus souvent deux nerfs accélérateurs se détachent du ganglion cervical inférieur; à droite, comme l'avait constaté Schmiedeberg, un accélérateur se détache de la branche postérieure de l'anse. Une autre branche part souvent du laryngé inférieur ou du pneumogastrique immédiatement au-dessous de ce nerf. On voit aussi sur les figures 12 et 13 les branches communiquant entre les deux ganglions dont partent les accélérateurs et le plexus cervical et thoracique. Dans la figure 12, empruntée également aux travaux de Cyon, le pneumogastrique qui déjà au cou était séparé du sympathique ne traverse pas le ganglion cervical inférieur, mais communique avec lui par une forte anastomose. Le premier ganglion thoracique, très petit, est réuni au dernier cervical, non par l'anse de Vieussens, mais par une forte et courte branche.

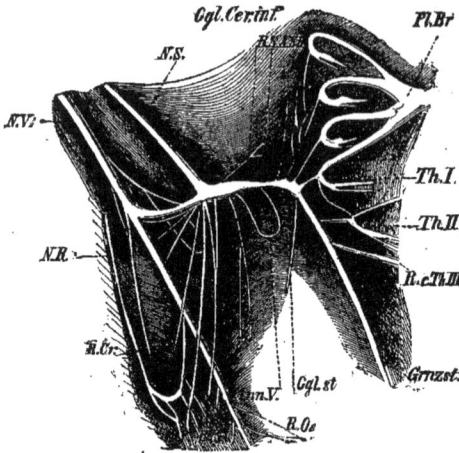

Fig. 12. — Mêmes nerfs du cœur isolés également du côté gauche chez un autre chien. (Figure empruntée à la *Méthodique* de Cyon.)

Les figures 13, 14 et 15 donnent la disposition des nerfs accélérateurs chez le cheval ; les figures 15 et 16, celle du côté gauche ; la figure 14, celle du côté droit. On voit que les rapports entre les dimensions des deux ganglions cervical inférieur et thoracique supérieur rappellent ceux constatés chez le lapin. Les figures permettent de reconnaître aisément la disposition des nerfs accélérateurs. Notons une particularité : la branche cardiaque du laryngé inférieur se détache à droite non du ganglion cervical inférieur, mais du ganglion médial.

Parmi les branches qui se rendent du cœur à ces deux ganglions, plusieurs certainement sont destinées aux vaisseaux cardiaques. Cyon en a reconnu une qui partait du premier ganglion thoracique. Mais il est probable que parmi les filets nerveux qui se détachent du dernier cervical il existe aussi des vaso-moteurs du cœur.

Par quelles voies les nerfs accélérateurs quittent-ils la moelle épinière pour arriver aux ganglions qu'ils traversent avant de parvenir au cœur? Bezold et Bever (78) en ont indiqué une : un nerf qui du plexus brachial se rend en suivant l'artère vertébrale au premier ganglion thoracique. Ils lui ont donné le nom de nerf vertébral. Cyon a vu le nerf vertébral se rendre du côté gauche au dernier ganglion cervical. Dans les figures 11, 12 et 13, empruntées aux travaux de Cyon 1868 (103), nous voyons chez le chien de nombreuses branches se rendre aux deux ganglions, aussi bien du plexus brachial

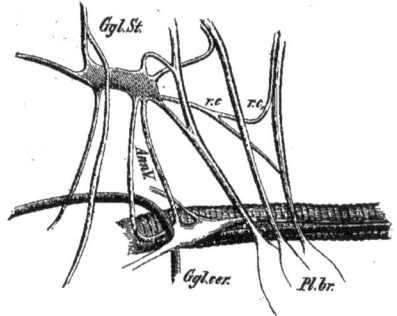

Fig. 13. — Les ganglions du grand sympathique (dernier cervical et thoracique) chez un chien, côté droit (*Méthodique* de Cyon).

que des trois premiers nerfs thoraciques. Une grande partie de ces branches contient certainement des fibres vaso-motrices du cœur ; le reste se compose de nerfs accélérateurs. François-Franck (136) confirme ce dernier fait.

Le sympathique du cou contient-il également des nerfs accélérateurs? Bezold affirme avoir plusieurs fois obtenu des accélérations en excitant le bout périphérique du sympathique. Il reconnaissait que c'était là un résultat très inconstant. Ludwig contesta le fait. M. et E. Cyon soutenaient également que l'excitation de ces nerfs reste sans effet sur la fréquence des battements du cœur. Par contre, R. Wagner déclarait avoir observé à plusieurs reprises un ralentissement comme conséquence d'une irritation du bout périphérique du sympathique. En somme, il était généralement reconnu que ce nerf est sans influence sur le cœur. Tout récemment, Cyon (52) a enfin réussi à établir la cause de ces observations contradictoires : il a trouvé que le nerf sympathique du cou peut en effet provoquer une accélération des battements du cœur chaque fois que l'excitabilité des ganglions sympathiques auquel il aboutit subit une augmentation considérable, sous l'influence soit de modifications pathologiques (goître, thyroïdectomie, etc.), soit de l'introduction dans l'organisme des substances toxiques : iode, extraits des capsules surrénales, etc. Ce fait implique comme conséquence que « les ganglions sympathiques ne sont pas de simples stations de passage pour les nerfs du cœur, mais jouent le rôle de véritables organes centraux qui peuvent produire et influencer les excitations de ces nerfs » (52, p. 114).

Les nerfs sympathiques des vertébrés à sang froid contiennent également des fibres accélératrices. C'est indirectement que Schmiedeberg (79) est arrivé à conclure que le pneumogastrique de la grenouille possède aussi le nerf accélérateur du cou (V. plus loin, p. 123).

Puis Heidenhain, Gaskell et d'autres ont établi que ce nerf est d'origine sympathique et qu'il se joint au pneumogastrique aussitôt après sa sortie du crâne. Des études particulières sur le parcours de ces nerfs accélérateurs chez différents vertébrés à sang froid ont été faites ensuite par Gaskell et Gadow (133). Nous en indiquons plus loin (p. 122) le résultat principal.

D. **Nerfs extra-cardiaques. Historique.** — L'accomplissement d'un mouvement simple, la contraction d'un muscle et surtout l'exécution d'un mouvement volontaire coordonné exigent la mise en jeu d'un appareil nerveux très com-

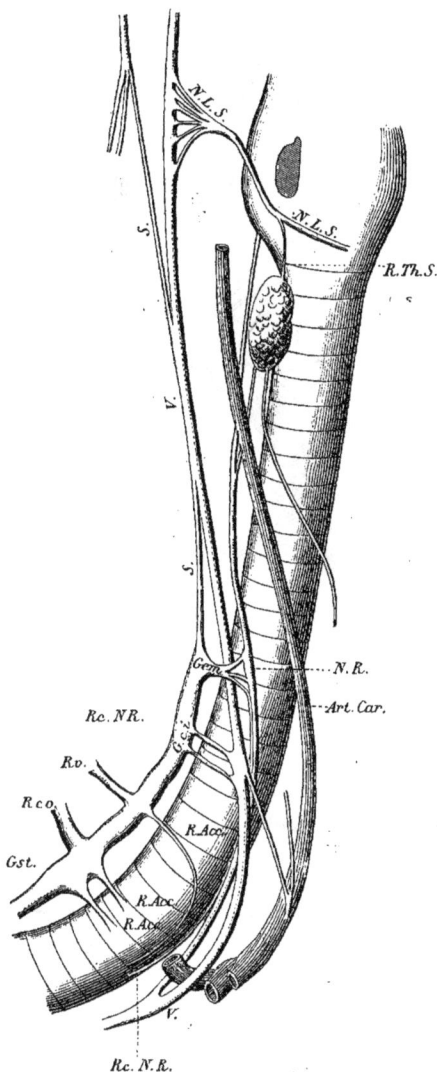

Fig. 14. — Nerfs du cou et du cœur chez un cheval (côté droit) d'après Cyon. — *N. L. S*, nerf laryngé supérieur. — *V*, pneumogastrique. — *S*, sympathique. — *Gem*, ganglion cervical moyen. — *R. Acc*, nerfs accélérateurs. — *Gst*, premier ganglion thoracique. — *Gci*, ganglion cervical inférieur. (Voir pour les détails : *Beiträge zur Physiologie der Schilddrüse*, etc., Bonn, 1898, par E. Cyon.)

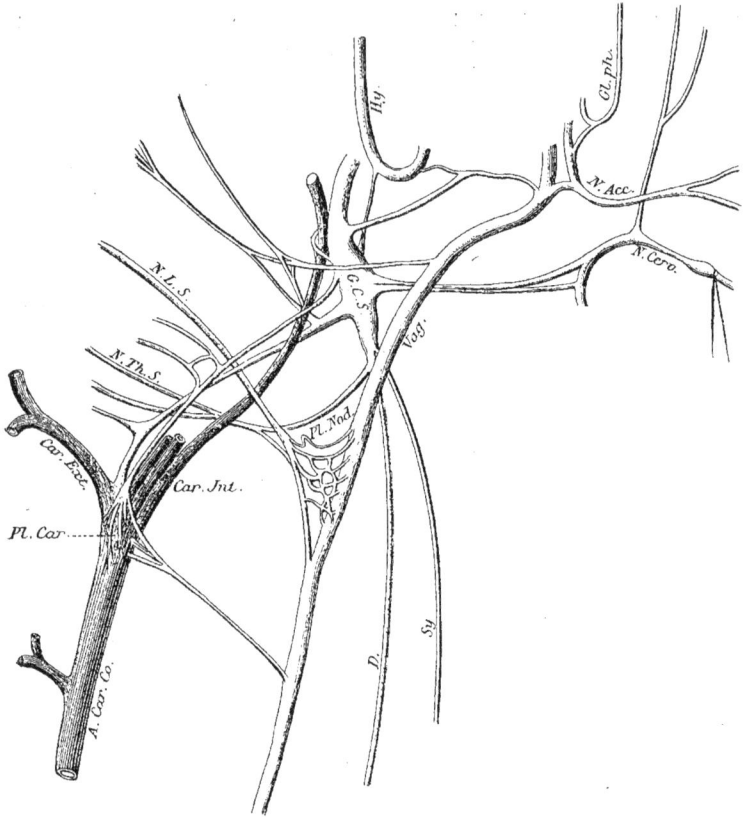

FIG. 15. — Nerfs du cou et du cœur chez le cheval (côté gauche) d'après CYON. — D, nerfs dépresseurs. — Sy, sympathique. — Vag, pneumogastrique. — G. C. S, ganglion cervical inférieur. — N. th. s, nerf thyroïdien dépresseur (Voir le même ouvrage que pour la figure 6).

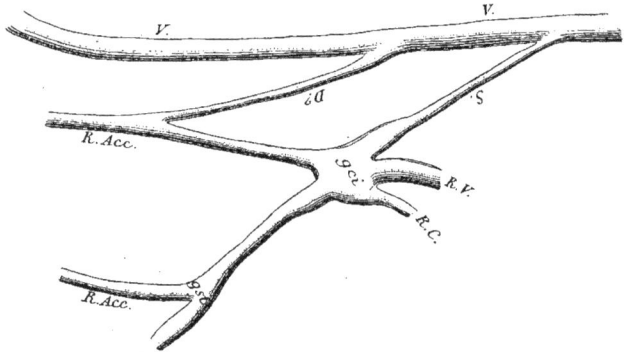

FIG. 16. — Le dernier ganglion cervical et le premier thoracique chez le même cheval du côté gauche que la figure 7.

pliqué : cellules ganglionnaires, fibres nerveuses, nerfs moteurs, nerfs inhibitoires, etc. La besogne du muscle cardiaque étant beaucoup plus complexe, chargé qu'il est de travailler sans arrêt et sans fatigue en contractant ses diverses parties d'une manière rythmique et synchronique, le système nerveux, qui régit et coordonne ses mouvements, doit par suite être d'une complication infiniment plus grande encore. C'est en outre un fait connu de tout temps, même du populaire, que l'état psychique, l'émotion de l'âme réagit profondément sur le cœur, ce qui ne peut qu'ajouter à la délicatesse de sa tâche. Néanmoins, pendant des siècles, l'indépendance du cœur du système nerveux central a été une doctrine généralement admise par les savants ; il y a à peine un siècle que des anatomistes distingués, comme BEHRENDS, niaient jusqu'à l'existence des nerfs cardiaques!

La théorie de l'indépendance absolue du cœur par rapport au système nerveux date de GALIEN qui observa le premier que la ligature des pneumogastriques et même la section de la moelle n'empêchent pas le cœur de continuer ses battements. Comme les partisans les plus avancés de la théorie myogène actuelle, GALIEN ne voulait reconnaître aux nerfs cardiaques que le rôle de « nerfs de sensibilité » (53). Ce n'est que vers la fin du XVII° siècle que THOMAS WILLIS (54) et RICHARD LOWER (55) engagèrent sérieusement la lutte contre les idées de GALIEN. Tandis qu'un de leurs prédécesseurs, PICCOLOMINI (56), ayant observé dès 1566 que les animaux périssent après la section des deux pneumogastriques, en avait conclu que ces nerfs sont les nerfs moteurs du cœur, WILLIS et LOWER affirmèrent au contraire que les pulsations du cœur deviennent plus fortes, plus violentes après la section des pneumogastriques. On peut donc regarder ces deux expérimentateurs comme les premiers qui aient constaté l'action régulatrice des dits nerfs. Ils considèrent, en effet, l'accélération observée comme le résultat d'un trouble dans les pulsations causées par la section de ces nerfs.

VALSALVA (57) et R. WHYTT (58), de leur côté, observèrent aussi très exactement l'effet de la section des pneumogastriques sur le cœur.

Voici comment VON BEZOLD (59) résume, d'après LEGALLOIS, l'état de la question relative à l'origine des battements du cœur avant l'apparition de HALLER :

Trois opinions diverses étaient soutenues par les anatomistes et les médecins : 1) Le pneumogastrique n'exerce aucune action sur les mouvements du cœur. La source de ces mouvements se trouve dans le cœur lui-même (GALIEN) ; 2) Le pneumogastrique est une des sources de l'excitation du cœur, lesquelles se trouvent dans le cerveau, dans la moelle et en partie dans le cœur lui-même (WILLIS, LOWER, VALSALVA) ; 3) Le pneumogastrique est le nerf essentiel du cœur (HIPPOCRATE, PICCOLOMINI, BORELLI, WHYTT et STAHL).

Les belles recherches de HALLER (60) sur l'irritabilité du tissu musculaire, ainsi que sur le cœur, semblèrent donner définitivement raison à la première de ces opinions. La doctrine de GALIEN devait forcément triompher.

Ayant complètement séparé le cœur du système nerveux central, ou plutôt croyant l'avoir entièrement séparé, parce qu'il avait coupé les pneumogastriques et le grand sympathique (l'intercostal), HALLER vit le cœur continuer à battre régulièrement. Il en inféra que la persistance de ses mouvements était due à la nature irritable de son tissu musculaire et que « le sang était l'excitant qui mettait ce muscle en action ». Ignorant l'existence de ganglions et d'un système nerveux correspondant dans le cœur lui-même, HALLER ne pouvait pas conclure autrement qu'il ne fit. Pourtant le grand physiologiste était loin de croire les fibres musculaires tout à fait indépendantes des nerfs extracardiaques ; il attribuait à ces derniers une influence sur la *sensibilité* des fibres irritables musculaires du cœur, ce qui, selon notre terminologie moderne, voudrait dire que ces nerfs influençaient leur *excitabilité*. Aussi bien, en tant qu'il conférait au sang le rôle d'excitateur et aux pneumogastriques et sympathiques celui de régulateurs de l'excitabilité, HALLER se rapprochait remarquablement de nos notions actuelles.

Les découvertes de GALVANI et de VOLTA donnèrent une impulsion nouvelle aux recherches sur les nerfs du cœur. On ne se contenta plus d'observer l'effet de la section de la moelle ou des nerfs cardiaques, on chercha à les stimuler à l'aide de courants galvaniques, c'est-à-dire à provoquer leur fonctionnement normal. Dans le nombre des expérimentateurs, deux surtout, FOWLER et HUMBOLDT (61), observèrent que le rythme et la force du cœur variaient sous l'influence de telles excitations et que, par conséquent, « les pulsations du cœur se modifient sous l'influence nerveuse » (HUMBOLDT). Mais ces obsertions isolées de Humboldt, de Fowler et d'autres, qui semblaient incompatibles avec la doctrine de l'irritabilité propre du cœur, ne parvenaient pas à ébranler la foi dans les études magistrales de Haller.

C'est à Legallois (62) qu'appartient incontestablement le mérite d'avoir, pour la première fois, à l'aide d'expériences directes, soutenu que la moelle épinière exerce une influence sur le cœur. Après avoir coupé la moelle cervicale chez le chien et le chat, il établit que la respiration artificielle peut encore entretenir la vie de ces animaux et que leur cœur continue à battre. Ensuite il détruisit différentes parties de la moelle et constata que la destruction *subite* de la moelle épinière arrête net ces battements. Il observa en outre les changements que la destruction de la moelle produisait tant sur la force d'écoulement du sang hors des vaisseaux sanguins sectionnés que sur la couleur de ce liquide, et il en tira des conclusions très intéressantes sur la force du cœur. Les méthodes étaient, comme on le voit, encore assez défectueuses, mais pour l'époque elles constituaient un progrès considérable, et la conclusion de Legallois, que la moelle épinière était la source des forces qui entretiennent les battements du cœur, trouva alors peu de contradicteurs. Flourens se rapprocha encore plus de la vérité en affirmant, à la suite d'ingénieuses expériences, que la moelle exerce sur la circulation une double action : sur le cœur et sur les vaisseaux sanguins, assertion à laquelle Legallois ne tarda pas à acquiescer.

Ce fut Wilson Philipp (63) qui attaqua le premier les expériences de Legallois, en soutenant que la destruction *lente* de diverses parties du cerveau et de la moelle n'empêche pas le cœur de battre et le sang de circuler ; il alla même jusqu'à prétendre que pareille destruction n'exerçait aucune influence sur les organes de la circulation. Mais, comme quelque temps après lui-même obtenait par des *excitations chimiques* de la moelle épinière tantôt un ralentissement, tantôt une accélération des battements du cœur, il se vit contraint d'aboutir aux mêmes conclusions que Legallois.

En somme, la doctrine de Galien-Haller fut fortement ébranlée par les expériences de Legallois. En dehors des savants cités, les autres maîtres de la physiologie, Magendie, Longet, Johannes Müller n'admettaient pas que le cœur fût indépendant du cerveau et de la moelle allongée. Magendie (64) voyait dans les nerfs provenant de la huitième paire et dans les *filets des ganglions cervicaux* les voies par lesquelles ces organes influencent les contractions du cœur. Il essaya même, quoique sans succès, d'expérimenter *sur les ganglions cervicaux* et sur le premier *ganglion thoracique*, pour démontrer directement cette influence. J. Müller, dans son célèbre *Traité de Physiologie*, considère le grand sympathique comme la source de la force motrice du cœur. Dans le cerveau et la moelle épinière ne se trouverait que « la cause conservatrice et excitatrice de cette force ».

Remak (65), par sa découverte en 1838 de cellules ganglionnaires dans les parois du cœur et par la description détaillée qu'il a donnée en 1844, fit faire un grand pas à la connaissance du mécanisme des battements du cœur. Comme on l'a vu plus haut, Volkmann (13) fut le premier qui soumit à l'étude expérimentale diverses parties du cœur en vue d'établir sa théorie sur le rôle des ganglions cardiaques ; avec les travaux de Stannius, Bidder, Ludwig et autres, cette théorie fut bientôt édifiée sur une base que nous considérons comme inébranlable.

Pour pouvoir soumettre les nerfs extracardiaques à une expérimentation plus rigoureuse, il fallait un concours de circonstances particulièrement favorables ; en premier lieu la découverte des courants induits par Faraday et la construction de la machine rotative électro-magnétique, ensuite l'introduction de la méthode graphique en physiologie par Ludwig (65) et la construction de son kymographe.

Grâce à la découverte de Faraday, les frères Weber (66) purent, en introduisant par les nouveaux courants l'exitation directe de la moelle et des nerfs pneumogastriques, établir l'action inhibitrice de ces nerfs sur le cœur. La démonstration, qu'il existait dans l'organisme des nerfs dont le rôle fonctionnel consiste à modérer et même à inhiber les mouvements musculaires, marque une date importante dans l'étude des fonctions du cœur. Il est utile de citer ici les paroles mêmes par lesquelles les célèbres physiologistes expliquent le mode de fonctionnement de ces nerfs modérateurs :

« Le fait est nouveau, qu'un organe musculaire se contractant involontairement peut être arrêté dans ses mouvements par l'influence de ses nerfs ; *il serait sans exemple si nous voulions considérer les nerfs pneumogastriques comme des nerfs du cœur se terminant dans les fibres musculaires et l'inhibition du mouvement cardiaque comme l'effet de leur action immédiate sur ces fibres.* Nous avons bien des exemples de pareils arrêts de mouvement dans le système des muscles de la vie animale, mais ces arrêts se produisent *non par leur mise en activité, mais par leur mise en non-activité* sous des influences s'exerçant sur la moelle épinière. Pareils exemples nous sont donnés par les sphincters de l'anus et de la vessie, qui par leur action permettent le passage des matières. Les faits que la volonté peut modérer certaines contractions convulsives et même arrêter les mouvements réflexes qui se produisent plus facilement après l'enlèvement de cerveau... démontrent que le cerveau peut intervenir en inhibant les mouvements. *Mais, comme sur ces muscles volontaires l'action modératrice ne s'exerce pas directement par leur nerfs moteurs, mais par la voie de la moelle épinière qui entretient leurs mouvements, aussi bien l'influence modératrice des nerfs régulateurs sur les mouvements cardiaques parait-elle s'exercer, non directement sur les fibres musculaires, mais par la voie des appareils nerveux qui mettent le cœur en mouvement et qui se trouvent dans les parois du cœur lui-même.* Ainsi l'activité du cœur interrompue par l'excitation des pneumogastriques revient d'elle-même, malgré la continuation de leur excitation, quand par leur épuisement les nerfs moteurs, débarrassés de l'action inhibitrice, reprennent leur liberté d'action (66). »

Un peu avant les frères WEBER, VOLKMANN (67) était déjà parvenu à produire l'arrêt du cœur en excitant les pneumogastriques à l'aide de courants *continus*. BUDGE (68) obtint les mêmes résultats que les WEBER, presque en même temps qu'eux, en se servant, lui aussi, d'un appareil électro-magnétique. Si néanmoins l'honneur de la grande découverte reste attaché au nom des frères WEBER, c'est que, les premiers, ils ont formulé exactement ce mode d'action nerveuse et en ont saisi toute la portée fonctionnelle. Pour BUDGE, l'arrêt du cœur à la suite de l'excitation des pneumogastriques était le résultat d'un tétanos cardiaque; il croyait donc que l'arrêt se produisait en *systole*. Ce n'est qu'après avoir eu connaissance des travaux des frères WEBER qu'il se rapprocha de leurs vues sur la nature de l'arrêt du cœur, sans pourtant adopter entièrement leur explication du rôle joué par les pneumogastriques. Tandis que les frères WEBER, conformément à la doctrine de REMAK et de VOLKMANN, voyaient dans les ganglions cardiaques la cause initiale des mouvements du cœur et ne regardaient les nerfs pneumogastriques que comme les *modérateurs* de l'action de ces ganglions, BUDGE restait fidèle aux idées de LEGALLOIS. Il attribuait l'origine des forces motrices du cœur à la moelle allongée, l'arrêt du cœur par l'excitation électrique ne devait être considéré, selon lui, que comme un épuisement de ces forces qui normalement sont transmises au cœur par ces nerfs.

Cette théorie attribuant à l'épuisement des nerfs pneumogastriques l'arrêt du cœur fut reprise par SCHIFF (69), puis par MOLESCHOTT (70), et soutenue par eux avec une rare vigueur pendant plusieurs années. Entre ces physiologistes, d'une part, PFLÜGER (71) et BEZOLD (59) d'autre part, s'engagea alors une polémique retentissante qui aboutit à la défaite complète de la théorie d'épuisement. Suivant celle-ci, le pneumogastrique se distinguait par une extrême excitabilité. Les courants électriques, encore trop faibles pour produire une irritation des autres nerfs moteurs, étaient déjà plus que suffisants non seulement pour mettre en action les pneumogastriques, mais même pour les fatiguer, les épuiser, au point que la moindre augmentation de la force des courants parvenait à arrêter leur fonctionnement normal. PFLÜGER et BEZOLD, tous deux élèves de DU BOIS-REYMOND, n'eurent pas de peine à démontrer que les faits observés par SCHIFF et MOLES-CHOTT étaient dus à des erreurs manifestes de leur méthode expérimentale, et surtout à la manière défectueuse dont ils maniaient les appareils électriques qui leur servaient pour exciter les nerfs. PFLÜGER prouva de la façon la plus péremptoire que l'emploi des excitations excessivement faibles a pour premier et seul effet de prolonger les diastoles du cœur, et qu'à aucun moment de l'augmentation de la force des courants excitateurs on ne parvient à observer une accélération des battements. L'usage de la méthode graphique introduite par LUDWIG dans l'étude des fonctions du cœur permettait de rendre ces observations absolument précises.

La théorie de l'épuisement des pneumogastriques péchait, d'ailleurs, par la base : pour empêcher ces nerfs d'apporter au cœur les forces motrices provenant de la moelle allongée, il y avait un moyen autrement sûr que de les épuiser par des excitations trop puissantes, c'était de les couper, et on sait depuis GALIEN que pareille section n'arrête pas les battements du cœur. Pourquoi leur épuisement amènerait-il cet arrêt?

La thèse de l'inhibition soutenue par les WEBER rencontra encore d'autres adversaires, en dehors des partisans de l'épuisement. Ainsi BROWN-SÉQUARD (72) et pendant un certain temps aussi GOLTZ (73) considérèrent les pneumogastriques comme les nerfs vasomoteurs du cœur; leur excitation devait produire un rétrécissement des artères du cœur et par conséquent priver cet organe du sang, son excitant normal d'après HALLER. Par contre, la section des pneumogastriques, en élargissant ces mêmes vaisseaux, augmenterait subitement l'excitation du cœur; de là proviendrait l'accélération observée. La thèse de BROWN-SÉQUARD fut victorieusement combattue par PANUM (74), qui observa que l'obstruction complète des artères coronaires par un mélange de suif, de cire, d'huile et de noir de fumée n'empêche pas le cœur de continuer ses contractions rythmiques. Les contractions cardiaques s'observent d'ailleurs sur des cœurs exsangues et même privés de vaisseaux, comme chez les grenouilles et d'autres batraciens. Le pneumogastrique n'en exerce pas moins son action inhibitrice sur le cœur de ces animaux.

En somme, les contradictions que rencontra la belle découverte des frères WEBER furent peu sérieuses, elles ne dépassèrent pas la mesure de l'opposition que soulève habituellement toute découverte de très grande portée qui fait date dans la science. Le crédit presque général dont ne tarda pas à jouir la théorie de l'action modératrice des nerfs pneumogastriques eut même une petite conséquence préjudicable à l'étude de l'innervation du cœur : satisfaits d'avoir réussi à démontrer rigoureusement la nature de l'action que le cerveau exerce sur le cœur par la voix de ces nerfs, les physiologistes négligèrent un peu de poursuivre ces études, et de rechercher, s'il n'existe pas d'autres voies nerveuses par lesquelles la moelle pourrait exercer sur le cœur une *action excito-motrice*, dans le sens que LEGALLOIS attachait à ces mots. Les efforts infructueux tentés par SCHIFF et MOLESCHOTT pour défendre, malgré l'évidence, les fonctions motrices des pneumogastriques contribuèrent de leur côté à fortifier, chez les physiologistes, la conviction que c'était dans le système nerveux intracardiaque exclusivement qu'il fallait voir la source des forces motrices du cœur, la moelle n'intervenant que pour modérer, régler ces forces.

Le mérite d'avoir de nouveau attiré l'attention sur la possibilité d'autres communications physiologiques entre le cerveau et le cœur en dehors des pneumogastriques appartient à VON BEZOLD (59). Ce physiologiste prit pour point de départ de ses recherches les expériences de LEGALLOIS, mais en utilisant les nouvelles méthodes pour exciter les nerfs et la moelle épinière au moyen des courants induits, ainsi que les appareils enregistreurs pour l'observation des battements du cœur et de la pression sanguine. On peut trouver d'une sévérité exagérée le jugement que BEZOLD porta sur les expériences de LEGALLOIS, ainsi que sur la commission de l'Académie des sciences qui avait déclaré que le travail de ce physiologiste était « un des plus beaux et certainement le plus important qui ait été fait en physiologie depuis les savantes expériences de HALLER ». Quand LEGALLOIS écrivait : « C'est du grand sympathique que le cœur reçoit ses principaux filets nerveux et c'est *uniquement* par ce nerf qu'il peut emprunter des forces à tous les points de la moelle épinière » (62), il était parfaitement fondé à tirer cette conclusion de ses expériences. Lui reprocher d'avoir négligé les fonctions modératrices du pneumogastrique découvertes quarante ans plus tard, et surtout de s'être servi de méthodes peu précises — quand l'époque ne comportait pas l'emploi de procédés plus rigoureux — était d'autant plus injuste, qu'au fond les résultats auxquels avaient abouti les recherches de BEZOLD ne différaient guère de ceux de LEGALLOIS, et, disons-le tout de suite, étaient entachés d'erreurs analogues à celles qui avaient vicié les expériences de son prédécesseur.

« La section, la paralysie de la moelle cervicale amène une diminution de la fréquence et encore plus de la force des pulsations... L'excitation de la partie cervicale de la moelle épinière, ainsi que de la moelle allongée, au contraire, provoque une accélération proportionnelle à la fin de l'excitation et une augmentation de la force de propulsion du cœur » : — tels étaient les résultats essentiels des recherches très détaillées de BEZOLD. Leur conclusion principale, il la résuma lui-même de la manière suivante : « Les fibres motrices du cœur originaires de la partie cervicale de la moelle descendant jusqu'à la partie lombaire ; elles quittent en grand nombre la moelle épinière, les supérieures près de la dernière vertèbre cervicale et de la première dorsale, les inférieures par la partie inférieure de la moelle lombaire, passent à travers les ganglions du grand sympathique et se rendent ensuite au plexus cardiaque... (59, p. 321-322). »

On voit que résultats et conclusions sont presque identiques à ceux établis par LEGALLOIS que nous avons cité plus haut. L'affirmation de BEZOLD : « Un système nerveux excitateur du cœur, *jusqu'à présent inconnu*, vient d'être découvert » (*l. c.*, même page), était aussi injuste envers la mémoire de LEGALLOIS que l'étaient ses attaques contre les recherches de ce grand physiologiste, mort trop jeune pour avoir pu donner toute la mesure de son génie.

Dans ses expériences BEZOLD tirait de l'augmentation de la pression sanguine pendant l'excitation de la moelle épinière et de sa diminution pendant la section de cette moelle des conclusions sur l'augmentation ou la diminution des forces propulsives du cœur. Il procédait donc de même que LEGALLOIS, avec cette différence pourtant qu'il mesurait exactement les variations de la pression à l'aide d'un manomètre à mercure, tandis que LEGALLOIS devait se contenter de les apprécier approximativement, selon la force plus ou moins grande avec laquelle le sang s'écoulait des vaisseaux sectionnés. Certes, les méthodes de BEZOLD étaient bien plus précises, mais, comme E. et M. CYON (75) le font observer avec raison dans un travail consacré à l'apologie de LEGALLOIS, cette supériorité de méthode rendait moins excusable chez BEZOLD que chez son devancier le défaut capital de leur conclusion : c'est d'après les variations de la pression du sang ou de la vitesse de son écoulement qu'ils concluaient aux changements des forces motrices du cœur. Connaissant déjà l'existence des nerfs vasomoteurs, leur passage dans la moelle épinière et leur puissante influence sur la pression sanguine, VON BEZOLD, après avoir observé la forte élévation de cette pression sous l'influence de l'excitation de la moelle, ainsi que son affaissement au moment de la section de cette dernière, aurait dû comprendre que ces phénomènes ne pouvaient dépendre que de l'excitation des nerfs vasomoteurs ou de leur paralysie. Les variations dans les forces propulsives du cœur étaient incapables de produire des modifications aussi puissantes dans la pression du sang, tandis qu'au contraire elles pouvaient très bien influencer dans un sens ou dans l'autre la fréquence des pulsations cardiaques.

Cette explication si simple échappa à VON BEZOLD. Ce furent LUDWIG et THIRY (76) qui, par une série d'expériences décisives, établirent d'où provenaient les erreurs dans l'expérimentation de ce physiologiste. Ainsi, par exemple, LUDWIG et THIRY observèrent qu'une accélération des battements du cœur, analogue à celle décrite par BEZOLD, se produisait par suite de l'excitation électrique de la moelle cervicale, *même dans les cas où, a l'aide d'un courant galvano-caustique, ils détruisaient tous les filets nerveux reliant le cœur à la moelle épinière*. Cette accélération des pulsations par suite de l'élévation de la pression sanguine ne pouvait donc être que la réaction du cœur contre les augmentations des résistances dans la circulation. Si cette augmentation de pression se produisait par une occlusion de l'aorte abdominale, le cœur y répondait le plus souvent par la même accélération de ses pulsations que dans les cas d'une excitation de la moelle épinière.

Les objections si puissantes de LUDWIG et THIRY s'appliquaient naturellement avec la même force aux expériences de LEGALLOIS. La question d'une influence motrice de la moelle sur le cœur par la voie du grand sympathique paraissait donc, en 1864, résolue de nouveau dans le sens négatif.

Toutefois LUDWIG et THIRY s'étaient abstenus de nier directement la possibilité d'une pareille influence. Leur conclusion se tenait strictement aux résultats mêmes de leurs recherches, qui n'allaient au fond qu'à infirmer les preuves données jusqu'alors, tant par LEGALLOIS que par BEZOLD, en faveur de l'existence d'une action directe de la moelle par la voie du grand sympathique. La question elle-même restait donc entière. Pour la résoudre, il n'y avait que deux moyens : ou procéder à une expérimentation directe sur les filets nerveux qui du grand sympathique se rendent au cœur — ce qui présentait de grandes difficultés, vu la ténuité de ces nerfs et leur situation anatomique, — ou réussir à exciter la moelle épinière sans mettre en même temps en action le système des nerfs vaso-moteurs.

C'est à ces deux moyens de recherches que E. et M. CYON eurent recours, en 1866, pour amener enfin la solution définitive du problème qui depuis des siècles divisait les physiologistes. Après avoir établi l'existence d'une puissante action directe du cerveau sur le cœur en dehors des pneumogastriques et du système vasomoteur, ils découvrirent les *nerfs accélérateurs du cœur* qui se rendent au plexus cardiaque par la voie du ganglion cervical inférieur et du ganglion thoracique supérieur. Quelques mois auparavant, en juin 1866, E. Cyon et Ludwig (77) avaient déjà constaté l'existence d'un nerf sensible du cœur qu'ils avaient dénommé le *nerf dépresseur*. Ce nerf provenant du pneumogastrique permettait au cœur de régler par voie réflexe la somme du travail qu'il avait à accomplir, en diminuant les résistances que doit vaincre le sang projeté des ventricules dans le courant circulatoire. Nous reviendrons sur le mécanisme de ce nerf. Disons seulement ici qu'au cours de ces recherches les deux auteurs avaient également établi que les nerfs splanchniques sont les vaso-constricteurs principaux de l'organisme. Leur section paralyse les vaisseaux des organes situés dans la cavité abdominale et, par conséquent, diminue la pression sanguine dans une mesure presque aussi considérable, que le fait la section de la moelle épinière au-dessous de la moelle allongée. D'autre part, l'excitation du bout périphérique de ces nerfs augmente dans la même proportion cette pression sanguine.

En s'appuyant sur ce rôle physiologique des nerfs splanchniques, E. et M. Cyon entreprirent, dans le laboratoire de du Bois-Reymond à Berlin, une série de recherches tendant à établir l'influence de la moelle allongée sur le cœur. *Ils possédaient dans la section préalable des nerfs splanchniques un moyen sûr d'exclure pendant l'excitation électrique de la moelle l'intervention du système vaso-moteur.* Sur des animaux curarisés ils sectionnèrent les pneumogastriques, les dépresseurs et le sympathique du cou, puis les deux nerfs splanchniques. L'excitation électrique de la moelle préalablement séparée à la hauteur de l'atlas produisit une accélération considérable des battements du cœur, sans aucun changement dans la pression sanguine. *Il s'agissait donc d'une action directe de la moelle sur le cœur, action qui ne pouvait s'exercer que par l'intermédiaire des ganglions du grand sympathique, seule voie de communication restée intacte, et notamment par le dernier ganglion cervical et le premier thoracique. En effet, l'extirpation de ces ganglions rendit par la suite inefficace toute excitation ultérieure de la moelle : la fréquence des battements du cœur ne se modifia plus.*

Ayant ainsi démontré d'une manière irréfutable l'existence de nerfs, grâce auxquels le cerveau peut augmenter directement la fréquence des battements du cœur, ainsi que la voie par laquelle ces nerfs se rendent de la moelle épinière au muscle cardiaque, E. et M. Cyon s'appliquèrent à les découvrir et à les soumettre à une expérimentation directe. Ils y réussissent chez le lapin et le chien. Leurs expériences établirent la marche de ces nerfs accélérateurs, tels que nous les avons décrits plus haut.

De quelle nature sont-ils? Voici comment E. et M. Cyon résument les résultats de leurs recherches à ce sujet : « *a)* les nerfs accélérateurs ne sont pas des nerfs moteurs du cœur se terminant dans son muscle, parce que : 1° leur excitation ne produit pas de tétanos du cœur; 2° elle n'augmente même pas le travail du cœur; en effet, nous avons constaté que les excursions de la colonne de mercure du manomètre diminuent pendant que le nombre de battements du cœur augmente; 3° le cœur possède en lui-même les ganglions moteurs; 4° le curare ne paralyse pas les nerfs accélérateurs; 5° les nerfs accélérateurs ne sont pas non plus les nerfs vaso moteurs du cœur, une occlusion de ces vaisseaux ne produisant pas d'accélération des battements; 6° ces nerfs ne peuvent être que des nerfs aboutissant aux cellules ganglionnaires du cœur. *Leur action consiste à modifier la division de travail du cœur dans les temps. Ils sont donc des antagonistes du pneumogastrique, en ce sens que l'excitation de ces derniers nerfs ralentit les battements du cœur en augmentant leur étendue, tandis que les nerfs accélérateurs augmentent la fréquence des battements en diminuant leur étendue* » (75).

D'après la théorie de Cyon, le rôle des filets sympathiques différait donc essentiellement de celui que leur attribuaient Legallois, Bezold et les autres. Ces derniers considéraient ces nerfs comme chargés d'amener au cœur les impulsions *motrices* du cerveau et de la moelle, de servir ainsi de voies de transmission pour les forces que le muscle du cœur puisait dans les centres du système nerveux. Selon Cyon, au contraire, le cœur possède la source de ses forces motrices dans ses propres ganglions. L'intervention du cerveau et de la moelle par la voie des pneumogastriques et des accélérateurs n'est destinée qu'à régler l'emploi de ces forces, en les dépensant dans des contractions tantôt rares, mais plus fortes, tantôt fréquentes, mais de force moindre. La théorie des frères WEBER stipulait que les fibres des pneumogastriques aboutissent aux ganglions et non aux fibres musculaires du cœur; les frères CYON adoptaient une terminaison analogue pour les nerfs accélérateurs qu'ils considéraient comme de purs antagonistes de la première catégorie des nerfs cardiaques.

Ajoutons que dans leur premier travail E. et M. CYON ne pensaient pas que les nerfs accélérateurs fussent soumis à une excitation permanente, tonique. Ils avaient bien observé un ralentissement des battements du cœur après la section de la moelle cervicale (les nerfs splanchniques étaient coupés auparavant), mais ils l'avaient attribué à tort, comme nous le verrons, uniquement à la diminution de la pression sanguine.

Quelque temps après les recherches des frères CYON, BEZOLD et BEVER (78) publièrent l'exposé de nouvelles expériences sur le rôle de la moelle épinière dans l'innervation du cœur. Les résultats obtenus par eux, tout en étant dans les grands traits d'accord avec ceux de CYON, en différaient pourtant sur quelques points essentiels. Ces auteurs avaient également cherché à éliminer les variations de la pression sanguine pendant l'excitation de la moelle allongée, mais cela en sectionnant la moelle épinière au-dessous des ganglions thoraciques, au lieu de couper les nerfs splanchniques, comme le faisaient les CYON. C'est pourquoi, dans leurs expériences, cette excitation produisait encore, indépendamment de l'accélération, une assez notable augmentation de pression. BEZOLD et BEVER en avaient conclu que les fibres sympathiques, qui de la moelle se rendaient au cœur, étaient susceptibles d'augmenter la force des battements; que c'étaient, par conséquent, des *fibres motrices* du cœur dans le sens de LEGALLOIS et des premiers travaux de BEZOLD, et qu'elles aboutissaient aux fibres musculaires elles-mêmes.

Des recherches successives exécutées par SCHMIEDEBERG (79) sur le chien, par BŒHM (80) sur le chat, etc., confirmèrent pleinement les données physiologiques et anatomiques fournies par E. et M. CYON sur les *nerfs accélérateurs*, et c'est cette dénomination que l'usage leur a conservée.

Ainsi donc, à la fin de 1866, l'existence de deux espèces de nerfs cardiaques, modérateurs et accélérateurs, fut définitivement établie et reconnue. Les innombrables recherches dont les nerfs pneumogastriques et les nerfs accélérateurs furent l'objet depuis cette époque portèrent sur les origines anatomiques de ces nerfs, leurs rapports réciproques, le mode de leur action et la manière dont ils se terminent à la périphérie, cellules ganglionnaires ou fibres musculaires. Pour pouvoir mieux examiner ces différents travaux, nous préférons abandonner l'ordre chronologique et les grouper selon les questions spéciales auxquelles ils se rattachent.

E. Action des nerfs pneumogastriques sur le cœur. — Par quelles racines les fibres modératrices du pneumogastrique quittent-elles la moelle? WALLER (81), qui le premier posa cette question, la résolut lui-même d'une manière décisive. Ayant arraché d'un côté le nerf spinal ou accessoire de WILLIS à sa sortie du crâne, il put constater, dix à douze jours après, que l'excitation du pneumogastrique était impuissante à provoquer encore un ralentissement des battements du cœur, tandis que le pneumogastrique de l'autre côté continuait à fonctionner normalement. Comme ce physiologiste avait déjà démontré précédemment qu'un nerf séparé par la section de son centre nutritif dégénère et s'atrophie, il conclut avec raison que les fibres modératrices du pneumogastrique doivent provenir du nerf spinal. Cette conclusion fut ensuite confirmée par SCHIFF (82), en 1858, et par HEIDENHAIN (83), en 1865. Seul GIANNUZZI (84) affirme avoir obtenu, même quatorze jours après l'extirpation du nerf spinal, un ralentissement du cœur par l'excitation du pneumogastrique du même côté. Il croit par conséquent que les fibres modératrices quittent la moelle aussi bien par la dixième que par la onzième paire.

Les centres des fibres modératrices des pneumogastriques furent approximativement fixés par WEBER (66), ECKHARD (85), LABORDE (86) et autres. Chez la grenouille, les parties cérébrales dont l'excitation provoque le ralentissement des battements du cœur s'étendent depuis les lobes optiques jusqu'au bout inférieur du *calamus scriptorius*. Comme l'a constaté ECKHARD, l'effet de l'excitation atteint son maximum quand les aiguilles qui amènent le courant électrique sont fixées dans le calamus. C'est en cet endroit qu'il faut chercher le véritable centre. L'excitation des lobes optiques des diverses parties du 3ᵐᵉ ventricule et d'autres parties du cerveau provoque le ralentissement des battements du cœur par voie réflexe, comme le produit aussi l'excitation des nerfs sensibles des différentes parties du corps. Nous reviendrons plus loin sur ces excitations réflexes.

L'action modératrice ou inhibition des pneumogastriques sur le cœur a été étudiée et constatée également chez presque tous les vertébrés et même plusieurs invertébrés. Chez les oiseaux, Cl. Bernard (87) observa de notables ralentissements des battements du cœur, mais il ne parvint pas à obtenir un véritable arrêt. Par contre, Eckhard (88) et R. Wagner (89), en tétanisant ces nerfs par des courants extrêmement forts, réussirent à arrêter le cœur pendant un temps d'ailleurs bien court. Chez les mammifères, où l'influence des pneumogastriques a été étudiée avec plus de soin, l'action modératrice va jusqu'à l'arrêt du cœur, même quand les excitations ne sont pas trop fortes, mais la durée de ces arrêts dépasse rarement une minute. Par contre, chez les vertébrés à sang froid, l'arrêt du cœur résultant de l'excitation des pneumogastriques dure beaucoup plus longtemps, des dizaines de minutes et même davantage. Nous avons vu plus haut que l'élévation de la température diminue l'action inhibitrice des pneumogastriques chez la grenouille (Cyon); par contre, l'abaissement de la température l'augmente encore. Schelske (90), plus tard Cyon, ont même observé qu'une fois l'action inhibitrice des pneumogastriques supprimée par une élévation de la température, et le cœur arrêté environ à 38° à 40°, l'excitation de ces nerfs chez la grenouille produit des mouvements du cœur, et même un véritable tétanos du muscle cardiaque (Cyon). D'après Schmiedeberg (91) et autres, les pneumogastriques des grenouilles contiennent des fibres accélératrices. L'interprétation de ce dernier phénomène a donné lieu à des controverses qui présentent un certain intérêt au point de vue théorique; nous les exposerons plus loin. Mais il ressort clairement des observations sur la force inhibitrice du pneumogastrique chez les différents vertébrés que *l'action de ce nerf est d'autant plus prononcée que la température de leur sang est plus élevée*. Parmi les recherches sur les pneumogastriques des invertébrés, il faut signaler celles de Frédéricq (92) sur les céphalopodes, notamment sur le poulpe commun (*Octopus vulgaris*). Elles ont établi que le nerf viscéral de ces animaux exerce sur le cœur une action inhibitrice, analogue à celle des pneumogastriques chez les vertébrés. Les expériences de Frédéricq ont été confirmées dans leurs résultats par Ransom (93) et tout récemment par S. Fucus (94) qui les a complétées. Il y avait lieu de supposer que l'inhibition obtenue par Foster (95) chez certains gastéropodes en excitant directement le cœur, était due également à des filets nombreux ou à des cellules ganglionnaires inhibitrices, quoique ce physiologiste n'eût pas réussi à démontrer chez eux l'existence de nerfs ou de ganglions cardiaques. Ce fut Ransom (94) qui découvrit que ces animaux aussi possédaient un nerf inhibitoire.

Chez les crustacés, le ralentissemment des battements du cœur s'obtient par une excitation de la chaîne ganglionnaire dorsale, comme l'ont démontré Dogiel (96) et ensuite Plateau (97).

Mentionnons encore quelques observations sur l'arrêt du cœur par l'excitation du pneumogastrique faite sur l'homme. Henle (98) a provoqué par une telle excitation un arrêt des contractions de l'auricule droite chez un individu décapité. Czermak (99) est parvenu à ralentir les battements de son propre cœur en exerçant une pression sur le nerf du côté droit près de l'artère carotide. Thanhoffer (100) a même obtenu chez un homme un arrêt complet du cœur en comprimant simultanément les deux pneumogastriques du cou. Cet arrêt a amené une dangereuse syncope. D'autres expérimentateurs ont également essayé de ralentir les battements du cœur chez l'homme par des pressions mécaniques sur les pneumogastriques. Ces expériences ne sont pas sans danger, et ne peuvent, en somme, fournir que des renseignements insuffisants sur ces nerfs, : mieux vaut donc s'en abstenir.

Pflüger (71) fut le premier à constater que l'excitation du pneumogastrique ne produit pas immédiatement son effet sur le cœur, : c'est-à-dire que la phase latente de l'excitation de ce nerf a une certaine durée. L'action inhibitrice ne commence à se manifester qu'après qu'une *contraction* du cœur a eu le temps de terminer son évolution. Schiff (101) et d'autres ont fait des observations analogues. Mais c'est surtout Donders (102) qui a exécuté des mensurations exactes de la phase latente. D'après ses recherches, la durée de cette phase est plus courte que la période de la contraction du cœur; elle augmente avec la diminution des pulsations, et varie certainement avec les variations de l'excitabilité. Les durées habituelles de la latence sont, suivant Donders, chez les lapins, de 0,167 secondes pour une période de contraction de 0,205 secondes; chez le chien, de 0,208 secondes pour une période de 0,343 secondes, et chez le cheval de 0,309 pour une période de 0,837 secondes. Notons cependant que CYON (103) a observé des latences d'une durée de 5 à 10 secondes, et cela pendant certaines phases de l'action des extraits supra-rénaux. Il attribue cette durée extraordinaire à une forte excitation des nerfs accélérateurs que le pneumogastrique ne parvient momentanément à vaincre qu'après un certain temps.

Les deux pneumogastriques exercent-ils une action de force égale sur les contractions du cœur? Il est très rare que chez le même animal l'excitation des pneumogastriques des deux côtés produise des ralentissements tout à fait égaux. D'ordinaire un pneumogastrique est moins excitable que l'autre. A. B. MEYER (104) et GASKELL ont bien souvent constaté ce phénomène chez certaines espèces de tortues. Ils ont rencontré chez elles des cas où le pneumogastrique gauche était sans action sur le cœur. Chez des vertébrés on a également observé des différences notables entre l'action des deux nerfs pneumogastriques dont l'un est souvent plus puissant que l'autre. Il est donc probable que la distribution des fibres modératrices n'est pas toujours la même dans les pneumogastriques des deux côtés; les variations anatomiques dans la disposition des nerfs cardiaques sont, d'ailleurs, très nombreuses. Mais c'est à tort qu'on cherche à attribuer une prépondérance constante au pneumogastrique d'un certain côté. La preuve en est dans les opinions divergentes des observateurs, dont les uns accordent cette prépondérance au nerf situé à droite, tandis que d'autres, au contraire, affirment que le gauche est le plus puissant. Ces contradictions apparentes trouveront en partie leur explication dans le chapitre sur les *Poisons physiologiques du cœur*, où nous exposons l'action de plusieurs substances sur l'excitabilité des nerfs cardiaques.

Autrement difficiles à concilier sont les nombreuses contradictions des auteurs sur le rôle même des nerfs modérateurs du cœur et sur leur mode d'action. Il est évident que la destination physiologique des nerfs pneumogastriques ne peut être que de régulariser les battements du cœur, de maintenir l'harmonie de leur rythme et de modifier ce rythme selon les exigences variables de la circulation dans les organes. L'arrêt complet du cœur qu'on obtient par une forte excitation artificielle du pneumogastrique ne doit être considéré que comme une manifestation exagérée, anormale de sa fonction physiologique : le ralentissement des battements.

Et ce n'est pas uniquement le rythme de ces battements qui doit être soumis à un réglage d'une précision parfaite : le travail du cœur, lui aussi, doit pouvoir s'adapter aux variations dans la quantité du sang qu'il est destiné à propulser, ainsi qu'à l'importance des obstacles que le passage de ce liquide rencontre dans les différentes parties de l'appareil circulatoire. Les nerfs cardiaques doivent donc régler aussi bien le nombre que la force des battements du cœur. Nous avons vu qu'au moment de la découverte des nerfs accélérateurs les frères CYON avaient déterminé comme il suit le mode d'action des nerfs du cœur : *Les pneumogastriques ralentissent les pulsations et en augmentent la force, tandis que les accélérateurs en augmentent la fréquence et en diminuent la force*. En un mot, ces nerfs antagonistes ne font que modifier la division du travail du cœur dans le temps.

Lorsque les deux expérimentateurs réussirent à observer le fonctionnement des nerfs du cœur provenant du grand sympathique — *sans aucune intervention des nerfs vasomoteurs*, — leur attention dut se fixer sur ce fait capital : en même temps que la fréquence des battements du cœur augmentait, leur amplitude diminuait. L'inverse s'observe, comme on sait, pendant l'excitation des pneumogastriques : la hauteur des excursions manométriques augmente en même temps que leur fréquence diminue. Selon la formule de CYON, l'intervention des nerfs cardiaques laissait donc la somme du travail du cœur constante. Une pareille constance du travail du cœur découlait déjà des recherches faites antérieurement par CYON pour étudier l'influence des variations thermiques, (23) sur le nombre, la durée et la force des battements du cœur. Au cours de ces expériences, CYON avait déterminé le laps de temps que le cœur soumis à diverses températures emploie pour arriver au maximum de la contraction. En multipliant ce laps de temps par le nombre des contractions accomplies en une minute, il avait obtenu des indications sur l'activité du cœur sous l'influence de diverses températures. Le résultat surprenant de ces mensurations était qu'entre 0 et + 18° C. la durée totale des systoles dans l'unité de temps restait presque toujours égale. Autrement dit, *la durée des systoles augmente dans la même proportion que la fréquence des pulsations diminue*. Ce n'est qu'entre 18° et 34° (il s'agissait du cœur d'animaux à sang froid) que la durée des systoles diminuait plus rapidement que n'augmentait la fréquence des battements.

Cyon exécuta des mensurations analogues sur le travail accompli par le cœur dans une unité de temps sous l'influence de températures diverses. Il se trouva que le maximum de travail était fourni par le cœur d'une grenouille (maintenu en parfait état de nutrition par le sérum) à des températures comprises entre 18° et 26° L'augmentation de l'amplitude des battements à de certaines températures basses n'accroît pas ce travail dans le temps, parce que le nombre des pulsations diminue simultanément.

Les résultats de ces recherches indiquaient donc également une grande constance du travail cardiaque. Cyon se croyait par conséquent autorisé à induire de ses observations la loi formulée plus haut « l'excitation des nerfs du cœur ne modifie que la division du travail dans le temps », lorsqu'il vit que chez les mammifères les nerfs accélérateurs augmentent la fréquence des battements et en diminuent la force, tandis que l'excitation des pneumogastriques agit dans le sens inverse. La conclusion paraissait d'autant plus légitime que chez les animaux, sur lesquels ces modifications avaient été observées, les conditions mécaniques de la circulation exigeaient également que tout ralentissement des contractions fût suivi d'une augmentation de leur amplitude, et *vice versa*. En effet, dans les expériences antérieures faites sur des cœurs de grenouilles séparés du corps et dans lesquels un système de tuyaux en verre, par conséquent à parois rigides, maintenant artificiellement la circulation, le ventricule ne pouvait évidemment se remplir pendant la diastole que dans des limites très étroites.

Tout autre est le cas dans les conditions de la circulation normale. Ici la quantité de sang que le ventricule peut projeter dans l'aorte dépend, toutes les autres circonstances restant égales, de la durée de la diastole. Plus elle sera longue, plus le ventricule contiendra du sang au début de la systole; et, comme dans les conditions normales le ventricule se vide entièrement, le travail accompli par la contraction sera plus considérable. Les contractions accélérées avec des diastoles écourtées, doivent, par conséquent être, *ceteris paribus*, moins amples, et *vice versa*. Les exigences théoriques étaient donc à ce point de vue entièrement d'accord avec les observations faites par Cyon au moment de la découverte des nerfs accélérateurs, et la formule donnée de leur action paraissait inattaquable.

Les lois de l'*uniformité du travail et du rythme du cœur* (Marey), de la *conservation de la période de l'excitation physiologique* (Engelmann) et de la *conservation du travail du cœur* (Langendorff), exposées plus loin, ne se rapportent en réalité qu'à des cas particuliers de la loi générale de l'action des nerfs cardiaques établie par Cyon en 1866. Elles en confirment l'exactitude aussi pour l'action des nerfs intracardiaques démontrée par Cyon en 1866 (23). Appliquée aux nerfs extracardiaques, la loi de Cyon est une preuve éclatante que les phénomènes qui ont amené Marey, Engelmann et Langendorff à formuler leurs lois sont en réalité des phénomènes nerveux, comme l'avaient soutenu Dastre, Gley, Kaiser et Langendorff lui-même dans ses premières recherches.

Malgré une si éclatante confirmation de cette loi, malgré sa parfaite concordance avec les conditions mécaniques du travail du cœur, il s'en faut de beaucoup que les physiologistes soient d'accord sur l'influence que l'excitation des pneumogastriques exerce sur la force des contractions. La raison principale de ce désaccord doit être cherchée d'abord dans la différence des méthodes d'observation, dont les savants font usage et qui sont loin d'offrir toutes le même degré de précision. A cette première cause de dissentiments il faut joindre la perturbation que les théories sur l'origine myogène des fonctions du cœur sont venues jeter dans l'étude de ces fonctions.

Coats, en 1869 (110), émet le premier un avis opposé à celui de Cyon : il soutient que l'excitation des pneumogastriques diminue l'étendue des battements du cœur. Ses expériences furent exécutées dans le laboratoire de Ludwig sur des cœurs de grenouilles reliés à un manomètre analogue à celui dont Cyon s'était servi précédemment (24) et qui permettait des conclusions exactes sur la force des battements et le travail du cœur. Malheureusement Coats travaillait sur les cœurs de grenouilles à moitié mortes et très insuffisamment nourries (Cyon, 52, p. 207). Pour s'en convaincre, il suffit de comparer les graphiques obtenus avant et après Coats à l'aide des mêmes appareils enregistreurs par des expérimentateurs qui avaient également travaillé dans le laboratoire de Ludwig. Les diminutions constatées par Coats étaient, d'ailleurs, de peu d'importance, et ne peuvent aucunement être invoquées comme preuve sérieuse que le pneumogastrique diminue les battements du cœur.

La même objection s'applique avec beaucoup plus de force encore à toutes les expériences sur des cœurs détachés du corps, soit dans leur intégrité, soit par fragments, et chez lesquels une abondante circulation de liquide nutritif n'a pas été soigneusement entretenue.

L'enregistrement des battements du cœur par de petits leviers appliqués sur la surface du cœur ou par des pinces cardiographiques ne peut, d'ailleurs, donner aucune indication rigoureuse sur la force des contractions. Seules méritent d'être prises en considération dans cette question les expériences faites à l'aide des manomètres à mercure, celles qui enregistrent les variations du volume du cœur, celles enfin qui mesurent directement la quantité de sang que le cœur expulse à chaque contraction. Avec le manomètre à mercure appliqué au cœur des vertébrés, on observe toujours une augmentation des excursions de la colonne de mercure pendant l'excitation des pneumogastriques (fig. 17). Certes, quand on expérimente sur des cœurs restés en communication avec le système vasculaire, les excursions de la colonne manométrique ne comportent pas toujours des conclusions aussi exactes sur les pulsations cardiaques, que quand il s'agit de cœurs séparés du corps. Mais dans certaines limites de fréquence et d'amplitude les oscillations de mercure donnent des indications d'une précision suffisante sur les variations de la force des contractions cardiaques. Ces limites sont même très larges dans les applications habituelles du manomètre, où les oscillations du mercure ont à vaincre des résistances provenant de l'élasticité des vaisseaux, et elles suffisent largement pour résoudre la question qui nous occupe ici. « Ces limites, dit Cyon (52, 254), sont le plus souvent très faciles à établir. Mais, même en dehors de ces limites, les augmentations de ces oscillations pendant les contractions trop rares et leurs diminutions dans le cas contraire ne sont pas de nature à induire en erreur sur la nature de leur origine. Quand on obtient des oscillations de 1 à 2 millimètres pendant l'excitation des nerfs accélérateurs ou de 100 millimètres et au delà pendant l'excitation des pneumogastriques, comme cela est arrivé si souvent dans nos expériences, on ne peut réellement avoir de doute que le travail du cœur ne soit considérablement plus fort dans ce dernier cas que dans le premier. » Les graphiques (pages 116-117, fig. 17, 18 et 19), empruntés aux derniers travaux de Cyon, ne laissent subsister aucun doute sur la justesse de cette appréciation.

Plus sérieuse est une autre objection qu'on a opposée aux preuves tirées des observations faites sur l'action des pneumogastriques à l'aide du manomètre à mercure : la grandeur des excursions de la colonne manométrique peut dépendre non seulement de la quantité du sang jeté par chaque contraction dans l'aorte, mais aussi de la diminution des résistances dans l'aorte par suite de la baisse de la pression sanguine. A cette objection Cyon (52) répond, premièrement que cette baisse de pression, on peut la diminuer en sectionnant dans le thorax toutes les branches du pneumogastrique, hormis celles qui se rendent au cœur. Il cite, en outre, les observations où l'excitation des pneumogastriques produit des augmentations de ces excursions, quoique la pression sanguine reste sans changement ou même soit considérablement augmentée, comme, par exemple, après l'ablation des thyroïdes, ou après l'injection de substances qui augmentent la pression sanguine, ou même simplement lorsque la compression de l'aorte augmente d'elle-même la pression sanguine et excite les pneumogastriques (Fig. 11).

Les recherches faites à l'aide d'appareils mesurant les variations et le volume du cœur pendant ses contractions témoignent également que leur force augmente sous l'influence de l'excitation des pneumogastriques. De telles expériences furent exécutées par Roy et Adami (111), qui observèrent toujours une augmentation de ces variations pendant l'excitation des nerfs inhibiteurs. Par contre, Tigerstedt et Johansson (112), usant de méthodes analogues, ne constatèrent de pareilles augmentations que dans les cas d'excitation faible. Le résultat variait dans l'un ou l'autre sens quand les courants excitateurs augmentaient de force ; les variations diminuaient avant l'arrêt complet du cœur quand les excitations devenaient très fortes. Dans son traité (*Physiologie de la Circulation*), TIGERSTEDT, pour expliquer la contradiction entre ses recherches et celles de ROY et ADAMI, dit que les excitations employées par ces derniers étaient relativement peu fortes. La contradiction ne serait donc qu'apparente, « puisque, tous les observateurs étant d'accord qu'avec l'excitation faible des pneu-

FIG. 17. — Excitation du nerf pneumogastrique chez un chien, d'après CYON. Ce tracé, comme les tracés suivants, se lit de droite à gauche.

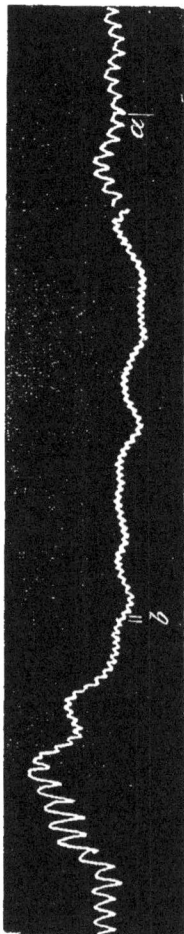

FIG. 18. — Pulsations accélérées. (*Ibidem.*)

mogastriques, les contractions du cœur deviennent plus étendues » (106, p. 248). Il est évident que les excitations par des courants faibles se rapprochent le plus des excitations naturelles, surtout quand il s'agit d'appareils nerveux d'une sensibilité si extrême.

Or ce qui importe le plus dans de pareilles études physiologiques, c'est d'établir le mode de fonctionnement normal des organes.

Avant de passer aux travaux de Pawlow (109) qui a fait des mensurations directes des quantités de sang lancées par le ventricule dans l'aorte, rappelons encore que les recherches de Roy et d'Adami ont démontré qu'on ne peut juger des variations de la force du cœur en se servant des résultats obtenus par la mesure des changements de son diamètre. D'autre part, Bayliss et Starling, qui ont observé une diminution de la force cardiaque pendant l'excitation des pneumogastriques, l'attribuent à l'asphyxie du cœur, à une dilatation de ses parois, etc., c'est-à-dire à des circonstances incidentes. Ils sont d'avis qu'en réalité cette force ne diminue pas sous l'influence des pneumogastriques.

Mc William (114) a, pour ses expériences, fait usage de pinces cardiographiques et de leviers enregistreurs posés sur le cœur, c'est-à-dire de méthodes peu aptes à résoudre définitivement le problème. Néanmoins lui aussi a pu constater que les excitations faibles des pneumogastriques augmentent la force des contractions cardiaques.

Les recherches de Pawlow (109) ouvrent une nouvelle voie dans l'étude de l'action des pneumogastriques. Des expériences antérieures (115) avaient déjà amené ce physiologiste à rechercher s'ils ne contiendraient pas deux sortes de fibres nerveuses, les unes diminuant, les autres augmentant la force des battements du cœur, et cela indépendemment des variations dans leur fréquence. Avant Pawlow, Gaskell (116) et Heidenhain (110), prenant pour point de départ les expériences de Coats (110), avaient cherché à élucider dans quelles conditions une diminution de la force cardiaque pouvait se produire sans une modification de nombre des pulsations. Heidenhain avait observé que la force des battements diminuait, sans changement dans leur fréquence, lorsqu'on excitait les pneumogastriques chez les grenouilles avec de doubles coups de courants induits se succédant à des intervalles de 2″ à 5″; encore ne constatait-on ce phénomène que sur des cœurs fatigués. Cette observation, qui concordait, d'ailleurs, avec une autre de Gaskell — qu'un arrêt cardiaque ne s'obtient que sur des cœurs en parfait état de nutrition, — aurait dû attirer d'autant plus l'attention de ces auteurs que les résultats de Coats avaient été obtenus, comme nous l'avons dit plus haut, sur des cœurs épuisés et mal nourris, que par conséquent ils ne prouvaient rien.

En réalité, les conclusions des deux expérimentateurs tendaient plutôt à reconnaître que

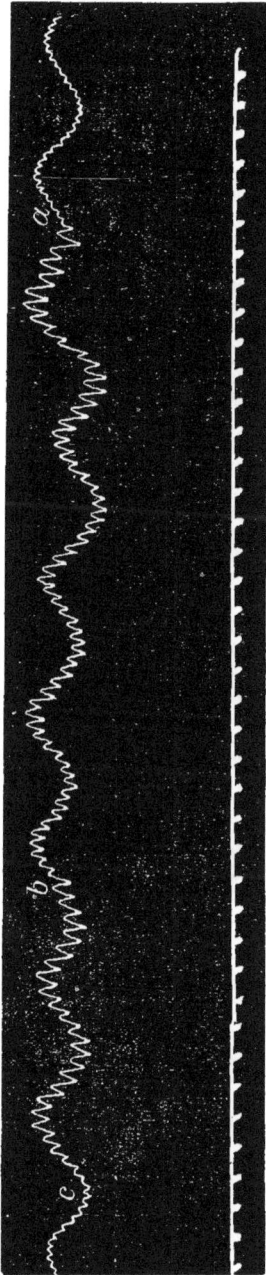

Fig. 19. — Pulsations ralenties et renforcées par suite de l'excitation du pneumogastrique avec baisse de la pression sanguine chez un chien. (Ibidem.)

l'arrêt de cœur, à la suite de l'excitation des pneumogastriques, pouvait être amené non seulement par une prolongation de la diastole, mais même par la diminution constante de l'amplitude des pulsations du cœur. GASKELL parvint même à trouver une troisième cause d'arrêt du cœur dans la faculté que posséderaient les pneumogastriques de diminuer considérablement dans le muscle cardiaque la transmissibilité des excitations.

Ces conclusions légèrement contradictoires étaient, en somme, peu satisfaisantes. Les preuves dont on les appuyait, même en dehors des nombreuses objections soulevées par d'autres expérimentateurs, ne pouvaient pas les faire considérer comme définitives.

Bien plus tentante fut l'initiative prise par PAWLOW de rechercher, s'il ne se trouvait pas dans le pneumogastrique des fibres ayant des fonctions physiologiques diverses, les unes qui diminueraient, les autres qui augmenteraient la force des battements du cœur. La question pouvait être résolue par deux voies : la voie pharmacologique et la voie anatomique. Si l'on réussissait à trouver des substances susceptibles de paralyser certaines fibres nerveuses du pneumogastrique en laissant les autres intactes, le problème pouvait être soumis à une expérimentation directe. BOGOJAVLENSKY ayant constaté que dans certaines phases de l'empoisonnement par la *Convallaria maialis*, l'excitation des pneumogastriques provoque une diminution de la pression et un abaissement de la hauteur des pulsations sans influencer leur fréquence; cette observation décida PAWLOW à choisir ce poison pour ses expériences. En même temps, il eut recours à l'excitation isolée de diverses branches qui se détachent du ganglion cervical inférieur après sa jonction avec le pneumogastrique. La première branche intérieure de ce ganglion paraissait n'agir que sur la force des battements du cœur, dont elle ne modifiait le nombre que d'une manière insuffisante. Cette action consistait en un abaissement de la pression sanguine.

PAWLOW hésita pourtant à tirer de cette série d'expériences des conclusions positives. Un pareil abaissement n'implique d'ailleurs pas forcément une diminution de la force cardiaque. Notons, en outre, qu'il ressort de la disposition anatomique des nerfs en question donnée par PAWLOW à la page 512[1] que le nerf qui provoquait cet abaissement était celui que CYON (51 et 72) a indiqué comme le prolongement du *nerf dépresseur*.

Les expériences de PAWLOW, pour démontrer l'existence de nerfs susceptibles d'augmenter la force des battements du cœur sans modifier leur nombre, ont donné des résultats plus certains, surtout depuis que PAWLOW, pour mesurer les variations de cette force, a eu recours à l'appareil perfectionné de LUDWIG, dont STOLNIKOW s'était servi pour mesurer la quantité de sang projeté par le cœur dans l'aorte à chaque systole (109). Il résultait de ces expériences que cette quantité augmente constamment par suite de l'excitation d'une certaine branche du pneumogastrique, — la forte *branche antérieure*, — (ou le grand nerf cardiaque antérieur de WOOLDRIDGE) (118) qui se détache au-dessous du laryngé inférieur ou avec lui (voir ce nerf chez le cheval dans la figure 15, p. 104). La fréquence des battements du cœur peut augmenter pendant cette excitation, mais l'augmentation des forces cardiaques paraît en être indépendante, puisqu'elle se produit également en dehors de cette accélération.

L'excitation directe du pneumogastrique ayant dans plusieurs cas provoqué aussi une augmentation du volume du sang projeté par chaque contraction, PAWLOW a répété la même expérience sur un chien atropinisé. Le résultat variait suivant que l'expérimentateur excitait le pneumogastrique gauche ou le droit; ce dernier paraissait inefficace, tandis que le premier augmentait notablement le volume du sang projeté.

Presque en même temps que furent exécutées les premières expériences de PAWLOW, GASKELL (116) publia ses recherches sur le *nerf coronaire* des tortues; l'excitation de cette branche du pneumogastrique, qui se rend du sinus veineux au ventricule, produisit tantôt une diminution, tantôt une augmentation des pulsations cardiaques. GASKELL semble, d'ailleurs, attribuer aux nerfs accélérateurs la propriété d'augmenter les pulsations du cœur et aux pneumogastriques celle de les diminuer (119). D'après ses expériences sur le nerf coronaire, il contiendrait donc des fibres d'origine différente.

Tout récemment, CYON (52) a repris l'importante question de l'influence des pneumogastriques sur la force des contractions du cœur. Ses études sur les rapports entre les

1. Cette disposition est reproduite dans la *Physiologie de la circulation* de TIGERSTEDT, à la page 273.

corps thyroïdes et les nerfs du cœur ont révélé, quant à l'action de ces dernières, de nombreuses particularités qui jettent une vive lumière sur le problème en question. On trouvera ces recherches exposées plus loin dans le chapitre des poisons physiologiques du cœur. Disons seulement ici qu'elles ont permis de varier dans de larges limites l'excitabilité et le fonctionnement des nerfs pneumogastriques et accélérateurs. Cyon a trouvé notamment que la brusque suppression des deux glandes thyroïdes doit amener des troubles très variés dans le fonctionnement des nerfs du cœur, troubles dont l'aspect peut encore se modifier sous l'influence des actions réparatrices ou compensatrices par lesquelles d'autres organes, les parathyroïdes (Gley) et l'hypophyse, cherchent à remédier à l'absence des thyroïdes. On observe ainsi, dans le sphère de l'activité des nerfs cardiaques, des manifestations extrêmement curieuses — une *vraie anarchie des nerfs du cœur*, comme s'exprime Cyon, et ces anomalies aident puissamment à comprendre le jeu régulier des organes à l'état normal.

Plusieurs de ces déviations dans le fonctionnement des pneumogastriques se rapportent directement au problème de l'augmentation de la force cardiaque sous l'influence de ces nerfs. Parmi les nombreuses variations de leur excitabilité, Cyon a rencontré des cas où le seul résultat de l'excitation des pneumogastriques consistait dans une augmentation de la force des battements du cœur avec ralentissement des battements; *mais sans aucune variation de la pression sanguine*. Ces augmentations des excursions manométriques peuvent aller jusqu'à 15 ou 20 fois la hauteur normale, et cela aussi bien si les pneumogastriques sont excités directement que s'ils subissent une excitation réflexe ou due à l'injection d'extraits organiques comme, par exemple, l'extrait de l'hypophyse (voir plus loin au chapitre des poisons physiologiques). Cyon propose de désigner ces pulsations sous le nom de *pulsations renforcées (Aktionspulse)*, pour les distinguer des pulsations habituelles des pneumogastriques qui sont accompagnées d'une forte diminution de la pression sanguine. Ces *pulsations renforcées (Aktionspulse)* se distinguent encore par ce trait caractéristique qu'elles ne sont interrompues par aucune pause diastolique : l'ascension systolique commence aussitôt que la courbe diastolique a achevé sa descente (Voir les fig. 22 et 23, p. 142).

Ces pulsations sont-elles identiques à celles observées par Pawlow et obtenues par l'excitation de la forte branche interne du ganglion cervical inférieur? Il est difficile à première vue de l'affirmer avec certitude. Malheureusement Pawlow, dans son travail exécuté chez Ludwig (109), ne donne point d'indications précises sur les variations de la pression sanguine qui ont pu accompagner l'augmentation de volume du sang projeté dans l'aorte par les contractions du cœur. Les graphiques et tableaux que cet auteur reproduit dans l'exposé de ses recherches antérieures n'indiquent que des augmentations de la pression sanguine, sans aucune élévation perceptible des excursions cardiaques. Or l'augmentation de la pression sanguine seule peut être obtenue par l'irritation d'autres branches du ganglion cervical inférieur, qui ne sont nullement des nerfs cardiaques. Ainsi déjà, dans ses premiers travaux sur les nerfs accélérateurs, Cyon (75) avait constaté que l'excitation des deux branches qui forment l'anneau de Vieussens élève la pression sanguine d'une dizaine de millimètres, mais ne modifie aucunement les battements du cœur. Poursuivant ses études plus tard avec Aladof (122), Cyon trouva que par ces deux branches passent les nerfs vasoconstricteurs du foie : leur excitation élève la pression de 50 millimètres et plus dans l'artère hépatique. Leur section provoque le diabète.

Néanmoins Cyon incline à admettre l'analogie des pulsations renforcées obtenues dans ses expériences avec celles que Pawlow a constatées en irritant la forte branche externe du pneumogastrique. Les battements du cœur sont figurés, dans le travail de Pawlow (109) par deux graphiques obtenus à l'aide du manomètre à ressort de Fick. Les augmentations des excursions cardiaques que ces dessins indiquent, comme se produisant au moment de l'irritation du nerf en question, sont incontestables, et, quoiqu'elles ne soient pas à comparer pour l'intensité avec les pulsations renforcées (*Aktionspulse*) de Cyon, il faut tenir compte non seulement de la diversité des circonstances au milieu desquelles elles se manifestent dans les expériences des deux physiologistes, mais aussi de la différence des appareils enregistreurs employés par l'un et par l'autre.

Après avoir mesuré la vitesse de la circulation sanguine dans les veines pendant l'excitation des pneumogastriques, Cyon s'est convaincu que cette vitesse augmente considérablement pendant les contractions cardiaques ralenties et notablement renforcées ; l'augmentation est particulièrement forte dans les veines thyroïdes (la vitesse est 3 ou 4 fois plus grande qu'avant l'excitation des pneumogastriques), mais elle ne laisse pas d'être encore très notable dans les autres veines du corps. Le mécanisme de cette augmentation est plus complexe que dans le cas observé par PAWLOW, mais il repose, en partie au moins, sur le même phénomène.

Ce qui surtout autorise à considérer les *pulsations renforcées* comme dues à l'excitation des nerfs quittant les pneumogastriques *au-dessous* du dernier ganglion cervical, c'est l'observation suivante : CYON a plusieurs fois obtenu les mêmes pulsations par voie réflexe en excitant le bout central du ganglion cervical, *quand les deux pneumogastriques étaient coupés au cou*, c'est-à-dire quand les seules communications par lesquelles l'excitation pouvait être transmise au cœur étaient le dernier ganglion cervical et le premier dorsal. *L'excitation des branches cardiaques de ces ganglions est donc à même de produire les pulsations renforcées.*

Toutefois, jusqu'à nouvelles preuves, CYON ne croyait pas indispensable d'admettre l'existence de fibres nerveuses particulières dans le pneumogastrique et considère les pulsations renforcées comme le résultat de *l'excitation simultanée et particulière des fibres modératrices du pneumogastrique et des fibres accélératrices du grand sympathique qui sont diversement mélangées dans les branches cardiaques du dernier ganglion cervical.* Il suppose même que la contraction normale du cœur est, quant à la force et à la durée, la résultante d'une excitation harmonieuse de ces deux sortes de fibres ; que, par conséquent, elle a toujours le caractère de la contraction renforcée (*Aktionspulse*). Les nerfs dont l'excitation provoque ces contractions, CYON les désigne sous le nom des nerfs *Nerfs dynamiques* (*Aktionsnerven*). Nous reviendrons sur ce sujet à propos de la théorie de l'innervation du cœur.

La démonstration faite ici de l'augmentation des contractions cardiaques sous l'influence des pneumogastriques se rapporte uniquement, comme on l'a vu, aux contractions des ventricules. L'action de ces nerfs sur les oreillettes du cœur fut, elle aussi, l'objet de nombreuses et ingénieuses recherches qui arrivèrent, presque sans rencontrer de contradiction, à un résultat concordant : l'excitation des pneumogastriques diminue la force des contractions des oreillettes. BAYLISS et STARLING, FRANCK (123) et autres soutinrent que cette diminution peut se produire même *sans* un ralentissement des battements des oreillettes. Dans ses expériences, FRANCK prit soin de couper les pneumogastriques au-dessous des nerfs cardiaques et en même temps de sectionner la moelle allongée. De la sorte il prévenait les confusions pouvant provenir d'une action sur les vasomoteurs des autres branches des pneumogastriques ; dans ces conditions la diminution de la pression sanguine ne pouvait, semblait-il, reconnaître pour cause que l'irritation des branches cardiaques de ces nerfs. Une action opposée — ralentissement des battements des oreillettes sans affaiblissement des contractions de celles-ci — n'a pu être observée, ni par BAYLISS et STARLING (113), ni par ROY et ADAMI (111).

(Les oscillations toniques du cœur sous l'influence des pneumogastriques sont traitées avec détail plus loin.)

Presque tous les auteurs sont également d'accord que l'action inhibitrice des pneumogastriques, en ce qui concerne le nombre des pulsations, est plus puissante sur les oreillettes que sur le ventricule. Plusieurs, comme, par exemple, GASKELL, soutiennent même que chez la tortue, l'arrêt de ce dernier n'est que la conséquence de l'arrêt des premiers ; le pneumogastrique n'aurait chez cet animal aucune action directe sur le ventricule. FRANCK conteste d'ailleurs, l'exactitude de cette assertion. En tout cas, elle ne serait pas applicable aux cœurs des mammifères ; ceci vient d'être démontré, tout dernièrement encore, par une série d'expériences de KNOLL (124). Cet auteur a étudié les effets variables que produisent les excitations du pneumogastrique sur les quatre parties du cœur dont il enregistrait les variations. Il y aurait quelques réserves à faire sur la sûreté des procédés employés pour ces notations. Mais les recherches de KNOLL fournissent néanmoins plusieurs données précises sur les *rapports successifs* des contractions des quatre parties du cœur. Il résulte notamment de ces expériences que les ventricules peuvent être influencés par l'excitation des pneumogastriques tout à fait indépendamment de la manière dont y répondent les oreillettes. Et il en est de même, soit que l'excitation ait lieu directement par voie électrique, ou par la production de l'asphyxie. La modification de l'intensité des contractions des oreillettes est expliquée par KNOLL de la même façon que par ses prédécesseurs. Quant aux ventricules, il a constaté que si, dès le début de l'excitation, les intervalles entre leurs contractions se prolongent, l'intensité de ces contractions augmentent notablement. Ajoutons encore que KNOLL paraît disposé à admettre que les pneumogastriques contiennent plusieurs espèces de fibres nerveuses.

Les autres points qui contiennent le mode d'action des pneumogastriques seront discutés après l'exposé du fonctionnemment des nerfs accélérateurs.

F. **Mode d'action des nerfs accélérateurs.** — Nous avons exposé plus haut la manière dont CYON a envisagé le rôle des nerfs accélérateurs. BEZOLD, qui au début était disposé à les considérer comme nerfs moteurs du cœur, s'est plus tard rangé à l'avis de CYON qu'ils modifient la fréquence des pulsations sans augmenter le travail du cœur.

Telle fut également l'opinion de SCHMIEDEBERG (79). Lui aussi a constaté que la hauteur des excursions manométriques diminue plutôt avec l'accélération des battements du cœur : « Souvent au maximum de l'accélération, écrit-il, la différence entre la position du mercure pendant la systole et la diastole est si minime qu'elle devient imperceptible, et il devient difficile d'apercevoir les pulsations (79, p. 45). » Dans son travail exécuté dans le laboratoire de LUDWIG, SCHMIEDEBERG, en discutant la question de savoir pourquoi la tension artérielle reste invariable sous l'influence de l'excitation des accélérateurs, conclut que le nombre des pulsations compense la diminution de tension provenant de leur moindre étendue. Pour autant que la hauteur de la pression artérielle autorise des conclusions sur le travail du cœur, SCHMIEDEBERG s'est donc déclaré d'accord avec CYON : les accélérateurs ne modifient que la distribution du travail dans le temps.

Dans ses expériences sur les accélérateurs de la grenouille, SCHMIEDEBERG (126) est arrivé à une conclusion identique. BŒHM (80), qui a donné la disposition des nerfs accélérateurs chez le chat, observa, lui aussi, que la force des contractions cardiaques diminue avec l'augmentation de leur fréquence. De même BOWDITCH (129), dans son travail sur les interférences entre les accélérateurs et les pneumogastriques. Il a pu observer plusieurs fois une élévation de la pression sanguine en même temps que l'accélération sanguine des battements du cœur. Mais lui-même a soin de faire remarquer qu'il n'existe aucune concordance entre ces deux phénomènes et qu'ils tiennent évidemment, comme l'affirmait déjà SCHMIEDEBERG, à la présence de deux sortes de fibres nerveuses dans les nerfs soumis à l'excitation l'une de ces fibres agissant sur la pression sans influencer la fréquence, tandis que l'autre, au contraire, modifie le nombre des pulsations et reste sans effet sur la pression. Les graphiques que BOWDITCH reproduit à l'appui de cette conjecture la rendent éminemment vraisemblable. Rappelons que déjà, dans son premier travail sur les accélérateurs en 1866, CYON avait constaté dans l'anse de VIEUSSENS la présence de purs vaso-constricteurs, sans effet aucun sur la fréquence des battements du cœur. Or le nerf que SCHMIEDEBERG reproduit dans son tableau des nerfs cardiaques, comme étant celui qu'il avait soumis à l'excitation, est justement une branche de cette anse. Ajoutons que, chez ce chien, cette branche, par une disposition très exceptionnelle, se détache directement de l'anse. Le plus souvent elle provient directement du pneumogastrique après son passage par le ganglion cervical inférieur.

Un autre élève de LUDWIG, BAXT (128), a poursuivi les études commencées par BOWDITCH ; il est d'accord avec ses prédécesseurs.

Il est vrai que d'autres observateurs, HEIDENHAIN (117), GASKELL (129), MILLS (140), ROY et ADAMI (111), BAYLISS et STARLING (113), etc., se prononcent dans un sens opposé. Nous reviendrons tout à l'heure sur les recherches des trois premiers auteurs, dont les affirmations se rapportent à des vertébrés à sang froid. ROY et ADAMI ont observé dans la plupart des cas que les contractions cardiaques — celles des oreillettes aussi bien que celles des ventricules — augmentaient de volume pendant l'excitation des nerfs accélérateurs. Ces auteurs reconnaissent eux-mêmes qu'il n'existait aucun rapport entre cette augmentation et les variations dans la fréquence des battements du cœur. Souvent même la première se produisait sans aucune accélération. Mêmes observations chez BAYLISS et STARLING. Les résultats de ces recherches ne contredisent donc qu'en apparence ceux des expériences précédentes. Il s'agit évidemment des mêmes phénomènes qu'ont observés CYON, SCHMIEDEBERG et BOWDITCH, de l'excitation de deux différentes sortes de fibres nerveuses. Les variations dans la distribution anatomique des nerfs provenant du dernier ganglion cervical et du premier thoracique sont si nombreuses, et les fonctions de ces nerfs si diverses —.accélérateurs, modérateurs, dépresseurs, vaso-constricteurs pour le foie, vaso-moteurs pour le cœur lui-même, etc., — qu'on ne peut parler d'une excitation d'un nerf accélérateur que dans le cas où on obtient pour seul effet une augmentation de la fréquence sans un changement notable de pression. C'est même pour cette raison que le lapin, chez lequel les accélérateurs ont été primitivement découverts par CYON, se prête mieux que tout autre animal à ces expériences. La distribution des nerfs offre chez lui une régularité beaucoup plus grande.

Il résulte encore d'une autre observation de Roy et ADAMI que souvent, dans leurs recherches, ils n'avaient nullement affaire à des accélérateurs purs. Aussi affirment-ils que, les nerfs pneumogastriques étant sectionnés, l'excitation des accélérateurs serait impuissante à augmenter la fréquence des battements du cœur. Or, dans toutes les expériences de CYON qui ont servi à établir l'existence de ces nerfs, nous trouvons la mention que les pneumogastriques avaient été coupés dès le début. BEZOLD, LUDWIG et THIRY agissaient, d'ailleurs, de même dans leurs recherches antérieures relativement à l'influence de la moelle épinière sur le cœur.

Tout ce qui précède se rapporte uniquement aux nerfs accélérateurs des mammifères. Chez les vertébrés à sang froid l'existence de ces nerfs fut pour la première fois affirmée par SCHMIEDEBERG (126). Après avoir, à l'aide de l'atropine, paralysé chez les grenouilles les nerfs inhibitoires du pneumogastrique, il constata que l'excitation de ce dernier ne provoquait plus qu'une accélération des battements du cœur. Déjà précédemment WUNDT (131) avait fait une observation analogue : quand de fortes doses de curare ont supprimé l'action modératrice des pneumogastriques, on obtient en les excitant une accélération des battements. Bientôt SCHELSKE (90) publia une autre observation paraissant se rapporter au même phénomène : quand le cœur s'est arrêté par suite d'une élévation de la température à 35° et au delà, l'irritation du pneumogastrique à l'aide de l'électricité produit des contractions cardiaques. Ce fait, révoqué en doute par plusieurs autres observateurs, fut pleinement confirmé par CYON (23) qui, dans les mêmes conditions, parvint à obtenir par l'excitation de ce nerf des contractions tétaniques ou toniques.

Le fait en lui-même était donc hors conteste : quand les fibres modératrices du pneumogastrique sont mises dans l'impossibilité de fonctionner par l'effet soit du curare (WUNDT), soit de l'élévation de la température (SCHELSKE, CYON), soit de l'atropine (SCHMIEDEBERG), son excitation électrique provoque des contractions tétaniques ou simplement accélérées. Nous avons vu que SCHMIEDEBERG en a tiré la conclusion qu'indépendamment de leurs fibres modératrices ces nerfs contiennent encore des fibres accélératrices. CYON (132) indiqua la possibilité d'expliquer autrement le même fait : se basant sur l'hypothèse que l'inhibition était un phénomène d'interférence, on pouvait admettre que, l'action inhibitrice étant paralysée par une cause quelconque, l'irritation parvenant aux cellules ganglionnaires, libres de toute autre excitation, les met en état de fonctionnement. Il a été prouvé, toutefois, par des expériences ultérieures que l'explication de SCHMIEDEBERG était exacte et que les nerfs pneumogastriques chez les vertébrés à sang froid contiennent réellement des nerfs accélérateurs. HEIDENHAIN (117), et après lui GASKELL (129), ont montré que les fibres accélératrices du pneumogastrique des grenouilles dérivent du sympathique et le rejoignent à leur sortie du cerveau. Peu après, GASKELL et GADOW (133) étudièrent les nerfs accélérateurs chez les tortues, les crocodiles, les alligators et autres vertébrés à sang froid. « Ces nerfs cardiaques, qui visiblement accélèrent le rythme des battements et augmentent la force des contractions, ont le même parcours chez tous les vertébrés à sang froid examinés jusqu'à présent », disent ces auteurs (133, p. 369). Aucun détail n'est donné sur la manière dont les observations ont été recueillies ni sur les méthodes à l'aide desquelles on a constaté l'augmentation de la force des contractions. Pourtant quelques preuves indiscutables n'eussent pas été inutiles pour légitimer la conclusion que chez les vertébrés en question les accélérateurs se distinguent réellement d'une façon si éclatante des mêmes nerfs chez les mammifères. Cette réserve n'enlève naturellement rien à la valeur anatomique des recherches faites par GASKELL et GADOW.

G. **Rapports fonctionnels entre les nerfs pneumogastriques et les nerfs accélérateurs.**

— Les relations physiologiques entre ces deux sortes de nerfs constituent pour la théorie de l'innervation du cœur un problème d'une importance capitale. Nous avons vu dès le début CYON (75) se prononcer en faveur de l'antagonisme absolu entre les pneumogastriques et les accélérateurs. Dans son travail sur l'action de l'acide carbonique et de l'oxygène sur le cœur (29), le même auteur était déjà disposé à croire que les fibres de ces nerfs antagonistes se terminent dans des cellules ganglionnaires différentes. Plus tard, dans son mémoire présenté à l'Académie des sciences de Saint-Pétersbourg, en développant une théorie du fonctionnement des nerfs inhibitoires basée sur des interférences des excitations nerveuses dans les cellules ganglionnaires, CYON (132; 51, p. 109) revient sur l'antagonisme des pneumogastriques et des accélérateurs; il admet même que, si la prédominance des premiers se manifeste par voie d'interférence, ils doivent nécessairement produire une certaine déperdition des forces excitatrices, déperdition largement compensée par une accumulation des forces motrices dans le cœur, par suite du ralentissement des battements du cœur, et, par conséquent, de l'augmentation de leur amplitude. C'est de cette manière que le pneumogastrique modifierait la distribution du travail cardiaque dans le temps.

Une certaine prédominance du pneumogastrique sur les accélérateurs ressortait aussi de la présence de ces derniers dans son tronc, fait que SCHMIEDEBERG a constaté dans la grenouille. Dans les conditions normales l'excitation *électrique* de ce nerf produisait toujours un ralentissement et même un arrêt du cœur. Cette possibilité pour le nerf inhibitoire de vaincre l'excitation de son antagoniste n'indiquait, d'ailleurs, nullement que dans les conditions *normales* du fonctionnement de ces deux nerfs, il le domine également. La supposition était déjà inadmissible, alors qu'on ignorait encore que les accélérateurs se trouvent, eux aussi, dans une excitation tonique. Si le pneumogastrique devait toujours détruire l'effet des accélérateurs, la présence de ces derniers nerfs devenait superflue.

En 1872, BOWDITCH (127) entreprit d'élucider par des expériences *ad hoc* la question des interférences entre les deux antagonistes. Ces recherches n'aboutirent pas à des résultats décisifs. Si dans certaines expériences le pneumogastrique, même légèrement excité, paraissait vaincre le nerf accélérateur soumis à une excitation maximale, dans d'autres, par contre, le nerf accélérateur semblait pouvoir contrebalancer l'excitation du pneumogastrique. Pour approfondir les causes de cette contradiction, BAXT (128) institua une longue et minutieuse série d'études qui le conduisirent à des conclusions en apparence absolument opposées aux opinions admises jusqu'alors. Voici les résultats de ses recherches : 1) Pendant l'excitation parallèle des deux nerfs, aucun compromis ne se produit entre l'action de l'un et celle de l'autre; l'action du pneumogastrique supprime toujours celle de l'accélérateur, quelle que soit la force respective des excitants qui irritent ces deux nerfs; 2) Après la cessation de l'excitation du pneumogastrique, l'accélération des pulsations n'est pas produite par les nerfs accélérateurs délivrés de l'action antagoniste, mais par un changement dans l'état du cœur lui-même. En un mot, les deux nerfs ne seraient plus des antagonistes : ils agiraient sur deux points différents du cœur.

Nonobstant l'inadmissibilité de pareille prédominance absolue du pneumogastrique, la conclusion de BAXT fut pendant plus de vingt ans considérée comme hors conteste par la majorité des physiologistes. Ce n'est qu'en 1892 que MELTZER (134) souleva contre cette théorie des objections parfaitement motivées. Après avoir examiné attentivement les tableaux des expériences de BAXT, MELTZER montra qu'en réalité il en ressortait que, chaque fois que l'accélérateur fut excité en même temps que le pneumogastrique, le nombre des pulsations était plus considérable que quand ce dernier fut seul soumis à l'excitation (381), et, qu'en outre, « plus l'excitation de l'accélérateur était puissante, plus considérable était son influence sur le résultat de l'excitation des deux nerfs ». Il résulterait donc des expériences mêmes de BAXT soumises à une analyse plus approfondie que ses conclusions n'auraient pas dû être si absolues. MELTZER conclut avec raison que les deux nerfs sont des antagonistes, et que l'effet de leur excitation simultanée est la résultante de leurs actions réciproques.

Vers la même époque une observation faite par BAYLISS et STARLING (113) parut aussi indiquer que les conclusions de BAXT ne répondaient pas à la réalité des faits : après avoir obtenu un arrêt des oreillettes en soumettant le pneumogastrique à une excitation de force moyenne, les deux expérimentateurs purent provoquer une accélération des battements du cœur par l'excitation des accélérateurs.

Mais ce n'est que tout récemment que la théorie de Baxt fut battue en brèche par des expériences directes qui ruinèrent définitivement son crédit. Ces expériences très variées furent exécutées par Reid Hunt (135) dans le laboratoire de l'Université Johns Hopkins. La conclusion principale que l'auteur en tire est la suivante : « Quel que soit le mode de l'excitation simultanée des accélérateurs et des pneumogastriques, que les premiers soient soumis aux courants électriques pendant l'excitation des seconds, ou *vice versa*, ou enfin que l'excitation des deux nerfs commence en même temps, pendant une période de temps plus ou moins prolongée, le résultat est toujours le même : l'effet sur la fréquence des pulsations dépendra toujours du rapport entre les forces des excitants appliqués aux deux nerfs... Autant que l'effet de l'excitation de ces deux nerfs se manifeste par les variations du *rythme des contractions* ventriculaires, ces *nerfs sont des antagonistes purs* ».(*loc. cit.*, p. 178-179).

On voit que la conclusion de Reid Hunt est conforme à celle que donnait Cyon en 1866, au moment de la découverte des nerfs accélérateurs. En même temps que le physiologiste américain, mais par des procédés différents, Cyon (52) est parvenu à prouver expérimentalement que la sommation des effets de l'excitation simultanée des nerfs pneumogastriques se rapporte *aussi bien au rythme qu'à la force des contractions* 244). Cette conclusion a été tirée d'expériences faites en excitant soit directement, soit par voie réflexe, les filets accélérateurs et inhibitoires qui traversent le ganglion cervical inférieur. Des expériences antérieures avaient démontré à Cyon que le sympathique du cou peut, dans certaines circonstances, produire des effets accélérateurs sur le cœur, et que, notamment par suite d'affections strumeuses ou de la thyroïdectomie l'excitabilité du système sympathique nerfs et ganglions est considérablement augmentée. Pouvant obtenir la même exagération de l'excitabilité à l'aide d'injections d'iode, substance qui en même temps diminue l'excitabilité des pneumogastriques (Barbèra, 120), Cyon possédait ainsi le moyen d'abaisser à volonté l'excitabilité des uns et de rehausser celle des autres. Les conclusions de ces nombreuses expériences ont mis hors de doute que : 1° les résultats des excitations simultanées des pneumogastriques et des accélérateurs dépendent à un haut degré de l'état d'excitabilité de leurs ganglions cardiaques; 2° les effets immédiatement postérieurs de telles excitations sont des conséquences directes de celles-ci ; ils diffèrent dans chaque cas selon la nature de la résultante des excitations simultanées des deux nerfs.

Dans plusieurs expériences Cyon a observé qu'en comparant les effets de l'excitation des nerfs antagonistes (avec leurs suites immédiates) sur le rythme des battements et la pression sanguine, on trouve qu'ils se contrebalancent presque entièrement, c'est-à-dire que le nombre des pulsations et la pression moyenne du sang pendant l'excitation sont égaux à ceux observés pendant le même laps de temps avant l'excitation : preuve directe que les deux antagonistes ne font que varier le mode de travail du cœur selon les besoins du moment. Au lieu de remplir sa fonction par une série de pulsations petites, mais fréquentes, le cœur le fait par des contractions plus rares, mais plus fortes. La somme de l'énergie dépensée par les ventricules reste la même, ou peu s'en faut. L'erreur de Baxt provient apparemment de ce qu'il ne s'est servi pour ses expériences que des chiens, chez lesquels la disposition anatomique des nerfs cardiaques est soumise à des variations nombreuses. Reid Hunt a expérimenté sur des chiens, des chats et des lapins ; Cyon, sur des lapins et des chiens. D'ailleurs, pour décider la question de savoir, si quand la force d'excitation, égale, le pneumogastrique prédomine, il aurait fallu aussi soumettre à l'excitation en même temps que ce nerf *tous* les accélérateurs du même côté.

Les expériences de ce genre exigent également que l'on prenne en considération les phases de latence des deux nerfs. La latence des accélérateurs est beaucoup plus longue que celle des pneumogastriques, et sa durée, qui varie elle-même dans des limites assez larges, peut aller jusqu'à 10″ et même 20″. Cette longue durée indique clairement que les nerfs accélérateurs se terminent dans les ganglions moteurs du cœur, et non dans les muscles. Elle doit aussi s'expliquer en partie par ce fait que, pour manifester son effet sur la fréquence des battements du cœur, l'excitation artificielle des nerfs accélérateurs est obligée de vaincre auparavant la résistance des nerfs ralentisseurs. Si la phase de latence des pneumogastriques est plus courte, cela peut tenir à la prédominance des ralentisseurs ou, comme nous l'avons dit, à ce que le tronc de ce nerf contient toutes les fibres inhibitoires situées du même côté. Tout récemment, d'ailleurs, Cyon a trouvé que dans certaines circonstances, telles que la forte excitation de tous les nerfs accélérateurs par l'injection intraveineuse de l'extrait des capsules surrénales, la durée de la latence des pneumogastriques peut devenir notablement plus longue, aller jusqu'à 5″ ou 10″.

H. **Les nerfs centripètes du cœur.** — Nous avons décrit les mécanismes nerveux à l'aide desquels le cœur peut régler la *force* et la *fréquence* de ses contractions. Mais le travail mécanique qu'il accomplit à chacune d'elles ne dépend pas seulement de la masse de sang qu'il projette dans la circulation, et de la vitesse de cette projection ; le sang, à sa sortie des ventricules, rencontre des résistances considérables qui proviennent de la pression existant dans le système artériel. Une grande partie des forces vives du cœur est dépensée pour vaincre ces résistances, qui, elles, sont déterminées par la pression moyenne existant dans l'aorte ou dans l'artère pulmonaire au moment de la contraction des ventricules. Cette pression moyenne subit des variations constantes en rapport direct avec la quantité de sang contenu dans le système vasculaire, et en rapport inverse avec le diamètre des petites artères, par lesquelles le sang pénètre dans les capillaires. Or ces deux valeurs, la quantité du sang et le diamètre des artères, sont soumises à des fluctuations très considérables ; les unes se répètent régulièrement, liées au fonctionnement normal des organes ; d'autres sont accidentelles et brusques ; celles-là sont d'autant plus dangereuses pour le cœur. Contre les unes et les autres le cœur doit être à même de se protéger par des mécanismes spéciaux. Non seulement il doit être en mesure d'écarter les dangers qui menacent l'intégrité de ses parois, et sa faculté de vider son contenu, mais il faut aussi qu'il puisse diminuer le travail qui lui incombe, si des causes intrinsèques ne lui permettent pas de faire la dépense des forces motrices nécessaires pour vaincre de grandes résistances.

Un de ces mécanismes est donné par le *nerf dépresseur* découvert en 1866 par Cyon et Ludwig (77) (voir **Dépresseur**). Ces nerfs, qui sont les nerfs sensibles du cœur aboutissent dans l'endocarde et probablement aussi dans la substance musculaire. L'excitation de leurs bouts périphériques par une trop forte dilatation du cœur résultant d'une augmentation considérable de la pression sanguine, amène par voie réflexe une dilatation des petites artères, surtout de celles que régissent les plus puissants vaso-constricteurs du corps, les nerfs splanchniques. Cette dilatation a pour conséquence une baisse considérable de la pression, et, par suite, un soulagement notable des résistances que doit vaincre le sang chassé des ventricules. Le mécanisme des nerfs dépresseurs permet donc au cœur de diminuer à volonté ces résistances, c'est-à-dire de régler dans de larges limites la grandeur du travail qui lui incombe. En même temps il remplit, pour ainsi dire, l'office d'une soupape de sûreté qui peut préserver le cœur d'une rupture, lorsqu'une pression trop puissante s'exerce sur sa surface interne.

Comme on le verra à l'article **Dépresseur**, Cyon et Ludwig ont dès le début précisé tous les détails du fonctionnement de cet ingénieux mécanisme. La dilatation des vaisseaux, le nerf dépresseur la produit en paralysant instantanément le centre vaso-moteur situé dans le bulbe. On a bien essayé depuis, sans preuves sérieuses, d'expliquer cette dilatation en l'attribuant à une excitation d'un prétendu centre vaso-dilatateur provoquée par les nerfs dépresseurs. Mais tout récemment encore Cyon (52) a démontré le mal fondé d'une pareille tentative. C'est bien sur le centre vaso-constricteur qu'agit le dépresseur, c'est avec ce centre qu'il est en rapport par des appareils nerveux spéciaux (voir **Dépresseur**).

Mais le dépresseur n'agit pas seulement sur le centre vaso-moteur. Comme l'ont démontré Cyon et Ludwig, l'excitation de son bout central provoque aussi un ralentissement des battements du cœur, *et cela tout à fait indépendamment des changements de la pression sanguine.* Les deux expérimentateurs l'ont prouvé, d'abord en supprimant le ralentissement des pulsations par la section préalable des deux pneumogastriques : la baisse de pression subsiste sans changement aucun dans le nombre des pulsations (fig. 20). Au contraire la section des nerfs splanchniques amène, pendant l'excitation du dépresseur, la dépression sanguine, mais le ralentissement des battement du cœur persiste (fig. 21). Le nerf dépresseur agit donc par voie réflexe en paralysant le centre vaso-moteur et en excitant le centre des pneumogastriques.

C'est chez les lapins que Cyon et Ludwig découvrirent d'abord le nerf dépresseur. Son existence fut ensuite démontrée expérimentalement par Bernhardt, Aubert et Boever chez le chat, par Cyon (137 52) chez le cheval, par Kasem-Beck et Cyon (52) chez le chien. Anatomique-ment il a été trouvé et décrit aussi chez plusieurs autres mammifères, ainsi que chez l'homme (voir Dépresseur).

Tout récemment, Cyon a réussi à démontrer l'existence d'une troisième racine du dépresseur, laquelle agit par voie réflexe en excitant les nerfs accélérateurs (52). Bayliss a, lui aussi, cons-taté la possibilité d'obtenir l'accé-lération des bat-tements du cœur par l'excitation des dépresseurs.

En résumé, le cœur est donc en mesure de régler lui-même par voie réflexe la hauteur de la pression que le sang doit vaincre au sortir des ven-tricules, ainsi que la fréquence de ses batte-ments. Nous avons vu plus haut qu'il résulte des travaux ré-cents de Cyon (52) que le ralentis-sement des bat-tements du cœur, provoqué par l'excitation des pneumogastriques, active notablement la circulation veineuse. L'action du dépresseur sur le centre des pneumogastriques contribue donc aussi à désemplir le système artériel, c'est-à-dire à diminuer les résistances que le cœur doit vaincre.

Le nerf dépresseur est-il le seul mécanisme à l'aide duquel le cœur puisse par voie réflexe inter-venir dans la circulation du sang? Il est très pro-bable que d'autres nerfs centripètes du cœur ont des fins analogues. Il résulte en effet d'une étude expérimentale exécutée par Wooldridge (118), dans le laboratoire de Ludwig, que l'excitation du bout central de plusieurs branches nerveuses situées dans la paroi antérieure du cœur peut provoquer : 1) un ralentissement des battements du cœur avec augmentation de la pression sanguine; 2) un

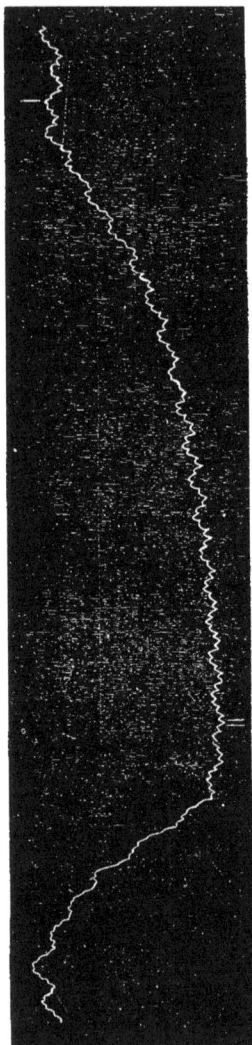

Fig. 20. — Excitation du nerf dépresseur; dépression sans ralentissement des battements du cœur.

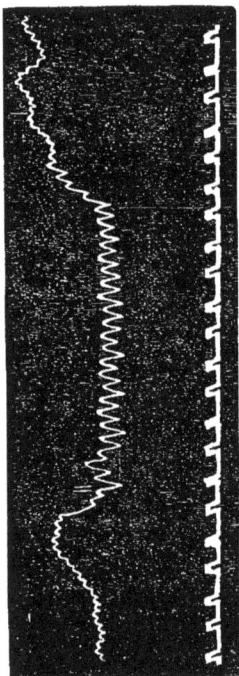

Fig. 21. — Excitation du dépresseur cette excitation n'a produit qu'un ralentissement par suite d'une action réflexe par les pneumogastriques.

ralentissement sans aucun changement de la pression ; 3) une accélération également sans modification de la pression ; 4) un ralentissement avec baisse de la pression, et enfin 5) un relèvement de la pression sanguine sans changement dans la fréquence des battements du cœur. La branche qui provoque le changement 4 est à coup sûr un prolongement du dépresseur ; très probablement aussi celle du 3 passe par le dépresseur et se rend ensuite au ganglion cervical supérieur par le nerf dépresseur ; c'est elle qui forme la troisième racine de ce nerf, désignée par Cyon comme branche accélératrice.

A la rigueur, pourrait être considérée comme se rapportant au même ordre de faits l'observation de H. Zwaardemacker (165), qu'on obtient une prolongation de deux périodes de la contraction du cœur par suite d'une légère pression mécanique de sa surface.

Mosrens (166) a communiqué tout récemment des expériences desquelles il conclut que l'excitation électrique de la pointe des ventricules des grenouilles peut provoquer des effets réflexes qui se manifestent par des changements dans l'intensité et le nombre des battements du cœur. Ces effets réflexes se produisent par la voie des nerfs extra-cardiaques. Les méthodes d'observation employées ne permettent pas des conclusions rigoureures, mais le fait que les nerfs centripètes de la grenouille se comporteraient d'une manière analogue à ceux des mammifères est très probable.

Nous ne citerons que pour mémoire les expériences anciennes de Goltz qui, par des excitations chimiques du sinus veineux, produisaient des actions réflexes sur les muscles du corps. Ces recherches, ainsi que celles de Gohdecky sur les pneumogastriques, n'ont trait qu'à la question si controversée de la sensibilité générale du cœur.

I. **Action des changements de pression sur les nerfs du cœur.** — L'action qu'exercent les modifications de la pression sanguine sur le système nerveux du cœur est d'une haute importance pour son fonctionnement régulier. Nous venons d'exposer un cas spécial de cette action : celle qui se manifeste par l'intermédiaire du nerf dépresseur.

Comment les variations de la pression sanguine agissent-elles *directement*, sur les centres nerveux extra et intra-cardiaques ? En d'autres termes, comment se comporte le cœur sous l'influence des variations de pression dans la boîte cranienne et dans la cavité du cœur lui-même en dehors de l'intervention du nerf dépresseur ? Peu de problèmes touchant la physiologie du cœur ont donné lieu à tant de recherches contradictoires.

Celles qui furent entreprises dans cette direction avant la découverte du nerf dépresseur ne peuvent plus être prises en considération pour la solution du problème ; un important facteur inconnu, l'intervention du mécanisme de ce nerf, ayant forcément compliqué les résultats de ces recherches. Exception toutefois doit être faite pour l'étude de Ludwig et Thiry, au moins pour leurs expériences, dans lesquelles toutes les communications du cœur avec le cerveau et la moelle épinière avaient été détruites par voie galvanocaustique. Ainsi qu'il a été dit plus haut (p. 109), les deux expérimentateurs avaient observé très souvent dans ces cas une accélération considérable des battements du cœur, comme suite d'une augmentation de la pression sanguine, provoquée par la compression de l'aorte ou par l'excitation de la moelle épinière. Plus rarement ils observèrent un ralentissement comme effet de l'élévation de la pression.

Depuis la découverte du nerf dépresseur, les premières recherches dans cette voie furent exécutées par E. et M. Cyon (75), puis par Bezold et Stezinsky. Les résultats obtenus sont presque identiques à ceux indiqués par Ludwig et Thiry. Cyon attribue la différence dans les effets de l'élévation de la pression sur le cœur, tous les nerfs extra-cardiaques étant détruits, à l'état du cœur lui-même, c'est-à-dire à sa capacité de réagir contre l'augmentation de la pression artérielle. Bezold et Stezinski étudièrent également les effets de la baisse de la pression sanguine, qu'ils provoquèrent à l'aide de saignées. Ils établirent certaines limites dans lesquelles pareille baisse produit une accélération des battements. Au-dessous d'une limite donnée, la dépression sanguine amène le ralentissement cardiaque.

Knoll (167) et Navrocki (168) arrivèrent à des résultats qui, pour une part au moins, étaient en contradiction flagrante avec les recherches précédentes. Le premier nie tout effet constant de l'élévation de la pression sanguine sur la fréquence des battements du cœur. Navrocki obtint des résultats très contradictoires ; de ses conclusions nous ne relèverons que la suivante qui se rapproche le plus de la réalité des faits : « La pression sanguine peut modifier par la voie des pneumogastriques la fréquence des battements du cœur : l'élévation de la pression augmente le tonus de ces nerfs et ralentit ainsi les pulsations; une baisse de la pression diminue ce tonus et augmente la fréquence des battements. »

Le travail le plus complet sur la question a été exécuté par S. Tschiriew (169) à l'aide de méthodes d'une précision incontestable. Ses expériences sur les effets de l'élévation de la pression se divisent en trois groupes: 1) Les nerfs du cœur (pneumogastriques, sympathiques et dépresseurs) étaient coupés ; 2) indépendamment de la section de ces nerfs on avait de plus extirpé les ganglions cervicaux inférieurs et thoraciques supérieurs, et 3) on avait sectionné les nerfs du cou et de la moelle épinière au-dessus de l'atlas. Voici les principales conclusions du travail de Tschiriew : Des variations brusques et considérables de la pression sanguine exercent une action sur le rythme cardiaque, aussi bien après la section des nerfs du cou qu'après l'interruption de toutes les voies nerveuses extra-cardiaques... Elles impressionnent aussi bien l'appareil modérateur intérieur du cœur que ses ganglions moteurs, en accélérant ou en ralentissant les pulsations. Rarement elles les laissent sans changement. Le caractère définitif des changements de la fréquence des battements cardiaques dépend de l'action réciproque des excitations de ces appareils nerveux cardiaques... L'accélération des pulsations s'observe pendant la baisse de la pression sanguine, aussi bien après la section des nerfs du cou qu'après l'entier isolement du cœur des centres nerveux, du cerveau ou de la moelle... »

Ainsi formulées, les conclusions de Tschiriew sont encore incontestables.

Les expériences très variées de Johansson (170), exécutées aussi avec beaucoup de soin, arrivent en général à des conclusions identiques à celles que nous venons de résumer. Cet auteur a surtout insisté sur le rôle prépondérant joué par la vitesse avec laquelle se produisent les variations de la pression sanguine. Plus ces variations sont rapides, plus est prononcée la modification de la fréquence des battements du cœur.

Nous devons nous arrêter plus longtemps sur les expériences de Marey (171), exécutées en 1873, également sur le cœur isolé des tortues. La position que ce physiologiste occupe dans la question est tout à fait particulière. Dès 1859 (172), Marey se prononça d'une manière très catégorique sur l'influence de la pression artérielle sur la fréquence des battements du cœur. Faisant complètement abstraction du système nerveux extra et intra-cardiaque, Marey étudia l'action qu'une augmentation de la tension dans l'appareil circulatoire devait exercer sur le rythme et la force des contractions, à l'aide d'expériences faites sur des animaux dont *tous les nerfs cardiaques* étaient restés intacts. Il observa ainsi que l'augmentation de pression ralentissait souvent les battements, tandis que la diminution les accélérait. Nous avons déjà montré que c'est là un phénomène purement nerveux provenant dans le premier cas de l'excitation des centres des nerfs pneumogastriques par suite de l'augmentation de la pression cérébrale, et dans le second, de l'excitation des accélérateurs par suite de l'effet contraire. Mais Marey ne voulait voir dans ce phénomène que la simple application d'une loi hydraulique au travail du cœur. « Le cœur règle le nombre de ses mouvements sur les résistances qu'il doit vaincre à chacune de ses systoles; que si on élève la pression du sang dans les artères, le cœur, devant à chaque systole soulever une charge plus forte, *ralentit ses battements*, car chacun d'eux, constituant une grande dépense de travail, devra être suivi d'un plus long repos. » Cette dernière conclusion est trop exclusive. Le cœur peut vaincre des résistances plus grandes par diverses voies : par des contractions plus fortes et plus rares ou plus faibles et plus fréquentes. Il ne suit pas les pures lois hydrauliques applicables, par exemple, à une simple pompe en caoutchouc, parce que, grâce à son mécanisme nerveux automatique, il est à même de régler son travail selon les causes de résistance qu'il a à vaincre, et selon les forces dont il dispose. Cela constitue précisément la supériorité du mécanisme cardiaque, qu'il possède un système nerveux lui permettant de varier dans de très larges limites les moyens pour arriver au but. La loi de la division du travail du cœur dans le temps, qui est la caractéristique de l'action des nerfs cardiaques, loi établie par Cyon (voir plus haut, p. 113 et suiv.), est notamment un de ces moyens. L'action des nerfs dépresseurs en est un second, bien plus puissant encore : à l'aide de ces nerfs, au lieu de vaincre les résistances en variant seulement son mode de travail, *le cœur les diminue*, et fait ainsi une économie de forces. Il peut de la sorte surmonter les résistances sans même modifier aucunement le nombre de ses battements (Cyon et Ludwig), comme dans le cas où l'action réflexe du dépresseur sur le pneumogastrique est supprimée par la section de ce dernier, — ou même en les accélérant par voie réflexe (Bayliss, Cyon). « On n'est plus en droit, écrit avec raison Vulpian (173), d'appliquer au jeu de l'appareil cardio-vasculaire les données de la mécanique hydraulique, et, si on se laisse entraîner dans cette voie, on risque fort de commettre des erreurs regrettables. »

Les expériences de Marey sur des cœurs de tortues séparés du corps furent exécutées dans des conditions bien meilleures, puisque l'influence des nerfs extra-cardiaques était écartée. Mais il restait encore les mécanismes nerveux intra-cardiaques et, comme nous l'avons vu par les nombreuses expériences de Tschirieff, Johansson et autres, l'augmentation de la tension produit encore des résultats bien différents selon l'état de ces centres nerveux et leur mode d'intervention.

Les expériences de Sustschinsky (174), Schiff (175) et surtout de I. Ludwig et Luchsinger (176), sont particulièrement intéressantes à ce point de vue. Elles démontrent que, dans certains cas d'augmentation de la pression dans les cœurs de grenouilles séparés du corps, l'accélération des battements du cœur est si considérable que l'excitation, même très forte, du pneumogastrique est incapable de la ralentir. Le cœur est dans l'impossibilité absolue de « soulever à chaque systole une charge plus forte » et de « ralentir ses battements », comme l'exigerait la loi hydraulique de Marey : aussi parvient-il au même résultat en soulevant de petites charges à chaque systole, mais en multipliant le nombre de ces systoles. Le travail du cœur tend à rester constant, comme l'avait reconnu Marey (171), mais ce but est atteint par des moyens très divers, que Cyon, a indiqués dès l'année 1866 (Voir plus haut).

Les résultats si variés en apparence que les nombreux observateurs ont obtenus en modifiant la pression sanguine, même sur les animaux dont les nerfs extra-cardiaques avaient été sectionnés, proviennent justement de l'intervention des multiples appareils régulateurs contenus dans le cœur lui-même. Pour observer les effets de pareilles variations sur le muscle cardiaque seul — qui, d'ailleurs, est lui aussi un appareil d'une construction extrêmement complexe, — il faudrait avoir le moyen de paralyser son système nerveux intra-cardiaque. Or nous possédons bien plusieurs poisons, comme l'atropine, par exemple, qui paralysent absolument les terminaisons des nerfs pneumogastriques, mais nous manquons de substances agissant d'une manière aussi certaine sur les terminaisons des nerfs accélérateurs et sur leur système ganglionaire central. Du reste, l'atropine elle-même n'agit que sur les terminaisons des pneumogastriques et reste sans effet sur les ganglions modérateurs du cœur lui-même, comme l'a démontré Tschirieff (169), justement à propos des expériences sur les effets des variations de la pression, dont nous venons de donner les conclusions.

Tout récemment Krehl et Romberg (49) ont cru établir que le ventricule des mammifères, même privé de ganglions, avait la faculté d'adapter la fréquence de ses battements aux augmentations de la pression. Nous avons déjà signalé la défectuosité des méthodes d'investigation employées par ces auteurs, ainsi que le caractère tout à fait arbitraire de leur affirmation, que certaines ligatures appliquées par eux sur le cœur supprimaient toute action des cellules ganglionnaires. Mais, en admettant même qu'ils aient réussi à travailler sur des ventricules entièrement privés de ganglions, quelles preuves fournissent-ils à l'appui de leur thèse? Nous trouvons dans leur travail deux expériences se rapportant à cette question : 51 et 53 (p. 84 et suiv.). Or, dans la première de ces expériences, on nous donne des indications sur les changements de la pression sans nous apprendre quelles variations de la fréquence des battements correspondaient aux changements indiqués. Dans l'expérience 53, c'est l'omission contraire qui a lieu. Ce sont les indications sur les variations de la pression qui le plus souvent font défaut. Sur la fréquence même des battements, au lieu de chiffres précis, nous lisons : « sans changement »... « forte accélération », — données trop vagues pour avoir une valeur quelconque.

Que le ventricule isolé et privé des cellules ganglionnaires puisse réagir efficacement contre l'augmentation des résistances, le fait en lui-même est possible; mais, fût-il exact, on ne serait pas encore autorisé à en conclure que cette réaction provient du muscle cardiaque lui-même. Il est plus probable que le réseau nerveux qui entoure les fibres musculaires y joue un rôle prépondérant.

L'interprétation des phénomènes qui produisent les variations de la tension artérielle présente bien plus de difficultés encore, quand pendant ces variations les nerfs extra-cardiaques sont restés intacts. Les phénomènes que nous venons de décrire se compliquent alors par l'action que l'augmentation de la pression doit forcément exercer sur les centres de ces nerfs situés dans le cerveau ou dans la moelle épinière. Les centres des pneumo-gastriques sont soumis, chez la plupart des animaux, à une excitation tonique qu'on a attribuée à des causes diverses : elle serait due, d'après Traube (177), à l'acide carbo-nique du sang; d'après Bernstein (178) et autres, à une action réflexe provenant en grande partie des excitations périphériques, notamment de celle des nerfs splanch-niques (Asp). De nombreux physiologistes ont considéré la pression qui existe dans la boîte cranienne comme contribuant au maintien du tonus de ces centres. Le ralentisse-ment des mouvements du cœur, que produisent les compressions directes du cerveau, ainsi que le fait déjà constaté par Cooper, Magendie et autres, que l'anémie cérébrale provoquée par la compression des carotides amène au contraire une accélération des battements cardiaques, — semblent permettre d'attribuer une pareille origine au tonus des pneumogastriques.

L'existence d'un tonus des nerfs accélérateurs est moins bien établie. Elle a cepen-dant acquis une grande vraisemblance à la suite des expériences de Tschirieff (169), et de Stricker et Wagner (179) qui ont observé un ralentissement des pulsations après l'extir-pation des ganglions que traversent les nerfs accélérateurs. Le tonus en question pro-viendrait, en partie au 'moins, des centres cérébraux de ces nerfs, dont l'origine ana-tomique est encore bien peu connue. Quoi qu'il en soit, les changements dans la pression sanguine doivent le plus souvent se manifester par une variation de la pression intra-cranienne qui peut réagir dans l'un ou l'autre sens sur les centres des nerfs cardiaques. Il est très difficile de déterminer de prime abord, d'après une variation donnée de la fréquence des battements du cœur, sur quel centre cérébral l'action de la pression s'est exercée : un ralentissement peut dépendre aussi bien d'une diminution du tonus des accé-lérateurs que d'une augmentation de celui des pneumogastriques, et même des deux causes à la fois. On peut en dire autant de l'accélération des battements. Il est extrê-mement probable que les augmentations de pression agissent de préférence sur les centres des pneumogastriques et les diminutions sur les centres des accélérateurs. Cela résulte de la plupart des expériences faites jusqu'à présent, ainsi que des observations sur les effets contraires de l'anémie et de l'hyperémie du cerveau. En ce qui concerne les centres intracardiaques, nous avons déjà vu que ces effets contraires se manifestent éga-lement dans le sens opposé sur les deux antagonistes.

La plupart des observateurs sont d'accord avec Cyon et Tschirieff, qui affirment que les effets des variations de la tension artérielle sur les nerfs du cœur dépendent en grande partie de l'état d'excitabilité des divers centres nerveux cardiaques. C'est encore là une raison pour que, dans les limites des règles fixées par les conclusions du travail de Tschirieff citées plus haut, une diversité des résultats puisse se manifester.

Certains résultats de recherches récentes sur les glandes vasculaires, dont la destina-tion physiologique est restée si longtemps un des plus irritants mystères de notre science, ont fait entrer dans une phase nouvelle la question de la tonicité des nerfs cardiaques. Nous parlons des recherches de Cyon (52) sur les rapports des nerfs du cœur et de la glande thyroïde ainsi que sur les fonctions de l'hypophyse (121), des études entreprises par le même auteur (107) et par Howell (139) sur l'action des extraits de cette glande, enfin des observations faites sur l'action des extraits des glandes surrénales par Oliver et Albert Schäfer (140), Cybulski (142), Szymonowicz (141), Velich (143), Gottlieb (144), Langlois (145), Cyon (146) et autres, se rattachant à la destination physiologique des sub-stances produites par toutes ces glandes, laquelle consiste à assurer l'excitabilité et le fonctionnement des centres nerveux extra- et intracardiaques ainsi que des centres vaso-moteurs. Les recherches que nous venons de citer ne se rapportent à la question exposée dans ce chapitre que d'une façon indirecte, en tant seulement qu'elles permettent d'expliquer par l'état de fonctionnement des glandes vasculaires les diverses modifications de l'excitabilité des centres cardiaques et, par suite, leur diversité de réaction sous l'influence des variations de la tension. Cette partie est traitée plus au long dans le chapitre des poisons physiologiques du cœur.

Par contre, les recherches de Cyon sur les fonctions de l'hypophyse (121, 138), jettent une lumière nouvelle sur le mécanisme même à l'aide duquel l'augmentation de la tension artérielle agit sur certains centres cardiaques.

Après avoir établi que l'excitation de l'hypophyse par l'augmentation de la pression provoque une forte excitation des nerfs pneumogastriques, Cyon cherche à déterminer si l'excitation des terminaisons centrales de ces nerfs, qu'on observe pendant l'augmentation de la pression intracranienne, ne se produit pas par la voie de l'hypophyse. Les compressions de l'aorte abdominale avant et après l'extirpation de l'hypophyse lui permirent de constater chez le lapin que tel est réellement le cas : l'augmentation de la pression artérielle reste sans effet sur les terminaisons centrales des pneumogastriques après une pareille extirpation. La pression intracranienne agit par conséquent sur ces terminaisons par voie réflexe : elle met en excitation l'hypophyse, et c'est cette excitation qui se transmet au pneumogastrique. On voit à quel point sont complexes les mécanismes qui permettent au cœur de maintenir son travail constant. En effet le but immédiat de l'hypophyse est de préserver le cerveau d'une trop haute pression. Mais, si cette pression est amenée par une augmentation des résistances dans l'appareil circulatoire, l'intervention de cet organe permet également au cœur de vaincre ces résistances, cette fois par un ralentissement de ses contractions et une augmentation de leur amplitude.

Comme on le voit, si les centres des nerfs cardiaques sont à même de modifier notablement leur action sous l'influence des variations dans la tension artérielle, cette faculté n'est pas une chose fortuite, mais possède au contraire une grande portée fonctionnelle. Nous sommes là en présence d'un des nombreux mécanismes automatiques dont nous avons parlé au début de notre exposé, par lesquels il est donné au cœur de régler la circulation dans les divers organes et |de parer lui-même aux divers accidents qui, à chaque instant, se rencontrent dans l'appareil circulatoire, si complexe par son rôle physiologique ainsi que par la multiplicité de ses organes.

Ajoutons encore que déjà, avant les recherches de Cyon, Roy et Adami (181), en étudiant la compression cérébrale et ses effets sur les centres des pneumogastriques, avaient émis l'avis qu'ils sont probablement destinés à protéger d'une manière quelconque le cerveau contre les dangers de la compression. Des recherches ultérieures démontreront certainement que l'excitation des nerfs accélérateurs par la diminution de la pression cérébrale ou par l'anémie du cerveau a une destination également protectrice. En effet, les conséquences de l'augmentation de la tension artérielle sur la pression intracranienne doivent varier en sens opposé, suivant la cause qui l'a amenée. Une compression de l'aorte, par exemple, augmentera certainement cette pression. Par contre, un rétrécissement général des petites artères, tout en augmentant la tension artérielle, pourrait plutôt amener une diminution de la pression intracranienne et même une anémie cérébrale, comme l'a établi Cyon (146, 108). L'entrée en jeu des pneumogastriques, qui favorise l'écoulement du sang hors de la boîte cranienne, serait d'un grand secours dans le premier cas. L'excitation des accélérateurs et les conséquences de l'accélération des battements cardiaques pourraient, au contraire, agir efficacement contre l'anémie cérébrale.

On voit que les apparentes contradictions constatées par les différents auteurs dans la diversité d'action de la tension artérielle sur les centres nerveux cardiaques, ne sont pas le résultat d'accidents capricieux. Ces variations ont, au contraire, une grande portée physiologique et répondent aux besoins de l'organisme qui réagit différemment selon les causes qui ont amené le changements de la tension artérielle.

K. **Action des nerfs sensibles sur les nerfs du cœur.** — Tous les nerfs sensibles, comme tous les nerfs sensoriels, exercent une action réflexe sur ceux du cœur. Dès 1858 Claude Bernard (182) avait démontré que l'excitation des nerfs sensibles ou des racines postérieures de la moelle épinière provoque un ralentissement des battements du cœur. Depuis lors d'innombrables recherches furent faites pour préciser les conditions dans lesquelles les nerfs sensibles influencent les divers nerfs cardiaques. Ces conditions sont encore plus complexes dans les expériences de ce genre que quand il s'agissait d'étudier les effets de la pression sanguine sur les mêmes nerfs. Non seulement, en effet, les nerfs sensibles exercent une action réflexe sur les nerfs du cœur, mais ils en possèdent une autre bien plus puissante encore sur les nerfs vaso-moteurs; c'est-à-dire qu'à côté de leur action *directe* sur les premiers, ils agissent encore *indirectement* par l'intermédiaire des variations de la pression sanguine.

Mais là ne s'arrêtent pas les complications qui mettent obstacle à l'interprétation des phénomènes qu'on observe. L'excitation des nerfs sensibles agit également sur les vaso-moteurs du cerveau et sur ceux du cœur lui-même; de là une nouvelle source de modifications dans les contractions cardiaques, source d'autant plus difficile à préciser que ces vaso-moteurs eux-mêmes nous sont encore très peu connus.

Il n'y a donc pas lieu de s'étonner de la diversité des résultats qu'on obtient par l'excitation des nerfs sensibles. Les effets de cette excitation varient d'abord selon que les nerfs extra-cardiaques sont restés intacts, ou non. Dans le premier cas, les nerfs sensibles provoquent le plus souvent des ralentissements des battements du cœur, rarement des accélérations. Le choix du nerf sensible ainsi que la force et la durée de l'excitation ne sont pas sans influencer beaucoup les résultats. Ainsi les branches musculaires du nerf sciatique produisent des accélérations, tandis que les branches cutanées, au contraire, agissent plutôt sur les pneumogastriques (Voir REYNIER, 183, p. 138). Les excitations faibles provoquent par voie réflexe le plus souvent des ralentissements des battements du cœur. Le contraire a lieu pour des excitations intenses.

En dehors des nerfs de sensibilité générale qui donnent des variations notables, il en est d'autres dont les effets présentent plus d'uniformité. Les nerfs intestinaux qui dépendent du grand sympathique exercent une action réflexe plus constante. Ainsi GOLTZ (184) a constaté que l'excitation mécanique du ventre provoque chez la grenouille un arrêt du cœur, phénomène qui ne se reproduit pas après la section préalable des pneumogastriques. BERNSTEIN (18c) a démontré qu'on peut obtenir le même résultat en excitant par des courants électriques les nerfs sympathiques du ventre. ASP (186) observa que l'excitation du bout central des splanchniques provoque un ralentissement des battements, accompagné d'une forte élévation de la pression sanguine. Cet auteur admet pourtant que dans certaines circonstances les splanchniques peuvent agir également sur les centres des nerfs accélérateurs.

L'action des organes intestinaux s'exerce certainement aussi par la voie de l'excitation des terminaisons nerveuses des pneumogastriques dont certains filets agissent par voie réflexe sur le centre modérateur du cœur situé dans la moelle allongée. Un exemple très intéressant de semblables réflexes nous est déjà donné par le nerf dépresseur. E. HERING (187) a constaté que les terminaisons du pneumogastrique dans les poumons sont mécaniquement excitées par leur insufflation. Et quand celle-ci n'est pas trop forte, elle produit une accélération des battements du cœur. Cette action réflexe a très probablement une importance fonctionnelle. Sur les courbes respiratoires de la circulation on observe souvent que pendant l'inspiration le pouls est légèrement accéléré.

L'excitation du nerf laryngé supérieur agit de préférence sur les nerfs accélérateurs. Le nerf laryngé inférieur est sans effet notable sur les nerfs cardiaques.

Parmi les nerfs craniens les nerfs optique, olfactif, acoustique et glosso-pharyngien agiraient, d'après les recherches de COUTY et CHARPENTIER (188), tantôt sur les pneumogastriques, tantôt sur les accélérateurs. Par contre, le nerf trijumeau, suivant les expériences de HOLMGREN (189), KRATSCHMER (190) et autres, n'aurait d'action que sur les pneumogastriques. Selon les récentes recherches de CYON (138), les terminaisons de ces nerfs situées dans la muqueuse du nez agissent sur le centre des nerfs pneumogastriques par l'intermédiaire de l'hypophyse, au moins chez le lapin. Cet organe étant détruit, l'irritation de la muqueuse nasale à l'aide de l'ammoniaque ou des sels anglais, par exemple, est sans effet sur le ralentissement des battements du cœur, alors même que les *nerfs trijumeaux et pneumogastriques sont restés intacts.* L'effet salutaire de l'action réflexe de la muqueuse du nez sur le cœur, en cas de syncope, se produit donc indirèctement sur les nerfs cardiaques par l'entremise de l'hypophyse cérébrale.

L. **Les poisons physiologiques du cœur.** — Sous cette dénomination CYON (106-107-108) désigne certains produits de sécrétion interne qui exercent une influence physiologique sur les systèmes nerveux cardiaque et vasomoteur. Cette influence est destinée à assurer l'intégrité de leur fonctionnement en les maintenant dans un état d'excitation tonique ou à un degré d'excitabilité qui facilite leur entrée en fonction. Il est très probable que les deux manières d'agir se confondent le plus souvent.

Le rôle de ces substances peut être en partie comparé *grosso modo* à celui des huiles fines qui, dans les appareils mécaniques, servent à diminuer le frottement des surfaces. Cyon les a appelées *poisons du cœur*, parce que leur action offre beaucoup de ressemblance avec celles de certains poisons cardiaques dont il est question plus loin. Souvent, en effet, elles constituent des contre-poisons destinés à combattre les effets de ces poisons extérieurs; de plus, il n'est pas impossible qu'elles se rapprochent de ces derniers par leur composition chimique.

On a, depuis longtemps, reconnu dans l'organisme la présence de produits susceptibles d'agir comme excitants des nerfs cardiaques et vasomoteurs. Rappelons seulement comme exemple l'acide carbonique. Mais c'étaient là des produits de l'oxydation, ou de la décomposition de substances organiques qui avaient déjà rempli leur rôle physiologique, produits destinés à être éliminés de l'organisme, leur accumulation pouvant présenter de graves dangers. Le groupe des toxines appartient à ce genre de poisons.

Tout autres par leur origine et leur rôle sont les poisons physiologiques dont il s'agit. Ceux-ci sont le produit de *processus synthétiques;* des organes — et en première ligne les glandes vasculaires — les élaborent *ad hoc* et les versent dans le sang pour qu'ils y remplissent auprès des centres nerveux cardiaques et vasomoteurs la mission que nous venons d'indiquer sommairement.

D'après Cyon, ce qui caractérise ces substances, c'est qu'elles sont élaborées dans des glandes qui remplissent, en outre, dans la circulation du sang, un rôle *mécanique* correspondant de tous points au rôle *chimique* de la substance sécrétée. Ainsi les glandes thyroïdes, par exemple, font l'office d'organes destinés à préserver le cerveau contre les grands et subits afflux sanguins; à l'entrée des carotides dans le crâne, elles forment, pour ainsi dire, des écluses qui détournent une grande partie du sang de ces artères en le renvoyant dans les jugulaires. Elles obtiennent ce résultat en élargissant les vaisseaux glandulaires sous l'action du dépresseur et d'autres vaso-dilatateurs. Voilà pour le rôle *mécanique* des nerfs thyroïdes. Leur rôle *chimique* consiste dans la production d'une substance — l'iodothyrine, un des *poisons physiologiques du cœur*, — destinée à augmenter l'excitabilité du dépresseur et du pneumogastrique, c'est-à-dire des nerfs dont l'action doit faciliter dans une large mesure à la glande thyroïde l'accomplissement de sa tâche physiologique. A ce point de vue, Cyon a étudié jusqu'à présent les produits des trois glandes : de la thyroïde, de l'hypophyse et des capsules surrénales.

a) *Les produits de la thyroïde.* — On n'a encore isolé jusqu'à ce jour qu'une seule substance du corps thyroïde, laquelle peut être considérée comme son produit normal : c'est l'iodothyrine de Baumann. Les recherches de Cyon sur l'iodothyrine tendaient à établir l'action qu'elle peut exercer sur les nerfs du cœur et des vaisseaux. Ces expériences furent exécutées sur des lapins et des chiens. Voici le résumé des conclusions de plusieurs travaux que l'expérimentateur a publiés sur cette question : 1) l'iodothyrine introduite directement dans le sang exalte l'excitabilité des nerfs dépresseurs et pneumogastriques, quand celle-ci est normale ou diminuée; elle la rétablit quand, pour une cause quelconque, comme par exemple le goître ou la thyroïdectomie, cette excitabilité est abolie. 2) L'action de l'iodothyrine s'exerce sur les deux terminaisons des nerfs régulateurs du cœur : même après la section des dépresseurs et des pneumogastriques, l'injection intraveineuse de cette substance augmente ou rétablit instantanément l'excitabilité. 3) L'iodothyrine diminue notablement l'excitabilité des nerfs accélérateurs et vaso-constricteurs. Cyon n'a pas réussi à élucider si elle obtient ce résultat seulement par voie *indirecte* en renforçant leurs antagonistes, ou également par une action directe sur le système sympathique. Les deux actions sont probables. 4) Quand l'excitabilité des nerfs régulateur, dépresseur et pneumogastrique est diminuée ou abolie par suite d'un empoisonnement avec l'iode, l'atropine ou la nicotine, l'introduction intraveineuse de l'iodothyrine est à même de la rétablir : ainsi une injection de deux centimètres cubes d'iodothyrine, qui renferme 1^{milligr},8 d'iode, suffit souvent, chez le lapin, pour neutraliser l'effet de deux grammes d'iodure de sodium, c'est-à-dire de plus d'un gramme d'iode. Quant à l'excitabilité des pneumogastriques abolie par l'atropine ou la nicotine, l'iodothyrine ne la rétablit pas intégralement : elle rend les pneumogastriques susceptibles de provoquer des ralentissements des battements cardiaques avec augmentation de leur amplitude, mais ces nerfs ne peuvent plus amener un arrêt complet du cœur. (Nous verrons plus loin les conséquences que Cyon tire de ce dernier fait pour la théorie de l'innervation du cœur.)

L'iodothyrine est donc, en somme, destinée à entretenir les nerfs régulateurs du cœur, les pneumogastriques et les dépresseurs, dans un parfait état de fonctionnement et à combattre les influences morbides et toxiques qui menacent ce fonctionnement. L'absence de l'iodothyrine provoque des troubles cardiaques considérables. Comme l'a démontré Cyon, chez les animaux goîtreux ou thyroïdectomisés, l'excitabilité des dépresseurs et des pneumogastriques est notablement diminuée, sinon totalement abolie, tandis que celle de leurs antagonistes, les vasoconstricteurs et accélérateurs, est augmentée. L'iodothyrine remplit ainsi une tâche fonctionnelle très importante. Selon toute probabilité, la substance organique encore inconnue qui concourt avec l'iode à la formation de l'iodothyrine exerce sur le même système nerveux une action toxique analogue à celle de l'iode lui-même, que Barbera (120), a constatée. Cette formation est donc doublement utile au fonctionnement des nerfs régulateurs du cœur : elle les débarrasse de deux substances nuisibles et elle en compose un produit qui rend les plus grands services. (Nous faisons ici complètement abstraction de la propriété que possède l'iodothyrine d'augmenter notablement dans l'organisme les oxydations; la preuve n'étant pas encore fournie que cette influence sur la nutrition s'exerce par l'intermédiaire de l'appareil circulatoire.)

L'étude des rapports entre les nerfs du cœur et les corps thyroïdes nous a donc révélé un des plus importants mécanismes autorégulateurs de la circulation. Tandis que les thyroïdes produisent des substances qui rehaussent les facultés régulatrices du cœur, ce dernier peut par les mêmes nerfs : dépresseur et pneumogastrique, influencer le fonctionnement de ces glandes en activant considérablement leur circulation et en leur facilitant ainsi l'accomplissement de leur tâche comme organes préservateurs du cerveau.

b) *Les produits de l'hypophyse.* — Dans leur rôle de préservateurs du cerveau contre les dangers de congestions subites, les corps thyroïdes sont puissamment aidés par les fonctions d'un autre organe, *l'hypophyse cérébrale*, telles que Cyon les a récemment établies (121, 107). Pour que les glandes thyroïdes puissent s'acquitter de cette tâche, il est indispensable, en effet, que le cerveau possède un appareil spécial qui lui permette d'invoquer leur intervention, chaque fois qu'il est menacé d'un afflux sanguin excessif. L'hypophyse constitue cet appareil. Enfermée dans une cavité à parois rigides situées elles-mêmes dans l'endroit le plus abrité de la boîte cranienne, se trouvant en communication avec le troisième ventricule du cerveau, abondamment pourvue de vaisseaux sanguins avec une disposition toute particulière des veines, entourée, en outre, de puissants sinus veineux, l'hypophyse est éminement sensible aux fluctuations de la pression soit du liquide cérébro-spinal, soit du sang. Or, toute pression exercée sur l'hypophyse se manifeste immédiatement par une brusque variation de la pression sanguine et par un notable ralentissement des battements cardiaques dont l'amplitude est considérablement augmentée. Ce ralentissement, dû à l'excitation des pneumogastriques, amène de son côté une notable accélération du sang à travers les vaisseaux thyroïdes.

Telle est, esquissée à grands traits, la fonction *mécanique* de l'hypophyse. Ce qui nous intéresse davantage ici, c'est son rôle *chimique* qui consiste à élaborer plusieurs substances susceptibles d'exercer une action très forte sur le système nerveux du cœur et des vaisseaux. Comme chez la thyroïde, la fonction chimique de l'hypophyse contribue puissamment à l'accomplissement de la même tâche que sa fonction mécanique. Selon Howell (139), qui a étudié l'action de l'extrait de l'hypophyse en même temps que Cyon, la substance agissante de l'hypophyse est produite par la partie médullaire de cet organe qu'il désigne sous le nom de *infundibular body*. Quant à Cyon, ses recherches l'ont amené à conclure que l'hypophyse produit plusieurs substances actives, dont l'une agit tout particulièrement sur la force et le nombre des battements du cœur, tandis que l'autre impressionne de préférence les vaso-constricteurs (107, 191).

C'est de la première, désignée par Cyon sous le nom d'*hypophysine*, que nous avons surtout à nous occuper ici. Cette substance — probablement une combinaison organique de phosphore — agit comme l'iodothyrine sur les deux nerfs régulateurs, le pneumogastrique et le dépresseur, mais son action est surtout puissante sur le premier. Toutefois, à la différence de l'iodothyrine qui n'agit qu'en augmentant l'excitabilité normale ou diminuée de ce nerf, l'hypophysine constitue elle-même un excitant très énergique. Introduite dans le sang, elle augmente considérablement la force des battements du cœur en produisant un notable ralentissement rarement précédé d'une accélération passagère. Ce ralentissement est accompagné d'une élévation de la pression sanguine. Les pulsations provoquées par les extraits de l'hypophyse, *surtout ceux préparés à une température d'ébullition*, ont le caractère des contractions renforcées (*Aktionspulse*) telles que nous les avons décrites plus haut. Elles persistent souvent pendant 5 à 15 minutes.

Tout récemment, CYON (107) a signalé une curieuse particularité de ces contractions : c'est leur tendance à se manifester par groupes ou séries dont chacune dure 60 à 100 secondes et plus, et qui sont interrompues par des pulsations normales ou par de petites pulsations accélérées, comme les produit l'excitation des nerfs accélérateurs. La figure 22 représente une pareille série chez un chien. (Voir aussi plus loin fig. 23.)

Voici les traits caractéristiques de ces séries (*Hypophysenreihen*) : 1) Les excitations ainsi que la section des pneumogastriques sont impuissantes à les empêcher de se produire ou à en interrompre la continuation. 2) L'atropine, susceptible de paralyser entièrement les pneumogastriques, ne parvient pas toujours à interrompre une série produite par l'extrait de l'hypophyse. 3) Dans les cas où l'introduction préalable de l'hypophyse a

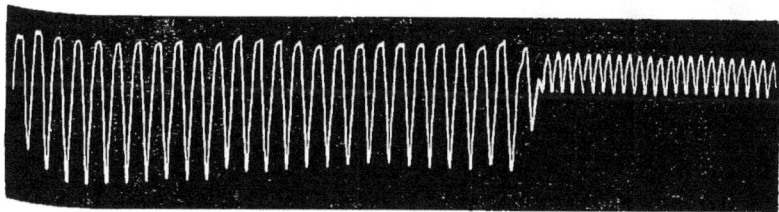

FIG. 22. — Série des pulsations renforcées chez un chien (Voir 107).
(Ce tracé se lit de droite à gauche, comme les figures qui suivent.)

empêché l'action paralysante de l'atropine sur les pneumogastriques, l'influence de ce poison peut néanmoins modifier le caractère des contractions renforcées, tantôt en les interrompant par des pulsations accélérées, tantôt en diminuant leur amplitude et en les rendant trop fréquentes pour qu'elles puissent conserver le caractère des pulsations renforcées. Souvent, dans de pareils cas, les pulsations affectent le caractère de *pulsus bigemini*. 4) L'excitation des nerfs accélérateurs parvient à interrompre les séries par des pulsations accélérées. 5) Souvent l'excitation d'un nerf cardiaque quelconque provoque une nouvelle série de ces pulsations (107).

Des extraits préparés à une température de 38° à 40° C. produisent rarement de telles séries. Plus souvent la courbe de la pression légèrement augmentée présente des oscillations périodiques dans le genre de celles décrites par TRAUBE. Les pulsations renforcées atteignent leur maximum au point culminant de ces oscillations et déclinent dans a partie descendante de la courbe.

L'action antagoniste de l'hypophysine contre l'atropine et la nicotine est encore plus forte que celle de l'iodothyrine. Pourtant, elle aussi est incapable de rendre au pneumogastrique la faculté d'amener un arrêt complet du cœur. Par contre, l'hypophysine parvient quelquefois à *prévenir* l'action de l'atropine sur le pneumogastrique.

Des expériences comparatives sur l'effet des extraits de l'hypophyse et celui de la muscarine ont montré qu'il existe de nombreuses analogies entre ces deux poisons. Abstraction faite de la supériorité des premiers comme antidote de l'atropine, la différence d'action des deux substances se manifeste surtout en ceci, que la muscarine abaisse la pression sanguine, tandis que l'hypophysine la relève plutôt. En ajoutant de l'iodure de sodium à la muscarine afin de combattre la baisse de la tension artérielle, CYON a obtenu des courbes presque identiques à celles que produisent les extraits de l'hypophyse. Bien plus, il a provoqué de la sorte des séries de grandes pulsations renforcées qui ne se distinguaient des séries dues à l'hypophysine que par leur plus courte durée (fig. 23). Même résultat quand la muscarine agit au moment où la pression sanguine est surélevée par une autre cause, par exemple, après l'excitation du pneumogastrique (fig. 24).

Quoique l'action des extraits de l'hypophyse et celle de l'iodothyrine sur les terminaisons centrales et périphériques des pneumogastriques présentent entre elles certaines analogies, Cyon (107) est disposé à admettre la possibilité que ces substances n'agissent pas sur les mêmes filets intracardiaques. L'hypophysine exercerait son action sur les cellules ganglionnaires de Bidder, qui servent à augmenter la force des contractions ventriculaires, tandis que l'iodothyrine influencerait de préférence les filets des pneumogastriques qui diminuent la tonicité du muscle cardiaque (Voir plus loin lettre M). L'hypophysine possède, d'après Cyon (191) comme l'iodothyrine la faculté d'augmenter les oxydations dans l'organisme. Là aussi la question, s'il s'agit d'une action nutritive *directe* ou non, est restée en suspend.

c) *Extrait des capsules surrénales*. — L'action des extraits des capsules surrénales sur les organes de la circulation a été, dans ces dernières années, l'objet de nombreuses recherches de la part d'Oliver et A. Schäfer (140), de Szymonowicz (141), de Cybulski (142), puis de Velich (143), Fränkel, Gottlieb (144), Langlois (145) et autres.

A quelques détails secondaires près, tous sont d'accord sur la nature de cette action : une augmentation considérable de la pression sanguine avec un ralentissement des battements du cœur. Les pneumogastriques étant préalablement sectionnés, plusieurs auteurs ont souvent constaté une accélération très persistante des pulsations. L'augmentation de la pression sanguine durait plusieurs minutes (5 à 15).

Sur l'explication des phénomènes observés l'accord est moins complet. Oliver et A. Schäfer attribuent l'augmentation de la pression à une excitation violente des muscles vasculaires et cardiaques ; la section préalable de la moelle épinière ne modifierait aucunement, selon ces auteurs, l'action de l'extrait sur la pression sanguine. Pour Szymonowicz, au contraire, cette action serait due uniquement à une excitation des centres médullaires et vaso-constricteurs. D'après Gottlieb, l'extrait des capsules surrénales agirait, en première ligne, sur les ganglions moteurs intra-cardiaques et ensuite sur les cellules ganglionnaires situées dans les parois vasculaires. Les autres auteurs se partagent entre ces diverses opinions. Quant au ralentissement des battements du cœur, tous l'attribuent d'un commun accord à une excitation des centres des pneumogastriques dans la moelle allongée.

Cyon (146 et 108), dont les recherches sont de date plus récente, a surtout étudié l'action de l'extrait surrénal au point de vue de la théorie de l'innervation du cœur. Les résultats obtenus par lui diffèrent très notablement de ceux des auteurs précédents, surtout en ce qui concerne les effets de cette substance sur les contractions cardiaques.

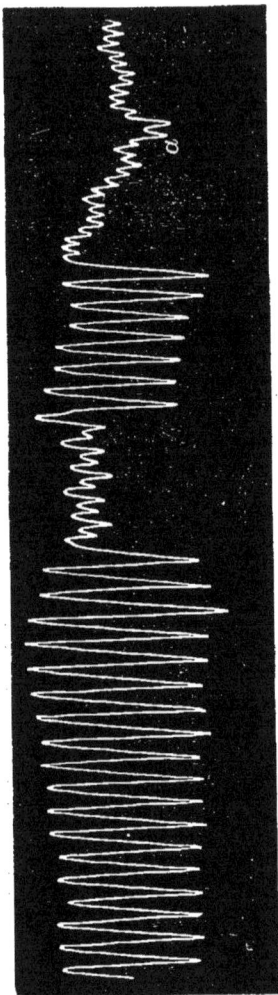

Fig. 23. — Pulsations renforcées chez un lapin sous l'influence de muscarine et d'iodure de sodium.

La puissante action de l'extrait surrénal sur la pression sanguine, Cyon l'a observée comme ses prédécesseurs. Mais, pour ce qui est du ralentissement des pulsations, il ne l'a constaté au cours de ses recherches que très rarement, et encore uniquement comme effet initial et passager aussitôt après l'injection intraveineuse de l'extrait. L'effet dominant sur le cœur se manifestait, au contraire, par une très forte accélération des battements. Chez les lapins aussi bien que chez les chiens, cette accélération était très persistante et durait presque toujours jusqu'à la fin de l'expérience. L'introduction de la muscarine modifie l'action des capsules surrénales en ceci que l'élévation de la pression sanguine est moins importante ; l'accélération disparaît entièrement et fait place à un léger ralentissement, avec augmentation de l'amplitude des pulsations.

Pendant l'action maximale de l'extrait surrénal, l'excitabilité des dépresseurs et des pneumogastriques est considérablement diminuée. Même des excitations puissantes ne produisent que des effets très amortis : la dépression est insigni-

Fig. 24. — Pulsations renforcées ; muscarine (en e) après l'excitation du pneumogastrique (en a).

fiante, de très courte durée, quelques secondes à peine ; elle est brusque et atteint immédiatement son maximum après une phase latente un peu prolongée. L'excitation des pneumogastriques comporte aussi une latence extrêmement longue ; le ralentissement obtenu par les plus fortes excitations n'est que très insignifiant ; en revanche, la baisse de la pression sanguine par suite de cette excitation est souvent assez considérable. La phase latente diminue avec les excitations successives.

La pression sanguine tombe généralement après plusieurs minutes fort au-dessous de la hauteur normale, mais l'accélération des pulsations persiste souvent jusqu'à la fin de l'expérience. Pendant cette phase l'excitation des dépresseurs est généralement sans effet sur la pression sanguine ; celle des pneumogastriques est plus accentuée. L'extirpation préalable des ganglions cervicaux inférieurs et thoraciques supérieurs, qui par elle-même diminue notablement la fréquence des pulsations, modifie les effets de l'injection intraveineuse de l'extrait surrénal : l'élévation de la pression se manifeste toujours, quoique dans des dimensions un peu moindres ; l'accélération des pulsations est moins importante et manque quelquefois.

La section d'un nerf splanchnique, pendant le maximum de l'élévation de la pression, abaisse assez notablement la pression sanguine, mais cette baisse est passagère ; la section du second splanchnique produit une nouvelle baisse d'une durée un peu plus longue ; toutefois la pression sanguine reste encore fort au-dessus de la normale.

· De ces expériences Cyon tire les conclusions suivantes : 1° L'extrait surrénal excite très violemment tout le système sympathique vaso-constricteur, aussi bien les centres vaso-constricteurs situés dans la moelle allongée que les centres périphériques, ceux des ganglions du grand sympathique et ceux des cellules ganglionnaires terminales. 2° Cet extrait excite également les centres des nerfs accélérateurs, et cela aussi bien dans le cerveau que sur le parcours de ces nerfs et à leur terminaison. 3° Il produit, par contre, une dépression notable de l'excitabilité des nerfs modérateurs — pneumogastrique et dépresseur. 4° Le ralentissement initial qui se manifeste souvent est dû à deux causes : au début, quand l'élévation de la pression est encore insignifiante, il est provoqué par une excitation des terminaisons des *nerfs dynamiques (Aktionsnerven)* et probablement du ganglion de Bidder ; au moment où la pression commence à monter notablement, l'élévation passagère de la pression cérébrale produit une compression de l'hypophyse, qui de son côté provoque une excitation des pneumogastriques (Voir plus haut, p. 135). Mais cette pression cérébrale est transitoire, elle diminue bientôt, et les nerfs accélérateurs prennent le dessus sur les pneumogastriques ; les pulsations deviennent plus fréquentes et plus petites. 5° Si les centres vaso-constricteurs, et probablement aussi ceux des nerfs accélérateurs, sont paralysés par l'introduction de fortes doses de chloral, la pression sanguine reste basse, les pulsations deviennent rares et fortes, comme celles qu'habituellement produit le chloral.

En somme, l'extrait surrénal exerce une action excitante sur le système sympathique central et périphérique et une action opposée sur le pneumogastrique et le dépresseur. Il agit donc dans un sens opposé à l'action de l'iodothyrine et de l'hypophysine. L'entretien de la tonicité des nerfs accélérateurs et vaso-constricteurs est en grande partie l'œuvre des capsules surrénales.

M. Théorie de l'innervation du cœur. — Nous avons analysé les mécanismes automatiques et régulateurs, connus jusqu'à ce jour, qui permettent au cœur de remplir sa fonction vitale avec une perfection sans pareille. Depuis qu'au commencement de ce siècle la doctrine de Galien et de Haller, qui considéraient le cœur comme indépendant du système nerveux, a été ébranlée jusque dans ses fondements par les travaux de Legallois, de nombreuses découvertes scientifiques, mettant à la disposition de l'expérimentateur des méthodes d'une précision irréprochable, ont rendu possible une étude plus approfondie des mécanismes nerveux extra- et intra-cardiaques. La découverte des ganglions du cœur (Remak, Ludwig, Bidder) et de leur mode de fonctionnement (Volkmann, Stannius), la découverte des fonctions inhibitrices des pneumogastriques (frères Weber), celle des nerfs vaso-moteurs (Claude Bernard, Schiff), du nerf dépresseur (Cyon et Ludwig), des nerfs accélérateurs (E. et M. Cyon) ont créé des bases solides et inébranlables pour la théorie de l'innervation du cœur. Le retour aux idées de Galien, qui se manifeste dans les recherches de plusieurs physiologistes contemporains, ne peut être considéré que comme un mouvement passager et sans avenir. Nous disons « retour aux idées de GALIEN » et non à celles de HALLER, car, ainsi que nous l'avons fait remarquer plus haut (p. 105), le grand physiologiste du XVIIIᵉ siècle reconnaissait aux nerfs du cœur une part dans l'entretien de l'excitabilité du muscle cardiaque. Or les jeunes protagonistes des théories myogènes, à l'exemple de GALIEN, ne veulent concéder aux nerfs du cœur que les propriétés des nerfs sensibles.

Les arguments sur lesquels on s'appuie pour attribuer une origine myogène au rythme et à l'automaticité du cœur sont de natures diverses : les principaux sont empruntés à l'embryologie et à l'anatomie comparée ; les autres reposent sur des faits de pharmacologie et de physiologie expérimentale.

Les observations embryologiques qui paraissent plaider en faveur des facultés rhythmiques et automatiques des muscles cardiaques sont exposées très au long dans les chapitres suivants. Il est donc inutile de les reproduire. Le point culminant de ces observations est le fait que le cœur commence à se contracter d'une manière rythmique dès les premiers jours de la vie embryonnaire, quand on ne réussit pas à constater la présence d'aucun élément nerveux dans ses parois. Ce qui ôte à ce fait un peu sa signification au point de vue de la théorie myogène, c'est cet autre fait, connu depuis bien longtemps (ECKHARD, PREYER et autres), que certaines contractions cardiaques d'un embryon commencent aussi avant la formation des cellules musculaires. Si le premier fait pouvait être invoqué contre l'origine nerveuse des contractions cardiaques chez les adultes, le second devrait l'être avec un droit égal, et nous amènerait à cette seconde conclusion que l'origine des contractions cardiaques des adultes ne réside pas non plus dans les fibres musculaires. L'étrangeté de ces conclusions démontre en réalité que des manifestations premières de la vie embryonnaire on ne peut rien induire, en aucun sens, relativement aux fonctions vitales chez les adultes. Nous ignorons à peu près tout sur l'origine et la nature des forces inhérentes aux embryons dans le premier stade de leur développement. Ce serait donc un étrange raisonnement que celui, qui de notre impuissance à reconnaître cette origine à l'aide de nos moyens d'investigation actuels, conclurait à l'inanité de toutes les données physiologiques acquises sur la vie des adultes. A l'état de germes embryonnaires, le cerveau d'un futur Shakespeare et celui d'un candidat à l'imbécilité ne présentent point de différences matérielles accessibles à nos organes de sens ; mais l'insuffisance de ces organes ou de nos instruments d'optique ne nous autorise pas à conclure que ces germes sont identiques ou que les qualités des deux cerveaux ne diffèrent en rien.

De pareils arguments tirés de notre ignorance des conditions de la vie embryonnaire sont d'une faiblesse qui saute aux yeux. Aussi a-t-on cherché à étayer la thèse myogène sur des faits positifs puisés dans le développement de nos organes. Ainsi His jeune et ROMBERG croient avoir trouvé, dans le développement des ganglions sympathiques, une preuve irréfutable que les cellules ganglionnaires du cœur ne sont que des organes de sensibilité. Déjà, en 1850, KÖLLIKER avait attiré l'attention sur les ressemblances de structure entre les ganglions spinaux et les ganglions sympathiques. Il avait alors émis l'hypothèse que ces derniers descendent des premiers ; ONODI parait avoir prouvé dernièrement cette descendance. « Les ganglions sympathiques, écrit His, appartiennent par conséquent, d'après leur développement embryonnaire, au domaine des racines postérieures. Toutes les fibres nerveuses de ces racines, leurs cellules ganglionnaires, leurs terminaisons sont, d'après l'opinion générale, sensibles. *Donc les ganglions sympathiques doivent appartenir au système sensible.* » (p. 4.) « Nos recherches sur la structure intime des ganglions cardiaques ne sont pas encore achevées. *Il est à supposer* que ces ganglions se comportent comme les ganglions sympathiques dont ils descendent... Le principal résultat de nos recherches est que les ganglions sont toujours sympathiques... Donc les ganglions du cœur sont aussi sensibles. Il ne peuvent pas avoir en même temps des fonctions motrices. » (p. 8, *Klinische Beiträge, etc. von Curschmann*, 1893.)

Voilà le raisonnement qui sert de base principale aux preuves embryologiques de l'origine myogène des contractions cardiaques chez les adultes. En raisonnant de la même manière on prouverait avec autant de raison que tous les nerfs sensibles qui passent par les racines postérieures, ainsi que les ganglions spinaux, sont « des nerfs moteurs et ne peuvent pas avoir en même temps des fonctions sensibles ». En effet, le grand sympathique contient des nerfs et des ganglions vasomoteurs et en général les nerfs moteurs pour les muscles lisses. Ces nerfs et ces ganglions descendent des ganglions spinaux et du domaine des racines postérieures; donc les nerfs sensibles sont des nerfs vasomoteurs, etc. On pourrait aller loin si l'on accordait à des raisonnements de ce genre une valeur probante en matière scientifique.

Dans un remarquable travail paru tout récemment, qui doit être considéré comme une éclatante et décisive réfutation des théories myogènes, Kronecker (148) a déjà relevé le caractère arbitraire de pareilles preuves. Et il ajoute avec raison que les travaux de Gustaf Retzius (149), une des premières autorités dans le domaine de l'embryologie et de l'histologie du système nerveux, établissent que « le type des cellules ganglionnaires (du cœur) ressemble d'une manière frappante à celui des grandes cellules ganglionnaires des organes centraux par exemple, celui de cornes antérieures de la moelle épinière ». Les preuves histologiques *négatives* ont d'ailleurs peu de valeur. L'impossibilité de démontrer jusqu'à présent l'existence de fibres nerveuses dans les cœurs des embryons ne prouve nullement leur absence. Hensen n'a jamais voulu admettre l'étrange théorie de la pénétration des fibres nerveuses formées *ailleurs* dans les tissus embryonnaires. Les belles découvertes récentes d'Apathy (203) prouvent mieux encore à quel point il faut être circonspect dans des conclusions basées sur des données *histologiques négatives*. N'a-t-il pas réussi à démontrer l'existence de fibres nerveuses même dans les cellules vibratiles qu'on considérait jusqu'à présent comme susceptibles de se mouvoir à l'aide des seules propriétés de leur tissu, sans aucune intervention nerveuse ?

Plus sérieuses en apparence sont les arguments tirés de l'anatomie comparée. Mais là aussi l'argumentation porte à faux. Certes, l'étude des fonctions chez les animaux inférieurs peut être d'une grande utilité pour la physiologie. Mais elle risquerait aussi de devenir une dangereuse source d'erreurs, si on voulait simplement appliquer aux vertébrés supérieurs, et surtout à l'homme, les résultats d'observations faites sur des êtres occupant un degré infiniment plus bas de l'échelle zoologique. « L'étude des êtres inférieurs est surtout utile à la physiologie, a dit avec raison Claude Bernard (150), parce que chez eux la vie existe à l'état de nudité, pour ainsi dire. » Elle nous permet de remonter des fonctions simples aux fonctions plus compliquées, mais ne nous donne pas le droit de conclure à l'identité de deux phénomènes qui ne présentent que des analogies. Les animaux d'une différenciation supérieure ont besoin d'organes autrement compliqués que ceux dont la vie se réduit à quelques processus presque exclusivement végétatifs. De ce que certaines propriétés des tissus peuvent suffire à l'exercice d'une fonction simple chez ces derniers, il ne s'ensuit nullement qu'elles soient suffisantes chez les animaux supérieurs où les fonctions sont infiniment plus compliquées. Ainsi que le fait justement remarquer Kronecker, la propagation de l'excitation et du mouvement dans les plantes n'est pas sans offrir des analogies avec certains phénomènes du fonctionnement cardiaque. On constate dans les plantes de la structure même la plus élémentaire, la tendance à une division de travail en diverses parties. Dans les végétaux plus développés, cette division du travail est déjà beaucoup plus nettement prononcée; ainsi, par exemple, l'excitation a lieu dans une partie différente de celle où se produit le mouvement. Quoi d'étonnant que chez des animaux cette division s'opère d'une manière bien plus tranchée ?

La faculté rhythmique du muscle cardiaque, qui peut suffire à la fonction rudimentaire d'un cœur de mollusque, sera absolument insuffisante chez un vertébré où la tâche mécanique du cœur, autrement compliquée, nécessite l'intervention des nerfs et des cellules ganglionnaires. Vouloir attribuer aux muscles cardiaques seuls l'automatisme et la rhythmicité des mouvements du cœur, même chez les vertébrés, cela était très compréhensible à une époque où on ne connaissait que très vaguement l'existence des nerfs extracardiaques et où le système nerveux intracardiaque était totalement inconnu. Croit-on que Galien ou Haller auraient un seul instant hésité à admettre le rôle prédominant que joue ce système dans la production des mouvements cardiaques, s'ils avaient possédé les données anatomiques et physiologiques découvertes dans le courant de ce siècle ? Il est permis d'en douter.

Quels sont les arguments que les *expériences physiologiques* sur le cœur des *animaux vertébrés* fournissent aux partisans de l'origine myogène des contractions cardiaques ? On peut les diviser en deux groupes : 1° Ceux qui se fondent sur certains effets des poisons cardiaques; 2° ceux qui sont tirés des expériences sur les parties du cœur qu'on suppose privées de cellules ganglionnaires.

Les poisons du cœur sont traités plus loin, dans un chapitre spécial. Parmi ceux dont l'action a la plus grande portée théorique se trouvent l'atropine, la muscarine et la nicotine. Nous laisserons de côté les expériences contradictoires faites avec plusieurs poisons cardiaques sur des cœurs embryonnaires. Outre qu'elles ne peuvent avoir qu'une valeur très relative pour la physiologie du cœur des adultes, elles sont, sur les points principaux en flagrant désaccord les uns avec les autres. Il suffit d'opposer aux expériences si concluantes exécutées par PICKERING (151) avec la muscarine et l'atropine sur des cœurs très jeunes, *entre le cinquième et le onzième jour de la vie embryonnaire*, à celles faites par BOTAZZI sur des cœurs *âgés de quatorze à dix-neuf jours*, pour se convaincre qu'on ne peut accepter sans les plus expresses réserves les preuves fournies par les études toxicologiques sur des cœurs embryonnaires en faveur des théories myogènes.

Quant aux expériences sur les cœurs adultes, rappelons que le pharmacologiste qui a le premier étudié l'action de l'atropine et de la muscarine à l'aide des méthodes les plus précises fournies par la physiologie, SCHMIEDEBERG (152), a conclu sans hésitation en faveur de l'action antagoniste de ces deux poisons sur les terminaisons nerveuses et les cellules ganglionnaires. Ce sont justement des études faites dans le laboratoire de LUDWIG sur l'action si intéressante de ces toxiques, qui lui ont permis de construire son schéma théorique de l'action nerveuse et ganglionnaire du cœur, lequel, aujourd'hui encore, répond assez exactement aux exigences d'une grande partie des données physiologiques.

Il est vrai que GASKELL (153), l'auteur de la théorie myogène du rythme cardiaque, a émis une hypothèse opposée aux conclusions de SCHMIEDEBERG. Pour lui, la muscarine n'exerce pas une action excitante sur le mécanisme inhibitoire, mais une action paralysante sur l'activité motrice des fibres musculaires cardiaques, dont l'atropine, au contraire, augmente la force et la conductilité. Basée, comme les expériences de SCHMIEDEBERG, sur des observations faites sur des cœurs de grenouilles et de tortues, l'hypothèse de GASKELL est surtout en contradiction flagrante avec les résultats obtenus récemment chez les mammifères.

La question controversée, de savoir si ces poisons cardiaques opèrent sur les terminaisons des nerfs ou sur les muscles, vient, en effet, d'être tranchée en faveur de la première solution par les expériences de CYON relatées dans les pages précédentes. Il résulte de ses recherches que l'iodothyrine, les extraits de l'hypophyse et ceux des capsules surrénales exercent une action spécifique sur le système nerveux cardiaque. Les deux premières substances augmentent les forces fonctionnelles des pneumogastriques et des dépresseurs et diminuent celles des nerfs accélérateurs et de leurs terminaisons. L'extrait des capsules surrénales agit inversement : il augmente l'action des accélérateurs et paralyse celle des pneumogastriques et des dépresseurs.

Or tous les poisons précités agissent dans un sens identique sur les terminaisons centrales et périphériques de ces nerfs : leur action se produit donc sur des éléments nerveux et non musculaires. La même conclusion ressort également du fait que ces poisons agissent en même temps et dans le même sens sur les fibres modératrices du cœur que sur les nerfs dépresseurs : or ces derniers nerfs n'ont que des centres-ganglionnaires.

Il y a plus : des recherches de CYON, il résulte également que ces poisons physiologiques sont des antagonistes de certains poisons extérieurs du cœur. Ainsi l'iodothyrine et l'hypophysine paralysent l'action de l'atropine et augmentent celle de la muscarine; l'extrait des capsules surrénales est un antagoniste de la muscarine et opère dans le même sens que l'atropine. Ces poisons extérieurs du cœur agissent donc sur les mêmes parties des nerfs cardiaques, c'est-à-dire sur leurs terminaisons. Bien plus, *ils agissent aussi dans le même sens sur le nerf dépresseur que sur le pneumogastrique.*

Il résulte donc à l'évidence de ces recherches que, contrairement à la thèse de GASKELL, l'atropine paralyse les terminaisons nerveuses des pneumogastriques et excite celles des accélérateurs; elle diminue la force des battements du cœur en augmentant leur fréquence. La muscarine, au contraire, excite les premières et par cela même paralyse les dernières; elle augmente l'amplitude des contractions cardiaques et diminue leur fréquence. Pour s'en convaincre *de visu*, il suffit de regarder les quelques graphiques que nous reproduisons ici d'après CYON. Les fig. 24, 25, 26 et 27 montrent l'action de l'atropine sur les pulsations renforcées produites par l'hypophyse. Voir aussi plus haut les fig. 23 et 24 montrant l'action de la muscarine après l'augmentation de la pression par l'iodure de sodium ou après l'excitation du pneumogastrique.

Ainsi donc les arguments pharmacologiques qu'on voulait tirer de l'action de l'atro-

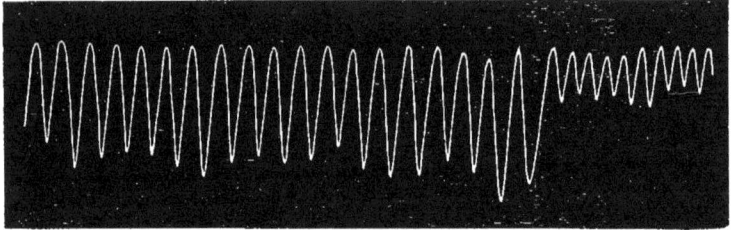

Fig. 25. — Séries de pulsations renforcées sous l'action de l'hypophysine.

pine et de la muscarine se retournent contre la théorie myogène. Les faits expérimentaux les plus récents confirment et élargissent considérablement les conclusions que Schmiedeberg avait tirées de prime abord de l'étude de ces poisons et qui sont entièrement en faveur de l'origine neurogène des contractions des muscles cardiaques. La con-

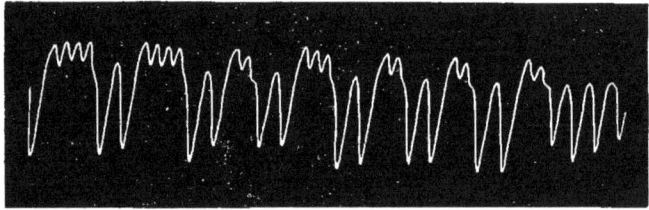

Fig. 26. — Même série que sur la figure 24, après injection d'atropine.

naissance des poisons physiologiques du cœur a apporté à l'appui de cette théorie un supplément de preuves d'un ordre analogue, que nous considérons comme irréfutables. *En effet, le rôle si considérable de ces poisons dans le fonctionnement régulier du cœur devient, par le fait même qu'ils le remplissent par l'intermédiaire des éléments nerveux, une démons-*

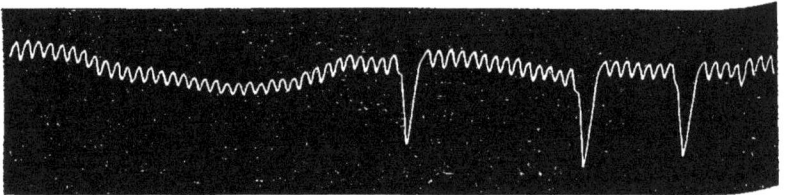

Fig. 27. — Fin de la série ; les pneumogastriques étant paralysés par l'atropine.

tration éclatante que le fonctionnement de cet organe est sous la dépendance absolue de son système nerveux et ganglionnaire.

Le fait si concluant, que les poisons physiologiques du cœur agissent d'une manière identiques sur les terminaisons centrales et périphériques des nerfs cardiaques, n'est pas isolé : déjà, dans ses anciennes recherches sur l'action des variations de la température du sang sur ces terminaisons, Cyon a pu constater le même phénomène. Ainsi, pour voir si les variations de la température exercent la même action sur les centres des pneumogastriques situés dans la moelle allongée que sur leurs terminaisons périphériques, Cyon (24) a institué des expériences *ad hoc* où il établissait dans le cerveau une circulation artificielle du sang dont il pouvait à volonté saisir la température sans modifier en même temps celle du cœur lui-même. Les brusques variations ascendantes de la température, ainsi que Cyon l'a constaté autrefois, agissent comme un violent excitant des terminaisons cardiaques des pneumogastriques chez la grenouille. Cette action se manifestait par la prolongation des pauses diastoliques, l'augmentation de l'amplitude des systoles et la diminution de la fréquence, malgré la rapidité de l'évolution du cœur. La preuve qu'il s'agissait bien d'une action sur les pneumogastriques, c'est, d'une part, que la courbe cardiaque obtenue était identique à celle que donne l'excitation de ces nerfs, et, d'autre part, que, l'expérimentateur ayant au préalable paralysé les pneumogastriques par une forte dose de curare ajoutée au sérum nutritif, cette action put être empêchée.

C'est l'effet de cette brusque variation de température que Cyon entreprit d'étudier sur les centres des pneumogastriques des chiens. Le résultat confirma pleinement la prévision que ces variations agissent sur les terminaisons centrales des pneumogastriques de la même manière que sur les terminaisons périphériques. Langendorff a depuis démontré, comme nous l'avons vu plus haut (p. 99), que la loi de l'action des variations lentes de la température sur le cœur des mammifères est la même que Cyon avait établie chez la grenouille. Il n'est donc pas surprenant que les cellules ganglionnaires, auxquelles aboutissent les fibres des pneumogastriques dans la moelle allongée, réagissent aux brusques variations de la température chez le chien, exactement de la même manière que les terminaisons périphériques des mêmes nerfs chez la grenouille.

Nous avons déjà exposé plus haut (p. 96) les recherches de Cyon relativement à l'action des gaz du sang sur le système nerveux intracardiaque, recherches dont les résultats furent confirmés depuis par plusieurs auteurs, notamment par Hjalmar Œerwall. On savait déjà, par les expériences de Traube, que l'acide carbonique agit dans un sens identique sur les centres nerveux des pneumogastriques. Cyon, étudiant l'action des mêmes gaz sur les terminaisons centrales des pneumogastriques et des accélérateurs (43), a en grande partie confirmé que si CO_2 est un excitant pour les terminaisons centrales et périphériques des premiers de ces nerfs, O agit dans le sens identique sur les nerfs accélérateurs (31, p. 172 et suiv.).

De l'étude de l'influence que les variations de la pression exercent sur les terminaisons des mêmes nerfs, il résulte, comme nous l'avons dit plus haut (p. 128), que les variations ascendantes excitent le plus souvent les terminaisons périphériques et centrales des nerfs modérateurs, tandis que les variations descendantes produisent un effet analogue sur celles des accélérateurs. Les exceptions à cette règle générale dépendent ou d'actions propres des substances qui produisent ces variations, ou d'un état particulier du système nerveux cardiaque.

L'ensemble de ces observations concordantes a permis à Cyon de formuler, comme il suit, la loi de l'excitation des cellules ganglionnaires du cœur : 1) Les substances et les facteurs (thermiques ou mécaniques), agissant normalement dans l'organisme, qui sont à même d'exciter ou d'inhiber les terminaisons centrales des nerfs du cœur, influencent d'une manière identique les terminaisons périphériques des mêmes nerfs. 2) Les substances et les facteurs (thermiques et mécaniques) qui agissent comme excitants sur les nerfs et ganglions accélérateurs, produisent un effet opposé sur les nerfs et ganglions inhibitoires.

Ajoutons qu'il résulte des recherches de Cyon que ces lois sont également applicables aux cellules ganglionnaires qui président aux excitations des nerfs vaso-constricteurs et vaso-dilatateurs.

Une troisième loi, de l'excitation des cellules ganglionnaires établie par Cyon (52), d'abord pour les centres des nerfs vaso-moteurs, est également valable pour les cellules ganglionnaires du cœur. Les excitants qui agissent directement ou par voie réflexe sur les cellules ganglionnaires peuvent produire des effets entièrement opposés, selon qu'elles se trouvent à l'état de repos ou d'excitation. Cette loi, énoncée en 1870 (132), donna lieu à une longue polémique entre Cyon et Heidenhain, et ce n'est qu'en 1876 que ce dernier en reconnut l'exactitude, après que Latschenberger et Deahna (154) eurent confirmé la justesse des observations sur lesquelles CYON l'avait basée. HEIDENHAIN et BUBNOF (155) étendirent même plus tard la portée de cette loi en l'appliquant aux cellules ganglionnaires de la substance corticale qui agit sur les muscles volontaires du corps (Voir aussi le *Traité de la circulation du sang* de TIGERSTEDT, p. 208). Les récentes et si curieuses recherches de SHERRINGTON et HERING (156) sur l'inhibition des muscles volontaires ont eu pour point de départ cette application.

Cette loi s'est vérifiée dans plusieurs circonstances pendant les dernières investigations de CYON sur les rapports des nerfs cardiaques et des corps thyroïdes, ainsi que dans les effets des excitations réflexes des ganglions cervicaux. Il est donc très probable que c'est une loi applicable à toutes les cellules ganglionnaires.

Nous avons déjà indiqué à quel point ces lois, surtout les deux premières, ainsi que les observations dont elles découlent, sont gênantes pour les partisans de la théorie myogène. On ne pourrait pas, dans le cas donné, tourner la difficulté, comme on l'avait fait à plusieurs reprises, en émettant la supposition, d'ailleurs inadmissible, que les cellules musculaires du cœur possèdent les mêmes propriétés que les cellules ganglionnaires. Un fait restera toujours inexplicable, c'est que la même substance puisse exercer en même temps deux influences *opposées* sur la même cellule musculaire.

En un mot, les faits tirés des observations pharmacologiques, qu'on voulait utiliser à l'appui de la thèse myogène, en constitueraient la réfutation la plus péremptoire.

Il nous reste encore quelques mots à dire des arguments empruntés à l'expérimentation physiologique sur le cœur. Les détails de cette expérimentation sont exposés par le menu dans les chapitres suivants, il n'y a pas lieu de les reproduire ici. De ces nombreuses études nous ne relèverons que les principaux résultats qui ont été utilisés en faveur de la théorie myogène.

Tous les observateurs, quelque théorie qu'ils professent sur la contraction cardiaque, s'accordent à reconnaître que c'est dans le sinus veineux (ou plus haut encore) qu'il faut chercher le point de départ de ces mouvements. Les divergences commencent lorsqu'il s'agit de préciser les voies par lesquelles les contractions du sinus se propagent depuis cette partie du cœur jusqu'aux ventricules.

Pour les partisans de la théorie myogène, la propagation ne s'opère nullement par les voies nerveuses et ganglionnaires, mais elle s'effectue directement de cellule musculaire à cellule musculaire. ENGELMANN (157) émit le premier cette opinion en se fondant principalement sur ce fait, signalé en 1874 par FICK (158), que le sectionnement en zigzags des parois ventriculaires n'empêche pas la contraction intégrale du ventricule. Or, au moment où ENGELMANN répétait l'expérience de FICK (1875), on ne connaissait pas encore l'existence des filets nerveux à mailles très étroites, qui pénètrent le cœur dans tous les sens et entourent toutes les cellules musculaires; ce fut RANVIER qui donna, en 1880, la première description de ce réseau (10) dont la présence a été pleinement confirmée (voir plus haut p. 91) par les recherches postérieures de HEYMANS et DEMOOR (159), exécutées avec les méthodes de GOLGI. On ignorait également, à l'époque où ENGELMANN émit son hypothèse, par quelles voies musculaires la transmission pouvait s'opérer des oreillettes aux ventricules, les fibres musculaires de ces deux parties du cœur paraissant complètement indépendantes. Il y avait là une difficulté d'autant plus grande que, d'autre part, on était depuis longtemps fixé sur l'existence de fibres nerveuses passant des oreillettes aux ventricules. Depuis, il est vrai, PALADINO, GASKELL, HIS jeune et autres avaient découvert quelques petits faisceaux musculaires qui reliaient les premières aux secondes. Mais ces quelques faisceaux pouvaient-ils être sérieusement considérés comme suffisants pour transmettre l'excitation des oreillettes à *toutes* les cellules musculaires des ventricules? Si ces faisceaux jouaient réellement le rôle si important que la théorie myogène leur attribue, leur section devrait suffire pour arrêter les contractures des ventricules. Or tel n'est pas le cas.

La démonstration de RANVIER et autres, de filets nerveux pourvus d'innombrables anastomoses, enlevait d'ailleurs tout prétexte d'expliquer le phénomène à zigzags de FICK par la voie musculaire; elle rendait par conséquent l'hypothèse d'ENGELMANN au moins superflue.

On chercha donc un autre argument en faveur de la transmission par les voies musculaires. ENGELMANN mesura la vitesse avec laquelle l'excitation se propage à travers les parois des oreillettes de la grenouille, et, l'ayant trouvée de beaucoup inférieure à la vitesse de la propagation dans les nerfs moteurs du même animal, il en conclut que les muscles seuls peuvent transmettre l'excitation aussi lentement. Comme le remarque justement KRONECKER (p. 53), cette conclusion n'est nullement forcée, puisque l'on « connaît, par exemple, une conductibilité nerveuse bien plus lente encore dans les voies de la déglutition ». La lenteur de la conductibilité dans les expériences d'ENGELMANN tient d'ailleurs à bien d'autres causes. Lui-même reconnaît qu'elle était fort au-dessous de la conductibilité normale. Le fait est que la vitesse de la propagation a été mesurée sur des cœurs suspendus, dont la vitalité n'était pas entretenue par une circulation artificielle. Ces cœurs étaient donc en état d'asphyxie ou d'anémie : « Dans des conditions normales, reconnaît lui-même ENGELMANN, la vitesse de propagation de l'excitation dans le cœur est si grande que toutes les parties du cœur semblent se contracter simultanément (57, p. 479). » WALLER et REID ont trouvé, pour les cœurs de mammifères fraîchement séparés du corps, une vitesse de 8 mètres par seconde. (Celle qu'ENGELMANN a constatée chez les grenouilles était de 30 millimètres environ par seconde.)

Rien ne prouve, d'ailleurs, que dans les expériences d'ENGELMANN l'excitation se soit propagée directement par les fibres nerveuses sans passer par les cellules ganglionnaires. Et dans ce dernier cas, le plus probable, la vitesse de la propagation devait forcément être très ralentie. CYON (162) et autres ont montré que dans la moelle épinière des grenouilles cette vitesse est de beaucoup moindre que dans le tronc nerveux — 1 à 3 m. par seconde, — précisément parce que l'excitation passe à travers des cellules ganglionnaires.

KAISER (163) a, entre autres, attiré l'attention sur une cause d'erreur dans la méthode employée par ENGELMANN pour mesurer la vitesse de propagation. « Déduire la vitesse de propagation des différences de durée entre les phases latentes n'est pas un procédé applicable au cœur, parce que cette durée subit des variations bien plus considérables par suite des changements dans l'excitabilité des points excités que par suite de leur distance des ventricules (p. 4). »

En un mot, il n'existe aucune raison sérieuse d'admettre que le muscle cardiaque constitue une exception, en ce sens que ses fibres transmettent aux diverses parties du cœur, les excitations qui les mettent en activité.

Par contre, d'autres recherches, exécutées dans le même ordre d'idées, ont mis en lumière un fait qui peut être considéré à juste titre comme une réfutation de la propagation de l'excitation par le muscle cardiaque, cette base indispensable de toute théorie myogène. Nous avons déjà mentionné plus haut l'observation faite par de nombreux auteurs que les ventricules peuvent continuer leurs mouvements, les oreillettes restant dans le repos absolu. Récemment KNOLL (voir plus haut, p. 110) a observé ce fait pendant certaines excitations des pneumogastriques. ENGELMANN a lui-même constaté que l'excitation de l'oreillette dans le voisinage du sinus provoque les contractions du ventricule, tandis que l'oreillette reste absolument immobile. Tout dernièrement encore, le même phénomène a été confirmé par HOFFMANN (164), également partisan de la théorie myogène.

Dans ces divers cas, les plus minutieuses investigations n'ont pas réussi à découvrir la moindre trace d'un changement de forme de l'oreillette. ENGELMANN cherche à désarmer l'objection qui résulte de ce fait, en supposant ou qu'il existe des contractions invisibles, ou que la contraction et la propagation de l'excitation à l'intérieur de la fibre musculaire sont deux processus complètement indépendants l'un de l'autre. Il est à peine nécessaire d'indiquer à quel point les deux suppositions sont arbitraires et invraisemblables. C'est, d'ailleurs, un des traits caractéristiques de la théorie myogène, que, pour expliquer les faits incontestables qui la contredisent, elle n'hésite pas à multiplier à l'infini les conjectures gratuites et à doter les cellules musculaires des propriétés les plus multiples. Nous rappellerons seulement l'hypothèse de la conductibilité « irréciproque » de la fibre musculaire pour rendre compte des mouvements anti-péristaltiques du muscle cardiaque. Tout récemment KRONECKER a communiqué à la *Société physiologique de Berlin* des expériences faites sous sa direction par NADINE LOMAKINE (192) qui constituent dans le même ordre d'idées une preuve éclatante que la transmission des excitations normales s'opère dans le cœur par voie nerveuse, la ligature d'un des nerfs cardiaques visibles à l'œil nu sur la surface du cœur suffit pour mettre en désaccord le rythme des contractions des auricules et des ventricules. Souvent les oreillettes restent en diastole pendant que les ventricules continuent leurs pulsations.

Nous arrivons enfin au dernier ordre de faits physiologiques qui seul donne, en apparence au moins, quelque raison d'être à la théorie myogène. Nous parlons des expériences faites sur la pointe du cœur, c'est-à-dire sur la partie inférieure du ventricule, dans laquelle les recherches histologiques n'ont pas réussi jusqu'à présent à découvrir l'existence des cellules ganglionnaires, au moins en groupes ou en nombres. Cette pointe peut néanmoins, comme l'a démontré pour la première fois MERUNOWICZ, se contracter d'une manière rythmique dans certaines conditions déterminées.

Avant tout, il importe de poser la question suivante : quelle pourrait bien être la destination physiologique des ganglions cardiaques dans cette partie du ventricule? Il serait difficile de répondre d'une manière satisfaisante à pareille question, à moins qu'on ne veuille admettre que ces ganglions soient placés dans les parois de la pointe du cœur afin de servir d'argument contre l'origine myogène des battements du cœur. Heureusement les preuves contre cette théorie ne manquent pas, même parmi les observations faites sur la pointe du cœur. Quel est en réalité le phénomène dominant de ces observations? Que, séparée du reste du cœur, cette pointe demeure immobile et n'exécute sous l'influence des excitants isolés que des contractions isolées. Pas de trace d'automatisme. Si la pointe est à même d'exécuter une série de contractions rythmiques, c'est seulement quand elle est influencée par des agents persistants, tels que le passage à travers le muscle cardiaque d'un courant continu ou d'une solution sanguine artificielle. D'après les recherches de GASKELL (129), ce ne serait pas le passage de cette solution sanguine étrangère qui sert d'excitant (BERNSTEIN), mais la tension sous laquelle elle est introduite. Quoi qu'il en soit, BERNSTEIN a démontré qu'un cœur de grenouille laissé *in situ*, avec la pointe du ventricule séparée seulement par des pinces à branches rondes, continue à battre en dehors de cette pointe qui, elle, peut rester des journées et même des semaines entières sans exécuter une seule contraction. Loin donc de pouvoir être invoquées comme preuve de l'automatisme du muscle cardiaque, les expériences sur la pointe du cœur démontrent précisément l'absence de cette faculté.

Mais, oppose-t-on, les contractions provoquées par des excitations continues sont souvent rythmiques. Ceci semblerait indiquer que les cellules musculaires possèdent au moins la rythmicité. Nullement. Pour que cette preuve fût suffisante, il faudrait que la pointe du cœur fût entièrement libre de filets nerveux, de gonflements à noyaux, lesquels se trouvent en si grand nombre à l'intersection des anastomoses nerveuses; enfin qu'elle fût même privée de terminaisons nerveuses. Ces dernières, qu'on néglige à tort dans la discussion, pourraient parfaitement jouer le rôle d'organes centraux analogues aux cellules ganglionnaires. ENGELMANN a réuni dans un chapitre spécial de son dernier travail toutes les recherches qui démontrent « que, dans le cœur adulte des vertébrés, les fibres nerveuses intracardiaques peuvent normalement produire les excitations motrices et servir ainsi de centres automatiques pour les mouvements cardiaques... Autant que je vois, conclut-il, on pourrait concilier tous les faits concernant la production des excitations dans le vertébré adulte avec l'origine neurogène des battements du cœur dans le sens indiqué ». Il reconnaît même que, dans le fonctionnement des nerfs extracardiaques et l'action de certains poisons du cœur, on pourrait trouver maint fait à l'appui de cette origine. « Mais, conclut-il, il n'est pas permis de donner *dans toutes les circonstances* la préférence à cette origine sur l'origine myogène des mouvements cardiaques. Déjà, parce qu'elle ne peut pas expliquer le mouvement des cœurs embryonnaires et d'autres cœurs qui contiennent des cellules musculaires, mais non des fibres nerveuses... » (193, p. 562). Il ne s'agit donc plus des cœurs *adultes des vertébrés* qui nous occupent aussi, mais des cœurs embryonnaires qui, dans les premières phases de leur action, n'ont aucune tâche mécanique à remplir, et de ceux des animaux inférieurs, dont la tâche est d'une simplicité élémentaire. Chez certains de ces animaux, la circulation s'accomplit, même sans qu'ils possèdent un cœur, ce qui, du reste, n'autorise aucune conclusion contre l'utilité de cet organe. Les recherches expérimentales toutes récentes de BETHE (204) basées en parties sur les remarquables travaux histologiques d'APÁTHY (203) semblent démontrer d'une manière certaine la possibilité de produire des actes réflexes *sans l'intervention des cel-*

lules ganglionnaires, uniquement à travers des *réseaux nerveux*. Ces réseaux si développés dans le muscle cardiaque du ventricule peuvent donc se passer parfaitement des cellules ganglionnaires pour remplir leur rôle physiologique.

Le muscle cardiaque n'est pas le seul susceptible d'exécuter des contractions rythmiques. Remak (194) a observé que le diaphragme, les parois musculaires des grandes artères, etc., se contractaient rythmiquement — souvent jusqu'à 48 heures après la mort, — sous l'influence d'excitants extérieurs, et même parfois sans qu'une action semblable fût visible. Au même ordre de faits se rapportent les nombreuses observations de Schiff (195) et d'autres sur les mouvements rythmiques des muscles volontaires, après la section de leurs nerfs et la destruction de la moelle épinière. De tous les faits sus-mentionnés ne résulte pas encore la preuve que ces contractions se produisent sans l'intervention des fibres nerveuses ou de leur terminaisons. La dégénérescence de ces organes, avant-courrière de leur mort définitive, peut y provoquer des processus chimiques qui servent d'excitants. Il est aussi très probable que la disparition des fibres inhibitoires favorise dans une large mesure l'apparition des mouvements en question (Kronecker). L'excitation de ces nerfs produit, il est vrai, des contractions rythmiques ; mais cela peut tenir, soit à l'épuisement facile des nerfs et muscles privés de la nutrition habituelle, soit aussi, pour les nerfs du diaphragme, du cœur, des artères, des pectoraux chez les oiseaux, etc., à l'habitude contractée pendant la vie d'exécuter des mouvements régulièrement interrompus par des intervalles de repos. Et c'est là un point capital qui infirme en grande partie les preuves expérimentales de la théorie myogène : presque toutes ont été acquises par des recherches sur des cœurs séparés du corps et chez lesquels la nutrition normale n'avait pas été entretenue. Or un fait essentiel du fonctionnement du muscle cardiaque est précisément celui qu'ont établi Kronecker et ses élèves, entre autres Martius (196), à savoir que le muscle ne peut pas travailler en s'alimentant de sa propre substance, qu'il ne peut le faire qu'aux frais de liquides nutritifs extrinsèques. Les expériences exécutées sur des cœurs suspendus, morcelés, brûlés, sont faites en réalité sur des débris de cœur en pleine décomposition, et dont, par conséquent, les propriétés diffèrent considérablement de celles des cœurs vivants et normalement nourris. Rien donc ne permet d'appliquer à ces dernières les résultats d'observations faites sur les autres. C'est justement afin de conserver aux organes isolés du corps leurs conditions vitales que Ludwig et ses élèves ont institué un ensemble de procédés destinés à y maintenir la circulation du sang.

La théorie myogène rencontre, comme nous l'avons vu, les plus grandes difficultés pour expliquer les manifestations les plus élémentaires de l'activité cardiaque, telles que, par exemple, la transmission de l'excitation à travers les diverses parties du cœur. Elle devient tout à fait impuissante à interpréter des phénomènes plus complexes du mécanisme cardiaque : ainsi, notamment, le synchronisme des contractions dans les deux moitiés du cœur et la régularité avec laquelle les contractions des ventricules succèdent à celles des oreillettes sont des faits absolument rebelles à toute explication par la théorie myogène. Comment de simples cellules musculaires sauraient-elles coordonner leurs actions d'une manière si parfaite sans l'intervention des fibres nerveuses et des cellules ganglionnaires auxquelles cette tâche incombe dans le reste du corps ? Les cellules musculaires posséderaient la rythmicité et même l'automatisme, qu'elles seraient encore incapables à elles seules de rendre les mouvements de deux moitiés du cœur synchroniques ou de décider les ventricules à se contracter après que les oreillettes ont terminé leur évolution.

C'est avec raison que H. E. Hering (197) insiste dans son dernier travail sur cette insurmontable difficulté. Il attire, entre autres, l'attention sur un fait qui met à néant toutes les tentatives d'explications tirées du *voisinage* et du *contact direct* des parties du cœur en question. « La contraction des veines précède toujours celle des oreillettes... ». écrit-il. « Les veines caves et les veines pulmonaires sont si éloignées les unes des autres que cette séparation locale rend incompréhensible comment les fibres musculaires pourraient amener ces contractions simultanées de ces veines (p. 172). »

Sans l'intervention des neurones la coordination des mouvements du muscle cardiaque serait donc une impossibilité absolue. Dans son premier travail sur le rôle du système nerveux intra-cardiaque, Volkmann (13) s'est exprimé de la manière suivante : « Les ganglions avec les fibres nerveuses qui les relient forment un système complet qui sert de base anatomique pour le principe coordinateur, grâce auquel les contractions des innombrables faisceaux musculaires se suivent dans un ordre combiné et conforme au but. »

Depuis 65 ans que le rôle des centres nerveux et ganglionnaires du cœur a été ainsi formulé, rien n'est venu infirmer la justesse de ces paroles. Au contraire, les innombrables recherches effectuées depuis ce temps sur le fonctionnement du cœur n'ont fait que la confirmer. Les observations sur la pointe du cœur ont fait ressortir le rôle des filets nerveux dans la coordination des contractions cardiaques ; la découverte de l'action régulatrice des nerfs pneumogastriques et accélérateurs nous a appris comment les excitations extérieures interviennent dans le mécanisme de la coordination des mouvements cardiaques ; mais la formule de VOLKMANN n'a pas cessé d'être exacte.

La suppression de l'action coordinatrice des centres nerveux provoque des contractions fibrillaires, le *délire du cœur*, comme dans l'expérience de KRONECKER et SCHMEY (198), dans le cas d'une embolie subite des artères coronaires, etc. Encore est-il certain que les contractions fibrillaires ne proviennent pas des excitations désordonnées qui frappent *directement* les fibres musculaires, autrement la tétanisation du cœur entier provoquerait des contractions tétaniques. Bien plus admissible semble l'explication donnée par KRONECKER, GLEY et autres, à savoir qu'elles sont provoquées par des excitations internes. La fibre musculaire du cœur est-elle en général susceptible de réagir à des excitations mécaniques, électriques ou chimiques en dehors de l'action intermédiaire des fibres nerveuses ? Cette question attend encore une solution définitive. Jusqu'à présent aucune preuve sérieuse n'a été fournie en faveur de l'excitabilité directe des fibres musculaires cardiaques. La théorie myogène manque donc de la première base indispensable.

L'inexcitabilité du cœur que KRONECKER et STIRLING (30) ont observée pendant certaine phase de la contraction et la *phase réfractaire* de MAREY constituent-elles un phénomène musculaire ou nerveux ? L'extra-systole, ainsi que le repos compensateur de MAREY, sont certainement des phénomènes nerveux, comme nous l'avons établi plus haut (p. 114). Il n'existe donc aucune raison d'assigner une cause différente à la *phase réfractaire* qui appartient évidemment au même ordre de phénomènes.

On ne trouvera le nœud dont dépend la solution définitive de ces questions que dans une étude plus approfondie de l'action des nerfs vasomoteurs du cœur, ce qui indique en même temps que les recherches doivent être poursuivies sur des cœurs de mammifères supérieurs. Les nombreuses expériences de KRONECKER et autres sur le rôle que joue l'obstruction subite des vaisseaux cardiaques dans la production du « délire du cœur » attestent, en tout cas, combien il est important pour le fonctionnement régulier du muscle cardiaque d'y maintenir la circulation normale.

Mais bien d'autres problèmes encore sont intimement liés au fonctionnement des nerfs vasomoteurs du cœur. De ce nombre est la question si importante de la relation qui peut exister entre la force des battements du cœur et l'intensité de l'excitation. Cette question est traitée plus loin très en détail. BOWDITCH a, comme on sait, établi que, l'excitabilité du cœur étant la même, la force des contractions cardiaques est indépendante de l'intensité de l'excitation. « L'excitation minimale est en même temps l'excitation maximale », selon la formule de KRONECKER. Le cœur, comme s'est exprimé RANVIER, donne « tout ou rien ». On verra plus loin que le cœur des mammifères semble se comporter d'une manière analogue. ZIEMSSEN (199), ayant eu l'occasion d'exciter chez une femme un cœur qui n'était recouvert que de la peau, est arrivé à une conclusion semblable : « L'effet de l'excitation, c'est-à-dire la contraction musculaire, quand elle se produisait, paraissait toujours d'une force égale, qu'elle fût provoquée par des courants faibles ou plus forts. »

La loi de BOWDITCH conserve-t-elle sa valeur quand, au lieu d'excitations artificielles, ce sont des excitations physiologiques qui provoquent normalement les contractions cardiaques ? Pour ceux qui admettent, avec KRONECKER, que « le cœur ne peut pas être amené à se contracter par des excitations mécaniques ou électriques » (148, p. 74), c'est-à-dire que les excitants extérieurs n'agissent sur le cœur qu'en favorisant certains échanges chimiques, qui, eux, constituent les véritables excitants cardiaques, pour ceux-là la réponse ne saurait faire de doute : la loi de BOWDITCH s'applique également aux excitations normales.

Mais, d'autre part, nombreux sont les faits qui indiquent que la force des battements du cœur varie dans des limites très larges. Souvent ces variations sont spontanées ou se produisent sous l'influence d'excitations nerveuses, notamment par l'entrée en jeu des nerfs accélérateurs ou modérateurs. La variation, dans ces cas, est si brusque qu'il est impossible de l'attribuer, comme le font plusieurs partisans des hypothèses myogènes, à une modification considérable qui se serait produite sous l'influence nerveuse dans l'état du muscle cardiaque. Pareille explication a, en outre, le défaut capital de ne rien expliquer, en réalité, puisqu'elle ne peut même pas indiquer la nature de cette modification.

Il est bien plus rationnel d'admettre que pour le muscle cardiaque la force des contractions se trouve sous la dépendance de l'intensité des excitations *normales*, ou, du moins, qu'elle est subordonnée à la nature des nerfs et des cellules ganglionnaires d'où provient l'excitation et peut-être aussi à l'état des fibres nerveuses ou de leurs terminaisons qui pourraient subir des changements brusques. Les augmentations ou les diminutions de la force des contractions cardiaques dépendant des fonctions particulières des nerfs qui peuvent faire varier cette force, il resterait encore à déterminer les conditions spéciales dans lesquelles se produisent ces variations.

Nous avons vu plus haut que l'excitation des pneumogastriques ou de certaines de leurs branches augmente la force des contractions. Pareille augmentation peut avoir des causes diverses. Elle pourrait, par exemple, dépendre d'une simple prolongation de la période diastolique : le ventricule ayant eu plus de temps pour se remplir de sang en jetterait une plus grande quantité dans les artères. Autre cause possible : un accroissement de l'excitabilité des cellules ganglionnaires motrices ou des fibres nerveuses motrices. Il y aurait même une troisième possibilité : les *nerfs dynamiques* seraient des nerfs vaso-moteurs du cœur, destinés à augmenter les forces motrices des muscles ou les quantités des excitants cardiaques. Il est difficile, pour ne pas dire impossible, de déterminer dès à présent laquelle de toutes ces conjectures répond à la réalité. Les rapports entre la fréquence des pulsations et leur force sont très complexes. La durée des différentes parties qui constituent une évolution cardiaque complète peut encore modifier ces rapports dans des limites assez larges : ainsi, par exemple, une systole très courte, mais suivie d'une diastole un peu prolongée, peut, sans changer la fréquence des pulsations, permettre aux ventricules de se

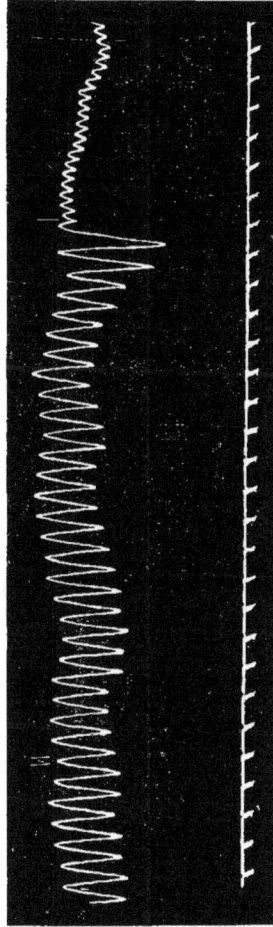

FIG. 28. — Pulsations renforcées provoquées par voie réflexe : excitation du bout central du sympathique du cou (CYON, 52, p. 188).

remplir davantage et d'exécuter un travail plus considérable. Mais on comprend que ce sont là des cas exceptionnels et qu'en général les pulsations plus fréquentes doivent être plus faibles, comme les pulsations plus lentes, *ceteris paribus*, doivent être plus fortes, et *vice versâ*. Une contraction très forte des ventricules, c'est-à-dire l'expulsion d'une plus grande quantité de sang — les résistances dans l'appareil circulatoire restant les mêmes, — exige une durée plus longue. Une augmentation de la force des contractions peut ainsi par elle-même produire un ralentissement. (Voir la fig. 28 qui représente les pulsations renforcées, provoquées par l'excitation réflexes des nerfs dynamiques.)

Il se pourrait donc que le ralentissement des *pulsations renforcées* (*Actionspulse* de CYON) fût une conséquence de l'augmentation de leur amplitude ; comme il est possible que dans certains cas l'augmentation de l'amplitude soit la conséquence du ralentissement. Dans ses études sur les poisons physiologiques du cœur, CYON estime prématuré de se prononcer d'une manière définitive sur la nature de l'action des *nerfs dynamiques* (*Actionsnerven*). Pour lui la division du travail du cœur est la conséquence d'un accord harmonieux entre l'action des nerfs accélérateurs et celle des nerfs modérateurs. Cet accord peut se produire aussi bien dans les centres cérébraux que dans les centres intracardiaques de ces nerfs. Bien plus, CYON admet la possibilité que de pareils accords s'accomplissent également dans les ganglions du grand sympathique traversés par les nerfs cardiaques. Voici quel serait, d'après lui, le schéma de la distribution des nerfs intracardiaques dans le cœur lui-même :

Les nerfs accélérateurs se rendent pour la plupart aux ganglions de REMAK qui, comme nous l'avons vu plus haut, déterminent la fréquence des pulsations ; les fibres cardiaques des pneumogastriques auraient, selon lui, un parcours intracardiaque plus compliqué. Une partie de ces fibres se rendrait par les nerfs de la cloison interauriculaire aux ganglions de BIDDER, qui règlent la force des contractions ventriculaires (V. plus haut, p. 98). Ce seraient là les *nerfs dynamiques* des battements des ventricules. Mais, l'augmentation de l'amplitude de ces contractions devant forcément influer sur la durée de chaque évolution du cœur, il est évident que, pour conserver l'accord harmonieux entre les battements du cœur, les cellules ganglionnaires de BIDDER doivent être en communication avec celles de REMAK, afin de pouvoir intervenir dans la fréquence des battements du cœur. Les fibres de retour (*rücklaufende Fasern*), qui se rendent de ces ganglions dans les parois des oreillettes, rempliraient, selon CYON, cette tâche coordinatrice de la fréquence et de la force des battements cardiaques.

Une autre partie des fibres modératrices des pneumogastriques est destinée à agir *directement* sur la fréquence des battements ; elle atteint ce but en prolongeant la période diastolique et en retardant ainsi le début de la prochaine systole. Le mécanisme par lequel ces fibres parviennent à prolonger la diastole serait, selon CYON, analogue à celui qui permet aux nerfs vasodilatateurs d'annuler ou de diminuer l'excitation tonique venant d'une autre source : du système nerveux moteur dans le cœur, — des nerfs vasoconstricteurs dans les petites artères. Ces fibres inhibitrices proprement dites des pneumogastriques diminueraient donc la tonicité des muscles cardiaques, et *c'est probablement par cette voie qu'elles prolongent la phase diastolique*.

CYON ne croit pas absolument indispensable que ces fibres agissent sur des cellules ganglionnaires qui reçoivent également les fibres motrices du cœur : les deux fibres antagonistes pourraient se rencontrer dans le réseau terminal pour aboutir ensemble aux *plaques motrices*. C'est dans ces dernières que pourrait se produire l'acte inhibitoire.

Les nerfs pneumogastriques du cœur suivraient donc deux voies dans cet organe : les uns traverseraient les ganglions de BIDDER et ne se rendraient qu'ensuite à ceux de REMAK où ils se rencontreraient avec les fibres accélératrices ; les autres se rendraient directement aux cellules motrices ou inhibitrices. Les premiers formeraient les *nerfs dynamiques* ; ils agissent avant tout sur les ventricules dont ils augmentent la force des contractions en réagissant en moins de temps sur leur fréquence. Les seconds, les nerfs inhibitoires proprement dits seraient répandus dans toutes les parties du cœur ; abaissant la tonicité du muscle cardiaque, ils prolongent ainsi la phase diastolique et diminuent indirectement la fréquence des pulsations. C'est de ces derniers que dépendrait la diminution de la force des contractions des oreillettes que tous les auteurs s'accordent à considérer comme la conséquence de l'excitation des pneumogastriques. Ce seraient aussi ces fibres nerveuses qui, violemment excitées, peuvent amener l'arrêt complet du cœur.

Il nous est impossible d'exposer ici toutes les raisons, tirées d'observations et d'expériences, que CYON invoque à l'appui de son schéma de la distribution des nerfs intracardiaques dans l'intérieur du cœur, ainsi que de leurs actions réciproques. Les principales sont empruntées à ses dernières recherches sur les poisons physiologiques du cœur. Nous avons vu plus haut que déjà GASKELL, HEIDENHAIN et autres attribuaient diverses fonctions aux fibres nerveuses des pneumogastriques. Mais c'est surtout PAWLOW qui a pris à tâche de démontrer l'existence chez ces nerfs de deux sortes de fibres : celles qui diminuent la pression sanguine, et celles qui augmentent le travail du cœur sans influencer le nombre des pulsations. Dans ses expériences sur les poisons du cœur, Cyon a très souvent obtenu, par l'excitation des pneumogastriques, une diminution de la pression sans ralentissement aucun ou une augmentation des pulsations avec ou sans ralentissement, mais sans diminution de la pression. Les pulsations renforcées qu'on obtient par l'excitation de l'hypophyse ou par l'effet des extraits de cette glande sont le prototype de ce dernier genre de pulsations. Nous avons vu qu'elles forment des séries régulières d'une longue durée, interrompues par des pulsations normales ou accélérées.

L'atropine et la nicotine paralysent, selon Cyon, les deux sortes de fibres des pneumogastriques. Mais, tandis que l'action paralysante de ces poisons sur les fibres dynamiques peut être abolie par l'influence de l'iodothyrine ou de l'hypophysine, il n'en est pas de même pour les fibres inhibitrices proprement dites; leur paralysie résiste à l'influence de ces poisons physiologiques. On pourrait expliquer cette différence de la manière suivante : l'iodothyrine et l'hypophysine possédant la propriété d'augmenter considérablement l'excitabilité des cellules ganglionnaires de Bidder qui régissent la force des contractions ventriculaires : telle excitation qui, se produisant sur les fibres inhibitrices des pneumogastriques, reste inefficace, pourrait alors devenir suffisante pour mettre en activité ces cellules ganglionnaires.

Les observations de Cyon sur le *pulsus bigeminus* donnent un appui précieux au schéma de l'innervation du cœur que nous venons d'exposer. Ces pulsations étranges, décrites pour la première fois par Traube, furent depuis observées par plusieurs auteurs et attribuées à des causes diverses. Dans ses études sur les rapports entre les nerfs du cœur et les corps thyroïdes, Cyon a eu l'occasion de voir le pouls bigémineux se produire régulièrement par suite de la thyroïdectomie ou de l'introduction de substances toxiques agissant sur l'une ou l'autre catégorie des nerfs cardiaques. On voit, dans ce cas, se produire des pulsations irrégulières en apparence, mais qui néanmoins présentent toujours deux traits caractéristiques : 1) Le nombre de ces pulsations dans l'unité de temps est toujours égal à la moitié du nombre des pulsations antérieures et postérieures à leur apparition ; 2) La première moitié d'un pouls bigémineux possède le plus souvent plus d'amplitude que la suivante. Cyon considère donc qu'en réalité un *pulsus bigeminus* se compose de deux pulsations : la première est due à la prédominance du pneumogastrique, la seconde à celle des nerfs accélérateurs. Il les désigne comme *des pulsations doubles, dues à un désaccord dans l'innervation des deux antagonistes*. Il suffit d'augmenter artificiellement l'excitation de l'un d'eux pour lui donner la prédominance : si c'est le pneumogastrique qui est excité, on obtient les grandes et lentes pulsations régulières qui appartiennent à l'excitation de ce nerf. Si c'est un accélérateur, les pulsations deviennent régulières aussi, mais petites et fréquentes. Plusieurs fois Cyon a réussi à *couper* une série de ces *pulsations doubles* en excitant le nerf dépresseur : dans ces cas évidemment la prédominance de l'un ou de l'autre des nerfs antagonistes du cœur était provoquée par voie réflexe. On voit aussi, dans la même étude de Cyon, des accès de *pulsations doubles* reparaître par suite d'une excitation réflexe ou directe d'un des antagonistes chaque fois, que par l'effet de troubles dans l'innervation cardiaque, il existe une désharmonie entre l'action du pneumogastrique et celle de l'accélérateur. L'augmentation de l'excitabilité d'un groupe de nerfs et la diminution de celle de leurs antagonistes est la cause la plus fréquente d'une pareille désharmonie.

Les dernières expériences de Cyon sur les poisons physiologiques du cœur ont apporté de nouvelles preuves à l'appui de cette interprétation du pouls bigémineux. Ainsi on y trouve maint exemple que, quand ce genre de pulsations apparaît au moment où le cœur exécute des contractions renforcées (*Actionspulse*), le pouls double se compose d'une pulsation renforcée à laquelle est accolée une petite pulsation accélérée. L'origine de ce pouls est ainsi rendue encore plus frappante.

Étant donnée cette origine du *pulsus bigeminus*, on comprend que la durée d'une pulsation double doit être égale à celle de deux pulsations normales. Il en est ainsi, en effet, comme l'avait déjà démontré autrefois Knoll.

La désharmonie dans l'intervention des nerfs antagonistes du cœur peut se manifester également par des pulsations triples, *pulsus trigeminus*. Deux pulsations de ce genre doivent être considérées comme égales à six pulsations ordinaires. D'habitude la première partie d'un *pulsus trigeminus* représente une pulsation due au pneumogastrique, et les deux suivantes des pulsations accéléréés.

Le schéma de l'innervation du cœur que nous venons d'indiquer, d'après les récentes recherches de CYON, ne peut naturellement être regardé comme étant définitif. De même que les schémas plus anciens de SCHMIEDEBERG et de HERMANN MUNK, ou celui plus récent de KAISER, il ne saurait avoir d'autre prétention que celle de rendre raison des faits actuellement connus et d'offrir un point de départ pour les recherches nouvelles. Nos connaissances relativement à l'innervation du cœur sont encore trop incomplètes pour permettre d'en donner à l'heure présente une théorie définitive. Nous avons déjà signalé l'insuffisance de nos renseignements en ce qui concerne l'action des nerfs vasomoteurs de cet organe. Une autre lacune provient de notre ignorance des processus chimiques intimes qui accompagnent les contractions du muscle cardiaque et qui sont la source de ses forces motrices. Ici nous sommes réduits à de vagues hypothèses, fondées elles-mêmes sur les données bien imparfaites encore que nous possédons quant aux échanges chimiques dans les muscles dépendant de la volonté. GASKELL a émis une conjecture très ingénieuse sur le rôle des nerfs dans ces actions chimiques : chaque fibre musculaire possèderait deux sortes de fibres nerveuses : l'une, qui exercerait une action chimique catabolique, destructive, l'autre dont l'action chimique serait, au contraire, reconstructive, anabolique; la première produirait l'état de contraction de muscle ; la seconde, l'état de repos. Mais, tant que nous ignorerons en quoi consiste le métabolisme des muscles, cette hypothèse ne sera pas d'un grand secours pour l'interprétation des phénomènes dont il s'agit. Appliquant sa théorie aux nerfs du cœur, GASKELL considère que les nerfs accélérateurs produisent une action catabolique, et les nerfs modérateurs une action anabolique. CYON a présenté plusieurs objections à cette explication, notamment celle-ci, qu'elle implique chez la cellule musculaire la faculté de reconnaître la source de l'excitation nerveuse qui lui parvient; la cellule « devait donc être non seulement *toute-puissante*, comme le veut ENGELMANN, mais encore omnisciente » (52 p. 132). A moins qu'on n'attribue sa diversité d'action à des appareils spéciaux intercalés entre les nerfs et les fibres musculaires. Mais cela irait à l'encontre de la doctrine myogène, dont GASKELL est un des promoteurs, et rendrait, par conséquent, superflue l'hypothèse elle-même, créée en vue de cette doctrine.

En outre, comment admettre que l'accumulation des substances *indispensables* pour l'accomplissement d'une contraction cardiaque soit justement une cause *d'empêchement* pour cette contraction? C'est pourtant là une conséquence forcée de l'hypothèse de GASKELL, qui admet que l'anabolisme est la cause de l'arrêt du cœur pendant l'excitation des nerfs pneumogastriques. Certes, les processus chimiques pendant le repos du muscle doivent différer de ceux qui accompagnent la contraction musculaire. Mais ce serait confondre les effets avec les causes que de vouloir attribuer à ces processus différents la faculté d'amener la contraction ou de décider du repos musculaire.

La discussion de l'action physiologique des nerfs du cœur a jusqu'à présent laissé de côté la question si intéressante du mécanisme par lequel les nerfs pneumogastriques exercent leur faculté inhibitrice. C'est là un problème de physiologie générale qui ne pourra être résolu avant que les phénomènes d'excitation et d'excitabilité nerveuses, surtout dans leurs rapports avec les cellules ganglionnaires, n'aient trouvé une application définitive et satisfaisante. L'inhibition cardiaque a été, néanmoins, l'objet de nombreuses hypothèses et théories. CLAUDE BERNARD (87), CYON (163), RANVIER (10) et tout récemment KAISER (163) l'ont considérée comme un phénomène d'interférences entre les excitations diverses, analogues aux interférences dans la domaine de la lumière, des sons, etc. ROSENTHAL à propos de l'inhibition dans le centre [nerveux respiratoire, a émis une autre hypothèse. En étudiant les phénomènes où un mouvement continu se transforme en un mouvement rythmique, ROSENTHAL a pris pour point de départ ce fait que le mouvement continu a toujours une *résistance* à vaincre avant de pouvoir se manifester. « Qu'on se représente un tuyau placé verticalement, fermé en bas par une plaque maintenue par un ressort, dans lequel l'eau s'écoule continuellement d'un réservoir. L'eau montera dans le tuyau jusqu'à ce que la pression atteigne la hauteur nécessaire pour vaincre la résistance du ressort; la plaque s'ouvrira et l'eau s'écoulera. La diminution de la pression permettra au ressort de fermer de nouveau la plaque, jusqu'à ce que le niveau de l'eau arrive à la hauteur première, etc. L'eau s'écoulera ainsi à des intervalles dépendant de la force du ressort et de la vitesse avec laquelle l'eau entrera dans le bout supérieur du tuyau. » (*Die Athembewgungen*. Berlin, 1862, 242.)

Les nerfs inhibitoires joueraient le rôle de pareils ressorts ; ils formeraient des résistances que les excitations des nerfs moteurs auraient à vaincre afin de pouvoir produire leur effet.

Le schéma de Rosenthal fut modifié par Bezold, et ensuite par Hermann. Ce dernier choisit comme modèle un tuyau rempli d'un liquide dans lequel monterait une bulle de gaz. La rythmicité s'obtiendrait plus aisément par ce schéma que par celui de Rosenthal. Mais le principe reste le même : il s'agit toujours d'un mouvement continu ayant à vaincre une résistance qui serait variable dans sa force.

Cette théorie, très ingénieuse dans son application à la rythmicité du cœur et par conséquent à l'intervention inhibitrice des pneumogastriques, fut dernièrement poussée à une discussion approfondie par Hjalmar Oehrwal (116). Mais pas plus que l'hypothèse de l'interférence, celle de la *résistance* ne saurait prétendre à donner une solution définitive du problème. Elle ne peut que satisfaire plus ou moins notre besoin de saisir le mécanisme intime d'un phénomène auquel, quand on étudie le fonctionnement du système nerveux, on se heurte à chaque pas.

A ce dernier point de vue, il est impossible de contester l'intérêt que présentent les observations de Gaskell et autres sur la diminution de la transmissibilité de l'excitation à travers le tissu cardiaque pendant l'excitation des pneumogastriques. Comme nous l'avons vu plus haut (p. 118), Gaskell (116) admet la possibilité que l'arrêt du cœur par suite de l'excitation des pneumogastriques dépende d'une diminution ou abolition de la conductibilité du tissu cardiaque. Mc. William (114), et ensuite Bayliss et Starling (113), ont également conclu de leurs expériences que l'arrêt des ventricules seuls ou des ventricules et des oreillettes, pendant que le sinus veineux continue ses contractions, dépendrait d'une diminution de la conductibilité dans les fibres musculaires. Cette diminution par suite de l'excitation des pneumogastriques n'a été, il est vrai, démontrée directement par aucun de ces auteurs. En la supposant réelle, elle s'expliquerait bien plus aisément par l'action de cette excitation sur les ganglions de la frontière atrio-ventriculaire qui, conformément aux expériences de Marchand, amènent normalement le retard de la contraction ventriculaire sur celle des oreillettes.

Pareille explication de l'action inhibitrice des pneumogastriques par une diminution de vitesse dans la transmission des excitations serait très admissible ; elle aurait même l'avantage de se baser sur l'analogie avec d'autres actions inhibitrices où une diminution de la transmissibilité a été directement provoquée. Nous n'avons qu'à rappeler les recherches de Cyon (51, 231) sur la diminution de la conductibilité de la moelle épinière pendant l'excitation des centres inhibiteurs des actions réflexes. Dans ces expériences, Cyon, usant des méthodes instituées par Helmholtz, a mesuré directement la vitesse de la propagation dans les centres nerveux, et il en a démontré d'une manière certaine la diminution notable sous l'influence des centres inhibitoires situés dans le cerveau. Des données expérimentales recueillies ultérieurement par le même auteur (51, 233) sur le mécanisme intime de l'inhibition de l'action réflexe peuvent également s'appliquer à l'inhibition des contractions cardiaques. Il résulte de ces observations que, dès le début de l'excitation cutanée, malgré l'excitation du *thalamus opticus* considéré comme l'appareil inhibitoire de l'action réflexe, la tonicité du muscle commence à augmenter, mais que néanmoins sa contraction est considérablement retardée. Cette contraction est dans ce cas plus forte qu'avant l'excitation de l'appareil inhibitoire. *Le retard dans la contraction en augmente donc la force (par la sommation), comme la prolongation de la diastole donne plus d'amplitude à la contraction cardiaque suivante.*

On voit qu'il existe certaines analogies entre l'inhibition de la contraction cardiaque par les pneumogastriques et celle de l'acte réflexe affaiblissent de la conductibilité dans les neurones et accumulation des forces excitatives pendant l'inhibition ; « le retard dans la production réflexe, concluait Cyon (51, p. 236), provient d'une augmentation des résistances qui s'opposent à la transmission de l'excitation à travers les cellules ganglionnaires ».

Les observations de Gaskell, de Bayliss et Starling, sur les retards que subit la contraction ventriculaire pendant l'excitation des pneumogastriques n'ont probablement pas d'autre raison d'être *que cette augmentation des résistances dans les neurones du cœur.* Loin de dépendre d'une diminution de conductibilité dans le tissu musculaire du cœur, ces phénomènes ont une origine purement nerveuse. C'est donc bien à tort que HOFFMANN (164) et autres les invoquent comme un argument à l'appui de la théorie myogène. On n'est pas autorisé à attribuer des propriétés hypothétiques à des tissus musculaires pour expliquer des phénomènes qui ailleurs dépendent du système nerveux, ainsi que le fait a été démontré d'une manière précise et incontestable.

Il ne sera possible de construire une théorie complète de l'action inhibitrice des nerfs modérateurs du cœur que quand on connaîtra exactement la nature des excitants physiologiques qui provoquent l'automatie cardiaque. Ces excitants sont-ils d'origine chimique ou mécanique? La première origine est de beaucoup la plus probable. Nous savons déjà par les expériences de CYON (29), de HJALMAR OEHRWALL (32) [et celles toutes récentes de PORTER, que la présence de l'oxygène est une condition indispensable pour la production de ces agents.

Mais, tandis que CYON considérait l'oxygène comme indispensable pour la production des excitations cardiaques, KLUG, OEHRWALL, PORTER et autres semblaient admettre que la présence de ce gaz était surtout nécessaire pour rendre le muscle cardiaque à même de remplir ses fonctions mécaniques. Tout récemment KRONECKER a communiqué à la Société physiologique de Berlin les résultats et les recherches exécutées par JULIA DIVINE (200) sur le même sujet, qui ne paraissent pas laisser de doute, que, si l'oxygène est indispensable pour le fonctionnement du cœur, c'est bien par son action comme *excitant* des contractions cardiaques dans le sens de CYON, et nullement par la production des forces motrices du muscle cardiaque. En effet, JULIA DIVINE a observé que, si dans la pointe du cœur préparée selon la méthode de KRONECKER, on entretenait, au moyen de la *canule de perfusion*, la circulation artificielle du sang, et si on remplaçait l'oxygène de ce sang par CO, *la force des battements du cœur restait presque la même qu'auparavant.* Dans ces expériences les battements étaient naturellement provoqués par des excitations électriques. Il résulte donc de la possibilité du muscle cardiaque de répondre aux excitations par des contractions régulières, même si le sang est privé de O, que l'impossibilité pour le cœur entier de se contracter régulièrement et spontanément (quand dans ces expériences CYON remplaçait ce gaz par quelque gaz indifférent) ne pouvait dépendre que de l'absence de l'excitant normal du cœur. C'est-à-dire que *l'oxygène,* comme CYON l'a reconnu en 1867, *sert d'excitant pour les cellules ganglionnaires motrices du cœur* (23, 82).

Nous avons vu, d'autre part, que dans certaines limites la fréquence et la force des battements sont des fonctions directes des variations de la température cardiaque, et cela aussi bien chez les vertébrés à sang froid (CYON) que chez les mammifères (NEWELL-MARTIN, LANGENDORFF). Existe-t-il une corrélation entre le rôle de l'oxygène et les variations thermiques dans la production de l'automatisme? C'est possible, mais en l'absence de toute indication sur la nature de cette corrélation, il serait prématuré d'émettre des hypothèses à ce sujet. Peut-être s'agit-il ici des phénomènes analogues à ceux que PFLUGER a étudiés, et qu'il a désignés sous le nom de la chaleur d'explosion (*Explosionswärme*).

Les nombreuses observations faites sur l'excitation des mouvements cardiaques par le liquide de RINGER et autres solutions inorganiques de même nature présentent certainement un puissant intérêt pour l'étude des excitants physiologiques des nerfs et des ganglions du cœur. Ces solutions salines exigent-elles la présence de l'oxygène libre afin de pouvoir exercer leur action excitante? c'est possible. Des recherches spéciales dirigées dans ce sens nous paraissent être tout indiquées dans l'état actuel du problème. En attendant, mentionnons les derniers travaux sur l'action des sels inorganiques sortis du Laboratoire de physiologie et Berne, sous la direction de KRONECKER, ainsi que ceux de W. H. HOWELL (Laboratoire de *Johns Hopkins University*) et de son élève GREENE. PÉLAGIE BETSCHASNOFF (201) a étudié la dépendance de la fréquence des battements du cœur de son liquide nutritif. Elle a observé que le sang trop dilué par la solution saline physiologique produit des contractions plus rares. L'adjonction du chlorure de calcium au liquide de RINGER augmente sa puissance excitante; il en est de même avec le bicarbonate de soude (0,1 p. 1000).

Des nombreuses conclusions de l'important travail de HOWELL (202) exécuté surtout sur des morceaux de la veine cave de tortue plongés dans des liquides nutritifs de composition diverse, nous ne voulons relever que les deux suivantes : 1° dans des conditions normales l'excitant qui produit des contractions cardiaques dépend de la présence du calcium dans ces liquides; une certaine quantité de potassium est pourtant indispensable pour des contractions rythmiques; 2° le tissu musculaire du ventricule de la grenouille et de la tortue n'est pas susceptible de contractions automatiques mêmes quand il est rempli du sang, du sérum ou du liquide de RINGER contenant un mélange de potasse, de soude, et de calcium, dans les mêmes proportions que dans le sang; 3° le contraire a lieu quand on soumet à l'action de mêmes liquides les parties veineuses du cœur.

Il me paraît résulter avec évidence de ces trois faits que l'action excitante de ces sels inorganiques ne peut s'exercer que sur les parties nerveuses et ganglionnaires se trouvant dans le sinus veineux, mais pas sur le muscle ou plutôt sur les réseaux nerveux de la *pointe du cœur.*

Quand on examine de plus près les expériences de PORTER exécutées au Congrès physiologique de Cambridge pour démontrer l'action de l'oxygène à haute pression selon la méthode indiquée par F. S. LOCKE (203), on doit reconnaître que l'oxygène est à même de servir d'excitant aussi bien pour les cellules ganglionnaires des parties supérieures du ventricule que pour les ganglions de REMAK.

Les poisons physiologiques du cœur, et surtout l'hypophysine, qui excite à un si haut degré les ganglions de BIDDER, exercent-ils une influence directe sur l'automatie des mouvements cardiaques? Des études ultérieures pourront seules répondre à cette question.

Les excitants mécaniques, en tant qu'augmentation ou diminution de la tension du muscle cardiaque, ne paraissent pas jouer un rôle dominant dans l'automatisme du cœur. Cela ressort de ce fait qu'après un repos prolongé le cœur peut recommencer à se contracter sans qu'aucun changement de tension extérieure ou intérieure ait précédé ces contractions. Par contre, ces excitants mécaniques exercent une action considérable sur la régularisation du rythme et la force des contractions. Les expériences relatées plus haut (p. 127 et suiv.) ne laissent aucun doute à ce sujet.

Nous avons vu que le cœur des vertébrés à sang froid, et même celui des mammifères, peuvent pendant un laps de temps assez long, continuer leurs contractions rythmiques, quand, isolés du reste du corps, ils sont maintenus dans de bonnes conditions de nutrition et de température. Ce fait autorise-t-il à conclure d'une manière absolue que chez ces animaux et surtout chez les vertébrés supérieurs l'automatisme du cœur soit entièrement indépendant du système nerveux central, c'est-à-dire que ce dernier système, qui intervient déjà si efficacement dans la régularisation des battements du cœur soit incapable de les provoquer? En d'autres termes, parmi les nombreux nerfs qui se rendent au cœur — modérateurs, accélérateurs et vasomoteurs, — s'en trouve-t-il qui puissent exciter directement des contractions cardiaques? Il est difficile de le nier d'une manière absolue en se fondant uniquement sur ce fait que le cœur isolé du corps garde la faculté de continuer ses mouvements. Dans l'état actuel de nos connaissances on ne saurait même pas affirmer positivement que chez les mammifères le centre nerveux du cerveau ou des ganglions sympathiques ne fournissent pas, à l'état normal, des excitants qui provoquent l'automatisme. Il n'y a point contradiction entre cette possibilité et l'existence d'un automatisme des centres intracardiaques. Ce dernier pourrait très bien coexister avec celui des centres automatiques situés dans le cerveau ou dans les ganglions du sympathique; il pourrait même n'être qu'un auxiliaire ou un supplément de ces derniers. Les graves troubles cardiaques qui suivent, chez les vertébrés supérieurs, l'ablation ou les altérations morbides des centres extracardiaques, ne sauraient être invoqués ni pour ni contre leur pouvoir automatique. Ils peuvent parfaitement s'expliquer par les perturbations apportées dans le mécanisme régularisateur de l'action cardiaque.

Le problème attendra probablement encore longtemps une solution définitive. Mais l'impossibilité de le résoudre actuellement démontre combien on est peu fondé à vouloir déposséder le système nerveux intracardiaque lui-même de son pouvoir automatique, et cela en faveur des cellules musculaires. Une pareille tendance ne rappelle que trop les doctrines par lesquelles une certaine école d'économistes, pour exalter d'autant le travail manuel de l'ouvrier, s'applique à déposséder de tout mérite dans le progrès de l'humanité l'intelligence qui crée des industries, découvre des richesses, invente des machines, règle la production, divise le travail, multiplie les débouchés et provoque la consommation universelle. Contre le rôle du système nerveux dans le cœur des vertébrés supérieurs, les partisans de la théorie myogène arguent de l'automatisme du cœur chez certains *tuniciers*, tout comme les économistes dont nous parlons font valoir le grand rôle du travail manuel, dans les sociétés primitives, avant la naissance de toute industrie.

Bibliographie. — 1. REMAK (*Archiv f. Anat. und Physiol.*, 1844, 463). — 2. LUDWIG. *Ueber die Herznerven des Frosches (Ibid.*, 1848, 139). — 3. BIDDER. *Ueber funktionnel verschiedene und raumlich getrennte Nervencentra des Froschherzens (Ibid.*, 185 , II, 169). — 4. LEO GERLACH (*Arch. für pathol. Anatomie*, 1876, V, LXVI, 187). — 5. CLOETTA. *Verhandl. der phys.-med. Ges. zu Wurzburg*, III, 64, 1852). — 6. SCHWEIGGER-SEIDEL. *Das Herz.* (*Stricker's Handbuch der Lehre von den Geweben*, 1871, 185). — 7. DOGIEL (*Arch. f. mikr. Anatomie*, XIV, 470, 1877). — 8. DOGIEL et TUMANZOW. *Zur Lehre über das Nervensystem des Herzens (Ibid.*, 1890, Bd 36, 483). — 9. FRIEDLÄNDER (*Unters. aus dem phys. Lab. z. Würzburg*, II, 1867, (159). — 10. RANVIER. (*Leçons d'anatomie générale*, Paris, 1880). — 11. LANGERHANS (*A. P.*, LVIII, 1873, 65). — 12. VIGNAL. *Recherches sur l'appareil gangl. du cœur des vertébrés* (*A. P.*, 1881, 926). — 13. VOLKMANN (*Arch. f. An. u. Phys.*, 1844, 419). — 14. STANNIUS. *Zwei Reihen phys. Versuche (Ibid.*, 1852). — 15. BIDDER (*ibid.*, 1866, 20). — 16. HEIDENHAIN. *Erörterungen über die Bewegungen der Froschherzens (Ibid.*, 1858). — 17. LUDWIG et HOFFA (*Zeitschrift f. rat. Med.*, IX, 1849, 127). — 18. ECKHARD (*Beiträge zur An. und Phys.*, 1876, 7). — 19. DOGIEL (*C. W.*, 1890). — 20. LUDWIG (*Lehrbuch der Physiologie*, 1858)· — 21. GOLTZ (*A. A. P.*, 1861). — 22. KLUG (*C. W.*, 1881). — 23. CYON (E.). *Ueber den Einfluss der Temperaturänderungen auf Zahl, Dauer und Stärke der Herzschläge (Arb. a. d. phys. Anst. zu Leipzig*, 1866; *Gesammelte phys. Arbeiten*, Berlin, 1888); — 24. *Ueber den Einfluss der Temperaturänderungen auf die centralen Enden der Herznerven (A. g. P.*, 1874; *Ges. phys. Arb.*, Berlin, 1888). — 25. LUCIANI. *Eine periodische Funktion des isolirten Froschherzens (Arb. a. d. phys. Anst. Leipzig*, 1872). — 26. ROSSBACH. *Ueber die Umwandlung der periodisch aussetzenden Schlagfolge, etc. (Ibid.*, 1874). — 27. SOKOLOW (O.) et LUCHSINGER (*A. g. P.*, 1880). — 28. LANGENDORFF. *Studien über die Rhythmik der Herzens (A. P.*, 1884, Suppl.). — 29. CYON (E.). *L'influence de l'acide carbonique et de l'oxygène sur le cœur (C. R.*, 1867; *Ges. phys. Arb.*, Berlin, 1888). — 30. KRONECKER et STIRLING. *Das characteristische Merkmal der Herzmuskelbewegung (Beitrage zur An. und Phys. Festgabe an CARL LUDWIG*, 1875). — 31. KLUG (*A. P.*, 1879). — 32. HJALMAR OEHRWALL. *Erstickung und Wiedererweckeng des isolirten Froschherzens. Ueber die periodische Function der Herzens (Skand. Arch. f. Phys.*, VII et VIII, 1897 et 1898). — 33. LUCIANI. *Del fenomeno di Cheyne-Stokes*, Firenze, 1879. — 34. LOVÈN (*Mittheilungen vom phys. Lab. in Stockholm*, 1886). — 35. STRÖMBERG et TIGERSTEDT (*Ibid.*, 1888). — 36. GASKELL (*Philosophical Transactions*, 1882)· — 37. BEZOLD (V.) (*A. A. P.*, 1858). — 38. ENGELMANN. *Onderzoekingen gedaan in het phys. Laborat.*, IV, 2e l., Utrecht (*A. g. P.*, LXV, 1896). — 39. DOGIEL (*Arch. f. mikr. An.*, 1877). — 40. PROTOPOPOW (*A. g. P.*, LXVI, 1897). — 41. VULPIAN (*B. B.*, 1858). — 42. WALLER et REID (*Philosophical Transactions*, 1887). — 43. CYON (E.). *L'influence des hautes pressions barométriques (A. P.*, 1883, *Jubelband*). — 44. NEWELL MARTIN (*Phil. Trans.*, 1883). — 45· LANGENDORFF. *Untersuchungen am überlebenden Säugethierherzen (A. g. P., de Pflüger*, LXI et LXVI). — 46. HEDBOM (KARL). *Ueber die Einwirkung verschiedener Stoffe auf das isolirte Säugethierherz (Skand. Arch. f. Phys.*, 1898). — 47. WOOLDRIDGE (*A. P.*, Suppl.)· — 48. TIGERSTEDT (*Ibid.*, 1884). — 49. KREHL et ROMBERG. *Ueber die Bedeutung des Herzmuskels, etc.* (*Arbeiten a. d. med. Kl. zu Leipzig von Curschmann*, 1893). — 50. CYON (E.). *Methodik der physiologischen Experimente und Vivisectionen*, Saint-Pétersbourg et Giessen, 1876, pl. XVI); — 51 (*Gesammelte phys. Arbeiten*, Berlin, 1888, pl. 2, 3 et 5); — 52. *Beitrage zur Physiologie der Schilddrüse und des Herzens*, Bonn, 1898, pl. 1. — 53. GALIEN. *De usu partium*, VI, § 18, I, 447 (édition Daremberg). — 54. WILLIS (THOMAS)· *Cerebr. Anatome, cui accessit nervorum descriptio et usus* (*Opera omnia*. Amstelod., 1682). — 55. LOWER (RICH.). *Tractatus de corde*. — 56. PICCOLOMINI. *Praelect. anatom.*, Rome, 1586. — 57. VALSALVA. *Opera recens. Morgagni*, 1740, I. — 58. WHYTT (R.). *An essay on the vital and other involontary motions of animals*, Edimbourg, 1751. — 59. BEZOLD (ALBERT v.). *Untersuchungen über die Innervation des Herzens*, Leipzig, 1863, 8. — 60. HALLER. *Causae motus cordis*, Lausanne, 1757. — 61. HUMBOLDT (AL. v.). *Gereizte Muskel-und Nervenfaser*, 1799. — 62. LEGALLOIS. *Expériences sur le principe de la vie, etc.*, Paris, 1812. Œuvres complètes, 1830, I. — 63. WILSON PHILIP. *An experimental inquiry into the laws of the vital functions, etc.* London, 1818. — 64. MAGENDIE. *Précis élémentaire de physiologie*, Paris, 1825. — 65. LUDWIG (*Arch. de* MÜLLER, 1847). — 66. WEBER (EDWARD). *Handwörterbuch der Physiologie*, 1846. — 67. VOLKMANN (*Arch. de* J. MÜLLER, 1838). — 68. BUDGE (*Arch. f. phys. Heilkunde*, |1848; *Arch. de* J. MÜLLER, 1846). — 69. SCHIFF (M.) (*Ibid.*, 1848; *Untersuchungen zur Naturlehre*, 1859-1860). — 70. MOLESCHOTT (*Ibid.*, 1860-1862). — 71. PFLÜGER (E.) (*Arch. de* J. MÜLLER, 1859; *Untersuch. a. d. phys. Labor. zu Bonn*, Berlin, 1865). — 72. BROWN-SÉQUARD. *Experimental Researches applied to physiology, etc.*, New-York, 1853; R. B., 1853. — 73. GOLTZ (A. A. P., XXI-XXIII). — 74. PANUM (*Ibid.*, 1864, XXVII). — 75. CYON (E. et M.). *Innervation des Herzens vom Rückenmarke aus* (C. W., 1866; A. P., 1867; C. R., 1867). — 76. LUDWIG et THIRY (*Ak. W.*, 1864). — 77. CYON et LUDWIG. *Die Reflexe eines sensiblen Herznerven auf die motorischen N. der Blutgefässe* (*Arb. a. d. phys. Anst. zu Leipzig*, 1866). — 78. V. BEZOLD et BEVER (*Unters. a. d. phys. Lab. zu Würzburg*, 1867). — 79. SCHMIEDEBERG (O.). *Ueber die Innervationsverhältnisse des Hundeherzens* (*Arb. a. d. phys. Anst. zu Leipzig*, 1871). — 80. BOEHM (R.) (A. P. P., IV, 1875). — 81. WALLER (*Gaz. méd. de Paris*, 1856). — 82. SCHIFF (*Lehrbuch. d. Phys.* Lahn., 1858). — 83. HEIDENHAIN. *Studien d. phys. Inst. zu Breslau*, 1865. — 84. GIANNUZZI. *Ricerche eseguite nel gab. d. fis. d. Sienna*, 1871. — 85. ECKHARD (*Beiträge z. Anat. u. Phys.*, 1878). — 86. LABORDE (A. de P., 1888). — 87. BERNARD (CLAUDE). *Leçons sur la physiologie d. syst. nerveux*, 1858, II. — 88. EINBRODT (*Arch. f. An. u. Phys.*, 1859). — 89. WAGNER (R.). *Neurologische Untersuchungen*, Gottingen, 1854. — 90. SCHELSKE. *Ueber die Veränderung der Erregbarkeit des Nerven durch die Wärme*, 1860. — 91. SCHMIEDEBERG. *Untersuchungen über die Giftwirkungen am Froschherzen* (*Arb. a. d. phys. Anst. zu Leipzig*, 1870). — 92. FREDERICQ (L.). *Physiologie du poulpe commun* (*Arch. d. zoologie expérim.*, 1878, VII). — 93. RANSOM. *On the cardiac rythm of Invertebrata* (J. P., 1883). — 94. FUCHS. *Beiträge zur Phys., etc., d. Cephalopoden* (A. g. P., LX). — 95. FOSTER (*Ibid.*, 1872). — 96. DOGIEL. (A. de P., 1877). — 97. PLATEAU (*Archives belges de Biologie*, 1880). — 98. HENLE (*Zeitsch. f. rat. Med.*, 1852). — 99. CZERMAK (*Prager Vierteljahrschrift*, 100, 1868). — 100. THANHOFFER (C. W., 1875). — 101. SCHIFF (*Arch. f. phys. Heilkunde*, 1849). — 102. DONDERS (A. g. P., 1868-1872). — 103. CYON (E.). *Ueber die Wurz. d. welche das Rückenmark die Gefässnerven f. d. Vorderpfote aussendet* (*Arb. a. d. phys. Anst. zu Leipzig*, 1878). — 104. MEYER (A. B.). *Das Hemmungsnerven-system des Herzens*, Berlin, 1869. — 105. GASKELL (J. P., 1882); — 106-107-108. CYON (E.). *Die physiologischen Herzgifte* (A. g. P., t. 72, 73 et 74). — 109. PAWLOW (J. P.). *Einfluss des Vagus auf die linke Herzkammer* (A. P., 1887). — 110. COATS. *Wie änderen sich durch die Erregung des N. vagus die Arbeit und die innern Reize des Herzens* (*Arb. a. d. phys. Anst. zu Leipzig*, 1869). — 111. ROY et ADAMI. *Philosophical Transactions*, 1881. — 112. TIGERSTEDT et JOHANSON. *Mitteilungen v. phys. Lab. in Stockholm*, 1889). — 113. BAYLISS et STARLING. J. P.,, 1892. — 114. MC WILLIAM. *Ibid.*, 1888. — 115. PAWLOW. *Ueber die centrifugalen Nerven des Herzens* (A. P., 1887). — 116. GASKELL. *Proc. Roy. Soc.*, 1881, (*Philosophical Transactions*, 1882. — 117. HEIDENHAIN (A. g. P., 1882). — 118. WOOLDRIDGE (A. P., 1883). — 119. GASKELL, J. P., VII. — 120. BARBERA. *Ueber die Erregbarkeit von Herz und Gefässnerven, etc.* (A. g. P., LXVIII). — 121. CYON (E.). *Die Verrichtungen der Hypophyse* (*Ibid.*, LXXI; C. R., 1898). — |122. CYON (E.) et ALADOFF. *Bull. de l'Ac. des sc. de Saint-Pétersbourg*, 1871 (*Ges. phys. Arb.* Berlin, 1888). — 123. FRANCK (FRANÇOIS). A. de P., 1891. — 124. KNOLL (PH.). *Ueber die Wirkungen der Herzvagi bei Warmblütern* (A. g. P., LXVII, 1897). — 125. BEZOLD (v.). *Untersuch. a. d. phys. Lab. de Wurzburg*, II, 1867. — 126. SCHMIEDEBERG. *Ueber die Innervationsverhältnisse des Hundeherzens* (*Arb. a. d. ph. Anst. z.* Leipzig, 1871). — 127. BOWDITCH. *Ueber die Interferenz der retardirenden und beschleunigenden Herznerven* (*Arb. a. d. ph. Anst. Leipzig*, 1872). — 128. BAXT. *Ueber die Stellung des Nervus Vagus zum N. Accelerans cordis* (*Ibid.*, 1875). — 129. GASKELL. J. P., 1884-1885. — 130. *Ibid.*, 1886. — 131. WUNDT. *Verhandlungen des naturhistorisch-med. Vereins zu Heidelberg*, 1860. — 132. CYON (E). *Hemmungen und Erregungen im Central-system des Gefässnerven* (*Ges. phys. Arb.*, 1888). — 133. GASKELL et GADOW. *On the anatomy of the cardiac nerves in certain cold-blooded vertebr.* (J. P., V, 1885). — '134. MELTZER. A.

P., 1892). — 135. REID HUNT. *Expériments on the relation of the inhibitory to the accelerator nerves of the heart (The Journal of experim. Medicine,* II). — 136. FRANCK (FR.). *Gaz. hebdomadaire,* 1879, 232. — 137. CYON (E.). *Der N. depressor beim Pferde (Ges. phys. Arb.,* Berlin, 1888). — 138. *Ueber die Verrichtungen der Hypophyse.* 2e *Comm.* (A. *g. P.,* LXXII). — 139. HOWELL. *The physiol. effects of extracts of the hypoph. cereb,. (Journal of experim. Medicin,* III, fasc. 2, 1898). — 140. OLIVER et SCHAEFER. *On the physiolog. effects of extracts of the suprenal capsules* (J. P., XVIII). — 141. SZYMONOWICZ, *Die Function der Nebenniere* (A. *g. P.,* CLXIV, 1896). — 142. CYBULSKI. *Ueber die Function der Nebennieren* (C. R., 1895, 5 mars; *Wiener Med. Wochenschrift,* 1896, nos 6 et 7). — 143. VELICH. *Ueber die Wirkung des Nebennierensaftes auf d. Blutkreislauf (Wien. med. Blätter,* 1896, nos 15 et 21). — 144. GOTTLIEB. *Ueber die Wirkung d. Neb. Extract. auf's Herz* (A. P. P., 1896). — 145. LANGLOIS (PAUL). *Les capsules surrénales (Travaux du Laboratoire de Physiologie de* CH. RICHET, Paris, 1897). *Recherches sur l'identité phys. du principe actif des capsules surrénales (A. de P.,* 1898). — 146. CYON (E.). *Ueber die phys. Bestimmung der wirksamen Substanz d. Nebennieren* (A. *g. P.,* LXXII). *Die phys. Herzgifte* (3e partie, *Ibid.,* LXXIV). — 147. HIS JUN. et ROMBERG. *Beiträge zur Herzinnervation (Curschmann's Arb. a. d. Med. Klinik: zu Leipzig,* 1897). — 148. KRONECKER (H.). *Ueber Störung der Coordination der Herzmuskelschlages* (Zeitschrift f. Biologie, 1897. Jubelband für Kühne). — 149. RETZIUS (GUSTAF). *Biologisch. Untersuch.* Stockholm. N. Folge, 1892. — 150. BERNARD (CLAUDE). *Leçons sur les phénomènes de la vie,* 1878, I, 151. — 151. PICKERING. *Observations on the Phys. of the embryonic heart* (J. P., XIV, XVIII et XX). — 152. SCHMIEDEBERG. *Grundrisse der Arzneimittellehre.* 2e éd., 1888, Leipzig. — 153. GASKELL. *On the Action of Muscarin upon the heart, etc.* (J. P., 1887, VIII). — 154. LATSCHENBERGER et DEAHNA. *Beiträge zur Lehre von der reflectorischen Erregung der Gefässmuskeln* (A. *g. P.,* XII). — 155. HEIDENHAIN et BUBNOF. *Ueber Erregungs und Hemmungsvorgänge innerhalb der mot. Hirncentra* (A. *g. P.,* XXVI, 181). — 156. HERING (H.-E.) et SHERRINGTON. *Ueber Hemmung des Contraction willkührlicher Muskeln bei electr. Reiz. der Grosshirnrinde* (A. *g. P.,* LXVIII). — 157. ENGELMANN. *Ueber die Leitung der Erregung im Herzmuskel* (A. *g. P.,* 1875, XI, 465; LVI, 1894). — 158. FICK (A.). *Sitzungsberichte der med. phys. Gesellschaft,* Würzburg, 13 juin 1874). — 159. HEYMANS et DEMOOR. *Étude de l'innervation du cœur des Vertébrés* (*Arch. de biologie,* 1895, XIII, 619). — 160. ENGELMANN (TH.-W.). *Beobachtungen und Versuche am suspendirten Herzen* (2e partie. A. *g. P.,* 1894). — 161. WALLER et REID. *Philosoph. Transactions,* Roy. Society. London, 1887, CLXXVIII. — 162. CYON (E.). *Ueber die Fortpflanzungsgeschwindigkeit der Erregung (Gesammelte physiologische Arbeiten,* 1888, Berlin, 228). — 163. KAISER (Z. B., 1894, XXXII, 4). — 164. HOFMANN (F.-B.). *Beiträge zur Lehre der Herzinnervation* (A. *g. P.,* LXXII, 1898). — 165. ZWAARDEMAKER. *Over ischaemie von den Hartswand* (Preisschrift. Amsterdam, 1883). — 166. MUSKENS, *Ueber Reflexe von der Herzkammer auf das Herz des Frosches* (A. *g. P.,* LXVI). — 167. KNOLL (PH.). *Ueber die Veränderungen des Herzschlages bei reflectorische Erregung des vasomotorischen Nervensystems* (Ak. W., LXVI, 3e section). — 168. NAVROCKI. *Beiträge zur Anatomie und Physiologie, als Festgabe* CARL LUDWIG *gewidmet.* Leipzig, 1874. — 169. TSCHIRJIEW (S.). *Ueber den Einfluss der Blutdruckschwankungen auf den Herzrhythmus* (A. P., 1877). — 170. JOHANSSON. *Ibid.,* 1891. — 171. MAREY. *La Circulation du sang,* Paris, 1881, 144. — 172. *Mémoires de la Société de biologie,* Paris, 1859. — 173. VULPIAN. *Leçons sur l'appareil vasomoteur.* Paris, 1875, II, 16e leçon. — 174. BEZOLD (V.). *Untersuchungen aus d. Laboratorium zu Wurzburg,* 1868. — 175. SCHIFF (*Arch. d. sc. phys. et nat.,* Genève, 1878). — 176. LUDWIG et LUCHSINGER A. *g. P.,* 1881. — 177. TRAUBE (L.). *Ges. phys. u. path. Beiträge.* Berlin, 1871. — 178. BERNSTEIN. A. P., 1864, 650-666. — 179. HERING (H.-E.). *Ueber die Beziehung der extracardialen Herznerven zur Steigerung des Herzschlagzahl bei Muskelthätigkeit* (A. g. P., LX, 1895). — 180. STRICKER et WAGNER. *Wiener med. Jahrbücher,* 1878. — 181. ROY et ADAMI. *Philosoph. Transactions,* 1892, V, 183. — 182. BERNARD (CLAUDE). *Journal d'Anct Phys.,* 1868, 338. — 183. REYNIER (P.). *Des nerfs du cœur.* Paris, 1880. — 184. GOLTZ. *Herz und Vagus* (A. A. P., 1863 et 1864). — 185. BERNSTEIN. *Untersuchungen über d. Mechanismus der regulatorischen Herznervensystems* (A. P., 1864, 615-640). — 186. ASP. *Beobachtungen über Gefässnerven* (Arb. a. d. phys. Anst. zu Leipzig, 1867). — 187. HERING (E.). Ak. W., 1871, LXIV, 2. — 188. COUTY et CHARPENTIER. A. de P., 1877, 525. — 189. HOLMGREN. *Upsala Läkareförenings förhandlingar,* 1867, II. — 190. KRATSCHMER. Ak. W., 1870, LXII. — 191. CYON. *Die Verrichtungen der Hypophyse.* (3te *Mitth.* A. *g. P.,*

LXXIII). *Bulletin d. l'Ac. d. Méd.*, 22 novembre 1898. — 192. LOMAKINE. *Ueber die nervösen Verbindungen, etc.* (A. P., 1898.) — 193. ENGELMANN. *Ueber den myogenen Ursprung der Herzthätigkeit.* (A. g. P., LXV). — 194. REMAK. *Ueber die Zusammenziehung der Muskelprimitivbündel.* (Arch. d. J. MÜLLER, 1843, 182.) — 195. SCHIFF. *Der Modus der Herzbewegung.* (Arch. f. phys. Heilkund, X, Jahrg. 1850). — 196. MARTIUS. *Die Entschöpfung und Ernährung der Froschherzens* (A. P., 1882). — 197. H. E. HERING. *Methode zur Isolirung des Herz, Lungen, Coronarkreislaufes bei unblutiger Ausschaltung des ganzen Nervensystems* (A. g. P., 72). — 198. KRONECKER et SCUMEY. *Sitz d. K. pr. Ak. d. Wiss. zu Berlin; phys. math. Classe,* 1884, 8. — 199. ZIEMSSEN. *Studien über die normalen Bewegungsvorgänge am menschlichen Herzen, etc.* Leipzig, 1881. — 200. JULIA DIVINE. *Ueber die Athmung des Krötenherzens.* (A. P., 1898). — 201. PELAGIE BETSCHASNOFF. *Abhängigkeit der Pulsfrequenz, etc.* (A. A. P., 1898). — 202. HOWELL (W. H.). *On the relation of the blood to the automacity, etc.* (American Journal of Physiology, II, 1898). — 203. LOCKE (F. S.). *Zur Speisung des überlebenden Herzens.* Centralblatt für Physiologie, XII et XVII. — 204. BETHE (A.) *Die anatomischen Elemente des Nervensystems und ihre physiologische Bedeutung.* (Biolog. Centralblatt, XVIII, 1er décembre 1898.) — 205. STEPHAN APATHY. *Das leitende Element des Nervensystems, etc.* (Mitth. d. zoologischen Station zu Neapel, XII, 1897).

Pour compléter la bibliographie, voir les indications bibliographiques des autres chapitres de l'article Cœur. Consulter aussi la bibliographie de **Dépresseur, Pneumogastrique, Sympathique**. Voici en outre quelques indications d'ouvrages récents qui n'ont pas été spécialement signalés dans le cours de cet article.

Bibliographie. — ARLOING (S.). *Modifications rares ou peu connues de la contraction des cavités du cœur sous l'influence de la section et des excitations des nerfs pneumogastriques* (A. d. P., 1894, (5), VI, 163-171); — *Tétanos du myocarde chez les mammifères par excitation du nerf pneumogastrique* (Ibid., 1893, (5), V, 103-113). — BAYLISS (W. M.). *On the physiology of the depressor nerve* (J. P., 1893, XIV, 303-325, 3 pl.). — BIEDER. *Innervation des Herzens* (Wien. med. Presse, 1897, 485). — DOGIEL (J.) et GRAHE (E.). *Ueber die Wechselwirkung der Nn. vagi auf das Herz* (A. P., 1895, 390-400). — ENGELMANN (TH. W.). *Ueber reciproke und irreciproke Reizleitung, mit besonderer Beziehung auf das Herz* (A. g. P., 1895, LXI, 275-284). — FREY. *Thätigkeit des Herzens in ihren physiologischen Beziehungen* (Wien. klin. Woch., 1898, XI, 933). — GROSSMANN (M.). *Ueber den Ursprung der Hemmungsnerven des Herzens* (A. g. P., 1894, LIX, 1-8). — HOFMANN. *Herzinnervation* (Ibid., LXXII, 409-466). — HOUGH (TH.). *On the escape of the heart from vagus inhibition* (J. P., 1895, XVIII, 161-200). — JACQUES (P.). *L'état actuel de nos connaissances sur l'innervation du cœur* (A. d. P., 1896, VIII, (5), 517-522). — KENG (L. B.). *On the nervous supply of the dog's heart* (J. P., 1893, XIV, 467-482, 1 pl.). — LAULANIÉ. *Sur l'innervation cardiaque et les variations périodiques des rythmes du cœur au cours de l'asphyxie chez le chien* (B. B., 1893, (9), V, 722-725; Journ. de l'An. et de la Phys., Paris, 1893, XXIX, 525-533). — LEYDEN. *Kurze Kritische Bemerkungen über Herznerven* (D. med. Woch., 1898, XXIV, 485-488). — MARTIN (H.). *Note sur l'existence des vaisseaux nourriciers du muscle cardiaque chez la grenouille* (B. B., 1893, 754-756). — NEWELL MARTIN (H.). *Observ. on the direct infl. of variat. of arter. pressure upon the rate of beat of the mammalian heart* (Physiol. Papers, Baltimore, 1895, 25-40); — *The direct influence of gradual variations of temperature upon the rate of beat of the dog's heart* (Ibid., 1895, 40-69, 2 pl.); — *Vasomotor nerves of the heart* (Ibid., 1895, 117-120); — *Observ. on the mean pressure and the characters of the Pulse wave in the coronary arteries of the heart* (Ibid., 107-117, 3 pl.). — MERKLEN (P.). *De l'asystolie dans les compressions du nerf pneumogastrique* (Bull. et Mém. Soc. méd. d'hôp. de Paris, 1893, (3), X, 611-614). — MICHAELIS (M.). *Ueber einige Ergebnisse bei Ligatur der Kranzarterien des Herzens* (Zeitschr. f. klin. Med., 1894, XXIV, 270-274, 1 pl. et Diss., in-8, 36 p., Berlin, 1893). — NICOLAJEW (W.). *Zur Frage über die Innervation des Froschherzens* (A. P., 1893, Suppl., 67-73). — RINGER (S.). *The influence of carbonic acid dissolved in saline solutions on the ventricule of the frog's heart* (J. P., 1893, XIV, 124-130). — ROUGET (CH.). *Le tétanos du cœur* (A. d. P., 1824, 397-414) — STATKEWITSCH (P.). *Ueber Veränderungen des Muskel und Drüsengewebes, sowie der Herzganglien beim Hungern* (A. P., 1893-1894, XXXIII, 415-461, 1 pl.). — STEFANI (A.). *Action protectrice des vagues sur le cœur* (A. i. B., 1895, XXIII, 175-177). — TSCHIRWINSKY (S.). *Untersuch. über den Nerv. Depressor in anatomischer, physiologischer und* *pharmakologischer Hinsicht* (*C. P.*, 1896, IX, 777-782). — VAS (F.). *Das Verhältniss der Nerv. vagus und Nerv. accessorius zum Herzen* (*Physiol. Stud. d. Universität, Budapest*, Wiesbaden, 1895, 129). — VOS (FR.). *Das Verhältniss des Nervus vagus und Nervus accessorius Willisii zum Herzen* (*Ungar. Arch. f. Med.*, 1894, III, 129-135, pl. 4). — WERTHEIMER. *Influence du cordon cervical du sympathique sur la fréquence des battements du cœur* (*Écho méd. du Nord*, 1898, 374-381).

E. DE CYON.

CHAPITRE III

Physiologie générale du cœur.

I. Le cœur considéré comme un muscle. — « Le cœur, à l'état de repos, est mou, flasque et relâché, comme sur le cadavre.

« Quant à son mouvement, il y a trois phénomènes principaux à remarquer :

« 1° Il s'élève, se redresse, de manière à former une pointe, en sorte qu'à ce moment il frappe la poitrine et qu'on peut sentir ce choc à la paroi extérieure du thorax.

« 2° Toutes ses parties se contractent, mais le mouvement de contraction est plus marqué sur les parties latérales; il semble alors se rétrécir, devenir moins large et plus long. On peut voir cela d'une manière très nette sur le cœur de l'anguille, arraché et mis sur une table ou dans la main; on le voit également sur le cœur des poissons et des animaux à sang froid dont le cœur est conique et allongé.

« 3° Si l'on prend dans la main le cœur d'un animal vivant, on sent qu'au moment où il se meut, il devient plus dur, et ce durcissement est dû à sa contraction; de même qu'en appliquant la main sur les muscles de l'avant-bras on sent qu'ils deviennent plus durs et plus résistants au moment où ils font remuer les doigts.

« 4° Ajoutons que, chez les poissons et les animaux à sang froid, comme chez les serpents et les grenouilles, le cœur devient plus pâle au moment de sa contraction et qu'il reprend sa couleur rouge de sang, quand cette contraction a cessé.

« Tous ces faits me démontraient clairement que le mouvement du cœur est une tension et une contraction de toutes ses parties, dans tous les sens et avec toutes ses fibres, puisqu'il s'élève, se rétrécit, se durcit à chaque mouvement, et que c'est un mouvement analogue à celui d'un muscle qui se contracte. Car les muscles, lorsqu'ils sont en action, se tendent, se durcissent, s'élèvent, se renflent, absolument comme le cœur. »

Ainsi écrivait le grand HARVEY en 1628. Il n'y avait donc pour lui aucun doute que le cœur dût être considéré comme un muscle, et ses mouvements comme une contraction musculaire. (*Exercitatio anatomica de motu cordis et sanguinis in animalibus. Francofurti*, 1628. Traduction française de CH. RICHET, 1879 et 1892.)

Structure générale du cœur. — La structure du muscle cardiaque, ainsi que sa fonction, a des caractères particuliers.

Réservant pour un autre moment l'étude du cœur des invertébrés, nous nous occuperons exclusivement, pour le moment, du cœur des vertébrés, et plus particulièrement de celui des mammifères et de l'homme.

Rappelons d'abord brièvement la disposition des faisceaux musculaires dans les régions diverses du cœur (le sinus veineux, les oreillettes, le ventricule, le bulbe artériel), qui présentent des différences dignes de remarque, rendues évidentes par le développement. Nous retrouvons, en effet, dans toutes les régions du cœur, la même disposition générale : deux faisceaux de fibres myocardiques : un faisceau longitudinal interne, et un faisceau circulaire extérieur, structure qui, malgré ses modifications, particulièrement dans les ventricules, rappelle pourtant beaucoup la structure du tube cardiaque primitif. Le développement plus ou moins grand, et l'adaptation de telle ou telle partie à des mécanismes fonctionnels spéciaux donnent la raison des différences de structure reconnues par nous.

Vers l'orifice[1] des veines caves, région qui, ainsi que nous le verrons, est le siège prin-

---

1. Nous n'avons trouvé chez aucun auteur une description exacte de la structure de la région de passage à l'embouchure des grands troncs veineux dans les *oreillettes* et dans le *sinus*.

cipal de la propriété automatique du cœur, l'organisation et la structure des faisceaux musculaires rappellent d'une part celle des *veines*, de l'autre celle des *muscles striés*. Il faut encore remarquer l'existence d'épais faisceaux circulaires composés de cellules musculaires disposées autour des cavités veineuses des oreillettes, dont elles commandent l'entrée.

La couche musculaire externe est homologue à ces faisceaux circulaires; elle enserre et embrasse les oreillettes, et en rend la contraction synchrone, tandis que la couche longitudinale, moins compacte et continue, doit être considérée comme un prolongement de la couche homologue des cavités veineuses, desquelles les oreillettes vont recueillir le sang.

DONDERS, déjà, avait établi *l'indépendance anatomique* de la musculature des oreillettes et de la musculature ventriculaire, et l'embryologie enseigne que cette solution de con-

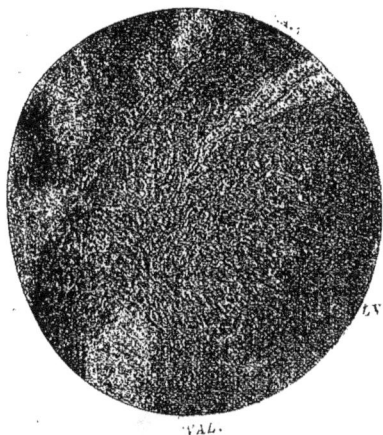

FIG. 29. — Section du cœur d'un jeune rat, montrant l'union de l'oreillette gauche avec le ventricule gauche. Les fibres musculaires auriculaires se continuent avec celles du ventricule et avec celles de la valvule auriculo-ventriculaire.
LA, oreillette gauche. — LV, ventricule gauche. — VAL, valvule auriculo-ventriculaire. (STANLEY KENT.)

FIG. 30. — Section du cœur d'un rat adulte. Il n'y a aucune discontinuité de la masse musculaire. (STANLEY KENT.)

tinuité dans le développement ontogénique s'effectue par une invagination de la paroi cardiaque entre les oreillettes et les ventricules, d'où les voiles valvulaires des orifices auriculo-ventriculaires prennent leur origine. Entre les deux feuillets myocardiques s'insinue ensuite le feuillet viscéral du péricarde; vers le bord libre du pli valvulaire, la substance musculaire disparaît peu à peu, et il n'en reste plus que quelques traces rares dans les fibres myocardiques découvertes par PALADINO au milieu des voiles valvulaires; les couches connexes de tissu connectif d'origine péricardique et endocardique

H. MILNÉ-EDWARDS (III, 503-504) se borne à dire, à propos de l'oreillette gauche, que, chez l'homme, la disposition des divers faisceaux musculaires est surtout très compliquée à la partie supérieure de l'oreillette gauche, où ils s'entre-croisent pour embrasser la base des veines pulmonaires. Et, pour l'oreillette droite, il s'exprime ainsi : « Dans l'oreillette droite, la distinction entre la portion principale (ou sinus), et l'appendice auriculaire est moins nette que dans l'oreillette gauche, et les colonnes charnues qui font saillie dans l'intérieur de cet organe sont plus nombreuses et plus fortes; les principaux de ces faisceaux s'élèvent de la portion inférieure de l'oreillette près de l'orifice ventriculaire, et rayonnent vers l'appendice auriculaire, disposition qui leur a valu le nom de muscles pectinés du cœur. »

Ainsi qu'on le voit, il confond l'orifice des veines caves avec l'oreillette proprement dite.

s'épaississent ensuite et se consolident de manière à compléter la séparation histologique des deux systèmes musculaires de l'oreillette et du ventricule.

Les mêmes observations que celles sur le 'développement ontogénique des vertébrés supérieurs s'appliquent également au développement phylogénique. Dans le cœur des poissons et des amphibies il n'existe aucune interruption de la paroi myocardique entre l'oreillette et le bulbe artériel. Malgré cela His (*jun.*) parvint à découvrir, même dans le cœur des vertébrés supérieurs et de l'homme adulte, un tractus de substance musculaire entre les oreillettes et les ventricules, composé d'un faisceau musculaire plus

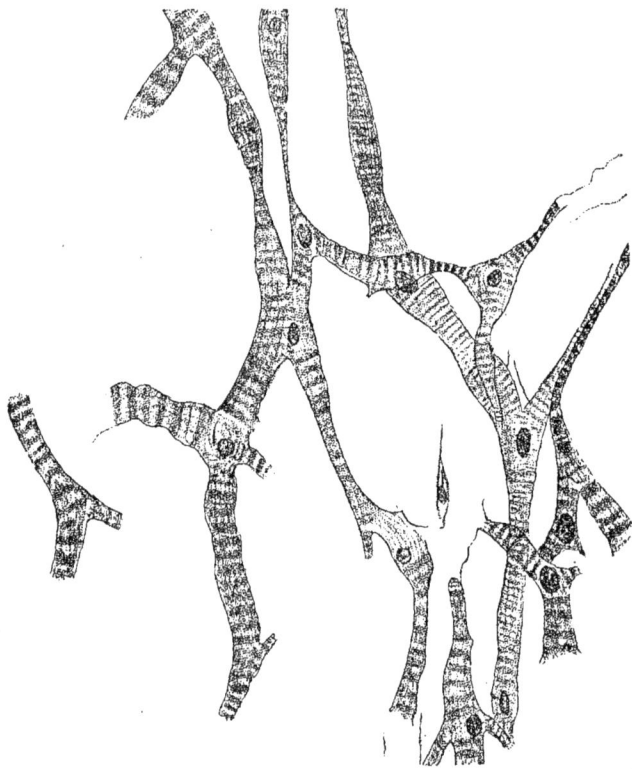

FIG. 31. — Structure des cellules myocardiques du passage musculaire auriculo-ventriculaire (immergées dans le tissu connectif). Cœur de jeune rat. (STANLEY KENT.)

ou moins simple ou composé, partant de la paroi postérieure de l'oreillette droite, près de la cloison des oreillettes (fig. 29, 30 et 31), pour s'insérer au côté supérieur de la cloison inter-ventriculaire, se dirigeant ensuite auprès de l'aorte, en avant, et se divisant ensuite en deux rameaux, un droit et un gauche. Ce dernier se termine à la base du voile aortique de la mitrale. Nous verrons par la suite la haute importance physiologique de cette découverte de His, confirmée par STANLEY KENT, qui a aussi étudié la structure des faisceaux musculaires en question. Pour le moment, bornons-nous à observer qu'il y a continuité anatomique dans la musculature des deux segments principaux du cœur. — Relativement aux oreillettes, il faut se rappeler encore l'organisation des fibres myocardiques de la cloison, disposées en faisceaux circulaires autour de la *Fossa ovalis*, qui correspond à l'ouverture embryonnaire du *Foramen ovale*.

On ne comprendra pas la disposition de la musculature ventriculaire, si l'on ne se souvient pas des modifications de forme et de position que subit la région correspondante dans le développement ultérieur du tube cardiaque. Celui-ci ne subit pas seulement un reploiement sur lui-même, mais aussi une contorsion en spirale autour de son axe longitudinal, ce qui fait que la disposition préexistante des deux couches musculaires, longitudinale et circulaire, se trouve considérablement modifiée dans sa direction.

Voici comment, d'après les recherches exactes de Ludwig et de ses disciples, Landois décrit la disposition des faisceaux musculaires des ventricules.

« On y distingue plusieurs plans : d'abord un plan externe de fibres longitudinales situé au-dessous du péricarde, représenté dans le ventricule droit par quelques faisceaux isolés formant dans le ventricule gauche une couche continue, dont l'épaisseur est égale

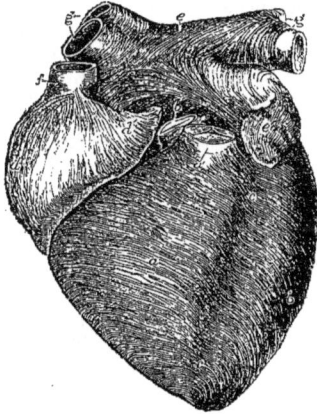

Fig. 32. — *Cœur d'homme vu par la face antérieure*, disséqué après une coction prolongée pour mettre en lumière la couche musculaire superficielle (d'après Allen Thompson).

a', aorte ; *b'*, artère pulmonaire, sectionnée au voisinage des valvules semi-lunaires pour faire voir la marche des fibres auriculaires ; *a*, couche superficielle des fibres du ventricule droit et du ventricule gauche (*b*) ; *c c'*, sillon interventriculaire antérieur ; *d*, oreillette droite ; *d'*, appendice auriculaire montrant des fibres à direction perpendiculaire ; *e*, partie supérieure de l'oreillette gauche. Entre *c* et *b'*, on voit les fibres transversales qui derrière l'aorte passent d'une oreillette à l'autre ; *e'*, auricule de l'oreillette gauche ; *f*, veine cave supérieure entourée de fibres musculaires au voisinage de son abouchement dans l'oreillette droite ; *g g'*, veines pulmonaires (deux à droite et deux à gauche) entourées de fibres musculaires circulaires au voisinage de leur abouchement dans l'oreillette gauche.

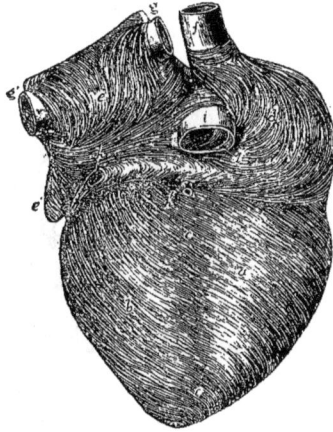

Fig. 33. — *Face postérieure du même cœur.*

a, ventricule droit ;
h, ventricule gauche ;
c c, sillon interventriculaire postérieur ;
d, oreillette droite ;
e, oreillette gauche ;
f, veine cave supérieure ;
i, veine cave inférieure ;
i', valvule d'Eustache ;
g g', veines pulmonaires ;
h, sinus de la grande veine coronaire recouverte de fibres musculaires ;
h' veine cardiaque médiane qui s'unit au sinus coronaire.

au huitième de l'épaisseur totale de la paroi ; un second plan de fibres longitudinales occupe la face interne des ventricules ; les fibres sont surtout bien distinctes autour des orifices, ainsi que dans l'épaisseur des muscles papillaires ; dans les autres points elles sont représentés par les faisceaux irrégulièrement disposés des colonnes charnues. Entre ces deux plans est situé le plan, beaucoup plus épais, des fibres transversales, composé de faisceaux circulaires lamelleux. Ces trois plans (fig. 32, 33, 34 et 35), ne sont pas complètement distincts et séparés les uns des autres ; des faisceaux obliques établissent la transition entre les lamelles transversales et les faisceaux longitudinaux internes et externes ; toutefois l'opinion maintes fois exprimée, que les fibres longitudinales externes prennent graduellement la direction transversale pour redevenir longitudinales sur la face interne, n'est nullement justifiée, comme le prouve déjà l'épaisseur beaucoup plus considérable de la couche moyenne (Henle). Les faisceaux de fibres longitudinales externes ont en général une direction qui croise à angle droit celle des fibres longitudinales internes. Les faisceaux de fibres transversales situées entre les deux plans de fibres longitudinales établissent une transition graduelle entre ces deux directions opposées. Arrivées à la pointe du ventricule gauche, les fibres longitudinales externes se recourbent en tourbillonnant et se prolongent dans l'intérieur de la substance musculaire jusque dans les muscles papillaires (Lower, 1769) ; mais ce serait une erreur de croire que tous les faisceaux qui existent dans les muscles papillaires proviennent de ces faisceaux verticaux du plan superficiel ; un grand nombre naissent en effet dans la cloison ventriculaire. L'origine de ces fibres longitudinales ne doit pas non plus être rapportée exclusivement aux anneaux fibro-cartilagineux de l'orifice des artères aorte et pulmonaire. Enfin nous mentionnerons encore la couche spéciale de fibres circulaires qui entoure, comme d'une sorte de sphincter, l'orifice auriculo-ventriculaire gauche (Henle) ».

Pour compléter l'exposition de Landois, il faut ajouter encore trois autres détails concernant la structure de la paroi des ventricules, détails que je cite d'après Ludwig :

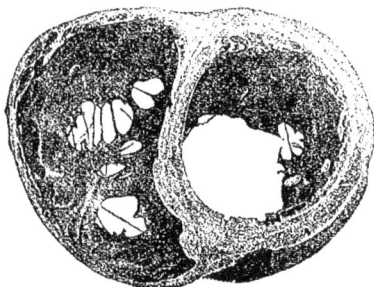

Fig. 34. — *Vue d'ensemble d'une section annulaire faite au tiers moyen d'un cœur d'homme, en diastole.* (Krehl.) Dans la cavité du ventricule droit apparaissent de nombreuses trabécules, des faisceaux musculaires et des filaments tendineux, qui tapissent la paroi propre de ce ventricule. La cavité du ventricule gauche est moins compliquée. On peut voir aussi sur cette figure l'épaisseur différente des parois musculaires de l'un et l'autre ventricule.

1° Il est très probable qu'un grand nombre de fibres entourent, non seulement par de simples, mais par de doubles attaches, le sommet cardiaque, en formant une sorte de huit de chiffres. Les grosses fibres allant de gauche à droite se groupent en général près de la surface externe du cœur, tandis que celles qui vont dans la direction opposée sont situées plus près de la surface *cavitaire*.

2° Les fibres de la surface sont les seules qui rejoignent la pointe du cœur.

3° La plus grande partie des fibres qui se trouvent dans la paroi libre du ventricule droit ont déjà fait partie de la paroi libre du ventricule gauche, de sorte que les anses musculaires qui se dirigent autour du ventricule droit entourent aussi le ventricule gauche. Cette disposition devient évidente si on se rend compte de la situation réciproque des cavités cardiaques ; en effet, la cavité droite apparaît, dans une section transversale à l'axe longitudinal du cœur, comme recourbée autour de la cavité gauche. En d'autres termes, il existe dans les ventricules des fibres myocardiques qui leur sont communes (Winslow, 1711) et qui proviennent particulièrement des couches plus superficielles.

Relativement au bulbe de l'aorte (dans les animaux inférieurs), nous ne nous arrêterons pas à rappeler les recherches d'anatomie comparée de Brücke, *Beiträge zur vergleichenden Anatomie und Physiologie des Gefässsystems der Amphibien* (Denkschr. d. Wiener Akad., 1852). — G. Fritsch, *Zur vergleichendenden Anatomie der Amphibienherzen* (Arch. f. Anat. u. Physiol., 1869). — E. V. Boas, *Ueber den Cor arteriosum und den Aortenbogen der Amphibien* (Morph. Jahrb., VII, 488, 1882) se rapportant spécialement à sa structure microscopique.

Il résulte des recherches d'Engelmann (*Der Bulbus Aortae des Froschherzens ; A. g. P.*, XXIX, 429, 1882) que les cellules musculaires, isolées au moyen de la méthode de Weismann, se présentent, dans les conditions normales, striées transversalement, et que le nucléus apparaît comme une *vacuole* claire, centrale. De ces recherches il résulte aussi que les paroisdu *Bulbus Aortæ* sont dépourvues d'éléments nerveux, contrairement à l'opinion émise par Löwit, *Beiträge zur Kenntniss der Innervation des Herzens* (A. g. P., XXV, 399, 1881), qui avait pris des cellules *endothéliales* pour des éléments nerveux.

La structure histologique du muscle cardiaque doit aussi être mentionnée, parce qu'elle nous fournit des notions très importantes et qui doivent être utilisées pour l'étude de son fonctionnement.

Le muscle cardiaque est composé de cellules *mononucléées* de formes diverses, dont le corps présente une double striation longitudinale et transversale. Ces cellules sont rapprochées anastomotiquement par leurs extrémités au moyen de petits ponts de substance sarcoplasmatique (fig. 36) (PAZEWOSKI, *Du mode de réunion des cellules myocardiques de l'homme adulte*, Arch. de Biol. de Saint-Pétersbourg, II, 287, 1893), et réunies solidement entre elles à l'aide d'une substance qui les met en communication par leur surface latérale, de manière à former de *longues fibres myocardiques* qui forment un réseau.

Les cellules myocardiques n'ont toutefois, ni chez tous les animaux, ni dans les diverses parties du cœur, la même forme et la même structure, ainsi qu'on pourrait le

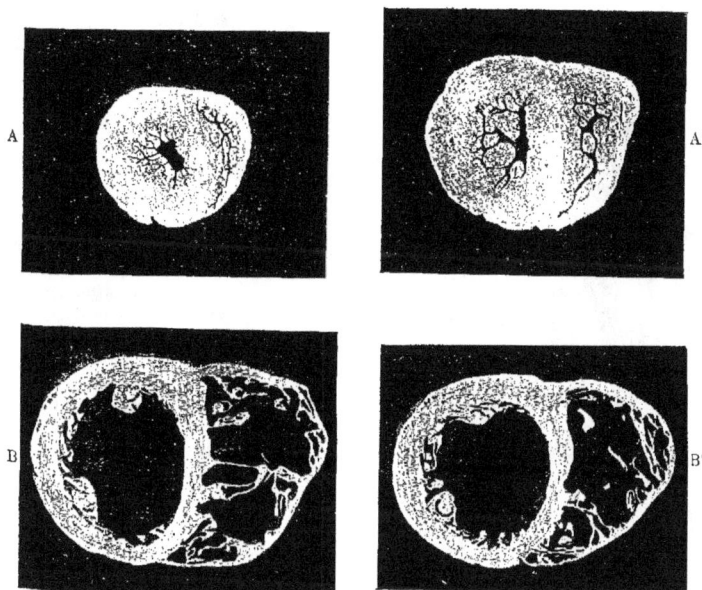

FIG. 35. — A, section transversale du cœur d'un supplicié, en systole, faite au niveau du tiers inférieur des ventricules; A', section transversale du même cœur, au niveau du tiers supérieur; B, section transversale d'un cœur de mêmes dimensions que le précédent, en diastole, au même niveau que A; B' section transversale du même cœur, en diastole, au même niveau que A'.

Ces quatre figures sont réduites de moitié (KREHL).

croire d'après ce qui en est dit même dans les meilleurs traités de physiologie, qui ne sont pas tout à fait récents.

Pour ce qui est du cœur des vertébrés supérieurs, il est un fait dont la physiologie ne tient pas suffisamment compte, c'est-à-dire que nous devons distinguer pour le moins trois espèces de cellules myocardiques : celles de la région de passage du sinus aux oreillettes et oreillettes aux ventricules (*Blockfasern* des Allemands), et les éléments propres des oreillettes et des ventricules.

Il existe en outre, d'après ENGELMANN (A. g. P., LXI, 280), des différences non négligeables entre les cellules myocardiques de la pointe et celles de la base, entre celles du ventricule droit et du ventricule gauche, ainsi qu'entre celles de l'oreillette droite et de l'oreillette gauche.

Un autre fait de grande importance, c'est que, dans certaines régions du cœur, même adulte, en relation étroite avec les sinus veineux, les cellules myocardiques ont, à partir des sinus et des oreillettes, ainsi que sur la région s'étendant des oreillettes aux ventricules, une structure qui se rapproche beaucoup de celle des cellules myocardiques embryonnaires. D'ailleurs, déjà en 1863, les fibres de Purkinje furent considérées par Aeby, et par tous les histologistes ensuite (Ranvier), comme composées de cellules myocardiques arrêtées dans leur développement.

En général les éléments musculaires du cœur doivent être rangés parmi les plus riches en sarcoplasme (Ranvier, Knoll, Rollett).

Il résulte de cet exposé sur la structure du muscle cardiaque, sur ses éléments morphologiques et sur la manière dont ils sont reliés entre eux, deux conclusions particulièrement dignes de toute l'attention des physiologistes; à savoir : la continuité histologique des éléments du muscle cardiaque, depuis le sinus veineux jusqu'au bulbe artériel, d'une part, et d'autre part la constitution morphologique spéciale de plusieurs régions du cœur, que, même à l'état adulte, malgré de profondes modifications externes et internes, nous pouvons nommer *tube cardiaque*.

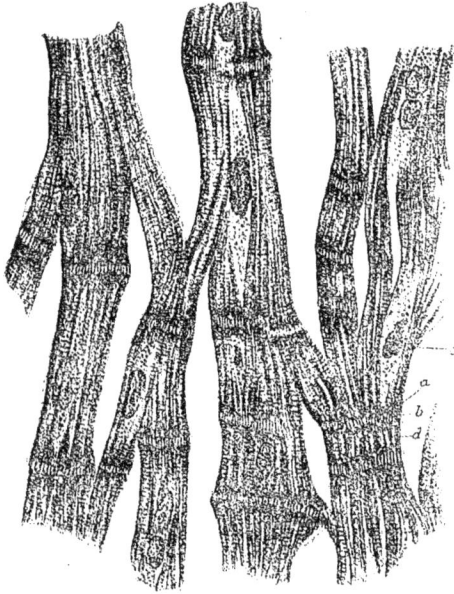

Fig. 36. — Structure des cellules musculaires du cœur humain. Il faut remarquer que, comme dans les cellules musculaires lisses, les ponts sarcoplasmatiques réunissent les éléments simples entre eux. (Przewoski.)

La première conclusion nous dispense donc d'admettre la transmission nerveuse de l'onde d'excitation des oreillettes aux ventricules, ce qui n'est devenu possible que depuis que les idées de Donders sur l'absolue indépendance anatomique des deux régions cardiaques ont été démontrées fausses.

La seconde nous donnera la raison non seulement de l'automatisme du tube cardiaque, mais encore du ralentissement de l'onde d'excitation sur certains points de son parcours; elle nous indiquera de plus que la cause des propriétés fondamentales du muscle cardiaque ne dépend pas des nerfs, conception prédominante jusqu'à aujourd'hui dans l'esprit des physiologistes; mais bien qu'elle dépend d'un automatisme et d'une rythmicité propres au muscle cardiaque. Personne, désormais, ne peut méconnaître que les découvertes accomplies dans le champ de la délicate anatomie du cœur, ainsi que les recherches sur le cœur embryonnaire, ont engagé dans une voie nouvelle, l'étude de la physiologie de cet organe, qui semblait déjà être devenue presque complètement infructueuse, et fourni des résultats remarquables, différant profondément des notions communément enseignées jusqu'ici.

Propriétés fonctionnelles du muscle cardiaque. — Lorsque, en physiologie, on traite du muscle cardiaque, on entend parler généralement des muscles ventriculaires, et la plupart des propriétés motrices décrites comme étant propres au muscle cardiaque ont presque toujours été attribuées aux ventricules. Mais, en ces derniers temps, d'autres recherches ont été faites sur les autres régions cardiaques : par exemple celles de Fano sur les oscillations du tonus des oreillettes chez les tortues, celles de Bottazzi sur les mêmes oscillations dans le sinus veineux et dans les oreillettes des amphibies, celles d'Engelmann et de Bottazzi sur l'électro-physiologie des oreillettes dans le cœur de grenouille et dans le cœur embryonnaire de poulet, celles d'Engelmann sur le bulbe artériel du cœur de grenouille et sur les extrémités centrales des gros vaisseaux veineux débouchant dans les oreillettes, etc.

Pour ne pas trop nous écarter des usages, nous commencerons par traiter des propriétés fonctionnelles du muscle ventriculaire, afin de donner ensuite à la physiologie des autres segments du cœur toute l'attention qu'elle mérite.

Nature de la contraction cardiaque. — 1° Étant donné la nature des éléments constituant les parois ventriculaires, il est établi que, relativement au sarcoplasme qu'ils renferment, ils tiennent le milieu entre les cellules lisses (ou striées seulement dans le sens longitudinal) et les fibres musculaires. Il en résulte que les courbes de contraction du muscle ventriculaire occupent, elles aussi, une place intermédiaire entre celles du tissu musculaire lisse et du tissu strié[1].

La forme de ces courbes ne se différencie pas de celle d'un muscle strié (Marey, *Trav. du Laboratoire*, 1877, 41); c'est par la durée de ses diverses phases qu'elle diffère de la courbe de contraction d'un muscle strié.

En général, on peut affirmer, avec Biedermann, que la contraction du muscle cardiaque doit être considérée comme une contraction élémentaire, ralentie et prolongée dans toutes ses phases[2]. Elle a en effet un temps d'excitation latente égal à $0'',30 — 0'',22$ dans le cœur de grenouille (Marchand), et à $0'',146$ dans le cœur embryonnaire de poulet (Bottazzi), tandis que le temps pour un muscle strié est égal ou inférieur à $0'',005$. La durée d'une contraction est égale à $2'',0 — 2'',3$[3], dans le cœur de grenouille (Marchand, *Beiträge zur Kenntniss der Reizwelle und Contractionswelle des Herzenmuskels. (A. g. P.*, xv, 1887, 517-519), tandis qu'elle est de beaucoup inférieure dans le muscle strié. Il ne faut d'ailleurs, comme cela est évident, nullement considérer ces valeurs comme absolues.

Nous avons traité jusqu'ici de la contraction simple, qui peut être produite dans un ventricule immobile, au moyen d'une excitation quelconque. Il s'agit maintenant de savoir de quelle nature est la contraction automatique du cœur. De l'avis de tous les physiologistes, la contraction automatique ventriculaire, c'est-à-dire la systole, doit être considérée comme une contraction simple, élémentaire, absolument analogue à celle qu'on provoque artificiellement.

Cependant Frederic (*Ueber das Cardiogramm und den Klappenschluss am Anfang der Aorta. C. P.*, 1888, n° 1, 1. — *La pulsation du cœur chez le chien*, Liège, 1888. *Arch. de Biol.*, viii, 3, 497. — *Die Deutung des menschlichen Cardiogramms und Sphygmogramms. C. P.*, 1891, n° 19, 582) s'est fait récemment le défenseur d'une hypothèse d'après laquelle, dans le chien, les trois ondulations inscrites sur le plan supérieur systolique du cardiogramme correspondraient à trois secousses ou contractions simples qui composeraient la systole des muscles ventriculaires, de sorte que celle-ci serait une contraction tétanique (V. **Cardiographe**).

Que la courbe de contraction du muscle cardiaque ne soit pas la même que celle d'un muscle composé de fibres ayant toutes une même direction, mais qu'elle soit la résultante de plusieurs mouvements d'extension et de raccourcissement des divers faisceaux musculaires des ventricules, c'est un fait indéniable (quoique qu'il n'en soit pas en général suffisamment tenu compte), mais que les ondulations du *plateau* systolique soient vraiment des contractions élémentaires, nous ne pouvons l'admettre, d'autant plus

---

1. Voici comment Marchand décrit, avec grands détails à l'appui, la courbe de contraction : « Elle monte graduellement, d'abord convexe, puis concave relativement à l'axe des abscisses, se maintient quelque temps à la même hauteur, et descend par une courbe concave, puis convexe vers l'axe de l'abscisse. Dans les meilleurs graphiques le maximum n'est pas représenté par une série d'ordonnées égales, mais par une seule ordonnée, de sorte que la courbe, à son sommet, est légèrement concave vers l'axe des abscisses. Lorsque la fin de la contraction peut être établie avec certitude, le maximum se trouvera plus près du commencement que de la fin. La longueur totale est soumise à de grandes variations. »

2. Ce fut Ranvier (*Leçons d'Anatomie générale*, 1877-1878. Paris, 1880, 60) qui, le premier, porta son attention sur cette analogie, et sur d'autres existant entre le muscle cardiaque et les muscles striés, rouges ou blancs, et qui institua des recherches à cet égard.

3. Par une erreur, d'imprimerie peut-être, Biedermann attribue cette valeur à la période d'énergie croissante, ce qui serait absolument invraisemblable!

que nous ne retrouvons pas les oscillations correspondantes dans les phénomènes électriques qui accompagnent les contractions cardiaques. En effet, nous ne pourrions ainsi expliquer pourquoi les ondulations se rencontrent exclusivement dans les cardiogrammes pris sur des cœurs normalement remplis de sang, et jamais dans des cœurs vides, et pourquoi elles disparaissent toujours, aussitôt que, par la section d'un vaisseau, l'on vide le cœur du sang qu'il contient. Ce dernier fait, observé en premier lieu par Engelmann dans le cœur de la grenouille, a été confirmé ensuite par Bottazzi, non seulement dans le cœur du crapaud, mais encore dans le cœur embryonnaire du poulet. Au reste les ondulations du *plateau* systolique, sur lesquelles se base l'hypothèse de Fredericq, ne sont pas particulières au cardiogramme du cœur de grenouille obtenu par les méthodes tonographiques. Elles furent démontrées par Engelmann à l'aide de sa méthode de la suspension, c'est-à-dire d'une méthode purement myographique.

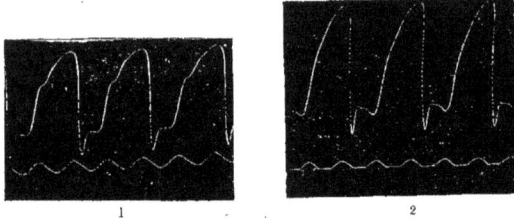

Fig. 37. — Tracés du cœur de grenouille pris avec la méthode de la suspension. Le tracé 1 fut pris quand le cœur était plein de sang : le tracé 2, sur le cœur vide. Ils démontrent que la forme du cardiogramme se simplifie subitement par suite de l'expulsion brusque du sang du cœur. (Engelmann.)

Et pourtant il suffit d'enfoncer la pointe d'une aiguille dans une des grosses veines auxquelles le cœur est suspendu, pour voir disparaître aussitôt toutes les ondulations que l'on observait sur le plateau systolique, et pour obtenir des cardiogrammes absolument pareils aux courbes myographiques (fig. 37).

Selon Engelmann, ces ondulations seraient produites par le passage brusque du contenu des ventricules dans les troncs artériels, puisqu'on peut les faire disparaître, fait dont Bottazzi aussi s'est aperçu, en exerçant une traction très forte sur les artères, de manière à les rendre, en partie du moins, inaccessibles au flux sanguin.

Rapport entre l'excitation et la contraction. — On sait que pour les muscles striés la contraction, dans de certaines limites, est proportionnelle à l'intensité de l'excitation.

« Pour une excitation dont l'intensité est très peu supérieure à celle qui a produit la première contraction à peine sensible, la contraction atteint une limite qui ne sera plus dépassée même avec le maximum d'intensité de l'excitation, et pour des excitations égales les contractions persisteront invariables avec la régularité d'une machine (A. Fick. *Mechanische Arbeit und Wärme-Entwickelung bei der Muskelthätigkeit*. Leipzig, Brockhaus, 1882, 104-105. *Inter t. Wissenchaft. Bibliothek*). — Voir aussi : Fick. *Untersuch. über elekt. Nervenreizung*, 1864; et *Studien über elekt. Nervenreiz.*, 1871.

La loi émise par Fick, en conséquence, est celle-ci : « Les excitations produisent une contraction maximale, ou ne produisent rien, et c'est seulement dans une limite très restreinte de l'échelle des excitations qu'il existe des excitations qui produisent des contractions sub-maximales et incomplètes. » A cette affirmation de Fick, Tigerstedt, toutefois, oppose qu'en augmentant également l'intensité des excitations électriques, les contractions musculaires augmentent rapidement d'abord, puis toujours plus lentement et (en forme d'hyperbole) pour se rapprocher à la fin asymptotiquement d'un maximum. (*Mittheilungen aus dem physiol. Lab. des Carolins'chen Institutes in Stockholm*. Cit. de Biedermann, *Elektrophysiol.*, 59-60.)

« Pourtant il existe un muscle, dit Fick, le cœur, muscle pour lequel de pareilles contractions sub-maximales incomplètes n'ont pas encore été observées. » (Fick, *loc. cit.*, 1, 105.) Il résulte ainsi des recherches de Bowditch (*Ueber die Eigenthümlichkeiten der Reizbarkeit, welche die Muskelfasern des Herzens zeigen. Berichte über die Verhandlungen d. K. Sächs. Gesellsch. der Wiss. zu Leipzig, Math.-phys. Classe*, xxxiii, 1871, 652 et suiv.), que dans le cœur le courant induit provoque une contraction ou ne la provoque pas; et, s'il la provoque, c'est la contraction la plus considérable que le courant induit va produire alors (BOWDITCH, *loc. cit.*, 687). Ce qui veut dire que pour le cœur les excitations minimales sont en même temps des excitations maximales ; car, ainsi que le disait RANVIER, le cœur donne *tout ou rien*.

Il était naturel que FICK, après avoir établi la loi ci-dessus mentionnée, relative aux muscles striés en général, ne pouvait voir en ce fait une propriété spéciale du muscle cardiaque, mais seulement l'expression extrême d'une propriété appartenant à toute fibre musculaire (FICK, *loc. cit.*, 105). Mais, même en admettant cette hypothèse, il n'en reste pas moins ce phénomène étrange que des excitations de plus en plus fortes produisent dans l'intimité du muscle cardiaque des modifications chimiques quantitativement égales, ne dépassant jamais le maximum qui peut être atteint par la contraction.

Phénomène de l'escalier. — Mais si la contraction du muscle cardiaque est indépendante de l'intensité de l'excitation au delà de sa valeur limite, non seulement cette valeur limite est très différente d'après les conditions dans lesquelles se trouvent les éléments musculaires du cœur, mais encore, étant donné la même excitation et le même degré d'irritabilité du tissu, l'amplitude de chaque contraction dépend de celle de la contraction précédente et des intervalles qui séparent les contractions isolées. En d'autres termes, ce que ne peut pas produire l'augmentation d'intensité de l'excitation isolée, la répétition rythmique d'excitations égales à celle-ci et se succédant à des intervalles déterminés peut le produire. On observe, en ce cas, une augmentation progressive et graduelle de la hauteur des contractions, qui forment ainsi une sorte d'escalier.

Le phénomène, observé d'abord par BOWDITCH (*Loc. cit.*) dans le muscle cardiaque, fut ensuite rencontré par TIEGEL (*Ueber den Einfluss einiger willkürlich Veränderlichk. auf die Zuckungshöhe des untermaximal gereizten Muskels. Ber. König. Sächs. Gesellsch. der Wiss. zu Leipzig*, XXVII, 1875, p. 117) et MINOR et BUCKMASTER, *Ueber eine neue Beziehung zwischen Zuckung und Tetanus. Arch. An. Phys.*, 1886, 459), dans les

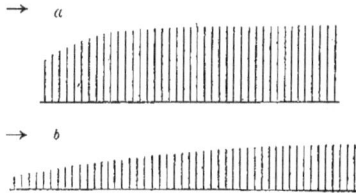

FIG. 38. — Pointe de cœur de grenouille.
Escalier de BOWDITCH, *a*, cœur normal. *b*, cœur muscariné.
Les flèches indiquent les directions dans lesquelles les deux tracés doivent être lus. (BOWDITCH.)

muscles striés de la grenouille, par ROSSBACH, (*Muskelversuche an Warmblütern. I. Beeinflussung des lebenden Warmblütermuskels durch Curare, Guanadin, Veratrin. A. g. P.*, XIII, 1876, 607), dans les muscles des animaux *homéothermes* ; dans les muscles des écrevisses, par CH. RICHET (*Physiologie des muscles et des nerfs*, Paris, 1882) ; par ROMANES (*Philos. Transact.*, 1866-67, 1876-77), dans les muscles de la Méduse, et par BOTTAZZI (*Sullo sviluppo embr. della funzione motoria negli organi a cellule muscolari ; parte seconda : Fisiologia del cuore embrionale. Publicazioni del R. Ist. di studi superiori di Firenze*, 1897), dans le cœur embryonnaire du poulet. Pour provoquer ces phénomènes, dits de l'*escalier*, d'une manière typique, il est nécessaire de rechercher pour chaque préparation l'intensité minimale et l'intervalle d'excitation minimum suffisants pour les produire (fig. 38), parce que, d'après l'intensité minimum de l'excitation (quelle que soit sa nature) l'intervalle nécessaire varie avec les conditions expérimentales, ainsi qu'avec l'irritabilité du tissu exploré. En général, moins les contractions spontanées du cœur sont fréquentes, et plus l'intervalle entre les excitations doit augmenter. Si la fréquence des excitations augmente au delà d'une certaine limite, on obtient le tétanos ; s'il diminue, au contraire, les contractions du ventricule auront toutes une égale amplitude. Pour le cœur embryonnaire, l'intervalle entre les excitations ne doit pas, dans des conditions normales, dépasser 1 à 2 secondes (BOTTAZZI), tandis que dans le cœur de grenouille le phénomène a lieu même avec des intervalles de 4, 5 et 6 secondes.

Pour expliquer le phénomène de l'escalier, BOWDITCH suppose que la première contraction doit surmonter une résistance qui irait en diminuant dans les contractions suivantes. RANVIER admet que le muscle cardiaque a la propriété d'accumuler les excitations. D'autres physiologistes admettent également que dans ces cas il s'agit d'une addition latente des excitations, quoiqu'il ne faille pas oublier que le phénomène de l'escalier ne se présente qu'au commencement d'une longue série d'excitations; ce qui ferait incliner davantage vers l'interprétation donnée par Bowditch.

Bowditch a découvert également que le rythme des systoles dépend de l'intensité de l'excitation électrique. « Si, dit-il, on augmente graduellement l'intensité de l'excitation en partant d'un degré inférieur, on atteindra un point auquel l'excitation provoque une contraction : si l'on s'arrête à ce degré d'intensité, et qu'on laisse les excitations se suivre à intervalles réguliers, il ne se manifestera pas de contraction à chaque excitation, de sorte que le nombre des excitations dépassera beaucoup celui des contractions. En augmentant pourtant l'intensité des excitations, le nombre des contractions augmentera également, sans qu'il devienne tout d'abord égal à celui des excitations, mais graduellement l'on atteindra un degré d'intensité avec lequel le rythme des systoles devient régulier, c'est-à-dire que chaque excitation est suivie d'une contraction. »

Mais on peut transformer le rythme irrégulier en un rythme régulier, non seulement en augmentant l'intensité des excitations, mais en diminuant les intervalles qui les séparent.

Une autre propriété du muscle cardiaque est celle qui lui permet de modifier sa propre irritabilité après une série de contractions accomplies; dans ces conditions, une excitation plus faible que les précédentes est suffisante pour produire une série de contractions régulières.

Nous avons vu comment Bowditch, augmentant graduellement l'intensité des excitations, atteint un point auquel le cœur, tantôt répond à chaque excitation, tantôt ne répond pas. Il la nomme « excitation suffisante », et il l'appelle « excitation suffisante, sans effet » quand le cœur reste immobile. Il appelle « immanquable » (*unfehlbar*), l'excitation capable de produire, dans tous les cas, une contraction maximum. Le phénomène de « l'excitation suffisante sans effet » fut confirmé dans la suite par Ranvier, pour le cœur de la grenouille, et par Bottazzi pour le cœur embryonnaire du poulet. L'explication la plus plausible, il ne faut pas, selon nous, la chercher, ainsi que l'a fait Ranvier, dans la propriété spéciale que possède le muscle cardiaque, et que nous allons apprendre à connaître, de répondre par son rythme propre aux excitations extérieures. Les excitations, en ce cas, étant très faibles, et relativement très espacées, nous croyons y voir plutôt un phénomène semblable à celui de l'escalier, parce que, précisément à cause de la faiblesse et de la rareté des excitations, le cœur aurait besoin d'additionner deux ou plusieurs excitations successives avant de produire une contraction.

Rythmicité du muscle cardiaque. — La propriété fondamentale du muscle cardiaque est celle d'être fortement rythmé (Ranvier), c'est-à-dire non seulement d'avoir une fonction rythmique automatique, mais de répondre aux excitations de tout genre, continues ou intermittentes, isolées ou multiples, par des contractions rythmiques, dont le rythme, dans de certaines limites, est indépendant de celui de l'excitation. Or une observation d'Engelmann tendrait à prouver que cette propriété rythmique est dans la cellule myocardique elle-même, considérée comme un élément morphologique isolé. « J'ai observé au microscope, dit-il, dans des fragments cardiaques en voie de dépérissement, des cellules striées transversalement, voisines l'une de l'autre, présenter des contractions rythmiques dont la fréquence était très différente, de même que l'on voit le cœur des animaux présenter, en dépérissant, des fréquences diverses ».

Pour les expériences de ce genre on prend toujours « la pointe » du cœur, c'est-à-dire la région ventriculaire du cœur sectionnée à hauteur environ du tiers supérieur des ventricules. Cette pointe du cœur, abandonnée à elle-même, dans des conditions ordinaires, demeurera immobile indéfiniment, étant privée de tout automatisme. Gaskell a cru pouvoir admettre, mais pour le cœur de tortue seulement, que la pointe des ventricules est capable de produire également des contractions rythmiques en dehors de toute excitation extérieure. Le fait fut par la suite confirmé par les uns, combattu par les autres. Il est certain que ce n'est pas un fait constant ni commun à tous les animaux. Il semble, au contraire, ainsi qu'il résulte des expériences de Fano, que la région ventriculaire du cœur de poulet embryonnaire est, aux deuxième et troisième jour d'incubation, positivement automatique, tandis que, dans les périodes de développement ultérieures, elle semble être privée d'automatisme (Bottazzi). Le ventricule des poissons est certainement doué de pouvoir automatique (William).

Bernstein a démontré, et Bowditch, Gaskell, Aubert et Langendorff ont confirmé, que, même lorsqu'on sépare au moyen d'une pince à mors arrondis la partie inférieure des ventricules des autres segments du cœur, l'on peut obtenir une pointe du cœur de grenouille isolée physiologiquement, non pas mécaniquement, mais en tout cas absolument immobile pendant même plusieurs semaines (Aubert). Que l'on choisisse l'une ou l'autre préparation, toute excitation d'intensité suffisante est capable d'y produire des contractions rythmiques.

Ainsi, par exemple, on peut choisir comme excitation continue une augmentation de pression dans la cavité de la « pointe » préparée d'après le procédé de Bernstein, qui s'obtient en appliquant simplement une seconde pince au niveau du bulbe artériel, de manière à la séparer du ventricule, pour voir apparaître, quelques minutes après, des contractions rythmiques persistant longtemps. Et il suffit d'enlever la seconde pince et de diminuer ainsi la pression intra-ventriculaire, pour voir de nouveau la pointe s'arrêter (Foster et Gaskell, Aubert, J. M. Ludwig et Luchsinger).

Une excitation mécanique unique ne produit ordinairement qu'une seule contraction. Mais une excitation, même unique, lorsqu'elle agit sur certains points, comme par exemple, sur la région du sinus veineux ou sur la région de passage entre le sinus et les oreillettes, ou entre les oreillettes et les ventricules, ou sur les régions ventriculaires d'un cœur embryonnaire, produira, non pas une seule contraction, mais une série de contractions rythmiques plus ou moins nombreuses, que ce soient des excitations mécaniques ou des excitations électriques. Nous verrons plus loin, lorsque nous traiterons des causes du rythme cardiaque, comment doivent être interprétés ces faits.

Excitations chimiques. — Les excitations *chimiques* agissent sur le cœur de la même manière que les excitations mécaniques ou électriques.

Les premières expériences faites à ce sujet vinrent du laboratoire de Ludwig. Bowditch trouva que la delphinine provoque, dans une pointe de cœur immobilisée, une série de contractions rythmiques plus ou moins nombreuses, et Merunowicz observa que l'on obtient le même effet en remplissant sous une certaine pression la pointe du cœur d'une grenouille avec du sang de mammifère dilué. Ces deux expériences sont considérées comme le point de départ d'une série de travaux ayant pour but d'une part de savoir si le sang, ou le sérum du sang d'animaux hétérogènes, ou une simple solution de NaCl, font battre rythmiquement une pointe du cœur, parce qu'ils agissent comme des excitations chimiques, d'autre part de rechercher les actions spécifiques d'un nombre extraordinaire de substances chimiques salines ou alcaloïdiques.

Cette seconde partie sera traitée plus loin (V. **Poisons du cœur**). Relativement à la première, qui comprend la question de la nutrition du cœur en dehors de l'organisme, et qu'il nous incombe de traiter, nous constatons avant tout que la difficulté primordiale tient à ce que, dans toutes les recherches faites par les méthodes du laboratoire de Leipzig, il y a toujours une certaine pression sur les parois internes du muscle ventriculaire, pression qui, à elle seule, peut contribuer à provoquer la contraction rythmique. C'est pour cette raison qu'un examen rigoureux des faits contradictoires observés jusqu'ici ne permet pas d'établir une théorie absolue.

Toutefois un autre fait a été mis en lumière récemment, qui enlève beaucoup de valeur à quelques-unes des recherches exécutées à une époque dans laquelle on n'avait pas la moindre idée de ce fait.

Nous voulons dire que les expérimentateurs déjà cités, et d'autres, — tels que Luciani, Rossbach, Kronecker, Stiénon, Gaule, Martius, Ringer, — se préoccupèrent presque exclusivement dans leurs recherches de la composition chimique du liquide qui devait remplir le cœur et lui servir de nutrition, poursuivant ainsi l'idée de la découverte des substances salines et protéiques les plus aptes à la nutrition de cet organe, et jamais de l'état physique du sang lui-même. Il arriva pourtant toujours qu'une solution saline, si habilement composée qu'elle fût, n'était pas le liquide le plus apte à maintenir longtemps la fonction du cœur, et que cet effet s'obtenait seulement lorsqu'à la solution physiologique composée d'un seul sel tel que NaCl ou de plusieurs sels, on ajoutait une certaine quantité de sang ou de sérum. Quelques savants se vouèrent tout particulièrement à la découverte des sels les plus appropriés, et trouvèrent que les cendres du sang dissoutes (Merunowicz), de très petites quantités de Na_2CO_3 ou de $NaOH$ (Stiénon, Gaule), de sels solubles de Ca, et d'une quantité minime de KCl (Ringer) ajoutée à la solution physiologique, 0,6 p. 100 de NaCl, favorisent la fonction cardiaque[1]. D'autres (Kronecker, Martius), s'efforcèrent de découvrir auquel ou auxquels des composés protéiques du sang ou du sérum devait être attribuée l'action des liquides organiques, action que personne ne peut plus aujourd'hui mettre en doute. C'est ainsi que Kronecker et Martius trouvèrent que la séro-albumine est indispensable au fonctionnement normal du cœur, tandis que d'autres corps protéiques, la peptone, la syntonine, la globuline, la caséine, l'ovo-albumine, la myosine, la mucine, le glycogène ne possèdent pas la même action réparatrice, quoique plusieurs auteurs aient trouvé que le lait et le sérum de lait, bouilli ou non, dialysés ou non, peuvent maintenir la contractilité du cœur. S. Ringer étudia également l'action des diverses substances organiques, et arriva à la conclusion que les globules sanguins n'ont aucune importance, tandis que la gélatine et le lait maintiennent, comme le sang, la contractilité du cœur, quoique d'une manière moins efficace. Bufalini trouva que le lait, l'hémoglobine, les peptones et la pepsine sont des poisons qui arrêtent le cœur de crapaud.

Heffter crut plus tard avoir démontré, à la suite de nombreuses expériences faites avec l'appareil de Williams, que, plus encore que le sérum, le sang *in toto* doit être considéré comme un liquide éminemment nutritif pour le cœur, et que cette action ne doit pas être attribuée à l'oxyhémoglobine, mais aux corpuscules rouges, entiers, *restés en suspension dans un liquide colloïdique, même complètement privé de séro-albumine, comme par exemple en une solution à 2 p. 100 de gomme.* Le même auteur relève la contradiction entre les résultats qu'il a obtenus et la théorie de Kronecker et Martius, qui jugent la séro-albumine indispensable. Toutefois il ne résulte pas du travail de Heffter qu'il ait fait un lavage complet des cavités cardiaques, de manière à en éloigner jusqu'aux dernières traces de sérum qui eussent pu rester entre les piliers des ventricules, tandis que Martius avait pratiqué un lavage complet. Et cela semble avoir une importance d'autant plus grande que Gaule avait prouvé auparavant qu'il suffisait de 0milligr.,5648 de séro-albumine pour développer tout le travail et toute la chaleur qu'un cœur de grenouille peut donner en 920 contractions successives.

Heffter le premier avait pensé à remplacer le sérum du sang par la solution physiologique de NaCl additionnée de deux grammes de gomme. Il n'attribue pourtant pas à la composition *physique* du liquide toute l'importance nécessaire, et il fut gagné par l'idée que l'action principale de son mélange nutritif était due aux globules rouges qui s'y trouvaient en suspension.

Albanese, par des expériences récentes, a établi l'importance de la composition physique du liquide. Il affirme qu'un liquide colloïde quelconque possède un certain degré de viscosité, même s'il est privé de substances protéiques, et qu'à condition d'être en même temps iso'onique, il peut maintenir longtemps en vie une pointe de cœur de grenouille. Il exclut ainsi toute influence de la séro-albumine ou des corpuscules rouges, reconnaissant seulement comme qualités essentielles d'un liquide apte à maintenir longtemps la contractilité du muscle cardiaque, l'isotonie et l'isoviscosité.

Quant à l'influence de O ou de CO^2 (voir plus haut l'article de Cyon, p. 93-97), il ne paraît pas certain que l'oxygène soit indispensable; mais l'élimination de CO^2, qui peu à peu s'accumule dans le muscle pendant son fonctionnement, est nécessaire pour éviter son asphyxie. De fait, Martius attribue à la neutralisation de l'acide carbonique l'action reconstituante de minuscules quantités de soude caustique. Cependant tout récemment on a mis en évidence l'importance d'une certaine tension de l'oxygène pour la survie du cœur de mammifère (Oehrwall), et Porter a réussi à maintenir en vie, sous l'influence de l'oxygène pur à la pression de deux atmosphères, des cœurs d'animaux à sang chaud pendant vingt-quatre heures, et à leur faire exécuter d'énergiques contractions, pendant

---

1. Le liquide de Ringer a la constitution suivante :

		cc.
Solution à 0,6 p. 100 de NaCl		100.
Solution à 1 p. 100 de $NaHCO^3$		1.00
— — de KCl		0.75
— — de $CaCl^2$		1.00

un aussi long temps 'en injectant seulement un peu de sang 'ou de sérum dans leurs vaisseaux coronaires.

Pour résumer ce qui est relatif à la question tant discutée de la nutrition du cœur séparé de l'organisme, il nous faut constater que, malheureusement, elle est bien loin encore d'être résolue. En cette question, comme en beaucoup d'autres semblables, chaque observateur a donné une importance exclusive à l'un des agents expérimenté par lui et jugé le plus efficace. Les principaux points de la question se résument en ceci : 1° Que la solution aqueuse de NaCl est insuffisante à maintenir la contractilité du muscle cardiaque; 2° que l'absence de toute séro-albumine ou d'une substance protéique quelconque (albumine, gélatine) nuit à la fonction contractile du cœur; 3° que l'adjonction de sels de calcium et de potassium en très petites quantités favorise cette fonction; 4° qu'un certain degré de viscosité dans le liquide est nécessaire.

On ne peut toutefois affirmer qu'un seul de ces agents soit suffisant par lui-même. Puisque, d'une part, S. RINGER démontre irréfutablement qu'il suffit d'ajouter un centimètre cube (!) de sérum ou de lait, ou bien un centimètre cube de sang sec ou de gélatine à 100 centimètres cubes de son mélange pour obtenir les meilleurs résultats, et qu'on peut, d'autre part, objecter aux recherches d'ALBANESE que, malgré le lavage préalable du cœur à la manière de MARTIUS, il peut y être demeuré des traces de séro-albumine suffisantes pour maintenir la contractilité du cœur.

De l'ensemble complet des résultats il ressort pourtant clairement que ce n'est pas seulement telle ou telle substance saline ou protéique qui est nécessaire au fonctionnement normal du muscle cardiaque, mais encore un état physique particulier du liquide lui-même.

LANGENDORFF aussi a étudié récemment l'importance fondamentale qu'il y a à remplir d'un liquide nutritif le cœur d'un mammifère détaché de l'organisme, si l'on veut le maintenir quelque temps encore en vie et en obtenir des battements rythmiques. LUDWIG et SCHMIDT auparavant avaient essayé à leur tour, mais en vain, de conserver la vie pendant un certain laps de temps dans un cœur de mammifère soumis à une circulation artificielle. ARNAUD avait aussi démontré que si, dans un cœur de lapin détaché de l'organisme, et dix minutes après que ses battements avaient cessé, on injecte du sang oxygéné et défibriné par l'aorte dans la direction du cœur, on obtient immédiatement des contractions rythmiques et régulières. HÉDON et GILIS observèrent le même fait sur le cœur d'un supplicié à la suite d'une injection de sang artériel pratiquée dans les vaisseaux coronaires, et cela une heure après qu'il ne présentait plus aucun mouvement et ne réagissait plus aux excitations extérieures. L'expérience eut un résultat plus net encore chez un chien exsangue. LANGENDORFF employa le sang du même animal, défibriné, filtré à travers du coton de verre, et réchauffé. Le sang d'un animal quelconque, hétérogène, peut d'ailleurs être employé (bœuf, porc, mouton) à condition qu'il soit pur et frais; mais il se produit ainsi des troubles de la fonction cardiaque comme ceux qui furent déjà signalés par LUDWIG et SCHMIDT, et l'expérience ne peut pas se prolonger longtemps.

II. **Effets des excitations portant sur le muscle cardiaque.** — Stimulations électriques. — Tétanos rythmique et tétanos de la tonicité. — Il a été observé par ECKHARD que, mieux que les excitations chimiques, les excitations électriques produisent des contractions rythmiques dans la pointe d'un cœur de grenouille. ECKHARD adopta pour ses expériences l'usage des courants constants, de sorte que, dans ce cas encore, nous retrouvons la propriété que possède le muscle cardiaque de répondre par une fonction rythmique à une excitation continue. Nous examinerons la cause de cette propriété plus tard, lorsque nous étudierons les causes de la rythmicité du cœur.

Il a été question plus haut des phénomènes observés par BOWDITCH à la suite de l'excitation du cœur par des courants induits, du phénomène de l'escalier et de l'excitation suffisante, mais sans effet, etc. Nous ajouterons que le phénomène de l'escalier n'a pas été constaté par WILLIAMS dans le cœur de l'anguille (J. P., VI, 1885).

En excitant le cœur par un courant induit, produisant le tétanos, on obtiendra, suivant l'intensité de l'excitation, ou des contractions isolées se succédant d'une manière rythmique, déterminée, ou bien une contraction tonique ayant des caractères spéciaux. Nous verrons plus tard ce qui en est; mais, pour le moment, nous tenons à constater seulement que, pour produire des contractions rythmiques, le courant induit et rapidement interrompu agit de la même manière que le courant constant.

On sait que l'excitation tétanique dépend directement de la nature du muscle : plus la secousse simple du muscle est de courte durée, plus la stimulation nécessaire à la production du tétanos doit être fréquente. Relativement aux muscles striés, la raison de ce fait se trouve dans la structure des fibres musculaires ; les muscles composés de fibres troubles ou rouges, à contraction lente, entrent plus facilement en tétanos que les muscles à fibres claires, à contraction rapide. La différence histologique dépend de la plus ou moins grande quantité de sarcoplasme contenu dans les éléments musculaires, puisque les fibres troubles sont aussi les plus riches en sarcoplasme. Dans une publication récente, l'un de nous a cru pouvoir expliquer la différence fonctionnelle caractéristique des différents muscles du corps au moyen des propriétés spéciales de la fonction motrice dont le sarcoplasme, comme cytoplasme peu différencié, est doué.

D'après ces nouveaux points de vue de la physiologie musculaire, l'on devrait, sans hésiter, placer le cœur, quant à sa structure et à sa fonction, parmi les muscles rouges et à contraction lente, c'est-à-dire que l'on devrait pouvoir y produire facilement le tétanos au moyen d'excitations relativement peu fréquentes.

En effet, RANVIER, dans le cœur de la grenouille, et BOTTAZZI, dans le cœur embryonnaire du poulet, ont obtenu, à la suite d'excitations électriques rapidement interrompues et relativement fortes, des courbes de contractions analogues aux courbes tétaniques du muscle strié. Mais, selon la plupart des auteurs, y compris RANVIER, l'analogie du phénomène graphique ne serait qu'apparente, parce qu'il ne s'agit pas ici, comme dans le tétanos du muscle strié, d'une véritable fusion de contractions simples par leur superposition, ainsi que l'entendait HELMHOLTZ, mais, pour nous servir de l'expression de RANVIER, d'un « tétanos de la tonicité », qui, selon le même auteur, pourrait être produit également dans les muscles striés à fibres rouges. Mais en quoi consiste le mécanisme profond du tétanos de la tonicité, dans quelle partie du muscle il s'accomplit, ni RANVIER, ni aucun autre ne l'ont dit encore. On rencontre bien à la vérité, chez RANVIER et chez GRÜTZNER, cette même concordance du caractère tonique des contractions et de la richesse sarcoplasmatique du muscle ; mais ce n'est que dernièrement que BOTTAZZI a émis une hypothèse, appuyée par nombre de faits, d'après laquelle le caractère tonique de la contraction musculaire, sous quelque forme qu'elle se présente, serait due à la contraction du sarcoplasme. Ce n'est donc que maintenant que l'expression de tétanos de la tonicité acquiert pour nous une signification claire définitive, équivalant à une contracture ou « contraction tonique du sarcoplasme ».

Quant à la raison des modes différents dont un muscle strié et un cœur de grenouille répondent aux excitations tétanisantes, on l'a cherchée dans la période réfractaire que ce dernier présente pendant la durée de sa contraction, phénomène dont nous nous occuperons à propos de l'irritabilité, et sur lequel nous aurons à revenir. Dans cette hypothèse, les excitations extérieures, quelque fréquentes qu'elles soient, se subdivisent en groupes d'excitations dont la fréquence ne peut jamais dépasser celle des contractions ventriculaires. Cette opinion, ainsi exprimée, ne nous semble guère suffisamment claire : essayons donc de la discuter dans ses détails.

Nous pouvons admettre que la période réfractaire est probablement un effet de la consommation totale de l'énergie chimique actuellement disponible qui est utilisée par une seule contraction, et qu'elle correspond à une partie de la période anabolique de la substance musculaire.

Nous ajouterons que ce fait regarde la substance biréfringente qui est le siège de la contraction rythmique fondamentale du cœur ; mais nous ne pouvons pas l'étendre au sarcoplasme, et affirmer que là aussi toute contraction de la substance biréfringente soit accompagnée d'une consommation complète des anastates. Or une superposition des contractions simples ne peut se produire sans addition d'états d'excitation, et celle-ci ne peut avoir lieu, si, dans la substance biréfringente de la cellule myocardique, le métabolisme prend une forme cyclique. Il est impossible alors que la substance biréfringente du muscle cardiaque produise un véritable tétanos, un tétanos de fusion, même si les contractions du cœur se suivent avec plus de fréquence que cela n'a lieu normalement.

Enfin il faut rappeler que nous ne pouvons modifier la fréquence des contractions du muscle cardiaque que dans des limites fort restreintes; car, soit que le cœur entier ait des battements automatiques, soit que les battements aient été provoqués dans la pointe du cœur, les excitations, quelles que soient leur intensité, leur nature ou leur fréquence, ne peuvent que provoquer le rythme propre à l'organe.

Il en est autrement pour le sarcoplasme des éléments musculaires du cœur. Les expériences de RANVIER et de BOTTAZZI ont démontré qu'un courant relativement fort peut produire une contraction tonique du cœur, laquelle, en somme, n'est qu'une contraction tonique du sarcoplasme des cellules cardiaques pendant laquelle on n'observe pas toujours des contractions rythmiques de la substance biréfringente. Ces contractions rythmiques se manifestant sur une ligne de tonicité plus élevée ont été observées par ENGELMANN dans le *Bulbus aortæ*, par RANVIER dans les ventricules du cœur de grenouille, et par BOTTAZZI dans le cœur de poulet à la seconde moitié de la vie embryonnaire. Dans ces cas la contraction du sarcoplasme n'est pas maximale, et des contractions rythmiques se produisent, aussi fréquentes à peu près que celles de la fonction normale de l'organe. Voici avec raison comment s'exprime BIEDERMANN à ce propos : « Il n'est pas douteux que les muscles du cœur et du bulbe artériel ne puissent, pendant l'excitation tétanique, manifester plus ou moins la faculté rythmique si hautement développée en eux. » Puisque cette forme du tétanos cardiaque, analogue au tétanos rythmique observé par CH. RICHET dans les muscles de la pince de l'écrevisse, et par SCHÖNLEIN dans les muscles du *Dytiscus* et de l'*Hydrophilus*[1] ne diffère du tétanos de la tonicité, dans lequel toute trace de contraction fondamentale a disparu, que par la hauteur de la contraction sarcoplasmatique, il nous semble que l'électromètre capillaire devrait en ce cas démontrer les oscillations rythmiques du métabolisme de la substance biréfringente correspondant aux contractions rythmiques de l'organe, non révélées par les autres méthodes graphiques à cause du raccourcissement extraordinaire du muscle. FANO, en étudiant les phénomènes électriques qui accompagnent les oscillations du tonus dans le cœur de l'*Emys Europæa*, a fait les mêmes observations.

Contraction initiale. — Dans de certaines conditions de fréquence et d'intensité de l'excitation électrique tétanisante du muscle strié, on observe une contraction initiale, très rapide, suivie d'immobilité, et quelquefois aussi une contraction terminale au moment de l'interruption du courant. Le même phénomène fut noté pour la première fois par ENGELMANN dans le muscle cardiaque. « Si, dit-il, l'on fait agir sur le ventricule excisé une série de chocs d'induction, qui, en se succédant avec des intervalles de deux ou trois secondes, auraient provoqué des contractions infaillibles, à des intervalles de moins d'une seconde, le premier choc seulement est suivi par une systole, tandis que les chocs suivants produisent à peine quelque effet. » Ce fait, découvert par ENGELMANN, a été vérifié récemment par KAYSER. Si l'on augmente la fréquence de l'excitation en dépassant la limite à laquelle elle produit un tétanos incomplet, plus ou moins fort, du cœur, on n'observera tout d'abord aucun effet notable : « ce n'est qu'à une certaine hauteur de fréquence, variant selon la force du courant, qu'on voit la pointe du cœur produire, au moment de la clôture du circuit, une contraction, tandis qu'elle reste immobile, et en repos diastolique, tant que persiste l'action du courant d'induction. L'interruption de l'excitation produit assez souvent une contraction terminale. On observe donc dans le muscle cardiaque le phénomène de la contraction initiale de BERNSTEIN (il semble que KAYSER n'ait pas eu connaissance de l'observation précédente d'ENGELMANN), la fréquence d'excitation nécessaire à sa production étant seulement beaucoup moindre que pour le muscle strié de la grenouille (KAYSER) ».

Mais le phénomène en lui-même est encore obscur, et les expériences faites jusqu'ici sur le cœur ne sont pas de nature à l'éclairer. Un phénomène toutefois qui, dans une certaine mesure, pourrait être considéré comme analogue au précédent, et que pour cela nous devons rappeler ici, est celui qu'ont observé TIGERSTEDT et STRÖMBERG dans le

[1]. Il est à remarquer que les muscles de ces invertébrés, quoique striés, doivent être considérés comme relativement riches en sarcoplasme. L'analogie entre le phénomène du tétanos rythmique et le rythme que l'on observe dans le cœur viendraient ainsi à l'appui de l'hypothèse de l'action propre du sarcoplasme.

sinus veineux, et BOTTAZZI dans le cœur embryonnaire du poulet. Si l'on excite, au moyen d'un courant d'induction interrompu, et relativement faible, un cœur embryonnaire, immobile, on provoquera un groupe de contractions rythmiques, de fréquence à peu près égale à la fréquence normale, qui dureront autant que l'excitation elle-même; chaque groupe commencera, et, parfois, se terminera par une contraction plus élevée que les autres. Si l'intensité de l'excitation diminue encore, on peut arriver à observer une contraction assez élevée au début de l'action du courant stimulant, mais qui ira ensuite en diminuant, avec de légères et irrégulières ondulations dans sa décroissance.

Ces deux phénomènes découverts, par BOTTAZZI dans le cœur embryonnaire, et qui semblent différents l'un de l'autre, sont pourtant considérés généralement comme analogues. La raison pour laquelle les contractions sont plus élevées dans l'un et l'autre cas se trouve dans ce que l'organe a accumulé pendant le repos précédent des produits anaboliques que la première excitation fait exploser en forme de contraction plus énergique. Si l'intensité de l'excitation est suffisante, comme dans le premier cas, elle produit le rythme propre à l'organe, et les contractions seront alors toutes de la même hauteur; mais si, au contraire, l'intensité du courant est assez faible, on obtient tout au plus une courbe un peu plus élevée que l'abscisse, et l'organe ne répondra plus par des contractions rythmiques, quoique la première excitation se soit montrée suffisante, parce que, pendant la pause, il s'est accumulé une grande quantité de substances anaboliques qui ont atteint, pendant le repos insolite, un degré maximum de disposition à se dissocier.

Conduction de l'excitation. — La conduction de l'excitation dans le muscle cardiaque présente des particularités dignes de notre attention. Différant en cela de la majorité des muscles striés, le muscle cardiaque ne présente pas une structure uniforme et identique dans toutes ses parties. Il est composé, comme nous venons de le voir, d'éléments musculaires courts, mononucléés, relativement riches en sarcoplasme, disposés en fibres plus ou moins longues et en lamelles réunies entre elles par de petits ponts sarcoplasmatiques attachés aux deux extrémités opposées de leur plus grand axe. Or ces particularités histologiques ont une influence déterminante sur le pouvoir de conduction du muscle cardiaque.

FICK (*Sitzungsber d. phys.-med. Ges. zu Wurzburg*, 13 juin 1874) et ENGELMANN (*Ueber die Leitung der Erregung im Herzmuskel. A. g. P.*, XI, 1875, 465) furent les premiers à instituer presque simultanément des recherches sur la conduction du muscle cardiaque; leurs expériences, faites indépendamment les unes des autres, eurent des résultats identiques : l'excitation dans le cœur s'étend dans toutes les directions à travers la substance musculaire à partir du point excité, de sorte que chaque région cardiaque excitée semble à elle seule constituer une fibre musculaire creuse (ENGELMANN). Pour que le phénomène se présente, l'intégrité absolue du muscle cardiaque n'est nullement obligatoire; car, dans un ventricule sectionné indifféremment en zig-zag, la contraction pouvait s'étendre d'une région à une autre; il n'existe donc aucun doute que l'excitation d'un point quelconque du ventricule peut se propager d'un point à un autre point le long d'une partie quelconque du muscle.

Dans un cœur entier battant automatiquement, et sectionné en zig-zag, l'onde de contraction se propage toujours dans la direction normale, c'est-à-dire du sinus veineux au ventricule.

Si, au contraire, l'expérience a lieu sur un cœur immobile, la direction de l'onde dépend de la position de la région excitée, à partir de laquelle elle se propage alors en tous les sens aux autres parties. Dans un cas comme dans l'autre, le pouvoir de conduction de la substance musculaire, si gravement offensée, n'est restitué que quelque temps seulement, même une heure, après le sectionnement de l'organe.

Il résulte de ces faits, et d'autres encore, qu'il faut exclure toute une conduction nerveuse de l'excitation du cœur. L'excitation se propage directement d'une cellule à l'autre. ENGELMANN a établi pour cette raison comme base de ses recherches le principe de la conduction par contact des cellules. Mais ce principe, quoique admissible alors, faute de mieux, est devenu superflu depuis les recherches de WEISMANN et de PRZEWOSKI.

En effet WEISMANN (*Ueber die Muskulatur des Herzens beim Menschen und in der Thier-*

reich. A. P., 1891, 42), a démontré le premier que les éléments musculaires du cœur ne sont pas formés, ainsi qu'on le pensait autrefois, de fibres ramifiées, enveloppées de leur membrane et polynucléées, mais qu'elles sont un enchaînement de cellules mononucléées (ENGELMANN); et récemment PRZEWOSKI a démontré, dans le cœur humain normal, que les cellules sont reliées entre elles par de petits ponts de substance très probablement sarcoplasmatique, analogue à celle qui a été reconnue dans les cellules musculaires communes des muscles lisses.

Reste à savoir maintenant si la conduction se fait à travers le sarcoplasme ou à travers la substance biréfringente des éléments musculaires, question qui se pose à propos de tous les tissus musculaires en général. Se basant sur le fait des variations de vitesse de la transmission de l'onde d'excitation dans les divers tissus musculaires, et particulièrement sur cette observation, que les muscles striés des vertébrés, ainsi que ceux des invertébrés, possèdent la faculté de transmettre des ondes de contractions, longues ou courtes, lentes ou rapides, BIEDERMANN dit, pour expliquer cette différence, qu'elle dépend certainement des deux substances essentielles qui constituent les fibres musculaires, à savoir, le sarcoplasme et les fibrilles, et que les ondes lentes se propagent par les sarcoplasmes; les ondes rapides par les fibrilles. Il ajoute toutefois que, pour des raisons histologiques, la supposition que les fibrilles ne participeraient pas à la transmission lente des ondes de contraction paraît devoir être écartée. Quant à nous, il nous semble peu vraisemblable, et même superflu, d'admettre que les deux substances fondamentales des éléments musculaires soient intéressées simultanément dans la conduction de l'excitation.

Il ne semble pas douteux que les ondes lentes puissent se transmettre à travers le sarcoplasme : il en est ainsi dans le tissu musculaire lisse, et, comme nous allons le voir, probablement aussi dans le cœur. Quant à la part que prend la substance biréfringente à la transmission des ondes rapides, il faut ajouter encore que, dans tous les cas, l'onde d'excitation devra, en quelque point, traverser le sarcoplasme, par exemple dans les limites qui séparent entre elles les cellules ou les fibres. Elle subirait ainsi des ralentissements, des modifications de forme, d'ampleur et de rapidité. S'il ne s'agissait que d'expliquer les modalités dans la fonction des tissus non identiques, rien n'empêcherait de croire à des différenciations chimiques particulières du sarcoplasme, quoique celui-ci ne présente pas de différences histologiques notables, et on éviterait ainsi la difficulté qu'il y a à admettre le passage de l'onde de contraction à travers les substances chimiquement et histologiquement différentes, tandis que des conditions spéciales de température et d'instabilité moléculaire de la substance vivante de tel tissu ou de tel organe pourraient expliquer également les différences observées dans le pouvoir de conduction. Mais comment expliquer, par le principe de la conduction exclusivement sarcoplasmatique, la propriété des muscles striés des vertébrés et des invertébrés, de transmettre des ondes de contractions longues ou courtes, lentes ou rapides? Mais le pouvoir de conduction d'un cœur fatigué, épuisé, par exemple, ne diffère pas du pouvoir de conduction d'un cœur normal autant que le pouvoir de conduction d'un muscle lisse diffère de celui du cœur? Et les diverses conditions du métabolisme sarcoplasmatique, les degrés différents d'irritabilité, la nature de l'excitation et son intensité, l'innervation différente, la température, l'humidité, ne suffiraient-elles pas à expliquer les variations du pouvoir de conduction dans une même substance? Et cela d'autant plus que la conduction de l'excitation n'est que la transmission d'une molécule à l'autre d'un processus chimique de désintégration, processus évidemment soumis à toutes les conditions de température, d'innervation, etc. Les considérations de BIEDERMANN ne paraissent donc pas pouvoir infirmer l'hypothèse d'après laquelle le sarcoplasme serait exclusivement doué du pouvoir de conduction dans les tissus contractiles.

Dans le cœur, comme dans le tissu musculaire lisse, comme il y a continuité complète du sarcoplasme de tous les éléments cellulaires, la conduction se fait directement d'une cellule à l'autre, comme à l'intérieur d'une seule cellule. Seulement, dans le cœur, même dès les premiers moments de son développement embryonnaire, ou plus tard, la conduction n'est pas égale dans toute l'étendue du tube cardiaque : entre le sinus veineux et les oreillettes, entre les oreillettes et les ventricules, elle subit un ralentissement notable, se manifestant sous forme d'arrêts brefs, qui divisent la contraction du muscle cardiaque en trois parts successives. La raison de ce ralentissement se trouve dans la présence d'éléments musculaires à type embryonnaire, c'est-à-dire moins différenciés, plus riches en sarcoplasme, et dans lesquels, comme dans les éléments musculaires lisses, le pouvoir de conduction est inférieur, de sorte qu'on est frappé du rapport inverse qui existe entre la quantité de sarcoplasme et le pouvoir de conduction (au moins dans les muscles des animaux supérieurs).

Relativement à la transmission de l'onde des oreillettes aux ventricules, il ne faut pas oublier que des faisceaux musculaires relativement minces établissent l'union entre les deux segments du cœur. Or on sait, d'après les expériences d'ENGELMANN, que les petits ponts de substance musculaire transmettent l'onde plus lentement que les gros faisceaux.

Selon les expériences d'ENGELMANN, faites sur des bandelettes du muscle ventriculaire longues d'environ 10 à 15 millimètres, la rapidité maximale de transmission est de 30 millimètres par seconde, et la rapidité moyenne est de 10 à 20 millimètres. Ces chiffres, toutefois, sont de beaucoup au-dessous du chiffre normal. Dans des recherches plus récentes faites sur le cœur suspendu, et par une méthode analogue à celle de HELMHOLTZ pour mesurer la vitesse de transmission dans les nerfs, ENGELMANN a trouvé que la vitesse de propagation de l'excitation ventriculaire le long des muscles des oreillettes était égale à 90 millimètres par seconde ; c'est-à-dire, ajoute-t-il, une rapidité 300 fois inférieure à la vitesse de conduction des nerfs moteurs de la grenouille, dans les mêmes conditions.

Il résulte des mesures prises par ENGELMANN et des résultats généraux obtenus par lui, que l'on ne doit pas en tirer d'autre conclusion que celle-ci : « L'excitation qui s'étend des oreillettes au ventricule et qui y provoque une contraction, est transmise par les fibres musculaires des oreillettes, et non par des nerfs. »

Les chiffres indiqués par ENGELMANN, par MARCHAND, par BURDON-SANDERSON et par PAGE, comme moyenne de la vitesse de transmission dans le muscle ventriculaire de grenouille, ne diffèrent pas beaucoup de ceux qui sont attribués aux oreillettes. Ils subissent toutefois des modifications considérables sous l'influence de l'épuisement, du froid, etc.; on ne peut donc affirmer avec certitude que dans des conditions identiques les résultats soient les mêmes pour les oreillettes et pour les ventricules. Peut-être la transmission s'effectue-t-elle plus rapidement dans les oreillettes, celles-ci étant plus promptes aussi à se contracter, et peut-être ne faut-il pas attribuer au hasard seul ce fait qu'on trouve fréquemment, dans les oreillettes remplies de sang, une vitesse de 150 à 200 millimètres, tandis que, pour la transmission dans le muscle des ventricules, on ne rencontre jamais de valeurs aussi élevées. (ENGELMANN.)

Quant aux valeurs trouvées par FANO et par BOTTAZZI pour le cœur embryonnaire du poulet, elles seront indiquées dans le chapitre traitant du cœur embryonnaire.

Le pouvoir de conduction ne présuppose pas que le muscle conserve encore sa contractilité. Cela avait été démontré par BIEDERMANN pour les muscles striés du squelette, et récemment ENGELMANN l'a confirmé sur les oreillettes du cœur de grenouille gonflées par une injection aqueuse. Il a trouvé que les fibres musculaires atriales, même après la complète abolition de leur contractilité (on peut objecter, il est vrai, qu'un pouvoir contractile minimum existe encore, mais nous ne pouvons pas le démontrer avec nos moyens de recherche), restent capables de transmettre au ventricule la stimulation au mouvement, et avec une vitesse du même ordre que si l'on avait obtenu le raccourcissement des oreillettes mêmes. A ce propos, KAISER pense qu'il y a eu diffusion du courant.

Mais la méthode employée par ENGELMANN, pour déterminer la vitesse de transmission de l'onde d'excitation à travers les oreillettes, a été critiquée sérieusement par KAISER, qui a objecté que l'excitabilité des divers points des oreillettes non seulement est différente, mais qu'elle varie avec le temps; de là, les différences observées par ENGELMANN. Si, comme il l'a fait, on détermine d'abord séparément la valeur limite de l'excitabilité du point le plus voisin et du point le plus éloigné de la région limite auriculo-ventriculaire, ces différences disparaissent. Il est étrange, cependant, qu'ENGELMANN, dans un nombre très grand d'expériences, n'ait jamais rencontré un seul cas dans lequel l'excitabilité du point le plus voisin fût, par aventure, inférieure à celle du point le plus éloigné, et même qu'il n'ait relevé, après l'excitation de l'un ou l'autre point, aucune différence dans la période latente de la contraction ventriculaire.

Pour notre compte, nous pouvons dire que Bottazzi a répété les expériences d'Engelmann sur les oreillettes exceptionnellement grandes du gros *Bufo vulgaris*, et qu'il a obtenu des résultats qui confirment pleinement ceux de cet observateur.

Dans les conditions normales, le phénomène d'excitation qui provoque la systole peut se propager, sans jamais faiblir et avec la même vitesse, du ventricule aux oreillettes, comme en sens inverse. Si dans l'animal vivant et normal on n'observe pas de mouvements antipéristaltiques (du ventricule à l'oreillette), c'est que, en dépit de l'étroite connexion de toutes les parties du cœur, le processus d'excitation, relativement lent du ventricule, se propage plus difficilement à l'oreillette que le processus d'excitation rapide de l'oreillette (et du sinus) au ventricule (Engelmann). Mais, quand la vitalité du muscle cardiaque s'est épuisée davantage, il arrive que parfois la propagation n'est possible que dans l'une ou l'autre des deux directions, ou que du moins la vitesse de transmission est bien plus grande dans un sens que dans l'autre. La direction la plus favorable peut bien être dans ce cas la direction normale, mais, d'autres fois aussi, c'est la direction opposée. Les mêmes phénomènes s'observent sous l'influence de certains poisons (Engelmann, *Observations et expériences sur le cœur suspendu. Arch. Néerl.*, xxxviii, 235, 1894. *Sur la transmission réciproque et irréciproque des excitations, dans le cœur en particulier. Ibidem*, xxx, 154). Voilà l'interprétation de ce fait étrange. Dans le cœur, la propagation réciproque ne devient irréciproque que par une exagération des différences physiologiques primitives, exagération due soit à la mort, soit à l'action des nerfs (pneumogastriques), des poisons ou d'autres agents (Engelmann). Il est donc inutile d'admettre l'existence de deux appareils nerveux, l'un pour la transmission péristaltique, l'autre pour la transmission antipéristaltique, qui ne devraient pas alors fonctionner toujours également bien l'un et l'autre. On peut encore provoquer l'irréciprocité de propagation dans les muscles striés (Engelmann. *Expériences sur la propagation irréciproque des excitations dans les fibres musculaires. Arch. Néerl.*, xxx, 165).

Influence de la systole sur le pouvoir de conduction. — Des études antérieures avaient déjà montré que dans les muscles lisses (uretère, intestin) la contraction elle-même supprime passagèrement le pouvoir de transmission, lequel ne se rétablit que peu à peu (Engelmann). Il n'y a pas simplement diminution de la vitesse de propagation, mais de plus le coefficient de transmission devient plus petit, c'est-à-dire que les contractions deviennent plus faibles à mesure que l'onde avance le long du muscle. Arrivée à une distance plus ou moins grande de son point de départ, cette onde cesse complètement.

Engelmann a pu faire voir que, pour les muscles striés ordinaires, ainsi que pour les nerfs, quand les excitations électriques se succèdent rapidement, une nouvelle onde excitatrice ne peut partir du point directement excité qu'après une certaine période de repos. La durée de cette période est généralement bien plus courte pour les muscles ordinaires que pour les muscles lisses, pour les nerfs bien plus courte que pour les fibres musculaires striées.

La même loi est vraie, d'après les expériences d'Engelmann sur le cœur de la grenouille, pour la transmission motrice dans la substance musculaire de la paroi du ventricule (Engelmann. *De l'influence de la systole sur la transmission motrice dans le ventricule du cœur, avec quelques observations sur la théorie des troubles allo-rythmiques de cet organe. Arch. Néerl.*, xxx, 185 et suiv.).

Voici quels sont les résultats principaux de ces recherches.

1° Toutes les mesures sur la transmission des excitations dans le muscle ventriculaire, soit celles d'Engelmann, soit celles d'autres physiologistes (les assertions contraires de Pagliani et de Kaiser reposent sur des apparences trompeuses et ne peuvent donc être opposées à des mesures exactes) démontrent que la moitié ventriculaire indirectement excitée se contracte toujours sensiblement plus tard que la moitié directement excitée; et d'autant plus tard, en général, que l'on a excité la dernière à plus grande distance de la première.

2° Pour ce qui nous intéresse le plus, c'est-à-dire l'influence qu'exerce l'onde de contraction sur le pouvoir de transmission, il résulte des recherches d'Engelmann que, immédiatement après chaque systole, l'excitation indirecte est absolument impossible, et la durée de latence λ' est donc $= \infty$. Aussitôt qu'elle redevient possible, λ' est d'abord un maximum, mais diminue, très rapidement au début, puis lentement. Au bout d'un petit nombre de secondes (dans une préparation fraîche, souvent après 2 secondes seulement, mais, dans les préparations plus anciennes, souvent après un intervalle de 10 secondes et davantage), λ' atteint un minimum. Ce minimum persiste alors même que la pause se prolonge, même pendant quelques minutes, sans subir des variations bien considérables. Et cependant la contractilité diminue en même temps (Bowditch), et la durée du stade latent (λ) pour l'excitation *directe* augmente.

3° Si, après une pause assez longue, on fait agir une longue série d'excitations égales, à des intervalles constants d'environ 2 à 3 secondes, sur une préparation passablement fraîche, λ' augmente en général, à chaque excitation, à partir du minimum initial, et bientôt se trouve atteint un maximum, d'autant plus rapproché du minimum que les intervalles entre les excitations successives sont plus longs.

Mais nous ne pouvons reproduire tous les détails du mémoire d'Engelmann. Qu'il nous suffise de rappeler que ses expériences ont irréfutablement démontré une diminution correspondante du pouvoir de transmission à la suite de la contraction, et que le pouvoir de transmission des oreillettes, du sinus et des grosses veines est aussi passagèrement aboli par l'onde de contraction, il ne revient que peu à peu à sa hauteur normale, quoique, en général, plus vite que dans le muscle ventriculaire.

Nous ajouterons enfin quelques considérations qui servent à faire rentrer les observations d'Engelmann dans le plan général du métabolisme cardiaque.

Bottazzi a émis l'hypothèse que la conduction de l'excitation se fait à travers le sarcoplasme des cellules musculaires, tandis que la substance anisotrope est le siège principal de la contractilité (pour ce qui regarde les mouvements rapides dans tout élément musculaire doué en même temps de mouvements rapides et lents). D'autre part, Engelmann affirme que la contractilité et le pouvoir de transmission sont des propriétés différentes, indépendantes dans de larges limites l'une de l'autre, au point de vue de leur variabilité (il en est de même d'ailleurs du pouvoir conducteur et de « l'irritabilité » des nerfs). Les observations d'Engelmann peuvent donc bien s'accorder avec cette hypothèse.

Mais il n'est pas moins vrai que le pouvoir de transmission, comme la contractilité des fibres musculaires cardiaques, est passagèrement affaibli par la contraction. Nous pouvons expliquer ce fait en supposant que le processus de conduction amène avec lui un processus chimique de désassimilation dans la matière sarcoplasmique : comme nous admettons que la contraction laisse après elle une période réfractaire, de même toute conduction laisse une période réfractaire à un nouveau processus de conduction. Dans les deux cas, cette période correspondrait au temps nécessaire à la reconstruction des *anastates*, temps qui peut varier suivant la nature de la substance qui est le siège du phénomène, et suivant l'intensité de la désintégration précédente. En effet, les deux temps ne coïncident pas. Les expériences d'Engelmann montrent que la vitesse de propagation, après un long intervalle de repos, à une époque où la contractilité est donc fortement affaiblie, est au contraire au maximum, et diminue graduellement à chaque accroissement saccadé de la contraction, lors d'excitations periodiques à la manière de Bowditch.

Et cette reconstruction des anastates, qui est de l'anabolisme, a lieu plus promptement dans le sinus et les oreillettes, selon nous, parce que ces segments cardiaques sont plus riches en substances nucléiniques (Bottazzi et Ducceschi. *Le sostanze proteiche del miocardo. Il Morgagni*, xxxix, 10, 1897), dont l'importance dans les processus anaboliques résulte clairement des recherches de beaucoup d'observateurs (Balbiani, Nussbaum, Verworn, etc.).

Troubles allorythmiques du mouvement cardiaque. — L'application de ces résultats à l'explication des troubles allorythmiques du cœur s'impose à présent d'elle-même, dit Engelmann.

Dans les circonstances normales, les ventricules du cœur se contractent, à chaque systole, à peu près au même moment et avec une égale énergie en tous les points. Mais, dans des conditions anormales, les contractions peuvent devenir inégalement fortes. Le pouls présente dans ces conditions les phénomènes dits de l'allorythmie ou de l'arythmie, dont on a distingué des formes nombreuses sous les noms de pouls alternant, intermittent, bigéminé, etc. Spécialement intéressantes, à un point de vue théorique, sont les anomalies qui font que diverses parties de la masse musculaire du ventricule, qui d'habitude travaillent de concert, se mettent à fonctionner d'une manière plus ou moins indépendante (par ex. dans *l'hémisystolie*). Primitivement déduits d'observations cliniques par SKODA, puis artificiellement provoqués chez le lapin, et décrits de plus près par PANUM, VAN BEZOLD et d'autres, ces phénomènes d'« incongruence » de l'activité cardiaque furent au début souvent mis en doute ou même déclarés impossibles. Mais plus tard de nombreux pathologistes et physiologistes (SAMUELSON, S. MAYER, ZWAARDEMAKER, MALBRANC, LUKJANOW, DUCCESCHI, etc.) ont pu les constater ou les provoquer (par exemple, par l'empoisonnement avec P dans le crapaud, DUCCESCHI). Ce sont surtout PH. KNOLL (*Ueber Incongruenz in der Thätigkeit der beiden Herzhälften. Ak. Wien*, XCIII, 32, 1895) et DUCCESCHI (*Sul cuore butamente avvelenato con fosforo. Lo Sperimentale*, LII, fasc. 1, 1898) qui en ont fait récemment une étude approfondie. Mais on n'avait pas donné, jusqu'aux recherches d'ENGELMANN, une explication satisfaisante de ces phénomènes. Maintenant on peut affirmer, avec ce dernier auteur, que des troubles pareils sont provoqués quand le pouvoir de transmission ne se rétablit pas avec la même vitesse et dans la même intégrité, après la contraction, dans toutes les parties de la masse musculaire cardiaque. Et il n'y a pas de doute que de telles différences s'établissent, nettement marquées, dans des circonstances anormales. Or, si, après une excitation motrice efficace, une deuxième excitation vient frapper le cœur au moment où le pouvoir de transmission est rétabli à droite, mais ne l'est qu'incomplètement à gauche, il n'y aura qu'une contraction partielle de la musculature ventriculaire. La systole se localisera complètement ou essentiellement, dans la moitié droite.

Les autres facteurs capables de provoquer le phénomène d'allorythmie sont, d'après ENGELMANN : les différences locales de la contractilité; les différences locales dans l'activité des fibres nerveuses intra-cardiaques *inotropes* et *dromotropes;* la possibilité qu'à la suite de troubles de nature chimique ou physique résultant de conditions anormales, il se développe en des points inaccoutumés du tissu musculaire des excitations *automatiques*, provoquant des ondes de contraction qui iront interférer avec celles venant de points différents : la contractilité et le pouvoir de transmission doivent alors subir simultanément des modifications très diverses en différents points; et la coopération régulière des divisions cardiaques est par là rendue impossible. Tous les divers troubles de coordination, comme le tremblement et l'agitation du cœur, le délire cardiaque (voir plus loin, p. 198), etc., pourraient bien trouver ici leur cause essentielle (ENGELMANN).

Si l'on réfléchit que les divers facteurs dont il s'agit ici peuvent se combiner suivant les modalités les plus variables, on se rendra compte qu'il n'y a peut-être pas un seul cas d'activité allorythmique du cœur qu'il n'y ait moyen d'expliquer par la théorie défendue par ENGELMANN.

Rythme périodique. — Un des phénomènes les plus singuliers que l'on puisse observer ou provoquer dans le cœur est celui que LUCIANI a appelé *rythme périodique*, durant lequel les contractions cardiaques ne se succèdent pas à des intervalles réguliers, mais par *groupes*, séparés l'un de l'autre par des *pauses* plus ou moins longues (fig. 39).

Dans les expériences de LUCIANI, ce phénomène avait un décours assez régulier. Souvent, la durée, soit des groupes, soit des pauses, allait régulièrement en décroissant; d'autres fois, dans une première phase elle augmentait, et diminuait dans une phase

FIG. 39. — Cœur de grenouille lié à 2 millimètres au-dessous du sillon auriculo-ventriculaire (*Groupes périodiques*). L. LUCIANI, 20 nov. 1872, inédit). (Se lit de droite à gauche.)

suivante; d'autres fois, enfin, elle présentait des oscillations irrégulières, mais toujours avec une tendance à décroître, Le nombre des pulsations de chaque groupe n'est dans aucun rapport évident avec la durée de la pause.

Les groupes les plus typiques commencent par des contractions rares qui s'accélèrent graduellement et puis se ralentissent de nouveau jusqu'à la longue pause. La hauteur des contractions de chaque groupe forme d'habitude un *escalier descendant*, plus rarement une *ligne droite horizontale*, et encore plus rarement un *escalier légèrement ascendant* (fig. 39).

Luciani a obtenu ces groupes périodiques en liant les oreillettes du cœur de grenouille isolé autour d'une canule à diverses hauteurs : il remplissait le cœur de sérum et enregistrait les mouvements au moyen d'un petit manomètre.

De ses expériences il résulte que, plus la ligature des oreillettes était haute, plus les groupes étaient constitués par un grand nombre de contractions, et plus les pauses respectives étaient brèves.

Dans son mémoire de 1873 (*Ber. d. Sächs. Ges. d. Wiss.* 1873. *Sulla fisiologia degli organi centrali del cuore. Bologna,* 1873), Luciani attribuait le *rythme périodique* à la séparation du système central cardiaque, et il pensait que le segment du cœur animé de pulsations se contractait par l'action des éléments ganglionnaires qui y étaient restés.

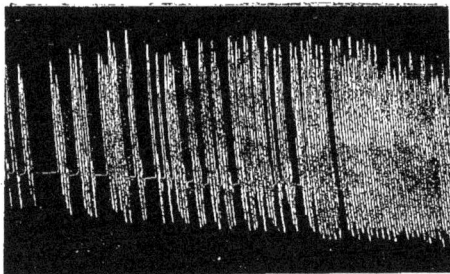

Fig. 40. — Cœur embryonnaire de poulet au 15ᵉ jour d'incubation, suspendu et pincé entre le tiers supérieur et le tiers moyen des oreillettes.
Groupes périodiques de contractions énergiques au commencement de la fonction ; ensuite les groupes disparaissent. (Bottazzi.)

Mais, depuis que les mêmes phénomènes (fig. 40) furent obtenus avec des moyens analogues par Bottazzi dans le cœur embryonnaire du poulet de la seconde époque d'incubation (voir plus loin), et que de semblables phénomènes d'activité périodique furent constatés par d'autres auteurs dans d'autres organes (Fano, cœur embryonnaire du troisième jour d'incubation le centre respiratoire, etc.), Luciani, dans son récent *Traité de physiologie*, admet que la condition fondamentale déterminante du phénomène consiste dans la séparation physiologique du sinus veineux opérée par la ligature, se rapprochant ainsi de l'interprétation générale que Bottazzi a donnée du phénomène. Tant la ligature de Luciani que le pincement fait par moi, dit Bottazzi, enlèvent au tronçon ventriculaire dont nous enregistrons les mouvements une partie plus ou moins grande du segment automatique (sinus-oreillettes), d'où part normalement l'onde d'excitation et de contraction de chaque révolution cardiaque. La partie du segment automatique qui n'est pas mise hors de fonction n'a pas un degré d'automaticité capable de déterminer un rythme pulsatile régulier, les excitations qui en partent sont peut-être insuffisantes comme intensité, et différentes comme fréquence des normales; peut-être s'y ajoute-t-il des résistances au passage de l'onde; peut-être le pouvoir de transmission de la substance musculaire est-il en partie altéré. C'est tout cela, et non la suppression partielle du système ganglionnaire, qui peut être la cause des différents phénomènes.

Durant les *longues pauses*, la *tension* se fait, et on a une *décharge* dans les groupes de contractions. A mesure que l'activité du cœur va en s'affaiblissant, les pauses se raccourcissent, et les pulsations des groupes sont plus distantes entre elles, jusqu'à ce qu'il ne se présente plus de groupement. Ce phénomène est celui que Luciani a appelé la *crise*, représenté par une série plus ou moins longue de *pulsations isolées*, qui se raréfient et s'affaiblissent toujours de plus en plus, jusqu'à ce qu'elles disparaissent tout à fait quand l'asphyxie et l'épuisement du cœur deviennent complets.

L'apparition des *groupes périodiques* s'observe aussi dans des cœurs qui ne sont pas traités à la manière de Luciani, pendant les dernières périodes de leur survivance, ce que Fano et Bottazzi ont nettement vu dans le cœur embryonnaire.

Quelquefois, au lieu de groupes séparés par des pauses (fig. 41), on observe des

. Fig. 41. — Cœur embryonnaire de poulet au 13e jour d'incubation.
Groupes périodiques de contractions fréquentes séparés par des intervalles de contractions rares.
La formation des groupes est due au pincement des oreillettes entre le tiers moyen
et le tiers inférieur. (Bottazzi.)

groupes de contractions plus fréquentes séparés par des intervalles de contractions plus rares.

Influence de la température. — Il a été observé par Budge (*Handwörterbuch der Phys.*, 1846) et par les frères Weber (*Ibidem*) qu'en réchauffant un cœur de grenouille isolé de l'organisme ou un cœur embryonnaire de poulet, on obtient une augmentation de la fréquence des contractions.

Schelske (*Ueber die Veränderungen der Erregbarkeit durch die Wärme*. Heidelberg, 1860) observa plus tard qu'en échauffant un cœur de grenouille jusqu'à 28° à 36° il y avait d'abord augmentation de la fréquence des contractions cardiaques, puis un arrêt complet de l'organe, si la température était encore augmentée. Toutefois le cœur se remet à battre aussitôt que la température du cœur revient à 14°. Malgré cela il observa une augmentation passagère de la fréquence en refroidissant le cœur à 0°, et, ainsi que dans le cas de l'échauffement, cette augmentation fut rapidement suivie de l'arrêt, puis du retour à la fonction normale, lorsque l'organe était ramené de nouveau à la température plus convenable de 14° à 15°.

Des observations analogues ont été faites par Cyon, Bowditch, Kronecker, J. M. Ludwig et Luchsinger, v. Basch, Langendorff, et par tous ceux qui ont eu occasion d'expérimenter sur le cœur.

Relativement à l'amplitude et à l'énergie déployée dans la contraction cardiaque, Cyon observa les faits suivants que nous indiquons en citant textuellement ses paroles (*Ueber den Einfluss der Temperatursänderungen auf Zahl, Dauer, und Stärke der Herzschläge. Ludwig's Arbeiten*, 1866, 256 et suiv.) :

« Des observations que j'ai faites d'après de nombreuses expériences, il résulte une même et unique loi. Si l'on décrit sur l'axe des abscisses correspondant aux températures une courbe de l'amplitude des contractions, il en résultera un maximum et deux minima. Ces derniers correspondent à la première et à la dernière limite de la température, à celles par conséquent où il y a arrêt du cœur. La courbe monte rapidement à partir du minimum de la température inférieure, de sorte que, déjà à quelques degrés au-dessus de 0, elle a atteint, ou peu s'en faut, le maximum ; elle se maintiendra à cette hauteur jusqu'à environ 15° à 19° : il arrive rarement qu'elle baisse déjà à 10° par exemple. A partir de 20°, elle baissera ensuite sans discontinuer, jusqu'au minimum de la température extrême supérieure. »

Un phénomène digne d'attention et observé par Cyon est celui que présente le cœur à la température qui précède immédiatement la limite extrême supérieure. Lorsque le cœur a atteint cet extrême degré de chaleur, il se produit encore de rapides contractions, mais *malgré cela nulle quantité de sang n'est projetée par lui dans le manomètre*. Cette contraction cardiaque n'est donc qu'une contraction péristaltique des parois musculaires qui va des oreillettes jusqu'à la pointe du cœur.

Ainsi il résulte des observations de Cyon que la fréquence des contractions augmente avec la température, tandis qu'il se produit une diminution de leur amplitude.

Très intéressantes sont encore les recherches de Cyon sur le rapport qui existe entre l'amplitude et la fréquence des contractions cardiaques sous l'influence des variations de température.

« Si l'on compare la courbe des énergies proportionnelles des contractions, et de leur fréquence dans un même cœur, on remarquera aussitôt qu'à partir de 0° jusqu'à une certaine limite de température, il y a augmentation de la fréquence, tandis que l'amplitude de la contraction restera invariable. Il y a donc, dans ces limites, indépendance absolue entre ces deux fonctions. Mais, si ensuite la température augmente, la fréquence augmente, tandis qu'il y a diminution d'amplitude dans les contractions, et cela jusqu'à ce que soit atteint le maximum de la fréquence. Si la température à laquelle les contractions cardiaques atteignent ce maximum de fréquence est dépassée, on verra la fréquence simultanément diminuer avec l'amplitude, jusqu'à ce qu'elles deviennent nulles l'une et l'autre. »

Quant à la forme de la contraction, Cyon a vu qu'elle varie dans un même cœur avec les variations de température. Les figures ci-jointes démontrent que simultanément avec l'abaissement de la température les parties ascendante et descendante de la courbe s'allongent de plus en plus.

Il résulte des observations de Cyon relativement à la durée des systoles simples que, dans la limite de 0° jusqu'à 18°, *la somme de la durée des systoles* s'est maintenue à peu près invariable dans

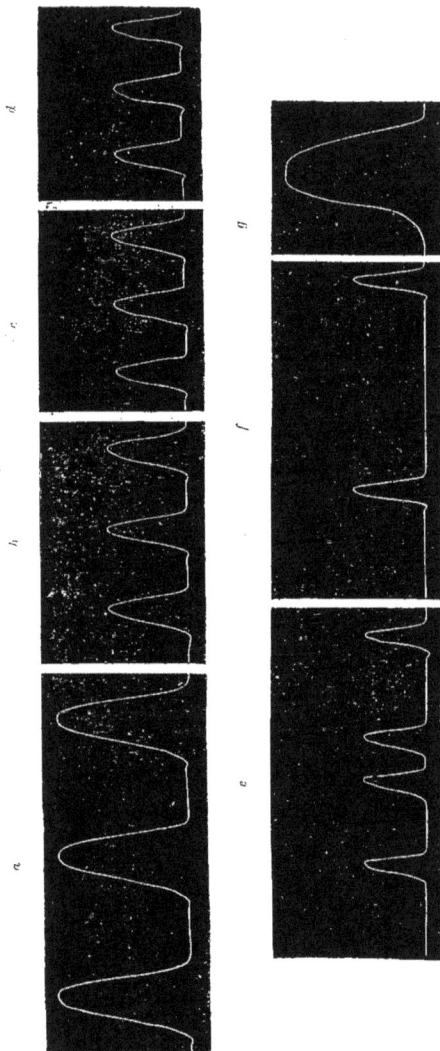

Fig. 42. — Influence des variations de température sur les contractions du cœur (de grenouille)
a, échauffement à 18°. — b, échauffement à 26°. — c, échauffement à 30°. — d, échauffement à 33°. — e, échauffement à 34°.
f, échauffement à 35°. — g, refroidissement à 18°.
Cette série de tracés démontre qu'au delà du maximum du nombre des contractions surviennent l'arrêt du cœur, précédé par un allongement progressif des pauses, tandis que les hauteurs des contractions restent invariables. La contraction qui suit le nouveau refroidissement à 18° est plus lente que pour celles qui sont obtenues à la même température avant le réchauffement, tandis que sa hauteur est égale. (Cyon.)

l'unité de temps, et que la durée de chaque systole isolée a augmenté, à mesure que leur nombre devenait moins fréquent dans l'unité de temps, et cela dans la même proportion.

« Toutefois nous n'avons rencontré qu'un seul fait analogue lorsque la température montait de 18° à 38°; dans plusieurs autres cas la somme de la durée totale des systoles diminuait avec l'augmentation de la température, de sorte que dans un cas la part revenant à toutes les systoles réunies pendant l'unité de temps n'était plus à 34° que la moitié de ce qu'elle était à 18°. La durée de chaque systole était donc, en ce cas, tombée de moitié de ce que le nombre de contractions était augmenté pendant l'unité de temps. »

Les observations de CYON sur le travail du cœur, suivant les variations de la température, ne sont pas moins importantes. Il conclut « que ce n'est qu'à un certain degré de température [bien déterminé que le cœur peut agir efficacement sur l'impulsion du flot sanguin ; sa valeur étant moindre par une température moins élevée que par une température moyenne, la fréquence des contractions diminuant par le refroidissement sans que l'amplitude augmente. De même l'effet utile des contractions, passé le maximum, ne peut pas être plus considérable que par une chaleur moyenne, étant donné que la fréquence et l'étendue de la contraction ont diminué de beaucoup. D'après les estimations que j'ai pu faire dans mes observations, j'ai constaté que le maximum de l'effet utile a été atteint entre 18° et 26°. »

Nous verrons par la suite les belles recherches faites par BIEDERMANN sur l'influence de la température sur le tonus du cœur de *Helix pomatia*. Mais CYON avait déjà observé que, lorsque la température approche du degré correspondant au maximum des contractions cardiaques, l'expansion du cœur augmente notablement.

La manière d'être du cœur pendant les deux arrêts produits par la chaleur ou le froid démontre en toute évidence les modifications subies par l'élasticité selon la température. Le cœur restant arrêté pendant quelques minutes par suite de la température élevée, on verra aussitôt le mercure tomber de quelques millimètres plus bas qu'au moment de l'arrêt produit par une température basse.

Tout différents sont les phénomènes que l'on observe lorsque, au lieu de soumettre le cœur à des variations de température lentes et graduelles, on l'expose à un changement thermique brusque. Voici les résultats de CYON :

« 1° Si le cœur, qui jusqu'alors se contractait aux températures de 20° à 22°, se trouve soudainement mis en contact avec du sérum ou de l'air à 0°, la fonction diminue, la contraction devient péristaltique, et le cœur se dilate graduellement, beaucoup plus qu'il ne le fait habituellement, si, par une transition moins brusque, il est amené à une température plus basse. Si le cœur demeure pendant quelques minutes dans cette température basse, l'amplitude des mouvements augmentera de nouveau, de sorte que le cœur se trouvera dans le même état (fig. 42) que s'il avait été refroidi graduellement,

« 2° Lorsqu'un cœur qui est resté pendant quelque temps à 0°, ou au-dessous, est mis brusquement en contact avec du sérum et de l'air à 40°, il présente une série de contractions se succédant avec une telle rapidité qu'il tombera finalement en tétanos.

« 3° Le phénomène se présente encore différemment lorsque le cœur, au sortir d'une température normale, se trouve subitement en contact avec du sérum et de l'air à 40°. Alors les contractions, au lieu d'être, ainsi que par le réchauffement graduel, fréquentes et de courte durée, se produiront maintenant espacées et plus amples. »

Nous nous sommes étendus aussi longuement sur les travaux de CYON parce qu'il est le seul auteur qui se soit proposé comme but exclusif de rechercher les effets des variations de température sur la fonction du muscle cardiaque, et parce qu'il a institué à cet égard des recherches systématiques. LUCIANI, en réchauffant un cœur de grenouille, et se servant d'un appareil analogue à celui de CYON, n'observa pas, comme l'avait fait celui-ci, une diminution dans la hauteur des contractions. Selon lui, la différence tient à ce que, dans les expériences de CYON, la plus grande partie du sérum restait constamment en contact avec le cœur réchauffé et subissait des altérations dans sa composition chimique, tandis que, dans les siennes, la petite quantité de liquide contenue dans le cœur restait seule exposée à l'augmentation de la température.

L'interprétation donnée par ces divers savants aux phénomènes qui ont été décrits n'est pas toutefois celle que nous inclinerions à donner aujourd'hui, c'est-à-dire qu'elle ne reposait pas sur l'action de la température sur le métabolisme de la cellule myocardique. A l'époque à laquelle ces recherches furent faites, l'opinion prédominante était que l'action cardiaque était réglée entièrement par les ganglions intrinsèques de cet organe, et que l'action du vague portait exclusivement sur ces ganglions. Tout ralentissement du cœur, dû à une température basse, était une inhibition ; toute accélération, une paralysie du vague. Des modifications de la fréquence du pouls et de la quantité de travail

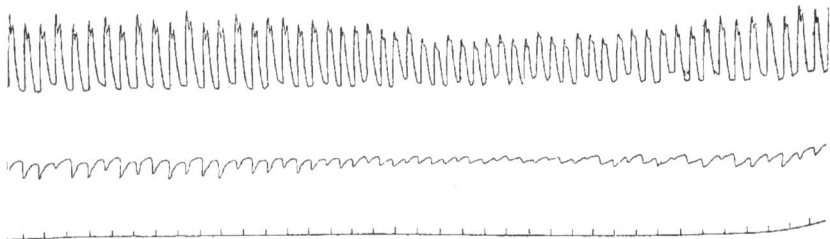

FIG. 43. — Tracé des mouvements du cœur de chat.

Accélération produite par l'action de la chaleur appliquée à l'extrémité centrale de la veine cave supérieure. L'accélération est accompagnée d'une diminution notable de la force des battements isolés. La période du réchauffement (à quelle température ?) est indiquée par la ligne supérieure. (Mc. WILLIAM.) (Voir *Physiologie comparée du cœur*.)

accompli par le cœur de grenouille réchauffé, LUDWIG et CYON (*loc. cit. Leipziger Berichte*, 1866, 302-303) conclurent à une paralysie précoce des mouvements retardant la fonction cardiaque.

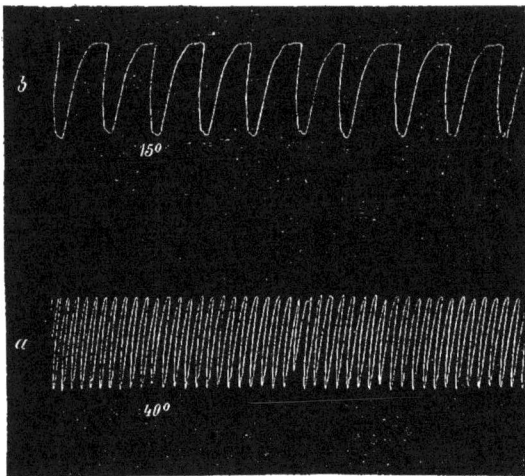

FIG. 44. — Cœur de chat. Influence de la température sur la fréquence des battements du cœur des mammifères. (Les températures qui se lisent sur la figure sont celles du liquide sanguin circulant dans les cavités du cœur.) L'accélération produite par le réchauffement est très évidente. (LANGENDORFF.)

Ce n'est que plus tard (1876) que LÉPINE et TRIDON pour la tortue, et SCHIFF (*Acc. dei Lincei*, 1877) pour le lapin, observèrent que, à une température élevée, l'action du vague fait défaut, mais qu'elle reprend ensuite avec le refroidissement graduel du cœur. Les observations les plus récentes d'ARISTOW (*A. P.*, 1879) confirmèrent également les résultats précédents.

D'ailleurs d'autres expériences, antérieures, encore de CYON, doivent être considérées comme ayant eu pour but d'étudier les effets de l'excitation du vague sur le muscle cardiaque refroidi ou réchauffé.

CYON avait observé qu'en excitant par un courant induit le sinus veineux à la température normale, ambiante, le cœur entier s'arrête en diastole pour un temps prolongé. « Si l'on fait cette même expérience sur un cœur qui est refroidi presque jusqu'à 0°, mais qui se contracte encore, on obtient par ce moyen une prolongation des pauses, .

mais toutefois une prolongation moindre que dans les températures moyennes. HORWATH (*Wien. med. Wochenschrift*, 1870) observa le même fait en stimulant le vague dans le cœur fortement refroidi d'un lapin. Si au contraire le vague est excité, tandis que le cœur est réchauffé et au repos, on voit le ventricule se contracter par un mouvement ondulatoire en forme de tétanos interrompu par des pauses (fig. 43) (CYON, SCHELSKE).

Toutefois CYON admet qu'une diffusion de courants peut expliquer certains résultats des expériences de SCHELSKE. LUDWIG et LUCHSINGER ont institué à ce sujet des recherches plus minutieuses, espérant dissiper l'incertitude qui règne encore sur cette question (*Zur Physiologie des Herzens. A. g. P.*, XXV, 211, 1881).

Quant au refroidissement du cœur, le résultat fut toujours celui-ci, qu'un abaissement de température considérable rend le vague insensible aux plus fortes excitations, et que son excitabilité augmente, dans de certaines limites, en même temps que la température (fig. 44).

Dans le cœur réchauffé, ces auteurs ont observé que, contrairement aux assertions précédentes, le nerf vague conserve son activité jusqu'aux températures les plus élevées, qu'il peut même arrêter immédiatement le cœur qui commençait à se relever; de sorte qu'il paraît même avoir acquis à ces hautes températures une activité plus grande.

Cela nous entraînerait trop loin, de répéter et de discuter les interprétations variées que les différents savants ont données aux divers résultats obtenus. Habituellement l'interprétation donnée par un observateur aux résultats de ses propres expériences est conforme aux théories dominantes de l'époque à laquelle il observe et écrit. Il est donc à prévoir que les interprétations des phénomènes relatés se rapporteront toutes, soit à une exaltation des appareils nerveux moteurs ou inhibiteurs du cœur, soit à une paralysie, comme si les variations de la température n'agissaient pas simultanément sur le muscle cardiaque, comme s'il devait répondre passivement aux modifications thermiques de la fonction nerveuse des ganglions cardiaques.

Nous nous bornerons à conclure que le résultat général de semblables recherches a toujours été le même pour ce qui concerne le cœur des animaux à sang froid et le cœur des animaux homothermes; c'est-à-dire que, par le refroidissement du cœur, la fréquence des contractions, soit automatiques, soit provoquées par des excitations artificielles quelconques, peut être diminuée considérablement, et que l'effet opposé a lieu par le réchauffement du cœur.

Ainsi des expériences de BURDON-SANDERSON et PAGE (*On the time-relations of the excitatory process in the ventricle of the heart of the frog. J. P.*, II, 1880, 384 et suiv.), résultent les modifications suivantes dans la durée de la systole, pour le cœur de grenouille, avec les variations de la température.

TEMPÉRATURE.	DURÉE de la systole en seconde.	
27°	0″,9	
24°	1″,0	
21°	1″,3	
18°	1″,6	
15°	1″,9	Durée normale.
12°	2″,1	

Le cœur embryonnaire, dans toutes les périodes de son dévelop-

FIG. 45. — Tracé des mouvements du cœur d'*Aplysia limarina*. La période du réchauffement est indiquée par la ligne inférieure (gauche du tracé). L'auteur ne dit pas à quelle température il a exposé la préparation. SCHÖNLEIN.) (Voir *Physiologie comparée du cœur*.)

Influence accélératrice du réchauffement.

pement, se comporte aussi de la même manière [(Fano, Bottazzi), d'où il est permis de conclure que l'action de la température porte sur la cellule myocardique, et qu'elle ne peut pas s'expliquer par une altération des éléments nerveux du cœur (Bottazzi).

La durée de la période d'excitation latente présente des modifications semblables sous l'influence des variations de température, puisqu'il existe une relation générale entre la durée de contraction du ventricule et son irritabilité, et la durée de la période latente d'excitation (Waller et Reid).

La relation est généralement tellement étroite que tout allongement des contractions correspond à une diminution de l'irritabilité, et *vice versa*. Ce fait trouve son application également pour les ventricules et pour |les oreillettes : tout prolongement de la contraction est accompagné d'un prolongement correspondant de la période d'excitation latente. Waller et Reid (*On the action of the excised mammalian heart. Philos. Trans. of the Roy. Soc. of London*, vol. 178, B., 215, |236, 1887) ont observé sur le cœur des animaux à sang chaud que, « relativement à la période latente les résultats sont particulièrement remarquables ; le même cœur pourra ne répondre qu'une ou plusieurs secondes après l'excitation, lorsqu'il se trouvera à une température au-dessous de 12°, et y répondre au contraire presque immédiatement, dès que la température aura monté (38° à 40°). »

L'influence des élévations de température (fig. 46) sur la durée de la systole ventriculaire sera naturellement beaucoup moins évidente, si, déjà dans des conditions normales, cette durée est très courte, que si elle est normalement très longue, comme chez

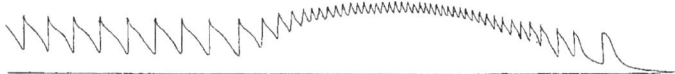

Fig.46 . — Tracé des mouvements du cœur de *Aplysia limacina*. Augmentation du tonus produite par un fort réchauffement du cœur (à quelle température ?) suivie d'un arrêt temporaire de sa fonction. (Schönlein.) (Voir *Physiologie comparée du cœur*.)

les animaux hétérothermes. Ainsi, par exemple, dans le cœur embryonnaire du poulet, une augmentation de température modérée accroîtra la fréquence normale des contractions de quelques unités à peine par minute. Mais il suffira de tenir le cœur pendant quelques minutes à une température un peu basse (34° à 35°), et d'attendre qu'à la suite de ce refroidissement il se soit produit une grande diminution de la fréquence des contractions, pour voir la fréquence augmenter de nouveau rapidement, aussitôt que le cœur aura été rendu à sa température normale de 39°.

Mais l'action de la température sur les tissus contractiles se manifeste encore par l'influence considérable qu'elle exerce sur le tonus du cœur. Les expériences de Biedermann (*Sitz.-ber. Wien. Akad.*, lxxxix, iii° *Abth.*, 19 et suiv., 1884) à cet égard méritent d'être relatées ici. Il observa dans le cœur d'*Helix pomatia* qu'à la suite d'une augmentation de la pression dans l'intérieur de l'organe, et après quelques contractions irrégulières, il se produit un régime régulier de contractions égales. Tandis que d'abord sous la pression totale de la colonne liquide (sang de *Helix* ou solution 0,5 p. 100 de NaCl) de la canule, le ventricule se dilate au maximum dans la phase diastolique, et se vide complètement à chaque contraction systolique suivante, l'on verra, aussitôt que la pression interne est augmentée, que le relâchement diastolique du ventricule devient incomplet, qu'il persiste pour ainsi dire un reste de contraction, croissant à chaque nouvelle systole, jusqu'à ce que finalement le cœur ne se dilate plus et reste durablement (toniquement) contracté. Ce tonus peut dans certaines circonstances cesser subitement, si l'on expose le cœur à une température plus élevée que la température ordinaire ; il reparaît dès que le cœur est refroidi. Le tonus de froid (*Kältetonus* de Biedermann) disparaît sous l'influence de la chaleur beaucoup plus rapidement que le tonus de pression (*Drücktonus*). Il suffit de plonger |le cœur dans une solution saline chaude pour faire passer le ventricule contracté, après une période de repos à peine appréciable, à un complet relâchement diastolique.

La question des limites de température extrême auxquelles le cœur, ainsi que tous les autres tissus contractiles, peut être exposé sans pour cela empêcher le retour de la fonction motrice, n'est pas résolue encore. WALLER (*Loc. cit.*) affirme que le cœur peut être complètement gelé et produire cependant des contractions après son dégel. Il y aurait toutefois beaucoup d'objections à faire à ces recherches, puisque un des points essentiels, en ce qui regarde la désorganisation de la matière vivante, est, non seulement la durée de la congélation, mais encore le degré auquel aura été poussé le refroidissement de l'organe. Dans certaines de ses recherches inédites, FANO observa que des cœurs d'*Emys Europæa* portés par un mélange réfrigérant à une température de plusieurs degrés au-dessous de 0°, demeurèrent complètement immobiles après le dégel. Le même résultat se produisit pour les oscillations du tonus auriculaire.

Nous terminerons l'exposé de l'influence de la température sur le muscle cardiaque en mentionnant une expérience classique faite par GASKELL (*On the rythm of the heart of the frog*, etc. Philos. Trans. of the Roy. Soc., vol. 173, 996, 1881), et d'après laquelle le réchauffement exclusif du ventricule n'augmente pas la fréquence des contractions d'un cœur fonctionnant automatiquement. Ce n'est qu'en réchauffant les régions des orifices veineux, dans lesquels prennent naissance les excitations normales de la fonction cardiaque, que l'on obtient une accélération des battements du cœur.

Influence de la tension (pression intra-cardiaque). — Pour constater les effets des diverses influences mécaniques sur le cœur, on a suivi la voie tracée par FICK et par V. KRIES pour les muscles striés, et on a toujours choisi comme sujet d'expériences la pointe du cœur de grenouille détaché de l'organisme, ou bien le cœur d'animaux invertébrés.

Ainsi le cœur est étudié d'abord dans les conditions mécaniques les plus simples, c'est-à-dire en produisant des variations de la tension, sans changements dans la longueur de l'élément musculaire, autrement dit, l'on étudie sa courbe isométrique. En second lieu, on devra conserver toujours égale la tension du muscle, en notant les modifications de longueur de la préparation, c'est-à-dire l'on étudie la courbe isotonique. Aux modifications de longueur et de tension du muscle correspondent des modifications du *volume* et de la *pression*. En mesurant ces quantités, et en déterminant leurs modifications d'après le temps, l'on peut étudier le jeu des forces de tout le cœur (OTTO FRANCK. *Zur Dynamik des Herzensmuskels. Z. B.*, XXXII, 370 *et suiv.*, 1895).

O. FRANCK ne fut pas le premier à instituer des recherches en ce sens; mais les méthodes adoptées par les observateurs précédents ne répondaient pas à toutes les exigences et ne pouvaient donner de véritables courbes isométriques et isotoniques. Malgré cela il est de notre devoir d'exposer brièvement les résultats antérieurs.

MAREY (*Recherches sur le pouls au moyen d'un nouvel appareil enregistreur. Mém. de la Soc. de Biol.*, 1859, 3e série, I, 302), en 1859, établit la loi que la fréquence des battements du cœur est en raison inverse de la pression. Mais il expérimentait sur le cœur de l'homme et des animaux sains, c'est-à-dire sur le cœur laissé en connexion avec ses nerfs intrinsèques et extrinsèques.

LUDWIG et THIRY (*Ueber den Einfluss des Halsmarkes auf den Blutstrom. Sitzungsber. d. Akad. der Wissench. zu Wien*, XLIX, II. Abtheil., 1884, 421-434) peuvent être considérés comme les premiers qui mirent en lumière l'importance de la pression intra-cardiaque; mais ils ne purent établir aucune relation simple entre la pression sanguine et la fréquence des contractions cardiaques. Ils observèrent toujours que, dans une même série de recherches, des pressions égales pouvaient amener, soit une accélération, soit un ralentissement du pouls. E. et M. CYON (*Ueber die Innervation des Herzens vom Rückenmark aus. A. P.*, 1867) observèrent à peu près les mêmes effets; ils purent constater, toutefois, que dans la majorité des cas une augmentation de la pression sanguine produisait une accélération; incidemment seulement, l'effet demeurait nul ou produisait un résultat opposé.

A. v. BEZOLD et STEZICKY (*Von dem Einflusse des intracardialen Blutdruckes auf die Häufigkeit der Herzschläge. Untersuch. aus dem physiol. Labor. zu Würzburg*, 1867, 195) trouvèrent au contraire que la fréquence des contractions cardiaques augmente avec la pression sanguine, mais non proportionnellement à celle-ci; elle se fait en réalité avec une rapidité décroissante, en sorte qu'au delà d'un certain maximum des augmentations ultérieures de la pression ne provoquèrent pas une plus grande fréquence du pouls. Il serait inutile de continuer à citer les travaux de POKROWSKY (*Ueber das Wesen der Kohle-*

no.cydvergiftung. A. P., 1866); BERNSTEIN, *Zur Innervation des Herzens* (C. W., 1867, n° 1°);
PH. KNOLL, *Ueber die Veränderungen des Herzschlages bei reflectorischer Erregung des vaso-motorischen Nervensyst.*, etc. (*Sitzungsber. d. Akad. d. Wiss. zu Wien, III Abth.*, LXVI, 195); PH. MIKROSKY, *Ueber den unmittelb. Einfluss des Blutdruckes auf die Zahl der Herz-schlägen.* (*Arb. aus dem physiol. Labor. zu Warschau*, 1873), attendu que nul de ces auteurs n'a éliminé les effets dus à l'action de l'innervation interne et externe du cœur. Leurs travaux peuvent donc être considérés comme étrangers au sujet qui nous occupe.

Quelques-uns des phénomènes observés par LUCIANI en 1873, tels que l'*accès*, consistent en une élévation subite du tonus musculaire cardiaque associée à une grande fréquence des pulsations, et les formes tétaniques qu'il a enregistrées étaient dues au moins en partie à la pression exercée au début par le sérum introduit dans les cavités du cœur lié à sa canule. Nous ne rappellerons que les résultats obtenus par NAWROCKY (*Ueber den Einfluss des Blutdruckes auf die Häufigkeit d. Herzschläge. Beitr. z. Anat. u. Physiol. als Festgabe* C. LUDWIG, 15 oct. 1874, Leipzig, 1874), qui a établi les lois suivantes : 1° La fréquence des contractions cardiaques est en elle-même complètement indépendante de la hauteur de la pression artérielle.

2° Si le cœur se trouve encore sous l'influence des nerfs excito-moteurs, la pression sanguine n'exerce par elle-même aucune action sur la fréquence des contractions car-diaques.

3° La pression sanguine peut modifier la fréquence des contractions cardiaques au moyen du nerf vague : l'augmentation de la pression élève le tonus des vagues et ralen-tit par conséquent le pouls ; la diminution de la pression sanguine, au contraire, abaisse ce tonus et accélère les contractions cardiaques.

Les nombreuses recherches de TSCHIRIEW (*Ueber den Einfluss der Blutdruckschwankungen auf den Herzrythmus. A. P.*, 1877, 187), dignes d'attention également, sont résumées ainsi par l'auteur même :

« De rapides modifications de pression sanguine agissent sur le rythme des contrac-tions cardiaques tant après la section des seuls nerfs du cou, qu'après la section de tous les filets nerveux extra-cardiaques.

« Toute élévation de la pression sanguine, rapide et considérable, peut exciter direc-tement soit le système d'arrêt du cœur, soit les ganglions moteurs, en augmentant ou en diminuant la fréquence des contractions, les laissant rarement invariables.

« L'accélération des battements cardiaques qui se produit par l'abaissement de la pres-sion sanguine (après. une augmentation transitoire plus ou moins considérable de la pression), soit après la section des nerfs du cou, soit après l'isolement complet du cœur qu'on sépare des centres nerveux, peut être amenée de deux manières. Soit, par l'exci-tation des ganglions cardiaques moteurs au moyen d'une augmentation de pression san-guine antérieure, soit par l'affaiblissement de l'excitation, due à la diminution de la pression sanguine. Cette accélération sera plus ou moins notable selon l'état d'excitabi-lité des ganglions cardiaques et la durée et la hauteur de la pression sanguine augmentée.

« Le travail du cœur dépend enfin également de la pression sanguine, ce qui s'explique par les lois générales de la contraction musculaire, si l'on considère la pression san-guine comme un poids soulevé par le muscle cardiaque. »

Nous pourrions ajouter encore de nombreuses citations d'autres travaux ayant rapport à l'influence de la pression. Mais il y aurait la même objection à opposer à toutes : les effets observés sont-ils dus à une action de la pression sanguine sur le muscle lui-même, ou sur les ganglions intrinsèques, et les nerfs du cœur?

Dans le travail de J. M. LUDWIG et LUCHSINGER se trouvent des expériences qui serrent de plus près la question qui nous occupe, c'est-à-dire l'action de la pression artérielle sur la substance musculaire du cœur sans l'intervention d'aucune action ner-veuse. LUDWIG et LUCHSINGER (*Loc. cit.*, 229) établirent relativement au cœur entier la loi suivante : La pression et la fréquence augmentent simultanément : la dernière d'au-tant plus lentement que la pression aura monté davantage.

Dans le cœur privé du sinus veineux, et immobile par conséquent, LUCIANI (*Sächsische Berichte*, 1873, 73), trouva que ni la fréquence, ni la hauteur des contractions ne subis-saient de changements dignes de remarque lorsque la pression était augmentée de 4 à 13 millimètres de mercure. Des expériences de LUDWIG et LUCHSINGER il résulte, au contraire, que l'influence de la pression sur l'accélération se manifeste clairement dans le cœur privé du sinus veineux. Et cette influence est d'autant plus évidente que la pression paraît être alors le seul agent déterminant les mouvements du cœur. La fréquence des contractions augmente également avec l'accroissement de la tension sur la pointe du cœur isolée, et la pression agit à la manière d'une excitation même sur la simple fibre musculaire; de sorte que l'on peut conclure que le cœur répond par des contractions rythmiques à toute excitation continue, même à une traction continue (LUDWIG et LUCHSINGER).

Nous avons vu précédemment les rapports existant entre l'action du vague et le réchauffement ou le refroidissement du muscle cardiaque. Puisque désormais il n'est plus douteux que cette action s'exerce directement sur le métabolisme des éléments musculaires du cœur, il nous paraît intéressant de relater également les rapports existant entre l'action modératrice du nerf vague et la pression intra-cardiaque.

Des expériences de LUDWIG et LUCHSINGER il résulte ce principe général. « Plus la tension du cœur augmente, plus il devient difficile d'obtenir son arrêt par l'excitation du vague. » Cette loi s'applique aussi aux augmentations de pressions modérées. Si l'on emploie des pressions excessives, l'excitation du vague restera inefficace quelque temps encore après la diminution de la pression. Toutefois, après des augmentations de pression considérables et souvent répétées, une excitation du vague redeviendra efficace, sous une haute pression. L'excitation du nerf vague peut quelquefois produire, même dans un cœur fortement dilaté, une grande augmentation de la fréquence cardiaque.

L'influence de la pression ressort avec plus d'évidence encore des études faites sur le cœur de *Helix pomatia*. Les considérations que nous avons plus haut rapportées à ce sujet émanent de BIEDERMANN; il ajoute (*Electrophys.*, 68) :

« On observera déjà chez des animaux vivants que l'hémorragie produite par la section d'un cœur en repos provoque un arrêt plus ou moins long en diastole, ou amène quelques contractions plus ou moins lentes. Si l'on extrait le cœur, on s'apercevra facilement que chaque tension qu'on fait subir au ventricule vide et relâché, même une tension faible, suffit pour produire des contractions (rythmiques) ou à accélérer considérablement la fréquence, ou à augmenter de beaucoup l'énergie de chaque contraction isolée. »

Des faits analogues ont été constatés par SCHÖNLEIN (Z. B., xxx), dans le cœur de l'Aplysie. Si la pression n'est pas trop faible, dit-il, et surtout si elle dure pendant quelque temps, on observera toujours qu'elle produit des effets plus ou moins considérables, si bien qu'elle amène des contractions rythmiques qui continuent encore après que toute pression a cessé.

Les chiffres suivants montrent l'influence de la pression exercée à l'intérieur du cœur d'*Helix pom.* par une colonne liquide, sur le nombre de contractions qu'il donne dans l'espace d'une minute.

HAUTEUR DE PRESSION. (Différence de niveau du liquide dans la canule introduite dans le cœur et dans le vase extérieur.)	NOMBRE DES CONTRACTIONS en une minute.
30 millimètres.	50
15 —	36
8 —	21
5 —	11
2 —	0
30 —	50

DRESER détermina le travail du cœur en se servant de l'appareil de WILLIAMS (*Ueber Herzarbeit und Herzgifte. A. P. P.*, xxiv, 1888, 21 et suiv.) : mais, au lieu d'enregistrer les hauteurs des courbes par un manomètre à mercure et de calculer le travail accompli à chaque contraction du cœur par les carrés des hauteurs de la courbe (COATS), il multiplie la quantité p du sang lancé à chaque systole, par la hauteur h de la colonne sanguine. On peut par un appareil semblable déterminer l'influence de la pression ou de la tension sur la fonction cardiaque, élevant ou abaissant le réservoir d'afflux du niveau auquel se trouve le cœur. Voilà les résultats des expériences de Dreser : « Les quantités de sang lancées par le cœur en 10 systoles, avec des charges variables, tandis que l'ouverture d'efflux et les réservoirs d'afflux se trouvaient au même niveau, étaient :

				TRAVAIL ÉVALUÉ par la quantité de sang,
P 10[1]	avec une pression de 10 centimètres.			0,795 gr. sang.
P 10	—	20	—	1,397 —
P 10	—	30	— (optimum).	1,566 —
P 10	—	40	—	1,186 —
P 10	—	50	—	0,825 —

Un autre exemple :

P 10	avec une pression de 10 centimètres.			1,321 gr. sang.
P 10	—	15	—	2,126 — —
P 10	—	20	— (optimum).	2,158 — —
P 10	—	25	—	1,938 — —
P 10	—	30	—	1,697 — —
P 10	—	40	—	0,873 — —
P 10	—	50	—	0,338 — —
P 10	—	60	—	0,151 — —

L'optimum de la pression dans le premier exemple était à 30 centimètres de la colonne sanguine, dans le second à 20 centimètres : dans la plupart des cœurs de grenouilles, il se trouve entre 20 et 30 centimètres.

Dreser résume ainsi les résultats de ses expériences sur le cœur normal de grenouille. « Il existe dans le muscle cardiaque, comme dans les muscles organiques, une certaine charge pour laquelle les contractions accomplissent le plus grand travail (charge optimum). Dans un cœur chargé d'un poids optimum, les volumes de chaque systole vont en diminuant suivant une ligne droite, tandis que les surcharges augmentent de même. En d'autres termes, la courbe de distension du cœur actif s'écoule presque en ligne droite à partir d'une colonne de sang de 30 centimètres de hauteur, avec l'augmentation des surcharges. L'optimum de travail se trouvera donc à la moitié de cette hauteur de surcharge, qui correspond à la force absolue du muscle cardiaque. »

Ce qui, pour le cœur, répond à l'expression de *force absolue* d'un muscle strié ressort clairement du passage suivant que nous empruntons au même auteur : « Comme il est à prévoir, à force d'augmenter la charge, on atteindra un moment où le cœur ne pourra plus rien fournir, de même que le muscle strié, de plus en plus chargé, ne pourra plus à un certain moment fournir de travail. Ce poids représente la force absolue de la section transversale physiologique du muscle. Les hauteurs de la colonne sanguine indiquant la force absolue de la section physiologique du muscle cardiaque sont très différentes entre elles et dépendent de la force et de l'état de nutrition du cœur de grenouille (de 35 à 75 centimètres)[2]. »

Nous avons vu comment Franck est parvenu, au moyen d'un appareil expressément construit dans ce but, à enregistrer les courbes isométriques et isotoniques du muscle cardiaque. Relativement à la dépendance du décours de la courbe isométrique, obtenue en évitant la variation du volume du cœur, de la tension initiale, il a posé la loi suivante : Les maxima des courbes isométriques augmentent si on augmente la tension initiale et par conséquent la réplétion du cœur, pour diminuer à partir d'un certain point. Avec la réplétion croissante, les courbes s'élargissent de plus en plus, et la surface comprise entre la courbe de tension et l'axe des abscisses (l'intégrale des tensions) augmente toujours, et peut encore plus augmenter dans la seconde partie. Fick a *trouvé la même loi pour les muscles striés.*

1. P 10 = Sang lancé en 10 contractions sans égard à la fréquence (Note de Dreser).
2. Au fond, cette expression ne correspond pas tout à fait à l'usage, pour le cœur dans ces conditions, car, pour les muscles striés, lorsqu'on veut déterminer la force absolue, on part de la longueur de repos du muscle avec une charge égale à zéro, tandis que dans le cœur on part de la longueur de repos correspondant à la charge optimum (Dreser).

En général, les courbes sont d'abord convexes vers l'axe des abscisses, puis, à partir d'un certain point, elles deviennent concaves jusqu'au sommet; et, dans la partie descendante, elles redeviennent convexes vers l'axe des abscisses.

L'ascension des courbes est d'autant plus raide que la tension initiale est plus forte. Quand on adopte de hautes tensions initiales au commencement de la courbe ventriculaire, la modification de tension des oreillettes devient visible (fig. 47, 48 et 49).

FRANCK critique la méthode adoptée par DRESER, ainsi que ses résultats, qui donneraient selon lui des valeurs inférieures. Ainsi, par exemple, DRESER donne pour la *force absolue* du cœur, qui, selon FRANCK, pourrait s'exprimer par le maximum absolu de tension de la

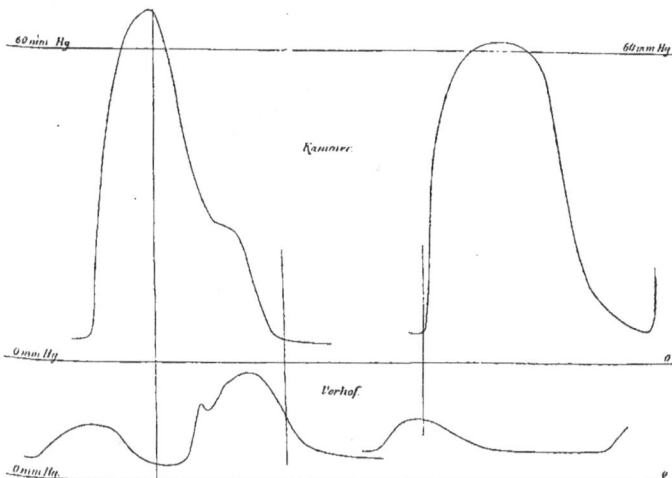

FIG. 47. — Courbes isométriques de la contraction de l'oreillette (*Vorhof*) et du ventricule (*Kammer*) dans le cas d'insuffisance de la valvule auriculo-ventriculaire.

FIG. 48. — Courbes isométriques après que la valvule est devenue suffisante. Il faut noter la plus grande ampleur du plateau systolique.

Dans les deux figures, les courbes supérieures correspondent au ventricule, les inférieures aux oreillettes. La pression dans l'intérieur du ventricule était de un peu plus de 0^m,066 de Hg. (O. FRANCK.)

série des courbes isométriques, une hauteur de 32 à 37 cm. de la colonne sanguine, tandis que O. FRANCK trouve cette valeur égale de 70 à 108 cm. de colonne sanguine.

O. FRANCK, en enregistrant les courbes isométriques des oreillettes, a vu que celles-ci présentent les mêmes caractères que celles des ventricules et se modifient de même avec les modifications de la tension initiale. Il est intéressant de comparer le rapport entre la force absolue des oreillettes et celle des ventricules : ce rapport oscille entre 1/8 et 1/5 de la force absolue des ventricules, ainsi qu'il résulte des valeurs suivantes de FRANCK :

FORCE ABSOLUE		
du ventricule.	des oreillettes.	RAPPORT.
45 mm. Hg.	7 mm. Hg.	0,15
48 —	6 —	0,12
57 —	8 —	0,13
47 —	10 —	0,21

Ces expériences toutefois ont été faites sur des cœurs très fatigués; il serait donc intéressant de les reprendre avec des cœurs parfaitement frais.

Il faudrait, pour enregistrer la courbe *isotonique* du cœur, faire enregistrer par le cœur lui-même les modifications de son volume, sans qu'il survint de modification dans la tension de ses parois. Cette courbe idéale est toutefois extrêmement difficile à obtenir, attendu que, dans les contractions d'un organe musculaire creux, même si la pression hydrostatique demeure invariable, la tension qui agit sur l'unité d'épaisseur devient plus petite. Quoiqu'il se rencontre de sérieuses difficultés pour enregistrer graphiquement la courbe isotonique d'un muscle strié, on peut arriver pourtant à établir des courbes qui se rapprocheront beaucoup de la courbe schématique.

La méthode photographique, qui a l'avantage de supprimer l'augmentation de la pression hydrostatique dans l'intérieur du cœur, augmentation qu'on ne peut éviter avec les autres appareils d'inscription, rendrait ici de véritables services.

Il résulte des indications de Franck que la contraction cardiaque peut être considérée comme une contraction avec surcharge, pendant laquelle le raccourcissement du muscle se fait presque isotoniquement.

Or, des recherches de Fick sur les muscles striés, il résulte que le maximum de la courbe isotonique est un peu postérieur à celui de la courbe isométrique. Le même fait a été trouvé par Franck dans le muscle cardiaque, c'est-à-dire que, dans le muscle cardiaque aussi, le maximum de la courbe isotonique apparaît plus tard que celui de la courbe isométrique.

Un autre fait intéressant constaté par Franck est que la hauteur du maximum de raccourcissement est égale à la grandeur du volume du liquide expulsé. En outre, la grandeur du maximum de raccourcissement diminue avec l'augmentation de la charge, comme dans les muscles striés.

Relativement à la « courbe de pression » dans le ventricule, Franck a trouvé que, pour ce qui concerne la première partie de la courbe, le décours de la « période de tension » est en parfait accord avec les lois de la contraction isométrique, puisque, pendant son développement, il ne se produit aucune altération du volume. La longueur de la période est déterminée par la pression qui existe dans le système artériel, et elle est d'autant plus grande que la pression est plus haute. La raideur de l'ascension dépendant de la pression, elle est déterminée par le degré de réplétion

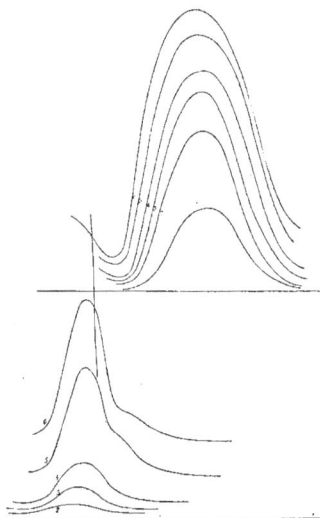

Fig. 49. — Cœur de grenouille. Courbes isométriques du ventricule (supérieures) et des oreillettes (inférieures).
Les différences de hauteur sont dues à la réplétion graduelle, ou à l'augmentation progressive de la pression à l'intérieur, de 1 à 6.
On voit la notable influence de la distension des parois musculaires du cœur. (O. Franck.)

du cœur. Avec l'augmentation de la réplétion ventriculaire, elle augmente jusqu'à un certain degré, et diminue ensuite de nouveau, selon les lois fondamentales établies pour la courbe isométrique.

Au contraire, la courbe de pression de la période d'expulsion présente quelques particularités caractéristiques. La courbe monte plutôt rapidement et atteint de suite un maximum qui représente aussi le maximum de la rapidité. Selon les lois connues de l'analyse mathématique, ce maximum de rapidité correspondrait à un point de retour de la courbe de raccourcissement, c'est-à-dire au point dans lequel le second quotient différentiel de la courbe devient égal à zéro. A partir de ce point, la partie de la courbe de raccourcissement, qui était jusqu'alors convexe vers l'axe des abscisses, prend une forme concave, et l'accélération, qui jusqu'alors était positive, devient négative.

Franck discute ensuite la courbe de pression des oreillettes et arrive à la conclusion que le décours de la courbe auriculaire est aussi dans l'ensemble plus ou moins parallèle à celui de la courbe de rapidité du sang, sauf que les minima de la courbe de pression correspondent aux maxima de la rapidité, et ainsi de suite.

Le même auteur a étudié les modifications de la courbe de pression et des volumes de liquide poussé par le cœur sous l'influence d'une pression interne variable. Il a trouvé que les volumes expulsés augmentent d'abord plus rapidement, puis plus lentement, avec l'augmentation de la tension initiale, et qu'il n'existe pas un optimum (dans le sens de Dreser).

Franck a pu, en outre, constater dans le cœur un phénomène analogue à celui observé par S. Kries dans les muscles striés « soutenus », c'est que le *sommet* de la contraction avec surcharge s'élève avec la diminution de la tension initiale.

Cela établit une plus grande analogie entre le muscle cardiaque et les muscles du squelette.

Après avoir critiqué la méthode adoptée par Dreser, pour établir les modifications des courbes de pression et des volumes de liquide expulsés par le cœur sous l'influence de la surcharge, Franck arrive aux conclusions suivantes, très importantes :

La courbe de pression ventriculaire se modifie de la manière suivante pendant l'augmentation de la pression artérielle (surcharge) :

1° La période de tension s'allonge parce que la tension dans le ventricule atteint toujours plus tard la hauteur de la pression de surcharge. Du reste, elle ne se modifie pas selon la forme de cette partie de la courbe de pression.

2° La rapidité du cours du sang (raideur de la courbe de raccourcissement) diminue avec l'augmentation de la surcharge, tandis que la raideur de la courbe de tension au commencement de la période d'expulsion reste à peu près égale.

3° L'extensibilité apparente du muscle cardiaque diminue continuellement pendant le décours de la contraction avec surcharge, d'autant plus qu'elle approche du sommet de la courbe.

Les considérations générales suivantes, qui terminent le travail de O. Franck, sont aussi importantes.

« Les fonctions mécaniques du muscle cardiaque devraient, autant que possible, être mises en comparaison avec les phénomènes déjà connus des muscles striés. Selon l'idée de Fick, il est possible, d'après un groupe de courbes isométriques et isotoniques obtenues avec une excitation déterminée, de prédire une fonction mécanique quelconque du muscle dans des conditions déterminées, puisque ce groupe de courbes fournit les rapports nécessaires entre les trois variables : temps, tension et longueur.

« Dans ce travail, ajoute Franck, j'ai démontré que, pour le muscle cardiaque, existe la même différence entre le décours de la contraction isotonique et celui de la contraction isométrique, que celle que Fick a trouvée pour les autres muscles; et j'ai en outre conclu que, dans la contraction avec surcharge du muscle cardiaque, il se présente les mêmes particularités que celles que Kries a établies pour le muscle strié ».

En d'autres termes, les observations faites sur le muscle cardiaque généralisent les résultats obtenus dans les recherches sur les muscles striés.

Influence de la fatigue sur la fonction cardiaque. — Nous aurions pu, à la rigueur, supprimer ce chapitre, attendu que dans les conditions normales le cœur ignore l'épuisement. Si pourtant nous en traitons brièvement ici, ce n'est que pour constater les phénomènes observés dans le muscle cardiaque isolé de l'organisme, et pour éclairer, si possible, la nature des phénomènes qui surviennent alors.

Dans un muscle isolé de l'organisme et amené à la fatigue par d'incessantes excitations artificielles, on observe les mêmes phénomènes que dans un muscle dont l'activité automatique finit graduellement par la mort : les processus de désassimilation finissent par prévaloir sur les processus d'assimilation, d'où une altération régressive de la matière vivante qui occasionne la mort. Les processus se développeront avec plus ou moins de rapidité selon la nature même du tissu et les conditions extérieures dans lesquelles il travaille : mais tôt ou tard la fatigue, causée par une rapide décroissance des processus d'intégration, s'empare de lui et le conduit à l'épuisement et à la mort. Toutefois, outre l'arrêt des processus anaboliques, il y a, pour le muscle fonctionnant ainsi, une autre raison encore qui vient y déterminer la fatigue. Nous voulons parler de l'accumulation des substances régressives, des « catastates » ou scories qui résultent de son fonctionnement. Si donc ces processus sont égaux, il n'est pas étonnant que le décours général de la fonction motrice, enregistré pendant longtemps, présente des variations analogues, que le muscle fonctionne à la suite d'excitations extérieures ou automatiquement.

En effet, dans le tracé complet de la fonction rythmique d'un cœur extrait de l'organisme, on observera la graduelle décroissance de hauteur de l'ensemble des contractions jusqu'à la cessation complète de tout mouvement. En réunissant les sommets systoliques de toutes ces contractions par une ligne imaginaire, l'on obtiendrait une véritable courbe de fatigue du muscle cardiaque ; le phénomène est naturellement moins évident dans un cœur qui survit longtemps ; mais, dans un cœur n'ayant que quelques heures de survie, il sera appréciable au premier coup d'œil, comme par exemple dans le cœur embryonnaire du poulet, ainsi qu'on peut en juger dans les tracés de la figure IV, du mémoire de BOTTAZZI sur le cœur embryonnaire.

Le même phénomène s'observe d'ailleurs en d'autres cas, lorsque la fonction cardiaque prend une forme périodique, ou lorsqu'on enregistre les hauteurs des contractions d'une pointe du cœur stimulée par des excitations rythmiques de courants induits. Dans ce dernier cas, il y a une période ascendante (escalier) suivie d'une période pendant laquelle la hauteur des contractions demeure égale, et ensuite d'une période descendante, qui est l'expression de la fatigue du muscle ventriculaire aboutissant finalement à l'immobilité complète.

On comprend donc que nous disposons de nombreux moyens pour hâter la fatigue du cœur et obtenir dans un tracé de peu de longueur une véritable courbe de la fatigue. Si nous voulions répéter toutes les observations qui ont été faites à ce propos, nous serions obligés de répéter presque tout ce que nous avons dit sur la nutrition du cœur.

L'influence du vide, du manque d'oxygène, de l'excès de CO_2 (CYON, KLUG, SALTET), l'absence de toute trace de séro-albumine (MARTIUS), etc., tout cela a été étudié : le cœur, en toutes ces occasions, après une période plus ou moins longue, finit par s'arrêter après avoir présenté une diminution ininterrompue et régulière de sa puissance contractile.

Il existe, au contraire, peu d'expériences sur l'action épuisante et ponogène des substances de désassimilation du cœur, hormis celles sur le CO_2. Mais, tout à fait récemment, BOTTAZZI a étudié l'action des sels de potassium sur le cœur, laissé *in situ* ou isolé de l'organisme (amphibies). Il a obtenu des tracés de rapide et progressive fatigue due à l'influence de ces sels employés à certaines doses, tracés qui paraissant presque être des tracés ergographiques (fig. 50, 51).

Les modifications de la courbe de contraction sont d'une nature identique : avec l'épuisement progressif de l'organe, les hauteurs de contraction diminuent ; les phases d'énergie croissante, et plus encore celle d'énergie décroissante tendent à devenir parallèle à l'abscisse et s'allongent beaucoup. On peut voir des tracés typiques de ces modifications sur le tracé

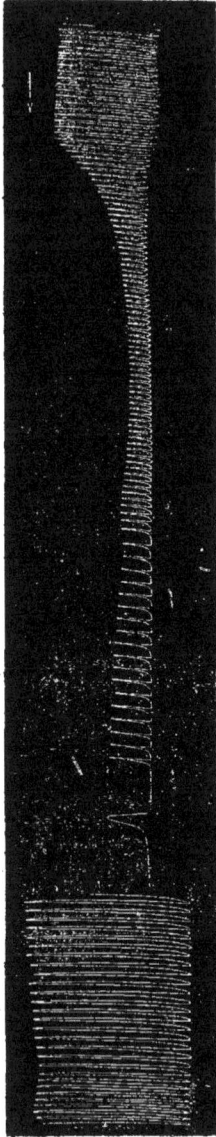

Fig. 50. — Cœur isolé de *Bufo viridis*. Action du K^2CO^3. (Ce tracé se lit de droite à gauche.) 1. Tracé normal et arrêt du cœur en diastole. 2. Tracé après le lavage du cœur avec une solution isotonique de NaCl. Température 13°,5. (BOTTAZZI.)

5, du mémoire de Waller et Reid sur le cœur des mammifères (*On the action of the excised Mammalian Heart. Philos. Trans. of the Roy. Soc. of London. Vol. 178, B, 215-256, 1887*).

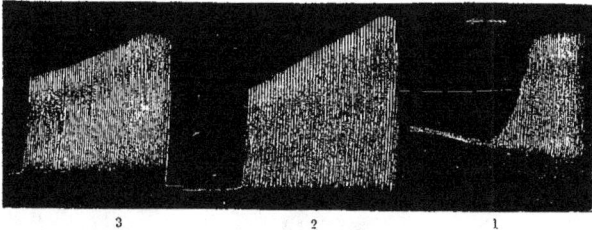

Fig. 51. — Cœur de *Bufo viridis* isolé.

1. Tracé normal et arrêt de la fonction cardiaque à la suite du contact avec une solution isotonique de KCl⁰ — 2 et 3. Deux groupes de contractions cardiaques survenues spontanément après le lavage et présentant l'échelle descendante. Température 13°,5. (Bottazzi.)

« Nos observations, disent-ils, démontrent qu'à partir du moment de l'excision les contractions ventriculaires augmentent régulièrement de durée, au point de durer jusqu'à un maximum de six secondes environ, la durée normale étant de 0,3″. »

III. Physiologie des oreillettes, du sinus veineux et du bulbe artériel. — Nous avons fait observer déjà, au début de ce chapitre, qu'en général l'étude des propriétés fonctionnelles des oreillettes, du bulbe artériel et du sinus veineux est très délaissée, même dans les meilleurs et plus récents traités de physiologie, ou qu'elle n'est pas du moins tenue en considération comme elle le mérite.

Ces régions sont divisées, relativement à leur constitution et au contenu de leurs parois en éléments nerveux, en deux catégories :

La première comprend les oreillettes et les sinus veineux, qui se distinguent par un moindre développement de leurs éléments contractiles, c'est-à-dire par une plus grande ressemblance avec les éléments du cœur embryonnaire, et par une richesse extraordinaire d'éléments nerveux réunis en groupes ganglionnaires.

La seconde catégorie comprend le bulbe artériel, qui ne diffère pas beaucoup du ventricule quant à sa structure, mais qui, selon Engelmann, est privé totalement d'éléments nerveux, et les extrémités des gros vaisseaux veineux débouchant dans les oreillettes. Ces différences de structure ont une grande importance pour la fonction.

1. *Oreillettes.* — La propriété la plus remarquable de ce segment cardiaque est celle découverte par Fano (*Ueber die Tonusschwankungen der Atrien des Herzens von Emys europæa. Beiträge zur Physiol. C. Ludwig gewidmet. Leipzig, Engelmann, 1887. — Id. Sulle oscillazioni del tono auricolare del cuore. Lo Sperimentale, mai 1886. — Id. Riforma medica, 1886*) et désignée par lui sous le nom « *d'oscillations du tonus* ». Si l'on suspend une oreillette du cœur d'une *Emys europ.*, extraite de l'organisme ou laissée *in situ*, à un levier qui enregistrera les mouvements sur un cylindre enfumé tournant sur son axe, on observera que les contractions ou *fonctions fondamentales* des oreillettes se trouvent sur une *ligne de tonicité* à oscillations rythmiques, qui représentent presque exactement la forme des contractions cardiaques ordinaires. Le tonus des oreillettes augmente rapidement, pour retomber ensuite lentement à l'état primitif (fig. 52).

Les faits principaux observés par Fano sur cette fonction nouvelle sont les suivants :

« 1° Tandis que la fonction fondamentale des deux oreillettes est en général exactement synchrone, on remarquera que les oscillations périodiques de tonicité se produisent indépendamment l'une de l'autre dans les deux oreillettes, aux points de vue de la forme, de la rapidité et de l'intensité.

« 2° L'indépendance existant entre les oscillations des deux oreillettes d'un même cœur se retrouve également entre les oscillations de tonicité et la fonction fondamentale. Les oscillations de tonicité sont généralement irrégulières — dans les premiers moments qui suivent l'application au cœur de la fourchette qui le comprime — au point de vue de la durée, de la forme et de la hauteur. Elles se régularisent ensuite pour devenir au bout d'un assez long temps beaucoup plus faibles et disparaître finalement tout à fait. FANO les a enregistrées pendant des journées entières sans interruption, au moyen d'un appareil spécial (jusqu'à treize jours).

« 3° Dans quelques cas on peut observer une disparition totale du rythme fondamental, tandis que les oscillations de tonicité continuent. Le contraire peut aussi se présenter. Il est donc évident que les périodes du tonus et la fonction fondamentale sont indépendantes les unes de l'autre.

« 4° Si les courbes de tonicité sont très accentuées, les oscillations fondamentales des reillettes deviendront très faibles sur le sommet de chaque courbe tonique. Il se peut

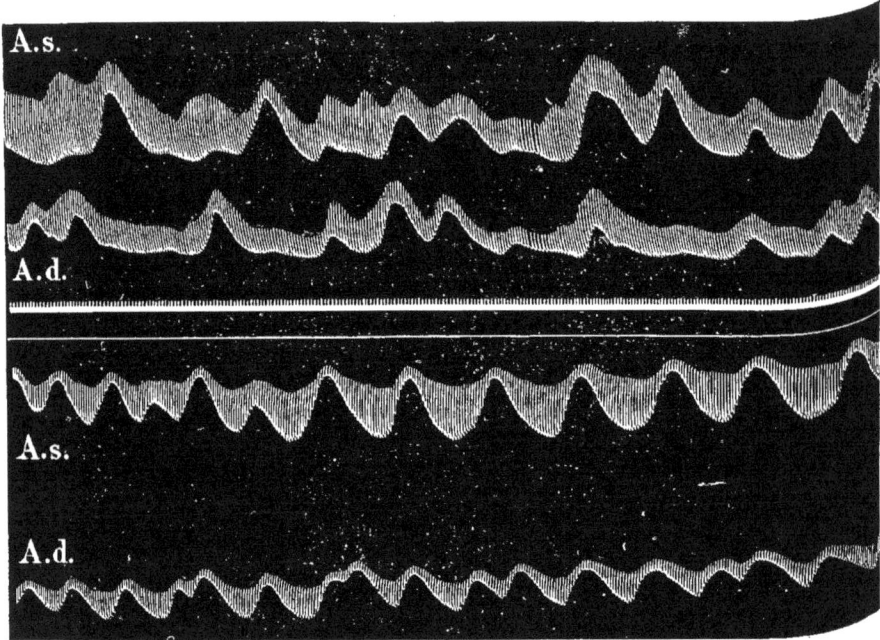

FIG. 52. — Oreillettes d'*Emys europaea* suspendues en même temps à deux leviers.

As. Oreillette gauche. A·d. Oreillette droite. Oscillations du tonus : les supérieures sont irrégulières, les inférieures, beaucoup plus régulières. Temps : 1/10 de seconde pour les signaux chronographiques (troisième ligne). Température : 16°. (FANO.)

même que les oscillations de tonicité deviennent tellement considérables, qu'elles ne laissent pour ainsi dire pas de place, au sommet, à la fonction fondamentale, de sorte que celle-ci disparaît complètement à cet endroit de la courbe.

« 5° Les oscillations de tonicité, qui sont toujours la conséquence de la pression exercée sur le sillon auriculo-ventriculaire, sont très rarement perceptibles dans le ventricule.

« 6° FANO affirme la nature *myogénétique* des oscillations du tonus, et l'absence de ce phénomène dans les ventricules est, selon lui, l'expression d'une différence essentielle dans la nature de la fibre musculaire de ces deux régions cardiaques.

« 7° Le sommet des oreillettes, privé de ganglions, lorsqu'il est excité durablement par une excitation mécanique, peut produire des oscillations de tonicité rythmiques et des contractions systoliques. Ce qui est une démonstration éclatante de la nature myogénétique de tous les mouvements rythmiques qui se produisent dans les oreillettes.

« 8° FANO a constaté que, par des artifices particuliers, l'on peut provoquer dans les oreillettes des contractions tétaniques d'une hauteur exceptionnelle, et il en tire la conclusion, que les oscillations de tonus et les contractions tétaniques considérables, qui peuvent se manifester dans les oreillettes, sont dues à des éléments différents de ceux qui produisent la contraction fondamentale. »

Fano a étudié ensuite l'influence de divers agents chimiques, physiques et physiologiques sur les oscillations du tonus des oreillettes chez la tortue. Résumons ici brièvement le résultat de ses recherches :

1° Pour l'action des températures élevées, Fano observa que les oscillations de tonus les plus élevées s'arrêtaient lorsque la température du bain où étaient plongées les oreillettes atteignait 32°, 36°, 40°. Tout différemment se présente la fonction fondamentale; ses excursions montent avec la température jusqu'à 40°, et même 42°. De sorte que nous avons, dit-il, dans la chaleur, un moyen qui nous permet de séparer entre elles les deux fonctions du cœur de tortue. Le froid agit en produisant une augmentation progressive du tonus (depuis 11°-9° jusqu'à 0°), qui est accompagnée par un affaiblissement parallèle des contractions fondamentales (voir le tracé démontrant ce fait dans le travail de Bottazzi et Grünbaum. *On plain muscle* (*Journ. of Physiol.*, sous presse). En réchauffant l'oreillette, on obtient un relâchement du muscle et le retour des contractions fondamentales et des oscillations toniques. Bottazzi, qui a observé le même effet du froid sur le muscle lisse œsophagien du crapaud, explique le raccourcissement très intense de l'oreillette comme dû à une augmentation de l'irritabilité de la substance musculaire (du sarcoplasma) lorsqu'elle est soumise à l'action du froid (voir le travail cité).

2° Les résultats de l'influence de l'excitation du vague sur les oscillations du tonus consistent en ce que l'excitation du vague droit, ou des deux vagues ensemble, arrête la fonction fondamentale. Elle n'exerce au contraire aucune action d'arrêt sur les oscillations rythmiques du tonus.

3° Fano, avec S. Sciolla (*Azione di alc. veleni, etc.*, *Mantova, E. Mondovi*, 1887, et *A. i. B.*, 1888), a étudié ensuite l'action de divers poisons sur les oscillations du tonus auriculaire dans le cœur de l'*Emys Europæa*. La muscarine paralyse complètement la fonction fondamentale, tandis que, d'autre part, elle agit comme un stimulant très efficace sur les oscillations de la tonicité. L'atropine, contrairement à la muscarine, paralyse complètement les oscillations du tonus et excite la fonction fondamentale. L'antagonisme entre les deux substances se retrouve donc aussi dans la double fonction des oreillettes. La nicotine paralyse complètement les oscillations de la tonicité, tandis qu'elle exagère la fonction fondamentale. De plus la nicotine s'est montrée capable d'exagérer la fonction déprimée par la muscarine, tandis qu'au contraire la muscarine ne réussit jamais à faire reparaître les oscillations de la tonicité, ni à paralyser la fonction fondamentale d'un cœur nicotinisé. Quant à la ligne de tonicité générale, la muscarine l'élève; l'atropine l'abaisse; la nicotine n'y apporte aucun changement notable. La vératrine abolit les oscillations du tonus, et exagère la fonction fondamentale. Le même poison, à plus hautes doses, déprime aussi la fonction fondamentale. Quant à la ligne de tonicité, nous devons observer qu'au commencement on la voit plus ou moins élevée, suivant la valeur de la dose employée, et que l'élévation est suivie d'un abaissement de la ligne de tonicité. L'elléboréine agit en déprimant légèrement les oscillations de la tonicité, et les rend plus allongées et moins élevées. Par l'action de ce glycoside, la fonction fondamentale transforme sa forme rythmique en forme périodique. La digitaline fait subir au cœur une forte rétraction et élève la ligne de tonicité des oreillettes, en diminuant peu à peu la fonction fondamentale et les oscillations de la tonicité, jusqu'à ce que ces dernières, qui disparaissaient en premier lieu, aient complètement cessé; puis la fonction s'éteint à son tour. La caféine déprime les oscillations de la tonicité, la fonction fondamentale et la ligne de tonicité. La caféine rétablit en outre la ligne de tonicité dans les conditions normales et fait réapparaître les oscillations de la tonicité et la fonction fondamentale dans un cœur dont la digitaline avait élevé énormément la tonicité et fait disparaître ou beaucoup affaibli les autres manifestations fonctionnelles de l'oreillette.

Fano tire de l'ensemble de ses recherches les conclusions générales suivantes : 1° La fonction fondamentale et les oscillations de la tonicité auriculaire chez l'*Emys europæa* se laissent parfaitement distinguer par la manière souvent opposée de ressentir l'action des poisons. 2° Les oscillations de la tonicité sont une manifestation de la contractilité et non de l'élasticité de la fibre musculaire, comme aussi la fonction fondamentale. 3° Dans les fibres auriculaires du cœur de l'*Emys europæa*, un exemple d'antagonisme physiologique bilatéral entre certains venins paraît possible.

STEFANI observa également des oscillations, à peine comparables à celles qu'avait vues FANO : mais elles provenaient de cœurs d'animaux supérieurs, *in situ*, de sorte qu'elles

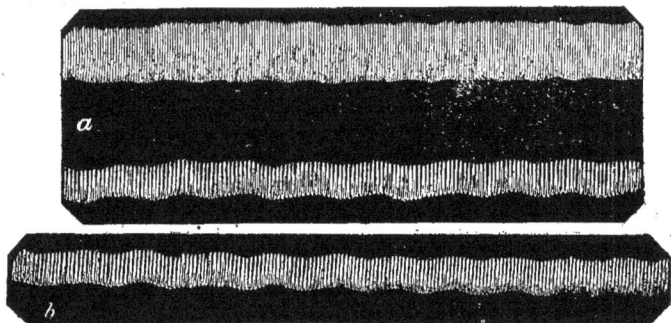

FIG. 53. — Oreillettes de *Bufo viridis*, suspendues selon la méthode d'ENGELMANN, après enlèvement du ventricule. Oscillations normales du tonus. Température : 16°. Le cylindre de BALTZAR était au minimum de sa rapidité. (BOTTAZZI.)

manifestent, selon nous, pour cette raison, un déterminisme trop complexe pour pouvoir être uniquement attribuées au muscle cardiaque. Elles ont été d'ailleurs prises en considération dans le chapitre traitant de l'innervation extrinsèque du cœur (p. 90-145).

Des oscillations de tonicité, observées récemment par BOTTAZZI (*The oscillations of the auricular tonus in the batrachian heart, with a theory on the fonction of sarcoplasma in*

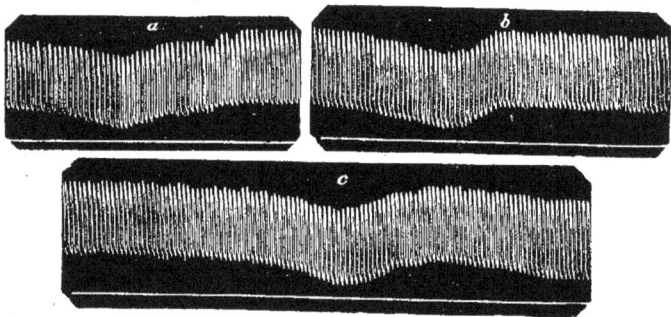

FIG. 54. — Oreillettes de *Bufo vulgaris*, suspendues selon la méthode d'ENGELMANN, après enlèvement du ventricule. Très lentes oscillations du tonus. Température : 16°. (BOTTAZZI.)

muscular tissues. J. P., XXI, 1, 1897), se trouvent aussi dans les oreillettes de *Rana esculenta* (fig. 53, 54) et du *Bufo viridis*, qu'elles soient vides ou remplies de sang, laissées *in situ* ou isolées de l'organisme. Elles sont moins accentuées que celles des oreillettes de l'*Emys europæa*, qui resteront toujours pour cette raison l'objet d'études classiques pour ce phénomène; mais elles présentent un rythme très régulier, et survivent, ainsi que dans l'*Emys*, à la fonction rythmique fondamentale. BOTTAZZI expérimenta l'action des sels de potassium et les vapeurs de chloroforme sur les oscillations du tonus auriculaire des amphibies; il observa que les sels de potassium à faibles doses dépriment, puis arrêtent les contractions rythmiques fondamentales, tandis qu'elles laissent invariables, pendant quelque temps, les oscillations du tonus et abaissent de beaucoup le tonus général du muscle auriculaire. Les vapeurs de chloroforme, au contraire, abolissent dès le début, et presque simultanément, l'une et l'autre fonction (fig. 55, 56); après un certain temps, la fonction rythmique fondamentale réapparaît, si l'empoisonnement n'a pas été très grave, tandis que les oscillations de tonicité ne se présenteront plus pendant un long temps. Bottazzi a ajouté ainsi aux nombreux moyens mis en œuvre par Fano deux nouveaux moyens pour séparer les deux fonctions auriculaires. Il n'a pu rencontrer dans les oreillettes de l'*Anguilla vulgaris*, de *Lacerta viridis*, de *Tropidonotus natrix* (fig. 58), ni dans les embryons de poulet, des oscilla-

Fig. 55. — Battements du cœur de crapaud, vide de sang, suspendu selon la méthode d'Engelmann. Influence de très petites doses de chloroforme. La contraction auriculaire a presque disparu, tandis que la contraction ventriculaire persiste, invariable depuis le début. (Bottazzi.)

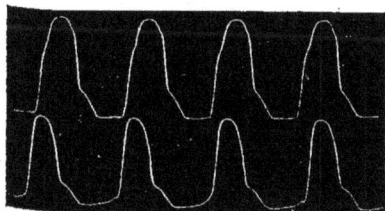

tions du tonus analogues à celles observées dans l'*Emys* et dans les amphibies à côté de la fonction rythmique fondamentale mais les observations n'ont pas été suffisamment nombreuses pour pouvoir affirmer l'absence complète du phénomène.

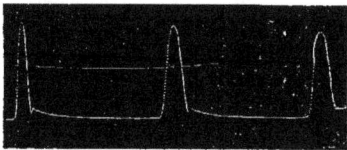

Bottazzi et Grünbaum (*loc. cit.*) ont récemment attaché les deux oreillettes d'un cœur d'*Emys eur.* extirpé du corps et tout à fait vide de sang, simultanément à deux leviers situés l'un au-dessus de l'autre, dont l'un était un levier commun isotonique, et dont l'autre était disposé de manière à enregistrer les courbes isométriques.

La double fonction motrice de chacune des oreillettes se manifestait aussitôt entièrement.

Sur le tracé isométrique, les contractions fondamentales se voyaient réduites de beaucoup en hauteur, tan-

Fig. 56. — Tracé des contractions auriculaires du cœur de *Bufo vulgaris*. Les oreillettes sont pleines de sang. Le ventricule a été enlevé. La courbe supérieure indique la fonction normale dans les susdites conditions. La courbe inférieure se présente *simplifiée* à la suite de l'action des vapeurs de chloroforme. (Bottazzi.)

dis que les oscillations du tonus, toujours bien prononcées, présentaient des modifications, par rapport aux contractions isotoniques, telles qu'elles ressemblaient aux courbes isométriques des muscles striés et lisses, c'est-à-dire qu'elles avaient une période ascendante plus rapide, un long plateau systolique et un long trajet descendant.

Et, puisque Bottazzi considère les oscillations du tonus comme l'expression de la fonction motrice du sarcoplasme auriculaire, ces courbes devraient être considérées comme des courbes isométriques de la contraction spontanée du sarcoplasme.

Les oreillettes, du reste,

Fig. 57. — Courbe isométrique des oreillettes du cœur de grenouille. Il faut noter la grande durée du plateau systolique et son aplatissement. (O. Franck.)

ne diffèrent en rien des ventricules quant à leurs propriétés générales. Leur courbe de contraction (fig. 58) ne peut souvent pas se distinguer de celle du ventricule; mais, comme la courbe du sinus, elle a un décours moins lent que celle du ventricule.

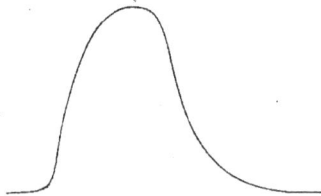

Quant aux propriétés électriques, à la période réfractaire, etc., des oreillettes, nous en traiterons plus loin.

Ajoutons seulement ici que, par rapport aux ventricules, les oreillettes paraissent posséder un plus haut degré d'automatisme. Cela résulte non seulement des expériences de Fano, qui put enregistrer les mouvements rythmiques d'oreillettes intactes ou de parties d'oreillettes durant des journées entières, expériences que nous avons relatées précédemment, mais aussi de celles de Bottazzi, qui enregistra de long tracés de la fonction des oreillettes du cœur de l'*Anguilla vulgaris*, de *Rana esculenta*, de *Bufo vulgaris*, de *Lacerta viridis*, de *Tropidonotus natrix* et de l'embryon de poulet dans le but de rechercher l'existence des oscillations du tonus.

Loven (*Ueber die Einwirkung von einzelnen Inductionsschläge auf den Vorhof des Froschherzens. Mitth. vom phys. Labor. des Carol. med.-chir. Inst. in Stockholm, Heft 4, 1886*) a enregistré les contractions des oreillettes isolées ou réunies encore à une partie du sinus. Le rythme spontané est très lent (15 contractions environ par minute). Les premiers effets de l'excitation électrique se manifestent lorsque les deux bobines du chariot de du Bois-Reymond sont à la distance de 5 à 8 cm., avec un courant de deux piles Grove dans le circuit primaire. Loven a observé une extra-contraction suivie d'une pause plus longue, lorsque l'excitation coïncide avec la diastole. Si l'excitation tombe à 0″,05 après le sommet de la dernière systole, il se produit une extra-contraction plus petite. Si l'on augmente l'intensité de l'excitation, et qu'on la fasse tomber de 0″,1 à 0″,2 après le sommet de la systole, il se produit de 2 à 3 extra-contractions.

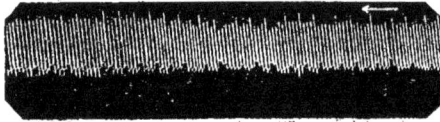

FIG. 58. — Tracé du mouvement des oreillettes du cœur de *Lacerta viridis*, suspendu selon la méthode d'Engelmann.

L'intensité des excitations n'exerce pas, comme dans les ventricules, d'influence sur la hauteur des contractions auriculaires. Toutefois la hauteur des premières contractions est moindre que celle des contractions suivantes : on a donc une sorte d'*escalier*. La période d'excitation latente (en moyenne de 0″,08 à 0″,1) est aussi indépendante de l'intensité de l'excitation. La période d'irritabilité des oreillettes s'étend du commencement de la diastole jusqu'au commencement de la période d'excitation latente de la systole spontanée suivante. L'excitation portée à la limite qui sépare le sinus des oreillettes est toujours efficace : elle l'est également pendant la systole des oreillettes et *provoque une série de contractions se succédant rapidement*.

L'auteur conclut, d'accord avec les idées modernes sur les propriétés fonctionnelles du muscle cardiaque, que celui-ci porte en lui-même les conditions nécessaires au développement de sa fonction rythmique.

Un fait digne de remarque est que les oreillettes qu'on fait fonctionner spontanément en dehors de l'influence du sinus veineux présentent dans l'unité de temps un nombre de contractions bien inférieur au nombre des contractions spontanées du sinus, tandis que le nombre des contractions que le sinus seul (nous verrons plus loin les expériences de Tigerstedt et Strömberg) présente en une minute est égal au nombre des contractions du cœur entier. De ceci il résulte avec évidence que la fonction cardiaque entière dépend du rythme du sinus, lequel détermine le rythme du cœur, tandis que normalement les oreillettes ne font que propager l'excitation physiologique, rythmique, du sinus aux ventricules.

Le nombre des contractions observées par Loven dans une minute (15 environ) ne peut pas faire supposer qu'il ait enregistré non les contractions rythmiques fondamentales des oreillettes, mais leurs oscillations de tonicité, attendu que, selon les observations de Bottazzi, les oreillettes des amphibies produisent en une minute un nombre très inférieur d'oscillations de tonicité. On ne saurait donc comprendre comment les oreillettes isolées, douées pourtant d'automatisme, auraient une fonction rythmique aussi lente, tout en tenant compte du fait que leur pouvoir rythmique est, quant à la fréquence, certainement inférieur à celui du sinus veineux; cela dépend peut-être d'excitations inhibitoires, dont Loven ne tient aucun compte.

Il est certain que LOVEN ne mentionne aucun phénomène analogue aux oscillations de tonicité; cela n'est du reste pas étonnant, quand on songe que des expérimentateurs comme GASKELL et d'autres ne réussirent pas à rencontrer les oscillations du tonus, même dans les oreillettes de l'*Emys europæa*, où pourtant elles se présentent de la manière la plus accentuée, et avec une évidence frappante.

2° *Sinus veineux.* — Les observations recueillies sur les propriétés fonctionnelles des sinus veineux sont relativement rares.

Des recherches faites par différents auteurs il résulte clairement que le sinus veineux est le point de départ de l'onde d'excitation et de contraction de chaque révolution cardiaque, qu'en lui commence le processus du mouvement automatique, qui, se propageant ensuite par la voie musculaire à travers tout le muscle cardiaque, produit la contraction successive de chacune de ses parties. Nous verrons comment cette propriété a sa cause déterminante, non pas dans la plus grande richesse du sinus en ganglions nerveux, mais dans sa propre structure, qui, même à l'état adulte, rappelle de plus près celle des éléments cardiaques embryonnaires.

La courbe de contraction des sinus ne diffère en rien d'essentiel de la courbe de contraction des autres segments du cœur. BOTTAZZI a enregistré pendant longtemps la fonction du sinus veineux du cœur des amphibies (fig. 59); il observa dans les tracés de grandes oscillations du tonus avec prévalence de leur phase expansive.

Relativement aux autres propriétés générales, il résulte des observations de STRÖM-BERG et TIGERSTEDT (*Der Ve-nensinus des Froschherzens physiologisch untersucht. Mit-theil. v. physiol. Labor. in Stockholm. Heft* v, 1888, 17) que le sinus, ainsi que les autres segments du cœur, répondent par des contractions

FIG. 59. — Contractions du sinus veineux du cœur de *Bufo vulgaris*, enregistrées isolément, après qu'on a enlevé les oreillettes et le ventricule. (BOTTAZZI.)

rythmiques aux excitations chimiques et mécaniques (pression) agissant d'une manière continue; et que la période d'excitation latente de l'extra-systole est maximum au commencement de la période d'excitation, pour diminuer ensuite graduellement et devenir minimum à la fin de la diastole du sinus. Il est bon toutefois d'examiner plus en détail les résultats obtenus par ces auteurs.

Le sinus, isolé, du cœur de grenouille donne, à la température ordinaire, en moyenne, 40 à 49 contractions par minute. La courbe de contraction est une ligne qui se compose d'une partie rapidement ascendante et d'une partie descendante plus incurvée, qui passent de l'une à l'autre par un sommet arrondi. Quelquefois le sommet de la courbe est aplati; d'autres fois il est bifide. Il existe parfois deux contractions une pause à peine perceptible. Les limites entre lesquelles la hauteur de la contraction oscille sont considérables : sa valeur moyenne est de $0^{mm},095$ au début de l'expérience; et le travail, calculé en tenant compte des constantes de l'appareil, mais non du frottement, est de 52,5 milligrammes-millimètres.

L'augmentation de la température rend les contractions plus fréquentes et plus faibles; à 31°, elles deviennent tellement faibles qu'elles ne peuvent plus être comptées. L'abaissement de la température produit le phénomène opposé, il ralentit et allonge les contractions. L'excitation par le courant faradique produit en général une augmentation de la fréquence, mais le nombre des contractions rythmiques reste toujours de beaucoup inférieur à celui des excitations, dans l'unité de temps.

Si la fréquence des contractions augmente encore, on obtiendra une contraction tonique durable plus basse que les contractions simples (fig. 60).

Si le commencement de l'excitation électrique coïncide avec la pause ou avec la partie descendante, diastolique, de la courbe de contraction, on voit toujours une contraction initiale, plus forte que les contractions normales, et ensuite la contraction tonique décrite. Dans certains cas, l'excitation amenait un relâchement du sinus, ou une moindre fréquence de contraction, ou un arrêt diastolique.

Comme conséquence ultérieure de la stimulation, on observe un arrêt diastolique plus ou moins prolongé, ou un abaissement, soit de la fréquence, soit de la force des contractions. En d'autres termes, il y a inhibition. Comme action ultérieure, il y a accélération et augmentation de la hauteur des contractions, de sorte que la stimulation tétanisante est un moyen pour augmenter l'énergie de la fonction du sinus.

Relativement aux effets de l'excitation du sinus par des courants induits d'ouverture, isolés, TIGERSTEDT et STRÖMBERG ont observé les faits suivants, importants : si l'excitation tombe dans le trajet ascendant de la courbe, elle n'a, dans la plus grande partie des cas, aucune influence sur la contraction correspondante, et allonge seulement la pause suivante. Si elle tombe, au contraire, à quelque autre moment de la contraction, elle produira une extra-systole, exceptionnellement elle en produira même deux. L'extra-systole est d'autant plus considérable que l'excitation est plus rapprochée de la pause, elle est maximum si elle tombe dans la pause. L'extra-systole peut quelquefois alors être plus considérable que la contraction normale. La pause qui suit l'extra-contraction ne présente aucune règle : elle peut être normale, plus longue ou plus courte. Il semble qu'il n'y a pas de pause compensatrice (voir plus loin).

Si l'excitation tombe au début du trajet descendant de la courbe de contraction, elle provoque quelquefois non pas une seule, mais une série d'extra-systoles; si celles-ci se succèdent avec grande rapidité, elles se présenteront sous forme d'une contraction tonique non continue.

Si l'excitation coïncide avec ces contractions toniques du sinus, le rythme normal se rétablit, soit à la suite de la première excitation, soit à la suite de l'une des suivantes. Dans des cas exceptionnels, on observe comme effet immédiat de l'excitation un relâchement et une décontraction. L'action ultérieure des excitations uniques induites d'ouverture consiste dans une exagération de la capacité fonctionnelle du sinus, qui persiste plus ou moins longtemps.

TIGERSTEDT et STRÖMBERG purent, au moyen d'un porte-électrodes, construit spécialement dans ce but, exciter certaines régions bien déterminées du sinus. Ils constatèrent que, quel que soit le point excité, si l'excitation se produit sur le trajet ascendant d'une courbe de contraction, elle coïncide toujours avec une période absolument réfractaire du sinus; tout au plus peut-on obtenir un prolongement de la pause suivante. L'excitation tombe-t-elle au début du trajet descendant de la courbe, elle demeure sans effet, particulièrement lorsque les veines pulmonaires ou les points plus distants du sinus, points qui paraissent être les régions les plus irritables, n'ont pas été excités. Parfois l'excitation, portant sur l'origine des veines pulmonaires pendant *la deuxième ou la troisième* partie de la période diastolique, a comme conséquence une accélération des contractions, qu'une seconde excitation, pratiquée tant que dure cette accélération, fera cesser.

La période d'excitation latente de l'extra-contraction est relativement longue, et indépendante de la région excitée, tandis qu'elle dépend du moment dans lequel on la fait agir; elle sera d'autant moindre que l'excitation agira plus près de la fin de la contraction, ou mieux pendant la pause.

Ce qui, dans les expériences de TIGERSTEDT et de STRÖMBERG, nous intéresse particulièrement, c'est la grande analogie que nous rencontrons entre elles et celles de BOTTAZZI sur le cœur embryonnaire en général, sans qu'il y ait excitation spéciale du sinus. Ainsi, par exemple, la contraction initiale plus grande, l'effet inhibitoire de l'excitation électrique; l'augmentation des hauteurs de contraction, c'est-à-dire du travail de l'organe, comme effet secondaire de l'excitation, tandis que l'effet initial est une inhibition, une diminution

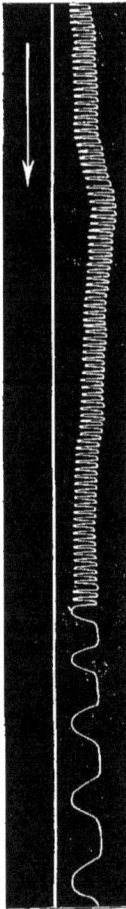

FIG. 60. — Tracé des battements du sinus veineux de *Bufo vulgaris*, d'abord avec une petite rapidité, puis avec une grande rapidité du cylindre de BALTZAR. On voit à droite de la figure une lente et ample oscillation du tonus. (BOTTAZZI.) (Ce tracé se lit de droite à gauche.)

de la tonicité de tout le tissu, etc., sont des phénomènes communs à la fois au cœur embryonnaire, *in toto*, et au sinus veineux (voir plus loin *Cœur embryonnaire*).

Deux autres phénomènes qui leur sont également communs sont l'irritabilité moindre et la durée plus longue de la période d'excitation latente.

Pour expliquer les effets d'augmentation et d'inhibition de l'excitation électrique, Tigerstedt et Strömberg ont recours à l'hypothèse de centres excitateurs et inhibitoires dans des régions déterminées du sinus, comme par exemple aux orifices des veines pulmonaires. Il nous paraît néanmoins superflu d'augmenter encore le nombre de ces centres nerveux cardiaques, surtout si par cette dénomination de centres on entend une agglomération de cellules nerveuses ganglionnaires douées de fonctions spécifiquement motrices. La profonde analogie que nous avons signalée entre les phénomènes propres au sinus et ceux mis en lumière par Bottazzi dans le cœur embryonnaire, alors que d'autres expériences ont démontré en celui-ci l'absence d'une fonction nerveuse spéciale, suffirait pour exclure l'existence de centres nerveux spéciaux excitateurs ou inhibitoires, intracardiaques. De plus, de semblables effets antagonistes des excitations extérieures ne s'observent-ils pas également dans des éléments irritables et contractiles, en dehors de toute influence nerveuse? N'ont-ils pas leur cause déterminante dans les propriétés spéciales bien connues de la substance irritable et contractile, c'est-à-dire de la cellule myocardique? Des effets antagonistes analogues n'ont-ils pas été observés à la suite de l'excitation directe des autres muscles, lisses ou striés? (Biedermann.)

Mais quelle peut être la cause de cette analogie fonctionnelle entre le sinus veineux et le cœur embryonnaire?

Si nous rappelons ce qui a été dit relativement à la structure histologique des régions diverses

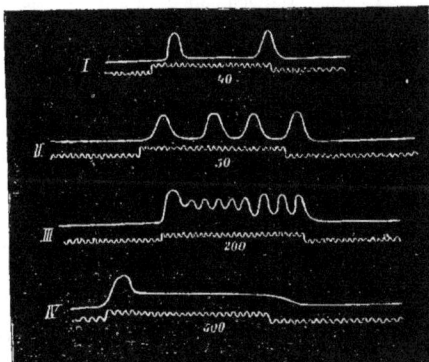

Fig. 61. — Influence de l'excitation d'un courant induit tétanisant sur le bulbe aortique du cœur de grenouille.

Fréquence de l'excitation : 80 par seconde. Temps : une demi-seconde. Les nombres placés sous les tracés indiquent les intensités du courant tétanisant. L'intensité quand les bobines sont rapprochées au maximum est faite égale à 1 000. (Engelmann, cité par Biedermann.)

du cœur adulte, nous n'éprouverons pas de difficulté à trouver cette cause dans le fait que le sinus, et notamment quelques-unes de ses parties, présente, même à l'état adulte, une structure moins différenciée, moins avancée en évolution que les autres régions cardiaques, qu'il demeure pour ainsi dire durant toute la vie dans un état quasi embryonnaire. Aux analogies structurales correspondent évidemment les analogies fonctionnelles que nous venons d'indiquer.

3° *Bulbe artériel.* — On sait que Löwit (*Beiträge zur Kenntniss der Innervation des Herzens*, A. g. P., xxv, 1881, 399) a affirmé l'existence de cellules nerveuses groupées en un ganglion dans le bulbe artériel de la grenouille, et que, peu de temps après, Engelmann (*Der Bulbus Aortæ des Froschherzens, physiologisch untersucht in Gemeinschaft mit J. Hartoy u. J. J. Werhoeff*. A. g. P., xxix, 1882, 425-468) démontra que les prétendues cellules ganglionnaires n'étaient autres que des cellules endothéliales, et que, dans le *Bulbus aortae* de la grenouille, il ne se trouve pas de cellules ganglionnaires.

Le bulbe artériel, isolé des autres parties du cœur, est suspendu à la manière d'un muscle strié ordinaire, ou sectionné dans sa longueur et suspendu dans la direction de ses fibres circulaires et spirales (qui se trouvent en prévalence), ou bien il est adapté à une canule remplie de sérum de sang ou de quelque autre liquide indifférent. On peut enregistrer graphiquement les contractions pendant longtemps, et il présente la même durée de survivance que les autres régions du cœur. Voici comment Engelmann décrit le décours de la fonction normale du bulbe : « Si l'on laisse le bulbe isolé du reste du cœur, rempli de sérum du sang à une pression d'environ 5 à 20 millim. IIg, à la température ordinaire, l'on verra se produire d'abord, pendant quelque temps, des contractions rythmiques. La durée des périodes, particulièrement des pauses, augmente graduellement, pour être suivie au bout d'un quart d'heure, quelquefois moins, de l'immobilité complète. Le bulbe répond par une série de contractions à chaque excitation modérée. Même sans excitation préalable, il recommence après un certain temps à se contracter. Ces contractions spontanées atteignent en général, en peu de temps, une fréquence assez régulière, et constante, qui peut continuer ensuite pendant plusieurs heures (fig. 64). »

Le bulbe artériel présente donc, d'une part, une certaine analogie avec la région ventriculaire, puisque, après les premières contractions, il s'arrête pendant un temps plus ou moins long ; d'autre part, il ressemble aux oreillettes et au sinus veineux, puisque les contractions spontanées ultérieures ne peuvent être attribuées qu'à un certain degré d'automatisme inhérent à cette région cardiaque.

Le bulbe artériel diffère de la pointe du cœur : 1° en ce que, avant l'arrêt, il présente des contractions spontanées, rythmiques, qui ne s'observent jamais dans la pointe du cœur ; 2° parce que dans le bulbe l'arrêt ne dure que peu de temps, une demi-heure en moyenne ; finalement, parce que la pointe du cœur répond toujours, sauf quelques exceptions (AUBERT. *Untersuchungen über die Irritabilität und Rythmicität des nervenhaltigen und nervenlosen Froschherzens*. A. g. P., XXIV, 1881, 357 ; LÖWIT, *loc. cit.*, 424), à une excitation unique, par une contraction unique, tandis que le bulbe répond, ainsi que le segment ventriculaire du cœur embryonnaire de poulet (BOTTAZZI, *loc. cit.*), par une série de contractions rythmiques.

Les contractions du bulbe sont donc automatiques, lorsqu'il est complètement isolé ; toutefois, si le bulbe a conservé ses rapports avec les oreillettes et une partie du ventricule, ce sont les oreillettes qui gouvernent les contractions du bulbe ; mais, s'il manque le pont de substance musculaire ventriculaire qui unit le bulbe à l'oreillette, les contractions des oreillettes et du bulbe restent absolument indépendantes les unes des autres. Cela démontre qu'il n'existe point de conduction directe entre les oreillettes et le bulbe ; le ventricule doit toujours servir d'intermédiaire. Les contractions normales du bulbe commencent à la base et se dirigent vers la pointe.

Les excitations uniques pouvant produire dans le bulbe des séries de contractions rythmiques sont très diverses : chocs d'induction, clôture d'un courant constant, réchauffement rapide, refroidissement rapide, piqûre, section, écrasement, distension brusque par la traction d'un poids, ou par une injection de sang, attouchement avec des substances corrosives, comme la soude ou la potasse, etc.

L'excitation doit être portée directement sur la substance musculaire du bulbe ; et, quel que soit le point excité, l'excitation peut provoquer une contraction générale maximale de l'organe entier, et même une série de contractions ; attendu que la musculature du bulbe, comme celle des ventricules ou de l'urèthre, forme une seule masse de substance conductrice contractile, semblable à une seule fibre musculaire creuse.

La rapidité de transmission est très grande, de 30 millimètres à la seconde, à la température moyenne ambiante.

Normalement la courbe de contraction du muscle bulbaire ne présente jamais un plateau horizontal à son sommet ; mais, ainsi que les muscles ordinaires, elle baisse aussitôt qu'elle a atteint le maximum.

Par le refroidissement, ainsi que par le fait de la mort graduelle, aux températures moyennes, la conductibilité diminue sensiblement. La courbe de contraction présente parfois à ce moment un plateau horizontal à son sommet.

Le bulbe artériel présente le phénomène de l'escalier de BOWDITCH, une augmentation d'irritabilité ; après l'action de stimulations faibles, il présente également la période réfractaire de MAREY, et les autres phénomènes qui s'y rattachent.

Relativement à l'influence des excitations par courants induits, rapidement interrompus et d'intensité diverse, ENGELMANN a obtenu les résultats suivants :

1° Avec des courants d'intensité très faible il se produira après quelque temps, par addition latente, une systole, qui sera peu de temps après suivie d'une seconde, etc. ; la période latente de la première systole et les intervalles entre les contractions pouvant se produire ensuite sont d'autant plus longs que les excitations sont plus faibles. Les contractions isolées peuvent, d'abord, augmenter en hauteur lorsqu'elles ont été précédées d'un long repos (*escalier*).

. 2° Par une intensité plus grande des courants excitateurs, la durée de la période latente atteint rapidement un minimum, ainsi que les intervalles entre chaque systole. Les premiers intervalles diminuent, aussitôt que leur durée se rapproche d'une simple systole; ils deviennent plus brefs que les suivants. En ce cas, la première contraction est la plus grande (*contraction initiale*); la seconde la plus petite, et celles qui suivent redeviennent grandes de nouveau.

3° Par des courants très puissants le bulbe n'a pas, après la première contraction, le temps de se relâcher complètement; il restera tétaniquement contracté à un certain niveau. Une superposition des contractions n'a pas lieu; pourtant la première contraction est toujours aussi élevée que celle qui suit une excitation unique efficace; mais elle est suivie ensuite seulement d'un abaissement graduel. Au commencement on pourra observer encore dans la courbe tétanique de légères ondes dont la période ne sera naturellement pas celle des excitations, mais c'est une période plus longue, déterminée par la nature spécifique de la substance musculaire.

Il nous paraît à peine nécessaire d'insister sur la profonde analogie existant entre ces phénomènes et ceux qui sont propres au muscle ventriculaire.

Relativement à l'action de la température sur la grandeur et la durée des contractions, le bulbe ne diffère pas des autres muscles, notamment du muscle ventriculaire.

Par une température élevée, la fréquence des contractions augmente jusqu'au double; comme fait particulier notons une modification spéciale du rythme, car l'augmentation de la température amène des contractions dicrotes, puis tricrotes, et ensuite polycrotes, d'où de véritables accès tétaniques, périodiques, présentant toutefois par moments des contractions isolées, et finalement l'arrêt définitif. Des contractions rythmiques spontanées peuvent être observées jusqu'à 45°,5 et même 48°, d'où Engelmann croit pouvoir affirmer que la contractilité et l'irritabilité des fibres musculaires du bulbe aortique peuvent subsister à des températures beaucoup plus élevées que pour les muscles de n'importe quel autre animal à sang chaud ou à sang froid.

La fréquence des pulsations bulbaires diminue par une température basse, et le rythme devient irrégulier, tandis qu'au début l'amplitude de la contraction est plus grande. A — 1,8°, on observe encore des contractions spontanées (Cyon en observa dans le cœur entier jusqu'à — 4°); à — 2°, l'irritabilité du bulbe disparaît. Quelques tentatives entreprises pour rappeler à la vie des bulbes qui étaient congelés à — 5°, en les faisant dégeler avec précaution, n'ont pas réussi.

Relativement à l'influence de la tension, on sait que Ludwig et Luchsinger (*loc. cit.*) ont émis l'opinion que la fréquence des contractions varie selon de larges limites dans tous les organes rythmiquement contractiles et que des contractions spontanées, qui manquent complètement à une tension basse, réapparaissent lorsque la tension augmente, même si cette tension exagérée ne se produit que très graduellement. Ludwig et Luchsinger affirment l'existence de cette dépendance, notamment en ce qui concerne la pointe du cœur. Mais une loi aussi simple ne résulte pas des expériences d'Engelmann. En effet, il a pu observer qu'entre 0 et 40 millimètres de pression, la fréquence moyenne augmente avec la tension, et ensuite, ce que Luchsinger a indiqué dans ses recherches, qu'à des différences égales de pression correspondent des différences de fréquence d'autant moindres que la pression absolue est plus élevée. Par une pression très élevée (50 millimètres) la fréquence était toujours moindre que par 40 millimètres. Les contractions étaient alors souvent presque imperceptibles.

4. *Extrémités centrales des gros vaisseaux veineux.* — On admet généralement que le point d'origine des stimulants normaux des contractions rythmiques cardiaques est le sinus veineux. On sait que ces stimulants physiologiques du myocarde naissent automatiquement, qu'ils sont périodiques et surviennent avec une fréquence constante pour chaque cœur. Comment naissent ces stimulants? réellement on ne le sait pas; avec une vraisemblance suffisante, on peut admettre qu'ils ne naissent pas dans des éléments nerveux ganglionnaires, mais bien dans des éléments musculaires histologiquement peu différenciés, et on peut ajouter que, très probablement, ils sont l'expression de la désintégration auto-

matique de la substance vivante d'un groupe plus ou moins étendu de cellules musculaires situées à l'extrémité veineuse du tube cardiaque. Mais leur exacte localisation n'était pas bien connue. On peut facilement se convaincre que les grosses veines du cœur battent aussi synchroniquement, pareillement au sinus veineux, même après les avoir séparées du cœur et jusqu'à une certaine distance de celui-ci. De même que TIGERSTEDT et STRÖMBERG avaient institué sur le sinus des recherches minutieuses et exactes (dont les résultats furent pris en considération par les physiologistes) (1888), de même maintenant ENGELMANN a fait l'étude profonde et détaillée des grosses veines du cœur (*Ueber den Ursprung Eigenschaften der grossen Herzvenen des Frosches. A. g. P.*, LXV, 109-214, 1897), en obtenant des résultats assez importants que nous devons brièvement rappeler ici.

Les veines en question sont : la veine cave inférieure, les deux veines caves supérieures, la veine pulmonaire. L'inspection et la méthode connue de la suspension ont servi à l'auteur dans la recherche de leurs propriétés physiologiques. Voici les résultats les plus importants.

Toutes les trois veines caves (de la grenouille) battent normalement dans le même temps que le sinus, à tel point que, dans des cœurs frais, il n'est pas possible de constater une différence de temps dans la systole du sinus et celle des veines caves : leurs appareils musculaires se comportent comme « un seul élément musculaire ».

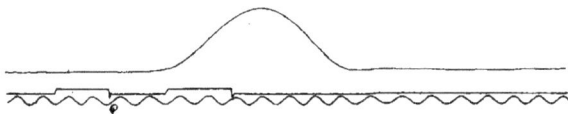

FIG. 62. — Courbe de contraction normale (phlébogramme pris avec la méthode de la suspension) d'une veine cave isolée (veine cave supérieure gauche de *Rana esculenta*). En ρ : secousse d'ouverture d'un courant induit. — Graphique agrandi 8 fois. Temps : 0″,1 pour une oscillation du chronographe. Température : 23°. (ENGELMANN.)

Des *lésions* même faibles altèrent la fonction des trois veines qui, pour d'autres raisons diverses, peut aussi se présenter modifiée : une stimulation directe ou réflexe du vague peut en provoquer l'arrêt passager en diastole.

Déjà la simple inspection montre que la *contraction*, comme dans les autres segments du cœur, a la forme d'une contraction simple, avec une ascension rapide de la courbe et une descente plus lente après avoir atteint le sommet : la contraction, *in toto*, a un décours plus rapide que celle du ventricule, mais non pas plus lent que celle des oreillettes du même cœur.

La *pause* (avec une fréquence de 50 à 60 battements à la minute) dure plus que la systole et la diastole ensemble, et disparaît seulement lorsqu'on accélère artificiellement le rythme de la pulsation (fig. 62).

Mais l'enregistrement graphique des mouvements de ces veines, après qu'on a enlevé tous les autres segments du cœur (sinus, oreillettes et ventricule), démontre avec une plus grande précision les particularités de leur fonction.

1. Chacune de ces trois veines possède normalement toutes les conditions d'une activité régulière et périodique, comme le cœur normal entier. Ceci est vrai, non seulement pour les veines caves entières, mais encore pour les plus petites de leurs parties. Des fragments de 1ᵐᵐ,2, séparés du reste de la veine, battent régulièrement, et presque avec la même fréquence, pendant des heures entières. Et pourtant, en général, elles ne contiennent pas de cellules nerveuses ganglionnaires. Les parois des veines caves supérieures contiennent des fibres nerveuses amyéliniques et seulement quelques fibres à myéline. Elles sont constituées par des faisceaux aplatis circulaires de cellules musculaires mononucléées, striées transversalement, semblables aux autres cellules du cœur, faisceaux formant un réticule peu serré, renfermant de petites cellules effilées qui deviennent plus larges au centre. Ce réseau se continue avec le réseau plus serré du sinus, puis avec les faisceaux musculaires des oreillettes. De même que pour l'uretère (1869), ENGELMANN affirme donc que, pour ces veines aussi, « la cause des pulsations normales ne réside pas dans un organe nerveux central, mais dans les cellules musculaires mêmes ». Celles-ci sont le siège de l'excitation automatique et constituent l'organe

central d'où partent les stimulants rythmiques des contractions cardiaques. L'origine des mouvements normaux du cœur doit être placée dans l'excitabilité automatique de la musculature des embouchures des veines.

2. Les propriétés physiologiques de la musculature des veines cardiaques sont essentiellement les mêmes que celles du sinus déjà étudiées par Tigerstedt et Strömberg. Les différences sont essentiellement quantitatives.

La *courbe d'une contraction veineuse* ressemble à celle du sinus : c'est une contraction simple. De 15° à 25°, la phase de l'énergie croissante dure 0″,3 à 0″,4, au minimum un peu plus de 0,2″; la phase de l'énergie décroissante, un peu plus, quelquefois aussi un peu moins. La température modifie ces durées comme dans tous les tissus musculaires.

La *période de l'énergie latente* oscille autour de 0″,1 et peut se réduire à 0″,05 ou augmenter jusqu'à 0″,15 ou 0″,2, selon l'intensité de l'excitant. Pour chaque élément musculaire, on peut admettre que la latence n'est pas plus longue, mais vraisemblablement un peu plus brève que dans les oreillettes, et dans tous les cas moindre que dans la pointe ventriculaire.

Les veines présentent une *période réfractaire*, qui dépend de l'état de la substance musculaire et de l'intensité du stimulant. En général, même les stimulants forts ne se montrent efficaces qu'après la fin de la diastole ou un peu auparavant.

Dans la détermination de la durée de la latence, il faut tenir compte de certaines causes d'erreur, assez bien indiquées par Engelmann, et qui furent peut-être la raison pour laquelle Tigerstedt et Strömberg ont trouvé quelquefois dans le sinus des valeurs de latence trop élevées.

Chaque contraction est maximale, dans le sens ci-dessus expliqué pour le ventricule. L'augmentation de la contraction que l'on observe quelquefois comme un effet de stimulations plus fortes dépend du fait que, dans ce cas, on excite directement plusieurs cellules, tandis que, étant donné la conduction diminuée, dans les mêmes cas la propagation de l'excitation aurait été plus lente.

L'effet inotrope négatif de la systole (l'affaiblissement de la contractilité produite par une excitation efficace) disparaît plus ou moins vite, à mesure que la fatigue survient.

Un phénomène semblable à *l'escalier* de Bowditch s'observe rarement et avec de grandes difficultés, à cause de l'automaticité qui ne disparaît pas.

Engelmann n'a pas pu faire de mesures précises de la *rapidité de transmission de l'onde de contraction*, mais il vit qu'elle diminuait de beaucoup quand la substance musculaire approchait de la mort. Il est certain qu'elle est grande dans le muscle frais, à tel point que, comme nous l'avons dit, les veines et le sinus paraissent se contracter simultanément.

L'effet négatif dromotrope de la systole est évident, et, comme dans le reste du cœur, il disparaît graduellement, après une période de repos, qui dure plus longtemps que celle nécessaire au rétablissement de l'irritabilité directe locale.

3. Nous avons dit que, dans le cœur frais, les veines et le sinus paraissent se contracter en un seul temps. Si l'on observe un cœur mourant, quand les contractions du ventricule et des oreillettes ont tout à fait cessé, on voit que l'onde de contraction part d'une des veines caves, plus fréquemment de l'inférieure, se propage au sinus et de celui-ci passe sur une ou sur les autres veines caves. Si l'on provoque une extra-systole dans ces conditions, elle se propage du point stimulé vers le sinus, et de celui-ci vers les autres veines caves : la propagation peut se faire dans un sens ou dans l'autre, et quelquefois atteindre les oreillettes et le ventricule. Dans quelques cas, un bref retard de l'onde, correspondant au passage des veines caves au sinus, s'aperçoit évidemment. On peut donc affirmer qu'il existe une conduction réciproque entre les veines et le sinus, et qu'un retard semblable à celui qui a été observé dans la propagation de l'onde du sinus aux oreillettes, et des oreillettes au ventricule, se vérifie aussi dans le passage de l'onde des veines caves au sinus.

Graphiquement, Engelmann a démontré que, à une extra-systole des veines, succèdent une extra-systole du sinus, puis une extra-systole des oreillettes et du ventricule; donc il existe une propagation de l'onde d'excitation des veines au sinus, et celle-ci est normalement si rapide qu'il en résulte un apparent isochronisme des deux contractions.

4. Le réchauffement des veines caves produit une accélération de la fréquence de leurs pulsations, et les éveille là où elles manquent (fig. 63); si tout le cœur est suspendu, *in situ*, les autres segments aussi participent à l'accélération du rythme. Ce fait aussi démontre qu'il existe une conduction (musculaire) allant d'un point quelconque des veines caves, et même de la veine pulmonaire, vers les autres segments du cœur, et que cette conduction permet que, d'un point quelconque des grandes veines, on puisse provoquer une révolution dans le cœur entier et par suite modifie le moment de la contraction cardiaque.

5. ENGELMANN fit sur les veines des expériences semblables à celles de STANNIUS, et il a trouvé que d'aucune manière on ne pouvait démontrer qu'il existe sur ces vaisseaux un point dont la destruction amènerait l'arrêt définitif du cœur. Quelquefois, il obtint au plus un ralentissement du rythme à la suite du sectionnement de la veine cave inférieure, parfois un arrêt temporaire. Cela semblerait démontrer qu'il n'existe pas dans la paroi des embouchures veineuses une localité spéciale et bien définie que l'on puisse considérer comme le point d'origine des stimulants normaux cardiaques, mais que *toutes les parties des grandes veines et du sinus constituent en même temps le centre de l'excitation automatique* pendant la vie.

L'extension relativement considérable de la source des impulsions normales des contractions cardiaques a une grande importance, puisque toutes ses parties sont fonctionnellement équivalentes et puisque, étant donnée la grande rapidité de la propagation de l'onde d'excitation, il est pratiquement indifférent que l'onde commence dans une partie plus voisine ou plus éloignée des oreillettes.

6. Mais ENGELMANN a fait une observation nouvelle qui mérite d'être prise en grande considération. Elle se résume dans la proposition suivante : *après une extra-systole, on n'observe jamais de pause compensatrice dans la veine.*

Il a trouvé qu'un excitant qui ne provoque pas une extra-systole, même s'il est fort, ne produit aucun effet sur le rythme, c'est-à-dire qu'il ne modifie pas d'une manière sensible les processus et les conditions dont dépendent les excitants automatiques dans les éléments musculaires pendant la période réfractaire. Si le stimulant produit une extra-systole (dans les veines), l'intervalle entre le début de l'extra-systole et celui de la systole spontanée successive est égal à la durée d'une période spontanée, quel que soit le moment dans lequel on provoque l'extra-systole, et quel que soit le nombre des extra-systoles provoquées. En d'autres termes, les extra-périodes durent autant que les périodes spontanées.

De cela il résulte que *le mode de l'excitation normale primitive du cœur diffère essentiellement de l'excitation normale des oreillettes et du ventricule.*

L'excitation ne naît donc pas dans les veines à des intervalles réguliers tout à fait indépendants de l'état des éléments musculaires à exciter, mais à des intervalles dont la durée dépend directement de l'état des éléments musculaires. Que l'extra-systole ait

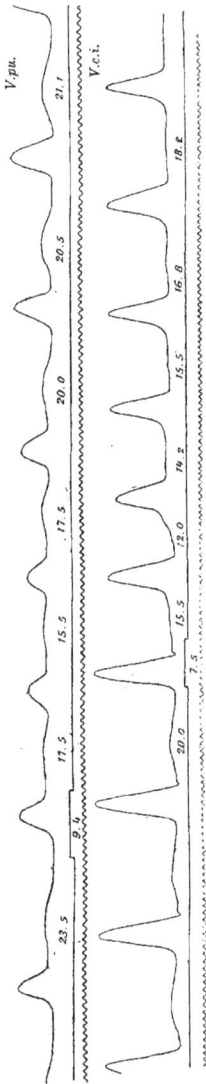

FIG. 63. — Accélération des contractions auriculaires et ventriculaires causée par le réchauffement local des grandes veines du cœur (do grenouille). *Vpu*, veine pulmonaire; *Vci*, veine cave inférieure. Durée du réchauffement : dans la courbe supérieure, 0″,94; dans l'inférieure, 0″,75. Les températures sont indiquées sur la figure. Temps marqué par les oscillations du chronographe : 0,1″. (ENGELMANN.)

été provoquée de telle ou telle manière, dans un moment et dans un endroit quelconques, après un temps constant qui dépend de l'état de la musculature, il se produit toujours une nouvelle excitation spontanée et efficace.

De cette manière de se comporter du centre automatique du cœur, on peut déduire des considérations variées.

On pourrait penser à une production continuelle des causes excitantes dans les cellules musculaires isolées, production qui serait temporairement suspendue à chaque systole. Par exemple, pendant le métabolisme, il pourrait se former des produits qui, étant donné leurs qualité et quantité suffisantes, agiraient comme stimulants. La systole, ou mieux le processus chimique intime de la systole, les détruirait, mais ils commenceraient de nouveau à se former pour se détruire de nouveau, après s'être accumulés en quantité suffisante, en produisant une excitation ; et ainsi de suite.

On pourrait aussi imaginer que la production des causes excitantes est vraiment continuelle et que la systole, par suite seulement de l'abolition passagère de la contractilité et du pouvoir de conduction, suspend l'activité des stimulants qui se produisent incessamment. Cela, pourtant, est invraisemblable pour diverses raisons (ENGELMANN).

« Nous devons donc admettre, dit ENGELMANN, que c'est dans les cellules des veines cardiaques et du sinus que se produit continuellement la cause de l'excitation qui, lorsqu'elle arrive à une certaine intensité, provoque une onde de contraction. »

En traduisant cela dans le langage que nous avons adopté en cet article et en nos publications spéciales, nous pouvons dire : quand les produits de l'anabolisme, les « anastates », sont arrivés à leur maximum de complexité, ils se désintègrent, et leur explosion est la cause efficiente de l'onde de contraction. Mais à l'explosion succède immédiatement la reconstitution des « anastates », en sorte qu'on peut la considérer comme incessante, interrompue seulement par les explosions rythmiques qui signalent la fin de la phase anabolique et le commencement de la phase catabolique, par laquelle se ferme le cycle de la révolution métabolique de la substance musculaire du cœur.

Toutefois l'onde de contraction abolit temporairement la contractilité et le pouvoir de contraction dans la substance musculaire, évidemment parce qu'elle épuise les produits anaboliques emmagasinés. Ces propriétés reparaissent avec la reconstitution de ces produits. La durée de la *période* pour chaque segment du cœur, et par suite aussi pour les embouchures des grosses veines, et par conséquent pour la fréquence des battements cardiaques, dépend de la rapidité de reconstitution des produits anaboliques, de la contractilité et du pouvoir de conduction, après chaque systole, c'est-à-dire après chaque explosion des produits.

Pour ce qui regarde particulièrement les embouchures des veines et le centre automatique, le temps sera toujours le même, et, en général, il sera le *minimum possible*. Et, puisqu'il est vraisemblable que dans toutes les cellules, les produits de l'anabolisme atteignent au même instant le maximum de leur complexité, le point d'origine de l'onde de contraction sera la cellule, dans laquelle les produits en question auront le plus vite atteint le degré de maturité nécessaire (GASKELL, ENGELMANN).

La contractilité et le pouvoir de conduction aussi ne paraîtront pas partout au même moment, et en général ils reparaissent normalement avant que les produits anaboliques soient prêts à exploser. Les excitants artificiels, qui provoquent une extra-systole avant le terme d'une période normale, sont pour cela toujours plus forts que les excitants physiologiques normaux, d'autant plus forts qu'ils agissent plus tôt après le décours d'une systole spontanée. Ceux qui frappent le muscle après la diastole et durant la pause se rapprochent davantage des stimulants physiologiques.

On peut ajouter (ENGELMANN) que le ralentissement du rythme dans les cœurs mourants dépend de la lenteur avec laquelle les produits anaboliques se reconstituent et arrivent au degré où ils peuvent exploser : par conséquent la durée de la période est une mesure de la rapidité avec laquelle se reproduisent les stimulants automatiques du cœur.

Ces considérations établies, on comprend facilement pourquoi dans les oreillettes et le ventricule on observe une pause compensatrice qui manque dans les grosses veines et dans le sinus.

Lorsque, dans les ventricules, la prochaine excitation physiologique arrive au segment frappé par l'extra-systole, sa musculature ne répond pas, parce que l'extra-systole a aboli temporairement la contractilité et le pouvoir de conduction; elle répond seulement à la seconde excitation physiologique consécutive à celle qui s'est propagée normalement : par conséquent l'intervalle entre la dernière systole complète et la première systole complète qui succède à l'extra-systole occupe le temps de deux périodes complètes, et l'intervalle entre l'extra-systole et la prochaine systole complète est plus grand qu'une période.

Dans les grosses veines et dans le sinus, au contraire, l'extra-systole a consumé tous les produits anaboliques qui s'y étaient accumulés jusqu'à ce moment; puis commence une nouvelle période qui ne sera ni plus grande ni plus courte que les autres périodes normales.

De là il résulte qu'un vrai trouble du rythme, c'est-à-dire une augmentation des battements, peut être provoqué seulement dans les grosses veines et le sinus au moyen d'extra-stimulants que l'on fait agir sur le centre automatique, tandis que les troubles apparents du rythme des systoles des oreillettes et des ventricules provoqués par des extra-stimulants que l'on fait agir sur ceux-ci ne touchent pas au rythme des décharges centrales, c'est-à-dire au rythme fondamental du cœur, qui reste immuable.

Il en résulte aussi que la suppression temporaire de décharges centrales, de systoles veineuses, ne peut être obtenue qu'au moyen de la stimulation du vague ou en diminuant l'activité métabolique du centre automatique (par exemple, au moyen du refroidissement ou des anesthésiques).

Les suppressions partielles des contractions ne portent ordinairement que sur les oreillettes et le ventricule, qu'elles soient produites directement ou par voie réflexe (GOLTZ, MUSKENS) : elles sont dues à l'inotropisme et au dromotropisme négatif qui est aussi la cause ordinaire des formes périodiques.

Nous avons dit que la pause succédant à une extra-systole des veines et du sinus est généralement de la même durée qu'une période normale; mais, quelquefois, elle a été trouvée supérieure par TIGERSTEDT et STRÖMBERG, et par ENGELMANN, et quelquefois inférieure, *sans que jamais elle devienne compensatrice.*

D'autres modifications s'observent encore, pour lesquelles nous renvoyons le lecteur au travail original d'ENGELMANN.

IV. Irritabilité du cœur. — L'irritabilité, c'est-à-dire la propriété de répondre à des excitations externes par des modifications chimiques internes difficiles à apprécier directement, mais se propageant rapidement à travers tout le tissu irritable de manière à y produire des modifications chimiques plus intenses qui se manifestent par des mouvements visibles, est une des propriétés essentielles du cœur.

En parcourant la dissertation classique de HALLER, qui introduisit définitivement dans la science le mot d'irritabilité, quoiqu'il ait confondu l'irritabilité avec la contractilité, on remarque différents passages desquels il résulte clairement qu'il avait déjà une idée très nette de l'irritabilité considérable du muscle cardiaque. (HALLER, *La sensibilité et l'irritabilité. Bibl. rétrospective.* Masson, Paris, 1892.)

Partant du principe de l'indépendance absolue entre ces deux propriétés fondamentales « l'irritabilité » et la « sensibilité », il commence par affirmer que : « Le cœur, qui est extrêmement irritable, n'est que peu sensible, et en le touchant dans un homme qui a ses sens, on lui procure plutôt un évanouissement que de la douleur. » Et, pour démontrer que l'irritabilité du cœur est bien la propriété de la substance musculaire, il ajoute : « J'ai vu le cœur divisé en plusieurs petites parties et chacune se mouvoir sur la table. »

Le sujet toutefois est traité avec plus de détails, p. 58.

« Peu à peu me voici parvenu à l'irritabilité du cœur, l'organe de tous qui en a le plus et auquel elle est le plus nécessaire; cause de tous les mouvements de notre machine, il devait être lui-même extrêmement mobile; toutes les expériences, surtout sur les animaux froids, prouvent effectivement qu'il l'est et qu'il l'est beaucoup plus que les intestins. Car, premièrement, dans un animal froid il se meut beaucoup plus longtemps qu'aucune autre partie du corps, même après la mort, et quelquefois jusqu'à vingt-quatre et trente heures, et même plus longtemps.

« En second lieu, quand le cœur a cessé de se mouvoir, on peut rappeler le mouvement fort aisément par quelque irritation externe que ce soit, avec une aiguille, un couteau, du sel, du poison, et quelquefois même, comme l'a fait WOODWARD, avec la simple eau chaude.

L'oreillette irritée par un poison s'est contractée plusieurs fois de suite. J'ai vu la même chose dans le cœur. Mais j'ai remarqué, dans ces irritations produites par un poison, que le mouvement qui en résulte est fort court, presque toujours local et borné à la place qu'on a irritée. La meilleure façon de ressusciter les mouvements du cœur, c'est d'en irriter la surface intérieure, et souvent j'ai réussi en soufflant dedans quand tous les corrosifs avaient échoué; et l'injection des autres fluides qui ont plus de consistance que l'air opère le même effet.

« Cette irritation des parois internes du cœur produit des oscillations beaucoup plus durables que celles qu'on fait aux parois externes, et elles ne s'affaiblissent qu'insensiblement. Elle a cet avantage, qu'elle ne diminue pas l'irritabilité du cœur, au lieu que celle qu'on occasionne par les poisons ôte absolument au cœur la faculté de se mouvoir, après la contraction qu'elle a produite.

« Il est difficile de décider quelle est la partie du cœur la plus irritable. Les anatomistes préféraient ordinairement le ventricule droit et son oreillette. *Mais je crois avoir prouvé que ce côté n'a aucun avantage sur le gauche*, dont les oscillations durent plus longtemps, dès que la cause irritante lui a été appliquée plus longtemps qu'à l'oreillette droite. Il m'a paru quelquefois que la partie inférieure de l'oreillette droite a été la dernière mobile : d'autres fois c'était la pointe du cœur.

« Si l'on me demandait actuellement d'où vient cette plus grande irritabilité du cœur, j'aurais beaucoup de peine à répondre. Il n'y a pas plus de nerfs dans le cœur que dans d'autres muscles, et il y en a même moins qu'aux muscles de l'œil.»

Ici HALLER se perd en conjectures étranges, dont nous ferons grâce au lecteur.

De même qu'en traitant de l'irritabilité en général HALLER confond « irritabilité » et « contractilité », de même, en traitant spécialement de l'irritabilité du cœur, il confond également « irritabilité » et « automatisme », parce que, selon lui, les régions les plus irritables sont celles qui se meuvent et qui survivent le plus longtemps. Il ajoute en effet que les parties vitales sont les plus irritables, et, tout de suite après, que « le cœur est la partie dont les mouvements survivent à ceux de toutes les autres ».

Ainsi se trouve justifié ce qu'il dit ensuite, étant donné que dans sa conception de l'irritabilité il comprend aussi l'automatisme : « Cela fournit un caractère différentiel entre les organes vitaux et les autres. Les premiers, étant extrêmement irritables, n'ont besoin que d'un très faible aiguillon pour être mis en jeu; tel est le sang ou l'humeur qui passe par leur cavité. »

Ces paroles contiennent peut-être l'idée première de la théorie d'après laquelle le sang est par lui-même la cause excitatrice du muscle cardiaque; théorie qui subsiste encore dans l'esprit de quelques physiologistes. Nous nous en occuperons plus loin. Mais ce qui importe avant tout, c'est d'établir la différence entre l'irritabilité et l'automatisme. Sans doute, lorsqu'on voit un organe se mouvoir spontanément, on a, *a priori*, le droit d'affirmer qu'il est irritable, et HALLER n'a point tort par conséquent en affirmant que le cœur des animaux froids, notamment dans les oreillettes, est très irritable. Or l'irritabilité non seulement persiste plus longtemps dans le cœur que les mouvements spontanés, mais elle persiste plus longtemps aussi dans des organes qui présentaient des mouvements spontanés beaucoup moins accentués que ceux du cœur, comme l'œsophage par exemple, ou qui n'en présentaient aucunement.

Mais nous allons voir à propos de l'automatisme et de la rythmicité du cœur, que l'on peut très probablement localiser l'irritabilité et l'automatisme dans deux parties différentes de l'élément musculaire, c'est-à-dire dans la substance anisotrope et dans le sarcoplasme. Or l'irritabilité ou excitabilité dans les tissus musculaires est en relation directe avec le développement de la substance anisotrope biréfringente, tandis que l'automatisme, dans les organes qui en sont doués, est en relation directe avec la quantité de sarcoplasme de l'élément musculaire. A ce point de vue le cœur ne peut pas même être compté au nombre des organes les plus irritables, parce que ses éléments musculaires sont assez riches en sarcoplasme et relativement pauvres en substance anisotrope.

Nous devons arriver finalement à la même conclusion, si, après la durée et la localisation de l'irritabilité, nous considérons son degré.

Convenons de prendre pour mesure de l'irritabilité l'intensité d'une excitation électrique minimum, capable de produire une contraction musculaire. En thèse générale, nous observons que l'excitation suffisante pour produire une contraction cardiaque est plus forte que celle qui est nécessaire pour produire la contraction d'un muscle *strié* du même animal, et insuffisante pour faire contracter un muscle *lisse*. Nous avons déjà dit que la durée de la contraction cardiaque et la rapidité de transmission de l'onde d'excitation tiennent le milieu entre celles d'un muscle lisse et celles d'un muscle strié.

Il est donc bien établi que le muscle cardiaque n'est pas le muscle le plus irritable, quoiqu'il soit à un si haut degré automatique, fait sur lequel nous insistons d'autant plus que CH. RICHET (p. 218, *Muscles et nerfs*) reproduit les tableaux de NYSTEN, où est indiquée la persistance de l'irritabilité dans les divers organes musculaires avec confusion de l'irritabilité et des mouvements automatiques. Cette confusion est du reste très commune. LANDOIS (p. 102 de sa *Physiologie, édition française*), par exemple, dit : « Les centres nerveux des oreillettes sont plus excitables que ceux des ventricules, c'est pourquoi les oreillettes sont les dernières à battre dans le cœur abandonné à lui-même. » Or, à part le fait que les centres nerveux des oreillettes ne sont pas les agents déterminants de leurs mouvements, nous ne voyons pas quel rapport il y a entre leur prétendue plus grande irritabilité, et la plus grande durée de la fonction rythmique des oreillettes.

Nous constatons donc que, relativement à cette question, les savants n'ont pas su s'affranchir de la confusion d'idées existant depuis HALLER, malgré les expériences aussi simples que concluantes faites par FANO en 1883, dans lesquelles il établit l'absolue indépendance entre l'irritabilité et l'automatisme du cœur.

De fait, dans le cœur embryonnaire (du troisième jour d'incubation) nous rencontrons un organe qui fonctionne avec une grande activité, mais qui néanmoins présente en même temps une excitabilité (lisez : irritabilité) presque nulle pour les excitations, reconnues être les plus efficaces, sur les organes contractiles et sur le cœur des animaux adultes.

Mais ce degré inférieur d'excitabilité, nous ne le retrouvons que dans les premières périodes du développement. Si, en effet, nous déterminons le degré de l'excitabilité électrique des cœurs embryonnaires déjà assez avancés dans leurs processus embryologiques, nous la trouverons considérablement augmentée.

Cela résulte avec évidence des chiffres suivants :

JOURNÉES du développement de l'embryon du poulet.	EXCITABILITÉ ÉLECTRIQUE du cœur mesurée par la distance des bobines d'induction. (Température 35°)
3°.	7,0
4°.	13,8
5°.	12,0
6°.	19,0
8°.	18,0
9°.	12,0
10°.	16,0
12°.	23,0

A ce fait démontré par FANO, dans le développement ontogénétique du cœur, correspond, dans le développement phylogénétique, la moindre excitabilité du cœur des animaux à sang froid par rapport au cœur des animaux supérieurs. FANO a cherché, en outre, à mettre en lumière, ainsi que nous le verrons mieux par la suite, les rapports entre l'automatisme et l'excitabilité, attribuant par exemple à la plus grande irritabilité du cœur adulte (relativement au cœur embryonnaire) et du cœur des vertébrés supérieurs (relativement au cœur des vertébrés inférieurs) la résistance moindre des premiers aux agents excitants externes. Il dit, comme conclusion générale : « A mesure que se développe l'excitabilité, nous voyons, comme conséquence naturelle, diminuer progressivement la résistance à l'action nocive des excitations extérieures. Cette conclusion résulte d'expériences faites sur des cœurs séparés de l'organisme et abandonnés à leurs propres ressources. »

En effet, on sait que le cœur des mammifères meurt aussitôt qu'il se trouve isolé de l'organisme, et FANO a trouvé une moindre résistance dans le cœur embryonnaire aux

époques plus avancées de développement. Les choses apparaissent naturellement différentes selon les conditions particulières dans lesquelles se trouve placé le cœur. Ainsi
Langendorff est parvenu dernièrement à maintenir en vie, pendant un temps relativement long, des cœurs de chats et de chiens, et à les faire fonctionner plus régulièrement qu'on ne l'aurait cru possible jusqu'ici, d'après les expériences précédentes. C'est
en donnant une nutrition normale et rationnelle au muscle cardiaque qu'il est arrivé à
ce résultat.

De même récemment Bottazzi a réussi à faire survivre des cœurs embryonnaires de
poulets du onzième au vingtième jour de développement pendant deux à trois heures,
en laissant l'organe *in situ* et plein de sang, quoique le renouvellement de celui-ci n'ait
pu s'effectuer qu'en assez faible proportion. Il est donc évident que, dans le développement ontogénétique et phylogénétique, il y a, outre l'augmentation de l'excitabilité,
une augmentation dans le besoin des matières nutritives, matières qui constituent la base
du fonctionnement des organes, attendu que l'insuffisance évidente des processus anaboliques dans l'organe isolé entraîne un affaiblissement marqué de sa fonction.

En effet, la survivance d'un organe est déterminée en grande partie par la possibilité
qu'il conserve de continuer à développer des processus anaboliques à côté des processus
cataboliques, s'il n'a pas déjà emmagasiné une forte quantité de matériaux dynamo-
gènes.

Pourtant la faible irritabilité du cœur embryonnaire dans les premières phases de son
développement, découverte par Fano, ne doit pas être interprétée comme la conséquence
de ce que le cœur est privé d'éléments nerveux, comme pourraient le croire ceux qui
soutiennent la nature neurogène de l'activité cardiaque. Il faut l'attribuer, croyons-nous,
à un principe général de biologie, à savoir que, dans les organes et dans les organismes
en voie de développement, les processus d'assimilation sont prépondérants sur les processus de désintégration.

Pour une raison qui nous échappe, et que nous ne pouvons guère indiquer que
comme étant liée à l'hérédité, ce qui prévaut dans les organismes embryonnaires, c'est
une disposition au métabolisme constructif et synthétique, lequel s'oppose dans de
certaines limites à ce que les excitations produisent le même effet que dans les organes
adultes (chez qui l'équilibre des deux processus est atteint), effet s'expliquant toujours par
une augmentation du catabolisme, lequel est la base chimique de toute fonction
motrice; puisque « toute manifestation d'un phénomène dans l'être vivant est nécessairement liée à une destruction organique » (Cl. Bernard). La moindre irritabilité du
cœur, comme celle des tissus embryonnaires, est donc l'expression de cette disposition
prévalente A, comme l'appellerait Hering, soit de l'anabolisme prévalent.

La plus grande résistance du cœur des animaux à sang froid ou des animaux hibernants (Templer, Mengili, Marshall-Hall, cités par Fano, 21) s'explique, selon nous, non
seulement par leur plus faible irritabilité, mais encore parce que les processus cataboliques
s'accomplissent beaucoup plus lentement, et que, par suite, les processus anaboliques
sont plus lents aussi, et moins nécessaires. En sorte que l'irritabilité plus faible et la
résistance plus grande sont toutes deux un effet nécessaire de la nature et de l'intensité
du métabolisme des tissus de ces animaux. Relativement aux animaux à sang froid,
pour expliquer la plus grande résistance du cœur, on peut faire intervenir le degré de
développement inférieur de leurs tissus en général, et du tissu cardiaque en particulier.

Dans le cœur où l'activité et le repos alternent de façon régulière et rythmique existe
également, selon toute probabilité, un rythme nutritif auquel correspond un rythme de
l'irritabilité. Nous verrons plus loin, au chapitre traitant de l'électro-physiologie du
cœur, comment, pendant la période systolique, l'irritabilité du muscle cardiaque est
entièrement abolie, même pour des excitations extrêmement fortes, pour, ensuite, augmenter de nouveau graduellement pendant la phase diastolique jusqu'à une limite d'irritabilité maximum.

Cette oscillation rythmique de l'irritabilité cardiaque se rencontre tant dans le
muscle ventriculaire, que dans les oreillettes et dans le sinus et correspond aux alternatives d'activité et de repos.

Elle est, sans aucun doute, l'expression des phénomènes nutritifs antagonistes qui se
développent dans l'intimité de la substance musculaire. Mais ce même fait semble faire

exception au principe général formulé ci-dessus, que l'irritabilité des tissus contractiles est déprimée pendant que les processus d'intégration prédominent en eux. Nous devons en effet considérer la phase diastolique de la révolution cardiaque comme la phase d'intégration de l'organe, comme celle durant laquelle la matière vivante qui a subi une désintégration moléculaire pendant la période d'activité, se reconstitue, par une synthèse, peut-être, à l'aide des scories qui se sont accumulées au cours de cette phase et du nouveau matériel nutritif qui lui est fourni par le sang. Si pourtant nous examinons plus minutieusement les conditions particulières de la fonction du muscle cardiaque, nous nous convaincrons aisément que cette exception n'est qu'apparente. En effet, d'abord la contraction cardiaque, pour des raisons que nous ignorons, est toujours maximale, dans les conditions optima de fonctionnement de l'organe, eu égard au travail précédemment accompli et aux conditions mécaniques sous l'influence desquelles le cœur se contracte : c'est pourquoi il ne faut pas s'attendre à ce qu'une excitation, agissant pendant la systole, donne une contraction plus accentuée, plus énergique que la précédente. Au contraire, nous produirons dans un cœur battant rythmiquement, en le stimulant pendant une phase successive, une extra-systole, c'est-à-dire une systole apparaissant avant celle qui aurait apparu spontanément, selon la loi du rythme propre à l'organe, et cette extra-systole, avec ses caractères, est elle-même l'indice du degré de l'irritabilité cardiaque.

Cette extra-systole ne peut pas être provoquée pendant la phase systolique de l'organe, tandis qu'elle peut déjà l'être au début de la phase diastolique.

Des expériences d'ENGELMANN (A. g. P., LIX, 315), il ressort plus particulièrement que l'irritabilité ventriculaire disparaît immédiatement avant le début de la systole, au commencement de la phase d'excitation latente, qu'elle ne revient que peu avant le début de la diastole, et augmente ensuite au moins jusqu'à 0″,2 après la fin de la diastole.

Mais le fait que la contraction cardiaque est toujours maximale, dans ces conditions, ne prouve qu'une chose, c'est que l'excitation normale, provenant du sinus veineux, détermine la consommation de tout le matériel explosif que le muscle recèle en lui; en d'autres termes, que le muscle donne toute son énergie à chaque systole. Et, puisqu'il est impossible que l'irritabilité existe sans une quantité correspondante de matière vivante pouvant se désintégrer à la suite d'une excitation, il se fait sans doute un mouvement chimique de la matière vivante, qui précède l'explosion finale, il est évident que dans le cœur toute irritation devient presque inefficace, si de nouveaux produits anaboliques de reconstitution, de nouveaux « anastates », comme diraient les Anglais, ne se sont formés et organisés.

L'autre fait, digne d'être pris en considération, est le décours de l'irritabilité dans les diverses régions du cœur pendant les phases successives de la révolution cardiaque. Ce décours n'a peut-être pas été encore complètement étudié; puisque, pour ne parler que des ventricules, la pause ventriculaire, — ou, selon la nouvelle nomenclature de ENGELMANN, le moment qui s'écoule entre la fin de la diastole ventriculaire (fin Vd), et le commencement de la systole ventriculaire suivante (commencement Vs), — doit durer au delà de 0″,2 après la fin de Vd, moment dans lequel ENGELMANN constate l'irritabilité maximum relativement aux moments précédents. Après cette période, nous ignorons comment se comporte l'irritabilité ventriculaire, étant donné qu'elle n'est pas suivie immédiatement de l'excitation latente de la nouvelle systole.

Toutefois, en examinant rigoureusement tout ce qui est connu jusqu'ici sur la marche de l'irritabilité cardiaque, nous trouvons que sa disparition est immédiate. Il n'y a plus d'irritabilité depuis le commencement de l'excitation latente jusqu'à quelques fractions de seconde avant la fin de la systole; tandis que le retour de l'irritabilité est graduel, commence quelques fractions de seconde avant la fin de la systole, et augmente jusqu'à 0″,2 après la fin de la diastole. On ne pouvait employer une meilleure méthode pour pénétrer dans l'intimité des modifications chimiques que subit la substance vivante pendant sa destruction et sa reconstitution, puisque, par l'état de l'irritabilité cardiaque, nous possédons le tableau exact du mouvement intérieur trophique.

En effet, nous savons, par des considérations théoriques, et par analogie avec les substances explosives ordinaires, que le processus anabolique peut être représenté comme une échelle, dont les échelons figurent les passages des matériaux chimiques plus simples aux matériaux les plus complexes qui se forment en absorbant une certaine quantité d'énergie ; le sommet de l'échelle serait constitué par de la matière vivante ayant la propriété d'exploser sous l'influence de causes internes ou d'excitations extérieures. Mais, avec l'augmentation de la complexité chimique, augmente également dans le produit anabolique l'instabilité ; elle tend toujours davantage à l'explosion, jusqu'à ce que, ayant atteint son summum de complexité et d'instabilité, elle éclate ou spontanément ou par suite d'un stimulant extérieur, mettant ainsi en liberté toute l'énergie accumulée, et cela, en beaucoup moins de temps qu'il n'en avait été nécessaire pour sa construction. (Bottazzi. *Sulla rittmicità del moto del cuore e sulle sue cause. Del ritmo nei fenomeni biologici.* Lo Sperimentale, LI, 1897.) Dans l'augmentation graduelle de l'irritabilité ventriculaire pendant la phase de repos du muscle, et dans sa disparition rapide et presque instantanée, nous avons donc le droit de voir l'image fidèle des processus chimiques qui se développent dans l'intimité des tissus musculaires. Et le fait même de l'augmentation progressive de l'excitabilité parallèlement à l'augmentation progressive de l'instabilité des « anastates », démontre que le cœur ne fait pas exception à la loi des relations qui unissent la nutrition et l'excitabilité d'un tissu contractile. Nous n'avons, en effet, aucune raison de douter que les processus d'intégration dans le muscle cardiaque précèdent de beaucoup l'apparition de la première trace de faible contractilité, et nous pouvons admettre qu'ils commencent immédiatement après la désintégration par explosion. Le phénomène moteur, extérieur, comme on sait, retarde notablement sur le phénomène chimique, intérieur ; c'est le décours de l'excitabilité et non le phénomène moteur qu'il faut considérer comme l'expression du phénomène chimique, car, en cas contraire, on n'expliquerait pas comment l'irritabilité reparaît un peu avant le maximum de contraction du muscle ventriculaire. Cette inconséquence apparente est expliquée par le fait que l'irritabilité reparaît lorsque le processus chimique qui la détermine a atteint sa valeur limite. Or le processus chimique doit avoir commencé quelque temps auparavant, c'est-à-dire aussitôt après l'explosion des produits anaboliques accumulés, vers la fin de la période d'excitation latente.

Irritabilité des divers segments du cœur. — Les diverses régions du cœur ne sont pas douées du même degré d'irritabilité. Mais ici encore il faut distinguer la durée et le degré de l'irritabilité.

Relativement à la durée, on sait que l'irritabilité des oreillettes et celle du sinus veineux se maintiennent beaucoup plus longtemps que celle des ventricules ; ce qui donne pleinement raison à Haller lorsqu'il disait, en cherchant la région la plus irritable du cœur : « Il m'a paru quelquefois que la partie inférieure de l'oreillette droite a été la dernière mobile. » Ce fait a été constaté également par Harvey ; il nomma l'oreillette droite « *ultimum moriens* », faisant observer qu'elle est en même temps le « *primum vivens* ». La plus longue durée de l'irritabilité des oreillettes est toutefois une conséquence de sa plus longue survivance, et toutes deux sont la conséquence de la structure particulière de ce segment cardiaque relativement au segment ventriculaire. En effet, les parois du sinus et des oreillettes sont constituées, comme nous l'avons dit, par des cellules myocardiaques moins différenciées en général et conservant encore à l'état adulte des caractères embryonnaires, comme celui d'être ramifiées, ainsi que cela se voit chez certains animaux, et d'être plus riches en sarcoplasme. Cette moindre différenciation les rend plus résistantes, moins dépendantes des agents extérieurs. De là, leur plus grande survivance, leur irritabilité plus durable.

Si, au contraire, on considère le degré d'irritabilité des divers segments cardiaques, il n'est pas douteux que les ventricules sont beaucoup plus irritables que le segment auriculaire, ce qui concorde avec le degré supérieur de différenciation histologique de ses éléments musculaires. Mais la moindre durée de l'irritabilité n'est pas une conséquence, pour ainsi dire, du degré supérieur qu'elle a atteint ; elle est due encore à ces deux faits, d'abord que les ventricules survivent moins longtemps en raison de leur différenciation morphologique et fonctionnelle plus grande, et ensuite qu'il y a prédominance des processus cataboliques sur les processus anaboliques dans le ventricule soustrait à la nutrition normale.

Mais il est un autre fait digne de remarque : c'est qu'une excitation unique agissant sur les ventricules ne produit qu'une seule contraction, tandis que, agissant sur les segments supérieurs, elle produit très souvent des séries de contractions rythmiques. D'où l'on conclut que les oreillettes sont plus irritables que les ventricules, que ce soit ou non parce qu'elles contiennent de nombreux ganglions. Or ce fait, en contradiction apparente avec ce que nous avons exposé plus haut, peut être envisagé sous un nouveau jour et convenablement expliqué. En effet, dans le segment sino-auriculaire, il existe, ainsi que nous l'avons dit et que nous aurons encore l'occasion de le répéter, des régions douées particulièrement de la propriété automatique, et il est probable qu'elles doivent ces caractéristiques à leur structure et à la moindre différenciation de leurs éléments. Or il a été démontré (par GASKELL et par d'autres) que l'on n'obtient des séries de contractions rythmiques que lorsqu'on stimule ces régions. Nous sommes donc amenés à croire que l'excitation n'agit de cette manière spéciale que parce qu'elle éveille dans ces tissus de structure particulière l'automatisme dont ils sont naturellement doués; car la conception d'une irritabilité supérieure ne pourrait jamais expliquer la succession des contractions rythmiques. Il n'est donc pas question d'une plus grande irritabilité des oreillettes, mais de l'existence d'un mécanisme particulier, automatique, dont la fonction serait réveillée même par une excitation unique. Or ce mécanisme réside précisément dans des régions déterminées des parois du sinus et des oreillettes.

Nous ne connaissons pas de déterminations exactes comparatives de l'irritabilité des oreillettes et du ventricule du cœur adulte. L. BRUNTON et CASH disent (voir plus loin) qu'en général, dans le cœur de grenouille, les oreillettes sont plus sensibles aux excitants que le ventricule. Mais à ce propos, il faudrait aussi noter, en thèse générale, que les parois auriculaires, étant beaucoup plus minces et présentant une superficie et une masse moindres que les parois ventriculaires d'un même cœur, le nombre des éléments musculaires qui viennent à être stimulés par un même excitant, de durée et d'intensité égales, sera bien supérieur dans les oreillettes que dans les ventricules, qui présenteront aussi une plus grande résistance au passage du courant.

Dans le cœur embryonnaire aux premières époques de développement, au contraire, les choses sont différentes. FANO a trouvé que dans l'organe frais, durant les trois premiers jours de développement, le segment auriculaire est toujours moins irritable que le ventricule, comme il résulte des chiffres suivants :

ÉPOQUE du développement en heures.	VALEUR DE L'IRRITABILITÉ indiquée par la distance en millimètres des bobines.	
	Segment auriculaire.	Segment ventriculaire.
46	55	75
47	0	70
37	0	40
38	0	50
71	75	85
72	90	100

Or, à ces résultats on ne peut faire l'objection faite ci-dessus, parce que les parois du tube cardiaque embryonnaire, à cette époque de développement, présentent une épaisseur tellement petite que, si elle n'est pas égale dans les divers segments, elle ne peut pas pratiquement influer sur l'effet des stimulations isolées.

Le fait que les ventricules ne répondent à une excitation unique que par une contraction unique ne s'applique d'ailleurs qu'à des cœurs adultes. Bien souvent FANO et BOTTAZZI ont eu l'occasion de constater, au cours de leurs recherches sur le cœur embryonnaire, que les ventricules répondent généralement aussi par une série de contractions à des excitations uniques. Cette propriété toutefois, par le développement ultérieur, disparaît du tissu ventriculaire et se fixe exclusivement dans certaines régions déterminées du sinus veineux du cœur; régions qui, pour cette raison, conservent, même à l'état adulte, avec les caractères morphologiques, les caractères physiologiques de l'état embryonnaire.

Outre les modifications déjà indiquées de l'irritabilité cardiaque, d'autres encore ont été observées, qui sont dues à des causes différentes. Il ne nous appartient pas de traiter de celles que provoquent les divers poisons. Nous nous bornerons à indiquer les modifications produites par l'excitation du vague et par l'action des sels de potassium, parce qu'elles présentent des analogies entre elles.

Schiff (*Recherches sur les nerfs dits arrestateurs. Ges. Beitr. zur Phys.*, i, 619 et suiv., 1894) et Eckhard (*Beit. zur Anat. u. Phys.*, x, 24 et suiv., 1883) ont trouvé que le cœur de grenouille et de tortue, pendant une excitation suffisamment forte du vague, ne se contracte pas par l'excitation directe du myocarde. Ce fait fut confirmé plus tard par Mills (*Journ. of Anat. and Phys.*, xxii, 3, 1888) dans les oreillettes du cœur de serpent et par Mc William (*On the structure and Rythm of the Heart in Fishes with especial reference to the Heart of the Eel. J. P.*, vi, 192, 1885), dans le cœur d'anguille. Voici comment s'exprime ce dernier auteur à ce sujet : « La région ostiale du sinus est, pendant la durée d'une forte inhibition, complètement insensible à une excitation directe, et l'oreillette se trouve dans la même condition. La plus forte excitation mécanique, chimique, thermique ou électrique, appliquée directement au tissu auriculaire, ne parvient pas à produire une contraction. L'excitabilité du tissu musculaire a été évidemment abolie temporairement par l'influence du vague : c'est un résultat très particulier de l'excitation nerveuse. »

Mais d'autre part, il dit (p. 224) : « La force contractile du muscle ventriculaire ne paraît pas être influencée directement par l'inhibition du vague. » D'autres observateurs encore (Einbrodt, Foster et Dew Smith, etc.) ont fait des expériences analogues, et le fait de l'influence de l'excitation du vague sur le ventricule, quoique non encore complètement confirmé, paraît semblable à celui qui a été observé sur les oreillettes.

Un fait semblable fut noté récemment par Bottazzi (*Sur le mécanisme d'action des sels de potassium sur le cœur. Contribution à la doctrine de l'inhibition. A. de P.*, oct. 1896) à la suite de l'action des sels de potassium sur le cœur des amphibies. Des doses de ces sels, *produisant l'arrêt du cœur*, dépriment ou abolissent complètement l'irritabilité du muscle cardiaque. Néanmoins, si le cœur était abandonné à lui-même pour longtemps ou lavé dans une solution saline quelconque, il recommençait à battre rythmiquement, et plus énergiquement même qu'auparavant.

L'inexcitabilité temporaire du cœur due à l'excitation du vague est très vraisemblablement due à l'influence chimico-nutritive spécifique du vague sur la substance musculaire, dont elle exagère les processus anaboliques en déprimant l'aptitude à la désassimilation et par conséquent à l'activité fonctionnelle. Or, par une série de considérations tirées de l'analogie des effets de l'intoxication du cœur par les sels de potassium avec les effets de la stimulation du vague, Bottazzi croit que l'inexcitabilité du muscle cardiaque a, dans les conditions expérimentales adoptées par lui, les mêmes causes, c'est-à-dire une exagération des processus d'assimilation.

Nous ne pouvons pas clore ce chapitre sur la physiologie du cœur sans mentionner, rapidement, puisque nous traiterons le sujet avec plus de détails à propos de l'automatisme, les rapports entre l'irritabilité et l'automatisme. Ces deux propriétés semblent vouloir s'exclure réciproquement : nous trouvons, en effet, que les régions cardiaques plus automatiques (sinus et oreillettes) sont les moins excitables, et inversement nous observons que les ventricules, quoique étant plus excitables, sont à l'état adulte, entièrement privés d'automaticité. Nous verrons toutefois que ce contraste est général à tous les tissus contractiles, qui paraissent subir tout à coup une différenciation fonctionnelle double et opposée, vers l'automatisme d'une part, de l'autre, vers l'irritabilité. Ce contraste a très probablement sa cause dans une structure différente des tissus qui ont évolué vers l'une ou l'autre de ces deux propriétés; et particulièrement l'automatisme sera d'autant plus développé que l'on observe un plus grand nombre de caractéristiques embryonnaires. Jugée à ce point de vue, la répartition de l'automatisme et de l'irritabilité dans les différentes régions du cœur ne peut présenter aucune difficulté d'interprétation : les segments les plus automatiques le sont parce qu'ils ont moins évolué. Ces considérations morphologiques correspondent entièrement aux considérations physiologiques que Fano a exposées en étudiant le développement embryonnaire de la fonction cardiaque.

V. Électro-physiologie du cœur. — Excitation électrique du muscle cardiaque. — En traitant des propriétés du cœur considéré en tant que muscle, nous avons eu plusieurs fois l'occasion de mentionner l'action des courants électriques en général sur cet organe.

A propos de la physiologie comparée du cœur, nous aurons à rapporter un grand nombre d'observations concernant spécialement l'électro-physiologie du cœur des différents animaux ; nous verrons ensuite plusieurs des phénomènes de l'électrisation du cœur des différents animaux. Ici nous prendrons en considération quelques phénomènes particuliers consécutifs à l'excitation électrique du cœur, ainsi que les propriétés électromotrices du muscle cardiaque. — Il ne sera pas inutile pourtant de rappeler préalablement quelques faits fondamentaux, observés à la suite de l'excitation électrique du muscle cardiaque.

Il paraît que les premières expériences d'excitation électrique du cœur furent faites par HUMBOLDT. Le peu que l'on en connaissait à cette époque se trouve rapporté par MATTEUCCI, dans ses Leçons sur les phénomènes physico-chimiques des corps vivants (Florence, 1847, 200). Il dit : « Si l'on fait passer un courant électrique à travers le cœur d'un animal tué récemment, on verra cet organe, peu de temps après que ses battements auront cessé, reprendre ses mouvements ordinaires, quelque temps après que le courant a commencé à agir, et ces mouvements continueront encore quelque temps après que le passage du courant a cessé. Si, au lieu d'attendre que les mouvements naturels du cœur soient complètement éteints, on fait passer le courant lorsque ceux-ci sont suffisamment affaiblis, on les voit devenir plus fréquents après que le courant a agi pendant quelques instants, et qu'ils continuent ainsi un certain temps, alors même que l'action du courant a cessé. »

La contraction ventriculaire, provoquée par une excitation unique, par exemple par un courant induit d'ouverture, tient par beaucoup de caractères le milieu entre la contraction d'un muscle lisse et celle d'un muscle strié.

La contraction cardiaque est une contraction élémentaire, prolongée et ralentie dans toutes ses phases. L'excitation *minimum* suffisante pour provoquer une contraction (stimulation de courant d'induction) est aussi *maximum* (BOWDITCH, BASCH, KRONECKER et STIRLING), c'est-à-dire qu'une contraction provoquée par une forte excitation n'est pas plus considérable qu'une autre contraction provoquée par une excitation faible, mais suffisante. — MAYO a trouvé pourtant que parfois les hauteurs des contractions varient avec l'intensité de l'excitation, surtout quand le cœur est rempli de sang vieux et fonctionne sous un bain d'huile.

Ce que l'on n'obtient pas habituellement par le renforcement de l'excitation, on l'obtient par la succession rythmique d'excitations légères et d'égale intensité (phénomène de l'escalier de BOWDITCH). La limite minimum de l'intervalle entre chaque excitation est donnée par la fréquence de l'excitation qui ne produit pas le *tétanos ;* la limite maximum est celle pendant laquelle l'effet des excitations isolées commence à s'additionner.

La même excitation agit avec plus d'intensité après la tétanisation du ventricule qu'avant. La période d'excitation latente d'une contraction ventriculaire est d'autant plus courte que l'intensité de l'excitation est plus grande.

Contractions fibrillaires par excitation électrique du cœur. — Avant d'entreprendre l'étude particulière de l'action des courants, il nous reste à parler du phénomène des *contractions fibrillaires* décrites par divers observateurs qui appliquaient un fort courant, constant ou induit, au cœur des mammifères, et particulièrement aux ventricules, battant automatiquement.

L'effet principal de cette forte excitation électrique du ventricule, d'une durée plus ou moins longue, est l'apparition de mouvements irréguliers, désordonnés, arythmiques, désignés sous le nom de *contractions fibrillaires*, tremblements ventriculaires, mouvements vermiculaires, délire du cœur, etc.

LUDWIG et HOFFA (*Zeitschrift f. rat. Med.*, 1850, IX), qui furent les premiers à observer ce fait, remarquèrent en même temps, dans le cœur du chien, que cette excitation intense produit, après les contractions fibrillaires, la cessation des battements cardiaques, et un énorme abaissement de la pression sanguine, tandis que les ventricules sont dilatés et remplis de sang. Pendant cette grave altération de la fonction ventriculaire, les oreillettes continuent à battre rythmiquement, comme dans les conditions normales.

Des phénomènes semblables furent observés également par EINBRODT (*Wiener*

Sitzungsberichte, xxxviii, 1859) et par Vulpian (B.B., 1874). Mais ce fut William (*Fibrillar contraction of the heart. J. P.*, vii, 1887, 296), qui soumit le phénomène en question à une étude méthodique. Les principaux résultats qu'il obtint sont les suivants :

1) L'état de la contraction fibrillaire arythmique est dû essentiellement à certains changements qui surviennent dans les ventricules mêmes. Il ne provient pas du passage de quelque impulsion nerveuse, anormale, venant atteindre les ventricules, ou de l'interruption de quelques impulsions normalement transmises aux ventricules et nécessaires à leur action normalement coordonnée. Il n'est pas dû non plus à une lésion ou irritation des nerfs qui arrivent au ventricule et viennent de la base du cœur.

Le phénomène a lieu également, dans un ventricule isolé, dans une pointe de cœur taillée en zig-zag à la manière d'Engelmann.

2) La contraction fibrillaire, arythmique, n'est pas nécessairement dépendante de la destruction ou paralysie d'un centre coordinateur, localisé dans une partie particulière de la cloison des ventricules.

Ce centre serait celui que Kronecker et Schmey supposent (*Ac. Berlin*, 1884) se trouver dans le tiers supérieur de la cloison ventriculaire. Récemment Kronecker (*Ueber Störungen der Coordination des Herzkammerschlages*, Z. B., xxxiv, 529) a voulu rapporter toutes les causes de mort foudroyante du cœur (produite par occlusion de ses artères, par excitation électrique, par *piqûre de la cloison*, par refroidissement ou empoisonnement, etc.) à une seule cause : à l'anémie instantanée des parois ventriculaires. Pour cela, il a émis l'hypothèse que le petit district de la cloison interventriculaire qui préside à la coordination des mouvements des ventricules, contient un centre *vaso-moteur* innervant les artères coronaires et peut-être aussi les veines ventriculaires. Comme une démonstration de cette hypothèse, Barbera aurait trouvé que, ce centre supposé étant paralysé (par un réchauffement fort et prolongé), le cœur supporte les stimulations abnormales et retourne à fonctionner régulièrement après les contractions fibrillaires (Z. B., xxxvi, 239). Mais nous savons aujourd'hui que la propriété de faire des mouvements rythmiques coordonnés appartient à chaque parcelle de substance musculaire du cœur. En second lieu, il ne faut pas oublier que c'est près du point indiqué par Kronecker et Schmey que passent le ou les faisceaux découverts par His jun., qui servent à relier anatomiquement et fonctionnellement les oreillettes et les ventricules. Leur lésion pourrait donc, au moins en partie, rentrer parmi les causes des phénomènes observés par quelques auteurs, après une ponction pratiquée en cette région.

En outre, le fait du rétablissement de la fonction ventriculaire, lorsque l'excitation électrique a cessé, fait observé par William et qui se vérifie plus ou moins facilement d'après l'espèce et l'âge de l'animal, et l'état d'excitabilité du tissu ventriculaire, etc., démontre qu'il ne s'agit ni de la destruction, ni de la paralysie d'un centre spécial coordinateur.

Finalement, la pointe ventriculaire, sectionnée bien au-dessous du centre présumé, présente non seulement des contractions rythmiques coordonnées, mais aussi des contractions fibrillaires, lorsqu'elle est excitée convenablement.

3° Les caractères essentiels de la contraction fibrillaire arythmique sont :

1) la complexité de son mouvement, qui dépend de l'intrication des faisceaux dans les parois ventriculaires. Le mouvement fibrillaire est, en effet, plus simple dans le cœur du fœtus.

2) Sa persistance, qui semble dépendre d'un excès d'excitabilité du tissu ventriculaire. En effet, dans le cœur fœtal, elle ne dure que peu de temps, et, dans des cœurs adultes très affaiblis par la fatigue et un refroidissement progressif, le mouvement fibrillaire disparaît ordinairement beaucoup plus tôt que dans un cœur plus excitable.

3) Sa rapidité.

4) La contraction arythmique fibrillaire est, dans un certain groupe de cas, un phénomène d'irritation dû à l'action de diverses causes stimulantes.

5) Dans un autre groupe de cas la contraction fibrillaire est provoquée par une action plus ou moins subite de certaines influences déprimantes.

6) La contraction arythmique fibrillaire est foncièrement différente d'une série rapide de contractions normales. Les contractions fibrillaires prennent probablement, dans tous les cas, l'une ou l'autre de ces deux formes.

Il semble donc que les ventricules soient susceptibles de deux formes de contractions. L'une est la contraction coordonnée, telle qu'on la rencontre dans un cœur sain. Elle peut être produite par une excitation artificielle, c'est-à-dire par de simples chocs d'induction, soit dans un cœur intact, soit dans les ventricules excisés, frais et vigoureux, ou dans la pointe des ventricules. L'autre forme de contraction est le mouvement non coordonné ou péristaltique, tel qu'on peut le constater après un empoisonnement par le bromure de potassium, et dans quelques autres cas.

7) L'état de contraction arythmique fibrillaire (délire du cœur) semble être produit par une succession rapide de contractions péristaltiques, non coordonnées : cet état peut être provoqué, soit par certains agents qui dépriment ou paralysent le muscle ventriculaire, soit par certaines excitations fortes et nocives.

8) Les phénomènes résultant de l'excitation faradique des oreillettes diffèrent de ceux qu'on constate dans les ventricules. L'électricité fait contracter rapidement les oreillettes; cette rapidité dépend en grande partie du degré d'excitabilité des tissus de l'oreillette et de la force du courant employé. Les mouvements sont réguliers. Ils semblent consister en une série de contractions provenant de la région électrisée et s'étendant au reste du tissu. Ce mouvement ne présente pas de signes positifs d'incoordination. Il paraît être une série rapide de contractions ondulatoires qui traversent les parois des oreillettes. La différence entre cette forme de mouvements et celle qu'on voit dans les ventricules dépend probablement de la structure plus simple et de la disposition moins compliquée des faisceaux musculaires de l'oreillette.

9) Les mouvements déterminés par la faradisation dans les oreillettes et dans les ventricules diffèrent très nettement des phénomènes d'inhibition dus au nerf vague. Le mouvement fibrillaire dans les ventricules semble être tout à fait insensible à la stimulation du vague. Le mouvement de vibration des oreillettes peut être arrêté ou ralenti par l'influence du vague.

TIEGERSTEDT déjà (loc. cit.) avait observé, en 1884, qu'une excitation un peu forte a le délire du cœur comme conséquence. Mais si l'excitation n'est pas trop puissante, le cœur se remettra; la pression sanguine remontera et atteindra quelquefois un degré supérieur à celui qui précédait l'excitation. L'excitation est-elle trop forte, le cœur meurt.

Dernièrement GLEY a fait des expériences de faradisation sur le cœur des mammifères (Contribution à l'étude des mouvements rythmiques des ventricules cardiaques. A. d. P., n° 4, oct. 1891), donnant aux faits observés une interprétation que nous ne saurions accepter, notamment après les excellentes expériences de WILLIAMS, parce qu'elle tendrait à conclure qu'il y a là une influence du système nerveux.

Excitation électrique du cœur chez les animaux à sang chaud. — On sait que la majeure partie des expériences électro-physiologiques ont été faites sur le cœur d'animaux hétérothermes. Mais Mc WILLIAM a étudié l'action des excitations électriques appliquées au cœur des mammifères (On the rytlm of the mammalian heart. J. P., IX, 1888, 167), et il a fait quelques recherches, outre celles que nous avons rapportées ci-dessus, sur le phénomène des contractions fibrillaires.

En premier lieu, WILLIAM put confirmer les lois de BOWDITCH et KRONECKER, à savoir « que l'excitation minimale est en même temps maximale, et que la hauteur de la contraction ne dépend pas de la force de l'excitation; fait qui trouve son application autant pour le cœur séparé de l'organisme, que pour le cœur in situ ».

Relativement au rapport entre l'intensité de l'excitation et l'intervalle entre les excitations isolées successives, le cœur des mammifères se comporte de la même manière que celui de la grenouille. Il en est de même pour ce qui concerne le phénomène de MAREY (période réfractaire, etc.). Le courant galvanique et le courant faradique faibles agissent sur le cœur des mammifères isolé ou laissé in situ, ou bien sur la pointe ventriculaire de la même manière que sur le cœur de grenouille, soit en accélérant le nombre des battements d'un cœur se contractant déjà rythmiquement, soit en provoquant la périodicité dans un cœur immobile, mais excitable.

Excitation électrique du cœur par des courants constants. — Rappelons maintenant quelques principes généraux sur la réaction du cœur aux courants galvaniques, puisque la plus grande partie des observations consignées dans le chapitre relatif aux propriétés du muscle cardiaque se rapporte à l'action des excitations par le courant induit.

Eckhardt fut le premier à observer que la pointe du cœur traversée par un courant constant bat rythmiquement.

Voici comment Eckhardt décrit son expérience : En faisant passer un courant galvanique constant à travers la pointe de cœur, on observe que, si l'intensité du courant est telle qu'il se produit une contraction à la fermeture du circuit, toute la partie dépourvue de ganglions nerveux se mettra à battre rythmiquement. Le nombre des contractions pendant que le circuit est fermé n'est pas illimité, mais elles cessent en proportion de l'intensité du courant et de l'état de fatigue des parties ventriculaires. On en a pourtant souvent compté plus de 22 à 30. Si la région qui se contracte est, après une série d'excitations, revenue au repos, il suffira de la toucher avec la pointe d'une aiguille pour provoquer une série nouvelle, quoique plus faible, de pulsations.

Nous verrons comment Foster et Dew Smith ont confirmé ces observations sur le cœur du limaçon. Elles trouvent, du reste, d'autres confirmations encore dans les recherches de Scherbey et de R. Neumann.

Il a été, en outre, trouvé constamment dans toutes ces recherches que la fréquence des contractions rythmiques augmente avec l'intensité du courant électrique jusqu'à une certaine limite.

Le phénomène décrit par Eckhardt ne constitue cependant pas, à vrai dire, une propriété spéciale au muscle cardiaque, puisque aussi bien d'autres excitations continues provoquent dans le cœur et dans d'autres muscles les mêmes contractions rythmiques (Hering, Kühne, Biedermann, Engelmann). La conclusion de Biedermann nous semble donc acceptable lorsqu'il dit : « Comme on le voit, il n'existe pas en principe de différence entre les fibres du cœur et les autres fibres lisses ou striées excitées par un courant constant. Ce n'est que quantitativement qu'il y a des différences ; et en effet, pour le cœur, la contraction rythmique est une règle sans exception, tandis que, pour les autres muscles, elle ne se présentera que dans certaines conditions. »

Récemment on a mis en doute l'importance attribuée en général à cette pulsation rythmique provoquée par un courant constant, après que Kaiser eut émis l'opinion que ces contractions de la pointe du cœur ne reposent pas sur la faculté du muscle cardiaque de réagir rythmiquement à des excitations constantes, mais qu'elles doivent être dues aux variations du courant, variations dont la cause consiste précisément dans les alternatives de contraction et de relâchement du cœur.

Langendorff (Rostocker Zeit., n° 151, 1895), oppose aux expériences de Kaiser ces deux faits fondamentaux : 1° que le courant galvanique produit encore des pulsations rythmiques, alors que l'on a intercalé dans le circuit une résistance si considérable que vis-à-vis d'elle toutes les résistances dues aux changements de forme du cœur sont infiniment petites ; 2° que les prétendues variations de résistance, si elles existent vraiment, sont tellement insignifiantes, qu'elles sont même incapables de produire des effets appréciables.

Kaiser a répondu à ces observations de Langendorff ; mais il nous semble que, pour résoudre la question, des recherches ultérieures soient encore nécessaires.

Les contractions rythmiques provoquées dans la pointe de cœur au moyen d'excitations électriques furent considérées par beaucoup d'auteurs comme tout à fait analogues aux contractions spontanées du cœur ; mais, outre les observations de Kaiser, ce même Langendorff a démontré (A. P., 1884, Suppl.) que cette analogie est incomplète, puisque, selon lui, un muscle cardiaque dont l'activité est d'origine musculaire se comporte, vis-à-vis d'excitations intercurrentes, tout autrement qu'un cœur battant sous l'influence de ses centres nerveux. Si l'on fait vibrer rythmiquement par un des moyens dont on dispose le muscle cardiaque non ganglionnaire (pointe du cœur), cette série de battements pourra être modifiée par des excitations locales intercurrentes (chimiques), tandis que le ventricule normal dont les battements sont en rapport avec le reste du cœur ne pourra pas l'être. »

Au reste, Kaiser a affirmé que les contractions rythmiques provoquées dans une pointe de cœur par des excitations chimiques et mécaniques continues ne doivent même pas être attribuées à une propriété particulière de cette pointe, puisqu'elles aussi doivent leur origine à des impulsions rythmiques.

Kaiser (Untersuch. über die Ursache der Rhytmicität der Herzbewegungen. Z. B., xxix,

203; xxx, 279 ; xxxii, 1 et 456) a récemment institué des recherches sur l'excitabilité électrique du cœur privé de ganglions pour soutenir sa thèse de l'origine nerveuse du rythme cardiaque.

Nous croyons utile de rapporter quelques-uns des résultats obtenus par lui, parce que, dans une certaine mesure, ils peuvent être considérés comme étant nouveaux.

Au cours de ses recherches, il a trouvé que : 1° l'irritabilité de la pointe du cœur, (exempte de ganglions) est moindre que celle de la patte galvanoscopique pour des variations de courant allant subitement de 0 à un certain maximum ; 2° pour des variations très faibles, progressant lentement, la pointe du cœur est, au contraire, beaucoup plus sensible que la patte galvanoscopique, et la pointe du cœur réagit à des variations d'autant plus faibles que l'intensité du courant est plus grande ; 3° l'irritabilité de la pointe du cœur augmente sous l'influence du passage d'un courant constant, de telle manière que, lorsque les variations sont celles d'un courant d'intensité relativement forte, elles forment, non seulement quand elles vont en croissant, mais encore quand elles sont décroissantes, une excitation suffisante pour la pointe du cœur.

Effets de l'excitation polaire. La recherche de l'application de la loi de l'excitation polaire à la contraction du muscle cardiaque est de la plus haute importance.

Il résulte des recherches classiques d'ENGELMANN (*A. g. P.*, xvii, 68, 1878), que le cœur, comme l'uretère, se comporte, non seulement pour la conduction du processus d'excitation, mais encore pour l'excitation polaire, comme une seule colossale cellule ; de sorte que la matière cimentante interposée entre les cellules ne divise pas le muscle en autant de segments qu'il y a d'éléments cellulaires disposés en séries et ayant chacun une anode et une cathode spéciales. Au reste, cette continuité physiologique de la substance musculaire a, dans notre cas, son fondement dans une véritable continuité anatomique, puisque les cellules myocardiques sont reliées en séries longitudinales par des ponts sarcoplasmatiques, de la même manière que les cellules musculaires des muscles lisses.

La direction très compliquée des divers faisceaux qui composent la musculature du cœur ne permet pas de tirer des conclusions absolues sur sa réaction aux courants de sens différents. Pour obvier à cet inconvénient, ENGELMANN introduit la pointe du cœur dans un vase de petite dimension, contenant une solution à 0, 5 p. 100 de NaCl et à 2 p. 100 de gomme arabique, dans laquelle plongent les électrodes : l'intensité du courant est alors la même partout. Il a observé, au cours de ces expériences, qu'immédiatement après avoir pratiqué la section qui isole la pointe du cœur, *la fermeture d'un courant atterminal (c'est-à-dire dirigé vers la superficie de section) est sans effet, tandis que dans des conditions similaires la fermeture d'un courant abterminal, c'est-à-dire dirigé de la superficie de section vers le sommet de la pointe du cœur, provoque une excitation.*

L'analogie avec ce que l'on observe dans les mêmes conditions sur le muscle couturier de grenouille est évidente.

Ces recherches démontrent que les contractions du cœur, provoquées par l'excitation électrique, partent exclusivement du point d'où le courant passe du tissu musculaire vivant dans le milieu étranger voisin, que ce soit une solution de sel ou de la substance musculaire morte. Là se trouve *la cathode physiologique des préparations*, et là seulement se produit l'excitation de fermeture (BIEDERMANN). Ainsi s'explique l'influence de la lésion de la préparation myocardique sur son excitabilité par des courants atterminaux et abterminaux. L'analogie entre le muscle cardiaque, composé d'innombrables petits éléments cellulaires ordonnés en fibres et en faisceaux ayant des directions différentes, et le muscle couturier de grenouille, muscle monomère, à fibres presque entièrement parallèles, ne pourrait pas être plus grande. L'excitation de fermeture se communique toujours par conduction, de cellule en cellule, du point de sortie du courant, à travers toute la masse musculaire, et la position de la cathode à la surface de la préparation semble être indifférente, tandis qu'au contraire le degré d'excitabilité de la région excitée influe beaucoup sur le résultat de l'excitation. Si le courant sort par un endroit lésé, l'irritation a lieu dans une région moins irritable, et tout se passe comme pour le *sartorius* de la grenouille. Il n'y a donc de différence digne de remarque que dans *le prompt rétablissement de l'état normal*. D'après ENGELMANN, l'explication de ce phénomène est aisément donnée par cette hypothèse, *que les cellules myocardiques, quoique enchaînées l'une à l'autre pendant la vie, meurent chacune séparément ; en d'autres termes, que le pro-*

cessus de la mort ne marche pas, comme celui de l'excitation, de cellule à cellule. Si les cellules situées à la surface sont tout à fait mortes, la cathode ne se trouvera plus à la limite entre la substance musculaire en voie de mort, par conséquent moins excitable, et le liquide environnant ou la substance cellulaire morte, mais plus profondément dans la masse musculaire, à la limite des cellules vivantes et des cellules mortes, au plan de leur démarcation (BIEDERMANN).

Excitation unipolaire. — Des résultats plus satisfaisants ont été obtenus au moyen de la stimulation unipolaire du cœur intact, en état de relâchement diastolique. De cette manière on peut, en effet, non seulement atteindre une étroite localisation de la stimulation électrique, plus étroite même que celle que donnerait une stimulation mécanique (KÜHNE); mais on a aussi le moyen de rechercher les effets variables des excitations anodiques et cathodiques en les comparant à l'excitation bipolaire. On sait que, dans les muscles à fibres parallèles et de structure simple et uniforme, la méthode d'excitation unipolaire donne des résultats plus satisfaisants que la méthode d'excitation électrique bipolaire. Malgré cela, même dans le muscle cardiaque, où la direction des fibres est compliquée, des faits de la plus haute importance peuvent être mis en évidence au moyen de la méthode de stimulation unipolaire. Pour en donner une exposition plus claire, nous préférons citer textuellement les paroles de l'un des plus éminents électro-physiologistes.

« Si, d'après le procédé de BERNSTEIN, on place le ventricule d'un cœur de grenouille en arrêt diastolique, en le séparant physiologiquement de l'oreillette par écrasement, il apparaît complètement rempli de sang, et il réagit à chaque excitation mécanique par une vigoureuse contraction totale. Si l'on applique l'une des électrodes à large surface d'un circuit à un endroit quelconque du corps de la grenouille et qu'avec la pointe de l'autre électrode on touche la surface du ventricule, on verra sans exception, que, *par l'application de courants efficaces,* la fermeture du circuit n'agit comme excitation que lorsque a lieu le contact du cœur avec la cathode, mais jamais avec l'anode; pourtant on trouve quelquefois l'ouverture aussi efficace (après, du moins, que le courant a passé pendant un certain temps) (BIEDERMANN).

Ainsi donc les lois des excitations polaires trouvent leur pleine confirmation dans le muscle cardiaque.

Jusqu'ici nous nous sommes occupés du cœur en état de relâchement diastolique. Il importe à présent de connaître l'action du courant constant pendant les deux phases de contraction et de relâchement du muscle cardiaque, et de comparer entre eux les effets observés. Pour ces recherches il est bon de se servir de cœurs d'animaux à sang froid, aux pulsations assez lentes.

« Si l'on place deux électrodes en pinceau aux pointes très fines sur la surface du ventricule en deux points aussi éloignés l'un de l'autre que possible, et si l'on ferme le circuit d'un courant suffisamment fort, on sera frappé par un fait très remarquable. A chaque nouvelle contraction systolique il se produit à l'anode, pendant la durée de fermeture du courant, un relâchement local du ventricule sous la forme d'un renflement semblable à une ampoule de couleur rouge foncé, tandis qu'aucun changement visible n'apparaît à la cathode; la *région cathodique,* au contraire, se relâche toujours la première pendant une ou plusieurs systoles après l'ouverture du circuit, et offre ainsi exactement la même apparence que l'anode pendant la durée de la fermeture. On verra encore mieux ces effets par la méthode de l'excitation unipolaire, en mettant une des électrodes à quelque endroit indifférent (la peau de la gorge, par exemple), tandis que l'autre, en pointe, touche un point quelconque du ventricule, de manière que, sans forte pression, la conduction ne soit supprimée à aucun moment, pas même pendant les mouvements du cœur. Selon la puissance et la direction du courant, et selon l'état dans lequel se trouve le muscle cardiaque au moment de l'excitation, on pourra observer des effets divers. *Si le point d'entrée du courant se trouve à l'électrode qui est en contact avec le ventricule, et si l'on ferme le circuit au commencement de la systole, on verra alors régulièrement, comme premier effet d'une excitation faible* (1 Daniell, résistance rhéocordique 20 *et plus*), *se manifester un relâchement au point de contact du courant et aux alentours immédiats,* relâchement qui se répète à chaque nouvelle contraction systolique, tant que le courant reste fermé. Avec l'augmentation d'intensité du courant augmentent également le degré

et l'étendue du relâchement, lequel, au début, était étroitement localisé, et ne se diffé-
renciait des parties voisines que par la formation d'une petite tache à peine rouge. Cette
dilatation devient de plus en plus nette : elle s'étend à la paroi musculaire du ventricule
et gagne promptement de tous côtés, bien au delà de l'endroit primitivement relâché.
Ainsi que Schiff le décrit exactement par rapport aux effets, tout à fait analogues, que
produit une stimulation mécanique, il semblerait parfois que le relâchement diastolique,
lorsqu'il a atteint une certaine étendue, s'arrête un court moment pour s'étendre ensuite
lentement sur tout le ventricule. J'ai cependant remarqué avec la même netteté dans
d'autres cas, lorsqu'il s'agissait surtout de cœurs très refroidis, à battements lents, cœurs
dont on se sert d'ailleurs avec avantage pour toutes ces expériences, qu'à partir de l'endroit primitivement relâché à l'anode, l'onde diastolique se propage avec une vitesse
régulière dans tout le ventricule.

« On observe exactement les mêmes effets sur le ventricule contracté, à la fermeture
du circuit dans la région de l'anode, et à l'ouverture du circuit dans la région de la
cathode.

. « L'étendue de la diastole primitivement localisée grandit, dans ce cas aussi, avec la
force du courant : mais il faut considérer ici un deuxième point, non moins important :
la durée de la fermeture du courant d'excitation. Jusqu'à un certain point, on pourra
donc remplacer les courants forts par le passage prolongé de courants plus faibles. Des
courants forts sont pourtant toujours nécessaires au début, si l'on veut faire ressortir plus nettement le relâchement anodique de la fermeture.

« On peut démontrer d'une manière élégante et instructive ce relâchement polaire du
ventricule du cœur de grenouille, en disposant les deux électrodes, finement taillées en
pointe, en ligne perpendiculaire, ou transversale, en deux points aussi éloignés que
possible l'un de l'autre, sur la surface du ventricule, et en faisant passer pendant quelque
temps un courant suffisamment fort. Il se produit alors pendant le passage du courant, à
chaque nouvelle contraction systolique, une diastole locale à l'anode. Quand le courant a
cessé, le phénomène devient inverse, en ce que maintenant, pendant deux ou même plusieurs
systoles successives, la région ventriculaire cathodique se relâche la première.

« Si l'on réussissait à maintenir le cœur de grenouille dans une contraction systolique de plus longue durée, le seul effet visible de l'excitation électrique par un courant
serait évidemment un relâchement local des parois musculaires du ventricule se manifestant à l'anode, lors de la fermeture du courant, et à la cathode, lors de l'ouverture.
Il est difficile de maintenir en contraction systolique prolongée un cœur de grenouille.
Par contre, ce résultat s'obtient facilement avec le muscle cardiaque de certains animaux invertébrés, comme, par exemple, le cœur de limaçon (Biedermann). Dans ce cas,
on observe à la fermeture du courant un relâchement immédiat du ventricule, relâchement
qui ne se produit pas simultanément à tous les endroits parcourus par le courant : sans exception, il commence au point où le courant pénètre, à l'anode, par conséquent.

« Sous forme d'une onde se transmettant plus ou moins rapidement, quoique pouvant
toujours être suivie du regard, le relâchement se propage constamment dans la direction
du courant qui va du pôle positif au pôle négatif. Si l'on tient le courant fermé jusqu'à
ce que l'onde de relâchement soit arrivée au pôle cathodique, et si alors l'on interrompt le courant, le ventricule revient généralement aussitôt, du moins dans les cas où
la tonicité antérieure était la plus développée, à son état primitif de contraction continue. Mais, quand il y avait déjà au début de l'expérience une tonicité peu accentuée,
ou si l'on pratique l'excitation à un moment où, d'après les prévisions, les pulsations
avaient recommencé spontanément, il se produit en ce cas, quand on fait passer un courant isolé et de peu de durée, une série ininterrompue de contractions rythmiques régulières, qui dureront indéfiniment, ou qui, au bout de quelque temps, seront remplacées
par une nouvelle contraction tonique.

« Dans beaucoup de cas, le ventricule demeure pendant le passage du courant quelques
secondes en relâchement diastolique, après quoi seulement commencent des contractions
péristaltiques rythmiques. On remarque fréquemment que le relâchement anodique se
produit plus facilement à un bout de la préparation qu'à l'autre : en général, c'est la base
du ventricule qui présente surtout ce phénomène.

« Si l'on place les électrodes en face l'une de l'autre, aux deux extrémités de l'axe transversal du ventricule, le relâchement commencera à l'anode, au moment de la clôture du courant, et il se produit en conséquence une dilatation ampullaire en cette région du cœur. Quant à l'intensité de courant nécessaire pour produire de tels effets, elle dépend essentiellement du tonus du cœur.

« Si l'on se borne à l'application de courants très faibles, mais efficaces, le relâchement reste toujours limité au voisinage immédiat du point d'entrée du courant. Il s'accentue à la fermeture, et disparaît graduellement, même lorsque le courant d'excitation demeure fermé. Dans d'autres cas, il ne s'étend, d'après la direction du courant, que sur l'une ou l'autre moitié du ventricule. Par l'application de courants non excessivement forts, et en cas de haute excitabilité du muscle cardiaque, la transmission de l'onde de relâchement à tout le ventricule est indépendante de la durée pendant laquelle le courant est resté fermé. Quant à la rapidité de transmission de l'onde de relâchement anodique, elle est si faible qu'on peut aisément la suivre du regard. Elle est du reste variable, et cette variabilité dépend du degré de tonicité du ventricule, en ce sens que, plus la tonicité est grande, plus l'onde se propage lentement à partir du point où elle a pris son origine. La rapidité de transmission de l'onde anodique augmente jusqu'à une certaine limite, avec le temps, lorsque la direction du courant reste invariable ou que le courant demeure fermé pendant un certain temps, pour redevenir assez faible, lorsqu'on change la direction du courant.

« Il en est de même pour la période d'excitation latente. Le relâchement à l'anode ne commence jamais exactement au moment de la fermeture du courant, mais toujours avec un retard ostensible, parfois très grand, de sorte qu'une période latente de la durée d'une seconde, et même plus, n'est nullement un fait rare. Souvent elle est en effet beaucoup plus courte, et pourtant jamais assez pour qu'on puisse la suivre immédiatement de l'œil. »

Dans les expériences faites avec des muscles ayant un degré de tonicité considérable, le premier phénomène que l'on observe est le relâchement anodique. Mais, si la tonicité n'est pas très prononcée, on voit, comme premier effet de la fermeture du courant, le muscle se contracter dans toutes ses parties; après quoi commence le relâchement péristaltique anodique.

Si la contraction part de la cathode, la période d'énergie latente de l'excitation cathodique de fermeture est moindre, mais la rapidité de sa transmission plus grande que dans le cas de l'action anodique de fermeture. Au contraire, il semble que celle-ci soit encore efficace quand on adopte un courant d'intensité tellement faible que l'excitation cathodique de fermeture devient inactive, puisque BIEDERMANN a vu plusieurs fois, avec une faible tonicité de la préparation musculaire, se produire un relâchement (local) à l'anode, avant que se soit produite la contraction de fermeture ci-dessus mentionnée.

Les propriétés reconnues par ENGELMANN à un petit pont de substance musculaire cardiaque, de pouvoir transmettre l'onde de contraction et d'excitation des oreillettes aux ventricules, s'appliquent aussi dans notre cas à la transmission de l'onde anodique de relâchement diastolique du muscle cardiaque.

Si l'on écrase le cœur transversalement, de manière à le diviser en deux moitiés excitables, séparées par un anneau de substance inexcitable, on verra toujours, ainsi que l'on devait s'y attendre, la région anodique se relâcher seulement, tandis qu'à la région cathodique il y aura, tantôt un changement nul, tantôt une contraction nette à la fermeture du courant. Dans certains cas favorables, à l'ouverture du circuit, le phénomène est complètement inverti : la région cathodique du ventricule se relâche, tandis que l'anodique se contracte. Il faut remarquer ici que chaque moitié du ventricule possède bien et effet son anode et sa cathode physiologiques. La raison pour laquelle on n'observe malgré cela que des effets limités à une électrode dépend de ce que l'intensité du courant est moindre à l'endroit écrasé (à cause de la surface de section plus grande), et de ce que la lésion de la substance musculaire agit probablement également dans le même sens. Ce qui surtout est remarquable dans cette expérience, c'est le relâchement qui se produit immédiatement après la rupture du courant, à la région de la cathode active, relâchement qui ne se distingue en aucune manière du relâchement anodique de la clôture du courant et qui se comporte probablement de la même manière.

« La succession des périodes est toujours la suivante : quand le courant passe, la région cathodique se contracte d'abord : après quoi seulement la région anodique se relâche.

« De même, au moment de la rupture, *l'excitation anodique* d'ouverture se traduit par une contraction plus forte, plus rapide, de la région ventriculaire, et elle est suivie d'une *action cathodique d'ouverture*, qui, de même que l'action anodique de fermeture, conduit à un relâchement des parties primitivement contractées. Les résultats de l'excitation de fermeture à la cathode et d'ouverture à l'anode, ainsi que l'action de fermeture à l'anode et d'ouverture à la cathode sont donc sensiblement identiques. »

D'après d'autres expériences faites sur le cœur du même animal, BIEDERMANN se trouve autorisé à affirmer que *le relâchement cathodique de rupture peut, ainsi que le relâchement anodique de clôture, se propager par conduction de cellule à cellule à partir de l'endroit où il a pris naissance.* »

La haute importance de ces expériences de BIEDERMANN, que nous avons voulu rapporter textuellement, non seulement établit le mode d'action du courant électrique sur le muscle cardiaque en particulier, mais encore la doctrine générale de l'inhibition. En effet, BIEDERMANN termine l'exposition de ses recherches par les paroles suivantes :

« Ceci démontre avant tout que l'excitation cathodique de clôture et celle anodique de rupture ne sont nullement les seuls résultats visibles de l'excitation électrique, mais que, pendant cette excitation, il se manifeste également, selon les circonstances, des *effets d'inhibition* qui se traduisent par un *relâchement des parties contractées auparavant.* Comme, dans la grande majorité des cas où il s'agit de l'excitation électrique de tissus contractiles, ceux-ci se trouvent au moment de l'excitation dans un état de repos relatif, on comprend bien que presque toutes les recherches n'aient porté que sur les phénomènes d'activité que l'on est généralement convenu de regarder comme dus à l'excitation. On voit pourtant que le même courant électrique, qui par action directe peut inciter à la contraction le muscle relâché, *au repos*, peut pareillement *arrêter* une excitation déjà existante, et amener un relâchement *actif* des muscles contractés. On peut démontrer, de plus, que ces effets inhibiteurs du courant, ainsi que le processus d'irritation, représentent de purs effets polaires, et, de même que selon la région et la période du dégagement, on distingue des excitations différentes de clôture et de rupture, quoique d'ailleurs de valeur égale, de même il paraît justifié, dans les cas précités, de parler également de deux inhibitions différentes, inhibition de fermeture et d'ouverture, ou plutôt d'une inhibition anodique et d'une inhibition cathodique, puisque l'une se forme à l'entrée, et l'autre à la sortie du courant. »

Nous allons voir quel parti nous pourrons tirer de ces alternatives d'actions excitatrices et inhibitoires, découvertes dans l'intérieur du muscle cardiaque, comme effets des stimulations artificielles, pour ce qui concerne le déterminisme du rythme physiologique du cœur.

Il nous reste seulement à rappeler ici un autre phénomène produit par l'excitation électrique du cœur (de grenouille) observé par NEUMANN. Il a vu que, sous l'action de courants galvaniques assez puissants, on remarque dans le cœur quelque chose d'analogue au phénomène dit de PORRET, c'est-à-dire des ondes péristaltiques, suivant le trajet interpolaire dans la direction du courant, et durant tant que le courant demeure fermé, ondes qui se succèdent souvent avec une telle régularité, que « le cœur semble animé de faibles et délicates pulsations. »

Période réfractaire. Extra-systole. Pause compensatrice. Systole post-compensatrice. — Un des phénomènes sur lequel nous devons nous arrêter plus longtemps est celui qu'a découvert MAREY (*Des excitations artificielles du cœur*. Trav. du Labor., 1876, II, 78), c'est-à-dire le phénomène de l'extra-systole, et du repos compensateur qui suit. Nous le décrirons brièvement d'après les paroles de BRUNTON et CASH (*On the effect of electrical stimulation of the frog's heart and its modification by heat, cold and action of drugs. Proc. R. Soc.*, n° 227, 455, 1883) qui, après MAREY, s'en sont occupés d'une manière particulière.

MAREY, disent-ils, a observé que, lorsqu'une excitation électrique était appliquée au ventricule d'un cœur de grenouille en activité, l'effet différait selon l'état de contraction ou de relâchement dans lequel se trouvait le ventricule au moment où l'excitation avait lieu. Pendant la première partie de la contraction ventriculaire, depuis le commencement de la contraction jusqu'à presque son maximum, l'excitation ne paraît avoir aucun effet. MAREY appelle cette période, *période réfractaire*; cette phase est suivie d'une seconde, à laquelle nous avons donné le nom de *période sensible*, et qui dure depuis le maximum de la systole (jusqu'à sa fin. La période réfractaire varie comme durée suivant le degré d'intensité de l'excitation et les conditions dans lesquelles le cœur est excité. Plus l'excitation est faible, plus la période réfractaire est longue. Lorsque l'excitation est très faible, la période réfractaire peut se prolonger durant toute la diastole ventriculaire. Au fur et à mesure que l'excitation est plus forte, la période réfractaire diminue, et elle disparaît enfin complètement, lorsque l'excitation est très puissante (nous verrons comme quoi cette dernière affirmation n'est pas exacte). La chaleur appliquée au cœur diminue la période réfractaire, ou l'abolit entièrement. Le froid a un effet opposé : il prolonge la période réfractaire.

Les contractions provoquées par des excitations artificielles ne changent pas le nombre total des contractions du cœur; car toute systole plus hâtive est suivie d'une pause plus longue, ce qui compense la diminution d'intervalle entre les deux premières contractions. Parfois aucune contraction ventriculaire ne se produit, et, en ce cas, au lieu d'une accélération il y a évidemment inhibition; car l'excitation n'a pas d'autre effet que d'amener une pause diastolique plus longue que les autres.

MAREY se borna à constater le phénomène dans le ventricule, mais les observations de L. BRUNTON et de CASH s'étendent à l'oreillette et au sinus. Ils enregistrèrent en outre, simultanément, les mouvements du ventricule et des oreillettes, et aussi l'effet des excitations appliquées au ventricule, aux oreillettes et au sinus.

BRUNTON et CASH ont donc vérifié les résultats de MAREY, et ils en ont obtenu d'autres, qui méritent d'être rapportés.

Avec des excitations minimales du ventricule, ils ont vu la période d'énergie latente de l'extra-systole devenir plus courte à mesure que la systole se rapproche de la diastole. Ainsi, en supposant que la durée d'une seule systole cardiaque soit de 1″,3, si l'excitation survient justement au sommet d'une contraction, elle produira une contraction double avec une période latente de 0″,33. Lorsque l'extra-excitation survient au milieu de la courbe de relâchement, la période latente sera 0″,18 ou 0″,2, et, lorsqu'elle survient un peu avant que la ligne de repos soit atteinte, le temps perdu est seulement 0″,13. Un fait digne de remarque caractérise ces phénomènes, et est en rapport étroit avec les propriétés générales du cœur, c'est que, lorsqu'il y a une extra-systole, la pause diastolique suivante est prolongée, de sorte que le temps occupé par les deux contractions, avec l'intervalle plus ou moins long qui les sépare et la pause qui succède, est presque toujours équivalent au temps qui aurait été occupé par deux contractions normales, y compris la durée de leurs pauses diastoliques.

LAUDER BRUNTON et CASH divisent chaque *cycle ventriculaire* en trois parties : la première, qui s'étend depuis le commencement de la systole presque jusqu'à son maximum (la *phase systolique* proprement dite des auteurs plus récents); la seconde, du maximum jusqu'à la fin de la systole (la *phase diastolique*); la troisième, qui comprend toute la période diastolique (la *pause* proprement dite) depuis la fin d'une systole jusqu'au commencement de la suivante.

Quant aux effets de l'excitation électrique minimale portant sur le ventricule, pendant la première période, elle n'a aucun effet, ni pour accélérer la venue d'une seconde contraction, ni pour changer la longueur des pauses subséquentes. Cela constitue la période réfractaire de MAREY.

« L'excitation appliquée pendant la seconde période provoque une extra-systole : la systole suivante survient après une période latente qui va constamment en diminuant jusqu'à la fin de la période. Dans cette seconde période le cœur est donc plus sensible à l'action d'excitations minimales que dans la première période.

« Dans la troisième période, l'excitation appliquée au ventricule amène très facilement une extra-systole, et la période latente est très courte. La sensibilité du cœur aux excitations dans cette période n'est pas aussi grande que dans la seconde.

« La durée de la pause diastolique succédant à l'extra-systole est plus grande que la durée normale, et elle est à peu près exactement d'autant plus grande que l'extra-systole s'est produite plus tôt. »

La période réfractaire, la phase de plus grande irritabilité et le repos compensateur existent aussi dans les oreillettes, et ENGELMANN récemment les a observés également (excepté le repos compensateur) dans le sinus veineux. La manière dont ces deux segments du cœur répondent aux excitations fortes ou faibles ne diffère pas notablement de celle du ventricule. Il est à remarquer seulement que, selon L. BRUNTON et CASH, le sinus veineux paraît être plus sensible aux excitations que les oreillettes ou que le ventricule, de sorte que les excitations même beaucoup plus faibles que celle des oreillettes ou des ventricules produisent encore un effet[1].

Dans le repos compensateur, MAREY avait déjà reconnu un important « corollaire de la loi d'uniformité du travail du cœur. » Le phénomène méritait donc d'être étudié dans son déterminisme, et ce fut DASTRE (*Rech. sur la loi de l'inexcitabilité du cœur*, Paris, 1882), qui le premier institua des recherches dans le but de voir si c'était là une propriété du muscle cardiaque ou de l'appareil ganglionnaire du cœur. Il provoqua, au moyen d'excitations très rapides produites par des courants induits fréquemment interrompus, des contractions rythmiques dans une pointe du cœur, et, augmentant immédiatement l'intensité du courant, il provoqua de temps en temps une *extra-systole*. La période réfractaire et celle de plus grande irritabilité s'observent également dans la pointe du cœur actionnée de cette manière. Mais DASTRE n'observa jamais qu'un repos compensateur suivît une extra-systole. Pour expliquer l'absence du repos compensateur, DASTRE croit pouvoir affirmer que « la loi d'uniformité du rythme est une propriété de l'appareil ganglionnaire du cœur ».

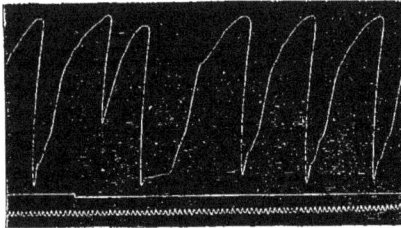

FIG. 64. — Cœur de grenouille suspendu. Stimulation du sinus avec une faible secousse d'induction. Extra-systole et repos compensateur. La systole post-compensatrice n'est pas plus haute que les autres. Temps : 1/10″. (ENGELMANN.)

KAISER (*loc. cit.*) a confirmé récemment les résultats de DASTRE et accepté le principe formulé par celuici : Si, dit-il, on incite la pointe du cœur à battre, on pourra au moyen d'excitations électriques ou mécaniques intercurrentes provoquer une contraction intercurrente. Un allongement de la pause suivante ne s'observe alors jamais, tandis que, dans le cœur muni de ses ganglions, l'extra-contraction est toujours suivie d'une pause plus longue.

ENGELMANN (*A. g. P.*, LIX, 309) a répété toutes ces expériences relatives au phénomène de MAREY : il a soumis à une critique sévère les recherches précédentes, et a porté un peu de lumière sur ce phénomène.

D'abord, pour ce qui est de la période réfractaire, ENGELMANN a démontré comme inexacte l'affirmation des auteurs précédents, que la phase réfractaire ne dépasse pas la fin de la systole, celle de LAUDER BRUNTON et CASH, que l'excitabilité du ventricule diminue dans la pause qui suit la période de relâchement, et celle de MAREY, adoptée par BRUNTON et CASH, que la phase réfractaire finit par disparaître tout à fait si l'excitation devient assez forte (fig. 64).

Les résultats d'ENGELMANN sont résumés dans les paroles suivantes : « D'après les expériences précédentes, la faculté de contraction du ventricule disparaît immédiatement avant le commencement de la systole, au début de la période latente : elle reparaît un peu avant le commencement de la diastole, et augmente alors jusqu'à au moins 0″,2 avant la fin de la diastole. En tous cas, et c'est ce qui nous importe tout d'abord, la sensibilité du ventricule dans un cœur battant normalement, avec circulation normale du sang, n'a pas augmenté autant pendant la diastole qu'elle aurait pu le faire si une nouvelle excitation n'était venue la diminuer de nouveau. » Contrairement à MAREY, ENGELMANN a trouvé que, quelle que soit la phase à laquelle tombe l'excitation, et quelle

1. Voir pourtant, au chapitre sur l'*Irritabilité* (p. 217), l'objection qu'on peut faire à cette conclusion des auteurs anglais.

que soit sa force, si elle est suivie d'un résultat, c'est-à-dire si une systole en est la conséquence, celle-ci se produit immédiatement, c'est-à-dire après une période latente très courte, en moyenne environ après $0'',1$. Des excitations qui surviennent dans l'intervalle compris entre le début de la période latente et un moment qui correspond à environ $0'',1$ avant le point culminant d'une systole, n'eurent point du tout de résultat, même si les courants étaient extrêmement forts. (Bobine d'induction au maximum, 4 grands éléments Grove.) Dans les expériences d'Engelmann, les valeurs indiquées par lui pour la période latente n'ont jamais été aussi élevées que celles indiquées par Marey. Il explique cela par le fait que Marey employait pour exciter le ventricule une méthode qui n'excluait pas l'excitation simultanée des oreillettes et du sinus veineux.

Les oreillettes présentent une période réfractaire analogue à celle du ventricule, ainsi que l'ont démontré Chr. Loven (et Hilderbandt) pour le cœur de lapin, le cœur de grenouille et le cœur d'anguille, et Engelmann pour le cœur de grenouille. D'après Loven, les oreillettes sont pendant leur systole insensibles à toute excitation, pendant leur diastole, elles sont excitables durant un temps qui correspond à la systole du ventricule. Dans les oreillettes isolées, toute excitation du sinus étant éliminée, on vérifie qu'un seul choc d'induction de force suffisante portant sur l'oreillette était, pendant toute la diastole, y compris la pause, ou du moins jusqu'à l'instant où commence la période latente de la contraction spontanée suivante, en état de produire une contraction. Les expériences d'Engelmann ont pleinement confirmé celles de Loven.

Relativement au repos compensateur, Engelmann affirme que, dans la pointe du cœur, privée de ganglions, et isolée, il y a aussi un repos compensateur.

Toutefois, pour l'observer, on ne doit pas, comme le firent Dastre et Kaiser, provoquer dans la pointe du cœur des contractions régulières, au moyen d'excitations continues, ou très rapides et intermittentes, mais employer des excitations isolées qui se succèdent à des intervalles plus longs, réguliers, de la durée environ des périodes normales du cœur, ou au delà. De plus, ces excitations isolées ne doivent pas être tellement fortes que, même par une diminution des intervalles qui les séparent, elles agissent encore infailliblement.

Engelmann a donné ensuite une nouvelle preuve du fait, en démontrant que, dans un ventricule doué de ganglions, le repos compensateur peut faire défaut aussi bien que dans une pointe du cœur isolée, et cela surtout lorsque les contractions sont produites par des excitations continues.

Des expériences d'Engelmann il résulte d'autres faits qui apportent quelque éclaircissement à l'histoire de la fonction rythmique normale du cœur. « Le repos compensateur du ventricule d'un cœur qui bat spontanément et normalement s'explique très simplement si l'on admet *que l'excitation ventriculaire normale (physiologique) n'est pas continue, mais périodique*, et avec une période égale à la systole de l'oreillette. Si l'excitation normale qui vient de l'oreillette arrive au ventricule immédiatement après que celui-ci a donné une extra-systole, cette excitation ne peut plus agir, parce que l'irritabilité du ventricule n'est pas encore rétablie. Il ne se produit donc plus de contraction ventriculaire, et c'est seulement lorsqu'une nouvelle contraction de l'oreillette a provoqué une seconde excitation ventriculaire, qu'il peut y avoir contraction du ventricule : autrement dit, le ventricule se comporte comme sous l'action des excitations artificielles directes, très faibles. » (Voir aussi plus haut, à propos des propriétés du sinus et des veines cardiaques.)

D'après Engelmann, l'excitation normale provenant de l'oreillette est une excitation faible en comparaison de l'excitation électrique que nous employons habituellement pour exciter directement le ventricule, puisque, si nous excitons périodiquement l'oreillette, nous n'obtenons jamais une aussi grande fréquence de pulsations que lorsque nous excitons directement le ventricule. De plus la phase réfractaire du ventricule à l'excitation provenant de l'oreillette dure généralement plus longtemps, en réalité jusqu'à la fin de la diastole ventriculaire, ou même davantage, c'est-à-dire que dans ce cas le ventricule se comporte alors comme vis-à-vis d'excitations artificielles directes assez faibles.

Si ces considérations d'Engelmann sont exactes, on pourra arriver, sur un ventricule qui bat spontanément et normalement, à intercaler non pas une, mais plusieurs extra-systoles, se succédant l'une à l'autre, de sorte que les excitations physiologiques provenant de l'oreillette demeurent alors constamment inefficaces, pour redevenir efficaces seulement quand elles arrivent au moment normal, c'est-à-dire au moment où, même sans la série précédente des extra-systoles, une systole normale se serait produite. La durée du repos compensateur succédant à toute une série d'extra-systoles n'augmente nullement avec le nombre et la durée des systoles intercalées : *elle n'est pas plus longue qu'après une extra-systole isolée.*

L'expérience a pleinement confirmé les suppositions d'ENGELMANN; et elle a une très haute importance, parce que si, d'une part, elle rend peu vraisemblables les conclusions de DASTRE, de GLEY et de KAISER, que ces phénomènes dépendent de la fonction des appareils ganglionnaires du cœur, d'autre part elle nous fait pénétrer davantage dans le déterminisme du phénomène de MAREY.

Une expérience faite encore par KAISER met hors de question au moins une partie de l'appareil nerveux intra-cardiaque, dans la production de l'extra-systole et du repos compensateur. « Un cœur atropinisé, dit-il, sur lequel l'excitation du nerf vague était demeurée sans aucun effet, manifeste invariablement l'extra-systole et le prolongement de la phase diastolique suivante. »

DASTRE et MARCACCI (*La legge della ineccitabilità cardiaca. Arch. per le scienze mediche,* VI, 3) furent en réalité les premiers qui se posèrent la question de savoir si le phénomène décrit est d'origine nerveuse ou musculaire. Ils expérimentèrent sur une pointe du cœur dans laquelle ils provoquèrent des contractions en l'électrisant « au moyen d'un appareil d'induction à rythme fréquent », et en provoquant de temps en temps une extra-systole par une brusque augmentation de ces décharges. Les résultats de leurs recherches sont : 1° *que la pointe du cœur se contracte comme le cœur entier : la loi de l'inexcitabilité périodique est véritablement une loi musculaire*; 2° *les contractions provoquées secondairement s'intercalent très fréquemment dans la série primitive, par simple addition, sans en troubler la régularité.* Par ce manque de repos compensateur, la pointe du cœur ne resemblerait pas au cœur entier; d'où les auteurs ont pu conclure que cette remarquable faculté régulatrice du travail cardiaque est la fonction de l'appareil ganglionnaire. Cet appareil serait destiné à faire en sorte que la somme des périodes d'activité du cœur, dans un temps donné, demeure toujours constante, quelle que soit la rapidité des battements. Nous avons vu que cette opinion doit être considérée comme erronée.

LAUDER BRUNTON et CASH d'abord, ENGELMANN ensuite, ont observé que les extrasystoles ventriculaires peuvent provoquer des contractions antipéristaltiques dans les oreillettes. Ces systoles anti-péristaltiques de l'oreillette provoquent de nouvelles systoles du sinus quand elles atteignent le sinus dans sa phase d'excitabilité, et les systoles du sinus provoquent ensuite celles des grosses veines du cœur, lesquelles constituent le point d'origine des excitations normales du cœur. (ENGELMANN.)

Passons à l'excitation directe du sinus veineux. Voici ce que dit ENGELMANN : « Si, dans un cœur battant normalement et se trouvant *in situ,* l'on excite seulement le *sinus directement* par une secousse d'induction isolée, l'on observe très régulièrement un repos compensateur de l'oreillette et du ventricule, et cela *sans que ceux-ci aient même effectué auparavant une extra-systole.* L'explication est en principe la même que pour le repos compensateur du ventricule après l'intercalation d'une extra-systole des oreillettes : l'excitation intercalée provenant du sinus ne trouve pas dans les oreillettes une excitabilité suffisamment rétablie pour avoir un effet. Les oreillettes font donc une pause jusqu'à ce que survienne une excitation spontanée du sinus, et, comme le ventricule ne se contracte pas si l'oreillette n'a pas été excitée auparavant, le ventricule s'arrête jusqu'à ce que les oreillettes aient repris leur activité.

« Comme jusqu'ici, dans les expériences habituelles, on enregistrait seulement les mouvements du ventricule avec ou sans l'oreillette, tandis que les mouvements du sinus échappent à toutes les observations, on a cru que le repos compensateur du cœur était dû à l'absence d'excitations suffisantes, tandis qu'en réalité les parois musculaires situées au-dessus des oreillettes, vers l'embouchure des veines, ont donné une extra-systole. » — Ces observations ont été pleinement confirmées par quelques expériences récentes de BOTTAZZI (*C. P.,* 1896, 3 oct., fig. 1). Mais, bien auparavant,

Lauder Brunton et Cash avaient aussi observé que l'excitation du *sinus veineux*, à l'instant où commence la systole du ventricule, est capable en général d'empêcher les mouvements consécutifs du ventricule et de l'oreillette.

L'excitation du *sinus* peut aussi rester sans effet si elle tombe dans la période systolique du sinus : c'est-à-dire que le *sinus* présente, comme nous avons vu plus haut, lui aussi, une période réfractaire. Comme effet de l'excitation simultanée des rameaux intra-cardiaques du vague, on observe très souvent un trouble dans la contraction des oreillettes et un allongement des périodes qui suivent l'excitation : deux effets qui ne se présentent pas nécessairement ensemble, ce qui confirme les vues de Nuel, à savoir que ces effets sont la conséquence de l'influence du vague sur des éléments différents du cœur ; et, probablement, ainsi que le pense Engelmann, l'affaiblissement des contractions serait dû à l'action du vague sur les cellules myocardiques des oreillettes, tandis que le ralentissement du rythme serait dû à l'action du vague sur les régions où naît l'excitation automatique rythmique, c'est-à-dire sur les embouchures des grosses veines dans le *sinus*.

Lauder Brunton et Cash étudièrent les effets du froid, de la chaleur et de la strychnine, sur le phénomène de Marey. Ils trouvèrent que la période réfractaire est augmentée lorsque le cœur est artificiellement refroidi, et qu'il y a alors une prolongation du temps pendant lequel l'excitation cause une inhibition, ou une suppression de la systole suivante.

Dans le cœur réchauffé, disent-ils, outre l'excessive diminution ou même l'abolition de la période réfractaire du ventricule, phénomène déjà observé par Marey, la période réfractaire des oreillettes disparaît en général entièrement. Une seule excitation du ventricule donne lieu quelquefois à une série de contractions, et le relâchement n'est plus que partiel.

L'effet de la strychnine est de prolonger la période réfractaire du ventricule ; l'excitation du ventricule est fréquemment suivie d'une contraction des oreillettes.

Un fait dont aucun des auteurs précédents ne parle est la hauteur de la première systole normale succédant au repos compensateur.

Langendorff (*A. g. P.*, LXI, 333) et Bottazzi ont observé tout récemment, et indépendamment l'un de l'autre, le premier sur le cœur des mammifères et le second sur le cœur embryonnaire du poulet dans la seconde moitié de son développement, que la systole post-compensatrice est plus haute que les systoles précédentes et suivantes. Langendorff (*A. P.*, 1885, p. 284) avait toutefois déjà appelé l'attention sur ce fait dès 1885, en une note succincte, dans laquelle il communiquait les résultats obtenus sur le cœur de grenouille. A vrai dire, les tracés contenus dans cette note ne sont pas très évidents, et le phénomène ne se présente pas dans le cœur de grenouille avec la même régularité que dans le cœur embryonnaire. Malgré cela, depuis lors Langendorff a cru pouvoir affirmer que le phénomène est une fonction des appareils ganglionnaires du cœur.

Mais, pour nous, il nous semble que cette opinion de Langendorff ne peut plus être soutenue, après les recherches de Bottazzi sur le cœur embryonnaire. Ces recherches ont démontré que, en ce qui regarde le cœur embryonnaire, la plus grande hauteur de la systole post-compensatrice dépend de la possibilité qu'a le ventricule de se réparer, dans des conditions spéciales, plus énergiquement que dans les cas ordinaires, durant le repos compensateur. Cette reconstitution plus intense a *toujours* lieu dans le cœur embryonnaire (comme conséquence probable des propriétés anaboliques plus puissantes des tissus embryonnaires en général), et, dans le cœur adulte des batraciens, il est possible qu'elle se vérifie aussi toutes, les fois qu'une excitation électrique de médiocre intensité vient exciter quelque segment du cœur, où inévitablement elle excite aussi les rameaux intracardiaques du vague. Il est possible que l'excitation de ces rameaux ait pour effet un anabolisme plus intense dans les éléments musculaires du cœur, auquel succède un dégagement d'énergie supérieure (systole plus haute).

Ce fait démontre clairement la propriété particulière du muscle cardiaque de développer dans chacune de ses contractions toute l'énergie accumulée dans la période qui le précède ; si, en effet, pendant cette période, pour une raison quelconque (fig. 65), l'accumulation de l'énergie est supérieure à la normale, la somme d'énergie libérée sera plus considérable, et les effets mécaniques de ce processus chimique seront plus marqués.

Cela confirme, en d'autres termes, le principe généralement accepté que le cœur donne tout dans chacune de ses contractions, puisqu'il donne plus qu'à l'ordinaire, chaque fois que nous avons lieu de penser qu'il a accumulé plus qu'à l'ordinaire.

Récemment LANGENDORFF (*Untersuchungen am überlebenden Säugethierherzen.* III *Abhandlung. A. g. P.*, LXX, 473, 1898) a critiqué les résultats communiqués par BOTTAZZI, en lui attribuant l'opinion (que celui-ci n'a jamais exprimée) que la pause compensatrice, comme LANGENDORFF lui-même le croyait d'abord, est due au nerf vague.

Puisque, dit-il, cette pause n'a rien à faire avec une stimulation du vague, la plus grande hauteur de la *systole post-compensatrice* (nous continuerons à l'appeler ainsi, bien que l'expression ne plaise pas à LANGENDORFF) n'a rien à voir avec une accumulation transitoire d'énergie, produite par la stimulation intra-cardiaque du vague. LANGENDORFF ajoute que les excitations uniques restent sans effet quand elles sont appliquées au vague et que le phénomène dépend de la loi formulée par lui, que « le myocarde, en des temps égaux, dépense des quantités égales d'énergie », d'où il s'ensuit la systole post-compensatrice est d'autant plus haute que l'extra-systole est plus petite.

Mais on peut répondre :

1° Que les excitations uniques, si elles sont fortes, agissent sur le vague, spéciale-

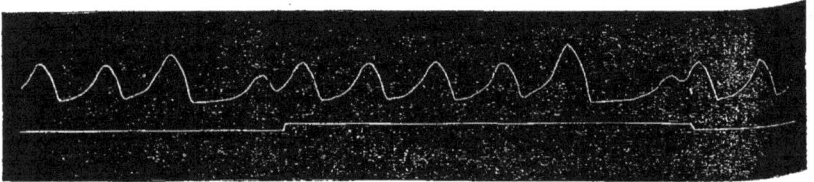

FIG. 65. — Tracé des mouvements du cœur de chat. Extra-systole, repos compensateur et systole post-compensatrice, plus haute que les autres systoles ordinaires. (LANGENDORFF.)

(On doit lire le tracé de droite à gauche.)

ment aux points où, en raison de la minceur de la paroi musculaire dans laquelle cheminent les fibres nerveuses, celles-ci peuvent être plus facilement atteintes par le courant électrique, et que, dans tous les cas, l'effet de la stimulation pourrait consister uniquement en une faible augmentation des processus anaboliques musculaires.

2° Que, dans les cas où le stimulent est appliqué au sinus, et dans lesquels pour cela il y a suppression totale d'une systole (auriculaire et ventriculaire), comme dans le cas observé par BOTTAZZI sur le cœur de crapaud (*C. P.* 1896, 3 oct.), on ne peut appliquer la loi de LANGENDORFF, qui convient pour les phénomènes qui se produisent dans une seule période du cœur : autrement la systole post-compensatrice devrait être double de la normale, ce qui ne se vérifie jamais.

Le cas de BOTTAZZI peut donc être plutôt en partie expliqué (chose à laquelle LANGENDORFF n'a pas pensé dans sa critique) par une relation entre la fréquence du rythme et la hauteur des contractions, et il est analogue à celui dans lequel on supprime une systole sur deux ou en « bloquant » le cœur au niveau du sillon auriculo-ventriculaire (GASKELL), ou en l'empoisonnant avec des sels de potassium (BOTTAZZI).

Toutefois, jusqu'à preuve du contraire, on ne peut nier *a priori* que l'inévitable excitation des fibres du vague n'ait quelque influence dans la production de la plus grande hauteur de la première systole qui suit la pause.

3° Que, dans le cœur embryonnaire, il ne paraît pas qu'il y ait un rapport constant entre la hauteur de l'extra-systole et celle de la systole post-compensatrice.

4° Que dans les batraciens le phénomène est quelquefois à peine discernable, et que très souvent il ne se vérifie pas du tout (c'est-à-dire qu'on n'observe aucune relation stable entre la hauteur de l'extra-systole et celle de la systole post-compensatrice), quand l'extra-stimulant frappe le ventricule, tandis qu'il est beaucoup plus évident sur le cœur des mammifères, dans lequel, bien avant LANGENDORFF, il fut découvert par GLEY (1889), et dans le cœur embryonnaire.

5° Que pour cela la critique de LANGENDORFF reste sans effet, jusqu'à ce qu'il ait démontré que, dans un cœur normal, la systole post-compensatrice auriculo-ventriculaire qui succède à une extra-systole du sinus, n'est pas plus haute que celle que l'on obtient sur le même cœur après l'avoir empoisonné avec l'atropine ou en l'excitant de manière à éviter absolument une stimulation des fibres du vague.

6° Et, finalement, que, dans quelques cas, l'augmentation de la hauteur porte non seulement sur la première, mais encore sur les deux ou trois premières systoles qui suivent la pause compensatrice, comme l'ont observé GLEY chez les mammifères, et fréquemment BOTTAZZI sur le cœur de crapaud, même quand on provoque une systole ventriculaire. Comment LANGENDORFF expliquerait-il ces cas sans admettre une stimulation du nerf vague?

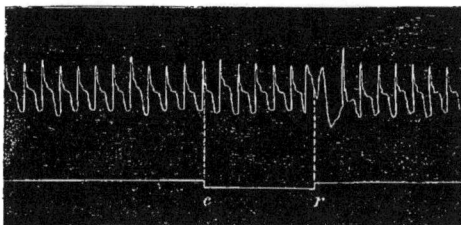

FIG. 66. — Cœur de chien.
Tracé démontrant la période réfractaire, l'extra-systole, etc., chez les mammifères.
Après injection de 0gr,02 de nitrate de pilocarpine, la secousse de clôture c est inefficace, coïncidant avec la phase réfractaire; l'excitation r est efficace. (GLEY.)

Le phénomène de la période réfractaire, de l'extra-systole et du repos compensateur semble commun à tous les animaux dont le cœur a été l'objet d'expériences. DASTRE a observé le même phénomène dans le cœur de tortue; LAULANIÉ (B.B., 1886) constata sur le cœur de cheval deux périodes réfractaires (?) qui seraient séparées par une période d'excitabilité; GLEY (A. de P., 1890, 436; 1889, 499) confirma en substance les observations de MAREY sur les cœurs de lapin et de chien, refroidis pour en ralentir la fréquence. Il a trouvé que la phase réfractaire comprend toute la durée de la systole; et que la systole provoquée est d'autant plus forte qu'elle survient plus longtemps après la systole spontanée qui la précède (il y a dans ces paroles presque toute la loi formulée ensuite par LANGENDORFF) : il en est de même pour le repos compensateur (fig. 66 et 67).

GLEY, comme ENGELMANN, trouva dans le cœur des mammifères toujours une phase réfractaire, même pour les excitations maximales : les excitations fortes déterminent un renforcement marqué des deux ou trois systoles suivantes, phénomène que, selon lui, on ne peut guère attribuer qu'à l'appareil nerveux gan-

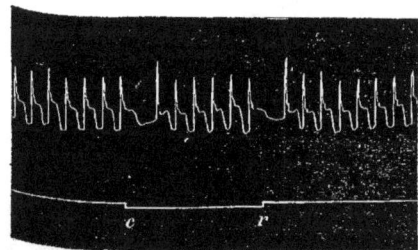

FIG. 67. — Cœur de chien ralenti par la pilocarpine.
Effet inhibitoire des excitations du myocarde : allongement de la diastole déterminé par une excitation faite pendant la diastole. (GLEY.)

glionnaire intra-cardiaque. Bien que ce dernier phénomène diffère en partie de celui qui a été rapporté ci-dessus, il nous semble qu'au phénomène décrit par GLEY peut être fort bien appliquée l'interprétation donnée plus haut, à savoir l'excitation des rameaux du vague par la diffusion d'un courant fort. En effet, GLEY, dans ses expériences, a toujours employé des excitations assez fortes, et le renforcement ne se manifestait pas seulement pour la première systole post-compensatrice, mais aussi pour les deux ou trois systoles qui suivent le repos compensateur.

GLEY ne manque pas de tirer de ses expériences une considération assez importante, c'est que « la loi trouvée par MAREY est bien une loi très générale, et ainsi les phénomènes intimes de l'activité du cœur, et les lois qui les expriment, sont les mêmes pour les mammifères et pour les animaux à sang froid » (fig. 68 et 69).

L'allongement de la diastole et le rapprochement de la ligne cardiographique de l'abcisse observé par GLEY est un phénomène très fréquent et facile à constater lorsque l'on emploie une excitation forte, ainsi que nous avons eu l'occasion de le vérifier à plusieurs reprises. Il est probablement l'effet (au moins en partie) de l'excitation simul-

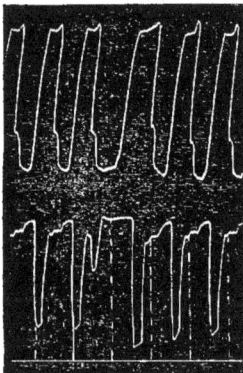

FIG. 68. — Tracé de l'oreillette droite (ligne inférieure) et du ventricule droit (ligne supérieure), démontrant l'effet de la stimulation de l'oreillette à un certain moment de son cycle. (CUSHNY.)

tanée des rameaux intra-cardiaques du vague. C'est pour cette raison que le phénomène ne se vérifie jamais sur le cœur embryonnaire, dans lequel l'excitation des vagues est sans effet.

LANGENDORFF (avant ses dernières publications) et GLEY ont tort de supposer que le repos compensateur, dans le phénomène de RANVIER, est probablement aussi un effet inhibitoire de l'excitation du nerf vague; car ce repos compensateur se constate, ainsi que l'a démontré ENGELMANN, contre DASTRE et KAISER, non seulement sur le cœur, *in toto*, mais encore sur la pointe du cœur dans laquelle ont été incitées des pulsations rythmiques, au moyen d'excitations intermittentes, efficaces et isochrones. Lorsque l'excitation des rameaux intra-cardiaques du vague entre en jeu, particulièrement si l'on emploie un fort courant, on obtient des résultats différents, selon les cas, et des tracés irréguliers et informes. Selon que les éléments excitants ou inhibitoires sont plus ou moins fortement affectés, la durée du repos compensateur se termine plus ou moins promptement, contrairement à ce qu'on aurait pu supposer d'après la loi de la conservation de la période physiologique d'excitation dans le muscle cardiaque.

La durée des premières révolutions cardiaques spontanées succédant au repos compensateur se trouve alors souvent, soit abrégée, soit prolongée (ENGELMANN).

La *période réfractaire* ne semble pas être un phénomène exclusif au muscle cardiaque. CH. RICHET et BROCA (C. R., CXXIV, 573-577, 1897) l'ont observée aussi dans le cerveau (dans lequel elle a la durée d'un dixième de seconde) de chiens choréiques et normaux un peu refroidis (à 34 à 30°) et chloralosés. « Qu'on excite un muscle par des excitations de

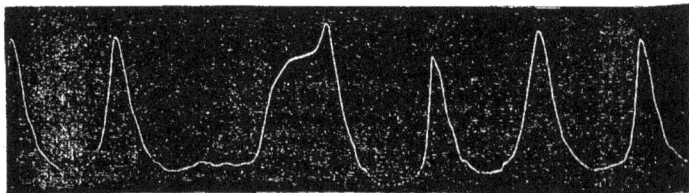

FIG. 69. — Tracé ventriculaire de cœur de mammifère (chien), démontrant les irrégularités qui succèdent à la contraction post-compensatrice. (CUSHNY.)

trois par seconde, je suppose, le muscle va répondre par des secousses très régulières; mais qu'on excite le cerveau par des excitations rythmées à trois par seconde, on aura des secousses alternativement grandes et petites; car la seconde excitation tombera précisément sur la période réfractaire. » (CH. RICHET, *Dict. de Phys.*, III, 6, 1898.) Il est probable, dit l'auteur, qu'il s'agit là de phénomènes de catabolisme et d'anabolisme (destruction et réparation), qui sont lents, et il rapporte ainsi le phénomène à des causes analogues à celles qui le déterminent dans le muscle cardiaque.

Dans les muscles lisses (par exemple dans le muscle œsophagien des amphibies et de l'embryon de poulet), de même que dans les muscles rétracteurs de la trompe du *Sipunculus medius*, il n'existe pas une vraie période réfractaire, quoiqu'il puisse exister une différence d'excitabilité dans les phases de contraction et de relâchement (Bottazzi).

Un phénomène analogue a été observé aussi par Engelmann (*A. g. P.*, iv, 33, 1871) dans les muscles striés du squelette, quoique très passager, et par cela même très difficile à démontrer.

Nous nous sommes si longuement étendus sur ce fameux phénomène de Marey, parceque c'est sur lui, et en s'appuyant sur les nombreuses recherches instituées dans le but d'en mettre en lumière toutes les particularités, que sont fondées trois lois importantes concernant la fonction du cœur. Ce phénomène, comme nous avons eu occasion de le dire autre part, a conduit les observateurs à scruter le métabolisme intime de la substance musculaire vivante du cœur, et a éclairé d'un nouveau jour beaucoup de résultats obtenus précédemment, et qui étaient restés obscurs.

Les lois indiquées ci-dessus sont :

1. *La loi de* Marey, *de l'uniformité du rythme cardiaque ou du travail du cœur*, basée sur la considération que le repos compensateur a pour effet de ne pas altérer le rythme des pulsations auriculaires ou ventriculaires.

2. *La loi d'*Engelmann, *de la conservation de la période physiologique d'excitation*. La contractilité et le pouvoir de conduction de la substance musculaire, diminués par l'extra-systole ventriculaire, sont déjà revenus à leur valeur normale au moment arrive au ventricule la nouvelle onde d'excitation, provenant des veines cardiaques et du sinus, après celle qui a été *bloquée*. Et, comme nous l'avons vu, l'intervalle entre le commencement de la systole, à laquelle se superpose l'extra-systole, et la systole post-compensatrice, comprend précisément deux périodes physiologiques entières, en sorte que, au total, le rythme physiologique reste inaltéré.

Si l'on enregistre simultanément les pulsations des veines caves et du sinus, on observe que leur rythme reste invariablement régulier et constant, tandis que dans les oreillettes et le ventricule se produisent les phénomènes déjà étudiés de l'extra-systole et de la pause compensatrice.

3. *La loi de* Gley *et* Langendorff *sur la* constance du travail du cœur, basée sur le fait que, dans chaque période, la quantité d'énergie développée par le myocarde est toujours la même, qu'elle soit toute émise en une seule fois ou en deux systoles consécutives, lesquelles se trouvent dans un rapport toujours constant de hauteur, soit d'énergie. En effet, la systole post-compensatrice (au moins dans le cœur des mammifères) est d'autant plus haute que l'extra-systole a été plus faible (Langendorff), ou, ce qui est la même chose, d'autant plus distante de l'extra-systole (Gley)[1].

Ces trois lois qui, en général, sont vraies pour la substance musculaire du cœur embryonnaire et adulte, des animaux inférieurs et des supérieurs, en dehors de toute intervention des nerfs extracardiaques, peuvent cependant se résumer en un principe général qui caractérise le métabolisme propre et spécifique du muscle cardiaque :

Le métabolisme cardiaque présente une forme cyclique définie et complète ; le cycle métabolique occupe une période constamment égale ; les cycles successifs sont joints entre eux comme les anneaux d'une chaîne.

Cette forme de métabolisme consiste en ce que, dans chaque révolution cardiaque, la somme des énergies mises en liberté par chacun des segments (nous pourrions dire : par chacun des éléments musculaires) du cœur dans sa phase d'activité respective, est équivalente à la somme des énergies accumulées dans la phase de repos correspondante, et de plus, en ce que le métabolisme de chaque révolution cardiaque est dans ses deux phases antagonistes fermé sur lui-même comme un cercle, de sorte qu'à la fin de la phase catabolique de la révolution de chaque segment cardiaque il ne reste aucune par-

---

1. A dire vrai, il nous paraît nouveau et étrange que ces trois lois aussi « ne se rapportent en réalité qu'à des cas particuliers de la loi générale de l'action des nerfs cardiaques » comme le prétend Cyon. (Voir plus haut p. 112.) La loi (combien de lois !) serait que « les pneumogastriques ralentissent les pulsations et en augmentent la force, tandis que les accélérateurs en augmentent la fréquence et en diminuent la force ». Qui l'aurait jamais supposé ?

celle des *anastates* accumulés pendant la phase anabolique correspondante, et que la révolution suivante doit commencer par une nouvelle phase réellement anabolique, tout à fait distincte de la précédente.

Ce principe, appliqué au segment cardiaque d'où partent les impulsions physiologiques des pulsations cardiaques, donne la loi de la conservation de la période physiologique de l'excitation, période qui est indépendante de ce qui peut se produire dans les autres segments du cœur, à la suite des excitations locales ayant déterminé des contractions intercurrentes à un moment donné de leurs périodes respectives.

Ce principe met la période réfractaire et la période d'excitabilité du cœur, ainsi que leurs diverses modifications, dans un rapport intime avec les processus métaboliques du myocarde et donne une raison chimique des faits, parce que l'on dit que la période réfractaire dure tant que les produits de l'anabolisme ne se sont pas accumulés en quantité suffisante (en rapport aussi avec l'intensité de l'excitant), pour rendre le tissu irritable, apte à conduire l'excitation et apte à se contracter. Ce principe explique pourquoi la latence diminue avec l'accroissement de la phase diastolique, parce que l'irritabilité du myocarde augmente dans la même proportion.

La systole post-compensatrice est d'autant plus haute que l'extra-systole est moins haute, et celle-ci est d'autant moins haute qu'elle est plus proche de la systole à laquelle elle se superpose. Tout cela est très naturel. En effet, la phase catabolique de la révolution cardiaque terminée, la phase anabolique commence, plus longue, parce que l'intégration des composés destinés à exploser est difficile, et alors on voit intervenir l'influence d'un centre nerveux spécial qui envoie ses impulsions spéciales le long des fibres du vague. Puisque les produits de l'anabolisme se reconstituent graduellement et que l'énergie de la contraction est en raison directe de la quantité de ces produits déjà prêts à exploser et qui explosent, on comprend que l'extra-systole doit être d'autant plus petite qu'elle est plus tôt provoquée après le commencement de la phase anabolique.

On comprend encore que, étant donnée la propriété du myocarde de reconstituer dans une période donnée une certaine quantité d'*anastates*, moins il en sera employé par l'extra-systole, plus il en restera à former et ensuite à exploser dans la systole successive (post-compensatrice), qui représente l'énergie de la période propre et l'énergie qui s'est accumulée dans la période précédente après l'accomplissement de l'extra-systole, soit toute l'énergie qui s'est accumulée durant la pause dite compensatrice. Telle est la loi de Gley et Langendorff.

En vérité, nous croyons inutile de donner d'autres exemples pour montrer comment il est facile d'expliquer par une forme particulière du métabolisme du cœur la libération de son énergie.

Ce métabolisme cyclique (duquel dépendent, comme nous l'avons dit autre part, que la contraction cardiaque est aussi maximale, et les rapports spéciaux entre la fréquence du rythme et l'énergie des contractions simples, étudiés si magistralement par Gaskell, et tant d'autres phénomènes) est une propriété de la cellule myocardique, bien développée, et à une période quelconque de son évolution ontogénétique (excepté peut-être pendant les toutes premières époques) et philogénétique (excepté peut-être quelques invertébrés inférieurs), toujours indépendante des appareils ganglionnaires intracardiaques, seulement renforcée, mais jamais déterminée, par des nerfs extrinsèques du cœur dans les organismes plus complexes, et adultes, qui doivent se trouver en relation avec beaucoup d'agents modificateurs extérieurs.

Propriétés électro-motrices du muscle cardiaque. — Il n'est plus douteux aujourd'hui qu'un muscle *intact* est privé de tout courant électrique, de toute faculté de développer de la force électro-motrice.

Pour la démonstration de ce fait, il n'est pas de muscle plus approprié que le cœur, ainsi qu'Engelmann l'a démontré en 1874 (*Ueber das Verhalten des thätigen Herzens. A. g. P.*, xvii, 68) : le cœur immobile, quel que soit le procédé employé, se présentera toujours électriquement inactif.

Mais une section artificielle du muscle cardiaque, comme celle de tout autre muscle, a toujours une électricité négative par rapport à un autre point quelconque de la surface intacte de ce muscle. Matteucci connaissait déjà ce fait, puisqu'il se servait aussi de fragments du cœur pour construire ses *piles musculaires*. Voici comment il disposait son expérience (*Lezioni sui fenomeni fisico-chimici dei corpi viventi*, 2ᵉ édit. Firenze, 1847; 151-153) :

« Je prépare cinq ou six grenouilles à la manière bien connue de GALVANI ; je les coupe par le milieu, et, les cuisses étant séparées des jambes par désarticulation, je coupe transversalement la cuisse elle-même en deux morceaux. Je dispose ainsi d'un certain nombre de moitiés de cuisses parmi lesquelles je ne choisis que celles appartenant à la partie inférieure. Sur une planche vernie, dans laquelle je pratique deux trous en forme de capsules, je dispose ces moitiés de cuisses de la manière indiquée dans la figure ci-jointe. J'en place une première de façon que sa surface externe baigne dans une des capsules, je la fais suivre d'une seconde, appuyée de manière que sa surface extérieure se trouve en contact avec la surface intérieure de la première cuisse, et ainsi de suite, de sorte que toutes les moitiés de cuisses, disposées en file, tout en se touchant, présentent, constamment renversées, la même surface vers la même partie. La dernière moitié des cuisses de cette série, je la fais immerger, comme la première, dans une autre cavité de la planche par sa surface interne. J'ai donc une pile constituée par des moitiés de cuisses de grenouille, dont une extrémité est formée par la surface externe du muscle, l'autre par sa surface interne.

« Je verse dans les deux cavités de la planche de l'eau légèrement salée ou bien de l'eau distillée. J'y fais tremper les deux extrémités du galvanomètre, et j'en vois immédiatement dévier l'aiguille qui était au zéro avant l'immersion... Cette déviation indique *constamment* par sa direction la présence d'un courant électrique, qui, dans l'intérieur de la pile, va de la surface interne à la surface externe du muscle.

« J'ai voulu rechercher si les autres tissus et organes des animaux, les membranes, les nerfs, le cerveau, le foie, le poumon manifestaient la présence de courants électriques au galvanomètre : je n'en découvris que de très faibles traces. *Le cœur seul montra l'existence de courants électriques, mais le cœur est un muscle, comme vous le savez.*

« Il est inutile que je vous dise que j'ai tenté ces mêmes expériences avec d'autres tissus, les membranes, le foie, etc., en les disposant en forme de piles comme dans le cas des muscles, et que j'ai opéré avec les mêmes précautions. »

Le courant électrique accusé par le muscle ventriculaire, et allant de sa surface de section à sa surface intacte, est, soit dit une fois pour toutes, de même nature et de même origine que celui des autres muscles, et soumis aux mêmes lois. Il présente malgré cela des particularités à lui propres qu'il convient d'étudier ici.

ENGELMANN a trouvé *que la force du courant* existant entre la section artificielle et la surface naturelle du muscle cardiaque diminue assez rapidement en comparaison de la persistance extraordinaire du courant dans les muscles monomères, démontrée par DU BOIS-REYMOND. Mais, tandis que pour ces muscles la force électro-motrice n'augmente que peu, si l'on pratique une nouvelle incision plus profonde, *il suffit d'aviver la surface de la section du cœur pour faire monter immédiatement la force du courant à la hauteur primitive.*

La raison de ce fait dépend de la structure du muscle cardiaque qui se comporte comme un muscle polymère. Dans ce muscle, en effet, comme le processus d'altération de la substance musculaire a envahi en entier le segment sur lequel a été pratiquée la section transversale, le courant électrique n'a plus de raison d'être, puisque alors un des pôles du galvanomètre vient à se trouver, à travers la couche musculaire morte, en contact avec une couche musculaire tout à fait intacte, c'est-à-dire le segment musculaire sur lequel le processus de dégénérescence ne peut se produire, à cause de l'insertion tendineuse. Des conditions analogues existent dans le cœur. Celui-ci est formé d'éléments musculaires microscopiques, lesquels, d'après ENGELMANN, se comportent, quant à leur mode d'altération, comme des individus indépendants, et à la manière des segments d'un muscle polymère. Le processus d'altération dû à l'effet mécanique de la section s'arrête ainsi à peu de distance de la surface libre de la section ; de sorte que les conditions voulues pour empêcher le développement de la force électro-motrice se trouvent promptement établies ; il suffit d'une nouvelle section un peu profonde pour que des conditions meilleures pour la formation d'un fort courant électrique s'établissent. De là, le rapide abaissement et la rapide élévation (après une nouvelle section) de la force de ce courant.

Ce fait a, en outre, un grand intérêt théorique, en ce qu'il démontre jusqu'à l'évidence que *les faisceaux séparés d'un muscle polymère, et les éléments cellulaires du muscle cardiaque, s'ils sont en état d'intégrité absolue, ne développent aucune force électro-motrice extérieure, et que, pour cette raison, le courant musculaire de repos est dû à l'existence d'une section artificielle, qu'elle soit produite par des moyens mécaniques ou chimiques,* puisque le siège de la force électro-motrice est la surface limite entre la substance mourante qui se décompose et la substance vivante (superficie de démarcation HERMANN).

Aussi le *courant de repos* doit-il être appelé plus correctement *courant de démarcation* (HERMANN).

Le cœur sert encore parfaitement pour la démonstration des phénomènes galvaniques qui accompagnent la contraction musculaire, ceux que HERMANN a appelés *courants d'action*.

Les premiers auteurs qui observèrent l'oscillation négative du cœur se contractant spontanément, mais portant une section artificielle, furent A. KÖLLIKER et H. MÜLLER (*Nachweis der negativen Schwankung des Muskelstroms am nat. s. contr. Musk.* — *Würzb. Verhandl.*, VI, 528, 1856). Pour la rendre évidente, ils se servirent d'abord du multiplicateur; mais peu après ils découvrirent que, si le nerf d'une patte galvanoscopique est adapté convenablement sur la surface de section et sur la surface naturelle, en faisant une sorte de pont, on peut observer la contraction secondaire de la patte à chaque systole du cœur. La contraction secondaire s'observe toujours après la systole des oreillettes, quelques instants avant la systole ventriculaire. La contraction de la cuisse galvanoscopique soumise à l'action du courant se produisit tantôt à la jambe, tantôt aux orteils, et apparut toujours comme très distincte, isolée et passagère (*loc. cit.*, 99).

Mais pour la production du phénomène il n'était pas nécessaire qu'une section artificielle fût pratiquée sur le cœur; bientôt on vit en effet que la contraction secondaire avait lieu aussi, en se servant d'un cœur intact, et même quand le nerf de la patte galvanoscopique était adapté transversalement au-dessus du milieu de la surface antérieure du ventricule.

Mais la surface du cœur intact est iso-électrique; donc la contraction secondaire que l'on obtient en pareil cas ne peut pas être interprétée comme un effet de l'oscillation négative (DU BOIS-REYMOND) : elle est provoquée par le courant électrique qui accompagne l'activité systolique du muscle cardiaque (courant d'action), et qui agit à la manière d'une excitation électrique sur le nerf de la patte galvanoscopique.

MEISSNER et COHN (*Zeit. f. rat. Med.*, (3), XV, 27, 1862) confirmèrent par la suite et étendirent les observations de KÖLLIKER et MÜLLER.

DONDERS (1872) appliqua la méthode graphique à la démonstration de la contraction secondaire provoquée par la contraction cardiaque. Il enregistra simultanément les pulsations cardiaques et les contractions d'une patte galvanoscopique, dont le nerf était appliqué sur des cœurs de lapins et de chiens, et il trouva généralement qu'à chaque systole correspondait une seule contraction secondaire de la patte. Exceptionnellement seulement il observa, comme l'avaient fait KÖLLIKER et MÜLLER, qu'une systole cardiaque était suivie d'une double contraction secondaire. *Toujours l'on observa que la contraction secondaire précède considérablement la contraction primaire* (chez le lapin d'environ 1/70 de seconde ; chez un chien tué récemment et dont l'oreillette droite battait encore, la différence était de 1/17 de seconde).

Non seulement NUEL confirma ce fait sur le cœur de la grenouille, mais il put constater chez le chien que la contraction des oreillettes est, elle aussi, accompagnée d'une oscillation électro-motrice capable de provoquer une contraction secondaire dans une patte galvanoscopique, et que le rapport entre les oscillations électro-motrices du ventricule et de l'oreillette cardiaques est égal à celui qui existe entre leurs contractions successives.

Caractères de l'oscillation électro-motrice systolique du cœur. — Pour déterminer la longueur du temps et la forme de l'oscillation électro-motrice qui accompagne l'activité du muscle cardiaque, simultanément ENGELMANN (*A. g. P.*, XVII, 68, 1878) et MARCHAND (*A. g. P.*, XVI et XVII, 1877-78) entreprirent des recherches sur le cœur de grenouille en se servant du rhéotome de BERNSTEIN. Afin d'être aussi bref et aussi exact que possible dans l'exposition des phénomènes observés par ces deux auteurs, nous préférons rapporter les paroles textuelles de BIEDERMANN (*Electrophysiologie*, 338).

« Le ventricule, immobilisé par sa séparation d'avec l'oreillette, est excité, soit à la base, soit à la pointe, par une seule secousse d'induction. Quelle que soit la région ventriculaire d'où l'on fait dériver le courant pour le galvanomètre, quelle que soit sa distance du point excité, le premier résultat constaté *fut toujours un courant partant du point du cœur excité*. Pour démontrer ce fait, le rhéotome n'est d'ailleurs pas du tout nécessaire. Le circuit du galvanomètre peut rester constamment fermé : si la région ventriculaire *dérivée* est suffisamment longue — même avec un galvanomètre de moyenne sensibilité, — on peut constater une déviation de l'image de l'escalier dans le sens indiqué. Il s'en suit donc ceci, *que chaque partie du muscle ventriculaire devient, pour un temps, électro-motrice (négativement) pendant la période de l'excitation*, et que cette négativité (ainsi que la contraction elle-même, d'après les recherches d'ENGELMANN) *se propage dans le cœur à partir du point d'excitation* dans toutes les directions. On a pu constater, au moyen du rhéotome, qu'en faisant dériver un courant de la surface extérieure du cœur, des deux régions inactives pendant le repos et inégalement éloignées du point d'excitation, *la fonction électro-motrice du cœur répond en général absolument à celle d'un muscle strié* à fibres parallèles le courant étant *dérivé* en deux points de sa surface longitudinale, c'est-à-dire que, dans la plupart des cas, une *oscillation double a lieu, de manière que la région la plus rapprochée du point d'excitation devient d'abord négative, puis ensuite positive par rapport à la région la plus éloignée*. Dans nombre de cas la seconde phase (positive) fit défaut ; ou se présentait à l'état d'indifférence primitive : ou bien il subsistait à l'endroit voisin du point d'excitation une faible négativité ; l'endroit voisin du point d'excitation *dans tous les cas devient tout d'abord négatif*. Ce qui explique le défaut de la deuxième phase, c'est qu'il s'est probablement écoulé trop peu de temps entre les deux oscillations, ce qui ne permet pas de les distinguer nettement l'une de l'autre. Car, dans un circuit de dérivation peu étendu, l'onde négative peut, avec la rapidité de propagation normale, atteindre déjà la deuxième électrode avant que le maximum de la négativité ait été atteint à la première.

« En particulier, il résulte des recherches d'ENGELMANN sur la durée des oscillations, *que celles-ci se produisent en apparence immédiatement après la stimulation, sans latence déterminable*, par conséquent. La période de la négativité ascendante est en moyenne de 0,09 de seconde, de sorte que, comme la contraction dans le cœur de grenouille ne commence sûrement pas à se produire, d'après les mesures prises par ENGELMANN, avant 0,1 seconde, le maximum de la négativité, ainsi que cela a déjà été démontré par des faits antérieurs, sera sûrement atteint avant le commencement de la contraction.

« On observera comme fait assez remarquable *l'ascension continue presque en ligne droite de cette force électro-motrice négative*, ce qui prouve une fois de plus *que la systole est une contraction simple*, et non pas un tétanos. FREDERICQ a fait des observations opposées sur le cœur de chien. *La période de négativité décroissante* a en général une durée considérablement plus longue, et un développement plus compliqué de la courbe d'oscillation. Si, ainsi que cela a lieu dans la plupart des cas, il y a inversion du courant, il se produit généralement une inversion qui passe, par une chute régulière, du maximum de la positivité au maximum de la négativité, pour revenir graduellement à zéro.

« *La durée totale de l'oscillation* dépend d'un grand nombre de circonstances. Une oscillation double, est, pour ENGELMANN, en moyenne, de 0″,436 ; une oscillation simple, de 0″,211. La durée de l'action négative électro-motrice pourra donc être évaluée en moyenne à 0″,2. Quant à la puissance absolue de la force électro-motrice de l'oscillation d'excitation, on peut affirmer avec certitude qu'elle augmente avec l'étendue de la section artificielle.

« Lorsqu'un des pôles est placé à la section longitudinale naturelle, et l'autre à une section transversale artificielle, pratiquée *tout à fait récemment*, on n'observe jamais une inversion du courant à la suite de la stimulation, mais seulement un affaiblissement ou tout au plus la disparition complète du courant de repos. L'inversion au lieu, au contraire, généralement, lorsque le courant est très affaibli : elle apparaîtra d'autant plus que la force électro-motrice sera moindre. La rapidité avec laquelle l'onde négative passe à travers le cœur est estimée, d'après ENGELMANN, de 20 à 40 millimètres par seconde ; mais il est permis de supposer qu'avant l'excision du cœur elle est considérablement plus grande ; elle dépend aussi en grande partie de la température. Dans l'excitation du ventricule par les oreillettes, *la base d'abord devient négative* par rapport à la pointe, et ensuite, (sinon toujours, du moins très fréquemment), elle devient positive. Cela se manifeste aussi bien sur des cœurs battant spontanément qu'après l'excitation artificielle des oreillettes. Comme la négativité de la base ne se produit qu'après la fin de la contraction de l'oreillette, elle ne peut pas être attribuée à cette même contraction, hypothèse que contredit d'ailleurs le fait que l'effet électrique est alors très marqué, tandis qu'il est très faible lorsqu'il ne s'agit que d'une dérivation par l'oreillette. On doit admettre, dès lors, que l'excitation *ventriculaire commence à la base* du cœur dans les conditions normales. »

Ces résultats d'ENGELMANN et de MARCHAND ne diffèrent pas sensiblement des résultats obtenus postérieurement par BURDON-SANDERSON et PAGE (*On the time relations of the excitatory process in the ventricle of the heart of the frog.* J. P., II, 1882), en partie sur les cœurs de grenouille au moyen d'un rhéotome spécial, et en partie sur les cœurs de grenouille et de tortue au moyen de l'électromètre capillaire.

Dans ces recherches, BURDON-SANDERSON et PAGE trouvèrent aussi que *chaque point excité du muscle cardiaque se comporte négativement vis-à-vis de chaque autre point non excité,* et que le processus de l'excitation (onde négative) se propage du point excité dans tous les sens, mais avec une rapidité beaucoup plus grande que celle trouvée par ENGELMANN, c'est-à-dire, dans le cœur de grenouille, et à la température moyenne de 12° avec une rapidité de 125 millimètres par seconde.

La négativité, dans chaque point du ventricule, atteint rapidement une hauteur où elle persiste pendant un temps relativement long plus d'une seconde), pour descendre de nouveau lentement. La durée totale de la négativité de chaque point est à + 18, égale à 1″,6, à + 12° égale à 2″,1.

A ce propos, BIEDERMANN dit : « Ces valeurs de temps expriment assez exactement la durée de la contraction du muscle cardiaque. Le fait, comme on le voit aisément, concorde absolument avec la théorie d'HERMANN, d'après laquelle un point du muscle doit demeurer négatif aussi longtemps que dure la période d'excitation (ou de contraction). *On peut donc s'attendre à ce que la surface du ventricule soit, pendant la durée de la contraction, iso-électrique,* ainsi que cela est, en effet, le cas, d'après les expériences de B. SANDERSON et PAGE. »

Si l'on imagine que x soit le point excité, f et m les deux points de la surface ventriculaire où on recueille le courant (f en proximité de x, m aussi loin que possible de x), on verra à chaque excitation une oscillation électrique de grande rapidité (de la durée de quelques centièmes de seconde) dans la direction d'un courant partant du point excité, à laquelle succède une période beaucoup plus longue (de la durée de 1″—2″); pendant ce temps, le galvanomètre n'indique aucun courant. Vient ensuite une phase avec déviation en sens inverse de la première déviation (oscillation positive), plus faible et plus longue que la phase négative observée au commencement. L'intervalle qui sépare les deux phases correspond exactement à la durée de la contraction ventriculaire, de manière que le premier courant d'action phasique (négative) marque le commencement, et l'autre (positive) la fin de l'excitation (ou de la contraction) du muscle. Il est clair que la première phase du courant d'action correspond au temps (assez bref) durant lequel l'onde de négativité se trouve au pôle le plus proche du point excité, mais n'a pas rejoint encore le point m, plus éloigné. La période suivante, de repos apparent, pendant laquelle le galvanomètre n'indique aucun passage de courant, correspond à la période durant laquelle les points f et m se trouvent tous deux au maximum de négativité (excitation). La phase positive finale correspond au moment où la négativité décline déjà au point f, tandis qu'elle se trouve encore à son maximum au point m.

L'introduction de l'électromètre capillaire de LIPPMANN dans l'étude de ces phénomènes a été de grande utilité.

MAREY (*C. R.*, LXXXIII, 975, 1876) fut le premier qui s'en servit pour étudier les phénomènes électriques qui accompagnent la systole du cœur. Il trouva qu'à chaque systole ventriculaire l'électromètre donne une oscillation simple, et que, lorsque le cœur entier est mis en relation avec l'électromètre, celui-ci présente deux oscillations : la première correspond à la systole des oreillettes, la seconde à la systole des ventricules.

MAREY photographia aussi l'image du ménisque de la colonne capillaire de mercure de l'instrument, enregistrant ainsi les variations électriques indiquées par l'électromètre capillaire.

En 1884, deux ans après ces premières expériences (1882), Burdon-Sanderson et Page (*On the electrical phenom. of the excitatory process in the heart, etc. as investigated photographically. J. P.*, IV, 1884) tentèrent, avec l'électromètre capillaire, quelques expériences sur les cœurs de grenouille et de tortue. Ils les enregistraient avec leur rhéotome et les consignèrent dans un travail riche en photogrammes. Rappelons ici quelques-uns de leurs résultats.

Le mouvement de la colonne capillaire de mercure est indiqué sur le photogramme par une projection de l'espace noir dans l'espace blanc, et ce mouvement représente la phase négative, puisque alors l'électrode, en rapport avec l'acide sulfurique, devient négative par rapport à l'autre. Les tracés sont donc directs et se lisent de haut en bas. « Les photographies montrent que la première phase de la variation électrique suit l'excitation à un intervalle d'environ 0″,1, — la pointe devenant subitement, et pour une période très courte, négative par rapport à la base, — que cette phase est suivie d'un intervalle prolongé pendant lequel l'électromètre est à zéro, et qu'à la fin de cette période la pointe devient positive (seconde phase). Dans un mémoire précédent, une courbe théorique avait été donnée comme résultant d'observations faites au moyen du rhéotome et du galvanomètre. Cette courbe correspond aux expériences photographiques décrites ci-dessus. »

Les photogrammes obtenus en adaptant les électrodes de l'électromètre sur l'oreillette droite, ressemblent aux photogrammes obtenus sur les ventricules, avec cette seule différence, que l'intervalle de temps entre l'excitation et l'effet électrique (première phase) s'allonge de 0″,1 à 0″,45.

Ces mesures en confirment quelques autres, données par ces mêmes auteurs, en 1878 (*Proceedings of the Royal Society*, XXVII, 411), d'après lesquelles l'intervalle entre l'excitation et le commencement de la systole du ventricule est plus long de 0″,3, quand le ventricule est excité par les oreillettes que quand l'excitation est directe. On pourrait déduire de ce fait que l'intervalle entre l'excitation et le commencement de la variation électrique du ventricule pourrait être allongé d'une durée semblable, en appliquant les électrodes, non plus au ventricule, mais aux oreillettes. Quoique la distance entre les deux points d'application des deux électrodes n'ait pas dépassé 3 millimètres, l'intervalle de la variation électrique était plus long, de 0,33″, lorsque les électrodes étaient placées sur l'oreillette. En réchauffant par rapport à la pointe du ventricule, tandis que la position des électrodes et du point excité était la même que sur le diagramme 2 (voir le travail original), on ne vérifia pas de modification de l'effet électrique qui suit la première excitation, mais une augmentation marquée de la durée de la phase finale, aux dépens de l'intervalle équipotentiel.

Si le réchauffement est assez marqué pour que la surface du ventricule au sommet soit en permanence lésée, on observe que la première phase est diminuée et, parfois, disparaît complètement. Dans ces conditions, comme effet de la lésion faite à la pointe du cœur, la phase initiale a complètement disparu. La pointe est fortement positive, la différence électrique entre les deux points de contact reste constante, ou à peu près, pendant toute la période d'excitation. Dans le ventricule inhibé, si l'un des deux points de contact est lésé, la phase finale disparaît, et la phase initiale est suivie d'un état électrique tel que la surface lésée est plus positive ou moins négative relativement à la surface intacte.

L'oscillation électrique donc, de diphasique, devient monophasique, et en réalité tout à fait négative.

Très intéressants encore sont les résultats obtenus par Burdon-Sanderson et Page sur le cœur de tortue.

Les électrodes étant disposées comme dans le diagramme 3 (voir le travail original) l'intervalle qui s'écoule entre l'excitation et la première phase était, aussi exactement que possible, *d'une seconde. La période iso-électrique dure* 2″,5. La seconde phase présente le même caractère que la pointe du ventricule d'un cœur de grenouille. En outre il résulte d'expériences ultérieures que l'onde négative d'excitation se propage d'un bout à l'autre du ventricule de la même manière que de la pointe à la base, ou de la base à la pointe, et que conséquemment le caractère de la variation électrique du muscle est sans aucun rapport avec les différences structurales de la base et de la pointe. Et de plus, qu'en passant d'un bout à l'autre du ventricule, la variation électrique n'est pas affectée par la direction dans laquelle a lieu la propagation. »

Une augmentation de température de 12° à 20° raccourcit la durée des deux phases inverses de l'oscillation électrique, ainsi que la période dans laquelle le cœur est isoélectrique. Les résultats généraux des recherches importantes de BURDON-SANDERSON et PAGE méritent d'être rapportés textuellement.

« Les photographies confirment en tous points les conclusions de notre mémoire antérieur, par rapport à la nature électrique des phénomènes qui accompagnent le processus d'excitation dans les ventricules : il est donc inutile de les exposer de nouveau en détail. Il suffit de remarquer que les photographies offrent la preuve la plus évidente de ces faits importants : 1° que la variation électrique due à l'excitation, au lieu de durer une fraction de seconde, ainsi que l'ont supposé tous les observateurs précédents (le maximum de la durée étant, selon ENGELMANN, d'une demi-seconde), dure, à une température ordinaire, environ deux secondes, et 2° que dans toutes les conditions le caractère de la variation électrique peut être expliqué d'une manière satisfaisante comme résultant des relations de temps des phénomènes électriques qui se produisent aux points en contact avec les deux électrodes de dérivation du courant, pendant la durée de la période d'excitation. Quant aux modifications produites par la chaleur et la section, elles consistent en une diminution de l'activité physiologique des parties lésées; mais cette diminuion dans un cas est passagère, et dans l'autre permanente.

« Les expériences sur l'influence de la pression démontrent qu'elle agit tout à fait comme la chaleur, c'est-à-dire qu'une partie du tissu ventriculaire est déprimée dans sa fonction (ainsi que le démontre sa réaction électrique à l'excitation) absolument comme si elle avait été chauffée.

« Comme la chaleur, la pression a des effets transitoires, si elle est modérée; permanents, s'il est plus grande; de même l'effet d'une pression légère disparaît entièrement, tandis qu'une pression plus forte prive la partie comprimée de son pouvoir de propager l'onde d'excitation et de sa propre excitabilité ».

Variation négative du cœur des mammifères. — WALLER et REID ont répété ces recherches galvanoscopiques sur le cœur des mammifères. Nous avons vu comment KÖLLIKER et MÜLLER avaient déjà observé que la systole spontanée du cœur des mammifères est accompagnée (ou plutôt précédée) d'une oscillation électro-motrice. A ces faits, WALLER et REID (*J. P.*, VIII, 231, 1887, *Phil. Trans.*, CLXXVIII. B., 233) ont pu ajouter que la variation électro-motrice est fréquemment diphasique et tout à fait semblable à la variation diphasique d'un cœur de grenouille battant spontanément. Le second fait important, se rapportant aux contractions spontanées, est que les variations électromotrices, telles que celles qui dépendent ordinairement de contractions visibles, persistent souvent en l'absence de ces contractions visibles, et continuent longtemps après que celles-ci ont cessé complètement, c'est-à-dire que d'invisibles changements moléculaires persistent, après de visibles changements de forme.

Étudiant ensuite les contractions provoquées artificiellement dans le cœur des mammifères, les mêmes auteurs déclarent qu'un des résultats fondamentaux est que l'excitation appliquée près de l'un des deux points du cœur excisé, mais d'ailleurs non lésé, desquels on fait dériver le courant pour le galvanomètre, donne lieu à une variation diphasique qui par sa direction indique : 1° la négativité de l'électrode la plus proche; 2° la négativité de l'électrode éloignée.

Ils observèrent en outre que le résultat d'une lésion locale, longtemps après que le cœur est devenu immobile, c'est-à-dire inexcitable, et mort en apparence, est de développer une modification locale de potentiel, la partie lésée devenant négative par rapport à toutes les autres.

Voici d'autres faits mis encore en lumière pour la première fois dans le cœur des mammifères.

« En pratiquant tout près d'une de nos deux électrodes un léger contact avec un instrument à pointe émoussée, cela suffit pour développer une négativité permanente au point où a été produite la légère lésion. Nous trouvâmes donc cette exception fréquente aux données classiques qu'au lieu de la variation diphasique de négativité, nous obtînmes seulement une variation unique. La partie ventriculaire du cœur de mammifère excisé est un conducteur physiologique indifférent des impulsions excitées dans toutes les directions. Il n'y a pas dans les masses ventriculaires des trajets de plus ou moins grande résistance pour le passage des excitations. Jamais on n'obtient d'oscillation diphasique avec des électrodes placées sur chaque oreillette. »

Les phénomènes électriques observés sur un cœur qui bat spontanément ne montrent pas une complète uniformité de résultats. La direction de la déviation, lorsque le cœur était en relation par la base et par la pointe avec le galvanomètre, était très variable, et n'indiquait pas d'origine régulière, ou de mode de propagation régulier du processus d'excitation.

Comme conclusion générale, sur le cœur du mammifère étudié dans les mêmes conditions que le cœur de grenouille, le passage d'une onde d'excitation peut avoir lieu comme une variation diphasique, ce que montrent le galvanomètre et l'électromètre; quant au passage de l'onde de contraction correspondante, il peut se démontrer par les méthodes graphiques ordinaires.

« En ce qui concerne le cœur des mammifères, aucun de ces faits, à notre connaissance, n'avait été observé jusqu'ici; quant au cœur de grenouille, nous avons ajouté incidemment au phénomène classique de la variation diphasique une démonstration de son aspect mécanique en tant qu'onde de contraction musculaire. La similitude entre le cœur du mammifère et le cœur du batracien est donc complète jusqu'ici. Il y a pourtant des points de divergence. L'analyse des battements spontanés par les méthodes mécanique et électrique les met en évidence. La variation diphasique du cœur de grenouille à battements spontanés indique une négativité à la base suivie par une négativité à la pointe : de même nous constatons que la contraction musculaire de la base précède la contraction musculaire de la pointe. Toutes nos expériences, ainsi que nos mesures, confirment donc la théorie d'une contraction allant de la base à la pointe, et d'une onde d'excitation et de contraction se propageant le long de trajets musculaires. Il en est autrement du cœur du mammifère. La variation n'est pas toujours diphasique ; immédiatement après l'excision, elle est plus fréquemment monophasique et devient ensuite diphasique. Le mouvement du galvanomètre et de l'électromètre indique pour la variation monophasique une négativité prédominante soit à la pointe, soit à la base; pour la variation diphasique (lorsqu'elle se présente), *négativité de la pointe, suivie de négativité de la base*, ou bien le contraire. »

De la plus grande importance sont les considérations suivantes concernant la part qui doit être attribuée au système nerveux, dans la contraction cardiaque, basées sur l'observation de l'oscillation monophasique. « Nous ne voyons aucun moyen d'échapper à cette conclusion, disent-ils, que le cœur du mammifère est *un organe que les nerfs non seulement dirigent, mais encore coordonnent dans le jeu de ses parties diverses par des filets nerveux intra-musculaires*. Une variation monophasique ne peut exister qu'avec une simultanéité d'action dans l'organe entier, ou avec une action successive (dans ses parties diverses) d'une si grande rapidité que ni le galvanomètre ni l'électromètre ne peuvent la révéler, ou bien encore avec une action limitée à une de ses parties ou prédominante dans une de ses parties; elle ne s'explique guère par l'action successive comparativement lente des parties diverses du ventricule agissant par transmission musculaire. Une telle simultanéité, ou presque simultanéité, ne peut, pensons-nous, être effectuée que des filets nerveux. Cette conduction par des filets nerveux joue un rôle dans l'action simultanée et coordonnée constituant une systole; et on peut l'établir par d'autres considérations, par exemple, par la mesure de la vitesse de conduction, et mieux encore, par des mesures électrométriques répétées. Alors, lorsque le cœur est mourant et que ses parties deviennent évidemment asynchrones dans leur action, on observe négativité à l'oreillette, puis négativité à la pointe, puis négativité à la base. *Ceci ne peut s'expliquer que par l'existence de filets nerveux, grâce auxquels des impulsions excitatrices se sont transmises des oreillettes à la pointe.*

« C'est seulement, en général, quelques minutes après l'excision, que la variation diphasique est observée. Cela dépend sans doute de ce que dans une contraction lente, l'asynchronisme devient évident; mais il est difficile de dire avec certitude si nous nous trouvons en face d'une transmission très retardée le long des nerfs ou d'une transmission musculaire. La complète ressemblance de cette onde avec une onde musculaire est en tous les cas suffisamment évidente. Lorsque, finalement, aucune transmission ne peut être effectuée, le cœur répond à l'excitation locale par une variation monophasique qui peut être temporaire (décharge locale), ou permanente (lésion du tissu).

« Aucune partie de nos recherches ne nous a donné plus de peine et plus d'incertitude que les résultats de l'exploration mécanique de la base et de la pointe d'un cœur se contractant spontanément. Presque sans exception nous obtînmes des mouvements visibles de la pointe qui précédaient les mouvements de la base. Malgré tous les soins possibles donnés à cette expérience, nous nous contentons de dire par prudence que le mouvement du levier appliqué à la pointe précède celui du levier appliqué à la base. Parfois la contraction de la pointe précédait manifestement celle de la base : exceptionnellement la précédence se faisait par la base. Dans les cas du cœur de grenouille, ce fut toujours ce qui eut lieu. »

Les observations de WALLER et REID, quoique non définitives, méritent d'être prises en considération : elles établiraient une différence profonde entre la fonction motrice du cœur des batraciens et celle du cœur des mammifères. Nous espérons pourtant que des recherches ultérieures apporteront un accord définitif dans cette question.

Nous savons par les expériences de KÖLLIKER, de MÜLLER et de DONDERS sur le cœur, de HELMHOLTZ sur les muscles du squelette, que l'oscillation négative du muscle commence avant son mouvement extérieur apparent, et que le courant d'action du cœur commence avant la contraction cardiaque. Pour le muscle, la différence du temps est de $1/200$ de seconde; pour le cœur de lapin, de $1/70$, et pour le cœur de grenouille les observations de MARCHAND démontrent que l'oscillation électrique commence $0'',01 - 0'',04$ après l'excitation, tandis que la contraction commence seulement $0'',11 - 0'',33$ après.

Enregistrant simultanément la courbe cardiographique et l'oscillation électrique au moyen de l'électromètre capillaire, WALLER a trouvé que, chez les batraciens comme chez les mammifères et chez l'homme, dans tous les cas l'antécédence de la variation électrique est nette et peut être mesurée. Il a donné les valeurs numériques suivantes de la différence de temps existant entre le début du phénomène électrique et le début du phénomène mécanique :

Cœur humain	$0'',015$	(Durée de la systole : $0'',35$)
Cœur de petit chat.	$0'',05$	(— — — $2'',00$)
Cœur de grenouille	$0'',1$	
Gastro-cnémien de grenouille. .	$0'',01$	

Des recherches ultérieures faites par WALLER ont démontré que, parmi les hypothèses formulées par WALLER et REID pour expliquer l'apparition de l'oscillation monophasique du cœur des mammifères, la plus vraisemblable est que, « vu la susceptibilité du cœur des mammifères, une variation monophasique est la conséquence d'une lésion traumatique, *et que la variation normale est diphasique* ». Ainsi serait également renversée l'autre hypothèse que l'oscillation monophasique démontrerait une simultanéité d'action de toute la masse contractile ou une presque simultanéité; hypothèse qui contribuerait à soutenir la supposition que des éléments nerveux interviennent dans la propagation de l'onde d'excitation à travers la musculature ventriculaire.

Comme confirmation de l'hypothèse indiquée comme la plus vraisemblable, WALLER dit qu'il est possible, par des modifications locales de température, de déterminer la production d'une série de contractions. On peut, sur un ventricule excisé, devenu immobile, provoquer des contractions rythmiques en élevant sa température. Si l'expérience est conduite de manière que la pointe soit chauffée plus que la base, la variation diphasique à chaque contraction montrera que son origine est à la pointe; mais, si la base est chauffée plus que la pointe, la variation diphasique indiquera que son origine est à la base.

Mais WALLER a démontré encore que l'oscillation électrique diphasique, produite par la contraction cardiaque, peut être observée chez les animaux et chez l'homme, en dérivant le courant de points du corps éloignés du cœur, et que, dans de telles conditions, la position d'un pôle à la bouche, par exemple, équivaut à la position d'un pôle à la base des ventricules; un pôle au rectum ou au membre inférieur équivaut à un pôle à la pointe du cœur.

Il y a pourtant des « combinaisons favorables » et des « combinaisons défavorables ». Parmi les premières, nous notons :

Partie antérieure et partie postérieure de la poitrine.

> Main gauche et main droite.
> Main droite et pied droit.
> Bouche et main gauche.
> Bouche et pied droit.
> Bouche et pied gauche.

Les combinaisons peu favorables sont :

> Main gauche et pied gauche.
> Main gauche et pied droit.
> Pied droit et pied gauche.
> Bouche et main droite.

La raison de ces combinaisons variées est dans la distribution du potentiel dans les diverses parties du corps à partir de la base et du sommet des ventricules. On peut voir distinctement cette distribution dans les figures schématiques données par WALLER, faites d'après ses observations sur l'homme et sur des quadrupèdes divers (fig. 70).

En cas de *situs viscerum inversus*, WALLER eut occasion de constater la différente distribution du potentiel électrique.

Dans chacun des cas de la série précédente une combinaison favorable est formée lorsque l'électromètre est relié à deux points hétéronymes, a et b ; une combinaison défavorable, lorsqu'il est relié à deux points homonymes, a, a ou bien b, b.

Quant à la direction et à l'origine de l'oscillation électrique, WALLER a pu constater que l'oscillation diphasique est composée d'une première

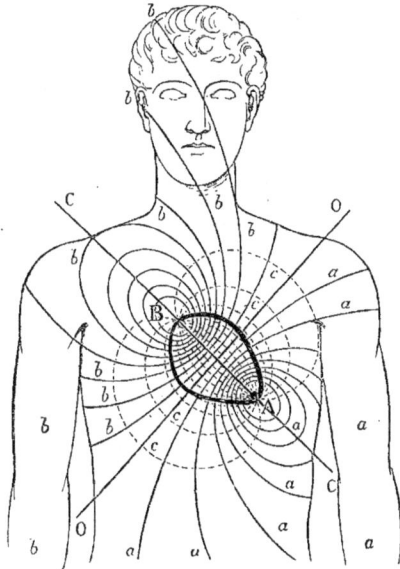

FIG. 70. — La distribution de l'électricité cardiaque à la surface du corps (WALLER).

A, pointe ; B, base du ventricule. Si, à un moment donné, il se produit une différence de potentiel entre A et B, il doit s'établir un courant *ccc*, le long et autour de l'axe de C ; la ligne OO représentera l'équateur ou le plan dans lequel le potentiel est égal à zéro; les lignes *aaa*, *bbb*, représenteront les courbes équipotentielles autour de A et B. Une différence de potentiel entre A et B se manifestera au galvanomètre si on en applique les électrodes à deux points situés des deux côtés de l'équateur; il n'y aura point de déviation au galvanomètre si les deux points sont du même côté de l'équateur ; celui-ci divise donc le corps en deux parties asymétriques, l'une, située du côté de B et comprenant la tête et le bras droit, l'autre du côté de la pointe et comprenant l'abdomen et les trois autres extrémités.

phase de *négativité à la pointe*, suivie d'une seconde phase de *négativité à la base* ; ce qui signifie que le processus d'excitabilité commence à la pointe, et sera de plus longue durée à la base : autrement dit, au point de vue des effets mécaniques, la contraction par laquelle le ventricule se vide commence au sommet et se termine à la base.

WALLER a pu encore déterminer la rapidité de transmission de l'onde d'excitation à travers les ventricules, soit 5 millimètres par seconde. Il a observé en outre que l'oscillation électrique ventriculaire apparaît quelquefois *triphasique*. « L'interprétation la plus probable pour moi, dit-il, c'est que le phénomène est lié à une lésion traumatique de la base; la pointe montre d'abord un courant négatif qui n'est pas vaincu par la négativité subséquente de la base, laquelle est suffisante seulement à interrompre plus ou moins la négativité prédominante de la pointe. Cette dernière paraît ainsi se produire en deux fois.

De toute manière, la raison pour laquelle l'origine et le parcours de l'onde d'excitation et de contraction seraient différents dans le cœur des mammifères et dans le cœur des batraciens, demeure irrésolue, quoique WALLER ait émis l'hypothèse que la contraction, débulant aux orifices veineux des oreillettes, se propage à travers les valvules auriculo-ventriculaires et les muscles papillaires jusqu'à la pointe du ventricule, et de là retourne à la base.

Les expériences ultérieures de BAYLISS et STARLING (*Proc. Roy. Soc.*, et *Int. Mon. f. Anat. u. Phys.*, IX, 256, 1892) ont été faites principalement dans le but de contrôler celles de WALLER et d'apporter un peu de lumière sur la question controversée de l'électro-physiologie du cœur. Les résultats généraux obtenus par ces auteurs sont les suivants : nous les rapportons textuellement :

1º Nos expériences démontrent que les conclusions de SANDERSON et PAGE, par rapport aux vertébrés à sang froid, peuvent être appliquées également aux mammifères.

2º La contraction ventriculaire est une onde unique partant de la base, au niveau du sillon auriculo-ventriculaire, pour aller à la pointe.

3º Il y a un obstacle considérable dans le sillon auriculo-ventriculaire pour la transmission de l'excitation de l'oreillette au ventricule.

4º L'emploi d'air froid pour la respiration artificielle, ou tout autre moyen qui peut refroidir la base des ventricules, a pour effet d'intervertir les phénomènes électriques, en occasionnant une onde de négativité qui alors part de la pointe.

5º L'effet d'une lésion est semblable à celui qu'ont observé SANDERSON et PAGE sur la grenouille, c'est-à-dire abolition ou diminution de l'état d'excitation à la partie lésée.

6º La variation est toujours diphasique, et le courant négatif de la base précède celui de la pointe.

L'oscillation triphasique observée par WALLER est également un résultat de ce que produit une inversion dans la direction de l'onde diphasique.

Quoique, malgré ces expériences, il n'y ait plus de raison d'admettre une différence entre le cœur des mammifères et celui des animaux *hétérothermes*, BAYLISS et STARLING sont d'avis pourtant que l'hypothèse d'une onde d'excitation passant à travers la substance musculaire demande encore une démonstration plus rigoureuse. « Le seul autre passage possible, disent-ils, pour l'onde d'excitation, se trouve *à travers les nerfs*, et nous croyons que nos expériences suggèrent la possibilité que, dans des conditions normales, l'onde d'excitation, induite par une contraction des oreillettes, passe le long d'un réseau de nerfs, de la base à la pointe du ventricule, et que les fibres musculaires sont excitées par les nerfs. Un pareil réseau de nerfs est indiqué comme existant dans le muscle ventriculaire, par OPENCHOWSKI (*Arch. f. mikr. Anat.*, XXII), et par d'autres. »

Quoique, dans le cœur des mammifères, la durée de la contraction et celle de l'onde électrique soient beaucoup plus courtes que dans le cœur de grenouille, et que la seconde phase suive la première immédiatement, aucune phase équipotentielle n'étant apparente, il ne nous paraît pas que les considérations de BAYLISS et STARLING puissent justifier pleinement la conclusion précédente, que l'onde d'excitation est transmise par la voie nerveuse. Des expériences directes sont nécessaires pour décider cette question

BAYLISS et STARLING ont répété également les expériences de WALLER, sur l'animal intact, en faisant dériver un courant des points variés du corps; mais, ayant étudié et photographié les variations électriques des différents points mentionnés par WALLER, ils trouvèrent, contrairement à lui, que *invariablement* les électrodes les plus rapprochées de la base deviennent négatives avant celles qui sont proches de la pointe.

Ils ont toutefois confirmé l'existence d'une oscillation triphasique dans l'homme et dans les animaux intacts, et, ne pouvant alors l'expliquer par le voisinage du foie plus chaud près de la pointe ventriculaire, ils admettent que probablement l'état d'excitabilité de la base dure plus longtemps que celui de la pointe. Ils concluent donc que la variation électrique, dans l'homme et dans le chien intacts, débute par une onde négative à la base; qui est suivie d'une phase pendant laquelle prédomine la négativité de la pointe, et celle-ci d'une troisième phase, dans laquelle se manifestera encore la négativité de la base.

La rapidité de l'oscillation électrique a une grande importance pour déterminer l'amplitude des contractions secondaires qu'elle provoque. De fait, KÜHNE a démontré qu'avec un cœur de tortue on obtient des contractions secondaires très faibles, qui disparaissent immédiatement après que le cœur a été séparé de l'organisme, quoiqu'il continue à battre. Le cœur de grenouille, au contraire, et plus encore le cœur des mammifères, qui battent très rapidement, provoquent des contractions secondaires très énergiques.

On sait que Schiff a observé sur le chat des contractions du diaphragme isochrones avec les contractions cardiaques. Hering explique ce phénomène en admettant que les contractions du diaphragme sont de véritables contractions secondaires, provoquées par le courant d'action cardiaque, transmis par le nerf phrénique. Toutefois, on ne connaît pas d'autres phénomènes semblables, et il paraîtrait que, même dans des conditions meilleures que celles qui existent pour le cœur et le nerf phrénique, une excitation secondaire des nerfs extra-musculaires, *in situ*, ne se produit pas par le fait de la contraction des muscles voisins.

On observe encore dans le cœur le phénomène de la contraction secondaire de muscle en muscle. Ce fut Kühne qui, le premier, réussit à démontrer la contraction secondaire (présystolique) d'un muscle couturier de grenouille, provoquée directement par le courant d'action d'un cœur de tortue.

Variation positive. — D'après Hering, outre les courants d'action étudiés jusqu'ici, qui doivent leur origine à des processus de désintégration de la substance musculaire, il y aurait à distinguer encore une autre espèce de courants d'action qui dépend de la variation ascendante de l'un des points d'où l'on fait dériver le courant, tandis que l'autre point ne se trouvera pas nécessairement en état de variation descendante. Dans ces cas, il devrait se manifester, comme effet de l'excitation électrique d'une préparation musculaire, une oscillation positive du courant de démarcation, parce que les processus chimiques qui se développent dans ces conditions aux points de dérivation sont d'ordre inverse à ceux qui donnent la variation négative, et sont en réalité des processus anaboliques, de réparation.

Quelques expériences récentes ont donné une base expérimentale aux considérations théoriques de Hering. Les expériences fondamentales à ce propos nous viennent de Gaskell; mais, déjà, avant lui, non seulement pour ce qui concerne la partie théorique de la question, Löwitt avait exprimé une opinion concordante avec les vues de Hering et Gaskell. Wedenski, au moyen du téléphone, Talyanzeff, avec l'électromètre capillaire, avaient institué des recherches expérimentales pour s'assurer si l'arrêt diastolique du cœur, provoqué par l'excitation du vague, est accompagné d'actions galvaniques spéciales dans le muscle cardiaque. Dans l'année où Gaskell publia ses recherches, Fano et Fayod en firent d'analogues sur les oreillettes de l'*Emys europæa*.

Les résultats de Wedenski (*A. P.*, 1883, 316. *C. W.*, 1884, 1), et Talyanzeff (*A. P.*, 1886, 31) donnèrent toutefois des résultats peu probants. Le premier ne trouva aucun son au téléphone; le second, aucun mouvement de la colonne de mercure de l'électromètre, comme effet de l'excitation du vague, d'où ils conclurent que le nerf vague n'a aucune influence sur le courant électrique du muscle cardiaque. Dans les cas où l'électrisation du vague ne provoquait qu'un ralentissement des battements cardiaques, Wedenski obtint une série de sons brefs, isochrones avec les contractions cardiaques, dont la hauteur correspondait à celle de l'inducteur. Nous examinerons donc les travaux de Gaskell et de Fano et Fayod.

À la suite de nombreuses recherches expérimentales antérieures, Gaskell (*Beiträge zur Physiol. C. Ludwig gewidmet*. 1887, 114. *J. P.*, viii, 412) était arrivé à formuler définitivement la théorie suivante :

« *Tous les tissus sont pourvus de nerfs de deux espèces : Les uns peuvent être désignés sous le nom de « caboliques » dont la tâche est d'amener un changement destructif dans les tissus, — les autres sous celui d' « anaboliques » ; parce que le changement qu'ils occasionnent est de nature réparatrice. Ainsi, de même qu'une contraction, ou une augmentation de la force de l'activité musculaire, est un signe de désintégration, ou un effet de l'action d'un nerf catabolique ou moteur, de même le relâchement est un signe d'intégration, c'est-à-dire un effet de l'action d'un nerf anabolique ou d'arrêt.* »

Gaskell trouva dans l'oreillette du cœur de tortue, laquelle peut demeurer longtemps immobile après que le cœur a été isolé de l'organisme, et dans le nerf vague, nerf purement inhibiteur, une préparation névro-musculaire idéale, pour démontrer que l'excitation d'un nerf inhibiteur (ou son activité) se manifeste par une oscillation électrique du muscle cardiaque tout à fait opposée, (c'est-à-dire positive) à celle qu'un nerf commun, moteur, provoque dans un muscle ordinaire : cette oscillation positive est nécessairement l'expression de processus chimiques profonds, mais d'ordre inverse aussi, c'est-à-dire anaboliques.

De plus, chez la tortue, ainsi que chez le crocodile, il part du sinus veineux, pour se rendre au sillon auriculo-ventriculaire, un *nerf coronaire*, qui accompagne une *veine coronaire;* ce nerf est un rameau du nerf vague, et on peut facilement l'isoler et le préparer. Afin de provoquer dans le muscle cardiaque un fort courant de démarcation, GASKELL détruisait, au moyen de la chaleur, la pointe de l'oreillette et mettait un des pôles du galvanomètre à la surface de section artificielle thermique (négative), et l'autre à la surface intacte de l'oreillette près de la base (positive).

Le courant de démarcation de l'oreillette, ainsi que celui du ventricule, diminue rapidement d'abord, puis toujours plus lentement. *Dans ces conditions, chaque excitation du vague provoque une oscillation positive.*

En général, le maximum de la variation a lieu pendant les premières dix secondes de l'excitation : l'oscillation positive atteint donc rapidement son degré maximum. L'oscillation positive continue pendant la durée entière de l'excitation, mais elle va en diminuant graduellement d'intensité, pour disparaître plus vite encore quand l'excitation cesse, de sorte que, 15 à 20 secondes après la fin de l'excitation, le galvanomètre est revenu au point où il serait arrivé, même sans l'excitation du vague.

L'excitation du nerf accélérateur n'a pas un effet analogue.

L'atropine abolit cet effet spécial de l'excitation du vague. Quant à son déterminisme intime, voici comment s'exprime GASKELL à ce sujet : « L'action du vague doit donc être expliquée par des phénomènes qui ont lieu dans le tissu intact de la base, phénomènes qui sont accompagnés d'une augmentation de la positivité à cet endroit, tandis que la contraction de l'oreillette est accompagnée d'une diminution de positivité du tissu intact. »

La modification électrique n'est pas cependant nécessairement accompagnée d'une modification mécanique de la préparation musculaire, parce que l'augmentation de la positivité peut se produire, même lorsque aucune contraction n'est visible. Le même fait avait été observé auparavant déjà par BIEDERMANN dans le muscle de l'*Anodonte.*

Il résulte de recherches ultérieures de GASKELL que l'influence des nerfs moteurs du cœur est d'un effet absolument opposé. « L'action du nerf « augmentateur » sur le tissu musculaire du ventricule immobile se manifeste, non par des contractions rythmiques du muscle, mais par une variation électrique de même signe que celle qui accompagne la contraction musculaire, c'est-à-dire par de la négativité du tissu. »

Presque simultanément avec GASKELL, FANO étudia, en collaboration avec FAYOD, les manifestations électriques des oreillettes du cœur de l'*Emys europæa*, en provoquant le courant de démarcation au moyen d'une petite fourchette de gutta-percha durcie, qui comprimait le cœur dans le sillon auriculo-ventriculaire. Le but de FANO était de rechercher les modifications qui pourraient se produire dans le courant de démarcation et dans le courant d'action par rapport à la fonction fondamentale et aux oscillations de la tonicité dans les oreillettes. Il adopta des électrodes impolarisables spéciales, représentant un perfectionnement sur celles de DU BOIS-REYMOND, et choisit comme rhéoscope un électromètre capillaire de LIPPMANN. L'image du mercure dans le tube capillaire, grossie 300 fois, était projetée à travers une étroite fissure sur le papier photographique se trouvant dans un appareil spécial et disposé de manière à permettre l'enregistrement photographique en pleine lumière. On enregistrait en même temps sur la même ordonnée les manifestations contractiles du cœur.

Pour la simplicité du discours, les auteurs ont nommé *ton électrique* le courant de démarcation, et *rythme électrique* les oscillations du courant d'action.

Les observations faites par FANO et par FAYOD sont les suivantes :

De même qu'au dessus de la ligne de tonicité s'élèvent dans le tracé les courbes produites par les contractions simples des oreillettes, de même l'on remarqua dans le tracé photographique, au-dessus de la ligne de tonicité électrique, des modifications rythmiques correspondantes à la fonction fondamentale. Lorsque le rythme électrique et le rythme fonctionnel subsistent ensemble, ils présentent la même fréquence. Quelquefois pourtant une contraction peut avorter, sans que la fonction électrique correspondante vienne à manquer.

Ce que l'on peut observer très fréquemment, c'est un rythme électrique des plus accusés, tandis que le rythme fonctionnel (contraction) fait complètement défaut. Ce fait s'observe généralement dans des cœurs séparés depuis longtemps déjà de l'organisme et qui ont perdu la capacité de produire des contractions spontanées. Si l'on admet qu'une fonction est d'autant plus résistante qu'elle est plus embryonnaire, cette observation ne viendrait-elle pas à l'appui de la supposition que, dans le tissu cardiaque en évolution, le rythme fonctionnel est précédé du rythme électrique, c'est-à-dire d'un rythme trophique, comme les différenciations moléculaires précèdent probablement elles-mêmes les différenciations morphologiques? Mais ce n'est pas seulement à cause de la plus grande résistance du rythme électrique que nous observons ce rythme moléculaire, persistant malgré l'absence de la fonction contractile : nous voyons parfois aussi qu'avec la stimulation du vague, tandis que nous réussissons à arrêter le rythme fonctionnel, nous ne pouvons que ralentir le rythme électrique.

Il arrive de plus que l'oreillette a parfois une si forte tonicité qu'elle ne peut plus laisser aucune possibilité apparente de contraction à la fonction fondamentale, et nous voyons dans ces conditions le rythme électrique se poursuivre invariable. Nous pouvons en partie reproduire ces conditions au moyen de la digitale ou par la distension violente de l'oreillette. Probablement la persistance du rythme électrique dans ces derniers cas est due au fait que les influences mécaniques ou toxiques dont nous avons parlé n'arrêtent pas les modifications moléculaires du tissu cardiaque, tandis qu'elles empêchent simplement les effets cinétiques de ces modifications.

Par contre, en excitant le vague et en empoisonnant le cœur par la muscarine, on observa le fait étrange que la fonction contractile rythmique continuait, tandis que le rythme électrique avait disparu, et ne se représentait plus que de loin en loin, en périodes séparées par de longs intervalles.

De sorte que, si l'antagonisme n'existe pas, il manque certainement le parallélisme entre les deux sortes de rythmes qui nous occupent.

En effet, outre les considérations précédentes, FANO et FAYOD observèrent que, tandis que les contractions des oreillettes qui se produisent immédiatement dès qu'a pris fin l'inhibition du pneumogastrique, sont ordinairement faibles et augmentent graduellement, le contraire a lieu souvent pour le rythme électrique, dont le maximum répond au moment même où l'excitation du vague a cessé.

De plus, tandis qu'au sommet des oscillations du tonus nous voyons les plus petites contractions, nous observons ordinairement, au contraire, dans les points correspondants du tracé électrique, les oscillations les plus élevées.

Après avoir décrit les diverses formes phasiques du rythme du cœur, FANO et FAYOD étudièrent ses modifications pendant l'excitation du vague, et pendant les oscillations de la tonicité. Ils observèrent que, pendant l'excitation du vague, lorsque celui-ci n'empêche pas complètement la fonction électrique, l'on obtient une inversion complète de la variation électrique, qui, de négative devient positive. Même lorsque le vague paraît inexcitable comme nerf inhibiteur (fig. 41), il peut encore exercer son action sur le caractère du rythme électrique, de sorte qu'en pareil cas l'excitation du vague n'a aucune action sur le rythme fonctionnel, tandis qu'elle intervertit le rythme électrique. Une interversion semblable se voit quelquefois aussi pendant les oscillations toniques. Il résulte de ces faits que les impulsions inhibitoires qui sont capables d'empêcher ou de diminuer le rythme fonctionnel, peuvent au contraire provoquer l'apparition d'un très fort rythme électrique qui se montre d'une nature opposée à celui qui accompagnait les impulsions qui excitent la fonction. En examinant les tracés photographiques du rythme électrique, on remarque que cette inversion est produite par une exagération des oscillations électriques qui accompagnent la diastole, et d'une diminution de celles qui accompagnent la systole. En d'autres termes, le travail de FANO et de FAYOD a apporté un puissant appui à l'idée exprimée déjà par GASKELL, à savoir que l'action inhibitoire ne représente pas seulement un arrêt dans la fonction motrice et dans les processus désintégrants qui la déterminent, mais qu'elle exprime aussi et surtout une exagération de l'anabolisme, des processus de reconstitution. Les nerfs moteurs seraient cataboliques; les nerfs inhibiteurs, anaboliques.

FANO a appuyé du reste par d'autres arguments cette théorie, en étudiant le mécanisme central des mouvements volontaires, et l'action des centres nerveux sur le chimisme respiratoire.

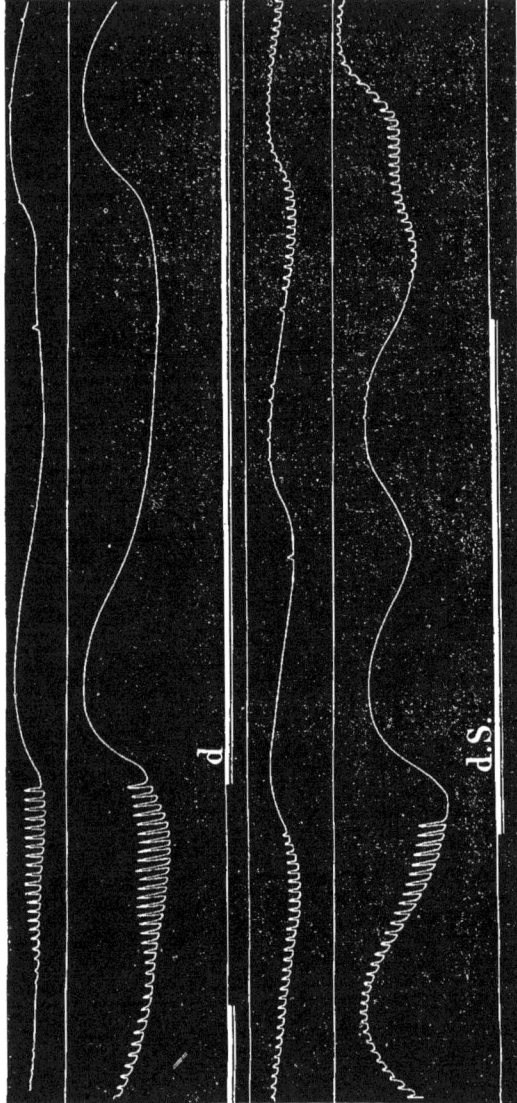

FIG. 71. — Influence de la stimulation du vague sur les oscillations du tonus des oreillettes de l'*Emys europæa*.
d, stimulation du vague droit seul. — *d*, *s*, stimulation des deux vagues. Comme on le voit, les contractions fondamentales s'arrêtent, tandis que les oscillations du tonus ne sont presque pas troublées. (FANO.)

FANO et FAYOD. *De quelques rapports entre les propriétés contractiles et les propriétés électriques des oreillettes du cœur.* (A. i. B., IX, 143, 1888.) — FANO. *Di alcuni fondamenti fisiologici del pensiero.* (Rivista di filosofia Scientifica, IX, 193, 1890.) — HERZEN. *Le rôle psycho-physiologique de l'inhibition*, d'après M. Jules Fano. *Revue Scientifique*, XLVI, 239, 1890. — Fano. *Sul chimismo respiratorio negli animali e nelle piante*. (*Arch. per le scienze med.*, XVIII, 1893.)

VI. Cœur embryonnaire. — On peut distinguer dans le développement primitif du cœur deux types différents (*Traités d'embryologie de* Kölliker, Hertwig, Minot, etc.).

1° Chez les Sélaciens, les Ganoïdes, les Amphibiens et les Cyclostomes, le cœur se développe par un organe rudimentaire impair, situé dans l'intérieur d'une cloison tendue entre la paroi de l'intestin céphalique du côté ventral et la paroi dorsale, du côté dorsal. Cette cloison divise en deux moitiés la partie proximale de la cavité du corps. Au milieu de cette cloison, qui n'est qu'une partie du mésentère abdominal, se creuse une petite cavité, la cavité cardiaque primitive, bornée par une simple couche de cellules qui se transformeront plus tard en cellules endothéliales de l'endocarde. Les deux parties de la cloison qui unit la cavité cardiaque primitive aux régions ventrale et dorsale sont nommées mésocarde antérieur et mésocarde postérieur. A l'extérieur du tube cardiaque endothélial les éléments cellulaires du feuillet médian se multiplient pour former le tissu aux dépens duquel se développera la musculature du cœur, ainsi que le feuillet viscéral du péricarde.

Dans cette période, toute la cavité du corps plus proximale représenterait la cavité péricardique. Plus tard cependant, la cavité pleurétique s'en sépare, et seulement une de ses parties fournit la cavité du péricarde, dont le feuillet pariétal prend naissance dans la paroi de la cavité primitive du corps.

2° Chez les Téléostéens, Reptiles, Oiseaux et Mammifères, au contraire, le cœur se forme par la fusion de deux cavités d'abord séparées et symétriques. Dans l'embryon de poulet possédant déjà quatre à six proto-vertèbres, on voit apparaître les premières traces du cœur, en correspondance avec deux replis de l'endoderme, là ou les deux extrémités médianes se rapprochent l'une de l'autre pour former l'intestin. Dans ces deux régions, et notamment dans la substance gélatineuse fondamentale des plis intestinaux, on remarque deux petites masses de cellules disposées de façon à former deux cavités tubulaires, et ayant une nature endothéliale.

Lorsque les deux plis intestinaux se sont confondus et que la cloison qui résulte de cette fusion s'est résorbée, les deux tubes cardiaques primitifs se rejoindront, et n'en formeront plus qu'un seul, situé au-dessous de l'intestin céphalique entouré des parties médianes du feuillet viscéral du mésoderme qui fournit les matériaux nécessaires à la musculature cardiaque. La première ébauche cardiaque est donc sur un tractus du mésentère ventral qui se divise en mésocarde antérieur et en mésocarde postérieur.

L'ébauche cardiaque impaire est donc l'ébauche primitive; l'ébauche paire se constitue parce que, au moment où apparaît le premier élément cardiaque, il n'existe pas encore d'intestin céphalique, mais seulement ses deux rudiments pairs et symétriques. Les cellules qui serviront au développement du cœur se trouvent donc situées en deux régions différentes, et placées dans des parties symétriques de l'embryon. Quel que soit son mode de développement, le tube cardiaque se trouve d'abord placé dans la région ventrale, au-dessous de l'intestin céphalique; il est composé de deux tubes : l'un, interne, endothélial, qui formera l'endocarde; l'autre, externe, d'origine mésothéliale, qui formera la musculature cardiaque et le feuillet viscéral du péricarde, tandis que le feuillet pariétal provient de la paroi externe de la cavité générale du corps.

Pourtant, si la plus grande partie des observateurs est d'accord au sujet de l'origine de la musculature du cœur et du péricarde, en les faisant dériver du feuillet interne du mésothélium, et, plus spécialement, selon His, de la plaque ventrale, ou plaque cardiogène, les opinions sont encore discordantes sur l'origine de l'endocarde.

Quant au sac endothélial cardiaque primitif, il n'est, dans le principe, qu'un amas irrégulier de cellules au milieu duquel se creusent des cavités qui se rejoignent ensuite et se confondent en une seule. La matière cellulaire se développe sur la paroi des feuillets embryonnaires voisins, *in situ*, mais il reste à résoudre la question de savoir si l'endoblaste seul, ou seulement le mésothélium, ou bien encore si l'un et l'autre contribuent à la formation de l'endothélium cardiaque, et si les éléments cellulaires proviennent par migration de ces feuillets, ou encore si une partie de ceux-ci se sépare *in toto*.

Selon Hofmann, chez les Sélaciens, la poche endothéliale cardiaque et l'aorte se formeraient ainsi : dans des points déterminés, certaines cellules épithéliales de la paroi intestinale primitive s'aplatissent très notablement, en présentant l'aspect de minces éléments endothéliaux ; puis, se séparant de la paroi intestinale, ces points se transformeraient directement en vaisseaux endothéliaux (HERTWIG, 1878).

Les modifications ultérieures de forme subies par le tube cardiaque sont déterminées par un accroissement considérable dans sa longueur ; alors, pour se loger dans la cavité péricardique primitive, il est obligé de se replier sur lui-même en forme de S ; d'où il suit que le segment veineux se trouve reporté en bas et du côté gauche, tandis que le segment artériel, d'où partent les arcs aortiques, se trouve en haut et à droite. Bientôt, toutefois, cette position se modifie ; le segment veineux se déplace dans la direction céphalique, le segment artériel dans la direction opposée, jusqu'à ce qu'ils arrivent presque au même niveau. Les deux parties subissent simultanément une rotation suivant l'axe longitudinal de l'embryon ; l'anse veineuse vient se porter au côté dorsal, et l'anse artérielle au côté ventral.

En cette période de la vie embryonnaire, le cœur, continuant à se développer, s'avance maintenant sous la forme d'un renflement faisant saillie sur la face abdominale de l'embryon et que l'on discerne à l'œil nu. A cause de la formation d'étranglements et d'excavations, l'on commence à distinguer dans le tube cardiaque des régions correspondant aux oreillettes, aux ventricules, au canal auriculaire (HALLER), etc. Parallèlement à ces modifications extérieures, il se fait des modifications internes qui conduisent à la formation des cloisons inter-auriculaire et inter-ventriculaire, des valvules auriculo-ventriculaires et sigmoïdes, etc.

Mais pour les détails spéciaux se rapportant à ces différenciations, nous devons renvoyer aux traités d'embryologie.

Cependant l'histogénèse de la cellule myocardique mérite une mention particulière, ainsi que l'apparition des éléments nerveux dans le cœur des vertébrés supérieurs (oiseaux, mammifères).

Selon ASSAKY (C. R., XCVII, 183, 1883), le myocarde est constitué au début par des cellules anastomosées en réseaux ; les fibrilles musculaires naissent par génération endo-cellulaire.

Les cellules musculaires de l'embryon du poulet au second jour rappellent au plus haut degré, par leurs caractères physiques, les cellules amiboïdes libres de la même époque ; d'où l'auteur conclut qu'elles ont pour origine les cellules qui ont émigré du feuillet médian, c'est-à-dire des éléments mésenchymaux qui, selon beaucoup d'auteurs, dérivent du mésoderme. Au troisième jour d'incubation, selon ASSAKY, l'unique modification visible consiste en ce que le protoplasma semble un peu moins clair et moins homogène ; au cinquième jour, toutefois, les cellules myocardiques sont striées longitudinalement, d'une façon assez marquée.

C'est dans une monographie de CHIARUGI. *Delle condizioni anatomiche del cuore al principio della sua funzione, e contributo alla istogenesi delle cellule muscolari cardiache* (*Atti Ac. Fisiocritici di Siena*, (3), IV, 1887), que nous trouvons les données les plus précises sur l'histogénèse des cellules myocardiques.

Les résultats de ces observations peuvent se résumer de la manière suivante :

1° L'évolution des cellules myocardiques ne se trouve pas au même degré dans toutes les régions du cœur embryonnaire. Tandis qu'elle a atteint son maximum dans certaines parties, elle est beaucoup moins avancée en d'autres.

L'uniformité de structure, qui, ainsi que nous aurons occasion de le voir plus loin, est caractéristique de cet organe, même dans l'état adulte, commence à se manifester dès les premiers moments de sa formation.

2° La forme la moins évoluée des cellules musculaires cardiaques est la forme globuleuse ; elles s'allongent par la suite et tendent à devenir fusiformes, forme propre aux périodes ultérieures de son développement.

3° Dans les toutes premières phases de leur formation les cellules musculaires du cœur ne sont pas indépendantes l'une de l'autre ; mais, par de nombreux et subtils prolongements anastomotiques, elles forment comme une masse commune ; lorsque, plus tard, elles deviennent indépendantes, elles se soudent au moyen de la substance cimentante dans laquelle elles sont plongées ; cette réunion prend une consistance de plus en plus ferme avec la croissance de l'animal, en opérant comme une fusion secondaire.

4° Les cellules sont d'abord pourvues d'un protoplasma à très clair réticule plasmatique, très subtil, qui par la suite prend un aspect strié transversalement. On apercevra déjà dans quelques cellules un indice de cette striation au bout de quarante-huit heures d'incubation; après cinquante-huit heures, elle est très apparente dans un grand nombre d'éléments.

Ainsi, dit l'auteur, c'est dans la première moitié du troisième jour, en général, c'est-à-dire vingt-quatre heures après le début de la fonction contractile du cœur, que la cellule prend l'apparence striée transversale.

His jun. (Die Entwickel. d. Herznervensystems bei Wirbelthieren. Abhandl. d. math. phys. Cl. d. Kön. sach. Ges. d. Wiss., XVIII, n° 1, 1891 et Arbeit. aus med. Klin. zu Leipzig, 1893), ainsi que His et Romberg (Ibid.), nous ont fourni d'autres détails sur le développement et la structure du cœur embryonnaire, comme sur l'apparition des éléments nerveux dans cet organe. Ils ont observé que, dans l'intervalle du quatrième au cinquième jour, la paroi musculaire du cœur subissait des modifications. Les cellules, jusqu'alors en forme de vésicules, prennent une structure fibrillaire, et dans la paroi interne des ventricules elles sont constituées en trabécules réticulés. Jusqu'à ce moment, toutefois, le cœur embryonnaire ne contient pas encore de cellules ganglionnaires; celles-ci ne font leur apparition, selon His, qu'au bout du sixième jour, entre l'aorte et l'artère pulmonaire, en y arrivant par migration des groupes cellulaires du système nerveux sympathique. Chez d'autres vertébrés encore, His a observé que la fonction cardiaque précédait toujours l'apparition des ganglions intrinsèques du cœur. Cela s'applique également à l'homme, dans le cœur duquel les premiers ganglions apparaissent à la quatrième semaine. Or on sait, d'après une observation de Pflüger, que le cœur embryonnaire de l'homme présente déjà des pulsations à partir de la troisième semaine.

Nous ne citerons que brièvement les premières observations relatives à la physiologie du cœur embryonnaire, dans lesquelles on se contentait du simple examen, pour nous arrêter davantage à des expériences plus récentes, faites avec de meilleures méthodes.

Selon His, les contractions du cœur sont aussi régulières dans les premiers stades du développement que plus tard; l'irrégularité doit être attribuée au refroidissement; et elle survient d'autant plus vite que l'embryon est de plus petite dimension. Il semblerait même qu'en maintenant une température égale on observerait dès le début la même régularité de contraction que plus tard. Selon Preyer (Specielle Physiologie des Embryo. Leipzig, 1885), au contraire, les premières contractions du cœur ont lieu à des intervalles irréguliers, et, d'après la nature des embryons, on rencontre chez les uns une régularité constante, tandis que chez les autres tout rythme régulier manque, indépendamment des modifications qui seraient imputables à la température. L'énergie de la contraction, toutefois, est toujours faible au début. Preyer a observé en outre, que, lorsque le cœur commence à s'épuiser, et pendant son agonie, le nombre des contractions diminue; mais, si la mort survient lentement, on observe régulièrement, avant la mort, une augmentation de la fréquence.

Il a été beaucoup discuté sur l'époque à laquelle se produit la première contraction cardiaque; mais cette question, ainsi posée, ne peut pas être résolue, attendu que l'on ne peut qu'établir l'heure d'incubation correspondant à la première systole bien définie qu'on ait pu observer.

On comprend, d'après cela, que chaque observateur a cru signaler la ou bien les premières contractions cardiaques. C'est pourquoi il s'en trouve qui affirment qu'elles ont lieu déjà à 48, 36 même 24 heures après le début de l'incubation. Si même le développement commençait immédiatement et procédait ensuite avec régularité, nous ne pourrions espérer fixer jamais avec certitude l'époque de la première contraction cardiaque, car il ne faut pas oublier que la contraction ne peut pas se présenter au début comme elle se présente plus tard, mais que, partant d'une forme rudimentaire imperceptible, elle doit arriver graduellement à la forme bien accentuée que nous pouvons voir et enregistrer par la suite. Ce qui n'est pas douteux, c'est que les premières contractions du tube cardiaque primitif ont lieu à une époque où il est impossible d'y découvrir la moindre trace de fibre musculaire ni d'éléments nerveux (Preyer). Les deux parties constituant l'organe cardiaque, ajoute Preyer, c'est-à-dire l'endothélium (la tunique interne) et la plaque cardiaque (paroi externe) ne sont composées que de cellules simples. Ces cellules doivent, en vertu de la contractilité qui leur est propre, se mouvoir toutes ou presque toutes à chaque systole.

Une autre question également insoluble est celle de la nature intime et du déterminisme de la première contraction cardiaque. WERNICKE et PREYER admettent tous deux que la contraction est due à l'hémolymphe circulante, par laquelle la paroi interne du cœur serait directement excitée. FANO, toutefois, n'a jamais observé ce fait, rapporté par PREYER, que les régions ventriculaires éloignées l'une de l'autre se contracteraient simultanément. De plus, à une époque quelconque de son développement, étant isolé de l'organisme, le cœur embryonnaire continue pendant longtemps encore à se contracter, quoique vide; et on ne peut pas admettre, avec PREYER, que les mouvements de ces petits cœurs soient dus à l'excitation par le traumatisme opératoire de l'isolement.

En effet, si nous voulons nous faire une idée de la nature intime et du déterminisme des premières contractions rudimentaires du cœur, nous devons avoir recours à l'analogie, et nous contenter d'admettre que le phénomène des contractions dans les éléments cellulaires constituant le tube cardiaque doit se produire dans les mêmes conditions que dans les myoïdes des protistes ou dans les pseudopodes d'une amibe. L'action synergétique des divers éléments ne peut même pas présenter de difficultés d'interprétation, puisque nous savons que les cellules du tube cardiaque sont depuis les premiers instants unies par anastomoses, de sorte que nous pouvons le considérer schématiquement comme un tube de protoplasme vivant qui se contracte rythmiquement par impulsions automatiques.

La *fréquence* des contractions d'un cœur de poulet embryonnaire soustrait à son milieu normal est peut-être ce qu'on peut imaginer de plus variable. Cette variabilité ne dépend pas tant du degré de développement de l'embryon et peut-être aussi de ses particularités individuelles, que des variations de température et des lésions mécaniques auxquelles le cœur a été exposé. Ainsi seulement peut s'expliquer pourquoi, dans les premiers jours, pendant une minute, REMAK compte 40 systoles, BAER 150, KÖLLIKER de 40 à 60; WERNICKE de 90 à 146, pendant le deuxième et le troisième jour, de 112 à 180, au cinquième jour de développement. Il résulte des nombreuses observations de PREYER que les contractions des premiers jours ne sont pas plus fréquentes que par la suite, et que du quatrième au onzième jour il n'existe pas de différence notable, puisque, à cette époque, la fréquence des contractions oscille entre 120 et 170 par minute. « De plus, ajoute-t-il, les nombres minima et maxima (86 et 181) sont si rares, et survenant toujours à la suite de l'intervention d'agents artificiels, qu'on doit les attribuer à ces agents. Bien qu'on sache que, dans le cours de la vie individuelle, la fréquence des contractions cardiaques diminue toujours à mesure que l'animal se développe; toutefois, en considérant la structure des cellules myocardiques aux premiers degrés de développement, cellules que nous pouvons comparer à des éléments protoplasmatiques indifférenciés, nous devons admettre, par analogie, que la fréquence et l'énergie des toutes premières contractions cardiaques sont inférieures à celles des contractions qui suivront. Ce n'est probablement qu'après la complète différenciation des fibrilles contractiles dans l'intérieur des cellules que survient la plus grande fréquence des contractions cardiaques.

Les savants que nous avons cités ne se sont pas bornés à une simple étude du cœur embryonnaire : ils lui firent subir également l'action de plusieurs agents.

Les *excitations mécaniques*, même lorsqu'elles sont faibles, produisent, selon PREYER et SONNENKALB, un accroissement passager de la fréquence, accroissement qui ne dépasse toutefois pas 10 contractions par minute.

Un grand nombre d'auteurs s'accordent pour affirmer que la fréquence des contractions dans le cœur embryonnaire diminue en général avec le *froid*, et augmente avec la *chaleur;* à + 10°, et à + 49°,5, ou 50°, elles cesseraient complètement.

Toutefois les contractions, devenues moins fréquentes par le froid ou trop fréquentes par la chaleur, peuvent être ramenées à la moyenne normale, si on réchauffe ou si on refroidit le cœur, pourvu qu'on ne lui ait pas fait atteindre les limites thermiques extrêmes, auquel cas il cesse de battre. Avec des températures trop élevées on peut obtenir la rigidité du cœur.

Selon PREYER, la *dessiccation* a pour effet constant une diminution de la fréquence

Mais ni lui ni d'autres n'ont fait de recherches sur l'action des sels neutres indifférents en solution, ayant une pression osmotique très élevée, et par conséquent agissant sur le cœur en déshydratant le tissu musculaire. Malgré cela, il est impossible d'interpréter d'autre façon l'observation de PREYER, que le NaCl, mis en poudre sur la surface du cœur embryonnaire, diminue rapidement la fréquence de ses contractions.

Relativement à l'action des *substances toxiques* sur le cœur embryonnaire, PREYER affirme que les sels de potassium agissent sur lui comme de puissants poisons, tandis que les sels de soude sont sans action. L'alcool éthylique à faibles doses produit l'augmentation de la fréquence : à hautes doses il arrête le cœur en diastole.

L'éther agit beaucoup moins énergiquement, tandis que le chloral et l'aldéhyde sont des poisons à action paralysante. Les alcaloïdes, tels que l'atropine et particulièrement la nicotine et la quinine, ainsi que NH³, sont, selon PREYER, des agents paralysant rapidement le cœur embryonnaire ; tandis que la curarine n'a aucune influence. Les acides également ont une action rapidement destructive.

Ayant rapporté ici les observations antérieures aux recherches de FANO et faites sans l'emploi de la méthode graphique, nous devons rappeler les observations de HIS, traitant de l'action de quelques alcaloïdes sur le cœur embryonnaire, puisque bien qu'il dise avoir employé la méthode graphique et enregistré les mouvements du cœur, par une méthode semblable à celle qu'a adoptée FANO, il n'a donné dans son travail aucun photogramme.

Selon HIS, le sulfate d'atropine en solution à 5 p. 100 appliqué sur l'*area vasculosa* (ce qui, selon l'auteur, serait équivalent à une injection sous-cutanée faite sur un animal adulte) ne produit aucun effet, tandis que, appliqué sur le cœur dans la proportion de 1 à 2 gouttes d'une solution à 1 p. 100, il cause son arrêt. Appliquée à l'*area vasculosa*, la muscarine aurait une action différente de celle qu'on observe communément sur les cœurs des animaux adultes : elle produirait un arrêt passager qui cesse lorsque le poison se serait, selon l'auteur, dilué dans toute la masse sanguine. Appliquée directement sur le cœur, elle arrête les contractions, *mais l'atropine ne peut pas faire cesser cet arrêt*. L'action de la nicotine, fait étrange, ne ressort pas clairement des recherches de HIS ; au contraire, la digitaline se révélerait comme poison cardiaque, parce que, employée à haute dose, elle augmente le nombre des contractions ; dans les oreillettes HIS observe comme effet de son action une sorte de *delirium cordis*.

Quelle que soit l'opinion générale que HIS se soit formée à la suite de ses expériences, il ne l'exprime pas nettement ; il relève seulement les différentes manières dont se comportent les oreillettes et les ventricules, sous l'action de ces différents poisons ; la muscarine, l'atropine et la digitaline exercent leur action plus énergiquement sur les ventricules ; la nicotine semble arrêter les contractions des oreillettes avant celles du ventricule.

PREYER a fait peu de *recherches d'électro-physiologie* sur le cœur embryonnaire. Il a observé : 1° qu'au moyen d'un courant induit, à interruptions rapides, l'on obtient une augmentation de fréquence, et avec un courant plus puissant, l'arrêt du cœur en systole, arrêt qui se transforme vite en tétanos, lequel apparaît quelques secondes après l'excitation électrique, et cesse quelques secondes après que l'excitation a cessé ; 2° que les courants constants forts ou faibles sont dans les premiers jours sans influence sur la fréquence des contractions.

Une période de recherches systématiques sur le cœur embryonnaire a été inaugurée par les études de FANO, qui a appliqué la méthode graphique à l'inscription des mouvements du cœur embryonnaire. Ce fut la première fois que l'on utilisa les changements de forme d'un organe pour obtenir directement le tracé photographique de sa fonction. Toutes les recherches de FANO (*Sullo sviluppo della funzione cardiaca nell'embrione. Lo Sperimentale*, 1885) se rapportent au cœur embryonnaire de poulet, particulièrement du deuxième au troisième jour du développement ; toutefois celles qui se rapportent aux modifications de l'excitabilité du cœur s'étendent jusqu'au douzième jour.

Dans une première publication destinée à démontrer que la cause de la fonction du cœur n'est pas constituée par l'excitabilité, mais par l'automaticité des éléments qui la composent, sans s'arrêter à la part qui revient aux éléments musculaires et nerveux dans la fonction cardiaque, FANO obtient les résultats généraux suivants, sur la fonction du cœur embryonnaire du poulet :

1° L'excitabilité, dans les premiers jours du développement, est très faible ; elle augmente progressivement avec le développement graduel de l'embryon.

2° Nous observons, comme conséquence naturelle du développement de cette excitabilité, une diminution graduelle dans la résistance de la fonction cardiaque à l'action nocive des excitations extérieures.

3° L'excitabilité et la fonction cardiaque présentent des oscillations diverses et même opposées, de sorte qu'un cœur fonctionnant activement peut être beaucoup moins excitable qu'un autre cœur qui, par exemple, ne fonctionnerait pas du tout.

4° Il arrive parfois que les conditions qui dépriment l'activité fonctionnelle du cœur embryonnaire en exaltent l'excitabilité, et *vice versa*.

Ces conclusions sont basées sur les faits suivants : *a*) Tandis qu'un cœur au troisième jour de développement peut continuer à se contracter pendant environ quatre-vingt-cinq minutes, le cœur d'un poulet à terme s'arrête au bout d'un laps de temps n'atteignant pas trois minutes. Il faut noter encore qu'un cœur à son quatrième jour de développement, laissé *in situ* dans l'embryon, ne se contracte pas pendant plus de trente-quatre minutes, tandis qu'un autre, dans la même période de développement, mais séparé de l'embryon, se contracte pendant vingt-cinq minutes.

b) Tandis que l'excitabilité d'un cœur du troisième jour est exprimée par un écartement de la bobine d'induction de DU BOIS-REYMOND de 7 cm., celle d'un cœur au douzième jour est exprimée par une distance de 23 cm.

FANO disposait le cœur entre deux électrodes métalliques sur un porte-objet : il observait le rythme cardiaque et au moyen d'un clavier de télégraphiste il en inscrivait les pulsations sur un cylindre enfumé et à rotation. Il étudia ainsi les variations du rythme provoquées par l'excitation électrique.

Les résultats obtenus par cette méthode, que nous nommerons *cardioscopique*, sont nombreux et importants.

Ainsi, il observa que dans un cœur embryonnaire, extrait de l'organisme, la fréquence des contractions diminue avec le temps, et que les contractions, qui étaient d'abord régulièrement rythmiques, deviennent par la suite allorythmiques et

FIG. 72. — Forme du cœur embryonnaire de poulet au troisième jour d'incubation. AD, extrémité veineuse. — BC, extrémité artérielle. — F, segment ventriculaire.
L'échelle correspond à 1 millimètre ; chaque division à 0ᵐᵐ,05. (FANO.)

arythmiques. Il vit que le segment veineux du cœur continue à se contracter plus longtemps que le segment ventriculaire ; que dans la période d'épuisement les contractions ventriculaires se succèdent isolées ou par groupes, et que tantôt le segment veineux, tantôt le ventricule présentent à un certain moment des groupes de contractions périodiques. Ces groupes seraient, en outre, toujours formés, dans les régions veineuse et artérielle, de contractions égales.

FANO (FANO et BADANO. *Sulla fisiologia del cuore embrionale del pollo nei primi stadi dello sviluppo. Arch. p. l. scienze mediche*, XIV, 1889) a, dans une publication plus récente, adopté, ainsi que nous l'avons dit, la méthode photographique et une technique absolument nouvelle : se mettant, de plus, dans des conditions d'observations plus favorables, il a enregistré les mouvements des régions veineuse et artérielle du cœur embryonnaire du poulet entre le second et le troisième jour du développement. Les résultats les plus importants de ses recherches sont les suivants (fig. 72).

1° La forme de la contraction cardiaque est la forme péristaltique, et l'onde chemine de la région veineuse à la région artérielle avec une vitesse variant, selon les diverses conditions de vigueur ou d'épuisement du cœur, de 11,5 à 3,6 millimètres par seconde.

Il a déterminé cette vitesse, en mesurant le temps qui s'écoule entre le commencement de la systole de l'extrémité veineuse, et le commencement de la systole de l'extrémité artérielle dans le bord concave du tube cardiaque, et en divisant l'espace compris entre les deux extrémités par l'intervalle du temps écoulé entre les deux systoles.

2° L'onde de contraction arrive à l'extrémité artérielle plus vite par la petite courbure du cœur que par la grande, et, comme le bord concave est moins étendu que le bord convexe, il s'ensuit que la vitesse de transmission est approximativement égale dans les deux parties. Fano note, à propos de ce fait, que c'est un argument physiologique contre l'hypothèse qu'il existe des fibres nerveuses dans le cœur embryonnaire du troisième jour (fig. 73).

3° Il a ensuite confirmé tout ce qu'il avait observé auparavant dans le cœur de même

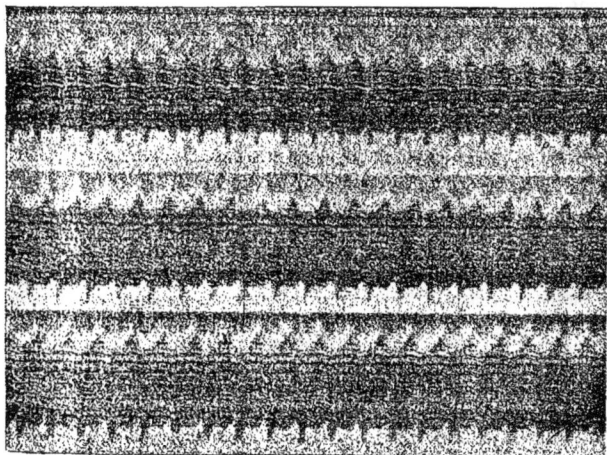

Fig. 73. — Photogramme des mouvements de la colonne de mercure de l'électromètre capillaire, démontrant la forme péristaltique de la fonction ventriculaire du cœur embryonnaire du poulet au troisième jour d'incubation. O, extrémité auriculaire. — V, extrémité ventriculaire. (Fano.)

développement relativement aux rythmes, à la formation de groupes et de périodes et à la fonction générale du cœur embryonnaire.

4° Diverses expériences de section du cœur l'ont conduit à la conclusion que la région veineuse non seulement est plus automatique, mais encore qu'elle est beaucoup plus résistante aux traumatismes que la région ventriculaire. Elle serait, en outre, moins excitable, mais conserverait son excitabilité à un moment auquel la région ventriculaire l'aurait perdue : l'excitabilité serait, en d'autres termes, en raison inverse de sa durée.

Comme conclusion générale de ses expériences, Fano dit qu'il paraît évident qu'entre la fin du second et la fin du troisième jour l'automaticité et l'excitabilité existent dans toutes les régions du cœur, mais non uniformément; que l'automaticité va en diminuant graduellement de l'extrémité veineuse à l'extrémité artérielle, tandis que l'excitabilité est minimum à l'extrémité veineuse et va augmentant graduellement vers l'extrémité artérielle (voir plus haut Irritabilité du cœur).

5° L'effet des gaz asphyxiants (H, CO^2, CO), dans les régions plus excitables et dans les régions plus automatiques, est d'arrêter l'automatisme avant l'excitabilité; l'automatisme reparaît plus tard lorsque l'action délétère du gaz aura cessé; toutefois l'automatisme s'arrête plus tôt dans le ventricule que dans l'oreillette, où il réapparaîtrait d'abord. L'excitabilité serait donc, moins que l'automatisme, dépendant des échanges moléculaires; d'où l'auteur conclut que le plus grand automatisme de la région veineuse a sa raison d'être, en partie du moins, dans la plus grande quantité d'oxygène que l'oreillette garde accumulé dans son tissu.

Des recherches de Fano il résulte un fait particulièrement digne d'attention, c'est que la différenciation fonctionnelle des divers segments du cœur qui présente une différenciation anatomique à peine appréciable survient déjà entre le second et le troisième jour, ce qui implique une sorte de polarisation du tube cardiaque qui explique le mode de fonction du cœur et la direction de l'onde contractile.

His *junior* a pu confirmer les résultats de Fano dans tous les points essentiels. Selon His, c'est entre le quatrième et le cinquième jour qu'ont lieu les modifications de forme qui déterminent la distinction définitive des différentes régions du cœur. La paroi musculaire se modifie aussi profondément dans sa structure, ainsi que le caractère de la contraction cardiaque. Tandis que jusqu'alors la contraction avait la forme d'une onde péristaltique de vitesse constante, elle commence maintenant au sinus des veines caves, se propage avec un léger ralentissement aux oreillettes qui se contractent, et, après une courte pause, provoque la contraction des ventricules, pour se propager de là péristaltiquement vers le bulbe aortique.

Toutefois, en faisant quelques projections du cœur embryonnaire, Bottazzi s'est convaincu tout récemment, en observant les mouvements du cœur sur l'image considérablement agrandie, qu'un ralentissement de la vitesse de l'onde de contraction se manifeste environ à la partie médiane du tube cardiaque, même au commencement du troisième jour de son développement, c'est-à-dire avant que les modifications morphologiques indiquées par His soient constatées. L'onde de contraction cardiaque présente donc probablement, dès sa première apparition, les caractères fondamentaux qu'elle a dans le cœur adulte, et à aucun moment il n'existe dans ses différentes parties une rapidité de transmission constante. En d'autres termes, la différenciation physiologique de cette propriété spéciale de l'onde de contraction du muscle cardiaque a lieu à une époque à laquelle nous ne savons pas trouver de différenciation structurale correspondante. Mais on sait que nous devons admettre, d'après les observations de Chiarugi, que des différences histologiques apparaissent dans les cellules myocardiques dès le début du développement du cœur.

Les expériences de His, sur l'action de certains poisons, ont été rapportées plus haut.

Les observations les plus satisfaisantes citées jusqu'à présent ont été faites sur le cœur embryonnaire du deuxième au sixième jour du développement (Fano, His); au cours de recherches sur l'excitabilité (Fano), le cœur fut examiné aussi à des périodes plus avancées, jusqu'au douzième jour; les observations de Preyer et de ses élèves ne dépassent pas cette période.

Quoique la fonction d'un organe soit intimement liée à la forme qu'il présente à l'état de développement complet, le cœur d'un poulet au deuxième et au troisième jour de son développement est tellement différent d'un cœur adulte, que c'est peut-être avec raison que récemment quelqu'un s'est refusé à admettre comme concluants les résultats obtenus par des expériences sur le cœur embryonnaire, lesquelles ne sauraient, dit-on, faire comprendre le mécanisme fonctionnel intime d'un cœur complètement développé. Guidé par cette idée, Bottazzi a institué dernièrement une série de recherches sur le cœur embryonnaire du poulet du onzième au vingtième jour de son développement, c'est-à-dire dans la seconde période de son développement embryonnaire.

Mais, avant d'examiner les résultats des recherches de Bottazzi, nous croyons très utile de rapporter ceux de Pickering, qui, au cours de ses nombreuses expériences, a aussi étudié des cœurs embryonnaires à la fin de la première moitié de leur développement.

Les recherches de Pickering sur le cœur embryonnaire de poulet et de quelques mammifères, à diverses époques de développement, sont assez intéressantes. Ses premières recherches datent de 1893 (*Observations on the physiology of the embryonic heart. J. P., XIV, 383*) : il en publia d'autres à la fin de 1895 (*Further experiments on the embryonic heart. J. P., XVIII, 470*) ; et les dernières datent de 1896 (*Experiments on the heart of mammalian and chick-embryos, with special reference to action of electric currents. J. P., XX, 164*).

Les recherches contenues dans le premier mémoire concernent exclusivement les cœurs embryonnaires de soixante à quatre-vingt-cinq heures d'incubation, et quelques-unes ont été faites sur des cœurs de quatre-vingt-seize heures. La plus grande partie aussi des recherches du deuxième mémoire ont été faites sur des cœurs des premiers jours de développement, excepté celles sur l'action antagoniste de l'atropine et de la muscarine, qui furent exécutées sur des cœurs de deux cents à deux cent quatre-vingts heures d'incubation. Le troisième mémoire contient les études sur les embryons de mammifères d'environ un demi-mois au plus de la vie embryonnaire, et les observations électriques sur des cœurs d'embryon de poulet, médiocrement avancés dans le développement (trois cents heures d'incubation)[1]. Dans toutes ces recherches, l'auteur s'est servi de l'*inspection* de l'organe, et n'a jamais enregistré les mouvements au moyen d'aucune des méthodes graphiques, ce qui, du reste, n'était pas absolument nécessaire, si l'on considère qu'il s'est limité à constater le rythme du cœur et ses modifications numériques, la continuation de la fonction ou l'arrêt, etc., en présence des divers réactifs généralement employés dans la physiologie expérimentale.

Toutefois, nous le répétons, les observations minutieuses de PICKERING méritent

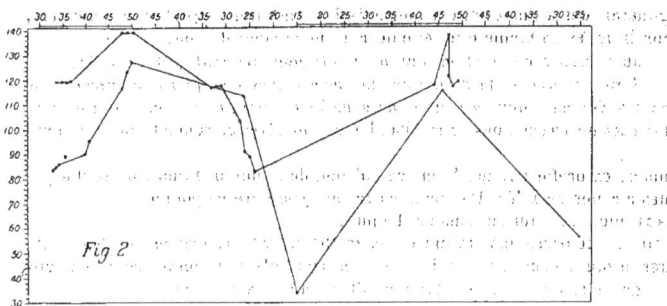

FIG. 74. — Diagramme démontrant l'action de la température sur le cœur embryonnaire.
Les ordonnées indiquent le nombre des battements à la minute; l'abscisse, les degrés de température.
La courbe doit être lue de gauche à droite. (PICKERING.)

d'être rappelées, ce que nous pouvons faire d'autant plus facilement qu'il a, à la fin de chaque mémoire, soigneusement résumé ses résultats en forme de conclusions que nous voulons fidèlement reproduire ici.

Les conclusions du premier mémoire (1893) sont les suivantes :

« Le cœur embryonnaire de poulet, s'il est maintenu dans les conditions voulues, bat avec un rythme constant pour chaque individu; et, comme les pulsations apparaissent avant le développement d'un système nerveux capable de fonctionner, cet organe offre un moyen pour différencier les fonctions du muscle cardiaque de celle des nerfs. Le cœur embryonnaire réagit à toutes les classes de stimulants (chimiques, thermiques et électriques) qui agissent sur le cœur adulte, et il est spécialement sensible aux excitants thermiques (fig. 74).

En effet, pour chaque cœur existe une certaine température, à laquelle sa fonction rythmique est marquée au plus haut degré. Les températures supérieures et inférieures

1. De ces notices bibliographiques, il résulte que quelques reproches faits à BOTTAZZI par KRONECKER (Z. B., xxxiv, 588) sont dénués de fondement. Le manuscrit du travail de BOTTAZZI (qui était une thèse pour la *Libera docenza*) fut présenté le 15 juin 1896. BOTTAZZI connaissait alors le premier mémoire de PICKERING (datant de 1893), mais il n'en cita pas les résultats, *parce qu'il contenait exclusivement les recherches sur les cœurs embryonnaires des premiers jours d'incubation*; les deux autres mémoires de PICKERING ayant été tous deux publiés presque en même temps que BOTTAZZI écrivait le sien, ou même plus tard. Ils ne vinrent donc à la connaissance de B. qu'après qu'il eut terminé ses recherches (11 juillet 1896). Aussi ne put-il pas en parler dans son mémoire. S'il cita, dans sa bibliographie les travaux de PICKERING, il ne put pas modifier le texte du mémoire.

à ce point dépriment le rythme cardiaque. Le cœur surchauffé donne des contractions idio-musculaires, bien qu'à la fin il s'arrête en diastole.

Toutefois des petites variations de température pendant de longues périodes de temps n'influent pas sur le rythme cardiaque.

Le myoplasme cardiaque embryonnaire conduit les excitations mécaniques de l'extrémité ventriculaire à l'extrémité auriculaire du cœur.

La caféine augmente légèrement la fréquence et l'énergie des systoles; mais, à hautes doses, elle provoque une contraction tonique du myoplasme embryonnaire et enfin un arrêt systolique : ces résultats peuvent expliquer certains effets de la caféine sur le cœur adulte. La xanthine produit d'abord une dépression du cœur embryonnaire, à laquelle succède une augmentation de l'énergie et de la fréquence des systoles. L'état de contraction idiomusculaire ne s'obtient pas, même avec des grandes doses de xanthine. La théobromine accélère les contractions et les renforce; mais, à hautes doses, elle n'a aucune action déprimante. Quoique la contraction tonique provoquée par la théobromine soit plus marquée que celle produite par la xanthine, elle est pourtant faible en comparaison de celle que produit la caféine. De là il résulte que l'introduction des groupes méthyliques dans la molécule de la xanthine modifie l'action de cette substance sur le cœur embryonnaire, et que, plus le nombre des groupes méthyliques est considérable, plus la contraction tonique que le cœur présente est marquée.

Sous l'action de la digitaline, le cœur embryonnaire se comporte comme le cœur adulte. On peut dire la même chose de la strophantine. Tous ces résultats confirment les vues de Fraser, basées sur l'action de ces glycosides sur le cœur de grenouille.

L'acide cyanhydrique exerce probablement une action complexe sur le cœur embryonnaire, en partie à cause de la cyanhémoglobine qui se forme, en partie par son action directe comme acide. En premier lieu, ce poison provoque une inversion du rythme normal, puis un arrêt en diastole. Le nitrate d'amyle aussi probablement exerce une action mixte, soit parce qu'il forme de la méthémoglobine, soit parce qu'il agit directement sur le muscle cardiaque. Ici aussi on observe d'abord une inversion du rythme normal.

La morphine déprime et intervertit le rythme cardiaque.

Étant donnés ces effets d'inversion du rythme, il est permis de supposer que cette inversion est en connexion avec la dépression des processus d'oxydation dans la substance musculaire produite par ces poisons.

Le chlorure de potassium arrête le cœur embryonnaire en diastole.

La nicotine provoque d'abord une accélération, puis une dépression et un arrêt en diastole. Son action est antagoniste de celle du chlorure de potassium, et il existe un rapport quantitatif entre les quantités de nicotine et de KCl qu'elle neutralise. Probablement cet antagonisme est de nature chimique, et le tonus du cœur accomplit probablement un office secondaire.

La vératrine à petites doses provoque une accélération du cœur embryonnaire, tandis qu'à hautes doses elle la déprime en allongeant les courbes. Son antagoniste est aussi le chlorure de potassium.

Il y a une certaine température à laquelle l'action des poisons se fait sentir au plus haut degré sur le cœur embryonnaire, tandis qu'à des températures supérieures ou inférieures l'action est moindre. La température du maximum d'action est plus haute pour le cœur de l'embryon de poulet que pour le cœur de grenouille.

Le cœur embryonnaire possède un tonus normal, indépendant de toute action nerveuse; il est modifié par l'action directe des poisons sur le myoplasme embryonnaire. Il est possible qu'il existe quelque relation entre l'action oxydante ou réduisante du poison et son influence sur le tonus du cœur embryonnaire. La condition atonique peut ordinairement être abolie en chauffant le cœur. Le fait inverse ne se vérifie pas, excepté dans le cas de la contraction idiomusculaire produite par un excès de réchauffement.

L'antagonisme entre l'action des sels de calcium et celle des sels de potassium sur le cœur est remarquable, car les deux espèces de sels sont aussi antagonistes par rapport à la coagulation du sang et aux changements moléculaires qui ont lieu dans la rigidité cadavérique.

L'action du chloroforme et de l'éther sur le cœur embryonnaire est différente. L'éther est d'abord un stimulant; le chloroforme, qui produit dès le début de la dépression, amène une extrême dilatation de l'organe. L'ammoniaque est antagoniste en partie de l'action du chloroforme, parce qu'elle est un fort excitant du cœur embryonnaire, quoique à hautes doses, elle l'arrête en diastole, propriété qu'elle partage avec l'hydroxyle de tétraéthylammonium.

Le chlorure de baryum déprime la fonction du cœur embryonnaire.

Le nitrate de muscarine n'exerce pas une action spécifique sur le cœur embryonnaire, tandis que l'atropine y exerce seulement une faible action déprimante.

La strychnine provoque une accélération temporaire du cœur embryonnaire, qu'à grandes doses elle déprime et arrête en diastole. Jamais on n'observe une contraction tonique du muscle.

La pilocarpine agit directement sur le myoplasme embryonnaire, d'abord en l'excitant, puis en le déprimant.

Le second mémoire de Pickering est intéressant, parce qu'outre des observations sur l'influence de la température, sur l'action des poisons dans des cœurs embryonnaires de poulet *encore doués de mécanismes nerveux et du mécanisme de régulation de la température* (Pembrey), il contient les résultats de l'action antagoniste de l'atropine et de la muscarine sur les cœurs embryonnaires dans la seconde moitié de leur développement.

Voici les conclusions générales de l'auteur :

« 1° L'action combinée accélératrice et augmentatrice de petites doses d'alcool sur le cœur embryonnaire atteint son maximum à environ 38°. A basse température, des doses d'alcool, mêmes petites, dépriment rapidement le rythme du cœur embryonnaire. Une température de 40°, et plus, a une notable influence sur l'action de l'alcool sur le cœur embryonnaire. La fréquence des systoles devient trop rapide pour être enregistrée, tandis que la force de la contraction est visible, grandement diminuée, et dans les cas de températures supérieures, d'une manière très réduite à de simples sursauts spasmodiques. Une dose d'alcool qui, à basse température, exerce une action déprimante, exerce une action accélératrice à des températures supérieures. On peut faire cesser l'arrêt du cœur produit par des doses modérées d'alcool à basse température, en chauffant le cœur ou en y appliquant des stimulants électriques. On peut de même faire quelquefois cesser l'arrêt du cœur produit par de petites doses d'alcool à haute température, en refroidissant le cœur ; tandis que les excitants électriques y produisent un état qui ne diffère pas du tétanos.

« On rencontre des différences analogues en expérimentant avec la vératrine et avec l'ammoniaque. De là on peut conclure que les changements métaboliques produits par les poisons dans le cœur embryonnaire dépendent probablement de la température à laquelle ils sont administrés. »

2° Pour ce qui concerne la muscarine et l'atropine, Pickering a trouvé :

« *Que le nitrate de muscarine déprime le rythme cardiaque d'embryons d'un âge supérieur à deux cents heures d'incubation. A hautes doses, la muscarine arrête le cœur en diastole, et, dans beaucoup de cas, une application subséquente de sulfate d'atropine remet le cœur en mouvement. A cet égard, les cœurs d'embryons plus développés se comportent comme le cœur de grenouille.*

« La dose de muscarine nécessaire pour produire l'arrêt diminue avec l'âge de l'embryon. L'atropine fait revenir en partie seulement le rythme cardiaque d'embryons dont le cœur a été arrêté par la muscarine ; mais si l'action déprimante de la muscarine n'a pas été assez prolongée jusqu'à produire l'arrêt, l'application subséquente de muscarine peut rétablir presque complètement le rythme cardiaque. La muscarine exerce une action beaucoup plus puissante sur les cœurs embryonnaires tenus à une température au-dessus de la normale. L'arrêt produit par la muscarine à basse température peut disparaître si on chauffe le cœur. »

Il existe donc un contraste notable entre le défaut d'action de la muscarine et de l'atropine sur les cœurs de cinquante à cent quarante heures de développement et l'action typique de ces deux substances sur des embryons plus avancés dans le développement.

Dans ces résultats de Pickering (qui n'est pas partisan de la nature névrogène de l'action cardiaque), les partisans de cette doctrine (Kronecker, Cyon, etc.) ont cru voir un argument en leur faveur, quoique les résultats obtenus à la même époque par Bottazzi aient été différents de ceux que nous avons cités ci-dessus.

Mais nous reviendrons là-dessus par la suite. Pour le moment nous continuons à rapporter les résultats du dernier mémoire de Pickering.

« Les cœurs d'embryons de mammifères (rat, chien, lapin, chat), tenus dans les conditions voulues, battent avec un rythme constant pour chaque individu, même quand les embryons sont séparés de la mère; et, s'il leur arrive un matériel nutritif convenable (par exemple, un mélange de sang maternel et d'une solution à 0,75 p. 100 de NaCl), ils se maintiennent à un rythme constant pendant trois ou quatre jours. Des précautions spéciales doivent être prises pour les garder à une température convenable.

« Si les embryons des mammifères sont immergés dans le liquide nutritif artificiel sus-mentionné, leurs cœurs présentent des irrégularités de rythme.

« Si le liquide est composé de parties égales d'albumine d'œuf et de solution de NaCl à 0,75 p. 100, les irrégularités ne sont pas aussi marquées, comme quand les cœurs sont immergés dans le sang d'une autre espèce animale. »

L'auteur décrit ici l'influence des divers liquides sur la survivance du cœur : solutions de gomme et de colloïdes artificiels; solutions isotoniques et non isotoniques; eau distillée dans des vases métalliques et dans des vases en verre (ces derniers seraient inoffensifs), liquide de Ringer, etc.

L'action générale des alcaloïdes : caféine, antiarine, digitaline, strophantine, nicotine, vératrine, morphine, est la même que celle décrite sur le cœur de poulet.

Il est bon de remarquer que la *muscarine et l'atropine exercent leur action typique antagoniste tant sur les cœurs embryonnaires de mammifères aux premières périodes de développement (privés d'un système nerveux ganglionnaire intrinsèque) que sur les cœurs plus avancés dans le développement.* Sous ce rapport les mammifères se comportent autrement que le poulet.

Les actions du chloroforme, de l'éther, de l'alcool, de l'ammoniaque, etc., sont à peu près analogues à celles déjà décrites sur le cœur embryonnaire de poulet.

Passons aux effets des stimulations électriques.

De très faibles courants interrompus n'exercent aucune influence sur les cœurs embryonnaires jusqu'à l'âge de 160 heures. Des courants plus forts produisent une augmentation de la force et de la fréquence du rythme, tandis que, si l'intensité du courant vient encore à être augmentée, elle provoque le délire du cœur et l'arrêt systolique.

Le cœur le plus jeune, dans lequel l'inhibition fut obtenue, par suite de l'application d'un courant interrompu, était de 150 heures. L'application d'un courant interrompu aux cœurs embryonnaires de cet âge produit ordinairement le *delirium cordis*. Dans les embryons de 160 à 180 heures, les cœurs peuvent ou non être arrêtés du courant interrompu. Dans les embryons de 200 heures et plus, on peut toujours arrêter la fonction cardiaque au moyen du courant interrompu.

Dans les embryons de plus de 250 heures, une intensité de courant, supérieure à celle qui est nécessaire pour déterminer une inhibition cardiaque, produit une augmentation de la fréquence et du rythme, qui souvent se termine par le *delirium cordis*. Aussi, dans des embryons de poulets plus avancés dans le développement, des courants faibles produisent-ils l'inhibition, et des courants forts le délire du cœur.

En abaissant la température de l'embryon, il devient plus difficile d'obtenir des phénomènes d'inhibition; le contraire a lieu en augmentant la température jusqu'à un certain point. Au-dessus de 42°, il est très difficile d'obtenir l'inhibition cardiaque.

Si l'on applique à un cœur embryonnaire de poulet un courant interrompu d'intensité modérée pendant trois ou quatre minutes, puis qu'on le laisse en repos pendant une minute, et qu'ensuite on l'excite de nouveau avec le même courant, l'effet produit par la seconde application est plus grand que celui produit par la première. En d'autres termes, il se fait une addition des effets produits, soit délire, soit inhibition du cœur.

Si l'on fait passer le courant pendant un temps plus long, par exemple pendant 30 minutes, l'effet est opposé, quand, après le repos, on recommence à exciter le cœur.

De petites doses de vératrine (0^{milligr},1), administrées à 26° ou à 32° ou à 38°, diminuent la force du courant nécessaire pour produire l'inhibition cardiaque dans les embryons. La muscarine a la même propriété; mais elle est neutralisée par l'atropine. L'influence de la caféine sur l'inhibition cardiaque provoquée par le courant interrompu varie selon la

température. A 38° la caféine diminue, à 28° elle augmente l'intensité du courant nécessaire pour arrêter le cœur; tandis que, à 42°, même de faibles courants interrompus
produisent le *delirium cordis* et l'arrêt systolique.

De semblables résultats s'obtiennent avec la digitaline.

De ces faits et d'autres, il résulterait, selon PICKERING, que le tonus et la température
du cœur ont une part importante dans les phénomènes d'inhibition.

« De petites doses d'acide lactique appliquées au myoplasme cardiaque retardent
l'apparition des phénomènes inhibitoires causés par le courant interrompu. Une application subséquente d'une solution diluée de NaOH restaure le tonus et la fréquence du
rythme cardiaque, en même temps que la disposition ordinaire du cœur à rester arrêté à
la suite de l'action du courant induit.

« L'influence de l'oxygène sur la force du courant nécessaire pour produire l'inhibition
est très variable, probablement parce qu'un excès de ce gaz influe d'une manière
variable sur le métabolisme cardiaque, en favorisant l'anabolisme ou le catabolisme.

« Un excès de CO_2 diminue le tonus du cœur, et par suite la tendance de celui-ci à
être arrêté.

« La théorie ancienne qui attribuait les phénomènes d'inhibition cardiaque à l'action
exercée par les stimulants sur les impulsions nerveuses prennent naissance, comme on
le supposait, dans les cellules ganglionnaires du cœur, est infirmée par le fait que ces
phénomènes peuvent s'observer avant l'apparition de ces éléments nerveux.

« Les phénomènes de l'inhibition cardiaque sont influencés par deux séries de processus, tous essentiels : processus qui s'accomplissent soit dans les éléments nerveux, soit
dans le tissu contractile. »

Les expériences de PICKERING soutiennent la théorie de GASKELL et de PIOTROWSKY, sur
la nature des processus d'inhibition. Malgré cela, selon PICKERING, il faut donner plus de
poids à la part qui revient aux terminaisons nerveuses.

« Les courants constants de la force d'un milliampère augmentent la force et la fréquence du rythme cardiaque des embryons de poulets.

« Si l'on applique un courant constant de force suffisante dans une direction opposée à
celle des contractions cardiaques, le rythme du cœur vient à être renversé. Ces résultats
s'obtiennent tant avant qu'après l'apparition du mécanisme nerveux intrinsèque du cœur.

« Le passage d'un courant constant à travers des cœurs embryonnaires tenus à la température de 38° pendant deux à trois minutes, favorise l'apparition du *delirium cordis*
et de l'inhibition cardiaque, quand on fait agir subséquemment un courant interrompu.

« Le passage prolongé d'un courant constant à travers le myoplasme d'un cœur tenu
à 48° produit un résultat opposé.

« Les variations de la température ont une part importante dans l'influence du courant
constant sur l'action successive d'un courant interrompu.

« Une unique secousse d'induction appliquée pendant la diastole provoque l'interpola-
tion d'une extra-systole ; appliquée pendant la systole, elle produit un résultat variable.

« L'application d'une série de secousses d'induction produit des résultats variés qui
dépendent de la température du cœur, de la fréquence et de l'intensité des secousses, et
de l'âge de l'embryon.

« Le résultat peut être une augmentation de la force et de la fréquence de la fonction
cardiaque, une augmentation de la fréquence du rythme accompagnée d'une diminution
de l'énergie des systoles, *delirium cordis*, ou inhibition cardiaque.

« Une série de secousses d'induction influe sur l'action subséquente du courant interrompu sur le cœur embryonnaire.

« En général, le résultat produit par un courant constant, par une secousse d'induction
ou par un courant interrompu, sur le cœur de l'embryon de mammifère est semblable à
celui produit sur le cœur embryonnaire du poulet. L'âge de l'embryon dans lequel un
courant interrompu produit l'inhibition cardiaque n'est pas aussi défini pour les mammifères que pour les embryons de poulet. »

Profitant de la grande résistance du cœur embryonnaire, BOTTAZZI réussit à utiliser
dans ses expériences une des meilleures méthodes cardiographiques, c'est-à-dire la
méthode de la suspension, méthode employée déjà par GASKELL et par FANO pour le
cœur de tortue et récemment perfectionnée et développée par ENGLEMANN.

Il accrochait la pointe du cœur suspendu *in situ* aux gros troncs artériels, et le faisait agir sur un levier d'une sensibilité extrême qui enregistrait ses mouvements sur un cylindre noirci. L'embryon entier, ou le cœur isolé de l'organisme, étaient maintenus durant l'expérience dans les meilleures conditions d'humidité et de chaleur. De cette manière, BOTTAZZI put répéter sur le cœur embryonnaire d'un animal homéotherme la plus grande partie des recherches faites presque exclusivement jusqu'alors sur les animaux hétérothermes (fig. 75 et 76).

Avant les recherches graphiques, il voulut élucider la question de l'automatisme des divers segments cardiaques. Il fit alors plusieurs expériences de sectionnement du cœur d'après les méthodes de STANNIUS, sur des cœurs extraits de l'organisme et tenus autant que possible éloignés de toute excitation mécanique, thermique ou chimique. Il vit alors que le segment ventriculaire, séparé des segments cardiaques supérieurs, est privé de tout automatisme, déjà au onzième jour de développement du cœur. Il faut donc admettre que la diminution de l'automaticité, depuis les sinus veineux jusqu'à la pointe ventriculaire, diminution affirmée par FANO, est à cette époque déjà poussée si loin que les ventricules sont restés complètement privés d'automatisme.

Afin d'étudier ensuite la distribution de la fonction automatique dans le sinus et dans les oreillettes, BOTTAZZI fit des expériences de sépara-

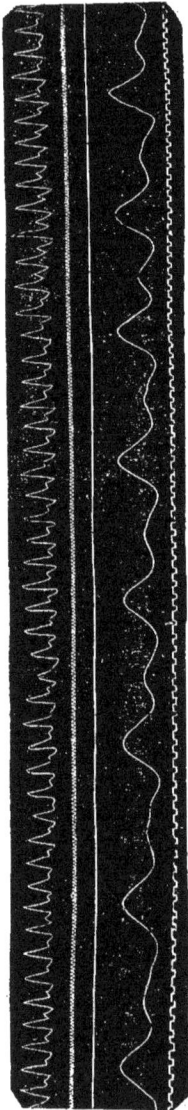

Fig. 75. — Cœur embryonnaire de poulet au 11e jour d'incubation. Deux tracés normaux du cœur suspendu *in situ* : le supérieur avec une moyenne et l'inférieur avec une grande rapidité du cylindre. Température : 37°,5. Temps : 1/10″. Les tracés doivent être lus de droite à gauche. (BOTTAZZI.)
(Les tracés des fig. 75 et 76 ont été réduits photographiquement de moitié de leur grandeur primitive.)

FIG. 76. — Cardiogrammes normaux de cœur de poulet nouveau-né. Température : 38°. Temps : 1/12″ (BOTTAZZI.)

tion physiologique d'une partie plus ou moins grande du segment veineux et des oreillettes, sur un cœur isolé, par de fortes pinces métalliques qui comprimaient les oreillettes à un niveau plus ou moins haut. Les mouvements des parties des oreillettes non comprimées et des ventricules étaient enregistrés graphiquement. Ses résultats rappellent de très près ceux obtenus par LUCIANI sur le cœur de grenouille. (Ce dernier avait attaché les oreillettes à des hauteurs différentes autour d'un tube introduit dans le ventricule.) Lorsque la pince sépare le sinus et une partie des oreillettes du reste du cœur, le cœur demeure arrêté pendant un temps relativement long (3 à 7 minutes). Les premières contractions spontanées sont isolées et assez espacées entre elles ; ensuite apparaissent des groupes de contractions séparées par des intervalles plus ou moins longs. Cette première période, nommée par BOTTAZZI la *période des contractions isolées et des groupes initiaux*, est suivie d'une période intermédiaire plus longue, pendant laquelle les contractions cardiaques sont indubitablement plus fréquentes que dans la première période, pourtant toujours moins fréquentes que dans un tracé normal. Mais, pendant cette période, on observe aussi de véritables groupes formés d'un nombre variable de contractions, et séparés par des intervalles de repos complet plus ou moins longs; ou bien l'on assiste à un phénomène curieux qui consiste à voir surgir des groupes de contractions assez fréquentes séparés par des intervalles dans lesquels apparaissent des contractions uniques plus rares. On remarque encore pendant cette période la forme de fonction cardiaque que Luciani a nommée « *mattaccina* », caractérisée par ce fait que les contractions uniques sont dissemblables entre elles en forme, en hauteur et en durée. Pendant la troisième période, celle de « *l'épuisement* », la formation des groupes périodiques prend l'aspect classique décrit par Luciani.

Selon l'auteur, ces altérations doivent être imputées à la suppression d'une partie du segment veineux automatique qui commande les mouvements du cœur.

En effet, lorsqu'on assiste à une de ces expériences et que l'on examine attentivement les tracés correspondants en les comparant aux tracés normaux, l'idée vient tout de suite que, quoique les ventricules soient capables de contractions énergiques, l'impulsion motrice physiologique ne leur arrive au début qu'avec peine, rare, irrégulière ou assez faible, ainsi qu'ils semblent avoir besoin d'un certain nombre d'excitations insuffisantes pour qu'une contraction se produise. Alors, après cette contraction, selon l'intensité de ces excitations, ou le cœur s'arrêtera, ou il se produira une, deux ou trois autres contractions, formant ainsi un groupe. Une fois pourtant les premières résistances surmontées, les contractions se suivent régulièrement. L'auteur admet en général que la ligature et le pincement enlèvent au segment ventriculaire une partie plus ou moins grande du segment automatique d'où part normalement l'onde d'excitation et de contraction de chaque révolution cardiaque.

La région automatique, qui n'a pas été supprimée, n'a pas dans les périodes ultérieures du développement cardiaque un degré d'automatisme suffisant pour déterminer un rythme régulier. Les excitations qui en partent sont insuffisantes comme intensité, et différentes peut-être des normales, comme fréquence et comme nature, d'où il résulte que les ventricules, avant de présenter un rythme se rapprochant du rythme normal, doivent s'adapter à la forme nouvelle des excitations.

D'autres recherches de Bottazzi, qui seront rapportées par la suite, démontrent que les appareils nerveux ganglionnaires, déjà développés, n'exercent aucune influence essentielle sur la fonction motrice du cœur embryonnaire : il resterait donc établi, d'après ses expériences de séparation fonctionnelle des oreillettes, qu'elles possèdent non seulement un certain degré d'automatisme, mais que la grandeur du segment automatique normal qui a été conservée a, dans les expériences, une importance capitale pour assurer la régularité et la fréquence du rythme cardiaque.

Quant à la durée et au décours général de la fonction du cœur embryonnaire, Bottazzi remarque que, s'il est maintenu dans de bonnes conditions d'humidité et de température, il peut continuer à se contracter pendant deux ou trois heures, si on lui laisse ses connexions normales avec l'embryon, tandis qu'il ne survit pas plus de vingt-cinq à trente-cinq minutes, s'il est isolé; que, de plus, il n'existe pas de différences notables dans sa résistance pendant les diverses phases de son développement.

Or la survivance d'un organe est déterminée essentiellement par la possibilité de réparer les pertes dues à son fonctionnement. Si cette possibilité de réparation est accordée au cœur embryonnaire, en lui laissant ses relations anatomiques et en prenant diverses précautions accessoires, l'on observe que, au début, les contractions sont amples et fréquentes, le rythme en est régulier et uniforme, quel que soit le degré de développement de l'embryon. Suit une période pendant laquelle le phénomène le plus saillant est la diminution de la hauteur des contractions et de la fréquence de rythme. Dans la période finale la fonction contractile s'épuise graduellement, ou bien elle offre des variations de rythme, avec formation de groupes périodiques. Quelquefois, et non *régulièrement*, comme le dit Preyer, il survient une sorte de *crise* finale.

Les oreillettes survivent aux ventricules, le sinus aux oreillettes. Tous les segments du cœur conservent leur irritabilité, même longtemps après que tout mouvement est éteint en eux. Bottazzi a en outre donné des tracés de la fonction des oreillettes après qu'elles ont été séparées des ventricules; il a observé que le tronçon des oreillettes, qui, malgré cela, continue à se contracter pendant des heures entières, ne présente pas les oscillations de tonicité rencontrées pour la première fois par Fano dans les oreillettes de l'*Emys europæa*, et par Bottazzi ensuite dans les amphibies.

La fonction du cœur embryonnaire ne se développe pas toujours aussi simplement. Même s'il est protégé contre toute influence extérieure, le cœur embryonnaire présente de singulières altérations de rythme, lesquelles, selon Bottazzi, peuvent avoir une notable valeur théorique.

Plusieurs de ces variations ont été décrites par lui : des groupes de contractions présentant un maximum et un minimum d'amplitude et un passage graduel de l'un à l'autre, se succédant avec un rythme périodique ; des groupes séparés par un intervalle de repos correspondant à une systole et par une systole successive plus haute que toutes les autres ; des formes *mattaccines*, véritables arythmies, avec redoublement de la systole des oreillettes ; une forme particulière, tricrote, de cardiogramme, due probablement à la] superposition partielle de deux ondes de contractions réciproques ; de véritables formes antipéristaltiques du mouvement cardiaque, et finalement, un dédoublement manifeste de la systole ventriculaire, dédoublement qui doit avoir aussi son origine dans l'interférence partielle de deux ondes de contractions.

L'auteur attribue la facilité avec laquelle ces altérations se présentent de préférence dans le cœur embryonnaire, lors même qu'il n'existe pas de cause extérieure déterminante, à la facilité avec laquelle s'y produisent des altérations structurales et à son uniformité histologique relative, laquelle détermine, d'une part, la réciprocité du mouvement cardiaque, de l'autre, la conduction anormale ou l'interruption complète de l'onde d'excitation à travers les grêles faisceaux musculaires qui unissent les oreillettes aux ventricules.

Il résulte, en outre, des recherches de Bottazzi que le cœur de poulet du onzième au vingtième jour de son développement répond aux excitations mécaniques et thermiques, de la même manière que le cœur adulte de grenouille.

L'intérêt principal de ces recherches réside toutefois en ceci, que Bottazzi a démontré qu'avec aucun des soi-disant poisons des nerfs du cœur on ne peut mettre en évidence l'existence d'une fonction des appareils nerveux, dans le cœur embryonnaire, tandis qu'avec d'autres poisons, il se comporte ainsi qu'on pouvait le prévoir d'après ce qui est connu de leur action sur le cœur adulte et sur les muscles en général.

Bottazzi a vu que la muscarine et la nicotine à petites doses n'arrêtent pas le cœur sur lequel elles sont appliquées ; que ces mêmes poisons toutefois, à fortes doses, arrêtent sa fonction, mais que l'atropine ne fait pas cesser cet arrêt.

Nous ne voulons pas aborder ici la question de savoir si les deux poisons (muscarine et atropine) agissent sur les éléments ganglionnaires ou sur les terminaisons des nerfs ou sur les éléments musculaires du cœur, bien que nous soyons inclinés à croire que cette dernière hypothèse soit la vraie.

Le résultat obtenu par Bottazzi peut être interprété de deux manières, selon qu'on accepte l'ancienne ou la nouvelle hypothèse sur l'action spécifique de ces deux poisons. Si les poisons agissent sur les éléments nerveux, le résultat observé démontre que les éléments nerveux ne fonctionnent pas dans le cœur embryonnaire. Si, au contraire, les poisons agissent sur les cellules musculaires, il faut admettre que celles-ci doivent atteindre un certain degré de développement pour qu'elles ressentent l'influence de ces poisons. De même les cellules du muscle cardiaque embryonnaire ne ressentent pas l'influence spécifique du vague.

Mais Pickering a trouvé (voir ci-dessus) que la muscarine et l'atropine n'exercent aucune influence sur le cœur embryonnaire de poulet seulement durant les premiers jours de leur développement, tandis que le cœur d'embryons plus avancés (200 heures d'incubation) réagit vis-à-vis de ces poisons comme le cœur adulte. Cependant des recherches du même auteur il résulte que la muscarine et l'atropine exercent leur action typique antagoniste tant sur les cœurs embryonnaires de mammifères des premières périodes de développement que sur les cœurs plus avancés, observation qu'on ne saurait mettre d'accord avec ses résultats sur les embryons de poulet.

Les observations toxicologiques de Bottazzi, au contraire, sont pleinement en accord avec les effets de la stimulation du vague dans l'embryon. Il est très logique, nous semble-t-il, que les cellules cardiaques insensibles aux excitations du vague ne répondent pas selon la manière classique à l'influence de la muscarine et de l'atropine, tandis qu'il serait très difficile de concilier le fait du manque d'action du vague avec le fait observé par PICKERING, c'est-à-dire que le cœur embryonnaire du poulet réagit vis-à-vis des deux poisons antagonistes comme un cœur d'animal adulte.

La digitaline, l'elléboréine, en solutions diluées ou concentrées, n'ont aucune action spécifique sur la fonction cardiaque embryonnaire.

Il a établi aussi d'une manière irréfutable que, non seulement dans les premiers jours, mais aussi à une période plus avancée du développement embryonnaire, le cœur fonctionne indépendamment des appareils nerveux, lesquels sont cependant démontrables anatomiquement. Les expériences relatives à l'action des excitations mécaniques, thermiques, chimiques et électriques acquièrent ainsi une valeur toute spéciale dont nous parlerons bientôt. Donc non seulement la cause du rythme fondamental du cœur, mais encore la manière dont il répond aux stimulations extérieures dépendent d'une propriété particulière de la cellule myocardique, propriété qui, pendant toute la période embryonnaire, peut subsister indépendamment de toute fonction nerveuse.

Comme corollaire aux recherches toxicologiques, BOTTAZZI a observé que pendant toute la période de la vie embryonnaire l'excitation des vagues, quelque forte qu'elle soit, ne provoque pas l'arrêt du cœur, tandis que cet effet s'obtient déjà peu d'heures après que le poulet est sorti de l'œuf.

BOTTAZZI a fait finalement une étude presque complète de l'électro-physiologie du cœur embryonnaire du poulet. Il a trouvé qu'une excitation électrique tétanisante peut, selon son intensité, ou accélérer la fréquence des contractions cardiaques, ou provoquer des contractions rythmiques, ne différant en aucune manière des contractions normales dans un cœur arrêté dans son mouvement automatique, ou arrêter le mouvement normal du cœur, ou provoquer un tétanos cardiaque incomplet ou complet.

BOTTAZZI observa (comme TIGERSTEDT et STRÖMBERG sur les sinus veineux) que, en excitant avec un courant faradique de médiocre intensité le segment ventriculaire d'un cœur embryonnaire immobile, la première contraction du groupe des contractions qui se produisait alors était plus haute que les autres. En d'autres cas, si le cœur se contractait automatiquement, il était arrêté en diastole par la stimulation directe, ou les systoles étaient réduites en hauteur, pendant que le tonus général du muscle était moindre, c'est-à-dire que la stimulation provoquait une inhibition du cœur.

L'étude du phénomène décrit en premier lieu par MAREY, c'est-à-dire l'extra-systole et le repos compensateur, lui a permis d'observer un fait assez intéressant, qui au moins par la netteté et la régularité avec laquelle il se produit, est particulier au cœur embryonnaire. Il a observé que la première systole qui suit le repos compensateur est toujours beaucoup plus considérable que toutes celles qui ont précédé ou qui suivront; il explique ce fait par ceci, que le cœur embryonnaire, possédant ainsi que tout autre organe embryonnaire des processus chimiques d'assimilation plus intenses que ne le sont les processus de désassimilation, il peut alors, dans l'intervalle du repos compensateur, grâce à ce repos, reconstituer une plus grande quantité de produits chimiques, dont la désintégration est ensuite la raison d'une systole suivante plus énergique. C'est ce qui a lieu d'ailleurs après chaque repos du cœur, même spontané, ainsi que le démontre la première systole plus considérable de chaque groupe de contractions, dans les cas où le cœur présente une fonction périodique.

Les phénomènes de l'escalier et de l'excitation efficace sans effet, que BOWDITCH fut le premier à constater dans le cœur de grenouille, BOTTAZZI les retrouve pleinement confirmés dans le cœur embryonnaire. Il a observé, de plus, que la durée moyenne de l'excitation latente du muscle ventriculaire embryonnaire était égale à $0'',141$, c'est-à-dire à environ la moitié de la durée admise pour le cœur de grenouille ($0'',248$). La rapidité de transmission de l'onde d'excitation à travers la substance musculaire des oreillettes fut trouvée égale à 115-120 millimètres par seconde, de beaucoup supérieure; par conséquent, ainsi qu'on devait s'y attendre, à celle qui avait été établie par ENGELMANN pour le cœur de grenouille. Si, au contraire, on comprend la région auriculo-ventriculaire dans la région dont on mesure la vitesse de l'onde de transmission, la vitesse tombe à 17 ou 19 millimètres par seconde.

Une différence aussi considérable ne peut être due qu'à la présence des petits faisceaux de cellules myocardiques à type embryonnaire, établissant la communication entre les segments veineux et artériel du cœur, que l'onde doit traverser pour se répandre de l'un dans l'autre. Ces petits faisceaux, nommés *Blockfasern* par les Allemands, détermiment le ralentissement de la vitesse de l'onde d'excitation et de contraction. La faible vitesse de transmission observée par FANO dans le cœur au troisième jour de développement, doit être interprétée, du moins en partie, de la même manière.

Ce fait est d'une très haute importance, parce qu'il démontre que la différenciation (morphologique et fonctionnelle) de ces cellules myocardiques existe déjà dès le commencement du développement cardiaque.

De l'ensemble des faits démontrés par nous, il résulte, ce nous semble, avec assez d'évidence :

1° Qu'il existe une différenciation précoce, morphologique et fonctionnelle, des diverses parties du cœur;

2° Que la cause du rythme cardiaque est indépendante de la fonction des appareils nerveux intrinsèques et extrinsèques du cœur, non seulement dans les premiers jours, mais aussi dans les périodes plus avancées du développement embryonnaire.

3° Que la plus grande partie de ces propriétés du cœur, que nous a révélées l'expérimentation des divers agents physiques et chimiques sur cet organe, sont des propriétés inhérentes à la cellule myocardique depuis son premier développement et pendant toute la période embryonnaire, pouvant subsister et se réparer indépendamment de toute fonction nerveuse.

4° Finalement, que la propriété fondamentale, c'est-à-dire l'automaticité des mouvements cardiaques, repose, elle aussi, non dans les ganglions intrinsèques de l'organe central de la circulation, mais dans ses éléments musculaires, et particulièrement dans le segment veineux du cœur.

VII. Physiologie comparée du cœur[1]. — Il y a peu d'années encore on ne comprenait, sous le nom de physiologie du cœur, que ce qui concernait exclusivement la physiologie du cœur de grenouille. Les observations rares et incomplètes recueillies par quelques savants sur d'autres animaux, animaux à sang froid pour la plupart (crapauds, tortues, etc.), mais rarement animaux à sang chaud (chiens, chats, lapins, etc.), ne tendaient qu'à faire concorder les résultats nouveaux avec les résultats obtenus sur le cœur de grenouille, de manière à faire tout rentrer dans un schéma invariable, celui du cœur de grenouille, exploré dans ses parois structurales, dans la disposition de ses éléments nerveux, dans la nature et la topographie de ses ganglions intrinsèques et de ses appareils nerveux extrinsèques. C'est ainsi que la physiologie du cœur de grenouille et de ses régions diverses a occupé l'esprit de presque tous les physiologistes. Si des divergences se produisaient dans l'interprétation de tel ou tel phénomène, c'était toujours en prenant le même cœur de grenouille, et en modifiant seulement quelques conditions de l'expérience, qu'on cherchait à résoudre la question.

En somme, toute la doctrine de la physiologie du cœur, exposée dans les meilleurs traités, apprise par les étudiants et enseignée par la plupart des maîtres, n'est donc plus qu'un chapitre de la physiologie comparée : c'est l'histoire de cet organe merveilleux, toujours étudié et, malgré cela, si peu connu encore dans son entier déterminisme fonctionnel : le cœur de grenouille. Comme il possède des appareils ganglionnaires faciles à observer, la tendance générale des physiologistes, à l'époque où leurs admirables travaux commencèrent l'histoire des fonctions cardiaques, était d'attribuer l'automatisme exclusivement aux éléments nerveux, tandis que le mouvement mécanique était rapporté aux éléments musculaires, et que l'on admettait à peine chez ces derniers une minime part d'irritabilité. On arriva donc, en conséquence, à attribuer aux seuls ganglions intrinsèques du cœur la propriété de donner l'impulsion initiale aux mouvements cardiaques, tandis que la partie musculaire de l'organe demeurait passive, comme pour les autres muscles. La théorie nerveuse de la fonction cardiaque fut ainsi édifiée : théorie demeurée prédominante jusqu'aujourd'hui, malgré les efforts tentés vainement jusqu'ici par des physiologistes de toutes les nations pour la détruire.

Dans ce champ de la biologie, l'hérésie physiologique apparut, lorsqu'on abandonna

---

1. « Ici, comme toujours, la comparaison est l'élément de la compréhension, et la recherche, augmentant en étendue, augmente aussi en profondeur. » (FICK. *Beitr. zur vergl. Physiol. der irritablen Substanzen*, Braunschweig, 1863, ɪ.)

le cœur des Batraciens pour le cœur des vertébrés inférieurs ou des invertébrés d'une part, des embryons, d'autre part, c'est-à-dire lorsque on appliqua la comparaison à la fonction cardiaque comme à beaucoup d'autres fonctions. L'étude du cœur chez les animaux supérieurs, poursuivie au moyen de méthodes perfectionnées, a donné également de bons résultats dans les dernières années; ces résultats n'auraient-ils été que de convaincre davantage encore les savants que le champ des observations peut être étendu bien au delà des limites du cœur des Batraciens.

Le premier coup important porté à la théorie nerveuse, et suivi de tant d'autres, ce fut la démonstration évidente que des cœurs adultes, complètement privés d'appareils ganglionnaires intrinsèques, et les cœurs embryonnaires, présentent, à partir des premiers instants de leur développement, des mouvements rythmiques coordonnés, ne différant en rien des contractions rythmiques du cœur adulte d'un animal supérieur. L'automatisme musculaire et la faculté intrinsèque de coordination furent ainsi solidement établis pour le cœur.

Beaucoup de chose reste encore à faire : l'étude comparative de la physiologie du cœur ne peut être considérée que comme ébauchée à peine par les recherches de FOSTER, FOSTER et DEW SMITH, BIEDERMANN, GASKELL, FREDERICQ, PLATEAU, RANSOM, WILLIAM, MILLS, etc. L'insuffisance des méthodes graphiques applicables à des organes aussi minuscules et fragiles est une des causes principales de la rareté relative aux travaux accomplis dans ce champ de recherches.

On peut dire également que, pour ce qui concerne le cœur embryonnaire, ce sont les expériences de FANO, de PICKERING et de BOTTAZZI qui ont posé les bases d'une étude plus approfondie et plus féconde, embrassant, depuis les premiers jusqu'aux derniers, tous les stades du développement cardiaque.

Pour nous, disciples de la nouvelle doctrine, nous sommes heureux que l'ancienne théorie ait été ébranlée par les recherches contemporaines qui expriment la tendance générale de la toute nouvelle génération de biologistes. Déjà des savants comme ENGELMANN, GASKELL, WILLIAM et d'autres se sont déclarés ouvertement partisans de ce que nous considérons comme la vérité nouvelle : d'autres, en grand nombre, n'ont pas eu peut-être encore l'occasion de se ranger parmi les nouveaux adhérents; beaucoup demeurent hésitants, et un certain nombre d'illustres physiologistes malheureusement lui reste ouvertement hostile.

Nous pensons donc qu'il est indispensable de donner dans ce *Dictionnaire*, qui renfermera même les dernières recherches de la physiologie moderne, et dans lequel beaucoup de jeunes expérimentateurs trouveront quelque inspiration à de nouvelles recherches, un développement considérable à la physiologie comparée du cœur, recueillant dans ce but les indications les plus intéressantes disséminées dans les recueils scientifiques.

A. Invertébrés. — Laissant de côté les Protozoaires, chez lesquels les mouvements des sucs nutritifs ont lieu comme dans le protoplasme de tout élément cellulaire, chez les organismes de degré inférieur, les mouvements internes des liquides qu'ils contiennent sont déterminés par les mouvements mêmes de l'animal. La contraction et l'expansion de la paroi du corps déterminent dans le liquide que renferme le tube cutané-musculaire un continuel déplacement, qui peut être considéré comme la forme la plus élémentaire d'une *circulation*. Nous en avons un exemple chez les Vers inférieurs. Les espaces sanguins n'ont pas de paroi propre, et il n'existe pas d'appareil régulateur de la circulation. C'est généralement la cavité digestive elle-même, et notamment ses parois périphériques qui pourvoient, dans les cas les plus simples (célentérés), à la circulation (diverticules gastro-vasculaires des Polypes, canaux de la Méduse et des Cténophores). Lorsque le tube digestif est distinct, le liquide nutritif pénètre à travers ses parois dans le parenchyme voisin (Vers *parenchymateux*) ou dans la cavité générale (*cœlôme*) qui s'est creusée entre l'enveloppe générale du corps et le tube intestinal.

Ce n'est qu'à un degré de développement phylogénétique supérieur qu'apparaissent les premières traces des organes particulièrement affectés à la circulation des liquides nutritifs. Le trajet parcouru par le sang (par un phénomène peut-être purement mécanique, MILNE-EDWARDS) se revêt en certaines régions d'une paroi propre, à laquelle vient se joindre une paroi constituée par des cellules musculaires, et, grâce au plus grand développement de la musculature dans des régions déterminées de ce canal, il se forme des poches contractiles, lesquelles ont pour but d'entretenir un courant sanguin irrégulier à son origine et dont la direction est encore oscillatoire, se portant tantôt d'un côté, tantôt d'un autre. Les régions du système vasculaire qui présentent des contractions plus énergiques, sont parfois étendues, parfois limitées à de courts espaces. Ce sont elles qui constituent le point de départ de la formation du cœur.

Le cœur est donc un organe phylogénétiquement différencié des vaisseaux sanguins. Il représente, dans sa forme la plus simple, une région du système vasculaire pouvant expulser son contenu dans deux directions opposées. Par la formation de valvules la direction du sang est assurée, et, lorsque la structure du cœur devient plus compliquée encore en se différenciant, sa cavité se partage en régions diverses (ventricule et oreillettes) (GEGENBAUR).

Le cœur a donc à l'origine de sa formation, la forme d'un vase divisé en compartiments et pourvu de nombreuses ouvertures paires (Insectes); d'autres fois, comme chez les Isopodes et chez les Araignées, le cœur est de forme tubulaire et pourvu d'un nombre restreint d'orifices latéraux; dans d'autres cas, les parties diverses que nous sommes accoutumés à rencontrer groupées ensemble chez les vertébrés supérieurs, de manière à constituer un organe unique, se trouvent ici séparées, et tellement distantes l'une de l'autre, que ce n'est que par les analogies fonctionnelles que l'on reconnaît que, réunies, elles constituent un organe unique (Mollusques, Tuniciers).

Ce qui résulte en tous cas avec évidence des connaissances que nous avons sur la première apparition du système circulatoire, c'est que les contractions rythmiques de régions vasculaires déterminées sont de beaucoup antérieures à l'organe central de la circulation, lequel ne constitue qu'une de ces régions différenciée d'une manière spéciale.

Tuniciers. — Les *tuniciers* présentent, quoique incomplètement, un vrai système circulatoire. Les premiers organes dont ils sont pourvus sont l'organe moteur central (cœur) et le système artériel ou efférent, tandis que le système veineux, ou afférent, est représenté, chez les groupes les plus inférieurs de l'animalité, par des lacunes du corps. « Les premières conséquences de ce perfectionnement, dit MILNE-EDWARDS (III, 80-81), sont faciles à prévoir. L'action des cils vibratils, qui sont les principaux agents moteurs de l'appareil d'irrigation chez les *Coralliaires*, les *Acalèphes* et les *Bryozoaires*, ne peut être que très faible, et les courants excités de la sorte sont vagues et irréguliers. Le cœur, à raison de la grandeur de sa capacité et de la rapidité de ses mouvements de systole et de diastole, lance le liquide avec bien plus de force et imprime aux courants qu'il produit des directions constantes. »

La première forme donc de l'appareil circulatoire est, chez les *Tuniciers*, en partie vasculaire et en partie lacunaire (MILNE-EDWARDS, III, 83). Là, en effet, il y a un cœur; mais le courant circulatoire que cet organe détermine *se renverse périodiquement à des intervalles très courts*, et le sang qui change alternativement de direction est contenu dans des vaisseaux tubulaires, près de la surface du corps, ainsi que dans l'appareil branchial; mais dans le reste de l'économie il circule dans la cavité abdominale et dans les lacunes inter-organiques.

Le phénomène des alternatives périodiques dans la direction du courant sanguin a été observé pour la première fois dans la *Salpa* par un voyageur hollandais, VAN HASSELT; il se rencontre chez tous les Tuniciers, mais particulièrement chez les Ascidies. La description que fait MILNE-EDWARDS (III, 86) du phénomène étudié chez la *Clavellina* mérite d'être rapportée.

« Le cœur des Clavellines est situé à la partie inférieure de la masse viscérale et se trouve renfermé, de même que l'estomac, l'intestin et les organes générateurs, dans l'espèce de sac formé par la tunique interne ou *péritonéale*.

« C'est un tube musculaire élastique, recourbé en forme d'anse et ouvert près de ses deux extrémités. Les fibres, disposées comme autant d'anneaux, se contractent successivement et produisent ainsi une série de rétrécissements ou étranglements qui commencent à une des extrémités de l'organe, et s'avancent rapidement vers l'extrémité opposée de manière à rappeler les contractions vermiculaires d'un lombric, ou mieux encore les mouvements péristaltiques de l'intestin grêle d'un mammifère. Chacune de ces constrictions ambulatoires pousse devant elle le liquide dont la cavité du cœur est remplie, et l'expulse au dehors par l'extrémité à laquelle ses mouvements vont aboutir; puis la portion du tube située en arrière reprend sa forme première et se remplit de nouveau par son extrémité opposée. »

Cette forme et cette fonction du cœur sont communes aussi à d'autres espèces d'Ascidies, telles les *Polyclinum, Amāraecium*, etc., et aussi aux familles des *Pyrosoma*, des Ascidies salpiformes.

Chez les *Biphores* il se présente toutefois quelques différences dignes d'être signalées. Le cœur est de forme tubulaire comme chez les autres Tuniciers, mais il se trouve partagé en trois ou plusieurs cavités par des étranglements incomplets, ce qui, d'après MILNE-EDWARDS, les fait ressembler à un appareil à boules de LIEBIG. MEYEN (*Ueber die Salpen. Nova Acta Acad. Nat. cur.*, XVI, 377) compta dans ces cœurs jusqu'à 12 pulsations par minute se succédant dans une même direction, et VOGT (*Recherches sur les animaux inférieurs de la Méditerranée*, 2e mémoire, 32) vit le changement de direction du courant sanguin se produire avec une grande régularité toutes les deux minutes.

Mollusques lamellibranches. — Chez les *Mollusques* proprement dits, le système circulatoire a atteint un degré de développement considérable : outre l'organe central de la circulation, il existe un système artériel et un système veineux, bien distincts, ainsi que des formations valvulaires autour des orifices du cœur, de sorte que la constance de direction du courant sanguin se trouve ainsi assurée.

Toutefois, chez quelques représentants de cette espèce inférieure, les vaisseaux sanguins ne sont formés et distincts que lorsqu'ils se trouvent dans le voisinage de l'organe moteur, tandis que dans les parties plus périphériques de l'économie, les lacunes existent encore.

On crut avoir observé chez les Brachiopodes et chez les Lamellibranches un double système d'organes moteurs et de vaisseaux sanguins (CUVIER, OWEN); mais les recherches ultérieures de HUXLEY et de HANCOCK ont établi qu'il n'existe pas de différence aussi fondamentale entre le système circulatoire de ce groupe et celui des autres mollusques. Dans ces derniers se trouve, en effet, un ventricule unique donnant naissance à un système de vaisseaux artériels impairs. Mais ici encore, ce ventricule médian semble résulter du rapprochement et de la fusion de deux cavités latérales qui auraient rencontré sur leur route une portion de l'intestin; car, chez presque tous les Lamellibranches, la cavité du cœur est traversée d'avant en arrière par le rectum, disposition dont on se rendrait difficilement compte si l'on supposait que cet organe d'impulsion était dès le premier moment de son apparition dans l'embryon une poche simple et impaire (MILNE-EDWARDS, III, 105).

Selon MILNE-EDWARDS, il existerait également des stades intermédiaires entre ces deux types extrêmes : complète indépendance de deux cœurs latéraux et fusion complète des deux cœurs en un organe impair, comme chez la *Pinna squamosa*, par exemple. En général, les oreillettes, aussi bien que le ventricule unique, sont renfermées dans un péricarde; chez les huîtres seulement le ventricule n'est pas inclus.

La structure du cœur des *Lamellibranches* a été étudiée avec le plus grand soin : « Le ventricule est une poche, en général pyriforme, dont les parois, d'une délicatesse extrême, renferment dans leur épaisseur un grand nombre de faisceaux musculaires qui souvent font saillie et s'entre-croisent dans sa cavité. Il communique avec les oreillettes par deux orifices qui, en général, sont situés latéralement et ont la forme de fentes ou de boutonnières dont les bords seraient disposés de façon à se tendre et à se rapprocher, quand ils sont poussés de dedans en dehors, et à s'écarter au contraire, quand ils supportent une pression même très légère en sens contraire... Les deux oreillettes, qui d'ordinaire sont parfaitement symétriques et longent le ventricule comme une paire d'ailes, ont des parois encore plus minces, mais sont également pourvues de fibres musculaires, de façon à pouvoir se contracter et se relâcher alternativement, et, lorsqu'on observe ces mouvements chez les animaux vivants, on voit qu'ils alternent avec ceux du ventricule (MILNE-EDWARDS, III, 110-111). »

Les premières recherches sur la physiologie du cœur des *Mollusques lamellibranches* furent peut-être celles de BRANDT. Il étudia le cœur d'*Anodonta anatina* et de *Unio tumidus*, et obtint les résultats suivants :

1° Le cœur de ces animaux est complètement automatique, vu que, même séparé du corps, il continue à se contracter.

2° Si l'on touche le ventricule avec la pointe d'une aiguille pendant qu'il se contracte, il s'ensuivra aussitôt une nouvelle contraction. La même excitation appliquée à un cœur au repos pourra amener une série de contractions.

3° Des excitations uniques de courants induits ne provoquent pas une pulsation typique, mais comme une rétraction tonique du ventricule. Le cœur de *Paludina vivipara* réagit de la même manière.

4° De faibles courants induits paraissent n'avoir point d'effet; je n'ai observé aucune augmentation dans la rapidité des contractions. Des courants plus forts font contracter le ventricule en entier (tétanos).

Ce tétanos se produit lentement, il peut être entièrement local, et ne pas empêcher le reste du ventricule de se contracter comme auparavant.

5° Dans le ventricule de ces deux mollusques, à l'ouverture et à la clôture du courant constant, on constate des effets analogues à ceux qui ont été obtenus si souvent sur les vertébrés.

6° Le ventricule se contracte plus fort et plus rapidement dans l'eau chaude. On peut également faire renaître des contractions, dans un ventricule qui s'est arrêté, en l'immergeant dans de l'eau chaude. Les contractions sont plus fréquentes au soleil (jusqu'à augmenter du double).

Il n'y a donc rien dans la réaction du cœur de ces mollusques exposé à la chaleur qui soit en opposition avec ce qui a été observé auparavant sur les cœurs des autres animaux.

Les recherches de E. YUNG (*De l'innervation du cœur et de l'action des poisons chez les Mollusques lamellibranches* (Arch. de Zool. expér., IX, 421, 1881), sur le cœur des *Mollusques lamellibranches*, dont il a étudié trois espèces : l'*Anodonta anatina*, la *Mya arenaria* et le *Solen ensis*, sont dignes d'attention.

Chez la *Mya*, le cœur logé dans la cavité péricardique a la forme d'un parallélipipède à angles arrondis. Il est composé d'un ventricule, traversé longitudinalement et en ligne droite par le rectum. Ce ventricule porte de chaque côté, à peu près à la moitié de sa longueur, plutôt un peu en avant, une oreillette d'apparence spongieuse. Chaque oreillette communique par une ouverture avec le ventricule...

Entre le péricarde et le cœur existe un liquide limpide et transparent, qui n'est ni du sang (on n'y aperçoit aucun élément figuré) ni de l'eau de mer (il ne dépose pas de cubes de chlorure de sodium) et qui baigne entièrement le cœur.

Les contractions des oreillettes précèdent celles du ventricule. Après la systole de celui-ci, il se fait un mouvement de repos, puis les oreillettes se contractent de nouveau. Dans la systole le cœur se raccourcit, devient plus étroit et s'aplatit. Il s'allonge et s'amplifie dans toutes les dimensions, lors de la diastole.

Le nombre des pulsations, chez les Myes ouvertes à la température ordinaire, varie de 12 à 15 par minute. La moyenne est de 14. Le nombre augmente de 1 ou 2 pulsations, lorsque, au lieu de tenir l'animal sous l'eau, on l'expose à l'air. Cette augmentation est due probablement à la différence de température entre l'air et l'eau, qui est de 1 à 2 degrés en faveur du premier.

Pour ce qui est relatif à l'innervation du cœur, l'auteur dit : « Il n'y a pas lieu jusqu'ici... de dénommer plus particulièrement un nerf comme *nerf cardiaque;* tout en constatant que les nerfs innervant le cœur ont leur origine dans les ganglions branchiaux.

« Mais il faut encore remarquer auparavant que les nerfs dont nous venons de parler ne constituent probablement pas la seule source d'innervation du cœur, car celui-ci bat encore en dehors de leur influence. Un cœur de Mye continue ses pulsations pendant un quart d'heure après son isolement du reste du corps, et, dans de bonnes conditions de température et d'humidité, on peut le conserver actif encore plus longtemps. »

Des recherches instituées par YUNG sur l'innervation du cœur, au moyen de la simple observation des organes, il résulte :

1° « Que le cœur des Lamellibranches possède dans l'épaisseur de ses propres parois et dans son entourage immédiat des éléments nerveux nécessaires pour l'entretien de son activité pendant un certain temps;

« 2° Qu'il est principalement innervé par des filets provenant des ganglions postérieurs ou branchiaux;

« 3° Que les nerfs jouent les rôles d'agents accélérateurs des mouvements cardiaques, de telle manière que leur excitation augmente le nombre des pulsations et que leur rupture diminue ce nombre;

« 4° Qu'apposée directement sur le cœur, la pince électrique ne produit qu'un effet local; la portion du muscle comprise entre les deux pôles de la pince s'arrête; mais le reste de la masse du cœur continue à battre;

« 5° Que, sur un cœur arrêté, la pince électrique est impuissante à réveiller de véritables pulsations;

« 6° Que, dans beaucoup de cas, les résultats obtenus manquent de précision à cause de la double part que prennent à l'innervation du cœur les ganglions branchiaux et les masses ganglionnaires hypothétiques (sic) intra-cardiaques;

« 7° Que la séparation du cœur des ganglions pédieux n'altère pas sensiblement les mouvements cardiaques. »

Ces résultats, tels que l'auteur nous les communique, ne peuvent toutefois être acceptés dans leur totalité. Il est évidemment persuadé que la fonction cardiaque est nécessairement dépendante de la fonction de certains éléments nerveux internes et externes. Pour nous, au contraire, le résultat le plus important de ses recherches consiste en ce qu'elles confirment ce fait que la fonction motrice du cœur est absolument automatique et entièrement indépendante des appareils nerveux externes.

L'existence de *nerfs accélérateurs* doit être acceptée avec réserve. Il paraît acquis désormais que de véritables *nerfs cardiaques* n'existent pas, ou que, s'ils existent, ils sont inhibitoires chez les Mollusques, toute action accélératrice étant due, par suite de l'excitation électrique des faisceaux nerveux, à la diffusion des courants et à l'excitation directe du muscle cardiaque.

Des recherches de Yung, il ne résulte pas avec évidence qu'il y ait une excitation directe de la substance musculaire du cœur. Ce savant a également étudié l'action de la température et de certains poisons, et les résultats nous paraissent du plus grand intérêt.

« 1° L'élévation de la température accélère les mouvements du cœur chez les Lamellibranches, de même que chez les autres animaux où cette influence a été observée. Cette accélération se manifeste jusqu'à 40°.

« 2° Les mouvements réflexes et l'excitabilité nerveuse disparaissent à la suite de l'augmentation de la température, bien avant que le cœur soit paralysé.

« 3° Le cœur est passagèrement accéléré par le contact de l'eau douce.

« 5° Le curare n'exerce pas d'action précise sur le cœur.

« 8° La strychnine injectée dans la masse du corps produit ordinairement un abaissement et une diminution des battements du cœur, mais ce résultat n'est pas constant.

« 9° Ce poison directement placé sur le cœur diminue le nombre de ses pulsations et l'arrête au bout de quinze à trente minutes.

« 10° La nicotine accélère les battements du cœur : sous son influence, cet organe augmente sensiblement de volume.

« 12° Le sulfate d'atropine, administré à de très fortes doses, ne produit pas d'effet sensible sur les lamellibranches.

« 13° La digitaline n'agit sur le cœur de ces animaux que lorsqu'elle est directement portée sur cet organe. Dans ce cas, le nombre des pulsations diminue et quelquefois le cœur s'arrête après un temps plus ou moins long. L'abaissement du nombre des pulsations n'est pas précédé d'une accélération initiale.

« 14° La vératrine se comporte d'une façon très semblable à celle de la nicotine; elle accélère momentanément les mouvements du cœur et provoque une augmentation de volume par reflux du sang périphérique.

« 15° La muscarine n'agit pas d'une manière très régulière. Elle produit dans la plupart des cas des convulsions dans les muscles du corps et du manteau, et une accélération passagère des mouvements du cœur qui précède une diminution rapide.

« 16° L'upas antiar, mis en contact direct avec le cœur, agit comme paralysant.

« 17° Le sulfocyanure de potassium à faible dose paraît accélérer les mouvements du cœur (?); mais, à dose plus forte, il l'arrête en diastole. Le cœur mis en contact du poison est tué; aucun procédé ne réussit plus alors à réveiller ses mouvements. »

Ainsi qu'on peut le voir, l'action de la nicotine, de la muscarine, et des autres poisons, n'a aucune analogie avec l'action exercée par ces mêmes substances sur le cœur des vertébrés adultes : ce qui est vrai aussi pour le cœur embryonnaire (BOTTAZZI).

Gastéropodes. — Chez les *Gastéropodes*, le cœur est toujours centralisé et ne présente qu'un ventricule unique, qui d'ailleurs n'est presque jamais traversé par l'intestin ou par aucun autre organe. Quant aux oreillettes, nous retrouverons les mêmes modifications que dans la classe précédente; seulement la disjonction et la duplicité, qui étaient le cas le plus ordinaire chez les Acéphales, ne se présentent que rarement à notre observation chez les Gastéropodes, et la fusion de ces organes en une oreillette unique sera le cas le plus ordinaire (MILNE-EDWARDS, III, 130). Le ventricule est entouré de parois charnues assez épaisses; ses orifices sont garnis de valvules, le péricarde est en général complètement fermé.

TROSCHEL (*De Limnaceis seu Gasteropodis pulmonatis quae nostris in aquis vivunt. Diss. inaug. Berol.*, 1834, 18) compte de trente à quarante pulsations du cœur par minute, chez le limaçon et BINNY (*The terrestrial air breathing Mollusks of the United States*, I, 238) dans le cœur de l'*Helix* en compta environ cinquante-cinq lorsque la température ambiante était assez élevée; il observa de plus une diminution de pulsations toutes les fois que l'animal était irrité.

La question relative à la présence d'éléments nerveux ganglionnaires dans le cœur des Mollusques, notamment depuis que FOSTER et DEW SMITH en étudièrent la fonction présente un grand intérêt. Sur le conseil de FOSTER, FRANCIS DARWIN (*On the structure of the snail's heart. The Jour. of Anat. and Phys.*, x, 1876, 506) entreprit dans ce but des recherches sur le cœur d'*Helix pomatia*.

FOSTER et DEW SMITH avaient affirmé déjà que le cœur du limaçon est privé de mécanisme nerveux automatique et privé également de toute connexion avec le système nerveux central. Quelques faits pourtant parlent contre cette affirmation. Il n'est pas douteux qu'un nerf fixé au ganglion œsophagien inférieur et longeant l'aorte se porte vers le cœur. DARWIN ne put déterminer le mode et le lieu de sa terminaison, mais il serait possible qu'il se ramifie seulement vers les branches de l'aorte, comme fait un nerf décrit par ALBANY HANCOCK chez le *Loligo* (mollusque *bibranché décapode*). De véritables *nerfs cardiaques* existent chez quelques Mollusques. KEFERSTEIN décrit un tronc nerveux cardiaque chez les *Tergipes Edwardsii*; LACAZE-DUTHIERS décrit un rameau du ganglion branchio-génital destiné au cœur d'un *Pleurobranchus*, et ALBANY HANCOCK donna la description et la figure (1852) de deux ganglions situés à la pointe du cœur de la *Doris tuberculata* et d'un ganglion de forte dimension dans le péricarde du *Loligo*, lequel innerve le cœur et autres régions du système vasculaire.

DARWIN put toutefois confirmer pleinement les observations de FOSTER et de DEW SMITH. Voici ce qu'il dit : « J'ai recherché avec les soins les plus minutieux, mais vainement, des cellules ganglionnaires en les colorant avec du chlorure d'or, de même qu'avec du picrocarminate d'ammoniaque, etc., je n'ai pas trouvé davantage la trace de nerfs passant dans le cœur. » Voici, relativement au reste de la structure du muscle cardiaque, ce qui ressort des recherches de DARWIN. Contenu dans un péricarde musculaire (KEFERSTEIN), le cœur est composé de deux cavités : d'une oreillette globulaire, qui reçoit la veine pulmonaire, et d'un ventricule conique dont le sommet se continue dans l'aorte les deux cavités communiquent au moyen d'un orifice garni d'une paire de valves en forme de demi-lune, pendantes à l'intérieur de la cavité ventriculaire. Le tissu myocardiaque est constitué de cellules musculaires striées, fait déjà observé par GEGENBAUR (*Zeitsch. f. wiss. Zool.*, III, 389.) chez les *Gastéropodes pulmonés*, par LEYDIG (*Ibid.*, II), dans la *Paludina vivipara* et chez les Mollusques en général, par MÜLLER (*Ibid.*, 1853), et par BOLL (*Schultze's Arch.*, v. Suppl.), dans le cœur branchial des *Céphalopodes*, par MARGO (*Ak. W.*, XXXIX), dans le cœur des *Anodon*, par RAY-LANKESTER (*Quart. Journ. of microsc. Sc.*, 1874), dans les cœurs des *Appendicularis*.

Ces cellules, souvent ramifiées et étroitement unies entre elles, forment des faisceaux ou embranchements et constituent les parois du cœur. « ... L'examen de sections non colorées, entre nicols croisés, démontre nettement que le muscle du cœur de limaçon ressemble au muscle des vertébrés, étant uniaxial avec son axe parallèle à la direction des cellules musculaires. »

Nous avons eu déjà, dans les chapitres précédents, l'occasion de nous occuper d'un fait intéressant relativement à la connexion anatomique et physiologique entre les oreillettes et le ventricule. De certaines observations histologiques faites par FOSTER et DEW SMITH, il ressort qu'il n'existe pas dans le cœur des Mollusques une entière continuité du tissu musculaire, au niveau du sillon auriculo-ventriculaire, entre les oreillettes et le ventricule. Voici, en attendant, les résultats des recherches entreprises par DARWIN à ce propos.

« MICHAEL FOSTER et DEW SMITH parlent d'une sorte d'isolement physiologique particulier qui existerait entre les oreillettes et le ventricule, et ils suggèrent comme explication qu'un anneau de tissu connectif, dépourvu de nerfs, sépare les deux régions de l'organe. Je ne puis guère partager cette opinion; les muscles de la région de jonction semblent être assurément en étroite relation avec une plus grande quantité de tissu connectif; mais je ne trouve aucune raison pour supposer un isolement des deux parties de l'organe. Au point de jonction beaucoup de fibres, tant des oreillettes que du ventricule, pénètrent dans la valvule, mais ce n'est pas une raison pour que les deux cavités soient isolées. J'ai acquis la certitude, en faisant des sections longitudinales sur des cœurs durcis dans l'acide osmique, *qu'il y a continuité musculaire entre l'oreillette et le ventricule*, de sorte que je ne puis offrir aucune explication anatomique du fait mentionné. »

Du reste, un isolement complet des deux segments cardiaques ne pouvait être admis, en même temps qu'on admettait le manque absolu de nerfs dans le cœur de ces animaux.

Il avait été déjà démontré par FOSTER (*A. g. P.*, v, 191) qu'un courant interrompu, appliqué directement sur les cœurs d'Hélix et d'Anodonte, tant sur l'oreillette que sur le ventricule ou sur une petite partie de paroi cardiaque battant rythmiquement, produit un arrêt des contractions de la même manière que l'excitation du vague empêche les mouvements du cœur chez un animal vertébré, quelle que soit la position des électrodes, et avec un courant d'intensité moindre que celle nécessaire à la tétanisation du cœur. Cette inhibition a lieu sans que l'on puisse admettre l'existence d'un appareil nerveux inhibitoire localisé. De fait, il n'avait pu trouver ni fibres nerveuses ni cellules ganglionnaires dans la paroi musculaire des cœurs d'Hélix, d'Anodonte, de Sépia, d'Aplysia, de Salpa.

Des recherches analogues ont été répétées par FOSTER et DEW SMITH (*On the behaviour of the hearts of mollusks under the influence of electric currents. Studies from the phys. Lab. in the Univ. of Cambridge.*, Part. II, 1876, 73), sur le cœur du limaçon et d'autres Mollusques.

Ils séparaient le cœur de l'organisme, puis le tenaient immergé dans une petite quantité de sang du même animal, et en observaient les mouvements au microscope en les enregistrant indirectement sur un cylindre enfumé à rotation, moyennant un contact électrique par lequel un signal électro-magnétique était mis en mouvement.

Nous avons donné déjà quelques détails sur la forme générale du cœur du limaçon; nous ajouterons encore que, tandis que l'oreillette est une poche à parois très minces, les faisceaux des fibres dont sont constituées les parois ventriculaires sont pourvus de forts renflements qui font saillie dans la cavité cardiaque, et par conséquent disposés de telle manière que le ventricule a la même structure spongieuse que chez la grenouille et beaucoup d'autres animaux. Ni dans les parois ventriculaires, ni dans les parois auriculaires ne se rencontre la moindre trace de cellules nerveuses, ou d'une agrégation de cellules nerveuses sous forme ganglionnaire.

Les faisceaux de fibres disposés en entre-croisements compliqués sont constitués d'un tissu granuleux, protoplasmique, tout à fait différent du tissu musculaire ordinaire du corps, et ressemblant à beaucoup d'égards au tissu cardiaque des vertébrés.

Nous avons vu comment les rigoureuses observations histologiques de FRANCIS DARWIN ont démontré le non fondé de l'opinion de FOSTER et de DEW SMITH, d'après lesquels l'oreillette serait complètement isolée du ventricule par un anneau de tissu connectif. Pour ce motif, beaucoup d'assertions de ces auteurs reposant sur cette base anatomique complètement erronée perdent toute valeur.

Il est bon toutefois d'en discuter quelques autres, dans lesquelles les auteurs ont développé la doctrine, qu'on pourrait appeler hydraulique, du mécanisme de la contraction cardiaque chez l'Hélix et chez d'autres Mollusques.

Étant donné le manque de continuité du tissu musculaire auriculo-ventriculaire, on ne pouvait pas admettre qu'une onde unique d'excitation, se développant dans le segment veineux et se propageant à travers le tissu musculaire, fût la cause de la contraction cardiaque. Étant donné, en outre, le manque de voies nerveuses auxquelles serait confiée la propagation de cette onde, il en résulte nécessairement qu'aucun des deux mécanismes ordinairement admis n'est celui qui entre en jeu dans la contraction du cœur de ces Mollusques, et qu'il fallait en chercher un autre différent. Ce nouveau mécanisme, FOSTER et DEW SMITH le trouvèrent dans l'excessive sensibilité que présente le tissu musculaire à l'excitation mécanique de pression ou de tension. En un mot, ce serait la pression du liquide sanguin exercée sur la paroi de la cavité cardiaque et la distension de celle-ci qui produiraient, selon eux, la contraction successive des divers segments du cœur. Mais il sera plus utile de citer les propres paroles des auteurs dans une note en réponse à DOGIEL, où ils ont exposé succinctement leur théorie, déjà développée en détail dans le travail original précédent.

« La rapidité et le caractère des contractions dans le cœur de l'*Hélix* dépendent d'une manière remarquable de la tension de ses cavités... L'augmentation de l'afflux sanguin dans le ventricule augmente le nombre des pulsations. Le cours du sang est-il subitement interrompu, les contractions cardiaques souffriront en général également une interruption, et le cœur demeure pendant un instant en diastole. Chez l'*Hélix*, le cours du sang des vaisseaux artères pulmonaires vers l'oreillette aussi bien que la résistance à l'écoulement du sang du ventricule vers les tissus doit être, vu les particularités de la circulation sanguine chez les Mollusques, attribué essentiellement aux mouvements de l'animal. On s'en rendra facilement compte en découvrant le cœur d'*Hélix* de manière à pouvoir observer en même temps les contractions cardiaques et les mouvements de l'animal. Cette régularisation *machinale* du cœur paraît suffire à toutes les exigences de la vie paresseuse d'un Mollusque. Les Mollusques n'ont nul besoin de nerfs accélérateurs ou modérateurs. Dans notre travail, nous affirmions n'avoir pu trouver chez *Hélix* aucun nerf modérateur. Nous avions, à la vérité, cru découvrir plusieurs fois des effets modérateurs à la suite de l'excitation de différentes régions du corps, mais nous étions ramenés chaque fois à la conviction que l'arrêt des contractions était produit par les mouvements généraux que produisait l'excitation, mouvements qui déterminent l'arrêt du courant sanguin vers les oreillettes. »

Tous les phénomènes d'inhibition qui ne seraient pas dus à l'excitation directe de la paroi musculaire, de même que tous les phénomènes d'accélération et d'augmentation de la fonction cardiaque, seraient dus, selon ces auteurs, à des variations dans la pression intra-cardiaque déterminées par les mouvements du corps de l'animal.

Nous ne savons pourtant pas si, après les résultats des recherches de DARWIN, cette théorie peut encore être maintenue.

Pour le moins, il faut admettre que, lorsque la réplétion du cœur est assurée, une onde unique puisse le traverser dans toute sa longueur, en déterminant la pulsation; ce qui n'exclut pas que l'onde doive manquer complètement quand le segment le plus automatique du cœur (le segment veineux) n'est pas suffisamment stimulé par la pression sanguine.

Une excitation unique de fermeture ou d'ouverture de courant induit, pourvu qu'elle soit suffisante, provoque une contraction ne différant en rien d'un battement spontané. A quelque moment de la circulation cardiaque que tombe l'excitation, l'effet obtenu est invariablement le même. Il semble donc, selon ces observations, que le cœur du limaçon n'a pas de période réfractaire, ce qui pourrait seulement arriver si la contraction cardiaque n'était pas maximale, selon les idées que nous avons développées autre part. Mais, en passant graduellement de courants extrêmement faibles à des courants plus forts, on n'observe pas une augmentation graduelle de l'effet; au contraire le changement est soudain, et on passe de l'absence de tout effet à une contraction bien définie; de sorte que, à cet égard, le cœur du limaçon se comporterait comme le cœur de grenouille, en suivant la loi de BOWDITCH.

Toutefois, l'analogie ne subsiste ni par rapport à l'intensité du courant, ni pour ce qui concerne la pause qui suit la contraction provoquée; car il paraît que, plus le choc électrique est fort, plus la contraction, dans de certaines limites, sera marquée; et aucune relation ne paraît nécessaire entre la hauteur de la contraction et la longueur de la pause suivante.

En tous cas, l'insuffisance de la méthode d'enregistrement graphique ne permet pas de conclure qu'il existe une profonde différence entre la manière dont se comporte le cœur de ces animaux et celle du cœur des vertébrés; car la simple observation ne suffit pas pour juger de l'intensité de la contraction, de la longueur de la pause post-systolique, de l'existence ou de la non existence d'une extra-systole.

L'effet vraiment intéressant observé à la suite de l'application de courants induits, insuffisants par eux-mêmes pour produire une contraction, a été déjà mentionné ci-dessus. C'est une inhibition des contractions cardiaques, qui se présente avec tous les caractères de l'inhibition du vague. Les considérations que FOSTER et DEW SMITH émettent à ce sujet, pour donner une interprétation adéquate de cette singulière action inhibitoire d'un courant induit assez faible, sont très intéressantes. Ils disent : « Il semblerait, d'après les faits que nous avons indiqués, que l'inhibition occasionnée par les courants tétanisants, c'est-à-dire très fréquents, appliqués directement au ventricule (du limaçon), est en définitive la simple addition des effets des chocs de courant induit, qui constituent le courant tétanisant.

« L'effet de chaque choc isolé est très léger; un choc unique possède rarement la puissance de prolonger d'une manière marquée la diastole. Il reste néanmoins un effet qui persiste après l'excitation, et cet effet est tel qu'un second choc, agissant sur le cœur avant que l'effet du premier soit aboli, produit un effet d'addition, et en ce cas on observe une inhibition distincte, sinon toujours à la suite de deux chocs d'induction, du moins toujours après plusieurs chocs se succédant rapidement.

« De plus, cet effet inhibitoire, cet obstacle à la contraction ou à la pulsation, croît jusqu'à une certaine limite avec la puissance du courant employé. Alors l'effet de l'excitation devient subitement inverse, et produit une contraction ou pulsation, au lieu de l'empêcher.

« La conclusion inévitable nous paraît être que l'action des chocs induits sur les tissus cardiaques est de telle nature qu'elle produit au début de l'inhibition, mais que, si on vient à en augmenter l'intensité, elle produit l'effet directement opposé (contraction) ».

L'ouverture et la fermeture d'un courant constant, appliqué à un ventricule de cœur de limaçon immobile, produisent deux contractions qui diffèrent en plusieurs points essentiels l'une de l'autre, et qui diffèrent toutes les deux de la contraction spontanée. Celle-ci est ainsi décrite : « La contraction normale du ventricule peut être considérée comme une agrégation de toute la masse vers un seul point, là où le grand axe du ventricule serait coupé par une ligne transversale portant sur la partie la plus large du ventricule. Elle est accompagnée d'une sorte de rétrécissement péristaltique s'étendant depuis l'oreillette jusqu'au point terminal de l'aorte, c'est-à-dire commençant à l'oreillette et finissant à l'extrémité aortique, quoique durant la plus grande partie de la période contractile le ventricule en entier soit retréci. »

« Au contraire, la contraction de clôture prend toujours son point de départ à la cathode, en allant, par un trajet plus ou moins long, vers l'anode; tandis que la contraction d'ouverture part de l'anode et se dirige vers la cathode; la contraction, dans les deux cas, étant une sorte de contraction péristaltique dont les caractéristiques sont plus facilement reconnaissables lorsqu'elle débute à l'extrémité aortique. »

Si l'on veut bien se rappeler ce que nous avons longuement exposé dans le chapitre sur l'électro-physiologie du cœur, on reconnaîtra facilement l'importance de ces observations si nettement rapportées par les auteurs.

La loi de PFLÜGER ne se vérifie pas moins exactement lorsqu'une des électrodes est située à l'extrémité veineuse de l'oreillette, et l'autre à l'extrémité aortique du ventricule. C'est ainsi que, lorsque la cathode se trouve à l'oreillette, il se produit une contraction de clôture à la région auriculaire du ventricule et une contraction de rupture à l'aorte, et vice versa. Ce qui revient à dire que, dans ce dernier cas, il se produit une véritable contraction antipéristaltique du tube cardiaque.

Remarquons, au contraire, que, lorsque le temps de passage du courant est très court et lorsque la clôture et la rupture sont très brèves, les deux contractions sont remplacées par une seule. Selon la position de l'électrode, cette contraction ou pulsation, commençant à la cathode, sera aortique ou auriculaire. L'influence de la durée du passage du courant se montre ici d'accord avec ce que nous avons vu à propos de l'électro-physiologie du cœur en général.

Toutefois l'excitation électrique peut encore, dans de certaines conditions, produire une série de battements du cœur au lieu d'une contraction simple. Lorsque la cathode est placée à l'oreillette, « la contraction qu'elle produit *est suivie d'une seconde, d'une troisième, et parfois de plusieurs contractions* présentant toutes les caractéristiques des contractions cathodiques, c'est-à-dire partant de la cathode et se dirigeant vers l'anode, En d'autres termes, l'extrémité cathodique est le point de départ des *contractions rythmiques*. De ces contractions la première est toujours la plus vigoureuse (voir nos observations sur le cœur embryonnaire). Les contractions suivantes diminuent en intensité, tandis que les intervalles augmentent généralement de durée.

Si le passage du courant est de courte durée (dix secondes), le cœur semble se contracter tant que dure le passage du courant. Au contraire, l'excitation anodique d'ouverture ou l'excitation cathodique de fermeture appliquées au ventricule ne sont jamais suivies d'une série de contractions rythmiques, quelle que soit l'intensité du courant.

Dans ce travail classique de FOSTER et DEW SMITH, nous trouvons un grand nombre de considérations, développées plus tard avec tant de clarté par BIEDERMANN, sur les effets différents des excitations anodique et cathodique sur le cœur de grenouille.

Voici, en effet, comment s'expriment clairement les auteurs plusieurs fois cités : « Nous supposons, disent-ils, qu'un courant constant met le tissu voisin de la cathode dans les conditions les plus favorables au développement des contractions; cet effet, quoique ne se manifestant pas immédiatement, atteint son maximum peu de temps après la clôture du circuit, après quoi il diminue graduellement.

« Le tissu voisin de l'anode, à l'autre extrémité, se trouve dans des conditions défavorables à la production de contractions (inhibition anodique); les contractions, ayant pris leur origine dans la région cathodique, cessent quand elles approchent de l'anode. »

Il semble exister dans le cœur du limaçon des conditions fonctionnelles très analogues à celles qu'a découvertes FANO dans le cœur de poulet au deuxième et au troisième jour de développement embryonnaire : et cet accord des faits phylogénétiques avec les faits ontogénétiques est réellement merveilleux et fait songer au progrès immense que réaliserait la physiologie si de nombreux faits analogues étaient mis en lumière. Dans le cœur du limaçon, de même que dans le cœur embryonnaire « l'extrémité aortique continue, dans des cœurs actifs et favorablement disposés, à se contracter spontanément quelque temps encore après qu'elle a été séparée des autres parties du ventricule ». Il n'est donc pas surprenant qu'au passage d'un courant constant, l'extrémité aortique du ventricule du limaçon réponde par des contractions rythmiques, semblables à des contractions spontanées, comme fait le bulbe aortique d'un cœur de grenouille. Donc l'absence de séries de contractions à la suite d'une excitation unique, anodique ou cathodique, ne peut être expliquée, selon ces auteurs, par un manque d'automatisme dans le ventricule. Le cœur du limaçon présente un phénomène analogue à celui qu'a décrit LUCIANI, sous le nom de rythme *périodique*, ou plutôt au rythme décrit par BOTTAZZI dans le cœur embryonnaire de poulet sous le nom de *forme en fusée*, et que FOSTER et DEW SMITH ont appelé rythme *secondaire*. Il se présente avec les caractères suivants. « Après être demeuré pendant quelques secondes dans un état de repos complet, le cœur donne une contraction perceptible à peine, même au microscope. Cette contraction est suivie par d'autres, également faibles, qui se succèdent à intervalles irréguliers, augmentant graduellement jusqu'à un certain maximum; ce maximum atteint, les contractions redeviennent plus faibles, plus espacées, jusqu'à ce que le cœur soit arrivé de nouveau au repos complet. »

Le mémoire de FOSTER et de DEW SMITH renferme sur la fonction du cœur d'autres Mollusques quelques notes qui, vu leur brièveté, peuvent être reproduites presque toutes textuellement.

Le cœur de la *Sepia* étant divisé en deux parties symétriques, celles-ci ne cessent pas de battre rythmiquement, de sorte qu'il ne peut y avoir un centre nerveux automatique unique pour le ventricule du cœur de la *Sepia*. On ne peut découvrir aucun nerf dont l'excitation produirait l'inhibition du cœur comme, chez les vertébrés, fait le nerf pneumogastrique.

« Un courant interrompu appliqué directement au ventricule peut, dans des conditions favorables, produire un arrêt du rythme, le cœur demeurant en diastole et reprenant ses contractions après cessation du courant.

« Des chocs d'induction uniques et un courant continu semblaient produire le même effet sur la *Sepia* que sur le limaçon, occasionnant parfois une contraction, et parfois une inhibition plus ou moins distincte.

« Les mêmes phénomènes, apparaissant dans le cœur du limaçon pendant le passage d'un courant continu, se manifestèrent; les contractions prenant toujours leur point de départ de la cathode pour se diriger vers l'anode.

« Nous pensons pouvoir conclure avec certitude que les particularités observées dans le cœur du limaçon se retrouvent dans leurs points essentiels chez la *Sepia*. »

Le cœur d'*Aplysia* est, selon Foster et Dew Smith, peu approprié à des recherches physiologiques, parce qu'une fois extrait de l'organisme, il bat avec une grande difficulté. Ils ajoutent seulement qu'on ne peut y trouver aucun nerf dont l'excitation cause l'inhibition du cœur.

L'action du courant interrompu sur le cœur de *Salpa* est du plus grand intérêt : « Durant le passage des courants le cœur qui, selon son habitude, avait oscillé, tantôt dans une direction, tantôt dans une autre, après six à quinze contractions, continua pendant deux minutes à se contracter *entièrement en une seule direction*, avec une plus grande rapidité. Aucune inhibition ne put être produite, malgré des courants plus puissants ».

Voici les considérations générales les plus essentielles résultant des observations de Foster et de Dew Smith sur le cœur du limaçon :

1° Le processus intime par lequel l'organe est amené à produire des mouvements rythmiques a lieu normalement dans toutes les régions du tissu, de sorte que chaque partie du cœur, isolée des autres, peut, dans des conditions de nutrition suffisantes, exécuter des mouvements rythmiques. Comme dans le cœur embryonnaire aux premiers jours de développement, le cœur de ces animaux ne présente pas encore cette complète différenciation que nous rencontrons dans les régions diverses du cœur des vertébrés, quoiqu'une certaine polarisation physiologique de l'organe doive être admise dans tous les cas. Nous avons vu comment dans le cœur de certains Tuniciers cette polarisation constante ne peut même pas être admise, parce que les mouvements péristaltiques constituant les contractions cardiaques isolées partent tantôt de l'extrémité antérieure, tantôt de l'extrémité postérieure, en rendant périodiquement alternante la direction du courant sanguin.

2° « Lorsque le ventricule est sectionné en deux parties, les deux moitiés ne se contractent pas nécessairement d'une manière synchrone. Chaque moitié a son rythme qui peut être ou ne pas être celui de l'autre moitié (généralement ils diffèrent). Mais le rythme de chaque moitié est, si les conditions sont bonnes, parfait et complet; on peut constater la même chose dans des segments de myocarde encore plus petits. » Comme l'on sait, Fano a rencontré une indépendance analogue dans les oscillations toniques des deux oreillettes du cœur de la tortue.

Dogiel (*loc. cit.*) a étudié la contraction cardiaque chez le *Pecten maximus*. « La contraction des oreillettes, dit-il, est suivie de la contraction du ventricule. On en compte parfois jusqu'à cinquante par minute. Lorsqu'on ouvre les écailles, le cœur apparaît immobile au premier abord; ce n'est qu'au bout d'un certain temps que les contractions se produisent, se suivant toujours plus rapidement : une forte contraction du muscle adducteur arrête de nouveau les contractions cardiaques en diastole (inhibition réflexe?) Cet arrêt du cœur en diastole se reproduit également chaque fois que l'on excite les oreillettes par un courant induit. L'excitation du ventricule par un courant induit de puissance égale amène un arrêt du cœur en systole.

« Si l'on excite par un courant d'induction le ganglion branchial, qui chez l'*Aplysie* est voisin du cœur, il se produit une accélération des contractions cardiaques; un courant d'induction de même intensité appliqué aux oreillettes a comme conséquence l'arrêt du cœur en diastole. »

Relativement à ces expériences de Dogiel, Foster et Dew Smith (*loc. cit.*) observent que, quoique les recherches expérimentales de Dogiel au cours desquelles des effets d'arrêts se produisirent, soient insuffisantes pour nous permettre une opinion définitive, il nous semble toutefois que les effets d'arrêt observés par lui ne sont pas de nature nerveuse, mais, si nous osons nous exprimer ainsi, de nature hydraulique.

Les différences également observées par Dogiel en provoquant l'inhibition ne nécessitent aucunement un mécanisme nerveux spécial, puisque Foster et Dew Smith avaient déjà démontré que l'inhibition des oreillettes exige un courant moins fort que l'inhibition des ventricules.

Schoenlein (*Ueber das Herz von Aplysia limacina. Z. B.*, xxx, 1894, 187) a étudié le cœur de l'*Aplysia limacina*, un Gastéropode marin pleuro-branchial, commun dans les eaux du golfe de Naples. La forme du cœur rempli de sang est celle de l'estomac d'un chien. Des filets nerveux partent du collier œsophagien, se rattachent à une paire de ganglions viscéraux desquels des rameaux se dirigent vers les artères branchiales; il ne paraît pas qu'il existe de rapports plus étroits entre ces nerfs et le cœur. Pourtant l'électrisation des faisceaux branchiaux provoque des contractions ventriculaires.

Si le cœur est tenu immergé dans le sang du même animal, ou dans une chambre humide, en présence d'oxygène, il continue à se contracter pendant trois, cinq, sept jours; il a une résistance extraordinaire aux poisons, au courant électrique et aux actions mécaniques de tout genre, car, après être resté en repos pendant quelque temps, à la suite d'excitations anormales il recommence toujours à battre.

Relativement au nombre des contractions du cœur séparé de l'organisme, l'auteur dit que les conditions d'une expérience myographique, aux points de vue de la température et du poids, ont la plus grande influence sur le nombre des contractions; il est impossible pour cette raison d'indiquer une moyenne de pulsations normale. A la température de 12 à 13°, huit contractions par minute peuvent être considérées comme fréquentes, et trois contractions en deux minutes comme extrêmement rares.

Pour provoquer de fréquentes contractions dans un cœur qui bat très lentement ou qui se trouve en repos complet, on se sert avec avantage du réchauffement, de l'augmentation de tension et de la tétanisation prolongée pendant quelques minutes.

Une grande élévation de température produit une telle fréquence de contraction que les relâchements deviennent incomplets, les points inférieurs de la courbe se trouvant sur une ligne ascendante. La contraction devient souvent de plus en plus haute qu'auparavant, de sorte que l'ensemble de la courbe monte. La hauteur de chaque contraction peut cependant diminuer ou rester égale, tandis qu'elle croît rarement. La grandeur du raccourcissement tonique dépasse celle des contractions qui se sont produites à la température normale. Cependant la durée de la contraction diminue assez rapidement, tandis que la rapidité de l'ascension et de la descente de la courbe augmente.

En continuant l'échauffement, il y aura d'abord diminution de la tonicité, puisque le relâchement dépasse la rétraction. Celle-ci diminue, en même temps que les contractions isolées deviennent plus faibles. Au delà de 44° à 45°, on observe des symptômes de rigidité, tandis que l'irritabilité subsiste encore dans le muscle cardiaque; la rigidité est complète à 50°. A 32 et 33° survient l'arrêt du cœur.

Le poids propre du cœur ne peut pas tendre l'organe suspendu au myographe assez pour le faire battre pendant longtemps. Mais il suffit du poids du levier ou de l'addition d'une charge même très petite pour obtenir des contractions fortes et durables. Si l'on tient compte du nombre des contractions par minute à mesure qu'on charge davantage le cœur, on observe qu'à chaque augmentation de poids il se produit, jusqu'à une certaine limite maximum, une augmentation des contractions. Le poids le plus fort que puisse supporter le cœur d'Aplysie pendant quelques minutes est d'environ cinq grammes. La hauteur de contraction est sensiblement diminuée à ce moment, et des irrégularités dans la série de contractions et dans leur hauteur indiquent que le cœur est arrivé à la dernière limite de sa puissance.

Au cours de ses expériences, Schoenlein a calculé le travail accompli par le cœur, ainsi que le rapport entre le poids et le travail accompli par le cœur dans l'unité de temps. Le résultat obtenu par lui est que la totalité de l'augmentation du travail, pendant une période donnée, n'est pas attribuable uniquement à l'accroissement numérique des contractions, mais qu'ici, de même que pour le muscle strié, le produit de la hauteur de contraction par le poids augmente avec le poids. La hauteur de contraction ne diminue pourtant pas en raison inverse du poids, mais plus lentement. De plus, les limites des poids qui, dans les contractions isolées, font croître la fréquence et le travail, se trouvent à peu près dans la même région. »

Le cœur d'*Aplysie* se comporte de la manière suivante vis à vis du courant constant :

« La clôture des courants très faibles produit une contraction se manifestant distinctement au pôle négatif. Un courant plus fort produit une contraction permanente au pôle négatif, et une sorte de gonflement à l'endroit du muscle où pénètre le courant... L'ouverture du courant produit, en même temps qu'un relâchement au pôle négatif, une plus faible onde de contraction qui part du pôle positif pour se continuer dans le muscle. »

La période d'excitation latente et la durée des contractions sont très variables. La première peut atteindre en certains cas 1 seconde et demie, même lorsque la période réfractaire n'intervient pas pour compliquer le phénomène.

Le cœur d'*Aplysie* est peu excitable, même par des courant induits d'une certaine intensité. Si l'on excite le cœur directement avec un courant induit rapidement interrompu, il peut arriver que le cœur se contracte lentement, plus lentement que dans les contractions ordinaires, ou bien que, au lieu d'une contraction normale, il se produise une série de contractions rapides dans les intervalles desquelles le cœur ne se relâche pas entièrement. La dernière contraction du cœur est suivie d'un relâchement complet, malgré la tétanisation, *ou bien il conserve pendant quelque temps encore une faible tonicité.*

De même que Foster et Dew-Smith, Schönlein a pu constater un effet inhibitoire du courant électrique directement appliqué au muscle cardiaque. Rappelons ici que Foster (*Ueber einen besonderen Fall von Hemmungswirkung. A. P.*, v, 1872, 191) avait aussi observé que le cœur de l'Anodonte, isolé de l'organisme et stimulé par un faible courant induit, s'arrête en diastole pour recommencer à se contracter, aussitôt que cesse l'excitation. En augmentant la force du courant, on obtient d'abord des mouvements vermiculaires, et en l'augmentant encore davantage, on obtient une série de contractions assez rapides et irrégulières, ou un tétanos complet.

Schönlein a donc observé que des excitations de degrés divers n'augmentent tout d'abord que la tonicité, sans provoquer de contractions, et sans que le cœur continue à battre, même s'il y avait alors des contractions.

Cela se rapporte évidemment à un phénomène d'inhibition produit par l'action directe du courant électrique. Il est surprenant que Schönlein paraisse ignorer les observations analogues faites par Foster et Dew-Smith, de même que ceux-ci ne rappellent pas les observations précédentes de Foster.

Une différence importante, dans la manière de se comporter du cœur de grenouille, consiste en ce que les contractions provoquées par un très fort courant peuvent être plus hautes qu'une contraction normale. Il s'ensuit qu'une contraction peut se produire, qui est plus considérable qu'une contraction normale, pendant presque toute la systole, à l'exception d'un très court espace de temps durant la systole et après la systole.

Relativement à l'irritabilité du muscle pendant les phases diverses de la révolution cardiaque, Schönlein a pu établir que, plus on se rapproche de la systole précédente, et plus l'intervalle est diminué, plus il est difficile de provoquer une contraction artificielle.

Les excitations qui produiraient encore une systole pendant le dernier quart d'un intervalle n'agissent plus pendant le premier quart; et plus l'excitation se rapproche du moment où finit la systole, plus il faut, pour provoquer une extra-systole, des courants puissants. *Une excitation maximum ne suffit pas,* si elle survient au milieu de la systole, à la condition toutefois qu'elle ne se prolonge pas et n'empiète pas trop sur la période inter-systolique.

Il ressort de cela que la période réfractaire du cœur de ces animaux est relativement longue et que cet organe se reconstitue lentement après avoir accompli une contraction.

Relativement à la nature de la rythmicité des mouvements cardiaques, Schönlein s'exprime assez nettement ainsi :

« Le manque de cellules ganglionnaires nous amène à la conclusion que la tendance du ventricule de l'Aplysie à répondre à des excitations constantes par des contractions rythmiques, ne réside pas dans la nature de son innervation, mais dépend de son organisation même. »

Céphalopodes. — Ce qui caractérise le système circulatoire des *Céphalopodes*, c'est, outre son degré supérieur de développement, l'existence de *deux cœurs branchiaux* interposés entre le *cœur aortique* unique et bien différenciés, et les organes respiratoires. Le ventricule (renfermé dans un sac péricardique) forme, comme d'ordinaire, la partie principale du cœur. Les deux veines branchiales, à l'état frais, sont dilatées en forme de deux entonnoirs, et chez l'animal vivant leurs parois, garnies de fibres musculaires, se contractent fréquemment pour envoyer le sang dans le ventricule. Ce sont, par conséquent, des oreillettes; mais, en général, ils sont peu développés et affectent la forme de gros vaisseaux (MILNE-EDWARDS, *loc. cit.*, III, 164).

Dans le *Nautilus*, la *Sepia*, l'*Octopus*, l'*Argonauta*, etc., il se présente de légères modifications dans la forme et dans la disposition générale du centre circulatoire.

Les parties qu'on est convenu d'appeler les *cœurs branchiaux* sont considérées, contrairement à ce que l'on supposait d'abord, comme des organes accessoires de circulation, leur structure délicate démontrant qu'ils sont en réalité des organes glandulaires (RANSOM).

Des recherches de RANSOM (*On the cardiac rythm of invertebrata*. J. P., V, 1885, 261), il résulte que les oreillettes sont constituées principalement de tissu connectif avec de rares cellules musculaires (lisses), de même que les autres vaisseaux qui vont au cœur ou en partent; ce qui démontre encore l'origine vasculaire des ampoules auriculaires. La région de passage entre les oreillettes et le ventricule a été étudiée microscopiquement par RANSOM avec un soin particulier, et l'intérêt qu'elle présente exige que nous rappelions les observations histologiques correspondantes : « Les fibres de l'oreillette, dont la direction générale est vers le ventricule, ne paraissent *pas former un anneau musculaire aussi complet* que chez les amphibiens et chez les reptiles, mais diminuent en nombre dans le voisinage immédiat du ventricule et semblent s'arrêter généralement avant de l'atteindre. Quelques-unes semblent se continuer dans la masse ventriculaire, mais l'anneau qui unit l'oreillette au ventricule consiste surtout en tissu connectif de structure plus molle que l'oreillette ou le ventricule.

« Ces fibres auriculaires, *qui s'étendent jusqu'au ventricule, paraissent arriver à la base des valvules;* mais il est difficile de se former une opinion sur les points où elles arrivent, à cause de leur structure. On n'observe pas de changement dans les caractéristiques histologiques du muscle auriculaire à son point de jonction avec le ventricule, ainsi que cela a été décrit chez la grenouille; mais les fibres ventriculaires forment un contraste frappant et soudain avec celles de l'oreillette, et plus encore avec le tissu connectif au point de jonction. »

Les caractères histologiques des cellules musculaires du ventricule sont les suivants : « Les fibres ventriculaires sont de forme oblongue, en fuseaux allongés, mais elles sont plus courtes et plus grosses que celles de l'oreillette; de même que les autres fibres, elles sont dépourvues de sarcolemme. Elles ressemblent à la cellule musculaire ordinaire des vertébrés, mais elles possèdent en plus une striation fine, transversale et régulière, pareille à celle du cœur branchial, dont les fibres sont semblables. Des recherches attentives indiquent également dans ces fibres un filon granuleux central d'une nature différente de celle de la zone intérieure (sarcoplasme, cordon protoplasmique de RANVIER).

Tout le système cardiaque est innervé par deux troncs nerveux descendant des *ganglions pleuraux*, analogues aux nerfs vagues des vertébrés. Le long de ces nerfs se trouve un premier *ganglion cardiaque* en correspondance des oreillettes, duquel partent des rameaux qui vont aux oreillettes et au ventricule, et un rameau pour le cœur branchial sur lequel se trouve *le deuxième ganglion cardiaque;* le tronc principal continue jusqu'aux branchies où l'on voit *le ganglion branchial*. Le cœur, de même que chez les vertébrés, est innervé par le système nerveux central et est pourvu de ganglions périphériques situés sur sa surface externe. Contrairement à l'opinion exprimée par FREDERICQ, il n'existe pas de nerfs accélérateurs. En dehors des cellules contenues dans les ganglions indiqués ci-dessus, *je n'ai pu trouver nulle part*, dit RANSOM, *de cellules ganglionnaires dans la substance de l'organe se contractant rythmiquement*. Les nombreuses recherches histologiques de VIGNAL sur le système nerveux des invertébrés ont donné le même résultat (*Arch. de Zool. expérimentale*, (2), I, 1883, nos 2-3).

Voici comment, selon les observations concordantes de FREDERICQ et de RANSOM, se présente le rythme normal dans un cœur d'*Octopus vulg.* : « Une onde contractile apparaissant dans la veine cave parcourt ce vaisseau et s'annonce sur la veine rénale par une contraction de la glande qui la recouvre. Les cœurs branchiaux se contractent aussitôt après, puis il se produit une pause. Les vaisseaux branchiaux efférents qui se rejoignent pour former les oreillettes présentent ensuite des contractions péristaltiques qui forment une onde unique se dirigeant le long de chaque oreillette. L'oreillette ayant expulsé tout le sang qu'elle contenait, le ventricule se contracte immédiatement et avec force. Le degré de rapidité avec lequel ces contractions se produisaient variait, selon mes observations, chez différents animaux, d'après leur état de vigueur ou d'épuisement, de 36 à 20 par minute ; 35 par minute serait environ la moyenne.

Des observations faciles à répéter, faites par Fredericq et confirmées par Ransom, sont que : le cœur séparé des ganglions pleuraux ne suspend pas ses mouvements ; une partie de la veine rénale, sectionnée ou isolée au moyen d'une ligature, continue encore à battre rythmiquement ; et un poulpe mis hors de l'eau présente toujours, quoique immobile, des battements cardiaques.

L'effet de la diminution de la pression sanguine par suite de saignée est remarquable : « Le ventricule à moitié relâché ne produit que peu de contractions à de longs intervalles et présente un rythme très affaibli, apparemment par l'absence de distension de ses cavités. Les veines rénales et les artères branchiales souffrent moins et sont animées alors d'un rythme lent, mais assez régulier, quelquefois plus rapide que celui du ventricule. » Des effets analogues s'observent si l'on fait la section d'un gros vaisseau sanguin, sans que pour cela il survienne des troubles dans la respiration. En sorte que Ransom conclut qu'un certain degré de pression interne est essentiel au maintien du rythme propre et que le ventricule est plus sensible aux changements de cette pression que la partie veineuse du système. »

Des recherches physiologiques et histologiques, exactes et minutieuses, ont amené Ransom à affirmer nettement que le pouvoir de contraction rythmique réside dans la cellule musculaire lisse ou striée de la veine rénale et du cœur branchial de l'appareil cardiaque, et que ce pouvoir est absolument indépendant de la fonction nerveuse, soit des centres lointains, soit des ganglions situés sur les parois contractiles.

Ce pouvoir automatique de contraction apparaît moins évident dans les oreillettes et moins encore dans le ventricule, *uniquement* parce que la fonction motrice de ces segments est plus intimement liée à la pression intra-cardiaque ; mais elle est toujours indépendante de la fonction nerveuse.

Il nous semble que ce fait de la dépendance des mouvements du muscle cardiaque de la pression ou tension exercée sur lui d'une manière quelconque, a été peu pris en considération dans l'interprétation de quelques phénomènes concernant la motricité ou l'automaticité des divers segments du cœur des vertébrés. Nous voulons dire que ce n'est pas parce que le ventricule isolé, dans le cœur des animaux supérieurs, se montre privé de mouvements automatiques, que ses contractions sont déterminées par les appareils nerveux ; il est très probable que chez les animaux supérieurs également une certaine pression intra-ventriculaire puisse provoquer des contractions rythmiques semblables à celles que présentent, indépendamment aussi de la pression, les sinus veineux.

Ransom a pu se convaincre que les quatre segments (oreillette, ventricule, veine rénale et cœur branchial) de l'appareil cardiaque des Mollusques sont physiologiquement indépendants l'un de l'autre, confirmant ainsi les vues de Foster et de Dew-Smith ; ils ne se contractent pas successivement, parce que, comme dans le cœur des vertébrés, une onde de contraction surgit rythmiquement dans un des segments et passe par les autres avec une rapidité déterminée, mais c'est la pression exercée par le liquide poussé par un segment dans l'autre qui constitue l'excitant à leur contraction. La raison de ce fait se trouve, selon Ransom, dans la signification morphologique de ces segments, qui ne sont pas homologues aux segments, physiologiquement analogues, du cœur des vertébrés. Ce fait nous semble assez important. Aussi croyons-nous utile de rapporter les paroles mêmes de l'auteur : « Tandis que les oreillettes et le ventricule des vertébrés ne sont que des différenciations d'un tube musculaire originairement uniforme, les relations entre les oreillettes et le ventricule sont entièrement différentes chez les Mollusques. Dans les espèces les plus simples (*Lamellibranches*), le ventricule consiste en un tube droit, pourvu de chaque côté d'un orifice sur les bords duquel une oreillette en forme d'entonnoir fait saillie. La transition entre ce degré de développement et la fente simplement valvulaire des cœurs des Arthropodes est des plus faibles, et il y a toute probabilité (faute de connaissance plus exacte sur ce sujet), que ces oreillettes sont simplement des appareils annexés à ces fentes primitives, pour diriger le sang vers le ventricule. »

La relation que nous avons mentionnée déjà plusieurs fois entre les développements phylogénétique et ontogénétique de l'appareil cardiaque doit donc être envisagée dans un sens très large et pour les faits fondamentaux de la structure et de la fonction du cœur. Ce serait une grave erreur que de vouloir prétendre indiquer à quelle région du cœur d'un vertébré correspond le segment contractile d'un Arthropode, dont la circulation est encore en grande partie lacunaire. Le segment qui, dans le cœur d'un Mollusque, correspond fonctionnellement à l'oreillette d'un cœur de grenouille, ne s'est pas développé aux dépens d'un segment du même tube cardiaque duquel s'est développé le ventricule, mais il représente, probablement, ainsi que le pense Ransom, un organe surajouté, appartenant au système veineux, qui, dans les Mollusques, s'est développé en dernier lieu, provenant du système afférent lacunaire des animaux inférieurs.

D'autant plus merveilleuse est pourtant, dans ces cœurs constitués par des segments indépendants et automatiques, quoique histologiquement connexes entre eux, l'harmonie de leur fonction, malgré l'absence d'un appareil nerveux régulateur.

Et, si l'on peut démontrer que l'appareil cardiaque si complexe d'un Mollusque fonctionne aussi régulièrement, sans le gouvernement nerveux, peut-on trouver surprenant que puisse fonctionner de la même manière le cœur d'un vertébré qui, non seulement possède une unité de développement embryologique, mais encore dans lequel les divers segments dépendent énormément plus de l'unique segment automatique, en présentant encore une admirable unité de fonction?

En effet, les recherches faites par Ransom sur la fonction des nerfs du cœur de l'*Octopus* l'ont amené aux conclusions suivantes :

1º Que, contrairement à l'opinion peu fondée de Fredericq, il n'existe pas de nerfs accélérateurs, les effets observés étant dus uniquement à l'excitation électrique directe de la veine cave ;

2º Que le nerf viscéral amène l'inhibition du ventricule et de l'oreillette du même côté, mais produit un effet opposé de contraction dans le cœur branchial et les branchies de ce côté ;

3º Que la première contraction qui se présente après cessation de l'excitation du nerf viscéral est renversée, c'est-à-dire qu'elle commence dans le ventricule, au lieu de partir de l'extrémité veineuse du cœur;

4º Que l'excitation du nerf est suivie d'une augmentation considérable dans la force et la rapidité des contractions comparées à celles qui précèdent l'excitation, fait qui démontre avec évidence que le nerf viscéral a une action *inhibitoire trophique* sur le ventricule et l'oreillette, et qu'il agit comme un nerf moteur sur les cœurs branchiaux et les branchies. L'analogie entre ce nerf et les rameaux cardiaques du nerf vague des vertébrés est par conséquent ainsi démontrée.

5º Que, finalement, le système nerveux cardiaque, chez l'*Octopus*, a certainement de l'importance dans le mécanisme de coordination des mouvements des divers segments cardiaques, ou mieux en coordonnant les segments secondaires à la fonction motrice du ventricule, nommé par Ransom l'organe central et primitif de l'appareil cardiaque. Cette coordination se fait principalement au moyen d'une série de réflexes dont les voies se trouveraient surtout dans le nerf qui va du premier au deuxième ganglion cardiaque, après la section duquel le rythme normal est complètement renversé.

Ransom passe ensuite à l'étude de l'action du courant électrique, appliqué, 1º sur le nerf viscéral, ou 2º directement sur les divers segments du cœur.

1. Relativement à la veine rénale, le courant interrompu a toujours été excitateur du rythme et n'a jamais produit d'inhibition. En augmentant la force du courant, on obtient d'abord un rythme rapide, oscillant, et finalement les veines demeurent convulsivement contractées, ne produisant que rarement et irrégulièrement une contraction spasmodique.

Le cœur branchial se comporte à peu près de la même manière.

L'action inhibitrice du courant électrique sur le ventricule est évidente. « Les coutractions uniformes du rythme ventriculaire cessent presque complètement au moment où le courant interrompu excite ce nerf; une période diastolique accompagne l'excitation; mais le rythme reprend aussitôt que le courant est interrompu. » Le fait que le début de l'inhibition varie selon la phase de la révolution cardiaque dans laquelle se trouve le cœur est très intéressant. « Lorsque le courant agit sur le nerf pendant le processus d'une contraction, cette contraction se produit toujours, et généralement avec sa force entière; mais, si le cœur est relâché ou sur le point d'entrer en diastole, il se produit immédiatement un arrêt, et sans aucune contraction intermédiaire. Si la phase diastolique est presque terminée, et si la contraction est sur le point de commencer, celle-ci sera généralement de grandeur réduite. Mais, quelle que soit la phase du cycle cardiaque pendant laquelle l'excitation est appliquée, il ne se produit jamais d'intervalle plus grand qu'une contraction avant qu'il n'y ait arrêt du cœur. »

Comme on le voit, il existe donc aussi une sorte de période réfractaire, même vis-à-vis de l'action d'un nerf inhibitoire. La réaction du ventricule succédant à l'excitation du nerf viscéral, n'est pas substantiellement différente de celle d'un cœur de grenouille après l'excitation du nerf vague; tout démontre, en somme, qu'ici également des changements trophiques ont accompagné l'action inhibitoire; et il n'est pas douteux que dans l'interprétation des faits observés l'auteur a suivi les traces de GASKELL.

2. Aussi l'application de courants interrompus d'une certaine intensité appliqués au ventricule de l'Octopus produit-elle un arrêt diastolique pareil à celui que produit une action nerveuse. Contrairement à FOSTER et DEW-SMITH, RANSOM est d'avis que l'inhibition consécutive à l'excitation directe du ventricule par des courants interrompus n'est pas due à une action particulière du courant sur le muscle, mais à l'excitation des fibres inhibito-trophiques du nerf viscéral qui le parcourt. Certainement l'auteur peut avoir raison de croire que cela arrive dans son cas, comme chez tous les autres animaux dans lesquels l'existence d'un nerf inhibiteur est démontrée; mais dans les cas où ces fibres inhibitrices n'existent pas (comme dans l'Helix, FOSTER et DEW SMITH) ou au moins n'ont pas encore été mises en évidence, une telle affirmation serait mal justifiée. FOSTER et DEW-SMITH ont d'ailleurs cherché théoriquement à démontrer la possibilité d'une action inhibitrice directe des excitations électriques sur la substance musculaire du cœur. De toutes façons, il est probable que les invertébrés ne se comportent pas à cet égard comme les vertébrés.

Nous trouvons inutile de continuer à citer en détail les autres expériences faites par RANSOM au moyen de la stimulation électrique, ainsi que les recherches faites sur d'autres Mollusques. Il n'a, en général, fait que confirmer les résultats obtenus précédemment par d'autres observateurs (FOSTER, DEW-SMITH, BIEDERMANN, etc.). Il suffira de rapporter les conclusions réunies par l'auteur lui-même à la fin de son remarquable travail, dans lesquelles ses observations originales sont indiquées assez clairement.

Dans les Céphalopodes, comme dans les autres Mollusques (Hétéropodes, Opisthobranches, Pulmonés) et dans les Tuniciers, les parois musculaires du cœur ne contiennent pas de cellules ganglionnaires; elles contiennent, au contraire, des cellules plasmatiques (plasma cells) ayant une forme et des dimensions telles qu'elles simulent des cellules nerveuses et qu'elles induisent ainsi facilement en erreur les observateurs. Nous avons vu comment DOGIEL et LÖWIT ont été victimes d'erreurs semblables.

Chez tous les animaux observés par lui, RANSOM a trouvé comme règle générale que le muscle cardiaque a un pouvoir de contraction rythmique, indépendamment de toute structure nerveuse.

Une observation absolument nouvelle et qui bouleverse la plus grande partie des considérations théoriques établies par FOSTER et DEW-SMITH sur les phénomènes d'inhibition constatés dans le cœur de l'Helix, consiste dans le fait que, chez cet animal, de même que chez l'Octopus, il existe également un nerf (unique) doué d'une fonction pareille à celle des nerfs viscéraux de l'Octopus, c'est-à-dire un nerf purement inhibitoire qui avait échappé aux recherches de FOSTER et de DEW-SMITH.

Dans l'Aplysie également, il existe un nerf se dirigeant vers la région des oreillettes; RANSOM toutefois ne put en définir la fonction. Chez les Ptéropodes et les Tuniciers, au contraire, aucun nerf ne se distribue au muscle cardiaque, et aucune inhibition du cœur ne peut, selon RANSOM, être provoquée chez ces animaux.

Relativement aux nerfs cardiaques de l'*Octopus* et de l'*Helix*, voici, selon RANSOM, quelle en serait la fonction. « L'action de ces fibres paraît consister en ce qu'elles changent le processus moléculaire qui se manifeste par des contractions rythmiques, en d'autres processus qui empêchent d'abord ces contractions de se produire, mais qui rendent l'irritabilité plus grande. Cette intervention du nerf peut être exprimée en disant qu'il transforme dans le muscle la décharge de matière contractile en une accumulation de ces mêmes matériaux.

« L'inhibition d'un cœur par l'excitation directe avec un faible courant interrompu est, selon toute probabilité, causée seulement par l'excitation des fibres nerveuses inhibitrices, disséminées à travers le muscle cardiaque. Lorsque ces nerfs font défaut, le seul résultat du courant interrompu est une simple accélération. »

Très intéressants et supérieurs à tout ce qui avait été précédemment obtenu sont les résultats de RANSOM sur l'action des excitations isolées de courants induits ou continus : « Le seul effet produit sur le muscle par des chocs d'induction uniques est de provoquer une contraction. Si la force est suffisante, ils agissent également pendant la systole et la diastole; mais, si l'énergie est insuffisante, ils seront *sans effet pendant la systole*. Cela est dû à l'irritabilité du muscle cardiaque, irritabilité soumise à des variations périodiques, qui diminuent pendant la systole et augmentent pendant la diastole complète. »

« Lorsqu'une contraction cardiaque naturelle a été augmentée mécaniquement ou prolongée, la diastole suivante est prolongée également; il y a un *repos compensateur*. Une succession rapide de chocs d'induction énergiques peut occasionner une contraction tétanique du cœur. Un *courant continu intense* peut produire des contractions rythmées pendant son passage à travers un ventricule immobile, les contractions provenant de la cathode.

« Lorsque le courant est de faible intensité, une contraction se produit à la cathode, et une contraction de rupture à l'anode.

« L'inhibition du ventricule en contraction peut être produite de deux manières par le courant continu :

« 1° Par dépression de l'activité musculaire à l'anode : et elle est d'autant plus efficace que l'anode se trouve à la région du ventricule d'où partent les contractions normales, c'est-à-dire près de l'oreillette.

« 2° Par excitation d'un nerf inhibitoire à la cathode. »

En dernier lieu il résulte des recherches faites sur l'action des différents poisons que l'atropine et la muscarine n'ont pas d'effet sensible sur les nerfs inhibitoires des Mollusques, et paraissent agir uniquement sur les muscles; que le curare détruit la force des nerfs, mais qu'employé à hautes doses il semble exercer une action excitante sur les muscles.

RANSOM fait remarquer avec raison l'uniformité d'action des nerfs cardiaques chez ces animaux inférieurs, contrairement à la double action (inhibition et accélération) des nerfs cardiaques des vertébrés; ce qui indique sans nul doute que l'innervation par un nerf unique est phylogénétiquement d'origine plus ancienne.

La monographie de FREDERICQ (*Recherches sur la Physiol. du Poulpe commun, Octopus Vulgaris. Arch. de Zool. expér.*, VII, 1878, 535 suiv.,) sur la physiologie du poulpe contient des notions intéressantes sur le cœur.

Différents résultats obtenus par FREDERICQ, notamment pour ce qui concerne l'innervation cardiaque, ont été déjà cités à propos des recherches de RANSOM; nous n'y reviendrons donc pas.

Très intéressant à noter est le mode suivant lequel se développe la contraction cardiaque dans les différentes régions du cœur de ces animaux. Les tubes péritonéaux et la veine cave se contractent d'abord, puis la contraction vermiculaire gagne de proche en proche les deux branches de bifurcation de la veine cave garnie d'appendices glandulaires; immédiatement après vient la contraction simultanée des deux cœurs veineux situés à la base des branchies, puis celle des deux vaisseaux afférents ou oreillettes; enfin la contraction du ventricule artériel ou cœur proprement dit.

On compte chez le poulpe environ 35 pulsations par minute; et, comme la durée totale des différentes phases successives d'une pulsation est de plus d'un trente-cinquième de minute, il s'ensuit que chaque pulsation empiète de plus en plus sur ses voisines.

La pression dans le cœur veineux est à peine de 7 à 8 centimètres de sang, tandis que la pression produite par les contractions du segment ventriculaire peut atteindre 62 à 78 centimètres de sang (densité 1047 environ), avec des oscillations d'environ 1 centimètre. Mais, dans des poulpes plus vigoureux, la colonne sanguine peut atteindre la hauteur, vraiment énorme, de 105 centimètres.

La quantité de sang que le cœur artériel envoie à chaque systole dans le système artériel a été trouvé, dans deux expériences, respectivement égale à 32 à 33 centigrammes.

Un fait de la plus haute importance mis en lumière par FREDERICQ est que presque tous les vaisseaux artériels et veineux du poulpe présentent des contractions rythmiques automatiques, complètement indépendantes du système nerveux central.

Bien que l'étude de l'innervation cardiaque ait été confiée à d'autres, nous avons dû, malgré tout, plusieurs fois toucher à ce sujet, parce qu'il est intimement connexe avec la question fondamentale de l'automaticité du muscle cardiaque.

Nous avons vu comment d'aucuns admettent et d'autres nient l'existence d'appareils ganglionnaires et de cellules nerveuses isolées dans l'intérieur de la trame musculaire du cœur des invertébrés, et comment la plupart des auteurs font dépendre la fonction motrice rythmique du cœur de la fonction nerveuse.

Nous croyons utile d'étudier de près cette question, et de passer au crible les affirmations opposées, afin d'en tirer, s'il est possible, quelque conclusion générale et définitive. Ceux qui n'admettent pas la possibilité de l'indépendance entre la fonction motrice du cœur et un système nerveux central ou périphérique (local) s'appuient principalement sur un travail de DOGIEL, d'après lequel il existe certainement, même dans le cœur des mollusques, des éléments nerveux gouvernant l'action cardiaque.[1]

Cet auteur (JEAN DOGIEL, *Die Muskeln und Nerven des Herzens bei einigen Mollusken. Arch. für microscop. Anatom.*, XIV, 1877, 39) a étudié au microscope le cœur du *Pecten maximus*, de l'*Aplysie*, de l'*Anodonte*, de *Salpa maxima* et de l'*Hélix*. Relativement à la musculature du cœur, il l'a trouvée striée chez tous ces animaux; mais pendant que les lamelles musculaires du cœur sont constituées chez le *Pecten* d'une substance contractile, qui *est enfermée dans un tube* (sarcolemme?), on se convaincra plus aisément, chez les Salpes, que leur cœur est constitué d'éléments musculaires, *striés transversalement.* De sorte que la musculature cardiaque des Salpes est non seulement striée, mais est constituée de cellules comme chez les vertébrés supérieurs dans les premières phases de développement.

Les résultats obtenus par DOGIEL concernant les nerfs du cœur de ces animaux sont absolument opposés à ceux de FOSTER, de DEW-SMITH et de FRANCIS DARWIN, qu'il ne cite pas. Il aurait trouvé, dans les parois musculaires des oreillettes et du ventricule du *Pecten maximus*, de l'*Aplysie* et de l'*Anodonte*, des cellules nerveuses apolaires, dont, dit-il, la contraction cardiaque de ces animaux dépend très probablement.

Or, à part la question de l'existence de cellules apolaires, en général, et de la possibilité que des *cellules apolaires* puissent gouverner la fonction motrice d'un muscle, il paraît très probable, d'après les figures mêmes publiées par DOGIEL, que les cellules apolaires trouvées par lui ne sont que de gros éléments connectifs et épithéliaux. En effet des éléments d'apparence identique avaient été décrits, et bien interprétés par FRANCIS DARWIN. « Si la surface externe est colorée au moyen d'azotate d'argent, dit-il, on apercevra une mosaïque de cellules polygonales. Dans certaines préparations cette structure consiste en *l'étroite association de corpuscules pyriformes composant un tissu connectif*, dont les plus grandes extrémités sont dirigées en dehors (*Loc. cit.*, 509). » Or, non seulement ces éléments superficiels, mais encore les cellules connectives mêlées aux faisceaux musculaires, peuvent avoir induit DOGIEL en erreur. Voici, en effet, la description qu'en a faite DARWIN : « Ces corpuscules ont un diamètre d'environ 0mm,009. Ils contiennent un noyau enveloppé d'une matière protoplasmique qui se colore par le *chlorure d'or*. Ils sont fréquemment pyriformes, et peuvent être observés faisant saillie sur le côté d'un faisceau musculaire ou envoyant de subtils processus qui vont se distribuer aux cellules musculaires. »

LÖWIT fut victime d'une semblable erreur à propos du bulbe aortique du cœur de grenouille, comme ENGELMANN l'a aisément démontré sur les préparations mêmes de LÖWIT. DOGIEL a été ensuite plus heureux dans ses recherches et dans celles de ses élèves sur le cœur des vertébrés inférieurs. Il y a trouvé des cellules nerveuses, mais cette fois non *apolaires*.

Foster et Dew-Smith (*Arch. für microscop. Anat.*, xiv, 1877, 317) ajoutent dans leur réponse à la note de Dogiel : « S'il se trouvait dans le cœur de l'*Hélix* de véritables cellules nerveuses qui puissent se comparer avec celles des ganglions de plus grande dimension, nous sommes certains qu'elles n'auraient pas échappé aux recherches d'un observateur aussi méthodique et rigoureux que l'est Darwin, qui, bien loin de chercher à confirmer nos vues, y était plutôt opposé pour des raisons d'ordre général. » Nous pouvons donc conclure avec Foster et Dew-Smith que, dans le cœur de l'*Hélix* et des autres mollusques voisins, il n'existe pas de mécanismes nerveux spéciaux, ni accélérateurs, ni inhibiteurs ; ce que l'on peut très probablement étendre à beaucoup d'invertébrés, si ce n'est à tous.

En résumé, nous avons vu que dans les Acalèphes et les Polypes un seul système de cavités sert simultanément d'appareil digestif et d'appareil d'irrigation de l'organisme. La séparation, à peine accusée chez quelques Zoophytes devient complète dans les Bryozoaires ; mais c'est la cavité commune même qui sert à contenir les organes internes et le liquide nutritif en mouvement. Il n'existe encore aucun organe spécial affecté à l'impulsion et à la distribution du liquide dans les diverses parties du corps.

Dans la classe des Tuniciers, nous avons vu la division du travail faire un pas en avant : un organe spécial, le cœur, pousse le liquide nutritif au moyen de contractions rythmiques régulières ; mais il le fait, tantôt dans un sens, tantôt dans un autre, et ce sont les mêmes voies qui servent en tel ou tel moment au passage du sang artériel ou du sang veineux.

Dans la classe des Acéphales, la circulation cesse d'être alternante, et, par suite d'un perfectionnement structural du cœur, dont les orifices sont garnis de valvules, il s'établit une distinction entre les conduits artériels et les conduits veineux.

Dans les Gastéropodes, le système vasculaire progresse encore dans son développement et dans son isolement, et les forces motrices de la circulation se centralisent davantage.

Dans les Céphalopodes, enfin, la division du travail s'est introduite dans la circulation. Le cœur aortique, qui, chez les Mollusques moins élevés en organisation, suffisait à chasser le sang à travers le réseau capillaire de l'appareil respiratoire, de même que dans le système vasculaire de l'organisme entier, conserve cet office, tandis qu'un nouvel organe moteur, le cœur branchial, assume la fonction d'envoyer le sang dans les vaisseaux respiratoires.

Crustacés. — Parmi les *Crustacés*, les *Décapodes* possèdent sur la ligne médiane du dos, vers le milieu de la région du corps, nommée *thorax* par les entomologistes, un organe charnu et contractile, observé déjà par Harvey, qui est le cœur, et proprement un cœur *artériel*. « Le cœur des Crustacés décapodes est une poche charnue de forme presque quadrilatère, dont les fibres musculaires sont disposées de façon à déterminer alternativement, par leurs contractions, des mouvements de systole et de diastole. Le premier de ces deux effets résulte du raccourcissement des faisceaux charnus qui vont d'un point à un autre sur les parois de cet organe ; le second, par l'action des fibres qui, tout en se terminant d'un côté dans ces mêmes parois, vont prendre leur point d'appui au dehors dans les parties voisines de la charpente solide du corps. »

L'organe est enveloppé par un sac péricardique, dont les parois sont traversées par les vaisseaux branchio-cardiaques, qui déversent leur contenu dans ce sac, et dans le sang qui y est versé par ces vaisseaux est immergé le cœur, qui reçoit le sang provenant des organes respiratoires par des orifices pratiqués dans ses parois. « Lors du mouvement de diastole déterminé par la contraction des faisceaux musculaires qui, en partant du cœur, vont prendre leur point d'appui sur les parties voisines du squelette tégumentaire, le sang pénètre donc de la chambre péricardique dans l'intérieur du cœur, en passant par les orifices dont il vient d'être question ; et, lors de la systole, résultant de la contraction des muscles intrinsèques du cœur, le liquide ainsi introduit se trouve comprimé, mais il ne peut plus retourner dans le réservoir formé par la cavité péricardique, et il s'échappe par les autres ouvertures dont le cœur est pourvu. Ces dernières constituent l'entrée du système artériel, et leurs bords sont garnis de valvules dont le jeu est l'inverse de celui des valvules des orifices afférents, car elles permettent la sortie du liquide, mais ne le laissent pas rentrer (Milne-Edwards, *loc. cit.*, iii, 185). »

BANDLER (*Wirkung des elektrischen Stroms und der Herzgiften auf das Daphnienherz.* A. P. P., XXXIV, 1894, 392) a fait des études sur le cœur des Daphnies, famille du sous-ordre des *Cladocères* (Crustacés), qui est le plus souvent ovale, présente deux orifices latéraux veineux et un orifice artériel antérieur : il a des contractions rythmiques assez fréquentes (CLAUS) (environ, selon BANDLER, 220 à l'état normal). Sur le cœur de ces minuscules animaux, observé au microscope avec un petit grossissement, et de l'étude duquel KNOLL (*Ueber die Herzthätigkeit bei einigen Evertebraten und deren Beeinflussung durch die Temperatur. Ak., W.,* CII, octobre 1893) a le premier signalé l'utilité, l'ouverture d'un courant induit de moyenne intensité qu'on fait arriver à l'organe à travers le liquide dans lequel baignent les animaux, produit un arrêt systolique, auquel succèdent, selon l'intensité plus ou moins grande du courant, ou une série de contractions rapides et moins fortes, avant le retour des contractions normales, ou un arrêt définitif avec plissement et froissement du cœur.

La fermeture du courant reste toujours sans effet. Le passage du courant tétanisant rapetisse le cœur et augmente la fréquence de ses mouvements de 10 à 30 contractions par minute. Quelquefois il peut produire aussi un ralentissement, qui d'habitude se présente aussi à la suite de l'augmentation de la fréquence.

Au moyen de courants assez énergiques on peut produire des ondes péristaltiques ou des frémissements fibrillaires, et enfin l'immobilité systolique, à laquelle succèdent le froncement et le plissement du cœur. KNOLL a observé, en échauffant le cœur, qu'on augmente, et finalement qu'on arrête sa fonction. Le plus souvent, après un temps plus ou moins long, le cœur recommençait à battre, en reprenant par les vaisseaux veineux.

BANDLER a pu constater, à la suite de l'action du courant constant, des effets analogues à ceux qui ont été observés par d'autres. La fermeture du courant avait un effet inhibitoire, puisque l'immobilité du cœur commençait généralement par une diastole occasionnant une augmentation considérable de son volume. L'ouverture du courant provoquait une contraction rapide, précédant une diastole plus considérable. Dans quelques cas pourtant on a observé une contraction du cœur à la clôture du courant, et à l'ouverture un repos diastolique de moindre durée.

L'action polaire du courant a été aussi évidente, comme il résulte des paroles suivantes de BANDLER : « Dans dix-neuf cas la dilatation du cœur produite par son immobilisation, due au courant constant, n'était nettement accusée que sur une moitié du cœur, de sorte qu'en donnant une direction différente au courant, c'était tantôt une moitié du cœur, tantôt l'autre qui subissait une dilatation considérable. »

BANDLER a étudié également l'action de différents poisons : l'éther, le chloroforme, l'alcool, l'hydrate de chloral, le nitrite d'amyle, l'helléborine, la nicotine, l'atropine, la muscarine. L'éther ralentit, puis arrête en diastole le cœur, qui reste très dilaté ; il produit aussi le bigéminisme, le trigéminisme, la formation de périodes semblables à celles observées dans le cœur embryonnaire, et, en général, des irrégularités dans la fonction cardiaque. Le chloroforme a une action analogue. L'hydrate de chloral ralentit le mouvement cardiaque en provoquant une distension diastolique. L'alcool détermine le ralentissement et des irrégularités de l'action cardiaque, périodes, mouvements vermiculaires, arrêt. Le nitrite d'amyle détermine également le ralentissement, ainsi que des irrégularités et des périodicités dans les mouvements cardiaques.

D'un plus grand intérêt sont pour nous les résultats obtenus par BANDLER avec les alcaloïdes ; puisque le cœur de ces petits Crustacés, au point de vue de son innervation, doit être considéré comme presque complètement identique au cœur embryonaire.

De ses recherches il résulte qu'aucun des poisons nerveux du cœur n'exerce sur le cœur de la Daphnie une action rappelant même de loin celle qu'ils ont sur le cœur d'un vertébré adulte. De même ni KOBERT (*Ueber die Deutung der Muscarinwirkung am Herzen.* A. P. P., XX, 104), ni BOTTAZZI n'ont observé aucun effet produit par la muscarine et l'atropine sur le cœur embryonnaire du poulet !

Mais déjà, avant BANDLER, on avait observé quelque chose de semblable sur le manque de toute action spécifique de ces poisons sur le cœur des invertébrés.

En effet, KOBERT dit : « SCHMIEDEBERG, JORDAN, KRUKENBERG ont trouvé que la muscarine reste sans effet sur le cœur de l'écrevisse (*Astacus fluviatilis*), laquelle ne possède non plus de système nervo-cardiaque, et, après quelques recherches s'étendant à d'autres espèces de Crustacés, Daphnie et Gammarus, j'ai trouvé leurs observations absolument confirmées. » Krukenberg a obtenu les mêmes résultats avec le cœur de la *Salpe* (*Grundzüge einer vergl. Physiol. der nervösen Apparate. Heidelberg*, 1886, 487).

Quant à l'elléborine et à la nicotine, on sait qu'à hautes doses elles agissent aussi sur la substance musculaire, ainsi que Jullien et Yung l'avaient déjà démontré pour la nicotine ; et les recherches de Bandler, comme celles qu'on a faites sur le cœur embryonnaire, ne démentent pas ce fait.

Les observations faites par Bandler sur l'action du courant électrique ne concordent pas entièrement avec celles de Biedermann (voir plus haut, p. 277, les observations faites sur l'*Helix pomatia*) puisqu'il a observé un effet inhibitoire de l'excitation électrique même le cœur des Daphnies non contracté.

En 1881, Yves Delage publia un travail très étendu, enrichi de nombreuses et très belles figures sur le système circulatoire des [Edriophtalmes, ordre de Crustacés marins très répandus (*Contribut. à l'étude de l'appareil circul. des Crustacés édriophthalmes marins, Arch. de zool. exp. et génér.*, ix, 1881, 1). Ce travail naturellement ne contient que de rares indications concernant la physiologie du cœur de ces animaux ; mais le mécanisme général de sa fonction apparaît assez clairement de la description anatomique de l'organe ; de plus, le but principal de notre travail étant, notamment pour ce qui regarde la physiologie comparée du cœur, d'indiquer aux étudiants les matériaux les plus utiles pour les recherches physiologiques, nous ne pouvons pas omettre de rappeler ici les principaux résultats des recherches de Delage.

Chez les Isopodes, sous-ordre des Édriopthalmes :

« 1° Le cœur est situé dans l'abdomen et s'étend toujours plus ou moins loin dans le thorax. Il est absolument dorsal, tubuleux dans les formes longues, piriforme dans les types courts.

2° Il est maintenu en place par sa continuité avec les artères auxquelles il donne naissance, par de petits tractus qui se détachent de sa substance pour s'insérer aux parties voisines et, en général, par sa soudure, tout le long de la ligne médiane antérieure, avec la face dorsale du rectum.

3° Il est percé de deux à quatre ouvertures en forme de boutonnières qui font communiquer sa cavité avec celle du péricarde. Ces ouvertures sont alternes dans les formes allongées, opposées dans les formes raccourcies. A son extrémité inférieure, il est toujours terminé en cul-de-sac.

4° Quand il se contracte, les ouvertures se ferment et il chasse par *compression* le sang qui le remplit dans les artères. En outre, diminuant son volume, il produit dans la cavité à parois rigides qui le contient, une tendance au vide et une sorte d'*aspiration* qui a pour effet de faire affluer dans cette cavité, c'est-à-dire dans le péricarde, de nouvelles quantités de sang.

L'aspiration du sang et sa projection dans les artères sont donc également actives et produites par la systole du cœur. Pendant la diastole les fentes latérales s'ouvrent et le cœur se remplit de nouveau.

5° Le péricarde entoure le cœur de tous côtés, excepté en avant, où alors il est uni au rectum. Il n'est pas, en général, formé par une membrane isolée. Il est comme sculpté dans les parties musculaires qui remplissent l'abdomen, et par conséquent n'est susceptible d'aucune variation de volume. Ses parois m'ont paru revêtues d'une couche endothéliale.

6° La circulation est incomplète chez les Isopodes et une certaine quantité de sang veineux se mélange, dans le péricarde *faisant fonction d'oreillette*, au sang artériel. Mais au point de vue physiologique l'importance de ce mélange doit être très faible, car la quantité de sang veineux qui entre dans le péricarde est peu considérable. »

Nous ajoutons quelques notes sur la structure délicate du cœur, en prenant comme exemple quelques-uns des animaux étudiés par Delage. Dans l'*Anilocra mediterranea* (Leach), « examiné à l'œil nu ou à l'aide d'une simple loupe, le cœur paraît strié transversalement ou plutôt formé de fibres enroulées en spirale dextre. Le microscope montre que ces fibres transversales sont musculaires, et qu'il en existe, en outre, de moins nombreuses dirigées longitudinalement. Les fibres spirales sont contiguës, et ferment partout la cavité du cœur, excepté en deux points où, s'écartant légèrement, elles ménagent deux boutonnières qui font communiquer le cœur avec le péricarde. Aux environs de ces boutonnières, le tissu cardiaque est plus épais, mais à leur niveau il s'amincit brusquement et forme, aux dépens de la face interne, une dépression losangique limitée par des fibres plus saillantes... »

Le cœur du *Bopyrus squillarum* (Latr.), examiné à un grossissement de deux à trois cent diamètres, se montre formé par un réticulum de fibres musculaires enchevêtrées d'une manière très compliquée.

Nous avons voulu rappeler ces particularités structurales du cœur de ces animaux inférieurs pour montrer que la structure compliquée de cet organe se différencie beaucoup, de bonne heure, et que la direction variée des fibres cardiaques a principalement pour effet de produire un rétrécissement uniforme de la cavité cardiaque, et de chasser le sang simultanément dans toutes les directions.

Le cœur des *Amphipodes*, des *Lémodipodes*, etc., ne présente pas de différences notables avec le cœur des *Isopodes*, à l'exception de la forme plus ou moins allongée, du nombre et de la disposition des orifices cardio-péricardiques, de l'ampleur plus ou moins grande du péricarde, et de quelque autre caractère accessoire.

Le cœur des *Crustacés* a été étudié aussi par Lemoine, Dogiel, Yung, Plateau, Brandt, etc.

Il reçoit un nerf du ganglion stomaco-gastrique découvert par Lemoine (*Annales des Sciences naturelles*, 5e série, ix, 1868) en 1868, et qu'il a nommé *nerf cardiaque*. Ce nerf est impair et prend naissance à l'extrémité postérieure du ganglion par cinq ou six faisceaux radiculaires, qui ensuite se mêlent en un seul tronc qui présente un léger renflement fusiforme. « Arrivé, dit Lemoine, à l'angle antérieur du cœur, le nerf cardiaque nous a paru s'élargir, puis émettre une branche, enfin se bifurquer. Une de ces branches de bifurcation, suivie plus loin, finissait par se terminer en éventail; ses filaments constitutifs se répandaient en divers sens et s'entremêlaient aux fibres musculaires du cœur. »

Lemoine a remarqué que l'excitation du nerf cardiaque produit des contractions dans le cœur immobile, ou en augmente le nombre lorsque le cœur commence à se fatiguer.

Dogiel a étudié la structure et la fonction du cœur de quelques Crustacés.

Il commença ses recherches sur le cœur d'un insecte, la larve de *Carethra plumichornis*. Il signala les faits suivants : « 1° La présence de cellules nerveuses apolaires (*sic*) (Dogiel, *Anatomie du cœur des Crustacés. C. R.*, 8 mai 1876, et *Anat. und Physiol. des Herzens der Larve von Corethra plumichornis. Bull. de l'Acad. impér. des sciences de Saint-Pétersbourg*, 1876) qui sont en rapport avec les ailes du cœur de la larve de *Cor. plum.*; 2° la modification des contractions rythmiques du cœur soumis à différentes conditions telles que l'arrêt du cœur pendant la diastole ou la systole; le ralentissement ou l'accélération des battements du cœur; le changement du rythme, etc. » Dogiel étend ensuite ses recherches aux cœurs de la langouste, du homard, de l'écrevisse, du crabe, etc., en obtenant les résultats suivants. La musculature du cœur de ces animaux ne se décompose pas en cellules musculaires isolées, si on la traite avec KOH à 40 p. 100 ou avec l'alcool dilué au tiers; elle se divise, au contraire, en faisceaux, entourés par du tissu conjonctif, comme les faisceaux musculaires du corps, et qui ont la même structure que ces derniers. Il étudia ensuite la structure des valvules et de la membrane péricardique, dans lesquelles se trouvent d'abondants éléments musculaires, comme l'avait déjà observé Brocchi (*Rech. sur les org. génitaux mâles des Crustacés décapodes. Ann. des scien. nat.*, (6e), ii, nos 3-6, 8), en accord avec la fonction que possède le sac péricardique dans ces animaux. Relativement aux nerfs, voici ce que dit Dogiel : « En avant de la région où l'artère sternale est embrassée par les deux portions de communication qui réunissent les ganglions nerveux, on peut voir le filet nerveux qui prend naissance au ganglion nerveux pour se diriger en haut et en dehors, et arriver au tournant de la membrane péricardique, lui distribuer des rameaux. »

Il y aurait donc, selon Dogiel (*Structure et fonction du cœur des Crustacés. A. de P.*, 1877) une autre origine pour les nerfs du cœur des Crustacés que celle qui fut indiquée par Lemoine, c'est-à-dire le ganglion thoracique chez la *langouste*. « De ce point, dit-il ailleurs, il part des fibres nerveuses qui se dirigent en haut et en dehors, puis viennent se diviser en partie dans les muscles voisins du péricarde et s'unissent ensuite avec les muscles de celui-ci. Partout où les fibres nerveuses se divisent, il se forme des renflements triangulaires très visibles. »

Les observations physiologiques de Dogiel (*Sur le cœur des Crustacés, Comp. rend.*, 15 mai 1876) méritent d'être citées plus en détail. Dans la Langouste le cœur se contracte de douze à vingt fois en une minute ; d'abord cette contraction est lente, mais elle s'accélère ensuite peu à peu. Si l'on ouvre le cordon ganglionnaire, et si l'on suit en même temps les mouvements du cœur, on peut voir qu'en irritant ce cordon par l'électricité le mouvement du cœur se ralentit et s'arrête en diastole pendant un temps dont la durée dépend de la force de l'excitation. Mais, si l'on excite au moyen de l'électricité le cœur lui-même, il s'arrête en systole pendant un temps dont la durée est aussi déterminée par la force du courant. Cependant, dans ces cas, si l'on agit par un courant électrique interrompu trop fort, on observera, au lieu de la systole, une accélération des battements du cœur.

Si le cœur est séparé du corps, avec la même excitation on obtient uniquement le tétanos. Le caractère d'une semblable contraction tétanique du cœur prouve aussi que cet organe de la Langouste, étant mis à nu, peut être considéré comme cette espèce de muscle que Ranvier nomme *muscle rouge*. En comparant la courbe obtenue par les contractions du cœur séparé du corps de la Langouste avec celle d'une contraction musculaire de la queue du même animal, on verra que toutes les deux ont le même caractère. »

Il semble donc qu'il y ait aussi dans ces animaux seulement un nerf inhibitoire, tandis que les effets excito-moteurs du courant électrique sont dus uniquement à son application directe, et pour cette raison à l'excitation directe de l'organe.

Nous avons vu quelle est, selon Lemoine, l'effet produit par l'excitation de ce nerf cardiaque. Plateau et Yung s'accordent avec Lemoine pour admettre une action motrice et accélératrice de ce nerf. Voici en effet comment s'exprime Plateau : « L'excitation mécanique ou chimique du nerf cardiaque, même loin du cœur, augmente la rapidité des pulsations et souvent leur amplitude, qui peut devenir double, *la courbe tracée par le cœur devenant deux fois plus haute.* » (V. plus loin art. **Crustacés**.)

Tous les auteurs se sont arrêtés à la simple constatation du fait que l'excitation du nerf peut ou produire ou accélérer les contractions cardiaques, sans chercher à s'expliquer le phénomène de l'augmentation des contractions.

Yung affirme que le cerveau ne paraissait pas avoir d'action particulière sur le cœur. Quant aux ganglions thoraciques, ajoute Yung (*Rech. sur la structure intime et les fonctions du système nerveux central chez les Crustacés décapodes. Arch. de Zool. exp.*, VII, 1878, 401), ils ont évidemment une action modératrice sur les mouvements du cœur. Leur excitation électrique a pour premier effet de ralentir considérablement ses mouvements.

Dogiel avait observé pourtant qu'il est possible de produire un arrêt complet du cœur en diastole, en excitant directement la chaîne ganglionnaire par le courant électrique.

D'après ces recherches, il existerait donc un antagonisme prononcé entre le nerf cardiaque qui naît du ganglion stomaco-gastrique et les nerfs qui naissent de la portion thoracique de la chaîne ganglionnaire ; le premier serait excito-moteur et accélérateur, le second serait inhibitoire . Cet antagonisme se trouve clairement exposé dans l'expérience suivante faite par Plateau : « Chez une écrevisse, un premier tracé du cœur, à l'état normal, accuse 61 pulsations régulières par minute. On excite mécaniquement la chaîne nerveuse thoracique, en y enfonçant une aiguille entre la deuxième et la troisième paires de pattes ; le nombre des pulsations tombe à 36, et elles sont beaucoup plus amples. A ce moment, on excite le nerf cardiaque par quelques gouttes d'une solution concentrée de sel marin ; le nombre des pulsations remonte à 61, et elles affectent de nouveau, à très peu près, la forme normale. » Cette expérience, toutefois, telle qu'elle est exposée, peut donner lieu à des interprétations diverses.

Finalement, en se basant sur les recherches histologiques de E. Berger (*Ueber das Vorkommen von Ganglienzelle im Herzen von Flusskrebs. Ak. W.*, oct. 1876) qui réussit, à l'aide de l'acide osmique et du chlorure d'or, à mettre en évidence des cellules nerveuses dans les parois de la région postérieure du cœur de l'écrevisse, Yung affirme que le cœur des Crustacés possède en ses appareils nerveux intrinsèques une troisième source de force motrice. La situation des cellules nerveuses découvertes par BERGER permet, selon YUNG, de se rendre compte pourquoi, lorsqu'on divise le cœur en deux régions, en le coupant transversalement, la région postérieure continue seule à battre, et pourquoi, comme l'a fait voir PLATEAU, c'est de cette même région que l'onde cardiaque prend son origine.

A moins que les cellules de BERGER ne soient destinées à subir le même sort que celles découvertes par LÖWIT dans le bulbe aortique de la grenouille et par DOGIEL dans le cœur des invertébrés.

L'action de divers poisons sur le cœur des *Crustacés* a également été étudiée par YUNG. Nous citerons quelques-uns de ses résultats, quoique il ne s'agisse pas ici de recherches systématiques, comme celle de BANDLER sur les Daphnies.

La digitaline agit d'une façon spéciale sur les mouvements du cœur; elle les ralentit notablement; ce ralentissement est en général précédé d'une accélération de courte durée. La nicotine exerce, en outre, une accélération prononcée sur le mouvement du cœur. Par le curare le cœur est arrêté en systole, pourtant il donne quelques contractions à la suite d'une excitation électrique. Mais, en général, l'action du curare est à peine démontrable. Le cœur est peu ou point influencé par la strychnine. L'atropine, paraît-il, exerce un ralentissement notable de la fonction motrice du cœur, ce qui a été constaté également par PLATEAU.

Les recherches les plus anciennes faites sur le cœur des Crustacés sont celles d'ALEXANDRE BRANDT (*Physiolog. Beobachtungen am Herzen des Flusskrebses. Bull. de l'Acad. impér. des sciences*, St-Pétersbourg, 20 avril-1er mai 1865, VIII), si l'on ne veut pas tenir compte des observations rares et incomplètes de C. G. CARUS (*Von den äusseren Lebensbedingungen der weiss-und kaltblutigen Thiere*, Leipzig, 1824, 4 : Beil. nº 2. *Ueber Herzschlag und Blut der Weinbergsschnecke und des Flusskrebses*, 72, et de E. H. WEBER (*Ueber Ed. Weber's Entdeckungen in der Lehre von der Muskelcontraction. Müller's Arch. f. An. u. Physiol.*, 1846, 504).

BRANDT constate tout d'abord qu'il a recherché en vain dans le cœur de ce Crustacé (l'écrevisse) des cellules ganglionnaires; et il dit, des nerfs extrinsèques, qu'il est vraisemblable que le cœur reçoit des filets du *stomatogastrique* et de la chaîne abdominale, ce qui fut réellement plus tard trouvé par LEMOINE et DOGIEL.

Du reste, que le cœur se trouve sous l'influence de nerfs extrinsèques divers, c'est un fait démontré, selon BRANDT, par l'arrêt diastolique passager que provoquent les lésions des centres ganglionnaires et la simple ouverture de l'écu dorsal, outre le fait que les cœurs mis à nu seulement, mais en communication avec le reste de l'organisme, se contractaient plus irrégulièrement (avec des intervalles) que lorsqu'ils avaient été isolés et séparés du corps.

BRANDT essaya vainement d'exciter les ganglions nerveux : il n'obtint jamais de résultats, peut-être parce que les animaux sur lesquels il expérimentait ne se trouvaient pas dans de bonnes conditions.

Pourtant, contrairement à l'affirmation de CARUS, il vit des cœurs isolés de l'organisme continuer à battre pendant plus d'une heure; et, s'il divisait le cœur en plusieurs parties, chaque partie continuait à battre rythmiquement plus ou moins énergiquement et longuement selon sa grandeur. Une excitation mécanique produit une contraction du cœur; toute lésion des tissus du cœur trouble la force et le nombre des contractions et en modifie même le caractère. Un cœur d'écrevisse suspendu (tension amenée par son propre poids) se contracte mieux que lorsqu'il est mis à plat.

Relativement aux excitations thermiques, CARUS (*loc. cit.*, 82, 84), avait déjà observé que les rayons solaires concentrés par la lentille agissent sur le cœur comme excitants. BRANDT a observé que la température a sur le cœur de l'écrevisse la même influence que sur le cœur des vertébrés, influence constatée depuis longtemps déjà.

Les observations de WEBER (*loc. cit.*, 504) et de BRANDT concordent pour établir qu'un courant continu de grande intensité produit un tétanos complet du cœur; l'aptitude du cœur de cet animal à se tétaniser est extraordinaire. Au contraire, des courants d'induction, faibles et prolongés, augmentent les contractions cardiaques. Un courant continu de grande intensité produit le plus souvent une grande accélération du mouvement du cœur en l'affaiblissant en même temps ; dans un cas, les pulsations du cœur ont augmenté de 9 à 26, dans un autre, de 4 à 34 en une demi minute ! Pendant toute la durée du courant, le cœur était plus ou moins rétréci. D'autres fois, le même courant excite le cœur immobile à se contracter : parfois il l'arrête, et, dans tous les cas, après un certain temps, il l'épuise. L'eau paralyse, tandis que l'oxygène entretient, fortifie et accélère les contractions cardiaques, et peut même les réveiller lorsqu'elles sont éteintes. L'acide carbonique selon la dose affaiblit ou arrête plus ou moins rapidement l'action du cœur de l'écrevisse. L'ammoniaque est pour le cœur, de même que pour les éléments musculaires, un stimulant, tout en les épuisant facilement.

De ces recherches l'auteur conclut donc que le cœur de l'écrevisse est un organe musculaire de structure trabéculaire, qui, même séparé du corps, continue à se contracter rythmiquement, soit en totalité, soit en chacune des parties en lesquelles on l'a divisé. Pour le fait d'entrer si facilement en tétanos, Brandt le rapproche beaucoup des muscles du squelette, bien que ce qu'il nomme tétanos n'est qu'une contraction tonique du sarcoplasme certainement abondant de ses éléments musculaires, ce qui permet de le rapprocher des substances contractiles moins évoluées. Enfin, les nombreuses expériences de Brandt ont mis hors de doute que les mouvements rythmiques de l'organe sont absolument indépendants des appareils nerveux.

Chez les *Stomatopodes*, le cœur, au lieu d'être ramassé dans la portion moyenne du thorax, s'étend sous la forme d'un gros vaisseau contractile, depuis l'estomac jusqu'à l'extrémité postérieure de l'abdomen, et l'on remarque à sa face supérieure cinq paires d'orifices par lesquels le sang, dont la chambre péricardique est remplie, pénètre dans son intérieur.

Le sinus veineux péricardique, qui reçoit le sang des canaux *branchio-cardiaques*, est séparé de la chambre viscérale, située en dessous, par une couche membraneuse fermée de toutes parts.

Chez les autres *Crustacés inférieurs*, le cœur affecte la forme d'une poche pulsatile cylindrique, plus ou moins ample, plus ou moins longue, située au-dessus du tube intestinal et plus ou moins modifiée dans sa conformation générale.

Chez les *Pycnogonides* (ordre des Arthropodes classé par Claus entre les Mytes et les Arachnides), selon Hoek (*Nouvelles études sur les Pycnogonides. Arch. de zool. expérim.*, x, 1884, 445), « le cœur a toujours une forme plus ou moins allongée avec un nombre limité d'orifices. A l'état le plus développé le cœur est composé de trois cavités correspondant l'une à l'autre : à la fin de chaque chambre ou cavité, une paire d'orifice permet au sang d'y entrer. » Nous trouvons ici un fait peu commun, c'est-à-dire que les fibres musculaires du cœur ne l'entourent pas de tous côtés, mais qu'elles manquent du côté dorsal. C'est le tégument lui-même qui de ce côté remplace la paroi propre du cœur.

Chez les *Arachnides*, le système circulatoire est plus ou moins développé, et néanmoins, plus ou moins semblable à celui des Crustacés, en raison du degré de développement général des espèces diverses.

Chez le Scorpion, le cœur est un gros vaisseau longitudinal qui se trouve sur la ligne médiane du côté dorsal du corps et qui occupe la portion élargie de l'abdomen dans toute son étendue. Il est renfermé dans un sac péricardique en forme de gaine qui repose sur le foie, et il est recouvert immédiatement par la peau. Les parois de ce cœur sont très charnues, et une série d'étranglements le divise en huit loges ou chambres qui semblent être autant de petits cœurs élémentaires ou ventricules placés à la file. Effectivement ils se répètent exactement quant à leur organisation, et ils sont pourvus chacun d'une paire d'expansions musculaires en forme d'ailes et d'une paire d'orifices afférents. Ces ouvertures sont placées à la face dorsale du cœur, et, dans l'intérieur de cet organe, on voit tout auprès de chacun d'eux un repli membraneux disposé en manière de valvule, qui laisse le passage libre quand le fluide ambiant le presse de dehors en dedans, mais qui se rabat et ferme l'entrée du ventricule quand le courant tend à s'établir en sens inverse. » Les fibres musculaires intrinsèques du cœur forment deux couches : les unes sont longitudinales, les autres circulaires. Ici également ce cœur est immergé dans un *sinus péricardique veineux*, et le mécanisme fonctionnel de ces deux organes est exposé de la manière suivante par Milne-Edwards (iii, 207) : « Le cœur, à raison de la disposition de sa tunique musculaire et des points d'attache qu'une partie de ses fibres charnues prennent au dehors sur le squelette tégumentaire, agit non seulement comme une pompe foulante pour chasser le sang dans les artères, mais exerce aussi une aspiration sur le sang qui le baigne, et, à mesure qu'il enlève au sinus péricardique des ondées de liquide, il se fait un mouvement d'appel correspondant dans les canaux pneumo-cardiaques qui alimentent ce réservoir.

Chez les *Myriapodes*, le cœur, ou vaisseau dorsal contractile, s'étend dans toute la longueur du corps et se trouve divisé en autant de chambres ou ventriculites qu'il y a d'anneaux : ainsi NEWPORT en a compté 160 dans certaines espèces de Scolopendres. Chacun de ces petits ventricules est pourvu d'une paire d'orifice afférents situés latéralement. Un sinus péricardique formé par une gaine membraneuse enveloppe ce long vaisseau cardiaque et lui fournit le sang qu'à chaque contraction il envoie aux rameaux artériels auxquels il donne naissance. NEWPORT (*On the structure of Myriapoda and Macrourous Arachnida. Phil. Transact.*, 1843) a étudié avec grand soin la structure du cœur de ces animaux. Il a observé que le péricarde adhère à chaque petit ventricule sur la ligne médiane, au-dessus et au-dessous, laissant sur les côtés un espace libre pour servir de sinus vestibulaire. Le cœur lui-même est constitué : 1° d'une tunique séreuse externe qui est en continuité avec le péricarde ; 2° d'une tunique membraneuse interne ; 3° de deux tuniques musculaires, l'une externe, dont la contraction se produit principalement dans le sens longitudinal, et une interne composée en partie de cellules musculaires longitudinales, mais surtout de faisceaux musculaires circulaires. Quelques faisceaux musculaires extrinsèques, attachés d'un côté au squelette tégumentaire, servent à *dilater* le cœur, tandis que les muscles intrinsèques du cœur produisent le rétrécissement systolique au moyen de leur contraction. Il est étrange de voir ici (comme en d'autres invertébrés) une séparation complète des deux mécanismes qui produisent la systole et la diastole cardiaque ; nous la retrouverons encore chez d'autres animaux plus développés phylogénétiquement. Ici la diastole est réellement active, et due à des muscles extrinsèques du cœur (voir ci-dessous). A l'intérieur du cœur, des replis valvulaires établissent une séparation entre les chambres du cœur et semblent s'opposer au reflux du sang d'avant en arrière.

Insectes. — Chez les *Insectes*, la présence d'un cœur et d'un système circulatoire a été discutée pendant longtemps.

Vers la moitié du xviie siècle, MALPIGHI et SWAMMERDAM observèrent chez divers Insectes à l'état de larve un organe pulsateur le long de la ligne médiane du corps et du côté dorsal, qui leur semblait un cœur. MALPIGHI (*Dissertatio epistolica de Bombyce*, 1669. *Opera omnia*, 1686, vol. II, 15) observa des mouvements de systole et de diastole dans ce vaisseau dorsal chez le *Bombyx mori*, et le considéra comme formé par une série de petits cœurs. Mais bientôt s'élevèrent des doutes sur l'exactitude de ces observations et sur la réalité d'une circulation chez les Insectes, jusqu'à ce que l'autorité de CUVIER vînt affirmer l'absence de tout système circulatoire chez ces invertébrés.

Mais les recherches de CARUS conduisirent à la découverte de ce système d'une manière irréfutable, premièrement dans la larve de l'*Éphémère*, et dans d'autres larves d'Insectes, chez lesquelles, en raison de leur transparence, on peut suivre au microscope le mouvement circulaire du liquide nutritif. Voici comment MILNE-EDWARDS, dans le travail qu'il faut lire sur les notices historiques relatives à la circulation chez les Insectes, décrit le cœur de ces animaux. « Le vaisseau dorsal, comme je l'ai déjà dit, occupe la ligne médiane du dos, et s'étend dans toute la longueur du corps. Il se trouve presque immédiatement sous la peau, et, lorsque les téguments sont à demi transparents, on en aperçoit le contour et les mouvements sans ouvrir l'animal. » L'organe se compose « de deux portions bien distinctes : l'une antérieure, qui est simplement tubulaire, et qui ne se contracte pas ; l'autre postérieure, qui est plus large, plus compliquée dans sa structure et qui est animée d'un mouvement intermittent régulier. Cette dernière portion constitue donc plus particulièrement le cœur des Insectes ». Le cœur est entouré d'un sinus péricardique allongé dans lequel se déverse le sang, qui pénètre ensuite dans son intérieur ; cette espèce de réservoir vestibulaire mérite donc, comme chez les Crustacés, le nom de *oreillette cardiaque*. Le cœur proprement dit est en général un peu fusiforme et présente une série d'étranglements plus ou moins marqués qui s'accentuent surtout au moment de la contraction, et le divisent en un certain nombre de segments ou ventriculites. Le nombre des orifices auriculo-ventriculaires afférents du cœur des Insectes paraît être ordinairement de 8 paires, qui se trouvent réduites parfois à 5 ou 6, ou moins encore. A l'aide d'appareils valvulaires spéciaux, et dont le jeu semble identique dans tous les Insectes, le sang peut pénétrer dans le vestibule péricardique du cœur, mais il ne peut pas refluer. La contraction du tube cardiaque a lieu d'arrière en avant, où le cœur se continue dans la portion aortique du vaisseau dorsal. »

Des recherches expérimentales sur le cœur des Insectes ont été faites en 1866 par BRANDT (*Communications sur le cœur des Insectes, etc. Bullet. de l'Acad. Impér. des sciences de Saint-Pétersbourg*, x, 20 sept.-2 oct., 1866, 532-561). Il se servit des animaux suivants : *Cimbex betulæ, Pontia brassicæ, Bombyx rubi, Sphinx tiliæ, Locusta verrucivora*, dont il suivit les mouvements cardiaques à l'aide d'un microscope simple.

BRANDT affirme l'absolu automatisme des mouvements du cœur des Insectes, se basant sur les observations personnelles suivantes :

« On peut, à l'aide d'un scalpel très fin, sectionner les muscles latéraux sur un parcours plus ou moins long, sans déterminer l'arrêt des portions cardiaques voisines. On peut même séparer entièrement des segments cardiaques et les voir continuer leurs contractions ». Notons en outre que le cœur peut être sectionné en autant de parties que l'on veut : elles continuent toutes à se contracter. L'automatisme est donc également propre à toutes les portions du cœur. Contrairement à l'affirmation de MILNE-EDWARDS, que la systole est seule automatique dans le cœur des Décapodes, des observations de BRANDT il résulte que l'automatisme dans le cœur des Insectes, de même que dans le cœur de l'écrevisse, n'est pas *uniquement systolique, mais complètement systolique-diastolique*. La fonction de ces *muscles latéraux* serait, selon l'auteur, non pas de produire la diastole du cœur, mais principalement d'assurer la forme et la position du cœur et l'ouverture de son orifice. Les muscles latéraux servent d'ailleurs déjà de ligaments en ce sens qu'ils pourvoient le cœur de trachées.

Voici les résultats des recherches expérimentales de BRANDT :

« 1° Les piqûres avec la pointe d'une aiguille ont comme conséquence un arrêt local du cœur, joint à un rétrécissement.

« 2° Un léger attouchement avec la pointe d'une aiguille provoque chez les Insectes une réaction du cœur, c'est-à-dire une contraction locale, ou un rétrécissement prononcé et durable, également local. » Pour cela l'auteur compare le cœur à l'intestin et ajoute : « La forme du cœur de l'Insecte, le caractère péristaltique de ses contractions, de même que sa réaction aux courants interrompus, complètent cette analogie ».

« 3° Relativement aux effets de l'excitation électrique sur le cœur des Insectes, les expériences de WEBER (*loc. cit.*, 504) méritent d'être citées.

« Tout autre était l'attitude du cœur (vaisseau dorsal) de la *chenille*, dans lequel se produisait un mouvement rythmique ondulatoire. Après l'ouverture du corps, il fallut au cœur quarante-six secondes pour 10 contractions. S'il était touché pendant un moment avec l'excitateur, il se produisait un arrêt du cœur à partir de la région excitée, tandis que la partie postérieure continuait ses mouvements ondulatoires jusqu'à cet endroit (quoique un peu plus lentement, environ 10 fois en cinquante-quatre secondes). Une minute après environ, des contractions furent observées dans la partie antérieure, mais beaucoup plus lentes, de sorte que ces contractions coïncidaient avec celles de la région postérieure. Un nouvel attouchement du milieu de la moitié antérieure du cœur détermine l'arrêt du premier quart, tandis que le second quart et la partie postérieure continuaient à se contracter irrégulièrement. Lorsque le premier quart recommence à se contracter, le cœur entier se contracte, mais il est alors comme divisé en trois parts, dont chacune se contracte avec un rythme différent. L'indépendance des diverses parties du même organe tubulaire, qui résulte de ces expériences, est vraiment merveilleuse.

BRANDT obtint, chez ces Insectes, les autres résultats suivants :

« 4° Des chocs d'induction isolés produisent une contraction unique, même lorsque le cœur a déjà cessé de se contracter, ou une série de *contractions locales*.

« 5° Des chocs d'induction de plus faible intensité produisent une augmentation du nombre des contractions qui alors diminuent d'amplitude ; des courants de moindre intensité peuvent ramener également les contractions dans les régions où elles avaient disparu.

« 6º Se sert-on d'électrodes très rapprochées, chaque région du cœur, quelle qu'elle soit, peut être tétanisée. Les caractères de ce phénomène sont très intéressants.

« 7º L'influence du soleil (chaleur et lumière) se manifestait par une augmentation de force dans les contractions, et par une plus grande fréquence.

« 8º L'air (oxygène ?) agit également en stimulant le cœur et en déterminant des contractions dans l'organe d'abord immobile. »

Vers. — Il semble que les *Némertiens* soient parmi les *Vers* ceux qui présentent particulièrement un système circulatoire bien développé, constitué par des canaux grands et petits, longitudinaux, latéraux et transversaux, anastomosés entre eux et creusés dans les diverses parties de l'organisme. Le sang renfermé dans ce système de canaux est mis en mouvement par la contraction des parois des vaisseaux eux-mêmes. « Mais, dit MILNE-EDWARDS (III, 245), les courants ainsi déterminés sont intermittents et irréguliers dans leur direction, de sorte que la circulation est oscillatoire, et que le fluide puisé dans l'un des troncs latéraux passe dans les vaisseaux longitudinaux voisins, tandis qu'à d'autres moments les contractions de l'un de ces derniers le font couler en sens contraire. Il est aussi à noter que chez les Néméritiens ces vaisseaux sanguins ne présentent sur aucun point de leur trajet des réservoirs contractiles qui puissent être considérés comme faisant fonction du cœur.

La contractilité des vaisseaux sanguins a été observée par DUGÈS dans la *Prostoma arcuata*.

Le système circulatoire dans les *Annélides* paraît être plus développé. Il se compose de tubes à parois propres, dont les plus gros sont toujours pourvus de fibres musculaires, de manière qu'ils peuvent se contracter et se dilater alternativement. Ce sont ces contractions des plus gros vaisseaux qui mettent le sang en mouvement; mais néanmoins, ici, les courants ne sont pas constants, et, bien que l'on n'y observe pas de changement périodique dans la direction du courant, phénomène propre aux Tuniciers, la circulation se fait souvent d'une manière oscillatoire, et quelquefois le sang parcourt les mêmes vaisseaux alternativement en sens inverse. Les contractions rythmiques sont en général plus prononcées dans les gros vaisseaux longitudinaux, et spécialement dans le tronc dorsal et dans les deux troncs latéraux, par exemple, chez la *sangsue;* mais elles ne dominent pas le cours général du sang; il n'y a donc pas harmonie et solidarité dans la fonction motrice des diverses parties du système circulatoire, puisqu'il n'existe pas un centre d'où part l'impulsion motrice générale.

On observe chez les *Chétopodes* une tendance plus accentuée à la centralisation. Non seulement les vaisseaux longitudinaux sont moins nombreux, se perfectionnant quant à la grandeur et à la contractilité qui en résultent, mais quelques vaisseaux se modifient sur plusieurs points de leur trajet, de manière à devenir des organes moteurs plus puissants. On les voit se dilater au point de constituer des espèces de poches ou réservoirs contractiles dont la capacité est très grande relativement à celle des canaux adjacents, et à chaque contraction ils lancent alors dans ceux-ci une ondée de sang plus considérable.

Ainsi, par exemple, chez d'autres représentants de cette espèce, dans la région pharyngienne, le vaisseau dorsal est assez dilaté et constitue un gros tube charnu fusiforme et onduleux qui pousse avec force le sang vers la tête. Ces dilatations vasculaires pourvues d'un plus grand développement des éléments musculaires et de la force contractile se rencontrent un peu partout; elles sont comme autant de petits cœurs épars sur le système circulatoire, précurseurs pour ainsi dire de l'organe central moteur unique et puissant.

Les Vers inférieurs n'offrent aucune trace de système circulatoire, et le mouvement du liquide nutritif est effectué par des cils vibratils et par des mouvements généraux du corps.

Il existe chez les *Lombriciens terrestres* (*Urocheta, Pericheta, Pontodrilus*, etc), selon E. PERRIER (*Études sur l'organisation des Lombriciens terrestres. Arch. de zool. exp.*, IX, 1881, 175 et suiv. Voir aussi, *ibid.*, III, 1874), cinq vaisseaux longitudinaux, c'est-à-dire :

1º Un vaisseau dorsal ;

2º Un vaisseau dorso-intestinal ou surintestinal ;

3º Un vaisseau ventral ;

4° Deux vaisseaux latéraux nommés par Perrier *troncs intestino-tégumentaires*, qui sont tous plus ou moins contractiles, et qui ont reçu respectivement le nom de *cœurs latéraux, cœur intestinal, dorsal,* etc.

Mais spécialement le vaisseau dorsal est éminemment contractile; on peut le considérer comme formé d'une série d'ampoules placées bout à bout et correspondant chacune à un anneau.

Chez les *Pontodrilus*, dans le vaisseau dorsal le sang marche d'arrière en avant; il marche de haut en bas dans les cœurs latéraux.

Chez les *Siponcles*, classés à tort par Cuvier parmi les *Échinodermes apodes*, l'appareil vasculaire semble être très réduit. Un vaisseau longitudinal sous-cutané court le long du cordon nerveux et envoie à droite et à gauche des rameaux aux téguments (Delle Chiaje, Grube). Sur le trajet des deux troncs principaux, vers le tiers le plus proche du corps, il existe chez ces animaux un petit renflement en forme de bulbe, qui paraît être de nature musculaire. Ces renflements ont été considérés comme des cœurs rudimentaires; mais jusqu'ici, dit Milne-Edwards, rien ne prouve qu'ils soient des organes d'impulsion.

Échinodermes. — Rares et douteuses sont nos connaissances sur le système vasculaire des *Échinodermes*. Voici ce qu'en dit Milne-Edwards (iii, 292) : « Le système vasculaire sous-cutané de tous les Échinodermes proprement dits se compose essentiellement de cinq tubes longitudinaux qui occupent le milieu des grandes bandes musculaires étendues d'une extrémité du corps à l'autre, et accolées aux parois de la cavité générale où flottent les viscères. Ces vaisseaux paraissent être fermés à leur extrémité postérieure, mais s'ouvrent antérieurement dans un canal annulaire qui entoure l'orifice buccal et qui envoie des prolongements dans chacun des tentacules dont se compose la couronne labiale. Les tubes, terminés en culs-de-sac, sont suspendus à ce même anneau vasculaire et paraissent servir de réservoir pour le fluide qui reflue des tentacules, quand ceux-ci se contractent. »

Il semble toutefois que le mouvement du liquide contenu dans ces vaisseaux soit déterminé par les cils vibratils dont leur paroi interne est garnie.

Chez les *Holothuries*, ce système circulatoire profond, qui, selon Milne-Edwards, est en connexion avec le système vasculaire viscéral et ne doit pas être confondu avec le système aquifère, puisqu'il ne présente pas de communication avec l'extérieur, prend un développement considérable. Le tronc contractile, qui paraît tenir lieu de cœur, est logé dans le repli membraneux qui, à la manière d'un mésentère, fixe l'appareil digestif dans la cavité viscérale (iii, 294). Un courant de direction constante semble faire défaut dans ce système vasculaire; il peut y avoir tout au plus un mouvement oscillatoire de va et vient du liquide nutritif, dans la direction de l'axe longitudinal du corps.

On rencontre le même type général de système vasculaire décrit ci-dessus chez les *Astéries* et les *Échinides*. Chez les premières, un vaisseau descendant, qui semble faire fonction de cœur et représenter l'artère mésentérique des Holothuries, s'anastomose aussi avec l'anneau dorsal, qui représente comme le centre morphologique du système vasculaire de ces animaux.

Tiedemann (*Anatomie der Röhren-Holothurie*, etc., 1816, planche viii) a décrit assez exactement le système vasculaire des Astéries, qui, ainsi que nous l'avons dit, présente le même plan général que dans les *Holothuries*. Le cœur, organe fusiforme à parois épaisses et brunâtres, est placé à peu près comme chez les Échinides, et donne naissance à un vaisseau ascendant qui va déboucher dans un grand cercle vasculaire dorsal. Chez les *Spatangues*, un cœur constitué par un gros vaisseau fusiforme à parois charnues est logé dans le mésentère, près de la portion antérieure du tube digestif (Milne-Edwards, iii, 297).

Dans les *Échinides*, finalement, le cœur est situé à côté de l'œsophage, à peu près comme chez les *Spatangues*.

Selon Delle Chiaje (*Descrizione e Anatomia degli Animali invertebrati*, iv, 45, pl. 124, fig. 2), cet organe ne serait qu'une ampoule assez semblable à celle qui est accolée à l'anneau vasculaire œsophagien des *Holothuries*. Mais Valentin (*Anat. du genre Échinus*, 1841, 92, pl. 7, fig. 125, etc.) y a rencontré une structure assez compliquée.

B. Vertébrés. — Le cœur des batraciens (grenouille, crapaud) et celui de la tortue, ont fourni ordinairement le matériel pour les innombrables recherches poursuivies dans ce champ de la physiologie; ce n'est que récemment que ces études ont été étendues au cœur des poissons et à celui des mammifères. Le cœur des oiseaux, par contre, n'a presque jamais été choisi comme sujet d'expérience physiologique, sauf à l'état embryonnaire, et dans certaines expériences de PH. KNOLL.

C'est pour cette raison que, dans cette seconde partie de la physiologie comparée du cœur, nous ne pouvons traiter la question systématiquement et que nous nous bornerons à rappeler les principaux résultats obtenus au cours de l'étude des vertébrés qui ne sont pas aussi fréquemment l'objet des recherches physiologiques.

De plus, toutes les observations particulières qui ont été recueillies sur telle ou telle classe de vertébrés trouveront leur place dans ce chapitre; ce qui a été publié de remarquable à ce sujet y sera examiné; les dispositions anatomiques non ordinaires, les propriétés physiologiques particulières du cœur chez les différentes classes de vertébrés.

Mais, les chapitres précédents ayant comme sujet principal le cœur des vertébrés, nous ne répéterons rien de ce qui est relatif aux propriétés générales de la fonction cardiaque.

Chez l'*Amphioxus*, la circulation s'opère à l'aide d'un ensemble de vaisseaux sanguins assez complexe; mais la division du travail ne s'établit pas nettement entre les agents d'impulsion et les organes de distribution; il n'y a pas de cœur proprement dit, et le sang est mis en mouvement par les parois des vaisseaux eux-mêmes qui, sur beaucoup de points, se dilatent et deviennent contractiles. Il y a donc ici une multitude de bulbes vasculaires pulsatiles, très analogues à ceux que nous avons rencontrés chez divers Annélides,..... mais il n'y a pas de réservoir central agissant à la manière d'une pompe foulante; il n'y a pas de cœur proprement dit, ou, si l'on voulait donner ce nom aux portions dilatées et contractiles des tubes irrigatoires, il faudrait dire que chez l'Amphioxus il existe une centaine de cœurs répartis en divers points du trajet circulatoire (MILNE-EDWARDS, III, 306).

Poissons. — Ceux qui veulent avoir d'amples notions sur la forme générale du cœur et ses variations dans les diverses espèces de poissons, doivent consulter le traité de MILNE-EDWARDS où l'on trouve aussi les notions les plus élémentaires et générales sur la fonction du cœur.

Le premier travail vraiment expérimental sur la physiologie du cœur des poissons nous a été fourni par WILLIAM, qui a étudié plus particulièrement le cœur de l'anguille (*On the structure and rythm of the heart in fishes, with especial reference to the heart of the eel. J. P.*, VI, nᵒˢ 4-5, 1885, 192). Il fait précéder ses observations physiologiques de quelques notions concernant l'anatomie délicate du muscle cardiaque des poissons, qui consiste essentiellement en fibres longues et minces, striées transversalement, de forme fuselée, réunies en faisceaux. Les fibres ventriculaires sont plus grosses, striées plus fortement et plus développées que celles du sinus. Les fibres auriculaires semblent être de structure intermédiaire entre les fibres du sinus et les fibres ventriculaires. Les fibres du canal auriculaire se rapprochent du type structural du sinus.

Le sinus a une structure réticulée et dans les oreillettes le réticule est plus complexe; dans le canal auriculaire les fibres musculaires sont disposées circulairement, et la paroi ventriculaire est composée de deux parties : l'une externe, plus serrée, formée d'une couche longitudinale externe et d'une circulaire interne constituée de fibres musculaires; une interne, beaucoup plus épaisse, se présentant sous forme de tissu musculaire spongeux rempli de sang. Il existe une continuité anatomique entière entre l'anneau musculaire qui entoure l'orifice mitral et le muscle ventriculaire.

« Cette continuité est due à une couche étroite et prolongée de fibres musculaires, se prolongeant tout autour de l'orifice mitral à partir de la paroi musculaire du canal auriculaire; ces fibres, en pénétrant une couche épaisse de tissu connectif qui est située dans cette direction, se réunissent à la substance musculaire du ventricule. La continuité musculaire entre le canal et le ventricule est établie par une couche longue et mince de substance musculaire. » Ces données anatomiques ont une grande importance, si on les considère comme étant en rapport avec certains phénomènes qui, comme nous le verrons, se produisent dans cette région de passage du cœur.

Les observations de WILLIAM les plus intéressantes sont celles qui sont relatives au rythme spontané et à la fonction des segments du cœur d'anguille.

Rappelons brièvement les résultats auxquels l'auteur est arrivé.

1° Le principe général établi déjà par GASKELL, à savoir que la puissance rythmique de chaque région cardiaque varie en raison inverse de sa distance du sinus, a pu être confirmé par WILLIAM, dans ses parties essentielles, sur le cœur d'anguille, puisque les diverses régions du cœur semblent manifester une puissance rythmique variable, qui va en décroissant à partir de la région ostiale du sinus, la plus développée à ce point de vue. Puis vient ensuite la région inter-jugulaire, puis le canal auriculaire et la paroi « basale »; puis l'oreillette, et finalement, à un niveau très inférieur, le ventricule.

Ce dernier ne manifeste souvent aucune puissance rythmique indépendante.

2° Les différences qui existent entre les rythmes propres des divers segments du cœur semblent être plutôt des différences de degré que d'espèce, parce qu'ils peuvent être, artificiellement, ramenés à un rythme unique et harmonique.

3° De petites portions isolées d'oreillette ou de sinus peuvent manifester un rythme indépendant, de même nature en apparence que celui que l'on observe dans l'oreillette ou le sinus entier.

4° La grande puissance rythmique que possède la partie ostiale du sinus fait que, dans le cœur intact, c'est cette partie qui inaugure la série des phénomènes qui constituent la contraction cardiaque. Les autres parties du cœur se contractent en réponse à des excitations naissant dans cette partie du sinus; ce qui leur permet de se contracter beaucoup plus rapidement qu'elles ne le pourraient en vertu de leur propre puissance automatique. Donc toute influence servant à modifier l'allure rythmique du sinus modifiera l'allure du cœur entier. La tension mécanique des parois du sinus accélère la rapidité des contractions d'une manière sensible, et conséquemment le rythme cardiaque.

Une élévation de température n'affectant que le sinus produit un effet semblable, tandis que la même influence agissant sur le ventricule est tout à fait impuissante à modifier le rythme cardiaque.

5° Un fait digne de remarque est que, puisque le canal auriculaire conduisant l'excitation des segments supérieurs au ventricule, rejoint le ventricule un peu au-dessus de la moitié de sa face dorsale, la contraction du muscle ventriculaire prend naissance à cette région : *elle influence la portion médiane du ventricule avant de s'étendre aux extrémités*. Exactement comme pour les muscles du squelette, dans lesquels l'onde d'excitation (volontaire ou artificiellement provoquée par voie indirecte) part du point d'entrée du nerf correspondant.

5° L'ordre selon lequel les divers segments du cœur se contractent (ordre qui, du reste, est identique à celui des autres vertébrés), peut être facilement et durablement renversé, si l'on stimule le ventricule d'un cœur en repos complet, tant par les excitations uniques de courant induit, que par le courant constant.

6° Une particularité du cœur des poissons, c'est qu'on peut obtenir un rythme «sino-ventriculaire », les oreillettes étant en repos complet. « Dans ce cas, la contraction est transmise du sinus au ventricule en suivant la paroi basale de l'oreillette, qui a été décrite comme une prolongation du sinus.

« Il paraît donc qu'il existe deux voies au moyen desquelles une contraction peut se propager du sinus au ventricule; l'une à travers le tissu auriculaire proprement dit; l'autre par la paroi basale. Ces deux voies sont absolument distinctes physiologiquement; les conditions auxquelles elles sont soumises (c'est-à-dire des influences nerveuses) peuvent être telles que l'une des deux peut servir de conducteur pour la contraction, tandis que l'autre est entièrement inerte. »

7° WILLIAM a étudié avec un soin extrême « *les phénomènes d'obstruction (Blocking)* »; il a comparé ses résultats avec ceux de GASKELL, qui avait étudié le même phénomène dans le cœur de tortue, avec lesquels ils concordent presque dans tous les points.

GASKELL avait établi que :

a) Des variations dans l'intensité d'un courant appliqué au tissu d'un côté du « block » n'ont aucun effet sur le passage de la contraction au delà du « block »;

b) Que deux contractions consécutives ne peuvent pas passer un « block », sans qu'un écart de temps suffisant les sépare.

Au contraire, WILLIAM prend en plus grande considération, pour expliquer les phénomènes dont nous nous occupons maintenant, d'une part, la force de la contraction qui arrive au tissu « bloqué », en tant que dans certaines conditions le « block » a lieu ou non suivant que la contraction est faible ou forte, et d'autre part, le pouvoir de conduction du tissu musculaire qui conduit l'excitation des oreillettes au ventricule.

Il reste pourtant toujours à savoir pourquoi le « block » a lieu si fréquemment au point en question (l'orifice mitral); et si on ne doit pas invoquer principalement, avec GASKELL, la structure spéciale de la paroi musculaire du cœur qui correspond à l'union de l'oreillette avec le ventricule.

Nous nous sommes occupés ailleurs de cette question, et nous avons parlé en détail de la nature des éléments musculaires de cette portion de la paroi cardiaque. GASKELL affirme que leur nature a comme conséquence nécessaire une moins grande rapidité de contraction et de conduction. En outre, il attribue aussi une certaine importance au fait que l'anneau auriculo-ventriculaire est étroit, mince, et que, pour cette raison, il survient un changement brusque dans la direction des fibres musculaires le long desquelles passe la contraction.

L'importance théorique de ces phénomènes est très grande; car elle coïncide avec la question du trajet parcouru par l'onde d'excitation à travers les divers segments du cœur. D'autre part, ces phénomènes se rencontrent dans toutes les classes d'animaux invertébrés ou vertébrés, et doivent, dès lors, avoir une seule et même cause. Ils démontrent principalement le peu de probabilité de l'hypothèse d'une conduction nerveuse, car on ne comprendrait pas pourquoi sur ce point seulement les voies nerveuses destinées à la conduction de l'onde d'excitation, devraient être *bloquées*, du moment qu'il n'existe aucune raison anatomique pour l'admettre.

Le mode suivant lequel le cœur des poissons répond aux excitations directes, mécaniques, électriques, etc., présente peu de particularités à signaler. Nous choisirons, malgré cela, parmi les nombreuses recherches de WILLIAM, quelques-unes de ses observations les plus intéressantes.

Dans le cœur de l'anguille on reproduit facilement le phénomène de MAREY avec sa forme classique (extra-systole, repos compensateur).

Mais, dans le cœur de l'anguille du moins, il n'est pas limité au cœur intact avec son sinus normalement dominateur; il peut *être observé dans chaque portion de tissu cardiaque se contractant spontanément et rythmiquement*. Un ventricule se contractant automatiquement donne une pause compensatrice après toute contraction mécanique prématurée, aussi bien que le cœur intact. Nous espérons qu'après une démonstration aussi évidente personne n'attachera plus d'importance aux assertions de KAISER, et ne voudra admettre que le phénomène soit d'origine nerveuse.

Avant LANGENDORFF peut-être, ou en même temps que lui, WILLIAM avait observé dans le cœur de l'anguille une systole post-compensatrice, plus haute que les autres systoles : « un intervalle diastolique prolongé est fréquemment suivi d'une contraction à amplitude sensiblement augmentée ».

Les lois établies par BOWDITCH, KRONECKER, STIRLING et BASCH se confirment dans le cœur de l'anguille. Le phénomène de l'escalier de BOWDITCH, toutefois, ne se manifeste pas dans le cœur de cet animal. La cause de cette étrange exception nous reste absolument cachée. Des recherches faites à l'aide du courant induit plus ou moins rapidement interrompu, WILLIAM tire la conclusion que le muscle cardiaque de l'anguille offre une ressemblance considérable avec certains muscles non striés. Les observations de WILLIAM concernant les effets du courant électrique directement appliqué sur l'oreillette, doivent être notées. Des excitations isolées appliquées à l'oreillette pendant la période diastolique produisent facilement des contractions uniques. Et il se produit ici, de même que dans le ventricule, un gonflement de la fibre musculaire au point excité.

Le passage à travers l'oreillette d'un courant interrompu de faible intensité produit des effets intéressants.

On sait que GASKELL observa sur le cœur de tortue que ce courant produit (primitivement) une notable dépression du pouvoir de contraction et de conduction du tissu musculaire auriculaire, tandis que le rythme reste tout à fait inaltéré. GASKELL ne pense pas que cet effet doive être attribué à l'excitation des fibres du vague, précisément parce que cette excitation n'altère pas le rythme de la fonction auriculaire.

Dans l'oreillette de l'anguille le phénomène se manifeste suivant un mode singulier, c'est-à-dire que « toutes les parties de l'oreillette qui se contractent peuvent être inhibées par un courant d'intensité suffisante; tandis que les autres portions de l'oreillette continuent à se contracter, sans altération, tout au plus avec une légère accélération. La région inhibée n'est pas dans un état de contraction tonique; le tissu en est sensiblement relâché, et la cavité se laisse distendre par le sang. » En outre, son irritabilité est grandement déprimée ou temporairement annulée. L'étendue de la région inhibée dépend de la puissance du courant et de la position des électrodes. En augmentant graduellement l'intensité du courant, une étendue de tissu auriculaire plus considérable est inhibée, jusqu'à ce que finalement l'oreillette entière soit immobilisée. WILLIAM pense que ce résultat doit être attribué uniquement à l'excitation des fibres du nerf vague de l'oreillette, parce que, lorsqu'une dose de curare suffisante pour paralyser le nerf vague a été administrée, on observe que le passage d'un courant interrompu d'intensité faible est entièrement impuissant à amener un arrêt; au contraire, il peut avoir une action excitante. » Mais le rythme des contractions auriculaires peut aussi, contrairement à l'assertion de GASKELL, subir une modification analogue sous l'influence de courants faibles.

De sorte que, selon WILLIAM, un courant interrompu de faible intensité peut pro-

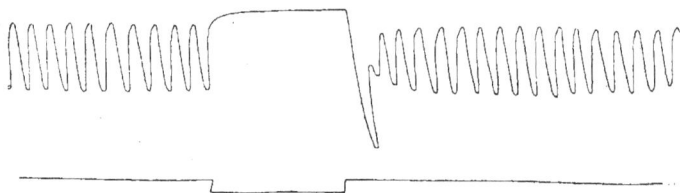

Fig. 77. — Tracé des mouvements du cœur d'anguille. Influence de la stimulation du vague.
On voit l'arrêt provoqué par celle-ci et le retour caractéristique de la fonction motrice (WILLIAM).
(Se lit de gauche à droite).

duire dans le tissu auriculaire des résultats précisément semblables à ceux que produit l'excitation du vague. Tous deux occasionnent une dépression sensible de toutes les propriétés du tissu musculaire : rythme, force contractile, puissance de conduction, irritabilité à l'excitation directe, et tonicité; et, dans ces deux circonstances, le résultat a été produit probablement au moyen des fibres nerveuses inhibitoires qui se distribuent au muscle auriculaire. » WILLIAM repousse donc nettement l'opinion de ceux qui admettent une action directe et immédiate du courant électrique sur le tissu musculaire cardiaque (fig. 47).

En outre, contrairement à ce que FOSTER et DEW-SMITH observèrent sur le cœur du limaçon, l'application à l'oreillette d'un fort courant interrompu produit aussitôt l'inhibition avec les mêmes caractères. De très forts courants produisent le même résultat; c'est-à-dire l'inhibition. Nous ne pouvons pas du reste, dans ce chapitre où nous traitons de la physiologie comparée du cœur des vertébrés, entrer dans l'étude de l'innervation cardiaque, au sujet de laquelle WILLIAM a fait de bonnes recherches, sur le cœur de l'anguille.

Presque simultanément avec WILLIAM, WESLEY MILLS (The heart of the fish compared with that of Menobranchus with special reference to reflex inhibition and independant cardiac rythm. J. P., VII, 1886, 81 et suiv.) a étudié le cœur du Batrachus Tau, un téléostien des côtes atlantiques de l'Amérique centrale appartenant au sous-ordre des Acanthoptérygiens, lequel présente la spécialité de pouvoir vivre longtemps hors de la mer, et le cœur du Menobranchus, un amphibie urodèle pérennibranche assez répandu au Canada, intéressant par la place intermédiaire qu'il occupe entre les poissons et les batraciens supérieurs. L'auteur a institué des recherches comparatives de grand intérêt entre ces deux animaux et recueilli quelques observations sur les Sélaciens, dont le cœur n'a pas encore été l'objet d'études systématiques.

Relativement à la forme extérieure et à la structure du cœur, il résulte qu'en beaucoup de points le cœur du *Menobranchus* tient le milieu entre celui d'un Téléostéen et celui de la grenouille. Mills confirme la facilité avec laquelle on obtient et conserve un rythme renversé au moyen d'une ou de plusieurs excitations mécaniques appliquées au ventricule. Le même phénomène avait été déjà observé par William dans l'anguille et d'autres Téléostéens, et auparavant par Gaskell dans les Sélaciens, lesquels, selon Mills, se prêtent peu à l'expérimentation physiologique à cause de leur peu de survivance. « La moindre excitation, dit Mills, appliquée au *conus* du requin ou au cœur de la raie, est suivie d'un rythme renversé qui, au moyen d'une excitation répétée, peut être maintenu pendant un certain temps et n'est suspendue apparemment que par ce défaut de vitalité de l'organe. *Une excitation unique est suivie fréquemment d'une série de contractions.* »

Le cœur de poisson est assez sensible à la *pression;* un arrêt, suivi en certains cas de mouvements fibrillaires du muscle ventriculaire, se produit toujours après une augmentation de pression même peu considérable, comme après la diminution de pression consécutive à une hémorrhagie. Le cœur du Ménobranche, qui se comporte à peu près de la même manière, se *montre toujours incapable de présenter des mouvements fibrillaires.*

Il présente la même sensibilité à la plus ou moins grande oxydation du sang.

Ces particularités physiologiques se rencontrent plus ou moins accentuées chez les Téléostéens, les Sélaciens et les Ménobranches, mais elles sont communes à tous. Voici les résultats obtenus par Mills dans l'excitation du cœur par un courant rapidement interrompu :

« 1. La stimulation du sinus veineux d'un cœur intact produit l'arrêt du cœur entier, si le courant est d'une intensité suffisante.

« 2. L'excitation de l'oreillette en produit l'arrêt, ou, si le courant n'est pas assez puissant, l'arrêt de la région excitée seulement, arrêt qui peut être lui-même suivi d'un arrêt temporaire du ventricule; mais, le « sinus-extension » (c'est ainsi que Mills dénomme la paroi « basale » et le canal auriculaire de William) continuant à se contracter, l'arrêt du ventricule n'est que très passager.

« 3. Chez les Poissons et chez les Ménobranches, il se produit une dilatation autour de la région excitée. Si toute la région excitée est immobilisée (par exemple s'il s'agit de toute l'oreillette), elle se dilatera entièrement.

« 4. Chez les Poissons et chez les Ménobranches, on observe, à l'endroit exact de l'application des électrodes, des points de couleur pâle, indiquant, je pense, une contraction tonique ou tétanique (?) de quelques-unes des cellules musculaires. J'ai remarqué le même fait également chez les tortues et chez le crocodile.

« 5. Chez l'un et l'autre, de même que chez les Chéloniens, il est impossible, lorsque la nutrition du cœur a beaucoup souffert, de produire l'arrêt du sinus (ou du cœur entier) par l'excitation directe. La même observation s'applique à d'autres régions cardiaques, mais avec moins de force. »

L'auteur croit aussi que, dans ces cas, il s'agit d'un arrêt produit par l'excitation des fibres du vague.

La faradisation du ventricule produit chez les *Poissons* des pulsations rapides et imparfaites, jamais l'arrêt, ni le vrai tétanos; chez les *Chéloniens* des mouvements vermiculaires. Chez le *Menobranchus*, on obtient facilement l'arrêt avec un courant modéré et une bonne nutrition du cœur; mais un courant puissant détermine une contraction tonique autour de la région excitée. Le premier serait-il un effet de la stimulation des fibres nerveuses, et la seconde un effet de la stimulation directe des fibres musculaires?

Les résultats généraux obtenus par Mills relativement au rythme indépendant des régions diverses du cœur, sont les suivants :

1° « Chez les Sélaciens, l'on rencontre moins de tendance au rythme spontané que chez quelques autres espèces de poissons. Une ligature au point de jonction du cône artériel et du ventricule produira un arrêt permanent ou prolongé (du cône artériel?). Une ligature faite au sillon auriculo-ventriculaire produit un repos prolongé du ventricule et du cône artériel.

« 2° Le cœur du *Batrachus Tau* possède à un haut degré la capacité de manifester un rythme indépendant simple, sans aucune excitation. Les régions du cœur manifestent toutes cette faculté, et, tandis qu'elle est plus marquée dans le sinus et les oreillettes, elle l'est également très nettement dans le ventricule. Une *ligature peut être disposée entre le sinus et l'oreillette*, une autre entre l'oreillette et le ventricule, les trois régions accusant alors un rythme indépendant, bien défini.

3° « La rapidité des contractions est supérieure dans le sinus; elle est moindre dans le *sinus-extension*, et tout à fait atténuée dans l'oreillette et le ventricule. »

L'automatisme du cœur est donc très développé chez ces animaux, comme le prouvent d'autres observations de moindre importance du même auteur. La grande aptitude à un rythme spontané ventriculaire que possède ce poisson (*Batrachus*) est démontrée surtout par les contractions que donne la pointe ventriculaire, après qu'elle a été isolée par une ligature. Si la ligature est appliquée juste au-dessous de la base du ventricule, il se produit, après une pause de quelques minutes à peine, un rythme spontané bien défini, se maintenant pendant longtemps. Isolée du reste du cœur, cette région continuait également à se contracter. »

Chez le *Menobranchus* il se produit un rythme spontané; toutefois ce phénomène n'est pas prononcé s'il n'intervient pas quelque excitation autre que la stimulation trophique normale.

Remarquons encore que chez le *Menobranche* le ventricule est la région du cœur la plus facilement et la plus profondément affectée par l'excitation du vague, et que pendant cette excitation le ventricule n'est pas irritable.

Batraciens. — Nous nous sommes quelque peu éloignés de la méthode suivie jusqu'ici, en parlant des expériences de Mills sur le *Ménobranche*, dans le chapitre réservé aux *poissons*. Mais cela était nécessaire, puisqu'il s'agissait des expériences instituées par Mills sur cet amphibie comparativement aux poissons.

En dehors de ces recherches sur le *Ménobranche*, toutes les autres relatives au cœur des *Batraciens* furent faites sur le crapaud et sur la grenouille; et, comme elles constituent presque en entier le patrimoine de la physiologie cardiaque, il serait oiseux d'en parler ici spécialement.

Nous rapporterons ici brièvement les expériences classiques de Foster et de Dew-Smith (*The effects of the constant current on the heart. Studies from the physiol. Labor. in the Univers. of Cambridge*, Part. III, 1871, 1-37) sur la pointe du cœur de la grenouille ou du crapaud, en les détaillant plus que nous ne l'avons fait ailleurs.

En soumettant la pointe du ventricule au passage d'un courant continu, Foster et Dew-Smith ont observé des effets différents, suivant l'intensité du courant.

1° Par des courants très faibles on n'obtient aucun effet, sauf des contractions uniques de fermeture et d'ouverture, suivant purement les lois de Pflüger.

2° Si le courant est plus fort, des contractions rythmiques distinctes sont produites par la fermeture du courant; elles continuent pendant le passage du courant, et cessent avec la rupture.

Les contractions produites de cette manière ont le caractère de contractions spontanées, normales... Nous les avons obtenues sur des régions ventriculaires, quelque petites qu'elles soient.

Mais Foster (*Jour. of Phys. and Anat.*, III, 400) avait déjà démontré auparavant que, lorsque la moitié inférieure du ventricule immobilisé de la grenouille est pendant peu de temps soumise à l'action d'un courant ordinaire interrompu, les contractions tétaniques, irrégulières, qui généralement se manifestent d'abord, font place à une contraction rythmique, dont les caractéristiques sont normales en tous points.

Le courant continu et le courant rapidement interrompu agissent donc de la même manière, d'où Foster tire la conclusion suivante :

« En supposant que les deux tiers inférieurs du ventricule de la grenouille ne contiennent aucuns ganglions, ces faits semblent indiquer clairement que le tissu cardiomusculaire, moins différencié, conserve une certaine faculté de contraction rythmique, faculté presque entièrement perdue par les muscles qui obéissent davantage à la domination de la volonté. Cette faculté de contraction rythmique n'est pas absente : seulement elle est à l'état latent et ne demande que des conditions favorables pour se manifester complètement. »

FOSTER et DEW-SMITH constatèrent dans toutes leurs expériences l'origine cathodique des pulsations, et la prédominance d'action de la cathode.

Une contraction d'ouverture ne s'obtient que lorsque le courant n'a pas été d'une intensité suffisante pour produire des pulsations rythmiques durant son passage, ou lorsqu'une longue pause s'intercale entre la dernière contraction rythmique et la rupture du courant. Cette contraction d'ouverture serait toujours anodique, selon ces auteurs.

Le ventricule entier de la grenouille se comporte de la même manière que ses deux tiers inférieurs, séparés de la base. Mais si, comme il arrive fréquemment, le ventricule entier (y compris la base) continue à battre spontanément, après la résection des oreillettes et du sinus, les effets produits par le courant continu ne sont pas aussi constants que dans les deux cas précédents. Des courants d'intensité faible n'ont dans ces conditions aucun effet. Des courants plus forts produisent une contraction anticipée de fermeture ou d'ouverture suivie d'une diastole plus ou moins longue, ou, selon la phase de révolution cardiaque pendant laquelle tombe l'excitation, ils ne produisent aucun effet. Comme on le voit donc, FOSTER et DEW-SMITH observèrent, presque simultanément (1876) avec MAREY, et indépendamment les uns de l'autre, les phénomènes que nous avons décrits ci-dessus en les attribuant, comme presque tous les auteurs, à MAREY seulement.

Ce fait, qui n'a nullement la prétention d'être une revendication de priorité, est démontré également par la note suivante que FOSTER et DEW-SMITH ajoutèrent à leur travail publié dans le *Journal of Anatomy and Physiology* (vol. x, 1876) : « Depuis les observations citées antérieurement, MAREY (*Compt. Rend.*, 1876) a publié une note dans laquelle il décrit brièvement un phénomène analogue et promet de s'en occuper avec plus de détails que nous n'avons pu le faire. » Il paraîtrait d'après cette note que les observations de FOSTER et DEW-SMITH précédèrent même celles de MAREY.

Il arrivait fréquemment que, pendant le passage d'un courant à travers le ventricule entier battant spontanément, les contractions étaient diminuées considérablement, et presque complètement abolies par un courant de plus grande intensité, sans manifester aucune notable altération de rythme. De sorte, ajoutent les auteurs, qu'entre un ventricule immobilisé et un ventricule se contractant spontanément, il existe sous l'action d'un même courant ce contraste marqué que, tandis que le courant produit des contractions dans le ventricule immobilisé, il arrête ou tend à arrêter les contractions ventriculaires existantes. Dans un cas comme dans l'autre pourtant, les effets opposés sont dus, selon FOSTER et DEW-SMITH, à l'action directe du courant sur le tissu cardiaque.

Dans son travail sur le rythme du cœur de grenouille, GASKELL a obtenu des résultats très intéressants concernant la propriété rythmique et automatique du muscle cardiaque, qui signalèrent le commencement d'une ère nouvelle dans la physiologie du cœur (*On the rythm of the heart of the frog, and on the nature of the action of the vagus nerv. Phil. Trans.*, vol. 173, III, 1883, 993).

Rappelons ici quelques-uns des points les plus importants. Il put d'abord confirmer les observations de ECKHARDT, FOSTER, MERUNOWICZ, en formulant le principe que certains tissus musculaires possèdent la faculté de répondre à une excitation continue par des contractions intermittentes.

Ayant ensuite continuellement observé que toute excitation appliquée aux oreillettes et au sinus seuls produit une altération dans le rythme des oreillettes et du ventricule, tandis que la même excitation, portant sur le ventricule seul, n'occasionne aucune altération rythmique ni dans les oreillettes, ni dans le ventricule, il établit la prépondérance du segment veineux du cœur dans le déterminisme du rythme cardiaque, en concluant que : 1° Les contractions rythmiques du cœur entier ont pour cause des impulsions séparées qui agissent rythmiquement, en partant des certains ganglions moteurs et s'étendant jusqu'au ventricule et aux oreillettes. (Au moment où il parlait ainsi, l'opinion générale était encore que le rythme cardiaque était d'origine nerveuse.)

Il formula ensuite les autres résultats principaux de ses expériences de la manière suivante :

2° Chacune de ces impulsions ne produit de contraction ventriculaire que lorsqu'il existe un rapport convenable entre la force de l'impulsion et l'irritabilité du muscle ventriculaire.

3° « Si une impulsion unique est impuissante à produire une contraction ventriculaire, le ventricule peut additionner les effets d'une ou de plusieurs de ces impulsions inefficaces et continuer à se contracter ainsi rythmiquement, quoique il n'y ait pas de synchronisme avec chaque impulsion.

4° « L'explication la plus simple de ces effets d'addition serait la suivante : chaque impulsion impuissante à produire une contraction musculaire accroît l'irritabilité du muscle, et facilite la contraction pour la seconde impulsion semblable à la première.

5° « Les impulsions peuvent être rendues inefficaces, si l'irritabilité du ventricule est diminuée suffisamment, ainsi que cela se voit dans l'action des poisons : alors il n'y a plus de contractions synchrones avec les impulsions; bien que la force et la rapidité des impulsions demeurent inaltérées.

6° « Les impulsions peuvent être encore inefficaces, si l'on diminue leur intensité, quoique l'excitabilité du muscle demeure égale, comme, par exemple, si l'on comprime le tissu entre le ventricule et les ganglions moteurs, ou si l'on chauffe les oreillettes et le sinus sans chauffer le ventricule. »

Reptiles. — Mills (*The innervation of the heart of the slider Terrapin, Pseudemys rugosa. J. P.*, vi, 1885, 246) a obtenu par l'excitation directe du cœur de *Pseudemys rugosa*, au moyen d'un courant électrique rapidement interrompu, les résultats suivants :

1° « Si le cœur bat avec force, le sinus veineux est immobilisé par une excitation directe, généralement suivie de l'arrêt du cœur entier. Si le cœur est faible et sa nutrition défectueuse, une portion seulement du sinus veineux peut être immobilisée.

2° « Excitée directement, l'oreillette est toujours immobilisée au point de l'excitation; comme effet initial, il se manifeste parfois une accélération des mouvements de l'oreillette excitée, notamment au moment de l'application des électrodes. Il arrive assez fréquemment que l'oreillette soit immobilisée en entier (courant de grande intensité).

3° « En même temps l'oreillette adjacente et le ventricule peuvent prendre le mouvement accéléré dont nous venons de parler; mais dans les deux cas l'accélération peut être suivie d'un court arrêt de l'oreillette et du ventricule, leurs contractions devenant de moins en moins marquées, à mesure que se continue l'excitation.

4° « Ce dernier phénomène se produit dans le ventricule lorsqu'il est stimulé directement à l'aide d'un courant de suffisante intensité.

5° « Lorsque le courant est très faible ou le ventricule très épuisé, l'excitation peut n'être suivie d'aucun effet particulier, sauf un état diastolique local.

6° « L'excitation du ventricule par un courant fort donne lieu fréquemment à un rythme auriculaire accéléré; rarement à la contraction spéciale précédemment indiquée.

7° « Toute excitation directe est suivie d'une augmentation d'énergie de la fonction cardiaque. »

Par les expériences sur le cœur de ces animaux, l'auteur a donc confirmé l'effet inhibitoire local du courant électrique déjà observé pour la première fois par Rossbach (*Ueber die Wirkung directer Herzmuskelreizung. A. g. P.*, xxv, 183) et ensuite par d'autres.

Une observation toutefois qui se trouve en contradiction avec celle de Gaskell est que les contractions auriculaires peuvent être modifiées dans leur fréquence et leur succession en modifiant les pulsations ventriculaires au moyen de la stimulation directe du ventricule. Mills n'attribue pas au ventricule une faculté directrice dans l'action cardiaque, ainsi que le fait Ransom; et même à elle seule l'oreillette peut commander l'action ventriculaire puisque une seule oreillette, ou une *portion d'oreillette*, peut, en se contractant, maintenir le rythme ventriculaire en dépit de l'arrêt du sinus veineux.

Relativement au rythme automatique du cœur du *Pseudemys rugosa*, Mills a fait les observations suivantes :

1° « Les oreillettes, de même que le ventricule, peuvent être immobilisées, et d'une manière permanente, si on les sépare par des ligatures fortes des régions cardiaques sus-jacentes.

2° « Les oreillettes étant immobilisées, le ventricule peut continuer à se contracter avec le rythme du sinus veineux (voir les expériences analogues de William sur l'anguille). Si les oreillettes fonctionnent (ou l'une d'elles), le ventricule se contractera avec leur rythme.

3° « Les oreillettes se contracteront avec le rythme du sinus veineux, si le moindre fragment les rattache à lui : il en est de même pour le ventricule.

4° « Le sinus veineux se contracte encore lorsqu'il est isolé (*in situ*) du reste du cœur.

5° « Les oreillettes isolées se contractent moins souvent que le sinus veineux, mais plus fréquemment que le ventricule (WILLIAM, chez l'*anguille*). Il est rare de rencontrer en tous deux une égale faculté rythmique indépendante.

6° « Il est très rare que le ventricule isolé se contracte indépendamment. »

Quelque nombreuses et variées qu'aient été les expériences de MILLS, il n'a pu confirmer l'observation de GASKELL, que le ventricule de la tortue, isolé, se contracte automatiquement avec autant de régularité que l'oreillette isolée. Il a observé, au moins pour ce qui est relatif au *Pseudemys rugosa*, que le ventricule n'a pas plus de tendance aux contractions rythmiques automatiques chez cet animal que chez la grenouille.

Cela prouve une fois de plus combien il faut être prudent dans la généralisation des observations recueillies sur un animal, non seulement pour des animaux d'espèces différentes, mais même pour d'autres ayant entre eux d'assez grandes affinités.

Les recherches les plus nombreuses sur le cœur des reptiles ont été faites par GASKELL.

Laissant de côté tout ce qui concerne l'innervation du cœur de ces animaux, à laquelle GASKELL a apporté un large tribut, résumons brièvement ses observations sur le rythme spontané et sur la succession des mouvements dans les segments divers du cœur de la tortue. (*On the innervation of the heart with especial reference to the heart of the tortoise*. J. P., IV, n° 2, 43.)

Voici les faits principaux observés par GASKELL dans quelques expériences pratiquées d'après la méthode de STANNIUS.

1° « L'enlèvement du sinus par section ou par ligature détermine un arrêt momentané des oreillettes et du ventricule, suivi d'un rythme auriculo-ventriculaire qui, lent au début, devient graduellement plus rapide, sans jamais atteindre pourtant la rapidité primitive, telle qu'elle était, avec le sinus intact.

2° « La durée de cet arrêt dépend du lieu de la section ; il est peu sensible ou n'existe pas si la section est pratiquée au point de jonction du sinus et des oreillettes ; il est beaucoup plus considérable lorsqu'une partie des oreillettes avec le sinus a été sectionnée.

3° « Durant cet arrêt, l'enlèvement du sinus et des oreillettes, au moyen de la section ou d'une ligature, détermine dans le ventricule un rythme qui est plus rapide immédiatement après la section, mais qui devient graduellement de plus en plus lent jusqu'à complet et permanent arrêt du ventricule. »

Mais le rythme ventriculaire dans ce dernier cas apparaît évidemment comme un rythme d'excitation et non un phénomène automatique. Malgré cela, GASKELL est convaincu de l'existence (chez la tortue) d'un automatisme ventriculaire, quoique d'un degré inférieur. Il établit ensuite ces deux principes fondamentaux, qui, comme nous l'avons souvent vu dans les pages précédentes, ont trouvé une confirmation générale au cours des dernières expériences, du moins dans leur partie essentielle.

1° « La faculté de contraction rythmique indépendante diminue régulièrement, à mesure que nous passons du sinus au ventricule.

2° « La faculté rythmique de chaque région cardiaque varie en sens inverse de sa distance du sinus. »

GASKELL a voulu ensuite comparer le pouvoir rythmique des oreillettes et du sinus avec celui d'une bandelette musculaire sectionnée dans la pointe du ventricule, en instituant des recherches ingénieuses, dont il nous fait connaître les résultats comme il suit :

« Nous voyons que, de même que le cœur entier de la tortue reste immobile pendant un moment lorsqu'il est isolé, et recommence à se contracter ensuite, de même un fragment quelconque du muscle ventriculaire recommence à se contracter après un arrêt de plus longue durée. Le rythme du ventricule entier commençant à allure lente, augmente graduellement jusqu'au maximum de vitesse ; de même pour un fragment de tissu musculaire ventriculaire, le rythme, lent au début, augmente graduellement de rapidité. Dans l'un et l'autre cas (cœur entier et fragment musculaire), il n'existe donc aucune différence fondamentale entre les phénomènes rythmiques, et nul facteur particulier n'est nécessaire pour la production d'un rythme plutôt que d'un autre. La différence est une différence de degré et non pas d'espèce, en ce que le temps nécessaire pour la manifestation d'un rythme régulier dépend, comme on doit s'y attendre, de l'étendue de la section: Un fragment de la pointe de l'oreillette se comporte de la même manière qu'un fragment de la pointe du ventricule. Puisque donc le rythme purement myogénique de la pointe est étroitement relié à celui du ventricule, et, ainsi que cela a été démontré, à celui des oreillettes, et puisque aucune ligne de démarcation ne peut être fixée entre le rythme de l'oreillette et celui du sinus, la conclusion logique en est que le rythme du sinus et, par conséquent, celui du cœur entier, dépend des propriétés rythmiques du tissu musculaire du sinus, et nullement de quelque appareil nerveux, doué d'un pouvoir rythmique spécial. »

Et il conclut : « Entre le rythme du sinus et le rythme du fragment musculaire de la pointe, on ne peut fixer aucune ligne de démarcation positive. Entre ces deux cas extrêmes, il existe une sorte de graduation du pouvoir rythmique, et chaque fois que se développe un pareil rythme automatique, les lois de son développement sont les mêmes. Les différences se produisant sont des différences de degré, non d'espèces. En toutes circonstances, l'établissement du rythme automatique complet est graduel, débutant par des contractions lentes, et l'arrêt préliminaire, si fréquemment observé, n'est qu'un indice de ce développement graduel. »

Selon GASKELL, le passage de l'onde de contraction du sinus aux oreillettes et au ventricule, dans le cœur de la tortue, n'est pas lié à la fonction des troncs nerveux et des cellules ganglionnaires : Le ventricule se contracte avec le rythme de l'oreillette, parce qu'une onde de contraction s'étend dans toute la longueur du muscle auriculaire et produit une contraction ventriculaire lorsqu'elle atteint le sillon auriculo-ventriculaire. Ce phénomène dépend de la structure même du cœur de la tortue. Dans le sinus, les fibres musculaires sont étroitement reliées entre elles, parallèles, avec tendance à former une couche musculaire, circulairement disposée, d'où naissent, se ramifiant en directions diverses, d'autres fibres disposées en faisceaux séparés, et possédant une structure réticulée rudimentaire, semblable à celle qui existe, parfaite, dans l'oreillette.

« Au point de jonction du sinus avec l'oreillette, les deux catégories de fibres se rejoignent pour composer *une bande régulière de fibres musculaires, parallèles, étroitement reliées, constituant un anneau musculaire, dans lequel les fibres auriculaires prennent leur origine*. Des deux côtés de cet anneau, soit vers le sinus, soit vers l'oreillette, ces faisceaux, qui se dirigent vers lui à angles droits, se divisent en deux parties qui, se recourbant en sens opposé, sont en continuité avec les fibres de l'anneau. Un réseau à larges mailles fibreuses, s'étendant dans toutes les directions pour constituer le renflement auriculaire, prend naissance de cet anneau musculaire sino-auriculaire. Dans la région aplatie des deux oreillettes, c'est-à-dire dans la couche de tissu constituant la paroi mettant en contact les deux oreillettes, les fibres musculaires sont disposées en une couche serrée de fibres qui sont continues et parallèles avec les fibres circulairement disposées de l'anneau sino-auriculaire.

« Prenant leur point de départ de l'anneau sino-auriculaire et de la paroi de jonction, les fibres réticulées de l'oreillette se ramifient dans toutes les directions, jusqu'à ce qu'elles atteignent leur point d'insertion aux parties supérieures et moyenne du sillon auriculo-ventriculaire. Ici, de même que dans le sinus, la disposition réticulaire se transforme graduellement en une couche continue, les fibres deviennent de plus en plus parallèles, et constituent finalement un *autre anneau de fibres musculaires circulairement disposé et nettement défini*.

« C'est de cet anneau que les fibres musculaires du ventricule prennent en partie leur origine. La base de cet anneau est en continuité avec les fibres musculaires non réticulées de la paroi de jonction inter-auriculaire; de même que ses fibres sont parallèles avec les fibres de cette dernière. Nous voyons donc que la disposition des fibres musculaires dans le cœur de la tortue, c'est-à-dire les deux anneaux de fibres musculaires circulairement disposées, joints ensemble à leur base par une bande de fibres disposées, elles aussi, circulairement, rappelle la primitive origine tubulaire du cœur, semblable à une artère ou à l'uretère, dans lesquels les fibres sont disposées entièrement d'une manière circulaire. L'existence de ces deux anneaux musculaires mettant en relation les trois cavités musculaires du cœur est amplement suffisante pour expliquer le passage de la contraction du sinus à l'oreillette, et de l'oreillette au ventricule, sans avoir recours à des cellules ganglionnaires. Elle nous conduit directement à adopter la conclusion ancienne des physiologistes, à savoir que les cavités du cœur se contractent avec un ordre régulier de succession, puisque l'onde péristaltique de contraction, débutant par le sinus, passe d'une extrémité du cœur à l'autre. »

Cette structure du cœur explique aussi les deux pauses observées entre la contraction du sinus et des oreillettes et entre celle des oreillettes et du ventricule, d'une manière si évidente que nous croyons inutile de nous y arrêter plus longtemps.

Relativement aux phénomènes « de block » observés par GASKELL, qui les a attribués aux particularités structurales décrites plus haut dans les points où la paroi du cœur est plus subtile, nous nous en sommes déjà occupés suffisamment.

Notons un autre fait, donnant l'explication, et de la diminution de rapidité que subit l'onde de contraction au niveau du sillon auriculo-ventriculaire, et des phénomènes de « block » et de l'origine même de l'onde de contraction, c'est que :

1° Les régions qui possèdent une structure musculaire moins développée possèdent un plus grand pouvoir rythmique que celles qui ont atteint un plus grand développement.

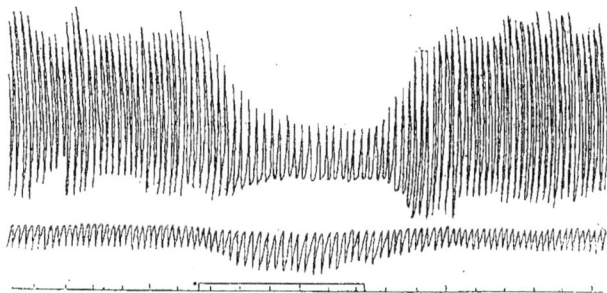

FIG. 78. —Tracé des mouvements du cœur de pigeon. Influence de la stimulation du tronçon périphérique du vague dans le cou sur les contractions auriculaires (tracé supérieur).
Temps : 1″. Sur la ligne des temps la durée de l'excitation du vague est indiquée (KNOLL).
(Se lit de gauche à droite).

2° Dans toutes les régions où ces phénomènes se vérifient, le tissu musculaire se présente avec des caractères embryonnaires, comme si le tube cardiaque primitif était moins différencié à un endroit qu'à un autre.

En conséquence, l'onde de contraction, dans un cœur adulte, doit passer par un tube de calibre irrégulier, dont les parois musculaires ont subi de grandes modifications dans leur pouvoir de contraction et dans leur conduction, de même que dans la disposition de leurs fibres.

Enfin, tout démontre que « le point de départ de ces contractions péristaltiques est déterminé par la nature de la substance musculaire plutôt que par la présence ou l'absence de cellules ganglionnaires » (GASKELL).

Oiseaux. — Le cœur des oiseaux adultes n'a jamais été, que nous sachions, pris comme sujet des recherches physiologiques systématiques. Sur certaines observations accidentelles (WEBER, loc. cit., KNOLL, Ueber die Wirkungen des Herzvagus bei Warm blütern, A. g. P., LXVII, 587) nous ne croyons pas devoir nous arrêter (fig. 78).

Un tel genre de recherches ne nous paraît pas impossible, surtout depuis que le cœur des mammifères a été maintenu récemment en vie pendant longtemps et soumis à des expériences variées.

Le cœur embryonnaire du poulet a été, par contre, longuement étudié, et nous a fourni presque tout ce que nous savons des propriétés du cœur embryonnaire.

Mammifères. — Après que LUDWIG et HOFFA eurent tenté en vain de faire survivre le cœur des mammifères, assez pour pouvoir le soumettre à des recherches physiologiques, bien des années se sont passées avant que de pareilles tentatives aient été répétées.

Ce n'est que dans ces dix dernières années que parurent des publications relatives à tel ou tel point de la physiologie du cœur, et dans lesquelles fut pris pour sujet d'expérience le cœur des mammifères (Wooldridge, Tigerstedt, Gley, etc.). Toutefois des recherches systématiques n'avaient pas été faites, faute de méthodes appropriées, jusqu'à ce que Langendorff, récemment, eût démontré la possibilité de faire survivre le cœur des mammifères pendant quelques heures de manière à permettre des recherches méthodiques. Pour réussir dans ces expériences, il faut établir une circulation artificielle dans le cœur isolé de l'organisme, afin d'assurer dans l'organe survivant une nutrition aussi parfaite que possible.

Langendorff ne s'est pas borné à nous communiquer une méthode très ingénieuse répondant à ces exigences, mais il nous a donné aussi les résultats de ses recherches concernant le cours normal de la fonction cardiaque dans de semblables conditions et les causes de son altération avec le temps, de même que les effets de l'excitation électrique de l'organe, de la température, etc. (*Untersuch. am überlebend. Säugethierherzen. A. g. P.*, lxi, 291, 1895 ; *Ibidem*, lxvi, 355, 1897).

Il a observé le phénomène de Marey dans sa forme classique, et remarqué que chez les mammifères la systole surnommée par l'un de nous « *post-compensatrice* » plus énergique que les systoles précédentes ou suivantes. Pour les autres résultats nous renvoyons aux travaux originaux. (Voir aussi : P. Maass. *Experim. Unt. über die Innervation der Kranzgefässe d. Säugethierherzens. A. g. P.*, lxxiv, 281, 1899.)

Waller et Reid, William, Bayliss et Starling, N. Martin (*Phil. Trans.*, clxxiv, 663, 1888 ; voir aussi : *Physiol. Papers, Baltimore*, 1893), Nawrocki (*Ueber den Einfluss d. Temp. Diss., Rostock*, 1896), etc. ont beaucoup contribué à l'étude de la physiologie du cœur des mammifères. Nous avons déjà précédemment rapporté ce qui dans leurs travaux concernait les propriétés générales du muscle cardiaque et l'électro-physiologie du cœur.

Relativement à la durée de fonction du cœur des mammifères extrait de l'organisme, Waller et Reid nous donnent les indications historiques suivantes. Czermak et Piotrowsky observèrent que dans le lapin (*Ak. W.*, xxv, 1857, 431) la persistance minimum des battements cardiaques était de 3 minutes ; la plus élevée, de 36 minutes. La moyenne de 60 observations fut de 11 minutes et 46 secondes. Rousseau observa sur le cœur d'une femme guillotinée des contractions jusqu'à 29 heures après la mort (*C. R.*, 1855, 3). Vulpian a observé des contractions de l'oreillette droite du chien 93 heures 1/2 après la mort (*Ibid.*) ; Brown-Séquard a observé de semblables contractions dans le chien 53 heures, chez le lapin 34 heures, chez le cobaye 13 heures après le mort (*Jour. de Phys.*, i, 1858, 357).

Mais il faut remarquer avec Waller que dans la plupart des cas, le cœur demeure *in situ*, que les mouvements observés étaient généralement ceux de l'oreillette droite ou de la veine cave, et que, autant qu'on peut en conclure des descriptions données, les observations se rapportaient généralement à des tremblements fibrillaires de petites portions de muscle mises sous le microscope. Waller et Reid, au contraire, eurent l'occasion d'observer des contractions complètes du cœur jusqu'à 2 heures après la mort chez le chien, et chez le chat jusqu'à 23 minutes après la mort. Voici ce qu'ils observèrent sur un cœur de chat ou de chien enlevé immédiatement après la décapitation de l'animal et placé sur un support avec un levier léger qui appuie sur sa surface.

1° « En général, la chute est assez régulière comme force et fréquence de contraction ; la force de contraction décline toutefois plus rapidement dans les premiers moments après l'excision qu'à des périodes ultérieures ; la fréquence de contraction diminue régulièrement d'abord pendant la durée de l'expérience : plus tard des contractions se produisent à intervalles longs et irréguliers.

2° « Une contraction bigéminée apparaît fréquemment, et c'est une irrégularité presque normale. Parfois la contraction est bigéminée depuis l'instant de l'excision jusqu'à la fin de l'observation : parfois elle est uniforme d'abord et devient graduellement bigéminée. Le caractère bigéminé est plus prononcé à la base qu'à la pointe, et peut faire complètement défaut dans les oreillettes alors qu'il se manifeste dans le ventricule.

3° « Un troisième phénomène se rencontre souvent, très marqué, lorsque le déclin de la force et de la fréquence n'est pas régulier. Un intervalle d'une longueur inaccoutumée est suivi d'une contraction de hauteur inaccoutumée. Ce phénomène apparaît à des intervalles très irréguliers.

4° « Des contractions par groupes surviennent irrégulièrement.

5° « Une irrégularité extrême sous forme de mouvements fibrillaires rapides (delirium cordis) survient quelquefois.

6° « Dans les premières minutes qui suivent l'excision, l'enchaînement des contractions auriculo-ventriculaires reste normal. Plus tard il se produit plusieurs contractions auriculaires pour une contraction ventriculaire. Plus tard encore, la contraction ventriculaire devient complètement indépendante de la contraction auriculaire. Nous avons observé qu'incidemment la contraction ventriculaire était de plus longue durée que la contraction auriculaire. »

WILLIAM (On the rythm of the mammalian heart. J. P., ix, 1888, 167) a répété, sur le cœur de mammifères et spécialement du chat, extirpé ou laissé in situ, rendu immobile par l'excitation du nerf vague, ou qu'on laisse battre spontanément, le plus grand nombre des expériences fondamentales déjà faites par les autres observateurs sur le cœur des animaux hétérothermes.

Tout ce qui a été observé par BOWDITCH, V. BASCH, KRONECKER et STIRLING, et MAREY, etc., sur le cœur de grenouille par rapport aux effets de l'excitation directe du myocarde par des courants électriques d'intensités variées, peut être constaté également sur le cœur des mammifères, à la condition qu'on emploie les méthodes graphiques convenables.

Par exemple, le fait que la hauteur de la contraction ventriculaire est indépendante de l'intensité de l'excitation, le fait que la force d'une contraction dépend de la longueur de l'intervalle qui s'est écoulé depuis la contraction précédente et de la reconstitution du tissu musculaire après la contraction précédente, le phénomène de MAREY, etc., peuvent s'observer facilement dans un cœur de mammifère.

Le rapport entre la fréquence du rythme cardiaque et l'énergie des contractions isolées ne diffère pas de celui que le même auteur observe sur le cœur de poisson : c'est-à-dire que la première est inversement proportionnelle à la seconde, sans que pour cela interviennent ni la plus ou moins grande distension des parois ventriculaires, ni aucune excitation du vague.

Un courant électrique d'intensité suffisante cause ordinairement une accélération des contractions, qu'on peut observer soit dans le cœur intact, soit dans l'organe excisé, soit dans une région isolée de la pointe ventriculaire.

Les courants galvaniques ont une action considérable sur le tissu cardiaque immobilisé; ils peuvent produire une série rythmique de contractions. Ce résultat rappelle l'influence identique du courant galvanique sur la pointe du cœur de la grenouille (ECKHARD, FOSTER et DEW-SMITH, etc.).

« De faibles courants faradiques produisent des effets semblables à ceux des courants galvaniques en occasionnant : 1° un accroissement de rapidité dans les contractions, sur un cœur se contractant déjà rythmiquement, et 2° en faisant apparaître une série périodique de contractions dans des tissus immobilisés, mais encore excitables. »

Les observations de WILLIAM sur l'origine du rythme spontané du cœur des mammifères offrent plus d'intérêt. De même que chez tous les animaux vertébrés, dit-il, la contraction cardiaque du mammifère procède d'une contraction progressive commençant à la base de l'organe, c'est-à-dire à l'extrémité veineuse. La série normale des phénomènes constituant une contraction cardiaque commence près de l'extrémité terminale des grandes veines dans les oreillettes droite et gauche.

L'apparition de la contraction à droite et à gauche paraît être simultanée; à l'embouchure des veines caves (spécialement de la veine cave supérieure) dans l'oreillette droite, et des veines pulmonaires dans l'oreillette gauche.

Relativement à l'origine des mouvements cardiaques chez les mammifères, WILLIAM dit qu'à l'embouchure il n'est pas encore rigoureusement démontré que le rythme soit dépendant de la fonction des cellules nerveuses ou des fibres musculaires, et on ne saurait dire s'il est nerveux ou myogène. Il admet pourtant comme possible que dans le cœur du mammifère la contraction rythmique, prenant naissance près de l'extrémité terminale des grandes veines, soit de nature myogène.

En admettant l'origine nerveuse des impulsions rythmiques, il faudrait nécessairement admettre aussi le pouvoir pour la substance musculaire de donner naissance à des
impulsions rythmiques semblables, et cela pendant presque toute la vie de l'individu.
D'après William pourtant, il ne manquerait pas d'exemples d'un tel état latent d'un
rythme automatique dans le même tissu musculaire cardiaque : les oreillettes, qui
normalement ne dirigent pas les mouvements du cœur, étant isolées, sont pourtant
toujours en état de présenter un pareil rythme spontané, particulièrement dans les poissons, les amphibies et les reptiles. Il pourrait donc se faire que, d'une manière analogue la tendance rythmique des fibres musculaires fût dépassée par une tendance
rythmique plus accentuée propre aux cellules nerveuses.

Il est certain, continue William, que les éléments nerveux, aussi bien que les éléments
musculaires, peuvent provoquer des décharges rythmiques; mais, dans les segments les
plus automatiques du cœur, ils sont tellement intimement associés entre eux que nous
ne pouvons pas distinguer avec certitude quelle part essentielle revient à chacun d'eux
dans la production du rythme normal.

Rappelons, après ces considérations générales, les principaux résultats obtenus par
William dans ses recherches sur le rythme automatique du cœur des mammifères.

1. Les différentes régions du cœur du mammifère sont douées toutes d'une faculté
rythmique indépendante.

Il résulte, tant des recherches de l'auteur que de celles de Wooldridge (*A. P.*, 1883),
de Tigerstedt (*Ibid.*, 1884) et de Waller et Reid, que les ventricules sont capables d'un
rythme indépendant: ils ont continué à se contracter régulièrement, quoiqu'ils fussent
privés de toute continuité avec le reste du cœur.

De là, William conclut que :

2. Le rythme ventriculaire indépendant semble donc être, dans certaines conditions
au moins, de nature musculaire; il paraît pouvoir naître dans le tissu musculaire et non
dans les centres nerveux.

Il faut noter que, tant les recherches de William, que celles, antérieures, de Dogiel et
celles récentes de Kasem-Beck (*C. W.*, n° 42, 1887), ont mis hors de doute que dans la
pointe ventriculaire des cœurs de chien, de porc, de bœuf, de chèvre, les cellules nerveuses
font absolument défaut. Les cellules nerveuses du ventricule se rencontrent surtout dans
les régions de la base et dans les régions moyennes : elles sont disposées en grande partie dans les sillons inter-ventriculaires antérieurs et postérieurs, et sur le ventricule
gauche. Kasem-Beck les trouve en plus grande quantité chez le porc et en moindre quantité chez le chien.

3. Quoique toutes les régions du cœur soient douées d'une puissance automatique
rythmique, la fonction normale du cœur n'est pas due à la mise en jeu de ce pouvoir
rythmique inhérent à chaque région ; la propriété rythmique n'est pas la même dans les
régions diverses.

4. Il est évident que, si telle région cardiaque possède une plus grande force rythmique spontanée que le reste de l'organe, le rythme de cette région triomphera du rythme
inhérent aux autres régions, et déterminera le degré de rapidité des contractions de
tout l'organe.

Comme cela a été dit déjà à propos du cœur des animaux à sang froid, il y a de
nombreuses preuves qui établissent que dans le cœur des mammifères la puissance rythmique inhérente à l'extrémité veineuse du cœur est décidément plus accentuée que celle
qui est inhérente au ventricule.

Les effets des excitations thermiques et électriques, non moins que l'étude de la
survivance des diverses régions du cœur, le démontrent clairement.

5. Il est donc évident que le rythme observé dans les ventricules d'un cœur intact
ne dépend pas de la faculté rythmique spontanée inhérente au muscle ventriculaire,
mais de la propagation jusqu'aux ventricules d'une série de contractions plus rapides
prenant leur origine à l'extrémité veineuse du cœur et atteignant les ventricules en
passant par les oreillettes. Les régions situées à l'extrémité veineuse du cœur sont plus
puissantes à cet égard que le tissu auriculaire proprement dit, et que les ventricules.

William a observé à différentes reprises que l'application d'une excitation, de quelque
nature qu'elle fût (électrique, mécanique, ou thermique) sur la pointe du myocarde

pendant la période diastolique, produisait ordinairement une contraction de l'organe entier (grandes veines, oreillettes et ventricule). Mais l'ordre dans lequel s'accomplissent les contractions des diverses régions varie, selon que l'excitation est appliquée à telle ou telle région de l'organe. Si l'excitation tombe sur une des plus grandes veines, la contraction ne diffère en rien d'une contraction normale. Si, au contraire, elle tombe sur les oreillettes, celles-ci se contractent d'abord, puis les grandes veines d'une part, et les ventricules de l'autre. Si, enfin, l'excitation tombe sur les ventricules, on observe une complète inversion de la contraction cardiaque. Le cœur peut donc être aisément provoqué par des excitations mécaniques à produire des contractions soit d'une manière presque normale, soit d'une manière complètement intervertie.

Cette interversion causée par l'application d'un choc d'induction unique au ventricule pendant la période diastolique n'affecte d'ordinaire qu'une seule contraction, la contraction produite par l'excitation. L'ordre normal est alors immédiatement rétabli. Mais, dans un cœur très excitable, une excitation mécanique ou thermique ou même une excitation électrique unique du ventricule, amène souvent une interversion qui persiste pendant plusieurs contractions; un certain nombre de contractions interverties peuvent se produire avant que l'ordre normal soit rétabli.

Relativement à la transmission de la contraction cardiaque, tout en admettant la continuité du myocarde chez les vertébrés à sang froid, et en reconnaissant également que les éléments cellulaires et les troncs nerveux ne sont pas indispensables, WILLIAM exprime l'opinion suivante : Il me paraît impossible d'exclure absolument du cœur des animaux à sang froid la possibilité qu'une fonction conductrice importante soit remplie par des délicates fibres nerveuses qui se trouvent dans la substance musculaire. Il semble impossible jusqu'ici de faire avec certitude la part des éléments musculaires et celle des éléments nerveux. WILLIAM écrivait toutefois ces lignes dans la conviction que, contrairement à ce que l'on connaît sur les animaux à sang froid, il y aurait chez les mammifères une interruption complète entre le tissu musculaire des oreillettes et celui des ventricules.

Or les recherches postérieures ont démontré que, chez les mammifères également, il y a continuité entre les deux systèmes de fibres musculaires, ce qui fait tomber la théorie d'après laquelle WILLIAM doutait d'une continuité purement musculaire.

C'est pour cette raison qu'il a été amené à conclure que la propagation de la contraction des oreillettes jusqu'aux ventricules s'effectue par l'intervention des nerfs qui traversent ces régions. Nous croyons, par conséquent, inutile de relater les autres considérations de WILLIAM à ce propos.

Sous l'influence de l'excitation du vague, les propriétés générales du myocarde subissent d'importantes modifications. D'après des recherches ultérieures faites par WILLIAM (On the phenomena of inhibition on the mammalian heart. J. P., IX, n° 56, 345, 1888), il résulte que :

1° Une grande dépression de l'énergie contractile apparaît dans le muscle auriculaire, ainsi que cela avait été observé longtemps avant déjà par NUEL (A. g. P., IX), et cette dépression se vérifie tant pour les contractions automatiques des oreillettes, que pour celles que produisent des excitations mécaniques.

2° L'irritabilité du tissu auriculaire est diminuée, ainsi que cela est démontré par sa capacité de répondre aux excitations directes pendant l'inhibition par le nerf vague.

3° Ces modifications sont dues à une action directe du nerf sur les cellules auriculaires.

4° La puissance de conduction du tissu auriculaire est déprimée.

5° Une dépression analogue s'observe dans le tonus du muscle auriculaire.

6° L'énergie de la contraction ventriculaire est également diminuée par l'action directe du nerf vague sur le tissu musculaire des ventricules.

7° Enfin la propagation normale de l'onde contractile des oreillettes aux ventricules est visiblement altérée, et conséquemment la correspondance des mouvements ventriculaires avec ceux des oreillettes.

En comparaison des résultats de WILLIAM, ceux obtenus par LANGENDORFF dans ses récentes recherches contiennent peu de points fondamentaux : on les lira dans les publications de cet auteur et dans celles de ses élèves.

Des recherches sur le cœur des mammifères ont été faites récemment par PH. KNOLL (A. g. P., LXVII, 587, 1897; etc.), par K. HEBDOM (Skand. Arch. f. Phys., IX, 1, 1899) et par d'autres, mais elles traitent des questions étrangères à celles qui sont traitées dans ces pages, ou ont été déjà citées ailleurs.

VIII. Conclusions. — Le plus grand progrès que la physiologie générale ait fait, dans ces dernières années, est certainement d'avoir été induite à considérer toutes les manifestations fonctionnelles d'un être vivant comme les expressions des changements chimiques qui surviennent dans sa trame moléculaire; en d'autres termes, de prendre les fonctions vitales comme des cas particuliers d'énergétique chimique. Nous savons tous, en effet, que les êtres vivants fonctionnent, parce qu'ils mettent en liberté l'énergie préalablement accumulée, et que toutes les fonctions d'un organisme, quelle que soit leur nature (que ce soient des manifestations de mouvements, de chaleur, d'électricité, de lumière,), ne doivent être attribuées qu'à des modifications intimes, survenues dans la trame chimique de sa structure. Aussi considérons-nous la matière vivante comme oscillant entre deux phénomènes chimiques opposés, phénomènes de désintégration, ou *cataboliques*, par lesquels les forces vives se dégagent, et phénomènes *anaboliques*, grâce auxquels se rétablit sous forme potentielle l'énergie dépensée ou bien grâce auxquels s'accumulent des matériaux dynamiques de réserve. De cette périodicité chimique, dans laquelle il peut y avoir équivalence des deux phases opposées, ou prédominance de l'une sur l'autre, nous avons une manifestation tangible dans quelques fonctions rythmiques, surtout celle du cœur, qui, par l'alternation incessante de ses systoles et de ses diastoles, exprime précisément la succession des changements qui adviennent dans sa constitution chimique intime. Cependant le rythme du cœur n'est pas constitué par la contraction et le relâchement successif, simultané aussi, de toute la masse contractile, parce que la contraction d'abord, puis le relâchement, commencent par l'extrémité veineuse, pour se transmettre sous forme d'onde pulsatile le long du tube cardiaque jusqu'à l'extrémité artérielle. Cette forme péristaltique de contraction se maintient invariable dans toutes les périodes du développement embryologique et phylogénique, en sorte que tous les cœurs, ceux des invertébrés comme ceux des mammifères, celui de l'embryon dans les premiers jours du développement comme celui de l'adulte, présentent identiquement la même forme de fonction : une onde de contraction, qui de l'extrémité veineuse se propage plus ou moins uniformément le long du cœur jusqu'à l'extrémité artérielle.

A quoi doit-on attribuer cette forme constante de la fonction cardiaque, dans toute la série phylogénique et ontogénique?

Toutes les recherches faites à ce sujet, surtout sur le cœur détaché de l'organisme, c'est-à-dire séparé de ses connexions nerveuses et vasculaires, démontrent que la fonction du cœur est fondamentalement automatique, c'est-à-dire qu'elle ne dépend pas des conditions extérieures qui, agissant comme stimulants, mettent en action son irritabilité; mais qu'elle est provoquée par des conditions chimiques intimes de son tissu, par des modifications intérieures qui déterminent le développement de la fonction, indépendamment de la présence de stimulants extérieurs.

Nous nous représentons ces capacités automatiques, comme résultant de propriétés anaboliques très développées, et voici comment. Dans un tissu contractile, qui serait seulement irritable et non automatique, c'est-à-dire qui se contracte seulement à la suite d'excitations efficaces incidentes, nous devons supposer que l'anabolisme conduit à l'accumulation de matériaux chimiques instables, de « inogènes » qui, comme substances explosives, se décomposent facilement, mettent en liberté, sous forme de travail, l'énergie accumulée. L'excitant est comme l'étincelle qui provoque la mise en liberté, en tout ou en partie, de l'énergie chimique accumulée par les processus endothermiques pendant la période anabolique. Dans les tissus simplement irritables, l'anabolisme accumule des matériaux qui, pour exploser, exigent l'intervention d'actions extérieures sous forme de stimulants. Mais, dans les tissus automatiques, au contraire, la fonction s'extériorise sans avoir besoin de l'intervention de stimulants extérieurs, parce que l'anabolisme prépare non seulement les matériaux explosifs, mais aussi les conditions qui servent encore à les faire exploser, ou bien, plus probablement, pousse la production synthétique des composés à une limite maximum telle que leur instabilité est très grande et qu'il se produit alors, pour la même raison, des modifications dans leurs rapports chimiques de superficie avec les composés moléculaires environnants, capables de déterminer l'explosion des matériaux inogènes, indépendamment de l'action d'un agent externe quelconque intervenant comme stimulant. Comme exemple, nous pouvons rappeler ces faits d'oxydation qui conduisent ensuite, par des réactions successives, à la formation de certains composés beaucoup plus réduits que ceux par lesquels la réaction a commencé. On nous pardonnera de ne pas entrer dans de plus grandes explications, si l'on pense que nous ne pouvons pas nous faire une idée exacte de faits similaires même pour les phénomènes chimiques *in vitro*.

Les rapports entre l'automaticité et l'irritabilité peuvent donc s'exprimer en disant que, dans les phénomènes d'irritabilité, c'est l'excitant qui va à la rencontre de la substance irritable, tandis que, dans les phénomènes automatiques, c'est la substance explosive même qui crée les conditions qui provoquent l'explosion.

Or il est clair que les processus automatiques seront surtout évidents dans ces phénomènes de la vie où les processus d'intégration prévalent sur les processus de désintégration, c'est-à-dire dans cette période pendant laquelle l'organisme est occupé à l'organisation de ses tissus plus qu'au fonctionnement des organes; nous voulons dire dans la période correspondant à la vie embryonnaire. En effet, c'est précisément dans les tissus embryonnaires que nous voyons prédominer les processus automatiques sur les processus d'irritabilité. Ainsi, dans le cœur embryonnaire, contrairement à ce qui se passe chez l'adulte, l'automaticité se rencontre dans tous les points du tube cardiaque, non pas uniformément distribuée, mais disposée de telle sorte qu'elle se trouve au degré maximum à l'extrémité veineuse, et va peu à peu en diminuant vers l'extrémité artérielle : dans le cœur adulte des vertébrés supérieurs nous la voyons persister seulement dans les parties qui conservent d'une manière permanente un caractère embryonnaire, c'est-à-dire à l'extrémité veineuse du cœur.

Le cœur embryonnaire n'est pas seulement automatique : il est aussi irritable; mais, alors, l'irritabilité est distribuée d'une manière tout à fait opposée à l'automaticité, puisqu'elle est minimum au sinus veineux et maximum à la pointe du ventricule. Pour le cœur embryonnaire, cette affirmation s'appuie sur des résultats expérimentaux directs ; pour le cœur adulte, les résultats incertains obtenus au moyen des excitants électriques pourraient être objectés. Mais est-ce que nous pouvons, de la valeur d'un stimulant efficace, conclure directement au degré de l'irritabilité, indépendamment des autres conditions qui déterminent le résultat expérimental? Est-ce que nous pouvons oublier que, tandis que le même stimulant agit dans les oreillettes sur un nombre restreint de cellules musculaires, il doit au contraire, dans le ventricule, se répandre sur une superficie relativement énorme et pénétrer dans une masse compacte et profonde ? Si l'on ne peut faire cas des résultats directs, on nous permettra d'accorder quelque valeur aux résultats indirects qui, dans ce cas, sont bien autrement suggestifs.

Nous savons que la segmentation de la contraction cardiaque est due à des faisceaux de fibres qui, des oreillettes, se portent au ventricule et qui sont doués d'une moindre conductibilité (Foster). Précisément, grâce aux caractères propres de ces faisceaux, l'onde contractile rencontre à parcourir ces voies, résistance qui se manifeste par un retard notable de la transmission de l'onde même. Ainsi les parties du tube cardiaque conservent les caractères des tissus embryonnaires, en raison de leur grand anabolisme, répondent difficilement aux influences désintégrantes extérieures, et, précisément parce qu'elles sont très automatiques, elles sont peu irritables. Ceci nous semble une bonne raison logique et objective pour admettre que l'irritabilité est plus grande à l'extrémité artérielle qu'à l'extrémité veineuse du tube cardiaque, non seulement dans le cœur embryonnaire, mais encore dans le cœur complètement développé.

Rappelons en outre que les oreillettes, différant en cela du ventricule, présentent chez les vertébrés inférieurs des oscillations du tonus que l'on doit attribuer à la propriété contractile de leur protoplasma peu différencié, ce qui indique un moindre développement des fibres auriculaires, en d'autres termes, un état plus voisin de celui des fibres embryonnaires.

La polarisation opposée de ces deux propriétés nous donne la raison de la forme péristaltique et de la direction constante de l'onde contractile. Cette onde trouve dans l'extrémité veineuse les meilleures conditions pour se développer, tandis que le ventricule se trouve dans les meilleures conditions pour réagir par une contraction à l'onde d'excitation qui prend naissance automatiquement à l'extrémité veineuse. En sorte que, dans le cœur embryonnaire, bien que toutes les parties soient douées d'automatisme, c'est seulement celle qui a la plus grande automaticité qui fonctionne automatiquement, tandis que les autres subissent le rythme de la première et présentent une fonction contractile déterminée par l'activité automatique de la première et par leur propre irritabilité. Cette polarisation fonctionnelle du cœur embryonnaire n'a, autant que nous sachions, aucune manifestation morphologique, parce que, dans les premières périodes de son développement, le cœur ne présente aucune différenciation notable dans ses divers segments. C'est-à-dire qu'il est uniquement formé par des cellules embryonnaires irritables, automatiques et contractiles, qui présentent seulement entre elles des différences quantitatives dans leurs propriétés fondamentales, dont les causes devraient se rechercher dans les processus les plus obscurs du tissu, précisément dans ceux qu'il est plus permis de pressentir que de définir.

Malgré cela nous pouvons nous représenter le déterminisme des différences fonctionnelles que nous avons signalées ci-dessus, en nous rappelant que la première partie qui, dans le développement embryonnaire, commence à fonctionner est précisément celle qui correspond à l'extrémité veineuse. Voilà pourquoi cette partie qui, depuis le moment initial, émet des excitations et n'en reçoit pas, ne peut comme les autres parties du cœur garder dans l'intimité de sa structure le souvenir des excitations reçues sous forme d'une augmentation d'irritabilité, ce qui arrive précisément pour les autres éléments contractiles qui, depuis le moment initial, sont martelés par le rythme de l'extrémité veineuse et en reçoivent ainsi l'empreinte fonctionnelle. En admettant, dans le sens évolutionniste, que c'est la fonction qui fait l'organe, on peut comprendre comment une partie, qui depuis son principe reçoit des impulsions, doit se développer dans le sens d'une plus grande excitabilité que celle qui n'en reçoit pas.

Il reste à expliquer pourquoi les stimulants physiologiques qui, sous forme d'ondes d'excitation, partent de l'extrémité veineuse, provoquent une augmentation d'irritabilité plutôt dans les parties lointaines que dans celles qui leur sont immédiatement contiguës, comme les oreillettes. Mais nous avons dit et répété que les oreillettes se maintiennent à un degré de différenciation histologique moindre, proche de l'état embryonnaire, que celui que présentent les cellules musculaires du ventricule, et que à cette différenciation moindre sont liées des propriétés anaboliques prévalentes qui expliquent non seulement les manifestations automatiques de cette section du cœur, mais aussi la lenteur de transmission de l'onde contractile, qui révèle une résistance au développement des processus de désintégration, ce qui évidemment neutralise en partie l'influence des stimulants qui arrivent incessamment du sinus. C'est ainsi que nous pouvons nous représenter les conditions qui déterminent la forme particulière de la fonction cardiaque et celles qui ont donné lieu au développement de ces conditions. On trouvera peut-être que nous avons trop laissé le champ libre à notre imagination; mais on nous permettra de croire que, tandis que nos opinions ne sont certes pas plus transcendantes que celles de nos [opposants, elles réunissent mieux, dans un ensemble doctrinal, les faits regardant la nature de la fonction cardiaque et s'harmonisent mieux avec eux.

Pouvons-nous appliquer les données obtenues par l'étude du cœur embryonnaire, et surtout les conclusions doctrinales qui en découlent, au cœur développé, dans lequel les parois ne sont plus constituées par un tissu embryonnaire peu différencié, mais par des cellules musculaires et nerveuses réunies en groupements particuliers? Ou, pour mieux définir la question, pouvons-nous admettre aussi, pour le cœur développé, que ses manifestations fonctionnelles rythmiques soient l'expression de faits qui se produisent dans le tissu contractile, et qu'elles ne dérivent pas plutôt de l'activité fonctionnelle de ces ganglions nerveux qu'un processus évolutif a insinués entre les éléments contractiles? En d'autres termes, l'activité cardiaque est-elle névrogène ou myogène?

Si nous voulons donner une importance aux observations faites sur le cœur embryonnaire dans les premiers stades de son développement et aux recherches instituées sur les animaux inférieurs qui ont un cœur privé de ganglions nerveux, et qui, malgré cela, présentent une fonction parfaitement rythmique et péristaltique, en laissant de côté pour le moment toutes les recherches de caractère toxicologique (qui pourtant démontrent, elles aussi, l'analogie entre le cœur des invertébrés et le cœur embryonnaire), et beaucoup d'autres faites sur des parties du myocarde privées d'éléments nerveux, nous devrions conclure en faveur de la doctrine myogène de la fonction cardiaque. Mais pouvons-nous appliquer au cœur parfaitement développé d'un animal supérieur, formé de cellules musculaires striées, pourvu d'une innervation intrinsèque et extrinsèque, les mêmes conclusions que nous avons tirées de l'étude du cœur des invertébrés et de l'embryon aux premiers stades de développement?

Affirmer que ces organes se trouvent dans les mêmes conditions et que pour cela leurs fonctions sont parfaitement les mêmes dans toutes leurs particularités, ce serait nier l'évidence des faits, et personne certainement ne se hasarderait à adopter une conclusion tellement en contradiction avec les données objectives les plus évidentes.

Il est clair, en effet, qu'au fur et à mesure qu'un organe se développe dans le sens phylogénique ou ontogénique, il va se modifiant, et, quand il est arrivé au maximum de développement, il est très différent de ce qu'il était quand il se trouvait à son début. Mais si nous voulons étudier en quoi consistent ces différences, nous reconnaissons facilement qu'elles consistent non pas dans les conditions fondamentales qui déterminent les diverses formes fonctionnelles primitives, comme nous les rencontrons aussi dans un protozoaire, mais plutôt dans des augmentations, des perfectionnements, de plus grandes complications qui adaptent mieux la fonction primitive aux nouvelles exigences d'un organisme complexe. On trouve, en somme, pour nous servir d'une phrase d'un de nos opposants, qu'entre le cerveau d'un candidat au crétinisme et celui de l'embryon de Shakespeare, il n'y a pas de différences fondamentales, comme il n'y a pas de différences fondamentales entre un crétin et Shakespeare. En sorte que nous n'avons pas été du tout surpris quand les faits nous ont démontré que la forme de la fonction dans le cœur développé dépend de la même polarisation que dans le cœur embryonnaire; au contraire, nous aurions été étonnés si les faits nous avaient montré le contraire et nous aurions cherché si, par hasard, il n'y aurait pas eu dans ces résultats des erreurs d'interprétation, qui en auraient faussé la signification. Parce que nous sommes de ceux qui s'inclinent devant les faits, nous ne déprécions pas pour cela la logique.

Mais la question n'est pas vraiment là : elle est plutôt dans la localisation des propriétés dans l'un ou dans l'autre des tissus actifs que nous trouvons dans le cœur adulte.

On dit : Dans les tissus embryonnaires, dans les organes non évolués, toutes les fonctions sont presque uniformément distribuées, au moins nous aimons à le supposer dans ce que nous avons l'habitude d'appeler le protoplasma indifférencié, en sorte qu'il n'y a pas lieu de parler d'une localisation spéciale des fonctions, et il n'y a rien de plus naturel que de faire la même chose pour le cœur embryonnaire. Mais, avec le développement, on a un perfectionnement graduel des fonctions : il se crée des instruments toujours plus parfaits dans des tissus toujours plus différenciés.

Ainsi dans le cœur la contractilité se localise dans le tissu musculaire, et l'irritabilité et l'automaticité dans les cellules nerveuses des ganglions intracardiaques. Tout au plus, peut-on concéder que l'irritabilité fait aussi partie des aptitudes fonctionnelles du muscle cardiaque, mais il n'y a pas de doute que l'automaticité est l'attribut fonctionnel des cellules nerveuses. Ne se trouvent-elles pas précisément réunies dans les parties automatiques du cœur évolué? Et quelle autre chose auraient-elles à y faire, elles qui représentent le dernier degré de l'évolution, qui sont comme les sentinelles avancées des centres nerveux, si elles ne devaient provoquer et diriger les activités du muscle cardiaque? Parce que vous ne pouvez nier des propriétés conscientes dans l'Amphioxus, voudriez-vous admettre pour cela que le cerveau des craniotes n'a pas d'influence sur les fonctions psychiques, et n'est pas le siège le plus important de ces fonctions?

Mais sommes-nous sûrs que, dans le cas particulier du développement fonctionnel et morphologique du cœur, il se soit réellement produit une différence si radicale qu'il faille dépouiller le tissu contractile de ses propriétés automatiques pour les localiser dans le tissu des cellules nerveuses? En réalité, les faits s'opposeraient à cette supposition, parce que nous savons que des parties de cœur privées de ganglions se présentent automatiques même dans l'organe développé, et que nous pouvons empoisonner les éléments nerveux intracardiaques sans léser la fonction rythmique, tandis qu'au contraire tout poison musculaire se révèle par une profonde altération dans l'apparition et le développement de la fonction cardiaque. Et alors on dira, en répétant la première question :

qu'ont à faire les ganglions cardiaques? s'ils n'ont rien à faire, pourquoi se sont-ils développés? pourquoi au contraire le cœur en se développant n'a-t-il pas conservé sa simplicité embryonnaire?

Nous sentons toute la valeur de cette objection qui a un caractère téléologique dont souvent on ne tient pas assez compte, bien qu'il dirige nécessairement toutes nos recherches biologiques, et pour cela nous chercherons à répondre de notre mieux. La raison se trouve dans la diverse importance fonctionnelle de l'organe et non dans sa diverse nature. La fonction du cœur, nous l'avons dit et répété, reste fondamentalement la même; mais elle doit, dans l'organisme développé, correspondre à de nouvelles exigences, soit des tissus qui constituent sa trame fonctionnelle, soit du milieu qui l'entoure immédiatement, soit de tout l'organisme auquel il appartient.

Ne voulant pas considérer les rapports du cœur avec tout l'organisme, et pour cela nous occupant seulement de la révolution cardiaque en elle-même, prenons pour exemple l'innervation inhibitoire du vague. Comme chacun sait, il est le nerf anabolique du cœur, mais cela seulement dans l'organisme développé, parce que durant la période embryonnaire le vague n'a pas d'action inhibitoire sur le rythme cardiaque. Puisque nous avons bien volontiers suivi nos adversaires sur le terrain téléologique, nous pourrons admettre que, durant la période embryonnaire, le cœur a ses capacités anaboliques si développées qu'il n'a pas besoin d'une innervation spéciale qui l'excite; mais quand, par l'augmentation de la masse des tissus, par les plus grandes exigences fonctionnelles que l'on réclame d'eux, par l'action désintégrante des stimulants extérieurs, par l'action intoxicante des scories que la fonction surexcitée de tous les tissus verse dans la circulation, ses processus cataboliques sont très activés et que par contre ses capacités anaboliques sont diminuées d'intensité, alors intervient l'influence d'une innervation spéciale qui, par une action soit automatique, soit réflexe, ou par les deux ensemble, active les propriétés anaboliques du tissu cardiaque. Qui pourrait nier l'action du vague sur le rythme du cœur adulte, mais qui pourrait soutenir qu'elle est indispensable à son développement, qu'elle soit comprise dans les conditions fondamentales qui le déterminent? Il nous semble qu'il doit en être ainsi pour les ganglions intracardiaques.

Nous ne nions pas que, par les nouvelles conditions créées au cœur quand il passe de la vie embryonnaire à la vie adulte, les ganglions intracardiaques ne puissent avoir une influence quelconque sur ses aptitudes automatiques, ne servent pas à les renforcer, en agissant sur le trophisme, et à les mettre en rapport, en même temps que l'innervation extrinsèque, avec les besoins continuels variés et imprévus de l'organisme; mais nous croyons pouvoir affirmer qu'ils ne sont pas indispensables, qu'ils ne déterminent aucune des conditions qui sont fondamentales pour le développement de la fonction du cœur. Quelques-unes des objections faites à la doctrine myogène du rythme du cœur sont si puériles que nous craignons de nous entendre demander comment il se fait alors que les ganglions n'attendent pas pour se former que l'organisme soit sorti de la période embryonnaire ou tout au moins des derniers stades de celle-ci. Nous répondrons quand on nous donnera la raison de la précoce formation de l'œil et de l'oreille.

Nous voulons seulement discuter quelques-unes de ces objections, seulement par considération pour l'autorité des personnes qui les ont faites.

On dit que les défenseurs de la nature myogène de la fonction cardiaque admettent que les cellules ganglionnaires intracardiaques appartiennent à la catégorie des éléments nerveux sensitifs et que, par suite, ils ne peuvent donner origine à des mouvements du cœur. A dire vrai, ce fait résulterait des recherches embryologiques de His jun.; mais nous ne savions pas que les myogénistes lui aient donné une importance aussi grande que les névrogénistes veulent le faire croire. Quelle que soit leur nature, ces cellules, comme les innombrables autres qui se trouvent disséminées ou réunies en groupes dans tous les organes musculaires lisses, ne peuvent certainement pas être considérées comme des cellules motrices semblables à celles des cornes antérieures de la moelle épinière, ou à celles qui constituent le centre d'origine d'un nerf moteur cranien. Cela fut, au contraire, tacitement admis comme un fait certain par les névrogénistes qui, autrefois comme aujourd'hui, admettent que les ganglions intrinsèques du cœur doivent constituer le lieu d'origine des impulsions motrices déterminant les contractions cardiaques, seulement parce qu'ils sont des éléments nerveux. Ils ne tiennent aucun compte des doutes soulevés,

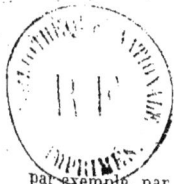

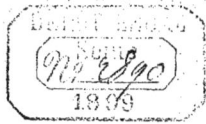

par exemple, par Ramon y Cajal et par Langley, non seulement sur la nature de leur fonction, mais même sur le fait de savoir si quelques-uns de ces éléments si répandus dans les viscères (p. ex. dans l'intestin) sont nerveux ou non. Ils ne tiennent aucun compte de ce qu'il existe des neurones purement conducteurs et d'autres qui président seulement au trophisme des tissus. Que font les névrogénistes pour démontrer que les éléments cellulaires du ganglion de Remak sont des neurones moteurs? Ils indiquent les résultats des expériences de Stannius, de Bidder, de Ludwig, faites avant que ne fût né un doute scientifique sur la nature névrogène du mouvement du cœur. Et chassés de position en position, ne se fiant pas aux analogies fournies par la physiologie comparée et par l'embryo-physiologie, à peine arrivent-ils à découvrir quelques éléments nerveux disséminés dans une portion de veine ou de paroi cardiaque, qu'ils indiquent ces éléments, à fonction douteuse, comme le centre et l'origine de la fonction motrice de ces organes.

On ne peut admettre comme fondée l'accusation portée contre les myogénistes d'être retournés aux idées de Galien. Qui parmi eux a nié aux nerfs du cœur un rôle « dans l'entretien de l'excitabilité du muscle cardiaque »? Qui n'a voulu concéder « aux nerfs cardiaques que les propriétés des nerfs sensibles »? Que l'on veuille dans ces critiques faire allusion aux *nerfs* ou aux *ganglions* cardiaques, l'accusation est imméritée. Les myogénistes, qui discutent seulement l'importance des ganglions intracardiaques, nient que quelqu'un d'entre eux soit la source des impulsions physiologiques, mais non pas que quelque fonction subsidiaire (ignorée) leur appartienne dans la fonction normale du cœur.

Et enfin, si les recherches de His ont fait croire que les cellules ganglionnaires du cœur peuvent être comparées aux éléments sensitifs, les opposants ont-ils pu réussir à démontrer qu'ils sont des éléments moteurs? Nous savons seulement que Ranvier et Vignal, en se basant sur quelques caractères structuraux des ganglions cardiaques, mirent les premiers en doute leur signification comme centres moteurs; mais nous ne connaissons dans l'autre camp que des négations gratuites, sans ombre d'affirmations expérimentales.

Nous ne nous arrêterons pas ici à discuter toutes les objections basées sur les phénomènes considérés comme *propres au cœur entier* et par conséquent à ses appareils ganglionnaires. Aucune d'elles n'a résisté à la critique expérimentale des myogénistes. Les groupes et les périodes de Luciani se présentent aussi dans le cœur de grenouille tout à fait vide et suspendu selon la méthode employée par Gaskell, Fano et Engelmann. Sur la *pointe du cœur* (contenant des fibres, mais non des cellules nerveuses ganglionnaires) on a reproduit beaucoup de phénomènes considérés auparavant comme l'expression de l'activité des ganglions cardiaques (période réfractaire, extra-systole, pause compensatrice), phénomènes qu'on rencontre aussi dans les troncs des grandes veines du cœur, etc. Et d'ailleurs, il suffirait de dire que tous ces phénomènes s'observent avec une égale constance et une égale régularité dans le cœur embryonnaire!

La question de savoir si la conduction de l'excitation dans le cœur se fait le long des fibres nerveuses ou par le moyen de la substance musculaire n'a aucun rapport direct avec l'autre question, bien plus importante, de l'origine et de la nature des impulsions physiologiques motrices. Pourtant les névrogénistes ont voulu combattre, simplement par le bien facile procédé qui consiste à en nier l'importance, les résultats des recherches faites à ce sujet par Gaskell, Engelmann, etc. L'expérience de Gaskell est bien connue : les *nerfs coronaires* étant sectionnés, l'onde de contraction se propage comme auparavant dans le cœur de tortue. Mais les névrogénistes disent : les quelques faisceaux découverts par His et par Stanley Kent, qui réunissent les oreillettes aux ventricules, seraient suffisants pour transmettre l'excitation à toutes les cellules musculaires des ventricules. Et, si ces faisceaux faisaient l'office de conducteurs, leur section devrait suffire pour arrêter les contractions des ventricules, ce qui ne se vérifie pas. Mais si ces faisceaux conduisent l'excitation, et si celle-ci se propage de cellule à cellule, on ne comprend pas la première objection, tandis qu'on comprend très bien que l'exiguïté des faisceaux contribue au retard que l'on observe physiologiquement. En second lieu, nous savons qu'en interrompant plus ou moins les faisceaux de conjonction auriculo-ventriculaires, après avoir exclu les nerfs coronaires, on peut rendre rares, espacer et finalement arrêter les contractions ventriculaires (Gaskell), mais nous ne connaissons pas d'expériences dans lesquelles les contractions ventriculaires soient restées normales après la section des faisceaux de His et de Stanley Kent.

Resteraient les observations de Waller sur le cœur des mammifères. S'il était vrai que la pointe du cœur se contracte avant la base, il faudrait admettre, ou l'existence d'une voie directe musculaire plus brève entre les oreillettes et la pointe, ou le passage de l'onde le long des troncs nerveux. Mais nous avons vu que Waller même, et ensuite Bayliss et Starling, ont trouvé que l'on peut interpréter le phénomène en question comme un effet de lésions de la base, sans avoir besoin de recourir à la transmission nerveuse. Et puis les mesures d'Engelmann sur le temps de transmission de l'onde contractile, bien que critiquées par Kaiser, restent toujours là pour démontrer qu'il se fait une propagation par la voie musculaire. Il est encore possible que les faisceaux de conjonction s'insèrent en plus grand nombre vers la pointe que vers la base, ou vers le milieu, comme cela a été observé chez quelques animaux.

Il y a enfin des faits que les névrogénistes citent comme confirmant leur théorie et qui peuvent également bien être utilisés par les myogénistes pour confirmer la leur.

Les premiers disent : 1° Le ganglion de Remak se trouve là d'où part l'onde de contraction; 2° Cette région du tube cardiaque de la grenouille est la seule dans laquelle les parois musculaires soient douées de vaisseaux sanguins propres.

Les myogénistes peuvent répondre : 1° Si aux cellules ganglionnaires intracardiaques on attribue la propriété d'aider le trophisme des éléments musculaires, on comprend qu'elles se trouvent réunies autour de ces éléments qui, étant la source des stimulations automatiques physiologiques, ont besoin d'un trophisme plus intense et plus régularisé; 2° Si ces éléments musculaires doivent être le siège, non seulement d'un anabolisme plus accentué, mais encore d'un trophisme plus uniformément distribué pour que tous simultanément contribuent à la production de l'excitation automatique, il est nécessaire qu'ils soient plus directement et plus uniformément baignés par le liquide nutritif, le sang, d'où la présence de petits vaisseaux sanguins dans ces régions.

En outre, Langendorff soutient que les effets provoqués par l'application de stimulants artificiels sur le tissu myocardique sont différents de ceux qui résultent de l'application directe de ces stimulants sur les points où se trouvent réunies les cellules ganglionnaires. Mais, quand on excite ces dernières parties, on excite des régions dans lesquelles, comme nous l'avons vu, la paroi du cœur présente une structure spéciale; et cette structure propre détermine leur pouvoir automatique et rythmique. Les effets divers des stimulations sont-ils dus à la stimulation des cellules nerveuses ou à celle des cellules musculaires conservant des caractères embryonnaires? Il faut répondre à cette question avant d'utiliser les observations de Langendorff exclusivement en faveur de la théorie névrogène.

Nous ne voudrions pas ici profiter de la critique facile qu'on pourrait faire sur les recherches d'un des plus prolixes défenseurs de la théorie névrogène, Kaiser. Il nous suffit de rappeler qu'il s'était chargé de démontrer que, si la systole et la diastole sont en rapport réciproque de causalité, en renforçant la systole et par suite le stimulus qui en dérive, on devrait obtenir aussi un renforcement de la diastole. Il entendait comme renforcement de la systole l'extra-contraction artificiellement provoquée, et il voyait l'effet de ce renforcement dans la pause compensatrice prolongée. Il est à peine besoin de dire que, selon Kaiser, la présence seule des éléments nerveux rendait possible la vérification de ce rapport. Et que dire de sa tentative d'évoquer la vieille hypothèse de Bidder, du centre des réflexes cardiaques situé dans le ventricule, hypothèse à laquelle les névrogénistes même ont depuis longtemps renoncé, et les antiques expériences de Pagliani, d'après lequel, en excitant le ventricule, on obtient toujours en premier lieu une contraction des oreillettes et seulement ensuite une contraction ventriculaire?

Outre les recherches de Langendorff et de Kaiser, qui n'ont pas remis en place une seule des pierres que les myogénistes ont enlevées de l'édifice de l'ancienne théorie, les autres défenseurs de la doctrine névrogène se groupent autour de Kronecker pour trouver une nouvelle manière de soutenir un *centre coordinateur* du cœur, ou critiquent sans expérimenter; tandis qu'une phalange de vieux et de jeunes observateurs se serrent sous le drapeau du myogénisme, soit en en acceptant simplement la doctrine, soit en instituant des recherches dans le but de l'étendre et de la continuer.

Et ici nous nous arrêtons pour ne pas répéter ce que nous avons eu occasion de dire dans les pages précédentes en faveur de la théorie myogène de la fonction cardiaque. Seulement nous tenons à déclarer que notre conviction profonde est que les recherches des myogénistes, au lieu de représenter « un mouvement passager et sans avenir », est une affirmation éloquente de la nouvelle voie dans laquelle s'est engagée la physiologie, et pour cela un mouvement fécond destiné à s'étendre de plus en plus et à déterminer de nouveaux arguments, de nouvelles recherches dans d'autres champs de notre science, recherches ayant pour but l'étude des propriétés fondamentales des tissus.

Bibliographie. — Elle a été exposée dans le cours de cet article. Pour de plus amples détails nous renvoyons aux autres chapitres de l'article **Cœur**.

PH. BOTTAZZI et G. FANO.

CHAPITRE IV

Poisons du cœur.

Poisons du cœur. — **Définition.** — Rien n'est plus difficile que de déterminer parmi les substances toxiques celles qui sont et celles qui ne sont pas poisons du cœur. En effet, il n'est pas une seule substance toxique qui, à telle ou telle dose, ne soit capable d'agir directement ou indirectement sur le cœur; de sorte que l'on pourrait presque ranger tous les poisons, quels qu'ils soient, parmi les poisons cardiaques. On comprend bien qu'il en soit ainsi; car la fonction du cœur est influencée d'une part par le système nerveux central (encéphale, bulbe et moelle), d'autre part par l'état de la pression artérielle. Par conséquent, tout poison du système nerveux central va retentir sur le cœur; et tout poison des nerfs vaso-moteurs va modifier, lui aussi, les contractions cardiaques.

De même les poisons du sang devront fatalement modifier le rythme et la force des mouvements du cœur, lequel a besoin de sang pour vivre et se contracter.

Mais ce n'est pas ainsi qu'il faut considérer les poisons cardiaques : on doit résolument laisser de côté ceux qui n'agissent que médiatement sur le cœur. Ceux-là ne sont pas de vrais poisons cardiaques. Par exemple, si, sous l'influence d'une certaine dose d'aconitine, le système nerveux se paralyse avec diminution de la pression artérielle et affaiblissement du cœur, nous ne considérerons pas l'aconitine comme un poison du cœur; car de fait le cœur continue à battre, et la mort du système nerveux a précédé la mort du cœur.

Il ne faut pas se dissimuler à quel point le problème est délicat. Toutes les fois qu'un animal meurt empoisonné, c'est parce que son cœur s'est arrêté; l'arrêt du cœur est le moment qu'on regarde en général, et avec raison, ce semble, comme le moment de la mort de l'animal. Par conséquent tout animal qui meurt empoisonné meurt parce que le cœur s'est arrêté. Si on fait la respiration artificielle, la mort ne peut être due à l'arrêt de la respiration : elle ne peut être causée que par l'arrêt du cœur.

A forte dose, il est clair que toutes les substances toxiques vont arrêter le cœur. Mais précisément il faut éliminer ces empoisonnements par les fortes doses; des doses extrêmement fortes de strychnine finissent par arrêter le cœur; mais, comme, ainsi que d'autres tissus, les cellules du système nerveux central etdes plaques nerveuses terminales motrices sont détruites par des doses de strychnine beaucoup moins fortes, on ne peut pas compter la strychnine parmi les poisons cardiaques; la strychnine est un poison du système nerveux médullaire, la morphine est un poison du système nerveux encéphalique, l'aconitine est un poison bulbaire, quoique, avec de fortes doses, le cœur puisse être paralysé par ces trois substances toxiques.

Nous définissons donc les poisons du cœur, *des substances qui empoisonnent le cœur à des doses qui n'empoisonnent pas encore gravement les autres tissus.*

Cette définition, comme toutes les définitions d'ailleurs, est quelque peu artificielle. En effet, le chloroforme et le chloral, par exemple, sont manifestement poisons cardiaques, puisque, dans l'anesthésie, la cause de la mort dépend toujours d'un arrêt prématuré du cœur; mais, en général, les centres nerveux sont paralysés avant que le cœur ne meure, et il y a mort de la conscience, de la sensibilité et du mouvement, avant que le cœur ne se soit arrêté, de sorte que le chloroforme et le chloral ne sont pas essentiellement, mais accidentellement, des poisons cardiaques.

Toute délimitation plus formelle paraît être impossible, car un poison ne va pas, ainsi qu'on l'expose souvent pour plus de facilité dans l'enseignement, localiser exactement son action à tel ou tel tissu. Il se généralise, diffuse partout, empoisonne tout à la fois, à des degrés divers, et avec des nuances dont la dissociation est parfois impossible.

Nous devons donc éliminer les substances qui agissent sur le cœur par l'intermédiaire du système nerveux central. La digitaline, par exemple, agit sur le cœur, par l'intermédiaire des nerfs vagues, ainsi que TRAUBE l'a montré dans une expérience restée classique. Si donc la digitaline n'agissait que par l'excitation des centres du vago-spinal, il faudrait l'exclure de la liste des poisons cardiaques. De fait, elle agit aussi sur le cœur lui-même, séparé de toute connexion avec les centres nerveux, de manière qu'elle a une double action sur le cœur, une action directe sur le muscle cardiaque et une action indirecte, par l'excitation du vago-spinal.

Ce qui achève de compliquer le problème, c'est que le cœur est extrêmement différent chez les divers animaux. Les cœurs du chien, du lapin, de la tortue, de la grenouille, de l'écrevisse, du limaçon sont des organes très différents. Même, entre la *R. esculenta* et la *R. temporaria*, il y a, comme on sait, d'appréciables différences, ce qui paraît exclure, en fait comme en théorie, toute généralisation absolue.

Enfin il y a dans le cœur des parties très différentes : les oreillettes, les ventricules, la pointe du cœur, toutes parties qui ne sont certainement pas soumises aux mêmes conditions d'intoxication.

Il paraît donc, en définitive, impossible de donner une formule absolue, et il faut se résigner à des *à peu près*, pour bien établir la limite des poisons du cœur. Le mieux est de serrer de près la définition donnée plus haut, et nous considérerons comme poisons du cœur les substances qui modifient le rythme et la forme du cœur, indépendamment des excitations nerveuses venant des nerfs vagues ou du grand sympathique.

Méthodes pour étudier l'action des poisons cardiaques. — On peut étudier les actions toxiques sur le cœur des hétérothermes ou des homéothermes, et les méthodes convenables pour cette étude sont assez différentes.

A. Étude des poisons sur le cœur de la grenouille et des animaux à sang froid. — Les études faites sur le cœur de la grenouille sont innombrables. On peut les faire soit sur l'animal intact, soit sur le cœur détaché, et dans lequel on pratique la circulation artificielle.

Sur l'animal intact, le procédé est assez simple : une grenouille est fixée sur une planchette. On met avec précaution le cœur à nu en enlevant délicatement le sac péricardique dans lequel il est enfermé, et on inscrit avec un cardiographe les mouvements cardiaques. On voit alors, après injection de telle ou telle substance toxique dans le tissu cellulaire, ou dans la cavité abdominale, ou dans les sacs lymphatiques, se manifester les effets de cette substance par des changements dans la force, la fréquence, la forme de la pulsation cardiaque.

Cette méthode donne de bons résultats, et elle a ce double avantage d'être très facile, et de ne pas produire de mutilation grave. Mais, d'autre part, le cœur reste en connexions avec les centres nerveux, de sorte que, si cette méthode fournit quelques indications générales, très précieuses, sur le rôle cardiaque de la substance, elle ne suffit assurément pas à nous fournir des documents irréprochables, puisque les effets observés peuvent être dus à l'excitation ou à la paralysie des nerfs du cœur.

Il vaut donc mieux recourir à l'examen du cœur de la grenouille séparé des centres nerveux et spécialement à l'étude de la pointe du cœur.

Si l'on prend le cœur de la grenouille tout entier, on peut le placer, ainsi que l'indique LAUDER BRUNTON, sur une lame de verre. Une pièce de liège repose sur le cœur, et elle se meut autour d'une articulation. Cette pièce de liège forme le levier inscripteur. On comprend que chaque systole cardiaque va soulever le levier de liège, et, si cette tige est longue et légère, chaque mouvement sera notablement amplifié. Malgré son isolement, malgré l'absence de toute circulation artificielle, le cœur donne ainsi pendant longtemps des pulsations très régulières. On peut par conséquent l'imbiber de telle ou telle solution toxique, et en analyser les effets. L'antagonisme de la muscarine et de l'atropine peut très nettement s'observer dans ces conditions. Une goutte de muscarine fait cesser les pulsations du cœur; si l'on fait tomber alors une goutte d'atropine, les battements recommencent aussitôt.

Pour faire la circulation artificielle, Ludwig et Coats ont imaginé un appareil qui consiste à faire pénétrer dans le cœur une certaine quantité de liquide nutritif (auquel on peut ajouter des proportions variables de la substance toxique). Le liquide pénètre dans le cœur, et la contraction ventriculaire le chasse par un autre tube qui communique avec un manomètre. Les variations de la colonne manométrique répondent aux contractions du cœur, lequel travaille alors à des pressions qu'on peut faire varier *ad libitum* en élevant ou en abaissant le vase où se trouve le sérum nutritif.

Mais il est des cas où il est avantageux de séparer les effets produits sur les ganglions cardiaques et sur le myocarde proprement dit. Alors on liera fortement le cœur sur la canule. Cette forte ligature équivaut à la section des oreillettes et la séparation des ganglions inclus dans les parois auriculo-ventriculaires et inter-auriculaires. Le cœur, ainsi séparé de ses centres, n'a plus de contractions spontanées; mais, sous l'influence de certains poisons, de la delphinine par exemple, les contractions spontanées reparaissent.

L'appareil de Ludwig et Coats a été modifié par beaucoup d'auteurs, notamment par Kronecker et par Fr. Williams. Dans l'appareil de Williams une canule en forme d'Y est divisée par une cloison longitudinale en deux moitiés correspondant chacune à un embranchement du tube. Un de ces embranchements est en rapport avec le liquide nutritif; l'autre avec un manomètre. Grâce à un système de valvules, les fluides s'écoulent toujours dans la même direction (1881).

Quoique le cœur de la grenouille soit le plus souvent pris de préférence au cœur des autres animaux, on peut employer avec avantage le cœur de la tortue, qui est plus volumineux et plus résistant. Séparé de l'organisme, ce cœur de tortue continue à battre pendant longtemps, surtout si l'on pratique la circulation artificielle (v. Fr. Franck. *Rech. sur les changements de volume du cœur*, etc. *Trav. du Lab. de* Marey, 1877, iii, 193, fig. 97). Dans le liquide qui circule dans le cœur et qui sert à la circulation artificielle on peut introduire diverses substances toxiques et en noter les effets.

Sur les Poissons, sur les Crustacés, sur les Gastéropodes, l'examen du cœur peut se faire par les mêmes méthodes générales, et il est inutile d'indiquer le dispositif spécial à adopter. On conçoit sans peine qu'il varie suivant l'espèce animale sur laquelle on expérimente.

Sur les cœurs d'embryon et sur les petits animaux, on peut, au microscope ou à la loupe, voir le cœur battre et étudier ainsi les effets des poisons. Kobert (1886) a analysé ainsi l'action de la muscarine chez les Ammocètes et chez des larves de grenouille. Bandler (1894) a fait aussi de curieuses observations sur le cœur des Daphnies.

D'ailleurs il est presque impossible d'exposer séparément la technique de pareilles recherches; car les divers auteurs ont employé chacun des dispositifs plus ou moins spéciaux; et le plus souvent leurs recherches débutent précisément par l'exposé de ces méthodes.

B. Étude des poisons sur le cœur des animaux à sang chaud. — L'expérimentation avec les poisons du cœur ne nécessite pas de disposition spéciale, mais seulement des précautions indispensables.

On peut inscrire les mouvements du cœur par le cardiographe, ou mieux en mesurant la pression artérielle, d'après les méthodes classiques.

Ce qu'il faut éviter avant tout, c'est l'introduction trop rapide de la substance dans le cœur. Aussi les injections intra-veineuses sont-elles moins à recommander que les injections intra-cellulaires ou péritonéales. Toutefois on peut à la rigueur pratiquer l'injection intra-veineuse, à condition que l'injection soit très diluée, et qu'elle soit poussée avec une grande lenteur.

Pour éviter les complications dues à l'asphyxie, complète ou incomplète, il est bon d'avoir fait au préalable la trachéotomie, et de pratiquer la respiration artificielle.

Je ne vois aucun inconvénient à ce que l'expérience porte sur des animaux insensibilisés et immobilisés. On pourra alors se servir de curare ou plutôt de chloralose. Le chloralose, à la dose de 0gr,10 par kilo, au moins sur le chien, semble être tout à fait inoffensif pour le cœur.

Si l'on veut éliminer l'influence des pneumogastriques, on pourra soit faire la section de ces deux nerfs, soit introduire sous la peau une petite quantité (0gr,01) de sulfate d'atropine. C'est assez pour paralyser l'action des pneumogastriques.

On fera la respiration artificielle pour éviter les effets que la substance toxique pourra produire sur l'innervation respiratoire.

Alors, sur l'animal trachéotomisé, chloralosé et atropinisé, on introduit très lentement par la veine saphène tibiale des doses d'abord extrêmement faibles du poison, puis des doses de plus en plus fortes. L'inscription graphique de la pression artérielle va montrer toutes les variétés de l'action toxique, par les modifications de la hauteur de la pression, de la fréquence du rythme cardiaque, etc.

On notera avec soin les changements de la température rectale; car bien souvent ce sont les variations thermiques autant que les actions toxiques elles-mêmes, qui déterminent des altérations de la fonction cardiaque. Pour empêcher le refroidissement de l'animal (chien ou lapin) on pourra l'entourer d'ouate.

Dans certains cas, il y a intérêt à séparer le cœur de toutes ses connexions nerveuses avec le système nerveux central. Fr. Franck l'a tenté avec succès, comme aussi Langendorff. Mais c'est une opération laborieuse. C'est surtout Newell Martin (*Physiological papers*, Baltimore, 1895, *New method of studying the mammalian heart*) qui a fait sur ce point de fort belles expériences. La circulation artificielle était réalisée par lui sur le cœur de chien absolument comme par Ludwig, Kronecker et autres, la circulation artificielle sur le cœur de la grenouille. Il a pu faire battre pendant une heure cinquante minutes un cœur de chien avec une pression moyenne de 85 millimètres de mercure. L'introduction de substances toxiques dans le liquide circulant à travers le cœur est alors très facile, et de très intéressantes expériences peuvent être faites. Seulement la préparation de l'expérience est loin d'être rapide, et elle exige une certaine habileté opératoire.

Récemment K. Heddom (*Einwirkung verschiedener Stoffe auf das isolirte Säugethierherz. Skand. Arch. f. Physiol.*, 1898, VII, 169-222, et 1899, IX, 1-72) a donné un excellent travail d'ensemble sur les poisons du cœur, étudiés par cette méthode nouvelle. Profitant des travaux de Newell Martin et de Langendorff qui ont montré que, dans certaines conditions expérimentales, le cœur des mammifères, soustrait à l'organisme et soumis à la circulation artificielle peut continuer à vivre pendant fort longtemps, s'il est parcouru par du sang oxygéné, il a introduit dans le liquide nourricier des quantités variables de poison, et il a pu apprécier les effets toxiques de diverses substances. On peut étudier ainsi la hauteur des systoles prises graphiquement, et la fréquence des contractions cardiaques. Bien entendu cette méthode ne permet pas de dissocier l'action des poisons sur le muscle cardiaque, mais l'influence du système nerveux central est absolument éliminée.

On voit alors que des doses extraordinairement faibles peuvent encore modifier les contractions du cœur. Ainsi, par exemple, l'aconitine, à la dose d'un cinq millionième, s'est montrée encore efficace, et a accéléré la fréquence des systoles. Comme le remarque Heddom avec raison, ce chiffre ne doit pas surprendre beaucoup; car il répond bien à la dose active d'aconitine chez l'homme. Un milligramme chez l'homme est encore toxique; et il faut admettre que ce milligramme est dilué dans cinq litres de sang, c'est-à-dire exactement au cinq millionième.

Voici les résultats des principales recherches de Heddom avec quelques alcaloïdes.

L'*atropine*, à la dose de 1/100 000 jusqu'à 1/40 000 n'a pas d'effet sur le cœur : mais, injectée en solution plus concentrée dans le système coronaire, elle augmente la fréquence, la force et l'amplitude des systoles; elle agit donc probablement comme un excitant direct de l'appareil moteur du cœur.

La *digitaline*, à des doses moyennes de 1/50 000, ralentit la fréquence, augmente l'amplitude, puis provoque l'accélération, l'irrégularité, et finalement la paralysie du cœur. Elle régularise l'action d'un cœur primitivement irrégulier.

L'*hélléboréine* a une action analogue.

La *vératrine* agit très nettement déjà à 1/200 000. Elle modifie la courbe de la systole, de la même manière qu'elle modifie la contraction des muscles striés. Elle augmente d'abord pendant très peu de temps l'amplitude, puis la diminue beaucoup.

La *physostigmine*, à faible dose, augmente l'amplitude des systoles 1/250 000, mais très rapidement ensuite les fait décroître. A dose plus forte elle diminue les systoles.

La *caféine* est un stimulant énergique des contractions cardiaques. Elle en augmente la fréquence et l'amplitude, à des doses de 1/20 000.

L'hydrate de *chloral*, à des doses de 1/1000 au moins, diminue la fréquence et l'amplitude : même à des doses de 1/333 il n'a pas tué définitivement le cœur.

L'*aconitine* a été efficace pour augmenter la fréquence à la dose minuscule de 1/3 000 000. A une dose plus forte, 1/500 000, elle augmente énormément la fréquence, et diminue l'amplitude. Ensuite les contractions s'élèvent, pour un temps, et subitement le ventricule gauche s'arrête (l'oreillette et le ventricule droit continuent encore à battre quelque temps).

La *quinine* à 1/5000 tue le cœur en quelques minutes. Il est probable qu'elle agit sur les appareils modérateurs du cœur; car elle amène des irrégularités et des pauses.

Le *strychnine* n'agit pas à 1/133 000. A la dose de 1/6 600 elle diminue la fréquence, mais à une dose plus forte 1/40 000 ellle l'augmente. Il est probable qu'elle agit sur les appareils moteurs.

La *pilocarpine* n'agit pas à 1/20 000. Elle est active à 1/10000, et produit comme effet caractéristique un ralentissement soudain, très marqué, suivi bientôt après d'une accélération.

La *cocaïne* à 1/10 000 diminue la fréquence. Elle agit sur l'appareil moteur du cœur.

Poisons généraux comme poisons du cœur. — Les poisons généraux de la cellule, si nous nous référons à la définition donnée plus haut, ne sont pas les véritables poisons du cœur. Pourtant nous n'avons pas le droit de négliger complètement leur action, car, sur le cœur de grenouille où la circulation artificielle est établie, on peut étudier leurs effets, et voir qu'ils paralysent la contractilité du muscle cardiaque comme l'activité de tous les organes et de tous les tissus.

Ainsi, que l'on introduise dans le liquide circulant à travers le cœur de minimes quantités de sels de cuivre et de mercure, on verra le cœur s'arrêter. De même agiront le chloral, le chloroforme, l'éther. Si l'on fait respirer rapidement à un chien de fortes doses de chloroforme, en quelques instants le cœur sera paralysé, et la vie de l'animal cessera; car le chloroforme amené rapidement par les veines pulmonaires dans le cœur gauche va pénétrer dans le myocarde et y produira un empoisonnement presque soudain. (Dans une expérience de contrôle, je viens de constater que le cœur du chien s'arrêtait dix secondes après l'introduction d'une grande masse de chloroforme dans la trachée.)

Cela est fort important à noter; car très probablement tous les cas de mort subite dans l'anesthésie chirurgicale sont dus uniquement à cette intoxication du myocarde par le chloroforme, poison universel de toute cellule, cellule végétale, comme cellule animale.

Cette action primitive d'un poison cardiaque sur le cœur se retrouve très communément, quand on fait des injections intra-veineuses. Avant que la dose toxique ait été atteinte pour le système nerveux, le cœur est paralysé; car la substance toxique, rapidement injectée, a pénétré dans le cœur et y est arrivée d'emblée à dose très forte. Si l'injection avait été lente et graduelle, de manière à déterminer un mélange parfait avec toute la masse sanguine, on n'aurait pas observé d'action sur le cœur; mais le sang arrive au cœur très chargé de poison et l'empoisonne, avant même que le système nerveux ait pu être intoxiqué.

Le chloral en injection intra-veineuse agit de cette manière; et il faut injecter cette substance, encore qu'elle ne soit pas essentiellement poison cardiaque, avec de grandes précautions. Toutes les fois qu'on fait des injections intra-veineuses, il faut redouter cette action primitive sur le cœur; car la dilution dans le sang n'est pas complète, et le poison arrive au contact de la fibre musculaire cardiaque à dose assez forte pour le tuer, alors que, mélangé à toute la masse du sang, il n'eût pas été en quantité suffisante.

On peut dire que toute modification un peu essentielle du milieu nutritif qui circule dans le cœur de la grenouille est une véritable intoxication. Ce qui lui convient, c'est une solution légèrement alcaline (d'après Gaule, 1 partie d'hydrate de sodium dans 20 000 parties d'eau). Alors la pointe du cœur se met à battre, comme si de petites quantités de CO_2 s'étaient produites par la contraction même du muscle cardiaque, et comme si cette acidité des liquides chargés de CO_2 avait entraîné la mort ou tout au moins le silence du cœur.

Gaskell (1880) a même essayé de montrer qu'on peut ramener à deux types principaux toutes les actions toxiques qui portent sur le cœur : les liqueurs acides et les liqueurs alcalines. D'après lui, les solutions acides agissent en provoquant l'arrêt du cœur en diastole, tandis que les solutions alcalines provoquent l'arrêt du cœur en systole. Ces solutions se neutralisent, si bien qu'elles sont antagonistes : un cœur arrêté en systole par une solution alcaline se remet à battre si on le fait traverser par une solution acide, et inversement. L'antiarine et la digitaline seraient des poisons systoliques, comme les solutions alcalines, tandis que la muscarine agirait comme les solutions acides. Il décrit alors l'antiarine, la digitaline et les alcalis comme poisons *toniques*, tandis que la muscarine et les substances acides seraient *dépresseurs*, ou *atoniques*.

Quoi qu'il en soit, il est intéressant de remarquer que toute substance étrangère, introduite dans le liquide circulant, peut devenir *ipso facto*, quand elle est en quantité suffisante, toxique pour le cœur.

De même l'absence de certaines substances agit d'une manière défavorable sur ces contractions cardiaques. Des traces de peptone sont nécessaires pour maintenir longtemps la vie d'un cœur de grenouille, soumis à la circulation artificielle, ainsi que des traces de soude. L'eau distillée, aditionnée de chlorure de sodium à 7 grammes p. 1000, est loin d'être aussi favorable que de l'eau de rivière ; et Ringer a montré que cette différence tenait à l'absence, dans l'eau distillée, de sels de potassium et de calcium. Les contractions deviennent, si l'on a ajouté des sels de calcium et de potassium, plus prolongées et plus puissantes.

Langendorff (1884) a étudié avec beaucoup de soin l'influence des diverses solutions chimiques sur la pointe du cœur de la grenouille, séparée des ganglions, et il a recherché quelles sont ces substances qui provoquent sa contraction. C'est l'application de la méthode générale inaugurée par Bowditch (1871), lorsqu'il montra que la pointe du cœur de la grenouille reste inerte quand elle est traversée par du sérum simple, mais qu'elle donne des groupes de pulsations quand ce sérum contient de la delphinine. Bien entendu il ne faut pas que la pression augmente, car une élévation de la pression du liquide circulant équivaut à une excitation. Dans ces conditions Langendorff a trouvé que des acides minéraux et les acides organiques (lactique) sont actifs, ainsi que l'alcool, les sels biliaires, le chlorure de sodium concentré, les alcalis ; tandis que la glycérine, les sels métalliques (à l'exception des sels de chaux et d'argent) sont inefficaces. Le nombre des pulsations provoquées est, dans une certaine mesure, proportionnel à la concentration des substances. Mais il ne faut pas que la concentration soit trop forte ; car alors la destruction du cœur par ces substances entraîne la fin rapide des contractions.

Théorie de l'action des poisons sur le cœur. — Schmiedeberg a proposé une hypothèse, devenue classique, pour expliquer l'action des substances toxiques sur le cœur. Harnack et Lauder Brunton se sont pleinement rattachés à cette hypothèse.

Le cœur serait innervé par un ganglion A ; lequel, par stimulation, met en jeu l'activité cardiaque. Vers ce ganglion A aboutissent les filets de deux autres ganglions : le ganglion modérateur M, et le ganglion accélérateur B. Le ganglion modérateur M est en rapport avec les nerfs modérateurs du cœur (nerf vague) ; le ganglion accélérateur B est en rapport avec les nerfs accélérateurs.

Il y aurait donc à examiner :

α. L'action des poisons sur le ganglion modérateur ;

ϐ. L'action sur le ganglion accélérateur ;

γ. L'action sur le ganglion excitateur des mouvements cardiaques ;

δ. L'action sur la fibre musculaire cardiaque.

Action des poisons sur les ganglions modérateurs. — Le type des poisons qui paralysent les ganglions modérateurs, c'est l'atropine. Nous n'avons pas à insister ici sur son action, qui a été exposée à **Atropine** et sera reprise encore à l'article **Pneumo-gastrique**.

Le seul point sur lequel il conviendra ici d'appeler l'attention, c'est de savoir si les poisons qui agissent sur l'appareil modérateur le paralysent complètement. Autrement dit, la section des nerfs vagues est-elle équivalente à l'empoisonnement par l'atropine?

Si l'on coupe les nerfs vagues d'un chien ou d'une grenouille, et qu'ensuite on lui donne de l'atropine, on constate bien que la fréquence du cœur n'augmente pas. Cette expérience prouve que par la section tous les nerfs modérateurs ont été paralysés, puisque l'atropine n'augmente plus alors la fréquence du cœur, ce qui serait assurément le cas, s'il persistait dans le cœur des ganglions modérateurs, exerçant leur action autonome sur le muscle cardiaque, indépendamment de leurs relations avec les centres bulbaires du vago-spinal.

Toutefois, même après que les nerfs vagues ont été coupés, même après que l'animal a été atropinisé, l'asphyxie ralentit encore les battements du cœur. Il m'a semblé que ce ralentissement était dû à l'action des centres médullaires. En effet, dans quelques expériences (inédites), j'ai constaté que le cœur d'un chien atropinisé et asphyxié, si les centres médullaires de la 4e cervicale à la 5e dorsale avaient été détruits, ne présentait plus aucun ralentissement par l'asphyxie, tandis que, si les centres sont intacts, le cœur se ralentit encore quelque peu, malgré l'atropine et la section des vagues. L'explication de ce phénomène ne laisse pas que d'être fort difficile : les hypothèses qu'on peut faire à cet égard ne sont guère satisfaisantes.

Le curare, à très forte dose, la conine, la nicotine, ont la même propriété que l'atropine. Ils annihilent l'action des nerfs vagues sur le cœur : et, après qu'ils ont été absorbés, les battements du cœur, au lieu d'être arrêtés ou ralentis par l'irritation des pneumo-gastriques, deviennent plus fréquents, ce qu'on explique en admettant que les pneumo-gastriques renferment, à côté des filets modérateurs paralysés, d'autres filets, accélérateurs, que le poison n'atteint pas.

Les poisons de cette espèce peuvent être divisés en deux groupes : ceux qui, comme l'atropine, annihilent l'action modératrice que produisent l'irritation des sinus veineux ou l'application directe de la muscarine, et ceux qui, comme le curare, la conine et la nicotine, ne neutralisent pas cette action modératrice (LAUDER BRUNTON).

L'action de la muscarine surtout est remarquable. En effet, cette substance a la propriété de ralentir, et, à dose plus forte, d'arrêter les mouvements du cœur. Ces effets semblent dus à ce que la muscarine, à dose faible, excite les ganglions modérateurs, et, à dose forte, les paralyse.

On peut, dans une certaine mesure, prouver cette action stimulante de la muscarine sur l'appareil modérateur ganglionnaire; car, si l'on fait agir de la muscarine sur un cœur atropinisé, la muscarine est sans action, puisque l'appareil modérateur a été alors paralysé par l'atropine. Ainsi l'atropine neutralise l'action de la muscarine; et l'inverse s'observe aussi, à condition que la dose d'atropine ne soit pas trop forte (V. **Muscarine**).

La physostigmine arrête aussi le cœur, en exaltant l'irritabilité des pneumogastriques et de l'appareil modérateur. A dose élevée, comme la muscarine, elle les paralyse. Mais elle arrête le cœur en systole, alors que la muscarine l'arrête en diastole. Il semble aussi que la physostigmine et l'atropine se neutralisent réciproprement, d'une manière plus parfaite que l'atropine et la muscarine (LAUDER BRUNTON).

Après l'application de la nicotine, l'excitation des pneumogastriques ne peut plus arrêter le cœur, et cependant l'excitation des sinus veineux est encore efficace pour provoquer cet arrêt. Cela semblerait prouver que, conformément au schéma indiqué plus haut, la nicotine agirait non pas, comme l'atropine, sur les ganglions modérateurs M, mais sur l'appareil nerveux intermédiaire entre les ganglions modérateurs et les nerfs vagues (V. **Nicotine**).

On voit à quel point est délicate et fragile toute cette interprétation de l'action des divers poisons sur les appareils nerveux du cœur.

Action sur les ganglions accélérateurs. — LAUDER BRUNTON groupe de la manière suivante les substances qui agissent sur les ganglions accélérateurs.

EXCITANTS.	DÉPRIMANTS.
Alcool.	Ergotine.
Éther.	Antimoine (?).
Chloroforme.	Acide cyanhydrique.
Chloral.	
Cyanogène.	
Arsenic.	
Quinine.	
Guanidine.	

De plus, tous les médicaments excitants, à forte dose, deviennent paralysants.
Pour les poisons des ganglions modérateurs, il les range dans l'ordre suivant :

EXCITANTS.	DÉPRIMANTS,
Muscarine.	Atropine.
Pilocarpine.	Hyoscyamine.
	Duboisine.
	Cocaïne.
	Spartéine.
	Saponine.

Enfin il distingue les substances qui agissent sur les terminaisons des nerfs vagues, des substances qui agissent sur les ganglions modérateurs.

EXCITANTS.	DÉPRIMANTS.
des terminaisons des nerfs vagues.	
Physostigmine.	Nicotine.
	Saponine.
	Lobéline.
	Curare.
	Méthyl-strychnine.

Le caractère physiologique de l'intoxication du cœur par ces substances, c'est que les irritations du nerf vague deviennent alors sans effet, quoique dans ces conditions la muscarine, ou l'irritation directe du sinus veineux, puissent encore ralentir le cœur, ce qui prouve bien que les ganglions modérateurs ne sont pas paralysés.

Poisons agissant directement sur la fibre musculaire cardiaque. — Les substances agissant sur la fibre musculaire du cœur sont fort complexes; et la classification en est très difficile.

Schmiedeberg, qui en a fait une étude très attentive, propose, pour les poisons systoliques, la classification suivante (1882) :

1° Glycosides cristallisables :

Évonymine.	(Ev. atropurpureus).
Digitaline	(Digitalis purpurea).
Antiarine	(Antiaris toxicaria).
Elléborine.	(Ell. niger).
Thévétine	(Thevetia nereifolia).

2° Substances non glycosidiques, cristallisables :

Digitoxine.	(Digitalis purpurea).
Strophantine.	(Strophantus hispidus).
Apocynine.	(Apocyn. cannabinum).

3° Glycosides non cristallisables, peu solubles dans l'eau :

Scillaïne.	(Urgina scilla).
Adonidine	(Adonis vernalis).
Oléandrine.	(Nerium oleander).

4° Glycosides amorphes.

Digitaline.	(Dig. purpurea).
Néréine	(Nerium oleander).
Apocynéine	(Apocynum conalinum).
Convallamarine. . . .	(Conv. maialis).

5° Substances végétales diverses :

        1° Tanghinine . . . .   (*Tanghina venenifera*).
        2° Nériodorine. . . .   (*Nerium odorum*).

6° Substances à effets complexes :

        1° Érythrophléine. . . (*Erythroph. guineense*).
        2° Phrynine, extraite des glandes à venin du crapaud.

A cette classification, G. Hayem ajoute l'ouabaïne (*Strophantus glaber*) et fait remarquer que la tanghinine a été par Arnaud considérée comme identique à la digitaline cristallisée.

Tous ces corps ont la propriété d'arrêter, à doses plus ou moins fortes, le cœur en systole, à la manière de la digitaline.

Cette action de la digitaline et de tous les poisons cardiaques est d'ailleurs extrêmement complexe (voyez **Digitaline**.) Traube a montré il y a longtemps que la digitale agissait sur les centres nerveux des vagues, si bien que le cœur n'est presque plus ralenti par la digitaline quand les nerfs vagues ont été coupés. Mais, d'autre part, il est certain que la digitaline agit sur le cœur de grenouille séparé de ses connexions avec les centres nerveux. Cette substance est donc à la fois un poison des centres nerveux cardiaques, et un poison des fibres musculaires du cœur.

Ce qui contribue notablement à rendre la question très complexe, c'est la diversité d'action de la digitaline sur les cœurs des espèces animales différentes. L. Scofone (1894) a dressé le tableau suivant, indiquant la dose toxique de digitaline pour les espèces suivantes :

	DOSE MORTELLE pour 1000 gr. d'animal.
Cyprinus auratus.	0,00025
Pigeon	0,00035
Chat.	0,0004
Cobaye	0,0005
Bombinator igneus	0,0015
Tortue	0,0018
Lapin	0,003
Rana temporaria.	0,005
Lézard	0,008
Rana esculenta.	0,010
Rat	0,012
Bufo cinereus.	0,036
Couleuvre	0,090

Il y aurait donc chez la couleuvre et le crapaud une sorte d'immunité contre les effets de la digitaline, comme il y a une immunité contre les effets du venin.

Rummo et Ferranini, dans l'étude importante qu'ils ont faite sur les poisons cardiaques (1888) ont proposé les conclusions suivantes :

1er groupe. Strophantine, elléborine, digitaline. A petites doses, diminution légère d'amplitude. A doses moyennes, augmentation d'amplitude et diminution de fréquence sans arythmie. A doses fortes, arythmie, intermittences, et finalement arrêt des oreillettes en diastole et du ventricule en systole.

2e groupe. Antiarine, oléandrine, érythrophléine, adonidine, convallamarine. A doses minimes, arrêt systolique des ventricules, puis, à doses moyennes et fortes, mêmes effets qu'avec les poisons du premier groupe.

3e groupe. Caféine et spartéine. A dose faible, nulle action. A dose moyenne augmentation de fréquence et d'amplitude. A dose forte, arythmie, intermittences, et arrêt final du cœur en diastole.

C'est ainsi que les phénomènes se passent chez les animaux hétérothermes; mais, chez les animaux homéothermes, il ne paraît exister que deux groupes.

α. (Strophantine, elléborine, antiarine, digitaline, adonidine, convallamarine, érythrophléine.)

L'arrêt du cœur se fait en diastole. La pression artérielle s'élève, pour des doses moyennes, et la fréquence des battements du cœur diminue; l'action des nerfs vagues n'est pas paralysée.

β. (Caféine et spartéine.)

L'arrêt du cœur se fait en diastole; mais, à des doses moyennes, la fréquence du cœur diminue peu, et il se produit des arythmies et des intermittences.

Et alors, au point de vue de l'action générale sur le cœur, on peut diviser les poisons cardiaques :

α. Strophantine et elléborine qui agissent sur le myocarde et non sur l'innervation cardiaque (substances myocardiocinétiques).

β. Antiarine, digitaline, oléandrine et érythrophléine qui agissent primitivement sur le myocarde, et secondairement sur l'innervation cardiaque (substances myoneurocardiocinétiques).

γ. Adonidine et convallarine qui agissent sur l'innervation cardiaque et sur le myocarde également (substances neuromyocardiocinétiques).

δ. Caféine et spartéine qui agissent exclusivement sur l'innervation cardiaque et modifient à peine l'excitabilité du myocarde (substances neurocardiocinétiques).

Quoique appuyée sur un très grand nombre d'expériences, cette classification est loin d'être méthodique; et il est certain qu'elle ne rend pas un compte exact de tous les faits. Elle se prête mal d'ailleurs à un exposé didactique. Enfin un certain nombre de substances, qui sont manifestement des poisons cardiaques, comme les venins, les ptomaïnes, les sels de potassium et d'ammonium, ne sont pas mentionnés.

Voici la classification adoptée par LAUDER BRUNTON (372).

α. *Substances qui à forte dose arrêtent le cœur en systole.*

STIMULANTS.	DÉPRESSEURS.	
Digitaline.	Acide salicylique.	
Digitaléine.	Sels de potassium ⎫	
Digitoxine.	Sels de cuivre ⎬ à forte dose.	
Érythrophléine.	Sels de zinc ⎭	
Elléborine.	Quinine (?).	
Néréine.	Saponine.	
Scillaïne.	Apomorphine.	
Antiarine.	Émétique.	
Strophantine.	Muscarine.	
Thévétine.	Pilocarpine.	
Thévérésine.	Vérabroïdine.	
Vératrine.	Tervine.	
Caféine.		
Sels de baryum.		
Sels de potassium ⎫		
Sels de cuivre ⎬ à faible dose.		
Sels de zinc ⎭		

A dose élevée ces substances provoquent dans le cœur des mouvements irréguliers et finalement l'arrêt en systole.

β. *Substances qui n'arrêtent pas le cœur en systole.*

Si le cœur s'est arrêté en diastole par l'application de la muscarine, elles y font revenir des pulsations régulières et rythmiques :

Guanidine.	Bornéol.
Physostigmine.	Camphre d'Arnica (?).
Camphre.	Aniline.
Camphre monobromé.	Coumarine.

Je noterai enfin la classification de HUCHARD, plus médicale d'ailleurs que physiologique (1896). Il classe les médicaments, c'est-à-dire en somme les poisons cardiaques, de la manière suivante :

1° Cardiotoniques diurétiques. Digitaline, caféine et théobromine; avec cette différence que l'action diurétique, avec la caféine et la théobromine, l'emporte sur l'action cardiaque, contrairement à ce qui se passe pour la digitaline.

2° Cardiotoniques simples. Strophantine, spartéine, convallarine, adonidine, ainsi que d'autres poisons non usités (cophorine, extraite de l'*Anhalium Lewinii*), coronilline, néréine, oléandrine, apocynine, évonymine, périplocine (*Periploca graeca*), thévétine, tanghinine, cerbérine, ouabaïne, anagyrine, érythrophléine, antiarine, elléborine, saponine (*Polygala senega*), cytisine, ulexine (*Ulex diuretica*), sels de baryum et de rubidium, phrynine, extraits thyroïdiens.

3° Cardiotoniques secondaires.

4° Excitants cardiaques (éther, camphre, caféine, strychnine, opium, pyridine).

5° Sédatifs cardiaques (vératrine, bromures, quinine, chloral, sels de potassium).

Il est clair que cette classification, quelque intéressante qu'elle puisse être en thérapeutique, n'est pas recevable en physiologie, non plus d'ailleurs, il faut bien le reconnaître, que les classifications données plus haut de Schmiedeberg, de Lauder Brunton et de Rummo et Ferranini.

Le mécanisme plus détaillé de l'action de ces divers poisons nous entraînerait trop loin. Nous renvoyons donc aux articles **Digitaline**, **Érythrophléine**, **Nicotine**, **Spartéine**, **Strophantine**, etc.

Quant aux poisons physiologiques du cœur (hypophysine, extrait thyroïdien, extrait surrénal, etc.), l'étude en a été méthodiquement exposée plus haut par E. de Cyon (132-138).

De la mort du cœur dans les intoxications par poisons cardiaques. — Il importe de comparer la mort du cœur par les poisons, et la mort du cœur par d'autres actions offensives.

En général, soit sur le cœur des hétérothermes, soit sur le cœur des homéothermes, on décrit deux modes de mort ; mort en diastole, mort en systole. Par exemple, dans la mort en diastole, comme dans l'asphyxie, le cœur est mou, flasque, distendu par le sang. Dans la mort en systole, comme par la tétanisation électrique, le cœur est resserré, dur, contracté, vide de sang. C'est là une classification très simple et très générale. Elle n'indique pas, il est vrai, les phases diverses que le cœur a parcourues avant d'arriver à cette période ultime, mais elle permet deux grandes classifications artificielles, assez commodes pour l'étude.

En général, les poisons diastoliques sont des dépresseurs du cœur. La fréquence et la force diminuent graduellement, presque sans arythmie : la pression artérielle baisse ; le travail cardiaque diminue de plus en plus et finalement le cœur s'arrête ; car les contractions de plus en plus inefficaces ne suffisent plus à renouveler le sang oxygéné nécessaire à l'intégrité de la contraction. C'est une mort graduelle, progressive. Le type de cette mort par des poisons diastoliques se présente dans l'empoisonnement par des acides (l'acide lactique, par exemple) ou dans la mort par l'asphyxie. Seulement la mort du cœur dans l'asphyxie est masquée par l'action des nerfs vagues qui ralentit le cœur (V. **Asphyxie**). Il faut alors empoisonner le cœur par l'atropine ; on peut voir alors très nettement décroître régulièrement la force des pulsations cardiaques, sans que le rythme soit beaucoup modifié. Un certain ralentissement s'observe ; mais il est insignifiant par rapport à l'énorme ralentissement qu'on voit chez les animaux dont les nerfs vagues sont intacts. L'empoisonnement du cœur dans ces conditions est extrêmement rapide. Alors que le cœur muni de son appareil modérateur peut résister à l'asphyxie, pendant 6, 7 ou 8, ou même 9 et 10 et 11 minutes, le cœur asphyxié et privé de l'appareil modérateur, soit par l'atropine, soit par la section des vagues, ne peut plus résister que 2 ou 3 minutes tout au plus. Il est devenu extrêmement fragile. Souvent même, alors que les contractions n'ont pas cessé encore, si l'on fait vigoureusement la respiration artificielle, le moment de son salut est passé, et il ne revient pas à la vie : par conséquent l'absence d'oxygène est un poison pour le cœur, et un poison d'autant plus redoutable que le cœur se contracte encore. Si le cœur, ralenti par les nerfs vagues, ne donne que de très rares contractions, l'asphyxie n'est dangereuse que vers la huitième minute, lorsque l'appareil modérateur du bulbe, vaincu enfin, ne peut plus résister et que le cœur s'accélère. Si le cœur au contraire se contracte rapidement, comme dans le cas de section des nerfs vagues et d'atropinisation, les systoles sont funestes, probablement parce que dans ces conditions, il se fait des ptomaïnes extrêmement toxiques, et la mort survient promptement ; car chacune de ces systoles anaérobies précipite la fin. Nous avons montré, avec A. Broca, que les contractions anaérobies sont très dangereuses pour les muscles de la vie animale : il est évident qu'il doit en être de même, *a fortiori*, pour le cœur qui est muni d'appareils ganglionnaires extrêmement délicats et susceptibles. L'expérience est facile à faire : d'abord on constate qu'un chien asphyxié, s'il a les nerfs vagues intacts, résiste 8 minutes à l'asphyxie, avec un cœur très ralenti, puis, par comparaison, à un autre chien on injecte de l'atropine, et on constate qu'au bout de 3 minutes, les contractions du cœur s'étant à peine ralenties, la respiration artificielle ne peut plus le sauver.

L'excitation électrique du cœur agit d'une manière toute différente. Il se fait une tétanisation fibrillaire du cœur, suivie de mort, au moins sur le chien ; car sur le lapin et surtout sur la grenouille la mort définitive par la tétanisation ne s'observe pas.

Fr. Franck, en étudiant l'action de la digitaline sur le cœur (1894), a assimilé avec raison la mort par la digitaline à la mort par tétanisation du myocarde.

Pour bien observer cette mort du cœur par l'excitation électrique, il a diminué la sensibilité du cœur, soit en le refroidissant, soit en l'intoxiquant au préalable avec du chloral ou de la cocaïne. Alors des excitations électriques très intenses, qui auraient suffi, et au delà, à tuer le cœur, ne produisent plus qu'une action passagère. Dans ces conditions on observe, après faradisation, une phase de tétanisation des ventricules, avec systoles incomplètes, inefficaces (car la pression artérielle continue à baisser), tétanos des ventricules, lequel est bien différent, toujours d'après Fr. Franck, des trémulations fibrillaires du cœur : ces trémulations fibrillaires surviennent quelques secondes après le tétanos cardiaque, et elles aboutissent à la mort et au relâchement du cœur.

On trouve, d'après Fr. Franck, une similitude parfaite entre la mort du cœur par la strophantine et la digitaline et la mort par l'électricité. Les poisons cardiaques du groupe digitalinique tuent le cœur par tétanisation à secousses dissociées. La diastole ne survient qu'ensuite, quand le tétanos incomplet de la masse ventriculaire, dernière manifestation de la vitalité du myocarde, est terminé. Les ventricules passent, avant d'aboutir à cet état de diastole définitive, par une phase de trémulation fibrillaire, qui est déjà un phénomène de mort, absolument comme dans la mort du cœur par la faradisation des ventricules.

Pourquoi la mort survient-elle par cette contraction violente des ventricules ? Serait-ce par la même cause que dans la mort des ventricules par l'asphyxie ? Ne pourrait-on pas supposer que la contraction énergique du muscle cardiaque va déterminer la formation d'un poison qui épuise d'une manière irrémédiable l'activité et la vitalité des ganglions cardiaques ? C'est là une hypothèse qu'il est fort rationnel de proposer. Elle expliquerait aussi la mort par les poisons du groupe de la digitale.

Quoi qu'il en soit, d'une manière générale, nous pouvons établir trois groupes principaux pour les poisons du cœur : 1° Poisons qui agissent sur l'appareil nerveux cardiaque d'inhibition, dont le type est l'atropine ; 2° Poisons diastoliques, dont le type est le chloral et l'absence d'oxygène ; 3° Poisons systoliques, dont le type est la digitaline.

Mais ce ne sont en somme que des indications très sommaires, et il paraît presque impossible, vu la multitude de faits spéciaux disparates, de tracer un ensemble satisfaisant de la toxicologie générale du cœur.

Bibliographie. — Albanese. *Ueber den Einfluss der Zusammensetzung der Ernährungsflüssigkeiten auf die Thätigkeit des Froschherzens* (A. P. P., 1893, xxxii, 297-313). — Bandler (W.). *Wirkung des elektrischen Stromes und von Herzgiften auf das Daphnienherz* (Ibid., 1894, xxxiv, 392-401). — Boehm. *Ueber das Vorkommen und die Wirkungen des Cholins und die Wirkungen der künstlichen Muscarine* (Ibid., 1885, xix, 87-100). — Bowditch. *Ueber die Eigenthümlichkeiten der Reizbarkeit, welche die Muskelfasern des Herzens zeigen* (Arb. aus der phys. Anstalt zu Leipzig, 1871). — Brown et Fraser. *Physiological action of the ammonium bases derived from atropine and conia*, Edimburgh, 1869, 54 p. — Franck (Fr.). *Analyse expérimentale de l'action de la digitaline sur la fréquence, le rythme et l'énergie du cœur* (Clinique médicale de la Charité, 1894, 549-750). — Hardy et Gallois. *Sur la strophantine, nouveau poison du cœur* (B. B., 1879, 69 ; Rev. de thérap., 1877, xliv, 371-374). — Gaskell (W. H.). *On the tonicity of the heart and blood vessels* (J. P., iii, 1880, 48-75). — Harnack. *Ueber die Wirkung des Atropin und Physostigmin auf Pupille und Herz* (A. P. P., 1874, ii, 307-333). — Hayem (G.). *Leç. de thérapeutique*, (3), (Médication de la kinésithérapie cardiaque, 1891, 324-370). — Huchard (H.). *Les médicaments cardiaques*, in Traité de thé-

rapeutique appliquée, Paris, Rueff, 1896, 101-174. — Kobert (R.). *Ueber die Deutung der Muscarinwirkung am Herzen* (A. P. P., 1885, xx, 92-115). — Köhler (H.). *Experimentelle Beiträge zur Kenntniss der Herzwirkung des Calabar, nebst nachträglichen Bemerkungen über Arhythmie* (Ibid., 1873, i, 277-298). — Knoll (Ph.). *Ueber die Herzthätigkeit bei einigen Evertebraten und deren Beeinflussung durch die Temperatur* (Sitzb. d. k. Ak. in Wien, cii, (3), oct. 1893). — Langendorff (O.). *Studien über Rhythmik und Automatie des Froschherzens* (A. P., 1884, suppl. 1-128). — Lauder Brunton. *Traité de pharmacologie, de thérapeutique et de matière médicale*, trad. franç., 1889, 315-394). — Lœwit. *Beiträge zur Kenntniss der Innervation des Herzens* (A. g. P., 1882, xxv, 447). — Ohrn. *Einige Versuche über Gummilösung als Nährflüssigkeit für das Froschherz.* (A. P. P., 1894, xxxiv, 29-37). — Prévost (J. L.). *Note relative à l'antagonisme mutuel de l'atropine et de la muscarine* (C. R., 1877, lxxxv, 630). — Rummo (G.) et Ferranini. *Azione biologica comparata dei farmaci cardiaci e azione terapeutica dello strofanto e della strofantina* (Riforma medica, 1888, passim). — Santesson (C. G.). *Ueber die Wirkung einiger China Alkaloïde auf das isolirte Froschherz und auf den Blutdruck des Kaninchens* (A. P. P., 1893, xxxii, 321-371). — Schmiedeberg (O.). *Untersuchungen über einige Giftwirkungen an Froschherzen* (Arbeiten aus der phys. Anstalt zu Leipzig, 1870, v, 41-52). — Schmiedeberg et Harnack. *Ueber die Synthese der Muscarine und über muscarinartig wirkende Ammoniumbasen* (A. P. P., 1876, vi, 101-112). — Scofone (L.). *Toxicité comparée de la digitaline sur quelques espèces animales* (Trav. du Lab. de thérapeutique expérimentale de Genève, i, 1893, 196-246). — Sée (G.) et Gley (E.). *Médicaments cardiaques. La strophantine* (Bull. de l'Ac. de médecine de Paris, 13 nov. 1888, 16 p.). — Weintraud. *Ueber die Ursache der Pulsverlangsamung im Icterus* (A. P. P., 1894, xxxiv, 37-45). — Weinzweig (E.). *Ueber das Verhalten des mit Muscarin vergifteten Herzens gegen seine Nerven* (A. P., 1882, 527-539). — Wertheimer et Colas. *Contr. à l'étude de l'action de la nicotine sur la circulation* (A. d. P., 189 , 341-356). — Wiliams (Fr.). *Die Ursache der Blutdrucksteigerung bei Digitalinwirkung* (A. A. P., 1881, xiii, 1-13).

CH. RICHET.

CHAPITRE V

Nutrition du cœur. — Circulation coronaire.

Irrigation propre du cœur dans la série animale. Données anatomiques. — Dans l'état actuel de nos connaissances, nous ne pouvons pas nous prononcer d'une façon absolue sur le mécanisme intime de nutrition du cœur des invertébrés. Toutefois on admet généralement qu'il n'a point de vaisseaux et que les éléments cellulaires qui le composent se nourrissent par imbibition du liquide sanguin qui les baigne. Pour trouver les premiers vestiges de la circulation coronaire, il faut arriver au cœur des animaux vertébrés.

Chez les *Poissons*, le cœur présente une partie profonde, caverneuse, qui limite la cavité du ventricule et une partie superficielle, compacte, sur laquelle on voit à l'œil nu se répandre des nombreux vaisseaux. Il résulte des anciennes observations de du Verney et Cuvier et de celles, plus récentes, de Hyrtl et Milne-Edwards, que les vaisseaux coronaires des Poissons tirent leur origine des artères épibranchiales et vont se distribuer immédiatement dans les parois du cœur. Chez la Carpe et chez la Perche, l'artère coronaire est unique et naît du deuxième arc branchial gauche, suivant Cuvier. Chez d'autres Poissons, la disposition de ces vaisseaux est beaucoup plus compliquée. Ainsi, Milne-Edwards a remarqué chez les Poissons-lune que les artères coronaires sont au nombre de deux : l'une *inférieure* et *antérieure* provenant de la première paire épibranchiale, et l'autre *supérieure* et *postérieure* qui est fournie par la quatrième paire de ces mêmes vaisseaux. Comme il est facile de le concevoir, les artères coronaires des Poissons ne peuvent pas être douées de pulsations rythmiques, car elles reçoivent le sang du système capillaire des branchies où le pouls cardiaque n'est pas transmissible. Le système veineux du cœur des Poissons a été décrit pour la première fois par Hyrtl. D'après cet anatomiste, les veines du cœur ne suivent pas le même trajet que les artères, et elles débouchent au nombre de deux dans l'oreillette, la branche gauche étant toujours plus volumineuse que la droite.

En 1867, Jourdain a prétendu que le cœur de certains Poissons osseux du genre Gade
était semi-vasculaire et que seulement la couche superficielle de ce viscère contenait
quelques rares vaisseaux. On a fait remarquer déjà que les résultats de ces recherches
étaient en désaccord absolu avec les observations de Hyrtl, qui se rapportaient précisément à la *Lota vulgaris*, qui fait partie de la famille des Gadidés.

D'autre part on comprend très difficilement que le cœur des Poissons, qui ne contient
que du sang noir, puisse se nourrir directement de ce sang qui est un sang asphyxique.
Mais il y a plus. Les recherches récentes de Martin démontrent, d'une façon évidente,
que le cœur des Poissons contient un appareil circulatoire assez développé. Chez l'ordre
des Téléostéens, la Brême, la Carpe et le Gardon présentent une artère coronaire qui naît
à la base de la deuxième branchie droite et se porte immédiatement vers le bulbe
artériel et les parois cardiaques en y donnant de nombreuses branches. Ces
branches, loin d'avoir une distribution superficielle, pénètrent dans l'épaisseur du muscle
cardiaque où elles forment un riche système de capillaires, comme il est facile de constater sur des coupes colorées à l'hématoxyline. Chez le Saumon, il y a aussi une coronaire, mais cette artère naît de la deuxième bran-
chie gauche et, avant d'entrer dans le péricarde,
abandonne une branche assez importante qui se
rend à la face antérieure du cœur, puis elle pénètre
dans le sac péricardique, longe la face ventrale du
bulbe et en atteignant le sillon bulbo-ventriculaire
se divise en deux branches égales, l'une droite,
l'autre gauche qui s'écartent pour embrasser la
surface du ventricule. Les veines coronaires, chez
le Saumon, sont très développées, elles occupent
surtout la face droite du cœur et se jettent dans
l'oreillette près de son sillon ventriculaire. On remarque de plus, comme chez les espèces antérieures, de nombreux réseaux capillaires dans l'intimité du muscle cardiaque (fig. 79).

Les recherches de Martin ont abouti aux mêmes
résultats en ce qui concerne le cœur des Poissons
cartilagineux. Chez la Raie, qui a servi essentielle-
ment comme objet d'étude à cet auteur, le système des vaisseaux coronaires présente
une complication extrême. Ils sont au nombre de deux et naissent par un tronc principal dans la cloison branchiale commune aux deuxième et troisième branchies. En arrivant au sommet du péricarde, les deux troncs s'anastomosent par une branche transversale, et c'est de cette anastomose que partent deux gros vaisseaux à direction rectiligne
et qui représentent les véritables coronaires. Ils perforent le péricarde et descendent
parallèlement le long du bulbe en se plaçant l'un à droite et l'autre à gauche de cet
organe. L'artère *coronaire gauche* donne quelques rameaux au bulbe, mais ses principales
branches sont destinées à la face antérieure du ventricule où elles viennent s'épanouir
en un réseau capillaire. La *coronaire droite* fournit plusieurs vaisseaux à la région de la
valvule auriculo-ventriculaire, puis émet deux petites branches pour la face antérieure
de l'oreillette et s'épuise enfin à la face postérieure du ventricule. De tous ces faits Martin
conclut que le cœur des Poissons, y compris celui des Gades, se nourrit de sang artériel
provenant de l'appareil branchial et non pas par imbibition du sang veineux qu'il renferme comme l'avait soutenu Jourdain.

Le cœur des *Batraciens* présente une structure spongieuse et semble à première vue
dépourvu de vaisseaux. On sait, depuis les travaux de Brücke, que la cavité ventriculaire
de cet organe, qui est unique, peut contenir, sans qu'ils se mélangent, le sang artériel et
le sang veineux, et que, séparés l'un de l'autre par un dispositif de valvules et de cloisons,
ces deux sangs sont poussés, l'un vers les organes de l'hématose (peau et poumons), l'autre
dans la circulation générale pour satisfaire aux besoins chimiques de la vie des tissus.
La couche périphérique du ventricule qui est en rapport direct avec les petites vacuoles,
se trouve ainsi en contact prolongé avec le sang artériel et peut se nourrir par imbibition de lui. Toutefois Hyrtl a trouvé dans le cœur de certains Batraciens une artère

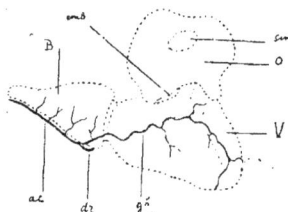

Fig. 70. — Cœur de saumon. Face latérale
gauche.

V, ventricule. — O, oreillette. — B, bulbe.
ac, art. coronaire primitive. — *dr*, coronaire droite. — *gh*, coronaire gauche. —
sin, orifice du sinus veineux. — *emb*, région de l'orifice auriculo-ventriculaire.
(D'après H. Martin.)

coronaire provenant de la carotide droite et dont les branches terminales vont se ramifier dans les parois du bulbe, mais il nie l'existence de tout réseau ventriculaire. C'est MARTIN qui a pu, dans ces dernières années, par deux méthodes différentes et se complétant réciproquement : injections à la gélatine carminée d'une part, coupes en série de l'autre, reconnaître l'existence de ce réseau. Ses recherches ont porté presque exclusivement sur la *Rana esculenta*. Le cœur de cet animal montre au niveau du sillon de HALLER, entre le bulbe et le ventricule, un vaisseau qui se dirige obliquement de bas en haut, de dedans en dehors, vers le côté droit du bulbe (fig. 80), abandonnant là une branche pour la face postérieure de cet organe et la région correspondante de l'oreillette. Il contourne ensuite le bulbe sur sa face droite, arrive à la face antérieure et se divise en trois branches : l'une, la plus importante, suit la face antérieure du bulbe ; la seconde prend d'abord la même direction, puis oblique à gauche pour se répandre sur l'oreillette ; la dernière branche, plus courte, se dirige vers la base du ventricule. Ce sont ces deux dernières branches qui forment le réseau capillaire de cette région, comme on peut le constater sur la série des coupes. MARTIN conclut de ses recherches que, chez les Batraciens anoures :

1° Les oreillettes, la base du ventricule et le bulbe sont nourris par une artère coronaire issue du ventricule ; 2° Le ventricule, dans les trois quarts inférieurs, ne reçoit aucun capillaire. Cette portion correspond justement à la région où les vacuoles périphériques sont superficielles et très nombreuses. Le sang artériel, qui occupe ces cavités pendant la diastole et le début de la systole, suffit à la nutrition du muscle par imbibition.

L'auteur n'ose pas se prononcer sur l'existence de capillaires dans le cœur des autres Batraciens. On sait cependant que les Pérennibranches possèdent un système coronaire, mais ces vaisseaux ont une origine extracardiaque, et rien ne dit qu'ils aillent se distribuer dans les parois du ventricule. Quant au cœur des larves des Batraciens anoures, ce n'est qu'aux stades très avancés, au moment où les deux pattes postérieures deviennent libres, que l'on trouve les premières ébauches de deux artères coronaires. Ces vaisseaux naissent, comme chez les poissons, de l'appareil branchial et disparaissent pour être remplacés par une véritable coronaire, lorsque l'animal quitte la vie aquatique.

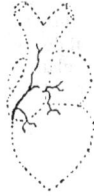

FIG. 80.
Cœur de *Rana esculenta* (face antér.). Distribution superficielle de l'artère coronaire. (D'après H. MARTIN.)

Chez les *Reptiles* la circulation coronaire peut être considérée comme étant des plus parfaites. BOJANUS a figuré dans son admirable atlas d'anatomie sur la tortue le système coronaire de cet animal, qui est tout à fait remarquable. Les artères cardiaques, au nombre de deux, naissent des arcs aortiques et vont se distribuer dans les parois du cœur. Les veines sont aussi représentées très nombreuses, et elles vont toutes déboucher dans l'oreillette. Il en est de même chez les autres espèces de Chéloniens. Les Sauriens possèdent aussi un système coronaire très développé. CONTI a signalé la présence de deux coronaires, une antérieure et une postérieure dans le cœur du *Psammosaurus griseus*. HYRTL et bien d'autres ont fait la même remarque en ce qui concerne les autres animaux de ce groupe. Finalement, chez les Ophidiens, et surtout chez les Crocodiliens le cœur présente un riche système de vaisseaux, dont la distribution rappelle de plus en plus celle que nous allons trouver chez les Oiseaux et chez les Mammifères. C'est dans ces dernières classes de Vertébrés que la circulation du cœur atteint le plus haut degré de perfection. Nous allons donc décrire en détail la disposition générale de ce système, sans nous attarder aux différences nulles ou insignifiantes qu'il peut présenter en passant d'une espèce à l'autre.

Chez les *Oiseaux* comme chez les *Mammifères*, les artères coronaires prennent naissance dans l'origine de l'aorte, un peu au-dessus du bord libre des valvules sigmoïdes. Elles sont en général au nombre de deux : l'artère *coronaire gauche* ou *antérieure*, et *l'artère coronaire droite* ou *postérieure*. Toutefois, dans certains cas, ces artères peuvent naître par un tronc commun de l'aorte ou bien par une série de branches ; mais ces variations ne changent en rien le plan de distribution de ces vaisseaux dans le cœur.

L'artère coronaire gauche, qui est un peu plus volumineuse que la droite, naît sur le

côté gauche de l'aorte et se jette immédiatement dans le sillon interventriculaire antérieur qu'elle parcourt dans toute sa longueur pour aller s'anastomoser au niveau du
sommet du ventricule avec la terminaison de la coronaire opposée. Avant de s'engager
dans le sillon interventriculaire, le tronc principal de cette artère abandonne une
grosse branche qui contourne horizontalement la base du ventricule en suivant la direction de la rainure auriculo-ventriculaire gauche pour s'anastomoser dans la face postérieure du cœur avec une branche semblable de l'artère coronaire droite. Celle-ci, qui
naît sur le côté droit de l'aorte, se loge tout de suite dans le sillon auriculo-ventriculaire droit qu'elle parcourt complètement jusqu'au niveau du sillon interventriculaire
postérieur, où elle retrouve la branche horizontale de la coronaire gauche et s'anastomose
avec elle. A partir de ce point le tronc de la coronaire droite change de direction et
devient verticale, pour suivre le sillon interventriculaire postérieur, au bout duquel
s'anastomose avec la branche terminale ou descendante de la coronaire gauche. De cette
disposition il résulte que le système artériel du cœur forme autour de cet organe deux
cercles perpendiculaires entre eux : l'un, horizontal, qui parcourt le sillon auriculo-
ventriculaire, et l'autre vertical logé dans le sillon interventriculaire. Du premier de ces
cercles partent une série de branches ascendantes destinées pour la plupart aux
oreillettes et de nombreux vaisseaux descendants pour les parois ventriculaires. Le cercle
vertical donne une infinité de branches collatérales qui pénètrent dans la cloison interventriculaire ou s'enfoncent dans les parois charnues des ventricules. Les premières
de ces artères reçoivent le nom d'*artères de la cloison*. Les branches ventriculaires se
distinguent de celles qui vont aux oreillettes, par ce fait qu'elles sont plus profondes et
vont toujours accompagnées de veines. Les capillaires provenant de ces artères ne
présentent pas les dilatations et les sinuosités que l'on observe sur les capillaires des
muscles ordinaires. Ils sont très fragiles et semblent, contrairement, à l'opinion de Luschka,
ne pas pénétrer dans les cordages tendineux des muscles papillaires. Les artères coronaires peuvent être considérées comme étant de véritables *artères terminales*, bien que
leurs capillaires présentent parfois quelques anastomoses.

La circulation veineuse du cœur offre chez les animaux à sang chaud la plus grande
variété dans sa distribution. Tout d'abord, on constate que tous ces vaisseaux forment
deux systèmes distincts et isolés en quelque sorte. La plupart des veines ventriculaires,
et spécialement celles qui proviennent du ventricule gauche, se réunissent en un tronc
commun qu'on appelle la *grande veine coronaire*. Ce vaisseau naît au sommet du ventricule, parcourt le sillon interventriculaire antérieur, puis se loge dans le sillon auriculo-
ventriculaire gauche, contourne horizontalement la base du ventricule et vient s'ouvrir
dans l'oreillette droite par un orifice situé au-dessous de l'embouchure de la veine cave
inférieure. Dans ce point, on remarque l'existence d'un repli valvulaire connu sous le
nom de *valvule de* Thebesius. Ainsi que nous l'avons déjà dit cette veine reçoit dans son
trajet la plus grande partie des veines ventriculaires. Il n'y a guère que quelque rameaux
procédant de la face postérieure et du bord droit du cœur qui se rassemblent en un ou
plusieurs troncs pour former les veines dites de Galien, qui vont aussi déboucher dans
l'oreillette droite. Toutes les veines ventriculaires sont très superficielles et présentent
la particularité remarquable de ne pas posséder de valvules. Les veines auriculaires se
rendent directement soit dans l'oreillette droite, soit dans l'oreillette gauche, où elles
s'ouvrent par de petits orifices désignés sous le nom de *foramina* et *foraminula*. La structure et la disposition de ces vaisseaux est assez complexe. D'après Lannelongue, qui en
a fait une étude spéciale, les branches veineuses qui font suite aux capillaires artériels des parois de l'oreillette, marchent parallèlement aux fibres musculaires sans
présenter avec elles aucune adhérence; puis débouchent dans un système de canaux
placés normalement à la direction des fibres et qui mettent en rapport direct avec
les divers infundibulum, dont les orifices cavitaires ne sont que les *foramina*. Tout le
sang veineux des parois auriculaires se déverse dans l'oreillette par deux voies. La partie
la moindre y arrive par l'intermédiaire des *foraminula* et des petites veines qui leur
font suite, tandis que la plus grande partie afflue par les canaux de l'oreillette dans les
infundibulum des *foramina*. Il y aurait en outre dans le cœur tout un système de canaux
désignés sous le nom de *vaisseaux de* Thebesius, qui viendrait s'ouvrir dans les cavités
ventriculaires par de petits orifices ou *foramina*, et qui mettrait en rapport ces cavités.

d'une part, avec les capillaires artériels, et, d'autre part, directement, avec les veines. Nous aurons, du reste, l'occasion de revenir sur cette question.

Mécanisme de la circulation coronaire. — La théorie diastolique de la circulation coronaire, énoncée en 1689 par BAT-SCARAMUCCI, et développée plus tard par THEBESIUS, a été longtemps admise dans la science, et ce n'est pas sans grande peine qu'on a dû peu à peu l'abandonner. La plupart des auteurs anciens admettaient avec THEBESIUS que les valvules sigmoïdes de l'aorte venaient fermer les orifices des artères coronaires pendant la systole du cœur, et que la circulation dans ces vaisseaux ne pouvait avoir lieu que pendant le repos des ventricules. Ainsi VIEUSSENS affirme que les artères du cœur se contractent au moment où les autres artères se dilatent, fait qui prouve, suivant lui, que les valvules semi-lunaires obturent les embouchures de ces artères pendant la systole ventriculaire. A cette opinion se rallièrent BOERHAAVE, LIEUTAUD, GIÉRINS, BOURGELAT et bien d'autres. Ce n'est qu'en 1728, que LANCISI, un anatomiste italien, s'éleva contre cette hypothèse, en prouvant que dans la majorité des cas, les orifices des artères coronaires se trouvent situés au-dessus du bord libre des valvules sigmoïdes et que l'onde sanguine peut franchir les orifices de ces vaisseaux pendant la systole ventriculaire, ainsi qu'il l'avait constaté directement sur le cœur du chien mis à nu : *Aperto thorace, scissoque pericardio in molossi, qui coronarium orificia super valvularum margines gestant, vidimus coronariam arteriam eodem tempore pulsare cum aorte.* Les faits avancés par LANCISI furent confirmés par les observations de SÉNAC, SANTORINI et ALBRECHT. Le premier de ces auteurs s'exprime ainsi dans son *Traité sur la structure du cœur* : « C'est tantôt plus haut, tantôt plus bas que sont placées les ouvertures des artères coronaires. En divers cœurs, ces ouvertures sont placées derrière les valvules et peuvent être couvertes par ces soupapes, mais, en d'autres sujets, ces artères naissent au-dessus des bords flottants des valvules et sont situées vers les côtés et non vers le milieu; dans les mêmes cœurs ces vaisseaux à leur origine sont inégalement élevés; en général les embouchures des artères coronaires m'ont paru plus souvent au-dessus des bords des valvules sigmoïdes : l'artère droite est placée plus bas que la gauche, et elle est plus grosse ordinairement. Il n'est donc pas facile de fixer l'origine des artères coronaires, puisqu'elle varie si souvent. J'ai cru voir cependant que, de la base du cœur jusqu'à la naissance de ces vaisseaux, il y avait au moins un espace de six lignes ou environ. » Quant à l'élément physiologique de la question, il discute les différentes théories, et conclut que le sang doit pénétrer dans les coronaires, d'une part durant la systole, puisque les orifices de ces vaisseaux sont le plus souvent libres, et qu'au moment où les valvules s'élèvent, elles doivent repousser le sang vers les sinus de l'aorte, et d'autre part, pendant la diastole, car, trouvant moins d'obstacle que pendant la contraction du tissu ventriculaire, le sang peut y pénétrer plus facilement.

Dans ses notes sur les commentaires de BOERHAAVE, l'illustre HALLER se range à l'opinion de son maître et soutient que, lors même que les valvules sigmoïdes n'existeraient pas, les artères coronaires ne recevraient point de sang pendant la contraction du cœur, car, dit-il, *cet organe pâlit quand il se resserre.* Il ajoute encore que l'angle aigu formé par ces vaisseaux avec l'aorte s'oppose au passage du sang lancé par le ventricule et favorise au contraire l'entrée de celui qui vient de l'aorte. Quelques années plus tard, et à la suite des expériences qu'il institua sur des animaux vivants, nous voyons le grand physiologiste changer complètement d'opinion. Il raconte ainsi le résultat de ses recherches dans son *Traité des mouvements du sang* : « Des expériences faites sur les artères et même sur des rameaux très petits comme ceux des mammaires et d'autres, m'ont prouvé qu'elles battent toutes à la fois sans en excepter l'artère coronaire, quoique de grands savants aient dit que cette petite artère bat lors de la diastole des autres; mais, l'ayant ouverte à différentes fois avec le scalpel, j'ai toujours vu qu'elle jaillit dans le temps de la contraction du cœur et que le sang coule lentement dans le temps de son relâchement. » On trouvera dans son *Mémoire sur l'irritabilité* de nombreux détails concernant ces expériences, ainsi que la conclusion bien nette où il affirme que « les artères coronaires se remplissent dans le même temps que le reste des artères et le sang en sort avec plus de vivacité dans le temps que le cœur est dans sa systole ». Depuis lors la discussion s'est continuée des plus vives entre les divers auteurs qui se sont succédé. Nous voyons les uns et les autres affirmer ou infirmer à tour de rôle la théorie

diastolique de la circulation coronaire. Ainsi HAMBERGER, le compatriote de HALLER, émet
le premier l'idée, généralement admise aujourd'hui, que les valvules sigmoïdes ne
s'appliquent jamais complètement contre les parois aortiques et ne sauraient fermer les
orifices des artères coronaires. D'autre part des anatomistes tels que SŒMMERING,
MECKEL, CHOULANT et CRUVEILHIER, démontrèrent que dans la majorité des cas les ouvertures de ces artères se trouvent situées au-dessus du bord libre des valvules sigmoïdes.
Plus tard VIAUST nia que les artères cardiaques puissent se remplir pendant la systole;
d'abord parce qu'elles sont comprimées par la substance musculaire qui les entoure et
ensuite parce que, dans ce moment, les valvules semi-lunaires recouvrent leurs orifices.
WILLIAMS et MARSHALL-HALL ont professé la même opinion, et le premier de ces auteurs
a pensé que, puisque la réplétion des artères coronaires ne se faisait qu'après la systole
du ventricule, cette réplétion devait contribuer à la dilatation de cette cavité en ce
moment. Mais KLEEFELD conteste de nouveau cette hypothèse, car le plus souvent les
embouchures coronaires sont trop élevées pour être recouvertes par les valvules, et
même, lorsqu'elles sont situées profondément dans le sinus aortique, ces artères battent
synchroniquement avec la contraction du ventricule. En pratiquant la respiration artificielle chez un chien et en piquant une artère coronaire, il a vu le jet s'élever manifestement à chaque systole cardiaque, et cependant, après l'expérience, l'autopsie montra
que chez cet animal les valvules se laissaient facilement allonger jusqu'au point de
venir obturer les orifices des artères.

De cette longue polémique, qui a duré presque deux siècles, nous retiendrons spécialement la fameuse discussion de BRÜCKE et de HYRTL, parce qu'elle a contribué, plus
que toute autre, à trancher définitivement cette question. En 1854, BRÜCKE se déclare le
partisan convaincu de l'ancienne théorie de THEBESIUS, la seule, d'après lui, qui puisse
expliquer l'automatisme du cœur. Il s'attache à démontrer que chez l'homme, ainsi que
chez les autres Mammifères et chez les Oiseaux, les valvules sigmoïdes ferment, pendant
la systole ventriculaire, les orifices des artères du cœur. L'onde sanguine ne pourrait
donc franchir les orifices de ces vaisseaux que pendant la diastole du ventricule, alors
que les parois musculaires de celui-ci se relâchent et que les capillaires qui se
trouvent logés dans leur épaisseur ne sont plus soumis à aucune espèce de compression.
Pour répondre aux observations antérieures suivant lesquelles l'origine des coronaires
chez l'homme et les Mammifères se trouverait un peu au-dessus du bord libre des valvules sigmoïdes, il affirme que ces faits sont imputables à la rigidité cadavérique qui
change complètement les rapports des organes. Il va même plus loin, car il prétend que,
même dans les cas où les ouvertures coronaires ne seraient pas à la portée des valvules,
le sang ne saurait pénétrer dans ces vaisseaux, par ce fait que leurs branches se trouvent
complètement oblitérées pendant la contraction des ventricules. Il fait aussi remarquer
que, chez les Reptiles où l'artère coronaire naît beaucoup plus haut que chez les Mammifères et chez les Oiseaux, ce vaisseau traverse très obliquement les parois de l'aorte et
doit être comprimé par ce tronc vasculaire, lorsqu'il est distendu par le sang lancé par
le ventricule. Les arguments de BRÜCKE ont été vivement attaqués par HYRTL qui a vu
sur plus de cent dix-sept sujets les ouvertures coronaires, ou tout au moins l'une d'elles,
placées bien au-dessus des valvules semilunaires. Il a fait la même remarque sur des
animaux récemment sacrifiés. Mais, tout en admettant que dans certains cas les orifices de ces artères se trouvent situés profondément dans le sinus de VALSALVA, cela
n'est pas une raison suffisante pour affirmer que le sang ne peut pas y arriver dans ces
conditions pendant la systole du ventricule. HYRTL a constaté, en effet, d'accord avec les
expériences de LANCISI, HALLER et KLEEFELD, que, lorsqu'on coupe le tronc de la coronaire
sur des animaux vivants (chiens, chats), le sang en sort d'une façon continue, mais le
jet est renforcé à chaque systole du ventricule. Il arrive donc à cette conclusion que la
circulation coronaire s'accomplit de la même façon que dans les autres artères de
l'organisme. BRÜCKE a essayé de répondre aux objections de HYRTL, en disant que, si le
jet de la coronaire se renforce pendant la systole du cœur, cela tient à ce que le sang
reflue des capillaires ventriculaires au moment où la contraction se produit. Mais HYRTL
a répliqué par une expérience qui est à l'abri de toute critique. Sur le cœur d'un Silure,
l'artère coronaire étant isolée et coupée transversalement, il a vu le sang s'échapper du
tronçon supérieur et non du tronçon inférieur, ainsi que le croyait BRÜCKE. Mais il a fait

encore une expérience qui démontre pleinement que la théorie soutenue par Brücke est de tous points inadmissible. Si l'on injecte l'aorte par la veine pulmonaire, on réussit à remplir les artères coronaires, quoique les valvules sigmoïdes aient été relevées par le passage de l'injection.

De son côté Endemann prouve sur le cœur séparé du corps, que, lorsqu'on remplit cet organe d'un liquide et qu'on simule les mouvements des ventricules, ces mouvements se traduisent par des oscillations du même ordre dans la colonne de mercure d'un manomètre mis en rapport avec l'artère coronaire. On voit ainsi, au moment de la contraction du ventricule, le niveau du mercure s'élever, et inversement, lorsque les parois du cœur retournent à leur position primitive. D'autre part, Donders a de nouveau constaté que les pulsations artérielles des coronaires à l'état normal sont synchrones avec la systole ventriculaire, et les expériences de Rüdinger ne font que confirmer cette opinion en montrant que les valvules sigmoïdes ne se relèvent jamais assez contre les parois de l'aorte pour venir obturer les orifices des vaisseaux cardiaques. Les choses en étaient là, lorsque parurent les travaux de Wittich, qui sont en désaccord absolu avec les conclusions de Hyrtl. Tout d'abord cet auteur affirme que l'embouchure des artères coronaires se trouve complètement fermée chez un grand nombre de Mammifères et d'Oiseaux par le

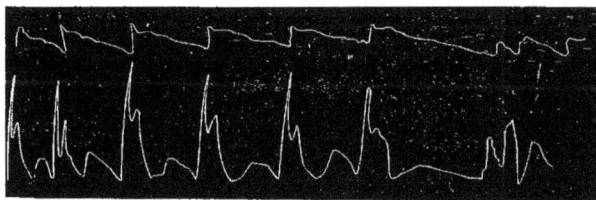

Fig. 81.
I. Pulsations dans l'aorte. — II. Vitesse dans la coronaire. (D'après Rebatel.)

bord supérieur des valvules sigmoïdes. Il ajoute, en outre, qu'en répétant l'expérience de Hyrtl, consistant à remplir les artères coronaires par l'injection des veines pulmonaires, il n'a jamais pu réussir cette opération tant que le liquide était poussé avec une pression croissante. Pourtant, aussitôt que la pression baissait, les parois de l'aorte revenaient sur elles-mêmes, et le liquide refluait et pénétrait dans les artères du cœur. Ludwig, tout en appuyant les assertions de Wittich, dit en parlant de cette expérience qu'on peut aboutir à des résultats contraires, même en opérant sur le même cœur. Il trouve cependant le plus souvent que le jet de la coronaire n'est pas interrompu au moment de la systole ventriculaire, mais notablement plus tard. Nous citerons encore les critiques adressées à Wittich par Budge et surtout par Perls. Ce dernier auteur a vu comme Hyrtl, sur un chien maintenu en vie par la respiration artificielle, que, lorsqu'on pique l'artère coronaire, le jet qui sort de cette artère coïncide avec la systole cardiaque. Après la mort de l'animal il a constaté, en faisant passer un courant par le ventricule gauche, que la quantité de liquide qui s'échappait de la blessure artificielle devenait beaucoup plus grande au moment où le courant était plus fort. Landois mentionne aussi l'expérience suivante, pour combattre l'opinion de Brücke et de Wittich : « On fait couler à travers un tube suffisamment large un courant intermittent d'eau sous pression constante dans l'oreillette gauche d'un cœur de porc récemment extrait du corps de l'animal ; le liquide est chassé à travers l'orifice veineux dans l'aorte, et, si l'on adapte à la crosse de celle-ci un tube vertical d'environ 0^m,20 de longueur, afin de ne déterminer qu'une faible pression dans l'aorte, on observe, en coupant la coronaire, qu'il s'en échappe un jet continu renforcé pendant les périodes systoliques. Enfin les observations de Ziemssen, sur la femme Séraphin qui avait le cœur à nu, sont venues confirmer celles qu'on avait déjà faites sur les animaux et démontrent que les artères coronaires battent synchroniquement avec les autres artères de l'organisme.

Il n'est pas possible d'avoir encore des doutes à cet égard. Le sang pénètre dans les artères coronaires au moment de la systole. C'est là un fait indéniable, et nous en avons

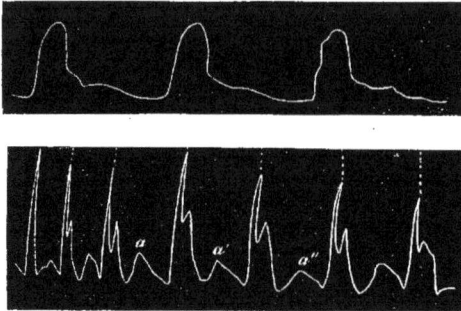

I Vitesse dans la carotide. — II. Vitesse dans la coronaire.
Tracés pris avec l'hémodromomètre de CHAUVEAU. (D'après REBATEL.)

aujourd'hui la preuve absolue dans les remarquables expériences de CHAUVEAU et de REBATEL, reproduites quelques années plus tard par MARTIN et SEDGWICK. Ces auteurs ont pu sur des animaux de grande taille, les premiers sur des chevaux et des mulets, les seconds sur de gros chiens, inscrire à l'aide des appareils graphiques les caractères essentiels de la circulation coronaire. Ils ont ainsi constaté que la systole de ces artères coïncide très exactement avec la systole des autres vaisseaux. Ces résultats ont été confirmés par PORTER tout récemment (fig. 81).

La vitesse et la pression augmentent dans les artères coronaires dès le début de la contraction ventriculaire, mais les tracés offrent [certaines différences par rapport à ceux que l'on obtient en opérant sur d'autres artères.

Caractères essentiels de la circulation cardiaque. — Si l'on compare les tracés de la vitesse sanguine fournis par les coronaires et par les carotides, on trouve que l'intensité du courant systolique est beaucoup plus forte au début dans les coronaires, et qu'elle diminue rapidement, comme le montre l'oscillation très haute, mais très courte, du tracé II (fig. 82). On voit en même temps sur ce graphique une seconde augmentation de vitesse qui se marque par une nouvelle oscillation, et dont il n'y a pas de traces dans celui de la carotide. Ce second accroissement de la vitesse ne peut tenir à une augmentation de la pression aortique, car, juste au moment où il se produit, le cœur est en diastole, et la tension sanguine dans l'aorte est au minimum. REBATEL a prouvé qu'il est dû à la diminution des résistances périphériques dans l'arbre capillaire des coronaires pendant la phase diastolique des ventricules. A cet effet, il a inscrit simultanément les variations de tension et de vitesse dans la coronaire en adaptant un sphygmoscope au branchement du tube hémodromométrique introduit au préalable dans ce vaisseau. C'est dans ces conditions qu'il a pu observer que, tandis que la tension reste stationnaire, et minimum, pendant toute la durée de la diastole, la vitesse s'accroît encore, mais cette fois d'une façon beaucoup moins nette que lors de la systole du cœur. On peut donc conclure avec REBATEL et CHAUVEAU que la circulation coronaire présente deux maximum de vitesse pendant une révolution cardiaque : l'un, très fort, au moment de la contraction du ventricule, l'autre, plus faible, mais constant, au moment de la diastole du cœur. Quant à la vitesse moyenne du sang dans ces artères, bien qu'elle ait été mesurée dans des conditions plutôt mauvaises, on peut prétendre qu'elle est un peu plus grande que celle observée dans les carotides.

Les tracés de [la pression dans la coronaire, pris par REBATEL au moyen du sphygmoscope, et par MARTIN et SEDGWICK à l'aide du manomètre à mercure, présentent sensiblement les mêmes caractères que ceux que l'on obtient sur les autres artères. On voit, en dehors des oscillations systoliques et diastoliques de la tension, les courbes régulières de TRAUBE-HERING, produites par les mouvements respiratoires. Si l'on se rapporte aux expériences de MARTIN et SEDGWICK, la pression dans les coronaires serait, en général, un peu inférieure à celle des carotides. Mais il faut tenir compte que, dans ces recherches, les pneumogastriques avaient été sectionnés, et que, d'autre part, les conditions mécaniques de la circulation du cœur se trouvaient nécessairement changées. Nous donnons cependant à titre de renseignement les chiffres indiqués par MARTIN et SEDGWICK, bien que nous les considérions comme étant certainement trop faibles.

En ce qui concerne la valeur réelle de la pression coronaire à l'état normal, on peut admettre qu'elle est sensiblement la même que celle des carotides.

Gros chiens.

NUMÉROS D'EXPÉRIENCES.	PRESSION DANS LA CORONAIRE en mm. de Hg.	PRESSION DANS LA CAROTIDE en mm. de Hg.
I	100	120
II	120	132
III	76	64

L'état de la circulation capillaire du cœur change nécessairement pendant les diverses phases de la révolution de cet organe. On sait que Brücke basait sa théorie de l'automatisme cardiaque (*Selbststeuerung*) sur les modifications vasculaires qui accompagnent la systole et la diastole ventriculaires. Le cœur devient exsangue pendant la systole, et cela amène son relâchement. Puis la circulation se rétablit, et les contractions de cet organe reparaissent de nouveau. On peut donc traduire ces notions sur la nature du rythme cardiaque en disant que la diastole appelle la systole, et inversement. Par des considérations du même ordre, Lannelongue est arrivé à une interprétation semblable. En partant de ce fait qu'un muscle qui se contracte est en état d'ischémie momentanée, il dresse le tableau suivant de la circulation pariétale des ventricules et des oreillettes, pendant une révolution cardiaque :

Systole ventriculaire. . . . { Ischémie des parois ventriculaires. / Réplétion des vaisseaux auriculaires.

Systole auriculaire . . . . { Ischémie de la paroi auriculaire. / Réplétion des vaisseaux ventriculaires.

Klug invoque en faveur de l'hypothèse de Brücke l'expérience suivante : sur un cœur en fonctionnement normal on fait une ligature autour de sa base au moment de la systole, puis on le place dans une solution étendue d'acide sulfurique pour faire coaguler le sang que peuvent contenir ses parois. A l'aide d'une série de coupes on peut se convaincre que tous les vaisseaux de cet organe, excepté les gros vaisseaux superficiels, se trouvent complètement vides de sang. Par contre, cette même expérience réalisée sur le cœur en diastole montre tous les vaisseaux, sans distinction, gorgés de sang. Nous ferons remarquer que cette expérience est d'une exécution par trop délicate et incertaine pour qu'on puisse la considérer comme définitive. D'ailleurs, l'automatisme du cœur est une propriété particulière de la fibre musculaire elle-même, et ne dépend qu'indirectement des modifications circulatoires qui accompagnent les mouvements de ce viscère. D'autre part, la circulation du cœur ne saurait être comparée à celle d'un muscle quelconque. Les capillaires de cet organe offrent une structure spéciale et se laissent comprimer moins facilement pendant la contraction des ventricules. Ils y restent certainement ouverts pour permettre le passage de l'onde systolique, et nous ne donnerons comme preuves que les tracés de la vitesse du sang dans les coronaires, indiqués plus haut, (fig. 82, 342). On sait, en outre, que le cœur est un muscle qui travaille constamment ; or, dans les muscles en pleine activité, les capillaires se dilatent de telle sorte que la circulation y devient quatre ou cinq fois plus abondante qu'à l'état de repos. Il est donc permis de penser que le système capillaire des coronaires s'adapte convenablement aux variations mécaniques que le cœur subit pendant les diverses phases de son activité et que la circulation dans cet organe ne se trouve à aucun moment interrompue.

Il ne faudrait pas croire cependant que le volume des vaisseaux coronaires reste invariablement le même pendant la systole et la diastole des ventricules. Cela n'est guère possible. Le calibre des vaisseaux coronaires doit diminuer quand le cœur se contracte et augmenter quand il se relâche. C'est ce que démontrent les expériences de

Porter et de ses élèves, Magrath et Kennedy, Pratt et Hyde. Mais n'oublions pas que la pression coronaire atteint son maximum au moment de la systole. et que l'onde sanguine peut en cet instant vaincre les résistances que lui oppose l'aire des capillaires rétrécis. Par contre, pendant la diastole, la pression tombe dans les coronaires, mais les capillaires se dilatent, facilitant ainsi le passage de l'onde sanguine. Il y aurait donc une sorte de balancement entre les pressions périphérique et centrale des coronaires, dont le but essentiel serait de maintenir au même niveau la circulation dans les parois du cœur.

Le retour du sang veineux vers l'oreillette droite où débouchent la plupart des veines du cœur présente quelques particularités dignes de mention. Tout d'abord, la circulation veineuse des ventricules semble être indépendante de celle des oreillettes. Généralement les veines ventriculaires se réunissent dans un tronc commun : la grande veine coronaire qui s'ouvre dans l'oreillette droite. L'embouchure de cette veine est pourvue d'un repli valvulaire que l'on désigne sous le nom de valvule de Thebesius. Au moment de la systole des ventricules, le sang veineux est chassé dans la direction de l'oreillette où il se verse d'autant plus facilement, que cette cavité se trouve en diastole. Puis l'oreillette se contracte, et la valvule de Thebesius ferme l'ouverture de la veine coronaire, s'opposant ainsi au reflux du sang dans cette veine. Autrement dit le sang reviendrait sur son chemin, attendu que, d'une part, les veines ventriculaires ne possèdent pas des valvules, et que, d'autre part, la pression dans les capillaires diminue pendant la diastole des ventricules. En ce qui concerne la circulation veineuse des oreillettes, nous avons déjà dit qu'elle se réalise par l'intermédiaire d'une série de canaux qui mettent en rapport les divers orifices ou *foramina* de ces cavités, et qui semblent rester ouverts, pendant la systole comme pendant la diastole auriculaire. Lorsque les oreillettes sont en repos, le sang veineux de leurs parois avance en vertu de la *vis a tergo* artérielle. Ce retour du sang est encore favorisé, pendant la systole des oreillettes, par la compression que les fibres musculaires exercent sur les branches veineuses qui viennent se jeter dans le système de canaux. Il est fort possible que les oreillettes chassent, en se contractant, non seulement le sang qu'elles contiennent dans leurs cavités, mais aussi le sang qu'elles renferment dans leurs parois. En tout cas, la circulation veineuse du cœur n'offre pas un mécanisme uniforme, et c'est là le seul exemple que l'on trouve d'un organe dont chacune des parties se nourrit suivant un mode spécial. A cela nous devons ajouter que le cœur des animaux à sang chaud semble pouvoir se nourrir directement du sang que contiennent ses cavités par l'intermédiaire des vaisseaux de Thebesius. L'existence de cette forme de nutrition a été mise en lumière par les expériences récentes de Pratt.

La mesure directe de la quantité de sang qui traverse le cœur, dans l'unité de temps, n'a pas été faite dans des conditions normales. De sorte que nous sommes encore à nous demander quel pourrait être le *coefficient d'irrigation sanguine du cœur* à l'état physiologique. Bohr et Enriques ont essayé de déterminer ce coefficient pour le cœur soumis à une circulation artificielle; mais ce sont là des expériences défectueuses dont les résultats ne sauraient être acceptés sans réserve. Dans une première série d'expériences, ces auteurs introduisirent dans le tronc principal antérieur des coronaires une canule, par laquelle ils firent circuler du sang défibriné à travers le muscle cardiaque sous une pression de 100 millimètres de mercure et à la température du corps. Dans deux cas seulement, ils réussirent à maintenir les contractions du cœur assez longtemps pour évaluer la quantité de sang circulant. Dans le premier cas, il y eut dans la canule une circulation de 60 centimètres cubes par minute pendant que le cœur battait énergiquement. Le poids de cet organe était de 350 grammes, et, comme le fit constater une injection ultérieure, l'artère coronaire gauche se ramifiait dans les deux tiers du cœur, ce qui correspondait à environ 240 grammes; si l'on appelle avec Chauveau, coefficient d'irrigation sanguine le nombre de centimètres cubes de sang qui dans une minute circule à travers 100 grammes de muscle, ce coefficient serait pour le cœur égal à 25 grammes. Dans le second cas, le cœur pesait 245 grammes, et la portion appartenant à l'artère injectée 140 grammes. Le nombre de centimètres cubes de sang qui passèrent par la canule pendant les 4 premières minutes, et sous des contractions énergiques fut de 90 centimètres cubes. Le coefficient d'irrigation devint aussi égal à 16. Toutefois, de l'avis même de ces auteurs, cette méthode ne donne qu'une idée très incomplète de la valeur réelle de la circulation du cœur. Le plus souvent les animaux dont ils se servaient pour les expériences (de jeunes veaux,) avaient le tronc des coronaires tellement court qu'il n'y avait pas de place pour la canule, et celle-ci obstruait l'une des branches principales, déterminant rapidement la mort du cœur.

Ils cherchèrent alors à évaluer par différence le sang des coronaires, en mesurant simultanément les quantités de sang qui circulent dans l'aorte et dans l'artère pulmonaire. Ils ne furent pas plus heureux, car le cœur cessait de battre après qu'on avait fini toutes les manipulations nécessaires. Finalement, pour vaincre ces obstacles, ils eurent recours à la méthode suivante : (fig. 83) « L'aorte est étranglée à l'aide d'une pince immédiatement au-dessous de l'arc, et toutes les ramifications qui partent de celui-ci sont ligaturées à l'exception de l'une des carotides (c). Cette dernière permet au ventricule gauche (VS) de refouler le sang dans un entonnoir (a) installé à la hauteur correspondant à la pression du sang. De cet entonnoir le sang s'écoule dans l'éprouvette (b) remplie dès le début de l'expérience avec du sang défibriné et en quantité convenable ; de (b) le sang passe par l'appareil à réchauffer (d) et se rend à l'oreillette gauche (AS), la canule (c) étant introduite dans une veine pulmonaire. Le reste des veines pulmonaires est étranglé au moyen de ligatures pratiquées autour de chaque hile pulmonaire. Le *cœur gauche* forme alors un circuit absolument fermé, et il devrait constamment contenir la même quantité de sang qu'on y avait trouvée au début, pourvu qu'il n'y eût aucune fuite de sang par les artères coronaires. Quant au cœur droit, l'une des ramifications des artères pulmonaires est, comme le montre la figure, reliée à la veine jugulaire, tandis que l'autre branche est étranglée par la ligature placée autour du hile pulmonaire. Le cœur droit forme donc aussi un circuit fermé. » Dans ces conditions, les quantités de sang qui, en quittant le cœur gauche, traversent les coronaires peuvent être mesurées en regardant le niveau du liquide dans l'éprouvette. Malheureusement ce sang des coronaires va se déverser dans le cœur droit qui se trouve fermé, et, pour éviter son engorgement, on est obligé de le saigner à chaque instant, ce qui trouble certainement les conditions de son activité. Si à cela on ajoute les changements qui peuvent survenir dans le volume des cavités cardiaques par

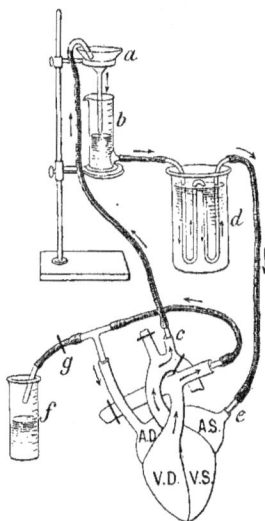

Fig. 83. — Schéma de l'expérience de Bohr et Enriques pour mesurer le débit de la circulation coronaire du cœur séparé du corps.

suite du renforcement ou de l'affaiblissement des contractions, on comprendra que les résultats trouvés par Bohr et Henriques soient loin d'être démonstratifs. Sur une moyenne de quatre expériences seulement, ces physiologistes évaluent le coefficient de l'irrigation sanguine du cœur à 30, mais ils trouvent un maximum de 41 et un minimum de 19, ce qui prouve que, par cette méthode, la grandeur des écarts est trop considérable. Si l'on s'en tenait aux résultats de ces expériences, la circulation intérieure du cœur serait beaucoup plus faible que celle d'un muscle ordinaire en activité, dont le coefficient déterminé par Chauveau est de 76. Mais, nous le répétons, il faut attendre que cette détermination soit faite pour le cœur en fonctionnement normal afin de bien fixer nos idées là dessus.

Disons encore un mot, pour finir avec cette question, sur l'expérience de Langendorff, Porter, Magratt et Kennedy qui démontrent le rapport existant entre l'intensité de la circulation coronaire et les caractères de la fonction cardiaque. Sur le cœur en repos, le débit de la circulation cardiaque diminue manifestement. Au contraire, sur le cœur qui bat énergiquement ou très fréquemment, la circulation coronaire devient plus forte et atteint son maximum d'intensité.

Nerfs vaso-moteurs du cœur. — C'est grâce à l'intervention des nerfs vaso-moteurs que le cœur règle les conditions de sa circulation intime, en rapport avec ses besoins nutritifs. L'étude de ce phénomène est d'une époque relativement récente. Martin et Sedgwick, dans leur travail sur la pression sanguine des coronaires, avaient déjà essayé de voir les effets produits sur la circulation du cœur par l'excitation des nerfs qui se rendent dans cet organe. Ils crurent constater que cette excitation n'avait aucune influence sur l'état des vaisseaux. Plus tard, Martin, seul, revenant sur l'étude de cette question, vit les vaisseaux coronaires, au moyen d'une loupe, se dilater manifestement par l'excitation du nerf vague. En arrêtant la respiration artificielle aux animaux en expérience, les capillaires de ces artères se dilatèrent encore sous l'influence du sang asphyxique. Dans ces dernières années, Porter s'est aussi attaché à bien mettre en évidence l'existence des nerfs vaso-moteurs cardiaques. Sur le cœur maintenu en vie par une circulation artificielle, il a pu, en mesurant le débit de la circulation veineuse des coronaires, constater que la vitesse de l'écoulement augmente pendant l'excitation du pneumogastrique. Dans un cas cependant les vaisseaux se contractèrent au début de l'excitation, mais cet effet disparut bientôt pour faire place à une vaso-dilatation remarquable. Finalement, au cours de cette même année, Paul Maass, un élève de Langendorff, a fait sur l'innervation vaso-motrice du cœur un ensemble d'expériences dont nous allons rendre compte d'une façon sommaire. Par une méthode à peu près semblable à celle de Porter, le cœur restant en place, mais étant soumis à une circulation artificielle, il a cherché à connaître les variations produites dans l'écoulement des veines coronaires par l'excitation de chaque élément des organes qui constituent l'appareil d'innervation extrinsèque du cœur.

Ce sont les nerfs vagues sur lesquels l'expérience a porté d'abord. Il a constaté que l'excitation de ces nerfs au cou, soit en union des sympathiques, soit après les avoir isolés de ces nerfs, donne lieu d'une façon générale à un ralentissement de la circulation du cœur. On peut du reste se convaincre de l'importance de cet effet en lisant les protocoles des expériences que nous empruntons à cet auteur.

NERF EXCITÉ.	NATURE de L'EXCITATION.	DURÉE de l'excitation en secondes.	INTENSITÉ DE L'ÉCOULEMENT CORONAIRE EN GOUTTES PENDANT 10″.		
			Avant l'excitation.	Pendant l'excitation.	Après l'excitation.
Vague-sympathique droit.	Courants induits fréquents.	30	32	28-24-24	29-30-30-32
—	—	21	32	27-19	16-16-23-32
—	—	38	24	23-19-16	16
—	—	16	27	14-12	14-14
Vague droit isolé.	—	30	26	26-20-13	11-14
Vague-sympathique droit.	—	24	22	4-6	9
—	—	12	10	2	4-5-6
—	—	23	21	10-18	18
Vague droit isolé.	—	26	36	30-26	12
—	—	27	12	10-9-8	26
—	—	20	17	13-10	forte accélération.
—	Décharges induites rythmées.	37	15	12-11-10	8-8-9-10-15
—	Courants induits fréquents.	16	16	14-12-11-10	10-13-13
Vague gauche isolé.	—	31	18	15-14-14	13-13-15-17

Ainsi donc l'excitation tétanique des pneumogastriques ralentit le cours du sang dans les veines coronaires et démontre l'existence dans ces deux nerfs de fibres vaso-constrictives. Cet effet est absolument indépendant de l'action inhibitrice exercée par les pneumogastriques sur les mouvements du cœur. Dans quelques cas, les effets de la vaso-constriction se prolongent et atteignent leur maximum au delà de l'excitation. A ce moment le cœur est revenu à son rythme habituel, ou même il bat plus vite qu'à l'état normal. Il n'y a donc aucun parallélisme entre ces deux phénomènes qui semblent se développer indépendamment l'un de l'autre. La meilleure preuve, c'est encore dans l'expérience que Maass a faite à ce sujet. Cet auteur a montré qu'on peut paralyser presque complètement les fibres frénatrices des pneumogastriques, soit par des excitations fortes et répétées, soit par le curare, soit par le refroidissement, sans que cela empêche nullement l'action vaso-constrictive de ces nerfs de se produire.

Maass a constaté, de plus, que le cours du sang s'accélère dans certains cas, à la suite de l'excitation des nerfs vagues. Faut-il en conclure de cela que ces nerfs contiennent en même temps des fibres vaso-constrictives et des fibres vaso-dilatatrices? L'auteur pense que oui, et il donne à l'appui de son hypothèse plusieurs expériences dont nous citerons les deux suivantes, qui nous semblent les plus démonstratives. Le pneumogastrique gauche est excité par un courant tétanique assez fort. Au commencement de l'excitation, la vitesse du sang diminue comme d'habitude, mais, plus tard, on voit l'écoulement augmenter, pour devenir considérable à la fin de l'excitation. Le rythme du cœur s'est maintenu cependant constant pendant toute la durée de l'expérience (onze pulsations en cinq secondes), de sorte que les variations d'intensité de l'écoulement veineux ne peuvent être attribuées qu'aux actions vaso-motrices. D'autre part, Maass a vu pour les pneumogastriques, de même que Ostroumoff pour les nerfs des extrémités, qu'en variant la forme de l'excitation on peut mettre en jeu à volonté les fibres vaso-constrictives ou les fibres vaso-dilatatrices. Les premières sont influencées surtout par l'excitation tétanique, tandis que les secondes répondent mieux aux excitations espacées.

Les effets produits par l'excitation du sympathique au cou sont en général très variables. Parfois on constate une vaso-dilatation, d'autres fois une vaso-constriction. Mais le plus souvent la circulation du cœur ne subit aucun changement. Il en est de même en ce qui concerne l'excitation du ganglion cervical inférieur.

Au contraire, le premier ganglion thoracique, ou ganglion étoilé, semble contenir des fibres vaso-dilatatrices dont l'excitation donne presque toujours lieu à une augmentation de vitesse dans le cours du sang, comme le montrent les chiffres indiqués dans le tableau suivant :

GANGLION EXCITÉ.	DURÉE DE L'EXCITATION en secondes.	INTENSITÉ DE L'ÉCOULEMENT CORONAIRE EN GOUTTES PENDANT 10″.		
		Avant l'excitation.	Pendant l'excitation.	Après l'excitation.
Droit.	24	26	31-33	25-22-25-26
—	28	26	24-31-29	34-27-24
—	17	19	32-29	23-26-23
—	27	22	23-35-33	32-38-34-33-28
—	22	24	26-29	29-24
—	21	22	23-28	27-21
—	15	15	19-22	20-16
—	35	5	5-5-13-16	15-13-11-10-6
—	18	8	9-10-11-12-12	11-10-9
—	11	11	33	18-22-15
—	7	15	21	10
—	12	10	14	9
—	9	8	18	7
—	10	10	13	7-9
—	8	9	12	6

L'excitation du ganglion étoilé gauche a les mêmes effets que l'excitation du ganglion droit. Dans l'un comme dans l'autre cas, on constate une vaso-dilatation très manifeste. Maass a cependant observé quelquefois que, sous l'influence d'une excitation très forte, on peut obtenir l'effet contraire. Pour expliquer ce phénomène il invoque deux hypothèses : ou bien l'excitation se propage aux fibres vaso-constrictives des nerfs vagues, ou bien les ganglions étoilés renferment aussi ces sortes de fibres. Quoi qu'il en soit, les variations circulatoires obtenues dans ces expériences ne sauraient être imputées aux changements survenus dans la fréquence du cœur, car on peut à volonté provoquer un de ces phénomènes sans faire intervenir l'autre.

Les fibres vaso-motrices des ganglions étoilés passent presque intégralement dans l'anse de Vieussens, comme le montrent les expériences de Maass. Sur trente cas d'excitation de ce nerf, quatre ne donnèrent lieu à aucun effet, huit produisirent une faible vaso-constriction et dix-huit déterminèrent une vaso-dilatation remarquable. L'excitation des nerfs cardiaques, c'est-à-dire, en réalité, l'excitation de la plupart des fibres accélératrices du cœur, ne provoque généralement aucune modification dans le cours du sang de cet organe. Tout au plus peut-on constater, par exception, un léger effet vaso-constricteur.

On peut donc conclure de ces travaux que le cœur possède un appareil vaso-moteur complet, dont les fibres vaso-constrictives lui viennent essentiellement par les nerfs vagues et les fibres vaso-dilatatrices par les ganglions étoilés et les anses de Vieussens. Ces éléments ne sont pas complètement isolés dans chacune de ces voies. L'analyse expérimentale découvre, en effet, qu'à côté des fibres vaso-constrictives il y a toujours des fibres vaso-dilatatrices, bien que mélangées dans des proportions variables.

Le rôle joué par les vaso-moteurs du cœur en changeant les conditions de la circulation coronaire semble plutôt en rapport avec la force des contractions cardiaques qu'avec les variations du rythme de cet organe. C'est du moins ce qui résulte des expériences de Maass. La puissance du cœur est donc fonction de l'intensité de la circulation coronaire. Elle augmente si le cours du sang s'accélère, elle diminue si le cours du sang se ralentit.

Rôle du sang dans les mouvements du cœur, — Étude de l'anémie expérimentale de cet organe. — La présence du sang dans les vaisseaux propres du cœur est une condition indispensable au développement de la puissance contractile de cet organe. Nous savons depuis longtemps que le cœur d'un Batracien séparé du corps continue à battre jusqu'au moment où il chasse le sang qu'il renferme. On peut alors faire renaître ses pulsations en introduisant quelques gouttes de sang dans la cavité du ventricule. Schiff a répété cette ancienne expérience de Haller sur le cœur des crapauds et des lézards, aussi bien que sur celui des grenouilles, en obtenant les mêmes résultats. Il plaça cet organe, vivant encore, sur du papier buvard, afin de le priver le plus vite possible de son sang, et, lorsque les battements s'arrêtèrent, il introduisit, au moyen d'un tube effilé, quelques gouttes de sang dans l'oreillette : après quoi il vit les mouvements du cœur reprendre de nouveau. Budge avait déjà constaté ces mêmes phénomènes sur des fragments de cœur détachés pendant que le cœur était en pleine activité. Ces fragments cessent de se contracter quand on enlève le sang qui les baigne, mais ils recommencent à palpiter si on les met de nouveau en contact avec ce liquide. De ces simples expériences est née l'idée de faire vivre le cœur hors du corps en le soumettant à des circulations artificielles.

Ce n'est pas ici le lieu de faire l'historique de cette question, pour laquelle nous renvoyons aux autres chapitres de cet article.

Le cœur des animaux à sang chaud est, au point de vue de sa circulation propre, beaucoup plus exigeant que le cœur des animaux à sang froid. Le grand développement de son système vasculaire dénote en lui l'existence de besoins impérieux pour se nourrir et pour réparer les pertes que son travail incessant entraîne. Toutefois, les anciens physiologistes avaient observé sur le chien et sur d'autres mammifères venant de succomber d'hémorragie, qu'on pouvait faire revivre le cœur, en transfusant une certaine quantité de sang dans les cavités des ventricules. Lorsque ce phénomène ne se manifestait pas immédiament, il suffisait de malaxer légèrement le cœur pour voir ses pulsations réapparaître comme à l'état normal. La portée de ces expériences n'a pas été bien comprise au début. On sait que la plupart des auteurs croyaient que le sang n'agissait dans ces conditions que par simple contact avec les parois internes du cœur. C'est grâce aux recherches de Newell-Martin, Arnaud, Hédon et Gilis, Langendorff, Porter et Pratt, qu'on s'est rendu compte de la nécessité de faire passer le sang dans les vaisseaux propres du cœur pour obtenir la reprise complète des mouvements de cet organe. On peut ainsi maintenir longtemps en vie le cœur des animaux à sang chaud séparé du corps, comme Ludwig et ses élèves le firent pour le cœur de la grenouille.

La présence du sang dans les vaisseaux coronaires semble donc être une condition indispensable à la mise en jeu et à l'entretien des battements cardiaques. Par conséquent, l'arrêt de la circulation coronaire doit rapidement produire la mort du cœur.

En 1698, CHIRAC réalisa pour la première fois la ligature des artères coronaires sur le chien. Il raconte ainsi les résultats de cette expérience. « *Sed in cane, ligata arteria coronaria, ..., non protinus deficit cordis motus; quin etiam perseverat ad septuaginta usque horas... et ultra.* » Postérieurement, MORGAGNI, THEBESIUS et CRELL signalèrent la calcification complète de ces artères sur des individus ayant succombé à des maladies cardiaques. Quelques années plus tard, ZENNER, PARRY, RONGNON et bien d'autres attribuèrent l'angine de poitrine à la suppression brusque ou progressive de la circulation intime du cœur.

L'étude expérimentale de cette question fut reprise en 1842 par ERICHSEN qui pratiqua sur une série de chiens et de lapins la ligature des vaisseaux coronaires et constata toujours l'arrêt du cœur. A la suite de cette opération les mouvements de cet organe devenaient de plus en plus lents, pour disparaître complètement au bout d'un temps très variable pour chaque animal. Sur le premier chien les ventricules s'arrêtèrent vingt minutes après la ligature des vaisseaux, et ils devinrent ensuite le siège des contractions fibrillaires (*tremulous motion*) tumultueuses. Les oreillettes continuèrent à battre beaucoup plus longtemps. Chez le second chien, au contraire, les ventricules cessèrent de se contracter trois minutes seulement après la ligature. Enfin, sur les cinq lapins chez lesquels il pratiqua la même opération, la mort du cœur survint dans une période de temps comprise entre vingt et une et trente et une minutes. L'ordre dans lequel s'arrêtèrent les diverses parties du cœur, lorsque la ligature était appliquée sur la coronaire gauche, fut le suivant : ventricule gauche, oreillette droite, oreillette gauche et ventricule droit. Cet auteur remarqua en outre que la durée des mouvements cardiaques diminue si l'on ouvre en même temps les veines coronaires, de façon à saigner complètement le cœur. L'effet contraire a lieu quand on place des ligatures sur ces vaisseaux pour emprisonner une certaine quantité de sang dans le système capillaire cardiaque.

SCHIFF, de son côté, est arrivé aux mêmes résultats en faisant exclusivement la ligature de la coronaire droite. Dans ces conditions, c'est le ventricule droit qui s'arrête le premier, contrairement à ce qu'on observe lorsqu'on lie la coronaire gauche.

Quelque temps après ces expériences, PANUM provoqua l'embolie expérimentale des artères coronaires en injectant par le tronc brachio-céphalique chez le chien un mélange d'huile et de poudre de lycopode. Le ventricule gauche s'arrêta soixante-quinze minutes après l'injection et le ventricule droit quatre-vingt-dix minutes après. PANUM conclut de ces recherches que la suppression du sang oxygéné n'entraîne pas rapidement la mort du cœur. C'est alors que parurent les travaux de BEZOLD et BREYMANN, dont les résultats ne sont pas tout à fait d'accord avec les expériences précédentes. Ces auteurs ont constaté sur des lapins ayant la moelle et les deux pneumogastriques sectionnés, que la compression de l'artère coronaire gauche ne produit pas dans la majorité des cas un trouble immédiat du rythme du cœur. Ce n'est qu'au bout d'un certain temps qu'on voit les contractions du ventricule gauche devenir moins nombreuses que celles du ventricule droit. Puis survient l'apparition des contractions fibrillaires, mais si, à ce moment, on enlève la pince de l'artère, le cœur reprend son rythme normal. Quelquefois la compression de la coronaire gauche peut entraîner l'arrêt du cœur, mais il suffit alors d'exciter électriquement les parois de cet organe ou bien de les malaxer légèrement, pour faire renaître les pulsations cardiaques. BEZOLD et BREYMANN arrivent à cette conclusion que l'arrêt de la circulation coronaire, tout en diminuant le pouvoir contractile du cœur, ne modifie pas sensiblement le rythme de celui-ci. Dans un second groupe d'expériences, ces expérimentateurs se sont attachés à connaître les effets produits sur le cœur par l'occlusion des veines coronaires. Ils ont observé toujours sur le lapin que l'occlusion de ces veines détermine l'apparition des contractions fibrillaires des ventricules au bout de quinze à vingt minutes. On ne saurait admettre sans discussion les résultats de ces expériences, attendu que les animaux dont se servaient BEZOLD et BREYMANN avaient les pneumogastriques et la moelle cervicale sectionnés et se trouvaient ainsi dans de mauvaises conditions.

GERMAIN SÉE, BOCHEFONTAINE et ROUSSY ont apporté en 1881 de nouveaux documents pour l'étude de cette question. D'après ces auteurs, la ligature des deux artères coronaires sur le chien provoque au bout d'une à deux minutes le ralentissement des mouvements rythmiques du cœur, puis l'arrêt brusque de ces mouvements qui sont remplacés par des contractions fibrillaires violentes des faisceaux musculaires des ventricules analogues à celle que PANUM, LUDWIG, MEYER, VULPIAN et autres ont vu succéder à la faradisation du cœur. A ce moment, les deux ventricules se gonflent, les oreillettes continuent à se remplir de sang et le pouls artériel disparaît complètement. Il n'est pas nécessaire, disent ces auteurs, de lier les deux artères coronaires à leur origine aortique pour déterminer l'arrêt total des contractions cardiaques. Sur un de leurs animaux, ils ligaturèrent l'artère coronaire droite, et deux des principales branches de l'artère coronaire gauche (le tronc auriculaire et ventriculaire), en laissant libre le vaisseau qui pénètre dans la cloison interventriculaire. Les phénomènes observés furent les mêmes qu'à la suite de la première expérience. Les pulsations ventriculaires s'affaiblirent presque immédiatement, puis cessèrent tout à fait en faisant place aux contractions désordonnées des ventricules. Seules les oreillettes continuaient encore à battre pendant un certain temps, mais leurs battements finissaient par disparaître et bientôt l'arrêt du cœur était complet. La ligature ou la compression de l'artère coronaire gauche tout entière ou de ses principales branches semblent donner lieu aux mêmes résultats. Par contre, lorsqu'on lie seulement la coronaire droite, les phénomènes évoluent plus lentement et n'offrent plus la même constance remarquable. Dans une première expérience l'arrêt total du cœur ne se produisit que six minutes après l'occlusion de cette artère, et dans une seconde, cette même opération demeura sans produire d'effet appréciable, pendant environ cinq minutes. Les expérimentateurs furent alors obligés de lier la coronaire gauche pour obtenir rapidement la mort du cœur. Finalement, SÉE et ses collaborateurs ont réussi à produire des embolies dans le système vasculaire du cœur, en poussant par une des branches de la coronaire antérieure vers l'aorte de l'eau chargée de spores de lycopode. Au fur et à mesure de l'injection, le flux systolique chasse les parcelles de lycopode dans toutes les parties du cœur. Une minute et demie à deux minutes après le commencement de l'injection, alors que l'on avait introduit environ deux centimètres cubes de ce liquide dans l'artère coronaire, on voyait les ventricules pâlir, et en même temps les trémulations caractéristiques de l'occlusion coronaire se montrer très nettement. De tous ces faits ils concluent en disant que l'arrêt de la circulation propre du cœur modifie la contractilité des fibres musculaires, de telle façon qu'elles deviennent incapables de se contracter d'une manière rythmique avec leur ensemble habituel.

Dans cette même année, SAMUELSON mesura, à l'aide de la patte galvanoscopique, les changements survenus dans les contractions du cœur du lapin à la suite de la compression des artères coronaires. Il constata dans la plupart des cas une diminution dans la force et le nombre des battements cardiaques, et finalement l'arrêt complet du cœur. Sur les animaux faibles, l'arrêt se produit presque immédiatement, tandis que sur les animaux robustes et vigoureux on voit les contractions des ventricules se prolonger beaucoup plus longtemps. D'une manière générale, le retour du cœur aux conditions normales peut être obtenu après deux minutes de compression des artères coronaires, mais dans un cas très heureux SAMUELSON a vu cet organe revenir à l'état normal au bout de quatre minutes d'anémie. Au delà de cette limite le cœur s'arrête définitivement, et rien ne peut plus le rappeler à la vie.

A partir de cette époque, l'étude de l'anémie du cœur a été souvent entreprise par de nombreux expérimentateurs. COHNHEIM et SCHULTHESS-RECHBERG ont fait à ce sujet un travail important qui a été considéré longtemps comme classique dans la science. Ils ont principalement opéré sur des chiens curarisés, et dans deux cas seulement sur des chiens légèrement morphinisés. La ligature d'une des principales branches des artères coronaires gauches n'a pas une influence immédiate sur l'activité du cœur. Ce n'est que vers la fin de la première minute qu'on constate l'affaiblissement des pulsations cardiaques, puis l'arythmie manifeste des deux ventricules, Pendant cette période, la pression sanguine diminue légèrement; mais tout à coup les ventricules cessent de se contracter, et la pression artérielle tombe à zéro. L'arrêt du cœur se produit généralement 105 secondes après la ligature, et il est absolument irréparable. Les deux ventricules sont en diastole, tandis que les oreillettes continuent encore à battre un certain temps. Les irrégularités dans la force des contractions sont beaucoup plus importantes que les irrégularités de nombre. On peut en effet voir le cœur, dans certains cas, se contracter régulièrement jusqu'au dernier de ses battements. Si l'on inscrit simultanément la pression dans la carotide et dans l'artère pulmonaire, il n'est pas rare d'observer que le ventricule gauche se trouble dans son fonctionnement avant le ventricule droit. La ligature isolée de la branche circonflexe, ou de la branche descendante, ou de ces deux branches à la fois, semble se comporter de même au point de vue de l'apparition de l'arythmie. En général, ce phénomène se présente au bout de 75 à 77 secondes après l'opération. Par contre, la ligature de la coronaire droite ne donne lieu à aucun changement dans le rythme du cœur avant la fin de la troisième minute, et il se passe en général cinq bonnes minutes avant que ne se produise l'arrêt total de cet organe. La pression sanguine dans la carotide se maintient au même niveau, ou bien tombe légèrement jusqu'à l'arrêt complet du cœur. Cet arrêt est mortel pour les deux ventricules, et il se montre simultanément dans chacune de ces deux cavités.

FENOGLIO et DAOGOUL contestent les résultats obtenus par COHNHEIM et SCHULTESS. Pour eux les irrégularités de la pression artérielle, à la suite de la ligature des coronaires, obéissent aux lésions traumatiques du cœur produites par cette opération. Ils n'admettent pas non plus que l'arrêt de la circulation, dans un point quelconque du myocarde, puisse entraîner rapidement l'arrêt total du cœur.

Mc WILLIAM a critiqué aussi quelques-unes des conclusions de COHNHEIM dans son travail sur les contractions fibrillaires du cœur. Cet auteur déclare que les ventricules du cœur du chien peuvent recouvrer leurs mouvements rythmiques même après qu'on les a laissés longtemps en proie aux contractions fibrillaires.

Enfin BETTELHEIM trouve que la ligature de la coronaire antérieure ralentit la fréquence du cœur, et que ce ralentissement devient surtout manifeste peu de temps avant l'arrêt complet du cœur. La pression baisse dans la carotide comme dans l'oreillette gauche, et cet abaissement ne tient pas à la dilatation de l'arbre artériel, mais à une diminution du pouvoir contractile du ventricule gauche. Le ventricule droit ne semble pas affecté par cette expérience, car la pression dans l'artère pulmonaire et dans la veine jugulaire externe se maintient sans subir de baisse appréciable jusqu'au moment de la mort du cœur.

Il est bien difficile de se guider à travers ce labyrinthe d'expériences qui amène à des conclusions contradictoires et ne laisse aucune suite dans l'esprit. PORTER a essayé, dans ces dernières années, de mettre au clair cette question, et il a institué à cet effet des recherches méthodiques.

En 1893, il a fait une série d'expériences sur des chiens légèrement curarisés et morphinisés. Les artères liées furent la coronaire droite et les branches suivantes de la coronaire gauche : circonflexe, descendante et artère de la cloison. Il étudia tout d'abord les effets produits sur les mouvements du cœur par la ligature de chacune de ces artères, puis par l'union de plusieurs d'entre elles. Les conclusions de PORTER sur ce point sont les suivantes :

1° La ligature isolée de l'artère de la cloison ne donne jamais lieu à l'arrêt des ventricules. Celle de l'artère coronaire droite rarement (18 p. 100). Celle de la branche descendante très fréquemment (30 p. 100), et enfin celle de la branche circonflexe presque constamment (80 p. 100).

2° La ligature de deux de ces artères ne détermina pas l'arrêt des ventricules dans cinq cas sur quatorze. Mais il faut remarquer que, dans ces cinq cas, une des artères liées était la coronaire droite.

3° La ligature de trois artères à la fois provoque constamment l'arrêt du cœur.

4° Le nombre de secondes pendant lequel les ventricules continuent à battre après la ligature varie pour chaque artère. Ce temps est extrêmement court pour l'artère circonflexe. Les limites extrêmes sont comprises entre 26 secondes et 10 minutes.

5° Lorsque la ligature d'une artère ne doit pas être suivie de l'arrêt du cœur, la fréquence des battements cardiaques change très rarement. Par contre, si la ligature produit son effet, on voit le rythme du cœur changer tôt ou tard.

6° Sauf dans de rares exceptions, les ventricules s'arrêtent presque en même temps à la suite de la ligature d'une ou de plusieurs artères. Cet arrêt est définitif et fait place aux contractions fibrillaires.

PORTER a recherché ensuite les effets de la ligature de ces artères sur la pression intra-ventriculaire. La pression systolique baisse d'une manière graduelle presque tout de suite après la ligature de ces vaisseaux, et la pression diastolique monte. Toutefois, dans les cas où la ligature ne provoque pas l'arrêt du cœur, ces variations manquent tout à fait, ou elles ont un caractère transitoire. Il en est de même des irrégularités qui se produisent dans la force des contractions ventriculaires, lorsque la ligature n'aboutit pas à l'arrêt du cœur.

Contrairement aux observations de BETTELHEIM, PORTER a constaté que l'anémie d'un seul ventricule influence et modifie la contraction et le relâchement du ventricule opposé. Si on lie la branche descendante de la coronaire gauche, on voit presque simultanément des irrégularités dans la force et la fréquence des pulsations ventriculaires, et les deux ventricules finissent par s'arrêter en même temps. On assiste à des phénomènes semblables lorsqu'on lie la coronaire droite.

PORTER a pensé que l'arrêt des ventricules, ainsi que les contractions fibrillaires dont ils deviennent le siège, pourrait s'expliquer rationnellement par le fractionnement des fibres musculaires sous l'influence de l'anémie. Toutefois ses premières investigations sur ce point ne donnèrent aucun résultat, et ce n'est que plus tard qu'il a réussi à mettre en évidence ces lésions.

Dans un travail contemporain de celui de PORTER, MICHAELIS proteste contre les critiques adressées aux expériences de COHNHEIM par VON FREY, WOOLDRIDGE et TIGERSTEDT, qui prétendent que la majorité des troubles observés dans le fonctionnement du cœur, à la suite de la ligature des coronaires, tiennent d'une part aux lésions opératoires et d'autre part à l'influence de l'hémorragie et du refroidissement de l'organe. Il démontre en premier lieu que si l'on opère avec le plus grand soin afin d'éviter toute cause d'erreur, on obtient les mêmes résultats que ceux indiqués par COHNHEIM. Chez le chien, la ligature de la branche descendante et de la circonflexe provenant de la coronaire gauche détermine l'arrêt du cœur au bout de deux minutes environ, et cet arrêt est, ainsi que l'avait dit COHNHEIM, absolument définitif. Par contre, la ligature d'une branche secondaire de ces artères ne provoque en général que des troubles passagers. Le cœur du chien et du lapin ne se comporte pas de la même façon sous l'influence de l'anémie. Ce dernier, une fois arrêté, peut être rappelé à la vie à l'aide du massage, tandis que, pour le premier, cela est complètement impossible. MICHAELIS attribue ces différences à ce fait que les artères coronaires du chien présentent entre elles des anastomoses nombreuses, tandis que celles du lapin sont de véritables artères terminales.

Quant à la plus grande résistance que le cœur offre à la ligature des veines coronaires par rapport à celle des artères (BEZOLD et COHNHEIM), MICHAELIS l'interprète dans ce sens qu'une partie du sang veineux continue à affluer dans les cavité du cœur par l'intermédiaire des *foramina*. La circulation veineuse serait donc très gênée dans ces conditions, mais non totalement interrompue.

Malgré l'importance de ces travaux, des doutes se sont encore élevés sur la nature du syndrome complexe qui accompagne la ligature des artères coronaires. En 1893 et 1896 PORTER a refait toutes ses anciennes expériences à l'aide d'une méthode d'occlusion qui ne saurait porter atteinte à l'appareil nerveux ni à l'appareil musculaire du cœur. Cette méthode consiste à introduire par le tronc brachio-céphalique, chez le chien, une baguette de verre légèrement coudée et effilée à son extrémité jusqu'au sinus de VALSALVA où elle vient fermer l'ouverture de l'artère coronaire gauche. Les résultats obtenus dans cette nouvelle série d'expériences n'ont différé en quoi que ce soit de ceux de la première. Le cœur s'arrête au bout d'un temps relativement court, après avoir passé par les troubles que nous avons décrits, puis il devient le siège des contractions fibrillaires. Il insiste spécialement sur la constance de ce dernier phénomène, donnant ainsi un démenti aux opinions de TIGERSTEDT qui croyait que le délire moteur du cœur dans ces conditions était le résultat exclusif des lésions opératoires. Toutefois, lorsqu'on compare les accidents que le cœur présente dans la mort par la saignée générale et dans la mort par l'occlusion des vaisseaux coronaires, on est tenté d'admettre qu'il s'agit là de deux mécanismes différents. Dans le premier cas, en effet, le cœur s'arrête lentement et graduellement sans montrer de troubles moteurs; on peut en outre le rappeler à la vie par le massage et la circulation artificielle. Dans le second cas, au contraire, les pulsations cardiaques deviennent tout de suite irrégulières, puis elles cessent définitivement pour faire place aux contractions fibrillaires. C'est pourquoi les objections de von FREY, de WOOLDRIDGE et de TIGERSTEDT ont été pendant longtemps d'une influence considérable dans la science,. COHNHEIM et SCHULTHESS-RECHBERG eux-mêmes ont su édifier toute une théorie pour expliquer ces différences. D'après ces auteurs, le cœur subirait dans l'anémie par occlusion des coronaires une espèce d'empoisonnement aigu dû à la formation de substances toxiques dépendant de la contraction musculaire. Ce poison ne serait pas l'acide carbonique, car la ligature des veines coronaires est beaucoup moins grave pour la vie du cœur que la ligature ou l'occlusion des artères. MICHAELIS a pensé alors que cette substance pourrait être l'acide lactique.

Pour PORTER ces différences ne sont pas aussi fondamentales qu'on a bien voulu le croire. En ce qui concerne l'impossibilité de rétablir les mouvements du cœur chez le chien après l'apparition des contractions fibrillaires provoquées par la ligature des coronaires, cet auteur est revenu sur ses idées primitives, et soutient avec MAC WILLIAM que le retour du cœur à la vie est possible. Il a pu, en effet, par la méthode des circulations artificielles, faire renaître les pulsations du cœur du chien, en proie depuis quelques-secondes à un violent délire moteur. Le seul passage du sang défibriné à travers les vaisseaux du cœur suffit à supprimer presque instantanément les contractions fibrillaires de l'anémie et donne lieu au retour des mouvements rythmiques de cet organe. Il conclut qu'il n'y a pas de différences bien sensibles à cet égard entre le cœur du chien et celui des autres mammifères, comme l'avaient affirmé TIGERSTEDT et MICHAELIS. Pour combattre l'argument que les contractions fibrillaires du cœur manquent généralement dans la mort par hémorragie, alors qu'elles sont constantes dans la ligature des vaisseaux coronaires, le physiologiste américain répond que ce fait est le résultat de la manière toute différente dont l'anémie du cœur se produit dans chacune de ses expériences. Dans la première, le cœur perd graduellement son sang, et chacune de ses parties se trouve également anémiée pendant tout le cours de la saignée. Dans la seconde, au contraire, l'anémie du cœur s'opère d'une façon brusque, et elle est exclusivement limitée à une portion du territoire de cet organe. On comprend alors que les liens de coordination établis entre les diverses fibres musculaires par la circulation sanguine viennent à disparaître, et que le cœur soit pris tout d'abord de mouvements arythmiques, et finalement de contractions fibrillaires.

D'après PORTER, l'origine de ce dernier phénomène est bien de nature circulatoire et obéit certainement à un trouble local dans la nutrition intime du cœur. On sait, en effet, que l'arrêt de la circulation dans une artère terminale entraîne la formation d'un infarctus dans les tissus où elle se distribue. Or toute la question est de savoir si les artères coronaires du cœur sont de véritables artères terminales. C'est ce que pensent le plus grand nombre d'anatomistes, parmi lesquels nous citerons spécialement HENLE, HYRTL et KRAUSSE. A cette opinion se sont aussi ralliés COHNHEIM et SCHULTHESS-RECHBERG. Mais nous avons vu que BAUM et MICHAELIS prétendent avoir trouvé de fines anastomoses entre les capillaires des vaisseaux coronaires chez le chien. DRAGNEFF a fait tout récemment la même remarque en ce qui concerne le cœur de l'homme. Ces anastomoses existent au moins dans 30 p. 100 des cas.

Toutefois nous croyons avec PORTER que l'existence de ces anastomoses n'est pas, en contradiction avec le caractère vraiment terminal de la circulation coronaire. La preuve en est que, lorsqu'on lie une des branches principales de ces artères, on constate au bout de quelque temps la nécrose par coagulation dans les tissus nourris par ces vaisseaux. KOLSTER a examiné au microscope le cœur d'un chien dont une des branches de la descendante avait été liée 24 heures auparavant. Il a trouvé l'aire de ce vaisseau complètement nécrosée, avec tous les caractères indiqués par WEIGERT dans l'infarctus par anémie. Ces expériences ont été répétées par PORTER et par un de ses élèves, BAUMGARTEN, avec les mêmes résultats. Chez le chien comme chez le chat, la ligature d'une des branches des coronaires provoque constamment la formation d'un foyer nécrotique dans la partie correspondante du cœur. On peut, sur les animaux qui survivent à cette opération, suivre pas à pas l'évolution de ces lésions. Dès les premières heures, on voit la région anémiée pâlir et devenir flasque. Sa section montre une surface brillante et polie dans laquelle on aperçoit souvent des points hémorragiques. A la fin de la première journée, le centre des tissus commence à subir les premières atteintes de la nécrose. Les fibres musculaires se fragmentent, et leur protoplasme offre une structure granuleuse qui est l'annonce de la dégénération hyaline. Cependant l'endocarde et le tissu connectif semblent encore intacts. Les capillaires du centre de la lésion sont difficilement reconnaissables, car ils ne contiennent pas de globules, mais tout autour de la lésion ils sont très dilatés et remplis des éléments sanguins en train de s'extravaser. Au bout du troisième jour, la dégénération hyaline des fibres musculaires est complète, et tous les tissus, sans distinction, sont frappés de nécrose. BAUMGARTEN s'est préoccupé de savoir au bout de combien de temps ces parties anémiées du cœur perdent leur irritabilité et ne peuvent plus reprendre leurs contractions rythmiques. Il a vu qu'on pouvait mettre en jeu l'activité de ces parties anémiées neuf heures après la ligature des vaisseaux, si l'on faisait appel à une circulation artificielle.

Toutes ces expériences montrent que les artères coronaires sont bien des artères terminales dans le vrai sens du mot, c'est-à-dire dans le sens physiologique. Leurs anastomoses, quand elles existent, ne suffisent pas toujours à rétablir la circulation collatérale, dans les régions qui sont sous leur dépendance. On comprend alors que l'occlusion des branches de ces artères trouble profondément le mécanisme fonctionnel du cœur et qu'elle donne lieu, dans la plupart des cas, à l'arrêt brusque de cet organe. Les quelques exceptions qui se présentent ne sont pas pour changer nos opinions à cet égard, car nous savons que la nutrition du cœur offre des ressources considérables, et qu'en dehors de la circulation coronaire proprement dite, il existe tout un système de vaisseaux découverts par VIEUSSENS, et appelés à tort vaisseau de THEBESIUS, qui peuvent mettre en contact des tissus du cœur le sang que renferment les cavités de cet organe. Cette idée de la nutrition endocardique du cœur a été acceptée par presque tous les auteurs de l'antiquité. SÉNAC s'exprime ainsi, dans son *Traité de la structure du cœur*, en parlant de ce sujet : « Les injections d'air, de mercure, de suif passent dans les ventricules du cœur. Ces matières y entrent également quand on les pousse dans la veine coronaire ou dans une artère. L'air insufflé dans ces vaisseaux s'en échappe de même. Le sang, a-t-on dit, doit donc pénétrer comme ces injections dans les ventricules; il ne suit donc pas dans le cœur les lois qu'il suit dans le reste du corps. » HALLER, de son côté, tient encore un pareil langage. Tous les auteurs admettaient en général l'existence de la circulation endocardique. Depuis lors, les opinions sur ce point se sont complètement modifiées et on a été presque unanime pour considérer comme chimérique l'existence de ces vaisseaux. Ce n'est qu'à la suite des recherches de LANGER qu'on a dû de nouveau rendre justice aux faits énoncés par VIEUSSENS et THEBESIUS. Cet auteur a mis en évidence dans le cœur de l'homme, à l'aide de méthodes très variables, tout un système de vaisseaux qui s'ouvrent dans les cavités ventriculaires par de petits orifices ou *foramina*, et qui sont en rapport par l'intermédiaire des capillaires avec les artères coronaires et les veines. Cette même disposition a été observée dans le cœur du bœuf par GAD et dans le cœur du chien et du chat par MAGRATH et KENNEDY. Mais ce sont surtout les belles expériences de PRATT qui nous confirment dans cette manière de voir en nous faisant connaître le mécanisme intime de cette forme nouvelle de la circulation cardiaque. Ce physiologiste a montré tout d'abord que, si l'on injecte, sous une pression relativement faible, les artères coronaires et les veines, les liquides d'injection passent directement dans les cavités ventriculaires par les orifices de VIEUSSENS et de THEBESIUS. Ce passage ne peut être attribué à la rupture des capillaires, car d'une part la pression n'est pas assez forte pour cela, et d'autre part on n'y trouve jamais la trace de ces ruptures. A l'aide d'une injection de colloïdine faite par la veine coronaire, PRATT a découvert l'existence des anastomoses directes entre les vaisseaux de THEBESIUS et les branches les plus fines de cette veine. Il y aurait donc une double communication entre ce système de vaisseaux et les vaisseaux coronaires du cœur. D'un côté ils seraient en rapport avec les capillaires artériels et d'un autre côté avec les branches des veines.

PRATT s'est ensuite demandé quel était le rôle joué par les vaisseaux de THEBESIUS dans la nutrition du cœur. Il a fait dans ce but des expériences fort instructives : Un chat éthérisé et soumis à la respiration artificielle était tué par hémorragie. Immédiatement après on lui extirpait le cœur et on le lavait dans une solution saline à une température favorable pour le dépouiller de tout le sang qu'il pouvait encore contenir.

Cela fait, on introduisait une canule dans le ventricule droit directement par l'oreillette ou bien par l'artère pulmonaire, et on liait fortement la base du cœur autour de la canule. L'organe tout entier était ensuite placé dans un bain d'eau saline à la température du corps. Si dans ces conditions on faisait passer du sang défibriné dans l'intérieur du ventricule, on voyait cette partie du cœur se remettre à battre d'une façon régulière et ses mouvements persister pendant longtemps. On obtient le même résultat lorsqu'on opère sur le ventricule gauche après avoir lié les artères coronaires. Si l'on a soin de renouveler fréquemment le sang qui sert à la nutrition du cœur par du sang bien oxygéné, on peut prolonger la vie des ventricules de quelques heures. La portée de ces expériences est indiscutable. Elles démontrent pleinement que le cœur des animaux à sang chaud garde encore, au point de vue nutritif, de profondes ressemblances avec le cœur des Batraciens, puisque nous voyons qu'il peut, comme ce dernier, se nourrir directement du sang que contiennent ses cavités. On pourrait sans doute objecter que la reprise des mouvements du cœur dans ces conditions serait plutôt le résultat de l'excitation mécanique des parois cardiaques qu'un véritable phénomène de nutrition. Mais PRATT montre que si, au lieu du sang défibriné, on emploie une solution saline, on arrive à des résultats tout différents. Le ventricule ne bat que pendant quelques minutes, et ses pulsations s'arrêtent progressivement. Si l'on veut alors faire renaître ses pulsations, il suffit de remplacer la solution saline par du sang défibriné. Immédiatement le cœur reprend avec une force et une fréquence considérables. C'est donc bien par un phénomène de nutrition que le cœur recouvre son irritabilité. On peut du reste s'en convaincre en regardant les modifications que subit le sang qui sort par les veines ouvertes de la surface du cœur, pendant l'activité des ventricules. Ce sang est très noir, et il a perdu une grande partie de son oxygène.

A la suite d'une expérience dans laquelle le cœur ne fut pas lié autour de sa base et la canule se trouvait introduite dans l'artère pulmonaire, PRATT observa que les mouvements du ventricule se prolongèrent un temps considérable, huit heures environ. Cela lui fit penser à l'existence d'un nouveau procédé de nutrition du cœur. Le sang de l'oreillette droite avait pu, en effet, franchir les veines coronaires et refluer vers les capillaires pour aller se mettre au contact des tissus. Pour trancher cette question, il réalisa l'expérience suivante. Sur un cœur de chat préparé dans les mêmes conditions que celles indiquées plus haut, il excisa le sinus coronaire et y introduisit une canule pour établir la circulation artificielle. Quelques minutes après le passage du sang défibriné, les deux ventricules commencèrent à battre avec un rythme fréquent et régulier. Les pulsations durèrent plusieurs heures grâce au renouvellement incessant du liquide circulatoire. En présence de ces faits, il serait bien difficile de nier le rôle de suppléance que les veines coronaires peuvent jouer dans la nutrition du cœur. Nous ferons encore remarquer que, d'après PRATT, les valvules qui se trouvent à l'embouchure des veines sont absolument insuffisantes pour empêcher le reflux du sang de l'oreillette.

De tout cela il résulte : 1° que la circulation coronaire proprement dite n'est pas le seul mode de nutrition du cœur, bien qu'elle en soit encore le plus important; 2° que les vaisseaux de THEBESIUS et les veines coronaires elles-mêmes concourent aussi à la nutrition de cet organe et peuvent dans certains cas suppléer pour un temps plus ou moins long à l'absence de la circulation coronaire; 3° enfin que l'anémie complète des parois cardiaques entraîne rapidement la mort du cœur et la cessation absolue de ses mouvements.

Il nous reste maintenant à nous demander en quoi la présence du sang est nécessaire à la mise en jeu et à l'entretien de l'activité cardiaque. On sait que BROWN-SÉQUARD a prétendu que le sang artériel contribuait au développement de la puissance contractile du cœur, mais que c'était surtout le sang veineux qui agissait comme stimulant des contractions cardiaques. RADCLIFFE aussi a cherché à expliquer l'origine des mouvements rythmiques de ce viscère en supposant que l'état de relâchement des fibres musculaires était déterminé par l'afflux du sang artériel dans les vaisseaux coronaires et l'état de contraction par l'influence de ce même sang devenu veineux pendant son séjour dans les capillaires. Ces interprétations ne sont plus valables aujourd'hui. CASTELL a prouvé que le cœur d'une grenouille séparé du corps et plongé dans une atmosphère d'acide carbonique ne bat pas plus fortement que dans l'air, mais qu'au contraire les mouvements s'arrêtent beaucoup plus tôt. Il en est à peu près de même lorsqu'on place cet organe dans une atmosphère d'azote ou d'hydrogène. Ses pulsations cessent un peu plus tard, mais elles se prolongent plusieurs heures si le cœur est en contact avec l'oxygène. Cyon est arrivé aux mêmes résultats et avec lui un grand nombre d'expérimentateurs (Voy. les pages 96 et 171 de cet article). De l'avis unanime, l'oxygène est parmi tous les éléments du sang celui qui est le plus indispensable au maintien de l'irritabilité cardiaque. Tout récemment Porter a fait voir que ce gaz sous tension peut prolonger la vie du cœur des animaux à sang chaud séparé du corps pendant 24 heures. Les autres éléments du sang concourent aussi, directement ou indirectement, à la production des phénomènes moteurs du cœur. On trouvera à ce sujet des documents nombreux, quoique assez contradictoires, dans les expériences de nutrition artificielle qui ont été rapportées dans cet article aux pages indiquées plus haut. Malheureusement ces expériences ne nous renseignent que très vaguement sur la nature des processus chimiques qui accompagnent la contraction musculaire du cœur. Il aurait fallu pour cela faire des analyses comparatives du sang artériel et du sang veineux de cet organe aux divers moments de son activité, comme on l'a fait pour les autres muscles. Mais, en attendant que cette expérience soit réalisée, nous croyons pouvoir affirmer que le cœur, comme les autres tissus contractiles de l'organisme, tire son énergie de la combustion des matériaux que le sang lui apporte incessamment.

Bibliographie. — I. Anatomie comparée des Coronaires. — 1706. Vieussens. *Nouvelles découvertes sur le cœur*, Toulouse. — 1852. Brücke (E.). *Beiträge zur vergleichenden Anatomie und Physiologie des Gefässsystem* (Ak. W., III, 355). — 1857. Hyrtl. *Lehrbuch der topographischen Anatomie*, Wien. — *Vorläufige Anzeige über gefässlose Herzen* (Ak. W., XXXIII, 572). — 1861. Jourdan (S.). *Analyse des deux mémoires de M. Hyrtl sur l'absence de vaisseaux sanguins dans le cœur et la rétine de certains vertébrés avec observations sur le même sujet* (B. B., (3), III, 106-109). — 1866. Gegenbaur (C.). *Zur vergleichenden Anatomie des Herzens (Jenaische Zeitschr. f. Med. u. Naturl., II, 365-375). — 1867. Jourdain. *Sur la structure du cœur des poissons du genre Gade*, Paris. — 1868. Hochdalek. *Zur Anatomie des menschlichen Herzens* (A. P., 302-325). — Macalister (A.). *On the anatomy and physiology of the coronary arteries of the heart* (Med. Press et Circ., Lond., VI, 117). — 1869. Fritsch. *Zur vergleichenden Anatomie der Amphibienherzen* (A. P., 654-758). — 1873. Langerhans (P.). *Zur Histologie des Herzens* (A. A., LVIII, 65-83). — 1875. Sabatier (H.). *Études sur le cœur et la circulation centrale dans la série des vertébrés*, Montpellier, in-4; (Rev. scient., (2), IX, 93). — 1880. Langer. *Die Foramina Thebesii im Herzen des Menschen* (Ak. W., LXXXII). — 1883. West (S.). *The anastomosis of the coronary arteries* (Lancet, I, 945). — 1885. Bianchi (S.). *Le arterie coronarie del cuore* (Sperimentale, LV, 277-281). — 1888-1889. Baum. *Die Arterienanastomosen des Hundes und die Bedeutung der Collateralen für den thierischen Organismus* (Deutsche Zeitschr. f. Thiermed. und vergl. Pathol., XIV, 273-316). — 1889. Hyrtl. *Lehrbuch der Anatomie des Menschen*, 1025-1027. — 1891. Martin (H.). *Recherches anatomiques et embryologiques sur les artères coronaires du cœur chez les vertébrés*, Diss. Paris, in-4. — 1896. Beauregard (H.) et Boulant (R.). *Note sur la circulation du cœur chez les balénides* (B. B., (10), III, 125-127). — Dragneff. *Bibliographie anatomique*, IV, 111. — Thesen (L.). *Étude sur la biologie du cœur des poissons osseux* (Arch. de zool. expér. et gén., Paris, (3), IV, 101-131).

II. Physiologie de la circulation cardiaque. — 1708. Thebesius. *Dissert. med. inaug. de circulo sanguinis in corde.* — 1715. Vieussens. *Traité nouveau de la structure et des causes du mouvement du cœur*, Toulouse. — 1749. Sénac. *Traité de la structure du cœur.* — 1756. Haller. *Du mouvement du sang.* — 1849. Kleefeld. *De arteriarum coronarium cordis pulsu*, Berlin. — 1855. Brücke (E.). *Physiologische Bemerkungen über die Arteriæ coronariæ cordis* (Ak. W., XIV, 345); — *Der Verschluss der Kranzschlagadern durch die Aorten Klappen*, Wien. — Hyrtl. *Beweis dass die Ursprung der Coronar-Arterien, während der Systole der Kammer, von den semilunar Klappen nicht bedeckt wird und das der Eintritt des Blutes in dieselben nicht während der Diastole stattfindet* (Ak. W., XIV, 375); — *Ueber die Selbststeuerung des Herzens, ein Beitrag zur Mekanik der Aorten klappen*, Wien. — 1856. Donders. *Physiologie des Menschen*, Bd. 1, 41. — Endemann. *Beiträge zur Mechanik der Kreislaufs im Herzen* (Dissert. inaug., Marb.) — 1857. Rüdinger. *Ein Beitrag zur Mechanik der Aorten und Herzklappen.* — 1862. Kleefeld. *Ein Beitrag zur Entscheidung der Controverse über die Blutzufühl der Kranzarterien zum Herzen* (A. A. P., XXIII, 190-192). — Wittich.

Ueber den Verschluss der Coronar Arterien durch die semilunar Klappen und die Wirkung desselben auf die Diastole (Königsb. med. Jahrb., III, 232-237). — 1865. JUDÉE. Recherches sur la circulation cardiaque chez le cheval (Gaz. d. hóp., Paris, XXXVIII, 566). — Recherches sur la circulation cardiaque chez la grenouille (Mém. de la Soc. méd. de Lyon, 1866, v, 37-39). — 1867. PERLS (M.). Zur Entscheidung der Frage ob die Mündungen der Art. Coronariæ cordis durch die semilunar Klappen verschlossen werden (A. A. P., XXXIX, 188-191). — 1868. LANNELONGUE. Recherches sur la circulation des parois du cœur (A. d. P., I, 23-34). — 1869. PERLS (M.). Ueber Weite und Schlussfähigkeit der Herzmündungen und ihrer Klappen (Deutsch. Arch. f. klin. Med., v, 384-406). — 1870. CERADINI (G.). La mecanica del cuore (Ann. univers. di med., CCXI, 587). — 1872. CERADINI. Der Mechanismus der halbmondförmigen Herzklappen, Leipzig. — REBATEL (F.). Recherches expérimentales sur la circulation dans les artères coronaires, Paris, in-8. — 1873. JAJA (F.). Sulla circolazione coronaria del cuore (Riv. clin. Bologna, (3), VII, 273-297). — 1876. KLUG (F.). Zur Theorie des Blutstroms in der Art. Coronaria cordis (C. W., XIV, 133-135). — 1881. MARTIN (H. U.) et SEDGWICK (W. T.) A study of blood-pressure in the coronary arteries of the mammalian heart (Trans. med. chir. Fac. Maryland, Balt., LXXXIII, 206-209). — SANDBORG et WORM MÜLLER. Études sur le mécanisme du cœur, Christiania, in-8. — 1881-1882. MARTIN (H. U.) et SEDGWICK (W. T.). Observations on the mean pressure and the characters of the pulse-wave in the coronary arteries of the heart (J. P., III, 165-174). — VON ZIEMSSEN (H.). Studien uber die Bewegungsvorgänge am menschlichen Herzen, sowie über die mechanische und electrische Erregbarkeit des Herzens und des Nervus phrenicus angestellt an dem freiliegenden Herzen der Catharina Serafin (Deutsch. Arch. f. klin. Med., XXX, 270-276 et 277-285). — 1882. JAJA (F.). Momento e meccanismo della circolazione coronaria del cuore (Morgagni, Napoli, XXIV, 512-517). — 1883. FERGUSON (J.). The circulation in the coronary arteries (Canad. Pract., Toronto, VIII, 228-230). — 1884. NOVI (L.). Sulla circolazione coronaria del cuore (Riv. clin. di Bologna, (3), IV, 320-343). — 1893. BOHR (CH.) et HENRIQUES (V.). Sur l'irrigation sanguine du muscle cardiaque (Bull. de l'Acad. Roy. d. sc. et d. lettres de Danemark, 10 février). — TIGERSTEDT (R.). Lehrbuch de Physiologie des Kreislaufes, Leipz. — 1895. LANGENDORFF (O.). Untersuchungen am überlebenden Säugethierherzen (A. g. P., LXI, 292). — NEWELL-MARTIN (H.). Observ. on the mean pressure and the characters of the pulse wave in the coronary arteries of the heart (Physiol. Papers, Baltimore, 107-117); — Vasomotor nerves of the heart (Ibid., Baltimore, 117-120). — 1896. PORTER (W. T.) Vasomotor nerves of the heart (Boston med. and chir. journ., january 9). — 1897. MAGRATH (G. B.) et KENNEDY (H.). On the relation of the volume of the coronary circulation to the frequency and force of the ventricular contraction in the isolated heart of the cat (Journ. exper. med., II, 13-34). — PORTER (W. T.). On the causes of the heart beat (Ibid., II, 391-406). — 1898. HYDE (H.). The effect of distension of the ventricle on the flow of blood through the walls of the heart (Am. Journ. of Physiol., I, 215-225). — PORTER (W. T.). The influence of the Heart-Beat on the flow of blood through the walls of the heart (Ibid., I, 145-164). — 1899. MAASS (P.). Experimentelle Untersuchungen über die Innervation der Kranzgefässe des Säugethierherzens (A. g. P., LXXIV, 284-307).

III. Rôle du sang dans les mouvements du cœur. — Anémie expérimentale de cet organe. — 1698. CHIRAC (P.). De motu cordis, adversaria analytica, 124. — 1761. MORGAGNI (J. B.). De sedibus et causis morborum per anatomen indagatis. Venetiis. —1794. HUNTER. A treatise on the blood, inflammation and gunshotwounds, London. — 1799. PARRY. An inquiry into the symtoms and causes of the syncope anginosa, commonly called Angina Pectoris, London. — 1842. ERICHSEN (J. E.). On the influence of the coronary circulation on the action of the heart (Lond. med. Gaz., XXX, 561-564). — 1846. BUDGE. Die Abhängigkeit der Herzbewegung vom Rückenmarke und Gehirne (Arch. f. Physiol. Heilk., v, 561). — 1850. SCHIFF (M.). Der Modus der Herzbewegung (Ibid., IX, 22, 220). — 1853. BROWN-SÉQUARD. On the cause of the Beatings of the heart (Exper. Researches applied to Physiology and Pathology, 104). — 1854. CASTELL. Ueber das Verhalten des Herzens in verschiedenen Gasarten (Arch. f. Anat. u. Physiol., 226). — 1855. RADCLIFFE. The physical theory of muscular contraction (Medical Times, x, 641). — 1867. VON BEZOLD (A.). Von den Veränderungen des Herzschlages nach dem Verschlusse der Coronararterien (Untersuch. a. d. physiol. Lab. in Wurzb., I, 256-287). — VON BEZOLD (A.) et BREYMANN (E.). Von den Veränderungen des Herzschlages nach dem Verschlusse der Coronarvenen (Ibid., I, 288-313). — 1873. HEGER (P.). Expériences sur la circu-

lation du sang dans les organes isolés (D., Bruxelles). — Perl (L.). *Ueber den Einfluss der Anämie auf die Ernährung des Herzmuskels* (A. A. P., LIX, 39-51). — 1880. Samuelson (B.). *Ueber den Einfluss der Coronararterien-Verschliessung auf die Herzaction* (*Zeits. f. klin. Med.*, II, 12-33). — 1881. See (G.), Bochefontaine et Roussy. *Arrêt rapide des contractions rythmiques des ventricules cardiaques sous l'influence de l'occlusion des artères coronaires* (C. R., XCII, 86-89); — (*France méd.*, I, 154, 170, 202, 493). — Cohnheim (J.) et Schultness-Rechberg. *Ueber die Folgen der Kranz-Arterien-Verschliessung für das Herz* (A. A. P., LXXXV, 503-537). — 1882. Martius (F.). *Die Erschöpfung und Ernährung des Froschherzens* (A. P., 543-566). — 1883. Martin (N.). *The direct influence of gradual variations of temperature upon the rate of the dog's heart* (*Philos. Trans. Roy. Soc.*, II, 663). — Wooldridge. *Ueber die Function der Kammernerven des Säugethierherzens* (A. P., 522-541). — 1886. Gad. *Das Klappenspiel im Ochsenherzen* (*Ibid.*, 380-382). — 1887. Mc William (J. A.). *Fibrillar contraction of the heart* (J. P., VIII, 296-310). — 1888. Fenoglio (Y.) et Drogoul (G.). *Observations sur l'occlusion des coronaires cardiaques* (A. i. B., IX, 49-50). — 1889. Newell-Martin et Applegarth. *On the temperature limits of the vitality of the mammalian heart* (*Stud. from. the Biol. Labor. of the Hopkins University*, IV, 275). — 1891. Arnaud (H.). *Expérience pour décider si le cœur et le centre respiratoire ayant cessé d'agir sont irrévocablement morts* (A. d. P., 396). — 1892. Bettelheim (K.). *Ueber die Störungen der Herzmechanik nach Compression der Arteria coronaria sinistra des Herzens* (*Zeitschr. f. klin. Med.*, XX, 436-443). — Hédon (E.) et Gilis (P.). *Sur la reprise des contractions du cœur après arrêt complet de ses battements, sous l'influence d'une injection de sang dans les artères coronaires* (B. B., 760). — Tedeschi (A.). *Ueber die Fragmentation des Myocardium* (A. A. P., CXXVIII, 185-204). — 1893. Porter (W. T.). *On the results of ligation of the coronary arteries* (J. P., XV, 121-138); — *Ueber die Frage eines Coordinations Centrum im Herz-Ventrikel* (A. g. P.). — Kolster (A.). *Experimentelle Beiträge zur Kenntniss der Myomalacia cordis* (*Skand. Arch. f. Physiol.*, IV, 1-45). — Michaelis (M. H.). *Ueber einige Ergebnisse bei Ligatur der Kranzarterien des Herzens*, (*Zeitschr. f. klin. Med.*, XXIV, 270-294). — 1894. Frey (V. M.). *Die Folgen der Verchliessung von Kranzarterien* (*Ibid.*, XXV, 158-160). — 1895. Langendorff (O.). *Untersuchungen am überlebenden Säugethierherzen* (A. g. P., LXI, 291). — Newell-Martin (H.). *On the temperature limits of the mammalian* (*Physiol. papers*, Baltimore, 97-107). — Porter (W. T.). *Der Verschluss der Coronararterien ohne mechanische Verletzung* (C. P., IX, 481-483). — Tigerstedt (R.). *Der Verschluss der Coronararterien des Herzens* (*Ibid.*, IX, 543-546). — 1896. Porter (W. T.). *Weiteres über den Verschluss der Coronararterien ohne mechanische Verletzung* (*Ibid.*, IX, 644-647); — *Further researches on the closure of the coronary arteries* (*Journ. of exper. med.*, I, 46-71). — Œstreich (R.). *Plötzlicher Tod durch Verstöpfung beider Kranzarterien* (*Deutsche med. Woch.*, XXII, 148). — White (A. H.). *On the nutrition of the frog's heart* (J. P., XIX, 344-356). — 1897. Langendorff (O.) et Nawrocki (Cz.). *Ueber den Einfluss von Wärme und Kälte auf das Herz der warmblütigen Thiere* (A. g. P., LXVI, 355-401). — 1898. Hans Rusch. *Experimentelle Studien über die Ernährung des isolirten Säugethierherzens* (*Ibid.*, LXXIII, 535-554). — Porter (W. T.). *Recovery of the heart from fibrillary contractions* (*Am. Journ. of Physiol.*, I, 71-82). — Pratt (F. H.). *Endocardiac nutrition of the heart* (*Ibid.*, I, 86-103). — 1899. Baumgarten (W.). *Infarction in the heart* (*Ibid.*, II, 243-264).

J. CARVALLO.

Sommaire de l'article "Cœur".

COLCHICINE ($C^{22}H^{25}AzO^6$). — Alcaloïde cristallisable qu'on extrait de la semence du *Colchicum autumnale* (L.).

Préparation. — Propriétés chimiques. — PELLETIER et CAVENTOU ont extrait, les premiers, des semences du colchique d'automne, employées assez communément dans la thérapeutique, une substance alcaline, constituant d'après eux le principe actif de la plante, et qu'ils ont assimilée à la vératrine. HESSE et GEIGER l'ont mieux spécifiée et l'ont appelée *colchicine*. D'autres chimistes, HUBLER, OBERLIN, LUDWIG, étaient arrivés à des résultats assez discordants, quant à la formule et aux propriétés chimiques de la colchicine. Elle a été préparée enfin par HOUDÉ. ZEISEL, JOHANNY et JACOBJ ont confirmé, sauf quelques points de détail, tous les faits établis par HOUDÉ.

La colchicine est extraite des semences de colchique par l'alcool, puis le chloroforme, suivant les procédés classiques d'extraction des alcaloïdes. 1 kilo de semence de colchique fournit environ 3 grammes de colchicine.

C'est une substance cristallisable, lévogyre, qui fond à 93°, peu soluble dans l'eau, insoluble dans l'éther, très soluble dans l'alcool. Elle se colore en jaune par les acides. Avec le chloroforme elle donne le composé suivant, cristallisable en aiguilles :

$$C^{22}H^{25}AzO^6, 2CHCl^3.$$

Traitée par les acides étendus, elle donne de la colchicéine : $C^{21}H^{23}AzO^6 1/2H^2O$.

On peut, en traitant la colchicéine par l'iodure de méthyle et le méthylate de sodium, régénérer la colchicine : il se forme en même temps de la méthylcolchicine.

D'après JACOBJ, il y aurait par l'oxydation ménagée de la colchicine formation d'oxydicolchicine ($C^{22}H^{25}AzO^6)^2O$.

HOUDÉ et LABORDE ont insisté sur les caractères différentiels chimiques fondamentaux qui séparent là colchicine et la vératrine, que quelques auteurs avaient confondues. La réaction de la vératrine est alcaline ; celle de la colchicine est à peine sensible. L'acide chlorhydrique colore la vératrine en vert, puis jaune, puis rouge sang ; mais ne colore la colchicine qu'en vert à peine sensible. SO^4H^2 colore la solution de vératrine en jaune, puis rose, puis rouge sang, et le liquide est fluorescent et dichroïque jusqu'à ce qu'il soit devenu tout à fait rouge, tandis que la coloration de la colchicine est vert pomme, à peine sensible, etc.

Propriétés physiologiques générales. — Les effets toxiques des bulbes, des tiges, des fleurs du *Colchicum antumnale* ont été connus de tout temps. Au commencement de ce siècle les médecins anglais employèrent la teinture de colchique contre la goutte et l'arthritisme, et on attribua généralement à cette plante 'des effets diurétiques et anti-arthritiques. On constata aussi, à côté de cette action thérapeutique, assez incertaine, des effets manifestes sur le tube digestif; nausées, vomissements, contractions intestinales douloureuses, ténesme et coliques, diarrhée, dépression générale des forces. En même temps on notait une certaine sédation des phénomènes douloureux, de sorte qu'à la teinture de colchique on attribuait, et on attribue peut-être encore maintenant, certains effets sédatifs, analgésiques.

Or toutes ces observations sont très sujettes à caution, non qu'elles soient défectueuses, mais à cause de l'imperfection même du produit employé. Dans la teinture médicinale de colchique il entre assurément beaucoup d'autres substances, probablement très toxiques, qui sont autres que la colchicine.

Nous ne nous occuperons ici que des effets de la colchicine.

D'une manière générale elle est caractérisée par la lenteur de son action. Tous les expérimentateurs sont d'accord sur ce fait. Même avec des doses qui sont cinq ou six fois plus fortes que la dose mortelle, on n'observe d'abord aucun effet appréciable.

Elle paraît être beaucoup plus toxique sur l'homme que sur tout autre animal, plus toxique sur les carnassiers que sur les herbivores, et très peu toxique sur les animaux hétérothermes.

Son action enfin paraît porter surtout sur le système digestif et le système nerveux.

Doses toxiques. — Jacobj, qui a résumé les travaux antérieurs relatifs à la dose toxique, n'a pas eu de peine à montrer que les contradictions observées étaient dues sans aucun doute à l'inégalité des préparations employés.

Dose toxique par kilo d'animal.

Grenouilles.		*Cobayes.*	
Jolyet	1,50	Laborde et Houdé	0,33
Schaitanoff	3,00		
Rossbach	4,00	*Chiens.*	
Jacobj	16,00		
		Hubler	0,005
Lapins.		Granow	0,004
		Jacobj	0,001
Kramer	0,2		
Schroff	0,07	*Chats.*	
Rossbach	0,02		
Jacobj	0,007	Rossbach	0,004
Granow	0,005	Jacobj	0,0005

En admettant que les résultats, d'ailleurs les plus récents, de Jacobj, soient aussi les plus exacts, on trouve finalement, en chiffres ronds, les doses suivantes, par kilo d'animal.

Grenouilles	15,	Chiens	0,001
Lapins	0,01	Chats	0,0005

Il est assez difficile de préciser la dose toxique mortelle chez l'homme. Non pas que les empoisonnements fassent défaut; ils sont très nombreux, ainsi qu'on peut s'en rendre compte dans la bibliographie donnée par l'*Index Catalogue*, mais parce que dans tous ces cas il s'agit de teinture de colchique et non de colchicine, et puis l'ingestion eut lieu par la voie stomacale, qui paraît, comme toujours, être moins dangereuse que la voie hypodermique.

Laborde parle d'un élève de Houdé qui fut malade après ingestion de 0gr,01 ; et d'un autre individu qui fut aussi assez sévèrement atteint après ingestion de 0gr,005. Mairet et Combemale, dans l'étude très méthodique qu'ils ont faite de la toxicité de la colchicine, ont constaté des effets très appréciables sur l'homme déjà à la dose de 0gr,002; ce qui conduit à une dose active maximum déjà au poids très faible de 0gr,00003 par kilogramme.

Tout compte fait, la colchicine, comme tout poison du système nerveux, comme la cocaïne par exemple, paraît être une de ces substances d'autant plus toxiques qu'elle agit sur un animal dont le système nerveux est plus développé.

On voit qu'il serait imprudent, au point de vue thérapeutique, de manier la colchicine autrement que par milligramme ou même demi-milligramme, surtout si l'on agit par voie hypodermique.

Effets sur le système digestif. — Comme le prouvent les effets d'intoxication sur l'homme, aussi bien que les données thérapeutiques, l'alcaloïde du colchique d'automne exerce sur les fonctions digestives une action prépondérante. A dose faible, ce sont des nausées, des vomissements, suivis parfois de coliques et de diarrhée, si bien qu'on a proposé d'administrer la colchicine comme vomitif et comme purgatif, ce qui est probablement absurde; car ces coliques sont fort douloureuses, et l'état nauséeux coïncide avec une faiblesse et une hyposthénie extrêmes. A dose forte et mortelle, comme dans les cas d'empoisonnement accidentel, cet état s'exagère encore, et les diarrhées profuses, cholériformes, sont accompagnées de douleurs intenses. A l'autopsie des malheureux qui ont succombé, les muqueuses de l'estomac et de l'intestin sont rouges, enflammées, quelquefois ulcérées.

Les symptômes cholériformes sont si marqués que, dans une expertise médico-légale, on n'a pas pu savoir s'il s'agissait réellement d'un empoisonnement par la colchicine ou d'une affection cholériforme (OGIER).

Naturellement l'expérimentation physiologique a confirmé ces données; même chez les animaux à sang froid, il y a toujours une vive congestion de la muqueuse digestive, une vraie gastro-entérite généralisée. ROSSBACH a montré que cette inflammation de la muqueuse n'est pas due à une action locale du poison sur l'épithélium intestinal; car les lésions sont les mêmes, que le poison ait été introduit sous la peau par voie hypodermique, ou ingéré per os, ou appliqué directement sur la muqueuse. On ne peut pas dire qu'il s'agit d'une paralysie vasomotrice des splanchniques et des vasomoteurs insestinaux; car, d'après ROSSBACH, le sympathique abdominal et le splanchnique paraissent conserver à tous les moments de l'intoxication leur action sur les vaisseaux, et d'ailleurs la pression artérielle reste élevée.

PASCHKIS a supposé qu'il y avait une paralysie de la musculature intestinale, car ni la nicotine ni l'asphyxie ne produisaient une exagération des mouvements péristaltiques chez les animaux empoisonnés par la colchicine. Mais JACOBJ a contredit ces résultats; en prenant les précautions nécessaires pour protéger l'intestin contre les effets nocifs de l'exposition à l'air, il n'a pas trouvé de paralysie intestinale.

Il a vu, au contraire, une énorme augmentation des mouvements de l'intestin qui, trois ou quatre heures après l'injection, se contracte, et presque se contracture avec violence.

Si aux animaux empoisonnés par la colchicine (chats) on injecte de l'atropine, l'atropine fait cesser les mouvements péristaltiques, de sorte que, probablement, la colchicine n'agit pas sur le muscle lui même, puisque aussi bien l'atropine ne paralyse pas le muscle, mais les terminaisons des nerfs dans les muscles. Ainsi la colchicine, n'agissant pas sur le muscle, agirait sur les ganglions nerveux de la muqueuse, probablement en les excitant à faible dose, et en les paralysant à dose plus forte.

On voit que l'explication de l'inflammation extrême et des mouvements exagérés de l'intestin est loin d'être encore bien méthodiquement expliquée. En tout cas, ce ne sont pas les phénomènes gastro-entériques qui produisent la mort; car, dans certains cas, exceptionnels d'ailleurs, la mort de l'animal provient sans troubles appréciables du côté des organes digestifs.

Effets sur la circulation et le cœur. — D'après JACOBJ, la colchicine, même aux doses mortelles, n'agirait pas sur le cœur. Le rythme ni la fréquence des pulsations cardiaques ne sont modifiés. Le pneumogastrique conserve son action. La pression artérielle n'est guère modifiée, sauf, bien entendu, aux environs de la période mortelle, alors que toutes les fonctions du système nerveux (respiration, réflexes, etc.) sont profondément atteintes. Sur le cœur de la grenouille, soumis à la circulation artificielle, on peut voir aussi que des doses, même assez fortes, de colchicine, exercent peu d'action.

Effets sur le système nerveux, les muscles et la respiration. — A dose moyenne la colchicine n'agit pas sur les terminaisons motrices des nerfs, ni sur les muscles. Il faut des doses deux à trois fois plus fortes que la dose mortelle pour modifier la courbe myographique. Celle-ci devient alors assez analogue à la courbe myographique de la vératrine (Jacobj). Encore, d'après Rossbach, n'observait-on pas de différence entre les myogrammes des grenouilles empoisonnées et ceux des grenouilles normales. Les expériences de Jolyet, datant de 1867, époque où la colchicine pure était inconnue, ne peuvent infirmer ces résultats.

L'effet principal de la colchicine est sur le système nerveux central dont presque toutes les parties sont atteintes simultanément.

Les effets psychiques d'excitation paraissent être nuls, et on n'a noté sur l'homme ni délire, ni agitation. Ce qui domine, c'est un état de prostration, de faiblesse, d'impuissance générale. Les animaux empoisonnés sont immobiles, affaissés; ils se blottissent dans un coin; insensibles à tout appel (chien, chat); les yeux fermés, comme s'ils étaient endormis. Ils sont devenus anesthésiques (Albers, Rossbach), et on ne peut les réveiller de cet état comateux par aucune excitation, si violente qu'elle soit. Même, parfois, on ne peut plus provoquer de réflexes vaso-moteurs. Cet état d'anesthésie et de coma est précédé parfois d'une période de vives douleurs (abdominales), qui vont souvent jusqu'à provoquer quelques convulsions tétaniques, chez la grenouille, mais non chez les homéothermes.

Certainement la colchicine agit sur les terminaisons périphériques sensitives des nerfs : elle se rapproche donc plus de la cocaïne que du curare, puisqu'elle laisse tout à fait intactes les terminaisons motrices. Rossbach s'est assuré aussi que les centres nerveux réflexes étaient paralysés. L'injection est douloureuse, ce qui prouve bien que les nerfs sensitifs sont fortement touchés par le poison.

Tous les auteurs s'accordent à reconnaître que les centres nerveux qui président aux mouvements respiratoires dès le début des phénomènes, lesquels sont toujours très lents à apparaître, comme nous l'avons dit, subissent l'atteinte du poison. La respiration devient de plus en plus superficielle et lente. Jacobj a constaté sur un lapin que la ventilation commençait à diminuer vers la sixième heure de 600 à 447 centimètres cubes par minute (après injection de 146 milligrammes) et que dans l'heure suivante elle diminuait progressivement. A l'autopsie on trouve toutes les lésions de la mort par asphyxie (Laborde et Houdé).

Je ne sache pas qu'on ait observé les effets de la respiration artificielle.

L'action sur la sensibilité a donné lieu de penser qu'on pourrait se servir de la colchicine comme anesthésique général. Mais ce serait, vu la toxicité extrême de cet alcaloïde, un bien déplorable anesthésique. Même pour l'anesthésie localisée on ne saurait le conseiller. Tout au plus, comme sédatif général, dans les cas de douleurs intenses, pourrait-il être employé. En tout cas, il ne faudrait le prescrire qu'à des doses très faibles, et avec une extrême prudence.

Effets sur les sécrétions et les échanges. — Chez le chien, la sécrétion salivaire augmente (Laborde et Houdé). Il y aurait chez l'homme du ptyalisme.

Les vomissements glaireux, mucoïdes, bilieux, et la diarrhée, indiquent que les glandes digestives sécrètent plus abondamment qu'à l'état normal.

On ignore les effets sur les quantités d'oxygène absorbé, et sur les échanges interstitiels, de même que sur les variations calorimétriques ou thermométriques. Il est très vraisemblable que tous les échanges s'affaiblissent et diminuent au moment où apparaît la dépression nerveuse.

Les médecins qui ont employé le colchique, surtout contre la diathèse urique, ont beaucoup discuté la question de savoir si l'élimination de l'acide urique augmentait et si le colchique était diurétique. Il n'y a à cet égard que des observations discordantes. Pour Bouchardat, Maclagan, Chelius, il serait diurétique, et augmenterait l'élimination des matières azotées (urée et acide urique). Mais Garrod est d'un avis contraire. D'après Mairet et Combemale, la colchicine serait nettement diurétique. Ils ont trouvé une augmentation notable de la quantité d'acide urique excrété, augmentation coïncidant avec une diminution d'urée. Chez un individu arthritique, une dose de 0^{gr},005 de colchicine fit tomber l'urée (par vingt-quatre heures) de 19^{gr},5 à 13^{gr},6; mais fit monter l'acide urique de 1^{gr},029 à 1^{gr},608. Cette observation n'est d'ailleurs nullement probante; car il n'a pas été tenu compte de l'acide urique déposé (?).

D'ailleurs, il ne suffit pas de constater la diurèse et l'azoturie : ce qui importe, c'est de savoir s'il y a une désassimilation plus ou moins active de l'azote ; or c'est là un point tout à fait inconnu.

Élimination. — D'après Laborde et Houdé on retrouverait la colchicine dans le corps de l'animal empoisonné, surtout dans le foie, le pancréas et la rate, tandis que le cœur et le sang n'en contiennent pas. Ogier l'a retrouvée dans l'urine et dans les reins. Même la colchicine résiste à la putréfaction ; car il a pu la caractériser dans des cadavres de chiens empoisonnés avec 50 centigrammes par voie stomacale, alors que ces animaux avaient été enterrés et exhumés cinq mois et demi plus tard.

Jacobj a supposé que l'oxydicolchicine est beaucoup plus toxique que la colchicine. Si les grenouilles sont moins sensibles que les homéothermes, c'est parce que dans l'organisme des homéothermes la colchicine se transforme en oxydicolchicine, plus toxique ; et que cette transformation ne se ferait pas dans les tissus des animaux à sang froid. Rabuteau avait émis jadis une opinion analogue, que j'ai pu confirmer, sur l'action de l'éther benzoïque. On connaît maintenant l'effet oxydant des tissus ; et la lenteur des manifestations de l'empoisonnement par le colchique donne quelque appui à cette opinion de Jacobj. Mais la préparation de l'oxydicolchicine est d'une difficulté extrême : et, comme elle n'a pu être obtenue cristallisée, il y a lieu de douter de son existence comme entité chimique. Il n'en paraît pas moins vraisemblable que la colchicine, dans l'organisme, se transforme en un produit voisin, plus toxique que la colchicine elle-même.

Bibliographie. — Delioux de Savignac. Art. « Colchique d'automne » du D. D., 1876, xviii, 720-748. — Houdé (A.). Colchicine cristallisée (B. B., 1884, 218, 220 ; C. R., 1884, xcviii, 1442-1444). — Jacobj. Pharmakol. Unters. über das Colchicumgift (A. P. P., 1890, xxvii, 119-157). — Jolyet. Action chez la grenouille (B. B., 1867, 160-162). — Laborde et Houdé. Colchicine cristallisée ; physiologie et toxicologie (B. B., 1885, ii, 64-70). — Mairet et Combemale. Rech. sur le mode d'action de la colchicine prise à dose thérapeutique et le mécanisme de cette action (C. R., 1887, civ, 515-517) ; — Toxicité de la colchicine (Ibid., civ, 439-446). — Ogier (J.) (Traité de chimie toxicologique, 1899, 630-637). — Rossbach. Die physiolog. Wirkungen (A. g. P., 1876, xii, 308-325). — Zeisel (S.) (C. R., 1884, xcviii, 1587). — Albers (Deutsche Klinik, 1856, viii, 369). — Aronowitz. Einwirkung auf den thierischen Organismus (Diss. Wurtzburg, in-8, 1876). — Dézille. Étude médico-légale du colchique et de la colchicine (Diss. in., Paris, in-8, 1889). — Ferrer y Léon. Physiological action of the alcaloids of colchicum (Univ. med. Magaz. Philadelphia, 1888, 531, 605). — Granow. Wirkung des C. (Diss., Greisswald, in-8, 1887). — Hertel. Versuche über die Darstellung und Constitution des Colchicins und Beziehungen zum Colchicein und einigen anderen Zersetsungsproducten (Pharm. Zeitsch. f. Russland, 1881, xx, 245, 264, 281, 299, 317). — Leared. Some experimental investigat. into the action on animals (Med. Examiner, 1876, i, 358-360). — Maclagan. Physiological action of colchicum (Brit. med. Journ., 1887, ii, 743). — Paschkis (H.). Pharmakologische Untersuch. über C. (Med. Jahrb., 1883, 257-288 ; 1888, 569-576). — Schulz. Ein Beitrag zur Kenntniss der Colchicumwirkung (Wien. med. Presse, 1897, xxxviii, 988, 1019, 1044).

CH. R.

COLLIDINE ($C^8H^{11}Az$). — La collidine est un alcaloïde, une base de la série pyridique. Elle a été découverte et isolée par Anderson dans l'huile de Dippel. On sait que cette huile désigne la partie oléagineuse complexe qui se forme quand on soumet les substances albuminoïdes à la distillation sèche. Elle renferme des bases non oxygénées, la pyridine C^5H^5Az, l'aniline C^6H^7Az, le pyrrol C^4H^5Az, le scatol C^9H^9Az.

Anderson a isolé la collidine en traitant le mélange huileux par l'acide azotique concentré. L'aniline est détruite, la masse devient rouge, l'eau en sépare une huile épaisse (nitrobenzine). On débarrasse de cette huile la liqueur fortement acide, on la fait bouillir, on sature par la potasse et on distille. La collidine passe avec la vapeur d'eau.

On peut aussi extraire la collidine de la quinoléine brute du goudron de la houille. On la trouve dans la fumée du tabac, dans les produits de décomposition de la nicotine.

La collidine a été retirée en 1876 par Nencki des produits de la putréfaction d'un mélange de gélatine et de pancréas de bœuf. Il faut la présence du pancréas pour qu'il se produise de la collidine par la putréfaction du mélange (BRIEGER). NENCKI a considéré cette ptomaïne comme une isophényléthylamine.

$$C^6H^5 - CH \diagdown \genfrac{}{}{0pt}{}{CH^3}{AzH^2}$$

La collidine est un liquide incolore, d'odeur aromatique et forte; sa densité est de 0,921. Elle bout à 179°. Elle est insoluble dans l'eau, très soluble dans l'alcool, l'éther, les huiles et les acides. Elle donne avec ces acides des sels généralement solubles, déliquescents, solubles dans l'alcool, mais non dans l'éther. On peut préparer avec la collidine des chloroplatinates, des chloraurates, des chloromercurates.

Constitution. -- D'après KRÖMER la pyridine posséderait une constitution analogue à celle de la benzine, et pourrait être ainsi représentée.

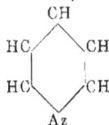

CH
HC⟨ ⟩CH
HC⟨ ⟩CH
Az

La collidine serait la triméthylpyridine (C⁵Az²(CH³)³). BÄYER et ADOR en ont fait la synthèse en chauffant à 120° l'aldéhydate d'ammoniaque au contact de l'urée.

Il y a de nombreux isomères de la collidine : des propylpyridines, des méthyléthylpyridines, des butyléthylpyridines.

Un petit nombre seulement d'isomères théoriquement possibles sont connus. (Voy. OECHSNER DE CONINCK. *Les bases de la série pyridique.*)

Action physiologique de la collidine. — Les premières études à ce point de vue ont été entreprises par OECHSNER DE CONINCK et MARCUS (B. B., 1882).

Ces auteurs ont vu que l'injection sous-cutanée d'une quantité notable de cette base tue les animaux.

Chez le chien, la β collidine manifeste surtout son action en paralysant l'action des centres psycho-moteurs, puis, à une période plus avancée, celle des centres médullaires ainsi que les centres vaso-constricteurs. En effet, les observations kymographiques faites sur le chien ont montré une diminution de pression.

Les propriétés vaso-dilatatrices de la collidine ont été aussi signalées par GERMAIN SÉE et DANDIEU. DANDIEU (D. P., 1886), dans un travail sur la pyridine et la collidine envisagées comme médicaments respiratoires, a fait une étude de l'action physiologique de la collidine. Cette action ressemble beaucoup à celle de la pyridine. Les expériences de DANDIEU ont porté sur les grenouilles, les cobayes, les lapins.

L'application sur la peau de quelques gouttes de collidine détermine une vaso-dilatation très nette. Certains de ces animaux sont morts, mais la majeure partie a survécu. Chez la plupart, on a observé un ralentissement de la respiration qui devient plus superficielle, une paralysie des membres, la perte des réflexes.

Chez les cobayes et les lapins, l'injection ou l'inhalation de vapeurs de collidine détermine aussi de la vasodilatation, de la paralysie, des modifications de l'amplitude et du rythme des mouvements respiratoires.

En résumé, la collidine augmente l'amplitude de la respiration et diminue la fréquence des mouvements respiratoires; elle dilate les vaisseaux périphériques et diminue le pouvoir excito-moteur des centres nerveux (BOCHEFONTAINE et G. SÉE).

Chez l'homme, l'inhalation de vapeurs de collidine détermine un léger état vertigineux, et un peu de somnolence, de la congestion du visage et un peu de céphalalgie parfois. En même temps, le nombre des respirations diminue, leur amplitude augmente, et leur rythme, s'il est troublé, se régularise.

D'après OECHSNER DE KONINCK, la pyridine et la collidine sont antiseptiques.

Les effets physiologiques de la collidine ont déterminé certains cliniciens (G. SÉE) à l'employer dans le traitement des angines de poitrine, dans l'asthme, dans les paroxysmes des dyspnées laryngées.

Bibliographie. — BOCHEFONTAINE et OECHSNER DE KONINCK. *Expér. sur les effets physiolog. de l'hexahydrure de β collidine ou isocicutine* (B. B., 1885, 176-180). — DANDIEU. *De la pyridine et de la collidine comme médicaments respiratoires* (D., Paris, 1886). **E. A.**

COLOCYNTHINE. — Matière amère, non azotée, contenue dans le fruit de la coloquinte (*Cucumis colocynthis*). C'est une masse jaune, soluble dans l'eau et l'alcool. Sa formule, d'après WALZ, serait $C^{56}H^{74}O^{23}$. Chauffée avec un acide minéral dilué, elle donne du sucre et de la *colocynthéine* ($C^{44}H^{64}O^{13}$). Mais l'amertume de la coloquinte n'est pas due à la colocynthine qui est insipide. Le corps résinoïde de la coloquinte, ou citrulline, a été employé, surtout dans l'art vétérinaire, comme purgatif. On a d'ailleurs signalé quelques cas, chez l'homme, d'empoisonnement par la coloquinte.

Bibliographie. — BAUM (H.). *Ist Colocynthin ein Abführmittel für Hausthiere?* (*Arch. f. wiss. u. prakt. Thierk.*, 1894, xx, 10-22). — GIRBAL. *Des accidents produits par l'ingestion de la coloquinte et de leur traitement* (*Ann. clin. de Montpellier*, 1853, I, 138). — ROLFE (W. A.). *A case of colocynth poisoning* (*Bost. med. a. Surg. Journ.*, 1892, CXXVI, 494). — SELMI (F.). *Ricerca della picrotossina e della colocintina nei casi di avvelenamento colla coccola di Levante e colla coloquintide* (*Mem. d. Ac. d. sc. d. Ist. di Bologna*, 1872, II, 107-116). — TIDY (C. M.). *On poisoning by Cucumis colocynthis* (*Lancet*, 1868, I, 158). — WALZ (*N. Jahr. Pharm.*, IX, 16).

COLLOÏDES. — Ce nom a été donné par GRAHAM à un certain nombre de substances organiques ou minérales présentant comme apparence physique de grandes analogies avec la colle de gélatine.

Ces substances, parmi lesquelles nous citerons la gomme, le tanin, la gélatine, l'albumine, le caramel, la silice gélatineuse, l'hydrate de fer colloïdal, l'acide stannique, etc., peuvent en effet présenter à un degré plus ou moins marqué une consistance gélatineuse. Mis en présence de l'eau, ces colloïdes diffusent très difficilement, à l'inverse d'une autre catégorie de substances que GRAHAM a nommées *cristalloïdes*, et qui diffusent beaucoup plus facilement.

C'est en effet en étudiant la diffusion et la dialyse que GRAHAM a été conduit à établir ces deux grands groupes de substances, ou mieux ces deux états de la matière, les colloïdes et les cristalloïdes.

Si, en effet, nous versons dans une éprouvette de l'eau, et qu'avec une pipette terminée par un long tube fin nous faisons arriver au fond du vase une solution d'une substance colloïde ou cristalloïde, au bout de quelque temps, en examinant les diverses couches du liquide de l'éprouvette, nous pourrons y reconnaître en proportion plus ou moins grande la substance dissoute introduite au fond du vase. Cette substance diffuse en effet peu à peu dans le liquide surnageant.

On peut ainsi arriver à mesurer le temps de diffusion, et obtenir des résultats très différents suivant les substances employées.

Parmi ces substances, l'acide chlorhydrique est celle qui diffuse le plus rapidement. Si nous prenons pour unité son temps de diffusion, nous avons :

	Acide chlorhydrique	1
Cristalloïdes.	Chlorure de sodium	2,33
	Sucre de canne	7
	Sulfate de magnésie	7
Colloïdes.	Albumine	49
	Caramel	98

Ainsi, à quantités égales, et toutes choses égales d'ailleurs, le caramel met cent fois plus de temps (en chiffres ronds) à diffuser que l'acide chlorhydrique.

Si maintenant nous mesurons les quantités diffusées dans la même période de temps, nous trouvons.

Pour le chlorure de sodium	58,68
— le sulfate de magnésie	27,42
— le nitrate de soude	51,56
— l'acide sulfurique	69,32
— le sucre candi	26,74
— le sucre d'orge	26,21
— la mélasse de sucre de canne	32,55
— la gomme arabique	13,24
— l'albumine	3,08

Donc, dans le même temps, il diffuse près de vingt fois plus de chlorure de sodium que d'albumine.

Ajoutons que divers facteurs peuvent faire varier la diffusibilité des substances. Parmi ces facteurs la chaleur joue un rôle important. Mais l'étude de ces influences sera mieux à sa place quand on étudiera la dialyse et l'osmose.

Ces substances peu diffusibles, pour la plupart incristallisables, ont été appelées par Graham colloïdes, et considérées par lui comme constituant un état particulier de la matière, l'*état colloïdal*, par opposition à celui des corps diffusibles et cristallisables, les cristalloïdes.

Du reste, la diffusion peut s'opérer non seulement quand les solutions sont au contact librement par leurs surfaces, mais encore quand elles sont séparées par une membrane telle qu'une feuille de parchemin. A cette diffusion à travers une membrane, Graham a donné le nom de dialyse (Voy. **Dialyse** et **Osmose**). On peut ainsi arriver à séparer les cristalloïdes des colloïdes auxquels ils peuvent être mélangés.

C'est ainsi que, si l'on place dans le dialyseur une solution d'un colloïde quelconque, albumine par exemple, retenant une certaine quantité de substances minérales ou organiques diffusibles, ces dernières substances diffuseront d'abord dans l'eau pure qui baigne le dialyseur. Si l'on change fréquemment l'eau les substances diffusibles finissent par être totalement éliminées du colloïde qui reste dans le dialyseur. Il est vrai que dans l'eau extérieure passe aussi une petite quantité de colloïde; mais la vitesse de cette diffusion est faible : sur 2 grammes d'albumine il ne passe en onze jours que 0gr,50.

Si les substances colloïdes diffusent très peu, en revanche elles se laissent pénétrer, imbiber par l'eau, et par les cristalloïdes en solution. L'équivalent endosmotique, comme on dit, est très fort pour les colloïdes, très faible pour les cristalloïdes. Les chiffres suivants empruntés à Jolly le prouvent :

Équivalents endosmotiques.

Acide sulfurique.	0,349
Urée	2
Alcool.	4,169
Chlorure de sodium . . .	4,223
Sucre.	7,457
Sulfate de soude.	11,628
Gomme arabique.	11,790

Aussi les substances colloïdes se gonflent-elles énormément en présence de l'eau; peut être même leur solution n'est-elle qu'apparente, et n'y a-t-il en réalité qu'imbibition.

En général les colloïdes sont des matières amorphes, bien que cependant ils puissent se présenter sous forme de cristaux (Ex. : globulines de la noix de para, etc.).

A l'état sec ces substances forment des masses cornées plus ou moins translucides; elles peuvent aussi se présenter sous l'aspect de masses gélatineuses. Certaines sont solubles (gélatines albumineuses); d'autres sont insolubles et se bornent à s'imbiber, à se gonfler en présence de l'eau, telles que la fibrine, la gomme adragant.

Les gelées formées par certains colloïdes peuvent se dissoudre dans l'eau, la gélatine par exemple. Beaucoup donnent des solutions très instables qui se prennent en gelée ou précipitent en flocons. Ex. : la silice, l'albumine. Quand les solutions se prennent en gelée, elles passent, suivant l'expression de Graham, à l'état *pecteux*. La gelée retient une grande quantité d'eau, c'est l'eau de *pectisation* ou de *gélatinisation*, par analogie avec l'eau de *cristallisation*. Des influences très diverses et parfois inappréciables déterminent ces modifications qui font passer le colloïde de l'état *hydrosol*, pour employer les expressions de Graham, à l'état *hydrogel* ou gélatineux.

Il n'y a en effet aucune stabilité moléculaire dans les solutions de colloïdes : suivant Graham, l'état colloïdal devrait être considéré comme la période *dynamique* de la matière, dont l'état cristallisé représenterait la période *statique*.

Ajoutons que le chimiste anglais a pu réussir avec la silice soluble à remplacer l'eau par l'alcool et la glycérine; il a obtenu ainsi des *alcoosols* et des *alcoogels*, des *glycérosols* et des *glycérogels*.

Au point de vue chimique, Graham établit un rapprochement entre l'indifférence des colloïdes et leur poids moléculaire considérable, et se demande si le colloïdisme ne reposerait pas effectivement sur ce caractère complexe de la molécule.

Il est à remarquer, en effet, que les substances albuminoïdes qui existent dans l'organisme constituent des édifices moléculaires très complexes. Plus la molécule est complexe, plus son équilibre est instable. Or cette instabilité est caractéristique des solutions de colloïdes.

Étant donné le grand nombre de colloïdes, ou mieux la richesse en colloïdes de l'organisme, il est à prévoir que l'état colloïdal y joue un rôle important. En effet, au point de vue simplement physique, les êtres vivants ne sont que des amas de colloïdes tenant en dissolution des cristalloïdes. Ces colloïdes, si lents à se mélanger et à diffuser, se laissent facilement pénétrer par les cristalloïdes : ils en sont en quelque sorte avides. Aussi s'établit-il entre leurs molécules des courants incessants qui leur apportent des substances solubles cristalloïdes ou albuminoïdes modifiées et qui, en même temps, leur reprennent d'autres substances impropres à faire partie de l'organisme vivant. Ces substances colloïdes ayant peu de tendance ou pas de tendance à diffuser, passant très difficilement à travers les membranes, restent dans les cellules du réseau protoplasmique, ce qui assure la fixité tout au moins relative de l'organisation.

De plus, comme le fait remarquer A. Gautier, ces colloïdes de nature neutre, faiblement unis à une grande masse d'eau, ont une mollesse qui les rend propres, aussi bien que l'eau elle-même, mais moins puissamment et moins brutalement qu'elle, aux phénomènes de diffusion; ils sont lentement pénétrables aux réactifs, et leurs molécules servent d'intermédiaires perpétuels et comme d'amortisseurs aux plus délicates actions physico-chimiques; on peut attribuer la lenteur des modifications qui se passent dans ces milieux ou par leur entremise, aussi bien à la difficile diffusion de ces corps qu'à la lourdeur de leurs molécules, à leur faible conductibilité pour la chaleur et l'électricité et à leur indifférence chimique. Le temps devient, grâce à ces propriétés, l'une des conditions des réactions qui se produisent dans nos tissus et nos humeurs, réactions qui se continuent sans secousses, successivement, lentement, assurant ainsi au fonctionnement des organes une progressive et incessante production d'énergie provenant de ces réactions affaiblies, mais continues.

Les recherches intéressantes de Pickering ont montré qu'un grand nombre de corps synthétiques possédaient des propriétés colloïdales; et l'étude faite récemment par divers physiologistes du pouvoir osmotique a conduit à nombre de considérations nouvelles, très importantes, qui seront exposées à l'article **Osmose**.

Bibliographie. — Graham (*Philos. Transactions*, 1861, 183); — *Anwendung der Diffusion der Flüssigkeiten zur Analyse* (*Ann. der Chemie und Ph.*, cxxi, 1861; *C. R.*, lix, 174; B. S. C., (2), xx, 178). — Dutrochet. *Mém. pour servir à l'étude des végétaux et des animaux*, I, Paris, 1837. — Ph. Jolly. *Experiment. Unters. über Endosmose* (*Zeit f. pract. Med.*; vii, 1849). — Matteucci et Cima. *Mémoire sur l'endosmose* (*Ann. de chimie et de physique*, xiii, 1849). — Chabry. *Sur la diffusion* (B. B., 1883 et 1884). — Grimaux (Article « *Colloïdes* » in *D. W.*, 2ᵉ Supp., 2ᵉ partie, 1256 à 1260). — A. Gautier (*Ch. biologique*, iii 85). — Beaunis. *Physiologie*, 2ᵉ et 3ᵉ édition dans les chapitres traitant du rôle des tissus dans l'osmose, la diffusion des liquides, l'imbibition, l'osmose. Voir la bibliographie qui fait suite à ces chapitres. (Voir aussi l'article **Absorption** de Henrijean et Corin dans ce dictionnaire, 37 et 38, i, 1ᵉʳ fasc.)

E. A.

COLLOÏDINE.

— Cette substance a été signalée par A. Wurtz dans un cancer colloïde. A. Gautier, Cazeneuve et Daremberg l'ont extraite d'une tumeur colloïdale de l'ovaire.

L'extrait aqueux à 100° de la tumeur a été débarrassé par la dialyse des cristalloïdes, puis précipité par l'alcool. Le précipité est soluble dans l'eau : c'est la colloïdine. En solution dans l'eau elle n'est pas coagulable par la chaleur et ne précipite ni par les sels métalliques ni par l'acide acétique. Elle précipite par le tanin et l'alcool, et se colore en rouge par le réactif de Millon.

COMPOSITION.

C	46,15
H	6,95
Az.	6,00
O	40,80

Donc, très faible proportion d'azote et forte proportion d'oxygène. Wurtz fait remarquer que cette composition la rapproche de la chitine.

On trouve la colloïdine dans le corps thyroïde (goitre), dans la rate, le rein, les muscles en voie de dégénérescence et dans beaucoup de liquides filants de l'économie.

Bibliographie.—Virchow. *A. A. P.*, iv, 203, 1855. — Gautier, Cazeneuve et Daremberg. *Bull. Soc. Chim.*, (2), xxii, 149 (D'après Wurtz. *Chimie biologique*).

J.-E. A.

COLLOTURINE. — Alcaloïde découvert par Hesse dans l'écorce de *Symplosus racemosa*. Elle est accompagnée de lotudine et de loturisine (*D. W.*, (1), 17).

COLOMBINE. — La colombine est le principe actif de la racine de colombo (*Cocculus palmatus*), qui, contient également la berbérine et l'acide colombique. La berbérine s'y trouve en plus forte proportion que la colombine.

On peut extraire la colombine en épuisant la racine du colombo par de l'alcool à 75°. On évapore l'alcool, on reprend par l'eau et on agite avec de l'éther qui dissout la colombine. On la purifie par cristallisation dans l'éther absolu et bouillant.

La colombine cristallise en prismes orthorhombiques. Elle est incolore, inodore, neutre, *très amère*, peu soluble à froid dans l'eau, l'alcool et l'éther, plus soluble dans l'alcool bouillant, un peu soluble dans les huiles essentielles et plus soluble dans la potasse, d'où l'acide chlorhydrique la précipite inaltérée.

La formule de la colombine est $C^{21}H^{22}O^7$.

On sait que le colombo est employé comme stomachique et astringent. D'après Falck et Schraff, la colombine à la dose de $0^{gr},10$ ne produirait aucune action chez l'homme. (Voy. *Dictionnaire de thérap.* de Dujardin Beaumetz, article « Colombo ». *D. W.*, art. « *Colombine* ».)

Bibliographie. — Schultz, (H.). *Wirkung und Brauchbarkeit der Colombotinctur.* (*Ther. Monatshefte*, 1892, vi, 62-66). — Roux. *Mém. Soc. Biol.*, 1884, 33-49. — Hilgen. *Pharm. Centralhalle*, 1896, 75.

COLON. — Voyez **Intestin.**

COLORANTES (Matières). — Voyez **Pigments, Hémoglobine, Bile, Urine, etc.**

COLORATION. — Voyez **Pigmentation.**

COLOSTRUM. — Voyez **Lait.**

COMMOTION. — « Secousse communiquée à un organe par un coup ou une chute sur une partie qui en est plus ou moins éloignée (Littré et Robin). Ce phénomène est donc bien distinct : a) *du choc*, qui est l'action qu'un corps mis en mouvement exerce en vertu de sa masse et de sa vitesse acquise sur les corps qu'il rencontre et qui s'opposent à son déplacement; b) *de la contusion* ou lésion produite dans les tissus vivants par le choc des corps orbes à surface plus ou moins large avec ou sans solution de continuité de la plaie; c) *de la compression*, ou action qu'exerce sur un corps une puissance placée hors de lui et qui tend à rapprocher ses parties constituantes ou à diminuer son volume en augmentant sa densité.

Nous n'avons pas à parler ici de la « commotion électrique », expression mauvaise qui veut dire excitation électrique. De même il est des cas dans lesquels le mot commotion est employé dans le sens d'émotion, et nous verrons que ce n'est peut-être pas à tort, étant donné que beaucoup d'auteurs admettent maintenant que la commotion cérébrale n'est qu'un trouble dans la vascularisation de l'encéphale.

La commotion peut évidemment s'observer pendant la vie embryonnaire et aussi chez le fœtus, mais nous ne savons rien de précis sur ce point. Elle s'observe à la fois sur toutes les cellules, sur tous les tissus et sur tous les organes sans exception, mais ce phénomène n'a été bien étudié que pour l'encéphale et la moelle épinière. C'est à cette partie du système nerveux que nous limiterons notre étude, tout en rappelant cependant que certains phénomènes réflexes, le choc abdominal, par exemple, rentreraient peut être dans l'étude de la commotion.

COMMOTION ENCÉPHALIQUE. — Sans préjuger de la pathogénie, on peut donner le nom de commotion encéphalique à un ensemble de troubles nerveux, d'intensité et de durée variables, caractérisés par l'arrêt ou la suppression brusque du fonctionnement encéphalique. Il existe une abolition des facultés intellectuelles et une diminution de toutes les fonctions de la vie de relation : sensibilité et mouvement avec conservation, mais amoindrissement notable des fonctions de nutrition (GOSSELIN).

La commotion peut être directe à la suite de traumatismes agissant directement sur le crâne, ou indirecte, après une chute sur les pieds, les genoux, les fesses, etc.

Historique. — Soupçonnée par HIPPOCRATE, CELSE, GALIEN, A. PARÉ, VALSALVA, elle fut démontrée par LITTRÉ dans sa célèbre observation que voici résumée. Un criminel se précipita contre le mur de sa prison, et fut tué sur le coup. LITTRÉ ne trouva aucune lésion ni de l'encéphale, ni de ses enveloppes; seulement la substance nerveuse paraissait plus dense et plus serrée et ne remplissait plus exactement la cavité cranienne. J. L. PETIT admit que la transmission au cerveau des vibrations communiquées à sa coque osseuse pourrait amener la suspension ou l'anéantissement de ses fonctions. Le phénomène physio-pathologique fut ensuite quelque peu éclairé par les recherches cliniques de BOYER, ABERNETHY, SILLEZ, COOPER, DUPUYTREN, NÉLATON.

Quant à la pathogénie, nous allons voir combien elle est encore obscure, malgré les recherches de FANO, FISCHER, KOCH, FILEHNE, DURET, DUPLAY, LUDRE, BRAQUEBAGE, POLÈS, ROGER, etc.

Description du phénomène physiologique. — Depuis DUPUYTREN on admet les trois degrés suivants :

Dans la *commotion légère*, le sujet est étourdi : il a des éblouissements, des sensations lumineuses, de l'acousie avec tintements et bourdonnements. — Il chancelle comme un homme ivre, il cherche un appui; ses jambes fléchissent, ses bras tombent inertes; il pâlit, s'affaisse, perd connaissance; le regard devient fixe, les paupières se ferment. La respiration est faible et superficielle; le pouls est petit, filiforme, ralenti. Ces troubles durent au maximum un quart d'heure, et progressivement ils disparaissent.

Dans la *commotion grave*, la perte de connaissance est immédiate et complète, le sujet tombe comme une masse et reste étendu sans mouvements. La résolution musculaire est profonde; abolition des sensibilités générale et spéciale; pâleur de la face, refroidissement des extrémités; pouls ralenti, petit, quelquefois irrégulier; respiration irrégulière, suspirieuse avec de profondes inspirations; salivation, larmoiement, perte des urines, des matières fécales et du sperme. Il y a arrêt des échanges entre la sang et les tissus. Les divers médicaments administrés à hautes doses sous la peau ne manifestent leur action que lorsque le sujet sort de sa torpeur; quant à la température, on note tantôt l'hypothermie, tantôt plus rarement une légère hyperthermie. A cette phase comateuse, souvent mortelle, succède souvent un stade d'excitation (DURET). Dans les cas de guérison les troubles intellectuels consécutifs sont des plus curieux, puisque certains sujets auraient présenté une vivacité intellectuelle plus grande après un choc ayant produit des phénomènes de commotion cérébrale (?).

Dans la *commotion foudroyante*, le blessé tombe sans connaissance, privé de sentiment et de mouvement; le cœur et la respiration s'arrêtent, et la mort survient.

Tous les troubles fonctionnels doivent être considérés actuellement comme des phénomènes inhibitoires et dynamogéniques. Mais, comme nous allons le voir, il est encore très difficile d'expliquer leur mode de production : ce qui est à noter, c'est que le même trauma ne produirait pas la même commotion chez tous les sujets : il y a pour chaque blessé comme une réceptivité spéciale. Les individus ayant déjà une lésion encéphalique sont plus sujets à la commotion. C'est pour cette raison que beaucoup de chirurgiens ont renoncé à la trépanation avec la gouge et le maillet, ou bien ils opèrent en deux séances opératoires espacées par un certain intervalle de temps.

Pathogénie. — A. Théorie admettant des lésions anatomiques. — a) *Théorie de* *l'affaissement ou du tassement de la substance cérébrale.* — Mais le fait anatomique lui-même, admis par LITTRÉ, SABATIER, DUVAS, fut nié par BICHAT, A. NÉLATON etc.

b) *Théorie de l'ébranlement de l'encéphale par les oscillations de la boîte cranienne.* — JEAN-LOUIS PETIT pensait que la commotion était due à *l'anéantissement des fonctions cérébrales causé par la transmission à l'encéphale des vibrations de sa boîte osseuse.* GAMA, professeur au Val-de-Grâce, chercha un dispositif permettant de prouver l'existence des vibrations en même temps que leur transmission à l'intérieur de la masse cérébrale. Il remplit un matras en verre d'une solution d'ichtyocolle, ayant à peu près le même consistance que celle du cerveau, et plaça dans la masse encore liquide un réticulum de fils divergents colorés. Après solidification de la masse, il ébranla le matras par des chocs plus ou moins violents et observa le déplacement des différents fils. — Mais A. NÉLATON, DENONVILLIERS, FISCHER contestèrent l'exactitude de cette expérience, un peu primitive d'ailleurs.

c) *Théorie de l'apoplexie capillaire et de la contusion.* — FANO et ALGQUIÉ signalèrent la fréquence de ces lésions d'où dérivaient les symptômes observés par VELPEAU, DEL-PECH : la *commotion n'est que le premier degré de la contusion.* Ces apoplexies capillaires se retrouvent dans tout l'encéphale. STROMEYER admit une variante de cette théorie : l'aplatissement de la voûte en un point de son étendue expulse brusquement le sang des capillaires du territoire cérébral situé au-dessous, et cette anémie subite entraîne des troubles de nutrition des éléments nerveux, d'où les symptômes d'ébranlement cérébral. En résumé, pour STROMEYER, il y a ischémie, et celle-ci résulte de la compression subie par l'encéphale par suite des changements de forme que les percussions impriment à la boîte cranienne.

MACPHERSON a étudié la structure des cellules nerveuses à la suite d'un ébranlement cérébral ; il a observé des vacuoles dans les noyaux des cellules ; vacuoles qui seraient dues à des troubles de la circulation.

d) *Théorie du choc encéphalo-rachidien de* DURET (1879). — Pour cet auteur, les lésions occupent les espaces où circule le liquide encéphalo-rachidien. Dans les traumatismes internes portant sur le crâne, le liquide est refoulé vers ses origines, les aréoles de la pie-mère, les gaines lymphatiques des artérioles cérébrales, et vers les voies naturelles de dégagement. Ainsi le liquide des ventricules latéraux passe dans le ventricule moyen, de là dans le 4e ventricule, d'où il sort par l'ouverture de MAGENDIE, ce qui explique les ruptures vasculaires observées ; le liquide joue le rôle de flot de percussion. Dans les chocs sur les régions pariéto-temporales, outre le *cône de dépression* qui se produit au point percuté, il se forme à l'extrémité opposée de *l'axe de percussion* un *cône* de soulèvement. Il y a un afflux subit de liquides destinés à remplacer le vide créé par la cavité du cône de soulèvement. De même les traumatismes portant sur la région frontale peuvent se répercuter jusque dans la moelle. D'une manière générale, la commotion grave résulte d'une véritable contusion du cerveau, dont les lésions sont localisées surtout dans le bulbe. DURET admet en outre une anémie centrale primitive, augmentée et entretenue par une contracture vasculaire réflexe, dont le point de départ est dans l'irritation de toutes les parties sensibles de l'encéphale, et plus particulièrement des corps restiformes. A cette contracture vasculaire généralisée succède une paralysie vasculaire aussi étendue qui suspend les échanges entre le sang et les éléments nerveux, et qui prolonge à son tour le trouble survenu dans le fonctionnement encéphalique. Dans la commotion foudroyante, la mort survient par anémie brusque du bulbe, soit par suite de l'excès de pression subite du liquide céphalo-rachidien sur le plancher bulbaire, soit par la violence de la contracture réflexe des vaisseaux encéphaliques. La syncope respiratoire et cardiaque, passagère dans les deux autres variétés de choc, est ici mortelle. L'axe de percussion variant suivant le point d'application de la force percutante, on comprend la variation des phénomènes observés : contractures, parésies, paralysies, anesthésies, etc.

Cette théorie de DURET a été admise avec quelques modifications par BOUCHARD (de Bordeaux), SUDRE, etc.

B. **Théories n'admettant pas l'existence de lésions anatomiques.** — a) *Théorie vasomotrice de* FISCHER (1871). — D'après cet auteur, un choc appliqué sur la tête détermine une paralysie réflexe de la musculature artérielle, suivie de l'engorgement des voies veineuses compensant la diminution de l'afflux sanguin. Le cœur ralenti d'une manière réflexe et directement aussi par l'engorgement excessif des veines, ne peut compenser le ralentissement de la circulation, et cet état entraîne des altérations de la nutrition des éléments nerveux. *En résumé, la commotion serait un simple choc, et ses symptômes seraient dus exclusivement à des modifications purement fonctionnelles du système vasculaire.* C'est une paralysie réflexe des vaisseaux cérébraux comparable à la paralysie vaso-motrice que Goltz produit sur les grenouilles par des chocs sur l'abdomen.

b) *Théorie dynamique de* Koch *et* Filehne (1874). — Ces physiologistes eurent l'heureuse idée de remplacer les coups violents d'emblée par des coups plus légers, mais répétés. *Ils admettent la mise en activité des centres nerveux par le traumatisme lui-même et ils refusent toute participation du système vasculaire à la production de ces phénomènes.* La nature purement dynamique de la commotion est ainsi admise, mais ces auteurs ne se prononcèrent pas sur la question de savoir comment l'ébranlement se transmet aux centres, si c'est par des mouvements oscillatoires ou au contraire par un déplacement en totalité.

En somme, pour eux, il peut y avoir une commotion mortelle sans lésion, et cette commotion est provoquée par des lésions purement fonctionnelles; et la commotion est due à l'action directe de la violence sur les différents centres encéphaliques. Koch et Filehne revinrent en somme à l'idée d'une parésie par cause mécanique des centres nerveux, déterminée soit par un ébranlement moléculaire, soit par le choc de la masse encéphalique contre la paroi cranienne.

c) *Théorie de* Polès (*Déséquilibration des centres ou bulbes par anémie réflexe* (1894). — Que la commotion soit produite par des coups légers, mais répétés, ou poussés d'emblée jusqu'à la mort, ou par des coups violents d'emblée, on note que les traumatismes répétés mettent successivement en action les différents centres d'après leur degré de résistance aux influences extérieures. La plupart réagissent par une exagération de leur fonctionnement; mais, alors que les centres inférieurs sont encore fortement excités, l'irritation des parties supérieures a déjà fait place à la paralysie. Déjà dans la période d'excitation des centres bulbaires, on observe une *altération des rapports qui normalement unissent ces centres entre eux.* — Des centres qui sont toujours unis dans leur fonctionnement, tel que le centre vaso-moteur et le centre modérateur du cœur, se séparent et agissent indépendamment l'un de l'autre. Au fur à mesure que la commotion progresse, les troubles de coordination se prononcent. On observe l'interruption de la continuité physiologique entre les fonctions respiratoire et cardiaque du noyau du vague, interruption permettant de comprendre le renversement des variations respiratoires de la pression sanguine chez le chien. On voit aussi survenir des altérations dans l'union des diverses parties constituant le centre respiratoire : la dépression semble envahir plus rapidement le centre inspiratoire qui devient incapable de réagir sous l'excitation électrique du pneumogastrique. Plus loin encore, les centres respiratoires sont si épuisés qu'ils ne peuvent plus transmettre aux centres moteurs réflexes de la protubérance, lors de l'asphyxie, l'excitation nécessaire à les faire entrer en action et, finalement, pour clore la scène, ils se trouvent paralysés et *la mort survient par arrêt de la respiration.* A *l'autopsie on ne trouve rien, ni foyer contus, ni sablé sanguin intra-cérébral sur les coupes en série :* à la surface on trouve parfois les suffusions sanguines déjà signalées par Duret.

A la suite d'une série d'expériences très bien conduites, Polès a démontré que, par la seule anémie des centres nerveux consécutive à la ligature de vaisseaux afférents, il est possible de réaliser le tableau clinique complet de la commotion cérébrale; ici encore les centres supérieurs sont paralysés alors que les centres bulbaires sont encore excités. Parmi ces derniers, le centre respiratoire domine la scène, et la caractéristique des effets de l'anémie comme des traumatismes est la rupture de l'équilibre entre les divers centres.

D'après Polès il faut invoquer deux causes pour la genèse des symptômes de la commotion cérébrale : c'est d'une part l'action de la violence sur les centres nerveux eux-mêmes; de l'autre, c'est l'altération vasculaire amenée par l'action de cette même violence sur les vaisseaux. Pour les ébranlements modérés, s'accompagnant dans la grande majorité des cas de ralentissement du cœur, il s'agit d'une contraction vasculaire produite très probablement par action directe sur les vaisseaux, mais pour laquelle, jusqu'à présent on ne peut exclure complètement l'intervention du centre vaso-moteur, faute de preuves expérimentales suffisantes. Pour les ébranlements intenses, accompagnés d'accélération du cœur due à la paralysie du vague, il s'agit au contraire d'une paralysie des vaisseaux cérébraux due circonstentiellement à l'action du traumatisme sur ces vaisseaux eux-mêmes. Dans les traumatismes cérébraux, la mort étant due à la paralysie des centres respiratoires, la respiration artificielle, les injections intraveinuses de sérum artificiel sont les seuls moyens de réveiller l'excitabilité des centres et de rappeler les animaux blessés à la vie.

COMMOTION SPINALE. — On désigne sous ce nom une suspension brusque, plus ou moins marquée, et en général éphémère, des fonctions de la moelle, qu'on observe parfois à la suite de traumatismes violents. Elle présente de l'analogie avec la commotion cérébrale, mais elle est moins fréquente, la moelle étant très protégée par le rachis.

Déjà signalée par B. Brodie, Abercombrie, Ch. Bell, Boyer, elle a été étudiée plus récemment par J. Sidell, Page, Chipault, etc.

Elle peut être directe ou indirecte, et dans ce dernier cas elle est provoquée par une chute sur les pieds, sur les genoux, ou le siège. Dans ces dernières années, on en a beaucoup parlé à la suite des accidents de chemins de fer, notamment dans les rencontres de trains. Elle a été décrite par Erischen sous le nom de « *railway spine* », puis par Leudet. D'après Oré, elle se produirait en pareil cas par action directe, le dos du voyageur, par le fait de la vitesse acquise, venant frapper avec violence la cloison contre laquelle il était appuyé. Mais ce *railway spine* est considéré maintenant comme de l'hystéro-traumatisme.

La commotion spinale est variable comme intensité. Dans les *cas légers*, il y a une parésie des membres inférieurs accompagnée de crampes, d'engourdissements, de fourmillements, de brûlures. Personnellement nous avons éprouvé ces symptômes après de très nombreux exercices violents de sauts qui se faisaient en tombant sur les talons. Parfois il y a de l'hyperesthésie. Comparativement on peut noter de l'atrophie des membres. Il est certain qu'il faut une prédisposition particulière pour ressentir les effets de la commotion spinale, car tous les chauffeurs et mécaniciens de locomotive ne sont pas spécialement atteints de cette affection.

Dans les *cas graves*, il y a une paralysie complète des quatre membres, anesthésie, rétention de l'urine et des matières fécales, hypothermie et mort par choc des centres respiratoires et circulatoires du bulbe.

Nous venons d'envisager la commotion médullaire totale, mais ce phénomène peut être localisé à certains centres médullaires, le centre ano-spinal ou vésico-spinal tout particulièrement.

Au point de vue histologique, A. Chipault signale une nécrose simple d'une partie des éléments nerveux amenant leur disparition progressive avec intégrité de la névroglie qui secondairement peut s'hypertrophier. On peut noter encore une nécrose des éléments nerveux avec destruction de la substance de soutènement et des pseudo-gliomes traumatiques provoquant ultérieurement de la syringomyélie par atrophie du tissu gliomateux.

Chipault, dans plusieurs expériences, a observé des hémorragies capillaires et une véritable inondation du tissu nerveux par les globules sanguins extravasés; il pense qu'à côté de la traumatisation directe des éléments nerveux (théorie de Salomon), il faut faire place aux hémorragies comme agents d'altération médullaire dans des commotions spinales sans fracture vertébrale. C'est ce que pense également Wagner, d'après plusieurs observations cliniques.

C'est à cela que se borne tout ce que nous savons sur la physiologie de la commotion médullaire.

Bibliographie. — Commotion encéphalique. Aux indications rapportées par Polès dans son remarquable mémoire (*Revue de clinique*, 1894), ajoutez : Roger (*Archives de Physiolojie*, 1893, 57). — F. Guêper. *Hyperthermie après les traumatismes* (*Thèse de Paris*, 1894). — Braquehage (*Thèse Paris*, 1895). — Yvon (*Manuel de pathologie externe*, 98 et suivantes). — Chipault. *Chirurgie du cerveau*, 1894, *passim* et *Traité de chirurgie clinique et opératoire*. Voy. aussi **Cerveau**.

Commotion médullaire. Voir les indications rapportées par : 1° Chipault. *Études de chirurgie médullaire*, 1893, 56. — 2° GROSS. *Manuel de pathologie externe*, 278. — 3° WAGNER. *Beiträge. z. klin. Chir.*, XVI, 22.

Voir également articles Cœur, Intestin, Nerf.

MAUCLAIRE.

CONCHAIRAMINE. — Voyez Chairamine.

CONCHIOLINE. — Substance voisine de la kératine, et par conséquent des matières albuminoïdes vraies ($C = 50$. $H = 6$. $Az = 16,5$. $O = 27,5$.) retirée par FRÉMY de la coquille des mollusques. Elle a été trouvée par KRUKENBERG (*D. chem. Ges.*, XVIII, 989) dans la matière muqueuse qui agglutine les œufs des murex et des buccins. Elle paraît réfractaire à l'action digestive de la pepsine et de la trypsine, et le résidu des digestions faites d'abord avec des acides dilués, puis avec les sucs digestifs, est de la conchioline. Par l'ébullition avec l'eau elle ne donne pas de gélatine. Par l'ébullition avec l'acide sulfurique dilué elle donne de la leucine (SCHÜTZENBERGER) (*D. W.*, *Suppl.*, 1368).

CONCUSCONINE ($C^{23}H^{26}Az^2O^4$). — Alcaloïde extrait de l'écorce de *Remigia purdicana*. Elle forme des sels, dont quelques-uns sont cristallisables, et se combine à l'iodure de méthyle pour former de la méthylconcusconine (*D. W.*, *Suppl.*, (2), I, 1368).

CONDURANGINES. — Glycosides qu'on extrait de l'écorce du *Gonolobus condurango*. Les récentes recherches de BOQUILLON ont prouvé qu'elles sont fort nombreuses. Il y en aurait jusqu'à cinq, qu'on désigne par les lettres α, 6, γ, δ, ε. D'après VULPIUS et CARRARA, il n'y en aurait que deux : l'une insoluble dans l'alcool ($C^{20}H^{32}O^6$) et fondant à 60°; l'autre, soluble dans l'alcool ($C^{18}H^{28}O^7$) et fondant à 134°. Par l'ébullition elles donnent du glycose et de la *condurangétine*. L'écorce du condurango contient une sorte de cholestérine, la *conduranstérine* ($C^{30}H^{50}O^2$).

Les propriétés toxiques de la condurangine soluble dans l'alcool ont été étudiées par divers auteurs. Cette substance semble, en effet, avoir des propriétés tout à fait remarquables. Assurément ses propriétés thérapeutiques, par exemple la guérison du cancer qu'on lui a attribuée, sont au moins problématiques; mais ses effets toxiques ne sont pas douteux.

GIANNUZZI et BUFALINI avaient pensé que la condurangine a des effets analogues à la strychnine, quoique parfois la mort survienne sans convulsions.

Mais, expérimentant avec un produit moins impur, LAUDER BRUNTON a montré qu'il n'y avait vraiment aucune augmentation appréciable des réflexes. Le même expérimentateur ne lui a trouvé aucune action sur la pression artérielle, ni sur les terminaisons du nerf vague dans le cœur, ni sur les fonctions vaso-motrices. Il attribue la mort produite par l'injection veineuse (sur le lapin) à de petites embolies pulmonaires (??).

TSCHELZOFF montra que l'extrait de condurango agit peu sur la sécrétion stomacale, mais qu'elle augmente la production de bile et du suc pancréatique.

SCHROFF admit une diminution générale de l'activité nerveuse.

KOBERT fit des expérienses plus précises, avec la condurangine de VULPIUS (substance dextrogyre, amorphe, jaune, amère, soluble dans l'eau et dans l'alcool, précipitant par les corps qui précipitent les albuminoïdes). Elle provoque des phénomènes ataxiques rappelant ceux de l'ataxie; et est toxique à la dose de 0,02 par kilo pour les carnivores, de 0,06 pour les herbivores.

Les expériences de GUYENOT ONTHIER, d'une part, et d'autre part de PERRET, ont donné quelques faits nouveaux; ils ont noté la lenteur extrême avec laquelle marche l'intoxication, au moins quand l'injection est sous-cutanée.

Chez le chien, il y a, trois ou quatre heures après l'injection, des vomissements bilieux abondants, de la salivation. La pupille est dilatée : l'adynamie est profonde. Le jour de l'injection et les jours suivants, on note des phénomènes curieux d'incoordination motrice; troubles ataxiques, incertitude dans la démarche, exagération de la sensibilité et des réflexes, parfois même convulsions cloniques. Cet état peut durer deux ou trois jours, parfois davantage. Dans une expérience faite le 11 juillet, le chien était encore à demi ataxique le 15 juillet.

La respiration augmente de fréquence, et même devient dyspnéique. Le cœur s'accélère au début, mais peu à peu au moins chez la grenouille, il se ralentit et s'affaiblit.

La dose toxique sur le chien serait de 0,06 en injection hypodermique, de 0,02 en injection veineuse. Chez les grenouilles la dose mortelle serait de 0,1 environ.

L'ensemble de ces effets semble concorder avec l'idée que la condurangine est exclusivement un poison médullaire, qui, suivant la dose, exciterait, puis paralyserait les réflexes.

Quant aux hypothèses qui ont été faites pour expliquer son action, elles sont peu satisfaisantes. L'hypothèse de PERRET, qu'il s'agirait d'une compression mécanique des racines médullaires par les vaisseaux hypérémiés, ne peut être soutenue. Le bulbe est-il plus atteint que la moelle, comme le veut GUYENOT? cela est possible; mais les grenouilles décapitées ont, après l'action de la condurangine, une exagération notable des réflexes, ce qui prouve que toute la moelle subit l'action du poison. Peut-être la lenteur de l'action de la condurangine serait-elle due à une décomposition dans l'organisme, avec production d'une nouvelle substance plus active.

Les effets tout à fait particuliers, et bien imparfaitement connus, de la condurangine devraient engager à l'étudier de nouveau.

BOQUILLON. *Les plantes alexifères de l'Amérique du Sud.* Paris, 1891. — BRUNTON (LAUDER). *Physiological action of Condurango* (*J. An. and Physiol.*, 1876, x, 484-487). (*J. P.,* 1885, v, 17-34). — GIANNUZZI et BUFALINI. *Dell'azione sclerosa del Condurango* (*Gaz. med. Lomb.,* 1872, xix, 153. *Ric. segu. nel Gabinetto di Fisiologia d. U. di Siena,* 71-86, et *C. W.,* 1873, 824). — GUYENOT-ONTHIER. *Propriétés thérapeutiques et toxiques de la condurangine* (*Diss. in. Paris,* 4°, 1890). — JUKNA (G.). *Ueber Condurangin* (*Diss. in. Dorpat,* 1888). — KOBERT (*Pet. med. Woch.,* 1889, vi, 1). — PERRET. *Étude expérimentale sur la condurangine* (*Diss. in.,* Paris, 1893). — TSCHELZOFF (*Botkins klin. Woch.,* Pétersbourg,1888, nos 16 et 17, 301). — VULPIUS. *Rech. chimiques sur le condurango* (*Monit. scientifique,* 1872, xiv, 642-650). — *Sur le glycoside du condurango* (*J. de pharm. et de chimie,* 1885, xii, 216).

CONESSINE ou Wrightine ($C^{21}H^{40}N^2$). — Alcaloïde cristallisable, extrait du *Wrightia antidysenterica* (D. W., (2), 1369).

CONGLUTINE. — Signalée par PROUST, la conglutine, encore appelée *amandine,* a été extraite des amandes douces et amères par VOGEL et par BOULLAY.

On peut l'obtenir par un procédé analogue à celui que RITTHAUSEN a employé pour la *légumine.*

On met en digestion les farines des légumineuses ou les semences elles-mêmes, réduites en poudre avec sept à huit fois leur poids d'eau additionnée de potasse (1 p. 100) et à basse température; on décante au bout de six heures; on abandonne au repos pendant vingt-quatre heures à basse température. On sépare le liquide du dépôt; le résidu insoluble est de nouveau mis en digestion avec quatre ou cinq fois son poids d'eau et traité comme précédemment. On précipite les liqueurs réunies par l'acide acétique étendu. On lave le précipité à l'alcool faible, puis à l'alcool concentré et à l'éther.

La conglutine présente la composition suivante :

	CONGLUTINE.			
	AMANDES DOUCES.	AMANDES AMÈRES.	LUPINS JAUNES.	LUPINS BLEUS.
C.	50,24	50,63	50,83	50,66
H	6,81	6,88	6,92	7,03
Az.	18,37	17,97	18,40	56,65
S.	0,45	0,40	0,91	0,45
O	24,13	24,12	22,94	25,21

C'est là une composition centésimale qui ressemble beaucoup à celle de la *légumine.* La conglutine en diffère en ce qu'elle est plus soluble dans les acides faibles.

Quand on l'hydrate par l'action de l'acide sulfurique étendu à la température de l'ébullition, la conglutine donne, comme la légumine, de la leucine, de la tyrosine, de l'acide aspartique et de l'acide glutamique. Mais la conglutine donne une proportion plus forte d'acide glutamique que l'acide aspartique, tandis que c'est l'inverse pour la légumine.

Soumise à l'action des sucs digestifs, la conglutine se transforme en peptones.

J.-E. A.

CONICINE ou **CONINE** ou **CONIINE** ($C^8H^{15}Az$). — La plupart des propriétés physiologiques de la conicine ont été décrits à l'article **Cicutine** (mot qui se rapporte à la même substance). Nous indiquerons ici quelques récents travaux sur la constitution chimique des conicines, conicéines et conhydines.

La conicine est considérée comme un dérivé pyridique. Si l'on admet que la collidine est une triméthylpéridine, la conicine serait l'hydrure d'une collidine.

LADENBURG en a fait la synthèse en partant de la pyridine. L'iodure de méthyle et la pyridine donnent la picoline α, laquelle, chauffée avec la paraldéhyde, donne l'allylpyridine. L'allylpyridine réduite par l'éthylate de sodium donne la conicine synthétique, le premier alcaloïde de synthèse doué d'un pouvoir rotatoire (*Enc. der Therapie*, 1898, 786).

La conicine naturelle a un isomère, la paraconicine, qu'on prépare en chauffant la butyraldéhyde ammonique à 100° dans un courant d'ammoniaque. La paraconicine est toxique (ÉTARD. *Dict. de Chimie, Suppl.*, ı 2, 519).

Il existe de nombreux dérivés dont l'étude physiologique et thérapeutique, non entreprise encore, serait assurément très intéressante. La *conhydrine* ($C^9H^{17}AzO$) ou *oxyconicine*, alcaloïde oxygéné, découvert par WERTHEIM dans les fleurs de la ciguë; la *méthylconicine* ($C^8H^{14}Az, CH^3$) qui existe toujours en mélange avec la conicine normale; la *paradiconicine* ($C^{16}H^{27}Az$), liquide bouillant à 210°, résultant de l'action de la chaleur sur la paraconicine, et probablement une dicrotonylamine (HOFMANN); la *conicéidine* qu'on obtient en faisant bouillir l'oxyconicine avec la potasse alcoolique ($C^{16}H^{26}Az^2$); les *conicéines* α, β, γ, différant de la conicine par H^2 en moins ($C^8H^{15}Az$). Les conicéines sont toxiques (HOFMANN). En distillant l'azoconhydrine ($C^8H^{15}Az^2O$) avec l'anhydride phosphorique, on obtient un carbure d'hydrogène, le *conylène* (C^8H^{14}), qui bout à 126° (WERTHEIM). La *méthylconine* produirait des convulsions (HOPE, cité par LIEBREICH. *Enc. der Therapie*); l'*homoconine*, isomère de la méthylconine, aurait à peu près les mêmes effets (SCHOLSEN, *ibid.*). Les diméthylconines auraient des effets curarisants (BROWN et FRASER, *ibid.*).

Bibliographie. — ARCHAROW (J.). *Action des sels de conicine sur l'organisme* (*Arch. slaves de Biologie*, 1887, III, 253-256). — BOEHM. *Conicin* (A. P. P., 1884, XV, 432-439). — LADENBURG. *Ueber reines d. Coniin* (D. Chem. Ges., XXVII, 3062-3066, 1894). — MOURRUT (H.). *La ciguë et son alcaloïde comparés au bromhydrate de conine* (B. B., 1878, 44-54). — PRÉVOST (J. L.). *Rech. rel. à l'act. physiol. du bromhydrate de conine* (A. d. P., 1880, 40-54). — RIBOULOT. *Rech. expérim. sur le cicutisme* (Diss. in., Nancy, 1879). — SCHULZ et PEIPER. *Conium hydrobromatum* (A. P. P., 1885, XX, 149-161). — TIRYAKIAN (Il.). *Ét. exp. et clinique sur la conine et ses sels* (Diss. in., Paris, 1878). — TULOUP (G. P.). *Ét. histor. de la grande ciguë et de son alcaloïde, la conine. Du bromhydrate de conine* (Diss. in., Paris, 1879). — WOLFFENSTEIN. *Ueber Coniin* (D. Chem. Ges., XXVII, 1894, 2615-2621) (Voy. Cicutine).

CONIFÉRINE. — Glucoside, nommé successivement laricine et abiétine, puis définitivement coniférine par KUBEL : on le trouve dans le suc du cambium de divers conifères, entre autres du *Larix Europaea*.

Sa formule est $C^{16}H^{22}O^8 + 2H^2O$. Insoluble dans l'eau froide et l'éther, soluble dans l'eau chaude et l'alcool, elle est lévogyre et cristallise en aiguilles qui fondent à 185°. Elle se dédouble sous l'influence des acides étendus et de l'émulsine, et donne $C^{10}H^{12}O^3$ (alcool coniférylique). Son odeur ressemble à celle de la vanilline (Voir **Vanilline**).

CONIMÈRE ($C^{15}H^{24}$). — Essence extraite de l'*Icica heptavhylla*, bouillant à 264°.

CONSANGUINITÉ.

CONSANGUINITÉ. — La consanguinité est une condition où se trouvent, les uns à l'égard des autres, les organismes de souche commune, ayant, à distance plus ou moins grande, un procréateur commun. La consanguinité est d'autant plus forte que les êtres considérés sont plus rapprochés de ce procréateur commun, de ces procréateurs, plus exactement, puisque la reproduction sexuelle est la plus répandue chez les organismes supérieurs.

Nous n'avons à considérer ici que le côté physiologique des unions consanguines — ou par abréviation de la *consanguinité*, — et à voir dans quelle mesure celles-ci sont avantageuses ou nuisibles à l'espèce.

Il convient de noter d'abord que l'idée d'attribuer des effets défavorables à la consanguinité est de date toute récente : elle n'a pas cent ans d'âge, et remonte à peu près au début du siècle, époque où (*Médecine légale*, 1813) Fodéré écrivait ceci : « Indépendemment de l'intérêt des mœurs, rien ne détériore autant l'esprit humain que les mariages dans la même famille. De Paw rapporte avec justesse, d'après un auteur portugais, que les nobles de ce pays, ne formant d'union qu'entre eux pour conserver la pureté du sang, sont presque tous devenus stupides. »

Depuis, il a été beaucoup discuté sur la question, et ce sont les médecins surtout qui l'ont abordée. Sans doute, ils étaient qualifiés pour ce faire, mais il est bien certain qu'en envisageant les effets de la consanguinité chez l'homme seul, ils se privaient des moyens d'appréciation des plus importants. L'homme, en effet, a une existence et une constitution beaucoup plus artificielles et déformées que la bête : et à ne tenir compte que de l'espèce humaine, on risque de se tromper tout autant qu'on le ferait, dans l'étude d'une question de biologie générale — dans l'étude de la consanguinité elle-même — à ne considérer que telle ou telle race d'animaux domestiques, c'est-à-dire d'êtres artificiels et plus ou moins abâtardis. Il est bien clair, en effet, que la plupart de nos races domestiques, privées du secours de l'homme, et livrées à la nature comme leurs congénères et ancêtres sauvages, auraient vite fait de disparaître dans la lutte pour l'existence. Que de races de chiens, de poules, de porcs, de moutons, seraient incapables de survivre ! Il en va de même pour la race humaine, en général, pour les races civilisées surtout, chez qui il y a certainement de nombreuses formes de déchéance physiologique. Il y a donc des inconvénients sérieux à n'étudier les effets de la consanguinité que chez l'homme, et le principal à coup sûr, c'est la méconnaissance de tant de faits qui montrent à quel point la consanguinité est répandue dans le monde organique. On méconnaît en effet cette circonstance qu'il existe certainement des espèces végétales chez qui l'auto-fécondation est la règle — et où trouverait-on un plus haut degré de consanguinité, — et que, chez une foule d'animaux, même élevés en organisation, et qui vivent en petites troupes, la consanguinité est des plus fréquentes[1], l'espèce étant largement basée sur les unions incestueuses.

Il est bon toutefois de prendre tous les faits en considération, car, si dans un cas on est tenté d'en dire trop, dans l'autre on n'en dirait pas assez. La consanguinité n'est ni une panacée universelle, ni un fléau destructeur. En réalité, tout dépend des conditions. Dans certaines circonstances, elle n'a rien de nuisible ; dans d'autres, et poussée à un degré extrême pendant un temps prolongé, elle est assurément défavorable. Si donc nous considérons, avec beaucoup d'autres, la consanguinité comme étant innocente des maux nombreux qu'on lui impute, il va de soi que nous parlons de la consanguinité courante, telle qu'elle existe chez les animaux, c'est-à-dire d'une consanguinité qui n'est ni excessive ni perpétuelle.

Nous considérerons successivement les points suivants : l'origine de l'antipathie qu'éprouve l'homme pour les unions consanguines, et les effets de la consanguinité chez les animaux.

---

1. Dans bien des cas, toutefois, les données sont incertaines encore. Chez les Pigeons, par exemple, Bailly-Maitre considère qu'en général les deux sujets (plus souvent mâle et femelle) de la même couvée, sont enclins à s'apparier : le marquis de Brisay déclare le contraire (*Intermédiaire des Biologistes*, 20 novembre 1897, note de A. Giard, 38). Chaumier pense comme Bailly-Maitre, et Fabre Domergue a observé la consanguinité régulièrement à travers plusieurs générations (*Ibid.*, 5 mars 1898, 203).

Origine de la loi d'exogamie. — De façon générale, dit Westermarck (*Histoire du mariage dans l'espèce humaine*), « l'horreur de l'inceste est une caractéristique presque universelle de l'humanité, et les cas qui semblent indiquer la totale absence de ce sentiment sont si rares qu'on doit les considérer comme n'étant que des anomalies et des aberrations ».

Toutefois ces aberrations existent, et Westermarck en cite des cas nombreux.

Quant à l'interdiction du mariage entre parents très proches, l'étude attentive des faits nous montre qu'elle dérive d'une superstition théologique et sociale; elle ne repose en rien sur l'idée que les unions consanguines donnent de fâcheux résultats. La prohibition de l'inceste, dans les cas où elle existe, ne repose sur aucune croyance dans les effets nuisibles de la consanguinité au point de vue de la progéniture et de la race. Elle repose exclusivement sur un préjugé, lequel a sa source dans l'ignorance, et sur une convention sociale. Mais nous n'avons pas à entrer ici dans le détail de cette histoire : il nous suffit de constater que l'horreur de l'inceste n'a pas pour base la croyance aux effets néfastes de la consanguinité.

Les effets de la consanguinité chez l'homme. — Il y a, ou plutôt il y a eu, deux opinions très opposées sur les effets de la consanguinité. Les uns l'ont accusée de mille méfaits; les autres — maintenant la grande majorité — considèrent la consanguinité comme n'exerçant en elle-même aucune influence nuisible.

Les faits invoqués sont d'ordre général et d'ordre spécial.

Les exemples ne manquent pas de communautés humaines qui, depuis un temps plus ou moins long, se reproduisent sans grands croisements, et présentent ainsi une abondance d'unions consanguines plus ou moins proches. Dans une petite agglomération qui reste isolée, loin de tout centre, les mariages se font évidemment entre un très petit nombre de familles, et, en réalité, au bout de quelques générations, c'est à peu près le même sang qui coule dans toutes les veines. Or que se passe-t-il dans ces communautés? Dans la majorité, les unions consanguines paraissent n'exercer aucune influence défavorable. C'est ce qui ressort de l'étude des petites communautés des îles Pitcairn et Norfolk (peuplées par les révoltés de la *Bounty* il y a cent ans), des vieux Hindous des collines de Tengger, à Java, de la progéniture du négrier *Da Souza*, dont les 400 veuves éplorées et les 100 enfants furent, en 1849, relégués dans un village du Dahomey, pour y vivre et, qui mieux est, prospérer dans l'inceste le plus complet et le plus varié, sans présenter, en 1863, un seul cas de surdi-mutité ou des autres maux habituellement attribués à la consanguinité [1]. On ne voit pas trace de ces maux chez les habitants d'Eten, au Pérou, ni chez ceux de Santa-Rosa, dans le même pays, bien qu'ils ne se marient point en dehors de leur agglomération : l'inceste y est fréquent. Même phénomène pour les pêcheurs de Brighton, les habitants de l'île de Portland, les pêcheurs de Staithes, et de Boulmer, les habitants de Saint-Kilda, les Islandais, les habitants de l'île de Batz, les Foréatines des environs de Bourges, les habitants de Gaust dans les Pyrénées, les Andorrains, les Cagots, les Marans d'Auvergne, les Hautponnois, les Burins de l'Ain, les Vaqueros des Asturies, les Samaritains, etc. De même, on ne peut dire que les Israélites, qui ne se marient guère en dehors de leur caste religieuse, aient dégénéré. Ils sont prolifiques, et leur progéniture ne paraît pas présenter de défectuosités que l'on puisse attribuer à la consanguinité.

A Pauillac, dit Ferrier (cité par Lacassagne dans l'article « Consanguinité » du *Dict. enc. des sc. méd.*), il y a 1 700 habitants : « La plupart sont des marins robustes, vigoureux et bien constitués, les femmes sont renommées pour la beauté et la fraîcheur de leur teint; il n'y a peut-être pas de localité en France où les mariages entre consanguins soient plus fréquents, et où les cas d'exemption militaire soient plus rares. » Dans différents villages côtiers, encore, les mariages consanguins sont fréquents et en apparence inoffensifs : à Granville, à Arromanches, au Portel près de Boulogne, au bourg de Batz. Dans cette dernière commune, qui compte quelque 3 000 habitants, Voisiny a fait des constatations intéressantes. « Depuis longtemps, dit-il, les habitants du bourg se marient entre eux, sauf de très rares exceptions. C'est dans le pays un titre de noblesse d'être du

---

1. Il est vrai que cette communauté est en voie d'extinction : mais l'alcoolisme, la syphilis et la débauche suffisent amplement à expliquer le phénomène.

bourg de Batz, et il est très rare de voir des unions avec les gens du Croisic ou du Pouliguen. » Malgré cette fréquence de la consanguinité (pour la plupart d'entre eux la parenté est du deuxième au troisième degré), la population est très saine et forte, vivant beaucoup en plein air d'ailleurs, et adonnée aux travaux du corps. L'hygiène y est très bonne, et la misère presque inconnue.

Chez les Todas et les Nilghiris de l'Inde, où la consanguinité est la règle, la race se maintient pourtant fort belle.

A Saint-Kilda sur la côte occidentale de l'Écosse, la petite communauté qui vit très séparée de la population des Iles Britanniques fournit de nombreux cas de mariages consanguins : on ne voit pas que la consanguinité nuise à la santé de la race. Sans doute il meurt beaucoup d'enfants en bas âge, de la « maladie de huit jours », mais l'épidémie sévit sur tous les enfants indifféremment, et la fécondité des couples consanguins n'est nullement inférieure à celle des couples non consanguins. Les exemples de ce genre sont nombreux.

Il faut encore citer quelques cas particuliers. Bourgeois, dans sa thèse, en 1859, a rapporté l'observation de sa propre famille, composée de 410 membres, y compris les alliés. En 160 ans, ces membres, issus d'un couple consanguin au troisième degré, ont donné « 91 alliances fécondes, dont 16 consanguines superposées ». Séguin l'aîné a de même montré le caractère de la consanguinité dans l'histoire de sa propre famille et celle des Montgolfier.

D'autres cas, pourtant, parlent dans le sens opposé, et plusieurs médecins ont pu, avec quelque apparence de raison, accuser la consanguinité de nombreux méfaits.

C'est avec un travail de Ménière, en 1856, que le mouvement a commencé. Ménière déclara que la consanguinité est une cause fréquente de surdi-mutité. Rilliet de Genève vint aussitôt renchérir là-dessus : et il mettait au compte de la consanguinité la stérilité, le retard dans la fécondité, les fausses couches, diverses monstruosités, tant morales que physiques, l'épilepsie, l'imbécillité, l'idiotie, la paralysie, la diathèse lymphatique-tuberculeuse, etc. Devay y joignit nombre d'anomalies physiques, l'idiotie, le crétinisme, la cécité. Les médecins ne se laissèrent toutefois pas émouvoir par une accusation manifestement exagérée : ils ne retinrent guère que la surdi-mutité dont Boudin fit un des résultats des unions consanguines, et la rétinite pigmentaire considérée comme un de ces résultats aussi, par Hocquard. Mitchell, quelques années après, en 1865, dans un mémoire très détaillé et documenté, mit toutefois les choses au point. Sans doute, disait-il, les mariages consanguins produisent souvent des effets désastreux : mais ce n'est pas la consanguinité en soi qui est cause de ceux-ci. Ce n'est pas parce que les époux ont le même sang qu'ils engendrent fatalement des rejetons médiocres, puisque les faits sont là pour montrer que la communauté de sang est souvent sans influence nuisible. C'est parce qu'ils ont les mêmes tendances héréditaires morbides. Si A et B de même sang, ayant les mêmes tares, apparentes ou cachées, donnent des produits tarés, c'est parce que tous deux ont les mêmes tendances pathologiques. Mais le même résultat déplorable s'obtiendrait si A et B, ayant les mêmes tares, étaient de sang différent. Le danger de la consanguinité, c'est la communauté des tendances morbides. La consanguinité, c'est de l'hérédité renforcée, exaspérée.

Et dès lors la conclusion s'impose que, chez les sujets présentant des tares, la consanguinité est fâcheuse, parce que ces tares ne peuvent qu'être accrues et rendues plus intenses, tandis que, chez les sujets parfaitement sains, la consanguinité ne peut être nuisible, puisque les deux reproducteurs ne transmettront que des tendances heureuses : elle est au contraire très avantageuse.

Cette conclusion est celle qui est généralement adoptée maintenant.

Voyons maintenant le résultat des recherches concernant les mariages consanguins individuellement considérés. Sur le nombre total des mariages dans les classes supérieures, en Angleterre, les mariages entre cousins germains se présentent dans la proportion de 3 ou 4 p. 100. Qu'observe-t-on dans la progéniture de ces unions ? Tout d'abord, y a-t-il stérilité relative, fécondité moindre ?

Les tables dressées par Huth (*The marriage of Near Kin*, Longmans Green et Cⁱᵉ, Londres, 1888), et reposant sur l'analyse de nombreux (186) cas authentiques, indiquent :

	Enfants.
Pour les (27) mariages d'oncle et nièce ou tante et neveu.	3,23
Pour (15) unions de cousins germains issus de cousins	4,06
Pour (186) unions de cousins germains.	4,02
Pour (39) unions de cousins au 2ᵉ degré	4,18

On ne peut donc dire que la consanguinité diminue la fécondité. D'autres observations ont relevé une moyenne de 5 ou de 5,4 enfants, pour 48 cas d'unions consanguines (Buxton et Jacobs). Il semblerait même, dit Huth, que, loin d'être plus stériles, les mariages consanguins seraient plus féconds que les autres, ce qui peut en partie s'expliquer par le fait que ces unions se font en général à un âge moins avancé, ce qui est un grand avantage moral et physique.

Les unions consanguines peuvent-elles provoquer le goitre et le crétinisme ? Cela a été sérieusement soutenu, sans quoi nous n'en parlerions même pas ici. Mais nous ne nous y arrêterons pas, car l'on commence à connaître assez bien les causes de ces deux maux, pour savoir que la consanguinité en elle-même n'y entre pour rien. Peut-elle déterminer l'idiotie ? D'après G.-H. Darwin, les idiots sont au nombre de 3,8 p. 100 parmi les enfants de cousins : chiffre plutôt inférieur à la normale.

La consanguinité chez les animaux. — Depuis un siècle environ, il a été créé des races diverses d'animaux domestiques, et des éleveurs intelligents ont tenu un compte exact de la généalogie et des unions de leurs animaux de choix. Grâce à la sélection méthodique ils ont obtenu des résultats surprenants, et ils sont mieux que toute autre catégorie de personnes en état de faire connaître les avantages et les inconvénients de la consanguinité et du croisement. L'accord est fait sur ce point, et tous reconnaissent qu'en elle-même la consanguinité n'exerce aucune mauvaise influence. Il est évident que si deux animaux de même provenance présentent une même tendance morbide, les rejetons de l'union de ces deux animaux ont beaucoup de chances pour présenter cette tendance en l'intensifiant ; mais ce n'est pas cette consanguinité qui produit cette tendance, et ce n'est pas la consanguinité en elle-même qui l'intensifie, mais bien l'identité des tendances, car l'union entre deux êtres non consanguins, à même disposition morbide, donne exactement les mêmes résultats que l'union entre êtres de même sang. Étant donnés des animaux sains et vigoureux, sans tare héréditaire, l'on en pourra unir entre eux les descendants pendant bien des générations, sans voir survenir un seul trouble attribuable à la consanguinité. Pourtant, il est à remarquer qu'en pareil cas il y aurait une certaine stérilité relative, tenant, semble-t-il, à l'identité des conditions d'existence, et à laquelle on peut remédier en rendant un peu différentes ces conditions pour les animaux destinés à servir de reproducteurs. Il ne semble pas que ces expériences sur les animaux puissent être invoquées pour justifier l'accusation de stérilité — mal fondée d'ailleurs — portée contre les unions consanguines chez l'homme, car ces expériences ont été faites sur un degré de consanguinité qui ne se rencontre jamais dans les nations à peu près civilisées, toutes les unions expérimentales ayant été incestueuses au premier chef. Le cas des animaux n'est donc pas comparable, même de loin, à celui de l'homme. Ajoutons que, chez les animaux, les unions consanguines seules ont pu fixer des variétés, des races nouvelles et perfectionnées — à des points de vue très différents d'ailleurs, — et que les croisements empêchent cette fixation de types nouveaux en déterminant la production d'êtres médiocres et moyens. Pourtant ils offrent un avantage dans les cas où il faut combattre une tendance morbide héréditaire, en ce qu'ils tendent à détruire celle-ci. Ce fait est très important à nos yeux, car il montre en quoi consiste l'action nuisible, très réelle, de la consanguinité dans certains cas : cette action est non dans la consanguinité même, mais dans la simultanéité des tendances qui l'accompagnent. Si elles sont bonnes, à merveille, et les unions consanguines seront excellentes ; si non, il faut éviter celles-ci, tout comme l'on éviterait l'union de deux êtres non apparentés, mais présentant une même disposition morbide, et comme on la recommande dans les cas où tous deux ont un même avantage physique ou moral qu'il y a avantage à développer, à rendre plus vigoureux et prononcé.

On peut dire que l'inceste est très fréquent chez les animaux. Il y existe normalement et naturellement, d'une part : de l'autre il est souvent encouragé et rendu obligatoire par les éleveurs. Sur la première proposition, il n'est guère nécessaire de s'arrêter : la chose est évidente. Les bêtes s'accouplent entre elles sans se préoccuper du lien de parenté; et on ne voit point que la pratique soit nuisible. Le coq s'unit à ses propres filles sans que la race dégénère le moins du monde, et celles-ci s'uniront à leurs fils à leur tour.

Dans quelques cas pourtant, on a cru observer des résultats défavorables. J. D. Caton, dans *American Naturalist* (avril 1887), raconte qu'ayant, dix ans auparavant, introduit un certain nombre de dindons sauvages en provenance d'Ottawa, dans l'île de Santa Cruz, dans le Pacifique (île de 45 kilomètres de long sur 15 kilomètres de large, au plus), le coq unique et les cinq poules donnèrent dès la première année 61 jeunes, et 120 la seconde. La colonie s'établit sans peine et devint prospère. Mais les dimensions des oiseaux ont progressivement diminué. A peine trouverait-on un mâle pesant plus de 3 kil., ce qui est le tiers au plus du poids du mâle initial, ou des mâles de la seconde génération. Pourtant les aliments ne manquent point : et Caton se demande si le mal ne provient point de la consanguinité. Assurément, il est en droit de se poser la question, mais il n'a point le droit d'y répondre catégoriquement. Les oiseaux ont été changés d'habitat et de milieu, et surtout ils ont été introduits dans une île de petite dimension : et on sait que les animaux terrestres qui habitent les îles sont toujours plus petits que leurs congénères des continents, selon l'observation de Wallace et de nombre d'autres. Si Caton avait pu compléter son expérience en introduisant quelques individus de la même race dans un habitat aussi analogue que possible, mais où l'espace n'eût pas été mesuré, peut-être eût-il constaté que les dindons consanguins restent gros sur le continent : et dès lors il n'eût pas songé à attribuer à la consanguinité l'exiguïté des dindons de l'île.

Dans un des îlots qui avoisinent Saint-Kilda, et dans les îles de Saint-Kilda, de Soa, de Borrera, il y a a (R. et C. Kearton. *With Nature and a Camera*, Cassell, Londres, 1898) des moutons sauvages qui vivent là en étroite consanguinité nécessairement, depuis des siècles peut-être. Or il est certain que la race est petite : mais elle est très saine et prolifique. Sa petitesse doit être attribuée à l'exiguïté de son habitat, et à la difficulté de la lutte pour l'existence : la consanguinité ne peut être invoquée comme cause prépondérante ; on ne peut même pas dire, avec certitude, qu'elle joue un rôle quelconque.

D'autres faits plus précis peuvent être invoqués comme étant contraires à l'idée que la consanguinité est bienfaisante chez les animaux. C'est ainsi qu'en 1891 (5 août, p. 229) la *Revue des Sciences naturelles appliquées* signalait ce fait que le canard de Pékin, aux États-Unis, perd sa fécondité, quand il se reproduit en consanguinité, et la regagne par le croisement. Plus récemment (*Éleveur*, 17 octobre 1897), E. Fréchon signalait les déboires qu'a éprouvés Millais dans son élevage du basset français, par lui importé en Angleterre, après qu'il s'en fut, à grands frais, procuré un certain nombre de sujets particulièrement parfaits.

« Il ne fallut pas, malheureusement, une bien longue expérience pour convaincre Millais que ses favoris constituaient une race artificielle, essentiellement basée sur la dégénérescence de certains caractères, pour le maintien de laquelle on avait eu, plus que de raison, recours à la consanguinité. Au bout de quelques générations, les portées de bassets anglais donnaient en majorité des sujets malingres, anémiques, dont la faiblesse congénitale se traduisait par la décoloration du pigment, par d'interminables maladies de peau, par une déplorable facilité à contracter le *distemper* et à succomber à ses suites, à moins que les vers intestinaux ne se fussent déjà chargés de déblayer le terrain; bref l'élevage du basset lui avait paru acculé à une impasse d'où, seule, l'infusion d'un sang nouveau pouvait le tirer. Autour de lui, il ne vit que le *bloodhound* capable de rendre à ses élèves un peu de leur vigueur passée; le bloodhound, lourd, sans doute, inactif, somnolent, trop chargé de peau inutile, mais dont la couleur et la tête cadraient au moins avec la forme générale du basset, et rappelaient peut-être par plus d'un côté ses ascendants. Et, pendant des années, Millais s'attela à la délicate besogne d'obtenir des produits de ce monstrueux accouplement, d'avoir une descendance du géant uni au pygmée. Il eut d'abord recours à la fécondation artificielle, et, pendant plusieurs années, on vit sur les bancs d'exposition une chienne dont le nom — Syringa — indiquait le mécanisme de la conception; il obtint plus facilement sans doute des résultats directs, car aujourd'hui le basset bloodhound est une réalité; il a sa place — en attendant une classe — dans les expositions.

« Les opinions peuvent différer sur l'opportunité du croisement, mais le nouvel animal est assurément très beau ; ceux que j'ai vus l'an passé, au Palais de Cristal, étaient de superbe prestance, avec du rein, de la poitrine, une arrière-main solide, des têtes et des oreilles à ravir les plus difficiles : il leur manquait évidemment un couple de croisements en dedans, pour rentrer complètement dans le type basset, et retrouver surtout les taches blanches que le bloodhound avait noyées dans l'intensité de sa couleur foncée (E. Fréchon, loc. cit.). »

Il y a dix ans environ, un autre éleveur fit savoir son opinion défavorable à l'égard de la consanguinité. Pierre Mégnin, dont la compétence en matière d'élevage n'est point discutable, faisait, au sujet des expériences de cet éleveur, J. Kiener, grand industriel alsacien, et amateur d'élevage et de zootechnie, les réflexions que voici, et qui résument les résultats (L'Éleveur, 20 décembre 1896) :

« Chez les Suidés, les expériences de consanguinité de Jean Kiener lui donnèrent beaucoup d'insuccès. Les gorets allèrent d'abord régulièrement, puis dépérirent à l'âge d'environ six semaines; leur peau se rida, prit une apparence terne, gris noir, et l'étisie les enleva. Ceux qui survécurent furent atteints de dégénérescence graisseuse des tissus. Il réussit toutefois à obtenir quelques bons et beaux produits d'un fort verrat accouplé avec sa mère.

Chez les Gallinacés, expérimentant sur la race de Houdan, J. Kiener ne renouvela pas le sang pendant quatre générations; il ne constata aucune altération sensible à la première et à la deuxième générations; à la troisième, les sujets se montrèrent de proportions plus réduites, le plumage perdit de ses vives couleurs, le blanc augmenta. A la quatrième génération, il se présenta beaucoup de becs croisés et de doigts de pieds irrégulièrement placés et recourbés, le sternum se déforma, et les sujets furent beaucoup plus difficiles à élever.

La résistance à dégénérer fut beaucoup plus grande chez les races naines : les formes devinrent plus sveltes et les couleurs plus brillantes. A la cinquième génération, malgré l'abondance de la nourriture, la taille et le volume avaient sensiblement diminué.

Chez les palmipèdes et les pigeons, les résultats furent sensiblement les mêmes que chez les gallinacés; chez les oies, les jars, outre un rapetissement de la taille, très sensible à la quatrième génération, devinrent inféconds et on n'obtenait plus d'oisons.

Chez les Canidés, comme nous l'avons déjà dit, l'état de pureté de la constitution est très altéré et varie suivant chaque race et même suivant chaque famille; si certaines races sont à un degré de dégénérescence tel que la consanguinité ne produit plus chez elle que des effets désastreux, chez d'autres, comme quelques familles de chiens de berger, à qui la vie continuelle au grand air, la nuit comme le jour, a donné une constitution particulièrement robuste et forte, la génération in and in n'a que d'heureux résultats.

Entre ces deux constitutions extrêmes, que de variétés ne rencontre-t-on pas chez les races de chiens! Aussi les résultats des expériences de J. Kiener sur les Canidés sont-ils extrêmement variables.

Dans une première série d'expériences, il a croisé une chienne griffonne avec un chien épagneul. Deux produits de cet accouplement ressemblant l'un à la mère, l'autre au père, furent accouplés à leur tour, et ainsi de suite jusqu'à la cinquième génération. Dès la troisième, les produits, bien que très semblables à la grand'mère et très intelligents comme elle, étaient sensiblement inférieurs en taille et en volume aux ascendants, et cette diminution n'a fait que croître et s'accentuer au point que les derniers étaient très frêles et rabougris.

Dans une autre expérience, J. Kiener fit servir une chienne courante par son fils et il en obtint un produit excellent. Le Couteulx de Canteleux continua ainsi l'expérience et arracha à une perte certaine une race excellente de chiens de lièvre.

De ses nombreuses expériences, dont nous n'indiquons qu'une partie, J. Kiener a tiré les conclusions suivantes :

Chez les animaux domestiques, la reproduction consanguine, arrêtée à temps, ne produit pas de résultats fâcheux et est absolument utile pour fixer des qualités appartenant à de rares individus.

Il est de rigueur que les alliances consanguines ne s'exercent qu'entre individus parfaitement sains, exempts de défauts communs qui s'exalteraient et rendraient les animaux inutilisables.

Les premiers indices d'une consanguinité trop prolongée sont la diminution de la taille et de l'ossature, et l'amoindrissement du pouvoir prolifique. Les indices d'une consanguinité outrée sont les déformations squelettiques, les vices constitutionnels, les arrêts de développement, etc.

Le maximum des inconvénients de la consanguinité résulte de l'accouplement du frère et de la sœur de même père et de même mère; mieux vaut accoupler des animaux de même père seulement, ou bien accoupler le père avec la fille ou la mère avec le fils. En tous cas, il est indiqué, ajoute J. KIENER, de faire vivre dans des localités différentes les sujets consanguins que l'on veut accoupler.

Les produits pour lesquels on craint les effets d'une consanguinité poussée à un trop haut degré, doivent être élevés au grand air et fréquemment exercés dans les bois, régime qui combattra les mauvais effets que l'on craint, ou qui éliminera les faibles par une véritable sélection naturelle. »

On voit que pour KIENER la consanguinité ne va pas sans quelques inconvénients : elle veut être pratiquée de façon modérée : et surtout il importe que les procréateurs consanguins soient aussi sains que possible. Mais, qu'on le remarque bien, les objections de KIENER, et toutes celles que d'autres ont pu faire, ne prouvent en réalité rien contre la consanguinité. Elles sont de nature à faire redouter les unions consanguines entre animaux tarés : elles ne peuvent établir que la consanguinité entre animaux sains suffise à faire apparaître des résultats fâcheux.

Il importe d'ailleurs de bien tenir compte de deux faits. La consanguinité a d'autant plus de chance d'être nuisible qu'il s'agit d'espèces plus domestiquées et vivant moins de la vie libre, et presque indépendante. Car les conditions mêmes où elles vivent les placent dans un état d'infériorité physiologique : elles sont plus ou moins appauvries et dévitalisées, et cet appauvrissement est déjà une tare d'où peuvent sortir beaucoup d'autres tares plus spéciales.

D'autre part, plus une espèce a été déjà travaillée, c'est-à-dire modifiée de façon artificielle, de sorte qu'elle forme des variétés nombreuses par sélection, entrecroisement, etc., plus cette espèce est artificielle. Elle est dans des conditions d'infériorité, tout comme les variétés des plantes cultivées. Car ce qu'elles ont gagné d'un côté, elles l'ont perdu de l'autre, et la variabilité et les anomalies s'obtiennent surtout aux dépens de la vitalité et du pouvoir d'adaptation, de la résistance en général. Il faut donc considérer la domestication et la variabilité comme des conditions qui entraînent une certaine dégénérescence générale, un certain affaiblissement organique, par où le développement de diverses tares est évidemment facilité. Nous savons aujourd'hui, pour ne citer qu'un exemple en passant, combien la nature du terrain importe dans le développement des maladies microbiennes. Il ne suffit point que le microbe pénètre dans l'organisme : il faut encore qu'il y trouve un milieu approprié. Or, bien certainement, les races trop artificielles, trop anormales, trop déséquilibrées doivent présenter des terrains moins résistants que les races naturelles, et faciliter la genèse des tares.

Assurément la consanguinité peut être nuisible : non pas en elle-même d'ailleurs, comme nous l'avons dit, mais par l'accumulation d'hérédités communes malfaisantes.

Il n'en est pas moins vrai que, d'un autre côté, la consanguinité est de la plus grande utilité entre les mains de ceux qui savent s'en servir. Car si, par les nombreux animaux qui, à l'état de nature, vivent en troupes, se reproduisant dans la promiscuité la plus complète, et conservant dans toute leur intégrité les caractères et les qualités de la race, nous voyons que la consanguinité inévitable n'est point nuisible, bien qu'elle se pratique depuis des siècles : nous voyons aussi, par l'histoire des races célèbres d'animaux domestiques, quel parti l'homme a su tirer de la consanguinité pour venir en aide à la sélection.

Influence de la consanguinité dans la sélection artificielle et dans l'élevage. — C'est par la consanguinité, en effet, qu'ont été fixés et rendus plus intenses les caractères accidentels observés chez différents animaux qui ont été la souche de nos races domestiques les plus réputées.

Parmi les hommes qui ont le plus fait pour utiliser ainsi la consanguinité, pour la mettre en pratique et en tirer les effets utiles qu'elle peut donner, il faut, avant tous autres, citer le fermier anglais Robert Bakewell (1725-1795). C'est à Bakewell que l'on doit le mouton Dishley, ainsi nommé d'après la ferme (Dishley-Grange) exploitée par l'éleveur. Comment il l'obtint? Voici la réponse du *Quarterly Journal of Agriculture* pour 1839 (cité par Ad. Reul dans son excellent travail : *Les unions consanguines en Zootechnie : Histoire de la création des races célèbres*, dans les *Annales de Médecine vétérinaire* de Belgique, 1897) : « Pour résoudre le problème dont il poursuivait la solution, le fermier de Dishley-Grange employa un système en opposition directe avec celui des principaux éleveurs. Ce système, qui fut lors de son apparition l'objet d'attaques passionnées, et qui, plus tard, eut le privilège de changer en fervents prosélytes ses anciens détracteurs, consistait à perfectionner les races par les individus de la même famille : par le *breeding in and in*. Ainsi le père et la fille, la mère et le fils, le frère et la sœur furent employés à améliorer leur propre espèce. Les résultats fournis par Bakewell donnèrent bientôt la preuve la plus manifeste qu'on n'a pas à craindre la dégénération des espèces en se servant, pour l'accouplement, d'animaux d'une commune origine. » Par ce procédé, le mouton Dishley, jusque-là haut sur jambes, tardif, et à squelette trop volumineux, se transforma en l'animal actuel, à col court, à poitrine ample, à croupe courte à droite, avec graisse abondante, et à squelette aminci.

Bakewell, dit Ad. Reul, avait sous la main la race ovine naturelle du comté de Leicester, où son exploitation agricole de Dishley-Grange se trouvait assise. Cette race primitive était encore appelée de son temps *Leicestershire Forest Sheep*, c'est-à-dire le mouton des bois du comté de Leicester. Bakewell en fit la race *New-Leicester*, la nouvelle Leicester, la race améliorée du Dishley, qui se répandit rapidement en Angleterre, pays où il serait difficile de trouver aujourd'hui un troupeau qui n'ait pas du sang de Dishley dans les veines. Elle fut employée non seulement pour améliorer les races communes à longue laine, mais aussi celles à courte laine, écrit Félix Villeroy, et « ce fait explique comment des *Southdown*, en conservant la tête et les jambes brunes ou noires, nuance caractéristique, en conservant les bonnes qualités particulières à leur race, ont pu recevoir, d'un mélange avec le sang des *Dishley*, des formes plus parfaites et porter une plus lourde toison ».

Pour atteindre son but, Bakewell ne pouvait pas suivre d'autre système que celui des alliances en famille. Grâce aux unions consanguines répétées et à la précaution d'éliminer tous les produits de qualité secondaire — c'est ici la sélection, — le savant praticien de la ferme de Dishley créa, en quelques années, une race ovine qui n'avait pas sa pareille. En possession d'un certain nombre de béliers, de type *New-Leicester*, il eut l'idée de les louer pour une saison de monte, au lieu de les vendre. Idée heureuse, et dont la réalisation va nous montrer en quelle estime était tenue cette nouvelle race consanguine. En 1786, la location de ses béliers rapporta à Bakewell environ 26 500 francs ; en 1789, trois béliers lui donnèrent 1 200 guinées ; sept autres, 2 000 guinées ; et il réalisa encore, la même année, plus de 3 000 guinées pour la location du reste de ses reproducteurs à la Société qui venait de se constituer sous le nom de *Société du Dishley*, et dont il était l'âme. De fait, Bakewell a loué pour une seule année son fameux bélier *Two-Pounders* à raison de 20 000 francs, en se réservant toutefois les services de ce géniteur pour son propre troupeau, réserve évaluée à 10 000 francs. C'était donc, pour un seul bélier, une rente de 30 000 francs.

Deux autres races, parmi les moutons, doivent encore leur origine à la consanguinité : ce sont le Southdown et le Mauchamp.

Le Southdown, mouton à laine courte, à pattes et tête noires, vit sur les dunes méridionales (*south downs*) du Sussex. La race était bonne pour la laine, comme le remarquait Arthur Young, mais non pour la boucherie. John Ellmann s'avisa de la perfectionner : c'était un contemporain de Bakewell, et il suivit l'exemple donné par celui-ci. « Vers 1780, dit Reul, ce praticien, s'inspirant de la méthode d'amélioration inaugurée par son contemporain Bakewell, s'adonna avec ardeur, en sa ferme de Glynde, près de Lewes, à la transformation complète du mouton des dunes du Sud. Il s'attela à cette besogne pendant un demi-siècle, c'est-à-dire jusqu'à sa mort survenue en 1832, à l'âge de 80 ans. La sélection consanguine fut son plus puissant moyen d'action. » Et son œuvre fut continuée par Jonas Webb à qui l'on doit les southdowns qui firent sensation à Paris, lors de l'exposition de 1855.

Passons sur les autres races qui furent aussi améliorées par la sélection et la consanguinité : les *blackfaced*, les *cheviot*, *cottswold*, et autre *downs*, et venons-en à une race qui fut produite en France : la race de Mauchamp. Écoutons encore Reul.

« Ce que l'on appelle race de Mauchamp n'est à proprement parler qu'une variété de la race mérine. Voici à quelle circonstance elle doit le jour. C'était en 1828. En cette année, par un heureux hasard, naquit, dans le troupeau de mérinos de Graux, fermier à Mauchamp, un singulier agnelet, un agneau phénomène, dont le duvet, au lieu d'être laineux, était réellement soyeux et semblable à celui de la chèvre de Cachemire.

Des faits de ce genre ont été constatés ailleurs, notamment dans un troupeau de mérinos appartenant à Bourgeois, ancien directeur des bergeries nationales de Rambouillet, et dans un troupeau de mérinos des environs de Villeneuve-l'Archevêque, département de l'Yonne. Seul, Graux, fermier de la terre de Mauchamp, près Berry-au-Bac, département de l'Aisne, eut l'idée de chercher à propager cette particularité accidentelle, et il y réussit, grâce à la méthode des unions familiales à laquelle il eut la bonne inspiration de s'adresser d'emblée.

La ferme de Mauchamp, dit Yvart, inspecteur des Bergeries nationales, composée de terres peu fertiles (*Mauchamp* ne signifie-t-il pas champ mauvais ?), nourrissait depuis fort longtemps un troupeau mérinos de moyenne taille, lorsque, en 1828, une brebis donna le jour à un agneau mâle qui se distinguait de tous les autres par son lainage et ses cornes. « Son lainage droit, lisse et soyeux, était peu tassé ; chaque mèche, composée de brins inégaux en longueur, se terminait en pointe. L'aspect seul des cornes, presque lisses à leur surface, indiquait que la laine devait être droite et peu ondulée, car les poils et les cornes ont, par leur mode de sécrétion, tant de rapports entre eux, que la laine ne peut être modifiée sans que les cornes présentent des modifications semblables.

« Ce bélier, qui était très petit, présentait dans sa conformation des défauts qui se reproduisirent d'abord, mais qu'on parvint à effacer peu à peu de sa progéniture, grâce à un triage attentif parmi les reproducteurs proches parents. »

Ce bélier fut l'origine de la race tout entière. Dès 1829, il servait à la lutte, et Graux, qui comptait bien que dans le nombre il se trouverait des produits qui présenteraient des caractères paternels, décidait que seuls les sujets à laine soyeuse serviraient d'étalons.

« L'agnelage de 1830 ne donna qu'un agneau et une agnelle *à laine soyeuse ;* celui de 1831 ne produisit que quatre agneaux et une agnelle pourvus de ces caractères. Enfin, ce ne fut qu'en 1833 que les béliers à laine soyeuse furent assez nombreux pour faire seuls le service de la monte. Ces béliers furent montrés pour la première fois aux agriculteurs en 1833, ajoute Yvart ; c'était à l'occasion d'une réunion publique du *Comice agricole de Rozoy* (Seine-et-Marne).

Tous ces béliers, de même que les brebis, étaient issus de l'agnelet né en 1828 ; ils sont donc tous du même sang ; en outre, ils se sont multipliés en famille. Donc, le mouton de Mauchamp est une race consanguine.

Ainsi fut obtenue la race de Mauchamp « dont la laine, dit Biétry, a pour nous, fabricants de cachemires, une grande valeur, en ce sens, qu'elle peut entrer dans la fabrication des chaînes cachemires en leur donnant plus de force, et sans altérer aucunement leur brillant et leur douceur. Cette qualité est d'autant plus précieuse pour nous que jusqu'alors le tissu cachemire pur avait toujours un grand défaut, c'était de ne pas avoir assez de soutien ; grâce au mélange de la laine mauchamp et du cachemire dans les chaînes, le tissu acquiert la consistance nécessaire à l'emploi pour robes. »

La brebis mauchamp n'est, en définitive, qu'une variété de la race mérine. Quelques cultivateurs, ne considérant que la finesse et la nature du brin de la laine, ont cru qu'elle n'est pas pure mérinos, mais qu'elle provient d'un croisement de bélier anglais avec des brebis mérinos. C'est là une erreur qu'il importe de ne pas laisser subsister, ajoute Yvart, car les races métisses ne reproduisent pas aussi sûrement leurs caractères que les races pures, et d'un autre côté, les races métisses anglaises conviennent à des localités et à des circonstances agricoles dans lesquelles ne doivent pas être placés les mérinos.

La race de Mauchamp est bien le résultat de la transmission en consanguinité d'une particularité relative au lainage, offerte tout d'abord par l'agnelet de 1828.

Il convient d'ajouter que, d'après SANSON (*Traité de Zootechnie*, v, 113), cette race a à peu près disparu : il n'en existe guère qu'un troupeau conservé à Rambouillet. La laine soyeuse n'offrait guère d'avantages, et les industriels n'ont pas pu, ou su, en tirer parti. Cela nous importe d'ailleurs fort peu au point de vue de la question qui nous occupe, et la fin de l'histoire n'enlève rien à l'intérêt de celle-ci, en ce qui concerne les effets de la consanguinité.

Une autre variété de mouton, la variété mérinos de Naz, qui est, elle aussi, très peu répandue, doit aussi son origine à la consanguinité. On en voit un troupeau à Rambouillet. Cette variété a été importée en 1798 par Girod de l'Ain, qui se procura un lot de mérinos d'Espagne qui se reproduisirent fort bien en consanguinité, en se perfectionnant.

La consanguinité n'a pas été moins employée pour la race chevaline que pour la race ovine.

C'est encore BAKEWELL qui a créé le *Shire-horse*, le cheval de gros trait, au moyen d'étalons et de juments flamands qu'il importa en Angleterre et fit se reproduire *inter se*. Et on ne dira pas que la consanguinité ait nui aux proportions ou à la vigueur de la race : *Jalup*, déjà âgé, était payé 625 francs la saillie : et les Shire-Horses actuels ont $1^m,80$ à 2 mètres au garrot, avec un poids de 900 à 1000 kilos. Les *Stud Books* sont là pour montrer jusqu'où va la consanguinité, d'ailleurs, et on peut y voir quel rôle elle joue dans l'origine du cheval de course. REUL a donné là-dessus des détails fort intéressants, mais trop longs pour que nous puissions y entrer.

BAKEWELL, et la consanguinité, ont encore beaucoup fait pour l'amélioration des races bovines : leur œuvre a été portée à la perfection par les frères COLLING qui créèrent la race Durham. Elle a pour souche le taureau Hubback (qui d'ailleurs avait de fort bons ancêtres de la race Tees-water) : et celui-ci constituait, en définitive, une exception parmi ses congénères. Mais laissons parler AD. REUL :

« Hubback avait pour père un taureau du fermier SNOWDEN, appelé *Snowden's Bull*, et pour grand-père *Masterman's Bull;* il descendait, par trois générations et sans aucun mélange de sang, du vieux *Studley-Bull*, dont la pureté comme type de la race Tees-Water n'a jamais été mise en doute. La mère de Hubback était également de vieille race pure de la Tees, suivant un certificat délivré à Hurworth, près de Darlington, le 6 juillet 1822, par John HUNTER, fils de l'ancien propriétaire de cette vache. »

CHARLES COLLING avait également acquis la mère de Hubback : mais, à peine eut-elle fait un séjour de quelques mois dans les gras pâturages de la ferme de Ketton, qu'elle devint stérile, vu son état d'excessive obésité. Quant à Hubback, devenu taureau sous poil pie-rouge clair et sujet remarquable par son corps large et ses formes compactes et trapues autant que par la finesse de ses membres, la souplesse de sa peau couverte d'un poil doux et soyeux se renouvelant tard au printemps, la finesse de ses cornes petites, lisses et jaunâtres, couleur crème, et la douceur de son caractère, il fut toujours trop gras et mauvais fécondateur ; aussi fut-il forcément réformé de bonne heure. Néanmoins l'impulsion était donnée, et Hubback avait communiqué ses rares qualités à ses rares produits.

Que fit COLLING pour les maintenir, les mieux fixer et les accentuer encore? Il eut recours à la consanguinité la plus serrée : Hubback féconda ses filles ; frères et sœurs reproduisirent ensemble, etc. Et, de cette façon, après quelques générations, la race du *Durham improved* fut réalisée avec les caractères qu'elle possède encore maintenant.

Le fameux taureau *Favourite*, petit-fils de Hubback, lui-même fils d'un demi-frère et d'une sœur de *Foljambe*, fut successivement accouplé avec sa fille, avec sa petite-fille et avec son arrière-petite-fille, de sorte que, dit DARWIN, la vache produit de cette dernière union contenait dans ses veines les 15/16 ou 93,75 p. 100 du sang de *Favourite*.

Accouplée avec le taureau *Wellington*, qui lui-même possédait 62,5 p. 100 du sang de *Favourite*, cette vache produisit *Clarissa*, laquelle, accouplée avec le taureau *Lancaster*, aussi un descendant de *Favourite*, ayant 68,75 p. 100 du sang de ce dernier, donna des produits de grande valeur.

Le taureau *Favourite* du troupeau de Charles Colling féconda six générations de ses filles, petites-filles, arrière-petites-filles, etc.

Accouplé avec sa propre mère, la vache *Phænix*, il procréa le taureau *Comet*, vendu plus de 26 000 francs à l'âge de six ans.

Il paraît qu'au moment où *Favourite* vint remplir son rôle, la fécondité menaçait de s'éteindre dans le troupeau de Charles Colling. Ses deux prédécesseurs, le célèbre *Hubback* et *Bolingbroke*, étaient devenus trop lourds, trop gras, partant trop mous et trop peu prolifiques. Or *Favourite* était du même sang, puisqu'il était leur petit-fils, né d'une de leurs petites-filles, et il fut, lui, doué d'une vigueur remarquable. Aussi eut-il une nombreuse progéniture.

Il fit la monte pendant seize ans et communiqua une rare précocité à ses produits, surtout à ceux qu'il procréa durant ses dernières années de service.

« Les unions consanguines répétées entre reproducteurs bien choisis et de bonne souche firent la fortune des frères Colling et les immortalisèrent. C'est en 1785 que Charles Colling avait débuté dans cette voie du progrès zootechnique ; le 11 octobre 1810 — 25 ans après le début — il fit une vente publique qui lui rapporta 177 896 fr. 25 pour un troupeau de 47 bêtes bovines de race Durham améliorée, dont 12 au-dessous d'un an. Un taureau — c'était *Comet*, 6 ans, hors de *Phænix* par *Favourite* — atteignit à lui seul le prix de 26 250 francs ; une vache : *Lily*, trois ans, hors de *Daisy* par *Comet*, fut vendue 10 762 fr. 50 ; une autre, malgré ses neuf ans, fut adjugée 10 500 francs : c'était *Countess*, hors de *Lady* par *Cupid* ; une velle de l'année, *Lucilla*, fille de *Comet* et de *Laura*, se vendit 2 782 fr. 50. Ces prix énormes n'avaient jamais été réalisés jusqu'alors dans l'élevage de la bête bovine. Nul n'eût osé rêver pareille aubaine. »

La race Durham existe toujours, et est de plus en plus appréciée : c'est la race de boucherie par excellence. Nombre de races parmi le bétail, les chèvres, les porcs, les chiens, la volaille, ont la même origine, c'est-à-dire la consanguinité. Nous ne pouvons les examiner toutes : on se reportera au traité de Sanson, à la brochure si souvent citée de Reul, au livre de P. Mégnin sur *les Races de Chiens*.

Il est manifeste que, si la consanguinité exerçait l'influence néfaste que beaucoup de médecins lui ont attribuée, les races dont il s'agit n'auraient pu se former. La consanguinité étroite qui existe dès l'origine et qui se maintient ensuite, pour conserver les caractères de la race, aurait certainement, par la stérilité — ou d'autres maux — mis fin aux entreprises des Bakewell, des Colling et de tant d'autres qui les ont imités et les imitent encore. Mais, évidemment aussi, dans les cas dont il s'agit, les individus étaient soumis à une minutieuse sélection. Les consanguins n'avaient, pour ainsi dire, que des qualités, et assurément si, au lieu de mettre en commun de fortes constitutions, ils eussent associé des débilités similaires, le résultat eût été tout autre : la consanguinité eût vite ruiné la race, comme cela arrive du reste à l'occasion avec des races domestiques vivant en captivité, et plus ou moins anormales et délibitées.

En 1897, une discussion importante a eu lieu devant l'Académie de médecine de Belgique, sur la question de la consanguinité ; elle a été provoquée par Demarbaix. Comme elle reflète bien l'opinion généralement admise par les personnes compétentes, il sera peut-être utile de donner un aperçu des arguments invoqués.

Demarbaix n'est pas de ceux qui font de la consanguinité la boîte de Pandore d'où sortent tous les maux : scrofule, crétinisme, surdi-mutité, imbécillité, aliénation mentale, et le reste. Et il fait remarquer que la consanguinité est précisément la méthode par laquelle l'homme a produit les races d'animaux domestiques les plus perfectionnés. Les cas abondent. « Au commencement de ce siècle, écrivait Sacc à Barral, l'empereur Napoléon donna à Couderc, sénateur de Lyon, un bélier et une brebis mérinos dont il fit cadeau à ma grand'mère, de qui le beau troupeau, qui passa plus tard entre mes mains, présentait encore, en 1837, tous les caractères de la race pure, bien qu'il n'eût jamais été ni croisé ni rafraîchi par une nouvelle importation de bêtes de pur sang. » « D'une seule paire de poules russes importées à Neufchâtel en 1829, j'ai monté toute ma basse-cour, où cette espèce s'est conservée dans toute sa pureté jusqu'au moment de mon départ, en 1850. »

Pendant cinquante ans, les éleveurs Brown n'ont introduit aucun sang étranger dans leur souche de Leicester. De même Price, l'éleveur de Herefords, se fit un troupeau avec quelques vaches et deux taureaux, sans opérer de croisements pendant quarante ans : et ces progénitures sortaient du troupeau de Tomkins, lequel, depuis quarante ans, subsistait sans mélange de sang étranger, et était né de deux génisses et un taureau. Des poules malaises, ailleurs, ont été élevées trente ans en consanguinité : d'un couple d'oies de Brune importé en 1822 est née une famille qui, en 1852, était plus belle et plus forte que les progéniteurs, malgré la consanguinité persistante. Chez le pigeon la consanguinité est la règle : le frère et la sœur s'accouplent le plus souvent, et pourtant la race ne dégénère pas. Les exemples de ce genre abondent, et, à l'origine des races perfectionnées d'animaux domestiques, on trouve toujours une consanguinité étroite, que l'on continue d'ailleurs à pratiquer par la suite pour maintenir le type.

Lentz, répondant à Demarbaix, a posé la question comme elle doit l'être. Il y a, dit-il, une différence à établir entre la consanguinité et l'influence consanguine. Quant à la consanguinité, aucun fait précis, aucune observation à l'abri de la critique n'en prouve l'existence à titre de facteur spécial, ayant une existence propre, effective, à l'égard de l'hérédité. Quant à l'influence consanguine, elle est indéniable, et elle a pour conséquence de doubler d'une façon certaine tout facteur pathogénique héréditaire qui viendrait à exister. Autrement dit, la consanguinité n'exerce d'effets nuisibles qu'autant que les consanguins ont une tare héréditaire commune ou similaire. C'est la thèse de Huth, et celles d'autres encore.

Lefebvre est partisan de l'influence défavorable de la consanguinité : mais on ne peut pas dire qu'il ait réussi à établir sa thèse. Il faudrait, en effet, avant de porter des conclusions sur l'influence de la consanguinité sur la production de la surdi-mutité, par exemple, connaître bien l'hérédité des conjoints. Or on ne les connaît guère : tout ce que l'on voit, c'est qu'ils sont consanguins. Or, consanguins ou non, s'ils ont mêmes tendances pathologiques latentes, ils doivent engendrer une progéniture défectueuse. Comme l'a dit Lacassagne, il y a une consanguinité *hygide* et une consanguinité *morbide*. Il y a une consanguinité bienfaisante et une consanguinité malfaisante : et la consanguinité est telle ou telle, selon l'hérédité des conjoints. Les exemples tirés des bêtes et des hommes le démontrent.

Il est certain, toutefois, que depuis longtemps, comme l'a fait observer Deneffe, l'opinion populaire a redouté les unions consanguines. Mais cela ne prouve rien, sinon que, là où il y a mêmes tares, la consanguinité les rend plus fortes, et les fait apparaître en dehors là où elles étaient auparavant latentes. Comme le dit Demarbaix, il faut être prudent, circonspect, lorsqu'il s'agit d'unions entre parents, non à cause de la consanguinité, mais simplement à cause de l'hérédité.

Il ne faut pas oublier que beaucoup d'animaux et de plantes sont auto-fécondateurs : la consanguinité est normale, constante, poussée au plus haut degré.

Voici la conclusion de Deneffe : « Je crois, avec Demarbaix, qu'il est contraire aux lois de la biologie d'admettre que la consanguinité par elle-même puisse engendrer des maladies chez les descendants : la preuve en a été faite un très grand nombre de fois chez l'homme et chez les animaux. »

Conclusion. — La conclusion générale, c'est que la consanguinité ne joue en elle-même aucun rôle particulier dans les unions entre êtres de même souche. Elle augmente chez les descendants les tendances communes aux deux progéniteurs. En raison de leur parenté, plus celle-ci est proche, et plus la parenté des ancêtres est proche, plus aussi est grande la tendance des descendants à présenter les mêmes dispositions.

Si elles sont bonnes, les unions consanguines seront avantageuses en ce qu'elles les fortifieront et les accentueront ; si mauvaises, au contraire, ces unions seront à éviter pour éviter un renforcement de tendances fâcheuses, et qui doivent être réprimées. Mais le cas est identique s'il s'agit d'êtres non apparentés. Nul ne poussera — s'il est raisonnable et impartial — deux névropathes de famille différente à s'unir, parce qu'il sait que la névrose a toutes les chances de devenir plus intense chez les descendants.

Par contre, il y a plutôt lieu d'encourager une union entre êtres consanguins, également sains et bien doués. Ce que l'on peut invoquer contre les unions consanguines, c'est la facilité avec laquelle les tendances fâcheuses se transmettent, et la rareté relative des circonstances où l'on pourra réellement les conseiller. Mais, ceci bien posé et expliqué, la consanguinité ne présente par elle-même aucun inconvénient, si l'on considère surtout combien, en raison des lois existantes sur le mariage, le degré de consanguinité est faible entre les individus susceptibles de s'unir légitimement.

En somme, la consanguinité accumule et intensifie les tendances ; sont-elles mauvaises, il faut éviter les unions consanguines ; sont-elles bonnes, il faut les favoriser ; mais, comme malheureusement les tendances fâcheuses se transmettent plus aisément et plus fréquemment, parce que ce sont celles qui s'établissent avec le plus de facilité, il y a plus souvent lieu de les éviter que de les rechercher. Mais, répétons-le, ce qui fait l'avantage comme l'inconvénient de la consanguinité en matière de mariage, c'est uniquement l'identité des tendances bonnes ou mauvaises.

Bibliographie. — Outre les citations faites dans le cours de cet article, consulter surtout l'article **Consanguinité** du *Dict. encycl.* ; le *Traité de Zootechnie* de Cornevin, et, plus récemment, Sabuc, *Étude de la consanguinité dans ses rapports avec la surdi-mutité congénitale* (*Diss. in.*, Bordeaux, 1896). — Bourneville, *Rôle de la consanguinité dans l'étiologie de l'épilepsie*, etc. (*Rech. clin. et thérap. sur l'épilepsie*, etc., 1889, IX, 17-27). — Regnault, *Les effets de la consanguinité* (*Rev. scient.*, 1893, (2), 232, 266).

HENRY DE VARIGNY.

CONSTIPATION. — On ne doit pas caractériser la constipation, comme certains auteurs, par une définition rigoureuse : « Difficulté d'aller à la selle, rétention des matières fécales dans le rectum, rétention et endurcissement des matières stercorales ; rareté ou insuffisance des évacuations alvines, etc. » Aucune de ces appellations ne saurait être considérée comme absolue ; elle ne s'applique qu'à tel ou tel cas particulier, et il faut indiquer qu'il s'agit là de phénomènes toujours relatifs. Sans proposer une définition, nous allons envisager ici ce trouble pathologique dans ses généralités, comme une *rareté* et une *insuffisance relatives* des évacuations intestinales.

Au point de vue de la physiologie pathologique, qui nous occupera seule, étudions d'abord les causes de la constipation ; ce sera là notre chapitre le plus important. Nous traiterons brièvement ensuite des phénomènes physiologiques qui l'accompagnent, comme détails connexes ou comme effets.

Étiologie. Pathogénie. — Plus ou moins fréquente, suivant une *normale*, variable pour les différents sujets, l'évacuation du contenu intestinal dépend : *A*, des substances alimentaires, c'est-à-dire des *ingesta* ; *B*, des sécrétions muqueuses du tractus gastrointestinal et des glandes annexées (foie, pancréas) ; *C*, de la motilité des parois et de la puissance des forces d'expulsion. Ces trois sortes de causes n'agissent pas avec la même efficacité ni avec la même fréquence ; les dernières, en particulier, paraissent intervenir plus souvent que les autres : nous suivrons donc pour ainsi dire, dans l'énumération étiologique, un ordre progressif.

A. **Les ingesta.** — Certains aliments, comme certains médicaments, produisent la constipation : on connaît ces faits d'observation vulgaire sur lesquels nous n'avons pas à insister. *A priori*, à des repas copieux devraient correspondre des selles abondantes ; mais il n'en est pas toujours ainsi, et certains gros mangeurs sont des constipés ; comme aussi l'inverse peut s'observer : des gens à la diète relative ou complète peuvent présenter des selles normales, ou plus abondantes même qu'à l'état normal : c'est qu'il intervient ici l'influence des sécrétions muqueuses et glandulaires.

B. **Les sécrétions.** — La muqueuse intestinale reçoit le contenu de l'estomac et ses sécrétions ; elle sécrète pour son propre compte ; de plus, pour se renouveler, elle s'exfolie, et ce travail incessant fournit une partie des matières fécales, qu'augmente encore l'apport des sucs biliaire et pancréatique.

1° *Sécrétion gastrique.* — La muqueuse stomacale est donc la première mise en jeu dans ces phénomènes de sécrétion, et il y a lieu de se demander dans quelle mesure les troubles de la sécrétion gastrique peuvent retentir sur la régularité des fonctions de l'intestin. Or, ici, comme dans toute l'étude de la physiologie gastrique, l'incertitude règne encore. Pour ne prendre que les faits d'observation très simple, nous savons que la constipation est de règle pour certains sujets chez lesquels l'analyse révèle de l'hyperchlorhydrie manifeste ; on la rencontre encore chez d'autres où l'hypochlorhydrie est accentuée. Max Einhorn a tenté de jeter quelque lumière sur cette question, et ses conclusions sont encore bien indécises. Le péristaltisme intestinal dépend, dit-il, de certains stimulus chimiques et mécaniques produits par le chyme sur les éléments nerveux de la paroi intestinale : donc un trouble de la chimie gastrique peut amener des perturbations dans les contractions de l'intestin. S'il y a hyperchlorhydrie, le chyme qui atteint l'intestin grêle est trop acide, pauvre en albumine non digérée et trop riche en amidon non attaqué ; le stimulus chimique est trop grand, le stimulus mécanique est faible. S'il y a hypochlorhydrie, le suc gastrique inactif laisse la plus grande partie des aliments arriver intacte dans l'intestin grêle ; le stimulus mécanique est trop grand, le stimulus chimique trop faible. Il peut donc résulter de ces états d'hypo et d'hypersécrétion gastrique des anomalies plus ou moins marquées du péristaltisme intestinal. Dans quel cas la constipation ? Dans quel cas la diarrhée ? Il n'y a pas de règle fixe, mais l'hyperchlorhydrie entraîne plutôt la constipation, et l'hypochlorhydrie un certain degré de lientérie.

2° *Sécrétion intestinale.* — Il doit y avoir des différences dans l'alcalinité de l'intestin, chez les divers individus, comme des différences dans l'acidité gastrique, et, suivant tel ou tel cas, la constipation peut être favorisée. On connaît mal ces variétés fonctionnelles qualitatives, et, à l'heure actuelle, la constipation n'est guère envisagée que dans ses rapports avec l'intensité quantitative de la sécrétion intestinale : des troubles vaso-dilatateurs plus ou moins puissants font la diarrhée, c'est-à-dire le flux intestinal exagéré. Les conditions inverses favorisent à n'en pas douter et déterminent la constipation : l'expression populaire de « ventre resserré » est ici des plus justes dans son interprétation. La vaso-constriction est provoquée par certains produits chimiques (aliments, médicaments, poisons exogènes ou endogènes), par certaines influences nerveuses périphériques ou centrales, surtout. On connaît enfin que certaines altérations toxiques ou infectieuses agissent par modification inflammatoire de la muqueuse, et si, dans les entérites aiguës, c'est surtout la diarrhée qu'on observe, la constipation est de règle dans certaines entérites chroniques. Mais, il faut bien le reconnaître, ces entérites ont fréquemment une cause dominante générale, plus ou moins diathésique, suivant l'expression anciennement consacrée : la variété la plus caractéristique dans ce sens est l'entérite muco-membraneuse, avec viciation du produit de sécrétion, accompagnée, ou non d'ailleurs, de sable intestinal. Il y a donc une vraie constipation *mucoïde* et une constipation *lithiasique.* Ces derniers faits, à peine soupçonnés récemment encore, et seulement grâce aux rapports indiqués par la clinique entre l'état pathologique de l'intestin et la lithiase biliaire, se sont éclairés d'une façon presque complète depuis que l'étude de l'appendicite a permis de comprendre toute l'histoire de la lithiase intestinale et de la constipation. Certains sujets font du catarrhe lithogène intestinal comme d'autres du catarrhe lithogène biliaire, fréquemment les deux à la fois, et le trouble de la sécrétion muqueuse est, avant tout, caractérisé alors par la constipation, qu'elle soit d'ailleurs généralisée ou à prédominance cœcale.

3° *Sécrétions biliaire et pancréatique.* — A l'état normal, la bile favorise le cours des matières fécales : quand ce flux s'exagère, il y a diarrhée. Le suc pancréatique normal, par l'émulsion des graisses, favorise l'absorption de celles-ci par les chylifères ; il semble donc contribuer à diminuer la masse alimentaire d'autant, et est plutôt un agent relatif de constipation. Et, de fait, quand il y a suppression de la sécrétion pancréatique, la diarrhée apparaît fréquemment, avec des allures de diarrhée graisseuse. Laissant de côté la part, trop hypothétique encore, du suc pancréatique, retenons que, toutes les fois que le cours de la bile est entravé, il y a tendance à la constipation. Quant à l'importance respective de l'hyperalcalinité ou de l'hypoalcalinité biliaire, elle n'est pas plus établie que l'influence de l'hyperchlorhydrie ou de l'hypochlorhydrie gastrique ; mais peut-être les deux processus se réunissent-ils, comme on le voit dans la constipation, dans les dyspepsies gastro-hépato-intestinales, chez les nourrissons et chez tous les dyspeptiques adultes. D'autre part, les rapports quasi-mécaniques qui relient la circulation capillaire porte d'origine intestinale, et la circulation capillaire porte intra-hépatique, nous font entrevoir l'explication de phénomènes de congestion passive de la muqueuse, aboutissant d'emblée ou secondairement à un flux exagéré, à une diminution des échanges intra-glandulaires de la muqueuse, partant à la constipation. Nous n'avons pas ici à insister sur ces détails qui concernent presque toute l'histoire physiologique des hémorrhoïdes, mais ils nous paraissent former une bonne transition pour nous conduire de l'interprétation *sécrétoire* à l'interprétation *mécanique* de la constipation.

C. Motricité. — C'est, comme nous l'avons dit, le trouble de la force motrice présidant à la progression et à l'expulsion des matières, qui est la cause la plus constante de constipation; mais il ne faut pas, ainsi que l'ont fait beaucoup d'auteurs, s'en tenir à cette seule explication mécanique. Certains d'entre eux en arrivent même à envisager comme prédominante la part des muscles de la paroi abdominale, et toute faiblesse, tout relâchement de ces muscles est alors la cause réelle, suffisante et nécessaire même de la constipation. Muscles lisses du tractus intestinal, muscles striés au niveau du sphincter, obéissant à des lois de physiologie générale qui permettent une classification assez précise des perturbations motrices; le mouvement relève ici, comme toujours, d'un réflexe dont l'arc comprend un point de départ sensitif et un trajet centripète, un centre de réceptivité médullaire, commandé d'ailleurs par les centres cérébraux, et enfin, des fibres centrifuges purement motrices.

1° *Réflexe sensitif.* — *a.* Pour le muscle strié, le sphincter, l'action est facile à comprendre : s'il y a anesthésie de ce muscle, comme on le voit chez certains hystériques, par exemple, le besoin de la défécation n'existant pas, la constipation peut être presque absolue, durer des semaines et même des mois. Si, d'autre part, la muqueuse irritée (excoriations, fissures) entretient dans le muscle sous-jacent une contracture réflexe, il se forme un véritable obstacle mécanique actif, d'où un degré de constipation, parfois d'autant plus accentué qu'il y a présence d'un bourrelet hémorrhoidaire ou qu'il s'y joint une rétention volontaire, par crainte des souffrances provoquées par l'acte.

b. Pour les muscles à fibres lisses, l'état de torpeur ou de spasme est dû à deux influences bien distinctes : tantôt c'est le contenu intestinal qui ne représente pas un stimulant nécessaire : nous avons déjà envisagé ce cas dans le paragraphe précédent; tantôt il y a parésie ou paralysie confirmée. La paralysie de l'intestin relève de l'inertie du grand sympathique, et cette inertie peut être due, soit à l'activité réflexe, soit à l'activité directe des centres.

Comme type d'action réflexe, il faut envisager tous les faits de constipation liés aux états douloureux du tractus gastro-intestinal et de son enveloppe séreuse : nous avons déjà parlé de l'influence des ulcérations et les fissures banales. Par le même mécanisme agissent les ulcérations de l'entéro-colite pseudo-membraneuse, la typhlite stercorale ou microbienne, et surtout l'appendicite qui est plus encore la cause que l'effet de la constipation. La contusion, le pincement de l'intestin, les brides péritonéales, la péritonite à tous ses degrés, partielle, généralisée, chronique, aiguë, entraînent rapidement l'inertie des parois, alors que le calibre de l'intestin est parfois encore à peu près entièrement conservé, ou même augmenté de volume par un tympanisme exagéré. Souvent le réflexe va plus loin dans ses conséquences et amène concomitamment l'inertie des muscles pariétaux de l'abdomen, comme on le voit pour la colique de plomb en particulier.

C'est encore par la voie réflexe qu'interviennent les états pathologiques de l'utérus et de ses annexes, causes si puissantes de constipation.

2° *Action centrale et centrifuge.* — Il peut arriver que, l'intestin étant sain organiquement, la fonction soit pourtant profondément entravée; il s'agit alors d'une influence locale, ce qui se voit dans la névralgie de l'intestin (entéralgie) et plus souvent d'une perturbation d'origine centrale. Nous avons, à plusieurs reprises, signalé ces faits de constipation par crainte de la douleur provoquée; il arrive encore que la non-satisfaction de l'acte entraîne progressivement une paresse fonctionnelle des centres intestino-anaux : et ainsi se réalise la paresse intestinale des *constipés d'habitude.* La vie sédentaire, les occupations intellectuelles trop assidues, les préoccupations morales, conduisent fréquemment à une constipation progressive qui se voit mieux encore chez les névropathes, hystériques, neurasthéniques, aliénés, etc., et qui se montrent au maximum au cours des lésions matérielles des centres médullo-encéphaliques et de leurs enveloppes. A moins qu'une lésion ne détruise le centre ano-spinal, auquel cas il y a incontinence, toutes les méningo-myélites en voie d'évolution entraînent la constipation; celle-ci est encore accentuée dans les lésions cérébrales (tumeurs, hémorragies, ramollissements). Le trouble, plus ou moins durable, d'ailleurs, aboutit habituellement à la conséquence inverse. L'hémiplégie, en particulier, à la période avancée, se traduit fonctionnellement par le gâtisme. Plus puissante encore que toutes les causes précédemment énumérées, se montre la méningite, surtout dans sa forme aiguë, surtout encore quand elle est de nature tuberculeuse. On sait toute la valeur redoutable que prend alors le symptôme en question.

A côté de ces faits bien précis, il y a place pour bien des interprétations complexes, au cours des intoxications et des infections. On discute encore, par exemple, pour savoir ce qu'est le spasme qui accompagne la colique de plomb ; on ne sait pas exactement comment agissent tant de grands états infectieux qui, à leur début, sont presque toujours accompagnés de constipation : sécheresse des glandes et de la muqueuse par les toxines, effets de l'hyperthermie sur les centres, etc.

Nous n'avons pas, dans notre énumération, parlé des désordres organiques qui entraînent la constipation ; il n'y a vraiment pas besoin d'une interprétation physiologique spéciale pour expliquer l'absence de fonction dans les cas où un corps étranger oblitère l'intestin, où un néoplasme le resserre progressivement, où une tumeur le comprime : il y a alors *rétention* par obstacle mécanique, et la constipation n'est qu'un épiphénomène obligé, mais accessoire, de l'obstruction intestinale.

D. **Effets de la constipation.** — Nous ne pouvons passer en revue tout ce qu'on a pu attribuer, à tort ou à raison, à l'influence de la constipation sur l'organisme. Depuis les malaises vagues jusqu'à la céphalalgie, jusqu'à la migraine, jusqu'aux névralgies fugaces ou rebelles ; depuis la diminution de l'appétit et des échanges alimentaires jusqu'à l'inanition et l'amaigrissement plus ou moins cachectiques ; depuis la fatigue et les courbatures jusqu'aux faits de prostration des forces et d'épuisement avec neurasthénie ; depuis les altérations légères du caractère jusqu'aux modifications progressives, conduisant aux phénomènes vésaniques. Enfin, chez l'enfant, tous les traités classiques signalent la fréquence relative des convulsions, légères ou graves, et, chez l'adulte, la possibilité de phénomènes congestifs encéphaliques pouvant aller jusqu'à l'hémorragie. Il faut être très réservé dans ces interprétations, et, en dehors des conséquences certaines de la rétention prolongée, se traduisant par les symptômes de l'empoisonnement stercorémique, on doit dire que la constipation, dans tous ces états morbides, est un symptôme prémonitoire, et non une conséquence, et ne pas s'exposer, en un mot, à prendre l'effet pour la cause.

H. TRIBOULET.

CONSCIENCE. — Voyez Cerveau.

CONTRACTION. — Voyez Muscle.

CONTRACTURE. — Le mot de contracture s'applique à deux phénomènes très différents ; d'abord il désigne une forme spéciale de la contraction musculaire : en second lieu, c'est une affection du muscle, relevant de la pathologie. Nous étudierons l'une et l'autre dans deux chapitres distincts.

§ I. — De la contracture en physiologie.

Conditions de la contracture chez les animaux. — Tous les physiologistes qui avaient étudié la forme de relâchement du muscle, après sa contraction, avaient noté que, dans certains cas, le relâchement n'est pas complet. KRONECKER constata ce phénomène en 1870. RANVIER, en 1876, déclara nettement que l'on peut déterminer le tétanos dans le muscle gastro-cnémien de la grenouille à l'aide d'une seule excitation un peu forte. Mais les premières observations méthodiques furent faits par TIEGEL (1876), qui donna la description détaillée du phénomène et lui assigna le terme de *contracture*. ROSSBACH (1877) le retrouva chez les mammifères (chats). J'ai montré qu'il est extrêmement net dans le muscle de la pince de l'écrevisse (1879), et enfin Mosso a fait l'étude très soigneuse de la contracture dans les muscles de l'homme. Quoique HERMANN ait proposé d'appeler le phénomène *résidu de contraction*, je ne sais pas pourquoi on ne maintiendrait pas l'expression de *contracture*.

Si l'on excite par un courant électrique un peu fort le muscle d'une grenouille ou d'une écrevisse, on voit que le muscle, au lieu de se relâcher, reste contracté, ou plutôt que le relâchement se fait en deux périodes : une période de relâchement brusque et une période de relâchement lent, qui est la contracture. Même cette période de relâchement lent peut se diviser à son tour en deux périodes secondaires : une première qui est une sorte de plateau : le muscle reste contracté quelques secondes; et une deuxième qui est le relâchement véritable, très lent. C'est du moins ainsi que les phénomènes se passent sur le muscle de l'écrevisse; sur la grenouille les détails de la courbe sont plus difficiles à observer.

Une certaine intensité d'excitation est nécessaire; avec des courants faibles on ne l'observe pas, et il suffit parfois de renforcer l'excitation pour voir apparaître la contracture. Après une série d'excitations électriques, successives et rythmées à une par seconde, la contracture va en croissant; car chaque excitation laisse le muscle dans un état de plus grande contriction. On peut l'observer ainsi dans le muscle curarisé; et d'ailleurs l'excitation musculaire directe la provoque, tandis que l'excitation indirecte par l'intermédiaire du nerf est en général sans action. Il est donc permis de supposer que la contracture est peut-être due à une altération quelconque de la fibre musculaire par l'excitant électrique; mais ce n'est guère probable puisque l'excitation indirecte est parfois suivie de contracture.

En tout cas, on ne peut admettre que la contracture soit une des modalités de la fatigue. J'ai remarqué que les écrevisses fraîches et vivaces présentaient ce phénomène beaucoup mieux que les écrevisses qui étaient restées longtemps en captivité. TIEGEL semble avoir fait des observations analogues sur les grenouilles.

D'après KRONECKER et STANLEY HALL, le muscle en état de contracture est plus excitable que le muscle normal; et cette observation aussi nous empêche de pouvoir considérer l'état de contracture comme analogue à l'état de fatigue. En somme, elle n'apparaît que dans des muscles très frais, très excitables; et, après qu'on l'a provoquée un certain nombre de fois dans un muscle, on ne peut plus la reproduire. Les muscles fatigués ne la présentent jamais, et, si ROSSBACH et HARTENECK ont cru l'observer dans ces conditions, c'est qu'en réalité le muscle, irrigué par du sang oxygéné, n'était pas en état de réelle fatigue

Une des formes les plus intéressantes de la contracture, c'est celle que j'ai appelée l'*onde secondaire*. Elle ne se produit que dans des conditions spéciales, lorsqu'on opère sur des animaux très vivaces et très frais (écrevisses).

Alors après la contraction survient le relâchement, et un relâchement complet; mais à ce relâchement complet succède une nouvelle contraction, qui paraît spontanée, puisqu'il n'y a plus d'excitation électrique ou nerveuse pour la provoquer. C'est comme une onde secondaire, spontanée, qui survient après l'onde musculaire, primitive, provoquée par l'excitant électrique. Cette expérience est assez intéressante, car elle semble nous prouver qu'il existe une sorte d'indépendance entre la contraction et la contracture. La contracture serait l'onde secondaire du muscle. On peut bien en effet supposer que, après chaque excitation, il se fait dans le muscle une série de modifications tantôt latentes, tantôt apparentes, qui persistent longtemps après que l'excitation a pris fin.

On ne peut guère rapprocher la contracture des phénomènes curieux qui s'observent dans le muscle vératrinisé; car les courbes myographiques caractéristiques du muscle vératrinisé ne s'observent que s'il est relié aux centres nerveux, de sorte que la contraction secondaire qu'on observe alors est due à l'intoxication des centres nerveux.

Jusqu'à quel point peut-on rattacher cette contracture au phénomène décrit par SCHIFF sous le nom de *contraction idio-musculaire*? Il est fort possible que ce soit un phénomène de même ordre. Et, en effet, la persistance de la constriction musculaire après une excitation forte s'observe dans l'un et l'autre cas (Voy. **Muscle**). SCHIFF pense que les deux phénomènes sont extrêmement voisins.

Contracture chez l'homme. — Les conditions de la contracture chez l'homme ont été étudiées avec beaucoup de soins par Mosso, et il a vu aussi que c'est un phénomène tout à fait différent de la fatigue. Cette contracture, survenant après des excitations volontaires, est assez forte parfois pour supporter une charge de 3 kilogrammes. Elle se produit après des excitations volontaires, aussi bien qu'après des excitations électriques. Dans le cas d'excitations électriques, la contracture est en rapport direct avec l'intensité de l'excitation, mais dans de certaines limites cependant.

Avec des excitations successives la contracture va en augmentant graduellement jusqu'à atteindre un certain niveau qu'elle ne dépasse plus. Les graphiques des contractures obtenues par Mosso (fig. 49, 171) ressemblent d'une manière saisissante à ceux que j'ai obtenus sur le muscle de l'écrevisse (voy. fig. 47, *Physiol. des muscles et des nerfs*).

En étudiant avec André Broca les conditions du travail musculaire, nous avons vu qu'au début d'un travail prolongé, il y a toujours de la contracture, mais qu'elle disparaît à mesure que le travail se prolonge. C'est tout le contraire de la fatigue.

Il est à noter aussi que, comme dans les expériences sur les animaux, et ainsi que c'était d'ailleurs facile à prévoir, le poids que le muscle doit soulever exerce une influence considérable sur l'état de contracture. Si le poids est très lourd, pas de contracture : pour la faire apparaître, il suffit de diminuer le poids que le muscle doit soulever.

En somme, Mosso, incline à penser que la contracture a, comme raison téléologique, une certaine économie dans l'innervation du muscle qui peut alors maintenir en charge pendant plus longtemps des poids lourds. Il est possible que les contractions d'un muscle très frais ne soient pas identiques à celles d'un muscle un peu fatigué. En dernière analyse la contracture peut être considérée comme *la forme de contraction d'un muscle très frais et très vigoureux excité par une irritation forte, et ayant à soulever des poids médiocres.*

Bibliographie. — Kronecker (*Monatsber. d. Kön. Akad. zu Berlin*, 1870, 639). — Kronecker (H.) et Stanley Hall (G.). *Die willkürliche Muskelaction* (*A. P., Suppl.*, 1879, 43-47). — Mosso (A.). *Les lois de la fatigue étudiées dans les muscles de l'homme* (*A. i. B.*, 1890, XIII, 165-179). — Ranvier (A.). *Leçons d'anatomie générale sur le syst. musculaire*, 1880, 199. — Richet (Ch.). *De l'excitabilité du muscle pendant les différentes périodes de la contraction* (*C. R.*, 1879, LXXXIX, 242-244; et *Physiologie des muscles et des nerfs*, 1882). — Rossbach et Harteneck. *Muskelversuche an Warmblütern* (*A. g. P.*, 1877, XV, 7). — Schiff (M.). *Die idiomusculäre Contraction, Contractur* (*Recueil des mém. physiol.*, Lausanne, 1894, II, 18-24 et 119-123). — Tiegel (F.). *Ueber Muskelcontractur im Gegensatz zu Contraction* (*A. g. P.*, 1876, XIII, 71-84).

§ II. — De la contracture en pathologie.

Quoiqu'il s'agisse là d'un phénomène pathologique, il importe de l'étudier ici; car les conditions dans lesquelles se produit la contracture éclairent les phénomènes de l'innervation musculaire. D'ailleurs, sans la connaissance approfondie de la physiologie normale, l'histoire des contractures est absolument impossible à comprendre.

Définition. Vraies et fausses contractures. — La contracture peut se définir une contraction prolongée du muscle, sans lésion de la fibre musculaire même, contraction telle qu'il ne peut plus se relâcher par la volonté.

Les contractures, ainsi définies, ne sont donc pas assimilables aux rétractions musculaires, consécutives à des cicatrisations vicieuses ou à des raccourcissements du muscle dus à des brides fibreuses scléreuses, aponévrotiques ou à des altérations histologiques de la fibre musculaire.

Ce qui caractérise la véritable contracture, c'est que le muscle n'est pas altéré dans sa structure. Que si, par un moyen quelconque, on fait cesser l'excitation nerveuse qui maintient le muscle en état de contracture, comme par exemple si l'on anesthésie profondément le malade, la vraie contracture disparaît, tandis que la rétraction musculaire, qui dépend d'une cause anatomique et non d'une cause physiologique, ne disparaît pas par la chloroformisation. Il y a donc lieu, avec P. Blocq, qui en a fait une étude très approfondie, de distinguer les vraies contractures et les pseudo-contractures. Par exemple, dans la maladie de Thomsen, il semble bien que la contracture incomplète qui accompagne chaque contraction soit la conséquence de l'altération de la fibre musculaire; cette myopathie est elle-même due à une lésion trophique des centres nerveux, mais la contracture dépend uniquement, paraît-il, de la modification histologique du muscle. De même encore il n'y a pas lieu d'assimiler à des contractures les phénomènes de claudication intermittente observés à la suite de lésions vasculaires (Charcot, 1858; Bourgeois, 1897).

Nous ne nous occuperons ici que des vraies contractures.

Ainsi que nous l'avons dit à l'art. **Catalepsie** (*Dict. Phys.*, II, 498), ce qui régit l'état du muscle, c'est son élasticité. Le muscle en repos est parfaitement et faiblement élastique : le muscle catalepsié est faiblement et incomplètement élastique : le muscle contracté, au contraire, est, comme le muscle contracté, parfaitement et fortement élastique; en ce sens qu'un grand effort est nécessaire pour l'écarter de sa position primitive.

La contracture du muscle pourrait donc se définir, physico-physiologiquement, un état prolongé d'élasticité forte et complète, soustraite à l'influence de l'innervation volontaire.

De la cause immédiate des contractures. — Toutes les contractures reconnaissent une seule et unique cause, c'est une excitation des centres nerveux non volontaires laquelle détermine alors la contraction prolongée de la fibre musculaire.

A l'état normal, les muscles répondent à une excitation soit volontaire soit réflexe. Toute stimulation volontaire ou réflexe va provoquer une contraction, et cette contraction cesse dès que la stimulation volontaire ou réflexe fait défaut; le relâchement suit la contraction. Pour les contractions réflexes le phénomène est le même que pour les contractures volontaires, le stimulus volontaire est remplacé par le stimulus de la sensibilité périphérique; l'excitation d'un nerf sensible se transmet aux centres nerveux et provoque l'excitation de ces centres. Il y a donc deux sortes de contractions : les contractions volontaires et les contractions réflexes.

Or, dans les contractures comme dans les contractions, nous pouvons distinguer aussi deux variétés : les contractures *réflexes* et les contractures *non réflexes*; les contractures réflexes sont provoquées par un stimulus de la périphérie; les contractures non réflexes sont provoquées par une excitation des centres nerveux.

Des contractures réflexes. — Le type des contractures réflexes, c'est la contracture des sphincters consécutive à une excitation, traumatique ou pathologique, de la muqueuse qui recouvre les sphincters. Il y a alors un spasme sphinctérien qui est une véritable contracture. Si la cornée est traumatisée par un corps étranger quelconque, l'orbiculaire des paupières se contracture avec force, et ne peut plus se relâcher par la volonté. Une fissure à l'anus détermine du ténesme rectal, et une constriction du sphincter anal. De même, les lésions traumatiques ou ulcérations de l'œsophage ou du vagin, ou de l'urèthre ou de la bouche, déterminent des contractures plus ou moins prononcées de l'œsophage, (œsophagisme), du vagin (vaginisme), ou de l'urèthre (spasme uréthral), ou de la bouche (constriction permanente des mâchoires). On peut rattacher à ces contractures réflexes celles qui sont consécutives à des lésions articulaires par exemple, lésions qui entraînent parfois dans les muscles des membres des contractures plus ou moins marquées.

Ces contractures réflexes peuvent, comme toutes les actions réflexes, disparaître par l'anesthésie. Ainsi, dans les luxations anciennes, les altérations articulaires déterminent des contractures dans les muscles qui font mouvoir l'articulation; mais, quand le patient est chloroformé, la contracture disparaît, et on a mis à profit cette propriété de l'agent anesthésique pour rendre plus facilement réductibles ces vieilles luxations : car alors les muscles contracturés se relâchent, et on peut ramener les surfaces articulaires à leur position normale. De même les contractures des sphincters (rectum, vagin, urèthre, œsophage, paupières) disparaissent toujours par la chloroformisation.

Elles disparaissent aussi quand le traumatisme ou l'ulcération (stimulus réflexe) disparaissent; de sorte que le traitement de ces contractures consiste simplement en la suppression de la lésion périphérique qui, par voie réflexe, les détermine.

Cependant, en général, les excitations périphériques ne peuvent provoquer une contracture durable que si les centres nerveux sont très excitables. Chez des individus non prédisposés, les spasmes ou contractures ne surviennent guère après des lésions des orifices : la cause essentielle de la contracture est toujours l'hyperexcitabilité des centres.

En tout cas, il est à peu près certain qu'il n'y a pas de contracture directe; c'est-à-dire que l'excitation traumatique ou pathologique d'un nerf n'amène jamais de contracture que par voie réflexe. La section du nerf malade, faite de manière à interrompre la continuité du nerf avec la moelle sans interrompre la continuité du nerf avec le muscle, abolit toujours la contracture. Il n'y a donc pas de contracture directe; il n'y a que des contractures réflexes ou médullo-cérébrales.

Quant aux contractures myopathiques, il faut les faire rentrer dans le groupe des pseudo-contractures produites par l'altération anatomique de la fibre musculaire.

Contractures liées à une lésion anatomique du système nerveux. — Les lésions du système nerveux central (Cerveau, Bulbe et Moelle) peuvent donner naissance à des contractures.

Expérimentalement on peut produire ces contractures en faisant des traumatismes du cerveau ou des lobes opto-striés; ou des hémisections protubérantielles. Mais toute détermination précise de la lésion productrice de ces contractures est à peu près impossible. Il suffit de deux conditions pour les produire : traumatisme avec excitation des faisceaux moteurs ; traumatisme avec suppression de l'influence nerveuse volontaire.

D'après Onimus (art. *Contractures* du *Dict. Enc.*), une piqûre légère de l'isthme encéphalique amène aussitôt la contracture de plusieurs groupes musculaires; ce qu'il attribue beaucoup moins à une suppression de l'action volontaire qu'à une excitation des faisceaux moteurs. Pour Hitzig, la contracture résulterait de la séparation des centres modérateurs d'avec les centres de coordination motrice; mais il est difficile de supposer qu'une simple piqûre puisse produire cette dissociation. D'autre part, dans les hémorragies cérébrales, si la contracture était la conséquence de la suppression d'action; elle devrait survenir immédiatement, et non quelques semaines ou quelques mois après l'ictus hémorragique. Ce retard dans la formation de la contracture ne peut guère s'expliquer que par une altération progressive de la fibre nerveuse, altération qui produit une hyperexcitabilité pathologique des faisceaux moteurs.

Brown-Séquard a cru démontrer que des lésions du cervelet pouvaient amener la contracture même après la mort; mais, malgré les arguments qu'il a donnés, il paraît difficile de pouvoir soutenir que cette contracture *post mortem* n'est pas une rigidité cadavérique de nature spéciale.

François-Franck a montré qu'une hémisection de la moelle à la région cervico-dorsale augmentait la réflectivité médullaire, à tel point que la percussion réitérée du ligament prétibial (tendon rotulien) provoque alors un véritable état de contracture qui dure plusieurs minutes à la suite de la percussion tendineuse. De même, en exagérant par de faibles doses de strychnine le pouvoir excito-moteur de la moelle, chez des chiens atteints de dégénérescence descendante à la suite de lésions de la zone motrice, on provoque la contracture réflexe dans le membre correspondant au côté dégénéré, tandis que la percussion du tendon rotulien, de l'autre côté, ne provoque que des secousses simples, dans le membre du même côté.

Vulpian (1886) n'admet pas que la section de la moelle suffise pour amener la contracture. L'hémisection produit seulement de la paralysie. Pour qu'il y ait contracture, il faut qu'il y ait une irritation de la moelle, par un caustique par exemple. Dans ce cas, on voit du côté lésé une contracture assez marquée. Encore ne dure-t-elle que deux ou trois jours pour faire place à une paralysie due à la destruction du tissu médullaire. Mais quoique, dans son expérience, la contracture ait été nettement provoquée par la cautérisation des cordons latéraux, il incline à croire que cette cautérisation agit plutôt par voie réflexe sur la substance grise, que directement sur la substance blanche.

Et il est bien probable, en effet, que les lésions médullaires de la substance blanche modifient l'excitabilité de la substance grise, en la rendant apte à la contracture, plutôt qu'elles n'agissent directement en tant que productrices de contractures, sur la fibre musculaire. Sur ce point Charcot et Vulpian semblent être bien d'accord, considérant que les lésions des faisceaux pyramidaux agissent plutôt par voie réflexe que par voie directe. Peut-être ces processus irritatifs de la substance blanche vont-ils développer dans les noyaux moteurs intra-rachidiens des nerfs une excitation permanente se traduisant par de la contracture.

Munk (cité par J. Soury. *Dict. Phys.*, art. Cerveau, ii, 889) admet que l'excitation corticale, par une irritation permanente quelconque, peut donner lieu à une contracture, mais que, si la cicatrice du traumatisme se fait régulièrement, la contracture n'est que passagère. Les contractures qu'on observe chez les singes qui ont subi un traumatisme général seraient dues à une sorte d'atrophie des muscles antagonistes; on ne les voit guère que sur les animaux qu'on laisse longtemps dans leur cage sans les faire sortir; c'est une seconde classe de contractures, contractures par *déficit*, qui diffèrent des contractures par *irritation*. Il est à noter que les contractures par déficit ne s'observent que sur l'homme et le singe.

En somme, toute irritation traumatique ou pathologique des faisceaux conducteurs de l'incitation motrice depuis le cerveau jusqu'aux noyaux rachidiens moteurs des muscles peut être cause de contracture. On l'a observée dans toutes les affections chroniques de la moelle, le mal de POTT, la pachyméningite spinale, l'apoplexie cérébrale, le tabes dorsalis, les méningites, les fractures du crâne ou de la colonne vertébrale.

Même dans le tabes dorsal spasmodique (maladie de LITTLE), il y a des contractures accompagnant le spasme.

BRISSAUD a suivi les dégénérescences des faisceaux volontaires passant par la capsule interne, les pédoncules (faisceau moyen), les faisceaux pyramidaux, et il a montré que la lésion de ces différentes parties, par sclérose et dégénérescence après hémorragie cérébrale, entraînait la contracture des muscles des membres.

L'explication de ces phénomènes est relativement simple. Le cerveau transmet aux fibres musculaires l'ordre de se contracter; mais son excitation n'est pas permanente; car il ne peut *vouloir* pendant longtemps sans fatigue. Une contraction volontaire ne peut, sans entraîner rapidement la fatigue, se prolonger. Mais qu'une cause autre que la volonté intérieure intervienne, par exemple l'excitation pathologique, les fibres médullaires transmettront le même ordre aux muscles; il y aura alors une contraction prolongée, sans fatigue. Cette contraction prolongée sans fatigue, c'est la contracture; et elle s'explique bien par le fait d'un stimulus excitateur dans les fibres motrices malades, dans leur trajet médullaire ou à leur origine cérébrale.

Ce qui démontre bien que, dans les contractures consécutives à l'hémiplégie cérébrale, le muscle n'est pas contracturé par suite d'une altération spéciale de sa fibre, c'est l'expérience faite avec la bande dite d'ESMARCH, élément de diagnostic que BRISSAUD et moi nous avons introduit dans l'étude des contractures (1879). En anémiant un membre par la bande d'ESMARCH, et en maintenant ainsi le membre privé de sang pendant un certain temps, on fait disparaître la contractilité musculaire et on abolit par conséquent en même temps la contraction et la contracture. Chez les hémiplégiques, l'anémie du muscle abolit la contracture, parce que le muscle privé de sang ne peut plus se contracter, l'anesthésie abolit aussi la contracture parce qu'elle fait disparaître l'excitabilité des centres nerveux.

Il est très probable que la contracture des membres, dans l'affection désignée sous le nom de tétanie (contracture essentielle des extrémités), est un phénomène myélitique; qu'une infection quelconque ait déterminé une myélite, cette myélite provoquera de la contracture des muscles; le caractère contagieux de l'affection indique suffisamment qu'elle est d'origine microbienne, et la localisation dans la moelle, après quelques autopsies bien complètes (WEISS, LANGERHANS), est maintenant établie.

Contractures par intoxication. — Si de la tétanie nous passons au tétanos, nous comprendrons comment certaines intoxications peuvent amener des contractures; mais les contractures sont alors généralisées; car, lorsque les centres nerveux dans leur ensemble sont intoxiqués, il n'y a pas de raison pour que la contracture se localise.

Chez un animal strychnisé, des convulsions toniques se manifestent dans tous les membres; et il n'y a vraiment pas de différence essentielle entre une convulsion tonique et une contracture; sinon que la convulsion tonique est de moins longue durée que la contracture. Nous pouvons même concevoir tous les termes de transition entre la contraction et la contracture; successivement, en effet, nous avons la contraction simple avec relâchement complet, c'est-à-dire l'état normal; la contraction avec relâchement incomplet et lent, comme dans l'empoisonnement par la vératrine, ou la dans la catalepsie, la convulsion clonique qui est une contraction violente, tétanique suivie de relâchement; la convulsion tonique qui persiste sans relâchement pendant quelques secondes et même quelques minutes, et enfin la contracture proprement dite qui persiste pendant des heures et même des mois. Dans tous ces cas, si divers en apparence, l'état du muscle est l'image fidèle de l'excitabilité du système nerveux central, lequel est anormalement excité d'une manière plus ou moins durable, plus ou moins intense.

Dans l'ergotisme, dans le strychnisme, dans le tétanos, c'est une substance toxique qui provoque cette excitabilité médullaire. Le plus souvent tous les muscles sont pris; car le poison ne va pas se localiser dans telle ou telle région de la moelle, et il en affecte indifféremment tous les éléments. Certaines régions cependant paraissent plus excitables; ainsi dans le tétanos, par exemple, le trismus (contracture des muscles masticateurs) est un des premiers symptômes. (On sait que c'est aussi par ces muscles, plus excitables que les autres, que débute la rigidité cadavérique.)

Il est quelquefois difficile de décider si la contracture est due à une intoxication de la moelle ou à une lésion histologique. Ainsi, dans le tétanos, on a constaté des lésions de la moelle; mais il est bien probable que ces lésions sont consécutives, et le fait d'une tétanotoxine produisant les symptômes tétaniques n'est pas douteux. Les accidents convulsifs de la rage sont-ils dus à un poison ou à une lésion des centres nerveux? On l'ignore à peu près complètement, malgré tous les travaux que cette question a suscités.

Les lésions du corps thyroïde peuvent aussi produire par intoxication des contractures. Après REVERDIN, divers auteurs, SZUMAN, WÖLLFFER, SCHRAMM ont signalé chez l'homme la tétanie ou contracture après extirpation de la thyroïde. Sur les animaux l'ablation de la thyroïde détermine aussi des convulsions et parfois des contractures. Il a été à peu près démontré que la cause de ces phénomènes est une sorte d'intoxication. Tout se passe comme si la glande avait pour fonction de détruire, au fur et à mesure de sa formation dans le sang, un poison convulsivant, produit dans les muscles pendant leur contraction. La non-destruction de ce poison entraînerait une excitabilité exagérée, une véritable intoxication chronique de la moelle.

Contractures dynamiques. — Nous appellerons contractures *dynamiques* celles que ne peuvent expliquer ni une excitation réflexe morbide, ni une lésion anatomique des centres, ni une intoxication générale ou locale. La seule cause qu'on puisse invoquer, c'est une excitabilité spéciale du système nerveux.

C'est chez les hystériques que cette excitabilité spéciale s'observe. Dans un mémoire publié avec BRISSAUD, nous avons montré que les hystériques, par suite d'une altération, probablement dépourvue de tout substratum anatomique, de leur état nerveux, toute contraction un peu forte pouvait devenir une contracture. A la suite de ce travail, de nombreuses observations ont été faites ; CHARCOT a décrit l'état de diathèse de contracture, d'opportunité de contracture, et il a comparé l'état des malades, ainsi prédisposés à la contracture, à l'état des animaux strychnisés.

De fait on peut dire, que l'hystérie consiste essentiellement en un double syndrôme : excitabilité exagérée des phénomènes d'innervation médullaire, diminution des phénomènes d'inhibition ou de modération venant du système nerveux central. Il s'ensuit que toute excitation réflexe sera exagérée dans ses effets, et que les centres nerveux volontaires ne pourront plus l'arrêter, la modérer.

L'hystérie réalise, sans lésions anatomiques, ce que produit l'hémiplégie avec dégénérescence descendante du faisceau pyramidal. Les centres volontaires sont sans action, et l'excitabilité des faisceaux médullaires est accrue. Il s'ensuit que les excitants réflexes sont efficaces pour provoquer la contracture chez ces individus prédisposés.

Or, parmi les excitations réflexes, il en est une qui paraît plus active que toutes les autres ; c'est l'excitation qui part du muscle lui-même, et qui est due à la contraction même du muscle. Chaque fois qu'un muscle entre en contraction, il met en jeu énergiquement la sensibilité de ses nerfs sensitifs qui transmettent aux centres la notion de contraction, probablement par les phénomènes chimiques qui se produisent alors dans l'intimité de la fibre musculaire. Chaque contraction est alors une cause d'excitation réflexe. Aussi avons-nous proposé d'appeler *myo-réflexes* ces contractures consécutives à une contraction forte du muscle.

Le mode de production de ces contractures, dans la plupart des cas tout au moins, justifie cette dénomination. En effet, le plus souvent, c'est à la suite d'une contraction un peu forte que la contracture apparaît. Par exemple, après une attaque hystéro-épileptique, il y a contracture de tel ou tel muscle, et cette contracture est parfois très durable. De même encore on peut faire sur une grande hystérique l'expérience suivante, qui réussit presque toujours. On lui dit de fermer le poing avec force ; après qu'elle a exécuté cet effort, les doigts de la main ne peuvent plus s'ouvrir, et le poing reste fermé, avec une contracture de tous les fléchisseurs.

Les modalités cliniques suivant lesquelles se produit cette contracture sont innombrables ; elles offrent cette infinie variété que présente la symptomatologie de l'hystérie ; mais nous n'avons pas à en présenter ici l'étude.

Mentionnons seulement quelques faits essentiels.

C'est d'abord le fait intéressant, signalé par Charcot, de la résolution de la contracture par la contraction des muscles antagonistes.

En appliquant la bande d'Esmarch à ces muscles contracturés, j'ai pu, avec Brissaud, constater quelques phénomènes assez utiles pour l'explication méthodique du phénomène contracture.

Si l'on anémie complètement un membre en appliquant méthodiquement autour de ce membre, de l'extrémité à la base, la bande de caoutchouc; au bout d'un temps assez variable, vingt à trente minutes environ, les muscles étant privés de sang ne pourront plus se mouvoir sous l'influence de la volonté, et, au bout d'une heure et demie environ, l'excitabilité du muscle à l'électricité aura tout à fait disparu. Mais la contracture s'éteint bien plus rapidement. En effet, cinq ou six minutes à peine après l'application de la bande de caoutchouc, la contracture cesse complètement, alors que les mouvements volontaires sont conservés, et que l'excitabilité du muscle à l'électricité n'a pas varié d'une manière sensible. Il semble que la contracture ait besoin pour se produire, dans le muscle, d'une irrigation sanguine très abondante. Si l'on enlève alors la bande de muscle ainsi relâché, aussitôt, en même temps que le sang dans le muscle, la contracture reviendra avec autant sinon plus de force qu'auparavant.

Nous avons donc pu dire qu'il y avait dans le muscle anémié une *contracture latente*, expression qui n'est paradoxale qu'en apparence, et qui indique assez exactement ce fait que le muscle était fortement excité par le nerf moteur et la moelle, et que, s'il ne répondait pas par une contracture à cette excitation, c'est qu'étant privé de sang il ne pouvait plus se contracturer.

Nous avons aussi noté ce fait que la contracture peut se relâcher sous l'influence d'une excitation réflexe partant des tendons de ce muscle. Il y a une sorte d'antagonisme entre l'excitation de la fibre musculaire qui provoque la contracture, et l'excitation des tendons qui provoque le relâchement de cette contracture.

Cet état de diathèse ou d'opportunité de contracture ne paraît pas être spécial à l'hystérie. J'ai vu que, dans les premières périodes du somnambulisme et de l'hypnotisme, alors qu'il n'y a encore aucun signe objectif bien manifeste d'une influence quelconque, il existe cependant une modification telle de l'innervation musculaire que les contractions un peu fortes deviennent des contractures. Une des caractéristiques de l'hypnotisme est en effet la diminution de l'activité cérébrale, avec prépondérance de la réflactivité médullaire, tout comme dans l'hystérie; ce qui explique la facilité des contractures dans l'un et l'autre cas.

On peut même, par ce procédé très simple, juger assez vite de l'aptitude de tel ou tel individu à être hypnotisé. Qu'on lui fasse serrer la main avec force, en pratiquant la suggestion verbale, ou la suggestion par gestes (passes dites magnétiques); si la main reste contracturée, c'est qu'il sera facilement hypnotisable. Dans le cas contraire, il est probable qu'il sera difficile de le mettre en état d'hypnotisme.

Ce sont là des contractures expérimentales; mais les contractures des hystériques sont parfois plus tenaces et plus graves que ces contractures accidentelles qui disparaissent aussi facilement qu'elles peuvent être produites. Les contractures véritablement pathologiques ont le plus souvent une très longue durée; mais essentiellement elles ne diffèrent pas des contractures expérimentales, ou plutôt la seule différence, c'est leur longue durée, et la résistance à tout mode de traitement. Toujours elles ont ce caractère de disparaître par la bande de caoutchouc ou par l'anesthésie, mais de reparaître quand l'anémie ou l'anesthésie ont cessé.

L'influence des phénomènes psychiques sur les contractures hystériques est indéniable, et, quelque mystérieuse qu'elle paraisse, il faut cependant la considérer comme absolument certaine. D'abord, pour ce qui est de leur origine, les contractures surviennent souvent à la suite d'une émotion (colère, frayeur), même sans qu'il y ait eu contraction exagérée de tel ou tel muscle. L'*hystéro-traumatisme* paraît agir bien plutôt comme émotion morale que comme excitation périphérique traumatique. Pour la résolution des contractures, les influences psychiques sont bien plus puissantes encore. On en trouve de nombreux exemples dans les auteurs anciens et modernes (Voulet, 1872). Telle hystérique atteinte d'une violente contracture, rebelle à tout traitement et durant depuis plusieurs années, voit subitement cette contracture se relâcher, à la suite d'une forte émotion.

Une émotion religieuse (à Lourdes, par exemple) peut amener des guérisons subites. Les pilules fulminantes, de *mica panis*, une menace énergique, peuvent dans certains cas amener la résolution soudaine de très anciennes contractures. On s'explique ainsi très bien comment la suggestion peut avoir de très bons effets thérapeutiques. Parce que nous ne comprenons guère le mécanisme de ces influences psychiques, ce n'est pas un motif suffisant de les révoquer en doute et les faits sont trop nombreux, trop incontestables, pour qu'on n'en tienne pas le plus grand compte dans les théories les plus scientifiques de la contracture.

D'autre part, par un juste retour, la contracture retentit sur l'état mental, et les images motrices associées à telle ou telle contracture entraînent *ipso facto* un délire systématisé, dans tel ou tel sens, sans qu'on puisse exactement savoir si l'état psychique est cause ou effet.

On a supposé que l'aimant agissait de manière à modifier les contractures, et à en déterminer le *transfert*, c'est-à-dire le passage au membre du côté opposé. Mais il paraît assez bien établi que, si l'on se met à l'abri de toute cause de suggestion, l'aimant est sans effet, et que, par ses seules propriétés physiques, il n'exerce aucune action soit sur l'état du muscle, soit sur l'excitabilité du système nerveux. Toutefois il y aurait peut-être lieu de reprendre méthodiquement cette étude, d'une difficulté extrême (Voy. **Métallothérapie, Magnétisme**).

Le plus souvent ces contractures sont indolentes ; dans quelques cas elles sont accompagnées de vives douleurs, mais ce sont des cas exceptionnels. La règle est que la douleur est nulle. C'est là un fait bien remarquable ; car il établit une démarcation très nette entre la contracture hystérique non douloureuse (sauf exceptions) et la contracture ou crampe, due à la fatigue. Quelquefois, lorsqu'un muscle a été surmené, il est devenu douloureux, sensible au toucher, avec une *crampe*, véritable contracture qui entraîne une impotence fonctionnelle. Nous ne pouvons maintenir longtemps sans fatigue la contraction d'un muscle, mais les hystériques ne ressentent rien d'analogue ; leurs muscles ont beau être depuis plusieurs semaines violemment contracturés, elles ne ressentent ni contracture, ni gêne, ni fatigue. De sorte que cela permet presque de conclure que la fatigue musculaire, qui survient après le travail exagéré ou localisé d'un muscle, a son siège non dans les fibres musculaires mêmes, mais dans le système nerveux central qui se fatigue d'ordonner un mouvement (V. **Fatigue**).

Il est assez difficile de rattacher aux contractures hystériques les crampes professionnelles, comme la crampe des écrivains, par exemple. Toutefois on peut supposer que le phénomène est du même ordre ; mais la physio-pathologie de ce phénomène est loin d'être éclairée, et nous renvoyons pour cette étude aux traités de pathologie nerveuse. Il paraît probable qu'il n'y a pas de lésion organique, mais seulement une névrose des centres cérébraux qui commandent tel ou tel mouvement, et qui ne peuvent plus le commander que sous une forme convulsive, par suite d'une altération spéciale de leur fonctionnement.

État physiologique du muscle contracturé. — Comme nous l'avons dit, ce qui domine la physiologie du muscle contracturé, c'est la modification de son élasticité. Le muscle contracturé est en état d'élasticité forte et complète : autrement dit son état est le même que celui du muscle qui est en état de contraction forte volontaire.

Il semblerait alors que l'on pût faire rentrer l'état du muscle contracturé dans la physiologie du muscle en contraction tétanique. Toutefois la dissemblance est assez profonde ; et on peut trouver des caractères qui différencient le muscle contracturé du muscle en état de contraction forte.

A. *Le muscle est contracturé sans qu'il y ait sensation de fatigue.* — C'est là un point d'importance primordiale. Lorsque nous donnons à un de nos muscles l'ordre de se contracter, cet effort est accompagné d'une certaine tension de la volonté, et, très rapidement, d'une sensation de fatigue que nous ne pouvons supporter longtemps. Au bout de une à deux minutes, la fatigue devient insupportable, si bien qu'on ne peut la vaincre, et qu'il y a, très peu de temps, quelques minutes à peine après le début de la contraction, relâchement nécessaire de la contraction. Ce relâchement est précédé de tremblements et de grandes oscillations si caractéristiques que c'est un bon moyen d'analyse pour déjouer la simulation. Au contraire, dans la contracture, il n'y a, sauf de très rares exceptions, aucune sensation de fatigue. Les hystériques ont parfois des contractures qui durent une semaine, un mois, six mois, et même davantage. Or cette contraction des muscles, si elle était volontaire, ne pourrait se maintenir chez un individu normal plus de quelques minutes, et même au prix d'une insupportable fatigue.

Cette absence absolue de fatigue dans le muscle contracturé conduit à une conclusion bien intéressante, sur l'origine même de la fatigue musculaire. En effet, puisque le muscle contracturé ne fait pas éprouver de sensation de fatigue, c'est que la cause de la fatigue ne réside pas dans le muscle contracturé ou contracté. Nous localisons notre fatigue dans ce muscle; mais cette localisation n'a pas de raison d'être plus que la localisation de la douleur dans les extrémités des doigts d'un membre amputé, dans le cas de névrite du moignon. En réalité, la cause de cette sensation de fatigue est dans les centres nerveux; et même non dans les centres nerveux sensibles du muscle, mais dans les centres nerveux volitionnels. Il y a fatigue de la volition; et cette fatigue de la volition, nous l'appellerons fatigue musculaire, quoique elle n'ait rien à faire avec la vraie fatigue du muscle. Celui-ci, continuant à recevoir du sang oxygéné, se trouve dans un état d'irritabilité parfaite, et son activité peut persister presque indéfiniment, ainsi que le prouve la prolongation considérable des contractures pathologiques.

Ce sont là des notions de premier ordre dans l'histoire de la contraction musculaire. La fatigue n'est pas dans le muscle, ni même dans l'irritation, par quelque poison, des cellules terminales des nerfs moteurs, mais bien dans les centres nerveux volontaires. Si la volonté n'intervient pas, et si elle est remplacée par un irritant quelconque (myélite, encéphalite, strychnisme de l'hystérie, pour employer l'expression imagée de CHARCOT), alors nulle fatigue. Ni les cordons conducteurs de la moelle, ni les noyaux moteurs rachidiens, ni les nerfs, ni les muscles, ne s'épuisent ni se fatiguent. On peut même soutenir que les centres nerveux moteurs ne se fatiguent que s'ils sont mis en jeu par la volonté. S'ils sont excités par d'autres agents, ils ne s'épuisent ni ne se fatiguent plus que la moelle et le muscle.

B. *La température du muscle contracturé ne s'élève pas.* — Le fait résulte des expériences de BRISSAUD et REGNARD. Au moyen d'aiguilles thermo-électriques, ils ont prouvé que les muscles contracturés ont la même température que les muscles sains, et même qu'ils semblent être un peu plus froids, de quelques dixièmes de degré tout au plus. D'après P. RICHER, le membre contracturé est plus froid que le membre sain. D'autre part, de nombreuses mensurations thermométriques ont établi qu'il n'y a pas d'élévation de la température générale, même chez les hystériques atteintes des plus violentes contractures.

Il serait tout à fait absurde de supposer que les lois thermodynamiques ne s'exercent pas sur le muscle en contracture comme sur le muscle en contraction, et cependant nous nous trouvons devant deux phénomènes qui sont, tout au moins en apparence, formellement contradictoires : le muscle contracté s'échauffe; le muscle contracturé ne s'échauffe pas. On doit donc de toute nécessité admettre que le raccourcissement même du muscle n'est pas un phénomène qui produit de la chaleur, et il me paraît que les physiologistes n'ont pas tenu suffisamment compte de cette belle expérience du muscle contracturé, qui reste contracturé sans s'échauffer. Elle prouve que le raccourcissement du muscle n'entraîne pas son échauffement. Si, dans la contraction musculaire normale, il y a échauffement, c'est que l'excitation du muscle produit deux phénomènes probablement distincts, et que l'état pathologique dissocie, d'une part l'échauffement par combustions musculaires interstitielles, d'autre part le raccourcissement du muscle par modification de son élasticité. Il peut donc y avoir *contractions musculaires* sans échauffement du muscle. C'est là assurément une donnée très intéressante, dont il faudra tenir compte dans toute théorie thermodynamique de la fonction musculaire.

Notons aussi que, dans le muscle contracturé, d'après BOUDET et BRISSAUD (1879), il se produit des bruits tout à fait analogues aux bruits musculaires du muscle qui se contracte normalement; mais ces bruits sont atténués quelque peu, encore que cette atténuation paraisse prouver simplement que la contracture est un raccourcissement du muscle moins complet que la contraction volontaire véritable, ainsi que du reste nous allons le prouver.

C. Les muscles contracturés peuvent encore se contracter au moins partiellement. — Nous avons montré que, même dans les fortes contractures, l'excitation électrique, ou même l'excitation volontaire, pouvait surajouter à la contracture un accroissement dans la rétraction du muscle; et ce fait concorde bien avec le mode de production de certaines contractures. Elles semblent constituer, absolument comme la contracture physiologique, la période d'allongement ou plutôt de relâchement incomplet de la secousse musculaire.

D. Le muscle privé de sang par la bande d'Esmarch peut encore se contracter par la volonté, alors qu'il ne peut plus donner de contracture. — Ce fait, que nous avons constaté les premiers (BRISSAUD et CH. RICHET, 1879), ne laisse pas que d'être d'une interprétation fort difficile.

En effet, si la contracture exige pour se produire la présence du sang oxygéné, le sang oxygéné n'en est pas moins nécessaire pour la contraction normale, de sorte qu'on ne comprend pas bien pourquoi cette différence entre la contraction et la contracture.

On ne peut pas prétendre que la régénération des substances thermogénétiques se fait en l'absence de toute circulation; car nous avons prouvé (JOTEYKO et CH. RICHET. B. B., 1896) que la régénération de la puissance énergétique du muscle en l'absence de toute circulation ne se fait que s'il y a diffusion de l'oxygène, chez la grenouille par exemple. Le muscle épuisé, et sans circulation, dans l'hydrogène ou l'azote, ou le vide, ne se répare pas. Il se répare dans l'oxygène, grâce à la diffusion de l'oxygène de l'air à travers les tissus. Cette diffusion est évidemment à peu près négligeable pour les muscles humains.

Probablement on ne peut expliquer le relâchement de la contracture (avec conservation de la contraction) par l'anémie du muscle, qu'en supposant que la contracture est produite par une excitation plus faible que la contraction volontaire. Le courant d'excitation nerveuse, qui produit la contracture et qui est dû à l'irritabilité pathologique des centres nerveux, est sans doute moins énergique que le courant d'excitation nerveuse volontaire, et alors il est moins efficace que ce dernier pour produire, dans un muscle devenu par l'anémie moins excitable, une constriction. En somme, tout se passe comme si l'anémie rendait le muscle moins excitable, apte à répondre aux excitations fortes, telles que l'excitation volontaire, et incapable de répondre aux excitations faibles, telles que l'excitation de la contracture.

On peut même pousser un peu plus loin l'analyse physiologique. En effet, ce n'est pas le muscle (en tant que fibre musculaire) qui est moins excitable, ce sont les terminaisons nerveuses motrices qui sont atteintes. La fibre musculaire anémiée est, au bout de dix minutes, plutôt hyperexcitable que paralysée, comme le prouve l'exploration par l'excitant électrique. Ce sont les cellules terminales des nerfs moteurs, appareil d'union entre le nerf et la fibre musculaire, qui sont atteintes par l'anémie, étant beaucoup plus fragiles que la fibre nerveuse et que la fibre musculaire. Dans le muscle anémié, ce qui disparaît d'abord, c'est l'excitabilité à la contracture, puis l'excitabilité à la contraction volontaire, puis, en dernier lieu, l'excitabilité aux courants électriques.

Il ne s'ensuit pas moins que sur le muscle anémié l'ordre donné par les centres nerveux pour provoquer la contracture persiste, quoique le muscle soit relâché. Il est relâché, mais en état de *contracture latente*, expression qui nous paraît devoir être conservée; car elle indique assez exactement ce fait que le muscle est continuellement excité par les centres moteurs; mais que, s'il ne répond pas à cette excitation, c'est qu'étant privé de sang il ne peut plus se contracturer.

Relations entre la contracture, la contraction normale et la catalepsie du muscle. — Tous ces faits nous prouvent clairement que la contracture du muscle dépend uniquement du système nerveux central. La fibre musculaire et le nerf moteur n'y sont pour rien, de sorte qu'une défectueuse excitation des centres nerveux est la seule cause possible de la contracture.

La volonté, qui, à l'état normal, produit la contraction musculaire, s'exerce par l'intermédiaire des centres nerveux; mais d'autres causes que la volonté peuvent exciter ces centres nerveux; par exemple, l'électricité ou un excitant chimique. Il peut aussi y avoir des excitants pathologiques, et dans ce cas l'excitation est continue, au lieu d'être discontinue, comme l'excitant volontaire. En effet, le caractère de l'excitation volontaire, c'est de ne pas pouvoir se prolonger sans fatigue. Au contraire, l'excitant pathologique va stimuler la contraction musculaire sans relâche, sans fatigue, et la conséquence de cette excitation permanente sera la contracture.

Même sans lésion matérielle, il peut y avoir encore excitation permanente, dans le cas d'une excitabilité exagérée des centres nerveux. Même à l'état normal, les muscles reçoivent sans cesse l'excitation nerveuse; leur tonicité est mise en jeu incessamment; et cette tonicité est de nature réflexe, provoquée par les excitations sensitives, et spécialement celles des nerfs sensitifs des muscles. Supposons cette tonicité exagérée, et nous aurons, au lieu de l'état tonique du muscle, l'état de contracture. Ce n'est qu'une question de degré; la contracture, c'est la tonicité exagérée des muscles, et on pourrait facilement trouver dans les innombrables modalités cliniques tous les termes de transition entre la simple tonicité et les contractures les plus énergiques.

La catalepsie est aussi, à ce qu'il semble, une contracture, mais une contracture très faible. Là encore il n'y a de trouble pathologique que dans l'innervation centrale. Le muscle est normal; mais la volonté a provoqué une contraction qui ne peut plus cesser, alors que cependant la volonté n'agit plus. Les centres nerveux excités par la volonté restent excités, même quand la volonté a disparu; et cette excitation prolongée, très faible d'ailleurs, persiste jusqu'à ce qu'une nouvelle excitation réflexe ou centrale vienne modifier l'état des centres.

Ainsi, en dernière analyse, la catalepsie et la contracture sont des phénomènes très voisins, ne différant probablement que de degré, et ces phénomènes mêmes ne sont que des modifications pathologiques de la tonicité des muscles, étroitement liée à l'état des centres nerveux.

Bibliographie. — BERBEZ (P.). *Sur la diathèse de contracture, et en particulier sur la contracture produite chez les sujets hystériques par les applications d'une ligature* (*Progrès médical*, n° 41, 9 oct. 1886). — BLOCQ (P.). *Des contractures* (Th. in., Paris, 1888). — BRISSAUD. *Recherches sur la contracture permanente des hémiplégiques* (Ibid., Paris, 1880). — BRISSAUD et BOUDET. *Bruit musculaire dans les contractures* (B. B., 1879, 348-349). — BRISSAUD et REGNARD. *Température des muscles contracturés* (Ibid., 1881, 13-14). — BRISSAUD et RICHET (CH.). *Faits pour servir à l'histoire des contractures* (*Progrès médical*, 1880, VIII, 363, 449, 466; et *C. R.*, 1879, LXXXIX, 489-491). — BOURGEOIS (F.). *Contrib. à l'étude de la claudication intermittente par oblitération artérielle* (Th. in., Paris, 1897, Jouve, 90 p.). — BROWN-SÉQUARD. *Nouvelles recherches sur l'apparition de contracture après la mort* (B. B., 1882, 25-28). — BRUNET (L.). *Étude clinique et physiologique de l'état d'opportunité de contracture* (Diss. in., Paris, 1883, 56 p.). — CHARCOT (J.). *Sur la claudication intermittente observée dans un cas d'oblitération complète de l'une des artères iliaques primitives* (B. B., 1858, XII, 228). — CHARCOT et RICHER. *Sur un phénomène musculaire observé chez les hystériques et analogue à la contraction paradoxale* (Brain, 1886, VIII, 289). — ERB. *Thomsen's che Krankheit*. Vogel, Leipzig, 1886. — FÉRÉ et BINET. *Rech. exp. sur la physiologie des mouvements chez les hystériques* (A. d. P., 1887, (3), x, 320-373). — FOURNIER (C.). *Phénomènes spasmodiques musculaires consécutifs aux affections articulaires chroniques* (Diss. in., Paris, 1889, 72 p.). — FRANÇOIS-FRANCK (A.). *Exagération du pouvoir réflexe de la moelle. Contracture réflexe d'un membre postérieur à la suite de la percussion du tendon rotulien* (Titres et trav. scientifiques, Doin, 1887, 34; et B. B., 1880, 282). — GILLES DE LA TOURETTE. *Traité clinique de l'hystérie*, 1891, I, 434-447. — HUET. *Contribution à l'étude de l'excitabilité des muscles dans la maladie de Thomsen* (Nouv. Iconogr. de la Salpêtr., 1892). — JANET (PIERRE). *Hysterische, systematiserte Contractur bei einer Ekstatischen* (Munch. med. Woch., n° 31, 1897, 4 p.). — MAGGIORA (A.). *Les lois de la fatigue étudiées dans les muscles de l'homme* (A. i. B., 1889, XIII; et Trav. du Lab. de A. Mosso, 1889, 213-267). — ONIMUS. Art. « Contracture » du Dict. encycl. des sc. méd., 1877, (1), XX, 62-95). — PITRES. *Leçons clin. sur l'hystérie et l'hypnotisme*, 1891, I. — POULET (P.). *De la contracture hystérique* (Diss. in., Paris, 1872, 97 p.). — REGNARD et SIMON (J.). *Sur une épidémie de contracture des extrémités observée à Gentilly* (Seine) (B. B., 1877, 344-347). — REVERDIN (J. L. et AUG.). *Note sur vingt-deux observations de goitre* (Rev. méd. de la Suisse romande, n°s 4 et 6, 1883). — RICHER (P.). *Paralysies et contractures hystériques*, 1892, Doin, Paris, 222 p. — RICHET (CH.). *De l'excitabilité réflexe des muscles dans la première période du somnambulisme* (A. d. P., 1880, XII, 155); — *Hypnotisme et contracture* (B. B., 1883, (7), V, 662). — SCHRAMM. *Beitrag zur Tetanie nach Kropfextirpation* (Centr. f. Chir., n° 22, 1884,

364). — Sereins (J.). *De la contracture réflexe d'origine traumatique, et en particulier de l'hémi-contracture de la face* (Diss. in., Paris, 1880, 59 p.). — Sollier (P.) et Malapert. *Contracture volontaire chez un hystérique* (Nouv. iconogr. de la Salpêtrière, 1891, iv, 100-106). — Szumen (L.). *Mittheilung eines Falles von Tetanie nach Kropfextirpation* (Centr. f. Chir., n° 28, 1884, 28). — Vulpian. *Leçons sur les maladies du système nerveux*, 1886, ii, xviie leçon. — Wölfler. *Zur Extirpation des Kropfes* (Ber. über die Verh. d. deutsch. Ges. f. Chirurgie, 1883, 27).

CH. RICHET.

CONVALLARINE.

CONVALLARINE. — La convallarine est un principe qu'on extrait du muguet (*Convallaria maialis*).

En 1858, Walz découvrit dans le muguet deux substances qu'il appela *convallarine* et *convallamarine*. Ces substances sont des glucosides. Elles peuvent en effet se dédoubler à l'ébullition en présence d'acides minéraux dilués en glucose et d'une autre substance, la *convallarétine* pour la convallarine, la *convallamarétine* pour la convallamarine.

La convallarine a pour formule $C^{34}H^{62}O^{11}$ (Walz), la convallarétine $C^{14}H^{26}O^3$.

La convallarine et la convallamarine ne sont pas d'ailleurs les seuls principes qu'on puisse extraire du muguet. En effet, en 1865, Stanislas Martin en retirait un alcaloïde : la *maïaline*; un acide, *l'acide maïalique*, une huile essentielle, une matière colorante jaune et de la cire.

En 1867, Marmé étudia l'action physiologique de la convallarine et de la convallamarine. Avec la convallarine, il n'observa que des effets purgatifs à la dose de trois à quatre décigrammes. Avec la convallamarine, il observa des effets cardiaques et circulatoires très marqués. La convallamarine est une substance toxique. En injections intraveineuses, elle est mortelle à la dose de $0^{gr},015$ à $0^{gr},030$ chez le chien, et de $0^{gr},005$ à $0^{gr},008$ chez le lapin.

La mort arrive par arrêt du cœur et est presque toujours accompagnée de convulsions cloniques. Pour Marmé, la convallamarine est un poison cardiaque, et son action physiologique se rapproche qualitativement et quantitativement de celles de la digitaline, de l'élléboréine, de l'upas antiar, etc.

Il y a donc une différence marquée au point de vue physiologique entre les deux glucosides du muguet.

On peut extraire la convallarine de la façon suivante : on épuise par l'alcool la plante pulvérisée, on évapore à consistance d'extrait et on précipite par le sous-acétate de plomb. On filtre, on précipite l'excès de plomb par l'hydrogène sulfuré, on évapore. La convallarine cristallise en prismes rectangulaires droits.

La convallarine est *insoluble* dans l'eau, *soluble dans l'alcool*. C'est une substance très amère, dont les effets physiologiques sont en somme peu importants. Il n'en est pas de même de l'autre glucoside, la convallamarine, qui est le principe actif du muguet.

Nous avons signalé son action sur le cœur et la circulation.

Bochefontaine et G. Sée ont fait une étude approfondie de ses effets cardiaques, ainsi que de ses effets sur le tube digestif, sur la diurèse, le système nerveux et la contraction musculaire.

Bibliographie. — *Dict. de chimie* de Wurtz. — *Dict. de thérapeut.* de Dujardin Beaumetz (Art. « Muguet »). — *Bull. gén. de thérapeutique*, 1882, 74 et 180. — Isaeff. *Effets sur la circulation* (en russe) Vratch, 1881, vi, 2065. — Van Spange (P.). *Proeven over de werking van convallamarine* (D., Utrecht, 1887, 880. — Labbée. *Convallaria maialis et convallamarine* (Gaz. hebd., 1884, xxi, 329, 428). — Steller. *The physiol. action of convallamarin on the nervous system* (Ther. gaz., Detroit, 1885, 598-603). — Sée et Bochefontaine (C. R., 1882, xcv, 51-54). — Löventhal (Diss. in., Wurtzburg, 1885). — Noguès (Diss. in., Paris, 1883). — Leubuscher (Zeitsch. f. klin. Med., [1884, vii, 581-591). — Fournié (Diss. in., Montpellier, 1883). — Prévost (Rev. méd. de la Suisse romande, 1883, iii, 278-283). — Reboul (Lyon médical, 1884, xlvii, 35-45). — Maragliano (C. W., 1883, xxi, 769-771).

E. A.

CONVOLVULINE.

CONVOLVULINE. — C'est une résine qu'on extrait des tubercules du jalap officinal. La composition de ces tubercules est très complexe. Ils renferment de l'amidon, de l'oxalate de chaux, de l'inuline, de la gomme, de la matière colorante, une matière oléagineuse odorante soluble dans l'éther et l'alcool et une *résine* qui s'y trouve dans la proportion de 11 à 8 p. 100. Dans cette résine se trouvent deux principes résineux distincts : la *convolvuline* et la *jalapine*. On peut les séparer de la façon suivante (Stevenson, 1880) : On dissout la résine officinale dans l'alcool : le liquide est filtré, évaporé, séché, pulvérisé finement avec du sable pur. La poudre est divisée en six parties. Le numéro 1 est épuisé par l'éther, et cet éther sert à épuiser les suivants. On commence le traitement avec du nouvel éther à plusieurs reprises. On met à part les solutions éthérées, et on traite le résidu par l'alcool pour l'épuiser complètement. Après évaporation de la solution éthérée, on obtient un résidu visqueux, de couleur brune. Ce résidu est complètement soluble dans l'éther, le naphte, le sulfure de carbone, l'essence de térébenthine. C'est la *jalapine* $C^{34}H^{56}O^{16}$ de Mayer, la *pararhodéorétine* de Kayser. L'évaporation à siccité des solutions alcooliques donne aussi comme résidu une résine dure, incolore, sans saveur. Elle est insoluble dans l'éther et les autres dissolvants de la jalapine. C'est la *convolvuline* de Mayer ($C^{31}H^{50}O^{16}$), la *rhodéorétine* de Kayser.

Voici les réactions qui différencient la convolvuline de la jalapine :

La jalapine est très soluble dans l'éther, le chloroforme ; légèrement soluble dans le pétrole, le naphte, l'essence de térébenthine, la benzine ; facilement soluble dans le sulfure de carbone ; légèrement soluble dans l'eau, l'acide chlorhydrique ; soluble dans l'acide sulfurique avec lequel elle prend une coloration brune passant au noir ; très soluble dans la potasse caustique et l'ammoniaque.

La convolvuline est légèrement soluble dans le chloroforme ; *insoluble* dans l'éther, dans le pétrole, le naphte, l'essence de térébenthine, la benzine, le sulfure de carbone ; légèrement soluble dans l'eau ; très soluble dans l'acide sulfurique (coloration rouge clair) ; très soluble dans la potasse caustique (les solutions dégagent une odeur de wisky par la chaleur) ; assez soluble dans l'ammoniaque.

En présence du bichromate de potasse : la jalapine et la convolvuline dégagent une odeur de beurre rance, la jalapine se colore en brun rougeâtre, la convolvuline en vert olive. Avec le permanganate de potasse mêmes réactions. Avec le nitrate de potasse, mêmes réactions ; mêmes réactions encore, mais un peu moins prononcées, avec le chlorate de potasse. Avec le bioxyde de manganèse, mêmes réactions et couleur vert olive pour la jalapine, mêmes réactions et couleur rose avec la convolvuline.

Propriétés de la convolvuline. — Elle fond à 100° quand elle est humide, à 141° quand elle est sèche ; elle se décompose à 155°.

Par l'acide chlorhydrique, la convolvuline se dédouble en glucose et en un corps cristallisable, le *convolvulinol*, qui peut donner en présence des alcalis de l'*acide convolvulinique*. Par l'acide nitrique, la convolvuline se décompose en donnant de l'acide oxalique et un isomère de l'acide sébacique, l'acide ipomœique.

Nous avons dit que les deux glucosides se trouvaient dans la résine du jalap. La proportion n'est pas la même : Convolvuline 7 p. 10 et jalapine 3 p. 10.

La convolvuline est une substance fortement purgative ; c'est un purgatif drastique purgeant à des doses assez faibles (0gr,10). Appliquée sur une muqueuse, elle est irritante à condition que le milieu soit alcalin. D'après Buchheim, H. Köhler, Bastgen, pour que la convolvuline agisse, il faut la présence de la bile qui par ses taurocholates la dissout. Quand on injecte la convolvuline ou la résine de jalap dans les veines (Cadet de Gassicourt, Hagentorn, Untiedt, H. Köhler) on n'obtient pas d'effets purgatifs.

La convolvuline n'agit pas seulement en excitant les contractions intestinales ; dissoute dans la bile, elle provoque la sécrétion des glandes de Lieberkühn et la sécrétion biliaire. C'est un cholagogue assez énergique. C'est ainsi qu'administrée à la dose de 1gr,20 par kilo d'animal et dissoute dans la bile, la résine de jalap augmente la sécrétion biliaire de près du double par heure (Rutherford, Vignal et Dodds).

Bibliographie. — Köhler et Zwicke. *Pharmakol. Studien über Convolvulin und Jalapin* (Berl. klin. Woch., 1870, vii, 203, 217, 239). — Dragendorff (*Pharm. Zeitschr. f. Russl.*, 1886, xxv, 305-309). — Stadelmann (A. P. P., xxvii, 352). — Rutherford. *On the physiological action of drugs on the secretion of Bile* (Edinburgh, 1879 188-190). — Hochnel. (*Nouveaux remèdes*, 1897, 276). — Bastgen (*Diss. in.* Dorpat, 1859). — Hagentorn (*Ibid.*, 1857). — Untied (*Ibid.*, 1858).

CONVULSIVANTS (Poisons). — Si l'histoire des anesthésiques a été traitée par quantité d'auteurs, celle des convulsivants n'a fait l'objet que d'un nombre relativement restreint de travaux.

Assurément, l'analyse des effets produits par quelques poisons convulsivants, notamment la strychnine, qui en est le type, a été poursuivie avec prédilection par beaucoup de physiologistes; mais cette étude spéciale est bien distincte de l'histoire des convulsivants en général. Aussi, ne parlerons-nous pas ici des effets particuliers de chaque poison convulsivant, *ammoniaque*, *strychnine*, *cocaïne*, *brucine*, *nicotine*, *picrotoxine*, etc. (Voyez ces mots).

Mais, même en laissant de côté toute cette pharmacodynamie spéciale, il n'en reste pas moins de très importantes questions de physiologie générale qu'il faut aborder ici.

Influence de la dose pour la détermination des poisons convulsivants. — Le système nerveux, lorsqu'il est intoxiqué, n'a pas des manières différentes de réagir, de sorte que les poisons convulsivants les plus divers ont, en somme, une grande similitude d'action. De fait, après intoxication, tout appareil nerveux ne peut réagir que de deux manières : l'excitation ou la dépression. Si c'est l'excitation qui domine la scène, le poison sera convulsivant; si, au contraire, la dépression domine, le poison sera paralysant ou anesthésique.

On doit même généraliser plus encore, et admettre que tout poison dépressif a, au début de son action, une période excitante; de même que tout poison convulsif possède, lorsque la dose convulsive est dépassée, une action anesthésiante et paralysante.

Un bon exemple de cette influence de la dose nous est donné par les produits chlorés de substitution du formène, si bien étudiés par Regnault et Villejean. Les quatre composés chlorés du formène (CH^3Cl, CH^2Cl^2, $CHCl^3$, CCl^4) ont tous à la fois l'action convulsive et l'action anesthésiante. Ce qui diffère seulement, c'est la durée de l'une par rapport à l'autre. Avec CH^2Cl^2, par exemple, des convulsions cloniques se manifestent au début; puis, à une période plus avancée survient l'anesthésie; puis, quand la substance se dissipe, l'anesthésie disparaît, et les convulsions ou contractures reviennent (période de retour). Le chloroforme agit en réalité tout à fait de même; seulement, la période de convulsion (période d'excitation des chirurgiens) est très peu marquée, et la période anesthésique domine.

On peut donc dire que les substances anesthésiques, au début de leur action, ont des propriétés convulsivantes.

D'autre part, il est facile de prouver que les substances convulsivantes, si on peut augmenter la dose, finissent par devenir paralysantes et anesthésiques.

J'ai montré en effet (1880) que la strychnine, qui est cependant le type des poisons convulsivants, peut, à certaines doses, bien plus fortes que la dose convulsivante, produire de tout autres phénomènes que la convulsion. Il suffit, pour observer ces effets, d'empêcher la mort de l'animal par l'asphyxie et par l'arrêt du cœur. Alors, l'animal est, par ces fortes doses de strychnine, absolument anesthésié et immobilisé. La petite dose avait produit l'excitation de la moelle et du bulbe. La dose forte a produit la dépression.

J'ai retrouvé la même loi pour d'autres substances convulsives, les sels ammoniacaux, la vératrine et les autres poisons convulsivants.

Nous pouvons donc généraliser en disant : 1° les substances anesthésiques, à dose faible, ont une action stimulante (et presque convulsivante); 2° les substances convulsivantes, à dose forte, ont une action anesthésique et paralysante.

Cette loi est d'autant plus importante que les poisons, quels qu'ils soient (sauf de très rares exceptions, comme CO, par exemple, et quelques poisons de l'hémoglobine), ne sont guère toxiques que par leur action sur la cellule nerveuse. Dans l'organisme, la cellule nerveuse, au détriment des autres cellules, musculaire, glandulaire, épithéliale, est la plus sensible à l'action toxique. Ces lois d'excitation, puis de dépression de la cellule nerveuse par les poisons, sont donc très générales et applicables à presque tous les poisons.

Mais il y a quelques raisons pour empêcher qu'on les constate avec autant de simplicité que le comporte cet exposé d'apparence schématique. En effet, les cellules nerveuses sont très diverses, et les poisons divers n'exercent pas sur elles la même action. Il y a des affinités spéciales de tels ou tels éléments nerveux pour tel ou tel poison. L'atropine va se fixer sur les terminaisons des cellules motrices des nerfs de la IIIᵉ et de la Xᵉ paire; le curare sur les terminaisons des nerfs moteurs de la vie animale; la muscarine sur les ganglions du cœur; la digitaline sur les centres bulbaires cardiaques; la cocaïne sur les terminaisons sensibles des nerfs. Cette complication fait que chaque intoxication se présente avec une symptomatologie toute particulière qui va masquer les phénomènes généraux.

La difficulté est d'autant plus grande que quelquefois cet empoisonnement de cellules nerveuses spéciales entraîne la mort, *ipso facto*, et ne permet pas de poursuivre les progrès de l'intoxication générale. Si l'intoxication entraîne des convulsions tétaniques des muscles respirateurs, on peut encore y remédier par une respiration artificielle vigoureuse; mais, si le cœur est atteint, et les ganglions du cœur, nul remède à cet empoisonnement, et il devient impossible de savoir quelles seraient les conséquences d'une dose plus forte.

Il n'y a donc pas lieu de faire une classification rigoureuse des poisons en convulsivants, anesthésiques et paralysants, puisque tous ou presque tous ont cette triple action, suivant la dose, et avec des intensités très différentes. Mais, dans la pratique, quand la limite à laquelle la dose convulsive du poison est très étendue, quand les convulsions (c'est-à-dire l'empoisonnement de la moelle), précèdent l'intoxication du cœur et des cellules motrices terminales; quand ces mêmes convulsions sont prolongées, violentes, et dominent la scène, on peut dire qu'on a affaire à un poison convulsif. La strychnine, les sels ammoniacaux, la picrotoxine, la thébaïne, l'essence d'absinthe, sont de vrais poisons convulsivants.

De même on a le droit d'appeler anesthésiques des substances qui provoquent, dans une zone maniable très étendue, une anesthésie profonde, alors que la période d'excitation ou de convulsion est à peine appréciable, comme c'est le cas pour l'éther, le chloral, le chloroforme.

Effets des poisons convulsifs et des convulsions en général. — Nous n'avons pas à décrire ici dans le détail les symptômes et les effets des convulsions généralisées qui surviennent après l'empoisonnement par les substances convulsives. Tous les muscles se contractent avec force, et suivant une modalité qui paraît très générale. C'est d'abord une convulsion tonique, de quelques secondes; puis, à cette convulsion tonique succède la période des secousses cloniques, période plus prolongée que la période tonique. Puis survient une période de relâchement (épuisement post-épileptique), à laquelle succède de nouveau les périodes tonique et clonique, et ainsi de suite, jusqu'à la mort ou au rétablissement de l'animal.

Le rétablissement de l'animal est possible quand la dose n'a pas été trop forte, et que l'élimination du toxique peut se faire.

Quant à la mort, elle peut être due soit à l'asphyxie, comme c'est le cas le plus fréquent, soit à l'hyperthermie. L'asphyxie est produite par la tétanisation des muscles inspirateurs qui empêchent totalement le renouvellement de l'air dans les poumons. Il est facile d'y remédier par une insufflation vigoureuse; dans l'empoisonnement strychnique notamment, une respiration artificielle énergique permet de pousser la dose de strychnine à des chiffres énormes, cent fois plus forts que ne serait la dose mortelle, si l'on n'avait pas recours à la respiration artificielle. Il est à peine besoin d'ajouter que, par suite de la contraction de tous les muscles de l'organisme, la consommation d'oxygène est portée au maximum, de sorte que l'asphyxie survient très vite, en une demi-minute parfois.

L'hyperthermie s'explique aussi très bien par les contractions musculaires intenses; dans certains cas, avec une respiration artificielle bien ménagée, on peut suivre les progrès de l'hyperthermie tout à fait parallèles aux convulsions. Avec la cocaïne, la vératrine et les sels ammoniacaux, donnés aux doses convulsivantes, on peut, si l'on fait la respiration artificielle, déterminer la mort des animaux en expérience uniquement par l'hyperthermie et on démontre sans peine qu'il en est ainsi; car les animaux convulsés et refroidis, toutes conditions égales d'ailleurs, ne succombent pas.

Mais la respiration artificielle paraît avoir encore un autre effet bien remarquable. Assurément elle agit en empêchant la mort par tétanisation des muscles inspirateurs; mais elle agit aussi en diminuant la sensibilité des centres bulbo-médullaires à la convulsion. Leube, Rosenthal, Schiff, Uspensky en ont donné de bons exemples. Tout se passe comme si la moelle était d'autant moins excitable que le sang qui l'irrigue est plus chargé d'oxygène. Il faut, je pense, rapprocher ce fait de ce que j'ai vu en étudiant le frisson thermique, notamment chez les chiens chloralosés. Ils ne frissonnent que lorsqu'ils ont besoin de respirer, et le début de chaque inspiration coïncide avec un frissonnement général, comme si l'excitabilité de la moelle, très faible, quand le sang est chargé d'oxygène, allait en croissant à mesure que le sang devient moins oxygéné, si bien que le moment arrive où l'excitabilité devient suffisante pour déterminer soit une inspiration, soit un frisson, soit une convulsion, trois phénomènes assez semblables, dus, les uns et les autres, à une incitation motrice partant de la moelle.

Le fait lui-même est incontestable; mais les explications qu'on en peut donner ne sont pas très satisfaisantes.

La forme des convulsions déterminées par les poisons convulsivants est très analogue à la forme des convulsions épileptiques que provoque l'excitation des zones rolandiques du cerveau. Il est tout d'abord difficile de distinguer l'attaque corticale d'origine électrique expérimentale de l'attaque d'épilepsie absinthique et de l'attaque d'épilepsie strychnique. C'est qu'en effet, ainsi que nous ne pouvons cesser de le répéter, le système nerveux n'a pas des manières multiples de réagir. Qu'il s'agisse d'une excitation dynamique ou d'une excitation toxique, il répondra de la même manière, et la succession des périodes tonique, puis clonique, s'observera également.

Et, en effet, on doit admettre que l'excitation convulsive est un des processus par lesquels passe la cellule nerveuse avant de mourir. Dans l'anémie, dans l'hémorragie, les convulsions sont très fréquentes, et elles constituent un des signes précurseurs de la mort. Kussmaul et Tenner avaient observé, il y a longtemps déjà, que l'anémie des artères encéphaliques entraîne des attaques d'épilepsie. Brown-Séquard avait même supposé, ce qui assurément erroné, que les phénomènes épileptiques étaient dus à des réflexes vaso-moteurs déterminant des anémies partielles de telle ou de telle région de l'encéphale et du bulbe. P. Bert, remarquant les convulsions des chiens hémorragiés, avait admis qu'elles constituent un signe de mort certaine, et il semble bien qu'en réalité ce soit la règle, quoique j'aie pu faire survivre, assez longtemps, des chiens qui avaient eu des convulsions à la suite d'hémorragies profuses. Si l'on anémie le cerveau d'un chien, soit en injectant de l'air dans une carotide, soit en tétanisant le cœur, on voit, dix à vingt secondes après, survenir une violente convulsion tonique qui s'arrête bientôt par épuisement de l'animal, de sorte que l'excitation convulsive nous apparaît, en dernière analyse, comme une des phases de la mort des cellules nerveuses motrices, que ce soit par l'anémie, ou l'hémorragie, ou par l'action d'un poison.

On peut alors concevoir les éléments de la moelle capable de provoquer les convulsions comme d'autant plus excitables qu'ils sont plus près de la mort. Anémiés, ou anoxhémiés, ils sont plus excitables que lorsque le sang abondant, riche en oxygène. Par le fait de la privation d'oxygène du sang, ils deviennent très excitables, et l'asphyxie détermine de vraies convulsions. L'absence d'oxygène se comporte donc à la manière d'un poison, et la diminution de la teneur du sang en oxygène, diminution qui va en croissant à mesure qu'on s'éloigne du moment de l'inspiration, équivaut à une véritable intoxication bulbaire. Par la consommation perpétuelle d'oxygène, la vie crée constamment dans tous les organes comme un perpétuel processus de mort, interrompu et arrêté par chaque inspiration nouvelle.

Ce qui complique quelque peu le phénomène, c'est qu'il faut faire entrer en ligne l'excitabilité des centres inhibiteurs des réflexes. Weil, puis Freusberg, ont essayé de prouver le rôle de ces centres inhibiteurs; et ils ont montré que l'apparente inexcitabilité des grenouilles excérébrées et hémorragiées tenait en réalité à l'accroissement d'excitabilité des lobes optiques conservés, modérateurs des réflexes.

Siège des excitations convulsives et centres révulsifs. — En 1859, Schiff annonça que les convulsions de la strychnine paraissaient provenir de la mise en jeu d'un centre situé dans la moelle allongée (*Lehrb. d. Physiol. des Menschen*). Cette opinion a été soutenue par divers physiologistes : Roeber, Böhm, Girard (1896) et surtout Heubel (1875). Elle a été contredite par d'autres : Freusberg (1875), Luchsinger et Guillebeau (1882) (V. Bulbe, ii, 332, par Wertheimer).

Il nous paraît que la contradiction n'est qu'apparente. On sait, en effet, qu'il n'y a pas, et qu'il ne peut pas y avoir de contradictions dans les faits. Il n'y en a que dans leur interprétation.

Il est d'abord impossible de nier ce fait établi par Schiff pour la strychnine, par Heubel pour la picrotoxine, par Böhm pour la cicutine, que les convulsions s'arrêtent, si l'on a donné une dose modérée de la substance convulsivante, lorsqu'on a fait la section sous-bulbaire de la moelle. Cela paraît incontestable. Mais on n'en peut conclure que ceci, c'est que les centres bulbaires, foyer de concentration et de généralisation des réflexes, sont plus sensibles à l'intoxication que les autres éléments de la moelle. Girard, dans le laboratoire de Schiff, a pu aussi établir que, si l'on fait la section de la moelle d'une grenouille au milieu de la région dorsale, après une légère strychnisation, les membres antérieurs sont restés en relation avec le bulbe, se tétanisent avant les membres postérieurs, séparés de leurs connexions bulbaires. Mais ces faits, si certains qu'ils soient, prouvent seulement que la région bulbaire est plus excitable aux poisons tétanisants que les centres sous-jacents de la moelle.

D'autre part, Vulpian, Freusberg, Luchsinger et Guillebeau ont pu prouver que les convulsions n'étaient pas abolies après les sections sous-bulbaires. C'est une expérience presque banale que de strychniser une grenouille dont la moelle a été sectionnée en divers endroits. Chaque segment médullaire conserve son autonomie convulsive. Brown-Séquard (cité par Wertheimer) a vu les convulsions par hémorrhagie survenir dans le train postérieur séparé du bulbe. On a trouvé le même fait avec la cocaïne, la picrotoxine (Gottlieb), l'aniline (Wertheimer), l'atropine, la santonine. Freusberg n'a pas pu constater de différence essentielle dans l'excitabilité à la strychnine entre des chiens intacts et des chiens à moelle sectionnée. De même Krocker pour la nicotine.

On peut donc certainement admettre, d'une part, que les poisons convulsivants portent leur action sur tous les éléments de l'axe cérébro-spinal; mais, d'autre part, qu'ils ont parfois une action de prédilection sur tel ou tel centre.

En effet, comparons l'action de la cocaïne, de l'essence d'absinthe et de la strychnine; ce sont trois substances qui sont toutes trois convulsivantes, et qui toutes trois, à dose suffisante, vont déterminer l'excitation convulsive dans chaque segment de la moelle; mais, si la dose est faible, les effets seront bien différents.

La cocaïne est surtout un poison convulsivant d'origine corticale. Dans des expériences faites avec P. Langlois afin de déterminer la dose convulsive de ce poison, j'ai vu constamment que l'ablation de la zone corticale rolandique du cerveau diminuait et abolissait *presque* complètement les convulsions; mais l'abolition n'était jamais complète, et, même après des sections cérébrales au-dessus du bulbe, il y avait encore des vestiges de convulsions. Toutefois, comme cette énorme diminution des convulsions chez les animaux cocaïnisés excérébrés coïncide avec ce fait remarquable que, chez les animaux dont l'encéphale est peu développé, la cocaïne est à peine convulsivante, nous pouvons admettre que la cocaïne est un poison convulsivant à type cortical.

D'après Turfschaninow (1894), la santonine et le santonate de soude, ainsi que le phénol, seraient aussi des convulsivants d'origine corticale, quoique, assurément, ils exercent aussi une action stimulante sur la moelle, mais la dose doit être plus forte, pour qu'ils provoquent des convulsions d'origine médullaire, que pour leur faire produire des convulsions d'origine corticale.

La picrotoxine et l'essence d'absinthe sont au contraire des convulsivants à type bulbaire. C'est surtout avec la picrotoxine que réussissent les expériences faites pour démontrer qu'il y a un centre convulsif dans le bulbe. On ne peut nier d'ailleurs que les convulsions, quand le bulbe est sectionné, sont toujours moins généralisées et moins intenses. Mais ce fait n'est pas surprenant, puisque aussi bien le bulbe est le centre où vont se réunir toutes les incitations de la périphérie, pour irradier, sous la forme de réflexes généralisés, dans les muscles divers.

Une observation remarquable faite dans l'empoisonnement absinthique prouve bien cette influence de la dose. En effet, au moment même où éclatent dans toute leur violence les convulsions absinthiques, l'écorce cérébrale est inexcitable. Elle a déjà, par le poison absinthique, passé à la période de mort, alors que le bulbe est à son maximum d'excitabilité, et provoque les convulsions les plus énergiques.

Quant à la strychnine, elle agit sur toutes les cellules nerveuses motrices. Il n'y a que des nuances entre l'excitabilité plus ou moins développée des divers segments de l'axe cérébro-spinal. C'est donc un poison convulsif à type bulbo-médullaire.

Nous retrouvons ici pour la localisation des convulsions ce que nous disions à propos de la dose convulsive. Tous les poisons peuvent être plus ou moins convulsivants ; et, d'autre part, les vrais convulsivants, tout en agissant sur chaque région nerveuse, ont une certaine prédilection pour telle ou telle partie du système nerveux : il y a donc des convulsivants à type cortical, d'autres à type bulbaire, d'autres à type bulbo-médullaire. Mais ce ne sont que des degrés dans la puissance convulsive, car, à certaines doses, ils sont tous convulsivants de toutes les parties.

De l'antagonisme entre les poisons convulsivants et les poisons anesthésiques. — L'expérience fondamentale est la suivante. Si, à un animal strychnisé ou tétanisé par un autre poison convulsif (un sel ammoniacal, par exemple), on donne du chloral ou du chloroforme, à des doses qui abolissent les réflexes et l'activité des éléments nerveux, on voit une transformation complète s'opérer. Les convulsions cessent ; l'élévation thermique s'arrête ; des spasmes de moins en moins forts, et de plus en plus espacés, succèdent aux spasmes répétés et violents de la période convulsive, et finalement l'animal strychnisé et chloralisé se trouve exactement dans la même situation physiologique que l'animal simplement chloralisé.

De même, on peut prendre un animal qui a été au préalable chloroformé ou chloralisé, et lui injecter un poison convulsif : il n'aura aucune convulsion.

Cependant, à mesure que les effets de la substance anesthésique (laquelle est en général volatile et facile à éliminer) se dissipent, on voit revenir les effets du poison convulsif, car celui-là (strychnine, ou sel d'ammoniaque, ou picrotoxine) est d'élimination difficile, et il persiste dans l'organisme alors que le corps anesthésique volatil s'élimine.

Ces deux expériences faciles à faire, et que presque tous les physiologistes ont eu l'occasion de répéter, prouvent bien que, dans l'ordre d'intoxication de la cellule nerveuse, la convulsion est un phénomène d'une période moins avancée que l'anesthésie. Dans la mort de la cellule, il y a deux étapes : une première étape qui est l'excitation (avec son terme extrême, la convulsion) et une seconde étape qui est la dépression (avec son terme extrême, l'anesthésie, puis la mort).

Par conséquent, lorsque, dans un organisme vivant, il y a conflit entre les deux poisons, celui qui l'emportera ce sera toujours le poison anesthésique ; et il n'y aura jamais de convulsions possibles chez un animal anesthésié ; tandis qu'un animal, si fortement convulsivé qu'il soit, pourra toujours être anesthésié.

Relations entre le tremblement, le frisson, la contracture et la convulsion. — Il existe d'étroites relations entre les différentes formes d'hyperkinésie des centres moteurs encéphalo-médullaires.

La convulsion véritable, comme celle de l'empoisonnement strychnique, envahit tous les muscles, soit de la vie animale, soit de la vie organique ; et il est presque impossible de prétendre qu'elle soit toujours d'origine réflexe. Assurément, elle est le plus souvent provoquée par une excitation sensible. Une grenouille strychnisée, si on ne l'ébranle pas, et si elle n'est pas incitée à un mouvement musculaire quelconque, va rester quelque temps inerte ; et, pour provoquer une tétanisation générale, surtout si la dose de poison est très faible, une excitation sensible est nécessaire. Mais, comme, de fait, il est presque impossible de supprimer toute excitation sensitive, puisque la contraction volontaire est elle-même une excitation sensible par la voie des nerfs sensibles des muscles, il s'ensuit que les convulsions strychniques éclatent spontanément. Ici le mot de spontané, veut seulement dire que les causes provocatrices sont réduites à leur minimum ; un courant d'air, un ébranlement du plancher qui, sans l'excitabilité extrême de l'animal, passerait inaperçu, un bruit quelconque, même très faible : voilà des causes qui suffisent à faire naître des convulsions. On peut donc presque dire qu'elles sont spontanées, tant la force qui les provoque est minime.

Le frisson est une sorte de convulsion qui ne paraît être réflexe que dans quelques cas spéciaux. C'est une contraction violente des muscles, clonique, généralisée, ne durant que peu de temps, et se répétant à intervalles rythmiques, réguliers, intervalles qui répondent le plus souvent aux pauses de la respiration. Mais, quoique le langage usuel avec raison les sépare, on peut dire que le frisson est une vraie convulsion.

On doit distinguer le frisson *thermique* du frisson *psychique*, et du frisson *toxique*. Ici, je n'ai pas à m'occuper des deux premiers, mais seulement du frisson toxique.

Expérimentalement, on ne peut guère le produire. Que les animaux chloralosés aient un frisson extrêmement fort, ce n'est pas douteux; mais ce frisson est en réalité thermique, car les chiens chloralosés ont une température assez basse (34°), quand ils commencent à frissonner, et le chloralose n'est pas la cause déterminante du frisson, puisque les animaux chloralosés, si on les échauffe, ne frissonnent pas. Le chloralose n'agit que parce qu'il excite les centres moteurs de la moelle, et que, sans être précisément un poison convulsivant, il établit le passage, pour ainsi dire, entre les substances anesthésiantes et les substances convulsivantes.

Mais c'est dans la fièvre que le frisson toxique se manifeste le plus nettement. On sait que le grand accès de frisson de certaines affections fébriles (de la malaria, par exemple), coïncide avec une température organique très élevée. Ce n'est pas un frisson thermique : c'est un frisson toxique. Les toxines produites dans l'organisme infecté peuvent donc, suivant les cas, produire tantôt le frisson, tantôt de grandes convulsions, comme dans le tétanos et l'hydrophobie. Entre la convulsion du tétanos, et le frisson de la fièvre intermittente, il n'y a qu'une question de nuance. Dans les deux cas il y a formation de poisons qui stimulent l'excitabilité motrice de la moelle et du bulbe.

La contracture ne peut guère être provoquée par des substances toxiques, à moins qu'on n'appelle contracture la période tonique qui est le début de la grande convulsion strychnique. On comprend bien pourquoi cette contracture ne peut pas se prolonger. Si elle continuait, sans respiration artificielle, l'animal mourrait bien vite d'asphyxie; et, même avec la respiration artificielle, l'épuisement des centres nerveux est tel que la période clonique succède toujours bien vite à la période tonique. Si des contractures prolongées peuvent apparaître, dans le cas de traumatisme du cerveau et de la moelle, ou dans l'hystérie, c'est que le spasme du système nerveux n'est pas général, et que tous les éléments nerveux ne sont pas pris. Probablement, à mesure que certains noyaux (très limités) entrent en jeu, d'autres, très voisins, se reposent, pour entrer en jeu à leur tour, successivement, de manière à se remplacer mutuellement, et à maintenir la contracture constante. Mais, dans le cas d'un empoisonnement par un convulsivant, il ne peut en être ainsi, et ce sont toutes les cellules nerveuses qui sont au même moment excitées à l'extrême. Par conséquent elles doivent, au même moment, se relâcher toutes et entrer en résolution. C'est sans doute pour cette raison qu'il y a des poisons convulsivants, et qu'il n'y a pas de poisons contracturants (*sit venia verbo*).

Le tremblement ne peut être tout à fait assimilé à la convulsion, quoique dans certains cas il s'en rapproche.

Ce qui distingue essentiellement les tremblements des convulsions, c'est que le plus souvent ils accompagnent les mouvements volontaires; c'est une imperfection du mouvement volontaire, ce n'est pas un phénomène réflexe. Cependant il est des cas où le tremblement n'est pas lié aux mouvements de la volonté, et se produit même dans le repos, avec des redoublements et des rémissions qui le rendent très analogue aux convulsions, si bien qu'on dit souvent tremblements convulsifs, pour désigner des phénomènes qu'il est difficile de dénommer exclusivement tremblements ou exclusivement convulsions.

Les poisons ne donnent généralement pas de tremblements. Cependant la quinine, par exemple, et la caféine, de même que l'acide salicylique, l'absinthe, tous poisons qui, à très forte dose, sont des convulsivants, font que les mouvements volontaires sont des mouvements tremblés, comme si le commencement de l'hyperexcitabilité des centres moteurs se traduisait par une exagération dans la force et un trouble dans la régularité des incitations motrices volontaires. Il faut reconnaître d'ailleurs que cette étude n'est encore qu'ébauchée, et qu'elle n'a guère fixé l'attention des physiologistes.

Quant au tremblement des intoxications chroniques (plomb, mercure, alcool), il est lié très probablement à des altérations anatomiques des centres nerveux.

Influence de la température sur l'action des poisons convulsivants. — Il est tout à fait rationnel *a priori* de supposer que l'action des substances toxiques sur l'organisme est un phénomène d'ordre chimique. *A posteriori*, cela peut se démontrer en prouvant que les phénomènes des intoxications sont d'autant plus intenses que la température organique est plus élevée.

Après avoir démontré le fait pour les substances antiseptiques (*Bull. de la Soc. de Biol.*, 1883, 239), puis pour les sels alcalins (*Arch. de Physiol.*, 1886, 108), je l'ai établi pour le chloral (V. dans nos *Travaux du laboratoire*, 1893, i, les mémoires de RALLIÈRE, *Hyperthermie et chloral*, et de SAINT-HILAIRE, *Température et action toxique*). Avec P. LANGLOIS nous avons vérifié la même loi pour les substances convulsivantes (*Trav. du lab.*, iii, 1895).

Nous avons pris à cet effet la cocaïne, qui, à une dose remarquablement précise, provoque des convulsions énergiques chez le chien. Mais la détermination précise de la dose n'est possible que pour une température donnée.

Voici les chiffres que nous avons obtenus :

DOSE CONVULSIVANTE de chlorhydrate de cocaïne	TEMPÉRATURE.	NOMBRE d'expériences.
(en centigr. par kilogr. d'animal).	degrés.	
4	38,35	II
de 3 à 4	39,20	IV
de 2,25 à 3	40,00	IV
de 2 à 2,25	40,35	VII
de 1,5 à 2	41,40	VIII
de 1 à 1,5	41,70	II
moins de 1	43,00	II

Il s'ensuit qu'une élévation de température de 3° diminue de moitié la dose de chlorhydrate de cocaïne nécessaire pour amener les convulsions.

Non seulement l'abaissement de température entraîne une diminution de sensibilité aux convulsions, mais encore elle modifie la forme de ces convulsions. Ainsi, chez les chiens refroidis, les attaques convulsives prennent une forme toxique, avec contractures prolongées, qui diffère de l'attaque épileptoïde, suivie de secousses cloniques violentes, laquelle caractérise la forme des convulsions chez les chiens échauffés. Le froid rend la convulsion plus longue et beaucoup moins violente, en même temps qu'il rend nécessaire une dose plus forte de poison.

Avec la cinchonine et ses dérivés, qui sont tous convulsivants, nous avons obtenu les mêmes résultats. Il a fallu, comme dose convulsive, pour la cinchonine, sur un chien échauffé à 41°, 7 milligrammes au lieu de 30 (chien à 38°,5); une autre expérience a donné le même résultat. Avec le chlorure de lithium l'expérience est assez élégante pour pouvoir être répétée dans un cours : un chien intoxiqué avec le chlorure de lithium (à des doses de 0,17 de Li métallique par kilogramme), et refroidi, n'a pas de convulsions. Mais, si l'on vient à le réchauffer de 35° à 42°, aux environs de 41° les convulsions apparaissent, très violentes.

Sur les animaux poïkilothermes la même expérience peut se faire. Des grenouilles légèrement strychnisées et refroidies n'ont de convulsions que si on les échauffe.

Nous devons faire remarquer que cette influence de la température sur les convulsions crée pour l'animal empoisonné une sorte de cercle vicieux dont il a quelque peine à se dégager. Les convulsions élèvent sa température et le rendent en même temps plus sensible à l'action du poison, de sorte qu'il se convulse de plus en plus. L'hyperthermie augmente les convulsions, et les convulsions augmentent l'hyperthermie. Cercle vicieux, fatal, auquel l'animal finit par succomber, si des causes accessoires n'interviennent pas pour modifier le phénomène.

Au point de vue théorique on peut se demander quelle est la nature de cette influence de la température sur les convulsions toxiques. Si l'on dit que le système nerveux est devenu par la température élevée plus excitable, on n'explique rien. Mais on peut pénétrer plus avant dans le mécanisme de l'action toxique, et dire, soit que la diffusion du poison dans les cellules nerveuses est plus rapide, soit que la combinaison chimique avec le protoplasma cellulaire est plus complète. Il ne nous paraît pas que, sans de nouvelles expériences, qui à ma connaissance n'ont pas été faites, il soit profitable de discuter ces diverses hypothèses. Nous penchons à croire que toute action toxique, étant un phénomène d'ordre chimique, et par conséquent une combinaison chimique, est soumise aux lois des combinaisons chimiques qui se font d'autant plus rapidement et plus complètement que la température est plus élevée (Voir la discussion intéressante de STOKVIS, 188-202).

De la nature des substances convulsivantes. — Dès le plus simple examen on s'aperçoit qu'il est presque impossible d'établir un groupe de substances convulsivantes. Rien n'est plus disparate en effet, que la liste des poisons qui peuvent provoquer des convulsions. Nous y verrions rangés, l'oxygène à trois atmosphères, l'acide carbonique, le chlorure de lithium, la strychnine, le camphre, la tétanotoxine, le bichlorure de méthylène, l'essence d'absinthe, la cocaïne, la thébaïne, la cinchonine, la morphine, les ptomaïnes fabriquées par l'organisme normal, et détruites, par exemple, par les antitoxines du corps thyroïde. Tous ces corps sont convulsivants. Quel lien peut exister entre eux?

Le groupement est d'autant plus difficile que tel poison, convulsivant pour une espèce animale, n'est pas convulsivant pour une autre. La cocaïne, qui provoque de violentes convulsions chez le chien (à température normale ou élevée), provoque des convulsions faibles chez le lapin, et chez la grenouille elles sont nulles ou à peu près. L'atropine, poison convulsif redoutable pour l'homme, est à peu près inoffensive pour les animaux, et elle ne peut provoquer des convulsions chez eux comme chez l'homme.

La dose de cocaïne nécessaire pour amener les convulsions semble être exactement proportionnelle au développement de l'appareil cérébral. Si nous comparons la sensibilité de diverses espèces animales à la convulsion par la cocaïne, et que nous comparions cette sensibilité au développement de leur appareil cérébral, nous trouvons le rapport suivant.

	POIDS DU CERVEAU rapporté à 1 kilogr. d'animal.	DOSE CONVULSIVE par kilogr. d'animal.
	grammes.	
Lapin.	4	0,18
Cobaye	7	0,07
Pigeon	8	0,06
Chien.	9	0,02
Singe.	18	0,012

Ce parallélisme confirme l'opinion émise précédemment : que la cocaïne doit être rangée (ainsi que l'atropine) parmi les poisons convulsivants à type cortical. Par conséquent, plus l'appareil cérébro-cortical est développé, plus ces sortes de poisons sont convulsivants à petite dose.

Si l'on se réfère à la théorie que nous avons exposée plus haut, *l'excitation convulsivante est une des phases de mort de la cellule nerveuse*, on verra que presque toutes les substances pourront à telle ou telle dose devenir convulsivantes; mais il faut que nulle intoxication intercurrente n'intervienne, qui empêche de noter le phénomène. Par exemple, comment, avec les sels de potassium, qui tuent si rapidement le cœur, pourra-t-on observer nettement des convulsions? Il est très probable que les sels de potassium seraient convulsivants, si le cœur ne s'arrêtait pas tout d'abord : car le lithium et l'ammonium provoquent des convulsions, et, d'autre part, les poissons qu'on place dans une solution d'un sel potassique meurent avec des convulsions violentes.

La térébenthine a certainement une action convulsivante; mais, ainsi que je m'en suis assuré dans de récentes expériences, inédites encore, cet effet convulsivant est masqué par l'action toxique de la térébenthine sur le globule rouge et l'hémoglobine. Il s'ensuit ce phénomène, qui paraît d'abord paradoxal, et qu'on peut au contraire très facilement expliquer, que la respiration artificielle énergique, au lieu d'arrêter les convulsions, les excite; car, sans respiration artificielle, l'hématose n'est pas suffisante, et les centres moteurs ne sont plus excitables pour provoquer les convulsions.

On pourrait sans doute prendre ainsi quantité de substances qu'on ne range pas en général parmi les poisons convulsivants, et montrer que toutes, à un moment donné de leur action, si le sang n'est pas empoisonné, si le cœur continue à battre, si les cellules terminales motrices ne sont pas paralysées, sont convulsivantes, portant de préférence leur action excitatrice sur les cellules corticales, ou bulbaires, ou médullaires; mais en somme détruisant la cellule nerveuse motrice en la faisant passer par une phase d'excitabilité exagérée, qui se traduit par des convulsions.

Il n'est peut-être pas un seul alcaloïde qui n'ait quelque action de cet ordre, depuis la strychnine, jusqu'à la nicotine, la brucine, l'hyoscyamine, la picrotoxine, la thébaïne, la cinchonine, la quinine, la caféine, etc. La morphine elle-même, à dose très forte, provoque des convulsions évidentes chez les chiens et les chats.

Quant aux groupements moléculaires qui, dans la constitution de tel ou tel poison, lui donnent des propriétés pharmacodynamiques spéciales, malgré beaucoup de travaux très remarquables, on n'a pu arriver à des conclusions formelles. Le groupe CH³ semble donner des propriétés curarisantes, le groupe CCl³ des propriétés anesthésiantes ; mais cela même est encore quelque peu hypothétique.

P. Langlois (1895) a bien montré que les isomères de la cinchonine, étudiés par Jungfleisch très méthodiquement, cinchonibine $(x^\circ + 175,8)$, cinchonicine $(x^\circ + 46,5)$, cinchonidine, cinchonifine $(x^\circ + 195)$, cinchonigine $(x^\circ = -60,1)$, cinchoniline $(x^\circ = +53,2)$, avaient des fonctions toxiques très différentes ; la dose de cinchonine étant prise pour unité, l'activité convulsivante a été de 1,5 pour la cinchonibine, 0,75 pour la cinchonidine ; 1,50 pour la cinchonifine ; 13, pour la cinchonigine ; 4,00 pour la cinchoniline. Comment établir une relation entre la fonction chimique et la fonction convulsivante ? Le rapport est d'autant plus difficile à déterminer que la cinchonigine, si convulsivante pour le chien, est au contraire beaucoup moins convulsivante que la cinchonine chez les Crustacés (P. Langlois et H. de Varigny, loc. cit.).

Pour les chloraloses, nous avons trouvé, avec Hanriot, cette même irrégularité dans l'action convulsivante comparée à l'action hypnotique. La composition chimique des différents chloraloses ne permettait aucunement de prévoir que le xylochloralose avait des propriétés convulsivantes l'emportant sur les propriétés hypnotiques, et que le lévulochloralose était au contraire exclusivement hypnotique, sans posséder de propriétés convulsivantes.

Mais, à côté des propriétés chimiques des corps, il faudrait étudier leurs propriétés physiques (solubilité et volatibilité) et chercher si la raison d'être de leur action pharmaco-dynamique ne résiderait pas dans leurs caractères physiques. Bien entendu, ces considérations ne peuvent pas s'appliquer aux alcaloïdes dont les sels (chlorhydrate ou nitrate) sont toujours ou presque toujours solubles, mais bien aux alcools et éthers. Il semble alors que les éthers ou composés organiques insolubles dans l'eau soient toxiques en raison de leur insolubilité, et en même temps que toxiques, convulsivants. C'est là une loi qui paraît assez générale.

Si le corps insoluble est volatil, il aura une grande puissance de diffusion, et pénétrera rapidement jusqu'à la cellule nerveuse ; il sera alors plutôt anesthésique, et son action sera passagère ; car l'élimination sera rapide : si au contraire il est fixe, ne bouillant à une température élevée, il sera plutôt convulsivant. Le chloroforme, insoluble et volatil, est toxique et anesthésique ; le tétrachlorure de carbone, insoluble et peu volatil, est toxique et convulsivant.

On pourrait citer beaucoup d'exemples qui confirmeraient ces deux principes généraux ; mais ce ne sont là que les premières bases, à peine ébauchées, des lois générales de l'action pharmaco-dynamique des corps.

Bibliographie. — Bert (P.). Sur un signe certain de la mort prochaine chez les chiens soumis à une hémorragie rapide (Soc. des Sc. nat. de Bordeaux, 1867). — Uspensky (S.). Der Einfluss der künstlichen Respiration auf die nach Vergiftung mit Brucin, Nicotin, Picrotoxin, etc. eintretenden Krämpfe (Arch. f. Anat. und Physiologie, 1868, 525). — Weil. Ueber die physiologische Wirkung der Digitalis auf die Reflexhemmungscentren (Ibid., 1871). — Heubel (E.). Das Krampfcentrum des Frosches und sein Verhalten gegen gewisse Arzneistoffe (A. g. P., 1874, IX, 263-323.) — Freusberg. Ueber die Wirkung des Strychnins und Bemerkungen über die reflectorische Erregung der Nervencentren (A. P. P., 1875, 204-216 et 348-381). — Richet (Ch.). De l'action de la strychnine à très forte dose sur les mammifères (C. R., 1880, XCI, 131); — D'un mode particulier d'asphyxie dans l'empoisonnement par la strychnine (Ibid., 443). — Guillebeau (A.) et Luchsinger. Toxikologische Beobachtungen am Rückenmarke (A. g. P., 1882, XXVIII, 69-72). — Vulpian (A.). Leçons sur l'action physiologique des substances toxiques et médicamenteuses. Paris, 1882, 422-650. — Regnauld (J.) et Villejean (E.). Recherches sur les propriétés anesthésiques du formène et de ses dérivés chlorés (Bull. gén. de Thérap., 1886, 30 mai et 15 juin, 39 p.). — Lauder Brun-

ton (I.). *Traité de pharmacologie, de thérapeutique et de matière médicale*, trad. franç.,
Bruxelles, 1889, 194-246. — Langlois (P.) et Richet (Ch.). *De l'influence de la température
interne sur les convulsions* (*A. d. P.*, 1889, i, 181-196). — Richet (Ch.). *Leçons sur la chaleur
animale*, Paris, 1889, 169-214. — Tillie (J.). *Ueber die Wirkung des Curare und seiner
Alkaloïde* (*A. P. P.*, 1890, xxvii, 1-38). — Gottlieb. *Ueber die Wirkung des Picrotoxins*
(*Ibid.*, 1892, xxx, 21). — Turtschaninoff. *Experim. Studien über den Ursprungsort einiger
klinischen wichtigen Krämpfformen* (*Ibid.*, 1894, xxxiv, 208). — Langlois (P.). *La toxicité
des isomères de la cinchonine dans la série animale* (*Trav. du Lab. de Ch. Richet*, 1895, iii,
53-65). — Santesson (G.). *Versuche über die Nervenendwirkung methylirten Pyridin, Chi-
nolin, Isochinolin und Thallinverbindungen* (*A. P. P.*, 1895, xxxv, 23-68). — Girard (H.).
Ueber die allmähliche Einwirkung des Strychnins auf die Nervencentren (*Recueil de Mém.
physiolog. de M. Schiff*, 1896, iii, 198-211). — Schiff (M.). *Résultat d'expériences faites sur
des lapins et des chats empoisonnés par la strychnine et traités par la respiration artificielle*
(1867) (*Recueil des Mém. physiologiques*, 1896, iii, 211). — De Buck. *Traité de thérapeutique
physiologique*, Harlem, 1896, 25-41. — Stokvis (J.). *Leçons de pharmacothérapie*, Harlem,
1896, 34-68.

                                                                CHARLES RICHET.

COORDINATION. — La définition du mot coordination (*cum*, avec : *ordi-
nare* ordonner), même limitée au domaine de la physiologie, s'adresse à un si grand
nombre de faits qu'elle pourrait paraître superflue. Tout n'est-il pas coordination, en
effet, dans les phénomènes physiques et chimiques auxquels nous assistons quotidiennement, dans les phénomènes biologiques sous le régime desquels s'écoule notre existence? La nature respecte ses lois : qu'elles soient d'ordre physique, chimique ou
biologique, il existe en elles et entre elles des dépendances et des relations immuables,
en un mot un ordre constant, une coordination. La coordination est donc à l'origine de
tous les phénomènes vitaux, qu'ils appartiennent à la vie organique ou à la vie de
relation; ceux-ci et ceux-là ne sont d'ailleurs séparés que pour la commodité des descriptions et la facilité de l'étude; mais il existe encore entre eux de tels rapports, qu'ils
sont inséparables de fait; ils sont coordonnés les uns par rapport aux autres : qu'il nous
suffise de citer les mouvements des muscles de la vie organique, provoqués par l'irritation des nerfs centripètes de la vie de relation : telles les modifications des mouvements du cœur qui se produisent à la suite d'une irritation cutanée, d'un travail musculaire, de l'effort, etc. Les déchets de désassimilation du muscle en activité, versés dans
la circulation, seront élaborés à leur tour par les organes glandulaires, et il existe entre
ces deux organes une telle coordination, qu'à telle activité de l'un correspond une activité
proportionnelle des autres.

Une étude de la coordination au point de vue physiologique devrait donc s'adresser
à tous les phénomènes vitaux : elle est habituellement comprise sous l'acception plus
restreinte de coordination musculaire, coordination motrice; elle ne vise alors que certains phénomènes de la vie de relation. Nous nous soumettrons aussi à l'usage, et nous
nous limiterons à l'étude de la coordination des mouvements.

Ainsi envisagée, la coordination peut être musculaire ou motrice. Il ne me paraît pas
inutile de distinguer ces deux modes de la coordination. Lorsque nous exécutons un
mouvement simple, dans l'action de prendre un objet par exemple, différents groupes
musculaires entrent en activité. Les uns impriment à la main l'inclinaison ou l'attitude
directement appropriée au but : leurs contractions synergiques constituent les associations
musculaires impulsives (Duchenne de Boulogne); mais simultanément d'autres muscles
agissent pour empêcher le mouvement de dévier latéralement (associations musculaires
collatérales) ou de dépasser le but (associations musculaires modératrices) : c'est de l'harmonie exquise de ces diverses associations musculaires que résulte le mouvement régulier et bien coordonné qui mène la main directement à l'objet proposé; cette harmonie
n'est autre que la coordination musculaire. Elle peut être réflexe, automatique, volontaire.

D'autres mouvements sont beaucoup plus complexes, et ne sont en réalité que la combinaison de plusieurs mouvements; ainsi, lorsque nous marchons, il se produit, en
même temps que le mouvement directement adapté à la progression, une série d'autres
mouvements qui contribuent à maintenir l'équilibre : nous désignerons ce mode de

coordination sous la dénomination de coordination motrice. La coordination musculaire et la coordination motrice se manifestent dans une répartition proportionnelle et régulière de l'énergie dans certains groupes musculaires et dans un temps défini.

La coordination suppose donc par elle-même une notion parfaite du temps, qu'il s'agisse d'un mouvement réflexe, automatique ou volontaire. Cette notion résulte d'une qualité propre au tissu nerveux de transmettre une impression ou une excitation dans un délai constant ; d'après les recherches de HELMHOLTZ, les incitations motrices parcourent les nerfs de la grenouille avec une vitesse de 27 mètres par seconde, fait vérifié par VALENTIN, DU BOIS-REYMOND, THIRY, etc..., tandis que pour MAREY, elle est de 11 à 14 mètres : cette divergence est due à la différence des méthodes employées ; mais avec la même méthode, la vitesse trouvée fut toujours la même. La vitesse dans les nerfs sensitifs serait de 30 mètres à la seconde d'après SCHELSKE, et d'un peu plus de 30 mètres d'après MAREY. La transformation de l'impression centripète en excitation centrifuge exige un temps beaucoup plus considérable, mais constant pour chaque impression. En résumé, la durée constante d'un acte réflexe est fonction des propriétés spéciales de conductibilité de la fibre nerveuse et des centres nerveux ; la notion du temps qui est inséparable de l'idée de coordination, appartient à nos actes les plus inconscients et dès le début de la vie ; elle est en quelque sorte innée. Plus tard, avec le développement de l'individu, et l'intervention plus effective de la volonté, certains mouvements sont appris, l'individu n'y réussit pas d'emblée ; il arrive à la perfection lorsque, possédant l'exécution parfaite des différentes parties qui composent le mouvement, il a acquis par tâtonnements le temps voulu pour leur groupement et leur succession. Il utilise, sans doute, les données qui lui sont fournies par les actes réflexes, et c'est pourquoi nous pouvons dire que la notion du temps, qui est à la base de toute coordination, est toujours innée et souvent acquise.

La notion de l'espace semble au contraire surtout acquise, du moins chez l'homme ; elle est le résultat de phénomènes de perception et de conscience, dont le point de départ doit être recherché dans des impressions périphériques. Le fait que la plupart des animaux sont capables, dès la naissance, d'exécuter des mouvements coordonnés dans l'espace, n'implique pas que cette notion soit innée chez eux ; nous examinerons ultérieurement les raisons de cette précocité.

Quelque simple ou complexe que soit le mécanisme en jeu dans un mouvement coordonné, la transmission et la perception régulières des impressions périphériques en sont la condition fondamentale ; et nous pouvons dire qu'à chaque sens correspond un certain nombre ou un certain ordre de coordinations.

Nous devons donc étudier d'abord le rôle des organes des sens sur la coordination ; nous rechercherons ensuite s'il existe des régions spéciales du névraxe dans lesquels se soit localisée cette faculté. Si certaines coordinations musculaires sont localisées dans des points très limités du névraxe, d'autres exigent l'intervention d'une beaucoup plus grande étendue des centres nerveux, à cause de la multiplicité des impressions périphériques qui sont en jeu : les premières sont des actes réflexes simples pour lesquels l'intégrité de l'arc réflexe de MARSHALL-HALL est suffisante, la destruction d'un segment quelconque de cet arc abolit pour toujours la coordination à laquelle il préside, — le cerveau y supplée pourtant quelquefois en utilisant les sensations qui lui sont fournies par d'autres organes des sens, — les autres sont des réactions plus complexes, qui ont lieu dans des centres anatomiques plus élevés, dont la destruction entraîne des désordres momentanés de la coordination motrice, désordres susceptibles de s'amender en tout ou en partie par la suppléance du cerveau : et cela parce que leur destruction ne produit aucune solution de continuité entre la périphérie et l'écorce cérébrale. C'est en effet en comparant les désordres consécutifs à la destruction des centres de coordination et ceux qu'on provoque en détruisant en outre l'écorce cérébrale, que l'on peut juger de l'importance de cette dernière comme centre coordinateur.

Aujourd'hui, grâce aux importantes découvertes introduites dans l'anatomie des centres nerveux par la méthode des dégénérations secondaires et des imprégnations au bichromate d'argent (méthodes de GOLGI et R. Y CAJAL), nous connaissons beaucoup mieux les rapports anatomiques des centres nerveux entre eux : et ces données sont de la plus grande valeur pour l'étude du mécanisme des phénomènes complexes de la coordination. Nous étudierons successivement :

1° Le rôle de la sensibilité, sous ses différents modes, dans la coordination musculaire et motrice ;

2° Le rôle du système nerveux central.

Nous n'avons pas à indiquer ici, dans leur ensemble, les voies anatomiques de la coordination, puisque elles sont étudiées aux articles **Moelle, Bulbe, Cerveau, Cervelet,** etc., nous nous limiterons aux données les plus indispensables pour la compréhension de certaines fonctions.

Le rôle de la sensibilité générale dans la coordination. — Le rôle de la sensibilité générale dans la coordination a été étudié en partie ailleurs (Voir art. **Ataxie,** I, 805). Deux espèces d'expériences ont été faites dans le but de définir ce rôle. Les uns ont produit des modifications purement fonctionnelles de la sensibilité, d'autres ont sectionné en partie ou en totalité les voies sensitives. L'interprétation des résultats fournis par ces deux ordres d'expériences n'est pas aussi simple qu'on pourrait le croire : et dans l'un et l'autre cas on est en droit de se demander si les désordres consécutifs aux modifications fonctionnelles ou aux altérations organiques des voies de la sensibilité sont dus à un défaut de perception des impressions périphériques, ou à une diminution ou mieux à la suppression de leur pouvoir excito-moteur. VULPIAN s'était déjà posé la même question. « Est-ce l'interruption des impressions sensitives, ou celle des impressions excito-motrices, qui rend la locomotion difficile chez une grenouille, après la section de toutes les racines postérieures des nerfs des membres postérieurs? Il est probable que l'abolition des phénomènes réflexes joue un rôle au moins aussi important que la perte de sensibilité. » C'est ce qui a été exprimé de la façon suivante par VAN DEEN, cité aussi par VULPIAN « Le mouvement volontaire d'un animal, dit VAN DEEN, doit être soutenu, non seulement par le sentiment réel, mais aussi par le sentiment de réflexion. » Nous nous efforcerons de répondre à ces diverses questions après avoir étudié les effets produits sur les mouvements par les modifications fonctionnelles de la sensibilité, ou par la section des nerfs périphériques ou des racines postérieures.

VIERORDT et HEYD, ROSENTHAL ont déterminé l'anesthésie plantaire au moyen du chloroforme (?) : ces auteurs ont ainsi obtenu chez l'individu normal ayant les yeux fermés quelques oscillations du corps dans la station verticale et pendant la marche : ROSENTHAL a fait accroître l'incoordination chez un ataxique à sensibilité plantaire déjà diminuée, en augmentant l'insensibilité de la plante des pieds par l'anesthésie locale. Quelques auteurs, TOPINARD entre autres, ont insisté sur ce fait que, chez la majorité des tabétiques, il n'y a aucun rapport entre l'anesthésie et l'ataxie. Ces faits, contradictoires en apparence, demandent à être observés de nouveau.

EIGENBRODT, cité par LEVEN, aurait observé une incertitude très grande de la marche et de la station après la section des nerfs cutanés : en opposition à cette expérience, citons celle de CLAUDE BERNARD, qui n'a constaté aucune diminution dans l'agilité des mouvements de la grenouille après l'avoir complètement écorchée. Il semble y avoir contradiction au premier abord entre ces deux expériences : mais remarquons que, si dans les deux cas toute trace de sensibilité cutanée avait disparu, dans le premier l'animal était isolé de l'extérieur par un plan insensible, condition qui n'était pas réalisée dans le second : la contradiction n'est donc qu'apparente, et la seule conclusion que l'on pourrait tirer de ces faits est que la précision et la régularité d'un mouvement d'un membre ne sauraient exister si ce membre n'est en rapport direct fonctionnellement et anatomiquement avec la périphérie. Cette condition elle-même ne nous semble pas indispensable, si nous nous en rapportons à d'autres expériences de CLAUDE BERNARD absolument contradictoires de celles d'EIGENBRODT. La section des filets cutanés de la serre sur un épervier ne provoque aucun trouble du mouvement; chez un chien auquel CLAUDE BERNARD avait coupé les nerfs cutanés qui se rendent aux quatres pattes, les mouvements de la marche s'exécutaient parfaitement. CL. BERNARD accordait d'ailleurs une plus grande part à la sensibilité musculaire qu'à la sensibilité cutanée, dans la coordination des mouvements : « en coupant les rameaux cutanés d'un membre, chez un animal, on peut rendre la peau parfaitement insensible, quoique l'animal marche alors fort bien, probablement parce que la sensibilité musculaire est conservée. Mais, quand chez l'homme la paralysie est profonde et atteint les rameaux sensitifs des muscles, les malades ne semblent pouvoir faire agir leurs membres qu'avec difficulté et en regardant ces membres pour en diriger les mouvements. »

Les parties sous-cutanées sont également susceptibles d'impressions qui sont transmises aux centres nerveux; le tissu cellulaire sous-cutané, les muscles, les articulations, les os sont en rapport avec les centres nerveux par des fibres centripètes, l'ensemble des impressions qu'ils fournissent est dénommé sensibilité profonde : la qualité de ces impressions serait un peu différente de celle de la sensibilité cutanée : il y aurait un sens musculaire, un sens articulaire, etc. On a compris le sens musculaire sous bien des acceptions et on a cité à l'appui de ses altérations pathologiques nombre de faits cliniques dans lesquels il n'est que partiellement ou nullement intéressé. Le point important serait de savoir si nous percevons, consciemment ou inconsciemment, le passage à l'état de contraction du muscle ou son degré de contraction. Il est certain que nous n'en avons pas conscience à l'état normal, pas plus que nous n'avons conscience de la disposition des os, des surfaces articulaires : nous ne percevons consciemment que des attitudes et des mouvements; il n'est pas impossible, par contre, que des perceptions inconscientes du sens musculaire, des sensibilités osseuse, articulaire et sous-cutanée, concourent à la perception consciente de l'attitude et du mouvement. Mais il est certain que dans certaines conditions le muscle devient sensible, et c'est bien dans le muscle qu'a son point de départ la sensation douloureuse produite par la contraction violente et subite que nous désignons ordinairement sous le nom de crampe : c'est encore dans le muscle qu'ont leur point de départ la sensation de fatigue qui suit un exercice prolongé ou cette sensation spéciale qui suit la contraction produite par un courant électrique. Pour ces différentes raisons nous devons admettre que des fibres centripètes partent du muscle pour atteindre la moelle. Si nous remarquons que nos mouvements sont dus à une association ou à une succession régulière de contractions de différents groupes musculaires et que tel groupe musculaire ne doit se contracter qu'après tel autre, le centre nerveux qui régit toute cette coordination doit être continuellement averti de l'intensité et du moment de la contraction de chaque muscle; le moindre retard, la moindre atténuation dans la transmission porteront sûrement atteinte à l'exécution normale du mouvement, à la coordination musculaire. Les impressions de pression qui ont leur organe dans le tissu cellulaire sous-cutané (corpuscules de PACINI) doivent avoir aussi leur importance dans le bon fonctionnement d'un pareil mécanisme. Nous en dirons encore autant des sensibilités osseuse et articulaire. Des expériences limitées à tel ou tel mode de ces sensibilités ne sauraient être tentées avec des garanties suffisantes de précision, mais on a pu du moins étudier leur influence générale sur la coordination des mouvements par la section des racines postérieures.

VAN DEEN, LONGET, CL. BERNARD, BROWN-SÉQUARD ont démontré qu'après la section des racines postérieures chez la grenouille, l'animal opéré exécutait des mouvements irréguliers et désordonnés; lorsque toutes les racines postérieures correspondantes à un membre sont sectionnées, on assiste à un véritable état paralytique de ce membre. Le résultat est bien le même si, au lieu d'opérer sur la grenouille, on opère sur un mammifère. CL. BERNARD avait remarqué qu'après la section des racines postérieures des dix dernières paires lombaires et des paires sacrées, du côté droit le chien ne pouvait se tenir sur la patte droite, il tombait, et la jambe fléchissait : « Lorsque l'animal marchait plus vite, il ne marchait réellement que sur trois pattes et ne se servait pas du membre postérieur droit. » Des expériences ont été fort bien poursuivies dans ce sens par MOTT et SHERRINGTON sur le singe : après la section de toutes les racines postérieures d'un membre, celui-ci reste immobile, l'animal est incapable de le mouvoir : pourtant l'excitation électrique de l'écorce cérébrale provoque encore des mouvements en rapport avec la localisation de l'excitation. CHAUVEAU, TISSOT et CONTEJEAN ont fait des observations très analogues sur le chien. L'inertie totale d'un membre signalée, par MOTT et SHERRINGTON, n'a lieu que si toutes les racines correspondantes ont été sectionnées; les désordres du mouvement sont encore très considérables si les racines sectionnées conduisent les impressions qui viennent de l'extrémité du membre, sinon ils sont peu accentués. La perte du sens musculaire joue un faible rôle d'après eux : la section des 5e, 6e, 7e racines post-dorsales après laquelle la sensibilité de la plante du pied a disparu, tandis que les fibres des muscles plantaires sont conservées, provoque un trouble considérable de la motilité; inversement, la section des 7e, 8e, 9e racines post-dorsales, qui interrompt les fibres centripètes des muscles plantaires et respecte les fibres sensitives de la plante du pied, ne détermine aucun trouble appréciable de la motilité. Cette manière de voir est en opposition avec celle de CL. BERNARD, et le rôle respectif de la sensibilité musculaire et de la sensibilité cutanée dans la coordination des mouvements des membres n'est pas définitivement établi.

Si de ces expériences se dégage l'influence de la sensibilité sur le mouvement volontaire, il n'est pas démontré pourtant que ce soit à un défaut de perception qu'il faille attribuer les désordres en question; et si l'activité cérébrale ne peut se manifester en pareille occurrence, ce serait peut-être une faute d'incriminer l'écorce cérébrale dont les élaborations normales resteront sans action sur les centres médullaires fonctionnellement atteints. On pourrait se demander en effet, avec LONGET et VULPIAN, si cette section ne produit pas une modification fonctionnelle de la partie correspondante de la substance grise médullaire, et si la perturbation du mouvement n'est pas due autant à cette modification qu'à l'abolition de la sensibilité des actions réflexes. L'importance de l'expérience de VAN DEEN, répétée sur le singe, n'échappera malgré cela à personne : faite sur la grenouille, elle démontrait tout au plus l'influence de la sensibilité sur le mouvement réflexe ou automatique : pratiquée sur le singe, elle démontre la même influence sur le mouvement volontaire : rappelons en effet qu'après l'ablation du cerveau tout entier, la grenouille peut exécuter encore des mouvements coordonnés (GOLTZ, SCHRADER), tandis qu'une lésion de la sphère motrice chez le singe a pour conséquence une paralysie durable des membres du côté opposé.

La sensibilité générale joue non seulement un grand rôle dans la coordination musculaire, mais aussi dans la coordination motrice et dans l'équilibration. Rappelons que les racines postérieures s'arborisent par leurs collatérales dans la substance grise de la moelle, par leurs terminaisons dans les noyaux de GOLL et de BURDACH : les cellules qui sont entourées par leurs arborisations terminales donnent naissance à d'autres fibres qui transmettent les impressions périphériques à des centres plus élevés (cervelet, ganglions centraux, etc.). On peut juger par cette seule disposition anatomique combien doit être complexe le mécanisme des troubles consécutifs à la section des racines postérieures : elle altère non seulement le fonctionnement des centres médullaires, mais encore celui de tous les centres qui entrent en rapport directement ou indirectement avec la périphérie. Il est possible que les racines postérieures dorsales jouent un rôle particulier dans la coordination motrice et dans l'équilibration par les impressions viscérales qu'elles communiquent aux centres nerveux. L'origine de ces impressions se trouverait, d'après FERRIER, dans le mésentère qui contient, chez certains animaux appartenant à la race féline, chez le chat en particulier, un nombre considérable de corpuscules de PACINI; c'est grâce à ces impressions que les animaux régleraient les mouvements rapides de translation dont ils sont capables.

Du rôle du sens de la vue dans la coordination. — Si l'on s'en rapportait seulement aux données de l'expérimentation physiologique directe, ce sens jouerait un bien faible rôle dans la coordination musculaire ou motrice; si nous faisons appel au contraire à la clinique, ou à la suppléance de certaines impressions ou sensations par celles que fournit l'organe de la vue, nous ne saurons méconnaître la valeur de ce même sens.

Si des mouvements anormaux, tels que des mouvements de rotation, peuvent apparaître chez le pigeon à la suite de l'extirpation d'un œil (LONGET) la même opération, répétée sur d'autres animaux, reste sans effet sur la motilité. On peut admettre avec VULPIAN que le pigeon ainsi opéré ait peur de l'obscurité ou qu'il éprouve un vertige passager, de même que certains troubles visuels, tels que le nystagmus ou les paralysies oculaires, s'accompagnent de sentiment de vertige, d'étourdissements ou de tourbillonnements : ces phénomènes subjectifs sont d'ailleurs d'un mécanisme complexe, et il faut faire la part des impressions visuelles proprement dites et des sensations musculaires développées par des contractions ou des secousses anormales. Il est certain toutefois que la succession brusque d'impressions visuelles est suffisante pour causer le vertige et secondairement des modifications de l'équilibre et de la coordination motrice : on ne saurait donc toujours démontrer la valeur fonctionnelle d'un organe par sa suppression; elle peut ne se manifester qu'en le soumettant à des épreuves variées; il est vraisemblable qu'à l'état normal nos sensations visuelles, concurremment avec d'autres sensations, nous aident à percevoir notre situation dans l'espace, mais à la condition que les renseignements qu'elles nous apportent soient tous concordants, sinon il en résulte un état particulier que nous désignons sous le nom de *vertige*, avec toutes ses conséquences, titubation, chutes, etc.; dans le cas, auquel il vient d'être fait allusion, la suppression de la vue fait cesser cet état subjectif, ce qui démontre surabondamment que la succession des impressions visuelles ne doit pas dépasser certaines limites, au delà desquelles notre cerveau, contradictoirement averti par des sensations d'ordre différent, est faussement renseigné sur notre situation dans l'espace et réagit maladroitement.

Les impressions rétiniennes sont la source de coordinations musculaires spéciales : la contraction pupillaire et l'accommodation; le lien intime, qui rattache ces mouvements réflexes à la situation des objets dans l'espace par rapport à nous, ne doit pas être étranger à la formation des représentations mentales des distances et à la notion de position des objets. La vue devient ainsi un puissant moyen de contrôle, de vérification de nos mouvements; bien plus, elle est le premier facteur de la coordination motrice, dans un nombre considérable de mouvements; par la connaissance exacte qu'elle nous donne du but à atteindre et de sa distance, elle nous permet d'y arriver sans hésitation et avec la plus grande précision. Remarquons qu'il s'agit surtout dans ce cas d'un mouvement conscient et que le rôle coordinateur de la vue relève d'un processus psychique ou du moins d'une intervention cérébrale. Voilà un exemple de mouvement coordonné dans lequel il entre plusieurs facteurs sensitifs : l'un relevant de la sensibilité générale ou sensitif proprement dit, la notion de position du membre; l'autre sensoriel, la perception visuelle. Nous aurons l'occasion d'exposer plus tard la suppléance et la sorte de balancement qui peut se faire au sujet de la participation de ces deux éléments, et comment certains faits cliniques mettent en relief le rôle coordinateur de la vue. Ce rôle, comme nous l'avons vu, est d'ailleurs fort complexe, puisque, pour son exécution parfaite, il faut tenir compte non seulement des impressions rétiniennes, mais encore des impressions qui ont leur source dans la musculature de l'œil, interne et externe. Il est vraisemblable qu'il n'est pas nécessaire que l'ensemble de ces impressions soit toujours transformé en sensations pour concourir à la coordination, et il est probable qu'elles peuvent agir par voie réflexe, indépendamment des centres de perception, suivant un mécanisme encore très obscur.

Du rôle du labyrinthe dans la coordination des mouvements de la tête et du corps et dans l'équilibration. (Pour l'anatomie des canaux semi-circulaires, voir art. Audition, I, 894.)

Les premières données concernant cette question remontent à FLOURENS (1824). Ce physiologiste a démontré, en exposant les mouvements désordonnés qui accompagnent la destruction d'un ou de plusieurs canaux semi-circulaires, l'existence d'une fonction spéciale inhérente à cet organe. Il remarqua que les fibres nerveuses qui y prennent leur origine suivent une voie différente de celle des fibres auditives, d'où la division introduite par FLOURENS dans le nerf de la 8ᵉ paire en deux nerfs différents : l'un restant le nerf auditif, l'autre devenant le nerf des canaux semi-circulaires. Cette conception nouvelle de l'organe de l'ouïe souleva au début bien des objections (SCHIFF, BROWN-SÉQUARD): mais, quelle que soit la théorie émise aujourd'hui sur la fonction des canaux semi-circulaires, la division anatomique et fonctionnelle du nerf de la 8ᵉ paire est presque universellement admise.

Voici maintenant les faits observés par FLOURENS sur le pigeon :

Après la section d'un canal horizontal, il se produit un léger mouvement de la tête de droite à gauche et de gauche à droite; après la section du deuxième canal, les mouvements deviennent plus violents, l'animal perd l'équilibre, tombe et roule sur lui-même et ne réussit plus à se relever. Il se produit une agitation extrême du globe de l'œil et des paupières, il tourne sur lui-même, tantôt d'un côté, tantôt de l'autre. Les mouvements de la tête et l'agitation augmentent dès que l'animal marche; s'il court ou s'il vole, les mouvements deviennent de plus en plus désordonnés, et il perd l'équilibre; ces mouvements persistent tout en diminuant d'intensité après plusieurs mois; ils ne réapparaissent que dans les mouvements très rapides.

Les mouvements de la tête qui apparaissent après la section d'un canal vertical inférieur se font de bas en haut et de haut en bas et s'accompagnent de chutes sur le dos : après la section bilatérale, les mouvements sont plus désordonnés et se généralisent, l'équilibration devient impossible; l'animal ne peut plus voler, il prend difficilement les aliments. Dans ce désarroi, la tête s'appuie quelquefois sur le sol par son sommet.

Après la section du canal vertical supérieur, les oscillations de la tête se font dans le même sens qu'après la section du canal vertical inférieur, mais au lieu de tomber en arrière le pigeon a tendance à faire la culbute en avant : ces mouvements sont beaucoup plus intenses après la section bilatérale.

La section bilatérale de tous les canaux produit des troubles encore plus prononcés : mouvements de manège, pertes de l'équilibre, culbutes, etc.

Les symptômes observés par FLOURENS chez les mammifères, et en particulier chez le lapin, après la section des canaux semi-circulaires, sont très comparables à ceux que présente le pigeon dans les mêmes conditions : si le canal horizontal a été coupé, la tête du lapin oscille dans le sens horizontal, aux oscillations de la tête s'associent des oscillations des yeux et des paupières; si les deux canaux horizontaux ont été sectionnés, les oscillations de la tête se compliquent d'oscillations du corps de même sens. A la section des canaux verticaux postérieurs correspondent des oscillations de la tête dans le sens antéro-postérieur de bas en haut et de haut en bas, avec chutes à la renverse; à celle des canaux verticaux antérieurs, des oscillations de même sens, mais avec culbutes en avant. Si l'on combine la section d'un canal horizontal avec celle d'un canal vertical, on observe des mouvements brusques de la tête à direction horizontale et verticale.

FLOURENS conclut que les canaux semi-circulaires seraient l'origine de forces modératrices qui empêchent le déplacement du corps, soit en avant, soit en arrière, soit sur les côtés; FLOURENS rapproche ces troubles de ceux qu'on observe après la section des pédoncules cérébelleux : mouvement de rotation latérale, mouvement de recul ou mouvement de progression, suivant que le pédoncule lésé est le pédoncule moyen, le postérieur ou l'antérieur; et, comme les troubles constatés après la section des pédoncules sont les mêmes que ceux qui se manifestent après la section du vermis antérieur ou du vermis postérieur, ou des hémisphères latéraux, ce serait donc surtout dans le cervelet que se trouveraient, d'après FLOURENS, les premières et fondamentales causes des mouvements singuliers qui suivent la section des canaux semi-circulaires.

Les expériences de FLOURENS, l'interprétation qu'en donne l'auteur étant mise à part, démontrent très nettement l'influence des canaux semi-circulaires sur l'équilibration de la tête et du corps et sur les mouvements des yeux; elles démontrent également que chaque canal semble jouir d'une certaine indépendance fonctionnelle vis-à-vis des autres canaux.

Reste à savoir si les impressions recueillies au niveau de ces organes agissent d'une façon réflexe par l'intermédiaire des centres bulbaires ou protubérantiels, ou bien si elles doivent être transformées en sensations dans le cerveau, qui les utilise ensuite pour le maintien de l'équilibre et l'exécution de certaines adaptations musculaires. Nous serons à même de répondre ultérieurement à cette question en étudiant le trajet central des racines labyrinthiques. La plupart des physiologistes ont adopté l'une ou l'autre manière de voir et n'ont accordé aux canaux semi-circulaires qu'une fonction isolée ou exclusive, tant ils ont été imbus longtemps de cette idée qu'un organe ne pouvait servir qu'à une fin. Ce ne sera pas le moindre mérite de l'anatomie du système nerveux, en débrouillant le trajet complexe des fibres nerveuses, de nous avoir désabusés d'une pareille erreur.

Les idées de FLOURENS ne furent pas admises sans contestation; si CZERMAK et HARLESS confirmèrent ses expériences, SCHIFF s'éleva d'autre part contre la scission introduite par FLOURENS dans le labyrinthe et le nerf de l'ouïe. BROWN-SÉQUARD et VULPIAN, en qualifiant les désordres observés, le premier, de vertige auditif, et le second de désarroi auditif, n'avaient pas abandonné la conception ancienne du nerf de l'ouïe : il est vrai que le vertige était en faveur à cette époque, surtout après les travaux de MÉNIÈRE, qui venait de décrire une nouvelle affection caractérisée par du vertige, des nausées, des bourdonnements d'oreille, de l'incoordination, affection dont le substratum anatomique était une lésion primitive des canaux semi-circulaires.

Nous n'avons nullement l'intention de refaire ici un historique complet de la physiologie des canaux semi-circulaires; nous désirons seulement entrer dans quelques détails sur les modifications apportées à la coordination des mouvements de la tête et des yeux et à l'équilibration en général par les interventions sur les canaux semi-circulaires ou le nerf labyrinthique, que ces interventions soient d'ordre destructif ou d'ordre irritatif.

a) **Le labyrinthe et les attitudes céphaliques.** — Les mouvements désordonnés de la tête signalés par FLOURENS après la destruction des canaux semi-circulaires ont été de nouveau observés par GOLTZ, de CYON, EWALD. Ce dernier a particulièrement bien étudié les mouvements de rotation de la tête qui surviennent par accès chez le pigeon, quelques jours après la destruction unilatérale du labyrinthe (huit jours environ). A cette période, alors que l'agitation continuelle de l'animal a disparu, il se produit des accès brusques de rotation de la tête, dans l'intervalle desquels la tête reste un peu inclinée du côté opéré; ces accès se renouvellent principalement sous le coup d'une excitation psychique : par exemple, si on cherche à le saisir ou si on l'effraie avec un drap rouge ; ils cessent parfois si l'animal recule ou s'il élève la tête, ou bien encore si on le couche sur le dos. La rotation de la tête qu'EWALD attribue, non pas à une contraction exagérée, mais à une tonicité insuffisante de certains muscles, se compose essentiellement d'une rotation autour de l'axe du bec vers le côté opéré et d'une rotation autour de l'axe du sommet vers le même côté.

Elle se produit de la façon suivante : à un premier degré, commence la rotation autour de l'axe du bec, de sorte que l'œil du côté de la section se trouve sur un plan inférieur à celui du côté opposé. Au deuxième degré, la rotation s'accentue, elle est telle que le sommet de la tête regarde directement en bas, l'œil droit regarde à gauche et inversement : à un degré plus avancé, la rotation autour de l'axe du sommet se combine à la rotation précédemment décrite, elle a lieu aussi du côté opéré ; mais, comme la tête est complètement renversée, elle a lieu effectivement du côté sain : cette rotation augmentant, la tête se trouve du côté sain, le sommet reposant sur le sol, le bec dirigé dans un plan parallèle au plan médian de l'animal et en arrière; enfin, à un dernier degré, il se produit un nouveau mouvement de rotation autour de l'axe des yeux, si bien que l'animal regarde de nouveau en avant. Même dans cette attitude, le pigeon peut se battre avec un autre pigeon, saisir des pois et boire : d'après EWALD, si la tête est tournée, c'est que du fait de l'affaiblissement unilatéral de la musculature du cou, elle subit l'influence des muscles antagonistes; la preuve en est que tous ces phénomènes disparaissent, si l'on fait intervenir une force très petite; il suffit d'appuyer très légèrement avec un doigt sur le bec de l'animal, ou de le maintenir par un fil élastique attaché d'une part au bec et d'autre part au plafond et très faiblement tendu. Cette faiblesse unilatérale s'accuse déjà quelques heures après l'opération. Pour la mettre en évidence, il suffit d'attacher au bec de l'animal un fil auquel pend un poids : la tête s'incline alors du côté opéré. Les troubles de la statique de la tête disparaissent au bout de quelques mois. Chez les pigeons qui ont subi la destruction bilatérale du labyrinthe, les mouvements désordonnés sont plus violents, mais leur analyse est moins facile, et présente moins d'intérêt; lorsqu'ils ont disparu, on observe quelques anomalies dans les attitudes céphaliques : après s'être abaissée pour saisir des grains ou des pois, la tête se redresse brusquement en arrière et touche le dos.

L'attitude de la tête de la grenouille, privée d'un seul labyrinthe, est semblable à celle du pigeon dans les mêmes conditions. Elle est tordue autour de l'axe longitudinal; le côté opéré est situé plus bas que le côté sain; et cette torsion diminue les jours qui suivent l'opération, mais elle persiste toujours à un certain degré. J'ai répété un certain nombre de fois la section unilatérale de la 8e paire sur le chien, et j'ai toujours constaté un mouvement de torsion de la tête, tel que le côté opéré est sur un plan inférieur à celui du côté sain, la tête est aussi, dans son ensemble, inclinée dans le même sens; l'œil du côté opéré regarde en bas et un peu en dedans; quelquefois aussi, les premiers jours après la section, l'œil du côté sain est très légèrement dévié en haut et en dehors. Après la section bilatérale du nerf labyrinthique chez le chien, EWALD a signalé, dans les premiers jours qui suivent l'opération, des vacillations de la tête autour de l'axe des mâchoires, des oscillations latérales, une mobilité anormale; nos observations confirment celles d'EWALD; ces oscillations s'exagèrent quand l'animal saisit les aliments ou qu'il cherche à boire : au bout de peu de temps elles disparaissent, mais se manifestent de nouveau dans la course.

EWALD désigne sous le nom de vertige rotatoire un ensemble de phénomènes ou mieux de mouvements qui surviennent lorsqu'on fait tourner l'animal, et qui ne sont nullement produits par l'action mécanique du mouvement imprimé. Si l'on place sur une table horizontale un pigeon normal, dont le corps est bien fixé et la tête seule mobile, et que l'on soumette ensuite la table à un mouvement de rotation horizontal, au moment même où le mouvement commence, la tête exécute un mouvement de sens opposé à celui de la rotation ; si la rotation a lieu de gauche à droite, la tête tournera de droite à gauche : ce mouvement est le *mouvement de réaction ;* lorsqu'il a atteint un certain angle, la tête tend à revenir dans sa position normale par un mouvement de rotation de sens contraire au premier : l'angle décrit par le premier mouvement est l'angle terminal de réaction ; le deuxième mouvement de rotation constitue la *phase de nystagmus ;* le retour de la tête à l'attitude normale n'est jamais complet, car presque aussitôt la tête tourne de nouveau en sens contraire de la rotation de la table : c'est la *phase de réaction.* Si l'angle de réaction terminal a 120°, il tombe à 95° après la phase de nystagmus et revient de nouveau à 120° après la phase de réaction, et ainsi de suite. La tête oscille ainsi pendant le mouvement de rotation sous un angle de 25° et ces mouvements pendulaires de la tête constituent à leur tour le nystagmus de la tête (BRENER).

Après la destruction du cerveau ou chez un animal aveugle, l'angle de réaction et l'amplitude du nystagmus diminuent, mais cette diminution n'est nullement comparable à celle qui est due à l'extirpation du labyrinthe. Si, par exemple, on enlève le labyrinthe *droit* sur un pigeon aveugle et qu'avant cette extirpation l'*angle terminal de réaction* ait été de 80° et la *phase de nystagmus* de 20°, le *nombre total des secousses inscrites* de 15 en cinq secondes, les modifications survenues dans le vertige rotatoire après l'opération sont telles que la rotation à gauche donne *pour l'angle de réaction terminal,* 80° ; pour la phase de nystagmus, 18° ; pour le nombre des secousses, 15 ; tandis que la rotation à droite donne pour l'*angle de réaction* 20° ; pour la *phase de nystagmus,* 12° ; pour le *nombre des secousses,* 7.

Si, avec une vitesse de 0,6 de tour à la seconde, le nystagmus persiste chez un pigeon normal, il disparaît peu à peu avec une vitesse de 0,9, et la tête reste au repos avec une valeur de 1,5 : si l'on arrête brusquement la rotation de la table pendant que le nystagmus persiste encore, la tête revenue au repos exécute de 6 à 8 mouvements autour de la ligne médiane ; si l'arrêt survient à un moment où le nystagmus a déjà disparu, il se produit une rotation de sens inverse ; dans le premier cas, il se produit un nystagmus post-rotatoire (*Nachnystagmus*) ; dans le second, un vertige post-rotatoire (*Nachschwindel*). Chez le pigeon aveugle, privé d'un labyrinthe, le vertige post-rotatoire est affaibli lorsque la rotation se fait du côté opéré, tandis que le vertige post-rotatoire est relativement plus fort. EWALD en conclut que chaque labyrinthe fonctionne dans les deux sens de rotation, mais d'une façon inégale ; chaque labyrinthe fonctionne principalement si l'animal est mis en rotation de son côté. Les mouvements des yeux se comportent d'une façon tout à fait analogue.

Ces expériences démontrent surabondamment la coordination de certains mouvements de la tête et du cou par rapport aux excitations labyrinthiques : les résultats fournis par les excitations des canaux semi-circulaires confirment cette manière de voir.

Les excitations mécaniques des canaux semi-circulaires ont été faites par plusieurs physiologistes, en particulier par BREUER et EWALD : ce dernier a adopté un procédé ingénieux, que nous ne nous pouvons malheureusement décrire ici, procédé qui rend l'expérience très concluante. Il consiste à déterminer des augmentations de pression endolymphatique dans l'extrémité ampullaire du canal. Les mouvements de rotation de la tête ont toujours lieu dans le plan du canal excité : au moment de la pression, il se fait une rotation brusque de la tête, à 90° et à gauche : si l'excitation a porté sur le canal horizontal droit, la tête revient ensuite au repos ; lorsque la pression cesse, la tête exécute une rotation à droite, mais plus faible que la première : d'où EWALD conclut qu'une augmentation de pression endolymphatique vers l'ampoule dans le canal horizontal est lié à une excitation (et une diminution de pression) à une suspension d'action; si l'excitation porte sur le canal postérieur, la tête se tourne du côté de l'extrémité ampullaire au moment de la pression, du côté opposé au moment de la suspension, mais le second mouvement de rotation est plus fort que le premier; c'est pourquoi Ewald admet que pour le canal postérieur (et pour le canal antérieur les résultats sont les mêmes) le mouvement de l'endolymphe vers l'ampoule a un pouvoir inhibiteur et le mouvement de retour un pouvoir excitateur.

L'excitation électrique du labyrinthe peut être faite de plusieurs façons; on peut appliquer les deux électrodes sur les oreilles, au niveau des apophyses mastoïdes : le mouvement de réaction observé en pareil cas serait d'origine labyrinthique d'après Ewald et non pas d'origine cérébelleuse comme l'avait soutenu Hitzig : Ewald n'aurait pu obtenir en effet la réaction normale en expérimentant sur des pigeons privés des deux labyrinthes : dans ce cas, l'animal n'exécute que des petits mouvements céphaliques qui s'accentuent pourtant, si l'on augmente l'intensité du courant : chez le pigeon privé d'un labyrinthe, la réaction normale n'est obtenue que si l'on applique la cathode sur le labyrinthe épargné. Cette réaction est la suivante : la tête et le corps s'affaissent vers l'anode, les globes oculaires se meuvent dans le même sens, en oscillant. En résumé, quand on fait passer un courant électrique à travers la tête, le labyrinthe est excité et seule la cathode est capable de produire l'excitation; manière de voir qui est en opposition avec celle de Hitzig et Ferrier qui pensent que l'irritation provient exclusivement de l'anode.

On arriva aussi aux mêmes résultats en pratiquant l'excitation électrique unipolaire à travers tout le labyrinthe (une électrode étant appliquée sur l'oreille, l'autre sur la poitrine) ou l'excitation endolymphatique (Ewald) : au début, il se produit une inclinaison de la tête vers le côté opposé à la cathode, puis avec un courant plus fort une rotation telle que le bec s'éloigne aussi à l'excitation cathodique et par conséquent se dirige en bas; lorsqu'on emploie des courants forts, l'animal tressaille et fait des mouvements avec ses ailes : ce sont les mouvements *paralabyrinthiques* d'Ewald.

b) **Le labyrinthe et la musculature des globes oculaires.** — Toutes les réactions motrices de la tête qui suivent la destruction ou l'excitation labyrinthique, s'accompagnent de mouvements du globe oculaire (nystagmus) ou de déviations. Chez tous les chiens auxquels j'ai sectionné la huitième paire du côté droit, l'œil du même côté était dévié en dedans vers le côté gauche et en bas, et, les premiers jours qui suivent l'opération, j'ai pu observer du nystagmus : au bout d'un certain temps, la déviation diminue un peu, mais elle persiste, et si l'on corrige la déviation de la tête, elle s'accuse aussitôt. Les oscillations des yeux n'avaient pas échappé à l'observation de Flourens qui les avait remarquées après huit opérations portant sur les canaux semi-circulaires. Les troubles oculaires pourraient être envisagés comme la conséquence des attitudes anormales de la tête; mais ils peuvent en être indépendants jusqu'à une certaine limite : en tout cas, par l'excitation d'un canal semi-circulaire chez le lapin et en maintenant la tête immobile, on peut obtenir des mouvements des globes oculaires (Cyon). La direction du mouvement varie avec le canal excité : l'excitation du canal horizontal produit une rotation de l'œil du même côté, telle que la pupille se trouve dirigée en avant et en bas : celle du canal transversal produit une déviation de l'œil avec la pupille dirigée en arrière et en haut : celle du canal sagittal une déviation en arrière et en bas : dans l'œil du côté opposé, les mouvements sont plus faibles et se font en sens contraire. Ewald indique également que les excitations mécaniques du labyrinthe engendrent non seulement des mouvements de la tête, mais encore des mouvements des yeux. L'œil du côté excité se meut plus fort que celui du côté opposé. Si l'on excite le canal horizontal droit, les deux yeux regardent à gauche, si l'excitation porte sur le canal postérieur droit, l'œil droit regarde en bas, l'œil gauche en haut. Ewald a enregistré les mouvements des yeux chez le pigeon, qui a subi la destruction unilatérale du labyrinthe quand on le fait tourner. Si la destruction a été pratiquée à droite, les secousses sont moins fortes pour l'œil droit que pour l'œil gauche, un peu moins nombreuses et moins fortes pour les deux yeux dans la rotation à droite que dans la rotation à gauche : d'après Ewald, chaque labyrinthe agit sur les deux yeux et surtout sur celui du même côté, dans les mouvements de réactions bilatéraux et dans les deux directions. Chaque labyrinthe commande principalement les mouvements des yeux vers le côté opposé (ces résultats ne concordent pas absolument avec ceux de Cyon). Les mouvements de réaction dépendent seuls du labyrinthe, les mouvements de nystagmus en sont indépendants. Nous rappellerons encore à ce propos les expériences de Lée : cet auteur fait remarquer que les mouvements des yeux et des nageoires qu'exécute le requin, quand on le meut autour des différents axes, sont les mêmes que ceux qui ont lieu si l'on excite les ampoules des canaux semi-circulaires.

c) **Le labyrinthe et l'équilibre.** — Nous ne ferons pas tant allusion aux mouvements extrêmement déréglés qui se manifestent dans les premiers jours après la destruction des canaux semi-circulaires ou la section du nerf vestibulaire, qu'à certaines altérations de l'équilibre et de la tonicité musculaire qu'il est plus facile d'étudier, lorsque cette période s'est écoulée.

Destruction unilatérale. — Au début, en effet, on assiste à des mouvements extrêmement déréglés, à des chutes sur le côté, et presque toujours du côté de la lésion, à des mouvements de manège; chez le chien, ces mouvements persistent plusieurs jours et quelquefois plusieurs semaines : chez le lapin, la section unilatérale de la VIIIᵉ paire donne lieu à des mouvements de rotation autour de l'axe longitudinal du côté sain vers le côté opéré, ces mouvements sont de même sens et de même nature que ceux qui seraient survenus, si l'on avait sectionné le pédoncule cérébelleux moyen ou enlevé l'hémisphère cérébelleux du même côté. — Chez le pigeon, le vol, la marche et la course deviennent peu à peu normaux; on remarque pourtant, plusieurs mois après l'opération, que l'aile du côté opéré se fatigue plus vite que celle du côté sain; s'il reste debout sur une patte, c'est sur celle du côté sain, celle du côté opéré fléchissant plus vite. A l'aide d'expédients très ingénieux, Ewald a bien mis en lumière l'affaiblissement de la tonicité musculaire chez de tels animaux. — Après l'extirpation unilatérale du labyrinthe, les attitudes des membres et du corps sont modifiées chez la grenouille : quand on la met dans l'eau, le côté opéré plonge davantage, et le côté sain est plus cintré : les membres n'ont pas une situation normale quand on les sort de l'eau; du côté sain, le bras est dirigé en dehors et en arrière et la face palmaire de la main regarde en bas; si on la suspend par un fil au-dessus de l'eau, de façon que la plus grande partie du corps plonge, la patte gauche plonge plus profondément que la droite, si l'extirpation a été faite à droite, et tout l'animal est tordu en spirale autour de son axe longitudinal; l'animal fait-il des efforts pour se délivrer, il se met à tourner autour du même axe. Pendant la natation, les extrémités droites accomplissent des mouvements de plus grande étendue, et il arrive que la jambe gauche reste tout à fait au repos, pendant que la droite se meut avec précipitation. Pendant les premières secondes, les mouvements sont très désordonnés, puis se corrigent peu à peu. — J'ai pu observer pendant plusieurs jours des chiens auxquels j'avais fait la section de la VIIIᵉ paire à droite; j'ai remarqué, comme Ewald, une certaine tendance à mettre toujours les extrémités gauches en abduction; quand l'animal se secouait, cette attitude devenait plus manifeste, d'ailleurs ce mouvement avait assez souvent comme conséquence un entraînement ou une chute du corps sur le côté droit.

Destruction bilatérale. — Les mouvements turbulents étant passés, les suites de la destruction bilatérale du labyrinthe sont caractérisées, d'après Ewald, par de la faiblesse musculaire; le pigeon ne peut plus se percher, il ne peut davantage, pendant plusieurs mois, saisir les aliments ni boire. La grenouille exécute des mouvements violents et désordonnés, elle saute obliquement et rapidement, retombe maladroitement, à la renverse sur le dos. Dans l'eau, les mouvements sont violents, irréguliers, le corps tourne autour de l'axe longitudinal : les mouvements des pattes ne sont plus simultanés. Quand on la suspend, les membres pendent inertes : au repos, elle réagit peu aux tractions qu'on exerce sur ces membres : elle les laisse dans la position qui leur a été donnée (Ewald).

Plusieurs mois après la section, la marche du pigeon est un peu oscillante et un peu saccadée; si l'on fait accélérer la marche, la vitesse est inégale; souvent le centre de gravité se déplace trop en avant, et il doit faire des pas très rapides pour empêcher la chute : parfois il avance plus lentement parce que le centre de gravité est trop en arrière; la tête, au lieu d'être projetée en avant puis ramenée régulièrement en arrière, dépasse le but et oscille à droite et à gauche. S'il rencontre un obstacle, il ne sait plus le franchir et il tombe. Le pigeon sans labyrinthe ne peut plus voler, en ce sens qu'il ne peut plus s'élever à une grande distance au-dessus du sol; il peut encore voler à 30 centimètres au-dessus, et seulement sur un trajet de quelques mètres. Quand il baisse la tête pour boire, le mouvement d'abaissement de la tête est interrompu par de petits mouvements en arrière, il incline trop la tête et les yeux plongent; la tête se retire alors rapidement et reste inclinée en arrière et le bec dirigé en avant; pendant cette attitude céphalique, l'animal exécute quelques pas à reculons.

Chez le chien dont nous avons signalé plus haut les attitudes anormales de la tête, la marche et la course sont irrégulières, les pattes se portent trop au dehors et en arrière; j'ai vérifié ces anomalies de la marche, sur des chiens que j'ai opérés; pendant les premiers jours l'animal n'avance pas droit devant lui pendant la course, il festonne; comme la tête porte alternativement trop à droite et à gauche, il est possible que les oscillations latérales du corps soient la conséquence des oscillations de même sens de la tête : EWALD insiste pourtant sur ce fait que si l'on fait marcher l'animal sur les pattes postérieures en prenant les antérieures dans la main, il a de très grandes difficultés à progresser et les pattes sont levées d'une façon irrégulière : ceci démontrerait d'après lui que les troubles de la marche sont en quelque sorte indépendants des modifications d'attitude céphalique. Nous ferons remarquer néanmoins que la course s'est déjà très améliorée, alors que la marche sur les deux pattes postérieures est encore défectueuse et que, à mesure que la course s'améliore, les oscillations de la tête diminuent d'amplitude. Il ne peut plus sauter parce qu'il ne peut plus se ramasser et aussi parce qu'il se laisse tomber maladroitement comme une masse. Quand il prend la viande ou qu'il boit, la tête oscille légèrement, mais ces oscillations durent habituellement très peu de jours.

Plusieurs semaines après l'opération, il marche encore en titubant un peu, les membres se mettent en abduction, il recule maladroitement, etc., il descend difficilement un escalier, tandis que l'ascension en est beaucoup plus facile; il ne saute plus. Les chiens que j'ai opérés et que j'ai plongés dans l'eau ne savaient plus nager, ils tournaient aussitôt autour de l'axe longitudinal et se seraient noyés, si on ne leur avait porté secours : j'ai encore observé ce fait deux mois environ après la section des vestibulaires.

GOLTZ et EWALD ont remarqué que le pigeon dont on déplace la base de sustentation perd l'équilibre : si on le place sur un perchoir qu'on incline et qu'on tourne dans toutes les directions, l'animal fait des mouvements de sens contraire pour conserver l'équilibre; mais, si les mouvements imprimés au perchoir sont trop brusques, l'animal tombe. Mes expériences sur le chien confirment absolument les faits avancés par GOLTZ et EWALD : l'animal privé de labyrinthe était placé sur une planche mobile autour d'un axe horizontal : il avait les yeux bandés. Des inclinaisons lentes et brusques étaient imprimées à la planche. Dans ces conditions, un chien normal réagit par des mouvements appropriés qu'il est très facile de suivre dans les inclinaisons lentes : ces réactions l'empêchent de tomber en avant ou sur les côtés suivant sa situation par rapport à l'axe : dans les inclinaisons brusques, il réagit également bien ou il saute. Chez le chien privé de labyrinthe, les réactions normales n'ont plus lieu et il suffit d'un angle d'inclinaison très faible pour que l'animal tombe et roule sur le côté, s'il est placé parallèlement à l'axe de rotation; ou qu'il culbute en avant ou en arrière, s'il est placé perpendiculairement à cet axe, la tête étant du côté de l'inclinaison dans le premier cas, la queue de ce côté dans le second. Plusieurs semaines, et même plus de deux mois après la section des acoustiques, l'animal réagit un peu mieux aux inclinaisons lentes, mais dans les inclinaisons un peu brusques, il roule ou culbute comme précédemment. Il y a un rapport étroit entre les résultats de ces expériences et ce fait que le chien privé de labyrinthe marche mal sur un plan incliné (SCHIFF) ou descend difficilement un escalier. En résumé, tandis que les mouvements actifs sont redevenus normaux, l'animal réagit très mal aux mouvements passifs, et cette dissociation dans le maintien de l'équilibre, pendant les mouvements actifs ou pendant les mouvements passifs est assez remarquable.

A en juger par ce qui précède, le labyrinthe exerce à l'état normal une influence très grande sur le tonus musculaire : EWALD a bien démontré le fait; du reste toute influence sur la coordination motrice doit s'exercer par des variations dans la tonicité musculaire, et il en est du labyrinthe comme du cervelet; ces deux organes exercent une action spéciale sur le tonus musculaire, même à l'état de repos, mais surtout dans certaines conditions et suivant une certaine répartition. D'après EWALD, ce sont les muscles qui ont le plus besoin de précision dans l'accomplissement de leurs fonctions, qui souffrent le plus par l'enlèvement du labyrinthe; aucune musculature ne travaille avec autant de précision que celle des yeux, et ce sont ces muscles qui sont le plus atteints : puis viennent les muscles de la tête, les muscles des ailes, puis des jambes. Chaque labyrinthe serait surtout en rapport avec les muscles du côté croisé qui meuvent la colonne vertébrale et la tête (muscles de la nuque, du cou, muscles vertébraux qui se rendent du corps de la vertèbre inférieure aux apophyses transverses de la vertèbre supérieure) : pour les muscles des extrémités chaque labyrinthe est en rapport avec les extenseurs et abducteurs du même côté du corps et avec les fléchisseurs et adducteurs du côté opposé : tous les muscles des yeux, à l'exception du muscle droit externe, paraissent dépendre du labyrinthe voisin : après l'extirpation du labyrinthe, la colonne vertébrale est en effet tournée en spirale vers le côté opéré, la tête et le cou inclinés de ce côté, les extrémités du même côté sont fléchies et en adduction, celles du côté opposé en extension et en abduction. Nous ne sommes pas tout à fait du même avis qu'Ewald pour ce qui concerne les muscles des yeux : le chien privé d'un seul labyrinthe regarde en effet, de l'œil correspondant, en bas et en dedans. (L'activité tonique du labyrinthe s'exercerait aussi, comme l'a démontré Ewald, sur les muscles masticateurs et les muscles du larynx.)

Il faut admettre que l'activité labyrinthique varie suivant l'excitation labyrinthique; les différences observées entre les désordres des mouvements ou les réactions céphaliques suivant le canal détruit ou excité, démontrent justement qu'à une excitation labyrinthique correspond toujours la même attitude, le même mouvement céphalique : il s'agit en réalité d'une coordination spéciale des muscles de la tête et du cou par rapport à chaque excitation du labyrinthe. La coordination de la tête et du cou est susceptible à son tour de commander en partie l'équilibre du corps, et peut-être les irrégularités des mouvements et des attitudes des membres et du tronc sont-elles imputables à sa disparition. Cyon a démontré que si l'on sectionne, comme l'avait d'ailleurs déjà fait Longet, les muscles droits postérieurs de la nuque chez le chien, la station debout devient difficile et l'animal perd l'équilibre; c'est bien à l'instabilité de la tête qu'il faut attribuer tous ces désordres, ils cessent aussitôt si la tête est fixée par un collier : si on produit des attitudes anormales de la tête chez le pigeon, en suturant le bec à la peau, l'animal devient très comparable à celui qui est privé de ses canaux semi-circulaires. Ces expériences sont une nouvelle preuve de l'influence de l'attitude céphalique sur l'équilibre du corps; cette influence peut elle-même être indirecte et comme la position des yeux et la direction du regard varient avec l'attitude céphalique, il doit en résulter pour l'animal des illusions sur la notion de la position des objets qui l'entourent et sur sa situation dans l'espace : la justesse de cette conception serait appuyée par l'état des pigeons, devant les yeux desquels on a fixé des lunettes à verres prismatiques; leurs mouvements deviennent hésitants et sans assurance; ils volent à peine et titubent en marchant, et cela parce qu'il y a désaccord entre la perception et la représentation de l'espace idéal, d'où le vertige : en effet, d'après Cyon, la notion que nous possédons de la disposition des objets dans l'espace nous serait acquise par les sensations inconscientes des contractions des muscles oculaires, et, comme leur innervation est sous la dépendance des excitations labyrinthiques, les canaux semi-circulaires seraient les organes périphériques du sens de l'espace; par eux nous acquérons la notion d'un espace idéal dans lequel nous localisons nos perceptions. Cette théorie est peu satisfaisante et manque de clarté : il est évident que les impressions rétiniennes, les sensations de contraction et d'innervation des muscles oculaires, les sensations labyrinthiques et d'autres sensations concourent à nous renseigner sur notre situaion dans l'espace par rapport aux objets qui nous entourent, et on peut s'imaginer qu'une contradiction dans les renseignements qui nous sont donnés par ces divers ordres de sensations sera susceptible de créer ce sentiment spécial que nous désignons sous le nom de vertige; mais rien ne prouve que le vertige soit la cause de l'irrégularité et de l'incertitude des mouvements qui surviennent après la destruction ou les lésions des canaux semi-circulaires : il peut aussi en être indépendant. Ewald fait remarquer qu'à chaque variation endolymphatique correspond un mouvement de rotation de la tête; le tonus musculaire est simultanément modifié, et par suite aussi le sentiment musculaire; de ce rapport entre les perceptions de rotation de la tête et les perceptions des mouvements des muscles naîtrait, d'après lui, la sûreté dans nos mouvements; d'une modification quelconque de ce rapport par une oscillation ou une rotation trop brusque, une attitude anormale de la tête, ou bien une lésion de l'organe auditif naîtrait le sentiment de vertige; il est donc d'accord avec HITZIG, en ce sens qu'il fait intervenir les altérations du sentiment musculaire comme cause du vertige; mais, tandis que pour HITZIG le vertige est dû à une altération même du sens musculaire, pour EWALD il est dû à une altération des rapports normaux entre l'excitation labyrinthique et le sens musculaire, et par cela même le labyrinthe est nécessaire à son apparition. Nous n'insistons pas davantage sur ce point, qui appartient à l'article Vertige, mais nous tenons à signaler cette conception d'EWALD sur le rôle qui est échu au labyrinthe dans la précision de nos mouvements.)

Comme à l'état normal les excitations labyrinthiques ne sauraient avoir d'autre origine que les modifications des courants, ou les pressions endolymphatiques dans les canaux semi-circulaires et le vestibule, et que ces modifications ne peuvent survenir que dans des déplacements de la tête seule ou du corps, on peut envisager l'action coordinatrice du labyrinthe de la façon suivante. Tout mouvement passif de la tête ou du corps commande, par l'intermédiaire du labyrinthe, une modification dans l'attitude céphalique et dans la statique oculaire; mais tout mouvement actif de la tête peut aussi déterminer, par l'intermédiaire du labyrinthe, une direction correspondante du regard. Supposons que la tête soit maintenue fixe et que des mouvements soient imprimés lentement ou brusquement à notre base de sustentation, nous réagissons d'une façon appropriée par une augmentation du tonus dans certains groupes musculaires des membres du tronc et de la tête, afin d'éviter la chute qui serait la conséquence fatale de ces déplacements, et cela pour ainsi dire d'une façon réflexe et grâce à l'appareil labyrinthique : or ces mêmes réactions ont encore lieu si nous supprimons la vue par l'occlusion des yeux; les canaux semi-circulaires sont le point d'origine de la plupart des réactions qui nous servent à conserver l'équilibre dans les mouvements passifs; comme le cervelet est un appareil destiné à assurer le maintien de l'équilibre dans les mouvements actifs, et même dans ces mouvements les canaux semi-circulaires participent au maintien de l'équilibre à cause des ondulations de la tête et du corps, et des variations endolymphatiques qui accompagnent nos mouvements. Ces appareils fonctionnent en augmentant ou en diminuant le tonus musculaire; il y a un tonus labyrinthal, comme il y a un tonus cérébelleux.

Ici on peut se demander si, dans le rôle qu'elles jouent sur la coordination des mouvements, les impressions labyrinthiques agissent par voie réflexe ou si elles doivent se transformer au préalable en sensations dans le cerveau. Les relations du labyrinthe avec les centres bulbaires, les connexions elles-mêmes de ces centres, et ce fait que, chez les pigeons et autres mammifères, l'extirpation du cerveau n'entraîne pas de troubles comparables, sont deux preuves suffisantes de l'action réflexe du labyrinthe. Mais il n'en est pas moins vrai que nous mettons à profit les sensations qui accompagnent toute activité labyrinthique, et les représentations exactes que nous nous faisons de l'attitude de notre tête et de notre corps dans l'espace ne sont pas étrangères à la précision de nos mouvements. C'est en effet en partie par les canaux semi-circulaires, que nous percevons les mouvements de la tête (mouvement de rotation de la tête, CRUM BROWN, DELAGE, KŒNIG, accélération des mouvements de rotation, MACH), etc.

En résumé, il est indiscutable que le labyrinthe (vestibule et canaux semi-circulaires) joue un rôle fondamental dans les phénomènes de coordination et d'équilibration; il ne faut pas chercher sa raison d'être dans un seul but ou dans une circonstance donnée : ses parties sont sans cesse en activité, mais cette activité est éminemment susceptible de degrés et de variations suivant le besoin du moment et l'intensité de l'excitation.

Les impressions vestibulaires ne sont pas les seules qui soient susceptibles de provoquer des mouvements coordonnés, et certains mouvements de la tête et des yeux sont certainement associés à des impressions acoustiques proprement dites; chez les animaux dont l'oreille est très mobile, chez le chien en particulier, les impressions acoustiques sont suivies de déplacements appropriés du pavillon, déplacements en rapport avec la direction du son et son intensité : ce sont en réalité de véritables mouvements réflexes. Comme perceptions, les sensations acoustiques ont leur part dans les phénomènes de coordination centrale; nous y reviendrons en étudiant le rôle du cerveau comme centre coordinateur.

Les impressions gustatives et olfactives sont aussi la source de mouvements réflexes bien coordonnés, et elles interviennent peut-être aussi comme perceptions dans certaines coordinations centrales. Il nous semble inutile, dans un article où des vues générales doivent seules être exposées, d'entrer dans des détails à ce sujet.

Des centres de coordination. — Des suppléances. — A. La moelle et le cerveau. — *Moelle*. — En étudiant le rôle de la sensibilité sur la coordination des mouvements, nous avons posé avec Vulpian la question suivante : « Est-ce l'interruption des impressions sensitives ou celle des impressions excito-motrices qui rend la locomotion difficile chez une grenouille, après la section de toutes les racines postérieures des nerfs des membres postérieurs? » Ceci revient à se demander si, dans nos mouvements volontaires, il est indispensable que le cerveau soit sans cesse averti par les incitations périphériques de la notion de position de la partie à mouvoir, ou bien si la condition nécessaire est la persistance des mouvements réflexes normaux dépendant des mêmes incitations; en un mot la source de toute coordination est-elle dans le cerveau ou dans la moelle?

Il nous semble absolument impossible de répondre actuellement à cette question par des faits physiologiques très précis; les expériences de Mott et Sherrington démontrent bien que l'excitation électrique de l'écorce cérébrale produit des mouvements coordonnés dans le membre ou le segment correspondant, même après la suppression des réflexes adaptés au même membre, par la section des racines postérieures qui en viennent; mais peut-on comparer sans restriction ces mouvements aux mouvements spontanés, volontaires? Il ne subsiste pas moins de cette expérience ce fait très important qu'une excitation très localisée de l'écorce produit un mouvement coordonné, indépendant de toute activité réflexe de la moelle. Le point en litige n'est néanmoins qu'apparemment résolu; en effet, par cette excitation a-t-on fait entrer en fonction des cellules pyramidales qui commandent chacune, par les arborisations terminales de son cylindre-axe, plusieurs cellules ganglionnaires, ou bien un groupe de cellules pyramidales dont le cylindre-axe correspondant ne s'arborise qu'autour d'une cellule motrice médullaire, mais tellement associées entre elles que les cellules médullaires qu'elles mettent en activité doivent réaliser un mouvement coordonné?

Les expériences citées à l'appui du rôle de la moelle comme centre coordinateur seront indiquées à l'article Moelle; rappelons toutefois que la persistance des mouvements appropriés à la défense des points irrités chez la grenouille ayant subi la section transversale de la moelle, un peu en arrière de l'origine des nerfs brachiaux, rend incontestables les associations de plusieurs groupes cellulaires de la moelle pour certains mouvements purement réflexes, associations commandées elles-mêmes par la distribution centrale des racines postérieures.

Rappelons encore que l'excitation des racines antérieures ne semble pas produire des mouvements coordonnés (Sherrington, Hering), contrairement à l'opinion de Ferrier et Yéo. Il est vraisemblable que les réactions engendrées par l'excitation d'une racine postérieure ne se traduisent pas davantage sous forme de mouvements coordonnés.

L'importance de l'activité cérébrale dans les actes de coordination est démontrée très simplement, comme nous l'avons vu, par la production de mouvements coordonnés à la suite d'excitations portant soit sur l'écorce, soit sur la capsule interne : en excitant une région située à un millimètre du *sulcus præcentralis*, Hering obtient l'attitude du poing, comme l'avaient déjà obtenue Horsley et Schafer par l'excitation de la même région, et cette attitude se compose d'une flexion des doigts et d'une flexion dorsale de la main; c'est ce qui se produit aussi chez l'homme lorsque cette attitude est voulue. D'après le même auteur, l'excitation électrique de l'écorce cérébrale peut suspendre un mouvement coordonné; ainsi, quand, par l'excitation électrique, le singe ouvre la main, non seulement il se produit une contraction des muscles qui président à ce mouvement, mais, en même temps, la contraction des muscles antagonistes, c'est-à-dire de ceux qui ferment la main, cesse aussitôt. Ces données sont un peu différentes de celles fournies par Löwenthal et Horsley; ainsi, en excitant électriquement le territoire cortical de la jambe chez le chien, ces auteurs ont obtenu des contractions synchrones des muscles antagonistes : la contradiction ne serait qu'apparente et Hering établit une distinction entre la fixation d'un membre et un mouvement de ce même membre; dans le premier cas, les antagonistes se contractent en même temps que les agonistes : et il est possible que la fonction de la région excitée par LÖWENTHAL et HORSLEY soit une fixation et non un mouvement. La nouvelle théorie de HERING est aussi en contradiction à ce point de vue avec celle de DUCHENNE de Boulogne, mais la conception générale du physiologiste français sur la coordination n'en reste pas moins vraie. HERING met en doute qu'on puisse obtenir par l'excitation d'une fibre pyramidale la contraction d'un muscle isolé; même dans les mouvements les plus différenciés et les plus fins obtenus par l'excitation de l'écorce, il y a plusieurs muscles en activité fonctionnelle.

C'est ce qu'avait exprimé GOWERS en disant que dans le cerveau il y a bien plus de représentations de mouvements que de représentations de muscles : mais de ce que certains mouvements sont plus intéressés que d'autres dans l'hémiplégie cérébrale (WERNICKE-MANN) peut-on en conclure qu'à l'état normal certaines coordinations musculaires y sont mieux représentées que d'autres? Si les muscles qui ferment la main restent plus puissants que ceux qui l'ouvrent, est-ce une raison pour admettre que la coordination des premiers est plus finement représentée dans le cerveau? cela tient plutôt à ce qu'à l'état normal les premiers sont plus puissants que les seconds (HERING).

Nous n'avons pas à étudier ici les centres cérébraux des mouvements coordonnés (voir article Cerveau) qui ne sont autres que la zone psycho-motrice. Pourtant, il ne faudrait pas assimiler d'une façon absolue les mouvements produits par l'excitation électrique de l'écorce aux mouvements volontaires : dans ces derniers les perceptions visuelles ou acoustiques, ou d'autres encore, peuvent intervenir, isolément ou ensemble, dans la coordination musculaire ou motrice, et le champ cortical de la coordination, d'après ce que nous savons des localisations centrales des différents ordres de perception, doit occuper une zone très vaste de l'écorce.

Le rôle de la sensibilité dans la coordination des mouvements volontaires est bien mis en relief par les désordres de ces mouvements dans certaines affections qui frappent les voies de la sensibilité, soit les nerfs périphériques (nervo-tabès de DÉJERINE), soit les racines postérieures (ataxie locomotrice); les mouvements deviennent incertains, irréguliers, on remarque alors que l'occlusion des yeux augmente considérablement cette incoordination : ce fait nous éclaire suffisamment sur la part qui revient aux perceptions visuelles dans la coordination des mouvements volontaires, surtout lorsque les perceptions de la sensibilité générale font défaut ou sont incomplètes. Par une éducation prolongée, les perceptions visuelles peuvent remédier à l'altération des voies de la sensibilité, et c'est ainsi que certains ataxiques ont pu réacquérir un grand nombre de mouvements que l'atrophie des racines postérieures avait rendus impossibles en supprimant la transmission des impressions périphériques.

Dans les mouvements coordonnés volontaires, le processus dont ils dépendent peut devenir extrêmement complexe : des perceptions de différents ordres, soit conscientes, soit inconscientes, s'associent entre elles. Nous avons déjà fait allusion aux associations d'impressions périphériques et de perceptions acoustiques : lorsque l'enfant apprend à parler, il répète d'abord les sons entendus, la perception acoustique, est dans ce cas, le premier facteur sensitif, auquel s'associe bientôt la représentation kynesthésique des mouvements de la langue et du larynx, et ces deux ordres de représentations sont la base de la coordination musculaire nécessaire à la reproduction exacte du son : plus tard, dans la parole spontanée, les éléments de coordination du langage articulé seront des images acoustiques et kynesthésiques : dans ces coordinations d'ordre supérieur, le rôle des centres excito-moteurs du bulbe et de la moelle s'efface presque complètement devant celui du cerveau.

Ce qu'il y a de remarquable dans le cerveau envisagé comme centre coordinateur, c'est cette faculté d'associer des perceptions de nature différente pour atteindre un même but et de suppléer à l'absence ou à l'insuffisance des unes par l'hyperactivité des autres. Rappelons à ce propos l'expérience d'EWALD sur le labyrinthe. On sait que les chiens auxquels on a fait la double extirpation du labyrinthe se comportent au bout d'un certain temps comme des chiens normaux : si on leur enlève à cette époque là zone excitable du cerveau correspondant aux membres antérieurs et postérieurs, le chien ne peut plus ni marcher, ni sauter, ni courir, ni même se tenir debout. Pourtant, à la lumière, il réapprend peu à peu ces divers actes, sauf les mouvements réflexes compliqués. Si on l'enferme dans une chambre obscure, il devient de nouveau incapable de se tenir debout, de marcher et de courir, il s'affaisse, et il est inapte à tout mouvement régulier et adapté au but. Si on lui rend la lumière, il se relève de nouveau et se remet à marcher. Ewald conclut de cette série d'expériences que les zones excitables et le labyrinthe se compensent mutuellement, les zones excitables suppléent le labyrinthe parce qu'elles sont aussi le siège du sens tactile : lorsqu'elles ont été détruites, les perceptions visuelles suppléent à la fois les perceptions labyrinthiques (sensations musculaires pour Ewald) et les perceptions tactiles, de sorte qu'à l'état normal les mouvements du chien sont réglés par trois facteurs : les sensations tactiles, les sensations visuelles, et les sensations provenant du labyrinthe.

Le cerveau est non seulement capable de régler à sa guise l'utilisation des diverses perceptions, mais il peut même suppléer un organe absent. L'animal privé en totalité ou en partie du cervelet présente pendant un certain temps des troubles marqués de l'équilibration, puis il regagne peu à peu les coordinations nécessaires au maintien de l'équilibre : si on lui enlève à cette époque le gyrus sigmoïde soit d'un côté, soit des deux côtés, les désordres réapparaissent avec une grande intensité : un chien, auquel Luciani avait enlevé en trois fois le cervelet en entier et les deux gyrus sigmoïdes, n'était plus capable, pendant les onze mois qui suivirent l'opération, de se tenir droit ni de marcher sans appui : Luciani en conclut que « les mouvements compensateurs au moyen desquels les animaux privés de cervelet deviennent capables de maintenir l'équilibre dans la station debout, dans la marche et dans la nage, dépendent de la sphère sensitivo-motrice du cerveau ; ils peuvent être supprimés et distingués du syndrome cérébelleux par la simple ablation des gyrus sigmoïdes qui représentent le segment le plus important de cette sphère. » Nous citerons encore à l'appui de cette suppléance du cervelet par le cerveau les expériences de Russell : cet auteur a pu constater en effet qu'après la destruction d'une moitié du cervelet l'hémisphère du côté opposé à la lésion était plus excitable, et qu'il pouvait y avoir entre les deux hémisphères des différences assez considérables, se chiffrant à 200 ou 300 à l'échelle de Kronecker : Luciani a obtenu des résultats à peu près analogues, tandis que pour Bianchi les réactions motrices des membres déterminées par les excitations électriques de l'écorce ne sont pas modifiées par la destruction partielle ou totale du cervelet ; la suppléance du cervelet par le cerveau serait démontrée anatomiquement, d'après le même auteur par ce fait que, dans le cas de destruction du cervelet, il y a un développement insolite de la partie antérieure du cerveau et principalement du gyrus sigmoïde. J'ai pu constater sur les chiens auxquels j'avais enlevé la moitié du cervelet que les mouvements du côté détruit ont le caractère particulier d'un mouvement intentionnel, de quelque chose de voulu ; pendant la marche, les membres de ce côté sont soulevés brusquement et retombent brusquement sur le sol, contrastant avec ceux du côté sain dont les mouvements ont conservé le caractère de mouvements automatiques. Ce qui prouve encore cette intervention de la volonté et de l'activité cérébrale, c'est que, chez un chien privé d'une moitié du cervelet et déjà très amélioré, des troubles de l'équilibre réapparaissent quand on détourne son attention.

On est frappé par le pouvoir de suppléance que peut atteindre le cerveau après la destruction d'organes aussi importants que le labyrinthe ou le cervelet, dont l'action est en réalité extrêmement complexe, et il vient à l'esprit que ces organes considérés isolément ne sont pas absolument indispensables, puisqu'ils peuvent être suppléés par d'autres centres : nous verrons cependant combien sont peu réparables les désordres occasionnés par la double section des labyrinthes et la destruction totale du cervelet ; ces désordres sont beaucoup plus graves que ceux qui suivent la double section des labyrinthes et des gyrus sigmoïdes, ou la destruction de toute l'écorce cérébrale (chien de Goltz), c'est pourquoi le cervelet et le labyrinthe doivent être considérés comme doués d'une activité propre, en grande partie indépendante de celle de l'écorce cérébrale.

Nous ne croyons pas devoir étudier ici le rôle des ganglions centraux (couche optique et noyau caudé) dans la coordination. Nous ne possédons encore aucun fait précis qui nous permette d'en comprendre le mécanisme.

Comment doit-on se représenter anatomiquement la coordination cérébrale ? Il est vraisemblable que chaque cellule pyramidale agit sur plusieurs cellules des cornes antérieures par les collatérales et les arborisations terminales de son cylindre-axe, et chaque cellule procède ainsi à une coordination spéciale, de même que chaque fibre des racines postérieures fournit un certain nombre de collatérales réflexes qui s'arborisent autour de plusieurs cellules des cornes antérieures, soit du même côté, soit du côté opposé. L'influx cérébral dans le mouvement volontaire, comme l'influx périphérique dans le mouvement réflexe, trouve des voies anatomiques toutes préparées. Or certains mouvements volontaires peuvent devenir des mouvements automatiques, tels ceux des membres inférieurs pendant la marche ; dans les deux cas ce sont les mêmes régions médullaires qui entrent en fonction: aussi l'activité du même groupement cellulaire peut être sollicitée soit par une excitation cérébrale, soit par une excitation périphérique; mais, au moment même où cette excitation périphérique agit d'une façon réflexe dans la moelle, elle est transmise au cerveau sous forme de sensation, et la région cérébrale qui entre en activité à son tour agit sur le même groupe cellulaire que les fibres réflexes. En résumé ces mouvements dits automatiques, très bien coordonnés d'ailleurs, sont à la fois des mouvements volontaires et des mouvements réflexes, mais leur répétition fréquente et la part énorme qu'y prennent les réflexes nous expliquent pourquoi ils sont en quelque sorte inconscients. D'ailleurs, si le mécanisme général de la coordination est toujours le même, il doit exister d'un animal à l'autre des différences très grandes dans son mode d'application.

D'après Monakow, les fibres pyramidales ne s'arborisent pas directement autour des cellules radiculaires des cornes antérieures, il y a entre ces deux éléments un autre neurone interposé: ce sont des cellules du type II de Golgi; ces cellules ne donnent aucune fibre longue, leur cylindre-axe se divise en un grand nombre de ramifications qui s'arborisent à leur tour à la périphérie des cellules ganglionnaires des cornes antérieures ; cette cellule (*Schaltzelle* de Monakow) pourrait ainsi agir sur un grand nombre de cellules ; l'excitation corticale d'une *Schaltzelle* suffirait pour l'innervation associée de plusieurs groupes cellulaires qui préside à une coordination. Nous ne pouvons discuter ici le bien fondé de cette conception et de beaucoup d'autres, qui s'appuient sur les nouvelles données introduites dans l'anatomie du système nerveux par la méthode de Golgi; mais il est certain que les nouvelles vues suggérées par les résultats de cette méthode seront dans l'avenir un précieux auxiliaire pour l'explication des phénomènes nerveux.

Si chaque cellule pyramidale innerve plusieurs cellules médullaires, plusieurs cellules pyramidales sont mises aussi en activité dans tout mouvement coordonné, même le plus simple. Dans un mouvement volontaire, l'influx nerveux qui tire son origine des cellules pyramidales de l'écorce suit donc le faisceau pyramidal. Cette voie est la plus courte, mais elle n'est peut-être pas la seule, et, dans certaines coordinations très complexes, plusieurs neurones sont interposés entre la cellule pyramidale et la cellule ganglionnaire des cornes antérieures ; ainsi les fibres du pédoncule cérébral s'arrêtent pour une bonne part dans la substance grise du pont, qui transmet au cervelet leurs excitations, et celui-ci les transmet à son tour à la moelle.

Il est possible également que la substance réticulée du bulbe et le faisceau longitudinal postérieur soient des voies indirectes de la coordination centrale, la section du faisceau longitudinal postérieur et d'une petite zone de la substance réticulée du bulbe nous a permis de suivre des fibres dégénérées de l'un et de l'autre dans toute la hauteur de la moelle. Elles se terminent autour des cellules ganglionnaires des cornes antérieures. Il est à peu près certain que la substance réticulée du bulbe et de la protubérance, dont les auteurs tiennent peu compte habituellement dans leur conception générale de la physiologie du système nerveux, joue un rôle très important dans les phénomènes de coordination de la vie de relation et de la vie animale; elle est constituée en effet par un nombre considérable de cellules et de fibres nerveuses, dont une certaine quantité, nous l'avons vu plus haut, se termine certainement dans la moelle.

La coordination n'est pas innée chez l'homme, pour le plus grand nombre de ses actes; il présente à cet égard des différences assez notables avec les animaux qui marchent dès la naissance : ce retard aurait sa raison d'être pour certains auteurs dans la myélinisation tardive du faisceau pyramidal qui n'a lieu qu'après la naissance ; il existe vraisemblablement aussi d'autres causes qui nous échappent.

De la fonction coordinatrice du cervelet. — L'attention des physiologistes et des cliniciens a été depuis longtemps attirée sur les désordres du mouvement qui se manifestent chez les individus atteints d'une affection cérébelleuse ou chez les animaux privés en partie ou en totalité du cervelet. Ces désordres ont été interprétés différemment par les expérimentateurs : tandis qu'ils résultent pour les uns (ROLANDO) d'une diminution de la puissance nerveuse, ou du tonus musculaire (LUCIANI), pour d'autres, ils sont la conséquence de la perte d'une faculté spéciale, faculté coordinatrice des contractions musculaires, qui serait localisée dans le cervelet. Les expériences de FLOURENS sont aujourd'hui universellement connues; l'ablation par couches successives du cervelet du pigeon entraîne d'abord un peu de faiblesse ou manque d'harmonie dans les mouvements, puis deviennent brusques et déréglés; enfin, après la section des dernières couches, l'animal perd totalement la faculté de sauter, de voler, de marcher, de se tenir debout. Au cours de ses expériences, FLOURENS avait remarqué que la démarche du pigeon dont le cervelet avait été ainsi lésé était chancelante et qu'il rappelait la démarche d'un homme ivre. — Cette ressemblance frappante entre les troubles moteurs de l'ivresse et ceux qui suivent la destruction du cervelet n'a échappé à aucun observateur, physiologiste ou clinicien. — FLOURENS signale le peu de durée de ces troubles; mais il n'indique pas quels sont les moyens de suppléance auxquels l'animal fait appel.

Les mêmes troubles furent observés par FLOURENS chez le chien et le cochon d'Inde et d'autres mammifères : après l'ablation du cervelet ces animaux ne sont privés que de la faculté de coordonner ou de régulariser leurs mouvements : en résumé, la perte totale du cervelet entraîne la perte totale des facultés régulatrices du mouvement ; cependant, dit FLOURENS, il y a même sur cette régularité et cette répétition exacte des phénomènes une remarque assez curieuse, c'est que les mouvements désordonnés par le fait de la lésion du cervelet correspondent à tous les mouvements ordonnés. Dans l'oiseau qui vole, c'est dans le vol que paraît le désordre : dans l'oiseau qui marche, dans la marche; dans l'oiseau qui nage, dans la nage.

BOUILLAUD est arrivé, en employant des procédés opératoires un peu différents de ceux de FLOURENS, à des résultats semblables : ce qui manque au chien privé de cervelet, c'est la coordination des mouvements de la marche et de la station : l'animal chancelle comme s'il était ivre, la tête est vacillante, le regard est étonné et bizarre ; si l'animal essaie de manger, il n'y parvient qu'avec peine, parce qu'il coordonne mal les mouvements de sa tête, et recule quand il veut avancer; il va à gauche quand il veut se diriger à droite; il fait de grands efforts pour se relever, mais il retombe, il cherche des appuis, son corps se balance de tous les côtés, enfin il tombe comme un corps inerte du côté le plus puissant. BOUILLAUD admet dans le cervelet l'existence d'une force qui préside à l'association des mouvements dont se composent les divers actes de la locomotion et de la station.

MAGENDIE constate des phénomènes analogues, mais ce qui le frappe le plus, c'est que les animaux ainsi opérés ne peuvent plus avancer, et ils ont une tendance irrésistible à reculer : ce mouvement pourrait d'ailleurs être reproduit par d'autres lésions de la moelle allongée; MAGENDIE en conclut qu'il existe dans le cervelet ou la moelle allongée une force d'impulsion qui tend à faire marcher les animaux en avant. Le même auteur signale encore les mouvements de rotation autour de l'axe longitudinal, mais il n'a établi aucun rapport entre ces mouvements et les troubles consécutifs aux destructions du cervelet. Ce rapport n'en existe pas moins, comme nous le verrons ultérieurement. LONGET a cherché à l'expliquer par des données anatomiques, mais, à cause de l'insuffisance de celles-ci, l'explication de LONGET est dépourvue de toute valeur.

Tous ces phénomènes ont été reproduits par grand nombre de physiologistes (WAGNER, LEVEN et OLLIVIER, VULPIAN, LUSSANA, WEIR MITCHELL, NOTHNAGEL) : ils ont été le point de départ d'idées très diverses sur les fonctions du cervelet : le rôle du cervelet comme centre coordinateur des mouvements volontaires de la station et de la locomotion n'en a pas moins été admis par la plupart des physiologistes. Quelques auteurs ont attribué à certaines parties du cervelet des fonctions prépondérantes dans l'équilibration et la coordination des mouvements; après la destruction du tiers moyen du vermis chez l'homme ou l'animal, les désordres seraient beaucoup plus intenses qu'après la destruction de toute autre partie du cervelet (NOTHNAGEL). D'après FERRIER, si la partie antérieure du lobe moyen est lésée, l'animal tend à tomber en avant : si c'est la partie postérieure, il a une tendance irrésistible à tomber en arrière. FERRIER a fait également un grand nombre d'excitations du cervelet par les courants faradiques sur le singe, le chien, le chat, le lapin, etc., : voici les résultats obtenus sur le singe :

1° *Pyramide du lobe moyen :* Les deux yeux tournent à gauche et à droite dans un plan horizontal (suivant que les électrodes sont appliquées à gauche ou à droite).

2° *Processus vermiforme supérieur.*

   A. Extrémité postérieure.

      a. Ligne médiane. Les deux yeux regardent directement en bas.

      b. Côté gauche. Ils regardent en bas et à gauche.

      c. Côté droit. Ils regardent en bas et à droite.

   B. Extrémité antérieure.

      a. Ligne médiane. Les deux yeux regardent directement en haut.

      b. Côté gauche. Les deux yeux regardent diagonalement en haut et à gauche.

      c. Côté droit. Ils regardent diagonalement en haut et à droite.

3° *Lobe latéral (lobule semi-lunaire).*

      a. Côté gauche. Les deux yeux regardent en haut et tournent à gauche.

      b. Côté droit. Les deux yeux regardent en haut et tournent à droite.

4° *Flocculus.* Les deux yeux tournent sur leurs axes antéro-postérieurs.

Aux mouvements des yeux s'associent souvent des mouvements de la tête, parfois des mouvements des membres.

Ces phénomènes, qui n'ont guère été reproduits, — l'excitation électrique du cervelet étant une expérience des plus délicates, à cause des difficultés considérables qu'on rencontre à découvrir l'organe, — n'en sont pas moins intéressantes et tendent à démontrer que le cervelet intervient dans la coordination de certains mouvements du globe oculaire. Nos expériences personnelles, que nous rapporterons plus loin, s'accorderaient assez bien avec les faits signalés par FERRIER. Comparant les mouvements provoqués par l'excitation électrique du cervelet avec ceux qu'on obtient en faisant passer un courant galvanique à travers le crâne dans la région cérébelleuse, ou même avec les actes compensateurs que nous exécutons lorsque nous tournons pendant un certain temps autour de l'axe vertical, FERRIER conclut que le côté droit du cervelet coordonnerait le mécanisme musculaire qui empêche le déplacement de l'équilibre sur le côté opposé; de même que le mouvement en arrière de la tête, l'extension du tronc et des membres et l'élévation des yeux, mouvements déterminés par l'irritation de la partie antérieure du lobe médian, sont les efforts compensateurs pour contrebalancer la rotation en avant. Le cervelet semblerait donc être l'arrangement complexe de centres individuellement différenciés qui, en agissant ensemble règlent les diverses adaptations musculaires nécessaires au maintien de l'équilibre du corps : c'est pourquoi le cervelet serait développé proportionnellement à la variété et à la complexité de l'activité musculaire.

Si les expériences précédemment citées nous ont amené progressivement à la conception que le cervelet est un organe spécialement affecté à l'équilibration et à la coordination des mouvements, les auteurs précédents n'ont, malgré cela, expliqué le mécanisme de cette fonction que d'une façon très hypothétique et, pour s'en faire une idée exacte, ne semble-t-il pas de grande importance de différencier les troubles observés chez l'animal, suivant que la destruction a porté sur telle ou telle partie? LUCIANI a eu précisément le mérite d'étudier, chez des animaux maintenus longtemps en vie, les effets des destructions partielles ou totales du cervelet. Les expériences ont été faites sur le singe et le chien : elles ont été confirmées dans leurs résultats généraux par FERRIER et TURNER, par RUSSELL. J'ai repris à mon tour ces expériences sur le chien et quelques autres mammifères; ce sont ces résultats que j'exposerai ici.

Destruction unilatérale du cervelet. — Le premier jour, on observe des mouvements de rotation autour de l'axe longitudinal du côté sain vers le côté opéré, si l'on admet que le sens de rotation est déterminé par le côté sur lequel tombe l'animal, lorsque, primitivement placé sur les quatre pattes, il est abandonné à lui-même : la tête s'incline du côté opéré, mais elle subit en même temps un mouvement de torsion qui dirige le museau vers le côté sain : le mouvement s'accompagne d'une déviation conjuguée des yeux telle que l'œil du côté sain se porte en dehors et l'œil du côté opéré en dedans : parfois aussi il existe du nystagmus. Au début, les membres antérieurs et postérieurs, surtout ceux du côté détruit, sont contracturés, la tête en extension rejetée en arrière et du côté de la lésion : quand on suspend l'animal par la peau du dos, en le saisissant bien sur la ligne médiane, il se produit une inflexion latérale du tronc à concavité tournée du côté opéré (*pleurothotonos*).

Les mouvements de rotation sont de courte durée; la déviation des yeux persiste, mais moins accusée; elle s'associe à des mouvements nystagmiformes.

Ce n'est qu'au bout de quelques jours (quatre ou cinq jours) que se manifestent les désordres de la coordination et de l'équilibre : le pleurothotonos persiste plusieurs jours; les excitations douloureuses provoquent des mouvements désordonnés. Les réflexes sont exagérés.

La station debout et la marche sont impossibles. Dans le décubitus abdominal, les membres antérieurs sont très écartés et celui du côté lésé toujours davantage que celui du côté sain. Sur ses pattes ainsi écartées, l'animal essaie d'élever au-dessus du sol le segment antérieur du corps, mais le tremblement et les oscillations apparaissent aussitôt et causent la chute. L'animal se tient en demi-station debout pendant quelques instants, le train postérieur ne quitte pas encore le sol. C'est dans cette attitude que sont faites les premières tentatives de marche. Une patte antérieure est élevée au-dessus du sol, comme s'il voulait avancer, mais ce mouvement entraîne l'animal et le fait tomber. Le membre antérieur du côté lésé paraît plus faible que celui du côté sain.

Plus tard des tentatives seront faites dans le but d'élever le train postérieur au-dessus du sol, celui-ci ne sera soulevé d'abord qu'à demi et davantage du côté sain : aussitôt qu'une patte antérieure quitte le contact du sol, le corps s'affaisse du côté opéré. Pendant ces différents mouvements les pattes antérieures sont toujours en abduction très marquée, surtout celle du côté opéré. Peu à peu, le train postérieur s'élève plus haut au-dessus du sol, mais pendant très longtemps, plusieurs semaines même, il reste sur un plan inférieur à la moitié antérieure du corps.

En résumé, quinze jours après l'opération, l'équilibre en station debout peut être maintenu un certain temps, au bout duquel le tremblement et les oscillations du corps, soit antéro-postérieures, soit transversales, apparaissent et entraînent la chute : la chute est encore fatale, si une patte s'élève au-dessus du sol pour la progression. La fatigue survient vite. Ce qui apparaît déjà nettement, c'est que ces attitudes n'ont rien de comparable aux attitudes analogues chez un chien normal : elles ne peuvent être maintenues que par un mécanisme spécial, en rapport avec un déplacement du centre de gravité; l'abduction des membres inférieurs en est la preuve la plus évidente : l'abduction plus marquée de la patte du côté lésé semble indiquer que le centre de gravité s'est déplacé de ce côté; le tremblement et les oscillations du corps nous démontrent que le centre de gravité est non seulement déplacé, mais qu'il n'est plus fixe, elles ont pour but de le ramener à une situation invariable : tout déplacement d'un membre ou d'une partie du corps entraîne la chute de l'animal, parce que le déplacement du centre de gravité qui s'en suit ne provoque plus l'ensemble des contractions musculaires dont la combinaison doit y obvier.

La miction ne se fait plus suivant le même mode que chez un chien normal; elle se fait dans la position accroupie, les pattes postérieures s'écartent davantage, mais gardent toujours le contact avec le sol : la miction et la défécation entraînent de grandes oscillations du corps surtout dans le sens antéro-postérieur : la chute en est la conséquence fatale, du moins au début. Le coït est impossible, non pas que l'instinct génital soit diminué ou aboli, mais l'équilibre instable ne permet pas à l'animal de prendre ou de garder l'attitude nécessaire. La natation est encore possible, mais la progression ne se se fait pas absolument suivant une ligne droite vers le but; lorsque l'animal sort de l'eau, s'il se secoue, ou bien s'il se gratte, ses mouvements s'accompagnent de grandes oscillations du corps et de déplacements dans le sens transversal.

Pendant les premières tentatives de marche, les pattes s'écartent plus que dans la station debout, surtout les antérieures : celle du côté opéré est plus en abduction; c'est généralement celle-là qui est levée la première : mais, avant d'abandonner le sol, elle est le siège de contractions sans effet, comme si l'animal hésitait; puis brusquement elle quitte alors le sol; en même temps le corps tout entier suit le mouvement et se déplace transversalement du même côté, comme s'il était mu par un mouvement irrésistible de translation; l'animal semble vouloir résister par quelques inclinaisons de la colonne vertébrale, mais en vain : déjà le train postérieur fléchit du côté opéré, la patte antérieure, primitivement en abduction, revient brusquement en adduction et l'animal s'affaisse comme une masse de ce côté. Il se repose un peu, puis se redresse; s'il essaie de marcher, les mêmes phénomènes se reproduisent. Peu à peu, l'animal résiste mieux aux déplacements, il réagit par des déplacements de sens contraire, le train postérieur s'élève au-dessus du sol, le corps oscille, il y a titubation, démarche ébrieuse. Puis la titubation diminue peu à peu, mais l'animal a perdu de sa souplesse, les pattes ne sont plus soulevées avec la même régularité, les membres du côté opéré sont toujours soulevés brusquement et retombent de même sur le sol. Les oscillations, le tremblement et les déplacements du corps réapparaissent, chaque fois qu'il y a une modification dans les conditions d'équilibre, un changement dans les attitudes.

Dans la préhension des aliments ou quand il boit, la tête décrit des oscillations de grande amplitude qui l'éloignent du but. Elles s'atténuent peu à peu en même temps que les autres symptômes. Au bout de plusieurs mois il ne présente plus qu'une certaine raideur du tronc, le soulèvement plus énergique des membres du côté opéré, quelques oscillations très légères aux temps d'arrêt ou dans les changements d'attitude, la réapparition des oscillations quand on fixe l'attention de l'animal, la difficulté à marcher sur un plan incliné, à gravir ou à descendre un escalier. Tout cela prouve qu'il ne s'agit pas d'une faculté qui a disparu momentanément puis qui a reparu; c'est la création d'un nouveau mécanisme dans lequel les éléments du premier n'entrent que pour une part, mais dont la plus grande revient à la suppléance de l'organe perdue par les parties existantes ou par un autre centre; aussi les mouvements automatiques ne présentent-il plus ce caractère : il y a désormais en eux quelque chose d'intentionnel, quelque chose de voulu.

Destruction totale du cervelet. — Les désordres sont moins intenses au début qu'après la destruction unilatérale. Il n'y a pas de mouvements de rotation, si la lésion a été symétrique : plus tard les désordres sont plus intenses et symétriques, et la rééducation plus lente. A cause de la symétrie de la lésion, il n'existe pas de déplacements en masse du tronc vers un côté; dès le début la marche présente les caractères de la démarche ébrieuse : il y a titubation, oscillations, tremblements, contractions avortées, etc. L'occlusion des yeux n'augmente pas les désordres; mais la vue semble avoir une certaine influence sur la rééducation de l'animal : un chien qui devint aveugle peu de jours après la destruction du cervelet ne réapprit jamais à marcher. Les jeunes chiens privés de cervelet pouvaient très bien nager, bien qu'ils n'eussent jamais nagé auparavant. Ce qui démontre que le cervelet n'intervient nullement comme centre coordinateur du mouvement de natation : la fatigue survient néanmoins plus vite que chez un chien normal : le cervelet ne joue donc dans cet acte qu'un rôle accessoire.

Destruction du vermis. — Aussitôt après l'opération, la tête est fortement inclinée en arrière, le tronc incurvé dans le même sens (opisthotonos), les membres antérieurs en extension forcée, les globes oculaires animés d'un nystagmus vertical : les jours suivants la contracture diminue, l'animal réussit à se tenir debout sur ses pattes, les membres postérieurs très écartés et dirigés en avant pendant deux ou trois jours; à chaque tentative de progression, l'animal recule au lieu d'avancer, ou bien il tombe à la renverse. Au repos il reste dans le décubitus abdominal, les membres postérieurs en abduction et dirigés en avant. Après cette période de recul, il commence à progresser, mais les pattes postérieures sont toujours très écartées et soulevées brusquement et très haut au-dessus du sol, il lance un peu ses pattes postérieures comme un ataxique lance ses jambes. Mais il s'agit plutôt d'un mouvement brusque que d'un mouvement ataxique. Il existe aussi des oscillations antéro-postérieures du tronc dans les mouvements volontaires et dans les changements d'attitude.

Le syndrome cérébelleux chez l'homme présente de grandes analogies avec les désordres consécutifs aux lésions expérimentales du cervelet; on y retrouve l'élargissement de la base de sustentation, les oscillations du corps pendant la marche, le soulèvement brusque des jambes, la fatigue rapide, l'exagération des réflexes, l'absence du signe de RUMBEY, un certain degré d'asthénie physique et intellectuelle.

Tous ces résultats concordent avec ceux de LUCIANI; ce physiologiste en a donné l'interprétation suivante. Tous les phénomènes seraient dus à une diminution du tonus musculaire. A la palpation les muscles paraissent plus flasques et moins tendus du côté enlevé que du côté sain, c'est l'asthénie; pendant la station sur les quatre pattes, l'animal fléchit souvent sur les membres du côté opéré; c'est l'atonie; enfin le tremblement, les oscillations, la titubation dépendraient d'une sommation imparfaite des impulsions élémentaires dont dépend la contraction : cette troisième catégorie de phénomènes constitue l'ataxie.

En réalité, les troubles déterminés par la destruction partielle ou totale du cervelet sont identiques entre eux pour chaque cas particulier (destruction d'une moitié du cervelet, du cervelet en totalité, lésion du vermis) : ce sont des troubles du mouvement, que ce mouvement soit volontaire, automatique, ou réflexe, il n'y a pas de paralysie des membres, puisque les animaux opérés peuvent soulever encore des poids considérables : on observe évidemment chez ces animaux de l'asthénie, de l'atonie, de l'astasie; et cela démontre, comme l'avait soutenu Luciani, que le cervelet exerce à l'état normal sur le reste du système nerveux une influence qui se traduit par une action neuro-musculaire sthénique, tonique et statique par laquelle il augmente l'énergie potentielle dont disposent les appareils neuro-musculaires et qui accroîtrait le degré de leur tension pendant les pauses fonctionnelles; mais il est vrai aussi que cette influence du cervelet sur la tonicité musculaire est adaptée à un but spécial : celui de maintenir l'équilibre.

Les premiers jours après la destruction unilatérale du cervelet, le chien est animé du mouvement de rotation autour de l'axe longitudinal du côté sain vers le côté détruit. Au repos, il reste couché du côté de la lésion, la tête fortement déviée dans le même sens. Plus tard, lorsqu'il fait les premières tentatives de marche, il est mu malgré lui par un mouvement de translation vers le côté opéré et s'il tombe, la chute a lieu du même côté. Il semble donc que la rotation autour de l'axe longitudinal du côté sain vers le côté opéré, le décubitus sur le côté de la lésion, la chute et le mouvement de translation dans le même sens ne sont que le même phénomène à des degrés différents. Chez un chien normal l'élévation d'une patte antérieure provoque une force de réaction qui consiste en un mouvement de torsion du tronc et du cou autour de l'axe longitudinal, exécuté par les muscles du même côté et associé à une inclinaison de la tête du côté opposé. Cette force de réaction est bilatérale, et on peut admettre qu'au repos les deux forces, se faisant équilibre, restent sans action. Supposons que l'une vienne à disparaître brusquement, l'autre continuera à agir seule, elle déterminera un mouvement de torsion autour de l'axe longitudinal et inclinera la tête du côté opposé, d'où la rotation autour de l'axe longitudinal; la destruction de la moitié du cervelet équivaut justement à la suppression de cette force de réaction du côté de la lésion. Nous démontrerions de même, à propos des oscillations qui se produisent pendant la préhension des aliments et d'autres actes, que tout mouvement adapté directement au but ne provoque plus les réactions qui assurent le maintien de l'équilibre pendant son exécution. Avant de réacquérir un mécanisme qui lui permette de conserver l'équilibre, le chien opéré devra, pour ainsi dire, essayer ses muscles : de là la fatigue, l'asthénie, l'atonie, l'astasie, les contractions avortées : ces derniers troubles dérivent indirectement de la suppression de l'activité cérébelleuse. Ils n'en sont pas la conséquence directe : chaque hémisphère cérébelleux est bien une source d'énergie pour le côté correspondant du corps, mais cette énergie a un emploi spécial, elle est affectée au maintien de l'équilibre dans toutes les attitudes et dans tous les mouvements du corps, lorsque la ligne de gravité tend à se déplacer de ce côté : les troubles de l'équilibration diminuent progressivement; si l'asthénie persiste, c'est qu'elle est l'effet direct de la fatigue due à l'attention et à l'effort, c'est-à-dire à l'intervention plus active du cerveau dans presque tous les actes. En résumé, dans toute attitude, dans tout mouvement, le tonus musculaire doit être inégalement réparti dans les différents groupes et dans les deux moitiés du corps; il doit y avoir pour chaque attitude et pour chaque mouvement un état de tonicité particulier, une coordination musculaire spéciale; c'est dans ce sens que le cervelet peut être envisagé comme un organe de coordination musculaire : pour cette raison la théorie de Flourens et de Bouillaud et la théorie de Luciani sont deux théories qui se complètent. Dans un précédent article sur l'ataxie, avant de commencer mes recherches sur les fonctions du cervelet, j'avais séparé de l'ataxie la titubation cérébelleuse, celle-ci étant alors considéréc par Luciani comme n'étant pas de l'incoordination, je reviens aujourd'hui sur cette opinion, et la titubation cérébelleuse me paraît devoir été envisagée comme une forme de l'ataxie, c'est-à-dire de l'incoordination.

Il est impossible de ne pas reconnaître des ressemblances très grandes entre les troubles consécutifs à la destruction du labyrinthe et ceux qu'entraîne la destruction du cervelet. Flourens en avait été frappé, et il avait conclu de l'étude comparée des résultats dans les deux cas que « c'est dans l'encéphale et surtout dans le cervelet que se trouve la première et fondamentale cause des mouvements irréguliers qui suivent la section des canaux semi-circulaires ».

Si nous comparons le chien privé d'une moitié du cervelet à celui qui est privé de labyrinthe du même côté, nous remarquons que tous les deux présentent une attitude de la tête telle qu'elle est inclinée du côté de la lésion et qu'elle est tordue autour de l'axe du sommet, de telle sorte que le museau tend à regarder du côté sain, et l'occiput, du côté opéré. L'œil du côté opéré regarde dans les deux cas en bas et en dedans : s'il fait une chute, elle a lieu toujours du même côté : celui de la lésion. Les analogies peuvent être encore plus grandes, si nous nous adressons à d'autres animaux, le lapin par exemple : dans ce cas, après la section unilatérale du cervelet ou du labyrinthe, on observe les mouvements de rotation autour de l'axe longitudinal. — Chez le chien, il existe aussi des différences assez notables ; d'abord les désordres consécutifs à la section du labyrinthe sont de moins longue durée et moins intenses que ceux qui suivent la destruction du cervelet : dans le premier cas, la vue joue un rôle manifestement correcteur, dans le second elle semble avoir peu d'influence. Nous n'avons signalé ici que les ressemblances les plus frappantes et les différences fondamentales. Il est vraisemblable qu'à cause de cette analogie de fonctions le cervelet et le labyrinthe doivent être capables de se suppléer l'un à l'autre. Lange a fait des expériences dans ce but sur le pigeon. Si l'on enlève, dit-il, le cervelet après le labyrinthe, alors que l'animal ne présente plus que des symptômes appréciables par des procédés délicats d'exploration, les troubles qui suivent l'extirpation du cervelet sont les mêmes qu'après l'extirpation simple, mais avec une tendance plus marquée au recul, et les symptômes sont plus intenses. De même, si l'on enlève le cervelet après l'extirpation bilatérale du labyrinthe, les symptômes cérébelleux apparaissent très intenses. Lange n'admet pas pourtant que la deuxième opération provoque de nouveau les symptômes de la première opération devenus latents; les symptômes cérébelleux seraient donc bien différents des symptômes labyrinthiques, et ils n'auraient que de faibles rapports entre eux. Il combat l'opinion de ceux qui font dépendre les symptômes cérébelleux pour une plus ou moins grande part d'une lésion de l'acoustique. Il y a tout lieu d'admettre que le labyrinthe exerce son action coordinatrice par lui-même, comme l'anatomie permet de le supposer, et que cette action n'est pas absolument indépendante du cervelet, l'anatomie nous le démontre encore. En outre, des recherches que nous venons de poursuivre tendent à nous faire admettre que les deux organes se suppléent l'un l'autre; un chien que nous avons pu maintenir en vie pendant deux mois après la double section des nerfs labyrinthiques et de la destruction totale du cervelet (la destruction totale du cervelet a été exécutée plus d'un mois après la section des nerfs) n'a jamais pu réacquérir les fonctions d'équilibration. D'autres expériences nous démontrent aussi qu'après la section unilatérale du labyrinthe et du cervelet les désordres cérébelleux persistent beaucoup plus longtemps et sont beaucoup plus intenses qu'après la destruction d'une moitié du cervelet; après la destruction unilatérale du labyrinthe et du cervelet d'un côté et la destruction du gyrus sigmoïde du côté opposé, l'équilibration fut beaucoup plus compromise et l'animal ne pouvait se tenir debout deux mois après l'opération, malgré ses nombreux efforts; il était très émacié, et il fut sacrifié à cette époque.

Conclusions. — Considérés dans leur ensemble et associés aux faits antérieurement cités à propos des suppléances cérébrales, ces faits nous indiquent très nettement les rapports fonctionnels intimes qui existent dans l'équilibration entre ces trois organes; labyrinthe, cervelet, écorce cérébrale. Chez les vertébrés inférieurs, l'importance du cervelet et du cerveau diminue, et le bulbe semble devenir peu à peu le véritable centre de coordination des mouvements de locomotion. Nous renvoyons d'ailleurs à ce sujet à l'article **Bulbe** (fasc. 2, ii, 334), de même que pour les autres coordinations et associations fonctionnelles dont il est le centre. Il est vraisemblable que d'autres organes tels que les tubercules quadrijumeaux antérieurs et postérieurs engendrent des mouvements coordonnés, c'est ce que tendent à établir pour les premiers les expériences de SERRE, de CAYRADE, de GOLTZ, FERRIER, KENDRALL; des expériences avec survie plus longue seraient nécessaires pour bien établir l'importance de ces organes.

Les rapports anatomiques du cervelet et du labyrinthe nous donnent la clef des analogies fonctionnelles qui existent entre ces deux organes et de la suppléance dont ils sont capables l'un par rapport à l'autre. Un grand nombre de fibres qui ont leur origine dans le noyau du toit et le noyau dentelé du cervelet se terminent dans le noyau de DEITERS (BECHTEREW); le même noyau reçoit le plus grand nombre des arborisations terminales de la racine vestibulaire de la 8e paire : le noyau de DEITERS exerce une influence tonique sur la musculature de l'œil et les muscles des membres et du tronc par les fibres qu'il fournit aux noyaux oculo-moteurs et à la moelle. Par conséquent, quand les excitations cérébelleuses ou vestibulaires sont transmises au noyau de DEITERS, il se produit dans les deux cas une variation de tonicité dans certains muscles des yeux et du corps; en un mot la même réaction peut se manifester sous l'influence de l'une ou de l'autre de ces excitations. Cela suffit pour expliquer les analogies fonctionnelles entre le labyrinthe et le cervelet : nous ferons remarquer encore que le cervelet peut être considéré comme un centre réflexe pour les fibres vestibulaires : nous avons démontré récemment, en effet, qu'un petit nombre de fibres vestibulaires se terminent directement dans le noyau du toit homolatéral.

Le cervelet exerce son influence tonique non seulement par l'intermédiaire du noyau de DEITERS, mais aussi directement par des fibres qui prennent leur origine dans le noyau dentelé et se terminent autour des cellules ganglionnaires de la corne antérieure de la moelle du même côté; par le pédoncule cérébelleux supérieur, il agit aussi sur le cerveau. Le cervelet reçoit deux espèces de fibres; les unes viennent de la moelle et des noyaux bulbaires, et lui communiquent des excitations périphériques, les autres viennent de la protubérance et du bulbe et lui transmettent des excitations cérébrales : c'est pourquoi nous avons dit ailleurs qu'il enregistre des excitations périphériques et des impressions centrales et qu'il réagit aux unes et aux autres. La réaction dont il est le siège s'applique au maintien de l'équilibre, dans les diverses formes d'attitudes ou de mouvements réflexes, automatiques, volontaires : c'est un centre réflexe de l'équilibration.

Dans un article embrassant un sujet aussi vaste, nous avons dû nous limiter à présenter certaines variétés de coordination, et quelques considérations sur le rôle des organes des sens et de certains centres; nous avons choisi de préférence ceux dont l'influence coordinatrice est réellement démontrée et le mécanisme le mieux étudié. Nous avons vu qu'il n'existe pas en réalité un centre de coordination, mais que tout le névraxe peut être considéré comme tel, quelques-unes de ses parties présidant à certains modes plutôt qu'à certains autres.

Le choix des muscles, la durée et le moment de leur contraction, la pondération et la mesure de leur énergie, qui sont les conditions essentielles d'un mouvement bien coordonné, sont fonction de la conductibilité de la fibre nerveuse et des corrélations anatomiques préexistantes entre la périphérie et les centres.

Bibliographie. — VULPIAN. Art. « *Moelle* » (*Dict. encycl. des sciences médicales*). — BERNARD (CLAUDE). *Leçons sur la physiologie et la pathologie du système nerveux*, 1858. — DUCHENNE DE BOULOGNE. *Physiologie des mouvements*, 1867. — MOTT (F. W.) et SHERRINGTON (C. S.). *Experiments upon the influence of sensory nerves upon movement and nutrition of the limbs* (*Roy. Soc. Proc.*, 1895). — FLOURENS (P.). *Recherches expérimentales sur les propriétés du système nerveux*, 1842. — VULPIAN. *Leçons sur la physiologie générale et comparée du système nerveux*, 1866. — GOLTZ. *Ueber die physiologische Bedeutung der Bgg. des Ohrlabyrinths* (A. g. P., III). — DE CYON. *Recherches sur les canaux semi-circulaires* (Th. inaug., Paris, 1878). — EWALD. *Physiologische Untersuchungen ueber das Endorgan des Nervus Octavus*, Wiesbaden, 1892. — SANTSCHI (F.). *Rapports entre la zone excitable du cerveau et le labyrinthe d'après* EWALD (*Revue scientifique*, 1897). — HERING. *Beiträg zur experimenteller Analyse coordinirte Bewegungen* (A. g. P., 1898). — LUCIANI. *Il cer-*

velletto. Nuovi studi di fisiologica normale e patologica, Firenze, 1891; — *De l'influence qu'exercent les mutilations cérébelleuses sur l'excitabilité de l'écorce cérébrale et sur les réflexes spinaux* (*Arch. ital. de Biologie*, XXI). — RISIEN RUSSELL. *Experimental Researches into the Functions of the Cerebellum* (*Philosophical Transactions of the Royal Society of London*, 1894). — THOMAS (A.). *Le cervelet. Étude anatomique, clinique et physiologique*, 1897. — LANGE. *In wieweit sind die Symptome, welche nach Zerstörung des Kleinhirns beobachtet werden, auf Verletzungen des Acusticus, zurückzuführen* (*A. g. P.*, 50).

G. THOMAS.

COPRINACÉTOXINE. — Nom donné par MORLEY FRY à la combinaison du chlorhydrate de triméthylacétone avec l'hydroxylamine ($Az(CH^3)^3 — CH^2 — CAz — OH — CH^3Cl$). Substance qui agirait comme la muscarine. Elle excite le nerf vague comme la muscarine et provoque une sécrétion salivaire abondante chez le chien (*On the muscarine like physiological action of coprinacetoxine. Brit. med. journ.*, 1897, (2), 1713-1714).

COPRINE. — La combinaison cristallisable de monochloracétone et de triméthylamine $C^6H^{14}AzOCl$ a été dénommée chlorure de coprine par NIEMENTWICZ. Elle paraît agir à peu près comme le curare, à la dose de 0,025 chez la grenouille, et de 0,1 chez le lapin (*Bull. Soc. Chim. Paris*, XLVI, 672).

COPULATION. — On donne le nom de copulation à un processus par le moyen duquel les éléments sexuels mâles sont, grâce à des appareils spéciaux, portés jusque dans l'intérieur des organes génitaux femelles, pour y rencontrer les éléments sexuels correspondants. Elle se présente sous des formes et à des degrés très variés, si variés qu'en définitive, en bien des cas, la définition précédente se trouve ou trop étroite, ou trop élastique.

On observe en effet toutes les transitions de la copulation la plus complète qui puisse exister, comme la conjugaison, spéciale aux Protistes, par où il y a fusion de deux organismes en un seul, à la totale absence de copulation, ainsi que cela est le cas chez beaucoup d'organismes parmi les invertébrés, et même chez les poissons, où il n'y a aucun rapprochement, aucun contact entre les organismes reproducteurs, qui se contentent d'abandonner au dehors leurs éléments sexuels, lesquels se rencontrent ou ne se rencontrent point, selon les circonstances extérieures. Dans ces conditions, il est assez difficile de dire où commence et où finit la copulation. Au sens strict du mot, il y a copulation quand il y a intromission dans les organes femelles d'un appareil vecteur des éléments sexuels mâles. A ce compte, beaucoup d'animaux seraient considérés comme privés de copulation, chez qui il n'y a point intromission, mais où les organes sont simplement mis en contact, et abouchés de façon provisoire. Mais même chez ceux-ci, il y a des différences : dans certains cas, il y a un commencement d'intromission, et dès lors il est très difficile de donner des limites précises. C'est pourquoi nous prendrons le terme copulation dans son sens le plus large, en indiquant les subdivisions qu'il convient d'établir dans le processus. Voici les principales d'entre elles :

Conjugaison. — Forme spéciale aux organismes unicellulaires : fusion complète des deux reproducteurs en un seul organisme. Pour détails, voir **Cellule, Fécondation, Protozoaires.**

Abandon des produits sexuels (absence totale de copulation). — Les produits sexuels sont abandonnés au dehors, et se rejoignent comme ils peuvent : Orthonecides, Spongiaires, Hydrozoaires, Scyphozoaires, Némertes, Cirripèdes, quelques vers. Chez certains hermaphrodites, la rencontre est facilitée par le fait que les œufs et spermatozoïdes sont déversés dans une cavité plus ou moins close du corps; chez d'autres, unisexués, comme chez les poissons, elle est facilitée par le fait que le mâle suit souvent la femelle et déverse sa laitance sur les œufs que celle-ci vient d'abandonner.

Copulation vraie. — Se présente chez bon nombre de vers, chez les insectes, les crustacés, beaucoup de mollusques, les batraciens, quelques poissons, bon nombre de reptiles, tous les mammifères. Ici, il y a intromission d'un organe spécial — le pénis — dans les organes femelles. Cette copulation peut être très courte, et elle peut être permanente, comme chez le *Diplozoon paradoxum*, où elle est par surcroît réciproque.

Auto-copulation. — Copulation de l'individu avec lui-même. Les formes en sont variées : il peut y avoir copulation (simple ou réciproque) entre deux proglottis d'un même cestode ; il peut y avoir auto-fécondation (avec ou sans auto-copulation) dans le même proglottis. Certains mollusques (les lymnées) se suffisent à eux-mêmes : car si, en nombre, ils copulent entre eux, réciproquement, utilisant à la fois les organes mâles et les organes femelles, étant pour l'un, femelle pour l'autre, en même temps, ils peuvent aussi se passer du concours des autres individus. J'ai maintes fois vu une lymnée, isolée dès sa naissance, se reproduire abondamment dans un vase clos. L'auto-fécondation est certaine : mais y a-t-il auto-copulation ?

Copulation aberrante. — Je résume ici trois formes de copulation bizarres : la copulation hypodermique telle que la présente la clepsine ; la copulation hectocotylaire de certains céphalopodes et de certains batraciens ; la copulation parasitaire telle que la montre la Bonellie.

Copulation par contact. — C'est la copulation où il y a simple accolement des organes. Chez les batraciens nous observons un passage de la non-copulation des poissons à la copulation vraie : il se prononce chez quelques poissons, et est très net chez les oiseaux en général, où la copulation consiste en l'accolement temporaire des cloaques mâle et femelle.

Considérons maintenant ces différentes formes telles qu'elles sont réparties parmi les divers groupes d'animaux.

Invertébrés. — De la copulation (ou conjugaison) des Protozoaires, je ne dirai rien : c'est un processus très spécial et différent. Passons donc tout de suite aux Mésozoaires et au reste du règne animal.

Les Orthonectides seuls sont pourvus d'éléments sexuels, et unisexués : il y a des mâles et des femelles, bien distincts, ces dernières étant peu volumineuses. Chez les uns et les autres les cellules de l'endoderme se transforment ici en ovules, là en spermatozoïdes. Mais on ne connaît pas bien le processus fécondateur. Certaines femelles expulsent leurs ovules, par la rupture des parois du corps. Ils sont probablement fécondés, en dehors de celui-ci, par la rencontre des ovules et des spermatozoïdes, et il n'y a d'ailleurs point d'organes sexuels en dehors des cellules en question.

Les Spongiaires ont des éléments reproducteurs qui naissent dans le mésoderme aux dépens de cellules-mères spéciales. Ils sont généralement hermaphrodites, mais comme les spermatozoïdes arrivent à maturité plus tôt que les ovules, et comme il n'y a point d'organes de copulation, la fécondation résulte des déplacements que font les spermatozoïdes, qui, mobiles, vont rencontrer les ovules. Ceux-ci sont peu mobiles : en tous cas ils se fécondent sur place, et ils sont souvent fécondés par des spermatozoïdes étrangers qui ont mûri avant ceux de l'individu auquel ils appartiennent. Aucune copulation par conséquent.

Chez les Hydrozoaires (Hydraires et Siphonophores), l'unisexualité est la règle : les individus sont ou mâles ou femelles ; les colonies mêmes sont généralement unisexuées : mais il y a des exceptions, chez les Siphonophores en particulier, où les colonies sont plus souvent hermaphrodites. Fournis ici par l'ectoderme seul, là par l'endoderme seul, ailleurs les éléments mâles par l'ectoderme, les femelles par l'endoderme, les éléments sexuels sont expulsés par rupture des parois du corps, et ils se déversent soit à l'extérieur, soit dans la cavité gastrique, et c'est le hasard qui les fait se rencontrer. La copulation manque.

Chez les Scyphozoaires (Scyphoméduses, Anthozoaires, Cténophores), les Scyphoméduses sont unisexuées ; les Anthozoaires le sont en majorité ; les Cténophores sont tous hermaphrodites. La fécondation se fait sans copulation : les éléments sexuels se déversent dans la cavité gastrique ou ses annexes, et sont rejetés au dehors. Chez les hermaphrodites la fécondation se fait dans cette cavité ; chez les unisexués, elle a lieu au dehors où se rencontrent les éléments sexuels.

Chez les Plathelminthes, l'hermaphrodisme est la règle générale ; mais les Némertes sont presque toutes unisexuées. Nous trouvons ici pour la première fois des organes copulateurs véritables. La forme et les dispositions varient beaucoup, selon le sexe et selon la classe.

L'appareil copulateur mâle consiste en une poche musculeuse qui fait saillie dans le parenchyme, au fond de laquelle débouche le conduit déférent. C'est ici sa forme la plus simple, mais chez les Turbellariés, par exemple, il se complique et présente un pénis, une gaine de pénis et une vésicule séminale. Le pénis consiste en un repli musculeux annulaire, protractile, et pouvant être projeté hors de la gaine. Chez les Trématodes et les Cestodes, il en va à peu près de même.

L'appareil femelle consiste en un tube allongé, ou vagin, qui s'ouvre en dehors par un petit orifice, sur la ligne médiane de la face ventrale. Cet orifice est généralement placé dans une dépression de la peau où s'ouvre aussi l'appareil mâle : c'est une sorte de cloaque sexuel, ou *atrium* génital, généralement, sauf des exceptions assez nombreuses.

Chez la plupart de ces animaux il y a copulation par introduction du pénis dans le vagin : de même copulation double réciproque, chacun des deux individus jouant à la fois le rôle de mâle et celui de femelle. Mais elle ne se présente pas invariablement : chez les Polystomes, dans certains cas, le vagin étant absent et le pénis réduit, il y a auto-fécondation sans copulation, grâce à un canal qui unit le testicule à l'ovaire, et par où les spermatozoïdes vont directement retrouver les ovules. Et d'autre part un cas extraordinaire se présente dans ce même groupe des Trématodes : c'est celui du *Diplozoon paradoxum*. Chez ce ver, les larves qui réussissent à s'unir sont seules capables d'atteindre la maturité et elles restent ainsi toute leur vie. L'union n'est toutefois pas de nature sexuelle : elle se fait au moyen de suçoirs, de ventouses. Chaque animal saisit l'autre à la ventouse dorsale, par la ventouse ventrale. Mais à la suite de cette union purement cutanée, il se fait une union sexuelle qui est permanente et réciproque, le vase déférent de chacun des associés plongeant dans le vagin de l'autre.

Chez les Cestodes, il y a pénis et vagin, très rapprochés, de sorte que tantôt il y a auto-fécondation, auto-copulation, dans le même segment, le même proglottis, tantôt la copulation se fait entre deux proglottis du même individu ou d'individus différents. La copulation peut être double ou réciproque. Les Némertes n'ont pas d'organes copulateurs. Les produits sexuels sont simplement expulsés au dehors.

Les Némathelminthes sont presque tous unisexués. Les genres hermaphrodites se fécondent eux-mêmes, sans copulation ; il y a copulation chez l'Acanthocéphale, chez le Gordius, etc.

Chez les vers plus élevés, les Hirudinées parmi les Annélides, la condition hermaphrodite est générale, mais la copulation n'est pas constante. Elle existe chez les uns (réciproque ?), elle manque chez les autres. Chez les Polyclètes, généralement unisexués, la copulation fait défaut : les œufs et spermatozoïdes sont simplement expulsés — par les néphridies ou par rupture des parois du corps, — et se fécondent en se rencontrant au dehors, dans l'eau. Elle existe chez les Oligocètes (Lombrics, etc.) où il y a des organes copulateurs peu développés ; on aperçoit parfois les vers de terre enlacés ensemble.

Là où elle existe, elle affecte parfois une forme bizarre : chez la *Glossiphonia (Clepsine) plana* le mâle dépose sur le dos de la femelle un spermatophore d'où les spermatozoïdes sortent et se frayent un chemin à travers les parois du corps. WHITMAN a appelé ce procédé de copulation la « fécondation hypodermique ».

Chez les Géphyriens unisexués, les cellules sexuelles se détachent des parois du corps, tombent dans la cavité génitale, et sont expulsées par des entonnoirs ; elles se rencontrent et se fécondent au dehors, sans copulation ; mais la Bonellie présente un cas curieux. Le mâle atrophié se réfugie dans le néphridium de la femelle et y vit en parasite, fécondant les œufs à mesure qu'ils se produisent, par expulsion de ses spermatozoïdes.

Aucune copulation chez les Bryozoaires. Il y a souvent auto-fécondation dans la cavité générale, chez les hermaphrodites. Mais chez les Rotateurs il y a copulation généralement, comme chez le Dinophile aussi. Il n'y en a pas chez les Brachiopodes.

Arrivant aux Arthropodes, nous en venons à des animaux qui ont les sexes toujours séparés, et chez qui la copulation est la règle.

Considérons d'abord les Crustacés. Chez la généralité de ceux-ci, les sexes sont séparés ; les individus sont unisexués, et les organes sexuels, construits sur le même plan, occupent dans le corps des situations identiques dans les deux sexes, et constituent une paire seulement.

Les organes copulateurs sont le plus souvent des membres locomoteurs transformés ou adaptés, ou encore des dépendances de ces membres, parfois aussi des saillies, des replis, des dépendances du tégument externe.

Chez les Eutomostracés et les Branchiopodes, l'utérus est formé par la réunion de deux bourrelets résultant de la modification des appendices des douzième et treizième segments du tronc. C'est dans l'utérus que se fait la copulation par introduction d'un pénis musculeux, excroissance fournie par la modification du deuxième bourrelet génital.

Chez les Cladocères, les choses sont plus simples, car, s'il y a des genres (*Daphnella*, *Latona*) où de véritables organes d'accouplement existent sous forme de saillies protractiles placés derrière la dernière paire de pattes, par exemple; il en est d'autres où il n'existe que des organes copulateurs, accessoires, des crochets sur la paire de pattes antérieures, destinés à fixer et immobiliser la femelle. En ce cas la copulation se fait par contact, par accolement, et sans intromission.

Chez les Ostracodes, en dehors des appareils accessoires placés sur les secondes antennes et sur les pattes-mâchoires, il y a parfois transformation totale d'une paire de pattes en organes destinés à retenir les femelles. En même temps un organe copulateur compliqué s'est formé, aux dépens d'une paire de pattes. Les Copépodes ont aussi les antennes, ou les pattes modifiées en vue de la copulation : mais il n'y a pas de véritables organes copulateurs, de sorte que l'accouplement consiste en un rapprochement externe des organes sexuels, au cours duquel ces spermatophores du mâle se fixent sur l'anneau génital de la femelle; les spermatozoïdes se frayent ensuite un chemin jusqu'aux oviductes ou aux sacs ovifères. Chez les Argulides, il n'y a pas non plus de copulation véritable : le mâle recourbe une paire de pattes jusqu'à l'orifice de ses canaux déférents, remplit de sperme une poche dont cette paire est garnie, et vient la porter à l'orifice du réceptacle séminal de la femelle. La copulation se fait donc par l'intermédiaire d'un appendice locomoteur peu spécialisé qui établit la transition entre la patte normale et la patte modifiée en pénis.

Les Cirripèdes diffèrent des autres crustacés en étant presque tous hermaphrodites. Souvent la fécondation est externe, sans copulation : les œufs et les spermatozoïdes du même individu, expulsés dans la cavité du manteau, se fécondent dans cette cavité avant d'être charriés au dehors : il y a auto-fécondation. Chez quelques genres, toutefois, il existe aussi des mâles complémentaires, petits, fixés en parasites sur les hermaphrodites : sans tube digestif, et réduits à n'être, en quelque sorte, que des organes mâles indépendants, ils possèdent quelquefois un pénis (tel l'*Alcippe lampas* de DARWIN), qui peut être très volumineux et qui implique la copulation. Pas d'organes copulateurs chez les Rhizocéphales : la fécondation se fait comme chez les Cirripèdes. Pas de copulation non plus chez la Nébalie, semble-t-il. Mais celle-ci est très complète chez les Arthrostacés ou Edriophthalmes. Nous ne pouvons entrer ici dans tous les détails : il suffit de savoir que le pénis est généralement présent. L'accouplement dure parfois plusieurs jours. Certains genres sont hermaphrodites : les Cymothoe sont pourvus des deux sexes : mais ils fonctionnent comme mâles seulement dans leur jeunesse, et plus tard, comme femelles après perte de leur pénis.

L'appareil copulateur est plus développé encore chez les Thoracostracés (écrevisses, crabes, etc.). Toutefois, on n'observe guère que le simple contact chez la plupart des Décapodes : mais chez l'écrevisse, les pattes abdominales de la première paire sont transformées en pénis, et chez la plupart des Brachyures, les fausses pattes se transforment en organes d'accouplement véritables. D'autres appendices locomoteurs sont modifiés pour aider à la fixation mutuelle. Le pénis consiste en un appendice tubuleux court, et l'accouplement est souvent de longue durée (plusieurs jours).

Chez le Péripatus il semble ne pas y avoir copulation : les spermatozoïdes passeraient en dehors à travers les parois du corps de la femelle. Elle existe chez quelques Myriapodes au moins : il y a des organes externes d'accouplement sur les sixième et septième anneaux, assez loin de l'orifice du canal excréteur; ils se remplissent de sperme avant l'accouplement, et, lors de la copulation, le mâle les introduit dans le réceptacle séminal de la femelle.

Les Insectes sont généralement pourvus d'organes copulateurs, d'armatures spéciales. Il est difficile de donner une description générale : quelques exemples particuliers montreront quelle est la variété des dispositions.

La blatte femelle possède une poche génitale — où s'ouvre l'utérus — et un réservoir spermathécique, et la copulation se fait par cette poche, les spermatozoïdes s'accumulant dans le réservoir. Chez le mâle, le canal éjaculateur aboutit, non pas au pénis comme le dit Brehm, mais entre différents organes, le pénis, le titillateur, et plusieurs autres pièces accessoires dont l'usage est peu connu. Le pénis même n'est pas perforé, il est plein, allongé, grêle, chitineux. Les probabilités sont que toutes ces pièces servent, de façons diverses, à ouvrir la poche génitale femelle et à faciliter le contact. D'après Cornélius, le mâle se glisse sous la femelle, la portant sur son dos, et la copulation est très rapide.

Elle est plus complète et plus longue chez les Mantes, et c'est un fait fréquent que, pendant l'acte même, la femelle dévore, en partie son conjoint. Fabre a discuté ce phénomène : et le mâle décapité ne cesse point pour cela son œuvre procréatrice. Les Acridiens ou Locustides sont aussi pourvus d'organes d'accouplement : mais chez les Grillons il y a simple contact : le mâle fixe sur l'orifice femelle un spermatophore qui se vide peu à peu dans la poche. Il y a copulation chez les Termites, chez les Éphémères. Chez ces dernières, l'avant-dernier anneau abdominal porte des appendices copulateurs articulés. Il y a copulation chez les Diptères aussi, chez la mouche commune, par exemple, mais sans intromission : il n'y a pas de poche copulatrice, mais des réceptacles séminaux, au nombre de trois, servant à emmagasiner la semence déposée au cours du rapide accouplement.

Chez les Lépidoptères il y a une poche copulatrice volumineuse et une armature copulatrice spéciale chez le mâle. Le pénis est volumineux chez les Coléoptères; il est corné, et à l'état de repos se retire dans l'abdomen : la copulation est interne et complète. Il est volumineux aussi chez les Hyménoptères (abeille, etc.).

Les Mollusques sont généralement hermaphrodites, à l'exception de bon nombre de Lamellibranches et de tous les Céphalopodes.

Il n'y a pas de copulation chez les Lamellibranches, qu'ils soient bisexués ou unisexués : les œufs et les spermatozoïdes sont expulsés et se rencontrent dans la cavité du manteau ou la cavité branchiale.

Les Gastéropodes ont des organes copulateurs : poche copulatrice et pénis. La copulation est souvent réciproque; elle se fait aussi en chaîne, les individus qui la forment étant mâles pour le voisin de droite et femelles pour le voisin de gauche, par exemple. Peut-être même y a-t-il auto-copulation chez les hermaphrodites, comme la Lymnée. En tous cas, il est certain qu'une lymnée isolée dès sa naissance produit des œufs féconds.

Les Hétéropodes, unisexés, ont un pénis volumineux et une poche copulatrice, ou vagin. Le pénis est plein, mais le sperme passe par une gouttière superficielle. Cette gouttière est souvent prolongée par un sillon quand le pénis est à distance de l'orifice génital mâle (comme chez divers gastéropodes).

Chez les Céphalopodes le pénis n'existe pas, mais un des bras est transformé en hectocotyle. Il se remplit de spermatophores qu'il abandonne à la femelle, sans intromission véritable : parfois il se détache du corps, et on l'a pris pour un ver spécial (Cuvier).

Pas de copulation chez les Ascidies.

Chez les vertébrés, la copulation est à peu près constante, et c'est chez ce groupe que les organes d'accouplement présentent le plus grand développement.

Elle manque toutefois chez la majorité des Poissons, où, le plus souvent, la femelle abandonne ses œufs sur lesquels le mâle va ensuite verser la laitance. Quelques-uns d'entre eux ont pourtant des organes copulateurs, et ceux qui n'en ont pas en font le simulacre en frottant l'une contre l'autre leurs faces ventrales.

On observe la copulation chez les poissons vivipares, chez les raies, les chimères, les chien de mer (Scyllium). Chez les Sélaciens, par exemple, il y a un utérus où il se fait même un véritable placenta ombilical (connu déjà d'Aristote), et le mâle présente des organes copulateurs en relation avec les nageoires pelviennes. Il y a sans doute une façon de copulation, extérieure au moins, chez l'Hippocampe et chez le Zoarces, qui est vivipare.

Chez les Amphibiens la copulation se fait par simple contact, souvent très prolongé (grenouille, crapaud). Les œufs se fécondent à mesure qu'ils sont expulsés. Un progrès existe chez les salamandres où les bords du cloaque se renflent en bourrelet : alors il peut y avoir fécondation interne par accolement étroit des cloaques, ou par introduction des spermatophores.

Les reptiles sont mieux pourvus : ils ont toujours des organes copulateurs, assez rudimentaires il est vrai. Chez les lézards, on rencontre une paire de sacs copulateurs qui s'ouvrent dans le cloaque. Ils servent à faciliter l'introduction de la semence dans le cloaque de la femelle, car il n'y a pas de pénis. Chez les Crocodiliens ou Chéloniens, par contre, ce dernier existe ; les sacs et le pénis manquent chez l'Hattéria.

Chez les oiseaux il n'y a point de pénis : la copulation se fait donc par simple contact, par juxtaposition des cloaques.

Enfin, les mammifères sont tous pourvus d'un appareil copulateur, qui présente d'ailleurs des degrés variables de développement, étant plus complexe chez les mammifères supérieurs, et plus simple chez les monotrèmes. Pour les détails de structure et d'organisation, voir les traités de zoologie, et surtout les monographies.

HENRY DE VARIGNY.

CORDE DU TYMPAN. — Voyez Facial (nerf).

CORDON OMBILICAL. — Voyez Placenta.

CORIINE ($C^{30}H^{50}N^{10}O^{15}$) (?). — Substance extraite des peaux desséchées, par REIMER. Elle se dissout dans les alcalis et se précipite par les acides. Le tannage aurait pour effet de rendre la coriine insoluble en déterminant une combinaison avec le tanin (D. W., (1), 527).

CORIAMYRTINE ($C^{30}H^{36}O^{10}$). — Substance neutre, cristallisable, extraite par RIBAN du *Coriaria mirtifolia*. Elle est peu soluble dans l'eau ; elle est toxique, et tue en produisant des convulsions, à la dose de $0^{gr},02$ chez un lapin (D. W., 976).

CORNÉE TRANSPARENTE. — Les matériaux relatifs à la physiologie de la cornée peuvent se ranger sous les rubriques suivantes : *a*) la cornée au point de vue optique ; *b*) la transparence de la cornée ; *c*) nutrition de la cornée ; *d*) sensibilité de la cornée, et *c*) physiologie comparée.

La cornée au point de vue optique. — Courbures de ses deux surfaces. — Indice de réfraction. — A. Courbure de la face antérieure. — Un élément capital dans la physiologie de la cornée (et de l'œil dans son ensemble) réside dans la courbure de sa face antérieure. La déviation que subissent les rayons lumineux à ce niveau constitue la grosse part de la réfraction totale de l'œil : cette réfraction est en effet 2,50 fois plus grande que celle du cristallin.

Par des procédés assez grossiers, à l'inspection directe et surtout en faisant miroiter sur différents endroits de la cornée un objet de forme géométrique (cercles concentriques par exemple), on peut se convaincre que la courbure est moindre sur la périphérie qu'au centre, et même qu'elle diminue progressivement vers la périphérie : l'image par réflexion, formée de cet objet sur le miroir (convexe) cornéen, s'agrandit, si l'on passe du centre cornéen vers la périphérie.

Mais, en une question de ce genre, il faut des déterminations d'une très grande rigueur. Il a fallu construire à cet effet des instruments spéciaux, des *ophtalmomètres*, dont le maniement sera exposé dans l'article **Ophtalmométrie**. Ces instruments permettent de mesurer avec une grande rigueur la grandeur des images catoptriques (par réflexion) formées d'un objet sur les différents endroits cornéens ; ensuite on calcule les rayons de courbure de ces endroits. Le premier en date, et le plus rigoureux dans ses résultats, est celui de HELMHOLTZ. C'est lui qui a servi à résoudre la plupart des problèmes d'optique oculaire. JAVAL et SCHIŒTZ en ont construit un autre, qui à la vérité le cède un peu à son aîné sous le rapport de l'exactitude. La rigueur des résultats qu'il donne est toutefois suffisante ; et il rachète et surcompense cette infériorité par son maniement plus facile, qui a permis de compléter en plus d'un point les résultats obtenus avec l'instrument de HELMHOLTZ. Avec l'instrument de J. et SCH., un observateur exercé ne se trompera guère d'un vingtième de millimètre sur la longueur totale du rayon de courbure.

Il résulte de nombreuses et laborieuses recherches faites de cette manière que dans une aire centrale — *partie optique* — de la cornée normale, la courbure est sensiblement sphérique, à rayon de 7 à 8ᵐᵐ,50, et que dans une partie périphérique — *basale* — cette courbure est moindre, et d'autant moindre qu'on avance davantage vers la périphérie cornéenne. L'étendue de la partie optique varie un peu d'un œil à l'autre.

Voici les moyennes de ses dimensions angulaires données par ERICKSEN, d'après l'examen de vingt-quatre yeux.

	PARTIE OPTIQUE.	CORNÉE.
En dehors.	16°,5	44°,7
En dedans	14"	46°,1
En haut.	12°,5	38°,5
En bas	13°,5	42°,2

L'étendue angulaire totale de la cornée étant donc à peu de chose près 90°, celle de la partie optique est d'environ 30°, c'est-à-dire le tiers de l'étendue totale de la cornée. Dans la vision directe, on n'utilise guère que cette partie optique de la cornée, l'ouverture du système dioptrique de l'œil étant de 20° environ pour une pupille de 4 millimètres. Toutefois, avec une pupille notablement plus grande (chez des adolescents notamment et surtout dans la mydriase atropinique), des rayons tombant sur une zone plus ou moins grande de la partie basale pénètrent encore dans la pupille. C'est donc la courbure de la partie optique qui nous intéresse presque exclusivement, au point de vue de la vision normale, physiologique.

Pour ce qui est de la partie basale, elle s'aplatit de plus en plus vers la périphérie ; de plus, elle est polie moins régulièrement que la partie centrale ; les rayons qui la traversent sont donc moins régulièrement réfractés.

Si, comme on l'a souvent fait, on compare la courbure cornéenne à celle d'un ellipsoïde de révolution (à deux axes), il faut supposer, avec AUBERT et MATHIESEN, que le sommet de l'ellipse est remplacé par une calotte sphérique. Mais la partie périphérique, elle aussi, variable d'un œil à l'autre, est loin d'être une surface de révolution de ce genre. Néanmoins les éléments de la courbure de la cornée totale se disposent plus ou moins autour d'un axe de symétrie, d'une espèce d'axe optique de la cornée, ligne perpendiculaire au plan basal de la cornée, et passant à peu de chose près par le centre anatomique de la membrane. Il est à remarquer que la ligne visuelle — ligne qui joint la *foeva centralis* avec le point de fixation, — ne coïncide pas avec cet axe. La ligne visuelle coupe la cornée à environ 5° en dedans et un peu en haut du point où cet axe coupe la cornée.

De plus, l'endroit où l'axe coupe la cornée, le sommet de courbure de la cornée, est situé un peu en dehors du centre anatomique de la cornée. Grâce à cette obliquité de la cornée, ce serait surtout en dedans que la partie basale de la cornée interviendrait dans la vision. Cependant, la pupille est souvent déplacée sensiblement vers le côté temporal, de 5° en dehors, et tantôt un peu en bas, tantôt un peu en haut, d'après SULZER. Cette excentricité pupillaire peut donc corriger, et corrige souvent réellement, au point de vue dioptrique, l'obliquité de la cornée.

En général, pour des déductions d'une rigueur mathématique, on ne pourra jamais se contenter de prendre les moyennes des constantes optiques, tant pour la cornée que pour les autres parties de l'œil. Les écarts de ces moyennes sont trop considérables d'un individu à l'autre. Cela est vrai notamment pour la courbure de la partie optique de la cornée, dont le rayon varie d'un œil à l'autre de 7 à 8ᵐᵐ,50, et même plus dans des cas exceptionnels.

Il résulte d'ailleurs de nombreuses mensurations que ce rayon n'a aucun rapport avec l'état de réfraction de l'œil, pas même si l'on prend des moyennes. Dans la myopie et dans l'hypermétropie, on peut trouver des courbures cornéennes aussi fortes et aussi faibles que dans l'emmétropie. Comme le dit JAVAL, un éléphant et une souris peuvent avoir le même état de réfraction, quoique leurs rayons cornéens doivent être très différents. L'état de réfraction, en effet, dépend surtout de la longueur de l'œil. Il semblerait que dans l'espèce humaine, les plus grands rayons de courbure se trouvent chez les individus de plus forte taille, ayant les yeux les plus volumineux, de sorte que la coque oculaire des différents yeux emmétropes serait toujours une reproduction du même type, un peu agrandi ou diminué (Tscherning).

A la suite de Senff, Helmholtz et la plupart des auteurs assimilaient donc la courbure cornéenne à un ellipsoïde de révolution, à deux axes, coupé par un plan perpendiculaire au grand axe. Ce dernier devait passer par le sommet cornéen. Certains successeurs de Helmholtz parlent même sans restriction de l'ellipsoïde cornéen; ils perdaient plus ou moins de vue que cet auteur n'admettait cette assimilation que comme une comparaison, une manière de parler se rapprochant plus ou moins de la vérité. C'est qu'avec l'ophtal-momètre de Helmholtz, les mensurations étant très laborieuses, on se contentait géné-ralement de mesurer le rayon de courbure dans la ligne visuelle, puis en deux autres points situés dans le méridien horizontal (passant par la ligne visuelle) de 20° à 25° à droite et à gauche de la ligne visuelle. Rarement on poussait le courage et la persé-vérance jusqu'à déterminer également les rayons dans deux points excentriques du méridien vertical. La courbure dans la ligne visuelle étant généralement un peu plus forte que dans les autres points, on partait des données acquises ainsi pour calculer tous les éléments d'un ellipsoïde hypothétique, la situation de son sommet par rapport au centre anatomique de la cornée, son excentricité, etc., etc. Le grand axe de cet ellipsoïde passait par le sommet de l'ellipsoïde, qui était le point cornéen où la courbure présentait un maximum. A force de calculer, on arrivait souvent à prendre pour des réalités ce qui n'était que le résultat de calculs basés sur des données insuffisantes; ces calculs finirent par masquer la pauvreté en données expérimentales ophtalmométriques.

Aubert et Mathiesen reconnurent la sphéricité de l'aire centrale de la cornée. Il faut donc supposer, avons nous dit, que le sommet de l'ellipsoïde soit coupé et remplacé par une calotte sphérique. D'autres auteurs (Fick, Mauthner) reconnurent que l'assimilation de la partie basale à une ellipsoïde n'est pas exacte, tant en considérant les courbures des méridiens voisins qu'en envisageant celle d'un seul méridien.

Ces données, déjà acquises, mais péniblement et parcimonieusement, à l'aide de l'ophtalmomètre de Helmholtz, furent confirmées de la manière la plus éclatante à l'aide de l'ophtalmomètre de Javal et Schioetz, instrument dont le maniement est infiniment plus facile, et permet de faire rapidement un grand nombre de déterminations.

Nous retiendrons donc que, dans la description de la courbure cornéenne, on pourra continuer à parler de l'ellipsoïde cornéen, mais avec les restrictions voulues.

Il sera intéressant de rappeler les chiffres trouvés pour le rayon de courbure à l'aide de l'ophtalmomètre de Helmholtz. C'est toujours le rayon suivant la ligne visuelle qu'on déterminait. Nous savons aussi qu'en somme c'est là le rayon de l'aire optique. Certains auteurs, toutefois, allaient jusqu'à calculer le rayon de courbure hypothétique au sommet de l'ellipsoïde non moins hypothétique.

Helmholtz avait trouvé chez trois individus $7^{mm},338,$ $7^{mm},646$ et $8^{mm},154$. Donders trouva chez 27 emmétropes une moyenne de $7^{mm},785$; chez 25 myopes, une moyenne de $7^{mm},874$, et chez 26 hypermétropes une moyenne de $7^{mm},96$. Sa moyenne totale est de $7^{mm},858$, avec des valeurs extrêmes de $8^{mm},396$ et $7^{mm},28$. Mauthner trouva pour ce même rayon (dans la ligne visuelle) dans l'emmétropie une moyenne de $7^{mm},708$, et dans la myopie et dans l'hypermétropie (à l'opposé de Donders) une moyenne légèrement infé-rieure à celle de l'emmétropie. Knapp calcula au sommet de l'ellipsoïde cornéen une moyenne de $7^{mm},52$ pour ce rayon. Dans les trois états de réfraction, les extrêmes s'écartent sensiblement de la moyenne.

Angles α et γ. — A propos de la courbure cornéenne, on discute sur deux angles, dits α et γ, dont le premier, l'angle α, a été défini plus haut comme étant délimité par la ligne visuelle et l'axe de symétrie cornéenne. Dans le langage de l'ellipsoïde cornéen, il est compris entre la ligne visuelle et le long axe de l'ellipsoïde en question. C'est assez dire que la détermination d'un de ses éléments, de l'axe cornéen, est souvent le résultat de calculs dont les données ne sont rien moins que certaines. Avec la restriction résul-tant de ce qui précède, on pourra continuer à parler de l'angle α. Sa valeur est de 5° en moyenne, c'est-à-dire que la ligne visuelle coupe la cornée de 5° environ en dedans de l'axe optique cornéen. De plus, la ligne visuelle coupe la cornée en un point situé un peu en bas de l'axe optique.

L'angle α augmente donc et diminue avec l'obliquité de la courbure cornéenne. Sa valeur théorique au point de vue dioptrique était sérieuse dans l'hypothèse de l'ellipsoïde cornéen; elle est diminuée sensiblement par la constatation du fait que la ligne visuelle coupe la cornée dans les limites de son aire optique.

Au point de vue des déviations (strabiques, etc.) des deux yeux, l'angle γ a une certaine importance. L'angle γ est compris entre la ligne de regard (coïncidant sensiblement avec la ligne visuelle) et la ligne qui joint le centre anatomique de la cornée au pôle postérieur de l'œil (axe oculaire). En réalité, l'on ne saurait déterminer cette dernière ligne sur le vivant, et on prend à sa place la ligne qui passe par le centre anatomique de la cornée, ligne perpendiculaire au plan passant par la périphérie cornéenne. Dans l'hypothèse de l'ellipsoïde, cette ligne ne serait pas perpendiculaire à la cornée elle-même, puisqu'elle ne coïnciderait pas avec le grand axe de cet ellipsoïde. Vu qu'elle passe par l'aire optique, il s'agit bien là du rayon passant par le centre anatomique de la cornée.

L'angle γ est donc susceptible d'une détermination plus rigoureuse que l'angle α. Somme toute, il est situé du même côté de la ligne visuelle que l'angle α, et il est un peu plus petit que ce dernier. On prévoit qu'il puisse varier avec certains déplacements (latéraux) au pôle postérieur de l'œil. Dans des cas exceptionnels, il est démesurément grand ou petit, ce qui constitue un strabisme apparent.

On prévoit que, en appréciant la direction d'un œil, nous nous guidions non pas d'après l'angle α, mais d'après l'angle γ, car la direction et l'emplacement de l'axe optique de la cornée ne se révèlent guère à notre œil, tandis que l'aspect d'un œil nous donne un certain renseignement sur le rayon de courbure du centre anatomique de la cornée.

Pour ce qui est de la détermination exacte des lignes délimitant ces deux angles, nous renvoyons à l'article Ophtalmométrie. Nous faisons grâce au lecteur des considérations (purement théoriques) résultant de la comparaison des angles α et γ du même œil, comparaison dont on prétendait tirer des conclusions sur la constitution optique de l'œil dans son ensemble. Pour les amateurs de ce genre de spéculations, nous renvoyons à Mauthner. Du reste, elles trouveraient en réalité leur place aux articles Optique et Dioptrique.

Astigmatisme cornéen. — A l'article **Astigmatisme**, nous avons développé comme quoi, sur la plupart des yeux (considérés comme normaux), la courbure cornéenne (dans la partie optique) n'est pas rigoureusement sphérique, mais qu'elle présente un méridien à courbure maximale, sensiblement perpendiculaire à un autre méridien à courbure minimale, la courbure des méridiens intermédiaires se rapprochant insensiblement de celles des deux extrêmes.

Schioetz et Nordenson, sur un grand nombre d'yeux d'écoliers, n'en ont trouvé que 9 p. 100 dépourvus totalement d'astigmatisme de la face antérieure de la cornée dans l'aire optique.

En comparant la courbure cornéenne à celle d'un ellipsoïde, cet ellipsoïde n'est donc pas de révolution, mais il est à trois axes, le grand étant antéro-postérieur. Le plus souvent le plus petit des trois axes est vertical, c'est-à-dire que le méridien vertical de la cornée a un maximum de courbure, et le méridien horizontal un minimum. Schioetz et Nordenson trouvèrent :

Astigmatisme cornéen nul. . . . . 9 p. 100
—   —   direct. . . . . 77 —
—   —   inverse. . . . . . . 1 —
—   —   oblique. . . . . . . 12 —

On nomme astigmatisme direct celui dont le méridien de la plus forte courbure est vertical.

Dans le cas d'astigmatisme cornéen, la comparaison de la courbure cornéenne avec un ellipsoïde à trois axes est certainement légitime, plus que la comparaison d'une cornée non astigmate avec un ellipsoïde de révolution. Elle est surtout légitime si l'on considère seulement l'aire optique de la cornée. Aucune autre forme géométrique ne se rapproche autant de la réalité des choses. Toutefois, même pour la cornée astigmate, l'on ne saurait pousser le rapprochement jusqu'à l'identification complète, particulièrement en envisageant toute l'étendue cornéenne. D'abord, un méridien cornéen pris isolément n'est pas tout à fait une ellipse. En second lieu, ses deux moitiés ne sont jamais identiquement égales. Enfin, la courbure ne varie pas d'un méridien à l'autre comme sur un ellipsoïde idéal.

A l'article **Astigmatisme**, nous avons décrit les phénomènes visuels occasionnés par cette asymétrie de la courbure cornéenne, lorsqu'elle dépasse une certaine limite. Un faible degré doit être considéré comme normal.

B. **Courbure de la face cornéenne postérieure.** — Dans la partie optique de la cornée, la face postérieure est sensiblement parallèle à la face antérieure. Elle y est donc sphérique également, son rayon étant celui de la face antérieure, diminué de l'épaisseur cornéenne, que Helmholtz évalue à $1^{mm},37$.

Dans la partie basale de la cornée, moins importante au point de vue optique, l'épaisseur de la membrane est sensiblement plus grande.

Toutefois, on n'a guère déterminé ophtalmométriquement le rayon de courbure de la face postérieure, parce que, comme nous allons le voir, la réfraction (sphérique) réelle à la face cornéenne postérieure peut être négligée. Dans un cas où le rayon de la surface antérieure était de $7^{mm},98$, Tscherning trouva celui de la face postérieure égal à $6^{mm},22$.

D'après Tscherning, la courbure de la face postérieure serait loin d'être sphérique. Le plus souvent, le méridien vertical serait plus courbé que le méridien horizontal. Dans un cas, le vertical avait un rayon de $5^{mm},5$ et l'horizontal de $6^{mm},22$. Une asymétrie pareille serait la règle. Toutefois les recherches à cet égard sont encore peu nombreuses.

Effet dioptrique total de la cornée. — Plus loin, nous verrons que l'indice de la cornée peut être évalué à 1,377. Prenant cette donnée, ainsi que celles relatives aux rayons de courbure des deux surfaces, nous pourrons nous former une idée de l'effet dioptrique des deux surfaces, ainsi que de la cornée prise dans son ensemble.

A l'article **Optique**, nous verrons que la réfraction à la surface cornéenne antérieure constitue le plus gros appoint de la réfraction totale de l'œil. Elle est 2,50 fois plus forte que celle du cristallin. Toutefois, il importe de bien fixer ici les idées. Cette forte réfraction à la face antérieure de la cornée n'est obtenue que par la combinaison de la cornée avec l'humeur aqueuse. L'humeur aqueuse ayant à peu de chose près le même indice de réfraction que la cornée (voir l'article **Optique**), on identifie souvent et absolument ces deux indices. Dès lors la surface de séparation entre la cornée et l'humeur aqueuse, c'est-à-dire la surface postérieure de la cornée, n'existe pas au point de vue optique. La lumière, pénétrée dans la cornée, passe dans l'humeur aqueuse comme si elle était ici dans un milieu homogène, donc sans se dévier au plan de séparation entre la cornée et l'humeur aqueuse. On raisonne dans l'hypothèse d'un milieu homogène, étendu jusqu'au cristallin, et limité en avant par la surface convexe de la cornée.

Cette hypothèse est légitime pour la plupart des questions. Néanmoins, c'est une simplification qu'il ne faudrait pas pousser à l'extrême. L'indice de réfraction de l'humeur aqueuse par rapport à l'air est en réalité inférieur à celui de la cornée; il n'est que de de 1,3365 (au lieu de 1,377, qui est celui de la cornée). La différence est suffisante pour se marquer catoptriquement par une image par réflexion à la surface postérieure de la cornée; elle produit donc aussi un effet dioptrique sensible.

L'effet dioptrique de la face antérieure de la cornée (supposée suivie d'un milieu homogène), est[1] celui d'une lentille convexe à distance focale principale de 2,13 centimètres (47 dioptries); l'effet dioptrique pour des rayons passant de la cornée dans l'humeur aqueuse est celui d'une lentille négative (puisque l'indice du second milieu est moindre que celui du premier) à distance focale de 21 centimètres (4,7 dioptries). La différence n'est donc pas à négliger. Pour obtenir l'effet réfractif total de la cornée, il faudrait retrancher des 47 dioptries de la face antérieure les 4,7 de la face postérieure. Il n'en resterait donc que 42 dioptries. Pourtant, dans cette simplification, on suppose que ce n'est pas l'indice cornéen, mais celui de l'humeur aqueuse qui règne derrière la cornée. La réfraction à la face antérieure de la cornée en est donc diminuée, au point qu'elle représente à peu de chose près la réfraction totale de la cornée. L'erreur n'est plus que d'un cinquantième environ de la réfraction totale de l'œil (Tscherning), une

1. D'après les formules développées aux articles **Optique** et **Dioptrique.**

quantité négligeable pour la plupart des calculs. On ne se trompe que d'une valeur dioptrique (négative, d'une dioptrie) ayant une distance focale d'un mètre; comparée à la valeur dioptrique de l'œil (58 dioptries, avec une distance focale de 1,72 centimètres), elle peut être négligée.

Dans ces termes (humeur aqueuse arrivant jusqu'à la surface cornéenne), la réfraction sphérique de la surface cornéenne postérieure est donc une quantité négligeable dans la réfraction sphérique totale de l'œil. Mais ce qui ne saurait être négligé, c'est l'astigmatisme de la face cornéenne postérieure vis-à-vis de l'astigmatisme total de l'œil.

Nous avons vu plus haut que, d'après Tscherning, la courbure de la face postérieure n'est jamais sphérique. Même dans les yeux où la courbure de la face antérieure est sphérique (dans l'aire optique), la courbure de la face postérieure serait dans le méridien vertical plus forte que dans le méridien horizontal. La face postérieure produit donc un astigmatisme, et comme son effet dioptrique est négatif, cet astigmatisme est inverse de celui de la surface cornéenne antérieure. Il corrige donc ce dernier, s'il existe, et imprime à l'œil un astigmatisme contraire à la règle si les autres surfaces réfringentes de l'œil sont dépourvues d'astigmatisme. Or cet astigmatisme inverse, pour peu qu'il soit sensible, n'est pas une quantité négligeable vis-à-vis de l'astigmatisme total de l'œil; il produit des phénomènes visuels sensibles. Toutefois, Tscherning a examiné à ce point de vue un nombre d'yeux trop petit pour qu'on puisse admettre comme un fait général l'astigmatisme de la face cornéenne postérieure.

Il serait de peu d'importance de considérer la réfraction de la cornée isolée, plongée de tous côtés dans un milieu homogène, dans l'air par exemple. Les deux surfaces étant parallèles, mais l'une convexe et l'autre concave, l'effet réfractif de l'une est annulé par celui de l'autre. Les rayons, au sortir de la membrane, seraient, en somme, parallèles à leur direction primitive, comme lorsqu'ils passent à travers un verre de montre.

Toutefois Helmholtz développe comme quoi les deux surfaces ne se neutraliseraient que si le centre de courbure de la seconde surface était situé en arrière de celui de la surface antérieure. L'épaisseur de la cornée devrait diminuer de son centre vers la périphérie, au contraire de la réalité. Les deux surfaces ne sont pas parallèles, dioptriquement parlant; elles ne se neutralisent pas à la manière des deux surfaces d'une glace. Le même auteur calcule que, plongée dans l'humeur aqueuse, la cornée aurait une distance focale (négative) de 8 à 9 mètres: un effet dioptrique insignifiant. Expérimentalement, le même auteur trouva que la cornée plongée dans l'eau ne modifie pas sensiblement la grandeur d'un objet vu à travers l'ophtalmomètre; son effet dioptrique est donc négligeable.

Indice de réfraction de la substance cornéenne. — Les déterminations de ce genre se font aujourd'hui généralement avec le réfractomètre d'Abbe, instrument dont le maniement est décrit dans les traités de physique. Aubert et Mathiesen (1876) trouvèrent cet indice, chez un homme adulte, de 1,377, et chez un enfant, de 1,372. La même valeur avait été antérieurement déterminée, à l'aide d'autres méthodes, notamment par Chossat (1818) à 1,33 (chiffre manifestement trop bas, puisqu'il est même inférieur à celui de l'eau qui est de 1,3354, d'après Helmholtz), par Krause (1855) à 1,35.

Récemment (1897), Loenstein calcula ce que les physiciens appellent l'« indice de réfraction atomique ». On peut, en effet, calculer l'indice de réfraction d'un mélange de plusieurs liquides, si l'on connaît la proportion des substances ainsi que la densité et l'indice de réfraction de chacune d'elles. Et la loi s'applique même avec une rigueur suffisante aux combinaisons chimiques (en partant des poids moléculaires des éléments combinés). Loenstein admet que la cornée se compose, sur mille parties, de 207 parties de substance collagène, de 28 d'autres substances organiques (que dans ce calcul il identifie avec la substance collagène) et 10 de cendres (qu'il identifie avec du chlorure de sodium). Il trouve ainsi pour la cornée un indice de 1, 3639, chiffre compris entre les deux trouvés par Aubert et Mathiesen.

Transparence de la cornée. — Physiquement parlant, cette transparence est évidemment due à ce que les diverses parties constituantes de la cornée, cellules, fibres et liquide interstitiel, ont le même indice de réfraction. Cette proposition, dont la rigueur ne saurait être contestée, et qui s'applique d'ailleurs à tous les milieux transparents de l'œil, ne résout pas cependant le problème au point de vue physiologique. Dans beaucoup de circonstances, la membrane perd sa transparence; certaines forces, inhérentes au tissu cornéen normal, tendent même puissamment à l'opacifier. La question est précisément de savoir pourquoi ces forces ne peuvent pas produire cet effet à l'état normal.

Une idée qui a eu cours longtemps, et qui ne manque pas de se présenter à un examen superficiel, est que la cornée resterait transparente parce qu'elle est toujours baignée en avant et en arrière par un liquide aqueux, les larmes et l'humeur aqueuse, qui la pénétreraient de part en part.

Nous allons, au contraire, démontrer que le tissu propre de la cornée exerce une puissante attraction sur les liquides aqueux, et que la libre pénétration de ces liquides gonfle la membrane par imbibition et la trouble; qu'à l'état normal cela n'arrive pas, parce que le revêtement épithélial de la face antérieure et le revêtement endothélial de la face postérieure s'opposent à la libre pénétration des larmes et de l'humeur aqueuse, réduisant cette pénétration à un minimum compatible avec la transparence de la cornée.

Pour ce qui est des larmes, leur présence, en couche continue à la surface cornéenne, intervient directement pour conserver la transparence, en empêchant l'évaporation des sucs interstitiels de la membrane, une dessiccation, même superficielle, qui troublerait la cornée.

Quant aux forces physiques qui tendent à faire pénétrer ces liquides dans la cornée et à en altérer la transparence, ce sont: 1° la filtration; 2° l'imbibition, et 3° l'osmose.

Filtration de l'humeur aqueuse à travers la cornée. — La filtration est le passage d'un liquide à travers une membrane (ou un corps quelconque), sous l'influence et en vertu d'une différence de pression aux deux surfaces de la membrane. Ces conditions sont réunies pour la cornée; à sa face postérieure, l'humeur aqueuse se trouve sous une pression plus forte que celle des larmes à la face antérieure.

Anciennement, on admettait que l'humeur aqueuse passe par filtration à travers la cornée et arrive à sa face antérieure; on supposait même l'existence de canaux traversant la membrane de part en part, et s'ouvrant par des pores à la surface antérieure; on se basait en cela sur l'observation suivante (LEEUWENHOEK, 1722; ZINN, 1780; HALLER, 1757; JANIN, 1772; HIS, 1856).

En comprimant un œil de cadavre, excisé ou non, on voit sourdre à la surface cornéenne des gouttelettes qui, essuyées, peuvent se reproduire.

La non-existence de canaux et de pores ayant été démontrée par le microscope, on continuait néanmoins à admettre une filtration de l'humeur aqueuse à travers le tissu cornéen, et cette idée n'a pas même cessé d'être défendue sous l'une ou l'autre forme à l'heure actuelle (KNIES, ULRICH).

Combattue par l'un ou l'autre, cette filtration fut démontrée clairement comme non existante par TH. LEBER (1873). A l'aide d'expériences concluantes, il démontra qu'à l'état d'intégrité de l'endothélium cornéen vivant, cette filtration n'a absolument pas lieu. Mais, du moment que l'endothélium est mort ou blessé ou enlevé, l'humeur aqueuse pénètre dans le tissu cornéen et le trouble. Seulement, ce n'est guère par filtration véritable, c'est grâce à l'attraction exercée sur l'humeur aqueuse par le tissu propre de la cornée, attraction qui produit ce qu'on appelle l'imbibition de la membrane. La même imbibition intervient également dans la production des gouttelettes à la surface cornéenne, sous l'influence d'une pression exercée sur le globe oculaire. Mais dans ce dernier cas cette imbibition est un fait cadavérique.

Imbibition de la cornée. — Analogue en cela aux autres tissus fibreux, la cornée morte, plongée dans l'eau, incorpore une quantité considérable de liquide par « imbibition », comme on dit. CHEVREUL a estimé que 100 grammes de cornée aspirent ainsi 461 centimètres cubes d'eau, alors que 100 grammes de sclérotique n'en emmagasinent que 178. Des coupes transversales de cornées légèrement séchées acquièrent dans l'eau 13 à 14 fois leur épaisseur, alors que dans les mêmes circonstances la sclérotique ne fait que tripler d'épaisseur (DONDERS). Probablement cette différence tient à la structure lamellaire plus régulière de la cornée; les fibres sclérotidiennes, plus intertriquées, feutrées, s'opposent à la distension des fentes interstitielles et à cette intususception de liquide.

La force qui aspire ainsi les liquides dans la cornée est considérable. On peut l'évaluer à 500-600 millimètres mercure, sur la foi de l'expérience suivante (LEBER). On laisse évaporer la surface d'une cornée liée sur un tube en U rempli d'eau : il se produit à la longue dans ce dernier une pression négative de la valeur indiquée. Et c'est à cette force que fait équilibre sur le vivant l'épithélium cornéen à la face antérieure, et l'endothélium à la face postérieure.

Reprenons maintenant l'expérience des gouttelettes. Bientôt après la mort de l'individu, l'endothélium meurt également. Dès lors l'humeur aqueuse pénètre dans la cornée par imbibition; la membrane gonfle et se trouble. Si maintenant on comprime l'œil, l'eau imbibée en grande quantité est chassée du parenchyme, elle arrive à la surface, sous l'épithélium qu'elle soulève. Si l'on cesse la compression, l'imbibition cornéenne se reproduit, et l'expérience peut recommencer. Le phénomène est d'autant plus facile à produire que la mort remonte à plus longtemps. On ne réussit pas à le produire sur le vivant (contrairement au dire de certains auteurs).

La cornée fraîche étant liée sur un tube, avec sa surface externe en dehors, on y pousse du liquide sous pression (LEBER). Les gouttelettes finissent par apparaître à la surface antérieure, mais il faut une pression d'autant plus forte que la cornée, et surtout son endothélium, est plus intact, que moins de temps s'est écoulé depuis la mort. Il est certain que, dans ces circonstances, l'endothélium est plus ou moins endommagé, et que c'est par les lacunes ainsi produites que le liquide pénètre dans la cornée et apparaît en gouttelettes à sa surface. Et, comme les gouttelettes se produisent d'une manière continue, il s'agit ici bien, dans une certaine mesure, de filtration véritable.

La pression exigée à cet effet est de 200 millimètres mercure et plus. Si l'endothélium est enlevé, la filtration se produit déjà sous une pression de 50 millimètres mercure. L'enlèvement simultané de la membrane de DESCEMET ne modifie guère le résultat : c'est donc bien l'endothélium qui s'oppose à la filtration.

Le résultat n'est pas modifié non plus si l'on enlève l'épithélium de la face antérieure. Toujours dans ces circonstances le tissu propre de la cornée est gonflé et plus ou moins trouble.

Mais rien que la compression de la cornée excisée et fortement imbibée fait sourdre les gouttelettes en question.

La compression de la cornée n'exprime donc des gouttelettes que si la membrane est fortement imbibée. La comparaison avec la compression d'une éponge mouillée rend bien les choses. La filtration à travers une éponge n'est possible que si celle-ci s'est préalablement imbibée. Mais la pression de 200 millimètres mercure, nécessaire à cette filtration, n'est jamais, même de loin, réalisée dans l'œil vivant. Il faut en conclure que sur le vivant il ne se produit jamais de filtration véritable de l'humeur aqueuse à travers la cornée.

Ajoutons enfin qu'une pression plus forte encore, portant sur une des surfaces de la membrane, ne parvient pas à pousser dans le tissu cornéen une substance non diffusible, telle que la térébenthine (à l'opposé de l'injection interstitielle; voyez plus loin **Nutrition de la cornée**).

Ce qui précède semble être vrai, *mutatis mutandis*, pour l'épithélium cornéen (de la face antérieure). En plongeant dans l'eau un œil dont on a enlevé l'épithélium cornéen en un endroit circonscrit, on voit la partie dénudée s'imbiber, se troubler. Alors la compression de l'œil fait apparaître une gouttelette en cet endroit (LAQUEUR).

Le fait que l'épithélium s'oppose à la pénétration de liquide de dehors en dedans, tandis qu'il ne semble pas constituer de barrière pour la filtration d'arrière en avant, s'explique en ce que, dans le second cas, l'épithélium n'est pas soutenu par la cornée. Toutefois, nous ne connaissons pas d'expériences de filtration à travers la cornée d'avant en arrière. Il est à supposer que, dans ces circonstances, l'obstacle serait donné par l'épithélium et non pas par l'endothélium.

L'expérience des gouttelettes sur l'œil mort peut prendre la forme curieuse suivante : A l'aide d'un stylet introduit dans la chambre antérieure d'un œil de lapin, on gratte l'endothélium suivant deux stries croisées. On laisse reposer l'œil quelque temps (imbibition suivant la croix), puis on comprime le globe, et on voit sourdre à la face cornéenne antérieure des gouttelettes disposées suivant cette croix.

La même lésion endothéliale peut être produite sur le vivant : après quelque temps les endroits dénudés de la cornée gonflent (jusqu'au triple) et se troublent. Le trouble et le gonflement rétrogradent plus tard en même temps que se réforme l'endothélium.

De même aussi la partie dénudée de son épithélium se trouble (par imbibition). Les oculistes rencontrent journellement des troubles cornéens consécutifs à des lésions épithéliales ou endothéliales (imbibition de larmes ou d'humeur aqueuse).

Dans les diverses expériences précédentes, l'imbibition massive (et la filtration) n'a été possible qu'à la suite de destructions opératoires ou cadavériques de l'endothélium ou de l'épithélium cornéen. Il y a lieu de rappeler ici que, d'après nos recherches (Nuel et Cornil), les protoplasmes endothéliaux de la cornée ont une structure fibrillaire et que les fibrilles d'une cellule communiquent par continuité avec celles des cellules voisines. La surface cornéenne postérieure est ainsi protégée par un réseau continu et très serré de protoplasme. Sous l'influence de causes nuisibles les plus diverses, même par le contact de l'eau pure, la continuité se rompt, et les protoplasmes se contractent, deviennent globuleux. Dès lors la couche protoplasmique présente des lacunes (voir plus loin : **Nutrition**).

Il y a donc lieu de se demander si la protection de la cornée contre l'imbibition est une fonction vitale du protoplasme vivant des cellules endothéliales et épithéliales, ou bien une fonction purement physique de ces revêtements. Dans les circonstances où nous avons vu l'imbibition se produire, il est certain que la couche protoplasmique est devenue plus ou moins lacunaire. Néanmoins il résulte de ce qui précède que l'endothélium mort, mais conservé dans une certaine mesure, s'oppose encore très efficacement à l'imbibition. Tel est notamment le cas de la cornée liée sur un tube et supportant une pression moyennant une colonne d'eau. — L'obstacle à peu près absolu opposé par l'endothélium à l'imbibition et à la filtration cornéenne ne semble donc pas résider uniquement dans les propriétés vitales des endothéliums ; il serait, en partie au moins, un effet purement physique de ces cellules.

La cornée vivante est néanmoins perméable à des substances diffusibles. — Il ne faudrait pas conclure des expériences précédentes que la cornée est absolument imperméable, et qu'à l'état normal elle ne puisse pas être pénétrée par des substances qui viennent en contact avec ses deux surfaces. Tout ce qu'on en peut déduire, c'est qu'on peut exclure toute filtration de l'humeur aqueuse à travers la cornée. Quand à l'imbibition, les revêtements épithélial et endothélial la réduisent certainement à peu de chose, à un minimum, compatible avec la transparence cornéenne.

Mais avant de rechercher en vertu de quelles forces des liquides ou substances passent dans la cornée vivante et même au delà, voyons si réellement ce passage a lieu et dans quelles circonstances, il se produit.

Or c'est un fait établi à l'abri de toute contestation que des substances diffusibles en solution aqueuse, mises en contact avec l'une ou l'autre surface cornéenne, peuvent pénétrer dans la membrane, et passer même plus loin à travers elle.

Dans l'expérience connue de Magendie, consistant à tuer rapidement des animaux en instillant de l'acide prussique dans leur sac conjonctival, l'absorption se fait surtout par les vaisseaux conjonctivaux. Mais déjà l'expérience journalière des oculistes démontre que l'atropine, l'ésérine, la pilocarpine, etc., instillées en solution aqueuse à la surface de l'œil, vont agir sur l'iris. Dès 1853, de Ruiter fit voir que cette action se produit si on limite l'application de l'atropine à la seule cornée, et qu'au surplus le même effet est obtenu sur l'œil mort, soustrait à la circulation ; qu'enfin il est borné au seul œil en expérience. L'atropine peut se déceler physiologiquement dans l'humeur aqueuse. Ces expériences ont été répétées maintes fois avec le même succès : les alcaloïdes indiqués passent à travers la cornée intacte, pénètrent dans l'humeur aqueuse, dans l'iris (mydriase par l'atropine, myosis par l'ésérine et la pilocarpine) et même plus profondément dans l'œil, jusque dans le corps ciliaire (paralysie de l'accommodation par l'atropine, crampe de l'accommodation par l'ésérine et la pilocarpine).

Certainement, dans ces expériences cliniques, les alcaloïdes sont absorbés également par les vaisseaux conjonctivaux, et peuvent même produire des effets généraux ; mais cela n'a lieu qu'avec des doses massives et nombreuses, et n'infirme en rien notre conclusion relative à leur passage à travers la cornée.

En 1855, Gosselin publia des expériences très démonstratives faites à l'aide de l'atropine et d'autres substances, notamment avec l'iodure de potassium. Il put déceler ce sel chimiquement dans le tissu cornéen et dans l'humeur aqueuse.

Voilà pour le passage de substances (diffusibles) à travers la cornée d'avant ne arrière.

Le même passage a lieu d'arrière en avant. Si l'on injecte dans le corps vitré ou dans l'humeur aqueuse une substance diffusible, celle-ci peut passer dans le tissu cornéen. Tel est le cas notamment du ferrocyanure de potassium (en solution aqueuse de 10 à 20 p. 100) par exemple et qu'on décèle ensuite (sous le microscope notamment, dans des coupes de la membrane) sous forme de bleu de Prusse. Il suffit, à cet effet, de plonger la cornée fraîche et imprégnée ainsi de ferrocyanure dans une solution assez faible (3-5 p. 100), et acidulée, d'un sel ferrique. — Encore une fois, l'intégrité de l'endothélium diminue considérablement le passage. Mais ce passage a lieu. Il se trouve aussi que les sels instillés à la surface cornéenne ou dans l'intérieur d'un œil s'amassent dans la cornée intacte d'un œil énucléé en plus grande quantité que sur le vivant : c'est que la circulation lymphatique interstitielle enlève incessamment le ferrocyanure, tant de la cornée que de l'humeur aqueuse.

Le ferrocyanure ne passe pas dans ces expériences par les tubes cornéens de Bowman, ni par les cellules, mais diffusément à travers la substance intercellulaire : sur la coloration diffuse et uniforme de la substance fibrillaire, les cellules tranchent non colorées. — Les cellules proprement dites de l'épithélium et de l'endothélium n'accaparent pas la substance diffusante; celle-ci encore une fois passe surtout entre les cellules. La coloration bien connue des limites cellulaires (endothéliales) par le nitrate d'argent n'est qu'un cas particulier d'une loi générale.

Est-il besoin d'ajouter ici qu'en d'autres endroits du corps, les revêtements endothéliaux et épithéliaux s'opposent au passage des liquides et des substances diffusibles dissoutes, et que, si un tel passage a lieu en quantités sérieuses, cela semble être en vertu de propriétés physiologiques spéciales de ces cellules vivantes.

Nutrition de la cornée. — Nous allons voir que la cornée, vu la distance à laquelle elle se trouve de ses vaisseaux nourriciers, doit rencontrer certaines difficultés pour sa nutrition, si on la compare avec d'autres organes fibreux, mais vascularisés. Néanmoins, à cause de sa transparence, de son homogénéité relative, cette membrane a été précisément le terrain sur lequel se sont débattues et se débattent encore beaucoup de questions générales relatives à la nutrition des tissus. Au nombre de ces questions, citons notamment : a) celle de la constitution du tissu conjonctif et du rôle (nutritif) des cellules fixes dans le tissu conjonctif en général; b) le rôle des cellules migratrices; c) la pénétration dans les fibres nerveuses des épithéliums; d) la question des fibres nerveuses trophiques; e) la biologie des microbes; etc., etc.

Ces diverses questions sont traitées dans des articles spéciaux. Disons toutefois un mot au sujet de certaines d'entre elles.

Depuis que Magendie a observé la fonte purulente de la cornée à la suite de la section (intracranienne) du nerf trijumeau du même côté (chez le lapin), et à la suite de l'observation de la même kératite (inflammation de la cornée) chez l'homme, à la suite de la paralysie du nerf trijumeau (nerf sensible de la cornée), on a admis longtemps (et on admet encore) que les fibres cornéennes du trijumeau règlent (par une action centrifuge) la nutrition des éléments cornéens, au même titre que les nerfs moteurs et sécréteurs règlent celle des fibres musculaires et des cellules glandulaires, ou les cellules nerveuses, celle des fibres nerveuses qui en partent. Cet influx nerveux « trophique » étant supprimé en suite de la section du trijumeau, la nutrition normale de la cornée serait impossible, etc.; il en résulterait une kératite dite « neuroparalytique ».

Mais Snellen a dépouillé cette inflammation de son mystère neuroparalytique, et a démontré qu'elle est en réalité une inflammation traumatique, résultant de l'insensibilité de la cornée (conséquence de la section du n. trijumeau). L'animal ne clignotant plus, la cornée se dessèche; de plus il heurte l'organe insensible et le blesse contre toutes sortes de corps étrangers, etc. Les recherches récentes ont complété les idées de Snellen, en montrant que dans la production de cette kératite la pénétration des microbes pathogènes joue également un rôle important : l'absence du clignotement fait que les microbes ne sont plus balayés de la surface cornéenne, à laquelle ils adhèrent, et dans laquelle ils pénètrent grâce aux petites plaies résultant de la dessiccation et des heurts. La présence des cellules de pus dans ces cornées, qu'on invoquait souvent pour démontrer l'essence spéciale, neuroparalytique, de cette inflammation, nous savons aujourd'hui qu'elle est la conséquence de la pénétration des microbes pathogènes, et que les cellules de pus arrivent pour s'opposer à cette pénétration (phagocytose de METTCHNIKOF).

Il n'y a donc pas de nerfs trophiques cornéens, dans le sens qu'on attache habituellement à ces nerfs (voir du reste **Nerfs trophiques**).

A la suite de la découverte de COHNHEIM relative aux cellules migratrices de la cornée, cellules émigrées des vaisseaux péricornéens, on a discuté en sens divers la question de savoir si les cellules fixes du tissu cornéen peuvent reproduire ce tissu (enlevé par exemple), ou bien si ce rôle revient aux cellules migratrices. La question se posait tout naturellement à une époque où l'on ignorait les faits de phagocytose. Aujourd'hui elle est résolue en ce sens que les corpuscules cornéens fixes peuvent proliférer, et prolifèrent réellement dans des lésions cornéennes, et que les processus régénératifs du tissu propre de la cornée sont le fait des cellules fixes.

L'épithélium cornéen donne lieu aux observations suivantes. Homologue de l'épiderme : il s'exfolie incessamment, tout comme l'épiderme, à sa surface, les cellules éliminées étant remplacées par d'autres, formées dans la couche profonde. Il en résulte donc que les fibres nerveuses (amyéliniques) qui pénètrent jusque entre les cellules épithéliales superficielles doivent être éliminées incessamment par leurs extrémités libres, et qu'elles doivent croître constamment.

L'épithélium cornéen joue un rôle tout à fait spécial dans les régénérations (partielles) de la cornée. Soit une incision superficielle de la cornée, qui bâille toujours plus ou moins par le retrait (élastique) de ses deux lèvres. Deux à trois heures déjà après établissement de l'incision (ou d'une petite perte de substance), sans karyokinèse, l'épithélium voisin commence à s'écouler, à se déverser progressivement sur les incisions, qu'il finit par recouvrir tout à fait, en descendant jusqu'au fond de la plaie. Cinq à huit heures (chez les animaux à sang chaud) après établissement du traumatisme, les cellules épithéliales profondes commencent à se multiplier par karyokinèse, sur les bords de la plaie ainsi qu'au loin, et cette multiplication fournit des cellules remplaçant celles qui ont émigré. C'est seulement quand la plaie est tapissée par une couche continue de cellules épithéliales disposées en deux et trois couches, que la régénération du tissu propre de la cornée commence et refoule l'épithélium en avant, dans son niveau normal. La lacune du tissu propre se comble, d'une part moyennant un tissu formé par la multiplication (karyokinétique) des cellules fixes, et d'autre part en suite du rapprochement des lèvres de la plaie. Le tissu néoformé, d'abord cellulaire, finit par ressembler assez bien au tissu cornéen normal.

D'après BULLOT, cette émigration de l'épithélium serait considérablement ralentie par des injections hypodermiques de morphine. Elle continuerait encore pendant un et deux jours sur un œil énucléé et placé dans le péritoine de l'animal.

L'émigration nous semble être un processus actif, le résultat de mouvements amiboïdes des cellules, contrairement à l'opinion de RANVIER.

RANVIER a trouvé que les fibres nerveuses dégénèrent dans la lèvre centrale de l'incision. Dans la lèvre périphérique, l'épithélium qui glisse dans la plaie entraîne avec lui des fibres nerveuses. Dès le deuxième jour, il y a aussi un bourgeonnement des fibres nerveuses jusque sur la lèvre centrale, où elles reproduisent des arborisations terminales dans l'épithélium.

L'endothélium de la face postérieure de la cornée est, d'après NUEL et CORNIL, très loin d'être composé de plaques polygonales homogènes et plus ou moins inertes. A chaque cellule, on distingue une cuticule superficielle (en contact avec l'humeur aqueuse) et un protoplasma renfermant le noyau. Le protoplasme est disposé en nombreuses fibrilles rayonnantes, celles d'une cellule étant continues avec les fibrilles des cellules voisines. Toute la face postérieure de la cornée est ainsi tapissée par un réseau protoplasmatique continu et très dense. Et ces protoplasmes jouissent à un haut degré des propriétés générales du protoplasme, de la contractilité, etc. — Le contact avec des liquides anormaux, même avec l'eau (la solution physiologique de NaCl exceptée) fait contracter ces fibrilles, qui rompent leur continuité avec les voisines ; les cellules meurent et tombent dans l'humeur aqueuse. La cornée alors se trouble dans sa profondeur par suite de la pénétration de l'humeur aqueuse (œdème cornéen). — La régénération de l'endothélium s'opère de la manière suivante. Soit une lacune de l'endothélium occasionnée par un instrument introduit dans la chambre antérieure (à travers une petite incision cornéenne). Les cellules voisines s'agrandissent et émigrent sur la lacune, qu'elles couvrent; puis seulement survient une karyokinèse, étendue au loin, qui remplace les cellules émigrées. Si tout l'endothélium a été détruit par l'injection d'eau dans la chambre antérieure, il se reforme à partir de la périphérie, ou plutôt à partir du ligament pectiné de l'iris, au sein duquel des cellules endothéliales échappent toujours à la destruction. On voit d'énormes protoplasmes granulés s'avancer de la périphérie vers le centre cornéen. Les noyaux se multiplient directement, sans karyokinèse, dans ces protoplasmes, qui ultérieurement se segmentent au point que chaque fragment ne renferme qu'un seul noyau. — Enfin, aussi longtemps que les protoplasmes émigrent pour combler une lacune endothéliale, ils ne présentent pas trace de leur structure fibrillaire, qui s'établit plus tard, lorsque les protoplasmes ont gagné leurs places définitives.

Après élucidation de ces points relatifs à la nutrition et aux fonctions de parties déterminées de la cornée, envisageons la nutrition de la membrane en rapport avec les vaisseaux sanguins.

Dans la circulation sanguine de la cornée, nous voyons appliquée une particularité commune à tous les milieux transparents de l'œil, à savoir que les vaisseaux sanguins, artériels et veineux, sont relégués en dehors de l'organe auquel ils sont destinés; la présence de vaisseaux sanguins serait incompatible avec la transparence de l'organe.

En ce qui regarde la cornée, les *vaisseaux sanguins* sont relégués à la périphérie. On distingue généralement à ce niveau deux espèces de vaisseaux nourriciers de la cornée : les superficiels et les profonds. Les superficiels, venus des vaisseaux ciliaires antérieurs, constituent à la surface de la sclérotique le réseau capillaire péricornéen superficiel, très développé jusque dans le limbe cornéen. — Les vaisseaux profonds sont situés dans la profondeur de la sclérotique, surtout autour du canal de Schlemm. Ils affectent un rapport assez intime avec les vaisseaux de l'iris. D'ailleurs des capillaires approchent de la périphérie cornéenne un peu dans toute l'épaisseur de la sclérotique. — Les premiers, les superficiels, semblent présider surtout à la nutrition des plans superficiels. Dans certaines maladies cornéennes, les anses vasculaires projettent des vaisseaux de nouvelle formation dans la cornée même : dans les kératites superficielles, ces vaisseaux néoformés procèdent des vaisseaux superficiels; dans les kératites profondes, ils procèdent des vaisseaux profonds.

Dans le limbe conjonctival, on peut remplir par injection interstitielle un système assez développé de capillaires lymphatiques, qui en arrière se continuent dans les lymphatiques conjonctivaux, et dans lesquels débouchent de l'autre côté les fentes interstitielles de la cornée.

Entre les lamelles cornéennes, on a décrit de nombreuses fentes interstitielles qu'on a même remplies par des injections interstitielles de substances non diffusibles. Ces fentes ou tubes cornéens (*corneal tubes* de Bowman) hébergent les cellules propres de la cornée; ces tubes servent peut-être à la circulation de la lymphe interstitielle.

Eu égard à la grande distance entre les parties de la cornée et les vaisseaux sanguins, on peut conclure que la nutrition de la cornée est relativement difficile, laborieuse. Effectivement les maladies cornéennes sont fréquentes, comparées à celles de la conjonctive, membrane vasculaire. D'un autre côté, les plaies cornéennes sont comblées par la prolifération des tissus lésés, beaucoup plus rapidement que les plaies de la sclérotique. La nutrition interstitielle de la cornée est donc plus intense que celle des autres tissus fibreux.

Mais la cornée est-elle exclusivement nourrie par les vaisseaux péricornéens, ou bien des matériaux nutritifs lui arrivent-ils également de l'humeur aqueuse?

La nutrition de la cornée aux dépens de l'humeur aqueuse, admise dans le temps, n'est pas impossible *a priori*, si l'on considère que le cristallin et l'humeur vitrée se nourrissent certainement d'une façon analogue. En 1856, His mettait encore la nutrition de la cornée sur le compte de l'humeur aqueuse. De nos jours, Knies admet que toute la cornée se nourrit aux dépens de l'humeur aqueuse, tandis que pour Ulrich, les plans cornéens postérieurs seraient seuls dans ce cas; les plans antérieurs seraient nourris par les vaisseaux cornéens.

Nous estimons que, si tant est qu'elle existe, la nutrition de la cornée aux dépens de l'humeur aqueuse doit se réduire à très peu de chose, et constituer une quantité négligeable vis-à-vis de la nutrition aux dépens des vaisseaux cornéens.

Un échange de matériaux entre l'humeur aqueuse et la cornée devrait se faire par filtration, par imbibition ou par osmose.

Pour ce qui est de la filtration, elle est exclue totalement par les expériences de Leber, citées plus haut à propos de la transparence de la cornée. Il en est de même de l'imbibition. L'épithélium et l'endothélium cornéens s'y opposent. Théoriquement, l'imbibition pourrait faire pénétrer dans la cornée les principes contenus dans l'humeur aqueuse. Mais cela ne peut se faire que dans une mesure insignifiante.

Quant à l'osmose, elle ne pourrait faire passer dans la cornée des substances albuminoïdes, non diffusibles. La richesse saline de l'humeur aqueuse étant, en somme, la même que celle du suc cornéen, les échanges osmotiques ne pourraient guère modifier le contenu salin de la cornée. Il est du reste à supposer que l'endothélium vivant s'oppose également, dans une forte mesure, aux processus osmotiques.

Knies et Ulrich injectent dans le corps vitré du ferrocyanure de potassium, et à l'aide d'un sel ferrique, décèlent du bleu de Prusse dans les plans profonds de la cornée. Le ferrocyanure passe donc dans la cornée, par osmose ou par imbibition. Le même effet s'obtient d'ailleurs encore sur l'œil mort. Du reste, ce que nous avons dit du passage de substances diffusibles dans la cornée, démontre que, sur le vivant, des substances diffusibles peuvent passer dans la cornée par ses deux surfaces. Mais nous pensons que cet échange ne saurait entrer en ligne de compte pour la nutrition véritable de la membrane.

Il y a lieu de rappeler aussi que, si l'on injecte de la fluorescéine dans le sang d'un animal, on la voit bien apparaître dans l'humeur aqueuse. Mais la fluorescéine ne s'avance dans la cornée qu'à partir de sa périphérie, c'est-à-dire au sortir des vaisseaux péricornéens.

Resterait encore le passage de matériaux nutritifs de l'humeur aqueuse dans la cornée en vertu des propriétés physiologiques des protoplasmes endothéliaux, hypothèse à l'appui de laquelle on ne pourrait citer aucun fait.

La matrice nutritive de la cornée étant donc donnée exclusivement dans les vaisseaux cornéens, il y a lieu de se demander quelles voies suivent les matériaux nutritifs dans la cornée elle-même.

Selon toutes les apparences, les tubes cornéens jouent ici un rôle important. Rappelons toutefois (voir plus haut) que lorsque des substances diffusibles pénètrent la cornée en vertu de l'imbibition et de l'osmose, elles se répandent exclusivement dans la substance fondamentale, et cela dans toutes les directions, en respectant les tubes en question ainsi que les cellules propres.

On doit donc se figurer que les matériaux nutritifs sortis des vaisseaux péricornéens s'avancent vers le centre cornéen; que les matériaux de déchet suivent la voie inverse, et vont aboutir surtout aux veines et aux lymphatiques péricornéens. Mais de grandes difficultés se présentent si l'on veut pénétrer davantage le phénomène.

Il y a d'abord le fait qu'en supposant cette circulation par les tubes cornéens (ou même diffusément à travers la membrane), les mêmes voies semblent devoir servir à l'aller et au retour. La *vis a tergo*, donnée dans les vaisseaux artériels, ne pourrait établir une circulation régulière qu'en supposant un écoulement de la lymphe au centre cornéen vers la chambre antérieure par exemple; ce serait là une hypothèse non seulement gratuite, mais encore improbable. En l'absence d'un tel écoulement, la *vis a tergo* en question ne saurait produire un courant qu'à la périphérie cornéenne, courant qui diminuerait rapidement vers le centre. Dans une aire centrale assez grande, il serait nul ou à peu près, et un échange ne pourrait s'y produire que par osmose, par diffusion. Notons ici que, d'après l'expérience clinique, le centre cornéen est certainement moins bien nourri que la périphérie.

Pour mémoire, rappelons aussi que, d'après les anciennes idées de Virchow, les corpuscules cornéens seraient les porteurs de la nutrition. Il est à remarquer que, si les propriétés vitales des cellules cornéennes règlent les échanges entre eux et le plasma environnant, elles n'expliquent guère la circulation de ce plasma, en dehors des cellules, et son transport au loin.

On a d'ailleurs cherché à déceler dans la cornée des courants lymphatiques centripètes et centrifuges à l'aide d'expériences directes. C'est ainsi que PFLUEGER inocula de la fluorescéine dans des incisions cornéennes, sur le vivant. La fluorescéine semblant s'étendre surtout vers le centre cornéen, l'auteur conclut à un courant nutritif centripète. Le même auteur, en injectant de la fluorescéine sous la conjonctive, la vit s'infiltrer peu à peu dans la cornée, uniformément, dans toutes les directions à partir du point injecté. D'autres auteurs (GIFFORD, etc.) trouvent que la fluorescéine se répand (par imbibition) uniformément dans toutes les directions, tandis que STRAUB trouve dans les mêmes circonstances un courant centrifuge.

Un courant centrifuge dans les plans cornéens postérieurs semble aussi ce déceler dans les expériences où l'on injecte du ferrocyanure de potassium dans le corps vitré. A partir du point où le sel pénètre dans la cornée, il se répand bientôt vers la périphérie de la membrane (KNIES, ULRICH), et plus tard à travers toute la membrane. D'autre part, les expériences (d'EHRLICH) avec la fluorescéine (injection dans les vaisseaux) décèlent un courant centripète dans les plans cornéens antérieurs.

Composition chimique. — C'est de JEAN MULLER que provient l'opinion (dominante jusqu'à ces derniers temps) d'après laquelle la substance fondamentale se rapprocherait beaucoup, par sa composition chimique, du cartilage, que cette substance fondamentale serait composée principalement d'un corps se rapprochant beaucoup de la cartilagéine : elle donnerait à la coction de la chondrine, et non de la gélatine.

Relevons d'abord que la chondrine, d'après les recherches de MOROCKOWITZ, serait un mélange de gélatine et de mucine. Mais la composition chimique de la cornée a récemment été reprise par MÖRNER (1894), qui est arrivé aux résultats suivants. Nous renvoyons du reste à cet auteur pour les travaux plus anciens.

Le tissu propre de la cornée ne renferme que des traces *d'albumine*. Comme principe dominant, elle renferme une variété de *collagène*. Ce collagène renferme 16,98 p. 100 d'azote, alors que le collagène ordinaire en renferme un peu plus de 18 p. 100. Il présente en somme les autres propriétés du collagène, donne notamment de la gélatine à la coction, etc. Ce collagène constitue la grande masse de la substance propre de la cornée, les quatre cinquièmes des principes solides.

En second lieu, et en beaucoup moindre quantité, il y a un *mucoïde*, substance plus ou moins parente de la mucine : bouilli avec des acides minéraux dilués, il donne naissance à une substance réduisant la liqueur cupropotassique. Mais il ne prend pas cette apparence « muqueuse » qui est caractéristique de la mucine, ne s'étire pas en filaments. Il renferme aussi plus de soufre que la mucine. On l'isole en extrayant pendant 2 à 3 jours la cornée débarrassée de son épithélium (et de la membrane de DESCEMET) par une très faible solution de potasse caustique ou d'ammoniaque. Le mucoïde se précipite de la solution ainsi obtenue, par neutralisation avec l'acide acétique, sous forme d'un dépôt finement floconneux.

L'épithélium cornéen ne renferme pas de nucléïne, mais deux globulines, dont la plus abondante paraît être de la paraglobuline. Ce serait là l'origine de la globuline signalée par différents auteurs comme principe constituant du tissu propre de la cornée.

La membrane de DESCEMET renferme des traces d'un corps albuminoïde ordinaire, qu'on peut extraire par la potasse diluée. Mais la membrane est constituée surtout par de la *membranine*, substance protéinique insoluble à la température ordinaire dans l'eau (même dans l'eau bouillante), les solutions salines ou acides et dans les bases diluées. Bouillie avec un acide minéral dilué (HCL), elle donne naissance, comme la mucine, à des substances solubles dont une est réductrice de la liqueur cupropotassique. Elle se colore en rouge vif par le réactif de MILLON. Le suc gastrique et la trypsine la dissolvent très difficilement. Déjà KÜHNE et EWALD avaient démontré la digestibilité de la membrane de DESCEMET dans du suc pancréatique alcalin. A chaud elle est soluble dans les acides et les alcalis dilués, avec formation de substances solubles. Elle renferme 14,1 p. 100 d'azote et 0,83 p. 100 de soufre. Ce serait, d'après MÖRNER, un mucoïde insoluble.

La membranine se trouve également dans la capsule du cristallin. Il est à remarquer que ces deux membranes sont pour une large part des formations cuticulaires.

La membrane de DESCEMET n'est donc pas du tissu conjonctif.

D'après les recherches relativement anciennes (1856) de His, la cornée *totale* du bœuf renferme :

Eau.	758,3 pour 1000	
Collagène	28,3	—
Sels solubles.	8,1	—
Sels insolubles.	1,1	—

Sensibilité de la cornée. — On connaît la richesse nerveuse de la cornée ; les fibres nerveuses sans moelle, provenant toutes du nerf trijumeau, arrivent même, par des extrémités libres, jusqu'à la surface épithéliale. Rappelons aussi que, d'après les recherches de Boucheron, les plans superficiels de la périphérie cornéenne reçoivent des filets de la part des nerfs conjonctivaux, qui eux-mêmes sortent des différents nerfs orbitaires avoisinant le segment antérieur de l'œil. Le centre cornéen, dans toute son épaisseur, et les plans profonds de la périphérie, reçoivent leurs filets des nerfs ciliaires profonds, qui pénètrent dans l'œil à son pôle postérieur. La section des nerfs au pôle postérieur de l'œil laisse persister la sensibilité de la périphérie cornéenne et n'abolit que celle du centre (Magendie, Cl. Bernard).

Quant aux genres de sensibilité dont la cornée est douée, il résulte des recherches de Fuchs et de Krückmann notamment que la membrane est totalement dépourvue de la sensibilité tactile, que seule la périphérie produit des sensations de température, et que les sensations douloureuses peuvent être provoquées sur toute la surface cornéenne. D'après Krückmann, la sensibilité douloureuse, analogue en cela à celle de la peau, serait liée à la présence de nombreux « points douloureux », séparés par des zones ne donnant pas lieu à ces sensations. Il a obtenu ce résultat en explorant la sensibilité cornéenne à l'aide de poils et de soies plus ou moins rigides.

Pour les prétendus nerfs trophiques de la cornée, voir plus haut **Nutrition**.

Physiologie comparée. — Chez les *mammifères*, la cornée se comporte en somme comme chez l'homme, sauf que le plus souvent sa courbure est irrégulière, facettée, ce qui doit occasionner de l'astigmatisme irrégulier.

Chez les *oiseaux*, la cornée est fendillée suivant son étendue en une lamelle antérieure, plus épaisse, et une postérieure, plus mince, celle-ci composée de la membrane de Descemet, de son endothélium et de quelques lamelles du tissu cornéen. Les deux sont réunies par des lamelles de tissu cornéen plus lâche, qui permettent un certain jeu de la lamelle postérieure, un certain glissement de celle-ci le long de l'antérieure. L'antérieure se continue dans la sclérotique. La postérieure cesse comme telle à la périphérie cornéenne, où elle s'écarte assez bien de l'antérieure. Dans la fente assez élargie, et à la face externe de cette lamelle postérieure, s'insère l'extrémité antérieure du muscle ciliaire. A la face interne de (la périphérie) de la lamelle postérieure s'attache le ligament pectiné de l'iris. Suivant Th. Beer (voir l'article **Accommodation**), les contractions du muscle ciliaire font glisser la lamelle interne en sens centrifuge, le long de la lamelle antérieure, et en arrière.

Chez les *poissons*, la cornée se distingue par sa grande minceur. Dans l'eau, la réfraction à la surface cornéenne sera supprimée, puisque l'indice de réfraction de l'eau est en somme le même que celui de la cornée. Il en résulte qu'au point de vue de la vision dans l'eau, les grandes irrégularités de la surface cornéenne (facettes) qu'on trouve chez quelques individus et même chez des espèces entières n'offrent aucun inconvénient.

Sur la foi des recherches de Plateau, les auteurs s'accordaient à admettre tout récemment encore qu'une aire centrale — optique — de la cornée des poissons est aplatie au point d'être à peu près plane. Pour le motif indiqué à l'instant, cet aplatissement ne pourrait avoir aucune influence sur la marche des rayons lumineux chez l'animal plongé dans l'eau. De plus, la réfraction cornéenne serait à peu près annulée dans l'air. Suivant l'expression de Plateau, « les poissons verraient dans l'air aussi bien — et aussi mal — que dans l'eau ».

D'après les recherches de Beer, l'assertion de Plateau touchant l'aplatissement de la la cornée ne répondrait pas à la réalité des choses. Plateau confectionnait des moulages en plâtre de l'œil frais et énucléé, et sur ce moulage il étudiait la courbure cornéenne. Or c'est là un moyen assez grossier pour déterminer la courbure cornéenne. Précisément en raison de sa grande minceur, la cornée s'aplatirait dans ces manipulations.

Sur l'animal intact, vivant, et à l'aide de la méthode ophtalmométrique, Beer s'est convaincu que le centre cornéen est, chez les poissons, parfaitement convexe, et convexe à peu près comme chez les mammifères. Il trouva un rayon de courbure variant entre 4 et 9 millimètres.

Comparée à la réfraction dans l'eau, la réfraction à l'air est donc beaucoup plus forte.

Beer trouva dans l'eau, chez les poissons, une myopie de 3 à 12 dioptries, et, à l'air, une myopie de 40 à 90 dioptries.

Plateau décrit aussi pour la cornée des animaux vivant à l'air et dans l'eau (grenouille, tortue, même les oiseaux aquatiques) un aplatissement de la cornée, qui est contesté de même par Beer.

Bibliographie. — Aubert et Mathiesen, in Aubert (*Grundzüge der physiolog. Optik.* Leipzig, 1876). — Beer (Th.) (*Arch. f. Physiol.*, 1892, LIII, 175; *Cornée et accommodation des oiseaux*); — (*Ibid.*, 1894, LVIII, 523; *Œil des poissons*). — Boucheron (*Bull. Soc. franç. d'opht.*, 1896, 330 et 1891, 329). — Bullot (*Soc. belge d'Opht.*, 1897 et 1898, 8 et 9). — Chossat (C. I. E.) (*Bull. des sc. Soc. philomat.* Paris, A. 1818, juin, 294). — Donders. *The anomalies of accommodation and refraction*, London, 1864. — Eriksen, cité par Tscherning. — Ehrlich (*Deutsche mediz. Wochenschr.*, 1882, II). — Fuchs (*Med. Jahrbücher*, 1878, fasc. 4). — Gifford (*Arch. f. Augenheilk.*, 1893, XXVI). — Helmholtz (*Handbuch der physiol. Optik.*, (2), 1886). Ce livre absolument classique et initiateur (dans sa première édition, 1867), renferme la bibliographie la plus complète de tous les travaux sur la physiologie optique. — His (*Beiträge zur normal. u. path. Histol. d. Cornea*, Bâle, 1856). — Knapp (*Arch. f. Ophth.*, VIII, (2), 185). — Kniess (A. A. P., LXV, 401; *Arch. Augenheilk.*, 1894, XXVIII, 193). — Krause (W.). *Die Brechungsindices der durchsichtigen Medien des menschl. Auges*, Hannover, 1855. — Kruckmann (*Arch. f. Ophthalm.*, 1895, XLI, fasc. 4, 21). — Kuehne et Ewald (*Soc. hist. nat.* Heidelberg, 1877). — Leber (Th.) (*Ibid.*, 1873, XIX, fasc. 2, 87; *Ibid.*, 1874, XX, fasc. 2, 203). — Lohnstein (Th.) (*Arch. f. Physiol.*, 1897, LXVI, 210). — Mauthner. *Die optischen Fehler des Auges.* Vienne, 1872. — Moerner (*Zeitschr. f. physiol. Chemie*, 1894, XVIII, fasc. 1). — Nordenson (*Ann. d'Oculist.*, 1883). — Nuel et Cornil (*Arch. d'Ophthalm.*, 1889). — Pflüger (*Klin. Monatsblätter für Augenheilk.*, 1882). — Plateau (*Mém. couron. Acad. roy. de Belgique*, XXXIII). — Ranvier (C. R., 1897). — Schioetz (*Arch. f. Augenheilk.* 1885). — Straub (*Arch. f. Anat. u. Entwicklungsgesch.*, 1887). — Sulzer (*Arch. d'Opht.*, 1891). — Tscherning. *Optique physiologique.* Paris, 1898; — Id. (*Bull. Soc. franç. d'ophthalm.*, 1892, 328). — Ulrich (*Arch. f. Ophthalm.*, XXVI, fasc. 3); — (*Arch. f. Augenheilk.*, 1897, 46).

N U E L.

CORNÉINE. — Voyez **Chitine.**

CORNINE. — Substance amère, cristallisable, extraite de *Cornus florida* (D. W., 977).

CORNUTINE. — Voyez **Ergotine.**

CORONILLINE ($C^7H^{12}O^5$). — Substance extraite de la *Coronilla scorpioides*. C'est un glucoside qui, sous l'influence des acides dilués, se dédouble en coronilléine ($C^8H^{18}O^7$) et en glycose. Elle a été extraite (en 1840) des sommités de *Coronilla varia* par Peschier et Jacquemin, qui l'appelèrent cytisine. Préparée à l'état de pureté, elle se présente sous forme d'une poudre jaune, très amère, soluble dans l'eau et l'alcool; par l'acide sulfurique et une goutte de chlorure ferrique, on obtient une teinte violette qui passe au vert au bout d'une demi-heure. L'acide chlorhydrique et le chlorure ferrique produisent une teinte rouge vif.

Ses effets physiologiques ont été étudiés par Schlagdenhauffen et Reeb (*Arch. de pharmacodynamie*, 1896, III, 1-57). Ils ont résumé dans leur important mémoire les travaux des autres physiologistes qui avaient étudié ce poison.

D'après eux la coronilline est un poison analogue surtout à la digitaline. Elle ralentit le pouls, par le même mécanisme que la digitaline, c'est-à-dire par l'excitation des nerfs vagues. Aussi, quand on empoisonne les animaux (grenouille et homéothermes) par l'atropine, cet effet de ralentissement du cœur est-il supprimé. La coronilline agit donc sur les centres moteurs bulbaires (modérateurs du cœur); mais elle a aussi une action excitatrice sur les centres bulbaires, vaso-constricteurs, de sorte que, même sur les animaux dont les pneumogastriques sont coupés, ou paralysés par l'atropine, il y a une élévation de pression notable. A dose élevée, la coronilline, au lieu de produire de la vaso-constriction, produit de la vaso-ditatation. La mort, par des doses fortes, survient par arrêt du cœur; car la coronilline paraît bien agir sur le cœur, dont elle stimule l'énergie à faible dose, mais qu'elle paralyse à dose forte. D'après Prévost (28 janv. 1896, *Rev. médic. de la Suisse Romande*), les doses toxiques seraient par kilo d'animal : *Rana esculenta*, $0^{gr},01$; *Rana temporaia*, $0^{gr},003$; Cobaye, $0^{gr},002$; Rat, $0^{gr},2$ (?).

Schlagdenhauffen et Reeb pensent qu'on peut en thérapeutique administrer la coronilline comme succédané de la digitaline, aux mêmes doses que celle-ci. Voir aussi Spillmann et Haushalter (*Revue médicale de l'Est*, 1889).

CORTÉPINITANNIQUE (Acide) ($C^8H^{10}O^5$). — Retiré de l'écorce des pins (*D. W.*, 977).

CORTICINE. — Substance amorphe, jaune, extraite par Braconnot de l'écorce de tremble (*D. W.*, 977).

CORYDALINE ($C^{22}H^{27}NO^4$). — Alcaloïde extrait par Wackenroder de la racine de *Corydalis bulbosa*. Elle cristallise et donne un dérivé éthylé. On trouve associés à cette base deux autres alcaloïdes : la bulbocapnine ($C^{34}H^{36}N^2O^7$) et la corycavine ($C^{22}H^{23}NO^5$) (*D. W.*, (1), 527; (2), 1375) (*Ann. de* Merck. 1894, 44). D'après Mode et Kramm (*Chem. Centralbl.*, 1893,I, 1894), la bulbocapnine serait la substance physiologiquement la plus active; toxique chez la grenouille, à la dose de $0^{gr},03$, elle provoque des convulsions et ensuite une paralysie totale avec affaiblissement du cœur. La bulbocapnine serait le principe essentiel des bulbes du corydalis. Freund et Josephy (*Ann. de* Merck, 1892, 29) ont trouvé encore un autre corps, la corydine. Le chlorhydrate de corydine, à la dose de $0^{gr},035$ par kilo en injection intraveineuse aurait produit chez le chat des convulsions épileptiformes mortelles.

COSINE ou Coussine ($C^{31}H^{38}O^{10}$) en formes rhombiques d'un jaune de soufre, fusible à 142°. — Principe actif et cristallisable du kousso, insoluble dans l'eau, soluble dans l'alcool et les alcalis (*D. W.*, (1), 528).

COTARNINE ($C^{12}H^{13}AzO^3$). — Si l'on oxyde la narcotine ($C^{23}H^{25}AzO^7$) en la soumettant à l'action du bioxyde de manganèse et de l'acide sulfurique, on obtient divers produits intermédiaires, et entre autres de l'hydrocotarnine qui se transforme en cotarnine et de l'acide opianique.

La cotarnine est une base solide, cristallisable en aiguilles, soluble dans l'eau chaude, non volatile, qui se combine avec les acides pour former des sels solubles. Traitée par l'acide nitrique, elle donne de l'acide cotarnique ($C^{11}H^{12}O^5$) et par l'acide chlorhydrique concentré, à 140°, elle donne l'acide cotarnamique. (*D. W. et Suppl. 1. Suppl. 2,* art. *Cotarnine.*)

Elle ne diffère de l'hydrastinine (alcaloïde extrait de l'*Hydrastis canadensis*) que par la substitution du groupe OCH^3 à un atome d'hydrogène. C'est donc une méthyloxyhydrastinine. On a donné le nom de stypticine au chlorhydrate de cotarnine ($C^{12}H^{13}AzO^2HCl + H^2O$), mais il n'y a aucune raison d'adopter ce terme nouveau.

Le chlorhydrate de cotarnine a été recommandé par Gottschalk (*Therap. Monatshefte,* 1895, 646) et par Garty (*ibid.*, 1896, n° 2) comme succédané de l'ergotine et de l'hydrastine. Ils auraient obtenu, en thérapeutique humaine, d'assez bons effets contre les hémorragies.

P. Marfori (*Action biologique de la cotarnine. A. i. B.*, 1897, xxviii, 191-200) l'a étudiée sur divers animaux (lapins, chiens, cobayes). La dose toxique serait, chez les lapins et cobayes, de 0,4 à 0,5 par kilogramme. La cotarnine détermine une augmentation des réflexes qui va jusqu'à la convulsion, de sorte que l'animal meurt avec des convulsions cloniques violentes, comme celles de la strychnine. Chez le chien on observe aussi des convulsions ; mais, si la dose n'est pas trop forte, ces convulsions ne déterminent pas nécessairement la mort. Il faut donc nettement ranger la cotarnine parmi les alcaloïdes convulsivants.

D'après P. Marfori, l'action constrictive sur les vaisseaux serait très hypothétique. La pression artérielle s'élève pendant les convulsions : mais, sur l'animal curarisé, la cotarnine ne détermine aucune augmentation de pression.

Le cœur ne paraît être atteint (chez la grenouille comme sur les homéothermes) que si les doses sont extrêmement fortes.

COTOÏNE $(C^{22}H^{18}O^6)$. — Principe contenu dans l'écorce de coto (Bolivie) En

traitant ces écorces par l'éther, on obtient la cotoïne qu'on peut faire, après plusieurs purifications successives, cristalliser sous forme d'aiguilles. L'écorce de coto contient aussi de la paracotoïne, de l'hydrocotoïne $(C^{15}H^{14}O^4)$ et des carbures, paracotène $(C^{12}H^{18})$ et paracotol $(C^{15}H^{24}O)$.

En thérapeutique on l'a prescrite contre la diarrhée ; mais son usage est très restreint.

Son action physiologique a été étudiée par Burkart (*Wurtzb. med. Corresp. bl.*, 1878, n° 20), Fribram (*Prag. med. Woch.*, 1880, 31-33) et Albertoni (*La cotoina. Ann. univ. di medicina*, 1882, 18 p.). Il résulte de ces recherches qu'elle n'a pas d'action toxique, même à la dose d'un gramme, chez le lapin. Pribram avait supposé qu'elle empêche la putréfaction intestinale, mais cela n'a pas été confirmé par Albertoni. Cependant ce même physiologiste a pu constater sur lui-même que les dérivés sulfophényliques qui apparaissent normalemement dans l'urine, pendant et après la digestion, disparaissent de l'urine, quand on a ingéré de la cotoïne, comme si cette substance empêchait, dans l'intestin grêle, la transformation ultime des aliments en produits aromatiques.

COUMARINE $(C^9H^6O^2)$. — C'est Vogel qui, en 1820, découvrit la coumarine

dans la fève de Tonka. Il la confondit avec l'acide benzoïque. Guibourt reconnut en elle une substance distincte.

C'est une substance cristallisable volatile, qui est assez répandue dans le règne végétal. On la trouve surtout dans la fève de Tonka (Coumarouna ou *Dipterix odorata*), dans le mélilot (*Melilotus officinalis* et *Melilotus vulgaris*), dans l'*Antoxanthum odoratum*, l'*Asperula odorata*, la rue odorante (*Ruta graveolens*), le rhizome d'*Hierochlora borealis*, l'*Orchis fusca*, les feuilles de Faham, *Angræcum fragrans*, la *Nigritella alpina*, etc. Mais, suivant C. Zwenger et H. Bodenbender, la coumarine n'existerait à l'état libre que dans la fève de Tonka. Partout ailleurs, par exemple dans le mélilot, elle existerait en combinaison avec l'acide mélilotique ou hydrocoumarique $C^9H^{10}O^3$.

C'est de la fève de tonka qu'on extrait surtout la coumarine. On coupe la fève en petits morceaux et on l'épuise par de l'alcool à 90°. On évapore l'alcool ; le résidu sirupeux se prend en une masse cristalline. On purifie par plusieurs cristallisations et par le noir animal.

Pour l'extraire des fleurs du mélilot, on en fait un extrait aqueux qu'on traite par l'éther. On traite cet extrait à froid par l'ammoniaque, et la coumarine est mise en liberté.

On a pu réaliser la synthèse de la coumarine (Perkin) en traitant l'hydrure de salicyle sodé par l'anhydride acétique. Il se formerait dans une première phase de l'hydrure d'acétosalicyle qui, perdant ensuite les éléments d'une molécule d'eau, se transforme en coumarine.

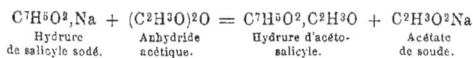

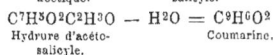

$$C^7H^5O^2,Na + (C^2H^3O)^2O = C^7H^5O^2,C^2H^3O + C^2H^3O^2Na$$
Hydrure   Anhydride   Hydrure d'acéto-   Acétate
de salicyle sodé.   acétique.   salicyle.   de soude.

$$C^7H^3O^2C^2H^3O \rightarrow H^2O = C^9H^6O^2$$
Hydrure d'acéto-   Coumarine.
salicyle.

Ce procédé de synthèse a été modifié par Trimann et Hersfeld. Donc, selon Perkin, la coumarine résulterait de la combinaison de l'acétyle C^2H^3O avec le radical salicyle déshydraté C^7H^5O que Perkin nomme diptyle.

Strecker, Fittig et Lieben considèrent la coumarine comme l'anhydride interne de l'acide coumarique (orthoxycinnamique). La coumarine serait l'anhydride d'un acide phénol, comme la lactide est l'anhydride d'un acide alcool, l'acide lactique.

Enfin, pour BARBIER, la coumarine ne serait point l'anhydride de l'acide coumarique, mais elle se formerait par simple déshydratation de l'aldéhyde salicylique acétylée

$$(C^6H^4 <^{OC^2H^3O}_{COH})$$

Il y a des homologues de la coumarine : la coumarine butyrique ($C^{11}H^{10}O^2$), la coumarine valérique ($C^{12}H^{12}O^4$) (PERKIN) : leurs propriétés sont analogues à celles de la coumarine.

Propriétés de la coumarine. — La coumarine est blanche, en petites lames rectangulaires, paraissant dériver d'un prisme orthorhombique. Elle fond à 67°, distille à 290°. Odeur agréable, *sui generis*, saveur brûlante. Elle est très peu soluble dans l'eau froide. Sa solubilité augmente quand on additionne l'eau d'un peu d'acide acétique. La coumarine est soluble en toutes proportions dans l'alcool et dans l'éther. Les acides étendus la dissolvent sans altération ; elle est aussi soluble dans l'huile. L'acide nitrique la transforme en nitrocoumarine. La coumarine est attaquée par le brome et l'iode. Traitée par la potasse, elle donne du coumarate de potassium qui, traité à son tour par l'acide chlorhydrique, donne de l'acide coumarique. La coumarine traitée par l'amalgame de sodium, en présence de l'eau, donne de l'acide salicylique.

Quand on mélange une solution de coumarine dans l'alcool faible avec une solution d'oxyde de cuivre ammoniacal, il se développe, après un séjour de plusieurs heures, une coloration bleu intense, très foncée, qui par l'addition d'HCl vire au rouge. Cette coloration bleu foncé se produit immédiatement par ébullition (HEPPE).

Action physiologique. — La coumarine est toxique ingérée à hautes doses. Cette toxicité a été signalée par BLEIBTREU, puis BUCHHEIM et MAJEWSKI, WEISMANN et HALLWACHS. A la dose de 2 grammes, pas d'action appréciable ; à la dose de 4 grammes, une heure après l'ingestion, MAJEWSKI constata sur lui-même de fortes nausées suivies de vomissements, puis affaiblissement général, sueurs, vertiges, somnolence, nausée persistant pendant plusieurs heures. Mêmes observations de BUCHHEIM, BERG. Sur les chiens de moyenne taille, 0gr,7 ont entraîné la mort (WEISMANN) ; 0gr,3 n'ont produit aucun effet ; 0gr,6 déterminèrent du tremblement, une soif ardente et un abattement qui dura plusieurs jours (HALLWACHS). D'après KÖHLER, la dose toxique mortelle pour le lapin, par kilogramme, serait de 0gr,34 en injection intraveineuse, et de 0gr,53, par ingestion buccale.

Des expériences de KÖHLER sur la grenouille, le lapin, le chien, le chat, il résulte :

Que la coumarine exerce sur l'organisme une action stupéfiante narcotique et anesthésique ; elle détermine l'abolition complète des réflexes, mais elle diffère de la morphine en ce qu'il n'existe pas de périodes de convulsion et d'agitation. C'est un poison des centres nerveux ; elle agit spécialement sur le cœur en déterminant la paralysie des centres d'arrêt cardiaques. La coumarine paralyse en même temps les centres nerveux vasomoteurs, le centre respiratoire (KÖHLER. *Die Beeinflussung der grossen Körperfunctionen durch Cumarin. C. W.*, XII, 867-881, 1875).

E. VICIOT a aussi étudié l'action physiologique de la coumarine et son action thérapeutique (*Thèse de Lyon*, 1880).

Sur les grenouilles, la coumarine, après avoir déterminé de l'agitation, produit la paralysie et la mort. Le cœur, après quelques battements précipités, se ralentit et s'arrête en diastole. Les oiseaux, après inhalations de vapeurs de coumarine, présentent de l'agitation ; ils s'agitent, poussent des cris de plus en plus faibles, étendent les ailes et tombent en résolution après avoir fait de grands efforts d'inspiration. La mort survient au bout de 20 minutes environ.

Des lapins qu'on nourrissait avec des plantes contenant de la coumarine moururent au bout d'un certain temps. La mort était précédée d'arythmie cardiaque, d'évacuations alvines et urinaires abondantes ; les déjections étaient mélangées de sang ; la pupille était fortement contractée.

A l'autopsie, on constata de la congestion rénale, de la néphrite parenchymateuse, avec hypertrophie du ventricule gauche, de la congestion du foie et de la rate.

Sur les chiens de taille moyenne, après injection de 0gr,10 de coumarine, on observe de l'inquiétude dans l'agitation. Le poil se hérisse, la démarche est chancelante, la pupille est resserrée. L'animal pousse des cris étouffés. La respiration est haletante, saccadée, les battements du cœur sont fréquents, faibles, avec des intermittences. Les urines sont très abondantes, on y trouve de l'albumine; la diarrhée forte et très fétide. L'animal s'affaisse et meurt, après quelques grandes respirations saccadées.

Les conclusions sont les suivantes : 1° La coumarine est diurétique; 2° Elle ralentit la circulation en agissant sur le cœur; 3° Elle abaisse la température; 4° A hautes doses elle est toxique. Viciot a essayé la coumarine dans un certain nombre de maladies (rhumatismes, fièvres éruptives, etc.). Les résultats sont peu marqués et peu intéressants.

Après ingestion ou injection, la coumarine se retrouve inaltérée dans les urines; elle ne se transforme pas comme l'acide benzoïque en acide hippurique en passant dans le rein (Hallwachs).

On voit que les effets physiologiques de la coumarine sont encore assez mal connus. De nouvelles expériences méthodiques seraient nécessaires pour se faire une idée nette de son action sur l'économie.

E. A.

CRÉATINE (Acide méthylguanidinacétique) ($C^4H^9Az^3O^2 + H^2O$). — La créatine a été découverte par Chevreul en 1835 : il l'a obtenue en petites quantités en traitant par l'alcool le résidu du bouillon de viande distillé dans le vide. C'est Liebig qui, dans un travail étendu, a donné le moyen de préparer ce corps et a fixé les principaux points de son histoire.

La créatine est un corps solide, incolore, neutre aux papiers réactifs, soluble dans 74,4 parties d'eau à 18°, plus soluble dans l'eau bouillante, d'où elle se dépose, en un magma d'aiguilles, par refroidissement. Elle est soluble dans 94,1 parties d'alcool absolu, insoluble dans l'éther. Elle cristallise en prismes clinorhombiques; à 100° elle perd son eau de cristallisation; chauffée à plus haute température, elle fond et se décompose en dégageant de l'ammoniaque. Elle est soluble dans les acides étendus, en donnant des combinaisons cristallisées, véritables sels de créatine décrits par Dessaignes.

Les acides concentrés l'altèrent et la transforment avec élimination d'une molécule d'eau en son anhydride interne, la créatinine (Liebig). Cette transformation de la créatine en créatinine s'opère aussi lorsqu'on soumet une solution aqueuse de créatine à une ébullition prolongée (Nawroski, Neubauer). La chaux sodée décompose la créatine en dégageant de la méthylamine et de l'ammoniaque. L'acide azotique à chaud agit de même. Oxydée par l'oxyde jaune de mercure ou un mélange d'oxyde puce de plomb et d'acide sulfurique, on obtient de la méthylguanidine ($C^2H^7Az^3$) (Dessaignes). Maintenue en ébullition avec l'eau de baryte, la créatine s'hydrate et se dédouble en urée et sarcosine (méthylglycocolle).

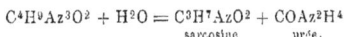

$$C^4H^9Az^3O^2 + H^2O = C^3H^7AzO^2 + COAz^2H^4$$
$$\text{sarcosine} \qquad \text{urée}.$$

La créatine se combine avec les chlorures métalliques; Neubauer a montré que lorsqu'on ajoute à une solution saturée à 50° de créatine une solution saturée de chlorure de cadmium, il se dépose d'abord de la créatine, puis par évaporation sur l'acide sulfurique on recueille de grands cristaux inaltérables à l'air d'une combinaison de chlorure de cadmium et de créatine ($C^4H^9Az^3O^2$ Cd Cl^2 + 2H^2O). Ils se dissolvent dans l'eau en se décomposant.

Le chlorure de zinc donne la même combinaison ($C^4H^9z^3O^2$) Zn Cl^2, qui se décompose également lorsqu'on la dissout dans l'eau.

La créatine se combine aussi aux oxydes métalliques; Engel a montré que, si on ajoute à une solution de créatine de l'azotate d'argent et de la potasse on obtient un précipité blanc gélatineux, soluble dans un excès de potasse. Ce précipité est une combinaison d'oxyde d'argent et de créatine. On doit éviter de mettre un excès d'azotate d'argent, l'oxyde d'argent vert olive masque la réaction. A chaud cette combinaison se réduit avec formation d'argent métallique; à froid la réaction se fait lentement.

Il existe une combinaison analogue avec l'oxyde de mercure. Si dans une solution de créatine additionnée de potasse on ajoute du chlorure mercurique (sublimé), on obtient un précipité blanc; lorsque toute la créatine a été précipitée, l'excès du sublimé donne alors seulement un précipité jaune d'oxyde mercurique; cette réaction peut servir à doser la créatine (ENGEL).

Lorsqu'on mélange l'oxyde de mercure avec la créatine, à la température ordinaire, on observe la réduction de l'oxyde de mercure : en même temps il y a formation de méthylguanidine (DESSAIGNES). Si l'on agit entre 0° et 5°, la réduction n'a pas lieu : on obtient un sel blanc, qui, lavé et séché, peut être porté à 95° sans s'altérer. C'est un dérivé mercurique de la créatine; deux atomes d'oxygène ont été remplacés par un atome de mercure; il répond à la formule : $C^4H^7Az^3O^2Hg$ (ENGEL).

L'hypobromite de soude dégage à froid tout l'azote de la créatine (MAGNIER DE LA SOURCE).

La créatine traitée par une solution d'acide azoteux dégage la moitié de son azote.

La créatine ne donne pas de précipité par le réactif de BOUCHARDAT (iodure de potassium ioduré), ni de bleu de Prusse avec un mélange de ferricyanure de potassium et de perchlorure de fer étendu.

Le meilleur moyen de caractériser la créatine est de l'évaporer au bain-marie en présence d'acide chlorhydrique, ce qui la change en créatinine, et faire sur cette dernière les réactions caractéristiques.

Extraction. — La créatine existe dans la chair de la plupart des animaux; aussi, lorsqu'on cherche à la préparer, s'adresse-t-on en général soit à la viande, soit à l'extrait de viande. L'extraction de la créatine est une opération qui demande un grand nombre de précautions.

Plusieurs chimistes ont essayé, après CHEVREUL, de préparer ce corps sans succès : BERZÉLIUS, SCHLOSSBERGER, SIMON, LIEBIG. Ce dernier reconnut enfin que la difficulté de la préparation de la créatine tenait à l'action de l'acide libre de la chair sur ce composé. Il a donné une méthode de préparation à laquelle on doit se conformer.

« Supposons qu'on opère sur 5 kilos de viande. On en prend la moitié qu'on plonge dans $2^{lit},5$ d'eau, on pétrit le mélange et on l'exprime dans un sac de toile. Le résidu est mêlé avec la même quantité d'eau et exprimé de nouveau. Le liquide de la première expression est mis de côté, celui de la seconde sert à épuiser la seconde moitié de la chair. Enfin on traite la première portion de chair pour la troisième fois avec 2 kilos et demi d'eau, et on exprime. Le liquide qui en résulte sert à épuiser pour la seconde fois l'autre moitié de la chair, que l'on traite pour une troisième fois par l'eau pure.

On réunit toutes les liqueurs que l'on fait passer à travers un linge, on les introduit dans un ballon de verre et l'on maintient à l'ébullition jusqu'à ce que le liquide ait perdu sa couleur et que l'albumine et la matière colorante soient coagulées. L'opération est terminée lorsque le liquide, porté à l'ébullition, conserve sa limpidité.

On sépare le coagulum, les liquides sont acides; on les sature par un excès de baryte caustique en solution concentrée, on sépare le précipité de phosphate de baryte et de phosphate de magnésie; on élimine la baryte par un courant d'acide carbonique, on évapore le bouillon au bain-marie, ou au bain de sable dans des vases à grandes surfaces. Le liquide amené à 1/20 de son volume est abandonné à l'évaporation spontanée dans un lieu tiède. Il se remplit d'aiguilles petites et incolores de créatine. La chair du gibier et celle du poulet sont les plus avantageuses pour la préparation de la créatine.

Ce procédé est applicable aux chairs de tous les animaux : on doit le modifier pour la chair de poisson, celle-ci formant une masse gélatineuse qu'on ne peut pas exprimer. On mêle la chair de poisson avec deux fois son volume d'eau : on jette le tout sur un filtre, et on verse de l'eau pure. Le liquide privé d'albumine par l'ébullition est traité par l'eau de baryte comme dans le procédé général.

STAEDELER extrait la créatine en mêlant la viande hachée menu avec du verre pilé, ajoute deux fois son volume d'alcool, fait digérer le tout au bain-marie, enlève l'alcool par distillation, précipite par l'acétate de plomb. On filtre, on élimine le plomb par l'hydrogène sulfuré, on filtre à nouveau et on concentre à consistance sirupeuse. La créatine cristallise par refroidissement. On la purifie en la lavant à l'eau et à l'alcool, puis en la faisant recristalliser dans l'eau bouillante. On peut encore et très avantageusement retirer la créatine de l'extrait de viande de LIEBIG. L'extrait est délayé dans le triple de son poids d'eau, et la solution additionnée de six fois son volume d'alcool fort à 95°. Il se forme un précipité poisseux qu'on recueille. Les eaux mères alcooliques sont distillées pour recueillir l'alcool, et laissent un résidu aqueux qu'on concentre pour traiter à nouveau par l'alcool. On obtient un nouveau précipité qu'on réunit au premier.

Ces précipités sont dissous dans l'eau, traités par l'acétate de plomb; le liquide filtré, privé de l'excès de plomb par un courant d'hydrogène sulfuré, refiltré à nouveau, est concentré au bain marie, puis [abandonné à l'air. La créatine cristallise : on la purifie en la faisant recristalliser plusieurs fois.

Les quantités de créatine fournie par les différentes espèces de chairs est variable, elles varient même dans la même espèce animale.

Physiologie. — **Créatine dans l'organisme.** — La créatine existe en dissolution dans l'organisme. On la retrouve dans le suc musculaire, dans le cerveau 0,025 p. 1000 (MULLER), dans le sang, et quelquefois dans le liquide amniotique; il ne s'en trouve pas dans les glandes; TRESKIN en a pourtant trouvé des traces dans le testicule.

On a fait de nombreux usages de créatine dans la chair musculaire. (LIEBIG, SCHLOSS-BERGER, BLOXAM, SCHERER, ZALESKY, VOIT, HOFFMANN, NEUBAUER, PERLS.)

Nous résumons dans le tableau suivant quelques chiffres. Nous avons dû éliminer les nombres trop faibles obtenus par certains auteurs, qui avaient fait leurs recherches avant l'apparition du procédé de dosage de NEUBAUER (transformation de la créatine en créatinine et dosage à l'état de sel de zinc et de créatinine).

Créatine contenue dans 1000 parties de chair.

	CRÉATINE pour 1 000 parties.	AUTEURS.
Homme	1,512 à 3,016	NEUBAUER.
—	1,35 à 4,89	PERLS.
Bœuf	1,70 à 2,76	NEUBAUER.
Bœuf	0,69	LIEBIG.*
Cœur de bœuf	1,37 à 1,41	GREGORY.*
Cheval	1,17 à 2,16	NEUBAUER.
—	0,72	LIEBIG.*
—	0,50	ETTI.*
Porc	1,33 à 2,09	NEUBAUER.
Chien	0,61 à 2,47	—
Mouton	1,79 à 1,89	—
Renard	2,06 à 2,37	—
Lapin	2,69 à 4,03	—
Phoque	0,61	JACOBSON.
Dauphin	0,61	—
Oie	2,88	NEUBAUER.
Poulet	3,11 à 4,01	—
—	3,2	LIEBIG.*
—	2,9 à 3,21	GREGORY.*
Pigeon	0,815	—
Raie	0,607	—
Morue	0,933	—
Grenouille	2,18 à 3,50	NEUBAUER.
—	2,10 à 2,40	SAROKIN.

* Ces dosages ont été faits avant NEUBAUER.

La créatine se rencontre dans le tissu musculaire de tous les vertébrés. KRUKENBERG a constaté la présence de la créatine dans le muscle, même pendant la période embryonnaire. Le tissu musculaire des poissons renferme souvent, à côté ou au lieu de créatine, son anhydride interne la créatinine.

La présence constante de la créatine dans le plasma musculaire a fait considérer cette substance comme un produit de déchet du tissu musculaire; mais nous ignorons à l'heure actuelle par quelles phases se fait la rétrogradation des matières albuminoïdes du muscle pour aboutir à la créatine, et nous ne connaissons aucun intermédiaire entre la myosine et la créatine.

Nous ne savons pas non plus d'une façon certaine si l'activité musculaire augmente la proportion de la créatine contenue dans le muscle. Une expérience déjà ancienne de

Liebig semble le démontrer. Cet auteur a constaté que les muscles d'un renard forcé à la chasse contenaient 10 fois plus de créatine que ceux d'un renard privé. Sarokow a trouvé que le muscle cardiaque, muscle qui travaille tout le temps, contient plus de créatine que les autres muscles lisses de l'économie. Il a aussi observé que les muscles des animaux actifs contenaient plus de créatine que ceux des animaux au repos ; que les muscles tétanisés et fatigués étaient plus riches en créatine. Voit, Nawrocki, Basler, qui se sont occupés de cette question, n'ont pas confirmé ces observations. Czelkow a même prétendu que les muscles de l'aile du poulet contenaient plus de créatine que ceux des pattes ; mais Nawrocki a contesté ces résultats. D'après Nawrocki et Meissner, l'augmentation de l'activité musculaire n'aurait pas pour conséquence une augmentation de créatine dans le muscle. Nous verrons, lorsque nous étudierons la créatinine, que Monari a observé la transformation de la créatine en créatinine dans le muscle fatigué. Il trouve dans le muscle au repos 0,334 p. 100 de créatine et 0,056 de créatinine, alors que dans le muscle fatigué il y aurait 0,493 de créatinine p. 100. Le muscle fatigué contiendrait une moins forte proportion de créatine que le muscle au repos ; mais il s'y trouverait de la créatinine ou plutôt une base créatinique particulière : la *xanthocréatinine* (voir **Créatiniques [bases]**).

Ces expériences ne nous permettent pas de nous rendre compte du rapport qui existe entre l'activité musculaire et la formation de la créatine dans l'économie.

La créatine étant un produit de déchet musculaire s'élimine constamment par l'émonctoire rénal, et il n'est pas surprenant que, malgré sa surproduction au moment de l'activité musculaire, on n'en retrouve toujours que la même quantité dans les muscles. Les reins, réglant l'élimination proportionnellement à la quantité de créatine contenue dans l'économie, ramènent constamment la teneur en créatine au même chiffre.

C'est sous forme de créatinine et d'urée que se fait l'élimination de la créatine. C'est donc en mesurant les variations de la quantité de ces substances contenues dans les urines que nous pouvons aborder avec fruit cette question.

Les recherches faites sur ce sujet seront exposées en détail dans l'article **Créatinine**.

Action toxique. — La toxicité de la créatine semble être très faible. Injectée dans les muscles, elle n'amène pas la fatigue musculaire.

Kobert a même émis l'opinion qu'à la dose de dix centigrammes, 4 ou 6 fois par jour, la créatine stimule le système musculaire dans le cas de débilité générale, d'atonie du cœur et du système digestif.

Dixon et Zuilh ont attribué à la créatine une action analogue à celle de la tuberculine de Koch. Carter a constaté que, contrairement à cette opinion, la créatine n'avait aucune action sur les animaux tuberculeux, même lorsqu'on l'injecte à forte dose. .

Cuffer a injecté 2gr 50 de créatine à un chien sans observer aucun phénomène d'agitation. Il a constaté seulement un ralentissement de la respiration et une diminution de la capacité respiratoire du sang de cet animal.

Landois a aussi constaté la faible toxicité de la créatine : cette substance, placée sur la surface de la zone motrice du cerveau, détermine cependant chez l'animal des convulsions cloniques. On doit faire des réserves sur l'observation de Landois, et sur toutes celles qui attribuent à la créatine une action toxique, car nous verrons, en étudiant la créatinine, que ce corps détermine les mêmes phénomènes à doses beaucoup plus faibles. Les créatines expérimentées pouvaient contenir de la créatinine, et les phénomènes toxiques peuvent être vraisemblablement attribués à la créatinine qu'elles contenaient, plutôt qu'à la créatine elle-même.

Mode d'élimination. — L'élimination de la créatine se fait par les reins. On la retrouve dans les urines sous forme de créatinine.

La créatine se transformerait en créatinine au niveau des reins.

Le tissu rénal jouirait d'un pouvoir déshydratant vis-à-vis de la créatine et la transformerait en créatinine. Cette action déshydratante du tissu rénal a été d'ailleurs observée vis-à-vis de l'acide benzoïque et du glycocolle, formation d'acide hippurique. Elle est du reste commune à plusieurs tissus de l'organisme : parois de l'intestin grêle (transformation des peptones en albuminoïdes), tissu hépatique (formation de glycogène), etc. On retrouve cependant une certaine quantité de créatine dans les urines. La faible proportion qu'on en obtient doit être considérée non pas comme un produit normal, mais comme résultant de la transformation de la créatinine par les réactifs pendant les opérations de laboratoire (NEUBAUER, MUNCK).

La créatine s'élimine aussi, vraisemblablement en partie, sous forme d'urée. Les expériences à ce sujet semblent contradictoires, et demandent à être poursuivies et vérifiées. SZUBOTTIN a mis de la créatine au contact du tissu rénal et a observé une production d'urée. Cette expérience a été contestée, depuis, par VOIT et par GSCHEIDLEN. MUNK, OPPLER, PERLS, ZALESKY ont pratiqué l'extirpation des reins sur divers animaux; ils ont vu qu'à la suite de cette opération le tissu musculaire s'enrichissait en créatine, tandis que le sang ne contenait qu'une minime proportion d'urée. Lorsqu'ils pratiquaient la ligature des uretères, l'urée s'accumulait dans le sang, alors que la quantité de créatine n'augmentait pas dans les muscles. Ces résultats furent considérés comme une preuve de la transformation de créatine en urée au sein du tissu rénal. MEISSNER, dans une série d'expériences plus récentes, a controuvé ces résultats; cet auteur a trouvé des quantités notables d'urée dans le sang d'animaux néphrectomisés. VOIT a confirmé les résultats de MEISSNER. MUNK a cependant démontré que l'ingestion de créatine augmentait simultanément la proportion d'urée et de créatinine dans les urines.

A. CHASSEVANT et CH. RICHET ont montré *in vitro* que le ferment uropoiétique du foie hydrolysait la créatine et la créatinine en donnant naissance à de l'urée.

SCHIFFER a observé que l'urine d'un lapin, qui ingérait quotidiennement 1 à 15 grammes de créatine, contenait de la *méthylurée*.

La méthylamine, que l'on retrouve normalement en plus forte proportion dans l'urine des carnivores que dans celle des herbivores, semble aussi provenir de la décomposition de la créatine.

L'ensemble de ces observations et expériences nous permet d'admettre que la désassimilation de la créatine se fait par deux mécanismes distincts :

1° Sous forme de créatinine, par déshydratation au niveau des reins;

2° Sous forme d'urée, de méthylamine ou de méthylurée, après destruction par hydrolyse.

Le dédoublement par hydrolyse semble se faire au niveau du foie. Si nous considérons la façon dont se comporte dans nos laboratoires la créatine vis-à-vis des agents hydratants; il doit y avoir d'abord formation *d'urée* et de *sarcosine (méthylglycocolle)*. La sarcosine se dédoublerait à son tour en donnant de la méthylamine et de l'acide oxalique, lequel acide se transformerait finalement en acide carbonique et en eau.

De nouvelles expériences sont nécessaires pour fixer et légitimer ces hypothèses, très vraisemblables.

La bibliographie se trouve réunie à celle de l'article **Créatinine**.

A. CHASSEVANT.

CRÉATINE (C⁴H⁷Az³O). — La créatinine a été découverte par LIEBIG dans un dépôt cristallin urinaire.

PETTENKOFER avait extrait de l'urine humaine un corps blanc cristallisé, que LIEBIG reconnut être un mélange de créatine et de créatinine. La créatinine se rencontre normalement, en petite quantité, dans les urines de tous les mammifères.

La créatinine est l'anhydride interne de la créatine, dont elle diffère par une molécule d'eau en moins; on obtient facilement de la créatinine, aux dépens de la créatine, en faisant bouillir la créatine en solution acide. La réaction inverse se fait avec autant de facilité en milieu alcalin ou neutre. La créatinine cristallise en prismes clinorhombiques, incolores et anhydres; elle est soluble dans 11,5 parties d'eau froide, très soluble dans l'eau bouillante; peu soluble dans l'alcool, 1000 parties d'alcool ne dissolvent que 9,8 parties de créatinine. Pure, elle donne des solutions neutres ou très faiblement alcalines aux papiers réactifs; lorsque la créatinine donne une solution alcaline, c'est qu'elle renferme des impuretés et laisse à la calcination des cendres fortement alcalines (SALKOWSKI). La créatinine déplace cependant l'ammoniaque des sels ammoniacaux; elle se combine aux acides pour former des sels stables.

Les sels formés avec les acides minéraux sont bien cristallisés, facilement solubles dans l'eau et l'alcool; leur réaction est acide au tournesol (SALKOWSKI).

Le *chlorhydrate de créatinine* $C^4H^7Az^3O,HCl$ cristallise en prismes raccourcis, fort solubles dans l'eau, solubles dans l'alcool. Le *chloroplatinate* donne des cristaux jaunes foncés, assez solubles dans l'eau, moins solubles dans l'alcool; ils contiennent 30,5 p. 100 de platine.

Le chlorhydrate de créatinine, en se combinant avec le chlorure de zinc, donne un *chlorure double de zinc et de créatinine* $(C^4H^7Az^3O)^2$ Zn Cl^2, qui prend naissance sous forme de précipité cristallin quand on traite une solution de créatinine par une solution concentrée, neutre, de chlorure de zinc. Cette combinaison est soluble dans l'eau; 100 parties d'eau dissolvent 3,604 de chlorure double de zinc et de créatinine à l'ébullition; elle est insoluble dans l'alcool, et complètement insoluble dans un excès de chlorure de zinc.

Le chlorure de cadmium donne de même un chlorure double de cadmium et de créatinine; ce sel est plus soluble dans l'eau que la combinaison zincique.

La créatinine donne avec l'azotate mercurique un précipité cristallin dense, peu soluble dans l'eau froide, assez soluble dans l'eau chaude, répondant à la formule $(C^4H^7Az^3O)^2$ Hg $(AzO^3)^2$. Avec le chlorure mercurique, elle donne un précipité caséeux, qui cristallise en fines aiguilles (Liebig); ce précipité est encore appréciable avec une solution de créatinine à 1/2000 (Hofmeister). L'azotate d'argent donne avec la créatinine un précipité de petites aiguilles groupées en mamelons, répondant à la formule $(C^4H^7Az^3O)^2$ $(AzO^3Ag)^2$. L'acide picrique donne dans les urines un précipité cristallin qui se dépose en aiguilles jaunes : c'est un picrate double de créatinine et de potasse qui répond à la formule $(C^4H^7Az^3O)$ $C^6H^2.OH.(AzO^2)^3 + C^6H^2(AzO^2)^3OK$); il se présente en petits prismes.

100 centimètres cubes d'eau dissolvent $0^{gr},1806$ de picrate de créatinine (Jaffé).

La créatinine est encore précipitée de ses solutions par l'acide phosphomolybdique et l'acide phosphotungstique. Elle n'est pas précipitée par le réactif de Bouchardat (iodure de potassium ioduré) et ne donne pas de bleu de Prusse par un mélange de ferricyanure de potassium et de chlorure ferrique étendu.

La créatinine en solution alcaline s'hydrate lentement à froid, rapidement à chaud, et se transforme en créatine (Liebig). Cette hydratation se fait aussi bien en solution aqueuse (Dessaignes). Lorsqu'on décompose par le sulfhydrate d'ammoniaque ou l'hydrate de plomb les sels doubles métalliques de créatinine, il se fait toujours une certaine quantité de créatine, quantité qui est d'autant plus forte que les liqueurs sont plus étendues (Heintz).

La créatinine réduit l'oxyde de mercure et se transforme en méthylguanidine (Dessaignes). Les agents oxydants tels que le bioxyde de plomb, le permanganate de potasse agissent de même (Neubauer); il y a formation de méthylguanidine et d'acide oxalique.

La créatinine réduit l'oxyde de cuivre en solution ammoniacale, il y a formation d'oxydule de cuivre et de méthylguanidine. Les liqueurs cupro-alcalines sont réduites par la créatinine, ce qui est une cause d'erreur dans la recherche du glycose dans les urines (Winogradoff, Kuhne, Hoppe-Seyler, Babo, Meissner, Seegen). La réduction se fait déjà à 60 à 70°; elle est complète à 90 à 100°. Le pouvoir réducteur de la créatinine est tel qu'une molécule de créatinine réduit 0,75 molécule de CuO. La liqueur peut se décolorer sans que l'oxyde cuivreux se sépare, car il est retenu en solution par l'ammoniaque qui se dégage : il suffit d'ajouter un excès de carbonate de soude pour le faire se déposer.

On peut aussi observer la précipitation d'une poudre blanche, car lorsqu'on ajoute du tartrate sodico-potassique et du sulfate de cuivre à une solution aqueuse alcaline de créatinine, il se dépose une combinaison d'oxyde cuivreux et de créatinine en petits grains agglutinés très peu solubles; 1 millième de créatinine donne la réaction (Maschke).

Worm Muller a étudié avec beaucoup de soin l'action de la créatine sur les sels de cuivre en solution alcaline, surtout au point de vue d'éviter les causes d'erreur dans le dosage du glucose urinaire. Nous insisterons sur ce travail à l'article Urines.

D'après Magnier de la Source, l'hypobromite de soude décompose totalement à froid et dégage tout l'azote de la créatinine. Falk a observé que l'hypobromite de soude ne dégage à froid à l'état gazeux que 97,4 p. 100 de l'azote de la créatinine. J'ai observé que le temps est un des facteurs de la réaction. Au moment du mélange des solutions de créatinine d'hypobromite, il ne se dégage environ que de 36 à 40 p. 100 d'azote; au bout de vingt-quatre heures la totalité de l'azote est dégagée.

L'acide azoteux donne naissance, en réagissant sur la créatinine, à une ou plusieurs bases azotées nouvelles étudiées par Dessaignes et Marker. Il y a en même temps dégagement d'une partie de l'azote.

A 180°, en tube scellé, la créatinine perd tout son azote sous forme de carbonate d'ammoniaque, la réaction est analogue à celle donnée par l'urée (Cazeneuve et Hugounenq). A 100° avec de l'eau de baryte, elle donne de la *méthylhydantoine* (Dessaignes).

D'après Colasanti et Salkowski, la créatinine résisterait à la fermentation ammoniacale des urines, d'après Halanke une notable partie de la créatinine se détruirait en donnant du carbonate d'ammoniaque sous l'action des microbes urophages.

D'après Stillingfleet Johnson, la créatinine extraite de l'urine et celle qu'on obtient par déshydratation de la créatine musculaire ne seraient pas identiques. Elles différeraient par leur solubilité dans l'eau, dans l'alcool; le chlorhydrate de créatinine artificielle contiendrait une molécule d'eau, alors que le chlorhydrate de créatinine provenant des urines serait anhydre.

Toppelius et Pommerschne ont constaté, contrairement aux assertions de Stillingfleet Johnson, l'identité des diverses créatinines. Ils ont comparé les diverses propriétés de la créatinine extraite des urines avec celles de la créatinine provenant de la déshydratation de la créatine musculaire, de créatinine préparée synthétiquement par la cyanamide et la sarcosine, de créatinine obtenue en hydratant d'abord de la créatinine urinaire, pour la transformer en créatine, puis déshydratant cette créatine.

Les réactions, analyses élémentaires, propriétés physiques et chimiques, ont permis d'identifier ces corps, quelles que soient leurs origines.

Préparation. — On prépare en général la créatinine en partant de l'urine de l'homme ou des animaux ; l'urine de veau est la plus avantageuse.

On peut faire aussi ce composé en déshydratant la créatine musculaire par ébullition avec un acide; on l'obtient encore synthétiquement (V. Créatiniques [bases]).

Extraction et dosage de la créatinine urinaire. — On évapore au moins 50 litres d'urines jusqu'à consistance sirupeuse, on alcalinise le produit avec un lait de chaux concentré; le mélange est additionné de chlorure de calcium en solution sirupeuse jusqu'à ce que le liquide filtré ne donne plus de précipité. On filtre : le liquide filtré est neutralisé par l'acide chlorhydrique, puis additionné d'une solution sirupeuse de chlorure de zinc. On abandonne le tout au frais; au bout de 24 heures on obtient un magma cristallin, *chlorure double de créatinine et de zinc* impur. Les eaux mères sont traitées à nouveau par un excès de chlorure de zinc. Le précipité lavé à l'eau glacée est porté à l'ébullition avec de l'eau chargée d'hydrate de plomb en excès. La créatinine est mise en liberté; il se forme en même temps du chlorure de plomb et de l'oxyde de zinc. Au cours de cette réaction une partie de la créatinine s'est transformée en créatine. Le liquide séparé par filtration est évaporé et laisse déposer un mélange cristallin de créatinine et de créatine. On transforme le tout en créatinine en chauffant au bain-marie avec de l'acide sulfurique dilué dans la proportion de deux molécules de créatine pour une molécule d'acide sulfurique. Le sulfate de créatinine cristallise, on le décompose en le dissolvant dans le moins d'eau possible et traitant par le carbonate de baryte. On filtre à chaud et on évapore jusqu'à cristallisation (Liebig).

Maly prépare la créatinine en mettant à profit l'insolubilité de sa combinaison mercurique. L'urine humaine est évaporée au tiers ou au quart. Les sels sont séparés par l'addition d'un excès d'acétate de plomb. Le liquide filtré est additionné de carbonate de soude, puis on chasse le plomb par l'hydrogène sulfuré. Le filtrat est acidulé par l'acide acétique ; neutralisé par la soude, puis précipité par une solution concentrée de bichlorure de mercure. Le précipité est composé en majeure partie de chlorure double de créatinine et de mercure : on le décompose par H^2S. La solution décolorée par le noir animal est évaporée jusqu'à cristallisation. On transforme la créatine formée au cours des manipulations en créatinine par l'acide sulfurique comme ci-dessus.

Lorsqu'on opère avec de l'urine de chien, il faut se débarrasser par l'addition d'acide chlorhydrique de l'acide *cynurique*, avant de précipiter par le chlorure de zinc (Loebe).

Pour faire l'extraction en petit et le dosage de la créatinine, on opère comme précédemment sur 200 à 300 centimètres cubes d'urine, on ne réduit qu'après avoir déféqué le liquide avec la chaux et le chlorure de calcium et neutralisé par l'acide acétique. Le sirop épais est mis en digestion avec de l'alcool absolu ; on filtre et lave la partie insoluble par l'alcool. La créatinine est en solution dans les liqueurs alcooliques ; on les additionne de 2 à 3 centimètres cubes d'une solution alcoolique concentrée de chlorure de zinc ; par agitation on obtient un trouble immédiat, après 48 heures de repos on obtient un précipité de chlorure de zinc et de créatinine, contenant de 5 à 10 p. 100 d'impureté, (Neubauer), ce précipité est réuni sur un filtre, lavé à l'alcool absolu, redissous dans un petit peu d'eau chaude, décomposé par l'hydrate de plomb. La créatinine est reprise par l'alcool, en traitant par ce véhicule le résidu de l'opération précédente évaporée à sec. La solution alcoolique laisse la créatinine par évaporation.

La méthode de Neubauer ne fournit pas des résultats exacts ; Salkowski l'a modifiée de la façon suivante. 240 centimètres cubes d'urine sont alcalinisés par la chaux, puis ramenés à 300 centimètres cubes à 15°. On filtre sur un filtre sec et on ajoute de l'acide chlorhydrique si la réaction est trop alcaline. On évapore à 20 centimètres cubes. On additionne de son volume d'alcool, puis on amène le volume à 100 centimètres cubes avec de l'alcool. On laisse déposer 24 heures, puis on filtre.

80 centimètres cubes de filtrat sont additionnés de 1 centimètre cube d'une solution concentrée de chlorure de zinc, on recueille les cristaux de chlorure de zinc et de créatinine sur un filtre taré, on lave à l'alcool à 80°, puis à l'alcool absolu, puis à l'éther. On sèche à 100° et on filtre. Le résultat est multiplié par un dixième.

Ben Tanigui réduit au tiers 300 centimètres cubes d'urine additionnés de 10 centimètres cubes de SO^4H^2. On filtre, précipite par la baryte, filtre encore, neutralise par l'acide chlorhydrique, évapore à sirop. L'extrait est mis en digestion avec de l'alcool à 95° et ramené à 100 centimètres cubes. On prélève 80 centimètres cubes de liquide limpide qu'on additionne d'acétate de soude et de 20 gouttes d'une solution de chlorure de zinc saturée dans l'alcool. Le précipité recueilli après 48 heures est lavé à l'alcool et pesé.

On peut séparer la créatinine par la méthode de Jaffé avec l'acide picrique, sous forme de picrate insoluble.

Stillingfle et Johnson précipite la créatinine par le chlorure mercurique. Voici comment on opère. On ajoute à l'urine un vingtième de son volume d'une solution saturée d'acétate de soude et un quart d'une solution saturée de bichlorure de mercure. On a un précipité abondant d'urates, de phosphates ; on filtre. Le liquide limpide filtré est abandonné au repos dans un endroit frais. Au bout de 24 heures il s'est déposé le chlorure double de mercure et de créatinine ; on le recueille ; on le sèche et on le pèse. Le cinquième de son poids représente celui de la créatinine qu'il renferme.

Kolisch propose d'évaluer la créatinine en dosant l'azote contenu dans le précipité zincique, lavé et purifié à l'alcool.

Si l'urine contient de l'albumine, on l'élimine par coction ; si elle contient du sucre, on se débarrasse du glucose par fermentation avec la levure de bière pure (Gaethgens).

Réactions caractéristiques. — On décèle la présence de la créatinine par un certain nombre de réactions colorées et de précipitation.

La réaction colorée le plus fréquemment employée est celle découverte par Weyl.

Lorsqu'on mélange quelques centimètres cubes d'un liquide contenant de la créatinine avec une solution concentrée de nitroprussiate de soude (quelques gouttes) et qu'on alcalinise avec une solution de soude étendue, le mélange prend une teinte rouge rubis, puis vire au jaune ; 0gr,3 pour 1000 de créatinine donne la réaction. La créatine ne donne pas cette réaction.

Si l'on additionne le mélange d'acide acétique et qu'on chauffe, le liquide vire au vert, puis devient bleu foncé par suite de formation de bleu de Prusse (réaction de Salkowski).

Cette deuxième réaction n'est pas caractéristique, on l'observe avec un grand nombre de matières, notamment toutes les fois qu'un groupe — CH^2 — CO — est lié à deux atomes d'azote (Guareschi), avec l'acétone (Nobel), avec l'indol (Legal), et aussi lorsqu'on ajoute un acide minéral à du nitroprussiate (Krukenberg).

La réaction de Weyl n'est pas non plus absolument caractéristique, car l'acétone donne la même coloration avec le nitroprussiate (Legal) ; aussi ne peut-on employer la réaction de Weyl pour caractériser la présence de la créatinine, que lorsqu'on s'est assuré que le liquide ne contient pas d'acétone, et seulement dans les urines normales; on doit accorder peu de créance à cette réaction dans les urines pathologiques (OEchsner de Koninck).

Le chlorure ferrique très dilué donne, avec les solutions de créatinine, une coloration rouge, qui devient plus intense à chaud (Thudicum) ; cette réaction est commune à tous les acides amidés. La réaction de Maschke, précipitation de la créatinine dans une solution saturée de carbonate de soude par quelques gouttes de liqueur cupro-potassique, est très sensible même en présence du glucose.

La réaction de Jaffé avec l'acide picrique, celle de Johnson avec le bichlorure de mercure, et celle de Neubauer avec le chlorure de zinc donnent des précipités cristallins, faciles à caractériser au microscope.

Physiologie. — **Créatinine dans l'organisme.** — On rencontre la créatinine dans les urines de l'homme et des mammifères, dans le liquide amniotique.

Pettenkofer a le premier signalé sa présence dans l'urine humaine. Liebig l'avait déjà retrouvée dans celle du chien. Sokoloff a constaté que les urines de veau étaient riches en créatinine. On rencontre la créatinine dans les urines de tous les mammifères. Dessaignes l'a trouvée dans celles de la vache ; Pecile, dans celles du porc ; Kochler, dans celles du cobaye. Les excrétions des oiseaux ne renferment ni créatine ni créatinine (Meissner).

La créatinine ne se rencontre pas dans les autres liquides ou tissus de l'économie en quantité appréciable ; on a cependant signalé sa présence en très petite quantité dans le sang et les muscles ; mais, d'après ce que nous savons sur la facile transformation de la créatine en créatinine, on peut admettre que c'est au cours des manipulations de laboratoire que se produit la créatinine. On admet que la créatine ne se transforme en créatinine qu'au niveau des reins (V. **Créatine**).

Monari a cependant vu la proportion de créatinine augmenter dans les muscles fatigués.

Krukenberg a constaté que les muscles des poissons renfermaient surtout de la créatinine, alors que c'est de la créatine qu'on retrouve dans les muscles des animaux vertébrés supérieurs. Valenciennes et Fremy avaient signalé la présence de créatinine dans les muscles des crustacés. Krukenberg n'a pu retrouver ni créatinine ni créatine chez les mollusques et les crustacés. L'origine de la créatinine excrétée par les urines est double. L'alimentation carnée introduit de la créatine dans l'organisme ; le système musculaire, d'autre part, est aussi une source de créatine.

Nous verrons que les différences dans l'alimentation et que les variations de l'activité musculaire influencent l'élimination de la créatinine par les urines. L'élimination moyenne de créatinine chez un homme sain soumis à un régime mixte varie de 0,6 à 1gr,3 par vingt-quatre heures. Hofmann a trouvé sur lui-même la moyenne de 0,681 par vingt-quatre heures. Chez d'autres personnes il a trouvé 0,96. La femme excréterait moins de créatine : 0,63 en vingt-quatre heures. Les vieillards en excréteraient la moitié ; l'urine des nourrissons n'en contiendrait pas. Johnson a obtenu des moyennes plus élevées, de 1gr,7 à 2gr,1 ; Pietro Grocco a obtenu les moyennes de 0gr,686 à 1gr,310 chez un homme sain, 0gr,408 à 0gr,502 chez des personnes âgées de 67 à 76 ans. Un homme de 54 kilos éliminerait en moyenne 1gr,166 de créatinine par vingt-quatre heures, soit : 0gr,0214 par kilo.

La quantité de créatinine éliminée par les urines est sous la dépendance de l'alimentation, elle augmente par l'alimentation carnée, ainsi que l'ont constaté Voit, Hofmann, Meisner, Zantl. L'excrétion de créatinine est faible chez les herbivores. A jeun, l'homme n'élimine que 0gr,139 de créatinine (Hofmann). Grocco a vu diminuer la quantité de créatinine chez les individus mis à la diète, et augmenter avec l'alimentation azotée. Le travail musculaire augmente dans d'assez fortes proportions la quantité de créatinine éliminée par les urines. Mosso a observé que l'urine de soldats soumis à une marche forcée contenait, pour une période de douze heures, 0gr,74 de créatinine, tandis que pendant douze heures de repos le chiffre s'est abaissé à 0gr,50 à 0gr,58. Moitessier a constaté sur lui-même une augmentation de la créatinine éliminée dans la proportion d'un tiers après des marches normales de 15 à 40 kilomètres.

Variations pathologiques. — Nous avons peu de renseignements précis sur les variations que subit l'excrétion de la créatinine au cours des maladies. Il y a peu de recherches quantitatives sur ce sujet. Munk a cependant observé une augmentation dans la quantité de créatinine excrétée au cours des maladies aiguës, pneumonie, fièvre typhoïde, fièvre intermittente; Senator a vu dans deux cas de tétanos que la créatinine urinaire avait augmenté; Gnocco a aussi noté la plus grande excrétion de créatinine au cours des maladies mentales.

Il y a, au contraire, diminution de la créatinine dans les urines au cours de la convalescence, chez les cachectiques, les diabétiques (Gnocco). Les troubles de la sécrétion urinaire amènent aussi une diminution dans la quantité de créatinine éliminée, ainsi que Reuling et Schottin l'ont observé au cours de l'urémie, Hoffmann dans la dégénérescence avancée des reins.

D'après Vogel, cette diminution dans l'excrétion de la créatinine serait due à ce que l'épithélium rénal n'est plus capable de transformer la créatine en créatinine, et d'éliminer cette dernière. Cette hypothèse semble confirmée par les recherches de Cuffer qui a vu la créatinine s'accumuler dans le sang des urémiques.

Action toxique. — Ranke a vu que la créatinine injectée dans le sang exalte l'irritabilité des nerfs périphériques, abaisse l'énergie fonctionnelle des muscles, produit des contractions spasmodiques. Landois considère la créatinine comme assez toxique : déposée à la surface des hémisphères cérébraux, elle provoque des convulsions. Bogoslowski attribue l'action excitante du bouillon autant à la créatinine qu'aux sels de potasse qu'il contient.

Origine et élimination. — La créatinine reconnaît pour origine la créatine introduite directement dans l'économie par l'alimentation carnée, et aussi celle formée dans notre tissu musculaire. Elle semble se former au niveau des reins par un phénomène de déshydratation qui se passerait dans l'intimité du tissu rénal. C'est un produit de déchet; injecté dans l'organisme, elle semble passer directement dans les urines sans subir de transformation.

Bibliographie. — **Créatine et Créatinine.** — Baldi. *Kreatininauscheidung während des Fastens and über seine Bildung im Organismus (Lo Sperimentale,* mars 1889). — Bogoslowski. *Physiologische studien über die Wirkung des Fleischbrühe des Fleischextractes der Kalisalze und des Kreatinins (Arch. f. Anat. u. Physiol.,* 1872, 347); — *Wirkung des Fleischbrühe und der Kalisalze (C. W.,* 1871, n° 32). — Bunge *(Chimie biologique,* tr. franç., 289, 1891). — Cameron. *Assimilation of Creatine by Plants (Chem. news,* xxiv, 273). — Carter. *Act. phys. de la créatine sur les animaux tuberculeux et normaux (Ther. Gaz.,* 15 avril 1892). — Chevreul *(Journ. de physiol. et chim.,* xxi, 234, 1835). — Colasanti. *Die Reactionen des Creatinins (Moleschott's Untersuch. zu Naturlehre,* xiii, 6); — (Maly's Jahrb., xviii, 132). — Colls. *Notes on creatinine (J. P.,* xx, 107). — Commaille. *Note sur la présence de la créatine dans le petit lait putréfié (Rec. mém. méd. mil.,* 1869, (3), xxii, 64). — Cuffer *(D. P.,* 1878). — Dessaignes *(C. R.,* xxxviii, 839; xli, 258). — Engel. *Sur la créatine (Journal de pharmacie,* 1874 (4), xx, 103) (C. R., xxviii, 1707); — *Combinaison de créatine et de mercure (Bull. Soc. chim.,* (2), xxiii, 395). — Etti. *Die loschtische Bestandtheil im Muskelfleisch des Pferdes (Œster. Vierteljahreschrifte f. Wiss. Veterin.,* xxxvi, 1). — Garnier *(Encycl. chim.,* ix, 2e partie, 469 et 811). — Gregory *(Ann. d. Chem. u. Pharm.,* lxiv, 100). — Griess (B. D. C. G., xiii, 977). — Grocco (P.). *La creatinina in urina normali e pathologiche (Ann. di chim. e di farm.,* (4), iv, 211). — Guareschi. *Sulle reazione di Weyl per la creatinina (Ann. di chim.,* (4), v, 195). — Hahn (D. D., xxiv, 1). — Heintz (Ann. Pogg., lxii, 602; lxiii, 595; lxiv, 125). — Hofmann. *Ueber Kreatin in normalen und pathologischen Harn (A. A. P.,* xlviii, 358, 1869). — Jacobson. *Fleischflüssigkeit von Phocœna communis (Ann. der Chemie,* clvii, 227). — Jaffé. *Ueber den Niederschlag welchen Pikrinsaure in normalen Harn erzeugt und über eine neue Reaction des Kreatins (Z. p. C.,* x, 391-400). — Stillingfleet Johnson (G.). *On Creatinin (Chem. news,* lv, 304); *(Proc. Roy. Soc.,* xliii, 493-534). — Kobert. *Ueber die physiol. Wirkung u. Ther. des Kreatins (Chemikerztg.,* xii, 1662). — Kolisch. *Eine neues Methode des Kreatinbestimmung im Harn (Contr. f. inn. Med.,* xvi, 265). — Krukenberg. *Vergleichende physiol. Beiträge zur Chemie der contractilen Gewebe (Untersch. des phys. Inst. Univer. Heidelberg,* iii, 197-220); *Untersch. der Fleischextracte verschiedener Fische und Wirbellosen (Ibid.,* iv, 1re partie, 1881); — *Zur Characteristik einiger physiol. u. klin. wichtigeren Farbenreactionen (Verhandl. phys. med. Gesell. z. Würtzburg,*

XVIII, 56). — MAGNIER DE LA SOURCE (*Bull. Soc. chim.*, XXI, 290). — MALY (R.) (*Sitzb, Wien. Akad.*, LXIII, 1871) (*Z. f. anal. Chem.*, 1871); — (*Ann. der Chem.*, CLIX). — MARKER (*Ann. d. Chem. u. Pharm.*, CXXXIII, 305); — (*Bull. Soc. chim.*, IV, 395, 1865). — MASCHKE (*Z. anal. Chem.*, VII, 134); — (*Bull. Soc. chim.*, XXII, 468). — MEISSNER (*Z. f. rat. Med.*, (3), XXIV, 100-225; XXXI, 185-283). — MITTELBERGER. *Creatins deposited spontaneoulsy in oxaluria* (*Med. exam. Phil.*, 1855, XI, 335). — MOITESSIER. *Influence du travail musculaire sur l'élimination de la créatinine* (*B. B.*, XLIII, 573). — MONARI. *Ueber die Bildung des Xanhocreatinin im Organismus* (*Gazz. chem. ital.*, XVI, 538). — MORRIS. *Creatin in the urin* (*Med. exam. Phil.*, 1855, XI, 532). — MULDER et MONTHAAN (*Z. f. Chem.*, 1869, 344); — (*Bull. Soc. chim.*, (2), XII, 357). — MULDER (*Ibid.*, (2), XXV, 560). — MUNCK. *Ueber Kreatin und Kreatinin* (*D. Klinische*, 1862, XIV, 299); — (*Berl. klin. Woch.*, 1864, nº 11). — MÜLLER (WORM). *Ueber das Verhalten des Kreatinins zu Kupferoxyd und Alkali* (*A. g. P.*, 1884, (2), XXVII, 59). — NAWROCKI. *Ueber die quant. Best. des Kreatins in Muskel* (*Z. f. Anal. Chem*, IV, 169); — *Zur Kreatinfrage* (*C. W.*, 1866, IV, 623); — (*Med. Centralbl.*, 1865, 417). — NEUBAUER (*Z. f. Anal. Chem.*, II, 22); (*Ann. Chem. u. Pharm.*, CXXXVII, 288). — ŒSCHNER DE KONINCK (*B. B.*, 9 fév. 1895-16 fév. 1895). — OPPLER (*A. A. P.*, XXI, 260). — PERLS. *Ueber Kreatingehalt des menschlichen Harn* (*D. Arch. f. klin. Med.*, 1869, XIV, 299); — (*Kœnigsb. med. Jahrb.* IV, 56). — PETTENKOFER (*Ann. der Chem. u. Pharm.*, LII, 97). — PODCOPAEW. *Ueber eine Verbindung des salzsauren Kreatinin und salzauren Sarkosin mit Goldchlorid* (*A. A. P.*, 1896, XLV, 95). — POUCHET. *Contr. à la connaissance des mat. extract. des urines* (*Diss. in.* Paris, 1880). — SALKOWSKI. *Z. Kenntniss des Kreatinins* (*Z. p. C.*, IV, 133; X, 106-113); — *Hat das Kreatinin basische Eigenschaft* (*Ibid.*, XII, 211-215). — SAROKOW (*A. A. P.*, XXVIII, 544). — SCHIFFER (*Z. p. C.*, IV, 237). — SCHOTTIN. *Ueber die Ausscheidung v. Kreatin durch Harn u. Transsudat.* (*Arch. d. Heilk.*, Leipzig, 1860, I, 417-440); 1861, II, 475). — SCZELLOFF (*C. W.*, 1866, IV, 481). — SENATOR. *Ueber die Beschaffenheit des Harnes im Tetanos* (*A. A. P.*, XLVIII). — STÆDELER (*Journ. f. prakt. Chem.*, II, 22). — STOPZANSKI. *Ueber Bestimmung des Kreatinin in Harn und Verwerthung desselben bei Diabetes mellitus* (*Wien. med. Woch.*, 1863, XIII, 327-342-358-374-391). — SZUBOTTIN (*Z. f. ration. med.*, (3), XXVIII, 114). — TOPPELIUS et POMMERSCHNE. *Ueber Kreatinin* (*Arch. d. Pharm.*, CCXXXIV, 380). — TRESKIN (*A. g. P.*, V, 122). — VALENTINER. *Ueber die pathologische Bedeutung des Kreatin u. Kreatinin* (*D. klin. Woch.*, 1862, XIV, 55-64-71). — VOIT. *Ueber das Verhalten des Kreatins und Harnstoff im Thierkörper* (*Z. B.*, 1868, IV, 76-162); — WEYL. *Eine neue Reaction auf Kreatinin u. Kreatin* (*D. Chem. Ges.*, XI, 2175); — (*Maly's Jahrb.*, VIII, 82). — ZALESKY. *Unters. u. d. uræm. Process.*, Tubingen, 1865. — ZANTL. *Ueber die Auscheidung von Kreatin* (*Diss.*, München, 1868).

ALLYRE CHASSEVANT.

CRÉATINIQUES (Bases).

CRÉATINIQUES (Bases). — On doit rattacher à la créatine et à son anhydride interne, la créatinine, toute une série de substances ayant des propriétés physiques et chimiques analogues, et dont la constitution se rapproche beaucoup de celle de ces composés.

En 1881, ARMAND GAUTIER a rapproché de la créatine et de la créatinine plusieurs bases qu'il venait d'extraire du suc musculaire; en les groupant ensemble il a constitué la classe des *leucomaïnes créatiniques*. Le groupe des *bases créatiniques* doit comprendre non seulement les leucomaïnes d'origine animale; mais aussi les homologues, isologues, et que l'on sait préparer artificiellement par synthèse.

C'est à STRECKER qu'est due la première méthode générale de synthèse des bases créatiniques.

Nous savons que, sous l'action de l'eau de baryte, la créatine se dédouble en urée et sarcosine (LIEBIG) Cette réaction a fait considérer, par STRECKER, la créatine comme une combinaison de *cyanamide* et de *méthylglycocolle* (sarcosine). Guidé par ces vues théoriques, il a obtenu, en combinant le glycocolle et la cyanamide, une base, la *glycocyamine*, homologue inférieure de la créatine. Pour obtenir ce composé il suffit de mélanger les solutions aqueuses de cyanamide et de glycocolle, additionnées de quelques gouttes d'ammoniaque. La liqueur abandonnée à elle-même laisse déposer des cristaux incolores de glycocyamine $C^3H^7Az^3O^2$.

La glycocyamine chauffée en présence des acides se déshydrate et donne la *glycocya-midine* C^3H^5AzO anhydride interne, homologue inférieur de la créatinine.

VOHLARD, en chauffant, d'après la même méthode, un mélange de cyanamide et de sarcosine à 100°, a réalisé le synthèse de la créatine.

BAUMANN, en faisant réagir l'alanine sur la cyanamide, dans les mêmes conditions, a obtenu *l'alacréatine*, $C^4H^9Az^3O^2$, isomère de la créatine.

L'ébullition de l'alacréatine en présence des acides donne de l'*alacréatinine*, isomère de la créatinine. SALKOWSKI, qui a réalisé la même synthèse en même temps que BAU-MANN, avait dénommé ce corps *isocréatine*. Il est préférable d'adopter le nom d'*alacréa-tine*, car il existe plusieurs isomères de la créatine et le nom isocréatine prêterait à la confusion.

DUVILLIER a étudié la méthode de synthèse de STRECKER avec beaucoup de soin, en faisant réagir différents acides amidés sur la cyanamide; il a préparé un certain nombre de créatines et de créatinines homologues, et il a fait sur la réaction de STRECKER les remarques suivantes : Lorsqu'on fait réagir la cyanamide sur les acides amidés dérivés de l'ammoniaque, on obtient des créatines, qui, par déshydratation en milieu acide, donnent des créatinines correspondantes. Si, au contraire, on fait réagir la cyanamide sur un acide amidé dérivé des amines, on obtient en général une créatinine. Cependant le méthylglycocolle donne la créatine; l'acide méthylamidopropionique donne l'homo-créatine.

En faisant réagir sur la cyanamide les acides amidés contenant un noyau benzénique, on a réalisé le synthèse de créatines aromatiques. GRIESS a préparé ainsi la benzocréa-tine.

La méthode de STRECKER semble être un mode de synthèse générale des bases créati-niques.

BAUMANN a réalisé la synthèse de la créatine par une autre méthode en faisant réagir la sarcosine sur le chlorhydrate de glycocolle. L'idée de cette synthèse lui avait été sug-gérée par l'expérience de DESSAIGNES, dans laquelle cet auteur avait constaté que les oxydants dédoublaient la créatine en donnant naissance à la *méthylguanidine*.

La synthèse de BAUMANN donne de faibles rendements; mais, si l'on substitue au chlo-rhydrate le carbonate de guanidine, on obtient de la créatinine en quantité appréciable (HORBACZEWSKI). Ces synthèses ont permis d'établir les formules de constitution de la créatine et de la créatinine.

La *créatine* est l'acide *méthylguanidinacétique* et répond à la formule :

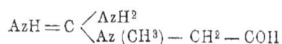

$$AzH = C \Big\langle \begin{matrix} AzH^2 \\ Az\,(CH^3) - CH^2 - COH \end{matrix}$$

La *créatinine* répond à la formule :

$$AzH = C \Big\langle \begin{matrix} AzH - CO \,\diagdown \\ Az\,(CH^3) - CH^2 \end{matrix}$$

On doit donc considérer les bases créatiniques comme des dérivés de la guanidine.

Laissant de côté l'étude des bases créatiniques de synthèse, d'ordre purement chi-mique, nous ne nous occuperons dans cet article que des bases créatiniques d'origine animale : des *leucomaines créatiniques*.

C'est à ARMAND GAUTIER que l'on doit la découverte de la plupart des leucomaïnes créatiniques, qu'il a extraites principalement du suc musculaire.

Voici la méthode qu'il emploie pour extraire les bases créatiniques :

Mode d'extraction des bases créatiniques. — 50 kilogrammes de viande fraîche finement hachée sont mis à macérer dans le double de leur poids d'eau, additionnée par litre de 0^{gr},20 d'acide oxalique et de quelques gouttes d'essence de moutarde ou de sulfure de carbone pour empêcher toute action microbienne. Après 24 heures, on filtre et l'on soumet le résidu à la presse. On porte la liqueur à l'ébullition, on filtre de nou-veau et l'on évapore dans le vide à 60°. On obtient un résidu épais, brun jaunâtre, très acide, d'odeur légère de rôti, qu'on reprend par l'alcool à 95° tiède. Celui-ci laisse un premier dépôt brun, épais, visqueux, contenant très peu de gélatine, des composés xan-thiques et des sels minéraux, on le rejette.

Le liquide alcoolique est distillé dans le vide, on obtient un sirop épais que l'on traite par de l'alcool chaud à 99°. On filtre et laisse déposer. On obtient un second dépôt brun. Le liquide est décanté, filtré. On ajoute à ce liquide alcoolique de l'éther rectifié tant qu'il se fait un précipité. On laisse déposer 24 heures. Le liquide éthéro-alcoolique ambré ne renferme que des traces de bases volatiles à odeur aubépine de la nature des ptomaïnes.

Le précipité A renferme la plupart des bases de la viande. Ce précipité jaune ambré, épais, légèrement amer, se sépare en un magma de cristaux mêlé à un liquide sirupeux. On ajoute à cette masse confusément cristalline de l'éther absolu, puis au bout d'une semaine on sépare à la trompe le liquide ambré sirupeux B, à fluorescence verdâtre, des cristaux C.

On lave ces cristaux par l'alcool à 98°. Puis on les reprend par l'alcool à 95° bouillant. Cet alcool est évaporé en partie et par refroidissement, il se dépose des cristaux jaunes citron (xanthocréatinine). Les eaux mères laissent déposer de nouveaux cristaux E qu'on purifie.

Les cristaux E redissous dans l'alcool à 95° bouillant laissent un résidu peu soluble, blanc jaunâtre; on le dissout dans l'eau chaude, et par refroidissement il se dépose rapidement des cristaux brillants (F) très peu solubles dans l'eau (Amphicréatine). En continuant à concentrer les eaux mères, on obtient une nouvelle cristallisation d'une substance jaune orangée (Crusocréatinine). Les principales leucomaïnes créatiniques actuellement connues sont :

Leucomaïnes créatiniques.

CRÉATINES.		CRÉATININES.	
Glycocyamine	$C^3H^7Az^3O^2$	Glycocyamidine	$C^3H^5Az^3O$
Créatine	$C^4H^9Az^3O^2$	Créatinine	$C^4H^7Az^3O$
Lysatine	$C^6H^{13}Az^3O^2$	Isocréatinine	$C^4H^7Az^3O$
Propylglycocyamine	$C^6H^{13}Az^3O^2$	Lysatinine	$C^6H^{11}Az^3O$
Arginine	$C^6H^{14}Az^4O^2$	Xanthocréatinine	$C^5H^{10}Az^4O$
Amphicréatine	$C^9H^{19}Az^7O^4$	Crusocréatinine	$C^5H^8Az^4O$
Bases innomées	$\begin{cases} C^{11}H^{24}Az^{10}O^5 \\ C^{12}H^{26}Az^{11}O^5 \end{cases}$		

Glycocyamine et Glycocyamidine. — On n'a pas encore rencontré dans l'économie la glycocyamine que STRECKER a préparée par synthèse. C'est une base faible, soluble dans 126 parties d'eau, son chlorhydrate cristallise en prismes rhomboïdaux.

Chauffée à 160°, elle fond en perdant un molécule d'eau pour donner du chlorhydrate de glycocyamidine. La glycocyamidine cristallise en paillettes légèrement jaunâtres, très solubles, et possédant une forte réaction alcaline. Le chlorure double de zinc et de glycocyamidine est presque insoluble, comme celui de la créatinine. GRIFFITHS a signalé la glycocyamidine dans les urines des rubéoleux : ce serait une base très toxique.

Isocréatinine. — Nous ne nous occupons pas ici de l'alacréatinine de BAUMANN décrite par SALKOWSKI sous le nom d'isocréatinine ; mais d'un autre isomère de la créatinine isolée par JÖRGEN EITZEN de la chair de morue fraîche (Gadus morrhua) et d'une poudre de morue sèche dite farine de poisson WAAGE.

THESEN a étudié cette base avec beaucoup de détail. Pour extraire l'isocréatinine il emploie une méthode analogue à celle de GAUTIER : 4 kilos de morue sont épuisés par 40 litres d'eau tiède. Le liquide filtré, porté à l'ébullition pour se débarrasser des matières albuminoïdes, est ensuite évaporé à consistance d'extrait. Le sirop ambré obtenu est additionné de deux fois son volume d'alcool. Le liquide alcoolique distillé et concentré dans le vide laisse déposer des cristaux jaunes d'isocréatinine.

Sa composition répond à la formule $C^4H^7Az^3O$. Elle possède la plupart des réactions des bases créatiniques. Les différences observées par THESEN entre l'isocréatinine et la créatinine sont :

1° La couleur. L'isocréatinine est jaune, alors que la créatinine est incolore.

2° La solubilité. L'isocréatinine est trois fois plus soluble dans l'eau que la créatinine. La solubilité dans l'alcool est de 1 : 315,9 pour l'isocréatinine, de 1 : 130 pour la créatinine.

3° Le picrate d'isocréatinine est soluble, celui de créatinine est insoluble.

4° Les oxydants tels que le permanganate de potasse agissent sur la créatine en formant de la méthylguanidine, sans qu'il y ait dégagement d'ammoniaque (NEUBAUER). Le permanganate détruit l'isocréatinine en donnant de l'ammoniaque et pas de méthylguanidine.

La stabilité de l'isocréatinine vis-à-vis de l'acide sulfurique fait supposer à J. E. THIESEN que chaque atome d'azote est lié à un atome différent de carbone, et non pas au même atome, comme dans la créatinine. Ces expériences demandent à être poursuivies.

Lysatine, Lysatinine. — Ces bases ont été obtenues par DRECHSEL en soumettant la caséine à l'action de l'acide chlorhydrique concentré en présence d'étain; SIEGFRIED les a aussi obtenues en traitant la légumine dans les mêmes conditions. La lysatine est accompagnée dans cette réaction d'une base $C^6H^{14}Az^2O^2$ qui se sépare la première. La lysatine est dans les eaux mères. La lysatine jouit de la propriété de donner de l'urée en abondance lorsqu'on la traite par l'hydrate de baryte à l'ébullition. La lysatinine accompagne la lysatine.

GRIFFITHS a signalé, dans l'urine des malades atteints d'oreillons, un composé, $C^6H^{13}Az^3O^2$, qui serait de la *propylglycocyamine*.

Nos connaissances actuelles sur la question ne nous permettent pas d'identifier ces produits.

Xanthocréatinine. — Cette base a été découverte par A. GAUTIER en 1882 dans la chair musculaire : cet auteur l'a retirée depuis en abondance de l'extrait de viande. COLASANTI l'a retrouvée dans l'urine de lion à côté de la créatinine. C'est une substance jaune de soufre, cristallisant en feuillettes minces, micacées, brillantes, assez soluble dans l'eau même à froid, soluble à chaud dans l'alcool, d'où elle cristallise par refroidissement, sa réaction est amphotère. Elle est analogue par toutes ses propriétés à la créatinine.

On l'a souvent confondue avec la créatinine. D'après MONARI, dans le muscle fatigué, la xanthocréatinine représenterait le 1/10 des bases créatiniques qu'il contient.

La xanthocréatinine est toxique à dose un peu forte. Elle produit chez les animaux de l'abattement, de la somnolence, une extrême fatigue, la défécation et des vomissements répétés (A. GAUTIER).

Crusocréatinine. — Base extraite par A. GAUTIER, à côté de la xanthocréatinine : nous avons vu comment on la sépare. C'est une base de couleur jaune orange légèrement amère; elle possède les propriétés de la créatinine.

Arginine. — Cette base a été retirée par SCHULZE et BOSSHARD des cotylédons de semences de lupins étiolés; elle se forme dans le cotylédon de lupin aux dépens de la congluline et autres matières albuminoïdes qui disparaissent proportionnellement au fur et à mesure de la production de l'arginine.

C'est une substance soluble dans l'eau, très alcaline, attirant l'acide carbonique de l'air : son chlorhydrate cristallise dans le système clinorhombique.

Amphicréatine. — Cette base, découverte par A. GAUTIER dans l'extrait de viande, est soluble dans l'eau. Elle cristallise en prismes blanc jaunâtre. Son goût est à peine amer. Vers 100° elle se décrépite et devient blanche et opaque sans changer de forme. Ses caractères sont analogues à ceux de la créatine.

La base $C^{11}H^{24}Az^{10}O^5$ a été retirée par A. GAUTIER des eaux mères de la xanthocréatinine. Elle est très légèrement alcaline et cristallise en tables rectangulaires minces presque incolores. La base $C^{12}H^{25}Az^{11}O^5$ forme des tables rectangulaires soyeuses. Ces deux bases ont des propriétés qui les rapproche de la créatinine. Elles diffèrent entre elles par les éléments CAzH de l'acide cyanhydrique, caractère qui semble entraîner une sorte d'homologie spéciale entre les corps de cette famille (A. GAUTIER).

Bibliographie. — BAUMANN. *Ueber Alacreatinin* (B. D. C. G., 1873, 1371). — DUVILLIER. *Créatines et Créatinines* (C. R., c, 916-917; CIII, 211-214; CIV, 1290-1291). — GAUTIER (A.). *Les toxines microbiennes et animales*, Paris, 1896, 217. — HORBACZEWSKI. *Neue Synthese des Kreatins* (Wien. med. Jahrb., 1885, 459). — SALKOWSKI. *Ueber Isocreatinin* (D. Chem. Ges., 1873, 155). — JORGEN EITSEN. *Ueber Isocreatinin* (Z. f. phys. Chemie, XXIV, 1, 1898). — VOHLARD (Z. Chem , 1869, 318); — (B. Soc. chim., XII, 264).

ALLYRE CHASSEVANT.

CRÈME. — Voyez Lait.

CRÉOLINE. — Mélange de diverses substances antiseptiques employées dans l'industrie sous le nom de créoline. (Pour 100 parties il y aurait, d'après FISCHER, naphtaline : 18; pyrocréol : 30; paracrésol : 10; phlorol : 5; xylénol : 5; leucoline : 5; pyridine : 2; anthracène : 2; carbures d'hydrogène divers : 20; cendres : 3.)

Ce mélange a été employé dans la thérapeutique comme antiseptique dans le traitement des plaies et contre les affections cutanées; et aussi contre les maladies intestinales. On avait supposé qu'il n'était pas toxique. En réalité il est fort toxique, au moins quand il est injecté dans le péritoine et dans les veines; car, sous la peau, étant peu soluble, la créoline est mal absorbée et produit, comme les dérivés phényliques en général, des accidents convulsifs, puis des phénomènes de coma et de stupeur. La mort est produite, chez le lapin, par des doses de 5 grammes; chez le cobaye, de 1 gramme; chez les grenouilles de 0gr,02.

Il y a eu de nombreux cas d'intoxication signalés chez l'homme, spécialement pour des suicides. FRIEDLÄNDER cite le cas d'un individu qui absorba la dose colossale de 250 grammes et ne mourut pas. Les autres cas d'intoxication se sont aussi terminés par la guérison. Les premiers phénomènes sont caractérisés par de l'agitation, l'accélération du cœur, la céphalalgie. Puis surviennent de la dyspnée, de l'hypothermie, un état comateux. L'urine, très rare, contient des quantités notables de créoline, appréciable à l'odeur; il y a de l'albumine et parfois de l'hématurie. Les convulsions n'ont été notées que rarement chez l'homme, quoique on les constate toujours dans l'intoxication expérimentale chez les animaux. L'empoisonnement du système nerveux se traduit par des anesthésies dans la sphère de certains nerfs, qui parfois persistent longtemps : l'insensibilité de la cornée; parfois une anesthésie générale et la perte de la conscience.

Il faut probablement attribuer aux crésols la plupart des effets toxiques thérapeutiques ou antiseptiques de la créoline (V. **Crésols**). Les effets généraux sont très semblables à ceux du phénol (V. **Phénol**).

A poids égal, la créoline est deux fois plus antiseptique que le phénol. Mais cette différence ne s'observe plus dans des solutions riches en albuminoïdes, par exemple dans le sérum du sang. Alors le phénol n'est pas moins antiseptique que la créoline (BEHRING).

On l'emploie aussi avec avantage dans la thérapeutique vétérinaire contre les affections parasitaires cutanées des animaux domestiques.

Comme la pyridine qui est mélangée à la créoline n'a pas de pouvoir antiseptique, et qu'elle est très toxique, il ne semble pas qu'il ait avantage à employer la créoline plutôt que le crésol (BAUMGARTEN).

Bibliographie. — ACKERER. *Ein Fall von Creolinvergiftung beim Menschen (Berl. klin. Woch.*, 1889, XXVI, 709-711). — ANTHONY. *A case of creolin poisoning (Med. Record. New-York*, 1897, II, 454). — BAUMGARTEN. *Mittheilung über einige das Creolin betreffende Versuche (Centralbl. f. Bakt. u Parasitenk.*, 1889, V, 113-116). — BEHRING. *Ueber den antiseptischen Werth des C. und Bemerkungen über die Giftwirkung antiseptischer Mittel (D. milit. ärztl. Zeitschr.*, 1888, XVII, 337-348; *Arch. f. Hyg.*, 1890, IX, 416-424). — BLAS. *De l'action antiputride des C. (Bull. Ac. de méd. de Belgique*, 1889, III, 105-112). — COLPI. *Ricerche sul potere tossica della C. (Terap. mod.*, Roma, 1890, IV, 601-607). — FRIEDLÄNDER. *Art. « Creolin » (Encyclopädie der Therapie*, 1896, I, 836-839). — FRÖHNER. *Bemerkungen über die Ungiftigkeit des Kreolins (Intern. klin. Rundschau*, 1888, II, 753-755). — HENLE. *Ueber Creolin und seine wirksamen Bestandttheile (Arch. f. Hygiene*, 1889, IX, 188-222). — MUGDAN (X.). *Ueber die Giftigkeit des Creolins und seinen Einfluss auf den Stoffwechsel (A. A. P.*, 1890, CXX, 131-154). — PINNER. *Ein Fall von Creolinvergiftung (Ther. Monatshefte*, 1895, XXI, 680). — ROSIN (H.). *Zur Lehre von der C. intoxicationen (Berl. klin. Woch.*, 1889, XXVI, 784). — SERIO (L.). *Alterazioni del rene nell'avelenamento acuto per creolina (Giorn. d. Ass. di med. e nat.*, Napoli, 1891, II, 151-166). — STILLE IHRENWORTH. *Vergiftung durch Einathmen von Creolin (Memorabilien*, 1888, VIII, 449-454). — TEREG. *Unters. über C. (Thiermed. Rundschau*, 1888, III, 161-173). — VAN ERMENGEM. *Action antiseptique et germicide de la créoline (Bull. Ac. de méd. de Belgique*, 1889, III, 60-89). — ZAWADASKI. *Cas d'empoisonnement (C. W.*, 1894, XV, 401-404).

CRÉOSOTE. — La créosote (χρέας, chair; σοξω, conserve) a été retirée du goudron de hêtre par Reichenbach en 1832. Ce n'est pas une substance simple, mais un liquide de composition complexe, dont l'identité est loin d'être toujours parfaite — La créosote contient en effet de nombreuses substances qui lui donnent ses propriétés.

La créosote a été particulièrement étudiée par Gorup-Besanez et par Marasse au point de vue de sa composition chimique.

En soumettant la créosote à la distillation fractionnée, Gorup-Besanez a retiré : au-dessous de 199°, 45 p. 1000; de 199 à 208°, 660 p. 1000; de 208 à 216°, 260 p. 1000; résidu goudronneux, 75 p. 1000. La plus grande partie, d'après Gorup-Besanez, passe de 200 à 203°.

Marasse a retiré de la créosote de hêtre les produits suivants :

$$C^6H^5O \quad \text{Phénol (point d'ébullition)} \ldots \ldots \quad 184 \text{ degrés.}$$
$$C^7H^8O \quad \text{Crésol} \ldots \ldots \ldots \ldots \ldots \ldots \quad 203 \quad —$$
$$C^7H^8O^2 \quad \text{Gaïacol} \ldots \ldots \ldots \ldots \ldots \quad 200 \quad —$$
$$C^9H^{10}O^2 \quad \text{Créosol} \ldots \ldots \ldots \ldots \ldots \quad 217 \quad —$$
$$C^8H^{10}O \quad \text{Phlorol} \ldots \ldots \ldots \ldots \ldots \quad 220 \quad —$$

Parmi les huiles neutres, c'est-à-dire qui ne se dissolvent pas dans la soude caustique, Marasse a signalé (de 214 à 218°) le méthylcrésol; dans les substances passant au-dessus de 218°, les éthers méthyliques du gaïacol, du phlorol et d'autres homologues du créosol.

Toujours suivant le même auteur, la portion de créosote bouillant de 217 à 220° est un mélange de phrorol et de créosol (éther monométhylique de l'homopyrocatéchine). Un traitement à l'acide iodhydrique décompose le créosol et on peut isoler le phlorol par distillation. — Le phlorol ($C^8H^{10}O$) est un liquide oléagineux bouillant à 220°.

Les éléments les mieux étudiés de la créosote sont le créosol et le gaïacol.

Le gaïacol est de la méthylpyrocatéchine : c'est un liquide incolore qui bout à 205° (Berthelot et Jungfleisch) et dont la densité est à 15° de 1,117 à 1,120.

Le créosol est de la méthylhomopyrocatéchine : c'est un liquide incolore distillant à 217° (Marasse) ou 219° (Berthelot et Jungfleisch) dont la densité à 15° est de 1080.

Enfin Hofmann a extrait des fractions les moins volatiles de la créosote les éthers diméthyliques du pyrogallol, du méthylpyrogallol et du propylpyrogallol dans les fractions qui passent au-dessus de 220°. Hofmann a signalé aussi l'existence d'un corps nouveau, le Cérulignol, très toxique. Ce corps manifeste sa présence par la réaction suivante : Quand on traite la solution alcoolique de créosote par l'eau de baryte, en présence de cérulignol, il se produit une coloration bleue.

(Voir A. Kopp. Monit. sc. de Quesneville, 1880 (juin) et Catillon. Etude de la créosote, Bulletins et mém. de la Société de thérapeutique, 1891 (2°), xviii.)

Préparation. — La créosote se prépare par distillation du goudron de hêtre. Les liquides qui passent à la distillation sont rectifiés plusieurs fois; on ne garde que ceux qui ont une densité supérieure à celle de l'eau. On agite avec de l'acide sulfurique concentré, puis avec de l'eau, et on rectifie de nouveau en rejetant les premières parties. Les liquides les plus lourds qui constituent la créosote impure, sont traités par une solution concentrée de potasse hydratée, et la liqueur alcaline est chauffée au contact de l'air de façon à résinifier et isoler ainsi certaines matières étrangères.

La liqueur séparée est traitée par l'acide sulfurique étendu d'eau pour neutraliser la potasse. La créosote se sépare. On la purifie jusqu'à ce qu'elle soit complètement soluble dans la potasse sans résidu de matière huileuse. On la rectifie après l'avoir desséchée.

Propriétés — Liquide huileux, transparent, légèrement coloré en jaune, et devenant plus foncé à la longue à la lumière. Odeur forte, persistante, empyreumatique. Saveur brûlante, caustique.

Point d'ébullition = 203°. Densité à 20° : 1,037 (Reichenbach); à 11°6, 1,040 (Gorup-Besanez), de 1,0874 (Fritsch) et 1,076 (Woelker). Combustible; brûlant avec une flamme fuligineuse. Peu soluble dans l'eau (1 p. 100). Soluble dans l'alcool, l'éther, le sulfure de carbone, l'acide acétique concentré, l'éther acétique et certaines huiles volatiles, elle dissout un grand nombre de substances résineuses, le phosphore, le soufre, les corps gras, les acides oxalique, tartrique, citrique, benzoïque, stéarique, la matière colorante de l'indigo et beaucoup de sels métalliques.

La créosote pure est complètement soluble dans la potasse ou la soude diluées. Elle se dissout aussi dans l'acide sulfurique concentré en prenant une couleur rouge foncé.

qui vire lentement au violet. Elle est attaquée par l'acide nitrique : il se forme par cette attaque des acides binitrophénique et picrique. Enfin elle coagule l'albumine.

Action physiologique. — L'action locale est astringente et caustique. Sur la peau elle donne lieu à une cuisson légère et à de la rougeur. Sur la peau dénudée de son épiderme, l'action caustique est beaucoup plus marquée. Enfin sur les muqueuses l'application de la créosote détermine une violente cuisson. La muqueuse blanchit et se desquame.

Quand elle est ingérée ou injectée à un animal, ses effets physiologiques sont assez semblables à ceux du phénol, seulement ils sont moins intenses. Il y a aussi des différences consistant en ce que, avec le phénol, ce sont les convulsions qui dominent, avec la créosote la paralysie; avec le phénol, la coagulabilité du sang est diminuée; avec la créosote, elle est augmentée.

La créosote est un poison protoplasmique; elle coagule l'albumine : de là son pouvoir toxique aussi bien sur les animaux que sur les végétaux.

Les effets de la créosote ont été étudiés par HUSEMANN, MIGUET, R. CORMACK.

A dose un peu forte, la marche devient lente et difficile; il y a des soubresauts des tendons, du tremblement intermittent, des nausées, de l'amaigrissement.

A doses plus fortes (7 à 8 grammes dans 15 grammes d'eau), l'empoisonnement est rapide et violent. Une prostration extrême survient très rapidement; la respiration s'embarrasse par suite de l'accumulation des mucosités. Une toux violente se produit ainsi que de temps à autres des vomissements. Les membres sont agités de frémissements et finissent par devenir rigides; la mort arrive par embarras de la respiration et arrêt du cœur.

MAÏN (*Bulletin général de Thérap. méd. chir.*, CXXII, 207, 1892) a étudié le pouvoir toxique de la créosote et de ses constituants connus, chez le lapin et le cobaye. Il a injecté les substances sous la peau en employant des préparations huileuses.

MAÏN a fait deux séries d'expériences :

1° Injections à doses massives ;

2° Injections à doses progressivement croissantes.

Toxicité par kilogramme (Doses massives).

		Lapin.	Cobaye.
		gr.	gr.
1re série :	Gaïacol	1,80	1,58
	Créosol	2,32	3,85
	Paracrésylol	0,71	0,93
	Phlorol	0,93	1,00
	Créosote	1,87	2,57

On pourrait donc établir, par degré de toxicité décroissante, l'échelle suivante : 1° paracrésylol; 2° phlorol; 3° gaïacol; 4° créosote; 5° créosol. Le plus irritant comme action locale parait être le créosol; le moins irritant, le gaïacol.

Toxicité par kilogramme (Doses croissantes).

		Lapin.	Cobaye.
		gr.	gr.
2e série :	Gaïacol	2,43	1,99
	Créosol	2,92	2,80
	Paracrésylol	1,4	0,80
	Phlorol	2,6	1,92
	Créosote	2,6	3,20

MAÏN a donc ainsi constaté qu'une sorte d'accoutumance s'établit.

Il a noté au point de vue de l'intoxication elle-même :

1° La congestion vers la tête et les oreilles ;

2° Le refroidissement général et l'abaissement de température progressif;

3° Les lésions trouvées à l'autopsie : congestion pulmonaire intense avec bronchopneumonie. C'est la lésion dominante.

Dans les urines, MAÏN n'a pas trouvé de réactions nettes lui permettant de conclure à l'élimination de quantités notables de créosote par les reins.

Les cas d'intoxication accidentelle par la créosote chez l'homme sont nombreux, étant donné l'emploi fréquent de ce médicament. Les phénomènes sont à peu près les mêmes que chez les animaux.

Élimination de la créosote. — Nous venons de voir que, pour Maïn, la créosote et ses composants s'éliminent surtout par le poumon. Cette opinion n'est pas partagée par un certain nombre d'auteurs, entre autres Imbert et Saillet. Pour Grasset et Imbert (*Bull. général de thérap. méd. chirurg.*, 1892, 263), la grande voie d'élimination serait le rein.

La créosote se dédouble et se transforme dans l'économie; elle est éliminée par les urines à l'état de gaïacol-sulfate et de crésol-sulfate de potasse. Sur 3 grammes de créosote injectée, Imbert a trouvé dans les urines :

gr.
0,90 de créosote dans les quatre premières heures.
0,91 de quatre à huit heures après.
0,16 de huit à douze heures après.
0,05 de douze à seize heures après.

La créosote ne s'élimine qu'en très faibles quantités par l'expectoration. Les divers éléments de la créosote s'éliminent par les urines en quantités sensiblement égales pour chacun d'eux; pourtant, c'est le gaïacol qui paraît l'emporter à ce point de vue (Imbert, *loc. cit.*, cxxiii, 231). Les conclusions de Saillet (*ibid.*, 116) sont analogues à celles d'Imbert.

De ces expériences, il semble donc que la voie principale de l'élimination de la créosote et de ses constituants est le rein.

Action antiseptique de la créosote. — La créosote est un antiseptique puissant. On sait que la conservation des viandes fumées est due surtout à la présence de la créosote parmi les produits de combustion du bois. On comprend le pouvoir antiseptique de la créosote en songeant aux substances, toutes antiseptiques, qui la composent.

Maïn a étudié le pouvoir antiseptique de la créosote et de ses éléments sur le lait, le bouillon et l'urine.

Lait. — L'addition à 10 centimètres cubes de lait de 1 centimètre cube d'une solution glycérinée à 1/100 de gaïacol = (0gr,01); de 0gr,01 de crésol; de 0gr,01 de paracrésylol; de 0gr,01 de phlorol; de 0gr,01 de créosote, retarde considérablement l'altération du lait (temp. 18°). Alors que le 4e jour le lait du tube témoin est en putréfaction, c'est le 7e jour seulement que le lait additionné de phlorol et le lait additionné de crésol s'altèrent : quinze jours après, le lait des autres tubes ne présente aucune modification.

Pour le bouillon dans les mêmes conditions, il est altéré dans le tube témoin le 3e jour; le 7e et le 8e jour les tubes additionnés de phlorol et de crésol s'altèrent. Quinze jours après les autres tubes sont intacts.

Pour l'urine mêmes résultats. Donc, au point de vue antiseptique, l'activité la plus faible appartient au phlorol, puis au crésol (Maïn, *loc. cit.*, 209, 210).

On trouvera dans l'*Index Catalogue* (Créosote, iii, 490) des indications bibliographiques nombreuses relatives à l'emploi médical de cette substance. Quant aux cas de mort par la créosote, il faut signaler les observations de Cushing (*Cleveland Med. Gaz.*, 1859, i, 329-332). — Hedrich (*Zeitsch. f. d. Staatsarzneikunde*, 1851, 43). — Jeffery (*Ass. med. Journ.*, London, 1853, 929). — Müller (*Med. Corr. Bl. d. Würt. ärztl. Ver.*, 1869, xxxix, 327). — Stevenson (*Guy's Hosp. Rep.*, 1873, xx, 150-153), — Williams (*Virg. Med. gaz.*, 1854, iv, 11). — Markard (*Viertel. f. ges. Med.*, 1889, 20, 39). — Hare (*univ. Med. Mag.* 1889, i, 413). — Discussion (*Bull. et Mém. de la soc. de Thérap.*, Paris, 1896, 73-80). — Imbert, *Élimination de la créosote par les urines* (*Bull. gén. de thérap.*, 1892, cxxii, 491-497). — Ballard. *La créosote de hêtre et quelques-uns de ses dérivés* (D. Montpellier, 1894, 58 p.).

E. A.

CRÉSOLS (Méthylbenzénols) $C^6H^4{<}{CH^3 \atop OH}$. — Corps de la série phénylique fournissant de très nombreux dérivés. Ils sont généralement, à des degrés divers, antiseptiques et toxiques. (Faust. *Kresol Intoxicationen. Jahr. d. Ges. f. Nat. u. Heilk.* 1896, 109. — Meili. *Vergleichende Bestimmungen der Giftigkeit der 3 isomeren Kresole und des Phenols*, Diss. Berne, 1891. — Schurmayer. *Ueber Cresols, deren Wirkung und Nachweis im Orga-*

nismus (*D. Arch. f. klin. Med.*, 1894, LIV, 71-88). — MASS. *Erwiderung. ibid*, 363.) L'effet général de ces corps paraît être identique à celui du phénol. (V. **Créoline** et **Phénol**.)

CRÉSYLOL. — Voyez **Crésol**.

CRISTALLIN. — Le cristallin est une lentille biconvexe, sa face postérieure étant plus courbée que l'antérieure, placée dans un milieu moins réfringent que lui, constitué par l'humeur aqueuse et le vitréum, dont les indices sont à peu près les mêmes. L'effet dioptrique du cristallin dans l'œil est donc celui d'une lentille positive, convergente. Mais cet effet est moindre que si le cristallin était placé dans l'air.

De plus, lors de l'accommodation, la courbure des surfaces augmente. Il en résulte pour le cristallin une augmentation de la réfringence qui adapte l'œil pour les distances rapprochées.

Nous aurions donc à déterminer l'effet dioptrique du cristallin à l'état de repos de l'accommodation et lors de l'accommodation elle-même. Ce problème a été subdivisé en plusieurs chapitres et est traité dans des articles spéciaux. C'est ainsi que l'effet dioptrique du cristallin dans l'œil au repos (de l'accommodation) est traité à l'article **Dioptrique** de l'œil. Les changements de la réfringence du cristallin qui produisent l'accommodation sont envisagés dans l'article **Accommodation**. Nous condenserons en un article **Ophtalmométrie** la détermination des rayons de courbure du cristallin et de l'emplacement de ces surfaces dans l'œil — éléments nécessaires pour l'élucidation de la dioptrique et de l'accommodation. Enfin, à l'article **Vision entoptique**, nous parlerons de certains défauts de transparence du cristallin résultant de sa structure intime : nous y verrons que la masse constituante du cristallin est loin de constituer un milieu optiquement homogène.

Il nous reste à parler ici des conditions de transparence du cristallin et de sa nutrition.

Transparence du cristallin. — Il serait erroné d'admettre que le cristallin laisse passer sans les absorber toutes les vibrations de l'éther. Les vibrations dites calorifiques obscures (BRÜCKE, KOHLRAUSCH, etc.) et les ultra-violettes (BRÜCKE, GAYET, etc.) sont absorbées, surtout les premières, par tous les milieux de l'œil, tout comme par l'eau, et les dernières surtout par le cristallin, cette dernière absorption causant un degré notable de fluorescence du cristallin. Mais beaucoup de rayons ultra-violets pénètrent néanmoins souvent jusqu'à la rétine. DONDERS, notamment, a démontré que cette absorption des rayons ultra-violets n'est nullement la cause de leur invisibilité. Les rayons X traversent les milieux de l'œil sans être absorbés, mais aussi sans être réfractés : ceci exclut, semble-t-il, toute possibilité de « vision » à leur aide, en supposant ce qui est possible, qu'on puisse faire en sorte qu'ils impressionnent la rétine.

Pour ce qui est des ondes de l'éther, dites visibles, le cristallin est transparent pour elles. Cette transparence doit cependant être entendue avec une certaine restriction. A l'article **Vision entoptique**, nous verrons que certains détails de structure réfléchissent plus ou moins les rayons lumineux, et, dans certaines circonstances, cette réflexion peut produire des ombres rétiniennes donnant lieu à la vision entoscopique de ces détails de structure du cristallin.

Cette restriction admise, la transparence du cristallin est un fait absolument prédominant. Elle résulte évidemment de ce fait, qui est plutôt un principe de physique, que les membranes, les fibres constituantes et le peu de substance interfibrillaire ont toutes le même indice de réfraction. Pas plus que pour la cornée, on ne pourrait admettre que la transparence est ici due à ce que l'humeur aqueuse, qui baigne de tous les côtés le cristallin, le traverse et l'imbibe. Au contraire, c'est une expérience malheureusement journalière, que le libre accès de l'humeur aqueuse, après blessure de la capsule du cristallin, imbibe, gonfle et trouble totalement la substance cristallinienne, produit une cataracte traumatique. Et c'est la capsule du cristallin, doublée (à sa face interne) en avant et à l'équateur de son épithélium, qui s'oppose à cette libre pénétration de l'humeur aqueuse dans le cristallin. Certes, comme toutes les membranes, la capsule est perméable à l'humeur aqueuse par suite de l'imbibition, de la diffusion et de l'osmose, pour l'humeur aqueuse et pour des principes y contenus ; peut-être même que les mouvements accommodateurs produisent des phénomènes de filtration à travers elle. Mais il n'en reste pas moins vrai que la capsule s'oppose puissamment à ce passage, le réduit à un minimum compatible avec sa nutrition normale et avec sa transparence. Comme pour la cornée, il semble que l'épithélium qui double le feuillet antérieur de la membrane le rend encore moins perméable que le feuillet postérieur, non renforcé d'une couche épithéliale.

La soustraction d'eau obtenue par exemple en plaçant le cristallin dans sa capsule intacte sur du sel marin le trouble (tout comme la pénétration libre d'eau); il s'éclaircit si on le plonge ensuite dans de l'eau. La congélation le trouble de même.

Et sur le vivant, les troubles si fréquents, partiels ou complets du cristallin, — troubles désignés, quelle qu'en soit leur cause, du nom générique de « cataractes », — semblent toujours résulter d'une altération de sa nutrition intime qui altère la composition centésimale de ses principes constituants, surtout en ce qui regarde l'eau.

Composition chimique du cristallin. — La composition chimique du cristallin a été bien étudiée récemment par MÖRNER (1894).[1]

La capsule se compose surtout de *membranine*, substance protéinique dont les propriétés chimiques ont été données à l'article **Cornée**. Elle constitue en effet également la membrane de DESCEMET, qui, de même que la capsule, est en majeure partie une formation cuticulaire. La membranine de la capsule du cristallin est un peu soluble dans l'eau bouillante, alors que celle de la membrane de DESCEMET y est absolument insoluble. C'est la seule différence entre les membranines des deux provenances.

La capsule du cristallin est donc loin d'être du tissu conjonctif, tant au point de vue embryologique, qu'à celui de sa constitution chimique.

La capsule renferme aussi des traces (0,1 p. 100) d'une *substance albuminoïde*, qu'on peut extraire à froid par une faible solution de potasse caustique, sans altérer en rien l'architecture ou l'apparence microscopique de la membrane.

Pour ce qui est de la substance propre du cristallin, débarrassée de la capsule, on peut en extraire la moitié de sa masse en la secouant avec de l'eau ou une solution diluée de NaCl. Le résidu se compose des fibres du cristallin, composées d'une substance protéinique de la classe des *albumoïdes* de MÖRNER. Elle donne les réactions chromatiques des substances albuminoïdes, dont du reste elle a la composition élémentaire. Comme elles, bouillie avec des acides minéraux, elle ne donne pas naissance à une substance réductrice. Elle se distingue de la fibrine par son aspect différent, et surtout par sa grande solubilité dans les acides minéraux et les alcalis fixes très dilués (0,05 p. 100 de KOH); cette dissolution semble la modifier un peu, car maintenant (à l'opposé de la substance constituante des fibres), elle est facilement soluble dans l'ammoniaque et dans l'acide acétique dilués. La solution dans la potasse ressemble beaucoup à une solution d'albuminate potassique : neutralisée, elle coagule à 50°, ainsi que par l'addition d'une solution de NaCl à 8 p. 100.

La composition chimique de l'albumoïde est : C 83,12, H 618, Az 16,62, S 0,79 p. 100
— des fibres elles-mêmes — Az 16,61, S 0,77 p. 100

Cet albumoïde représente 48 p. 100 des matières solides des fibres cristallines.

Le noyau du cristallin en est plus riche que les masses corticales. Il représente dans le cristallin, en somme, la kératine de l'épiderme. La kératine n'apparaît jamais dans le cristallin.

Il se pourrait que la cataracte sénile fût due à une formation excessive d'albumoïde, la disparition des substances albuminoïdes solubles devant opacifier plus ou moins l'organe. Il semble prouvé que, dans la cataracte, les substances albuminoïdes solubles sont diminuées, les insolubles augmentées.

A côté de cette substance protéinique insoluble dans l'eau et dans la faible solution de NaCl, la masse cristalline en renferme de solubles dans ces véhicules. Nous les trouvons dans l'extrait signalé plus haut. Ce sont toutes de véritables albuminoïdes. La substance propre du cristallin ne renferme ni mucine, ni nucléine.

La grande masse des substances protéiniques solubles est composée d'une *globuline*, que BERZÉLIUS et MÖRNER appellent *cristalline*. Si l'on sature l'extrait aqueux par du sulfate de magnésie (à 30°), on obtient un précipité copieux de cette globuline, très soluble dans l'eau, et qui constitue la presque totalité de ces substances albuminoïdes dissoutes.

La solution aqueuse de ce corps ne se trouble pas si l'on sature par NaCl. Cette globuline se rapproche donc des vitellines, dont toutefois elle se distingue en ce que sa solution neutre et saline ne précipite ni par la dilution, ni par la dialyse. Ce caractère distingue même la cristalline de toutes les globulines, y compris les vitellines.

Mörner distingue encore entre une α cristalline et une β cristalline. Le soufre de la première s'en laisse séparer en majeure partie, au contraire de la β cristalline. De plus, le passage d'acide carbonique à travers leur solution précipite la majeure partie de la β cristalline, et ne précipite pas l'α cristalline.

L'α cristalline prédomine relativement dans les masses corticales, et diminue vers le centre. Au contraire, la β cristalline diminue du centre vers la périphérie.

La substance cristalline renferme une petite quantité d'*albumine*, 1 p. 100 seulement des substances albuminoïdes solubles dans l'eau. Le liquide filtré, après précipitation des cristallines, se trouble à la coction, par précipitation de cette albumine.

Le cristallin ne renferme pas non plus de substances spontanément coagulables, analogues au fibrinogène ou à la myosine. Le trouble qui y survient après la mort est dû à des phénomènes de diffusion altérant inégalement les principes constituants des fibres constituantes.

Mörner trouve dans la substance cristalline du bœuf :

Albumoïde	170	p. 1000
β cristalline	110	—
α cristalline	6,8	—
Albumine	2	—

Le cristallin frais renferme environ :

Eau	63,50	p. 100
Principes solides	36,50	—
Dont substances albuminoïdes	35	—
Dont (insolubles) albuminoïdes	17	—
β cristalline	11	—
α cristalline	6,8	—
Albumine	0,2	—
Graisses	0,29	—
Lécithines	0,23	—
Cholestérine	0,22	—
Sels	0,8	—

Ce dernier tableau est dressé d'après Mörner, Berzélius et Lapschinsky. Les sels sont constitués surtout par des sels à réaction alcaline, un peu de NaCl et de phosphate de chaux.

Béchamp distingue dans l'extrait aqueux du cristallin deux substances albuminoïdes : 1° la phacozymase, coagule à 53°, à pouvoir rotateur (α) J = — 41° ; 2° la cristalalbumine, à pouvoir rotateur (α) J = — 80, 3° ; 3° de la cristalfibrine, qu'il extrait du résidu insoluble dans l'eau, à pouvoir rotateur (α) J = — 80,2°.

D'ailleurs, pour les travaux antérieurs à celui de Mörner, nous renvoyons notamment à cet auteur, qui donne une bibliographie critique complète.

Nutrition du cristallin. — Le cristallin, organe épithélial, ne renferme ni vaisseaux sanguins, ni vaisseaux lymphatiques ni nerfs. Et, chez l'adulte, il est très éloigné de tous vaisseaux sanguins qui peuvent lui apporter ses matériaux nutritifs. C'est, de tous les organes du corps, le plus éloigné de ses vaisseaux nourriciers. L'iris, organe vasculaire, glisse bien sur sa face antérieure, mais il est certain qu'à l'état normal les matériaux nutritifs ne lui proviennent pas de cette source. A son équateur, au moins chez les mammifères, les procès ciliaires ne touchent jamais le cristallin. Les procès semblent néanmoins être son organe nourricier, sinon exclusif, au moins le principal. Mais ils ne peuvent lui fournir qu'indirectement, par l'humeur aqueuse, qui baigne de tous les côtés le cristallin, y compris la face postérieure, car le liquide interstitiel du vitréum, sa lymphe, si l'on veut, n'est rien autre chose que l'humeur aqueuse. La nutrition (et la dénutrition) du cristallin de l'adulte doit donc reposer exclusivement sur les échanges, osmotiques et autres, entre le cristallin d'une part et l'humeur aqueuse d'autre part. Et, la richesse de l'humeur aqueuse en matériaux nutritifs étant très faible, on peut prévoir que les échanges nutritifs dans la lentille doivent être très peu intenses.

Il n'en est pas de même chez l'embryon, où la croissance de l'organe nécessite une nutrition plus intense. Dans une période très primitive de la vie intra-utérine, un réseau vasculaire capillaire, très riche à la face postérieure, entoure le cristallin de toutes parts, en un contact très intime avec la capsule. Ce réseau reçoit des vaisseaux de l'iris (exclusivement veineux, paraît-il), et surtout de la part des vaisseaux centraux de la rétine, par l'intermédiaire de l'artère hyaloïdienne, qui part de la papille, traverse le vitréum, et se résout à la face postérieure du cristallin en un réseau très riche. Tout ce système vasculaire nourricier du cristallin embryonnaire a disparu longtemps avant la naissance. Chez certains animaux, le chat par exemple, il en reste encore des vestiges à la naissance.

Mais, chez l'homme nouveau-né, la nutrition du cristallin est certainement plus intense que chez l'adulte, si l'on considère que, dans les premières années de la vie extra-utérine, le cristallin continue à s'accroître, d'abord, mais dans une faible mesure, par l'agrandissement de ses fibres formées déjà, ensuite et surtout à l'équateur, par l'adjonction de nouvelles fibres formées en cet endroit en suite de la transformation des cellules de l'épithélium capsulaire. Le cristallin du nouveau-né est plus globulaire que celui de l'adulte, et moins volumineux, surtout suivant son diamètre transversal. Le cristallin de l'adulte pèse environ 21 milligrammes (SAPPEY), et celui du nouveau-né seulement 10 milligrammes (O. BECKER). Suivant PRIESTLEY-SMITH, le diamètre antéro-postérieur du cristallin est à la naissance de 4 à 4,50 millimètres (en somme le même que chez l'adulte). Le diamètre transverse est de 10 millimètres chez l'adulte, et seulement de 8 millimètres à la naissance, ce qui fait 2 millimètres d'accroissement après la naissance.

A partir de l'adolescence, le cristallin ne s'accroît plus guère, et il ne semble pas y avoir formation de nouvelles fibres (sinon dans des cas pathologiques). Néanmoins, c'est un organe vivant, et, comme tel, il est le siège d'une nutrition et d'une dénutrition interstitielles, mais très peu intenses, surtout en son noyau raccorni dans l'âge avancé. Une preuve de cette nutrition est donnée dans les cataractes qui se produisent dans des conditions où l'on doit supposer une altération de la nutrition du cristallin. Cette nutrition semble être réduite à un minimum pour la capsule; elle paraît être surtout intense pour l'épithélium capsulaire, qui reste toujours très vivace et réagit rapidement à toute lésion par une multiplication cellulaire, suffisante à obturer de petites lésions de la capsule, et à préserver le cristallin d'une cataracte (traumatique) complète.

On a essayé de démontrer plus directement la nutrition intime dans la substance cristallinienne. BENCE JONES, et, après lui divers auteurs, ont incorporé à des animaux mammifères, et à l'homme (avant l'extraction de la cataracte), soit par l'estomac, soit par la voie hypodermique, diverses substances faciles à déceler chimiquement, le carbonate de lithine notamment, qui ne demande que peu de minutes pour apparaître dans les tissus les plus divers, et à qui il faut trente minutes et même plus pour apparaître dans le cristallin des animaux. Chez l'homme (cataracte, cristallin peu nourri), il faut deux heures et demie à trois heures et demie avant que ce métal puisse être décelé dans toutes les parties du cristallin. De même pour l'iodure de potassium (DEUTSCHMANN) et le ferrocyanure de potassium (UHLRICH), il apparaît d'abord dans les couches corticales, en premier lieu contre la capsule postérieure.

Que faut-il admettre de la prétendue *régénération du cristallin*, maintes fois soutenue? Lorsque le cristallin est évacué, soit chez l'animal, soit chez l'homme (opération de la cataracte), avec conservation de la capsule et de son épithélium, ce dernier se met à proliférer, et les cellules se transforment en grandes vésicules, qui s'allongent même au point de ressembler plus ou moins à des fibres du cristallin. Mais cela n'a pas lieu dans toute l'étendue de l'épithélium; c'est à l'équateur que ce processus a lieu, à l'endroit où de nouvelles fibres se forment dans la première période de la vie extra-utérine. Cette néoformation peut aboutir à la formation d'un anneau équatorial de substance cristallinienne assez volumineux. Mais ce processus n'aboutit jamais à la reconstitution d'un véritable cristallin, pouvant remplir les fonctions du cristallin normal, au point de vue de la réfraction de la lumière.

Le cristallin ne renfermant ni vaisseaux sanguins, ni vaisseaux lymphatiques, il est de toute nécessité que le courant nutritif se fasse à travers toute la masse, par la voie des fentes interfibrillaires et par les fibres elles-mêmes, par diffusion et osmose. Les mouvements accommodateurs du cristallin semblent favoriser cette circulation interstitielle. Il est même permis de croire que, lors de l'effort accommodateur, une certaine pression est exercée sur la masse cristallinienne; il en résulterait un jeu de pompe aspirante et foulante qui pourrait favoriser une filtration à travers la capsule et activer la circulation interstitielle.

La capsule, membrane organique, laisse évidemment passer des liquides et des substances diffusibles par osmose. A ce point de vue, il semble y avoir une différence entre les deux feuillets. L'antérieur, matelassé d'une couche épithéliale, semble être moins perméable que le postérieur, à en juger d'après les résultats, signalés plus haut, obtenus en incorporant à l'animal de l'iodure de potassium.

Vis-à-vis des substances albuminoïdes, on rencontre la difficulté qu'en leur qualité de corps colloïdaux elles ne sauraient passer dans le cristallin par osmose.

Une question ultérieure est celle de savoir quels vaisseaux de l'œil fournissent à la nutrition du cristallin. En second lieu, on peut se demander par quels points de la périphérie s'opèrent les échanges nutritifs entre le cristallin et les liquides ambiants. Ces questions, dont la solution est loin d'être obtenue, offrent un intérêt majeur au point de vue de la pathogénie des cataractes.

Vaisseaux nourriciers du cristallin. — Le cristallin soutirant ses matériaux nutritifs de l'humeur aqueuse et du vitréum, il est clair que les vaisseaux nourriciers de ces liquides sont en même temps les nourriciers du cristallin. Nous pourrions nous borner à renvoyer à l'article Œil, nutrition. Nous devons cependant traiter ici certaines questions posées par différents auteurs. Nous verrons que le gros de la nutrition de l'humeur aqueuse et du corps vitré revient aux vaisseaux du corps ciliaire, surtout à ceux des procès ciliaires. D'accord avec cette donnée, la pathologie enseigne que les maladies du corps ciliaire occasionnent souvent des cataractes, résultats de troubles nutritifs du cristallin. Certaines maladies du fond de l'œil ont néanmoins aussi cet effet. Le décollement rétinien notamment produit une cataracte complète : on peut se demander si ce n'est pas comme conséquence des troubles profonds qu'il met dans la circulation du corps ciliaire. La rétinite pigmentaire et certaines choroïdites produisent également un trouble cristallinien; mais il est borné au pôle postérieur du cristallin, et ne devient pas complet, alors que, dans les autres circonstances, il commence à l'équateur et a une grande tendance à se généraliser. Les vaisseaux du fond de l'œil, notamment ceux de la rétine, contribuent-ils donc également, bien que dans une faible mesure, à la nutrition du corps vitré, et à celle du cristallin? Tel semble être réellement le cas (voir Œil, nutrition). On serait tenté d'admettre a priori une certaine influence nutritive exercée sur le cristallin par les vaisseaux rétiniens, en se rappelant que dans la première période de la vie intra-utérine, le cristallin soutire certainement des vaisseaux centraux de la rétine le gros de ses matériaux nutritifs, par la voie de l'artère hyaloïdienne. Après disparition de cette artère, il semble persister un canal central dans le corps vitré, qui pourrait conduire un courant lymphatique de la papille vers le pôle postérieur du cristallin. Mais ce courant, si tant est qu'il existe, sera certainement peu intense, et ne contribuera que pour une minime part à la nutrition du cristallin. Il est aussi à remarquer que la suppression totale de la circulation rétinienne (embolie, section du nerf optique seul, contre l'œil) ne trouble pas le cristallin.

PANAS, à la suite de l'étude de la cataracte naphtalinique (voir plus bas), soutient que les vaisseaux de la rétine nourrissent, sinon exclusivement, du moins d'une manière prépondérante, et le corps vitré, et le cristallin. L'empoisonnement par la naphtaline produit en effet, en même temps que la cataracte, de graves altérations dans la rétine et dans le corps vitré. Les altérations rétiniennes seraient, d'après PANAS, la cause des autres. En cela il est combattu par la généralité des auteurs (DOR, FROMAGET, ULRY, etc.). Le début de la cataracte est en effet sensible à un moment où les altérations rétiniennes ne le sont guère, et la section des (seuls) vaisseaux centraux de la rétine n'influe en aucune façon sur l'apparition de la cataracte naphtalinique (FROMAGET et ULRY). Tout nous porte à voir dans la forte congestion des vaisseaux du corps ciliaire, qui est toujours très intense dans ces conditions, la cause des altérations naphtaliniques du cristallin.

Par quels points de la périphérie du cristallin se font les échanges nutritifs entre lui et les liquides ambiants? — Ces échanges se font-ils uniformément sur toute la périphérie du cristallin, ou bien seulement en une ou plusieurs zones restreintes? On pourrait soupçonner aussi que les matériaux nutritifs abordent la lentille par une zone — l'équateur par exemple, — et les déchets organiques la quittent par un autre — le pôle postérieur par exemple. A considérer le résultat des incorporations à l'animal d'iodure de potassium ou de ferrocyanure de potassium, la face postérieure et l'équateur du cristallin seraient des portes d'entrée pour certaines substances. MAGNUS, prenant en considération les origines des cataractes chez l'homme et l'étude des cataractes expérimentales naphtalinique et glucosique (voir plus bas), trouve trois points ou zones qui semblent avoir une importance majeure pour la nutrition du cristallin, points par lesquels ces cataractes commencent le plus souvent. En premier lieu, il y a une telle zone ou ligne postéquatoriale, située entre l'équateur proprement dit d'une part et la forte insertion du ligament suspenseur à la face cristallinienne postérieure d'autre part. En second lieu, mais moins importante, est une zone ou ligne pré-équatoriale, située tout près de la forte insertion du ligament suspenseur à la face antérieure du cristallin. En troisième lieu, il y a le pôle postérieur du cristallin, le moins important des trois.

Cataractes expérimentales, naphtalinique, glucosique, saline. — Le trouble cristallinien résultant de l'imbibition de la substance cristallinienne par l'humeur aqueuse, après lésion de la capsule, est bien une cataracte expérimentale. Mais nous voudrions insister un peu sur certaines cataractes expérimentales résultant de l'ingestion de substances diverses dans la circulation générale. Ces cataractes ont beaucoup d'analogie entre elles et avec la forme la plus importante des cataractes chez l'homme avec la cataracte sénile. Elles sont d'autre part susceptibles de régression. On conçoit donc l'intérêt qu'on apporte à leur étude, en vue de la cataracte humaine, qui, sauf des cas absolument exceptionnels (quelques cataractes diabétiques), n'est pas susceptible de régression, tout au plus restent-elles stationnaires à un certain degré de leur développement. Mais ce dernier résultat seul pourrait être obtenu à la suite des études expérimentales, que le profit serait déjà immense.

La mieux étudiée de ces *cataractes* expérimentales est la *naphtalinique*. Depuis sa découverte par BOUCHARD, elle a été étudiée par de nombreux expérimentateurs (PANAS, DOR, MAGNUS, FROMAGET et ULRY, etc.). — Chez le lapin, l'administration interne de une, deux, trois doses de naphtaline (en capsules par exemple), chacune de 2 à 6 grammes par kilogramme d'animal, produit, au bout de douze à vingt-quatre heures, un trouble qui commence à l'équateur cristallinien, et devient ensuite général et très dense. Les couches corticales se troublent d'abord, surtout les postérieures. A l'équateur, cela commence par des stries radiaires, claires, comme miroitantes, des « franges très minces » (DOR), dues à de simples dépressions de la surface du cristallin (MAGNUS). Le véritable trouble, qui survient un peu plus tard, est produit par l'apparition de grains et de petites vésicules dans l'intérieur des fibres, et par celle de petites fentes entre les fibres. En même temps, l'épithélium cristallinien se met à proliférer à l'équateur.

Ce trouble rétrograde si l'on cesse l'administration de la naphtaline. L'éclaircissement commence à l'équateur, là où il a débuté. Les fibres altérées reprennent un aspect plus ou moins normal. Le cristallin ainsi altéré s'éclaircit également, et cela très rapidement, si on le plonge dans de l'eau. On n'a pu déceler avec certitude la naphtaline dans le cristallin ainsi cataracté. Il semblerait donc que la cause du trouble serait une soustraction d'eau à la substance cristallinienne, soustraction qui toutefois n'est pas prouvée. On peut dire en sa faveur que le cristallin se trouble si on le place (dans sa capsule) sur un corps avide d'eau : puis il y a la cataracte saline dont nous allons parler à l'instant.

Nous avons signalé plus haut et combattu l'opinion de PANAS, qui voit dans le trouble du cristallin une conséquence des altérations rétiniennes qu'occasionne également l'empoisonnement naphtalinique. L'une et l'autre de ces altérations sont une conséquence de l'intoxication. La cataracte résulte probablement du trouble profond (congestion) qui se produit dans la circulation des procès ciliaires — vaisseaux nourriciers de l'humeur aqueuse et du cristallin.

D'après MAGNUS, avons-nous dit, le trouble commencerait surtout sur une ligne postéquatoriale située entre l'équateur et la forte insertion du ligament suspenseur à la face postérieure du cristallin. En second lieu, mais dans une moindre mesure, sur une ligne pré-équatoriale, située entre l'équateur et l'insertion du même ligament à la face antérieure du cristallin. Enfin, un troisième point (peu important), pour le début de la cataracte naphtalinique, serait le pôle postérieur de la lentille. Ces trois zones auraient, d'après cela, une signification prépondérante pour la nutrition de l'organe.

Cataracte glucosique. — Une cataracte expérimentale analogue à la précédente, débutant de même, est le résultat de l'incorporation de grandes quantités de sucre à des grenouilles (DEUTSCHMANN) et à des chiens (MAGNUS). Seulement elle est plus difficile à obtenir que la naphtalinique, et elle ne va pas aussi loin. MAGNUS l'a obtenue en administrant à de jeunes chiens et chats de deux à trois jours journellement 100 à 200 grammes de sucre de raisin. — On sait que les diabétiques sont souvent atteints d'une cataracte, qui peut rester stationnaire et même rétrograder si le diabète diminue. La seule ingestion de glucose dans l'humeur aqueuse peut troubler le cristallin. Il est donc permis de supposer que chez le diabétique la teneur de l'humeur aqueuse en sucre trouble les phénomènes osmotiques entre l'humeur aqueuse et le cristallin, soutire de l'eau à ce dernier et le trouble. — Les frères CAVAZZANI ont trouvé du sucre dans l'humeur aqueuse de chiens rendus diabétiques par l'extirpation du pancréas. Les couches corticales du cristallin en renfermaient des traces, mais pas le noyau (ni le vitréum?). Du reste, si l'on place une grenouille sur du sucre, le cristallin se trouble par soustraction d'eau, tout comme si on la plaçait sur du sel marin. La cataracte se produit seulement plus difficilement que dans ce dernier cas.

Cataracte saline et par soustraction d'eau à l'animal. — KUNDE d'abord, puis HEUBEL, DEUTSCHMANN, MAGNUS, d'autres encore, ont étudié cette forme de cataracte expérimentale. L'expérience réussit très bien chez la grenouille; il suffit de la placer (24 heures et moins) dans un bocal, sur du sel marin (d'autres sels hygroscopiques de soude ont le même effet). L'animal perd beaucoup d'eau, se dessèche, et le cristallin se trouble. Il s'éclaircit si l'on remet l'animal dans l'eau, et en plongeant le cristallin seul dans l'eau. La même cataracte se produit chez la grenouille si l'on place des cristaux de sel marin sous la peau, dans les sacs lymphatiques.

Chez le chien et le chat (moins facilement chez le lapin), la même cataracte est le résultat de l'ingestion de sel marin (10 à 20 grammes) dans l'estomac, et cela déjà au bout de cinq à huit heures. Seulement les animaux périssent le plus souvent avant que le trouble ne soit total (MAGNUS).

Encore une fois le trouble commence à l'équateur (ou plutôt aux trois zones, d'après MAGNUS). La cause microscopique en est l'apparition de granulations et de vésicules dans les fibres cristalliniennes. Plus encore que la cataracte naphtalinique et la glucosique, celle-ci semble être le résultat d'une soustraction d'eau au cristallin, d'autant plus que le cristallin se trouble de même si on le met (dans sa capsule) sur du sel marin. Il paraîtrait que les gens travaillant dans les salines sont souvent atteints de cataracte.

Bibliographie. — BENCE JONES (*Proceed. of the Royal Institution of Great Britain,* 1863, IV, part. VI, n° 42). — BOUCHARD (*Rev. clin. d'oculistique,* juillet 1886, n° 6). — BOUCHARD et CHARRIN (*Soc. Biol.,* 18 déc. 1886). — BRÜCKE (*Arch. f. Anat. u. Physiol.,* 1843, 262). — CAVAZZANI (les frères) (*Centralbl. f. Augenheilk.,* 1892, supplément, 496). — DONDERS (*Arch. f. Anat. u. Physiol.,* 1853, 459). — DOR (*Rev. génér. d'opht.,* 1887, n° 1). — DEUTSCHMANN (*A. f. Opht.,* XXIII, f. 3, 127, et XXV, f. 2, 226). — FROMAGET (*A. d'opht.,* 1898). — GAYET (*Soc. Biol.,* 1884, 186). — HIS. *Beitr. z. norm. u. path. Histologie d. Cornea,* Bâle, 1856. — HEUBEL (*Arch. f. d. gesammte Physiol.,* 1879, 24). — KUNDE (*Zeitschr. f. wissensch. Zoologie,* 1857, VIII, 466). — LAPTSCHINSKY (*A. g. P.,* XIII). — MÜLLER (I.) (*Poggendorfs Ann.,* 1836, XXXVIII, 295). — MAGNUS (*A. f. Opht.,* XXXV, f. 3, et XXXVI, f. 4, 150). — MÖRNER (*Zeitschr. f. physiol. Chemie,* 1894, XVIII, fasc. 1). — PANAS (*Arch. d'opht.,* mars 1887). — TSCHERNING. *Optique physiologique,* Paris, 1898). — ULRICH (*A. f. Opht.,* XXVI, 42; *A. f. Anat.,* 1898, XXXVI, 197). — ULRY (*A. d'opht.,* 1898, 145).

NUEL.

CROCIDE ($C^{44}H^{70}O^{28}$). — Glucoside qui constitue le principe colorant du safran. Avec HCl elle donne du sucre (crocose?) et de la crocétine ($C^{34}H^{46}O^9$) (*D. W.,* (2), 1459).

CROCOSE ($C^9H^{12}O^6$) ou **Sucre de safran.** — Sa détermination, comme espèce chimique, est encore incertaine (*D. W.*, (2), 1463).

CROISSANCE (Zoologie). — On donne le nom de croissance à l'ensemble des phénomènes intérieurs par où le nouveau-né augmente en dimensions, c'est-à-dire en poids, en volume et en longueur. La croissance est principalement un phénomène d'hypertrophie, c'est-à-dire d'augmentation des trois dimensions des éléments cellulaires qui composent l'organisme : et c'est l'hypertrophie des éléments qui cause l'hypertrophie de l'organisme.

La croissance présente une durée variable selon les êtres : elle est ici de quelques semaines, là de plusieurs années, peut-être même d'un siècle.

Laissant de côté les organismes uni-cellullaires — dont il est parlé au mot **Cellule**, — nous considérerons principalement la croissance, telle qu'elle se présente chez les vertébrés supérieurs et chez l'homme. Il est nécessaire de faire de nombreuses subdivisions dans cette étude : les différentes parties du corps ne croissent point de la même façon, dans les mêmes temps, dans les mêmes proportions, et beaucoup d'influences sont susceptibles de modifier le processus général, les unes internes, les autres externes. Sur bien des points encore, l'accord n'est pas fait, et il y a discussion : et là nous nous contenterons d'indiquer les opinions diverses.

Poids comparé de (soldats) blancs et nègres, de même âge et de même stature.

(HOFFMANN : *Race Traits and Tendencies of the American Negro.*)
(Poids en livres et stature en pouces.)

STATURE.	POIDS.			
	AGE : 20 ANS.		AGE : 25 ANS.	
	Blanc.	Noir.	Blanc.	Noir.
64,5.	130,4	138,8	128,8	136,7
65,5.	133,8	137,9	137,7	142,5
66,5.	138,5	141,7	142,7	147,1
67,5.	142,8	145,0	146,2	152,3
68,5.	147,3	150,9	149,8	156,9
69,5.	147,4	156,0	157,6	152,5
70,5.	154,7	144,8	161,8	166,4

STATURE.	AGE : 30 ANS.		AGE : 35 ANS.	
	Blanc.	Noir.	Blanc.	Noir.
64,5.	135,0	143,5	131,5	143,6
65,5.	136,4	142,6	140,6	137,7
66,5.	147,0	142,0	147,0	146,4
67,5.	148,2	150,8	149,3	170,0
68,5.	152,7	153,9	151,9	148,1
69,5.	159,0	160,4	145,4	161,8
70,5.	156,5	154,9	157,2	»

Influence de la nutrition. — On a beaucoup discuté sur l'influence que peuvent exercer la nutrition ou l'alimentation, ou la condition sociale. Dès 1829, VILLERMÉ déclarait que la stature est plus haute, et la croissance plus active dans les communautés plus riches, mieux nourries et mieux protégées contre les intempéries. QUÉTELET émet la même opinion, et la plupart de ceux qui ont étudié la question arrivent à la même conclusion : par exemple, COWELL (1883), qui a comparé la statistique de 1062 enfants de fabriques et de 228 enfants de classes aisées; BOWDITCH aussi; mais pour lui les conditions défectueuses d'existence ont plus d'action sur la stature que sur le poids, et cela se voit à ce que les enfants des classes ouvrières sont plus lourds, à taille égale, que les enfants des classes aisées; ces derniers étant absolument plus grands et plus lourds. D'autre part, il y a des opinions divergentes : BOUDIN ne croit guère à l'influence des conditions de nutrition, et suppose une action considérable de la race; DONALDSON admet une certaine action, mais qui s'exercerait plus sur le sexe masculin que sur le féminin. PORTER admet qu'une différence considérable dans la situation sociale et dans la prospérité matérielle peut exister sans influencer beaucoup la croissance jusqu'à l'accélération qui précède la puberté. KEY dit que la pénurie allonge la période de croissance faible, antérieure à la puberté et que la période de développement rapide se présente par conséquent à une époque plus tardive : mais c'est là toute la différence, car cette période est d'une durée moindre, et le travail qui s'opère est le même. La période est plus courte pour les enfants pauvres, mais il y a chez eux un accroissement considérable durant les dernières années. Au total, il y aurait un retard dans le temps : mais la condition finale ne serait point altérée. ROBERTS arrive à une autre conclusion : Lors de l'établissement de la puberté, il y a croissance plus active dans les classes non ouvrières, qui cesse à 19 ou 20 ans; chez les artisans la croissance est plus uniforme et s'étend jusqu'à 23 ans environ. Pourtant il signale un fait analogue à celui dont parle KEY : pour lui, la croissance qui précède la puberté commence un an ou deux plus tôt chez les classes aisées, et chez celles-ci il y a une stature moyenne plus élevée. Le Comité anthropométrique d'Angleterre admet aussi que les classes libérales sont, à tout âge, plus hautes et plus lourdes que les classes ouvrières. GUSSLER et UHLITSCH ont comparé les enfants de la Burgerschale de Fribourg avec ceux des habitants des environs et ils ont vu que les premiers l'emportent nettement en stature sur les derniers à âge égal. Les chiffres qui suivent indiquent l'excédent de structure des élèves de la Burgerschale sur les enfants des deux sexes des paysans (en centimètres).

Age	6 1/2	7	8	9	10	11	12	13
Garçons	2,4	2,7	2,3	5,1	2,7	2,3	3,8	4,7
Filles	3,9	3,6	2,8	3,8	4,5	3,9	3,1	5,1

D'où la conclusion que « les enfants des familles de paysans sont en moyenne, et sans exception, plus petits : les enfants de la Burgerschale, plus grands que la moyenne de l'ensemble... Il semble donc permis de conclure que les conditions sociales différentes où les enfants vivent exercent une influence essentielle sur leur développement physique ».

GRIESLER arrive à des résultats analogues; HERTEL aussi, ERISMANN de même. Ce dernier compare les enfants des écoles de Moscou aux enfants des ateliers et fabriques, et les chiffres qui suivent indiquent, aux différents âges, l'excédent de stature des enfants des écoles (garçons).

Age	9	10	11	12	13	14	15	16	17
Excédent	0,4	4,6	5,7	5,7	7,7	9,0	9,7	8,7	3,4

On voit que l'excédent atteint un maximum à 15 ans, qui diminue rapidement ensuite : cela confirme les vues de ROBERTS.

KEY, comparant les enfants des écoles aisées de Stockholm à ceux des écoles pauvres, voit que les premiers sont plus hauts et plus lourds à la fois (sauf une exception indiquée par le signe —). Les chiffres indiquent l'excédent en centimètres et en kilogrammes des enfants des classes aisées :

Stature.

Age	7	8	9	10	11	12	13	14	15
Garçons	+ 4	+ 4	+ 6	+ 4	+ 2	+ 3	+ 2	+ 5	+ 4
Filles	— 1	+ 2	+ 2	+ 2	+ 3	+ 3	+ 2	+ 2	+ 3

Poids.

| Garçons | + 0,3 | + 0,4 | + 3,0 | + 1,6 | + 1,6 | + 1,5 | + 1,6 | + 5,3 | |
| Filles | — 0,6 | + 1,8 | + 1,4 | + 0,4 | + 1,4 | + 2,0 | + 1,9 | + 3,5 | + 2,9 |

PAGLIANI constate que les filles des classes aisées sont plus hautes et plus lourdes que les filles des écoles charitables.

De façon générale, donc, il semble bien que les classes pauvres ont un développement moins considérable que les classes aisées, durant l'enfance, et dans la mesure où les statistiques concernent bien réellement des individus chez qui il n'y a que des différences de fortune, sans différences ethniques[1]. (Notez en passant que dans tout pays, quel qu'il soit, il y a des variétés ethniques plus ou moins nombreuses, et que les classes dominantes et prospères sont souvent d'une autre race que les classes inférieures : il y a la classe conquérante, et la classe conquise, sans compter les autres.) Comme le fait remarquer Burk, toutefois, s'il est vraisemblable que les conditions extérieures ont leur influence sur la croissance, il paraît évident aussi que, d'un côté, les différences existant à certains âges peuvent s'effacer plus tard ; de l'autre, le taux de croissance peut bien être réellement le même dans les deux cas, les différences étant dues à ce que le point de départ est différent. Et, en réalité, celui-ci semble être différent : les enfants pauvres partent d'un niveau inférieur, de telle sorte qu'en réalité, bien souvent, leur croissance est égale et même supérieure à celle des enfants aisés. (Ne pouvant entrer dans le détail des faits, je renvoie au travail de Burk : *American Journ. of. Psychology*, avril 1898.)

Quelques expériences ont été faites sur l'influence que peut exercer la nature des aliments. Malling-Hansen a voulu voir si un régime plus riche en azote (à base de pain blanc et lait, au lieu de pain noir et bière) est favorable à la croissance : il a vu qu'en 8 mois 70 garçons ont gagné 105 livres de plus avec le premier régime. Mais ce gain a été opéré non pas régulièrement au cours des 8 mois, mais en 1 mois ou 6 semaines au plus. Il croit donc plutôt à une influence interne qu'à une influence de la nature des aliments. (Et la stature, qu'est-elle devenue ?)

D'autre part Bussow, comparant des enfants au sein nourris, les uns par le lait de femme, les autres par un régime artificiel, a vu que les premiers ne gagnaient guère plus que les derniers. Camerer a confirmé ce fait, d'où il résulterait qu'au total il est facile de nourrir l'enfant de façon artificielle, aussi bien que par le moyen de l'aliment par excellence du jeune âge. Mais en réalité, tout cela ne signifie pas grand'chose au point de vue dont il s'agit : il faudrait des expériences très délicates, conduites dans un laboratoire de physiologie, avec dosages des entrées et sorties, avec rations bien connues et réglées, et mensurations constantes de poids et de stature, pour arriver à une conclusion ayant quelque valeur.

La question est très complexe en réalité. Il semble bien, toutefois, que, de façon générale, une alimentation abondante et appropriée (Bouchard a insisté sur la nécessité des graisses, sucres, amidon, acide phosphorique, chaux, comme les apporte le lait, les œufs, les haricots, les pois, les lentilles, le pain, etc.) favorise la croissance ; mais c'est tout ce qu'on peut dire dans l'état actuel.

Les animaux nous fournissent la même conclusion. « En Égypte, disait Aristote, une partie des animaux sont plus grands que dans la Grèce : les bœufs, par exemple, et les brebis : les autres sont plus petits, comme les ânes, les loups, les lièvres, les renards, les corbeaux, les éperviers. On attribue cette variation à la différence de la nourriture, très abondante pour les uns, modique pour les autres. »

On a vu la race bovine de Bretagne, petite, devenir grande dans la Normandie, plus riche en fourrage. Les éleveurs, par des « rations de précocité », hâtent la soudure des épiphyses et diaphyses, d'où cessation de croissance en stature et production de plus de viande et de lait par exemple (A. Sanson, *Traité de Zootechnie*). La moule, à l'état naturel, met 4 ans à atteindre sa grosseur spécifique : par les procédés de la mytiliculture, elle ne met qu'un an environ.

Quelques expériences précises ont été faites aussi sur l'influence de l'alimentation sur le développement et la croissance du squelette. On en trouvera la relation en partie dans Chabrié : *Les phénomènes chimiques de l'ossification*, et en partie dans la collection de l'*Experiment Station Record* du ministère de l'Agriculture des États-Unis[2].

1. Broca disait : « J'ai reconnu que la taille des Français, considérée d'une manière générale, ne dépendait ni de l'altitude, ni de la latitude, ni de la pauvreté, ni de la richesse, ni de la nature du sol, ni de l'alimentation, ni d'aucune des conditions de milieu qui ont pu être invoquées. Après toutes ces éliminations successives, j'ai été conduit à ne considérer qu'une seule influence générale, celle de l'hérédité ethnique. »

2. Les travaux sur l'influence de l'alimentation sur le développement sont nombreux ; depuis ceux de Burghe qui, au siècle dernier, vit que les larves de mouches nourries de chair de veau donnaient des adultes plus gros que les larves nourries d'herbes et de poissons, jusqu'à celles de

Weiske et Widt ont opéré sur de jeunes moutons, leur donnant, à l'un, une alimentation normale, aux deux autres, des rations pauvres en chaux ou en acide phosphorique; les animaux, sacrifiés après 55 jours, n'ont pas montré de différences considérables dans les conditions physico-chimiques des os. D'autre part, il est généralement admis, et de récentes expériences plaident dans ce sens, que la privation de chaux entraîne l'ostéomalacie ou le rachitisme (Lehmann, Stilling et Wernic, Roloff, etc.). Les expériences anciennes de Sanson montrent que les animaux précoces, suralimentés, ont les os plus denses et plus minéralisés : plus récemment, von Tschinnisky a vu l'influence de la bonne nourriture sur les os longs et leur croissance. Quoi qu'il en soit, bien certainement la nature des aliments, c'est-à-dire leur composition et la proportion où s'y trouvent les différents sels et les matières azotées et ternaires, agit sur la croissance : mais on n'est point encore en état de formuler à cet égard de conclusion précise. On n'est surtout pas en état de dire quelles préparations artificielles sont de nature à compenser telles lacunes dans les aliments, et tout ce que racontent les pharmaciens et marchands de médicaments à cet égard n'est qu'un tissu d'hypothèses. Pour le phosphate de chaux en particulier, si nécessaire à l'organisme, on ne sait sous quelle forme le donner. Le mieux est, de beaucoup, comme le dit Bouchard, de l'administrer sous forme de végétaux et de légumes; et encore ne servira-t-il que s'il n'y a pas de vice de nutrition. Il ne suffit pas de donner un aliment : il faut encore qu'il soit assimilable : il faut qu'il soit assimilé : et bien des causes connues et inconnues peuvent agir pour empêcher l'assimilation. La question est extrêmement complexe et embrouillée : de là tant de conclusions contradictoires. Cela ne nous empêche pas de déclarer que l'alimentation joue un rôle prépondérant dans la croissance. Par là, la condition sociale agit, avec les mille différences accessoires qu'elle entraîne : alimentation, genre de vie, hygiène, air, lumière, occupation, que sais-je encore. Mais il faut tenir compte aussi de la sélection du facteur ethnique. Il y a des métiers qui sont presque exclusivement entre les mains des habitants de certaines provinces : on ne tient pas compte de ce fait. Les villes sont ici peuplées de blonds grands, là de bruns petits, attirés les uns et les autres des contrées avoisinantes : on ne tient pas compte des différences ethniques et autres sous-jacentes. Topinard. (Él. d'Anthrop. générale, 457) est de ceux qui ont certainement le mieux aperçu toute la complexité de la question et l'insuffisance des statistiques jusqu'ici accumulées, et des conclusions qu'on en a tirées. Toute l'étude est à refaire, expérimentalement, et non par l'accumulation de chiffres relatifs à des individus de race mixte ou douteuse, ayant des hérédités différentes et multiples, et dont on ne peut réellement comparer les conditions d'existence. Il semble qu'un seul facteur diffère : en réalité il y en a une quantité de dissemblables.

Influence du sexe. — Par les tableaux qui ont été donnés plus haut, il est facile de juger que ni le point de départ (poids et stature du nouveau-né), ni la marche de la croissance, ni le terme de celle-ci, ne sont les mêmes dans les deux sexes. Les filles ont une stature moins élevée que les garçons, et parviennent plus vite que ceux-ci à la fin de la croissance.

De récentes observations faites à Worcester (Science, 1893) sur 3 200 sujets de 5 à 21 ans, ont mis en lumière les faits que voici.

La longueur de la tête reste moindre chez les filles pendant tout le temps de la croissance, et pendant toute la vie. La plus grande longueur s'atteint à 18 ans chez les filles, à 21 ans chez les garçons. La tête reste plus étroite pour les filles.

La stature des garçons est plus grande à partir de 5 ans : mais de 7 à 9 ans les filles se rattrapent : elles sont dépassées de 9 à 11. A 12 ans, elles acquièrent une plus haute taille, et la conservent jusqu'à 17 ans, après quoi les garçons les dépassent. Elles croissent plus tôt, mais moins que ces derniers, car, après 17 ans, elles gagnent peu en stature, alors que l'homme continue à croître pendant plusieurs années. Les filles arrivent au poids maximum vers 7 ans, les garçons plus tard : elles se développent plus

Yung (Propos scientifiques), Born, etc., qui ont aussi étudié l'influence d'autres agents, sur les couleuvres par exemple (déjà étudiées par Pleasanton, etc.).

Taveret-Wattel dit que la carpe prend un développement exceptionnel dans les eaux saumâtres.

vite, mais à un moindre degré. Comme l'a dit Aristote : « Les filles croissent plus promptement et arrivent à la force de l'âge plus tôt que les garçons. »

Bowditch insiste sur le fait que, vers 13 ou 14 ans, aux États-Unis du moins, les filles l'emportent par le poids et la stature aussi bien sur les garçons, alors qu'avant et après la situation est renversée. Le plus grand accroissement en stature (accroissement annuel) a lieu à 12 ans pour les filles, et à 16 ans pour les garçons; il précède de 2 ans l'âge de la puberté. Les tables de Roberts montrent aussi le poids et la stature supérieurs des filles à 13 ans, en Angleterre. Celles de Quételet n'indiquent pas le même fait, mais peut-être ne portent-elles pas sur nombre de sujets suffisants. Car la plupart des observateurs qui se sont attachés à l'étude de la question arrivent au même résultat : E. Schmidt par exemple, qui, comme Bowditch, montre que la croissance n'est point parallèle dans les deux sexes, comme on le pourrait conclure des tables de Quételet. Le tableau qui suit démontre en effet que les garçons l'emportent sur les filles de 7 à 10 ans, mais que celles-ci prennent ensuite le pas jusqu'à 14 ans au moins.

Croissance comparée des garçons et des filles.

E. Schmidt : *Rev. mens. de l'École d'Anthropologie*, 1892 (Observations sur 9 500 enfants du district de Saalföld).

	7 ans.	8 ans.	9 ans.	10 ans.	11 ans.	12 ans.	13 ans.	14 ans.
Garçons	109,3	114,3	119,8	124,9	128,2	132,9	137,8	142,2
Filles	108,5	114,1	118,5	123,9	129,2	133,6	138,7	144,2

Des faits analogues s'observent chez les animaux. Saint-Yves Ménard les a constatés chez les girafes. Les girafes mâles l'emportent sur les femelles vers l'âge de la puberté; c'est-à-dire à 3 ou 4 ans.

Stature moyenne de la girafe.

Mâles	à 2 ans	1m,99;	à 4 ans	2m,56
Femelles	—	. . . .	2m,10;	—	. . . .	2m,47

Cornevin constate que, chez la race bovine, pendant les vingt premiers mois de la vie, « le mâle a la supériorité sur la femelle pour l'accroissement total en poids, en périmètre thoracique, et, mais à un moindre degré, pour la longueur du corps, tandis que la femelle s'élève plus rapidement en hauteur, ce qui fait supposer que chez elle la terminaison de l'accroissement en taille est plus localisée que chez le mâle ».

En somme — dans l'espèce humaine du moins, — les phénomènes de croissance sont plus rapides chez le sexe féminin, mais moins prolongés. Il en résulte qu'à certains âges (car l'accélération ne se fait point dès le début), les garçons l'emportent sur les filles, et, à d'autres, les filles sur les garçons. La formule d'Aristote reste exacte dans ses grandes lignes.

Influence de la race et de l'hérédité. — Il est assez difficile de séparer ces deux facteurs : race et hérédité : ne sont-ce pas certaines particularités de l'hérédité qui constituent la race?

L'existence de races grandes et de races petites est chose bien certaine dans l'espèce humaine. Le tableau qui suit rappelle quelques données générales à cet égard.

La taille selon les races.

Tailles hautes (1m,70 et au-dessus).

	mètres.		mètres.
Patagons.	1,85	Comanches.	1,80
Polynésiens.	1,76	Iroquois	1,73
Scandinaves	1,71	Zoulous	1,70
Écossais	1,71	Esquimaux.	1,70

Au-dessus de la moyenne (1m,65 à 1m,69).

	mètres.		mètres.
Nubiens	1,69	Allemands	1,69
Anglais.	1,69	Arabes.	1,68
Belges	1,68	Français.	1,65

Au-dessous de la moyenne (1m,60 à 1m,64).

	mètres.		mètres.
Australiens	1,64	Esthoniens	1,64
Chinois	1,64	Bavarois	1,64
Juifs	1,63	Japonais	1,60

Petites (moins de 1m,60).

	mètres.		mètres.
Malais	1,59	O'stiaks	1,56
Annamites	1,59	Lapons	1,53
Siamois	1,52	Boshimans	1,44

Les tableaux donnés plus haut font voir qu'en Europe, par exemple, les Italiens et les Belges sont plus petits que les Anglais ou les Allemands. Aux États-Unis, les enfants de parents purement américains (cette pureté est bien conventionnelle...) sont un peu plus grands que les enfants de parents allemands. D'autre part, PECKHAM ne constate point d'influence de la race sur le poids, et LANDBERGER n'en voit pas, jusqu'à 10 ans du moins, sur les proportions des Allemands et Polonais comparés entre eux.

BOWDITCH, qui proclame la supériorité en poids et en stature des enfants américains « purs », se rend bien compte toutefois que la question n'est pas aussi simple qu'on le peut croire d'abord. En effet, la plupart des immigrants récents dont on compare la progéniture à celle des Américains anciens appartiennent à des classes pauvres et mal nourries : d'où des différences qui manifestement ne sont pas le fait de la race seule. On ne pourra tirer de conclusions sérieuses qu'en comparant des sujets qui ne différeront que par la race : des sujets ayant antécédents physiologiques également favorables.

D'autre part, il est bien connu que pour les races différentes d'animaux domestiques — le cheval, le bœuf, le mouton, etc., — il y a un accroissement qui diffère. L'accroissement du cheval de gros trait et du cheval de course sont très différents, le poney des Schetland ne saurait devenir un bourbonnais ou un flamand, quelque peine qu'on se donne : même chose pour les races de chiens — dogue et carlin — de poules, de porcs, etc. Au reste, il y a des degrés : la petite vache bretonne transportée aux environs de Paris devient plus haute et plus grosse. Il y a des races *précoces*, à croissance rapide : la précocité est un caractère héréditaire (bœuf Durham, mouton Southdown par exemple). Et l'influence individuelle du progéniteur est marquée bien qu'inégale, quand elle n'est pas, par surcroît, troublée par l'atavisme. Les parents grands ont plus souvent des enfants grands[1], la progéniture de parents dissemblables se rapproche plutôt de la mère.

Les faits les plus certains sont sans doute ceux que fournissent les races précoces. Cette précocité est artificielle et acquise : elle devient héréditaire. Le bœuf Durham est adulte à 3 ans au lieu de 5, le mouton Dishley à 2 ans au lieu de 4. Il y a altération de la nutrition qui se traduit par une double économie : temps d'alimentation moins long (quoique plus cher) et rendement (en viande par exemple) plus considérable (60-65 au lieu de 50-55 p. 100). De façon artificielle aussi (sélection et alimentation particulières) on a créé des races naines et des races géantes en assez grand nombre dans les animaux domestiques.

Il est donc permis de conclure à l'existence d'une influence héréditaire importante, bien qu'au total les faits invoqués à l'appui de celle-ci ne soient pas toujours très satisfaisants.

Influence du climat. — Il est très difficile de s'assurer de l'existence ou de l'absence d'une action spéciale du climat sur la croissance. Car, pour l'apprécier, il faudrait pouvoir observer la croissance chez des êtres — hommes ou animaux — non seulement de même espèce, mais de même race, ayant les mêmes hérédités, et placés dans des conditions (autres que le climat) également avantageuses. On ne peut guère tirer de conclusions des observations portant sur des races différentes. C'est pourtant ce qui a été fait : et, avec ce procédé, on arrive à la conclusion que le climat n'exerce point d'action appréciable. Ici nous avons les Patagons qui, dans des régions froides,

[1]. Le régiment des géants de Frédéric-Guillaume Ier, si la tradition est exacte, en est un exemple : et les éleveurs savent, par sélection, accroître ou diminuer la taille d'une race ou tels autres caractères physiologiques.

atteignent pourtant une stature élevée : et, dans les régions chaudes, les Cafres, les nègres de Guinée atteignent aussi un beau] développement. « Théoriquement, dit Peckham, une température basse devrait rabougrir la race, puisque une grande partie de l'énergie se dépenserait à maintenir la chaleur animale. » Mais l'exemple des Patagons et des Cafres ne signifie pas grand'chose : rien ne prouve qu'il n'y a pas une influence de race. Si les Patagons restaient petits dans un climat tempéré, ou si les Lapons devenaient grands sous des climats chauds, on pourrait invoquer une action du climat : mais l'épreuve n'a pas été faite. Il n'y a pas de rapport entre la latitude et la stature, tant s'en faut, et les tables de Baxter, aux États-Unis plaident dans le même sens. En Angleterre, on s'est occupé de la question, et on n'a rien trouvé qui soit de nature à faire admettre une influence du climat. Pourtant, il se peut que celle-ci existe : une influence indirecte, par la sélection, par le genre de vie. Mais nous n'avons point de faits qui nous permettent encore de l'admettre. Le climat, qui agit sur l'apparition de la puberté, peut bien agir aussi sur la croissance : mais dans quel sens, par quel mécanisme au juste, nous ne savons. Aristote remarque que « les animaux sont différents selon les climats. Il y a des pays où certains animaux sont plus petits » (les ânes d'Illyrie, de Thrace et de l'Épire, par exemple). Mais y a-t-il action directe de climat, ou action indirecte (rareté du fourrage, etc.)? la question est complexe, et nous n'avons point encore les faits qui nous permettraient d'y répondre.

Influence des saisons. — Sous tous les climats il y a des saisons : mais encore celles-ci sont-elles plus ou moins prononcées. Dans les régions tempérées où, en réalité, les différences sont le plus considérables, on ne peut douter de l'influence des saisons sur la croissance des organismes des animaux et de l'homme.

Buffon a attiré l'attention sur ce fait, à la suite de ses observations sur la croissance d'un même sujet. « Il paraît, dit-il, en comparant l'accroissement pendant les semestres d'été à celui des semestres d'hiver, que jusqu'à l'âge de cinq ans la somme moyenne de l'accroissement pendant l'hiver est égale à la somme de l'accroissement pendant l'été. Mais en comparant l'accroissement pendant les semestres d'été et pendant les semestres d'hiver, depuis l'âge de 5 ans jusqu'à 10, on trouve une très grande différence, car la somme moyenne des accroissements pendant l'été est de sept pouces, une ligne, tandis que la somme des accroissements pendant l'hiver n'est que de quatre pouces une ligne et demie. Et lorsque l'on compare, dans les années suivantes, l'accroissement pendant l'hiver à celui de l'été, la différence devient grande, mais il me semble néanmoins qu'on peut conclure de cette observation que la croissance est bien plus prompte en été qu'en hiver, et que la chaleur, qui agit généralement sur le développement de tous les êtres organisés, influe considérablement sur l'accroissement du corps humain. » G. Tourdes note aussi que, de 1 an et demi à 6 ans et demi, chez un enfant, la somme des accroissements de stature s'est élevée à 22 centimètres pour les semestres d'été et à 15 pour les semestres d'hiver. Plus récemment, Malling Hansen s'est livré à des recherches approfondies à cet égard.

Malling Hansen, directeur de l'Institution des sourds-muets de Copenhague, a recherché comment croissaient, en poids et en taille, les enfants. Il a pesé ses cent trente élèves quatre fois par jour pendant trois ans, et il les a mesurés une fois par vingt-quatre heures. D'après ses observations, la croissance ne se fait pas régulièrement et progressivement, mais par étapes séparées par des temps d'arrêt. De même, le poids n'augmente que par périodes, après intervalles d'équilibre. Enfin, quand le poids grandit, la taille reste stationnaire, et *vice versa*. Le poids atteint son maximum en septembre ; il paraît y avoir sensiblement équilibre de décembre en avril. Le maximum de la croissance de la taille correspond au minimum d'augmentation de poids. Les forces vitales ne travaillent pas des deux côtés à la fois. Pendant l'automne et le commencement de l'hiver, l'enfant accumule du poids ; mais la taille reste stationnaire. Au commencement de l'été, le poids demeure presque sans changement ; mais l'enfant pousse en hauteur, comme les arbres.

Il y a, d'après Malling Hansen, trois périodes générales par an, pour la croissance en poids, et autant pour la croissance en stature, sans compter les variations hebdomadaires et quotidiennes. Il y a, dit-il, pour le poids d'un garçon entre 9 et 15 ans, trois périodes de croissance pendant l'année : une maximum, une minimum, une intermédiaire. La période maximum commence (à Copenhague) en août et finit au milieu de décembre; elle dure donc quatre mois et demi aussi. La période minimum va de la fin d'avril au milieu de juillet : sa durée est donc de trois mois. Pendant la période maximum la croissance en poids est presque trois fois aussi grande que durant la période intermédiaire. Presque tout le gain en poids de la période intermédiaire se perd pendant la période minimum. Voilà pour le poids. Et maintenant voici pour la stature. Il y a trois périodes aussi.

La période minimum commence en août et dure jusqu'au milieu de novembre; elle dure trois mois et demi. La période intermédiaire va de la fin de novembre à la fin de mars, soit quatre mois environ. La période maximum va de la fin de mars au milieu d'août : soit quatre mois et demi à peu près. La croissance quotidienne est deux fois et demie plus grande pendant la période maximum, et deux fois plus grande pendant la période intermédiaire, que durant la période minimum.

On peut donc dire approximativement que, la période de croissance en poids maximum à l'automne est la période de croissance en stature minimum : et en été et au printemps tandis que le corps s'allonge, il perd du poids.

Pour ce qui est des variations quotidiennes, MALLING HANSEN les résume en disant que :

Le poids augmente ⎫
La stature diminue ⎬ de jour;   Le poids diminue ⎫
                                    La stature augmente ⎬ de nuit.

Entre 13 et 16 ans la différence peut être de 1 centimètre et de 570 grammes.

Pour l'influence de la température en général, elle est surtout marquée sur le poids : celui-ci s'élève quand monte le thermomètre, et s'abaisse quand il descend.

On a trouvé en Danemark que l'augmentation de poids des enfants est, pendant les trois mois de vacance (juillet à septembre), supérieure à ce qu'elle est pendant tout le reste de l'année.

CAMÉRER, opérant sur un garçon de 17 ans, un autre de 8 ans, et un enfant de 6 semaines, observe des variations quotidiennes concordantes : le poids augmente du matin au soir, et tombe pendant la nuit. VAHL (Danemark encore) voit que l'accroissement en poids est de 33 p. 100 plus considérable en été qu'en hiver (semestre d'été et semestre d'hiver). D'après COMBE (Lausanne), la saison exercerait même une influence avant la naissance : les garçons nés de septembre à février sont plus courts que les garçons nés de mars en août : les filles sont plus courtes, quand elles naissent de décembre à mai.

Plus récemment DAFFNER (loc. cit., 83) a résumé les résultats de ses recherches sur l'accroissement en stature chez 822 cadets de 11 à 20 ans. On voit par le tableau qui suit que l'accroissement hivernal (octobre à avril) est toujours inférieur à l'accroissement estival (sauf dans un seul cas où il est égal : à 19-20 ans).

Accroissement en stature de 11 à 20 ans (chiffres obtenus sur 822 cadets).
(DAFFNER, *Das Wachstum des Menschen*, 1897, p. 83.)

NOMBRE des SUJETS.	AGE en ANNÉES.	ALLONGEMENT DE STATURE			AUGMENTATION		
		OCTOBRE.	AVRIL.	OCTOBRE.	HIVER.	ÉTÉ.	PAR ANNÉE.
		cm.	cm.	cm.	cm.	cm.	cm.
12	11-12	139,4	141,0	143,3	1,6	2,3	3,9
80	12-13	143,0	144,5	147,4	1,5	2,9	4,4
146	13-14	147,5	149,5	152,5	2,0	3,0	5,0
162	14-15	152,5	155,0	158,5	2,5	3,5	6,0
162	15-16	158,5	160,8	163,8	2,3	3,0	5,3
150	16-17	163,5	165,4	167,7	1,9	2,3	4,2
82	17-18	167,7	168,9	170,4	1,2	1,5	2,7
22	18-19	169,8	170,6	171,5	0,8	0,9	1,7
6	19-20	170,7	171,1	171,5	0,4	0,4	0,8

Au total, l'influence des saisons est certaine : la belle saison favorise l'accroissement en stature. Par quel mécanisme ? nous ne le rechercherons pas ici.

Des faits analogues s'observent chez les animaux.

Les éleveurs savent qu'en hiver la croissance se ralentit de façon marquée : et ils expliquent ce fait par la différence et la diminution des rations. Assurément cette circonstance joue un rôle considérable : mais elle n'est pas seule à intervenir. Car, si l'on corrige cette influence en donnant la nourriture à discrétion dans les deux saisons, on voit quand même se manifester l'influence retardatrice de l'hiver.

C'est ce qu'a vu SAINT-YVES MÉNARD (Contr. à l'étude de la croissance, 1885) sur trois girafes qui, en hiver, étaient aussi abondamment nourries qu'en été. En effet, la croissance en stature, pendant l'hiver, a été toujours inférieure (de 5, de 6 et de 9 centimètres) à l'accroissement pendant l'été.

Chez les poissons, on observe le même phénomène : d'après CARL NICHLAS l'accroissement des carpes, qui n'a lieu que de mai en septembre, se fait dans les proportions mensuelles suivantes :

Mai	Juin	Juillet	Août	Septembre
10 p. 100.	30 p. 100.	35 p. 100.	20 p. 100.	5 p. 100.

Chez l'espèce bovine CORNEVIN (Étude zootechn. sur la croissance, 1891, Soc. d'agr. Hist. nat. et Arts utiles de Lyon) a noté des faits analogues. « En observant l'augmentation en poids, dit-il, il appert qu'elle tombe à son minimum dans la saison d'automne, et que les trois mois de septembre, octobre, novembre, se ressemblent sous ce rapport. On ne peut guère invoquer l'influence alimentaire, car les fourrages verts sont encore abondants à ce moment, et d'ailleurs, les animaux de la ferme expérimentale de l'École vétérinaire étant entretenus en stabulation permanente, l'alimentation est assez uniforme. » C'est en mai, juin et août que l'augmentation de poids est la plus forte : mais il y a une pousse en janvier aussi, séparée de la poussée d'été par deux minima.

Pour revenir à l'espèce humaine, il importe de résumer quelques faits encore parmi ceux que MALLING HANSEN a fait connaître :

L'automne est la période de croissance en poids maximum ;

L'automne est la période de croissance en stature minimum.

Le printemps est la période de croissance en poids minimum ;

Le printemps est la période de croissance en stature maximum.

L'hiver est une période d'accroissement modéré en stature et en poids à la fois.

Il semble que jamais le poids et la stature ne croissent ensemble : leurs poussées sont alternantes. « La stature s'accroît le plus rapidement quand le poids diminue, et les phases de croissance en stature précèdent quelque peu les phases de croissance en poids : ces faits semblent signifier que l'accroissement de stature se fait directement aux dépens de l'accroissement de poids. Il semble que la croissance en stature à la fin de sa période maximum (au moment où commence l'accroissement en poids) a consommé les aliments emmagasinés dans le corps : et qu'au cours de l'automne (période de la croissance en poids maxima) se préparent les moyens destinés à assurer une nouvelle croissance en stature. D'autre part, la période maximum de croissance en stature ne suit pas directement la croissance en poids. Il semble donc que la croissance en stature et la croissance en poids sont des processus très différents. »

Et MALLING HANSEN les explique en supposant que l'accroissement de poids de l'automne consiste surtout en une croissance latérale du corps, en un épaississement ou une croissance dans les deux autres dimensions (latérale et antéro-postérieure).

W. S. HALL a tenu compte de cette croissance latérale, en faisant intervenir le tour de taille dans un calcul. Et alors il figure la croissance par deux courbes : tour de taille et stature. La courbe du tour de taille reste supérieure à celle de la hauteur à 9 et 10 ans. De 11 à 13 ans, la stature l'emporte ; de 13 à 14 ans, c'est le tour de taille, et de 14 à 15 ans la stature : à 16 ans, le tour de taille reprend le dessus, et le conserve désormais. Ces deux courbes se coupent donc quatre fois de 10 à 16 ans. Il semble que le corps s'épaississe avant de s'allonger, de façon régulière, jusqu'au moment où, continuant à s'épaissir, il cesse de gagner en longueur.

En résumé, comme le dit GAD (résumé dans Science du 20 janvier 1888), c'est de

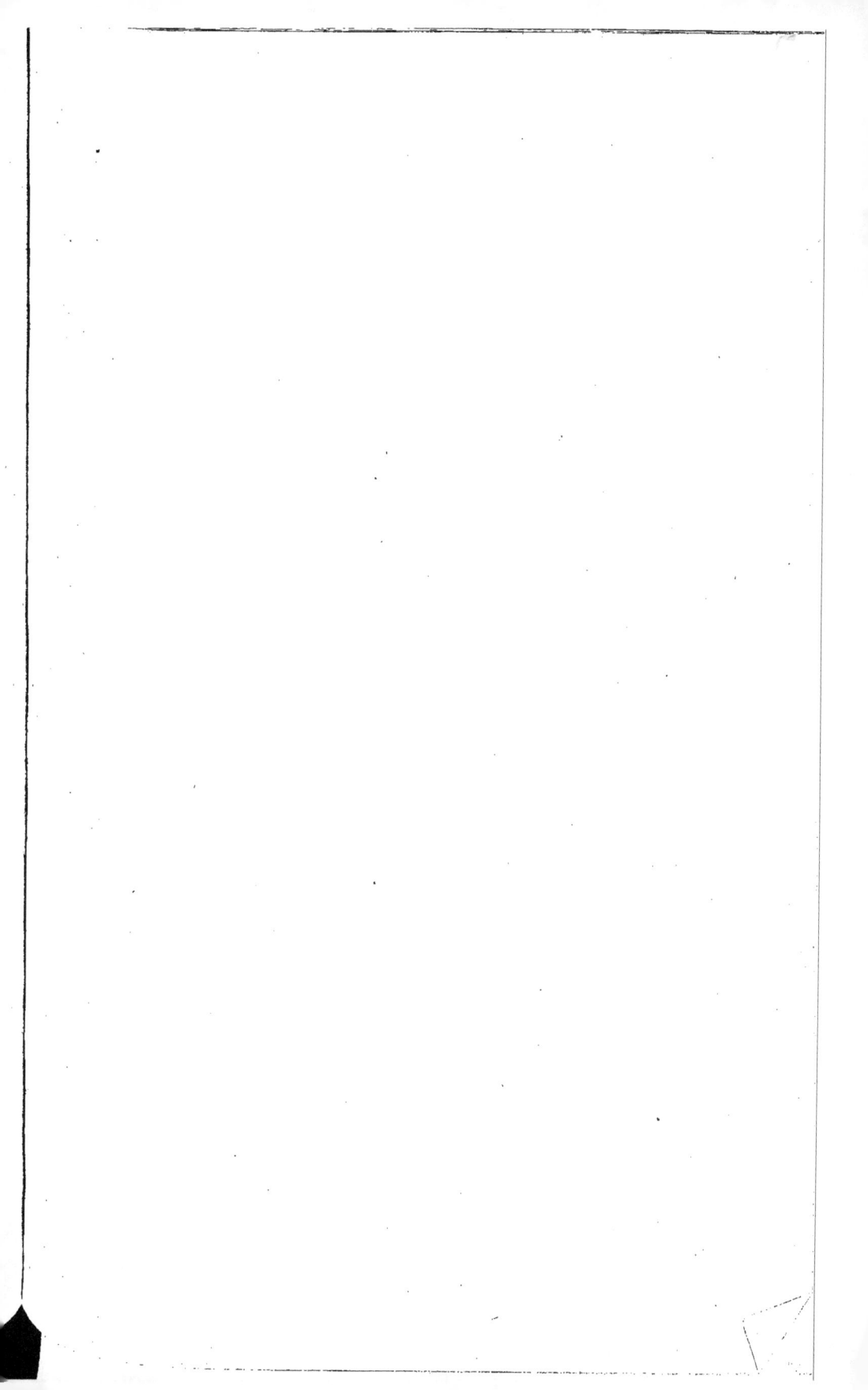

conditions de moindre stabilité physiologique. Mais dès qu'il s'agit de préciser, les divergences sont grandes.

En Suède et au Danemark, d'après HERTEL et d'autres, on voit qu'à l'âge de 6 ans, 14 ou 16 p. 100 des garçons ont quelque maladie chronique. Dès le début, jusqu'à 9 ans, la courbe s'élève rapidement; à 9 ans, léger temps d'arrêt, puis elle continue à monter jusqu'à 11 ans : entre 10 et 11 ans, chute considérable qui est à son maximum à 12 ans; puis nouvelle ascension lente de 12 à 14 ou 15 ans. Nouvelle chute à 17 ans, nouvelle montée à 18 et 19 ans.

Chez les filles, 22 ou 25 p. 100 ont des maladies chroniques à 6 ans; et la courbe monte jusqu'à 14 ans, après deux légers arrêts vers 9 à 10 ans et vers 11 à 12 ans. Après 14 ans, chute de la courbe.

HARTWELL, en Amérique, a vu que la période de la puberté est celle de la mortalité minimum (de 12 à 16 ans, en gros) : ce serait donc une période de résistance accrue, de vitalité plus grande, et la période de croissance rapide, la période pré-pubertère par conséquent serait de celles où la résistance à la maladie est la plus grande. AXEL KEY pense de la sorte : pour lui la maladie a plus de prise durant les époques de croissance lente que durant la période de croissance rapide. L'année de plus vigoureuse santé serait à peu près la dix-septième; la dix-huitième par contre serait une année de santé très médiocre, et aussi la treizième. (En Suède tout au moins : *mutatis mutandis* pour les autres pays, et climats, et races.) « Tous les faits, dit-il, nous indiquent sans aucun doute la nécessité de conclure que la période de développement lent qui précède la puberté est une période pendant laquelle l'aptitude à résister aux influences pathologiques externes est faible, et le pourcentage de la maladie augmente, surtout dans les années qui précèdent immédiatement le développement de la puberté. »

Cette conclusion s'applique spécialement aux garçons : chez les filles la relation entre la croissance rapide et la résistance à la maladie est moins apparente : « Dans le développement des filles, la courbe de la maladie atteint son premier sommet dans la seconde année de la puberté (la treizième, qui est l'année de l'accélération de la croissance en poids), après quoi elle descend très peu, et s'élève non tout de suite après la fin de la croissance pubertale, mais en réalité deux ans plus tard (à la dix-huitième année). Nous voyons, en conséquence, que la dernière année de la puberté doit être considérée comme étant caractérisée par une résistance inférieure à celle qui existe dans l'année qui suit immédiatement la fin de la période.

HERTEL (Danemarck) considère les trois ou quatre ans qui précèdent la puberté comme étant une période de délicatesse plus grande, de moindre résistance aux influences extérieures défavorables. La mortalité maxima est à 12 ou 13 ans, juste avant la puberté. Pour lui aussi, la période d'accélération de croissance à la puberté est une période de résistance plus grande aux influences pathologiques.

Tout autre est la conclusion de COMBES (Lausanne), et elle reflète certainement l'opinion — ou la tradition — de beaucoup de médecins. Pour COMBES, en effet, la maladie s'accroît avec la croissance : plus un enfant s'accroît, et plus il est sujet à la maladie. Les périodes de croissance accélérées sont celles de résistance minimum. Il faut observer toutefois que les statistiques de COMBES (sur 7 000 enfants seulement) n'ont pas été dressées de la même façon : il comprend certaines maladies que HERTEL et KEY laissent de côté, et il juge par la stature, au lieu que KEY juge par le poids : or la stature et le poids ne croissent pas simultanément, mais à un an d'intervalle, environ.

On conclura sans peine de ce qui précède, que la question n'est pas encore tranchée : il faut de nouvelles recherches.

Si la croissance a quelque action sur la maladie, la réciproque n'est pas moins exacte. Chacun a vu des cas où, à la suite d'une maladie fébrile en particulier, la croissance en stature a pris un essor considérable. Il semble même (BOUILLY : *De la fièvre de croissance*) y avoir une affection spéciale, suraigüe, qui a pour principal effet de déterminer la croissance. Cette affection, caractérisée par de la fièvre avec délire, des douleurs locales autour des os et articulations, une congestion ou même une ostéite des zones juxta-épiphysaires, et survenant souvent à la suite de quelque exercice violent détermine parfois des accroissements de stature considérables. Elle se montre de 10 à 18 ans, et après elle on a vu des accroissements de 1 et 2 centimètres en 8 ou 10 jours.

Nous devons nous borner à ces indications : pour détails voir le travail de Bouilly, et aussi : *Étude sur la croissance et son rôle en pathologie* de Maurice Springer.

On conçoit bien, en effet, que nombre de facteurs normaux et anormaux exercent une action sur la croissance de l'homme ou de l'animal ; mais nous ne saurions en aborder ici l'étude. Celle-ci, du reste, n'a guère été faite de façon systématique : mais on trouve bon nombre d'indications éparses dans les ouvrages de pathologie.

Perte du pouvoir de croissance. — Tous les organismes vieillissent, et l'une des caractéristiques de la décroissance est précisément la perte du pouvoir de croissance. S. Minot s'est particulièrement occupé de cette question (*loc. cit.*), et un des faits intéressants qui résultent de son étude, c'est que le pouvoir d'accroissement va constamment en diminuant, et cela non à partir de la période adulte, mais dès la naissance même, ou peu s'en faut. En effet, pour que le poids augmente de 10 p. 100, il faut des durées de temps qui vont sans cesse croissant : un ou deux jours d'abord, puis trois, quatre, cinq, dix, quinze, vingt, trente ; les périodes deviennent sans cesse plus longues.

Personne ne doute de cette perte du pouvoir de croissance, mais il est intéressant de le voir se manifester aussi tôt, dès le commencement de la vie.

Croissance de quelques organes. — La croissance de certains organes est limitée, et étroitement limitée : celle de quelques autres est illimitée, puisque leur croissance peut même, si l'on en croit quelques auteurs, se poursuivre après la mort. Ces derniers organes sont rares : ce sont des appendices épidermiques, comme les poils et les ongles.

Voici en passant quelques chiffres sur la croissance de la barbe :

Croissance de la barbe (BERTHOLD).

(Homme de 46 ans.)

D'APRÈS LA MOYENNE DE :

	36 heures.	24 heures.	12 heures.
	millim.	millim.	millim.
Calculée par an	142	168	226
— jour.	0,39	0,46	0,62

Et en voici sur les ongles :

Croissance des ongles.

	millim.
Croissance quotidienne des ongles des doigts.	0,086
— — — orteils.	0,04
— — — du gros orteil. . . .	0,06

Le renouvellement de l'ongle, de la lunule à l'extrémité libre, se fait, d'après Dufour :

Au petit doigt	en 121 jours
Aux trois doigts moyens.	en 120-132 jours
Au pouce.	en 138 jours
Aux orteils.	en 180-300 jours
Au gros orteil.	en plus d'un an.

Il n'y a pas lieu de s'arrêter davantage sur ces parties de l'organisme de croissance illimitée, mais il fallait la signaler. On remarquera d'ailleurs que ce sont des parties mortes : ce ne sont point des organes vivants, et par suite ce n'est que par abus qu'on applique ici le nom de « croissance ».

Les tableaux donnés plus haut montrent, en général, suivant quelles proportions les différents organes s'accroissent, en poids ou en longueur, et quel temps ils mettent, en moyenne, à acquérir leurs dimensions. Il est évident que certains vont plus vite, et d'autres plus lentement.

Parmi ceux qui vont vite il en est un qui mérite une mention spéciale : c'est le cerveau.

Poids de l'encéphale, d'après WAGNER.

	HOMMES.		FEMMES.	
	NOMBRE de cas.	POIDS MOYEN.	NOMBRE de cas.	POIDS MOYEN.
Au-dessous de 10 ans.	13	985	34	1033
De 10 à 20 ans.	11	1465	13	1285
De 21 à 30 ans.	13	1341	20	1249
De 31 à 40 ans.	35	1410	17	1262
De 41 à 50 ans.	36	1391	25	1261
De 51 à 60 ans.	31	1341	25	1236
Au-dessus de 60 ans.	31	1326	32	1203

Le tableau ci-joint montre en effet que, au point de vue du poids, le cerveau arrive à atteindre ses proportions les plus considérables dès un âge relativement précoce, c'est-à-dire avant vingt ans, époque où la croissance générale n'est certainement pas achevée.

Et le tableau qui suit, de MARSHALL et BOYD, montre qu'après quarante ans, le poids de l'encéphale baisse invariablement.

Poids de l'encéphale et de ses parties chez des sujets non aliénés, selon l'âge, le sexe et la stature.

(D'après MARSHALL et BOYD : DONALDSON : *Growth of the Brain*, 1897.)

	SEXE MASCULIN.									
AGE.	ENCÉPHALE.	CERVEAU.	CERVELET.	BULBE[1]	BULBE[1]	CERVELET.	CERVEAU.	ENCÉPHALE.	AGE.	
	STATURE AU-DESSUS DE 1m,75.				**STATURE AU-DESSOUS DE 1m,63.**					
20-40	1409	1232	149	28	23	134	1108	1263	20-40	
41-70	1363	1192	144	27	23	131	1055	1209	41-70	
71-90	1330	1167	137	26	24 a^2	130	1012	1166	71-90	
	STATURE DE 1m,77 A 1m,67.				**STATURE DE 1m,60 A 1m,55.**					
20-40	1360	1188	144	28	26 s	137 s	1055	1218	20-40	
41-70	1335	1164	144	27	26 s	131	1055	1212 s	41-70	
71-90	1303	1135	142 s	28 a s	24	128	969 s	117 s	71-90	
	STATURE DE 1m,64 ET AU-DESSOUS.				**STATURE DE 1m,52 ET AU-DESSOUS.**					
20-40	1331	1168	138	23	24 s	130	1045	1199	20-40	
41-70	1297	1123	139 a	25	24 a s	129	1051 a	1205 a	41-70	
71-90	1251	1095	131	25	25 a s	123	974	1122	7190-	

1. Bulbe : c'est-à-dire tubercules quadrijumeaux, pont de Varole, et bulbe proprement dit.
2. Les lettres *a* et *s* indiquent que le chiffre est considéré comme trop fort par rapport à l'âge (*a*) ou à la stature (*s*).

Il faut entrer un peu dans le détail, et le tableau que voici, de VIERORDT, nous y aide. Nous voyons ainsi que le cerveau masculin atteint son poids maximum entre 13 et 15 ans (le chiffre qui correspond à 14 ans est discuté plus loin), le cerveau féminin au même âge à peu près.

Accroissement du poids du cerveau selon l'âge.
(Encéphale pesé *in toto* avec la pie-mère : VIERORDT.)

AGE.	SEXE MASCULIN.		SEXE FÉMININ.	
	NOMBRE des sujets.	POIDS du cerveau.	POIDS du cerveau.	NOMBRE des sujets.
0 mois	36	381	384	38
1 an	17	945	872	11
2 ans.	27	1025	961	28
3 ans.	19	1108	1040	23
4 ans.	19	1330	1139	13
5 ans.	16	1263	1221	19
6 ans.	10	1359	1265	10
7 ans.	14	1348	1296	8
8 ans.	4	1377	1130	9
9 ans.	3	1425	1243	1
10 ans.	8	1408	1284	4
11 ans.	7	1360	1238	1
12 ans.	5	1416	1245	2
13 ans.	8	1487	1256	3
14 ans.	12	1289	1345	5
15 ans.	3	1490	1238	8
16 ans.	7	1435	1273	15
17 ans.	15	1409	1237	18
18 ans.	18	1421	1325	21
19 ans.	21	1397	1234	15
20 ans.	14	1445	1228	33
21 ans.	29	1412	1320	31
22 ans.	26	1348	1283	16
23 ans.	22	1397	1278	26
24 ans.	30	1424	1249	33
25 ans.	25	1431	1221	33
TOTAL. . .	415			424

Il semble donc que la croissance du cerveau est achevée avant vingt ans, et que, à partir de cet âge, il ne fait que se maintenir ou perdre en poids.

Cette conclusion serait erronée. Il faut se méfier des moyennes telles que les donne le tableau de VIERORDT par exemple. Car il n'y est pas tenu compte de la stature, et la stature exerce une influence considérable. Le tableau de VIERORDT donne le poids moyen du cerveau d'un certain nombre d'individus d'un âge donné, mais ces individus peuvent être de race différente, de stature dissemblable, etc., et dès lors les cerveaux cessent d'être comparables, ou du moins la moyenne perd sa valeur, et tantôt elle peut être acquise dans un sens, tantôt dans un autre. Le chiffre qui correspond à l'âge de quatorze ans dans le tableau plus haut est probablement dû à ce que les sujets étaient de petite stature. Il faut donc se garder de tirer des conclusions fermes de statistiques ainsi établies; au reste le tableau dressé par MARSHALL et BOYD montre bien l'importance de la stature pour le poids de l'encéphale.

Mais le second tableau de BOYD, qui suit, montre bien ce qu'il en est; dans ce tableau on voit l'accroissement successif de l'encéphale par rapport au maximum atteint à l'âge adulte. « C'est, dit TOPINARD, la proportion à ce maximum pris pour 1000, non pas chez les hommes au chiffre de 1374 dans la période de 14 à 20 ans, qui est inexacte, et sur laquelle nous nous expliquerons plus tard, mais à celui de 1366 dans la période de 30 à 40 ans qui est le sommet de la courbe. » Et alors la conclusion serait que le maximum de développement du cerveau s'observe entre 30 et 40 ans.

Telle n'est pourtant pas la conclusion de BROCA, de TOPINARD, et d'autres encore. Je passe sur l'argumentation de TOPINARD, et me contente de rapporter sa conclusion. « La loi de croissance de l'encéphale se résume, en somme, comme il suit : le développement de cet organe est excessif dans la première année, énorme encore jusqu'à 4 ans.

Un ralentissement se produit alors comme pour la taille, puis une reprise dont l'insuffi-sance des documents ne permet pas de fixer le moment exact, mais que j'ai tout lieu de placer aux approches de la puberté, et dans son cours. Cette reprise tend à amener le développement maximum vers 20 ans, et un arrêt ensuite. Pourtant la croissance, peu sensible, il est vrai, se continue jusque vers 30 ou 35 ans, mais d'une quantité si faible que le sommet donné par le hasard des chiffres avance ou recule légèrement, sans que cela tire à grande conséquence ». (Anthrop. gén., 526.) Donc développement à peu près maximum à 20 ans, et remarquez en outre que la différence entre le poids à 15 ans et le poids à 16 ans est en réalité peu de chose.

Rythme de croissance de l'encéphale.
(BOYD, 1913 cas, cité par TOPINARD, loc. cit., 518.)

	HOMMES.			FEMMES.		
	NOMBRE des sujets.	POIDS moyen.	PROPORTION du poids au poids maximum.	NOMBRE des sujets.	POIDS moyen.	PROPORTION du poids au poids maximum.
A la naissance.	42	gr. 331	24,2	39	gr. 283	22,8
Naissance à 3 mois. . . .	16	493	36,0	20	452	36,5
3 à 6 mois.	15	603	44,1	23	560	45,2
6 mois à un an	46	777	56,8	40	728	58,8
1 an à 2 ans.	34	942	69,0	33	844	68,1
2 ans à 4 ans	29	1097	80,4	29	991	80,8
4 ans à 7 ans	27	1140	83,4	19	1136	91,7
7 ans à 14 ans	22	1302	95,3	18	1155	93,3
14 ans à 20 ans	19	1354	100,5	16	1244	100,4
20 ans à 30 ans	59	1357	99,3	72	1238	100,0
30 ans à 40 ans	110	1366	100,0	89	1218	98,3
40 ans à 50 ans	137	1352	98,9	106	1213	97,9
50 ans à 60 ans	119	1343	98,3	103	1221	98,2
60 ans à 70 ans	127	1315	96,9	149	1207	97,4
70 ans à 80 ans	104	1289	95,3	148	1167	94,2
80 ans à 90 ans	24	1284	94,2	77	1125	90,8

On peut donc classer le cerveau parmi les organes dont le développement est le plus rapide.

Il est intéressant de remarquer que cette croissance se fait exclusivement — autant qu'on en peut juger par les recherches faites jusqu'ici — par développement, par hyper-trophie d'éléments déjà existants. Il n'y a pas hyperplasie. Mais l'accroissement en volume des cellules est considérable, comme le montre le tableau suivant :

Volume des cellules nerveuses des plus grandes de la corne ventrale de la moelle cervicale chez l'homme.
(D'après KAISER, dans DONALDSON : Growth of the Brain, 156.)
(Le volume 700 µ³ du fœtus de 14 semaines est pris pour unité, et les volumes ultérieurs sont évalués en multiples de ce volume pris pour unité.)

SUJETS.	AGE.	VOLUME PROPORTIONNEL des cellules : $1 = 700$ µ³.	INTERVALLE DE TEMPS.
Fœtus	14 semaines.	1	
—	20 —	17	
—	24 —	31	36 semaines.
—	28 —	67	
—	36 —	81	
Nouveau-né.		124	
Garçon de 15 ans	15 ans.	124	15 ans.
Homme adulte	30 ans	160	15 ans.

Il semble en être de même, du reste, pour toutes les parties du système nerveux. Mais les cellules ne se développent pas toutes dans le même temps : il en est qui s'accroissent plus tôt, d'autres plus tard, comme on le peut voir par les recherches de KAISER.

Nombre des cellules développées dans le renflement cervical médullaire à différents âges.

(KAISER : d'après DONALDSON, loc. cit., 164.)

AGE.	NOMBRE DES CELLULES nerveuses.
Fœtus de 16 semaines	50,500
— 32 —	118,330
— nouveau-né.	104,270
— Enfant de 15 ans.	241,860
— Homme adulte	224,700

Ces faits sont confirmés par SCHILLER, en ce qui concerne le chat :

Nombre moyen de fibres dans chacun des nerfs moteurs oculaires du chat, de la naissance à l'âge de 18 mois.

(D'après SCHILLER : DONALDSON, loc. cit., 165.)

AGE.	NOMBRE MOYEN DES FIBRES.	CHIFFRES EXTRÊMES.
Nouveau-né (A. B. C. moyenne de 3 cas)	2 942	2 905-2 980
Un mois (D. E. moyenne de 2 cas)	2 961	2 946-2 976
4 mois F	3 007	2 995-3 016
12 mois G. (mère de A. B. F.).	3 013	3 002-3 019
18 mois H.	3 035	3 020-3 050

Chez la grenouille, il semble que les choses sont autres, au moins en ce qui concerne les racines médullaires :

Nombre moyen des fibres dans la racine antérieure chez des grenouilles de même espèce, de poids différents.

(D'après BRIGE : DONALDSON, loc. cit., 167.)

POIDS DE LA GRENOUILLE.	NOMBRE DE FIBRES.	EXCÉDENT DE POIDS.	EXCÉDENT DE FIBRES (NOMBRE).	NOMBRE DE FIBRES par grammes en poids d'excédent.
gr.		gr.		
1,5	5 984	»	»	»
9,5	6 481	8,0	497	62
23,0	7 048	21,5	1 064	50
63,0	8 566	61,5	2 582	42
67,0	9 492	65,5	3 508	53
87,0	10 004	85,5	4 020	47
111,0	11 468	109,5	5 484	51

On voit, en effet, que le nombre des fibres diffère beaucoup selon le poids, mais le poids est-il corrélatif avec l'âge ? La grenouille qui pèse 111 grammes a 11 468 fibres :

n'en avait-elle que 6000 dans sa jeunesse? Cela est très probable. Et alors on explique l'augmentation numérique des fibres en supposant que les neurones des ganglions nerveux émettent leurs prolongements progressivement, à mesure que les neurones mêmes se développent. Il y aurait à la fois augmentation de diamètre des fibres, et augmentation du nombre de celles-ci. L'augmentation de diamètre est démontrée par le tableau qui suit, d'après BRIGE.

Accroissement du diamètre des fibres nerveuses du second nerf spinal de la grenouille, en prenant les chiffres relatifs à une grenouille de 1ᵍʳ,5 pour point de comparaison, d'après BRIGE.

(DONALDSON, *Growth of the Brain*, 157.)

POIDS DE LA GRENOUILLE en grammes.	SUPERFICIE DE LA COUPE du 2ᵉ nerf spinal,	NOMBRE DES FIBRES.	SUPERFICIE MOYENNE des fibres.	DIAMÈTRE MOYEN des fibres.
grammes.	mmc.		μc.	μ.
1,5	0,046	986	46,6	7,6
23,0	0,103	1098	95,6	11,0
63,0	0,123	975	128,0	12,6

De toutes façons l'augmentation de poids du système nerveux n'est point due à une prolifération cellulaire. Il y a seulement hypertrophie des éléments : ceux-ci cessent de se former *de novo* après la naissance. Mais assurément l'augmentation de poids des éléments de soutien, non nerveux, joue aussi un rôle important. Au total, il y a hypertrophie des cellules et des fibres existantes ; allongement des neurones, d'où apparence de fibres nouvelles — mais qui ne sont telles qu'en partie ; elles existaient virtuellement ; — et hypertrophie des éléments de soutien (BRIGE).

De la croissance du crâne, il n'y a rien de particulier à noter : elle est parallèle à celle du cerveau, sauf accidents. Elle se fait par accroissement interstitiel ; d'autre part, par refoulement de la lame interne des os du crâne, il se produit un accroissement de la capacité cranienne (TOPINARD, *loc. cit.*).

Chez les races précoces elle est plus vite achevée que chez les races non précoces ; la vache durham, à 18 mois, a une capacité cranienne de 505, le chiffre étant de 510 pour l'adulte, au lieu que la bretonne, à 30 mois, en est à 568, la capacité de l'adulte étant 580. Le mouton mérinos à 13 mois en est à 117 (maximum de l'adulte 127), et le Dishley au même âge en est à 96 (maximum de l'adulte 180).

Le squelette, lui, croît jusqu'à un âge qui varie, il y a des sujets qui à 15 ans ne grandissent plus, d'autres à 35 ans croissent encore. En moyenne, c'est vers 40 ans que le squelette cesse absolument de croître, le plus souvent à 25 ou 30 ans. Voici quelques chiffres relatifs à la longueur du squelette, durant le jeune âge :

Longueur du squelette à divers âges.

(VIERORDT, *loc. cit.*, 64.)

	cent.			cent.
1 an.	50-72		11 ans	128-136
2 ans.	68-81		12 ans	133-141
3 ans.	78-89		13 ans	138-145
4 ans.	85-98		14 ans	142-150
5 ans.	94-104		15 ans	145-157
6 ans.	102-112		16 ans	148-165
7 ans.	106-116		18 ans	152-167
8 ans.	112-121		Adulte homme	157-180
9 ans.	117-127		Adulte femme.	153-166
10 ans.	123-131			

Phénomènes intimes de la croissance. — Au début, c'est-à-dire dans l'utérus maternel, l'organisme n'est qu'une cellule unique, de dimensions exiguës ; mais, devenu adulte, il se compose d'un nombre énorme de cellules de catégories variées. Ce nombre a été évalué par C. FRANCKE (*Die Menschliche Zelle*, 1891) à 4 000 milliards (HARTING. *Rech. micrométriques sur le développement des tissus*, etc. Utrecht, 1845).

Les cellules du sang ne sont pas comprises dans ce calcul : elles sont au nombre approximatif de 22 500 milliards. Les cellules grises sont (DONALDSON, 24) de dimensions variables. On peut en évaluer les dimensions moyennes de la façon que voici. Un adulte moyen a un cube de 66 200 centimètres cubes. Il y a donc dans 66 200 centimètres cubes autant de cellules qu'il en tiendrait dans 22,5 centimètres cubes, si celles-ci avaient un μ cube ($\mu = 0,001$ millimètre) seulement. Or la divison de ces deux chiffres donne 2 942 μ cubes : chaque cellule a en moyenne le volume d'un cube de 14 μ de côté.

De 0 à 4 milliards, le saut est grand : il est donc évident que la croissance suppose une multiplication cellulaire énorme : et la totalité de la période de développement est consacrée à ce travail de multiplication.

Le premier phénomène de la croissance consiste donc dans l'hyperplasie, c'est-à-dire dans la formation d'éléments nouveaux, dans la multiplication du nombre de ceux-ci, lesquels dérivent du reste de cellules antécédentes, lesquelles, sans exception aucune, dérivent de la cellule originelle.

Mais un second mode est aussi possible. Ne peut-on admettre, en effet, que des cellules, originellement très petites, se développent ultérieurement, et deviennent plus volumineuse? Ce mode de croissance existe certainement : il a été constaté de la façon la plus entière : et il a reçu le nom d'hypertrophie.

Hypertrophie et hyperplasie, tels sont les deux modes par lesquels se peut faire, et se fait la croissance, et c'est à cela que se réduisent, au point de vue anatomique, les phénomènes de la croissance.

Mais il y a d'autres points de vue aussi, qu'il ne faut pas perdre de vue. Hors de la cellule fécondée originelle, de l'œuf, il se forme en effet des cellules qui vont se différenciant progressivement, non pas seulement au point de vue de la forme et de l'anatomie, mais aussi au point de vue de la composition chimique et de la fonction. Il y a là ce que SPENCER a appelé le passage de l'homogène à l'hétérogène. Les premières cellules provenant de la division de l'œuf sont généralement égales et comparables, homogènes : à mesure qu'elles se multiplient, et que se multiplient leurs descendantes, elles deviennent hétérogènes : elles sont dissemblables par leurs propriétés présentes ou latentes, par leur forme, par leur composition chimique, leurs fonctions. Les deux premières cellules de l'œuf de l'Amphioxus, ou de telle autre espèce, sont équivalentes, c'est-à-dire que chacune d'elles est apte à donner un embryon complet, mais généralement plus petit. Il n'en est plus de même de l'une quelconque des huit ou des seize premières cellules. Très rapidement, il se fait une différenciation apparente ou latente.

La différenciation est autrement importante à mesure que le temps passe : il suffit de quelques semaines pour que chez l'embryon l'on aperçoive des cellules caractéristiques des tissus, systèmes et organes adultes.

Il y a donc, dans la croissance, non seulement hypertrophie d'éléments déjà formés, et hyperplasie par multiplication cellulaire au moyen de la division des cellules déjà formées, il y a aussi différenciation : l'homogène est remplacé par l'hétérogène, le semblable par le différent.

Ces trois processus vont de pair au cours de la formation de l'embryon.

Mais deux d'entre eux sont surtout caractéristiques de l'embryon : ce sont la différenciation et l'hyperplasie. Pendant la période embryonnaire, la multiplication cellulaire est prodigieuse, et, pendant la même période, la différenciation se fait avec grande rapidité.

Ce qui caractérise donc la croissance, de la naissance à l'âge adulte, à l'âge où la croissance est achevée, c'est le processus de l'hypertrophie. Le phénomène est particulièrement marqué dans le système nerveux par exemple : et, comme il est dit à propos de ce système, la production de cellules nouvelles est achevée avant la naissance. Le système nerveux, le cerveau en particulier, croît par hypertrophie seulement : les éléments formés ne font que grossir, il ne s'en forme pas de nouveaux. Les uns grossissent tout de suite, d'autres plus tard; les uns s'épaississent, d'autres s'allongent, en prolongements qui peuvent faire croire à la création de fibres nouvelles; mais, dans les deux cas, il n'y a que hypertrophie, il n'y a pas hyperplasie.

Cette hypertrophie se fait dans tous les sens, dans les trois dimensions : de là, l'allongement ou l'épaississement de l'organisme : le poids, le volume ou la longueur augmentent.

Il ne faut pourtant pas croire que l'hyperplasie ne joue aucun rôle dans la croissance. Loin de là. Elle existe au cours de toute la vie, dans certaines parties, les muqueuses, les glandes, les épithéliums, qui sont soumises à une perpétuelle desquamation qui fait partie essentielle de leurs fonctions; mais là, elle ne joue aucun rôle dans la croissance, ne faisant que remplacer ce qui a été enlevé; elle existe aussi dans différents systèmes. Il y a hyperplasie normale dans les tissus conjonctifs, il y en a dans le tissu musculaire et surtout dans le tissu musculaire lisse, et il y a certainement quelques relations entre cette aptitude à la multiplication cellulaire de certains tissus, de certains processus pathologiques, comme on le peut voir d'après la facilité avec laquelle le tissu conjonctif prolifère et envahit la place de cellules toutes différentes, quand celles-ci sont malades ou affaiblies de quelque façon. Il y a hyperplasie normalement au cours de la croissance dans les systèmes vasculaire et digestif, peut-être (?) au cœur. La différenciation ne cesse même pas absolument avec la naissance, les phénomènes d'ossification des cartilages sont là pour le montrer. (CHABRIÉ. *Les phénomènes chimiques de l'ossification*, 1895). Il n'en est pas moins vrai que, dans l'ensemble, ce sont les processus d'hypertrophie qui dominent au cours de la croissance, après l'achèvement de l'embryon, c'est-à-dire à partir de la naissance. Pour les détails, on se reportera aux traités spéciaux d'histologie, il suffit ici d'indiquer les grandes lignes.

On remarquera que l'hyperplasie comprend deux processus distincts. Il peut y avoir hyperplasie par segmentation ou division des éléments sur éléments se divisant en deux, de même nature; il peut y avoir hyperplasie par création d'éléments différents. Le premier cas se présente dans le tissu conjonctif, par exemple : mais dans l'accroissement des os plats, par le périoste, nous assistons à une hyperplasie différente, car le périoste produit là, non du périoste, mais de l'os. Ici donc, il y a production d'éléments nouveaux, non pas aux dépens du semblable, mais aux dépens du différent.

Les os s'accroissent, comme on sait (FLOURENS, DUHAMEL, BROCA, RANVIER, etc.), par allongement et épaississement des cartilages de conjugaison. Les os longs sont formés de trois parties, deux épiphyses courbes, terminales, une diaphyse médiane, allongée, reliée par deux cartilages de conjugaison. L'allongement se fait par prolongation des cellules cartilagineuses et celles-ci s'ossifient peu à peu. La fin de la croissance des os longs est marquée par l'ossification des dernières cellules de cartilage : il y a soudure des épiphyses et de la diaphyse : désormais l'allongement est impossible. Les animaux précoces, et les sujets chez qui la croissance du squelette cesse tôt, cessent de croître parce que chez eux la soudure se fait plus tôt que de coutume. Les os, après cessation de croissance en longueur, pourront continuer à épaissir, par la formation de substance osseuse à la face interne du périoste : mais généralement les deux modes de croissance marchent ensemble, et cessent ensemble. Les os plats et les os courts, sauf quelques exceptions, ne s'accroissent que par formation de substance osseuse fournie par le périoste. Les muscles présentent surtout de l'hypertrophie : l'hyperplasie existe pourtant dans quelques cas déjà signalés.

Dans le système vasculaire, les deux processus semblent coexister : il y a hypertrophie et hyperplasie à la fois (Voir les travaux de RANVIER, en particulier).

Dans les nerfs, un processus mixte a été décrit par VIGNAL : mais, en somme, il tient plus de l'hypertrophie que de l'hyperplasie.

Dans un fort intéressant travail sur l'accroissement et la régénération dans l'organisme, G. BIZZOZERO (1894, II, 93) a donné quelques considérations générales qui méritent d'être résumées. Il distingue trois modes de croissance : « Par l'augmentation du nombre des éléments; par l'augmentation de leur grosseur, et enfin par l'augmentation des produits secondaires des éléments eux-mêmes, tels que les couches corticales et les prolongements des cellules nerveuses, les substances contractiles des muscles et les substances fondamentales des tissus conjonctifs. »

Les glaudes présentent l'hyperplasie et l'hypertrophie : et l'hyperplasie ne prend fin que quelques semaines après la naissance.

Dans les tissus connectifs il y a hyperplasie, hypertrophie, production de substance, fondamentale, et apparition de couches nouvelles à l'extérieur. Dans le tendon, toutefois, l'hyperplasie cesse un ou deux mois avant la naissance (SALVIOLI).

Chez le cartilage, les quatre processus opèrent : mais l'hyperplasie cesse peu de temps après la naissance dans le cartilage de l'oreille du lapin.

Chez les muscles lisses, l'hyperplasie cesse quelques semaines après la naissance, sauf pour l'utérus où elle se réveille lors de la grossesse : chez les muscles striés elle cesse bien avant la naissance, et la croissance se fait par section de la substance contractile.

Chez les nerfs, cellules nerveuses, la multiplication cesse dès une période relativement précoce de la vie intra-utérine : la croissance se fait par hypertrophie.

BIZZOZERO fait à ce propos une intéressante classification des tissus, considérée au point de vue de leur accroissement. Il distingue :

1° Les tissus à éléments *labiles* : ce sont les tissus dont les éléments continuent à se multiplier pendant toute la vie de l'individu, donnant ainsi lieu à une régénération continue : exemple, les glandes, dont les parenchymes sécrétent des éléments morphologiques (rate, moelle des os, glandes lymphatiques, ovaires, testicules), les épithéliums de revêtement et leurs replis glandulaires (intestin, estomac, utérus).

2° Les tissus à éléments *stables* : ce sont les tissus « dont les éléments se multiplient par scission jusqu'à la naissance, ou même quelque temps après, c'est-à-dire quand ces éléments ont déjà pris leurs caractères spécifiques, par exemple, quand les cellules musculaires lisses ont déjà la forme fuselée et le manteau de substance contractile, quand les substances connectives sont déjà aplaties et entourées de substance fibrillaire, et ainsi de suite ». Exemple : le tissu des glandes à sécrétion amorphe (foie, rein, pancréas, glandes salivaires, lacrymales, muqueuses), les tissus conjonctifs, cartilagineux, osseux (dans lesquels la sécrétion se prolonge jusqu'à développement complet du squelette), musculaire lisse.

3° Les tissus à éléments perpétuels, où la multiplication par mitose cesse dans une période très précoce de la vie embryonnaire, avant même que les éléments aient pris le caractère spécifique, c'est-à-dire avant que la cellule musculaire ait sécrété la substance contractile, et que la cellule nerveuse ait envoyé de nombreux prolongements. Pendant cette période il n'est pas probable jusqu'à preuve contraire que, chez les mammifères, le nombre des cellules nerveuses et des fibres musculaires puisse augmenter davantage. Cela les distingue des tissus du premier et du deuxième groupe, dans lesquels le nombre des éléments ne cesse pas d'augmenter pendant toute la vie endo-utérine ou même après la naissance ». Exemple : le tissu musculaire strié et le tissu nerveux, seuls. On remarquera que ce troisième groupe est une subdivision, un cas particulier du deuxième, en réalité.

A noter que tels tissus qui cessent de se multiplier avant la naissance sont parfaitement aptes à se régénérer dans certains cas pathologiques, et au cours du processus physiologique de la régénération qui suit les lésions (Voir à cet égard le travail de BOZZOZERO, et l'article **Régénération**).

La croissance chez les animaux. — De même que pour chaque espèce animale, dans des limites plus ou moins étroites, il y a une taille et un poids moyen qui sont la taille et le poids de la grande majorité des animaux adultes, en bonne santé, de même, pour l'acquisition de ces dimensions moyennes, il y a un temps moyen : une période de croissance moyenne. Elle varie beaucoup selon les espèces : de quelques semaines, et même de quelques jours, à 20 et 30 ans au moins, et peut-être plus encore. Les chiffres suivants sont empruntés à SAINT-YVES MÉNARD, et ne concernent que les principaux animaux domestiques.

Durée moyenne de la croissance de quelques espèces animales.
(Saint-Yves Ménard, *loc. cit.*, 46.)

Cheval.	5 ans	Bœuf précoce	3 ans
Cheval précoce.	4 ans	Mouton	4 ans
Ane	5 ans	Mouton précoce	2 ans
Bœuf	5 ans	Chèvre.	3 ans

Chien	1 an 1/2	Canard	15 mois
Porc.	3 ans	Dindon	15 mois
Lapin	15 mois	Éléphant.	18-20 ans
Cobaye	12 mois	Girafe	8 ans
Poule	15 mois	Autruche.	3 ans
Oie	15 mois		

Pour la plupart des espèces de mammifères familières à l'homme, la croissance est limitée dans le temps et dans l'espace : le cheval, le bœuf, le porc pourront bien acquérir du poids après, 3, 4, ou 5 ans; mais ce n'est point là de la croissance : celle-ci est limitée.

Il y a toutefois des espèces appartenant à d'autres groupes, chez qui l'accroissement semble être en quelque sorte indéfini et la période de croissance durerait toute la vie, ou du moins pendant un temps inusité. Dans ces conditions, il sera indiqué de considérer quelles sont les preuves invoquées. Nous laisserons de côté les animaux inférieurs : non qu'ils soient moins intéressants, mais parce que nous n'avons guère de renseignements à leur égard. Il serait pourtant assez facile de s'en procurer, dans les laboratoires de zoologie maritime, si l'attention du zoologiste se dirigeait de ce côté.

La croissance chez les Vers. — Nous n'avons guère de documents sur cette question, dans son ensemble. Il y a pourtant des cas intéressants de croissance indéfinie : chez certains vers parasitaires comme le tænia, la tête forme sans cesse des segments qui se développent et se détachent au bout d'un temps qui varie. Mais combien de temps dure la vie de l'animal, ou plutôt de l'organisme, qui est le seul élément permanent de l'individu? nous ne savons. On remarquera toutefois que, si la croissance est indéfinie — et elle semble l'être — elle ne profite point à l'individu, puisque les segments les plus âgés et mûrs se détachent morts, et qu'il conserve à peu près les mêmes dimensions — mais elle profite à l'espèce.

Nous ne pouvons insister ici sur ces faits, malgré tout leur intérêt philosophique; ils exigeraient de trop longs développements, en raison de la complexité résultant du caractère particulier de ce que l'on peut nommer l' « individu », celui-ci n'ayant point la netteté et l'individualité qu'il présente chez les animaux plus élevés, et formant, dans certains cas, des passages vers les formes d'individualités les plus dispersées, les plus éparpillées, telles qu'on les voit dans les espèces dont on ne saurait dire si ce sont des individus ou des colonies.

La croissance chez les Mollusques. — Il n'a guère été fait de recherches systématiques sur la croissance des mollusques, bien qu'assurément on trouve çà et là des observations éparses. En ce qui concerne la croissance des mollusques nus ou de la partie nue des mollusques testacés, les documents sont plus rares encore.

Voici bientôt cinquante ans, E. J. Lowe (*Philosoph. Transactions*, 1854) a fait quelques expériences sur la croissance du tube de différents hélix. Il constate que pendant la période d'hibernation, — car sous nos climats les mollusques se retirent dans des retraites pour y passer l'hiver, — la coquille ne gagne absolument pas en dimensions. Des *Helix pomatia* récemment éclos, nourris en captivité, s'accrurent d'août en décembre : mais de décembre à avril, ils ne gagnèrent point en grandeur. D'avril à juin, bien que nourris, ils ne grandissent pas non plus : mais après une période de repos, dans le sol, ils émergèrent avec une coquille accrue. De toutes façons la croissance ne serait jamais complète qu'après la première période d'hibernation, et manifestement, elle se continue souvent après la seconde. Sa durée n'est point indéfinie toutefois, et, en 2 ans ou 3 ans au plus, la plupart des mollusques terrestres ont sans doute achevé leur croissance : mais, je le répète, les observations sont rares.

Pour les mollusques aquatiques, on a quelques observations éparses.

Petit de la Saussaye rapporte qu'un navire qui partit de Marseille pour l'Afrique occidentale, avec carène neuve, et resta soixante-huit jours dans la Gambie, revint en quatre-vingt-six jours à Marseille. Sa carène présentait entre autres une avicule de 78 millimètres, et une huître de 95 millimètres, toutes deux d'origine africaine. Admettant que les embryons se soient fixés dès l'arrivée du bateau dans les eaux africaines, il reste ceci que, en cent cinquante-quatre jours au plus (86+68), les deux coquillages avaient présenté un accroissement considérable, sans doute stimulé par les conditions favorables où ils se trouvaient. P. Fischer relate aussi qu'en 1862 une bouée neuve fut placée dans le bassin d'Arcachon : moins d'un an après, elle était couverte de moules communes, de 10 centimètres de longueur, sur 48 millimètres de largeur. Ce sont là des dimensions inusitées, car sur les bancs adjacents les moules n'ont guère que 5 ou 6 centimètres de longueur sur 30 millimètres de largeur. Mais l'habitat était favorable, aussi, par l'agitation et la pureté de l'eau, l'abondance des aliments, etc.

L'huître semble croître pendant 3 ans en moyenne : mais la tridacne produit des valves de 100 à 150 kilogrammes (la paire) et il faut sans doute plus de 3 ans pour en obtenir de ce poids.

La croissance des mollusques se montre souvent très dépendante des conditions extérieures, des conditions d'alimentation en particulier. En 1858, l'été étant très sec, les jeunes hélix étaient encore très petits en août. A la fin du mois des pluies abondantes tombèrent, et en quatre ou cinq jours les hélix fabriquaient 1 centimètre de coquille. Des observations sur un jeune *Helix arbustorum* ont montré que la croissance était au bout de la première semaine de 3 millimètres ; de 6,25 au bout de la deuxième ; de 11,5 après la troisième et de 12,5 après la quatrième au total : 12 milligrammes et demi en un mois. Nombre de mollusques nus atteignent des dimensions considérables, mais on ne sait combien de temps ils mettent à les acquérir. La croissance brève, et limitée pour les uns, est certainement plus longue pour d'autres, sans que l'on sache si elle est illimitée ou non.

Voici quelques chiffres relatifs à l'huître qui, elle, appartient aux espèces à croissance limitée.

Huître.

(Gobin : *Pisciculture en eaux salées*, p. 343.)

AGE.	DIAMÈTRE MOYEN DES VALVES.
15-20 jours	1 mill.-1 mill. 5
1-2 mois	5 mill.-7 mill.
3-4 —	1 cent.-1 cent. 3
5-6 —	1 cent.-8-2 cent.
12-18 —	4-5 cent.
2-3 ans	5 5 cent.,-7 cent.
3-4 —	7 cent.-8 cent.

La croissance chez les Crustacés. — Il semble que chez certains crustacés au moins la croissance soit en quelque sorte indéfinie. En tous cas, il est bien certain que, dans différentes espèces de ce groupe, des individus ont été capturés qui présentent des dimensions tout à fait extraordinaires, comparées à celles des individus du commun. Le plus souvent, ces individus exceptionnels ont été pris à une époque déjà ancienne. Ce fait s'explique sans doute par cette circonstance que, dans les premiers temps où l'homme s'installe dans une région, il y a plus de chances pour que les animaux y aient pu vieillir qu'il n'y en a par la suite, eu égard à la poursuite acharnée dont ils sont l'objet. Pourtant, on trouve encore des individus exceptionnels : dans les mers fréquentées par les pêcheurs en Norwège on a trouvé des céphalopodes énormes; aux États-Unis, des homards gigantesques. Mais on ne trouve plus en Russie les énormes brochets de l'homme préhistorique, l'esturgeon de la Volga et de la Caspienne n'atteint plus les dimensions du bon vieux temps et du siècle dernier encore. Si l'on en juge par certains homards, et par l'écrevisse, la durée de la croissance de quelques crustacés est considérable, bien que l'accroissement soit lent. Ainsi l'écrevisse marchande, qui a 45 à 55 grammes aurait 10 ou 13 ans, d'après Carbonnier : les écrevisses allemandes de 100 grammes, ont 20 ans : celles de 180 ou 200 grammes, ont de 40 à 50 ans.

Il faut remarquer que la croissance suppose des mues fréquentes. Les crustacés ne peuvent augmenter de poids et de dimensions sans se débarrasser de la carapace où ils sont logés, ce qui leur forme un vêtement des plus ajustés : et cette opération, éprouvante et dangereuse, ne se répète qu'à des intervalles assez éloignés. Il faut donc admettre que les géants du groupe sont très âgés, et que, si la croissance est en quelque sorte indéfinie, elle est aussi très lente. L'écrevisse mue huit fois durant la première année, cinq fois durant la deuxième, deux fois durant la troisième, et les adultes ne muent qu'une seule fois par an (les femelles du moins : les mâles muent deux fois). Le tableau qui suit indique l'accroissement moyen du poids de l'écrevisse. Celui qui vient ensuite donne les rapports moyens du poids et de la longueur, selon l'âge.

Écrevisse.

(KOLTZ : *Traité de pisciculture pratique*, p. 179.)

AGE.	POIDS.	
	ROUGE. CARBONNIER.	BLANCHE. KOLTZ.
	gr.	gr.
1 mois	0,15	0,9
1 an	1,50	1,10
2 ans.	4	2,80
3 ans.	10	7
4 ans.	16	11
5 ans.	22	13
6 ans.	25	17
7 ans.	30	22
8 ans.	36	25
9 ans.	43	29
10 ans.	50	29
15 ans.	75 environ	
25 ans.	100-120 environ	

Écrevisse.

(GOBIN : *La pisciculture en eaux douces*, p. 205.)

AGE.	LONGUEUR.		POIDS.
	CARBONNIER.	SOUBEIRAN.	SOUBEIRAN.
	cent.	cent.	gr.
Naissance. . .	0,08	»	»
1 an	5,5	5	1,5
2 ans.	7,5	7	3,5
3 ans.	9,5	9	6,5
4 ans.	12,0	11	17,5
5 ans.	13,5	12,5	18,5
Adultes	»	16	30,0
Très âgées . .	»	19	125,0

Au sujet du homard (*Homarus americanus*), P. H. HERRICK a donné quelques faits intéressants. Il a d'abord examiné des homards d'âge connu.

Longueur du homard durant les dix premières mues.

(P.-H. HERRICK : *The American Lobster.*)

NUMÉRO D'ORDRE de la mue.	LONGUEUR MOYENNE.	LONGUEUR EXTRÊME.	NOMBRE DE HOMARDS examinés.
	cent	cent.	
1	0,784	0,750-0,803	15
2	0,920	0,830-1,020	47
3	1,110	1,000-1,200	79
4	1,260	1,100-1,400	64
5	1,420	1,340-1,500	15
6	1,610	1,500-1,700	12
7	1,860	1,800-1,950	4
8	2,103	1,975-2,200	5
9	2,450	2,400-2,500	2
10	2,803	2,660-2,950	3

Ces mensurations, dont je ne reproduis ici qu'une petite partie, permettent de connaître par à peu près le taux d'accroissement, et qui est de 13 ou 15 p. 100, et sur ces données M. HERRICK évalue la croissance probable ou certaine des trente premières mues.

Longueur estimée durant les trente premières mues.

(HERRICK : *The American Lobster*, dans *Bulletin U. S. Fish Commiussion* pour 1895, 97.)

PHASE.	LONGUEUR.	PHASE.	LONGUEUR.	PHASE.	LONGUEUR.
	cent.		cent.		cent.
1	0,784	11	3,225	21	13,51
2	0,904	12	3,754	22	15,586
3	1,042	13	4,328	23	17,970
4	1,202	14	4,990	24	20,720
5	1,386	15	5,753	25	23,890
6	1,598	16	6,634	26	27,543
7	1,842	17	7,649	27	31,739
8	2,124	18	8,819	28	36,646
9	2,449	19	10,168	29	42,221
10	2,823	20	11,724	30	48,681

Un homard de 5 centimètres a donc mué 14 fois; un adulte de 25 centimètres, 25 ou 26 fois, et un homard de 30 centimètres, 30 fois. Le homard de 25 centimètres a 4 ans et demi ou 5 ans.

Comme on a trouvé des homards de plus de 50 centimètres, pour ne parler que de cas certains, authentiques, il est permis de croire que l'animal a 25 ans environ, puisque chez l'adulte les mues ne semblent se faire qu'une fois par an. Le homard paraît donc vivre assez vieux, 25 ans et plus sans doute, et il peut croître de façon à peu près indéfinie; à peu près, car en réalité, il n'y a pas d'observations suivies à cet égard. En tous cas, les homards mouraient certainement plus vieux, il y a 50 et 100 ans, que maintenant, aux États-Unis : presque partout les marchands notent la rareté croissante des belles pièces, ce qui est dû — comme pour les poissons, les reptiles — au fait que la chasse est si ardente que les animaux n'ont pas le temps de vieillir. Il en est de même en Europe, du reste.

D'ailleurs, pour quelques espèces qui semblent pouvoir vivre très âgées, et atteindre de très grandes dimensions, il y en a beaucoup plus encore qui sont toujours petites, chez qui la croissance est rapide et limitée. Les espèces à croissance indéfinie font une très petite minorité.

La croissance chez les Insectes. — Il n'y a croissance, chez les insectes, que pendant la période larvaire : une fois qu'ils ont atteint leur forme définitive, ils cessent de croître, et en cela ils diffèrent des poissons chez qui, comme on le verra, la croissance se continue après que l'animal a revêtu sa forme définitive. Chez la plupart des insectes, il y a deux formes larvaires, et souvent plus. Entre les différentes formes, et souvent au cours de l'existence sous une même forme, il se fait une mue : les téguments extérieurs sont dépouillés et remplacés par un vêtement plus large. Pendant les phases larvaires — qui sont tantôt de quelques jours, tantôt de plusieurs mois et même de plusieurs années; *Cicada septemdecim* par exemple — la voracité de l'animal est souvent extrême. On voit la chenille devenir le double de son propre poids de nourriture végétale, en vingt-quatre heures, avec ce résultat qu'elle augmente le poids de son corps de un dixième; et la chenille du *Sphinx Ligustei*, ayant atteint son plein développement de chenille, c'est-à-dire après quelques semaines, pèse mille fois ce qu'elle pèserait en sortant de l'œuf : le ver à soie va plus loin, car après trente jours il pèse neuf mille cinq cents fois plus qu'à sa naissance : long de 1 millimètre, il atteint 92 ou 96 millimètres. Mais il faut remarquer que cet accroissement énorme est dû non pas tant à la néoformation des tissus qu'à l'accumulation de réserve de soie dans ses glandes myogènes. Il n'en est pas moins vrai qu'il y a là un travail prodigieux d'élaboration nutritive, et de métabolisme. Les larves des mouches ont aussi un accroissement très rapide, qui se peut apprécier d'un jour à l'autre, surtout chez les espèces à évolution courte, qui, en huit semaines par exemple, ont franchi toutes les étapes de la naissance à la mort.

La croissance — en poids principalement — du ver à soie a été souvent étudiée.

Luciani et Lo Monaco sont récemment revenus sur cette question, et le tableau qui suit montre l'accroissement en poids d'un même nombre d'individus pendant leur quarante jours de vie larvaire. Mille larves, pesées chaque jour à même heure, de la naissance à la mise en cocon, ont présenté un accroissement de poids qui, en trente-huit jours, était mesuré par la proportion de $4^{kil},404$ à $0^{gr},375$: proportion supérieure à celle de 10 000 à 1. Les larves ont gagné plus de 10 000 fois leur poids en trente-cinq jours. Au trente-sixième jour, elles perdent en poids : c'est l'époque de la purgation : elles expulsent tous les excréments, sans manger, et se préparent à tisser le cocon.

Accroissement en poids de la larve du ver à soie.

(Luciani et Lo Monaco. *L'accroissement progressif en poids et en azote de la larve du ver à soie*, etc. *Arch. Ital. de Biologie*, 27, 1897, 340.)

AGE.	POIDS de 1000 INDIVIDUS.	AGE.	POIDS de 1000 INDIVIDUS.	AGE.	POIDS de 1000 INDIVIDUS.	AGE.	POIDS de 1000 INDIVIDUS.
jours.	gr.	jours.	gr.	jours.	gr.	jours.	gr.
0	0,375	11	24,93	21	186,8	31	1 362
1	0,374	12	32,48	22	255,0	32	1 785
2	1,061	13	34,70 } 2e	23	348,6	33	2 775
3	1,772	14	43,76 }sommeil.	24	466,4	34	3 332
4	2,345	15	51,68	25	698,7	35	4 404
5	3,766	16	77,38	26	814,2	36	3 179 } Purga-
6	4,574 } 1er	17	108,3	27	816,0 } 4e	37	2 676 } tion.
7	5,157 }sommeil.	18	148,6	28	746,5 }sommeil.	38	2 214 }
8	7,676	19	171,4 } 3e	29	877,2	39	1 838 } Tissage du cocon.
9	9,892	20	174,6 }sommeil.	30	1127,0	40	1 615 }
10	16,97						

Exception faite sur les insectes à vie larvaire très longue — et encore les dimensions ne sont pas chez eux proportionnées au temps de croissance — les insectes ont la croissance rapide et limitée : elle est, dans le temps, limitée à la période larvaire, et de fait elle ne fournit que d'insignifiantes variations : presque tous les individus présentent les dimensions typiques de l'espèce.

La croissance chez les Poissons. — Les poissons, après éclosion de l'œuf, passent par une période larvaire où l'on a souvent peine à découvrir les caractères qui, plus tard, distingueront l'adulte des espèces voisines. Ceci est particulièrement net pour les larves des poissons plats, qui naissent symétriques et acquièrent peu à peu leur asymétrie caractéristique ; et aussi pour le congre et l'anguille, par exemple, dont les larves sont depuis longtemps connues, mais avaient reçus des noms génériques et spécifiques distincts. Les récents travaux de Grassi et Calandruccio, complétant des données déjà établies par Yves, Delage entre autres ont en effet montré que différents poissons marins, connus sous le nom de leptocéphales, ne sont autre chose que des larves d'anguille et de congre ; larves qui vivent à la mer, où les anguilles viennent se reproduire, et qui, une fois transformées, et ayant pris leur forme définitive, montent ensuite dans les eaux douces[1].

Après la phase larvaire, plus ou moins courte, la croissance, qui a été souvent rapide, continue à s'effectuer à des degrés variables. Ici comme ailleurs, il y a des espèces grandes, et il en est de petites : il y a des poissons de 10 à 12 mètres : d'autres ont 10 ou 12 millimètres seulement.

Encore le temps au bout duquel ils arrivent à atteindre leurs dimensions définitives varie-t-il beaucoup. Les uns en quelques mois, en un ou deux ans, ont atteint leurs dimensions maximales. D'autres, au contraire, — et surtout s'ils sont bien alimentés — semblent croître indéfiniment. On ne sait au juste à quel moment la croissance est achevée pour ces derniers, pas plus qu'on ne sait jusqu'à quel âge ils vivent. Il est de

1. Autres exemples : les larves (*parr*, *smolt*, *gritse*) du saumon, l'Ammocète, larve de la lamproie.

tradition courante, par exemple, que la carpe et le brochet peuvent vivre cent ans : mais la preuve formelle de cette affirmation n'a nullement été faite. Il est certain toutefois qu'on rencontre des carpes et des brochets qui l'emportent à tel point sur leurs congénères ordinaires, par le poids et la longueur, qu'assurément ils doivent être d'un âge beaucoup plus considérable. Et quand on a vu certains esturgeons de la Volga, on ne sera point surpris que les pêcheurs attribuent en général à ces géants un âge avancé.

On peut dire toutefois que l'étude de la croissance chez les poissons n'a guère été faite jusqu'ici de façon systématique. Çà et là, on trouve quelques indications éparses, signalant des phénomènes exceptionnels, et c'est à peu près tout. C'est ainsi que, d'après E. L. Sturtevant, un brochet (*Esox reticulatus*) de l'Amérique du Nord aurait présenté un allongement de 25 millimètres en quarante-huit heures (*American Naturalist*, v, 313). Si le fait est exact, il vaudrait la peine qu'on étudiât de près cette espèce, pour voir pendant combien de temps se soutient ce train.

Les ichthyologistes, mais plutôt les technologistes qui s'occupent des pêcheries et de la pisciculture, ont récemment recueilli quelques données intéressantes. On trouvera à cet égard quelques chiffres dans les travaux de Mc Intosh, Masterman et Cunningham (*British Marine Fishes*, 1897, Macmillan).

Certains poissons ont achevé leur croissance à un an, et sont dès lors aptes à se multiplier. Mais chacun sait aussi que parmi les poissons pris aux filets bon nombre d'entre eux, encore petits, ne sont pas encore arrivés à la maturité sexuelle : leur croissance n'est pas achevée; ils ne sont point adultes. L'âge adulte ne semble exister chez la majorité des poissons plats qu'entre deux et trois ans; et parfois après trois ans seulement.

Si nous évaluons la durée de la période de croissance du poisson d'après le temps qu'ils mettent à atteindre l'âge reproducteur, et si nous considérons les deux périodes comme identiques — ce qui est une méthode approximative et imparfaite, assurément, mais au moins donne-t-elle quelques indications qu'il serait difficile de se procurer autrement — nous arrivons aux chiffres que voici, pour quelques-unes des principales espèces comestibles.

Le hareng, à six semaines, a 35 millimètres environ; à un an, 137 millimètres (de 12 à 15 centimètres) : ils se reproduisent à partir de cet âge, mais surtout après être entrés dans la deuxième année.

Les sardines pêchées pour les sardinières de la côte atlantique, en France, ont un an d'âge : elles ne sont pas encore adultes; elles ne deviennent telles qu'à 18 mois ou 2 ans, ayant 20 ou 25 centimètres de longueur.

L'alose, à 1 an, a 12 ou 15 centimètres : mais elle n'est adulte qu'à 2 ans. L'anchois est adulte à 2 ans aussi, avec 15 centimètres de longueur. L'éperlan présente d'habitude une longueur de 10 centimètres à 1 an : il se reproduit à 2 ans, ayant 10 à 15 centimètres.

L'anguille, en passant de la forme larvaire à la forme définitive, perd en longueur : l'anguille la plus petite a toujours 5 centimètres de longueur au moins, et compte six mois d'existence. Mais elle n'est pas mûre encore à cet âge, tant s'en faut : il lui faut 4 ou 5 ans pour acquérir le poids de 2 ou 3 kilos. Le congre n'est adulte ou mûr que lorsqu'il a 45 centimètres de longueur : mais on ne sait combien de temps il met à acquérir ces dimensions. Des congres de 1 ou 2 livres, en captivité, sont morts après 2 ans environ (poids 10 kil.), 4 ans (35 kil.) et 5 ans et demi (45 kil.). L'animal semble donc vivre assez longtemps, et s'accroître beaucoup.

Le flétan, qui a jusqu'à 6 mètres de longueur, est mûr quand il a 75 centimètres ou 1 mètre de longueur : mais on ne sait rien du temps qu'il met à acquérir ces dimensions. Le turbot de 1 an a de 10 à 20 centimètres : il n'est mûr qu'une fois long de 35 ou 40 centimètres. La morue a jusqu'à 1ᵐ,50 de longueur et de 20 à 25 kilos : à 1 an elle a 35 ou 40 centimètres : mais elle n'est mûre qu'à 55 centimètres au moins, c'est-à-dire à 2 ans. La truite, acclimatée au Cap, a donné quelques beaux exemples de croissance (Field, 2 avril 1898). On a obtenu en 3 ans des truites de 4 077 grammes (longueur non indiquée). Cela fait un accroissement moyen de 1ᵏⁱˡ,354 par an, de 26ᵍʳ,1 par semaine. Mais il eût été bon de posséder les pesées intermédiaires, à 1 an et à 2 ans au moins.

Une étude d'ensemble sur la croissance des poissons serait très désirable : mais, manifestement, elle sera difficile à conduire. Il n'a été fait d'observations plus précises que sur les poissons d'eau douce. Voici quelques chiffres relatifs à diverses espèces.

Carpe.

(Gobin : la Pisciculture en eaux douces, 172.)

AGE.	POIDS.		
	KLOTZ.	GAUCKLER.	DE JOUFFROY.
	kil.	kil.	kil.
1 an	0,008	0,012	0,007
2 ans	0,032	0,145	0,110
3 ans	0,500	0,500	0,725
4 ans	1,000	0,750	

Anguille.

(Gobin : Ibid., 186.)

AGE.	LONGUEUR.	POIDS.
	mèt.	kil.
1 an	0,25-0,30	70-80
2 ans.	0,40-0,50	400-650
3 ans.	0,60-0,70	1,250-1,500
4 ans.	0,70-0,80	1,500-2,000
5 ans	0,80-0,90	2,000-2,500

Brochet.

(Gobin : Ibid., 169.)

AGE.	LONGUEUR.	POIDS.
	mèt.	kil.
1 an	0,17	0,017
2 ans.	0,26	0,127
3 ans.	0,42	0,240
4 ans.	0,52	0,600
5 ans	0,70	1,000
6 ans.	0,80	1,250
12 ans.	1,25	3,508

La croissance chez les reptiles. — C'est une notion généralement acceptée que les reptiles, s'ils croissent lentement, présentent du moins une croissance indéfinie. Si l'on en croit Brehm, les reptiles vivraient indéfiniment, et ne mourraient que de façon accidentelle, de mort violente, la mort naturelle par sénilité leur serait inconnue. Cette croyance repose sur la tradition, tout aussi vivace, de la longévité considérable de ces animaux : tradition qui a d'autant plus facilement cours qu'elle est moins facile à vérifier ou à contredire. Quoi qu'il en soit d'ailleurs, certains faits indiquent que nombre de reptiles vivent fort vieux, et restent prospères pendant de longues années, même dans les conditions généralement défectueuses où ils se trouvent dans les jardins zoologiques. Le lézard ocellé, qui atteint jusqu'à 75 centimètres de longueur, les acquiert lentement : Ch. Decaux (Soc. d'acclimat.. Bulletin de septembre 1896) en a conservé une pendant quinze ans. La tortue paraît vivre très longtemps : Tegetmeier (dans Field du 31 juillet 1897) annonçait l'arrivée à Londres d'une tortue (Testudo Daudini) en provenance de l'île d'Aldabra, qui existait dans la même famille depuis cent-cinquante ans, et dont on estimait l'âge à 200 ans au moins, peut-être même 300 ans. (Des êtres qui vivent aussi longtemps doivent avoir une période de croissance longue.) Au Jardin des Plantes, on a des caïmans qui y vivent depuis quarante ans, et qui continuent à s'accroître : on ne les a pas mesurés, mais il fallut récemment construire des caisses plus longues pour les transporter des quartiers d'hiver aux quartiers d'été, et réciproquement. On sait aussi que les caïmans peuvent vivre très vieux. et devenir très grands, à ce fait que les premiers échantillons obtenus présentent des dimensions et des apparences d'âge qu'on ne rencontre plus dans les échantillons récents. Ceci s'explique par le fait que la chasse au caïman était autrefois moins vive : ils avaient le temps de vieillir :

maintenant ceux que l'on tue sont relativement jeunes, et n'ont pas achevé leur développement (renseignements oraux fournis par M. VAILLANT du Muséum). D'autre part, il paraît bien certain que beaucoup de reptiles ont une croissance assez rapide et limitée : beaucoup d'espèces sont toujours petites, et n'atteignent que des dimensions restreintes. Les espèces à croissance en quelque sorte indéfinie sont rares, en tous cas.

La croissance chez les Oiseaux. — La croissance des oiseaux est plus ou moins rapide : on ne voit pas qu'elle soit jamais indéfinie. Bon nombre d'espèces, même petites, arrivent à un grand âge : elles restent à 15 à 20 ans ce qu'elles étaient à 1 ou 2 ans. Le corbeau vit cent ans — dit on : — il ne s'accroît pas pendant tout ce temps, à beaucoup près, et, à 4 ou 5 ans au plus, il a ses dimensions définitives. Il en va de même pour les autres oiseaux, que leur vie soit brève ou longue. Il n'y a pas chez eux de phénomènes analogues à ceux que l'on observe chez les poissons, les reptiles et les crustacés ou plutôt chez quelques individus de ces groupes. Il n'a du reste pas été fait d'observations bien précises sur la croissance des oiseaux : peut-être, toutefois, en trouverait-on quelques-unes dans tels ou tels livres d'élevage : en tous cas il serait aisé de s'en procurer par les aviculteurs. Le tableau qui suit, emprunté à SAINT-YVES MÉNARD (*Contribution à l'étude de la croissance*, 1885) montre que la décroissance du pouvoir de croissance n'est pas absolument régulière : la saison agit sur lui de façon marquée, au moins dans le cas cité.

Croissance en poids de 6 autruches du 4ᵉ au 8ᵉ mois.

(SAINT-YVES MÉNARD, *loc. cit.*, 41.)

	30 JUIN	7 JUIL. — 4ᵉ m.	14 JUIL. — 4ᵉ m.	21 JUIL. — 4ᵉ m.	28 JUIL. — 4ᵉ m.	4 AOUT. — 5ᵉ m.	3 SEPT. — 6ᵉ m.	15 SEPT. — 6ᵉ m.	15 OCT. — 7ᵉ m.	20 NOV. — 8ᵉ mois.
Moyenne	3,333	5,166	6,866	7,866	8,166	9,166	13,800	21,800	27,400	39,000
Augmentation		1,833	1,700	1,000	0,300	1,000	4,634	8,000	5,600	11,600
Accroissement par tête et par jour		26,62	0,243	0,143	0,043	0,143	0,154	0,666	0,186	0,322

La croissance chez les mammifères. — Les chiffres et tableaux nombreux qui, dans cet article, se rapportent à l'homme, nous dispenseront de nous étendre beaucoup à l'étude de la croissance dans ce groupe. Chez les mammifères, la croissance est limitée : elle se fait au cours d'une période qui varie en longueur : quelques mois ici, là plusieurs années : mais, une fois que la soudure des épiphyses est faite, la stature ne croît plus, et l'augmentation en poids cesse à peu près en même temps, exception faite pour l'augmentation qui est due au dépôt de la graisse, lequel n'est point un phénomène de croissance. Les grands mammifères aquatiques, des baleines, ont-ils une période de croissance particulièrement longue ou courte? On ne sait guère. Pourtant ils semblent vivre longtemps, et dès lors la période de croissance peut avoir une assez longue durée.

Voici quelques chiffres partiels relatifs à différentes espèces de mammifères :

Moyennes d'accroissement annuel.

(SAINT-YVES MÉNARD, *loc. cit.*, 29.)

Girafe.

1ʳᵉ année.	2ᵉ année.	3ᵉ année.	4ᵉ année.	5ᵉ année.	6ᵉ année.	7ᵉ année.	8ᵉ année.
c.	c.	c.	c.	c.	c.	c.	c.
65	35	29	16	11	8	9	5

Éléphant.

1ʳᵉ année.	2ᵉ année.	3ᵉ année.	4ᵉ année.
c.	c.	c.	c.
—	30	21	11

Croissance du cheval.

(A. GOBIN, *Traité de l'économie du bétail.*)

ANNÉE.	HIPPIATRES ALLEMANDS.	AMMON.	DE MONTENDRE.
	mètres.	mètres.	mètres.
1re année	0,37 à 0,38	0,405	0,39
2e —	0,12 à 0,13	0,135	
3e —	0,07 à 0,08	0,081	0,26
4e —	0,04 à 0,05	0,040	
5e —	0,01 à 0,02	0,013	0,12

Croissance du bœuf.

(A. GOBIN, *Traité de l'économie du bétail.*)

ANNÉE.	TAILLE.	ACCROISSEMENT.
	mètres.	mètres.
1re année	1,07	»
2e —	1,28	0,21
3e —	1,39	0,11
4e —	1,53	0,14

Croissance d'un éléphant de l'Inde (Toby) importé au Jardin d'Acclimatation, le 19 juin 1874, à l'âge de 8 mois environ.

(SAINT-YVES MÉNARD: *Contribution à l'étude de la croissance chez l'homme et les animaux*, 1885, 28.)

DATES.	TAILLE.	ACCROISSEMENT.
	mètres.	centimètres.
1874. 1er septembre . . .	1,04	
— 1er novembre . . .	1,11	7 en 2 mois.
1875. 1er janvier.	1,14	3 —
— 1er mars.	1,20	6 —
— 1er mai	1,24	4 —
— 1er juillet	1,29	5 —
— 1er septembre . . .	1,35	6 —
— 1er novembre . . .	1,39	4 —
1876. 1er janvier.	1,44	5 —
— 1er mars.	1,48	4 —
— 1er mai	1,51	3 —
— 1er juillet	1,54	3 —
— 1er septembre . . .	1,59	5 —
— 1er novembre . . .	1,62	3 —
1877. 1er janvier.	1,65	3 —
— 1er mars.	1,66	1 —
— 1er septembre . . .	1,74	8 en 6 mois.

La croissance en stature. — Partant de zéro chez l'œuf fécondé, la stature de l'homme s'accroît au cours des années pour atteindre un chiffre maximum, qui varie selon beaucoup de conditions, à un âge qui varie lui aussi, pour rétrograder ensuite légèrement. La plus grande partie de cet accroissement en longueur se fait pendant le jeune âge, pendant l'enfance et l'adolescence, c'est-à-dire jusqu'à 20 ans environ; mais ce serait une erreur de la croire terminée à cette époque, bien que, chez la plupart des sujets, elle soit à peu près achevée dès cet âge. Le tableau qui suit résume l'opinion de différentes autorités au sujet du terme habituel de la croissance.

Époque de la maturité, ou cessation de croissance.

	HOMME.	FEMME.
Quételet	30 ans.	25 ans.
Roberts	22 —	19 —
Baxter	35 —	»
Villermé	23 —	»
Liharzin	25 —	»
Committee of Anthropometry . .	23 —	20 ans.

On voit par là que les appréciations varient. Les vraisemblances sont que la croissance est généralement achevée vers 30 ans, et souvent bien plus tôt ; mais il y a certainement des sujets chez qui elle continue à se faire après 30 ans, à 35 ans, comme l'a vu Baxter, et même jusqu'à 40 ans dans des cas exceptionnels. La règle générale comporte de nombreuses exceptions : il y a de nombreux cas de croissance dont le terme est précoce, et de nombreux cas aussi où la croissance se poursuit bien au delà de la durée normale ; affaire individuelle surtout, semble-t-il, à l'intérieur de la même race ; affaire de race, souvent, dans l'espèce.

Ce serait une grosse erreur que de considérer la croissance comme achevée à l'âge de la conscription, à l'âge de 20 ou 21 ans. Le passage suivant de Topinard (*Élém. d'Anthrop. générale*) en fait foi. « Champollion ayant eu l'occasion à Paris, en 1868, de mesurer dans la garde mobile des hommes qui avaient été exemptés par défaut de taille en 1864, 1865 et 1866, constata que sur 100 hommes, 71 de la classe de 1864 avaient atteint la taille requise, 55 de la classe de 1865, et 45 de celle de 1866. Dunant, en 1867, a trouvé entre les soldats du canton de Genève, à leur entrée au service à 20 ans et à leur sortie de 25 à 26 ans, une différence de 14 millimètres. Roberti, sur 287 soldats entrés à l'hôpital Saint-Martin, a trouvé en 1863 un excès de 23 millimètres sur la taille inscrite dans leur livret (423). »

Les statistiques de Gould, établies pendant la guerre de sécession aux États-Unis, prouvent le même fait. Le tableau qui suit indique combien de fois, sur 33 séries, la taille

Époque du maximum de la taille dans 33 séries diverses (GOULD).

	AGES.	NOMBRE DE FOIS.	NOMBRE DES SUJETS.
	22 ans	1	83,11
	23 ans	1	89,021
	25 ans	2	8,638
	26 ans	2	4,56
	27 ans	3	9,523
Races blanches	28 ans	2	9,145
	29 ans	7	124,659
	30 ans	3	29,775
	31-34 ans	7	682,633
	35 et au delà	2	229,882
Races colorées	27 ans	1	39,615
	35 ans	1	4,000
Peaux rouges	19 ans	1	517

moyenne s'est montrée la plus élevée à des âges divers. Par exemple, sur 33 séries, la taille moyenne s'est montrée la plus élevée 7 fois de 32 à 34 ans. On croit que le maximum de taille s'atteint de 25 à 35 ans. (Pour la discussion de quelques singularités dans les chiffres, voir Topinard, *loc. cit.*, 424 sq.) Il en résulte donc que, pour les individus examinés par Gould (au nombre de plus d'un million), appartenant aux races blanches, et américaines principalement, le maximum de croissance s'atteint de 29 à 34 ans.

On remarquera que l'anatomie ne faisait point pressentir ce résultat ; elle enseigne que les épiphyses et diaphyses se soudent entre 25 et 26 ans, d'où cessation de la croissance en stature. Mais sans doute les observations anatomiques ont été faites sur un trop petit nombre de sujets, et en outre, en Europe où, semble-t-il, « le maximum de développement se montre plus tôt que dans les races américaines » (Topinard). D'autre part, il pourrait très bien y avoir un allongement du corps où le squelette proprement dit ne participerait pas à un allongement qui se ferait par épaississement des disques intravertébraux. Et enfin il faut noter que la soudure des épiphyses et diaphyses peut avoir lieu plus tard chez telle race que chez telle autre. Quoi qu'il en soit des explications à invoquer, ce fait subsiste, que l'accroissement en stature, souvent achevé à 20 ou 25 ans, se prolonge souvent aussi jusqu'à 30 et 35 ans. Mais il est très lent vers la fin, comme on peut le voir par le tableau suivant :

Accroissement moyen de stature de 17 à 34 ans inclus,
(Topinard, d'après Gould.)
(1,104,841 cas.)

	STATURE.	ACCROISSEMENT ANNUEL.
		millim.
17 ans.	1,673	
18 ans.	1,690	+ 17
19 ans.	1,708	+ 18
20 ans.	1,719	+ 11
21 ans.	1,721	+ 2
22 ans.	1,724	+ 4
23 ans.	1,726	+ 2
24 ans.	1,726	— 1
25 ans.	1,725	+ 2
26 ans.	1,727	0
27 ans.	1,727	0
28 ans.	1,727	0
29 ans.	1,728,2	+ 1,2
30 ans.	1,726	— 2
31 à 34 ans	1,728,9	+ 2,9
34 ans et plus.	1,725	— 3

Voilà pour le *temps* que peut durer la croissance en stature.

Considérons maintenant quel en est le *terme*, c'est-à-dire les chiffres extrêmes et moyens de la stature : les tailles moyennes, la taille minimum et la taille maximum.

Nous ne saurions entrer ici dans l'historique des nains et des géants ; mais quelques chiffres authentiques relatifs aux tailles les plus élevées et les plus basses que l'on ait observées ne seront pas sans intérêt. J'emprunte à Topinard (*loc. cit.*, 435) les chiffres relatifs aux nains :

	cent.
Amiral Tromp (11 ans).	72,8
Général Tom-Pouce (30).	74,0
Paysan de la Frise (26 ans) (Buffon).	68,0
Jeffry Hudson (20 ans) (Sappey).	56,0
— (37 ans) (Buffon).	43,3

Le même anthropologiste donne quelques chiffres sur les géants :

	met.
Garde de Frédéric II Suédois.	2,52
Kalmouk du musée Orfila.	2,53
Autrichien de la Société d'anthropologie de Paris.	2,55
Finlandais (Sappey)	2,85

Ces chiffres sont exceptionnels, assurément, mais les statures supérieures à 1ᵐ,90 ne sont pas aussi rares qu'on le pourrait croire. GOULD a donné un tableau où il indique le nombre d'individus atteignant 1ᵐ,90, et les tailles supérieures, d'après des statistiques américaines. Ce tableau présente comme stature la plus élevée, celle de 2ᵐ,13.

Proportion des hautes tailles sur 1 000 000 sujets.

(Stat. américaines, citées par TOPINARD, *loc. cit.*, p. 438.)

STATURE.	TOUS AGES.	DE 20 à 21 ANS SEULEMENT.
1,905	3,270	2,761
1,930	1,180	1,012
1,956	360	342
1,981	169	171
2,007	47	92
2,032	22	53
2,057	11 — 95 cas	26 — 197 cas
2,083	7	13
2,108	6	13
2,134	2	0

Ceci dit sur les variations extrêmes, sur les tailles maxima, nous serons brefs sur les tailles moyennes. La question est en effet du ressort de l'anthropologie pure, et n'a pas à être traitée ici. Il nous suffit de noter qu'il y a des races presque géantes — comme les Patagons — et d'autres presque naines. Au total les statures moyennes sont celles de 1ᵐ,60 à 1ᵐ,70, mais selon la race une même stature, de 1ᵐ,60 par exemple, devra être considérée ici comme élevée, là comme médiocre. Nous n'avons pas ici à nous arrêter à cette question.

Ayant vu quel est le temps que dure la croissance, et quel en est le terme, considérons le point de départ : revenons en arrière, et voyons quelle est la stature initiale. Voici quelques chiffres d'après des statistiques diverses, résumées par BURK (*Growth of children: Journ. of psychology*, avril 1898) :

Stature moyenne à la naissance.

	GARÇONS.	FILLES
	cent.	cent.
RUSSOW	50,00	49,50
QUÉTELET	50,00	49,40
KEZMARSKY.	50,20	49,40
FESSER.	51,50	50,50
WAGNER.	47,40	46,75
ROBERTS.	49,10	48,00

Il y a assurément des différences selon les races et selon les individus, mais on voit que la stature moyenne, à la naissance, oscille autour de 0ᵐ,50 pour les garçons et autour de 0ᵐ,48 ou 0ᵐ,49 pour les filles; celles-ci sont toujours plus petites que les garçons.

Cette stature initiale croît rapidement, et sur ce point il a été fait des recherches très nombreuses.

Dans quelques cas, trop rares à la vérité, la croissance a été étudiée de façon méthodique sur les mêmes individus : c'est-à-dire que l'on a pris la stature des mêmes personnes année après année. Il serait très désirable que les statistiques de ce genre fussent plus nombreuses. En voici une que j'emprunte à BURK (*loc. cit.*) : elle a été prise par un médecin allemand sur ses quatre fils jusqu'à l'âge de 25 ans : elle donne les chiffres absolus, et l'accroissement annuel pour chacun des sujets.

Accroissement annuel en stature (chiffres obtenus par Christian Wiener, de Karlsruhe, sur ses quatre fils, de leur naissance à l'âge de 25 ans).

AGE.	1er NÉ.	2me NÉ.	3me NÉ.	4me NÉ¹.	ACCROISSEMENT ANNUEL ABSOLU.			
					1er NÉ.	2e NÉ.	3e NÉ.	4e NÉ.
Naissance	54,0	46,0	52,4	55,0	17,7			
1 an	71,7	70,8	74.2	74,0	12,9	24,8	21,8	19,0
2 ans	84,6	83,8	86,4	85,9	8,5	13,0	12,2	11,9
3 ans	93,1	92,3	94,2	95,3	7,0	8,5	7,8	9,4
4 ans	100,1	100,5	101,9	104,2	6,3	8,2	7,7	8,9
5 ans	106,4	108,0	108,0	111,2	7,3	7,5	6,1	6,9
6 ans	113,7	114,0	114,5	116,7	6,1	6,0	6,5	5,6
7 ans	119,8	119,6	120,4	124,0	5,4	5,6	3,9	7,3
8 ans	125,2	125,0	125,7	130,4	5,3	5,4	5,3	6,4
9 ans	130,5	130,3	131,1	136,3	4,3	5,3	5,4	5,9
10 ans	134,8	134,8	136,7	141,4	5,9	4,5	5,6	5,0
11 ans	140,7	140,6	142,2	146,0	5,5	5,8	5,5	4,6
12 ans	146,2	146,3	145,2	152,9	8,5	5,7	3,0	6,9
13 ans	154,7	153,2	151,9	162,8	9,5	6,9	6,7	9,9
14 ans	164,2	161,4	157,1	168,2	4,8	8,2	5,2	5,4
15 ans	169,0	169,1	166,5	175,0	2,4	7,7	9,4	6,8
16 ans	171,4	173,3	172,2	178,3	1,3	4,2	5,7	3,3
17 ans	172,7	175,1	175,7	179,8	0,1	1,8	3,5	1,5
18 ans	172,8	176,3	176,6	180,3	0,1	1,2	0,9	0,5
19 ans	172,9	176,5	177,5	180,7	0,0	0,2	0,9	0,4
20 ans	172,9	176,6	177,8	180,9	0,3	0,1	0,3	0,2
25 ans	173,2	176,7	178,2			0,02		

1. Le 4e né était d'une autre mère que les trois premiers.
La seconde femme avait 5 cent. 1 de plus que la première, et donna le jour à ce 4e fils dans sa 36e année, les trois premiers étant nés dans les 22e 23e et 28e années de leur mère.

Croissance de l'homme en stature en Belgique.
(D'après QUÉTELET.)

AGES.	HOMMES.		FEMMES.	
	HAUTEUR TOTALE	ACCROISSEMENT d'une année à l'autre.	HAUTEUR TOTALE	ACCROISSEMENT d'une année à l'autre.
	mètres et centimètres.	centimètres.	mètres et centimètres.	centimètres.
Naissance	0,500		0,494	
1 an	0,698	19,8	0,690	19,6
2 ans	0,791	9,3	0,781	9,1
3 ans	0,864	7,3	0,854	7,3
4 ans	0,927	6,3	0,915	6,1
5 ans	0,977	5,0	0,974	5,9
6 ans	1,046	6,9	1,031	5,7
7 ans	1,104	5,8	1,087	5,6
8 ans	1,162	5,8	1,142	5,5
9 ans	1,218	5,6	1,196	5,4
10 ans	1,273	5,3	1,249	5,3
11 ans	1,325	5,2	1,301	5,2
12 ans	1,375	5,0	1,352	4,1
13 ans	1,423	4,8	1,400	4,8
14 ans	1,469	4,6	1,446	4,6
15 ans	1,513	4,4	1,488	4,2
16 ans	1,554	4,1	1,521	3,3
17 ans	1,594	4,0	1,546	2,5
18 ans	1,630	3,6	1,563	1,7
19 ans	1,655	2,5	1,570	0,7
20 ans	1,669	1,4	1,574	0,4
25 ans	1,682	1,3	1,578	0,4
30 ans	1,686	0,4	1,580	0,2
40 ans	1,686	0,0	1,580	0,0

Le plus souvent, toutefois, pour apprécier la croissance en stature, on a recours à la méthode plus simple qui consiste à mesurer un grand nombre de sujets de même âge, et à prendre la moyenne des statures pour chaque âge: la différence est considérée comme indiquant l'accroissement annuel moyen.

C'est ainsi qu'a procédé QUÉTELET, un de ceux qui ont le plus fait pour l'anthropométrie.

Le tableau page 521 indique la stature moyenne des Belges, de la naissance à l'âge de 40 ans, pour les deux sexes, et l'accroissement annuel.

Un autre tableau, de VIERORDT (*Daten und Tabellen*), donne les mêmes chiffres de la naissance à 90 ans, en partie d'après QUÉTELET, et en partie d'après BENEKE et KOTILMANN.

Accroissement en longueur, par année (d'après VIERORDT)[1].

AGE.	QUÉTELET.		BENCKE
	HOMME.	FEMME.	LES DEUX SEXES.
Nouveau-né.	50,0	49,4	49-52
1 an	69,8	69,0	68-72
2 ans.	79,1	78,1	80-84
3 ans.	86,4	85,4	88-90
4 ans.	92,7	91,5	96
5 ans.	98,7	97,4	»
6 ans.	104,6	103,1	103-105
7 ans.	110,4	108,7	112
8 ans.	116,2	114,2	»
			(hommes).
9 ans.	121,8	119,6	
			128,58
10 ans.	127,3	124,9	
			130,75
11 ans.	132,5	130,1	
			135,06
12 ans.	137,5	135,2	
			139,91
13 ans.	142,3	140,0	
			143,09
14 ans.	146,9	144,6	
			148,88
15 ans.	151,3	148,8	
			154,19
16 ans.	155,4	152,1	
			161,65
17 ans.	159,4	154,6	
18 ans.	163,0	156,3	
19 ans.	165,5	157,0	
20 ans.	167,0	157,4	
25 ans.	168,2	157,8	
30 ans.	168,6	158,0	
40 ans.	168,6	158,0	
50 ans.	168,6	158,0	
60 ans.	167,6	157,1	
70 ans.	166,6	155,6	
80 ans.	163,6	153,4	
90 ans.	161,0	151,0	

Les chiffres qui suivent ont trait à l'Angleterre : ils sont empruntés à ROBERTS.

Stature moyenne, par âges, pour la population moyenne en Angleterre.

Les chiffres sont donnés en pouces de 25 millimètres, et sont pris sur des sujets sans chaussures.
(D'après ROBERTS.)

AGE AU DERNIER ANNIVERSAIRE.	SEXE MASCULIN.		SEXE FÉMININ.	
	NOMBRE des sujets.	STATURE moyenne en pouces.	STATURE moyenne en pouces.	NOMBRE des sujets.
Naissance	451	19,5	19,3	406
0-1 an.	2	27,0	24,8	6
1 an.	1	33,5	27,5	9
2 ans	5	33,7	32,3	6
3 ans	33	36,8	36,2	43
4 ans	107	38,5	38,3	99
5 ans	201	41,0	40,6	157
6 ans	266	44,0	42,9	189
7 ans	307	46,0	44,5	173
8 ans	1524	47,0	46,6	432
9 ans	2278	49,7	48,7	499
10 ans	1551	51,8	51,0	480
11 ans	1766	53,5	53,1	441
12 ans	1981	55,0	55,7	223
13 ans	2743	56,9	57,8	206
14 ans	3428	59,3	58,9	240
15 ans	3498	62,2	60.9	201
16 ans	2780	64,3	61,7	136
17 ans	2745	66,2	62,5	88
18 ans	2305	67,0	62,4	62
19 ans	1431	67,3	62,8	98
20 ans	880	67,5	63,0	130
21 ans	757	67,6	63,0	60
22 ans	558	67,7	62,9	53
23 ans	592	67,5	63,0	24
24 ans	517	67,7	62,7	21

Autre statistique qui concerne les Américains, due à BOWDICH et BAXTER :

Croissance générale de la stature.

(Statistiques combinées de BOWDITCH et BAXTER, 250.000 sujets; TOPINARD : *Éléments d'anthrop. génér.*, p. 418.)

AGE.	GARÇONS.	FILLES.	AGE.	GARÇONS.
	mill.	mill.		mill.
Naissance.	490	482	21 ans.	1721
1 an.	740	708	22 ans.	1725
2 ans.	834	802	23 ans.	1725
3 ans.	921	906	24 ans.	1727
4 ans.	1003	974	25 ans.	1728
5 ans.	1056	1049	26 ans.	1729
6 ans.	1111	1101	27 ans.	1730
7 ans.	1162	1156	28 ans.	1730
8 ans.	1213	1209	29 ans.	1731
9 ans.	1262	1254	31 ans.	1732
10 ans.	1313	1304	32 ans.	1732
11 ans.	1354	1357	33 ans.	1734
12 ans.	1400	1419	34 ans.	1736
13 ans.	1453	1477	35 ans.	1739
14 ans.	1521	1523	36 ans.	1734
15 ans.	1582	1552	37 ans.	1734
16 ans.	1631	1564	38 ans.	1733
17 ans.	1673	1572	39 ans.	1733
18 ans.	1689	1573	40 ans.	1733
19 ans.	1703	»	41 à 45 ans.	1733
20 ans.	1714	»		

L'indication générale fournie par toutes ces statistiques, c'est que, manifestement, la croissance est plus forte pendant les premières périodes de la vie.

La croissance se fait pendant un temps qui varie, mais qui est assez long — de 25 à 35 ans ; — mais durant ce temps elle ne procède pas de façon régulière: Le pouvoir d'accroissement va diminuant de façon presque continue.

La chose est plus nette encore si l'on prend l'organisme *ab ovo :* car si au cours de la première année, il s'allonge de $0^m,25$ — plus ou moins — il ne faut pas oublier qu'au cours des neuf mois de gestation, la stature a cru de 0 à $0^m,50$. Mais laissons de côté les phénomènes de la croissance intra-utérine, et ne considérons que la croissance de l'enfant après la naissance.

Assurément, il y a accroissement en stature chaque année, mais cet accroissement n'est pas régulier: il y a des perturbations. Si le sens général est dans la diminution du pouvoir de croissance, encore y trouve-t-on des à-coups. Topinard a essayé de figurer ceux-ci, et d'indiquer les crises successives par où passe ce pouvoir. On voit par le tableau qui suit que, si la baisse du pouvoir de croissance est rapide pendant les cinq ou six premières années, elle s'arrête de 6 à 10 ans, pour être remplacée par une hausse progressive de 10 à 16 ans, après quoi il y a baisse d'abord rapide, puis lente. Chacun sait, en effet, de façon générale, que la croissance, rapide la première année, est moindre ensuite, et qu'elle présente une exacerbation marquée vers l'époque de la puberté. Ce tableau est intéressant aussi au point de vue de la marche de la croissance chez les deux sexes; nous aurons à revenir sur les différences qui s'observent à cet égard.

Accroissement annuel comparatif des garçons et filles.
(Topinard : *Éléments d'anthropologie générale.*)

NAISSANCE.	ACCROISSEMENT ANNUEL.		DIFFÉRENCE DE TAILLE en + ou en − chez les garçons.
	GARÇONS.	FILLES.	
			mill.
1 an	25,0 ⎫	22,6 ⎫	+ 9
2 ans.	9,4 ⎪ baisse	9,4 ⎪	+ 32
3 ans.	8,7 ⎬ progressive	10,4 ⎬ baisse?	+ 32
4 ans.	8,2 ⎭ et continue.	6,8 ⎭	+ 15
5 ans.	3,3	7,5 baisse?	+ 29
6 ans.	3,5 hausse?	5,2	+ 7
7 ans.	5,1 ⎫	5,5 statu quo?	+ 10
8 ans.	5,1 ⎪	5,3 ⎫	+ 6
9 ans.	4,9 ⎬ statu quo?	4,5 ⎪	+ 4
10 ans.	5,1 ⎪	5,0 ⎬ baisse	+ 8
11 ans.	4,1 ⎭	5,3 ⎪ progressive.	+ 9
12 ans.	4,6	6,2 ⎭	− 3
13 ans.	5,3 ⎫	5,8	− 19
14 ans.	6,8 ⎬ hausse	4,6	− 24
15 ans.	6,1 ⎭ progressive.	2,9 ⎫ baisse	− 2
16 ans.	6,9	1,2 ⎬ progressive et continue.	+ 30
	⎫ baisse consi-		+ 87
17 ans.	2,1 ⎬ dérable et	8,8	+ 101
	⎭ subite.	0,1	− 116
18 ans.	1,6		
19 ans.	1,4 ⎫		
20 ans.	1,1 ⎪ baisse lente		
21 ans.	0,7 ⎬ progressive		
22 ans.	0,4 ⎪ et continue.		
23-25	1,4 ⎭		

La même indication est fournie par le tableau suivant que j'emprunte à Burk (*loc. cit.*), indiquant le pourcentage de la croissance en stature par année d'âge, pour un grand nombre d'enfants de races diverses. Il est regrettable, toutefois, que l'on n'y ait pu inclure les chiffres relatifs au premier âge, dès la naissance. Telles qu'elles sont, ces statistiques sont toutefois assez concordantes.

Pourcentage de la croissance en stature par année[1].

AGE.	BOSTON M.	BOSTON F.	SAINT-LOUIS M.	SAINT-LOUIS F.	MILWAUKEE M.	MILWAUKEE F.	OAKLAND M.	OAKLAND F.	WORCESTER M.	WORCESTER F.	NEW HAVEN M.	NEW HAVEN F.	MOSCOU M.	MOSCOU F.	SUÈDE M.	SUÈDE F.	DANEMARK M.	DANEMARK F.	ANGLETERRE M.	ANGLETERRE F.	TURIN M.	TURIN F.	LAUSANNE M.	LAUSANNE F.	FRIBOURG M.	FRIBOURG F.	BRESLAU M.	BRESLAU F.	POSEN M.	POSEN F.	RADON M.	RADON F.
3 1/2-4 1/2	5,2	»	»	»	»	»	»	»	»	»	»	»	»	»	»	»	»	»	4,6	5,8	6,8	8,1	»	»	»	»	»	»	»	»	»	»
4 1/2-5 1/2	4,6	5,0	»	»	5,9	5,2	»	»	2,7	3,6	4,7	4,5	»	»	»	»	»	»	6,5	6,0	5,5	5,6	»	»	»	»	»	»	»	»	»	»
5 1/2-6 1/2	4,4	5,0	4,7	4,9	4,3	4,9	2,0	1,1	3,8	3,7	3,8	3,2	»	»	»	»	»	»	7,3	5,7	6,5	5,8	»	»	»	»	»	»	»	»	»	»
6 1/2-7 1/2	4,0	4,5	4,7	4,8	4,6	4,9	5,8	4,2	4,5	3,5	4,7	5,0	5,2	4,3	4,4	2,7	2,7	2,7	4,5	3,7	8,8	7,0	4,3	4,4	3,5	3,8	4,1	4,4	5,0	»	3,0	»
7 1/2-8 1/2	4,0	3,8	4,4	4,5	4,3	3,6	3,6	5,1	3,8	3,9	5,0	3,9	4,1	2,8	4,2	3,9	4,2	4,2	2,4	4,7	5,2	5,8	3,7	4,0	4,5	4,4	4,5	4,5	4,5	»	3,1	»
8 1/2-9 1/2	3,2	4,0	3,6	3,7	4,1	4,7	5,3	4,7	5,5	5,0	5,5	3,4	6,6	6,5	4,0	3,3	4,2	4,2	5,5	4,5	4,7	4,6	3,4	4,0	3,9	4,1	4,0	4,0	4,2	»	2,7	»
9 1/2-10 1/2	3,3	4,6	3,9	3,7	3,7	3,7	3,4	3,0	3,6	3,1	2,0	6,0	3,7	3,9	1,6	4,0	4,1	4,1	3,3	4,9	2,0	5,3	3,1	4,1	3,1	3,8	3,9	3,9	2,7	»	4,4	»
10 1/2-11 1/2	3,8	4,4	3,3	4,4	2,3	5,0	3,0	6,0	3,4	5,8	3,2	4,3	3,4	2,3	2,1	3,7	4,1	»	2,8	6,8	2,2	3,2	3,2	4,6	3,6	4,0	3,7	3,7	3,7	»	3,9	»
11 1/2-12 1/2	4,7	3,1	3,4	5,3	4,5	3,9	3,1	2,0	3,2	2,3	0,9	1,7	3,6	6,2	3,0	4,5	2,3	2,3	3,5	1,9	3,3	4,1	3,5	»	3,7	3,3	3,6	3,3	4,0	»	4,8	»
12 1/2-13 1/2	1,0	4,9	4,0	2,9	4,2	3,1	5,4	1,1	4,5	3,9	5,9	1,8	3,3	»	2,9	3,6	3,7	3,6	4,2	3,5	4,6	4,3	»	»	3,6	4,5	3,8	3,8	3,5	»	3,3	»
13 1/2-14 1/2	4,3	0,8	4,3	2,8	4,4	1,8	3,4	2,8	5,3	2,1	4,6	6,0	4,2	»	3,5	3,3	4,3	3,9	4,9	1,8	4,0	3,0	»	»	»	»	4,0	»	»	»	2,7	»
14 1/2-15 1/2	1,0	0,5	3,6	3,5	5,2	6,0	4,4	4,4	1,6	0,6	2,1	1,8	1,7	»	4,6	2,7	4,6	3,3	3,4	1,3	4,5	2,0	»	»	»	»	5,0	»	»	»	0,6	»
15 1/2-16 1/2	4,3	0,8	4,3	4,1	2,4	4,2	4,0	0,0	»	»	»	»	»	»	3,9	5,2	5,2	2,0	3,4	1,3	4,0	0,8	»	»	»	»	4,0	»	»	»	»	»
16 1/2-17 1/2	1,8	0,5	3,0	1,1	2,6	»	»	»	»	»	»	»	»	»	3,0	0,6	1,7	3,3	3,2	1,3	1,3	0,7	»	»	»	»	»	»	»	»	»	»
17 1/2-18 1/2	»	»	3,2	0,1	»	»	»	»	»	»	»	»	»	»	4,8	0,0	4,8	»	4,2	»	0,5	»	»	»	»	»	»	»	»	»	»	»
18 1/2-19 1/2	»	»	»	»	»	»	»	»	»	»	»	»	»	»	0,6	»	»	»	0,4	»	0,6	»	»	»	»	»	»	»	»	»	»	»
19 1/2-20 1/2	»	»	»	»	»	»	»	»	»	»	»	»	»	»	0,6	»	»	»	»	»	»	»	»	»	»	»	»	»	»	»	»	»

1. D'après BURK : *Growth of Children, loc. cit.* Boston : 13601 garçons et 10904 filles (BOWDITCH); Saint-Louis : 16295 garçons et 18059 filles (PORTER); Milwaukee : 4773 garçons et 4891 filles (PECKMAN); Oakland, chiffre inconnu; Worcester : 3250 enfants (WEST); New Haven, 50 enfants de chaque sexe (GILBERT); Moscou : 3212 garçons et 1495 filles (ERISMANN); Suède : 15000 garçons et 3000 filles (KEY); Danemark : 17134 garçons et 11250 filles (HERTEL); Angleterre : plus de 10000 garçons (ROBERTS); Turin : 1048 garçons, 968 filles (PAGLIANI); Lausanne : 6662 mensurations sur 2000 enfants (COMBE); Fribourg : 10343 garçons et 10830 filles (GRUISSER et UHLITSCH); Breslau : 1271 mensurations de 600 garçons (CARSTAAT); Posen : de 34 à 107 garçons pendant 7 ans (LANDSBERGER); Radon : 1133 garçons (SULIGOWSKI).

La diminution du pouvoir de croissance, en chiffres absolus, est indiquée encore par cet autre tableau emprunté aussi à Burk :

Croissance en stature pendant les dix premières années.

(D'après Burk : *Growth of Children. Am. Jour. of Psychol.*, 1898.)

		CROISSANCE.					
		DE 0 A 1 AN.	DE 1 A 2 ANS.	DE 2 A 3 ANS.	DE 3 A 4 ANS.	DE 4 A 5 ANS.	DE 5 A 6 ANS.
D'après D'Espine et Picot		19,8	9,0	7,3	6,4	6,	6
— Ziesing.		23,2	10,6	8,7	7,5	5,9	6,6
— Daffner { Garçons		21,9	11,42	6,56	4,76	6,34	3,03
Filles		22,5	12,11	6,28	6,49	6,1	3,6

Ce tableau indique le nombre de centimètres dont s'allonge le corps dans les périodes successives d'un an.

Le suivant, donné par Vierordt, donne la taille aux différents âges, d'où l'on déduit l'accroissement annuel.

Accroissement en longueur de 5 à 20 ans.

(D'après Vierordt, *loc. cit.*, 7.)

AGE.	SEXE MASCULIN.				SEXE FÉMININ.			
	BOWDITCH [1]	A. KEY [2]	ERISMANN [3]	GEISSLER et UHLITSCH [4]	BOWDITCH	A. KEY	ERISMANN	GEISSLER et UHLITSCH
5-6 ans	105,6	110	»	»	104,9	»	»	»
6-7 ans	111,1	116	»	108,6	110,1	(113)	»	107,9
7-8 ans	116,2	121	»	112,6	115,6	116	»	112,0
8-9 ans	121,3	126	120,1	117,6	120,9	123	118,8	116,7
9-10 ans	126,2	131	122,4	122,1	125,4	127	123,0	121,3
10-11 ans	131,3	133	126,3	126,7	130,4	132	129,5	126,1
11-12 ans . . .	135,4	136	129,9	130,6	135,7	137	131,0	131,6
12-13 ans	140,6	140	134,4	135,5	141,9	143	135,5	135,5
13-14 ans	145,3	144	137,7	140,1	147,7	148	139,9	141,6
14-15 ans	152,1	149	141,2	144,1	152,3	153	144,5	145,5
15-16 ans	158,2	156	»	»	155,2	157	»	»
16-17 ans	163,1	162	»	»	156,4	159	»	»
17-18 ans	168,0	167	»	»	157,2	160	»	»
18-19 ans	169,3	170	»	»	157,3	160	»	»
19-20 ans	»	171	»	»	»	162	»	»
20 ans	»	172	»	»	»	160	»	»

1. *The growth of Children*, 1877 (13 091 garçons, 10 904 filles, à Boston avec vêtements).
2. D'après Bergerstein (14 817 garçons, 3 209 filles, en Suède).
3. *Arch. f. Soz. Gesetzgebung und Statistik*, 1888.
4. *Zeitschr. der Konigl. Sachsischen Stat. Bureau* (10 343 garçons, 10 830 filles, en Saxe).

Pour montrer toutefois l'inconvénient déjà signalé de cette méthode, voici un tableau, dû à Topinard, qui montre quelles sont les variations individuelles de la taille pour un même âge. Il faut assurément ne pas dédaigner les chiffres que donne ce procédé : mais il faudrait multiplier les observations suivies sur les même individus d'année en année.

Variations individuelles de la taille à un âge donné (hommes).

(Tableau dressé par Topinard : *Éléments d'anthrop. générale*, 440.)

	AGES.	NOMBRE DE SUJETS.	MAXIMUM.	MINIMUM.	ÉCART.
			mètres.	mètres.	millim.
Roberts (Angleterre).	12	868	1,612	1,104	508
	14	2 724	1,752	1,282	470
	16	1 704	1,892	1,333	559
	18	1 675	2,095	1,512	583
	20	460	1,943	1,574	369
	22	296	1,917	1,574	343
Pagliani (Italie). . . .	20-21	414 215	1,980	1,250	740
Gould (Etats-Unis). .	16-45	1 104 841	2,095	1,014	1 081
(France)	16 1/2-17 1/2	400	1,770	1,420	350
	20 environ	400	1,840	1,440	400
	25 environ	400	1,800	1,450	350
	30 à 50	400	1,840	1,480	360
	50 et plus.	400	1,870	1,420	350

La croissance en stature ne se fait pas également dans les moitiés supérieures et inférieures du corps. Autrement dit : l'adulte n'est pas un enfant proportionnellement accru. L'enfant est en réalité difforme, examiné d'après les canons de l'adulte : le tronc et l'extrémité supérieure sont trop développés en comparaison des membres inférieurs. Aussi la croissance de ces deux parties est-elle inégale : la moitié inférieure croît plus que la supérieure[1].

Croissance des parties supérieures et inférieures du corps respectivement.

(Vierordt, *loc. cit.*, 17.)

(Ziesing divise le corps en deux parties, supérieure ou inférieure,
et il pose : longueur totale = 1000. Par la suite, les proportions deviennent les suivantes) :

AGE.	PARTIE SUPÉRIEURE.	PARTIE INFÉRIEURE.
Nouveau-né.	500	500
1 an	478	522
2 ans.	457	543
3 ans.	439	561
5 ans.	415	585
8 ans.	397	603
13 ans.'.	382	618
60 ans.	369	631

C'est ce qui ressort nettement des tableaux dressés par Ziesing (rapporté par Vierordt), et les chiffres de Daffner confirment de façon absolue ce fait, qui est d'ailleurs évident.

1. Dans le premier âge de l'homme, la partie supérieure de son corps est plus grande que la partie inférieure : la proportion change à mesure qu'il croît (Aristote, *Nat. des animaux*).

Accroissement comparé des moitiés supérieure et inférieure du corps.

(D'après DAFFNER : *Das Wachstum des Menschen*, 92.)

AGE.	STATURE TOTALE.	MOITIÉ INFÉRIEURE[1].	MOITIÉ SUPÉRIEURE.
	centimètres.	centimètres.	centimètres.
Nouveau-né.	50,6	23,0	27,6
3 ans.	91,0	47,0	44,0
5 ans.	106,0	59,3	46,5
8 ans.	127,0	71,5	55,5
10 ans.	137,0	79,0	58,0
11 ans.	142,0	82,0	60,0
12 ans.	148,0	87,0	61,0
13 ans.	154,0	91,0	63,0
14 ans.	161,0	96,0	65,0
22 ans.	166,5	99,8	66,6

1. Moitié inférieure : du nombril à la plante des pieds ; la supérieure : du nombril au vertex.

Si l'on analyse les documents qui précèdent, on en peut tirer un certain nombre de conclusions qui se peuvent résumer ainsi qu'il suit :

De façon générale, même chez les sujets qui cessent le plus tôt de s'accroître, la croissance occupe au moins le quart, et souvent le tiers de la durée normale de la vie. Elle n'est achevée qu'à 25 ans, le plus souvent, et se poursuit même jusqu'à 30 et 35 ans, chez une certaine proportion de personnes.

A la naissance, la stature est de 50 centimètres en moyenne : elle s'accroît de 20 centimètres dans la première année, soit de 40 p. 100 environ, ce qui est énorme.

Après quoi, elle continue à progresser, mais toujours de façon moins intense : de 7 centimètres, de 6, de 5, et moins encore, à mesure que les années s'écoulent. Vers 15 ans, la stature initiale est doublée : elle est triplée à 15 ans, en moyenne : ce n'est que par exception qu'elle arrive à être quadruplée. A 3 ans l'homme a plus de la moitié de sa stature définitive.

Cet accroissement, cela est manifeste, porte plus sur la moitié inférieure du corps que sur la moitié supérieure.

A un âge qui varie entre 15 et 35 ans, peut-être même 40, par exception, mais qui est le plus souvent celui de 20 ou de 25 ans, la croissance cesse : la stature ne s'accroît plus. Après 40 ans, elle tend même à diminuer. TÉNON avait observé ce fait, il y a plus de cent ans. Il avait vu, près de Paris, en 1783, qu'un sujet de 85 ans avait perdu 5 centimètres en quelques années : un autre de 70 ans en avait perdu plus de 24 : et un sujet de 45 ans en avait perdu 10. Cela est confirmé par les statistiques recueillies par âges : après 50 ans LÉLUT observait une diminution de la taille moyenne : on retrouve cette diminution dans la plupart des tableaux qui précèdent.

Cette diminution de la stature est due à des causes variées : à l'usure des cartilages articulaires, à l'écrasement des disques intervertébraux, à l'écrasement des vertèbres qui s'affaissent sur elles-mêmes; à l'augmentation des courbures normales de la colonne principalement. C'est l'écrasement des cartilages intervertébraux qui est en partie la cause des variations de stature qui s'observent chez les sujets dans la force de l'âge : la marche prolongée amène une diminution de la taille facile à apprécier, que le repos dissipe. On est souvent plus petit le soir que le matin, et les conscrits à la limite de la taille minima ont souvent pu se retirer un ou deux centimètres gênants en faisant une forte marche avant de passer devant le conseil de révision.

Nous nous en tiendrons, pour le moment, à ces indications générales. Beaucoup de facteurs interviennent pour modifier plus ou moins la marche générale de la croissance en stature : mais il en sera parlé plus loin, quand nous aurons considéré les documents relatifs à la croissance en poids : les causes qui agissent sur la première étant susceptibles d'agir sur la dernière, il n'y a pas intérêt à scinder leur étude.

Considérons donc la croissance en poids : nous verrons ensuite quels facteurs sont de nature à agir sur la croissance générale.

Croissance en poids. — Nous avons vu que, partant de la stature zéro, l'embryon arrive en 9 mois, dans l'espèce humaine, à la stature de 50 centimètres environ : ce développement s'observe aussi pour le poids. Vierordt a donné quelques chiffres intéressants à cet égard : le tableau suivant le résume.

Accroissement en poids de l'embryon à la naissance (Vierordt).

AGE EN SEMAINES.	POIDS EN GRAMMES	AGE EN SEMAINES.	POIDS EN GRAMMES.
0 (œuf)	0,0006	24	635
4	»	28	1220
8	4	32	1700
12	20	36	2240
16	120	40 (naissance)	3250
20	285	»	»

A la naissance, le poids moyen est de 3 kilogrammes en moyenne : moyenne qui comporte d'ailleurs de nombreuses variations. Laissant celle-ci de côté, donnons seulement quelques moyennes établies par différents auteurs.

Poids moyen à la naissance.

	GARÇONS kilog.	FILLES kilog.		GARÇONS kilog.	FILLES kilog.
Spiegelberg (Breslau) . . .	3,201	3,056	Kezmarsky (Pesth)	3,383	3,284
Gregory (Munich)	3,355	3,386	Quételet (Bruxelles) . . .	3,100	3,000
Schutz (Leipzig)	3,399	3,233	Wagner (Kœnigsberg) . .	3,479	3,339
Ingerslev (Copenhague) .	3,381	3,280	Vierordt	3,333	3,200

Ce poids s'accroît très vite, comme la stature. Il y a toutefois un phénomène particulier à noter : durant les premiers jours, le poids diminue au lieu d'augmenter. Le nouveau-né ne se nourrit guère, en effet, et il évacue le méconium. Cette évacuation se fait pendant deux ou trois jours, et le poids tombe, par ce fait, de 60 ou 90 grammes en moyenne. Vers le septième jour, en général, la diminution de poids a été compensée, et le nouveau-né est revenu à son poids initial.

A partir de ce moment, il se fait un accroissement rapide et considérable. Nombre de tableaux ont été fournis, en ce qui concerne la première enfance, par les gynécologues et médecins d'enfants : ils se ressemblent beaucoup, dans leurs traits généraux. En voici un qui est dû à Odier :

Croissance du nouveau-né en poids.
(D'après Odier.)

NAISSANCE.	1° PAR MOIS.											
	1er mois.	2e mois.	3e mois.	4e mois.	5e mois.	6e mois.	7e mois.	8e mois.	9e mois.	10e mois.	11e mois.	12e mois.
3 250 grammes.	gr. 4 000	gr. 4 700	gr. 5 350	gr. 5 950	gr. 6 500	gr. 7 000	gr. 7 450	gr. 7 850	gr. 8 200	gr. 8 500	gr. 8 750	gr. 8 950
Accroissement.	700	700	650	600	550	500	450	400	300	300	250	200

	2° PAR JOURS.											
	1er mois.	2e mois.	3e mois.	4e mois.	5e mois.	6e mois.	7e mois.	8e mois.	9e mois.	10e mois.	11e mois.	12e mois.
	gr. 25	gr. 23	gr. 22	gr. 20	gr. 18	gr. 17	gr. 15	gr. 13	gr. 12	gr. 10	gr. 8	gr. 6

Le tableau suivant couvre les deux premières années de la vie :

| POIDS INITIAL 3 000. | | ACCROISSEMENT. | |
	POIDS	mensuel.	quotidien.
	gr.	gr.	gr.
1 mois	3,750	750	25
2 —	4,500	700	23
3 —	5,250	700	23
4 —	6,000	700	23
5 —	6,500	600	20
6 —	7,000	600	20
7 —	7,500	550	18
8 —	7,900	500	17
9 —	8,400	400	12
10 —	8,660	350	12
11 —	8,960	300	10
12 —	9,280	250	8
13 —	9,440	240	8
14 —	9,680	240	8
15 —	9,920	240	8
16 —	10,160	240	8
17 —	10,320	200	6 1/2
18 —	10,580	200	6 1/2
19 —	10,680	200	6 1/3
20 —	10,880	200	6 1/2
21 —	10,980	200	6 1/2
22 —	11,130	150	6 1/2
23 —	11,280	150	5
24 mois	11,430	150	5

Ces deux statistiques montrent combien l'accroissement en poids, d'abord considérable, diminue rapidement : puisque de 25 grammes par jour dans le premier mois, il tombe à 5 grammes, au cinquième, au vingt-quatrième mois.

Le résultat de cette augmentation de poids est de porter celui-ci environ au triple de ce qu'il était à la naissance. C'est ce que l'on voit par le tableau qui suit, dressé par VIERORDT, où, pour chaque semaine, est indiquée la proportion du poids présent au poids initial.

Poids du corps pendant les 52 premières semaines.
(H. VIERORDT, loc. cit., p. 15.)

	POIDS MOYEN.	RAPPORT AU POIDS. de la 1re semaine.		POIDS MOYEN.	RAPPORT AU POIDS de la 1re semaine.
	gr.	gr.		gr.	gr.
1 semaine	3 228	1 000	21 semaines . . .	6 390	(1 904)
2 —	3 367	1 035	22 —	6 497	1 937
3 —	3 412	1 096	23 —	6 751	1 964
4 —	3 532	1 135	24 —	6 785	1 996
5 —	3 802	1 199	25 —	6 925	2 037
6 —	3 931	1 250	26 —	7 026	2 067
7 —	4 103	1 301	28 —	7 187	2 125
8 —	4 259	1 363	30 —	7 446	2 192
9 —	4 440	1 421	32 —	7 622	2 262
10 —	4 600	1 472	34 —	7 842	2 328
11 —	4 755	1 521	36 —	8 042	2 376
12 —	4 874	1 565	38 —	8 232	2 426
13 —	5 022	1 613	40 —	8 314	2 508
14 —	5 151	1 659	42 —	8 480	2 549
15 —	5 313	1 700	44 —	8 615	2 590
16 —	5 529	1 768	46 —	8 760	2 633
17 —	5 659	1 808	48 —	8 846	2 669
18 —	5 748	1 844	50 —	9 102	2 709
19 —	5 864	1 881	52 —	(10 172)	(2 748)
20 —	6 072	1 928			

Le tableau qui suit confirme ces indications générales.

Poids du corps pendant les douze premiers jours.
(H. Vierordt, *loc. cit.*, 14.)

	BOUCHAUD[1]		FLEISCHMANN[2]			PETERSON[3]		
	POIDS.	AUGMENTATION de poids par jour.	POIDS.	AUGMENTATION du poids par jour.	MOYENNE de l'augmentation de poids par jour en chiffres ronds.	POIDS.	ACCROISSEMENT du poids quotidien.	ACCROISSEMENT du poids quotidien, selon les trimestres I, II, III et IV.
	gr.		gr.			gr.		
Nouveau-né...	3 250	—	3 500	—	—	3 558	—	»
1 mois.....	4 000	25	4 550	35	30	4 611	35	I
2 —	4 700	23	5 500	32	27	5 479	29	29
3 —	5 350	22	6 350	28	25	6 181	25	»
4 —	5 950	20	7 000	22	21	6 664	16	II
5 —	6 500	18	7 530	18	18	7 123	15	14
6 —	7 000	17	7 970	14	15	7 459	11	»
7 —	7 450	15	8 330	12	13	7 757	10	III
8 —	7 850	13	8 630	10	11	8 115	12	11
9 —	8 200	12	8 930	10	11	8 469	12	»
10 —	8 500	10	9 200	9	9	8 896	14	10
11 —	8 750	8	9 450	8	8	9 141	8	IV
12 —	9 000	8	9 600	6	7	9 413	9	»

1. Bouchaud : *De la mort par inanition et études expérimentales sur la nutrition chez le nouveau-né*, 1864.
2. Fleischmann : *Ueber Ernährung der Neugeborenen und Säuglinge*, 1877.
3. Peterson : *Upsala läk. forh.*, 1882.

Considérons maintenant l'accroissement en poids pendant les trente premières années. Quételet a donné à cet égard un tableau intéressant, relatif à la Belgique.

Croissance de l'homme en poids.
D'après Quételet.

AGE.	HOMMES.		FEMMES.	
	POIDS MOYEN	ACCROISSEMENT annuel.	POIDS MOYEN.	ACCROISSEMENT annuel.
	kil.	kil.	kil.	kil.
Naissance	3,1	»	3	»
1 an	9,0	5,9	8,6	5,6
2 ans	11,0	2,0	11,0	2,4
3 ans	12,5	1,5	12,4	1,4
4 ans	14,0	1,5	13,9	1,5
5 ans	15,9	1,9	15,3	1,4
6 ans	17,8	1,9	16,7	1,4
7 ans	19,7	1,9	17,8	1,1
8 ans	21,6	1,9	19,0	1,2
9 ans	23,5	1,9	21,0	2,0
10 ans	25,2	1,7	23,1	2,1
11 ans	27,0	1,8	25,5	2,4
12 ans	29,0	2,0	29,0	3,5
13 ans	33,1	4,1	32,5	3,5
14 ans	37,1	4,0		
15 ans	41,2	4,1	36,3	3,8
16 ans	45,4	4,2	40,0	3,7
17 ans	49,7	4,3	43,5	3,5
18 ans	53,9	4,2	46,8	3,3
19 ans	57,6	3,7	49,8	3,0
20 ans	59,5	1,9	52,2	1,1
21 ans	61,2	1,7	54,3	0,8
22 ans	62,9	1,7	54,8	0,3
23 ans	64,5	1,6	55,2 (!)	0,4
25 ans	66,2	1,7	54,8	»
27 ans	65,9	»	55,1	0,3
30 ans	66,1	»	55,3	0,2

Le tableau qui suit, dû à Roberts, concerne l'Angleterre.

**Poids moyen de toutes les classes de la population en Angleterre,
à intervalles annuels (Chiffres en livres avoir-du-poids 460 gr.). Pesées avec vêtements.**
(D'après Roberts, in Donaldson : *The growth of the Brain*, p. 51.)

AGE AU DERNIER ANNIVERSAIRE.	SEXE MASCULIN.		SEXE FÉMININ.	
	NOMBRE des sujets.	POIDS MOYEN.	NOMBRE des sujets.	POIDS MOYEN.
Naissance.	451	7,1	466	6,9
1 an.	»	(24,0)	8	20,1
2 ans	2	32,5	9	23,3
3 ans	41	34,0	30	31,6
4 ans	102	37,3	97	36,1
5 ans	193	40,0	160	39,2
6 ans	224	44,4	178	42,0
7 ans	246	50,0	148	47,5
8 ans	820	55,0	330	52,1
9 ans	1 425	60,4	535	55,5
10 ans	1 464	67,5	495	62,0
11 ans	1 599	72,0	456	68,1
12 ans	1 786	77,0	419	76,4
13 ans	2 443	83,0	209	87,2
14 ans	2 952	92·0	229	97,2
15 ans	3 118	103,0	187	106,3
16 ans	2 235	119,0	128	113,1
17 ans	2 496	131,0	74	115,5
18 ans	2 150	137,4	64	121,1
19 ans	1 438	140,0	97	124,0
20 ans	851	143,3	128	123,4
21 ans	738	145,2	59	122,0
22 ans	542	148,0	53	123,4
23 ans	531	148,0	29	124,1
24 ans	483	148,0	19	121,0

L'augmentation de poids, avec l'âge, et la diminution de cet accroissement, à mesure que l'on s'éloigne de l'instant de la naissance, ne sont pas spéciales à l'homme. Elles se manifestent aussi chez les bêtes. S. Minot, qui a fait une excellente étude de la croissance en général chez le cobaye, a donné un tableau intéressant à cet égard.

Accroissement p. 100 en poids chez le cobaye.
(S. Minot : *Senescense and Regeneration. J. of Physiology*, 1891, 149.)

AGE.	MALES.	FEMELLES.	AGE.	MALES.	FEMELLES.
1-3 jours	0,0	2,1	145-155 jours	0,4	— 0,03
4-6 —	5,6	5,5	160-170 —	0,3	0,5
7-9 —	5,5	5,1	175-185 —	0,2	0,2
10-12 —	4,7	4,7	190-200 —	0,2	0,2
13-15 —	5,0	5,0	205-215 —	0,4	0,3
16-18 —	4,1	4,3			
19-21 —	3,9	3,5			
22-24 —	3,1	1,7	8 mois	0,05	0,2
25-27 —	2,8	1,9	9 —	0,3	0,2
28-30 —	2,8	2,6	10 —	0,1	0,1
31-33 —	1,9	1,8	11 —	0,04	0,1
34-36 —	1,7	1,6	12 —	0,1	0,05
37-39 —	1,9	1,8	13 —	— 0,2	0,3
40-50 —	1,2	1,1	14 —	0,5	— 0,03
55-65 —	1,3	1,3	15 —	0,2	0,00
70-80 —	1,2	0,8	16 —	0,07	0,2
85-95 —	0,9	0,9	17 —	— 0,1	— 0,02
100-110 —	0,7	0,8	18 —	— 0,03	— 0,2
115-125 —	0,6	0,5	19-21 mois	0,006	— 0,1
130-140 —	0,1	0,2	22-24 —	0,02	— 0,05

On voit par ce tableau que, si la diminution dans l'accroissement du poids est certaine dans l'ensemble, elle ne procède pas de façon absolument régulière : il y a des à-coups, des perturbations légères, des arrêts ou des montées là où l'on attendrait une descente. La croissance en poids n'est pas nécessairement le plus considérable au début. Les chiffres suivants relatifs à des chiens confirment cette donnée.

Accroissement de trois jeunes lévriers russes de la 4e à la 9e semaine.
(Nés le 28 mars 1877.)
(Saint-Yves Ménard, *loc. cit.*, p. 42.)

	28 AVRIL.	5 MAI. 2e mois.	12 MAI. 2e mois.	19 MAI. 2e mois.	26 MAI. 2e mois.	2 JUIN. 3e mois.
Tcherkess	3,730	4,473	5,806	7,188	8,458	10,000
Néva	3,350	3,875	5,026	6,448	7,418	9,000
Miss.	3,420	4,225	5,146	6,638	7,918	9,000
Moyenne.	3,506	4,191	5,326	6,758	7,831	9,333
Augmentation	»	0,685	1,135	1,432	1,073	1,502
Accroissement par jour et par tête	»	0,098	0,162	0,204	0,153	0,214

Les observations faites sur le cobaye parlent dans le même sens : elles montrent que l'accroissement en poids initial est souvent inférieur — en chiffres absolus — à l'accroissement qui se fait quelques jours ou semaines après.

Croissance du cochon d'Inde.
(Saint-Yves Ménard, *loc. cit.*, p. 39.)

NAISSANCE POIDS RAPPORTÉ A 100[1].	10 JOURS.	20 JOURS.	31 JOURS.	41 JOURS.	51 JOURS.
Femelles { poids. 100	168,5	214	330,5	397	483
{ accroissement.	68,5	75,5	86,5	66,5	86
Mâles { poids 164	164	238	303,5	370	461
{ accroissement.	64	72	67,5	64,5	91
Accroissement plus fort des femelles pour 100.	3	3	8	7	5
Accroissement total des mâles et des femelles.	132,5	147,5	154	131	177

1. Le poids initial est supposé être de 100 : il est en réalité de 80 grammes en moyenne.

La race, l'espèce, les conditions, jouent certainement un rôle. L'accroissement est plus régulier pour le cheval et le veau, semble-t-il, que pour le cobaye ou le chien, à en juger par les statistiques suivantes :

Accroissement du cheval.
(D'après divers documents, par Saint-Yves Ménard, *loc. cit.*, p. 37.)

	PAR JOUR kilogr.
De 0 mois à 3 mois.	1,040
De 3 — à 6 —	0,600
De 5 — à 9 —	0,510
De 6 — à 3 ans.	0,345

Accroissement du bœuf.
(Saint-Yves Ménard, *loc. cit.*, p. 37, 38.)

Race Schwitz :

De 0 à 8 jours. . . . . 1^kil,390 par jour.
De 8 à 18 — . . . . . 1^kil,120 —

Métis Durham-Charolais-Cotentin :

ACCROISSEMENT MOYEN PAR JOUR.

	mâles.	femelles.
1ʳᵉ année.	0,796	0,664
2ᵉ —	0,690	0,643
3ᵉ —	0,634	0,485
4ᵉ —	0,632	0,359

Il est assez régulier aussi pour l'éléphant, d'après les observations de ALPH. MILNE-EDWARDS au Muséum (*Bull. du Muséum d'Histoire naturelle*, 1896, 309).

Agé de 15 mois environ, en octobre 1894, l'animal a présenté les poids en stature suivants :

DATES.	POIDS.	CIRCONFÉRENCE	HAUTEURS.
	kilog.	mètres.	mètres.
1ᵉʳ décembre 1894.	256	1,95	1,12
1ᵉʳ janvier 1895.	295	2,05	1,17
1ᵉʳ avril —	343	2,23	1,25
1ᵉʳ juillet —	400	2,42	1,33
1ᵉʳ octobre —	447	2,47	1,35
1ᵉʳ janvier 1896.	510	2,57	1,38
1ʳᵉ avril —	530	2,65	1,39
1ᵉʳ juillet —	618	2,74	1,45
1ᵉʳ octobre —	702	2,77	1,53
1ᵉʳ novembre —	732	2,79	1,57

Quoi qu'il en soit de ces irrégularités, qui se montreraient sans doute plus souvent si l'on multipliait les observations et qui sont attribuables à des causes perturbatrices diverses et sans doute fréquentes, il est certain que, durant la croissance, l'organisme gagne en poids, et que cet accroissement diminue constamment. S. MINOT a calculé, pour le cobaye, le lapin et l'homme, l'accroissement moyen, par jour, de la naissance à la maturité. On conçoit combien ce dernier terme est élastique, et combien on peut varier dans son appréciation.

Accroissement quotidien en poids durant la période de croissance chez le cobaye, le lapin et l'homme.

(S. MINOT, *Journal of Physiology*, 1891.)

ANIMAL.	POIDS A LA MATURITÉ.	NOMBRE DE JOURS de la croissance à la maturité.	NOMBRE DE JOURS de gestation.	ACCROISSEMENT en poids, par jour.
				gr.
Cobaye.	775	365	67	1,82
Lapin	2 500	365	30	6,30
Homme.	63 000	9 139	289	6,69

Accroissement des tissus. — Jusqu'ici nous avons considéré l'accroissement en poids *in toto* : mais celui-ci est fait d'une quantité d'accroissements partiels, portant sur les différents tissus, systèmes, noyaux du corps. Tandis que la croissance en stature est faite de l'allongement du squelette seul, la croissance en poids est faite de la somme des croissances en poids d'une quantité d'organes. Et il se peut fort bien que ces sommes ne soient point parallèles et proportionnelles.

C'est ce qui ressort avec la plus grande clarté des tableaux suivants dressés par VIERORDT. Le premier (voy. p. 536) donne le poids absolu de différents organes chez le nouveau-né, et aux âges différents, de la naissance à 25 ans, pour le sexe masculin : le suivant fournit (p. 537) les mêmes données pour le sexe féminin.

Les deux tableaux p. 538-539, se rapportent aussi à la croissance en poids des organes. Dans celui de la page 539, elle est évaluée par rapport au poids du nouveau-né dans celui de la page 538, par rapport au poids total du corps. — Tous deux ont trait au sexe masculin seul.

Enfin, dans un dernier tableau, p. 540, nous donnons, d'après VIERORDT encore, le poids absolu et le poids relatif des organes, chez le nouveau-né et chez l'adulte. Le poids relatif est indiqué en pourcentage du poids du nouveau-né et de l'adulte, fixés à 3^{kil},100 et à 66^{kil},200 respectivement. La dernière série de chiffres montre combien de fois chaque organe est plus pesant chez l'adulte que chez le nouveau-né, le poids initial étant pris pour unité.

Conclusions. — Les documents qui précèdent autorisent un certain nombre de conclusions générales.

Comme la stature, le poids augmente rapidement au début, plus lentement ensuite : à la différence de celle-ci, il diminue même légèrement, et constamment durant les premiers jours chez les mammifères. (C. S. MINOT a vu cette perte de poids chez les cobayes : elle est surtout marquée chez les mâles, et de toute façon la croissance en poids ne s'établit que vers le cinquième jour.)

Cette augmentation de poids se poursuit, avec une intensité décroissante, pendant un temps qu'il n'est pas aise d'apprécier. Qui saurait dire, en effet, à quel moment, au cours de la vie d'un animal ou de l'homme, l'augmentation de poids cesse d'être due à l'augmentation des organes, et a pour cause la formation et le dépôt de graisse dans les tissus? Seules, des expériences physiologiques compliquées et prolongées pourraient donner quelques renseignements sur ce point : et elles n'ont pas encore été faites. Autant il est aisé, relativement, d'apprécier la cessation de la croissance en stature, autant il est malaisé d'apprécier la cessation de la croissance en poids normal. On fixe généralement celle-ci à 25 ou 30 ans, approximativement.

A ce moment : le poids du corps = 20 fois le poids du nouveau-né.

— la stature — = 3,37 fois la stature —
— le volume [1] — = 20 — le volume —

L'accroissement de poids ne procède pas de façon régulière à beaucoup près. — Prenez la table de QUÉTELET, et voyez la marche des choses. A la fin de la première année, le poids initial est presque triplé : il n'est quadruplé qu'à 3 ans, quintuplé à 5, décuplé à 12. Rapide au début, il se ralentit ensuite, mais vers 11 ou 12 ans, il y a une poussée marquée, qui dure jusqu'à 18 ou 19 ans. Entre 6 et 10 ans, il y a une légère poussée, mais c'est relativement peu de chose : celle de la puberté ou de la période avoisinante est bien autrement importante. Après 9 ou 10 ans, en effet, il y a un ralentissement, puis, entre 11 et 13 ans, jusqu'à 16 ans, la croissance marche très vite. Elle commence un peu plus tôt chez les filles, entre 10 et 12, et s'arrête plus tôt aussi, à 14 ou 15. C'est ce qui fait que, vers 11 ou 13 ans, les filles sont à la fois plus grandes et plus lourdes que les garçons de même âge : après ce moment, à 15 ou 16 ans, ceux-ci les rattrapent et les dépassent [2].

A côté de ces irrégularités régulières et constantes, qui font partie du rythme même

---

1.

Volume du nouveau-né de 3^{kil},100.		3 440 centim. cubes.	
— de l'adulte (64 kilogr.) (KRAUSE)		57 110	—
— — (52 kilogr.) —		50 000	—
— — (64 kilogr.) (HERMANN).		69 415	—
— — (QUÉTELET)		71 900	—
— de l'adolescent (11-20 ans : 54^{kil},750).		60 160	—

(VIERORDT. *Daten und Tabellen*, 34.)

2. L'augmentation plus grande du poids et de la stature des filles, comparées aux garçons, au moment de la puberté, a été constatée un peu partout : en Allemagne, en Angleterre, en Amérique, en Italie, au Japon. Il n'y a de différence que dans l'âge même où se fait la perturbation : la puberté ne se fait pas au même âge dans les différentes races ou dans les différents climats. Pour détails voir BUSCHAU : *Real Encyclop. der. ges. Heilkunde* de A. EULENBURG : (articles *Körpergewicht* und *Körperlänge*).

Poids absolu de quelques organes au cours de la croissance.

(Vierordt. *loc. cit.*, 21.)

AGE.	NOMBRE des sujets.	CERVEAU.	NOMBRE des sujets.	CŒUR.	NOMBRE des sujets.	POUMON droit.	NOMBRE des sujets.	POUMON gauche.	NOMBRE des sujets.	FOIE.	NOMBRE des sujets.	REINS.	NOMBRE des sujets.	RATE.
						SEXE MASCULIN.								
0 mois.	36	381	61	23,6	52	30,2	52	23,9	10	141,7	13	23,3	10	10,6
1 —	5	463,8	7	17,2	2	26	2	27,5	2	109,5	2	26}	2	10
2-3 —	8	548,9	30	17,1	»	»	»	»	3	132,3	3	30,1	3	11
4-5-6 —	7	632,4	27	22,6	13	42,3	11	45	5	148,7	6	44,1	5	13,5
7-8-9 —	5	740	28	29,4	1	62,3	3	53	5	219,2	4	46,7	4	16,5
10-11 —	»	»	6	33,74	1	102,8	»	»	1	404	1	53,1	»	»
1 an. . .	17	944,7	15	41,4	10	83	11	73,6	11	333,5	11	72,8	10	20,3
1 an 1/4.	1	782	1	44,2	»	»	»	»	»	»	1	54,5	»	»
1 an 1/2.	3	1019,7	1	47,5	»	»	»	»	2	333,5	4	72,8	2	30,5
1 an 3/4.	1	1078	3	46,5	»	»	»	»	1	412	2	80,5	2	31
2 ans . .	27	1025,4	45	51,9	27	101,5	27	82,1	28	428,2	28	90,6	26	43,2
2 ans 1/2.	2	1159,5	2	53,3	2	137	»	»	»	»	3	121,4	»	»
3 ans . .	19	1108,1	30	64,8	15	138,3	15	118,1	17	484,7	18	102,1	16	43,9
3 ans 1/2.	1	1249,5	1	57,7	»	»	»	»	»	»	1	100,8	»	»
4 ans. . .	19	1330,1	31	74,1	18	156,5	19	147,4	18	588,5	23	107,7	16	52,9
5 ans. . .	16	1263,4	19	81	13	130	15	110,6	15	538,8	14	114,6	13	57,2
6 ans. . .	10	1359,1	6	84,9	»	»	»	»	5	614,8	7	106,8	4	60
7 ans. . .	14	1348,4	18	93,3	11	189,9	11	172	11	688	12	128,3	10	62,6
8 ans. . .	4	1377,6	3	95	»	»	»	»	2	650	3	126,8	2	62,5
9 ans. . .	3	1425	6	108,3	3	190	3	167,6	4	701,7	5	156	3	62,5
10 ans. . .	8	1408,3	9	127,7	6	236,3	6	250,5	7	836,7	8	160,8	5	87,8
11 ans. . .	7	1359,9	11	140,9	7	236,4	7	229,4	9	870,4	8	171,5	8	71,3
12 ans. . .	5	1415,6	(1	97,5)	3	240	3	175	3	880	3	157,5	3	70
13 ans. . .	8	1486,5	7	164	5	249,9	4	208,8	6	1036	6	212,9	5	86
14 ans. . .	12	1289	8	216,1	7	414,6	7	283,5	7	1188,7	7	233,7	4	70
15 ans. . .	3	1490,2	7	199,4	5	382,6	4	367,7	5	1306	5	239,7	3	145
16 ans. . .	7	1435,1	11	229,4	9	419,5	9	327,8	10	1339,2	10	247,7	10	153,7
17 ans. . .	15	1409,2	17	250,9	11	429,9	11	343	12	1481,5	14	274,9	12	145,6
18 ans. . .	18	1421	16	243,1	13	485	13	382	13	1509,6	11	271,6	13	176,2
19 ans. . .	21	1397,2	20	293,1	13	533,8	14	456,7	15	1644,6	14	273,9	10	166
20 ans. . .	14	1444,5	15	305,3	9	513,6	9	448,9	11	1560,8	11	296,4	2	186,2
21 ans. . .	29	1412,1	26	297,1	20	486,5	20	437,4	21	1626,9	22	323,5	23	168,1
22 ans. . .	26	1348,3	24	312,5	19	526,2	17	472,1	20	1675	21	306,9	18	148,9
23 ans. . .	22	1397,3	22	292,9	16	510	16	436	17	1528,3	18	281,8	16	153,7
24 ans. . .	30	1423,9	28	308,8	20	524,4	20	437,4	22	1847,7	22	289,5	23	177,4
25 ans. . .	25	1430,9	28	300,6	17	512,6	20	482,3	17	1819	18	365,9	15	163
Nombre des sujets.	448		590		350		346		336		361		298	

Poids absolu de quelques organes au cours de la croissance.

(VIERORDT, *loc. cit.*, 22.)

AGE.	NOMBRE des sujets.	CERVEAU.	NOMBRE des sujets.	CŒUR.	NOMBRE des sujets.	POUMON droit.	NOMBRE des sujets.	POUMON gauche.	NOMBRE des sujets.	FOIE.	NOMBRE des sujets.	REINS.	NOMBRE des sujets.	RATE.
0 mois .	38	384,2	59	24	53	31,9	53	23,4	16	164	20	23,1	16	10,8
1 — .	7	402,9	12	15,2	»	»	»	»	2	108,5	2	22,5	2	21,5
2-3 — .	7	527,4	33	17,2	1	30	2	29	2	122,5	3	35,2	3	14,5
4-5-6 — .	8	575,4	26	21,4	16	44	4	35	7	161,7	7	38,3	8	11,3
7-8-9 — .	3	771,1	18	27,5	2	55	2	38,5	2	220,5	3	50,5	3	19
10-11 — .	3	693,3	6	33,3	»	»	2	44	3	239	5	61,6	3	25
1 an . . .	11	872	18	32,8	7	73,6	7	74,5	9	273,5	10	57,7	8	20,5
1 an 1/4 .	1	878,8	»	—	»	»	»	»	»	»	»	»	»	»
1 an 1/2 .	4	889,8	4	42,3	»	»	»	»	3	357,3	6	75,7	3	31
1 an 3/4 .	2	960,7	»	—	»	»	»	»	»	»	»	»	»	»
2 ans . .	28	960,7	52	51,3	22	106,5	23	87	25	417,5	27	92,1	24	38,6
2 ans 1/2.	7	1060,8	5	59,3	1	106,3	2	87 8	5	473,3	5	86,6	5	31,1
3 ans . .	23	1040,2	36	59,7	14	131,3	15	114	19	445	20	99,3	16	42,2
3 ans 1/2.	2	1080,7	2	57,1	1	170,1	»	»	1	417,2	2	99,9	»	»
4 ans . .	13	1138,7	18	69	10	147,5	11	123,6	11	555	12	115,4	11	50,9
5 ans . .	19	1220,9	30	80,3	18	180	18	137	19	566,3	22	101	17	47,9
6 ans . .	11	1264,5	15	89,2	9	186,7	9	176,7	10	642	9	129,3	10	53,5
7 ans . .	8	1295,8	6	81,4	6	224,7	8	168	8	680,6	9	133,6	8	59,1
8 ans . .	9	1150,1	11	106	5	210	5	170	6	734	6	128,5	5	65
9 ans . .	1	1242,6	4	123,3	4	186,7	4	183	4	795	4	133,3	4	67,5
10 ans . .	4	1284,2	2	120	2	270	2	260	2	850	2	160	2	85
11 ans . .	1	1238	3	114,4	3	200	3	290	3	902,5	3	150	3	87,5
12 ans . .	2	1245,2	1	110	1	329,5	1	297,7	1	807,9	2	204,8	1	127,6
13 ans . .	3	1235,9	2	142,5	2	220	»	»	2	810	2	175	(2	(67,5)
14 ans . .	5	1343	8	173,8	5	300	5	207,3	5	1025	5	190	»	»
15 ans . .	8	1238,1	8	250,1	6	353,3	6	330,8	6	1420	8	235	5	121,7
16 ans . .	15	1272,8	10	264,3	6	332,5	7	343,1	8	1541	8	253,4	6	118,2
17 ans . .	18	1236,7	16	334,4	12	391	12	312,2	12	1435,7	13	277	12	129,1
18 ans . .	21	1324,6	23	233,6	12	309,1	12	308,3	14	1478	18	281,1	13	134,4
19 ans . .	15	1233,7	14	264,1	10	469,4	10	374,4	10	1459,7	10	268,3	9	136,9
20 ans . .	33	1228,4	28	242,5	22	437,7	22	365,4	25	1568,4	24	257,8	23	145,6
21 ans . .	31	1319,7	22	250,6	18	486,9	18	416,6	19	1568,9	18	281,2	18	135,4
22 ans . .	16	1282,6	19	251,0	12	413,9	12	350,2	14	1443,4	14	247	14	133,2
23 ans . .	26	1277,5	22	258,5	15	473,3	15	373,6	17	1514,8	17	275,3	16	141,9
24 ans . .	33	1248,6	22	284,1	18	462,9	18	422	21	1736,6	20	302,9	20	142,1
25 ans . .	33	1224,3	26	260,7	15	458,2	15	416,9	18	1664	15	291,4	15	173,3
Nombre des sujets.	468		603		328		323		329		331		305	

Poids p. 100 des organes, rapportés au poids du corps, durant la croissance.

(VIERORDT, *loc. cit.*, 23.)

AGE.	POIDS du corps.	SEXE MASCULIN.						
		CERVEAU.	CŒUR.	POUMON droit.	POUMON gauche.	FOIE.	REINS.	RATE.
0 mois.	3,1	12,29	0,76	0,94	0,77	4,57	0,75	0,34
1 —	3,40	13,64	0,51	0,76	0,81	2,96	0,76	0,29
2-3 —	4,45	12,33	0,48	»	»	2,97	0,67	0,25
4-5-6 —	5,92	10,70	0,38	0,72	0,76	2,52	0,75	0,23
7-8-9 —	7,41	9,99	0,40	0,84	0,72	2,96	0,63	0,22
10-11 —	8,23	»	0,41	1,22	»	4,92	0,65	»
1 an.	9,0	10,50	0,46	0,92	0,82	3,70	0,81	0,23
1 an 1/4.	8,96	9,73	0,50	»	»	»	0,61	»
1 an 1/2.	9,66	10,56	0,49	»	»	3,45	0,75	0,32
1 an 3/4.	10,36	10,41	0,45	»	»	3,98	0,78	0,30
2 ans.	11,0	9,32	0,47	0,92	0,75	3,89	0,82	0,39
2 ans 1/2. . . .	10,92	10,61	0,49	1,25	»	»	1,11	»
3 ans.	12,5	8,86	0,52	1,11	0,94	3,88	0,82	0,37
4 ans.	14,0	9,50	0,33	1,12	1,05	4,20	0,77	0,38
5 ans.	15,9	7,94	0,51	1,09	0,68	3,39	0,72	0,36
6 ans.	17,8	7,63	0,48	»	»	3,45	0,60	0,34
7 ans.	19,7	6,84	0,47	0,96	0,87	3,49	0,65	0,32
8 ans.	21,6	6,38	0,44	»	»	3,01	0,39	0,29
9 ans.	23,5	6,06	0,46	0,81	0,71	2,99	0,66	0,27
10 ans.	25,2	5,59	0,51	0,94	0,99	3,32	0,64	0,35
11 ans.	27,0	5,04	0,52	0,88	0,85	3,22	0,64	0,26
12 ans.	29,0	4,88	(0,34)	0,83	0,60	3,03	0,54	0,24
13 ans.	33,1	4,49	0,50	0,75	0,63	3,13	0,64	0,26
14 ans.	37,1	3,47	0,58	1,12	0,76	3,20	0,63	0,19
15 ans.	41,2	3,62	0,48	0,93	0,89	3,17	0,58	0,35
16 ans.	45,9	3,16	0,51	0,93	0,72	2,95	0,55	0,34
17 ans.	49,7	2,84	0,51	0,86	0,69	2,98	0,55	0,29
18 ans.	53,9	2,64	0,46	0,90	0,71	2,80	0,50	0,33
19 ans.	57,6	2,43	0,51	0,93	0,79	2,86	0,48	0,29
20 ans.	59,5	2,43	0,51	0,86	0,75	2,62	0,50	0,31
21 ans.	61,2	2,31	0,49	0,79	0,75	2,66	0,53	0,27
22 ans.	62,9	2,14	0,50	0,84	0,75	2,66	0,49	0,24
23 ans.	64,5	2,16	0,46	0,79	0,68	2,37	0,44	0,24
25 ans.	66,2	2,16	0,46	0,77	0,73	2,75	0,46	0,25

Croissance du corps et des organes rapportée au poids du nouveau-né.
(VIERORDT, *loc. cit.*, 24.)

AGE.	POIDS du corps.	CERVEAU.	CŒUR.	POUMON droit.	POUMON gauche.	FOIE.	REINS.	RATE.
				SEXE MASCULIN.				
0 mois....	1	1	1	1	1	1	1	1
1 — ...	1,10	1,22	0,73	0,89	1,10	0,71	1,12	0,94
2-3 — ...	1,44	1,44	0,72	»	»	0,93	1,29	1,04
4-5-6 — ...	1,91	1,69	0,96	1,41	1,88	1,04	1,89	1,27
7-8-9 — ...	2,39	1,94	1,24	2,03	2,22	1,55	2,00	1,56
10-11 — ...	2,65	—	1,43	3,40	»	2,85	2,28	»
1 an....	2,90	2,48	1,75	2,76	3,08	2,35	3,12	1,92
1 an 1/4...	2,89	2,01	1,88	»	»	»	2,34	»
1 an 1/2...	3,12	2,67	2,01	»	»	2,35	3,12	2,88
1 an 3/4...	3,27	2,83	1,97	»	»	2,91	3,45	2,92
2 ans....	3,55	2,69	2,20	3,36	3,44	3,02	3,99	4,08
2 ans 1/2...	3,52	3,04	2,68	4,54	»	»	5,21	»
3 ans....	4,03	2,91	2,75	4,58	4,94	3,42	4,38	4,33
3 ans 1]2...	—	3,28	2,44	»	»	»	4,33	»
4 ans....	4,52	3,49	3,14	5,18	6,13	4,15	4,62	4,95
5 ans....	5,13	3,32	3,43	4,35	4,63	3,80	4,92	5,40
6 ans....	5,74	3,57	3,60	»	»	4,34	4,38	5,66
7 ans....	6,35	3,54	3,95	6,29	7,20	4,86	5,51	5,91
8 ans....	6,97	3,62	4,02	»	»	4,59	5,44	5,90
9 ans....	7,58	3,74	4,59	6,29	7,04	4,95	6,70	5,90
10 ans....	8,13	3,70	5,41	7,83	10,44	5,90	6,90	8,28
11 ans....	8,71	3,57	5,97	7,82	9,60	6,14	7,36	6,73
12 ans....	9,35	3,78	(4,13)	7,95	7,32	6,21	6,76	6,60
13 ans....	10,68	3,90	6,95	8,27	8,74	7,31	9,14	8,12
14 ans....	11,97	3,38	9,16	13,73	11,86	8,39	10,03	6,60
15 ans....	13,29	3,91	8,45	12,67	15,38	9,22	10,29	13,68
16 ans....	14,81	3,77	9,76	13,89	13,72	9,43	10,63	14,50
17 ans....	16,03	3,70	10,63	14,23	14,35	10,46	11,80	13,74
18 ans....	17,39	3,73	10,33	16,07	15,98	10,65	11,66	16,62
19 ans....	18,58	3,67	11,42	17,67	19,11	11,61	11,76	15,66
20 ans....	19,19	3,79	12,94	17,01	18,78	11,04	12,72	17,57
21 ans....	19,74	3,71	12,59	16,10	19,14	11,48	13,88	15,86
22 ans....	20,29	3,54	13,24	17,42	19,75	11,82	13,17	14,05
23 ans....	20,81	3,66	12,42	16,89	18,24	10,79	12,09	14,50
24 ans....	—	3,74	13,09	17,36	18,30	13,04	12,42	16,70
25 ans....	21,36	3,76	12,74	16,97	20,14	12,84	13,12	15,38

Poids absolu et poids relatif des organes, et croissance relative de ceux-ci.

(H. VIERORDT, loc. cit., 29.)

Poids absolu.

	TESTICULES	MUSCLES	PANCRÉAS	SQUELETTE	TUBE DIGESTIF	PEAU et TISSU CONNECTIF sous-cutané	POUMONS	RATE	REINS	FOIE	CŒUR	GLANDES SALIVAIRES	OVAIRES	MOELLE SANS ENVELOPPES	CORPS THYROÏDE	CERVEAU	THYMUS	YEUX	CAPSULES SURRÉNALES	TOTAL (MOINS LES OVAIRES)
Nouveau-né	0,8	776,5	3,5	423,5	65	614,75	54,4	10,6	23,3	144,7	23,6	6,5	0,8	5,5	4,85	381	8,15	7,5	7,05	2554
Adulte	19,0	2873,20	97,6	1157,5	4364	1176,30	994,9	163	305,9	1819	300,6	76,3	7,5	39,15	33,8	1430,9	26,9	13,7	7,4	5879,3

Pourcentage du poids total (rapporté à $3^{kil},1$ et à $66^{kil},2$).

	TESTICULES	MUSCLES	PANCRÉAS	SQUELETTE	TUBE DIGESTIF	PEAU et TISSU CONNECTIF sous-cutané	POUMONS	RATE	REINS	FOIE	CŒUR	GLANDES SALIVAIRES	OVAIRES	MOELLE SANS ENVELOPPES	CORPS THYROÏDE	CERVEAU	THYMUS	YEUX	CAPSULES SURRÉNALES	TOTAL (MOINS LES OVAIRES)
Nouveau-né	0,026	25,05	0,11	13,7	2,1	19,73	1,75	0,34	0,75	4,57	0,76	0,21	0,026	0,18	0,16	12,29	0,26	0,24	0,23	81,93
Adulte	0,08	43,40	0,15	17,48	2,06	17,77	1,50	0,25	0,46	2,75	0,46	0,12	0,012	0,06	0,05	2,46	0,04	0,02	0,01	88,43

Le poids total du corps est chez l'adulte 21 fois celui du nouveau-né. Les chiffres ci-dessous indiquent combien de fois chaque organe individuel est plus pesant chez l'adulte que chez le nouveau-né :

	TESTICULES	MUSCLES	PANCRÉAS	SQUELETTE	TUBE DIGESTIF	PEAU et TISSU CONNECTIF sous-cutané	POUMONS	RATE	REINS	FOIE	CŒUR	GLANDES SALIVAIRES	OVAIRES	MOELLE SANS ENVELOPPES	CORPS THYROÏDE	CERVEAU	THYMUS	YEUX	CAPSULES SURRÉNALES
	64,62	37	27,9	27,2	21	19,2	18,4	15,38	13,42	12,84	12,74	11,8	9,37	7,1	6,97	3,76	3,3	1,8	4,65

de la croissance de l'organisme, et qui s'observent aussi chez les animaux[1], il en est d'irrégulières, accidentelles, imprévues. Chacun en a pu observer. Mais, comme le fait observer MINOT, il est à remarquer que dans tous les cas une compensation tend à s'établir. Un arrêt se fait-il? les chances sont qu'une accélération inusitée se produise ensuite. Un enfant croît-il hors de temps? il y a aussi ralentissement à la période où il devrait y avoir accélération.

De très fortes pertes de poids peuvent se faire sans un grand inconvénient, elles sont vite compensées par un gain considérable. Un cobaye jeune peut perdre le tiers de son poids et le récupérer en un temps très court : on peut (par la limitation de l'espace ambiant) empêcher une lymnée de croître pendant des mois : dès que l'occasion redevient favorable, elle se rattrape (DE VARIGNY. *Recherches sur le nanisme expérimental. Journal de l'An. et de la Physiol.*, 1894). Les maladies de l'enfance, pareillement, ne semblent pas avoir grande influence sur les dimensions et les poids ultimes de l'adulte : PAGLIANI a montré que les

1. C. S. MINOT trouve une diminution de la croissance dans les deux sexes chez le cobaye, à la fin du 4e mois, et cette diminution, plus prolongée chez la femelle, lui paraît correspondre au ralentissement qui suit l'établissement de la puberté chez l'espèce humaine. Il voit aussi une accélération de croissance avant la puberté, marquée non par une accélération réelle, mais par une absence de déclin. (*Senescence and Regeneration*, J. P., 1891, 133.)

enfants pauvres et chétifs, placés dans de bonnes conditions, se refont très vite. Cela est important. Il semble qu'il y ait dans chaque organisme une provision d'énergie de croissance à peu près fixe. Quand elle ne se dépense pas à tel moment, elle n'est pas perdue pour cela, mais se manifeste à un autre, de sorte qu'en fin de compte le résultat n'est guère changé. Naturellement, la nature des pertubations joue un rôle considérable : il y a des maladies qui, s'attaquant aux sources mêmes de la vie, exercent une influence néfaste sur le développement ultérieur, et dès lors il y a une distinction à faire. L'hérédité joue un rôle aussi.

Il est très certain que la croissance en poids n'est ni absolument ni relativement la même pour les différents systèmes et organes. Tels organes sont, chez le nouveau-né, beaucoup plus proches de leur état définitif que tels autres. A cet égard le dernier tableau de Vierordt est très instructif. On y voit, par exemple, que les testicules de l'adulte pèsent 61 fois le poids de ceux du nouveau-né, tandis que les capsules surrénales ne pèsent que 1,65 fois chez l'adulte ce qu'elles pèsent chez le nouveau-né. Le cerveau, les yeux, le thymus gagnent peu. Le tube digestif, par contre, pèse exactement 21 fois plus chez l'adulte, comme l'ensemble du corps. Mais c'est surtout par les multiplications de poids du squelette et des muscles que se fait l'augmentation de poids de la naissance à l'âge adulte. Ce qu'il faut retenir, c'est que la croissance relative, en poids, des organes, diffère tout autant que leur croissance absolue.

Nous avons déjà dit que l'accroissement en poids est en quelque sorte illimité. On trouvera des exemples nombreux dans les livres relatifs à l'obésité. Un des plus célèbres paraît être celui d'un habitant de la Caroline du Nord, qui, né en 1798, pesait 433 kilogrammes[1]. Il semble donc que les dimensions les plus élevées que l'homme puisse atteindre sont 400 ou 450 kilogrammes — ce qui est beaucoup — et 2^m,80 ou même 3 mètres. ce qui est relativement peu, car 3 mètres = 6 fois la longueur initiale, et 400 kilogrammes = 133 fois le poids original.

Rapports de la stature et du poids. — Quel que soit le canon esthétique que l'on adopte, à condition de la diviser parmi ceux qui ont été formulés par les races européennes civilisées et de ne le point aller demander à la Polynésie ou à l'Algérie, où, pour la femme du moins, la beauté se proportionne à la somme de graisse qu'elle porte sous la peau, il est certain que le corps humain n'est considéré comme bien proportionné qu'à la condition qu'il existe un rapport défini entre la stature et le poids. Pour notre stature donnée, il faut un poids corrélatif, sous peine de tomber dans la difformité, par excès ou par défaut. Cette corrélation est rare, mais encore faut-il l'indiquer. Au surplus, nous donnerons, non pas celle qui devrait exister, mais celle qui existe. Voici un premier tableau emprunté à Quételet :

Stature et poids des enfants belges de 5 à 18 ans (Quételet).

AGE.	GARÇONS.		FILLES.	
	STATURE.	POIDS.	STATURE.	POIDS.
	centimètres.	kilog.	centimètres.	kilos.
5 ans	98,7	15,9	97,4	15,3
6 ans	104,6	17,8	103,1	16,7
7 ans	110,4	19,7	108,7	17,8
8 ans	110,2	21,6	114,2	19,0
9 ans	121,8	23,5	119,6	21,0
10 ans	127,3	25,2	124,9	23,1
11 ans	132,5	27,0	130,1	25,5
12 ans	137,5	29,0	135,2	29,0
13 ans	142,3	33,1	140,0	32,5
14 ans	146,9	37,1	144,6	36,3
15 ans	151,3	41,2	148,8	40,0
16 ans	155,4	45,4	152,1	43,5
17 ans	159,4	49,7	154,6	46,8
18 ans	163,0	53,9	156,3	49,8

1. Gould et Pyle. *Anomalies and Curiosities of Medicine*, 1898, 359.

Le tableau suivant, dû à Quételet aussi, indique les rapports selon la stature : il donne le poids qui correspond aux différentes statures.

Rapport du poids à la stature.

D'après Quételet (H.|Vierordt, *loc. cit.*, 14).

SEXE MASCULIN.		RAPPORT DU POIDS à la stature.	SEXE FÉMININ.	
STATURE.	POIDS.		POIDS.	RAPPORT.
mètres et cent.	kilogr.		kilogr.	
0,5	3,2	6,19	2,91	6,03
0,6	6,2	10,33	»	»
0,7	9,3	13,27	9,06	12,94
0,8	11,36	14,2	11,21	14,01
0,9	13,5	15,00	13,42	14,91
1,0	15,9	15,9	15,82	15,82
1,1	18,5	16,82	18,30	16,64
1,2	21,72	18,10	21,51	17,82
1,3	26,63	'20,04	26,83	20,64
1,4	34,48	24,63	37,18	26,63
1,5	46,29	30,86	48,00	32,00
1,6	57,15	35,72	56,73	35,45
1,7	63,28	37,22	65,2	35,35

D'après Krause, dans les corps bien proportionnés, à 1 kilogramme d'accroissement de poids correspond un accroissement de stature de $2^{cent},9139$, soit trois centimètres.

Le tableau qui suit se rapporte à des enfants anglais des deux sexes, la distinction étant faite entre la classe ouvrière et la classe non ouvrière.

Croissance comparée en stature et en poids d'enfants anglais.

(D'après Cowell, cité par Bowditch : *The Growth of Children*, 1877, p. 15 et 16.)

AGE.	ENFANTS EMPLOYÉS DANS LES ATELIERS.						ENFANTS NON EMPLOYÉS DANS LES ATELIERS.					
	GARÇONS.			FILLES.			GARÇONS.			FILLES.		
	Nombre des sujets.	Stature.	Poids.	Nombre des sujets.	Stature.	Poids.	Nombre des sujets.	Stature.	Poids.	Nombre des sujets.	Stature.	Poids.
		centim.	kilogr.		centim.	kilogr.		centim.	kilogr.		centim.	kilogr.
9 ans. . . .	17	122,2	23,47	30	121,8	23,18	41	123,3	24,15	43	123,0	22,87
10 ans. . . .	48	127,0	25,84	41	126,0	24,55	28	128,6	27,33	38	125,4	24,68
11 ans. . . .	53	130,2	28,04	53	129,9	27,06	25	129,6	26,46	29	132,3	27,72
12 ans. . . .	42	135,5	29,91	80	136,4	29,96	20	134,5	30,49	27	136,3	29,96
13 ans. . . .	45	138,3	32,69	63	141,3	33,24	22	139,6	34,17	18	139,9	32,97
14 ans. . . .	51	143,7	34,95	81	146,7	37,82	16	144,0	35,67	16	147,9	37,83
15 ans. . . .	54	151,5	40,06	81	148,6	39,84	24	147,4	39,37	13	150,2	42,44
16 ans. . . .	52	156,5	44,43	83	152,1	43,62	16	160,5	50,01	6	147,5	41,33
17 ans. . . .	26	159,2	47,36	75	153,5	45,44	20	162,7	53,41	9	154,2	46,45
18 ans. . . .	22	160,8	48,12	65	159,3	48,22	15	177,5	57,27	2	164,5	55,32
	410			652			227			210		

Enfin, le tableau que j'ai construit, sur les données fournies par Bowditch, concerne des enfants des différentes races des écoles des États-Unis.

Stature. — Poids moyens des élèves masculins des écoles de Boston [1].
(Sans souliers, avec vêtements.) Selon l'âge et selon la race.

AGE au DERNIER ANNIVERSAIRE.	AMÉRICAINS.			IRLANDAIS.			AMÉRICAINS-IRLANDAIS.			ALLEMANDS.			ANGLAIS.			TOTAUX.		
	NOMBRE DE SUJETS.	STATURE en mètres et centim.	POIDS EN KILOGR.	NOMBRE DE SUJETS.	STATURE en mètres et centim.	POIDS EN KILOGR.	NOMBRE DE SUJETS.	STATURE en mètres et centim.	POIDS EN KILOGR.	NOMBRE DE SUJETS.	STATURE en mètres et contim.	POIDS EN KILOGR.	NOMBRE DE SUJETS.	STATURE en mètres et centim.	POIDS EN KILOGR.	NOMBRE DE SUJETS.	STATURE en mètres et centim.	POIDS EN KILOGR.
5 ans.	201	1,060	18,71	366	1,055	18,75	42	1,071	19,05	48	1,043	18,37	75	1,052	18,48	848	1,056	18,64
6 ans.	342	1,120	20,48	503	1,111	20,32	65	1,107	20,29	71	1,105	20,04	99	1,109	20,43	1,258	1,111	20,49
7 ans.	309	1,170	22,44	562	1,158	22,49	77	1,161	22,26	87	1,141	22,29	113	1,158	22,86	1,419	1,162	22,26
8 ans.	407	1,220	24,70	588	1,212	24,35	66	1,207	23,97	84	1,197	24,02	136	1,207	24,44	1,481	1,213	24,46
9 ans.	381	1,272	26,58	556	1,252	26,73	67	1,232	25,97	87	1,244	26,43	130	1,254	26,58	1,437	1,262	26,87
10 ans.	360	1,326	30,22	571	1,311	29,48	56	1,304	29,29	75	1,301	29,00	105	1,312	29,51	1,363	1,313	29,62
11 ans.	350	1,372	32,84	548	1,349	31,56	55	1,354	31,91	91	1,344	31,34	93	1,341	30,44	1,293	1,354	31,84
12 ans.	373	1,417	36,21	497	1,393	34,34	53	1,400	34,32	76	1,386	34,34	101	1,394	34,20	1,253	1,400	34,89
13 ans.	391	1,477	40,04	463	1,440	37,58	45	1,439	36,93	53	1,440	38,04	84	1,442	38,44	1,160	1,453	38,49
14 ans.	386	1,551	45,03	334	1,495	41,36	22	1,505	44,68	38	1,512	42,12	47	1,509	42,07	908	1,521	42,95
15 ans.	342	1,599	50,26	135	1,553	45,90	16	1,573	48,96	26	1,576	48,80	51	1,562	45,90	636	1,582	48,59
16 ans.	232	1,665	56,09	61	1,628	54,19	6			7			27	1,622	54,57	359	1,651	54,90
17 ans.	128	1,684	58,40	26	1,682	57,80				7	1,644	56,09	»	»	»	192	1,680	57,84
18 ans.	65	1,695	60,20	5						2			»	»	»	84	1,693	60,13
	4,327			5,235			570			752			1,064			13,691		

1. Table dressée par fusion de deux tableaux empruntés à BOWDITCH : The Growth of Children (Journal of Physiology, 1891, p.40-43).

On voit que l'augmentation de poids ne suit nullement la marche de l'augmentation de taille. La colonne des rapports entre le poids et la stature dans le tableau de Quételet indique bien ce fait : on voit qu'au début, dans l'enfance, le rapport est 6 ou 7, et qu'il s'accroît progressivement pour devenir 30 et 35 à l'âge où le corps est le plus voisin des proportions normales. En définitive la formule de Krause indique assez bien la corrélation, bien que pour les tailles élevées elle soit inadéquate. Un homme de 1ᵐ,80, qui ne pèserait que 60 kilogrammes (selon la formule), pécherait par défaut, évidemment.

Bornhardt a donné une formule qui repose sur le tour de poitrine, la stature ou le poids. D'après cette formule :

$$P \text{ (poids)} = \frac{S \text{ (Stature)} \times T \text{ (tour de poitrine)}}{240}$$

Un sujet de 1ᵐ75 ayant 100 de tour de poitrine, doit donc avoir :

$$\frac{1,75 \times 100}{240} = 72^{kil},900.$$

Il est certain qu'on doit tenir compte de l'élément introduit par Bornhardt, le tour de poitrine étant un facteur important dans la capacité vitale, et la croissance n'étant normale que si cette capacité est proportionnée à la stature et au poids. Les organismes ont trois dimensions, et il importe qu'entre ces trois dimensions l'équilibre soit maintenu.

Le tableau qui suit, emprunté à Liharzik, indique les proportions normales des croissances de la stature et du tour de poitrine.

Proportions relatives de la stature et du tour de poitrine.

(Liharzik : Vierordt, *loc. cit.*, 17.)

PÉRIODE.		FIN DES PÉRIODES. (mois).	LONGUEUR TOTALE.	LONGUEUR DE LA JAMBE.	TOUR DE POITRINE.
			cent.	cent.	cent.
Nouveau-né			50	18	36
Époque I.	1	1	56 10/12	21	39
	2	3	63 8/12	24	42
	3	6	70 6/12	27	45
	4	10	77 4/12	30	48
	5	15	84 2/12	33	51
	6	21	91	36	54
Époque II.	7	28	97	39 10/12	56
	8	36	103	43 8/12	58
	9	45	109	47 6/12	60
	10	55	115	51 4/12	62
	11	66	121	55 2/12	64
	12	78	127	59	66
	13	91	133	62 10/12	68
	14	105	139	66 8/12	70
	15	120	145	70 6/12	72
	16	136	151	74 4/12	74
	17	153	157	78 2/12	76
	18	171	163	82	78
Époque III.	19	190	165	82 6/12	81 6/12
	20	210	167	83	83
	21	231	169	83 6/12	88 6/12
	22	253	171	84	92
	23	276	173	84 6/12	95 6/12
	24	300	175	85	99

Bibliographie. — Dans le cours de ce travail nous avons cité les principaux documents qui suffisent à la bibliographie du sujet. On trouvera de précieux renseignements bibliographiques dans l'ouvrage de Vierordt (2ᵉ éd., 1893, *Daten und Tabellen*), pour la croissance chez l'homme et pour la croissance chez les animaux dans les ouvrages de Saint-Yves Ménard (1885) et de Cornevin (1892). Voyez aussi les articles divers Cheval, Chien, Cobaye, Nutrition, Thyroïde.

Ajoutons seulement quelques mémoires que nous n'avons pas eu l'occasion de citer, et qui sont plus récents.

Beyer. *Observat. on normal growth and development of the human body under systematized exercise* (Rep. Ch. Bureau med. and surg. Navy, 1892-93, 141, 160). — Boas (Fr.). *The form of the head as influenced by growth* (Science, 1896, iv, 50, et Année biologique, 1896, ii, 277). *Même sujet* (Ibid., par Ripley). — Cornevin (Ch.). *Études zootechniques sur la croissance* (A. d. P., 1892, iv, 477). — Curtis. *Some physiological aspects of growth* (N. York Micr. Soc., 1896, xii, 126-133). — Dastre. *Dératement et croissance* (B. B., 1893, (9), v, 584-586). — Enebuske. *An anthropometric study of the effects of gymnastic training on American women* (Bull. de l'Unt. internat. de statistique, Rome, 1895, viii, 292-299). — Hall (W. S.). *The changes in the proportions of the human body during the period of growth* (Journ. Anthrop. Instit., 1893, xxv, 21-46). — Herloghe. *De l'influence des produits thyroïdiens sur la croissance* (Bull. de l'Ac. de méd. de Belgique, Bruxelles, 1893, ix, 878); — *Nouvelles recherches sur les arrêts de croissance et l'infantilisme* (Ibid, 1897, xi, 750). — Kosmowsky. *Ueber Gewicht und Wuchs der Kinder der Armen in Warschau* (Jahr. f. Kinderheilk., 1894, xxxix, 70). — Loeb. *Untersuch. zur physiologischen Morphologie der Thiere. Organbildung und Wachsthum*, Wurtzburg, 1892. — Lortet. *Allongement des membres postérieurs dus à la castration* (C. R., 1896, cxxii, 819). — Prœscher. *Die Beziehungen der Wachsthumsgeschwindigkeit des Säuglings zur Zusammensetzung der Milch bei verschiedenen Säugethieren* (Z. p. Ch., 1897, xxiv, 283). — Schorr. *Bestimmungen des Körpergewichtes der Recruten und Einfluss der Ernährung auf dasselbe* (Wien. klin. Rundschau, 1897, 566). — Townsend Porter. *The relation between the growth of children and their deviation from the physical type of their sexe and age* (An. in C. P., 1894, viii, 286). — Warren (E.). *Variation in Portunus depurator* (Proc. Roy. Soc., 1896, ix, 221-243).

CROISSANCE DES VÉGÉTAUX.

— Il est très rare que les végétaux s'accroissent également dans toutes les directions. Si l'on considère une partie déterminée d'un végétal, on peut distinguer ordinairement dans cette partie l'accroissement en *longueur* et l'accroissement en *épaisseur*.

Ces deux modes d'accroissement sont soumis à l'influence des conditions extérieures, et c'est surtout à ce titre qu'ils intéressent la physiologie. Mais, avant d'examiner ces variations, il est nécessaire de savoir mesurer l'accroissement dans des conditions constantes du milieu physique extérieur.

Pour l'accroissement en largeur, les deux procédés principaux employés sont l'évaluation de l'allongement par des traits équidistants marqués sur l'organe qu'on étudie et l'usage d'instruments spéciaux appelés *auxanomètres*.

Mesure de l'accroissement par des traits équidistants. — Si l'on prend, par exemple, une tige de liseron des haies (*Convolvulus sepium*) s'étendant horizontalement sur le sol, sans s'enrouler et que l'on trace sur cette tige, à partir du sommet, un certain nombre de traits équidistants de façon à diviser la tige en intervalles de 5 millimètres, puis qu'on abandonne la tige à elle-même, au bout de vingt-quatre heures, si l'on mesure la distance qui sépare les traits, on constatera naturellement que partout où les intervalles sont devenus de plus de 5 millimètres, la tige se sera allongée. Voici le résultat de ces mesures, d'après Leclerc du Sablon.

Les vingt et un intervalles à partir du sommet se sont seuls allongés : à partir du vingt-deuxième intervalle la tige ne s'accroît plus en longueur.

Voici les longueurs des vingt-deux premiers intervalles :

INTERVALLES.	LONGUEUR.	ALLONGEMENT.
	mm.	mm.
1ᵉʳ intervalle.	10	5
2ᵉ —	11	6
3ᵉ —	12	7

INTERVALLES.	LONGUEUR.	ALLONGEMENT.
	mm.	mm.
4e intervalle	12	7
5e —	13	8
6e —	12	7
7e —	11	6
8e —	10,5	5,5
9e —	10,5	5,5
10e —	10	5
11e —	9	4
12e —	9	4
13e —	8,5	3,5
14e —	8	3
15e —	8	3
16e —	7	2
17e —	7	2
18e —	7	2
19e —	6	1
20e —	6	1
21e —	5,5	0,5
22e —	5	0

L'accroissement est donc localisé dans les parties jeunes de la tige ; les tiges âgées ne s'accroissent pas en longueur. Ce point est important à considérer pour l'étude des influences extérieures sur l'accroissement.

On voit encore, par les chiffres précédents, que l'allongement augmente depuis le sommet de la tige jusqu'à un certain point de sa partie jeune (ici c'est au cinquième intervalle), puis décroît ensuite jusqu'au vingt et unième intervalle, c'est-à-dire jusqu'à la partie de la tige qui ne présentera plus jamais d'accroissement en longueur.

Chez d'autres plantes la marche de cet accroissement est plus compliquée, parce que les nœuds de la tige (c'est-à-dire les régions où s'insèrent les feuilles) s'accroissent d'une manière différente des autres nœuds.

Ainsi pour le blé, le haricot, l'allongement des nœuds cesse bien avant l'allongement des entre-nœuds, mais dans son ensemble l'accroissement en longueur suit toujours la même marche, celle que nous venons d'indiquer pour le liseron.

Si l'on trace de même des traits équidistants à des intervalles de 5 millimètres sur une racine de pois, on constate qu'au bout de 17 heures les deux intervalles qui sont les plus rapprochés du sommet de la racine se sont seuls allongés ; tout l'accroissement en longueur est localisé dans le dernier centimètre de la racine.

Si l'on trace alors des intervalles plus rapprochés, en recommençant l'observation, par exemple des intervalles de 1 millimètre à partir du sommet, on trouve au bout de 17 heures les différences suivantes :

INTERVALLES.	LONGUEUR.	ALLONGEMENT.
	mm.	mm.
1er intervalle.	1,6	0,6
2e —	5	4
3e —	8	7
4e —	3,5	2,5
5e —	2,3	1,3
6e —	1,8	0,8
7e —	1,5	0,5
8e —	1	0
9e —	1	0
10e —	1	0

On voit donc que, comme dans la tige, l'intensité de l'allongement passe par un maximum (ici vers le 3e millimètre à partir du sommet de la racine) ; mais l'accroissement en longueur de la racine, au lieu de se faire sur une grande étendue, est tout entier localisé un peu au-dessous du sommet de cet organe. C'est en effet au-dessous du sommet, sous la coiffe de la racine, que se produisent des cellules nouvelles ; seulement il n'y a pas, comme dans la tige, un long accroissement intercalaire ultérieur.

Mesure par les auxanomètres. — D'une manière générale, un auxanomètre est un instrument qui se compose d'une poulie très mobile sur laquelle passe un fil de soie. Ce fil est fixé d'un côté au sommet de la plante et de l'autre à un appareil indicateur.

Un auxanomètre très simple est disposé de la manière suivante. Le fil de soie, attaché à la plante par un de ses bouts, passe sur la poulie, puis s'enroule complètement autour d'une seconde poulie qui porte une aiguille se déplaçant devant un arc gradué; le fil se termine par un contrepoids. Si l'aiguille est assez longue, on peut mesurer ainsi de très faibles allongements.

Mais les accroissements sont très intéressants à observer pendant la nuit et d'ailleurs l'instrument précédent exige la présence constante d'un observateur. C'est pour éviter cet inconvénient qu'on a construit des auxanomètres enregistreurs, dont les plus connus sont ceux de Sachs et de Marey.

Dans le premier, le cylindre de noir de fumée où l'aiguille inscrit la marche de l'accroissement par un stylet est vertical, et le tracé est discontinu; dans l'auxanomètre de Marey, le cylindre est horizontal et le tracé est continu. C'est en somme ce dernier appareil qui est le plus pratique pour des mesures de longue durée.

On obtient, au moyen de ces instruments, des courbes qui montrent que, dans des conditions extérieures constantes, la croissance en largeur est une fonction périodique du temps. Ainsi, la croissance du même point d'une tige, pendant des jours successifs, passe par un maximum. C'est une autre manière de constater les résultats cités plus haut.

Circumnutation. — Si l'on examine avec beaucoup d'attention le sommet d'un organe en voie d'allongement, le sommet d'une tige, par exemple, on voit que ce sommet ne s'élève pas en ligne droite, mais suivant une hélice dont les tours de spire ont une amplitude plus ou moins grande, suivant les diverses plantes. Cela tient à ce que l'accroissement, à un moment donné, est plus intense suivant une certaine ligne le long de la tige que suivant toutes les autres. Sa région devient donc convexe, à ce moment, suivant cette ligne qui s'accroît plus et le sommet de l'organe s'incline du côté opposé. Puis, comme la ligne de croissance maximum se déplace régulièrement tout autour de la tige, toutes les faces de l'organe deviendront nécessairement convexes, et le sommet de la tige se penchera nécessairement de tous les côtés; d'où ce mouvement du sommet en hélice. On donne à ce mouvement le nom de *circumnutation*.

Le temps que met le sommet d'une tige pour décrire un tour de spire varie beaucoup suivant les plantes considérées. Le sommet de la tige fait un tour en trois heures pour la courge, en vingt-quatre heures pour l'azalée. En général la spire est d'une grande amplitude chez les tiges des plantes grimpantes qui vont ainsi à la recherche d'un support.

L'allongement de la racine se fait aussi par circumnutation ; le sommet décrit une hélice dans un sol homogène; mais l'amplitude du mouvement est de beaucoup moindre que dans les tiges ; elle est tout au plus de 2 à 3 millimètres. Toutefois ce mouvement du sommet en tire-bouchon facilite certainement la pénétration de la racine dans le sol.

Circonstances qui influent sur la croissance en longueur. — La croissance totale de la plante en longueur est ordinairement retardée par la lumière; elle présente quant à la température et à l'humidité un *optimum* variable suivant les plantes.

Dans les circonstances naturelles, la croissance est habituellement augmentée par la température plus élevée et par l'humidité est par grande.

Il semble, d'après les récentes expériences de Ray que la constance de la direction de la pesanteur retarde l'accroissement d'une manière générale.

Mais, si l'un des effets est unilatéral, la croissance devient inégale et l'organe soumis à cette influence change de direction ; il se produit alors les phénomènes connus sous le nom de *géotropisme, héliotropisme, thermotropisme, hydrotropisme*, dont l'étude plus détaillée sera faite à chacun de ces mots.

Croissance en épaisseur. — La croissance en épaisseur est très différente chez les diverses plantes. On sait qu'une tige de palmier, une tige de renoncule, une racine d'iris par exemple, ne s'accroissent plus en épaisseur lorsqu'elles ont acquis un certain diamètre, tandis qu'une tige ou une racine de chêne, de hêtre, peuvent s'accroître indéfiniment en épaisseur. C'est surtout au point de vue anatomique que la croissance en épaisseur est intéressante à considérer. Toutefois les circonstances extérieures dont nous venons de parler plus haut agissent aussi sur l'accroissement en épaisseur; mais l'étude de ces variations n'a pas été faite jusqu'à présent d'une manière aussi précise que pour l'accroissement en largeur.

Indications bibliographiques. — OHLERT. *Einige Bemerkungen über Wurzelfasern* (*Linnæa*, 516, 1837). — DUTROCHET. *Mouvements révolutifs spontanés* (*C. R.*, XVII, 989, 1843). — SACHS. *Längenwachsthum der Internodien* (*Arb. bot. Inst. Wurtzburg*, 159, 1872). — MAREY. *La méthode graphique dans les sciences expérimentales*, 171, 1878. — J. RAY. *Recherches sur les variations des champignons inférieurs* (*Revue de Botanique*, IX, 1897).

G. BONNIER.

CROTON (Huile de). — Voyez Tiglique (Acide).

CROTON-CHLORAL ou Chloral crotonique ($C^4H^2Cl^3O.H$). —

Le croton-chloral s'obtient en faisant réagir pendant vingt-quatre heures un excès de chlore sur de l'aldéhyde pure. — En 1856, WURTZ, se basant sur la préparation du chloral, avait essayé de substituer l'aldéhyde à l'alcool. Dans des flacons pleins de chlore il versait de l'aldéhyde en excès, et n'obtint pas le chloral, mais plusieurs autres corps, entre autres le chlorure d'acétyle.

En 1870, KRÄMER et PINNER, de Berlin, reprirent les expériences du chimiste français en changeant le manuel opératoire, c'est-à-dire en faisant agir pendant longtemps du chlore en excès sur l'aldéhyde, et c'est ainsi qu'ils obtinrent un nouveau corps auquel ils donnèrent le nom de croton-chloral ou de trichloro-croton-adéhyde.

Au début de la réaction le chlore se combine avec l'hydrogène pour former de l'acide chlorhydrique, lequel a la propriété de changer l'aldéhyde en aldéhyde crotonique et en eau :

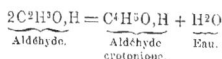

$$2C^2H^3O,H = C^4H^5O,H + H^2O$$

Aldéhyde.   Aldéhyde   Eau.
              crotonique.

L'action du chlore continuant, trois atomes de chlore se substituent à trois atomes d'hydrogène, et l'on a la formation du trichloro-croton-aldéhyde ou croton chloral :

$$C^4H^5O,H + 3Cl^3 = C^4H^2Cl^3O,H + 3HCl$$

Aldéhyde   Chlore.   Croton-Chloral.   Acide
crotonique.   Chlorhyd.

Le chloral étant considéré comme de l'hydrure de trichloracétyle ($C^2Cl^3O.H$); le croton-chloral doit être envisagé comme étant de l'hydrure de trichlorocrotonyle $C^4H^2Cl^3O.H$. Le croton-chloral que l'on obtient par la distillation est anhydre, c'est un liquide oléagineux, à odeur forte, insoluble dans l'eau, mais pouvant se combiner avec elle, avec production de chaleur lorsqu'on agite le mélange ou que le contact est prolongé, pour donner naissance à un hydrate cristallisé, le seul corps employé.

Le croton-chloral hydraté est un corps solide cristallisé sous forme de petite paillettes très blanches nacrées et soyeuses. Sa densité par rapport à l'eau, à 19°, est de 1,844. Il a une odeur forte et pénétrante rappelant un peu celle du chloral et du camphre. Sa saveur est acre, brûlante et désagréable; lavé à la benzine, il perd son odeur et un peu de sa saveur désagréable. Il est fixe à la température ordinaire, il fond à 75° et bout à 165°. Ses vapeurs sont très irritantes pour les muqueuses, surtout pour les conjonctives. La densité de ses vapeurs comparée à celle de l'hydrogène est de 24,58. Projeté sur des charbons ardents, il se volatilise assez rapidement en répandant une odeur d'amandes amères.

Il est peu soluble dans l'eau. L'eau distillée le dissout moins facilement que l'eau commune dont il faut 30 à 40 grammes pour en dissoudre 1 gramme, et encore, pour peu que la température soit froide, la solution n'est pas complète. Dans l'eau chaude, il se dissout en toutes proportions, mais se précipite en cristaux par le refroidissement. Très soluble dans l'alcool et l'éther; mais, si l'on ajoute de l'eau à cette solution, la limpidité ne persiste pas pour peu que l'on chauffe, une matière oléagineuse se forme à la surface et au fond; la superficielle est formée de petites gouttelettes blanchâtres, celle du fond est réunie en petites masses d'un gris jaune. Probablement il se fait du croton-chloral anhydre. Soluble dans le chloroforme et dans l'essence de térébenthine, il est insoluble dans la benzine. Il est très soluble dans la glycérine à laquelle il donne un peu plus de fluidité; 5 à 6 grammes dissolvent à froid 1 gramme de substance. A chaud il s'y dissout en toutes proportions, mais il peut y avoir précipité, pour peu que l'on ajoute de l'eau, si la glycérine ne reste pas dans une proportion convenable, 3 pour 1 environ.

En présence de la potasse le croton-chloral subit un dédoublement analogue à celui qu'éprouve le chloral qui se transforme en chloroforme et en formiate de potassium. Le croton-chloral se dédouble en formiate de potassium et en allyl-chloroforme qui n'est pas stable et qui donne aussitôt naissance à de l'acide chlorhydrique et du bichlorallylène.

Propriétés physiologiques. — Les recherches que j'ai faites en 1877 m'ont permis de confirmer celles des auteurs qui ont étudié antérieurement l'action du croton-chloral sur l'organisme, entre autres celles de WEILL.

Cette action est surtout manifeste sur le système nerveux. Il n'y a rien à noter de particulier ni du côté de la *digestion*, ni du côté des *sécrétions*.

La *respiration* éprouve, généralement, sous l'influence du croton-chloral, un peu de ralentissement; mais si la dose administrée est forte, le ralentissement peut aller jusqu'à l'arrêt définitif.

La *circulation* est un peu plus modifiée, surtout si la substance est administrée par la voie veineuse. C'est ainsi que, dans mes recherches sur un chien de 5 kilos à qui j'ai injecté 1 gramme de croton-chloral, j'ai vu les battements cardiaques devenir tumultueux et passer de 116 à 168, et même 240, pour revenir ensuite graduellement à l'état normal. Cependant, si la dose est élevée, il en est de la circulation comme de la respiration, les battements du cœur diminuent de nombre, se ralentissant peu à peu jusqu'à ce qu'on arrive à un arrêt complet. Le fait est facile à constater en injectant 1 centigramme de substance sous la peau du dos d'une grenouille.

La *température* subit une diminution sous l'influence du croton-chloral, 1° à 1°,5. Sur un cobaye à qui j'avais pratiqué une injection sous-cutanée de 30 centigrammes, j'ai vu la température tomber de 38°,2 à 35°,5. WEILL, sur un lapin de 2kil,500 à qui il avait injecté 2 grammes de substance, a constaté une diminution de température de 3 degrés.

C'est sur le système *neuro-musculaire* que l'action de cette substance est le plus évidente. Avec une dose de 50 centigrammes à 2 grammes suivant la susceptibilité de l'individu, on constate chez l'homme, après cinq ou dix minutes, un peu de lourdeur de tête ou de la confusion des idées. Les sens perdent leur finesse, et, tandis que la sensibilité du tronc et des membres reste à peu près intacte, celle de la tête s'émousse. Les mouvements persistent un certain temps, mais inconscients, et le sommeil arrive enfin après un laps de temps variant entre dix et trente minutes. Ce sommeil est profond, il n'offre rien de désagréable et tant qu'il dure on ne constate aucune modification, soit de la respiration ou de la circulation, soit de la température et de la tonicité musculaire. Suivant la dose administrée, le réveil arrive peu à peu avec plus ou moins de rapidité. Il reste parfois un peu de stupeur ou de céphalalgie, mais quelques lotions d'eau froide font tout disparaître.

Sur les animaux on voit survenir des phénomènes semblables assez promptement, quelques minutes quelquefois. Il n'y a pas d'excitation comme avec le chloral, mais une hébétude plus ou moins profonde. Cette hébétude persiste un peu après le réveil, ce qui donne aux animaux une allure d'ivresse, C'est après cette hébétude qu'arrive la somnolence et le sommeil complet qui est très calme. Ce qu'il y a de particulier dans l'action de cette substance, c'est sa localisation sur la tête. A faible dose, en effet, le croton-chloral agit sur la sensibilité de la tête, tandis que les membres conservent leur sensibilité intacte. Cette action sur la sensibilité de la tête est la même chez l'homme et chez les animaux.

Mode d'action. — Les travaux de LIEBREICH, PERSONNE, BYASSON, ROUSSIN, RICHARDSON, BOUCHUT, etc., ont mis en évidence que le chloral se transformait en chloroforme et en acide formique en présence des alcalis.

J'ai dit qu'il y avait beaucoup d'analogie entre le chloral et le croton-chloral, et que, en présence de la potasse, ce dernier se décomposait en allyl-chloroforme et en formiate potassium, et que l'allyl-chloroforme, excessivement instable, se décomposait en acide chlorhydrique et en bichlorallylène.

LIEBREICH prétend que cette transformation a lieu dans l'économie, et mes expériences me font partager cette opinion. Dans les autopsies des animaux que je sacrifiais en leur injectant des doses élevées de substance, le sang, au lieu d'avoir sa réaction alcaline habituelle, avait une réaction acide, et les urines que j'ai examinées renfermaient une proportion plus grande de chlorures.

A l'autopsie, on trouve de la congestion très marquée des méninges, surtout des cérébrales, ainsi que de l'hyperhémie du cerveau et de la moelle. Les autres organes n'offrent rien à signaler.

En résumé, on peut dire que le croton-chloral agit sur le système nerveux central; qu'à faible dose il agit sur le cerveau seul et par son intermédiaire seulement sur les nerfs sensitifs craniens;

Qu'à dose plus élevée son action s'étend à la moelle et aux filets sensitifs rachidiens; Que les nerfs moteurs ne sont influencés qu'ultérieurement;

Que ce n'est que par des doses exagérées que l'arrêt du cœur et de la respiration peut être provoqué par cessation de l'influx nerveux.

Emploi thérapeutique. — En se basant sur les propriétés physiologiques du croton-chloral, on voit que l'on a à sa disposition un hypnotique n'ayant aucune influence fâcheuse sur le cœur, et une substance calmante, surtout pour les névralgies de la tête, spécialement celles du trijumeau.

La dose à laquelle on peut l'administrer doit varier avec l'âge, la susceptibilité des malades et suivant le but que l'on se propose. On peut donner jusqu'à 3 et 4 grammes de médicament; mais, les petites doses produisant souvent les effets désirés, il vaut mieux commencer par de faibles doses, 5, 10, 20 centigrammes, que l'on répète jusqu'à effet cherché.

Le croton-chloral peut s'administrer en potion avec de l'extrait de réglisse pour masquer le goût; en pilules, ou bien, comme je l'ai indiqué autrefois, en injections sous-cutanées en employant la solution suivante :

Croton-chloral		1gr,60
Glycérine chaude	}	àà 16 grammes.
Eau distillée, laurier-cerise		

On a ainsi 5 centigrammes de substance par gramme de solution.

Bibliographie. — 1871. — URBANSKI (J.). *Einige Versuche über die Wirkung des Crotonchloralhydrats.* in-8, Greisswald.

1872. — LEGG (J. W.). *Value of hydrate of croton-chloral in painful affections of the fifth nerve* (Lancet, II, 558).

1873. — LIEBREICH (O.). *On the action and uses of croton-chloral hydrate* (Brit. med. Journ., II, 713).

1874. — BADER. *The administration of the croton-chloral hydrate in intolerance of light* (Med. Times et Gaz. Lond., II, 145). — BENSON-BAKER. *De l'emploi du croton-chloral dans les névralgies* (Brit. Med. Journ.). — ENGEL (R.). *Le croton-chloral* (Rev. méd. de l'Est, Nancy, II, 23-26). — FALCONER (R. W.). *Croton-chloral hydrate* (Brit. M. J. Lond., I, 272). — LEE (P. B.). *Croton-chloral in facial neuralgia* (Ibid., I, 684). — OTT (L.). *Note on croton-chloral hydrate* (Atlanta M. et S. J., XII, 400-403). — RINGER (S.). *Remarks on the action of hydrate of croton-chloral on migrian* (Brit. M. J. Lond., II, 637). — WEILL (A.). *Du croton-chloral hydraté*, Diss. in., Paris. — WORMS (J.). *Note sur l'action du croton-chloral* (Bull. gén. de thérap., etc., XLIII, 447-451). — YEO (J. B.). *The properties, action, and uses of crotonchloral hydraté* (Lancet, I, 159-161).

1875. — EMMERT (E.). *Crotonchloralhydrat.* (Klin. Monatsbl. f. Augenh., XIII, 499-502). — MADER (J.). *Crotonchloral* (Ber. d. K. K. Krankenanst. Rudolph-Stiftung in Wien). — MERING (VON). *Ueber die physiologischen und therapeutischen Wirkungen des Crotonchloralhydrats* (Berl. klin. Wochenschr., XII, 281-284). — TOMMASI (S.). *Nota sul crotonclo-ralio* (Morgagni, XVII, 62-64). — WILL (J. C. O.). *Croton-chloral-hydrate : its mode of*

administration, therapeutic effects and action (Med. Press. et Circ., 1, 400-402).
1876. — CHOUPPE. De l'anesthésie crotonchloralique (B. B.,). — EMMERT (E.). Ueber
Crotonchloralhydrat (Corr. Bl. f. Schweiz. Aerzte, VI, 97-105). — GRASSL (W.). Ueber Crotonchloralhydrat (Med. chir. Centralbl., XI, 385). — GUTIERREZ (M.). Estudio terapeutico del
croton-cloral (An. Asoc. Larrey, Mexico, II, 22). — LIEBREIH (O.). Ueber die Wirkung des
croton-chlorals (Verhandl. d. Berl. med. Geselsch., VII, 1, 12).
1877. — FRIEDINGER. Das Crotonchloralhydrat bei Neurosen (Wien. med. Wochnschr.,
XXVII, 753). — LIVON (CH.). Action physiologique et thérapeutique du croton-chloral (Marseille méd., XIV, 189-259); — Du croton-chloral ou chloral-crotonique, in-8, 32 p., Paris,
A. Delahaye.
1879. — RIDDELL (R.). Notes on croton-chloral and nitrite of amyl (Dublin J. M. Sc., (3),
LXVII, 346-350).

                                                        CH. LIVON.

CROTONIQUE (Acide) ($C^4H^6O^2$). — Dans l'urine d'un diabétique HADEL-
MANN a trouvé de grandes quantités d'un acide qui lui parut être l'acide β crotonique (CH^2 —
$CH — CH^2 — CO^2H$), et il émit cette hypothèse que la mort dans le coma diabétique était
due à l'excès d'acide, une sorte d'intoxication acide, susceptible d'être guérie par l'ingestion de substances alcalines (Ueber die Ursachen der pathol. Ammoniakausscheidung
beim Diabetes mellitus und des Coma diabeticum. A. P. P., 1883, XVI, 419-444). MINKOWKI
a contesté ces données, tout en admettant qu'il y a un excès d'acide dans l'urine des
diabétiques, et que cet excès d'acide doit être combattu par l'emploi des alcalins. Mais il
pense qu'il s'agit, dans ces cas, de diabète avec excès de production d'acide — et conséquemment d'ammoniaque — non pas d'acide crotonique, mais d'acide β oxybutyrique
($C^2H^3OH CO^2H$) (Ueber das Vorkommen von Oxybuttersäure im Harn bei Diabetes mellitus.
A. P. P., 1884, XVIII, 35-48). Voir aussi KÜLZ (Zur Kenntniss der linksdrehenden Oxybuttersäure. Ibid., 291-295).

CRUOR. — Voyez Coagulation, Sang.

CRUSOCRÉATININE ($C^5H^8Az^4O$). — Leucomaïne extraite par A. GAUTIER
(Bull. Soc. Chim. de Paris, (2), XLVIII, 18) de la chair de bœuf. Elle est peu soluble dans
l'alcool, alcaline, et donnant avec les acides des sels cristallisables.

CRUSTACÉS. — Caractères zoologiques. — Arthropodes généralement
aquatiques, respirant soit par des branchies presque toujours annexées aux membres,
soit par la peau. Deux paires d'antennes appelées : première paire antennules, deuxième
paire antennes. Appendices buccaux et locomoteurs bifurqués, nombreux, portés
par tous ou presque tous les segments. Jamais ni ailes, ni trachées, ni tubes de
MALPIGHI.

Subdivision de la classe des Crustacés.

SOUS-CLASSE I. — Malacostracés.

A. Thoracostracés (Podophthalmes).

Ordre I. — Décapodes .	Macroures. . . Exemples :	Astacus, Homarus, Palinurus, Cran-gon, Palaemon.
	Anomoures . . —	Pagurus, Hippa, Porcellana.
	Brachiures . . —	Maja, Telphusa, Pilumnus, Carcinus.
Ordre II. — Schizopodes. —		Mysis, Euphausia.
Ordre III. — Stomatopodes. . . . . —		Squilla.
Ordre IV. — Cumacés . . . . —		Diastylis (Cuma).

B. Arthrostracés (Edriophthalmes).

Ordre V. — Amphipodes.	Crevettines. . . —	Talitrus, Gammarus.
	Hypérines. . . —	Hyperia, Phronima.
	Locomodipodes. —	Caprella, Cyamus.
Ordre VI. — Isopodes . . . . —		Oniscus, Porcellio, Idotea, Asellus.
Ordre VII. — Anisopodes . . . . —		Apseudes, Tanais.

Téguments. — Excessivement minces et transparents chez les Cladocères, beaucoup de Copépodes, les Nébalies, plusieurs Amphipodes et d'autres formes de petite taille, au point de permettre d'observer directement chez l'animal vivant les mouvements du cœur, les contractions du tube digestif, la circulation, etc. ; les téguments acquièrent une grande épaisseur et beaucoup de solidité chez les Décapodes, tels que l'Écrevisse, le Homard.

Ainsi que chez les autres Arthropodes (voir l'article **Arachnides**), l'ectoderme est représenté par une zone épithéliale-cellulaire (couche chitinogène) revêtue d'une zone chitineuse formée de lamelles. Les lamelles de chitine ne sont pas le résultat d'une sécrétion dans le sens où l'on entend généralement ce mot, mais proviennent, comme l'a démontré VITZOU pour les Décapodes et comme CHATIN l'a décrit à nouveau plus tard pour les Insectes, d'une transformation et d'un durcissement de la partie distale du protoplasme des cellules chitinogènes. Cette transformation subissant des arrêts périodiques, chaque cellule chitinogène du Crustacé se trouve surmontée d'une colonnette prismatique de chitine constituée de petites lamelles de chitine empilées. De là l'existence habituelle (Crabes, par exemple), dans les coupes de la zone chitineuse perpendiculaires à la surface, de lignes verticales (non assimilables ou canaux poreux) répondant aux plans de séparation des colonnettes et, d'autre part, dans les coupes parallèles à la surface, d'un dessin en mosaïque caractéristique. Lorsque les lignes verticales font défaut (Homard, par exemple), cela tient à ce que les cellules chitinogènes se sont de bonne heure soudées par leurs extrémités (VITZOU).

La partie supérieure des cellules en question se transformant progressivement en chitine, ces cellules doivent se raccourcir petit à petit ; ce qui a été constaté effectivement.

Deux espèces de canaux traversent perpendiculairement toute la zone chitineuse ; les uns (*canaux poreux*) très fins, nombreux, multiples par cellule chitinogène, existent, par suite, à plusieurs dans chaque colonnette de chitine ; les autres, moins nombreux, d'un diamètre notablement plus considérable, sont ou bien surmontés chacun d'une épine ou d'une soie et sont occupés alors, ainsi que l'axe de l'épine ou de la soie, par le prolongement protoplasmique de la cellule à laquelle ils répondent, ou bien servent de canaux excréteurs à des glandes cutanées.

Enfin, la zone chitineuse des Crustacés est généralement calcifiée, c'est-à-dire imprégnée de sels calcaires, carbonate de calcium abondant et phosphate de calcium en moindre quantité. Elle contient souvent des pigments dont nous reparlerons.

Quant à la partie mésodermique des téguments, elle est constituée par une couche de tissu conjonctif renfermant des cellules, des fibres, des nerfs, souvent des vaisseaux de petit calibre et aussi des pigments d'un autre aspect que ceux de la zone chitineuse. Chez les Décapodes, cette couche conjonctive acquiert une épaisseur beaucoup plus grande et une individualisation plus nette que chez les Arachnides et les Insectes.

Comme chez les autres Arthropodes, l'épithélium chitinogène et la zone chitineuse tapissent l'intestin antérieur, l'intestin terminal et les conduits de divers organes glandulaires.

Mues. — Tous les Crustacés subissent des mues, nombreuses dans le jeune âge, espacées plus tard. Chez l'Écrevisse, par exemple, il y a huit mues pendant la première année, cinq durant la seconde, deux durant la troisième ; puis, chez l'adulte, deux par an pour le mâle, une seule pour la femelle (CHANTRAN). Les anciennes couches chitineuses fortement calcifiées se décollent et, sous celles-ci, se sont formées des couches nouvelles encore molles ne contenant que fort peu de substance minérale (8,5 p. 100 de matière inorganique seulement chez l'Écrevisse).

Le décollement a lieu par suite de la production d'un liquide incolore, gélatineux, provenant des couches sous-jacentes à la nouvelle enveloppe chitineuse, traversant celle-ci venant s'interposer entre l'ancienne et la nouvelle carapace pour faciliter le dégainement (VITZOU).

Les anciens téguments se déchirent en des endroits nettement déterminés variant d'un type à l'autre et répondant toujours à une région mince articulaire. L'animal, à la suite de secousses et de mouvements de traction répétés, sort de la vieille enveloppe en retirant les divers appendices de leurs étuis. On retrouve dans l'ancien tégument abandonné et avec un état de conservation remarquable, les enveloppes des branchies, les tendons des muscles, le revêtement interne de l'intestin antérieur, etc., en un mot tout ce qui est chitineux.

Extrêmement affaibli, revêtu de téguments mous, le Crustacé, dans un état où il lui serait impossible de résister à un ennemi, se cache soit dans le sable, soit dans une fente de rocher et reconstitue les éléments calcaires qui doivent donner à son enveloppe la rigidité nécessaire.

Le sang joue un rôle important dans le phénomène de la mue ; c'est à lui qu'il faut attribuer l'augmentation de volume qu'on observe après la chute des anciens téguments. En effet, la peau est alors molle, perméable et facilite l'osmose entre l'organisme et le milieu extérieur ; le sang absorbe beaucoup d'eau, gonfle les tissus et leur donne un volume plus grand. Le sang est, en même temps, le véhicule de substances de réserve utilisées après la mue et emmagasinées pendant les intervalles entre les mues successives, glycogène, sels calcaires (VITZOU).

Chez certaines formes spéciales appartenant au groupe des Décapodes macroures, les sels calcaires de réserve (dont l'origine première reste obscure), au lieu d'être ainsi répandus dans le corps entier, se condensent, entre les mues, en des points déterminés sous forme de masses définies. Ainsi, chez l'écrevisse adulte, quarante jours environ avant la mue (CHANTRAN), commencent à se former sur les parois latérales de la dilatation de l'intestin antérieur faussement nommée estomac, entre l'épithélium chitinogène et la zone chitineuse, des masses calcaires lenticulaires connues depuis longtemps sous les dénominations d'*yeux d'écrevisse*, *pierres d'écrevisse* et que HUXLEY appelle *Gastrolithes*.

Ce sont des productions cuticulaires du même ordre que la zone chitineuse des téguments et offrant la même texture (MAX BRAUN). Leur analyse révèle qu'elles renferment 84,9 à 85,6 p. 100 de substances minérales et seulement 14,4 à 15,1 p. 100 de matière organique. Les sels sont, comme dans la carapace, le carbonate et le phosphate de calcium.

Lorsque les gastrolithes de l'Écrevisse sont entièrement développés, une couche nouvelle de chitine s'interpose entre eux et l'épithélium. Enfin, lors de la mue, rejetés en même temps que l'ancien revêtement chitineux du pseudo-estomac, ils tombent dans la cavité de ce dernier et s'y dissolvent.

Chez le Homard, la réserve calcaire se présente au même endroit, à l'état de deux masses composées de petits bâtonnets qu'on retrouve, après la mue, dans la cavité digestive, séparés les uns des autres.

Comme on pouvait le prévoir, le durcissement des téguments nouveaux est rapide pour les Crustacés à gastrolithes, et lent, au contraire, chez ceux qui n'en possèdent pas.

Absorption et déperdition par les téguments. — Malgré la présence d'un revêtement chitineux, des substances diverses peuvent, surtout chez les Arthropodes aquatiques, passer du corps dans le milieu environnant ou de ce milieu dans le corps, au travers de la peau, chaque fois que l'enveloppe de chitine est suffisamment mince, soit sur la totalité de l'individu, soit sur certains organes à surface relativement considérable, tels que les branchies.

On sait que beaucoup d'animaux d'eau douce périssent rapidement lorsqu'on les transporte *directement* dans l'eau de mer; que, réciproquement, nombre d'animaux marins meurent lorsqu'on les plonge dans l'eau douce.

Or les Arthropodes aquatiques d'eau douce, qui peuvent vivre impunément dans l'eau de mer, sont les Coléoptères et les Hémiptères à l'état parfait chez lesquels, en raison d'un revêtement chitineux épais et de l'absence de branchies, il n'y a pas d'absorption de sels par la peau. Ceux, au contraire, qui meurent par le transport dans l'eau de mer sont ceux à peau mince ou à branchies : larves d'Insectes, Hydrachnes, Crustacés, Amphipodes, Isopodes, Cladocères, Copépodes et Ostracodes d'eau douce.

Les recherches expérimentales démontrent que la différence de densité qui existe entre l'eau douce et l'eau de mer ne fournit pas l'explication du phénomène. Les faits observés résultent de ce que l'eau de mer contient en forte proportion des sels minéraux. Ces sels sont manifestement absorbés au travers des téguments minces et, parmi eux, les chlorures de sodium et de magnésium ont un effet toxique. L'absorption est probablement activée par la température, car les animaux résistent plus longtemps quand la température est basse.

Dans le cas de transport des animaux marins dans l'eau douce, on constate que les Crustacés (Crabes, *Crangon*, Talitres, *Gammarus*, Ligies, Idotées, etc.) qui, ne l'oublions pas, ont des branchies à surface étendue, meurent toujours en un temps variable, oscillant, suivant les espèces, entre une heure et huit heures; les individus qui viennent de muer résistant moins longtemps que les autres.

La différence de densité entre les deux milieux n'a encore une fois aucune influence; mais chez les animaux marins le chlorure de sodium, qui fait partie intégrante des liquides physiologiques normaux (le sang du Homard, par exemple, contenant à peu près autant de sels que l'eau de mer) passe au travers des téguments par un phénomène osmotique ou de dialyse. De sorte que les Crustacés marins plongés dans l'eau douce perdent rapidement une forte proportion de sel.

En procédant avec lenteur, c'est-à-dire en transformant très lentement la composition du milieu liquide, on constate une accoutumance évidente. Chose curieuse et très intéressante au point de vue de la théorie de l'évolution, cette accoutumance concerne non les individus primitifs qui, à un moment de l'expérience, meurent, mais les descendants; les jeunes nés durant la lente transformation du liquide ayant acquis une résistance remarquable (F. Plateau, Paul Bert).

Ces passages de substances solubles au travers de la peau, principalement des branchies, expliquent aussi les résultats observés en employant des liquides artificiellement alcalins ou acides.

Une Écrevisse ne vit que deux ou trois heures dans de l'eau contenant 25 grammes par litre d'acide acétique. Avec 20 grammes par litre la résistance dure une demi-journée avec conservation complète des fonctions nerveuses musculaires et circulatoires. L'acide tartrique produit des résultats analogues; l'acide oxalique agit plus énergiquement.

Les acides minéraux sont, en général, plus toxiques que les acides organiques : l'Écrevisse, qui ne résiste que dix à douze heures dans de l'eau additionnée de 1 gramme d'acide sulfurique par litre, meurt en moins d'une heure si la proportion, par litre, est de 5 grammes. Enfin, l'acide azotique est encore plus vénéneux; à 0^{gr},5 par litre il tue le Crustacé en deux ou trois heures; à 1 gramme par litre, en une demi-heure.

Les solutions mortelles en trois ou quatre heures semblent atteindre d'abord le tissu musculaire; les muscles de la pince ne se contractent plus avec la même énergie et leur relâchement ne s'opère plus avec la même facilité, quoique toutes les autres fonctions, innervation volontaire et réflexe, mouvements natatoires et respiratoires paraissent reprendre leur intégrité lorsque l'animal est remis dans l'eau pure.

Les bases en solution dans l'eau exercent sur les fonctions névro-musculaires une action plus funeste que les acides. La soude et la chaux amènent la mort au bout de deux ou trois heures à la dose de 1^{gr},5 par litre, la potasse à la dose de 1 gramme. La base la plus toxique est l'ammoniaque; son action est presque instantanée à la proportion de 0^{gr},5 par litre et, même à doses très faibles, elle est encore un poison.

Comme toutes ces substances injectées dans l'appareil circulatoire seraient probablement mortelles, on peut supposer que les différences de toxicité tiennent surtout à des différences d'absorption par les branchies (Ch. Richet).

Pigments. — Les crustacés (*Sapphirina*, Copépodes) peuvent offrir des teintes ou couleurs provenant de l'existence de stries très fines à la surface de la zone chitineuse. Mais, en général, la coloration est due à des pigments siégeant tantôt dans la zone chitineuse, tantôt dans le tissu conjonctif situé sous l'épithélium chitinogène, tantôt à ces deux étages à la fois.

Ainsi, chez le Homard, un pigment bleu foncé occupe une région nettement distincte voisine de la surface de la zone de chitine, tandis qu'un pigment rouge contenu dans des chromoblastes ou cellules mobiles à prolongements s'observe sous l'épithélium chitinogène à la partie supérieure du tissu conjonctif. Il en est à peu près de même chez l'Écrevisse commune; seulement ici le pigment bleu existant dans les couches de chitine se retrouve dans le tissu conjonctif à l'état de granulations groupées autour de chromoblastes rouges (G. POUCHET).

Nous venons de parler de pigments logés dans des chromoblastes contractiles. Toujours, dans ce cas, ils ont pour siège le tissu conjonctif, jamais l'épithélium chitinogène. Quantité de Crustacés appartenant à des groupes divers (*Crangon, Palæmon, Virbius,* Décapodes) (*Caprella,* Amphipodes) (*Idotea,* Isopodes), etc., doivent à la mobilité de ces chromoblastes qui étalés masquent la teinte propre des téguments et qui contractés laissent réapparaître cette teinte, la propriété curieuse de devenir foncés sur un fond obscur, ou pâles sur un fond clair et même d'imiter d'une façon remarquable la coloration soit des algues marines, soit des Cœlentérés au milieu desquels ils vivent. Ce sujet spécial devant être traité à l'article **Mimétisme**, nous renvoyons à ce mot.

Les pigments rouges des Crustacés (parfois jaunes ou jaunes-verdâtres), loin d'être spéciaux à ces Arthropodes, se rencontrent chez un grand nombre d'autres animaux, tels que Spongiaires, Échinodermes, Tuniciers, Poissons. Ils appartiennent au groupe général auquel on a donné le nom de *Lutéines* (Lipochromes de KRUKENBERG), parce qu'on les a regardés comme analogues à la substance colorante du jaune de l'œuf et du beurre caractérisée au spectroscope par une bande d'absorption dans le bleu.

Les lutéines ou lipochromes paraissent formées d'un corps gras uni à un pigment. On leur a attribué des dénominations très diverses : nous ne citerons que celles qu'on emploie à propos des Crustacés : *Tétronérythrine* (WURM), *Zoonérythrine* (MEREJKOWSKY), *Crustacéo-rubrine* (MOSELEY). Ces substances colorantes ont les caractères communs suivants : insolubles dans l'eau, très solubles, au contraire, dans les liquides albumineux, l'alcool, l'éther, le chloroforme, la benzine, le sulfure de carbone, les huiles, les essences. Traitées par l'acide azotique, elles passent au bleu, puis se décolorent; traitées par l'acide sulfurique concentré, elles donnent une coloration variant du bleu au vert, puis virent au brun. Au spectroscope, elle présentent toujours une, souvent deux, parfois trois bandes d'absorption dans la région vert–bleu du spectre.

Quand aux pigments bleus qui, encore une fois, se retrouvent chez des animaux d'autres groupes, ils ont pour caractère prédominant leur solubilité dans l'eau (déjà observée par G. POUCHET) et sont vraisemblablement en rapport intime avec les pigments rouges (Tétronérythrine, Zoonérythrine, Crustacéo-rubrine), puisque par des causes diverses, l'action d'un acide, de l'alcool, l'élévation de température, etc., ils passent au rouge, deviennent insolubles dans l'eau et offrent les réactions caractéristiques des pigments rouges déjà décrits (MEREJKOWSKY).

Les transformations de couleur que subissent les Crustacés comestibles par la cuisson ne tiennent donc pas, comme on l'a cru, à ce que le pigment bleu fort instable se dissout, tandis que le pigment rouge résiste, mais proviennent d'une *transformation* du pigment bleu en pigment rouge pouvant, du reste, être obtenue de façons multiples (G. POUCHET, KRUKENBERG).

En dehors de cette série de pigments du groupe des lutéines ou lipochromes, il paraît exister, chez certains Copépodes, une matière colorante rouge d'une tout autre nature. Le pigment qui parfois colore en rouge carmin les *Diaptomus* et spécialement le *D. bacillifer,* serait, d'après ses réactions chimiques et son spectre, identique ou au moins très analogue à la *Carottine,* substance existant dans les feuilles des végétaux, la racine de carotte, le fruit des tomates, etc. (RAPHAEL BLANCHARD).

Mouvement. — a) *Propriétés des muscles.* — Les muscles des Crustacés ont la structure générale de ceux des autres Arthropodes; les fibres sont toujours striées et, comme les muscles des Insectes, ils s'insèrent sur le squelette tégumentaire par l'intermédiaire de tendons chitinisés.

On peut constater que, comme chez les Insectes, les muscles extenseurs et fléchisseurs se trouvent, quant au volume et au nombre, dans un rapport inverse de ce qui s'observe chez les Mammifères. Chez les Mammifères les extenseurs prédominent en volume; chez les Crustacés décapodes ce serait le contraire; ainsi, dans l'abdomen du Homard, les muscles fléchisseurs sont si volumineux qu'ils remplissent à peu près à eux seuls cette région du corps (MILNE-EDWARDS).

L'examen miscroscopique de muscles de Homard se contractant ou fixés à l'état de contraction, montre que le raccourcissement de la fibre s'opère aux dépens de la substance des bandes transversales claires (disques monoréfringents ou isotropes). Lorsque la contraction atteint son maximum, les bandes claires disparaissent complètement (inversion). Le tissu musculaire vivant du Homard est franchement alcalin; lorsque les muscles se contractent, on y observe la neutralisation de cette alcalinité et même une réaction acide. Un muscle de Homard tétanisé durant quelques instants rougit le tournesol bleu (L. FREDERICQ et VAN DE VELDE).

Les muscles du Homard se contractent sous l'influence des mêmes excitations qui déterminent les contractions des muscles de la Grenouille : action du nerf moteur stimulé volontairement ou artificiellement, électricité sous forme de chocs d'induction, de rupture ou de fermeture de courant, la chaleur, qui n'a qu'une action faible, les excitations mécaniques, piqûre, choc, enfin le contact avec quelques excitants chimiques, chlorure de sodium, acide chlorhydrique, potasse caustique (L. FREDERICQ et VAN DE VELDE).

Comme chez les Vertébrés, la température a une influence puissante sur la durée de l'irritabilité musculaire. Plus la température est basse, plus la conservation de l'irritabilité se prolonge. En hiver, on peut conserver les muscles de la pince de l'Écrevisse encore irritables pendant plus de cent heures, la température étant peu inférieure à 0°, la pince se trouvant posée sur de la glace en dehors du laboratoire et un peu de cire à modeler fermant la surface de section de la patte pour éviter la dessication. En été, au contraire, au bout de moins de vingt-quatre heures, le muscle a perdu son irritabilité (CH. RICHET).

On sait également que, chez les Vertébrés, la durée de l'irritabilité est différente d'un muscle à l'autre, cette durée étant beaucoup plus longue pour le gastrocnémien ou le triceps fémoral de la Grenouille, par exemple, que pour les muscles du reste du corps.

Chez l'Écrevisse on constate des faits du même ordre : les muscles de la queue, même en hiver, ne pouvant guère rester excitables plus de quarante-huit heures, tandis que les muscles de la pince peuvent survivre pendant cinq jours (CH. RICHET).

Les muscles du Homard fournissent dans les expériences les deux formes classiques de la contraction, la secousse et le tétanos. Lors de la secousse, on peut obtenir des graphiques qui rappellent par le contour et la durée ceux que fournit un gastrocnémien de Grenouille : à la suite d'un stade d'énergie latente d'un peu moins d'un et demi centième de seconde, chez un muscle qui a toute sa vigueur, s'observe une période d'énergie croissante relativement courte, puis une longue période d'énergie décroissante; le contraste entre ces deux périodes étant surtout marqué pour les muscles fléchisseurs de la pince (L. FREDERICQ et VAN DE VELDE).

La forme de la contraction diffère cependant d'un muscle à l'autre et, pourrait-on ajouter, suivant le rôle que le muscle est appelé à jouer dans l'économie de l'animal. En comparant, par exemple, chez l'Écrevisse, la forme de la contraction des muscles fléchisseurs de l'abdomen et des muscles fléchisseurs de la pince, les uns et les autres excités *directement* par l'électricité, on constate, pour les premiers, une contraction extrêmement brève et, pour les seconds, une secousse allongée persistant relativement longtemps. Ces différences sont liées à la fonction des deux catégories de muscles : pour nager, l'Écrevisse doit faire avec la queue des mouvements *répétés* brefs; avec la pince elle doit effectuer des mouvements forts qui n'ont pas besoin d'être répétés, mais qui doivent durer (CH. RICHET).

Par des chocs d'induction répétés à de courts intervalles on amène une fusion plus ou moins complète des secousses musculaires et enfin le tétanos parfait. Le nombre minimum de chocs d'induction nécessaires pour provoquer un tétanos complet est chez le Homard inférieur à vingt et supérieur à dix par seconde.

Chez l'Écrevisse les muscles fléchisseurs de l'abdomen ont un tétanos de courte durée; au bout d'une minute au plus ils sont complètement épuisés. Les muscles de la pince du même animal excités pendant longtemps ne se relâchent pas, leur contraction pendant cinq à six minutes devient de plus en plus forte et ils entrent en rigidité cadavérique plutôt que de se relâcher. Il y a donc ici une différence curieuse entre le tétanos fugitif des muscles de l'abdomen et le tétanos persistant jusqu'à la mort des muscles de la pince (Ch. Richet).

Sur des muscles d'Arthropodes examinés vivants au microscope, la contraction affecte en général l'aspect d'une onde parcourant la fibre suivant sa longueur. La vitesse de cette onde, dans certaines conditions, doit être faible, puisqu'il est possible de l'observer à de forts grossissements. La vitesse de propagation de l'onde musculaire étudiée par la méthode graphique sur le premier muscle extenseur de la queue du Homard, en employant le procédé des doubles leviers reposant sur deux endroits différents du muscle et en excitant celui-ci par une seule secousse d'induction, est voisine *d'un mètre par seconde*, valeur analogue à celle que donnent des muscles de Grenouille placés dans des conditions semblables (Frédericq et Van de Velde).

Les phénomènes électriques offerts par les muscles du Homard peuvent se résumer comme suit : dans les muscles extenseurs de la queue non contractés, on constate, en mettant une des électrodes impolarisables d'un circuit convenablement disposé en contact avec un point de la surface longitudinale et l'autre électrode en rapport avec un point de la surface transversale, l'existence d'un courant assez intense allant de la surface longitudinale (+) vers la surface transversale (—). La disposition des tensions correspond à ce que donne un muscle de Grenouille : chaque point de l'équateur possède une tension positive plus forte que tout autre point de la surface longitudinale ou de la coupe. Les tensions positives diminuent graduellement à mesure qu'on s'éloigne de l'équateur, pour devenir nulles à la limite qui sépare la surface longitudinale de la surface transversale. Enfin, durant la contraction, on obtient une diminution notable du courant propre du muscle. Les muscles du Homard offrent donc, lors de leur contraction, le phénomène de la variation négative du courant propre (Frédericq et Van de Velde).

Les propriétés des muscles des Crustacés décapodes paraissent donc à peu près identiques aux propriétés classiques des muscles de la Grenouille.

Néanmoins certains muscles semblent faire exception à ces règles générales et se rapprocher un peu, pour la rapidité avec laquelle les secousses se succèdent, des muscles moteurs des ailes des Insectes. Tel serait le *muscle vibrant* du Homard. Ce muscle, assez volumineux, et dont les fibres, comme celles des muscles des ailes des Insectes, n'auraient pas de sarcolemme, a été décrit par Milne-Edwards sous le nom de *muscle de l'article basilaire de l'antenne externe :* il naît effectivement de la région dorsale du céphalothorax et s'attache, par un tendon terminal, sur la base de la grande antenne ou de deuxième paire. Il vibre tellement rapidement que, lorsque le Crustacé vient à muer, on perçoit les vibrations dans l'eau en approchant les doigts à 1 ou 2 centimètres de la tête. Les pêcheurs de Concarneau disent alors que l'animal ronfle. En employant un appareil enregistreur, on constate que le muscle peut effectuer environ 60 secousses ou vibrations par seconde (G. Pouchet).

Nous ferons remarquer que la rapidité avec laquelle se succèdent les contractions est encore inférieure à ce qui existe pour les muscles alaires des Insectes : l'aile de l'Abeille effectue, en effet, 190 battements par seconde (Marey).

b) *Force musculaire au sens vulgaire*. — Elle est représentée, après quelques corrections concernant la longueur des bras de levier, par le poids *brut* qui fait équilibre à la contraction d'un muscle, d'un groupe de muscles ou de l'ensemble des muscles d'un être *vivant, sans se préoccuper ni des dimensions de ces muscles, ni du nombre d'éléments contractiles qui entrent dans leur composition.* C'est dans ce sens qu'ont été faites toutes les expériences dynamométriques sur l'homme et sur le cheval.

Pour rendre les résultats comparables, on établit le rapport entre le poids soutenu par l'animal et le poids du corps de celui-ci. Si, dans cet ordre d'idées, on compare les nombres fournis par les Vertébrés à ceux que donnent les Crustacés, on constate que, proportionnellement à leur poids, les Crustacés, comme les Insectes, possèdent une force (au sens vulgaire) énorme et de beaucoup supérieure à celle des Mammifères. Voici quelques exemples :

	RAPPORT entre le poids qui fait équilibre à l'action d'un petit nombre de muscles spéciaux et le poids du corps entier.
Homme (à 30 ans) serrant le dynamomètre avec une main (main droite) (Quételet)	0,70
Crabe tourteau (*Platycarcinus pagurus*) fermant la pince droite (Plateau)	16,39
Crabe commun (*Carcinus moenas*) fermant la pince droite (Plateau) .	28,49

Ces résultats sont curieux, mais n'apprennent rien, quant à la valeur *réelle* ou relative de la contractilité des fibres musculaires. Pour arriver à connaître approximativement celle-ci, il faut mesurer ce qu'on appelle la force absolue.

c) *Force absolue du muscle.* — On a étudié la force absolue des muscles des Décapodes qui, par suite de leurs dimensions, se prêtent mieux que les muscles des autres Arthropodes à ce genre de recherches.

Édouard Weber a nommé *force absolue ou force statique* d'un muscle la force mesurée par le poids qui fait exactement équilibre à la contraction de ce muscle. En d'autres termes, un muscle étant fixé par une de ses extrémités et des poids suspendus à l'extrémité opposée, la force absolue est mesurée par le poids maximum que ce muscle *en action* peut soutenir sans s'allonger ni se raccourcir.

Le lecteur remarquera que la *force absolue* n'est pas du tout ce que l'on entend par force musculaire au sens vulgaire et que seule sa mesure permet, en ramenant tous les résultats à ce qu'ils seraient pour des muscles offrant une même section transversale de 1 centimètre carré, de se rapprocher de la solution de cette question intéressante : la force de contraction des fibres musculaires est-elle la même chez les divers représentants du règne animal, ou cette force varie-t-elle suivant les groupes?

Les expériences ont porté sur les muscles fléchisseurs de la pince de *Carcinus mœnas*, *Platycarcinus pagurus*, *Eriphia spinifrons*, *Telphusa fluviatilis* et *Astacus fluviatilis*.

On se rappellera qu'insérés sur le grand tendon fléchisseur, il y a *deux* muscles de dimensions à peu près égales; notions dont il faut tenir compte dans les calculs.

Dans les premières recherches, les expériences se faisaient à l'air : le Crustacé ainsi que l'article fixe des pinces de celui-ci étaient solidement attachés à une planchette verticale, tandis qu'à l'article mobile de la pince droite, puis de la pince gauche, on suspendait successivement, par un fil de laiton, un récipient pouvant recevoir des poids dont on augmentait graduellement la valeur jusqu'à ce que la pince d'abord fermée commençât à s'ouvrir. Afin d'obliger l'animal à mettre en jeu son maximum d'énergie musculaire, on excitait, à l'aide d'un stylet, la face inférieure de l'abdomen du sujet en expérience. On obtient de cette manière une excitation nerveuse qu'on peut qualifier de volontaire et qui, comme les expérimentateurs s'en sont assurés, donne, *dans le cas des Crustacés*, des résultats supérieurs à ceux que fournissent les excitations électriques soit des centres, soit des nerfs de la pince.

Ces essais ont été ensuite perfectionnés : 1° en opérant sur des Crustacés maintenus, pendant l'expérimentation, dans un courant d'eau, et 2° en répétant un certain nombre de fois, sur le même animal, à des intervalles de quelques minutes, la détermination du poids limite.

On effectue alors les calculs simples suivants : détermination du poids moyen soutenu par la pince droite, *idem* par la pince gauche. Correction des poids bruts soutenus pour chaque catégorie de pinces à l'aide des rapports entre les bras de levier de la puissance (muscles) et de la résistance (charge), correction pour avoir le poids moyen soutenu par un seul des deux muscles fléchisseurs, division du poids moyen en grammes que soutient ce muscle par la surface moyenne de *section réelle* en millimètres carrés, enfin multiplication par 100. Le résultat final est le poids moyen soutenu par un muscle de 1 centimètre carré de section transversale.

Au lieu de rechercher le poids moyen, on peut ne tenir compte que du poids maximum répondant à chaque espèce essayée.

On a obtenu ainsi dans la meilleure série d'expériences :

	POIDS MOYEN, EN GRAMMES, SOUTENU par un centimètre carré de muscle.			POIDS MAXIMUM, EN GRAMMES, SOUTENU par un centimètre carré de muscle.	
	Pince droite.	Pince gauche.	Moyenne des deux pinces.	Pince droite.	Pince gauche.
Carcinus moenas	1192,56	1310,91	1251,73	2782,2	2555,9
Eriphia spinifrons.	1367,99	1585,97	1476,98	3098,1	3203,0
Telphusa fluviatilis	1135,58	1357,03	1246,30	3129,4	»
Valeur moyenne pour les trois espèces de Crabes.	1132,04	1417,97	1325,0	2969,90	2879,45
Astacus fluviatilis.	896,56	1138,4	1017,48	1938,7	2236,7
Moyennes pour les quatre espèces de Crustacés	1064,30	1278,18	1171,24	2464,30	2558,07
Moyenne générale représentant la force absolue moyenne des Crustacés. 1841,21					

Les valeurs concernant le Tourteau obtenues dans des expériences anciennes ne figurent pas ici.

La force absolue moyenne des muscles de pince des Crustacés décapodes est donc de 1841^{gr},21 par centimètres carré. Si [l'on compare cette valeur à ce qui a été obtenu pour d'autres formes animales, on trouve :

grammes.
Moyenne générale pour l'homme (KOSTER, HENKE et KNORZ, HAUGHTON).   7 902,33
—   —   Mollusques lamellibranches (PLATEAU) 4 545,79
—   —   Grenouille (ROSENTHAL). 2 000,00
—   —   Crustacés décapodes (CAMERANO) 1 841,21

Enfin, si l'on ne tient compte que de la *force absolue maximum*, on obtient pour les divers groupes essayés :

grammes.
Muscle du mollet de l'homme 10 000
Muscle grand adducteur de la cuisse, Grenouille 3 000
Muscle adducteur de *Venus verrucosa* 12 431
Muscle fléchisseur (pince gauche), *Eriphia spinifrons* 3 203

Il résulte, en définitive, de ces recherches multiples sur les Crustacés décapodes, que, bien que ces Arthropodes, comme du reste les Insectes, possèdent, par rapport au poids de leur corps, une force *au sens vulgaire* notablement supérieure à celle des Vertébrés; leur *force absolue* est, au contraire, de beaucoup inférieure à celle de l'homme et des Mollusques lamellibranches. Cette force absolue ne peut être mise en parallèle qu'avec celle de la Grenouille.

Enfin l'écart est tel entre les valeurs données par les divers physiologistes pour la force absolue des muscles de l'homme et les valeurs trouvées pour les Crustacés, que, jusqu'à preuve du contraire, il est impossible d'admettre que la force de contraction de la fibre musculaire soit la même dans l'ensemble de la série animale (F. PLATEAU, L. CAMERANO).

Parmi d'autres méthodes permettant de mesurer la force d'un muscle, il y a celle qui consiste à peser le muscle et à établir le rapport entre ce poids propre et le poids qu'il peut soulever. VALENTIN a trouvé ainsi que le gastrocnémien de la Grenouille peut élever

900 fois son poids et Ch. Richet a vu des muscles d'écrevisse pesant 5 grammes soulever des poids de 500 grammes; valeur évidemment trop faible, les recherches de Camerano montrant que les muscles de la pince de l'écrevisse soulèvent souvent des poids supérieurs à 1000 grammes.

d) *Travail du muscle.* — Le travail d'un muscle est le produit du poids P que le muscle soulève par la hauteur H à laquelle ce poids est soulevé dans l'unité de temps T, $\dfrac{P \times H}{T}$.

Si la charge, c'est-à-dire le poids, est $= 0$, le travail est nul; d'autre part, si la charge est trop grande de façon que le muscle ne puisse pas la déplacer $H = 0$ et le travail est encore nul. C'est donc, comme l'ont montré, pour les Vertébrés, Weber, Fick et Rosenthal, entre ces deux extrêmes, le poids n'étant ni maximum ni minimum, que le *travail utile maximum* du muscles se produit. Celui-ci varie, du reste, avec l'intensité de l'excitation.

En excitant par des excitations croissantes un même muscle d'Écrevisse chargé de poids croissants aussi et en enregistrant la hauteur seule des secousses sur le cylindre immobile, on obtient une série de lignes dont les longueurs multipliées par les poids soulevés lors du tracé de chacune d'elles donnent les quantités de travail produit. Les résultats suivants d'une expérience

CHARGE.	ÉCARTEMENT EN CENTIMÈTRES DE LA BOBINE D'INDUCTION DU CIRCUIT INDUCTEUR.							
	8	7	6	5	4	3	2	1
	TRAVAIL PRODUIT.							
2 grammes.	6,8	14	16	16	16	16	16	16
10 —	18	60	80	80	80	80	80	80
20 —	18	76	116	136	140	140	140	140
50 —	0	40	135	165	175	185	200	170
100 —	0	0	20	110	140	130	180	190
130 —	0	0	0	0	15	75	90	90

et d'autres du même genre démontrent pour les Crustacés, comme pour les Vertébrés : 1° que l'effet utile maximum coïncide avec le soulèvement d'un poids moyen (ici c'est avec le poids de 50 grammes que l'effet utile maximum 200 a été obtenu); 2° que les charges qui correspondent à l'effet utile maximum ne sont pas les mêmes pour des excitations d'intensités différentes (Ch. Richet).

e) *Locomotion proprement dite.* — Elle est terrestre ou aquatique; récemment on a décrit une espèce de locomotion aérienne dont nous dirons quelques mots.

α. *Locomotion terrestre, marche.* — Elle s'observe chez les Isopodes terrestres, chez certains Crabes qui quittent momentanément leur milieu liquide, enfin chez les Crustacés qui, bien que dans l'eau, marchent sur le fond ou sur les plantes. On l'a étudiée chez l'Écrevisse (Th. List) et chez les genres *Palæmon, Homarus, Palinurus, Galathea, Gebia, Dromia, Maja, Stenorhynchus, Pisa, Carcinus, Portunus, Xantho, Pachygrapsus, Pilumnus,* par l'examen direct, au moyen de tracés inscrits par les animaux mêmes sur du papier enfumé, enfin par des tracés sur papier blanc, les pattes étant enduites de couleurs d'aniline dissoutes dans la glycérine et différentes pour chacune d'elles (Demoor).

Il y a longtemps que l'on sait : 1° que les articles d'un membre de Crustacé sont articulés à charnière, de façon qu'en général le mouvement d'un article, par rapport à celui qui le précède immédiatement, n'a lieu que dans un seul plan (Milne-Edwards, Lemoine), et 2° que les plans dans lesquels les articles *successifs* se meuvent font entre eux des angles considérables allant quelquefois jusqu'à 90°, ce qui explique comment, malgré la forme des articulations, l'extrémité de la patte peut décrire des courbes.

Lorsque l'animal a les pattes antérieures munies de pinces, celles-ci ne sont pas utilisées dans la marche. Ainsi, quoique le Homard ait cinq paires de pattes thoraciques, sa locomotion est octopode et est absolument du même type que celle du Scorpion (Voy. l'art. Arachnides).

Tandis que la plupart des Crustacés marchent en avant, c'est-à-dire suivant une ligne dans le prolongement de l'axe du corps, les Crabes marchent latéralement, suivant un trajet perpendiculaire à l'axe de l'animal. Cette différence dans les allures n'a rien de volontaire, ne tient en aucune manière à la structure des pattes qui est identique à celle qu'offrent les autres Décapodes et s'explique d'une façon simple : la marche postéro-antérieure exige de nombreuses réactions du corps, elle demande surtout, dans le système octopode, l'espacement considérable des pattes les unes des autres et leur insertion près de la ligne axiale, toutes choses qui n'existent pas chez les Crabes ; leur corps est court, les pattes ont leurs insertions très rapprochées les unes des autres et placées très loin de la ligne médiane, dispositions avantageuses pour la progression latérale (DEMOOR).

β. *Saut.* — N'a guère été étudié. Les Talitres (Amphipodes), vulgairement puces de mer, sautent par le procédé suivant : au repos, l'abdomen et l'ensemble des pattes caudales, du reste courtes, sont reployés sous le corps, contre le sol ; une détente brusque de l'abdomen projeté en ligne droite lance l'animal en l'air et en avant à une distance relativement considérable (SPENCE BATE et WESTWOOD).

γ. *Locomotion aquatique, natation.* — S'effectue soit au moyen d'antennes de grandes dimensions et munies de soies qui en augmentent la surface (Copépodes, Ostracodes, Cladocères), soit par l'action de pattes postérieures dilatées en palettes (*Portunus*), soit par des mouvements d'incurvation de l'abdomen terminé par des uropodes formant par leur réunion un éventail ou nageoire caudale. Ce coup de queue, comme on dit vulgairement, est très brusque, les muscles fléchisseurs de l'abdomen étant puissants ; il lance l'animal en arrière. Ce mouvement a été analysé chez la Langouste (AMANS).

δ. *Locomotion aérienne.* — Certains Copépodes marins : *Pontella atlantica*, et *Pontellina mediterranea*, s'élancent hors de l'eau et effectuent dans l'air de grands bonds au-dessus de la surface (F. DAHL et A. OSTROUMOFF).

Citons enfin en terminant ce qui concerne la locomotion, le procédé étrange usité par les Limules pour se relever lorsque, à la suite d'une circonstance quelconque, ces animaux sont sur le dos. Leur carapace, en forme de bouclier discoïde convexe du côté dorsal, concave du côté ventral, et leurs pattes courtes, ne leur permettraient jamais de se retourner ; mais l'abdomen se termine par un long aiguillon caudal solide et mobile dont la Limule appuie *verticalement* la pointe sur le sol. Le corps ne reposant plus alors que sur deux points, la région la plus convexe de la carapace et la pointe de l'aiguillon, l'équilibre devient instable, et il suffit, *dans l'eau*, de quelques mouvements des pattes pour déterminer une rotation complète. LATREILLE avait déjà signalé ce fait comme lui ayant été raconté par un voyageur, mais il a été bien observé depuis dans des aquariums (JOUSSET DE BELLESME).

III. Émission de sons, de bruits. — Plusieurs Crustacés produisent des sons ou des bruits, probablement dans un but défensif. Cette émission n'a rien de vocal et résulte presque toujours du choc ou du frottement de pièces tégumentaires l'une sur l'autre.

Tous les naturalistes qui ont exploré les récifs coralliens ont entendu le bruit de claquement produit par les Alphéides (décapodes macroures) (WOOD-MASON). *Alpheus ruber* détermine, sous l'eau, ce bruit sec en ouvrant brusquement sa grande pince (SAVILLE-KENT).

Quand il y a frottement, on observe l'existence tantôt d'une râpe portée par des membres et d'un grattoir appartenant à la surface du corps, comme dans les deux sexes de *Matuta* (Crabe) ; tantôt d'un grattoir porté par l'article d'une patte, tandis que la râpe existe sur le corps, tels sont les cas des *Macrophthalmus* mâles (Crabes), dont la râpe est constituée par le bord inférieur crénelé de la fossette orbitaire contre lequel peut frotter un des articles de la patte de première paire et du *Pseudozius Melissi*. Miers (*Ozius Edwardsi* : BARROIS), Crabe des Açores, chez lequel le grattoir est représenté par une crête que porte le cinquième article de la patte munie d'une pince et la râpe par le bord finement et obliquement strié de la région latérale antérieure de la carapace ; le frottement rapide réciproque de ces parties détermine chez le *Pseudozius* une stridulation aiguë (TH. BARROIS).

Les Langoustes (*Palinurus*) produisent aussi un grincement spécial assez intense par le frottement d'un appendice mobile contre le corps. Mais ici l'appendice est une antenne. Le premier des gros articles de la base de chacune des grandes antennes offre du côté interne un grattoir constitué par une assez large surface courbe demi-circulaire couverte de soies courtes et fines; celles-ci peuvent frotter sur une râpe striée représentée par la surface latérale externe du rostre (K. Möbius). Ainsi qu'on le verra plus bas, ces Crustacés ont un deuxième moyen de se faire entendre.

Ailleurs râpe et grattoir appartiennent ou bien à des pattes de paires différentes, comme chez *Platyonychus bipustulatus* (Crabe), ou bien à des articles d'une même patte, ainsi que chez les *Ocypoda* (Wood-Mason).

Les faits concernant les *Ocypoda* sont assez curieux et de nature à induire en erreur quant au sens de l'audition : certaines espèces fourmillent sur les plages sablonneuses de l'Inde. Chaque individu s'y creuse un trou dans lequel il se réfugie au moindre danger. En cas de vive alerte il arrive qu'un Ocypode se trompe et cherche à s'introduire dans un terrier déjà occupé. L'habitant de celui-ci fait alors entendre un son saccadé, et si l'intrus persiste, le son devient plus aigu et plus intense. Pour amener ce résultat, l'animal reploie la patte droite de première paire et fait frotter, comme un archet sur un violon, une surface profondément striée que présente du côté interne le doigt fixe de la pince sur une crête longitudinale portée par le deuxième article de la base du même membre (H. Landois, Alcock). La première patte gauche n'est pas munie d'instruments semblables ou n'en offre que des traces.

Il n'y a là, quoi qu'on en ait dit, rien qui milite en faveur du sens de l'ouïe chez les Crustacés. Ainsi que le lecteur le verra plus loin, il n'y a pas d'audition proprement dite chez ces êtres, mais perception de trépidations et d'ébranlements de leur support. Le cas des Ocypodes rentre précisément dans cet ordre de faits.

Les bruits peuvent encore être amenés par les frottements réciproques des anneaux rugueux de l'abdomen. La Langouste commune émet de cette façon un son aigu lorsqu'on la capture (Saville-Kent).

Enfin il est des cas bien constatés de production de bruits par des Crustacés, sans que, jusqu'ici, on ait réussi à découvrir le procédé : Un petit Isopode marin, le *Sphœroma* (probablement *Sph. serratum*) fait entendre, sous l'eau, un son assez aigu qu'il répète plusieurs fois de suite à des intervalles d'environ une seconde. Ce son ressemble à celui que l'on obtient en grattant avec la pointe d'une pipette la paroi d'un vase de verre partiellement rempli d'eau (Saville-Kent)

IV. Innervation. — *a*) **Anatomie.** — Le système nerveux des Crustacés est construit sur le plan général de celui des Arthropodes. La partie la mieux connue, constituée par les centres et les nerfs de la vie de relation, se compose d'une double chaîne ventrale traversée, à sa partie antérieure, par la portion œsophagienne du tube digestif.

Chaque segment ou métamère du corps possède en réalité sa paire de centres ou ganglions. Là où les métamères sont restés largement distincts, les paires de ganglions sont placées à distance les unes des autres, comme, par exemple, dans l'abdomen de l'Écrevisse ou du Homard. Partout, au contraire, où il y a eu soit raccourcissement des métamères, soit fusion plus ou moins complète de plusieurs segments, les paires ganglionnaires rapprochées jusqu'au contact forment des masses volumineuses, en apparence simples, mais dans lesquelles les coupes microscopiques permettent de retrouver une série de groupes de cellules nerveuses. Ainsi les ganglions cérébroïdes ou sus-œsophagiens d'où émanent les nerfs optiques et les nerfs des deux paires d'antennes sont composés de trois groupes cellulaires principaux : *Protocerebron* donnant lieu, chez les Décapodes, à de petits nerfs frontaux et aux tractus optiques; *Deutocerebron*, d'où partent les nerfs de la première paire d'antennes, enfin *Tritocerebron* fournissant des nerfs aux téguments, des nerfs oculo-moteurs et des nerfs aux antennes de la deuxième paire (Viallanes).

Des faits analogues s'observent pour les ganglions sous-œsophagiens et souvent pour les centres nerveux du tronc. On peut citer à cet égard ce qui existe chez les Crabes, où tous les ganglions thoraciques et abdominaux sont ramassés en une grosse masse dont de nombreux nerfs partent en rayonnant.

Ces considérations anatomiques, dont nous aurions désiré ne pas surcharger le texte, étaient nécessaires pour prémunir contre des erreurs.

A ce système nerveux de la vie de relation s'ajoute un système nerveux *viscéral* ou *stomatogastrique* que les grandes difficultés pratiques de la dissection n'ont permis de connaître que d'une façon incomplète, malgré les recherches répétées dont il a été l'objet. Il offre, chez les Décapodes, une racine impaire naissant du deutocerebron et des racines paires émanant de petits centres (ganglions œsophagiens, ganglions mandibulaires de certains auteurs) confondus chez les Insectes avec le tritocerebron; ici, au contraire, distincts et situés sur le trajet des connectifs qui entourent l'œsophage. Le tronc principal de ce système ne paraît distribuer de branches qu'au tube digestif.

Enfin il existe des troncs nerveux innervant le cœur, *nerf cardiaque* des uns, *nerfs accélérateurs et modérateurs* pour d'autres, au sujet desquels les descriptions sont peu concordantes. Nous y reviendrons à propos de la circulation.

Les grands centres nerveux et les nerfs principaux étant assez aisément accessibles chez les Décapodes, les recherches expérimentales, commencées par H. Milne-Edwards dès 1827, ont été nombreuses.

b) **Propriétés générales du tissu nerveux.** — Elles sont très analogues aux propriétés caractéristiques de ce tissu chez les Vertébrés. Les anesthésiques abolissent d'abord la spontanéité, puis plus tard les réflexes. L'Écrevisse placée soit sous une cloche où se vaporise de l'éther, soit dans l'eau éthérée, cesse bientôt d'effectuer des mouvements volontaires; les mouvements respiratoires (oscillations de la palette annexée aux mâchoires de deuxième paire) se ralentissent ensuite, tandis que les mouvements réflexes de l'abdomen existent encore. Ceux-ci disparus à leur tour, l'anus continue à s'ouvrir et à se fermer rythmiquement. Lorsque ce dernier genre de mouvements a cessé, on constate que les muscles ont conservé leur excitabilité (Guillebeau et Luchsinger).

Comme chez tous les animaux, du reste, la période d'anesthésie produite par l'éther et le chloroforme est précédée d'une période d'excitation violente. Durant celle-ci, des Crustacés : Crabe commun, *Portunus depurator*, *Pachygrapsus marmoratus*. *Pilumnus hirtellus* effectuent l'autotomie (voir ce mot) de plusieurs pattes (Demoor).

On sait que les Grenouilles et les Tritons, dans un milieu à une température voisine de celle du corps des Mammifères, tombent dans un état de mort apparente résultant d'une paralysie du système nerveux central, mais que si l'on s'y prend à temps, l'action d'une température notablement plus basse fait réapparaître l'excitabilité. En soumettant des Écrevisses vigoureuses à des températures de plus en plus élevées, il est possible de voir les diverses fonctions du système nerveux disparaître l'une après l'autre. De 23° à 26° l'action nerveuse volontaire s'affaiblit. La constance et la force de constriction de la pince vont en diminuant, de sorte qu'à 26° l'Écrevisse ne peut plus faire aucun mouvement de constriction. Cependant les actions réflexes proprement dites sont intactes : l'attouchement des yeux fait rétracter les pédoncules oculaires ; le pincement des antennes fait que l'animal les ramène en arrière; enfin la section brusque des pinces amène dans la queue des mouvements de nage précipités. Cette expérience montre que ni les nerfs sensitifs, ni les centres où s'élabore l'action réflexe, ni les nerfs moteurs, ni les muscles n'ont été paralysés et que de 23° à 26° les centres ganglionnaires où s'élabore à volonté ont été seuls affectés par cette température.

L'action nerveuse réflexe s'affaiblit et disparaît de 26° à 30°; le nerf et le muscle meurent plus tardivement, de 33° à 37° (Ch. Richet).

Vers 30°, d'après le même auteur, l'innervation respiratoire serait abolie, c'est-à-dire que les palettes de la deuxième paire de mâchoires cesseraient leurs mouvements. Guillebeau et Luchsinger sont arrivés à peu près aux mêmes résultats généraux exposés plus haut; mais, d'après eux, les mouvements respiratoires de l'Écrevisse sont abolis avant l'innervation réflexe des segments postérieurs du corps.

Quoique une Écrevisse qui a été plongée quelques minute dans de l'eau à 32° paraisse out à fait morte, il suffit de la mettre dans l'eau froide pour la voir aussitôt revivre (Ch. Richet).

L'asphyxie détermine de même, chez l'Écrevisse, la disparition successive de l'innervation volontaire, puis de l'innervation réflexe. Chez un de ces Crustacés bien vivace sortant du réservoir, le mouvement de fermeture de la pince, à la suite d'un attouchement même léger de la surface interne de l'un des mors, est fort et constant. Si on laisse l'animal hors de l'eau pendant deux heures, le réflexe a encore lieu, mais il n'est plus constant; un attouchement léger ne suffit plus; il faut un attouchement fort ou plusieurs attouchements répétés. On peut en conclure que, comme chez les Vertébrés, les centres nerveux sont atteints par l'asphyxie avant les nerfs et les muscles (Ch. Richet).

La façon dont le tissu nerveux des Crustacés se comporte vis-à-vis des principaux poisons : curare, strychnine, etc., ressemble aussi à ce qui a lieu chez les Vertébrés.

La question de l'action du curare, ce poison classique paralysant, chez les animaux supérieurs, les extrémités périphériques des nerfs moteurs avec conservation des propriétés des centres nerveux et des muscles, mérite d'être reprise en ce qui concerne les Crustacés, les avis des expérimentateurs étant partagés : Claude Bernard, Vulpian, Guillebeau et Luchsinger opérant sur l'Écrevisse, Yung sur la Portune, le Crabe commun, le Homard et la Langouste, Fredericq sur le Homard, Plateau sur l'Écrevisse et le Crabe ont tous vu le curare abolir d'une façon plus ou moins nette la motricité ; mais, tandis que pour Fredericq le poison « empêche l'excitation des nerfs de se transmettre au muscle » et que Yung pense, par analogie seulement, que l'intoxication atteint les nerfs moteurs en conservant la sensibilité, Guillebeau et Luchsinger n'admettent uniquement qu'une altération des centres nerveux seuls, les muscles de la pince continuant à se contracter *à la suite de l'excitation électrique du nerf.* Il y aurait donc, pour eux, chez l'Écrevisse, paralysie centrale par le curare et conservation de l'intégrité périphérique, malgré ce poison.

Claude Bernard avait essayé l'action de la strychnine chez l'Écrevisse sans résultat appréciable. Vulpian, chez le même animal, avait cru observer des phénomènes différents de ceux qu'offrent les Vertébrés, la mort ayant lieu, d'après lui, à la suite d'un affaiblissement progressif et *sans période d'excitabilité tétanique.* Enfin, ni Mac-Intosch, ni de Varigny chez le Crabe, ni Krukenberg chez l'Écrevisse, ni Plateau chez le Homard, ne virent non plus de convulsions apparentes. De Varigny nota seulement, dans certains cas, quelques faibles tressaillements musculaires, quelques faibles mouvements ayant un caractère spasmodique, bien que les doses administrées au Crabe fussent relativement très supérieures à celles qui détermineraient la mort de Vertébrés. Mais Guillebeau et Luchsinger chez l'Écrevisse, Yung chez le Crabe, la portune, le *Palæmon serratus,* Demoor chez le *Pachygrapsus marmoratus,* purent s'assurer qu'il existe bien réellement une période de convulsions tétaniques, quoique cette période soit parfois très passagère.

Toujours survient rapidement un affaiblissement considérable des motilités spontanée et provoquée, l'animal devenant absolument immobile. Cet affaiblissement provient évidemment d'une altération des centres ganglionnaires par la strychnine, car l'excitation électrique prouve que les muscles, les nerfs et les terminaisons nerveuses ont conservé leurs propriétés.

D'autres poisons encore ont été essayés sur les Crustacés; nous aurons l'occasion d'en citer quelques-uns à propos du cœur de ces animaux.

c) **Propriétés générales des centres.** — Le moindre attouchement des ganglions de la chaîne ventrale du Homard avec la pointe d'une aiguille suffit pour amener de violentes contractions dans l'abdomen, ainsi que dans les appendices de la partie antérieure du corps. Il en est de même de l'application d'un faible courant d'induction.

Une goutte d'eau légèrement acidulée, d'alcool, de glycérine, d'ammoniaque, de bichlorure de mercure, d'acide picrique, d'acide chromique, agit comme excitant sur ces ganglions et sur les autres centres. L'eau distillée est un excitant modéré, mais net.

Une solution concentrée de chlorure de sodium produit une excitation moins vive chez les Crustacés marins que chez l'Écrevisse d'eau douce. Enfin la chaleur provoque une excitation évidente, comme le prouvent les mouvements que l'on observe lorsqu'on approche des ganglions une aiguille chauffée au rouge (Yung).

On sait que tout le système central, ganglions et connectifs, est pair. Or la paralysie consécutive à la lésion d'une moitié latérale d'un groupe ganglionnaire ou les mouvements qui suivent l'excitation d'une moitié sont toujours *directs,* c'est-à-dire du côté détruit ou excité; il n'y a donc pas d'entre-croisement dans le système nerveux des Crustacés (Vulpian, Lemoine et la plupart des autres expérimentateurs).

d) **Propriétés générales des nerfs.** — Les nerfs (du moins les nerfs facilement accessibles, autres que les nerfs spéciaux des sens localisés) sont tous mixtes : la section du nerf d'une patte abolit, dans ce membre, le mouvement et la sensibilité (H. Milne-Edwards et Audouin).

Les différents excitants des ganglions : attouchement, courant d'induction, eau acidulée, etc., se comportent aussi comme excitants des nerfs (Yung).

Le nerf de la pince et les muscles fléchisseurs du doigt mobile auxquels il se rend donnent, chez le Homard, des résultats analogues à ceux que fournissent le nerf sciatique et le gastrocnémien de la Grenouille placés dans les mêmes conditions : ainsi le courant constant ne constitue un excitant du nerf qu'au moment de sa rupture ou de sa fermeture, à condition qu'il soit d'intensité moyenne. Avec un courant *fort*, on obtient des contractions musculaires seulement à la rupture ou seulement à la fermeture, suivant la direction du courant (ascendant ou descendant) (L. Fredericq et Van de Velde).

Dans un nerf coupé, l'excitabilité disparaît progressivement, tranche par tranche, en allant de la surface de section à l'extrémité périphérique. Ainsi, sur une pince séparée du corps du Homard, il arrive un moment où l'excitation électrique d'induction du nerf, près de la surface de section, ne produit plus de contraction musculaire, alors que la même excitation, appliquée sur un point plus rapproché du muscle, y provoque de violentes secousses (Fredericq et Van de Velde).

Dans les nerfs restés intacts, les propriétés se conservent, au contraire assez longtemps, chez les Crabes morts naturellement. L'excitabilité des nerfs au courant d'induction faible persiste parfois vingt-quatre heures et parfois davantage (Yung).

e) **Vitesse de propagation de l'influx nerveux moteur.** — Les expériences ont été faites sur le nerf de la pince de Homard, à l'aide de la méthode graphique et en excitant le nerf en deux points dont la distance exacte est connue. La vitesse de propagation qui varie, du reste, avec la température, est en moyenne de 6 mètres par seconde à 12° et d'environ 10 à 12 mètres par seconde à 18° et 20°. La propagation est donc infiniment plus lente que chez la Grenouille ou chez l'homme (Fredericq et Van de Velde).

f) **Question de la localisation de la sensibilité et de la motricité dans les centres.** — Newport chez le Homard, Valentin chez l'Écrevisse, Longet chez la Langouste, Faivre chez un insecte, le Dytique, avaient cru retrouver dans la chaîne ganglionnaire des Arthropodes une localisation de la sensibilité et de la motricité analogue à celle que nous offre la moelle épinière des Vertébrés, l'excitation de la face supérieure d'un ganglion ou de la racine supérieure d'un nerf sortant de la chaîne provoquant surtout des mouvements, celle des éléments de la face inférieure déterminant des signes de douleur. De même la lésion ou la destruction de la face supérieure d'un ganglion abolissant les mouvements dans les parties du corps innervées par ce centre, la lésion de la face inférieure provoquant l'abolition de la sensibilité avec conservation des mouvements.

Or rien de tout cela n'est vrai, les physiologistes précités ont été trompés par les résultats illusoires d'expériences mal conduites : Vulpian et Lemoine pour l'Écrevisse, Yung pour le Homard, ont démontré, par des recherches plus soignées, *qu'il n'y a pas dans la chaîne nerveuse des Crustacés de siège particulier pour le mouvement et la sensibilité; les cellules motrices et sensitives n'étant pas spécialement localisées en des points particuliers tels que les faces supérieure et inférieure.*

g) **Propriétés spéciales de centres déterminés.** — 1° *Ganglions cérébroïdes ou sus-œsophagiens.* — Vulpian, Mac-Intosh chez l'Écrevisse, Mac-Intosh chez le Crabe commun, Yung chez la Langouste, le Homard, l'Écrevisse, le Crabe, le Tourteau, le Maïa, la Portune, Demoor chez la Portune, le Crabe, le *Pachygrapsus marmoratus*, ont constaté que la destruction totale des ganglions cérébroïdes est accompagnée de la perte complète de la spontanéité, le Crustacé devenant incapable d'effectuer des mouvements volontaires. Il y a naturellement disparition de la sensibilité dans les yeux et les antennes.

On observe, en même temps, la conservation des réflexes dans les membres (même faiblement dans les pinces) et dans toutes les pièces buccales. Les mouvements de ces appendices ne sont plus coordonnés. Souvent, et surtout dans l'eau, l'animal culbute en avant de façon à retomber sur le dos et cela par suite de la perte de la sensibilité dans les appendices céphaliques et de la prédominance des mouvements dans les pattes postérieures.

Ces faits indiquant que les ganglions cérébroïdes sont les centres coordinateurs des mouvements et les centres de la sensibilité consciente, la section des *deux* connectifs péri-œsophagiens qui les relient au reste de la chaîne devait donner des résultats caractéristiques qui ont été constatés en effet. WARD et BETHE, d'une façon très nette, LEMOINE, avec un peu moins de précision, ont vu chez l'Écrevisse que, tant que les ganglions cérébroïdes sont en connexion avec les parties suivantes du système, les mouvements restent intentionnels ; mais, dès que les connectifs sont coupés, les mouvements de tous les appendices innervés par les ganglions sous-œsophagiens et abdominaux, tout en pouvant persister fort longtemps, ne sont plus que réflexes.

Pour WARD et HUXLEY, il n'existerait plus aucun choix dans l'absorption des aliments ; les pièces buccales saisiraient tout ce qu'on leur présente et l'Écrevisse *avalerait* du papier imprégné d'acides ou d'essence de girofle. Si l'on s'y prend convenablement, le Crustacé chercherait même à avaler sa propre antenne. Les observations récentes de BETHE à cet égard sont cependant en contradiction avec celles de ses prédécesseurs : l'Écrevisse conserverait partiellement la propriété de choisir ses aliments ; si le Crustacé saisit au moyen d'une pince de petites pierres ou des fragments de bois et les porte à la bouche, il rejette ces objets dès qu'ils atteignent les pièces buccales. L'acte sur lequel porte l'altération serait précisément, d'après BETHE, celui *d'avaler ;* l'Écrevisse et le Crabe dont on a sectionné les connectifs péri-œsophagiens conservent longtemps entre les pattes-mâchoires le morceau de viande que l'opérateur leur introduit dans la bouche et finissent même parfois par le laisser tomber.

Les phénomènes consécutifs à la section des connectifs sont accompagnés d'attitudes particulières sur lesquelles nous n'insisterons pas afin d'abréger.

La lésion ou la destruction d'un seul ganglion cérébroïde ou la section d'un seul connectif péri-œsophagien amènent des résultats absolument confirmatifs de la conclusion énoncée plus haut quant aux propriétés fondamentales de coordination et de sensibilité consciente des ganglions en question. Ainsi VULPIAN et LEMOINE chez l'Écrevisse, YUNG chez la Portune, PETIT chez le Crabe, STEINER chez l'Écrevisse, le Crabe, le Maïa et chez un Isopode, le Cloporte, DEMOOR chez le Crabe, ont observé, à la suite de la piqûre ou de la destruction d'un seul ganglion cérébroïde, l'abolition de la coordination avec conservation des réflexes seuls du côté lésé, la persistance au contraire des mouvements volontaires du côté sain. Presque toujours, dans cet état, le Crustacé, par suite de la locomotion volontaire dans les pattes répondant au côté intact, effectue un mouvement de manège caractéristique en tournant autour d'un point situé du côté détruit.

DEMOOR, qui a étudié les effets de la lésion des ganglions cérébroïdes, surtout chez un Crustacé nageur placé *dans l'eau,* le *Palœmon serratus,* y a constaté, après lésion latérale interne, c'est-à-dire voisine de la ligne médiane, le mouvement de manège pouvant durer douze jours et le mouvement en rayon de roue (l'animal tournant autour d'un axe vertical passant à peu près par le tiers antérieur de sa longueur) ; ce genre de déplacement résultant « de la diminution du travail d'une moitié du corps et de l'anéantissement partiel des fonctions des centres qui correspondent aux organes des sens de cette partie de l'organisme ». Mais il a vu aussi, après lésion latérale externe des ganglions cérébroïdes, des *Palœmon* présenter le mouvement de roulement autour de l'axe longitudinal, avec, de temps à autre, des culbutes en avant. L'auteur cherche à expliquer ces phénomènes en disant que ces derniers mouvements « dénotant une désorientation organique totale, résultent de l'incoordination des différentes impressions périphériques. Elles font suite à la destruction de ce que nous pourrions appeler le centre d'équilibre. La direction très nette de ces manifestations motrices, la localisation de la lésion qui les produit indiquent que chaque moitié de l'appareil cérébral possède un de ces centres d'équilibre et de direction des mouvements. »

On peut donc conclure sûrement de toutes ces expériences sur les ganglions cérébroïdes des Crustacés que ceux-ci, outre certains centres sensitifs, tels que celui de la vision, renferment les centres de la spontanéité volontaire, de l'équilibration et de la coordination des mouvements ; chacune des moitiés droite et gauche contenant une moitié des centres en question. Le nom de *cerveau* donné par beaucoup de naturalistes à ce groupe sus-œsophagien n'a donc rien d'exagéré.

2° *Ganglions sous-œsophagiens.* — FAIVRE avait cru pouvoir déduire de ses recherches sur un coléoptère, le Dytisque, que les ganglions sous-œsophagiens, outre leur influence incontestable sur les pièces buccales, seraient « le siège de la cause excitatrice et de la puissance coordinatrice des mouvements de locomotion »; VULPIAN, [LEMOINE, et WARD, à la suite de leurs expériences sur l'Écrevisse, s'étaient aussi rangés à une opinion analogue.

Cette manière d'interpréter les faits est erronée : les ganglions sous-œsophagiens du Homard, de l'Écrevisse, des Palœmon se comportent absolument vis-à-vis des appendices qu'ils innervent, *comme les autres ganglions thoraciques ou abdominaux de la chaîne ventrale.* Lorsqu'on les détruit complètement, les pièces de l'appareil masticateur sont paralysées et les mouvements de la partie postérieure du corps deviennent désordonnés, non pas parce que ces ganglions renferment des centres de coordination, mais parce qu'on a simplement rompu, par cette destruction, toute communication entre les ganglions cérébroïdes et les ganglions de la partie suivante de la chaîne. Au point de vue de la coordination des mouvements de marche et de nage, la destruction des sous-œsophagiens donne le même résultat que la section des connectifs entourant l'œsophage. Si la destruction des sous-œsophagiens est unilatérale, on constate la paralysie des pièces buccales et le défaut de coordination dans les mouvements des pattes du côté détruit. Comme les mouvements ont conservé leur intégrité du côté sain, le Crustacé présente encore une fois le mouvement de manège (YUNG).

La section des deux connectifs longitudinaux reliant les ganglions sous-œsophagiens à la partie thoracique de la chaîne amène naturellement aussi, dans les régions thoraciques et abdominales, la suppression des actes volontaires et de la coordination des mouvements. Ainsi, les réflexes étant seuls conservés, les pinces se referment sur des aliments solides qu'on met convenablement en contact avec leur surface, mais elles ont oublié le chemin de la bouche et si, par hasard, elles rencontrent les pièces buccales, elles ne s'ouvrent plus pour lâcher la nourriture (WARD). Les animaux sont en général sur le dos; remis sur le ventre, ils retombent sur le dos. Toute tendance à la marche a disparu; les pattes exécutent des mouvements compliqués, mais rien qui ressemble à des déplacements normaux (BETHE).

Lors de la section d'un seul connectif, l'excitation modérée des organes céphaliques n'amène de mouvements de défense de la part de la pince et des pattes thoraciques que du côté sain. Le mouvement de manège a lieu du côté sain vers le côté opéré (BETHE).

3° *Masse nerveuse thoracique des Crabes.* — Elle est constituée, comme nous l'avons rappelé, de l'ensemble des ganglions sous-œsophagiens, thoraciques et abdominaux et présente au centre une large ouverture livrant passage à l'artère sternale; disposition anatomique qui permet de ne léser, à volonté, qu'une des moitiés, droite ou gauche.

DEMOOR qui procéda surtout par des piqûres au travers de points précis des téguments sternaux, résume ses résultats comme suit : « La lésion du ganglion thoracique entraîne une réaction tétanique de tous les appendices du corps. Elle produit des effets spéciaux (autotomie) localisés dans le membre qui correspond à la région limitée du système nerveux qui a été atteinte ou dans les deux ou trois membres qui se groupent autour de ce point. Si la blessure est trop profonde ou trop brusque, le phénomène de l'autotomie ne se produit pas; on ne l'obtient même plus quand on tente de le provoquer par le traumatisme périphérique... »

4° *Ganglions et connectifs de la partie abbominale des Décapodes macroures.* — Les masses ganglionnaires et les connectifs qui les unissent sont manifestement sensibles sur toute la longueur de la chaîne abdominale. Les connectifs transmettent sensibilité et mouvement également sur leurs deux faces. Chaque ganglion est un centre de sensibilité et de mouvement pour le segment du corps auquel il appartient, mais la sensibilité est inconsciente et les mouvements sont simplement réflexes lorsque le ganglion est séparé de ceux qui le précèdent (c'est-à-dire de la partie du système nerveux qui comprend les ganglions cérébroïdes) (YUNG).

Dans le but d'être moins long, nous avons passé bien des détails; nous avons surtout dû supprimer l'exposé des procédés opératoires que le lecteur trouvera dans les ouvrages cités. Ce que nous avons dit suffit pour montrer à combien de recherches expérimentales le système nerveux des Crustacés a déjà donné lieu.

Quant à l'influence du système nerveux sur les mouvements du cœur, il en sera question plus loin.

Sens. —. Les naturalistes se sont trop souvent hâtés de décerner les noms d'organes tactiles, olfactifs, gustatifs, etc., à des groupes de terminaisons nerveuses périphériques, et cela en se basant soit sur la position des organes en question, soit sur de vagues analogies avec ce que nous offrent les Vertébrés.

Aucune de ces appellations n'a la moindre valeur tant que l'observation et l'expérience ne sont venues démontrer leur bien fondé. C'est pourquoi, laissant de côté les hypothèses stériles, nous ne traiterons que ce qui est reconnu exact.

Sens tactile. — Il est en général fort délicat et est desservi ordinairement par des soies tactiles : poils chitineux mobiles à leur base et dans l'axe desquels est logé le prolongement d'une cellule nerveuse appartenant au réseau cutané.

Ces soies tactiles peuvent s'observer non seulement sur les antennes, mais encore sur la plupart des appendices.

Chez les Crustacés des cavernes, dont les yeux sont atrophiés, on voit, par suppléance, les poils tactiles prendre un développement exagéré et aller même parfois jusqu'à envahir l'emplacement de l'organe visuel (Armand Viré).

Chez un Crabe (*Pachygrapsus*) dont on a détruit les ganglions cérébroïdes, le simple attouchement des poils d'une patte provoque la rétraction du membre (Demoor).

La netteté avec laquelle l'Écrevisse peut distinguer entre les contacts portant tantôt sur la partie externe, tantôt sur la partie interne des deux branches de la pince est vraiment curieuse. Si l'on prend par le dos, en la serrant entre les doigts, une écrevisse bien vivace et qu'on touche la face externe d'une des branches de la pince, les deux branches s'écartent aussitôt. Si, au contraire, on touche même légèrement le bord interne d'une des deux branches, soit de la branche fixe, soit de la branche mobile, alors l'Écrevisse rapproche instantanément les deux branches de la pince (Ch. Richet).

De nombreux auteurs dont l'énumération serait superflue avaient attribué aux palpes des pièces buccales des Insectes, des Myriopodes chilopodes et des Aranéides des rôles plus ou moins importants; ils les considéraient tantôt comme organes olfactifs, tantôt comme organes gustatifs, tantôt, et c'est le cas pour le plus grand nombre, comme des organes servant à tâter les aliments et à les maintenir devant les mandibules durant la mastication. Non seulement l'observation directe ne confirme pas ces hypothèses, mais des expériences multiples à l'aide d'Insectes, de Myriopodes et de femelles d'Aranéides privés de leurs palpes prouvent que ces animaux trouvent leur nourriture et mangent comme les individus intacts (Plateau).

Pour comprendre ce qui concerne les Crustacés et éviter des erreurs, il convient de se rappeler que les organes que l'on nomme communément *palpes* chez ces animaux et qu'il vaudrait mieux appeler *palpiformes*, tout en ressemblant à ceux des Insectes, ne leur sont pas homologues.

Les pattes-mâchoires sont birameuses ; c'est-à-dire que, pour chacune d'elles, une base commune porte deux appendices multi-articulés, un interne et un externe. L'interne, *endopodite*, est l'homologue véritable du palpe des Insectes; l'externe, *exopodite*, appelé vulgairement palpe ne lui est pas homologue c'est un organe palpiforme.

Ici encore l'expérience convenablement conduite démontre que les Isopodes (*Porcellio, Oniscus, Ligia, Asellus*) et les Amphipodes (*Talitrus, Gammarus)* privés des endopodites des pattes-mâchoires externes, les Décapodes (Crabes) auxquels on a enlevé les derniers articles de ces mêmes endopodites, parviennent à se nourrir comme des Crustacés intacts.

Enfin chez les Décapodes (Crabes) les exopodites (palpes dans le sens vulgaire) des pattes-mâchoires n'interviennent en rien lors de la préhension des aliments ou lors de leur introduction dans la bouche.

Aucun de ces organes ne sert donc à tâter, à palper; ils ne sont probablement pas le siège d'un sens particulier, par exemple d'un sens tactile localisé (Plateau).

Sens olfactif. — Les Crustacés ou du moins certain d'entre eux perçoivent évidemment les odeurs. En effet, on prend les Homards, le Tourteau, le Crabe commun en mettant des fragments de chair de poisson ou d'autres animaux dans des casiers ou dans des nasses à tissu serré. Il est non seulement presque impossible de voir de l'extérieur ce qui est dans ces paniers; mais, de plus, les Homards y viennent souvent par les nuits les plus obscures (H. Milne-Edwards, Mac Intosh).

Si l'on cache sous le sable du rivage ou sous un monceau de pierres le cadavre d'un animal, on est sûr de le trouver, au bout de quelques jours, dévoré par les Talitres qui n'ont pu être amenés là que par l'odorat (H. Milne-Edwards).

Le Crabe (*Carcinus mœnas*) distingue fort bien, non à l'aspect qui est sensiblement le même, mais à l'odeur, un morceau de chair pourrie d'un morceau de chair fraîche (Mac Intosh).

Ceci constaté, quel est le siège de l'odorat chez les Crustacés? Il faudrait des expériences multiples et c'est à peine si l'on a tenté quelque chose.

Küster introduisait des Arthropodes dans un vase dont l'atmosphère était saturée d'essence de térébenthine et observait les allures des animaux jusqu'au moment de la mort apparente. Sa conclusion qui s'applique à des Insectes à des Myriopodes et à *un seul Crustacé*, le Cloporte, est que les antennes sont les premiers organes affectés par les vapeurs de l'essence. (On remarquera à propos des antennes du Cloporte que les seules que Küster pouvait voir sont les antennes *externes*.)

Mac Intosh, au contraire, avance que les Crabes dont on a enlevé les antennes *internes* semblent avoir perdu la propriété de percevoir les odeurs.

On voit que dans la voie expérimentale tout reste encore à faire sur ce sujet.

Sens gustatif. — Existe très probablement, mais aucune expérience probante n'a été effectuée pour en déterminer le siège.

Sens auditif. — Nous passons intentionnellement, comme sans valeur au point de vue physiologique, les hypothèses émises quant au rôle auditif de cupules (*calceoli*) ou de poils divers portés par les antennes et autres appendices.

On sait que chez les Mollusques, divers Vers et même d'autres Invertébrés, existent des *otocystes*, capsules membraneuses tapissées, au moins en partie, par des cellules neuro-épithéliales recevant les terminaisons de fibres nerveuses et contenant soit une, soit plusieurs concrétions solides, les *otolithes*. L'analogie d'aspect avec le labyrinthe, les taches acoustiques et les concrétions calcaires de l'endolymphe des Vertébrés était trop grande pour ne pas faire admettre, même sans discussion, qu'il s'agissait là d'organes de l'audition (Voyez l'article **Audition** où toutes ces structures sont décrites).

Des otocystes fermés en tout semblables existent dans les rames internes de l'éventail caudal des Crustacés schizopodes (*Mysis* et genres voisins).

Chez les Crustacés décapodes se rencontrent, dans l'article basilaire des antennes internes ou antennules, des organes que l'on a cherché à rapprocher des otocystes. Chacun d'eux se compose d'une capsule chitineuse ouverte dorsalement (Écrevisse, Langouste, *Crangon Palæmon*, Crabes) garnie à l'intérieur de soies délicates à la base desquelles aboutissent des fibrilles nerveuses provenant de la subdivision d'un tronc nerveux branche du nerf principal de l'antennule, nerf principal émanant d'un renflement ou lobe spécial du *deutocerebron*. Les anatomistes, concluant un peu vite, appellent ce lobe *lobe auditif* et le nerf *nerf de l'audition*.

Des corps solides considérés comme otolithes s'observent dans ces otocystes, excepté chez les *Carcinus* et autres Crabes qui n'en possèdent jamais. Ces prétendus otolithes consistent en grains de sable et corps étrangers analogues introduits mécaniquement par le Crustacé lui-même (Hensen).

La théorie que l'on reproduit partout au sujet de ces organes peut se résumer comme suit : les vibrations sonores transmises par l'eau au contenu liquide et solide de l'otocyste influencent l'extrémité des soies sensorielles. Celles-ci, de longueurs inégales, jouent le rôle d'analyseurs; une seule ou quelques-unes seulement étant susceptibles d'entrer en vibration pour chaque son fondamental. Hensen, par l'observation microscopique des soies de l'otocyste fermé du *Mysis*, tandis que l'on produisait des sons au voisinage du microscope, crut démontrer cette hypothèse, perdant de vue que le même résultat serait obtenu par les soies quelconques suffisamment mobiles portées par un appendice quelconque de la surface de l'animal.

Hensen crut aussi avoir prouvé que les Crustacés entendent réellement, en constatant les bonds énergiques qu'effectuaient, au moindre bruit, des *Palæmon* et des *Mysis* placés dans de l'eau de mer additionnée de strychnine.

Malheureusement pour ceux que cette accumulation artificielle d'arguments a illusionnés, deux ordres de faits résultant d'expériences viennent ruiner tout le système :

1° Malgré leur analogie avec un labyrinthe, les otocystes ne sont probablement pas auditifs. Ces organes paraissent renseigner l'animal sur sa direction pendant le mouvement et sur son attitude pendant le repos : la pression, sur les soies sensitives, soit de l'otolithe unique, ou des otolithes multiples, soit de l'eau seule, dans le cas où ces corps solides font défaut, pression qui résulte de l'inertie et dont le sens dépend des déplacements du Crustacé ou de sa position, suffit pour déterminer une excitation nerveuse amenant, par voie réflexe, les mouvements des membres nécessaires à l'équilibre.

Voici, à ce sujet, l'énumération rapide de quelques faits dont on trouvera l'étude détaillée dans les travaux spéciaux sur la matière.

Chez *Mysis*, la suppression seule des otocystes de la nageoire caudale amène l'animal à nager sur le dos (BETHE); l'ablation simultanée des yeux détermine des mouvements de rotation autour de l'axe longitudinal (DELAGE).

Chez les Décapodes macroures, les phénomènes différant un peu, suivant les expérimentateurs, sont : chez *Palæmon* la suppression des otocystes et des yeux, chez *Gebia* l'ablation des antennes internes, chez l'Écrevisse l'ablation des otocystes seuls ou des otocystes et des pinces (élément non négligeable) sont suivis de troubles graves de l'équilibration, mouvement de rotation, chutes répétées sur le dos après lesquelles les Crustacés se relèvent péniblement pour culbuter encore (DELAGE, BUNTING, BETHE).

Chez les Décapodes brachyures où les otolithes manquent, on a observé des phénomènes du même ordre après extirpation des antennes internes. Ainsi chez les *Corystides* chez *Carcinus*, chez *Polybius*, *Gelasimus pugilator*, *Platyonichus ocellatus*, se constatent des chutes fréquentes sur le dos, souvent en arrière, la rotation autour de l'axe longitudinal, etc. La destruction simultanée des yeux ou la suppression de la fonction visuelle par l'application d'un vernis noir, tantôt exagérant les troubles d'équilibration, tantôt paraissant ne pas avoir d'influence sensible (DELAGE, CLARK).

C'est bien ici le fait de l'extirpation des otocystes et non celui de la destruction des antennes qui produit les troubles observés, car l'enlèvement des articles des antennes internes situés au delà de l'article basilaire contenant l'otocyste, ou la destruction des antennes externes n'ont pas d'effet sur le maintien normal de l'équilibre (CLARK).

2° Les Crustacés décapodes *n'entendent pas*, dans le sens où nous comprenons le mot entendre. Comme tous les Invertébrés et même comme les Poissons (recherches d'ALOÏS KREIDL), ils ne perçoivent que des trépidations et des ébranlements. Leur prétendue audition n'est qu'une perception tactile (P. BONNIER).

Le *Pilumnus hirtellus* (Crabe) qui sort de son trou et se saisit d'une des Tellines (Mollusques) logées sur les cailloux de sa retraite, dès que celle-ci, entr'ouvrant sa coquille, fait saillir son pied et se déplace, a seulement perçu l'ébranlement déterminé par la progression du Mollusque, ébranlement qui s'est transmis par la pierre jusqu'au corps du Crustacé. En effet, il suffit de gratter légèrement cette pierre à l'aide d'un fil métallique pour voir le *Pilumnus* sortir de sa cachette, tâter avec une patte l'endroit gratté, saisir le fil métallique et l'attirer à lui (RACOVITZA).

Les bonds effectués par les *Palæmon* de HENSEN empoisonnés à l'aide de strychnine ne sont en aucune manière la preuve de perceptions auditives. Les Poissons strychnisés et *dont les labyrinthes sont détruits* réagissent exactement vis-à-vis des bruits un peu forts amenant un ébranlement de l'eau, comme les Poissons strychnisés, mais à labyrinthes intacts. Les uns et les autres restant absolument insensibles aux sons musicaux ou aux bruits modérés produits au voisinage de l'aquarium et transmis seulement par l'air; ils n'effectuent de mouvements que si le bruit est assez brusque et intense (décharge d'une arme à feu, battements de mains, etc.), pour ébranler le support, les parois du réservoir et l'eau (ALOÏS KREIDL).

Sens visuel. — La description des structures souvent assez compliquées des yeux soit simples, soit composés des Crustacés ne rentre pas dans le cadre de cet article. Laissant aussi de côté les théories émises sur la vision de ces animaux, nous nous bornerons aux faits démontrés par l'expérience.

a) *Perception de la lumière.* — Elle paraît évidente *a priori*; en effet certains Crustacés sont *leucophiles*, recherchent les régions éclairées; d'autres sont *leucophobes*, se cachent dans des endroits obscurs; les *Nauplius* (larves) de Balanes semblent effectuer en partie leurs excursions verticales au sein de l'eau sous l'influence de la lumière (GROOM et LOEB).

Les *Niphargus puteanus* (Amphipodes des eaux souterraines) dont les yeux incomplètement développés sont dépourvus de pigment, placés dans une éprouvette contenant de l'eau, couchée horizontalement et entourée sur une partie seulement de sa longueur par un manchon mobile de papier noir, se tiennent dans la partie obscurcie par le manchon et viennent s'y blottir de nouveau lorsqu'on déplace celui-ci (PLATEAU, ED. VAN BENEDEN).

Il ne faut cependant jamais oublier que des causes diverses peuvent déterminer les phénomènes en question. Les changements fréquents et irréguliers de direction des *Nauplius*, de *Balanus perforatus*, et l'indifférence pour la lumière des *Nauplius*, de *Lepas pectinata*, font supposer que dans les observations sur ce qu'on appelle l'*héliotropisme* des larves naupliennes les rayons calorifiques jouent un rôle important (C. VIGUIER).

D'autre part, même en supposant que l'expérimentateur ait pris la précaution d'écarter l'influence de la chaleur, les résultats des recherches modernes sur les *perceptions dermatoptiques* (perception de la lumière par l'intermédiaire des terminaisons nerveuses cutanées) chez de très nombreux animaux, Insectes, Myriopodes, Mollusques, Annélides, etc., normalement aveugles ou artificiellement aveuglés, permettent d'admettre que chez les Crustacés, surtout ceux à téguments minces, la distinction entre la lumière et l'obscurité peut s'effectuer par une grande partie de la surface du corps. En d'autres termes, chez les Crustacés, comme les autres Arthropodes, les yeux *ne sont pas les seuls organes* donnant à l'animal la faculté d'apprécier l'intensité relative de l'éclairage.

D'après certains expérimentateurs, la différence dans l'intensité de la lumière ne constitue pas la cause unique des déplacements dans un sens déterminé. Il conviendrait d'établir une distinction entre *photopathie* (GRABER)´ou effet de la différence d'intensité, et *phototaxie* ou effet de la direction des rayons lumineux. Ainsi, si avec des précautions convenables on éclaire un récipient plat, plein d'eau, renfermant des Daphnies, au moyen d'une lampe, *placée à distance*, dont les rayons traversent un baquet de verre à fond incliné contenant de l'eau légèrement noircie par de l'encre de Chine et recouvrant le récipient, la région la plus profonde du baquet, celle où la couche de liquide obscurcissant est la plus épaisse, étant la plus rapprochée de la lampe, on voit les Daphnies, animaux leucophiles, se déplacer cependant de la partie la plus éclairée de leur récipient vers la partie la plus obscurcie, c'est-à-dire marcher, malgré une diminution graduelle d'éclairage, dans le sens des rayons lumineux et *vers la source de lumière* (C. B. DAVENPORT et W. B. CANNON).

b) *Perception des formes et des mouvements.* — Tandis que les observations et les expériences sur la vision des Myriopodes, des Insectes et des Arachnides ont été nombreuses dans ces dernières années, les expérimentateurs ont un peu négligé les Crustacés. Les seules recherches expérimentales sérieuses concernent les yeux composés des Décapodes. Disons d'abord, pour empêcher les naturalistes de retomber dans une erreur souvent commise, que tout œil composé l'image des objets extérieurs est *unique et droite*. Les petites images multiples renversées observées par beaucoup d'auteurs, parmi lesquels en dernier lieu VIALLANES, sont produites exclusivement par les facettes cornéennes dans des préparations défectueuses.

Cette image *unique et droite* peut se produire par deux moyens distincts : ou bien par juxtaposition de petits champs lumineux sur la zone des éléments rétiniens (*Appositionsbild* de EXNER), c'est le cas pour les yeux exceptionnels de *Limulus* et de *Squilla mantis*; ou bien par superposition : chaque point de l'image résultant de la convergence de rayons émanant du point correspondant de l'objet, mais ayant traversé des cônes réfringents distincts (*Superpositionsbild* de EXNER), cas de l'œil à facettes de beaucoup d'Insectes et de l'œil composé de la plupart des Crustacés (SIG. EXNER).

Les expériences de PLATEAU sur les Insectes et celles de EXNER spécialement sur l'œil de *Lampyris splendidula* avec reproduction photographique d'image rétinienne, prouvent que la vision de ces animaux est plus ou moins confuse, comparable, comme le dit EXNER, à celle qui s'opère à l'aide de la périphérie de la rétine humaine: Tandis que l'œil des Vertébrés est surtout, dit-il, organisé pour la perception exacte des formes des objets, l'œil à facette des Insectes sert, au contraire surtout, à la perception des mouvements.

L'œil à facette affectant, en effet, la forme d'une portion de sphère, ne peuvent fonctionner utilement que celles des unités tubuleuses qui ne font pas un angle trop prononcé avec les rayons émanant d'un point éclairé; mais, si ce point se déplace, les rayons prendront successivement des directions convenables pour d'autres groupes d'unités tubuleuses.

L'analogie de structure entre les yeux composés des Décapodes et ceux des Insectes permettait de supposer que la vision chez ces Crustacés s'effectue suivant les mêmes principes. L'expérience a montré que cette hypothèse était exacte : on constate que dans les yeux de ces animaux se produit une seule image droite à contours reconnaissables et, d'une façon générale, peu nette (G. H. PARKER). Aussi, en résumé, vision des formes *certainement* assez confuse, vision des mouvements probablement aussi intense que chez les Insectes.

c) *Phénomènes photomécaniques.* — On sait que chez les Vertébrés l'action de la lumière a pour effet de déterminer un déplacement du pigment contenu dans les prolongements en forme de franges des cellules de l'épithélium rétinien. Dans l'œil maintenu à l'obscurité, le pigment occupe un espace restreint; au contraire, dans l'œil éclairé, il s'étend de façon à envelopper latéralement les éléments récepteurs. Des faits du même genre ont été observés chez les Insectes (MICHELINE STEFANOWSKA, S. EXNER), chez les Arachnides (WANDA SZCZAWINSKA), chez les Mollusques céphalopodes (RAWITZ), enfin chez les Crustacés dont nous parlerons plus spécialement. De sorte qu'il s'agit évidemment d'un phénomène commun à la plupart des animaux métazoaires.

Dans une coupe de l'œil d'un Crustacé maintenu dans l'obscurité et tué aussi dans l'obscurité, on constate que le pigment noir ou noirâtre occupe deux zones : l'une distale ou près de la surface, le pigment entourant là la portion des cônes voisins des facettes cornéennes, l'autre proximale ou profonde, en contact ou presque en contact avec le ganglion optique.

Dans cette zone profonde existent, en réalité, deux espèces différentes de pigments : le premier, déplaçable, contenu dans le corps des cellules rétiniennes; le second, enveloppant *extérieurement* lesdites cellules, noirâtre par transmission, brillant, argenté par réflexion et fonctionnant comme le tapis des vertébrés.

Au contraire, dans l'œil d'un Crustacé qui a été soumis pendant un certain temps à la lumière, au soleil surtout, et qu'on a tué aussi en pleine lumière, la zone pigmentaire distale et le pigment contenu dans les cellules rétiniennes seront tous deux rapprochés, venant l'un et l'autre occuper la région moyenne de l'œil. La zone distale est descendue plus bas que les pointes des cônes réfringents et le pigment rétinien est remonté de façon à envelopper complètement le *rhabdome*, c'est-à-dire le faisceau des terminaisons réceptrices des cellules rétiniennes et à *s'interposer entièrement entre ces terminaisons et le tapis.*

Ces résultats, avec quelques variantes, ont été obtenus chez de nombreuses formes différentes, telles que : *Branchipus* (Phyllopode), *Gammarus*, *Phronima* (Amphipodes), *Astacus*, *Palæmon*, *Palæmonetes*, *Nika*, *Sicyona*, *Galathœa* (Macroures), *Pagurus* (Anomoure), *Dromia*, *Maïa*, *Pisa*, *Portunus* (Brachyures) (VANDA SZCZAWINSKA, Sig. EXNER, G. H. PARKER).

Ajoutons que les expériences effectuées sur les yeux de *Palæmonetes* montrent : 1° que chez l'animal vivant dont l'un des organes visuels est soumis durant plusieurs heures à la lumière, tandis que l'autre est maintenu dans l'obscurité, les deux yeux sont indépendants : le déplacement de pigment déterminé par la lumière dans l'œil éclairé ne se produit pas ou ne se produit que très faiblement dans l'œil non éclairé; 2° que les migrations de pigment consécutives à l'action de la lumière ou de l'obscurité ont encore lieu dans des yeux de Crustacés détachés du corps et même dans des éléments rétiniens séparés du ganglion optique. Ce qui démontre, par conséquent, que les centres nerveux n'ont aucune action sur le phénomène (G. H. PARKER).

d) *Phénomènes photochimiques.* — Tous les physiologistes savent que le segment extrême des bâtonnets de la rétine des Vertébrés contient une matière colorante rouge découverte par BOLL (Pourpre rétinien, rhodopsine, érythropsine ou chromatopsine) et que cette matière, qui disparaît rapidement sous l'influence de la lumière, se régénère dans l'obscurité.

Des faits analogues, sans être absolument identiques, ont été observés chez les Mollusques céphalopodes et chez de nombreux Arthropodes.

Le rhabdome ou faisceau des éléments récepteurs homologue des bâtonnets des vertébrés est coloré en rose chez les *Astacus* et les *Squilla* (J. CHATIN). Chez la Langouste (*Palinurus*), cette coloration rose du rhabdome, visible dans l'œil frais, s'évanouit par l'exposition à la lumière (VIALLANES).

L'action photochimique semble cependant beaucoup moins rapide que pour l'œil des Vertébrés, la teinte rose ou rougeâtre persistant notablement plus longtemps (J. CARRIÈRE).

e) *Phénomènes électriques.* — Si, chez un Vertébré, les deux électrodes d'un circuit dans lequel est interposé un galvanomètre très sensible sont en rapport avec deux points de la surface du corps, la peau ayant été amincie ou enlevée en ces points afin d'obtenir un contact plus intime, on peut observer une déviation de l'aiguille du galvanomètre, c'est-à-dire constater l'existence d'un courant; seulement ce dernier reste le même, que l'animal soit dans l'obscurité ou soit éclairé. Les choses sont tout autres si *la rétine du sujet est interposée* dans le trajet, l'une des électrodes étant en contact avec le derme ou le tissu conjonctif sous-cutané dorsal, l'autre avec la cornée d'un des yeux. L'action des rayons lumineux sur l'œil *normal* amène immédiatement une variation positive du courant; le phénomène étant plus intense avec une lumière vive qu'avec une lumière faible et, toutes choses égales d'ailleurs, offrant son maximum pour la région jaune verte du spectre, décroissant, au contraire, pour les régions rouge et violette. Ces faits ont été présentés par des Mammifères, des Oiseaux, des Reptiles, des Amphibies et des Poissons (J. DEWAR).

Les Arthropodes, parmi lesquels des Crustacés ont offert des résultats semblables : Un Homard est maintenu immobile en l'enveloppant d'un linge; l'une des électrodes est en contact avec le tissu conjonctif des téguments dorsaux, au travers d'une petite ouverture faite au trépan; la seconde électrode est en rapport avec les facettes cornéennes d'un des yeux. L'action de la lumière sur cet œil amène aussi une variation positive du courant marchant de l'œil au dos, et même ici cet accroissement est notablement plus marqué que pour l'œil des Vertébrés. Mêmes faits chez *Hyas coarctatus, Portunus puber, Platycarcinus pagurus, Pagurus Bernhardus* (J. DEWAR).

Des recherches sur l'Écrevisse ont permis de vérifier certains détails que DEWAR avait constatés chez les Vertébrés, c'est-à-dire : 1° que si l'expérience est répétée plusieurs fois à de courts intervalles, sur le même individu, la fatigue rétinienne se traduit par des déviations galvanométriques plus faibles; 2° que l'intensité de la lumière produit des différences marquées; 3° que l'action la plus forte est déterminée par la région jaune verte du spectre.

Ces recherches sur l'Écrevisse *semblent* aussi prouver que la source électromotrice réside bien dans les éléments profonds, c'est-à-dire rétiniens de l'œil du Crustacé. Prenons en effet l'exemple suivant, parmi d'autres : a) Écrevisse disposée suivant la méthode de DEWAR; lumière blanche extrêmement faible; la déviation du galvanomètre ne dépasse pas 3°; b) L'ensemble des cornéules est incisé et l'électrode placée dans la masse bacillaire de l'œil; aussitôt la déviation s'affirme par une rapide impulsion et ne tarde pas à atteindre 30° (J. CHATIN).

Perception des couleurs. — Divers auteurs, PAUL BERT, JOHN LUBBOCK, FOREL, G. et E. PECKHAM ont cru pouvoir déduire des résultats d'expériences sur des Daphnies, des Guêpes, des Abeilles, des Fourmis, des Bourdons et des Araignées, effectuées soit en se servant de papiers colorés, soit de liquides ou de verres colorés, soit enfin de différentes parties du spectre solaire, que les *Arthropodes distinguent les couleurs et les apprécient à peu près comme nous.*

Sans mettre en doute le soin et l'ingéniosité avec lesquels ces recherches ont été conduites, il convient de faire les plus expresses réserves quant aux conclusions qu'on en a tirées. Nous ne parlerons ici que des expériences sur les Crustacés.

PAUL BERT procéda comme suit : 1° un vase à parois noircies, plein d'eau et contenant un grand nombre de Daphnies (*Daphnia pulex*), ne peut recevoir de lumière que par une fente étroite. Les différentes régions du spectre sont successivement projetées sur la fente. Les Daphnies s'accumulent rapidement dans la petite zone éclairée, quelle que soit sa couleur; seulement la région jaune verte est manifestement la plus attractive.

2° Les Daphnies nombreuses sont dispersées dans une auge oblongue à parois transparentes. On fait tomber sur celle-ci le spectre entier qui éclaire le milieu du vase, les deux extrémités restant dans l'obscurité. Les Crustacés se groupent de la manière suivante : l'immense majorité dans le jaune, le vert, l'orange; ailleurs ils sont rares; au delà du rouge, au delà de l'ultra-violet, on n'en voit que d'isolés en promenade accidentelle.

L'éminent physiologiste conclut : « Tous les animaux voient les rayons spectraux que nous voyons. Ils ne voient aucun de ceux que nous ne voyons pas. Dans l'étendue de la région visible, les différences entre les pouvoirs éclairants des différents rayons colorés sont les mêmes pour eux et pour nous. »

John Lubbock a repris ces expériences en dispersant 50 Daphnies dans une auge étroite et allongée pouvant, à un moment donné, être divisée par des cloisons verticales en verre. Un spectre solaire est projeté sur l'eau, l'exposition dure dix minutes, on place ensuite des cloisons séparatrices de manière à isoler les groupes d'animaux, répondant à chaque région spectrale, puis on compte, dans chacun des compartiments le nombre d'individus qui s'y trouvent.

Le résultat d'une série d'expériences fut encore une préférence marquée des Crustacés pour la région jaune verte, avec incontestablement maximum dans le vert, bien que le jaune soit, pour nous, la région la plus lumineuse du spectre.

Ces recherches ne démontrent pas ce que leurs auteurs voulaient prouver. On oublie généralement que *l'impossibilité pratique* de donner à deux éclairages de couleurs différentes *la même intensité absolue* rend illusoires toutes les expériences faites pour constater si les animaux, autres que les Vertébrés perçoivent les couleurs.

En outre, les préférences que peuvent montrer tel Insecte ou tel Crustacé pour une lumière ou une surface d'une couleur déterminée, portion du spectre, verre coloré, solution colorée, papier coloré, etc., *ne prouvent pas du tout la distinction des couleurs*, étant donné qu'on sait, depuis les observations de V. Graber et d'autres, que les Invertébrés se divisent en leucophiles et leucophobes, que les leucophiles soumis à des lumières colorées choisissent toujours celle qui répond aux rayons très réfrangibles. (*Idotea tricus pidala* [isopode] par exemple), qui est fort leucophile, ayant le choix entre une lumière rouge clair et une lumière violet foncé, se rend vers le violet (Graber), que les leucophobes, au contraire, recherchent constamment les rayons de moindre réfrangibilité, le rouge leur produisant l'effet d'une obscurité soit relative, soit totale.

Dans le cas des Daphnies, celles-ci se groupent dans la partie verte ou jaune verte du spectre, parce qu'elles sont un peu leucophiles, tout en fuyant, on peut le constater, la lumière blanche trop intense.

Les expériences dues à C. de Merejkowsky faites à l'aide de larves naupliennes de *Balanus* et d'un Copépode marin, le *Dias longiremis*, confirment en grande partie notre thèse.

Dans un vase obscur ces Crustacés se dispersent de tous côtés; si, par une fente, dans le revêtement noirci, on laissait pénétrer soit la lumière du jour, soit une lumière à peu près monochromatique quelconque, ils se rassemblaient en nuée près de cette fente. Si par *deux* fentes situées à une certaine distance l'une de l'autre entraient, par l'une la lumière du jour, par l'autre une lumière colorée obtenue en faisant passer les rayons lumineux au travers d'un liquide coloré (fuchsine, chromate de potasse, sulfate de nickel, bleu de Naples; violet de Parme) les animaux montraient une préférence marquée pour la fente blanche. Si les deux fentes recevaient de la lumière colorée plus lumineuse, telle que le jaune pour la première, plus sombre, telle que le violet pour la seconde, les Crustacés se portaient surtout vers le jaune. Même résultat lorsque les couleurs étaient autres, mais toujours différentes au point de vue lumineux. En employant des éclairages inégaux, en tournant, par exemple, une des fentes vers une fenêtre, l'autre vers l'intérieur de l'appartement, on constatait constamment plus d'animaux vis-à-vis de la fente la plus éclairée. Enfin, en mettant une solution violette devant la fente recevant directement la lumière du dehors et une solution jaune devant l'autre, il était possible, par une orientation convenable du vase, d'obtenir des intensités lumineuses *presque* égales. Les Crustacés se répartissaient alors également en face des deux ouvertures.

Merejkowsky formule les conclusions ci-dessous, que nous abrégerons quelque peu : ce qui agit sur les Crustacés, ce n'est point la qualité de la lumière, c'est sa quantité. Autrement dit, les Crustacés inférieurs ont la perception de toute onde lumineuse et de toutes les différences, même très légères, dans son intensité; mais ils ne sont point capables de distinguer la nature des ondes de différentes couleurs. Nous percevons les couleurs comme couleurs, *ils ne les perçoivent que comme lumière.*

Ces conclusions sont un peu trop absolues; si les recherches récentes conduisent à penser que les Arthropodes ne distinguent probablement pas les couleurs comme l'œil humain les distingue, rien ne nous autorise cependant à affirmer qu'ils ne perçoivent aucune différence entre des lumières n'ayant pas mêmes longueurs d'ondes et certaines expériences ingénieuses de Lubbock, que nous ne pouvons détailler ici, *paraissent* effectivement prouver que si pour les Daphnies le rouge est à peu près synonyme d'obscurité (fait qui, on accord avec ce que nous disions plus haut), le jaune leur offre un attrait spécial. Ce qui, on ne saurait trop le répéter, ne signifie pas que le rouge soit perçu comme rouge, le bleu comme bleu et le jaune comme jaune.

g) Perception de l'ultra-violet. — Les Vertébrés ne peuvent, sans artifice spécial, voir la partie ultra-violette du spectre; mais d'autres animaux ne sont-ils point capables d'être impressionnés par ces rayons?

En utilisant la propriété qu'ont certains liquides, tels que le sulfure de carbone et mieux encore une solution aqueuse d'esculine, d'intercepter les rayons ultra-violets, tandis que des corps, comme le verre de cobalt violet foncé, laissent passer beaucoup d'ultra-violet tout en arrêtant les autres rayons du spectre, John Lubbock et Aug. Forel ont prouvé que les Fourmis perçoivent l'ultra-violet. Cette perception, ainsi que Forel l'a spécialement démontré dans des expériences comparatives sur des Fourmis intactes et des Fourmis aveuglées, a lieu à l'aide des yeux et n'est pas dermaloptique.

Pour le groupe des Crustacés, nous ne connaissons, sur ce sujet, que des recherches de Lubbock sur les Daphnies. Celles-ci aussi perçoivent l'ultra-violet. La conclusion de Paul Bert que chez *tous* les animaux les limites de perception visuelle sont les mêmes que pour l'homme, c'est-à-dire qu'ils sont incapables de percevoir les parties du spectre que nous ne voyons pas, est donc inexacte.

V. Digestion. — Nous ne pouvons donner ici une description détaillée du tube digestif, nous rappellerons seulement, pour l'intelligence de la partie physiologique du sujet, les points essentiels suivants :

1º Comme celui de tous les Arthropodes, le canal alimentaire se compose de trois régions successives dont l'antérieure (intestin buccal ou *stomatodæum*) ainsi que la terminale (intestin terminal ou *proctodæum*) sont le résultat d'invaginations de l'ectoderme et sont, par suite, toujours revêtues au dedans de couches chitineuses s'opposant à l'absorption, tandis que la moyenne (intestin moyen ou *mesenteron*) tapissée, jusque dans ses annexes glandulaires par un épithélium d'origine endodermique, privée de revêtement chitineux, est seule le siège de l'absorption des produits de la digestion.

2º L'intestin buccal ou *stomatodæum* ou bien est un simple tube œsophagien ascendant (Entomostracés), ou bien se subdivise en deux parties : un œsophage étroit ascendant et une portion élargie munie, à l'intérieur, de plis, de saillies ou de lamelles mus par des muscles nombreux et garnis d'un revêtement chitineux se relevant fréquemment en soies raides ou en épines (Décapodes, Isopodes, Amphipodes). Cette portion a reçu, suivant les idées qu'on s'est faites de son fonctionnement, les noms d'*estomac, estomac masticateur, poche malaxatrice.*

Des glandes débouchant dans la bouche, dans l'œsophage ou le plus souvent à la base des pièces buccales, ont été regardées comme salivaires?

3º L'intestin moyen ou *mesenteron*, sans revêtement interne chitineux, comme nous l'avons dit plus haut, présente presque toujours à son extrémité antérieure (Décapodes, Isopodes, Amphipodes, Nébalides), parfois répartis suivant sa longueur (Stomatopodes) des diverticules glanduleux simples ou ramifiés qu'on dénomme *foie, hépato-pancréas, glandes digestives,* etc., encore une fois d'après les opinions diverses sur leur fonctionnement. Ces diverticules ne doivent pas être confondus avec les cœcums plus ou moins longs que l'on observe à l'origine ou à la terminaison de l'intestin de certains Décapodes (Brachyures et Pagurides). Enfin, chez beaucoup d'Amphipodes, l'intestin moyen offre aussi des diverticules à son extrémité postérieure; on les a comparés aux tubes de Malpighi ou tubes urinaires des Insectes, mais, vu leur origine, ils ne leur sont évidemment pas homologues.

La longueur relative de l'intestin moyen est variable; elle peut être fort réduite.

4° L'intestin terminal ou proctodæum, tapissé, comme l'intestin buccal, par un revêtement chitineux, est ordinairement court. L'anus est dorsal chez les Entomostracés, ventral chez les Malacostracés. Chez les femelles suceuses de plusieurs Isopodes parasites (Entoniscides), l'intestin terminal et l'anus manquent (ARNOLD LANG).

Les recherches sérieuses sur les phénomènes digestifs ont porté principalement sur les Décapodes, accessoirement sur les Isopodes.

Glandes dites salivaires. — Des glandes tubuleuses logées dans les parois de l'œsophage de l'Écrevisse et probablement d'autres Décapodes débouchent dans le tiers antérieur du tube œsophagien (MAX BRAUN); on ignore leur fonction réelle.

Rôle mécanique de la portion dilatée de l'intestin buccal (estomac, estomac masticateur des auteurs). — La plupart des naturalistes, frappés de l'aspect des saillies chitineuses de cet organe, saillies mues par des muscles puissants s'insérant, par une de leurs extrémités, sur le revêtement tégumentaire du corps, n'ont pas hésité à attribuer à cette région du tube digestif un rôle comparable à celui du gésier des oiseaux granivores.

Des observations suivies seraient nécessaires; mais il est au moins certain que l'action attribuée aux saillies chitineuses mobiles a été exagérée. En effet, quand on nourrit des Crabes (*Carcinus mœnas*) avec de la viande de bœuf crue et qu'on ouvre la poche digestive quelque temps après le repas, on constate que la chair n'est pas découpée, mais déchirée par traction en un long ruban irrégulier (PLATEAU). Chez le Cloporte (*Oniscus*) nourri de feuilles sèches, on voit l'intestin rempli de particules allongées paraissant autant de bouchées enlevées par les pièces buccales, comme si les saillies du prétendu estomac masticateur étaient incapables de dissocier un parenchyme de feuille morte (MAXILLE IDE). Chez d'autres Cloportes, dont l'alimentation se composait de fécule de pomme de terre formée de grains intacts, les excréments blancs de ces animaux renfermaient, il est vrai, à côté de grains de fécule inaltérés, un grand nombre de grains brisés (M. IDE). Cela ne signifie pas pour nous que les pièces du soi-disant estomac fussent susceptibles de rompre les grains de fécule, l'action des liquides digestifs pouvant avoir amené ce résultat.

C'est pour ces motifs que, jusqu'à preuve du contraire, nous préférons au nom essentiellement fautif d'estomac masticateur celui plus rationnel de *Poche malaxatrice* proposé par MAXILLE IDE déjà cité. « En résumé, dit-il, plaques et pointes servent à malaxer les aliments plus ou moins énergiquement avec les liquides digestifs. »

Chez certains Décapodes (*Stenorhynchus phalangium*), les téguments sont parfois assez minces pour permettre d'observer par transparence les pièces de l'armature de la poche malaxatrice. En pratiquant une incision sur le bord postérieur de la carapace et en excitant avec la pointe d'un scapel, on peut provoquer des contractions musculaires, des mouvements des pièces chitineuses de la poche et analyser, jusqu'à un certain point, ces mouvements (F. MOQUARD).

Digestion proprement dite. — Toutes les recherches récentes, depuis 1877, prouvent que, très certainement, chez les Décapodes et probablement chez les autres Crustacés, la digestion, c'est-à-dire la transformation des aliments en produits assimilables, se fait exclusivement sous l'influence du liquide sécrété par les diverticules glandulaires annexés à la partie antérieure de l'intestin moyen, liquide qui, chez les Décapodes par exemple, coule dans la poche malaxatrice.

Ce liquide étant jaunâtre, brunâtre ou verdâtre et souvent aussi à saveur amère, les anciens naturalistes l'appelaient *bile*, et donnaient le nom de *foie* à l'ensemble des diverticules sécréteurs. Laissons de côté ces idées surannées pour ne nous occuper que des faits aujourd'hui bien démontrés.

La coloration du liquide digestif (Homard, Écrevisse, Tourteau, Crabe, Pagure) est due à des pigments reconnaissables spectroscopiquement : lutéines, entérochlorophylles, hématine (MAC-MUNN). L'examen spectroscopique montre qu'il n'existe pas de relation étroite entre ces mêmes pigments et ceux du sang des Crustacés (KRUKENBERG).

Le liquide digestif peut s'obtenir dans un état de grande pureté à l'aide d'une fistule permanente avec canule métallique (STAMATI). Ce liquide, chez les Décapodes (Écrevisse), peu ou point visqueux, a une réaction alcaline lorsque la poche malaxatrice ne contient pas d'aliments; la réaction légèrement acide observée par HOPPE-SEYLER et GRIFFITH chez l'Écrevisse et le Crabe ne se présente que durant la digestion, l'acide prenant naissance dans la poche (STAMATI).

Le liquide digestif contient au moins trois ferments, peut-être quatre : 1° un ou deux ferments peptonisants, isolables par précipitation au moyen de l'alcool au sein du liquide filtré et redissolution soit dans l'eau, soit dans la glycérine. Ce ou ces ferments dissolvent l'albumine coagulée et mieux la fibrine fraîche, à la température ordinaire; l'action étant naturellement plus rapide à une température plus élevée.

Chez l'Écrevisse, l'addition de traces d'acide chlorhydrique ralentit le phénomène et quelques gouttes de cet acide à 0,2 p. 100 l'arrêtent complètement; ce qui ferait supposer un ferment semblable, sinon identique, à la trypsine pancréatique des Vertébrés (HOPPE-SEYLER) et l'absence totale de pepsine. Mais les observations sur d'autres Décapodes (Homard, Maïa, Crabe, *Eriphia*) ont démontré, au contraire, l'existence d'un ferment pepsique à côté du ferment trypsique (KRUKENBERG, CATTANEO). Ce qui peut ici induire en erreur, c'est l'inégale rapidité d'action des deux ferments : ainsi, l'extrait glycérique des diverticules digestifs (vulgairement foie) du Homard acidifié par 0,2 p. 100 d'acide chlorhydrique ne peptonise la fibrine crue qu'en deux ou trois heures, tandis que la transformation ne demande qu'une demi-heure lorsque le milieu est rendu alcalin par l'addition de 2 p. 1000 de soude (KRUKENBERG).

2° Un ferment saponifiant dédoublant les graisses, à la température ordinaire, en acide gras et glycérine et déterminant rapidement une émulsion permanente au sein d'huile parfaitement neutre (HOPPE-SEYLER, STAMATI).

3° Enfin un ferment diastasique ou saccharifiant transformant l'amidon en sucre (HOPPE-SEYLER, KRUKENBERG). Le liquide aurait aussi une action inversive, transformant le sucre de canne en sucre interverti (STAMATI).

Le liquide digestif des Crustacés a donc une certaine analogie avec le suc sécrété par le pancréas des animaux supérieurs, mais il ne lui est pas identique.

Rôles multiples des diverticules antérieurs de l'intestin moyen (foie des auteurs, pancréas, hépato-pancréas, etc.). Chez les Décapodes, leur ensemble, qu'il convient d'appeler tout simplement *glande digestive*, forme deux masses volumineuses jaunâtres ou brunâtres logées de chaque côté de l'intestin, dans le céphalo-thorax. Chacune de ces masses est composée de nombreux tubes ou cœcums s'abouchant avec un canal collecteur qui s'ouvre lui-même dans l'intestin moyen, très près de la poche malaxatrice.

L'épithélium des tubes comprend des cellules de deux espèces : 1° des cellules à graisse (*Fettzellen* de FRENZEL), cellules cylindriques dont le protoplasme entoure de nombreuses vacuoles arrondies remplies de graisse liquide; 2° des cellules à ferments (*Fermentzellen* de MAX WEBER et de FRENZEL) très volumineuses, plus ou moins en forme de massues, à portion profonde effilée, interposées entre les précédentes; outre un protoplasme peu abondant et le noyau, elles contiennent une grosse vésicule remplie d'un liquide chargé de granulations et coloré en jaune, en brun, parfois en vert. C'est à ces vésicules que la glande digestive doit sa teinte générale, et c'est leur contenu mis en liberté par rupture qui constitue le liquide remplissant les tubes de la glande et s'écoulant dans la poche malaxatrice. Tous les physiologistes compétents admettent aujourd'hui, avec FRENZEL, que ces dernières cellules fabriquent les ferments digestif dont nous avons donné plus haut les propriétés.

Cela exposé, la glande digestive aurait en réalité des fonctions multiples :

Une fonction *digestive* déjà décrite;

Une fonction *excrétrice;*

Une fonction *absorbante;*

Une fonction *d'arrêt;*

Une fonction *régulatrice* (CUÉNOT);

Une fonction *anticoagulante* (ABELOUS et BILLARD).

a) *Fonction excrétrice.* — Le pigment que produisent les cellules à ferment et qui colore les excréments de l'Écrevisse, des Crabes, des *Palœmon*, doit être considéré comme un produit de désassimilation. Les injections physiologiques prouvent le bien fondé de cette hypothèse : si l'on injecte un peu de bleu de méthylène BB dans le cœlome de l'Écrevisse, on obtient une belle coloration élective des cellules à ferment dont les grandes vésicules prennent une teinte bleue. Au bout de quelques jours, le bleu passe dans le liquide de la poche malaxatrice et est éliminé avec les excréments, comme le pigment normal (Cuénot).

On n'a que des notions imcomplètes sur la composition de ce pigment normal, mais il est certain qu'il n'offre aucune des réactions caractéristiques des acides (Stamati) et des pigments de la bile des Vertébrés (Krukenberg, Mac-Munn).

b) *Fonction absorbante.* — Les produits de la digestion sont absorbés par deux voies distinctes : les produits solubles (peptone, glycose) sont absorbés par la glande digestive qui a ainsi une fonction absorbante de grande valeur; les graisses, au contraire, sont absorbées par l'intestin moyen proprement dit.

L'absorption des peptones et du sucre par la glande digestive se démontre en faisant manger à des Crustacés (Écrevisse, *Palæmon*, Crabe, Portune) de la viande colorée par du carmin (C. de Saint-Hilaire) ou mieux par de la fuschine (Cuénot). Quelques jours après on dissèque l'animal en pleine digestion et on trouve les tubes de la glande remplis d'un liquide coloré en rouge, mais ne contenant aucune particule solide. Les substances solides non digérées ou celles qui résistent au travail digestif restent dans la poche malaxatrice et passent ensuite dans l'intestin, qui, lui, ne se colore jamais.

Il y a donc, par suite de la contractilité de la tunique musculaire des tubes de la glande, production de deux courants liquides de sens contraire : d'abord un courant de sortie qui amène le liquide digestif dans la poche malaxatrice et, ensuite, un courant d'entrée amenant dans les tubes les produits solubles de la digestion. Il est probable que les peptones se transforment en albumines non dialysables en passant à travers la glande et que le sucre s'y fixe en grande partie sous forme de glycogène. On a signalé en effet la forte proportion de glycogène contenu dans la glande digestive; argument que l'on invoquait autrefois pour démontrer sa fonction hépatique (Cuénot).

L'absorption des graisses par l'intestin se constate en faisant manger aux Crustacés de la viande grasse, ou en leur injectant par la bouche une pâtée renfermant de l'huile. Au bout de quelques jours on observe dans la poche malaxatrice et dans l'intestin moyen une bouillie remplie de gouttelettes résultant de l'émulsion des matières grasses et, par des coupes après fixation des diverses régions du tube digestif, on trouve les cellules de l'épithélium de l'intestin moyen, mais de l'intestin moyen seul, chargées de gouttelettes graisseuses (Écrevisse, Crabe, Portune, *Pisa*, *Pagurus*, *Palæmon*). Comme jamais, dans ces expériences, on n'observe de parcelles graisseuses en dehors des cellules épithéliales, et comme cependant la graisse finit par disparaître de ces cellules (au bout de quatre jours au moins, Écrevisse), il est possible que les matières grasses se dédoublent à nouveau au sein du protoplasme cellulaire et que leurs éléments constituants passent ensuite dans le sang pour aller reconstituer de la graisse dans d'autres régions du corps, dans les cellules à graisse de la glande digestive par exemple (Cuénot).

c) *Fonction d'arrêt.* — Le foie des Vertébrés a la propriété d'arrêter au passage certaines substances venant de l'intestin. La glande digestive des Mollusques gastropodes pulmonés, celle des Crustacés décapodes et très probablement celle des Arachnides (voir ce mot) possèdent un pouvoir analogue. Quand on injecte dans la poche malaxatrice du Crustacé des matières colorantes diverses mélangées aux aliments et solubles dans le liquide digestif, on les voit pénétrer dans les tubes de la glande digestive et y séjourner longtemps, sans qu'en général aucune trace de ces matières ne passe dans le cœlome, même après huit jours (Cuénot).

Comme chez les Vertébrés, des substances toxiques peuvent ainsi être arrêtées. Un *Gecarcinus ruricola* nourri de viande mélangée tous les jours de quantités croissantes d'acide arsénieux, supporta ce régime. Après un mois on put constater nettement la présence du poison dans les lobules de la glande digestive et à peu près exclusivement dans cet endroit du corps (Heckel).

La paroi de la glande, tout en opposant ainsi une barrière à beaucoup de substances nuisibles, laisse cependandant passer certains produits, par exemple la vésuvine, chez l'Écrevisse (de Saint-Hilaire), le vert de méthyle chez le Crabe (Cuénot).

d) *Fonction régulatrice.* — Chez les Vertébrés, on a constaté un mécanisme régulateur par les voies urinaires, l'intestin, parfois les glandes salivaires et lacrymales qui rejettent au dehors l'eau en excès introduite dans le sang. Les Crustacés décapodes possèdent un mécanisme analogue : une petite quantité d'eau colorée injectée dans le cœlome est enlevée par les organes urinaires dont nous parlerons plus loin ; une quantité plus grande de liquide aqueux détermine en outre l'absorption osmotique par les tubes de la glande digestive et l'écoulement ultérieur de la solution colorée dans le tube digestif, puis son expulsion par lui à l'extérieur. La glande digestive aurait donc une fonction régulatrice de la composition du sang en eau et en sels venant en supplément de la fonction régulatrice des organes urinaires (CUÉNOT).

e) *fonction anticoagulante.* — Le liquide exsudant de la glande digestive (foie des auteurs) de l'Écrevisse ou du Homard enlevée à l'animal vivant possède une propriété comparable à l'action anticoagulante de l'extrait de sangsue. Il empêche *in vitro* la coagulation non seulement du sang du Crustacé, mais aussi celle du sang du chien et du lapin. Il rendrait, en outre, le sang incoagulable lorsqu'on l'injecte dans les veines d'un Mammifère (ABELOUS et BILLARD).

Excréments. — La digestion finie, les matières qui ont résisté au travail digestif sont dirigées dans l'intestin terminal. A cet effet, chez les Décapodes, il existe un organe assez analogue à l'entonnoir (*Trichter*) observé par SCHNEIDER chez de nombreux Insectes ; c'est, chez l'Écrevisse, un prolongement en forme de cornet de l'armature chitineuse de la poche malaxatrice, traversant le court intestin moyen de l'animal pour se terminer dans l'intestin terminal (cornet pylorique de CUÉNOT). On a voulu y voir une valvule s'opposant au retour du contenu intestinal dans la poche malaxatrice (HUXLEY, MOCQUARD), mais il est peu probable que cet entonnoir ait ce rôle ; une injection semi-fluide poussée par l'anus permettant de constater que la voie est libre.

Les excréments de nombreux Invertébrés, Gastropodes pulmonés, Myriopodes, chilopodes, Arachnides, sortent par l'anus entourés d'une membrane d'enveloppe (*membrane péritrophique* de BALBIANI). Un phénomène du même genre se présente chez les Crustacés : les excréments de l'Écrevisse, du Crabe, se présentent souvent aussi sous forme d'un cordon cylindrique limité extérieurement par une membrane péritrophique. Celle-ci est peut-être sécrétée par un bourrelet de petites glandes signalé par divers auteurs et situé au point de jonction de l'intestin moyen et de l'intestin terminal (CUÉNOT).

VI. Circulation, sang. — Chez plusieurs types d'Invertébrés et en particulier chez les Annélides, il existe deux appareils circulatoires sans communications l'un avec l'autre et à fonctions distinctes : un *appareil plasmatique* représenté par le cœlome dans lequel circule un liquide incolore charriant des globules à mouvements amœboïdes : un appareil *hématique* constitué par un système de vaisseaux clos contenant un liquide servant de véhicule à l'oxygène, dépourvu de globules, mais coloré par de l'hémoglobine ou par une matière à propriétés similaires.

Quelques Crustacés appartenant au groupe des Copépodes parasites : *Lernanthropus, Clavella, Congericola*, possèdent aussi deux appareils circulatoires, un appareil plasmatique et un appareil hématique analogues à ceux des Annélides. L'appareil hématique, très compliqué chez les *Lernanthropus*, beaucoup plus simple chez les *Congericola* et *Clavella*, où il se compose de quelques troncs longitudinaux larges et paraissant contractiles, renferme un liquide ne contenant pas de globules sanguins proprement dits, coloré en jaune rougeâtre sur de petites épaisseurs et donnant, au microspectroscope, les deux bandes d'absorption caractéristiques de l'oxyhémoglobine (ED. VAN BENEDEN).

Tous les autres Crustacés connus ne présentent qu'un liquide sanguin unique n'offrant rien de semblable à la division du travail physiologique propre au sang des Vertébrés. Il se compose, il est vrai, d'un plasma et de globules, mais ces derniers n'ont pas le rôle important des hématies et le plasma est, à la fois, véhicule de l'oxygène et des substances plastiques.

Le plasma sanguin dont la teinte varie : incolore chez les Copépodes, Ostracodes, Amphipodes, la plupart des Isopodes, quelques Décapodes (*Galathea, Palœmon*), bleuâtre chez les Limules, bleuâtre ou rosé chez la plupart des Décapodes, brunâtre chez la *Ligia oceanica*, contient en dissolution des sels, un peu d'urée et de sucre, du fibrinogène, une protéine oxydable (hémocyanine ou hémoglobine), très souvent, chez les Décapodes, une lutéine ou lipochrome rouge, enfin des gaz.

Sels du sang. — Ils sont identiques à ceux du milieu dans lequel vivent les Crustacés. Chez ceux qui sont marins, la proportion de chlorure de sodium est forte, et le sang évaporé dans un verre de montre laisse un résidu cristallin considérable (G. Pouchet). Chez les formes d'eau douce, la proportion de sels divers dans le sang est notablement plus faible. Cette proportion varie donc dans des limites très larges (de 0,94 p. 100, Écrevisse à 3,37 p. 100, *Maia Squinado* de la Méditerranée, soit du simple au triple), variation bien réellement due à la composition du milieu liquide, car on trouve chez le *Carcinus mœnas* pêché en eau de mer à Roscoff, 3,07 p. 100 de sels et chez les individus d'eau saumâtre (embouchure de l'Escaut) seulement 1,48 p. 100. De plus, si l'on conserve des individus de cette espèce dans de l'eau de mer additionnée de quantités croissantes d'eau distillée, le sang des animaux se dessale d'une façon notable (L. Fredericq).

C'est, comme nous l'avons dit dans le commencement de cet article, au travers des branchies et des parties tégumentaires minces que s'effectuent les échanges entre le sang et le liquide extérieur. Cependant l'équilibre salin n'est jamais complètement atteint entre les deux liquides en présence. Chez les Crustacés d'eau douce (Écrevisse), le sang contient plus de sels que l'eau où vivent ces animaux; d'autre part, chez les Crustacés marins, le sang est plus pauvre en sels que l'eau de mer (L. Fredericq).

A certains moments, la proportion de carbonate calcaire dans le sang devient très grande; il sert à la production des gastrolithes de l'Écrevisse et à la calcification des téguments après la mue (Jolyet et Regnard).

Urée, sucre du sang. — Le sang du Crabe tourteau (*Platycarcinus*) contient un peu d'urée, de 4 à 5 centigrammes pour mille et 5 centigrammes pour mille de sucre (Jolyet et Regnard).

Fibrinogène et Coagulation. — Le fibrinogène, sous l'action du ferment de la fibrine, se coagule dès que le sang est extrait du corps de l'animal, le caillot retient l'eau, les amibocytes et les protéides respiratoires. Tantôt le sang écoulé se prend presque immédiatement en gelée, tantôt (Homard, Crabe) il se forme d'abord des grumeaux blanchâtres qui s'agglutinent en flocons allant au fond du vase (L. Fredericq), tantôt, enfin, chez quelques Décapodes où le fibrinogène est peu abondant (Tourteau, Maia), le phénomène de la coagulation ne dépasse pas la production des flocons et le sang ne se prend pas en gelée compacte (G. Pouchet, Cuénot).

Lorsqu'on étudie cette coagulation sur une goutte de sang observée au microscope, on voit la fibrine apparaître en premier lieu autour des amibocytes ou globules qui semblent ainsi en être le point de départ (Fredericq). Quelques auteurs, qui me paraissent avoir été trompés par cette apparence, considèrent le caillot comme le résultat à peu près exclusif de l'entrelacement des pseudopodes des amibocytes.

L'addition d'une simple trace du liquide exsudant de la glande digestive fait perdre au sang du Crustacé la propriété de se coaguler (Abelous et Billard) (Voir plus haut).

Protéides respiratoires et matières colorantes du sang. — La protéide oxydable peut être rouge et identique à l'*hémoglobine* des Vertébrés. Tel est le cas pour *Lernanthropus, Clavella, Cougericola* (Copépodes parasites) (Ed. Van Beneden), *Cheirocephalus, Branchipus, Apus, Daphnia* (Phyllopodes) (Ray-Lankester, Krukenberg, Regnard et Blanchard), *Cypris* (Ostracode) (Rollet),

La protéide oxydable peut être brune et plus ou moins voisine de l'*hémaphéine* de certains Insectes, *Ligia oceanica* (Cuénot).

Enfin, chez les Limules, les *Squilla* et un grand nombre de Décapodes, elle est constituée par l'*Hémocyanine* (L. Fredericq), entièrement semblable à l'hémocyanine des Mollusques, entre autres des Céphalopodes.

On sait que l'hémocyanine forme avec l'oxygène une combinaison d'un beau bleu se décolorant dans le vide et qu'elle contient du cuivre au lieu de renfermer du fer comme l'hémoglobine. Les expériences sur le sang des Crustacés décapodes démontrent que l'apparition et la disparition de la coloration bleue sont dues exclusivement à la présence ou à l'absence de l'oxygène dans le liquide sanguin et que l'acide carbonique n'a aucune influence sur le phénomène. Du sang de Crabe privé d'oxygène conserve la coloration rosée dont nous allons parler plus bas quand on y fait barboter de l'acide carbonique; tandis que le même sang chargé de ce gaz redevient bleuâtre, si on l'agite quelques instants avec de l'oxygène. Si on traite le sang des Décapodes par de l'éther en excès et si on laisse reposer jusqu'au lendemain dans la glace, on voit qu'il s'est formé deux couches, l'une supérieure jaunâtre, l'autre inférieure limpide renfermant toute la matière colorante bleue du sang. Ce liquide inférieur, séparé par décantation, offre une couleur bleue azurée intense et se comporte, au point de vue des changements de coloration sous l'influence des gaz, comme le sang lui-même (JOLYET et REGNARD).

Rappelons enfin que l'hémocyanine existe aussi chez les Arachnides (Voir ce mot).

Lutéine ou Lipochrome du sang. — Une lutéine ou lipochrome rouge (Tetronérythrine ou Zoonérythrine) colore le plasma des Décapodes en rose ou en orangé. De là les faits suivants : 1° Le sang de la Langouste, par exemple, récemment tiré de l'animal est orange ; il devient ensuite bleu à la surface en contact avec l'oxygène de l'air (G. POUCHET) ; 2° Le sang du Crabe agité à l'air offre une belle coloration bleue ou brunâtre suivant le sens dans lequel on l'examine ; si l'on extrait les gaz au moyen du vide, la couleur bleue disparaît et le sang prend une teinte rosée (JOLYET et REGNARD). En d'autres termes, la teinte du sang dépend de deux substances distinctes, l'hémocyanine et une lutéine.

On peut extraire cette dernière en épuisant le sang par l'alcool et évaporant l'extrait à siccité ; il reste une laque rouge (MAC MUNN).

Gaz du sang. — Le sang des Décapodes ne contient à l'état normal — et n'est, du reste, susceptible d'absorber — qu'une très faible proportion d'oxygène.

Chez l'Écrevisse, les gaz du sang (sans que celui-ci ait subi le contact de l'air) sont, pour 100 centimètres cubes :

Acide carbonique	10,5
Oxygène	2,5
Azote.	1,7

De plus, quand on fait passer de l'oxygène pur dans le sang de divers Crustacés décapodes jusqu'à ce que le liquide soit saturé de ce gaz, on peut ensuite, par l'analyse, connaître le volume maximum d'oxygène absorbé. On trouve ainsi, pour 100 centimètres cubes :

Écrevisse.	3,5
Crabe commun	3,0 à 3,2
Tourteau.	2,4 à 4,4 (JOLYET et REGNARD)

Amibocytes ou Globules du sang. — Dans le sang extrait du corps du Crustacé, les Amibocytes ne conservent que pendant un temps fort court (*Carcinus mœnas*, 10 secondes) leurs formes primitives réelles (CATTANEO). Il faut, pour observer ces formes, examiner les globules par transparence, dans les cavités naturelles du Crustacé vivant, lames latérales de la nageoire caudale du *Palœmon* (G. POUCHET), artère longeant la face supérieure de l'intestin, branchie (CATTANEO). On voit alors que les Amibocytes sont des cellules ovales, piriformes ou fusiformes de dimensions assez variées, offrant un ou deux *courts* pseudopodes qui, au reste, peuvent faire défaut. Les pseudopodes multiples n'existent pas chez les Amibocytes du sang non altéré (CATTANEO).

Les Amibocytes des Décapodes mesurent de 10 μ à 15 μ ; ils passent chacun par une série de phases de développement, puis de dégénérescence : au début de leur existence ce sont des cellules ovoïdes à grand noyau, à protoplasme hyalin ou contenant déjà quelques granules : c'est la période où les Amibocytes peuvent absorber des particules solides, c'est-à-dire fonctionner comme phagocytes ; puis le noyau diminue un peu et dans le protoplasme cellulaire apparaissent de nombreux et gros granules réfringents identiques aux granules dits *éosinophiles* des leucocytes des Vertébrés.

La dégénérescence commence ensuite : le noyau diminue, les granules éosinophiles se fusionnent ; la zone de protoplasme se réduit à une couche mince ; enfin les débris des vieux amibocytes sont avalés (phagocytose) et digérés par les Amibocytes jeunes dont nous avons parlé plus haut (CUÉNOT).

Dans le sang étalé sur un porte-objet de microscope, les Amibocytes ne tardent pas (après 3 minutes au plus) à émettre de longs pseudopodes aigus ; ceux des cellules voisines se fusionnant et amenant ainsi la production de plasmodies. Ces phénomènes, souvent décrits comme représentant les états des globules sanguins normaux, sont des résultats d'altérations.

Glandes lymphatiques. — CUÉNOT appelle ainsi l'organe qui, par multiplication cellulaire, donne naissance aux Amibocytes. Il serait constitué, chez l'Écrevisse, par un amas de lobules irréguliers formés eux-mêmes de cellules à gros noyaux et à protoplasme granuleux, le tout revêtant la face dorsale de la poche malaxatrice. (Pour plus de détails, nous renvoyons le lecteur au travail publié par Cuénot dans les *Archives de Biologie*, 1893.)

Appareil circulatoire. — Une description détaillée est inutile dans un article purement physiologique. Certains faits doivent cependant être rappelés.

Il n'y a pas d'appareil circulatoire localisé chez les Cirripèdes; le cœur fait également défaut chez une partie des Ostracodes et des Copépodes; les déplacements du sang ayant lieu, dans ce cas, par les mouvements des diverses parties du corps.

Les autres Crustacés possèdent tous un tube contractile dorsal, parfois très court, appelé *cœur* et situé au-dessus du tube digestif dans un sinus, le *sinus péricardique*. Comme celui des Insectes, des Myriopodes, des Arachnides, ce cœur présente des orifices ou *osties* permettant au sang du sinus péricardique de pénétrer dans l'organe lors de la diastole. A chaque contraction du cœur, le sang est chassé dans des canaux à parois propres qu'on a nommés *artères* et qui s'ouvrent à plein canal dans des lacunes interorganiques représentant, par leur ensemble, le cœlome. Les échanges gazeux respiratoires entre le sang et le milieu respirable s'effectuent soit au travers des parties minces des téguments, soit au travers des parois perméables d'organes branchiaux spéciaux; puis, chargé d'oxygène, le sang retourne au sinus péricardique.

Mouvements du cœur. — Ils peuvent être observés directement au travers de la peau, chez les formes de petites taille : Daphnies, Mysis, etc. On trouve quelques mots à ce sujet dans presque tous les travaux descriptifs. Une étude un peu approfondie des contractions du cœur et des conditions qui en modifient le rythme n'a encore une fois été faite que pour les Décapodes.

La méthode graphique est celle qui donne les meilleurs résultats : le Crustacé décapode étant fixé par des liens sur un support, on pratique, à la face dorsale de la carapace, un orifice rectangulaire de dimensions suffisantes pour mettre le cœur à nu. Un levier très léger en contact, par de petites pièces accessoires, soit avec la face dorsale, soit avec la face ventrale, soit avec l'une des faces latérales du cœur, inscrit les mouvements de l'organe sur un cylindre enfumé tournant avec une vitesse connue.

On arrive ainsi aux résultats suivants : 1° Les mouvements de la face dorsale du cœur inscrits par la pointe du levier ont une amplitude exagérée. En effet, chaque fois que l'on met le cœur à nu, on produit inévitablement la rupture d'une partie des brides conjonctives qui relient l'organe aux parois du sinus péricardique et cette rupture modifie l'amplitude des mouvements sans en altérer la forme (F. Plateau).

2° Les changements de forme du cœur des Décapodes doivent être interprétés comme ceux du cœur des Vertébrés : lorsque le levier inscripteur repose sur la face dorsale, la portion ascendante de la courbe tracée répond à la systole et la portion descendante à la diastole (Marey, Plateau).

3° Le graphique de la face dorsale du cœur rappelle d'une façon frappante celui que donne la secousse d'un muscle, la secousse des muscles fléchisseurs de la pince, par exemple (Dogiel, Plateau). On y observe une ascension rapide, presque brusque, *phase d'énergie croissante* (systole), terminée par une courte phase moins rapide, *plateau systolique*, puis une descente graduelle à vitesse variable, d'abord rapide, puis plus lente, *phase d'énergie décroissante* (diastole) (Marey, Plateau).

4° Les mouvements de la face inférieure du cœur sont plus faibles que ceux de la face supérieure (Plateau).

5° Chez les Décapodes, il n'y a pas d'onde cardiaque sensible; le cœur court et ramassé se contracte en une fois et non de proche en proche (Plateau).

6° Sous l'influence de chocs d'induction rapprochés, le cœur s'arrête *en systole*; le graphique est alors une ligne droite, *tétanos complet*, ou une ligne ondulée, *tétanos incomplet* (Écrevisse, Homard, Langouste) (Weber, Dogiel, Plateau).

7° On observe, comme chez les Vertébrés, l'inexcitabilité systolique du muscle cardiaque; toutes les excitations qui tombent sur le cœur en systole sont inefficaces, tandis qu'elles provoquent une pulsation anticipée quand elles surprennent l'organe dans sa phase diastolique (Crabe) (Viault et F. Jolyet).

8° Chez les Crustacés, comme chez les Vertébrés, les accroissements de température accélèrent le rythme des mouvements du cœur (Écrevisse, Crabe) (C. G. Carus, A. Brandt, Plateau).

9° Le nombre des pulsations par minute, même dans des conditions en apparence identiques, diffère souvent d'un individu à l'autre (Plateau) et, comme on le verra plus loin, le rythme peut varier en un temps très court chez le même animal (H. de Varigny).

Innervation du cœur. — Les mouvements du cœur des Décapodes sont régis : 1° par des cellules intracardiaques automotrices; 2° par des nerfs accélérateurs et modérateurs.

L'existence de petits centres nerveux automoteurs est démontrée, quel que soit le résultat des recherches histologiques, par la persistance des pulsations dans le cœur complètement isolé extrait du corps de l'animal. Le cœur de l'Écrevisse peut battre, dans ces conditions, pendant une heure (Berger, Brandt); les cœurs isolés du Homard et du Crabe maintenus dans une atmosphère humide battent une heure à une heure et quart (Plateau).

Dans le cœur en place, toutes les excitations de l'animal, un mouvement provoqué par une cause extérieure, une lésion douloureuse (amputation d'une patte, par exemple) déterminent tantôt une accélération, tantôt un arrêt momentané. Enfin, bien que le rythme soit en général régulier, il n'est pas rare d'observer des anomalies, telles que le pouls alternant où les pulsations sont alternativement amples et petites. Tout cela prouve avec quelle prudence il faut interpréter les résultats des expériences à l'aide de matières toxiques (H. de Varigny).

Les excitations violentes du tégument ou de quelques autres parties du corps déterminent en général l'arrêt du cœur. Ce sont au contraire les excitations faibles et prolongées qui amènent l'accélération cardiaque (Crabe) (Jolyet et Viallanes).

Une série d'auteurs ont décrit, chez les Décapodes, sous les noms de *nerf cardiaque*, *nerf cérébro-cardiaque*, un nerf impair naissant soit directement des ganglions cérébroïdes (Mocquard), soit du système stomato-gastrique, accompagnant l'artère céphalique, suivant la face supérieure de la poche malaxatrice et se rendant au cœur. Pour Lemoine, Yung, Plateau, ce nerf est accélérateur, toutes les excitations mécaniques, chimiques et électriques de ce nerf accélérant notablement le rythme des mouvements du cœur, sa section amenant au contraire un ralentissement. Les mêmes physiologistes croient pouvoir affirmer que les ganglions cérébroïdes n'ont aucune action sur les mouvements de l'organe, l'excitation électrique de ces ganglions ne modifiant en rien le tracé des pulsations. Enfin pour Mac Intosh, Dogiel, Plateau, la partie thoracique de la chaîne nerveuse contiendrait un centre modérateur ou d'arrêt; l'excitation électrique ou mécanique de cette portion de la chaîne produisant soit le ralentissement, soit l'arrêt du cœur *en diastole*, tandis que la destruction de la chaîne thoracique supprimant le centre modérateur, amène, malgré la perte de sang, une augmentation notable de l'amplitude des pulsations, de sorte que Plateau avance qu'il existe, au point de vue de l'action sur le cœur, un véritable antagonisme entre le nerf cardiaque et la chaîne nerveuse.

Tous ces résultats, bien que d'une grande netteté apparente, ont été mis en doute par les recherches de Jolyet et Viallanes sur le Crabe commun et celles plus récentes de Conant et Clark, aussi sur un Crabe, le *Callinectes hastatus*. Pour ces auteurs, les centres accélérateurs et modérateurs cardiaques sont l'un et l'autre localisés dans la masse nerveuse étoilée représentant, chez les Brachyures, l'ensemble des ganglions sous-œsophagiens et de la chaîne. Je résumerai les faits d'après Conant et Clark : De chaque côté du corps, trois nerfs naissant de la masse nerveuse étoilée se dirigent en arrière et forment, de chaque côté également, un plexus dans le sinus péricardique. Chacun de ces plexus envoie des filets nerveux au cœur.

Des trois nerfs indiqués, celui qui naît le plus antérieurement au point d'émergence du nerf récurrent cutané est modérateur. Les deux autres, naissant respectivement à la hauteur du nerf de la troisième patte mâchoire et de la première patte locomotrice, sont accélérateurs.

Le nerf cardiaque (dans le sens ancien) a échappé à Jolyet et Viallanes dans leurs investigations sur le Crabe, et ils admettent qu'à supposer qu'il existe, son action directe sur le cœur ne peut être que très secondaire. Ces divers résultats, en désaccord les uns avec les autres, montrent que de nouvelles recherches sur les Décapodes macroures s'imposent.

Action de divers poisons sur le cœur. — CLAUDE BERNARD, VULPIAN, MAC INTOSH, STEINER, YUNG, JOLYET, KRUKENBERG, DOGIEL, JORDAN, PLATEAU, etc., ont essayé l'action d'une série de poisons tels que curare, strychnine, nicotine, atropine, digitaline, vératrine, etc. Afin de ne pas trop allonger cet article, nous nous bornerons à dire que, la plupart du temps, lorsqu'on a fait usage de la méthode graphique, l'effet de ces substances toxiques sur le cœur des Crustacés décapodes a été très analogue à ce que l'on observe chez les Vertébrés (bien entendu, nous parlons de l'action sur le cœur et non des autres phénomènes) (Pour plus de détails, voy. **Cœur**).

VIII. Respiration. — La respiration des Crustacés est, ou bien exclusivement cutanée, ou bien branchiale, ce qui n'est qu'une localisation de la respiration cutanée, ou même, peut-être, quelque fois anale.

Respiration cutanée. — S'observe chez la plupart des formes de petite taille à téguments minces et ne possédant pas de branchies différenciées. Tel est le cas pour de nombreux Ostracodes, Copépodes, Cladocères et Cirripèdes (ARN. LANG). En outre, chez les Crustacés où les branchies sont évidentes, une respiration par le reste de la surface tégumentaire est souvent possible. Ainsi, en laissant de côté les types à peau transparente pour lesquels la chose n'est pas douteuse, chez tous les Décapodes il existe, dans l'épaisseur de la carapace, un réseau lacunaire où circule le sang avant de retourner au sinus péricardique et où ce sang s'artérialise. Ce réseau sert seul à la respiration durant les périodes larvaires; plus tard, lors de l'apparition des branchies, un nouveau cercle circulatoire sur lequel les branchies sont intercalées vient *s'ajouter* au réseau larvaire primitif (BOUVIER).

Respiration branchiale. — Nous ne donnerons pas de description des formes multiples de branchies que les Crustacés peuvent offrir. Les seuls faits que nous devions rappeler sont que les organes en question constituent des saillies tégumentaires parcourues par des lacunes sanguines et insérées soit sur les membres, soit au voisinage de la base de ceux-ci. Dans beaucoup de cas, ce sont les mouvements plus ou moins rapides des pattes qui déterminent le renouvellement du milieu respirable dans lequel les branchies plongent. Chez les Décapodes ce sont encore les mouvements d'un appendice d'un membre modifié, la valvule chitineuse annexée à l'article basilaire de la mâchoire de deuxième paire, qui amènent l'eau dans la chambre branchiale et l'expulsent par un orifice s'ouvrant sur le côté de la bouche.

Renversement du courant respiratoire. — Dans les circonstances ordinaires, l'eau traverse la chambre branchiale des Crustacés décapodes *d'arrière en avant*. Ainsi chez les Maia et les gros Crabes le liquide entre par un point situé devant les pattes antérieures et sort, comme nous le disions, par une ouverture placée à la limite antérieure du cadre buccal (AUDOUIN et H. MILNE-EDWARDS).

Cependant, par suite d'une modification dans les mouvements de la valvule chitineuse, le sens du courant peut devenir inverse; le *Corystes cassivelanus*, Crabe qui se cache durant le jour dans le sable, renverse son courant pendant la journée (W. GARSTANG).

Il en est de même chez le *Carcinus mœnas* qui, placé dans une eau boueuse ou une eau peu propre à la respiration, relève la partie antérieure de son corps pour faire entrer soit de l'air, soit de l'eau de surface plus pure, par les orifices dits expirateurs. Le renversement du courant s'observe aussi chez les Portunes, les Hyas, les Maia, les Palémons et l'Écrevisse. Chez une Crevette vivant dans l'eau chargée de carmin, on peut voir de temps en temps un jet de liquide coloré sortir par le bord inférieur de la carapace, c'est-à-dire par le point par où l'eau entre habituellement. Ce changement de sens du courant respiratoire sert donc tantôt à permettre la respiration dans les milieux insalubres, tantôt à produire une véritable chasse d'eau nettoyant la chambre branchiale des impuretés qui s'y accumulent (G. BOHN).

Respiration anale. — Une respiration anale ou intestinale auxiliaire a été signalée chez l'Écrevisse, les Limnadies, les Daphnies. En plaçant de petites Écrevisses dans de l'eau tenant du carmin en suspension, on verrait la matière colorante entrer et sortir par l'anus quinze à vingt fois par minute. Chez les Limnadies (Phyllopodes), l'anus se dilaterait pour aspirer l'eau et se contracterait alternativement pour l'expulser de vingt-cinq à quarante fois par minute. Les Daphnies offriraient des mouvements de l'anus analogues (LEREBOULLET).

Respiration aérienne constante. — Bien que les Crustacés soient, d'une façon générale, conformés pour la vie aquatique, un certain nombre d'Isopodes (*Porcellio*, *Armadillo*, *Armadillidium*, *Tylus*) ont subi une modification intéressante des membres abdominaux transformés en organes de respiration aérienne. En effet, chez les Porcellions et Armadilles, la lame externe ou operculaire des deux premières paires de pattes abdominales est creusée d'une poche ramifiée arborescente et pleine d'air. Chez les *Tylus* du nord de l'Afrique, le système est plus compliqué : l'abdomen offre sur sa face inférieure une excavation profonde logeant les cinq paires de pattes abdominales. Les quatre premières présentent chacune un large appendice dont la surface est garnie d'une rangée transversale de bourrelets ; chacun de ces derniers possède un orifice en fente conduisant dans une vésicule respiratoire munie de cœcums ramifiés (H. MILNE-EDWARDS). Comme on l'a déjà fait remarquer, il y a chez ces Isopodes à respiration aérienne quelque chose d'analogue à l'appareil trachéen des Insectes.

Respiration aérienne temporaire. — Toute une série de Crustacés, Décapodes, Brachyures et Anomoures, quoique possédant de véritables branchies leur permettant, au besoin, une respiration aquatique normale, sont conformés, soit de façon à pouvoir conserver de l'eau dans leur chambre branchiale, soit de manière à bénéficier d'une respiration vraiment aérienne temporaire. Ils peuvent, par conséquent, quitter leur élément liquide pendant un temps souvent considérable.

Chez les Brachyures dont la chambre branchiale, au lieu de présenter à sa partie inférieure une longue fente, comme chez l'Écrevisse par exemple, ne communique avec l'extérieur que par de petites ouvertures, les branchies restent naturellement suffisamment humides durant une longue période. Ainsi le *Carcinus mœnas* peut vivre hors de l'eau, mais dans une atmosphère saturée d'humidité et à une température basse pendant deux ou trois mois (J. VAN REES), par conséquent bien plus longtemps que les huit jours indiqués par PAUL BERT à la suite d'expériences incomplètes. Pendant tout ce temps, l'animal respire réellement de l'air, comme le prouvent les petites bulles qui apparaissent sur les côtés de la bouche et surtout l'analyse du milieu gazeux dans lequel il a vécu.

On cite comme séjournant habituellement hors de l'eau des *Uca*, *Grapsus*, *Cyclograpsus*, *Ranima*, *Sesarma*, *Aratus*, *Ocypoda*, *Cardisoma*, *Gelasimus*, *Tylocarcinus*, etc. Le procédé respiratoire est loin d'être identique chez ces diverses formes. Ainsi chez les *Sesarma* et *Cyclograpsus*, la chambre branchiale resterait remplie d'eau, ce liquide serait constamment aéré par le moyen suivant : l'eau sortant aux angles de la bouche ne s'écoulerait pas définitivement, mais, traversant un réseau extérieur de petites saillies et de soies courbes, rentrerait débarrassée de l'acide carbonique et chargée d'oxygène, dans la chambre respiratoire, par un orifice situé au-dessus de la première paire de pattes (VAN REES, d'après FRITZ MÜLLER).

Chez d'autres, au contraire, comme *Uca una* du Brésil et les *Gelasimus*, c'est de l'air qui remplit la chambre branchiale. Après plusieurs jours de submersion de l'animal dans l'eau, on y trouve encore une notable quantité de ce gaz. L'oxygénation du sang des Crustacés s'opère alors grâce à la présence d'un riche réseau de lacunes sanguines d'une grande finesse (exagération probable du cercle circulatoire de la carapace dont nous avons parlé plus haut) occupant la voûte ainsi que les parois internes et externes de la chambre (JOBERT).

C'est ainsi de l'air en nature que respirent plusieurs Anomoures à habitudes terrestres ; parmi eux il faut signaler surtout le *Birgus latro* dont la cavité branchiale pleine de gaz présente au plafond des excroissances arborescentes pourvues d'un réseau vasculaire et fonctionnant, par suite, comme une espèce de poumon (C. SEMPER).

Échanges gazeux. — Les échanges gazeux dans la respiration branchiale *sous l'eau* ont été soigneusement étudiés chez l'Écrevisse et la Crevette des ruisseaux (*Gammarus pulex*) parmi les Crustacés d'eau douce, chez *Palœmon squilla*, *Platycarcinus pagurus*, le Homard, la Langouste parmi les formes marines. Nous extrayons des résultats les données suivantes qui sont les plus importantes :

	RAPPORT ENTRE LE VOLUME d'acide carbonique exhalé et le volume d'oxygène absorbé.	VOLUME D'OXYGÈNE (EN CENT. CUBES) absorbé par heure et par kilogr. d'animal.
Écrevisse.	0,86	38,00
Gammarus pulex.	0,72	132,00
Palœmon Squilla	0,83	125,00
Platycarcinus pagurus	0,84	107,00
Homard	0,80	68,00
Langouste	0,88	44,20

Il semble résulter de ces chiffres que les Crustacés ont une respiration aussi active que celle des Poissons les plus élevés. Chez les Crustacés, comme chez les Poissons, les animaux les plus petits consomment relativement beaucoup plus d'oxygène que les gros. C'est ainsi que, si l'on compare la respiration des *Palœmon* à celle des Langoustes, on voit qu'elle est plus de deux fois aussi active chez les premiers (JOLYET et REGNARD).

Pigments respiratoires. — Ainsi que nous l'avons déjà dit à propos d'autres Arthropodes (Art. Arachnides), il existe des pigments, dits pigments respiratoires, paraissant jouer un rôle important dans la respiration interne ou respiration des tissus. Le microspectroscope a révélé la présence d'*histohématine*, de *myohématine* et d'*entérochlorophylle* dans les tissus du Homard, de l'Écrevisse, du Crabe et du Pagure (MAC-MUNN).

VIII. Désassimilation. Excrétion. — Chez les Crustacés le corps peut être débarrassé des produits d'usure de l'organisme par des organes très divers : 1° par le tissu conjonctif adipeux ; 2° par la glande digestive, vulgairement foie ; 3° par des reins branchiaux ; 4° par des glandes antennaires, des glandes du test et des glandes coxales.

1° Tissu conjonctif adipeux. — Chez de nombreux animaux, tels que les Insectes, les Myriapodes, le tissu adipeux est le siège non seulement de l'accumulation de matériaux de réserve sous la forme de graisse, mais aussi du dépôt de produits de désassimilation représentés souvent par des urates. S'il existe des glandes rénales débouchant à l'extérieur, comme par exemple des tubes de MALPIGHI, ces urates sont graduellement expulsés ; mais, si les glandes de cette catégorie font défaut, les produits urinaires s'accumulent de plus en plus et ce tissu fonctionne alors comme *rein d'accumulation*.

Pareille chose semble exister chez les Crustacés isopodes qui n'ont ni glandes antennaires, ni tubes annexés à l'intestin terminal qu'on puisse assimiler à des tubes de MALPIGHI. On trouve, en effet, chez ces Crustacés, *Asellus aquaticus* (ZENKER), Oniscides et Trichoniscides (WEBER), *Tanaïs*, (H. BLANC) dans le tissu conjonctif, de chaque côté de l'intestin, mais parfois dans la partie antérieure de la tête et la base des antennes, des concrétions incolores ou jaunâtres renfermant de l'acide urique et donnant, par suite, la réaction de la murexide.

Les auteurs cités ayant constaté que les concrétions urinaires sont plus abondantes chez les vieux individus que chez les jeunes et, en outre, les excréments des Isopodes (*Oniscus*) ne contenant pas d'urates (KRUKENBERG), on peut, avec assez de raison, regarder le tissu conjonctif comme jouant le rôle de rein d'accumulation. Cependant la question mériterait d'être reprise, car il existe chez les Isopodes terrestres (*Oniscus*, *Armadillidium*, *Ligidia*), jamais chez les formes aquatiques, des glandes s'ouvrant à l'extérieur, répétées dans sept segments du corps et ayant de l'analogie avec des glandes coxales (HUET).

2° Glande digestive. — Nous avons déjà parlé au paragraphe *Digestion des Crustacés* de la faculté excrétrice qui lui est attribuée chez les Décapodes.

3° Reins branchiaux. — On a signalé, chez les Décapodes, des formations glandulaires logées dans les branchies, soit dans le sinus sanguin afférent (Macroures), soit dans l'espace compris entre les sinus afférent et efférent. Ces formations comprennent : a) des amas cellulaires appelés *reins branchiaux*, constants et pouvant se prolonger jusque dans les canaux conduisant le sang des branchies au péricarde ; b) des *glandes muqueuses* qui peuvent manquer et dont nous ne nous occuperons pas.

Les *reins branchiaux* se composent de cellules dont le contenu est identique à celui de certaines cellules de la glande antennaire (Saccule, voir plus loin) renfermant comme lui une matière cristallisable fortement acide, très soluble dans l'eau et ,l'alcool. La méthode des injections physiologiques (dissolution de matières colorantes dans un liquide salé physiologique, soit 0,94 p. 100 de sels variés pour l'Écrevisse, ou dans l'eau de mer pour les Crustacés marins, injection dans le cœlome et examen des tissus deux ou trois jours après) montre que les cellules des reins branchiaux absorbent le vert de méthyle, le carminate d'ammoniaque, le brillant congo G, le tournesol bleu qui vire au rouge, l'hémoglobine. Ces matières s'y retrouvent soit à l'état liquide, soit à l'état de petits grains (carminate) colorant des boules et des granules qui, comme dans la glande antennaire, représenteraient les produits d'excrétion.

Quelques observations et expériences permettent de supposer que l'acide organique de l'urine est fabriqué en totalité par les reins branchiaux et s'y accumule temporairement sous la forme de boules jaunes, mais que les reins branchiaux étant dépourvus de canaux excréteurs, l'acide urinaire repasse dans le sang et est alors repris par le saccule de la glande antennaire qui le rejette au dehors (KOWALEVSKY, CUÉNOT).

4° *Glandes antennaires.* — Les glandes antennaires, au nombre de deux, sont logées dans la région céphalique et leur canal excréteur aboutit à la base de chacune des antennes de la seconde paire ou antennes proprement dites. S'observant à peu près dans tous les groupes, sauf chez les Isopodes, elles n'existent cependant avec un développement complet, chez les adultes, que dans la sous-classe des Malacostracés (Décapodes, Schizopodes, Stomatopodes, Amphipodes); tandis que dans celle des Entomostracés (Copépodes, Ostracodes, Phyllopodes), ce sont, en général, des organes propres aux formes larvaires et qui disparaissent plus tard. Chez les Décapodes elles ont reçu, par suite de leur coloration chez l'Écrevisse, le nom de *glandes vertes.*

Afin d'abréger, nous laissons de côté les glandes du test ou de la carapace et les glandes coxales, pour ne nous occuper que de la glande antennaire des Décapodes, aujourd'hui bien connue quant à son fonctionnement. L'organe, qui peut offrir parfois des dimensions relatives considérables et souvent une complication de structure très grande, se compose des trois parties suivantes : 1° Un *saccule terminal* toujours placé morphologiquement au-dessus de la deuxième partie. Il peut être plus ou moins cloisonné ou peut émettre des cœcums nombreux simples ou ramifiés; 2° Un *labyrinthe* représentant le tube contourné des Crustacés des autres groupes, mais affectant ici l'aspect d'une poche compliquée par l'existence de trabécules et de cloisons; il ne communique avec le saccule que par un seul orifice : saccule et labyrinthe se pénètrent souvent d'une façon inextricable; 3° *La vessie* ou réservoir urinaire, débouchant à l'extérieur par un petit canal, dont l'orifice de sortie est, chez certains types, muni d'un opercule mobile. La vessie peut présenter des dimensions énormes et varier d'aspect, depuis le simple réservoir ovoïde, jusqu'au système le plus étendu de cœcums ramifiés entourant le tube digestif (PAUL MARCHAL).

Le saccule et le labyrinthe constituent la partie glandulaire principale de l'organe urinaire; toutefois, chez les Brachyures, les Pagurides et les Caridides, la vessie participe aussi à la sécrétion. Souvent, dans ces différentes portions, la sécrétion se fait par séparation de gouttelettes, boules ou vésicules qui surmontent les cellules épithéliales et tombent dans la cavité glandulaire. Le liquide excrété est produit en quantité considérable. Les vessies d'un *Maia squinado* peuvent contenir, en effet, jusqu'à 18 centimètres cubes. Lorsque, chez un *Maia*, on empêche l'évacuation en tenant les orifices fermés, l'animal meurt au bout de huit à quinze jours. Un fait analogue a été constaté chez l'Écrevisse (PAUL MARCHAL, STRAHL).

Nature de la sécrétion. — Chez les ,formes marines, le liquide ;sécrété ne contient pas d'eau de mer venue directement du dehors, bien qu'il ait à peu près le même degré de salure que cette eau. A l'état normal, il est limpide, incoagulable par la chaleur et les acides et contient des globules homogènes réfringents, ainsi que de rares débris cellulaires.

Le plus souvent l'appareil excréteur ne renferme aucun dépôt solide. Il n'est pas rare cependant de rencontrer chez les Crabes (*Maia, Carcinus, Portunus*) un dépôt pulvérulent formé de fines concrétions et siégeant dans la vessie. Chez *Porcellana* on trouve dans l'épaisseur de la glande des cristaux d'oxalate de calcium ; enfin, chez d'autres Décapodes, ont été rencontrés des cristaux de nature indéterminée (P. Marchal).

Gorup-Besanez a signalé dans la glande antennaire de l'Écrevisse une substance ayant les réactions de la *guanine*. D'après Dohrn il s'agirait non de guanine, mais de *tyrosine* (matière qui donne avec l'acide nitrique et l'ammoniaque une réaction colorée ressemblant à celle que fournit la guanine). Szigethy fait mention, chez le même animal, de cristaux obtenus en évaporant le suc des glandes et qu'il assimile, sans preuves, à l'acide urique. Griffiths, très explicite au contraire, a trouvé dans la sécrétion de l'Écrevisse et du Homard de *l'acide urique* nettement caractérisé par sa forme et la production de la murexide sous l'action de l'acide nitrique et de l'ammoniaque. Après ce dernier travail, la question pouvait paraître tranchée et l'on était en droit d'admettre que les Crustacés décapodes excrètent des *Urates* ou des corps voisins.

Cependant, en reprenant ce sujet, en apparence avec tout le soin désirable, Paul Marchal n'a pas obtenu ce qu'avaient vu ses devanciers. Non seulement il n'a jamais constaté d'acide urique dans le liquide urinaire de l'Écrevisse, mais il n'a trouvé ni acide urique ni urée dans le liquide du Maia. Le liquide excrété renfermait, comme produit de désassimilation de l'azote, un acide spécial n'appartenant pas à la série xanthique, paraissant pouvoir être rangé dans la série des acides carbopyridiques et auquel cet auteur a donné le nom provisoire *d'acide carcinurique*. Le liquide contiendrait en outre une *leucomaïne* comparable aux alcaloïdes végétaux.

Ces résultats contrastent tellement avec ce que nous offrent les Arthropodes des autres groupes qu'il serait utile de tenter de nouvelles recherches sur les Crustacés.

Ajoutons, pour terminer, que Baldwin Spencer n'a pu trouver d'acide urique dans les cœcums qui, chez les Amphipodes (*Gammarus, Talitrus*) sont annexés à la partie postérieure de l'intestin, mais que, d'autre part, Claus aurait observé des concrétions de cet acide dans les cellules épithéliales du renflement stomacal de Copédodes (*Cyclopsina, Chondracanthus*) et Leydig des dépôts du même acide dans la région terminale du tube digestif de formes larvaires de *Cyclops* (Krukenberg).

IX. Reproduction. — Nous ne traiterons cette partie que d'une façon très écourtée ; presque tout ce qui la concerne étant des domaines de l'embryologie et de l'anatomie.

Les sexes sont ordinairement séparés et presque toujours on constate un *dimorphisme sexuel* plus ou moins accentué. La taille des mâles est souvent plus petite que celle des femelles et cette différence devient telle chez les formes fixées (Cirripèdes) ou parasites (certains Isopodes) que les mâles méritent le nom de *mâles pygmées* et vivent alors comme des parasites sur le corps des femelles.

L'hermaphrodisme qui est relativement rare ici, comme du reste dans tout le groupe des Arthropodes, ne s'observe guère que chez quelques Isopodes parasites, tels que les Cymothoïdes, les Entoniscides qui sont proterandres, c'est-à-dire à organes mâles développés dans le jeune âge, les organes femelles ne fonctionnant que chez les adultes et beaucoup de Cirripèdes (*Balanus, Anatifa*, certains *Scalpellum*, les Rhizocéphales, *Sacculina*, etc.). Chez ces Cirripèdes hermaphrodites s'observent, en outre, fréquemment des mâles pygmées différant profondément des individus sur lesquels ils vivent et ne dépassant souvent pas les stades larvaires. Ces mâles atrophiés servent probablement à assurer aux hermaphrodites la fécondation croisée (Arnold Lang).

Protection des œufs. — Les œufs fécondés sont rarement abandonnés à la surface de pierres ou de plantes (Argulides). Presque toujours l'animal femelle ou hermaphrodite conserve les œufs dans des organes protecteurs jusqu'au moment de l'éclosion.

Les Décapodes Brachyures portent les œufs entre la face sternale du corps et leur large abdomen replié en avant. Les femelles de Décapodes macroures portent leurs œufs collés par une sécrétion particulière sur les pattes abdominales. Les femelles de Copépodes les transportent dans un sac ovigère unique ou dans deux sacs symétriques suspendus à la face inférieure du segment génital et sécrétée par des glandes spéciales à l'époque de la reproduction. Celles des Cladocères les portent sur le dos, dans une chambre incubatrice comprise entre la face dorsale de l'abdomen et la carapace, etc., etc.

Les traités de zoologie fourniront à cet égard tous les renseignements désirables.

Spermatozoïdes. — Les spermatozoïdes, parfois énormes relativement à la taille du Crustacé, comme par exemple chez les Cypris (Ostracodes) où ils peuvent atteindre jusqu'à trois fois la longueur totale du mâle qui les produit (Zenker), sont en général immobiles excepté chez les Cirripèdes.

Ils appartiennent tantôt au type filiforme, tantôt au type globuleux. Sont, par exemple, filiformes, mais avec des détails de structure que nous ne pouvons énumérer, les spermatozoïdes des *Mysis*, de la plupart des Isopodes, des Amphipodes, des Ostracodes, des Cirripèdes. Les spermatozoïdes globuleux peuvent se présenter à nous soit comme de simples petites cellules arrondies (Stomatopodes) ou ovoïdes allongées (Copépodes, Claus; Cladocères, Leydig) ou piriformes (*Tanaïs*, Blanc), soit comme des corps beaucoup plus compliqués en forme de barillet court ou de cylindre allongé muni à l'une de ses extrémités de longs prolongements multiples, parfois au nombre de huit (Décapodes en général).

Spermatophores. — Souvent les Spermatozoïdes sont renfermés dans des spermatophores que le mâle applique au voisinage des orifices génitaux de la femelle. Comme spermatophores, nous citerons : 1° les longs rubans blancs ressemblant à du vermicelle qu'émet l'Écrevisse mâle et qui sont composés de spermatozoïdes globuleux à prolongements englobés dans une masse blanche visqueuse d'aspect crayeux, sécrétée par l'épithélium des canaux déférents; 2° les spermatophores des Copépodes ayant l'aspect de petits tubes cylindriques à paroi bien définie, offrant une extrémité obtuse clause et une extrémité effilée, ou col, ouverte, par laquelle ils adhèrent au segment génital de la femelle. Ils contiennent (*Cyclopsina*) trois substances d'aspect différent : une matière visqueuse, occupant surtout le col, un amas de petits spermatozoïdes ovoïdes remplissant le premier tiers du tube, enfin une *matière expulsive* occupant le reste de la longueur et qui, se gonflant sous l'action de l'eau, chasserait les spermatozoïdes par le col, jusque dans les organes femelles (Von Siebold, Claus, Leydig). La matière expulsive ne serait autre chose qu'une partie des spermatozoïdes s'altérant, augmentant de volume au contact du liquide aqueux et servant ainsi à pousser les spermatozoïdes intacts (Gruber).

Parthénogenèse. — Elle a été observée chez une série de Phyllopodes : *Apus cancriformis*, *Apus productus*, *Artemia salina*, *Limnadia Hermanni* (von Siebold) et la plupart des *Daphnia* et genres voisins (Jurine, Straus, Baird, Lubbock, etc., etc.).

L'ovaire des Daphnies produit, durant la belle saison, *des œufs d'été* parthénogénétiques donnant lieu à des embryons femelles sans fécondation; en automne, le même ovaire produit des *œufs d'hiver* au nombre de deux seulement (*Daphnia*) ou en plus grande quantité (*Lynceus*), qui sont fécondés par des mâles n'apparaissant qu'à cette époque de l'année. Ces œufs d'hiver volumineux sont logés dans la vieille carapace maternelle qui tombe avec eux au fond des cours d'eau. Chez quelques Cladocères l'apparition des mâles est précédée de celle d'individus hermaphrodites.

La parthénogenèse, n'empruntant tous les éléments de reproduction qu'à la femelle seule, exige de la part de celle-ci une assimilation abondante. C'est ce qui explique les résultats des expériences dans lesquelles on peut supprimer ou provoquer l'apparition des mâles. Ainsi chez les Daphnies copieusement nourries, la reproduction reste exclusivement parthénogénétique. Si, au contraire, on rend l'alimentation très pauvre, les mâles apparaissent avec presque certitude (de Kerervé).

Bibliographie[1]. — **Travaux généraux.** — Milne-Edwards (H.). *Histoire naturelle des Crustacés* (suites à Buffon), Paris, 1834-1840. — Gerstaecker (A.). *Arthropoda* (*Crustacea*, 297), dans H. G. Bronn's. *Klassen und Ordnungen des Thier-Reichs*, vol. v; *Leipzig und Heidelberg*, 1866-1879. — Woodward (H.). *Crustacea* (*Encyclopedia britannica*, 9° édit., vi, 632, Édimburg, 1877). — Huxley. *The Cray-fish* (*International scientific series*, xxviii, London, 1880). — Vogt et Yung (*Traité d'anatomie comparée pratique*, ii, 9 et suiv., Paris, 1894). — Stebbing (Th. R.). *A history of Crustacea* (*International scientific series*, lxxiv, London, 1893). — Griffiths (A. B.). *The physiology of the Invertebrata*, London, 1892. — Lang (Arn.) *Traité d'anatomie comparée et de zoologie*, trad. française, 2° fascicule, Paris, 1892.

Téguments, mues. — Chantran. *Observations sur l'histoire naturelle des Écrevisses* (*Comptes Rendus Acad. Sciences de Paris*, juillet 1870); — *Observations sur la formation des pierres chez les Écrevisses* (*Ibid.*, mars 1874). — Braun (Max). *Ueber die histologische*

---

[1]. Les travaux trop anciens n'ayant plus qu'une valeur purement historique n'ont pas été signalés.

Vorgänge bei der Häutung von Astacus fluviatilis (*Arbeiten aus dem zool. zoot. Institut in Würzburg*, II, 1875). — VITZOU (A. N.). *Recherches sur* [*la structure et la formation des téguments chez les Crustacés décapodes* (*Thèse de Paris et Archives de zoologie expérimentale et générale*, x, 1882). — HYATT (ALPH.). *Moulting of the Lobster* (*Homarus americanus*) (*Proceedings Boston Society of Natural history*, XXI, 83-90, 1883 et *Nature française*, 11e année, 29 septembre 1883, 286).

Absorption et déperdition par les téguments. — JOLY. *Histoire de l'Artemia salina* (*Ann. des Sciences naturelles, Zoologie*, (2), XIII, 225, Paris, 1840). — PLATEAU (F.). *Recherches physico-chimiques sur les Articulés aquatiques*, 1re partie. *Influence de l'eau de mer sur les Articulés d'eau douce et de l'eau douce sur les Crustacés marins* (*Mém. de l'Acad. roy. de Belgique*, in-4, XXXVI, 1870). — RICHET (CH.). *De l'influence des milieux alcalins et acides sur la vie des Écrevisses* (*Comptes Rendus Acad. sc. de Paris*, XC, 1880). — BERT (PAUL). *Sur la cause de la mort des animaux d'eau douce que l'on plonge dans l'eau de mer et réciproquement* (*Ibid.*, XCVII, 1883). — PLATEAU (F.). *Influence de l'eau de mer sur les animaux d'eau douce et de l'eau douce sur les animaux marins* (*Ibid.*, XCVII, 1883).

Pigments. — POUCHET (G.). *Sur les rapides changements de coloration provoqués expérimentalement chez les Crustacés* (*Comptes rendus Acad. sc. de Paris*, 11 mars 1872) ; — *Recherches anatomiques sur la coloration bleue des Crustacés* (*Journal de l'anatomie et de la physiologie*, mai 1873, 290) ; — *Des changements de coloration sous l'influence des nerfs* (*Ibid.*, 1876) ; — *Note sur les cristaux bleus existant dans les tissus d'un Branchipe* (*Société de Biologie*, 15 mars 1873) ; — *Note sur les changements de coloration chez la Crevette grise* (*Ibid.*, 23 mars 1873). — KRUKENBERG (C. FR.). *Zur Kenntniss der Verbreitung der Lipochrome im Thierreiche* (*Vergleichend-Physiologische Studien*, 2te Reihe, 3te Abtheilung, 92), Heidelberg, 1882. — MÉREJKOWSKY (C. DE). *Nouvelles recherches sur la zoonérythrine et autres pigments animaux* (*Bullet. Soc. zoologique de France*, VIII, 81, Paris, 1883). — BLANCHARD (R.). *Sur une Carotine d'origine animale constituant le pigment rouge des Diaptomus* (*Mém. Soc. zool. de France*, III, 113, 1890).

Muscles. — POUCHET (G.). *De l'existence d'un muscle vibrant chez le Homard et des muscles de la queue du Crotale* (*Société de Biologie*, 13 nov. 1873, et *Association française pour l'avancement des sciences*). — FREDERICQ (L.) et VAN DE VELDE (G.). *Physiologie des muscles et des nerfs du Homard* (*Bullet. Acad. roy. de Belgique*, 48e année, (2), XLVII, n° 6, 771, 1879). — RICHET (CH.). *Contribution à la physiologie des centres nerveux et des muscles de l'Écrevisse* (*Archives de physiologie normale et pathologique*, (2), VI, 262, 1879) ; — *Physiologie des muscles et des nerfs*, Paris, 1882. — PLATEAU (F.). *Recherches sur la force absolue des muscles des invertébrés*, 2e partie ; *force absolue des muscles fléchisseurs de la pince chez les Crustacés décapodes* (*Archives de zoologie expérimentale et générale*, (2), vol. III, 1885, et *Bull. Acad. roy. de Belgique*, (3), VII, 1884). — CAMERANO (L.). *Ricerche intorno alla forza assoluta dei muscoli dei Crustacei decapodi* (*Memorie della R. Acad. delle scienze di Torino*, (2), XLII, 1892).

Locomotion proprement dite. — JOUSSET DE BELLESME. *Rôle de l'appendice caudal des Limules* (*Nature*, 9e année, n° 428, 13 août 1881, et *Ann. des sciences nat., Zoologie*, (6), XI, n° 5, 1881). — AMANS (P. C.). *Comparaison des organes de la locomotion aquatique* (*Ann. des sciences nat., Zoologie*, (7), VI, n° 1, 1888). — DEMOOR (J.). *Recherches sur la marche des Crustacés* (*Archives de zoologie expérimentale et générale*, (2), IX, 1892). — OSTROUMOFF (A.). *Ein fliegender Copepode* (*Zoologischer Anzeiger*, XVII, n° 439, 369, 1894) ; — *Berichtigung zu meinen Artikel : ein fliegende Copepode* (*Ibid.*, n° 461, 415, 1894). — LIST (THÉOD.). *Morphologisch-biologische Studien über den Bewegungsapparat der Arthropoden* (*Morph. Jahrb. Gegenbaur*, XXII, 3, 1895).

Émission de sons, de bruits. — MÖBIUS (K.). *Ueber die Entstehung der Töne welche Palinurus vulgaris mit den äusseren Fuhlern hervorbringt* (*Archiv für Naturgeschichte*, XXXIII, 73 ; Berlin, 1867). — LANDOIS (H.). *Thierstimmen*, 14 à 17 ; Freiburg im B., 1874. — SAVILLE-KENT (W.). *Sound producing Arthropod* (*Nature anglaise*, XVII, nov. 1877, 11). — WOOD-MASON. *On sound producing Crustaceans* (*Proceed. Entomological Soc. London*, november 1877). — ALCOCK (A.). *Stridulating apparatus of Red Ocypode Crab* (*Administration Report of the Marine survey of India for 1891-92*) ; — (*Annals and Magazine of natural history*, (6), X, 336, 1892).

Innervation. — MILNE-EDWARDS (H.). *Premières expériences sur des Squilles en 1827*, citées par lui dans *Leçons de physiologie et d'anatomie comparée*, XIII, 1re partie, 125, en note. — NEWPORT et MARSHALL-HALL. *Premières expériences faites en 1834* dans MARSHALL-HALL : *Lectures on the nervous system and its diseases*, London, 1838, et *The Lancet*, feb. 3, 650, 1838. — MILNE-EDWARDS (H.) et AUDOUIN dans MILNE-EDWARDS. *Histoire naturelle des Crustacés*, I, 148 (*op cit.*). — VALENTIN (G.). *De functionibus nervorum cerebralium et nervi sympathici*, Berne, 1839. — LONGET (F. A.) (*Traité de physiologie*, II, 2e partie, 11-15, Paris, 1850). — BERNARD (CLAUDE). *Leçons sur les effets des substances toxiques et médicamenteuses*, Paris, 1857. — MAC INTOSH (W. C.). *Observations and experiments on the Carcinus mœnas* (*Thèse de Concours*), London, 1861. — VULPIAN. *Leçons sur la physiologie générale et comparée du système nerveux*, Paris, 1866. — LEMOINE. *Recherches pour servir à l'histoire des systèmes nerveux, musculaire et glandulaire de l'Écrevisse* (*Thèse de Paris*, 1868 et *Annales des sc. nat., Zoologie*, (5), IX, 1868). — WARD (JAMES). *Some notes on the physiology of the nervous system of the fresh-water cray-fish Astacus fluviatilis* (*Journal of Physiology*, II, n° 3, 214, et *Proceedings of the Royal Society of London*, vol. XXVIII, 1879). — YUNG (E.). *De la structure intime et des fonctions du système nerveux central des Crustacés décapodes* (*Archives de zoologie expérimentale et générale*, vol. VII, 1879, et *Archives des sciences physiques et naturelles*. 3e période, II, 1879). — RICHET (CH.). *Contribution à la physiologie des centres nerveux, etc.* (*op. cit.*); — *De l'influence de la chaleur sur les fonctions des centres nerveux de l'Écrevisse* (*Comptes rendus Acad. sc. de Paris*, LXXXVIII, n° 19, 977, 1879). — FREDERICQ (L.) et VAN DE VELDE. *Physiologie des muscles et des nerfs, etc.* (*op. cit.*); — *Vitesse de transmission de l'excitation motrice dans les nerfs du Homard* (*Comptes rendus Acad. sc. de Paris*, XCI, n° 4, 239, 1880). — KRUKENBERG (C. FR. W.). *Vergleichend-toxicologische Untersuchungen als experimentelle Grundlage für eine Nerven und Muskel-Physiologie der Evertebraten* (*Vergleichend-physiologische Studien an den Küsten der Adria Erste Abtheilung*, Heidelberg, 1880). — REICHENBACH (H.). *Beobachtungen über die Physiologie des Nervensystems vom Flusskrebs* (*Humboldt's Monatschrift für die gesammten Naturwissenschaften*, I, 26-27; Stuttgard, 1882). — GUILLEBEAU (A.) et LUCHSINGER (B.). *Fortgesetzte Studien zu einer allgemeinen Physiologie der irritabeln Substanzen. Ein Beitrag zur Kenntniss des Centralmarkes der Annulata Cuvieri* (*Archiv für die gesammte Physiologie des Menschen und der Thiere*, XXVII, 1882). — MARSHALL (C. F.). *Some Investigations on the physiology of the nervous system of the Lobster* (*Studies of Biological Laboratory Owen's College*, vol. I, 1886). — BIEDERMANN (W.). *Ueber die Innervation der Krebsschere Beiträge zur Allgemeine Nerven und Muskel-physiologie* (*Sitzungsber. Akad. Wiss. Wien*, XCV, (31), 1887). — PETIT (L.). *Mouvements de rotation provoqués chez le Crabe (Carcinus Mœnas)* (*Actes de la Soc. Linnéenne de Bordeaux*, LXI, 1888, et *Comptes rendus Acad. sc. de Paris*, CVII, 278, 1888). — VARIGNY (H. DE). *Action de la strychnine, de la brucine et de la picrotoxine sur Carcinus mœnas* (*Journal de l'anatomie et de la physiologie*, 187, 1889). — STEINER (J.). *Die Functionen des Centralnervensystems der Wirbellosen Thiere* (*Sitzunsber. Akad. Wiss., Berlin*, janv. 1890). — LANGLOIS (P.) et VARIGNY (H. DE). *Sur l'action de quelques poisons du groupe de Carcinus mœnas* (*Journal de l'anatomie et de la physiologie*, 27e année, 273, 1891). — DEMOOR (J.). *Étude des manifestations motrices des Crustacés au point de vue des fonctions nerveuses* (*Archives de zoologie expérimentale et générale*, (2), IX, 1891). — BETHE (ALBR.). *Vergleichende Untersuchungen über die Functionen des Centralnervensystems der Arthropoden* (*Archiv für die gesammte Physiologie*, LXVIII, 449, october 1897).

Sens. — KRAEPELIN (K.). *Ueber die Geruchsorgane der Gliederthiere* (*Osterprogramm der Realschule des Johanneums*, Hamburg, 1883). Précieux pour la bibliographie des organes sensoriels autres que ceux de la vision. — LUBBOCK (J.). *On the senses, Instincts and Intelligence of Animals* (*International scientific series*, LXV, London, 1888). — PLATEAU (F.). *Expériences sur le rôle des palpes chez les Arthropodes maxillés*, 3e partie; *Organes palpiformes des Crustacés* (*Bullet. Soc. zoologique de France*, XII, 1887). — HENSEN (V.). *Studien über das Gehörorgan der Decapoden* (*Zeitsch. f. wiss. Zoologie*, XIII, 319, 1863). — DELAGE (Y.). *Sur une fonction nouvelle des otocystes chez les Invertébrés* (*Comptes rendus Acad. sc. de Paris*, CIII, n° 18, 1887); — *Sur une fonction nouvelle des otocystes comme organes d'orientation locomotrice* (*Archives de zoologie expérimentale et générale*, (2), V, 1887). — BONNIER (P.). *L'audition chez les Invertébrés* (*Revue Scientifique*, XLVI, 808, 1890); — *Sur les fonctions otolithiques* (*Soc. de Biologie*, (9), V, n° 7, 24 février 1893). — CLARK (C. P.). *On* *the relations of the Otocysts to equilibrium phenomena in Gelasimus pugilator and Platyonichus ocellatus* (Journal of physiology, 327, London, 1896). — Racovitza (E. G.). *Notes de biologie* (Archives de zoologie expérimentale et générale, (3), ii, n° 1, 1894). — Groom (T.) et Loeb (J.). *Der Heliotropismus der Nauplien von Balanus perforatus und die periodischen Tiefenwanderungen pelagischer Thiere* (Biolog. Centralbl., x, n° 5/6 et 7, 1890). — Loeb (J.). *Der Heliotropismus der Thiere und seine Uebereinstimmung mit dem Heliotropismus der Pflanzen*, Würtzburg, 1890. — Viguier (C.). *L'héliotropisme des Nauplius* (Comptes rendus Acad. sc. de Paris, cxiv, 1489, 1892). — Plateau (F.). *Recherches sur les Crustacés d'eau douce de Belgique* (Mém. Acad. roy. de Belgique, in-4, Savants étrangers, xxxiv, 1868; pour Niphargus, voir p. 5). — Beneden (E. van). *Sur la présence à Liège du Niphargus puteanus* (Bullet. Acad. roy. de Belgique, 53e année, (3), viii, n° 12, 651, 1884). — Davenport (C. B.) et Cannon (W. B.). *On the determination of the direction and Rate of Movement of organismus by Light* (Journal of Physiology, xxi, n° 1, 22, 1897). — Carrière (J.). *Die Sehorgane der Thiere* (München und Leipzig, 1885). — Parker (G. H.). *The Retina and optic Ganglia in Decapods, especially in Astacus* (Mitt. zool. Station. Neapel, xii, fasc. i, 1895); — *Pigment Migration in the Eyes of Palæmonetes* (Zoologischer Anzeiger, n° 506, 1896); — *Photomechanical changes in the retinal pigment-cells of Palæmonetes, and their relation to the central nervous system* (Bulletin of the Museum of comparative zoology at Harvard College, xxx, n° 6, Cambridge, avril 1897). — Szczawinska (Wanda). *Contribution à l'étude des yeux de quelques Crustacés et recherches expérimentales sur les mouvements du pigment granuleux et des cellules pigmentaires sous l'influence de la lumière et de l'obscurité dans les yeux des Crustacés et des Arachnides* (Archives de biologie, x, 323, 1890). — Exner (Sig.). *Die Physiologie der facettirten Augen von Krebsen und Insecten* (Leipzig und Wien, 1891). — Dewar (J.). *The physiological Action of Light* (Proceed. of the Royal Institution, viii, n° 65, 137, 1876); — *L'action physiologique de la lumière* (Revue Scientifique, (2), 5e année, 1875). — Chatin (J.). *Contributions expérimentales à l'étude de la chromatopsie chez les Batraciens, les Crustacés et les Insectes*, Paris, 1881; — *Recherches pour servir à l'histoire du bâtonnet optique chez les Crustacés et les Vers* (Annales des sc. nat. zoologie, (6), v, n° 6, 44, Paris, 1877). — Viallanes. *Recherches anatomiques et physiologiques sur l'œil composé des Arthropodes* (Ibid., (7), xiii, n° 6, 349, 1892). — Bert (Paul). *Sur la question de savoir si tous les animaux voient les mêmes rayons lumineux que nous* (Archives de physiologie normale et pathologique, ii, n° 5, 547, septembre 1869); — *Influence de la lumière sur les êtres vivants* (Revue Scientifique, (2), 7e année, n° 42, 984, 20 avril 1878). — Lubbock (J.). *On the sense of Colour among some of the lower animals* (Journal of the Linnean Society, vol. xvi, 1881); — *On the senses, instincts, etc.* (op. cit.). — Merejkowsky (C. de). *Les Crustacés inférieurs distinguent-ils les couleurs?* (Comptes rendus Acad. sc. de Paris, xciii, 1160, 1881). — Graber (V.). *Grundlinien zur Erforschung des Helligkeits und Farbensinnes der Thiere* (Prag und Leipzig, 1884); — *Ueber die Helligkeits und Farbenempfindlichkeit einiger Meerthiere* (Sitzungsber. Akad. Wien. Math. Naturwiss. Classe, xci, fasc. 1 à 4, 129, 1885). — Viré (A.). *Organes des sens des Crustacés obscuricoles des catacombes de Paris et des cavernes du plateau central* (Bulletin du Muséum d'Histoire naturelle de Paris, n° 2, 62, 1897).

Digestion. — Hoppe-Seyler (F.). *Ueber Unterschiede im chemischen Bau und der Verdauungs höherer und niederer Thiere* (Archiv für die gesammte Physiologie der Menschen und der Thiere, xiv, 395, 1877). — Krukenberg (C. Fr.). *Zur Verdauung bei den Krebsen* (Untersuchungen a. d. physiologischen Institut der Univ. Heidelberg, II, 261, 1878); — *Weitere studien über die Verdauungvorgänge bei Wirbellosen* (Vergleichend physiologische Studien an den Küsten der Adria, i, abth., Heidelberg, 1880); — *Ueber das Verhältniss der Leberpigmente zu den Blutfarbstoffen bei den Wirbellosen* (Vergleichend physiologische Studien zu Tunis, Mentone und Palermo. Dritte Abtheilung, Heidelberg, 1880). — Heckel. *De quelques phénomènes de localisation minérale et organique dans les tissus animaux* (Journal de l'anatomie et de la physiologie, xi, 553, 1875). — Mac-Munn. *Observations on the Colouring Matters of the so called Bile of Invertebrates* (Proceed. Royal Society, London, xxxv, 370, 1883). — Frenzel (J.). *Uber die Mitteldarmdrüse der Crustaceen* (Mittheilungen aus der zoolischen station zu Neapel, x, fasc. i, 1883); — *Ueber den Darmkanal der Crustaceen* (Archiv f. Mikroskopische Anatomie. xxv, fasc. 2, 137, 1885). — Mocquard (F.). *Recherches anatomiques sur l'estomac des Crustacés podophthalmaires* (Ann. sc. nat. zoologie, (6), xvi, n°s 1 à 6, 1883) (p. 266 pour les mouvements des pièces stomacales).—PLATEAU (F.). *Zoologie élémentaire*, 2e édition, 342, Mons, 1884. — CUÉNOT (L.). *Sur la physiologie de l'écrevisse* (*Comptes rendus Acad. sc. de Paris*, CXVI, n° 22, 1257, 29 mai 1893) ; — *Études physiologiques sur les Crustacés décapodes. Note préliminaire* (*Archives de zoologie expérimentale et générale*, (3), I, n° 2, notes et revue, 21) ; — *Études physiologiques sur les Crustacés décapodes* (*Archives de biologie*, XIII, 243, 1893). — CATTANEO (G.). *Sulla struttura dell'Intestino del Crostacei decapodi e sulle funzioni delle loro glandule 'enzimatiche* (*Atti della Societa italiana di scienze naturali*, vol. XXX, Milano, 1887). — STAMATI (GR.). *Recherches sur le suc gastrique de l'écrevisse* (*Comptes rendus de la Société de Biologie*, (8), V, 16, 1888); — *Recherches sur la digestion chez l'écrevisse* (*Bullet. Soc. zoologique de France*, XIII, 146, 1888). — MANILLE IDE. *Le tube digestif des Edriophthalmes*, 184-185 (*La Cellule*, VIII, 1er fascicule, 1892). — GRIFFITHS. *Further Researches on the physiology of Invertebrata* (*Proceed. Royal Soc. London*, 14 juin 1888). — SAINT-HILAIRE (C. DE). *Sur la résorption chez l'écrevisse* (*Bullet. Acad. Roy. de Belgique*, (3), XXIV, n° 11, 506, 1892); — *A propos de l'article* de M. CUÉNOT : *Études physiologiques sur les Crustacés décapodes* (*Zoologischer Anzeiger*, XVII, n° 458, 349, 1894). — ABELOUS (J. E.) et BILLARD. *De l'action anticoagulante du foie des Crustacés* (*B. B.*, IV, 991, 1897).

Circulation, sang. — LANKESTER (RAY). *A contribution to the knowledge of Hæmoglobin* (*Proceed. Roy. Soc. London*, vol. XXI, n° 140, 1872). — BENEDEN (ED. VAN). *Existence d'un double appareil et de deux liquides sanguins chez des Arthropodes* (*Bullet. Acad. Roy. de Belgique*, (2), XLIX, n° 1, 5, 1880); — *De l'existence d'un appareil vasculaire à sang rouge dans quelques Crustacés* (*Zoologischer Anzeiger*, III, 1880). — GEDDES. *On the coalescence of amoeboid cells into Plasmodia and the so-called coagulation of invertebrate Fluids* (*Proceed. Roy. Soc. London*, XXX, n° 202, 1879-80). — POUCHET (G.). *Sur le sang des Crustacés* (*Journal de l'anatomie et de la physiologie*, XVIII, 202, 1882). — JOLYET (F.) et REGNARD (P.) (Voyez plus loin *Respiration*). — FREDERICQ (L.). *Note sur le sang du homard* (*Bullet. Acad. Roy. de Belgique*, (2), XLVII, 1879); — *Influence du milieu sur la composition du sang des animaux aquatiques* (*Archives de zoologie expérimentale et générale*, (2), III, 1885). — REGNARD (P.) et BLANCHARD (R.). *Présence de l'hémoglobine dans le sang des Crustacés branchiopodes* (*Bullet. Soc. zoologique de France*, VIII, 1883). — HALLIBURTON. *On the Blood of Crustacea* (*J. P.*, VI, 1885). — CATTANEO (G.). *Sulla struttura e sui fenomeni biologici delle cellule ameboidi del sangue nel Carcinus mœnas* (*Atti della Societa italiana di scienze naturale*, XXXI, 1888). — HEIM. *Études sur le sang des Crustacés décapodes* (*Thèse de Paris*, 1892). — GRIFFITHS. *Composition chimique de l'hémocyanine* (*C. R.*, CXIV, 496, 1892). — CUÉNOT (L.). *Études sur le sang et les glandes lymphatiques dans la série animale*, 2e partie, *Invertébrés* (*Archives de zoologie expérimentale et générale*, (2), IX, 71, 1891). — *Études physiologiques*, etc. (*op. cit.*). — HARDY (W. B.). *The blood-corpuscles of the Crustacea, together with a suggestion as the Origin of the Crustacean Fibrin-ferment* (*J. P.*, XIII, 165, 1892].

Mouvements et innervation du cœur. — VULPIAN. *Leçons*, etc. (*op. cit.*). — MAC INTOSH. *Observations and experiments...* (*op. cit.*). — YUNG. *De la structure intime*, etc. (*op. cit.*). — LEMOINE. *Recherches pour servir à l'histoire*, etc. (*op. cit.*). — BRANDT (A.). *Physiologische Beobachtungen am Herzen des Flusskrebses* (*Bullet. Acad. St-Pétersbourg*, VIII, 1865). — MAREY. *Article « Cardiographes »* (*Dictionnaire encyclopédique des sciences médicales de* DECHAMBRE, XII, 1871). — DOGIEL. *De la structure et des fonctions du cœur des Crustacés* (*A. d. P.*, 1877 et *C. R.*, LXXXII, 1117, 1876). — PLATEAU (F.). *Recherches physiologiques sur le cœur des Crustacés décapodes* (*Archives de biologie*, I, 1880). — VARIGNY (H. DE). *Recherches expérimentales sur les fonctions du cœur chez le Carcinus mœnas* (*Journal de l'anatomie et de la physiologie*, 1887, et *B. B.*, 22 janvier 1887). — VIAULT et JOLYET. *Traité élémentaire de physiologie humaine*, 469 (en note), 1885. — JOLYET et VIALLANES. *Recherches physiologiques sur le système nerveux accélérateur et modérateur du cœur chez le crabe* (*Ann. Sc. nat. zoologie*, (7), XIV, 1893). — CONANT (F. S.) et CLARK (H. L.). *The inhibitory and accelerator Nerves to the Crab's Heart* (*Johns Hopkins University Circulars*, XV, n° 126, 89, June 1896, et *The Journal of experimental Medicine*, I, n° 2).

Respiration. — LEREBOULLET. *Note sur une respiration anale observée chez plusieurs Crustacés (*Mém. Soc. d'histoire naturelle de Strasbourg*, IV, 211, 1850). — JOBERT. *Recherches sur l'appareil respiratoire et le mode de respiration de certains Brachyures (crabes terrestres)* (*Ann. sc. nat. zoologie*, (6), IV, nos 4 à 6, 1876). — JOLYET (F.) et REGNARD (P.). *Recherches sur la respiration des animaux aquatiques* (A. d. P., (2), IV, 1877). — REES (J. VAN). *Over Luchtademing van Carcinus mœnas* (*Thèse de l'Université d'Utrecht*, 1878). — BOUVIER. *Sur le cercle circulatoire de la carapace chez les Crustacés décapodes* (C. R., CX, n° 23, 1211, 1890). — SEMPER (C.). *Ueber die Lunge von Birgus latro* (*Zeitschr. f. wiss. Zoologie*, XXX, 1878). — MAC-MUNN (C. A.). *Researches on the Myohœma'in and the Pistohœmatins* (*Philosophical Transactions of the Royal Society of London*, CLXXVII, 1886-1887). — BOUVIER. *Sur la respiration, etc., des Paguriens terrestres du genre Cénobite* (*Bullet. Soc. philomathique de Paris*, (7), II, n° 4, 1891). — GARSTANG (W.). *Contributions to Marine Bionomics. I. The Habits and Respiratory Movements of Corystes cassivelanus* (*Journal of Marine Biol. Assoc.*, (n. s.), vol. IV, n° 3, 223, 1896). — BOHN (G.). *Sur la respiration du Carcinus mœnas* (C. R., CXXV, n° 11, 13 septembre 1897, 441).

Désassimilation. — GORUP-BESANEZ et WILL. *Guanin, ein wesentlicher Bestandtheil gewisser Sekrete wirbelloser Thiere* (*Bayer. Ak. d. Wissenschaften*, XXVII, 1848). — ZENKER (W.). *Ueber Asellus aquaticus* (*Archiv f. Naturgeschichte*, 107, 1854). — DOHRN. *Analecta ad historiam naturalem Astaci fluviatilis*, Berlin, 1861. — KRUKENBERG. *Ueber Unterschiede der chemischen Bestandtheile von Organen ähnlicher Function bei Vertretern verschiedener Thierclassen* (*Vergleichend-physiologische Studien an den Küsten der Adria, zweite Abtheilung*, 28, Heidelberg, 1880). — WEBER. *Anatomisches über Trichonisciden* (*Archiv f. mikr. Anatomie*, XIX, 610, 1881). — HUET. *Sur l'existence d'organes segmentaires chez certains Crustacés isopodes* (C. R., XCIV, 810, 1882). — BLANC (H.). *Contribution à l'histoire naturelle des Asellotes hétéropodes* (*Recueil zoologique suisse*, I, n° 2, 244, Genève, 1884). — SZIGETHY (K.). *Anatomie, histologie et physiologie de la glande verte de l'écrevisse* (*Institut zoologique de l'Université de Budapest*, 1885). — BALDWIN-SPENCER. *The urinary organs of Amphipoda* (*Quarterly Journal of microscopical science*, n° 98, avril 1885). — GRIFFITHS. *On the extraction of uric acid crystals from the green glands of Astacus fluviatilis* (*Chemical News*, 1885, et Proceed. Roy. Soc. London, XXXVIII, 1885). — KOWALEVSKY. *Ein Beitrag zur Kenntniss der Exkretions Organe* (*Biol. Centralbl.*, IX, nos 2, 3 et 4, 1889). — MARCHAL (P.). *L'acide urique et la fonction rénale chez les Invertébrés* (*Mém. Soc. zoologique de France*, III, 1889;) — *Recherches anatomiques et physiologiques sur l'appareil excréteur des Crustacés décapodes* (*Archives de zoologie expérimentale et générale*, (2), X, 1892). — CUÉNOT. *Études physiologiques sur les Crustacés décapodes* (op. cit.).

Reproduction. — SIEBOLD (C. TH. VON). *Observations sur l'accouplement du Cyclops castor* (*Ann. des sc. nat.*, XIV, 1840); — *Beiträge zur Naturgeschichte der wirbellosen Thiere. II. Ueber das Begattungschaft des Cyclops Castor*, Dantzig, 1839. — ZENKER (W.). *Anatomisch-systematische Studien über die Krebsthiere. Monographie der Ostracoden* (*Archiv f. Naturgeschichte*, XX, 1854). — CLAUS. *Zur Anatomie und Entwickelungsgeschichte der Copepoden* (Ibid., XXIV, I, 1858). — LEYDIG (FR.). *Naturgeschichte der Daphniden*, Tübingen, 1860. — SIEBOLD (C. TH. VON). *Beiträge zur Parthenogenesis der Arthropoden*, Leipzig, 1871. — CHANTRAN. *Sur la fécondation des écrevisses* (C. R., 15 janvier 1872). — GRUBER. *Ueber zwei Süswassercalaniden*, Leipzig, 1878. — WEISMANN (AUG.). *Zur Naturgeschichte der Daphniden* (*Zeits. für wissensch. Zoologie*, XXVII-XXXIII, 1876-1879). — DE KERERVÉ. *De l'apparition provoquée des mâles chez les Daphnies* (*Mém. Soc. zool. de France*, n° 2, VIII, 2° partie, 1895).

De nombreux faits concernant la reproduction des Crustacés sont épars dans une foule de travaux descriptifs dont l'énumération était impossible ici.

F. PLATEAU.

CRYOSCOPIE.

CRYOSCOPIE. — Nom donné par RAOULT à l'étude de la température de congélation des liquides contenant tels ou tels sels en solution, à doses variables.

Il a démontré que l'abaissement du point de congélation d'un dissolvant est proportionnel directement à la quantité de substance dissoute, et inversement au poids moléculaire de cette substance.

Cette méthode, applicable à l'étude des liquides de l'organisme, a donné naissance à divers importants travaux, dus surtout à WINTER. Ils seront étudiés dans leur ensemble à l'article **Osmotique**.

Nous nous contenterons ici de donner les chiffres fournis par J. WINTER sur la température de congélation des divers liquides de l'organisme.

	DEGRÉS		DEGRÉS
Sérum de cheval	0,565	Urine normale	1,57
— de bœuf	0,55	d'homme.	1,00
— de chien	0,565	—	1,26
— de lapin	0,57	—	0,80
— de mouton	0,55	—	1,17 etc.
— de porc	0,55	Liquide pleurétique	0,50
Lait de vache	0,55	Ascite (homme)	0,55
— d'ânesse	0,55	Ascite (chien)	0,60
— de chèvre.	0,57	Liquide d'hydrocèle	0,55
— de femme	0,555	Liquide gastrique	0,37

D'autre part, il a été démontré que l'état isotonique des globules est lié à un abaissement cryoscopique de 0,36 ; ce chiffre de 0,36 exprimant la concentration moléculaire du sérum nécessaire pour qu'il n'y ait pas rupture de l'état isotonique des globules, et probablement le chiffre est très voisin de toutes les autres cellules vivantes.

Ces divers faits se rattachent étroitement à l'étude du pouvoir osmotique et de l'isotonie. (V. **Isotonie** et **Osmotique**.) Nous y renvoyons pour les détails qu'ils comportent, théoriques et pratiques.

Bibliographie. — J. WINTER. *Température de congélation des liquides de l'organisme. Application à l'analyse du lait (Bull. Soc. chim. Paris*, 1895, 1101-1107, XIII). *De l'équilibre moléculaire des tumeurs (A. d. P.*, 1896, 114 ; 287 ; 296 ; 529). — RAOULT. *Sur les progrès de la cryoscopie*, Grenoble, 1889. — BOUCHARD (CH.) *Essai de cryoscopie des urines (C R.*, 1896, CXXVIII, 64-67). — *A propos d'une réclamation de M. J.* WINTER (*Ibid.*, 488-490).

CRYPTOPINE. — Un des alcaloïdes de l'opium. (Voir **Morphine**) (SIPPEL, *Wirkung des C.* (*Diss. in.* Marbourg, 1874).

CUBÈBE (Essence de) $(C^{15}H^{24})$. — Essence extraite du cubèbe par distillation entre 250° et 260°, lévogyre (*D. W.*, (1), 1 006).

CUBÉBINE $(C^{10}H^{10}O^3)$. — Huile essentielle extraite par distillation du cubèbe. Le cubèbe contient aussi un terpène $(C^{10}H^{16})$ et un sesquiterpène $(C^{15}H^{24})$.

CUBILOSE. — Matière neutre albuminoïde constituant les nids d'oiseaux comestibles des Indes, d'après PAYEN (*C. R.*, XLI, 528).

CUIVRE (Cu ; — poids atomique $= 63,5$). — Le cuivre est de tous les métaux usuels celui qui, avec le fer, est le plus important et le plus répandu dans la nature. On le trouve soit à l'état natif, soit sous forme de minerais aisément réductibles. Aussi l'emploi du cuivre pur ou allié à l'étain ou au zinc a-t-il précédé celui du fer, dans l'ordre chronologique des civilisations, l'âge de bronze précédant l'âge de fer. Ce métal est encore actuellement d'un usage constant.

Le cuivre se trouve en abondance dans la nature ; il semble aussi universellement répandu, quoique en moindre quantité, que le fer. Outre ses minerais, tels que le cuivre natif, l'oxyde de cuivre, les carbonates, sulfures, etc., on retrouve du cuivre en plus ou moins grande proportion dans tous les minéraux ferrugineux (WALCHNER), dans les eaux minérales (BERZELIUS, BÉCHAMP, A. GAUTIER), dans l'eau de mer, dans certaines plantes marines et terrestres ; dans le sang de plusieurs Ascidies et Céphalopodes (MALAGUTI, DUROCHER, SARZEAU, FREDERICQ) ; dans l'organisme des animaux supérieurs et de l'homme.

Propriétés. — Le cuivre est un métal rouge rosé, susceptible d'un fort beau poli ; très ductile, très malléable, très tenace. Il cristallise en cubes ou dans d'autres formes appartenant au système cubique. Il a une faible dureté.

Le cuivre est bon conducteur de la chaleur et de l'électricité. Il est six fois plus conducteur de l'électricité que le fer. Sa densité est de 8,91. Il fond vers 1200°.

Le cuivre est inattaquable à froid par l'air sec; mais il s'oxyde rapidement à chaud. Dans l'air humide il est attaqué par les acides les plus faibles; par une longue exposition à l'air il se recouvre d'une couche d'hydrocarbonate de cuivre basique.

Le cuivre n'est pour ainsi dire pas attaqué par les acides chlorhydrique ou sulfurique, concentrés ou étendus, à la température ordinaire. A chaud l'acide sulfurique l'attaque en dégageant de l'acide sulfureux et en donnant un sulfate; l'acide chlorhydrique l'attaque mal en dégageant de l'hydrogène et donnant du protochlorure de cuivre Cu^2Cl^2.

L'acide azotique, même très étendu, attaque le cuivre avec énergie en donnant du bioxyde d'azote et de l'azotate de cuivre. Le bioxyde d'azote se transforme à l'air en vapeurs rouges rutilantes d'acide hypoazotique.

En présence d'ammoniaque l'oxydation du cuivre à l'air est des plus énergiques; on obtient une dissolution d'oxyde de cuivre ammoniacale (eau céleste) d'un bleu intense; il se forme en même temps un peu de nitrite. Lorsqu'on agite en vase clos du cuivre et de l'ammoniaque, l'oxygène de l'air du vase est absorbé, on constate un vide partiel; c'est un procédé de préparation de l'azote.

Le cuivre s'allie facilement avec les autres métaux; on emploie couramment dans l'industrie et nos laboratoires les alliages de cuivre.

Le *bronze*, alliage de cuivre et d'étain; le *laiton*, cuivre jaune, alliage de cuivre, de zinc et d'étain; le *maillechort*, alliage de nickel, cuivre et zinc, etc., sont les alliages les plus communément employés.

Composés du cuivre. — Le cuivre, métal diatomique, donne deux séries de combinaisons chimiques avec les différents agents. Les sels de la série *cuprique* ou au *maximum* tels que l'oxyde de cuivre CuO, le chlorure cuivrique $CuCl^2$, le sulfate $CuSO^4$. Ces composés sont les plus stables et les mieux connus. Il existe une autre série de combinaisons: les sels de la série du *cuprosum* ou au *minimum*. Dans ces composés, deux atomes de cuivre semblent former un groupement particulier diatomique (Cu^2) qui joue le rôle d'un atome unique. On connaît l'oxyde Cu^2O, le chlorure Cu^2Cl^2, le sulfure Cu^2S, le sulfate Cu^2SO^4.

Sels de cuprosum ou cuivreux. — Sels incolores, généralement insolubles, sauf en liqueurs acidifiées: ils deviennent bruns, puis bleus, en s'oxydant au contact de l'air. La potasse y détermine un précipité orangé; l'ammoniaque un précipité jaune orangé soluble dans un excès de réactif. La solution d'oxyde cuivreux ammoniacal bleuit à l'air en absorbant l'oxygène.

Sels de cupricum ou cuivriques. — Sels bleus ou verts. La potasse y détermine un précipité bleuâtre gélatineux d'hydrate d'oxyde de cuivre qui devient anhydre, noir et pulvérulent lorsqu'on le chauffe même au sein de la liqueur. En présence d'ammoniaque on a un précipité bleu qui se redissout en donnant avec un excès de réactif une liqueur bleu céleste intense. L'hydrogène sulfuré donne un précipité noir de sulfure insoluble; le ferrocyanure de potassium, un précipité rouge marron. Ce réactif, le plus sensible pour déceler les sels de cuivre, donne avec les solutions étendues une coloration rouge intense qui permet de déceler 1/200e de milligramme de cuivre dilué dans 1 cc. de solution. La coloration bleue due à l'action de l'ammoniaque sur les solutions de sels de cuivre permet de déceler même 1/15e de milligramme de cuivre dilué dans un centimètre cube.

(Voir les propriétés chimiques et la description des sels de cuivre dans le *Dict. de Chimie* de WURTZ.)

Physiologie. — L'étude du cuivre et de ses composés a été faite surtout aux points de vue de la toxicologie et de l'hygiène domestique et professionnelle. Les auteurs se sont efforcés de déterminer l'activité toxique du cuivre métallique et de ses sels. Cette étude présente un grand intérêt pratique, car tout le monde est quotidiennement en contact avec ce métal, est exposé à en subir l'action délétère, et peut en absorber une plus ou moins grande proportion soit avec ses aliments, soit autrement. L'emploi très répandu des récipients en cuivre pour les usages culinaires a attiré l'attention des hygiénistes sur les inconvénients possibles de cette pratique et les dangers qu'elle présente. On sait, en effet, que le cuivre, inattaquable par l'air sec et froid, est attaqué en présence d'humidité par les acides les plus faibles, de même que par les solutions alcalines et salines. L'hygiène professionnelle s'est aussi préoccupée de l'action nocive possible du cuivre et de ses sels sur les nombreux ouvriers qui, dans l'industrie, sont quotidiennement exposés aux poussières contenant soit du cuivre métallique, soit de ses composés. Les nombreux documents que nous avons sur ces questions sont malheureusement souvent contradictoires. D'après les uns le cuivre serait éminemment délétère; l'absorption de traces de ce métal ou de ses composés suffirait pour déterminer des accidents graves, souvent mortels, ainsi que semblent le montrer les observations. Pour les autres, l'action émétique des composés cupriques serait un sûr garant contre l'intoxication aiguë et l'intoxication chronique serait impossible. GALIPPE, qui s'est fait le champion de cette seconde opinion, résume ainsi sa pensée dans les conclusions de sa thèse :

« 1° Pour nous, sauf peut-être dans le cas de suicide, l'empoisonnement par les composés de cuivre ne doit pas être réalisable, tant en raison de la saveur horrible de ces composés, que de leurs propriétés émétiques énergiques, qui suffisent à faire évacuer le toxique.

« 2° Quant à la possibilité de l'empoisonnement lent, nous n'y croyons pas, car il ressort des expériences de BOURNEVILLE et des nôtres qu'à petites doses la tolérance s'établit sans influence fâcheuse sur la santé. »

Il est assez difficile de grouper et de résumer dans un seul chapitre les divers effets que provoquent les composés de cuivre en réagissant sur l'organisme. Ces symptômes diffèrent non seulement lorsqu'on fait varier la nature du composé, mais encore suivant la voie de pénétration dans l'organisme, et aussi suivant l'espèce animale choisie comme sujet d'expérience.

L'intensité de certains phénomènes masque souvent et même empêche certains symptômes de se manifester, symptômes qui prédominent au contraire lorsqu'on varie les conditions de l'expérience.

Action locale. — Les sels solubles de cuivre à acides minéraux ou organiques, tels que le sulfate, le chlorure, l'acétate, ont en général tous une action plus ou moins irritante ou corrosive.

Placés sur la peau, ils exercent localement une action plus ou moins marquée, caractérisée par une série de phénomènes morbides, depuis la simple rubéfaction jusqu'à la production d'une escharre. Cette action dépend de la nature du sel considéré, de la durée de l'application et de la concentration des solutions.

A petites doses, en solution diluée, les sels de cuivre produisent une action astrictive plus ou moins vive, suivant la susceptibilité des parties touchées; cette action est surtout très évidente sur les diverses muqueuses.

La thérapeutique a mis à profit les propriétés caustiques des sels de cuivre pour la cautérisation des plaies.

Dans les fabriques de verdet (acétates de cuivre), les petits cristaux d'acétate de cuivre, qui volent dans l'atmosphère lorsqu'on fait le grattage des plaques de cuivre recouvertes de verdet, provoquent des irritations des muqueuses oculaires et respiratoires; les personnes, qui ne sont pas devenues réfractaires par accoutumance, sont atteintes d'ophtalmies, de coryza, etc.; accidents occasionnés par l'action corrosive des sels de cuivre.

Action générale. — L'empoisonnement par le cuivre revêt deux formes distinctes. FONSSAGRIVES les distingue sous le nom de forme *gastro-entérique* et de *forme nerveuse*.

La forme gastro-entérique s'observe principalement après ingestion par voie buccale de sels de cuivre caustiques.

La forme nerveuse s'observe lorsque la préparation cuprique ingéré est peu corrosive, surtout si l'empoisonnement est lent; ou encore lorsqu'on introduit expérimentalement les sels de cuivre directement dans l'organisme : injections sous-cutanées ou intraveineuses.

Les principaux symptômes, qui s'observent lorsqu'on fait ingérer un sel de cuivre, sont dus à l'action irritante et corrosive des composés cupriques.

Les phénomènes constants sont : des vomissements, des diarrhées sanglantes; et à l'autopsie on observe toujours de la congestion et des escharres du tube digestif.

Lorsqu'on a fait ingérer du sulfate ou de l'acétate de cuivre par exemple, on observe des suffusions ecchymotiques de la muqueuse gastro-intestinale, de l'épaississement de cette muqueuse, des érosions plus ou moins profondes, qui peuvent aller jusqu'à la perforation de l'organe, ainsi que l'a constaté PORTAL.

L'action émétique des sels de cuivre est constante; elle s'observe aussi bien après injections sous-cutanées ou intra-veineuses du composé cuprique, ainsi qu'ORFILA l'a constaté le premier, que lorsqu'il pénètre directement dans le tube digestif par lavement ou par voie buccale.

Pour expliquer le mécanisme de l'action émétique des sels de cuivre, certains auteurs ont admis comme cause unique l'action irritative musculaire et sécrétoire exercée par les sels de cuivre sur les parois de l'estomac.

Les efforts de vomissements qu'on observe lorsqu'on injecte directement les sels de cuivre dans les veines se produiraient, suivant LAUDER BRUNTON et E. de LANCY WEST, d'après ce mécanisme. Ces auteurs disent que le cuivre semble exercer son action vomitive en irritant l'estomac et l'intestin et agissant d'une façon réflexe sur le centre bulbaire, plutôt qu'en impressionnant la moelle allongée.

A l'appui de leur théorie, LAUDER BRUNTON et E. DE LANCY WEST ont constaté que la section des nerfs pneumogastriques supprime l'évacuation du contenu de l'estomac, sans empêcher les nausées; et que la section des splanchniques paraît empêcher les nausées. Nous devons remarquer que les auteurs ne sont pas très affirmatifs sur ce dernier point.

FONSSAGRIVES croit que les vomissements provoqués par l'introduction d'un sel de cuivre, par une voie autre que l'estomac, sont dus à un acte instinctif, tendant à l'élimination d'une substance à laquelle répugne l'économie; il en fait donc une action centrale.

Il faut remarquer qu'en général on ne retrouve pas de cuivre dans le contenu stomacal des animaux intoxiqués par injection intraveineuse de sels de cuivre, qui présentent cependant des nausées et font des efforts de vomissement.

Les troubles intestinaux, provoqués par l'ingestion des sels de cuivre, s'accusent par des coliques, des diarrhées séreuses et sanguinolentes, ayant une physionomie dysentérique. On observe souvent du ténesme rectal et à la fin une véritable paralysie du sphincter anal.

Les accidents nerveux de l'intoxication aiguë se réduisent à quelques phénomènes convulsifs tétaniformes, parfois très violents, ainsi que l'a constaté ORFILA.

D'après PILTZ et RITTER, qui ont expérimenté l'action de l'albuminate de cuivre en injection intraveineuse, on observe surtout des convulsions et des tremblements choréiformes. FILEHNE a constaté des secousses fibrillaires et de la paralysie succédant à des mouvements anormaux. CURCI considère le cuivre comme un poison agissant principalement sur les nerfs, qu'il paralyse. Il abolit les réflexes cutanés et la sensibilité à la douleur en paralysant les centres réflexes de la moelle d'abord, puis les centres sensitifs encéphaliques; il agit enfin sur les centres moteurs cérébraux et spinaux. Il paralyse progressivement les centres respiratoires, et provoque ainsi une dyspnée aggravée par l'œdème pulmonaire qui se produit simultanément. Le cuivre agit comme excitomoteur intracardiaque et vaso-moteur général; excitant d'abord la vaso-constriction, il provoque une augmentation de pression; puis, paralysant les vasomoteurs, il amène une diminution de pression et la faiblesse du pouls. D'après CURCI, la mort par les sels de cuivre serait due à une paralysie respiratoire et à de la paralysie cardiaque. Le cuivre serait un poison nerveux aussi bien pour le système de la vie animale que pour celui de la vie végétative. Son action aurait une grande analogie avec celle de l'argent et de l'or.

Toxicité du cuivre et de ses composés. — L'étude de l'activité toxique du cuivre et de ses composés a été l'objet d'un grand nombre de recherches et d'observations dont les résultats sont en général très contradictoires. Il convient dans cette étude de consacrer un premier paragraphe au cuivre métallique; puis de passer successivement en revue les principaux composés cupriques qui ont été expérimentés; car l'action des sels de cuivre sur l'organisme diffère non seulement d'après le mode d'introduction de ce composé, mais aussi suivant l'espèce chimique du sel expérimenté.

Cuivre métallique. — Le cuivre métallique semble n'exercer sur l'organisme aucune action appréciable. DROUARD a fait ingérer à un chien une once de limaille de cuivre et n'a observé aucun phénomène. BURCQ et DUCOM ont fait prendre à des chiens, pendant douze à quinze jours, des doses quotidiennes de limaille de cuivre variant entre 10 et

15 grammes, sans remarquer aucune action nocive. Toussaint avait du reste constaté l'innocuité du cuivre, qu'il attribuait à son insolubilité.

Cependant Corbenius avait prétendu que la salive, l'urine, les selles attaquaient la limaille de cuivre. Portal admettait que la limaille de cuivre incorporée à de la salive avait sur l'organisme une action nocive certaine. Barton citait fréquemment l'observation d'un jeune enfant qui, ayant avalé une pièce en cuivre de 1 centime, avait rendu plusieurs pintes de salive.

A priori, il semble probable que le cuivre soit attaqué en petites quantités par les sucs digestifs, et solubilisé en partie. Les expériences de Burcq et Ducom semblent cependant démontrer que cette attaque n'est pas très active.

Les corps gras mêlés au cuivre métallique faciliteraient, suivant certains auteurs, l'attaque de ce métal et augmenteraient son action toxique. C'est l'opinion émise par de Weyde, qui signale un empoisonnement attribué à l'usage d'axonge renfermant du cuivre.

Drouard a voulu vérifier par l'expérience la réalité de cette assertion. Il fait ingérer simultanément à un chien 16 grammes de limaille de cuivre incorporé à 250 grammes de graisse, l'animal ne fut aucunement incommodé; il fait prendre à son autre chien la même dose de limaille de cuivre et introduit en même temps dans l'estomac 130 grammes d'huile; l'animal ne manifeste aucun symptôme d'intoxication.

On sacrifie l'animal au bout de cinq heures, on constate à l'autopsie que la limaille de cuivre, qui se trouve en partie dans l'estomac, en partie dans le tube intestinal, a conservé son éclat métallique.

Nous adopterons donc l'opinion d'Orfila, qui, dans son traité de Toxicologie, considère le cuivre métallique comme absolument inoffensif.

Cependant l'absorption répétée et continue des poussières métalliques, à laquelle sont soumis les ouvriers en cuivre, ne semble pas inoffensive : un grand nombre d'observations, que nous devons résumer ici, semblent le démontrer.

Nous devons diviser les ouvriers qui travaillent le cuivre en deux grandes catégories :

1° Ceux qui travaillent le cuivre pur ou cuivre rouge.

2° Ceux qui travaillent les alliages de cuivre : laiton ou cuivre jaune, maillechort, cuivre d'optique, etc.

Parmi les ouvriers en cuivre pur, les fondeurs et chaudronniers sont peu sujets à absorber des poussières métalliques, quoiqu'on en ait dit; aussi les maladies qu'ils subissent ne peuvent-elles pas se rattacher à l'intoxication cuprique.

Dans les ateliers de ciseleurs, tourneurs, limeurs et polisseurs, au contraire, l'atmosphère est sans cesse remplie de poussières métalliques qui volent et sont constamment renouvelées. Elles tombent rapidement sur le sol et s'amassent aux pieds des tables et chaises, ainsi que sur les vêtements et les parties découvertes de l'ouvrier. Les ouvriers sont littéralement couverts de limaille fine de cuivre, et, comme les soins de propreté se limitent en général à un lavage superficiel de la figure et des mains, on voit séjourner ces particules sur les cheveux et à la surface des dents.

Les cheveux prennent une coloration verdâtre, surtout chez les individus dont la teinte des cheveux est claire : cheveux blonds ou blancs.

Ritter explique cette coloration comme due à la réaction que les corps gras appliqués sur la tête exercent sur les particules de cuivre. Galippe croit plutôt à une combinaison de cuivre qui s'effectue avec les liquides onctueux sécrétés par les glandes sébacées.

Stanislas Martin cite le cas d'un ouvrier qui, en cinq mois, vit sa chevelure blanche devenir d'un vert si prononcé qu'il était devenu un objet de curiosité pour les personnes étrangères à son entourage. L'analyse fit reconnaître à Stanislas Martin qu'il n'y avait pas seulement dépôt de cuivre dans la chevelure, mais que les cheveux eux-mêmes contenaient une assez forte proportion d'un sel de cuivre.

Petri a constaté, contrairement à l'assertion de Stanislas Martin, que la coloration verte des cheveux des ouvriers en cuivre était due en général à un simple dépôt sur la cuticule des cheveux de petits cristaux verdâtres; les cheveux lavés avec soin perdraient leur couleur anormale.

Les dents de ces ouvriers présentent aussi une teinte bronzée dont la couleur varie du vert tendre au bleu foncé. Cette teinte est due à un dépôt cuprique plus abondant et plus épais au niveau du collet et des interstices.

Cet état des dents et du tartre dentaire a été signalé par tous les auteurs. BAILLY avait particulièrement insisté sur cette coloration de la base des dents qu'il avait appelée *liseré pathognomonique de l'intoxication cuivreuse;* mais ce n'est pas un véritable liseré gingival, c'est simplement une altération du tartre et de l'émail, que la brosse peut faire disparaître en totalité ou en partie.

Ce dépôt de particules de cuivre amène parfois une inflammation chronique des gencives, qui produit souvent le déchaussement des dents. Lorsque les soins de propreté font défaut, on observe une sanie repoussante, magma de tartre dentaire et de sels de cuivre. Cette gingivite dite professionnelle, pas plus que le liséré cuivrique, ne doit être conservée dans la nosographie particulière au cuivre. On ne doit pas assimiler ces accidents, dus à l'incurie et à la malpropreté, ni au liseré observé au cours de l'intoxication plombique, ni à la stomatite mercurielle. Le liseré cuivreux et la stomatite cuivreuse sont des accidents locaux, dus simplement à la présence de corps étrangers irritants dans les interstices et à la surface des dents.

La présence constante de ces particules de cuivre dans la bouche s'accompagnent nécessairement d'une absorption constante de cuivre dans le tube digestif. Observe-t-on chez ces ouvriers d'autres accidents véritablement toxiques?

DESAYVRE avait noté, chez la plupart des ouvriers en cuivre de Chatellerault, l'existence de nausées, de vomissements aqueux, de coliques sourdes, de ballonnement du ventre; une constipation habituelle, accompagnée de céphalalgie, de toux et d'affaiblissement général.

PERRON avait aussi constaté que les ouvriers horlogers présentaient, au bout d'un temps variable, des accidents gastriques, de la diarrhée, de l'oppression, de la fièvre. MILLON, GORRIGAN, DESBOIS, BLONDET décrivent comme étant un accident très fréquent chez les ouvriers une colique de cuivre, véritable entérite professionnelle, analogue à la colique de plomb.

MILLON en décrit les caractères de la façon suivante : « Saveur âcre, styptique, cuivreuse; sécheresse de la langue, sentiment de constriction à la gorge avec grande irritation, rapports acides, crachotements, puis nausées, vomissements tantôt abondants, tantôt avec beaucoup d'efforts, tiraillement d'estomac, douleurs fixes dans cet organe, coliques violentes qui laissent après leur cessation une impression douloureuse; déjections alvines, souvent sanguinolentes, mêlées à des mucosités blanchâtres; quelquefois ballonnement de l'abdomen, qui est douloureux à la pression. La peau est sèche, le pouls quelquefois serré et fréquent, ordinairement dur. La chaleur est tantôt naturelle, tantôt élevée; soif ardente, anxiété précordiale, urines rares, abattement général, douleurs dans les membres, crampes nerveuses, principalement chez la femme. »

D'autres auteurs nient l'existence de cette colique spécifique et considèrent l'absorption de poussières de cuivre comme inoffensive (ELLER, CHEVALLIER et BOYS, 1830).

PIETRA SANTA, tout en admettant que l'ingestion de particules de cuivre peut donner lieu à certains accidents, pense que la colique n'existe pas.

TOUSSAINT, nous l'avons vu, considère le cuivre comme inoffensif, car il suppose qu'il ne peut pas pénétrer dans l'économie. Cependant les expériences de MILLON, de CHEVALLIER et BOYS ont établi que le cuivre est absorbé. On retrouve, en effet, du cuivre dans les urines des ouvriers de ce métal; de plus HOULÈS a signalé, lors du déplacement d'un cimetière, que la coloration verdâtre des ossements permettait de reconnaître les squelettes des anciens ouvriers en cuivre de la région.

Si nous examinons avec soin les observations relatant les accidents attribués au cuivre, nous remarquons que c'est surtout chez les ouvriers qui travaillent les alliages du cuivre qu'on a constaté les accidents toxiques accompagnés des symptômes contradictoires décrits par certains auteurs.

C'est le *laiton* ou *cuivre jaune* qu'on a surtout incriminé. L'action nocive du laiton ne doit pas être attribuée au cuivre, mais au *zinc* et surtout aux impuretés qui se trouvent dans ce métal d'une façon constante : l'*arsenic*, le *plomb*.

Nous n'avons pas à insister sur la toxicité de ces divers métaux et sur les accidents qu'ils provoquent. (Voir **Arsenic, Plomb, Zinc.**)

Sels de cuivre. — L'activité toxique des sels de cuivre a été l'objet des appréciations les plus contradictoires.

Ainsi que nous l'avons déjà fait remarquer, les symptômes d'intoxication et l'activité toxique diffèrent non seulement suivant l'espèce de sel cuprique considéré; mais aussi suivant sa voie de pénétration dans l'organisme.

Il convient donc d'étudier successivement l'action des sels de cuivre pénétrant dans l'économie par la *voie buccale*, par la *voie rectale*, par la *voie intraveineuse* et *sous-cutanée*.

Voie buccale. — Les empoisonnements observés chez l'homme par introduction de sels de cuivre dans le tube digestif sont dus : soit à l'ingestion dans un but de suicide, ou à l'administration dans un but criminel d'un sel de ce métal de vente courante dans le commerce; acétate, sulfate, etc., soit le plus fréquemment à l'absorption d'aliments contenant accidentellement des sels de cuivre.

La présence de sels de cuivre dans nos aliments est due, en général, à l'emploi d'ustensiles en cuivre pour leur préparation, ou encore à l'addition directe d'un sel de cuivre faite par le marchand dans un but de lucre : légumes reverdis au cuivre, pain fait avec de la farine avariée, dont on masque l'altération par addition de sulfate de cuivre en petites proportions, etc.

Les observations d'accidents quelquefois mortels, occasionnés par l'absorption d'aliments et de médicaments contenant des sels de cuivre, sont nombreuses dans la littérature médicale. La plupart des hygiénistes s'accordent à reconnaître que les vases en cuivre peuvent communiquer des propriétés nuisibles aux aliments qu'ils contiennent. L'analyse montre que le cuivre des ustensiles culinaires est attaqué et dissous par beaucoup de nos aliments; c'est surtout lorsqu'on laisse refroidir les aliments dans le vase de cuivre que se fait cette attaque, et que l'aliment peut devenir dangereux.

Ces faits ont amené à étudier expérimentalement l'action toxique des divers sels de cuivre qui peuvent se former dans ces conditions.

Acétates de cuivre. — Ils ont été l'objet de très nombreuses recherches. Il existe plusieurs acétates de cuivre : l'acétate neutre, *verdet* cristallisé ou cristaux de Vénus; sel soluble dans 5 fois son poids d'eau; l'acétate de cuivre bibasique, qui constitue en grande partie le vert de gris, l'acétate sesquibasique et l'acétate tribasique. Ces différents acétates sont employés en peinture, teinture et impression. Ils semblent se former lorsqu'on met dans un vase de cuivre des aliments contenant de l'acide acétique ou du vinaigre.

Nous n'avons pas à rappeler l'action corrosive de ces composés que nous avons déjà signalée.

Les empoisonnements accidentels imputés aux acétates de cuivre ont été, en général, occasionnés par l'absorption d'aliments cuits dans des vases de cuivre recouverts de vert-de-gris ou mal entretenus en état de propreté.

Voici, d'après Orfila, les symptômes présentés par les intoxiqués : « On éprouve, huit, dix, douze ou quinze heures après le repas, une céphalalgie intense, de la faiblesse et des tremblements dans les membres, des crampes, des douleurs abominales, des nausées, des vomissements, des évacuations alvines, des sueurs abondantes. Le pouls est petit, inégal, très fréquent. Ordinairement les malades se rétablissent, s'ils sont convenablement secourus, parce que les aliments ne renferment qu'une petite proportion de cuivre : il en serait autrement si la dose de préparation cuivreuse ingérée avait été trop forte. Dans tous les cas, les symptômes qui persistent le plus sont les douleurs à l'épigastre et les coliques. »

Drouard, le premier, a cherché à déterminer expérimentalement la toxicité des acétates de cuivre. Dans une première expérience, il donne à un chien de forte taille, à jeun, $0^{gr},60$ de vert-de-gris; l'animal meurt au bout de vingt-deux heures après avoir présenté tous les symptômes gastro-intestinaux que nous avons décrits au commencement de cet article : vomissements et selles muco-sanguinolentes. A l'autopsie, l'estomac est rempli d'un liquide sanguinolent de couleur noirâtre, sa muqueuse est très enflammée, particulièrement vers la grande courbure, et présente une tache noire qu'on aurait pu prendre pour une érosion.

Il donne à un deuxième chien $0^{gr},75$ de vert-de-gris mélangé à des aliments : l'animal fait de violents efforts pour vomir et meurt après vingt-huit heures dans un état de grande prostration. Un troisième chien de forte taille reçoit dans le tube digestif $1^{gr},60$

de vert-de-gris; il meurt au bout de cinq heures après avoir eu de violents mouvements convulsifs.

ORFILA, qui a souvent répété les expériences de DROUARD, a fait remarquer que, lorsque la dose administrée dépassait 0^{gr},60 à 0^{gr},75, les animaux succombaient généralement en moins de trois quarts d'heure : rarement on les voyait résister une heure. Les animaux intoxiqués présentaient tous les symptômes que nous avons déjà décrits.

PÉCHOLIER et SAINT-PIERRE ont donné à une chienne de 1^{k},863 0^{gr},30 le premier jour, 0^{gr},60 le second, de verdet sans observer aucun symptôme d'empoisonnement bien appréciable mais l'animal refuse ses aliments. Il lui administre au moyen de la sonde œsophagienne 2 grammes de verdet; l'animal est atteint d'accidents toxiques : vomissements, diarrhée, affaissement; elle se rétablit au bout de trois jours.

Ils lui administrent alors par le même procédé 6 grammes de verdet en deux fois; l'animal meurt au bout de trois quarts d'heure.

PÉCHOLIER et SAINT-PIERRE ont encore expérimenté l'action de l'acétate de cuivre sur des lapins, animaux qui ne vomissent pas et ont constaté la toxicité de ce sel.

En 1875, GALIPPE étudie dans sa thèse l'action toxique des acétates de cuivre et arrive à des résultats très différents de ceux que nous venons de citer. Dans une première expérience un chien de 8 kilos est soumis à un régime quotidien additionné de doses croissantes d'acétate de cuivre. On a commencé par 0^{gr},10 et on est arrivé à des doses quotidiennes de 0^{gr},60, 0^{gr},70, 0^{gr},80, 1 gramme. L'expérience a duré cent vingt-quatre jours; l'animal avait ingéré 71^{gr},75 de cuivre. Il meurt de pneumonie. Les lésions observées à l'autopsie sont peu considérables, la quantité de cuivre accumulée dans l'organisme assez faible : le foie ne contenait que 0^{gr},31 de cuivre.

A un chien de 16 kilos GALIPPE administre une dose massive de 5 grammes de verdet cristallisé, le chien n'a ni vomissements ni diarrhée; sacrifié, on ne trouve à l'autopsie qu'une très légère suffusion sanguine de la muqueuse de l'estomac.

Un chien de 20 kilos prend tous les jours des doses de verdet de Montpellier variant de 0^{gr},60 à 1 gramme sans présenter aucun phénomène; à la dose de 1^{gr},50 l'animal vomit et refuse ses aliments. Il a pris 15 grammes de verdet en vingt-deux jours. L'animal sacrifié a l'estomac très congestionné, l'intestin plus congestionné encore; mais pas d'ulcérations.

FELTZ et RITTER, frappés des contradictions qui existent entre les résultats obtenus par GALIPPE et ceux de ses devanciers, reprennent l'étude de la toxicité de l'acétate de cuivre. Ils introduisent avec une sonde œsophagienne à plusieurs chiens des doses croissantes d'acétate de cuivre : 0^{gr},05; 0^{gr},10; 0^{gr},25; 0^{gr},35; 0^{gr},45; 0^{gr},50; 0^{gr},75; 1 gramme par kilo d'animal.

Les animaux qui avaient reçu les doses 0^{gr},50; 0^{gr},75; 1 gramme ont succombé entre la sixième et la douzième heure, après avoir présenté tous les symptômes de l'intoxication cuprique aiguë. Ils ont perdu du poids dans une proportion variant de 750 à 1200 grammes. La température s'est abaissée à 35°. A l'autopsie, on constate une inflammation du tube digestif, dont l'intensité est d'autant plus considérable que la dose est plus forte, et qui va même jusqu'à l'hémorragie. Le chien qui a reçu 0^{gr},45 meurt après quatre jours, il avait perdu 2 kilos de son poids. Les quatre autres chiens ont survécu; ils ont eu des accidents d'intoxication pendant quarante-huit heures.

D'après ces expériences la dose toxique de l'acétate de cuivre serait pour le chien de 0^{gr},45 à 0^{gr},50 par kilo d'animal.

Les expériences de FELTZ et RITTER sur le lapin confirment les résultats obtenus par PÉCHOLIER et SAINT-PIERRE, qui avaient constaté la plus grande toxicité de l'acétate de cuivre vis-à-vis de ces animaux. La dose toxique pour le lapin serait de 0^{gr},10 par kilo.

CHANÉ, qui a repris les expériences de FELTZ et RITTER, a constaté que l'état de vacuité ou de plénitude de l'estomac a une grande influence sur la dose toxique.

Chez un animal à jeun, 0^{gr},45 d'acétate de cuivre soit 0^{gr},143 de Cu par kilo d'animal, suffisent pour déterminer la mort. Pour empoisonner un chien en digestion, il faut lui donner 0^{gr},75 d'acétate de cuivre par kilo. La dose toxique maximum de l'acétate de cuivre pour le lapin serait de 0^{gr},05 par kilo.

Sulfate de cuivre. — Le sulfate de cuivre $CuSO_4 5H_2O$ est un des composés cupriques que l'on rencontre le plus souvent dans les statistiques criminelles, et dans celles du suicide.

Nous n'insisterons pas sur les observations et rapports ayant trait aux empoisonnements par le sulfate de cuivre : nous constaterons simplement que les empoisonnements peuvent être aisément combattus et que beaucoup d'entre eux n'ont pas été mortels.

Les auteurs sont, du reste, loin de se mettre d'accord sur la toxicité du sulfate de cuivre chez l'homme : d'après Tardieu et Roussin, $0^{gr},40$ à $0^{gr},60$ de sulfate de cuivre suffisent pour produire un empoisonnement ; Werber, dans son Traité de toxicologie, dit que la dose pour empoisonner un adulte est au moins de 28 grammes au minimum. D'après Galippe le pouvoir émétique du sulfate de cuivre ne permet pas un séjour suffisant de ce sel dans l'estomac pour assurer son absorption, ce qui diminue les chances d'intoxication.

L'étude expérimentale de l'activité toxique du sulfate de cuivre a été faite en 1875 par Galippe sur les chiens. Cet auteur mêle aux aliments des chiens en expérience des doses croissantes de sulfate de cuivre pulvérisé. Une chienne prend 98 grammes de ce sel en cent cinquante jours. Cette chienne, qui n'avait présenté aucun symptôme tant que la dose quotidienne n'avait pas dépassé $0^{gr},70$, a des vomissements sitôt qu'on dépasse cette dose, et finit par refuser de s'alimenter. On est obligé de la sacrifier, car elle se laisse périr d'inanition plutôt que de manger des aliments contenant du cuivre.

La dose maximum a été de $1^{gr},20$ par jour ; cette dose n'a pu être continuée, l'animal refusant toute nourriture. A l'autopsie, on observe une inflammation de la muqueuse intestinale, ainsi que des érosions.

Dans deux autres expériences, Galippe fait ingérer à ses chiens des doses massives de 5 grammes de sulfate de cuivre ; les chiens vomissent une demi-heure après l'ingestion et rejettent la majeure partie du sel de cuivre ; ils n'ont aucun symptômes d'intoxication, mais refusent bientôt toute alimentation.

Chané, dans sa thèse de 1877, très documentée au point de vue expérimental, a pu déterminer la toxicité du sulfate de cuivre.

Il observe que la vacuité ou la plénitude de l'estomac influe sur la valeur de cette dose.

Le sulfate de cuivre en solution, à la dose de 1 gramme de sulfate, soit $0^{gr},265$ de cuivre par kilo d'animal, tue un chien à jeun. Un animal en pleine digestion résiste à des doses plus considérables.

Le lapin est beaucoup plus sensible à l'action toxique du sulfate de cuivre, sans doute parce qu'il ne peut vomir. La dose toxique pour cet animal est de $0^{gr},24$ de sulfate, soit $0^{gr},064$ de cuivre par kilo.

Le sulfate de cuivre en poudre n'est pas susceptible, d'après Chané, de produire des accidents toxiques graves. Lorsqu'on le fait ingérer à doses élevées, il se trouve rejeté par les premiers vomissements, avant même d'entrer en dissolution, il ne peut par conséquent pas pénétrer dans l'organisme.

L'innocuité relative du sulfate de cuivre administré par petites doses refractées a été bien établie par les expériences de Galippe ; ces résultats ont, du reste, été confirmés par d'autres auteurs, A. Gautier, Megerhardt, Brandl. Megerhardt a pu faire prendre par doses successives $26^{gr},7$ de sulfate de cuivre, soit $5^{gr},5$ de cuivre par kilo d'animal sans déterminer d'empoisonnement. Brandl a pu faire prendre à une chienne 465 grammes de sulfate de cuivre en quinze jours sans observer aucun accident.

Koldeweg s'accorde à considérer l'empoisonnement par le sulfate de cuivre comme impossible lorsqu'on l'administre par la bouche à un animal qui peut vomir. Car les petites doses sont bien supportées ; les doses plus fortes provoquent des vomissements qui rejettent l'excès du produit toxique.

Le sulfate de cuivre n'est pas inoffensif vis-à-vis de tous les animaux. Galippe a en effet constaté qu'une poule alimentée avec du blé arrosé de sulfate de cuivre a succombé au bout de quinze jours, après avoir absorbé environ 3 grammes de sulfate de cuivre. A l'autopsie, on constate une congestion généralisée du tube digestif.

Autres sels de cuivre. — Nous devons terminer cette étude en citant les expériences faites avec d'autres sels de cuivre, moins importantes et moins répandues.

C'est à Galippe que nous devons les recherches faites sur la plupart d'entre eux. Il expérimente tous ces composés, en suivant la méthode qui lui a servi pour étudier la toxicité des acétates et du sulfate, c'est-à-dire addition du sel pulvérisé aux aliments donnés à l'animal.

Il a pu donner à un chien de forte taille 23 grammes de *lactate de cuivre* en cinquante jours sans observer aucun symptôme d'empoisonnement. Dans une seconde expérience, où il avait porté la dose quotidienne à 2 grammes, l'animal vomit la presque totalité de ses aliments environ un quart d'heure après les avoir ingérés. Il poursuit cependant son expérience tant que l'animal ne refuse pas absolument toute nourriture. L'animal prend 16 grammes de lactate en seize jours, mais vomit chaque fois la presque totalité du sel ingéré. On ne doit donc tirer aucune conclusion de cette expérience.

Avec le *tartrate de cuivre*, même série d'expériences. Un chien absorbe par doses refractées 38^{gr},80 de tartrate de cuivre en soixante-dix-sept jours, sans manifester aucun signe d'intoxication. Le second, auquel il donne pendant trois jours une dose quotidienne de 4 grammes de tartrate de cuivre, rejette chaque fois la presque totalité de ses aliments un quart d'heure après leur ingestion.

GALIPPE expérimente avec des résultats analogues le *citrate*, le *malate* et *l'oxalate* de cuivre.

Dans toutes ces expériences, le sel de cuivre administré à dose élevée est rejeté par vomissement; à faible dose quotidienne, il semble être toléré sans trouble apparent; c'est-à-dire ne détermine ni vomissements ni diarrhée : l'animal ne s'habitue pas cependant à cette nourriture anormale, et au bout d'un certain temps préfère mourir d'inanition plutôt que de toucher aux aliments contenant un sel de cuivre.

Il semble cependant y avoir exception pour *l'oléate de cuivre*. GALIPPE a fait prendre 80 grammes de ce sel en vingt-deux jours sans observer aucun symptôme d'empoisonnement. L'auteur en a conclu que l'oléate de cuivre est un corps inerte; nous verrons que FILEHNE et BRANDL ne partagent pas cette opinion.

Il semble que le carbonate de cuivre, que GALIPPE a donné aux doses journalières de 5,10 et 15 grammes sans constater aucun symptôme, que *l'oxyde cuivrique* qu'il a administré à la dose de 5 grammes, sont aussi sans aucune action.

Au contraire, *l'oxyde cuivreux* provoque des vomissements abondants à la dose de 5 grammes et même de 3 grammes. Le *chlorure cuivreux* est encore plus toxique. C'est de tous les sels de cuivre expérimentés par GALIPPE celui dont le pouvoir caustique est le plus énergique. Il provoque, même à faibles doses, des vomissements abondants, et à l'autopsie on observe une violente congestion des muqueuses gastriques et surtout intestinales.

Voie rectale. — GALIPPE a expérimenté l'action de l'acétate, du sulfate et du chlorure de cuivre introduits sous forme de lavement.

Il a administré à chacun des chiens soumis à ses expériences 5 grammes de sel de cuivre dissous dans 100cc. d'eau.

Les symptômes ont été les mêmes avec les trois sels : Violents efforts de défécation, diarrhée sanglante, nausées, vomissements. Les animaux n'ont pas succombé à ces accidents, ils se sont rétablis plus ou moins difficilement suivant la nature du sel qu'ils avaient reçu.

C'est l'acétate de cuivre qui a déterminé les accidents les moins graves : l'animal s'est remis assez rapidement.

Le chien qui avait reçu un lavement de 5 grammes de sulfate de cuivre a présenté des troubles sérieux; la diarrhée sanglante a duré 10 jours, et l'abattement fut extrême pendant les trois premiers jours.

C'est le chien qui a reçu du chlorure de cuivre qui a présenté les symptômes les plus graves; vomissements répétés, diarrhée sanglante persistante.

Les animaux sacrifiés ont présenté à l'autopsie des lésions locales du tube digestif.

L'acétate de cuivre a déterminé une légère congestion de la muqueuse stomacale : on observe surtout de la congestion de la muqueuse, du duodénum et de la première partie de l'intestin grêle, qui se trouve épaissie; au niveau du rectum on observe des ulcérations dues à l'action locale du lavement corrosif. Le sulfate de cuivre a déterminé des lésions plus profondes; la muqueuse de l'estomac est congestionnée, surtout au niveau de la grande courbure; la muqueuse de l'intestin grêle, au niveau du duodénum, est rouge, épaissie, fortement congestionnée ; cette lésion s'étend en dimension jusqu'à la partie moyenne de l'intestin grêle; la partie inférieure de cet intestin et le cœcum sont sains. Le côlon et le rectum ont une muqueuse épaissie et fortement congestionnée.

Le chlorure de cuivre a causé des lésions encore plus considérables. L'estomac est normal, la muqueuse du duodénum présente un épaississement fort remarquable et est extrêmement injectée. Cette altération se continue en diminuant progressivement jusqu'à la partie inférieure de l'iléon. La muqueuse de l'intestin, dans toute sa longueur et surtout au niveau du rectum, est parsemée de plaques saillantes très vascularisées, elle est, de plus, extrêmement rouge et épaisse. Ces altérations sont bien plus prononcées qu'avec les autres sels de cuivre.

Voie intraveineuse et sous-cutanée. — ORFILA semble être le premier auteur qui ait expérimenté l'action des sels de cuivre introduits dans l'organisme par injection intra-veineuse ou par voie sous-cutanée. Il injecte, dans une première expérience, 0^{gr},10 de vert-de-gris dilué dans 32 grammes d'eau distillée, dans la veine jugulaire d'un chien de forte taille. L'animal, au bout de sept minutes, vomit, a des évacuations alvines, il s'affaisse, râle et meurt au bout d'une demi-heure. Le verdet injecté par la même voie, dans les mêmes conditions, à la dose de 0^{gr},03 diluée dans 32 grammes d'eau distillée, provoque les mêmes symptômes, la mort ne survient qu'au bout de quatre jours.

Dans une troisième expérience, 0^{gr},03 d'acétate de cuivre dissous dans 16 grammes d'eau est injecté dans la veine jugulaire d'un chien; l'animal fait des mouvements de mastication et de déglutition, bientôt suivis de vomissements accompagnés d'efforts douloureux; puis surviennent des mouvements convulsifs violents, l'animal est insen-sible, il tombe, et la mort survient rapidement, dans l'espace de 10 à 12 minutes.

A l'autopsie on ne trouve aucune lésion remarquable du tube digestif, les poumons n'ont aucune altération, la contractilité musculaire semble abolie.

ORFILA a aussi expérimenté l'action de l'acétate de cuivre pulvérisé introduit dans le tissu cellulaire sous-cutané. Il place 8 grammes d'acétate du cuivre cristallisé dans une plaie faite au cou d'un chien de forte taille; l'animal succombe au bout de cinq jours; un autre animal, chez lequel on fait une application de même dose d'acétate de cuivre dans le tissu cellulaire sous-cutané, meurt au bout de trente heures. Un troisième chien soumis à la même expérience n'a pas succombé.

Les sels de cuivre, caustiques comme les acétates, qu'ORFILA a employés, le sulfate, le chlorure, etc., ne sont pas convenables pour étudier l'action du cuivre sur l'organisme, en injections sous-cutanée ou intraveineuse.

Leur causticité provoque des phénomènes qui empêchent les symptômes propres à l'action toxique essentielle du cuivre de se manifester. Ils coagulent le sang, et provoquent ainsi des embolies lorsqu'on les injecte dans les veines. Ils nécrosent les tissus environ-nants, ce qui ne permet plus leur absorption normale lorsqu'on les administre en injection sous-cutanée.

Aussi FELTZ et RITTER, puis leur élève CHANÉ, ont-ils donné la préférence pour leurs expériences à une combinaison cuprique neutre et non caustique, *l'albuminate de cuivre.* La solution qui a servi à leurs expériences était de l'albuminate de cuivre dissous dans un excès d'albumine. Un centimètre cube contenait 0^{gr},00115 de cuivre métallique.

Ils ont constaté que la dose maximum non mortelle était de 0^{gr},0015 par kilo d'animal. L'action toxique de l'albuminate de cuivre, introduit directement dans les veines, se manifeste à la fois sur le sang, le système nerveux et le tube digestif. L'animal est atteint de vomissements, diarrhée, abaissement de température, convulsions, tremble-ment choréiforme. On observe à l'autopsie une hyperhémie de la muqueuse intestinale d'autant plus considérable que la mort a plus tardé à survenir.

FILEHNE a repris, en 1894, l'étude de la toxicité des sels de cuivre. Il a choisi pour faire ses expériences des sels solubles à réaction alcaline et peu caustiques, le *tartrate double de cuivre et de soude* et le *tartrate double de cuivre et de potasse.* Il a constaté qu'en injection intraveineuse la dose mortelle varie de 3 à 5 milligrammes pour des lapins pesant 1500 grammes, soit de 2 à 3,8 milligrammes par kilo. Les accidents observés sont surtout dus à l'intoxication du système nerveux : mouvements anormaux, secousses fibrillaires, paralysies; ces accidents sont accompagnés de diarrhée. Le sel de potasse est plus toxique que le sel de soude.

Dans les intoxications lentes, aussi bien chez le chien que chez le lapin, on observe des désordres qui rappellent ceux des empoisonnements par le plomb ou le mercure : altération du sang, dégénérescence graisseuse des cellules hépatiques, tendances à l'ictère, dégénérescence des cellules et canalicules rénaux, stase sanguine dans la zone corticale.

Filehne a encore expérimenté l'action d'un albuminate de cuivre, la *cupratine*, poudre brune qui renferme 6,4 p. 100 de cuivre combiné à l'albumine. Cette substance, donnée à un chien de 8 kilos à la dose de 3 grammes, et à un chat de 3 kilos à la dose de 4 grammes, a provoqué des vomissements. Elle semble ne présenter aucun inconvénient lorsqu'on l'ajoute à l'alimentation d'un homme adulte à des doses inférieures à 0^{gr},05.

Cet auteur considère encore le *stéarate de cuivre* comme un composé dangereux, à cause de son manque de saveur et d'odeur, et parce qu'il ne provoque pas de vomissements. Contrairement aux observations de Galippe, qui considère l'oléate de cuivre comme inoffensif, Filehne a constaté chez un chien, qui a pris du stéarate de cuivre pendant deux mois, toutes les lésions de l'intoxication cuprique chronique.

En 1897, Brandl a étudié l'action de divers sels de cuivre, surtout que nous le verrons tout à l'heure, au point de vue de leur localisation et élimination. Il a constaté les mêmes symptômes que Filehne et adopte ses conclusions. D'après Brandl, les accidents toxiques déterminés par les divers sels de cuivre sont d'autant plus intenses que le sel se résorbe avec plus de rapidité. Les tartrates doubles de cuivre et de soude ou de cuivre et de potasse sont les sels les plus toxiques, puis viennent, par ordre de toxicité, l'*acétate*, l'*oléate*, le *stéarate*, l'*albuminate;* ce dernier serait de beaucoup le moins dangereux.

D'après Brandl, cet ordre dans la toxicité s'observerait aussi bien lorsque le sel est ingéré que lorsqu'on l'introduit directement dans l'organisme par voie hypodermique ou intraveineuse.

L'ensemble des nombreux travaux sur la toxicité du cuivre et de ses sels, que nous venons de résumer, ne nous permet pas d'admettre les conclusions des anciens auteurs qui considéraient le cuivre et ses sels comme des substances éminemment délétères. Il nous semble, cependant, que les conclusions de Galippe, que nous avons relatées au début de cet article, sont trop exclusives et méconnaissent la toxicité réelle de ce métal.

Il en est de même des conclusions formulées antérieurement par Toussaint à la suite d'expériences faites à Koenigsberg.

« 1° Le cuivre pur, l'oxyde de cuivre, le sulfure de cuivre ne peuvent entraîner aucun trouble de la santé, non plus que le chlorhydrate de cuivre ammoniacal à la dose de la liqueur de Kochlin.

« 2° Le sulfate de cuivre ammoniacal à la dose de 7 grammes, l'iodure de cuivre à la dose de 8 grammes, le phosphate de cuivre à la dose de 10 grammes, le carbonate de cuivre à la dose de 10 grammes, l'azotate de cuivre à la dose de 14 grammes, l'acétate de cuivre à la dose de 14 grammes provoquent d'abord des vomissements; mais on peut en administrer des quantités plus considérables à doses fractionnées sans observer d'accidents.

« 3° La nourriture que l'on donne en même temps n'a aucune influence sur l'action toxique.

« 4° Les sels de cuivre solubles et insolubles ne se retrouvent pas dans les urines.

« 5° On ne retrouve pas les symptômes indiqués dans tous les livres comme se manifestant à la suite d'un long usage des sels de cuivre : cercle bleu au-dessous des yeux, sensation douloureuse de l'épigastre, vomissements fréquents.

« Le cuivre n'est pas un poison.

« Le nerf vague est un préservatif certain.

« Le vomissement est un empêchement naturel à l'absorption. »

Les conclusions formulées par Burq et Ducom semblent, au contraire, bien définir l'action des sels de cuivre ingérés dans le tube digestif.

Le cuivre à petites doses, à l'état de vert-de-gris, tel qu'il se trouve dans les aliments ayant séjourné 24 heures dans un vase de cuivre non étamé, ne produit sur le chien aucun des accidents graves, ni immédiats qu'on l'accuse de provoquer chez l'homme.

Les sels solubles de cuivre, à faibles doses, de 0^{gr},10 à 1 gramme par jour, sont facilement tolérés. Si on force la dose, l'animal vomit après son repas et rejette ainsi une partie de la dose administrée. Il semble bien supporter l'alimentation cuprique ; mais il arrive un moment où l'animal refuse non seulement la pâtée cuivrée, mais encore toute autre alimentation : il est pris de diarrhée, maigrit et succombe.

Les expériences de Burcq et Ducôm ont porté sur 8 chiens; trois ont succombé; trois ont été sacrifiés, et deux ont survécu.

Toxicité du cuivre vis-à-vis des organismes inférieurs. — Nous n'avons pas besoin d'insister sur les propriétés antiseptiques et antiparasitaires des sels de ce métal. Cette activité toxique des sels de cuivre vis-à-vis des microrganismes semble être due à la formation des combinaisons cupriques des albuminoïdes du protoplasma.

Un petit nombre d'expérimentateurs ont cherché à déterminer la dose antiseptique des sels de cuivre. Miquel a constaté que 0gr,90 de sulfate de cuivre empêche la putréfaction de un litre de bouillon neutralisé.

Ch. Richet comprend le cuivre parmi les métaux toxiques à la dose de 1/100000 de molécule.

Dans un travail sur l'action des sels métalliques sur la fermentation lactique, Chassevant a observé que le chlorure de cuivre empêchait la vie du ferment lactique lorsqu'il y avait 0gr,189 de cuivre par litre. Cette dose correspond à 0,0015 molécule de cuivre (dose antibiotique). Le cuivre est donc toxique à faible dose pour les ferments figurés.

L'auteur a pu constater que l'addition de doses plus faibles de chlorure de cuivre au milieu de culture, favorisait la fermentation. La dose optimum, dose accélérante, définie par la quantité maximum d'acide lactique formé en vingt-quatre heures, est de 0gr,0189 de cuivre par litre, soit 0,00015 molécule.

Cette action accélératrice des petites quantités de sel minéral n'est pas particulière aux sels de cuivre. C'est une loi générale qui a été développée pour plusieurs autres métaux par Ch. Richet et Chassevant; nous aurons l'occasion d'y revenir.

Absorption et localisation des sels de cuivre dans les tissus. — Plusieurs auteurs, Drouard entre autres, étaient d'avis que les préparations de cuivre ne s'absorbaient pas par les tissus. Cependant Lebkuchner avait retrouvé du cuivre dans le sang d'un chat dans les bronches duquel il avait injecté 4 grammes de sulfate de cuivre ammoniacal. Wibsner en avait trouvé dans le foie d'animaux auxquels il avait administré de l'acétate de cuivre pendant plusieurs semaines.

Bochefontaine a montré expérimentalement que les sels de cuivre, même caustiques, dialysent avec une facilité extrême au contact des tissus, contrairement à l'opinion alors courante de plusieurs savants, qui prétendaient que l'action irritante de ces sels empêchait leur diffusion dans l'organisme. Bochefontaine a immergé partiellement la partie postérieure d'une grenouille dans une solution de sulfate de cuivre; ce sel, pénétrant dans le sang, a imprégné les différents tissus, qui réagissent suivant leur activité propre.

Les sels de cuivre pénètrent avec la même facilité dans le protoplasma vivant des plantes, qui se laissent facilement osmoser. Otto, John Hopff, ont constaté que la cellule végétale est susceptible d'absorber et de fixer des quantités considérables de sels de cuivre.

Les plantes dépérissent lorsqu'on poursuit l'arrosage du sol avec une solution de sulfate de cuivre pendant très longtemps; leur système radiculaire et leurs parties souterraines éprouvent un développement anormal. Cependant les pois, les haricots, le maïs s'y développent pendant quelque temps comme s'il n'y avait pas de cuivre.

Les tissus des mollusques se laissent aussi osmoser par les sels de cuivre.

Les huîtres peuvent vivre dans une eau contenant des sels de cuivre, leur organisme en renferme alors une certaine proportion. Curzent a constaté que les huîtres de la rivière de Falmouth, rivière qui reçoit les eaux de plusieurs usines de cuivre, renfermaient 216 milligrammes de cuivre par 25 huîtres. Ce cuivre, ainsi accumulé dans l'organisme de l'huître, s'élimine totalement lorsqu'on les met à dégorger dans un parc d'eau pure, pendant six mois.

Un procédé de verdissage artificiel des huîtres a été basé sur cette absorption des sels de cuivre par les tissus de cet animal. D'après Gaillard, ce procédé consiste en l'immersion des huîtres dans une solution de sulfate de cuivre. Des huîtres ainsi verdies contenaient par douzaine 0gr,147 de cuivre. Balland a remarqué que les huîtres verdies artificiellement présentaient une coloration presque uniforme de tout le corps, contrairement à ce qui se passe pour les huîtres vertes naturelles, qui ne sont colorées qu'en partie. Les huîtres ainsi verdies ont une saveur styptique et métallique, qui les fait facilement reconnaître et repousser de la consommation; elles contiennent environ 3 milligrammes de cuivre, on peut les consommer sans être incommodé.

Nous devons faire remarquer ici que, si l'huître peut vivre dans une eau contenant des sels de cuivre, la moule, au contraire, y est immédiatement intoxiquée.

La propriété qu'ont les tissus végétaux de fixer les sels de cuivre a été mis à profit par l'industrie pour reverdir des légumes conservés.

La méthode le plus généralement employée consiste à plonger les légumes au moment de leur cuisson dans un bain très étendu de sulfate de cuivre.

On place dans un chaudron de cuivre 100 litres d'eau additionnés de 30 à 70 grammes de sulfate de cuivre, on introduit dans cette solution bouillante de 60 à 70 litres de légumes. A. GAUTIER a constaté que la quantité de cuivre fixée par les légumes est très minime et s'élève à peine au 1/6 ou au 1/4 de la quantité du cuivre ajouté.

Le cuivre s'y fixe sous forme d'albuminates insolubles, d'autant mieux que le légume est plus frais et plus tendre. La chlorophylle se combine au cuivre et se conserve dans cette combinaison insoluble.

La coloration verte est due surtout à ce que la chlorophylle ne se modifie pas dans les cellules de la pellicule. Ce fait est dû vraisemblablement aux propriétés antiseptiques et antifermentescibles du cuivre, qui s'oppose à l'action des diastases aptes à modifier la chlorophylle (A. GAUTIER).

Dans l'organisme des animaux supérieurs, la localisation du cuivre se fait en petite proportion dans la plupart des tissus; mais c'est principalement dans le foie que se fait cette accumulation. Le fait a été signalé par la plupart des auteurs. Nous nous contenterons de résumer ici les expériences les plus récentes et les plus précises de BRANDL. Cet auteur a constaté que, lorsqu'on injecte dans les veines 3 grammes de cuivre par kilogramme de poids d'animal, le foie en retient 15,15 p. 100.

Quand on injecte sous la peau 21 grammes de cuivre par kilo, le foie en retient 53 p. 100; lorsqu'on administre le sel de cuivre par la voie gastrique chez des chiens et des lapins, la quantité qui s'en accumule dans le foie oscille entre 1,15 et 6,94 p. 100 de la quantité introduite. Ces expériences ont été faites avec le tartrate double de cuivre et de soude.

Chez une chienne qui avait pris en quinze jours 719 grammes d'oléate de cuivre, on en a retrouvé 1,37 p. 100 dans le foie et la bile. Une chienne absorbe en quatorze jours 638 grammes de cuivre sous forme d'albuminate; on n'en retrouve que 1,41 p. 100 dans le foie, la bile et les reins.

Un lapin, qui a ingéré en cent trente jours 40 grammes de sulfate de cuivre, n'a retenu dans son foie que 0,97 p. 100 du cuivre introduit. Une chienne, qui prend en quinze jours 465 grammes de cuivre sous forme de sulfate, n'en a fixé que 6,77 dans le foie.

Ces chiffres montrent : 1° que c'est surtout dans le foie que s'accumule le cuivre qui a pénétré dans l'organisme; 2° que l'absorption des sels de cuivre se fait mal par la voie gastrique.

RABUTEAU a analysé le foie d'une femme qui, en cent vingt-deux jours, avait pris dans un but thérapeutique 43 grammes de sulfate de cuivre. Cette malade succomba de tuberculose trois mois après avoir cessé tout traitement; l'auteur trouva dans son foie 0gr,239 de cuivre. Le foie retient donc longtemps le cuivre qui s'y est accumulé.

Le cuivre ne se localise pas exclusivement dans le foie, on en retrouve dans le rein; SOULES a signalé la présence du cuivre dans les os, les squelettes des ouvriers de ce métal présentaient une couleur verte particulière qui permettait de les reconnaître parmi les ossements déplacés lors de la désaffectation du cimetière de Durfort (Tarn).

BERGERET et MAYENÇON ont constaté que les sels de cuivre diffusent dans tout l'organisme, et se localisent plus spécialement dans le foie et le cerveau. Ils ont fait leurs expériences avec du sulfate de cuivre ammoniacal et recherché le cuivre par la méthode électrolytique, qui permet de déceler la présence de un millionième de cuivre dans un liquide.

Élimination. — L'élimination des sels de cuivre se fait par tous les émonctoires.

Le rein n'est pas l'émonctoire principal, le cuivre passe cependant en partie dans les urines, ainsi que l'ont constaté CHEVALLIER et BOYS, PÉCHOLIER et SAINT-PIERRE, qui ont pu retrouver du cuivre dans l'urine des ouvriers ciseleurs et des ouvriers en verdet.

Toussaint, Flandrin et Danger ont nié cette élimination, car ils ne purent déceler la présence du cuivre dans l'urine des animaux ni des personnes qui avaient ingéré des sels de cuivre.

E. Voit a constaté que le cuivre ingéré ne passe qu'en minime proportion dans les urines. Un chien, qui a pris en deux jours $0^{gr},253$ de cuivre à l'état de sulfate, n'en a éliminé que $0^{gr},02$ par les urines; les fèces en contenaient $0^{gr},234$.

Voit se demande si une partie du cuivre résorbé ne s'élimine pas au niveau de la paroi intestinale. Cette hypothèse est très vraisemblable. L'irritation de la muqueuse de l'intestin grêle peut reconnaître pour cause cette élimination. Cette irritation est en effet constante, même lorsque les sels de cuivre sont introduits directement dans l'organisme par injection intraveineuse. Du reste l'élimination par la paroi intestinale semble être la voie générale de la désassimilation des métaux. Nous avons déjà signalé ce fait à propos du *bismuth*, du *calcium* et du *cobalt*. Il serait intéressant d'en faire la démonstration pour le cuivre.

Bergeret et Mayençon ont observé que le cuivre s'élimine lentement par la bile et les urines. D'après Brandl l'élimination du cuivre se ferait surtout par la bile, et d'une façon lente et continue; l'élimination par les urines, par l'épithélium intestinal, ainsi que par la salive et le lait ne se ferait que dans des proportions insignifiantes et ne serait que passagère.

Le cuivre n'est retenu dans le foie qu'accidentellement en masse considérable.

La présence du cuivre dans la salive et dans le flux bronchique a été signalée par Flandrin et Danger. Ces auteurs, en raison de l'augmentation de la salivation et du flux bronchique qu'on observe dans l'intoxication cuprique, avaient supposé que c'était par cette voie que l'organisme se débarrassait du cuivre, par un véritable phénomène de transsudation pulmonaire; on ne peut pas admettre cette hypothèse.

Galippe a constaté l'accumulation du cuivre dans le foie de jeunes chiens allaités par une chienne soumise à une alimentation contenant de l'acétate de cuivre. Il en a conclu au passage du cuivre dans le lait. Baum et Seeliger ont constaté directement que le sulfate de cuivre administré par la bouche ou l'intestin ne passe pas dans le lait.

Cuivre dans l'organisme. — Le cuivre est un des métaux que l'on retrouve d'une façon constante dans les cendres des divers végétaux et animaux. Il s'y rencontre en proportion variable; mais toujours peu considérable.

Bucholz, le premier, a signalé la présence du cuivre dans les végétaux. Meisner confirme ce fait en 1817. Sarzeau, analysant les cendres de divers végétaux en 1832 et 1833, constate la présence constante du cuivre, en petite proportion, depuis une fraction de milligramme jusqu'à cinq milligrammes par kilo de plante. Il fait remarquer que la proportion de cuivre contenu dans un végétal ne dépend pas seulement de la quantité de métal qui se trouve dans le terrain où il pousse, mais surtout de l'espèce végétale considérée. Il analyse successivement l'écorce de quinquina rouge et jaune, le café de la Martinique et de Bourbon, la garance, le froment et sa farine, le genêt, l'aunée, le lierre terrestre, le lin, l'opium, le pavot, etc., et y signale la présence constante du cuivre.

D'après Sarzeau, le cuivre contenu dans le froment se localise surtout dans le son.

1 kilo de froment contient $4^{milligr.},666$ de cuivre.

1 kilo de farine de même froment ne renferme que $0^{milligr.},666$ de ce métal.

Cette présence constante du cuivre dans tous les végétaux n'a pas été admise tout d'abord par les auteurs. Chevreul, en 1833, affirme que, d'après ses recherches, le blé ne contient pas de cuivre, et pense que la présence du cuivre dans les cendres peut être imputée au manque de certaines précautions qui ont permis l'apport accidentel de ce métal, au cours de l'analyse.

Boutigny (d'Évreux) remarque que le blé ne contient pas toujours du cuivre. Il ne retrouve ce métal que dans les cendres de blé et de pommier qui croissent sur des sols fertilisés par du noir animal ou par les boues des rues, ces végétaux absorbant le cuivre contenu dans ces engrais.

Cependant Deschamps (d'Avallon) constate la présence du cuivre dans des céréales poussant sur des champs appartenant depuis quarante-deux ans au même propriétaire, et n'ayant jamais reçu de sulfate de cuivre. Il est bien certain que le cuivre absorbé par les végétaux provient du sol où ils poussent.

La presque totalité des terrains sédimentaires contiennent en effet du cuivre, ainsi que l'a constaté Deschamps; les végétaux enlèvent au sol le cuivre qu'il contient.

L'analyse de différentes terres de jardin, faite par Vœdredi, d'accord avec l'opinion de Deschamps, y montre la présence constante du cuivre, qui se trouve dans les cendres de ces terrains en proportions variant de 0, 01 à 0, 15 p. 100.

L'existence normale du cuivre dans les divers végétaux a du reste été constatée par un grand nombre d'auteurs; on en a déterminé la proportion d'une façon précise, dans un grand nombre d'analyses.

La quantité de cuivre, qui se trouve dans les plantes, varie suivant la nature des terrains où elles croissent, et aussi suivant la nature de la récolte.

Les recherches les plus nombreuses, et les plus soigneusement faites, ont trait au dosage du cuivre dans le blé, la farine et le pain.

L'existence normale du cuivre dans le grain de blé intéresse au plus haut degré l'hygiéniste et le médecin : il importe en effet de connaître la proportion habituelle de cuivre qui peut se trouver dans cette céréale; car, ainsi que nous l'avons vu, on ajoute quelquefois du sulfate de cuivre à la pâte du pain, pour masquer l'emploi de farines avariées, manœuvres frauduleuses qu'on doit pouvoir démasquer.

D'après Sarzeau, 1 kilogramme de froment renferme environ 4$^{milligr.}$,66 de cuivre. Le cuivre se trouve surtout localisé dans le son. 1 kilo de farine fabriqué avec ce froment ne renferme plus que 0$^{milligr.}$,63 de cuivre. Deschamps a aussi trouvé 4 milligrammes de cuivre dans 1 kilo de froment récolté dans un champ, qui n'avait jamais reçu de sels de cuivre. Galippe, qui s'est occupé en 1882 de déterminer la proportion de cuivre contenue dans les céréales et le pain, admet que cette quantité varie de 5 à 10 milligrammes de cuivre par kilo de froment. Le son renferme 14 milligrammes de cuivre par kilo; la farine, 8$^{milligr.}$,4; le pain de 3$^{milligr.}$,6 à 8 milligrammes par kilo.

Les blés de Hongrie semblent contenir beaucoup plus de cuivre, si l'on s'en rapporte aux analyses de Vœdredi, qui donne des chiffres beaucoup plus élevés.

Le froment d'hiver (récolte 1894) contient de 80 à 700 milligrammes de cuivre par kilo.
— d'été — — de 190 à 630 — — —
— d'hiver (récolte 1895) — de 200 à 680 — — —
— d'été — de 190 à 230 — — —

La quantité de cuivre, que renferment les différents végétaux, varie dans de grandes proportions d'une espèce à une autre. Deschamps (d'Avallon) l'a bien montré par ses analyses.

1 kilo. de riz . . . . renferme 6,13 milligrammes de Cu.
— de pommes de terre. . . . . — 2,84 — —
— de fécule de pommes de terre. . . . . — 0,8 — —
— de froment. . . . . — 4,00 — —

Vœdredi constate les mêmes variations, ses analyses plus récentes en donnent la preuve :

1 KILO. DE	MILLIGRAMMES DE CUIVRE.	
	Récolte 1894.	Récolte 1895.
Froment d'hiver . . . . . . renferme	80 à 700	200 à 680
Froment d'été . . . . —	190 à 630	190 à 230
Seigle . . . . —	60 à 90	10 à 30
Orge . . . . —	80 à 120	10 à 70
Avoine . . . . —	40 à 190	40 à 200
Sarrasin . . . . —	160 à 640	150 à 160
Haricots verts . . . . —	160 à 320	110 à 150
Lentilles . . . . —	120 à 150	110 à 150
Pois . . . . —	60 à 100	60 à 110
Pois soja . . . . —	70 à 100	70 à 80
Lupin . . . . —	80 à 190	70 à 290
Semence de moutarde . . . . —	70 à 130	60 à 70
Piment . . . . —	790 à 1350	230 à 400

Il est très intéressant de voir le rapport qui existe entre la proportion de cuivre contenu dans la terre du jardin et celle des végétaux qui y croissent. Vœdredi nous donne sur ce sujet des résultats très documentés.

La terre du jardin contenait de 0,01 à 0,15 p. 100 de cuivre :

LES PLANTES CONTENAIENT :	p. 100
Bois de chêne.	0,06
Feuilles de chêne.	0,02
Glands.	0,04
Froment automne.	0,21
Froment printemps.	0,11
Seigle.	0,19
Orge.	0,12
Avoine.	0,35
Millet barbu.	0,11
Millet dur.	0,30
Sarrasin	0,87
Haricots noirs	0,04
Grosse fève.	0,38
Fève des marais.	0,33
Maïs.	0,39
Maïs.	0,06

D'après ce travail, les graines contiennent 4 fois plus de cuivre que le sol.

Lehmann a fait un travail analogue en dosant le cuivre contenu dans un kilo de plantes sauvages, poussant dans une même carrière.

La terre de cette carrière contenait de 0,27 à 0,394 p. 100 de cuivre :

1 KILO DE PLANTES CONTIENT :	MILLIGRAMMES DE CUIVRE.
Thym serpollet avec racine.	187 à 223
Taraxacum off. avec racine.	320
Gallium mollugo, tige feuilles.	83,3
— racines.	200
Violettes sauvages, feuilles.	160,7
— racines et radicelles.	327,3
— tige	360
Festuca, racines, feuilles, et sommités fleuries.	395

Ce travail de Lehmann nous montre non seulement qu'il y a accumulation de cuivre dans la plante, mais encore que le cuivre se localise dans certaines parties, telles que la tige des violettes, les racines du Gallium mollugo, etc. Dans un autre travail, cet auteur fait remarquer que les légumes verts et les fruits ne renferment qu'une très faible proportion de cuivre : 0milligr.,13 à 1milligr.,5 par kilo ; les coques de cacao en contiennent, au contraire, beaucoup.

Une partie du cuivre, qui se trouve dans les plantes, environ la moitié, est soluble dans l'eau. Ce métal se trouve sous forme de combinaison organique particulière, vraisemblablement uni à l'albumine (Lehmann).

La présence du cuivre dans les tissus des animaux a été signalée par Sarzeau en 1832, qui évalua à environ un milligramme la quantité de cuivre contenue dans un kilo de chair. En 1838 Devergie, le premier, signale la présence constante du cuivre dans les organes de l'homme. En se plaçant au point de vue médico-légal, l'auteur fait remarquer la grande importance de cette constatation. En effet, jusqu'à cette époque, lorsqu'on décelait la présence de ce métal dans les viscères d'un cadavre, les experts et les juges se croyaient autorisés à conclure d'une façon certaine à l'empoisonnement par ce métal. Devergie a analysé systématiquement toute une série d'organes d'individus, dont il connaissait la cause de mort : submersion, mort subite, pendaison, maladies aiguës ou chroniques, qui n'avaient pas ingéré de sels de cuivre. Il a retrouvé d'une façon constante des quantités appréciables de cuivre dans leur tube digestif.

Il publie en 1839, dans son Traité de médecine légale, les chiffres suivants :

	MILLIGRAMMES DE CUIVRE.
Estomac d'enfant de 8 ans.	0,005
Canal intestinal, enfant de 14 ans.	0,030
Tube digestif de femme adulte.	0,066 à 0,071
Intestin d'homme.	0,037 à 0,040

Les conclusions de Devergie ont été combattues par divers auteurs, notamment par Flandrin et Danger, qui n'ont pu retrouver trace de cuivre dans les viscères d'individus morts d'accidents traumatiques.

Cattanei di Mosmo et Platner n'ont pu déceler aucune trace de cuivre dans les cendres d'un enfant nouveau-né, ce qui semble infirmer les assertions de Devergie.

D'après Tardieu et Roussin, le cuivre n'existe pas normalement dans l'organisme. En 1843, Boudet signale cependant l'existence du cuivre dans le parenchyme pulmonaire d'un individu mort accidentellement; mais il considère ce fait comme exceptionnel. Millon, en 1848, constate la présence du cuivre dans le sang dans la proportion de 0,5 à 2,5 p. 100 des cendres. Il fait remarquer que ce métal se trouve en plus grande abondance dans les cendres du caillot, et en conclut qu'il doit être localisé dans les globules rouges. Deschamps, vers la même époque, signale la présence du cuivre dans le sang, mais sans faire aucun dosage. Raoult et Breton ont constaté aussi la présence du cuivre dans plusieurs analyses différentes de tissus humains. L'intestin d'un homme noyé accidentellement renfermait des proportions notables de cuivre; 700 grammes du foie d'un homme, qui avait succombé à l'opération de la taille, renfermaient 2 milligrammes de ce métal; 400 grammes du foie d'un phtisique en contenaient 6 milligrammes. Bergeron et l'Hote veulent, en 1875, élucider ce fait si controuvé de l'existence du cuivre comme élément normal de l'organisme humain. Ils entreprennent une étude méthodique de cette question sur 14 cadavres, d'origine connue. Ils constatent la présence constante du cuivre, surtout dans le foie et le rein, en proportion appréciable. Ils établissent par des dosages rigoureux que la quantité de cuivre ne dépasse pas, pour la masse totale de ces organes, 2,5 à 3 milligrammes; que le plus souvent elle n'atteint pas 3 milligrammes. Le cuivre existe d'une façon constante dans les tissus et viscères, foie, sang, muscles, de l'homme, des animaux carnivores ou herbivores et des oiseaux.

Lehmann, dans une série d'analyses, a pu déterminer la quantité moyenne de cuivre contenu dans divers organes; ses chiffres sont tous rapportés à 1 kilo de substances et exprimés en milligrammes.

1 KILO DE :		MILLIGRAMMES DE CUIVRE.
Foie.	contient	3,12
Estomac.	—	4,35
Rein	—	7,14
Muscle	—	2,40
Cœur.	—	16,66
Os	—	2,12
Intestin et contenu	—	23,70
Plumes	—	10,00
Œufs, écaille	—	1,88
— blanc.	—	0,23
— jaune.	—	1,40

Giunti a démontré l'existence du cuivre dans l'organisme des chauves-souris et de certains insectes en dosant cet élément dans leurs sécrétions. Il a rapporté ses chiffres à 100 parties de l'animal et à 100 parties de cendres.

	QUANTITÉ DE CUIVRE DES EXCRÉMENTS ÉVALUÉE EN CuO.	
	pour 100 parties d'animal.	pour 100 parties de cendres.
Chauve-souris :		
Erinaceus europaeus.	0,00058	0,02
—	0,00055	0,0125
Podarcis muralis.	0,0049	0,068
—	0,0034	0,043
Coléoptères :		
Anomale vitis.	0,0038	0,095
Blatta orientalis.	0,043	0,826
Myriapode :		
Iulus terrestris.	0,038	0,221
Armadilidium vulg.	0,034	0,197
Mollusque :		
Helix pitana.	0,000016	0,089

L'ubiquité des sels du cuivre dans le sol suffit à expliquer sa présence et sa localisation dans les tissus végétaux ; la présence constante de ce métal dans les aliments végétaux nous montre l'origine du cuivre qui se trouve dans les cellules de l'organisme animal ; mais dans l'état actuel de la science, nous ne savons pas définir le rôle de ce métal dans l'organisme végétal, ni dans celui des animaux supérieurs.

Le cuivre est-il simplement dans ces tissus comme métal parasite, apporté par l'alimentation et en voie d'élimination, ou joue-t-il un rôle efficient dans la vie cellulaire du protoplosma ?

Chez les mollusques son rôle a été étudié par FREDERICQ. Cet auteur a constaté que le sang des poulpes contient une substance organique cuprique, l'hémocyanine, substance qui joue chez ces animaux un rôle analogue à celui de l'hémoglobine chez les vertébrés. L'hémocyanine serait un convoyeur d'oxygène au même titre que l'hémoglobine, et jouerait le même rôle que ce composé dans l'hématose des tissus de ces mollusques.

Est-ce que le cuivre qui se trouve dans le sang de l'homme et des animaux, et qui, d'après MILLON, serait [localisé dans les globules sanguins, ne s'y trouverait pas sous forme d'une combinaison analogue ? C'est une question que nous avons le droit de poser aujourd'hui, l'avenir y répondra peut-être.

Usages. — Nous n'avons pas à insister ici sur les différents usages du cuivre et de ses sels. En thérapeutique, la chirurgie utilise la causticité des sels de cuivre : sulfates, etc. En médecine, on a proposé le sulfate de cuivre dans le traitement de certaines maladies nerveuses et de poitrine, et aussi comme émétique.

Burq a utilisé le métal même dans ses applications métallothérapiques.

L'action antiparasitaire et antiseptique des sels de cuivre est bien connue. 0^{gr},90 de sulfate de cuivre s'oppose à la putréfaction d'un litre de bouillon de bœuf neutralisé (MIQUEL). Nous n'avons pas à énumérer ici les diverses applications que l'agriculture et l'hygiène font de ces propriétés. Malheureusement, la causticité de ses sels restreint leur emploi dans les usages domestiques.

D'après BURQ, le cuivre et ses sels seraient de précieux anticholériques. La sanction de l'expérience manque à cette affirmation. Il semble cependant qu'il y ait une immunité des ouvriers en cuivre vis-à-vis de ce terrible fléau.

Recherche toxicologique. — La présence du cuivre se constate en faisant l'analyse des cendres de la substance examinée. On calcine au rouge sombre, on reprend par de l'eau acidulée avec de l'acide azotique. On décèle la présence de petites quantités de cuivre soit à l'ammoniaque, qui donne encore une coloration bleue appréciable avec un liquide ne renfermant que 1/15 de milligramme de cuivre par centimètre cube.

Le ferrocyanure de potassium permet de déceler 1/200 de milligramme de cuivre.

BERGERET et MAYENÇON, pour isoler des traces de cuivre dilué dans les liquides et les humeurs, ont eu recours à la méthode électrolytique. Un couple formé d'une lame de platine entourée d'une lame d'aluminium roulée en spirale est plongé dans le liquide. Ce couple électrolyse le sel de cuivre contenu dans la solution. Le cuivre se dépose sur la lame de platine. On le solubilise avec une goutte d'eau de chlore ; on caractérise la présence du cuivre à l'acide du ferrocyanure de potassium. Cette méthode permet de déceler un millionième de cuivre dans une liqueur.

Bibliographie. — BALLAND. *Sur la présence du cuivre dans les huîtres (Journ. Pharm., Chim.,* XXVII, (4), 469). — BANDER. *Vergift. durch Grünspan beim Rauchen (Corr. f. schweiz. Aerzte,* Bâle, 1873, CXI, 9). — BASTON (*Chapmann's Elem. of ther.,* II, 457). — BAUM et SEELIGER. *Wird das dem Körper einverleibte Kupfer auch mit dem Milch ausgeschieden (Arch. f. wissensch. prakt. Thierheilk,* XXII, 194) ; — *Ueber die verschiedene Giftigkeit einiger Kupferpräparate (Ibid.,* 1897, XXIII, 429-446) ; — *Geht das dem Korper einverleibte Kupfer auch auf des Fœtus über (C. P.,* X, 752 et J. B., XXVII, 103). — BECKER. *Beobachtung über einige Wirkungen des Kupfers (Memor. Heilbr.,* XIII, 261, 1868). — BELLINI. *Degli effecti produtti dei composti del rame (Sperimentale,* 1877, XXXIX, 623). — BERGERET et MAYENÇON. *Rech. du cuivre dans les humeurs et les tissus par la méthode électrolytique ; absorption, diffusion et élimination (Journ. de l'An. et de la Physiol.,* 1874, X, 89-95). — BERGERON et L'HÔTE. *Présence du cuivre dans l'organisme (C. R.,* LXXX, 1875, 268). — BIZIO. *Présence du cuivre dans l'organisme (Gaz. chim. ita.,* X, 149-157). — BLASIUS. *Vorkommen des Kupfer im thierischen Organismus (Zeitsch. f. rat. Med.,* 1866, XXVI, 250-267). — BOCHEFONTAINE. *Quelques expér.*

relatives à l'act. antisept. des sels de cuivre (Gaz. hebd., 1883, XX, 627). — BOUDET (*Journ. Ph. Ch.*, (3), VI, 333). — BRANDL. *Exp. Untersuch. u. Wirk. Aufnahme u. Auscheidung v. Kupfer* (Rev. des sc. méd., L, 486). — BOURNEVILLE. *Sulfate de cuivre ammoniacal. Présence d'une quantité considérable de cuivre dans le foie* (Progrès méd., 1885, III, 163). — BRUY-LANTS. *Add. CuSO⁴ au pain* (Bull. Ac. roy. de méd. belge, Bruxelles, 1889, 17). — BURQ. *Pouvoir antiseptique et désinfectant du cuivre* (C. R., XCV, 862); — *Cas remarquable de l'innocuité du cuivre sur les moutons* (Gaz. méd. Paris, (6), I, 641, 1879); — *Métallothérapie*, Paris, 1867. — BURQ et DUCOM. *Action physiol. du cuivre* (A. de P., (2), IV, 183, 1877). — CARLES. *Antisepticité et innocuité des sels de cuivre* (Journ. Ph. Ch., 1887, (5), XV, 497). — CATTANEI DI MOMO et PLATNER (Ann. univ., Omodei, 1840 XCIV, 72-77). — CHANÉ. *Recherches sur les composés du cuivre ingéré dans l'estomac et introduit dans le sang* (Diss., Nancy, 1877). — CHASSEVANT (ALLYRE). *Action des sels métalliques sur la fermentation lactique* (Diss., Paris, 1893). — CHASSEVANT (A.) et RICHET (CH.). *De l'influence des poisons minéraux sur la fermentation lactique* (C. R., CXVII, 673). — CHOUPPE. *Rech. exp. sur le pouvoir toxique du cuivre et de ses composés* (Gaz. hebd., 1877, XIV, 280-282). — CLAPTON. *On the effect of the copper on the system* (Tr. clin. Soc. Lond., 1870, III, 7-13). — COMMAILLE. *Mém. sur quelques sels de cuivre* (Mém. méd. mil., 1867, (3), XVIII, 338). — CORONA. *Avvelenamento per verderame* (Soc. méd. chir., Modène, 1875, 4). — CURCI (ANT.). *Act. biol. du cuivre* (Ann. di chim. et di farm., (4), V, 324 et Med. contemporanea, avril et mai 1887). — DESCHAMPS (d'Avallon) (Journ. Ph. Ch., (3,) XIII, 91). — DEVERGIE (*Traité méd. légale*, III, 596, 1859, et 1833, IX, 397-405; 1838, XX, 463-465; 1845, XXXIII, 142-150; 1861, XV, 168-173). — DROUARD. *Expériences et observations sur l'empoisonnement par l'oxyde de cuivre (vert-de-gris) et par quelques sels cuivreux* (Diss., Paris, 5 fructidor, an X). — DUHOMME. *Act. de Cu sur l'économie animale* (Ibid., 1837). — ELLENBERGER. *Physiol. Wirkung und chronische Vergiftung* (Arch. f. wiss. u. pract. Thierh., 1897, XXIV, 128-134). — FALK. *Vers. z. Aufklärung des Wirk. des essigs. Kupferoxyds und einiger anderen organische Säure und Saltze* (Deutsche Klinik, 1857, IX, 333-346-355-366-375; 1858, X, 386-395-404-411-435-478-484; 1859, XI, 26-46-59-98-126-161-180-209-239). — FARGAS. *Declaratione sobre un caso de ancelenamento per aceto de cobre* (Ind. med., Barcelona, 1880, XVI, 337-350). — FELZ et RITTER. *Emp. aigu acétate Cu* (C. R., LXXXIV, 506, 1877, 400-402 et 506). — FERRAND. *Le Cu et le Pb* (France méd., 1876, XXIII, 422). — FILEHNE (D. med. Woch., 1894, n° 19, 294); — *Beit. z. Lehre von der acuten und chronischen Kupfervergiftung* (D. med. Woch., 1895, XXI, 297; 1896, n° 10, 145). — FILHOL. *Div. méth. rech. Cu* (Journ. méd. chir. de Toulouse, 1845, IX, 78). — FILOMASI-GUELFI. *Sull'avvelenamento da rame* (Gior. intern. d. sc. med., Napoli, 1885, VII, 617-705). — FONTENELLE. *Emp. par acétate de Cu* (Journ. chir. méd., 1829, V, 412). — FREDERICQ. *Organisation et physiologie du poulpe* (Bull. Acad. royale de Belgique, (2), XLVI; C. R., LXXXVII, 996, 1878). — GALIPPE (Diss. P., 1875); — *Act. acétate neutre Cu en sol. alcoolique* (B. B., (6), IV, 322-326); — *Présence du Cu dans céréales et pain* (Ibid., 1882, 726-736); — *Nouvelles expériences* (C. R., LXXXIV, 718). — GALIPPE et BYASSON. *Dos. du Cu* (B. B., (6), IV, 78-81). — GAUTIER (A.). *Le Cuivre et le plomb*, in-8, Baillière, 1883. — GIUNTI (M.). *Cuivre dans excréments chauve-souris* (Gaz. chim. ital., XII, 17-19); — *Diffuzione del rame nel regno animale* (Ibid., 1879, 346). — GONNET. *Cu, toxicologie et thér.* (Diss., Montpellier, 1878). — GREEN. *Ueber die Wirk. der Kupfersalze als Desinfect.* (Z. f. Hyg. u. Infections Krank., Leipzig, 1893, XIII, 495-511). — GRÉHANT. *Présence du cuivre dans le foie d'un lapin, un mois après la cessation de l'ingestion de cette substance* (B. B., 1878, 352). — GUILLO. *Emp. par vert-de-gris* (Journ. conn. méd. chir., Paris, 1843, XI, 190-193). — HARLESS et BIBRA. *Das Kupfergehalt des Cephalopoden Blutes* (Muller's Arch., 1847). — HOPPE. *Kupfersalze* (D. Klin., V, 501-523). — HOULÈS. *Act. du Cu. sur économie* (Journ. Hyg., 1879, 170). — JAILLARD. *Les huitres vertes* (Journ. Ph. Ch., (4), XXVII, 471). — KANT. *Exp. Beitr. z. Hyg. des Kupfers*, Wurtzbourg, 36 p., in-8. — KENT. *Report on the use of copper in food* (Rap. dep. of health., Broklyn, 1887, 134-169). — KOLDEWEG. *Ueber die physiologische. Wirkung des Kupfer* (Inaug. Diss., 1896; J. B., XXVII, 84). — KOBERT. *Ueber den jetzigen Stand der Frage nach pharmacologischen Wirkungen des K.* (D. med. Woch., 1895, XXI, 5, 42). — LABORDE. *Cu et ses composés* (Tribune médicale, 1877, X, 85-97-125-147-177-199-269-390). — LAFARGUE. *Note s. mod. inject. Cu* (Bull. gén. thér., 1858, 168-177). — LANGLOIS. *Cu dans les végétaux et le corps de l'homme* (Bull. Acad. méd., 1847, XIII, 142). — LARTIGUE (Journ. de chim. méd., 1845, (3), I, 432). — LATIMER. *On the chest diseases affect. workmen at copperworks (Lancet,* 1887, 1-1126). — LAUDER BRUNTON et LANCY WEST (E. DE). *On the emetic action of sulfate of copper when injected into the veins (St-Bartholom. Hospital-Rep.,* XII, 115, 1876). — LEHMANN. *Das Kupfergehalt von Pflanzen und Thieren in kupferreichen Gegenden (Arch. f. Hyg.,* XXVII, 1-17); — *Kritisch u. exper. Stud. ueber Hygien. Bedeutung des Kupfers (Münch. med. Woch.,* 1891, 603-631); — *Hygienische Studien über Kupfer (Arch. f. Hyg.,* 1895, XXIV, 1, 18, 73; 1896, XXVII, 1; 1897, XXX, 250, XXXI, 279); — *Tentative d'emp. p. s. acétate Cu (Flandre médicale,* 1850, V, 504). — LINNELL. *Six cases of copper poisoning (Hahnemann Monthly,* Philadel., 1888, XXIII, 276-281). — LUTON. *De l'acétate de Cu en thérapeutique (Union méd. et scien. du Nord-Est,* 1885, IX, 317). — MAIR. *Acute Vergiftung, etc. (Friedreich's Bl. f. gericht. Med.,* 1887, XXXVIII, 86-109-201). — MARTIN (ST.). *Coloration verte de la chevelure des ouvriers en cuivre (Bull. thér.,* XLIX, 549). — MASCHKA (*Viertelj. f. gericht. Med. u. œff. San.,* XXXIX, 1883). — MEYERHARDT. *Diss. Wurtzbourg (Hyg. Rund.,* I, 354). — MILLON (*Journ. ph. ch.,* (3), XIII, 86). — MITSCHERLISCH. *Ueber die Einwirk. des Kupfers u. Verbindungen auf thier. Organismus (Arch. f. An. Phys. u. Wiss. Med.,* 1837, 91-119). — MOCK. *Unt. u. hyg. Bedeut. fettsaure Kupfers,* Nurnb., 1892, in-8, 34 pages. — MIQUEL. *Les organismes vivants de l'atmosphère,* 18°, 1883, G. Villars. — DE MOOR. *Action du Cuivre sur les animaux (Ann. soc. méd.,* Gand, 1893, LXXII, 288-358; *Arch. de Pharmacodynamie,* 1895, I, 81-140). — DU MOULIN. *Toxicologie du cuivre (France méd.,* 1889, XV, 844). — MURRAY. *Copper as a restorative (South. clin.,* Richmond, 1885, VIII, 172). — ODLING. *Some points of the toxicology of copper (Guy's Hosp. Rep.,* 1858, 103-122 et 1862, 271-277). — OTTO. *Ueber Auf. und Speicherung von Kupfer durch die Pflanzenwurzeln (Biedermann's Centr. f. Agriculturchemie,* XXIII, 780; J. B., XXIV, 513). — PAVY. *Physiological position of the copper (Lancet,* 1877, 403). — PÉCHOLIER et SAINT-PIERRE (*Montpellier médical,* XII, 97). — PETRI. *Ueber die grüne Farbung der Haaren bei älteren Kupferarbeiter (Berl. klin. Woch.,* 1884, n° 51). — PHILIPEAUX. *Recherches physiol. sels Cu (B. B.,* (6), V, 146; *Gaz. méd.,* Paris, 1878, 632); — *Cu dans le fœtus de chien (Ibid.,* Paris, 1879, 471). — PHILIPEAUX et GALIPPE. *Note sur act. s.-acét. Cu (Ibid.,* Paris, 1879, 272). — PIESSE. *Note on the question of the properties of the salts of copper (Lancet,* 1886, 64). — POSTEL. *Emploi du sucre dans l'emp. par sels Cu (D. P.,* 1832). — RABUTEAU. *Sur localisation Cu dans organisme après ingestion de sels de ce métal (C. R.,* 1877, LXXXIV, 356); — *Rech. du Cu dans le foie d'une malade traitée par So^4Cu ammoniacal (B. B.,* 1873, 19-22). — RAOULT et BRETON. *Présence Cu et Zn dans le corps de l'homme (Ibid.,* LXXXV, 40). — RAYNAUD. *Emp. sels Cu (Bull. gén. thér.,* 1888). — RICHET (CH.). *Act. des sels métalliques sur la fermentation lactique (C. R.,* 1892, CXIV, 1494). — ROBIN. *Rech. du cuivre dans le foie d'une epileptique qui avait pris pendant plusieurs mois du sulf. de cuivre médicamenteux (B. R.,* 1875, 14-18). — ROGER. *Propriétés toxiques sels Cu (Rev. méd.,* Paris, 1887, VII, 888-889). — ROUX. *Présence Cu certaines eaux (Arch. méd. nav.,* 1870, XIV, 37). — SARZEAU. *Cu dans mat. organiques (Journ. Ph. Ch.,* (2), XVIII, 653); — *Cu dans le foie (Ibid.,* 217-332). — SCHWARTZ. *Wirk. der Kupferalbuminsäure (A. P. P.,* 1894, XXXV, 437-448). — SESTINI. *Cu chez les êtres vivants (Ann. di chim. e. farm.,* VII, 220, 1888). — ALLEN STAR. *Empoisonnement par CuSO^4 (Med. Rec.,* 27 mai 1882). — TOUSSAINT (*Bull. thér.,* LV, 237). — TSCHIRCH. *Das Kupfer v. Standtpunk des gerichtl. Chem. Tox. u. Hyg.* (D. chem. Ges., XXVII, 32). — VŒDREDI. *Das Kupfer als Bestandtheil des Sandboden und anderer Culturgew. (Biedermann's Centr. f. Agriculturchemie,* XXIII, 776; J. B., XXIV, 513); — *Kupfer als Bestandtheil unseren Vegetabilien (Chem. Ztg.,* XX, 399; J. B., XXVII, 697). — VOIT (E.). *Ueber Auscheidung des Kupfers aus dem Körper (Sitzb. d. Ges. f. Morph. u. Physiol. in Munchen,* 1889, n° 2, 65). — WIBSNER (*Wirk. d. Arzn.,* II, 244).

Nous donnerons quelques indications bibliographiques sur les cas divers d'intoxications par le cuivre et ses sels.

Bibliographie. — BING (*Med. Corr. Bl. Schwiez. Aerzte,* 1844, 107-109). — BRYAN (*Prov. med. et surg. Journ.,* 1848, 374-377). — BULLEY (*Med. Times,* 1848, XIX, 507). — BOURGOGNE (*Journ. de chim. méd.,* 1827, III, 539-543). — BONJEAN (*Journ. de chim. méd.,* 1841, VII. 309-318). — BOUVIER (*Allg. med. Wien. Zeit.,* 1865, X, 27). — CAILLARD (*Clin. des hôp.,* 1829, IV, 58). — CHEVALLIER (*Ann. d'hyg.,* 1829, 465-478; 1848, 408-419; 1856, 444-452). — CORRIGAN (*Dubl. Hosp. Gaz.,* 1854, 229-232). — COCKBURN (*Lancet,* 1856, (2), 248). — COOTE (*Ibid.,* 1863, (2), 190). — CRAMER (*Rhein. Monatsch. f. prakt. Aerzte,* 1851, V, 85-104). — DANGER et FLANDIN (*C. R.,* 1843, XVII, 155-157; 1844, XIX, 644-649). — DECAISNE

(Ibid., 1877, LXXXIV, 796); — *(Deutsch. med. Zeit.*, 1851, XX, 213). — FRANQUE *(Med. Jahrb. f. Nassau*, 1859, XV). — GILLESPIE *(Phil. med. Times*, 1881, XI, 457). — GELLNER *(Prag. med. Woch.*, 1881, VI, 213). — GUÉRARD *(Journ. des connaiss. méd. chir.*, 1847, 6-8). — GUILLO *(Ibid.*, 1843, 190-193). — GUY *(Lancet*, 1877, III, 331). — GICHNER *(Maryland med. Journ.*, 1890, XXIV, 536). — HÖNIGSCHMIED *(Centr. f. allg. Gesundheitspflege*, 1883, 20-24). — LANDSBERG *(Viert. f. gericht. u. off. Med.*, 1853, III, 280-288). — LAUGIER *(Bull. Soc. anat.*, 1867, XLII, 381). — LAFARGUE *(Gaz. méd. de Bordeaux*, 1877, VI, 168-170). — LEALE *(Med. Record New-York*, 1869, IV, 70). — LINOLI *(Ann. univ. di med.*, 1847, CXXIII, 231-235). — MC KLINTOCK *(Dubl. med. Press*, 1853, XXIX, 354). — MEYER *(Med. Zeit.*, 1847, XVI, 37). — MIÉVILLE *(Bull. Soc. méd. de la Suisse rom.*, 1878, XII, 12-19). — MASCHKA *(Wien. med. Woch.*, 1871, XXI, 628-630). — MOORE *(Lancet*, 1846, (1), 412, 700). — MAGALHAES *(Progresso med.*, Rio de Jan., 1877, 143-149). — MILLINGEN et DELLE SUDDA *(Gaz. méd. d'Orient*, 1858, (2), 239-241). — MONGERI *(Ibid.*, 1857, 62-64). — NEUHAUSEN *(Org. f. d. ges. Heilk.*, 1852, 1, 94). — NICAISE *(Bull. Soc. clin. de Paris*, 1878, (2), 222-224). — NICHOLLS *(S. George's Hosp. Rep.*, 1869, IV, 219). — OPPOLZER *(Deutsche Klinik*, XI, 193-195). — ORFILA *(Bull. Ac. de méd.*, 1838, III, 93). — PAASCH *(Viert. f. ger. u. off. Med.*, 1852, 79-95). — POIRIER *(Journ. de chim. méd.*, 1858, 19-23). — PATON *(Ibid.*, 1837, 341-343). — PETERSON *(Ups. Lak. For.*, 1883, XVIII, 142-144). — RALEIGH *(Trans. med. a. Phys. Soc.*, Calcutta, 1831, 129-144). — RENAULDIN *(Journ. univ. des sc. méd.*, 1820, XVII, 118-123). — RÉVEILLÉ PARISE *(J. gén. de méd. et de pharm.*, 1820, 210-220). — ROSE *(Lancet*, 1859, I, 237). — ROUSSIN *(Ann. d'Hyg.*, 1867, 179-205). — RUSCHENBERGER *(Am. journ. med. sc.*, 1846, 67). — REINHARDT *(Zeitsch. f. Staatsarzn.*, 1854, 64-69). — SALTER *(Bost. med. and surg. Journ.*, 1856, 124-126). — SANGENBECK *(Deutsche Klin.*, 1851, 418-420). — SAUREL *(J. gén. de méd. chir. et pharm.*, 1820, 366-374). — SEUFFT *(Würzb. med. Zeitsch.*, 1865, 134-139). — STAHMANN *(Zeitsch. f. Chir.*, 1845, 327-330). — SIGMUND *(OEsterr. med. Woch.*, 1841, 342). — SESIA *(Gazz. med. ital. prov. venet.*, 1859, 156). — TAYLOR *(Guy's Hosp. Rep.*, 1850, 218 et 1866, 329-357). — TODD *(Lancet*, 1841, (2), 145). — TOULMOUCHE *(Gaz. méd.*, 1840, 329-331). — TESSEREAU *(J. de chim. méd.*, 1838, 413-415). — TURCHETTI *(Ann. un. di med.*, 1860, 383-387). — TRAILL *(Monthl. journ. of med. sc.*, 1851, 1). — VERGELY *(Bull. et mém. de la Soc. de méd. de Bordeaux*, 1870, 224). — WHITCHILL *(Med. Arch. Saint-Louis*, 1870, 333).

ALLYRE CHASSEVANT.

CUMINOL (ou aldéhyde cuminique) ($C^{10}H^{12}O$). — Ce composé
aldéhydique existe tout formé dans l'essence de cumin et dans les produits de distillation des graines de ciguë.

CUPRÉINE ($C^{19}H^{22}N^2O^2$). — Alcaloïde découvert par PAUL et COWNLEY dans
le quinquina *caprea*. GRIMAUX et ARNAUD ont pu transformer la cupréine en quinine en faisant réagir la cupréine sodée sur le chlorure de méthyle. On peut donc considérer la quinine comme l'éther méthylique de la cupréine *(D. W.*, (2), 1497-1499).

CURARE. — **Préparation**. — Le curare est un poison que l'on obtient des
pays tropicaux de l'Amérique du Sud sous forme d'extrait sec, de teinte brun foncé et de goût amer. Les Indiens de l'Amérique du Sud le préparent de l'écorce des plantes nommées *Strychnos toxifera cogens* et *Scomburg Rii*; ils y ajoutent encore d'autres plantes *(Urastigma, Parireny, Wakarino, Ranhomon, Ragamea*, etc.), supposant sans doute que les dernières sont également nécessaires pour obtenir une bonne préparation de curare. Le curare ne présente donc que le jus concentré de diverses plantes, et surtout du *Strychnos*, que l'on accumule et que l'on fait sécher sur le feu dans des pots d'argile. Ce n'est qu'au XVI⁰ siècle, qu'après son retour de l'Eldorado l'amiral WALTER RALEIGH fit connaître le curare en Europe, ainsi que la manière dont les Indiens s'en servent pour empoisonner leurs flèches.

D'ACUNJA ensuite et d'ARTICDA ont constaté que les indigènes des bords de l'Amazone emploient des flèches pendant la chasse et en temps de guerre, et que les hommes et les animaux blessés par ces armes imprégnées de curare meurent très promptement, sans toutefois que la chair de ces derniers devienne nuisible comme nourriture. C'est APPUN surtout qui donne le plus de détails importants sur le mode en usage parmi les Indiens du Sud pour la préparation du curare. Il n'est pas douteux que la base fondamentale du *curare* soit le *Strychnos toxifera*, quoique différentes peuplades emploient aussi le *Piper geniculatum*, le *Piper atrox* et le *Cocculus Inème*, comme substances additionnelles, outre le jus de l'oignon (*Burmania bicolor* Mart.) que l'on ajoute pour épaissir et concentrer l'extrait. Il résulte de ceci que les différentes préparations du curare possèdent une force toxique plus ou moins violente : le curare *Macutchif* est préférable à celui d'Esmeralda ; le curare des bords de l'Amazone (*Ticunas, Pevas*, etc.) est le plus faible. CONTY et LACERDA en ont bien étudié les principales variétés.

Il paraît que le curare sec, placé à l'abri de l'air et de l'humidité, conserve pendant plusieurs années toute sa force toxique : dans le cas contraire, il suffira d'ajouter dans le vase contenant le poison un peu de jus de la plante *Manihot utilissima* (PHOL), de le fermer soigneusement et de l'enfouir dans la terre un jour ou deux, pour que le poison récupère toute sa force primitive (APPUN) (?). Parmi les différentes espèces de curare mises en circulation dans le commerce, on en trouve parfois de complètement inactifs, d'autres de force très faible. Cela dépend du mode de préparation de ce produit, mais en tout cas il est préférable d'avoir en main les plantes fondamentales du curare, c'est-à-dire le *Strychnos toxifera*, le *Strychnos triplinervia* et le *Cissus* et le *Burmania* pour condenser l'extrait du *Strychnos* et de préparer le curare soi-même. AL. HUMBOLDT dit que les Indiens des bords de l'Orinoco et de l'Amazone, ainsi que des Guyanes, trempent le bout de leurs flèches dans l'extrait frais des plantes indiquées plus haut et s'en servent pour tuer leurs ennemis et leur gibier. La préparation fraîche est la plus dangereuse. Blessé par une flèche empoisonnée, l'homme ressent un afflux de sang à la tête, des vertiges, des maux de cœur et nausées suivies de vomissements abondants, d'une soif ardente et d'une sorte d'engourdissement dans la partie blessée. Puis survient la paralysie des membres, et finalement la paralysie des muscles respiratoires, arrêt de la respiration et mort par asphyxie sans convulsions, en pleine conscience. Les préparations faibles du curare n'occasionnent pas la mort ; elles ne donnent que les premiers symptômes d'empoisonnement cités plus haut.

Toute tentative pour obtenir du curare un alcaloïde cristallisable et susceptible de donner des sels est demeurée sans résultat. La *curarine* supposée alcaloïde actif du curare et ayant la formule empirique $C^{18}H^{35}N$ (TH. SACHS) est extrêmement toxique (la dose meurtrière est de $0^{gr},00025$ par 1 kilo du poids de lapin, et de $0^{gr},00004$ pour la grenouille). On en obtient sous l'influence des acides à chaud ; mais le corps obtenu ainsi n'est plus toxique. Suivant les travaux de BÖHM, le curare contiendrait un autre alcaloïde qu'il a séparé : c'est la *curine* qui, tout en étant moins toxique que le curare, provoque surtout la paralysie du cœur et n'est, par conséquent, guère applicable, ni dans la thérapeutique, ni dans les expériences physiologiques où l'on est obligé d'immobiliser l'animal en maintenant la respiration artificielle, ainsi que cela se pratique surtout quand on veut étudier les vasomoteurs.

Mécanisme de la mort par le curare. — C'est surtout aux travaux de CL. BERNARD, et aussi de KÖLLIKER, de V. BEZOLD, BIDDER, SCHIFF, STEINER, VALENTIN, PELIKAN, L. HERMANN, de TARCHANOFF, et d'autres ensuite, que nous devons l'explication scientifique du mécanisme de l'action du curare sur l'organisme animal. Parmi tous les symptômes de l'empoisonnement, c'est la paralysie du système musculaire volontaire, cause immédiate de la mort de l'animal, qui attire avant tout l'attention de l'observateur.

Comment s'effectue cette paralysie générale? Sont-ce les centres nerveux, les nerfs moteurs ou les muscles qui se trouvent affectés par le poison? Une expérience de CLAUDE BERNARD sur la grenouille prouve que le curare agit principalement sur les terminaisons des nerfs moteurs dans les muscles striés volontaires. On met à nu les deux nerfs sciatiques, des deux côtés au niveau de la partie supérieure de la cuisse, et on lie à une des pattes postérieures l'artère crurale au niveau du genou, où l'on place une ligature en masse en isolant préalablement le nerf sciatique. On interrompra de cette manière la circulation dans une des pattes postérieures. Si maintenant on injecte dans le sac lymphatique du dos de la grenouille $0^{gr},0001$ de curare dilué dans de l'eau, on remarquera les phénomènes suivants : l'animal bientôt devient immobile, la tête se penche, la respiration s'arrête, et en général la paralysie devient complète, sauf pour la jambe liée, qui de temps en temps a des mouvements volontaires. Ainsi, lorsqu'on pince la patte dont l'artère est liée, la grenouille la remue par action réflexe, de même que, lorsqu'on pince une patte antérieure, elle ne remue également que le membre lié, le reste conservant un repos absolu. Ces faits suffisent amplement pour en tirer les conclusions suivantes : que c'est sur le système neuro-musculaire périphérique que le curare dirige son action toxique, car, la circulation du poison ayant été interrompue dans la patte liée, celle-ci n'a pu en être atteinte, ni par suite paralysée. La persistance des actes volontaires et des actes réflexes dans la patte liée nous prouve suffisamment que ni les centres nerveux, ni les troncs des nerfs moteurs ne sont visiblement affectés, au commencement du moins de l'empoisonnement, et cela peut être prouvé encore par l'excitation électrique des nerfs sciatiques des deux côtés : la patte dont l'artère est liée et à laquelle le poison ne pouvait aboutir donne des contractions, tandis que l'autre patte reste immobile. La paralysie se localise donc à la périphérie; et puisque l'excitation électrique des deux jambes nous donne des contractions normales, ce ne serait pas le système musculaire qui se paralyserait par le curare.

Par conséquent, si le curare ne paralyse pas les troncs nerveux moteurs, s'il ne paralyse pas les muscles eux-mêmes et abolit en eux la possibilité même de provoquer des contractions musculaires par l'intermédiaire du nerf moteur, ce n'est que sur les terminaisons nerveuses motrices dans les muscles ou, autrement dit, sur les plaques motrices qu'il doit agir. Il doit provoquer des altérations de ces plaques qui autrement présenteraient une résistance insurmontable au passage de l'excitation nerveuse du tronc nerveux à la substance contractile du muscle. Ce serait là le point d'élection sur lequel porterait l'action paralysante du curare.

Cette conclusion, tirée surtout des expériences de CL. BERNARD, est corroborée par l'observation microscopique de KÜHNE, qui a trouvé que les plaques motrices changent d'aspect pendant la curarisation de l'animal, qu'elles deviennent plus opaques, moins transparentes et plus granuleuses qu'à l'état normal.

On se convaincra encore de ce fait en procédant de la manière suivante. On dissout dans une solution de 0,7 p. 100 de sel marin un peu de curare, afin d'y placer deux préparations neuro-musculaires de la grenouille (c'est-à-dire nerf sciatique avec muscle de la jambe), de façon que le nerf d'une préparation seulement se trouve immergé dans la solution curarique, tandis que dans l'autre préparation le muscle seul soit immergé. Or, dans les deux cas, l'excitation électrique directe des muscles des deux préparations provoque des contractions musculaires, tandis que l'excitation des nerfs ne provoque de contraction que dans les muscles qui n'ont pas été trempés dans la solution curarique, quoique dans ce cas le nerf excité soit imbibé de cette solution. Ce ne sont donc ni les nerfs, ni les muscles qui sont affectés par le curare : ce ne sont que les terminaisons nerveuses motrices (CL. BERNARD). Il est facile de prouver que la paralysie des plaques motrices par le curare ne s'effectue pas d'une manière régulièrement progressive et successive, car les contractions musculaires qui résultent de l'excitation électrique du nerf sciatique (par des coups d'induction, 60 à 80 environ, par minute), au cours de l'empoisonnement curarique, ne diminuent pas progressivement jusqu'à leur disparition complète, mais donnent une courbe à mouvements périodiques, c'est-à-dire des contractions interrompues par des périodes de repos plus ou moins longues.

Plus l'empoisonnement est avancé, plus les contractions deviennent rares, et plus la période des repos, alors que le muscle ne répond plus à l'excitation électrique du nerf, devient longue, jusqu'à cessation complète des contractions lorsque survient la paralysie curarique finale. Il résulte de ce fait que les plaques motrices luttent avec l'action toxique du curare, qu'elles lui opposent de la résistance, et que dans cette lutte ce sont tantôt les fonctions physiologiques des plaques qui l'emportent, — on observe alors la période des contractions, — tantôt c'est l'action paralysante du curare auquel correspond la période de repos du muscle, malgré l'excitation du nerf persistante (TARCHANOFF). Les plaques motrices sont très susceptibles à la fatigue, même plus peut-être que la substance musculaire, et cette fatigue des plaques motrices, provoquée par l'excitation du nerf sciatique, favorise la paralysie curarique. Il est par conséquent naturel que les animaux fatigués, épuisés, soient plus susceptibles à l'action du curare que les animaux normaux (TARCHANOFF).

Les plaques motrices isolées du système nerveux central par la section du nerf sciatique correspondant sont influencées beaucoup plus promptement par l'action du curare, et ce résultat est dû : 1° à ce que la section du sciatique provoque une dilatation paralytique des vaisseaux et, par conséquent, un afflux plus considérable de sang contenant le curare; 2° à ce que ces plaques sont privées de l'excitation tonique centrale qui favorise la résistance physiologique de ces plaques aux effets toxiques du curare. Cette dernière supposition est fondée sur le fait que de deux pattes privées de sang par suite de la ligature des artères et dont les muscles sont mis en contact avec une solution de curare, celle dont le nerf est intact résiste davantage à l'action du curare que celle dont le nerf a été coupé. On observe également un retard considérable dans l'apparition de la paralysie curarique sur le membre refroidi par une application de neige; or ce résultat ne s'explique pas par un effet vaso-moteur, car l'expérience réussit mieux sur les membres privés de sang par la ligature des artères et dont les muscles se trouvent directement en contact avec une solution de curare. Ce phénomène s'explique tout simplement par le ralentissement des courants nerveux dans le membre refroidi et par l'affaiblissement de l'affinité chimique entre le curare et la substance de la plaque motrice sous l'influence du froid (TARCHANOFF).

Le curare, d'après les observations faites sur l'homme et sur les animaux, ne manifeste qu'une faible influence dépressive sur le cerveau et sur la moelle allongée. Cette loi, toutefois, ne s'applique qu'à de faibles doses de curare, car une plus forte intoxication exerce une influence dépressive très marquée sur les fonctions de presque tous les centres nerveux, si l'on en juge par la disparition des actes réflexes et des actes volontaires dans la patte non empoisonnée grâce à la ligature de l'artère crurale.

Les grenouilles non empoisonnées conservent les mouvements dans une patte privée de sang par ligature de l'artère, pendant quelques heures, tandis qu'après l'administration du curare ces mouvements disparaissent bientôt sans que le curare ait pu aboutir jusqu'aux plaques motrices du membre anémié. De fortes doses agissent plus ou moins longtemps, provoquent une paralysie des centres vaso-moteurs avec abaissement de la pression artérielle et accélération et affaiblissement des battements du cœur, grâce à la paralysie des nerfs vagues et des centres excitomoteurs du cœur. Finalement le curare peut amener la paralysie même du cœur. La respiration artificielle ne peut plus alors sauver l'animal, comme cela s'observe dans tous les cas d'intoxication faible ou modérée, alors que l'action du poison ne s'est portée que sur les plaques motrices des nerfs moteurs. Comme c'est par l'arrêt de la respiration que meurent dans ce cas les animaux, il faut, pour les sauver, maintenir la respiration artificielle, ainsi que B. BRODIE a été le premier à le démontrer.

La grenouille et les autres amphibies à respiration *cutanée* très active supportent la curarisation sans respiration artificielle, puisqu'un échange gazeux suffisant se produit par la peau, et au bout de quelques jours la paralysie disparaît peu à peu, grâce à l'élimination du curare par les urines. CLAUDE BERNARD a bien noté que la paralysie curarique n'affecte les terminaisons nerveuses des muscles respiratoires qu'après celles des autres muscles, car les mouvements respiratoires ne disparaissent qu'en dernier lieu. Il a proposé une méthode particulière pour maintenir l'animal dans cet état de respiration coïncidant avec une paralysie générale de tout le système volontaire musculaire : on introduit sous la peau des orteils d'un lapin une petite quantité de solution de curare et l'on attend l'apparition des premiers signes de la paralysie des membres. On met ensuite une ligature en masse sur la patte juste au-dessus de l'endroit où l'injection a été pratiquée, afin d'empêcher l'absorption du poison; pendant ce temps le curare absorbé s'élimine en partie par les urines : après quoi l'on enlève la ligature de la patte pour renouveler l'absorption du poison, et ainsi de suite. De cette façon l'on évitera l'accumulation du poison dans l'organisme, et il sera possible de le maintenir longtemps dans un état de paralysie des mouvements volontaires, mais non des mouvements respiratoires.

Dose toxique du curare. — Lorsque, dans un but thérapeutique, on administre à l'homme du curare sous la peau, il faut toujours avoir sous la main de quoi pratiquer la respiration artificielle en cas de danger. Le curare a été employé dans différentes formes du tétanos : tétanos traumatique, épilepsie, rage, etc. BINZ et BRAUN relatent qu'ils ont sauvé bon nombre de malades, en traitant par le curare des tétanos d'origine centrale qui avaient complètement épuisé les malades. Watson, V. Hane et Offenberg ont appliqué avec succès le curare dans les tétanos de la rage. Benedict, Liouville, Voisin et Kunze ont traité l'épilepsie par le curare. Busch, Binz, etc., ont, avec succès, traité le tétanos traumatique. Les doses thérapeutiques peuvent monter jusqu'à 0gr,03, à 0gr,05 et être répétées plusieurs fois. Dans un cas de rage, dit Binz, la quantité de curare injectée à un malade pendant vingt-deux heures fut de 0gr,38.

Pour paralyser une grenouille, il suffit de lui administrer la dixième partie d'un milligramme ; pour un lapin de 3 à 7 milligrammes.

En général, la quantité de curare nécessaire pour paralyser un animal dépend de sa dimension et de son poids.

Effets divers de l'intoxication par le curare. — Le curare n'agit pas également sur les animaux d'espèces différentes : les méduses sont réfractaires à l'action du curare ; les poissons, ainsi que les écrevisses, manifestent une grande résistance à l'action du curare, et ce sont les troubles du système nerveux central qui précèdent la paralysie périphérique. Les mollusques, les étoiles de mer, les holothuries ne présentent que de faibles phénomènes toxiques, même sous l'influence de fortes doses de curare. Les tortues résistent beaucoup (W. Mitchell). Sur la torpille il y a paralysie des plaques terminales des nerfs électriques (A. Moreau).

Nous avons remarqué plus haut que les muscles, c'est-à-dire leur substance, ne se paralysent pas par le curare. Overend a prouvé néanmoins que le curare fait diminuer la force absolue du muscle en augmentant son extensibilité. Or, puisque le curare est un poison qui paralyse les mouvements et puisque ces derniers constituent la source principale de la chaleur animale, il est naturel que la température des animaux doit baisser pendant la curarisation ; en effet, cet abaissement bien connu de tous les auteurs peut aller chez le pigeon jusqu'à 22° (Wartanoff). Pourtant les oiseaux peuvent se rétablir, même après cette hypothermie, quand le poison a été éliminé.

Röhrig et Zuntz ont trouvé que, sous l'influence du curare, l'absorption de l'oxygène et l'élimination de l'acide carbonique diminuent considérablement, ce qui s'explique par l'inactivité du système musculaire volontaire.

Il paraîtrait que le curare augmente l'activité des organes sécréteurs si l'on en juge par l'augmentation de l'écoulement des larmes, de la salive et de l'urine ; mais ces faits dépendent en partie de la paralysie musculaire, déterminant le repos absolu des paupières et de la bouche, ce qui amène l'accumulation des larmes dans les yeux, et de la salive dans la bouche, tandis que l'augmentation d'urine pourrait s'expliquer par un effet vasomoteur. Grâce à la diminution des oxydations dans l'organisme, on observe pendant l'empoisonnement curarique l'apparition de sucre dans les urines, diabète curarique qui disparaît après l'élimination du poison par les urines.

Chez le chien, le curare augmente l'écoulement de la lymphe par le tronc thoracique (Ehrmgrens, Pachoutine) et en change la composition.

Chez la grenouille, le curare manifeste une action beaucoup plus importante sur la composition du sang et l'accumulation de la lymphe dans les sacs lymphatiques : l'état curarique des grenouilles, soutenu pendant plusieurs jours, provoque chez elles, d'une part une accumulation énorme de lymphe dans les sacs lymphatiques, surtout dans le sac sublingual, de l'autre une concentration notable de sang avec augmentation relative du nombre des globules rouges et diminution des globules blancs. Ce phénomène s'explique par la transsudation du plasma sanguin et l'émigration des globules blancs des vaisseaux sanguins dans le système lymphatique, et comme les cœurs lymphatiques sont paralysés par le curare, le lymphe s'accumule dans les sacs lymphatiques et ne retourne dans le système sanguin que lorsque l'animal sera affranchi de l'action du poison. La transsudation active du plasma sanguin serait la suite d'une circulation capillaire plus active, provoquée par la dilatation paralytique des petites artères sous l'influence du curare, ainsi que l'émigration des globules blancs. Il est probable que le curare agit aussi comme lymphagogue, en excitant l'épithélium des voies lymphatiques remplissant le rôle d'éléments sécréteurs de la lymphe. Mais cette perturbation dans la composition du sang et la distribution de la lymphe disparaît peu à peu, à mesure que l'animal récupère ses mouvements, grâce à l'élimination du poison : au bout de quelques jours tout rentre dans l'état normal primitif (Tarchanoff).

Cette élimination du poison se fait par les reins : il est probable que tout le poison, sans se détruire, passe dans l'urine. BIDDER a démontré que l'urine prise de la vessie d'une grenouille le troisième jour de l'empoisonnement par le curare et injectée sous la peau d'une autre grenouille provoquera, en vingt-cinq minutes, la paralysie chez celle-ci ; l'urine de cette dernière injectée à une troisième donnera le même résultat, et ainsi de suite. En même temps ces expériences prouvent d'une manière concluante que l'épithélium de la vessie présente un obstacle infranchissable à l'absorption du poison, grâce au système sanguin des parois de la vessie. Il paraît que l'absorption du poison par les voies digestives s'effectue d'une manière beaucoup plus lente que par voie hypodermique. Cette difficulté de l'empoisonnement curarique par les voies digestives aurait plusieurs raisons : 1° l'altérabilité du curare sous l'influence du suc gastrique qui fait diminuer la toxicité de ce poison ; 2° certaine résistance opposée par la muqueuse de l'estomac au passage du curare dans le sang ; 3° rétention et peut-être destruction partielle du curare par le foie qui, comme on le sait, présente une barrière pour toute une série de poisons que la veine porte lui apporte (SCHIFF, NENCKI, PAULOFF, etc.).

Bibliographie. — AXENFELD (D.). *Note sur le C.* (*A. i. B.*, 1889, XII, 23-26). — BERNARD (CLAUDE). *Physiologie expérimentale*, 343-373 ; — *Substances toxiques et médicamenteuses*, 239 ; — *Science expérimentale*, 237. — BEZOLD. *Unters. über die Einwirkung des Pfeilgiftes auf die motorischen Nerven* (*A. f. An. Phys. u. wiss. Med.*, 1860, 168, 387). — BOCHEFONTAINE. *Note sur un C. curarisant et produisant en même temps l'arrêt systolique du cœur* (*B. B.*, 1884, 76-79). — BOEHM. *Chemische Studien über das C.* (*Beitr. z. Physiol. Carl Ludwigs Festchr.*, 1887, Leipzig, 173-192) ; — *Einige Beobachtungen über die Nervenendwirkung des Curarin* (*A. P. P.*, 1894, XXXV, 16-22). — *C. und C. alkaloïde* (*Arch. der Pharm.*, 1897, CCXXXV, 660-684) ; — *Ueber paradoxe Vaguswirkung bei curarisirten Thiere* (*A. P. P.*, 1875, IV, 351-386). — BUCHEIM et LOOS. *Pharmakologische Gruppe des Curarins* (*Beitr. z. An. u. Physiol.*, 1870, V, 179-251). — COLARANTI (G.) (*A. g. P.*, 1878, XVI, 157-172). — COUTY (L.). *Action convulsivante du C.* (*C. R.*, 1882, XCV, 734-737). — COUTY et DE LACERDA. *Excitation musculaire de début de la curarisation progressive* (*B. B.*, 1880, 366-368) ; — *Le curare, son origine, son action, ses usages* (*A. de P.*, 1880, 555, 697). — DASTRE. *Action du curare* (*B. B.*, 1884, 293-295). — ECKHARD (C.). *Der Diabetes nach C. vergiftung* (*Beitr. z. An. u. Physiol.*, 1871, VI, 19-37). — *Ein Beitrag zur Geschichte der C. wirkung* (*Ibid.*, 1877, VIII, 101-114). — FEOKHISTOW (A.). *Ueber die abnorme Wirk. einiger C. sorten* (*Mél. Biol. Ac. imp. d. sc. de Pétersbourg*, 1891, XIII, 83-86). — FUBINI (S.). *Influence du C. sur le développement de l'embryon (poule)* (*A. i. B.*, 1891, XV, 59). — GAGLIO (G.). *Influence de la température dans l'empoisonnement par la strychnine et le curare* (*A. i. B.*, 1889, XI, 104-111). — GRÉHANT et QUINQUAUD. *Mesure de la puissance musculaire dans l'empoisonnement par le curare* (*B. B.*, 1891, 242-245). — GUARESCHI et MOSSO (A.). *Les ptomaïnes* (*A. i. B.*, 1883, III, 241-249). — HERMANN (L.). *Notizen über einige Gifte der C. gruppe* (*A. g. P.*, XVIII, 458-460). — HERZEN (A.). *Note sur l'empoisonnement par le curare* (*Interméd. des biologistes*, 1897, I, 334-339). — HOPPE (J.). *Ein Beitr. zur Lehre von der Wirkung des Urari* (*Zeitsch. d. k. Ges. d. Aerzte zu Wien*, 1857, XIII, 609-674). — KÖLLIKER (A.). *Physiol. Unters. über die Wirkung einiger Gifte* (*A. A. P.*, 1856, X, 1-235). — KRUKENBERG. *Die C. Wirkung an den Reupen von Sphinx Euphorbiae* (*Vergl. physiol. Stud.*, 1880, 156-159). — KÜHNE. *Ueber die Wirkung des amerikanischen Pfeilgiftes* (*A. f. An. Phys. u. wiss. Med.*, 1860, 477-517). — JACOB (J.). *Ueber Beziehungen der Thätigkeit willkürlichen Muskeln zur Frequenz und Energie des Herszchlages und über C. Wirkung* (*A. P.*, 1895, 303-351). — LANGENDORFF. *Der Curare Diabetes* (*Ibid.*, 1887, 138-140). — LEBELL et VESESCU. *Action du C. sur les animaux à sang chaud* (*B. R.*, 1893, 100). — MEILLÈRE et LABORDE. *Note préalable sur un procédé d'extraction de la curarine et act. physiolog. essentielle de cette curarine* (*B. B.*, 1890, 731). — MERMET et SCRINI. *Absorption du C. par l'œil* (*Ibid.*, 1897, 869-870). — MITCHELL (W.). *Sur la résistance aux effets du C. offerte par la tortue* (*Chelonura serpentina* (*Journ. de la physiol.*, 1862, V, 109-113). — MOREAU (A.). *Act. du curare sur la torpille électrique* (*C. R.*, 1860, LI, 573-575). — MOSSO (U.). *Influenza del C. sulla temperatura del corpo ; contributo allo studio del processo febbrile* (*Boll. d. r. Acc. med. di Genova*, 1895, X, 209-222 ; *A. i. B.*, 1886, VII, 320-331). — NIKOLSKI et DOGIEL *Zur Lehre über die physiol. Wirk. des C.* (*A. g. P.*, 1890, XLVII, 68-115). — POLLITZER (S.) (*J. P.*, 1886, VII, 274-290). — SANTESSON (C.). *Krämpfe und C. Wirkung* (*Skand. Arch. f. Physiol.*, 1895,

VI, 308-331). — Schiff (M.). *Des effets du curare sur les mouvements réflexes* (*Ges. Beitr. z. Physiol.*, 1896, III, 224-228). — Schinz. *Ueber das Pfeilgift der Kalixari san* (*Biol. Centr.*, 1894, XIV, 337-339). — Schulz. *Ueber den Parallelismus der Wirkungsart bei Coniin und C., sowie dessen klinische Bedeutung* (*Zeitsch. f. klin. Med.*, III, 1881, 10-24). — Stassano. *Ricerche sulla eccitabilita nervosa motrice che si manifesta nei primi momenti dell'azione del curaro* (*Psichiatria*, 1883, 348-351). — Steiner (J.). *Wirk. d. C.* (*A. If. An. Phys. u. wiss. Med.*, 1875, 145-176). — Tarchanoff. *Influence du curare sur la quantité de la lymphe et l'émigration des globules blancs* (*A. d. P.*, 1875, 33-60). — Tillie (J.). *Pharmacology of C. and its alkaloïds* (*Journ. An. and Physiol.*, 1889, XXIV, 379, 509; 1890, XXV, 41; A. P. P., 1890, XXVII, 1-38); — *A variety of curara acting as a muscle poison* (*J. Anat. and Physiol.*, 1893, XXVIII, 96-106). — Valentin (G.). *Eudiometrisch toxicologische Untersuchungen C.* (*A. P. P.*, 1876, VI, 78-100). — Voisin et Liouville. *Rech. sur les propriétés du C.* (*Journ. de l'anat. et de la physiol.*, 1867, IV, 143-151). — Vulpian. *Expér. relative à la théorie de l'action physiologique du C.* (*A. d. P.*, 1870, III, 171-176). — Weicker. *Beitr. zur Kenntniss der Wirkung des Curarin*, in-8, Diss. in., Kiel, 1891. — Zuntz. *Einfluss der C. Vergiftung auf den thierischen Stoffwechsel* (*A. g. P.*, 1876, XII, 522-528); — *Ueber die Unwirksamkeit des C. vom Magen her.* (*Ibid.*, 1891, XLIX, 437).

                                                        J. DE TARCHANOFF.

CURARISANTS (Poisons). — **Généralités et mode d'action.** — Depuis les recherches de Cl. Bernard, de Vulpian, de Kölliker, la dénomination de « poisons curarisants » est donnée à un grand nombre de substances qui, à l'instar du curare, abolissent l'action des nerfs moteurs sur les muscles.

Le mode d'action de ces substances n'est guère plus connu que celui du curare même; on admet généralement que ce sont les terminaisons nerveuses intra-musculaires qui subissent d'une façon élective l'atteinte du poison; mais nous sommes loin d'être suffisamment renseignés sur les modifications qui leur sont imprimées. Est-ce une action chimique? Et, s'il en est ainsi, est-ce une viciation du milieu organique qui baigne les extrémités nerveuses par le poison, qui fait que, tout en conservant leur intégrité anatomique et chimique, elles deviennent inaptes à fonctionner dans un milieu profondément altéré? Telle est l'opinion de Pélissard. Il suffit, en effet, de remplacer le milieu altéré par un milieu sain (transfusion du sang) pour voir réapparaître après plusieurs lavages la fonction motrice du nerf. Pour les poisons, au contraire, qui agissent sur les éléments histologiques (poisons des globules sanguins par exemple), la mort est sans appel. Ainsi, il semblerait que ces agents n'agissent pas du tout sur les éléments nerveux eux-mêmes, suivant la conception de Pélissard, ils se bornent à rompre les relations physiologiques qui existent entre les nerfs et les muscles en opposant un obstacle au passage des excitations. A mesure que la substance s'accumulera, elle opposera une résistance de plus en plus grande; elle arrêtera tout d'abord les excitations volontaires, parce que ce sont les plus faibles, et tout même pourra se borner là pour certaines substances (iodure de diéthyl-conium, iodure de diéthyl-niconium); puis elle opposera un obstacle insurmontable aux excitations plus fortes, électriques.

Pour Boehm, au contraire, la substance toxique entrerait en une combinaison chimique avec les terminaisons motrices. Tous les corps qui sont des poisons du protoplasma, agissent sur toutes ses formes physiologiques, aussi bien sur les amibes que sur les cellules nerveuses ou leurs terminaisons motrices et sensitives, mais *la réaction des différents protoplasmes est différente*. Chez les animaux supérieurs, la forme du protoplasma, qui est la plus sensible à l'action du poison donné, décidera du tableau général de l'intoxication. Si nous faisons agir le poison à des doses mortelles, alors toutes les formes du protoplasma pourront se montrer sensibles à son action. Mais, si la première réaction paralyse le cœur, le poison ne pourrra plus être transmis aux autres organes par la voie circulatoire; si ce sont les muscles qui sont les premiers atteints, l'action sur les terminaisons motrices pourra passer inaperçue. Suivant cette manière de voir, on peut estimer que tout poison du protoplasma peut exercer des effets curarisants, pourvu qu'il soit possible de l'introduire dans l'économie à des doses suffisamment grandes. Or cela est impossible avec certains poisons (chez les homéothermes), parce qu'ils altérent les organes indispensables au maintien de la vie avant que l'action curarisante se soit manifestée. Nous verrons que la prolongation artificielle de la vie peut, dans certains cas (strychnine), faire apparaître des symptômes de paralysie périphérique, dont la manifestation avait jusqu'à présent échappé à l'observation.

Les différents protoplasmas, dit BOEHM, possèdent des affinités chimiques particulières pour certains poisons qui se trouvent dans le même état de dilution dans le sang. Cela explique l'action foudroyante qu'exercent certains poisons à des doses minimes. La réceptivité des cellules de l'organisme vis-à-vis des poisons n'est pas illimitée, il existe une espèce de *point de saturation*, qui ne peut être dépassé. Même si le poison est très concentré dans le sang, la cellule n'en prend pas davantage : c'est alors qu'on observe le maximum d'effet. Mais, comme l'organisme vivant possède des organes d'élimination, le cours d'une intoxication sera rapidement influencé par l'entrée en jeu de cette fonction. Le degré de concentration du poison dans le sang est donc à tout moment sous la dépendance de la résorption, de l'élimination du poison et de l'attraction qu'exercent à son égard certaines cellules déterminées de l'organisme. L'intensité d'action va donc aller en diminuant pour disparaître, dès que se fera la dissociation du toxique d'avec les cellules de l'organisme. Le rétablissement des fonctions après élimination du poison montre, en effet, que cette combinaison avec le protoplasma n'est pas durable. La dissociation s'opère quand la concentration du poison dans le sang est devenue moindre, grâce à l'absorption et à l'entrée en jeu de l'élimination. Aussi, lors d'un empoisonnement, observons-nous différentes phases, qui sont sous la dépendance des facteurs précédemment indiqués.

Enfin, pour épuiser ce sujet, citons encore la possibilité d'une théorie morphologique qui tendrait à expliquer la rupture des communications physiologiques entre le nerf et le muscle, par un retrait des terminaisons ultimes intra-musculaires sous l'influence du toxique.

Quelle que soit l'opinion qu'on se forme, il est hors de doute que les terminaisons motrices sont extrêmement vulnérables; toutefois il serait inexact de dire qu'elles subissent toujours les premières l'atteinte des poisons. Aussi la dénomination de « poisons curarisants » ne devrait-elle être réservée qu'à ces agents qui, à l'instar du curare, portent leur action d'une façon sinon exclusive au moins élective sur les terminaisons motrices, pour que les symptômes de paralysie générale puissent être attribués à une action périphérique. Leur nombre n'est pas grand. Toutefois l'usage a prévalu de qualifier ainsi toutes les substances, qui, même secondairement, produisent cet effet. Ainsi conçu, le groupe pharmacologique du curare est très étendu et s'accroît rapidement. Or, parmi ces substances, il y en a dont l'action curarisante est pour le moins douteuse; nous allons donc en dire quelques mots dans ce paragraphe pour ne plus y revenir. Ce sont :

La *vératrine* (et ses dérivés), *l'aconitine, la delphinine, la muscarine naturelle, la solanine, la thébaïne, la physostygmine, et la chélidonine*. Pour la vératrine (la méthyl-vératrine et la protovératrine), les terminaisons motrices paraissent être intoxiquées en même temps que les muscles, et c'est très difficilement qu'on parvient à déceler l'action sur le nerf. Pour l'aconitine, PFLÜGE, HARNACK et MENNINCKE pensent que les symptômes paralytiques qui s'observent dans l'intoxication par cette substance sont dus à une action curariforme, opinion contredite par d'autres auteurs. GRIGORESCU a observé une diminution remarquable de la courbe des nerfs moteurs et sensitifs avec conservation d'amplitude de la courbe des muscles, en empoisonnant des grenouilles par la solanine et la thébaïne. La physostygmine, qui agit sur les centres nerveux, paraît paralyser chez la grenouille les extrémités motrices. Action semblable a été décrite par H. MEYER pour la chélidonine, en même temps que pour la chélérythrine, qui se trouve dans les racines du sanguinaire.

La méthode graphique a été souvent appliquée à l'étude des poisons curarisants. Mosso et SANTESSON ont fait la remarque que, sous l'influence des poisons curarisants, la courbe de la fatigue présentait souvent de grandes irrégularités : au lieu d'une série uniforme de contractions on obtient des lignes tantôt hautes, tantôt basses, et il existe même des excitations avortées. Suivant Mosso, le mécanisme de ce phénomène réside dans les plaques motrices terminales, où se manifesteraient des résistances, où des tensions inégales modifieraient la transmission des excitations du nerf au muscle. SANTESSON, qui a vu cette irrégularité se produire même pour un muscle normal, mais fortement fatigué, l'explique de la façon suivante : Un muscle normal donne des contractions plus inégales pour un courant faible que pour un courant fort, parce que, dans le premier cas, il est plus sensible à de moindres oscillations de l'intensité du courant. Pareil fait se produit pour le muscle fatigué, mais excité par des courants forts, ainsi que pour un muscle intoxiqué dès le début de la courbe. Souvent les irrégularités affectent la forme ondulée.

Bibliographie. — BERNARD (CL.). *Leçons sur les effets des substances toxiques*, Paris, 1857. — BOEHM (R.). *Beschreibung eines Myographiontisches für pharmacologische Untersuchungen* (A. P. P., 1893, xxxv, 9-15) ; — *Einige Beobachtungen über die Nervenendwirkung des Curarin* (*Ibid.*, 1893, xxxv, 16-22). — GRIGORESCU (G.). *Action des substances toxiques sur l'excitabilité des nerfs et des muscles périphériques* (A. de P., 1894, 32-39). — HARNACK (E.) et MENNINCKE. *Ueber die Wirksamkeit verschiedener Handelspreparate des Aconitins* (*Berl. klin. Woch.*, XLIII, 647). — KÖLLIKER. *Physiol. Unters. über die Wirkung einiger Gifte* (A. A. P., x, 239). — MEYER (H.). *Ueber die Wirkung einiger Papaveraceenalkaloïde* (A. P. P., 1892, Bd. 29, 396-439). — PÉLISSARD (*Journ. de l'anat. et de la physiol.*, 1871, 200-212). — PFLÜGE (*Werkb. van het Nederl. Tydschr. von Geneesk.*, XLII, 720). — SANTESSON (C. G.) (A. P. P., 1893, xxxv, 22-56). — GUARESCHI et MOSSO. *Les ptomaïnes* (A. i. B., II, 1892 et III, 1893). — VULPIAN. *Leçons sur la physiologie du système nerveux*, Paris, 1866 ; — *Leçons sur l'action physiologique des subst. toxiques et médicamenteuses*, Paris, 1882.

Relations entre la constitution chimique et la puissance toxique des poisons curarisants. — Le règne végétal principalement fournit des substances qui possèdent une action analogue à celle du curare ; nous y rencontrons aussi quelques bases animales, des produits non encore analysés et des substances appartenant aux deux règnes. Presque sans exception, ces substances sont des alcaloïdes, et l'action curarisante est intimement liée aux noyaux pyridique et quinoléique, qui sont communs à la grande majorité des alcaloïdes (Voir ce mot). En effet, les bases tertiaires simples : quinidine et pyridine, possèdent l'action curarisante à un degré très accentué, et nous pouvons suivre les modifications que subit cette propriété en étudiant la série de leurs produits de substitution. Un second groupe d'alcaloïdes est constitué par les ammoniaques composées : ici encore l'action curarisante est des plus manifestes, malgré que l'ammoniaque simple en soit dépourvue. Différents auteurs ont constaté un rapport entre la composition chimique des dérivés alcaloïdiques et leur action toxique curarisante ; ainsi, GÜRBER, GAULE, en étudiant l'action de la *lupétidine*, ont fait la remarque que l'introduction de radicaux éthyliques, méthyliques et propyliques, augmentait considérablement l'action paralysante périphérique de cette substance et que, pour certains de ces dérivés, la toxicité était proportionnelle au poids moléculaire, celui-ci croissant dans une progression arithmétique et l'intensité d'action dans une progression géométrique. Il en est de même pour les composés ammoniacaux (platinates), où la proportionnalité entre la constitution et l'action toxique devient des plus évidentes. Suivant HOFMEISTER, le nombre de groupes ammoniacaux à l'intérieur de la molécule est strictement proportionné à l'action curarisante, tandis que le mode de groupements atomiques reste indifférent à cette action, de même que la bi ou tétra-atomicité du platine. Les dérivés méthyliques, éthyliques et amyliques des sels ammonicaux possèdent une action curarisante plus marquée et plus énergique que les dérivés bi et tri-méthyliques, etc. ; toutefois les dérivés tétra-méthyliques, ainsi que les iodures d'éthyle sont le plus actifs à cet égard (BRUNTON et CASH). Ainsi, les produits de la substitution éthylique, méthylique et amylique des bases végétales jouissent d'une action périphérique plus puissante que les bases dont ils dérivent ; le même fait se produit pour la strychnine et la conine (voir plus bas), et, en outre, il est intéressant de constater que, pour certaines substances, l'introduction de ces radicaux fait apparaître l'action curarisante, tandis que les alcaloïdes correspondants en sont complètement dépourvus. Tel est le cas pour la méthyl-quinine, la méthyl-quinidine, la méthyl et amyl-cinchonine, la méthyl-morphine, la méthyl-codéine, la méthyl-thébaïne. Mais, suivant la remarque de TILLIE, l'introduction de ces radicaux n'ajoute rien de nouveau aux propriétés dynamiques fondamentales des alcaloïdes, elle ne fait que favoriser la manifestation de leurs actions toxiques. — Dans le même groupe de substances nous pouvons encore classer des corps à constitution analogue, mais où l'azote a été remplacé par l'arsenic, le phosphore et l'antimoine, preuve que l'action curarisante n'est pas liée à la présence de l'azote, ce qui d'ailleurs est encore démontré par ce fait que le *camphre* appartient également au nombre des substances curarisantes. Enfin, parmi les facteurs qui augmentent l'action curarisante, il faut encore placer l'*hydratation*, ainsi que l'attestent les expériences de SANTESSON sur la pyridine, la quinoline et la thalline (voir plus bas).

Il serait intéressant de déduire quelques règles générales, relatives au rapport qui paraît exister entre la constitution chimique et l'action toxique curarisante. BOEHM admet que les bases quaternaires de la série grasse et de la série aromatique jouissent toutes, sans exception, des propriétés curarisantes, et il semble très vraisemblable que, parmi les conditions de la structure chimique qui favorisent un pouvoir curarisant intense, on peut placer en première ligne les combinaisons quaternaires de l'azote. Mais cette constitution chimique n'est propre qu'à un certain nombre de substances curarisantes, les autres combinaisons, telles que les amines secondaires et tertiaires, de même que les corps dépourvus d'azote, sont justiciables d'autres règles. Suivant SANTESSON et BOEHM, pour décider s'il existe une relation entre la constitution chimique et l'action pharmacologique, il ne suffit pas de voir, par l'emploi des doses différentes, si un poison agit plus ou moins énergiquement et plus ou moins rapidement. Il faut établir une comparaison entre l'action de différentes substances, appartenant au même groupe chimique, et étudier leur action dans des conditions analogues. En ce qui concerne les poisons curarisants, la détermination exacte de l'intensité de leur action est rendue assez difficile. L'action sur les terminaisons motrices ne consiste pas uniquement dans le fait de la diminution ou de l'abolition de l'excitabilité indirecte, mais, ainsi que BOEHM l'a montré, les terminaisons motrices, avant leur paralysie complète par action de la substance curarisante, présentent une phase de grande fatigabilité, tout en ayant encore conservé leur excitabilité. Or cette fatigabilité n'est pas la même pour toutes les substances curarisantes, employées à des doses équivalentes, elle n'augmente pas en rapport fixe avec la diminution de l'excitabilité des terminaisons motrices. Certains poisons abolissent très rapidement l'excitabilité nerveuse, tandis que, pour les autres, l'excitabilité reste longtemps intacte ou subit une diminution progressive, tandis que la fatigabilité est considérablement augmentée. A ces dernières substances appartient par exemple la strychnine, lorsqu'on étudie son action chez la *Rana temporaria* (POULSON). Sous l'influence de la strychnine, même à très fortes doses, l'excitabilité des terminaisons motrices ne disparaît qu'avec grand'peine chez cet animal, le nerf excité directement donne toujours au moins une à deux contractions, mais les excitations suivantes ne produisent plus d'effet, à cause de l'entrée en jeu de la fatigue. La preuve de ce fait est fournie par la réparation consécutive au repos. Après un certain temps de repos, les nerfs sont de nouveau aptes à conduire l'excitation. Ainsi on parvient à dissocier deux phénomènes, dont la marche n'est pas toujours parallèle : diminution de l'action du nerf moteur sur le muscle, étudiée au point de vue de l'excitabilité, et diminution de l'action du nerf moteur sur le muscle, étudiée au point de vue de la fatigabilité. La connaissance exacte de ces deux phénomènes est indispensable pour déterminer l'action toxique et ses rapports avec la constitution chimique des substances étudiées. (Pour la technique de la méthode, voir paragraphe suivant.)

Bibliographie. — BOEHM (R.). *Einige Beobachtungen über die Nervenendwirkung des Curarin* (A. P. P., 1895, XXXV, 16-22). — BRUNTON et CASH (*Proceedings of the Roy. Soc. of London*, 1883, XXXV, 324-328). — GAULE (C. P., 1888, n° 13). — GÜRBER (A. P., 1890, 401-477). — HUSEMANN. *Antagonistische und antidotische Studien* (A. P. P., VI). — HOFMEISTER (F.) (*Ibid.*, 1883, XVI, 393-439). — SANTESSON (C. G.) (*Ibid.*, 1895, XXXV, 22-56). — TILLIE (J.) (*Ibid.*, 1890, XXVII, 21).

Dérivés méthylés de la pyridine, de la quinoline et de la thalline. — Il n'est pas sans intérêt de constater l'action curarisante exercée par la pyridine et la quinoline, bases tertiaires simples de la série aromatique, car presque tous les alcaloïdes plus compliqués sont des dérivés de ces deux bases et contiennent un noyau pyridique ou quinoléique. Cela explique, au moins en partie, que les propriétés curariformes soient communes à un nombre si considérable de bases naturelles. Les recherches relatives à l'action curarisante de ces substances sont dues principalement à SANTESSON ; c'est donc une analyse de son travail que nous allons faire dans ce paragraphe. Pour déterminer le pouvoir toxique de ces bases et pour se rendre compte s'il existe une relation entre le degré de leur toxicité et leur poids moléculaire, cet auteur eut recours à la méthode pharmacologique de Boehm. Elle consiste à étudier la fatigabilité du nerf soumis à l'action du poison au moyen de l'inscription graphique de la courbe de la fatigue. Dans cette méthode, le temps qui s'écoule depuis le moment de l'introduction du poison jusqu'à l'inscription graphique joue un rôle important; si nous prenons la courbe peu de temps après l'intoxication, les nerfs moteurs n'ont pas encore perdu leur action sur le muscle, et leur résistance à la fatigue est considérable (deux phénomènes distincts, dont l'analyse est permise grâce à l'emploi de cette méthode). Si nous attendons trop longtemps, les nerfs ont perdu toute ou grande partie de leur action sur le muscle et l'emploi du myographe devient inutile. Ces différences s'expliquent par l'absorption croissante du poison, qui par injection sous-cutanée pénètre petit à petit dans le sang. Or, pour avoir des expériences comparables entre elles, il est préférable de sacrifier l'animal à un moment déterminé après l'injection, de préparer le muscle et le nerf extraits du corps et d'examiner leur aptitude au travail et au rétablissement. C'est le procédé préconisé par Boehm et mis en œuvre au laboratoire de Pharmacologie de Leipzig.

Dans les expériences de Santesson, les grenouilles étaient décapitées une demi-heure après l'injection sous-cutanée; on prend soit une courbe unique jusqu'à épuisement complet, soit plusieurs courbes successives; des excitations maximales sont lancées dans le nerf à 2 secondes d'intervalle (courants d'ouverture). Un muscle non empoisonné peut travailler très longtemps, et, quoique ses contractions sont devenues à peine perceptibles, elles se maintiennent pendant des heures.

Voici le tableau général de l'intoxication par ces substances, lequel, comme on le verra, possède des analogies nombreuses avec l'intoxication curarique.

Chlorure de méthyl-pyridine. — A la dose de 1 centigramme à 1 centigramme et demi, la grenouille est agitée, mais au bout de quelques minutes à une demi-heure on observe un alanguissement des mouvements et un tremblement fibrillaire, comme cela se produit si souvent avec le curare. Le rétablissement des fonctions s'opère au bout de six à vingt-quatre heures. Phénomènes semblables, mais plus accentués, se produisent avec des doses plus considérables (5 centigr.); après trois à quatre minutes d'agitation et de tremblement, somnolence et paresse, diminution des réflexes, arrêt de la respiration avec conservation des battements cardiaques. La réaction est très faible quand on excite le nerf sciatique, normale quand on excite le muscle. La quantité de 5 centigrammes est la dose léthale minimum. Une action curarisante ne s'obtient qu'avec une dose de 10 centigrammes et trente minutes après l'injection. Répétition de l'expérience de Cl. Bernard en liant un membre au-dessous du sciatique. La moelle est excitable par action réflexe et par action directe, mais un peu plus tard on observe une dépression de l'activité centrale qui n'est pas due à l'anémie, car le cœur ne s'arrête qu'après que la moelle s'est montrée paralysée. Pour les animaux à sang chaud, une dose de 10 centigrammes reste sans effet sur le lapin (poids 2<kil>,300). Avec 15 centigrammes on observe des phénomènes semblables à ceux constatés pour la grenouille, avec quelques légères différences : agitation, tremblement de tout le corps, paralysie des jambes, la tête exécute des mouvements d'arrière en avant, signes de forte dyspnée. Cessation de tous mouvements et chute sur le côté. Arrêt de la respiration; faiblesse et irrégularité du cœur. Tous ces symptômes ont duré dix minutes et ont débuté vingt minutes après l'injection. Rigidité cadavérique au bout de une heure et demie. La dose mortelle est de 10 centigrammes par kilogramme d'animal.

Le *chlorure de Méthyl-quinoline* produit des symptômes analogues : arrêt du cœur en diastole. Pendant la destruction de la moelle il se produit des convulsions. Action curarisante tout aussi marquée.

Le *chlorure de méthyl-isoquinoline* produit la mort chez la grenouille à la dose de 2,5 centigrammes par 50 grammes d'animal. L'excitabilité propre du muscle n'est pas influencée, celle du nerf est abolie.

Chlorure de diméthyl-thalline. — Pas de réaction du nerf, même en employant les courants tétanisants les plus forts (dose de 1 centigr. 2/3 de poison pour 50 grammes de grenouille).

Si maintenant nous voulons établir un parallèle entre la toxicité comparée de ces quatre substances, étudiées au point de vue de leur action curarisante par la méthode de SANTESSON précédemment indiquée, nous voyons que la moins toxique de toutes est la méthyl-pyridine : viennent ensuite, par intensité croissante : la méthyl-quinoline, la méthyl-isoquinoline et enfin la diméthyl-thalline. La quinoline et l'isoquinoline exercent des effets presque analogues et se rapprochent davantage de la pyridine que de la thalline. Pour toutes ces substances, la première courbe de la fatigue fut prise une heure après l'injection et une demi-heure après la décapitation. A cette première courbe ont succédé encore plusieurs autres, prises à des intervalles de temps réguliers. Dans la grande majorité des cas, *c'est pendant la première courbe qu'on observe la plus grande fatigabilité* : les courbes suivantes sont de plus en plus longues, la résistance de la préparation névro-musculaire va en augmentant. Cette différence est parfois très considérable, la résistance devient de plus en plus grande à chaque nouvel essai. La deuxième ou la troisième courbe atteint l'optimum, après quoi la fatigabilité ne subit plus de modification.

SANTESSON représente ces résultats sous la forme d'un diagramme : sur l'abscisse sont enregistrées les doses du poison (par 50 grammes du poids de la grenouille), sur les ordonnées le nombre des contractions jusqu'à épuisement complet. Nous voyons qu'avec l'augmentation des doses l'intensité d'action croît tout d'abord très rapidement, elle est proportionnelle aux doses et est représentée par une ligne droite ; ensuite elle croît avec bien plus de lenteur. En outre, il est à remarquer que les courbes, correspondant aux différentes substances, ont une ascension divergente et l'écart s'accentue de plus en plus rapidement. La courbe de la méthyl-pyridine s'écarte le plus et atteint très lentement le maximum ; la courbe de la diméthyl-thalline monte presque verticalement.

Rapport des puissances toxiques mis en regard du rapport des poids moléculaires.

PUISSANCE TOXIQUE.		RAPPORT DES POIDS MOLÉCULAIRES.
Méthyl-pyridine. . . . . . . 1.		 129,4
Méthyl-quinoline. 2,50	} Isomères. . .	179,4
Méthyl-isoquinoline. 3,75		
Diméthyl-thalline. 25,00		 227,4

Ce qui correspond à : 1 : 1,4 : 1,75.

Nous voyons, par conséquent, qu'il n'existe pas à proprement parler de proportionnalité entre la puissance toxique et le poids moléculaire. Il est vrai que le corps à plus grand poids moléculaire possède l'action la plus intense ; le corps à poids moléculaire le plus faible possède l'action la moins marquée, mais ces chiffres ne présentent aucune proportionnalité définie. On ne peut affirmer qu'une chose (SANTESSON), c'est que l'hydratation augmente sensiblement l'action toxique, fait démontré déjà pour différents alcaloïdes naturels, qui renferment les noyaux hydratés pyridiques. Et si l'on compare les dérivés méthyliques aux bases correspondantes, on s'aperçoit que l'introduction de radicaux méthyliques augmente sensiblement l'action curarisante [1].

Bibliographie. — SANTESSON (C. G.). *Versuche über die Nervenendwirkung methylirter Pyridin-, Chinolin-, Isochinolin- und Thallinverbindungen* (A. P. P., 1895, xxxv, 22-56). — BOCHEFONTAINE. *Expér. pour servir à l'étude des propriétés physiologiques du chlorure d'oxéthylquinoléine-ammonium* (C. R., 1882, xcv, 1293-1294).

Bases névriniques : choline, muscarine, névrine. — Ces trois bases sont très toxiques (surtout les deux dernières) et possèdent une action curarisante marquée.

_____

[1]. Parmi les dérivés de la quinoléine, jouissant de propriétés curariformes, citons encore le *chlorure d'oxéthylquinoléine-ammonium*, étudié par BOCHEFONTAINE. Les échantillons étaient fournis par WÜRTZ, qui en avait réalisé récemment la synthèse. Cette substance est douée de propriétés toxiques considérables : 0gr,051 en injection sous-cutanée, devinrent rapidement funestes pour un cobaye (de 370 gr.), en produisant la mort au bout de douze minutes avec les symptômes généraux paralytiques. Pour la grenouille, une dose de 0gr,06 détermine la mort au bout de deux heures avec les mêmes symptômes. Si on lie l'artère fémorale d'un côté et qu'on injecte 0gr,037 de cette substance, l'animal devient inerte, en conservant les mouvements spontanés du membre mis à l'abri du poison. L'excitabilité motrice du nerf sciatique du côté paralysé est abolie, elle est conservée pour le membre lié. La contraction musculaire est partout conservée. Les battements cardiaques tombent de 50 à 20 à la minute.

l'action physiologique de la *choline* a été étudiée par GAEHTGENS en 1870, mais c'est en 1885 que R. BOEHM démontra que l'arrêt de la circulation et de la respiration, ainsi que les phénomènes de paralysie observés lors de l'intoxication cholinique étaient dus aux effets curariformes de cette base. Les grenouilles ayant reçu, en injection sous-cutanée, des doses de $0^{gr},025 — 0^{gr},05 — 0^{gr},1$ de choline se parésient progressivement en présentant un tremblement *fibrillaire* caractéristique, et au bout de 10 minutes à une demi-heure la paralysie devient générale et complète. La respiration s'arrête avant même que la paralysie soit complète; pour de petites grenouilles l'arrêt de la respiration est presque immédiat. Les propriétés excito-motrices du nerf sciatique sont considérablement affaiblies ou même ont complètement disparu. Contrairement à l'opinion de GAEHTGENS, BOEHM considère l'arrêt de la respiraion non comme un effet de la paralysie des centres respiratoires, mais comme le résultat de la paralysie des terminaisons du phrénique dans le diaphragme, parce que, comme pour le curare, la paralysie débute par le train postérieur et s'étend de là progressivement au diaphragme, sans qu'on puisse constater de la dyspnée.

La choline, qui est l'hydrate de triméthyloxéthylammonium se convertit sous l'influence des agents oxydants en oxycholine ou *muscarine*. Il n'est pas sans intérêt de constater que la muscarine naturelle jouit peu ou point des propriétés curarisantes, tandis que la muscarine artificielle est déjà très active à cet égard. Déjà JORDAN avait fait la remarque que la muscarine artificielle exerçait une action paralysante périphérique, injectée à la grenouille. Ce phénomène a été étudié de près par R. BOEHM. Il s'est servi dans ces recherches de deux muscarines artificielles : muscarine synthétique de SCHMIEDEBERG et celle qu'il obtint en oxydant la choline qu'il avait extraite du champignon *Boletus luridus* (chloro-platinate de muscarine). Les effets des deux muscarines artificielles furent identiques : au point de vue de l'action curarisante la muscarine est 500 fois plus active que la choline. La dose minimum curarisante de muscarine artificielle correspond à $0^{gr},0001$.

La *névrine* (neurine), qui est l'hydrate de triméthylvinylammonium (BAEYER), possède des analogies frappantes avec les deux bases précédemment indiquées. Ses effets physiologiques ont été étudiés principalement par BRIEGER, STRECKER, LIEBREICH, CERVELLO et I. JOTEYKO. Suivant V. CERVELLO, les grenouilles ayant reçu en injection 1 à 3 milligrammes de neurine tombent paralysées, mais se retrouvent le lendemain à l'état normal. Avec des doses plus fortes il se produit une paralysie complète, qui débute par les membres et s'étend de là aux muscles respiratoires et aux paupières. L'arrêt du cœur ne dépend pas de l'action du poison sur cet organe, mais de l'arrêt de la respiration, à tel point qu'en pratiquant chez les homéothermes (chien, lapin) la respiration artificielle, on prolonge la vie de l'animal. Chez la grenouille, où la respiration cutanée supplée à la respiration pulmonaire, la fonction cardiaque continue à se faire avec beaucoup de régularité. Le cœur n'est affecté que par des doses très fortes. Le même auteur a constaté qu'un fort courant appliqué sur les nerfs ne faisait plus mouvoir les muscles, mais que la contractilité propre du muscle

FIG. 84. — Tracé supérieur : fatigue normale. — Tracé inférieur après injection de neurine (côté opposé).

n'était pas éteinte. Selon lui, les centres nerveux ne participent pas à la paralysie ainsi que les nerfs de la sensibilité, qui sont encore capables de transmettre des impressions sensitives. Donc, il faut admettre que « la neurine agit sur les nerfs moteurs et probablement sur leurs terminaisons dans le muscle ». Ces propriétés la rapprochent du curare, tandis que par son action sur le cœur, la pupille et les glandes, elle présente les plus grandes analogies', avec la muscarine. Cette étude a été poussée plus loin par I. Joteyko. Grâce à l'emploi de la méthode graphique, l'action curarisante de la neurine a été bien mise en évidence. Si l'on applique un courant induit sur le nerf sciatique d'une grenouille neurinisée (1 milligramme), on constate que le muscle est encore en état de se contracter, mais 20 à 30 minutes après le début de l'intoxication, la stimulation indirecte devient inefficace. La fig. 84, que nous empruntons à cet auteur, démontre la diminution des propriétés excito-motrices du nerf, constatée dès le début de l'empoisonnement. Le tracé supérieur a été obtenu en excitant le nerf sciatique gauche d'une grenouille normale avec de forts courants, une excitation toutes les 3 secondes ; l'épuisement est survenu au bout de 30 minutes. Après quelques minutes de repos, on injecte 2 milligrammes de neurine sous la peau du dos, et c'est à ce moment qu'on prend le tracé de la fatigue du côté opposé : on voit nettement la diminution de l'excitabilité et la fatigue survenir au bout de 20 minutes. Si dans une autre expérience on attend plus longtemps (une demi-heure), on a beau irriter le nerf par des excitations chimiques, électriques, mécaniques, le muscle ne se contracte plus. Pourtant l'irritabilité propre du muscle est intacte et persiste encore vingt-quatre heures après la mort de l'animal. Le tracé ci-joint (fig. 85) a été obtenu en excitant directement les muscles d'une grenouille neurinisée, alors que le nerf sciatique était complètement inexcitable pour des courants de même intensité. L'aspect déchiqueté du tracé est dû à l'alternance des chocs de clôture et de rupture. Nous attirons en outre l'attention sur la régularité de cette courbe de la fatigue, qui ne se distingue en rien de la courbe de la fatigue normale, quoique Mosso et Santesson aient constaté une grande irrégularité de la courbe après l'injection de poisons curarisants. Ces expériences démontrent que la neurine se comporte comme substance curarisante de premier ordre, en laissant intacte l'excitabilité musculaire, en n'exerçant pas d'action centrale (Cervello) ou en exerçant une action centrale déprimante à une seconde période de son action et pour des doses très fortes (I. Joteyko). Il paraît certain que les symptômes de paralysie observés dans l'intoxication neurinique sont dus à l'abolition de l'action des nerfs moteurs sur le muscle. L'expérience classique de Cl. Bernard pour le curare réussit fort bien avec la neurine.

Bibliographie. — Boehm (R.). *Ueber das Vorkommen und die Wirkungen des Cholins und die Wirkungen der Künstlichen Muscarine* (A. P. P., 1885, xix, 87-100). — Brieger (L.). *Microbes, ptomaïnes et maladies*, Paris, 1887, traduit de l'allemand. — Cervello (V.). *Sur l'action physiol. de la neurine* (A. i. B., v, 1884, 199, et vii, 1886, 172). — Gaehtgens (*Dorpater med. Zeits.*, 1870, i). — Jordan (A. P. P., viii, 21). — Joteyko (I.). *Action toxique curarisante de la neurine* (B. B., 1897, 341); — *Action de la neurine sur les muscles et les nerfs* (Arch. de pharmacod., 1898, iv, 195-205).

Fig. 85. — Tracé de la fatigue musculaire d'une grenouille neurinisée pris au moment où le nerf sciatique était complètement inexcitable (alternance des clôtures et des ruptures).

Spartéine. — La spartéine, dont l'action dominante est celle qu'elle exerce sur le cœur, la circulation et la respiration, est douée en outre de propriétés curarisantes, ainsi que l'attestent les expériences récentes de Cushny et Matthews. Ces résultats ne concordent pas avec les recherches précédentes; ainsi, d'après Fick, la spartéine aurait une action semblable à celle de la conicine, mais n'agirait pas sur les terminaisons motrices, la paralysie observée serait d'origine centrale. Cet auteur trouva que chez la grenouille, dont un membre était préservé par ligature de l'action du poison, la disparition des réflexes, étudiée par la méthode de Turck, arrivait en même temps pour les deux extrémités. De même de Rymon et Griffé n'ont pu déceler aucune espèce d'action sur les nerfs moteurs, et Griffé ainsi que Gluzinski trouvent que cette substance agit directement sur le muscle, dont les contractions diminuent d'amplitude et deviennent beaucoup plus lentes. Enfin Cerna aurait remarqué une exagération des réflexes et l'apparition des convulsions.

Cushny et Matthews ont repris toutes ces expériences en les critiquant et en tâchant d'expliquer les discordances. Les grenouilles, ayant reçu 3 à 5 milligrammes de spartéine en injection sous-cutanée, après une courte phase d'agitation se parésient progressivement; chaque mouvement est accompagné de trémulation des muscles. Bientôt la respiration s'arrête. Si maintenant on excite la moelle par le courant induit, les extrémités se contractent normalement, mais après 1 à 2 secondes se relâchent paralysées. Si l'on recommence encore, on obtient de nouveau quelques secousses, et ainsi plusieurs fois de suite, mais il faut que l'animal se repose. Les muscles excités directement donnent un tétanos complet et de longue durée. Faiblesse et lenteur du cœur. Avec cette dose l'animal peut se remettre, la trémulation observée lors des mouvements est surtout accentuée pendant la période de réparation. Si l'on injecte 15 à 20 milligrammes, on observe les mêmes phénomènes, sauf que l'excitation directe de la moelle ne produit plus de réaction musculaire. Les muscles excités directement se contractent normalement. Ainsi l'action curarisante de la spartéine paraît très probable. Pour s'en assurer, les auteurs lient un membre au-dessous du nerf sciatique, suivant la méthode classique, et constatent que les muscles préservés du poison se contractent énergiquement quand on excite la moelle. Ceci démontre une action curarisante directe et non produite par affaiblissement du cœur et par l'anémie qui en résulte. Ils ont refait les expériences de Fick pour étudier l'action centrale de la spartéine. Ils ont trouvé que, tandis que les réflexes du côté lié n'avaient pas subi de diminution plus que ne le comportait l'arrêt de la circulation, ceux du côté non lié diminuèrent rapidement pour disparaître en peu de temps. La sensibilité cutanée n'est pas atteinte, ainsi que cela ressort déjà des expériences de Rymon, qui n'observa pas de modifications de la sensibilité même après une injection de 50 milligrammes de spartéine. Cushny et Matthews objectent à Fick qu'il avait employé la strychnine à la dose de un demi-milligramme pour exciter les propriétés réflexes de la moelle, or cette dose est déjà suffisante pour paralyser la moelle (Poulsson). A Cerna ils répondent que sa préparation n'était évidemment pas pure, car il décrit le sulfate de spartéine comme étant un sel verdâtre. Enfin, pour plus d'exactitude encore, ils ont eu recours à l'inscription graphique. Les contractions directes du muscle n'ont subi aucune modification (le ralentissement de la secousse a été observé une fois et non dans tous les cas comme l'affirment Gluzinski et Griffé). Quand le nerf est excité directement, le muscle donne deux à trois contractions normales, ensuite elles diminuent rapidement de hauteur pour disparaître complètement. Si l'on excite par des courants tétanisants (nerfs), la plume du myographe monte à sa hauteur normale, mais elle retombe immédiatement, de sorte que la courbe a l'aspect d'une ligne droite unique. Ce phénomène est attribué à la paralysie partielle des terminaisons nerveuses, tout comme cela se produit avec des doses extrêmement faibles de curare. Les auteurs ne peuvent expliquer pourquoi cette paralysie est si rarement complète. Enfin, ils ont constaté chez le lapin une fatigabilité plus grande du phrénique que du sciatique; en peu de temps le diaphragme cesse de réagir aux excitations électriques envoyées par le nerf phrénique. Les terminaisons du phrénique se paralysent plus vite que les terminaisons des autres nerfs et cessent de conduire l'excitation venue des centres respiratoires, parce qu'ils se trouvent sous l'action simultanée du poison et de la fatigue. L'arrêt de la respiration est attribué par les auteurs à l'action de la spartéine sur les terminaisons motrices du nerf phrénique, lesquelles se paralysent au point de ne plus laisser passer les excitations avec la vitesse nécessaire pour produire le tétanos. Tous les auteurs attribuent la mort dans l'empoisonnement par la spartéine à l'arrêt des centres respiratoires, sans qu'ils aient exécuté les expériences avec le phrénique. En résumé, la spartéine agit peu sur le système nerveux central : son action principale est de paralyser les terminaisons nerveuses intra-musculaires. Les doses plus considérables produisent le ralentissement et l'affaiblissement des battements cardiaques.

Bibliographie. — Cerna (Amer. Medico-surgical Bulletin, 1894). — Cushny et Matthews. Ueber die Wirkung des Sparteins (A. P. P., xxxv, 129-143, 1895). — Fick (Ibid., i, 1873, 397). — Gluzinski (Deut. Arch. kl. Med., 1889, xxiv). — Griffé (Thèse de Nancy, 1886). — Rymon (Diss. P., 1880).

Lobéline. — La lobéline, qui est le principe actif de la Lobelia inflata, possède des sels (platinates) à l'état cristallin et à l'état amorphe. Dans l'Amérique du Nord la plante est connue sous le nom de « Indian tobacco », parce que son goût rappelle celui du tabac. Son action pharmacologique a été étudiée particulièrement par J. Ott (1875), W. Rönnberg (1880), et dans ces dernières années par H. Dreser (1890). Parmi les symptômes généraux de l'intoxication lobélinique, étudiés sur des grenouilles, on remarque la perte des mouvements volontaires, et surtout la perte de la coordination des mouvements, en outre les mouvements respiratoires deviennent irréguliers et finissent par disparaître. Cette première phase mérite le nom de « narcotique ». Un peu plus tard, on observe une exagération des réflexes ainsi que l'exaltation de la sensibilité. Enfin, dans une troisième phase, l'excitabilité réflexe tombe de nouveau au-dessous de la normale et en même temps on constate la paralysie des terminaisons nerveuses intra-musculaires. Dans ses recherches, Dreser s'est servi de chloro-platinates de lobéline très purs et cristallins. Chez les animaux à sang chaud (pigeon, chat), la période narcotique est tout aussi nette que chez la grenouille, mais chez eux la mort arrive par arrêt de la respiration avant que l'action curarisante se soit manifestée. L'expérience classique de Cl. Bernard pour le curare réussit très bien avec la lobéline chez la grenouille. Après l'injection de 4 milligrammes de sel de lobéline, l'excitabilité du nerf disparaît au bout de trente-six minutes. En outre, la comparaison de l'excitabilité dans le voisinage du hile de nerf avec celle de l'extrémité du couturier dépourvue de nerfs (suivant la méthode de Kühne) donna des résultats positifs. Si le seuil de l'excitabilité du membre intoxiqué correspond à un écartement des bobines de 45 centimètres à l'endroit du hile du nerf, il correspond à 32 centimètres pour l'extrémité du muscle dépourvue de nerfs. Pour le membre préservé de l'action du poison par ligature, il n'y a pas de différence entre le hile et l'extrémité opposée, mais toutes les parties du muscle réagissent pour un écartement de 32 centimètres (secousse minimale). — La paralysie du vague observée chez la grenouille par action de la lobéline possède tous les caractères d'une action semblable exercée par le groupe chimique de la nicotine.

Bibliographie. — Dreser (H.). Pharmacol. Untersuch. über das Lobelin der Lobelia inflata (A. P. P., 1890, xxvi, 237-266). — Ott (I.). Physiological action of lobelina (Phil. med. Times, 1875-76, vi, 121-123); —Action of lobelina (J. Nerv. and Ment. Dis., Chicago, 1877, ii, 68). — Rönnberg (W.). Ueber die Wirkung des Lobelins auf den thierischen Organismus. Dissertation, Rostock.

Cynoglossine. — En 1868, Diedulin annonça que la solution alcoolique de l'extrait aqueux du Cynoglossum officinale exerçait une action curarisante manifeste, quand on l'injectait à des grenouilles et à des lapins. Cette assertion fut confirmée par Setchenoff, L. Hermann, Buchheim et Loos; ces deux derniers auteurs montrèrent en outre qu'une action analogue était commune à d'autres Boraginées, telles que Anchusa officinalis et Echium vulgare et ils parvinrent à isoler de la cynoglosse un principe (à l'état impur) qu'ils considérèrent comme actif. Des résultats contradictoires furent signalés par C. von Schroff, Marmé et Creite, Schlagdenhauffen et Reeb, qui attribuent au principe actif de la cynoglosse une action narcotique sur les centres nerveux. Ils réussirent à extraire de la cynoglosse, de l'échium et du Heliotropum europaeum un alcaloïde jouissant de la propriété de paralyser les centres nerveux, sans qu'aucune espèce d'action curarisante soit possible à démontrer. Dernièrement Drescher obtint un résultat semblable avec l'extrait de l'Echium vulgare. Or ces discordances sont facilement explicables si nous admettons, avec K. Greimer, que dans les recherches précédentes on n'avait pas affaire à un seul et même principe. De fait, grâce à des procédés d'analyse perfectionnés, cet auteur parvint à isoler deux substances : la *cynoglossine*, jouissant des propriétés curarisantes, et la *consolidine*, qui exerce une action paralysante sur les centres nerveux. Cette dernière est facilement transformable en un alcaloïde nouveau, la *consolicine*, à propriétés semblables, mais trois fois plus active; probablement la consolicine se trouve préformée dans les plantes citées plus haut. Ainsi, il paraît fort probable que les auteurs qui ont décrit une action curarisante, propre à certaines Boraginées, avaient expérimenté avec la cynoglossine; ceux d'un avis contraire s'étaient servis d'un mélange de consolidine et de consolicine.

Bibliographie. — Buchheim et Loos. *Ueber die pharmacol. Gruppe des Curarin's* (*Eckhard's Beiträge z. Anat. u. Physiol.*, 1870, v, 179). — Diedulin (Y.). *Cynoglossum officin.* (*Premier Congrès des naturalistes russes*, 1868). — Drescher (*Pharmaceut. Zeitung*, 1898, 129). — Greimer (K.). *Ueber giftig wirkende Alkaloïde einiger Boragincen* (A. P. P., 1898, xli, [287-290]). — Hermann (L.). *Unters. z. Physiol. der Muskeln u. Nerven*, Heft 3, 8. — Marmé et Creite (*Nachrich. d. Königl. Gesell. d. Wiss.*, Göttingen, 1870, 17). — Schlagdenhaufen et Reeb. *Note sur la racine et semences de Cynoglosse* (*Journ. de pharm. de l'Alsace-Lorraine*, 18e année, 1891, 283); — *Contribution à l'étude chimique des Boraginées* (*Ibid.*, 1872, 61); — (*Pharmac. Zeitung*, 1898, 472). — Schroff (C. von) (*Œsterr. Med. Jahrb. von Braun, Ducheck und Schlager*, Wien, 1869, 93). — Setschenow (C. W., 1868, vi, 24).

Gelsémine et gelséminine, principes actifs de la plante *Gelsemium sempervirens*, paraissent posséder une action curariforme, d'après les recherches de Putzeys et Romiec (1878) et de A. R. Cushny. Cette action a été contestée par d'autres auteurs. D'après Cushny, qui a étudié particulièrement ces substances, la gelsémine est peu active; une dose de 10 milligrammes injectée aux grenouilles (*esculenta* et *temporaria*) produit une exagération considérable des réflexes, effet qui commence à se manifester une ou deux heures après l'injection et persiste pendant plusieurs jours. La dose de 20 milligrammes qui est mortelle (chlorure de gelsémine) agit à l'instar du curare. La gelséminine est bien plus active : une dose de 1 milligramme diminue l'excitabilité réflexe et se comporte comme le curare vis-à-vis des nerfs moteurs et des muscles. La dose mortelle de gelséminine est de 2 à 3 milligrammes (grenouilles).

Bibliographie. — Cushny (A. R.). *Die wirksamen Bestandtheile des Gelsemium sempervirens* (A. P. P., 1893, xxxi, 49-68). — Putzeys et Romiec. *Mémoire sur l'action physiol. de la gelsémine.* Bruxelles, 1878.

Nicotine et conicine. — Vulpian et Cl. Bernard rangent la *nicotine* parmi les substances qui, finalement, produisent la même action que le curare. A. Crum Brown et A. Fraser (1868) trouvent que l'action du iodure de méthyl-nicotine, ainsi que celle du sulfate de cette base, aussi bien chez les mammifères que chez les grenouilles, ne va jamais jusqu'à la perte de l'excitabilité motrice des nerfs; elle se borne à un affaiblissement passager de la motricité volontaire.

Funke a montré que dans l'empoisonnement par la *conicine* (cicutine, conine), les fibres nerveuses conservent leur force électro-motrice, tout comme dans l'empoisonnement par le curare; les phénomènes électriques s'y manifestent comme à l'état normal. L'action curarisante de la conicine a été constatée par Kölliker, Gutmann, Cl. Bernard, Jolyet, Pélissard, Cahours, Wundt, Schroff, etc. Pélissard, Jolyet et Cahours distinguent l'intoxication rapide (injection dans le sang) de l'intoxication lente (injection interstitielle). Dans le premier cas l'action est comme foudroyante; après une courte phase de convulsions ou de tremblements convulsifs, l'animal (lapin) est complètement paralysé de tous mouvements volontaires et réflexes, et la mort en est la conséquence, si l'on ne supplée par la respiration artificielle à la paralysie des muscles respiratoires. Aussitôt après la paralysie l'on ne détermine plus de contractions dans les muscles quand on excite les troncs nerveux. Les nerfs pneumogastriques perdent en même temps leur excitabilité, et la galvanisation de ces nerfs ne produit plus l'arrêt, et même le ralentissement des battements du cœur. Si l'on injecte la substance sous la peau, son action est lente et graduelle, mais aboutit aux mêmes résultats, sauf que ce n'est qu'après un certain temps de respiration artificielle que les nerfs sciatiques perdent complètement leurs propriétés excito-motrices. Mais bien avant, les pneumogastriques ont déjà perdu leur action sur le cœur. Cette particularité d'action de la conine se retrouve également pour l'éthyl-conine et l'iodure de diéthyl-conium et elle distingue l'action de ces substances de l'empoisonnement par le curare, où les vagues conservent jusqu'à la fin leur propriété d'arrêt des battements du cœur sous l'influence des excitations électriques.

Il existe encore une autre preuve de la perte de l'excitabilité des vagues : chez les chiens, dont le pouls est intermittent (fait fréquent), il devient régulier pendant toute la durée de l'empoisonnement, puis il reprend ses intermittences lorsque les vagues ont recouvré leur action après un certain temps de respiration artificielle. Ainsi, l'action de la conicine et de ses dérivés équivaut à la section de ces nerfs (qui fait disparaître les intermittences naturelles du chien). Chez le chat, ces nerfs perdent également leur action sur les fibres lisses de la moitié inférieure de l'œsophage. La conine est plus toxique que l'éthyl-conine, et celle-ci plus que l'iodure de diéthyl-conium. Pour cette dernière substance la motricité n'est même jamais qu'affaiblie. Un fait remarquable : l'introduction du radical *éthyle* dans la conine abolit la période des convulsions qui précède la paralysie du mouvement, fait surtout très manifeste pour l'iodure de diéthyl-conium (il en est de même de la strychnine). Le chlorhydrate d'éthyl-conium, étudié par PÉLISSARD, laisse chez la grenouille intactes les propriétés physiologiques des muscles, tandis que les nerfs perdent leur excitabilité.

Atropine. — On sait que l'atropine paralyse le muscle ciliaire et abolit l'accommodation. Or cette action est due à la paralysie des extrémités périphériques des fibres motrices du nerf oculo-moteur commun et peut être comparée à celle qu'exerce le curare sur les terminaisons des nerfs innervant les muscles striés ordinaires.

Bibliographie. — BERNARD (CLAUDE). *Leçons sur les effets des substances toxiques.* Paris, 1857. — CRUM-BROWN et FRASER (R.). *On the physiolog. action of the salts of the ammonium bases derived from Strychnia, Brucia, Thebaïa, Codeia, Morphia and Nicotia* (*Transact. of the Roy. Soc. of Edinbourg*, xxv, 1868). — KÖLLIKER. *Physiol. Unters. über die Wirkung einiger Gifte* (A. A. P., 1856, x). — PÉLISSARD (L.), JOLYET (F.) et CAHOURS (A.). *Sur l'action physiologique de l'éthyl-conine, de l'iodure de diéthyl-conium, comparée à celle de la conine* (*C. R.*, LXVIII, 1869, 149-151). — PÉLISSARD (L.). *Contributions à l'étude des effets physiologiques de la conine, de l'éthyl-conine, de l'iodure de diéthyl-conium et de quelques autres poisons sur la fonction motrice des nerfs* (*Diss.* P., 1869, et *Journ. de l'anatomie et de la physiol. de Robin*, 1870-71, VII, 200-212). — VULPIAN. *Leçons sur la physiologie du système nerveux*, 1866. — WUNDT. *Nouv. éléments de physiologie humaine*. Trad. franç. 1872, Paris, 419.

Strychnine, brucine et leurs dérivés. — L'action périphérique de ces deux poisons doit être étudiée séparément chez la grenouille et chez les homéothermes, parce que les symptômes de l'intoxication ne sont pas les mêmes dans les deux cas, quoique la différence ne soit pas essentielle.

Action curarisante de la strychnine et de la brucine sur les grenouilles. — JOHANNES MÜLLER fut le premier à constater que la noix vomique, injectée à la grenouille, portait aussi son action sur les nerfs; une patte mise en dehors de la circulation par ligature conservait son irritabilité pour les excitations partant de la moelle épinière beaucoup plus longtemps que l'autre patte, dont les nerfs et les muscles étaient exposés à l'action du poison lui-même par le sang. Les symptômes d'empoisonnement qui ont la moelle épinière pour point de départ, conclut le physiologiste allemand, sont des convulsions d'abord, puis la paralysie; ceux qui partent des nerfs sont, non pas des convulsions, mais l'abolition de l'irritabilité. Presque en même temps STANNIUS obtenait le même résultat, en faisant chez la grenouille la section des chairs au-dessous du nerf sciatique. Viennent ensuite les expériences de V. WITTICH qui trouva que la strychnine à haute dose produit tout d'abord une courte phase de convulsions, mais bientôt après on observe une paralysie complète. Il en est de même pour la brucine. LIEDTKE arriva aux mêmes résultats, en faisant ressortir la différence entre l'action de la strychnine et de la brucine; la première produit la paralysie périphérique même à faible dose, tandis qu'avec la brucine il faut employer des doses bien plus considérables. Suivant KLOPP, seule la brucine exercerait une action paralysante, et, si pareil effet a été obtenu avec la strychnine, c'est parce qu'elle était mélangée à la brucine. Cette opinion fut confirmée par ROBINS, mais LAUTENBACH a énergiquement nié cette interprétation en démontrant son peu fondé. Bref, voici ce que l'on observe : si nous administrons à une grenouille une forte dose de strychnine (plusieurs milligrammes), alors, après une courte phase de convulsions l'animal devient paralysé avec extinction des réflexes. Jusqu'ici tous les auteurs sont d'accord, mais les divergences s'accentuent quand il s'agit d'interpréter cette paralysie : est-elle due à une fatigue générale, consécutive au tétanos strychnique ou bien à une paralysie directe des terminaisons motrices par le poison (action curarisante)? Une expérience bien simple paraît pouvoir trancher la question. Avant l'empoisonnement, on sectionne un sciatique, ses terminaisons seront donc préservées de la fatigue, mais non de l'action du poison; après que la grenouille sera relâchée du tétanos strychnique, nous n'avons qu'à comparer l'excitabilité du bout périphérique du nerf sectionné avec celle du nerf intact pour nous rendre immédiatement compte de la part que prend la fatigue dans les phénomènes de paralysie. Or cette expérience, aussi simple qu'elle paraisse être, n'a pas toujours donné les mêmes résultats, et nous verrons bientôt pourquoi. Ainsi, KÖLLIKER a trouvé que le nerf sciatique sectionné conserve son irritabilité (périphérique) non modifiée, tandis que les nerfs des membres antérieurs et le sciatique intact sont peu ou point excitables. « La strychnine n'exerce par voie sanguine aucun effet sur les nerfs moteurs, mais elle paralyse par excès d'excitation tétanique ces nerfs, de manière qu'ils perdent complètement ou à peu de chose près leur excitabilité. » (KÖLLIKER.) PÉLIKAN arrive exactement aux mêmes résultats. Mais d'autres auteurs émettent des opinions contraires. PICKFORD, MATTEUCCI, MOREAU, ANDROSOLI, V. WITTICH, MAGRON et BUISSON, BONGERS affirment que l'excitabilité du nerf sectionné est complètement annihilée. Certains d'entre eux ont constaté que l'excitabilité était perdue déjà dès le début du tétanos, d'autres ont vu la même action un certain temps après l'empoisonnement (plusieurs heures à un jour). Plus récemment, contre l'action curarisante s'élevèrent HUSEMANN, HARNACK et même CL. BERNARD. Mais HARNACK changea d'opinion et après avoir fait de nouvelles expériences, il dit qu'il n'est plus permis d'affirmer que la paralysie consécutive à l'empoisonnement strychnique soit due à la fatigue, mais elle est le résultat de la paralysie des terminaisons motrices. En France, MAGRON, BUISSON et VULPIAN combattent avec éclat les idées de CL. BERNARD, qui admettait que l'action de la strychnine est tout à fait opposée à celle du curare. Le curare serait le poison du nerf moteur, la strychnine le poison du nerf sensitif. Or les expériences de MARTIN MAGRON et de BUISSON permettent déjà de réfuter la manière de voir de CL. BERNARD; ils ont constaté la persistance de la sensibilité chez les grenouilles empoisonnées par la strychnine, et VULPIAN a vérifié ce fait. Ils ont montré que, lorsque la période convulsive fait place à la période de collapsus complet, on trouve la motricité nerveuse abolie, si la dose de strychnine a été suffisante, tandis que la contractilité musculaire persiste. Il est vrai que CL. BERNARD ne nie pas l'exactitude de ce résultat, mais pour lui l'abolition de la motricité serait due à un mécanisme tout à fait différent de ce qu'il est pour le curare. La strychnine commencerait par produire « la mort de l'élément sensitif par l'épuisement qui résulte de son excès d'activité, puis, à cause de la relation naturelle des éléments, la surexcitation de la fibre nerveuse sensitive déterminerait un état analogue de la fibre nerveuse motrice et enfin du faisceau musculaire primitif ». Or il est inexact que la strychnine détruise les propriétés de l'élément nerveux sensitif et du muscle (VULPIAN). Il s'agit de rechercher si elle abolit la motricité de l'élément moteur par surmenage de cet élément. VULPIAN, MAGRON et BUISSON ont montré que le bout périphérique d'un sciatique sectionné ne conserve pas longtemps sa motricité, lorsque la dose de strychnine a été considérable. Il est donc fort probable que les auteurs qui ont constaté la persistance de l'excitabilité du nerf coupé n'avaient pas administré des doses suffisantes de strychnine, dont l'action curarisante ne se manifeste qu'à haute dose et ne se produit pas avec même intensité pour les deux espèces de grenouilles. Ainsi VULPIAN confirme les expériences de J. MULLER, qui a vu chez la grenouille l'excitabilité s'éteindre plus rapidement dans les membres où la circulation est intacte que dans ceux où elle a été supprimée avant l'introduction de la strychnine. Ici la différence dans la fatigue n'entre plus en jeu : les spasmes tétaniques sont tout aussi violents dans le membre privé de circulation que dans les autres parties du corps, elles y sont même plus intimes et durent plus longtemps. D'autres arguments peuvent encore être invoqués, c'est l'importance du contact direct entre la strychnine et les points d'union des fibres nerveuses et des faisceaux musculaires primitifs. Si l'on injecte vers l'extrémité d'un membre postérieur une solution de noix vomique (Magron et Buisson), on anéantit immédiatement la possibilité de l'action du nerf sciatique de ce côté sur les muscles correspondants (comme pour le curare).

Un autre point, qui explique en grande partie les résultats contradictoires obtenus par les auteurs, c'est l'inégale réaction que présentent les deux espèces de grenouilles vis-à-vis de la strychnine et de la brucine, ainsi que les différences observées même pour la même espèce de grenouille, suivant qu'on s'adresse à des individus frais et vigoureux ou restés longtemps en captivité (Bidder, Liedtke, Mounier, Wintzenried, Lautenbach, Poulsson, Santesson, etc.). Suivant Mounier, le chlorhydrate de brucine est un poison paralysant pour la *Rana esculenta*, tandis qu'il est convulsivant pour la *temporaria*. Wintzenried a confirmé cette inégalité de réaction, qui se produit avec l'alcaloïde lui-même et avec un grand nombre de ses sels; les *Rana esculenta* sont déjà paralysées avec des doses de 0,05 de milligramme en plusieurs minutes et elles ne passent jamais par une phase convulsive. Si l'on ne dépasse pas 2 milligrammes, les animaux se rétablissent au bout de deux à quatre jours. La dose de 1 milligramme de brucine reste sans effet sur la *temporaria;* avec 1 à 5 milligrammes on observe l'exagération des réflexes suivie de crampes tétaniformes. Cet état peut durer quatre à cinq jours. Avec des doses plus fortes, après plusieurs accès tétaniformes, s'établit une paralysie complète, qui aboutit souvent à la mort; mais si les animaux se remettent, ils présentent une nouvelle phase convulsive, qui peut durer dix à quinze jours. Ainsi, la différence fondamentale entre les deux espèces de grenouilles est que (Wintzenried) les terminaisons motrices de l'*esculenta* se paralysent avec des doses de brucine bien plus faibles que celles de la *temporaria*. Pour la strychnine, Poulsson a montré que chez la *temporaria* les terminaisons motrices ne présentent jamais de paralysie complète, mais elles sont très fatigables. Cet auteur expérimenta en hiver. Une injection sous-cutanée de 1 milligramme de strychnine produit chez la *temporari,a* après trois à quatre minutes, un tétanos violent, qui laisse place à une résolution complète. Le nerf sciatique sectionné précédemment est trouvé tout aussi excitable qu'avant l'empoisonnement, mais les plus faibles excitations électriques sont suffisantes à l'épuiser; il doit maintenant se reposer pendant longtemps pour pouvoir réagir de nouveau aux excitations électriques. Chez l'*esculenta*, le tétanos strychnique est bien moins violent, la paralysie plus précoce et le nerf sciatique coupé avant l'empoisonnement n'est plus excitable.

Pour l'étude de l'action périphérique de la strychnine et de la brucine, Santesson se servit de la même méthode que pour la pyridine (voir plus haut). Les diagrammes construits par lui démontrent que, tandis que l'action paralysante de la brucine croît avec le temps, celle de la strychnine diminue. Cela peut s'expliquer par le fait que le muscle empoisonné par la brucine n'était pas fatigué par des convulsions dès le début de l'expérience, comme c'est le cas avec la strychnine. Les deux poisons agissent d'une manière bien plus intense sur la *Rana esculenta* que sur la *Rana temporaria*, mais la brucine agit plus fortement sur l'*esculenta*, plus faiblement sur la *temporaria* que la strychnine. Les points de départ de la courbe strychnique et de la courbe brucique sont très rapprochés l'un de l'autre, mais la divergence devient de plus en plus sensible pendant le cours de l'empoisonnement. Un second diagramme démontre l'action comparée des deux poisons sur les deux espèces de grenouilles; la brucine produit le maximum de son effet vingt-cinq fois plus vite et plus énergiquement sur l'*esculenta* que sur la *temporaria;* l'effet moyen est atteint encore plus facilement sur la grenouille verte. L'action maximale de la strychnine se produit chez l'*esculenta* douze fois plus énergiquement que chez la *temporaria*. Les effets moyen et faible sont produits avec des doses de strychnine six à quatre fois et demie plus faible pour l'*esculenta* que pour les autres espèces de grenouilles. Avec la strychnine, l'action périphérique croît avec la dose chez les deux espèces de grenouilles lentement jusqu'au maximum. Mais l'action centrale du poison provoque des crampes tétaniformes même à très faible dose; avec des doses plus fortes l'extériorisation de l'excitabilité spinale est empêchée à cause de l'entrée en jeu de l'action périphérique paralysante. La brucine, par contre, n'agit que faiblement sur l'excitabilité des centres médullaires, et cette augmentation d'excitabilité centrale ne peut se faire jour que chez la *temporaria*, parce que chez elle l'action périphérique

de la brucine n'atteint que très lentement son maximum, tandis que le tétanos brucique est impossible avec *R. esculenta*, où l'action curarisante est intense et rapide.

Action curarisante de la strychnine sur les mammifères. — On sait que la strychnine
est mortelle pour un chien de taille moyenne à la dose de $0^{gr},002$ à $0^{gr},003$. Rosenthal
a montré qu'en pratiquant la respiration artificielle on atténue les effets du poison, et
qu'il fallait une dose double pour produire la mort. Ch. Richet a constaté qu'en prolongeant la respiration artificielle, on pouvait, sans produire la mort immédiate de
l'animal, lui faire absorber une dose cent fois plus forte de strychnine (0,5 de chlorh.
de strychnine pour un chien de 10 kilos). Il est, en outre, très intéressant de constater
que les phénomènes produits par la strychnine à haute dose diffèrent notablement de
ceux qu'on obtient avec les doses faibles. Ainsi Ch. Richet a vu que, tandis que les
muscles conservaient leur excitabilité normale, l'action des nerfs moteurs était très
diminuée. Vulpian, en pratiquant la respiration artificielle encore plus énergique dès le
début, a pu injecter des doses de strychnine encore plus considérables (injection dans
la veine saphène de 0,59 de chlorh. de strychnine) et a constaté l'abolition complète de l'action des nerfs sur les muscles. Ainsi l'action curarisante de la strychnine est tout aussi
nette pour les mammifères que pour les grenouilles; mais, pour la découvrir, il fallait
prolonger la vie des animaux par la respiration artificielle.

Dérivés de la strychnine et de la brucine. — Les expériences de Crum Brown et de
Fraser ont porté sur les iodures et les sulfates de méthyl-strychnine et de méthyl-
brucine, injectées à des grenouilles et des lapins. Nous rapportons une de leurs expériences :

On injecte $0^{gr},0065$ de sulfate de méthyl-strychnium dissous dans 15 gouttes d'eau
distillée dans le tissu cellulaire d'un lapin.

11 minutes après l'animal titube.

12 minutes après, il est sur le flanc; la tête et le corps s'affaissent; il n'a plus de
mouvements volontaires. Une forte excitation ne provoque que de légers mouvements
réflexes. La respiration est courte, laborieuse, et de 60 par minute.

En 15 minutes, tressaillements de la poitrine et des membres abdominaux dont il
est impossible de distinguer les mouvements respiratoires. La sensibilité de l'œil est
presque perdue.

En 17 minutes, plus de mouvements, excepté quelques légers tiraillements des
muscles, tandis que l'irritation de la peau ne provoque aucun mouvement réflexe ni des
yeux ni des membres.

Mort 18 minutes après.

4 minutes après la mort on fait l'autopsie. Le cœur bat normalement, 164 pulsations.
Les mouvements de l'intestin sont bien marqués. Le cœur s'arrête après 24 minutes, mais
les mouvements de l'intestin se continuent encore quelque temps après. La galvanisation
et l'excitation mécanique des nerfs sciatiques ne provoquent aucun mouvement dans les
membres. La rigidité cadavérique ne commence que 2 heures 40 minutes après la mort.

On le voit, les dérivés méthylés de la strychnine possèdent une action tout à fait
différente de celle de l'alcaloïde lui-même. Même lorsque la dose est mortelle, nous ne
retrouvons pas les symptômes de l'empoisonnement strychnique; il n'y a ni convulsions,
ni spasmes; l'excitabilité réflexe n'est point augmentée. Au lieu de violentes contractions spasmodiques et de rigidité musculaire, on observe de la paralysie et un relâchement des muscles. A l'autopsie, le cœur se contracte normalement et les nerfs moteurs
sont paralysés, etc. Des doses même considérables de ces substances restent sans effet
quand elles sont introduites par l'estomac, tandis qu'il est loin d'en être ainsi pour la
strychnine; pareil fait se produit avec le curare et a été indiqué par Schroff pour
l'azotate de méthyl-strychnium. Pour mieux étudier encore cette similitude d'action,
Crum Brown et Fraser répètent l'expérience de Cl. Bernard sur une grenouille, en se
servant de méthyl-strychnine et obtiennent des résultats identiques à ceux de la curarisation.

Mêmes faits pour les dérivés méthylés de la brucine; loin d'être des poisons convulsivants, ces dérivés sont au contraire des agents paralysants comme le curare, et, de
même que les composés analogues de la strychnine, ils possèdent une énergie d'action
beaucoup mieux marquée que celle des alcaloïdes dont ils dérivent. Enfin, dernière
analogie avec le curare, ils sont bien moins actifs administrés par voie stomacale.

F. Joly et A. Cahours et Pélissard arrivaient presque en même temps (sans connaître les travaux des deux physiologistes d'Edimbourg) à des résultats semblables, relativement à l'analogie d'action des iodures de méthyl et d'éthyl-strychnine avec le curare. Ces résultats sont consignés dans la thèse de Pélissard.

En ce qui concerne quelques autres dérivés de ces deux alcaloïdes, citons le *polysulfure de brucine*, étudié par Harnack, qui se comporte exactement comme la brucine ; comme il se décompose facilement dans l'organisme, son action est attribuée à la brucine même. L'*azotate de méthyl-strychnine* a été étudié par Schroff, qui lui attribue une action analogue à celle du curare. C. Vaillant a vu la paralysie motrice se produire chez des grenouilles après administration de *chlorure d'oxéthyl-strychnine* (1 à 3 milligrammes).

Bibliographie. — Androsoli (*Gaz. méd. de Paris*, 1857, 525). — Bongers (*A. P.*, 1884, 331-336). — Bidder (*Ibid.*, 1868, 615). — Bernard (Cl.). *Rapports sur les progrès et la marche de la physiologie générale en France*, 1867, 163 (Strychnine et curare); — *Leçons sur les effets des substances toxiques et médicamenteuses*, 1857, 388. — Couty. *Des analogies et des différences entre le curare et la strychnine* (C. R., 1882, xcv, 934-936). — Crum Brown (A.) et Fraser (Th.). *On the connection between chemical constitution and physiolog. action* (*Transact. of the Roy. Soc. Édinb.*, 1868, xxv, 14-20); — *On the physiolog. action of the salts of the Ammonium Bases derived from Strychnia, Brücia*, etc. (*Ibid.*, 1868, xxv). — Fodera. *Sur l'action paralysante de la strychnine* (A. i. B., 1892, xvii, 314). — Gaglio. *Action de la température dans l'empoisonnement par la strychnine et le curare* (*Ibid.*, 1889, xi, 104). — Harnack. *Lehr. d. Arzneimithellehre und Arzneiverordnungslehre*, 1883, 626); — *Ueber die Wirkungen des Schwefelwasserstoffs, sowie der Brucin-und Strychninpolysulfide bei Fröschen* (A. P. P., 1894, xxxiv, 156-168). — Husemann. *Handb. d. ges. Arzneimithellehre*, 1883, 915. — Kölliker. *Physiol. Unters. über die Wirkung einiger Gifte* (A. V., 1856, x, 239-241). — Liedtke. *Die physiol. Wirkung des Brucins* (*Inaug. Dissert.*, Königsberg, 1876). — Lautenbach (*Philadelphia Med. Times*, 1879, ix, 524). — Leube et Rosenthal (A. P., 1867, 627-634). — Matteuci. *Traité des phénomènes électrophysiologiques*, 1844. — Müller (J.). *Handbuch d. Physiologie des Menschen*, Coblenz, 1844, I, 549-550 (Strychnine). — Moreau (B. B., 1855, 171-175 et Gaz. méd. de Paris, 1856, 34). — Martin Magron et Buisson. *Action comparée de l'extrait de noix vomique et du curare* (Journ. de physiol. de Brown-Séquard, 1859 et 1860, ii et iii); — *Note sur l'action comparée de la strychnine et du curare* (Mém. Soc. Biol., 1858, 125). — Monnier (Arch. des sc. physiques et naturelles, 1881, v, 57, Genève). — Pélissard, Jolyet et Cahours (C. R., lxviii, 149). — Pélissard (A. d. P., 1869, et Robin. Journ. Anat., vii, 1870-71, 200). — Péljkan (A. V., 1857, xi, 405). — Pickford (Arch. f. physiol. Heilkunde, 1844, iii, 366). — Poulsson (E.). *Ueber die lähmende Wirkung des Strychnins* (A. P. P., 1890; xxvi, 22-38). — Rossbach et Jochelson (Rossbach's pharmacol. Untersuch., I Bd., 1873, 92-113). — Richter (Zeitschr. f. rat. Medicin, 1863, xviii, 76-128). — Robins (Philadelphia med. Times, 1879, ix, 228). — Richet (Ch.). *De l'action de la strychnine à très forte dose sur les Mammifères* (C. R., 1880, xci, 131-134). — Reichert (The medical news, 1893). — Santesson (C. G.). *Einige Bemerkungen über die Nervenendwirkung von Brucin und Strychnin* (A. P. P., 1895, 57-68, xxxv. — Stannius (Müller's Archiv, 1837, 223). — Stahlschmidt (Annales de Poggendorf, 1858). — Schroff (Woch. d. Zeitschr. d. Gesellschaft der Aertzte in Wien, 1866, 157). — v. Wittich. *Experimenta quædam ad Halleri doctrinam de musculorum irritabilitate probandum instituta. Regiomonti.* Pr. 1857, 11-12) (A. A. P., 1858, xiii, 426). — Wintzenried. *Rech. expér. relatives à l'action physiologique de la Brucine* (Dissert. inaug., Genève, 1882). — Vulpian. *Leçons sur la physiologie du système nerveux*, 1866, 447; — *Remarques touchant l'action de la strychnine sur les grenouilles* (A. de P., 1870, iii, 116-133); — *De l'action qu'exercent les fortes doses de strychnine sur la motricité des nerfs chez les mammifères* (C. R., 1882, xciv, 555-558); — *Leçons sur l'action physiologique des substances toxiques et médicamenteuses*, 1882, 600 et suivantes (Strychnine).

Produits d'origine animale. — Parmi les substances curarisantes extraites du règne animal (ou appartenant aux deux règnes), se trouvent la choline et la névrine, précédemment étudiées. Nous y rencontrons encore certaines ptomaïnes, telles que la *Corindine*, retirée par Oechsner des produits de la putréfaction de la chair de poulpe; 0gr,012 de la base amènent chez la grenouille la dilatation des pupilles et la lenteur respiratoire. Cinq heures après l'animal est complètement paralysé, l'excitabilité réflexe a disparu. GUARESCHI et MOSSO ont extrait de la fibrine de bœuf longtemps soumise à la putréfaction une base qui répond à la formule de la corindine ; les mêmes auteurs ont trouvé que l'extrait des cerveaux putréfiés possédait des propriétés curarisantes (ptomaïne de Mosso), sauf que l'intensité de son action est incomparablement plus faible. La *base innomée de* BRIEGER, isomère de la gadinine et de la typhotoxine, a été retirée de la chair putréfiée ; elle jouit des propriétés curarisantes. La *base de* POUCHET, retirée des eaux résiduelles du traitement par l'acide sulfurique des débris d'os et de viande, amène chez la grenouille la torpeur, la paralysie et l'abolition des mouvements réflexes.

PAUL BERT a trouvé que le venin des Scorpions de Suez porte son action principale sur les extrémités périphériques des nerfs moteurs et laisse la sensibilité intacte. La même action curarisante a été démontrée pour le venin du *Cobra capello* et du *crotale* (FAYRER et BRUNTON, WALL, RAGATZKI, VOLLMER). Or l'analyse chimique et physiologique des venins a montré que ce sont des mélanges très complexes de substances, agissant chacune pour son propre compte, les unes convulsivantes, les autres paralysantes ou stupéfiantes, etc. Parmi les plus actives sont les albumines-ferments, les globulines-ferments et les nucléo-albumines. Nous ignorons jusqu'à présent quelle est la constitution chimique des principes curarisants contenus dans les différents venins. La même incertitude existe pour le *poison japonais*, « *fugu* », dont l'action curarisante a été fort bien étudiée (OSAWA, TAKAHASKI et INOKO), sans qu'on puisse la rattacher à un principe bien défini. Le poison *fugu* est fourni par les œufs et les laitances du poisson venimeux *Tetrodon* (fugu), qui devient si dangereux au moment du frai que sa pêche en est défendue à ce moment sous peine de mort. Il y a quelques années deux médecins japonais, TAKAHASKI et INOKO, étudièrent l'action pharmacologique de l'extrait ovarique du *Tetrodon rubripes*, *pardalis* et *vermicularis*. 1 milligramme de l'extrait injecté à une grenouille produit un affaiblissement des réflexes, une gêne de la respiration et paralysie momentanée. Avec cette dose le rétablissement a lieu. Avec 20 milligrammes, il y a paralysie complète, arrêt de la respiration, le cœur continuant à battre. On n'obtient de contractions musculaires ni par l'excitation de la moelle ni par l'excitation du nerf sciatique. Les muscles réagissent normalement. Si on lie un membre, l'injection de strychnine ne produit plus de tétanos du membre lié ; de même l'excitation du sciatique empoisonné ne produit plus de mouvements réflexes du côté opposé. Chez les mammifères on observe la paralysie et la rigidité cadavérique précoce. On ne peut cependant attribuer l'arrêt de la respiration à une action curarisante. Immédiatement après l'arrêt respiratoire, le nerf phrénique est encore très excitable. Probablement la paralysie atteint les centres respiratoires. L'excitabilité du nerf disparaît (grenouille) ou diminue (mammifères). L'action centrale déprimante est manifeste. Les auteurs affirment que le poison *fugu* se trouve contenu dans le poisson vivant et qu'il est ou bien un ferment, ou bien une base organique. Notons en passant que tous les Tétrodons sont naturellement immunisés contre le poison, même les espèces vénéneuses.

BOCCI a publié des recherches sur l'action curarisante de l'urine humaine, qui, injectée à des grenouilles, supprime la motricité des nerfs, sans atteindre leur sensibilité ni l'irritabilité propre du muscle. ABELOUS est arrivé aux mêmes résultats : l'urine en nature, ou son extrait alcoolique, produisent des effets paralytiques périphériques se rapprochant de l'action du curare. Nous ignorons à quelle substance est due cette action curarisante, vu la multiplicité des poisons urinaires (BOUCHARD, CHARRIN, etc.). Rappelons toutefois que ces troubles peuvent être attribuables à la neurine, dont on a constaté la présence dans l'urine normale, car, suivant CERVELLO, cette substance s'élimine par les reins.

SUPINO a trouvé que le sérum des animaux acapsulés injecté à d'autres animaux produit une action curarisante et que les symptômes présentent une grande analogie avec l'empoisonnement aigu par la neurine. D'autre part, ABELOUS et LANGLOIS ont découvert que les capsules surrénales sont des organes chargés de modifier ou de détruire les poisons fabriqués au cours du travail musculaire et de la fatigue et qui s'accumulent dans l'organisme en l'absence de cette glande. Cette substance (ou ces substances), contenue dans le sang et dans l'extrait des muscles, agit à la façon du curare en paralysant les plaques motrices et laissant intacte l'irritabilité propre du muscle.

Pour ALBANESE cette substance modifiée par les capsules surrénales est la *neurine*, car MARINO-ZUCCO a extrait une quantité notable de neurine de ces organes, laquelle se rencontre également dans les urines d'individus morts de maladie d'ADDISON. ALBANESE s'est assuré que les grenouilles privées de capsules surrénales sont intoxiquées par des quantités de neurine beaucoup plus faibles que les grenouilles normales. Dernièrement, BOINET a montré que la destruction des capsules surrénales augmente les effets toxiques de la neurine, et que la fatigue augmente les symptômes d'empoisonnement. La fatigue combinée à la cautérisation des capsules surrénales diminue encore la résistance à la neurine. Enfin, ABELOUS trouve que le sérum des animaux tétanisés est toujours toxique pour les grenouilles acapsulées; mais la plupart du temps il tue aussi les grenouilles normales; l'empoisonnement présente tous les caractères de la curarisation.

Il serait superflu de faire ressortir le caractère hypothétique des rapports présumés entre la fatigue, l'action de la neurine et sa neutralisation par les capsules surrénales. Sans vouloir rien retrancher à la valeur des faits dûment constatés, rien ne nous autorise à voir entre eux un lien de cause à effet (Voir **Surrénales, Fatigue**).

Bibliographie. — ABELOUS. *Toxicité du sang et des muscles des animaux fatigués* (A. P., 1894, 433); — *Sur l'action paralysante de l'urine humaine injectée à la grenouille* (A. P., 1895, n° 3). — ABELOUS et LANGLOIS. *Action toxique du sang des mammifères après la destruction des capsules surrénales* (B. B., 1892, 165); — *Toxicité de l'extrait alcoolique des muscles de grenouilles privées de capsules surrénales* (Ibid., 1892, 490). — ALBANESE. *Recherches sur la fonction des capsules surrénales* (A. i. B., 1893, XVIII, 49); — *La fatigue chez les animaux privés de capsules surrénales* (Ibid., 1892, 338). — BERT (P.). *Contribution à l'étude des venins* (B. B., (4), II, 136). — BOCCI. *Influenza paralizzatrice dell'urina umana iniettata nelle rane* (Archivio per le Scienze mediche, VI, n° 22). — BOINET. *Action antitoxique des capsules surrénales sur la neurine* (B. B., 1896, 364). — GAUTIER (A.). *Les toxines microbiennes et animales*, Paris, 1896. — GUARESCHI et MOSSO. *Les Ptomaïnes* (A. i. B., II, 1892, 367-402, et III, 1893, 241-261). — ŒCHSNER (C. R., CX, 1339, et CXII, 584). — OSAWA. *Jji Shinbun*, n° 122, 1884, 23 (cité par TAKAHASKI). — RÉMY (B. B., 1883, 263). — SUPINO. *Sur la physio-pathologie des capsules surrénales* (Riforma medica, 1892, III, 685). — TAHASHAKI (D.) et INOKO (Y.). *Exper. Untersuch. über das Fugugift* (A. P. P., XXVI, 401-418 et 453-458, 1890). — VOLLMER (E.). *Ueber die Wirkung des Brillenschlangengiftes* (Ibid., 1893, XXXI, 1-14).

J. JOTEYKO.

CURCUMINE. — Substance extraite du curcuma. Elle cristallise en gros prismes orangés ou rouges ($C^{21}H^{20}O^6$ ou $C^{19}H^{14}O^4 (OCH^3)^2$). Elle donne des dérivés diméthylés et diacétylés (CIAMICIAN et SILBER. *Gazz. chem. ital.* 1897, I, 561, et *Bull. Soc. chim.*, Paris, 1897, (2), 1233).

CURCUMINE ($C^{10}H^{10}O^3$). — Substance cristallisable, fluorescente en solution, qu'on extrait du curcuma (D. W., (1), 566).

CURCUMOL ($C^{10}H^{14}O$). — Huile essentielle brûlant à 230° à 245°, qu'on obtient en distillant le curcuma (D. W., (1), 565).

CUSCONINE ($C^{23}H^{26}N^2O^4 + H^2O$). — Alcaloïde analogue à l'aricine, trouvé par HESSE dans l'écorce de quinquina. Base faible, cristallisable, lévogyre. Elle se distingue difficilement de deux alcaloïdes voisins, la cusconidine et la cuscamine (D. W., (1), 566).

CUSPARINE ($C^{19}H^{17}NO^3$). — Alcaloïde cristallisable extrait de l'angusture (Galipaea custaria) (D. W., (2), 1501).

CUTOSE. — Voyez **Cellulose.**

CYANHYDRIQUE (Acide) (CAzH). — Syn. *Nitrile formique. Acide prussique.* — L'acide cyanhydrique a été découvert par Scheele en 1782; c'est Gay-Lussac qui l'a obtenu pur pour la première fois. L'acide cyanhydrique s'obtient par l'action d'un acide fort sur un cyanure. Nous n'entrerons pas ici dans l'exposé des détails de la préparation de cet acide; signalons seulement les difficultés de la préparation et les dangers d'intoxication qu'elle présente pour les préparateurs.

L'acide cyanhydrique anhydre est un liquide très mobile bouillant à + 26°, cristallisable à -- 14°. Il a une forte odeur d'amandes amères. Il se dissout dans l'eau et l'alcool. Cet acide en solution se conserve mal, même lorsqu'il est pur et à l'abri de la lumière. Il brunit en donnant plusieurs corps, entre autres du paracyanogène. L'acide cyanhydrique tout à fait pur et anhydre peut se conserver (A. Gautier). La présence d'un peu d'acide sulfurique facilite sa conservation.

L'acide cyanhydrique est un acide faible, il se combine aux bases en donnant des sels isomorphes avec les chlorures correspondants. Les cyanures sont tous très toxiques.

Le cyanure de potassium est un sel blanc très soluble dans l'eau, peu soluble dans l'alcool pur, soluble dans l'alcool étendu d'eau.

Ses solutions se décomposent d'autant plus rapidement qu'elles sont plus étendues.

Le cyanure de potassium du commerce est toujours impur, il renferme toujours du cyanate et du carbonate de potasse en plus ou moins grande quantité.

Le cyanure de sodium a des propriétés analogues à celles du cyanure de potassium.

Le cyanure d'ammonium est un liquide cristallisable, bouillant vers + 36°, très instable et très vénéneux.

Le cyanure de mercure, sel blanc cristallisé en prismes droits et bien carrés, est soluble dans huit fois son poids d'eau, plus soluble à chaud, soluble dans l'éther, insoluble dans l'alcool pur. Le cyanure de mercure se détruit par la chaleur en donnant du cyanogène et du mercure. Le cyanure de mercure n'est pas décomposable par les alcalis. Le protochlorure d'étain le détruit avec formation d'acide cyanhydrique et de mercure, les acides le décomposent en mettant l'acide cyanhydrique en liberté.

Les cyanures métalliques sont insolubles dans l'eau, mais donnent en général des cyanures doubles solubles; tel est le cas pour les cyanures de cuivre, d'argent et d'or. Le cyanure double d'argent et de potassium, sel incolore, cristallisable, est soluble dans l'eau. C'est ce corps très vénéneux, qui, traité par les acides, met l'acide cyanhydrique en liberté. Il en est de même du cyanure double d'or et de potassium. Ces deux sels sont employés dans l'industrie de l'argenture et de la dorure galvaniques.

Nous devons distinguer de ces cyanures doubles qui possèdent toutes les propriétés chimiques et physiologiques des cyanures, une classe de composés qu'on considère quelquefois, mais à tort, comme des cyanures doubles de fer. Les ferrocyanures et ferricyanures, sels très stables, doivent être considérés comme les sels d'un véritable radical particulier : le *ferrocyanogène*. Les propriétés chimiques et physiologiques de ces composés sont tout à fait différentes et feront l'objet d'un chapitre particulier. Nous y joindrons les quelques connaissances que nous avons sur les *nitroprussiates* ou nitroferricyanures.

A côté de ces composés, nous devons signaler les produits d'oxydation des cyanures : les *cyanates;* le cyanate de potasse a une certaine importance dans l'étude des intoxications par le cyanure de potassium. Nous avons vu qu'il se rencontre presque toujours dans le cyanure de potassium du commerce.

Nous parlerons aussi dans cet article des *sulfocyanates* souvent appelés *sulfocyanures,* composés analogues aux cyanates, dans lesquels le soufre s'est substitué à l'oxygène. Nous croyons devoir faire ici l'étude de ces composés, car nous verrons que les *sulfocyanures* semblent être une des formes sous lesquelles s'éliminent les cyanures introduits dans l'économie.

Le sulfocyanate de potassium cristallise en prismes déliquescents, le sulfocyanate d'ammonium cristallise en tables fusibles à 159°. Ces substances sont excessivement solubles dans l'eau et dans l'alcool. Citons encore le sulfocyanate de mercure, poudre blanche peu soluble dans l'eau, qui brûle en donnant une cendre volumineuse (serpent de Pharaon).

L'acide cyanhydrique est susceptible de se combiner aux radicaux alcooliques pour donner naissance à des composés qu'on a assimilés aux éthers, cyanure d'éthyle; etc.;

mais on considère généralement ces composés comme formant une fonction chimique particulière, celle des nitriles. Ils ne possèdent pas, en effet, les propriétés générales des éthers de régénérer par hydratation l'acide et l'alcool correspondants, mais donnent naissance à des amides, puis à des sels ammoniacaux de l'acide qui correspond au radical hydrocarboné. Au point de vue physiologique, la classe des nitriles se comporte d'une façon analogue à celle de l'acide cyanhydrique; on considère du reste, en chimie, l'acide cyanhydrique comme étant le nitrile du méthane (CH^4), *méthanitrile* ou *formonitrile;* ce corps, au point de vue physiologique comme au point de vue chimique, doit être considéré comme le premier terme des mononitriles.

Le cyanogène (C^2Az^2), dont nous ferons l'étude dans un article spécial, est de même le nitrile de l'acide oxalique, type et premier terme des dinitriles.

L'analogie que présentent ces différents composés, au point de vue de leur action physiologique, nous force à en faire une étude presque simultanée; nous verrons du reste à la fin de ces articles quelle part nous devons donner, dans l'activité toxique de ces trois composés) au groupe typique qu'ils renferment tous, le groupe $(C\equiv Az)'$, groupement caractéristique de la fonction nitrile.

L'action physiologique de l'acide cyanhydrique doit être considérée comme le type du pouvoir physiologique des nitriles; il y a cependant des différences sensibles de leur activité que nous signalerons à propos de chaque nitrile en particulier.

Physiologie. — Toxicité, symptômes généraux. — La toxicité de l'acide cyanhydrique anhydre est considérable. SCHEELE en a été la première victime : il est mort empoisonné en préparant ce composé.

L'inhalation de traces impondérables d'acide cyanhydrique entraîne la mort de petits animaux en quinze secondes ; quelques dixièmes de milligrammes tuent les hiboux, les oies en une minute. Une goutte (soit 5 centigrammes) tue un homme (PREYER et HUSEMANN). — MAGENDIE a fait remarquer la grande rapidité de l'empoisonnement. Il transporta dans la gueule d'un chien vigoureux l'extrémité d'une baguette de verre trempée dans un flacon contenant de l'acide cyanhydrique; à peine la baguette avait-elle touché la langue, que l'animal fit 2 ou 3 grandes inspirations précipitées et tomba raide mort. Dans d'autres expériences, quelques parcelles d'acide cyanhydrique ayant été appliquées sur l'œil d'un chien, les effets furent presque aussi soudains.

5 centigrammes d'acide suffisent pour donner la mort, et l'effet est presque instantané, quelle que soit la forme sous laquelle le poison pénètre dans l'économie.

C'est cependant surtout lorsqu'il pénètre à l'état de vapeur dans le poumon que son action toxique semble le plus énergique.

La rapidité foudroyante de l'action toxique de l'acide cyanhydrique vis-à-vis des animaux est difficile à comprendre. Pour analyser les symptômes, il faut expérimenter avec de l'acide cyanhydrique étendu d'eau.

Lorsqu'on plonge le doigt, *peau intacte*, dans une solution aqueuse contenant 2/100 d'acide cyanhydrique, on constate de l'engourdissement et de l'insensibilité de la partie humectée, le sens du toucher reste émoussé. Placée sur la langue, la solution a un goût amer, provoque une sensation de brûlure, et par action réflexe une sécrétion abondante de salive. A ces phénomènes succède une sensation d'engourdissement (WEDEMEYER). Elle produit dans l'estomac une sensation de chaleur.

Placée sur la cornée, elle forme une eschare (ROSSBACH). A dose faible de 1 milligramme, on n'observe que les effets locaux sur les muqueuses bucco-stomacales. Si les doses sont répétées, qu'on les absorbe par inhalation ou qu'on les ingère, on ressent de la pesanteur de tête, des vertiges, de l'abattement et parfois de l'excitation nerveuse. Quelques milligrammes de plus provoquent une céphalalgie violente, des troubles de la vue, des nausées, des vomissements, de l'angoisse, de l'oppression thoracique, de la gêne de la respiration et le ralentissement du pouls.

Une dose plus élevée de 1 centigramme, sans être mortelle, accentue les symptômes toxiques; dyspnée extrême, affaissement considérable, dilatation des pupilles, stupeur, perte de connaissance, spasmes généraux.

On doit diviser les symptômes de l'intoxication cyanhydrique en trois phases :

Première période. — Yeux hagards, stupéfaction profonde, difficulté de la respiration, vertiges : l'animal chancelle, pousse un cri aigu et s'affaisse.

Deuxième période. — L'animal est atteint de mouvements spasmodiques variés : spasme tétanique, convulsions cloniques, pupilles dilatées, yeux ouverts et saillants, battements du cœur et mouvements respiratoires ralentis.

Vomissements, évacuations de matières fécales, érections, expulsion d'urine.

Troisième période. — Il entre dans le coma profond, les muscles sont en état de relâchement, la sensibilité cutanée est diminuée, les yeux sont largement ouverts, les pupilles extrêmement dilatées, la conjonctive insensible, les muqueuses cyanosées. Les battements du cœur sont faibles, irréguliers, ralentis. Les mouvements respiratoires, pénibles et incomplets.

L'animal s'éteint peu à peu, à moins que la dose n'ait pas été trop considérable, ou qu'on vienne à son secours par la respiration artificielle. On voit alors les mouvements respiratoires reprendre, les battements du cœur s'accélérer; l'animal se relève et revient à son état normal.

Emmert a constaté que les animaux à sang chaud sont plus sensibles à l'action de l'acide cyanhydrique que les animaux à sang froid.

Coullon a constaté que les oiseaux sont plus sensibles que les mammifères à ce poison. Les poissons meurent plus lentement, sans présenter de phénomènes spasmodiques.

Les crustacés succombent plus facilement que les mollusques; mais plus difficilement que les batraciens.

Les hyménoptères et les diptères sont très sensibles à l'action de l'acide cyanhydrique, les insectes vivant dans l'eau résistent mieux.

Les animaux inférieurs, les plantes sont aussi très sensibles à l'action toxique de l'acide cyanhydrique.

Kraemer a observé que les mouvements des spermatozoaires étaient arrêtés par addition de trace d'acide cyanhydrique, Schönbein avait constaté que des solutions même très étendues d'acide cyanhydrique enlevaient à la levure le pouvoir de faire fermenter le glucose. Schœr a constaté qu'une dose de 1/10 000 d'acide cyanhydrique suffit pour empêcher d'une façon absolue tout développement de moisissures.

L'âge semble avoir une influence sur la sensibilité de l'organisme à ce poison. Wedemeyer a noté que les animaux sains, forts et bien nourris, succombaient plus rapidement que les animaux jeunes ou vieux, faibles et amaigris. Preyer constate qu'il faut tenir compte de l'espèce; les insectes jeunes meurent plus facilement que les adultes. Pour les chiens, les lapins, les cochons d'Inde, cette différence d'action est beaucoup moins sensible.

Absorption. — Claude Bernard cite l'acide cyanhydrique comme une des substances dont l'absorption est le plus rapide.

Mis sur la conjonctive ou la langue, il produit un empoisonnement si prompt que certains physiologistes avaient admis qu'il allait agir directement sur les centres nerveux sans passer par la circulation (Bérard). Claude Bernard a constaté cependant que c'était par le sang que pénétrait le poison et que, quelle que fût la dose administrée, il s'écoulait toujours un certain temps entre l'administration du poison et l'apparition des symptômes, environ dix à quinze secondes (Preyer), temps suffisant pour permettre au sang de répandre le toxique dans tout l'organisme.

Quelle que soit la voie d'introduction, l'absorption est très rapide. Meltzer a constaté que l'acide cyanhydrique est absorbé rapidement par l'estomac, même après ligature du pylore et du cardia. Cette absorption semble favorisée par l'hémorragie qui est déterminée à la surface de la muqueuse.

Mais c'est la voie pulmonaire qui est de beaucoup la plus rapide (Preyer). Il suffit de faire inhaler pendant une seconde des vapeurs d'acide cyanhydrique pour intoxiquer un lapin. Krimer dépose de l'acide cyanhydrique sur la langue d'un chien et retrouve le poison dans le sang au bout de trente-six secondes.

La prétendue insensibilité du hérisson vis-à-vis de l'acide cyanhydrique paraît tenir à un défaut d'absorption. L'accumulation des graisses qui se fait sous la peau des animaux hibernants, à certaine époque de l'année, empêche l'absorption du poison introduit par la voie sous-cutanée. Si l'acide cyanhydrique pénètre dans le torrent circulatoire, l'animal n'échappe pas à l'action toxique (Cl. Bernard).

Les animaux soumis à l'action des anesthésiques, éther, chloroforme, sont moins sensibles à l'action toxique de l'acide cyanhydrique.

Les résultats des expériences semblaient devoir faire considérer l'éther et le chloroforme comme des antidotes de l'acide cyanhydrique (P. Thénard). Il n'en est rien : il y a simplement dans ces expériences retard apporté dans l'absorption du toxique (Cl. Bernard).

Action sur le sang. — Claude Bernard, le premier, a signalé la coloration particulière, rouge clair, que prend le sang veineux des animaux intoxiqués par l'acide cyanhydrique.

Les observations des auteurs sur la coloration du sang des êtres empoisonnés par l'acide cyanhydrique, sont loin d'être concordantes. Les uns constatent que la totalité du sang est rouge clair; d'autres l'ont vu rouge foncé; d'autres encore, noir foncé. Ces contradictions ne sont qu'apparentes, car on n'a tenu compte ni de l'espèce animale, ni de la dose d'acide cyanhydrique administrée, ni du temps qui s'est écoulé entre la mort et l'examen du sang.

Coze, d'accord avec les observations de Claude Bernard, constate que le sang veineux du lapin, intoxiqué par l'acide cyanhydrique, est passagèrement rouge clair; chez un jeune chien, le museau prend un teint rouge vif au début de l'intoxication, pour devenir violet bleuâtre au moment du coma. Gaethgens a examiné les variations de couleur du sang circulant dans la veine jugulaire qu'il avait dénudée. Il a observé que, lorsqu'on administrait à l'animal une forte dose d'acide cyanhydrique, le sang circulant devenait rouge clair, le sang du cœur droit subit le même changement de teinte.

Si la dose est très considérable, la coloration du sang est rouge clair; si, au contraire, la dose n'est pas trop forte, au moment de l'agonie, après la mort, le sang est très noir (Preyer).

L'acide cyanhydrique agit sur les globules sanguins, et en particulier sur la matière colorante : l'hémoglobine. En 1846, Harless constate sur la grenouille que les globules sanguins sont détruits et se transforment en un détritus granuleux. En 1869, Preyer fait les mêmes observations; il note, en outre, l'apparition dans le champ du microscope d'un grand nombre de cristaux rouges, de forme rhomboïdale, ayant l'aspect de cristaux d'hémoglobine. L'observateur est frappé de l'arrêt subit des mouvements amiboïdes des globules blancs.

Buchner, dans l'autopsie médico-légale sur le cadavre de la comtesse Chorinski, empoisonnée par l'acide cyanhydrique, faite quelques jours après la mort, a remarqué la destruction complète des globules rouges, et la coloration rouge cerise de la masse du sang. Manasseïn a observé l'augmentation des dimensions des globules du sang immédiatement après l'administration d'acide cyanhydrique. Cette augmentation dépend de la quantité d'acide cyanhydrique administrée. Gleitnitz et Preyer constatent aussi des modifications dans la forme des globules, qui deviennent arrondis, dentelés et ponctués. Hoppe Seyler a constaté que, même in vitro, l'hémoglobine forme avec l'acide cyanhydrique une combinaison très stable, qui cristallise comme l'oxyhémoglobine en cristaux isomorphes de ceux de l'oxyhémoglobine, et inodores.

Le spectre d'absorption est identique à celui de l'oxyhémoglobine et, d'après Hoppe Seyler, ne présenterait pas la bande de réduction. Preyer constate que la combinaison cyanhydrique de l'hémoglobine n'est plus apte à fixer de l'oxygène. Cette combinaison d'acide cyanhydrique et d'hémoglobine paraît être plus stable que l'oxyhémoglobine elle-même; au point de vue optique, elle ne présente rien de particulier. Les réducteurs (sulfhydrate d'ammoniaque, tartrates ferreux et stanneux, etc.) font disparaître les deux raies d'absorption, et l'on n'observe plus alors qu'une seule bande appartenant à l'hémoglobine réduite. Les solutions d'hémoglobine cyanhydrique enfermées en vase clos conservent beaucoup plus longtemps leurs propriétés optiques primitives, car il n'y a pas de putréfaction.

On affirme que si, au lieu d'opérer aux températures ordinaires, on chauffe à 40° le sang défibriné additionné d'acide cyanhydrique, le spectre est différent; on obtient une bande pareille à celle de l'hémoglobine réduite.

D'après Krukenberg, l'hémoglobine cyanhydrique d'Hoppe Seyler ne serait pas un corps défini, le spectre décrit par Hoppe Seyler et Preyer serait dû à un mélange d'oxyhémoglobine et d'hémoglobine réduite.

L'hémoglobine réduite, mise en contact avec le cyanure de potassium, est susceptible de s'oxyder par le courant d'air.

Voit a constaté que l'oxyhémoglobine, en présence d'acide cyanhydrique ou de cyanure, ne donne plus de dégagement d'oxygène lorsqu'on la met en contact avec de l'eau oxygénée; la teinture de gayac ne bleuit plus à son contact.

Cette réaction très sensible a été proposée pour différencier le sang pur et celui qui contient de l'acide cyanhydrique.

Kobert, en 1891, a isolé du sang rutilant de cadavre intoxiqué par l'acide cyanhydrique une substance nouvelle, la *cyanméthémoglobine*. Ce serait à la formation de ce composé que serait due la coloration rutilante du sang cyanhydrique. La cyanméthémoglobine résiste à la putréfaction et à l'action réductrice des ferments; on peut encore la retrouver dans le cadavre au bout de huit jours. Kobert a démontré que la combinaison directe de l'acide cyanhydrique et de la méthémoglobine peut se faire *in vitro* : il suffit d'ajouter quelques gouttes d'acide cyanhydrique concentré à une solution brune de méthémoglobine pour obtenir une belle coloration rouge clair. Au spectroscope, on n'observe plus le spectre de la méthémoglobine, mais celui de l'hémoglobine réduite. Vis-à-vis des oxydants tels que l'oxygène naissant, la coloration de la cyanméthémoglobine devient très intense. Toutes les réactions qui dédoublent la méthémoglobine en hématine ou hémochromogène n'ont aucune action sur la cyanméthémoglobine. L'addition du sulfhydrate d'ammonium n'a aucune action sur ce composé.

En 1893, H. Szigeti a constaté que, lorsqu'on mélange de l'*hématine* ou de l'*hémine* en solution alcoolique avec de l'acide cyanhydrique ou un cyanure, on obtient une combinaison, la *cyanhématine*, que l'auteur considère comme identique aux substances successivement décrites par Hoppe Seyler, Preyer, etc., sous le nom de cyanhémoglobine et par Kobert sous celui de *cyanméthémoglobine*. Cette cyanhématine se forme du reste toutes les fois qu'on met en présence soit de l'hémoglobine, soit de la méthémoglobine, soit du sang au contact d'acide cyanhydrique ou d'un cyanure.

On sait en effet que les acides et les alcalis dédoublent l'hémoglobine en hématine et globuline, ce dédoublement se fait au contact soit de l'acide cyanhydrique, soit des cyanures; il y a ensuite formation de cyanhématine, dont le spectre est analogue à celui de l'hémoglobine réduite.

Le vide, ou l'addition d'un réducteur tel que le sulfhydrate d'ammonium, donne les raies de l'*hémochromogène*.

La formation de cyanhématine est une des réactions les plus sensibles pour déceler la présence d'acide cyanhydrique ou d'un cyanure. On peut employer, pour faire cette recherche, soit une solution de méthémoglobine, comme le fait Kobert, en employant de préférence la méthémoglobine préparée par l'action des chlorates sur le sang, soit, comme le propose Szigeti, une solution d'hémine dans la potasse étendue. On peut même préparer des papiers imbibés de ces solutions.

Lorsqu'on emploie la solution, voici comme il convient d'opérer. Une goutte d'hématine est mise sur un morceau de papier et sèche en formant une tache verdâtre : il suffit de la toucher avec un liquide contenant de l'acide cyanhydrique ou un cyanure pour voir apparaître une coloration rouge.

La cyanhématine produit un large bande d'absorption dans la région du spectre entre D et F, analogue au spectre de l'hémoglobine réduite.

Action sur le cœur et la circulation. — Coullon, Preyer, Becquerel ont considéré l'acide cyanhydrique comme ayant une action hyposténiante cardio-vasculaire.

Les recherches ultérieures de Boehm et Knie, de Rossbach et Papilsky ont confirmé en partie cette opinion.

D'après ces derniers auteurs, le muscle cardiaque et les nerfs du cœur résisteraient le plus longtemps à l'action de l'acide cyanhydrique; tout le reste de l'organisme est déjà mort, que le cœur manifeste encore quelques contractions ondulatoires. Si l'acide cyanhydrique est mis directement au contact du cœur, ou si on l'injecte dans la veine jugulaire, cet organe meurt alors avant les autres et provoque la mort définitive.

Coze a constaté le premier qu'au début de l'intoxication on observe une élévation de la pression sanguine; puis il y a ralentissement du pouls, abaissement de la pression sanguine, phénomènes dus suivant Coullon à une paralysie des vaso-moteurs.

Chez les animaux à sang froid, le cœur est plus rapidement touché que chez les animaux à sang chaud.

Action sur la respiration, les échanges gazeux et la chaleur animale. — ITTNER, en 1809, avait déjà signalé l'action énergique de l'acide cyanhydrique sur la respiration; en 1819, COULLON note à son tour les troubles respiratoires au cours de ses expériences. En 1824, SCHUBARTH cherche à déterminer expérimentalement le mécanisme de ces troubles respiratoires, et note une accélération du rythme de la respiration chez les animaux qui meurent lentement, comme le cheval. PREYER, contrairement à ces assertions, constate un ralentissement de plus en plus considérable des mouvements respiratoires depuis la première période jusqu'au coma.

On doit distinguer deux cas dans la période de coma : 1° lorsqu'il y a mort; 2° lorsqu'il y a survie.

1° On observe un ralentissement progressif, quelquefois précédé d'une accélération passagère.

2° Après avoir constaté un maximum de ralentissement, il s'établit une accélératiod progressive, qui peut quelquefois dépasser la normale.

La respiration est pénible, les inspirations profondes.

L'inspiration présente souvent un caractère tétanique; en mettant à nu le diaphragme d'un lapin empoisonné par l'acide cyanhydrique, on peut voir ce muscle s'arrêter dans un état de contraction spasmodique inspiratoire.

BOEHM a étudié les modifications respiratoires à l'aide d'appareils enregistreurs, et en injectant aux animaux des quantités de poison parfaitement déterminées. Dans la première période il voyait se produire, quelle que fût la dose employée, trois ou quatre mouvements respiratoires très profonds et pénibles, auxquels succédait une série de mouvements respiratoires accélérés. Les expirations ont un caractère manifestement convulsif. Lorsque l'animal succombe, on constate une contraction du diaphragme en position inspiratoire.

LAZARSKI a vu, de même que BOEHM, un ralentissement des mouvements respiratoires. Il y a toujours une diminution dans le volume gazeux qui pénètre dans les poumons; GAETHGENS a observé qu'un lapin qui, avant l'intoxication, expirait en une minute 253 centimètres cubes d'air, n'en expirait plus que 53 après l'empoisonnement par l'acide cyanhydrique.

Un autre lapin, qui en expirait $339^{cc},7$ avant, n'en expirait plus que $139^{cc},4$ après.

La ventilation pulmonaire était insuffisante, et en même temps on voyait s'abaisser le taux des échanges gazeux.

100 centimètres cubes d'air expirés par un lapin normal renferment :

$$4,264 \text{ de } CO^2$$
$$15,51 \text{ de } O.$$

100 centimètres cubes d'air expirés par le même lapin intoxiqué par l'acide cyanhydrique renferment :

$$2^{cc},993 \text{ de } CO^2$$
$$19^{cc},28 \text{ de } O$$

Dans une autre expérience 100 centimètres cubes d'air expirés par un lapin sain renferment :

$$4 \text{ cc. de } CO^2$$
$$16^{cc},02 \text{ de } O$$

Après intoxication, 100 centimètres cubes d'air expirés renferment :

$$2^{cc},41 \text{ do } CO^2$$
$$19^{cc},18 \text{ de } O$$

Donc les animaux empoisonnés par l'acide cyanhydrique expirent une moins grande proportion d'air dans le même temps, et cet air contient moins d'acide carbonique et plus d'oxygène qu'avant l'empoisonnement.

GEPPERT a étudié avec soin les échanges gazeux chez les animaux intoxiqués par l'acide cyanhydrique. De nombreux tableaux résument ses expériences, et il a pu formuler la conclusion générale que l'acide cyanhydrique diminue les échanges gazeux ; il y a une absorption moins considérable d'oxygène et une exhalaison moins forte d'acide carbonique, car la présence de l'acide cyanhydrique fait perdre aux tissus la propriété de fixer l'oxygène. Il arriva à considérer l'empoisonnement par l'acide cyanhydrique comme une véritable asphyxie interne, malgré la présence d'un excès d'oxygène.

Pour pouvoir étudier l'action de l'acide cyanhydrique sur les échanges gazeux, Geppert a dû employer l'acide cyanhydrique en solution étendue, et avec des doses insuffisantes pour occasionner la mort.

Cette diminution dans les oxydations amène un abaissement de température ; ce fait a été souvent noté par Hoppe Seyler, Zalesky. Wahl a observé que l'injection sous-cutanée d'eau d'amandes amères ne détermine pas toujours un abaissement de température : il a même vu la température s'élever quelquefois.

Fleischer dit que l'action antipyrétique de l'acide cyanhydrique ne s'observe qu'à doses élevées. Duméril, Demarquay, Leconte constatent qu'à dose thérapeutique l'acide cyanhydrique ne modifie pas sensiblement la chaleur centrale. Preyer a observé sur le lapin une élévation passagère de la température au cours de l'intoxication cyanhydrique, élévation qui s'observe après les spasmes tétaniques. Fleischer n'observe d'abaissement de la température centrale que si les lapins sont attachés.

Action sur le système nerveux. — L'acide cyanhydrique mis en contact avec le tissu nerveux lui fait perdre rapidement ses qualités vitales. Wedemeyer a vu qu'en portant sur la langue une goutte d'acide cyanhydrique on éprouve un engourdissement qui dure pendant plusieurs heures. Christison a constaté que l'exposition des doigts aux vapeurs d'acide cyanhydrique produit un engourdissement qui dure pendant plusieurs jours. Meyer empoisonne avec de la strychnine une grenouille qu'il a badigeonnée sur toute la surface de la peau avec une solution d'acide cyanhydrique à 3 p. 100 : les irritations les plus énergiques sont impuissantes pour provoquer la tétanisation. Kölliker constate qu'une solution à 4 p. 100 d'acide cyanhydrique paralyse la sensibilité ; un nerf moteur plongé dans l'acide cyanhydrique est paralysé presque aussi rapidement que lorsqu'il y a absorption par le sang ; cependant, si le nerf est bien isolé et bien essuyé, il conserve plus longtemps son irritabilité. Alquier fait remarquer que, dans l'intoxication par l'acide cyanhydrique, les phénomènes nerveux dominent la scène, les premiers symptômes sont cérébraux : vertiges, obnubilation, lourdeur de tête. L'influence sur le bulbe est très manifeste ; Knie et Boehm constatent qu'il y a paralysie après une courte période d'excitation. Les troubles respiratoires sont dus à l'action toxique sur les centres de la moelle allongée.

La moelle épinière subit aussi l'influence toxique de l'acide cyanhydrique ; cependant les expériences de Kiedrowski semblent démontrer qu'elle ne perd pas toutes ses propriétés. Chez une grenouille intoxiquée par l'acide cyanhydrique, l'excitation de la moelle provoque des mouvements dans toutes les parties situées au-dessous du point où porte l'irritation. L'irritation des racines postérieures provoque aussi des mouvements réflexes ; mais ces réflexes n'apparaissent pas quand l'irritation porte sur l'extrémité périphérique des nerfs.

Les convulsions ne se produisent pas sur toutes les espèces animales. Coullon n'avait jamais observé de convulsions chez les animaux nocturnes (hiboux), ni chez les amphibies, les reptiles et les insectes vivant dans l'eau ; il les observait, au contraire, d'une façon constante, chez les animaux diurnes à sang chaud, chez les crustacés et les insectes terrestres.

Wedemeyer a constaté l'existence de convulsions chez les chauves-souris ; Preyer a, au contraire, remarqué que les convulsions ne se manifestent pas toujours chez le lapin.

Quoi qu'il en soit, on peut, d'une façon générale, considérer que les animaux à sang chaud présentent presque toujours une période spasmodique, au cours de l'irritation par l'acide cyanhydrique, tandis que, chez les animaux à sang froid il ne se produit pas de convulsions. Les grenouilles intoxiquées par l'acide cyanhydrique ne présentent jamais de convulsions.

L'anesthésie cutanée est de règle dans l'intoxication cyanhydrique : cependant Preyer a observé chez des lapins, auxquels il avait administré de petites doses d'acide cyanhydrique, une hyperesthésie tout à fait analogue à celle provoquée par la strychnine.

Les nerfs périphériques sensitifs ou moteurs se paralysent rapidement sous l'action directe de l'acide cyanhydrique ; dans l'intoxication générale, la mort des centres nerveux se produit à un moment où les nerfs périphériques ne sont qu'à peine atteints.

Lorsque la mort survient rapidement, les [nerfs moteurs des muscles striés sont encore excitables ; si l'empoisonnement est lent, la paralysie des nerfs va du centre à la périphérie (Kölliker).

Action sur les tissus. — L'acide cyanhydrique est un poison du protoplasma cellulaire ; qu'il semble frapper d'une paralysie particulière, qui le rend inapte à remplir ses fonctions. C'est ainsi que les cellules du tissu musculaire perdent leur excitabilité à la suite de l'administration d'acide cyanhydrique.

Kussmaul a constaté que, chez une grenouille dont les terminaisons périphériques des nerfs moteurs ont été paralysées par le curare, l'excitabilité musculaire [restant intacte cette excitabilité disparaît sitôt que l'animal reçoit de l'acide cyanhydrique. Kölliker démontre que l'acide cyanhydrique est un poison protoplasmique qui détruit la fonction des tissus azotés. Cette hypothèse permet d'expliquer l'activité toxique de ce composé pour tous les êtres vivants des règnes animal et végétal.

Mode d'action de l'acide cyanhydrique sur l'organisme. — L'acide cyanhydrique étant un poison protoplasmique agit en paralysant les divers tissus avec lesquels il est mis en contact, et leur fait perdre leur activité vitale. Son action semble porter principalement sur la cellule sanguine et sur la cellule nerveuse.

Dans l'intoxication aiguë ce sont surtout les phénomènes bulbaires qui prédominent (Borri).

On ne peut pas attribuer aux modifications du sang l'activité foudroyante de ce poison.

La plupart des auteurs actuels s'accordent pour classer l'acide cyanhydrique parmi les poisons bulbaires (Corin et Ansiaux).

Nous tenons cependant à rappeler l'opinion de Claude Bernard, qui admettait que peut-être l'acide cyanhydrique agissait sur les centres réflexes par action directe sur les nerfs sensitifs, et surtout à signaler les expériences qui lui ont permis de ramener à la vie des animaux intoxiqués par l'acide cyanhydrique sous l'influence de l'électricité. Un courant électrique allant de la bouche à l'anus a réveillé les battements du cœur, et rétabli les mouvements respiratoires.

Rappelons, en outre, que l'intoxication par l'acide cyanhydrique ne produit aucune modification apparente de l'organisme et ne peut être décelée par l'examen des organes à l'autopsie.

Toxicologie. — La recherche de l'acide cyanhydrique dans les organes ne présente pas de grandes difficultés.

Un essai préliminaire consiste à suspendre dans l'atmosphère du bocal contenant les viscères suspects un papier imprégné de teinture de résine de gaïac ; le papier bleuit très promptement en présence des moindres traces d'acide cyanhydrique, à condition que la teinture soit faite récemment.

On isole l'acide cyanhydrique par distillation ; les matières sont broyées et réduites en bouillies claires en les additionnant d'eau et d'un excès d'acide tartrique destiné à mettre en liberté l'acide cyanhydrique du cyanure. On procède à la distillation, l'acide cyanhydrique passe dès le commencement de la distillation. Pour éviter les pertes d'acide cyanhydrique qui s'échapperait à l'état gazeux, alors qu'il ne passe pas encore de vapeur d'eau, on a soin de faire plonger l'extrémité du réfrigérant dans quelques gouttes d'eau placées au fond du ballon récepteur. On arrête la distillation lorsqu'on a recueilli environ 50 à 100 centimètres cubes de liquide distillé ; dans ces conditions la totalité de l'acide cyanhydrique est séparée.

On vérifie si la distillation est terminée en prélevant dans le ballon deux ou trois gouttes de liquide, et en y ajoutant une trace de teinture d'iode ; si la teinte jaune persiste, l'opération est terminée.

Réactions caractéristiques. — 1° *Réaction du bleu de Prusse.* — Ajouter au liquide un petit excès de potasse, puis un peu d'une solution de sulfate de protoxyde de fer partiellement oxydé à l'air. L'excès de potasse détermine un précipité d'un mélange de protoxyde et de peroxyde de fer; le protoxyde de fer, en présence du cyanure de potassium donne du ferrocyanure de potassium, lequel réagissant sur l'excès de persel de fer donne du bleu de Prusse.

Le précipité du bleu de Prusse est peu visible, car il est masqué par l'excès des deux oxydes précipités; on le fait apparaître en dissolvant les oxydes avec un peu d'acide chlorhydrique dilué. Le bleu de Prusse apparaît alors avec sa couleur caractéristique. Si la dose d'acide cyanhydrique est très faible, on a seulement une coloration bleue ou verte : mais pas de précipité.

Pour réussir la réaction avec de petites quantités d'acide cyanhydrique, il faut ajouter les réactifs avec ménagements, et en proportionner la dose.

Nous n'insisterons pas sur les modifications de détail proposées par divers auteurs.

2° *Réaction du sulfocyanure ferrique.* — On ajoute au liquide distillé quelques gouttes de sulfhydrate d'ammoniaque et on chauffe à l'ébullition; on doit avoir mis suffisamment de sulfhydrate d'ammoniaque pour que le liquide reste jaune à chaud ; il se forme du sulfocyanure d'ammonium. Avant de caractériser sa présence, on doit détruire l'excès du sulfhydrate par addition d'acide chlorhydrique, en chauffant le liquide jusqu'à disparition de toute odeur sulfhydrique. Le liquide filtré est additionné d'une ou deux gouttes de perchlorure de fer : on obtient une coloration rouge sang.

Ces deux réactions sont suffisantes et suffisamment sensibles pour démontrer la présence de l'acide cyanhydrique dans les viscères.

Citons encore d'autres réactions de l'acide cyanhydrique : Le nitrate d'argent donne, dans les solutions d'acide cyanhydrique, un précipité blanc caillebotté, insoluble dans l'acide azotique étendu, soluble dans la potasse et l'ammoniaque.

Cette réaction n'est pas très significative, car les liquides distillés contiennent souvent de l'acide chlorhydrique en même temps.

Lorsqu'on a un précipité assez abondant, on le chauffe pour en dégager le cyanogène, gaz que l'on recueille et enflamme. La présence du chlorure d'argent dans le précipité ne gêne pas l'expérience.

Lorsqu'on ajoute à une solution d'acide cyanhydrique du sulfate de cuivre, puis un peu de soude jusqu'à commencement de précipité, puis un très petit excès d'acide azotique, on obtient un précipité blanc de cyanure de cuivre.

L'addition à une solution cyanhydrique de quelques gouttes d'un mélange très étendu de sulfate de fer ammonical, d'azotate d'urane, donne un précipité brun rouge très sensible. CAREY LEA remplace l'azotate d'urane par l'azotate de cobalt.

La solution d'acide cyanhydrique, neutralisée par la potasse, puis additionnée d'acide picrique, donne, lorsqu'elle est chauffée légèrement, une coloration rouge. Réaction peu précise.

La réaction de SCHÖNBEIN est très sensible et permet de déceler 1/100 000 d'acide cyanhydrique. On ajoute au liquide distillé quelques gouttes d'une solution de sulfate de cuivre au millième environ, et deux à trois gouttes de teinture de gaïac, étendue récemment à 2 ou 3 p. 100. On obtient une coloration bleu intense. Cette réaction peut se faire avec des papiers imprégnés de sulfate de cuivre et de gaïac. SCHÖNBEIN a vu ce papier se colorer dans un ballon de 46 litres, qui contenait une goutte d'acide cyanhydrique à 1 p. 100. Rappelons que l'ammoniaque, le chlore, le brome, l'ozone bleuissent aussi le papier de sulfate de cuivre gaïac.

VORTMANN propose de transformer l'acide cyanhydrique en nitro-prussiate de potasse. Le produit distillé est neutralisé par la potasse, additionné de nitrite de soude et de perchlorure de fer, puis d'assez d'acide sulfurique pour ramener le liquide qui avait bleui à la teinte jaune clair. On fait bouillir, puis on précipite après refroidissement de l'ammoniaque. On sépare l'oxyde de fer par filtration. On ajoute au liquide filtré une trace de sulfhydrate, il se produit une belle coloration violette qui passe au bleu, puis au vert et au jaune. C'est une réaction très sensible.

Le dosage de l'acide cyanhydrique est très simple, soit par pesée à l'état de cyanure d'argent, soit volumétriquement par divers procédés. Nous n'entrerons pas dans les détails de ces opérations.

La recherche de l'acide cyanhydrique doit se faire le plus rapidement possible, car on doit se rappeler que c'est un composé peu stable, surtout en présence des matières organiques; ses produits de décomposition ne sont pas caractéristiques, et existent normalement dans l'économie. On ne doit cependant jamais négliger sa recherche.

En général, lorsque le cadavre est en pleine putréfaction, si la mort remonte à huit ou quinze jours, on ne peut plus déceler la moindre trace de poison (OGIER). Certains auteurs ont cependant pu caractériser la présence de l'acide cyanhydrique dans des délais beaucoup plus éloignés.

TAYLOR a retrouvé l'acide cyanhydrique dans des viscères après 12 jours; BRAME, après 1 mois; VIBERT et L'HÔTE, après 35 jours; BISCHOFF, après 60 jours, et ZILLNER, après 4 mois.

Localisation de l'acide cyanhydrique dans l'organisme. — Plusieurs auteurs se sont préoccupés de déterminer la répartition de l'acide cyanhydrique dans les divers organes.

Étant donné la rapidité de l'évolution de l'empoisonnement cyanhydrique, il est facile de concevoir que c'est principalement dans l'estomac et le commencement de l'intestin que l'on retrouve la plus grande partie du poison. Cependant l'acide cyanhydrique se transporte à travers l'organisme avec une extrême vitesse, malgré la mort prompte qui survient.

D'après SOKOLOFF, c'est surtout dans le contenu intestinal que se retrouve le poison, ainsi que dans le sang et dans les organes riches en sang.

BISCHOFF a rassemblé plusieurs analyses dans lesquelles il étudie la localisation de l'acide cyanhydrique.

1° *Cadavre d'enfant. Organes frais. Autopsie faite le 2° jour et analyses le 8° jour après la mort.*
Décembre 1882.

			$CAzH.$
97 grammes.	Estomac, pharynx, œsophage, langue. . .		0,0044
275	—	Intestin.	0,0077
30	—	Sang du cœur.	0,0028
229	—	Foie.	0,0078
43	—	Reins.	0,002
23	—	Rate.	0,0013
30	—	Muscle cardiaque.	0,00088
207	—	Cerveau.	0,0020

Il n'y a d'acide cyanhydrique ni dans les urines, ni dans les muscles fessiers ou de la jambe.

2° *Cadavre d'homme. Mort par CAzK en décembre 1882. Autopsie le 2° jour. Analyse le 3° jour.*
Organes frais.

			$CAzH.$
223 grammes.	Estomac et contenu, duodénum, œsophage.		0,0692
595	—	Intestin grêle et contenu.	0,0186
122	—	Reins.	0,0031
505	—	Foie.	0,0170
138	—	Cœur.	0,0025
350	—	Cerveau.	0,0144

Les urines et les muscles fessiers ne contiennent pas d'acide cyanhydrique.

3° *Cadavre de femme. Morte le 18 août 1882. Autopsie le 21 août 1882.*

			$CAzH.$
347 grammes.	Estomac et contenu.		0,041
249	—	Intestin et contenu.	traces
85	—	Sang.	0,0004
445	—	Foie.	0,0044
132	—	Reins.	0,0024
78	—	Urine.	pas
145	—	Cœur.	0,0016
220	—	Cerveau.	traces
207	—	Muscles de la jambe.	traces

4° *Cadavre d'homme. Mort le 27 mars 1880. Autopsie le 31 mars 1880.*

			$CAzH.$
520 grammes.	Estomac, intestin et contenu.		0,04
140	—	Sang du cœur.	0,013
190	—	Cœur.	0,0091
390	—	Foie, rein et rate.	0,0125

Rapportons encore quelques chiffres trouvés par OGIER dans des expertises pour empoisonnements par le cyanure ou l'acide cyanhydrique :

	I	II.	III.	IV.
Estomac et contenu. . .	0,0025	0,103	0,0056	0,070
Intestin et contenu. . . .	traces	0	0,0224	traces not.
Foie.	—	traces	traces	
Reins.	—	—	0,0044	0,0185
Rate.	—	—		
Poumons.	0,002	traces not.	0,0112	0,0010
Cerveau.	0,002	0	traces not.	0,001

On voit que c'est surtout dans le sang et les organes riches en sang, ainsi que dans le cerveau, que semble se localiser l'acide cyanhydrique.

Élimination et transformation dans l'organisme. — Il ne s'élimine pas par les urines d'acide cyanhydrique, ni de cyanure en nature, mais il s'en élimine par les poumons, et vraisemblablement ce composé subit dans l'organisme une transformation, les produits de transformation s'éliminant sans qu'il nous soit possible de reconnaître leur origine.

Cependant SCHAUENSTEIN, en 1857 avait retrouvé dans les urines, en un cas d'empoisonnement par l'acide cyanhydrique, une substance donnant une coloration rouge avec les sels ferriques. LANG, au cours de ses recherches expérimentales sur l'action physiologique des nitriles, observe que ces corps se dédoublent dans l'organisme et que d'une façon constante il y a élimination de *sulfocyanures* dans les urines. PASCHELES démontre que, même *in vitro*, les tissus de l'organisme animal, foie et muscles, transforment le cyanure de potassium partiellement en sulfocyanure, et constate que cette transformation n'est qu'un phénomène purement chimique; le cyanure se combine au soufre faiblement combiné de l'albumine. Ces travaux ont amené leurs auteurs à étudier l'action des composés sulfurés comme antidotes de l'empoisonnement cyanhydrique.

Doses toxiques de l'acide cyanhydrique et des divers cyanures. — Nous avons déjà insisté sur la toxicité considérable de l'acide cyanhydrique anhydre. D'après GRÉHANT, un centième de centimètre cube suffit pour tuer un chien de $10^k,600$; 7 millièmes de centimètre cube tuent un chien de 9 kilos; 2 millièmes de centimètre cube suffisent pour tuer un lapin.

La dose toxique de l'acide cyanhydrique pour l'homme est environ de 5 à 7 centigrammes (OGIER). Le cyanure de potassium a une toxicité proportionnelle à la dose d'acide cyanhydrique qu'il renferme; il serait donc mortel à la dose de 15 à 20 centigrammes; mais dans l'appréciation des quantités nécessaires pour déterminer la mort par le cyanure de potassium, il faut se rappeler que le produit vendu sous ce nom dans le commerce est toujours très impur et peut renfermer jusqu'à 30 p. 100 et plus de carbonate de potasse.

La toxicité des divers produits renfermant de l'acide cyanhydrique est proportionnelle à la quantité de ce corps qu'ils renferment.

La solution officinale d'acide cyanhydrique renferme 1 p. 100 d'acide anhydre.

L'eau distillée d'amandes amères renferme environ 0,14 p. 100 d'acide cyanhydrique.

L'eau distillée de laurier-cerise renferme de 55 à 70 milligrammes par litre; l'eau distillée de laurier-cerise prescrite par le Codex doit être étendue de façon à ne renfermer que 50 milligrammes d'acide cyanhydrique par litre. D'après RUDOLPHI, le pigeon est l'animal le plus sensible à l'action toxique de l'acide cyanhydrique. Pour tuer un pigeon en 14 à 16 minutes, il faut une dose de $2^{milligr},15$ d'acide cyanhydrique.

Voici les doses toxiques des divers cyanures rapportés à 1 kilo d'animal :

	PAR KILO D'ANIMAL. milligr.	AUTEURS.
Cyanure double de nickel et de potassium.	7,	BILLE.
Cyanure double de zinc et de potassium.	5,1042	WEHRENDPFENNING.
Cyanure double d'argent et de potassium pour le pigeon.	8,013	WORTMANN.
— — — — pour la souris.	9,84	—

Le cyanure de mercure semble être moins toxique. LUIGI MARENCO donne de $0^{gr},06$ à

$0^{gr},08$ à des lapins par ingestion dans l'estomac pour produire la mort; ces animaux résistent à la dose de $0^{gr},04$.

En résumé les divers cyanures semblent être toxiques en raison de la proportion d'acide cyanhydrique qu'ils renferment. Cependant BILLE, WAHRENDPFENING, WORTMANN prétendent que l'action de ces cyanures n'est pas tout à fait comparable à celle de l'acide cyanhydrique. De nouvelles expériences sont nécessaires pour élucider cette question intéressante.

Acide cyanhydrique dans la nature. — L'acide cyanhydrique ne semble pas exister dans les tissus vivants à l'état de liberté : mais on rencontre dans un certain nombre de végétaux un glucoside spécial, l'*amygdaline* $C^{20}H^{27}AzO^{11}$ qui se dédouble par hydrolyse . sous l'influence d'un ferment soluble, l'*émulsine*, en donnant du glucose, de l'aldéhyde benzoïque et de l'alcool cyanhydrique.

$$C^{20}H^{27}AzO^{11} + 2H^2O = C^7H^6O + 2C^6H^{12}O^6 + CAzH$$

Ce glucoside se trouve surtout en abondance dans les amandes amères; aussi l'absorption d'amandes amères a-t-elle parfois causé des empoisonnements. D'après HUSEMANN, cinq ou six amandes amères suffisent pour empoisonner un enfant. WEPFER dit que 4 grammes d'amandes amères pilées sont toxiques pour un chat. ORFILA a tué un chien avec vingt amandes amères.

On ne peut pas préciser le nombre d'amandes qui entraînent nécessairement la mort; les doses d'amygdaline transformable en acide cyanhydrique qui existe dans les amandes sont essentiellement variables. Voici cependant quelques indications, d'après TAYLOR : 100 parties d'amandes amères renferment 4 parties d'amygdaline, pouvant donner 1 p. 64 d'amandes amères et 0,14 d'acide cyanhydrique.

L'essence d'amandes amères brute est donc un produit riche en acide cyanhydrique; elle peut en contenir de 8 à 10 p. 100. Plusieurs empoisonnements ont été causés par l'absorption d'essence d'amandes amères insuffisamment purifiée; dans un cas 17 gouttes ont suffi pour tuer une femme; dans un autre cas 60 grammes ingérés par un jeune homme ont causé une mort foudroyante (TARDIEU).

L'amygdaline et l'émulsine se rencontrent dans des amandes et beaucoup d'autres fruits : pêches, abricots, cerises, pommes, poires; d'après GEISELER, 100 parties d'amandes de cerise fournissent 0,35 d'acide cyanhydrique. On observe souvent des accidents très sérieux chez des enfants qui ont mangé en trop grande abondance des amandes de pêches ou d'abricots.

Le kirsch, produit de distillation des cerises fermentées, renferme toujours une certaine proportion d'acide cyanhydrique, en moyenne de 30 à 100 milligrammes; le kirsch falsifié, tel que celui que l'on prépare en faisant macérer des alcools d'industrie sur des feuilles de laurier-cerise ou en additionnant ces alcools d'eau de laurier-cerise. La dose d'acide cyanhydrique contenue dans de telles liqueurs est parfois considérable, elle atteint jusqu'à 220 milligrammes (BOUDET).

Nous avons déjà vu que la distillation des feuilles de laurier-cerise fournit un liquide qui renferme de l'acide cyanhydrique en proportion variable; les eaux distillées de feuilles de pêcher, feuilles d'amandier, contiennent aussi de l'acide cyanhydrique; il en est de même des eaux distillées sur des branches jeunes, de l'écorce ou des feuilles de *Persica vulgaris*, ou de diverses variétés de *Prunus* et d'*Amygdalus*.

Le *Manihot edulis*, euphorbiacée, dont la racine tubéreuse fournit la farine appelée manioc, utilisée en Europe (*tapioca*), contient une forte proportion d'acide cyanhydrique lorsqu'elle est fraîche; le poison est éliminé par des lavages à l'eau, et la farine sèche est complétement exempts des produits cyaniques.

Ce n'est pas exclusivement les végétaux qui sont susceptibles de produire de l'acide cyanhydrique; GULDENSTEENDEN-EGELING a trouvé dans les serres de ZEIST une grande quantité de Myriapodes appartenant à la famille des *Fontaria*, qui dégagent une forte odeur d'amandes amères. Il a distillé avec de l'eau plusieurs de ces animaux; l'eau distillée contient de l'acide cyanhydrique. L'auteur a constaté que les tissus de ce Myriapode renferment une substance soluble dans l'alcool, l'éther, le chloroforme, la benzine et l'éther de pétrole, qui, au contact de l'eau, se dédouble, vraisemblablement sous l'influence d'un ferment, en donnant de l'acide cyanhydrique et peut-être de l'aldéhyde benzoïque.

Signalons encore l'acide cyanhydrique parmi les produits de combustion du tabac.

L'amygdaline et l'émulsine peuvent être introduites séparément dans le tube digestif sans exercer d'action toxique; mais, si les deux produits se rencontrent dans l'estomac ou l'intestin, il y a dédoublement de l'amygdaline, formation d'acide cyanhydrique et par suite empoisonnement. Lorsqu'on injecte l'amygdaline dans le sang et qu'on fait absorber l'émulsine par voie stomacale, il n'y a pas d'empoisonnement : il y a au contraire empoisonnement quand l'émulsine est introduite dans le sang, et l'amygdaline dans l'estomac. On explique ces différences en admettant que l'émulsine serait coagulée par les liquides stomacaux; l'émulsine coagulée perd la faculté de dédoubler l'amygdaline.

L'amygdaline semble être une substance non toxique, du moins à faibles doses; cependant les expériences de Moriggia et Ossi, de Kölliker, de Muller et Martinon, semblent montrer que l'amygdaline peut subir, même en l'absence de l'émulsine, certaines transformations dans le tube digestif, qui produisent de l'acide cyanhydrique.

D'après A. Gautier, le rôle de l'acide cyanhydrique dans la synthèse des principes immédiats azotés et l'organisme végétal est considérable.

C'est surtout sous forme de nitrates que l'azote s'introduit dans les plantes : sous l'influence des substances réductrices, telles que le glucose, l'aldéhyde formique, l'acide nitrique est réduit. Or on sait que, toutes les fois qu'il y a réduction des corps nitrés en présence d'excès de carbone, il se forme toujours de l'acide cyanhydrique. D'après A. Gautier, des réactions semblables se passent dans le protoplasma des feuilles exposées au soleil. Cette formation d'acide cyanhydrique, ou formonitrile, n'est pas douteuse, car on voit apparaître ce corps libre ou sous forme de cyanhydrine dans une foule de végétaux, ainsi que nous venons de le constater pour l'amygdaline.

Treub a montré qu'une seule feuille de *Pangium edule*, pesant environ 15 grammes, peut contenir $0^{gr},0107$ d'acide cyanhydrique libre.

Éminemment apte à s'unir aux corps non saturés, le groupement CAzH disparaît généralement en se combinant aux aldéhydes qui se forment sans cesse dans le protoplasma chlorophyllien.

Nitriles. — Nous avons déjà fait remarquer que l'acide cyanhydrique n'est autre que le premier terme de la classe des nitriles, et qu'on doit le considérer comme dérivé du formène; il est donc très intéressant de comparer son action avec celle des autres nitriles de la série homologue et aussi avec celle de la série aromatique.

On ne possède qu'un très petit nombre de travaux sur l'activité physiologique des mononitriles.

L'action des nitriles de la série grasse, et en particulier celle de l'acétonitrile, a été étudiée par Pelikan, Giacosa, Lang; ils ont constaté que l'acétonitrile n'a d'action qu'à doses élevées; on peut injecter sous la peau d'un lapin 1 gramme sans observer aucune modification de la respiration ni de la circulation. Il passe dans les urines une substance qui se colore en rouge avec les sels de fer et que Lang a identifiée avec l'acide sulfocyanhydrique.

Les nitriles se dédoublent dans l'organisme en acide cyanhydrique et radical organique; leur activité toxique est due à la proportion d'acide cyanhydrique qui se trouve mis en liberté et en rapport avec la rapidité de cette décomposition.

Pour expliquer l'innocuité relative des nitriles, et surtout celle de l'acétonitrile, les divers auteurs supposaient que l'acide cyanhydrique formé s'éliminait au fur et à mesure par les poumons et la peau sans s'accumuler jusqu'à dose toxique.

Pour Lang, il y a transformation en acide sulfocyanhydrique aux dépens du soufre des matières albuminoïdes, ainsi que l'a démontré Pascheles. De nombreux dosages faits par Lang, dans une série d'expériences avec l'acétonitrile, la propionitrile, la butyronitrile et le caprionitrine, montrent la formation constante d'acide sulfocyanhydrique. Verbrugge a récemment repris l'étude de l'activité toxique des mononitriles gras et aromatiques. Ses recherches ont eu pour but :

1° De fixer la dose mortelle de chacune de ces substances et de noter les symptômes de l'intoxication ;

2° De déterminer si l'hyposulfite de soude possède une action antitoxique quelconque vis-à-vis de ces nitriles et jusqu'à quel degré. Les expériences ont été faites sur la grenouille et sur le lapin.

VERBRUGGE a ainsi déterminé la dose toxique de plusieurs mononitriles :

	TOXICITÉ DES MONONITRILES.	
	POUR LA GRENOUILLE en milligr. par gr. d'animal.	POUR LE LAPIN en grammes par kilo.
Acétonitrile.	9,1	0,130
Propionitrile.	8	0,065
Butyronitrile.	3,1	0,010
Isobutyronitrile.	5	0,009
Isovaléronitrile.	4	0,045
Isocapronitrile.	1,6	0,090
Lactonitrile.	0,3	0,005
Ac. cyanacétique.	2	2,0
Cyanacétate d'éthyle. . . .	4	1,50
Benzonitrile	1,7	0,200
Benzylnitrile.	1,5	0,050
Tolunitrile ortho.	1	0,60
Amygdalonitrile.	0,6	0,006
Naphtonitrile α.		> 1
Naphtonitrile β.		> 1

L'intoxication de la grenouille apparaît toujours rapidement et se manifeste en tout premier lieu par des symptômes respiratoires : la respiration, un moment accélérée, devient insensiblement plus lente et irrégulière en étendue et en fréquence. Cette irrégularité peut être suivie de l'abolition complète de la respiration, même pour une dose non mortelle, pourvu qu'elle soit assez forte.

Les troubles neuro-musculaires apparaissent après un temps variable; une période d'agitation très passagère, survenant immédiatement après l'injection, est bientôt suivie d'une parésie à laquelle succède de la paralysie. La dépression nerveuse s'accompagne de trémulation musculaire.

Lorsque la parésie est complète, on observe encore des contractions fibrillaires dans les muscles des membres et du tronc.

L'intoxication apparaît chez le lapin en moyenne de cinq à dix minutes après l'injection : lorsqu'on injecte une dose nettement mortelle, elle débute par des troubles respiratoires.

L'intoxication par le lactonitrile, l'orthonitrile ou l'amygdalonitrile est particulièrement rapide. On observe d'abord de la polypnée, suivie bientôt de dyspnée croissant jusqu'à la mort. L'état paralytique se complique de phénomènes d'intoxication. On peut observer avant la période de parésie une période d'agitation passagère très accentuée; mais, à mesure que la paralysie progresse, les mouvements convulsifs disparaissent.

Antidotes. — Pour combattre les symptômes foudroyants de l'intoxication par l'acide cyanhydrique, on a préconisé divers antidotes; c'est dire qu'actuellement encore on ne connaît pas le moyen de combattre efficacement cet empoisonnement.

La respiration artificielle, l'électrisation généralisée sont de bonnes méthodes qui ont permis à CLAUDE BERNARD de ranimer des animaux empoisonnés par l'acide cyanhydrique. ORFILA a proposé l'eau chlorée : il a constaté qu'un chien, auquel on avait donné une dose d'acide cyanhydrique suffisante pour le tuer en dix-huit minutes, survivait si on lui administrait de l'eau chlorée, même cinq minutes après l'intoxication; ORFILA recommande de mettre comme mesure préventive un vase contenant du chlorure de chaux à côté de la table d'expériences, toutes les fois qu'on expérimente l'acide cyanhydrique; PERSOZ et NONAT démontrent expérimentalement l'action antitoxique du chlore.

L'inspiration d'ammoniaque gazeux combat aussi l'intoxication par l'acide cyanhydrique; l'absorption d'eau ammoniacale serait un bon antidote, suivant S. MURAY, qui prétendait qu'il s'empoisonnerait volontiers avec l'acide cyanhydrique, à condition qu'il ait la certitude qu'on lui administrerait de l'ammoniaque en temps utile.

PREYER a préconisé *l'atropine* qui, suivant lui, possède des propriétés antagonistes de celle de l'acide cyanhydrique; un certain nombre d'expériences faites par l'auteur ne sont pas très concluantes. KNIE et BOEHM nient les résultats de PREYER et prétendent que l'atropine n'est pas un antidote de l'acide cyanhydrique; que seule la respiration artificielle est une méthode rationnelle de traitement. LAUDER BRUNTON a démontré expérimentalement l'antagonisme physiologique de la strychnine et de l'acide cyanhydrique; mais souvent dans ces expériences la mort survient du fait de l'acide cyanhydrique avant que la strychnine n'ait commencé à agir.

Ce serait plutôt l'acide cyanhydrique qui diminuerait les convulsions tétaniques produites par la strychnine; mais on ne saurait l'employer comme contrepoison.

KOSSA, ayant constaté que le permanganate de potasse transforme le cyanure en cyanate et urée, propose de combattre l'empoisonnement cyanhydrique par le permanganate de potasse.

HENN, en expérimentant sur des souris, a constaté qu'une injection sous-cutanée de doses non mortelles de morphine peut empêcher ou tout au moins retarder la mort dans l'empoisonnement par le cyanure de potassium. Sur dix animaux, six ont survécu; trois autres sont morts plus lentement; un seul est mort aussi rapidement que les témoins.

LANG pense que l'action antitoxique de l'hyposulfite de soude, consiste à transformer le cyanure en sulfocyanure et à préserver le soufre organique de la décomposition.

HEYMANS et MASOIN ont repris cette étude et ont montré que l'hyposulfite n'avait qu'une action préventive vis-à-vis de l'intoxication par le cyanure de potassium et nullement une action curative. VERBRUGGE a poursuivi l'étude de cette action antitoxique de l'hyposulfite vis-à-vis des autres nitriles; ses expériences lui ont permis de formuler les conclusions suivantes :

1° Chez la grenouille, le pouvoir antitoxique de l'hyposulfite de soude vis-à-vis des nitriles est nul, attendu que le sulfocyanure formé est tout aussi toxique que le nitrile lui-même.

2° Chez le lapin, le pouvoir antitoxique de l'hyposulfite vis-à-vis des mononitriles est très manifeste.

Il est d'autant plus marqué que le nitrile est plus toxique; mais, plus un nitrile agit rapidement, moins le pouvoir antitoxique est marqué.

Cyanures complexes. — CLAUDE BERNARD a constaté la non-toxicité des ferrocyanures à doses moyennes. RABUTEAU attribue au ferrocyanure de sodium une action diurétique. Ce sel s'absorbe rapidement et s'élimine de même par les urines.

A la dose de 2 grammes, le ferrocyanure de sodium injecté directement dans les veines, avec rapidité, peut occasionner des accidents. MASSUL donne le chiffre de 3 grammes comme dose toxique du ferrocyanure de sodium.

De même que les ferrocyanures, les platinocyanures et les cobalticyanures ne semblent pas être toxiques. Le ferricyanure introduit dans le torrent circulatoire se retrouve dans les urines à l'état de ferrocyanure (CLAUDE BERNARD).

Il semble, au contraire, que les nitroprussiates sont plus toxiques. HERMANN a constaté qu'à petites doses les solutions de nitroprussiate de soude tuent les animaux avec tous les symptômes de l'empoisonnement cyanhydrique, ainsi que l'avait déjà annoncé DAVIDSON; ARNTZ constate que les nitroprussiates semblent se comporter comme les cyanures; et que la toxicité du nitroprussiate de soude est comparable à celle de la proportion d'acide cyanhydrique qu'il renferme.

Bibliographie. — ALQUIER. *De l'action physiologique de l'acide cyanhydrique* (*Diss.*

Montpellier, 1875). — ANTAR. *Exp. Unt. z. Therapie der Cyanvergiftung.* (*Ung. Arch. f. Med.* Wiesbaden, 1894, III, 117). — AEGIDIUS ARNTZ. *Beit. z. Kenntniss der Wirkung des Nitroprussidnatrium* (*Diss.*, Kiel, 1897). — BANKS. *Utilité des affusions froides dans le traitement des empoisonnements par l'acide cyanhydrique* (*Edimb. med. Journ.*, 1837). — BARISIEN. *Deux cas d'intoxication par le laurier-rose* (*Arch. méd. mil.*, mars 1898). — BECKER. *Alte u. neue e Theorien über den Wesen der Blausäurevergiftung, etc.* in-8, Berlin, 1893, et *Chem. Centr.*, 1894, II, 338). — BECQUEREL. *Effets physiologiques de l'acide cyanhydrique* (*Gaz. méd.*, Paris, 1840, (2), VIII, 17-35). — BELLINI (*Lo Sperimentale*, XXV, 250). — BILLE. *Beiträge zur Kenntniss der Wirkung des Cyannickelcyankalium* (*Diss*, Kiel, 1897). — BISCHOFF, *Ueber Vertheilung von Giften im Organismus des Menschen in Vergitungsfallen* (*D. chem. Ges.*, IV. 770; XVI, 1337-1356). — BOEHM. *Uber die physiol. Wirkungen des Blausäure und den ang. Antagonismus v. Blausäure und Atropin* (*A. P. P.*, 1874, II, 129). — BORRI. *Contributo allo studio del mecanismo d'intoxicazione per* $CO,H^2S.CAzH$ (*Lo Sperimentale*, 1895, 5). — BOULLAND. *Ac. cyanhydrique comme hypnogène* (*D.* Strasbourg, 1865). — BUFALINI. *Sull'avenelenamento per acido prussico* (*Riv. di chim. med. e farm.*, Turin, 1884, II, 41). — BUNGE (B.). *Ueber die Wirkung des Cyans auf den thierischen Organismus* (*A. P. P.*, XII, 41, 1879), — CAZENEUVE. *Effets physiol. du cyanogène* (*Dict. encycl.*, art. *cyanogène*). — CLAUDE BERNARD. *Œuvres complètes*, III, 377; XV, 417; IX, 73; XI, 293). — COLASANTI. *Una nova applicazione della reazione de Molisch* (*Bull. real. Acad. di med.*, Roma, 1890, I; J.T., XIX, 72). — COLPI. *Note sperimentali sul mecanismo d'azione dell'acido cianidrico* (*Terapia mod.*, 1891, V, 284-290). — CORIN et ANSIAUX. *Recherches sur la pathologie et les accidents de l'intoxication cyanhydrique* (*Bull. Acad. roy. med. Belgique*, 1893, (4), VII, 942-958). — COZE (*Gaz. méd.*, Paris, 1849, 657). — CROMME. *Beiträge zur Kenntniss der Wirkung des Nitroprussidnatriums* (*Diss.*, Kiel, 1891). — DU BOIS-REYMOND. *Einfluss der Blausäurevergiftung auf den Muskelstrom* (*Verf. Unters. über thier. Blut.*, 1849, II, 173). — EULENBERG. *Die Lehre von den Schädlichen und giftigen Gasen*, Braunschweig, 1865, 371. — FIESCHTER. *Ueber Einfluss der Blausäure auf Ferment*, 1875 (D., Bâle). — FLECK. *Zum Nachweise von Cyankalium in Vergiftungsfällen* (*Rep. anal. Chem.*, II, 289). — FLEISCHER. *Ueber Einfluss der Blausäure auf die Eigenwärme der Säugethiere* (*A. g. P.*, 1869, 432-444). — FRÖHNER. *Vers. über die antipyretische Wirkung der Blausäure* (*Arch. f. wiss. u. prat. Thier. Berl.*, 1887, XIII, 105). — GAETHGENS. *Zur Lehre der Blausaure Vergiftung* (*Med. Chim. Unt. Hoppe-Seyler*, 1868, 325). — GALTIER (*Toxicologie*, 1855, II, 759). — GARSTANG. *Note on a case of poisoning by hydrocyanic acid* (*Lancet*, 1888, (2), 15). — GEPPERT. *Ueber das Wesen des Blausäurevergiftung* (*Z. f. klin. Med.*, XV, 208-242-307-369). — GIACOSA. *Veleni cianici* (*Atti di reale Acad. di med. di Torino*, 1884, VI, 307); — *Sull'nitrili aromatici e grassi nell'organismo* (*Riv. di chim. med. e farm.*, 1884, I, et *Ann. di chim.*, (4), I et II, 1884). — GRÉHANT. *Recherches sur l'ac. cyanhydrique* (*B. B.*, (9), I, 572; *A. P. P.*, 1890, (5), II, 153). — GULDEN-STEEDEN-EGELING. *Ueber die Bildung von Cyanwasserstoffsäure bei einem Myriapode* (*A. g. P.*, XXVIII, 576-579). — HAGENBACH (*A. A. P.*, XL, 125). — HARLESS. *Einfluss des Gaze auf die Form der Blutkörperchen von Rana temporaria*, D. Erlangen., 1846. — HENN. *Morphinchlorid gegen Vergiftung mit Kaliumcyanid* (*Munch. med. Woch.*, 1896, n° 37, 861). — HENRY et HUMBERT. *Recherches chim. et tox., etc.* (*Bull. Acad. méd.*, Paris, 1856, XXII, 350). — HEYMANS et MASOIN. *Action préventive et non curative de l'hyposulfite de soude dans l'intoxication par le cyanure de potassium* (*Ac. roy. méd. Belge*, 31 octobre 1891; *Arch. pharmacodynamie*, III, 359). — HERMANN. *Ueber die Wirkung des Nitroprussidnatriums* (*A. g. P.*, XXXIX, 419). — HILGER et TAMBA. *Beit. z. Nachweis des Cyanverbindungen in forensichen Fallen* (*Chem. Centr.*, 1889, II, 717). — HILLER et WEBER (*Med. Centr.*, 1877). — HOPPE-SEYLER. *Ueber die Ursache der Giftigkeit der Blausäure* (*A. A. P.*, 1867, XXXVIII, 435). — HUISINGA (*Z. f. anal. Chem.*, VIII, 233, 1869). — KELLY. *Case of poisoning by three drachmes of* $CAzH$ (*Lancet*, 1879, (2), 831). — KIEDROWSKY. *De quibusdam experimentis quibus quantam vim habeat acidum hydrocyanicum, etc.* (*D.*, Breslau, 1858). — KNIE et BOEHM. *Ueber die phys. Wirk. der Blausäure* (*A. P. P.*, 1874, II, 129-148). — KOSSA (J.). *Neue. Beit. z. chem. Unterschied zwichen Cyankalium u. Kalium hypermanganicum* (*Ungar. Arch. f. Med.*, III, 57-61; J. B., 1894, 78). — *Z. Therapie der Cyanvergift.* (*C. W.*, 1894, XXXI, 289-291). — KRUKENBERG. *Z. Kenntn. d. Häm.* (*Chem. Unt. z. med. Wiss.*, I, 81-96, 1886). — KUSSMAUL (*Meissner's Jahrb.*, 1856, 397.) — LANG. *Ueber die Umwandl. des Acetonitrils u. seiner Homologen in Thierk.* (*A. P. P.*, XXXIV, 247-258); — *Ueber Entgift. der Blausäure*

(*Ibid.*, xxxvi, 75-99). — LANDOIS. *Étude médico-légale de l'ac. cyanhydrique* (D., Strasbourg, 1869). — LAPICQUE. *Toxicité du cyanure d'éthyle* (B. B., 1889, 251). — LAROCQUE. *Obs. s. antidote proposé par Smith* (*Gaz. méd.*, Paris, 1846, 630). — LAZARSKI. *Ueber die Wirk. Blausäure auf Athmung u. Kreislauf* (*Med. Jahrb. Wien.*, xli, 168). — LE BON. *CAzH dans fumée de tabac.* (*Journ. thér.*, 1880). — LECORCHÉ et MEURIOT. *Étude physiol. et thér. sur CAzH* (*Arch. gén. méd.*, i, 529-531, 1868). — MAISEL. *Krit. Stud. über Nachweis der Cyanverb. in forens. Fällen* (*Ber. ü. Lebensmittel*, Munchen, 1895, ii, 399-418). — MANASSEIN. *Ueber die Dimension der rothen Blutkörperchen unter verschiedenen Einfl.*, 1891, in-8. — MARENCO. *Cyanure de mercure* (*Ann. di chim. e farm.*, (4), vi, 172-184). — MASSUL. *Recherches sur prop. physiol. comp. cyanogène* (D. P., 1872). — MASW. *Poisoning by CAzH* (*Med. Rec. N. Y.*, 1884, xxv, 711). — MELTZER. *On absorpt. of strychn. and hydrocyan. from stomach* (*Trans. of Ass. of Amer. phys.*, 1896; R. S. M., xlix, 597). — MEYER. *Ueber die Natur des durch Strychnin erzeugten Tetanos* (*Henle's u. Pfeiffer's Zeit. f. rat. Med.*, 1846, v, 259). — PACKARD. *Blood of a suicid by prussic acid* (*Am. J. med. Sci.*, 1869, lviii, 432). — PASCHELES. *Vers. über die Umwandl. des Cyanverbind. in Thierk.* (A. P. P., 1894, xxxiv, 281-288). — PERSOZ et NONAT. *Chlore antidote de l'ac. cyanhydrique* (*Ann. d'hygiène*, 1830, iv, 435). — PLUGGE (D. chem. Ges., 1879, 2098). — PREYER. *Die Blausäure*, in-8, Bonn, 1870; — *Die Ursache der Giftigkeit des Cyankalium u. der Blausäure* (A. AP., 1867, xl, 125); — *Vergift. mit wasserfreier Blausäure und Nachweis, etc.* (A. g. P., 1869, ii, 146; A. P. P., ii, 381, 1875). — RABUTEAU. *Rech. sur ferrocyanure* (B. B., 1883, 268-282). — RICHTER. *Uber Cyanvergift.* (*Prag. med. Woch.*, 1891, n° 9-10-11). — RIES (H.). *Beitr. z. Kenntn. Wirk. Kalium Aurocyanid* (D., Kiel, 1897). — ROSSBACH et PAPILSKY. *Ueber Einw. Blaus. auf Kreislauf u. Blut.* (*Verhandl. den phys. med. Gesellsch.*, 1876, x, 205). — RUDOLPHI (G.). *Beitr. z. Kenntniss der Wirk. des Cyankalium* (D., Kiel, 1891). — SHVIIL (M.). *Valeur du nitrate de cobalt comme antidote des emp. cyanhydriques* (en russe) (*Vestnik. med. Karkow*, 1897, ii, 50). — SZIGETI (H.). *Ueber Cyanhämatin* (*Viertelj. f. ger. med. off. Sanit.*, 6° Suppl., 9-35; J. B., 1893, 620). — TREUB (M.). *Sur loc. transport et rôle de l'ac. cyanhydrique dans le Pangium edule* (*Rec. trav. chim.*, Pays-Bas, xiv, 276). — VALENTIN. *Einfl. Blaus. auf Sauerstoffaufnahme des Frosche* (Z. B., 1879, xiv, 363). — VERBRUGGE. *Toxicité, mononitriles gras, etc.* (*Arch. de pharmacodynamie*, v, 161-197). — VIBERT et L'HÔTE. *Emp. par ac. cyanhydrique* (*Ann. hyg. publ.*, mai 1883, (3), ix, 393). — VITALI. *Sul cianuro di mercurio* (*Ann. di chim. e di farm.*, (4), x, 176). — VOGEL. *Ueber Cyannachweis* (*Sitzb. Acad. Wissensch. Münch.*, 1884, 286-292). — VOIT. *Nachw. Blausäure* (Z. B., 1868, iv, 364). — VORTMANN. *Neue Reaction, etc.* (*Mon. f. Chem.*, vii, 416). — WAGNER. *Ueber die Wirk. des Blausäure*, in-8 Berl., 1880 (C. W., 1881). — WEHRENPFENNIG (P.). *Beitr. z. Kenntniss der Wirk. des Cyanzinkcyankalium* (*Diss. Kiel*, 1897). — WORTMANN. *Beitr. z. Kenntniss der Wirk. des Cyansilbercyankalium* (*Diss. Kiel*, 1897). — ZILLESEN. *Ueber die Bildung von Milchsaure und Glycose, etc.* (*Diss. Strasbourg*, 1891; Z. P. C., 1890, xv, 387). — ZILLNER. *Nach 4 Monats aufgefunden Leiche Nachweiss Cyankalium Vergiftung* (*Viertelj. f. gerichtl. Med.*, xxxv, octobre 1881).

ALLYRE CHASSEVANT.

CYANOGÈNE (C²Az²).

— Le cyanogène est un gaz incolore, d'une odeur très vive, rappelant celle des amandes amères, à la fois suffocante et piquante, provoquant le larmoiement. Ce gaz est très vénéneux. La densité du gaz cyanogène est de 1,8064; il se liquéfie à la pression ordinaire à la température de − 30°; il se solidifie en masse cristalline à − 34°,4. Il se liquéfie à 0° à la pression de l'atmosphère.

Le cyanogène a été préparé pour la première fois par GAY-LUSSAC en décomposant par la chaleur le cyanure de mercure pur et sec. Le cyanogène se dégage, le mercure se volatilise et se condense sur les parois froides de la cornue : il se forme en même temps une substance brun noirâtre, le *paracyanogène*, produit de condensation du cyanogène.

On peut préparer facilement le cyanogène en traitant à chaud le sulfate de cuivre par le cyanure de potassium. Il suffit de faire arriver peu à peu une solution de cyanure de potassium dans une solution de sulfate de cuivre chauffée au bain-marie. DUMAS a montré qu'il suffisait de déshydrater par la chaleur l'oxalate d'ammoniaque, ou l'oxamide. Cette réaction générale de formation des *nitriles* montre que le cyanogène doit être considéré comme étant le *nitrile oxalique* (c'est un *dinitrile*). De même, nous venons de voir que l'acide cyanhydrique est le *nitrile formique* (*mononitrile*).

Le groupement C＝Az (groupement cyanogène, ou nitrile) est très stable, il résiste sans se décomposer aux réactifs les plus puissants. On le rencontre dans une foule de composés organiques azotés naturels. Il leur communique des propriétés chimiques et physiologiques particulières. On doit considérer le cyanogène comme le type des *dinitriles*, de même que l'acide cyanhydrique est le type des *mononitriles*.

Le cyanogène s'unit directement et lentement à l'hydrogène, à la température de 500° sous l'influence de l'effluve électrique pour donner deux molécules d'*acide cyanhydrique*. Les métaux s'unissent directement au cyanogène pour donner des cyanures. La combinaison avec les métaux alcalins se fait avec énergie.

Le cyanogène brûle avec une flamme pourpre caractéristique, en donnant de l'azote et de l'acide carbonique.

Il est soluble dans l'eau et l'alcool; à 20° l'eau en dissout 4 volumes 1/2, et l'alcool environ 28 volumes. Les solutions de cyanogène s'altèrent rapidement; le cyanogène s'hydrate lentement, donne de l'oxamide, en même temps il se forme de l'acide cyanhydrique, de l'ammoniaque et de l'urée.

Action physiologique. — Le cyanogène a été étudié par COULLON, qui le premier a établi sa toxicité en expérimentant son action physiologique sur différents animaux : cochon d'Inde, moineau, sangsue, grenouille, cloporte, mouche, crabe.

Il a constaté que le cyanogène était un gaz très toxique pour tous ces animaux, les principaux symptômes qu'il a observés ont été le coma et les convulsions.

En 1830, HÜNEFELD constate la grande toxicité des cyanogènes qu'il compare à celle de l'acide cyanhydrique.

ORFILA expérimente l'action de ce gaz sur les chiens et compare son action à celle de l'acide cyanhydrique, au point de vue des symptômes, et de la rapidité foudroyante de son action toxique. GALTIER est de même opinion dans son *Traité de toxicologie*.

EULENBERG fait un certain nombre d'expériences avec le cyanogène, il constate que tout d'abord ce corps a une action irritante sur les muqueuses, puis agit sur le système nerveux; il occasionne des vertiges, de l'engourdissement, puis apparaissent des convulsions. D'après cet auteur, aucun gaz ne serait susceptible de provoquer des convulsions aussi intenses que celles produites par le cyanogène.

LASCHKEWITSCH a étudié l'action du cyanogène gazeux sur les animaux à sang froid et à sang chaud. Les animaux à sang froid, tels que : grenouilles, lézards, tritons, placés sous une cloche où on fait arriver un courant de cyanogène, présentent de l'agitation : leur peau se recouvre de sécrétions visqueuses, ils sont abattus, puis présentent des convulsions. Lorsqu'on retire l'animal de la cloche, les convulsions cessent; mais l'animal reste paralysé. La sensibilité de la peau est très diminuée; le cœur s'arrête en diastole. Les animaux à sang chaud : oiseaux, lapins, cochons d'Inde, réagissent de la même façon. L'auteur a noté au début l'inquiétude, le larmoiement, la sécrétion muqueuse des narines; puis les convulsions, les paralysies. Le cœur s'arrête en diastole. LASCHKEWITSCH a constaté qu'après section du nerf vague il n'y avait plus arrêt du cœur en diastole; il a donc attribué ce phénomène à une action spéciale du cyanogène sur le centre médullaire du [nerf vague. Le cyanogène agit cependant aussi sur les centres cardiaques. CASTELL a placé dans une atmosphère de cyanogène des cœurs de grenouilles récemment extirpés; il a constaté qu'ils continuaient à battre pendant 4 minutes.

B. BUNGE a fait, en 1880, une étude très documentée de l'action du cyanogène sur les animaux. Ses expériences ont été faites successivement sur les animaux à sang froid et sur ceux à sang chaud. Il a constaté que le cyanogène agit surtout sur les centres respiratoires. Cette action paralysante se produit aussi bien lorsque le cyanogène est inhalé à l'état gazeux par les poumons que lorsqu'on l'injecte sous la peau en solution aqueuse. L'action du cyanogène sur le système nerveux se manifeste surtout par une paralysie centrale, qui n'atteint pas les organes périphériques. Les nerfs moteurs et les muscles striés sont encore excitables, alors que la paralysie est déjà complète.

Comme action secondaire, il convient de signaler la rigidité musculaire provoquée par le cyanogène.

Au début, le cyanogène provoque une accélération du pouls, puis on observe le ralentissement des contractions cardiaques et simultanément un abaissement de la pression sanguine.

Heymans et Masoin, qui ont expérimenté l'action du cyanogène chez la grenouille, le lapin, le chien et le pigeon, ont été frappés de la rapidité d'évolution des phénomènes d'intoxication. Ils ont constaté, comme Bunge, l'état paralytique et surtout le ralentissement et l'arrêt de la respiration. Bunge a constaté que les effets toxiques du cyanogène sont moins intenses et que son pouvoir toxique est moindre que celui de l'acide cyanhydrique.

Heymans et Masoin ont déterminé les doses toxiques du cyanogène :

$0^{mill.},045$ de cyanogène sur 1 gramme de grenouille, soit 45 milligr. par kilo.
13 milligr. sur 1 kilog. de lapin.
15 milligr. sur 1 kilog. de chien.
9 milligr. sur 1 kilog. de pigeon.

Remarquons que les symptômes de l'intoxication par le cyanogène sont semblables à ceux de l'intoxication par l'acide cyanhydrique. Si la molécule C^2Az^2 se scindait intégralement dans le milieu alcalin du sang.

52 grammes C^2Az^2 seraient aussi toxiques que $2 \times 27 = 54$ grammes de CAzH.

Or la dose toxique de l'acide cyanhydrique pour la grenouille est d'environ $0^{milligr.},06$ par gramme de grenouille, sensiblement égale à celle du cyanogène pour le même animal.

Lœw et Tsukamato ont comparé la toxicité du cyanogène et celle de l'acide cyanhydrique dans toute l'échelle animale. Il faut remarquer que pour les animaux supérieurs le cyanogène est moins toxique que l'acide cyanhydrique ; les rats peuvent ingérer des doses de cyanogène sans accidents, alors qu'ils succombent sous l'action de doses égales d'acide cyanhydrique. Pour les animaux inférieurs, vers, crustacés, le cyanogène est au contraire plus toxique que l'acide cyanhydrique.

Le cyanogène agit sur les microbes avec la même énergie que l'acide cyanhydrique à la dose de 1/5000 les microbes sont détruits.

Le cyanogène tue la bactérie lactique à la dose de 1/1000 ; la levure de bière, à la dose de 1/5000. Les infusoires et les petits vers meurent au bout de deux minutes dans une solution de cyanogène au 1/2000, tandis qu'ils résistent une demi-heure dans une solution d'acide cyanhydrique au même titre.

Le cyanogène semble être essentiellement un poison du protoplasma.

Action physiologique des dinitriles. — Nous devons considérer le cyanogène comme le type et le premier homologue des dinitriles ; de même que l'acide cyanhydrique est le premier terme des mononitriles.

Le cyanogène est le nitrile de l'acide oxalique. L'étude comparative de l'activité physiologique des dinitriles normaux a été faite par Heymans et Masoin. Ces auteurs ont déterminé avec beaucoup de soin la toxicité relative des nitriles oxalique (cyanogène), malonique, succinique et pyrotartrique, suivant les espèces animales.

Doses toxiques en milligrammes par kilo d'animal.

ESPÈCE ANIMALE.	NITRILE OXALIQUE. C^2Az^2	NITRILE MALONIQUE. $C^3H^2Az^2$	NITRILE SUCCINIQUE. $C^4H^4Az^2$	NITRILE PYROTARTRIQUE. $C^5H^6Az^2$
Grenouille	45	5 9	1000	3000
Lapin	13	6	36	18
Chien	15	6,5	150	50
Souris blanche	—	8,9	—	—
Rat blanc.	—	7,8	—	—
Pigeon.	9	80	2000	1200

Ces résultats démontrent surabondamment que la toxicité d'un même dinitrile varie considérablement d'une espèce animale à une autre.

Si l'on cherche à déterminer la toxicité moléculaire, la molécule renfermant deux groupements CAz, qui semblent être la partie essentiellement toxique, on constate que pour la grenouille une molécule de nitrile oxalique (cyanogène) est aussi toxique que :

       1,66 molécules de nitrile malonique.
       14   molécules de nitrile succinique.
       37   molécules de nitrile pyrotartrique.

Pour le lapin, une molécule de nitrile oxalique est isotoxique à :

       0,357 molécules de nitrile malonique.
       1,8   molécules de nitrile succinique.
       0,71   molécules de nitrile pyrotartrique.

Pour le chien, une molécule de nitrile oxalique est isotoxique à :

       0,34   molécules de nitrile malonique.
       6,55   molécules de nitrile succinique.
       1,8   molécules de nitrile pyrotartrique.

Pour le pigeon, une molécule de nitrile oxalique est isotoxique à :

       7   molécules de nitrile malonique.
       180   molécules de nitrile succinique.
       80   molécules de nitrile pyrotartrique.

Les symptômes de l'intoxication par ces différents nitriles sont sensiblement les mêmes que ceux de l'intoxication par le cyanogène.

Le nitrile malonique, lequel a été l'objet de recherches plus approfondies, ne détermine pas l'accélération du cœur chez la grenouille, mais seulement, et cela pendant la période de paralysie, un ralentissement des contractions, et finalement l'arrêt, cet arrêt survenant toujours et parfois longtemps après l'arrêt de la respiration.

L'intoxication de la grenouille par le nitrile malonique se distingue de celle par le nitrile oxalique, en ce que les deux nitriles injectés à doses isotoxiques, la durée de l'intoxication est notablement plus courte pour le nitrile oxalique.

Chez le lapin, on doit signaler avec quelques détails les symptômes de l'intoxication par le nitrile malonique. C'est avant tout, en tant que poison respiratoire, un stimulant de l'inspiration. Le volume respiratoire présente d'abord une courbe ascendante, puis descendante jusqu'à 0. Les pulsations cardiaques sont accélérées ; le nitrile malonique est un vasodilatateur ; l'état de vaso-dilatation, qui au début est de courte durée, se prolonge ensuite de plus en plus à mesure que l'intoxication générale progresse.

L'hyposulfite de soude semble être antitoxique vis-à-vis des dinitriles normaux par un mécanisme semblable à celui que nous avons déjà décrit à propos de l'acide cyanhydrique.

Bibliographie. — Voir article **Cyanhydrique** (acide). — D. D. (art. *Cyanogène*). — B. Bunge. *Ueber die Wirkung des Cyans auf den thierischen Organismus.* (A. P. P., XII, 41, 1880). — Heymans et Masoin. *Étude physiologique sur les dinitriles normaux* (Arch. de pharmacodynamie, III, 77). — Loew et Tsukamato. *Ueber die Giftwirkung des Dicyans verglichen mit desjenigen von Cyanwasserstoff* (Munich, 1893, I, 237-243).

A. CHASSEVANT.

CYANOSE. — Sous l'influence de troubles circulatoires ou respiratoires qui gênent plus ou moins considérablement l'hématose, on voit les téguments prendre une teinte bleuâtre, et l'on dit que le sujet est cyanosé (Asphyxie, agonie, asystolie, etc.,); mais on désigne spécialement sous le nom de *cyanose* une maladie *congénitale* dans laquelle la coloration bleue de la peau et des muqueuses est l'élément symptomatique dominant, accompagné de palpitations et de dyspnée, lesquelles surviennent par intermittences, et sous forme d'*accès*.

Congénitalité d'une part, conditions qui réalisent les accès d'autre part, voilà les deux termes entre lesquels oscille la pathogénie de l'affection qui nous occupe; et la physiologie pathologique de la cyanose doit rechercher dans quelle mesure interviennent ces deux ordres de causes.

Cyanose congénitale. — En quoi certains sujets sont-ils prédisposés à la cyanose? c'est ce que nous apprennent les faits très nombreux d'anatomie pathologique qui tous ont trait à des lésions de nature endocarditique fœtale portant sur les cloisons du cœur, et sur l'origine des gros vaisseaux de la base du cœur. — Nous nous bornons ici à rappeler d'une façon sommaire en quoi consistent ces lésions.

La malformation « type » porte sur la cloison *interauriculaire* qui peut manquer totalement; qui, plus souvent, présente une *persistance* anormale du *trou de Botal*, sous forme d'orifice complet, de fente, ou de valvule perforée.

La cloison *interventriculaire* est moins communément atteinte, mais elle peut également se montrer perforée ou rudimentaire.

L'orifice tricuspidien peut être le siège d'un rétrécissement de degré variable.

Les vaisseaux de la base du cœur, avons-nous dit, sont très souvent intéressés. D'abord, on voit fréquemment persister le *canal artériel;* il arrive encore parfois que l'aorte naisse avec l'aorte pulmonaire du ventricule droit; mais le vaisseau le plus modifié dans son calibre, c'est l'artère pulmonaire, qui peut présenter tous les degrés de rétrécissement au niveau son orifice ventriculaire, au niveau de sa portion infundibulaire, ou sur tout son trajet. On l'a même vue faire défaut.

Accès de cyanose. — Ces diverses malformations envisagées au seul point de vue mécanique, en permettant dans l'organe central de la circulation le mélange des deux sangs, semblent donner une explication très simple et rationnelle de la cyanose : chez les sujets ainsi malformés, la réunion des oreillettes, celle des ventricules, celle des artères aortes, aboutissent à une disposition du cœur en trois cavités, comme chez les reptiles, mais de graves désordres ne sont pas nécessairement réalisés : bien des sujets ont de telles malformations, et ont cependant une existence à peu près normale, jusqu'au jour où apparaît un premier *accès* de cyanose. Or cet accès, qui peut être précoce, qui peut se montrer dès la naissance ou dans le cours de la première année, peut fort bien n'apparaître qu'au bout de plusieurs années. — On a vu la cyanose *tardive* ne se révéler qu'après la quarantaine; qui plus est, le symptôme périphérique a pu ne jamais exister, alors que l'autopsie a révélé quelqu'une des manifestations nettement congénitales que nous avons signalées. Et, enfin, on s'explique mal comment, alors que la malformation est constante, la cyanose procède par poussées intermittentes, par *accès*.

De tout cela, il résulte que, pour faire la cyanose, il faut bien un substratum anatomique sous forme de malformation cardiaque, mais qu'il faut aussi un élément surajouté qui paraît être l'intermédiaire commun à tous les cas observés, élément dont GRANCHER a, le premier, reconnu toute la valeur, et cet élément, c'est un trouble d'insuffisance fonctionnelle du ventricule droit.

Voici, en effet, des lésions (perforations des cloisons du cœur, rétrécissement de l'artère pulmonaire, etc.) qui comme conséquence majeure entraînent en premier lieu la stase veineuse. Pour lutter contre de tels obstacles, il faut un ventricule droit très puissant; et, de fait, l'hypertrophie du myocarde droit est la règle, représentant le type de ce qu'on appelait une hypertrophie providentielle. Cette hypertrophie, en compensant les phénomènes de stase, peut s'opposer à la production de la cyanose pendant plus ou moins longtemps : si, par contre, il y a exagération de fonction (efforts, toux); s'il survient quelque phénomène pathologique (bronchite, congestion pulmonaire) si, d'autre part, ce muscle cardiaque s'altère, le ventricule est insuffisant à sa tâche, et la cyanose apparaît.

Ainsi se constitue la *cyanose*, non pas exclusivement par le mélange des deux sangs, mais, en quelque sorte, par asystolie intermittente.

Est-ce à dire que ces troubles centraux de l'hématose dus au mélange du sang veineux au sang artériel soient sans influence sur l'état de santé des sujets? Ils ont, eux aussi, une influence considérable : à eux se rattachent le refroidissement périphérique, la dyspnée, l'indolence fonctionnelle des centres nerveux, d'où l'apathie, la torpeur physique et intellectuelle habituelles aux sujets atteints de cyanose, phénomènes qui constituent le tableau clinique si pathognomonique de cette affection.

Hyperglobulie. — Un fait qui a un notable intérêt physiologique, c'est la constatation dans un certain nombre de cas d'une hyperglobulie qui, à la numération globulaire, peut atteindre le chiffre de neuf millions de globules, c'est-à-dire le double de la normale. Cette hyperglobulie peut s'accompagner d'une augmentation de volume du foie et de la rate, et l'affection se montrerait alors comme un véritable désordre hématopoïétique, aussi bien que comme une affection cardiaque. Cette hyperglobulie est, sans nul doute, un phénomène utile de compensation; elle vient combattre activement l'anoxhémie; mais, on le conçoit aisément, elle contribue puissamment à augmenter l'intensité de la coloration bleuâtre des réseaux capillaires.

Conclusions. — On voit, en résumé, que les faits de cyanose, plus ou moins comparables entre eux dans leur expression symptomatique, ne sauraient être ramenés à une interprétation physiologique univoque s'appuyant sur les seules malformations cardio-vasculaires congénitales; à celles-ci, et souvent pour les mettre en évidence, s'ajoute l'insuffisance fonctionnelle du ventricule droit; et enfin peut-être un trouble accentué des fonctions hématopoïétiques intervient-il encore pour en augmenter l'intensité.

Nous n'avons pas à faire ici de question de séméiologie; mais il est permis toutefois de rappeler que la cyanose se montre à titre de symptôme de plusieurs affections du poumon et du cœur; il n'est pas besoin d'insister sur ce fait que la cyanose se montre infailliblement à la période de non-compensation des affections cardiaques. Alors, justement, elle est due à l'insuffisance fonctionnelle du ventricule droit, et l'on voit comment cette notion de l'hyposthénie du myocarde domine toute la question des cyanoses, congénitales, idiopathiques ou symptomatiques.

Bibliographie. — On trouvera la bibliographie des ouvrages anciens aux articles *Cyanose* des Dictionnaires de médecine. Pour la littérature contemporaine voir *Index Catalogue*. Art. *Cyanosis*, iii, 1896, 1091.

Signalons spécialement au point de vue physiologique : BARD et CURTELLET (*Rev. de médecine*, 1889, ix, 993-1017). — CHARRIN et LENOIR (*A. d. P.*, 1891, iii, 206-212). — HAYEM. *De l'état du sang dans la cyanose* (*Bull. et mém. de la Soc. des hôpitaux de Paris*, 1893, xii, 33-36). — MARIE (*Ibid.*, 1895, xii, 17-22). — MOUILLÉ (*Th. inaug.* Paris, 1896). — POTAIN. *Communicat. interventriculaire parfaitement tolérée chez une femme de cinquante ans* (*Bull. et mém. de la Soc. des hôp. de Paris*, 1896, xiii, 359). — TESTI. *Iperglobulia* (*Gaz. d. osp.*, 1896, xvi, 425). — VAQUEZ. *Hyperglobulie* (*Bull. méd.*, 1892, vi, 849).

H. TRIBOULET.

CYANURES. — Voyez Cyanhydrique (acide).

CYCLAMINE. — (Syn. : *Arthanitine* et peut-être *primuline*; ne pas confondre avec la *Cyclamine* de MOUNET, laquelle est une matière colorante rouge artificielle (1)) Glucoside découvert dans le rhizome de *Cyclame* ou *pain de pourceau* (*Cyclamen europæum* L.) par SALADIN qui l'a appelé *Arthanitine* (de *Arthanita*, nom arabe du *Cyclame*) (2). Ce glucoside a été étudié au point de vue chimique surtout par BUCHNER et HERBERGER (3), qui l'ont désigné sous le nom de *Cyclamine*; par DE LUCA (4); par MARTIUS (5) et par MUTSCHLER qui l'a obtenu à l'état cristallisé (6).

Des recherches physiologiques ont été faites sur la cyclamine par divers physiologistes, notamment par CL. BERNARD (7), par VULPIAN (8), par C. SCHROFF (9) et par C. TUFANOW (10).

Préparation. — D'après MARTIUS, on épuise le rhizome desséché et grossièrement pulvérisé par de l'alcool à 97° bouillant; on distille pour retirer la plus grande partie de l'alcool et on abandonne le résidu dans un lieu frais pendant 3 à 10 semaines. On recueille sur un filtre le produit impur qui s'est séparé; on le lave à l'alcool froid, on le fait bouillir dans de l'alcool additionné de noir animal et on filtre bouillant : la cyclamine se dépose.

Propriétés physiques et chimiques. — La cyclamine pure se présente sous forme d'une poudre blanche composée de fines aiguilles réunies en petits granules (Mutschler). Elle possède une saveur âcre, persistante. Elle donne, avec 300 parties d'eau, une solution limpide. A une plus forte concentration, la solution est opalescente et, à 2 p. 100, c'est, pour une partie du produit, une véritable suspension dans l'eau, car, par un long repos, de la cyclamine se dépose. La solution aqueuse de cyclamine mousse fortement par agitation ; elle possède la propriété singulière de se coaguler, comme les solutions d'albumine, de 60 à 75° ; mais elle redevient peu à peu limpide après refroidissement (De Luca). La cyclamine est assez soluble dans l'alcool à 96° (1 p. 71, d'après Mutschler), dans l'éther acétique et dans la glycérine ; elle est insoluble dans l'éther, le chloroforme, le sulfure de carbone, le benzol et l'éther de pétrole. Elle dévierait faiblement à gauche le plan de la lumière polarisée (De Luca). Abandonnée à l'air humide, elle absorbe de l'eau et augmente de volume. Chauffée, elle brunit vers 200° et fond à 236°. Si à 4 centimètres cubes d'une solution alcoolique faible d'acide salicylique, on ajoute 1 centigramme de cyclamine en nature, si l'on chauffe jusqu'à dissolution et si on laisse refroidir, le mélange se prend en une gelée homogène (Tufanow). Ajoutée à du lait, dans la proportion de 2 centigrammes pour 2 centimètres cubes de lait et 1 centimètre cube d'eau, elle amène rapidement la séparation de toute la matière grasse (Tufanow).

Traitée à chaud par les acides minéraux dilués, la cyclamine se dédouble en donnant un sucre et un composé que Klinger a appelé *Cyclamirétine* (11). Le sucre n'a pas été isolé à l'état de pureté ; il est dextrogyre et fermente au contact de la levure de bière. La cyclamirétine est un corps amorphe, blanc, inodore, insipide, insoluble dans l'eau, soluble dans l'alcool et dans l'éther, se colorant en rouge violet par l'acide sulfurique concentré. Mutschler a obtenu dans l'hydrolyse 50,32 p. 100 de sucre et 35,58 p. 100 de cyclamirétine ; Tufanow a obtenu jusqu'à 61,13 p. 100 de sucre et 38,51 p. 100 de cyclamirétine. Le premier attribue à la cyclamine la formule $C^{20}H^{34}O^{10}$ et à la cyclamirétine la formule $C^{15}H^{22}O^2$. D'après de Luca, et d'après Mutschler, l'émulsion hydrolyserait aussi la cyclamine ; Tufanow a essayé l'action de ce ferment, ainsi que celle de la salive, du suc gastrique et du suc pancréatique, sans arriver à aucun résultat.

La cyclamine en solution aqueuse se dédouble lorsqu'on expose celle-ci aux rayons solaires directs : il faut donc la conserver à l'obscurité (Mutschler).

Propriétés physiologiques. — Depuis longtemps le rhizome de Cyclame est employé dans certains pays, notamment en Sicile et surtout dans la Calabre, pour pêcher les poissons d'eau douce. On l'écrase de façon à en faire une pâte dont on remplit un sac solide. Ce sac est placé au milieu de la rivière et un homme, en le piétinant, en fait sortir le suc qui se mêle à l'eau et la rend mousseuse. L'eau ainsi empoisonnée engourdit les poissons. Ceux-ci viennent à la surface et sont pris facilement. Cette pêche se fait par les grandes chaleurs et au milieu de la journée (De Luca).

On a remarqué que les poissons ainsi pêchés se putréfient rapidement. En 1859 (12), une commission de la Faculté de médecine de l'Université de Naples a fait, sur les dangers que pouvait offrir cette pêche au point de vue de l'alimentation publique, un rapport assez étendu dont voici les principales conclusions :

1° Les poissons ressentent, d'autant plus facilement l'action du *Cyclamen* qu'ils sont plus petits et plus délicats.

2° L'effet immédiat et le plus sensible de l'empoisonnement par la cyclamine est l'abolition de toute faculté des nerfs moteurs, suivie de l'altération du sang, de l'asphyxie et de la mort.

3° Les poissons récoltés par ce moyen ne sont pas vénéneux pour l'homme qui les mange ; mais ils peuvent devenir insalubres quand ils ne sont pas mangés aussitôt après avoir été pêchés, à cause de leur corruption facile et rapide.

4° L'eau de la mer et des fleuves qui tient en solution une petite quantité de suc de cyclamen ou de cyclamine devient vénéneuse pour des générations entières de poissons, et fait mourir plus facilement les petits poissons éclos depuis peu.

Vulpian a fait, d'abord en 1838, puis, l'année suivante, à l'occasion du rapport dont il vient d'être question, une série de recherches sur l'action de la cyclamine sur les grenouilles et les poissons, ainsi que sur les têtards et les embryons de grenouille. Les conclusions de ces recherches diffèrent notablement de celles énoncées dans le rapport de la commission napolitaine, du moins, en ce qui concerne l'interprétation de l'action de la cyclamine, que Vulpian envisage comme une sorte d'action vésicante :

1º La cyclamine en solution aqueuse assez étendue amène la mort des grenouilles, des têtards batraciens, des poissons et d'autres animaux qui y sont plongés; *mais ce n'est pas par suite d'une véritable intoxication.*

2º La mort des larves de batraciens est déterminée par l'action énergique que la cyclamine exerce sur elles, action par suite de laquelle les tissus sont rapidement altérés des parties superficielles aux parties profondes.

4º La mort des grenouilles semble due aussi à une pénétration plus ou moins lente et progressive de la cyclamine dans les liquides et les tissus, et à l'altération directe qu'elle y produit. La circulation ne joue probablement qu'un rôle secondaire dans le transport de la cyclamine.

5º Chez les poissons, la mort ou les phénomènes morbides sont liés en grande partie, selon toute probabilité, aux troubles des fonctions respiratoires et cutanées par suite de l'altération de l'épiderme du tégument et de l'épithélium des branchies.

6º Aucun fait ne démontre que la cyclamine ait une action primitive ou spéciale soit sur le système nerveux central, soit sur les nerfs moteurs.

7º La putréfaction rapide qui s'empare des animaux morts sous l'influence de la cyclamine tient à l'action altérante directe que cette substance exerce sur les liquides et les éléments des tissus avec lesquels elle entre en contact.

Que la cyclamine produise sur le tégument externe des grenouilles, têtards, poissons, etc., d'abord une action irritante puis une véritable mortification des tissus, cela ne paraît pas douteux. Lorsqu'on plonge ces animaux dans une solution de cyclamine suffisamment concentrée (1 p. 6000 par ex.), ils font des mouvements violents pour s'échapper ; la peau s'injecte, sécrète une matière visqueuse qui retient les corpuscules avec lesquels le corps de l'animal se met en contact : voilà les phénomènes qui se rapportent à l'irritation. Puis une teinte blanchâtre se répand sur toute la surface du corps, provenant d'une altération de la couche superficielle de l'épiderme; plus tard l'épiderme se soulève et cela d'autant plus rapidement que l'animal est plus jeune (embryon de grenouille, têtards). Enfin les cellules épidermiques se détachent ou se désagrègent. Si, au moment où l'épiderme est déjà altéré dans une partie de son épaisseur, mais lorsque le retour à la vie est encore possible, si on retire des poissons de la solution de cyclamine pour les mettre dans l'eau courante, ils se dépouillent de l'épiderme mortifié et recouvrent l'intégrité de leurs fonctions. Aucun phénomène ne révèle une influence spéciale de la substance sur le système nerveux central ou sur le système musculaire, ou sur le cœur. Il semble donc, d'après Vulpian, étant mise à part l'excitation cutanée, laquelle peut déterminer un certain épuisement des propriétés du système nerveux, ce qu'il considère d'ailleurs comme problématique, que les phénomènes de l'empoisonnement par la cyclamine, du moins chez les grenouilles, se bornent à des modifications physico-chimiques qui envahissent de proche en proche toutes les parties élémentaires des tissus et y détruisent les conditions nécessaires aux manifestations vitales. Comme, chez les poissons plongés dans la solution de cyclamine, cette action destructive du pouvoir s'exerce surtout et rapidement sur l'appareil branchial, on conçoit que l'asphyxie joue le principal rôle.

Tufanow a étudié sur des chiens l'action de la cyclamine administrée en injection intraveineuse. A doses moyennes (5 à 6 milligr. par kilo.), elle amène la mort dans les deux jours. Les premiers symptômes de l'empoisonnement se manifestent au bout de sept à dix heures par de l'hémoglobinurie. L'urine est colorée en rouge violet; elle laisse déposer des globules blancs, des débris d'épithélium, mais pas de globules rouges. Examinée au spectroscope, elle donne les bandes d'absorption caractéristiques de l'oxyhémoglobine; elle ne renferme pas de sucre, mais seulement un peu d'albumine. Dans tous les cas, il a observé des vomissements et de la faiblesse des extrémités. La respiration, d'abord normale, s'accélère et devient pénible vers la fin. Les mouvements du cœur, deux ou trois heures avant la mort, sont très irréguliers.

A de faibles doses (2 à 3 milligr. par kilo) la mort ne survient qu'au bout de quatre à six jours. Les manifestations de l'empoisonnement sont d'ailleurs les mêmes.

A de fortes doses (0^{gr},02 par kilo), la mort survient pendant ou sitôt après l'injection. On remarque alors des signes évidents de suffocation.

L'examen macroscopique et microscopique des tissus et organes des animaux morts a révélé une grande inflammation des principaux organes, ainsi qu'une décomposition du sang. Celle-ci est caractérisée par la séparation de l'hémoglobine des globules rouges qui sont détruits pour la plupart. Le sang est en outre coagulé, ainsi que la myosine des muscles lisses et striés. C'est certainement à cette décomposition du sang qu'il faut rapporter la mort de l'animal. En cela l'action de la cyclamine diffère essentiellement de celle des saponines (*acide quillajique, sapotoxine et sénégine*).

D'après Tufanow, des doses relativement faibles de cyclamine (0^{gr},04), introduites dans l'estomac d'un chien, même à cinq reprises dans un jour, n'amènent pas d'accidents. A des doses élevées (de 0^{gr},20 à 0^{gr},80), l'animal vomit au bout de quelques minutes et guérit. Administrée à des oiseaux (corneilles, pigeons) à doses faibles, la cyclamine est sans action ; à des doses fortes (0^{gr},20 en une fois), elle amène la mort.

Le même physiologiste a aussi essayé *in vitro* l'action de la cyclamine en solution aqueuse sur le sang défibriné et sur le sang non défibriné. Mélangée au premier, elle provoque la séparation de l'hémoglobine des globules du sang ; l'hémoglobine passe en solution dans le sérum. Cette action très nette à la dilution de 1 p. 100000 est encore manifeste à 1 p. 285714. Ajoutée au second, elle en accélère la coagulation à petites doses et la retarde à doses plus élevées.

Tufanow a fait également des recherches relatives à l'action de la cyclamine sur la peau, sur le cœur et la circulation, sur la respiration, sur la sécrétion de la salive et sur le système nerveux. Disons seulement qu'il pense comme Vulpian, qui d'ailleurs n'est pas cité dans son travail, que la cyclamine n'exerce d'action primitive ni sur le système nerveux central, ni sur le système nerveux périphérique.

Bibliographie. — 1. Monnet (S.). *Société chimique ; procès-verbal de la séance du 2 mai 1890* (Bull. Soc. chim., (3), III, 676, 1890). — 2. Saladin. *Des feuilles et des tubercules du* Cyclamen europæum (Journ. de chim. méd., VI, 417, 1830). — 3. Buchner et Herberger. *Ueber Cyclamen europæum* (Buchner's Rep. f. d. Pharm., XXXVII, 36, 1831). — 4. De Luca (S.). *Recherches chimiques sur le* Cyclamen (C. R., XLIV, 723, 1857, et XLVII, 295, 1858). — 5. Martius (Th. W. C.). *Ueber die Bereitung des Cyclamins* (Neues Rep. Pharm., VIII, 388, 1859). — 6. Mutschler (L.). *Ueber Cyclamin, Primulin und Primulacamphor* (Ann. d. Chemie, CLXXXV, 214, 1877). — 7. Bernard (Cl.). *Leçons sur les effets des substances toxiques*, Paris. 1857, 304. — 8. Vulpian. *Remarques sur l'action de la Cyclamine* (B. B., (3), II, 59, 1860). — 9. Schroff (C.). *Cyclamin und der Wurzelstock von Cyclamen europæum L.* (Zeitschr. Wiener Aerzte, 1859, n°s 21 et 22). — 10. Tufanow (N.). *Ueber Cyclamin* (Arb. d. pharm. Institutes zu Dorpat, I, 100, 1888). — 11. Klinger (A.). (Mitth. der physik.-med. Societät zu Erlangen, II, 23, d'après Tufanow). — 12. *Conclusions d'un rapport fait par une commission de la Faculté de médecine de Naples, sur les effets toxiques et physiologiques du* Cyclamen *et de la cyclamine* (B. B., (3), II, 57, 1860).

EM. BOURQUELOT.

CYNANCHOL (C^{15}H^{24}O). — Matière résineuse existant dans le latex du *Cynanchum acutum*. D'après Hesse, ce corps serait constitué par deux substances très voisines, la cynanchocérine et la cynanchine (D. W., (1), 608).

CYNAPINE. — Alcaloïde vénéneux, cristallisable, de *Aethusa Cynapium*. (D. W., (1), 30).

CYNOGLOSSINE. — Alcaloïde qui existerait dans la racine de cynoglose(?) (Enc. der Therapie de Liebreich, I, 864).

CYNURÉNIQUE (Acide) (C^{10}H^{7}AzO^{3}+H^{2}O). — L'acide cynurénique ou *acide kynurénique* est un produit d'excrétion isolé par Liebig dans l'urine du chien (*Ann. Chem. Pharm.*, LXXXVI, 125; CVIII, 354 et CXL, 143). Ce corps est très peu soluble dans l'eau pure ou dans l'eau faiblement acidulée; il est au contraire assez soluble dans les acides minéraux concentrés où il précipite par l'acide acétique. L'acide cynurénique cristallise en aiguilles brillantes à quatre pans ou en aiguilles incolores très fines qui offrent l'aspect d'une masse blanche et soyeuse. Chauffé avec précaution, l'acide cynurénique perd son eau de cristallisation à 150° et fond complètement vers 257° à 258° en dégageant de l'acide carbonique et laissant une base, la *cynurine* (Schmiedeberg et Schultzen, *Ann. Chem. Pharm.*, CLXIV, 133; *Bull. Soc. Chim.*, XVIII, 465).

$$C^{10}H^7AzO^3 = CO^2 + C^9H^7AzO$$

Briegen a aussi constaté que l'eau bromée agit sur cet acide, en produisant la même transformation, mais, dans ce cas, la cynurine se transforme en un dérivé bromé (*Z. p. C.*, IV, 89).

L'acide cynurénique se comporte comme un acide monobasique faible; il rougit le tournesol, mais ne décompose pas le carbonate de baryum (Liebig, Meissner et Stephard). D'après les recherches de Kretschy, l'acide cynurénique est un corps dérivé de la série quinoléique (*D. Chem. Ges.*, 1879, |1673). Si l'on chauffe ce corps avec la potasse, il ne donne aucun produit de la série aromatique, tandis que, chauffé avec l'acide chlorhydrique à 240°, ou mieux encore avec la poudre de zinc, il fournit par hydrogénation la quinoléine.

$$C^{10}H^7AzO^3 + H^2 = CO^2 + H^2O + C^9H^7Az$$

Kretschy a montré en outre (*Ak. W.*, LXXXVII, LXXXVIII et LXXXIX) que l'acide cynurique et la cynurine donnent par oxydation l'acide cynurique. Ce corps cristallise en aiguilles incolores, peu solubles dans l'eau, solubles dans l'alcool et dans l'éther. Chauffé avec l'hydrate de chaux, l'acide cynurique ne dégage aucune odeur de pyridine. Cet acide forme des combinaisons diverses avec les métaux légers, qui sont décomposées par les acides minéraux et précipitées par l'acide acétique. Lorsque l'acide cynurique est libre, il donne avec le nitrate d'argent un précipité gélatineux abondant. La solution aqueuse de cet acide chauffée à 100° avec l'acide chlorhydrique ou bien seule, mais pendant longtemps, donne de l'acide amido-benzoïque et de l'acide oxalique : $C^6H^4(COOH)AzH - CO - COOH + H^2O = C^6H^4 (AzH^2) COOH + C^2H^2O^4$. En soumettant le mélange de ces deux derniers corps à parties égales à la température de 115° à 135°, il se forme par synthèse l'acide oxalylamidobenzoïque, tout à fait analogue à l'acide cynurique. En somme, d'après Kretschy, la cynurine (C^9H^7AzO) ne serait autre chose qu'une *oxyquinoléine* et l'acide cynurique ($C^9H^7AzO^3H^2O$) l'*acide oxycarboquinoléique*.

On reconnaît la présence de l'acide cynurénique dans l'urine à l'aide de la réaction de Jaffe qui est d'une très grande sensibilité. Voici en quoi elle consiste. On chauffe le liquide contenant l'acide cynurénique avec un mélange d'acide chlorhydrique et de chlorure de potassium dans une capsule de porcelaine, soit au bain marie, soit à la flamme, mais avec un feu lent jusqu'à évaporation complète du liquide. Le résidu sec, qui est d'une couleur rouge, donne tout d'abord en présence de l'ammoniaque une coloration brune, jaunâtre, puis jaune émeraude ou vert de Guignet. Cette coloration devient beaucoup plus intense au contact de l'air, et, si l'on chauffe la masse vert jaunâtre, elle prend bientôt une couleur violette. Par ce procédé on peut déceler des traces d'acide cynurénique dans l'urine, dont aucun composé ne donne cette réaction. Lorsqu'on fait agir le mélange d'acide chlorhydrique et de chlorure de potassium sur l'acide cynurénique, il se forme plusieurs composés chlorés dont on isole au moyen de l'acide acétique glacial un produit pur, la *tétrachloroxycynurine*. Cette substance est beaucoup moins sensible à la réaction de Jaffe que l'acide cynurénique (*Z. p. C.*, VII, 399).

Il existe plusieurs méthodes pour extraire l'acide cynurénique de l'urine. Les plus employées sont celles de Schmiedeberg et Schultzen, Hofmeister et Jaffe. Schmiedeberg et Schultzen (*Ann. Chem. Pharm.*, CLXIV, 135) commencent par concentrer l'urine, soit directement, soit après l'avoir précipitée par l'acétate de plomb et enlevé le plomb par l'hydrogène sulfuré. Le liquide ainsi traité est évaporé, puis acidulé par l'acide chlorhydrique et abandonné à lui-même pendant quelques jours dans un endroit frais. On dissout l'acide cynurénique qui se dépose par l'ammoniaque étendue, ce qui élimine l'acide urique, puis on le décolore par le charbon et on le reprécipite par l'acide acétique de la solution chaude et peu concentrée. Il faut répéter cette opération un certain nombre de fois si l'on veut obtenir le corps absolument pur. Le procédé de HOFMEISTER (Z. p. C., v, 67) est fondé sur la propriété qu'a l'acide cynurénique de former avec l'acide phosphotungstique une combinaison insoluble dont on peut le retirer. Cet auteur ajoute à une grande quantité d'urine (10 litres) la dixième partie d'un mélange d'acide chlorhydrique et d'acide phosphotungstique. On filtre le liquide précipité et on lave à plusieurs reprises le précipité avec une solution d'acide sulfurique à 5 p. 100, jusqu'à disparition complète de la réaction chlorée. La masse du filtre bien exprimée est traitée par l'hydrate de baryte en grande quantité afin de saturer complètement son acidité et la rendre même alcaline : On filtre cette bouillie et on sépare la baryte dissoute à l'aide d'un courant d'acide carbonique. Dans le liquide qui reste on obtient, par l'acide chlorhydrique et la chaleur, un précipité brunâtre, formé par l'acide cynurénique impur. Si l'on recueille ce précipité et qu'on le lave abondamment à l'eau distillée, jusqu'à faire disparaître toute trace de chlore, on peut, en le traitant de nouveau par l'eau de baryte, obtenir le sel de baryum pur. JAFFE a proposé une méthode beaucoup moins compliquée que les précédentes. L'urine est réduite par la chaleur à l'état de sirop, puis traitée par l'alcool chaud. Au bout de vingt-quatre heures on filtre le liquide et on lave le précipité avec l'alcool. Le liquide filtré est de nouveau réduit à l'état de sirop, puis repris par l'eau et traité par l'éther et l'acide sulfurique. L'acide cynurénique se précipite alors à l'état presque pur (AUG. SCHMIDT, D. Königsberg, 1884). Ces diverses méthodes ont été modifiées depuis par de nombreux auteurs. CAPPALDI, entre autres (Z. p. C., XXIII, 92-98) préconise le procédé suivant : Une certaine quantité d'urine est additionnée, de la moitié de son volume, d'une solution à 10 p. 100 de chlorure de baryum, contenant 5 p. 100 d'ammoniaque concentrée. Le liquide filtré est réduit par la chaleur à un tiers du volume primitif de l'urine, puis traité par l'acide chlorhydrique concentré dans la proportion de 4 p. 100. On filtre ce nouveau liquide au bout de seize à vingt-quatre heures et on lave le précipité avec une solution à 1 p. 100 d'acide chlorhydrique. Le précipité, ainsi lavé, est dissous par l'ammoniaque, et cette solution chauffée lentement jusqu'à dégagement complet de l'ammoniaque additionnée. On filtre alors, et on précipite par l'acide chlorhydrique concentré (4 p. 100). Le précipité lavé par une solution à 1 p. 100 de ce dernier acide est desséché à 100° et on obtient ainsi les cristaux d'acide cynurénique.

L'acide cynurénique est sans doute un produit de dédoublement de la molécule albumineuse. BAUMANN avait été le premier à affirmer que ce corps ne provoque pas des fermentations microbiennes de l'intestin (Z. p. C., x, 123-133). Mais ROSENHAIN (D. Königsberg, 1886) et HAAGEN (D. Königsberg, 1887 et C. W., 1889, 214) ont soutenu l'opinion contraire. Le dernier de ces auteurs, surtout, prétend que, lorsqu'on donne à un chien de la viande cuite au lieu de la viande crue, on constate que l'excrétion de l'acide cynurénique diminue notablement : 0gr,24 par jour au lieu de 0gr,406. De plus, si l'on soumet l'animal à un traitement antiseptique, l'excrétion cynurénique se comporte différemment pour chacun des corps qu'on lui donne.

ANTISEPTIQUES ADMINISTRÉS.	PROPORTION D'ACIDE cynurénique avant l'autopsie dans 24 heures.	PROPORTION D'ACIDE cynurénique pendant l'autopsie dans 24 heures.	DIFFÉRENCE P. 100.
	gr.	gr.	gr.
Salol.	0,406	0,275	32
Thymol	0,603	0,522	13,4
Naphtaline	0,432	0,119	54
Iodoforme	0,611	0,604	»

On voit que, de tous ces antiseptiques, seul l'iodoforme semble n'avoir aucune action sur l'excrétion de l'acide cynurénique. CAPPALDI, qui a repris l'étude de cette question, conteste les expériences de ROSENHAIN et HAAGEN (*Z. p. C.*, 1897, XXIII, 87-91). Tout d'abord il fait remarquer que les différences observées par ces auteurs à la suite de l'administration des antiseptiques, dans la proportion de l'acide cynurénique, sont des écarts trop faibles pour qu'on puisse en tirer une conclusion quelconque. Il a vu des chiens soumis pendant deux jours à un traitement énergique au calomel ne pas présenter de variations sensibles dans l'excrétion de cet acide. On ne doit pas oublier non plus que les antiseptiques sont des poisons actifs qui agissent sur les phénomènes chimiques de la vie cellulaire et qui peuvent indirectement s'opposer à la production de l'acide cynurénique. En tout cas, ce que prouvent les expériences de CAPPALDI, c'est que cet acide ne se forme point dans la digestion intestinale, *in vitro*, même lorsqu'on met en présence tous les éléments qui se trouvent dans l'intestin à l'état normal. De la viande cuite mise à digérer dans le suc pancréatique et contaminée par des matériaux alimentaires provenant de l'intestin de chien, ne donne jamais lieu à la production de l'acide cynurénique. On peut donc affirmer : 1° que l'acide cynurénique ne prend pas naissance dans l'intestin ; 2° que ce corps n'est nullement le résultat de l'œuvre des microbes agissant sur les albumines. Il n'y a du reste aucun rapport quantitatif entre les produits sulfo-conjugués de l'urine et l'acide cynurénique, ainsi que MORAX l'a constaté (*Z. p. C.*, x, 318). En est-il de même pour ce qui concerne les produits azotés de l'urine ? On sait que l'urine de chien contient, outre l'acide cynurénique, une certaine quantité d'acide urique (MEISSNER et STEPHARD, *Unters. über Entsteh. der Hippursaüre in Organ.*, Hanovre, 1866). Il était intéressant de savoir si l'existence de ces deux urines était en quelque sorte corrélative. VOIT et RIEDENER (*Z. B.*, I, 315) n'ont trouvé de l'acide urique dans l'urine de chien qu'après une alimentation très riche en albuminoïdes ; mais, ainsi que MAUNYN et RIESS l'ont montré (*A. P.*, 1869, 381), cette observation n'a aucune valeur. VOIT et RIEDERER se servaient en effet de la réaction du *murexide* pour déceler l'acide urique dans l'urine, et on sait que ce corps, en présence de l'acide cynurénique, ne donne pas cette réaction. SOLOMIN a voulu résoudre cette question qu'il a développée considérablement en faisant des analyses comparatives dans l'urine des chiens soumis à un même genre d'alimentation, de l'acide cynurénique, de l'acide urique, des bases alloxuriques et de l'azote total (*Z. p. C.*, XXIII, 497-504). Il arrive à cette conclusion qu'il n'y a pas de rapport quantitatif entre ces divers corps et que dans aucun cas l'acide urique ne saurait être remplacé par l'acide cynurénique.

En partant de ce fait que l'acide cynurénique n'est qu'un acide oxycarboquinoléique, SCHMIDT et ROSENHAIN (*loc. cit.*) ont eu l'idée d'introduire dans l'organisme du chien et du lapin quelques dérivés de la série quinoléique, pour voir si ces substances se transformaient en acide cynurénique. Les résultats ont été complètement nuls. A l'exemple de ces auteur, ROSENHAIN et CAPPALDI ont fait la même expérience avec certains corps dérivés de la putréfaction des albuminoïdes. Cette fois encore l'excrétion cynurénique n'a pour ainsi dire guère changé. NIGGELER (*A. P. P.*, III, 87) semblait être plus heureux dans cette voie, en constatant une augmentation sensible de l'acide cynurénique à la suite de l'ingestion d'un gramme d'*isatine*. Malheureusement, les expériences récentes de SOLOMIN sont contraires à cette observation. Il en a été de même en ce qui concerne la tyrosine, que HAUVER (*A. P. P.*, XXXVI, I) considérait comme pouvant être la substance mère de l'acide cynurénique. En tout cas, et quoi qu'il en soit du mécanisme de formation de l'acide, son origine ne peut être attribuée qu'au dédoublement des matériaux albuminoïdes.

L'acide cynurénique introduit dans l'organisme du chien, soit par la voie digestive, soit par la voie veineuse, se détruit en partie et en partie s'élimine (SCHMIDT, HAUSER et SOLOMIN). Chez l'homme et chez le lapin, dont les urines ne contiennent pas ce corps à l'état normal, la destruction de l'acide cynurénique l'emporte sur l'élimination.

L'excrétion de l'acide cynurénique varie considérablement d'un animal à l'autre. D'après VOIT et RIEDERER, elle augmente d'une alimentation riche en azote ($0^{gr},397$ par jour chez un chien à jeun ; $1^{gr},898$, chez le même animal nourri avec 2 000 grammes de viande). Les matières amylacées semblent diminuer la quantité d'acide cynurénique, mais le sulfate de soude, contrairement à l'opinion de SEEGEN (*W. Ak.*, LXIX, 24), n'exerce aucune action. Pour se rendre compte des variations que l'excrétion cynurénique subit dans le cours de plusieurs journées chez des chiens soumis à des conditions d'alimentation à peu près constantes, nous empruntons le tableau suivant à Solomin, dont les chiffres sont aussi nombreux qu'instructifs.

POIDS DE L'ANIMAL en grammes.	QUANTITÉS D'URINE en 24 heures.	QUANTITÉS D'AZOTE TOTAL en 24 heures.	QUANTITÉS D'ACIDE CYNURÉNIQUE en 24 heures.	QUANTITÉS D'ACIDE URIQUE en 24 heures.
	gr.	gr.	gr.	gr.
8 900	920	14,26	0,3198	0,1739
»	1 000	15,58	0,3779	0,1218
»	950	15,00	0,3666	0,1094
»	1 835	15,34	0,3387	0,0930
»	1 820	15,15	0,3743	0,0980
»	1 810	14,86	0,3398	0,0947
»	1 940	15,10	0,2215	0,0897
8 800	1 870	15,08	0,2639	0,0868
»	1 905	13,93	0,1800	0,0786
»	1 990	18,37	0,2688	0,1236
»	1 900	15,08	0,3119	0,1157
8 870	1 845	15,16	0,3315	0,1610
»	1 715	13,96	0,1370	0,1104
8 980	1 840	13,69	0,2428	0,1189
»	1 800	13,22	0,1940	0,1043
9 340	1 600	14,19	0,2565	0,1589
»	1 700	13,97	0,2344	0,1288
»	1 940	14,77	0,2566	0,1204
»	1 900	14,79	»	»
9 250	1 800	14,22	0,1908	0,1229

J. CARVALLO.

CYNURINE. — Voyez Cynurénique (Acide).

CYNURIQUE (Acide). — Voyez Cynurénique (Acide).

CYON (E. de). Physiologiste russe. Ancien professeur à l'Université et à l'Académie médico-chirurgicale de Saint-Pétersbourg. — 1. *De Choreae Indole sede et nexu cum rheumatismo articulari, peri- et endocardite* (Diss. in., Berolini, 1864, 1-55). — 2. *Die Chorea und ihr Zusammenhang mit Gelenk-Rheumatismus, Peri- und Endokarditis* (*Wien. med. Jahrb.*, 1865, II, 115-131). — 3. *Ueber den Einfluss der hinteren Nervenwurzeln des Rückenmarkes auf die Erregbarkeit der Vordern* (*Ges. der Wiss., Leipzig*, 1863, XVII). — 4. *Die Lehre von der Tabes dorsualis, kritisch und experimentell erläutert* (Berlin, Liebrecht, 128). — 5. *Zur Lehre von der Tabes dorsualis* (*A. A. P.*, XLI, 1867). — 6. *Ueber den Einfluss der Temperaturänderungen auf Zahl, Dauer und Stärke der Herzschläge* (*Ges. der Wiss., Leipzig*, 1866, XVIII). — 7. *Die Reflexe eines der sensiblen Nerven des Herzens auf die motorischen der Blutgefässe*, en collaboration avec Ludwig (*Ibid.*). — 8. *Ueber die Innervation des Herzens vom Rückenmarke aus.* (C. W., n° 51, 1866) (avec M. Cyon). — 9. *Sur l'innervation du cœur* (C. R., 25 mars 1867). — 10. *De l'influence de l'acide carbonique et de l'oxygène sur le cœur* (Ibid., 20 mai 1867). — 11. *Ueber die Innervation des Herzens vom Rückenmarke aus.* (A. P., 1867). — 12. *Ueber Irrenpflege und Irrenanstalten* (*A. A. P.*, 1867, XLII). — 13. *Ueber die Wurzeln, durch welche das Rückenmark die Gefässnerven für die Vorderpfote aussendet* (*Gesell. der Wiss., Leipzig*, XX, 1868). — 14. *Ueber die Nerven des Peritoneum* (Ibid.). — 15. *Die Brechungsquotienten des Glaskörpers und des Humor aqueus* (*Ak. W.*, 14 jan. 1869). — 16. *Ueber den Nervus depressor beim Pferde* (*Bulletin de l'Ac. des Sc. de Saint-Pétersbourg*, 24 mars 1870). — 17. *Hemmungen und Erregungen im Centralsystem der Gefässnerven* (Ibid., 22 déc. 1870). — 18. *Les actions réflexes des nerfs sensibles sur les nerfs vasomoteurs* (C. R., 30 août 1869). — 19. *Ueber eine paradoxe Thätigkeitsäusserung eines sensiblen Nerven* (*Bulletin de l'Ac.*

des Sc. de Saint-Pétersbourg, 23 février 1871, VIII). — 20. *Die Geschwindigkeit des Blutstroms in den Venen (Ibid.*, avec STEINMANN). — 21. *Ueber den Tonus der willkührlichen Muskeln (Ibid.*, 22 déc. 1870). — 22. *Die Bildung des Harnstoffs in der Leber (C. W.*, 1870, n° 37). — 23. *Die Rolle der Nerven bei Erzeugung von künstlichem Diabetes mellitus (Bull. de l'Acad. des Sc. de Saint-Pétersbourg*, 23 février 1871, avec ALADOFF). — 24. *Ueber die Erregbarkeit einiger Partien des Rückenmarks (Ibid.*, 16 déc. 1869, avec ALADOFF). — 25. *Zur Lehre von der reflectorischen Erregung des Gefässnerven (A. g. P.*, 1873). — 26. *Ueber den Einfluss der Temperaturänderungen auf die centralen Enden der Herznerven (Ibid.*). — 27. *Ueber die Innervation der Gebärmutter (Ibid.*, avec CHERCHEWSKY). — 28. *Ueber die Funktion der halbcirkelförmigen Canäle (Ibid.*). — 29. *Ueber den Einfluss der hinteren Wurzeln auf die Erregbarkeit der vorderen (Ibid.*, 1873). — 30. *Le cœur et le cerveau (Rev. scientifique*, 1873). — 31. *Ueber die Fortpflanzungsgeschwindigkeit der Erregung im Rückenmarke (Bull. de l'Acad. des Sciences de Saint-Pétersbourg*, 18 déc. 1873). — 32. *Zur Hemmungstheorie der reflectorischen Erregungen (Beiträge zur Anatomie und Physiologie als Festgabe von* CARL LUDWIG, Leipzig, 1874. Xogel). — 33. *La forme de la contraction musculaire produite par l'excitation des racines antérieures (B. B.*, 1876). — 34. *Note sur le fonctionnement physiologique du téléphone (Ibid.*, 1877). — 35. *L'origine de l'homme d'après* HAECKEL; *étude critique (Messager russe*, 1876, en russe). — 36. *Travaux exécutés dans le laboratoire de physiologie et l'Académie médico-chirurgicale en* 1873 (en russe), Saint-Pétersbourg, 1874, Ricker, 1 vol. 1-190). — 37. *Cours de physiologie. Leçons faites en* 1872-1873 *à l'Acad. médico-chirurg.*, Saint-Pétersbourg, 1874, Ricker, I, *Circulation, respiration et nutrition*, 1-441; II. *Système nerveux et musculaire, organes de sens*, 1-389 (en russe). — 38. *Methodik der physiologischen Experimente und Vivisectionen*, Saint-Pétersbourg et Giessen, Ricker, 1876, 1 vol. in-8, 1-366 avec un atlas de LIV planches. — 39. *Rapports physiologiques entre le nerf acoustique et l'appareil moteur de l'œil (C. R.*, 10 avril 1876). — 40. *Les organes périphériques du sens de l'espace (Ibid.*, 31 déc. 1877). — 41. *Recherches expérimentales sur les fonctions des canaux semi-circulaires et sur leur rôle dans la formation de la notion de l'espace (Diss. in.*, Paris, 1878). — 42. *Zur Physiologie des Gefässnervencentrums (A. g. P.*, 1874). — 43. *Revues scientifiques*, 1 vol. (en russe), Saint-Pétersbourg, Ricker, 1878). — 44. *Sur l'action physiologique du borax (C. R.*, 25 nov. 1878). — 45. *L'action des hautes pressions barométriques sur la circulation et la respiration (C. R.*, 1882). — 46. *L'action des hautes pressions atmosphériques sur l'organisme animal (A. P.*, 1884). — 47. *Gesammelte Physiologische Arbeiten. Mit Tafeln und dem Portrait des Verfassers*, Berlin, 1888, Hirschwald, 1-344. — 48. *Bogengänge und Raumsinn. Experimentelle und kritische Untersuchung.* (A. P., 1-2, 1897, 29-111). — 49. *Zur Frage über die Wirkung rascher Veränderungen des Luftdruckes auf den Organismus* (A. g. P., LXIX, 1897, 92). — 50. *Physiologische Beziehungen zwischen den Herznerven und der Schilddrüse (C. P.*, 1897, n° 8, 279). — 51. *Les nerfs du cœur et la glande thyroïde* (C. R., 28 juin 1897). — 52. *Ueber die Beziehungen der Schilddrüsen zum Herzen (C. P.*, 1897, n° 11). — 53. *Les fonctions de la glande thyroïde (C. R.*, 13 septembre 1897). — 54. *Beiträge zur Physiologie der Schilddrüse und des Herzens*, 1 vol. chez Émile Strauss, Bonn, 1898 (*A. g. P.*, LXX, 1898, 125-280). — 55. *Iodothyrin und Atropin (Ibid.*, LXX, 511). — 56. *Iodnatrium und Muscarin (Ibid.*, LXX, 663). — 57. *Die Functionen des Ohrlabyrinths (Ibid.*, LXXI, 72). — 58. *Die Verrichtungen der Hypophyse* 1te *Mittheilung. (Ibid.*, LXXI, 431). — 59. *Sur les fonctions de l'hypophyse cérébrale (C. R.*, 18 avril 1898). — 60. *Les glandes thyroïdes, l'hypophyse et le cœur (A. d. P.*, 1898, 618). — 61. *Ueber die physiologische Bestimmung der wirksamen Substanz der Nebennieren (A. g. P.*, 1898, LXXII, 370). — 62. *Ueber den Antagonismus zwischen Iodothyrin-Atropin und Iodnatrium-Muscarin* (C. P., 3 sept. 1898). — 63. *Zwei Berichtigungen (A. g. P.*, 1898, LXXII, 522-530). — 64. *Die Verrichtungen der Hypophyse*, 2te *Mittheilung. (Ibid.*, LXXII, 635-638). — 65. *Die physiologischen Herzgifte.* 1 Theil. (Ibid., LXXIII, 42-70). — 66. *Ein paar Worte an* Dr *Richard v. Zeynek (Ibid.*, LXXIII, 427). — 67. *Die Verrichtungen der Hypophyse.* 3te *Mittheilung*, 1898, LXXIII, 483-489. — 68. *Traitement de l'acromégalie par l'hypophysine et l'organothérapie rationnelle (Bull. de l'Acad. de méd. de Paris*, 22 novembre 1898). — 69. *Die physiologischen Herzgifte.* II *Theil.* (A. g. P., 1898, LXXIII, 339-373). — 70. *Die physiologischen Herzgifte.* III *Theil.* (Ibid., LXXIV, 97-137). — 71. *L'innervation du cœur* (*Dictionnaire de physiologie*, IV, 1899).

CYRTOMÈTRE.

CYRTOMÈTRE. — La cyrtométrie traite de la mensuration des courbes (χυρτός, courbe, μετρον, mesure); les cyrtomètres sont les instruments destinés à la mensuration des surfaces courbes du corps humain. Le premier de ce genre fut proposé par le médecin PIORRY pour mesurer les voussures ou saillies morbides que peut offrir la périphérie du corps, spécialement la région précordiale et le thorax. Un autre médecin, WOILLEZ, dont le nom est resté attaché à toute cette question, s'occupa de la mensuration des voussures thoraciques et créa le *cyrtomètre* que nous allons décrire.

Le principe en est le suivant : mesurer le périmètre thoracique, apprécier les différents diamètres du thorax et enfin permettre de recueillir sur le papier les tracés des diverses courbes mesurées.

Pour réaliser ces conditions, WOILLEZ fit construire une tige de baleine de $0^m,60$, articulée à double frottement de deux en deux centimètres, de manière à conserver l'inflexion qu'on lui donne, en l'appliquant sur une surface convexe.

Veut-on se servir de l'instrument? On l'applique sur la poitrine exactement comme les rubans métriques; mais avec cette différence qu'ici le cyrtomètre est appliqué, non à plat, mais *de champ*. Ensuite, pour faire les tracés, on reporte l'instrument *à plat* sur une grande feuille de papier, marquée d'un trait vertical qui représente le diamètre antéro-postérieur du thorax, et, de chaque côté de ce trait, on reporte les courbes successives cyrtométriques, en promenant le crayon sur le bord interne du cyrtomètre. On obtient ainsi les diagrammes successifs du thorax, et, par comparaison, on voit toutes les différences du côté sain au côté malade, et la différence d'un même côté à diverses époques successives. Il est facile sur ces tracés curvilignes de réunir à un même point postérieur, par exemple, divers points antérieurs ou latéraux, et ainsi juge-t-on aisément de la variation des diamètres thoraciques. WOILLEZ a consacré tout un long travail à l'étude de la congestion pulmonaire et surtout de la pleurésie par la cyrtométrie. La clinique n'a pas, depuis, attaché d'importance à ce procédé aujourd'hui délaissé et qui n'a pas non plus fourni d'autres applications spéciales aux études physiologiques, en particulier à celle du pneumothorax accidentel ou expérimental. Et ce n'est guère qu'à titre historique que ce chapitre est envisagé dans les divers traités.

La *bibliographie* ne comprend guère que les publications de WOILLEZ sur le sujet, et la plus importante est celle qui s'intitule : WOILLEZ. *Recherches cliniques sur l'emploi d'un nouveau procédé de mensuration dans la pleurésie*, Paris, 1857.

CYSTINE

CYSTINE ($C^3H^6AzSO^2$). — La cystine est une base sulfurée de l'urine découverte en 1810 par WOLLASTON (*Ann. de chim.*, 1810, LXXVI, 22). Si l'on fait bouillir cette substance dans une solution basique d'oxyde de plomb, le soufre qu'elle renferme se précipite à l'état de sulfure de plomb. La cystine appartient donc aux groupes de produits dérivés de la molécule albumineuse qui contiennent le soufre à l'état non oxydé. Nous savons, en effet, que le soufre des albuminoïdes se présente sous deux formes différentes; l'une oxydée, l'autre non oxydée, et que, lorsqu'on chauffe une albumine riche en soufre, l'albumine de sérum ou celle du blanc d'œuf par exemple, avec la potasse, l'un des atomes se dédouble sous forme de sulfate de potasse, l'autre sous forme de sulfure (KRUGER, A. g. P., 1888, XLIII, 244). BAUDRIMONT et MALAGUTI ont été les premiers à signaler la présence du soufre dans la cystine (*Journ. pharm. chim.*, XXIV, 663). Depuis lors, nombre d'auteurs se sont préoccupés de savoir la constitution réelle de la cystine. (On trouvera l'historique ancien de cette question dans la *Thèse inaugurale* de KULZ, Marbourg, 1871.) C'est surtout BAUMANN et ses élèves qui ont fait à ce sujet les recherches les plus sérieuses (*Ber. d. deutsch. chem. Ges.* XII, 806; *ibid.*, XII, 1092; *ibid.*, XV, 1731; *Z. p. C.* V, 309; *ibid.*, VIII, 299; *ibid.*, IX, 260 et 269). D'après ces auteurs, il existerait à l'état normal dans l'organisme un corps voisin de la cystine qui n'en différerait que par un atome de l'hydrogène en plus et qu'on a nommé la *cystéine*. BAUMANN considère cette substance comme un acide lactique dans lequel un H est remplacé par AzH^2 et un OH par SH, selon la formule suivante :

$$CH^3$$
$$| \diagup AzH^3$$
$$C \diagdown SH$$
$$|$$
$$COOH$$

On peut préparer la cystéine en faisant agir de l'hydrogène naissant sur la cystine. Sous l'action de l'oxygène de l'air, la cystéine est retransformée en cystine.

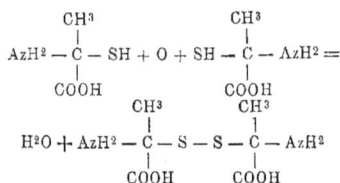

$$AzH^2 - \overset{\overset{\displaystyle CH^3}{|}}{\underset{\underset{\displaystyle COOH}{|}}{C}} - SH + O + SH - \overset{\overset{\displaystyle CH^3}{|}}{\underset{\underset{\displaystyle COOH}{|}}{C}} - AzH^2 =$$

$$H^2O + AzH^2 - \overset{\overset{\displaystyle CH^3}{|}}{\underset{\underset{\displaystyle COOH}{|}}{C}} - S - S - \overset{\overset{\displaystyle CH^3}{|}}{\underset{\underset{\displaystyle COOH}{|}}{C}} - AzH^2$$

On voit donc que deux molécules de cystéine fournissent par oxydation une molécule double de cystine, telle que nous l'avons représentée dans la formule empirique indiquée en tête de cet article. BAUMANN a poussé plus loin ses recherches. Il a vu qu'à la suite d'une injection de bromo-benzol il paraît dans l'urine un produit de substitution de la cystéine, la bromophénylcystéine, dont le mécanisme de formation semble identique à celui de la cystine. Un atome d'oxygène diatomique s'emparerait d'un H du bromo-benzol et d'un H de la cystéine pour former de l'eau, mettant ainsi en liberté deux affinités nouvelles, qui amèneraient le rassemblage de ces deux molécules :

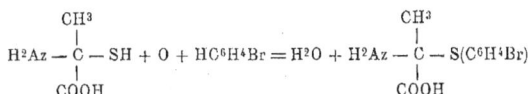

$$H^2Az - \overset{\overset{\displaystyle CH^3}{|}}{\underset{\underset{\displaystyle COOH}{|}}{C}} - SH + O + HC^6H^4Br = H^2O + H^2Az - \overset{\overset{\displaystyle CH^3}{|}}{\underset{\underset{\displaystyle COOH}{|}}{C}} - S(C^6H^4Br)$$

La cystine cristallise en tables hexagonales incolores et inodores, insolubles dans l'eau, l'alcool, l'éther et l'acide acétique, solubles dans les acides minéraux et dans l'acide oxalique. Les alcalis et les carbonates alcalins dissolvent très facilement la cystine, excepté le carbonate d'ammoniaque. Nous avons dit que, si l'on fait bouillir cette substance avec une solution concentrée de potasse ou de soude, le soufre qu'elle contient est transformé à l'état de sulfure. Avec l'eau de baryte à 150°, la cystine donne un sulfite et un sulfure. Le zinc et l'acide chlorhydrique dédoublent la cystine en cystéine, avec dégagement faible d'hydrogène sulfuré. D'après BAUMANN et GOLDMANN, lorsqu'on ajoute à une solution de cystine un certain volume de lessive de soude et d'une solution de chlorure de benzol, il se forme un précipité qui ne serait autre chose qu'une benzo-cystine. La cystine brûle avec une flamme bleu jaunâtre et dégage des vapeurs d'odeur fétide. Disons enfin que cette substance dévie fortement à gauche le plan de polarisation.

La recherche et le dosage de la cystine sont des opérations très faciles, étant donné les propriétés chimiques de cette substance. Il suffit, en effet, de traiter le liquide qu'on veut analyser par l'acide acétique qui précipite la cystine, puis de dissoudre le précipité formé par l'ammoniaque, et d'en attendre l'évaporation, pour voir paraître les cristaux hexagonaux de cystine, facilement reconnaissables au microscope. Lorsqu'il s'agit de l'urine, on commence par acidifier fortement ce liquide avec l'acide acétique, puis on attend vingt-quatre heures. Le précipité formé est mis à digérer dans l'acide chlorhydrique qui dissout la cystine et l'oxalate de chaux, mais qui ne prend pas l'acide urique. On filtre et on sature le liquide filtré avec le carbonate d'ammoniaque qui donne un nouveau précipité dont on retire par l'ammoniaque la cystine. Cette substance doit être ensuite traitée à plusieurs reprises par l'acide acétique et par l'ammoniaque pour devenir complètement pure. L'extraction de la cystine des calculs ou des sédiments qu'elle forme dans l'urine est aussi une opération très simple. Pour cela on met ces derniers produits à digérer dans la potasse ou dans l'ammoniaque qui dissout les principes organiques, puis on précipite la solution bouillante avec l'acide acétique, et on reprend le précipité par l'ammoniaque, qui abandonne par évaporation des cristaux de cystine.

La cystine n'existe à l'état normal ni dans les tissus ni dans les humeurs de l'organisme. Toutefois CLOËTTA a prétendu que le rein du bœuf en contient, mais non d'une manière constante. De leur côté, Baumann et Goldmann affirment avoir trouvé dans l'urine normale de très petites quantités de cystine. Cette substance se produit surtout sous l'influence de certaines causes pathologiques, qui troublent profondément le mécanisme de la nutrition. Scherer a rencontré la cystine dans le foie d'un alcoolique ayant succombé à la fièvre typhoïde (Jahr. Chem., 1857, 561). Dewar et Gamgee l'ont aussi signalée dans la sueur (Pharm. Journ. Transact., 1870, 385; 1872, 144) de même que Stadthagen (Z. p. C., 1884, ix, 129). On rencontre des individus chez lesquels une portion notable du soufre, environ 1/4, s'élimine sous forme de cystine, sans aucun trouble appréciable. Mais, d'une manière générale, là présence de la cystine dans l'urine coïncide avec une série de symptômes morbides indiquant un trouble profond dans la vie des tissus. Ce corps prend alors naissance par une synthèse dans laquelle deux molécules d'albumine servent à former une molécule de cystine. Il est à remarquer que la cystinurie affecte souvent les membres d'une même famille, comme si elle était une maladie héréditaire (Beneke, F.-W., Grundzüge der Pathologie d. Stoffwechsels, Berlin, 1874. — Niemann, Deut. Arch. f. klin. Med., xviii, 232, 1876. — Löbisch, Liebig's Ann. clxxxii, 231. — W. Ebstein, Die Natur u. Behandlung d. Gicht. Wiesbaden, 1882, 130, et ibid., 1884, 172. — Stadthagen, A. A. P., 1885, c, 416). Comme la cystine est à peu près insoluble dans l'eau, elle se dépose sous la forme de sédiments dans l'urine, et quelquefois elle donne lieu à la formation de calculs dans la vessie. D'après Baumann et Utvanszky, les urines des individus cystinuriques contiennent deux diamines découvertes par Brieger dans la putréfaction des albumines, la cadavérine (pentaméthylènediamine) et la putrescine (tétraméthylènediamine). Ces diamines se rencontrent aussi dans le contenu intestinal de ces mêmes individus, contrairement à ce qui se passe dans les conditions normales. Baumann a conclu qu'il y a un certain rapport entre la putréfaction intestinale et l'origine de la cystine. Celle-ci se trouve toujours en très petite proportion dans l'urine; la quantité maximum observée a été de $0^{gr},5$ dans les vingt-quatre heures.

Goldmann a démontré (Z. p. C., 1885, ix, 269) qu'à l'état normal la cystine et son congénère, la cystéine, sont rapidement dédoublées et oxydées, et que la plus grande partie du soufre qu'elles renferment apparaît dans l'urine sous la forme d'acide sulfurique. Chez un chien ayant reçu 2 grammes de cystéine, il retrouva presque deux tiers du soufre ingéré ainsi, à l'état d'acide sulfurique dans l'urine, et un tiers seulement sous la forme de combinaisons organiques sulfurées. Dans la cystinurie l'urine humaine a toujours une réaction alcaline ou faiblement acide, fait qui semble d'accord avec l'hypothèse d'une oxydation du soufre de la cystéine en acide sulfurique.

J. CARVALLO.

CYTINE (Cytin). — Alex. Schmidt a donné le nom de Cytin (cytine) au résidu des cellules après épuisement de leur protoplasme par l'eau, la solution de chlorure de sodium, l'alcool et l'éther.

La cytine constitue une poudre blanche insoluble dans l'eau, les solutions de chlorure de sodium, l'alcool, l'éther, le chloroforme. Elle est attaquée à chaud par l'acide acétique; elle se décompose alors en fournissant de l'albumine acide précipitable par neutralisation, et un résidu hygroscopique. Par l'acide chlorhydrique dilué, elle fournit une petite quantité d'albumine acide, digérable par la pepsine.

La cytine décompose l'eau oxygénée avec effervescence, mais avec moins d'énergie que la cytoglobine. L'ébullition avec l'eau, l'action des acides ou celle des alcalis lui font perdre la propriété de catalyser l'eau oxygénée.

La cytine fournit 1,85 p. 100 de cendres contenant S, P, Fe, Ca et SiO^2.

Composition centésimale.

	C.	H.	Az.	S.	P.	Fe.
Cytine	51,40	7,40	14,45	3,32	0,45	0,17.
Cytine du foie	55,01	7,09	14,66	3,66	0,75	0,19.

La cytine se dissout à froid dans les alcalis concentrés, à chaud dans les alcalis dilués. Cette dissolution s'accompagne d'une transformation chimique: dans ces conditions la cytine se décompose en fournissant : 1° Un albuminoïde (67 p. 100 de la cytine décomposée) précipitable par neutralisation ou par les acides, insoluble dans un excès d'acide acétique, insoluble dans les solutions de NaCl, ce qui la distingue de la préglobuline. La solution dans la soude présente les propriétés de l'albuminate alcalin.

2° Un produit restant en solution quand on neutralise ou acidule le liquide et constituant une substance fort hygroscopique, insoluble dans l'alcool et l'éther, contenant de l'azote, du phosphore, du soufre et du fer, mais ne donnant pas les réactions des albuminoïdes.

LÉON FRÉDERICQ.

CYTISINE ($C^{20}H^{27}N^3O$). — Substance extraite des semences du *Cytisus laburnum*. Elle serait, d'après HAREMANN, vénéneuse, et produisant des vomissements et l'arrêt de la respiration (*D. W.*, (1), 610).

CYTOGLOBINE. — Nom donné par AL. SCHMIDT et par son élève W. DEMME (W. DEMME. *Ueber einen neuen eiweissliefernden Bestandtheil des Protoplasma*. Diss. Dorpat, 1890. — ALEX. SCHMIDT. *Centralb. f. Physiologie*, IV, 257, 1891 ; *Zur Blutlehre*, 123, 1892) à des substances fort compliquées, extraites du protoplasme animal et végétal, insolubles dans l'alcool, solubles dans l'eau, suspendant la coagulation du sang, mais se décomposant facilement en fournissant des matériaux albuminoïdes (*préglobulines*), que SCHMIDT considère comme les antécédents physiologiques des générateurs (*paraglobuline* et *fibrinogène*) de la *fibrine*. (Voir aussi Ev. RENNENKAMPFF. *Ueber die in Folge intravasculärer Injection von Cytoglobin eintretenden Blutveränderungen*. Diss. Dorpat, 1891.)

Préparation (A. SCHMIDT. *Zur Blutlehre*, 125, 127 et suiv.). — La cytoglobine a été extraite des cellules des ganglions lymphatiques du bœuf, des cellules de la rate du veau, des leucocytes du cheval, des cellules hépatiques du veau, de la muqueuse de l'estomac du porc, du pancréas du bœuf, des muscles de grenouille exsangues, de l'extrait aqueux de la cornée, des cellules de levure.

Le magma cellulaire, isolé par des procédés mécaniques appropriés, au besoin lavé avec un peu de solution diluée (0,6 p. 100) de chlorure de sodium et soumis à l'appareil centrifuge, est coagulé et épuisé par l'alcool qui dissout les matières extractives, notamment les matières appelées par SCHMIDT *zymoplastiques* (substances qui par leur réaction sur le plasma sanguin donnent naissance au ferment de la fibrine). SCHMIDT digère le magma cellulaire avec dix volumes d'alcool à 96° pendant trois jours, en ayant soin de remuer plusieurs fois par jour; l'alcool est décanté et renouvelé. L'opération est répétée trois à quatre fois. Le dépôt est recueilli sur un grand filtre, lavé un certain nombre de fois avec de l'alcool fort, puis avec de l'alcool absolu, et finalement avec de l'éther. Le résidu est desséché à l'air, puis au dessiccateur à chlorure de calcium.

Après deux ou trois jours, la masse sèche est écrasée avec 30 fois son poids d'eau, abandonnée à elle-même pendant vingt-quatre heures, puis filtrée. Le liquide filtré est réduit au 1/6-1/7 de son volume par évaporation dans le vide en présence d'acide sulfurique, puis précipité par 10 à 15 volumes d'alcool absolu. La cytoglobine se précipite, et peut être recueillie sur un filtre, où on la lave à l'alcool, l'alcool absolu et l'éther, pour la dessécher finalement à l'air libre, puis au dessiccateur.

Propriétés. — Poudre blanche, très soluble dans l'eau, en fournissant des solutions neutres, insoluble dans l'éther, précipitée par l'alcool. Le précipité se redissout très facilement dans l'eau. La cytoglobine décompose énergiquement l'eau oxygénée, même après qu'elle a été traitée par les sels neutres : mais l'ébullition, l'action des acides forts ou des alcalis la rendent inactive. Elle est dextrogyre. SCHMIDT a trouvé $\alpha_{[D]} = + 46°9$ pour une solution alcaline. Le pouvoir rotatoire est probablement plus élevé, car les alcalis l'abaissent et finissent par transformer la cytoglobine dextrogyre en une substance lévogyre, non précipitable par neutralisation, mais bien par les acides (substance albuminoïde?).

La solution de cytoglobine se trouble par l'ébullition; bouillie en présence de NaCl, elle laisse déposer des flocons d'une substance albuminoïde (différente de la préglobuline) qui se dissout seulement à chaud dans la lessive de soude. Le coagulum représente 35,1 p. 100 (36,9 p. 100 dans une autre expérience) de la cytoglobine employée. La cytoglobine se décompose également quand on évapore ses solutions à sec, ou qu'on la chauffe à sec à + 100°.

Les solutions neutres de cytoglobine sont décomposées lentement par CO^2, rapidement par l'acide acétique, en fournissant :

A. Un produit azoté non albuminoïde, insoluble dans l'alcool et l'éther, contenant 19,45 p. 100 de cendres (P, Fe, etc.), 56,36 C, 8,65 H, 15,12 Az (KNÜPFFER), 3,65 S, 5,22 P. — C'est d'après A. SCHMIDT (*loc. cit.*, 141) un mélange d'au moins deux substances différentes ;

B. Une substance albuminoïde qui se précipite, insoluble dans l'eau et l'acide acétique, soluble sans. altération dans les solutions alcalines et les carbonates alcalins, soluble, mais avec altération, dans les acides minéraux. Cette substance, à laquelle SCHMIDT a donné le nom de *préglobuline*, se transforme facilement en *paraglobuline*.

100 parties de cytoglobine fournissent 56 à 61 p. 100 de préglobuline. La cytoglobine et la préglobuline ne sont pas attaquées par les sucs digestifs.

La *cytoglobine*, comme la *préglobuline* d'ailleurs, exerce une action suspensive sur la coagulation du plasma sanguin, action suspensive qui peut être surmontée par l'addition au plasma de substances zymoplastiques. Dans ce dernier cas, la présence de la *cytoglobine*, comme celle de la *préglobuline*, augmente la quantité de fibrine produite. *Cytoglobine* et *préglobuline* seraient les antécédents de la paraglobuline, du fibrinogène, de la fibrine soluble et finalement de la fibrine ordinaire.

Cytoglobine et *préglobuline* ne préexistent pas d'ailleurs dans le plasma sanguin. Elles n'existent pas non plus dans les globules rouges (voir A. SCHMIDT. *Zur Blutlehre*, 1892), contrairement à l'assertion de DEMME.

D'après DEMME, 100 grammes de cellules des ganglions lymphatiques donnent $11^{gr},41$ de résidu solide. Ce résidu fournit 30 à 40 p. 100 de substances directement solubles dans l'alcool, et 6,33 d'extrait aqueux également soluble dans l'alcool, 27,84 p. 100 d'extrait aqueux insoluble dans l'alcool, c'est-à-dire de cytoglobine, et 35,46 p. 100 de substances insolubles dans l'eau et dans l'alcool. La cytoglobine des ganglions lymphatiques représenta dans deux analyses 39,96 et 41,23 p. 100 du résidu insoluble dans l'alcool. Pour les cellules du foie et celles de la rate, la cytoglobine représente respectivement 15 et 11 p. 100 du résidu insoluble dans l'alcool.

Composition (SCHMIDT. *Zur Blutlehre*, 1892, 140). — Un échantillon de cytoglobine fournit 12,52 p. 100 de cendres, composées surtout de Na, puis de Mn, également de silice. Ni K, ni Ca. Surtout de l'acide phosphorique, représentant 52,95 p. 100 de la cendre et 6,86 p. 100 de la cytoglobine (= 3,0 p. 100 de phosphore).

Composition centésimale calculée sans les cendres :

C.	H.	Az.	S.	P.
52,39	6,86	16,66 (DEMME)	3,49	4,50
		16,17 (KNÜPFFER[1])		

La proportion de phosphore trouvée ici (4,5 p. 100 de P) est supérieure de 1,5 P (= 3,43 $P^2 O^5$) à celle trouvée dans les cendres (6,86 p. 100 = 3,00 p. 100 P).

Les solutions de cytoglobine constituent d'excellents bouillons de culture pour les bactéries de putréfaction.

Variétés. — La cytoglobine des cellules hépatiques se distingue par sa grande solubilité dans l'eau, par la résistance de cette solution à la température de l'ébullition et à l'impossibilité de précipiter par les acides toute la préglobuline. La préglobuline se redissout dans un excès d'acide.

LÉON FRÉDERICQ.

CYTOSINE ($C^{21}H^{30}H^{10}O^5+3H^2O$). — Produit basique qui se forme dans le dédoublement de la nucléine par l'acide sulfurique, à 130°. Elle donne des sels bien cristallisables. (KOSSEL et NEUMANN. *Bull. Soc. chim. de Paris*, 1893, II, 69 *bis*).

1. A. KNÜPFFER. *Ueber den unlöslichen Grundstoff der Lymphdrüsen und Leberzellen. Diss.* Dorpat. 1891.

D

DALTONISME. — (Voyez **Rétine.**)

DAMALURIQUE (Acide). — Staedeler a prétendu qu'il existait dans l'urine de vache et de cheval deux nouvelles espèces d'acides gras, auxquels il a donné le nom d'*acide damalurique* et *acide damolique* (*Ann. der Chim. u. Pharm.* LXXVII, 27). D'après Werner, qui aurait isolé le premier de ces corps à l'état pur, sa composition répondrait à la formule $C^6H^{10}O^2$ et non pas à celle indiquée par Staedeler, $C^7H^{12}O^2$. Mais Schotten a démontré, plus tard, que ces acides ne sont qu'un mélange des acides gras qui se trouvent communément dans l'urine avec l'acide benzoïque (*Z. p. C.*, 1883, VII, 375-383).

J. G.

DAMOLIQUE (Acide). — Voyez **Damalurique (Acide).**

DANAÏNE ($C^{14}H^{14}O^8$). — Substance découverte par Heckel et Schlagdenhaufen (*C. R.*, 1885, CI, 935-937) dans le *Danais fragrans*, dont elle constitue la principale matière colorante. La danaïne a tous les caractères d'un véritable glucoside. Elle se dédouble par hydratation en glucose et en un composé de nature [résineuse, la *danaïdine*, d'après la formule suivante :

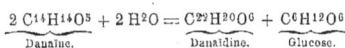

$$\underbrace{2\ C^{14}H^{14}O^5}_{\text{Danaïne.}} + 2\ H^2O = \underbrace{C^{22}H^{20}O^6}_{\text{Danaïdine.}} + \underbrace{C^6H^{12}O^6}_{\text{Glucose.}}$$

La danaïne offre un aspect brun, verdâtre; elle est complètement soluble dans l'alcool, l'acétone et l'alcool méthylique, et moins soluble dans l'éther, le chloroforme et l'eau froide. Ce principe colorant, connu depuis fort longtemps, est susceptible de se fixer sur la laine et la soie, et semble posséder les propriétés thérapeutiques (?) de la plante dont il dérive.

J. G.

DAPHNÉTINE ($C^9H^6O^4$). — Corps résultant de l'hydratation de la *daphnine*, comme le montre l'équation suivante (Rochdeler, 1863) :

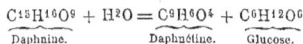

$$\underbrace{C^{15}H^{16}O^9}_{\text{Daphnine.}} + H^2O = \underbrace{C^9H^6O^4}_{\text{Daphnétine.}} + \underbrace{C^6H^{12}O^6}_{\text{Glucose.}}$$

La daphnétine cristallise en primes obliques, jaunâtres, fusibles à 253° à 256° en tube capillaire. Elle est insoluble dans la benzine, l'éther, le chloroforme et le sulfure de carbone; soluble dans l'eau, l'alcool chaud et les acides sulfurique et chlorhydrique concentrés, qui la colorent en rouge. Les alcalis font aussi dissoudre la daphnétine, mais ces solutions prennent une coloration orangée. Cette substance forme plusieurs composés dont les plus importants sont l'*acétyledaphnétine*, l'*acétyledaphnétinetétrabromée* et la *benzoyledaphnétine* [(Stünckel, *Deutsche chem. Gesellsch.*, 1879, 109). Pechmann est arrivé à produire synthétiquement la daphnétine en faisant agir l'acide sulfurique concentré sur un mélange de pyrogallol et d'acide malique. Cette réaction donne lieu à la formation de la daphnétine avec production d'eau et d'acide formique (*H. d. pharm. u. techn. Chem.*, Giessen, 1884, 1444). Will et Jung, dans leurs recherches sur la constitution de la daphnétine, considèrent cette substance comme une dioxycoumarine, isomère de l'*esculétine* (*Ibid.*). Généralement on se sert pour obtenir cette substance de l'extrait alcoolique des *Daphne mezereum* et *Daphne alpina* qu'on traite par un courant d'acide chlorhydrique, puis on fait bouillir la solution acide un temps assez long pour transformer la daphnine eu daphnétine. Cette substance est alors précipitée de la solution par le sous-acétate de plomb qu'on décompose ensuite par un courant d'hydrogène sulfuré. D'après Étard (*D. W.*), la formule rationnelle de la daphnétine, déduite de ses principales relations et de ses dérivés, serait :

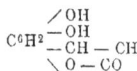

$$C^6H^2 \begin{cases} OH \\ OH \\ CH - CH \\ O - CO \end{cases}$$

J. C.

DARWIN (Charles). — Charles Darwin, l'un des hommes qui ont le plus profondément agité la pensée scientifique et philosophique au cours du XIXᵉ siècle, est né le 12 février 1809 à Shrewsbury : il était petit-fils du médecin et naturaliste Érasme Darwin, l'auteur de la *Zoonomia*. Il ne paraît pas, d'après son autobiographie même, que le futur naturaliste ait été particulièrement épris de travail durant ses jeunes années : et il se destinait à entrer dans l'Église comme *clergyman*. Mais à Cambridge, tandis qu'il achevait les études classiques nécessaires, il s'éprit d'histoire naturelle, sous l'influence de Hunslow. Il n'avait pas achevé ces études quand un beau jour, par Hunslow, l'offre lui fut faite de partir avec le *Beagle*, en qualité de naturaliste. Ce voyage, qui dura cinq ans, décida de la carrière de Darwin. De retour en Angleterre, il rédigea son journal de voyage, mit en ordre ses notes de zoologie et d'histoire naturelle.

Il se maria en 1839, et en 1842 se fixa à Down dans le Kent. Sa vie de réclusion fut entièrement consacrée au labeur, malgré une santé assez médiocre, et il aborda tour à tour les questions les plus variées. Il y avait toutefois beaucoup de méthode dans ses recherches : elles s'enchaînent par des livres nombreux.

Si le savant est de ceux qui ont le plus inspiré d'admiration et de respect, même à ceux qui ne pensaient pas comme lui, l'homme n'a jamais inspiré qu'une profonde affection à tous ceux qui ont eu le privilège de l'approcher : les différentes biographies en font foi. De la théorie spéciale désignée sous le nom de Darwinisme, et qui est une des théories de l'évolution, nous parlerons aux articles Évolution et Espèce : qu'il suffise ici de dire que pour Darwin l'évolution est principalement déterminée par la luette pour l'existence et la sélection qui éliminent les formes mal adaptés pour ne conserver que les formes mieux adaptées par le fait de variations utiles. Darwin ne nia point l'influence du milieu, mais il ne s'attacha pas à l'étudier à fond.

Il mourut, chargé de gloire et de respect, le 19 avril 1882 : et la nation anglaise se fit honneur en l'ensevelissant à Westminster, le panthéon des illustrations nationales, à quelques pas de Newton. Les principales œuvres de Darwin sont les suivantes, par ordre chronologique :

Voyage d'un naturaliste, 1839. — *La structure et la distribution des récifs de corail*, 1842. — *Monographie des cirrhipèdes*, 1851. — *L'origine des espèces*, 1859. — *La fécondation des orchidées par les insectes*, 1862. — *Les mouvements des plantes grimpantes*, 1875. — *La variation des animaux et des plantes sous la domestication*, 1868. — *La descendance de l'homme*, 1871. — *L'expression des émotions*, 1872. — *Les plantes insectivores*, 1875. — *Les effets de la fécondation croisée et directe, chez les plantes*, 1876. — *Les différentes formes de fleurs chez les plantes de même espèce*, 1877. — *La faculté motrice des plantes*, 1880. — *La formation de la terre végétale par l'action des vers de terre*, 1881.

A ces travaux il faut en joindre bon nombre d'autres, plus courts, qui ont paru dans différents recueils, ou dans les comptes rendus de diverses sociétés savantes. On trouvera aussi de lui, dans Romanes, *Évolution mentale chez les animaux*, un chapitre sur l'*Instinct*.

La liste complète de ces travaux a du reste été donnée dans la superbe *Vie et Correspondance de Charles Darwin*, publiée par son fils Francis. Comme biographie de Darwin, voir tout d'abord l'ouvrage qui vient d'être cité, qui a été traduit en français, comme toutes les œuvres énumérées plus haut, sauf la monographie des cirrhipèdes; par les éditions Reinwald-Schleicher. Il existe encore une édition abrégée, non traduite, de cette même œuvre; et il y a deux biographies plus courtes, par FRANCK ALLEN (traduit en français) et par H. de VARIGNY. Comme étude scientifique de DARWIN, voir ROMANES : *Darwin and after Darwin*, et de QUATREFAGES : *Darwin et ses précurseurs français; et les Émules de Darwin.*

H. DE VARIGNY.

DASTRE (A.). — Physiologiste français. Professeur à la Faculté des Sciences de Paris, chaire de physiologie (1887). La chaire de physiologie a été occupée par CLAUDE BERNARD (1854-1868) et ensuite par PAUL BERT (1868-1887).

Les publications de cet auteur peuvent se grouper de la manière suivante :

I. Constitution de l'œuf : corpuscules bi-réfringents. — Corps qui donnent la croix de polarisation. — Matières grasses phosphorées : Lécithines. Dégénérescence graisseuse (en collaboration avec MORAT).

Les corps bi-réfringents, donnant comme l'amidon la croix de polarisation, qu existent dans les œufs des oiseaux, des reptiles et des poissons, sont formés, non d'amidon végétal ou animal, non plus que de leucine, mais de lécithine. Ce caractère de structure, contrôlé par d'autres, peut servir à la détermination chimique. On peut reconnaître la lécithine à ce caractère, joint aux deux autres, de la solubilité dans l'alcool éthéré et du charbon acide produit dans la combustion sur une lame de platine. Dans la dégénérescence graisseuse, au moins dans les cas examinés, le processus de la stéatose commence par une dégénérescence lécithique.

1. *Des corps bi-réfringents de l'œuf des ovipares* (Thèse de Doctorat ès sciences naturelles, Paris, 1876). — 2. *Sur les granules amylacés et amyloïdes de l'œuf* (C. R. 7 avril 1879). — 3. *De la nature chimique des corps qui, dans l'organisme, présentent la croix de polarisation* (Ibid., LXXIX, 1081). — 4. *Des caractères physico-chimiques des lécithines* (C. R. Congrès médical international, Londres, août 1881). — 5. *Dégénérescence lécithique et dégénérescence graisseuse* (B. B., 10 mai 1879).

II. Matières grasses. — Digestion des graisses dans l'organisme. — Utilisation des graisses

L'auteur étudie le rôle relatif de la bile et du suc pancréatique dans la digestion des graisses, au moyen de la fistule cholécysto-intestinale, artifice qui est la contre-partie de la particularité que la nature a produite chez le lapin. L'absorption d'une graisse avec le secours de la bile et du suc pancréatique peut atteindre 97 p. 100 ; avec la bile seule, 72 p. 100; avec le suc pancréatique, 62 p. 100. La digestion des graisses est le résultat de la propriété vitale de la cellule épithéliale de l'intestin, et non pas seulement de la propriété des sucs digestifs.

6. *Rôle de la bile dans la digestion des graisses étudié au moyen de la fistule cholécysto-intestinale* (C. R. Ac. Sc., 16 janvier 1888). — 7. *Rôle de la bile et du suc pancréatique dans l'absorption des graisses* (A. de P.,. 1er avril 1890, 321). — 8. *Contribution à l'étude de la digestion des graisses* (Ibid., janvier 1891, 186). — 9. *Recherches sur l'utilisation des aliments gras dans l'intestin* (Ibid., octobre 1891, 711).

III. Anatomie comparée et Physiologie du développement. — Embryologie.

Étude de l'allantoïde et du chorion d'un certain nombre de mammifères. Entre autres faits, l'auteur signale la disposition inverse de l'épithélium et de l'endothélium dans le revêtement intestinal et dans le revêtement vésical qui semble le continuer. Il a découvert, dans les *plaques choréales*, un organe formateur de réserves de matière minérale (phosphate de chaux) destinée à subvenir aux besoins de l'ossification. Il établit l'homologie des parties intra-fœtales et extra-fœtales de l'œuf, et l'homologie de l'œuf des Rongeurs avec le type général.

10. *L'allantoïde et le chorion des Mammifères* (Annales des Sc. naturelles. Zoologie, 1875). — Réserve phosphatique chez le fœtus des ruminants, des Jumentés et des porcins, in Leçons sur les ph. de la vie communs aux animaux et aux végétaux par CLAUDE BERNARD, II, 545).

IV. Système nerveux. — Grand Sympathique. — Nerfs vaso-moteurs. — Circulations locales. (En collaboration avec J. P. Morat.)

Ces recherches constituent une partie importante de l'œuvre physiologique des deux auteurs. Elles résolvent en partie les questions restées en suspens à propos des nerfs vaso-dilatateurs, à savoir : celles de leur *généralité*, de leur *systématisation*, de leur *mécanisme d'action*. Nous indiquerons seulement les résultats généraux et les conséquences. 1° En premier lieu, l'*expérience fondamentale de l'excitation du cordon cervical*, qui démontre l'existence de nerfs vaso-dilatateurs dans ce cordon (pour la région bucco-faciale), par la même épreuve qui, selon Cl. Bernard et Brown-Séquard, démontrait les vaso-constricteurs; 2° On met en évidence l'*existence générale*, pour tous les organes, des nerfs vaso-dilatateurs, dont on ne connaissait que trois ou quatre exemplaires : pour leur *systématisation* principale dans le sympathique (ceux que l'on connaissait appartenaient au système cérébro-spinal); 3° on donne enfin l'explication du mécanisme vaso-dilatateur, c'est-à-dire, d'une manière plus générale, la *théorie de l'inhibition nerveuse;* 4° on fait connaître le rôle physiologique des ganglions sympathiques et leurs rapports avec les nerfs vaso-moteurs (centres toniques et inhibitoires, relais sur le trajet des fibres nerveuses); 5° On montre ce qu'il y a de faux dans la notion admise que chaque cordon nerveux a une fonction (fonction des nerfs); 6° On met en lumière le groupement synergique des circulations locales pour des actions communes, actions d'ensemble : balancement entre la circulation de la peau et celle des muqueuses; 7° Ces notions, de fait, contribuent à préciser la notion et à réformer la définition du grand sympathique, insuffisamment caractérisé par l'anatomie descriptive, et à en établir l'unité fondamentale.

12. *Recherches sur les nerfs vaso-moteurs* (C. R., 9 nov. 1878). — **13.** *Action du sympathique cervical sur la pression et la vitesse du sang* (Ibid., 18 nov. 1878). — **14.** *Nerfs vaso-moteurs des extrémités. Effets de la ligature, de la section et de l'excitation de ces nerfs* (B. B., v, 1878). — **15.** *Innervation vaso-dilatatrice* (Ibid.). — **16.** *Sur l'expérience du grand sympathique cervical* (C. R. Ac. Sc., 16 août 1880). — **17.** *Le grand sympathique, nerf vaso-moteur dilatateur* (B. B., 1880). — **18.** *Sur l'action vaso-dilatatrice du sympathique* (Ibid., (7), III, 1881). — **19.** *Le système grand sympathique* (Bulletin scientifique du Nord, 1880, 257); — *Bulletin de la Société philomathique*, III, 142, et IV, 235, 1879-1880). — **20.** *Sur les nerfs vaso-moteurs dilatateurs des parois buccales* (B. B., août 1880). — **21.** *Excitation des racines dorsales de la moelle* (B. B., III, 1881). — **22.** *Des nerfs sympathiques dilatateurs des vaisseaux de la bouche et des lèvres* (C. R. Ac. Sc., xcv, juillet 1882). — **23.** *Dilatation sympathique croisée à la suite de l'ablation du ganglion cervical supérieur* (B. B., II, 1881). — **24.** *Réflexes vaso-dilatateurs des parois buccales* (Ibid., III, 1881). — **25.** *Les nerfs vaso-dilatateurs de l'oreille* (C. R., xcv, 363, août 1882). — **26.** *Vaso-dilatateur sympathique de l'oreille. Analyse du réflexe de Snellen* (B. B., III, 1881). — **27.** *Sur le réflexe vaso-dilatateur de l'oreille* (C. R. Ac. Sc., xcx, 929, nov. 1882). — **28.** *Influence exercée par le nerf dépresseur de Ludwig et Cyon sur la circulation bucco-faciale* (B. B., IV, 1882). — **29.** *Influence du sang asphyxique sur les organes moteurs de la circulation* (Ibid., I, 1879 et (8), I, 89, 1884; *Bulletin de la Société Philomathique*, (7), III, 113, 1879-1880).

Mémoires sur les mêmes sujets :

30. *De l'innervation des vaisseaux cutanés* (A. de P., (2), IV, 409, 1879). — **31.** *Sur la fonction vaso-dilatatrice du grand sympathique* (Ibid., (2), IX, 1882). — **32.** *Les nerfs vaso-dilatateurs de l'oreille externe* (Ibid., x, 326, 1882). — **33.** *Sur les nerfs vaso-dilatateurs du membre inférieur* (Ibid., (3), I, 549, 1883). — **34.** *Influence du sang asphyxique sur l'appareil nerveux de la circulation* (Ibid., (3), II, 1, 1884).

Ouvrages rassemblant la plupart de ces études :

35. *Recherches expérimentales sur le système nerveux vaso-moteur*, par A. Dastre et J.-P. Morat, Masson, Paris (épuisé).

On trouvera une analyse suffisante de chacun de ces mémoires dans : *Exposé des Titres et Travaux scientifiques de* A. Dastre. G. Masson, 1894, 22-38, et enfin dans la même publication, 39-51, un exposé des Résultats généraux et des Conclusions.

V. Physiologie du cœur. — Nerfs et muscles. — Rythme du cœur. Lois de l'activité du cœur. (En partie en collaboration avec J. P. Morat.)

Ces études ont fourni des faits utiles : 1° pour l'histoire du nerf pneumogastrique (efficacité des excitants généraux, contestée par Donders, Tarcuanoff, etc.); en second lieu, sa propriété d'*antitonus* ou *hypotonus*; 2° pour la physiologie de l'appareil nerveux terminal, intra-cardiaque (la durée de son épuisement après fonctionnement soutenu est moindre que celle d'un battement); 3° pour l'explication du rythme du cœur (vérification indépendante du fait qu'un stimulant continu amène un travail discontinu, rythmique du muscle cardiaque), indication de la propriété d'*emmagasinement* ou de *sommation des excitations antérieures;* 4° pour établir la part de ce qui, dans le fonctionnement du cœur, appartient au muscle (rythme) et au système nerveux (renforcement, régulation du travail cardiaque).

36. *Des effets de l'excitation mécanique, chimique et électrique du vague chez la tortue et chez la grenouille. Application aux Mammifères* (B. B., (6), IV, août 1877). — **37.** *Influence de l'excitation électrique du pneumogastrique sur le cœur* (in *Les nerfs du cœur*, Thèse d'agrégation, de P. Reynier, 1880, 64-92). — **38.** *Fatigue et réparation de l'appareil nerveux intra-cardiaque* (Ibid.). — **39.** *Sur l'antitonus ou hypotonus du cœur produit par le nerf vague* (Ibid. et B. B., 11 février 1882, 94). Dans l'arrêt du cœur il y a relâchement plus complet que le repos diastolique, élongation plus marquée que le simple repos ou tonus, pour la même pression du sang à l'intérieur de l'organe. L'auteur retrouve la même propriété, *surdilatation, hypotonus*, dans les vaisseaux. C'est un phénomène important pour la théorie de l'inhibition. — **40.** *Recherches sur le rythme cardiaque* (B. B., 29 décembre 1877; *Revue Internat. des Sc.,* 10 janvier 1878). — **41.** *Excitation électrique de la pointe du cœur (muscle cardiaque pur)* (C. R., 21 juillet 1879, LXXXIX, 177 et 11 août 1879, 370). — **42.** *Recherches sur les lois de l'activité du cœur* (*Journal d'anatomie et de physiologie*, octobre 1882 et C. R., 10 juillet 1882). — **43.** *De l'antagonisme fonctionnel du cœur et des vaisseaux* (in *Recherches expérimentales sur le syst. nerv. vaso-moteur,* 1884).

VI. Physiologie des matières amylacées et sucrées. — Lactose, Maltose. Glycémie asphyxique.

L'auteur a fixé la valeur alibile des différents sucres pour les éléments organiques de l'économie. L'ordre est : Saccharose, Lactose, Maltose, Galactose, Glucose. Pour le sucre de lait, Dastre établit qu'il n'est utilisé qu'après avoir subi dans le tube digestif une inversion par un ferment soluble (appelé lactase); que ce ferment n'existe ni dans le suc gastrique, ni dans le suc pancréatique, ni dans le foie; qu'il ne se confond pas avec l'invertine. On l'a, depuis, trouvé dans la muqueuse intestinale (Röhmann, Fischer). Sous l'influence du défaut d'oxygène (asphyxie), le sucre augmente dans le sang (glycémie asphyxique, diabète asphyxique).

44. *Quelques réactions empiriques des matières amylacées : amidon, glycogène, dextrine* (B. B., 8 décembre 1883, 635 et 15 décembre 1883).

Analyse du sucre du sang. — 45. *Les procédés qui servent à déterminer la quantité de sucre qui existe dans le sang.* Cl. Bernard et W. Pavy (*Progrès médical,* 11 août 1877). — **46.** *Observation à propos des dosages de glucose dans le sang, dans le foie des mammifères et dans l'œuf des oiseaux* (B. B., 24 décembre 1886, III, (8), 603). — **47.** *L'analyse du sucre dans le sang. Méthode par pesée. Méthode par décoloration* (A. de P., juillet 1891, 533).

Assimilation et pouvoir nutritif du sucre de lait. — 48. *Sur le lactose* (Appendice au 2ᵉ vol. de *Phénomènes de la vie communs aux animaux et aux végétaux,* 543, 1878). — **49.** *Des transformations du lactose dans l'organisme, étudiées par le procédé de la circulation artificielle* (Rapport sur l'École pratique des Hautes Études, 1879, 94). — **50.** *Le lactose, dans le sang et dans l'intestin* (Bull. de la Société Philomathique, III, 138). — **51.** *Études sur le rôle physiologique du sucre de lait* (Mémoire à l'Académie des sciences, prix de physiologie, mars 1883). — **52.** *Pouvoir nutritif direct du sucre de lait* (A. de P., 1889, 718). — **53.** *Transformations du lactose dans l'organisme* (Ibid., 1890, 103). — **54.** *Injections dans le péritoine comme moyen de remplacer les injections dans les veines. Application au cas du lactose* (A. de P., 1890, 530).

Sucre de maltose. — **55.** *De l'assimilation du maltose* (en collab. avec Bourquelot) (*C. R.*, 30 juin 1884, xcviii, 1604). — **56.** *Alibilité comparative des différents sucres.* — **57.** *Observations relatives à la diurèse produite par les sucres* (*B. B.*, 5 octobre [1889, 574). L'élimination des sucres (glycosurie) peut se faire sans polyurie. — **58.** *De la formation du sucre dans l'organisme sous l'influence du défaut d'oxygène* (*A. de P.*, 1891, 820). — **59.** *De la glycémie asphyxique ou Diabète asphyxique* (*Thèse de doctorat en médecine*, 1879).

VII. Physiologie générale et spéciale des anesthésiques.
Applications chirurgicales.

Tentative pour relier en corps de doctrine les faits empiriques relatifs à l'anesthésie et permettre la comparaison des divers anesthésiques. Comme faits nouveaux, le *réflexe labio-mentonnier* de Dastre; la méthode mixte d'anesthésie, atropine, morphine, chloroforme. Même œuvre à propos de la cocaïne.

60. *Étude critique des travaux récents sur les anesthésiques*, In-8, 52 p., G. Masson, 1881. — **61.** *Sur un procédé particulier d'anesthésie* (*Soc. Biol.*, 7 avril 1883). — **62.** *Anesthésie mixte par la morphine, l'atropine et le chloroforme* (*Ibid.*, 14 avril 1883, 239). — **63.** *Les anesthésiques. Physiologie et applications chirurgicales*, 1 vol. in-8 de 306 p., G. Masson, 1890. — **64.** *La Cocaïne. Physiologie et applications chirurgicales*, brochure in-8, Masson, Paris, 1892, et *Dictionnaire de Physiologie de* Ch. Richet, 1898.

VIII. Observations sur le système nerveux cérébro-spinal.

65. *Réflexe labio-mentonnier. Nouveau réflexe localisé. Ultimum reflex* (*B. B.*, 6 février 1886). — **66.** *Observations à propos de l'action de la chaleur sur les nerfs moteurs.* — **67.** *Influence physiologique de l'état magnétique* (*B. B.*, 22 avril 1882). — **68.** *Influence du balancement sur les mouvements de la respiration et sur la position des viscères. Contribution à l'étude du mal de mer* (en collaboration avec M. Pampoukis) (*A. de P.*, octobre 1888, 277).

IX. Recherches sur la toxicité de l'air expiré.

L'auteur ne trouve pas dans l'air expiré de substance normale, constante, toxique, absorbable par le poumon d'un autre animal. Les effets nuisibles du confinement et de l'agglomération s'expliquent par d'autres causes.

69. *Note au sujet de la toxicité des produits de condensation pulmonaire* (*B. B.*, 14 janvier 1888). — **70.** *Recherches sur la toxicité de l'air expiré* (*Ibid.*, 28 janvier 1888).

X. Les injections salées. — Le lavage du sang. (En collaboration avec P. Loye.)

La transfusion opérée avec l'eau salée physiologique (concentration voisine de 7 p. 1000) produit des effets qui ont été étudiés avec soin. L'auteur signale les faits suivants : 1° la tolérance de l'organisme par des quantités considérables d'eau salée (triple ou quadruple du volume du sang). La condition de tolérance est une condition de vitesse. Il y a une vitesse toxique (3 cent. cubes par minute et kilo d'animal, chez le lapin); 2° le parallélisme parfait de l'excrétion urinaire et de l'injection quand la vitesse est optimum; 3° l'existence d'un mécanisme physiologique régulateur de la quantité d'eau de l'organisme; 4° le liquide éliminé n'enlève aucun élément essentiel : il lave seulement les tissus.

71. *Injections veineuses d'eau salée* (avec P. Loye. *Assoc. franç. pour l'avancement des Sc.*, 31 mars 1888). — **72.** *Le lavage du sang* (*A. de P.*, 1888, 93). — **73.** *Nouvelles recherches sur l'injection de l'eau salée dans les vaisseaux* (*Ibid.*, 1889, 253). — **74.** *Le lavage du sang dans les maladies infectieuses* (*B. B.*, 6 avril 1889). — **75.** *A propos de la vitesse toxique des injections* (*Ibid.*, 28 octobre 1893).

XI. Sujets divers : Rate, Poumon, Sang, Chirurgie expérimentale.

76. *Dératement et croissance.* L'extirpation de la rate, qui ne produit aucun trouble physiologique, n'entraîne non plus aucun accident trophique au cours du développement (*B. B.*, 3 juin 1893 et *A. de* [P., 1893, 561). — **77.** *Quelques déterminations de la quantité d'eau du sang avant et après le poumon.* Il n'y a pas nécessairement pour le sang perte d'eau dans le poumon. Il peut y avoir gain (*Ibid.*, 1893, 647). — **78.** *Sur le degré de con-*

fiance que méritent les déterminations de la quantité totale du sang (Ibid., 1893, 651). —
79. *Injections dans le péritoine comme moyen de remplacer les injections dans les veines
(Ibid., 1890, (5), II, 830).* — **80.** *Technique opératoire. Chirurgie expérimentale (Soc. Biol.,
16 juillet 1887, 463 et Rapp. sur l'École des Hautes Études, 1888-1889, 119.* Perfectionnements à la technique d'opérations nouvelles (fistule cholécysto-jéjunale, fistule urétro-
rectale, etc.) — **81.** *Modifications opératoires de la fistule gastrique expérimentale (B. B.,
29 octobre 1863, 598).* — **82.** *Note sur le gargouillement intestinal (Ibid., 7 janvier 1888).*
— **83.** *Indépendance relative de la pression artérielle et de l'état de réplétion du système
nerveux (Ibid.).*

DATURINE. — Voyez Daturique (Acide), Atropine, Hyoscyamine.

DATURIQUE (Acide) ($C^{34}H^{34}O^4$). — Gérard a retiré de l'huile provenant
des semences de *Datura stramonium* un acide gras, qui ne présente pas les mêmes caractères que les autres acides gras d'origine naturelle, connus jusqu'ici, et qu'il a appelé
acide daturique. Cet acide serait un intermédiaire entre l'acide palmitique et l'acide
stéarique, dont il se différencierait essentiellement par son point de fusion qui se trouve
beaucoup plus bas (*C. R.*, 1890, CXI, 305-307). Quant aux propriétés physiologiques de
cette substance, elles n'ont pas encore été étudiées.

J. C.

DÉCAPITATION. — La décapitation ou décollation, c'est-à-dire la sépa-
ration de la tête et du corps, se pratique rarement en physiologie. Dans les cas où le
physiologiste désire éliminer toute influence du cerveau sur les phénomènes de la vie
et les étudier sur la moelle épinière seule, il procède à la section de la moelle au niveau
du bulbe, ou à la ligature des carotides et des vertébrales, ou à ces deux opérations en
même temps.

Effets généraux de la décapitation. — En effet, la section de la moelle au-dessous
du bulbe isole les parties centrales du cerveau du tronc et des extrémités; par conséquent, au point de vue fonctionnel, cette opération équivaut à la décapitation; il en est
de même de l'anémie du cerveau, qui, produite par la ligature des carotides et des vertébrales, conduit rapidement à la disparition des fonctions cérébrales, malgré l'intégrité
des liens qui unissent le cerveau avec la moelle.

Dans leurs expériences sur la décapitation, les physiologistes opèrent le plus souvent
par la section de la moelle épinière au-dessous du bulbe; mais on ne peut admettre
l'identité fonctionnelle de ces deux opérations, qu'à la condition que le cerveau ne puisse
manifester aucune influence sur le reste du corps par la circulation du sang, ce qui n'a
rien d'invraisemblable si l'on se reporte aux sécrétions internes des autres organes. On
pourrait donc supposer que le cerveau, par analogie avec d'autres organes, élabore
quelques produits de sa sécrétion interne, qui, étant entraînés par la circulation dans
tout le corps malgré la section de la moelle épinière, manifestent telle ou telle action
sur le cours des phénomènes vitaux dans le tronc et les extrémités.

Le lecteur trouvera plus loin quelques allusions en faveur de cette hypothèse. En
conséquence, on ne saurait identifier la section de la moelle au niveau du bulbe avec la
décapitation réelle. Au contraire, l'anémie du cerveau provoquée par la ligature des carotides et des vertébrales se rapproche davantage de la décapitation réelle; car, avec la
paralysie fonctionnelle du cerveau, on exclut, dans ce cas, toute communication de ce
dernier avec le reste du corps par le système sanguin. Il manque cependant encore une
autre condition importante de la décapitation, c'est la section transversale de la moelle
épinière, qui, comme nous le verrons, joue un grand rôle dans les phénomènes résultant de la décapitation.

Il résulte donc qu'aucune des formes de décapitation employée en physiologie ne
correspond complètement à l'opération de la séparation de la tête et du corps, mais les
faits recueillis par la décapitation physiologique ont une grande valeur pour expliquer
l'état dans lequel se trouvent la tête et le tronc après la décollation par la guillotine.

La décapitation s'applique à l'homme comme supplice, et, sur le fœtus, comme opération chirurgicale dans les positions anormales de ce dernier; enfin à la guerre chez les peuples où chaque tête d'ennemi décapité est considérée comme un trophée. Elle est encore en usage sur la plupart des volailles qui servent à notre nourriture.

Nous commencerons d'abord par l'analyse des phénomènes qui suivent la décapitation physiologique, et nous passerons ensuite à la description des phénomènes provoqués par la décapitation réelle sur l'homme et sur les animaux.

Effets de l'anémie totale sur les fonctions cérébrales. — On sait que, de tous les organes des animaux supérieurs et de l'homme en particulier, c'est le cerveau surtout qui a besoin du sang artériel pour le maintien de ses fonctions; ainsi l'arrêt momentané du cœur causé soit par la frayeur, soit par l'affaiblissement de l'activité du cœur, soit par l'oblitération des vaisseaux du cerveau par l'embolie, provoque l'immédiate paralysie des mouvements volontaires. Cette dépendance de l'activité cérébrale de la circulation sanguine est d'autant plus marquée que l'animal occupe un rang plus élevé dans l'échelle zoologique. De sorte que, chez les vertébrés à sang froid comme chez la grenouille, la sensibilité consciente ainsi que les mouvements volontaires se maintiennent encore quelques instants, même après l'extirpation du cœur et le lavage des vaisseaux avec la solution physiologique de sel marin. Chez le chien, au contraire, ainsi que cela a été démontré depuis longtemps par Astley Cooper, la ligature des vaisseaux de la tête provoque immédiatement des mouvements convulsifs de la face, des mouvements circulaires des yeux, des bâillements avec contractions et dilatation des narines. Puis subitement la face du chien se calme, la tête se penche, il paraît mort et se refroidit; la respiration s'arrête, et l'animal périrait asphyxié si l'on ne maintenait pas la respiration artificielle; dans ce dernier cas, le cœur continue à battre, et l'on a devant soi un animal vivant, mais dont la tête est morte par suite de l'absence de la circulation artérielle. Si l'on enlève alors les ligatures des artères, la circulation cérébrale se rétablit, la tête revient peu à peu à la vie, les muqueuses buccales rougissent, les mouvements respiratoires de la bouche et des narines reparaissent, ainsi que les actes réflexes, dans les muscles de la face, puis, un peu après, reviennent les mouvements volontaires, et enfin la respiration artificielle devient inutile pour le maintien de la vie.

Les mêmes phénomènes s'observent sur la tête pendant l'asphyxie ordinaire, de sorte que l'anémie absolue du cerveau, provoquée par la ligature des quatre artères qui le nourrissent, agit comme l'asphyxie ordinaire, et cela est facile à comprendre, puisque l'interruption de la circulation artérielle cérébrale ne laisse au cerveau que du sang veineux privé d'oxygène et agissant comme sang asphyxique par le manque d'oxygène et l'accumulation d'acide carbonique. Il est bien probable que les produits d'une oxydation incomplète se trouvant alors dans le sang agissent comme excitants des centres cérébraux. En effet, le sang veineux asphyxique n'est pas un liquide indifférent pour les tissus vivants, comme par exemple la solution physiologique de sel marin ou le sérum, mais il est, au contraire, un liquide nuisible et accélérant la mort des tissus. En lavant les vaisseaux des muscles extirpés du corps dans un cas, par le sang veineux, et dans l'autre par la solution physioogique de sel marin, on voit que l'excitabilité musculaire disparaît beaucoup plus tôt dans le premier cas que dans le second.

Il est hors de doute que le cerveau est, bien plus que le cœur ou les muscles, sensible à l'action toxique du sang veineux ou asphyxique, et que, par conséquent, la présence dans le cerveau du sang veineux seul ne peut qu'accélérer sa mort. Cependant la mort finale de la tête par la ligature de ses vaisseaux ne survient jamais immédiatement après l'oblitération, mais, selon les expériences de A. Herzen, on peut maintenir cette ligature pendant plusieurs heures sur les lapins sans que le cerveau meure, car le rétablissement successif de la circulation fait reparaître chez eux les mouvements volontaires et la sensibilité consciente. Pour assurer le succès de ces expériences, il est nécessaire de préserver l'animal du refroidissement. Il est regrettable que des expériences systématiques du même genre n'aient pas été faites sur d'autres animaux supérieurs tels que le chien, le singe, etc., car nous ne savons pas combien de temps après la ligature des artères de la tête le cerveau de ces animaux perd la possibilité de se rétablir sous l'influence de la restitution de la circulation normale. D'après les expériences de A. Herzen, cet intervalle paraît assez long, mais cette conclusion ne se rapporte pas du tout aux expériences analogues sur les têtes des chiens décapités.

Ainsi par la ligature des artères de la tête, suivie de la disparition de l'excitabilité cérébrale, on aboutit à une élimination rapide des fonctions cérébrales, précédée, comme nous l'avons vu, par d'énergiques mouvements respiratoires du thorax, de la bouche, des narines, par des mouvements convulsifs des muscles de la face et de tout le reste du corps, grâce à l'excitation du centre tétanique bulbaire que provoque le sang asphyxique; on observe, en outre, dans cette période, la rotation des globes oculaires, le mouvement de la langue, l'ouverture et la fermeture de la bouche, comme dans le bâillement. Cependant, si l'on ne maintient pas la respiration artificielle, tous ces mouvements tétaniques disparaissent au bout de trois ou quatre minutes, et la vie cesse pour toujours. (V. **Anémie**).

Dans cette période d'excitation asphyxique provoquée par la ligature des artères de la tête, on observe sur le cœur et les vaisseaux les mêmes phénomènes que pendant l'asphyxie respiratoire commune : d'abord le ralentissement et l'arrêt des battements du cœur avec leur accélération successive et l'augmentation de la pression latérale du sang dans les vaisseaux du tronc et des extrémités, grâce à la contraction générale des vaisseaux causée par l'asphyxie; ensuite l'arrêt des mouvements respiratoires, la paralysie du cœur et la dilatation des vaisseaux dus à la paralysie des nerfs vaso-moteurs avec abaissement simultané de la pression sanguine jusqu'à zéro, et la mort finale. Toutefois, cet aspect se modifie si l'on maintient la vie des tissus de l'animal par la respiration artificielle après la ligature des carotides et des artères vertébrales, ou même avant. Dans ce cas, la tête meurt seule en présentant tous les phénomènes successifs que nous venons de décrire, tandis qu'au centre du système sanguin le cœur reste vivant, ainsi que le tronc et les extrémités. On provoque facilement sur des animaux ainsi opérés tous les actes réflexes de la peau sur les muscles, et ils peuvent se maintenir ainsi pendant des heures. Malheureusement on ne sait pas encore combien de temps la vie du tronc se conserve dans ces conditions, et il serait fort intéressant de savoir pendant combien de temps on peut maintenir intactes les fonctions d'une moelle épinière unie à un cerveau mort.

J'appellerai l'attention sur un phénomène particulier que j'ai observé sur des canards dont j'avais lié tous les vaisseaux de la tête, et sur lesquels j'entretenais la respiration artificielle. La tête de ces oiseaux mourait très rapidement et pendait sur le cou vivant. Je les fixais ensuite sur un support horizontal, leur laissant la liberté des pattes et de la queue, mais ils ne faisaient aucun mouvement; néanmoins il suffisait de les toucher pour provoquer dans tout le corps un acte réflexe énergique, puis ils retombaient graduellement inertes jusqu'à l'excitation suivante, et ainsi de suite. Dans cet état l'animal présente donc une machine toute prête à fonctionner : il ne lui manque pour agir qu'un motif, qu'une impulsion volontaire. Ainsi le tronc de l'animal qui conserve la moelle épinière intacte ne peut donner aucun acte volontaire ou automatique, mais seulement des actes réflexes. Il est important de ne pas perdre de vue ce fait quand on analyse les phénomènes qui se produisent après la décapitation.

Il résulte, des recherches physiologiques faites sur différents animaux, que le cerveau de l'homme et celui des animaux supérieurs est très sensible à l'anémie complète, provoquée artificiellement, tandis que le cerveau des animaux inférieurs à sang froid peut la supporter facilement pendant quelque temps. Cette différence s'explique par la lenteur de tous les échanges matériels dans le corps des animaux à sang froid, par la lenteur de la respiration interne des tissus auxquels la provision d'oxygène emmagasinée suffit pendant un temps beaucoup plus long que chez les animaux à sang chaud.

D'après les expériences de Spallanzani et de Pflüger, les grenouilles peuvent vivre des heures entières (jusqu'à vingt heures) dans une atmosphère d'azote pure et complètement privées d'oxygène libre. Setschenoff raconte que, après avoir retiré d'une grenouille tout le système central céphalo-rachidien du crâne et de la colonne vertébrale, ce cerveau et cette moelle ont continué, quoique hors de l'animal, à donner des décharges électriques pendant une demi-heure et plus.

Il est bien évident que la vitalité des tissus, y compris même le tissu nerveux, est bien plus persistante chez les animaux à sang froid, et qu'en conséquence les animaux inférieurs peuvent beaucoup plus facilement supporter les effets de l'anémie cérébrale que les animaux d'un ordre plus élevé.

Il est donc très important de ne jamais perdre de vue toutes ces considérations en faisant des expériences physiologiques comparatives sur les animaux à sang froid et à sang chaud (V. Cerveau et Anémie).

Effets de la section de la moelle au-dessus du bulbe. — Passons maintenant à l'étude d'un autre mode de décapitation physiologique, à la section de la moelle épinière au-dessous du bulbe en maintenant la respiration artificielle. On fait cette opération dans tous les cas où l'on veut soustraire à l'influence du cerveau l'activité de tels ou tels organes du corps. Dans ces cas la section de la moelle se produit dans le domaine de deux ou trois vertèbres cervicales. On connaît bien les résultats de cette section : paralysie des mouvements volontaires, abaissement de la pression sanguine dû à la paralysie des vaso-moteurs, accélération et affaiblissement des battements du cœur, arrêt de la respiration et suppression des actes réflexes du tronc et des membres chez les animaux supérieurs, ainsi que le refroidissement de tout le corps dû à la diminution de la thermogénèse et à la dilatation des vaisseaux périphériques.

Par la paralysie des vaso-moteurs et l'affaiblissement de l'activité du cœur, la tête se trouve dans un très grand état d'anémie, mais elle n'est pas complètement asphyxiée, grâce au maintien de la respiration artificielle. Après la section de la moelle tout près du bulbe, la tête des animaux supérieurs est dans un état de repos complet, et l'on n'observe aucun mouvement volontaire ni forcé ; en sorte que cette section de la moelle provoque l'arrêt des fonctions cérébrales. Dans ces conditions, ce n'est que par l'arrêt de la respiration artificielle que l'on peut provoquer des mouvements forcés, dus à l'asphyxie des différentes parties de la tête.

Comme organe de l'activité volontaire consciente, l'écorce grise des circonvolutions cérébrales se trouve, après la section de la moelle près du bulbe, dans un état d'arrêt complet, et ce n'est que par la suspension de la respiration artificielle qu'on peut provoquer des mouvements spontanés des muscles de la face, de la langue, des globes oculaires, des crampes de différents muscles de la face, qui produisent des grimaces atroces. Les actes réflexes de la face, de la langue, des mâchoires, obtenus par l'excitation de la peau, de la cornée et des muqueuses persistent quelques minutes après la section de la moelle épinière ; mais elles disparaissent peu après grâce à l'abaissement progressif de l'excitabilité des centres cérébraux, déterminé par l'anémie cérébrale et l'influence inhibitrice de la section médullaire sur les centres cérébraux.

Il n'est donc pas douteux que la section de la moelle au-dessous du bulbe conduit à l'anémie du cerveau ; mais il est regrettable que l'on ne connaisse pas dans ce cas le degré d'appauvrissement du sang dans la tête, bien que cette analyse soit devenue possible par la méthode de WELKER. Quant à l'influence inhibitrice de la section médullaire sur les fonctions supérieures du cerveau, il faudrait, avant tout, prouver que chaque section de la moelle est une source directe de forte irritation. Il est facile d'obtenir cette preuve en agissant sur les oiseaux, et particulièrement sur les canards, mais à la condition qu'ils soient dans un état de repos absolu. On provoque dans ce but la mort de la tête de l'animal par la ligature des artères, et l'on maintient la respiration artificielle. Le tronc est fixé par un bandage sur un support de bois placé horizontalement, et on a soin de laisser pendre les pattes ; de cette façon le canard ne fait aucun mouvement, mais il suffit de piquer la moelle ou de la sectionner, pour provoquer instantanément une série très variée, très complexe et bien coordonnée de mouvements énergiques, qui disparaissent au bout de quelques minutes, pour reparaître avec la même énergie après chaque lésion de la moelle. Ainsi un canard *décapité* produit toute une série de mouvements coordonnés, qui, bien que volontaires, ne sont en réalité que des mouvements forcés dont la source se trouve dans la section de la moelle. Chez les lézards ordinaires, la section transversale de la moelle au niveau du renflement lombaire provoque une série de mouvements pendulaires périodiques qui durent quelques minutes, et qui, après avoir disparu, se renouvellent après chaque lésion répétée de la moelle.

On peut donc affirmer que les lésions de la moelle sous forme de piqûre ou de section sont une source de forte irritation et peuvent provoquer chez certains animaux des mouvements spontanés et forcés, tandis que, chez d'autres, comme chez la grenouille, le lapin, le chien, elle produit de la dépression, de l'inhibition et l'arrêt de tout mouvement volontaire et réflexe. C'est cet arrêt qui caractérise le phénomène du *choc*, qui suit toute forte lésion du système nerveux chez l'homme et chez les animaux supérieurs. Plus la section de la moelle se rapproche d'une certaine région des centres nerveux, plus ces derniers sont inhibés dans leurs fonctions. Ainsi, à mesure que la section de la moelle est faite plus près du bulbe, on remarque que les fonctions cérébrales sont de plus en plus déprimées (inhibées), tandis que les centres les plus éloignés de la section, c'est-à-dire, les parties inférieures de la moelle, le sont de moins en moins ; c'est pour cette raison que la section de la moelle au niveau du bulbe est directement suivie d'une perte de la conscience, de la volonté : la tête ne fait plus aucun mouvement, les yeux ne répondent pas à l'excitation de la lumière, l'oreille reste sourde aux sons, bien que la circulation cérébrale affaiblie continue, si grande est *l'influence inhibitrice* des sections de la moelle les plus proches du bulbe chez l'homme et chez les animaux supérieurs.

On sait, depuis les mémorables travaux de Legallois, que le bulbe contient le nœud vital dont la destruction amène la mort instantanée de l'être ; suivant Brown-Séquard, la lésion du bulbe est suivie par l'arrêt des oxydations dans tout le corps, malgré le maintien de la respiration artificielle (V. **Bulbe**).

Il n'est pas étonnant que le bulbe présente le point le plus sensible, et dont la lésion provoque le plus facilement l'arrêt de l'activité cérébrale, surtout des fonctions les plus délicates du cerveau, telles que la conscience, les actes volontaires, etc.

De sorte qu'au point de vue de la décapitation physiologique l'analyse de la section de la moelle au niveau du bulbe nous prouve que cette méthode aboutit vraiment à son but, à la condition que la section soit faite le plus près possible du bulbe : la conscience, les sensations conscientes, et par suite la volonté, disparaissent, ainsi que les rapports naturels entre le cerveau et la moelle.

Il ne reste, après cette opération, qu'une communication, établie par la circulation sanguine entre la tête et le reste du corps, car il ne faut pas perdre de vue que, si la circulation cérébrale se trouve affaiblie, elle n'est pas complètement anéantie, ainsi que le démontre l'observation suivante que j'ai faite sur des canards.

On prend deux canards de poids à peu près égaux, puis on pratique la section de la moelle entre la troisième et la quatrième vertèbre cervicale, et l'on maintient la respiration artificielle ; on a soin également de couper chez les deux canards tous les nerfs qui font communiquer la tête avec le reste du corps. On fixe ensuite ces oiseaux sur un support horizontal en leur laissant la liberté des pattes et de la queue. On les voit alors produire toute une série de mouvements automatiques réguliers, tels que le vol, la natation et les battements de la queue, etc. Ces canards peuvent vivre ainsi pendant vingt-quatre heures. Si l'on maintient sans interruption la respiration artificielle, ils meurent ensuite en présentant un grand refroidissement du corps. Si, au lieu de l'expérience que nous venons d'exposer, on prend d'autres canards, opérés de la même manière, mais avec la différence qu'on aura *coupé la tête* par la section entière du cou au-dessus de la section de la moelle, en ayant eu soin de faire au préalable la ligature des vaisseaux du cou pour éviter l'hémorragie, on verra que, malgré le maintien de la respiration artificielle, et bien que l'opération n'ait, en vérité, rien changé dans les rapports fonctionnels du cerveau et de la moelle, ces oiseaux ne vivent tout au plus qu'une heure en produisant pendant ce temps une série de mouvements périodiques et automatiques.

En comparant ces deux séries d'expériences, nous voyons que la durée de la vie est extrêmement différente ; les canards qui ont conservé la circulation cérébrale en communication avec le reste du corps vivent presque vingt-quatre fois plus longtemps que ceux qui ont été privés de la tête, et dont le cou a été tranché au-dessus de la section médullaire. Il est évident que la présence de la tête, malgré la section médullaire, a une grande influence sur la survie de l'animal après l'opération ; et, puisque dans ces conditions la tête ne peut influencer sur le reste du corps que par l'intermédiaire du sang et de sa circulation, il est vraisemblable que le cerveau, ainsi que d'autres organes, fournit au sang et à tout le reste du corps par la circulation quelques produits de sa sécrétion interne, qui maintiennent l'activité de la moelle épinière et peut-être de tout le reste du corps pendant une durée de vingt-quatre heures. Ce seraient des produits dyuamogènes, élaborés par le cerveau, et surtout utiles pour la moelle épinière. On sait que dans l'organothérapie on profite déjà de l'action dynamogène de la substance grise du cerveau. Toute cette question demanderait à être développée, d'autant qu'elle est facilement abordable du côté expérimental, et il n'y aurait rien d'étonnant à ce qu'un jour on en arrive à cette conclusion : que le cerveau est non seulement un organe qui élabore et reçoive des impulsions nerveuses, mais en même temps une glande avec sécrétion interne déterminée, importante pour tout le corps; dans ce cas la décapitation se réduirait non seulement à l'anéantissement de différentes fonctions nerveuses et psychiques, mais en même temps à l'élimination de différentes influences chimiques cérébrales.

Il est facile maintenant de se représenter les conséquences qui peuvent résulter de l'application simultanée des deux modes de décapitation physiologique, c'est-à-dire de la ligature des vaisseaux de la tête? avec section de la moelle épinière sous le bulbe. Par suite de l'anémie aiguë du cerveau, les phénomènes d'inhibition de toutes les fonctions cérébrales nerveuses et psychiques doivent être encore plus accentués; puisque le tissu cérébral anémié doit être plus sujet à l'influence d'arrêt causée par la section de la moelle sous le bulbe; d'un autre côté, par l'arrêt de la circulation cérébrale, le cerveau se trouve asphyxié, et par suite différentes excitations des centres nerveux de la face, de la langue, des yeux, etc., passent à l'état d'excitations asphyxiantes et provoquent toute une série de mouvements de la face, de la langue, des globes oculaires, des mâchoires, qui n'ont rien de commun avec les actes réflexes ni avec la volonté. Il ne peut y avoir aucun doute à ce sujet quant au résultat de ces deux opérations simultanées de décapitation physiologique : elles amènent plus vite la mort que chacune d'elles en particulier.

Effets de la décapitation complète. — Il est facile d'étudier les phénomènes que l'on observe chez l'homme et chez les animaux supérieurs après la séparation complète de la tête et du corps. Des expériences de ce genre ont été faites sur les chiens et sur les lapins par Brown-Séquard, Laborde, Hayem et Barrier, et surtout par P. Loye.

Les expériences de Loye ont été tout particulièrement faites dans des conditions très rigoureuses et très scientifiques. Pour la décollation instantanée de la tête, il employait un appareil construit sur le modèle de la guillotine. Le couteau tombait de la hauteur de $2^m,30$ sur la nuque de l'animal et la décapitation s'effectuait en moins d'une demi-seconde. La tête restait sur un support, ce qui permettait de la bien observer.

On peut grouper en deux catégories les phénomènes observés sur la tête dans ces conditions; à savoir les mouvements spontanés et les mouvements réflexes. Les premiers sont marqués au moment de la décollation par une large ouverture de la bouche, comme si l'animal voulait faire une profonde inspiration; la langue produit quelques faibles mouvements ou bien reste collée au palais. Les paupières restent d'abord fermées et présentent de faibles contractions, puis les yeux s'ouvrent et roulent dans les orbites de droite à gauche et de haut en bas; l'iris est ordinairement contracté. Enfin les mâchoires s'écartent et se referment brusquement, et tous les muscles de la face se contractent convulsivement. Les commissures des lèvres s'agitent énergiquement, les narines et les lèvres frémissent et les oreilles se dressent. Tout cet ensemble présente une atroce grimace, exprimant une angoisse mortelle et une vive douleur. Pendant ce temps, l'attouchement de la cornée continue à provoquer la fermeture des paupières; le pincement de la langue, une faible contraction de cet organe; tandis que les excitations psychiques, plus délicates, de l'œil par la lumière, de l'oreille par les sons les plus forts, restent sans réaction, sauf le rétrécissement de l'iris pendant qu'on approche la lumière. Tout ces phénomènes ne durent qu'une dizaine de secondes après la décapitation. Entre la dixième et la vingtième seconde, on observe une période de repos, pendant laquelle la bouche est fermée, et les yeux sont fixes et ouverts. Entre la quinzième et la vingtième seconde, après la décapitation, la bouche s'ouvre et se referme de nouveau, les narines se contractent et se dilatent. Ces mouvements, qui ressemblent à des bâillements successifs, se répètent une douzaine de fois et disparaissent complètement une minute ou deux après la décapitation, tandis que le réflexe de la cornée disparaît au bout de trente secondes après la décapitation. C'est ainsi que, deux minutes après la décapitation, on ne remarque sur la tête que de faibles contractions fibrillaires des lèvres, des narines, des paupières, et enfin la tête tombe dans un repos absolu jusqu'à l'apparition de la rigidité cadavérique.

Les mêmes phénomènes ont été décrits par HAYEM et BARRIER; mais ce tableau varie dans différents cas de la décapitation du chien. Ainsi, dans la première, au lieu de violents mouvements de la face et de grimaces, la physionomie reste tranquille; on ne remarque que de faibles mouvements convulsifs des lèvres et des paupières. Une ou deux fois même, LOYE a remarqué un calme absolu de la face après la décapitation. Mais les muscles étaient plutôt contractés que paralysés. Quant aux mouvements de la troisième période, et principalement aux bâillements, ils apparaissaient toujours, mais plus tard, dans les cas où après la décapitation la tête se trouvait en parfait repos.

Pour connaître l'origine de ces mouvements spontanés, il s'agissait de savoir s'ils ne provenaient pas de la surface de la section de la moelle épinière, mais des expériences directes ont démontré qu'il n'en était rien : l'excitation produite par de forts courants sur l'extrémité supérieure de la moelle sectionnée ne provoquait aucun mouvement, mais en revanche il suffisait d'appliquer une des électrodes, ou les deux à la fois, sur le cou ou sur la face pour provoquer des mouvements énergiques. Il s'agissait, dans ces cas-là, de l'excitation directe des muscles ou des nerfs moteurs.

Quelle est donc la véritable origine de ces mouvements spontanés de la tête chez les animaux réellement décapités? On en trouve la réponse dans les expériences que nous venons d'exposer, c'est-à-dire dans la décapitation physiologique partielle qu'on obtient par la ligature des vaisseaux de la tête ou par la section de la moelle sous le bulbe. Nous voyons que la conscience et la volonté n'ont aucune part dans ces mouvements; tout se réduit aux effets de l'asphyxie aiguë du cerveau qui survient immédiatement après la décapitation, grâce à une forte hémorragie. Le « choc » ou les effets d'arrêt qui surviennent à la suite de la section de la moelle sous le bulbe sont tellement forts qu'il ne saurait être question de survie des fonctions psychiques du cerveau, de la conscience et de la volonté.

D'ailleurs l'expérience suivante de LOYE le prouve suffisamment. Il endort des chiens avec de fortes doses de chloroforme et de morphine jusqu'à la perte complète de la conscience et de la volonté, et même jusqu'à la disparition de la sensibilité réflexe; et enfin, dans cet état, il les soumet à la décapitation. La tête de ces animaux anesthésiés, puis guillotinés, produit les mêmes mouvements spontanés que chez les chiens normaux. Il est facile de déduire la conclusion de cette expérience; c'est-à-dire que, chez les animaux anesthésiés, la conscience et la volonté absentes ne sont pour rien dans la production de ces mouvements spontanés de la tête. Mais on pourrait cependant objecter, que, malgré l'anesthésie des animaux, la conscience leur revient au moment de la décapitation qui agirait en ce cas comme un violent excitant et dissiperait l'état de stupeur narcotique dans lequel l'animal est plongé pour le remplacer par un état conscient très net.

Si cette objection était fondée, ce seraient les actes réflexes de la tête qui devraient reparaître les premiers, comme cela se produit d'habitude après la disparition des effets narcotiques; tandis que, chez les animaux décapités et anesthésiés au préalable, la tête ne produit que des mouvements spontanés, et on ne peut obtenir aucun acte réflexe. Ces considérations justifient complètement l'opinion de LOYE, c'est-à-dire que les mouvements spontanés d'une tête guillotinée ne sont pas d'origine asphyxiante. C'est aussi l'opinion déjà ancienne de LEGALLOIS, qui disait que la tête du chien séparée du corps est à peu près dans les mêmes conditions que la tête d'un animal asphyxié.

Non seulement la décapitation interrompt tous les actes psychiques instantanément, mais il est aussi impossible de les faire reparaître. Nous avons vu plus haut qu'une tête anémiée par la ligature de ses vaisseaux peut être ramenée à la vie par la restitution de la circulation, mais il n'en va pas de même pour une tête décapitée; car, dans ce cas, on a non seulement affaire à l'anémie du cerveau, mais aussi à l'influence inhibitrice (d'arrêt ou modératrice) de la section médullaire sous le bulbe, ainsi qu'à un phénomène tout particulier, dû à la décapitation : à savoir l'introduction de bulles d'air dans les vaisseaux du cerveau et dans l'espace sous-arachnoïdien, pénétration d'air qui empêche d'établir la circulation cérébrale artificielle. Tous ces effets réunis ont toujours empêché LABORDE et LOYE de réussir à faire revivre une tête décapitée en y maintenant la circulation artificielle, bien qu'ils aient toujours tenté cette opération quelques minutes seulement après la décapitation, quand l'excitabilité de l'écorce cérébrale n'était pas encore anéantie. C'est ainsi que LABORDE, en excitant les zones motrices de l'écorce cérébrale sur des têtes de chiens décapités, est arrivé à ce résultat que l'excitabilité de ces régions ne disparaissait que deux minutes après la décapitation, tandis que l'excitabilité des centres sous-corticaux durait jusqu'à vingt-cinq et trente minutes après la décapitation.

Dans la série des expériences faites par LOYE sur la circulation artificielle de la tête décapitée, cet auteur a remarqué que les contractions fibrillaires des muscles de la face s'observaient surtout du côté où la carotide a été injectée, et ces contractions étaient quelquefois si fortes qu'elles donnaient à la physionomie de l'animal une expression d'angoisse douloureuse profonde; quelquefois même les oreilles se dressaient, les paupières se contractaient convulsivement, les lèvres tremblaient et par la bouche entre-ouverte on remarquait des trémulations fibrillaires de la langue. Tout cela pouvait faire croire à la revivification de la tête par la circulation artificielle; mais ce n'est en réalité qu'une illusion, et, comme LOYE l'a démontré, tous ces mouvements n'ont rien de commun avec les nerfs et les centres nerveux : ils ne sont que la simple manifestation de l'excitabilité musculaire mise en jeu par le courant sanguin artificiel. L'exactitude de cette assertion se justifie par l'expérience suivante. Si, au lieu d'établir dans la tête décapitée la circulation artificielle sanguine, on injecte tout simplement de l'eau distillée dans les carotides, on voit apparaître les même contractions de la face, des mâchoires, de la langue, des lobes oculaires, etc., et même d'une façon plus énergique, surtout dans la bouche qui mord n'importe quel objet placé entre les dents. La tête oscille d'un côté à l'autre par la contraction énergique des muscles de la nuque, du cou et de la face. Tous ces mouvements ne sont évidemment pas de nature nerveuse, car l'eau distillée ne peut maintenir aucune fonction nerveuse : elle n'agit que comme une forte excitation directe du système musculaire dont elle provoque la contraction jusqu'à la rigidité complète.

HAYEM et BARRIER ont fait de leur côté des expériences dont le résultat est en contradiction avec les résultats obtenus par LABORDE et LOYE au sujet de la revivification de la tête décapitée, par la circulation artificielle. En effet, HAYEM et BARRIER affirment qu'on peut maintenir pendant quelque temps la conscience dans la tête décapitée, mais à la condition que l'arrêt de la circulation cérébrale ne soit pas interrompu un seul instant, même par la décapitation; car, en rétablissant la circulation artificielle après la décollation, on n'obtient, dans ce cas, que quelques contractions fibrillaires des muscles de la face, quelques mouvements respiratoires dus à l'asphyxie, et quelques mouvements réflexes. Un fait rapporté par HAYEM et BARRIER semble confirmer cette assertion : c'est, par exemple, lorsque au son de la voix la tête décapitée du chien tourne les yeux et dresse les oreilles. LOYE croit à une coïncidence artificielle; mais il nous semble, à nous, que l'opinion émise par HAYEM et BARRIER a aussi sa raison d'être.

En effet, tous les auteurs qui ont ouvert le crâne des têtes décapitées ont constaté que les vaisseaux de la pie mère contiennent du sang mêlé avec des bulles d'air, et que, dans l'espace sous-arachnoïdien, il y a une quantité d'air considérable. La présence de l'air dans les vaisseaux du cerveau empêche de rétablir d'une façon régulière la circulation artificielle après la décollation; dans ces conditions on ne peut donc pas s'attendre à une revivification de la tête. D'un autre côté, si, comme HAYEM et BARRIER l'ont expérimenté, la circulation artificielle a été établie avant la décollation de manière à empêcher l'introduction de l'air dans les vaisseaux cérébraux, la circulation se ferait d'une façon plus normale, et le retour de quelques fonctions psychiques ne serait pas impossible. Cela est même d'autant plus probable que, dans les expériences de ces auteurs, il n'y a eu aucune interruption entre la circulation cérébrale et la circulation artificielle, de sorte que les têtes décapitées pouvaient mieux conserver leurs fonctions nerveuses et psychiques. Il est à souhaiter que ces sortes d'expériences soient reprises; car elles sont peu nombreuses.

Les têtes décapitées de jeunes animaux, chiens, chats, se comportent à peu près comme les têtes des animaux adultes, avec cette différence que tous les mouvements respiratoires involontaires des narines, de la bouche, se continuent plus longtemps, jusqu'à six et sept minutes après la décollation; les animaux nouveau-nés continuent des mouvements de succion.

En ce qui concerne les mouvements du corps après la décapitation, il faut établir une différence marquée entre les mammifères et les oiseaux. C'est surtout chez ces derniers que l'on remarque le plus de mouvements complexes coordonnés, d'aviation, de natation de mouvements du cou, de la queue, etc. Ainsi que nous l'avons dit, il faut, pour mieux les observer, maintenir la respiration, éviter l'hémorragie par la ligature des vaisseaux du cou et expérimenter sur des canards. Nous savons que tous ces mouvements sont involontaires et forcés, et qu'on en trouve l'origine dans la moelle, qui agit comme excitant et comme irritant.

L'empereur Commode faisait déjà dans le cirque de semblables expériences sur les autruches, en leur tranchant la tête d'un coup de flèche, et les animaux continuaient à courir jusqu'à la barrière. On remarque encore sur les canards décapités une exagération extrême de la sensibilité réflexe : même des *sons* peuvent les exciter au point de les mettre en mouvement s'ils sont au repos, et, au contraire, s'ils sont en mouvement, les mêmes sons provoquent l'arrêt de ces mouvements pendant un certain temps.

Toute la question se réduit donc à l'état dans lequel se trouvent les centres nerveux et à l'excitabilité exagérée du mécanisme réflexe musculo-cutané, grâce auquel même les ondulations sonores peuvent servir d'excitants pour la peau et les plumes qui la recouvrent.

Les chats, les chiens, les lapins ne présentent rien de semblable : ce n'est qu'au moment de la décollation que le tronc et les membres produisent des mouvements désordonnés et énergiques; quelquefois même ces mouvements sont si forts que l'animal peut se renverser d'une place à l'autre. Une demi-minute après la décollation on voit apparaître des mouvements de la queue, et une extension des membres avec contracture des muscles du tronc qui courbe le corps en arc. Deux minutes après la décollation, on observe dans la partie postérieure du corps des contractions fibrillaires et une défécation involontaire. On rencontre quelquefois des exceptions à ces règles, mais en tous cas ce sont chez les chiens les mouvements les plus fréquents.

Legallois raconte que, lorsque dans ses expériences les cobayes et les jeunes chats se sont remis du choc produit par la décapitation, ils commencent par faire avec leurs pattes postérieures des mouvements, comme s'ils voulaient gratter, et dirigent leurs pattes vers la section. L'effet d'arrêt que produit la section de la moelle épinière sur les mécanismes réflexes est tellement grand, que le tronc et les membres de ces mammifères décapités ne présentent plus, après la décollation, aucune sensibilité réflexe : même l'excitation électrique directe reste sans résultat.

En même temps que les phénomènes d'arrêt, il y a des phénomènes d'anémie de la moelle, provoqués par la forte hémorragie qui accompagne la décollation.

D'après Loye, les chiens perdent par hémorragie 1/16 et jusqu'à 1/15 de leur poids, c'est-à-dire presque tout le sang qu'ils contiennent, en évaluant la quantité de sang à 1/13 du poids du corps.

Il paraîtrait pourtant que la paralysie de l'activité réflexe de la moelle épinière, après la décollation, serait plutôt due à l'hémorragie qu'à l'influence inhibitrice de la section de la moelle, car, ainsi que Brown-Séquard l'a démontré, l'application de la circulation artificielle dans un tronc de chien ayant perdu toute sensibilité réflexe, amène sa complète restitution. Il est probable d'ailleurs que l'activité réflexe de la moelle épinière éprouve une influence d'arrêt plus faible que les actes nerveux et psychiques du cerveau, surtout quand la décollation s'est faite tout près du bulbe.

Décapitation chez l'homme. — Il ne nous reste plus qu'à ajouter quelques lignes sur la décapitation de l'homme, en passant sous silence, bien entendu, toutes les légendes exposant la survie de la conscience et de la volonté chez les décapités. Les lecteurs s'intéressant à ces sortes d'histoires les trouveront dans l'excellent ouvrage de Loye sur « La mort par décapitation ». Ils y trouveront en même temps tous les documents scientifiques établissant le côté faible, le côté erroné et fantastique de tous ces récits d'une tête décapitée qui rougit de honte, qui suit des yeux celui auquel elle a promis un regard après la décapitation ou qui souffre et tâche d'exprimer son état psychique par des cris, par des sons inarticulés, etc., etc. Les expériences de Holmgren, de Regnard et de Loye démontrent suffisamment ce qu'il y a d'invraisemblable dans tout ce qui a été raconté sur la survie de la conscience et de la volonté chez les décapités, et ils ont ramené à leur véritable cause physiologique les mouvements produits par quelques têtes séparées du corps. C'est l'asphyxie aiguë de la tête après la décollation qui en est la véritable cause. Tous ces mouvements des muscles de la face, de la langue, des globes oculaires, ces bâillements qui ressemblent tant à ceux des chiens décapités, ne sont que des mouvements forcés, provoqués par l'asphyxie; ni l'expression du visage des décapités, ni la complète absence de réaction motrice (sauf l'iris), sur les excitations naturelles de la vue, de l'ouïe, ni tout ce que nous savons des conditions nécessaires de l'activité cérébrale chez l'homme, rien ne nous autorise à admettre la survie de la conscience et de la volonté chez l'homme décapité.

Nous savons, par exemple, que toute hémorragie et toute lésion du système nerveux agissent d'une façon d'autant plus dépressive, que l'animal se trouve à un plus haut degré de développement nerveux psychique. C'est une règle absolue. Et puisque le chien, même après la décapitation, perd instantanément sa conscience et sa volonté par le fait de l'hémorragie et de l'inhibition causées par la section du bulbe, est-il possible d'admettre que chez l'homme, dont le cerveau est doué d'une sensibilité extrême pour tout changement de la circulation et toute lésion nerveuse, il puisse y avoir survie? On sait avec quelle facilité survient une syncope chez l'homme, pendant l'arrêt du cœur, ou par l'affaiblissement de la circulation ou par telle autre excitation violente du système nerveux. Cette sensibilité est tellement grande qu'on ne peut établir aucune comparaison entre cette exquise sensibilité et celle des animaux, tels que chiens, chats, lapins, etc. Or, puisque ces derniers tombent dans une complète indifférence psychique après la décapitation au-dessous du bulbe, et que leur conscience et leur volonté disparaissent instantanément, la même chose doit bien se produire chez l'homme, et nous avons toutes raisons de le croire.

LABORDE, dans ses expériences sur la circulation artificielle des têtes d'hommes décapités, confirme tout ce que nous venons de dire : il conclut à l'impossibilité de la revivification des fonctions nerveuses et psychiques; d'un autre côté, il a démontré que l'excitabilité de l'écorce cérébrale se maintient, comme chez le chien, encore pendant quelques minutes après la décollation. Il y a donc analogie entre les propriétés physiologiques de la tête décapitée du chien et celle de l'homme. Et si, comme nous l'avons vu, le chien perd instantanément et pour toujours sa conscience et sa volonté après la décapitation, à plus forte raison la tête de l'homme, beaucoup plus sensible et plus susceptible, subira-t-elle les mêmes conséquences. D'ailleurs, c'est aussi l'avis de HOLMGREN, REGNARD et LOYE, qui ont fait sur cette importante étude les expériences les plus rigoureuses et les plus concluantes. Cette opinion est confirmée en tous points par l'état dans lequel se trouve le tronc de l'homme décapité. Dès que la décollation s'est produite, il ne reste pas la moindre trace de sensibilité réflexe, et le corps reste complètement inerte, tant est forte l'influence dépressive de la section de la moelle et de l'hémorragie qui l'accompagne. Si ces conditions agissent d'une manière aussi efficace sur la moelle épinière, elles agiront bien davantage encore pour paralyser l'activité d'un organe aussi complexe et aussi délicat que le cerveau.

En conséquence, si la peine de mort n'a d'autre but que la suppression de la vie sans l'augmentation d'une torture quelconque, la décapitation par la guillotine paraît en être l'idéal, car cette forme de supplice amène la mort intellectuelle, la perte de la conscience immédiate et définitive.

Bibliographie. — La thèse de PAUL LOYE contient un historique très complet de cette question, historique où l'on trouvera l'indication de tous les travaux qui ont paru sur ce sujet avant l'année 1888. — LABORDE. *L'excitabilité cérébrale après décapitation*, in *Revue Scientifique*, 25 juillet et 1er août 1885. — HAYEM et BARRIER. *Recherches expérimentales sur la mort par la décapitation* (C. R., 31 janvier et 14 mars 1887). — PAUL LOYE. *La mort par la décapitation* (Thèses de Paris, 1888; et *Revue Scientifique*, 31 mars et 21 juillet 1888, 1 vol. in-8 de 285 pages, Paris, Lecrosnier, 1888). — ÉDOUARD BOINET. *Expériences sur des décapités au Tonkin* (Rev. Scient., 4 octobre 1890). — GLÉY. *Contribution à l'étude des mouvements du cœur chez l'homme. Expériences sur un supplicié* (B. B., 517, 1890); — *Mouvements rythmiques du diaphragme observés chez un supplicié* (Ibid., 519, 1890). — LABORDE. *Phénomènes extérieurs observés sur la tête et le tronc des décapités*

(*Ibid.*, 99, 1891). — Tarchanoff. *Mouvements forcés des canards décapités (Ibid.*, 454, 1895). — Capitan. *Observations faites à l'exécution de Carrara* (B. B., 700, 1898).

J. DE TARCHANOFF.

DÉFÉCATION.

DÉFÉCATION. — La défécation est l'acte ultime de la fonction digestive, acte essentiellement éliminatoire, ayant pour but d'expulser les matières fécales.

L'expulsion des fèces n'a lieu qu'à intervalles plus ou moins éloignés, les matières séjournant pendant un certain temps dans les régions inférieures du tube digestif avant de franchir l'orifice anal. Si nous employons ce terme vague de régions inférieures, c'est que les auteurs ne s'entendent pas sur la région où s'arrêtent les matières.

Le rectum présente au-dessus des sphincters une dilatation relativement considérable, ampoule rectale considérée par un certain nombre de physiologistes et de chirurgiens comme le réservoir où s'accumulent les matières. Telle est l'opinion entre autres de A. Richer qui soutient que chez les individus normaux, on trouve *très souvent*, sinon *presque toujours*, en pratiquant le toucher rectal, des matières fécales dans la dilatation ampullaire, à moins que le malade n'ait été depuis quelques heures à la garde-robe.

A cette opinion il faut opposer celle de James O' Beirne, d'après qui ce n'est pas dans le rectum, mais dans l'S iliaque du côlon que s'accumulent les matières dans l'intervalle des évacuations. Beirne invoquait l'observation courante du chirurgien qui dans le sphincter rectal rencontre souvent le rectum inférieur vide (observations contredites d'ailleurs par d'autres) même quand le sujet manifestait le besoin de défécation, et le fait qu'après l'extirpation du sphincter un grand nombre de sujets ont des selles intermittentes.

Ces divergences d'opinion s'expliquent par les différences individuelles. Chez les individus bien portants, avec défécation régulière, la partie inférieure du gros intestin est généralement vide. Les matières fécales tendant à prendre une certaine consistance par suite de l'absorption intestinale, progressent mal dans un canal contourné, ascendant d'abord, transversal ensuite, puis s'incurvant encore pour décrire l'anse sygmoïde : la marche étant encore arrêtée par des replis transversaux nombreux qui s'y rencontrent.

Besoin. — Nous emprunterons à Beaunis la description du besoin de défécation ou d'exonération.

Ce besoin, dû à la distension du rectum par les matières fécales, débute par un sentiment de pesanteur dans la région anale ou sacro-coccygienne. Puis, à mesure que la distension du rectum augmente, cette sensation de pesanteur remonte, devient plus obtuse, plus profonde, et la sensation rectale fait place à une sensation abdominale de réplétion d'un caractère différent. Tandis que la sensation rectale est assez uniforme et consiste plutôt en une sorte de tension à laquelle viennent se mélanger des sensations de constriction à l'anus, la sensation abdominale est plus nette, moins sourde; au lieu d'être uniforme, elle devient intermittente, comme s'il se faisait une infinité de petits mouvements très légers dans une masse mobile; elle varie aussi d'intensité et présente des redoublements et des exacerbations sous forme de coliques peu intenses.

Ces sensations augmentent peu à peu en s'irradiant dans la région lombo-sacrée et le périnée, jusqu'à ce que le besoin devienne irrésistible. Dans certains cas pathologiques, des douleurs qui accompagnent le besoin de défécation deviennent intolérables et très fréquentes. Ces douleurs constituent les épreintes ou le ténesme et sont dues en partie à une sorte de spasme convulsif des fibres musculaires du sphincter anal, comme dans la dysenterie par exemple. Les deux formes de sensations qui constituent sensiblement le besoin de défécation, la sensation rectale et la sensation abdominale correspondent évidemment, la première à la réplétion du rectum par les matières et leurs poussées vers le sphincter de l'anus, la seconde à la réplétion de l'S iliaque et au refoulement des matières par les contractions du sphincter de l'anus et de la partie inférieure du rectum. Quant à ces sensations elles-mêmes, il est bien certain que les muscles de l'intestin interviennent tout autant que la muqueuse et qu'ils jouent même peut-être le rôle prépondérant.

Dans l'état normal, la défécation s'opère par l'action simultanée des tuniques musculaires de l'intestin, du diaphragme et des muscles abdominaux.

Le diaphragme, les muscles de l'abdomen et du périnée se contractent simultanément, comprimant ainsi les viscères contenus dans la cavité abdominale, et, par suite de la présence des gaz intestinaux, cette compression est régularisée.

La résultante de toutes ces forces combinées peut être représentée suivant une ligne qui vient tomber dans le petit bassin. Longet fait remarquer que l'attitude penchée dans la défécation concorde avec cette direction même et assure une économie de force. Sous l'influence de cette pression, de cet effort, le rectum et les matières sont refoulées en bas et viennent en contact avec l'anus qui s'abaisserait à chaque contraction, si quelques fibres du muscle releveur de l'anus n'avaient pour effet d'élever l'extrémité inférieure du tube intestinal et de la faire glisser, pour ainsi dire sur le bol fécal. Il existerait donc deux forces en sens contraire, mais agissant finalement dans le même but, l'expulsion des matières.

L'effort ainsi compris n'est utile que lorsque les matières sont très résistantes; car l'intestin par ses mouvements péristaltiques exagérés suffit pour expulser les matières, ainsi qu'on peut le constater fréquemment chez un animal dont l'abdomen est ouvert.

Comment se comporte le sphincter anal pendant la défécation? Y a-t-il suspension à ce moment, non seulement de contraction volontaire, mais de tonicité? Y a-t-il inhibition? C'est la théorie défendue jadis par Bellingeri, et qui, récemment encore, a été défendue par Chauveau. Au moment où les matières se présentent à l'orifice anal (chez le cheval) avant qu'elles pressent sur lui, il y a, d'après Chauveau, un relâchement des sphincters. Les matières, au moins quand elles sont peu consistantes, ne passent donc pas par l'effet de la pression intra-intestinale ou abdominale. L'anneau contractile n'est pas forcé : il se relâche de lui-même par une action d'arrêt. Chauveau faisait remarquer cependant que l'excitation directe des filets nerveux qui vont au sphincter anal donne toujours lieu à des contractions et non à une dilatation. On verra plus loin que Langley, en excitant les nerfs à leur origine, a pu constater des phénomènes de dilatation très manifestes du sphincter interne.

Le releveur de l'anus. — Le rôle du releveur de l'anus a donné lieu à des discussions très nombreuses. Pendant longtemps les anatomistes lui ont attribué une action dilatatrice, ou plutôt évacuatrice. Il agirait par deux modes différents. En redressant et en raccourcissant ses fibres, il augmenterait la pression abdominale et contribuerait ainsi à chasser le bol fécal. En outre, en élevant l'extrémité inférieure du rectum, il la ferait glisser sur le bol fécal et amènerait ainsi la dilatation de l'anus.

Déjà A. Richet, en s'appuyant sur des considérations anatomiques, mettait en doute l'action dilatatrice du releveur de l'anus. En étudiant, dit-il, la manière dont se comportent au voisinage de l'anus les sphincters et le releveur, on voit que les fibres du releveur, parvenues au niveau du bord supérieur du sphincter externe, s'insinuent entre ce muscle et le sphincter interne, et que, si quelques-unes de ses fibres se terminent manifestement au pourtour de l'anus, un plus grand nombre se porte au sommet du coccyx. De là paraîtrait résulter une action dilatatrice, puisqu'en se contractant ses fibres sembleraient devoir écarter et attirer en dehors celles des sphincters à peu près à la manière des doigts qu'on introduit dans une bourse froncée, pour l'ouvrir. Mais d'autre part, si l'on veut remarquer que, lorsqu'on veut fermer énergiquement l'anus, on l'élève en même temps, ce qui ne peut se faire que par la contraction simultanée des sphincters et du releveur, on acquerra la conviction que ce dernier ne peut jouer dans la dilatation qu'un rôle très peu actif, si même il ne remplit pas l'office de constricteur. A. Richet conclut donc que le releveur n'est dilatateur que dans certaines circonstances, quand, par exemple, la dilatation de l'orifice a déjà commencé et que le bol fécal est engagé dans l'anus; mais alors même son action doit être très restreinte; car, dès qu'il se contracte un peu énergiquement, il porte en haut l'extrémité inférieure du rectum et tend à la resserrer.

Budge, après avoir donné également les raisons anatomiques qui permettent d'envisager le releveur comme un sphincter du canal rectal, fait appel à l'anatomie comparée, et montre que, chez les oiseaux, les reptiles et les amphibiens, il existe un double sphincter cloacal, dont l'un est constitué nettement par l'homologue du releveur de l'anus des mammifères.

Enfin l'observation expérimentale directe est à cet égard absolument démonstrative.

Budge opère chez des chiens, et constate que le releveur agit sur le rectum à la manière d'une boutonnière dont on tendrait les deux extrémités.

Morestin reprend les études expérimentales de Budge et arrive aux mêmes conclusions (132). Il montre tout d'abord que la sensation de constriction que l'on perçoit en introduisant le doigt dans l'anus à une profondeur de trois centimètres n'est pas due au bord supérieur du sphincter interne, comme on le croit généralement, mais aux fibres du releveur qui est en contact avec la paroi.

La constriction n'est pas uniforme dans l'étendue des trois centimètres : elle donne la sensation d'un double anneau : l'un, externe, correspondant à la région du sphincter externe; l'autre, profond, précisément au point de contact des fibres du releveur. Dans l'intervalle où n'existent que les fibres lisses du sphincter internes seules, la force est bien moindre.

Si l'on ordonne au sujet de serrer fortement l'anus, ces deux constrictions sont nettement perçues, et la contraction est nettement volontaire et rapide, caractéristique des fibres striées volontaires. Si, sur le chien, après avoir perçu la constriction supérieure, on ouvre largement le creux ischio-rectal, et qu'on sectionne le releveur dans sa totalité, la constriction supérieure disparaît. En plaçant une ampoule rectale en communication avec un manomètre dans l'anus, on peut calculer les variations de pression ou de force qui se produisent pendant la constriction de l'anus intact ou lésé. Or, si cette pression atteint 15 centimètres de mercure dans l'anus intact, elle se maintient encore à 9 et 11 centimètres quand le sphincter est sectionné, les releveurs étant seuls en cause.

Les releveurs jouent donc un rôle important dans la constriction du rectum. D'après l'auteur cité, « le releveur joue un rôle au moins aussi important que le sphincter. Il semble que leur pouvoir constricteur soit à peu près pareil, et, s'il y a une différence, elle est à l'avantage du releveur. L'expérience peut encore être réalisée en sectionnant les nerfs du sphincter, qui se détachent du nerf honteux, dans la partie la plus profonde du creux ischio-rectal et se portent en avant et en dedans, accompagnés d'une artère et d'une veine.

Nous pourrons donc, comme conclusion, admettre le résumé anatomique ci-joint emprunté à Joannesco. Le canal recto-anal est entouré de deux sphincters annulaires : un, externe, volontaire, à fibres striées, formé par la couche externe ou superficielle du diaphragme pelvien (releveur de l'anus); par le sphincter externe de l'anus d'autre part. C'est le sphincter recto-anal externe ou volontaire ; l'autre, interne, involontaire, à fibres lisses, formé par la couche circulaire de la tunique musculaire du rectum et de l'anus, est le sphincter recto-anal interne ou involontaire. Un système de fibres longitudinales passe entre les deux sphincters ou à travers leurs faisceaux. Ce sont les fibres longitudinales lisses de la tunique musculaire du rectum et les fibres striées de la couche interne du releveur.

Physiologie spéciale du sphincter ani. — Le *sphincter ani*, sous l'influence des excitations électriques portées sur le bout périphérique de l'un de ses deux nerfs, répond d'une façon absolument différente à celle des autres muscles striés. Les expériences d'Arloing et Chantre ont permis de mettre ce fait en concordance et d'en expliquer la cause.

Ils excitent par un courant identique le nerf honteux et le nerf du court péronier latéral, et enregistrent la courbe musculaire de ces deux muscles, celle du court péronier latéral avec l'aide du myographe ordinaire, celle du sphincter ani à l'aide d'un explorateur cylindroïde, construit, en fait, sur le principe des sondes intracardiaques de Chauveau.

Alors qu'une secousse unique détermine pour le court péronier latéral une secousse de forme classique (ligne ascendante brusque, ligne descendante plus oblique avec retour à la position normale), le sphincter répond d'abord par un faible resserrement, analogue à une secousse lente, et ensuite par un resserrement plus considérable et plus prolongé qui se montre au moment où la ligne descendante de la secousse arrive vers la moitié de sa course. Cette courbe est tout à fait comparable à celle obtenue avec le gastrocnémien de grenouille quand on excite le nerf sciatique dans son intégrité, sans section préalable. D'où cette conclusion, qu'une influence centrale agissait consécutivement sur le sphincter. En supprimant le nerf symétrique, cette courbe en deux temps disparaissait. Il s'agissait donc d'une transmission centripète transmise par le nerf intact et donnant lieu à une seconde réaction. L'existence de ces impulsions centripètes est encore démontrée par l'excitation du bout central de l'un des nerfs sectionnés, le second étant intact, on obtient alors une courbe myographique unique, lente, prolongée, correspondant à la courbe secondaire obtenue dans le premier graphique déterminé par l'excitation du bout périphérique.

La première courbe obtenue présente ce fait intéressant qu'une excitation unique centrifuge détermine successivement une contraction directe, puis une contraction secondaire réflexe et d'origine médullaire.

Nous avons dit que cette contraction réflexe pouvait être obtenue par l'excitation centrifuge du bout central de l'un des deux nerfs; mais il y a plus : cette contraction réflexe peut être encore obtenue par l'excitation du bout périphérique. Quand le courant est faible, ou l'excitabilité du nerf très diminuée, la contraction directe primaire peut ne pas se produire, ou du moins être trop faible pour être enregistrée, et cependant les modifications musculaires (variations négatives etc.) être suffisantes pour déterminer une excitation centripète transmise à la moelle par le nerf intact, et déterminant une excitation motrice qui suivra le même tronc nerveux.

Un rapprochement s'impose entre ces réflexes obtenus par l'excitation du tronc du nerf honteux et le réflexe anal que l'on observe par l'excitation de la peau ou de la muqueuse de l'anus, et dont les troubles ont été étudiés en clinique (Rossolino).

La section d'un des nerfs pairs qui se rendent au sphincter n'entraîne pas de modifications apparentes dans le fonctionnement normal de cet organe. Et une étude plus attentive du sphincter isolé, et sur lequel deux pinces myographiques ont été disposées l'une à droite, l'autre à gauche, montre bien qu'il n'existe pas une innervation distincte pour ces deux moitiés, qu'une excitation envoyée par un seul nerf agit sur l'ensemble du muscle sphincter. Les deux pinces myographiques donnent en même temps des courbes positives; toutefois la pince située sur la moitié qui répond au nerf excité fournit un tracé dont l'amplitude est un peu plus grande que celle du tracé de la pince opposée.

Arloing et Chantre discutent les deux explications possibles : A. Les fibres musculaires possèdent toute la longueur du muscle et reçoivent des terminaisons motrices des deux nerfs. B. Les fibres musculaires sont séparées, mais chaque nerf envoie des filets aux deux moitiés musculaires. C'est à cette dernière explication que ces auteurs se rattachent, en s'appuyant sur la différence constatée dans l'amplitude des courbes des deux côtés, et d'autre part dans ce fait qu'à la fin de l'expérience la contraction musculaire reste localisée dans la région correspondant au nerf excité.

Le *sphincter ani* présente encore des particularités intéressantes.

Après la section des deux branches nerveuses qui se rendent à ce muscle, et quand le bout périphérique de ces nerfs a perdu entièrement son excitabilité, le muscle lui-même a conservé sa contractilité, et il répond encore aux excitations induites, isolées ou tétanisantes, qui lui parviennent à travers la muqueuse ou la peau. Un an après la section, la contractilité persistait à peine affaiblie. Cette persistance des propriétés physiologiques coïncide d'ailleurs avec l'intégrité anatomique du muscle énervé. L'examen histologique montre en effet que les fibres musculaires possédaient leur striation parfaite; les noyaux seuls parvenaient plus abondants soit à l'intérieur des fibres, soit dans le tissu conjonctif interfibrillaire. La chienne de Goltz citée plus loin présentait également ce fait particulier que l'anus était exempt d'atrophie, alors que tous les muscles du train postérieur étaient émaciés.

Arloing et Chantre, après avoir exposé les faits, renoncent à expliquer cette résistance exceptionnelle. On songe, disent-ils, malgré soi, aux rapports intimes de ce muscle avec la portion terminale de la tunique musculaire de l'intestin. Les nerfs de cette dernière ne pourraient-ils exercer une influence trophique sur le muscle? Rappelons que pareille résistance se rencontre dans le diaphragme après la section des phréniques et que l'influence trophique pour ce muscle était attribuée au sympathique.

Rôle du système nerveux dans la défécation. — Le rôle du système nerveux dans la défécation est loin d'être élucidé, et, avant d'aborder l'exposé des travaux entrepris, il paraît indispensable de rappeler en quelques lignes l'innervation du rectum et de l'anus.

Les nerfs de cette région ont une double origine : le grand sympathique et le plexus sacré.

Le plexus hypogastrique, situé sur les côtés du rectum et de la vessie, reçoit en effet deux sortes de racines. Des filets sympathiques par l'intermédiaire des nerfs hypogastriques qui proviennent du ganglion mésentérique inférieur; des filets rachidiens qui forment le nerf érecteur d'Eckhard et qui naissent par des racines des IIe et IIIe paires sacrées.

Langley et Anderson ont surtout insisté sur l'origine médullaire de toute cette innervation, et en fait il existe deux groupes de filets nerveux se rendant au rectum et à l'anus. Un groupe supérieur sortant de la moelle par les racines lombaires II à VI (lapin), II à IV (chat), I à IV (chien) gagnant les ganglions sympathiques correspondants par les *rami communicantes*, puis suivant ensuite le ganglion mésentérique inférieur, les nerfs mésentériques et hypogastriques.

Un groupe inférieur quittant la moelle par les racines sacrées (III et IV paires) et suivant le trajet des nerfs érecteurs.

Quel est le rôle de ces nerfs, quelles influences exercent-ils sur les tuniques musculaires du rectum et sur les sphincters de l'anus?

Fellner a crut voir un antagonisme absolu entre les nerfs sympathiques et les nerfs rachidiens. Non seulement le nerf érecteur préside à la contraction des fibres longitudinales et le nerf hypogastrique à celle des fibres circulaires; mais encore chacun d'eux, en vertu de la loi de Basch sur l'innervation croisée des muscles antagonistes, inhibe ou relâche les fibres qu'il ne met pas en activité. Ces faits ont été confirmés, au moins en ce qui concerne le nerf sympathique, par Courtade et Guyon : contraction des fibres circulaires, relâchement des fibres longitudinales.

L'antagonisme est moins marqué en ce qui concerne le nerf érecteur sacré, puisque, outre la contraction primitive des fibres longitudinales, ces auteurs ont noté une contraction qu'ils attribuent d'ailleurs à l'intervention du grand sympathique.

Le nerf érecteur par son action sur les fibres longitudinales joue donc un rôle essentiel dans la propulsion des matières et dans l'évacuation, et Courtade et Guyon insistent sur le rôle évacuateur que ce nerf joue à la fois pour la vessie et pour le rectum.

Les résultats obtenus par Exner, puis par Langley et Anderson, ne sont nullement concordants avec ceux cités plus haut.

L'excitation de la région supérieure, c'est-à-dire des nerfs sympathiques, amène, d'après Langley et Anderson, l'inhibition et la pâleur du côlon descendant et du rectum, l'inhibition portant sur les deux tuniques longitudinale et circulaire. Par contre, l'excitation des nerfs sacrés amène une contraction énergique des deux groupes. L'excitation des nerfs lombaires amène une inhibition du sphincter interne, telle que le bourrelet qu'il dessine dans le rectum peut disparaître totalement. Tout en admettant la prédominance des effets inhibiteurs des nerfs lombaires (sympathiques), Langley et Anderson croient à l'existence de quelques fibres motrices, mais qu'il est difficile de mettre en évidence.

Les nerfs sacrés (région inférieure des auteurs anglais) sont au contraire franchement moteurs : leur excitation détermine une contraction du muscle releveur de l'anus et de la tunique longitudinale du rectum et du côlon, mais ils admettent également la contraction possible des fibres circulaires. Toutefois, cette contraction étant presque toujours précédée d'une dilatation, au moins en ce qui concerne les fibres circulaires inférieures (sphincter interne), on peut admettre avec eux que les nerfs issus de la région sacrée sont les nerfs de la défécation par excellence.

Des centres médullaires de la défécation. — Il résulte des recherches citées plus haut qu'un certain nombre de nerfs, émergeant de la moelle épinière dans la région lombaire et sacrée, exercent sur les fibres musculaires de la région inférieure de l'intestin une action, soit dynamique soit inhibitrice. Il doit donc exister, dans la moelle, des groupes ganglionnaires dont les excitations suivent les trajets indiqués. La clinique avait montré depuis longtemps que, chez un certain nombre de paraplégiques, il existe une incontinence plus ou moins absolue des matières fécales et de l'urine.

Budge, en 1858, trouve que, chez le lapin, l'excitation de la moelle au niveau de la quatrième vertèbre lombaire détermine des contractions du rectum, et il considère cette région comme le centre des mouvements du rectum, de la vessie, et des canaux déférents, d'où le nom qu'il lui donne de centre ano-génito-spinal. Les fibres motrices gagnent le rectum par les nerfs sacrés.

Nasse indique que les fibres motrices pour le côlon descendant et le rectum vont de la moelle lombaire à la chaîne sympathique, et de là au plexus mésentérique inférieur. Il admet que la plus grande partie des fibres motrices quittent la moelle au voisinage de ce plexus. L'excitation du sympathique lui donne les effets les plus nets, et les plus rapprochés se trouvent près de l'artère mésentérique inférieure.

Masius poursuit ses observations sur l'innervation du sphincter externe de l'anus et conclut à l'existence d'un centre médullaire pour le sphincter externe, qu'il localise chez le lapin vers la 6e lombaire et chez le chien vers la 5e lombaire. Chez le lapin, les fibres motrices quittent la moelle par les 2e et 3e nerfs sacrés; le 2e nerf sacré ayant une action motrice plus intense que le 3e.

Goltz, en sectionnant la moelle entre la région thoracique et la région lombaire, admet que les mouvements du sphincter externe sont gouvernés par un centre dans la moelle lombo-sacrée.

Il était admis jusqu'ici que le sphincter externe constitué par des fibres striées était immédiatement et irrévocablement paralysé quand la moelle dorsale était détruite. Cette opinion est juste en tant que, immédiatement après la lésion, l'anus reste béant. On peut se convaincre facilement de cet état de l'anus en suspendant par la queue l'animal. Sur le cadavre d'un chien que l'on vient de tuer, l'ouverture de l'anus dans ces conditions est assez large pour permettre de distinguer une partie du rectum. Il en est de même sur un chien opéré, ayant au préalable subi l'ablation de la moelle lombaire et sacrée. Mais, si l'on attend quelques mois, on constate que l'anus est bien fermé et qu'il est impossible de voir l'intérieur du rectum. Si l'on comprime le rectum au-dessus de l'anus, on détermine un prolapsus de la muqueuse; mais assez rapidement ce prolapsus disparaît, et l'anus se referme de nouveau. Le même prolapsus obtenu chez l'animal récemment opéré persiste, même quand on arrose l'anus d'eau froide.

L'excitation électrique montre encore nettement la vitalité et l'excitabilité des fibres striées de l'anus, quand les autres muscles du squelette sont dégénérés. Sous l'influence du courant, l'anneau se contracte énergiquement.

Il existe des points autour de l'anus qui paraissent être plus favorables à l'excitation que les autres régions.

Le sphincter strié est cependant sous l'influence de la volonté comme les muscles du squelette, et il est étonnant qu'il présente des différences si considérables.

On ne peut objecter que le sphincter reçoit quelques filets nerveux émergeant de la partie supérieure de la moelle non détruite. Les recherches de Langley et d'Anderson répondent à cette critique. Ils ont montré, en effet, que chez le chien l'excitation seule des Ire et IIe paires sacrées détermine la contraction du sphincter, celle des paires lombaires étant inefficaces. A plus forte raison ne doit-on pas supposer une action des nerfs quittant la moelle dorsale, ainsi que le montrent les expériences de Goltz.

Quand le tonus du sphincter est rétabli après la destruction de la moelle, il ne se produit aucune modification si, dans une troisième opération, on détruit une grande partie de la moelle dorsale.

Contre ces faits, on pourrait alléguer la possibilité que des filets nerveux, partant de la moelle cervicale, suivent le trajet du sympathique pour arriver ainsi jusqu'à l'anus. Mais deux voies seulement pourraient établir cette communication, le vague et la chaîne du sympathique. Or aucun observateur n'a vu l'excitation de ces nerfs déterminer des contractions anales chez les animaux à moelle sectionnée.

Il reste deux hypothèses possibles. Ou bien le sphincter anal renferme dans sa propre substance la cause de son tonus, comme les faisceaux striés du cœur ou bien l'activité; du sphincter dépend des ganglions nerveux disséminés dans la cavité thoracique et abdominale.

La découverte de Langley et Dickinson permet d'étudier cette hypothèse. Ils ont trouvé que les faisceaux nerveux qui traversent un ganglion ont perdu leur excitabilité si l'animal est empoisonné par la nicotine.

Un chien reçut 40 milligrammes de nicotine (expérience de Fuld). Il se produisit une selle après laquelle l'anus se ferma activement. Mais on ne vit aucune diminution dans le tonus du sphincter. L'excitation électrique du sphincter agissait aussi énergiquement qu'avant l'injection. De ces recherches on doit conclure que le tonus chez un chien à moelle sectionnée ne dépend pas de nerfs traversant un ganglion avant de se rendre aux fibres musculaires.

Sur un chien curarisé, le tonus du sphincter persistait encore, quand tout le train antérieur était déjà touché, le réflexe palpébral supprimé.

Cette observation est en contradiction avec celle de LANGLEY et ANDERSON, qui disent que le sphincter est paralysé chez l'animal complètement curarisé. Mais il est possible que le curare, chez un animal à moelle détruite, agisse autrement que sur un animal normal. L'expérience suivante, à laquelle assista FULD, est très importante à ce sujet. Sur un chien auquel on avait enlevé la moelle (158 millimètres) deux ans auparavant et chez lequel l'anus était nettement fermé, on pouvait constater une série de contractions rythmiques anales spontanées et analogues à celles des chiens à moelle simplemen sectionnée. Ce sont ces mouvements que l'on constate encore chez le chien pendant l'acte de la défécation. Ces contractions spontanées chez l'animal, à moelle racourcie, auraient-elles pu être dues à une action directe des matières fécales sur le rectum distendu ? Elles étaient rythmiques, intermittentes, c'est-à-dire entrecoupées d'un repos plus ou moins considérable. Pendant un de ces intervalles de repos, l'introduction de l'index dans le rectum permis de constater qu'il était vide. L'excitation de la muqueuse avec le doigt était du reste impuissante à ramener les contractions rythmiques du sphincter. On ne réussit pas davantage avec les excitations mécaniques et électriques. Une action locale résidant dans le sphincter lui-même n'est pas possible : car alors pourquoi les excitations mécaniques et électriques seraient-elles restées impuissantes ? Il est très vraisemblable qu'il s'agit d'une action portant sur les parties les plus antérieures de l'intestin et se propageant de proche en proche dans le rectum, puis au sphincter anal. Il restait des contractions ondulatoires vermiformes, comme celles qui persistent après destruction de la moelle et qui sont d'autant plus intenses qu'elles sont la propagation de phénomènes semblables de voisinage.

On pourrait dire avec ENGELMANN que les mouvements observés sont purement musculaires et n'ont rien à faire avec le système nerveux. Mais ceci est peu acceptable. En effet, l'action de l'eau froide est nulle sur les muscles striés : pourquoi le sphincter anal ferait-il une exception ?

Ce qu'il importe de noter aussi, c'est que l'action de l'eau froide est nulle, quand on vient de sectionner la moelle ou de l'enlever.

D'autre part, la manière dont le sphincter réagit en présence de l'électricité cadre mal avec l'idée d'une origine purement musculaire du phénomène. En effet, il suffit d'explorer la région anale pour constater qu'il y a des points dont l'excitation amène un resserrement particulièrement énergique du muscle.

Et, d'autre part, l'origine musculaire n'explique pas la rareté des contractions rythmiques décrites plus haut, ni l'insuccès des excitations électriques ou mécaniques pour les ramener.

On peut invoquer, il est vrai, un mode d'être particulier du sphincter anal, qui est en somme un muscle spécial, et rejeter par cela même les inductions tirées de l'observation des muscles squelettiques; mais c'est simplement remplacer une énigme par une autre ; il est plus simple de penser à l'innervation.

Or l'innervation du sphincter anal a des sources multiples, comme celles du diaphragme : les principales étant naturellement le cerveau et la moelle qu'on ne peut plus invoquer dans l'expérience de GOLTZ.

Après les troubles inséparables du début après le raccourcissement de la moelle, la digestion se rétablit. L'animal a deux selles par jour, et après cela le doigt introduit dans le rectum constate que celui-ci est vide. L'embonpoint est satisfaisant et l'aspect des selles normal.

Pour expliquer les faits cliniques de paralysie du sphincter à la suite de lésions, ou compressions de la moelle lombaire, GOLTZ et EWALD font intervenir des phénomènes d'inhibition partis de la moelle malade et exerçant son action dépressive sur les ganglions périphériques, soit les ganglions mésentériques, dont l'action sur la vessie et l'intestin a été amplement démontrée depuis SOLOVIN, etc., soit des cellules ganglionnaires en contact plus ou moins direct avec les fibres musculaires du rectum et de l'anus.

Les expériences d'ARLOING et CHANTRE sur l'énervation complète des sphincters tendent à montrer que l'action médullaire, en effet, doit être surtout inhibitrice quand il y a paralysie immédiatement après la section des nerfs des sphincters. Dans les premiers jours qui la suivent, les plis du pourtour de l'anus sont un peu effacés, le diamètre de l'orifice et sa dilatabilité sont un peu plus grands qu'à l'état normal; quelque temps après, l'orifice est exactement fermé, et l'on ne soupçonne pas, à un examen superficiel, la paralysie dont le sphincter est frappé. Les excréments sont retenus comme d'habitude. Lorsque les chiens quittent leur cellule, ils profitent d'un moment de liberté pour se livrer à la défécation. Celle-ci s'accomplissant normalement, sauf à la fin où les sujets privés de la contractilité du sphincter étaient obligés de recourir à des artifices mécaniques pour s'exonérer complètement.

D'après ces auteurs, la rétention ne saurait s'expliquer par la persistance de la contractilité ni de la tonicité : elle résulterait simplement de l'élasticité des sphincters.

Et, pour expliquer l'incontinence clinique, ils émettent une autre opinion que celle de GOLTZ et EWALD. Il ne s'agirait plus d'inhibition sur les sphincters, dont l'élasticité seule est en cause, mais d'une excitation morbide portant sur les causes expulsives, alors que les agents de résistance sont paralysés.

Des centres cérébraux de la défécation. — GLUGE, le premier, remarqua qu'après la section de la moelle lombaire chez le lapin le sphincter externe de l'anus présentait des mouvements rythmiques. GOLTZ signala le même fait chez le chien; ORT chez le chat. Ces mouvements rythmiques ont été considérés comme des réflexes dus au centre ano-spinal; leur apparition, après la section de la moelle, s'expliquerait par l'interruption de l'action inhibitrice des centres supérieurs.

L'écorce cérébrale a, en effet, des relations avec le centre ano-spinal. SHERRINGTON, MEYER, MANN ont obtenu des contractions du sphincter en excitant le lobule paracentral du singe ou le gyrus sygmoïde du chien, du chat et du lapin.

M. DUCCESCHI, opérant sur des chiens, trouva constamment, sur l'aire motrice de l'écorce cérébrale, une zone fixe et bien limitée, dont l'excitation produisait une contraction énergique et durable du sphincter anal. Cette zone est située dans la portion supérieure du bras antérieur du girus sygmoïde, et, plus précisément, sur le bord supérieur et antérieur du petit sillon post-crucial. En excitant en avant de ce point, on obtient des mouvements associés du sphincter et des mouvements de latéralité de la queue, plus loin des mouvements de la queue seulement; en se portant vers le bas, on a des mouvements associés du sphincter et de la jambe du côté opposé à l'excitation. Si le courant employé est assez intense pour déterminer des convulsions épileptoïdes, on voit d'énergiques contractions du sphincter anal coïncider avec chaque secousse du corps. Quelquefois le centre cortical du sphincter n'a été trouvé que d'un seul côté.

Le centre ayant été bien déterminé sur les animaux en expérience, cette portion de l'écorce a été extirpée. Le lendemain, on constatait les contractions rythmées du sphincter; l'ablation de la portion d'écorce avait eu un résultat fort analogue à celui que produit la section de la moelle lombaire.

Il est bien difficile de se faire une idée de la nature des rapports qui unissent le centre sphinctérien cortical au centre ano-spinal. On avait admis que les mouvements rythmiques du sphincter externe, après la section de la moelle, étaient l'effet de l'activité propre du centre ano-spinal; mais GOLTZ a observé les mouvements rythmiques du sphincter chez une chienne dont la moelle avait été enlevée en presque totalité, deux ans auparavant. D'autre part, un autre chien de GOLTZ, connu sous le nom du chien sans cerveau et dont l'histoire est rapportée tout au long dans l'article **Cerveau** de ce Dictionnaire, non seulement présentait des défécations régulières, mais encore se comportait chaque fois comme un chien normal; tournant plusieurs fois sur lui-même avant de prendre la position habituelle. Il est fort probable que le centre cortical n'exerce qu'un rôle d'arrêt, de retenue, pour ne pas employer le mot d'arrêt pris le plus souvent comme synonyme d'inhibiteur. C'est en effet un rôle tout opposé que l'on doit attribuer au cerveau; car ce dernier paraît agir surtout quand, les matières étant descendues dans la partie inférieure du rectum, le besoin de la défécation devient intense. Pour combattre ce besoin, pour résister aux excitations périphériques, le cerveau envoie des séries d'incitations, qui peuvent être les unes inhibitrices pour supprimer les excitations médullaires, mais les autres dynamogéniques, ayant pour effet d'augmenter la tonicité du sphincter, et même de provoquer des mouvements anti-péristaltiques qui font remonter les matières dans la région supérieure du rectum.

Mais le rôle du cerveau paraît se limiter à cet effet et on ne saurait dire que les centres supérieurs président au fonctionnement du sphincter strié, les centres médullaires à celui du sphincter lisse.

Une telle conception est par trop schématique, et ne saurait s'adapter aux notions actuelles sur le système nerveux en général et sur l'influence de ce système sur la défécation en particulier.

Bibliographie. — O' BEIRNE (*New Wiews of the Process of Defecation*, in-8, Dublin, 1883). — BURDACH. *Traité de Physiologie* (Trad. franc., IX, 213). — LONGET (*Traité de Physiologie*, I, 131, 1861). — NASSE. *Beiträge zur Physiologie der Darmbewegung.* Leipzig, 1866. — MASIUS. *Recherches sur l'innervation du sphincter de l'anus* (*Bull. Acad. de méd. de Belgique*, XXIV, 312, 1867; XXV, 491, 1868). — BUDGE (*A. A. P.*, XV, 1858, 115; *Berl. klin. Woch.*, 1875, n° 6; — *A. g. P.*, 1872, 306. — GOBRECHT. *A contribution to the physiology of defecation* (*Clinic. Cincin.*, 1873, IV, 97). — RICHET (ALFRED). *Traité pratique d'Anatomie chirurgicale*, Paris, 1877. — GOWERS. *The automatic action of the Sphincter ani* (*Proc. Roy. Soc. Lond.*, 1878, 77). — LEGROS CLARK. *Some remarks on the anatomy and physiology of the urinary bladder and of the sphincter of the Rectum* (*J. of Anat. and Physiol.*, XVII, 1883, 441). — BUDIN. *Remarques sur la contraction physiologique et pathologique du releveur de l'anus chez la femme* (*Progrès médical*, 1881, 613, 631, 657, 675). — FÉRÉ. *Contribution à la physiologie du sphincter ani* (*B. B.*, 1885, 437). — BEAUNIS. *Les sensations internes*, Paris, 1889, 39. — NAWROCKI et SKABILSCHEWSKY. *Uber die motorischen Nerven der Blase* (*A. g. P.*, XLVIII, 335, 1890). — RETTERER. *Du développement de la région anale* (*B. B.*, 1890, 51). — ROSSOLINO. *Le réflexe anal* (*Neurologisches Centralb.*, 1er mai 1879). — LANGLEY et ANDERSON. *On the innervation of the pelvic and adjoining viscera* (*Journ. of Physiology*, XVIII, 67; 1895, consultez également : XVII, 297, 1894; XVI, 410, 1894; XII, 358, 1891). — SHERINGTON. *Arrangement of some motor fibre in the lombo sacral plexus* (*ibid.*, XIII, 672, 1892). — MORESTIN. *Des opérations qui se pratiquent par la voie sacrée* (*D.*, Paris, 1894). — GOLZ et EWALD. *Der Hund mit verkurzten Rückenmark* (*A. g. P.*, 1896, LXIII, 362). — COURTADE et GUYON. *Influence motrice du grand sympathique et du nerf érecteur sacré sur le gros intestin* (*A. d. P.*, 880, 1897). — PAL. *Ueber die innervation des Colon and des Rectum* (*Wien. Klin. Woch.*, 1897, n° 2). — DUCCESCHI. *L'innervation centrale du sphincter externe de l'anus* (*Rivista di patologia nervosa e mentale*, juin 1898, 241). — JOANNESCO (*Traité d'anatomie humaine*, III, 1898). — ARLOING et CHANTRE. *Recherches physiologiques sur le sphincter ani* (*C. R.*, CXXIV, 31 mai 1897; CXXVII, 17, 31 oct., 7 nov. 1898; *Arch. d'Électricité médicale*, 15 mars 1899).

P. LANGLOIS.

DÉFENSE (Fonctions de).

— Quoique, en général, dans les traités classiques de physiologie, les fonctions de défense ne soient pas mentionnées, il nous paraît qu'il faut leur faire une place. Certes il n'existe pas de fonctions de défense qui ne soient en même temps fonctions de nutrition, ou de relation, ou de reproduction. Mais, à tout prendre, les diverses fonctions sont-elles aussi nettement séparées dans la réalité des phénomènes qu'elles le sont dans les ouvrages des physiologistes? La vie du fœtus ou de l'embryon dans l'utérus maternel appartient-elle au chapitre de la reproduction ou au chapitre de la nutrition? Les phénomènes vaso-moteurs doivent-ils être étudiés dans les fonctions des nerfs, ou dans les fonctions de nutrition? De fait, cette classification, si commode pour l'étude et pour un exposé didactique, cette classification, qu'il faut absolument maintenir, est tant soit peu factice, comme le serait toute autre. Quand un phénomène se produit, quand un fait existe, ni ce phénomène, ni ce fait ne se préoccupent de savoir s'ils rentrent dans le cadre des divisions analytiques que nous avons tant bien que mal établies.

Donc, envisagées à un certain point de vue, les fonctions de nutrition, de relation et de reproduction peuvent être considérées comme des fonctions de défense; l'être, monocellulaire ou pluricellulaire, simple ou compliqué, a besoin d'être protégé contre les ennemis de toute sorte qui l'assiègent, et par le jeu de ses organes il trouve moyen de se défendre. Ce n'est pas à dire que cette défense contre les ennemis soit distincte de sa nutrition ou de son innervation : c'est toujours par les mêmes procédés très simples, production de mouvements appropriés ou de substances chimiques spéciales, que l'être va réagir; mais ces réactions sont des réactions de défense, et elles peuvent être étudiées comme des fragments d'une grande fonction, très générale, la résistance au milieu extérieur, plus ou moins hostile.

La défense de l'être s'exercera donc par des fonctions qui en elles-mêmes n'ont rien de spécial, et qui appartiennent, si l'on veut, aux groupes des phénomènes de nutrition ou de relation : mais elles ont un caractère commun qui est l'adaptation à un même but, et ce but, c'est le maintien de l'intégrité organique. Tout se passe comme si l'être devait rester identique à lui-même, malgré toutes les forces extérieures, liguées contre lui, qui tendent à jeter le trouble dans sa constitution chimique. Pour rester identique à lui-même, pour conserver son individualité et son équilibre, il se trouve, de par la construction et le fonctionnement de ses organes, admirablement adapté; car tout un ensemble de phénomènes, réflexes, volontaires, directs, contribuent à le protéger, et à assurer son intégrité. C'est cet ensemble de phénomènes protecteurs, intimement mélangés aux fonctions de nutrition et de relation, qui constitue les fonctions de défense.

Il y a donc lieu d'en faire, comme je l'ai essayé en 1894, un chapitre spécial de biologie et de physiologie. Certes, en bien des points, nous renverrons, pour de plus amples détails, à l'étude spéciale de tels ou tels mécanismes; car, en agissant autrement, nous nous exposerions à des redites fastidieuses (par exemple à **Chaleur**, **Cœur**, **Phagocytose**, **Toxicologie**, **Diapédèse**, **Douleur**, **Peau**, etc.). Mais il n'en est pas moins vrai que l'ensemble harmonique de ces résistances devait être étudiée ici, quoique nulle part, dans les traités de physiologie, on ne leur ait fait la part qu'elles doivent avoir[1].

Division du sujet. — **Défenses actives et défenses passives.** — Les fonctions de défense peuvent être actives ou passives. A ce titre elles relèvent soit de l'anatomie, soit de la physiologie.

En effet, un animal peut se défendre contre le milieu extérieur, soit par la simple constitution anatomique de ses organes, soit par le fonctionnement même de ses organes. La carapace épaisse du crabe le protège contre ses voraces ennemis : c'est une défense passive; mais s'il pratique lui-même, par une contraction musculaire brusque, l'amputation de la patte que l'agresseur a saisie, c'est une défense active.

Défenses passives. — Quoique l'étude des défenses passives incombe surtout à l'anatomie comparée et à la zoologie, il faut en présenter ici un bref résumé, ne serait-ce que pour établir à quel point l'adaptation est étroite entre la structure des êtres et leur fonction principale, pour ne pas dire unique, qui est de vivre et de se reproduire.

Établissons d'abord le groupement des forces hostiles contre lesquelles la défense de l'être devra s'exercer. J'ai proposé la classification suivante :

A. Les variations du milieu thermique.

B. Les traumatismes.

C. Les parasites.

D. Les poisons.

Or tous les animaux, quels qu'ils soient, sont construits de telle sorte qu'ils sont en état de résister à ces forces nocives, capables de troubler leur équilibre normal.

Défenses passives par les téguments. — Disons tout de suite que la vraie défense passive de tous les êtres, c'est le tégument externe, que ce soit une enveloppe chitineuse ou une coquille calcaire, ou une assise d'épaisses cellules épidermiques : c'est toujours une enveloppe résistante, qui permet aux organes d'accomplir librement leur fonction, à l'abri des injures extérieures.

A. **Chaleur.** — Évidemment la défense contre la température par la résistance de la

---

1. Il n'y a pas de Bibliographie spéciale à cette question. L'intéressant ouvrage de CHAR RIN sur les *procédés de défense de l'organisme*, se rapporte surtout à la pathologie. Le livre de CUÉNOT est un livre très instructif de zoologie, non de physiologie. Les considérations que je développe ici sont à peu de chose près celles que j'ai exposées dans mes leçons (*Trav. du Lab. de Physiologie*, 1894, t. III). SOULIER et d'autres médecins ont étudié la défense de l'organisme, mais au point de vue médical exclusivement.

peau n'a de raison d'être que pour les animaux dits à sang chaud, qui doivent garder une température constante; car, pour les animaux à sang froid, la température peut rester la même que celle du milieu ambiant.

Mais, chez les animaux homéothermes, une fourrure épaisse est nécessaire; car le plus souvent, presque toujours, la température extérieure est notablement plus basse que la température des homéothermes.

Or la peau, avec sa fourrure épaisse, s'oppose au rayonnement avec une efficacité telle que nous n'avons pas encore pu trouver, pour nous garantir contre le froid, de meilleurs vêtements que les fourrures des animaux. Si l'on vient à raser cette toison, on finit par faire mourir les petits animaux ainsi rasés; ils meurent de froid, car on a remplacé leur excellente protection par une peau nue qui protège encore sans doute, mais d'une manière inefficace. J'ai constaté que des lapins rasés, quoique mangeant avec beaucoup plus de voracité que les autres, ont une température inférieure de plusieurs dixièmes de degré à leur température normale, et que, malgré une alimentation plus abondante, ils maigrissent et finissent par succomber (V. **Chaleur**).

Les oiseaux, dont la température propre est de 2°,5 plus élevée que celle des mammifères, ont un tégument recouvert de plumes, lesquelles sont encore un plus mauvais conducteur que les poils, et par conséquent les garantissent très puissamment contre le froid. On voit en hiver de tout petits oiseaux, ne pesant pas 15 grammes, résister à des températures de — 5° et — 15°. Certes, ils produisent alors beaucoup d'actions chimiques, et par conséquent dégagent beaucoup de chaleur; mais cela ne suffirait pas pour les protéger contre le refroidissement, si, en même temps, ils ne possédaient une excellente enveloppe de plumes qui empêche le rayonnement. Aussi voit-on les oiseaux apporter le plus grand soin à maintenir en bon état leur plumage. Même en hiver, ils se baignent encore, et ils ne le font que dans des eaux très propres, pour que leurs plumes ne soient pas collées entre elles et souillées. L'intégrité du tégument est pour eux une question de vie ou de mort.

Les animaux appartenant à des espèces très voisines ont la peau recouverte ou non de fourrure, selon qu'ils sont dans les pays chauds ou les pays froids. Les chameaux et les dromadaires qui vivent à l'état sauvage dans les montagnes du Thibet ont, été comme hiver, des poils abondants.

Les mammifères et oiseaux qui vivent dans l'eau sont exposés à un refroidissement plus actif que dans l'air; mais alors des appareils annexes de la peau les protègent contre le refroidissement. Pour les mammifères, c'est une épaisse couche de graisse sous-cutanée, qui forme pour ainsi dire une seconde enveloppe concentrique à la première : les phoques, les cétacés et autres mammifères marins, tous de très grande taille, nous fournissent de bons exemples de cette enveloppe graisseuse, qui renforce la résistance de la peau à la conduction calorique. Ils ont des formes sphériques, formes qui correspondent à un minimum de surface pour l'unité de volume.

Quant aux oiseaux, c'est par une légère imbibition de graisse à la surface des plumes qu'est empêché le contact direct de l'eau avec le tégument. Les canards vont chercher sur leur croupe une petite quantité de graisse dont ils tapissent, avec le bec, leur plumage, et ainsi leurs plumes ne sont jamais mouillées.

B. Traumatisme. — La peau n'est pas un moins bon protecteur contre le traumatisme. Même chez l'homme, dont le tégument est pourtant plus imparfait que celui de tous les autres êtres, elle est à la fois élastique et résistante, assez résistante pour que, dans les traumatismes graves, les organes sous-jacents soient souvent complètement broyés et dilacérés, alors que la peau est intacte ou à peu près. On observe parfois la déchirure des organes internes, alors que la peau a conservé les apparences de l'intégrité. Elle a résisté, tandis que le foie ou les intestins ont été détruits par le choc.

Le plus souvent, chez les animaux, la peau, par son épaisseur, offre une admirable défense : le cuir de l'éléphant, de l'hippopotame, du crocodile, ne se laisse pas traverser, même par les balles ordinaires des fusils les plus perfectionnés; il faut des balles explosibles pour entamer cette robuste cuirasse. Les poils et les plumes s'opposent aussi aux traumatismes; la crinière du lion est assez épaisse pour résister aux morsures et aux coups de sabre, et tous les chasseurs savent que, lorsqu'un assez gros oiseau a les ailes repliées, il faut, pour le tuer, employer du plomb d'assez fort calibre.

Les poissons, les crustacés, les coléoptères, les mollusques ont une enveloppe très résistante. Les animaux dont la peau est molle et sans défense apparente sont capables cependant de résister à leur agresseur, car cette peau molle est visqueuse et oppose une véritable défense à la capture. On ne peut saisir à la main une anguille ou un congre, grâce au mucus épais dont leur tégument est couvert.

La peau résiste aussi admirablement au traumatisme électrique. Elle conduit très mal l'électricité, ce qui a un double avantage: d'abord les phénomènes électriques de l'organisme ne vont pas diffuser au dehors, et ensuite les variations électriques de l'atmosphère ne s'exerceront pas facilement sur nos tissus. Cette résistance de la peau à l'électricité est dix mille ou trente mille fois plus grande que celle de tout autre organe. Quand on mesure la résistance du corps à un courant électrique, dans la pratique on néglige la résistance intérieure des organes, et on ne tient compte que de celle de la peau.

C. Parasites. — Les parasites ne peuvent entamer la peau que par effraction. Si les Acariens, munis de griffes et d'appareils puissants de pénétration et de fixation, arrivent à l'entamer, c'est là un véritable traumatisme, comparable à la morsure d'un chien ou d'un insecte. Or, contre les microbes, bien autrement nombreux et redoutables que les Acariens, la peau est une enveloppe parfaitement adaptée, qui suffit à empêcher toute invasion hostile. Nous manions sans danger, quand la peau est intacte, des liquides où fourmillent les plus terribles microbes; et la protection est absolue.

D. Poisons. — Contre les poisons chimiques, la protection de la peau est également efficace. On parle toujours dans les livres classiques de l'absorption des poisons par la peau, mais c'est une expression défectueuse, et il faudrait dire la non-absorption par la peau (V. Peau).

Pour les substances gazeuses, l'absorption, quoique faible, est appréciable. Mais pour les substances liquides ou solides elle est absolument négligeable. On peut mettre dans un bain cent fois plus de strychnine ou de sublimé qu'il n'en faudrait pour tuer cent personnes : or, après une heure de bain, on n'est pas sûr qu'il ait passé même une trace de strychnine ou de mercure. Encore faudrait-il s'assurer que, si quelques parcelles de ces poisons ont pénétré, ce n'est ni par une muqueuse, ni par une excoriation quelconque. En fait, la peau n'absorbe pas, et on peut toucher les substances les plus vénéneuses sans en jamais être incommodé.

Même aux substances caustiques, le tégument résiste énergiquement. Il faut longtemps pour que la potasse d'un cautère détermine une eschare. On peut sans inconvénient tremper sa main dans l'acide sulfurique pur, comme je l'ai fait maintes fois pour certaines expériences, à condition, bien entendu, de ne pas la laisser trop longtemps. Tout autre tissu organique eût été profondément altéré; mais la peau, munie de son épiderme épais, a vaillamment résisté.

La couche tégumentaire des crustacés et de certains insectes est formée, en majeure partie, d'une substance que les réactifs chimiques les plus énergiques ne peuvent attaquer et dissoudre : c'est la chitine, voisine de la cellulose, et plus résistante encore aux réactions chimiques que la cellulose.

Végétaux ou animaux sont, les uns et les autres, défendus contre les poisons et les caustiques par une cuirasse difficile à entamer : cellulose pour les plantes, chitine pour les animaux, toutes deux d'une stabilité chimique exceptionnelle.

Défenses passives des organes autres que la peau. — La constitution anatomique du tégument externe forme donc une défense puissante: mais cette puissance contraste avec la relative faiblesse des autres organes. Les microbes et les poisons qui ne peuvent pas pénétrer par la peau peuvent envahir l'organisme par les voies qui leur sont ouvertes, c'est-à-dire par les voies digestive ou aérienne. Pour se défendre contre parasites et poisons, les muqueuses digestive et aérienne sont dans une situation défavorable; car elles sont faites précisément pour absorber. Aussi tout l'effort de défense de l'organisme portera-t-il sur la protection des appareils de digestion et de respiration, largement ouverts aux parasites du dehors.

Quant aux traumatismes, les organes les plus importants sont aussi les mieux protégés. Avec raison les vieux anatomistes insistaient sur l'importance téléologique de la situation des parties.

La moelle épinière, qui est vraiment le centre de l'organisme entier, est logée dans une cavité aux parois extrêmement solides, recouvertes elles-mêmes d'une épaisse couche musculaire. Le cerveau est dans le crâne, dont la solidité est incomparable. L'œil est protégé, non seulement par l'appareil osseux des orbites et de l'os malaire, mais encore par une série de protecteurs mobiles : les sourcils, les paupières, les cils. Les organes moins bien défendus échappent par leur mobilité même ; les testicules dans le scrotum, les artères dans leur gaine, échappent facilement aux plaies. Surtout l'intestin, dans l'abdomen, ne se laisse pas facilement traverser : il est presque impossible, à travers la paroi abdominale, de traverser avec une aiguille de Pravaz l'intestin d'un lapin ; car il fuit sous l'aiguille par sa mobilité et son élasticité. Aux membres, ce sont les parties les plus importantes qui sont placées le plus profondément. Ainsi, les artères sont plus profondément situées que les veines, comme si la Nature avait reconnu que la blessure d'une artère est plus grave que la blessure d'une veine.

Nous devons aussi mentionner comme une défense admirable de l'organisme la propriété que possède le sang de se coaguler spontanément. Si le liquide contenu dans l'appareil circulatoire n'était pas spontanément coagulable, une blessure quelconque entraînerait aussitôt une hémorragie incoercible, et la vie s'échapperait avec le liquide nourricier. Heureusement, grâce à une propriété extraordinaire de ce liquide nourricier, il se fait une obturation de la blessure, par un mécanisme que nous n'avons pas à étudier ici, et qui rentre aussi bien dans les défenses actives que dans les défenses passives de l'organisme. (Voyez Coagulation, Artères, Sang.)

Défenses actives. — Ces défenses peuvent être générales, c'est-à-dire liées à des dispositions anatomo-physiologiques tout à fait particulières à telle ou telle espèce zoologique.

1. Défenses spéciales. — Nous ne pouvons les étudier ici en détails, car ce serait passer en revue presque toute la zoologie.

Il nous suffira de mentionner, comme mieux étudiés que les autres : le mimétisme (voyez ce mot), l'autotomie, la production de poisons (voyez Venins) ou d'électricité (voyez Électriques [Poissons]).

Tous les instincts des animaux ne sont le plus souvent que des instincts de défense, grâce auxquels ils échappent à leurs ennemis, qu'il s'agisse du vol inégal des papillons, ou du vol rapide de l'hirondelle. Certains animaux ont comme moyen de défense la vie en si grandes troupes que le nombre immense protège l'espèce : quelques individus périssent ; mais il en reste toujours beaucoup d'autres.

La sèche verse un flot d'encre dans lequel elle disparaît. Les petits coléoptères, surpris par un ennemi, se transforment tout à coup en un être absolument immobile, simulant parfaitement la mort. Tous les animaux pourvus d'une coquille viennent y chercher abri au moment du danger ; la patelle, pour peu qu'on la touche, adhère au rocher avec tant de force qu'il faut un instrument tranchant pour l'en séparer.

Parlerai-je d'autres instincts dont le but est plus obscur encore : des changements de coloration du caméléon, sous l'influence de la moindre excitation sensible ; du cri retentissant que poussent certains animaux quand ils sont surpris ; de l'odeur nauséabonde que dégagent certains êtres au moment de l'attaque ; des instincts compliqués des fourmis et des abeilles ; des animaux migrateurs, des pigeons voyageurs ? (Voyez Instincts.)

Défenses générales. — **1. Défense contre le milieu thermique.** — Nous n'avons pas à insister sur cette défense de l'organisme, car elle a été traitée à Chaleur, et c'est à vrai dire la régulation de la température.

Le système nerveux de l'être homéotherme, par des actes réflexes appropriés, réagit de telle sorte que les changements thermiques du milieu extérieur ne modifient pas sa température propre.

Insistons seulement sur les procédés divers de la régulation thermique.

C'est d'abord une variation dans la déperdition thermique (réflexes vaso-moteurs) qui se fait simultanément avec une variation dans la production de chaleur (réflexes glandulaires et musculaires).

Mais, si ces phénomènes réflexes ne suffisent pas, si cette première barrière opposée à la modification nocive de la température organique est franchie, alors le système nerveux central réagit, et non plus le système nerveux réflexe ; de sorte qu'il y a, par exemple, pour la polypnée (résistance à la chaleur par une évaporation d'eau plus active), d'abord une polypnée réflexe, tant que la température de l'animal est restée stationnaire, et, plus tard, si, malgré cette polypnée réflexe, la température de l'animal s'élève ; une polypnée centrale.

Nous retrouverons contre les autres causes de perversion cette même double défense : la première, celle qui suffit le plus souvent, c'est la défense réflexe, quand les nerfs de la périphérie sont seuls excités ; la seconde, la défense centrale, qui supplée à la défense réflexe quand celle-ci a été insuffisante et inefficace, lorsque les centres nerveux eux-mêmes sont stimulés par les variations thermiques du sang milieu intérieur.

Et il était nécessaire qu'il en fût ainsi, et qu'un appareil central fût surajouté à l'appareil réflexe, car les causes d'échauffement ou de refroidissement ne dépendent pas seulement des variations extérieures ; elles dépendent aussi des phénomènes chimiques qui se passent dans nos tissus.

Les êtres non homéothermes n'ont que des résistances passives aux changements thermiques du milieu ; car, en principe, sauf dans quelques cas exceptionnels, la température extérieure ne descend pas assez bas, et surtout ne monte pas assez haut pour les tuer, et entre 0° et 35°, les variations thermiques pour eux sont inoffensives.

Aux basses températures, les animaux terrestres (et les végétaux) résistent bien en se mettant en hibernation (V. ce mot). Quant aux animaux aquatiques, la congélation, qui seule peut les tuer, ne survient qu'à une température un peu inférieure à la température de congélation de l'eau douce ou même de l'eau de mer, de sorte que, même dans des eaux où flottent des glaces, les mollusques, crustacés, poissons, ne sont pas congelés et continuent à vivre.

Quant aux températures supérieures à 35° ou 40°, les animaux hétérothermes ne peuvent leur opposer aucune autre défense que de fuir et de s'abriter dans des endroits moins chauds. Les organismes végétaux inférieurs, quand la température s'élève, produisent des spores beaucoup plus résistantes à l'excès de chaleur que l'adulte, et ainsi la perpétuité de l'espèce, malgré l'élévation dangereuse de la température, peut être assurée grâce à cette sporulation.

2. Traumatisme. — Tout être vivant est exposé au traumatisme. Il importait donc qu'il fût énergiquement préservé contre cette cause de destruction et de mort. Et, en effet, il est pourvu d'admirables moyens de défense contre le traumatisme.

Nous les diviserons en défenses *préventives*, défenses *immédiates* et défenses *consécutives*.

Les défenses préventives ne peuvent évidemment être que de nature psychique ; car, pour prévoir, il faut l'intelligence.

Naturellement ces défenses préventives intellectuelles sont plus compliquées que les défenses immédiates et consécutives, communes à tous les êtres, qu'ils soient pourvus ou non d'intelligence.

A. *Défense immédiate des cellules contre le traumatisme.* — Le principe qui nous doit guider dans cette étude, c'est qu'un traumatisme offensif est une excitation forte, anormale, funeste à la vie de l'être. Il s'ensuit que tout traumatisme équivaudra à une excitation exagérée, et va mettre en jeu d'une manière très puissante l'irritabilité de la cellule. On sait d'ailleurs maintenant que la pression intérieure des cellules est énorme, et qu'il faut pour les briser des forces considérables, presque fantastiques, de plusieurs dizaines d'atmosphère.

Les organismes monocellulaires, contractiles, répondent immédiatement à toute excitation forte par une contraction de leur protoplasma, ou par des mouvements de leur cils ou de leurs pseudopodes. De nombreux exemples en ont été donnés dans tous les livres où est traitée la physiologie cellulaire (Voy. VERWORN, *Allgem. Physiol.*, 1895, 372-381). D'une manière générale, les pseudopodes se rétractent, et les cellules prennent une forme globulaire qui lui permet d'offrir moins de prise aux agents extérieurs.

A ce point de vue le muscle peut être considéré comme une cellule. Excité, il se contracte et tend à devenir globuleux. La contraction et le mouvement immédiat sont la conséquence de tout traumatisme.

B. *Défense immédiate des organismes compliqués.* — La réaction à l'irritation chez des organismes complexes prend une forme tout autre. La cellule excitée communique son excitation à la cellule voisine, et, de place en place, par le nerf sensitif jusqu'au sys-tème nerveux central, puis du système nerveux central au système nerveux périphérique, puis au muscle, l'excitation se propage. C'est l'acte [réflexe, phénomène qui constitue encore une défense immédiate.

Mais cette défense immédiate est généralisée. Grâce à l'excitabilité de toutes les cel-lules nerveuses de la périphérie, il n'est point de région de l'organisme dont le trauma-tisme ne parvienne au système nerveux central, sous forme d'excitation forte, et ne puisse par conséquent se propager aux muscles qui répondront. La défense n'est donc plus localisée, elle est généralisée : *une cellule retentit, grâce au système nerveux, sur toutes les autres, et toutes les autres retentissent sur elle.*

Donc un traumatisme — c'est-à-dire une excitation très forte — va exciter le système nerveux et provoquer aussitôt tout un ensemble synergique d'actions réflexes servant à la défense.

Là encore une distinction doit être faite entre les actions réflexes générales et les actions réflexes localisées.

On peut considérer la moelle épinière et le bulbe, qui est sa région supérieure, comme constitués par une série de centres ganglionnaires, superposés, centres moteurs du cœur, de l'iris, des vaso-constricteurs, de la respiration, de l'intestin, de l'estomac, etc. Il s'ensuit que toute excitation de la moelle est capable de mettre en jeu ces différents centres, et par conséquent capable d'exercer une action sur les mouvements de nos vis-cères, rythme cardiaque, rythme respiratoire, tonicité des vaisseaux, sécrétion biliaire, mouvements de l'iris, de l'estomac, de l'intestin, etc.

Dès qu'un nerf de sensibilité est fortement atteint, on voit aussitôt tous ces appareils entrer en jeu : toutes les fonctions viscérales se modifient. Si, par exemple, sur un ani-mal, on électrise le nerf sciatique, ce qui équivaut à une excitation traumatique intense, immédiatement tout l'organisme se modifie et prend une part active à la défense.

La respiration s'accélère, le cœur précipite ses battements, la pression artérielle s'élève, l'iris se rétrécit, les glandes sécrètent plus abondamment du liquide, et leurs conduits excréteurs se contractent. Tout semble converger vers un même but, qui est le renforcement de l'activité biologique de l'organisme, puisque aussi bien les échanges chimiques deviennent alors plus intenses, et la circulation plus rapide. Par conséquent outes les forces de l'être vivant s'exaltent dans un commun effort. Autrement dit encore, en employant l'expression que Brown-Séquard a eu le grand mérite d'introduire en physiologie, il y a *dynamogénie* de tout l'organisme.

Ainsi le traumatisme a pour premier effet d'augmenter les forces de l'être vivant, de manière à lui permettre de résister à l'ennemi qui l'attaque.

Mais, si l'excitation est trop violente et dépasse la mesure, comme s'il s'agissait d'un ennemi trop redoutable contre lequel la lutte est impossible, alors il y a paralysie de tous ces appareils. Le cœur, au lieu de s'accélérer, se ralentit, et même s'arrête ; l'iris se dilate ; la pression artérielle diminue ; la respiration se suspend ; les échanges chimiques sont réduits à leur minimum ; c'est une sorte de suspension de la vie qui soustrait l'in-dividu aux conséquences d'une excitation traumatique trop intense. L'inhibition succède à la dynamogénie.

Ce sont là réflexes viscéraux, portant sur les muscles de la vie organique ; mais la défense s'exerce plus activement encore par des mouvements appropriés des muscles de la vie animale, mouvements qui sont de fuite ou de défense.

Une grenouille décapitée, si l'on pince fortement sa patte, la retire aussitôt. A un trau-matisme quelconque un animal quelconque répond tout de suite en cherchant à s'enfuir, ou, selon les cas, à s'abriter dans sa coquille : le premier mouvement, comme on dit vulgairement, c'est de s'enfuir. Et ce mouvement est tellement impérieux, que toute notre force de volonté, autrement dit d'inhibition, est impuissante à nous empêcher de retirer notre main si on la pince, si on la coupe ; si on la brûle, ou si on l'écrase.

A côté de ces procédés généraux de défense, il y a des phénomènes locaux par lesquels l'organisme réagit contre les traumatismes. Certains réflexes spéciaux, localisés, ont pour mission d'écarter des corps étrangers dont la présence serait dangereuse. Ces corps étrangers offensifs ne peuvent guère arriver que dans les voies aériennes, dans les voies digestives, et, accessoirement, à la surface de l'œil. C'est là seulement qu'il y a des muqueuses accessibles aux traumatismes par des objets venus du dehors.

Voies aériennes. — Voyons d'abord la défense des voies aériennes. Il importe avant tout que le poumon, organe de l'hématose, ne soit pas souillé, obstrué, par des corps étrangers, et cependant il faut en même temps qu'il soit largement ouvert à l'air extérieur; double problème, admirablement résolu.

Si, en effet, un corps étranger arrive aux fosses nasales, il provoque une sensation spéciale, un chatouillement particulier qui est suivi d'éternûment. C'est un réflexe dont le point de départ est dans la muqueuse nasale, et dont le dernier terme est dans les muscles expirateurs. L'éternûment consiste en une grande inspiration, suivie d'une expiration brusque pendant laquelle la bouche est complètement fermée. Alors l'air, introduit dans la poitrine par une grande inspiration, est rejeté tout entier, avec force, par une brutale et involontaire expiration, et contraint de passer par les fosses nasales, de manière à débarrasser les voies aériennes supérieures des objets qui les obstruaient. C'est un réflexe expulsif irrésistible.

Supposons que l'objet ait franchi ce premier obstacle et ait pénétré plus loin dans le larynx; il trouve là une barrière presque insurmontable. Nous ne parlerons pas des dispositions anatomiques de l'épiglotte et de la glotte, d'ailleurs très efficaces pour empêcher la pénétration des aliments et des corps étrangers, solides ou liquides, mais seulement des propriétés physiologiques de ces appareils sensibles. Or, qu'un objet quelconque arrive au contact de la glotte, il se produit un arrêt brusque et total de la respiration. Le courant d'air, qui entraînait l'objet dans l'intérieur du poumon, s'arrête aussitôt, car il ne faut pas faire pénétrer plus avant cet objet dangereux, offensif. Or la muqueuse de la glotte est innervée par le nerf laryngé supérieur, qui a cette propriété remarquable d'arrêter la respiration quand il est fortement excité.

Non seulement l'excitation de la muqueuse de la glotte arrête la respiration, mais encore elle provoque une expiration brusque, qui est la toux. Or, qu'est-ce que la toux, sinon un courant d'air, qui, brusquement expiré, balaye tout sur son passage, et projette au loin les corps étrangers, liquides ou solides, qu'il a rencontrés? Que, par suite d'une déglutition défectueuse, quelques parcelles alimentaires viennent à tomber dans la glotte, elles détermineront de violents accès de toux, une véritable suffocation, et l'inspiration pourra se faire à peine, non parce qu'il y a un obstacle matériel au passage de l'air, mais parce que l'excitation de la muqueuse inhibe puissamment les centres moteurs de l'inspiration.

De là cette conséquence, que, quand les nerfs sensibles du larynx sont coupés, il n'y a plus de protection contre la pénétration des matières étrangères. Elles arrivent dans la glotte, et ne sont plus rejetées par cette toux salutaire qui protège l'entrée des voies aériennes et en interdit l'abord à toutes substances solides ou liquides. — Si les chiens meurent au bout de quelques jours après qu'on leur a coupé les deux nerfs pneumogastriques, c'est en partie parce que boissons, aliments, salive ont pénétré dans le larynx, la trachée et les bronches. La sensibilité du larynx est abolie, et il n'y a plus de protection contre ce péril des corps étrangers.

Ajoutons aussi que la sensibilité de la trachée et des bronches s'exerce non seulement contre les objets venus du dehors, mais aussi contre les objets venus du dedans. Les mucosités sécrétées par les glandes bronchiques sont rejetées par la toux. En un mot, les voies aériennes sont dotées de nerfs sensitifs très délicats, dont l'excitation amène la toux expulsive.

C'est ainsi qu'à l'appareil fondamental de la vie, l'appareil de l'hématose, se trouve annexé un appareil de défense admirablement efficace, sans lequel probablement la vie eût été impossible (**V. Larynx** et **Pneumogastrique**).

D'ailleurs ce ne sont pas seulement les corps étrangers, liquides ou solides, qui agissent de cette manière; les gaz caustiques provoquent les mêmes effets, par le même mécanisme sans doute, et cela non seulement dans la sphère du laryngé supérieur, mais encore du trijumeau. Si l'on approche des narines d'un lapin, ou d'un cobaye, ou d'un canard, une petite éponge imbibée de chloroforme, ou d'éther, ou d'acide acétique, on voit immédiatement, à la suite de cette excitation caustique du trijumeau, la respiration s'arrêter, comme si l'organisme avait compris qu'il ne doit pas continuer à aspirer un air chargé de vapeurs toxiques.

En faisant passer un courant d'acide carbonique dans le larynx, quoique l'acide car-bonique soit très peu caustique, BROWN-SÉQUARD a vu la respiration s'arrêter : il admet même qu'une excitation forte du larynx peut produire l'arrêt, non seulement de la respi-ration, mais aussi du cœur et des combustions chimiques. — C'est encore un appareil de défense, car il importe que les opérations de la vie cessent pour un temps, lorsqu'un danger aussi redoutable que la pénétration d'un gaz délétère vient menacer l'organisme.

Voies digestives. — Les animaux ne sont pas moins bien armés pour se défendre contre les corps étrangers qui peuvent pénétrer dans les voies digestives. Mais là, le pro-blème présentait des difficultés spéciales. En effet, les aliments constituent, par leur masse et par leur forme irrégulière, de véritables corps étrangers : cependant ils sont nécessaires à l'existence, et alors il fallait que la distinction fût faite entre les corps alimentaires et les corps offensifs.

Il est assez difficile de comprendre par quel procédé l'organisme fait sans se tromper la différence entre un aliment et un corps étranger. Comment se fait-il, en effet, qu'un aliment introduit dans l'arrière-gorge provoque un mouvement de déglutition, tandis qu'un corps étranger, comme le doigt par exemple, provoque la nausée?

Toutefois, en analysant ce phénomène, et en laissant de côté l'élément psychique, assez important, de ce discernement, nous voyons qu'une substance alimentaire intro-duite dans le pharynx provoque un premier mouvement de déglutition qui entraîne l'ali-ment dans l'œsophage et l'estomac. C'est la déglutition normale. Mais, si cet effort de déglutition n'aboutit pas à la pénétration de l'aliment dans l'œsophage, elle s'exagère, et en quelques secondes devient un véritable spasme du pharynx, qui, de plus en plus énergique, se propage à l'estomac et détermine un commencement de vomissement. Autrement dit, si un objet ne peut pas être dégluti, la continuation de l'effort de déglu-tition amène le vomissement. Cela revient, en somme, à dire qu'une excitation prolongée et forte, celle qui suit une excitation impuissante, amène la nausée, tandis qu'une excitation modérée et efficace ne dépasse pas le simple effort de déglutition. Il semble que l'organisme, après avoir fait un effort inutile pour avaler, sache reconnaître son impuissance, et alors qu'il cherche à expulser l'objet qu'il ne peut pas faire pénétrer dans l'estomac.

Toute blessure, tout traumatisme du pharynx et de l'œsophage entraînent des spasmes violents et des efforts prolongés et intenses de vomissement. Il suffit de voir ce qui se passe chez les individus, hommes ou animaux, auxquels on pratique le cathétérisme œsophagien.

Ainsi les voies digestives se trouvent protégées contre toute introduction d'un corps étranger, et leur sensibilité provoque aussitôt un réflexe expulsif qui porte sur le pha-rynx, l'œsophage et l'estomac.

Quoique ce soient surtout les parties supérieures du tube digestif auxquelles est dévolue cette défense, l'estomac est, lui aussi, susceptible de répondre par l'expulsion des corps étrangers qui, malgré cette résistance des premières voies, ont pénétré pour-tant dans sa cavité. Les brûlures ou les blessures de l'estomac déterminent, comme on sait, le vomissement (Voyez **Vomissement**).

De même que le pharynx, après avoir fait un effort de déglutition, l'a reconnu inu-tile, et répond alors par un spasme expulsif, de même l'estomac, — si des matières ali-mentaires indigestes (par leur qualité ou leur quantité, ou par le défaut de sucs digestifs) s'y accumulent et sont pendant longtemps brassées par des contractions péristaltiques et anti-péristaltiques sans pouvoir se ramollir et franchir le détroit pylorique, — finale-ment se révolte et répond par une contraction énergique qui expulse son contenu. C'est le cas du vomissement par indigestion, consécutif à une digestion laborieuse et inef-ficace.

Ainsi se trouve garanti le tube digestif contre les corps étrangers non alimentaires; d'autant plus que, pour franchir le détroit pylorique, il faut que les aliments aient été au préalable réduits en pulpe et chymifiés, de telle sorte que les aliments liquides ou demi-liquides peuvent seuls pénétrer dans l'intestin. L'intestin répond aussi aux corps étrangers par des mouvements actifs d'expulsion. Les traumatismes du rectum pro-voquent des contractures violentes, des fissures à l'anus, par exemple.

Un autre appareil exige encore une défense spéciale contre le traumatisme et l'envahissement par des corps étrangers : c'est l'appareil oculaire, dont l'intégrité est absolument nécessaire à la vie de l'individu au point de vue de ses relations avec le monde extérieur. Aussi, indépendamment de ses protections d'ordre anatomique, l'œil a-t-il été protégé par un système délicat de nerfs sensitifs. Dès qu'un objet, si minime qu'il soit, arrive au contact de l'œil, il produit aussitôt des phénomènes de douleur, de photophobie, de larmoiement, de congestion oculaire et de clignement.

Laissons de côté, pour y revenir plus tard, les phénomènes de douleur et la photophobie, qui sont réflexes psychiques; il n'en reste pas moins des réflexes expulsifs énergiques. Pour déterminer l'expulsion du corps offensif, il se fait une sécrétion lacrymale très abondante; c'est en quelque sorte le lavage de l'œil blessé par les larmes sécrétées en excès. Le clignement est encore un procédé d'expulsion, un réflexe impérieux et irrésistible de défense, qui, d'une part, soustrait l'œil à une cause d'irritation qui pourrait se renouveler, d'autre part contribue à rejeter au dehors l'irritation qui l'a déjà offensé.

Aussi, grâce à tous ces moyens de défense, malgré la délicatesse extrême de ses membranes, l'œil reste-t-il intact, conservant sa limpidité, sa mobilité, son admirable précision; et cependant il est placé superficiellement, *en vedette* pour ainsi dire, exposé plus que tout autre organe aux traumatismes les plus divers.

Tous les appareils organiques sont aussi bien défendus, par des réflexes expulsifs immédiats, contre les traumatismes par des corps étrangers. Seulement ces corps étrangers viennent du dedans et non plus du dehors : les calculs des voies biliaires, des uretères, de la vessie provoquent des contractions violentes des canaux excréteurs qui aboutissent le plus souvent à l'expulsion des corps étrangers.

Défenses consécutives contre les traumatismes. — Les cellules simples, après un traumatisme, se réparent activement. Les zoologistes ont observé des cas remarquables de régénération et de cicatrisation, après que la cellule a été divisée en plusieurs parties (METCHNIKOFF, BALBIANI, etc). (V. Cicatrisation, Régénération.)

Cette propriété des cellules de réparer leur traumatisme n'est pas spéciale aux êtres simples : on la retrouve, avec d'importantes modifications, chez les êtres complexes. Mais d'autres phénomènes importants viennent s'y adjoindre.

Le premier phénomène, c'est l'arrêt de l'hémorragie; car presque toujours un traumatisme a déterminé l'ouverture de vaisseaux sanguins, capillaires, artères ou veines. Nous l'avons mentionné plus haut en disant que c'était une défense passive. De fait, c'est un cas de défense active; car les éléments contractiles, irritables et producteurs de substances chimiques modificatrices, y jouent un rôle essentiel.

L'hémorragie s'arrête, d'abord par la contraction des vaisseaux. Tout vaisseau, pourvu de fibres musculaires, se contracte fortement quand il a été fortement excité, et au point que la lumière du vaisseau disparaît; c'est là un premier phénomène, le plus souvent suffisant, pour arrêter l'effusion du sang.

En second lieu le sang se coagule. Sans entrer dans l'étude des phénomènes si compliqués de la coagulation (V. Coagulation), nous savons maintenant que les leucocytes y jouent un rôle important et que, probablement, sous l'influence de la stimulation traumatique (contact avec des substances anormales autres que l'endothélium vasculaire), ils sécrètent des substances coagulantes fibrinogènes.

Par ce double mécanisme, l'arrêt dans l'écoulement du sang se trouve assuré.

Une fois cet arrêt obtenu, il y a *réparation* de la plaie. Il est établi à présent que les plaies sans microbes et sans substances chimiques nocives ne suppurent pas, et qu'elles guérissent par réparation immédiate, en supposant, bien entendu, qu'aucun organe essentiel à la vie n'a été atteint.

Par conséquent, nous n'avons pas à étudier la suppuration et l'inflammation, tous phénomènes microbiens, mais seulement la cicatrisation d'une plaie aseptique.

On distingue trois périodes dans cette réparation.

D'abord, entre les lèvres de la plaie, suintement de sang et production de filaments fibrineux qui constituent une première charpente provisoire. Puis, dans une seconde phase, les cellules connectives traumatisées forment une charpente plus résistante, qui s'appuie sur les filaments fibrineux, de manière à les renforcer; enfin, à la troisième phase, ces cellules connectives prolifèrent, se multiplient par karyokinèse, et constituent un tissu cicatriciel. Dans toute cette évolution on ne peut pas invoquer l'action des phénomènes vasculaires. C'est une propriété fondamentale de la cellule vivante, indépendante, dans une large mesure, de la circulation, que de se multiplier après traumatisme, de façon à réunir d'une manière solide les deux bords d'une plaie (V. Cicatrisation).

Au cas où des corps étrangers sont introduits dans la plaie, les phénomènes sont analogues. La cicatrisation se fait régulièrement, si les corps étrangers sont aseptiques. Elle se produit tout autour de l'objet offensif, s'il est volumineux. S'il est de dimension minuscule, microscopique, alors les leucocytes du sang viennent s'en emparer, de même que les amibes s'emparent d'une proie qui leur est offerte et qu'ils englobent avec leurs prolongements amiboïdes.

C'est la *phagocytose*, qui ne s'exerce pas seulement sur les microbes; elle porte aussi sur les substances pulvérulentes, et, pour ne citer qu'un exemple maintenant classique après le tatouage, on retrouve dans les ganglions lymphatiques des amas cellulaires où sont accumulés des leucocytes ayant fixé des particules de matières colorantes, et les ayant transportées dans les ganglions (V. Phagocytose, Leucocytes).

Aussi, quand il n'y a ni poisons chimiques ni microbes, la cicatrisation se fait-elle promptement et solidement, et la nature répare le désordre qu'un accident a apporté à nos organes. C'est le *vis naturæ medicatrix* des anciens auteurs.

Mais, chez les êtres inférieurs, cette réparation est bien plus admirable encore; et il y a non seulement *cicatrisation*, mais encore *reproduction*. Les mémorables recherches que TREMBLAY avait faites au siècle dernier sur les hydres, ont établi qu'en coupant une hydre en deux segments, chacun de ces segments continue à vivre et reproduit l'être entier. BALBIANI a vu des infusoires qui, après section, se reproduisaient, pourvu que le noyau de la cellule fût intact. Des observations anciennes et vulgaires ont appris que les écrevisses, dont les antennes, les yeux ou les pinces ont été sectionnés, ont une régénération de leurs antennes, de leurs yeux et de leurs pinces. Ce n'est donc pas seulement une cicatrisation, comme chez l'homme et chez les êtres supérieurs, c'est une régénération de la partie enlevée.

Même quand il s'agit d'organes essentiels, cette reproduction peut avoir lieu, au moins sur les êtres inférieurs. On sait que SPALLANZANI a pu à des limaçons enlever la tête et voir la tête se reproduire. En enlevant l'œil d'une salamandre, on voit l'œil qui se reproduit intégralement.

Rien ne prouve mieux la puissance de cette force médicatrice que la belle expérience de VULPIAN sur les phénomènes de cicatrisation qui se passent dans la queue du têtard. Cette queue, abandonnée à elle-même dans un milieu convenable, continue à croître et à se mouvoir pendant quelques jours, en présentant certains phénomènes de cicatrisation.

Défenses préventives contre le traumatisme. — Tous ces phénomènes, fuite instinctive, retrait de l'organe, contraction, puis réparation, pourraient s'accomplir sans nécessiter la mise en jeu de la conscience. Mais de fait, la conscience perçoit le traumatisme, et la perception du traumatisme équivaut à la production d'une douleur intense. Si la douleur n'avait pas d'autre raison d'être que de renforcer la réponse aux excitations traumatiques, elle serait quelque peu inutile; puisque aussi bien l'être pourrait répondre avec une très grande énergie, sans qu'il y eût de douleur. Un mécanisme purement réflexe et sans conscience pourrait être disposé de telle sorte qu'il se défendrait tout aussi bien contre le traumatisme qu'un être pourvu de conscience.

Mais la douleur a une autre raison d'être. Le caractère essentiel de la douleur, c'est de laisser une trace profonde dans la mémoire. Elle consiste essentiellement en un souvenir très durable et qui est de telle nature que nous cherchons à éviter le retour d'une sensation semblable. Par conséquent, la douleur est bien une défense préventive, puisqu'elle nous invite formellement à ne pas percevoir de nouveau des excitations douloureuses. Elle nous intéresse à notre propre existence, et à l'intégrité de nos organes. Ce n'est pas seulement une action de répulsion qu'elle provoque; mais c'est, par le souvenir de la sensation ancienne, l'injonction précise et impérieuse de nous soustraire au traumatisme (V. Douleur).

La douleur est une fonction *intellectuelle* par laquelle l'organisme est forcé de se défendre, car tout traumatisme est périlleux pour l'être, et tout traumatisme est dou-

On comprend bien que toutes les défenses préventives sont des fonctions psychiques. Pour la défense immédiate, les réflexes simples, sans conscience et sans élaboration intellectuelle, peuvent suffire; mais, s'il s'agit de prévenir les traumatismes, une certaine connaissance des choses avec appréciation du péril possible et imminent, est indispensable. Or les organismes vivants, à mesure qu'ils deviennent plus perfectionnés, possèdent des défenses préventives de plus en plus efficaces, et naturellement, ces défenses préventives sont bien supérieures aux défenses immédiates. Quand un traumatisme atteint l'être, il est souvent trop tard pour qu'il ne soit pas irrémédiable. Quand un serpent venimeux a mordu un rat ou un lapin, il est trop tard pour que le rat ou le lapin, soit par la fuite, soit par des réflexes, viscéraux ou autres, puisse se soustraire à l'action foudroyante du poison; tandis que si, contre la morsure du serpent, il a une défense préventive quelconque, cette défense sera efficace et vraiment protectrice.

Il existe donc chez tous les êtres des sentiments de répulsion contre les choses ou les êtres qui pourraient être nocifs.

D'une manière générale, cette défense est la douleur; mais la douleur peut revêtir des formes différentes.

Très fréquemment c'est la peur, sentiment très général, qui porte l'homme ou les animaux à fuir avant d'être atteints, devant les objets qui peuvent être dangereux pour lui, en réalité devant les objets nouveaux, imprévus, inconnus (V. Peur).

Le *dégoût* est aussi une des formes de la peur : c'est une défense préventive qui s'exerce plutôt contre les poisons que contre les traumatismes; mais c'est encore une répulsion qui précède la sensation (V. Dégoût).

Il faut rapprocher du dégoût et de la peur un autre sentiment instinctif qui nous protège aussi contre les dangers possibles, c'est le *vertige;* seulement la peur s'adresse généralement aux objets animés, tandis que le vertige s'adresse aux objets inanimés.

Il est facile de voir à quel point cet instinct est protecteur. Le vertige paralyse absolument la marche : on ne peut plus avancer, et par conséquent, comme il s'agit d'une situation périlleuse ou qui paraît telle, cette impossibilité de continuer nous protège contre nous-même. Pour ma part, je ne doute pas que, si la sensation du vertige n'existait pas, on constaterait bien plus souvent des chutes et de graves accidents (V. **Vertige**).

En tout cas, ces divers sentiments, intellectuels ou instinctifs, héréditaires ou acquis, sont tous préventifs, c'est-à-dire qu'ils nous protègent avant que le mal ne soit fait, tandis que les autres défenses, défenses immédiates, nous protègent quand le mal est déjà fait, et qu'il est peut-être irrémédiable.

Ils créent, aux êtres qui en sont pourvus, une supériorité indiscutable dans la lutte pour l'existence.

C. **Parasites.** — Les parasites sont un des dangers les plus redoutables pour l'être vivant. La lutte pour l'existence, qui est acharnée entre les êtres, peut être considérée comme une compétition acharnée pour le carbone alimentaire disponible. Les animaux ou les végétaux vivants sont un aliment tout préparé pour les autres animaux ou végétaux qui peuvent vivre sur eux en parasites, et profiter de leur carbone.

Parmi ces parasites, il en est de macroscopiques, comme les acariens, les teignes, les vers intestinaux; mais ce ne sont pas les plus redoutables; les parasites microscopiques ou microbes sont bien autrement dangereux, et PASTEUR, comme on sait, a démontré le rôle prépondérant qu'ils jouaient dans l'étiologie des maladies.

La plupart des maladies, sauf les empoisonnements comme l'alcoolisme le morphinisme, le saturnisme, sont dues à des parasites, et c'est vraiment une chose surprenante que de voir l'histoire de la médecine et de la chirurgie se transformer peu à peu en une histoire du parasitisme. Sans qu'on ait absolument découvert le microbe de toutes les maladies, on peut presque, par une induction bien légitime, affirmer qu'il n'y a pas de maladies contagieuses, infectieuses ou épidémiques, qui ne soient dues à un parasite : choléra, rage, typhus, syphilis, charbon, morve, peste, variole, rougeole, scarlatine, tuberculose, diphtérie, grippe, toutes ces formes morbides sont des invasions de l'organisme par des parasites. De là cette conception de l'état normal, que c'est l'*absence de parasites.* Un animal bien conformé, s'il ne subit ni empoisonnement ni traumatisme, se porte toujours bien, et demeure en parfait état de santé tant qu'il n'est pas envahi par des organismes étrangers. Malgré leur extraordinaire complication, nos organes, cerveau, cœur, estomac, sang, poumon, fonctionnent sans heurt, sans déviations, ni altérations autres que celles que nos fautes (intoxications, surmenage) ou que la sénilité entraînent, tant que les ennemis organisés ne viennent pas les envahir.

De là l'importance prépondérante de la lutte de l'organisme contre les parasites.

Les défenses passives dépendent surtout de la structure même de la peau munie de son épiderme épais, et alors rebelle aux pénétrations microbiennes. Même les muqueuses du tube digestif et des voies aériennes sont résistantes aussi, quoique à un moindre degré, aux infections parasitaires. Mais cette résistance ne serait pas suffisante, et il faut que l'organisme soit défendu par des protections plus efficaces, suppléant à l'imperfection de la défense première.

On peut alors considérer la résistance comme une lutte entre les cellules; il y a d'une part les cellules de l'organisme, d'autre part les cellules microbiennes.

A l'état de vie des milliers de microbes pénètrent dans le tube digestif et dans les poumons. Si nous cherchons à en faire le calcul pour l'homme, nous voyons que nos aliments et l'eau de nos boissons contiennent à peu près, avec une approximation certainement très imparfaite, mais suffisante encore pour une moyenne très générale, quatre cent mille germes : et l'air inspiré en contient une quantité à peu près égale. Mais ces microbes ne sont pas offensifs, et ils sont innocents précisément parce que les cellules vivantes les anéantissent.

Si grand que soit ce nombre de microbes inspirés dans l'air, on voit tout de suite qu'il est négligeable par rapport au nombre immense des globules du sang qui circulent dans le poumon. En admettant qu'il passe à chaque systole 100 grammes de sang dans le poumon, et qu'il y ait 60 systoles par minute, cela fait 6 000 centimètres cubes de sang par minute, lesquels contiennent 30 milliards de globules rouges : et, comme les 400 000 microbes, représentent en 24 heures, à peu près 300 microbes par minute, on voit que cela fait à peu près un microbe pour 100 millions de globules; c'est-à-dire un chiffre tout à fait insignifiant. Rien d'étonnant que très facilement les globules n'en viennent à bout sans peine, et ne détruisent ces parasites dès qu'ils ont pénétré dans le poumon.

Le même raisonnement s'appliquerait aux microbes ayant envahi le tube digestif, d'autant plus que les épithéliums digestifs sont bien plus épais, et plus activement résistants que les épithéliums pulmonaires.

Les microbes qui sont rapidement détruits par le sang et les cellules vivantes sont dits *non pathogènes*, et le mot en lui-même ne signifie pas autre chose que ceci : impossibilité de se développer dans les organismes. Les microbes *pathogènes* sont ceux que ne peuvent pas anéantir, digérer, détruire les cellules de notre organisme. S'ils n'étaient pas promptement détruits, les microbes non pathogènes deviendraient pathogènes et végéteraient dans le corps. En effet, tous ces microbes, pathogènes ou non pathogènes, ensemencés dans un bouillon de culture, s'y développent, et par conséquent ils devraient pouvoir se développer dans le sang, si quelque chose ne s'opposait à leur développement. Or ils ne se développent pas dans le sang. Il y a, pour mille microbes non pathogènes, peut-être un seul microbe pathogène, et sans doute moins encore. Que signifie cette proportion extraordinaire de microbes inoffensifs, sinon que l'organisme des êtres supérieurs est constitué de telle sorte qu'il anéantit mille microbes contre un microbe qu'il ne peut pas anéantir?

Dire que les innombrables microbes qui sont autour de nous ne sont pas pathogènes, cela veut dire que nous sommes organisés pour les détruire : c'est énoncer cette grande loi biologique que les êtres vivants se débarrassent sans effort de presque tous les parasites qui peuvent venir les attaquer. Et de fait, quand l'être meurt, et que par conséquent l'intégrité de l'organisme a disparu, les tissus et les humeurs, par suite de la cessation de l'hématose, de la circulation et de l'innervation, perdent les propriétés chimiques qu'ils avaient pendant la vie, et aussitôt ces mêmes microbes, qui étaient impuissants, deviennent puissants et actifs. Les fermentations putrides prennent naissance, et tout le corps est désagrégé par les êtres mêmes qui tout à l'heure étaient inactifs, grâce à la constitution chimique de nos tissus.

Ainsi, quand nous disons qu'il y a très peu de microbes pathogènes, cela signifie que nous détruisons presque tous les microbes qui nous envahissent. La défense de l'organisme contre les microbes pourrait se caractériser par cette seule proposition : *Parmi les innombrables espèces microbiennes, il y a un très petit nombre d'espèces pathogènes.* En général, on expose l'histoire de la défense de l'organisme en prenant pour exemples les microbes qui, se développant dans le sang, amènent l'état morbide ; mais cette défense est bien plus efficace encore contre tous les microbes dont ne parlent pas les médecins, puisque ils sont inoffensifs, autrement dit, puisque ils sont rapidement et vigoureusement détruits par nos tissus vivants et nos humeurs circulantes.

Les microbes non pathogènes ne sont inoffensifs que parce qu'ils sont détruits par l'organisme supérieur dans lequel ils pénètrent : autrement ils cesseraient d'être aussi innocents, et leur pullulation entraînerait la maladie et la mort.

Le mécanisme par lequel ces microbes sont digérés et détruits est certainement de nature chimique ; en dernière analyse, ce ne peut être que par des opérations chimiques, dissolution et désagrégation des cellules microbiennes, que se fera la défense contre eux.

Or on sait que nos humeurs organiques sont toutes plus ou moins bactéricides, au moins pour la plupart des microbes, et spécialement le sang est doué de cette propriété (V. **Atténuation** et **Sang**).

Il est même probable que la défense s'exerce de deux manières qui ne sont que deux degrés différents de l'état bactéricide. Ou bien les microbes sont tués rapidement et disparaissent ; ou bien ils ne peuvent se développer, ce qui revient à peu près au même.

Or il y a entre des espèces, même voisines, de très grandes différences dans la résistance des humeurs au développement des microbes. On appelle *immunité* (V. **Immunité**) cette résistance. Elle peut être soit héréditaire, c'est-à-dire constitutionnelle, et propre à telle ou telle race, telle ou telle espèce ; soit acquise, et due par exemple à la vaccination (V. **Vaccination**). Les pathologistes ont étudié ces différents phénomènes avec un zèle extrême, et ils sont arrivés à constater quantité de faits importants que nous ne pouvons énumérer ici. Il est inutile de rappeler que les premières lois, les plus importantes, ont été toutes établies par Pasteur.

Si les microbes ont réussi à se développer, d'autres phénomènes surviennent, car, dans l'histoire des défenses de l'organisme, on voit toujours qu'à une barrière, si elle est inefficace, succède encore une autre barrière qui supplée à la première, au cas où celle-ci aurait été impuissante à arrêter l'invasion. Autrement dit, même contre les microbes pathogènes, l'organisme n'est pas désarmé.

Pour les parasites macroscopiques, qui n'ont pas une tendance à une prolifération extrêmement rapide, si l'organisme envahi par eux ne peut pas les détruire, au moins, dans bon nombre de cas, peut-il les isoler. Il les entoure alors d'une sorte de kyste, de sac protecteur, qui permet au parasite de vivre sans grand dommage, en même temps que l'être porteur du parasite n'en est pas trop gravement incommodé. On appelle *commensalisme* ces cas dans lesquels la vie peut continuer pour les deux êtres ; le parasite et le parasité. Il en existe des exemples intéressants chez les animaux inférieurs, les crustacés notamment.

Les vers intestinaux, les cysticerques, les douves, les trichines vivent sans déterminer la mort de l'être qu'ils ont pour habitat ; soit qu'un enkystement les ait isolés, soit qu'ils végètent dans le tube digestif, restant ainsi séparés des organes essentiels de l'être envahi.

Mais les microbes ne sont pas aussi inoffensifs ; en effet, s'ils ne sont pas détruits, ils pullulent rapidement, et leur pullulation se fait avec une rapidité foudroyante. Pour certaines espèces microbiennes, le doublement se fait en une heure ; si bien qu'il y en a 300,000 milliards en quarante-huit heures, à supposer qu'un seul germe ait pénétré. Or ces microbes sécrètent des substances toxiques, poisons redoutables qui détruisent la vie des cellules de l'organisme infesté.

Pour s'opposer à ces toxines les cellules migratrices entrent en jeu, et probablement aussi d'autres cellules non migratrices, dont on connaît moins bien la fonction. Les ptomaïnes sécrétées par les microbes exercent une action chimique stimulante sur les cellules migratrices qui alors sortent des vaisseaux pour aller à la rencontre des microbes offensifs (V. **Diapédèse**) ; et, englobant ces microbes, cherchent à les digérer et à les détruire (V. **Phagocytose**). C'est donc une lutte chimique qui s'engage entre la cellule microbienne et le leucocyte, lutte tout à fait analogue à une lutte entre deux êtres; et le combat s'exerce par des procédés chimiques, sécrétions de venins divers : les sécrétions du leucocyte tendant à paralyser le microbe; les sécrétions du microbe tendant à paralyser le leucocyte.

La différence entre la résistance aux microbes non pathogènes et la résistance aux microbes pathogènes, c'est que, dans le premier cas, la lutte n'est pas douteuse un instant. Tout de suite le parasite est annihilé et anéanti par les phagocytes ou les humeurs bactéricides; il n'y a pour ainsi dire pas de bataille, tant la victoire est rapide et complète; tandis que, dans le cas de microbes pathogènes, il y a un véritable conflit qui peut se terminer par la défaite ou par le triomphe de l'assaillant.

Deux cas en effet peuvent se présenter : tantôt le microbe pathogène est vaincu, c'est-à-dire qu'après avoir évolué pendant un certain temps, il finit par mourir, tandis que l'animal infesté guérit. Tantôt le microbe pathogène est vainqueur : il résiste aux antitoxines sécrétées par les cellules de l'organisme; pullule, prolifère et produit des toxines qui détruisent et le système nerveux, et les appareils organiques de l'être parasité; si bien que finalement l'animal infesté meurt:

On ne peut guère expliquer la destruction finale des microbes pathogènes, alors qu'ils ont déjà évolué, qu'en admettant la sécrétion par les cellules de l'organisme de substances bactéricides qui n'existaient pas à l'état normal. Les microbes ont excité nos cellules à sécréter telles ou telles substances qui paralysent dans leur reproduction et leur vitalité les cellules microbiennes. Le fait a été démontré par les expériences qui ont été le point de départ de la sérothéraphie (HÉRICOURT et CH. RICHET, nov. 1888. V. Sérothérapie). Mais le mécanisme même de cette sérothérapie est loin d'être absolument établi, et il n'est pas du tout certain qu'elle agisse en introduisant des antitoxines dans le sang; il est au contraire plus vraisemblable qu'elle agit en stimulant les cellules de l'organisme à sécréter des antitoxines.

Tous ces problèmes fondamentaux sont la base de la pathologie générale contemporaine. On comprend que nous ne puissions les exposer ici, même en résumé. Il suffit donc, au point de vue qui nous occupe, d'avoir montré que les défenses de l'organisme sont le plus souvent efficaces contre les parasites innombrables qui tendent à l'envahir.

Défenses préventives. — Les défenses préventives contre les parasites visibles ne sont guère que la répulsion instinctive qu'il nous inspirent. Le *dégoût* est un instinct qui nous avertit dans une certaine mesure de la nocivité des êtres, et de fait la plupart des parasites ont des formes et des cellules qui nous répugnent (V. Dégoût).

Quant aux parasites microbiens, qui sont absolument invisibles, c'est encore par le dégoût que nous nous protégeons préventivement contre eux. Seulement, ce n'est pas envers le parasite lui-même que s'exerce notre dégoût, mais vis-à-vis des produits qu'il sécrète, produits qui excitent une horreur extrême. Contre les microbes, invisibles organismes, nulle défense préventive, d'origine optique, n'était possible; mais cette défense pouvait se faire grâce au dégoût des produits chimiques fabriqués par les microbes. Autrement dit, si nous sommes désarmés contre les microbes qui échappent à nos sens imparfaits, nous sommes, par le dégoût, armés contre leurs poisons et par conséquent contre eux.

En effet, quelles sont les substances qui inspirent le plus de dégoût? ce sont sans contredit les matières putréfiées où fourmillent les microbes. Elles exhalent une odeur repoussante, provoquant l'adversion et l'horreur, et c'est par une étrange aberration du goût, en faisant violence à un instinct naturel, qu'on introduit dans l'alimentation des substances à demi putréfiées, comme les viandes dites *faisandées.*

D. Poisons. — Un poison est toute substance qui agit, par ses propriétés chimiques, d'une manière funeste sur l'organisme; soit parce qu'elle n'existe pas à l'état normal dans nos tissus et nos humeurs, soit parce qu'elle existe en proportion trop faible pour amener un trouble dans nos fonctions organiques.

Il faut distinguer les poisons *extérieurs* et les poisons *intérieurs*, c'est-à-dire ceux qui viennent du dehors, et ceux qui viennent du dedans, puisque aussi bien la vie normale de nos tissus entraîne la production de substances chimiques qui ne pourraient sans danger s'accumuler dans notre corps.

De là une séparation en deux groupes, substances toxiques du dehors introduites accidentellement dans la circulation, poisons extérieurs, et substances toxiques du dedans constamment fabriquées et nécessitant par conséquent une continuelle élimination (poisons intérieurs).

Poisons extérieurs. — *Défenses passives.* — Nous avons déjà parlé des défenses *passives* de la peau contre le poison. Par sa résistance à l'absorption, la peau empêche les poisons solubles de pénétrer, et nous ne reviendrons plus sur ce sujet.

Défenses préventives. — La seule défense préventive contre les poisons, c'est le *dégoût.* Comme les poisons ne peuvent pénétrer par la peau intacte, il n'y a guère d'introduction possible que par les voies aériennes, ou les voies digestives. Or les corps liquides et solides arrivent par les voies digestives ; les corps gazeux par les voies aériennes ; et, de fait, comme la plupart des poisons sont des substances solides ou liquides, non gazeuses, c'est par les voies digestives que se fait le plus souvent la pénétration du poison. Aussi la défense est-elle placée surtout à l'entrée des voies digestives, de manière à empêcher ce grave accident : le mélange d'une substance toxique avec les substances alimentaires.

Il fallait donc qu'à l'entrée des voies digestives fût placé un appareil de sensibilité, destiné non seulement à nous renseigner sur la causticité, la température des aliments ingérés, mais encore à nous faire trouver du plaisir aux aliments utiles, et du déplaisir aux substances nuisibles qui ne sont pas caustiques et directement offensives. Supposons, par exemple, que nul instinct ne nous prémunisse contre le danger des plantes vénéneuses ou des liquides putréfiés ; alors nulle distinction ne pourrait être faite entre une plante vénéneuse et une plante alimentaire.

Quand le dégoût est intense, il y a impossibilité d'avaler, et par conséquent, de s'empoisonner. Une constriction irrésistible du pharynx et des efforts répétés, incoercibles de vomissement empêchent absolument d'ingérer la substance vénéneuse.

En parcourant la liste des poisons, on découvre sans peine que tous ont un goût désagréable, et que même, dans une certaine mesure, leur amertume et le dégoût qu'ils inspirent se proportionnent à leur toxicité. Les plus actifs des poisons sont certainement des alcaloïdes, strychnine, atropine, morphine, aconitine, etc. Or tous ces alcaloïdes sont extrêmement amers, tandis que les substances moins toxiques, comme l'urée par exemple, ont une saveur presque nulle, et que les substances alimentaires, comme le sucre, ont une saveur agréable.

Ainsi un animal herbivore placé dans une prairie où croissent des plantes vénéneuses ne s'empoisonnera pas ; il se gardera de toucher aux herbes, aux fruits, ou aux plantes qui contiennent des poisons, et, pour faire cette distinction, il n'aura nul besoin d'une éducation quelconque : l'instinct lui suffira pour établir des différences entre ce qui est salutaire et ce qui est nuisible.

L'amertume n'existe pas dans les substances chimiques plus que la douleur n'existe dans le tranchant d'un couteau. C'est une adaptation de notre organisme qui nous fait trouver amère telle ou telle substance, et ce n'est pas au hasard que nous la jugeons amère : c'est parce qu'elle est un poison ou parce qu'elle appartient à une famille de poisons.

L'odorat, comme le goût, nous inspire des sentiments d'aversion ou d'appétition, concordant avec le danger ou l'utilité des substances étrangères qui pourraient pénétrer par la respiration.

Le dégoût s'exerce aussi contre les poisons intérieurs. Les produits d'excrétion de l'organisme sont, en général, par les divers animaux, considérés comme dégoûtants. Or, non seulement ils sont inutiles et rejetés au dehors, mais encore ils peuvent provoquer de véritables intoxications, comme des expériences précises l'ont appris. La bile, l'urine, les matières fécales, inspirent un invincible sentiment de dégoût.

Défenses immédiates. — *Expulsion.* — Si le dégoût a été insuffisant pour empêcher le poison de pénétrer dans les premières voies digestives, d'autres appareils alors entrent en jeu pour l'expulser aussi rapidement que possible, et c'est tout d'abord le vomissement.

Et là encore nous sommes forcés de faire, comme nous l'avons fait pour la chaleur, une distinction entre le vomissement de cause réflexe et le vomissement de cause centrale.

Dès qu'une substance toxique est arrivée au contact de l'estomac, elle va provoquer une réaction violente : rougeur de la muqueuse, spasme stomacal, et efforts répétés de vomissements. C'est là le mode d'action de certains vomitifs, par exemple du sulfate de cuivre, qu'on emploie quelquefois à cet usage, et qui n'est certainement pas absorbé, agissant seulement de façon à provoquer le vomissement par l'action réflexe qu'il exerce sur la muqueuse gastrique très sensible.

On croyait autrefois que c'était là le mode d'action de tous les vomitifs; mais une intéressante expérience de MAGENDIE a montré qu'il n'en était pas ainsi. En injectant de l'émétique dans les veines, MAGENDIE a fait vomir des chiens. Par conséquent il y a des vomissements toxiques de cause centrale, sans qu'on puisse invoquer une stimulation réflexe de la muqueuse gastro-intestinale (V. **Vomissement**).

C'est vraiment un phénomène tout à fait remarquable que la fréquence du vomissement toxique de cause centrale. Il n'est guère de poisons qui, étant injectés dans le sang à dose un peu forte, ne provoquent, au moins sur le chien, le vomissement. Même avec une injection d'eau pure, pratiquée un peu rapidement, on fait vomir un chien, et on ne peut invoquer pour cause de ce phénomène qu'une altération du sang qui irrigue le bulbe rachidien.

De même que le sang échauffé amène la polypnée thermique, de même le sang empoisonné amène le vomissement expulsif.

C'est là un bon exemple de la seconde barrière de défense qui supplée aux premières défenses réflexes, au cas où celles-ci seraient insuffisantes.

Toute introduction intra-veineuse d'une substance étrangère amène infailliblement des efforts d'expulsion par le vomissement. Il semble qu'il y ait, en quelque sorte, une erreur de l'organisme sur la cause même de l'intoxication. Comme presque toujours le poison est introduit avec les aliments, c'est par le vomissement que l'animal doit se défendre. Par conséquent, quoique le vomissement soit alors tout à fait inutile, puisque le poison a pénétré dans les veines, il n'y en a pas moins vomissement.

Si cependant le poison a franchi l'estomac et est arrivé dans l'intestin, il rencontre là un organe, très sensible aussi, qui fait de son côté un grand effort pour se débarrasser du poison. Seulement, si l'estomac agit par le vomissement, l'intestin agit surtout par une sécrétion abondante, de manière à déterminer à la fois la dilution du poison accumulé dans la cavité intestinale, et son élimination par la diarrhée profuse. Aussi la plupart des poisons inorganiques sont-ils des *purgatifs*, en même temps que des *vomitifs*.

Il existe des purgations de cause réflexe et des purgations de cause centrale.

Toute excitation mécanique ou chimique de la muqueuse intestinale provoque une sécrétion abondante, diarrhéique, dont le rôle est évidemment l'élimination du poison ou du corps étranger. De même que les matières alimentaires indigestes accumulées dans l'estomac amènent le vomissement, de même les matières fécales, formant par leur consistance un véritable corps étranger, finissent par être expulsées, grâce à la sécrétion active d'une sérosité intestinale, qui fait qu'au-dessus de la masse solide il s'accumule un liquide diarrhéique.

Les substances irritantes appliquées à la surface de la muqueuse intestinale provoquent une congestion de cette muqueuse, et une sécrétion diarrhéique abondante (Voir **Diarrhée, Purgatifs**). Mais souvent elles ont le même effet quand elles ont été injectées dans les veines.

Non seulement il faut que la défense de l'intestin s'exerce contre les poisons venus du dehors qui ont franchi le pharynx, l'œsophage et l'estomac, mais encore il faut qu'il puisse se protéger contre les produits de sécrétion des microbes qui, mélangés aux aliments, poursuivent pour leur propre compte, dans la cavité intestinale, leurs opérations chimiques.

L'activité chimique de ces microbes est quelque peu ralentie dans l'estomac où ils sont tenus en réserve par l'acidité du suc gastrique, mais ils reprennent toute leur énergie biologique dans le tube intestinal, où ils trouvent des milieux nutritifs qui sont neutres ou alcalins. Alors, par le fait de cette fermentation, il se produit des composés chimiques, dont les uns sont gazeux, et généralement inoffensifs, dont les autres, au contraire, exercent une action toxique, plus ou moins accentuée.

A l'état normal, ces fermentations intestinales ne dépassent pas une certaine limite : elles cessent bientôt ; et en somme elles ont eu plutôt l'avantage d'activer les phénomènes de digestion et d'absorption. Mais il se peut faire que quelque micro-organisme se développe en trop grande abondance, et sécrète des toxines dont l'absorption serait dangereuse. Alors, pour y remédier, la sécrétion intestinale est activée, et il se produit une diarrhée qui a pour effet de diluer le poison dans une grande quantité de liquide et de déterminer son expulsion par des selles diarrhéiques. C'est ainsi que les choses se passent dans le choléra, dans la fièvre typhoïde, dans les diarrhées dites infectieuses, dans certains empoisonnements dus à l'ingestion de viandes malsaines. Ce sont là évidemment des diarrhées d'origine réflexe, dues à la stimulation de la muqueuse intestinale par les alcaloïdes toxiques qu'ont sécrétés les microbes.

Mais ces mêmes substances peuvent agir encore, si elles sont injectées dans le sang, et provoquer des diarrhées de cause centrale, en agissant sur les centres nerveux sécréteurs.

Quant aux poisons sécrétés par les microbes, l'organisme se défend par des procédés autres encore. Assurément ces poisons provoquent à la fois le vomissement et la diarrhée : mais le plus souvent le vomissement et la diarrhée, qu'on rencontre dans la plupart des maladies, sont inefficaces ; et il y a sécrétion d'une antitoxine (V. **Antitoxines**).

Il faut noter aussi un autre phénomène important qui paraît spécial aux poisons microbiens, car les autres poisons ne le produisent presque jamais : c'est la *fièvre* (V. **Fièvre**). Dans la fièvre le pouvoir régulateur de la température est profondément perverti. La respiration s'accélère, le pouls devient plus fréquent, les échanges sont augmentés. On n'a pas pu prouver jusqu'ici que la fièvre est un phénomène de défense, mais cela me paraît vraisemblable, et il est difficile de supposer que ce phénomène morbide n'est pas en même temps un phénomène salutaire.

A certains égards les venins des animaux venimeux (batraciens, poissons, araignées, et surtout reptiles) se comportent comme les poisons microbiens ; et l'organisme se défend contre eux à peu près de la même manière. La défense préventive, c'est la répulsion qu'inspirent en général les animaux venimeux, à laquelle vient se joindre la douleur atroce, intolérable parfois, que provoquent les venins, quels qu'ils soient (V. **Venins**). La défense immédiate, c'est la réaction de l'organisme qui sécrète probablement des antitoxines pour combattre et neutraliser l'effet des toxines venimeuses. Il y aurait lieu aussi de séparer les défenses locales des défenses générales ; car pendant quelque temps les venins restent localisés dans la région du corps où ils ont pénétré : et ils produisent là des phénomènes de réaction, ceux qu'on appelait autrefois des phénomènes d'inflammation, qui aboutissent parfois à la gangrène. De même les poisons microbiens, lorsqu'ils s'amassent dans une plaie septique, déterminent, avant d'infecter l'organisme tout entier, des phénomènes locaux de congestion, d'inflammation, et parfois aussi de gangrène et de sphacèle plus ou moins étendus. Alors, s'il y a une partie de l'organisme détruite par le poison, il se fait une limitation entre les surfaces vivantes et les surfaces mortes, qui, après un décours plus ou moins long, finit par aboutir à la séparation complète de la partie morte.

Défenses consécutives. — Les défenses consécutives sont l'accoutumance individuelle, l'accoutumance héréditaire ou immunité, et l'élimination.

Accoutumance. — On sait que certains poisons finissent par devenir inoffensifs, la morphine par exemple, et les médecins citent à cet égard des cas extraordinaires. Tel individu buvait, sans danger pour sa vie, un litre de laudanum par jour (Voir **Morphine**).

Les toxiques autres que la morphine donnent aussi des effets d'accoutumance ; l'alcool par exemple, agit bien plus puissamment chez les individus qui ont depuis longtemps renoncé à toutes boissons alcooliques, que chez ceux qui en font un usage journalier. Le café, le thé, le tabac, l'éther, l'iodure de potassium, l'arsenic, tous ces poisons finissent par être bien tolérés par les individus qui en ont pris l'habitude.

Pour les poisons microbiens aussi, il existe probablement une sorte d'accoutumance, et, dans les maladies chroniques, il n'est pas douteux qu'une sorte de tolérance s'établisse pour les toxines sécrétées alors quotidiennement.

Accoutumance héréditaire ou immunité. — Les poisons sont loin d'être également puissants chez les divers animaux. Quelques-uns, comme l'atropine, sont presque inoffensifs pour les lapins, les chèvres ; ils sont déjà assez toxiques pour le chien et les carnivores, mais ils sont bien plus toxiques pour l'homme. En général, les poisons végétaux, c'est-à-dire les alcaloïdes, sont peu toxiques pour les herbivores, tandis que les carnivores y sont très sensibles.

Peut-être cette différence tient-elle à la prépondérance de plus en plus grande du système nerveux central, à mesure qu'on passe de l'herbivore au carnivore, et du carnivore à l'homme. J'ai essayé de montrer que, pour la cocaïne par exemple, la toxicité était en raison directe du poids relatif du cerveau au corps. Plus le cerveau est volumineux, plus l'animal est sensible à l'intoxication cocaïnique.

Mais cette hypothèse n'est peut-être pas exacte. En effet, pour les poisons minéraux les différences de sensibilité des espèces animales diverses sont très faibles. Le mercure, l'arsenic, les sels de potassium, sont toxiques également pour les vertébrés et les invertébrés, les herbivores et les carnivores, les hommes et les animaux. Alors on ne peut s'empêcher de penser que cette immunité contre les poisons végétaux est sans doute un effet d'hérédité et d'atavisme. En ingérant des plantes vénéneuses, les animaux s'y seraient peu à peu accoutumés. N'est-ce pas là un véritable phénomène de défense ? en somme la meilleure défense n'est-elle pas l'inaptitude à éprouver les effets d'un poison ?

J'ai cru trouver, en étudiant l'action des sels métalliques sur la fermentation lactique, que les métaux usuels étaient moins toxiques que les métaux rares de même famille ; par exemple, le nickel est plus toxique que le fer ; le cadmium est plus toxique que le zinc, et le thallium plus que le plomb. Il semble que les microbes aient acquis une sorte d'accoutumance contre les sels métalliques les plus répandus dans la nature.

Dans le même ordre d'idées on a constaté la résistance de certains animaux venimeux à leur propre venin.

Rétention. — Certains organes ont la propriété de retenir dans leur masse les poisons qui ont pénétré dans le sang. Le foie joue à ce point de vue un rôle très important. Il a été bien démontré qu'il a une fonction antitoxique ; même les substances métalliques sont retenues par lui, et, une fois emmagasinées dans son tissu, rendues lentement à la circulation, de manière à permettre leur lente et progressive élimination. Pour certains poisons végétaux, ou certaines ptomaïnes, cette rétention par le foie est tout à fait remarquable, si bien que la quantité de nicotine, par exemple, qu'on peut injecter par la veine porte sans amener la mort, est quatre fois plus forte que celle qu'on peut injecter par la veine saphène (Voir **Foie**).

Évidemment cette fonction du foie découverte par SCHIFF est très importante, car la plupart des poisons sont ingérés par le tube digestif, et c'est contre les poisons introduits avec nos aliments et arrivant, par conséquent, dans la veine porte et dans le foie, que devait surtout s'exercer la défense.

Élimination. — Dès qu'une substance étrangère, c'est-à-dire toxique, est introduite dans le sang, il y a un effort de tout l'organisme pour l'éliminer. Tout ce qui est étranger à la constitution normale du sang est rapidement rejeté par les émonctoires naturels, même quand il s'agit de substances qui, en apparence, ressemblent le plus aux tissus normaux de l'organisme. Ainsi, comme CLAUDE BERNARD l'a montré il y a longtemps, si l'on injecte une solution albumineuse, on voit, au bout de quelques minutes, que l'albumine injectée est éliminée par l'urine, et cependant la ressemblance est assez grande entre l'albumine de l'œuf et la sérine du sang.

L'élimination des substances est une question non pas seulement de qualité, mais encore de quantité. Les éléments normaux du sang, s'ils sont en excès, sont rapidement rejetés par le sang. Comme l'a encore montré CLAUDE BERNARD, dès que la quantité de sucre dépasse dans le sang le chiffre de 3 grammes par litre, il y a glycosurie. On peut concevoir les tissus comme étant dans un certain état d'équilibre, et tendant au maintien de cet équilibre, qui est l'état normal. Que ce soit par suite des propriétés endosmotiques du rein ou des autres organes d'excrétion, au point de vue de la biologie générale cela nous importe peu, puisque, en somme, le résultat est le même ; c'est toujours la défense de l'individu contre les poisons.

La rapidité avec laquelle se fait cette élimination défensive est vraiment étonnante. En faisant une injection d'éther dans la veine d'un chien, on constate, *presque au même instant*, l'odeur de l'éther dans les produits de la respiration. Que prouve cette expérience, sinon que l'organisme élimine rapidement ce qui est étranger à sa constitution normale ?

Une expérience analogue prouve la rapidité de l'élimination par l'urine. Sur des individus atteints d'exstrophie de la vessie, on a constaté que les poisons apparaissaient au bout d'un temps très court, deux ou trois minutes à peine, dans l'urine qui venait sourdre à la surface de la vessie. J'ai constaté souvent le même phénomène en injectant du sucre dans le sang des chiens. La polyurie due à l'excrétion du sucre injecté se produisait presque en même temps que la première injection, et, dans cette urine très aqueuse, on retrouvait, dès le début, de grandes quantités de sucre.

Quelles que soient les substances solubles qu'on injecte dans le sang, elles se retrouvent dans les excrétions, si bien qu'au bout de quelques jours il n'en reste plus de trace dans le sang. D'après des expériences faites dans mon laboratoire, par J. Roux, au bout de 48 heures environ il ne reste plus rien de l'iodure de potassium ingéré.

Ainsi, s'il s'agit d'un poison gazeux, l'élimination se fait aussitôt par le poumon : s'il s'agit d'un poison soluble, l'élimination se fait aussitôt par l'urine.

Nous devons dire cependant qu'il y a des exceptions à l'élimination prompte et complète. Certains sels métalliques, les sels de mercure, de plomb, d'argent, d'or, de platine, entrent en des combinaisons stables avec le sang et les tissus, si bien que nulle élimination ne peut se faire. Mais, il faut bien le dire, ce sont là des cas rares, et le plus souvent les poisons solubles ne déterminent pas la coagulation des matières albuminoïdes. A vrai dire, ces sels métalliques sont tous des caustiques, et presque toujours leur causticité détermine, au moment de leur ingestion, des accidents de vomissement qui suffisent à leur expulsion. D'ailleurs, n'est-il pas évident que, si parfaits que soient les procédés de défense, ils ne peuvent suffire à tous les cas ?

Les poisons fabriqués par les microbes sont aussi éliminés par l'urine. On retrouve, dans toutes les maladies infectieuses, des ptomaïnes microbiennes qui s'accumulent dans les liquides urinaires. Les belles observations de BOUCHARD ont montré que les urines des malades avaient des propriétés toxiques dont les urines normales étaient dépourvues. De sorte que, dans les maladies, l'élimination se fait comme dans les intoxications accidentelles, et assure l'intégrité de l'organisme.

Tout, dans la fonction de nos tissus, tend à les maintenir en état de stabilité. Que l'on introduise dans l'estomac une solution alcaline, la production d'acide augmentera, et, au bout [de quelque temps, l'estomac aura repris son acidité normale en supprimant sa production d'acide.

En étudiant les phénomènes thermiques, nous avons parlé souvent de la régulation, de l'équilibre, de la tendance à la stabilité. Cela est vrai aussi pour le maintien de l'état chimique normal de l'organisme. Le sang, ce milieu intérieur, tend à la stabilité, et il se débarrasse aussitôt, soit des substances étrangères, soit des substances normales introduites en excès.

Pour nous résumer, nous dirons que l'organisme lutte contre les poisons, d'abord en ne leur offrant, comme surface d'absorption, que la muqueuse digestive et la muqueuse aérienne, surfaces protégées par le goût et par l'odorat, qui nous inspirent de l'aversion pour tout ce qui dans la nature est toxique.

Dans une seconde phase, si le poison a pénétré, il est expulsé par le vomissement ou la toux.

S'il a pénétré dans l'intestin, il provoque la diarrhée et une expulsion diarrhéique rapide.

S'il a pénétré dans le sang, il est éliminé avec les produits de sécrétion.

Si enfin les microbes ont fabriqué dans l'intestin ou dans le sang des poisons dangereux, l'organisme parvient à en triompher, peut-être en faisant de la fièvre, en tout cas en fabriquant des substances antitoxiques qui neutralisent les ptomaïnes ou leucomaïnes microbiennes, et déterminent leur élimination par des sécrétions intestinales diarrhéiques ou par des urines plus abondantes.

C'est par tous ces moyens qu'est maintenue l'intégrité de l'organisme au milieu des substances chimiques innombrables qui pourraient lui être funestes.

Poisons intérieurs. — Les poisons minéraux, végétaux ou microbiens, ne sont que des accidents dans la vie d'un organisme ; tandis que les poisons intérieurs sont un phénomène normal et perpétuel, une condition même de l'existence. Constamment le fonctionnement chimique de nos tissus et de nos humeurs entraîne la formation de produits de déchet qui doivent, sous peine de graves accidents, être éliminés au fur et à mesure de leur production.

Un microbe qui végète dans un bouillon de culture fournit une série de générations successives ; mais bientôt cette fécondité s'épuise, et l'espèce finit par mourir, non parce qu'il y a épuisement des matières nutritives contenues dans le bouillon, mais parce qu'il s'est produit des éléments toxiques qui déterminent la mort des dernières générations.

De même, si des hommes restaient pendant longtemps enfermés dans un espace clos, ils finiraient par s'asphyxier et s'empoisonner, même en supposant qu'on leur donnât une quantité suffisante d'oxygène et d'aliments.

Il y a donc une absolue nécessité à l'élimination perpétuelle des produits de nutrition et de dénutrition. C'est encore, si l'on veut, un phénomène de régulation. Mais la régulation et la défense sont connexes, puisque la défense de l'organisme consiste précisément dans l'équilibre et dans le maintien de son état stable. Donc, en examinant comment l'organisme peut régler le départ des substances toxiques qu'il fabrique, nous poursuivons l'étude des moyens de défense.

Élimination. — Les principales substances produites par l'organisme et éliminées sont l'acide carbonique et l'urée.

Il est d'abord à remarquer qu'elles sont très peu toxiques, si peu toxiques que probablement elles ne produisent jamais la mort. L'asphyxie, dans les conditions ordinaires, est due uniquement au défaut d'oxygène, et l'acide carbonique n'y est probablement pour rien (V. **Asphyxie**).

Quant à l'urée, on peut en injecter des doses énormes sans produire de phénomènes toxiques, et l'urémie est due à de tout autres causes qu'à la non-élimination de l'urée (V. **Urémie**).

Les autres substances éliminées par les émonctoires normaux sont en petite quantité. Elles ne sont d'ailleurs pas extrêmement offensives. La sueur paraît assez peu toxique, et la mort par le vernissage ne s'explique guère par la rétention de la sueur (V. **Peau** et **Sueur**). Les produits gazeux de la respiration ne sont probablement pas très offensifs, malgré les intéressantes, mais contestées expériences de Brown-Séquard et d'Arsonval (V. **Respiration**). L'urine est un peu toxique, sans qu'on puisse préciser quels sont exactement les éléments toxiques qu'elle contient (V. **Urine**). Enfin les matières fécales ne sont pas encore non plus très toxiques.

On voit que l'élimination des produits que l'organisme fabrique ne porte que sur des substances médiocrement toxiques. Certes l'urée, l'acide carbonique, les sels de potasse, sont des poisons, mais ce sont des poisons peu actifs. Or l'élimination des poisons n'est qu'une partie de la défense organique; nos tissus ont eu autre chose à faire : ils ont dû transformer en substances peu actives des poisons extrêmement actifs qui s'étaient produits par le jeu normal des phénomènes vitaux. *La destruction des poisons a précédé leur élimination.*

Autrement dit encore, les poisons que produisent les cellules vivantes ne sont que transitoires; car ils sont sans doute détruits par d'autres cellules qui ont pour fonction de rendre inoffensives les substances qui étaient très toxiques.

On peut résumer cette doctrine dans les trois propositions suivantes, qui en indiquent bien le sens général :

1° Les tissus en vivant produisent des poisons très actifs;

2° Ces poisons actifs sont transformés en urée et acide carbonique (poisons inoffensifs), par le foie et les diverses glandes.

3° Le rein et le poumon éliminent l'urée et l'acide carbonique ainsi formés;

4° Les poisons actifs qui ont échappé à la destruction sont éliminés, en toute petite quantité, par les reins.

On peut prouver ces propositions par quelques exemples.

Si l'on injecte dans le sang d'un animal la bile sécrétée par son foie en vingt-quatre heures, on ne pourra pas déterminer par là sa mort. La bile sécrétée en vingt-quatre heures n'est pas toxique. Mais, si l'on supprime brusquement la fonction hépatique, la mort surviendra en moins d'une heure. On peut en conclure que le foie a détruit des poisons redoutables, et qu'il les a changés en substances beaucoup moins toxiques. On a même pu saisir sur le fait cette transformation par le foie des poisons qui arrivent par la veine porte, en faisant communiquer directement la veine porte avec la veine cave (Pawlow et Nencki). Par le fait de cette opération hardie, le sang de la veine porte, au lieu de passer par le foie, arrive directement dans la veine cave, et le foie ne reçoit en fait de liquide irrigateur que le sang de l'artère hépatique.

Il se passe alors un phénomène très remarquable : les chiens ainsi privés de la circulation porte finissent par se rétablir, mais on voit chez eux survenir, après chaque repas fait avec de la viande, des crises convulsives et un véritable empoisonnement. En même temps la quantité d'urée a diminué énormément et l'animal présente nettement les divers symptômes de l'empoisonnement par l'ammoniaque (V. **Foie**).

En analysant le sang, on y trouve un sel ammoniacal qui est le carbamate d'ammoniaque $\left(CO<^{AzH^2}_{OAz^2H^4}\right)$; ce carbamate d'ammoniaque serait un des produits de la destruction des albuminoïdes de la viande. Dans le cas des animaux qui n'ont plus de circulation porte, comme ce sel ammoniacal ne passe pas dans le foie, il empoisonne l'organisme, tandis que, s'il passe par le tissu hépatique, les cellules du foie, par un mécanisme chimique inconnu encore, le transforment en urée, ce qui se fait par une simple fixation d'eau. Alors *il devient inoffensif;* car l'urée n'est pas un poison, tandis que l'ammoniaque est un poison énergique.

Par là apparaît nettement le rôle du foie. Non seulement dans son énorme masse il arrête les poisons qui la traversent, poisons qui viennent de la digestion ou du sang, mais il transforme en matières inactives les poisons énergiques qu'il reçoit.

Ce n'est pas tout : la bile est toxique encore; et il est nécessaire que sa toxicité soit atténuée. Il y a donc dans l'intestin affluence d'un liquide toxique qui doit non pas être résorbé, car il entraînerait l'empoisonnement, mais être détruit ou éliminé. Or l'expérience nous prouve qu'il n'est pas seulement éliminé, mais encore et surtout qu'il est détruit. En effet, dans les matières fécales, on ne retrouve pas les produits biliaires, ou du moins on n'en retrouve qu'une petite partie. D'autre part, dans l'urine les sels biliaires ne se retrouvent pas; par conséquent il s'est fait dans l'intestin un travail fermentatif qui a détruit les taurocholates et les glycocholates de soude et qui les a rendus à peu près inoffensifs.

Nous ne connaissons pas bien, il est vrai, les processus chimiques qui président à cette destruction. Nous ne sommes même pas assurés qu'ils ne sont pas dus à ces nombreux microbes qui à l'état normal accomplissent leur évolution dans le tube digestif. Après tout, pourquoi n'admettrait-on pas, en même temps que les microbes offensifs, les microbes salutaires aidant les phénomènes chimiques de la vie, parallèlement aux microbes pathogènes qui les entravent? N'avons-nous pas vu déjà, dans la phagocytose, les leucocytes, ces parasites normaux du sang, détruire les microbes par leur action digestive? Pourquoi ne pas supposer que des fermentations de même ordre se passent dans l'intestin et transforment le taurocholate de soude en sulfophénate de soude et le glycocholate de soude en carbonate de soude et en urée?

Pour un des poisons de la bile, cette action de l'intestin est bien démontrée. Bouchard a prouvé que la bilirubine est toxique à la dose de 5 centigrammes.

Ainsi, pendant la digestion, il se fait des poisons dont la force toxique est de 10, je suppose : le foie en fait des poisons dont la force n'est plus que de 2, et les rejette avec la bile dans l'intestin. Là la force toxique diminue encore sous l'influence des sucs digestifs et des fermentations intestinales, et la force toxique de ces poisons biliaires devient égale à 1.

Quant aux autres glandes, capsules surrénales, thyroïde, thymus, hypophyse, rein, elles ont sans doute des actions du même ordre (V. ces mots), et je ne puis entrer ici dans cette histoire, qui est une de celles qu'étudient avec prédilection les physiologistes contemporains. Il ressort de toutes les expériences faites jusqu'à présent que la suppression de ces glandes entraîne des désordres graves, parce que cette suppression entraîne la non-destruction de certains poisons que produit l'organisme normal. Par exemple, les muscles sécrètent sans doute, en se contractant, quelques ptomaïnes, en très faible dose, mais très actives, que les capsules surrénales détruisent rapidement. Ce sont des glandes *toxolytiques*, agissant comme protectrices des organismes, soit parce qu'elles fournissent des antitoxines, soit parce qu'elles détruisent les toxines, ce qui, en somme, est à peu de chose près le même phénomène (V. **Glandes**).

Toutes ces glandes à sécrétion interne ne sont pas seulement toxolytiques; elles ont encore des actions stimulantes très efficaces: leurs produits excitent la nutrition des tissus, relèvent la pression artérielle, raniment l'activité des cellules nerveuses. Bref, elles concourent à la défense de l'organisme, non seulement par la destruction des poisons, mais encore en renforçant l'énergie des phénomènes vitaux.

Conclusion. — En résumant ces faits (si nombreux que nous n'avons pu vraiment donner qu'une nomenclature), nous voyons que toutes les fonctions de la vie contribuent à défendre l'organisme contre les ennemis qui l'assiègent.

Défenses préventives, immédiates ou consécutives ; défenses actives ou passives ; défenses générales ou spéciales ; les êtres ont tout ce qui leur permet de résister au milieu ambiant, et de se maintenir, malgré toutes les traverses, dans un état d'équilibre et d'homogénéité à peu près parfait.

En somme, l'être vivant est stable ; et il faut qu'il le soit pour n'être pas détruit, dissous, désagrégé, par les forces colossales, souvent adverses, qui l'entourent. Mais, par une sorte de contradiction qui n'est qu'apparente, il ne maintient sa stabilité que s'il est excitable, capable de se modifier suivant les irritations du dehors et de conformer sa réponse à l'irritation ; de sorte qu'il n'est stable que parce qu'il est modifiable. La défense n'est compatible qu'avec une certaine instabilité. Celle-ci doit s'exercer sans cesse, mais dans d'étroites limites ; et cette modérée instabilité est la condition nécessaire de la véritable stabilité de l'être.

La vie est une auto-régulation perpétuelle, une adaptation aux conditions extérieures changeantes. Il faut que le niveau se déplace perpétuellement, mais qu'il oscille autour d'une même moyenne à peu près invariable.

Donc, si je pouvais essayer de donner une formule à cette défense de l'organisme, qui, envisagée ainsi, constitue la physiologie tout entière, je dirais de l'être vivant :

Il subit toutes les impressions, et il résiste à toutes ; il se renouvelle toujours et il est toujours le même.

CHARLES RICHET.

DÉGLUTITION. — **I. Introduction et historique.** — En général, l'acte de la déglutition est mal compris, parce que les auteurs ont toujours décrit, en même temps que le *phénomène principal*, tous les *processus qui l'accompagnent* et qui sont extrêmement compliqués. Grâce aux connaissances nouvelles que nous devons aux recherches de Falk et aux longues séries d'expériences exactes de S. Meltzer, nous pouvons nous faire une idée beaucoup plus complète des mouvements de la déglutition ; elles nous permettent d'exposer cette partie de la physiologie de telle façon que même le lecteur peu familiarisé avec cette science pourra se faire une idée suffisamment exacte du mécanisme que nous allons étudier, et que le médecin, mieux mis au courant des phénomènes normaux, pourra en apprécier les modalités pathologiques. Les quelques indications historiques que nous donnons ici n'ont pour but que d'indiquer les sources où le lecteur pourra trouver des renseignements plus complets.

Georg Heuermann, anatomiste et médecin danois, donna dans son *Traité de physiologie*, paru onze ans avant que Haller eût publié le tome sixième de ses *Elementa physiologiæ*, une description remarquable et vivante de ce processus que Haller lui-même appelle *difficillima particula physiologiæ*. Heuermann commence sa description de la déglutition des aliments par les phrases suivantes[1] : « Le grand nombre de parties qui y contribuent, et qui semblent si peu y contribuer parfois qu'on ne s'en douterait guère, peut-être aussi la rapidité de l'action, font que de nombreuses erreurs ont été commises quant aux organes mis en œuvre et quant à leur fonction exacte. Aussi la plupart des auteurs donnent-ils des descriptions telles que le lecteur et surtout le commençant parviennent rarement à s'en faire une idée claire. Afin d'éviter de tomber dans ce travers, je décrirai d'abord les instruments et les organes qui entrent en jeu et je rechercherai ensuite le mécanisme de leur mise en action. » Après lui, tous les physiologistes ont adopté ce plan dans leurs descriptions. On examina quels sont les organes qui se trouvent disposés autour du canal alimentaire, et l'on rechercha quelle pouvait être leur action au moment de la déglutition. On basa donc les idées physiologiques sur des données anatomiques, et l'on était satisfait, quand on pouvait retrouver à un moment quelconque du processus les mouvements supposés. Cette manière de procéder eut pour

---

1. *Physiologie*, iii, Copenhague et Leipzig, 1753, 364.

effet de nuire considérablement à l'impartialité des observateurs; bientôt on se contenta d'étudier les multiples fonctions des muscles de la région, et l'on perdit tout à fait
de vue le but final de tout l'acte de la déglutition : on oublia d'observer le transport des
ingesta et d'en apprécier la rapidité et l'énergie. — Au fond, les anciennes idées d'HIPPO-
CRATE et de PLATON, qui croyaient que la succion faisait pénétrer du liquide dans les poumons, ou celles de GALIEN, qui admettait que l'estomac aspirait les aliments, devaient
s'être produites d'une façon analogue : en effet, ces organes se trouvent en rapport
intime avec la route suivie par les aliments déglutis. On pourrait même dire que ces
théories n'ont pas moins de fondement que certaines autres que l'on peut retrouver
dans des auteurs modernes. ARLOING[1] dit : « La dilatation et l'aspiration pharyngiennes,
comme une force adjuvante qui attire le bol, règlent sa descente et ajoutent à la rapidité
de sa marche. C'était donc avec raison que nous prétendions que le bol disparait sous
l'influence de deux agents : l'un mécanique (contraction des muscles) ; l'autre physique
(?) (diminution de la pression au devant du bol). A côté de ces agents, nous citerons
comme auxiliaire une certaine aspiration thoracique qui, au début de la déglutition,
peut contribuer à raréfier l'air de la cavité pharyngienne en même temps qu'à fixer la
partie inférieure de l'arrière-bouche. » Comme l'on a beaucoup de raisons de croire que
le fœtus déglutit dans l'utérus, il semble que l'on peut difficilement concevoir l'aspiration comme partie intégrante du mécanisme de la déglutition. Nous reviendrons d'ailleurs plus tard sur ce point (V. page 734).

L'étude anatomique de la région permet de reconnaître trois grandes divisions du
chemin que le bol alimentaire doit suivre pour se rendre à l'estomac : la bouche (langue),
l'espace naso-pharyngien et l'œsophage. D'après ce groupement anatomique, on admet
donc trois phases successives dans le phénomène de la déglutition. Ce n'est pas de MAGENDIE
que date cette division, quoiqu'il la donne dans son *Précis élémentaire*[2] *de physiologie* :
on la trouve déjà dans le livre de HEUERMANN cité plus haut (392). Celui-ci dit : « On
peut parfaitement diviser la déglutition en trois phases principales : dans la première
phase, les aliments sont entraînés de la bouche dans le pharynx ; dans la deuxième, du
pharynx au col de l'estomac ; dans la dernière, ils sont introduits dans celui-ci. »

MILNE-EDWARDS[3] signale cette division comme arbitraire, parce que, en réalité, tous les
mouvements se suivent sans interruption. SANDIFORD la trouve subtile. MOURA[4] et après
lui ARLOING[5] admettent deux temps, « le temps bucco-pharyngien et le temps œsophagien. »

Quand FALK et moi-même[6] nous commençâmes nos recherches sur la déglutition,
nous arrivâmes bientôt à la conviction que *l'acte essentiel ne consiste qu'en un seul mouvement*.

En effet, on peut retenir aussi longtemps que l'on veut une gorgée de liquide, par
exemple, dans la bouche ou sur la base de la langue ; mais, à peine le mouvement d'avaler est-il commencé, elle est fatalement entraînée avec une grande rapidité et sous une
assez forte pression jusqu'à l'estomac.

II. Mécanisme. — A. Premier mouvement de la déglutition. — § 1. *Parties qui y
contribuent.* — MELTZER, continuant les expériences de FALK[7], avait cherché à reconnaître
quels sont les muscles qui rejettent ainsi les aliments de la bouche jusqu'à l'estomac.
il trouva que ce sont surtout les muscles mylohyoïdiens. Il semble que MAGENDIE soit le
premier qui leur ait reconnu cette importance ; il dit en effet[8] : « Les muscles qui
déterminent plus particulièrement l'application de la langue à la voûte palatine et au
voile du palais sont les muscles propres de l'organe, aidés par les mylohyoïdiens. »
C. LUDWIG attribue aussi un rôle important au mylohyoïdien dans la déglutition. Nous
lisons en effet dans son *Lehrbuch der Physiologie*[9] au sujet du muscle mylohyoïdien :

1. Article *Déglutition* dans le *Dictionnaire encyclopédique des sciences médicales*. Paris, 1884,
245.

2. II, 1825, 63.

3. *Leçons sur la physiologie et l'anatomie comparée*, VI, 274.

4. *Journal de l'Anatomie et de la Physiologie*, 1867.

5. *Loc. cit.*, 237.

6. *Verhandlungen der physiologischen Gesellschaft zu Berlin*, 1880, n° 13. *Ueber den Mechanismus der Schluckbewegung* (A. P., 1880, 296).

7. Publié ensuite dans la communication de FALK et KRONECKER, *loc. cit.*, 298.

8. *Loc. cit.*, 65.

9. II, 1861, 604.

« Il attire en avant l'os hyoïde, aidé par le géniohyoïdien et le digastrique, et il élève la langue contre la voûte palatine, de manière à diminuer la profondeur de la partie inférieure du pharynx. »

Malgré l'autorité de ceux qui admettaient que le mylohyoïdien joue un rôle très important pendant la déglutition, la plupart des traités de physiologie ne font même pas mention de ce fait; bien plus, même après la publication des observations de MELTZER, SIGMUND MAYER ne cite pas notre opinion dans l'article sur les mouvements des appareils digestif, sécrétoires et génital qu'il écrivit pour le grand traité de HERMANN; il signale pourtant nos observations[1]. De même, AULOING[2] ne reconnaît pas cette fonction du mylohyoïdien. Il croit que les muscles glosso-staphylins (piliers antérieurs) élèvent la base de la langue en arrière et en haut, tandis que le voile du palais, précédemment élevé, sert de point fixe. D'après la description de MILNE-EDWARDS[3], le groupe du mylohyoïdien forme un plancher de fibres musculaires qui, se séparant d'une aponévrose médiane, s'insèrent de chaque côté à la face interne du maxillaire inférieur. Ils contribuent à élever l'os hyoïde, quand ils s'étendent jusqu'à lui, comme c'est le cas chez l'homme et la plupart des autres mammifères; dans quelques espèces de cette classe, ce muscle ne se prolonge pas aussi loin et ne mérite pas le nom de mylohyoïdien. Dans tous les cas, il rapproche la langue de la voûte palatine et ramène l'os hyoïde un peu en avant, à cause de la direction oblique de ses fibres.

Le groupe musculaire du mylohyoïdien forme donc une sorte de hamac, sur lequel la langue repose. Chez les ruminants on trouve deux paires de muscles : l'une externe et antérieure, l'autre interne et postérieure, qui se recouvrent partiellement et forment un double lit pour la langue, particulièrement longue, de ces animaux. Comme, d'autre part, le dos de la langue se trouve en contact avec le voile du palais, même à l'état de repos, la contraction du mylohyoïdien l'en écarte pour le reporter en avant[4]. Elle forme aussitôt une barrière qui empêche tout retour des matières alimentaires en avant, et celles-ci, poussées par une forte pression, ne peuvent s'échapper que par l'ouverture de l'angle que forment la langue et la voûte palatine; elles sont donc poussées en arrière. Les mylohyoïdiens peuvent exécuter seuls le premier mouvement de la déglutition. Il est facile de constater qu'ils entrent en contraction à ce moment : il suffit d'observer la région chez l'homme, et l'on verra qu'elle s'élève d'abord, qu'elle s'aplanit ensuite, puis enfin se gonfle. On peut observer la chose encore bien plus distinctement si l'on tâche de déglutir en laissant la bouche ouverte : le muscle est alors visible : il suffit de le toucher du doigt pour se convaincre de sa contraction. Enfin le meilleur moyen consiste à introduire le doigt dans la bouche jusqu'au delà de la dernière molaire, immédiatement en dessous de la ligne mylohyoïdienne, qui est facile à sentir. A cet endroit, le doigt repose directement sur le muscle. Par ce procédé, on s'aperçoit aussitôt que la racine de la langue prend part également au premier mouvement de la déglutition : on sent qu'elle devient dure un instant après la contraction du mylohyoïdien. MELTZER a établi le rôle important du mylohyoïdien de la façon suivante : il parvint assez facilement à sec tionner les nerfs mylohyoïdiens chez le chien, tout en respectant les rameaux destinés aux digastriques. Les animaux soumis à cette opération eurent de la difficulté pour avaler le premier jour; bientôt après, ils parvinrent à obvier à cet inconvénient en rejetant la tête en arrière, tout en laissant la gueule ouverte; ils rejetaient ainsi l'aliment dans le pharynx; ici les constricteurs entraient en jeu et le bol était avalé. Les *liquides* leur donnèrent plus de difficulté : ils ne purent absolument pas les déglutir, et cela d'autant plus qu'ils buvaient plus avidement. Quant on tenait le liquide élevé de manière qu'ils n'aient pas à pencher la tête pour l'atteindre, ils pouvaient avaler bien plus facilement. Les chiens qui mangeaient ou buvaient sans trop d'avidité présentaient des phénomènes moins marqués, parce qu'ils élevaient la tête et s'aidaient ainsi de la pesanteur.

Cependant, d'autres muscles, innervés par l'hypoglosse, jouent un rôle important dans

1. V, 1881, 408.
2. *Loc. cit.*, 242.
3. *Loc. cit.*, 84.
4. *Cf.* la figure de HENLE. *Handb. der system. Anatomie des Menschen*, II, 84.

la déglutition. Les recherches de FALK et de moi-même ont montré que la section ou la ligature de l'hypoglosse la gênent considérablement. Parmi les muscles innervés par ce nerf, nous laisserons de côté les génioglosses, les styloglosses et le muscle transverse de la langue. C'est le muscle longitudinal de la langue, puis le muscle hyoglosse seuls qui se contractent au moment de la déglutition.

Nous pouvons nous représenter le processus de la façon suivante : le début en est volontaire et peut être suspendu pendant un temps plus ou moins long; il peut être interrompu et on ne peut le considérer comme un phénomène fatal. De même, les mouvements qui reportent le bol alimentaire derrière la racine de la langue sont très variables, en raison même de la nature des substances qui composent celui-ci. Ils varient considérablement d'une espèce à l'autre. MILNE-EDWARDS [1] donne à ce sujet une explication intéressante à plus d'un point de vue. La langue a une structure en rapport avec sa fonction; elle peut être large, plate; son extrémité peut être arrondie et peu mobile; d'autres fois elle est longue, capable non seulement de sortir de la bouche sur une grande longueur, mais même de se recourber dans tous les sens et servir ainsi à saisir la nourriture; c'est principalement à l'aide de cet organe que le bœuf amène l'herbe dans la bouche. La girafe peut, au moyen de sa langue extrêmement mobile, cueillir les feuilles des arbres. Enfin certains mammifères exclusivement insectivores, tels que les fourmiliers, parviennent à se saisir de leurs proies avec leur langue seule. A cet effet, celle-ci est extrêmement extensible et sa surface est recouverte d'un mucus gluant au moyen duquel peuvent de petits animaux être retenus.

Chez beaucoup de mammifères, la langue joue un rôle important dans l'absorption des liquides. Les chats, les chiens et d'autres animaux qui boivent en lappant recourbent la langue en forme de cuillère après l'avoir sortie de la bouche et plongée dans le liquide; ils lui impriment ensuite un violent mouvement en arrière, de façon à rejeter une certaine quantité de liquide jusque dans le pharynx.

Cependant la plupart des mammifères ne boivent pas de cette manière : ils plongent les lèvres complètement dans le liquide qu'ils veulent amener dans la bouche; ici encore, c'est la langue qui se charge de l'aspiration. Enfin dans la succion, elle agit à la façon d'un piston. Quand un enfant, par exemple, suce, il applique ses lèvres autour du mamelon, et ramène la langue en arrière; il se produit de cette façon un espace vide à la partie antérieure de la bouche; le liquide contenu dans les canaux galactophores, soumis d'autre part à la pression atmosphérique qui s'exerce sur les parties molles voisines, s'écoule dans l'espace que la langue a laissé libre. D'un mouvement de déglutition le lait est rejeté dans l'estomac, et la langue reprend sa place première. DONDERS a démontré que l'espace contenu entre la racine de la langue et le voile du palais, qui se trouve tendu au-dessus d'elle, et en arrière, « est agrandi par le retrait de la racine de la langue, retrait que l'on peut constater au devant de l'os hyoïde par le gonflement extérieur de la région ». C'est là le point principal du mécanisme de la succion, dit-il; il permet de produire une pression négative d'au delà de 100 millimètres de mercure [2]. D'après VIERORDT [3], « des mouvements de la langue en arrière ne se produiraient pas pendant la succion, l'espace libre serait dû à l'abaissement du maxillaire inférieur. Aussitôt qu'une quantité suffisante de lait, pénétrant au moyen d'une gouttière que la langue forme à sa face supérieure, s'est accumulée, l'enfant avale. » C'est par un procédé analogue que certains mammifères sucent le sang de leur proie; mais c'est chez les vertébrés inférieurs que la succion a le plus d'importance : il y a des poissons qui ne peuvent se nourrir que de liquides, et chez eux l'orifice buccal à une disposition toute différente de celle qu'on retrouve ordinairement; il est adapté exclusivement à la succion. Chez d'autres animaux, cet acte se fait au moyen d'un mouvement d'inspiration; la bouche aspire l'eau, tandis que le nez aspire de l'air; c'est ce qu'on observe chez le porc par exemple. L'éléphant, lui, fait monter le liquide dans sa trompe, qui forme un prolongement du nez, puis il en introduit l'extrémité dans la bouche et expulse l'eau des voies aériennes par un mouvement d'expiration. Cependant, le plus souvent, quand

1. *Loc. cit.*, 94 et 96.
2. *A. g. P.*, x, 92.
3. *Physiologie des Kindesalters, Tübingen*, 1877, 73, cité par S. MAYER, *loc. cit.*, 408.

la succion ne dépend pas des mouvements de la langue, elle s'exécute sans la participation des poumons, par des mouvements des parois buccales. Quelques oiseaux boivent en plongeant leur bec dans l'eau et en aspirant; les poules et presque tous les animaux de cette classe se servent des maxillaires inférieurs comme d'une cuillère, élèvent rapidement la tête et laissent ainsi le liquide s'écouler dans le gosier.

Tous ces divers processus n'appartiennent pas à l'étude de la déglutition proprement dite, pas plus que la trituration des aliments, mais ils jouent un rôle préparatoire important. Notons encore qu'ils se composent presque exclusivement de mouvements volontaires. Le mécanisme de la déglutition commence en réalité au moment où l'excitation du voile et des piliers met en œuvre le mouvement réflexe des muscles. A partir de ce moment, la volonté est impuissante. « *Neque enim in arbitrio nostro est, non deglutire, quæ pone linguam in summas fauces illapsa sunt*[1]. »

L'acte réflexe de la déglutition proprement dite se compose d'un mouvement très court et très simple, précédé et suivi de nombreux mouvements accessoires. La contraction des muscles mylohyoïdiens reporte la langue en haut et en arrière; en même temps, les hyoglosses provoquent une traction en arrière et en bas sur la racine de la langue, dirigée en haut et en arrière à l'état de repos. Ces divers mouvements ont pour effet de restreindre l'espace pharyngien, et le bol alimentaire, poussé comme par un piston, glisse vers l'endroit de la moindre résistance, vers l'œsophage par conséquent, chez l'individu normal. Des mets liquides ou semi-liquides sont projetés jusqu'au cardia, même avant que les muscles du pharynx et de l'œsophage aient eu le temps de se contracter.

Dispositions qui assurent le trajet normal du bol. — Or il est évident que, pour que ce mouvement de piston ait tout son effet actif, il est indispensable que les parois soient hermétiques. Tous les orifices voisins doivent donc être fermés, c'est-à-dire : 1° l'ouverture antérieure, vers la bouche; 2° l'orifice postérieur des fosses nasales; 3° l'orifice du larynx. — 1° C'est la langue elle-même qui se charge d'empêcher tout reflux en avant : Donders et Meltzer ont montré que son contact avec la voûte palatine est absolument hermétique, même à l'état de repos (c'est même ce contact qui permet à la pression atmosphérique de soutenir le maxillaire inférieur). Il est possible d'avaler en tenant la bouche ouverte, mais il est totalement impossible de le faire en tenant la langue abaissée. Falk[2] se sert de l'expérience suivante, pour démontrer que la déglutition est impossible quand l'espace pharyngien se trouve en communication ouverte avec l'orifice buccal. Il attacha un tube en caoutchouc à la branche libre d'un manomètre à eau; à l'autre extrémité du tube, il fixa un tube en verre légèrement recourbé, qu'il introduisit ensuite jusqu'à la base de la langue, par dessous le voile du palais. Il exécuta ensuite un mouvement de déglutition. A chaque mouvement la pression augmenta dans le manomètre de 20 centimètres d'eau, et davantage. Immédiatement après, il se produisait une dépression correspondant au mouvement de recul de la langue lorsqu'elle reprend sa position première.

Si maintenant on introduit dans l'espace pharyngien un deuxième tube en verre semblable, mais ouvert aux deux extrémités, et si l'on exécute encore un mouvement de déglutition, le manomètre du premier tube ne présente plus d'augmentation marquée de la pression. L'air comprimé dans l'espace pharyngien s'échappe par le tube libre. Dans ces conditions, la déglutition des liquides n'est plus possible; mais il suffit de boucher l'extrémité libre du deuxième tube pour qu'elle puisse de nouveau se faire d'une façon normale; aussitôt le manomètre montre à nouveau de fortes variations de pression.

2° Il faut, d'un autre côté, que la *cavité des fosses nasales* soit complètement séparée de l'espace pharyngien pour que la déglutition puisse se produire. D'après Zaufal[3], le repli salpingo-pharyngien serait à ce moment appliqué à la paroi postérieure du pharynx; celle-ci s'avancerait vers la ligne médiane par la contraction des muscles thyro-pharyngo-staphylins et du muscle salpingo-pharyngien; à ce moment se produirait aussi un mouvement d'élévation du larynx et du pharynx, et de propulsion en arrière du pavillon interne des trompes, par la contraction du muscle éleveur du voile du palais. Le pli salpingo-

1. Haller, *Elementa physiologiæ*, 1764, vi, 91.
2. *Loc. cit.*, 217.
3. *Arch. f. Ohrenheilkunde*, xv, 96; v. aussi Mayer, *loc. cit.*, 4 5.

pharyngien forme ainsi contre la paroi postérieure du pharynx une sorte d'ogive dont la partie ouverte est bientôt remplie par la contraction du muscle azygos. D'un autre côté, le voile du palais s'élève; la paroi postérieure du pharynx s'avance au devant de l'azygos, et assure de cette façon la fermeture hermétique de l'arrière-cavité des fosses nasales. Zaufal n'a pu constater le fort relief de Passavant; il n'aurait vu qu'un faible repli transversal de la paroi postérieure à la région du constricteur supérieur. Einthoven, dans son excellent travail sur la physiologie du pharynx[1], décrit très exactement entre autres choses les mouvements du pharynx pendant la déglutition : « On voit au moyen du miroir, dit-il, que la partie supérieure des piliers postérieurs, qui se trouve relâchée et écartée de la paroi postérieure du pharynx à l'état de repos, s'applique fortement contre elle ainsi que le voile au moment de la déglutition. Les piliers postérieurs se confondent presque complètement avec la paroi et forment des parois latérales. » Einthoven observa aussi un adulte pendant qu'il aspirait de l'eau par la bouche; il vit une forte élévation du voile, telle que la portion nasale du pharynx est complètement séparée de la portion buccale. « La bouche est alors en communication ouverte avec les voies respiratoires, et c'est parce qu'elle se trouve *au-dessous* de l'air aspiré que l'eau ne pénètre pas dans le larynx. C'est pour la même raison qu'il est si difficile de boire en position couchée. »

« Quand un individu s'asphyxie, le mouvement du pharynx ressemble à celui du début de la déglutition. Ce qu'il y a de caractéristique, c'est que les parois pharyngiennes se rapprochent tellement en dessous du voile qu'elles ne laissent plus qu'une étroite fente; quand les efforts sont énergiques, elles peuvent même venir en contact. » Les parties qui s'avancent ainsi ne sont pas formées uniquement par les piliers postérieurs. L'auteur donne la bibliographie complète des travaux qui l'intéressent à son point de vue spécial. Nous aurons encore à reparler plus loin du mouvement d'élévation du voile du palais.

3° Le troisième canal qui croise à cet endroit le canal alimentaire est formé par les organes respiratoires. Les conditions sont encore plus graves ici : il ne s'agit pas seulement d'éviter des pertes de force, ou des pertes de substance nutritive, comme précédemment : il s'agit d'éviter à tout prix l'entrée dans le larynx des matières alimentaires, à cause du danger considérable qu'elle présenterait. Il y a de quoi s'étonner de ce que tant de fois par jour, les mouvements s'exécutent de façon à rejeter les matières avalées au delà de ce passage dangereux, qui lui-même ne peut rester fermé plus de quelques secondes, et que jamais il n'arrive un accident. Voyons par quel mécanisme ingénieux ces phénomènes s'accomplissent avec une telle précision.

Il ne faut pas nous étonner de voir que cette partie de l'étude de la déglutition ait tellement fixé l'attention des physiologistes que beaucoup d'entre eux ont complètement oublié de discerner l'acte principal.

Après Magendie, c'est à Longet[2] et à Schiff que nous devons surtout la connaissance des phénomènes qui se produisent à ce moment. Nous donnerons ici la description de Longet. Il distingue quatre dispositifs différents ayant pour but d'empêcher l'accès des matières alimentaires dans les cavités respiratoires :

1° *Les mouvements d'ascension et de descente du larynx*, combinés avec le mouvement en arrière de la langue, dont la racine ferme en partie l'orifice supérieur du larynx.

2° Les mouvements de l'*épiglotte*, située entre la racine de la langue et le larynx, qui suit le mouvement de ce dernier et s'applique sur son ouverture supérieure. Heuermann[3] déjà démontra que l'épiglotte de l'homme ne peut recouvrir complètement le larynx que quand celui-ci s'est préalablement élevé vers la langue, *wobei denn das Kehldecklein schlaff wird, leichter über die Oeffnung hinübergetrieben werden und dieselbe auch gänzlich verschliessen kann.* Magendie[4] enleva l'épiglotte et trouva que la déglutition n'en était aucunement troublée. Longet renouvela cette expérience et vit que les aliments solides étaient facilement avalés, mais que les liquides provoquaient toujours des quintes de toux convulsive. Schiff trouva que des chiens privés d'épiglotte peuvent avaler même

1. *Handbuch der Laryngol. und Rhinologie*, de Heymann, Vienne, 1896, 46.
2. *Loc. cit.*, 107.
3. *Loc. cit.*, 400.
4. *Mémoire sur l'usage de l'épiglotte dans la déglutition*, 1813.

des liquides, pourvu qu'on les laisse faire à leur aise leur déglutition complémentaire.

Cependant Longet a pu observer des malades chez lesquels des processus morbides, des blessures ou des opérations avaient provoqué la destruction de l'épiglotte, et qui étaient extrêmement gênés, chaque fois qu'ils devaient avaler des substances liquides [1]. Les mammifères seuls possèdent une épiglotte; les autres animaux en sont privés, ainsi que de voile du palais [2].

3° *La fermeture de la glotte.* —Magendie suppose que c'est là le facteur le plus important pour empêcher la chute des matières alimentaires dans l'œsophage. Maissiat attribue aussi à ce mouvement une importance capitale. Longet, ayant fait la trachéotomie chez un chien, put empêcher la glotte de se fermer en introduisant jusqu'à elle un instrument par la trachée; l'animal put parfaitement avaler. Il croit cependant que la fermeture de la glotte a une grande importance : elle ne sert qu'en cas de besoin, et empêche que des substances qui se seraient glissées dans le larynx par un faux mouvement ne puissent pénétrer dans la trachée-artère.

4° Enfin, comme dernier appareil de réserve, signalons *la sensibilité extrême de la muqueuse* qui recouvre les cordes vocales et les parties voisines. Tout corps non gazeux, qui pénétrerait, malgré tout, dans le larynx provoque sur le champ une irritation, suivie immédiatement d'une toux convulsive réflexe, qui l'expulse des voies aériennes.

Il est facile de comprendre qu'un appareil de protection aussi compliqué ne puisse être mis en œuvre que par la coopération de nombreux muscles. Il faut, pour les paralyser, sectionner, outre les nerfs hypoglosses, la racine motrice du trijumeau, les filets du facial qui innervent le muscle mylohyoïdien et le digastrique, le rameau pharyngien du spinal, ainsi que les quatre nerfs laryngés.

Après nous être fait une idée générale des procédés par lesquels la fermeture de toutes les cavités voisines est assurée au moment de la déglutition, il sera intéressant de rechercher de quelle manière le bol alimentaire est entraîné par tous ces mouvements divers.

Force et vitesse de la déglutition. — Et d'abord, nous avons à nous occuper de la question suivante : *Quelle est la force et quelle est la vitesse que la déglutition communique au bol alimentaire?* Nous avons déjà dit plus haut que Falk, se servant d'un manomètre à eau mis en communication avec son espace pharyngien, observa une augmentation de pression d'environ 20 centimètres. Cependant, dans cette expérience, l'œsophage restait ouvert : le manomètre n'indiquait ainsi qu'une partie de la pression totale, qui doit être beaucoup plus considérable. Il n'y a donc pas lieu de s'étonner de ce qu'il soit possible de donner aux aliments une direction ascendante au lieu de les faire descendre, comme dans la position normale. Heuermann [3] dit déjà : « Aussi l'on peut avaler en se mettant la tête en bas et les jambes élevées. » Haller [4] dit aussi : « *Adparet multa et composita vi musculorum cibum potumve descendere, neque simplici ponderis potentia ad ventriculum duci cum alioquin et pluraque quadrupeda contra ejus ponderis vim in deglutiendo cibum urgeant, et homo, inverso corpore, et pedibus supra caput eminentibus, bibere queat. Quare intelligitur, cur a morte aqua in ventriculum animalium submersorum non facile descendat, etsi a vivis utique sub aquam datis bestiis deglutitur.* »

La plupart des physiologistes qui ont étudié la déglutition ont admis comme force active la contraction des muscles des parois œsophagiennes pour expliquer la propulsion des aliments par l'œsophage. Personne ne s'est jamais demandé si réellement les faits observés dans la vie journalière et les données physiologiques ou pathologiques confirmaient ces vues.

L'œsophage est capable de fournir le travail nécessaire. Mosso [5] vit la contraction péristaltique de l'œsophage suffire à faire descendre vers l'estomac une olive de bois, retenue en arrière par un poids de 250 grammes.

Les données que nous trouvons chez les auteurs de la vitesse de la déglutition sont

1. *Loc. cit.*, 106.
2. Muller, *Handb. d. Phys. d. Menschen*, i, 1844, 412.
3. *Loc. cit.*, 406.
4. *Elem. physiologiæ*, vi, 1764, 93.
5. *Moleschott's Unters. zur Naturlehre*, xi, fasc. 4, 11.

différentes. Voici la description que donna HEUERMANN [1] : « Il s'en faut de beaucoup que tous ces mouvements mettent à s'exécuter le même temps que je mets à les décrire; leur succession est rapide, en un instant le bol alimentaire a traversé le pharynx, et tous les mécanismes dont nous avons parlé et qui ont pour but d'empêcher le bol de dévier de sa route se produisent presque simultanément; pour s'en convaincre, il suffit de se regarder dans un miroir ou bien de tâcher d'avaler son doigt après l'avoir introduit jusque dans le gosier... Aussitôt que les aliments ont atteint le pharynx, toutes les parties voisines se contractent en une fois, lui communiquent une grande vitesse et le poussent vers l'œsophage. Cette vitesse même, provoquée par l'irritation nerveuse, contribue à empêcher que le bol ne pénètre soit dans le larynx, soit dans l'arrière-cavité des fosses nasales. Si la bouchée est prise trop grande, il arrive souvent qu'elle est arrêtée derrière le larynx; elle comprime celui-ci et peut provoquer ainsi une asphyxie rapide. »

MAGENDIE [2] n'est pas du même avis : « On s'abuserait si l'on croyait rapide la marche du bol alimentaire dans l'œsophage; j'ai été frappé dans mes expériences de la lenteur de sa progression. Quelquefois il met deux ou trois minutes avant d'arriver dans l'estomac, d'autres fois il s'arrête à diverses reprises et fait un séjour assez long à chaque station... Quand le bol alimentaire est très volumineux, sa progression est encore plus lente et plus difficile. Elle est accompagnée d'une douleur vive, produite par la distension des filets nerveux qui entourent la partie pectorale du canal. Quelquefois le bol s'arrête et peut donner lieu à des accidents graves. » LONGET et MILNE-EDWARDS partagent cette manière de voir. BURDACH [3] croit que les idées de MAGENDIE ne sont exactes que s'il s'agit de la déglutition d'un bol alimentaire d'un grand diamètre : il ajoute que, si l'on avale des substances assez chaudes, il suffit de quelques secondes pour que la sensation de de chaleur se produise dans l'estomac. Les boissons sont bien plus rapides. JOH. MÜLLER [4] écrit : « La contraction ondulatoire de l'œsophage, que l'on observe par exemple chez le cheval au moment où il boit, est extraordinairement rapide; ce n'est que quand une bouchée est trop grosse, ou que différentes déglutitions se suivent de trop près que le mouvement devient plus lent et même douloureux. En tout cas, les substances tant liquides que solides sont, à n'importe quel moment de leur trajet, enserrées entre des parois contractiles. Il n'en est plus de même chez les moribonds, dont l'œsophage est déjà inerte; les boissons tombent alors dans l'estomac avec un bruit de glouglou. » DONDERS [5] dit de même : « Il est facile de sentir soi-même la lenteur de la progression (d'une bouchée); on peut l'observer aussi chez des animaux, par exemple, chez le cheval sur l'œsophage mis à nu. Cette progression est facilitée dans l'œsophage par la sécrétion de mucus. » Dans la plupart des autres traités on ne fait même pas mention de la vitesse de la déglutition.

RANVIER [6] a modifié l'expérience de Mosso, que nous avons décrite plus haut : il rattacha l'olive œsophagienne à un levier inscripteur et à un kymographe. Cependant il ne donne pas de renseignements sur les résultats obtenus et n'a d'ailleurs pas inscrit simultanément l'indication du temps.

Il est vrai que les expériences de Mosso ont été publiées également sans indication de temps; cependant la description fait supposer qu'il s'agit d'une expérience d'une certaine durée. Mosso dit en effet : « Chaque mouvement du gosier ne provoque pas immédiatement un mouvement de l'œsophage; presque toujours il y a un retard de 1 à 2 secondes. Souvent le premier mouvement n'est pas suffisant pour provoquer le second, et il faut attendre deux ou trois déglutitions successives pour voir l'œsophage entrer en action, et entraîner l'olive jusqu'à l'estomac.

Nous avons pu constater par nous-même qu'au cours de ces expériences il fallait toujours de 6 à 10 ou à 15 secondes pour que l'olive, ayant pénétré dans le pharynx grâce au mouvement de déglutition, arrive à l'estomac.

Muscles de la région pharyngo-œsophagienne. — Les muscles de la cavité buccale et du pharynx sont striés et se contractent sous l'influence de la volonté.

1. *Loc. cit.*, 406.
2. *Loc. cit.*, 69.
3. *Loc. cit.*, 167.
4. *Loc. cit.*, 411.
5. *Physiologie des Menschen*, 1859, traduit en allemand par THEILE, 296.
6. *Leçons d'anatomie générale*. Année 1877-78, 395.

Les expériences fondamentales d'EDOUARD WEBER [1] nous ont appris que les mouvements de la musculature œsophagienne, tétanisée par des courants électriques, sont très différents suivant l'espèce animale considérée; la structure des muscles est d'ailleurs différente : chez les rongeurs, les lapins par exemple, l'œsophage est entouré d'une couche de muscles striés, et la contraction se fait bien plus vite et cesse bien plus tôt que chez les oiseaux qui n'ont que des muscles lisses, et que chez le chien ou le chat; chez ces derniers, les fibres musculaires lisses et les fibres striées sont disposées en couches superposées [2], et le mouvement est mixte, plus rapide aux endroits où les fibres striées prédominent, plus lent aux autres (parties plus profondes). Nous verrons plus tard que dans l'œsophage humain, nous trouvons également un mode de contractions mixtes.

E. KLEIN [3] a étudié en détail la musculature de l'œsophage chez le chien et le lapin. Il écrit : « Chez le chien, les fibres musculaires lisses n'apparaissent dans la tunique musculaire externe qu'au commencement du dernier quart; elles ne se trouvent que dans la couche interne de cette tunique, qui immédiatement au-dessus du cardia ne se compose plus que de fibres lisses. Les autres couches se composent jusqu'à l'estomac de fibres musculaires striées.... La musculaire externe, qui mesure en moyenne de 0^{mm},85 à 2 millimètres d'épaisseur, est composée, chez le lapin comme chez le chien, de fibres en spirales. »

« Les fibres musculaires lisses n'apparaissent (chez le lapin) que vers le quatrième quart dans la couche *externe* de fibres longitudinales; ce ne sont d'abord que quelques petits faisceaux, dont le nombre et l'importance augmentent au fur et à mesure qu'on descend, si bien qu'ils dominent bientôt sur les fibres striées, non seulement dans la couche à faisceaux longitudinaux mais dans la couche à faisceaux circulaires. Dans la partie inférieure du dernier quart, les fibres lisses ne remplacent pas simplement les fibres striées, mais à cet endroit un grand nombre de fibres nouvelles vient s'ajouter, de sorte que la couche externe présente une épaisseur plus grande que celle des deux autres couches. »

« Les faisceaux de la couche interne les plus rapprochés du cardia, composés exclusivement de fibres lisses, voient également leur nombre et leur volume augmenter considérablement; ils se mettent sans ligne de démarcation nette au-dessous des faisceaux circulaires de l'estomac..... La couche moyenne circulaire de la partie inférieure de l'œsophage diminue rapidement d'épaisseur et cesse au cardia; seuls quelques faisceaux musculaires striés se continuent, ainsi qu'une petite partie des fibres de la couche longitudinale externe entre dans la couche longitudinale de l'estomac.... Parmi les fibres de ces couches externes, en grande partie striées, il existe des faisceaux lisses. La principale partie de la couche longitudinale externe, la partie moyenne, apparaît au cardia; elle ne se compose que de fibres lisses. Ainsi, au cardia, cette tunique de muscles lisses s'interpose entre les faisceaux provenant des parties reculées de la couche interne de l'œsophage composée surtout de faisceaux lisses et entre les fibres striées, provenant de la couche longitudinale externe. »

« La couche longitudinale interne de la tunique musculaire externe chez le lapin s'arrête à l'extrémité de l'œsophage, tandis que la couche moyenne, circulaire, et la couche longitudinale externe (composées presque complètement de fibres lisses) se confondent respectivement avec la couche circulaire et la couche longitudinale du cardia. »

Et pourtant il est reconnu que les chiens et les chats déglutissent plus rapidement leur nourriture que les lapins. C'est précisément cette contradiction entre les faits que l'on observe tous les jours, dans la vie ordinaire, et les analyses expérimentales du phénomène qui me poussèrent, dès 1872, à étudier en détail la déglutition. Je me disais aussi que, quand un homme boit avidement, il absorbe pendant les six secondes qu'il faut pour que le liquide atteigne l'estomac une quantité beaucoup plus considérable que la capacité de l'œsophage ne semble le permettre. Nous nous demandâmes alors si l'œsophage entrait réellement en contraction pour les liquides.

1. Art. « *Muskelbewegung* » dans le *Dictionnaire de Physiologie de* WAGNER, 1846, III, Abth. 2, 30.

2. D'après GILLETTE (*Journ. de l'Anat. et de la Physiol.*, 1872), la tunique musculaire de l'œsophage du chien se composerait complètement de fibres striées.

3. KLEIN. *Stricker's Handbuch der Lehre von der Geweben den Menschen und der Thiere,* Leipzig, 1871, 391 et suiv.

Vers la même époque, mon attention fut attirée par une intéressante communication de Virchow dans les *Charité-Annalen*.

Virchow [1] décrit six cas d'empoisonnement par l'acide sulfurique, et il ajoute les réflexions suivantes : « Dans aucun de ces cas on ne trouve une altération notable de la bouche et du pharynx. Dans plusieurs d'entre eux, la partie supérieure de l'œsophage est tout entière intacte. Il semble donc que la boisson passe si rapidement dans ces cavités qu'elle ne peut pas y développer des lésions locales profondes. Ce n'est que dans l'œsophage, aux endroits où il est le plus resserré, que des gouttes de liquide peuvent être retenues, c'est-à-dire à l'entrée, au niveau de la division des bronches, et au cardia; c'est là que l'on trouve par conséquent les lésions les plus profondes. Dans l'estomac lui-même, la grande courbure reste le plus souvent indemne, peut-être parce qu'elle contient d'ordinaire des restes d'aliments; ce sont donc le cardia, le pylore, la petite courbure et la région pylorique qui sont le plus endommagés. Nous retrouvons ici la même disposition que nous avons déjà relevée à propos de la fréquence du carcinome. »

« Quelle que soit la difficulté que nous trouvions à expliquer, pourquoi telle ou telle partie est plus atteinte qu'une autre, il n'est pas inutile, au point de vue de la physiologie de la déglutition et des mouvements de l'estomac, de rappeler que des liquides ingérés peuvent atteindre le pylore dans un laps de temps si court qu'ils touchent à peine la plus grande partie de la surface stomacale. »

Ces indications nous parurent assez curieuses pour m'engager à commencer de nouvelles recherches. Il était impossible de concilier ces observations avec la théorie des trois phases de la déglutition. Précisément Falk venait de terminer des recherches médico-légales qui l'avaient rendu enthousiaste de cette hypothèse si fertile, d'après laquelle l'œsophage ne jouait pas un rôle important dans la déglutition de substances liquides. Nous mesurâmes la force de pression qui se produit dans la cavité pharyngienne au moment de la déglutition. Dans nos recherches, nous ne nous sommes pas occupé de mesurer la vitesse du bol, ce qui fut au contraire l'objectif de Meltzer. On trouva que, chez l'homme (Meltzer), une gorgée d'eau pénètre en moins de une seconde depuis la bouche jusqu'au cardia. Meltzer se servit du procédé suivant pour déterminer cette vitesse : il s'introduisit dans l'œsophage une sonde stomacale d'environ 50 centimètres, à parois minces, à l'extrémité stomacale de laquelle il avait fixé un petit ballon de caoutchouc très mince, de manière à envelopper les fenêtres latérales. La sonde une fois introduite jusqu'à la distance voulue, il se servait des dents pour retenir l'extrémité libre. La sonde portait une division en centimètres sur toute sa longueur. On sait que la distance qui sépare les dents de l'entrée de l'œsophage comporte environ 15 centimètres. A partir de cette distance, il fit des expériences en enfonçant chaque fois la sonde de 2 centimètres. L'extrémité ouverte de la sonde fut rattachée à un tambour enregistreur de Marey, dont le levier inscripteur inscrivait les modifications de pression sur un kymographe recouvert de papier noirci à la lampe. Les courbes obtenues (voir les figures de la page 731) doivent être vues de droite à gauche, comme l'indique la flèche. Le petit ballon fut gonflé de manière à toucher de tous côtés les parois de l'œsophage; à ce moment donc aucune substance ne pouvait traverser celui-ci sans provoquer une pression sur le ballon; il en était de même de toute contraction de la paroi elle-même. Or le calibre de l'organe n'est pas uniforme, et il fallut trouver un dispositif pour gonfler et dégonfler tour à tour le petit ballon de caoutchouc. On intercala entre la sonde et la capsule de Marey un tube en T dont on pouvait fermer ou ouvrir à volonté la branche perpendiculaire. Un deuxième ballon, rattaché à une courte sonde, fut introduit dans le pharynx, et on l'y laissa pendant la durée de l'expérience. Il était fort peu gonflé, afin de ne pas gêner la respiration, on le rattacha, de même que le premier, à un tambour enregistreur, dont les inscriptions furent recueillies sur le cylindre noirci, en même temps que les premières. Enfin, un appareil électrique servit à marquer les secondes sur le cylindre.

A chaque mouvement de déglutition, le ballon pharyngien était comprimé d'abord, et le tambour correspondant inscrivait une élévation sur le cylindre tournant. Peu après, ce fut au tour du ballon œsophagien, et, par la comparaison des deux courbes obtenues,

1. *Charité-Annalen.* v *Jahrgang*, 1878, Berlin, 1880, 729.

il fut possible de déterminer l'intervalle de temps écoulé entre la compression des deux ballons, en d'autres termes, la durée de la transmission de la contraction jusqu'à l'endroit considéré de l'œsophage.

Dans chacun des doubles tracés (1-6) fig. 88, on reconnaît la différence des mouvements pharyngien et œsophagien; la courbe supérieure provient du ballon pharyngien, l'inférieure du ballon œsophagien. Les chiffres inscrits sur cette dernière indiquent la distance

Tracés doubles inscrits au moyen de deux ballons.

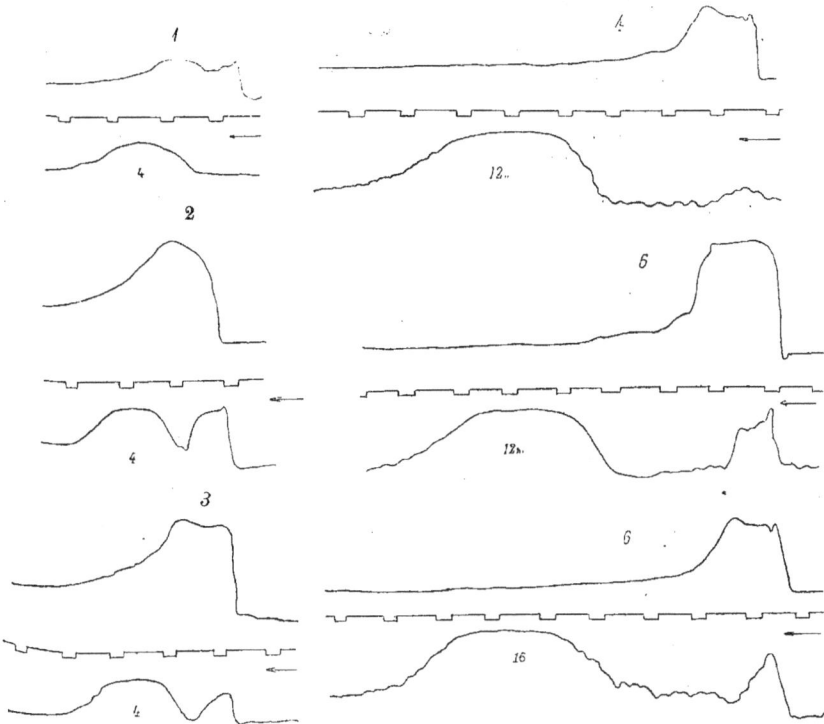

FIG. 88. — *Mouvements de la déglutition.*

1. Le tracé supérieur provient du ballon pharyngien, l'inférieur du ballon de l'œsophage, placé à quatre centimètres de l'ouverture supérieure de cet organe. Le sujet n'avala qu'une petite quantité de salive. On voit la première contraction (de la langue) bien séparée de celle du pharynx. Dans le tracé inférieur, on ne voit pas l'élévation du début, parce que les petites quantités dégluties ne suffisaient pas à comprimer le petit ballon. — 2. Même expérience que 1 : le sujet avale une quantité un peu plus grande d'eau : l'élévation initiale est plus forte. — 3. Forte pression d'eau; mêmes conditions que précédemment. — 4. Le deuxième tracé est obtenu à une profondeur de douze centimètres. Déglutition d'une quantité restreinte. — 5. Comme 4. Quantité d'eau plus considérable. — 6. Profondeur d'introduction dans l'œsophage : 16 centimètres. — A lire de droite à gauche, comme les figures suivantes.

en centimètres depuis les dents jusqu'à l'endroit observé. Dans les tracés inférieurs nous pouvons distinguer deux parties : d'abord une élévation brusque suivie d'une descente immédiate, puis, une deuxième élévation plus lente qui dure d'autant plus longtemps et se produit d'autant plus tard que le ballon était plus profondément introduit dans l'œsophage. Évidemment, cette deuxième élévation dépend des contractions péristaltiques (nous reviendrons plus loin sur la longueur et sur le temps latent de ces élévations). La première élévation ne peut être provoquée que par le passage de la gorgée de liquide : en effet, elle est d'autant plus forte que la quantité avalée est plus considérable. Les figures l'indiquent clairement; le n° 1 a été obtenu par un mouvement de déglutition à vide; aussi la courbe œsophagienne ne présente-t-elle pas la brusque élévation de la première phase; dans le n° 2, la quantité de liquide était minime; dans le n° 3, la quantité avalée était considérable. Les élévations initiales des tracés œsophagiens commencent presque en même temps que les élévations des tracés pharyngiens, quelle que soit la profondeur à laquelle on avait introduit le ballon. En tous cas, le temps qu'il faut à la gorgée pour aller du pharynx au ballon œsophagien n'excède pas une seconde. Cependant le tracé pharyngien n'est pas simple non plus. Nous voyons d'abord un sommet aigu, puis une chute plus ou moins profonde, bien délimitée, suivie d'une courbe légèrement ascendante. Il faut croire que l'élévation rapide dépend de l'irruption de la gorgée avalée, qui est suivie plus tard de la contraction réflexe des constricteurs.

Peut-on dire d'une façon absolue que l'élévation première du tracé œsophagien dépend de l'eau avalée? La traction de l'œsophage au moment de la déglutition ou la pression aérienne ne pourraient-elles pas être la cause de l'élévation constatée? Ce n'est que plus tard que le mouvement péristaltique reporterait alors le liquide vers l'estomac.

Voyons par quelle démonstration MELTZER établit qu'il n'en est pas ainsi.

Il introduisit dans la sonde un petit morceau de papier tournesol muni d'un long fil jusqu'à ce qu'il devienne visible à l'extrémité fenêtrée. La partie libre du fil sortait par l'ouverture supérieure. L'expérimentateur enfonça la sonde dans l'œsophage jusqu'à ce que la fenêtre avec le papier tournesol ne fût plus séparée du cardia que par une distance d'environ quatre centimètres. On sait que le mouvement péristaltique met environ six secondes à atteindre cette partie de l'œsophage. Il faut éviter de pousser la sonde davantage, car alors le suc gastrique pourrait refluer et fausser les résultats. Avant chaque expérience, on s'assurait que le papier tournesol n'éprouvait aucune modification dans l'œsophage et restait alcalin, même quand de la salive était déglutie et venait en contact avec lui. Ensuite, l'expérimentateur prit une gorgée d'un liquide acide (acétique ou citrique dilué) et, aussitôt, après la déglutition, jamais plus d'une demi-seconde plus tard, le papier fut vivement retiré à travers la sonde au moyen du fil. A ce moment déjà, le tournesol était manifestement rougi. Le tube par lequel on le retirait empêchait tout contact avec les substances contenues dans l'œsophage, une fois que le morceau de papier réactif avait quitté l'extrémité fenêtrée. Le liquide acide l'avait par conséquent impressionné à son passage au bas de la sonde, et ce passage avait eu lieu moins d'une demi-seconde après la déglutition. Cette expérience réussit tout aussi bien si l'on déglutit en position renversée, la tête étant plus basse que le haut du corps. Dans ce cas, le liquide est projeté dans une direction opposée à celle de la pesanteur.

Bruits de la déglutition. — Mais, il est inutile de se servir de dispositifs aussi gênants pour démontrer qu'il suffit aux liquides d'une fraction de seconde pour faire le trajet. MELTZER[1] recommande le procédé d'auscultation stomacale préconisé précédemment par HAMBURGER et autres au point de vue du diagnostic. Si l'on ausculte dans le dos, en dehors de la colonne vertébrale, à la hauteur de la huitième vertèbre dorsale, on perçoit un bruit spécial, immédiatement après que le sujet a avalé une gorgée de liquide; ce bruit correspond au passage au niveau du point ausculté. Si l'on fait l'expérience en tenant en même temps un doigt sur le larynx du sujet, on verra que le temps qui sépare la déglutition pharyngienne du moment où se produit le bruit œsophagien est extrêmement court. HAMBURGER[2] concluait de ses expériences : « Entre le moment où la déglutition commence dans le pharynx et celui où la gorgée provoque à la hauteur de la huitième côte le bruit qui frappe l'oreille du médecin, il y a un certain intervalle, toutefois tellement minime qu'on le distingue à peine. Ceci prouve que la substance déglutie n'avance pas aussi vite que si la pesanteur seule agissait sur elle dans un tube de la longueur de l'œsophage humain. Dans ce cas, en effet, la vitesse du mouvement serait trop minime pour pouvoir être appréciée. Il faut donc admettre que l'adhérence aux parois de l'œsophage doit être considérable. »

1. C. W., 1883, 1.
2. C. W. HAMBURGER, médecin du district de Ciabel (Bohême). *Die Auscultation des Œsophagus* (*Med. Jahrbücher*, xv, 1868, 145).
3. *Ueber die Schlinggeräusche* (*Berliner klin. Wochenschrift*, 1884, n° 3, 38).

Malgré cela, Hamburger croit que le mouvement de propulsion dépend des contractions du pharynx et de l'œsophage. Il accorde même à cette dernière fonction « une très grande importance », et il écrit la phrase suivante (p. 143) : « La gorgée est comprimée par les parois de l'œsophage, de telle sorte qu'elle forme comme un corps solide. A l'auscultation, l'on a nettement l'impression qu'elle a pris une disposition fusiforme : elle a donc son plus grand diamètre vers sa partie médiane et se termine en pointe, ce qui est surtout très distinct pour la pointe supérieure. Je prétends que cette impression auditive sur la forme prise par le liquide ne peut laisser aucun doute. Cependant il serait difficile de déterminer comment il se fait que l'oreille la perçoit de cette façon. Est-ce le bruit même qui accompagne le mouvement de la gorgée? Est-ce — et je penche pour cette deuxième hypothèse — le choc même occasionné par la chute du liquide qui met en vibration les parois thoraciques, et vient impressionner ainsi l'oreille de l'expérimentateur? »

« Il semble que la progression dans l'œsophage soit due seulement à la contraction des éléments musculaires circulaires. »

En 1883, une discussion s'engagea à la Société médicale de Berlin sur les phénomènes d'auscultation de la déglutition, et les expériences publiées précédemment par Meltzer furent discutées à nouveau. Zenker[3] rappela ses expériences de 1869 et revendiqua la priorité des résultats de Meltzer. Il distingua le premier bruit, qui s'observe à la partie inférieure des vertèbres cervicales, et qui donne l'impression d'un bruit de frottement plus ou moins crépitant ou plus ou moins semblable à un murmure, suivant que le liquide est plus ou moins épais; un deuxième bruit peut s'entendre à la colonne dorsale jusqu'à la neuvième vertèbre; il donne seulement l'impression du glissement d'un corps à cet endroit, avec un léger souffle; enfin l'oreille perçoit un troisième bruit, qui a un caractère tout différent : on dirait plutôt que le liquide est déversé ou projeté par une seringue : c'est le moment où il pénètre en effet dans la cavité stomacale. Ce dernier bruit peut être entendu à l'apophyse épineuse des huitième et neuvième vertèbres dorsales, surtout quand le sujet a pris en une fois une quantité d'eau assez grande. « Le deuxième bruit est perçu moins d'une seconde après que le doigt posé sur le larynx a senti la déglutition se produire. Le dernier bruit, celui qui se produit au cardia, est perçu à la partie supérieure du dernier espace intercostal gauche, sept secondes après le mouvement du larynx. » D'après ces données [nous pouvons nous représenter ainsi le processus que nous étudions : le liquide avalé ne met pas une seconde entière à atteindre le cardia. Arrivé là, il ne pénètre pas dans l'estomac immédiatement et en une fois. La musculature du cardia ne permet l'entrée que de petites portions à la fois, et enfin la quantité d'air ou de gaz déglutis simultanément pénètre dans la cavité, causant le bruit de glou-glou terminal. Cette manière de voir, par laquelle la partie inférieure de l'œsophage deviendrait une sorte d'oreillette pour l'estomac, peut être mise en rapport avec la lésion décrite par Arnold sous le nom de antrum cardiacum, dans laquelle la partie sus-diaphragmatique de l'œsophage s'était considérablement dilatée.

Cependant cet exposé si clair des phénomènes d'auscultation œsophagienne n'a pas fait beaucoup avancer nos connaissances sur le processus de la déglutition en lui-même. D'après Zenker, le premier bruit, plus fort et plus grave, souvent même semblable à un claquement, correspondrait au moment où les parois pharyngiennes enserrent la gorgée avalée ; la deuxième phase, dont la force va diminuant et le ton devient de plus en plus aigu, dépendrait-elle déjà du mouvement de progression? Dans l'œsophage, les contractions péristaltiques successives des muscles longitudinaux et circulaires passent l'une après l'autre sur le bol alimentaire et l'entraînent vers le bas.

La rapidité de la progression est en raison inverse de l'état d'agrégation de la substance ingérée. Une gorgée liquide ou demi-liquide n'a pas besoin d'une seconde pour atteindre le cardia. Zenker continue : « Le cardia est constamment tenu fermé par ses fibres circulaires; cette fermeture est toutefois plus ou moins forte. Ce n'est qu'avec peine que l'aliment, et, puisque nous parlons de liquides, la gorgée, accompagnée des gaz qu'elle a entraînés avec elle, parvient à vaincre sa résistance. Pendant que le liquide passe, aucun bruit ne se produit; celui-ci ne s'entend que quand les gaz traversent également. Ces gaz entraînés dès le pharynx par l'aliment s'y superposent, et provoquent le bruit du cardia au moment où ils entrent à leur tour dans l'estomac. On peut le démontrer en avalant en position renversée : dans ce cas, ce ne sont plus les éléments lourds qui atteignent d'abord l'extrémité de l'œsophage, mais les gaz, et le bruit dont nous parlons s'entend immédiatement après la déglutition. »

Cette façon de voir est assez étrange, et peu de physiologistes voudront admettre *a priori* que le liquide, ayant été avalé et mélangé à de l'air atmosphérique, se sépare de lui dans l'œsophage, met sept secondes à traverser le cardia, et ne permet qu'après ce temps aux gaz de l'accompagner. Or, si l'on avale du liquide sans y mêler de l'air, par la succion par exemple, les bruits de déglutition obtenus sont absolument semblables à ceux que l'on obtient ordinairement.

Meltzer trouva qu'il n'était pas indispensable à certaines personnes de se mettre en position renversée pour que le bruit d'auscultation au cardia se produise à peine une seconde après la déglutition.

Zenker comme Hamburger ont donc parfaitement entendu les bruits de déglutition, ils ont tous deux mesuré assez exactement les intervalles qui les séparent, mais la signification qu'ils leur attribuent est complètement erronée.

C.-A. Ewald [1] et H. Quincke [2] ont admis l'hypothèse de Zenker, mais modifiée, en ce sens qu'ils croient que l'air est poussé dans l'estomac par la contraction de la partie inférieure de l'œsophage sept secondes après avoir été avalé, d'après les mensurations de Meltzer. Le liquide aurait déjà été projeté jusqu'à l'estomac par le premier mouvement. J'ai pu observer en 1883, dans la clinique chirurgicale du professeur V. Bergmann, un malade porteur d'une fistule gastrique tellement considérable, que je pouvais y faire pénétrer la main et mettre deux doigts à l'ouverture interne du cardia. Six secondes après avoir été avalée, l'eau pénétrait à l'estomac, sans que celui-ci fasse de mouvement immédiatement après, ce que croyait Ewald, qui voulait expliquer ainsi les bruits produits. Meltzer [3], non plus, ne vit jamais un liquide pénétrer à travers le cardia immédiatement après avoir été avalé; dans tous les cas, il n'arrivait à l'estomac que grâce à la contraction de la partie inférieure de l'œsophage, 6-8 secondes après avoir été avalé, et accompagné ou non d'air. Chez le lapin, le même auteur vit que le bol alimentaire séjourne dans la partie œsophagienne située immédiatement au-dessus du diaphragme. Kranzfeld [4] démontra que les mouvements de l'estomac sont complètement indépendants des mouvements de déglutition du cardia.

Organes secondaires qui interviennent pendant le premier mouvement. — Ces auteurs, ainsi que les physiologistes précédents, ont toujours admis que le pharynx et l'œsophage impriment aux aliments des vitesses différentes, qui ne peuvent pas être produites par le même véhicule. Arloing croit devoir s'opposer à cette manière de voir. Il croit que « la déglutition de la salive ou d'une gorgée de liquide s'opère de la même manière que celle d'un bol de pain, tandis que le mécanisme est différent, lorsque les gorgées de boissons sont abondantes et se succèdent sans interruption. Pour ce motif, dit-il, nous décrirons des déglutitions isolées et des déglutitions associées et successives, au lieu des déglutitions de solides et des déglutitions de liquides [5]. »

Il attribue au pharynx, pour la déglutition rapide de liquides, le rôle que Meltzer croit dévolu aux groupes musculaires des mylohyoïdiens et de l'hyoglosse. A la page 263, il dit : « L'impétuosité avec laquelle les boissons sont poussées témoigne assez de l'activité du pharynx. Mais il est rationnel de supposer que, dans ce cas, la contraction du pharynx n'est pas une contraction péristaltique comme dans les déglutitions isolées. Ce fait montre que la nature de l'excitation des nerfs sensitifs de la déglutition exerce une influence sur la forme et l'étendue des mouvements qui lui succèdent.... Généralement le passage des boissons dans le pharynx se fait en deux temps, ou mieux le liquide éprouve dans cet organe deux impulsions successives. Les graphiques témoignent que la première impulsion résulte du resserrement de l'isthme sur le bol, et que la seconde

1. *A. P.*, 1886, 876.
2. *A. P. P.*, 1887, xxii, 385.
3. *Further experimental contribution to the knowledge of the mecanism of deglutition* (*Amer. journal of experim. Medicine*, 1897, ii, 458).
4. *Verh. der Berl. med. Gesellschaft*, 12 déc. 1883, in *Berl. klin. Wochenschrift*.
5. Art. *Déglutition* du *Dictionnaire des sciences médicales*, 1881, 237.

est imputable à l'action des constricteurs du pharynx. Ce mode de progression du bol appartient aussi aux déglutitions isolées; mais il est incomparablement plus accusé dans les déglutitions associées. » (p. 252)

ARLOING croit donc que la première élévation du tracé que nous avons attribuée au passage même du bol, envoyé directement de la base de la langue au cardia, est causée par la contraction pharyngienne. Nos tracés (voir fig. 88, 2 et 3) démontrent cependant que cette première élévation se voit, même quand on étudie la partie inférieure de l'œsophage, tandis que la contraction du pharynx, plus tardive, n'existe que dans le cas où le sujet avale, au lieu d'une masse liquide, une masse semi-liquide. Dans ce dernier

cas (fig. 89 et 90), si l'on considère le tracé œsophagien, on y trouve deux élévations au début, avant la longue contraction. Le premier sommet (à droite) a la même origine que quand il s'agit de liquides; il indique le passage de matières alimentaires rejetées par la racine de la langue; le deuxième sommet correspond au passage des matières qui, étant restées adhérentes aux parois du pharynx, sont rejetées par les muscles de celui-ci. Cette deuxième

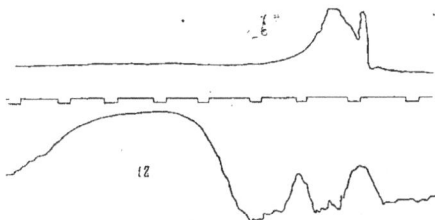

FIG. 89. — 7. Déglutition d'une masse semi-liquide. Le tracé supérieur provient du pharynx, l'inférieur est obtenu au moyen d'un ballon enfoncé à 12 centimètres. La deuxième élévation provient de restes alimentaires renvoyés par le pharynx.

contraction est plus lente que la première; car, quoique les constricteurs soient également striés, leur mouvement est loin d'avoir la rapidité des muscles linguaux. La musculature du pharynx n'est pas indispensable pour la déglutition. MELTZER l'a démontré directement en sectionnant les muscles constricteurs moyen et inférieur des deux côtés, tout en ayant soin de laisser intacts les nerfs laryngés supérieurs; les chiens opérés de cette manière purent parfaitement avaler des aliments liquides ou solides.

La troisième élévation du tracé est provoquée par l'œsophage, dont nous étudierons la contraction plus en détail. J'espère avoir démontré que des considérations générales et les expériences de MELTZER ne peuvent plus laisser de doutes quant au fait que le bol

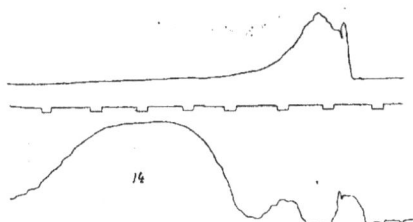

FIG. 90. — 8. Comme la fig. 7 : le tracé inférieur se rapporte au tiers inférieur de l'œsophage : 14 centimètres.

alimentaire (formé normalement de substances semi-liquides, faciles à mettre en mouvement) atteint le cardia sans que le pharynx et l'œsophage contribuent à sa progression. Disons encore qu'au moment du premier mouvement de déglutition, la partie supérieure de l'œsophage s'élargit considérablement. Le petit ballon de caoutchouc que nous avions introduit dans le pharynx, au cours d'expériences déjà mentionnées précédemment, et que l'on ne pouvait

fortement gonfler de crainte de comprimer les voies respiratoires, se dilatait légèrement à ce moment, au lieu d'être diminué de volume. Ce sont les muscles génio-hyoïdiens qui ouvrent l'œsophage, et leur action est favorisée par les muscles thyro-hyoïdiens qui l'élèvent et le tendent. La contraction des génio-hyoïdiens est visible à l'extérieur : la région des mylo-hyoïdiens qui, comme nous l'avons vu, s'élève et s'aplanit au commencement de l'acte, se relâche, puis s'abaisse par le mouvement de propulsion en avant du larynx et de l'os hyoïde, dû au génio-hyoïdien.

Nous ne pouvons dire dès à présent si tout l'œsophage est élargi de la même manière; car le petit ballon œsophagien, déjà fortement gonflé, ne rend pas compte de ces minimes variations de pression. (Chez quelques chiens, qui présentaient pour une raison quelconque un état spasmodique de l'œsophage, on put observer au premier moment de la déglutition une pression négative.) Ainsi, chaque fois, le chemin s'ouvre devant le bol alimentaire, ARLOING n'admet ce mécanisme que pour des séries de déglutitions. Certains physiologistes !considèrent avec lui ces !phénomènes secondaires comme très importants pour le phénomène en lui-même.

MAISSIAT[1] prétend que le bol alimentaire est aspiré : « Une conséquence évidente du transport en avant de l'os hyoïde et du larynx, c'est l'ampliation du pharynx derrière eux : il devra donc y faire ventouse..... Ainsi l'atmosphère me suffit, et je ne puis accepter une plus grande force que la force active de contraction des piliers postérieurs du voile. » D'après ARLOING[2], MAISSIAT n'aurait fait que reprendre l'opinon de HALLER.

J'ai trouvé cependant dans HALLER, au passage indiqué[3], une tout autre manière de voir, beaucoup plus rationnelle. HALLER admet que le mouvement du larynx en avant et en haut a pour résultat de dilater la cavité du pharynx. « *In hunc dilatatum pharyngum cibus premitur a lingua.* » « *Has ob causas adparet, magnas esse in deglutiendo partes linguæ.* ». « *Sed cum ea linguæ elevatione ita concurrit ad depulsionem cibi veli palatini descensus.* » HALLER ne partage pas du tout l'opinion des physiologistes français, dont il a été parlé au début de cet article, qui attribuent aux mouvements d'inspiration une importance considérable, et vont même jusqu'à en faire la cause exclusive de la déglutition. « *Creditum est*, dit HALLER (*l. c.*, 252), *non alio modo neque absque inspiratione deglutiri posse et ob hanc potissimam causam negant cl. viri, fœtum per os ali, ut qui respiratione careat. Sed quisque facilè percipiet, quiescente pectore, neque inspirante, et clauso ore naribusque adstrictis, bene nos deglutire et rarissime una inspirare.* »

S'appuyant sur les observations de DEBROU[4], LONGET[5] repousse les idées de MAISSIAT. GUINIER[6] croyait que l'œsophage s'ouvrant au début de la déglutition, s'appliquait sur le bol alimentaire comme le ferait une ventouse.

CARLET attribue au voile du palais, qui s'élève, comme on sait, au commencement de la déglutition, le rôle du piston d'une machine à faire le vide. Si l'on s'en rapporte à ARLOING, FIAUX serait du même avis.

Pour MOURA, le voile du palais ne sert qu'à assurer l'occlusion de l'arrière-cavité des fosses nasales; les aliments ne le toucheraient pas : ils seraient reportés dans le pharynx par la partie postérieure de la langue, agissant comme un piston. Il s'appuyait sur ce que, ayant avalé des aliments imprégnés d'encre, le voile du palais n'était aucunement noirci. Il me semble que la salive et l'air ont pu parfaitement enrober le bol alimentaire, de telle façon qu'il ne vînt nulle part en contact immédiat avec le voile, peut-être même avec les parois pharyngiennes. L'observation de VIRCHOW, d'après laquelle l'acide sulfurique dégluti ne provoque pas de lésion de la bouche et du pharynx, me semble confirmer cette manière de voir.

BIDDER[7] a eu l'occasion d'observer directement le voile chez un opéré. Il le vit se disposer horizontalement, en prolongement de la voûte palatine osseuse; même, à la partie médiane, il se bombait vers le haut; son bord postérieur se prolongeait directement vers la paroi pharyngienne postérieure, et présentait la saillie de la luette. Quand la déglutition était forte, le voile se rattachait à angle droit à la paroi postérieure; la luette formait un relief d'environ trois lignes, et son extrémité touchait la paroi.

DEBROU, déjà cité, démontra ce mouvement du voile du palais en introduisant une sonde dans les narines. Immédiatement après son élévation, le voile s'abaisse. « Alors commence, dit l'auteur, le second moment, pendant lequel le voile s'abaisse, l'isthme se resserre, la langue reste élevée avec le larynx et le pharynx; le voile étant descendu, les piliers postérieurs s'emparent du bol avec lui, le serrent, le pressent, et, aidés des cons-

1. Quel est le mécanisme de la déglutition? *Diss.*, Paris, 1838.
2. *Loc. cit.*, 244.
3. *Elementa physiologiæ*, IV, 90.
4. *Diss.*, Paris, 1841, 226.
5. *Physiologie*, 113.
6. *Gaz. hebdom.*, 1865, 436 (cité par ARLOING, *loc. cit.*, 244).
7. *Neue Beobachtungen über die Bewegungen d. weichen Gaumens und über den Geruchsinn.* 1838. Cité dans DONDERS, *Physiologie des Menschen*, p. 298 de la traduction allemande par THEILE, 1859.

Tracés simples inscrits au moyen d'un seul ballon.

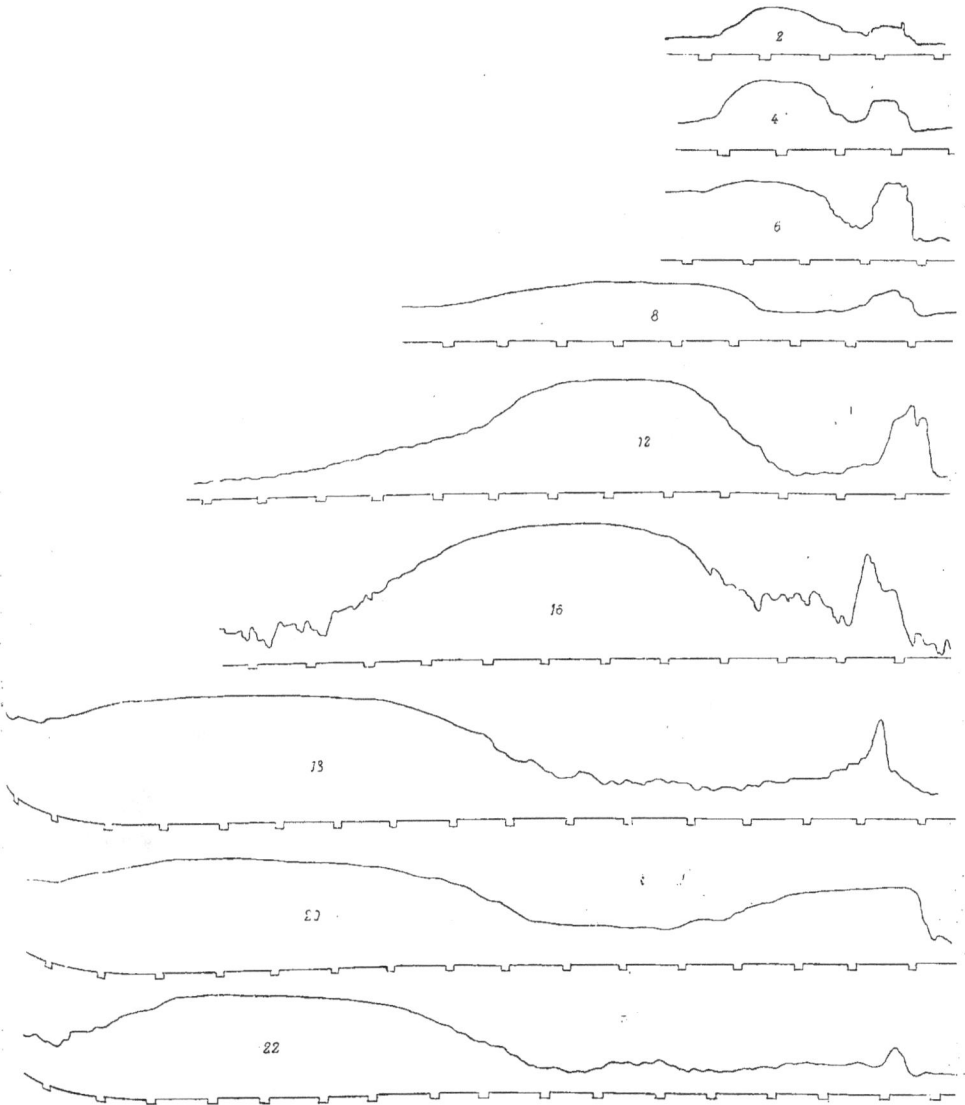

Fig. 91. — Nos 12-22. Tracés de déglutition recueillis de 2 à 22 centimètres à partir de l'entrée de l'œsophage. — Lire de droite à gauche.

DICT. DE PHYSIOLOGIE. — TOME IV. 47

tricteurs, des stylo-pharyngiens, le poussent par delà le larynx dans l'œsophage. Puis la déglutition pharyngienne est accomplie, tout se relâche et revient au repos. » Debrou ne savait pas qu'il était possible, au moyen d'un appareil très simple, d'inscrire ces mouvements du voile. Il suffit d'y rattacher une capsule de Marey avec levier inscripteur. Cette capsule est reliée aux fosses nasales par un tube en caoutchouc terminé par un embout qui ferme complètement une narine. On tient le doigt appuyé sur l'autre narine de façon à empêcher l'air de s'échapper de ce côté, et l'on opère un mouvement de déglutition. La capsule se gonfle d'air, le levier s'élève et s'abaisse ensuite à nouveau. Cette expérience montre aussi que l'accès d'air dans l'espace pharyngien n'est pas nécessaire pour la déglutition, et que toutes les hypothèses qui s'appuient sur une aspiration manquent de base. D'un autre côté, nous savons en effet qu'il faut que la langue tienne l'ouverture buccale hermétiquement close.

    B. **Deuxième phase de la déglutition**. — *§ 1. Rôle du canal pharyngo-œsophagien.* — Nous savons maintenant que la déglutition se fait sans la participation des muscles disposés le long du canal digestif plus bas que la bouche. Meltzer et moi-même, nous en vînmes à nous poser les questions suivantes : les muscles profonds entrent-ils en action? dans tous les cas, même quand le bol alimentaire a été rejeté en une fois jusqu'au cardia, sans qu'il reste rien d'adhérent aux parois pharyngiennes, ou bien ne sont-il mis en œuvre que quand leur coopération est nécessaire? Les résultats précédents nous donnent déjà des indications à ce sujet. La fig. 88 (1) démontre que la contraction à vide ou la déglutition d'une petite quantité de salive, mêlée le plus souvent à de l'air, provoque une contraction de la musculature de l'œsophage, qui dure le même temps que la contraction causée par le passage de quantités d'eau plus ou moins considérables.

    En partant d'idées téléologiques, on pourrait se demander : Cet ensemble remarquable de mouvements musculaires ne servirait-il donc que de réserve? Nous sommes obligés de répondre affirmativement, sans restriction. Cette opinion se base non seulement sur des vues anatomiques, mais aussi sur des vues physiologiques :

    D'abord les muscles de l'œsophage sont beaucoup moins épais que ceux qui sont situés plus haut. Peut-être faut-il considérer cet organe comme une partie accessoire, annexée au pharynx, de même que le système vasculaire devient chez les animaux supérieurs un appareil secondaire par rapport au cœur, destiné à coopérer avec celui-ci.

    D'un autre côté, l'absence des glandes digestives efficaces dans l'œsophage indique également que les aliments n'y font qu'un séjour extrêmement court. Enfin, il faut que les voies aériennes qui se trouvent dans le voisinage immédiat ne soient arrêtées dans leur fonctionnement que pendant le temps le plus court possible, et il faut que, dans le cas où les aliments trouvent quelque obstacle, des forces de réserve soient immédiatement prêtes à se mettre en œuvre, jusqu'à ce qu'une nouvelle impulsion ait été donnée.

    Nous verrons combien la réponse des muscles à contraction lente de l'œsophage succède tardivement à l'excitation initiale; si l'irritation de la muqueuse à l'endroit où les aliments se seraient arrêtés devait provoquer encore elle-même le mouvement de l'œsophage, la situation pourrait devenir critique, avant que celui-ci ne se fût contracté.

    L'organisation de ces mouvements de réserve est simple, comme on peut s'en convaincre en considérant les tracés.

    La fig. 91 (2 à 22) représente ce qui se passe dans l'œsophage humain (les expériences ont été faites principalement sur Meltzer lui-même). Elles ont été obtenues au moyen du même ballon de caoutchouc, que l'on enfonça de plus en plus, en prenant un tracé aux divers points, et en ayant bien soin que toutes les circonstances soient identiquement les mêmes. Nous avons obtenu de nombreux tracés semblables à celui de la figure, en employant le même ballon ou des ballons de dimensions différentes. Chaque tracé se compose de deux lignes : la ligne inférieure marque les secondes, l'autre indique les variations de pression dans l'œsophage. Les mouvements du pharynx ne furent pas enregistrés comme dans les expériences précédentes (voy. fig. 88, 1 à 8). Ces premiers tracés ont, en effet, déjà montré que le temps qui s'écoule entre le commencement de la déglutition et la première compression du ballon par le bol n'excède pas 0,1 de seconde; nous pouvons donc considérer, que dans tout l'œsophage la première élévation du tracé se produit à tous les points relativement en même temps.

    § 2. Divisions fonctionnelles du canal pharyngo-œsophagien — Au premier coup d'œil,

on peut distinguer trois types de tracés, qui offrent peu de variations individuelles. On peut ainsi diviser l'œsophage en trois parties différentes au point de vue fonctionnel. Dans les tracés 2, 4 et 6 de la figure 91, pris à la partie supérieure cervicale de l'œsophage, la deuxième élévation dure de 2 à 2,5 secondes. A la profondeur de 8 centimètres elle a déjà une durée de cinq secondes. Cet endroit de l'œsophage correspond à l'entrée du thorax. Le ballon ne peut être fortement gonflé en ce point : c'est pour cela que les modifications de pression ne s'inscrivent pas d'une manière aussi distincte. Les courbes des divisions suivantes sont beaucoup mieux inscrites, toutes les contractions ont une durée presque identique, de six à sept secondes. Les trois tracés 18 et 22 peuvent servir comme types de la troisième catégorie ; la contraction dure deux à trois secondes de plus que celle de la division précédente. Les différences qui se montrent entre ces tracés de la troisième catégorie ne proviennent probablement pas de différences dans la structure de l'œsophage. Il faut compter ici avec les tractions exercées par l'estomac et par le diaphragme, ainsi qu'avec d'autres facteurs difficiles à préciser. Dans les parties les plus profondes les tracés deviennent tout à fait indistincts. La plus grande augmentation de la durée de la contraction, quatre secondes au moins, se fait au passage de la première partie de l'œsophage à la deuxième. L'élévation du tracé due aux muscles constricteurs (fig. 88) n'est pas comparable à celle de la première partie de l'œsophage, car les deux tracés n'ont pas été obtenus avec des ballons de même grosseur. Cependant les différences sont si frappantes, la structure de la région des constricteurs si distincte de l'œsophage, que nous pouvons bien en faire une division tout à fait séparée. L'élévation en pointe dont le n° 7 offre un si bel exemple, et qui est causée par les muscles de la langue, est certainement cinq fois plus courte en durée que celle des constricteurs.

En conséquence, nous pourrions établir cinq régions successives jusqu'au cardia : la musculature de ce que nous pourrions appeler l'équipement du premier acte de la déglutition, et qui est formée par les mylohyoïdiens et les hypoglosses, puis la région des constricteurs, puis enfin les trois régions œsophagiennes. Il est curieux de noter que l'anatomie descriptive ne connaît pas ces trois régions : ce n'est que depuis peu que l'examen microscopique détaillé, fait par GILLETTE, a permis de comprendre les différences indiquées par la physiologie. La partie cervicale de l'œsophage possède, d'après cet auteur, exclusivement des fibres striées ; la partie thoracique supérieure, des fibres lisses parsemées de fibres striées, et la partie tout à fait inférieure, jusqu'au diaphragme, ne contient plus que des fibres lisses.

Nos résultats concordent avec les données de GILLETTE, sauf sur un seul point ; il n'attribue à la région thoracique supérieure qu'une longueur de 6 centimètres, alors que nous admettons 10 centimètres. Il n'est pas impossible que ces différences soient dues à des variations individuelles, d'autant plus que nos recherches ne portent que sur un seul œsophage.

Cependant ces faits n'expliquent pas pourquoi, dans la partie moyenne de l'œsophage, là où les deux espèces de fibres coexistent, la contraction a également une durée intermédiaire à celle des parties supérieure et inférieure. Il semblerait que, puisque les deux espèces de fibres se contractent avec une rapidité différente, les fibres striées, se contractant d'abord, ne seraient pas revenues au repos au moment où les autres se mettent en œuvre. Il faut en conclure que les muscles lisses présentent entre eux des différences aussi considérables que les muscles striés, comme cela se voit, par exemple, pour les mylohyoïdiens et les constricteurs.

Il faut aussi noter séparément le temps qui s'écoule entre le début de la déglutition et le commencement de la contraction à l'endroit considéré. Ordinairement on donne au mouvement de l'œsophage le nom de péristaltique ou de vermiculaire. Il faudrait admettre pour cela qu'il se propage d'une façon continue ; et, si réellement il en était ainsi, il suffirait de connaître la vitesse de propagation pour pouvoir déterminer le retard en chaque point. Les tracés de la fig. 91 montrent qu'il n'en est pas ainsi. Aux endroits distants de l'entrée de l'œsophage de 2, 4 ou 6 centimètres, le mouvement commence presque simultanément, environ 1 ou 2″ après le début de la déglutition ; 2 centimètres plus bas (n° 12) il ne se montre qu'après 3″ ; par contre, toute la partie comprise entre 8 et 10 centimètres (distance de l'entrée de l'œsophage) se contracte à la fois. La courbe prise à une profondeur de 18 centimètres reporte le commencement du mouvement œsophagien à 6″ après le premier mouvement de déglutition, et plus bas (20 à 22 centimètres) un peu plus tard encore. L'œsophage pris dans son ensemble se divise donc bien nettement en trois parties : la partie supérieure, longue d'environ 6 centimètres, se contracte presque simultanément au bout de 1,2″ ; il s'écoule ensuite 1,8″ jusqu'à ce que la division suivante entre en jeu ; celle-ci mesure environ 10 centimètres, et se contracte aussi presque simultanément en tous ces points. A ce moment, une deuxième pause de 3″ précède la contraction des derniers points que nous avons examinés. Leur mouvement n'est pas aussi simultané ; mais cependant il peut être considéré comme tel, par rapport à la longueur de la pause qui précède. Ces trois divisions relatives au moment du début du mouvement correspondent exactement à celles que nous avions indiquées par rapport à la durée de la contraction.

On peut comparer l'œsophage à un cœur de scorpion, formé également d'un tube entouré de fibres musculaires, quoique muni de nombreuses fissures valvulaires. Ce cœur se contracte en huit parties (chez beaucoup d'arachnides le cœur se contracte en trois parties), qui sont peu distinctes l'une de l'autre. Chez les vertébrés inférieurs, l'amphioxus par exemple, on trouve une centaine de dilatations artérielles qui s'envoient successivement le liquide sanguin. La manière même dont le cœur de mammifère se contracte est analogue à celle que nous venons de voir. L'oreillette se met en œuvre en une fois, et, après une pause, c'est au tour du ventricule, dont toutes les parties agissent simultanément.

Considérons maintenant les deux premières parties du canal alimentaire, la région des mylohyoïdiens et celle des constricteurs, au point de vue de la transmission du mouvement. La pause qui sépare le travail de la première de celui de la seconde peut être mesurée sur les tracés pharyngiens des fig. 89 et 90. Des mensurations plus exactes, faites sur un cylindre tournant avec rapidité plus grande montrèrent qu'elle dure environ 0,3 seconde. Entre le mouvement des constricteurs et celui de la première portion de l'œsophage, il y a un repos ; on peut en calculer la durée : on sait que cette première portion commence à agir au bout de 1,2″ : si l'on en soustrait les 0,3″ que prend la première pause, on peut connaître la durée de la deuxième, soit 0,9 seconde.

Chacune des cinq parties que nous avons considérées se contracte en une fois ; toutes ces parties restent contractées pendant un temps qui est le même dans tous les points d'une même section. Les pauses qui séparent ces divers mouvements sont d'autant plus longues que les sections considérées mettent plus de temps à revenir à leur état primitif. Plus leur contraction est longue, plus le mouvement des masses alimentaires se ralentit. Nous avons déjà vu que, quand une parcelle d'aliments reste à la portée des constricteurs, ceux-ci la rejettent vers l'estomac, mais avec une rapidité beaucoup moindre que celle que le premier mouvement de déglutition a communiquée au bol lui-même (voir fig. 89 et 90). Nous pourrions dire la même chose pour la première portion de l'œsophage. Donc, si le bol alimentaire ou une partie du bol reste stationnaire en un point quelconque du canal, les muscles de la région le projettent dans la même direction que le mouvement principal ; cependant c'est avec une vitesse beaucoup moindre, et d'autant plus réduite que l'aliment se trouve plus profondément situé.

Signalons encore ce fait, que la contraction de chaque division du canal ne prend fin que quand la division suivante a déjà atteint le maximum de contraction. Dans les fig. 89 et 90, on voit que les constricteurs provoquent une élévation avant que la ligne des mylohyoïdiens n'ait regagné son abscisse. La même chose se reproduit dans les parties plus profondes (fig. 91). Cette disposition a pour effet d'empêcher le reflux des aliments : elle est analogue à celle du début de la déglutition, pendant lequel la base de la langue vient s'appliquer contre la voûte palatine et empêcher tout retour vers la bouche.

Cette combinaison remarquable de la vitesse des mouvements, de leur durée, et des pauses qui les séparent, assure la progression des aliments vers l'estomac. Pour les mylohyoïdiens, il suffit de 0,3 seconde pour les amener en contact avec la région des constricteurs ; ceux-ci n'ont pas encore commencé à se contracter à ce moment. Il faut évidemment que pour les régions suivantes les pauses deviennent de plus en plus longues, afin que les masses projetées vers le cardia trouvent les dernières sections de l'œsophage encore ouvertes. La durée des pauses, au moins pour l'œsophage de MELTZER, suit une régularité curieuse. Ainsi Meltzer remarque qu'il s'écoule entre le début de la contraction d'une section et celui de sa voisine, les temps suivants :

Entre celle des mylohyoïdiens et celle des constricteurs. . . . . $0,3'' = (1) \times 0,3$
Entre celle des constricteurs et celle de la 1re section œsophagienne. $0,9'' = (1+2) \times 0,3$
—   de la 1re section œsophagienne et celle de la 2e section
          œsophagienne. . . . . $1,8'' = (1+2+3) \times 0,3$
—   de la 2e section œsophagienne et celle de la 3e section
          œsophagienne. . . . . $3,0'' = (1+2+3+4) \times 0,3$

Ces chiffres forment une progression arithmétique du deuxième ordre dont la différence est 1 et le facteur constant 0,3. Il nous est impossible de donner une explication de la relation existant entre la durée de la contraction et la vitesse de transmission du mouvement. En effet, le premier de ces facteurs dépend évidemment de la structure des fibres musculaires, le deuxième, au contraire, dépend évidemment des organes nerveux centraux. A. Mosso[1] a montré, dans une expérience intéressante, que l'ordre des contractions des parties supérieure et inférieure de l'œsophage n'est pas modifié, même si l'on excise la partie moyenne. Chauveau avait déjà fait des observations semblables[2].

Chez des animaux pourvus d'un système musculaire à contraction rapide, tels que le lapin, le mouvement de l'œsophage se communique par un mécanisme analogue à celui qui existe chez l'homme; chez le chien, dont la musculature œsophagienne est lente, il en est de même; et extrêmement lent chez les oiseaux.

§ 3. *Cardia et partie cardiaque de l'œsophage.* — On peut regarder le cardia comme formant la sixième région du canal alimentaire. Sa fonction consiste moins à conduire les aliments jusque dans l'estomac qu'à empêcher leur retour vers l'œsophage. Les tracés graphiques ne peuvent nous donner aucune indication sur les mouvements du cardia; les derniers tracés suffisamment clairs furent obtenus par Meltzer à un endroit de l'œsophage distant du cardia de 2 centimètres. Les tracés obtenus plus bas donnent la première élévation commune à tous les tracés, mais ne présentent plus ensuite que les variations respiratoires. Le ballon pouvait à peine y être gonflé, tant à cause de l'étroitesse du canal que de la sensibilité même de la muqueuse qui ne supportait pas l'instrument, même non gonflé. Il aurait été impossible de savoir, par conséquent, si la contraction obtenue dépendait du passage des aliments ou de l'irritation mécanique causée par le ballon. Aussi laisserons-nous le cardia complètement de côté pour le moment. La facilité avec laquelle le ballon se laissait glisser à travers le cardia nous semble pourtant devoir être notée. Mosso observa le même fait chez des chiens auxquels il introduisait dans l'estomac une olive fixée à un fil de fer. « Souvent on peut la retirer de l'estomac, sans que la partie inférieure de l'œsophage oppose aucune résistance. »

Magendie[3] introduisit un doigt de l'estomac dans l'œsophage, il put se convaincre de cette façon de la forte contraction du cardia. Ce ne fut qu'au moyen d'une forte pression qu'il parvint à faire passer du chyme stomacal dans l'œsophage, à travers le cardia. Si l'œsophage est relâché, le passage des matières stomacales à travers le cardia est facile à obtenir par une pression modérée et « s'effectuera en quelque sorte de lui-même ». Schiff[4] croit, au contraire, « le mécanisme de l'occlusion du cardia un peu plus compliqué que ne le décrit Magendie. Il ne s'agit pas ici d'un simple mouvement de constriction et de dilatation, limité au niveau de l'orifice cardiaque, mais bien d'une constriction continue se déplaçant alternativement en haut et en bas dans le bout inférieur du canal œsophagien et atteignant de temps en temps, lors du retour de l'onde péristaltique, l'anneau cardiaque. » Mosso[5] ajoute : « Schiff procéda en introduisant le doigt dans l'œsophage par une fistule gastrique, et il crut pouvoir admettre dans la partie inférieure une contraction continue. Cependant ce procédé expose à des erreurs; rien que le contact d'un corps étranger dans l'œsophage aurait pu suffire à provoquer une forte irritation de l'œsophage. »

1. Moleschott's *Untersuchungen zur Naturlehre des Menschen*, XI, fasc. 4, 10.
2. Journal de Brown-Séquard, 1862.
3. *Précis élémentaire de physiologie*, II, 68.
4. *Leçons sur la physiologie de la digestion*, 1868, II, 332.
5. Il était assistant de Schiff à Florence à ce moment.

Cette explication ne peut s'appliquer à toutes les observations de Magendie. Il a dit lui-même : « Plus l'estomac est distendu, plus la contraction (de l'œsophage) devient intense et prolongée, et le relâchement de courte durée [1]. »

Meltzer vit chez des chiens, auxquels il avait introduit dans l'œsophage un des petits ballons précédemment décrits, des groupes de contractions se produire, sans que pour cela aucune nouvelle irritation soit venue les provoquer. Chaque élévation du tracé était complètement identique aux tracés que nous obtenions après une déglutition simple. Un groupe se composait de cinq à six élévations. La durée totale d'un groupe comportait de 25'' à 30'', et il se reproduisait après 40'' à 70''. Magendie a déjà décrit dès 1825, dans son traité, les contractions rhythmiques de l'œsophage; cependant ses observations ne correspondent pas aux nôtres. Voici ce que dit Magendie : « Le tiers inférieur de l'œsophage présente un phénomène particulier qu'il est important de connaître : c'est un mouvement alternatif de contraction et de relâchement qui existe d'une manière continue. La contraction commence à la réunion des deux tiers supérieurs du conduit avec le tiers inférieur; elle se prolonge avec une certaine rapidité jusqu'à l'insertion de l'œsophage dans l'estomac; une fois produite, elle persiste un temps variable : sa durée moyenne est au moins trente secondes. Contracté dans son tiers inférieur, l'œsophage est dur et élastique comme une corde fortement tendue. Le relâchement qui succède à la contraction arrive tout à coup et simultanément dans chacune des fibres contractées; dans certains cas, cependant, il semble se faire des fibres supérieures vers les inférieures. Dans l'état de relâchement l'œsophage présente une flaccidité remarquable, qui contraste singulièrement avec l'état de contraction. (Le mouvement alternatif du tiers inférieur de l'œsophage n'existe pas chez le cheval.) » Legallois[2] et Béclard, ainsi que J. Müller[3], ont confirmé cette observation. Mosso se servait de chiens chez lesquels il avait séparé la moelle allongée de la moelle cervicale; il ne put constater le même fait, ni par l'observation directe de l'œsophage mis à nu, ni en introduisant un petit ballon de caoutchouc relié à un manomètre à eau. « Si l'on introduisait le petit ballon jusqu'au niveau du diaphragme, ou même plus bas, on n'obtenait sur le tracé que les élévations dues au premier mouvement de déglutition et à la respiration [4]. » On pourrait expliquer ces contradictions : le refroidissement suffit peut-être à provoquer dans l'œsophage mis à nu des contractions toniques beaucoup plus durables que les contractions observées précédemment chez l'animal normal.

Le mode d'action du cardia peut être observé directement chez le lapin avec facilité. A l'état normal, chez ces animaux, il est complètement en repos; des excitations assez fortes parviennent à peine à le faire agir.

Cependant, chez les animaux morts récemment par hémorragie, nous avons observé quelquefois de forts mouvements du genre de ceux que Baslinger[5] a observés et décrits sous le nom de pouls du cardia.

Au cours de ces mouvements, le cardia se resserrait transversalement et s'enfonçait dans l'estomac; la partie inférieure de l'œsophage, sur une longueur d'environ 9 centimètres, se resserrait également. Pendant les pauses, nous pouvions provoquer un mouvement semblable par un léger attouchement du cardia ou de la partie inférieure de l'œsophage. Le tiraillement mécanique des parties situées plus haut n'avait aucune influence sur le cardia.

Chez des lapins très affaiblis, mais encore vivants, et aussi sur des organes récemment enlevés à des animaux sains, nous avons vu parfois des contractions spontanées du cardia; quand on avait soin de tenir cet organe humide il continuait à faire pendant plusieurs minutes des mouvements spontanés et restait légèrement excitable. Il est bien probable que le cardia contient en lui-même des centres qui dirigent la coordination de ses mouvements.

Chez le lapin, environ 2 secondes après l'élévation du larynx à chaque déglutition, le cardia se resserre, et il se reporte vers la cavité stomacale. Après ce mouvement, il ne

1. Loc. cit., 82.
2. Œuvres de Legallois, 1824, ii, 44.
3. Handbuch der Physiologie, 1844, i., 412.
4. Loc. cit., 21.
5. Moleschott's Untersuchungen zur Naturlehre, vii, 358.

revient pas au repos, mais reproduit cette contraction à des intervalles toujours de plus en plus grands et avec une intensité toujours moindre; il prend enfin une position intermédiaire entre la contraction et le relâchement.

Les mouvements du cardia terminent toute déglutition, qu'elle se produise d'une façon normale ou bien par excitation du nerf laryngé supérieur, d'après la découverte de Bidder et Blumberg [1]. Bidder dit bien que ces mouvements se distinguent des mouvements volontaires de déglutition, « parce qu'ils sont limités à la partie supérieure de l'œsophage et au pharynx, mais qu'ils ne se propagent pas jusqu'aux parties situées plus profondément ».

Meltzer a indiqué où était la cause de l'erreur. Comme nous l'avons dit, la déglutition peut être arrêtée à chacune de ses phases par le nouveau mouvement. (Bidder prétend que l'excitation un peu forte du laryngé supérieur est suivie d'une série de déglutitions successives.) Il est possible que la progression le long de l'œsophage puisse être arrêtée par les déglutitions suivantes, comme nous le verrons plus tard; spécialement chez les chats, dont Bidder se servait au cours de ses recherches, le mouvement se propage lentement. Le mouvement péristaltique qui suivit la dernière déglutition fut regardé par Bidder comme la fin d'une déglutition volontaire.

Nous avons donc le droit de considérer le cardia comme une section du canal alimentaire.

La contraction du cardia suit la déglutition, sans aucune modification quant au moment où elle se produit, ou quant à sa force, même lorsque l'œsophage est lié ou sectionné. La dépendance fonctionnelle entre l'œsophage et le cardia est donc bien telle que Mosso l'a démontrée pour des parties de l'œsophage. Si les nerfs vagues sont sectionnés, la contraction du cardia ne suit pas les autres phases de la déglutition.

Les résultats que donne l'auscultation des bruits œsophagiens chez l'homme nous permettent de croire que, *chez l'homme, le cardia est fermé à l'état normal*. Le bruit que l'on perçoit six à sept secondes après le commencement indique que le cardia se trouve normalement en demi-tonus; les fortes contractions de la troisième section de l'œsophage sont nécessaires pour faire avancer les masses alimentaires. Le cardia est animé alors de vibrations perceptibles, qui sont amplifiées par la résonance de l'estomac, ordinairement gonflé par des gaz.

Quand, au contraire, on entend peu, après le début de la déglutition, le bruit de projection des liquides traversant le cardia, il faut admettre que le cardia n'offre aucune résistance à la quantité de liquide qui est jetée jusqu'à lui, qu'il est donc entr'ouvert. En effet, les individus chez lesquels on entend ce bruit dans ces conditions ont une disposition marquée aux vomissements, sans qu'il y ait pourtant des mouvements de vomissement bien marqués, à l'occasion d'une quinte de toux par exemple; le cardia n'offre pas de forte résistance à la pression des organes abdominaux qui tendent à rejeter le contenu de l'estomac. Nous maintenons cette explication, quoique Zenker ait, depuis, insisté sur sa théorie, soutenue par A. Ewald également (v. p. 733).

Il en est de même quand il y a une éructation : le cardia cède à la faible tension de gaz que contient l'estomac. Dans ce cas, les phénomènes dont l'œsophage est le siège offrent un intérêt spécial. Les tracés de Meltzer montrent *qu'après chaque éructation se produit dans l'œsophage un mouvement de haut en bas, de même direction que pendant la déglutition, mais la partie buccale et le pharynx du canal alimentaire restent complètement en repos.*

Il y a là, de nouveau, un argument contre l'opinion de Volkmann [2], d'après laquelle le mouvement de l'œsophage est provoqué par la contraction des constricteurs du pharynx. La fig. 92 représente le tracé d'une éructation, prise dans la partie thoracique de l'œsophage, à une profondeur de 12 centimètres. Le kymographe était animé d'un mouvement plus lent que dans les observations précédentes; ce qui se voit à la ligne des secondes. A droite, se voit marqué le moment précis où s'est produit le choc que la bulle gazeuse sortie de l'estomac exerça sur le petit ballon de caoutchouc; un peu plus loin (3 à 4 secondes après), on observe la contraction de la section œsophagienne correspondante.

1. *A. P.*, 1865, 500.
2. *A. P.*, 1883, 212 et 220.

Quand le ballon était situé plus haut dans le canal, la contraction suivait l'élévation initiale de plus près ; le contraire se produisait si l'on examinait les parties inférieures ; cela prouve bien que la contraction consécutive se propageait de haut en bas ; elle offre à tous les points de vue les caractères d'un mouvement normal.

On peut constater le même phénomène chez des chiens dont l'œsophage a été préalablement mis à nu. Quand, par des exitations successives des nerfs laryngés supérieurs, l'estomac est devenu tellement rempli de gaz que le moindre mouvement suffit pour faire passer de l'air dans l'œsophage, on voit à chaque bouffée d'air une contraction parcourir tout l'organe de haut jusqu'en bas, sans qu'il y ait eu le moindre mouvement préalable de déglutition. *L'éructation en elle-même ne s'accompagne d'aucun mouvement antipéristaltique de l'œsophage ; elle est suivie d'un mouvement partiel, péristaltique, de déglutition.*

Nous n'avons jamais admis dans cet organe de mouvements antipéristaltiques, d'accord en cela avec Wild[3] et Mosso[4]. Wild et Mellinger[5] n'en ont point vu au cours de vomissement. On a dit aussi que Rühle également les nie formellement ; je n'ai pu me

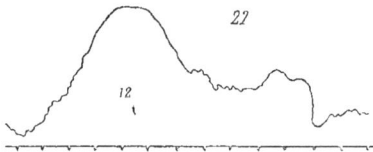

Fig. 92. — Mouvements de la deuxième division de l'œsophage pendant une éructation.

convaincre de la chose par la lecture de son important travail. Il dit[6] : « La partie inférieure de l'œsophage se contracte après une faible irritation mécanique, et se relâche aussitôt ; il est probable, par conséquent, que les substances expulsées de l'estomac provoquent une contraction qui se produit d'abord au cardia même, et, se transmettant de bas en haut, fait avancer les matières. » « Il n'est pas probable que la contraction de l'œsophage soit seule en jeu dans ce cas ; la force de la pression à laquelle l'estomac est soumis rend cette hypothèse invraisemblable. D'ailleurs, des chiens auxquels on a sectionné les nerfs vagues au cou (ce qui, d'après Dupuy, paralyse l'œsophage) vomissent souvent : c'est encore là un argument de plus. »

Il conclut : « Les contractions de l'œsophage, si elles se produisent toujours de la manière que Budge les décrit, ne doivent avoir d'autre rôle que de faciliter le rejet des matières alimentaires. *Nous pouvons apprécier exactement la valeur et le rôle de cette action adjuvante.* »

Budge[7] ne s'avance pas davantage. En décrivant sa septième expérience, il dit qu'il ouvre la cavité thoracique (sans pratiquer la respiration artificielle) pour observer l'œsophage, il lie le pylore et provoque ensuite le vomissement. Il continue : « L'œsophage tout entier cessa de se contracter, lorsque l'estomac se trouvait précisément au maximum de tension ; aussitôt il se contractait dans sa partie sus-diaphragmatique, avec une telle force que, plus haut, le canal était gonflé d'air. Ce processus continua de place en place, jusqu'au gosier. Je ne pus guère observer ces phénomènes d'une façon aussi claire lorsque j'avais versé du liquide par le pylore, et que j'exerçais des pressions plus ou moins fortes. Les substances montaient à une hauteur variable. »

Rühle a donné aussi la preuve importante de ce que « la résistance que le cardia offre aux substances contenues dans l'estomac pour les empêcher de retourner en arrière disparaît spontanément lors du vomissement. Cependant nous ne pourrions dire si nous avons affaire à un relâchement simple des fibres circulaires de cette région, ou bien si

1. *Edinburgh Med. and Surg. Journal*, Oct. 1842, 493.
2. *Müller's Archiv*, 1841, 332.
3. *Ueber die peristaltische Bewegung d. Œsophagus*, etc. Henle et Pfeiffer, v, 76.
4. *Loc. cit.*, 10.
5. *A. g. P.*, xxiv, 244.
6. *Der Antheil des Magens am Mechanismus des Erbrechens mit einem Anhange über den Antheil der Speiseröhre. Traube's Beiträge zur experimentellen Pathologie und Physiologie,* fasc. i, 1846, 1.
7. *Die Lehre vom Erbrechen,* Bonn, 1840, 54.

ce sont les fibres longitudinales dont la forte contraction surmonte la résistance des fibres musculaires et fait cesser l'occlusion. »

§ 4. *Déglutitions répétées.* — Tous les phénomènes décrits jusqu'à présent se rapportent à une déglutition isolée. Nous avons vu qu'en moins de 0″,1 l'acte principal peut être terminé, que le bol est lancé pendant cet intervalle de temps jusqu'au cardia. Nous savons également qu'entre le premier mouvement et le commencement de la

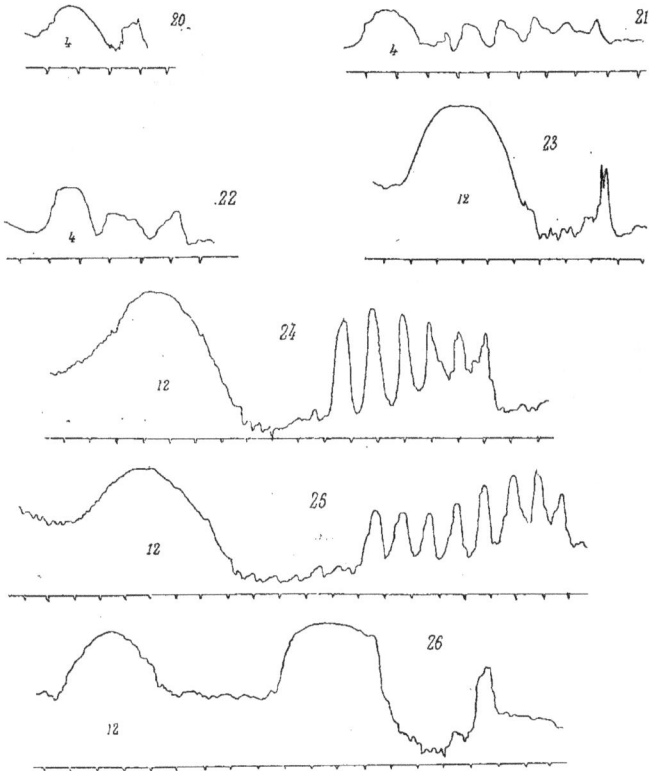

Fig. 93. — 20. Une gorgée (eau) est avalée, et son passage inscrit au moyen d'un ballon introduit à quatre centimètres de l'entrée de l'œsophage. Rotation lente du cylindre. — 21. Comme 20 : plusieurs déglutitions successives. La contraction ne se produit qu'après la sixième. — 22. Comme 21. Deuxième déglutition, au moment où l'élévation due à la contraction a déjà commencé. — 23. Déglutition simple, prise à douze centimètres (2ᵉ section œsophagienne). — 24. Déglutitions multiples, observées dans la quatrième partie de l'œsophage. — 25. Déglutitions successives, observées dans la deuxième partie de l'œsophage. — 26. Deux déglutitions, observées dans la deuxième partie de l'œsophage, la deuxième est faite après le commencement de la contraction.

contraction des constricteurs chez l'homme (Meltzer), il s'écoule trois dixièmes de seconde. A partir de ce moment, les divisions successives du canal alimentaire se contractent dans un ordre tel que chacune d'elles entre en mouvement avant que la précédente ne soit revenue au repos; il suffit pour s'en convaincre de considérer la fig. 89 (10 à 19). Il fallait rechercher aussi ce qui se passe quand une deuxième déglutition se produit immédiatement après la première, à un moment par conséquent où l'œsophage n'est pas encore ouvert. Faut-il croire que le deuxième bol est envoyé avec force, à travers les parties contractées, ou bien reste-t-il au-dessus des parties non perméables ainsi que les aliments restent normalement arrêtés au-dessus du cardia?

Les expériences faites dans ce sens nous donnèrent des résultats inattendus. Voici comment nous pourrions les résumer : *Le petit ballon se trouvant dans la première section de l'œsophage, si à ce moment le sujet exécutait deux ou trois déglutitions successives, à des intervalles moindres que 1,2", l'élévation correspondant à la contraction n'était inscrite que pour la dernière déglutition. Lorsque le ballon était situé dans la division moyenne, on pouvait porter l'intervalle des mouvements jusqu'à trois secondes, sans qu'une contraction se produisit avant la dernière déglutition ; cet intervalle pouvait être augmenté jusqu'à cinq ou six secondes pour la section inférieure de l'œsophage.*

La fig. 93 servira à confirmer ces constatations. Le n° 20 donne le tracé obtenu par le procédé de Meltzer à 4 centimètres de l'extrémité supérieure de l'œsophage; on sait qu'à cet endroit l'élévation de contraction met environ 1,2" à se manifester dans le tracé. Le n° 21 représente une série de six déglutitions successives, se suivant à environ une seconde d'intervalle. Elles ne sont suivies que d'une seule indication de contraction, après le sixième mouvement; cette dernière élévation est tout à fait semblable à celle qui se produirait si toutes les déglutitions précédentes n'avaient pas eu lieu. Les n°s 23 et 24, pris dans la deuxième partie de l'œsophage (12 centimètres de profondeur), donnent des résultats analogues. Ici, la contraction se manifeste trois secondes après la première élévation. Quand six déglutitions furent exécutées, séparées par des intervalles de une seconde, il ne se produisit également qu'*une* seule marque de contraction, quatre secondes après le dernier mouvement de déglutition. Après huit déglutitions séparées d'un intervalle de une seconde, la contraction mit six secondes à se manifester. Nous pouvons donc dire : *Toute excitation tendant à mettre en mouvement les groupes musculaires de la première partie du canal alimentaire (particulièrement les muscles mylohyoïdiens) arrête les mouvements des parties sous-jacentes.*

III. Innervation des mouvements de déglutition. — L'acte de la déglutition est un processus réflexe : il dépend donc de l'excitation des fibrilles terminales des nerfs centripètes, qui communiquent cette excitation au centre de déglutition. Celui-ci la transmet à des nerfs centrifuges, qui provoquent la contraction des muscles de la région.

N. W. Wassilieff [1] recherche quel était l'endroit duquel partait l'impulsion initiale. Marshall dit [2] : « La déglutition s'exécute après excitation des fibres sensibles du pneumogastrique dans l'arrière-gorge et des fibres sensibles du glossopharyngien à la racine de la langue et dans le voile du palais. »

Volkmann [3] considère qu'il s'agit d'un acte volontaire : « Il y a des mouvements volontaires de déglutition, qui se prolongent au delà de la cavité buccale... » « L'excitation du pneumogastrique, dit-il, même à ses racines, s'accompagne d'une contraction soudaine et forte de toute la longueur de l'œsophage, mais non d'un mouvement qui rappelle même de loin un mouvement péristaltique. Ce fait, rapproché de ce que les animaux à pneumogastriques sectionnés peuvent continuer à avaler et à manger, suffit à nous indiquer que les mouvements de déglutition dans l'œsophage ne dépendent pas de ce nerf. » — « Les mouvements combinés me semblent... ne pouvoir être mis en rapport avec un autre système que celui du sympathique. » Pour Volkmann, c'est le pneumogastrique qui détermine l'ascension de l'estomac pendant le vomissement. Wassilieff trouva qu'un léger frottement des parties médianes de la langue ou de la voûte palatine provoquant un mouvement de la langue, par laquelle celle-ci se courbe en forme de cuillère, favorisant ainsi la formation du bol alimentaire.

Importance du nerf trijumeau (nerfs palatins) au point de vue de l'excitation initiale. — Wassilieff divisa la membrane thyro-hyoïdienne de l'épiglotte chez des lapins préalablement trachéotomisés. Par cette ouverture, longue de 1 centimètre, il observait le voile du palais, qui mesure un peu plus de 3 centimètres en longueur et les tonsilles, peu développées. Derrière le bord libre du voile du palais on voit l'entrée de la

1. Wassilieff a recherché en vain dans sa propre bouche et dans son pharynx si l'attouchement de certaines parties provoquait le mouvement de la déglutition.
2. *Lecture on the nervous system and its diseases.* London, 1836.
3. *Joh. Müller's Archiv,* 1841, 348 et 357.

cavité nasopharyngienne. Plus en arrière se trouve le pharynx, dont la muqueuse est pâle, et qui est souvent masqué par l'épiglotte et le larynx. De l'ouverture produite, il était possible de toucher au moyen d'une sonde les muqueuses du pharynx, de l'entrée de l'œsophage, du larynx, de la cavité rétro-nasale, du voile du palais et de la langue.

Une petite éponge, de la grosseur d'une lentille, attachée à une sonde ou à une aiguille de dissection, servait à exciter mécaniquement la muqueuse.

Les attouchements, exécutés avec une intensité variable, aux diverses parties de la muqueuse, montrèrent que l'entrée de l'œsophage, la paroi inférieure du pharynx, la langue et la voûte palatine ne sont pas le point de départ des réflexes de déglutition. Quelquefois l'attouchement de certains points de la paroi interne du larynx, par exemple de la muqueuse de la face antérieure et de la face postérieure des cartilages aryténoïdiens, était suivi d'un mouvement de déglutition; mais des attouchements répétés restaient sans effet.

Au contraire, le mouvement se produit d'une manière certaine et régulière quand on touche la partie antérieure du voile du palais; la région sensible s'étend sur une longueur d'environ 2 centimètres et sur une largeur de 1 centimètre, depuis l'espace compris entre les amygdales jusqu'à l'os palatin. Il y a lieu d'ajouter qu'il existe une zone de 1 à 2 millimètres de largeur sur la ligne médiane, au niveau de laquelle on n'obtient rien.

Le frôlement le plus léger de ces régions est suivi immédiatement d'un mouvement complet de déglutition. Les organes qui président au réflexe semblent infatigables : Wassilieff a pu produire successivement cinquante déglutitions. Un pois mis dans la bouche est entraîné avec une grande force vers la blessure, aussitôt que la région sensible a été touchée. La contraction de l'œsophage et du cardia s'exécute après ce mouvement comme elle s'exécute chez l'animal normal. Peut-être n'est-ce pas un phénomène fortuit et dénué d'intérêt que l'existence d'une petite plaque dure, disposée à la base de la langue : précisément au point correspondant à la région sensible du voile du palais et contre laquelle elle vient probablement s'appuyer.

Wassilieff a aussi fait avaler (comme Mosso) une capsule en forme de fève qui soutenait au moyen d'une poulie un poids de 50 grammes. Aussitôt que la région sensible du voile avait été touchée, la capsule était entraînée vers le pharynx et le poids était soulevé.

L'action de la cocaïne est frappante. Une solution forte de chlorhydrate (10 à 20 p. 100) fait complètement disparaître pour assez longtemps l'excitabilité réflexe du voile du palais; les manipulations, même les plus brutales, ne provoquent plus alors aucun réflexe.

Un lapin complètement normal, dont on badigeonna par la bouche, la partie sensible du voile, au moyen d'une solution de cocaïne, était absolument hors d'état d'avaler l'eau qu'on lui avait versé dans la bouche. Cette eau séjourna dans l'arrière-bouche et une forte sécrétion de salive se produisit. Cet état dura environ quinze minutes.

Wassilieff fit une expérience analogue sur lui-même. Afin d'anesthésier la région, il avala d'abord une petite éponge attachée à un fil, et chargée de cocaïne; il la retira aussitôt après. Alors se produisit un état extrêmement pénible qui ne dura heureusement que quelques minutes. Il était absolument impossible à l'expérimentateur d'avaler de l'eau. En même temps la salive arrivait abondamment à la bouche, à tel point qu'il était obligé de l'enlever avec les doigts.

Ces expériences prouvèrent qu'en anesthésiant les extrémités du nerf sensible du conduit bucco-pharyngien, on peut rendre la déglutition impossible. On peut en conclure que cet acte ne peut être un processus volontaire, comme la respiration l'est quelquefois, mais un processus uniquement réflexe, analogue à l'éternuement.

Waller et Prévost [1] qui, parmi d'autres régions dont l'excitation provoque le réflexe de déglutition, avaient signalé un endroit situé au niveau des amygdales, sectionnèrent les

1. *Études relatives aux nerfs sensitifs qui président aux phénomènes réflexes de la déglutition* (*A. de P.*, 1870, III, 185 et 343).

deux trijumeaux et trouvèrent que cette région si sensible perdait complètement ses propriétés. Wassilieff trouva plus simple de sectionner la moelle au-dessus du centre respiratoire, et paralysa ainsi le réflexe de la déglutition. Quant aux autres parties muqueuses, dont Waller et Prévost disaient : « Elles agissent sûrement, mais se fatiguent rapidement » (les bords de l'épiglotte, la muqueuse des cartilages de Santorini), Wassilieff considéra qu'elles ne produisent le réflexe que d'une manière inconstante.

Importance du nerf laryngé supérieur au point de vue de la déglutition. — Bidder et Blumberg ont montré que l'excitation de l'extrémité centrale du nerf laryngé supérieur s'accompagne d'une déglutition[1]. Un des lapins de Waller et Prévost, dont les nerfs laryngés avaient été sectionnés, avait vécu plusieurs mois et avalait sa nourriture, quoiqu'il toussât toujours quand il prenait des liquides. Il ne mourut qu'à la suite d'opérations plus graves (section du trijumeau). Les deux premiers auteurs ont refait l'expérience sur un chat. Pendant le sommeil chloroformique, l'excitation du bout central du laryngé supérieur restait sans effet; au contraire, quand l'animal fut réveillé, chaque excitation était suivie d'une déglutition complète.

Ainsi donc l'excitation du laryngé supérieur a pour effet d'amener régulièrement la déglutition : sa destruction ne suffit pas à l'empêcher de se produire.

Waller et Prévost s'en étonnent et disent : « En voyant la facilité avec laquelle

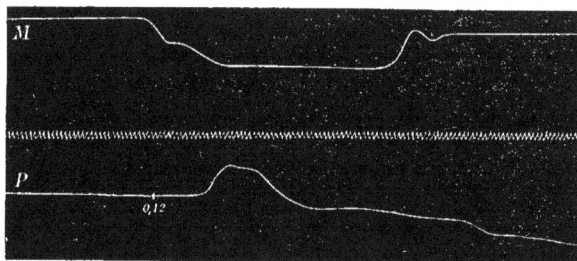

Fig. 84. — Courbe de contraction du mylohyoïdien (M) et des muscles pharyngiens (P) d'un lapin, pendant une déglutition d'eau pure. La ligne intermédiaire représente des centièmes de seconde. Dans la courbe supérieure (M) le commencement de la contraction est indiqué par la descente du levier. Dans la courbe inférieure, c'est le contraire. Durée = 0,12 sec.

s'exécute la déglutition par l'excitation du nerf laryngé supérieur ou de ses ramifications, on est étonné de ce que la section des deux laryngés supérieurs ne produise pas un plus grand trouble dans la fonction de la déglutition. La déglutition semble, en effet, être à peine gênée par cette opération, et chez le lapin nous n'avons jamais observé aucun trouble consécutif à la section des laryngés. » (Page 344.)

Ces deux auteurs ajoutent : « Nous avons été frappés dans nos expériences de la différence de sensibilité que présentent les nerfs laryngés supérieurs suivant l'animal chez lequel on les interroge. »

Rappelons-nous que, après que Wassilieff avait insensibilisé le voile d'un lapin au moyen de cocaïne, cet animal exécutait encore un mouvement de déglutition quand on lui versait de l'eau dans la bouche, mais ce mouvement était beaucoup plus rare, et apparemment plus difficile, que quand la sensibilité était normale. Il suffisait de couper les laryngés supérieurs à ce lapin pour que toute déglutition devienne impossible.

On détruisit chez un autre lapin la muqueuse du pharynx au fer rouge. Après cette opération, il éprouva quelques difficultés à avaler l'eau qui lui fut versée dans la bouche. Lorsque ensuite les nerfs laryngés eurent été sectionnés, la déglutition devint également impossible.

Il nous sembla intéressant d'examiner si les déglutitions provoquées par l'excitation de ces deux régions diffèrent l'une et l'autre, et en quoi elles diffèrent.

1. *Untersuchungen über die Hemmungsfunktion des N. Laryng. sup. (Dissert.,* Dorpat, 1865)·

Un lapin fut trachéotomisé, et dans la partie antérieure de l'œsophage on introduisit l'une des extrémités et la branche horizontale d'un tube en .J, l'ouverture symétrique restant libre, et la branche verticale, impaire, était mise en communication au moyen d'un tube en caoutchouc avec un tambour de MAREY, dont le levier inscripteur marquait la modification de pression correspondant aux mouvements de déglutition sur un cylindre de kymographe. D'autre part, les muscles mylohyoïdiens furent rattachés au moyen d'un petit crochet muni d'un fil à la membrane en caoutchouc d'un tambour récepteur de MAREY, de telle façon que la cavité du tambour était agrandie à chaque contraction du muscle. Ce tambour était relié à un autre tambour porteur d'un levier inscripteur dont la courbe se marquait au-dessus de celle que représentaient les modifications de pression du pharynx.

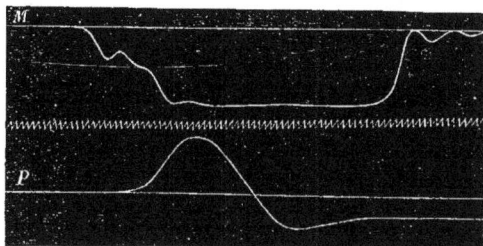

FIG. 95. — Le tracé supérieur représente la contraction du groupe mylohyoïdien. Le tracé inférieur, celui de la musculature pharyngée après l'excitation du laryngé. La ligne ondulée intermédiaire indique le centième de seconde. Durée = 0,08 seconde environ.

Un chronographe à anche[1] marquait les centièmes de seconde sur le cylindre du kymographe.

On verse une gorgée d'eau dans la bouche du lapin; la contraction des muscles mylohyoïdiens suit celle du pharynx d'environ 0,06 à 0,12″. Le mouvement de déglutition des muscles mylohyoïdiens et de la musculature pharyngienne est représenté par la fig. 94.

Chez le même lapin, les nerfs laryngés supérieurs sont ensuite disposés sur des électrodes. On met encore une gorgée d'eau dans la bouche du lapin et on excite en même temps les laryngés. — Déglutition. La fig. 95 représente l'effet obtenu :

Autre expérience. — La moelle épinière est sectionnée complètement chez un lapin (ainsi que l'autopsie le démontra) au-dessus du centre respiratoire.

La fig. 96 montre le mouvement du pharynx de cet animal, dont la respiration était normale, et qui avalait de l'eau versée dans sa bouche, sans qu'on eût à l'électriser à cet effet; au contraire les mylohyoïdiens restaient inactifs.

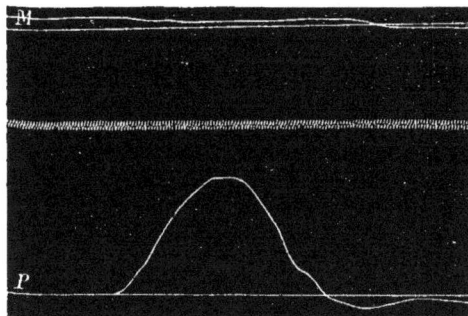

FIG. 96. — Tracé du mouvement de déglutition dans le pharynx d'un lapin dont la moelle allongée avait été complètement sectionnée au-dessus du tubercule cendré. Le mylohyoïdien (M) subit quelques tractions passives. La ligne ondulée marque les centièmes de seconde.

Ces expériences montrent que la déglutition est possible même sans la participation des mylohyoïdiens, et après que toute la partie sensible du voile du palais a été mise hors de cause.

Le centre de déglutition. — MELTZER[2] dit : Parmi les centres nombreux que contient

1. GRUNMACH, *A. P.*, 1880, 438.
2. MELTZER, *Das Schluckcentrum, seine Irradiationen und die allgemeine Bedeutung desselben.* Dissert., Berlin, *A. P.*, 1883, 210.

la moelle allongée, il y en a un qui préside à l'acte de la déglutition. La complexité de cet acte démontre par elle-même qu'il doit s'agir d'un centre étendu. Il faut en effet qu'un grand nombre de muscles, innervés par des nerfs divers, le trijumeau, le facial, le pneumogastrique et l'hypoglosse, interviennent en suivant un ordre déterminé.

Voici comment Ranvier[1] reproduit l'opinion de A. Mosso sur le début du phénomène, au point de vue nerveux : « Pour Mosso, le mouvement de l'œsophage est un mouvement réflexe qui reconnaît pour cause essentielle une irritation mécanique du pharynx. Cette irritation se transmet par l'intermédiaire des nerfs sensitifs à un centre de réflexion situé dans la moelle allongée, centre d'où partent une série d'excitations qui produisent une série coordonnée de mouvements dans l'œsophage. La direction constante de ces mouvements fait supposer l'existence d'un mécanisme qui, pour une irritation donnée, excite d'abord les nerfs de la partie supérieure, et ensuite seulement ceux de la partie inférieure. »

Ranvier donnait à cette idée le nom de la « théorie du clavier central ». Voici en quels termes (l. c., p. 345) il mentionne la théorie de Wild[2] (qui avait travaillé dans le laboratoire de Ludwig) : « La théorie à laquelle Wild et Ludwig se rattachent, tout en regrettant expressément de ne pouvoir en démontrer complètement la justesse, est une modification de la théorie des réflexes. D'après leur manière de voir, la contraction du pharynx excite le centre nerveux réflexe de cet organe; celui-ci communique alors au centre réflexe de l'œsophage une excitabilité exagérée qui le rend sensible à des excitations d'ordinaire insuffisantes et provoque par conséquent les mouvements péristaltiques. En d'autres termes, la propagation de l'excitation se fait en partie par incitation successive des centres nerveux, en partie par voie réflexe. »

Ranvier élève quelques doutes contre cette théorie : à la page 916, il dit : « Enfin, si, comme nous avons cru l'observer dans les expériences faites sur le lapin, le mouvement péristaltique de l'œsophage, une fois commencé, se poursuit, lorsqu'on a sectionné les pneumogastriques, un clavier central n'est pas nécessaire pour déterminer les mouvements associés qui caractérisent le troisième temps de la déglutition. »

« Il me semble dès lors qu'il convient de proposer une autre théorie dans laquelle on ferait jouer un certain rôle au plexus œsophagien. Si les cellules ganglionnaires de l'œsophage ne sont pas capables d'y déterminer spontanément des contractions coordonnées, elles pourraient bien recueillir et même emmagasiner une excitation motrice venue des centres et la distribuer ensuite dans un certain ordre. Nous avons vu, en effet, que le ventricule du cœur sanguin, enlevé avec ses ganglions, et séparé du corps après s'être contracté énergiquement, s'arrête bientôt, et qu'il recommence à battre pour un certain temps après chaque excitation suffisante et convenablement appliquée. Il pourrait en être de même pour l'œsophage. Néanmoins il faudrait admettre encore que l'appareil ganglionnaire de cet organe est associé d'une certaine façon avec les centres nerveux, et que les cellules qui le composent agissent les unes sur les autres de haut en bas... » Aussi faut-il admettre que s'il existe, comme je pense, un clavier périphérique, il est associé jusqu'à un certain point à un clavier central (p. 418). »

Récemment, Meltzer[3] a constaté que chez des animaux profondément narcotisés le premier mouvement de la déglutition existe seul, et n'est pas suivi d'un mouvement péristaltique œsophagien. Wild avait endormi ses animaux à la morphine, Mosso à l'éther. Or la première de ces substances s'élimine lentement, la seconde rapidement au contraire. Ce fait nous explique pourquoi Wild trouve les arcs réflexes dans l'œsophage, mais non dans le centre médullaire, qui était paralysé. Mosso, qui expérimentait sur des chiens presque éveillés, découvrit au contraire la nature centrale de la propagation du mouvement péristaltique, mais ne vit pas les arcs réflexes qui se produisaient dans l'œsophage. Basslinger déjà observa les mouvements rhythmés du cardia, étudiés plus tard par Meltzer.

---

1. Ranvier, Leçons d'anatomie générale données au Collège de France, 1877-78, Paris, 1880, 339.

2. Wild, Ueber die peristaltische Bewegung des Œsophagus, nebst einigen Bemerkungen über diejenige des Darms. (Zeitschr. f. ration. Medicin, 1846, v, 76).

3. On the causes of the orderly progress of the peristaltic movements in the œsophagus (American journal of Physiology, 1899, II, 266).

Ce fut Max Marckwald[1] qui localisa exactement le centre de déglutition. Il détruisit au moyen d'une forte aiguille la substance de la moelle allongée d'un lapin des deux côtés du raphé au niveau des extrémités supérieures des tubercules cendrés à ce moment, les actes de la déglutition étaient normaux, sauf le mouvement du mylohyoïdien, qui faisait parfois défaut. S'il approchait l'aiguille des sommets des tubercules et s'il détruisait la substance nerveuse située au-dessus et un peu en dehors de celles-ci (dans ce but, on enfonce l'aiguille ou un fin perforateur à travers le plancher du 4e ventricule, le cou étant courbé de façon que la tête soit disposée perpendiculairement au corps), il atteignait le centre de la déglutition, en laissant intact le centre de la respiration. L'examen microscopique de la région atteinte montra que la substance d'une région très circonscrite avait été détruite[2].

La figure 97 se rapporte à une expérience au cours de laquelle des déglutitions furent obtenues par l'excitation du nerf laryngé sup. gauche, alors que du côté droit telle excitation restait sans effet. La figure présente vers la droite un groupe cellulaire

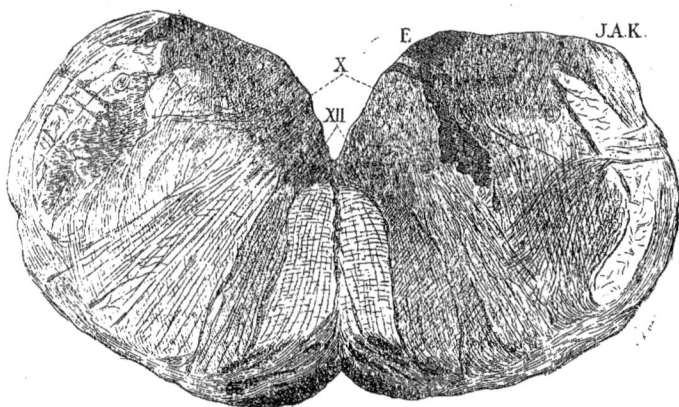

Fig. 97. — Aspect microscopique, agrandissement d'une coupe transversale de la moelle allongée du lapin, au niveau de l'extrémité inférieure des olives. — X, centre des pneumogastriques. — XI, noyaux de l'hypoglosse. — E, lésion par piqûre, remplie de sang extravasé. — JAK, partie interne du cordon cérébelleux contenant des cellules ganglionnaires.

appartenant au noyau du pneumogastrique, complètement détruit par la piqûre. De l'autre côté le groupement cellulaire est resté normal.

D'autre part Marckwald réussi de détruire le tubercule cendré et d'anéantir complètement la respiration, sans que la déglutition s'en ressentait.

Il faut noter que l'excitation directe de la moelle allongée ne provoque pas de mouvement de déglutition, ce qui dépend probablement de l'excitation simultanée de fibres motrices et de fibres inhibitrices. Marckwald faisait une coupe transversale par la moelle allongée précisément à la hauteur des extrémités supérieures des tubercules cendrés (alae cinereae). Le lapin continuait à respirer régulièrement, mais sans mouvoir ses narines. L'excitation des nerfs laryngés supérieurs ne provoquait plus de déglutition et ne causait plus d'inhibition des respirations. Il s'ensuit de là que le centre de la déglutition est situé dans le plancher du quatrième ventricule plus haut que le centre de la respiration et que dans celui-ci entrent les nerfs laryngés supérieurs de haut en bas.

Inhibition de la déglutition. — Nous avons vu dans les courbes de la figure 93

1. *Ueber die Ausbreitung der Erregung und Hemmung vom Schluckcentrum auf das Athmungs centrum* (Z. B., 1889, xxv, 529).
2. P. Véjas, *Experimentelle Beiträge zur Kenntniss der Verbindungsbahnen des Kleinhirns und der Verlauf der funiculi graciles und cuneati* (Arch. f. Psychiatrie, 1884, xvi, 1).

(p. 745) que les déglutitions fréquentes ne sont suivies que d'une contraction de l'œsophage. Meltzer a trouvé l'explication de ce fait en découvrant le nerf inhibiteur de la déglutition, le nerf glossopharyngien.

Pendant que nous tétanisions ce nerf chez des chiens, nous ne pouvions provoquer de déglutitions, ni en versant de l'eau dans la bouche, ni en irritant les nerfs laryngés supérieurs. Nous irritâmes des rameaux pharyngiens de la neuvième paire et nous trouvâmes inhibition des sections de l'œsophage.

Chez le lapin, il est facile de démontrer qu'en irritant le nerf laryngé supérieur et, immédiatement après le premier acte de la déglutition, le nerf glossopharyngien, l'œsophage reste en repos.

Le nerf glossopharyngien possède aussi un tonus. Quand on l'a coupé, l'œsophage entre en contraction tonique, laquelle peut durer plus d'une journée [1].

Irradiations nerveuses autour du centre de la déglutition. — Pendant qu'il excitait les nerfs laryngés supérieurs, Rosenthal [2] observa non seulement que la respiration était arrêtée, mais que le diaphragme exécutait certains mouvements « avortés, saccadés ». Bidder [3] indique que l'excitation du laryngé supérieur était suivie non seulement d'un mouvement de déglutition, mais aussi de mouvements respiratoires passifs, avortés. Steiner [4] leur donne le nom de *Schluckathembewegungen* (mouvements respiratoires par déglutition). Marckwald [5] montre que ces mouvements avortés sont dus à une excitation irradiée du centre de la déglutition vers le centre de la respiration; l'excitation inhibitrice qui suit immédiatement les arrête aussitôt.

Dans sa dissertation (1882) Meltzer établit :

1° A chaque mouvement de déglutition, les contractions du cœur sont accélérées. Plus les déglutitions sont nombreuses, plus leurs intervalles sont diminués, plus les pulsations sont fréquentes. Après cette période, le pouls devient plus lent qu'il ne l'était avant l'expérience ;

2° La pression sanguine baisse pendant la déglutition ;

3° En même temps, le besoin de respirer semble diminué ;

4° La déglutition arrête les douleurs (pendant le travail de l'accouchement) ;

5° Elle provoque une inhibition sur l'érection. Même le hoquet peut être arrêté par des mouvements de déglutition.

Voies nerveuses centrifuges. — Le nerf pneumogastrique contient des fibres centripètes et des fibres centrifuges. Les muscles qui exécutent le premier temps de la déglutition sont surtout innervés par la troisième branche du trijumeau. Le pharyngé reçoit les impulsions motrices par le rameau pharyngé du nerf vague, et la partie cervicale de l'œsophage du nerf laryngé inférieur.

Lüscher [6], a étudié ces diverses questions en détail.

Les délicates fibrilles qui se rendent à l'œsophage peuvent être divisées en trois groupes :

La branche inférieure du pneumogastrique se ramifie tout près de son entrée dans la substance musculaire; elle se divise souvent, aussitôt après sa sortie du tronc nerveux, en deux filets minces. Il se peut que d'autres rameaux encore se rendent du vague à l'œsophage. Toutefois ils sont presque invisibles à l'œil nu, et ne sont pas aussi constants. Le rameau supérieur envoie encore, outre les fibres destinées aux muscles du larynx, deux petits rameaux à la partie supérieure de l'œsophage.

Tout récemment, W. Mühlberg a fait des recherches sur l'innervation de la partie thoracique de l'œsophage. Ses résultats n'ont pas encore été publiés ; mais ils furent communiqués au Congrès de la *British Association for the advancement of science* à Douvres en septembre 1899. Mühlberg a étudié la disposition et la fonction des rameaux œsophagiens du nerf pneumogastrique, chez le chien et chez le lapin.

1. *Monatsberichte der Berliner Akademie d. W.*, 1884, S.
2. Rosenthal, *Die Athembewegungen und ihre Beziehungen zum N. vagus*, Berlin, 1862.
3. F. Bidder, *Beiträge zur Kenntniss der Wirkungen des N. laryngeus super.* (*A. P.*, 1865, 492).
4. J. Steiner, *Das Gegenseitige Verhalten der Centren der verlängerten Marks.* (*Biol. Centr.*, 1887, 678).
5. Marckwald, *loc. cit.* 48 et 49.
6. Lüscher, *Ueber die Innervation des Schluckactes* (*Z. B.*, 1897).

La distribution de ces nerfs offre une grande analogie dans les deux espèces animales. La région thoracique de l'œsophage est bien plus riche en nerfs que la partie cervicale. Vers sa partie moyenne, les vagues se divisent en deux branches : la branche moyenne de chaque côté croise obliquement la branche correspondante de l'autre nerf à la hauteur et en avant de l'union du tiers moyen et du tiers inférieur de l'œsophage; ces deux branches se réunissent enfin non loin du cardia, derrière l'œsophage, et émettent de là leurs rameaux sur la région avoisinante.

Moi-même, je trouvai chez le lapin des rameaux nerveux autrement disposés (fig. 97).

Les branches œsophagiennes finissent par se distribuer au cardia et à la petite courbure de l'estomac. La figure 98 représente leur distribution chez un chien de moyenne dimension, en demi-grandeur nature.

MÜHLBERG constata en outre la présence de branches sympathiques non représentées sur la figure, qui partent du ganglion cœliaque supérieur, et se rendent au nerf pneumogastrique gauche qu'ils accompagnent ensuite jusque dans le cardia et dans la paroi stomacale.

TH. V. OPENCHOWSKY[1] vit sur le cardia du lapin jusqu'à onze gros amas ganglionnaires, tandis que d'autres amas étaient distribués sur la surface de l'estomac. La branche stomacale du vague droit envoie tous ses rameaux au plexus d'AUERBACH ; le vague gauche envoie aussi quelques fibres à ce plexus par sa commissure avec le vague droit; le plexus innerve directement les muscles.

Seules, quelques fibres se terminent au cardia sans comporter aucun ganglion, et se séparent du vago-sympathique à son niveau[2]. Chez l'homme les nerfs sont disposés de la même façon ; toutefois la quantité de nerfs et d'amas ganglionnaires qui existent entre la couche externe, à fibres longitudinales, et la couche moyenne, à fibres circulaires, est moins grande.

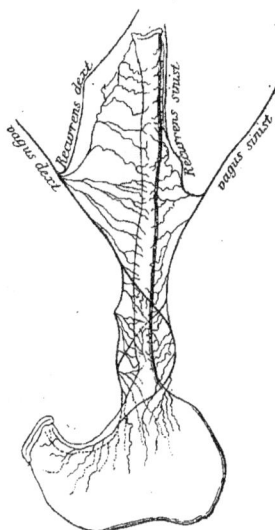

FIG. 98. — Disposition des rameaux œsophagiens des pneumogastriques chez le chien (en demi-grandeur nature). Les nerfs sont tirés de côté pour les faire distinguer.

Physiologie de l'innervation périphérique. — Nous avons parlé plus haut du centre de la déglutition (p. 749) et des voies nerveuses centripètes. En réalité il n'y a pas de fibres centrifuges dans la moelle spinale. KRONECKER et MELTZER purent sectionner la moelle cervicale à l'extrémité du calamus scriptorius chez des lapins respirant artificiellement, sans que la déglutition fût compromise.

Depuis VOLKMANN[3] on sait que, chez des animaux dont on a sectionné les nerfs vagues dans la région cervicale, la déglutition est devenue impossible, et que la nourriture s'arrête dans l'œsophage paralysé. Le cardia reste fermé.

Voulant connaître l'origine des fibres motrices de l'œsophage, KREIDL[4] coupa chez divers lapins les faisceaux d'origine des IXe, X^e et XIe nerfs crâniens. Les muscles de la déglutition étaient paralysés après la section du faisceau supérieur. Seulement celui-ci contient également, d'après GROSSMANN et RETHI, les faisceaux ou nerfs régulateurs de la respiration, ainsi que les nerfs moteurs du cricothyroïdien.

RETHI[5] considère que les muscles stylopharyngiens sont extrêmement importants, parce que leur contraction élargit le pharynx et contribue à exercer une aspiration sur

1. *Verhandl. der physiol. Gesellsch. zu Berlin, A. P.,* 1883, 455 et 1889, 549. *Centralbl. f. die med. Wissenchaften,* 1883 et *Centr. f. Phys.,* 13 avril 1889.
2. *Congrès international des sciences médicales,* 8e session, Copenhague, 1884. *Comptes rendus de la section de physiologie,* Copenhague, 1885, 103-105.
3. *Wagner's Handwörterbuch der Physiologie,* 1844, II, 583.
4. *Die Wurzelfasern der motorischen Nerven der Œsophagus,* LXI, 9-16.
5. *Sitzungsber. der Oest. Ak. Wiss.,* 1891, ch. 3, C., 361-404.

le bol. Ces muscles sont innervés en haut par le nerf stylopharyngien, en bas par le nerf laryngé moyen. Les faisceaux nerveux pénètrent dans le tronc du pneumogastrique dès le trou déchiré; ils s'en séparent pour entrer dans la composition des rameaux pharyngiens. Leur branche supérieure innerve le muscle péristaphylin interne; d'autres branches des rameaux pharyngiens se distribuent aux constricteurs du pharynx. Un rameau inférieur (moyen chez le chien) innerve les muscles pharyngostaphylins, dont une branche est destinée au muscle glossostaphylin.

Innervation de la partie cervicale de l'œsophage. — Chauveau[1] montra que le nerf laryngé inférieur contient des fibres centripètes et centrifuges.

J. Steiner fait remarquer que les carnivores sont dépourvus des branches centripètes dans les nerfs récurrents.

Les branches motrices innervent la partie cervicale de l'œsophage absolument de la même façon que tous les autres nerfs innervent les muscles volontaires : une excitation unique est suivie d'une contraction unique et des excitations interrompues produisent le tétanos. Les trois faisceaux nerveux de chaque côté se distribuent chaun à un tiers de l'œsophage, cependant les limites de ces territoires sont innervés par les deux nerfs à la fois.

Innervation de la partie thoracique de l'œsophage. — W. Mühlberg a découvert que le curare paralyse les parties supérieures du canal alimentaire, mais non la partie inférieure. Chez le lapin curarisé, de l'eau introduite dans la bouche ne provoque aucun réflexe de déglutition; l'excitation des nerfs laryngés supérieurs ne provoque aucun mouvement des muscles supérieurs; tout au plus le larynx est-il légèrement élevé. Les portions thoraciques et abdominales de l'œsophage sont légèrement tirées vers le haut *pendant l'excitation* du nerf. Environ deux secondes *après la fin* de cette excitation, le cardia se contracte, même assez fortement. De même, le cardia ne réagit à l'excitation de l'extrémité périphérique du nerf pneumogastrique sectionné, qu'après la cessation de celle-ci, même si sa durée a été de huit à dix secondes.

L'excitation directe du cardia s'accompagne d'une contraction immédiate.

Si, toujours chez l'animal chloralisé, on interrompt pendant quelque temps la respiration artificielle, la période d'asphyxie qui suit a souvent pour résultat d'augmenter l'intensité des contractions et des relâchements du cardia (Pulsations de Baslinger).

Tout récemment, Meltzer[2] a trouvé le moyen d'expliquer les différences qui existent entre les résultats de Wild, qui employa des animaux profondément narcotisés, et ceux de A. Mosso qui les soumettait à une éthérisation légère. Chez les uns, le premier acte de la déglutition n'est suivi d'aucun mouvement des organes situés plus bas, alors que l'excitation de l'œsophage lui-même provoque des mouvements réflexes.

H. KRONECKER.

DÉGOÛT. — Définition.

— Le dégoût est tout simplement la répulsion du goût; car les objets extérieurs peuvent provoquer en nous des sentiments soit d'appétition, soit de répulsion. Dans sa forme la plus simple, le dégoût est la répulsion pour certains objets introduits dans la bouche et devant servir à notre alimentation. Mais, ainsi que nous allons le voir, ce même sentiment de répulsion s'adresse à des objets qui n'ont rien à faire avec l'alimentation, de sorte que le langage, se conformant à l'identité du sentiment, l'exprime par le même terme de répulsion.

Les objets désagréables au goût ne sont pas toujours ceux qui provoquent avec le plus d'intensité le sentiment du dégoût. Ainsi une substance très amère ou très acide va provoquer des sentiments d'amertume et d'acidité qui seront au moins, chez l'homme, assez peu semblables au dégoût proprement dit.

Nous laisserons donc ici de côté l'étude de la sensation gustative normale (V. Goût), et nous étudierons spécialement la sensation de dégoût, souvent tout à fait distincte de la sensation d'amertume ou d'acidité.

Signes du dégoût. — Quoique le dégoût doive être souvent dissocié de l'amertume,

---

1. *Comp. Rend.*, 1862, 1. *Journal de la physiologie*, 347.
2. *On the causes of the orderly progress of the peristaltic movements in the œsophagus.* *Amer. Journ. of Phys.*, II, 1899, n. 3, 166.)

dans une certaine mesure ces deux sensations se confondent; notamment, chez les animaux, il est impossible d'étudier la sensation de dégoût autrement qu'en leur mettant sur la langue des liqueurs ou des substances amères. L'excitation spéciale des papilles gustatives détermine alors aussitôt tout un ensemble de réactions réflexes (réflexes psychiques) qui seront à peu près toujours les mêmes. Efforts pour se débarrasser de la substance amère, salivation abondante, grimaces, déglutitions fréquentes, nausées même, allant parfois jusqu'au vomissement.

Il en est ainsi chez l'homme. Un dégoût intense est accompagné d'abord de mouvements expulsifs du côté des voies digestives, impossibilité de la déglutition et spasme pharyngien, salivation abondante, puis état nauséeux, puis vomissements. Mais l'excitation, si elle est forte, dépasse bientôt la sphère des nerfs moteurs des premières voies digestives, et tout l'appareil organique est ébranlé. Le cœur se ralentit; l'iris se dilate; la sueur perle à la surface de la peau; les capillaires du derme se rétrécissent; l'intestin se contracte; les membres tremblent. En somme, ce sont les symptômes qui accompagnent la nausée et le vomissement (V. **Vomissement**). D'une manière générale, ce sont phénomènes d'arrêt et d'inhibition : la peur, la douleur, le dégoût, à ce point de vue sont des sentiments assez voisins, et qui aboutissent à peu près aux mêmes phénomènes organiques, phénomènes tout à fait distincts de ceux que provoque l'appétition, sous ces diverses formes. L'appétition est plutôt dynamogénique; la répulsion est plutôt inhibitoire.

Sous cette forme absolue la proposition serait erronée; car la peur, la douleur et le dégoût, et la colère surtout, qui est un autre sentiment de répulsion, augmentent parfois les forces de l'être, au lieu de les diminuer; mais à la condition que ces sentiments ne soient pas poussés trop loin, car, dès qu'ils atteignent une certaine intensité (en exceptant la colère, bien entendu), les sentiments répulsifs paralysent (V. **Douleur**). Plus que tout autre, le sentiment du dégoût, s'il est très fort, suspend les opérations organiques et paralyse les forces.

Dégoût dans l'alimentation. — A. *Influence de l'hérédité.* — D'une manière tout à fait générale, le dégoût ne s'exerce pas pour les substances alimentaires utiles à notre nourriture. Il serait absurde de concevoir des êtres ayant aversion pour ce qui peut ou doit les nourrir. Si les nouveau-nés des mammifères avaient du dégoût pour le lait, ils ne pourraient pas vivre. Si nous avions du dégoût pour les aliments divers, viandes, fruits, légumes, pain, lait, œufs, nous ne pourrions pas nous nourrir : de sorte qu'il faut tout de suite établir cette première proposition qu'il n'y a pas de dégoût pour les aliments.

Mais cette proposition est tellement générale qu'elle ne signifie pas grand'chose; car il existe chez les animaux comme chez les humains d'inexplicables dégoûts.

Laissant de côté pour le moment les bizarreries et fantaisies individuelles, peut-être plus faciles à expliquer qu'on ne se l'imagine, nous voyons chez les animaux d'espèces différentes des diversités de goût assez étranges.

Tels aliments, qui seraient cependant excellents, sont repoussés énergiquement par telle ou telle espèce animale. On sait qu'on peut nourrir des herbivores avec de la viande, et des carnivores avec des fruits : cependant on ne peut facilement substituer une alimentation nouvelle à l'alimentation habituelle. Les singes se refusent en général à manger de la viande; de même que les lapins et beaucoup de ruminants. Inversement, à un carnassier on ne fera pas manger sans peine des légumes ou des fruits. Les animaux domestiques ont pourtant été peu à peu habitués à se nourrir à notre gré; mais là encore le goût, transmis par l'hérédité, persiste. Des chiens et des chats, quoique ayant depuis leur enfance l'habitude du pain et des pâtées, préféreront toujours la viande à cette nourriture, la seule qu'ils connaissent cependant. Des oiseaux insectivores courent risque de mourir de faim à côté d'une pâtée de farine, pâtée qu'ils seraient cependant parfaitement capables de digérer. Des poissons carnivores, quelle que soit leur faim, n'attaqueront jamais une boulette de pain, encore que cette boulette de pain soit aussitôt recherchée par des poissons herbivores dont le système digestif n'est pas très différent du système digestif des carnivores.

L'habitude ne suffit pas pour expliquer ces divergences; car souvent des aliments non habituels sont immédiatement acceptés. Par exemple, si, à certains poissons qui n'ont jamais assurément consommé de gastéropodes terrestres, on vient à donner un limaçon, ils se précipiteront sur cette proie, et l'avaleront comme si c'était une proie ordinaire. Les serpents, dit-on, boivent le lait avec avidité : les chats aiment la viande de poisson ; ce sont là cependant pour les poissons, les serpents et les chats des aliments inhabituels. Il est vrai qu'on doit supposer certaines similitudes dans la saveur et l'odeur entre ces aliments nouveaux et les aliments dont ils ont l'habitude. Mais cela est encore insuffisant ; car, malgré les habitudes, la diversité des goûts persiste. Les éleveurs d'oiseaux rares attribuent une grande part du succès de leur élevage à la nourriture spéciale qu'ils parviennent à trouver pour telle ou telle espèce, et les pêcheurs savent bien que, suivant la nature de l'amorce qu'il mettent, ils prendront telle ou telle espèce de poisson. Assurément ce ne sont pas là des différences dans les facultés digestives, encore moins dans les proportions de carbone et d'azote contenues : ce sont surtout des différences dans le goût.

Il est vrai aussi que l'absence de goût pour un aliment n'est pas tout à fait identique au dégoût. Pourtant ces deux sentiments doivent être assez voisins. Si un chat ne mange pas le morceau de pain qu'on lui offre, et si un lapin ne se décide pas à manger la viande crue hachée qu'on met près de lui, je m'imagine que le chat éprouve presque du dégoût pour le pain, et le lapin pour la viande.

En tout cas, il est assez rationnel de supposer que l'hérédité a transmis ces appétitions ou ces répulsions du goût d'une espèce à l'autre ; et ce qui nous doit fortifier dans cette opinion, c'est que le chien, par exemple, animal essentiellement carnivore, mais depuis plusieurs siècles domestiqué, peut très bien être nourri du pain et des légumes, exactement comme un herbivore. Le goût ou le dégoût pour telles ou telles substances sont donc, dans beaucoup de cas, phénomènes d'hérédité ; instincts, certes, mais instincts acquis.

Il va de soi que le dégoût, comme tous les phénomènes de l'être, est variable avec notre état physiologique. Dans l'état de satiété, après un copieux repas, les aliments nous inspirent une vraie répulsion. Les malades non seulement n'ont pas d'appétit en général, mais encore ressentent un vrai dégoût pour les aliments qu'on leur présente. Les médecins savent que les tuberculeux, par exemple, ne peuvent se résoudre à manger : la viande notamment leur inspire une vraie horreur, voisine du dégoût. Parfois même la déglutition de la viande leur devient impossible.

Un fait intéressant à noter, c'est que, chez les malades, certaines habitudes essentiellement factices, par exemple celles de l'alcool et du tabac, deviennent insupportables. Les fébricitants préfèrent à toute boisson l'eau pure, et rejettent absolument le vin. De même ils ne fument plus, car la fumée de tabac leur est devenue odieuse. Ces deux petits faits prouvent bien à quel point sont artificiels ces goûts de l'alcool et du tabac qu'on ne réussit à développer que par une longue et perverse éducation.

B. *Influence de l'habitude.* — Il n'est peut-être pas de sentiment pour lequel l'habitude joue un rôle plus important. Cela se voit bien sur les animaux et sur l'homme.

Chez les animaux on peut, avec des ménagements et de la patience, arriver à leur faire ingérer des aliments très différents des aliments normaux. On a habitué des chevaux, voire même des lapins, à manger de la viande : on peut faire prendre de l'alcool à des chiens, à des éléphants, à des singes ; et ils finissent à la longue, paraît-il, par ingérer avec plaisir des boissons spiritueuses. Pour les oiseaux aussi on fabrique des aliments artificiels auxquels ils finissent par s'habituer.

Mais c'est surtout pour l'homme que l'habitude et l'éducation exercent une influence prépondérante. Au point de vue du goût le jeune enfant est extrêmement malléable, et très facilement, sauf exception bien entendu, on peut lui donner du goût pour tels ou tels aliments, comme on le désire. Quand on vit dans un pays ayant certaines habitudes culinaires, on finit par prendre ces mêmes habitudes, et par s'en faire une seconde nature, suivant l'adage vulgaire. Les usages culinaires nationaux sont toujours préférés par les personnes d'un certain âge, qui depuis longtemps en ont adopté l'habitude.

De là cette répugnance, pour les adultes, même souvent pour les jeunes gens, à prendre des aliments auxquels ils ne sont pas habitués. J'ai vu des personnes avoir presque des nausées de dégoût à la vue de viande de cheval qu'on mettait devant eux. N'est-ce pas franchement absurde, si l'on peut parler d'absurdité pour un phénomène tout à fait involontaire? Les chiens que mangent les Chinois nous paraîtraient assurément un mets peu engageant : pourtant nous consommons de la viande de porc, animal assurément aussi peu délicat que le chien dans le choix de sa nourriture. Pour beaucoup de personnes, les grenouilles et les limaçons sont des aliments répugnants; et pourtant ceux-là mêmes que les limaçons dégoûtent consomment des huîtres vivantes; entre un gastéropode terrestre, et un acéphale marin, je ne vois bien la différence de répulsion qui peut exister, sinon que nous avons l'habitude des uns et non l'habitude des autres. Je suis même convaincu qu'on habituerait sans peine des enfants, en commençant dès la première enfance à leur faire trouver du goût aux chenilles, limaçons, lézards, sauterelles, et autres animaux que nous considérons comme répugnants.

Il y aurait peut-être ici lieu d'examiner comment il faut faire aux enfants l'éducation de leur goût. Mais cette étude nous entraînerait trop loin. En pareille matière, d'ailleurs, le bon sens nous indique nettement qu'il faut les habituer, autant que possible, à manger de tout, et à ne pas avoir de répugnance, certainement injustifiée, pour tels ou tels aliments comestibles.

L'éducation et l'habitude peuvent aussi s'exercer dans un mauvais sens, et faire adopter par l'usage des substances qui assurément sont nocives. Il est certain que l'alcool est un poison, et que les boissons alcooliques au premier abord répugnent. On ne parvient qu'à grand'peine à faire avaler du vin ou des liqueurs vineuses ou spiritueuses à des animaux; mais l'homme est un animal déraisonnable, et il a eu cette idée étrange de s'habituer et d'habituer ses enfants à considérer ces boissons vineuses et spiritueuses (bière, kvas, vin, absinthe, cidre, etc.), comme succulentes, si bien que peu à peu l'habitude se prend chez l'enfant d'user de vin ou de bière à ses repas. Il faut qu'il fasse un certain effort pour surmonter sa répugnance; mais on l'exhorte, on l'encourage, on ne lui permet pas d'avoir son goût propre, et il fait comme ses parents et ses grands-parents; il boit du vin et de la bière pour imiter ceux qui l'entourent, et il finit ainsi, lui aussi, par contracter cette funeste habitude, pour la transmettre, plus tard, par une même vicieuse éducation, à ses enfants. Qui sait même si, par le fait d'une hérédité datant de plusieurs siècles, le goût très anormal pour le vin et pour l'alcool n'existe pas déjà en lui?

Il faut en dire autant du tabac qui est certainement un poison, et pour lequel on finit par prendre du goût, encore qu'au début ce soit le dégoût qui domine.

Pour l'alcool comme pour le tabac, l'éducation du goût est absolument antirationnelle, et elle conduit à cette constatation assez étrange que, seul parmi les êtres vivants, l'homme fait usage pour son alimentation de substances manifestement nuisibles.

C'est aussi une bien étrange aberration du goût, entretenue par une éducation ridicule, que d'employer comme aliment des viandes *faisandées*, autrement dit pourries. Cet usage absurde ne saurait trouver aucune justification.

Rapports du dégoût avec la toxicité. — L'habitude, l'éducation, l'instinct, l'association des idées exercent donc leur influence pour diriger notre goût. Mais ce sont là des éléments contingents, accidentels; et il est possible de dégager l'élément constant de ces influences accessoires. Nous avons exposé cette théorie naguère (*L'homme et l'intelligence. Essai sur les causes du dégoût*, 1883); nous la reproduirons ici en résumé, et avec les modifications et additions qui nous paraissent nécessaires.

En général, les substances toxiques sont désagréables au goût : c'est un principe qui ne souffre que peu d'exceptions.

La plupart des alcaloïdes sont amers : et les alcaloïdes sont pour la plupart très toxiques. Strychnine, morphine, aconitine, nicotine, quinine, vératrine, tous ces poisons redoutables sont très amers, si bien qu'on ne pourrait par mégarde s'empoisonner avec ces substances, si l'on n'en masquait pas le goût par des saveurs fortes et agréables.

Les végétaux toxiques sont désagréables au goût. Dans un champ du Nouveau-Monde, où croissent des herbes que ni lui ni ses ancêtres n'ont connues, le cheval ou le bœuf ne s'empoisonneront jamais; car les plantes qui leur seraient nocives ont précisément une saveur désagréable. Jamais un singe ne s'empoisonnera, même si l'on mélange des herbes vénéneuses ou des fruits toxiques à sa nourriture. Il est évident que c'est l'instinct qui le protège, et non l'intelligence. Mais le dégoût instinctif est là qui lui fait trouver amères et désagréables les substances toxiques.

Assurément il y a des exceptions à cette loi. On sait que des enfants se sont parfois empoisonnés avec des fruits de belladone. Mais l'alcaloïde de la belladone est tellement toxique pour l'homme que les doses nocives sont assez faibles pour pouvoir être encore insipides. Et puis, l'homme, dont l'instinct gustatif est, par une éducation souvent défectueuse, perverti depuis plusieurs siècles, se trouve être de tous les animaux le moins bien doué pour la distinction de ce qui est toxique et de ce qui ne l'est pas. Les champignons vénéneux sont souvent impossibles à distinguer des champignons alimentaires, et nul dégoût particulier ne nous met en éveil pour nous prémunir. L'acide cyanhydrique, qui existe dans les végétaux, et qui est très toxique, a plutôt, à dose très faible, une saveur agréable; mais il faut ajouter qu'il ne se trouve probablement dans aucune plante à dose véritablement toxique. Ce qui est certain, c'est qu'aucun animal ne s'empoisonne, s'il est abandonné à lui-même, par les poisons végétaux; le goût et le dégoût l'avertissent de ce qui est inoffensif et de ce qui est toxique.

Même ce dégoût que nous inspirent les poisons végétaux, les poisons minéraux nous le donnent aussi. Les seuls sels que nous goûtions sans déplaisir sont les sels de sodium et de potassium, qui en réalité entrent dans l'alimentation et font partie intégrante de nos tissus : encore faut-il que la solution ne soit pas trop forte. Quand la dose pourrait devenir dangereuse, dépassant environ 2 ou 3 p. 100, la saveur devient extrêmement désagréable et très amère. Les autres sels solubles exerceraient une action nuisible, et le goût nous en avertit. Les sels de magnésium sont d'une amertume insupportable. Les sels de fer, de mercure surtout, sont odieux, même à très faible dose. Les sels de plomb sont d'une saveur légèrement sucrée, mais cette saveur astringente est très désagréable. GALIPPE, qui a fait beaucoup d'expériences sur le cuivre, dit qu'on ne peut empoisonner des chiens avec les sels de ce métal, car ces animaux finissent par avoir une répulsion invincible pour les pâtées dans lesquelles on a introduit du cuivre même à assez faible dose.

Il n'y a parmi les substances minérales, à la fois toxiques et insipides, d'exception, semble-t-il, que pour l'oxyde de carbone, qui, même à un demi-millième dans l'atmosphère, est déjà dangereux. Mais cette exception est facilement explicable. L'oxyde de carbone n'existe pas dans la nature, et nul instinct, nulle accoutumance n'ont pu se transmettre d'âge en âge aux animaux ou aux hommes pour les avertir de se préserver d'un gaz qui ne se produit que dans les préparations industrielles, qu'aucune plante n'exhale, qu'aucune décomposition naturelle ne produit.

Il est très intéressant de rapprocher de l'oxyde de carbone, tout à fait inodore, un autre gaz très odorant et également toxique : c'est l'hydrogène sulfuré. Il est permis de supposer que, si l'hydrogène sulfuré exerce sur le sens de l'odorat une action si énergique, c'est parce qu'il se produit dans les fermentations putrides, microbiennes, pour lesquelles le dégoût est très marqué, ainsi que nous allons le voir.

Rapports du dégoût avec la nocivité. — Il n'y a pas seulement danger pour l'être dans les poisons; les animaux venimeux et les parasites sont encore pour lui plus redoutables. Or le dégoût s'exerce énergiquement contre les êtres pourvus de venins, et contre les parasites, quels qu'ils soient.

Les serpents, qui comptent tant d'espèces venimeuses, sont un objet de dégoût pour la plupart des hommes. Dégoût ou peur ici se confondent. Ayant introduit une inoffensive anguille dans une cage où se trouvaient plusieurs singes, j'ai été étonné de l'irrésistible et comique frayeur que les singes ont aussitôt manifestée. En général, les reptiles, à peau visqueuse et gluante, les animaux à forme de serpents, nous inspirent une vive horreur. Cependant, nous consommons comme aliments des anguilles, murènes, congres, poissons ayant forme de serpents. Mais il a fallu sans doute vaincre un premier sentiment d'instinctive répulsion.

Les parasites, et spécialement les parasites microbiens, sont bien autrement dangereux que les serpents. Pour nous prémunir contre eux, nous ne sommes pas désarmés : car la plupart des fermentations microbiennes dégagent des gaz dont l'odeur est fétide et inspire un vif dégoût. Il suffit qu'une matière organique soit abandonnée à elle-même pour qu'aussitôt la putréfaction s'en empare; les microbes de toutes sortes y pullulent en quelques heures. En quelques heures l'odeur appétissante du fruit frais, ou de la viande saine, se transforme en odeurs nauséabondes insupportables, qui peuvent provoquer même la nausée. Les corps volatils des décompositions microbiennes représentent peut-être les substances les plus répugnantes, à l'odorat et au goût, qui existent dans la nature entière. L'hydrogène sulfuré, que la réduction des sulfates et des albumines sulfurées dégage de ces putréfactions, quelque fétide qu'il soit, est peut-être encore moins répugnant que les divers gaz de la putréfaction.

Pourtant, ces corps n'ont aucune fétidité en eux-mêmes. C'est une appréciation, presque un jugement de notre sensibilité, qui nous les fait paraître fétides.

Il paraît bien probable que ce jugement est conforme à la finalité des êtres. Une viande putréfiée est toxique, aussi bien par les microbes qu'elle contient que par les ptomaïnes sécrétées, poisons énergiques, et plus redoutables encore que les alcaloïdes végétaux. Par conséquent, l'instinct est en rapport avec la finalité de l'être, et il avertit du danger des substances putréfiées.

Certes il y a des exceptions. Certains oiseaux de proie s'attaquent surtout aux charognes. L'hyène et le chacal ne se nourrissent guère que de cadavres souvent infects; Les crustacés marins s'alimentent avec des poissons presque pourris. Surtout les animaux, comme les mouches et les vers, qui ne vivent que de substances décomposées, n'ont aucun dégoût pour ce qui est pourri. Loin de là. Un cadavre corrompu, dangereux pour l'homme et répugnant pour lui, est pour une mouche une nourriture délicieuse. Mais ces deux instincts, qui paraissent si différents, sont en réalité déterminés par la même loi de finalité. Comme le dit H. MILNE-EDWARDS, la nature, avare de moyens, est prodigue de résultats.

Par là s'explique probablement le sentiment d'horreur, de dégoût presque, qu'inspire un cadavre, même lorsque la putréfaction n'a pas commencé et qu'il n'exhale aucune odeur. DARWIN raconte qu'il allait souvent au bord d'une rivière, à un endroit où l'on retirait quelquefois des noyés, et qu'il cherchait à voir les sentiments éprouvés par les jeunes enfants jouant sur la rive à la vue des cadavres qu'on retirait de l'eau. Chez les plus jeunes, qui n'ont pas encore compris ce qu'est la mort, il n'y avait que de l'indifférence. Au contraire, ceux qui étaient plus âgés semblaient se détourner avec une sorte de répulsion.

En général, les animaux n'éprouvent ni dégoût, ni frayeur à la vue d'un cadavre, même si le cadavre est celui d'un animal de leur espèce. Dans nos laboratoires, les lapins, les chats, et même les chiens, sont absolument indifférents devant les cadavres d'individus de leur espèce.

Même beaucoup d'animaux carnivores se mangent entre eux, quoique le proverbe dise le contraire pour le loup. J'ai vu quelquefois (mais rarement) des chiens manger de la chair de chien. L'anthropophagisme chez les humains a existé, et existe peut-être encore. Les poissons carnivores consomment très bien la chair des poissons de même espèce.

Ainsi tous ces sentiments étranges de répulsion ou de sympathie que nous inspirent les corps chimiques de la nature, ne sont pas dus au hasard, et on peut en découvrir la raison d'être : cette raison d'être, c'est la finalité; et probablement cette appréciation, admirablement juste dans l'ensemble, que notre instinct porte de la finalité des choses, est due à l'hérédité, transmission successive de sentiments auxquels chaque génération ajoute sa part, augmentant par son observation personnelle la somme des observations antérieures pour donner à nos instincts une force souveraine, en sorte qu'ils paraissent, au terme de cette longue série de générations, faire partie intégrante de nous-mêmes.

Rapports du dégoût avec l'inutilité. — Ce ne sont pas seulement les matières toxiques et nocives qui nous répugnent, mais encore celles qui sont inutiles.

De là le dégoût pour les excrétions, qui sont rejetées de l'organisme comme inutiles. Les matières fécales, la sueur, la salive, l'urine, nous inspirent une aversion extrême. Nul doute que les chiens, par exemple, qui restent parfois sans uriner dans leur niche pendant quarante-huit heures, plutôt que de la souiller, ne ressentent pour cette urine une sorte de vrai dégoût. De même certainement les chats, lorsqu'ils vont, dans un endroit écarté, recouvrir de terre leurs excréments. Les odeurs des excréments et des sécrétions sont des odeurs très dégoûtantes; les matières alimentaires rejetées par l'estomac dans le vomissement sont écœurantes.

Cependant il y a des exceptions à ces lois générales; les chiens n'ont aucun dégoût pour leurs vomissements. Morot a soutenu cette opinion bizarre que les lapins se nourrissaient en partie de leurs excréments. Les oiseaux n'ont aucun dégoût pour les grains qui ont échappé à la digestion des chevaux et des ruminants. Mais ces exceptions apparentes n'empêchent pas qu'en règle générale les matières excrémentitielles ne soient considérées par les êtres vivants comme des objets très répugnants.

Ajoutons que les matières excrémentitielles non seulement sont inutiles, étant rejetées de l'organisme, mais encore que le plus souvent elles sont toxiques. L'urine, la bile, la sueur, la salive, les matières fécales déterminent des accidents graves, quand on les injecte dans le sang. Par conséquent leur ingestion doit être évitée. Ce sont des objets inutiles, au point de vue alimentaire, et en outre ils sont aussi nuisibles que des poisons.

Nocivité, toxicité, inutilité, telles sont les causes du dégoût que nous inspirent ces choses.

Et si, pour certaines substances artificielles, qui n'existent pas dans la nature, nous éprouvons des sentiments de goût ou de dégoût, c'est parce que leurs propriétés chimiques générales les rendent voisines des substances qui existent dans la nature. Si, par exemple, on prépare un éther de la série méthylique qui n'existe dans aucun fruit, ni dans aucune fleur, il fera cependant sur nos sens l'effet d'une substance agréable, parce qu'il se rapprochera chimiquement des substances contenues dans les fruits, et que l'instinct nous rend agréables. Inversement, si nous fabriquons dans un laboratoire une substance voisine de celles qui se produisent dans la putréfaction, cette odeur sera extrêmement fétide, car ses propriétés chimiques seront voisines de celles des substances de la putréfaction. Enfin, si nous produisons des corps qui, comme l'oxyde de carbone, ne se rencontrent pas dans la nature vivante, et sont sans homologues, alors ces corps n'éveilleront aucune sensation en nous, et ne produiront ni appétition, ni répulsion.

Il serait assez intéressant de dresser à ce point de vue la liste des corps chimiques principaux en les classant comme agréables, désagréables ou indifférents, soit au goût, soit à l'odorat.

Extension du sentiment du dégoût. — Quoique le sentiment du dégoût s'exerce en principe uniquement sur les objets alimentaires, de fait, par une association d'idées rapide, il s'établit une sorte de confusion entre les objets qui *pourraient* devenir alimentaires, et ceux qui le sont. Il suffit alors que nous ayions devant nous le spectacle d'un objet répugnant pour que nous éprouvions une sensation de dégoût, même lorsqu'il n'y a aucune vraisemblance qu'il va devenir alimentaire.

Le sens du goût est le principal agent du dégoût; mais tous les autres sens peuvent provoquer aussi ce sentiment : l'odorat surtout, le toucher, la vue. L'odeur des substances fétides peut donner la nausée : le contact de certaines peaux de reptiles, gluantes et visqueuses, inspire le dégoût et l'horreur. Certains objets ne sont repoussants qu'à la vue, et n'ont pas d'odeur, mais la vue suffit pour qu'ils nous inspirent le dégoût.

L'imagination agit très puissamment. Si l'on vient à nous avertir, à tort ou à raison, que tel aliment est souillé, nous ne pourrons, malgré tous nos efforts, nous décider à l'ingérer. Un dégoût insurmontable nous empêchera de faire les mouvements de déglutition nécessaires. Il y aura constriction spasmodique du pharynx et impossibilité d'avaler. Certaines personnes ne peuvent vaincre cette répulsion, par exemple pour les médicaments, cachets médicamenteux ou pilules, et le spasme du pharynx empêche toute ingestion. Quelquefois le dégoût va jusqu'à la nausée. Chez des individus en état de somnambulisme, on provoque le dégoût jusqu'à la nausée et au vomissement par de simples hallucinations.

En résumé, la sensation de dégoût, liée primitivement aux perceptions gustatives, et très étroitement aussi aux perceptions olfactives, est un phénomène que de très diverses perceptions peuvent provoquer, par l'effet de l'association des idées, de l'habitude et de l'éducation.

Pour le biologiste, c'est un de ces sentiments répulsifs protecteurs qui, avec la douleur et la peur, prémunissent l'individu contre un danger. Et le danger duquel surtout nous préserve le dégoût, c'est le danger du poison. L'être vivant est entouré de substances toxiques, et la nature a fait en sorte que ces substances toxiques lui inspirent répulsion (dégoût), tandis que les substances alimentaires lui inspirent appétition.

CHARLES RICHET.

DÉLIRE. — **Définition.** — **Divisions.** — Quoique le délire soit un phénomène essentiellement pathologique, nous croyons devoir l'étudier (très sommairement) ici ; car l'étude du délire peut contribuer à élucider certains phénomènes de l'intelligence.

La définition précise est presque impossible, encore qu'on conçoive assez nettement en quoi consiste le délire. Nous pouvons dire que c'est un trouble de la fonction intellectuelle, une perversion de l'intelligence ; mais ce sera là une assez médiocre définition, puisqu'elle suppose, ce que nous ne pouvons pas donner, la définition même de l'état normal de l'intelligence.

Cette dernière définition est d'autant plus difficile que l'intelligence de l'individu qui délire ne fonctionne pas suivant une modalité profondément différente de l'intelligence d'un individu normal. S'il se produisait dans tout délire des hallucinations, il est clair que l'hallucination constituerait un phénomène très net, établissant une démarcation tranchée entre l'intelligence normale et l'intelligence du délirant. Mais les hallucinations sont loin d'être constantes dans le délire, et le plus souvent elles font défaut. Que, dans le délire très intense, il y ait des hallucinations, ce n'est pas douteux, mais les hallucinations ne sont nullement une des conditions nécessaires du délire.

De fait le délirant et l'homme raisonnable ne diffèrent pas essentiellement au point de vue du mécanisme psychique, quoique les résultats de leur activité psychique soient très différents. L'association des idées et la mémoire existent chez le délirant comme chez l'homme raisonnable, et se manifestent suivant les mêmes lois. La perception et la notion du monde extérieur sont également conservées ; mais elles sont perverties, de sorte qu'il y a en général illusion et aberration.

Toutefois cette condition même n'est pas nécessaire ; car il y a encore délire, sans illusions des sens, ni aberrations sensorielles.

Il me paraît donc impossible de donner du délire une autre définition que celle-ci : Raisonnements, associations des idées, déductions tirées des perceptions sensitives, qui, se faisant suivant les mêmes lois, ne sont pas les mêmes que chez les individus normaux. Assimilations baroques, comparaisons défectueuses et singulières ; déductions et inductions hasardeuses, souvent absurdes ; impossibilité d'arrêter l'essor des associations fantaisistes qui se présentent en foule ; voilà ce qui constitue le délire. Le délirant raisonne autrement que les autres hommes, mais c'est par le même mécanisme intellectuel. Il est essentiellement *original ;* c'est-à-dire qu'il ne raisonne pas et ne juge pas comme les autres. Les exemples que nous donnerons tout à l'heure prouveront bien cette diversité.

En tout cas, sans faire aucune théorie, nous dirons que le délire est caractérisé par des raisonnements, des associations d'idées, des déductions qui diffèrent des raisonnements, des associations d'idées et des déductions communes à la généralité des hommes.

Nous diviserons les délires, d'après leur classification étiologique : délires toxiques, délires fébriles, délires pathologiques.

Délires toxiques. — Si nous commençons par les délires toxiques, c'est qu'ils relèvent plus spécialement de l'expérimentation. On les observe en effet dans bon nombre d'intoxications, et même on peut les étudier chez l'animal.

A. *Délire chez l'animal.* — Par suite de la prépondérance énorme des fonctions intellectuelles dans la vie organique de l'homme, le délire est bien plus marqué chez lui que chez l'animal ; mais on peut cependant, par une observation attentive, noter des phénomènes du délire chez le chien, par exemple, soumis à l'action de divers poisons.

Prenons d'abord l'alcool : ce qui domine, chez le chien intoxiqué par l'alcool, ce sont les troubles dans l'équilibre : il titube comme un homme ivre, mais il ne délire pas comme un homme ivre ; il n'a pas d'ivresse furieuse ; c'est progressivement la perte de toutes les fonctions intellectuelles, mais sans la période d'hyperexcitabilité qui se constate chez l'homme.

Au contraire, soumis à l'action du chloral, et mieux encore à celle du chloroforme et de l'éther, les chiens poussent des hurlements plaintifs ou des cris furieux, des gémissements bruyants, comme s'ils étaient cruellement martyrisés, alors qu'en réalité on ne leur fait subir que la chloroformisation simple. Cette agitation frénétique du chien chloroformé ressemble beaucoup à un état convulsif, et on a le droit de faire cette assimilation, puisque le bichlorure de méthylène (CH^2Cl^2), si voisin du chloroforme ($CHCl^3$) par sa constitution chimique, est franchement convulsivant.

Avec les essences et en particulier avec l'essence d'absinthe (Voy. **Absinthe**), les effets délirants sont plus marqués encore. Le chien empoisonné par l'absinthe est pris d'un vrai accès de délire qui commence probablement par une hallucination et qui se termine dans une convulsion générale. Il fixe ses yeux tout d'un coup vers un objet qui n'existe pas (hallucination), et cherche à le mordre en se précipitant sur lui, avec des mouvements de la mâchoire qui deviennent convulsifs, de sorte qu'il s'agit là d'un véritable accès de délire furieux qui est comme le point de départ de l'accès épileptique.

La morphine, l'atropine ne produisent pas d'effets délirants. L'essence de haschich produit de l'hydrophobie ; et les autres essences, d'après Cadéac et Meunier, paraissent agir à peu près, quoique avec moins de force, comme l'essence d'absinthe.

Même quand le chloral est donné à dose assez forte pour paralyser complètement la motilité volontaire, les chiens rêvent encore ; ils aboient légèrement, comme font parfois les chiens endormis du sommeil naturel ; parfois aussi ce sont de longs et plaintifs gémissements, encore qu'ils ne soient pas vivisectés à ce moment.

Sur les autres animaux, je ne sache pas qu'on ait rien observé d'analogue. Peut-être, les singes et les éléphants donnent-ils, après l'ingestion de boissons alcooliques, quelques signes d'ébriété, mais les observations méthodiques font défaut.

Sur les grenouilles Tarchanoff a fait d'ingénieuses expériences. Dans la période post-chloroformique, elles sont prises d'accès de délire véritable ; elles ont des hallucinations et se précipitent sur les objets voisins pour les mordre, en supposant probablement que ce sont des proies qui leurs sont offertes.

Mais, à tout prendre, l'étude du délire n'est guère intéressante que chez l'homme, et les renseignements donnés par l'expérimentation physiologique *in animâ vili* sont très pauvres, si on les compare à ce que donne l'étude des intoxications humaines.

B. *Délire chez l'homme. Ivresse alcoolique.* — Ce n'est pas seulement par des empoisonnements accidentels ou thérapeutiques, que les délires toxiques peuvent être observés chez l'homme. A toutes les époques, dans tous les pays, l'homme a senti l'étrange besoin d'altérer et de transformer son intelligence, de se soustraire, pour un temps, au monde réel dans lequel il vit, en un mot, de s'enivrer. Aussi bien possédons-nous sur l'ivresse et sur les substances qui la produisent des détails nombreux et importants.

Si nous prenons comme type l'ivresse alcoolique, on peut la diviser en trois périodes.

Dans une première phase, conservation de la conscience : les actes ne cessent pas d'être raisonnables, de sorte que le délire ne porte que sur les pensées et les paroles.

Dans une seconde phase, la conscience et la mémoire sont conservées, mais les actes sont déjà délirants.

Enfin, dans une troisième phase, il y a délire d'actes et de paroles, et la mémoire a disparu.

Bien entendu, nulle transition brusque entre ces diverses phases ; variétés considérables suivant les individus, suivant le mode d'ingestion de l'alcool, — les ivresses de l'eau-de-vie, de la bière, du vin de Champagne, du vin blanc et du vin rouge étant assez notablement différentes, — suivant le tempérament même de l'individu et son état psychique antérieur. Mais, pour l'étude méthodique, cette classification me paraît assez commode.

Au début, l'alcool ne paraît pas modifier profondément la conduite de l'individu. Les premières bouffées de l'ivresse ne font guère commettre d'actes déraisonnables. Mais déjà les pensées sont modifiées. Il se fait des associations d'idées plus rapides ; avec des transitions brusques, soudaines, imprévues, comme il n'en existe pas chez l'individu à jeun ; la réserve et la timidité ont disparu ; les éléments pondérateurs de notre intelligence perdent toute influence. On ne connaît plus les difficultés, ni les obstacles. Il y a hyper-idéation, c'est-à-dire abondance d'idées, originalité dans les conceptions, surtout absence de frein et de modération. Le pouvoir directeur, qui nous permet, à l'état normal, de choisir spécialement une idée et de la poursuivre, d'éliminer certaines autres idées qui nous paraissent funestes ou inutiles, a disparu. La volonté n'est plus là pour rectifier, apaiser, guider les associations d'idées et de sentiments. On parle avec abondance, on est pris par une sorte d'éloquence primesautière, baroque, qui amuse et qui étonne ; on ne peut plus retenir ses paroles; on divulgue des secrets qu'on aurait dû garder. Il n'y a pas délire d'actes, en ce sens qu'à ce moment de l'ivresse on ne commet pas d'action déraisonnable. L'aberration ne porte que sur l'idéation, et l'expression des idées. La mémoire est tout à fait intacte; et on sait parfaitement qu'on délire quelque peu, mais on se laisse aller à ce délire, qui n'est pas sans quelque agrément. On comprend d'ailleurs fort bien que, si l'on voulait, on pourrait plus ou moins s'arrêter, et, de fait, on a vu des gens subitement *dégrisés* par une nouvelle grave, ou un accident quelconque.

A cette faible dose toxique, l'alcool et les autres poisons psychiques n'agissent guère que sur l'intelligence. Les autres organes et les autres fonctions sont respectés. Et, dans l'intelligence elle-même, la conscience ni la mémoire ne sont guère atteintes. L'idéation est activée au lieu d'être ralentie. Ce qui paraît lésé seulement, c'est l'équilibre qui existe à l'état normal entre les différentes idées qui viennent se heurter sans cesse dans l'intelligence. Or c'est ce conflit qui paraît constituer la réflexion, la volonté, et qui, au début de l'ivresse, semble profondément altéré. Dès qu'une association saugrenue, étrange, se présente à l'intelligence, aussitôt elle est exprimée tout haut, sans que le *moi* en reconnaisse l'absurdité. Affaiblissement de la volonté, hypertrophie des idées, associations étranges, voilà quels sont les caractères de cette première période de l'ivresse.

Cette surexcitation avec léger délire (*subdelirium*), produite par l'alcool au début, explique pourquoi les mineurs, les ouvriers, les paysans misérables de Russie et d'Irlande, qui vivent dans le brouillard et dans la neige, font usage des boissons spiritueuses. Un peu d'alcool donne une vigueur factice, fait disparaître pour un temps les sensations de froid, de faim et de misère. Quoique n'altérant pas, à faible dose, profondément la mémoire, l'alcool cependant la diminue assez pour que certains souvenirs, et en particulier les souvenirs tristes, soient abolis et affaiblis. Après tout, s'il est vrai que ce premier état d'ébriété soit du délire chez beaucoup d'hommes, ce délire est moins pénible que la triste réalité des choses.

Si nous comparons l'intoxication de l'appareil intellectuel par l'alcool à l'intoxication des autres tissus par d'autres substances, par exemple à l'intoxication de la moelle épinière par la strychnine, nous verrons une analogie assez frappante. Avant de détruire un tissu, le poison surexcite sa fonction : de même, avant de détruire la fonction cérébrale essentielle qui est l'idéation, l'alcool la surexcite et produit l'hyperidéation, premier phénomène de l'ivresse.

Dans la seconde période de l'ivresse, les associations deviennent plus étranges encore; le pouvoir régulateur a complètement disparu. En laissant de côté les troubles de la motilité et de l'innervation musculaire qui ne nous intéressent pas ici, ce qui domine alors, c'est le véritable délire, délire furieux ou triste suivant les personnes, mais qui se traduit par des actes déraisonnables, des imprudences (beaucoup d'accidents sont dus à l'ivresse), des crimes, des suicides; le défaut de volonté, qui ne se manifestait d'abord que sur la direction des idées, se manifeste maintenant sur les actes. Le délirant est alors tout à fait déraisonnable, — c'est-à-dire différent des autres hommes, — non pas seulement en pensées et en paroles, mais en actes.

Peu à peu, et par transitions insensibles, on arrive à la troisième phase du délire ; les actes furieux ou absurdes sont commis sans qu'aucune trace en persiste dans la mémoire.

Puis, si l'intoxication continue, le délire lui-même, qui est encore un phénomène d'intelligence, disparaît, et toute fonction intellectuelle est totalement abolie. Le coma, la stupeur, succèdent à l'excitation. Alors il y a des troubles plus graves survenant dans les autres fonctions du système nerveux. La motilité volontaire est paralysée. Mais bien évidemment il ne s'agit plus ici de délire, puisque le délire suppose la conservation des fonctions intellectuelles.

En somme, le délire toxique de l'alcool paraît porter d'abord sur l'idéation qui est surexcitée, et qui n'est plus réfrénée par ce pouvoir modérateur que nous appelons la volonté ; plus tard, sur la mémoire qui, altérée légèrement au début, finit par disparaître totalement; et enfin, à toutes les périodes, par une altération des perceptions du monde extérieur. Les sensations sont d'abord perçues avec exagération; puis elles provoquent des idées de plus en plus absurdes, et enfin elle ne sont plus perçues du tout.

Une intelligence normale, régulière, consiste moins dans la vivacité et l'originalité des idées que dans leur pondération, leur équilibre. C'est ainsi que se peut comprendre cet ancien paradoxe, que le génie est une sorte de folie, et, de fait, l'intelligence des hommes de génie est souvent délirante, en ce qu'elle diffère de l'intelligence commune, et que la pondération et la réfrénation des idées n'existent pas, fort heureusement, chez eux, avec la même force inhibitrice qu'elles possèdent chez le commun des hommes.

C. *Autres délires toxiques.* — Les substances autres que l'alcool éthylique produisent aussi le délire, et souvent avec de curieuses modifications.

Les alcools amylique, butylique, etc., n'ont guère été étudiés à ce point de vue : il est possible que, si les formes de l'ivresse varient avec la nature des boissons ingérées, ces variations soient dues à la présence des autres alcools qui y sont contenus, dans des proportions d'ailleurs très différentes.

L'absinthe et les essences provoquent ce délire, sans qu'on puisse incriminer l'alcool qui leur est le plus souvent mélangé. Les essences pures sont enivrantes. Elles produisent d'abord, à faible dose, de l'hyperidéation, comme celle de l'alcool; surtout une stimulation générale qui donne une sensation de bien-être et de force. A dose plus forte, l'ivresse devient furieuse, et alors les fonctions motrices de l'axe encéphalo-médullaire sont déjà perverties, si bien que le délire coïncide souvent avec une vraie agitation convulsive, presque des convulsions épileptiformes.

L'essence de hachich a de bien étonnantes propriétés psychologiques. Outre la sensation de bien-être, d'alacrité, l'absence de réserve, de timidité et d'inhibition, le hachich amène des illusions merveilleuses de la notion d'espace et de la notion de temps. Les objets apparaissent énormément grandis dans toutes leurs dimensions; et le temps paraît s'écouler avec une lenteur désespérante (Voy. **Hachich**). On a à peine fini de parler, qu'il semble que mille siècles se soient écoulés entre le moment actuel et le moment où on a commencé de parler ; et, quand on regarde les maisons du côté opposé de la rue, par exemple, il semble que jamais on n'en puisse voir la fin, tellement la distance paraît énorme. Ces illusions dans la perception contribuent à accroître le délire.

C'est en cela que le délire du hachich a un caractère tout à fait spécial, car, avec l'alcool et même l'absinthe, il n'y a guère, au moins pour le début, de troubles notables dans les perceptions. On dit généralement que l'ivrogne voit double; mais c'est à une période très avancée de l'ivresse, tandis que, dès le début de l'empoisonnement par le hachich, les illusions du temps et de l'espace se présentent, qui modifient aussitôt notre conception du monde extérieur.

D'autres poisons aussi, assurément, peuvent amener le délire; et à ce point de vue sans doute chacun d'eux serait très intéressant à étudier dans le détail. La morphine agit plus nettement encore que l'alcool et l'absinthe sur le pouvoir directeur des idées. Alors vraiment toute influence directrice a disparu. Les idées sont abondantes, nombreuses, se succédant avec rapidité; mais elles passent très vite : chacune d'elles en appelle une autre, puis une autre, puis une autre encore, et, dans cette succession d'images, il est impossible de faire halte. Nul pouvoir d'appeler celle-ci ou de repousser celle-là. C'est l'idéation livrée à elle-même, sans modération et sans régulation.

Cette forme de l'intelligence ressemble alors tellement au rêve, que chez les morphinisés la transition se fait presque insensiblement entre l'état de veille et l'état de rêve, ou plutôt les morphinisés rêvent tout éveillés, dans une somnolence demi-consciente, qui est évidemment une des formes du délire.

Remarquons à ce propos que souvent certaines personnes, indépendamment de toute action toxique, se mettent à rêver tout haut, quand le sommeil commence à les gagner. Elles prononcent alors des paroles incohérentes, et assimilent leur état psychique à une ivresse véritable. C'est que, dans ce sommeil invincible du début, la perverssion intellectuelle porte sur le même appareil de direction et de régulation que nous avons vu disparaître aux premiers moments de l'ivresse. De même, comme on sait, tout pouvoir inhibiteur de direction intellectuelle disparaît dans le sommeil : l'état intellectuel (rêve) dans lequel se trouve le *moi* des individus endormis ressemble beaucoup à un véritable délire.

La cocaïne, le salicylate de soude, les sels de quinine, le chloral, le chloroforme, peuvent aussi, à des doses diverses, produire des troubles de l'idéation, et une sorte d'ivresse voisine du délire. En somme, c'est toujours une diminution de la volonté qu'on observe, affaiblissement du pouvoir frénateur sur les idées, coïncidant avec une stimulation de l'idéation. L'atropine produit dans certains cas un vrai délire furieux. Il est à noter que sur les animaux elle ne provoque aucun phénomène analogue, et que, même sur l'homme, les troubles psychiques déterminés par l'atropine sont assez peu constants, et paraissent dépendre de l'individualité des personnes empoisonnées.

. A côté des substances qui produisent le délire et l'ivresse, il en est quelques-unes qu'on peut appeler aussi poisons *psychiques*, et qui stimulent les fonctions cérébrales sans que pour cela leur puissance toxique soit assez grande pour amener la perte de la raison ; le café et le thé, par les alcaloïdes et peut-être les essences qu'ils contiennent, jouent un rôle important dans notre vie intellectuelle : car ils stimulent les forces psychiques et physiques. Le tabac, au contraire, n'est probablement un stimulant psychique que par l'effet d'une habitude désastreuse, si bien que, par l'accoutumance à ce poison, ceux qui ont coutume de fumer deviennent à demi imbéciles si on les empêche de se livrer à leur vice.

En somme, un grand nombre de substances agissent primitivement sur l'appareil intellectuel, et ce mode d'action est toujours le même; c'est la production de délire ou d'ivresse. Par suite de la hiérarchie physiologique, dont nous avons à diverses reprises déjà parlé (voy. **Alcool** et **Anesthésiques**), les éléments du tissu nerveux qui président spécialement aux actes psychiques sont éminemment sensibles aux intoxications; ils sont empoisonnés primitivement, avant tout autre tissu, et c'est toujours de la même manière que le système nerveux réagit, c'est-à-dire par le délire. Plus tard, quand l'intoxication est plus profonde, c'est par l'anesthésie et le coma.

Aussi peut-on dire que toutes les substances toxiques, quelles qu'elles soient, peuvent produire le délire : mais les unes le produisent dès le début, alors que les fonctions de l'organisme sont intactes (l'alcool et l'absinthe); les autres, au contraire, ne le produisent que très tard, alors que le système nerveux médullaire et l'appareil de la circulation sont gravement troublés dans leur fonction (la strychnine et l'arsenic par exemple).

Il y a lieu aussi de signaler l'influence étonnante de l'habitude. C'est pour la morphine qu'on l'a surtout bien étudiée, quoique avec d'autres poisons psychiques, comme l'alcool, cette accoutumance puisse être aussi constatée. Mais chez les morphinomanes l'accoutumance est extraordinaire. Il semble alors que l'état normal du cerveau soit l'état d'intoxication morphinique, de sorte que la suppression du poison entraîne un véritable délire, et parfois même un délire furieux. Les morphinomanes dont on supprime brusquement la ration quotidienne de morphine sont pris d'accès de délire tout aussi bien que s'ils étaient intoxiqués, et il y a quelque analogie à établir entre l'intoxication d'un cerveau normal, et la non-intoxication soudaine d'un cerveau habitué depuis longtemps à être morphinisé (V. **Morphine**).

Quant à savoir par quel mécanisme agit un poison sur les fonctions psychiques de l'encéphale, quels sont les éléments cellulaires qu'il atteint, et, dans la cellule nerveuse même, quelles sont les parties qui sont altérées, il nous est actuellement impossible de formuler des faits positifs. Les études contemporaines sur la constitution du neurone ne fournissent que des indications assez vagues. STEFANOVSKA, DEMOOR, et d'autres, ont cru trouver des appendices piriformes, ou un état moniliforme dans les prolongements du neurone chez des animaux soumis à un empoisonnement (V. **Nerveux** [Syst.]). Mais ce n'est pas ici le lieu d'étudier cette difficile et importante question.

Tout ce que nous pouvons dire, c'est que l'explication des troubles psychiques toxiques par des phénomènes vaso-moteurs est enfantine, et ne mérite pas d'être réfutée, tant les faits sont nombreux pour prouver que c'est indépendamment de l'anémie ou de la congestion cérébrales que surviennent les délires toxiques.

Délires fébriles. — La fièvre et les maladies générales amènent fréquemment le délire. Certaines personnes sont à ce sujet tellement sensibles que la plus légère fièvre les fait délirer.

Le plus souvent, le délire, quand il ne s'agit pas d'affections graves d'emblée, comme dans certaines maladies typhiques, est doux et tranquille. C'est plutôt un état de rêvasserie, avec demi-somnolence, que de la déraison. Souvent aussi, plus que dans le délire toxique, il y a des hallucinations. La notion du monde extérieur est plus confuse que dans l'ivresse. En somme, sauf exceptions, le délire fébrile ressemble surtout au rêve.

On peut se demander si le délire de la fièvre est dû plutôt à l'hyperthermie qu'à l'intoxication. En effet, il paraît au premier abord que l'hyperthermie, à elle toute seule, suffit pour faire délirer. Les individus qui tombent frappés d'insolation, avec des températures de 43°, 42°, ou même 40°, se mettent à divaguer, à déraisonner.

Mais l'hyperthermie ne coïncide pas toujours avec le délire; et parfois le délire persiste encore alors que la température organique est presque revenue au niveau normal.

Notons aussi que chez les animaux en état d'hyperthermie, jamais on n'a rien pu voir qui fût analogue au délire d'hyperthermie de l'homme.

Il nous semble donc impossible d'admettre que la fièvre produit le délire parce qu'elle élève la température, car bien souvent des températures de 40°, ou 41° coïncident avec la conservation complète de l'intelligence qui reste normale; et, d'autre part, bien souvent, alors que la chaleur ne dépasse pas 39°, ou 39°,5, on voit un délire très accentué. Les maladies infectieuses graves font délirer dès le début, même dans le cas où l'hyperthermie est modérée. En un mot, il ne suffit pas d'avoir 41° pour délirer : il faut d'autres conditions, et ces autres conditions, c'est très probablement l'empoisonnement par les toxines morbides, de sorte que nous devons faire rentrer le délire fébrile dans le groupe des délires toxiques. Peut-être même le délire de l'insolation est-il, lui aussi, une sorte de délire toxique dû à l'action de certaines toxines produites sous l'influence de l'hyperthermie générale. Hypothèse d'autant plus vraisemblable que le délire persiste, même quand la température, après une hyperthermie passagère, est devenue normale.

Voilà sans doute pourquoi le délire dans les maladies doit toujours être considéré comme un phénomène grave; car il indique toujours un état d'intoxication assez avancé.

Une des formes fréquentes du délire fébrile, forme qu'on retrouve aussi dans certains délires toxiques, c'est l'idée fixe. Or l'idée fixe relève à peu près de la même cause que l'impossibilité de fixer les idées. Quoique cette assimilation des deux phénomènes paraisse paradoxale, c'est par la même perversion de l'intelligence que nous ne pouvons ni fixer une idée, ni nous débarrasser d'une idée fixe; et cette perversion de l'intelligence, c'est, semble-t-il, l'incapacité de la volonté qui, par le fait du poison qui a intoxiqué le cerveau, ne peut plus exercer son pouvoir.

Quoique chaque maladie n'ait pas un délire spécial, tant s'en faut, cependant, en étudiant la symptomatologie, on retrouverait certaines formes plus communes dans telle ou telle maladie. Il est certain que le délire de la rage ne ressemble pas du tout au délire de la fièvre typhoïde. Bien des conditions diverses influent sans doute sur ces modalités différentes : c'est surtout sans doute la nature des toxines de telle ou telle maladie infectieuse. Mais nous ne pouvons que signaler le fait, sans y insister.

Délires pathologiques. — Les délires, que, pour simplifier, nous appelons pathologiques, sont ceux qui relèvent de la médecine mentale : délires des fous, des épileptiques, des déments, des alcooliques.

Leur description comprendrait toute l'histoire de l'aliénation, et on conçoit que nous ne puissions pas la traiter ici.

Les formes de ces délires sont innombrables : et on ne peut guère trouver, entre tous les aliénés, qu'un seul point commun, c'est qu'ils ne raisonnent pas comme les autres hommes. On dit alors qu'ils sont déraisonnables. Tantôt le délire est limité à certains groupes d'idéation (monomanie) avec intégrité de toutes les autres conceptions mentales. Tantôt il y a hallucinations; tantôt les hallucinations manquent. Tantôt il y a idée fixe, tantôt il n'y en a pas. Tantôt il existe des perversions dans la perception du monde extérieur, et tantôt les sensations sont perçues exactement comme à l'état normal. Nous n'avons pas de classification à en donner.

Ce qui nous intéresserait davantage, ce serait de pouvoir à ce délire assigner une cause; mais toute explication, même médiocre, nous fait défaut sur ce point. L'hypothèse d'une intoxication chronique n'est pas absurde, mais elle est peu satisfaisante, quoique nous sachions bien maintenant que l'absence du corps thyroïde produise une sorte de dégradation intellectuelle, due surtout à une intoxication chronique par les ptomaïnes que le corps thyroïde, chez l'individu normal, détruit au fur et à mesure de leur formation. A vrai dire nous ne pouvons vraiment d'un seul fait, si bien établi qu'il soit, conclure quet outes les manies, par exemple, sont dues à un empoisonnement de l'organisme.

Si l'on n'admet pas l'hypothèse d'une intoxication chronique, on ne peut admettre davantage celle d'une lésion anatomique; car, dans la plupart des cas, l'observation la plus attentive ne révèle pas de lésions. Il est vrai qu'on ne peut conclure de là que la lésion des tissus n'existe pas, puisque nos procédés d'investigation anatomique sont en somme assez grossiers. Mais ce n'est pas une solution que d'invoquer l'imperfection de nos méthodes.

Étant donnée la conception actuelle des neurones, on peut supposer que le délire est dû non à une lésion anatomique, mais à un trouble fonctionnel du neurone. Pourtant, je ne crains pas de l'avouer, cette réponse ne me satisfait pas; c'est expliquer un fait formel et précis comme le délire, par une hypothèse bien vague, comme celle des mouvements du neurone.

Nous sommes, en définitive, absolument désarmés, quant à l'explication du délire des aliénés. Ils raisonnent mal : nous raisonnons bien. Trouver l'explication de leurs mauvais raisonnements, ce serait, par cela même, connaître le mode intime du travail intellectuel, et découvrir, ce qui est très loin de la science actuelle, en quoi un bon et un mauvais raisonnement répondent à des états différents de la cellule nerveuse, anatomiques ou fonctionnels.

Le délire des aliénés diffère notablement du délire des fébricitants et des ivrognes. D'abord la surexcitation intellectuelle n'existe pas toujours. A part les cas de manie aiguë, laquelle coïncide avec une hyperidéation intense, il y a plutôt affaiblissement dans le nombre des idées, et dans leurs associations. En pathologie mentale les formes dites dépressives sont relativement plus fréquentes que les formes avec excitation psychique.

Quant à la démence, on peut l'assimiler au délire, car en réalité les déments délirent : mais c'est alors chez eux l'affaiblissement général de toutes les fonctions intellectuelles, et notamment de la mémoire. La démence, la démence sénile par exemple, est caractérisée par une amnésie complète des choses récentes, et on conçoit bien que cette amnésie entraîne un état extrêmement défectueux de l'idéation. En même temps les associations des idées se font mal, et le pouvoir directeur, la capacité d'attention et de régulation sont presque complètement abolis.

Mais un autre caractère apparaît, qui n'est que peu marqué dans les délires toxiques, et qui prend une très grande force dans le délire pathologique, c'est la notion inadéquate du monde extérieur, ou plutôt une notion très différente de celle que peuvent avoir la très grande généralité des individus. Tel pauvre diable, par exemple, se figure qu'il est empereur du Brésil, et, quoique autour de lui rien ne soit de nature à l'entretenir dans son illusion, il y persiste avec ténacité, sans que le témoignage perpétuel de tous ses sens puisse le détourner de son erreur. Si je venais à m'imaginer, ne fût-ce qu'une seconde, que je suis empereur du Brésil, à l'instant tout viendrait me rappeler à la réalité; et je redeviendrais *Gros Jean comme devant*, ainsi que le dit le fabuliste. Mais le délire de l'aliéné ne connaît pas ces obstacles. L'idée fixe n'est pas déplaçable, corrigeable par les données que fournissent les sens, et c'est en cela que paraît surtout consister la folie, que les raisonnements, les sensations, tels que le commun des hommes les formule, n'ont pas de prise sur elle.

Très souvent, sinon toujours, les sensations sont perçues incomplètement et faussement, et alors ces sensations mal interprétées deviennent le point de départ du délire. Dans le rêve il en est un peu ainsi. Une épingle qui nous pique nous fait rêver à une conspiration ourdie contre nous, et à un des conjurés qui nous perce d'un coup de poignard. Mais, à l'état de veille, chez l'individu normal, la piqûre d'épingle est perçue comme simple piqûre, et tout le milieu ambiant, si nous étions tentés de nous égarer à la suite de cette perception, nous rappellerait à la réalité. L'aliéné, comme le dormeur, n'est pas corrigé par la réalité : il délire, car il vit comme dans un rêve. GÉRARD DE NERVAL, qui en avait la triste expérience, définissait la folie : l'épanchement du rêve dans la vie réelle. Don Quichotte, qui était certainement un aliéné, voyait des moulins et croyait avoir affaire à des géants. Il ne distinguait pas la réalité de la fiction, prenait des marionnettes pour des personnages vivants, et les moutons pour des Sarrasins.

D'ailleurs cette inaptitude de l'intelligence chez l'aliéné à se conformer au milieu extérieur peut être comparée aux délires toxiques, dans lesquels le pouvoir directeur de l'idéation a disparu. L'homme ivre se laisse mener par ses idées, sans pouvoir les arrêter. L'homme aliéné n'est pas plus son maître que l'homme ivre; et il délire comme l'ivrogne, avec moins d'exaltation, mais plus de ténacité; de sorte que ce qui paraît constituer la saine raison, c'est bien vraiment l'équilibre entre les idées qui se présentent à l'intelligence, et les notions que nos sens nous donnent du monde extérieur, nous permettant de rectifier sans cesse, compenser, équilibrer, modérer l'idéation interne. Équilibre dans le monde de nos idées d'abord; équilibre ensuite entre nos idées et nos perceptions, voilà ce qui est peut-être l'idéal de la raison; mais cet idéal de raison ne signifie pas du tout l'idéal de l'invention, et souvent des hommes très peu équilibrés ont conçu de grandes choses, et fait de belles découvertes.

Un autre caractère du délire des aliénés, c'est la systématisation d'une idée fausse, devenue fixe et inébranlable. Soit, par exemple, pour prendre une folie très commune, l'idée de la persécution; si tel ou tel individu admet comme fait primordial qu'il n'a que des ennemis autour de lui, cette conviction absurde et tenace va le faire délirer sur tous les sujets. Un canif sur la table, ce sera un instrument mis là pour le pousser au suicide; un coq qui chantera sera mis là par ses ennemis pour empêcher son sommeil; un sourire, un mot dit tout bas, seront des complots tramés contre lui. A part cela, tout est logique, raisonnable, cohérent. Pourtant on voit tout de suite qu'une seule idée fausse, solidement établie dans la conscience, suffira à désorganiser tout le mécanisme intellectuel : car, autour de cette idée fausse comme centre, vont se grouper quantité d'idées fausses accessoires, et l'ensemble constituera un état de complet délire.

On a cherché à trouver chez les animaux des altérations de l'intelligence répondant au délire de l'aliéné, et, quoique on ait écrit des ouvrages à ce sujet (PIERQUIN), les documents sont vraiment peu satisfaisants. Il y a, certes, dans une même espèce animale, certains individus très intelligents et d'autres très peu intelligents. Mais la stupidité ne signifie pas la folie. Quant aux accès de colère furieuse, dont certains animaux, jusque-là très doux, sont parfois soudain emportés, on ne peut dire que ce soit de la folie. C'est une colère passagère; ce n'est pas de l'aliénation. Il est vrai que, pendant un accès de colère violente, l'animal, comme l'homme, délire véritablement, et perd la notion du monde extérieur. *Ira furor brevis*, avait déjà dit SÉNÈQUE.

De quelques autres délires. — Les influences diverses qui agissent sur l'encéphale peuvent provoquer aussi le délire. Nous les passerons rapidement en revue.

Délire de l'inanition. — On sait qu'à la dernière période de l'inanition le délire survient. Il semble être sans forme bien spéciale, sinon peut-être qu'il est accompagné d'hallucinations : les infortunés qui sont sur le point de mourir de faim et de soif voient des plats succulents, des prairies verdoyantes devant eux. Ils ont tout à fait perdu la notion du monde extérieur.

Mais, pendant tout le cours de l'inanition, jusqu'aux dernières heures, à celles qui précèdent la mort, il n'y a pas de délire; tout au plus un peu de faiblesse, ou, ce qui revient au même, d'excitation intellectuelle; par exemple, tendance au cauchemar dans les rêves, insomnie, rêvasserie, etc., tous phénomènes qui ne sont pas le vrai délire.

On a prétendu aussi que certains malades ou convalescents non alimentés déliraient, précisément parce qu'on ne les alimentait pas; mais il y aurait peut-être quelques réserves à faire là-dessus.

Il est facile d'expliquer l'absence de délire dans le décours de l'inanition. On sait, depuis CHOSSAT, que le cerveau ne perd pas de poids et ne se désassimile pas par le fait d'un jeûne même prolongé. Il est probable que, quand la réserve de l'organisme en graisses est épuisée, l'organisme va les chercher dans le cerveau pour le désassimiler, et c'est à ce moment que se produit le délire, par le fait de l'altération chimique et de la dénutrition cérébrales.

Chez les animaux en inanition, on n'observe rien d'analogue au délire constaté chez les humains qui meurent de faim (V. Inanition).

Délire des agonisants. — En général, aux approches de la mort, l'intelligence disparaît et s'éteint, quel que soit le genre de mort. Cependant, parfois, les mourants gardent jusqu'à la fin l'intégrité de leur conscience; et leurs dernières paroles, leurs derniers regards indiquent qu'ils comprennent; mais, le plus souvent, ils meurent dans un demi-délire, avec de l'incohérence dans les idées; plus rarement des hallucinations, parfois le réveil de souvenirs très anciens.

S'il n'y a, pour expliquer ce délire ultime, ni lésion cérébrale ni empoisonnement par une fièvre infectieuse, on peut en trouver la raison d'être dans l'affaiblissement de la circulation. A ce moment, en effet, la tension artérielle est extrêmement faible. On peut donc expliquer le délire des agonisants par une sorte d'anémie cérébrale, due aussi bien à l'impuissance de l'appareil cardiaque qu'à l'imperfection de l'hématose par la respiration devenue très faible.

Délire par le froid. — Le froid ne fait guère délirer, comme la chaleur. En effet, le froid agit sur les tissus vivants, quels qu'ils soient, en paralysant leur fonction, tandis que la chaleur agit en la stimulant. L'action du froid sur le système nerveux intellectuel est analogue à celle qu'il exerce sur les muscles, sur les nerfs, sur les glandes; il diminue son activité. Les hommes frappés de coup de chaleur, délirent, divaguent, s'agitent, dans un état d'extrême surexcitation; tandis que des hommes qui succombent au froid s'engourdissent dans le sommeil, et délirent, comme s'ils rêvaient. Même le sommeil est tellement profond que la conscience disparaît bientôt. Le froid abolit toute activité intellectuelle. Absence d'idées, absence d'attention, diminution de la mémoire qui devient confuse, et surtout incapacité de tout effort intellectuel, tels sont les symptômes psychiques d'un refroidissement, même médiocre, du système nerveux central. On peut, jusqu'à un certain point, assimiler cet état de rêvasserie et de sommeil produit par le froid à un véritable délire; car alors la notion du monde extérieur s'est effacée à peu près complètement.

Délire par asphyxie. — L'asphyxie aiguë chez l'homme est tellement rapide qu'il n'y a pas lieu de décrire une phase de délire. Toutefois, il est très probable que, pendant une période, à la vérité très courte, la mémoire a plus ou moins disparu, et il y a cependant des efforts, des mouvements, et tout un ensemble d'actes intellectuels déraisonnables, véritable délire.

Dans l'asphyxie lente, il y a certainement délire. L'empoisonnement par l'oxyde de carbone, qui équivaut, au point de vue de son mécanisme intime, à une asphyxie, provoque le délire, quelquefois même, dit-on, une véritable manie chronique. Les malheureux qui ont tenté de se suicider par la *vapeur de charbon* perdent connaissance bien vite, et, dans cet état d'inconscience, ils continuent à parler, à agir, à se mouvoir.

Dans le mal des montagnes, où la perturbation fonctionnelle est problablement très voisine de celle d'une véritable et très lente asphyxie, le délire survient aussi; quelquefois même il y a des hallucinations; mais le plus souvent ce délire est triste; c'est un délire de désespérance, qui se rattache plus ou moins à l'impuissance musculaire qui empêche d'avancer.

On doit évidemment rattacher ces délires asphyxiques aux délires toxiques. Dans ce cas, c'est l'absence d'oxygène qui exerce son action toxique, soit par lui-même, soit parce que certaines ptomaïnes normales ne sont pas détruites; de même que dans les intoxications, c'est la présence de telle ou telle substance chimique altérant la structure chimique des centres nerveux qui pervertit l'intelligence.

Délire par lésions traumatiques ou organiques du cerveau. — En général, les affections destructrices (tumeurs, hémorragies) ne produisent pas le délire; et les troubles fonctionnels portent plutôt sur la sensibilité et sur la motilité que sur l'intelligence. Toutefois le ramollissement cérébral (avec ou sans hémorragie) amène l'abolition complète de l'intelligence. Mais c'est la démence plutôt que le délire qui s'observe alors; affaiblissement de toutes les facultés, et spécialement de la mémoire. D'ailleurs la démence aussi est un délire, mais un délire par déficience de l'idéation, au lieu d'être un délire par excès de l'idéation, comme les délires de l'ivresse commençante.

La commotion cérébrale est caractérisée psychiquement par un affaiblissement de l'intelligence, de la volonté et surtout de la mémoire. Elle produit de la stupeur et de l'amnésie, non de l'excitation maniaque. Mais la diminution de la mémoire est parfois assez grave pour entraîner presque le délire.

Délire par troubles de la circulation cérébrale : anémie et congestion cérébrales. — Quoiqu'on range souvent l'anémie et la congestion cérébrales parmi les causes de délire, il est assurément fort douteux encore que des troubles vaso-moteurs modérés puissent suffire à changer l'équilibre intellectuel. Certes l'anémie du cerveau entraîne, lorsqu'elle est totale, la perte de la conscience; mais cette disparition de l'intelligence est soudaine, sans être précédée d'une période de délire. Si l'anémie est partielle, c'est du vertige qu'on observe, des éblouissements, tendances à la syncope, bourdonnements d'oreilles, etc., tandis que l'intelligence reste intacte. J'en dirai autant de la congestion, dont les effets sont plus mal connus encore que ceux de l'anémie. Le délire qu'on a décrit dans certaines maladies du cœur relève peut-être de causes assez complexes, et il me semble imprudent de le rattacher à une perturbation mécanique dans l'irrigation sanguine cérébrale. (Voy. **Cerveau, Circulation cérébrale**, II, 774.)

Délire du rêve et du somnambulisme. — On peut certainement considérer l'état de rêve comme constituant une variété de délire, et de fait, rien ne paraît manquer à ce que nous avons regardé comme les conditions constitutives du délire; absence de pouvoir directeur, notions insuffisantes du monde extérieur, hallucinations. Bref, l'individu qui rêve est en complet délire.

Nous avons vu en effet que l'on peut comparer la folie au rêve, et que le commencement du sommeil s'accompagne d'un état psychique qui ressemble beaucoup à l'ivresse.

Quand on rêve, on a perdu toute notion des choses réelles : on ignore où l'on se trouve; on voit sans étonnement les choses les plus extraordinaires et les plus absurdes, et c'est à bon droit qu'on a signalé l'absence d'étonnement comme une des caractérisques du rêve. Les cocasseries les plus ineptes ne produisent ni sourire ni admiration : on les accepte comme toutes simples, avec leurs insensées conséquences.

De plus, ce tableau changeant, prodigieusement mobile, des images qui se succèdent sans ordre, ne peut pas être modifié par nous. Nous assistons en spectateur impuissant aux formes multiples et bizarres qui se présentent à la conscience. Les lueurs de bon sens et de pouvoir directeur qui persistent dans la conscience de l'ivrogne et de l'aliéné ont tout à fait disparu dans l'intelligence du dormeur. Il délire pleinement, totalement, et l'aberration intellectuelle est complète.

A ce point de vue, les animaux se comportent comme l'homme : on sait que les chiens rêvent et aboient dans leur rêve.

Il est inutile de donner comme explication du rêve l'anémie et la congestion cérébrales; elles ne sont pour rien dans le sommeil.

Ce qui éloigne un peu le rêve des autres formes de délire, c'est qu'il coïncide avec l'impuissance motrice. Un individu endormi est étendu sur son lit sans mouvements, tandis que l'ivrogne, qui rêve, lui aussi, gesticule, se débat, s'agite, participe au monde extérieur dont il perçoit plus ou moins les ébranlements. Au contraire, le dormeur est fermé aux impressions périphériques qui n'agissent pas sur lui (ou presque pas) : les relations entre le monde psychique interne et le monde ambiant ont en grande partie disparu (Voy. **Sommeil**).

Le délire du somnambulisme naturel est une forme curieuse du rêve. Toutefois une notable différence entre le rêveur et le somnambule, c'est que le rêveur ne fait plus de mouvements volontaires (ou à peine), ne parle pas, ne peut pas se tenir debout, tandis que le somnambule, qui rêve comme le dormeur, peut marcher, aller et venir, parler, se tenir debout, s'asseoir, lancer une pierre, se laver les mains, applaudir, etc. Mais, quant à ce qui est des phénomènes psychiques, il rêve et il délire aussi bien que le dormeur. Dans les deux cas, le monde extérieur n'existe plus qu'à peine; dans les deux cas, il y a amnésie presque complète au réveil. Naturellement toutes les transitions s'observent entre ces deux états; les jeunes enfants notamment ont un sommeil qui ressemble beaucoup au somnambulisme.

S'il s'agit du somnambulisme provoqué, les phénomènes sont assez différents de ceux que présente le somnambulisme naturel. Mais, en pareil cas, c'est l'éducation du somnambule qui influe sur la forme du sommeil. Le plus souvent on ne peut pas dire qu'il y ait délire. Mais, quand il y a hallucination, insensibilité au monde extérieur, idées fixes, etc., vraiment cet état mental peut être assimilé au délire, non pas au délire de l'ivresse à coup sûr, ni à celui de l'aliénation, mais au délire du rêve dont il ne paraît être qu'une variété (Voy. **Hypnotisme**).

Chez les animaux, les états analogues à l'hypnotisme sont caractérisés par de la stupeur sans délire.

Conclusions que l'étude des faits relatifs au délire entraîne pour la théorie

de l'intelligence. — Ce qui doit ici surtout nous intéresser, c'est la [conclusion qu'on peut déduire de ces faits au point de vue de la théorie de l'intelligence. L'état anormal donne de précieux documents sur ce qui est l'état normal.

D'abord on voit que, pour l'intégrité intellectuelle, la notion du monde extérieur est indispensable : cette notion du monde extérieur doit être totale ; car tous les sens doivent y participer. De plus elle doit être conforme à la conception que la généralité des individus peuvent en avoir.

Voici un moulin à vent devant moi ; je dois me dire que c'est un moulin à vent, car tous ceux qui le verront, avec ses grandes ailes agitées par le vent, son dôme, ses portes, le tertre sur lequel il est placé, se souvenant avoir vu de pareilles formes, ne pourront pas donner à cet objet d'autre attribution. La perception doit donc être conforme à celle de la majorité des hommes, ou plutôt de la presque totalité. Celui qui s'imaginera voir dans ce moulin à vent un géant sera un véritable fou. L'ivrogne, l'épileptique, l'aliéné, dont les perceptions sont différentes des perceptions communes, délirent franchement.

En second lieu, il faut que simultanément beaucoup de sensations soient perçues par la conscience : le bruit, la lumière, le ciel, les oiseaux, les champs, les personnes présentes, tout doit en même temps frapper l'intelligence, de manière à donner une notion adéquate de la réalité ; et chacune de ces perceptions devra être plus ou moins conforme à celle des autres hommes, de sorte que le monde extérieur sera, pour la plupart des hommes et pour nous, à peu près identique.

En même temps encore, certains souvenirs doivent être présents à la conscience : la cause qui nous a amenés là ; la notion de notre personnalité antérieure, de nos relations antérieures avec les hommes et avec les choses ; la notion plus ou moins précise du lieu ; toutes données nécessaires pour avoir une connaissance plus ou moins parfaite de la réalité.

Ainsi ce qui caractérise bien l'état normal, c'est une notion de la réalité extérieure conforme à la notion vulgaire. Parfois, quand on suit le cours d'une pensée, on rêve, et l'imagination vagabonde ; mais les excitations venues du monde ambiant sont là qui nous empêchent de délirer comme délire le rêveur, comme délire l'individu chloroformé. La multiplicité de ces sensations, leur conflit permanent, la coexistence avec les souvenirs antérieurs, tout cela constitue le monde réel : et c'est l'état de raison que cet équilibre entre les idées venant des sensations actuelles et les idées qui résultent des sensations antérieures, autrement dit des souvenirs.

Ce conflit est nécessaire ; car, si telle sensation donnée n'est pas combattue et contre-balancée par les souvenirs et les autres sensations présentes, elle deviendra trop vigoureuse et obscurcira tout le reste. Il ne faut donc pas la prépondérance exclusive d'une sensation ; mais bien la multiplicité des sensations, qui amène entre elles un certain équilibre, de manière qu'aucune ne vient tyranniquement s'imposer à la conscience. En pareil cas, la multiplicité des images, des souvenirs, des sensations, des idées, est un caractère qui me paraît de la plus haute importance pour déterminer l'état de santé intellectuelle.

D'ailleurs, ce n'est pas cet équilibre qui me paraît être le fait fondamental de l'état normal ; j'attache plus d'importance encore à ce que j'ai appelé le pouvoir directeur des idées.

Assurément jamais notre pouvoir sur les idées n'est absolu. Nous ne sommes pas, sans réserve, maîtres de chasser une idée ou d'en choisir une autre. Nous subissons plus ou moins la domination, parfois assez tyrannique, de la pensée ; mais enfin, dans une certaine mesure, il nous est permis de choisir, d'éliminer, de diriger. L'attention, la volonté nous permettent de régler le cours de nos idées. Peut-être ce soi-disant pouvoir est-il simplement dû à la simultanéité des nombreuses perceptions actuelles et des innombrables perceptions anciennes, qui sont les unes et les autres présentes à la conscience : peu importe ; il suffit de constater, pour la simplicité de l'exposition et de l'explication, que ce pouvoir directeur existe chez l'homme sain et n'existe pas chez l'ivrogne ou l'aliéné.

Même, en suivant la marche progressive d'une intoxication psychique, on voit cette puissance directrice décroître, pour devenir tout à fait nulle. L'homme ivre, l'aliéné, l'épileptique ne s'appartiennent plus, comme le dit très bien le langage vulgaire : ils ne peuvent pas se ressaisir. Ils sont envahis par des idées dont ils ne peuvent arrêter le débordement; et c'est cette absence de frein qui constitue le délire. On sent bien, au début de l'ivresse, que cette influence inhibitrice dirigeante est sur le point de nous échapper; et on fait de grands efforts pour essayer de la garder.

Ainsi l'état de saine raison paraît être constitué par ces deux phénomènes fondamentaux : d'abord la *notion complète de la réalité*, notion qui est analogue et presque identique à celle qu'ont les autres hommes; ensuite le *pouvoir directeur*, inhibiteur, qui constitue l'attention et la volonté.

Au contraire, l'état de délire est un état psychique dans lequel la notion de la réalité est nulle (rêve); incomplète (ivresse); différente de celle qu'ont les autres hommes (aliénation); et dans lequel aussi le pouvoir d'attention est diminué ou aboli.

Autrement dit encore, la perversion fonctionnelle de l'intelligence porte avant tout sur l'appareil de coordination, de direction et de régulation des idées.

CHARLES RICHET.

DELPHININE ($C^{62}H^{49}AzO^{14}$).

— Dragendorff et Marquis ont réussi à isoler, dans les semences du *Delphinium Stafisagria*, plusieurs alcaloïdes, dont un cristallisable, la *delphinine*. Cette étude a été poursuivie et complétée depuis par Charalampi, qui, en faisant l'analyse élémentaire du chloroaurate et du chloroplatinate de delphinine, a trouvé que ce corps répondait à la formule que nous venons de donner, et non pas à celle indiquée tout d'abord par Dragendorff et Marquis ($C^{44}H^{35}AzO^{12}$). La delphinine cristallise dans le système rhombique, et ses cristaux sont solubles dans l'alcool, dans le benzol, dans l'éther et dans le chloroforme. Elle est relativement peu soluble dans l'eau, 1 gramme pour 1594 grammes d'eau à la température de 15°. Cet alcaloïde forme avec l'acide azotique et l'acide sulfurique des sels cristallisés qui sont difficilement solubles dans l'eau, l'alcool et l'éther, mais qui se dissolvent aisément dans l'eau acidulée. D'après Charalampi, la delphinine ne formerait avec les acides chlorhydrique, acétique, oxalique et tartrique, que des composés amorphes.

La delphinine agit sur la peau et sur la muqueuse comme un véritable révulsif. Elle y provoque une congestion durable, qui s'accompagne de certains phénomènes de picotement et de douleur. Les animaux qui ont reçu cette substance par la voie digestive présentent, au bout de quelques instants, une salivation abondante, des vomissements et de la diarrhée. Si la dose de delphinine est très forte, ils succombent bien avant que ces troubles aient le temps de se produire. Aussitôt, en effet, que le poison pénètre dans le sang, on voit survenir d'autres symptômes beaucoup plus graves.

La respiration est une des premières fonctions atteintes. Les mouvements respiratoires, accélérés tout d'abord, se ralentissent assez rapidement et prennent une forme dyspnéique caractérisée par des inspirations brèves et profondes et par des expirations longues et stertoreuses. Ajoutons que la mort par asphyxie est l'issue la plus ordinaire de ce genre d'empoisonnement (Falck et Röhrig).

En même temps que la respiration s'affaiblit, la force et le nombre des battements cardiaques diminuent d'intensité. La pression sanguine tombe et devient nulle au moment où se produit l'arrêt total du cœur qui se montre toujours en diastole comme dans l'empoisonnement par la vératrine (Falck et Röhrig, Serk et Böhm). Il n'est pas exact que cet arrêt précède, ainsi qu'on l'a dit, celui de la respiration. On peut en effet constater sur le cœur de la grenouille que les battements du cœur persistent plusieurs minutes après la cessation complète de la respiration (van Praag, Dorn et Weyland). D'autre part, si l'on fait la respiration artificielle, il faut une dose de delphinine beaucoup plus forte pour amener la mort des animaux (Böhm). Tamburini et Leone, qui ont étudié l'action de la delphinine sur le cœur de la grenouille et des mammifères, considèrent cette substance comme un poison cardiaque par excellence. Cette action est assez complexe. Dans une première phase de l'empoisonnement, la delphinine agit sur les centres accélérateurs du cœur; plus tard elle excite les centres inhibiteurs, et finalement elle paralyse la fibre cardiaque elle-même. C'est ainsi qu'on voit la fréquence du cœur augmenter tout d'abord, puis diminuer graduellement jusqu'à l'arrêt complet. Les tracés pris dans ces conditions révèlent quelques particularités intéressantes. On y distingue l'action inhibitrice de la delphinine par la présence d'une longue pause diastolique, suivie dans les dernières périodes de l'empoisonnement d'une autre pause intersystolique. L'action de cette substance sur la fibre cardiaque elle-même se manifeste, au début, par un dédoublement de la contraction ventriculaire, plus tard, par l'inexcitabilité complète des parois cardiaques au moment où la mort se produit. Dans tous les cas, les contractions des oreillettes sont plus longues et plus puissantes que celles des ventricules.

L'influence que la delphinine exerce sur le système nerveux est considérable. On peut dire que la plupart des troubles que nous venons de décrire du côté de la respiration et du cœur s'expliquent par cette action de la delphinine sur le système nerveux. En premier lieu les animaux sont en proie à une grande agitation et présentent des signes de souffrance. Ils se débattent avec force, et cherchent à s'échapper en poussant des cris. Peu à peu les mouvements volontaires deviennent incoordonnés. L'animal chancelle et roule par terre. A ce moment la sensibilité générale disparaît, et on voit apparaître des convulsions violentes, de forme clonique, se succédant par des attaques plus ou moins rapprochées, dans l'intervalle desquelles l'animal reste dans la plus complète stupeur. La phase convulsive est d'autant plus accusée que la dose de poison introduite dans l'organisme est plus forte. Si la dose est faible, on peut constater la perte de la sensibilité, de l'excitabilité réflexe et des mouvements volontaires ; avant la mort l'animal est donc complètement paralysé. Tous ces troubles suivent une marche ascendante et commencent à se manifester par les membres postérieurs. Ils n'atteignent pas cependant le cerveau, car généralement les organes des sens conservent leur fonctionnement normal jusqu'au bout, en dehors de quelques rares manifestations pupillaires. Il en est de même de l'intelligence et des autres facultés psychiques.

Les auteurs n'ont pas toujours été d'accord pour reconnaître le point du système nerveux sur lequel se portait l'action de la delphinine. Van Praag, qui avait signalé le premier les effets paralysants de cette substance, croyait à une paralysie de la moelle épinière et de la moelle allongée. Il pensa même que les troubles de la respiration et de la circulation devaient s'expliquer par la paralysie bulbaire. A cette opinion se sont ralliés le plus grand nombre d'expérimentateurs. Toutefois, Schroff a essayé d'établir certains rapprochements entre la delphinine et la vératrine, et Rabuteau, de son côté, soutint que cette substance avait plutôt une action analogue à celle du curare. Ces deux opinions ne sont plus admissibles. Nous savons, grâce aux expériences de Dorn, Weyland, Böhm et Serk, que les nerfs périphériques sont encore excitables au moment où la paralysie des animaux est complète. Ce fait suffit à lui seul pour démontrer la diversité d'action du curare et de la delphinine.

En ce qui concerne la vératrine, les différences sont aussi très grandes. La vératrine agit presque exclusivement sur le système musculaire, tandis que la delphinine porte surtout son action sur la moelle. Böhm et Serck ont prouvé, d'une façon indiscutable, que même les troubles cardiaques et respiratoires du delphinisme obéissent à l'influence que la delphinine exerce sur les centres bulbaires et médullaires. En pratiquant la section des pneumogastriques avant d'introduire la delphinine dans l'organisme, ils ont vu que la respiration et le cœur, au lieu de se ralentir immédiatement, présentent une phase d'accélération assez longue. La delphinine provoque donc dans les conditions normales une irritation centrale des pneumogastriques qui explique le ralentissement primitif de ces deux fonctions. Böhm a constaté de plus que l'excitabilité du pneumogastrique, conservée au début de l'expérience, disparaît graduellement au bout d'un temps variable. Il conclut de ce fait que le ralentissement progressif de la respiration et du cœur ne peut dépendre à ce moment que de la paralysie des centres accélérateurs du bulbe. Enfin le même physiologiste a aussi remarqué que la delphinine peut faire monter au début la pression sanguine en agissant seulement sur les centres vaso-moteurs de la moelle épinière, ou sur les nerfs eux-mêmes. On obtient en effet ce résultat sur des animaux qui ont la moelle cervicale sectionnée à la hauteur de la deuxième vertèbre.

L'action de la delphinine sur le système musculaire est plutôt nulle ou insignifiante. La période d'excitation latente est normale, et, d'après Weyland, la secousse est un peu plus longue que d'habitude ; mais, contrairement à ce qui arrive pour la vératrine, l'irritabilité des muscles n'est jamais détruite par la delphinine. Tamburini et Leone, tout en admettant que cette substance exerce une certaine influence sur la fibre musculaire directement, affirment que la paralysie des animaux dans le delphinisme est due pour la plus grande part à la paralysie de la moelle. Pour ces auteurs la delphinine n'agit pas de la même façon sur les fibres musculaires du cœur et sur les autres muscles de l'organisme. Son action sur le cœur est plus lente, mais plus efficace, tandis que sur les autres muscles l'action est plus rapide, mais elle laisse toujours un reste d'excitabilité.

Malgré l'opinion de certains auteurs, la delphinine n'a pas d'action spécifique sur les sécrétions. L'activité excessive que les glandes salivaires et muqueuses présentent, dans l'empoisonnement par la delphinine, a pour point de départ l'action irritante que cette substance exerce sur l'appareil digestif. Quant à l'hypersécrétion rénale, que van Praag et Turnbull ont constatée quelquefois, elle peut s'expliquer par les troubles vaso-moteurs que provoque cette substance ; et d'ailleurs toute substance diffusible est plus ou moins diurétique.

En terminant nous donnons ici un tableau que nous empruntons au travail de Tamburini et Leone, représentant les diverses phases du delphinisme et les symptômes qui les accompagnent :

Action locale de la delphinine. { Irritation de la peau et des muqueuses.

Action générale de la delphinine.

Sur le cœur . . . . . . {
Excitation du centre accélérateur (rarement).
Excitation du centre inhibiteur ; paralysie progressive de la fibre musculaire.
Arythmie du cœur.
Arrêt du cœur en diastole.

Sur le système nerveux . .
Excitation des centres moteurs de la moelle épinière et des centres bulbaires de la respiration : convulsions, accélération respiratoire.
Paralysie de la moelle épinière et du bulbe : perte de la sensibilité, de l'excitabilité réflexe et des mouvements volontaires, arrêt de la respiration, mydriase et myosis.

Sur les muscles . . . . . Paralysie musculaire.

Bibliographie. — Albers. *Beobachtungen u. Untersuch. über die Wirkung und Anwendung des Delphinins* (Allg. Zeitsch. f. Psych., 1858, xv, 348-388). — Böhm et Serck. *Beiträge zur Kenntniss der Alcaloïde der Stephanskörner* (A. P. P., 1876, v, 311-328). — Cayrade (P.). *Sur l'action physiologique de la delphine* (Journ. de l'An. et de la Physiol., 1869, vi, 317-326). — Darbel. *Rech. chim. et physiol. sur les alcaloïdes du Delph. staph.* (Diss. in., Montpellier, 1864). — Falck et Röhrig. *Das Delphinin und das Pflanzengenus Delphinium* (Arch. f. phys. Heilk., 1852, xi, 328-546). — Marquis. *Ueber die Alkaloïde des Delph. staphisagria* (A. P. P., 1877, vii, 55-80). — Tamburini et Leone. *Azione fisiológica della delfina* (Giorn. intern. d. sc. med., 1881, iii, 985-996). — X... *Larkspur poisoning in cattle and sheep* (New York med. Journ., 1897, lxvi, 271).

J. CARVALLO.

DÉPRESSEUR (Nerf).

— Ce nerf sensible du cœur, découvert en 1866 par Cyon et Ludwig (1) chez le lapin, fut depuis l'objet de nombreuses recherches anatomiques et physiologiques chez d'autres animaux, tant mammifères que vertébrés à sang froid.

1. *Anatomie du dépresseur chez les mammifères et les vertébrés à sang froid.* — 2. *Physiologie du nerf dépresseur ; son mode de fonctionnement.* — 3. *Origine centrale des dépresseurs.* — 4. *Rapports des dépresseurs avec les centres vaso-moteurs ; leurs centres terminaux.* — 5. *Les oscillations périodiques de* Traube *et les dépresseurs.* — 6. *Le dépresseur comme nerf sensible du cœur.* — 7. *Le dépresseur au point de vue pathologique.*

I. — Anatomie du dépresseur chez les mammifères et les vertébrés à sang froid.

Voici en quels termes Cyon et Ludwig ont décrit la position et la marche de ce nerf chez les lapins : « Le dépresseur commence par deux racines *g* et *h* (voir la fig. 99 reproduite ici d'après l'original), dont l'une part du nerf pneumogastrique, l'autre d'une de ses branches, le nerf laryngé supérieur. Souvent le nerf ne possède qu'une racine ; dans ce cas elle émane ordinairement du nerf laryngé. Devenu indépendant, le dépresseur se dirige vers l'artère carotide et, se plaçant près du nerf sympathique du cou *a*, il suit le même parcours que lui, mais en reste séparé presque jusqu'à l'entrée dans la cavité thoracique. Nous n'avons constaté sur quarante lapins qu'une seule exception à ce parcours du dépresseur : vers le milieu du cou, ce nerf rejoignait le pneumogastrique et rentrait dans sa gaine. A cet endroit le pneumogastrique formait un petit plexus, dont le dépresseur se détachait de nouveau pour suivre son parcours habituel. »

Avant d'entrer dans la cavité thoracique, le dépresseur forme anastomose avec le ganglion cervical inférieur dont, d'après une description ultérieure de E. et M. CYON (1 d. 78) les deux branches intérieures constituent sa continuation ; ces deux branches se rendent au cœur entre l'aorte et l'artère pulmonaire. Il arrive parfois que du côté gauche un petit filet nerveux se détache du ganglion cervical inférieur et se rend au dépresseur. A l'endroit où il rencontre ce dernier nerf, on trouve un petit ganglion. La figure 10 (tome IV de ce dictionnaire, p. 100), empruntée à la première communication de CYON et LUDWIG, reproduit cette disposition.

En 1867, STELLING (2), expérimentant sur le dépresseur du lapin et du lièvre, a généralement confirmé les données anatomiques et physiologiques de CYON et LUDWIG. ROEVER (3) a aussi constaté la présence d'une petite intumescence ganglionnaire au point de jonction du nerf dépresseur avec une branche du dernier ganglion cervical. Au sortir de ce gonflement, deux filets du dépresseur se rendent dans le tissu adipeux entre l'aorte et l'artère pulmonaire ou pénètrent dans la paroi de l'aorte. KAZEM BECK (4), auteur d'une étude très étendue sur la marche du nerf dépresseur chez divers animaux, a plusieurs fois observé qu'une branche du sympathique du cou se détachait *plus haut* que le dernier ganglion cervical et formait anastomose avec le dépresseur. D'après ce savant, plusieurs branches du plexus cardiaque entourant l'artère pulmonaire se rendent sur la surface antérieure du ventricule gauche et se répandent entre la musculature du ventricule et le feuillet viscéral du péricarde. D'autres ramifications se propagent sur la surface antérieure du ventricule droit et peuvent

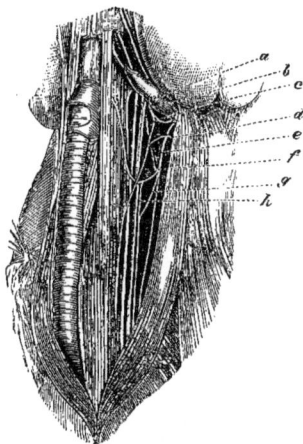

FIG. 99. — Le nerf dépresseur chez le lapin (d'après CYON et LUDWIG) : *g* et *h*, les deux racines du dépresseur ; *f*, le laryngé supérieur ; *e*, pneumogastrique ; *a*, le n. sympathique ; *b*, le n. hypoglosse ; *c*, la branche descendante de l'hypoglosse ; *d*, le pneumogastrique.

être suivies jusqu'à la pointe du cœur où elles entourent les vaisseaux coronaires.

Récemment CYON (5) a décrit plusieurs nouvelles variétés de la marche du dépresseur chez le lapin ; une entre autres très rare, déjà observée à la première préparation de ce nerf dont elle a amené la découverte, consistait en une anastomose longue de plusieurs centimètres, qui vers le milieu du cou se détachait du pneumogastrique et se rendait au sympathique. Ce n'est que tout dernièrement que CYON a pu soumettre cette anastomose du dépresseur à l'excitation électrique. Parmi d'autres variétés signalées, il en faut noter une, déjà mentionnée par ROEVER : du côté gauche on trouve deux dépresseurs montant le long du sympathique, tout à fait indépendants ou séparés seulement depuis le milieu du cou, l'un d'eux se rend au nerf laryngé supérieur, l'autre au pneumogastrique ou au sympathique. Deux variétés chez le même animal, reproduites par CYON (5, pl. I), méritent également d'être citées : du côté gauche, on trouvait, en dehors d'un dépresseur se rendant directement au laryngé supérieur, un autre pouvant facilement être isolé dans la gaine même du pneumogastrique sur une longueur de deux centimètres ; plus haut, à la hauteur du laryngé supérieur, cette branche se détachait de nouveau du pneumogastrique pour se rendre au ganglion cervical supérieur. C'est elle qui forme ce que CYON appelle la *troisième racine* du dépresseur, dont il sera bientôt question. Du côté droit, chez le même lapin, le dépresseur recevait deux racines du laryngé supérieur et une troisième du sympathique. Cette dernière quittait bientôt le dépresseur et se dirigeait vers la glande thyroïde.

D'autres fois on voit des filets nerveux émaner du petit plexus que vers le milieu du cou le dépresseur forme avec le sympathique.

Mais, en général, la marche du nerf dépresseur est très régulière chez le lapin, c'est pourquoi cet animal se prête mieux que tout autre aux expériences physiologiques sur ce nerf.

Relativement au mode de terminaison du nerf dépresseur dans le muscle cardiaque, on a peu de données. Smirnow (6) a observé dans des cœurs de mammifères certains filets nerveux dont se détachent des fibres ayant des terminaisons toutes particulières, analogues à celles que Golgi a signalées dans les tendons des muscles ordinaires. Elles affectent la forme d'arbrisseaux terminaux (*Endbaümchen*) et se trouvent de préférence dans le tissu conjonctif de l'endocarde des auricules, surtout dans le septum; on les rencontre aussi, quoique en moins grand nombre, dans l'endocarde de la partie supérieure des ventricules. Quelques expériences sur la dégénérescence consécutive à la section du pneumogastrique et des dépresseurs chez des lapins et des chats ont permis à Smirnow de conclure avec une grande probabilité que ces arbrisseaux sont les terminaisons de ce dernier nerf.

Chez le *chat*, le nerf dépresseur a une marche bien plus irrégulière que chez le lapin. Les premières recherches faites à ce sujet par E. Bernhardt (7) ont établi que très souvent ce nerf n'existe pas à l'état isolé. Là où il était indépendant, ses relations avec le pneumogastrique et le sympathique présentaient trois variétés : 1° Le dépresseur se joignait à une petite branche provenant du ganglion cervical inférieur ; 2° Il entrait dans ce ganglion ; 3° Au niveau de la première côte il se divisait en plusieurs branches qui se rendaient directement au cœur ; une de ces branches formait anastomose, avec le ganglion cervical inférieur. Kowalewsky et Adamuck (8), sur 50 chats opérés, n'ont rencontré que 5 fois un dépresseur isolé. Roever (3), au contraire, prétend n'en avoir constaté l'absence que 3 fois du côté gauche et 22 fois du côté droit sur 100 sujets opérés.

Bernhardt, Roever et Kazem Beck s'accordent à signaler chez le chat l'existence de nombreuses anastomoses entre les branches des nerfs accélérateurs et celles du nerf dépresseur. Boehm (9) a également noté de pareilles anastomoses, aussi bien dans le ventricule que dans l'oreillette. Sur l'anatomie du nerf dépresseur chez le *chien*, les auteurs sont moins d'accord. Dreschfeld (10) n'a pas réussi à trouver un dépresseur isolé chez cet animal ; par contre, Bernhardt (7, p. 16), Roever (3, p. 71) et Langenbacher (11) affirment l'existence d'un dépresseur chez le chien. Kreidmann (12) et Finkelstein (13), qui ont étudié l'anatomie du nerf dépresseur dans l'espèce canine, admettent tous deux la possibilité d'isoler ce nerf dans la partie supérieure de la gaine commune du pneumogastrique et du sympathique, non loin du laryngé supérieur. Le plus souvent, en isolant le dépresseur situé entre le pneumogastrique qui est en dehors de ce nerf et le sympathique qui est en dedans, on trouve qu'il possède deux racines, provenant, l'une du laryngé, l'autre du pneumogastrique. Kazem-Beck (4) a réussi quatre fois à séparer ainsi le dépresseur jusqu'à son entrée dans le muscle cardiaque. Deux fois même il a tenté avec succès d'exciter les bouts centraux de ce nerf, et il a obtenu l'abaissement de la pression sanguine.

Suivant Wooldridge (14), les fibres du nerf dépresseur se répandent chez le chien surtout sur les surfaces antérieure et postérieure des ventricules. Les indications qu'Ellenberger et Baum (15) donnent sur le parcours du dépresseur chez le chien concordent en général avec celles de Kreidmann. Par contre, on ne trouve aucune désignation de ce nerf sur la figure détaillée qu'ils donnent des nerfs du cou (fig. 184, p. 527). Selon Cyon (5, p. 133), le nerf désigné sur cette figure comme nerf pharyngien inférieur n'est autre que le nerf dépresseur; comme celui-ci, il commence par deux racines, dont l'une provient du pneumogastrique, l'autre du nerf laryngé supérieur. Chauveau, dans son ouvrage classique d'anatomie comparée, n'attribue, d'ailleurs, au chien qu'un seul nerf pharyngien.

Cyon (5) a récemment expérimenté sur le dépresseur du chien, isolé dans la gaine commune aux trois nerfs. Il n'a pas trouvé chez les animaux soumis à ces expériences une racine provenant du laryngé supérieur, mais, par contre, il décrit dans un cas une fine branche qui se rendait au ganglion cervical supérieur. Dans un autre cas, une branche du dépresseur formait anastomose avec le nerf thyroïdien. Nous re produisons ici (fig. 100 et 101) les deux dessins donnés par Cyon du dépresseur du chien. Le trajet du dépresseur indiqué dans la figure 101, offre, comme on le voit, une ressemblance parfaite avec celui de ce nerf chez le lapin. Cyon estime que les variations observées dans la disposition anatomique du chien tiennent à la diversité des races étudiées.

Chez le *cheval*, Cyon a, dès 1870, constaté par des expériences physiologiques l'existence d'un nerf dépresseur distinct du pneumogastrique et du sympathique du cou. On trouvera reproduite ici (fig. 102) la disposition anatomique qu'il a donnée de ce nerf. Chez le cheval, ainsi que l'indique ce dessin, le nerf dépresseur possède, en sus des deux racines *a* et *b* analogues à celles du lapin, une troisième racine A qui forme une forte anastomose avec le ganglion cervical supérieur E et continue sa marche vers une destination qui n'a pas encore été établie d'une manière bien précise. La figure 103 montre les rapports intimes de ces trois racines entre elles et avec les nerfs pneumogastriques et laryngé supérieur. On voit que ces

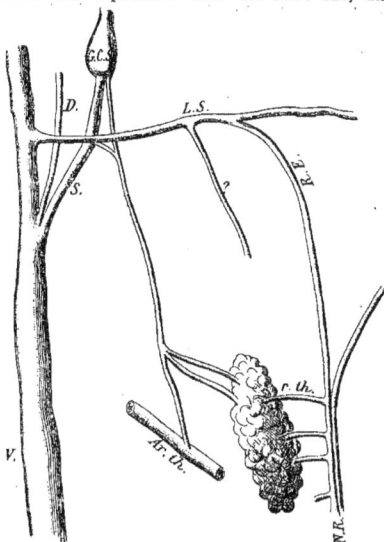

Fig. 100. — Le nerf dépresseur chez le chien (d'après Cyon) : V, nerf pneumogastrique ; D, nerf dépresseur ; S, sympathique ; G, C, S, ganglion cervical supérieur ; L S, laryngé supérieur ; N, R, laryngé inférieur.

rapports sont assez compliqués et notamment que la troisième racine du dépresseur a trois origines différentes : deux branches procèdent de ces deux nerfs et la troisième *c* de la racine *b*. Conjointement avec le laryngé supérieur, ces racines forment un véritable plexus nerveux à la hauteur du gonflement supérieur du pneumogastrique.

En 1880, Finkelstein (13) a étudié, au seul point de vue anatomique, la distribution du dépresseur chez le cheval. Il en donne deux variétés dont une ne diffère pas de celle de Cyon, sauf que la troisième racine a échappé à l'attention de Finkelstein. Suivant une seconde variété, le dépresseur effectuerait son parcours dans une gaine qui lui serait commune avec le sympathique et le pneumogastrique, mais Finkelstein n'a pas réussi à isoler ces trois nerfs ; il suppose l'existence du dépresseur dans le plexus du pneumogastrique qu'il reproduit. Cyon (5) a récemment opéré chez

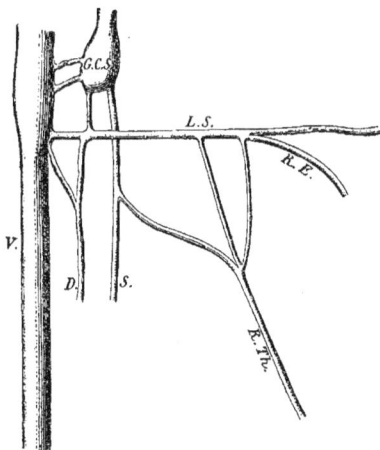

Fig. 101. — Le dépresseur chez le chien (d'après Cyon) : Mêmes désignations que dans la fig. 100 ; R, Th, nerf thyroïdien.

un cheval qui offrait cette seconde variété dans la disposition du dépresseur. Mais il est parvenu, du vivant même de l'animal, à isoler le sympathique et le dépresseur de la gaine commune et à les soumettre à l'expérimentation. La dissection a ensuite démontré que la branche du dépresseur soumise à l'expérience se rendait au ganglion cervical supérieur. Nous avons reproduit cette disposition du dépresseur dans la figure 15 qui représente la distribution des nerfs du cou et du cœur chez le cheval (p. 104). D'après le résultat de l'expérience, Cyon considère cette branche comme correspondant à la troisième racine du dépresseur.

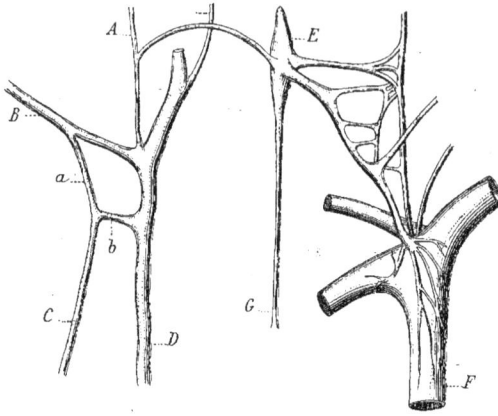

Fig. 102.—Nerf dépresseur chez le cheval (d'après Cyon): D, pneumogastrique; a, b, les deux racines du dépresseur; A, troisième racine du même nerf; E, ganglion cervical supérieur.; g, sympathique; C, artère carotide.

Voici la description que Kreidmann (12) a donnée du dépresseur chez le *mouton :* à droite il se détachait du laryngé supérieur et, après un parcours libre de 7 ou 8 centimètres, il entrait dans la gaine du pneumogastrique; à gauche, il fallait isoler le dépresseur dans la gaine de ce dernier nerf. J'ai eu récemment l'occasion d'exciter chez un mouton le dépresseur du côté droit. J'ai trouvé qu'il était, dans son parcours libre, assez étroitement lié avec le sympathique, et qu'il formait avec lui un petit plexus à la hauteur du ganglion cervical médian.

Langenbacher (11) et Kasem-Beck (4) ont aussi constaté la présence du dépresseur chez le *porc;* il est beaucoup plus développé du côté gauche que du côté droit, et il n'a que peu d'anastomoses avec le pneumogastrique et le sympathique.

Kreidmann (12) et Finkelstein (13), comme avant eux Bernhardt (7), ont cherché à déterminer quel nerf du cou correspondrait chez l'homme au dépresseur des animaux. Kreidmann indique comme jouant ce rôle une petite branche du laryngé supérieur qui commence par deux racines et, après un parcours libre, rentre dans la gaine du pneumogastrique où elle doit être isolée à la hauteur du laryngé supérieur. Nous reproduisons ici (fig. 104) une des figures données par Kreidmann d'après le parcours du côté gauche. Ce qui nous a fait préférer cette distribution, c'est qu'elle correspond

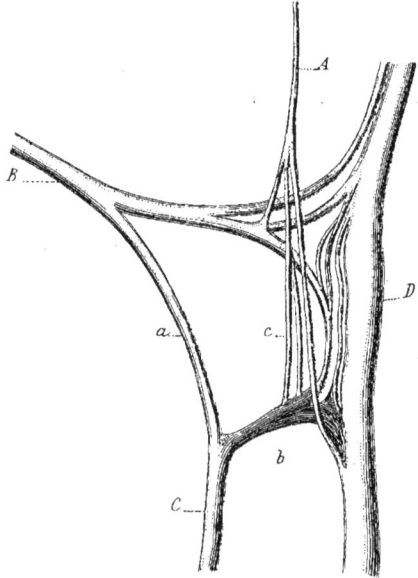

Fig. 103. — Les trois racines du dépresseur chez le cheval (d'après Cyon) : Mêmes désignations que dans la fig. 102.

exactement à celle que nous a offerte dernièrement un singe chez lequel nous avons soumis ce nerf à l'excitation électrique. Finkelstein affirme n'avoir pu constater la présence de cette branche que deux fois sur cinq cadavres. Il incline à considérer comme le nerf dépresseur chez l'homme un nerf émanant de la branche cardiaque du laryngé supérieur. Ce nerf tantôt resterait isolé sur tout son parcours, tantôt se rattacherait au nerf *cardiaque long* qui provient de la partie supérieure du sympathique du cou.

Des deux versions sur le parcours du dépresseur chez l'homme, laquelle est exacte? Il serait d'une très grande importance de le vérifier par voie expérimentale. Cette constatation ne présenterait en elle-même aucune difficulté dans un temps où les opérations sur les goîtres sont devenues si fréquentes. Rien ne serait plus facile que d'introduire une canule dans l'artère thyroïde d'un goître destiné à être enlevé ou oblitéré, et de relier cette canule à un manomètre. L'excitation électrique momentanée d'une des branches nerveuses du cou que nous venons d'indiquer n'offrirait aucun inconvénient; on devrait, bien entendu, éviter la section et même la ligature de ces nerfs. L'effet de dépression sanguine, si caractéristique pour une pareille excitation, une fois obtenu, il faudrait déterminer nettement l'origine et la position exacte du nerf. A une époque où plusieurs chirurgiens n'hésitent guère à pratiquer la section du sympathique au cou et même l'extirpation des ganglions cervicaux, et cela en se basant sur des fonctions plus que problématiques de ces importantes parties du système nerveux, il est urgent de leur faire remarquer qu'en sectionnant le sympathique du cou ils détruisent aussi très probablement le nerf dépresseur, c'est-à-dire qu'ils privent le cœur de son principal appareil préservateur et le reste de l'organisme d'un important régulateur de la circulation.

Parmi les *vertébrés à sang froid*, c'est surtout chez les tortues qu'a été observée la présence du dépresseur.

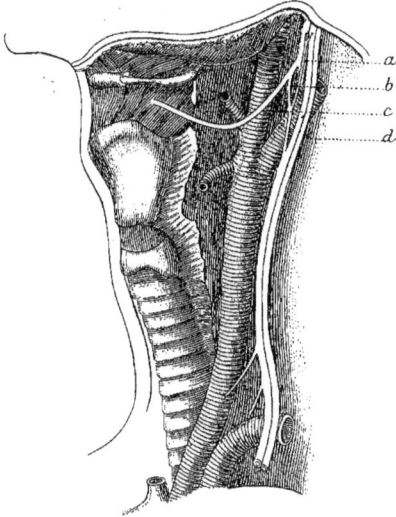

Fig. 104. — Le dépresseur chez l'homme (d'après KREIDMANN) : *a* et *b*, les deux racines du dépresseur; *c*, nerf laryngé supérieur; *d*, pneumogastrique et sympathique.

GASKELL et GADOW (17) ont signalé sur *Testudo graeca* et *Chelonia imbricata*, une branche nerveuse semblable au dépresseur des mammifères. T. WESLEY MILLS (18) a vu un nerf de même genre se détacher du ganglion jugulaire chez *Testudo cephala* et *Pseudoemys rugata*. KASEM-BECK (3) décrit le nerf dépresseur de l'*Emys caspica* et de la *Testudo ibera*. Ce nerf a souvent deux racines provenant du ganglion jugulaire et du tronc laryngo-pharyngien. Selon cet auteur, on trouve aussi un nerf analogue chez le *brochet* (*Esox lucius*); mais, au lieu de provenir du ganglion jugulaire, il proviendrait du ganglion inférieur du pneumogastrique (ganglion *trunci vagi*).

WESLEY MILLS, ainsi que KASEM-BECK, ont obtenu chez les tortues un arrêt du cœur et ensuite une accélération par l'excitation (centrale ?) de ce nerf.

II. — Rôle physiologique du nerf dépresseur; son mode de fonctionnement.

L'excitation électrique du bout périphérique de ce nerf reste sans effet visible sur la pression sanguine et sur le nombre des battements du cœur. Mais celle de son bout central provoque immédiatement un notable abaissement de la pression, ainsi qu'un ralentissement des battements. Tel est le fait fondamental établi par CYON et LUDWIG (1) dès les premières recherches expérimentales qu'ils entreprirent après la découverte de ce nerf. L'abaissement de la pression dans ces expériences atteignait le tiers et souvent même la moitié de la pression normale : il se maintenait pendant la durée de l'excitation électrique à cette valeur minimale. Ce n'est qu'au moment où l'excitation cesse que la pression sanguine s'élève de nouveau et revient à la hauteur normale. Il n'en est pas ainsi du ralentissement des battements du cœur qui accompagne la baisse de la pression : celui-ci atteint vite son maximum, bien avant que la pression ne soit arrivée à son niveau le plus bas et, au lieu de se maintenir, il commence à diminuer, faisant place à un retour des pulsations à leur nombre normal, et parfois même à une légère accélération.

Cette désharmonie entre le cours de l'abaissement de la pression et celui du ralentissement des pulsations indiquait déjà assez clairement que les deux phénomènes sont indépendants l'un de l'autre. Cyon et Ludwig ont en outre démontré directement cette indépendance en établissant, par des expériences *ad hoc*, que le nerf dépresseur exerce une double action réflexe, l'une sur les centres vaso-moteurs, l'autre sur les centres des nerfs pneumogastriques. La section de ces derniers suffisait le plus souvent pour que l'excitation du dépresseur restât sans effet direct sur le nombre des pulsations. Une ou deux fois, notamment dans leur expérience VI, ils ont même observé après cette section une accélération des battements du cœur comme suite d'une pareille excitation. Cyon et Ludwig étaient alors portés à considérer ce phénomène comme une suite indirecte de la pression intracardiaque et peut-être même intracranienne, comme un effet particulier de la baisse générale de la pression. Nous verrons bientôt qu'il est dû, au contraire, à une action réflexe sur les nerfs accélérateurs qui, pendant l'excitation du dépresseur, se transmet à travers la troisième racine de ce nerf, découverte récemment par Cyon (5).

Quant à la baisse de la pression, Cyon et Ludwig avaient constaté, dès le début de leurs recherches, qu'elle était générale, qu'on l'observait aussi bien dans le domaine des carotides que dans celui des artères crurales et qu'elle était particulièrement considérable dans les vaisseaux de l'abdomen. La cause de cette baisse de pression se révélait à l'œil nu par la dilatation des petits vaisseaux aussi bien sur les intestins que sur les reins et autres organes abdominaux. Il était donc évident que l'abaissement de la pression sanguine provoqué par l'excitation du nerf dépresseur résultait non d'un affaiblissement quelconque de la force cardiaque, mais d'une diminution des résistances dans les circuits vasculaires.

Mais Cyon et Ludwig tenaient à démontrer cette origine de la dépression sanguine par des expériences directes. Ils ont observé, notamment, que l'excitation du dépresseur devenait presque sans effet sur la pression générale, si en même temps on prenait soin d'augmenter artificiellement les résistances dans la circulation périphérique par une occlusion momentanée de l'aorte abdominale au-dessous du diaphragme.

Toutefois, la confirmation la plus éclatante de leur conjecture sur l'action du dépresseur fut fournie par leurs expériences sur les *nerfs splanchniques*. Après avoir constaté que la baisse de la pression sanguine était due en majeure partie à la dilatation des vaisseaux abdominaux, ce qui était, d'ailleurs, tout naturel vu l'énorme capacité de ces vaisseaux, les auteurs cherchèrent à établir quels sont les vaso-constricteurs qui dominent la circulation abdominale. C'est ainsi qu'ils furent amenés à découvrir le rôle prédominant que les *nerfs splanchniques* jouent dans la circulation générale par la grande quantité de nerfs vaso-constricteurs qu'ils contiennent.

La section d'un nerf splanchnique parvenait à abaisser de 30 à 50 millimètres la pression sanguine dans la carotide (la pression fut mesurée par un manomètre à mercure). La section d'un second splanchnique augmentait encore notablement cette dépression.

D'autre part, l'excitation du bout périphérique d'un nerf splanchnique sectionné élevait la pression sanguine fort au-dessus même de sa hauteur primitive. L'élévation de la pression était presque identique à celle que produire une occlusion complète de l'aorte à sa sortie du diaphragme. Une fois que le rôle des *nerfs splanchniques*, en tant que vaso-moteurs principaux de l'organisme, eut été établi, il fut aisé à Cyon et Ludwig de vérifier leur manière d'envisager l'action du nerf qu'ils venaient de découvrir : l'excitation du dépresseur succédant à une section préalable des deux splanchniques devait rester sans effet sur la pression sanguine, ou plutôt n'exercer qu'un effet restreint. Les expériences confirmèrent pleinement cette prévision : tandis qu'avant la section la pression était diminuée du tiers ou de la moitié, ou n'obtenait plus qu'une baisse minime de 10 à 12 millimètres, soit à peine d'un dixième de sa valeur primitive, et cela bien que le ralentissement des pulsations cardiaques — les pneumogastriques étant demeurés intacts — restât aussi considérable qu'avant la section des splanchniques. Cette baisse minime de la pression indique en même temps que, *si l'action du dépresseur est surtout puissante sur le système vasculaire de l'abdomen, elle s'étend également aux autres artères du corps.*

De l'ensemble de leurs expériences, Cyon et Ludwig conclurent que le nerf dépresseur exerce une double action réflexe : 1° excitante sur les centres des pneumogastriques, et 2° paralysante sur les centres des vaso-constricteurs, c'est-à-dire que son excitation diminue considérablement le tonus de ces derniers centres. Par rapport aux centres vaso-constricteurs, le nerf dépresseur doit être considéré comme un nerf *inhibiteur par voie réflexe.*

Voici en quels termes les auteurs apprécient la portée physiologique du mécanisme nerveux qu'ils venaient de découvrir : « Aux différents procédés par lesquels les diverses parties de l'appareil circulatoire s'adaptent mutuellement, il en faut ajouter un nouveau, des plus importants à coup sûr, grâce auquel *le moteur principal de la circulation parvient à régler lui-même les résistances qu'il doit vaincre... Le cœur, quand il est trop rempli, soit par manque de forces propulsives, soit par un afflux de sang trop considérable, subit des excitations qui lui permettent, à l'aide des nerfs dépresseurs, de modifier le nombre de ses battements, ainsi que les résistances qui s'opposent à son évacuation.* »

Le mécanisme des nerfs dépresseurs constitue donc comme une soupape de sûreté préservant le cœur de la dilatation excessive et dangereuse qu'occasionnerait une trop grande accumulation du sang dans ses cavités : en cas de danger, ce mécanisme automatique peut amener une dépression du sang en provoquant *par voie réflexe* un ralentissement des battements du cœur et un élargissement des petites artères dans tout le corps. Ce nerf sensible du cœur signale, pour ainsi dire, au cerveau les dangers qui menacent le muscle cardiaque et, en produisant une paralysie momentanée des centres vaso-moteurs, il ouvre les écluses qui permettent au cœur de se vider sans obstacle[1].

Leur rôle physiologique ne comportant qu'une intervention accidentelle pour prévenir un trop grand afflux du sang dans le cœur, il s'ensuit que les nerfs dépresseurs ne se trouvent pas dans un état d'excitation tonique ; le plus souvent, leur section ne provoque pas de changement appréciable dans la pression sanguine, comme l'ont démontré Cyon et Ludwig.

Les nombreuses recherches expérimentales dont les nerfs dépresseurs furent l'objet depuis 1866 n'ont nullement modifié les bases sur lesquelles Cyon et Ludwig en avaient établi le fonctionnement. Comme nous l'avons exposé dans la partie anatomique de cette étude, on a reconnu l'existence de ces nerfs chez différents animaux. Là où les dépresseurs ont pu être soumis à l'expérimentation physiologique, leur mode d'action s'est trouvé être exactement pareil à celui observé chez le lapin. Roever (3) et Bernhardt (7) chez le chat, Cyon (16) chez le cheval, Kasem-Beck (4) et Cyon (5) chez le chien, d'autres expérimentateurs encore, ont pu constater que, généralement, c'est par une baisse persistante de la pression sanguine et par un ralentissement passager des pulsations que se manifeste l'action de ces nerfs.

Au début, il est vrai, on a de plusieurs côtés essayé d'expliquer la baisse de la pression observée au moment de l'excitation des dépresseurs, comme une conséquence indirecte du ralentissement de la circulation. L'inanité d'une semblable explication résultait déjà des premières recherches de Cyon et Ludwig, qui, comme nous l'avons vu, avaient prouvé par des expériences indiscutables l'indépendance complète de ces deux effets parallèles de l'excitation du dépresseur. Dans notre étude sur l'innervation du cœur (19), nous reproduisons plus haut (p. 126) deux graphiques (20 et 21) dont chacun retrace un de ces effets : la fig. 20, la baisse de la pression sans ralentissement des battements du cœur, et la fig. 21, un fort ralentissement des battements presque sans baisse de la pres-

---

1. Qu'il me soit permis de citer un mot de Claude Bernard dit en décembre 1866 quand, pour la première fois, je lui exposai la découverte des dépresseurs ainsi que celle des nerfs accélérateurs publiée quelques mois après : « Je serais curieux de savoir comment les darwiniens s'y prendront pour expliquer de si merveilleux mécanismes à l'aide de l'adaptation ou de la sélection. »

sion. Dans le premier cas, c'est l'action réflexe sur les pneumogastriques qui a été abolie ; dans le second c'est, au contraire, l'action sur le centre vaso-moteur qui a été empêchée par les conditions de l'expérience[1].

Sur plusieurs points de détail, les données expérimentales fournies par CYON et LUD-WIG sur les dépresseurs ont été élargies ou complétées. Ainsi, dans une étude spéciale, N. SEWALL et D. W. STEINER (20) on précisé davantage quelques particularités de fonctionnement normal de ces nerfs.

En produisant artificiellement de grandes élévations de la pression sanguine, tantôt par l'occlusion des carotides qui, selon l'observation antérieure de SIGM. MAYER, provoque une semblable hausse, tantôt par l'asphyxie, ces auteurs ont pu se convaincre que dans les deux cas la hauteur à laquelle parvenait la pression était bien moins considérable, quand, préalablement, les deux dépresseurs avaient été sectionnés. Une observation analogue a été également faite précédemment par NAWALICHINE (37). Il est donc évident que l'intervention des nerfs dépresseurs a pu notablement atténuer les effets de l'asphyxie ou de l'occlusion des carotides sur la pression sanguine. Ces auteurs ont plusieurs fois observé des élévations de la pression au moment de la section des dépresseurs. Tout récemment, au cours de nouvelles expériences sur ces nerfs, CYON a fait des observations analogues. Ce phénomène n'indique nullement l'existence d'un tonus du dépresseur, mais prouve seulement, selon la judicieuse remarque de SEWALL et STEINER, l'extrême sensibilité du mécanisme auquel il préside. *Pendant l'expérimentation l'élévation de la pression dans le cœur était combattue par le dépresseur, mais, au moment même de sa section, l'élévation de la pression, n'étant plus contrariée, a pu alors se produire intégralement.* Si dans leurs premières expériences CYON et LUDWIG n'ont pas observé cette élévation, cela tient probablement à ce qu'ils opéraient sur des animaux immobilisés par le curare.

Nous avons déjà indiqué les études faites en vue de préciser davantage la distribution des fibres des dépresseurs dans le cœur lui-même. Parmi ces recherches, celles de WOOL-DRIDGE (14) méritent une mention spéciale, parce qu'elles ont été exécutées par voie expérimentale. Leur auteur avait donc le moyen de vérifier par l'action sur la pression sanguine et la fréquence des battements du cœur si les fibres en question se rapportaient réellement au nerf dépresseur. Ces expériences exécutées dans le laboratoire de LUDWIG ont montré que c'est de préférence l'excitation des nerfs situés sur la surface postérieure du cœur qui provoque deux effets identiques à ceux produits par la mise en action des nerfs dépresseurs.

En dehors des vaisseaux abdominaux, sur lesquels l'action vasodilatatrice due au dépresseur s'exerce d'une manière particulièrement prononcée, y a-t-il d'autres artères qui subissent son action ? L'étude de cette question présente certaines difficultés provenant de l'influence prédominante que le volume des vaisseaux abdominaux exerce sur celui des autres vaisseaux, et surtout sur ceux situés à la périphérie du corps. Cette prédominance des vaisseaux régis par les splanchniques est particulièrement grande chez les lapins, comme l'avaient démontré les expériences de CYON et STEINMANN en 1870 (1, d, 101-137). Elle a pour effet qu'une grande dilatation de ces vaisseaux empêche *par voie purement mécanique* une dilatation trop prononcée des vaisseaux périphériques, la quantité de sang dont dispose le corps étant limitée. Cet antagonisme *mécanique* entre la circulation viscérale et la circulation périphérique ne doit pas être confondu avec un autre antagonisme entre les mêmes systèmes vasculaires, dû celui-là à l'action réflexe des nerfs sensibles sur les nerfs vasomoteurs. Cette action, selon CYON (1, d, 104, 121, etc.), est double : 1° Elle provoque une *excitation* des centres des vaso-constricteurs et par conséquent produit un *rétrécissement général* des petites artères, et 2° une inhibition partielle des *centres locaux* qui dominent les artères appartenant à la même région que les nerfs sensibles excités, par conséquent une *dilatation* des vaisseaux de cette région (expériences de SCHIFF, SNELLEN, LÒVEN et autres). Cette action nerveuse, qui fut particulièrement étudiée par DASTRE et MORAT (36), doit amener dans certaines circonstances, — par exemple quand les nerfs sensibles de la peau sont soumis à l'excitation — une dilatation

---

1. Dans le texte, p. 125, à la deuxième ligne d'en bas, une erreur d'impression : *amène* au lieu d'*annule,* a faussé le sens de la phrase expliquant la fig. 21.

des vaisseaux cutanés et un rétrécissement des vaisseaux viscéraux. Le résultat est, selon l'heureuse expression de ces auteurs, un *balancement entre la circulation cutanée et la circulation viscérale.*

Quand c'est le nerf sensible du cœur, le dépresseur, qui est soumis à l'excitation, l'antagonisme *mécanique* entre les deux circulations doit être seul pris en considération. L'action réflexe de ce nerf se manifeste, en effet, par une inhibition générale des centres vaso-constricteurs, c'est-à-dire par une *dilatation* générale de toutes les petites artères du corps. Mais, grâce à l'énorme quantité de sang qui afflue dans les larges vaisseaux abdominaux (où les résistances à cet afflux sont d'ailleurs moindres qu'à la périphérie), il est souvent difficile de constater avec certitude le relâchement des vaisseaux périphériques.

Parmi les recherches faites pour étudier l'action du dépresseur sur les autres parties du corps, il faut citer le travail de Dastre et Morat (57) sur la circulation bucco-linguale, et surtout l'étude très complète de Bayliss (26).

Cette dernière a passé en revue les effets de l'excitation du nerf dépresseur sur presque toutes les parties du corps. C'est à l'aide de la méthode pléthysmographique que fut faite l'investigation de la plupart de ces effets. Bayliss a pu ainsi constater que le volume des extrémités augmente notablement sous l'influence de ces excitations; il en est de même pour les intestins. Par contre, selon Bayliss, l'action du dépresseur sur la langue est nulle. Sur le cou et la tête Bayliss ne fait que confirmer les observations de Cyon et Ludwig et de Stelling. Le volume de l'oreille non plus ne paraissait pas augmenter pendant l'excitation du dépresseur; celui du rein a même un diminué de 4 millimètres. Il s'agissait évidemment dans ce dernier cas d'un effet passif sur les vaisseaux du rein par suite de l'énorme afflux du sang vers les intestins. (Voir plus loin.)

Hürthle (58) a étudié les effets du dépresseur sur la circulation cranienne, à l'aide d'un manomètre fixé dans le bout périphérique de la carotide. Il a pu constater ainsi une légère baisse de la pression. Pourtant Bayliss n'a pas réussi à confirmer cette observation.

Tout récemment Cyon (5, 20-24) a étudié l'action du dépresseur sur les vaisseaux des glandes thyroïdes et a pu constater que cette action est très prononcée, et cela malgré l'antagonisme *mécanique* entre la circulation abdominale et celle des organes périphériques. Cyon admet même une action particulière du dépresseur sur la circulation du corps thyroïde et le passage direct de plusieurs fibres vasodilatatrices du dépresseur aux artères de ces corps, soit par la voie des laryngés supérieurs, soit par celle du plexus nerveux que forme souvent le premier de ces nerfs avec le sympathique et le pneumogastrique.

Le rôle principal des corps thyroïdes étant, selon Cyon, la protection du cerveau contre les subits afflux de sang par suite de trop grands accroissements de la pression sanguine, il est très naturel que le nerf dépresseur, appelé à combattre les effets de pareils accroissements sur le cœur, intervienne d'une manière directe dans la circulation thyroïdienne.

III. — Origine centrale des dépresseurs.

Par quelles voies les nerfs dépresseurs quittent-ils la boîte cranienne? E. Spalitta et M. Consiglio (21) ont entrepris de rechercher si les fibres nerveuses du dépresseur pénètrent dans le cerveau conjointement avec celles des pneumogastriques, ou si elles se séparent de ces dernières à l'endroit de leur jonction avec la branche interne du nerf spinal de Willis. Les expériences des physiologistes italiens ont démontré que l'arrachement préalable de ce dernier n'abolit pas l'action du dépresseur sur la pression sanguine, tandis que celle sur la fréquence des pulsations disparaît. Il en résulte aux yeux de ces auteurs que les dépresseurs contiennent des fibres de deux sortes : les unes, dont l'excitation agit sur le centre vaso-moteur et qui suivent les pneumogastriques jusque dans la boîte cranienne ; les autres qui ne provoquent que l'action réflexe sur les nerfs pneumogastriques. La présence de deux sortes de fibres nerveuses dans le dépresseur est en elle-même très vraisemblable. Toutefois nous devons observer que les résulats des expériences de Spalitta et Consiglio n'imposent pas cette conclusion d'une manière absolue. Nous savons par les expériences de Waller (22) que les fibres inhibitrices du pneumogastrique quittent la moelle par la voie du nerf accessoire de WILLIS. Si donc l'excitation du dépresseur n'amène pas un ralentissement des battements du cœur, le fait peut très bien avoir pour cause non la destruction des fibres nerveuses du dépresseur qui *se rendent* à la moelle, mais celle des fibres du pneumogastrique qui en *sortent*.

Il est vrai qu'il résultait déjà des premières expériences de CYON et LUDWIG (par exemple, des exp. IV et V, voir aussi 1, d, p. 41) que la section d'un seul pneumogastrique du côté où se trouve le dépresseur excité n'abolit nullement le ralentissement des pulsations, l'excitation se transmettant également sur le pneumogastrique du côté opposé. KASEM-BECK (4) a fait la même observation sur le chien et sur le porc. Si cette action sur le pneumogastrique contralatéral se produisait toujours et dans toutes les circonstances, la conclusion de SPALITTA et CONSIGLIO serait légitime. Mais il n'en est pas ainsi : comme l'a tout récemment démontré S. FUCHS (23), le ralentissement provoqué *uniquement* par le pneumogastrique *contralatéral* exige une excitation du dépresseur bien plus intense. Pour que la conclusion de SPALITTA et CONSIGLIO fût inattaquable, il aurait fallu établir que l'excitation du dépresseur *après* la destruction d'un *seul* nerf spinal avait été exécutée avec des courant *très forts*. Autrement l'objection que nous venons de formuler peut toujours être soulevée.

S. FUCHS (23) a serré bien davantage la question de l'origine des nerfs dépresseurs, et ses expériences lui ont permis d'établir notamment par quelles parties des racines des pneumogastriques ils entrent dans la boîte crânienne. Il s'agissait d'examiner les faisceaux de fibres qui forment les racines réunies des nerfs glosso-pharyngien, pneumogastrique et spinal. GROSSMANN (24) ayant constaté que, chez le lapin, les fibres nerveuses provenant de la moelle allongée qui forment ces racines traversent le foramen jugulaire en trois faisceaux : supérieur, moyen et inférieur, S. FUCHS est parti de là, et a réussi à démontrer par la section ou l'excitation des fibres du dépresseur se trouvent dans le faisceau supérieur, le même qui, d'après les recherches de TH. BEER et A. KREIDL (25), contient également les fibres du pneumogastrique, dont l'excitation provoque un ralentissement ou un arrêt de la respiration. Dans ce faisceau supérieur on peut facilement distinguer deux filets nerveux, dont l'inférieur est le plus fort. C'est par ce dernier que passe le nerf dépresseur pour se rendre dans la moelle allongée.

Toutes les racines du dépresseur suivent-elles cette voie pour arriver au cerveau ? Au moment où furent exécutées les recherches dont il vient d'être parlé, on ne possédait sur la troisième racine de ce nerf que les indications anatomiques fournies pour le cheval par CYON (16) en 1870. Sans doute BAYLISS (26) avait déjà attiré l'attention sur ce fait que l'excitation du bout central du dépresseur *après* la section des deux pneumogastriques provoque souvent une notable accélération des pulsations, fait qui, d'ailleurs, résultait déjà des premières expériences de CYON et LUDWIG sur ce nerf (1, exp. IV) ; mais on ignorait encore que dans ce cas l'action réflexe sur les accélérateurs se transmettait par la voie d'une racine spéciale. Ce n'est que tout récemment que CYON (5) l'a établi à l'aide de l'expérimentation physiologique. Il ressort de ses expériences que la troisième racine du dépresseur, aussi bien chez le lapin et chez le chien que chez le cheval (voir fig. 102), traverse le ganglion cervical supérieur : il est donc à peu près certain qu'elle se rend au cerveau avec les filets sympathiques de ce ganglion.

Sur les parties du cerveau que le dépresseur traverse pour se rendre aux centres des nerfs sur lesquels il exerce une excitation réflexe, on ne possède aucune donnée expérimentale précise. STELLING (2) a montré, dès l'année 1867, que la section de la partie cervicale de la moelle épinière annule définitivement l'action du dépresseur, au moins sur le système vaso-moteur. Le fait s'explique très aisément : la section de la moelle ayant supprimé toute action du centre vaso-moteur situé dans le cerveau sur les vaisseaux périphériques, il est évident que l'influence du dépresseur sur ce centre ne saurait plus se manifester.

IV. — Rapports des dépresseurs avec les centres vaso-moteurs ; leurs centres terminaux.

La question du trajet que suivent les fibres du nerf dépresseur pour aboutir aux centres nerveux sur lesquels elles exercent leur action se rattache directement au problème de la nature de cette action. On a vu plus haut que CYON et LUDWIG, dès leur premier travail, avaient catégoriquement affirmé le *caractère inhibitoire* de l'action de ce nerf sur le centre vaso-moteur. Cette conclusion leur fut imposée tant par leurs expériences directes sur les deux splanchniques (voir plus haut), que par l'étude du mécanisme intime par lequel s'exerce généralement l'action des nerfs vaso-dilatateurs. En effet, quelque temps avant la découverte du nerf dépresseur, CH. LÒVEN (27) avait, dans le laboratoire de LUDWIG, démontré par des expériences décisives (excitation du nerf auriculaire-cervical et d'autres nerfs sensibles) que la dilatation des vaisseaux produite par les nerfs dits vaso-dilatateurs est la suite d'une *inhibition* de l'excitation tonique due aux cellules ganglionnaires vaso-motrices situées au centre ou à la périphérie. Il ne saurait, d'ailleurs, être question d'une autre explication, aussi longtemps qu'on n'aura pas démontré l'existence dans les petites artères de fibres musculaires dont l'excitation produirait *directement une dilatation vasculaire*. A plus forte raison donc une dilatation générale des vaisseaux, telle que la provoque l'excitation des nerfs dépresseurs, devrait être attribuée à l'inhibition du tonus des centres vaso-constricteurs.

Malgré le caractère inattaquable de cette conclusion, plusieurs expérimentateurs ont essayé de prouver que le dépresseur n'exerce sa fonction physiologique qu'en excitant un centre vaso-dilatateur, dont on supposait l'existence dans le bulbe ou plus haut dans le crâne. C'est, croyons-nous, OSTROOUMOFF (28) qui le premier émit l'opinion que le dépresseur pouvait *peut-être* agir par l'excitation d'un centre vaso-dilatateur. Il fondait cette hypothèse sur des observations faites à l'aide d'excitations électriques, d'un rythme très lent, appliqué aux vaso-moteurs. Ces expériences auraient prouvé que les fibres dilatatrices sont susceptibles d'être mises en jeu par des excitations plus rares que les vaso-constricteurs situés dans le même tronc nerveux. Grâce à cette particularité, on pouvait obtenir des excitations isolées des vaso-dilatateurs, sans que les vaso-constricteurs entrassent en action.

Il serait superflu de discuter ici le bien fondé de cette conclusion de OSTROOUMOFF, par la simple raison que, même admise, elle ne saurait avoir aucun rapport avec le mode d'action du nerf dépresseur.

Comme le reconnaît d'ailleurs cet auteur lui-même, des recherches sur les nerfs splanchniques pourraient plutôt fournir des indications justifiant une pareille conception du fonctionnement du dépresseur. Des expériences dans cette voie furent exécutées ensuite par ROSE BRADFORD (29). En excitant le bout périphérique du splanchnique par des courants d'induction à des intervalles d'une seconde, il affirme avoir obtenu une baisse de la pression sanguine. Ce résultat ne fut pas confirmé par d'autres observateurs. En fait, la *hausse* de la pression à la suite d'une excitation (avec des courants peu fréquents) des splanchniques est moins grande qu'après une excitation ordinaire, mais jamais il ne se produit une *baisse* de cette pression. Les expériences du même auteur sur les changements de volume des reins pendant l'excitation des nerfs splanchniques, par des courants à interruptions lentes ou rapides, lui ont permis d'observer, en même temps qu'une baisse de pression, une diminution de volume des reins. Il en conclut que les splanchniques contiennent des vaso-dilatateurs pour certains organes abdominaux. PAL (30) aurait trouvé que, quand on excite les splanchniques par des courants trop faibles pour provoquer une élévation de la pression, l'écoulement du sang des vaisseaux pancréatiques augmente néanmoins. JOHANSSON (31) a également trouvé dans les splanchniques quelques vaso-dilatateurs qu'il suppose se rendre aux intestins. Dans le même ordre d'idées, il faut mentionner les expériences de LAFFONT (32). Ce dernier a essayé d'établir que les trois premières racines dorsales contiennent des vaso-dilatateurs pour le foie et que leur section est à même de rendre inefficace l'action du dépresseur. D'abord, le premier de ces faits est en contradiction avec les expériences de CYON et ALADOFF (33) qui ont démontré par la mensuration simultanée de la pression sanguine dans l'artère hépatique et dans l'artère carotide que les fibres nerveuses, qui du premier ganglion thoracique se rendent au dernier ganglion cervical — une des branches de l'anse de VIEUSSENS — contiennent, au contraire, des *vaso-constricteurs* du foie (voir plus haut, p. 119). Leur *section* produit une vaso-dilatation dans le foie ainsi que le diabète. Ce fait expliquerait que l'action du dépresseur produit un effet moindre sur la pression générale après la section des trois racines dorsales. En effet une telle section équivaudrait presque à celle des splanchniques. C'est par ces trois racines également que, selon Cl. Bernard (34) et Cyon (35), passent les vaso-constricteurs des extrémités antérieures. L'observation de Laffont est aussi en désaccord avec les nombreuses expériences d'autres auteurs qui ont trouvé des vaso-dilatateurs du foie dans les pneumogastriques. François Franck et Hallion (36) concluent, d'autre part, de leurs recherches récentes que les splanchniques possèdent des vaso-dilatateurs pour certaines parties des intestins et pour les reins. Il suffit pourtant de jeter un coup d'œil sur les graphiques joints à l'exposé de leurs expériences pour se convaincre que ces dernières autoriseraient plutôt des conclusions favorables à l'absence de tels vaso-dilatateurs dans les splanchniques. En effet la vaso-dilatation se produisait non *pendant* l'excitation de ces nerfs, mais *après*.

Dans toutes les recherches dont nous venons de parler, il n'a pas été non plus tenu suffisamment compte de l'antagonisme qui existe entre la circulation périphérique et la circulation abdominale, antagonisme démontré déjà par les travaux de Cyon et Steinmann (17) en 1870, et dont nous avons parlé plus haut. Souvent même, on a trop négligé aussi le caractère *passif* des dilatations qui doivent forcément se produire dans certaines parties des organes viscéraux quand, par suite de la contraction des vaisseaux plus puissants de la région voisine, le sang est chassé de cette dernière. Les preuves jusqu'à présent fournies en faveur de la présence de fibres dilatatrices dans les splanchniques sont donc encore bien problématiques. Lors même que cette présence serait démontrée pour quelques organes, cela ne prouverait nullement qu'il existe un centre vaso-dilatateur dans le bulbe ou dans une partie du cerveau, ni que le dépresseur soit à même d'exciter ce centre. Comme le dit avec raison Biedl (38), après l'examen détaillé de ses recherches personnelles et de celles des autres auteurs sur ce sujet : « La quantité des vaso-dilatateurs dans les splanchniques est trop insignifiante, ou plutôt le domaine vasculaire qu'ils régissent a une étendue trop faible pour pouvoir exercer une notable influence sur la circulation générale ou pour pouvoir se manifester par une baisse générale de la pression sanguine pendant l'excitation des splanchniques (461). » Il est vrai que ce même auteur, après avoir ainsi affirmé l'impossibilité d'influencer d'une manière appréciable la pression générale par l'excitation des vaso-dilatateurs des splanchniques, n'en conclut pas moins, quelques pages plus loin (469), que « l'action du dépresseur est probablement (*sic*) une conséquence de l'excitation réflexe des vaso-dilatateurs des intestins ».

Ainsi donc les tentatives d'expliquer l'action du dépresseur par une excitation réflexe des fibres vaso-dilatatrices des nerfs splanchniques sur un prétendu contre vaso-dilatateur ont plutôt abouti à un résultat opposé. Cyon (5) a récemment produit quelques objections nouvelles contre une semblable interprétation de l'action du dépresseur. Dans ses expériences avec des injections d'iodothyrine, il a observé une si grande augmentation de l'excitabilité du dépresseur que les baisses de la pression provoquées par ce nerf dépassaient souvent les deux tiers de la pression normale. Une fois même un animal est mort subitement pendant l'excitation du dépresseur par suite de la paralysie complète de tous les vaso-constricteurs. « Les effets des vaso-dilatateurs, écrit Cyon (5, 106), sont généralement très capricieux et inconstants ; ils exigent toujours une phase latente d'une certaine durée. Par contre, l'action des dépresseurs est d'une constance absolue ; elle se manifeste *aussitôt* après l'excitation. » Chauveau et Kauffmann (39) ont démontré, à l'aide d'expériences sur les vaso-dilatateurs des glandes parotides du cheval, que les vaso-dilatateurs se fatiguent excessivement vite, c'est-à-dire que la vaso-dilatation ne dure qu'un laps de temps très court. La même observation a été faite par tous les physiologistes qui ont eu l'occasion d'étudier l'action de ces nerfs. Or celle du dépresseur est très longue et persistante. Bayliss (26), qui, comme nous l'avons vu plus haut, a fait une étude très complète de l'action que l'excitation du dépresseur exerce sur les différentes parties du corps, voit également dans ce fait une objection contre l'attribution de cette action à une excitation des centres vaso-dilatateurs. Il est néanmoins porté à l'admettre, et cela pour deux considérations. La première est que, selon l'hypothèse de Gaskell, l'action inhibitrice a un caractère anabolique. Or Bayliss n'a pas pu constater que la nutrition et l'excitabilité du centre vaso-constricteur augmentaient après une longue excitation du dépresseur. En admettant même ce fait comme indiscutable, il donnerait plutôt à penser que l'hypothèse de Gaskell n'a pas un caractère définitif. La seconde considération est tirée des observations de Bradford. Nous venons d'indiquer qu'elles aussi ne prouvent rien en faveur d'une action du dépresseur sur les vaso-dilatateurs.

Plusieurs auteurs ont cru pouvoir invoquer à l'appui de cette thèse quelques observations faites sur l'action de certaines substances qui diminuent l'excitabilité du dépresseur. Ainsi, par exemple, GLEY et CHARRIN (40), au cours de leurs intéressantes recherches, sur l'action des produits sécrétés par le bacille pyogénique sur le système nerveux vasomoteur, ont observé que l'injection de 10 à 20 c. c. de la solution d'une culture filtrée détermine une grande diminution de l'excitabilité du dépresseur. Ayant en même temps constaté que les réflexes vaso-constricteurs n'étaient point affaiblis, ces auteurs ont conclu de leur observation sur le dépresseur que ce nerf agissait sur les vaso-dilatateurs. Cette conclusion n'est nullement forcée : presque toujours, en effet, quand l'action des centres vaso-constricteurs est très accentuée, comme, par exemple, dans l'asphyxie, celle des dépresseurs est diminuée, et cela par la simple raison que ces nerfs ont à vaincre des résistances plus considérables.

GLEY et CHARRIN ont d'ailleurs fait une autre observation qui indique clairement qu'il s'agissait bien d'une action inhibitrice du dépresseur. En effet, en même temps qu'ils voyaient diminuer l'excitabilité de ce nerf, ils ont pu constater que l'irritation du bout central du nerf auriculaire-cervical perdait aussi beaucoup de son efficacité sous l'influence des produits sécrétés par le bacille pyogénique. Or, comme cette vaso-dilatation est provoquée par un acte inhibitoire, nous avons donc là le même effet que sur le dépresseur.

Bien plus, MORAT et DOYON (4), qui ont pu confirmer l'observation faite par GLEY et CHARRIN sur le dépresseur, ont constaté que l'excitabilité des pneumogastriques diminue, elle aussi, sous la même influence. Nous nous trouvons donc ici en face du même phénomène que nous avons exposé longuement dans le chapitre relatif aux poisons physiologiques du cœur (IV, 132) : conformément aux lois de l'excitation ganglionnaire formulées par nous, les poisons qui se produisent dans l'organisme même agissent dans un sens identique sur les nerfs de même catégorie et dans le sens opposé sur leurs antagonistes (troisième loi de l'excitation). L'iodothyrine et l'hypophysine, par exemple, exaltent aussi bien l'excitabilité des pneumogastriques que celle des dépresseurs. La substance active des capsules surrénales, l'épinéphrine, comme l'a dénommée ABEL (42), agit sur les mêmes nerfs dans un sens diamétralement opposé. La thyroïdectomie, en privant l'organisme de l'iodothyrine et peut-être aussi en accumulant de l'iode dans le sang (BARBÈRA 43), exerce sur les nerfs dépresseurs et pneumo-gastriques une diminution de l'excitabilité.

TSCHIRWINSKY (44) a publié sur les dépresseurs de nombreuses expériences qui l'ont conduit à des conclusions erronées. Ayant constaté que plusieurs produits toxiques, comme par exemple, le chloral, diminuent l'action du dépresseur — fait déjà reconnu en 1874 par CYON (1) et étudié depuis par HEIDENHAIN et ses élèves, ainsi que par d'autres — TSCHIRWINSKY, par un raisonnement dont la justesse nous échappe, croit y trouver la preuve que ce nerf agit en excitant un centre vaso-dilatateur. L'effet connu du chloral sur les ganglions vaso-constricteurs centraux et périphériques suffit largement pour expliquer cette diminution de l'action du dépresseur. Quant à l'interversion que TSCHIRWINSKY aurait observée dans l'action de ce nerf, CYON a vainement cherché pendant de longues années à l'obtenir chez des animaux soumis à l'influence de divers toxiques ou privés des hémisphères cérébraux : toutes ces tentatives sont restées infructueuses. Pourtant une pareille interversion, analogue à celle que CYON a découverte sous les mêmes influences dans l'action des autres nerfs sensibles sur les centres vaso-constricteurs, aurait apporté un éclatant témoignage à l'appui de sa première loi de l'excitation ganglionnaire (voir plus haut, 133).

C'est justement parce que le dépresseur se comporte à cet égard autrement de tous les autres nerfs sensibles du corps, que CYON, après l'insuccès des tentatives signalées plus haut, s'est vu amené (p. 9 et 143) à admettre que le mode de communication des fibres nerveuses du dépresseur avec le centre vaso-constricteur diffère essentiellement de celui des autres nerfs sensibles, *autrement dit, qu'entre la terminaison de ces fibres et le centre vaso-constricteur se trouve intercalé un appareil intermédiaire qui, quel que soit l'état de ce centre, ne permet qu'une action inhibitrice de leur action tonique.*

Cette hypothèse répond, d'ailleurs, entièrement à la destination physiologique du dépresseur. Les récentes expériences de Cyon sur les relations intimes qui existent entre le nerf dépresseur et les glandes thyroïdes ont permis à Cyon (5) de préciser davantage la nature de cet appareil intermédiaire : « Les extirpations des glandes thyroïdes, ainsi que les injections d'iode, diminuent considérablement et, pour un certain temps, annulent presque l'excitabilité du dépresseur. L'iodothyrine, aussi bien d'ailleurs que le phosphate de soude (Barbera), est à même d'augmenter cette excitabilité, et éventuellement de la rétablir, si elle est entièrement abolie.

« Il est vrai que sous les deux premières influences les centres et les nerfs vaso-constricteurs voient leur excitabilité légèrement exaltée, mais non au point de ne pouvoir être vaincue par l'action du dépresseur... En effet, la pression sanguine se maintient habituellement à la même hauteur quand l'injection de l'iodothyrine rétablit cette action momentanément suspendue... On aurait pu croire que cette suspension dépendait d'une diminution de l'excitabilité du tronc du dépresseur. Mais on peut écarter avec certitude une pareille possibilité par les observations faites maintes fois que, à une certaine phase de la thyroïdectomie, l'action du dépresseur sur les pneumogastriques reste encore intacte, tandis que celle sur les vaso-constricteurs est abolie... On est donc forcé d'exclure l'influence de la thyroïdectomie sur les fibres nerveuses du dépresseur lui-même et d'admettre que cette opération n'agit que sur *les organes centraux de ces nerfs, c'est-à-dire sur les appareils ganglionnaires qui forment leurs terminaisons*. Les injections d'iodothyrine, d'iode et de phosphate de soude parlent dans le même sens : *elles exercent leur pleine action sur le dépresseur, même quand ce nerf est préalablement sectionné et ligaturé*. Dans ce cas, ces substances n'agissent évidemment que sur les centres de ce nerf (6, 108-109). »

Cyon conclut, en outre, que ces appareils intermédiaires existent en double, un pour chaque dépresseur. Cela ressort avec évidence du fait que souvent un dépresseur est déjà paralysé, quand l'autre est encore en pleine activité.

Il n'y a naturellement rien de commun entre ces appareils terminaux de nature ganglionnaire qui relient les dépresseurs au centre vaso-constricteur et les prétendus centres vaso-dilatateurs sur lesquels, d'après l'hypothèse, agiraient les dépresseurs : *les premiers, en effet, exercent leur action inhibitrice sur les centres vaso-constricteurs situés dans le cerveau même*, tandis que les centres vaso-dilatateurs dont on suppose l'existence dans le cerveau posséderaient des fibres nerveuses spéciales qui, en passant surtout par les nerfs splanchniques, agiraient *à la périphérie* sur les petites artères.

Les appareils terminaux des dépresseurs peuvent-ils être mis en activité directement, sans que l'excitation leur soit transmise du centre à la périphérie par la voie des dépresseurs? Les observations récentes sur les oscillations périodiques de la pression sanguine, connues sous le nom d'*ondulations de* Traube, permettent de répondre d'une manière positive à cette question.

V. — Les oscillations périodiques de TRAUBE et les dépresseurs.

On sait que ces phénomènes furent observés par Traube (46), surtout pendant la suspension de la respiration artificielle chez des animaux curarisés. Les ondulations dites de Traube donnèrent lieu à une série d'études spéciales par Hering (45), Cyon (5), S. Mayer (47), Latschenberger et Deahna (48), Ph. Knoll (49) et Léon Frédéricq (50).

Bayliss fut le premier qui signala les rapports de ces ondulations avec l'excitation du dépresseur. Finalement Cyon (5) réussit à établir qu'elles dépendent des excitations périodiques des bouts périphériques ou centraux des dépresseurs.

On distingue deux genres d'ondulations périodiques dans la pression sanguine : 1° les oscillations provoquées par la suspension de la respiration *artificielle*, décrites par Traube (45) et ensuite étudiées par Hering, et 2° les oscillations périodiques *spontanées*, que Cyon (5) a le premier observées chez des animaux respirant normalement, et qui furent ensuite l'objet des recherches de S. Mayer (47) et autres. Cyon a proposé de ne pas séparer ces oscillations spontanées de celles observées par Traube, les unes et les autres paraissant avoir la même provenance.

Voici les différentes versions émises par les auteurs au sujet de leur origine : *a*) les oscillations de Traube sont dues : 1° à la présence de substances comme CO_2 ou autres qui, accumulées dans le sang, excitent le centre vaso-constricteur (TRAUBE, CYON, KNOLL); 2° elles dépendent des impulsions périodiques que le centre respiratoire communique au centre vaso-constricteur (HERING), ou des excitations transmises à ce dernier centre tant par les nerfs presseurs et dépresseurs situés dans les parois des vaisseaux, que par d'autres nerfs sensibles (LATSCHENBERGER et DEAHNA). b) Les oscillations périodiques spontanées de CYON qui se produisent pendant la respiration naturelle ont provoquées : 1° par l'excitation des centres vaso-moteurs, dans le cerveau et à la périphérie, due à l'accumulation de CO^2 ou au manque d'oxygène (CYON); 2° par les impulsions que le centre respiratoire transmet au centre vaso-moteur par l'intermédiaire d'un centre nerveux spécial intercalé entre les deux (S. MAYER); 3° probablement par des excitations périphériques (KNOLL), et 4° par une influence périodique du système nerveux central sur la circulation périphérique (LÉON FREDERICQ).

Nous avons déjà dit que BAYLISS avait, le premier, attiré l'attention sur la disparition de ces oscillations périodiques pendant l'excitation des dépresseurs. CYON (5) fut amené à reprendre l'étude de la question au cours de ses recherches sur les glandes thyroïdes et leur rapports avec les nerfs du cœur, particulièrement avec le nerf dépresseur. Ses expériences sur les animaux thyroïdectomisés, et sur les effets des injections d'iodothyrine lui ont permis d'observer un grand nombre d'oscillations périodiques spontanées de la pression sanguine, et d'en étudier la formation et la disparition sous les diverses influences nerveuses. C'est ainsi qu'il a, de prime abord, établi que le nombre et la force des contractions cardiaques sont sans influence sur les oscillations de TRAUBE, comme l'avait déjà observé HERING. *La première condition indispensable pour leur apparition est toujours donnée par une élévation de la pression sanguine, surtout dans la boîte cranienne*, quelle que soit la cause de cette élévation: accumulation de CO^2, manque d'O, ou excitation du centre vaso-moteur par divers poisons, tels que le cyanure de potassium (TRAUBE) ou le curare, au moment de la disparition de la paralysie, ou enfin des variations anormales de quantités *des poisons physiologiques du cœur*, contenus dans le sang, ces variations doivent forcément troubler dans l'un ou dans l'autre sens la tonicité des nerfs vaso-constricteurs et vaso-dilatateurs (CYON). La nature de ces oscillations reste la même; leur forme varie selon l'état d'excitabilité des centres nerveux dont dépend la périodicité des oscillations et selon l'intensité de leur excitation. La grande régularité qui les distingue indique déjà *que deux forces antagonistes et contradictoires sont aux prises dans leur production*. Les symptômes de cette lutte se manifestent par la succession régulière, presque rythmique, des élévations et des abaissements de la pression sanguine. Il ne peut donc s'agir dans l'espèce que d'une modification dans les conditions de la lutte des nerfs dépresseurs contre la subite augmentation de la pression, le rôle de ces nerfs étant précisément de combattre ou d'atténuer une semblable augmentation. Ainsi une notable diminution de l'excitabilité des dépresseurs doit fatalement aboutir à des oscillations de TRAUBE.

La section des dépresseurs ne doit pas forcément supprimer les ondulations de TRAUBE : l'excitation des centres terminaux de ces nerfs dans le cerveau par la subite élévation de la pression peut provoquer les mêmes effets sur la pression sanguine.

Les ondulations de TRAUBE présentent ainsi une certaine analogie avec le *pulsus bigeminus ou trigeminus* qui, selon CYON (voir plus haut, page 151), sont le résultat d'une lutte entre les nerfs accélérateurs et les nerfs pneumogastriques, où tantôt les uns, tantôt les autres prennent le dessus, lutte souvent provoquée, elle aussi, par l'introduction artificielle ou par la suppression d'un *des poisons physiologiques du cœur*.

VI. — Le dépresseur comme nerf sensible du cœur.

Le cœur est-il sensible? Voilà une question à laquelle nul, en dehors de quelques physiologistes, n'hésite à répondre affirmativement. Qui, en effet, n'a pas éprouvé des sensations douloureuses ou joyeuses provenant du cœur et se manifestant le plus souvent à la suite de modifications diverses dans le rythme et même la force de ces battements? Si plusieurs physiologistes nient ou révoquent en doute la sensibilité du cœur, c'est en se fondant sur des observations isolées de médecins et de chirurgiens qui, l'occasion leur étant donnée d'opérer sur le cœur humain presque dénudé, par suite de quelque accident forfuit, l'ont soumis à certains attouchements et pressions sans provoquer la sensation de la douleur [1]. Le cas célèbre du comte de Montgomery, observé par HARVEY, est le premier qui donna lieu à la légende de l'insensibilité du cœur. HALLER et plus récemment RICHERAND (après une résection des côtes) ont confirmé l'observation de HARVEY. Dernièrement, V. ZIEMSSEN (52) a eu l'occasion de soumettre à plusieurs expériences le cœur d'une jeune fille rendu très accessible à l'observation par l'absence des côtes (voir plus haut page 148). Lui non plus n'a pas réussi à provoquer des sensations quelconques en excitant directement le cœur.

Comment concilier cette apparente insensibilité du cœur avec le fait - aussi ancien que l'humanité elle-même — que de nombreux états d'esprits se réflètent chez l'homme par des sensations, dont tous sans hésiter placent le siège dans le cœur? Comment, d'autre part, admettre l'insensibilité de cet organe, quand une simple excitation du dépresseur chez un animal non narcotisé provoque des cris de douleur extrêmement vifs[2]? Et les innombrables et souvent terribles manifestations de souffrance qui se produisent chez les malades dans certaines affections cardiaques, comme, par exemple, l'angine pectorale? Si quelques cliniciens s'attachent — souvent à tort, selon nous — à localiser une grande partie de ces douleurs dans le péricarde, l'endocarde et même les nerfs intercostaux, il n'en reste pas moins à expliquer comment, dans les observations de HARVEY et d'autres que nous venons de rappeler, les nerfs du péricarde et de l'endocarde, qui étaient pourtant touchés et pincés en même temps que le cœur, n'ont pas réussi à provoquer une sensation quelconque.

Bien plus, il y a une sensation caractéristique, particulièrement douloureuse dans l'angine de poitrine, mais qui accompagne également les arythmies quand elles se manifestent par de brusques arrêts du cœur, c'est celles que tous les malades désignent comme l'angoisse de la mort. Il ne s'agit nullement ici de la peur de mourir, mais d'une sensation sui generis de la mort imminente et prochaine. SÉNÈQUE, qui semble en parler par expérience, s'exprime ainsi sur cette sensation : « Omnia corporis aut incommoda, aut pericula per me transierunt, nullum mihi videtur molestius. Quidni? Aliud enim, quidquid est ægrotare; hoc est animam agere... Mors est non esse id quod ante fuit, sed quale sit jam scio : hoc eri post me, quod ante me fuit. » Voilà une sensation bien consciente qui pourtant provient, à coup sûr, du cœur.

Il y a dans l'appréciation de ces faits un malentendu qu'il importe de dissiper aussi bien dans l'intérêt de la physiologie que dans celui de la pathologie. Que l'attouchement même un peu violent du cœur ne provoque aucune sensation chez l'homme, cela tient à la circonstance très simple et très connue que ni les nerfs du péricarde viscéral, ni ceux du muscle cardiaque ne possèdent des terminaisons nerveuses susceptibles de nous transmettre les sensations de toucher. Un coup violent porté avec un instrument aigu peut transpercer le cœur sans y provoquer aucune sensation de douleur, comme, du reste, il n'en provoquerait pas non plus dans un muscle ordinaire. Ce dernier possède pourtant une sensibilité toute spéciale qu'on désigne sous le nom de sens musculaire, et il n'est pas non plus exempt de sensations douloureuses, mais celles-ci ne sont causées que par des excitations d'un ordre particulier, comme des crampes, des torsions ou des inflammations du tissu musculaire.

Il en est de même pour le cœur; cet organe possède, lui aussi, une sensibilité propre qui est éveillée par des excitations particulières, notamment par les divers états de son fonctionnement physiologique, par des changements dans la forme et le rythme de ses battements, ainsi que par les résistances qu'il rencontre dans l'accomplissement de sa tâche mécanique. Extrêmement nombreux sont déjà ces états du cœur, quand ils ne sont provoqués que par les modifications inhérentes à son rôle de propulseur du sang dans le corps. Mais ils varient à l'infini lorsqu'ils doivent leur origine à des excitations psychiques, à différents états d'âme. « Il en résulte une diversité tout aussi grande dans les sentiments que

1. « Le cœur ne paraît pas posséder de nerfs capables de transmettre des sensations conscientes », écrit dans son excellent *Traité de Physiologie*, paru tout récemment, un physiologiste aussi circonspect que TIGERSTEDT (51, page 170).

2. Les faits comme celui-ci, entre autres, observé par CL. BERNARD, que l'excitation de la surface interne du cœur provoque des accélérations de ses battements, pourraient à la rigueur être expliqués comme de purs actes réflexes qui ne donnent lieu à aucune sensation consciente.

notre conscience reçoit par la voie des nerfs dépresseurs », écrivait CYON en 1873 (57). « La faculté des nerfs centrifuges du cœur d'être excités par les mouvements de l'âme, et la faculté de ses nerfs centripètes de communiquer avec précision à notre conscience toutes les irrégularités produites par ces excitations dans les battements du cœur, ces deux facultés des nerfs cardiaques créent les conditions indispensables pour faire de notre cœur un organe où se reflètent toutes les variations et toutes les qualités de notre âme, joie ou douleur, amour ou haine, malignité ou bienveillance. »

Avant CYON, dès 1864, CLAUDE BERNARD, dans une conférence magistrale faite à la Sorbonne, avait essayé d'établir le rôle du cœur comme organe de nos sensations émotives. Mais à cette époque on ne connaissait parmi les nerfs du cœur que les fibres inhibitrices des pneumogastriques.

Depuis a eu lieu la découverte des nerfs accélérateurs qui exercent une influence si considérable sur le nombre des battements du cœur; puis celle du dépresseur, le nerf sensible du cœur, a permis d'établir que cet organe est à même d'influencer les centres cérébraux des nerfs vaso-moteurs, pneumogastriques et accélérateurs selon les états différents dans lesquels il se trouve; d'autre part, elle a indiqué la voie par laquelle les diverses sensations peuvent se transmettre au cerveau. CYON a donc pu serrer de plus près les rapports qui existent entre le cerveau comme organe psychique et le cœur comme organe de nos sentiments. « Ce ne sont pas les poètes seuls, disait-il, qui attribuent cette signification au cœur. Dans toutes les langues, une foule d'expressions et de proverbes dépeignent le cœur comme le siège de nos sentiments et comme l'organe dont l'état détermine jusqu'à un certain point le caractère même de l'homme. Il suffit de citer quelques expressions des plus usitées : *un cœur dur, un cœur glacé* désignent un égoïste; *un bon cœur, un cœur chaud* — un altruiste. *Le cœur se brise, le cœur se serre, avoir le cœur gros, le cœur palpite de joie* — toutes ces locutions expriment avec une netteté admirable une série de sentiments que tout homme a éprouvés à un degré quelconque. Tous les hommes sans exception, cultivés ou non, placent le siège de nos sentiments dans le cœur. »

La similitude des expressions à l'aide desquelles les diverses langues traduisent les sensations qu'éprouve le cœur, prouve on ne peut mieux quel haut degré de précision l'homme a porté dans l'analyse de ces impressions. Les poètes ont décrit jusqu'aux plus infimes nuances des sensations cardiaques. Ainsi AMAROU en sanscrit, PÉTRARQUE en italien, HORACE et HEINE rendent, dans des termes presque identiques, toutes les ivresses et les souffrances du cœur provoquées par l'amour.

Nous ne pouvons pas entrer ici dans tous les détails des rapports entre le cerveau et le cœur, en tant qu'ils se rattachent aux sensations dont cet organe est le siège. Les fibres inhibitrices et accélératrices du cœur sont mises en action par des excitants de nature diverse. La chaleur et le froid, les poisons, les gaz du sang agissent différemment sur ces divers nerfs (Voir plus haut le chapitre *Innervation du cœur*). Il en est de même pour les excitations psychiques. « Tous les mouvements agréables et joyeux de notre âme excitent les nerfs accélérateurs; ils font donc battre le cœur plus vite, en diminuant du même coup l'intensité de chaque mouvement. Les expressions : le cœur palpite de joie, le cœur tremble de joie, caractérisent à merveille les battements provoqués par l'excitation des nerfs accélérateurs... Les sentiments tristes et opprimants agissent de préférence sur les nerfs ralentisseurs du cœur... » Comme nous pouvons apprécier les diversités qui se produisent dans le rythme et la force des battements du cœur, *aussitôt que ce rythme et cette force dévient de l'état normal*, nous sommes à même de déterminer la nature des nerfs que les émotions psychiques ont mis en état d'excitation.

Le degré d'excitabilité des nerfs du cœur présente naturellement de nombreuses variations individuelles, dépendant en grande partie de la race, de l'entraînement, du genre de vie, etc. Mais, ce qui est hors de doute, c'est que la vivacité plus ou moins aiguë des sensations de notre cœur exerce une influence prépondérante sur notre vie pratique, et surtout sur celles de nos actions qui sont provoquées par des états passionnels. C'est tout un chapitre de psychologie physiologique à étudier à divers points de vue, et surtout au point de vue de la responsabilité légale. Une grande excitabilité des nerfs sensibles du cœur peut, par des angoisses insupportables ou par une action trop brusque sur le système vaso-moteur du cerveau, provoquer des actes criminels en dehors de toute anomalie organique et de toute lésion cérébrale.

Bien entendu, c'est uniquement par l'observation et l'expérimentation de l'homme, et surtout par l'analyse de leurs propres sensations, que les physiologistes parviendront à fixer davantage le rôle du cœur comme organe de nos sensations. L'excitation électrique du dépresseur chez les lapins ne saurait naturellement nous permettre d'enregistrer sur le kymographion les sensations d'amour ou de chagrin qu'elle provoque; mais, comme le remarque avec raison Cyon (5, p. 111), cela ne nous autorise en rien à leur dénier purement et simplement les sensations conscientes. En expérimentant sur les animaux, nous ne pouvons établir que les voies anatomiques qui transmettent les sensations du cœur au cerveau. C'est ainsi que nous savons que les dépresseurs sont une des plus importantes de ces voies. Le reste ne peut nous être livré que par l'observation de l'homme sain et surtout de l'homme malade. C'est donc bien à tort que plusieurs physiologistes, notamment Muskens (54, p. 337), attribuent, pour la solution de ces problèmes, beaucoup moins d'importance aux observations cliniques qu'aux expériences physiologiques.

VII. — Le nerf dépresseur au point de vue pathologique.

Malheureusement, les cliniciens ont bien peu étudié jusqu'à présent la part que les modifications pathologiques dans le fonctionnement du dépresseur peuvent avoir à certaines maladies du cœur. En général les découvertes physiologiques ne pénètrent que très lentement dans le domaine de la pathologie, mais celles faites depuis une cinquantaine d'années dans la sphère de l'innervation du cœur se sont récemment heurtées aux théories myogènes qui n'ont pas peu contribué à en empêcher l'application dans la clinique[1]. Si les nerfs du cœur ne jouent aucun rôle important dans le fonctionnement du cœur, si, comme l'affirment His et Romberg (55), leur présence même dans cet organe n'est due qu'à un accident fortuit, à ce fait que pendant une certaine période de la vie embryonnaire une partie des ganglions sympathiques, au cours de leur pérégrination, ont pénétré dans le cœur uniquement pour éviter quelques obstacles rencontrés sur la route, il est évident que le système nerveux du cœur est dépourvu aussi de toute importance pathologique. Tous les états morbides du muscle cardiaque, en dehors de ceux qui

---

1. MM. Bottazzi et Fano avaient, dans le chapitre III de ce volume, consacré une grande partie de leur étude à la réfutation de nos critiques des théories myogènes. Après un examen attentif, je ne crois pas qu'il soit nécessaire de revenir sur ce sujet. Il me suffira de relever deux erreurs dans leurs citations de mon article. 1° Page 319, nous lisons chez eux : « On trouve en somme, pour nous servir d'une phrase d'un de nos opposants, qu'entre le cerveau d'un candidat au crétinisme et celui de l'embryon de Shakespeare, il n'y a pas de différences fondamentales, comme il n'y a pas de différences fondamentales entre un crétin et Shakespeare. » Il suffit de lire le texte de ma phrase à la page 139, pour se convaincre que j'avais *dit juste le contraire!* « L'état de *germes embryonnaires*, le cerveau d'un futur Shakespeare et celui d'un candidat à l'imbécilité, ne présentent point des *différences matérielles accessibles à nos organes de sens;* mais *l'insuffisance de ces organes ou de nos instruments d'optique ne nous autorise pas à conclure que ces germes sont identiques ou que les qualités des deux cerveaux ne diffèrent en rien.* » 2° La seconde citation de MM. Bottazzi et Fano est aussi inexacte : Page 237, ils écrivirent dans la note : « A vrai dire il nous paraît nouveau et étrange que ces trois lois aussi ne se rapportent en réalité qu'à des cas particuliers de la loi générale de l'action des nerfs cardiaques, comme le dit Cyon (Voir plus haut, 112). La loi (combien de lois) serait que les pneumogastriques ralentissent les pulsations et eu augmentent la force, tandis que les accélérateurs en augmentent la fréquence et en diminuent la force. Qui l'aurait jamais supposé? » La première phrase citée se trouve à la page 114 (et non 112), la deuxième à la page 113; elles n'ont qu'un rapport indirect. La première phrase est la conclusion d'un long exposé de mes recherches de 1866 sur les variations du rythme et de la force des contractions du cœur sous l'influence des variations et de la température, etc., recherches bien connues de Bottazzi et Fano, puisqu'ils leur consacrent plusieurs pages de leur travail. C'est après avoir rappelé les résultats de ces recherches : « la durée des systoles augmente dans la même proportion que la fréquence des pulsations diminue » et « le travail cardiaque reste constant », que j'avais conclu : « *Les lois et l'uniformité du travail et du rythme du cœur* (Marey) etc., ne se rapportent en réalité qu'à une loi générale établie en 1866. » D'autres que moi *l'avaient si bien supposé* que, déjà en 1882, Dastre (59), pour rendre la loi de Marey, écrivait : « *On pourrait l'exprimer par la formule de* Cyon (1866) : *la somme des périodes d'activité du cœur dans un temps donné reste toujours la même, quelle que soit la rapidité de ses battements* (60, p. 61). »

affectent ses valvules et ses enveloppes, ne seraient que des conséquences de myocardites plus ou moins déguisées : telle est la doctrine qui prévaut dans la clinique des maladies du cœur. Il est permis d'avoir des doutes sur les bienfaits de semblables théories pour la guérison des maladies cardiaques.

Dans le cas spécial du dépresseur, on peut aisément montrer combien il est regrettable que les cliniciens négligent son rôle dans la production de certaines maladies. Partant plus haut des rapports intimes découverts par Cyon entre le dépresseur et les glandes thyroïdes, nous avons signalé l'influence que ce nerf doit, grâce à ces relations, exercer sur plusieurs maladies strumeuses et en particulier sur la maladie de Basedow. Mais il est une autre catégorie d'affections cardiaques dans laquelle le dépresseur joue un rôle plus évident encore — nous voulons parler de celles qui proviennent d'un surmenage du cœur, causé par des efforts brusques et trop violents ou par ces exercices de sport si exagérément répandus parmi la jeunesse scolaire. Plusieurs de ces maladies, entre autres les dilatations et ruptures du cœur, sont certainement dues à la mise hors fonction du nerf dépresseur et de son mécanisme protecteur pour le cœur. Il en est ainsi notamment pour les accidents cardiaques qu'on observe chez les cyclistes — surtout chez ceux qui parcourent des pays montagneux, ou simplement accidentés. L'état du cœur que les cliniciens allemands désignent sous le nom de « Veloherz » (cœur de vélocipédiste) est particulièrement intéressant au point de vue qui nous occupe. L'exercice vélocipédique, par la nature de ses mouvements qui mettent en action les muscles de l'abdomen et des jambes, comprime les intestins et chasse le sang de la cavité abdominale. Or les vaisseaux abdominaux constituent le grand réservoir pour le sang qui est distribué dans les diverses parties du corps selon les besoins momentanés de leur fonctionnement. Les nerfs vaso-moteurs sont chargés de cette distribution, et ces nerfs, surtout les vaso-constricteurs et les splanchniques, sont dominés par les nerfs dépresseurs. Chassé des vaisseaux abdominaux pendant l'exercice de la bicyclette — surtout quand celui-ci exige de grands efforts musculaires — le sang afflue en grande partie dans la cavité thoracique, le cœur se gonfle et se dilate : c'est le moment où, pour lui permettre de s'évacuer, devront entrer en jeu sa soupape de sûreté, le mécanisme du dépresseur. Malheureusement la même cause qui a provoqué le gonflement du cœur met obstacle au fonctionnement de ce mécanisme : en effet, c'est principalement grâce à la dilatation des vaisseaux abdominaux que le dépresseur débarrasse le cœur de son trop plein et, ces vaisseaux étant mécaniquement comprimés par la tension des muscles abdominaux, le dépresseur devient presque impuissant à remplir son office tutélaire. La sensation de douleur que le cycliste éprouve vers l'origine de l'aorte, quand il monte une côte un peu raide, indique bien avec quelles difficultés le cœur se débarrasse de son contenu; elle est comme un cri d'alarme que, par la voie du dépresseur, le cœur adresse au cerveau pour l'avertir du danger dont le menace la mise hors fonction de l'appareil nerveux destiné à le préserver. Si cet avertissement suprême, cet appel à la prudence n'est pas écouté, la dilatation, d'autres accidents cardiaques, et même la rupture du cœur s'ensuivent fatalement.

Bibliographie. — 1. Cyon et Ludwig. *Die Reflexe eines der sensiblen Nerven des Herzens auf die motorischen der Blutgefässe :* a) *Berichte der k. Sächs. Ges. d. Wiss.*, 1866; b) *Journal d'An. de* Robin, 1867; c) *Arbeiten aus der physiologischen Anst. z. Leipzig*, 1, 1866, 128-150; d) *Gesammelte physiologische Arbeiten*, Berlin, 1888, 38-54. — 2. Stelling. *Experimentelle Untersuchungen über den Depressor* (Dorpat, 1867) (Thèse). — 3. Roever. *Kritische und experimentelle Untersuchungen des Nerveneinflusses auf die Erweiterung und Verengerung der Blutgefässe*, Rostock, 1869. — 4. Kasem-Beck. *Beitrag zur Innervation des Herzens* (*Arch. f. Anat. de His*, 1888). — 5. Cyon. *Beiträge z. Physiologie der Schilddrüse und des Herzens* (A. g. P., LXX, 125-280). — 6. Smiornof (Al.). *Ueber die sensiblen Nervenendigungen im Herzen bei Amphibien und Säugethieren* (Anatom. Anzeiger, x, n° 23, juillet 1895). — 7. Bernhardt (E.). *Anatomische u. phys. Untersuchungen ub. d. Depressor bei der Katze*, (Dorpat, 1868) (Thèse). — 8. Kowalewsky et Adamuck. *Einige Bemerkungen u. d. N. Depressor* (C. W., 1868, n° 45). — 9. Boehm. *Unters. u. d. N. Accelerator cordis der Katze* (A. P. P., 1875, IV). — 10. Dreschfeld. *Ueb. d. refl. Wirk. d. Vagus a. d. Blutdruck* (Unt. a. d. phys. Lab. zu Würzburg, II). — 11. Langenbacher. *Matériaux pour l'anatomie comparée du chien*, 1877 (en russe). — 12. Kreidmann (*Arch. d'An. de His*,

1878). — **13.** Finkelstein. *Der N. Depressor beim Menschen, Kaninchen, Hunde, Katze u. Pferde* (Ibid., 1881, 245). — **14.** Wooldridge. *Function der Kammernerven des Saugethierherzens* (A. P., 1883, 522-542). — **15.** Ellenberger et Baum. *Die Anatomie des Hundes.* — **16.** Cyon. *Der N. Depressor beim Pferde* (Bull. de l'Ac. d. Sc. de Saint-Pétersbourg, 24 mars 1870, aussi 1 d, 127). — **17.** Gaskell et Gadow. *On the Anatomy of the cardiac Nerves in certain cold-blooded vertebrates* (J. P., v, 362, 1885). — **18.** Wesley Mills (T.). *Some observations on the influence of the Vagus and accelerators on the heart of Turtle* (Ibid., v, 359). — **19.** Cyon. *Innervation du cœur. Dict. de Physiol.*, iv, 88). — **20.** Sewall (H.) et Steiner (D. W.). *A study on the action of the depressor Nerve, etc.* (J. P., vi, 162-172). — **21.** Spalitta (E.) et Consiglio (M.). *Sulle fibre d'origine del nervo depressore* (Sicilia medica, III, fasc. 9, 1891). — **22.** Waller (Gaz. méd. de Paris, 1856). — **23.** Fuchs (Sigm.). *Beiträge z. Physiologie der Nervus depressor* (A. g. P., LXVII, 117-134). — **24.** Grossmann (Ak. W., XCIII, 1889, 467; A. g. P., LIX, 1). — **25.** Beer (Th.) et Kreidl (A.). *Ueber den Ursprung des Vagusfasern, etc.* (Ibid., LXII, 156). — **26.** Bayliss (W. M.). *On the physiology of the Depressor* (J. P., xiv, 303-382). — **27.** Löven (Chr.) *Ueber die Erweiterung von Arterien in Folge einer Nervenerregung.* (Arb. a. d. phys. Anst. z. Leipzig, 1866, i, 1-29). — **28.** Ostroumoff. *Versuche ueber die Hemmungsnerven der Hautgefässe* (A. g. P., xii, 228, 1876). — **29.** Rose Bradford (J.) *Innervation of the Renal Blood Vessels* (J. P., x, 1889, 358-408). — **30.** Pal (Wiener med. Wochenschrift, 1891, 4). — **31.** Johansson. *Bihang tils. k. sv. vet-acad. handl.* 16, Afd. 4, 1890, 37-40). — **32.** Laffont (C. R., XC, 705, 1880). — **33.** Cyon et Aladoff (Bull. de l'Ac. d. sc. de Saint-Pétersbourg, 1871; Ges. ph. Arb., Berlin, 1888, 183). — **34.** Bernard (Claude). *Recherches expérim. s. les nerfs vasculaires* (C. R., 1862; J. de P., 1862). — **35.** Cyon. *Ueb. d. Wurzeln, etc.* (Arb. a. d. ph. Anst. z. Leipz., 1868; Ges. phys. Arb., Berlin, 1888, 83-95). — **36.** François-Franck et Hallion. *Innervation vasomotrice intestinale* (A. de P., 1896, 908). — **37.** Navalichine (C. W., 1870, 483). — **38.** Biedl *Die Innervation der Nebenniere* (A. g. P., LXVII, 463). — **39.** Chauveau et Kauffmann (C. R., 1887). — **40.** Gley et Charrin. *Recherch. exp. sur l'action des produits sécrétés par le bacille pyocyanique sur le système vaso-moteur* (A. de P., (5), ii, 724, 1890). — **41.** Morat et Doyon (Lyon médical, 1891). — **42.** Abel. *On Epinephrin, etc.* (Americ. Journ. of Physiology, ii, 1899). — **43.** Barbèra (A. g. P., LXVIII). — **44.** Tschirwinsky. *La fonction du Dépresseur sous l'influence des produits pharmacologiques*, Moscou, 1891 (en russe, Thèse) (C. P., ix). — **45.** E. Hering. *Ueber Athembewegungen des Gefässystems* (Ak. W., 1869). — **46.** Traube (L.). *Gesammelte Beiträge z. Pathologie u. Physiologie*, i, 387). — **47.** Cyon. *Zur Physiologie des Gefässnervensystems* (A. g. P., ix, 1874; Ges. phys. Arb., Berlin, 1888, 143-154). — **48.** Mayer (S.) (Ak. W., 1876). — **49.** Latschenberger et Deahna. *Beiträge zur Lehre v. d. reflect. Erreg. der Gefässmuskeln* (A. g. P., xii, 1876, 157). — **50.** Knoll (Ph.) (Ak. W., 1885). — **51.** Fredericq (Léon) (Arch. de biologie de van Beneden, iii, 1882). — **52.** Tigerstedt (R.) (Lehrbuch d. Phys., Leipzig, i, 170). — **53.** v. Ziemssen. *Studien üb. d. normalen Bewegungsvorgänge, etc.* (Deutsches Arch. f. klin. Med., xxx, 1881). — **54.** Cyon. *Le cœur et le cerveau; discours académique* (Rev. scientif., 1873). — **55.** Muskens. *Ueber d. Reflexe v. d. Herzkammer, etc.* (A. g. P., LXVI). — **56.** Dastre et Morat. *Les nerfs vaso-moteurs*, Paris, 1884. — **57.** *L'action du Dépresseur sur l. vas. bucco-ling.* (B. B., 1879). — **58.** Hürthle (A. g. P., XLIV, 563-574). — **59.** Dastre (A.). *Recherches sur les lois de l'activité du cœur*, 1882, Paris. — **60.** Dastre. *Exposé des titres et des travaux scientif.*, Paris, G. Masson, 1894. — **61.** Hering (E. H.). *Anormales Vorkommen v. Herzhemmungsfasern im rechten Depressor* (A. g. P., LVII, 77-79).

E. DE CYON.

DERME. — Voyez Peau.

DERMOGRAPHISME.

— Syndrome morbide caractérisé par la propriété qu'ont les téguments de certains sujets de conserver très amplifiées et pendant un temps plus ou moins long les traces qui y sont faites. Il suffit d'un léger contact, soit avec l'extrémité de l'ongle, soit avec un instrument, pour déterminer une impression en relief plus ou moins colorée, presque toujours en rose, quelquefois en blanc, dermographisme blanc. (Chez certains sujets, le dermographisme peut se manifester *sponte sua*, par une véritable auto-suggestion reproduisant certains signes.)

Quand on trace sur la peau une ligne avec l'ongle, on voit apparaître au bout de quelques instants un éclair rose qui s'élargit par la périphérie et dont le centre devient œdématié et ortié : la raie tracée sur la peau devient saillante et fait relief sur les tissus par un œdème rapide du derme. Une piqûre légère devient une papule saillante de la dimension d'une lentille.

Signalé brièvement par les anciens dermatologistes, le dermographisme a fait l'objet de divers travaux dans ces vingt dernières années. L'excellente monographie de BARTHE-LEMY résume la question. Nombreuses sont les synonymies : Urticaire nerveuse, urticaire graphique, speudo-urticaire, chimographisme, autographisme, stéréographie, stigmati-graphisme, névro-toxidermite, dermoneurose toxivasomotrice. Le dermographisme, dit BARTHELEMY, n'est que l'état paroxytisque d'une *névrose vaso-motrice.* Celle-ci n'est que l'exagération de phénomènes extrêmement fréquents désignés sous le nom de *petit état dermographique,* dont l'érythème émotif serait une des manifestations. Cette névrose vaso-motrice exige deux facteurs : d'une part, un système nerveux prédisposé, impressionnable et impressionné, soit héréditairement, soit d'une manière acquise. D'autre part, des causes influencent ce système nerveux et agissent soit sur les vaso-moteurs périphériques, soit sur les centres vaso-moteurs de la moelle épinière ou du bulbe.

Si l'on recherche ce qui se passe au moment de la production de la raie dermographique, voici ce que l'on constate, d'après RANVIER : Il se produit dans les mailles du tissu conjonctif une transsudation séreuse et une diapédèse des globules blancs, phénomènes qui résident dans la dilatation névro-paralytique des petits vaisseaux contractiles de la région. Dès que la tonicité vasculaire qui résulte de cette paralysie a dépassé certaines limites, la transsudation séreuse et la migration globulaire se produisent, et l'œdème se montre même en dehors de toute oblitération ou de tout encombrement de la circulation veineuse en retour. Les examens histologiques ont fourni les mêmes résultats. Aucune altération des terminaisons des nerfs de la peau dans le cas de RAYMOND. La lésion est constituée purement et simplement par l'exsudation d'un liquide peu riche en albumine, et par la présence de leucocytes, enfin les vaisseaux du derme sont dilatés et gorgés de sang. Dans certains cas, ainsi que l'a signalé RENAUT, il peut y avoir diapédèse de globules rouges, et quand l'œdème congestif, puis anémique s'est effacé, il reste à la place une raie ecchymotique pendant un temps parfois très long.

Le mode de formation, la cause intime et le mécanisme direct de ce processus doivent être recherchés dans la pathogénie. Puisqu'il n'existe aucune altération, on se trouve là en présence d'un trouble physiologique, sous la dépendance des nerfs vaso-moteurs : et il semble que la théorie bulbaire incriminant un trouble du centre situé dans la moelle allongée soit la plus plausible. Peut-être cette perturbation fonctionnelle est-elle sous la dépendance d'infections ou d'auto-intoxications dépendant de vices d'alimentation et de digestion ou de troubles chimiques, peut-être à des intoxications par produits microbiens. (Il suffit de rappeler les expériences de MORAT et de GILBERT sur la toxicité des produits solubles du *bacterium coli*). On peut admettre que les toxines élaborées dans l'organisme produisent après absorption l'abolition de l'excitabilité des centres vasomoteurs. Cette théorie, très séduisante, et vraie dans bien des cas, ne peut cependant être appliquée à tous.

Chez bien des sujets le dermographisme coexiste avec l'hystérie : pour certains auteurs le dermographisme ne serait pas engendré par l'hystérie, mais hystérie et dermographisme relèveraient d'une même cause : l'auto-intoxication; car l'hystérie a été parfois regardée comme consécutive à des auto-intoxications. — Quoi qu'il en soit, il convient de rappeler les relations qui coexistent entre les stigmatisations spontanées des grandes hystériques et le dermographisme.

TRIBOULET.

DESCARTES (1596-1650). — Le plus grand philosophe du XVII° siècle est aussi un des hommes qui ont exercé une influence puissante sur la physiologie. En effet, DESCARTES ne s'est pas spécialisé dans telle ou telle science : à la fois géomètre, mathématicien, physicien et physiologiste, il a appliqué son vaste génie à toutes les connaissances humaines.

Un des premiers, en 1638, dans son célèbre *Discours de la Méthode,* il accepta sans réserve les idées de Harvey sur la circulation. Dans sa *Dioptrique* (1637), il a exposé les principes géométriques de la réfraction dans l'œil.

Mais c'est surtout dans son *Traité de l'homme* qu'on trouve l'exposé de ses idées physiologiques. On les a trop transformées ou méconnues pour que nous n'essayions pas ici d'en retracer quelques passages, en montrant quelle notion claire il avait eue du principal phénomène de l'activité nerveuse, l'acte réflexe. (Le *Traité de l'homme* de Descartes a été, sur son manuscrit, publié par L. de la Forge.)

L'Homme de René Descartes *et la formation du fœtus, Avec les remarques de Louis de la Forge, A quoy l'on a ajouté le* Monde *ou Traité de la Lumière du mésme Autheur* (2ᵉ édit. Paris, Th. Girard, in-4, MDCLXXVII). Une édition latine en a été donnée par Sckuyl.

Pour tout ce qui touche la circulation, la respiration, la digestion, la génération, il n'est rien qui mérite d'être décrit spécialement. D'ailleurs, dans ce *Traité de l'homme*, c'est surtout de la physiologie nerveuse qu'il est question.

L'essence de la théorie de Descartes sur l'innervation, c'est l'existence des *Esprits animaux* qui s'écoulent par les nerfs (voyez Cerveau. *Dict. Phys.*, ii, 575-578), allant du cerveau aux muscles, ou des sens extérieurs au cerveau.

Certes, Descartes, en indiquant ces deux phénomènes nerveux, le phénomène centripète (sensible) et le phénomène centrifuge (moteur), n'a pas conçu l'idée de deux sortes de nerfs, nerfs moteurs et nerfs sensitifs distincts, avec cette précision que Ch. Bell et Magendie nous ont donnée plus tard; mais la dualité de la fonction nerveuse, centripète et centrifuge, lui est apparue nettement.

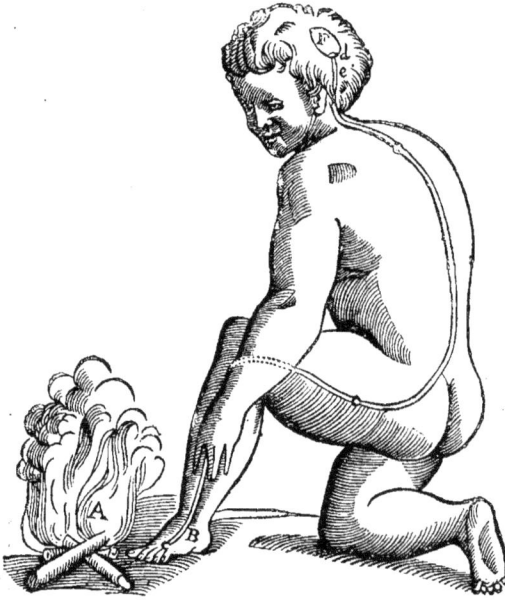

Fig. 105.

Les principes généraux de la physiologie nerveuse cartésienne ont été exposés avec détail dans ce dictionnaire (art. **Cerveau**) par J. Soury (ii, 575) et je n'aurais garde d'y revenir. Je me contenterai donc de quelques citations :

« La moelle des nerfs s'étend, en forme de petits filets, depuis le cerveau d'où elle prend son origine, jusque aux extrémités des membres... Ces petits filets sont enfermés dans de petits tuyaux... et les esprits sont portés par ces mêmes tuyaux depuis le cerveau jusqu'aux muscles... Si quelqu'un avance promptement sa main contre nos yeux, comme pour nous frapper, quoique nous sachions qu'il est notre ami, qu'il ne fait cela que par jeu, et qu'il se gardera de nous faire aucun mal, nous avons toutefois de la peine à nous empêcher de les fermer; ce qui montre que ce n'est point par l'entremise de notre âme qu'ils se ferment; mais c'est à cause que la machine de notre corps est tellement composée que le mouvement de cette main vers nos yeux excite un autre mouvement en notre cerveau, qui conduit les esprits animaux dans les muscles qui font abaisser les paupières. (*Les Passions de l'âme*, 1865, 539-530, art. xii et xiii. Édit. Charpentier.)

« Par exemple, si le feu A se trouve proche du pié B (fig. 105), les petites parties de ce feu, qui se meuvent, comme vous scavez, très promptement, ont la force de mouvoir avec soy l'endroit de la peau de ce pié qu'elles touchent; et par ce moyen usant le petit filet c, c, que vous voyez y estre attaché, elles ouvrent au même instant l'entrée du pore, d, e, contre lequel ce petit filet se termine; ainsi que tirant l'un des bouts d'une corde, on fait sonner en même temps la cloche qui pend à l'autre bout.

« Or l'entrée du pore ou petit conduit d, e, estant ainsi ouverte, les Esprits animaux de la convexité f entrent dedans et sont portez par luy, partie dans les muscles qui servent à retirer ce pié de ce feu, partie dans ceux qui servent à tourner les yeux et la teste pour le regarder, et partie en ceux qui servent à avancer les mains, et à plier tout le corps pour y apporter du secours. »

Ailleurs encore DESCARTES explique la différence entre les actions réflexes simples, et les action réflexes d'acqui-sition. Il ne se sert pas du terme actions réflexes, mais il est clair qu'il en a parfai-tement compris le méca-nisme.

D'ailleurs, dans les *Pas-sions de l'âme*, il a employé (Voir E. DU BOIS-REYMOND, in *Biographie* de J. MULLER, 53) l'expression de *mouve-ments réfléchis.*

« Si la chaleur du feu A, qui est proche de la main B, n'estoit que médiocre, il faudroit penser que la façon dont elle ouvriroit les tuyaux J, serait cause que les par-ties du cerveau qui sont vers N se presseroient, et que celles qui sont vers O s'élar-giroient un peu plus que de coutume; et ainsi que les Esprits qui viennent du tuyau J, iraient d'N par O vers p. Mais supposant que ce feu brûle la main, il faut penser que son action ouvre tant ces tuyaux J, que ces

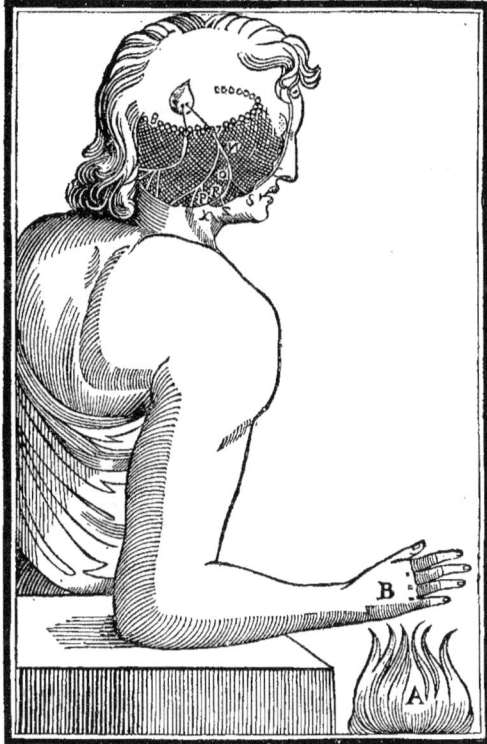

FIG. 106.

Esprits qui entrent dedans ont la force de passer plus loin en ligne droite que jusques à N, à scavoir jusques à O et à R où poussant devant eux les parties du cerveau qui se trouvent en leur chemin, ils les pressent en telle sorte, qu'ils sont repoussez et détour-nez par elles vers S, et ainsi des autres... pour la disposition des petits filets qui composent la substance du cerveau, elle est ou Acquise, ou Naturelle ;... L'Acquise est dépendante de toutes les autres circonstances qui changent le cours des Esprits... Mais, afin que je vous dise en quoy consiste la Naturelle, sachez que Dieu a tellement disposé ces petits filets en les formant, que les passages qu'il a laissez parmi eux peuvent conduire les Esprits, qui sont meus par quelque action particulière, vers tous les nerfs où ils doivent aller (Fig. 106). »

La physiologie de DESCARTES est toute mécaniste; et c'est aussi une physiologie toute mécaniste qu'est la physiologie contemporaine.

A cette mécanique DESCARTES superpose l'âme raisonnable, dont les animaux sont dépourvus, et qui est particulière à l'homme. Mais cette complication d'une âme distincte du cerveau n'est pas nécessaire, et, si nous éliminons de la théorie cartésienne cette âme surajoutée, les principes de la physiologie nerveuse contemporaine ne sont pas différents des principes de la physiologie de DESCARTES. Je ne puis donc souscrire à l'opinion de GEORGES POUCHET (Rev. scientif., 15 mai 1875) qui admet l'impuissance de ce grand esprit pour la biologie. Il est très probable que DESCARTES n'a pas fait d'expériences physiologiques, autres que sur l'optique, mais il a admirablement conçu les phénomènes vitaux, et la nature essentiellement mécanique, c'est-à-dire physico-chimique, des lois biologiques. LAVOISIER, J. MULLER et CLAUDE BERNARD ne feront que développer ce grand principe.

Voici comment, en effet, il termine son *Traité de l'homme*.

« Toutes les fonctions que j'ay attribuées à cette Machine, comme la digestion des viandes, le battement du cœur et des artères, la nourriture et la croissance des membres, la respiration, la veille et le sommeil ; la réception de la lumière, des sons, des odeurs, des gousts, de la chaleur, et de telles autres qualitez, dans les organes des sens extérieurs ; l'impression de leurs idées dans l'organe du sens commun et de l'imagination ; la rétention ou l'emprainte de ces idées dans la mémoire ; les mouvements intérieurs des Appétits et des Passions ; Et enfin les mouvements extérieurs de tous les Membres, qui suivent si à propos, tant des actions des objets qui se présentent aux sens, que des passions et des impressions qui se rencontrent dans la Mémoire, qu'ils imitent le plus parfaitement qu'il est possible ceux d'un vray homme... toutes ces fonctions suivent toutes naturellement en cette Machine, de la seule disposition de ses organes ; ne plus ne moins que font les mouvements d'une horloge, ou autre automate, de celle de ses contrepoids et de ses roues ; en sorte qu'il ne faut point à leur occasion concevoir en elle aucune autre Ame végétative, ny sensitive, ny aucun autre principe de mouvement et de vie, que son sang et ses Esprits agitez par la chaleur du feu qui tombe continuellement dans son cœur, *et qui n'est point d'autre Nature que tous les feux qui sont dans les corps inanimez.* »

Ce sont là des phrases vraiment prophétiques, et qu'il est bon de relire et de méditer pour montrer à quel point la physiologie cartésienne est exactement la physiologie moderne.

Bibliographie. — Il existe plusieurs éditions complètes des œuvres de DESCARTES : *Opera omnia Cartesii* (Amsterdam, 1690-1701. 9 vol. in-4). — Édit. française, Strasbourg, 1824-1826, publiée par V. Cousin, 11 vol. in-8. — Quant aux éditions spéciales du *Discours de la Méthode, des Passions de l'âme,* et aux œuvres choisies, elles sont très nombreuses.

CH. R.

DEXTRINE. — Historique. — Synonymies.

— C'est VAUQUELIN, en 1811, qui a le premier préparé, en faisant agir sur l'amidon la chaleur sèche ou humide et en présence d'acides dilués, un corps gommeux, soluble dans l'eau, corps auquel plus tard BIOT et PERSOZ donnèrent le nom de *dextrine,* à cause de sa propriété de dévier à droite le plan de la lumière polarisée.

En 1833, PAYEN et PERSOZ obtinrent la dextrine sous l'influence de l'action de la diastase sur l'amidon ; ils reconnurent que le produit obtenu était un mélange de plusieurs substances, et l'appelèrent *dextrine brute.* BÉCHAMP en sépara une substance qui se colore en bleu par l'iode et qu'il nomma *amidon soluble,* et une autre substance qui était pour lui la *dextrine proprement dite,* et qui se colore en rouge par l'iode. MUSCULUS en retira encore une autre substance qui ne se colore pas du tout par l'iode et qu'il nomma *dextrine,* tandis que BRÜCKE appelle *achroodextrine* cette dernière substance, et baptise du nom d'*érythrodextrine* la substance qui se colore par l'iode en rouge, substance que MUSCULUS appelle *amidon soluble* et NÄGELI, *amylodextrine.*

BÜLOW appelle *amylodextrine* ce qu'A. MEYER appelle *amylose,* premier stade de la transformation de l'amidon, stade auquel la coloration bleue par l'iode se montre encore, mais où apparaît déjà, d'après BÜLOW, la propriété dextrogyre.

A. MEYER s'élève avec vivacité contre l'existence de l'érythrodextrine ; d'après lui ce n'est que de l'achroodextrine, à laquelle est venu s'ajouter un peu d'amylodextrine ; il reconnaît les trois corps suivants : l'*amylose,* qui se colore par l'iode en bleu, l'*amylo-*

dextrine, qui se colore en rouge (érythrodextrine de Brücke) et la dextrine (achroodextrine de Brücke) qui n'est pas colorée par l'iode.

On voit qu'il règne une certaine confusion dans les noms que les auteurs donnent à des produits en apparence similaires. Si j'osais exprimer ma préférence, je dirais que le terme d'*amylodextrine,* dans le sens de Bülow, me paraît bon à conserver pour le premier stade de la transformation de l'amidon vers la voie dextrine ; j'aurais ensuite gardé celui d'*érythrodextrine,* de Brücke, pour le second stade, et enfin le nom de *dextrine* pour la substance qui ne se colore plus du tout par l'iode (et qui est l'achroodextrine de Brücke), troisième stade de la transformation de l'amidon.

Préparation et propriétés. — Je donnerai le procédé de Bülow.

1° **Amylodextrine.** — On fait dissoudre 20 grammes d'acétate de potasse dans 100 grammes d'eau et 30 grammes d'amidon : la masse devient aussitôt comme une gomme opaque. On chauffe la masse au bain marie jusqu'à ce qu'elle se liquéfie, et ensuite on fait bouillir pendant dix minutes sur le feu. Après refroidissement on ajoute de l'acide acétique dilué, et puis de l'alcool, en remuant jusqu'à ce qu'il se forme un trouble. Ensuite le liquide trouble est versé, goutte à goutte, en remuant toujours, dans l'alcool à 96° : il se dépose une poudre blanche, l'amylodextrine. C'est un corps blanc à aspect vitreux, très peu soluble dans l'eau, même chaude (2-3 p. 100), la solution est opalescente, l'iode la colore en bleu ; elle ne réduit pas les sels de cuivre.

On peut aussi obtenir l'amylodextrine par l'action de la diastase sur l'amidon : 20 grammes d'amidon dans l'eau bouillante, on laisse refroidir à 50°, ensuite on ajoute 10 centimètres cubes de solution glycérique de diastase, on chauffe pendant 10 à 15 minutes à 60°, puis on filtre directement dans l'alcool, on redissout dans l'eau chaude, et on précipite par l'alcool.

Bülow distingue quatre amylodextrines d'après leur pouvoir rotatoire.

$$\alpha_D = 191,1 \; ; \; 194,3 \; ; \; 205,4 \; ; \; 196,54$$

2° **Érythrodextrine.** — Bülow l'obtient par l'action de la diastase, et condamne la méthode par l'action de l'acide sulfurique, car alors il y a toujours encore de l'amylodextrine qui reste, et, quand toute réaction bleue avec l'iode a disparu, la plus grande partie de l'érythrodextrine est détruite aussi. On fait digérer de 60° à 70° jusqu'à ce que la solution se colore nettement en rouge par l'iode. Alors on fait bouillir pour détruire la diastase, et après refroidissement on verse dans l'alcool à 96°. Puis on redissout dans l'eau, on chauffe au bain marie pour éloigner l'alcool, et on traite par un excès d'une solution saturée de baryte à froid, pour séparer l'érythrodextrine, qui se dépose, de l'achroodextrine qui reste en solution. On purifie l'érythrodextrine par quelques manipulations trop longues à décrire ici. On obtient ainsi cinq érythrodextrines :

$$\alpha_D = 190,172 \; ; \; 189,98 \; ; \; \text{chiffres manquent} \; ; \; 189,8 \; ; \; 189,99$$
$$\text{N° 1} \qquad \text{N° 2} \qquad \text{N°s 3 et 4} \qquad \text{N° 5} \quad \text{N° 5 bis}$$

Ce sont des substances d'un blanc de neige, très solubles dans l'eau. L'iode donne une coloration rouge de vin avec une légère teinte bleue pour les n°s 1, 2, 3, 4, mais le n° 5 est rouge brun.

3° **Achroodextrine (Dextrine).** — L'action de la diastase est prolongée jusqu'à ce que l'iode ne donne plus de coloration, environ après vingt-quatre heures. On fait bouillir, on filtre, on réduit le volume et on traite par l'alcool chaud à 96° jusqu'à formation de précipité, on redissout et on reprécipite plusieurs fois. Il y a quatre achroodextrines, corps blanc de neige, facilement solubles dans l'eau ; réduisent les sels de cuivre et ne sont pas précipités par l'hydrate de baryte ; mais il y a précipité si l'on prend une solution alcoolique. Bülow a aussi purifié l'achroodextrine par la dialyse :

$$\alpha_D = 184,61 \; ; \; \text{manque} \; ; \; 179,14 \; ; \; 190,57 \; ; \; 181,76$$
$$\text{N° 1} \qquad \text{N° 2} \qquad \text{N° 3} \qquad \text{N° 3 bis} \quad \text{N° 4}$$

*Procédé d'*A. Meyer. — Le mode de préparation diffère de celui de Bülow, et le produit obtenu diffère aussi par ses propriétés.

DEXTRINE.

100 grammes d'eau, 250 grammes d'amidon de riz, 10 grammes d'acide oxalique, faire cuire dans un bain de solution de sel marin à l'ébullition pendant une heure et demie. On filtre, on fait congeler le filtrat, ensuite après dégel on filtre de nouveau. On précipite par l'alcool. On fait dissoudre le précipité dans 400 centimètres cubes d'eau, on ajoute 2 grammes d'acide oxalique, et on chauffe au bain marie pendant quinze heures environ, jusqu'à ce que l'acide ne donne plus de coloration rouge. On précipite par l'alcool pour enlever les dernières traces d'amylodextrine (érythrodextrine). On précipite de nouveau par 10 volumes d'alcool à 96°, et on laisse reposer une nuit. Le précipité est dissous dans l'eau et neutralisé par du carbonate de chaux; puis on filtre et on précipite le liquide chaud par de l'alcool bouillant. Le précipité est dissous dans l'eau, la solution décolorée par le noir animal et reprécipitée 10 fois par l'alcool à 70 à 80 p. 100, bouillant.

On a alors pour la déviation : $\alpha_D = 193,4$.

Après encore plusieurs redissolutions et reprécipitations par l'alcool : $\alpha_D = 199$.

L'acétate de plomb ne précipite pas. L'hydrate de baryte en excès donne un précipité. Ne réduit pas les sels de cuivre.

En résumé, d'après les auteurs précités, l'amidon, sous l'influence de la diastase ou de la chaleur et des acides dilués, parcourt les étapes successives suivantes :

D'abord il devient simplement soluble (c'est l'amidon soluble ou amylose, nous n'en avons pas parlé ici), ensuite le liquide commence à présenter la propriété dextrogyre, tout en restant colorable en bleu par l'iode (amylodextrine), puis il montre la coloration rouge avec l'iode (érythrodextrine), enfin il perd la propriété d'être coloré par l'iode, mais commence à acquérir celle de réduire les sels de cuivre (achroodextrine) : cette propriété s'accuse toujours plus si l'on continue l'expérience : il se forme alors du *maltose*, lequel reste enfin presque seul dans le liquide à côté d'une certaine quantité de dextrine.

Voici comment Musculus exprime toutes ces transformations :

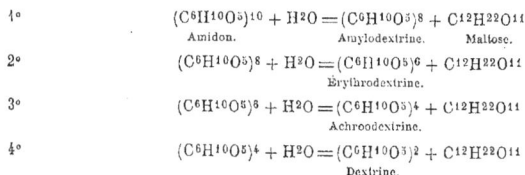

1° $(C^6H^{10}O^5)^{10} + H^2O = (C^6H^{10}O^5)^8 + C^{12}H^{22}O^{11}$
  Amidon.   Amylodextrine.   Maltose.

2° $(C^6H^{10}O^5)^8 + H^2O = (C^6H^{10}O^5)^6 + C^{12}H^{22}O^{11}$
                           Érythrodextrine.

3° $(C^6H^{10}O^5)^6 + H^2O = (C^6H^{10}O^5)^4 + C^{12}H^{22}O^{11}$
                           Achroodextrine.

4° $(C^6H^{10}O^5)^4 + H^2O = (C^6H^{10}O^5)^2 + C^{12}H^{22}O^{11}$
                           Dextrine.

E. Duclaux envisage ces subdivisions basées surtout sur la coloration donnée par l'iode comme artificielles; pour lui, « le phénomène de la dislocation ou de la dissociation de la molécule d'amidon semble être un phénomène continu dans lequel c'est surtout artificiellement qu'on provoque ou qu'on suppose des phases.... C'est un plan incliné, ce n'est pas une rampe d'escalier. »

Il considère le passage de l'amidon à l'état de dextrine comme un phénomène de solubilisation, de diffusion des molécules, un phénomène purement physique, et la coloration par l'iode indique seulement l'état de diffusion des molécules dans l'eau. C'est ainsi qu'une solution d'amidon soluble, si elle est très diluée, se colore en rouge brun. En la laissant évaporer à l'air libre, on voit la teinte tendre de plus en plus au violet, et, quand la concentration est assez grande, on observe une magnifique coloration d'un bleu pur. Si l'on ajoute alors de l'eau, la couleur violette reparaît pour être remplacée bientôt par le rouge pur.

L'amidon soluble, qui est un stade intermédiaire entre l'amidon à l'état d'empois et la dextrine, se colore encore par l'iode, mais il a le même pouvoir rotatoire que la dextrine $\alpha_D = 202$. En se transformant en dextrine qui ne se colore plus par l'iode, le pouvoir rotatoire du liquide ne change pas, il reste $\alpha_D = 202$. Donc il y a le même nombre de molécules sur le passage du rayon, et il n'y a pas eu de vraie désagrégation de la molécule chimique, pas de vraie dépolymérisation.

La dextrine ne possède aucun pouvoir réducteur quand elle est pure, c'est-à-dire débarrassée complètement du maltose; O'Sallmair et Effront, ainsi que d'autres, l'ont constaté.

Voici le procédé employé par Wiley, ainsi que par Brown et Morris, pour purifier la dextrine. « On commence par purifier la dextrine autant que possible par une série de précipitations par l'alcool, de façon à y réduire au minimum la quantité de maltose, et on y ajoute ensuite un petit excès d'une solution contenant des poids égaux de cyanure de mercure et de soude caustique. Puis on chauffe jusqu'à ce que la réduction soit complétée. On refroidit, on filtre pour séparer le mercure réduit, on acidifie avec l'acide chlorhydrique, on fait passer de l'hydrogène sulfuré pour précipiter le léger excès de sel mercuriel; on filtre, on ajoute de l'ammoniaque, on évapore à consistance de sirop, on redissout dans l'eau chaude ce qui est liquide; on filtre et on précipite par l'alcool. On obtient ainsi de la dextrine ayant un pouvoir rotatoire normal et pas de pouvoir réducteur. »

La formule simple de la dextrine est $C^{12}H^{20}O^{10}$, mais son poids moléculaire, obtenu par le procédé cryoscopique de Raoult, étant, d'après Brown et Morris, de 6,000 environ, et, d'après Lintner, de 5,800, la molécule de dextrine doit être treize fois plus grande que celle du maltose, qui servait de point de comparaison dans le procédé par congélation; elle doit donc être $C^{216}H^{360}O^{180}$, ce qui donne 5,882 pour le poids moléculaire de la dextrine.

La décoagulation de l'amidon, qui aboutit à la formation de la dextrine, est due à l'action d'un ferment décoagulant, l'*amylase*, contenu dans le malt : l'action directe amylase ne dépasse pas, d'après Duclaux, le stade dextrine.

La transformation de la dextrine en maltose est due à un ferment différent contenu aussi dans le malt, la *dextrinase*: c'est un phénomène chimique qui s'accompagne d'une vraie hydratation, d'une fixation d'une molécule d'eau par chaque molécule de maltose formé :

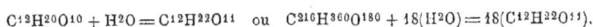

$$C^{12}H^{20}O^{10} + H^2O = C^{12}H^{22}O^{11} \quad \text{ou} \quad C^{216}H^{360}O^{180} + 18(H^2O) = 18(C^{12}H^{22}O^{11}).$$

On peut séparer l'action de ces deux ferments contenus dans le même liquide. C'est ainsi que, si l'on chauffe à une température voisine, mais un peu inférieure à 80°, une solution de diastase de malt, on arrive à rendre inactive la dextrinase, et ce liquide, ajouté à de l'empois d'amidon et ramené à la température la plus favorable, montre la solubilisation de l'amidon et sa transformation en dextrine; mais il n'y a point de maltose formée.

La dextrinose est beaucoup plus sensible à la chaleur que l'amylase, et on obtient des quantités de maltose très différentes suivant la température à laquelle on opère.

En désignant l'amidon par a, la dextrine par d, l'eau par e, et le maltose par m, on aura :

$$
\begin{aligned}
\text{Au delà de 68°-70°.} &\quad\quad 6a + e = m + 5d \\
\text{De 64° à 68°-70°.} &\quad\quad 6a + 2e = 2m + 4d \\
\text{Vers 64°.} &\quad\quad 6a + 3e = 3m + 3d \\
\text{Au-dessous de 63°.} &\quad\quad 6a + 4e = 4m + 2d
\end{aligned}
$$

Ces équations n'ont rien d'absolu, et expriment seulement un certain équilibre obtenu à une certaine température.

Marner trouve à 60° l'équation suivante :

$$4a + 3e = 3m + d,$$

et au-dessus de 63° :

$$4a + 2e = 2m + 2d.$$

Brown et Héron trouvent à 60° :

$$10a + 8e = 8m + 2d,$$

et à 75-76° :

$$10a + 3e = 3m + 7d.$$

Dans toutes ces équations nous trouvons toujours un résidu de dextrine inattaquée. Est-ce de la dextrine inattaquable par la diastase?

Mais O'Sullivan a fait voir que, si l'on abaissait, même légèrement, la température au-dessous de celle à laquelle elles se sont formées, ces dextrines, loin d'être inatta-quables, se disloquaient facilement en maltose et en dextrines nouvelles attaquables elles-mêmes à plus basse température, de sorte que nous retrouvons là cette continuité, ce plan incliné que nous signalions tout à l'heure, au sujet de la dislocation de la molé-cule d'amidon.

Répartition. — On trouve la dextrine dans le suc cellulaire des plantes, dans les champignons et dans les algues. Chez les animaux, c'est dans le sang des herbivores surtout qu'on en trouve; on l'a aussi signalée chez les insectes (LIEBERMANN), dans le foie et dans les muscles : elle provient peut-être du glycogène.

Assimilation. — Ni la dextrine, ni le maltose ne sont directement assimilables, pas plus que le saccharose ou sucre de canne, ni aucune di-saccharide en général; ils doivent être transformés en monosaccharides.

Chez les animaux comme dans les plantes, se trouve un ferment, l'invertine ou *sucrase*, qui transforme le saccharose en dextrose et lévulose.

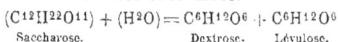

$$(C^{12}H^{22}O^{11}) + (H^2O) = C^6H^{12}O^6 + C^6H^{12}O^6$$
$$\text{Saccharose.} \qquad\qquad \text{Dextrose.} \quad \text{Lévulose.}$$

Un ferment très analogue, la *maltase*, transforme le maltose en deux molécules de dextrose.

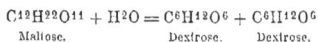

$$C^{12}H^{22}O^{11} + H^2O = C^6H^{12}O^6 + C^6H^{12}O^6$$
$$\text{Maltose.} \qquad\qquad \text{Dextrose.} \quad \text{Dextrose.}$$

Fonction dans l'organisme. — Dans le règne végétal, la dextrine joue probablement un rôle actif dans la formation de la molécule d'albumine : une partie cependant est brûlée et donne du CO^2 exhalé par la respiration, pendant la nuit surtout. C'est sous la forme de dextrine ou de maltose que l'amidon est véhiculé des parties vertes de la plante où il se forme, dans les tubercules où il s'accumule comme réserve, et d'où, après une nouvelle redissolution, il passe dans les jeunes pousses. Chez les animaux, l'oxydation des hydrates de carbone, des sucres, est une des principale source de l'énergie et de la chaleur animales. C'est sous forme de glycogène insoluble qu'ils se déposent comme matériaux de réserve dans divers tissus et organes : muscles, foie.

D'après SCHIFF, la dextrine exerce une action pepsinogène puissante; il est certain qu'elle favorise et active la sécrétion du suc gastrique.

L'injection de dextrine dans le sang provoque de la polyurie; et en même temps la dextrine apparaît dans l'urine (MOUTARD-MARTIN et CH. RICHET).

Synthèse. — Il résulte des expériences de BOKORNY, LÖEW, etc., que la dextrine se forme dans les plantes aux dépens du maltose, lequel provient d'une polymérisation de l'aldéhyde formique élaboré par les plantes au moyen du CO^2 et de l'H^2O, sous l'influence de l'action du soleil. En effet, BOCH a réussi à décomposer le CO^2 dans l'eau sous l'influence de la lumière solaire.

$$2CO^2 + 2H^2O = CH^2O + CH^2O^4 + O.$$

BOKORNY a fourni à des spirogyres privées de CO^2 du méthylal ou de l'oxyméthylsul-fate de sodium, et il a vu la formation de l'aldéhyde formique.

$$C^3H^8O^2 + H^2O = CH^2O + 2(CH^4O)$$
$$\text{Méthylal.} \qquad\qquad \text{Aldéhyde formique.}$$

$$CH^2{\Big\langle}{}^{OH}_{SO^2Na} = CH^2O + SO^3NaH$$
$$\text{Oxyméthylesulfate}$$
$$\text{de sodium.}$$

Pour TIMIRIAZEFF la chose se passe ainsi : la chlorophylle s'hydrogénise en présence de l'eau et de la lumière solaire. Soit α la chorophylle.

$$\alpha + H^2O = \alpha H^2 + O.$$

Cette chlorophylle hydrogénée attaque le CO^2

$$\alpha H^2 + CO^2 = CH^2O + O \quad \text{et} \quad 6(CH^2O) + \alpha H^2 = C^6H^{14}O^6 + \alpha$$
$$\text{Mannite.}$$

FISCHER a montré qu'on peut, au moyen de l'aldéhyde formique, obtenir du méthose ($C^6H^{12}O^6$), du glucose et d'autres sucres. Le glucose, en se polymérisant et en se déshydra-tant, donne naissance à de la dextrine.

$$2(C^6H^{12}O^6) = C^{12}H^{20}O^{10} + 2(H^2O).$$

L'amidon est le résultat de la polymérisation ou de l'agrégation moléculaire de la dextrine, et le cycle est ainsi complet; nous voilà revenus à l'amidon, notre point de départ pour la formation de la dextrine.

Bibliographie. — 1860. — MUSCULUS (M. F.). *Remarques sur la transformation de la matière amylacée en glucose et dextrine (Ann. Chim. Phys.*, LX, 203-207).

1862. — FRESENIUS (R.). *Die Verbindungen der Stärke und des Dextrins mit freie Jod (Zeitschr. f. analyt. Chem.*, I, 84 et 465).

1863. — PAYEN (M.). *Réaction de la diastase sur la substance amylacée dans différentes conditions (Ann. Chim. Phys.*, (4), IV, 286-292).

1866. — PAYEN (M.). *Amidon et dextrine des tissus ligneux (Ibid.*, (4), VII, 382-405).

1870. — SCHWARZEN (A.). *Ueber die Umwandlung der Stärke durch Malzdiastase (Journ. f. prakt. Chem.*, (2), I, 212-230).

1871. — BRÜCKE (E.). *Eine neue Methode Dextrin und Glycogen aus thierischen Flüssigkeiten und Geweben auszuscheiden und über einige erlangte Resultate (Ak. W.*, LXIII).

1872. — BARFOED (C.). *Ueber Dextrin (Journ. f. prakt. Chem.*, 334); — *Nachweiss von Traubenzucker neben Dextrin und verwandten Körpern (Zeitschr. f. analyt. Chem.*, XIII, 127). — SCHIFF (M.). *Leçons sur la digestion.* — O'SULLIVAN (C.). *On the transformation-products of starch (Journ. of the Chem. Soc.*, XXV, 579-588).

1874. — BONDONNEAU (L.). *De la dextrine (Bull. Soc. chim.*, Paris, XXI, (2), 50-53 et 149-151). — KÜLZ (E.). *Beiträge zur Pathologie und Therapie des Diabetes mellitus*, in-8, Marburg, Elwert, 222.

1875. — REICHARD (E.). *Dextrin im Urin. (Pharm. Zeitschr. f. Russland*, XIV, 45).

1877. — BONDONNEAU (L.). *Zwischenglieder, die bei der Umsetzung der Stärke in Zucker auftreten (Ber. d. deutsch. Chem. Gesellsch. z. Berlin*, IX, 64-69).

1879. — BROWN et HÉRON. *Beiträge zur Geschichte der Stärke und des Umwandlungen derselben (Liebig's Ann. d. Chem.*, et *Journ. of the Chem. Soc.*). — DEFRESNE (TH.). *Études comparatives sur la ptyaline et la diastase (C. R.*, LXXXIX, 1070). — MUSCULUS et GRUBER. *Ein Beitrag zur Chemie der Stärke (Z. p. C.*, II, 177). — O'SULLIVAN et HÉRON. *Sur la chimie de l'amidon (Bull. Soc. chim. de Paris*, XXXII, 493, et *Journ. of the chem. Soc.*, 770).

1880. — MUSCULUS et MEYER (A.). *Ueber Erythrodextrin (Z. p. C.*, IV, 451).

1881. — MUSCULUS et MEYER. *Dextrin aus Traubenzucker (Ibid.*, V, 122-127).

1882. — PICKERING. *Les combinaisons de l'amidon et de la dextrine avec l'iode (Chem. News*, XLII, 311).

1883. — HARVEY (W.). *Zur Bestimmung der Dextrone, der Maltose und des Dextrins im Stärkezucker (Zeitschr. f. analyt. Chem.*, XXII, 592-593).

1884. — SCHOOR (J.). *Die Umwandlung von Dextrin in Traubenzucker (Ber. d. deutsch. Chem. Gesellsch.*, Berlin, XVII, 252).

1885. — BROWN (H. T.) et MORRIS (PH. D). *On the non-cristallisable products of the action of diastase upon starch (Journ. of the Chem. Soc.*, XLVII, 527-571). — BIARD et PELLET. *Zur Bestimmung von Rohrzucker, Traubenzucker und Dextrin neben einander (Chem. Zeitung*, VII, 1533 et *Bull. de l'Ass. des Chim.*, I, 176).

1886. — LIEBERMANN (L.). *Thierisches Dextran, ein neuer gummiartiger Stoff in den Excrementen einer Blattlaus (A. g. P.*, XL, 454-459).

1889. — FRESENIUS (W.). *Ueber polaristrobometrisch-chemische Analyse (Zeitschr. f. analyt. Chem.*, XXVIII, 229).

1890. — BURKARD (G.). *Nachweiss und directe Bestimmung der Stärke in dextrinhaltigen Flüssigkeiten (Chem. Zeitung*, XI, 1158).

1893. — LINTNER (C. J.) et DÜLL (G.). *Ueber den Abbau der Stärke unter dem Einflusse der Diastasewirkung (Ber. d. d. Chem. Gesellsch.*, XXVI, 2533-2547).

1894. — KULZ (E.) et VOGEL (J.). *Welche Zuckerarten entstehen bei dem durch thierische Fermente bewirkten Abbau der Stärke und des Glycogens? (Z. B.*, XIII, 108-124). — PAVY RAUMEN (C.). *Ueber die Zusammensetzung des Honigthaus und über den Einfluss an Honigthau reicher Sommer auf die Beschaffenheit des Bienenhonigs (Zeitschr. f. analyt. Chem.*, XXXIII, 407). — WEBER et PIERSON. *Untersuchung von Stärkesirupen (Viertelj. Fortschr. Chem.*, X, 42 et *Journ. Amer. Chem. Soc.*, XVII, 312).

1895. — BROWN (T.) et MORRIS (H.). *Notiz über die Einwirkung von Diastase auf kalten Stärkekleister (Chem. Centralbl.*, I, 849). — BULOW (K.). *Ueber die dextrinartigen Abbaupro-*

ducte der Stärke (*A. g. P.*, LXII, 135-153). — HAMBURGER. *Untersuchungen über die Einwir-kung des Speichels, des Pankreas und Darmsaftes, sowie des Blutes auf Stärkekleister* (*A. g. P.*, LX, 343-477). — HEINE (L.). *Der physiologische Abbau von Amylum und Glycogen* (*Fortschr. d. Med.*, XIII, 789-800). — LINTNER (C. J.) et KRÖBER (E.). *Zur Bestimmung der Dextrose, Lävulose und Saccharose* (*Zeitschr. f. d. ges. Brauwesen*, XVIII, 153).

1896. — MELZER (H.). *Nachweis von Stärkesyrup und Handeldextrin mittelst Methylal-kohol und Iodlösung* (*Zeitschr. f. Analyt. Chem.*, XXXV, 267-284). — PRIOR (E.). *Ueber eine dritte Diastase, Achroodextrin und die Isomaltose* (*Centr. f. Bakt,*, II, 271). — THUDICHUM (J. L. W.). *The digestion of the Carbohydrates of starches, and their transformations by spe-cific ferments, particulary diastase* (*Med. Press. and Circ. Lond.*, LXII, 180-182).

1897. — BONNEMA (A.). *Ueber den Nachweis von Dextrin, Gelatine und Gummi in Albu-men ovi siccum* (*Pharm. Centr.*, XXXIX, 424-503).

1898. — HEFELMANN et SCHMITZ-DUMONT. *Zur Untersuchung stärkereichen Handelsdex-trine* (*Zeitschr. f. off. Chem.*, IV, 448-450). — POTTEVIN (A.). *Sur la saccharification de l'amidon par l'amylase du malt* (*C. R.*, CXXVI, 1218). — DOBRINER (P.). *Zur Zuckerbestim-mung* (*Zeitschr. f. analyt. Chem.*, XXXVII, 243-287).

1899. — DUCLAUX (E.). *Traité de microbiologie.*

Voir aussi les divers traités de chimie physiologiques.

CATHERINE SCHÉPILOFF.

DIABÈTE (*Diabetes*, de διαβαίνειν, passer à travers). — La maladie désignée sous ce nom ne se prêtera à une définition rigoureusement scientifique que lorsque la théorie pathogénique en sera définitivement fixée. Pour le moment, il faut se contenter de la caractériser par quelques-uns de ses symptômes : maladie apyrétique, avec excré-tion de sucre par les reins (*glycosurie*), abondance des urines (*polyurie*), exagération de la faim et de la soif (*polyphagie, polydipsie*), amaigrissement et cachexie graduelle. Tels sont du moins les signes principaux et les plus constants de la forme de diabète la plus commune (*D. sucré*). Mais on a aussi remarqué que le symptôme capital, la glycosurie, peut faire défaut chez certains malades qui présentent cependant, sous les autres rapports, l'aspect clinique des vrais diabétiques, et on a distingué un *diabète insipide* avec ou sans augmentation des matériaux solides de l'urine. C'est surtout du diabète sucré que nous traiterons ici ; nous consacrerons seulement un court paragraphe au diabète insipide à la fin de cet article. Notre intention est, du reste, de n'envisager dans ce sujet que le côté physiologique et expérimental.

Historique. — C'est THOMAS WILLIS[1] (1674) qui remarqua le premier la saveur miel-leuse et sucrée des urines de certains polyuriques ; mais la preuve scientifique de la présence du sucre dans l'urine diabétique ne fut réellement donnée qu'en 1775 par MATTHEW DOBSON. Ce dernier observa en effet la fermentation spontanée de l'urine avec production d'un goût vineux ou alcoolique. De plus, il admit comme vraisemblable que le sucre ne se forme pas dans le rein, mais qu'il existe déjà dans le sérum sanguin. CAWLEY (1778) observa aussi la fermentation de l'urine diabétique et, d'après NICOLAS et GUEU-DEVILLE, FRANCK (de Pavie), en 1791, « ajoutant un peu de levain aux urines, en retira un alcool qu'il disait être très agréable ». JOHN ROLLO (1797) essaya, mais sans succès, de démontrer par la fermentation la présence du sucre dans le sang. NICOLAS et GUEUDEVILLE cherchèrent, d'autre part, à isoler le sucre de diabète, mais ils ne parvinrent pas à l'obtenir chimiquement pur ; ils ne trouvèrent pas de sucre dans le sang. WOLLASTON (1811), après avoir d'abord nié la présence du sucre dans le sang des diabétiques, admit plus tard que ce liquide en renferme une petite quantité, le trentième de ce qu'en fournit l'urine. Ce fait, tour à tour admis par ROCHOUX (1803), puis nié par VAUQUELIN et SÉGALAS (1823) et par SOUBEIRAN (1826), fut rendu très vraisemblable par les recherches chimiques d'AMBROSIANI (1836) et de MAC GREGOR.

Lorsque TIEDEMANN et GMELIN apprirent, dans leur travail bien connu sur la digestion, que le sucre est un produit normal des actions digestives et qu'il se trouve dans l'intestin

1. Pour toute la bibliographie se rapportant à cet historique, consulter CL. BERNARD. *Leçons sur le diabète*, Paris, 1877, p. 145 et suivantes.

et le chyle des animaux nourris de féculents, la question changea de face. On recherchal le sucre dans le sang des animaux à l'état physiologique : MAGENDIE (1846) démontra que le sang contient du sucre après la digestion des féculents et réfuta l'opinion de LEHMANN que le sucre ayant cette origine serait transformé en acide lactique en traversant la paroi intestinale. Avec CL. BERNARD, la question devait entrer dans une troisième phase. Par de remarquables expériences, ce physiologiste démontra que le glycose se trouve normalement dans le sang, même en dehors des phénomènes de la digestion et indépendamment de la nature de l'alimentation ; qu'il tire son origine du foie et se forme aux dépens d'une matière de réserve accumulée dans le parenchyme de cet organe, le glycogène ou amidon animal.

La conception pathogénique du diabète se modifia naturellement suivant les découvertes physiologiques du moment : d'abord considéré comme un trouble digestif (ROLLO), une modification de la digestion des féculents (BOUCHARDAT, 1846), le diabète fut attribué par CL. BERNARD à une exagération de la formation du sucre par le foie. Mais, d'autre part, comme le sucre formé par le foie trouve son emploi dans l'organisme, qu'il est consommé au niveau des capillaires (CHAUVEAU 1856), une nouvelle théorie devait se faire jour, qui considérait le diabète comme dû à une insuffisance de la destruction du sucre. BOUCHARDAT, cherchant à adapter ses théories du diabète aux nouvelles découvertes, ne considérait plus, en 1869, comme une condition exclusive, le trouble de la digestion des féculents ; il admettait encore une glycosurie résultant d'une hyperproduction de sucre dans le foie et croyait aussi à une glycosurie provenant de la destruction incomplète du sucre dans le sang (*Étiologie de la glycosurie. Revue des cours scientifiques,* 1869-1870, p. 74). Il faut dire encore que MIALHE, dès 1844 (*C. R.*, 1844-1845), avait émis l'hypothèse que la glycose se décompose normalement dans le sang en présence des alcalins de ce liquide, et que dans le sang diabétique (qu'il croyait dépourvu d'alcalinité) elle reste intacte, et est éliminée par les urines comme un corps étranger. Toutefois la théorie qui attribuait le diabète à la diminution de la consommation du sucre ne put trouver un sérieux appui que dans les travaux de PETTENKOFER et VOIT (1865), de SCHULTZEN (1872), de NAUNYN (1873) et de CH. BOUCHARD (1874). Cette théorie est généralement acceptée aujourd'hui ; nous aurons à la discuter longuement et à exposer en détail les nombreux travaux qu'elle a suggérés, en particulier ceux de LÉPINE relatifs au ferment glycolytique. Disons seulement qu'il se trouve aussi des partisans autorisés de la théorie de l'hyperproduction du sucre dans le diabète, notamment CHAUVEAU.

La possibilité de produire artificiellement la glycosurie chez les animaux fut démontrée par la célèbre expérience de CL. BERNARD, la piqûre du plancher du quatrième ventricule. Depuis, beaucoup d'auteurs se sont occupés de la même question. On a provoqué l'apparition des urines sucrées par la blessure de régions variées du système nerveux et par l'administration de poisons les plus divers. Mais il convient de citer plus particulièrement dans cet ordre de recherches deux expériences fondamentales : V. MERING trouva, en 1887, que l'on détermine chez les animaux une glycosurie aussi durable que l'on veut par l'administration d'un glycoside, la phloridzine. D'autre part, V. MERING et MINKOWSKI firent, en 1889, cette découverte capitale que l'extirpation complète du pancréas produit une glycosurie intense et permanente, accompagnée des autres symptômes du diabète.

La question de la pathogénie du diabète a toujours vivement intéressé les physiologistes. Il s'agit, en effet, d'un problème concernant les phénomènes les plus intimes de la nutrition : l'évolution de la matière sucrée dans l'économie ; et l'étude de ses troubles est évidemment de nature à éclairer le processus physiologique normal. Une théorie du diabète ne va pas sans une théorie de la glycogénie et de la glycolyse à l'état physiologique. Pour résumer l'histoire des progrès de nos connaissances sur ce sujet, il semble qu'on doive distinguer et mettre en relief trois grands faits : d'abord la notion introduite dans la physiologie par TIEDEMANN et GMELIN que le sucre est un produit normal de la digestion des féculents ; puis la découverte de la glycogénie animale et de la fonction glycogénique du foie par CL. BERNARD ; enfin la démonstration récente faite par V. MERING et MINKOWSKI du rôle du pancréas dans l'évolution normale du sucre.

Voici maintenant l'ordre que nous adopterons dans l'emploi des nombreux matériaux se rapportant à cette question du diabète. Nous commencerons par exposer quelques données relatives à la glycogénie dans l'état physiologique, et les travaux qui ont pour

objet la glycosurie alimentaire ; puis nous rechercherons les divers moyens qui ont été
mis en œuvre pour provoquer artificiellement la glycosurie chez les animaux ; enfin nous
analyserons les différents troubles nutritifs qui caractérisent le diabète et tâcherons d'en
fixer la pathogénie.

§ I. Glycogénie et glycolyse à l'état physiologique. — Glycosurie alimentaire. — L'étude de la glycogénie sera l'objet d'un article étendu de ce Dictionnaire.
Nous ne prendrons ici de ce chapitre de physiologie que quelques indications numériques
dont la connaissance est indispensable à la compréhension du diabète. Il faut tout
d'abord admettre comme un fait établi d'une façon suffisamment rigoureuse, que le foie
est un organe producteur de sucre à l'état physiologique. La théorie de Pavy compte
bien encore quelques partisans ; mais ce n'est point ici le lieu de la réfuter ; disons seulement qu'il serait impossible de refuser une fonction glycogénique au foie devant les
chiffres obtenus depuis les expériences fondamentales de Cl. Bernard, dans les analyses
comparatives du sang porte et du sang sus-hépatique. Les analyses de Seegen sont particulièrement instructives ; cet expérimentateur arrive à ce résultat que le sang se charge
en moyenne de 0,1 p. 100 de sucre dans son passage à travers le foie. Partant de là, et
de l'évaluation de la quantité de sang qui traverse le foie dans l'unité de temps, il calcule que chez un chien de 10 kilogrammes cette glande cède à la circulation environ
144 grammes de sucre dans les vingt-quatre heures. Pour un homme de 70 à 80 kilogrammes, le foie fournirait journellement 500 à 600 grammes de sucre [1].

Ch. Bouchard donne un chiffre beaucoup plus élevé, mais ses éléments de calcul sont
différents ; il admet, d'après Cl. Bernard, que 1 kilogramme de sang artériel perd en devenant sang veineux 0gr,40 de sucre ; abaissant cette perte à 0,20 pour avoir un minimum
(chiffre encore beaucoup trop fort, si l'on s'en rapporte aux analyses de Chauveau) et
tablant sur les calculs de Hering et de Vierordt pour l'évaluation de la durée de la révolution circulatoire totale, il estime que 1850 grammes de sucre seraient consommés
journellement par un homme du poids moyen de 65 kilogrammes. [2]

Mais récemment [3] il a dû revenir sur ces calculs et donner à son évaluation une mesure plus juste. En admettant, d'après les dernières analyses de Chauveau et Kaufmann,
que la perte moyenne de sucre par kilogramme de sang et par révolution totale ne serait
guère que 0gr,04, la quantité de sucre détruite chez un homme de 65 kilogrammes en
vingt-quatre heures, se trouve abaissée à 370 grammes. D'autre part, Bouchard arriva
aux mêmes résultats en mesurant directement la quantité de sucre consommée par des
sujets normaux soumis à un régime alimentaire déterminé. Pour cela on ne pèse qu'un
seul aliment, le sucre, et on ne fournit aucun autre hydrate de carbone. Il suffit alors,
pour connaître le poids total du sucre consommé, d'ajouter au sucre ingéré la quantité de sucre qui s'est formée aux dépens de l'albumine élaborée. Cette dernière se calcule
d'après la quantité de l'azote urinaire ; il n'y a qu'à savoir qu'à 1 gramme d'azote urinaire total correspondent 6gr,736 d'albumine détruite, et que 1 gramme d'albumine en
se détruisant dans l'économie donne 0gr,558 de sucre. Ce calcul appliqué à cinq sujets
normaux d'âge différent a donné les résultats suivants. (La consommation du sucre est
rapportée au kilogramme corporel d'une part, et, d'autre part, au kilogramme d'albumine constitutive des tissus, pour une période de vingt-quatre heures) :

A G E.	POIDS.	SUCRE CONSOMMÉ	
		PAR KIL. CORPOREL.	PAR KIL. D'ALB. FIXE.
	kil.	gr.	gr.
17 ans	50,7	7,2	51,4
25 —	65	5,7	38,8
40 —	51,8	5,5	37,6
59 —	85,3	2,5	18,2
70 —	55,5	3,3	22,9

1. Seegen. La glycogénie animale, trad. de Hahn, Paris, 1890, 106.
2. Ch. Bouchard. Maladies par ralentissement de la nutrition, 1885, 152.
3. Ch. Bouchard. La théorie pathogénique du diabète (Semaine Médicale, 1898, 201).

Ces chiffres ont été obtenus dans des conditions sensiblement comparables de repos et de température. Mais il est évident qu'ils n'ont rien de fixe et qu'ils varieraient notablement sous l'influence du travail, de l'élévation ou de l'abaissement de la température ambiante, etc. On remarquera que la consommation est plus intense chez le jeune homme et moins chez le vieillard.

La formation du sucre doit sans doute être exclusivement localisée dans le foie; en effet, le sucre disparaît rapidement du sang après l'extirpation de cette glande chez les oiseaux (MINKOWSKI), ou son exclusion de la circulation (BOCK et HOFFMANN, SEEGEN). On doit, de plus, observer que de tous les tissus, il n'y a que celui du foie qui contienne du sucre (encore pendant la vie n'en renferme-t-il que des traces parce qu'il ne l'accumule pas comme tel). Il n'y a, en somme, que les humeurs nutritives, le sang et la lymphe, qui contiennent du sucre en proportion notable, pendant la vie (dans le sang en moyenne 0,1 p. 100). La formation et le dépôt du glycogène sont au contraire dévolus à un grand nombre de tissus et organes, alors que le sang ne possède qu'une minime quantité de cette substance; mais c'est dans les muscles que la réserve en est le plus abondante. Dans le foie la quantité de glycogène varie de 1,4 à 10 p. 100 du tissu hépatique, suivant les conditions d'alimentaton, soit pour tout le foie pesant environ 1500 grammes chez l'homme, 21 à 150 grammes de glycogène. Dans les muscles le glycogène ne s'élève qu'à 0,11 à 0,40, en moyenne 0,25 p. 100 (d'après BÖHM et HOFFMANN), soit pour tout le système musculaire (1/40 du poids du corps) 65 grammes. La somme des hydrates de carbone évaluée par kilogramme du poids du corps varie, d'après BÖHM et HOFFMANN, de 1,6 à 8,5 grammes, soit 104 à 552 pour un homme de 65 kilogrammes. On voit que le sucre du sang ne représente qu'une minime partie des hydrates de carbone de l'organisme entier. Le glycogène s'accumule en plus grande quantité dans le foie après l'ingestion des aliments; c'est l'alimentation par les hydrates de carbone qui amène le dépôt le plus considérable; mais toutes les catégories d'aliments exercent une influence sur la formation de cette réserve. On pense généralement que le sucre livré par le foie à la circulation provient de la décomposition du glycogène, sous l'influence d'un ferment diastasique, ainsi que l'a admis CL. BERNARD; toutefois SEEGEN a soutenu qu'il représente un produit direct de l'activité de la cellule hépatique. En fait, le glycogène, sous l'influence de l'amylase, se transforme en dextrine et maltose; or le sucre du foie présente les propriétés du sucre de glycose.

Un fait de la plus haute importance, sur lequel il convient d'insister, c'est que la quantité de sucre contenue dans le sang ne subit que de minimes oscillations à l'état physiologique; elle n'augmente que faiblement pendant la digestion, malgré l'absorption de quantités considérables de sucre (CL. BERNARD) et ne faiblit que très peu dans l'inanition, même prolongée (CHAUVEAU). Dans le premier cas, la masse de sucre déversée dans le torrent circulatoire par la veine porte trouve son emploi dans la formation des réserves hydro-carbonées, et c'est le foie qui, situé le premier sur le trajet du sang venant de l'intestin, doit être un des plus importants organes d'accumulation du sucre. Mais la quantité de glycose fournie par un repas dépasse de beaucoup la quantité des hydrates de carbone du foie; il doit donc en passer à travers cette glande une forte portion qui va se déposer sous forme de glycogène dans les muscles (en plus de celle qui subit une consommation directe); de plus, il y a lieu d'admettre qu'une partie du sucre se transforme en graisse. On comprend de la sorte que la teneur du sang en sucre ne se modifie guère, malgré la surcharge en matière sucrée que l'organisme éprouve pendant la digestion. Dans le second cas, l'organisme privé d'aliments puise dans ses réserves les matériaux de formation du sucre; ainsi le sang peut contenir encore très longtemps pendant le jeûne la quantité normale de sucre; ce n'est qu'au moment de la mort qu'il s'en trouve dépourvu. Dans l'inanition le glycogène, de même que la graisse du corps, diminue rapidement, mais on en trouve encore de petites quantités dans le foie, même au bout de huit et quinze jours de jeûne. Le foie nous apparaît ainsi non seulement comme un organe formateur de sucre, mais encore comme un régulateur de la glycémie; la première fonction lui appartient en propre, mais il partage la seconde avec les autres tissus du corps.

C'est au niveau des capillaires que le sucre du sang trouve son emploi. La consommation du sucre (glycolyse) par les tissus découle des analyses comparatives des sangs artériel et veineux faites par Chauveau[1] en 1856. Ce physiologiste trouva en effet que le sang veineux contient un peu moins de sucre que le sang artériel ; chez des chevaux il dosait 0,080 et 0,073 de sucre p. 100 de sérum de la carotide et respectivement 0,066 et 0,068 de sucre p. 100 de sérum de la jugulaire : soit, par conséquent, une différence extrêmement minime de 0,014 à 0,005 p. 100 entre les deux sangs. Cl. Bernard obtenait des différences un peu plus fortes ; mais par contre d'autres auteurs, Pavy, V. Mering, Seegen, (loc. cit., 99), ne parvinrent pas à saisir cette inégalité. Dans un travail entrepris avec la collaboration de Kaufmann, Chauveau établit que la consommation du sucre est augmentée dans un muscle pendant le travail ; il opéra en analysant le sang provenant par la veine maxillaire du masséter du cheval pendant la mastication, comparativement avec celui de la carotide[2]. Il trouva que le déficit en sucre était en moyenne de 0,125 p. 1000, alors qu'il n'était que de 0,022 pour le sang venant de la glande parotide. Mais, comme pendant la mastication les organes dont il s'agit sont irrigués par trois fois plus de sang qu'à l'état de repos, il en résulte qu'il fallait tripler les différences obtenues. On a objecté que ces différences sont si petites qu'elles rentrent dans les erreurs d'analyse. Toutefois la conception de Chauveau sur le rôle du sucre dans l'économie est généralement adoptée, et l'on admet que le glycose représente le combustible qui, dans l'économie, sert à la production du travail mécanique et de la chaleur.

Le glycogène musculaire constitue aussi une réserve de combustible pour le muscle ; on a remarqué, en effet, que la tétanisation prolongée fait perdre le glycogène au muscle (Nasse, 1869 ; Weiss, 1871, etc.). Dans une expérience de Chauveau, le masséter du cheval contenait 1gr,774 de glycogène p. 1000 à l'état de repos, et 1gr,396 après une demi-heure de mastication. Par quels processus chimiques disparaît maintenant le glycose dans les tissus ? Est-ce par oxydation, par fermentation ? C'est là un problème que nous envisagerons à propos des théories du diabète.

Glycosurie alimentaire. — A l'état physiologique, le sucre ne passe dans l'urine que dans le cas d'une alimentation extrêmement chargée en matières sucrées. Normalement l'urine est dépourvue de sucre, même après un repas très riche en féculents. Lehmann, après s'être nourri pendant deux jours exclusivement avec du sucre et de la graisse, n'en put découvrir aucune trace dans ses urines[3]. Külz, opérant sur 100 litres d'urines d'individus sains, n'obtint qu'un résultat négatif, et les auteurs qui admettent la présence du sucre dans l'urine normale sont d'accord pour en reconnaître l'infime quantité : 0,01 à 0,05 par litre (Abeles, Pavy). Il y a de plus, dans l'urine normale, un peu d'acide glycuronique, qui est aussi réducteur et donne, comme le glycose, la réaction de Fischer avec la phénylhydrazine (F. Moritz, Geyer).

Si, pour la physiologie, il importe de connaître la quantité de sucre consommée par l'organisme dans les conditions normales d'alimentation, il y a aussi, au point de vue de la doctrine du diabète, un grand intérêt à savoir quelle est la quantité maxima de sucre que les tissus sont capables de détruire. Or cette quantité est extrêmement élevée. Ainsi chez le jeune homme de 17 ans qui figure au tableau précédent et qui consommait par kilogramme corporel 7gr,20 de sucre (soit 365 grammes en tout et par vingt-quatre heures), Ch. Bouchard éleva la ration quotidienne de sucre alimentaire à 600 grammes pendant cinq jours. Pendant ce temps, l'excrétion de l'azote total était en moyenne de 18gr,17 par jour ; d'où l'on pouvait déduire que 68gr,30 de sucre avaient dû prendre naissance aux dépens de l'albumine. C'étaient donc 668 grammes qui étaient mis à la disposition de l'organisme par période de vingt-quatre heures. Or pendant tout le temps de l'expérience il n'y eut pas de glycosurie. Dans ce cas, la consommation du sucre s'était donc élevée à

1. Chauveau. Nouvelles recherches sur la fonction glycogénique (C. R., xlii, 1008, 1856).
2. Chauveau et Kaufmann. La glycose, le glycogène, la glycogénie en rapport avec la production de chaleur et le travail mécanique dans l'économie animale (C. R., ciii, 1886). — Voyez aussi Chauveau. Le travail musculaire et l'énergie qu'il représente, Paris, 1891, 239 et suivantes.
3. Lehmann (Physiolog. Chem., ii, 375). — Külz (A. g. P., xiii, 269, 1876). — Abeles (C. W., 1879, no 3, 12 et 22 et Wien. med. Blätter, no 21, 1881). — Seegen (J.) (C. W., nos 8 et 16). — Pavy (Guy's Hosp. reports, xxi, 413, 1876). — Moscatelli (Moleschott's Unters. zur Naturlehre d. Menschen, xiii, 103, 1881). — Udransky (Z. p. C., xii, 377, 1888). — Jaksch (V.) (Zeitschr. f. klin. Med., xi, 20, 1887). — Moritz (F.) (Münch. med. Woch., no 16, 1889). — Geyer (Wien. Presse, no 43, 1889).

13^{gr},20 par kilogramme corporel et par vingt-quatre heures. Pour que le sucre passe dans l'urine, il ne suffit donc pas que la quantité fournie à l'organisme dépasse le chiffre de la consommation normale, il faut qu'elle dépasse la *limite d'assimilation* des tissus, ou ce que Ch. Bouchard appelle l'*avidité des tissus pour le sucre*. Il s'en faut cependant que cette avidité des tissus pour le sucre soit dans tous les cas aussi prononcée que dans l'exemple précédent. Les expériences suivantes vont nous renseigner sur ce point.

Plusieurs auteurs ont trouvé que la glycosurie se produit à la suite de l'ingestion de grandes quantités de sucre (*glycosurie alimentaire*), chez l'homme sain. Worm Müller[1] exécuta avec précision quelques expériences sur ce point chez des sujets normaux soumis à un régime exclusivement azoté; après leur avoir fait ingérer des quantités variables de sucre de canne, lactose, glycose et miel (dont la teneur en glycose et lévulose était déterminée), il obtenait les résultats suivants :

		EXCRÉTÉ DANS L'URINE. gr.	
Après ingestion de 250 grammes de sucre de canne.		1,81	Sucre de canne.
— — de 150 — — —		0,85	
— — de 50 — — —		0,10	
— — de 200 — de lactose.		0,68	Lactose.
— — de 100 — —		0,32	
— — de 50 — de glycose.		0,47	Glycose.
— — de 117 — — + 86 lévulose.		1,30	
— — de 38 — — + 42 —		0,81	

Par contre, après ingestion de 250 grammes d'amidon, le sucre n'était décelable à aucun moment dans l'urine; même résultat négatif après repas de pain blanc. On voit, d'après les chiffres précédents, que la quantité de sucre croît avec la quantité ingérée, mais qu'elle est en somme bien faible (0,7 p. 100 après 250 grammes de saccharose, 0,8 p. 100 après 200 grammes de lactose). Il est, de plus, très remarquable que le sucre trouvé dans l'urine soit de même nature que le sucre ingéré; que le lévulose seul fasse exception et ne reparaisse pas. La durée de l'excrétion était variable selon l'espèce de sucre; pour le saccharose, elle était terminée fréquemment avant la fin des vingt-quatre heures; pour le sucre de lait, elle était plus longue. Après l'ingestion de glycose, la glycosurie n'était pas constante; elle manqua une fois après une prise de 100 grammes; une autre fois, elle apparut seulement après six heures.

De la présence du lactose dans l'urine après injection de grandes quantités de ce sucre, on peut rapprocher le fait connu de la *lactosurie* qui se montre chez les nourrices après la suppression brusque de l'allaitement, par suite de la résorption qui a lieu au niveau de la glande mammaire. F. Hofmeister[2] a prouvé que le sucre qui est sécrété dans ces conditions est bien du sucre de lait.

Seegen[3], en faisant ingérer à des chiens pendant plusieurs jours consécutifs de fortes doses de sucre de canne, trouva :

N^{os} D'ORDRE.	POIDS DE L'ANIMAL.	SUCRE INGÉRÉ.	SUCRE EXCRÉTÉ.
	kil.	gr.	gr.
I	7,8	520 (en 5 jours)	15,2 (3 °/$_o$)
I	6	750 (en 8 jours)	10,4 (1,3 °/$_o$)
II	9,2	560 (en 2 jours)	22,0 (4 °/$_o$)
III	11,2	480 (en 3 jours)	7,0 (1,9 °/$_o$)

1. Worm Müller. *Die Ausscheidung der Zucker im Harn des gesunden Menschen nach Genuss von Kohlehydraten* (A. g. P., xxxiv, 576, 1884).
2. F. Hofmeister. *Ueber Lactosurie* (Z. p. C., i, 101, 1877). — Voyez de plus sur cette question Sinéty (Gaz. méd. de Paris, n° 43 et 45, 1873 et n° 27, 1876). — Davenport (St-Bartholom. Rep., 1888, xxiv, 175). — Kaltenbach (Zeitsch. f. Geburtsch. u. Gynäk., iv, fasc. 2, 1879).
3. Seegen. *Ueber Zucker im Harn bei Rohrzuckerfütterung* (A. g. P., xxxvii, 342, 1885).

Ce sont là des quantités plus grandes que dans les expériences de Worm Müller : ce qui provient de ce que les quantités de sucre ingéré étaient beaucoup plus considérables, par rapport au poids des animaux. Il remarqua aussi que le sucre éliminé était en partie du sucre de canne et en partie du sucre interverti.

On voit par ces expériences que la capacité d'assimilation de l'organisme varie suivant l'espèce de sucre. Il y a pour chacun d'eux une *limite d'assimilation* différente. Fr. Hofmeister [1] trouva que cette limite pour des chiens de petite taille (2,5 à 3,6 kilogr.) était notablement plus basse que dans les expériences de Worm Müller, soit :

PAR KILOGR. D'ANIMAL.

			gr.
Pour le sucre de canne environ	10 grammes.		3,6
— glycose	— 5-7 —	. . . .	2-2,5
— lactose	— 1-2 —	. . . .	0,4-0,8
— galactose	— 1/2-1 —	. . . .	0,2-0,4

C'étaient le galactose et le sucre de lait qui passaient le plus facilement dans l'urine, et le sucre de raisin, le sucre de canne et le lévulose qui passaient le moins. La limite d'assimilation concernant les différentes sortes de sucre se trouvait approximativement la même aux différents moments pour le même individu : ce serait par conséquent une quantité assez constante. Hofmeister constata, comme Worm Müller, que la quantité de sucre excrété par les reins s'élève avec l'augmentation du sucre ingéré ; il fit remarquer en outre que cette quantité ne représente pas la totalité du sucre dépassant la limite d'assimilation, mais seulement une fraction.

Dans un autre mémoire, Hofmeister [2] annonça que l'ingestion d'une certaine quantité d'amidon chez les chiens soumis préalablement à un jeûne prolongé (trois à vingt jours) provoque la glycosurie. Chez de jeunes chiens (de 2 à 6 kilogrammes), il apparaissait après ingestion de 10 à 20 grammes d'amidon, environ 0gr,25 à 0gr,75 de sucre dans l'urine, rarement plus d'un gramme, déjà après 3 à 4 jours de privation absolue d'aliments (sauf d'eau). Chez les très jeunes animaux en voie de croissance, ce résultat ne pouvait être observé qu'au bout de deux à trois semaines [3]. S'appuyant sur ces résultats, l'auteur parle d'un *diabète de jeûne*, bien qu'il ne s'agisse dans ses expériences que d'une glycosurie extrêmement faible et passagère. Il pense que cette glycosurie n'est pas attribuable à une résorption du sucre plus active que dans l'état normal, et il la rapporte à une forte diminution de la capacité d'assimilation de l'organisme pour les hydrates de carbone chez des animaux affaiblis par l'inanition. Nous ferons remarquer que Cl. Bernard connaissait cette sorte de glycosurie ; car, dans ses *Leçons sur le diabète*, page 70, il dit : « Supposons qu'on exagère l'absorption intestinale, qu'un homme, un animal aient été laissés à jeun pendant quelque temps, et qu'on leur fasse prendre subitement un bon repas dans lequel se rencontreront des aliments féculents, ou sucrés en grande abondance ; alors de la glycose apparaîtra dans la sécrétion urinaire quelque temps après le repas. »

Fr. Moritz [4], par l'ingestion d'une grande quantité de sucre (en une seule dose 500 grammes), chez l'homme sain, put constater, comme ses devanciers, l'excrétion d'une petite quantité de dextrose (*dextrosurie normale*) ; mais il vit en outre que le fructose peut aussi passer comme tel dans l'urine (*lévulosurie normale*). Par l'ingestion de très fortes doses de sucre de canne, il passait du saccharose (*saccharosurie*), mais aussi du dextrose. Il est encore à noter qu'après l'ingestion de sucre de lait il ne trouva que du dextrose dans l'urine. Il y avait du reste des variations individuelles dans la facilité d'élimination des sucres.

1. F. Hofmeister. *Ueber Resorption und Assimilation der Nährstoffe, und die Assimilations-Grenze der Zuckerarten* (*A. P. P.*, xxv, 240, 1889).

2. Hofmeister *Ueber Resorption und Assimilation der Nährstoffe. VI. Ueber den Hungerdiabetes* (*Ztschr. f. exp. Path.*, xxvi, 335).

3. Lépine (*Revue analytique et critique des travaux récents relatifs à la pathogénie de la glycosurie et du diabète ; Arch. méd. exp.*, 1er janvier 1892, n° 1) fait observer qu'il y a dans cette dernière assertion quelque chose de difficilement compréhensible, parce que de très jeunes chiens ne supportent pas l'abstinence absolue plus de quinze jours.

4. Fr. Moritz. *Ueber alimentäre Glycosurie* (*Congr. f. inn. Med.*, x, 492, 1891).

Fr. Kraus et H. Ludwig [1], contrairement à Worm Müller, n'obtinrent dans l'urine que des quantités indosables de sucre après ingestion de 200 grammes de glycose chez l'homme sain. Ils attribuent ce résultat négatif à ce qu'ils employèrent du glycose pur. (Mais nous rappelons que Worm Müller n'obtint pas constamment un résultat positif avec le glycose.)

Signalons enfin, pour terminer, deux travaux plus récents sur cette question. Linossier et Roque [2] ont apporté une confirmation aux recherches précédentes. Après ingestion de sucre (saccharose, glycose, lactose) chez l'homme, il fut possible de constater dans l'urine le passage d'une fraction du sucre introduit dans l'organisme, lorsque la dose dépassait le minimum appelé par Hofmeister limite d'assimilation. Ce minimum était variable d'un individu à l'autre (50 à 350 grammes pour le saccharose) et parfois d'un jour à l'autre. Le sucre de canne passait le plus facilement, puis le glycose et le lactose; ces sucres passaient en nature, mais le saccharose était toujours accompagné d'une certaine proportion de glycose. L'élimination du sucre avait son maximum entre une heure et quatre heures après l'ingestion, et était terminée après huit heures. Cette glycosurie alimentaire paraissait être plus aisément provoquée chez les individus à disposition arthritique.

K. Miura [3] ne trouva pas de sucre dans l'urine après l'ingestion, chez l'homme, de grandes quantités de féculents, pain ou riz (400 grammes de riz pour individu de 46 kilogrammes). Après ingestion de 302 grammes et 430 grammes en dextrose, il était éliminé de cette substance la faible proportion de $0^{gr},769$ et $1^{gr},1484$. L'urine contenait un peu de lévulose après ingestion de 300 grammes de ce sucre. L'administration de fortes doses de sucre de canne (300 grammes, 400 grammes) faisait apparaître dans l'urine $3^{gr},478$, $10^{gr},067$ et $7^{gr},288$ de saccharose. Chez une chienne de 14 kilogrammes, après ingestion de 80 grammes de dextrose, il y en eut dans les urines une fois $44^{gr},099$, une autre fois $0^{gr},963$, une troisième fois $0^{gr},453$. L'auteur nota, comme Seegen, que l'urine contient un mélange de sucre de canne et de sucre interverti, après ingestion de grandes quantités de saccharose chez le chien. Il vit aussi apparaître le lactose dans les urines de l'homme et du chien après ingestion de grandes quantités de ce sucre.

La glycosurie alimentaire a été recherchée aussi dans quelques maladies, et on a vu que certains états pathologiques la favorisent : affections du système nerveux, particulièrement du cerveau (G. Bloch), névrose, hystérie (V. Jaksch), états fébriles, pneumonie, fièvre typhoïde, rhumatisme, etc. (Meier, H. Poll), neurasthénie, alcoolisme chronique (A. Strümpell). Mais dans ces conditions encore, la quantité de sucre éliminée est très faible en regard des doses énormes ingérées. Il est de plus à noter que cette sorte de glycosurie faisait défaut dans certains états pathologiques où a priori on aurait pu croire à un abaissement de la capacité d'utilisation des hydrates de carbone (tels qu'affections des]appareils circulatoire et respiratoire, anémie, cachexie, atrophie musculaire progressive [4]).

A côté de ces expériences touchant la glycosurie alimentaire, il convient de mention-

1. Fr. Kraus et H. Ludwig. Klinische Beiträge zur alimentären Glycosurie (Wien. klin. Woch., n°s 46 et 47, 1891).

2. Linossier et Roque. Contribution à l'étude de la glycosurie alimentaire chez l'homme bien portant (Arch. méd. exp., vii, 2, 1895).

3. K. Miura. Beiträge zur alimentäre Glycosurie (Z. B., xxxii, 281, 1895).

4. G. Bloch. Ueber alimentäre Glycosurie (Zeitsch. f. klin. Med., xxiii, 523). — V. Jaksch. Klinische Beiträge zur Kenntniss von der alimentären Glycosurie bei functionnellen Neurosen. Phosphorvergiftung und Leberatrophie (Prag. med. Woch., n° 27, 1895). — H. Poll. Alimentäre Glycosurie bei Fieberkranken (Fortschr. der Med., 1896). — A. Strümpell. Zur Œtiologie der alimentären Glycosurie und des Diabetes mellitus (Berl. klin. Woch., 46, 1896). —A consulter encore sur cette question de la glycosurie alimentaire : Krehl. Alimentäre Glycosurie nach Biergenuss (Centralbl. innere. Med., 40, 1897). — H. Strauss. Zur Lehre von der neurogen und thyreogenen Glycosurie (Deutsche med. Woch., 18,1897). —Rosenberg. Ueber das Vorkommen der alimentären Glycosurie bei Gesunden, sowie bei einigen Intoxicationen (Inaug. Diss., Berlin, 1897). — Achard et Weil. Les différents sucres dans l'insuffisance glycolytique (B. B., 1898, 986). — Richter. Ueber Temperatursteigerung und alimentäre Glycosurie. (Fortschr. d. Med., ix, 1898). — Campagnolle. Eine Versuchsreihe über alimentäre Glycosurie und Fieber (Deutsche Arch. f. klin. Med., LX, 1898, 188).

ner celles où on recherche ce que devient le sucre injecté directement dans les vaisseaux. Les expériences de L. V. Brasol [1] sur ce point sont particulièrement instructives : il vit qu'une demi-heure à trois quarts d'heure après l'injection d'une dose massive de sucre dans les veines d'un animal, la somme de la quantité éliminée par les urines et de celle qui restait dans les tissus était loin de couvrir la quantité injectée ; il en manquait plus de 25 p. 100 ; ce déficit correspondait donc au sucre consommé dans le court intervalle écoulé entre l'injection et la mort.

Les expériences de tous ces auteurs mettent bien en évidence le pouvoir d'assimilation considérable pour les hydrates de carbone que possède l'organisme ; et il en résulte que l'apparition du sucre, même en faible quantité, dans l'urine pour une alimentation ordinaire, doit être considérée comme un phénomène pathologique.

§ II. **Diabète expérimental.** — On a provoqué la glycosurie chez les animaux par une foule de moyens : par des lésions nerveuses, par l'administration de divers poisons, etc., et on a désigné ce phénomène sous le nom de *diabète artificiel;* c'est assurément un abus de langage, car il manque aux glycosuries ainsi obtenues les caractères d'intensité et surtout de durée qui sont le propre du vrai diabète. Glycosurie ne doit pas être synonyme de diabète ; l'excrétion du sucre n'est qu'un des éléments, le plus important à la vérité, de cette maladie ; c'est le symptôme d'un trouble nutritif qui peut apparaître d'une façon passagère dans d'autres affections que le diabète, quoique sans doute à un degré bien moindre que dans cette dernière maladie. C'est ainsi qu'on a rencontré une faible glycosurie dans un certain nombre de maladies infectieuses : dans le choléra (Buhl et Voit, Lehmann, Gübler, Huppert, Frerichs), dans l'anthrax (Philippeaux et Vulpian, Frerichs, Proust, Charcot et Wagner, etc.), dans la fièvre typhoïde (Seiffert), dans la scarlatine (Zinn) [2]. A vrai dire, nous ne possédons jusqu'ici que deux procédés capables de produire artificiellement un état morbide ayant l'allure du diabète : l'administration de la phloridzine et l'extirpation du pancréas. Encore la glycosurie phloridzinique présente-t-elle une pathogénie très spéciale qui ne paraît pas être celle du véritable diabète. Quoi qu'il en soit, nous passerons en revue tous les moyens qui ont été employés pour provoquer la glycosurie, mais en insistant plus particulièrement sur le diabète phloridzinique et le diabète pancréatique.

1° **Glycosuries nerveuses.** — La piqûre du plancher du quatrième ventricule, au niveau de l'origine des nerfs pneumogastriques, produit une glycosurie transitoire, apparaissant quelques instants après le traumatisme et cessant déjà au bout de trois à quatre heures, d'après l'expérience bien connue de Cl. Bernard [3]. La glycosurie est assez intense, mais la quantité absolue de sucre éliminé est faible, étant donné le court espace de temps pendant lequel agit la piqûre, quoique les urines soient émises en plus grande proportion qu'à l'état normal. Cl. Bernard, dans ses leçons, ne fixe pas le taux du sucre dans l'urine ; cependant pour une de ses expériences (*Leçons sur le syst. nerv.*, I, 425), il donne les renseignements suivants. Chez un gros lapin nourri d'herbes, une demi-heure après la piqûre, l'urine commençait à contenir des traces de sucre ; après trois quarts d'heure on en dosait au polarimètre 7,14 p. 1000, et dans les urines recueillies de une heure à trois heures après, 28,5 p. 1000 ; au bout de ce temps la glycosurie avait disparu. On peut admettre que sous l'influence de la piqûre bulbaire le taux du sucre urinaire ne dépasse guère 2 à 3 p. 100, et que, généralement, il reste en deçà de ce chiffre. Chez le lapin, l'urine présente en outre d'autres modifications de ses caractères : de trouble et alcaline qu'elle est à l'état normal, elle devient claire, limpide, et acquiert une réaction acide. Le sucre augmente dans le sang après la piqûre (*hyperglycémie*). Dans une expérience (*Leçons sur le diabète*, 385), Cl. Bernard en dosa 2gr,30 p. 1000 dans le sang carotidien. Pour que la glycosurie apparaisse, il faut que la piqûre soit pratiquée en un point précis et très limité ; au-dessus de ce point la ponction du bulbe [ne produit que de

1. L. von Brasol. *Wie entledigt sich das Blut von einem Ueberschusse an Traubenzucker?* (*A. P.*, 1884.)

2. Pour la littérature sur ce sujet, voyez Frerichs. *Traité du Diabète*, trad. Lubanski, 1885, 30.

3. Cl. Bernard (*Physiol. exp.*, I, 297 ; — *Leçons sur le syst. nerveux*, I, 397 ; — *Leçons sur le diabète*, 369).

la polyurie avec ou sans albuminurie. De plus, l'expérience ne réussit que chez des animaux bien nourris; la glycosurie manque si l'on opère sur des animaux inanitiés, dont le foie est dépourvu de sa réserve de glycogène. La section préalable des pneumogastriques et du cordon sympathique cervical n'empêche pas le diabète après la piqûre; mais celle-ci n'a plus d'action après la section de la moelle dans la partie inférieure de la région cervicale ou après la section des splanchniques. La piqûre du plancher du quatrième ventricule provoque aussi la glycosurie chez les oiseaux (M. Bernhardt), mais plus difficilement que chez les mammifères[1]. Elle agit aussi chez les animaux à sang froid, chez les grenouilles, sauf chez celles d'hiver, dont le foie est dépourvu de sucre (Schiff). Il est possible de démontrer que l'intégrité de la fonction hépatique est nécessaire à la production de cette glycosurie. La ligature des vaisseaux du foie (Schiff et Moos), l'ablation de cette glande chez les grenouilles (Winogradoff) et chez les oiseaux (Minkowski et Thiel), l'altération des cellules hépatiques par l'empoisonnement par arsenic et phosphore, par la ligature des conduits biliaires (Wickam Legg) empêchent la glycosurie d'apparaître consécutivement à la piqûre du plancher[2].

Cette glycosurie, malgré son caractère transitoire, présente un grand intérêt pour la question de la pathogénie du diabète; il est vraisemblable qu'on obtiendrait un véritable diabète permanent si l'on parvenait à rendre persistante l'action de la lésion. On a, en effet, rapporté un certain nombre de cas de diabète chez l'homme où il s'agissait d'altérations du bulbe.

Des lésions pratiquées en d'autres points des centres nerveux ont aussi amené la glycosurie entre les mains de Schiff[3] (sections des couches optiques, des pédoncules cérébraux, de la protubérance, des pédoncules cérébelleux moyens et postérieurs). Ajoutons la lésion du vermis, d'après Eckard. Mais la glycosurie, dans ces conditions, est beaucoup moins intense qu'après la piqûre du bulbe, et de plus elle est inconstante. Notons toutefois qu'à l'autopsie de certains diabétiques on a rencontré diverses lésions de l'encéphale et que la glycosurie peut apparaître à la suite de la commotion cérébrale, comme aussi expérimentalement dans l'assommement des animaux. Schiff a vu encore le sucre apparaître dans l'urine après différentes lésions de la moelle : section transversale au niveau de la deuxième vertèbre dorsale, lésions partielles des cordons postérieurs ou antérieurs dans toute la hauteur de la moelle; mais Pavy n'a pu vérifier ces faits. Ce dernier expérimentateur a obtenu la glycosurie par la section du bulbe avec respiration artificielle, par la section du ganglion cervical supérieur du sympathique, la section du nerf vertébral; mais, par contre, peu de chose par celle du sympathique thoracique, et rien par la section du sympathique cervical ni par celle de tous les nerfs qui entrent dans le foie.

Nombreuses sont les sections ou irritations pratiquées sur le système nerveux périphérique qui entraînent la glycosurie, soit par action directe, soit par action réflexe. Eckard[4] a obtenu la glycosurie par l'irritation du ganglion cervical inférieur et des deux ganglions thoraciques supérieurs de la chaîne sympathique, et aussi, contrairement à Bernard, à la suite de la section d'un seul pneumogastrique ou des deux chez des animaux abondamment nourris; il confirme le fait que la section des splanchniques destitue la piqûre bulbaire de son effet habituel, et admet que la simple section de ces derniers nerfs ne cause jamais le diabète, ce qui est en désaccord avec des observations anciennes de Græfe et Schiff[5], d'après lesquelles la résection des nerfs grands splanchniques, chez le chien et chez le cobaye, cause une glycosurie temporaire. La glycosurie a encore été notée à la suite des agressions expérimentales suivantes : extirpation des ganglions cervical inférieur et 1er et 2e thoraciques, section de l'anneau de Vieussens (Cyon et

1. M. Bernhardt. *Ueber den Zuckerstich bei Vögeln* (A. A. P., lix, 407, 1874).
2. O. Minkowski et Thiel. *Ueber experimentelle Glycosurie bei Vögeln* (A. P. P., xxiii; 142 1887). — Wickam Legg. *Ueber die Folgen des Diabetesstiches nach dem Zuschnüren der Gallengänge* (Ibid., ii, 384, 1874).
3. Schiff. *Untersuchungen über die Zuckerbildung in der Leber und den Einfluss des Nervensystems auf die Erzeugung des Diabetes*, Würzburg, 1859, 71 et suiv.
4. Eckard. *Die Stellung der Nerven beim künstlichen Diabetes* (Beitr. zur Anat. u. Physiol., iv, 3, 1867).
5. Schiff. *Leçons sur la physiologie de la digestion*, 1868, 438.

ALADOFF[1]), section du filet interne du nerf vertébral (FR. FRANCK), excitation du bout central du pneumogastrique (CL. BERNARD[2]), du nerf dépresseur (FILEHNE[3]), du cordon cervical du sympathique (PEYRANI), section du sciatique (SCHIFF) et excitation du bout central de ce nerf (E. KÜLZ)[4], section d'un nerf intercostal, des nerfs du membre antérieur (RYNDSJUN[5]). Mais la glycosurie provoquée par tous ces moyens est de faible intensité, et de plus les conditions expérimentales n'en sont pas si bien fixées que l'on soit toujours sûr d'obtenir un résultat positif. Ainsi c'est en vain que VULPIAN a voulu produire la glycosurie en arrachant ou écrasant sur des lapins le ganglion cervical inférieur et le ganglion thoracique supérieur (Leçons sur l'appareil vasomoteur, II, 25). RYNDSJUN (loc. cit.) n'obtint que des résultats négatifs en comprimant, sectionnant, irritant de diverses façons le nerf sciatique du lapin (sauf deux fois où, après section, il passa un peu de sucre), et, dans deux cas de sciatique chez l'homme, il n'observa pas de glycosurie. FRERICHS non plus ne constata pas de glycosurie dans la névralgie sciatique, sauf dans un cas ; il cite cependant sur ce sujet, dans son Traité du diabète, un certain nombre d'observations positives de quelques auteurs, et de plus il signale les névralgies du trijumeau, notamment la névralgie dentaire, comme ayant quelquefois été cause de glycosurie (dans un cas une telle névralgie aurait abouti au diabète vrai terminé par le coma).

Plus importante et plus constante, quoique encore transitoire, paraît être la glycosurie obtenue par KLEBS et MUNK[6] à la suite de l'extirpation du plexus cœliaque. LUSTIG[7], par cette même opération, a observé de plus l'acétonurie. Les lésions des plexus nerveux abdominaux agissent peut-être par un trouble de l'innervation du pancréas, comme nous l'expliquerons plus loin. Dans cet ordre de faits HÉDON a aussi noté une glycosurie passagère à la suite des tiraillements des filets nerveux du plexus splénique et de l'extirpation de la rate, ce qui peut expliquer le résultat d'une ancienne expérience de MALPIGHI, citée par SAUVAGE, dans laquelle le diabète aurait été provoqué chez un chien par la ligature des vaisseaux spléniques (CL. BERNARD. Leç. sur le diabète, 369).

ARTHAUD et BUTTE[8] observèrent une glycosurie intermittente accompagnée de quelques autres symptômes du diabète, après avoir réalisé artificiellement une névrite des deux vagues, par injection interstitielle de poudre de lycopode ou d'autres substances irritantes. Cette injection pratiquée dans le bout périphérique d'un seul de ces nerfs chez le chien, déterminait une longue maladie aboutissant après 4 à 6 mois à la mort. Dans une première période, il y avait un lent accroissement de la formation de la graisse chez les animaux, polyphagie, augmentation de l'excrétion de l'urée, polyurie et polydipsie, légère albuminurie et parfois glycosurie intermittente. Environ trois mois après on voyait apparaître, avec diminution de la polyphagie et de l'azoturie, un accroissement de la polyurie, polydipsie, albuminurie et glycosurie, de l'amaigrissement et de la perte des forces. Cette déchéance aboutissait à la mort dans le marasme avec état dyspnéique et abaissement de la température.

C'est aussi sans doute à un trouble nerveux qu'il faut rapporter cette glycosurie observée par BÖHM et HOFFMANN[9], chez le chat, lorsqu'on se borne à attacher cet animal sur la table de vivisection et à le trachéotomiser. Dans les expériences de ces auteurs, l'excrétion du sucre (de 0,2 à 6 et 7 grammes) commençait régulièrement au bout d'une demi-heure environ et durait au maximum 13 heures. La glycosurie apparaissait aussi, quoique moins intense, chez les chats qui avaient été soumis au jeûne absolu durant

1. CYON et ALADOFF. Die Rolle der Nerven bei Erzeugung von künstlichen Diabetes mellitus (Bull. Acad. imp. de Saint-Pétersbourg, 1872).

2. CL. BERNARD. Leçons sur le syst. nerveux, II, 1858, 442.

3. FILEHNE. Melliturie nach Depressorreizung beim Kaninchen (C. W., n° 18, 1878).

4. E. KÜLZ. Beiträge zur Lehre von künstlichen Diabetes (A. g. P., XXIV, 97, 1880).

5. RYNDSJUN. Diabetes mellitus bei Ischias und Ischiadicuserletzung (Diss., Iéna, 1877).

6. KREBS et MUNK. Tageblatt der 43 Versammlung deutscher Naturforscher und Aertze in Innsbruck, 1869.

7. LUSTIG. Sugli effeti dell'estirpazione del plesso cœliaco (Arch. per le scienze med., XIII, 1889).

8. ARTHAUD et BUTTE. Recherches sur la pathogénie du diabète (C. R., CVIII, n° 4, 1889, et A. de P., 1er avril 1888).

9. BÖHM et HOFFMANN. Beiträge zur Kenntniss des Kothehydratsstoffwechsels (A. P. P., VIII, 271, 1878).

3, 7 et 8 jours. — On sait que chez l'homme les excitations psychiques (émotions, colère, efforts intellectuels) sont, à n'en pas douter, des causes de glycosurie.

On voit de quelle nature variée sont ces troubles de l'innervation qui amènent la glycosurie. Aussi n'est-il point facile de se représenter le rapport pathologique qui relie ces phénomènes. Nous parlerons dans un autre chapitre des explications qui en ont été données.

2° **Glycosuries consécutives aux empoisonnements.** — Parmi les poisons qui produisent la glycosurie se trouvent le curare, la strychnine, l'oxyde de carbone, et un certain nombre d'autres substances que nous énumérerons rapidement.

a) *Curare.* — Après que Cl. Bernard [1] eut montré que la glycosurie apparaît chez les animaux intoxiqués par le curare, d'autres auteurs (Winigradoff, Salkowski, Schiff, etc.) confirmèrent le fait. Le sucre apparaît dans l'urine deux ou trois heures après les symptômes de paralysie; avec les doses fortes, 10 à 20 minutes après. L'urine abondante, claire, est plus ou moins chargée en sucre, mais jamais considérablement. L'hyperglycémie n'est pas non plus très forte (elle n'arrive pas à 3 p. 1000). La glycosurie peut manquer si les animaux sont à jeun (Cl. Bernard). Toutefois, d'après Bock, le curare rend les animaux diabétiques tout aussi bien à l'état de jeûne qu'à l'état de digestion. La glycosurie ferait aussi défaut, d'après Penzoldt et Fleischer, chez les chiens nourris de viande et maintenus en apnée pendant l'intoxication curarique. Pour ce dernier motif, Zuntz, d'accord en cela avec Schiff et Tieffenbach, avait prétendu que le curare produit la glycosurie par le mécanisme de l'asphyxie. On sait en effet que dans l'asphyxie, la teneur du sang en sucre augmente : *hyperglycémie asphyxique* (Dastre). Mais, d'une part, la glycosurie peut apparaître pour des doses de curare qui affectent à peine la motilité et ne troublent pas l'hématose (Gaglio) et, d'autre part, O. Langendorff montra que des grenouilles devenaient glycosuriques, aussitôt après la curarisation, alors que des témoins auxquels il avait enlevé les deux poumons ne se comportaient point de même, quoique l'oxygénation du sang fût entravée de la même façon dans les deux cas. D'après K. Sauer, l'administration du curare par la voie stomacale, même à forte dose, n'amène pas de glycosurie, si l'état général de l'animal n'est pas affecté; on sait en effet que le curare administré par la voie digestive est infiniment moins toxique que par la voie hypodermique, soit qu'il se détruise au contact des sucs digestifs, soit pour toute autre cause. Langendorff dit avoir constaté que le diabète curarique chez la grenouille ne s'accompagne pas d'une diminution du glycogène du foie, et qu'il peut même se produire chez ceux de ces animaux auxquels on a pratiqué préalablement l'extirpation de la glande hépatique.

b) *Strychnine.* — O. Langendorff [2] observa sur des grenouilles empoisonnées par la strychnine le passage du sucre dans l'urine (établi par fermentation). Cette glycosurie était plus intense et plus durable chez les grenouilles d'automne, et nulle chez celles d'été, c'est-à-dire se trouvait en rapport avec la richesse du foie en glycogène; l'extirpation du foie l'empêchait. Le poids de la glande hépatique diminuait du reste considérablement chez ces grenouilles strychnisées.

c) *Oxyde de carbone.* — La glycosurie manque rarement [3]. Dans 16 cas de Frerichs le

---

1. Cl. Bernard. *Physiologie expérim.*, 1855, i, 342. — Winigradoff (*A. A. P.*, 1852, xxiv et 1863, xxvii, 533). — Salkowski (*Med. Centralbl.*, 1865, 353). — Schiff (*Journ. de l'anat. de Robin*, 1866, 354). — Dock (*A. g. P.*, v, 571) — Penzoldt et Fleischer (*A. A. P.*, lxxx, 210). — Zuntz (*A. g. P.*, xxiv, 97, 1884). — Tieffenbach (*Diss.*, Königsberg, 1869). — Dastre. *De la glycémie asphyxique* (*Th.* Paris, 1879). — Gaglio (*Moleschott's Untersuch.*, xiii, 1885). — Langendorff (*A. g. P.*, 1887, 138 et 1891, 476). — K. Sauer (*A. g. P.*, xlix, 423).

2. O. Langendorff. *Untersuchungen über die Zuckerbildung in der Leber* (*A. P.*, Suppl., cclxix, 1886). — Voyez aussi sur cette question Fr. Grütler. *Strychnin Diabetes* (*Inaug. Diss.*, Königsberg, 1886). — Demant. *Ueber den Einfluss des Strychnins und Curare auf den Glycogengehalt der Leber und der Muskeln* (*Z. p. C.*, x, 441, 1886).

3. Cl. Bernard. *Leçons sur les effets des substances toxiques et médicamenteuses*, 1857, 161. — Hasse (*Schmidt's Jahrbücher*, cv, 41). — Friedberg. *Vergiftung durch Kohlendunst*, Berlin, 1866. — L. Senff. *Ueber Diabetes nach Kohlenoxydathmung* (*Diss.* Dorpat, 1869). — O. Kahler. *Erfahrungen über die Glycosurie bei Kohlenoxydvergiftungen* (*Prager med. Woch.*, 48-49, 1881). — Frerichs. *Traité du diabète.* — W. Straub. *Ueber die Bedingungen des Auftretens der Glycosurie nach der Kohlenoxydvergiftung* (*A. P. P.*, xxxviii, 1896, 139).

sucre n'a manqué que 5 fois. Dans les expériences de L. Senff la glycosurie commençait trente à soixante minutes après les premières inhalations de CO, et persistait pendant deux heures à deux heures et demie. Le sucre s'élevait dans l'urine à plus de 4 p. 100; mais l'hyperglycémie n'était pas très forte (0,133 à 0,25 p. 100). Il y avait aussi albuminurie. A cette sorte de glycosurie toxique il convient de rattacher celle qu'on a parfois rencontrée dans l'empoisonnement par le gaz d'éclairage; dans un cas de ce genre, cité par Frerichs, l'urine renfermait 1 à 5 p. 100 de sucre, mais dans trois autres cas aucune trace. D'après W. Straub, la glycosurie n'est constante chez les animaux intoxiqués par l'oxyde de carbone que s'ils ont reçu auparavant une alimentation riche en albuminoïdes. Une alimentation exclusive d'hydrates de carbone est sans influence.

d) *Autres poisons.* — Hoffmann [1] a vu la glycosurie survenir chez des chiens, de deux à cinq heures après l'injection de $0^{gr},4$ à $0^{gr},6$ de nitrite d'amyle, et disparaître au bout de douze à trente heures. Ce résultat a été confirmé par Sebold qui a constaté de plus de l'albuminurie. Hoppe-Seyler [2], en administrant à des chiens 1 à 2 grammes d'acide orthonitrophénylpropiolique, a trouvé constamment du sucre dans l'urine (atteignant le 2e ou 3e jour le chiffre de $14^{gr},8$, en vingt-quatre heures, chez des animaux de forte taille), et à côté de l'albumine. La glycosurie a encore été observée dans les empoisonnements par la méthyldelphinine (Külz [3]), l'azotate d'urane (Lecomte, Levinstein), etc.

Il est à remarquer que la plupart de ces poisons amènent une forte congestion des viscères abdominaux, foie, rein, etc. Voici encore un certain nombre d'autres substances qui ne déterminent le passage du sucre dans l'urine que d'une façon irrégulière. Les anesthésiques et narcotiques n'ont guère d'influence. Le fait est douteux pour l'éther et le chloroforme; la morphine à forte dose ($0^{gr},3$) déterminerait une glycosurie passagère (Levinstein, Coze, etc. [4]); il en serait de même pour de fortes doses de chloral, d'après Eckardt, Feltz et Ritter; mais il faut remarquer à ce propos, qu'après l'administration du chloral, il passe dans l'urine un corps réducteur, mais non fermentescible, qui résulte d'une combinaison avec l'acide glycuronique : c'est l'acide urochloralique de V. Mering et Musculus. Il en est de même de l'administration du camphre; il passe dans l'urine de l'acide camphoglycuronique, corps réducteur comme le glycose (Schmiedeberg et Meyer). Beaucoup d'autres substances font apparaître dans l'urine des matières réductrices, mais non accompagnées de sucre, par exemple de fortes doses d'acide benzoïque, l'essence d'absinthe, l'essence de térébenthine, la nitro-benzine, l'orthonitrotoluol, etc.

La glycosurie a été observée encore à la suite de l'empoisonnement par un certain nombre d'acides : acide lactique à fortes doses chez le lapin, d'après Goltz [5] (après ingestion intra-stomacale de 10 à 12 centimètres cubes d'une solution à 50 p. 100, le sucre apparaissait trente-six à quarante-huit heures après : maximum 4,9 p. 100), acide phosphorique (Pavy) et acide chlorhydrique (Naunyn).

Dans l'empoisonnement par le mercure, Salkowski [6] et V. Mering notèrent l'apparition passagère du sucre dans l'urine avec de l'albumine et du sang. Rien de semblable n'arrive avec les doses données dans la syphilis (Frerichs).

Bock et Hoffmann [7] déterminèrent la glycosurie chez le lapin en injectant rapidement une solution de chlorure de sodium à 1 p. 100 dans le bout périphérique des artères carotide ou fémorale (glycosurie très faible, car la totalité du sucre excrété s'élevait dans deux cas à $1^{gr},632$ et $2^{gr},04$). P. Küntzel [8] obtint le même résultat après injection intraveineuse d'un certain nombre d'autres substances en solutions à 1 p. 100 : alcool, iodure de potassium, carbonate de potassium et de sodium, phosphate et hypophosphite de sodium, solution de gomme arabique. E. Külz [9] a trouvé que la glycosurie indiquée

1. Hoffmann (*A. A. P.*, 1873, 766). — Sebold (*Diss.*, Marburg, 1874).
2. Hoppe-Seyler (*Z. p. C.*, vii, liv. v).
3. Külz. *Beitrag zur Pathol. u. Therapie des Diabetes mellitus.*
4. Coze (*C. R.*, xlv, 354, 1857). — Voyez aussi Ritter (*Ztschr. f. rat. Med.*, xxiv, 76, 1865). — W. Krage (*Diss.*, 1878). — Damman (*Hannov. Jahresb.*, x, 100, 1878).
5. Goltz. *Melliturie nach Milchsaüre-injection. Vorl. Mitth.* (*C. W.*, n° 45, 1867, et *Diss.*, Berlin, 1868).
6. Salkowski (*A. A. P.*, xxvii, 247). — V. Mering. *Wirkung des Quecksilbers*, Strasburg, 1879.
7. Bock et Hoffmann. *Ueber eine neue Entstehungsweise von Melliturie* (*A. P.*, 550, 1872).
8. P. Küntzel. *Experimentelle Beiträge zur Lehre von der Melliturie* (*Diss.*, Berlin, 1872).
9. E. Külz. *Beiträge zur Hydrurie und Melliturie* (*Habilitationschr.*, Marburg, 1872).

par Bock et Hoffmann est loin d'être constante, et que, de plus, après injection de NaCl dans les vaisseaux, il est excrété un corps réducteur qui n'est pas du glycose, car il n'a pas de pouvoir optique ; il a pu obtenir une faible glycosurie par injection de solutions à 1 p. 100 de carbonate et acétate de soude, valérianate et succinate de soude, tandis que les solutions de chlorure de baryum, de calcium, d'ammonium, d'urée, et de bromure et iodure de sodium se montraient inactives et n'amenaient que de l'hydrurie.

3° **Glycosurie phloridzinique.** — A côté des différentes substances que nous venons de passer en revue, il convient de placer la phloridzine, glycoside qui, ainsi que l'a découvert V. Mering[1], produit la glycosurie chez les animaux auxquels il est administré soit par la bouche, soit en injection sous-cutanée. Mais la phloridzine possède une action autrement puissante que celle de tous les poisons précédemment énumérés ; elle provoque (à la dose de 1 gramme par kilogramme d'animal et même à de beaucoup plus petites doses) un diabète intense, et de plus la glycosurie peut être prolongée aussi longtemps qu'on administre la phloridzine ; car ce glycoside n'a point d'action toxique. Ainsi V. Mering a constaté, en faisant ingérer à un homme 5 à 15 grammes de phloridzine en une seule dose, une glycosurie durant un à deux jours ; de même par des injections sous-cutanées répétées pendant un mois à la dose de 2 grammes, une excrétion de sucre durable de 97 grammes par jour en moyenne se manifestait, sans qu'il en résultât d'inconvénient. Chez le chien, on observe une glycosurie extraordinairement élevée, et cela non seulement si l'animal est soumis à une alimentation mixte ordinaire, mais encore s'il est maintenu à jeun déjà depuis plusieurs jours, de façon que le corps soit totalement dépouillé de sa réserve en hydrates de carbone. Il en résulte que le sucre éliminé ne peut être formé qu'aux dépens de l'albumine ou de la graisse. V. Mering, dans ses premières expériences, admit qu'au bout de cinq jours de jeûne et d'ingestion de phloridzine chez un chien le glycogène avait disparu du foie et des muscles ; alors, en continuant l'ingestion de phloridzine, il constata que l'animal excrétait encore de notables quantités de sucre (jusqu'à 19 p. 100 des urines). Plus tard, il s'aperçut qu'une plus longue période de jeûne est nécessaire pour faire disparaître tous les hydrates de carbone de l'organisme ; et il montra que la glycosurie apparaît encore treize à vingt et un jours d'inanition. Dans ces conditions, le sucre n'avait pu prendre naissance qu'aux dépens de l'albumine du corps, car il semble impossible que les quantités formées aient pu provenir d'une destruction de la graisse. Pour l'excrétion de l'azote, V. Mering constata qu'elle ne subissait aucune élévation, si l'animal recevait une abondante alimentation (viande, graisse et pain), mais que, par contre, dans le jeûne, elle était notablement accrue par la phloridzine (de 30 à 50 et même jusqu'à 100 p. 100). Cette augmentation de la destruction de l'albumine chez l'animal à jeun était modérée, en même temps que l'intensité de la glycosurie, par un régime exclusif de graisse. V. Mering fit aussi cette remarque intéressante que, chez quatre chiens, l'administration prolongée de la phloridzine développa un état comparable au coma diabétique (chez deux d'entre eux il y avait dans l'urine de grandes quantités d'acétone et d'acide β oxybutyrique, et augmentation de l'ammoniaque). L'ingestion d'hydrate de chloral avec la phloridzine faisait apparaître dans l'urine, à côté du sucre, de grandes quantités d'acide urochloralique. D'après V. Mering, la phlorétine (produit du dédoublement de la phloridzine) provoque aussi la glycosurie chez le chien ; pour G. Sée et E. Gley[2], elle est beaucoup moins active que la phloridzine. Moritz et Prausnitz[3] ont confirmé les résultats précédents. Dans leurs expériences la glycosurie se montrait environ trois heures après l'ingestion de la phloridzine et cessait 36 heures après. La quantité de sucre excrétée variait entre 6 et 13,5 p. 100. La destruction de l'albumine du corps, considérable à l'état de jeûne, était atténuée par un régime exclusif d'hydrates de carbone ou de graisse ; par un régime azoté abondant la perte d'azote était contrebalancée. Dans un autre mémoire Prausnitz[4] chercha à établir que le sucre excrété ne saurait provenir entièrement du glycogène des

1. V. Mering. *Ueber Diabetes mellitus* (*Verhandl. des VI Congress f. inn. Med.*, 349, 1887) ; — *Ueber Diabetes mellitus* (*Zeitschr. f. Med.*, xiv, 405, 1888 et xvi, 431, 1889).
2. G. Sée et Gley. *Recherches sur le diabète expérimental* (*C. R.*, cviii, n° 2, 1889).
3. Moritz et Prausnitz. *Studien über d. Phloridzindiabetes* (*Z. B.*, xxvii, 81).
4. Prausnitz. *Die Abstammung des beim Phloridzindiabetes ausgeschiedenen Zuckers* (*Z. B.*, xxix, 168, 1892).

tissus. Il prit deux chiens semblables du poids de 23 kilos; il en sacrifia un, comme témoin, pour y déterminer la quantité de glycogène, en trouva 21^{gr},74 dans le foie et 67^{gr},15 dans les muscles : on évalua d'après cela la totalité des hydrates de carbone du corps à environ 100 grammes. L'autre animal fut soumis au jeûne pendant douze jours et reçut de la phloridzine à forte dose (en tout 92 grammes). Or la totalité des urines recueillies représentait 286^{gr},7 de sucre, soit par conséquent environ trois fois plus que de glycogène présent dans le corps au début de l'expérience (en admettant toute similitude sous ce rapport avec le témoin); l'animal fut d'ailleurs tué pour l'estimation du glycogène qu'il pouvait encore contenir; on n'en trouva que 25 grammes environ pour tout le corps.

La notion qui se dégage de cette expérience, de même que de celles de V. MERING, ne paraît point laisser de doute sur l'origine du sucre. Nous ajouterons que, si l'on donne, ainsi que l'a fait MINKOWSKI[1], de la phloridzine à un chien rendu diabétique au préalable par l'extirpation du pancréas (V. plus loin), la glycosurie déjà très forte est encore accrue notablement; or, quelques jours après la dépancréatisation, le foie et les muscles ne contiennent plus de glycogène. HÉDON[2] a répété cette expérience en administrant la phloridzine à un animal arrivé après l'ablation du pancréas à la dernière période du marasme, alors qu'il avait sûrement épuisé toutes ses réserves en hydrates de carbone et en graisse, et que l'excrétion du sucre tombée à un minimum allait cesser; dans ces conditions encore, la phloridzine provoquait une glycosurie assez forte.

La glycosurie phloridzinique, d'après E. KÜLZ et E. WRIGHT[3], ne s'observe pas pour toutes les classes d'animaux; le lapin, la grenouille, le poulet, les oies seraient réfractaires. Mais il n'y a là qu'une question de mode d'administration de la phloridzine; tandis qu'elle agit avec le plus d'intensité par la voie stomacale chez le chien, elle ne produit de glycosurie chez le lapin et chez le poulet qu'en injection sous-cutanée. M. CREMER conseille, pour produire à coup sûr le diabète chez la grenouille, d'introduire la substance en nature sous la peau par une petite plaie dont on recoud ensuite soigneusement les bords.

La glycosurie phloridzinique présente une pathogénie très spéciale, et vraisemblablement tout à fait autre que celle du diabète naturel, comme nous l'expliquerons plus loin. Elle ne s'accompagne pas d'hyperglycémie (V. MERING). Même on peut avancer qu'elle amène une légère hypoglycémie. V. MERING trouva dans le sang 0,08 à 0,09 de sucre p. 100.

Il faut remarquer en outre que chez les oiseaux la glycosurie phloridzinique apparaît encore après l'extirpation du foie (V. MERING, MINKOWSKI et THIEL, loc. cit.).

4° **Glycosurie par trouble de la circulation hépatique.** — L'irritation du foie avec une aiguille (SCHIFF), par injection d'éther, de chloroforme, d'alcool dans la veine porte (HARLEY) ou d'une grande quantité de sang défibriné dans une veine mésentérique (PAVY[4]) a pu déterminer la glycosurie. Par contre, des altérations profondes de la glande hépatique n'amènent aucune trace de sucre dans l'urine, même après ingestion d'hydrates de carbone. Dans l'empoisonnement par le phosphore qui produit la dégénérescence des cellules hépatiques, dans l'atrophie jaune aiguë, on n'observe point la glycosurie. V. MERING[5], à des malades intoxiqués par le phosphore, a pu faire absorber des quantités considérables de glycose sans en retrouver aucune trace dans l'urine (sauf dans deux cas sur dix-neuf où les malades avaient pris de fortes doses de sucre : 100 et 200 grammes). Par contre, chez le chien, on obtient souvent un résultat positif. Dans la cirrhose hépatique, certains auteurs ont observé la glycosurie alimentaire (COLRAT et

---

1. MINKOWSKI. *Weitere Mittheilungen über den Diabetes mellitus nach Exstirpation des Pankreas* (*Berl. klin. Woch.*, 1892, n° 5).

2. HÉDON. *Action de la phloridzine chez les animaux rendus diabétiques par l'extirpation du pancréas* (*B. B.*, 1897).

3. KÜLZ et WRIGHT. *Zur Kenntniss der Wirkung des Phloridzins resp. Phloretins* (*Z. B.*, XXVII, 27, 1890). — CREMER. *Phloridzindiabetes beim Frosche* (*Z. B.*, XXIX, 175, 1893). — CREMER et RITTER. *Phloridzindiabetes beim Hund und Kaninchen* (*Ibid.*, XXVIII). — CREMER. *Phloridzin in Versuche am Carenzkaninchen* (*Ibid.*).

4. PAVY. *On the Production of glycosuria by the effect of oxygenated blood on the liver* (*Brit. med. Journ.*, july 1875).

5. V. MERING (*Deutsche Zeitschr. f. prakt. Med.*, 1875, n° 41).

Couturier)[1]; mais le fait est loin d'être constant, il n'a pu être retrouvé par Valmont, ni par G. Bloch (loc. cit.), ni par Frerichs. Vulpian non plus n'a pas constaté de glycosurie dans la cirrhose hypertrophique. Ces résultats variables doivent dépendre du degré de l'obstacle à la circulation portale, plutôt que de la plus ou moins grande altération des cellules hépatiques. En effet, après qu'Andral eut signalé la glycosurie chez un malade à la suite de l'obstruction de la veine porte, Cl. Bernard réalisa expérimentalement la glycosurie alimentaire chez le chien, en pratiquant l'obstruction artificielle de la veine porte par le procédé de la ligature lente d'Oré[2]. Frerichs a observé aussi un cas de diabète intense par oblitération de la veine porte qui communiquait directement avec la veine hépatique par anastomose. Enfin Pavy dit avoir obtenu la glycosurie en abouchant artificiellement la veine porte dans la veine rénale droite.

5° **Diabète par extirpation du pancréas.** — En 1889, Mering et Minkowski[3] découvrirent que l'extirpation du pancréas chez le chien détermine une glycosurie intense et durable, accompagnée des autres symptômes du diabète sucré. Ce sujet sera exposé en détail à l'article Pancréas, ainsi que toute la littérature qui s'y rapporte[4]. Nous n'en prendrons ici que les traits essentiels.

Des cliniciens avaient signalé depuis longtemps les altérations que présente le pancréas dans certains cas de diabète, et plusieurs n'hésitaient pas à y voir une relation de cause à effet. L'expérience de Mering et Minkowski leva tous les doutes, mais elle donna de plus un résultat très inattendu et que la clinique ne pouvait faire prévoir : la glycosurie n'apparaît que si l'extirpation du pancréas est bien complète; elle manque si on laisse dans l'abdomen un fragment de la glande, quelle que soit la position de ce fragment, et bien qu'il n'ait pas de rapport avec l'intestin : par exemple lorsqu'on laisse en place l'extrémité splénique; mais, si l'on vient à enlever ultérieurement ce reste de la glande, la glycosurie apparaît aussitôt. De la sorte il fut démontré : 1° que l'extirpation du pancréas amène bien le diabète par le déficit d'une fonction jusqu'alors inconnue de la glande, et non par des lésions de nerfs ou plexus nerveux avoisinants; 2° que cette fonction du pancréas, nécessaire à l'accomplissement normal des échanges nutritifs, est distincte de sa fonction digestive et s'exerce par les connexions vasculaires de la glande. Cette notion, dont la justesse fut d'abord méconnue par quelques expérimentateurs (De Dominicis, Thiroloix), reçut une confirmation éclatante dans une expérience imaginée d'abord par Minkowski[5], puis peu de temps après et, d'une façon indépendante, par E. Hédon[6]. En transplantant sous la peau du ventre un fragment de la portion duodénale du pancréas munie de ses connexions vasculaires, ce fragment se greffe dans le tissu cellulaire sous-cutané, et, s'il est convenablement nourri, suffit pour empêcher complètement le diabète d'apparaître, après l'extirpation du reste de la glande demeuré dans l'abdomen; mais, si l'on vient alors à enlever la greffe, ce qui se fait par une simple opération extra-péritonéale excluant toute lésion nerveuse grave, la glycosurie éclate aussitôt.

Ce diabète consécutif à l'extirpation du pancréas se montre sans exception chez le chien lorsque l'ablation de la glande est bien complète et quand l'animal se remet convenablement du traumatisme opératoire. Le sucre apparaît dans l'urine au bout de quelques heures ou seulement après un ou deux jours, s'élève rapidement lorsque l'animal commence à prendre de la nourriture (jusqu'à 10 et 11 p. 100), puis décroît progressivement jusqu'à la mort de l'animal qui succombe dans le marasme le plus profond au bout de vingt à trente jours environ. En outre du sucre, l'urine renferme aussi

1. Colrat (Lyon médical, 1875). — Couturier (Th. de Paris, 1875).
2. Voyez Cl. Bernard. Leçons sur le diabète, 334.
3. Mering et Minkowski. Diabetes mellitus nach Pankreasexstirpation (A. P. P., xxvi, 1889). — Minkowski. Untersuchungen über den Diabetes mellitus nach Exstirpation des Pankreas (Ibid., xxxi, 1893).
4. On pourra trouver un exposé complet de cette question dans Hédon, Diabète pancréatique (Travaux du laboratoire de Physiologie, Paris, 1898).
5. Minkowski. Weitere Mittheilungen über den Diabetes mellitus nach Exstirpation des Pankreas (Berl. klin. Woch., 1892, n° 5) (nach einen am 18 Dez. 1891, im Naturwiss. med. Verein zu Strassburg gehalten Vortrage).
6. Hédon. Greffe sous-cutanée du pancréas (B. B., 9 avril 1892 et 23 juillet 1892; C. R., 1er août 1892; A. de P., 1892, 618).

une plus grande proportion de matériaux solides qu'à l'état normal, notamment d'urée ; on y trouve en outre de l'acétone, de l'acide diacétique, de l'acide oxybutyrique.

L'animal opéré présente une voracité excessive, une faim et une soif continuelles ; s'il peut satisfaire librement son appétit, la quantité d'urine émise devient considérable (1 à 2 litres par jour pour un chien de taille moyenne), de même que la quantité absolue de sucre excrétée. Malgré la plus riche alimentation, il maigrit très rapidement. La glyco-surie est encore très élevée par un régime exclusif de viande, et, quoiqu'elle soit dimi-nuée beaucoup par le jeûne, elle ne disparaît pas encore complètement, même après sept jours d'inanition (Minkowski).

Chez les animaux ainsi rendus diabétiques, le sang se montre beaucoup plus riche en sucre qu'à l'état normal (il en contient 0,3 à 0,5 p. 100, et quelquefois plus), le foie et les muscles se dépouillent rapidement de leur glycogène. L'extirpation du pancréas réa-lise donc un état morbide analogue en tous points au diabète grave de l'homme et plus particulièrement à cette forme désignée communément sous le nom de *diabète maigre*.

En extirpant le pancréas, préalablement atrophié par une injection de corps gras dans ses conduits excréteurs, Hédon[1] a réalisé une forme de diabète atténué, avec inter-mittences de la glycosurie. Pour Minkowski, ces résultats relèvent d'une extirpation incom-plète. Il est de fait que, lorsqu'un petit fragment de pancréas échappe à l'extirpation, il peut, s'il a conservé ses relations vasculaires, atténuer singulièrement l'intensité du dia-bète. Dans ces conditions, la glycosurie manque absolument ou est modérée si l'animal est soumis au régime azoté, mais elle apparaît ou se renforce à la suite de l'ingestion d'hydrates de carbone. On a ainsi un diabète à forme légère (glycosurie alimentaire) ou d'in-tensité moyenne ; l'animal n'en succombe pas moins, mais au bout d'un temps beaucoup plus long que dans les cas graves (plusieurs mois). Dans ces conditions, l'hyperglycémie est aussi beaucoup moins forte, et le foie conserve une notable quantité de son glycogène. Il arrive du reste fréquemment que le diabète à forme légère ainsi produit se transforme graduellement en diabète grave dans le cours de son évolution, par suite de l'atrophie du fragment glandulaire conservé. Cependant, fait paradoxal, la destruction lente du pancréas *in situ* par injection de corps gras dans ses canaux excréteurs ne produit pas la glycosurie chez le chien (Hédon).

Le diabète a été obtenu non seulement chez le chien, mais aussi chez le chat et le porc par extirpation du pancréas (Minkowski), chez le lapin (glycosurie alimentaire seu-lement) par destruction du pancréas sur place au moyen d'une injection d'huile dans le canal de Wirsung (Hédon[2]). La dépancréatisation ne produit pas la glycosurie chez les oiseaux granivores (Minkowski) ou seulement une faible glycosurie chez les oiseaux car-nassiers (Weintraud[3]), mais toutefois une forte hyperglycémie, d'après Kausch[4] ; elle ne fait apparaître qu'une minime quantité de sucre dans les urines chez les animaux à sang froid (Aldehoff[5]).

Jusqu'à présent, l'extirpation du pancréas est la seule agression expérimentale qui permette d'obtenir une glycosurie persistante. La glycosurie signalée par De Renzi et Reale[6] à la suite de l'extirpation des glandes salivaires est faible, transitoire et incon-stante ; elle relève sans doute des lésions nerveuses nécessitées par l'opération. Il en est de même de celle qu'observa Falkenberg[7] à la suite de l'extirpation du corps thyroïde. Cependant dans ces derniers temps Biedl[8] a annoncé qu'il est possible de réaliser une glycosurie persistante, chez les chiens, par la ligature du canal thoracique ou une fistule de ce vaisseau déversant la lymphe au dehors.

1. Hédon. *Contribution à l'étude des fonctions du pancréas ; diabète expérimental* (*Arch. de méd. exp.*, 1er mai et 1er juillet 1891).

2. Hédon (*C. R.*, mars et juillet 1893).

3. Weintraud. *Ueber den Pankreasdiabetes der Vögel* (*A. P. P.*, xxiv, 303, 1894).

4. Kausch. *Ueber den Diabetes mellitus der Vögel* (*Enten und Gänse*)*|nach Pankreas-extirpa-tion* (*A. P. P.*, xxxvii, 274, 1896).

5. Aldehoff. *Tritt bei Kaltblütern nach Pankreas-exstirpation Diabetes mellitus auf?* (*Z. B.*, xxviii, 293, 1892).

6. Reale et de Renzi. *Verhandl. des X Internat. med. Congr. zu Berlin*, 1890, ii, Abth. v, 97.

7. Falkenberg. *Zur Exstirpation der Schilddrüse* (*Verhandl. des X Congr. f. inn. Med.*, Wiesbaden, 1891, 502).

8. Biedl. *Ueber eine neue Form des experimentellen Diabetes* (*C. P.*, xii, 1898, 624).

§ III. Troubles de la nutrition dans le diabète. — Avant d'aborder la question de pathogénie, il convient d'analyser les différents troubles de nutrition qui caractérisent le diabète. Ces troubles ne se présentent pas avec le même degré d'intensité dans tous les cas; sous ce rapport, il y a avantage à distinguer un *diabète à forme légère*, dans lequel la glycosurie n'apparaît qu'à la suite de l'ingestion d'hydrates de carbone (*glycosurie alimentaire*) ou tombe à une valeur faible sous l'influence du régime azoté, et un *diabète grave*, dans lequel l'excrétion du sucre est très élevée, même pour une alimentation carnée exclusive et dans le jeûne. Mais empressons-nous d'ajouter qu'il ne s'agit pas là de deux types morbides absolument distincts; car nous venons de voir précisément que l'extirpation du pancréas permet d'obtenir, suivant que la suppression de la glande est plus ou moins complète, ces deux formes de diabète; en réalité la forme légère et la forme grave ne sont que deux modalités extrêmes de la même maladie; la seconde peut succéder à la première dans le cours de son évolution, et entre les deux il y a place pour des cas d'intensité intermédiaire.

Nous envisagerons successivement les troubles de la sécrétion urinaire (glycosurie, polyurie, azoturie, etc.), les modifications de composition du sang (hyperglycémie, rapport entre l'hyperglycémie et la glycosurie), l'état de la réserve de glycogène, les troubles des échanges (origine du sucre, sa formation aux dépens des albuminoïdes, le trouble de l'assimilation des hydrates de carbone, le trouble des échanges gazeux).

A. Sécrétion urinaire. — *Glycosurie, polyurie, azoturie, etc.* — L'urine est, dans la plupart des cas, sécrétée en grande abondance; elle est claire, pâle; toutefois sa densité est supérieure à la normale, en raison de sa richesse en matériaux solides.

1° *Glycosurie.* — La quantité de sucre éliminée par les diabétiques est très variable, suivant l'intensité de la maladie, l'abondance et la nature de l'alimentation. Minime et même pouvant disparaître complètement par la suppression des hydrates de carbone de la nourriture dans les cas légers, la glycosurie peut atteindre des chiffres extrêmement élevés dans les cas graves (chez l'homme 5 à 600 grammes, exceptionnellement jusqu'à 1000 grammes dans les 24 heures. — Dickinson a même cité le chiffre de 1500 grammes).

Le taux du sucre dans l'urine varie également suivant différentes circonstances; il peut s'élever à 10 à 11 p. 100; mais généralement il reste inférieur à ce chiffre et rarement il le dépasse (14 p. 100. Vauquelin et Ségalas, Lehmann). On a considéré le taux de 14 p. 100 comme un maximum qui ne pouvait être dépassé (Ch. Bouchard, *Maladies par ralentissement de la nutrition*), parce que dans ces conditions l'eau éliminée représente exactement l'eau de diffusion du sucre : une partie de sucre excrété exigeant 7 parties d'eau, d'après Becker (équivalent de diffusion). Mais nous pensons que l'activité sécrétoire de l'épithélium rénal peut permettre une glycosurie encore plus élevée. En fait, dans le diabète phloridzinique, V. Mering a, comme nous l'avons déjà mentionné, trouvé des chiffres supérieurs à cette valeur, et Hédon, ayant pratiqué la piqûre du bulbe chez un chien déjà fortement diabétique à la suite de l'extirpation du pancréas et en digestion de féculents a vu le sucre s'élever dans l'urine jusqu'à 15 p. 100.

Le sucre de l'urine diabétique présente tous les caractères du glycose; il est fermentescible, réducteur, dévie à droite le plan de polarisation de la lumière, présente toutes les réactions du glycose, notamment celle de la phénylhydrazine (formation de cristaux de glycosazone fondant à 204 à 205°). Son pouvoir rotatoire n'est cependant pas tout à fait identique à celui du glycose (α D = + 56,4 d'après Hoppe Seyler, + 52,5 d'après Landolt)[1]; toutefois, la différence est minime, et dans les dosages les chiffres obtenus par réaction de la liqueur de Fehling et par le saccharimètre sont parfaitement concordants[2]. Malgré leur similitude de propriétés chimiques, le sucre de diabète et le sucre de raisin

---

1. Hoppe-Seyler (*Ztschr. f. anal. Chem.*, 1876). — Landolt. *Das optische Drehungsvermögen organischen Substanzen*, Brunswick, 1879.
2. Landolph (*Analyse optique des urines. Sucre diabétique thermo-optique positif et négatif.* C. R., 12 juillet 1897) a avancé que le sucre de diabète diffère considérablement du sucre de glycose par son pouvoir réducteur. Les estimations au polarimètre seraient seules exactes. Mais comment se fait-il alors que les valeurs trouvées au polarimètre et au titrage se couvrent exactement? D'ailleurs Le Goff (*Caractérisation du sucre de l'urine des diabétiques. C. R.*, 21 mai 1898), ayant isolé à l'état pur le sucre de l'urine d'un diabétique, a constaté qu'il s'agissait bien du glycose.

ne seraient cependant pas absolument identiques d'après Cl. Bernard; injectés dans le torrent circulatoire, le premier se détruirait beaucoup plus facilement que le second.

On a rencontré exceptionnellement le lévulose dans les urines diabétiques (Gorup-Besanez, Zimmer, R. May) ou un sucre lévogyre spécial (Leo)[1]. Il convient, à ce propos, de faire remarquer que l'urine diabétique contient fréquemment une substance lévogyre, l'acide β oxybutyrique, et, pour ce motif, les valeurs en glycose trouvées au saccharimètre peuvent être légèrement inférieures à celles que donne le titrage. On a récemment signalé dans certaines urines diabétiques la présence d'une pentose[2] (Salkowski, Külz et Vogel). L'inosite a été aussi trouvée dans l'urine de quelques diabétiques (Vohl, 1858). Expérimentalement ce sucre a été rencontré dans l'urine du lapin après la piqûre bulbaire (Gallois), après injection intra-veineuse d'une solution de NaCl (Külz)[3].

Le sucre n'est pas excrété seulement par les reins; on en trouve dans divers produits de sécrétion (sucs digestifs, bile surtout). Par contre, la salive n'en renferme pas.

2° *Polyurie.* — L'abondance des urines chez le diabétique (quantité variant chez l'homme de 2 litres à 12 litres, mais pouvant aussi exceptionnellement s'élever encore plus haut) doit être considérée en partie comme une conséquence de la glycosurie. Le sucre en excès dans le sang fixe une certaine quantité d'eau; celle-ci est soustraite aux tissus : d'où la sécheresse relative de ceux-ci (facile à constater pour les muscles). D'autre part, en s'éliminant par les reins, le sucre entraîne un excès d'eau; de là résulte la soif continuelle qui tourmente le diabétique et la polydipsie destinée à compenser la perte des tissus en eau. Ordinairement il y a une relation directe entre l'intensité de la glycosurie et celle de la polyurie. On a admis que, pour une excrétion de 50 à 150 grammes de sucre dans les vingt-quatre heures, la quantité d'urine serait de 3 à 4 litres. La façon dont agit l'excès de sucre dans le sang pour provoquer la polyurie ne se prête pas toutefois à une interprétation simple. Sans nul doute, on doit faire intervenir l'élévation de la tension sanguine qui résulte de l'augmentation de la quantité d'eau du sang.

Mais ce n'est pas tout. Albertoni[4] a indiqué que les injections intra-vasculaires de glycose augmentent la fréquence du pouls et la pression sanguine (de 15 à 20 millimètres de Hg) par une action propre du sucre sur l'appareil circulatoire (vraisemblablement par un renforcement systolique du cœur)[5]; de plus, il a remarqué que ces injections produisent une dilatation des vaisseaux et une augmentation de volume des organes (vérifié pour le rein et les membres), en même temps qu'un accroissement de la quantité de sang qui les traverse. Enfin il faut penser aussi à une action propre exercée par le sucre sur l'épithélium sécréteur du rein. En fait, et pour ces diverses causes, le sucre en excès dans la circulation agit comme diurétique.

Moutard-Martin et Ch. Richet[6] ont en effet montré que les injections intra-veineuses de solutions de sucre, de glycérine, de sel amènent de la polyurie, alors qu'une simple injection d'eau produit l'effet inverse (Voyez art. **Diurétiques et Rein**). La polyurie dans le diabète n'est cependant pas toujours en rapport avec le degré d'hyperglycémie et de glycosurie; il peut même y avoir glycosurie sans polyurie. D'autre part, dans le diabète insipide, la polyurie peut être énorme, alors que l'élimination des matériaux solides n'est pas très élevée, de telle sorte que la densité de l'urine tombe à un chiffre très bas.

1. Zimmer. *Levulose im Harn eines Diabetikers* (*Deutsche medicinische Wochensch.*, n° 28, 1876). — R. May. *Lévulosurie* (*Deutsche Arch. f. klin. Med.*, lvii, 279). — Leo. *Zur Kenntniss der reducirenden Substanzen in diabetischen Harnen* (*A. A. P.*, cvii, 99, 1887).

2. Salkowski. *Ueber die Pentosurie, eine Anomalie des Stoffwechsels* (*Berl. klin. Woch.*, n° 17, 1895). — Külz et Vogel. *Ueber das Vorkommen von Pentosen im Harn bei Diabetes mellitus* (*Z. B.*, xxxii, 185, 1895).

3. Külz. *Ueber das Auftreten von Inosit in Kaninchenharn* (*C. W.*, 1875, 932).

4. Albertoni. *Manière de se comporter des sucres et leur action dans l'organisme* (*Acad. des sc. de Bologne*, 18 mars 1888 et 15 février 1891. Résumé, *A. i. B.*, xv, 1891).

5. Contesté par Hédon et Arrous (*B. B.*, 1899) pour qui l'effet cardiaque des injections intra-veineuses du sucre n'est pas dû à une action directe du sucre sur le cœur, mais représente seulement la conséquence de la dilatation vasculaire généralisée et de l'augmentation de la masse sanguine en circulation.

6. Moutard-Martin et Ch. Richet. *Influence du sucre injecté dans les veines sur la sécrétion rénale* (*C. R.*, lxxxix, n° 9, 1879) et *Rech. exp. sur la polyurie* (*Trav. du lab.*, ii, 1895).

Il y a évidemment à tenir compte, dans ces cas, des influences nerveuses (vaso-motrices et peut-être sécrétoires) s'exerçant sur le rein.

3° *Azoturie.* — La quantité d'urée excrétée par les diabétiques est souvent supérieure à la normale; mais ce n'est pas une règle. On a admis pendant longtemps que la quantité d'urée est diminuée dans le diabète (BERZELIUS, PROUST, E. SCHMIDT [1]). Puis l'opinion contraire s'est accréditée; certains auteurs citaient en effet des chiffres quotidiens d'urée élevés : 70 à 80 grammes (JACCOUD), 100 grammes (THIERFELDER), 142 grammes (DICKINSON), 163 (FÜHBRINGER). De plus, on constata que les autres matériaux azotés de l'urine étaient aussi très au-dessus de la normale : HIRTZ a pu les évaluer dans un cas à 99 grammes par jour (cit. d'après BOUCHARD). Dans le diabète expérimental par la phloridzine et l'extirpation du pancréas, l'excrétion de l'azote est très augmentée, comme nous l'ayons dit plus haut. D'après CH. BOUCHARD, l'azoturie n'accompagne pas nécessairement le diabète; sur 100 cas, 40 fois la quantité d'urée était normale, 20 fois il y avait hypoazoturie; enfin l'azoturie ne se montrait que dans 40 cas. L'azoturie est, dans la plupart des cas, la conséquence de la polyphagie, et de l'ingestion de grandes quantités de viande par le diabétique. Mais, dans le diabète consomptif, elle provient aussi de la désassimilation exagérée des matières albuminoïdes du corps. CH. BOUCHARD a trouvé, sur un certain nombre de diabétiques azoturiques et polyphages, que, si l'on soumet le malade au régime alimentaire commun, l'urée, tout en diminuant, reste au-dessus de la normale. Lorsque ses fonctions digestives sont en bon état, le diabétique peut, grâce à la suralimentation, compenser cette perte d'azote; mais cette dernière devient évidente, et la consomption apparaît, si l'alimentation est réduite, soit par l'altération du tube digestif, soit pour toute autre cause. Il a été fait aussi sur ce sujet quelques expériences comparatives; des malades atteints de diabète grave furent soumis en même temps que des individus normaux au même régime; on constata que ces malades excrétaient plus d'azote que des individus sains (GAEHTGENS, PETTENKOFER et VOIT, FRERICHS) [2]. Dans l'expérience de FRERICHS, une jeune fille de vingt-cinq ans, diabétique, et une gardienne assez semblablement constituée, furent enfermées ensemble et soumises comparativement au même régime (mixte et animal); il apparut que chez le sujet diabétique l'excrétion de l'urée était notablement plus élevée que chez le sujet sain; de plus, l'azote de l'urée chez le premier dépassait celui de la nourriture, de telle sorte qu'il fallait admettre formation d'une partie de l'urée aux dépens des albuminoïdes du corps; comme conséquence, le poids de la diabétique diminuait considérablement (pour le régime mixte 437 grammes par jour, pour le régime animal 200 grammes), tandis que celui de la personne saine augmentait au contraire.

Dans le diabète expérimental, consécutif à l'extirpation du pancréas, il paraît exister aussi une réelle azoturie; car, à l'état de jeûne, un chien dépancréaté excrète plus d'azote qu'un animal normal dans la même condition (KAUFMANN). Il en est de même dans le diabète phloridzinique (voyez plus haut). L'augmentation de la destruction de l'albumine dans le corps du diabétique semble donc ressortir des observations précédentes. Toutefois cette question est encore un sujet de controverse. Ainsi BORCHARDT et FINKELSTEIN [3], en expérimentant comparativement dans un cas de diabète et sur euxmêmes, constatèrent que, pour une nourriture dépourvue d'hydrates de carbone, le malade perdait le moins de poids et se maintenait en équilibre azoté, tandis que la personne saine de contrôle présentait un bilan inférieur. Il ne pouvait donc être question dans ce cas d'azoturie.

D'après CH. BOUCHARD (*loc. cit.*), il n'y a pas de rapport entre la glycosurie et l'azoturie; celle-ci se montre dans les cas légers aussi bien que dans les cas graves, et chez un même sujet on peut voir la glycosurie augmenter et l'urée tantôt s'élever, tantôt diminuer : de même quand la glycosurie diminue. Cependant il faut remarquer que dans le diabète grave, produit expérimentalement par l'ablation du pancréas, il paraît exister

1. Cit. d'après CH. BOUCHARD. *Maladies par ralentissement de la nutrition,* 1885, 209-214.

2. C. GAEHTGENS. *Ueber den Stoffwechsel eines Diabetikers, verglichen mit dem eines gesunden* (D. Dorpat, 1866). — PETTENKOFER et VOIT (Z. B., III, 400 et suiv., 1867). — FRERICHS. *Ein Paar Fälle von Diabetes mellitus mit einigen Bemerkungen* (Charité Ann., II, 151, 1877).

3. BORCHARDT et FINKELSTEIN. *Beitrag zur Lehre von Stoffwechsel der Zuckerkranken* (Deutsche med. Woch., n° 41, 1893).

un rapport assez fixe entre les quantités de sucre et d'urée excrétées, lorsque l'animal est soumis à un régime carné exclusif. V. Mering et Minkowski ont en effet démontré que, dans ces conditions, le rapport du sucre à l'azote urinaire est d'environ 3 à 1, soit 3 de sucre pour 2 d'urée (Voyez plus loin).

4° *Autres modifications de l'urine.* — A côté de l'azoturie il convient de placer la phosphaturie. L'augmentation des phosphates de l'urine, dans le diabète, marche généralement de pair avec l'accroissement de l'azote et relève des mêmes causes. Il n'est pas rare que l'urine contienne de l'albumine, dans 10 p. 100 des cas (Garrod), 43 p. 100 (Bouchard). Cette albuminurie (sauf dans les cas peu nombreux où elle relève d'une lésion rénale) est très légère.

L'urine diabétique est souvent extraordinairement riche en ammoniaque (Haller-Worden). Stadelmann [1], sur dix diabétiques dont il analysa l'urine pendant une longue période de temps, trouva chez quelques-uns une excrétion d'ammoniaque très élevée (dans un cas jusqu'à 7,79 et même 12,24 en 24 heures) qui n'était pas toujours en rapport avec la gravité des cas. Recherchant la raison de cette excrétion exagérée d'ammoniaque dans une excrétion élevée d'acide, il trouva que l'urine renfermait de l'acide crotonique. Mais Minkowski [2] démontra que l'acide (obtenu dans l'extrait éthéré de l'urine et combiné en sel de zinc) est l'acide β oxybutyrique ($C^3H^6(OH)COOH$). Celui-ci donne par distillation avec l'acide sulfurique de l'acide β crotonique (ce qui explique la découverte de Stadelmann). Par oxydation, il donne de l'acide diacétique et de l'acétone, corps qui se rencontrent également dans l'urine diabétique, et en plus grande quantité dans les accidents comateux de la maladie (*coma diabétique*). La présence de l'acide β oxybutyrique dans l'urine diabétique fut aussi démontrée par Külz [3]. La quantité de cet acide formée dans l'organisme de certains diabétiques a été évaluée à 90 grammes (Stadelmann), 200 grammes (Külz). L'urine peut renfermer encore d'autres acides dans le diabète grave, notamment des acides gras volatils. V. Jaksch [4], une fois sur huit cas, obtint avec l'urine un sel de soude présentant les caractères d'un mélange de formiate, butyrate et acétate de soude. Le Nobel [5] trouva aussi fréquemment de l'acide formique à côté de l'acide β oxybutyrique.

L'acide oxybutyrique, l'acide acétylacétique et l'acétone sont des produits d'oxydation incomplète dérivant vraisemblablement des albuminoïdes; car leur quantité se montre indépendante de celle des hydrates de carbone ingérés et s'accroît au contraire avec la désassimilation des matières albuminoïdes (G. Rosenfeld, Wolpe) [6]. Toutefois la présence de ces substances dans l'urine n'est pas spéciale au diabète; car on les retrouve dans beaucoup d'autres affections : fièvres infectieuses, cancer, etc. (V. Jaksch, Külz, etc.) [7]. Chez les individus sains en état d'inanition on a aussi trouvé l'acide acétylacétique dans l'urine. L'acétonurie paraît être un phénomène physiologique qui s'accentue toutes les fois qu'il se produit une augmentation de destruction des éléments azotés des tissus (Voy. article **Acétonurie** de ce Dictionnaire). Dans le diabète pancréatique expérimental l'acétonurie est constante; elle est en rapport avec l'intensité du diabète et partant avec la glycosurie; l'excrétion de l'acétone s'accroît progressivement depuis le moment de l'extirpation du pancréas jusqu'à la mort, et parallèlement à la glycosurie, et peut arriver à 0,4 à 0,5 p. 1000 (Azémar). Dans le diabète phloridzinique cette élimination peut dépasser 1 p. 1000 [8].

1. Stadelmann. *Ueber der Ursache der pathologischen Ammoniakausscheidung bei Diabetes mellitus und das Coma diabeticum* (A. P. P., xvii, 419, 1883).

2. Minkowski. *Ueber das Vorkommen von Oxybuttersäure im Harn bei Diabetes mellitus. Ein Beitrag zur Lehre vom Coma diabeticum* (A. P. P., xviii, 35 et 147, 1884).

3. Külz. *Ueber neue linksdrehende Säure (Pseudooxybutyrsäure). Ein Beitrag zur Kenntniss der Zuckerruhr* (Z. B., xx, 165, 1884). — Voy. aussi H. Wolpe. *Untersuchungen über die oxybuttersäure des Diabetischen Harns* (A. P. P., xxi, 138, 1887).

4. V. Jaksch. *Ueber diabetischen Lipacidurie und Lipacidämie* (Zeitschr. f. klin. Med., xi, 307, 1886).

5. Le Nobel. *Ueber das Vorkommen der Ameisensäure im diabetischen Harn* (C. W., n° 36, 1887).

6. J. Rosenfeld (*Deutsche med. Woch.*, 1855, n° 40). — Wolpe (*Loc. cit.*).

7. V. Jaksch. *Ueber Acetonurie u. Diaceturie*, Berlin, 1855, 54-91. — Külz (Z. B., xxiii, 329, 1886). — A. Baginsky (A. P., 1887, 349).

8. Azémar. *Acétonurie expérimentale* (D., Montpellier, 1897).

B. Sang. **Hyperglycémie. Rapport entre l'hyperglycémie et la glycosurie.** — Dans le diabète, ainsi qu'il résulte des analyses de Pavy, Bock et Hoffmann, Frerichs, Seegen, etc., la quantité de sucre du sang est supérieure à la normale; elle s'élève à 0,3 à 0,5 p. 100 et davantage dans la forme grave. Il en est de même dans le diabète expérimental par extirpation du pancréas. Par contre, dans le diabète à forme légère, il peut arriver que la teneur du sang en sucre dépasse à peine le chiffre physiologique. Seegen [1], dans huit cas de diabète à forme grave, trouva le sucre du sang notablement augmenté (0,230 à 0,480 p. 100), mais dans quatre cas de forme légère, au contraire, à peine au-dessus de la normale (0,180 à 0,185). Dans les deux derniers cas, après ingestion abondante d'amylacés, la glycosurie augmenta, mais sans accroissement du sucre du sang. Le même fait a été signalé pour le diabète expérimental. Hédon constata en effet que la glycosurie peut coïncider avec une glycémie presque normale dans les cas de diabète à forme légère consécutif à une extirpation incomplète du pancréas. Ainsi, dans un cas, le sang ne renfermait que 1gr,3 p. 1000 de sucre, alors que l'urine retirée de la vessie à deux reprises et à une demi-heure d'intervalle contenait la première fois 12 grammes la seconde fois 11 grammes de sucre p. 1000. Par contre, un autre jour, chez le même animal, l'hyperglycémie atteignait le chiffre de 2,4 p. 1000, alors que la glycosurie était presque nulle (*A. P.*, n° 2, 1894).

Il résulte de là que la glycosurie peut apparaître sans augmentation notable de la teneur du sang en sucre. Cl. Bernard pensait avoir établi expérimentalement que le sucre ne passe dans l'urine que lorsqu'il atteint dans le sang 2gr,5 à 3 grammes p. 1000; au-dessous de ce chiffre, la barrière rénale s'opposerait à l'excrétion du sucre. Mais, on le voit, cette notion ne saurait être acceptée dans sa généralité. Empressons-nous d'ajouter, d'ailleurs, que Cl. Bernard reconnaissait la possibilité de la glycosurie avec une glycémie moindre, si le rein devient plus perméable au sucre dans certaines conditions. Le passage suivant de ses *Leçons sur le diabète* (132) montre qu'il faisait aussi la part de l'élément rénal du diabète : « Il peut arriver que cette glycémie, qui peut atteindre 3 p. 1000 dans l'état normal du rein sans laisser passer le sucre, ne puisse pas aller jusqu'à ce point sans produire la glycosurie, si le rein lui-même est malade et devient plus sensible à l'élimination du principe sucré. »

D'une façon générale, l'intensité de la glycosurie paraît être en rapport direct avec l'intensité de l'hyperglycémie; mais ce rapport n'est pas très étroit, comme le montrent les chiffres suivants :

CHEZ DES MALADES ET POUR UNE QUANTITÉ DE BOISSONS réglée autant que possible (Frerichs).		CHEZ DES CHIENS DÉPANCRÉATÉS DIABÈTE GRAVE (Hédon [1]).	
Urine. Sucre p. 100.	Sang. Sucre p. 100.	Urine. Sucre p. 100.	Sang. Sucre p. 100.
3,5	0,28	4,0	0,39
5,5	0,43	4,3	0,33
6,6	0,38	6,2	0,28
6,6	0,44	6,2	0,31
8,2	0,41	6,2	0,44
8,4	0,44	7,1	0,42
		8,0	0,37
		8,7	0,42
		9,0	0,35

1. Pour établir le taux de la glycosurie en concordance avec celui de l'hyperglycémie, l'analyse ne portait que sur l'urine sécrétée pendant une demi-heure à une heure avant la prise de l'échantillon en sang.

D'après ces chiffres, les variations d'intensité de la glycosurie ne sont pas étroitement

1. Seegen. *Ueber den Zuckergehalt des Blutes der Diabetikern* (Wien. med. Woch., n°s 74 et 48, 1886).

subordonnées à celles de l'hyperglycémie; on doit, pour les expliquer, faire intervenir un autre facteur, à savoir l'activité plus ou moins grande du rein résultant soit de variations circulatoires, soit de modifications dans l'énergie sécrétoire de l'épithélium. Une expérience de Hédon montre encore l'importance de ce facteur rénal du diabète : chez un chien dépancréaté, après ingestion de féculents, la glycosurie étant de 10 p. 100 pour une hyperglycémie de 0,37 p. 100, la piqûre du bulbe fit monter la teneur de l'urine en sucre au chiffre extraordinairement élevé de 15 p. 100, sans que l'hyperglycémie montât au-dessus de 0,39 p. 100. Ainsi pour une augmentation de 0,02 p. 100 de sucre dans le sang, la glycosurie augmenta de 5 p. 100. Un pourcentage de sucre aussi élevé dans l'urine ne peut s'expliquer que par une suractivité sécrétoire énorme de la part du rein, suractivité causée évidemment par la lésion nerveuse. Que si, en effet, chez un animal normal, on injecte dans le torrent circulatoire une dose massive de sucre, de façon à amener une hyperglycémie artificielle bien plus forte que l'hyperglycémie diabétique, le pourcentage du sucre dans l'urine est loin d'atteindre la valeur précédente et reste le plus généralement au-dessous de 10 p. 100. Même chez un animal dépancréaté et déjà fortement hyperglycémique et glycosurique, l'injection intra-veineuse d'une dose massive de sucre n'élève pas la glycosurie à un taux aussi élevé qu'on pourrait le supposer : ainsi, le sang, contenant dans ces conditions 0,82 p. 100 de sucre, la glycosurie n'atteignait que 11 p. 100 dans une expérience de Hédon.

Ces observations ne laissent donc aucun doute sur l'importance du rôle du rein pour la teneur respective en sucre du sang et de l'urine. Elles sont appuyées encore par certaines expériences de Lépine, qui, dans plusieurs publications, a insisté sur l'existence d'un élément rénal dans le diabète [1]. Ayant déterminé chez un grand nombre de chiens le moment de l'apparition de la glycosurie après l'extirpation du pancréas et la courbe de l'hyperglycémie, il trouva que, chez la moitié au moins des animaux, le taux du sucre dans le sang, lors du début de la glycosurie, n'est pas supérieur à 2 p. 1000; la glycosurie peut donc débuter avec une hyperglycémie très faible, beaucoup plus faible que ne l'admettait Cl. Bernard. D'autre part, vers la trentième heure après l'extirpation du pancréas chez les chiens en inanition, Lépine vit la proportion du sucre dans l'urine tomber en général à un chiffre très bas, quoique cependant à ce moment l'hyperglycémie fût très forte. « Il n'est pas rare de trouver 4 grammes, et plus; malgré cette forte hyperglycémie il passe peu de sucre dans les urines. Évidemment le rein n'est pas dans les mêmes conditions dans les premières heures qui suivent l'ablation du pancréas et vers la trentième heure. »

La conception du rôle du rein dans le diabète a fait naître l'expression de *diabète rénal*. Mais ce terme ne peut guère s'appliquer proprement qu'au diabète phloridzinique, comme nous l'expliquerons plus loin. Toutefois, on a aussi signalé la glycosurie dans les cas de diurèse abondante provoquée chez des lapins par l'administration de la caféine, de la théobromine (Jacoby) [2], et il est possible, ainsi que l'admet Klemperer [3], que, dans certaines conditions expérimentales, une modification de l'épithélium rénal permette un passage plus facile du sucre.

Le sucre du sang diabétique est considéré jusqu'ici comme étant du glycose. Cantani [4] avait cru qu'il en diffère par l'absence du pouvoir rotatoire (paraglucose); mais Külz a redressé cette erreur. Toutefois Hédon (*B. B.*, 1898, 510) a trouvé que le dosage du sucre du sang diabétique au polarimètre donne un chiffre de glycose très inférieur à celui que donne le titrage avec la liqueur de Fehling. Il en était de même d'ailleurs pour le sucre normal. Il faut bien dire aussi, au reste, que le sucre du sang n'a encore jusqu'ici jamais été isolé à l'état pur; de sorte que l'on peut conserver des doutes sur sa notion. Hamriat (*B. B.* 1898, 545) cependant affirme avoir retiré du sang normal un sucre qui était bien certainement du glycose.

1. Lépine. *De la nécessité d'admettre un élément rénal dans le diabète* (II° Congr. de méd. int., Bordeaux, 1895); — *Sur l'hyperglycémie et la glycosurie comparées, consécutives à l'ablation du pancréas* (C. R., cxxi, 7 oct. 1895); — *Récents travaux sur la pathogénie des diabètes* (Revue de médecine, 10 juillet 1896, 595).

2. Jacoby. *Ueber künstl. Nierendiabetes* (A. P. P., xxxv, 213).

3. Klemperer (*Verein f. inn. Med.*, 18 mai 1896).

4. Cantani. *Le diabète sucré et son traitement diététique*. Trad. Charvat, Paris, 1876.

Le sang diabétique contient en outre de l'urée en plus forte proportion qu'à l'état physiologique. De même il contient diverses substances anormales qui se trouvent dans l'urine des diabétiques : acétone, acide β oxybutyrique (Hugounencq)[1]; de plus, du glycogène en quantité appréciable (voyez plus loin). L'hémoglobine y est en quantité normale, et l'activité de réduction de cette substance chez les diabétiques serait très variable et en un rapport parallèle avec la glycosurie, d'après Hénocque[2]. A signaler encore ce fait que le sang de diabétique, coloré par la méthode d'Ehrlich, se reconnaît, d'après L. Bremer, à la perte plus ou moins complète de l'éosinophilie des globules rouges et à l'extrême abondance dans le plasma de granules arrondis, réfractaires à toute coloration[3].

C. État de la réserve du glycogène dans le diabète. — Les différents organes chez le diabétique sont plus ou moins imprégnés de sucre; mais ils paraissent se dépouiller de leur glycogène, complètement dans les cas graves, et à un moindre degré dans les cas légers. Toutefois la recherche du glycogène dans le foie et les tissus chez l'homme diabétique n'a fourni que des résultats contradictoires. W. Kühne[4], ayant analysé à ce point de vue le foie, les reins, la rate, les poumons et les muscles chez un diabétique mort à vingt-six ans, n'en trouva que dans le poumon droit infiltré de pus (le poumon gauche sain n'en renfermait pas). Pourtant on pouvait déceler le sucre en plus ou moins grande quantité dans tous les organes (la quantité de sucre était élevée notamment dans le foie, les reins et les deux poumons, moindre dans la rate et les muscles). Külz[5], par contre, trouva dans le foie d'un diabétique gravement atteint, qui, longtemps avant la mort avait été soumis au régime carné, une certaine quantité de glycogène (10 à 15 grammes dans le foie entier) et une forte proportion de sucre, dont une partie avait dû provenir du glycogène. D'où il était à présumer que pendant la vie le foie avait dû contenir une quantité notable de glycogène. Mering[6], sur quatre diabétiques de la clinique de Frerichs, ne trouva ni sucre, ni glycogène dans le foie de deux d'entre eux qui avaient succombé à la phtisie, et dont l'urine avait cessé de contenir du sucre dix-huit à vingt heures avant la mort; dans les deux autres cas où les malades étaient morts subitement en pleine glycosurie, le foie renfermait une notable quantité de sucre et de glycogène. Abeles[7], sur cinq diabétiques, ne trouva les organes dépourvus de glycogène que dans deux cas où les malades avaient succombé à des complications. Chez deux autres malades qui étaient morts dans le coma, il y avait un peu de glycogène dans le foie (0gr,16 et 0gr,59) bien que l'examen de l'organe ne fût pratiqué que plusieurs heures après la mort. Frerichs (loc. cit., 263, iii), ayant prélevé à l'aide d'un trocart une parcelle de tissu hépatique dans le foie de diabétiques pendant la vie, constata au microscope que les cellules hépatiques étaient dépourvues de glycogène dans un cas. Dans un autre, les cellules étaient relativement riches en glycogène, mais celui-ci n'était pas réparti régulièrement; les parties pourvues de glycogène alternaient avec des parties moins riches.

La diversité de ces résultats montre que les cas dans lesquels fut faite la recherche du glycogène chez l'homme diabétique n'étaient pas absolument comparables entre eux. Cette même recherche dans le diabète pancréatique expérimental a donné des résultats beaucoup plus précis. Mering et Minkowski (loc. cit.) ont constaté que chez les chiens dépancréatés le foie et les muscles se dépouillent très rapidement de leur glycogène, de telle sorte qu'au bout de quelques jours on n'en trouve plus que des traces. La disparition du glycogène des tissus des animaux diabétiques ne tient pas, ainsi que l'a fait remarquer ultérieurement Minkowski, aux troubles digestifs engendrés par l'absence du suc pancréatique dans l'intestin et à un manque de matériaux de formation de cette substance; car, d'une part, le sang de ces animaux est surchargé en sucre, et, d'autre part,

1. Hugounencq. De la présence de l'acide β oxybutyrique diabétique dans le sang (B. B., 1887).
2. Hénocque. De la quantité d'oxyhémoglobine et de l'activité de réduction de cette substance chez les diabétiques (A. de P., 211, 1889).
3. L. Bremer. Ueber eine Färbemethode mit der Manndiabetes und Glycosurie aus dem Blute diagnosticiren (C, W., 850, 1894).
4. W. Kühne. Ueber das Vorkommen zuckerbildenden Substanzen in pathol. Neubildungen (A. A. P., xxxii, 536, 1866). — Voir aussi Jaffé. Ueber das Vorkommen zuckerbildenden Substanzen in den Organen der Diabetiker (Ibid., xxxvi, 20-25, 1866).
5. Külz. Zur Kenntniss des menschlichen Leberglycogens (A. g. P., xiii, 267, 1876).
6. V. Mering. Zur Glycogenbildung in der Leber (A. g. P., xiv, 284, 1877).
7. Abeles (C, W., 1885, 449).

si on laisse dans l'abdomen un fragment du pancréas de manière à modérer l'intensité du diabète, le glycogène se dépose encore dans les organes. Ainsi, chez un porc qui présentait un diabète à forme légère et qui fut tué vingt-sept jours après l'apparition de la glycosurie, le foie contenait encore 1, 96 p. 100 = 18,1 de glycogène, et les muscles 0, 231 p. 100. Hédon obtint des résultats complètement analogues. Le tableau suivant les résume.

Nᵒˢ D'ORDRE.	SUCRE DE L'URINE p. 100.	SUCRE DU SANG p. 100.	SUCRE DU FOIE p. 100.	GLYCOGÈNE DU FOIE p. 100.	TEMPS ÉCOULÉ depuis la dépancréatisation.	REMARQUES.
1	7,1	0,42	0,34	traces.	5 jours	Diabète grave.
2	3,7	0,31	0,75	0	8 —	—
3	4,7	0,34	0,49	0	10 —	—
4	4,7	0,50	0,40	0	14 —	—
5	4,1	0,41	0,83	0	15 —	—
6	7,1	0,42	1,45	0	13 =	—
7	5,5	0,36	1,20	0	5 —	—
8	6,2	0,44	1,24	0	4 —	—
9	9,0	0,34	1,52	traces.	28 —	Extirpation incomplète.
10	0,7	0,42	1,6	3,5	5 —	Diabète atténué.
11	?	0,24	0,69	Présent non dosé.	35 —	— —
12	5,0	0,23	0,70	Id.	29 —	Diabète à forme légère.
13	2,2	0,30	1,18	3,84	23 —	— —

On voit d'abord, pour ce qui concerne le sucre, que le foie en contient toujours une certaine proportion, mais pas davantage que dans l'état normal (les animaux étant sacrifiés par hémorragie, avant de prélever l'échantillon de foie pour l'analyse). La variabilité des résultats s'explique par les différences de rapidité d'exécution de l'expérience. Pour le glycogène les résultats sont tous superposables. Il est certain que, dans le diabète à forme grave, le glycogène disparaît très rapidement du tissu hépatique, de telle sorte que déjà, au bout de cinq jours après la dépancréatisation (et sans doute aussi plus tôt), on n'en trouve plus que des traces impondérables. Si ce fait a été nié, c'est que les auteurs qui ont opéré cette même recherche se sont servis de chiens incomplètement dépancréatés. Il est remarquable, en effet, de voir que l'atténuation du diabète qui provient d'une extirpation incomplète du pancréas permet à la cellule hépatique de mettre encore en réserve une certaine quantité de glycogène (nᵒˢ 10 et 11), et que dans le diabète à forme légère (nᵒˢ 12 et 13), où il n'existe qu'une glycosurie alimentaire, la quantité de glycogène en dépôt peut être relativement considérable, même au bout d'un temps fort long après la dépancréatisation. Dans le nᵒ 13 par exemple, le foie pesant 770 grammes contenait en tout 29ᵍʳ,¹ de glycogène le 23ᵉ jour, alors que l'animal à ce moment était devenu très maigre et cachectique.

L'incapacité pour la cellule hépatique de former la réserve normale de glycogène est donc incontestablement liée à l'état diabétique. Elle ressortira avec plus d'évidence encore, si nous ajoutons que, chez l'animal dépancréaté, l'ingestion d'une grande masse de glycose ne fait apparaître qu'une quantité infime de glycogène dans son foie, tandis qu'au contraire le dépôt d'une plus ou moins grande quantité de cette substance se produit après l'ingestion de lévulose (Voyez plus loin).

Tandis que le foie et les muscles se dépouillent ainsi de leur glycogène dans le diabète grave, il est remarquable de voir que le sang contient une plus grande quantité de cette substance qu'à l'état normal. Gabritschewski[1] a constaté, d'après la réaction microchimique avec l'iode, que les leucocytes du sang diabétique sont beaucoup plus riches en glycogène que dans l'état physiologique.

1. Gabritschewski. *Microscopische Untersuchungen über Glycogenreaction im Blut* (A. P. P., xxviii, 272).

Minkowski (*loc. cit.*) observa aussi que le pus des animaux diabétiques donne une réaction avec l'iode extraordinairement intense; il put y doser dans un cas 0,83 p. 100 de glycogène, c'est-à-dire quatre ou cinq fois plus que dans le pus d'animaux non diabétiques. D'après Kaufmann[1], tandis que la teneur du sang normal en glycogène est de 10 à 25 milligrammes par litre, elle s'élève chez le chien après l'extirpation du pancréas jusqu'à 500 milligrammes. Il faut ajouter qu'on a parfois observé chez les diabétiques l'accumulation de glycogène dans le réseau capillaire et le tissu de certains organes, tels que le rein[2] et les centres nerveux[3], qui d'ordinaire n'en renferment que des traces, ainsi que sa présence dans l'urine[4].

D. **Troubles des échanges nutritifs.** — La nutrition chez les diabétiques présente une déviation de l'état normal qu'il n'est point facile de caractériser, en raison de la divergence de vues des différents auteurs qui ont abordé ce problème. Cette question est d'ailleurs intimement liée à la théorie de la pathogénie du diabète, et pour ce motif nous la traiterons dans le chapitre suivant. Il y a cependant certains points qui peuvent être envisagés ici indépendamment de toute considération théorique.

Dans le diabète à forme légère, où le sucre disparaît complètement de l'urine lorsqu'on retranche les hydrates de carbone de l'alimentation, la nutrition ne présente pas encore une atteinte bien grave; les malades peuvent conserver leur embonpoint, et même beaucoup d'entre eux ont un embonpoint exagéré. La capacité de l'organisme pour l'utilisation des hydrates de carbone est plus ou moins altérée, mais non complètement abolie. En limitant ou en éliminant complètement cette catégorie d'aliments et en soumettant son appareil musculaire à un exercice convenable, le diabétique peut conserver pendant très longtemps son équilibre de nutrition. Dans la forme grave, qui du reste, ainsi que nous l'avons dit, peut succéder à la forme précédente (non sans présenter des états intermédiaires), il n'en est plus de même; malgré la suppression des hydrates de carbone de l'alimentation et un régime carné rigoureux, le diabétique continue à excréter du sucre, et même, dans l'état de jeûne, la glycosurie persiste. La capacité d'utilisation des hydrates de carbone tombe encore plus bas que dans les cas légers. Dans ces conditions le diabétique maigrit et perd ses forces, dans certains cas très rapidement (Diabète consomptif), par exemple dans le diabète pancréatique.

Les fonctions digestives chez les diabétiques sont en général en bon état; mais il faut en excepter les cas où le diabète relève d'altérations du pancréas; dans ces conditions, en effet, de même que dans le diabète expérimental par extirpation du pancréas, il existe des troubles digestifs très accusés, et une grande partie des aliments (albuminoïdes, féculents et graisses) échappent à la résorption (Voyez article **Pancréas**). Mais, quelle que soit l'importance de ces troubles dans certains cas de diabète, ils n'ont avec les autres altérations de la nutrition qu'un rapport indirect; la glycosurie ne leur est point subordonnée; l'évolution du diabète est seulement influencée par eux, en ce sens qu'une résorption alimentaire insuffisante venant s'ajouter aux causes de dénutrition inhérente à l'état diabétique, la survie est de ce fait abrégée.

1° *Origine du sucre. Sa formation aux dépens des matières albuminoïdes.* — Il n'est point douteux que dans les cas graves, pour une alimentation exclusive de viande, aussi bien que dans l'état de jeûne, le sucre urinaire provienne de la destruction des matières albuminoïdes. Le fait a été démontré expérimentalement par V. Mering chez l'homme diabétique et chez les animaux soumis à l'action de la phloridzine, par V. Mering et Minkowski chez les chiens à pancréas extirpé. Pettenkofer et Voit (*loc. cit.*) avaient déjà constaté que les quantités d'hydrates de carbone ingérées par un diabétique ne suffisaient pas à couvrir la quantité du sucre urinaire et que par conséquent une partie de celui-ci devait provenir des albuminoïdes. Ils admettaient que, dans l'organisme sain, la destruction des albuminoïdes de la nourriture donne naissance à de l'urée et de la graisse,

1. Kaufmann. *Glycogène dans le sang chez les animaux normaux et diabétiques* (C. R., cxx, 567, 1895).

2. *Dégénérescence glycogénique* (Ehrlich), *dégénérescence hyaline* (Armanni), *considérées comme identiques par* Strauss (A. de P., 30 septembre 1885 et 1er juillet 1887).

3. Futterer. *Glycogen in den Capillären der Grosshirnrinde beim Diabetes mellitus* (Centralbl. f. Med., n° 28, 1888).

4. W. Leube. *Ueber Glycogen im Harn des Diabetikers* (A. A. P., cxiii, 391, 1888).

et que la graisse (à part celle qui se dépose dans les tissus) se décompose en CO^2 et H^2O, tandis que chez le diabétique elle forme du sucre. La preuve complète pour la formation du sucre aux dépens de l'albumine se trouve dans une expérience que V. Mering[1] exécuta, sous la direction de Frerichs; cet expérimentateur établit qu'un diabétique avait, dans l'espace de quatre jours, absorbé dans la gélatine, la graisse et le sucre de sa nourriture, 52 grammes de carbone, ce qui équivalait à 130,14 de sucre, et que dans le même temps il avait excrété 277 de sucre; il avait donc dû se former 147 grammes de sucre aux dépens de l'albumine. V. Mering prouva en outre que la glycosurie persistait chez un diabétique pendant une longue période de jeûne[2]. Adamkiewicz[3] fit aussi des expériences du même genre, en dosant exactement les quantités de sucre ingérées et excrétées; chez un diabétique il calcula qu'il avait pu se former journellement des hydrates de carbone et de la graisse de la nourriture $276^{gr},8$ de sucre; l'excrétion était de $321^{gr},3$ de sucre, et par conséquent 44,7 devaient provenir des substances azotées de la nourriture; chez un autre malade, pour une formation de $216^{gr},3$ de sucre par jour aux dépens des hydrates de carbone et de la graisse des aliments, l'excrétion était de $341^{gr},1$, soit une différence de $124^{gr},8$ qui ne pouvait être couverte par les hydrates de carbone ingérés et qui provenait des substances azotées. Il est donc acquis que dans l'organisme diabétique le sucre peut se former aux dépens des albuminoïdes. Certaines expériences démontrent de plus, qu'à un accroissement de l'ingestion d'albumine, correspond une élévation de l'excrétion de sucre. Ainsi Külz[4] vit qu'un diabétique à forme grave, nourri de graisse et de caséine, excrétait plus de sucre lorsqu'on augmentait la dose de caséine : pour 200 grammes de caséine il était excrété 66 de sucre, pour 500 de caséine $126,9$[5].

Les expériences de V. Mering sur le diabète phloridzinique, chez les animaux en inanition, dont nous avons rendu compte plus haut, parlent aussi en faveur d'une formation de sucre aux dépens de l'albumine. Dans le diabète pancréatique expérimental, le haut degré qu'atteint la glycosurie chez des animaux exclusivement nourris de viande, et sa persistance dans l'état de jeûne, ne laissent point de doute sur l'origine du sucre. Un fait très remarquable, indiqué par V. Mering et Minkowski à ce propos, c'est que dans ces conditions il existe un rapport fixe entre les quantités de sucre et d'azote urinaires. Le rapport du sucre à l'urée est de 3 : 2, soit 1,5. Dans les expériences ultérieures de Minkowski, le rapport du sucre à l'azote total oscillait entre 2,62 et 3,05 (en moyenne 2,8 : 1). Les oscillations de ce rapport et ses écarts du chiffre moyen dans les premiers jours qui suivent la dépancréatisation sont aisément explicables. Si, tout d'abord, sa valeur est basse, c'est que le diabète n'acquiert pas d'emblée toute son intensité et que l'animal bénéficie encore quelque temps des conditions de nutrition dans lesquelles il se trouvait avant l'opération; si un peu plus tard il s'élève au-dessus de la moyenne, c'est qu'une partie du sucre éliminé puise son origine dans d'autres matériaux que les albuminoïdes (hydrates de carbone de la nourriture antérieurement prise et en voie de résorption, destruction de la réserve de glycogène). Le glycogène qui disparaît très rapidement du foie est en effet, dans les premiers jours, la source d'une grande partie du sucre urinaire, et on conçoit que, tant que cette réserve n'est pas complètement épuisée, le rapport du sucre à l'azote soit supérieure au chiffre moyen qui s'établit par la suite. Aussi Minkowski a-t-il remarqué que, chez les animaux bien nourris avant l'opération, le rapport du sucre

---

1. V. Mering (*Charité Annalen*, 1877, 166).
2. V. Mering (*Deutsche Zeitschr. f. prakt. Medicin*, n° 18, 1877).
3. Adamkiewicz. *Ueber die Schicksal des Ammoniak im gesunden, und über die Quelle des Zuckers und das Verhalten des Ammoniak im diabeteskranken Menschen* (A. A. P., lxxvii, 377, 1879).
4. Külz. *Kann in den schweren Form des Diabetes die Zuckerausfuhr durch vermehrte Zufuhr von Albuminaten gesteigert werden?* (A. P. P., vi, fasc. 1 et 2, 1877).
5. La possibilité d'une formation directe du sucre aux dépens de l'albumine trouve aussi un appui dans les expériences de plusieurs chimistes qui obtinrent, en soumettant diverses substances voisines des albuminoïdes (chondrine, mucine, etc.) à l'action de la chaleur et des acides, une matière réductrice donnant des cristaux d'osazone avec la phénylhydrazine. On trouvera un exposé de cette question dans une revue de Lépine. *Récents travaux sur la pathogénie des diabètes* (*Revue de médecine*, 10 novembre 1896, n° 11).

à l'azote acquiert une valeur très élevée (4 à 5) avant de se fixer au chiffre moyen, tandis que ce dernier est atteint très vite chez les animaux mal nourris [1].

La constance du rapport du sucre à l'azote urinaire dans le diabète pancréatique expérimental semble indiquer que la quantité de sucre qui est excrétée correspond exactement à celle qui se forme dans l'organisme par la destruction des albuminoïdes. Mais cette hypothèse rencontre beaucoup d'objections. La quantité de sucre excrétée pour une nourriture exclusive de viande est en réalité inférieure à la quantité maximum qui théoriquement peut prendre naissance aux dépens des albuminoïdes; dans ce cas à une partie d'azote devraient correspondre 6 à 7 parties de sucre (MINKOWSKI); or dans le diabète phloridzinique, pour une nourriture exclusive de viande, ou dans le jeûne, les quantités de sucre de l'urine se rapprochent beaucoup de ces chiffres théoriques.

Mais, en réalité, la question de savoir quelle quantité maximum de sucre peut se former par la destruction de l'albumine, est fort difficile à trancher, comme le fait remarquer MINKOWSKI, et dans certains cas l'origine du sucre des seules matières albuminoïdes n'est guère admissible. Ainsi il peut arriver, comme dans quelques expériences de MORITZ et PRAUSNITZ (loc. cit.) avec la phloridzine, que le rapport du sucre à l'azote urinaire s'élève au-dessus du maximum théorique, et MINKOWSKI, ayant administré de la phloridzine à des chiens diabétiques à la suite de l'extirpation du pancréas, constata un accroissement considérable de la glycosurie, sans qu'il y eût une augmentation parallèle de l'excrétion azotée. Faut-il admettre, pour expliquer ce dernier fait, que les produits de la destruction des albuminoïdes ne parviennent pas tous à l'excrétion exactement au même moment, et que le sucre est éliminé avant les matériaux azotés.

CONTEJEAN [2] rejette cette dernière supposition : pour lui, lorsqu'à la suite de l'administration de la phloridzine, le rapport du sucre à l'azote urinaire s'élève au-dessus de 2,8, c'est l'indice d'une formation de sucre aux dépens de la graisse de l'organisme ; car, si le sucre est fabriqué aux dépens de l'albumine, la combustion incomplète qui lui donne naissance est la suivante dans l'hypothèse du rendement maximum, d'après une équation établie par CHAUVEAU :

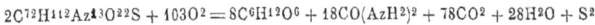

$$2C^{72}H^{112}Az^{13}O^{22}S + 103O^2 = 8C^6H^{12}O^6 + 18CO(AzH^2)^2 + 78CO^2 + 28H^2O + S^2$$

et par conséquent à 1 gramme d'azote apparaissant dans l'urine correspondront au plus 2gr,86 de glucose fabriqué. D'après cela le rapport du sucre à l'azote dans le diabète pancréatique correspondrait à la production effective de cette substance aux dépens des albuminoïdes, et pour expliquer l'élévation de ce rapport il faudrait admettre une formation de sucre aux dépens d'autres matériaux que l'albumine.

Quoi qu'il en soit des origines du glucose dans l'organisme diabétique et des transformations de matières qui lui donnent naissance, il semble que la production du sucre, dans le diabète pancréatique expérimental, ne répond pas à la quantité maximum qui peut se former. Car non seulement la glycosurie s'accroît sous l'influence de la phloridzine, mais elle peut encore être renforcée considérablement par différentes lésions nerveuses, qui entraînent déjà l'excrétion du sucre, lorsqu'elles sont pratiquées sur un animal sain. Ainsi HÉDON (loc. cit.) a montré que la piqûre du plancher du quatrième ventricule au point dit diabétique, pratiquée chez des animaux dépancréatés, produit constamment une très forte augmentation de la glycosurie et de l'hyperglycémie déjà existantes, et KAUFMANN a confirmé ce fait. L'ablation des ganglions cervicaux inférieurs, la section des vago-sympathiques, renforcent aussi la glycosurie, mais à un moindre degré que la piqûre bulbaire (HÉDON).

2° *Troubles de l'assimilation des hydrates de carbone.* — Dans le diabète à forme légère où la glycosurie fait défaut, lorsque le patient est soumis au régime azoté, il suffit de lui faire ingérer une certaine quantité de pain pour voir apparaître la glycosurie : il en est de même pour l'ingestion de glucose. D'après E. KÜLZ [3], la glycosurie commence une demi-heure après l'ingestion d'amylacés (contrairement à SEEGEN qui admet qu'elle ne

1. Voyez aussi sur ce sujet LÉPINE. *Sur la glycosurie consécutive à l'ablation du pancréas* (C. R., 30 septembre 1895).
2. CONTEJEAN. *L'excrétion azotée dans le diabète de la phloridzine* (B. B., 28 mars 1896).
3. KULZ (*Deutsche Arch. f. praktische Medicin*, n° 23, 1876).

commence que 4 à 6 heures après), atteint son maximum dans la deuxième heure et disparaît au bout de 4 à 6 heures. Dans cette forme de diabète la capacité d'assimilation de l'organisme pour les hydrates de carbone est plus ou moins gravement atteinte, mais ordinairement il s'en faut de beaucoup que la quantité de sucre excrétée représente la totalité du sucre ingéré. Il n'en est pas de même pour le diabète à forme grave : l'ingestion d'amylacés ou de sucre renforce la glycosurie déjà existante, à un tel degré qu'il est permis de se demander si dans certains cas la consommation du sucre alimentaire n'est pas absolument nulle. Toutefois, d'après Külz, même chez les diabétiques gravement atteints, la totalité des hydrates de carbone ingérés ne reparaît pas dans l'urine, et par conséquent une partie de ceux-ci serait brûlée. Il en résulte que, chez le diabétique aussi, les hydrates de carbone doivent exercer leur action d'épargne sur l'albumine, et que, sous leur influence, une diminution de l'excrétion de l'azote doit pouvoir être constatée. C'est effectivement ce qui a été observé par quelques auteurs, notamment Léo [1], Borchardt et Finkelstein (loc. cit.). Dans le diabète expérimental produit par l'extirpation totale du pancréas, il semble que la consommation du sucre alimentaire soit totalement entravée; il résulte en effet de certaines expériences de V. Mering et Minkowski et de Hédon que l'accroissement de la glycosurie à la suite de l'ingestion de glycose correspondait exactement à la quantité de sucre ingéré. Ces expériences étaient du reste entourées de difficultés; car il fallait compter avec les oscillations spontanées de la glycosurie, la perte d'une partie du sucre par fermentation dans le tube digestif, la possibilité que l'absorption du sucre alimentaire modifiât la formation du glycose aux dépens des albuminoïdes. Malgré toutes ces causes d'erreurs, certains résultats paraissent assez probants, lorsque, par exemple, le sucre et l'urée excrétés se maintenant à un chiffre relativement fixe pendant plusieurs jours consécutifs, pour une alimentation carnée rigoureusement identique, on voit, après l'absorption d'une certaine quantité de sucre, l'augmentation de la glycosurie accuser à peu près exactement l'excès de sucre fourni à l'organisme, sans que l'excrétion de l'urée subisse de modification. De plus, chez les chiens dépancréatés parvenus à la dernière période de marasme et qui n'ont plus qu'une glycosurie très faible, l'ingestion d'une certaine quantité de glycose fait passer dans l'urine une quantité à peu près égale (Hédon).

A l'encontre du glycose, le fructose (lévulose) est parfaitement assimilé par le diabétique. Külz [2], qui a signalé ce fait remarquable, a vu en effet que l'absorption de 100 grammes de lévulose ne provoquait pas le passage du sucre dans l'urine dans le cas de diabète léger et n'augmentait pas la glycosurie dans les cas graves. Tout le sucre excrété était du glycose dextrogyre. L'inuline (qui est au lévulose ce que l'amidon est au glycose) se comporte de même. Pour le saccharose, Külz a aussi observé que son ingestion dans le diabète grave causait une augmentation de la glycosurie qui ne correspondait qu'à la moitié à peu près du sucre ingéré (résultat compréhensible, puisque le sucre de canne fournit par interversion parties égales de glycose et de fructose). Cette faculté spéciale du diabétique de ne consommer que le sucre lévogyre a été rapprochée des propriétés identiques que possèdent certains champignons inférieurs ou microorganismes (par exemple, le Penicillium glaucum ne consomme de l'acide lactique inactif que la moitié lévogyre et laisse l'acide dextrogyre).

Le sucre de lait (dont l'interversion fournit parties égales de glycose et de galactose) paraît aussi plus assimilable pour l'organisme diabétique que le glycose; mais ici les résultats sont moins sûrs, parce que une partie du lactose doit être déjà détruite par fermentation dans l'intestin. Ce qu'il y a de certain, c'est, comme il résulte des expériences de Worm-Müller, Bourquelot et Troisier [3], qu'après l'ingestion de grandes quantités de lactose (100 et 200 grammes) par un diabétique, l'urine ne contient que du glycose et pas du tout de lactose (résultat opposé à ceux qui ont été obtenus chez l'homme sain par Worm-Müller, Hofmeister, etc. — Voy. plus haut). Fr. Voit [4] a confirmé ce fait :

1. H. Léo. Ueber die Stickstoffausscheidung der Diabetiker bei Kohlehydratzufuhr (Zeitschr. f. klin. Medic., XXIII, 225, 1893).
2. Külz. Beitr. z. Path. u. Therap. d. Diabetes mellitus, Marburg, 1874, 110-119.
3. Bourquelot et Troisier. Recherches sur l'assimilation du sucre de lait (B. B., 1889, XLI, 142).
4. Fr. Voit. Ueber das Verhalten des Milchzuckers beim Diabetiker (Z. B., 1892, XXVIII); — Ueber das Verhalten der Galaktose beim Diabetiker (Ibid., XXIX, 1892, 147).

dans un cas de diabète à forme grave, après ingestion de 100 grammes de lactose, il y eut une augmentation d'excrétion de 49 grammes de glycose et après 150 grammes de lactose une augmentation de 114 grammes de glycose dans l'urine. On voit d'après ces données que non seulement le dextrose, mais encore le galactose, qui se forme par dédoublement du sucre de lait, contribue à accroître la glycosurie. Effectivement, Fr. Voit a montré en outre que le galactose pur amène une augmentation de l'excrétion de glycose dans l'urine chez le diabétique.

Les résultats de Külz ont été vérifiés par beaucoup d'auteurs, en particulier par Worm-Müller[1]. En extension de ses expériences instituées chez des sujets normaux (analysées plus haut), ce dernier expérimentateur chercha à établir la différence que présente le diabétique d'avec l'homme sain pour l'ingestion de grandes quantités de sucre alimentaire. Pour cela, il choisit des diabétiques très légèrement atteints, c'est-à-dire se trouvant dans de telles conditions que le régime carné faisait disparaître totalement la glycosurie. Comme Külz, il constata que l'ingestion d'amidon fait apparaître très rapidement le sucre dans l'urine, surtout si cette ingestion est faite le matin et dans l'estomac vide; une telle glycosurie ne se produit jamais chez l'homme sain, nous l'avons déjà dit. Après ingestion de 50 grammes de glycose, l'urine évacuée dans les trois heures et demie consécutives contenait 1,9 p. 100 de sucre, soit 55ᵍʳ,9, c'est-à-dire 11,8 p. 100 de la quantité ingérée, par conséquent davantage que chez l'homme sain. Pour l'absorption d'un mélange de glycose et de fructose, il vit, d'accord avec Külz, que l'urine ne contient pas de fructose, mais plus de glycose que par l'ingestion de celui-ci seul. Après l'ingestion de sucre de canne, Worm-Müller observa aussi qu'il n'apparaît pas dans l'urine du fructose, mais seulement du glycose, alors que dans les mêmes conditions l'homme sain excrète, comme nous l'avons déjà vu, du sucre de canne non modifié. Pour ce motif il faut admettre qu'il existe chez le diabétique une excessive activité fermentaire pour le dédoublement du sucre de canne. Même résultat avec le sucre de lait (donné à la dose de 100 à 130 grammes); il passe aussi du glycose dans l'urine, et non du lactose non modifié, contrairement à ce qui a eu lieu chez le sujet sain.

La question de l'assimilation du lévulose par les diabétiques a été reprise dans ces derniers temps, et on a vu que, si ce sucre est effectivement moins mal utilisé par le diabétique que le glycose, la glycosurie peut cependant être accrue sous son influence. De Renzi et Reale[2] ont pu, il est vrai, administrer sans inconvénient 25 à 100 grammes de lévulose à huit diabétiques. Mais Bohland[3] a vu chez un malade que 20 à 30 grammes de lévulose augmentaient de la même quantité le sucre excrété, au moins certains jours. Haycraft[4], en donnant journellement 55 grammes de lévulose, par période de trois jours à trois diabétiques, a constaté que chez deux de ses malades 19 p. 100 environ du lévulose étaient excrétés comme lévulose et 60 p. 100 comme glycose; chez le troisième malade seulement tout le lévulose paraissait avoir été assimilé. Palma[5], chez cinq diabétiques, a observé que l'administration de 100 grammes de lévulose provoquait un excès de l'excrétion du sucre de 60 grammes dont 7 grammes de lévulose; 53 p. 100 du lévulose s'étaient donc transformés en glycose.

Les expériences instituées chez les chiens rendus diabétiques par dépancréatisation sont aussi d'un haut intérêt. L'ingestion d'amidon et de pain (bien qu'une grande partie passe sans transformation dans les fèces) augmente dans une forte proportion la glycosurie et le rapport du sucre à l'azote urinaire. Dans certains cas d'extirpation incomplète de la glande, où le sucre fait défaut dans l'urine pour un régime exclusif de viande, il suffit de donner du pain à l'animal pour provoquer l'apparition de la glycosurie (Min-

1. Worm-Müller. Die Ausscheidung von Zucker im Harn nach Genuss von Kohlehydraten bei Diabetes mellitus (A. g. P., xxxvi, 172, 1885).

2. De Renzi et Reale. Le lévulose dans le diabète (Soc. ital. de méd. int. Semaine médicale, 1896, 444).

3. Bohland. Ueber den Einfluss der Lävulose auf die Traubenzuckerausscheidung bei Diabetes, und über einige gegen denselben empfohlene Arzneimittel (Therap. Monats., août 1893).

4. Haycraft. Lävulose bei Diabetikern; ihre theilweise Umwandlung in Glukose (Z. p. C., xix, 1894, 137).

5. Palma. Ueber die Verwerthung der Lävulose und Maltose beim Diabetes melitus (Z. f. Heilkunde, xv, 1894, 265).

kowski, Hédon). C'est exclusivement du glycose que renferme l'urine ; on n'y décèle aucun autre hydrate de carbone. Après ingestion de maltose, il y a augmentation de glycose dans l'urine, mais pas de maltose (Minkowski). Pour le lévulose Minkowski constata qu'avec de petites doses (15 grammes), il n'en passait dans l'urine qu'une très faible partie, et la glycosurie n'était pas augmentée, preuve que ce sucre était consommé. Pour une quantité beaucoup plus forte de lévulose pur ou d'inuline (farine de topinambour), l'urine contenait un peu plus de ce sucre, mais on observait de plus un accroissement notable de l'excrétion de glycose. Ainsi, après absorption de 100 grammes de lévulose dans un cas, de 200 grammes dans un autre, l'accroissement de la glycosurie était respectivement d'environ 53 grammes et 82 grammes de glycose et l'excrétion de lévulose seulement de 2,^{gr}2 et 15^{gr},6. Dans ces conditions le rapport du glycose à l'azote urinaire devenait plus élevé que celui qui exprime le maximum de formation du sucre aux dépens de l'albumine ; il n'y a donc aucun doute que dans l'organisme diabétique le sucre lévogyre ne soit transformé en sucre dextrogyre. Ces chiffres indiquent de plus qu'une grande partie du lévulose était consommée. Le fait le plus remarquable constaté par Minkowski dans ses expériences avec le lévulose, est le dépôt de glycogène qui s'opère dans les tissus de l'animal après l'ingestion de ce sucre ; ce phénomène apparaît comme un corollaire de l'assimilation du lévulose. Nous avons en effet établi précédemment que chez l'animal privé de pancréas, le glycogène disparaît très rapidement du foie et des muscles ; mais il était à présumer qu'en fournissant à l'animal un hydrate de carbone assimilable, on verrait reparaître le glycogène dans ces organes. Effectivement, Minkowski obtint un résultat positif dans un certain nombre d'expériences, particulièrement dans celle-ci. A un chien présentant un diabète très intense et dont le poids du corps était tombé de 17 kilos à 11 kilos le 12e jour après l'extirpation du pancréas, on fit absorber 400 grammes de lévulose dans l'espace de trois jours, puis on le sacrifia. Le foie contenait 8,14 p. 100 de glycogène (soit, dans toute la glande pesant 569 grammes, 46,32 de glycogène) ; les muscles en renfermaient 0,81 p. 100. On ne pouvait donc douter qu'une telle accumulation de glycogène ne fût causée par l'absorption du lévulose, et il était à peine possible d'interpréter un pareil résultat autrement que par une transformation directe du lévulose en glycogène. Ce glycogène possédait, du reste, toutes les propriétés du glycogène hépatique ordinaire (même pouvoir rotatoire droit), et on retrouvait ici ce fait paradoxal, mentionné plus haut, qu'un sucre lévogyre pouvait dans l'organisme diabétique fournir un glycogène dextrogyre (alors que ce dernier ne peut se fixer après l'absorption d'hydrate de carbone dextrogyre). Pour le sucre de canne, Minkowski constata que son ingestion chez les chiens privés de pancréas amenait une augmentation du glycose de l'urine, qui était un peu supérieure à la moitié du saccharose. Les expériences avec le lactose donnèrent aussi des résultats semblables à ceux qui ont été exposés précédemment[1]. Pour expliquer l'apparition d'un excès de glycose dans l'urine après ingestion de lactose, Fr. Voit (loc. cit.) émit l'hypothèse que le sucre de lait, plus facilement oxydable dans l'organisme diabétique, est consommé, et épargne ainsi une certaine quantité du glycose formé aux dépens de l'albumine, quantité qui apparaît alors dans l'urine. Minkowski ne considère pas cette hypothèse comme vraisemblable ; il croit plutôt que, de même que le lévulose, le lactose est transformé en glycose dans l'organisme diabétique.

Dans le diabète à forme légère, consécutif à l'extirpation incomplète du pancréas, après ingestion de glycose, sucre de canne, sucre de lait, il apparaît dans l'urine des quantités de glycose variables, suivant le plus ou moins d'intensité du diabète, mais toujours notablement inférieures aux quantités ingérées. D'après Hédon, l'ingestion de glycose peut, dans certains cas, exercer une influence aggravante sur l'évolution ultérieure du diabète.

Le défaut de consommation du sucre alimentaire dans le diabète entraîne certaines conséquences pour la destruction des albuminoïdes. En effet, les tensions chimiques du sucre restant sans emploi, l'organisme, pour entretenir ses fonctions, doit puiser dans l'albumine ; c'est de la sorte que, dans maints cas, peut s'expliquer l'élévation de l'azotu-

1. Voyez aussi sur le même sujet E. Hédon. *Sur la consommation du sucre chez le chien après extirpation du pancréas* (A. de P., 1893, 154).

e. Cette conception a été reprise récemment par FR. VOIT[1]; en comparant les échanges chez un diabétique et un individu soumis au même régime, il arrive à conclure que l'accroissement de la destruction des albuminoïdes chez le diabétique qui prend une nourriture mélangée d'hydrates de carbone, provient de l'incapacité du malade d'utiliser ces derniers de la même façon que le sujet sain. Mais, si la faculté de consommer les sucres est entravée à un moindre degré, il pourra se faire que l'ingestion d'hydrates de carbone exerce encore une certaine action d'épargne sur l'albumine, ainsi que LEO l'a vu chez deux diabétiques dont l'excrétion azotée s'abaissa sous cette influence (expérience déjà mentionnée plus haut).

Ajoutons que dans le diabète phloridzinique les sucres ingérés sont aussi en partie consommés et exercent toute action d'épargne sur les albuminoïdes. Ainsi LUSK[2] a vu que si à côté de la phloridzine, on donne en même temps du glycose à l'animal, la destruction des albuminoïdes est diminuée et la quantité de sucre excrétée s'accroît. Après ingestion de lévulose, il y a aussi augmentation de l'excrétion de dextrose, de même après ingestion de lactose.

3° *Troubles des échanges gazeux.* — L'étude des échanges gazeux chez les diabétiques n'a pas toujours fourni des résultats bien concordants et à interprétation facile. PETTENKOFER et VOIT[3], observant un diabétique dans leur chambre à respiration, virent que, à côté d'une excrétion de 644 grammes de sucre par jour dans l'urine, il avait été absorbé 792 grammes d'oxygène et excrété 795 grammes de CO_2, quantité ne différant pas de celles que fournit un homme adulte sain. Mais, ajoutaient-ils, si un individu normal absorbait la même quantité de nourriture qu'un diabétique, il exhalerait beaucoup plus de CO_2 que ce dernier; chez le diabétique, par conséquent, une partie de la nourriture ne quitte pas l'organisme ainsi qu'à l'état normal sous forme de CO_2 et H_2O, mais comme sucre. Après l'ingestion d'hydrates de carbone, le rapport de l'acide carbonique expiré à l'oxygène pris à l'air reste chez le diabétique beaucoup au-dessous du chiffre qu'il atteint dans les mêmes conditions chez l'individu normal, preuve que pour le premier l'oxydation des hydrates de carbone pris avec la nourriture est entravée. En concordance avec les résultats précédents, LIVIERATO[4] trouva que, pour une nourriture ordinaire, la quantité de CO_2 exhalée chez le diabétique est fortement diminuée (et de plus de moitié) et que, en général, la grandeur de l'excrétion de CO_2 se trouve en rapport inverse avec la teneur de l'urine en sucre. Par contre, H. LEO[5] admet que les résultats indiqués par les auteurs précédents, à savoir l'abaissement de la consommation de l'oxygène et la production de CO_2 chez le diabétique, ne sont pas exacts dans beaucoup de cas. Expérimentant sur cinq cas de diabète à différents degrés, à l'aide de la méthode de ZUNTZ et GEPPERT, il trouva que, aussi bien à l'état de jeûne qu'à l'état de nutrition, les échanges gazeux chez le diabétique ne s'écartaient pas de la normale. WEINTRAUD et LAVES[6], observant un diabétique atteint de la forme grave, mais chez lequel cependant la glycosurie disparaissait sous l'influence d'un traitement diététique, constatèrent aussi que la quantité d'oxygène consommé répondait à celle qui était nécessaire pour la combustion du matériel oxydable ingéré. Mais l'excrétion de CO_2 demeurait au-dessous du nombre calculé théoriquement. Il en résultait une valeur très basse du quotient respiratoire.

La question est donc entourée de beaucoup d'obscurités. Mais le fait que chez le diabétique l'ingestion d'hydrates de carbone n'influence pas la valeur du quotient respiratoire au même degré que chez l'individu sain, paraît pourtant hors de contestation. Le quotient $\dfrac{CO_2}{O}$ qui, comme on sait, dans l'état ordinaire, est inférieur à l'unité, s'élève et se rapproche de l'unité pour une alimentation riche en féculents chez un animal normal,

1. FR. VOIT. *Ueber den Stoffwechsel bei Diabetes mellitus* (Z. B., XXIX, 1, 129, 1893).
2. G. LUSK. *Ueber Phloridzin-Diabetes und über das Verhalten desselben bei Zufuchr. verschiedener Zuckerarten und von Leim* (Z. B., XXXVI, 1898, 82).
3. PETTENKOFER et VOIT. *Ueber das Wesen der Zuckerharnruhr.* (Z. B., III, 428-432, 1867).
4. LIVIERATO. *Ueber die Schwankungen der vom Diabetiker ausgeschiedenen Kohlensäure bei wechselnden Diät und medicamentöser Behandlung* (A. P. P., XXV, 1888, 161).
5. LEO. *Ueber den respiratorischen Stoffwechsel bei Diabetes mellitus* (Zeitschr. f. klin. Med., XIX, Suppl., 101, 1891).
6. WEINTRAUD et LAVES. *Même sujet* (Z. p. C., XIX, 603, 1894).

Or Hanriot[1], d'accord avec ses prédécesseurs, a constaté, chez deux diabétiques, que le quotient respiratoire ne s'élevait que peu ou point après ingestion d'une grande quantité de pommes de terre; chez l'un d'eux, qui éliminait habituellement 300 grammes de sucre par jour, le quotient respiratoire était à jeun de 0,78; après l'ingestion de 1 kilogr. de pommes de terre et de 1 litre d'eau il devint 0,74, 0,72, 0,82. Chez l'autre malade, moins gravement atteint (élimination de 90 grammes de sucre par jour sous l'influence du régime anti-diabétique), le quotient respiratoire, qui était de 0,71 à jeun, s'éleva à 0,83 après un repas de pommes de terre. Pour ce dernier, par conséquent, la faculté d'assimiler le sucre était seulement affaiblie et non complètement abolie. Une perte absolue de la faculté de consommer le sucre n'est, du reste, pas constatable dans le diabète de l'homme (nous avons dit plus haut qu'on ne peut admettre cette incapacité absolue que dans les cas de diabète intense par extirpation du pancréas), et il y a toujours utilisation d'une certaine quantité de glycose, même chez les diabétiques gravement atteints, d'après Külz. Si ce fait est exact, on devrait donc toujours pouvoir constater une certaine élévation du quotient respiratoire après l'ingestion d'hydrates de carbone. Effectivement, Weintraud et Laves ont pu apprécier une faible élévation du rapport $\dfrac{CO_2}{O}$ dans ces conditions, et d'autre part Nehring et Schmoll[2] ont constaté dans leurs expériences que le quotient respiratoire, contrairement à ce qui a lieu chez le sujet sain, se trouvait baisser primitivement jusqu'à une valeur inférieure à la normale (0,683 dans un cas), puis se relevait consécutivement au-dessus de la valeur du jeûne.

Il a été fait aussi quelques recherches intéressantes sur les échanges gazeux dans le diabète expérimental. Ouchinsky[3], chez des chiens ayant ingéré 1 à 2 grammes de phloridzine et devenus glycosuriques, trouva que la quantité de CO_2 exhalée et d'O_2 absorbée ne s'écartait guère de la normale (cependant la quantité de chaleur produite baissait fortement). Weintraud et Laves[4], expérimentant sur un chien qui avait subi l'extirpation du pancréas, trouvèrent que le quotient respiratoire ne s'abaissait pas au moment de l'apparition du diabète, qu'il subissait plutôt une augmentation et que plus tard il acquérait la même valeur qu'avant l'opération. Toutefois l'ingestion de glycose n'amenait pas, comme chez l'animal normal, une élévation du quotient, tandis que celle-ci était le résultat immédiat de l'absorption de lévulose. Ainsi se trouve corroboré par l'étude des échanges gazeux ce fait sur lequel nous avons précédemment insisté, que le sucre lévogyre est consommé dans l'organisme diabétique, à l'inverse du sucre dextrogyre qui reste inutilisé. Un fait qui paraît surprenant dans les recherches de Weintraud et Laves, et dont ces auteurs n'ont donné aucune explication, c'est que le quotient respiratoire ne subit aucun abaissement avec l'apparition du diabète. On pourrait y voir la preuve que la glycosurie ne provient pas d'un trouble de la consommation du sucre, contrairement à l'opinion courante. Mais Minkowski croit pouvoir en donner une autre interprétation, à savoir que des substances albuminoïdes détruites, dans lesquelles l'organisme de l'animal en expérience pouvait puiser son énergie, les groupes atomiques pauvres en oxygène et riches en carbone étaient séparés et retenus dans l'organisme, et il appuie cette supposition sur le fait que, chez les animaux diabétiques, on peut trouver un abondant dépôt de graisse dans les organes, spécialement dans le foie.

§ IV. — **Pathogénie du diabète. Théories.** — Nous n'énumérerons point toutes les théories qui ont été proposées pour expliquer la pathogénie de la glycosurie et du diabète[5]. Il est reconnu d'ailleurs aujourd'hui que beaucoup de ces théories ne reposent sur aucun fondement. Accumuler dans cet article les faits et les documents expérimentaux, tel est le but que nous tâcherons de ne point perdre de vue.

---

1. Hanriot. Sur l'assimilation du glycose chez l'homme sain et chez le glycosurique (C. R., 1892 et A. de P., 1893, 248).
2. Nehring et Schmoll. Ueber den Einfluss der Kohlehydrate auf den Gaswechsel des Diabetikers (Zeitschr. f. klin. Medicin, n° 30, 41, 1895).
3. Ouchinsky. Des échanges gazeux et de la calorimétrie chez les chiens rendus glycosuriques à l'aide de la phloridzine (Arch. de méd. exp., v, 4, 1894).
4. Weintraud et Laves. Ueber den respiratorischen Stoffwechsel eines diabetischen Hundes nach Pankreasexstirpation (Z. p. C., xix, 1894, 629).
5. Ch. Bouchard. Maladies par ralentissement de la nutrition, 170 et suiv., 1885.

Doit-on rapporter toutes les glycosuries nerveuses, toxiques, pancréatiques à une cause univoque? Assurément non. La pathogénie du diabète phloridzinique, par exemple, est certainement tout autre que celle du diabète pancréatique. Et les autres glycosuries qui s'accompagnent d'hyperglycémie sont-elles de même espèce? c'est douteux. Le diabète artificiel par lésions nerveuses a peut-être une pathogénie différente de celle du vrai diabète, et ce dernier ne semble avoir d'analogue sur le terrain expérimental que le diabète consécutif à l'extirpation du pancréas. Tout l'effort des physiologistes devrait donc tendre à donner une explication de la glycosurie qui résulte de la suppression de la glande pancréatique; car il est à présumer que, ce secret dévoilé, la pathogénie du diabète s'éclairerait d'un nouveau jour. Cette entreprise a été commencée depuis quelques années et les travaux de LÉPINE, de CHAUVEAU et KAUFMANN témoignent du labeur énorme qui a été dépensé. L'exposé méthodique de cette question étant des plus difficiles, nous diviserons le sujet de la façon suivante : 1º Théories générales du diabète; 2º Théories proposées pour expliquer le diabète pancréatique expérimental; 3º Théories du diabète phloridzinique. Nous ajouterons un paragraphe sur la pathogénie du coma diabétique. Nous ne nous dissimulons point les imperfections d'un semblable plan, car les deux premières divisions sont complètement artificielles et nous ne pourrons guère éviter de les intriquer quelque peu; aussi prions-nous le lecteur de ne voir là qu'un cadre destiné à faciliter l'exposition du sujet.

1º **Théories générales du diabète**. — Ce qui contribue à rendre la pathogénie du diabète des plus obscures, c'est l'incertitude dans laquelle nous nous trouvons sur le point de savoir si l'hyperglycémie diabétique provient d'une exagération de la production du sucre ou d'un abaissement de la consommation de cette substance par l'organisme. Empressons-nous d'ajouter cependant qu'il existe beaucoup de probabilités en faveur de la seconde hypothèse, et que la théorie de l'hyperproduction du sucre dans le diabète est difficilement admissible.

On sait que CL. BERNARD mettait l'hyperglycémie sur le compte d'une production plus élevée de sucre par le foie; la transformation du glycogène hépatique en sucre étant pour lui un phénomène normal, il voyait dans l'hyperglycémie l'exagération d'une fonction physiologique. Quant à la cause de cette hyperactivité fonctionnelle, il la laissait indéterminée. PAVY et SCHIFF attribuaient aussi l'hyperglycémie à une production de sucre par le foie aux dépens du glycogène; mais pour eux cette production était pathologique, car ils n'admettaient pas la transformation du glycogène en sucre à l'état normal. Pour PAVY le glycogène à l'état physiologique se transforme en graisse dans le foie; dans le diabète il est anormalement transformé en sucre dans le sang. Pour SCHIFF, il y a dans le diabète altération du sang rendant ce liquide capable de faire fermenter le glycogène.

D'autres auteurs attribuaient le diabète à un vice de la désassimilation des tissus. PETTENKOFFER et VOIT ayant constaté, comme nous l'avons dit plus haut, un abaissement de la consommation de l'oxygène et de l'exhalation de CO^2 chez le diabétique, émettaient l'hypothèse que les globules sanguins, quoique en nombre normal, n'ont pas un aussi grand pouvoir de fixation de l'oxygène qu'à l'état physiologique; la matière protéique, plus instable chez le diabétique, se détruirait plus vite en s'oxydant moins, et donnerait du sucre au lieu de fournir, comme normalement, de la graisse. HUPPERT, LÉCORCHÉ, JACCOUD regardent aussi l'exagération de la désassimilation de la substance azotée comme le facteur essentiel du diabète. Il est possible, comme le dit LÉPINE, que la *fragilité* de la molécule d'albumine soit un des éléments pathogéniques du diabète, mais jusqu'ici ce n'est qu'une hypothèse. Quant à l'abaissement de la consommation d'oxygène et de l'exhalation de CO^2, il est plus logique d'y voir l'effet et non la cause de la maladie. Cette dernière considération s'applique aussi à la théorie d'EBSTEIN [1], pour qui la cause du diabète serait une diminution de formation de l'acide carbonique dans les tissus et organes (le CO^2 exerçant à l'état normal une action modératrice constante sur l'action saccharifiante des sécrétions glandulaires et des solutions de ferments).

La théorie qui attribue l'hyperglycémie à un défaut de consommation du sucre normalement formé est celle qui a réuni le plus de suffrages. MIALHE (1844) pensait que le

_____

1. EBSTEIN. *Die Zuckerharnruhr, ihre Theorie u. Praxis*, Wiesbaden, 231, 1887.

sucre n'est pas oxydé en raison d'un défaut d'alcalinité du sang : opinion sans fondement. Bence Jones[1] admettait que le sucre est normalement détruit, non par oxydation, mais par fermentation, et que le diabète est dû à une altération du processus fermentaire. Ce fut aussi l'opinion de Schultzen[2] (voyez plus loin). D'autre part, Naunyn et Ch. Bouchard ont, à peu près à la même époque (1873-74), formulé cette théorie, que la cause du diabète consiste en un défaut d'assimilation du sucre par les tissus. Aussi Bouchard range-t-il cette affection dans la classe des maladies par « *ralentissement de la nutrition* ». Jaccoud attribue à la même cause sa première forme du diabète dans laquelle le sucre alimentaire n'est pas consommé. Pour Seegen aussi, la cause de la glycosurie repose sur l'incapacité de l'organisme de consommer le sucre ; mais il établit sous ce rapport une distinction entre les deux formes légère et grave du diabète : la forme légère résulterait d'une incapacité de la cellule hépatique de faire subir aux hydrates de carbone alimentaires leurs transformations normales (*D. hépatogène*) ; dans la forme grave toute l'économie ou une partie plus ou moins grande de ses éléments aurait perdu la faculté de détruire le sucre du sang. Il est possible que dans le diabète expérimental par lésions nerveuses, où la glycosurie fait défaut, si le foie est dépourvu de glycogène, l'hyperglycémie soit due à une exagération de la transformation du glycogène hépatique en sucre. Toutefois on pourrait encore penser, avec Ch. Bouchard, que les lésions nerveuses et les différents poisons dont il a été question plus haut agissent en ralentissant la nutrition et par conséquent la consommation du sucre. Il y a donc lieu de tenir compte de ces diverses interprétations et de tâcher de les soumettre au contrôle expérimental.

a) *Expériences en faveur de la théorie du ralentissement de la consommation du sucre.* — L. Seelig[3] a cherché à reconnaître la différence existant, au point de vue de la consommation du sucre, entre l'animal normal et l'animal diabétique, de la manière suivante : chez des lapins à jeun depuis 3, 4, 7 jours, il injectait dans la veine jugulaire 20 centimètres cubes une solution de sucre à 10 p. 100. Chez l'animal normal il en reparaissait dans l'urine en moyenne un dixième, soit 0gr,2. Si l'animal avait subi préalablement la piqûre bulbaire, on retrouvait en moyenne 0gr,6 du sucre injecté ; comme dans ces conditions de jeûne la piqûre du plancher du quatrième ventricule ne produit à elle seule qu'une glycosurie insignifiante (en concordance avec les données de Bock), il en résultait que l'animal à bulbe piqué différait des témoins par un abaissement de sa capacité d'utiliser le sucre pour sa nutrition. Naunyn[4] considère l'expérience précédente comme démonstrative. Il y ajoute l'observation suivante : il réussit (à l'encontre de Bock) à obtenir une glycosurie passagère chez le lapin à jeun, même après cinq jours d'imanition. Dans ces conditions, le foie contient au plus 0,4 de glycogène : dans tout le reste du corps il n'y en a plus trace. Or, par l'injection de 0,4 de sucre chez l'animal normal, la glycosurie n'apparaît pas. Il doit donc y avoir chez l'animal à bulbe piqué une modification de l'assimilation du sucre.

Cela posé, de quelle nature est ce trouble de l'assimilation du sucre chez le diabétique ? On peut considérer que la destruction du sucre à l'état normal s'opère soit par oxydation directe, soit après dédoublement préalable. Un élève de Ludwig, Scheremetjewski[5] a le premier émis l'idée que le sucre ne peut être oxydé dans l'organisme qu'après avoir subi un dédoublement. Schultzen (*loc. cit.*) adopta pleinement cette vue. Il fit remarquer que d'une part les expériences entreprises sur les diabétiques n'avaient pu démontrer une diminution de l'intensité des oxydations (des sels d'acides végétaux et de l'acide lactique sont complètement oxydés et se retrouvent dans l'urine sous forme de carbonates[6]) et que, d'autre part, dans l'empoisonnement par le phosphore où l'organisme a complètement

1. Bence Jones. Cité par Bouchard (*Loc. cit.*, 179).

2. Schultzen. *Beiträge zur Pathologie und Therapie des Diabetes mellitus* (*Berl. klin. Woch.*, n° 35, 1872).

3. Seelig. *Vergleichende Untersuchungen über den Zuckerverbrauch im diabetischen und nicht diabetischen Thier.* (*Diss.* Königsberg, 1873).

4. Naunyn. *Beiträge zur Lehre vom Diabetes mellitus* (*A. P. P.*, III, fasc. 2, 1874).

5. Scheremetjewski. *Arb. aus d. physiol. Anstalt zu Leipzig*, 1868, 145.

6. Nencki et Siebèr (*Zeitschr. f. prakt. Chem.*, XXVI, 34, 1882) ont aussi noté que, chez le diabétique le benzol est oxydé en phénol. Il faut, de plus, remarquer à l'appui des vues de ces auteurs que l'absence de glycosurie, dans les maladies où les échanges respiratoires sont entravés, ne parle pas en faveur de l'hypothèse d'une oxydation incomplète dans le diabète.

perdu son pouvoir d'oxydation, l'ingestion de grandes quantités de glycose ne provoque pas la glycosurie, mais bien une élimination d'acide lactique. Ce dernier corps provient du dédoublement du glucose, et ce processus de dédoublement est le résultat d'une action fermentaire qui reste intacte dans l'organisme intoxiqué par le phosphore, tandis qu'elle disparaît dans l'organisme diabétique. Schultzen émet donc l'hypothèse que chez le diabétique les processus d'oxydation sont intacts, mais qu'il manque un ferment dédoublant le sucre en glycérine et aldéhyde glycérique : $H^2 + C^6H^{12}O^6 = C^3H^6O^3 + C^3H^6O^3$. Par suite, le sucre serait éliminé en nature, parce qu'il ne peut subir l'oxydation directe. Nencki et Sieber ne doutent pas non plus que le diabétique serait en état de consommer le sucre s'il parvenait à le dédoubler.

Cette théorie, dit Bunge (*Chimie biologique*, 372), a quelque chose de séduisant, mais elle a aussi ses points faibles. Ainsi certaines substances, introduites dans l'organisme diabétique, reparaissent dans l'urine conjuguées à l'acide glycuronique ; or cet acide est sans aucun doute un produit d'oxydation et non pas de dédoublement du sucre. D'autre part, il est douteux que l'acide lactique soit un produit de dédoublement normal du sucre, et l'acide sarcolactique, que l'on trouve constamment dans les organes, provient vraisemblablement de l'albumine. Enfin l'acide oxybutyrique, l'acide acétylacétique et l'acétone qui apparaisssent dans l'urine diabétique sont sans aucun doute des produits incomplètement oxydés (dérivant probablement des matières albuminoïdes).

Il y a toutefois dans cette théorie une notion d'extrême importance : c'est que l'assimilation du sucre dans l'organisme serait liée à l'action d'un ferment spécial. Cette notion a été reprise dans ces dernières années par Lépine. Sans chercher à résoudre le problème du mode d'action du ferment auquel il a donné le nom de *glycolytique*, cet expérimentateur s'est attaché à en démontrer l'existence dans le sang normal et la diminution dans le sang diabétique. Cette théorie a été développée à l'occasion de la découverte du diabète pancréatique ; c'est pourquoi, bien qu'elle eût sa place marquée en ce point de notre analyse, nous l'exposerons cependant un peu plus loin, afin de ne pas en scinder l'étude.

b) *Expériences à l'appui de la théorie de l'hyperproduction du sucre*.— La théorie de l'hyperproduction du sucre, comme cause primordiale du diabète, se base sur des expériences dont les résultats paraissent en contradiction avec ceux des expériences précédentes ; à savoir : 1° que l'analyse comparative du sang artériel et du sang veineux chez le diabétique donne une différence de teneur en sucre qui ne diffère pas de la normale ; 2° que si l'on a séparé le foie de l'appareil circulatoire, la destruction du sucre s'opère dans le sang chez l'animal diabétique de la même façon que chez l'animal normal.

Il résulte, en effet, des expériences de Chauveau et Kaufmann [1] que la supériorité du sang artériel sur le sang veineux, au point de vue de la teneur en sucre, se retrouve la même que dans l'état normal, dans toutes les déviations de la fonction glycémique qui sont provoquées par une lésion du système nerveux central. Cette supériorité se montre également dans l'hyperglycémie qui suit l'extirpation du pancréas. Pour ce qui concerne cette dernière forme de diabète, un tableau dressé par ces auteurs montre que, dans un cas seulement, les analyses donnèrent une légère supériorité glycosique au sang veineux. Dans un autre cas, il y eut égalité de teneur en glycose. Mais l'infériorité du sang veineux se traduisit dans les six autres dosages d'une manière très évidente. Aussi la moyenne des huit cas donna-t-elle le chiffre de $0^{gr},122$ de glycose perdu par chaque litre de sang pendant la traversée des capillaires. Voici maintenant la conclusion de Chauveau et Kaufmann : « L'hyperglycémie diabétique, qu'elle provienne de l'extirpation du pancréas ou d'une lésion de l'axe médullaire, reconnaît toujours pour cause un excès de production glycosique, et non un arrêt ou un ralentissement de la dépense de sucre dans les vaisseaux capillaires. D'un autre côté, dans les cas d'hypoglycémie déterminée par les sections médullaires, cette dépense est plutôt moins active qu'à l'état normal. D'où il résulte que toutes les déviations de la fonction glycémique, en quelque sens qu'elles se produisent, doivent être rapportées à la même cause immédiate : un changement dans l'activité de

1. Chauveau et Kaufmann. *Sur la pathogénie du diabète. Rôle de la dépense et de la production de la glycose dans les déviations de la fonction glycémique* (C. R., 6 février 1893 et 13 février 1893).

l'organe glycogène, c'est-à-dire l'exaltation ou l'amoindrissement de la production de glycose. »

D'autre part, les expériences d'isolement du foie ne sont pas non plus favorables à la théorie du ralentissement de la consommation du sucre dans le diabète. SENFF (loc. cit.), dans son étude de la glycosurie consécutive à l'empoisonnement par CO, se prononce contre l'hypothèse d'un obstacle à la destruction du sucre, parce que le glycose qu'il injecta dans le sang des animaux empoisonnés n'augmenta pas la quantité de sucre de l'urine; il conclut, au contraire, à une augmentation de la production du sucre, parce que chez un animal auquel il lia l'artère cœliaque et mésentérique de façon à empêcher la circulation hépatique, l'oxyde de carbone ne produisait pas le diabète. BOCK et HOFFMANN[1] ont isolé le foie de la circulation en obstruant d'une part la veine cave inférieure au-dessus du diaphragme à l'aide d'une ampoule, et en liant d'autre part la veine porte et l'aorte au-dessus du tronc cœliaque ou l'artère cœliaque et la mésentérique supérieure; ils lièrent de plus le canal thoracique. Chez les lapins normaux ainsi opérés ils trouvèrent que le sucre disparaît du sang au bout d'une heure environ et qu'à ce moment l'animal meurt. Appliquant alors cette méthode sur des lapins rendus hyperglycémiques par une injection d'eau salée dans les veines, ils constatèrent que le sucre disparaissait plus lentement du sang que dans les conditions ordinaires. Par contre, dans le diabète curarique, la diminution du sucre s'opérait comme normalement, et il en était de même dans le diabète consécutif à la piqûre bulbaire. Ces deux formes de diabète, par conséquent, seraient explicables par une augmentation de la production du sucre. En outre, chez les animaux rendus diabétiques par l'extirpation du pancréas, KAUFMANN[2] observa qu'après l'isolement du foie de la circulation par la ligature de l'aorte et de la veine cave inférieure au-dessus du diaphragme, la glycolyse dans le sang circulant dans le train antérieur de l'animal, s'opère avec la même intensité que chez un animal normal soumis aux mêmes conditions opératoires. De même, KAUSCH[3] opérant sur des oiseaux qu'il avait rendus hyperglycémiques par l'ablation du pancréas, s'assura qu'après l'extirpation du foie le sucre baissait rapidement dans le sang, et, à la vérité, à peu près dans le même temps que chez les animaux privés seulement de leur foie.

Se basant sur les résultats négatifs de ces expériences, les partisans de l'hyperproduction du sucre dans le diabète ont conclu à une exaltation de l'activité du foie (étant donné d'ailleurs qu'il n'y a aucune raison de penser que la formation du sucre ait lieu dans d'autres parties de l'organisme). Cette théorie résulte par conséquent de l'exclusion de la précédente, mais elle ne s'appuie pas sur des preuves directes. Toutefois il n'est pas douteux que certaines agressions expérimentales sur le système nerveux puissent solliciter le foie à fabriquer plus de sucre que dans l'état normal, de manière à produire l'hyperglycémie par ce mécanisme. C'est par une vaso-dilatation hépatique qu'on a d'abord expliqué le résultat de la piqûre du plancher du quatrième ventricule, et le fait indiqué par CL. BERNARD que la section préalable des splanchniques empêche la piqûre de produire son effet, est facilement interprété dans cette hypothèse. LAFFONT[4] a même admis que la piqûre agit en excitant un centre vaso-dilatateur, et il a indiqué les voies (chaîne sympathique) que devait suivre l'action nerveuse pour parvenir au foie (Voyez article Foie). Cependant il est difficile de voir la cause du diabète dans une simple hyperémie du foie; car, ainsi que l'a fait remarquèr CH. BOUCHARD, toute congestion hépatique devrait alors provoquer la glycosurie, ce qui est loin d'être le cas[5]. Mais on peut admettre d'une manière plus rationnelle une action nerveuse excito-sécrétoire sur la glande hépatique. Si la section des nerfs du foie ne modifie pas sensiblement le fonctionnement des cellules hépatiques (PICARD)[6], ou ne produit qu'une légère hypoglycémie (KAUFMANN), il n'en est pas de même de l'excitation du bout périphérique de ces nerfs

1. BOCK et HOFFMANN. Experim. Studien über Diabetes, Berlin, 1874.
2. KAUFMANN (A. de P,, avril 1895).
3. W. KAUSCH. Der Zuckerverbrauch in Diabetes mellitus des Vogels nach Pankreasexstirpation (A. P. P., 1897, 219, XXIX).
4. LAFFONT. Recherches sur la glycosurie considérée dans ses rapports avec le système nerveux (D. Paris. — Journ. de l'anat. et de la physiol., n° 4, 1880).
5. CH. BOUCHARD. Loc. cit., 167.
6. PICARD (Gaz. méd. de Paris, 1879, 229).

qui amène au contraire de l'hyperglycémie. D'après les frères Cavazzani [1], l'excitation du plexus cœliaque augmente la proportion de glycose dans le sang des veines sus-hépatiques, en même temps qu'elle occasionne une diminution de volume des cellules du foie par suite d'une perte de glycogène. Morat et Dufourt [2] ont, de leur côté, constaté que l'excitation des centres nerveux par l'asphyxie retentit sur le foie pour en abaisser la teneur en glycogène, même après ligature de l'aorte au-dessus du diaphragme et de la veine porte; ils ont provoqué en outre l'hyperglycémie par l'excitation des splanchniques, et aussi dans quelques cas par l'excitation du bout périphérique du pneumogastrique (l'inconstance du résultat, dans ce dernier cas, proviendrait de l'existence dans le vague de fibres antagonistes). Butte [3] a aussi noté l'augmentation de la teneur en sucre des veines sus-hépatiques après faradisation prolongée du bout périphérique du vague; Levene, l'augmentation du sucre et la diminution du glycogène du foie dans les mêmes conditions [4]; Lépine, l'hyperglycémie par faradisation du bout périphérique du vague gauche au cou [5].

Il n'y a donc aucun doute que certaines actions nerveuses agissent sur la glande hépatique pour activer ou modérer sa fonction glycogénique. Les nerfs sécréteurs du foie tirent évidemment leur origine des centres nerveux, et on conçoit que ces derniers doivent contenir des groupements cellulaires spéciaux agissant sur la glyco-formation. C'est ce qui résulte des expériences de Chauveau et Kaufmann.[6] Ces auteurs, à la suite d'une étude des effets produits sur la glycémie par différentes lésions des centres nerveux, sont arrivés aux conclusions suivantes : Il existe deux centres antagonistes auxquels est départi le rôle de régulateurs de l'activité de la glande hépatique : un centre frénateur, situé dans la partie bulbaire de la moelle allongée, et un centre excitateur, situé près de l'extrémité supérieure de la moelle cervicale, entre le bulbe rachidien et l'origine de la 4e paire spinale; le premier transmet son action au système du grand sympathique par les *rami communicantes* des quatre premières paires cervicales; le second transmet la sienne par les *rami communicantes* qui fournissent les dernières paires de la première moitié de la région dorsale de la moelle épinière. La section bulbaire entre l'atlas et l'occipital isole le centre frénateur. Il y a alors accentuation des effets du centre excitateur se manifestant avec toutes ses conséquences : hyperglycémie, glycosurie. Par contre, la section médullaire en un point quelconque de la région comprise entre la 4e paire cervicale et la 6e paire dorsale laisse subsister l'action du centre frénateur, mais détruit celle du centre excitateur. Aussi cette opération entraîne-t-elle toujours l'hyperglycémie. L'influence exercée par ces deux centres régulateurs du foie ne s'adresse pas du reste directement à cet organe; elle n'y arrive que par l'intermédiaire des ganglions placés comme des relais sur le trajet des nerfs sympathiques. Ces ganglions ne sont pas d'ailleurs de simples agents de transmission. Ils constituent de véritables centres secondaires dans lesquels les excitations parties des centres primaires cérébro-spinaux peuvent se prolonger et se maintenir aussi longtemps qu'un centre antagoniste n'intervient pas pour leur communiquer une modalité contraire (c'est ce qui explique pourquoi le diabète consécutif à la piqûre bulbaire persiste malgré la section des splanchniques, alors que cette dernière opération faite avant la piqûre en empêche les effets). Quand à la manière dont ces centres sont influencés à l'état physiologique pour maintenir la glycémie normale et à l'état pathologique pour produire l'hyperglycémie, nous l'exposerons à propos de la pathogénie du diabète pancréatique.

1. A. et E. Cavazzani. *Le funzioni del pancreas ed i loro rapporti con la patogenesi del Diabete*, Venezia, 1892 (*A. g. P.*, 1894, lvii,) — (*Maly's Jahresbericht*, 1894, 391-392).

2. Morat et Dufourt. *Les nerfs glyco-sécréteurs* (*A. de P.*, 379, 1894).

3. Butte (*B. B.*, 1894, 166).

4. Levene. *Die Zuckerbildende Function des N. vagus* (*C. P.*, viii, 337, 11 août 1894).

5. Lépine. *Récents travaux sur la pathogénie des diabètes* (*Revue de médecine*, 10 oct. 1896). On trouvera dans cette revue l'analyse des travaux énumérés précédemment.

6. Chauveau et Kaufmann. *Le pancréas et les centres nerveux régulateurs de la fonction glycémique* (*B. B.*, 11 mars 1893). Voyez aussi Kauffmann. *Recherches expérimentales sur le diabète pancréatique et le mécanisme de la régulation de la glycémie normale* (*A. de P.* 1893, 209). — *Mode d'action du système nerveux dans la production de l'hyperglycémie* (*Ibid.*, 266). — *Nouvelles recherches sur le mode d'action du système nerveux dans la production de l'hypoglycémie* (*Ibid.*, 287). — *Aperçu général sur le mécanisme de la glycémie normale et du diabète sucré* (*Ibid.*, 385).

c) Critique. — Il est, on le voit, difficile de dégager de toutes ces expériences une notion précise sur le trouble de la fonction glycémique dans le diabète. Les partisans de l'hyperproduction du sucre croient pouvoir déduire leur théorie des expériences à résultats négatifs institués pour appuyer la théorie adverse, mais ils n'en donnent aucune démonstration directe ; car, s'il est prouvé qu'expérimentalement un certain degré d'hyperglycémie et de glycosurie peut être obtenu par une exaltation de la fonction glycogénique du foie, il est loin d'être démontré qu'il en soit de la sorte dans le vrai diabète. Les dosages comparatifs du sucre du sang sus-hépatique et du sang porte chez les animaux rendus diabétiques par l'extirpation du pancréas ne donnent pas de résultats favorables à cette théorie (HÉDON). D'autre part, il est permis de douter que les dosages comparatifs du sucre dans les sangs artériel et veineux soient bien de nature à nous fournir la solution de la question controversée, car ces analyses ne donnent que des différences minimes ; la moindre erreur de dosage suffit donc pour en fausser l'interprétation, et il se pourrait bien qu'il existât entre l'état physiologique et l'état diabétique une différence réelle dans la glycolyse, mais inappréciable à nos moyens actuels d'investigation. Si les résultats de certaines expériences (isolement du foie) sont en contradiction avec l'hypothèse du ralentissement de la consommation du sucre dans le diabète, cependant elles ne semblent point avoir une portée suffisante pour enlever toute valeur aux considérations logiques qui militent en faveur de cette théorie.

C'est un fait hors de toute contestation que le sucre ou les hydrates de carbone alimentaires ne sont pas utilisés comme à l'état physiologique ; et il n'y a pas à voir dans ce fait autre chose que l'incapacité (plus ou moins accentuée du reste) de l'organisme diabétique de consommer le sucre ou de le mettre en réserve sous forme de glycogène ou de graisse. D'autre part, quand on réfléchit à la quantité énorme de sucre alimentaire qui peut être consommée journellement par l'organisme normal, et qu'on le compare à la quantité maximum de sucre qui peut se former aux dépens des matières albuminoïdes chez un diabétique à jeun ou soumis à la diète carnée, on ne saurait douter que chez ce dernier le trouble nutritif consiste essentiellement dans une insuffisance de la destruction du sucre. « Admettons, dit BUNGE (*Chimie biologique*, 370), qu'un diabétique consomme, en vingt-quatre heures, 300 grammes d'albumine (quantité dont il viendra difficilement à bout), la quantité de sucre qui pourrait en résulter ne dépassera pas 200 grammes, car une grande partie du carbone doit se dédoubler avec l'azote. Mais 200 grammes de sucre pénétrant peu à peu, en vingt-quatre heures, dans le sang ne suffiront jamais à provoquer le diabète chez un individu ayant encore la faculté de brûler normalement le sucre du sang. Un homme qui se nourrit de pommes de terre absorbe journellement 600 à 1 000 grammes de sucre, et cependant celui-ci ne passe pas dans l'urine. » Dans le même ordre d'idées, l'argumentation suivante de MINKOWSKI, combattant la théorie de CHAUVEAU, est aussi à citer : « Lorsque, par exemple, un chien diabétique de 6 kilogr, à jeun depuis plusieurs jours, après ingestion graduelle au cours d'une journée de 100 grammes de glycose, excrète 107^{gr},5 de sucre à côté de 4,33 d'azote, comment pourrait-il être question d'une intégrité de la consommation du sucre et d'une augmentation de production de cette substance comme cause du diabète? D'où pourrait donc provenir une telle quantité de sucre? Serait-ce des quelques 28 grammes de substances albuminoïdes détruites dans l'organisme [1] ? »

La théorie du ralentissement de la consommation du sucre dans le diabète n'exclut pas, du reste, complètement l'hypothèse d'une hyperproduction. Mais cette dernière, si elle existe, ne serait qu'accessoire et secondaire, et elle pourrait, de même que la disparition du glycogène du foie, recevoir l'interprétation suivante : le trouble de la consommation du sucre peut amener dans l'économie un vif besoin de cette matière, de même qu'un travail musculaire prolongé amène l'augmentation de ce besoin, ce qui se traduit par une rapide diminution du glycogène hépatique (KÜLZ) ; alors on peut supposer que dans l'organisme diabétique le glycogène formé aux dépens des matières albuminoïdes ou des hydrates de carbone de la nourriture est continuellement et aussitôt transformé en glycose, qui, n'étant point consommé, s'accumule dans le sang et passe dans l'urine

---

1. MINKOWSKI. *Störung der Pankreasfunction als Krankheitsursache (Diabetes mellitus). Ergebnisse der allgemeinen Aetiologie der Menschen und Thierkrankheiten*, 1896, 92.

(Minkowski). C'est cette même idée que Lépine[1] avait antérieurement formulée, et qu'il avait fait ressortir dans une image saisissante, en [comparant ce qui se passe dans l'organisme diabétique à l'action d'un homme inintelligent qui, voyant qu'un poêle ne tire pas continuerait à le bourrer de charbon.

Une glycosurie aussi forte que celle qu'on observe dans le diabète grave de l'homme et dans le diabète pancréatique expérimental, ne peut donc guère recevoir une interprétation satisfaisante en dehors de la théorie du ralentissement de la consommation du sucre. On se représente du reste difficilement, dans l'hypothèse d'une intégrité de la fonction glycolytique, l'hyperactivité excessive que devrait présenter la glande hépatique pour produire la glycosurie intense du diabète, lorsqu'on réfléchit à la quantité énorme de sucre qu'il faut faire absorber à un individu sain pour produire l'élimination de quelques grammes de cette substance. (Voyez plus haut : *Glycosurie alimentaire.*)

Ch. Bouchard (*loc. cit.*, *Semaine médicale*, 1898, 201) est dernièrement revenu sur cette discussion, et ses raisonnements, basés sur des données numériques, sont absolument convaincants. Supposons, dans l'hypothèse de l'hyperproduction du sucre comme cause de la glycosurie, qu'un diabétique, soumis à la diète carnée, élimine 100 grammes de sucre, et, pour prendre des chiffres modérés, admettons que « l'avidité normale des tissus pour le sucre » (voyez plus haut page 806) soit de 500 grammes. C'est donc un total de 600 grammes de sucre que l'organisme a eu à sa disposition pour vingt-quatre heures. « D'oùpeuvent provenir ces 600 grammes de sucre? De la graisse ou de l'albumine? Pour que la graisse pût les produire, il en faudrait 6 kilogrammes par jour : on ne conçoit guère la possibilité de l'ingestion d'une telle quantité de graisse et encore moins de sa digestion et de son absorption. Si cette graisse n'était pas ingérée, il faudrait qu'elle fût prise aux tissus; or, l'organisme total n'en contient guère que 6 à 9 kilogrammes. Les 600 grammes de sucre auraient-ils donc pour origine l'albumine élaborée? Mais cela supposerait une destruction quotidienne de 1075 grammes d'albumine que le diabétique ne pourrait trouver que dans l'ingestion de plus de 5 kilogrammes de viande ou dans la destruction d'une égale quantité de ses tissus azotes. Cela supposerait en d'autres termes, une polyphagie invraisemblable ou une autophagie impossible. Cela supposerait également une azoturie telle qu'on ne l'a jamais constatée... Ainsi, pour expliquer par l'augmentation de la production du sucre une glycosurie diabétique même modérée, on est obligé d'admettre comme conséquence une polyphagie ou une authophagie et une azoturie telles qu'on n'en a jamais vu. La théorie se trouve jugée par l'absurde. »

Si cette théorie conduit à des impossibilités, il n'en est point de même de la théorie qui attribue le diabète à la diminution de la destruction du sucre, et les objections qu'on lui a faites peuvent être aisément réfutées. On a dit notamment que si le sucre urinaire était le sucre qui aurait dû être consommé, la perte de ce combustible devrait entraîner une diminution de l'oxygène consommé et de l'acide carbonique produit. Or nous avons vu plus haut (Échanges gazeux) que tel n'est point toujours le cas. Mais il suffit de réfléchir, pour expliquer ce fait, que l'organisme ne reste pas passif en face de la perte d'énergie que lui fait subir l'excrétion du sucre, qu'il réagit et que, pour couvrir cette perte, il se rabat sur l'albumine et la graisse. D'autre part, on ne saurait voir non plus dans l'azoturie de certains diabétiques l'indice que le diabète appartiendrait plutôt aux maladies par accélération de la nutrition; car cette azoturie est aussi la conséquence nécessaire d'une compensation apportée soit par la polyphagie, soit par l'autophagie, pour la mise en liberté d'une énergie que le sucre ne fournit plus.

Dans plusieurs cas de diabète chez l'homme, Ch. Bouchard a estimé directement l'abaissement de « l'avidité des tissus » pour le sucre. « Une femme de 48 ans pesant 68^{kil},240 et dont le corps renferme 9440 grammes d'albumine fixe, est atteinte de diabète. L'élimination quotidienne du sucre oscille autour de 400 grammes. Elle est soumise à un régime approprié, recevant l'albumine et la graisse suivant son désir, et de plus 80 grammes de sucre, sans aucun autre hydrate de carbone. Sous l'influence de ce régime, le sucre urinaire tombe au bout d'un jour à 340 grammes, au bout de deux jours à 170, au bout de trois jours à 114, au bout de quatre jours à 52 grammes. A partir de ce moment la glycosurie ne fait plus qu'osciller. Je donne la moyenne des ana-

---

1. Lépine. *Le ferment glycolytique et la pathogénie du Diabète.* 1891, 21.

lyses d'urine des cinq derniers jours, à partir du quatrième inclus. L'azote urinaire total était par vingt-quatre heures de 14^{gr},90 correspondant à une quantité d'albumine dont l'élaboration fournissait 56 grammes de glycose. L'ingestion de sucre était de 80 grammes : c'est donc 136 grammes de sucre ingéré ou formé en vingt-quatre heures. Pendant ce temps, l'élimination moyenne par les urines était de 44^{gr},27. La quantité de sucre consommé était de 136 — 44,27 = 91^{gr},73. C'est en vingt-quatre heures une consommation de 1^{gr},34 par kilogramme corporel et de 9^{gr},72 par kilogramme d'albumine fixe. C'était chez cette femme la consommation la plus forte qu'elle pût faire dans les conditions d'activité et de température où elle se trouvait, puisqu'elle laissait s'échapper le sucre qu'elle ne pouvait pas utiliser. (Or chez un homme normal de 40 ans, le maximum de la consommation possible était de 9^{gr},10 par kilogramme corporel, de 61^{gr},30 par kilogramme d'albumine fixe. — Voyez tableau de la page 806). L'avidité des tissus pour le sucre est donc chez cette femme diabétique environ six fois plus faible que chez l'individu normal. Son activité glycolytique est de $\frac{9,73}{61,6} = 0,16$.

J'ai trouvé chez d'autres diabétiques les chiffres suivants : 0,19, — 0,51, — 0,10, — 0,14, — 0,42, — 0,05, — 0,51, tous nombres inférieurs à l'unité qui correspond à la normale. »

2° **Pathogénie du diabète pancréatique.** — Lorsqu'il fut démontré d'une façon incontestable, par les expériences de Minkowski et de Hédon, que le diabète consécutif à l'extirpation du pancréas relève de la suppression d'une fonction glandulaire, on émit l'hypothèse que cette fonction consiste dans la *« sécrétion interne »* d'une substance nécessaire à l'accomplissement normal des échanges. Or, sur cette base, deux théories ont été édifiées : l'une, d'accord avec le principe que dans le diabète la consommation du sucre est entravée (théorie de Lépine); l'autre, complétement opposée, ayant pour fondement la théorie de l'hyperproduction du sucre (Chauveau et Kaufmann).

a) *Théorie de* Lépine. — Le diabète est dû à la diminution dans le sang d'un ferment sécrété principalement par le pancréas, ferment *glycolytique*, dont la présence est nécessaire à la consommation du sucre dans l'organisme.

On savait par les expériences de Cl. Bernard que, dans un échantillon de sang abandonné à lui-même, la teneur en sucre baisse progressivement à partir du moment de la saignée, si bien qu'au bout d'un temps plus ou moins long, l'extrait aqueux de ce sang convenablement désalbuminé ne donne plus aucune réduction de la liqueur de Fehling. En un mot, dans le sang *in vitro*, il se produit une destruction spontanée du sucre, une *glycolyse*. Reprenant d'une façon méthodique l'étude de cette question, Lépine[1] a déterminé un certain nombre de conditions qui président à la production de ce phénomène, en particulier l'influence du temps et de la chaleur, et il en a déduit que la glycolyse est le résultat d'une fermentation. L'influence de la chaleur paraît plus particulièrement en faveur de cette conclusion. En effet la destruction du sucre *in vitro* est d'autant plus active que la température est plus élevée jusqu'à une certaine limite, au-dessus de laquelle la glycolyse devient nulle. Cette température maxima est 55 à 56°. Le sang chauffé à cette température pendant quelques instants perd la propriété de détruire son sucre lorsqu'on le maintient à la température optimum de glycolyse, c'est-à-dire vers 40°. Le ferment glycolytique est donc détruit à 56°. Complétant sa démonstration, Lépine a trouvé que ce ferment est fixé sur les globules blancs et qu'il passe par diffusion dans le sérum. Après avoir centrifugé un échantillon de sang, recueilli et lavé à l'eau salée ses globules blancs, il a pu transmettre à l'eau de lavage la propriété glycolytique. Dans le sang circulant le ferment glycolytique serait cédé par les globules blancs aux tissus, au niveau des capillaires.

Cela posé, la notion que dans le diabète la quantité de ferment glycolytique est diminuée repose sur la comparaison de la glycolyse, *in vitro* et *in vivo*, entre le sang normal et le sang diabétique. Toutes choses étant égales du côté des conditions qui

---

1. Lépine (*Lyon médic.*, déc. 1889, 619 et 1890, 83; *C. R.*, 8 avril 1890). — Lépine et Barral (*C. R.*, 23 juin 1890, 22 juin 1891, 23 février 1891, 25 mai 1891). — Voyez aussi Lépine, *Sur la pathogénie du diabète consécutif à l'extirpation du pancréas* (*Arch. de méd. exp.*, 1er mars 1891, n° 2). — *Des travaux récents relatifs à la pathogénie de la glycosurie et du diabète* (*Ibid.*, 1er janvier 1892, n° 1). — *Des relations existant entre le diabète et les lésions du pancréas, revue critique* (*Revue de méd.*, 1892, XII).

président à la glycolyse, le sang diabétique perd moins de sucre *in vitro* que le sang normal; cette perte n'est pas, il est vrai, toujours différente en valeur absolue, mais elle l'est constamment en valeur relative. Par exemple, tandis qu'un sang normal perd de 16 à 34 p. 100 de son sucre en une heure à 41°, un sang diabétique ne perd que 5 à 10 p. 100, ou moins encore. D'autre part, si, à l'aide d'un appareil à circulation artificielle, on fait circuler dans la patte d'un chien comparativement du sang normal et du sang diabétique défibriné, on constate que le premier perd pendant la première heure environ 60 p. 100 de son sucre, tandis que pour le second la perte dans le même temps n'atteint pas 30 p. 100 [1].

Pour ce qui concerne l'origine pancréatique du ferment glycolytique, Lépine en a fourni un certain nombre de preuves [2], entre autres : que le pouvoir glycolytique du sang peut être renforcé par certaines agressions expérimentales sur le pancréas, qui agiraient comme excitants de la sécrétion interne (section des nerfs de la glande, injection d'eau salée ou·d'huile dans le canal de Wirsung) et que la glycolyse est normalement plus active dans le sang de la veine pancréatique que dans celui de la veine splénique.

La théorie de Lépine a soulevé beaucoup d'objections et de critiques. Arthus [3], tout en accordant que la destruction du sucre dans le sang *in vitro* présente les principaux caractères d'une fermentation, n'admet pas que le ferment glycolytique préexiste dans le sang vivant circulant; pour lui, ce ferment procède de la mort des globules blancs, de même que le *fibrin-ferment;* la glycolyse est un phénomène de mort du sang, comme la coagulation. Il appuie cette manière de voir principalement sur les constatations suivantes : 'que le sang tiré hors des vaisseaux ne perd pas de sucre dans les premiers moment après la saignée; que certaines substances qui empêchent la coagulation (oxalate de soude, fluorure de sodium) entravent aussi la glycolyse; que le sang qui est emprisonné dans une veine jugulaire de cheval entre deux ligatures, et qui dans ces conditions ne se coagule pas, comme on sait, conserve intégralement son sucre.

Mais Lépine réplique que, si le sang ne paraît pas perdre de sucre dans les premiers moments après la saignée, cela tient à ce que la glycolyse est masquée par la production d'une certaine quantité de sucre aux dépens du glycogène du sang, et que, dans l'expérience de la veine jugulaire, le sang perd parfaitement du sucre, si, au lieu de laisser le vaisseau suspendu immobile, on le retourne de temps en temps de façon à empêcher les globules de se sédimenter et à permettre au ferment glycolytique de diffuser dans le plasma [4]. Aussi, malgré les objections d'Arthus, continue-t-il à considérer ce ferment comme un produit du fonctionnement vital des globules blancs.

Mais, la question de principe touchant l'existence d'un ferment glycolytique dans le sang circulant étant résolue par l'affirmative, la discussion n'est point encore close. La donnée de Lépine, que le sang diabétique possède un pouvoir glycolytique moindre qu'à l'état normal, a soulevé de sérieuses objections (Sansoni [5], Kraus [6], Minkowski). Lépine évalue, avons-nous dit, le pouvoir glycolytique d'un sang d'après le calcul de la perte p. 100 de sucre dans un temps donné, et non d'après la valeur absolue de cette perte. Or il arrive évidemment par ce calcul que le sang diabétique, en raison de sa teneur élevée en sucre, doit toujours être trouvé avec un pouvoir glycolytique moindre que le sang normal, bien qu'il perde autant de sucre que ce dernier en valeur absolue, et quelquefois davantage. Soit, par exemple, un sang normal contenant 1 p. 1000 de sucre et perdant en une heure 0,20. La perte p. 1000 sera 20. Soit maintenant un sang diabétique renfermant primitivement 4 de sucre p. 100, et perdant aussi dans le même temps 0,20; la perte p. 100 sera 0,5. Ainsi, bien que les quantités de sucre détruit dans l'un et l'autre cas soient égales, cependant le pouvoir glycolytique pour le sang diabétique est exprimé par un chiffre quatre fois moindre que pour le sang normal. Il peut même se trouver qu'un sang diabétique qui perdrait en valeur absolue beaucoup plus de sucre

1. Lépine et Barral (*C. R.*, 23 juin 1890 et 20 juillet 1891).
2. Lépine et Barral (*C. R.*, 23 nov. 1891). — Lépine (*Revue de méd.*, xii, 1892, 486-487).
3. Arthus. *Glycolyse dans le sang et ferment glycolytique* (*A. de P.*, juillet 1891 et avril 1892).
4. Lépine et Barral (*B. B.*, 23 avril 1891).
5. Sansoni. *Il fermento glicolitico del sangue e la patogenesi del diabete mellito* (*Riforma medica*, juli 1891 et jan. 1892).
6. Kraus. *Ueber die Zuckerumsetzung im menschlichen Blute ausserhalb des Gefässystems,*

qu'un sang normal aurait cependant un pouvoir glycolytique moindre que ce dernier ; par exemple, dans le cas suivant [1], relevé dans un tableau d'expérience de Barral : un sang normal contenant 1,05 de sucre p. 100 perdit en quinze heures à la température du laboratoire 0,11 de sucre, tandis qu'un sang diabétique renfermant 3,46 de sucre p. 100 perdit dans les mêmes conditions 0,30 de sucre, c'est-à-dire beaucoup plus du double. Or que donne le calcul p. 100? Une perte de 10,5 pour le premier, et de 8,7 pour le second.

Lépine reconnaît la justesse de ces remarques ; mais il persiste à penser que le pouvoir glycolytique doit être exprimé par la perte relative, et non par la perte absolue, parce que la glycolyse doit être d'autant plus intense que la teneur en sucre du sang est plus élevée. C'est-à-dire, par exemple, que, pour qu'un sang diabétique contenant quatre fois plus de sucre qu'un sang normal pût être considéré comme ayant un pouvoir glycolytique égal à celui de ce dernier, il faudrait que sa perte absolue en sucre fût environ quatre fois plus forte.

Kraus a objecté que l'intensité d'une fermentation ne dépend que de la quantité de ferment mise en œuvre et non de la quantité de matière à transformer. Mais en opposition à cette vue théorique, Lépine [2] a fourni la preuve directe que des échantillons d'un même sang, additionnés de quantités progressivement croissantes de glycose, perdent d'autant plus de sucre que la teneur en est plus élevée. Hédon accepte ce fait, mais il ne croit pas que la glycolyse soit renforcée par l'élévation de la teneur du sang en sucre dans une mesure assez considérable pour autoriser la définition du pouvoir glycolytique dans le sens de Lépine. En effet, dans du sang normal additionné de glycose de façon que sa teneur en sucre se rapprochât de celle du sang diabétique, la glycolyse évaluée par la perte p. 100 de sucre se trouvait exprimée par des chiffres aussi faibles que pour ce dernier sang. Il faut ajouter cependant que Lépine a constaté pour du sang d'homme diabétique que la perte absolue du sucre (et non plus relative) était aussi abaissée au-dessous de la normale [3].

b) *Théorie de* Chauveau *et* Kaufmann. — Le produit de sécrétion interne du pancréas est une substance qui agit sur le foie pour régler et modérer la formation du sucre. Dans la théorie première de ces auteurs [4], cette régulation devait s'opérer d'une manière indirecte par l'intermédiaire du système nerveux, dont certains centres seraient influencés d'une façon spéciale par la sécrétion pancréatique ; plus tard Kaufmann [5] fut conduit à admettre que l'influence du pancréas s'exerce aussi d'une manière directe sur le foie. Le pancréas et le foie sont deux glandes couplées physiologiquement pour la fonction glycogénique ; la première joue le rôle d'un frein pour l'autre. Après l'extirpation du pancréas, la formation du sucre par le foie s'exagère, d'où hyperglycémie.

Le fondement de cette théorie diffère totalement, on le voit, de celui de la précédente. Chauveau et Kaufmann estiment, en effet, que l'hyperglycémie résulte toujours d'une exagération de la production du sucre et jamais d'une diminution de sa consommation par les tissus, et ils pensent en avoir fourni la preuve en montrant que, chez les animaux rendus hyperglycémiques par l'extirpation du pancréas, la différence de teneur en sucre entre le sang artériel et le sang veineux n'a pas une valeur moindre que dans l'état physiologique.

Cela fait, Chauveau et Kaufmann ont étudié l'influence qu'exercent certaines lésions nerveuses (section sous-bulbaire, piqûre du bulbe, section de la moelle) soit seules, soit combinées de différentes manières avec l'extirpation du pancréas, et les résultats des nombreuses séries expérimentales qu'ils ont instituées de la sorte, les ont conduits à édifier la théorie suivante. Les deux centres antagonistes qui influent sur la glyco-formation hépatique [(le centre modérateur situé dans la moelle allongée et le centre exci-

(*Ztschr. f. klin. Med.*, xxi, 1892).

1. L. Barral. *Sur le sucre du sang. Son dosage, ses variations, sa destruction par le temps, la chaleur et par les tissus vivants. Nouvelle théorie du ferment glycolytique* (D. Lyon, 1890, 75).
2. Lépine et Métroz (*C. R.*, 17 juillet 1893).
3. Lépine et Barral (*C. R.*, 23 mars 1891).
4. Chauveau et Kaufmann. *Loc. cit.* (*C. R.*, 6 et 13 février 1893 et *B. B.*, 11 mars 1893).
5. Kaufmann. *Recherches expérimentales sur la régulation de la glycémie et le mécanisme du diabète sucré* (*A. de P.*, n° 2, avril 1895).

tateur situé dans la moelle cervicale, dont il a été question plus haut) sont actionnés en sens inverse l'un de l'autre par le produit de sécrétion interne du pancréas, de façon que ce dernier amène des effets cumulatifs de même nature sur la fonction glycogénique; c'est-à-dire qu'il excite le centre modérateur et réfrène le centre excitateur. L'extirpation du pancréas, par conséquent, en supprimant cette sécrétion, détruit l'action frénatrice et exalte l'action excitatrice des centres nerveux. D'où suractivité considérable de la glyco-formation, entraînant l'hyperglycémie et la glycosurie.

Cette théorie fut bientôt modifiée et complétée par KAUFMANN. Cet auteur constata en effet que la section préalable des nerfs du foie n'empêche pas la dépancréatisation de produire ses effet habituels : un animal à foie énervé devient diabétique après l'extirpation du pancréas. Dans ces conditions, il ne pouvait plus être question d'une intervention nécessaire des centres nerveux pour la régulation de la glycémie, et il fallait admettre que l'influence modératrice sur la glyco-formation attribuée au pancréas s'exerçait directement sur le foie [1]. De plus, KAUFMANN ajouta aux notions acquises antérieurement cette autre conception, que le pancréas exerce par son produit de sécrétion interne une action frénatrice puissante sur la désintégration histolytique des tissus. Ses conclusions relatives au mécanisme du diabète pancréatique peuvent donc se résumer ainsi : L'hyperproduction du sucre par le foie qui est la cause du diabète après dépancréatisation résulte : 1° d'une perturbation dans le fonctionnement des centres régulateurs de la glycogénie hépatique; 2° d'un trouble direct de cette fonction du foie (suppression de l'action modératrice que le produit de sécrétion interne du pancréas exerce directement sur la glyco-formation hépatique); 3° d'une désintégration histolytique exagérée faisant passer dans le torrent circulatoire une plus grande quantité de matériaux aptes à former du sucre en traversant le foie (suppression de l'action modératrice du pancréas sur l'hystolyse).

La conception qui sert de base à la théorie de CHAUVEAU et KAUFMANN, c'est-à-dire l'hypothèse de l'hyperproduction du sucre comme cause du diabète, ayant été discutée antérieurement, nous n'y reviendrons pas. KAUFMANN, du reste, paraît avoir modifié complètement sa manière de voir, à en juger par les conclusions de ses notes plus récentes à la Société de Biologie [2]. « Dans l'organisme des diabétiques, la quantité de sucre formé aux dépens des albuminoïdes est augmentée; celle formée aux dépens des graisses est diminuée, et, dans son ensemble, la glyco-formation conserve sensiblement sa valeur normale avec une légère tendance à la diminution. De plus, comme d'une part les animaux diabétiques ne fabriquent pas plus de sucre que les normaux, et que, d'autre part, ils en éliminent une certaine proportion en nature par les urines, il devient indéniable que, chez eux, la consommation sucrée est notablement diminuée. Dans la nutrition du diabétique, une seule chose est exagérée : c'est la destruction de l'albumine. Tous les autres phénomènes nutritifs, et en particulier la destruction sucrée, sont ralentis. »

Telles sont les principales théories qui ont été proposées pour expliquer la pathogénie du diabète pancréatique expérimental. MERING et MINKOWSKI, sur ce sujet, se sont constamment tenus dans une prudente réserve, et, bien qu'ils aient manifesté cette opinion que le pancréas fournirait à l'organisme quelque substance nécessaire à la consommation du sucre, cependant ils n'ont pas poussé plus loin cette hypothèse. Dans ses travaux ultérieurs, MINKOWSKI ne s'est point départi de cette réserve, et il termine ainsi une revue de la question [3]: « L'hypothèse que le pancréas produit un ferment *glycolytique*, c'est-à-dire un ferment qui attaque directement la molécule de sucre, n'est pas prouvée d'une manière certaine par les dernières communications de LÉPINE, mais aussi une telle hypothèse n'apparaît plus impossible, dès que l'on place l'action du ferment non dans le sang, mais dans les tissus qui, normalement, sont le siège de l'oxydation du sucre. Cepen-

1. Voyez aussi sur ce sujet THIROLOIX. *Effets de la section des nerfs du foie chez les animaux normaux ou rendus diabétiques par l'extirpation du pancréas* (B. B., 30 mars 1895).

2. KAUFMANN. *La nutrition et la thermogénèse comparées pendant le jeûne chez les animaux normaux et diabétiques* (B. B., 7 mars 1896). — *La formation et la destruction du sucre étudiées comparativement chez les animaux normaux et dépancréatés* (Ibid., 14 mars 1896).

3. MINKOWSKI. *Ergebnisse der allgemeinen Ätiologie, etc.* 1896, 93.

dant on peut songer encore à d'autres possibilités, comme, par exemple, que le pancréas n'agit pas avant tout sur la molécule de sucre, mais bien sur les organes qui consomment le sucre, soit directement, soit par l'intermédiaire du système nerveux. »

Récemment Lépine a été amené à modifier sa théorie suivant cette dernière conception, et il a précisé la fonction glycolytique du pancréas en disant que la sécrétion interne de cette glande ne produit vraisemblablement pas *directement*, mais *favorise* la glycolyse des tissus. Cette action favorisante appartiendrait aux produits de digestion tryptique élaborés soit par le pancréas lui-même, soit dans l'intimité des tissus par la trypsine pancréatique répandue dans le sang. Ainsi on peut démontrer *in vitro*, notamment avec les cellules de la levure de bière, que l'action favorisante du pancréas sur la glycolyse est due aux produits de la digestion tryptique des matières protéiques [1].

3º **Pathogénie du diabète phloridzinique.** — Nous avons dit précédemment que dans cette forme de diabète, la teneur du sang en sucre reste normale, ou même s'abaisse au-dessous de la normale (on peut tenir cette notion comme absolument certaine, bien que Coolen [2] ait noté une certaine hyperglycémie chez le lapin pour de fortes doses de phloridzine). Il résulte de là, avec une grande vraisemblance, que dans le diabète phloridzinique le rein est particulièrement en cause, ainsi que l'a supposé Mering (*loc. cit.*). Le rôle du rein dans cette glycosurie spéciale est du reste appuyé sur un certain nombre d'expériences. Ainsi, Minkowski a montré que l'ablation des reins chez un animal soumis à l'action de la phloridzine ne produit pas l'hyperglycémie, et porte seulement le taux du sucre du sang à son chiffre normal, tandis que la néphrectomie dans le diabète pancréatique accroît dans une mesure considérable l'hyperglycémie. De plus Hédon [3] a noté que l'administration de la phloridzine à un chien diabétique après l'extirpation du pancréas fait disparaître en quelques heures l'hyperglycémie (bien que la glycosurie soit considérablement accrue dans le même temps, comme l'avait déjà vu Minkowski) et que ce phénomène n'a plus lieu après néphrectomie. N. Zuntz [4], ayant injecté de la phloridzine dans l'artère rénale d'un chien au moyen d'une fine canule, constata que le flux d'urine s'élevait presque aussitôt, par l'uretère du rein correspondant, avec apparition de glycosurie, et que la polyurie et la glycosurie ne se montraient que quelque temps après pour l'autre rein. Levene [5], par l'analyse comparative du sang de l'artère et de la veine rénale chez des chiens intoxiqués par la phloridzine, trouva un excès de sucre dans le sang de la veine (il y avait aussi augmentation de sucre dans le tissu du rein). D'autre part, les lésions rénales viennent entraver l'apparition de la glycosurie phoridzinique; Schabad [6], il est vrai, n'a point trouvé que la glycosurie fût complètement empêchée par une néphrite artificielle provoquée par une injection de chromate de potassium; mais son expérience semble prouver seulement que la lésion rénale n'était pas assez accentuée; d'ailleurs Klemperer [7], ayant fait ingérer jusqu'à 10 grammes de phloridzine à dix malades atteints d'atrophie granuleuse des reins, constata que la glycosurie fit défaut chez sept d'entre eux. Toutes ces expériences rendent donc évidente la participation des reins à la production du diabète phloridzinique; toutefois elles n'en expliquent pas clairement le mécanisme, et on peut à ce sujet émettre deux hypothèses: ou bien le rein devient plus perméable au sucre et acquiert la propriété de dépouiller le sang de cette substance, ou bien cette glande devient elle-même le siège d'une production de sucre. A ce dernier point de vue Minkowski a fait la supposition suivante : la phloridzine est un glucoside dédoublable en phlorétine et en un sucre voisin du sucre de raisin ou phlorose; le rein opère ce dédoublement, et alors le sucre est excrété et la phlorétine devenue libre se

1. Lépine. *Sur la nature de la sécrétion interne du pancréas* (*Lyon médical*, 18 avril 1899. — *Le diabète et son traitement*, Paris, 1899. 26). — Lépine et Martz. *De l'action favorisante exercée par le pancréas sur la fermentation alcoolique* (*C. R.*, cxxviii, 10 avril 1899.)

2. Coolen. *Contribution à l'étude de l'action physiologique de la phloridzine* (*Arch. de pharmacodynamie*, vi, fasc. 4, 1894).

3. Hédon (*B. B.*, 16 janvier 1897).

4. N. Zuntz. *Zur Kenntniss des Phloridzin Diabetes* (*A. P.*, 570, 1895).

5. Levene. *Studies in phloridzin glycosuria* (*J. P.*, 1894).

6. Schabad. *Phlorizinglycosurie bei künstlich hervorgerufener Nephritis* (*Wien. med. Woch.* 1894, nº 24).

7. Klemperer. *Verein für innere Medicin*, 18 mai 1896.

combine dans l'organisme avec le sucre pour reformer la phloridzine, laquelle est de nouveau dédoublée par les reins, etc.

4° **Pathogénie du coma diabétique.** — Dans l'état appelé *coma diabétique*, les substances que nous avons signalées dans l'urine et le sang (acétone, acide diacétique, acide β oxybutyrique, ammoniaque) sont excrétées en quantité considérable. L'acétone est aussi éliminée par la voie pulmonaire (odeur acétonique de l'haleine). Il doit donc y avoir une relation entre l'état comateux et la présence de ces substances dans l'organisme. On a d'abord attribué ces accidents à l'effet narcotique de l'acétone qui agirait à la manière de l'alcool et de l'éther[1]. Mais, bien que l'action de l'acétone sur l'organisme soit semblable à celle de l'alcool éthylique, elle est cependant moins intense, et, pour produire les accidents de l'ivresse, il en faut des quantités relativement considérables, quantités qui ne se forment certainement point dans le corps d'un diabétique. La dose mortelle de l'acétone est de 8 gramme par kilogr.; pour empoisonner un homme il en faudrait donc 5 à 600 grammes.

En outre, on a remarqué que pendant le coma diabétique la quantité d'acétone diminue dans l'urine, tandis que la quantité d'acide β oxybutyrique y augmente (WOLPE[2]), et MINKOWSKI (*loc. cit. A. P. P.*, 1893, 182) tend à considérer l'acide oxybutyrique comme un corps précurseur de l'acétone, d'après une expérience dans laquelle un chien diabétique, après avoir reçu *per os* une dose de 10 grammes d'oxybutyrate de soude, excréta une urine donnant fortement les réactions de l'acétone[3].

STADELMANN et MINKOWSKI (*loc. cit.*) ont donné des accidents comateux une explication pathogénique plus satisfaisante, en les rapportant à une saturation des alcalis du sang par des produits acides, tels que l'acide oxybutyrique. Cette vue peut être appuyée sur les expériences de WALTER[4], qui montra que des animaux empoisonnés par des acides minéraux (ingestion de HCl dans l'estomac) présentent des accidents très analogues à ceux du coma diabétique. Dans ces conditions, l'ammoniaque augmente dans l'urine; le sang ne contient plus assez d'alcalis pour fixer l'acide carbonique, et on ne peut plus extraire du sang que 2 à 3 vol. de CO^2 p. 100. Le CO^2 s'accumule dans les tissus, en particulier dans le cerveau, produisant ainsi les accidents du coma.

Or il en est de même dans le coma diabétique où l'acide oxybutyrique vient jouer le rôle de HCl dans les expériences de WALTER. L'ammoniaque augmente dans l'urine (STADELMANN). La quantité de CO^2 baisse dans le sang, et ce dernier peut même devenir acide. Ainsi MINKOWSKI n'a trouvé dans le sang d'un diabétique, pendant le coma, que 3,3 vol. de CO^2 p. 100. Le sang du cadavre avait une réaction franchement acide, et contenait beaucoup d'acides oxybutyrique et sarcolactique.

Toutefois l'on n'a pas rencontré l'acide oxybutyrique dans tous les cas de coma (WOLPE, RUMPF, MÜNZER et STRASSER, HUGOUNENC, ROQUE et DEVIC[5]). On conçoit en effet que l'acide oxybutyrique n'existe pas dans l'urine dans tous les cas de dyscrasie acide, car il peut être dédoublé entièrement dans le sang en acide diacétique et acétone (NAUNYN). Il se pourrait aussi que l'acide diacétique dérivât directement des matières protéiques sans passer par l'état intermédiaire d'acide β oxybutyrique (MINKOWSKI).

Appendice. — Diabète insipide. — Dans certains cas pathologiques, l'urine est émise en quantité beaucoup plus abondante qu'à l'état normal, avec ou sans augmentation des matériaux fixes, mais sans sucre. Nous pouvons être brefs sur cette forme de diabète, car elle a été peu étudiée jusqu'ici au point de vue expérimental. On sait par les expériences de CL. BERNARD que la piqûre du plancher du quatrième ventricule en un point plus élevé que le point diabétique produit la polyurie sans glycosurie. Il existe vraisem-

---

1. Pour la littérature sur cette question voyez V. BUHL (*Z. B.*, XVI, 413, 1880). — R. V. JAKSCH. *Ueber Acetonurie u. Diaceturie*, Berlin, 1885. — P. ALBERTONI (*A. P. P.*, VIII, 218, 1884). On trouvera en outre une revue de la question dans LÉPINE. *Le diabète et son traitement* (*Les actualités médicales*, Paris, 1899, 65 et suivantes).

2. Le même résultat a été obtenu chez des animaux normaux par ARAKI (*Z. p. C.*, XVIII, 1894, 10) et WOLDVOGEL (*Centralbl. f. inn. Med.*, 1898, 845).

3. RUMPF (*Verh. d. Congr. f. inn. Med.*, Wiesbaden. 1896). MÜNZER et STRASSER, *Acetessigsäure im Diabetes mellitus* (*A. P. P.*, XXXII, 372). HUGOUNENC, ROQUE et DEVIC. *Revue de Méd.*, 1892, 995.

4. WALTER (*A. P. P.*, VII, 148, 1877).

5. WOLPE. *Unters. über d. Oxybuttersäure d. diab. Harns. Diss.* Königsberg, 1886 (*A. P. P.*, XXI, 157, 1886).

blablement des actions nerveuses qui s'exercent sur le rein pour provoquer la polyurie. Mais on doit aussi se demander si la polyurie, avec l'augmentation des principes fixes de l'urine, notamment des produits azotés et des phosphates, ne peut point se rattacher à un trouble intime des échanges nutritifs dans certaines expériences sur le pancréas. De Dominicis [1] ayant observé tout le cortège des symptômes diabétiques (polyurie, azoturie, polyphagie), malgré l'absence de glycosurie, chez des chiens auxquels il avait extirpé le pancréas (extirpation incomplète assurément), admit que dans certains cas la dépancréatisation provoque l'apparition du diabète insipide. D'autre part Hédon [2] observa les mêmes faits après avoir produit une atrophie par sclérose du pancréas au moyen d'injection de corps gras dans le canal de Wirsung et dans quelques cas de glycosurie intermittente obtenus par l'extirpation du pancréas atrophié. Mais ces résultats pouvaient être considérés comme la conséquence des troubles digestifs, et on était en droit de mettre les symptômes diabétiques exclusivement sur le compte de la polyphagie. C'est pourquoi Hédon chercha à s'assurer si les animaux se trouvant dans ces conditions présentaient dans l'état de jeûne une perte de poids et une excrétion d'azote supérieures à la normale; il observa qu'un chien qui avait subi une injection de paraffine dans les canaux excréteurs du pancréas présentait, dans l'état de jeûne, une perte de poids et une excrétion d'azote supérieures à celles d'un chien témoin; d'un autre côté, pour certaines expériences, il crut devoir admettre que l'amaigrissement et l'azoturie ne trouvaient pas une explication entièrement satisfaisante dans le trouble des fonctions digestives. Pour Minkowski, la preuve que la cachexie dans ces cas dépend d'une autre cause que du trouble de la digestion est difficile à fournir, et ne peut même pas être donnée par les dosages les plus précis de l'azote dans les urines et les fèces. « Car, même si les analyses des fèces montrent qu'une grande partie de l'azote ingéré se répand dans l'organisme pour apparaître ensuite dans l'urine comme urée, cependant il ne découle pas de là qu'il s'agisse d'une décomposition des matières azotées correspondantes. Il n'est pas invraisemblable que, par suite de l'absence d'action du suc pancréatique sur les albuminoïdes de la nourriture, une décomposition anormale de celles-ci ait lieu dans le canal intestinal, aboutissant à la formation de produits qui n'ont plus la même valeur nutritive que les produits normaux de la digestion. Lorsque de telles substances sont résorbées, leur azote peut bien passer dans l'urine seulement sous forme d'urée; car même l'azote ingéré sous forme d'ammoniaque est transformé dans l'organisme en urée. » Ces remarques de Minkowski peuvent être fondées, mais elles perdent de leur portée, si, comme Hédon a cherché à l'établir, l'autophagie est réellement augmentée pendant le jeûne, à la suite d'une agression expérimentale sur le pancréas.

Sommaire. — La bibliographie ayant été faite dans le cours de cet article, nous jugeons inutile de la reproduire dans un index spécial. Nous nous bornerons à donner ici, pour faciliter les recherches du lecteur, une table des matières qui sera en même temps un plan de l'article.

---

1. De Dominicis. *Studii experimentali intorno agli effetti della estirpazione del pancreas negli animali. Diabete mellito sperimentale (Giorn. Intern. della scienze medic.,* xi, 1889).

2. Hédon. *Contribution à l'étude des fonctions du pancréas; diabète expérimental (Arch. de méd. exp.,* 1er mai et 1er juillet 1891).

E. HÉDON.

DIALURIQUE (Acide) $(C^4H^4Az^2O^4)$. — Appelé aussi *Tartronylurée*. Quand

on traite l'acide tartronique (oxymalonique) $C^4H^4O^5$ par l'urée et l'oxychlorure de phosphore, on obtient un dérivé urique, l'acide dialurique, dont il est facile de démontrer l'existence par la coloration pourpre que fournit le produit brut de ce corps sous l'action successive de l'acide azotique et de l'ammoniaque (GRIMAUX, *Bull. Soc. chim.* XXXI, 148). Chauffé avec l'acide acétique et un azotite alcalin, l'acide dialurique donne de beaux cristaux d'allantoïne, d'après l'équation suivante :

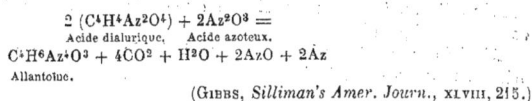

$$2\ (C^4H^4Az^2O^4) + 2Az^2O^3 =$$

Acide dialurique.   Acide azoteux.

$$C^4H^6Az^4O^3 + 4CO^2 + H^2O + 2AzO + 2Az$$

Allantoïne.

(GIBBS, Silliman's Amer. Journ., XLVIII, 215.)

De même que l'acide maloxurique, dont il ne diffère que par un atome en plus d'oxygène, l'acide dialurique donne en présence du chlorure ferrique et de l'ammoniaque une belle couleur bleue qui est aussi caractéristique de l'alloxantine (MULDER, *Deutsch. chem. Ges.*, 1873, 1010). Si l'on dissout cet acide dans l'eau chaude avec trois parties d'urée, et si l'on conserve cette solution à l'abri de l'air, il se forme des cristaux de dialurate d'urée, selon MULDER :

$$C^4H^4Az^2O^4,\ CH^4Az^2O.$$

LIEBIG et WÖHLER, STRECKER et MENSCHUTKINE ont étudié les divers sels que l'acide dialurique forme avec les bases métalliques. D'après MENSCHUTKINE, les *dialurates d'ammonium* et de *potassium* se décomposeraient lorsqu'on les dissout dans l'eau, et les solutions laisseraient déposer une autre série de sels renfermant $C^7H^8Az^4O^{10}M^2$. Ces derniers se convertiraient de nouveau en sels de la première série, $C^4H^3Az^2O^4M^1$, lorsqu'on les fait cristalliser dans des solutions alcalines. Ce même auteur ajoute que le dialurate de sodium fournit par ébullition de l'acide tartronamique :

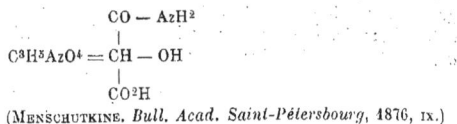

$$C^3H^5Az O^4 = \overset{\displaystyle CO - AzH^2}{\underset{\displaystyle CO^2H}{\vert\ \ \ \ CH - OH}}$$

(MENSCHUTKINE. Bull. Acad. Saint-Pétersbourg, 1876, IX.)

Si l'on fait agir le chlorure de baryum sur les dialurates dont nous venons de parler, il se forme par double décomposition un précipité blanc de dialurate de baryum (GRIMAUX, *D. W.*) :

L'étude de l'acide dialurique offre un grand intérêt au point de vue de la connaissance de la structure moléculaire de la famille des uréides. Nous savons, surtout grâce aux travaux de GRIMAUX (*C. R.*, 1876, LXXXIII, 1878, LXXXVII et 1879, LXXXXIII) que la synthèse de cet acide, ainsi que celles des acides *barbiturique* (maloxylurée) et *parabanique* (oxalylurée) est très facile à faire, et que tous ces corps ne sont que des dérivés très rapprochés de l'acide urique. La preuve directe qu'on peut passer de l'acide dialurique à l'acide urique, nous l'avons dans les recherches de BEHREND et ROOSEN (*Deutsch. chem. Ges.*, XXI, I, 999-1001). Lorsqu'on fait agir l'eau bromée ou l'anhydride acétique sur l'hydroxanthine, il se forme de l'acide isodialurique, dont la formule développée semble être la suivante :

$$\overset{\displaystyle AzH - C - OH}{\underset{\displaystyle AzH - CO}{\vert\ \ \ \ \vert \\ CO - C - OH}}$$

Cette formule n'est en réalité que celle d'une mono-uréide, et on sait, d'après les travaux de FISCHER, que l'acide urique, lui-même, n'est en somme qu'une diuréide. Aussi BEHREND et ROOSEN ont-ils pensé qu'on pourrait obtenir l'acide urique en faisant agir l'urée sur l'acide isodialurique. Ils ont alors traité le mélange de ces deux corps à parties égales, par six fois leur volume d'acide sulfurique concentré, puis ils ont chauffé le mélange au bain marie, jusqu'à dissolution complète. Le liquide résultant de ce traitement, versé dans l'eau, donne un précipité blanc, cristallisable, que l'analyse démontre être de l'acide urique, $C^5H^4Az^4O^3$.

J. C.

DIALYSE.

— La dialyse est un procédé de séparation des substances dissoutes, fondé sur la différence de difficulté avec laquelle elles traversent certaines membranes. Nous ne la traiterons pas ici en détail, réservant à **Osmose** les questions théoriques qui s'y rattachent. Nous ne parlerons que de la dialyse au point de vue de son emploi dans la technique physiologique.

Ainsi GRAHAM a trouvé que les quantités de substance capables de traverser une même surface dialysante à la température de 12° étaient exprimées par les nombres suivants :

Chlorure de sodium	1
Acide picrique	1,020
Ammoniaque	0,847
Sucre de canne	0,472
Extrait de campêche	0,168
Acide gallotannique	0,030
Tournesol	0,019
Caramel	0,005
Albumine	0,001

Les matières albuminoïdes ne donnèrent pas une quantité appréciable de substance dialysée. On conçoit donc que, si l'on soumet à la dialyse un mélange de caramel et de chlorure de sodium par exemple, on obtiendra une séparation aussi complète que par toute autre méthode chimique.

On sait, d'autre part, que, si l'on superpose une solution saline et de l'eau distillée, le sel diffuse à travers l'eau avec une vitesse variable suivant sa nature. Malgré la très grande analogie qui existe entre ces deux ordres de phénomènes, il n'y a pas identité entre eux; voici en effet dans quel ordre varient les vitesses de diffusion de quelques-unes des substances citées plus haut :

Chlorure de sodium.
Sucre de canne.
Tanin.
Albumine.
Caramel.

J'ajouterai que la nature de la membrane dialysante, et même, quand il s'agit de membranes animales, la face de cette membrane en contact avec la solution, ont une influence sur la séparation effectuée.

D'une façon générale, les sels minéraux, l'urée, les substances organiques à poids moléculaire peu élevé, traversent facilement les membranes; au contraire, les bases ou sels minéraux amorphes, les corps organiques à poids moléculaire considérable, tels que l'alumine et la silice solubles, les albumines, etc., ne traversent pas les dialyseurs; aussi a-t-on divisé tous les corps en deux classes : les *cristalloïdes* et les *colloïdes*, ces derniers difficilement dialysables. Toutefois cette division n'est pas absolue et certaines substances cristallisées traversent difficilement les membranes.

La dialyse peut, d'autre part, nous fournir des renseignements précieux sur l'état des corps dans la dissolution; ainsi, la plupart des sels doubles, tels que les aluns, sont partiellement dissociés en leurs composants; les sels peu stables, tels que l'acétate de fer ou le chlorhydrate de pepsine, sont de même dédoublés. La dialyse peut donc produire de véritables actions chimiques, et souvent on retrouve dans le dialyseur une substance différente de celle qui existait primitivement dans la solution. Ainsi, quand on soumet à la dialyse une solution d'un albuminate alcalin, tout l'alcali est entraîné, et la matière albuminoïde se dépose généralement à l'état insoluble.

Membranes dialysantes. — GRAHAM avait au début employé des membranes animales de diverses natures. Il est alors difficile de les obtenir de dimension suffisante et d'épaisseur à peu près constante; de plus elles s'altèrent au bout de peu de temps et deviennent à peu près imperméables. GRAHAM les remplaça d'abord par de la toile trempée dans une solution d'albumine que l'on coagule ensuite par un jet de vapeur, puis par le parchemin végétal.

POUMARÈDE et FIGUIER avaient observé que, si l'on plonge pendant une demi-minute du papier dans un mélange de 2 volumes d'acide sulfurique à 66° B. et 1 volume d'eau, puis qu'on le lave à l'eau froide, puis à l'ammoniaque, le papier prend l'aspect et la consistance du parchemin, tout en ayant gardé la composition de la cellulose; l'acide sulfurique n'a fait que gonfler les fibres du papier en le rendant mucilagineux. C'est le parchemin végétal ainsi obtenu qui est aujourd'hui employé uniquement comme membrane dialysante. Nous venons de dire que l'acide sulfurique concentré rend la cellulose mucilagineuse; il nous permet en effet de souder le papier parchemin à lui-même et par suite de donner à nos dialyseurs telle forme que nous voudrons. Ce qui importe surtout dans le choix du papier parchemin, c'est de le prendre exempt de tout orifice, ce que l'on doit toujours vérifier à l'avance; de plus, il casse facilement lorsqu'il est sec; aussi doit-on toujours le mouiller avant de le plier ou de lui donner sa forme définitive.

Dialyseurs. — Les premiers dialyseurs employés par GRAHAM se composaient d'un tube de verre ou de gutta-percha sur lequel on fixait, au moyen d'une ficelle, la membrane dialysante qui servait de fond. Ce dispositif, nécessaire quand on employait les membranes animales, était défectueux; il est en effet à peu près impossible d'obtenir une fermeture convenable entre le verre et la membrane, même en faisant le joint avec de la gutta-percha ramollie dans de l'eau chaude.

Les dialyseurs en papier parchemin sont d'une seule pièce et échappent à cet inconvénient. On peut plier la feuille de papier humectée en forme de petite caisse, y placer le liquide à dialyser et faire flotter le tout dans une terrine pleine d'eau (DUPRÉ). En Allemagne, on se sert de tubes en papier parchemin contenant le liquide à purifier. On les ferme aux deux bouts par des ligatures, puis on les abandonne dans une terrine pleine d'eau. Ces dispositifs obligent à renouveler fréquemment l'eau du vase extérieur, surtout si l'on veut pousser très loin la séparation des sels.

A. GAUTIER a donné un fort bon dispositif qui permet d'effectuer le lavage d'une façon continue, c'est-à-dire d'employer la moindre quantité d'eau possible. Ses dialyseurs sont formés de filtres en papier parchemin placés dans des entonnoirs recourbés à la partie inférieure. Ils sont disposés en batterie à un niveau légèrement décroissant, le fond de chaque entonnoir communiquant avec la partie supérieure du suivant. Il suffit alors de faire passer, au moyen d'un flacon de MARIOTTE, un courant lent d'eau distillée qui s'enrichit en sels lors de son passage dans chaque entonnoir. Avec ce dispositif, quand le liquide du premier dialyseur est complètement épuisé, il faut avancer tous les dialyseurs d'un rang et placer au dernier rang celui qui contient le liquide neuf.

Pour l'épuisement méthodique de grandes quantités de liquide, j'ai réalisé un dialyseur à double circulation. Le liquide à dialyser traverse avec un mouvement très lent des tubes en papier parchemin semblables à ceux dont j'ai parlé plus haut; ces tubes sont eux-mêmes plongés dans des manchons de verre traversés en sens contraire par un courant d'eau. Ce dispositif peut rendre de grands services; la seule difficulté est d'obtenir les tubes en papier parchemin sans trous ni fissures.

M. HANRIOT.

DIAPÉDÈSE. — *La diapédèse est l'émigration du plasma et des éléments figurés du sang (globules blancs, leucocytes et globules rouges, hématies) en dehors des vaisseaux.* — Comme la diapédèse des leucocytes est la plus fréquemment observée et étudiée, c'est elle qui servira de base à notre description.

Historique. — On attribue généralement à COHNHEIM la découverte de ce curieux phénomène biologique; mais l'auteur allemand avait eu des précurseurs.

Dès 1824, en effet, Dutrochet, dans ses *Recherches anatomiques et physiologiques sur la structure intime des animaux et des végétaux et sur leur motilité*, avait rapporté des observations qu'il avait faites sur la queue des têtards et décrit l'émigration des globules sanguins en dehors des vaisseaux, sans toutefois déterminer d'une façon précise la nature de ces globules et le chemin qu'ils suivaient. « J'ai vu plusieurs fois les globules sanguins, sortis du torrent circulatoire, s'arrêter et se fixer dans le tissu organique : j'ai été témoin de ce phénomène, que j'étais loin de soupçonner, en observant le mouvement du sang au microscope dans la queue fort transparente des jeunes têtards du crapaud accoucheur... Entre les courbes que forment les vaisseaux, il existe un tissu fort transparent dans lequel on distingue beaucoup de granulations de la grosseur des globules sanguins. Or, en observant le mouvement du sang, j'ai vu plusieurs fois un globule seul s'échapper latéralement du vaisseau sanguin et se mouvoir dans le tissu transparent dont je viens de parler, avec une lenteur qui contrastait fortement avec la rapidité du torrent circulatoire dont ce globule était échappé ; bientôt après, le globule cessait de se mouvoir et il demeurait fixé dans le tissu transparent. Par quelle voie ces globules sortent-ils du torrent circulatoire? C'est ce qu'il n'est pas facile de déterminer. Peut-être les vaisseaux ont-ils des ouvertures latérales par lesquelles le sang peut verser ses éléments dans les tissus des organes ; peut-être le mouvement de ces globules n'était-il ralenti d'abord et ensuite arrêté que parce qu'ils étaient engagés dans des vaisseaux trop petits relativement à leur grosseur. On expliquera cette fixation des globules sanguins comme on voudra, mais le fait de cette fixation demeurera toujours démontré ; je l'ai observé un trop grand nombre de fois pour croire que ce soit un phénomène accidentel. Cette fixation est indubitablement un phénomène dans l'ordre de la nature vivante. »

En 1846, Walter avait vu l'émigration des globules blancs du sang se faire par de petits orifices prenant naissance dans la paroi des capillaires.

De même Stricker (1865) avait, à l'aide d'objectifs à immersion, observé les globules blancs encastrés dans la paroi des vaisseaux fins et étudié leur sortie.

Czerny, décrivant les lésions observées dans un cas de choroïdite, avait admis que les nombreuses cellules jeunes qu'il observait pouvaient provenir de l'émigration des globules blancs et faisait la première application de cette observation à la pathologie.

Cohnheim, en 1866 d'abord, analysant le mémoire de Stricker, puis, en 1867, recherchant le processus histologique de l'inflammation, fut amené à constater à son tour la réalité de la diapédèse. Il la considéra tout d'abord comme étant d'ordre pathologique.

Expérimentant sur le mésentère de la grenouille ou sur celui de jeunes mammifères qu'il exposait à l'air, il soutint que les globules de pus accumulés dans les foyers inflammatoires n'étaient autres que les globules blancs du sang qui, après avoir traversé les parois vasculaires, s'étaient infiltrés au milieu des éléments anatomiques de la région malade. Cette donnée nouvelle ne pouvait passer inaperçue : elle reposait sur des faits d'observation faciles à contrôler et était en contradiction absolue avec les doctrines classiques. Pour Virchow et l'école allemande, les leucocytes observés dans les tissus enflammés avaient toujours une origine cellulaire; cette origine différait même suivant les tissus. Dans les formations épithéliales, les leucocytes apparaissaient dans les couches profondes et provenaient de la multiplication des cellules dont les noyaux se segmentaient. De même dans le tissu conjonctif, il s'agissait d'une multiplication, d'une prolifération cellulaires. Pour Ch. Robin et l'école française, les globules blancs se produisaient directement, sans avoir été précédés par d'autres cellules auxquelles on puisse les rattacher par voie de filiation : c'était la théorie du blastème constitué par le liquide exsudé des vaisseaux et modifié par les éléments anatomiques de la région.

Cherchant à déterminer le mécanisme de *l'émigration des leucocytes*, Cohnheim avait fait jouer un rôle à l'augmentation de la pression intravasculaire et aux mouvements amiboïdes des leucocytes. Il admettait de plus l'existence dans les parois des vaisseaux de petites ouvertures (*stomates* ou *ostioles*) retrouvées et décrites plus tard par J. Arnold et livrant passage aux éléments blancs du sang.

Quelques semaines après la publication du mémoire principal de Cohnheim, Ewald, Hering étudiait et décrivait la diapédèse normale dans la membrane natatoire de la grenouille.

Les recherches de Cohnheim ne tardèrent pas à être soumises au contrôle expérimental. Kremanski, Hayem, Vulpian reproduisirent ses expériences et arrivèrent aux mêmes résultats. Cependant ni Koloman-Balogc, ni Feltz, ni Picot, ni Duval ne pouvaient constater de visu le passage des globules blancs au travers des parois vasculaires. De même Feltz ne retrouvait pas les stomates dont l'existence avait été également mise en doute par Purves, Hering et Schelarewski. Dans un mémoire ultérieur, Cohnheim reconnaît qu'il n'existe pas d'orifices préformés et admet que la diapédèse est facilitée, comme l'avait supposé Samuel, par une altération primitive des parois des vaisseaux.

De 1869 à 1880, Stricker et ses élèves continuent leurs recherches sur les premières phases de l'inflammation. Expérimentant sur la cornée, tissu dépourvu de vaisseaux, ils admettent une transformation des cellules fixes de la membrane qui retrouveraient leur mobilité en revenant à l'état embryonnaire. De même Rokitansky, Goodsir et Redfern, opérant sur le cartilage, niaient la possibilité d'expliquer les phénomènes observés par la seule diapédèse.

La découverte de la division des cellules par karyokinèse va peut-être donner la solution du problème si diversement interprété par les histologistes. Mais, si Flemming retrouve les figures de division dans les cellules migratrices, d'autres observateurs, tels que Simanovsky, Beltzoow ne les rencontrent que dans les cellules fixes du tissu malade.

Marchand retrouve dans les mailles de morceaux d'éponge qu'il avait introduits dans l'abdomen de petits animaux, des cellules qui par leurs caractères diffèrent totalement des leucocytes.

Loin de se simplifier, le problème se complique : nombre d'histologistes, parmi lesquels se fait remarquer Leber, autrefois chaud défenseur de la théorie de Cohnhein, admettent que la prolifération des cellules fixes des tissus occupe toute la place dans l'inflammation. Kodis, à l'aide de courants électriques, obtient même la transformation des cellules épithéliales en cellules migratrices.

Il nous faut encore citer l'opinion de Grawitz qui se rapproche de celle de Robin : pour lui la substance intercellulaire jouit de propriétés vitales : elle peut donner naissance à des noyaux qui, en s'entourant de protoplasma, formeront les cellules jeunes qui encombrent le foyer inflammatoire.

Cependant une observation attentive avait permis de reconnaître que le plasma et les globules rouges du sang jouissaient des mêmes propriétés que les leucocytes, et que, comme eux, ils pouvaient sortir des vaisseaux. Hayem étudiait avec grand soin les phénomènes consécutifs à la stase veineuse et établissait la possibilité d'hémorragies interstitielles par diapédèse.

A la suite des recherches de Recklinghausen sur la migratilité des cellules lymphatiques, les histologistes sont amenés à considérer la diapédèse comme un phénomène normal, se produisant en dehors de toute cause d'irritation, sous la seule influence du ralentissement du cours du sang dans les vaisseaux fins. L'expérimentation à l'aide du curare permet à Tarchanoff de bien préciser l'action de ce poison sur l'émigration des globules blancs du sang. On multiplie les observations, et peu à peu se dégagent les conditions dans lesquelles se fait la diapédèse, en tant que manifestation normale de la vie pour certains éléments anatomiques du sang et de la lymphe. Ces conditions se retrouvent en effet fréquemment dans l'organisme, soit corrélativement à de simples variations du régime circulatoire, soit en vue de certaines phases du fonctionnement des organes auxquels se distribuent les vaisseaux sanguins. En constatant dans le tissu conjonctif la présence de nombreuses cellules lymphatiques, cheminant de maille en maille dans les lacunes inter-organiques, on fut tout naturellement amené à se demander d'où venaient ces éléments, et à reconnaître qu'ils sortaient du torrent circulatoire dans lequel ils rentraient après avoir été collectés dans les voies lymphatiques (cercle hémolymphatique). L'accumulation de leucocytes a été constatée directement dans le tissu conjonctif péri-acineux de certaines glandes, plus particulièrement pendant les périodes qui correspondent à leur activité fonctionnelle. Renaut a décrit l'inondation lymphatique circumglandulaire.

Depuis la divulgation des immortelles découvertes de Pasteur, l'étude et l'importance de la diapédèse sont entrées dans une nouvelle phase. A mesure que le rôle des germes pathogènes dans les infections fut mieux connu, on fut amené à préciser les moyens que l'organisme offensé met en jeu pour se défendre, soit contre les germes eux-mêmes, soit contre leurs |produits de sécrétion (toxines). On ne tarda pas à reconnaître que, dans la lutte, la part la plus importante appartient aux leucocytes. Leurs propriétés physiques et chimiques furent à nouveau étudiées avec le plus grand soin. Aux notions anciennes sur leurs mouvements amiboïdes et leur diapédèse, s'en ajoutèrent de nouvelles, telles que leur pouvoir phagocytaire, leurs propriétés chimiotactiques, etc. Aussi est-ce dans les écrits des bactériologistes qu'il faut maintenant aller puiser des documents sur la diapédèse pour se convaincre de l'importance de ce phénomène. Les leçons de METCHNIKOFF sur la pathologie comparée de l'inflammation, celles de BOUCHARD sur les microbes pathogènes sont pleines d'aperçus nouveaux, aussi intéressants pour l'histologie que pour la pathologie.

De cette étude historique découlent les notions suivantes : *La diapédèse du plasma et des éléments figurés du sang est possible au travers des parois vasculaires; cette propriété appartient surtout aux leucocytes; elle existe à l'état normal et peut être considérée comme une des modalités physiologiques de la vie des tissus; elle s'exagère à l'état pathologique et constitue une des phases primitives, et des plus importantes, du processus inflammatoire.*

Pour bien connaître ce phénomène et en apprécier l'importance, il faut étudier successivement *la diapédèse normale* et *la diapédèse pathologique.* Un court résumé de nos connaissances actuelles sur les leucocytes et sur les petits vaisseaux, dont les parois se laissent traverser, facilitera singulièrement cette étude.

Considérations générales sur les leucocytes. — Les deux variétés d'éléments anatomiques que contient en proportions variables le sang, jouissent de la propriété de sortir des vaisseaux dans lesquels ils circulent. Toutefois cette propriété appartient surtout aux *globules blancs* ou *leucocytes.* Ces éléments, formés par une masse plus ou moins abondante de protoplasma granuleux et par un noyau de forme variable, sont, dans le sang, beaucoup moins abondants que les globules rouges. D'après les recherches récentes de WILBOUCHEWITCH, il existe en moyenne, à l'état normal, 1 leucocyte pour 625 hématies. Les différences de volume, de forme, d'aspect, la façon variable dont ils se comportent en présence des matières colorantes constituent autant de caractères particuliers qui permettent de les diviser en *variétés* jouissant de propriétés particulières. Dès 1846, WHARTON JONES, se basant sur l'aspect différent du protoplasma, distinguait les leucocytes granuleux des leucocytes non granuleux. VIRCHOW, étudiant en 1853 le sang blanc des malades leucémiques, constatait dans certaines formes la prédominence de leucocytes ordinaires, tandis que dans d'autres il notait surtout l'augmentation de nombre de petits éléments lymphatiques qui, depuis, ont été appelés noyaux libres et décrits par CH. ROBIN sous le nom de globulins. MAX SCHÜLTZE tenta, à son tour, une classification des leucocytes. Il en fut de même de RANVIER qui, en 1875, observant les formes multiples qu'affecte le noyau, les changements qu'il présente pendant la vie, les différences histochimiques que possèdent les granulations du protoplasma, fut amené à distinguer les leucocytes les uns des autres. Les progrès des études cytologiques et les perfectionnements de la méthode des colorations ont permis à différents auteurs, et en particulier à EHRLICH, d'établir une classification suffisamment précise et universellement admise aujourd'hui. On distingue actuellement dans le sang de l'homme, à l'état normal, *quatre variétés principales de leucocytes* :

a. Les *lymphocytes*, ainsi nommés parce qu'ils sont en grande quantité fournis par les ganglions lymphatiques, sont de petites cellules mesurant, en moyenne, un diamètre de 6 µ. Le noyau occupe la presque totalité de l'élément; il est entouré par une couronne peu épaisse de protoplasma; il est arrondi et légèrement excentrique. Ces éléments se colorent facilement par toutes sortes de couleurs, notamment par les couleurs d'aniline qui teintent le noyau d'une façon intense, tandis que le protoplasma ne se colore que faiblement. Les lymphocytes sont encore appelés par nombre d'auteurs *petits mononucléaires.*

b. Les *leucocytes mononucléaires* sont de grosses cellules de 15 à 20 µ de diamètre. Le noyau vésiculeux, généralement périphérique, présente souvent une forme ovalaire; il paraît dénué de filaments chromatiques solides. A un stade plus avancé, ce noyau change d'aspect et devient réniforme. Le protoplasma, plus ou moins granuleux, est étalé d'une façon irrégulière autour du noyau quand on observe l'élément vivant.

Entre ces deux premières variétés qui, pour'nombre d'auteurs, correspondent à des étapes différentes d'évolution des mêmes éléments, on observe *des formes intermédiaires* ou de passage.

c. Les *leucocytes polynucléaires*, ou mieux *à noyau polylobé*, mesurent en moyenne 12 μ. Le noyau, par suite de sa fragmentation, présente des aspects différents et paraît multiple; il est formé, en réalité, par des masses très colorables, réunies les unes aux autres par des filaments étroits constituant de véritables ponts de chromatine. En dehors du noyau, ces éléments posséderaient, d'après FLEMMING, une sphère d'attraction composée de petits filaments achromatiques et renfermant un petit corps central chromatique. Le corps de l'élément est granuleux. Les leucocytes polylobés se distinguent des autres globules blancs par leur réaction particulière en présence des couleurs d'aniline. Tandis que ces dernières colorent leur noyau très fortement, le protoplasma reste presque complètement incolore. Ce dernier renferme des granulations, quelquefois très abondantes (chez le lapin par exemple), qui ne se colorent que par un mélange des couleurs acides avec des couleurs basiques, de sorte qu'on désigne souvent ces éléments sous le nom de *leucocytes neutrophiles*.

d. *Les cellules éosinophiles d'Ehrlich* sont des éléments arrondis, un peu plus volumineux que les précédents. Le noyau est formé par la réunion de deux ou trois masses rondes, remplies de chromatine liquide, et dès lors peu colorables. Le protoplasma contient de grosses granulations, rangées les unes à côté des autres, fixant fortement les couleurs acides d'aniline, surtout l'éosine qui les teint en rose foncé. Cette réaction colorante est tout à fait caractéristique.

Si quelques auteurs admettant entre les deux premières variétés des formes de transition, nombre d'histologistes soutiennent qu'il s'agit de types différents correspondant à des éléments nettement différenciés; que non seulement ils ont une origine diverse, mais encore qu'ils sont incapables de se transformer les uns dans les autres.

Dans le sang normal de l'homme, ces quatre variétés de leucocytes se retrouvent dans des proportions nettement définies et constantes, constituant l'*équilibre leucocytaire*.

Les polynucléaires, de beaucoup les plus nombreux, représentent, d'après les recherches récentes de JOLLY, 60 p. 100, d'après celles de BEZANÇON ET LEREDDE, 66 p. 100. Les mononucléaires et les lymphocytes représentent 38 ou 34 p. 100. On ne trouve que 1 à 2 p. 100 de cellules éosinophiles. Les polynucléaires sont un peu plus abondants chez les vieillards; les formes mononucléaires prédominent chez les nouveaunés et chez les sujets jeunes.

Quand, chez un homme adulte, il y a en circulation plus de 70 p. 100, moins de 60 p. 100 de leucocytes polynucléaires, plus de 40 ou moins de 30 p. 100 de mononucléaires et lymphocytes, pas de cellules éosinophiles ou plus de 3 à 4 p. 100, il y a état pathologique. On peut admettre d'une façon générale que les polynucléaires augmentent de nombre dans les infections aiguës, que l'augmentation des mononucléaires et des lymphocytes s'observe surtout dans les infections et maladies chroniques. Quant à l'augmentation du nombre des cellules éosinophiles, elle est beaucoup plus rare : on la rencontre dans certaines formes de leucémie, dans la lèpre, la syphilis et certaines affections cutanées.

Les *propriétés physiologiques des leucocytes* sont aujourd'hui bien connues. L'une des plus importantes, celle qui est la plus intéressante au point de vue de la diapédèse, est la faculté qu'ils possèdent d'émettre des prolongements. Cette faculté, découverte par WHARTON JONES, a été l'objet d'études intéressantes de la part de DAVAINE, de RECKLINGHAUSEN, de RANVIER, et de nombre d'histologistes. Le protoplasma, que ne gêne aucune membrane d'enveloppe, envoie, en effet, des expansions qui lui permettent d'adhérer sur les surfaces avec lesquelles il est en contact. Les mouvements protoplasmiques peuvent se faire sur place ou ils déterminent la locomotion de l'élément dans un sens donné. Les leucocytes cheminent alors à l'aide de leurs expansions temporaires, comme le font les amibes, d'où le nom de *mouvements amiboïdes* donné à ce mode de locomotion.

Pour certains auteurs, HEIDENHAIN, METCHNIKOFF, il y a une corrélation étroite entre l'activité du protoplasma et la forme du noyau : la disposition en boudin souvent découpé du noyau aurait pour but de faciliter sa migration.

Certaines conditions favorisent les mouvements amiboïdes des leucocytes; d'autres les empêchent de se produire. Les recherches de LEBER, LUBARSCH, de PEKELHARING, surtout celles de MASSART et BORDET, pour ne citer que les principales, nous ont appris à connaître les *propriétés chimiotactiques* et *chimiotropiques* des leucocytes à l'état normal et à l'état pathologique. Ces propriétés sont d'ailleurs en tout comparables à celles qu'on observe dans les plasmodes et autres organismes inférieurs; elles sont *positives* ou *négatives*.

Une autre faculté que possèdent les leucocytes, qui est la corollaire de celle que nous venons de rappeler, leur permet d'englober les particules solides qu'ils peuvent rencontrer. L'*intussusception*, observée chez les amibes pour la première fois en 1799 par le baron de GLEICHEN, a été constatée dans les globules blancs par HŒCKEL, REKLINGAUSEN, PREYER et SCHULTZE. Comme les amibes, les globules blancs ne se contentent pas d'englober les corps étrangers; s'il s'agit de particules inertes, ils les rejettent; si, par contre, il s'agit de particules assimilables, ils les digèrent. La *phagocytose*, qui constitue la base de la doctrine de METCHNIKOFF, a une importance considérable dans les phénomènes biologiques normaux ou pathologiques.

Ces deux propriétés (mouvements amiboïdes, phagocytose) appartiennent à tous les leucocytes, mais elles sont plus ou moins développées dans chacune des variétés. L'amiboïsme est peu développé chez les lymphocytes qui sont des cellules jeunes à protoplasma peu abondant. Cette même variété se distingue encore par son incapacité d'englober des corps étrangers, c'est-à-dire de servir de phagocytes. On n'a jamais vu non plus les cellules éosinophiles jouer ce rôle, de sorte que leurs granulations si caractéristiques (chez les reptiles et les oiseaux elles ont l'aspect de petits bâtonnets ou de cristaux) ne proviennent pas du dehors, mais sont élaborées par les cellules elles-mêmes. Par contre, les deux autres variétés de leucocytes, les mononucléaires et les neutrophiles, se distinguent par des propriétés migratrices et phagocytaires très prononcées. Même en dehors de l'organisme, ces cellules amiboïdes englobent très facilement un grand nombre de corps étrangers qu'on leur présente et on les voit souvent bourrées de toutes sortes de granulations. Ces cellules avalent, à la manière des amibes, non seulement des corps inactifs, comme les grains de carmin et d'autres substances insolubles ou peu solubles contenues dans le liquide qui les entoure, mais aussi des corps vivants, des microbes en particulier (METCHNIKOFF).

Les recherches de RANVIER sur les *granulations* que présente le protoplasma des leucocytes ont conduit à considérer ces éléments comme des glandes unicellulaires mobiles. Si ALTMANN regarde les granulations comme des unités vivantes, des *bioblastes*, EHRLICH admet, avec RANVIER, qu'elles ne sont que des produits de sécrétion élaborés dans l'intérieur de la cellule sous l'influence de son protoplasma. Ces produits de nature différente sont transportés par les leucocytes pour être utilisés, suivant les besoins de l'organisme, ici dans les tissus, là dans les glandes. Des travaux récents ne démontrent-ils pas que dans le protoplasma des leucocytes existent des *oxydases*, dont la présence éclaire d'un jour tout nouveau l'acte intime des oxydations étudié depuis les découvertes de LAVOISIER et de CL. BERNARD ?

Considérations générales sur les vaisseaux capillaires et les veinules. — Les leucocytes du sang, comme les hématies avec lesquels ils sont intimement mélangés, circulent dans les vaisseaux; les artères de calibre de plus en plus étroit les disséminent dans les capillaires; des réseaux capillaires, ils passent dans les veinules et dans les veines.

C'est au niveau des capillaires et des veinules que se fait la diapédèse. — La structure histologique de ces vaisseaux est des plus simples: leur paroi est formée par des cellules plates (*cellules endothéliales*) dont les bords sinueux se correspondent. Ces éléments peu épais sont soudés les uns aux autres par *un ciment* dans lequel se dépose et se réduit sous l'influence de la lumière une solution de nitrate d'argent. JULIUS ARNOLD, constatant après nitratation, soit au niveau du corps des cellules, soit au niveau de leurs lignes d'union, la présence de petites taches noires, avait cru que ces taches correspondaient à de petits orifices (*stigmates* ou *stomates*) disséminés irrégulièrement sur la paroi des capillaires. C'est à cette opinion que s'était primitivement rattaché COHNHEIM. Mais si, pour opérer la nitratation, on se sert, à l'exemple d'ALFEROW, de solutions à base de sels organiques d'argent (lactate, acétate, citrate), on obtient des préparations d'une pureté parfaite dans lesquelles on ne trouve ni pores ni lacunes.

Les cellules endothéliales reposent sur une *mince membrane amorphe*, sans structure histologique, dont la coupe optique s'accuse par un double contour régulier.

Le tissu conjonctif accompagne comme un satellite les vaisseaux sanguins sur tout leur parcours; sur les artérioles, les capillaires et les veinules, il forme un revêtement discontinu de cellules fixes, ordonnées par rapport aux vaisseaux et allongées dans le sens de sa marche. C'est la *couche rameuse périvasculaire* de Renaut, le *périthélium* d'Eberth et Ivanoff.

Au niveau des *veinules* on aperçoit, dans la paroi, des faisceaux de *fibres musculaires lisses*. Elles sont disposées sous forme de petits amas transversaux et constituent une couche contractile discontinue. Les capillaires se continuent directement et à plein canal avec les veinules; il est toutefois facile de reconnaître où commencent les origines du système veineux. A ce niveau on constate, en effet, une dilatation brusque du calibre des voies sanguines.

Quoi qu'il en soit, la paroi des capillaires et des veinules est toujours très mince; sa transparence est telle qu'elle permet très facilement de suivre au microscope les déplacements de la colonne sanguine.

La constitution histologique relativement peu compliquée de cette paroi vasculaire montre, de plus, qu'elle ne peut former une barrière infranchissable pour les éléments qu'elle maintient. Les cellules endothéliales sont assemblées les unes aux autres par une substance unissante dont la résistance est minime. Arnold considère, en effet, les espaces intercellulaires comme remplis par une substance liquide et visqueuse; pour nombre d'histologistes, le ciment intercellulaire est un albuminate fluide que les réactifs coagulent.

Quant aux cellules endothéliales, elles ne forment pas, par leur assemblage, un tube rigide; elles sont extensibles et jouissent même d'une certaine mobilité les unes par rapport aux autres. Cette mobilité est en rapport avec leur origine; d'après les recherches de Ziegler, elles dérivent des cellules mobiles de la surface du sac vitellin. Plusieurs observateurs, tels que Stricker, Goloubew, Klebs, Severini, ont constaté un certain degré de contractilité dans la paroi endothéliale des capillaires les plus simples. Cette propriété doit, d'après Klebs et Metchnikoff, jouer un rôle important dans la formation des orifices qui ne sont nullement préformés, comme l'avait admis Arnold. Quoique ce dernier observateur ne parle pas de la contractilité des cellules pariétales, il admet cependant que les espaces qui se trouvent entre ces éléments changent suivant les conditions de la tension et de la diffusion, de sorte que la position respective des cellules est très variable. On peut aussi comparer, avec Metchnikoff, les orifices qui s'ouvrent entre les éléments endothéliaux pour laisser passer les globules et le plasma et qui se ferment après leur passage, avec les pores de l'ectoderme des éponges qui s'ouvrent et se ferment également pour livrer passage aux corpuscules suspendus dans l'eau ambiante.

Une dernière preuve de la contractilité des cellules endothéliales des vaisseaux est fournie par les changements de position que présentent ces éléments : on peut les voir dans certaines conditions quitter la paroi et pénétrer, à l'aide de leurs mouvements amiboïdes, dans la cavité même des conduits vasculaires.

Tels sont les éléments histologiques qui concourent à la diapédèse; telles sont leurs propriétés physiologiques réciproques.

Étude de la diapédèse au microscope. — Diapédèse des leucocytes. — Pour étudier le phénomène de la diapédèse des *leucocytes* au microscope, et pour suivre ses différentes phases, on peut recourir à la méthode de Cohnheim et opérer sur la mésentère d'une grenouille faiblement curarisée.

On choisit une grenouille mâle pour éviter les œufs que renferme l'abdomen de la femelle; on pratique une entaille peu large sur le flanc gauche, afin de ne pas rencontrer le foie. L'animal repose par le dos sur une lame porte-objet suffisamment large. On attire une anse intestinale avec son mésentère; on étale rapidement ce dernier de façon qu'il occupe la partie évidée d'un petit rond de liège qui a été préalablement fixé sur la lame porte-objet avec du baume de Canada. On peut recouvrir avec une lamelle la portion de péritoine qui doit servir à l'étude; mais l'examen peut être fait directement à l'aide d'un objectif à immersion assez puissant.

On peut utiliser, en opérant de la même façon, le mésentère de jeunes mammifères (lapins, chats cobayes, souris). Les animaux doivent être endormis de façon à rester immobiles ; il faut les maintenir sur une table chauffante dont la température sera maintenue entre 38 à 40°.

En opérant de cette manière, on ne peut observer la diapédèse physiologique ; étant donnée l'exposition à l'air de la portion de la séreuse qui sert aux recherches et l'irritation qu'il détermine, on voit en effet se dérouler les premières phases du processus inflammatoire.

Pour suivre les phases primitives du processus histologique de l'inflammation, on utilise souvent la cornée que l'on irrite artificiellement.

Il n'en est plus de même si l'examen est pratiqué sur la membrane interdigitale de la grenouille ou sur la queue des têtards ; en opérant avec douceur, on ne modifie en rien l'évolution des phénomènes physiologiques (circulation, diapédèse) qui se passent dans l'épaisseur de ces deux formations transparentes. Comme les grenouilles, les têtards seront faiblement curarisés ; le moyen d'empêcher leurs mouvements consiste à pratiquer une piqûre sur leur peau et à les laisser nager pendant quelques minutes dans une solu-

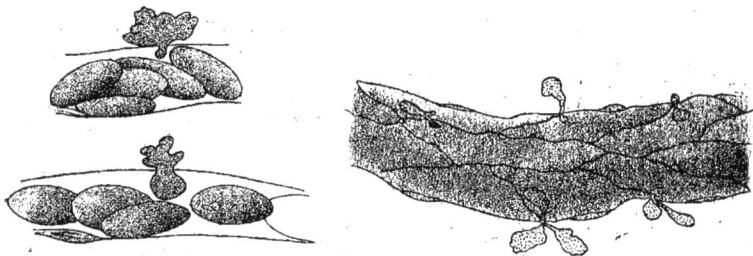

Fig. 107 et 108. — Diapédèse des globules blancs.

tion très faible de curare. Pendant tout le temps que durera l'examen, le corps du têtard sera maintenu humide.

Les différentes phases de la diapédèse se déroulent de la façon suivante. Le premier phénomène constaté est la dilatation des artérioles ; déjà très appréciable au bout de 10 à 15 minutes, elle va en augmentant constamment, avec des intermittences ou des rémissions très courtes, atteint son maximum au bout d'une durée de 1 à 2 heures, et persiste sans diminution notable pendant toute l'expérience. En même temps, les artérioles présentent des flexuosités.

A la dilatation des artères succède bientôt la dilatation des veinules ; elle se fait progressivement et beaucoup plus lentement : aussi observe-t-on un stade où le calibre des artérioles l'emporte sur celui des veinules.

Les capillaires se dilatent à leur tour ; on distingue alors nettement une quantité de vaisseaux fins que l'on pouvait à peine apercevoir auparavant.

En même temps s'observent des variations dans la vitesse du courant sanguin : tout d'abord le mouvement du sang s'accélère, surtout dans les artérioles, mais l'accélération n'est pas de longue durée ; elle fait place, au bout d'un laps de temps qui varie d'une demi-heure à une heure, à un ralentissement qui doit persister. On peut parfois constater, dans certains vaisseaux où le sang a déjà subi un ralentissement considérable, une nouvelle augmentation de vitesse sans qu'il y ait eu vaso-constriction.

Lorsque la circulation s'est ralentie, l'examen des phénomènes qui se passent dans la colonne sanguine est devenu beaucoup plus facile. En observant les veinules, on voit que la zone périphérique, primitivement occupée par du plasma (couche adhésive de Poiseuille), se remplit peu à peu de leucocytes. Ceux-ci abandonnent en effet le centre du vaisseau et, se séparant des globules rouges qui, empilés les uns contre les autres, continuent à circuler, viennent se mettre en rapport direct avec la face interne de la paroi vasculaire. Au bout d'un temps variable, les leucocytes accumulés forment une sorte de gaine *qui tapisse intérieurement le vaisseau*, dans le centre duquel continue à s'écouler lentement la colonne rouge.

Sur la paroi externe des veinules apparaissent bientôt de petites saillies incolores ; cette paroi semble alors hérissée de végétations arrondies, plus ou moins rapprochées les unes des autres. Ces saillies s'agrandissent lentement et progressivement, s'accroissent en longueur et en épaisseur et finissent par se dégager de la paroi. Elles lui restent cependant unies pendant un certain temps par un prolongement délié qui leur donne un aspect piriforme. Chacune de ces végétations, primitivement arrondie, envoie des prolongements en différents sens et se déforme. La partie renflée s'éloigne de plus en plus de la paroi du vaisseau, n'y est bientôt plus retenue que par une portion effilée qui peut atteindre de 5 à 7 µ. Le prolongement finit enfin par se rompre ; *la cellule, qui vient de terminer sa migration, se trouve en dehors du vaisseau.*

Ce phénomène se reproduit en différents points des veinules et des capillaires ; il en

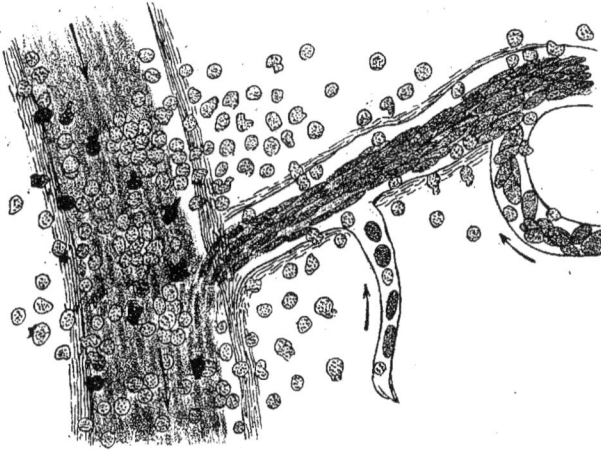

Fig. 109. — Diapédèse et circulation capillaire.
(D'après le *Traité de Pathologie générale* d'Hallopeau.)

résulte, au bout de quelques heures, la formation le long de ces vaisseaux, en dehors de leurs parois, *d'une couche de cellules qui constituent une espèce de gaine périvasculaire.*

L'émigration continuant à se faire, les cellules sorties du vaisseau s'éloignent de plus en plus de lui et se répandent dans les mailles du tissu voisin qu'elles remplissent.

Ces éléments sont bien des leucocytes : ils en présentent tous les caractères optiques, offrent les mêmes réactions en présence des matières colorantes et jouissent des mêmes propriétés physiologiques. Il est possible, d'ailleurs, de rendre leur analogie tout à fait évidente en imprégnant de granulations colorées le protoplasma des leucocytes contenus dans le sang. On voit alors des globules blancs, chargés de grains de bleu d'aniline par exemple, s'arrêter en un point donné de la paroi vasculaire, pénétrer dans cette paroi, présenter au dehors des saillies, dont le volume s'accroît progressivement et dans l'intérieur desquelles on retrouve la matière colorante bleue. Celle-ci ne tarde pas à être totalement entraînée au dehors par le protoplasma de l'élément qui la retient dans ses mailles.

On peut, d'ailleurs, observer directement au microscope les différents stades du passage des leucocytes à travers les parois vasculaires. Pour cela, il suffit de recourir à l'action d'un réactif fixateur tel que l'acide osmique, qui suspend la diapédèse et immobilise les éléments dans leur forme et dans leurs rapports.

La nitratation rend apparents les orifices de sortie, *les stomates ;* ceux-ci sont d'autant plus nombreux que la diapèdèse a été plus abondante et de plus longue durée. Mais il ne s'agit que de *stomates temporaires*. Au bout de quelques minutes ils se referment « à la façon des lèvres d'une perte de substance qu'on aurait faite en enfonçant une fine aiguille dans une lame de gélatine ramollie par l'eau » (Renaut).

Dans le processus inflammatoire, l'émigration se fait avec une très grande activité ; il y a *hyperdiapédèse*. Les leucocytes s'amassent au voisinage du vaisseau ou s'infiltrent au loin dans le tissu malade ; ils remplissent les fonctions qui leur sont dévolues. On peut les voir présenter une véritable dégénérescence, perdre leurs mouvements amiboïdes, reprendre une forme arrondie, alors que leur protoplasma devient granuleux. *Ainsi déchus, les globules blancs sont devenus des globules de pus.*

D'après la théorie de la diapédèse, le nombre des globules de pus doit être en rapport direct avec le nombre des leucocytes émigrés des vaisseaux.

Dans certaines suppurations intenses ou prolongées, ce nombre paraît énorme et hors de proportion avec la quantité de globules blancs que renferme normalement le sang. A l'époque où cette critique, qui est une des plus sérieuses, a été faite à la théorie, on ne savait pas faire ou on ne faisait pas la numération des globules du sang. Depuis, les recherches hématologiques ont permis de constater la *leucocytose*, c'est-à-dire l'élévation dans le sang du taux des globules blancs. On a cherché à déterminer expérimentalement cette *hyperleucocytose* qui, dans certaines maladies infectieuses, est précédée d'une *hypoleucocytose* de durée variable. On tend à admettre que certains organes (rate, ganglions lymphatiques) sont chargés de fournir à l'organisme les éléments cellulaires dont il a besoin.

2º **Diapédèse des globules rouges.** — Au cours de l'évolution du phénomène que nous venons de décrire, on observe très souvent que quelques globules rouges émigrent des vaisseaux en même temps que les globules blancs : ils semblent profiter des passages que ceux-ci se sont frayés au travers des parois vasculaires. Mais, dans certaines conditions qu'ont déterminées Cohnheim et Hayem, dans la stase veineuse en particulier, la diapédèse des globules rouges prend le pas sur celle des globules blancs.

Pour bien observer la diapédèse des globules rouges, il faut, sur une grenouille curarisée, mettre à nu la veine fémorale au niveau de la cuisse, passer un fil à ligature au-dessous de ce vaisseau, faire en sorte qu'il embrasse en même temps un fragment assez volumineux d'un muscle voisin et le serrer à l'aide d'un simple nœud. « Si l'on examine les vaisseaux dans la membrane interdigitale, on voit, au bout de quelques minutes, la circulation s'arrêter presque complètement dans plusieurs branches veineuses et dans quelques capillaires. Dans les vaisseaux où le sang continue à cheminer, on constate des oscillations rythmiques de la colonne sanguine. Au niveau des points où la circulation s'arrête, on voit les globules s'empiler les uns contre les autres et former par places des sortes de thrombus qui tantôt restent immobiles pendant plusieurs heures ou même pendant toute la durée de l'expérience, tantôt se dissocient par la séparation des hématies accumulées et leur entraînement par le courant sanguin pour se reformer plus tard. Ces amas de globules sont constitués, soit exclusivement par des globules rouges, soit en quelques points par une accumulation de globules blancs, parfois encore par un mélange de ces deux éléments. Ces accumulations d'éléments qui gênent ou arrêtent complètement le cours du sang dans ces vaisseaux sont assez souvent séparées les unes des autres par des espaces contenant du plasma dans lequel nagent quelques éléments isolés et particulièrement des globules blancs.

« Au niveau des thrombus formés par les globules rouges, quelques-uns de ceux-ci, fortement comprimés contre les parois du capillaire, s'insinuent à travers cette paroi, sans qu'on puisse distinguer l'orifice qui leur livre passage. Ils forment ainsi à l'extérieur du vaisseau *une série de boutons rouges* plus ou moins volumineux, qui restent appendus par un pédicule très étroit à la paroi du vaisseau. »

Quelques globules deviennent complètement libres : on les reconnaît à leur noyau caractéristique. Mais, au moment où le torrent circulatoire désagrège le thrombus, des globules rouges peuvent rester à demi engagés dans la paroi vasculaire ; ils se fragmentent ; la partie déjà sortie devient seule libre ; l'autre partie est entraînée dans la circulation ou reste adhérente à la paroi. Agitée par le mouvement du sang, elle prend la forme d'une toupie ou d'une raquette.

Quand la diapédèse des globules rouges est peu marquée, les éléments devenus libres sont englobés par les leucocytes qui les font disparaître. Quand elle est très abondante, il se forme autour du vaisseau une véritable gaine d'hématies tassées les unes contre les autres.

Si l'on enlève la ligature posée à la racine de la cuisse, la circulation se rétablit lentement même dans les vaisseaux entourés d'un manchon de globules rouges.

Cette variété de diapédèse peut exister quand il y a tension exagérée et stase plus ou moins prolongée du sang dans les petits vaisseaux. On l'observera encore quand les troubles circulatoires surviennent dans les capillaires jeunes en voie de formation, dans ceux des néo-membranes inflammatoires par exemple.

Quant à la cause de la formation des thrombus qu'il avait observés dans les vaisseaux, et dont le rôle est en quelque sorte primordial et prédominant, HAYEM n'avait tout d'abord pu la déterminer; ce n'est que plus tard, après la découverte des *hématoblastes*, qu'il reconnut la part qui revient à ces éléments dans la genèse des phénomènes observés. « Dans le mésentère exposé à l'air, les hématoblastes s'altèrent assez rapidement à l'intérieur même des vaisseaux; ils se déforment légèrement, deviennent adhésifs et se portent dans la couche torpide externe au lieu d'être entraînés avec les globules rouges. En roulant ainsi le long de la paroi des veinules et des capillaires, ils ne tardent pas à se réunir plusieurs ensemble et à former un petit amas qui vient bientôt se bloquer dans un capillaire. Telle est l'origine des thrombus : dès que le petit amas hématoblastique est constitué par la confluence d'un nombre variable d'éléments, quelques globules rouges et blancs arrêtés au passage viennent compléter et étendre l'obstruction.

Les amas hématoblastiques ne subissent pas les transformations complètes que l'on observe dans le processus de coagulation : les éléments qui les composent, quand on peut les apercevoir nettement, paraissent être devenus irréguliers et visqueux. On comprend dès lors pourquoi les bouchons obturateurs qui restent dépourvus de fibrine et n'ont pas cessé d'être cellulaires peuvent être désagrégés par le sang; pourquoi ils n'oblitèrent les vaisseaux que d'une manière partielle et souvent temporaire. »

Ces observations sont fort délicates à faire sur la grenouille; mais il n'en est pas de même chez les mammifères, et en particulier chez le chat nouveau-né.

D'après HAYEM, ce sont les hématoblastes qui, grâce à leur singulière vulnérabilité, viennent donner l'explication du fait le plus intéressant du processus suppuratif. Pour le même auteur, le sang lui-même joue un rôle considérable dans ce processus, rôle qui semble primer celui des phénomènes vaso-moteurs.

Étude physiologique de la diapédèse. — En observant l'émigration des leucocytes, nous avons vu qu'elle était précédée par la distribution périphérique de ces éléments dans le vaisseau dilaté. On a voulu expliquer ce stade en opposant les mouvements des globules blancs sphériques aux mouvements rapides des hématies aplaties. On a depuis admis l'opinion de CHKLAREWSKY, basée sur le fait constaté par MACH et BOUDI, que les corpuscules insolubles suspendus dans un liquide augmentent la densité du mélange. Or, comme, dans un vaisseau, les globules ne circulent que dans la partie axiale de la veine fluide, tandis que la partie périphérique n'est composée que de liquide, la densité de ce dernier doit être moins grande que celle de la partie centrale. Comme les leucocytes ont un poids spécifique moins considérable que les hématies, ce sont eux qui sont repoussés du courant axial plus dense dans la partie périphérique moins dense. Mais cette distribution périphérique n'en existe pas moins lorsque les leucocytes ont préalablement absorbé des grains de vermillon. Or ces éléments renferment un sel de mercure qui doit les rendre non seulement beaucoup plus lourds qu'ils ne l'étaient auparavant, mais certainement aussi plus lourds que les hématies. Et pourtant les hématies restent dans la partie axiale, tandis que les leucocytes appesantis passent à la périphérie.

HERING a invoqué la viscosité des leucocytes pour expliquer leur adhérence à la paroi. Pourtant les leucocytes ne sont pas visqueux et ne s'accolent pas par suite de leur consistance, mais uniquement à l'aide de leurs propriétés amiboïdes.

Ce sont les propriétés elles-mêmes des leucocytes qui dirigent leurs mouvements et qui, au moment où la circulation est ralentie, les poussent vers les régions les plus calmes dans lesquelles ils pourront étaler librement leurs prolongements protoplasmiques. C'est donc en raison de leur chimiotropisme que, dans les portions de vaisseaux fins où la circulation s'est ralentie, on voit s'accumuler les leucocytes contre les parois.

En admettant *la contractilité des parois endothéliales*, nous avons fait pressentir qu'elle devait faciliter le passage des leucocytes. On doit faire remarquer cependant que ces éléments sont capables de traverser des membranes non contractiles, le tissu épithélial des vertébrés par exemple ou des ascidies. Il est probable, comme le fait remarquer Metchnikoff, que la contractilité des cellules endothéliales doit jouer surtout un grand rôle dans le passage des globules rouges et des parties liquides du sang, « surtout dans les cas où, comme dans certaines maladies infectieuses, les leucocytes restent dans le sang à la suite d'une chimiotaxie négative, tandis que le plasma et les hématies traversent la paroi vasculaire ».

Quant *au rôle du système nerveux dans la production du phénomène de la diapédèse*, il n'est pas encore actuellement bien nettement déterminé. Ce rôle ne peut cependant être mis en doute, ainsi qu'en témoignent les modifications observées dans les variations de calibres de petits vaisseaux et les expérimentations faites à l'aide du curare.

Le *curare*, qui est employé en solutions plus ou moins fortes pour obtenir l'immobilisation des animaux pendant les recherches microscopiques, *a une influence très grande sur le départ des globules blancs du sang et d'une partie du plasma à travers la paroi des capillaires*. Tarchanoff a, par d'ingénieuses expériences, démontré que ce départ s'effectue en grand chez la grenouille adulte curarisée. « Le sang se dépouille de ses globules blancs dans des proportions énormes; il en perd parfois près des 9/10 de sa quantité normale, et, en même temps, il se concentre par une perte parallèle de plasma. Les globules blancs et le plasma sortis du sang dans ces conditions vont s'accumuler dans toutes ces cavités lymphatiques à l'exception du sac sous-cutané dorsal. Cette accumulation persistante dans les cavités lymphatiques est due à la suppression des mouvements généraux de l'animal empoisonné (Lesser, Paschutin) en même temps qu'à l'inertie des cœurs lymphatiques (Cl. Bernard, Heidenhain, Eckhard); car, en trois ou quatre jours, après le réveil de l'animal, les cavités lymphatiques se vident, restituent leur liquide surabondant au sang, et ce dernier reprend sa proportion normale de globules blancs, de globules rouges et de plasma.

Si l'on cherche à interpréter le mécanisme intime de cette surabondante diapédèse produite par le curare, on comprend que ce phénomène est intimement lié à l'action des nerfs vaso-moteurs sur les parois des vaisseaux. Tarchanoff a, en effet, démontré que c'est par la paralysie de ces vaso-moteurs que le poison met en train le phénomène de l'émigration. « Si l'on observe la langue d'une grenouille normale étalée sur une plaque de liège et éclairée par transparence, et qu'on curarise l'animal, on remarque au début de l'empoisonnement une forte contraction des petites artères : toute la langue devient pâle et anémique. Cet état dure assez longtemps et fait place à une dilatation secondaire des vaisseaux : on les voit se remplir de sang et être le siège d'une circulation régulière qui persiste jusqu'au réveil de l'animal. Si, au contraire, on curarise une grenouille dont l'axe cérébro-spinal a été complètement détruit, on n'observe pas cette première phase de contraction des vaisseaux et la circulation continue sans modification aucune.

- « Il résulte de ces expériences que la contraction des vaisseaux chez la grenouille normale, au début de l'empoisonnement, est due à l'excitation des centres vaso-moteurs par le curare et que leur dilatation correspond à la paralysie consécutive de ces mêmes centres vaso-moteurs. De plus, la circulation chez l'animal dont on a détruit le névraxe entier, c'est-à-dire tous les vaso-moteurs, reproduit la série des phénomènes que présentent les grenouilles curarisées. La diapédèse des globules blancs, le départ du plasma, la concentration du sang, la réplétion des cavités lymphatiques s'effectuent successivement alors au bout de quelques jours et avec la plus grande régularité (Renaut). » L'émigration des globules blancs, la condensation de ces éléments dans les cavités lymphatiques, observées à la suite de l'empoisonnement par le curare, résultent de la dilatation des petites artères et des artérioles. Cette dilatation provoquée par la paralysie des vaso-moteurs détermine le ralentissement du sang dans le réseau des capillaires et des veinules et favorise l'émigration des leucocytes. *La diapédèse normale se montrera dans un territoire vasculaire commandé par une artériole toutes les fois que cette dernière aura perdu sa contractilité, par le fait de la paralysie de ses vaso-constricteurs.*

Certains faits semblent infirmer cette conclusion : telle est l'élégante expérience pratiquée sur l'oreille du lapin, dans laquelle ce prolongement ne reste relié au reste du corps de l'animal que par une artère et une veine. Il avait semblé aux observateurs qu'en examinant les résultats obtenus en pareil cas dans le domaine de la circulation capillaire, ils avaient éliminé toute influence du système nerveux. Mais ne sait-on pas aujourd'hui que les nerfs qui président aux changements de calibres des vaisseaux fins suivent les troncs vasculaires, et sont si intimement unis à eux qu'il est impossible de les en séparer?

L'influence qu'exerce le système nerveux vaso-moteur sur la diapédèse normale ou expérimentale ne peut être mise en doute. Mais la dilatation constatée au niveau des artérioles, des capillaires et des veinules est-elle due à une paralysie par voie réflexe des vaso-constricteurs où à une action directe des vaso-dilatateurs? La cause qui la détermine porte-t-elle sur les extrémités des nerfs ou sur les centres d'où ils partent? Aucune donnée bien précise ne permet actuellement de répondre à ces questions.

On s'était demandé aussi si *la pression* à laquelle se trouvait soumis le sang dans les vaisseaux ne pouvait être considérée comme une cause déterminante de la diapédèse. HERING avait soutenu cette opinion, bien qu'il reconnût l'importance des mouvements amiboïdes. Les observations faites directement démontrent le peu de valeur de cette hypothèse. On constate, en effet, que l'émigration des leucocytes continue et se complète après la cessation absolue des battements du cœur chez les têtards curarisés jusqu'à la mort.

Dans ces dernières années, c'est-à-dire depuis les premières recherches de PFEFFER, de STAHL, de ROSEN, on a été amené à interpréter d'une façon toute nouvelle les causes de la diapédèse, et à attribuer, dans la production du phénomène, aux leucocytes eux-mêmes la part la plus grande. Les observateurs dont nous venons de rappeler les noms ont démontré que les organismes unicellulaires et les plasmodes sont attirés par certaines substances solubles et repoussés par d'autres, ce que l'on exprime en disant qu'ils sont doués pour ces substances de *chimiotaxisme, positif* dans le premier cas, *négatif* dans le second. En outre, ces organismes peuvent s'habituer peu à peu à des substances qui les éloignaient d'abord, et finir par être attirés par elles. On ne tarda pas à reconnaître que les leucocytes jouissent des mêmes propriétés, et on fut amené à étudier comment ils se comportaient en présence des poisons chimiques, végétaux, animaux, et aussi en présence des bactéries et des produits bactériens (toxines). Les expériences ont été aussi variées que nombreuses; nous nous contenterons d'en rappeler quelques-unes.

On a agi sur la motilité des leucocytes, et on est parvenu à la supprimer. La narcotisation des animaux au moyen de la teinture d'opium suspend l'émigration des leucocytes; tant que dure la narcose, les leucocytes anesthésiés ne sortent pas des vaisseaux. MASSART et BORDET, étudiant le phénomène chez des grenouilles narcotisées, virent la dilatation vasculaire se produire, et les globules blancs se disposer le long des parois, mais ils ne constatèrent aucune diapédèse.

En paralysant non la motilité, mais la sensibilité des leucocytes, avec la paraldéhyde et le chloroforme, les mêmes observateurs purent encore empêcher la sortie des globules blancs.

Les leucocytes peuvent de même rester enfermés dans les vaisseaux, même quand ces derniers sont suffisamment dilatés, alors que dans leur voisinage se trouvent des substances qui exercent sur eux une action repoussante. BINZ a constaté que le mésentère de la grenouille arrosé avec une solution de quinine ne présente pas les phases habituelles de la diapédèse. La quinine étant considérée comme un poison du protoplasma, on en a tout d'abord conclu que les leucocytes sont paralysés par cette substance et ont perdu le pouvoir de traverser les parois. DISSELHORST, répétant ces expériences, confirma l'absence de la diapédèse, mais constata en même temps avec étonnement que les éléments blancs n'ont pas perdu leurs mouvements. Retirés des vaisseaux, ils présentent leur amiboïsme habituel. Cette expérience est des plus démonstratives; car elle met en valeur le pouvoir chimiotactique négatif de la substance employée.

Les recherches faites avec les produits bactériens ont fourni aux bactériologistes les documents les plus précieux. MASSART montra que, parmi les différentes races d'un même microbe, les races peu virulentes les attirent peu ou pas. Dans ce dernier cas, il ne s'agit pas de l'absence de substances attractives, mais bien de la présence de substances répulsives; en effet, la même culture étendue devient attirante.

Aux anciennes théories par lesquelles on avait cherché à expliquer le *primum movens* de la diapédèse s'en substituait une nouvelle. On l'avait attribuée à une altération primitive des parois des vaisseaux; on l'avait fait dépendre d'un réflexe nerveux déterminant secondairement la dilatation vasculaire; il fallait, dès lors, tenir compte de l'activité propre des leucocytes. Chose curieuse, ainsi que le fait remarquer Bouchard, ces trois théories s'adaptent parfaitement toutes trois à la notion nouvelle de pathologie générale qui reconnaît l'infection locale comme cause de l'inflammation dans l'immense majorité des cas. « Suivant la théorie, les matières sécrétées par les microbes altèrent les vaisseaux dans la zone infectée ou irritent dans cette zone les extrémités des nerfs centripètes, lesquels provoquent dans ce même lieu la dilatation vasculaire réflexe, ou enfin attirent à travers la paroi vasculaire les leucocytes du sang qui circule dans cette région » (Bouchard).

Bouchard, dans ses recherches sur les produits bactériens, démontre qu'une de ces substances, par son action générale sur l'économie, rend impossible l'acte dominant de l'inflammation, c'est-à-dire la diapédèse.

Charrin et Gamaleïa complètent la démonstration en établissant que ce produit s'oppose également à l'issue du plasma et à la dilatation vasculaire. Charrin et Gley donnent l'interprétation de ces faits en prouvant que cette substance paralyse le centre vaso-dilatateur. « Cette substance, écrit Bouchard, qui, par son action sur le système nerveux, modère ou empêche la dilatation vasculaire active, je la nomme *anectasine*. »

Pour Bouchard, c'est en paralysant le centre vaso-dilatateur qu'elle s'oppose à l'émigration des leucocytes. Hertwig, puis Massart et Bordet, admettent, au contraire, que cet effet est dû à son action attractive sur les globules blancs. Si, d'après ces auteurs, elle est sécrétée par les microbes dans un tissu, en dehors des vaisseaux, elle oblige par attraction les leucocytes à sortir de ces vaisseaux. Si elle est introduite dans le système vasculaire, elle y retient les leucocytes et les empêche de sortir, par quelque procédé qu'on cherche à provoquer leur issue. Une pareille opinion ne peut être démontrée : Bouchard a en effet empêché la diapédèse en injectant l'anectasine, non pas dans les vaisseaux, mais sous la peau, ou bien dans le foyer même de pullulation des germes pathogènes.

L'anectasine empêche l'issue du plasma, et elle agit de la même façon sur les globules rouges. Aussi la voit-on produire l'hémostase ischémique. Il a été permis à Bouchard d'arrêter par son usage chez l'homme des hémorragies diverses.

Le même observateur a, dans les produits bactériens, plus particulièrement dans la tuberculine de Koch, trouvé une autre substance qui jouit de propriétés antagonistes; il la nomme *ectasine*. Par excitation du centre vaso-moteur, elle provoque une congestion réflexe plus énergique, une exsudation séreuse plus abondante, une diapédèse plus intense. Charrin et Gley l'ont retrouvée dans les produits sécrétés par le bacille pyocyanique, Arloing dans les produits de sécrétion du staphylocoque.

A côté de la diapédèse des leucocytes et des hématies, Segall, se basant sur de nombreuses observations qu'il avait faites sur des tissus normaux ou pathologiques fixés et colorés d'après une rigoureuse méthode, vient de décrire *une diapédèse particulière se faisant sous forme de chromatocytes*. Il a trouvé dans des tissus enflammés des amas formés de chromatine se présentant sous les aspects les plus divers, mais le plus habituellement sous ceux de filaments chromatiques plus ou moins larges, mais très longs. Ceux-ci forment des masses plus ou moins volumineuses, mais peuvent aussi s'effriter et n'être plus représentés que par de fines granulations. Ces amas de chromatine proviendraient d'une *véritable chromatolyse des noyaux des leucocytes mono et polynucléaires* qui se ferait à l'intérieur des vaisseaux sanguins ou lymphatiques. La chromatine ainsi libérée peut subir la diapédèse (*diapédèse chromatocytique*) sous forme de filaments chromatiques plus ou moins allongés ou élargis. Ces filaments attirent au dehors, soit des masses chromatiques volumineuses provenant de la chromatolyse intravasculaire des leucocytes, soit des paquets de leucocytes en chromatolyse incomplète. L'effritement extravasculaire des chromatocytes explique la présence de grains chromatiques libres qui se rencontrent dans les foyers inflammatoires.

But de la diapédèse. — *La diapédèse physiologique concourt à la nutrition de l'organisme; la diapédèse pathologique assure sa défense.*

1° But de la diapédèse physiologique. — Il est admis généralement aujourd'hui par les histologistes que les granulations accumulées dans le protoplasma des leucocytes constituent autant de matériaux qui peuvent être utilisés par l'organisme, suivant ses besoins. Toutes ces granulations n'ont pas la même origine : les unes ont été captées et demeurent emmagasinées dans l'élément; les autres sont une élaboration propre de son protoplasma. L'iode permet encore de déceler dans les globules blancs la présence de la substance glycogène, qui, comme l'a montré le premier RANVIER, est à l'état diffus. En laissant échapper ces réserves ou seulement certains de leurs dérivés, les leucocytes deviennent de véritables pourvoyeurs par rapport aux éléments anatomiques fixes qui par leur assemblage constituent les tissus. Mais, pour qu'ils puissent jouer ce rôle, pour que les échanges puissent avoir lieu, il faut que les globules blancs viennent au contact de ces éléments constitutifs; il faut qu'ils abandonnent les vaisseaux dans lesquels ils sont contenus.

Devenues libres, *les cellules migratrices* vont non seulement concourir à la nutrition des tissus, mais encore faire la police de l'économie. On les voit, en effet, emmagasiner certaines particules étrangères, les digérer et les assimiler. Dans le cas où il s'agit de substances non assimilables et qui ne peuvent leur être utiles, ils les transportent au loin et les déposent dans certaines régions de l'organisme où on les retrouve accumulées.

Les globules blancs sont, comme les globules rouges, chargés d'oxygène; mais, bien que ce gaz soit en minime proportion, il n'en pénètre pas moins avec eux dans l'intimité des tissus.

Des recherches récentes, dont on trouvera le détail dans la thèse de PORTIER, ont permis de reconnaître qu'il existe chez les animaux des ferments solubles oxydants (*oxydases*), qui ont les mêmes propriétés générales que les agents chimiques analogues extraits des végétaux. Ces ferments n'existent pas dans le sang ou les tissus des animaux vivants, mais proviennent de la destruction des leucocytes. Ils peuvent donc prendre naissance au sein des tissus par la désintégration des cellules lymphatiques qui sont disséminées dans tout l'organisme.

Après leur sortie des vaisseaux sanguins, les leucocytes se trouvent en effet dispersés dans les tissus où nos moyens de recherches nous permettent de les retrouver. Ils sont ensuite collectés par les voies lymphatiques originelles dans lesquelles ils pénètrent; et ramenés dans le sang par le système lymphatique. Ils subissent donc, pendant la vie, un véritable mouvement cyclique, que RENAUT appelle *le cycle hémo-lymphatique*. La réalité de ce phénomène peut être constatée directement. « Si l'on injecte du cinabre dans les veines d'un animal, on retrouve dans le tissu conjonctif et dans la lymphe, au bout d'un certain temps, des globules blancs chargés de grains caractéristiques de cette substance, marqués pour ainsi dire par ces grains eux-mêmes, venus évidemment du sang. La même injection pratiquée dans le tissu conjonctif lâche permet de constater que les cellules errantes dans ce tissu rentrent dans les voies lymphatiques et de là dans le sang. »

Enfin, si l'on injecte le cinabre en grande quantité dans un sac lymphatique tel que le sac dorsal de la grenouille, on voit qu'au bout de quelques jours la masse introduite a beaucoup diminué, et on retrouve des globules blancs porteurs de grains de cinabre à la fois dans le sang, dans la lymphe, dans les espaces interorganiques et dans le mucus du tube digestif. La migration des cellules lymphatiques du sang dans les lacunes interorganiques, de ces dernières dans la lymphe, et de la lymphe dans le sang, s'effectue donc bien suivant un véritable mouvement cyclique (RENAUT).

Rentrés dans les voies lymphatiques, les leucocytes se présentent sous l'aspect de masses arrondies qui se laissent entraîner par le courant. Ils ne présentent plus de prolongements amiboïdes; leur vie est ralentie parce qu'ils sont dépourvus d'oxygène. Comme le liquide contenu dans les vaisseaux blancs constitue un milieu privé d'oxygène, ils doivent être ramenés dans le sang où, au delà du poumon, ils retrouveront en abondance le gaz qui est l'excitant de leurs propriétés vitales. Ils peuvent d'ailleurs parcourir avec les globules rouges le champ de l'hématose au niveau du poumon. On peut même, en excitant leurs propriétés chimiotactiques positives, les fixer en ce point, ainsi que l'a observé CH. RICHET chez des animaux soumis aux inhalations d'essence de térébenthine.

Revenus dans le liquide sanguin, les leucocytes retrouvent toutes les propriétés que nous avons décrites, sont aptes de nouveau à servir de pourvoyeurs, à produire la diapédèse et à parcourir une nouvelle fois le cycle évolutif auquel nous venons d'assister.

La diapédèse joue un rôle important dans le phénomène de la sécrétion des glandes. — Les mémorables expériences de Cl. Bernard sur la corde du tympan ont permis de déterminer d'une façon précise les modifications que subit la circulation locale dans la glande sous-maxillaire pendant les périodes d'activité sécrétoire. On observe en pareil cas une hyperémie intense, une dilatation très marquée des vaisseaux, une accélération très grande du cours du sang qui conserve dans les capillaires et les veinules les caractères physiques et les propriétés chimiques du sang artériel. Il semble que, dans ces conditions, malgré la dilatation des vaisseaux, en raison même de la rapidité de la circulation, l'émigration des leucocytes ne soit pas possible. Elle se fait néanmoins, et est même très marquée.

Comme les glandes salivaires, les glandes sudoripares obéissent à l'excitation motrice des nerfs sécréteurs. Après avoir fait fonctionner les glandes de la sueur par l'excitation des nerfs, ainsi que l'a montré Navrocki, on les fixe, d'après la méthode de Renaut, à l'aide d'injections interstitielles d'un mélange d'acide picrique et d'acide osmique : on observe alors sur les coupes une accumulation de leucocytes. Ce phénomène est décrit par le professeur de Lyon sous le nom d'*inondation lymphatique circumglandulaire;* il en donne la description suivante. « Il consiste dans la présence, au sein du tissu conjonctif entourant la portion glomérulaire de la glande et dont la constitution rappelle celle du tissu conjonctif lâche, d'un plus ou moins grand nombre de globules blancs du sang émigrés des vaisseaux par diapédèse. Les vaisseaux sont eux-mêmes gorgés de globules rouges et renferment plus de globules blancs qu'à l'ordinaire... Quand la sécrétion sudorale a été à la fois intense et soutenue pendant plusieurs jours, comme il arrive dans la peau de l'homme au début de la variole, les globules blancs, réunis autour du glomérule et entre ses tours de spire, sont tellement nombreux qu'on dirait ce glomérule entouré par un véritable lac de lymphe ou plutôt circonscrit par une atmosphère de tissu adénoïde. En effet, si l'on chasse les cellules lymphatiques à l'aide du pinceau, on dégage un tissu conjonctif grossièrement rétiforme. Il ne s'agit point cependant ici de tissu réticulé vrai. L'aspect rétiforme tient simplement à ce que, pour prendre place, les cellules lymphatiques ont écarté les faisceaux conjonctifs, qui dès lors passent et repassent entre leurs groupes en dessinant des sortes de mailles irrégulières.

« Dans les glandes salivaires, au moment où la circulation exclusivement fonctionnelle ayant pour agent le sang artériel, s'est substituée à la circulation purement nutritive de la glande au repos, tous les réseaux capillaires de cette glande deviennent des aires de pleine circulation, et ils sont l'origine d'une abondante transsudation, destinée à fournir à la sécrétion sa partie liquide. Cette transsudation est accompagnée d'un large mouvement de diapédèse. Les globules blancs se répandent en grand nombre dans le tissu conjonctif qui environne les alvéoles, avec le liquide émané des vaisseaux. Cet *œdème périlobulaire* constitue un des meilleurs indices, au point de vue anatomique, de l'état d'activité de toute glande du type salivaire. Comme nous l'avons aussi constaté à la périphérie des glomérules des glandes sudoripares en activité, comme il est facile de le retrouver dans les glandes trachéo-bronchiques, nous pouvons conclure qu'il s'agit d'un phénomène général, indiquant le début de la sécrétion des glandes ectodermiques soumises à l'action des nerfs moteurs glandulaires et ayant pour cette raison une très grande importance en tant qu'indice de leur mise en fonction (Renaut). »

Ces considérations générales d'histo-physiologie nous paraissent suffisamment probantes pour démontrer le rôle important que joue la diapédèse dans les actes intimes de la vie de l'organisme.

2° **But de la diapédèse pathologique.** — Sous l'influence des idées pastoriennes, aux anciennes hypothèses qui cherchaient à expliquer les processus histologiques de l'inflammation s'est substituée, dans ces derniers temps, *une théorie nouvelle, entièrement basée sur l'état des phénomènes de la vie cellulaire.* Elle est tout entière l'œuvre de Metchnikoff, qui l'a fondée sur une minutieuse analyse des manifestations observées dans la série des êtes organisés. Observant les organismes les plus simples et, s'élevant jusqu'aux plus compliqués, il a montré que l'acte primordial de l'inflammation est essentiellement un acte réactionnel. Il nous a appris à connaître les moyens de défense de l'économie, bien précisé le rôle des phagocytes, surtout celui des globules blancs chez les animaux possédant un système sanguin, et nettement indiqué le rôle de la diapédèse. Pour mieux exprimer sa doctrine, nous lui empruntons le résumé si précis et si philosophique qu'il en a donné.

« L'organisme, menacé par une cause nuisible quelconque, se défend par les moyens qu'il tient à sa disposition. Puisque, comme nous l'avons vu, même les êtres unicellulaires les plus inférieurs ne se comportent point d'une manière passive vis-à-vis des agents morbides, mais luttent contre eux, comment les organismes les plus développés, comme l'homme et les mammifères, n'agiraient-ils pas de même? Il y a donc une lutte incontestable de l'organisme envahi contre l'agent morbide? mais en quoi consiste-t-elle? Comme le démontre l'évolution de l'inflammation, c'est justement ce phénomène qui est le moyen de défense le plus répandu dans le monde animal, et à la fois le plus actif.

« Le *primum movens* de la réaction inflammatoire est une action digestive du protoplasma vis-à-vis de l'agent nuisible. Cette action, propre à l'organisme entier ou presque entier des protozoaires, appartient à toute la masse plasmodique des myxomycètes, mais, à partir des éponges, se concentre dans le mésoderme. Les cellules phagocytaires de cette couche s'approprient, englobent et détruisent l'agent nuisible dans les cas où l'organisme envahi reste victorieux. Cette réaction phagocytaire, lente d'abord, puisque le seul moyen pour les phagocytes d'approcher de l'agent nuisible consiste en leurs mouvements amiboïdes, s'accélère beaucoup avec l'apparition d'un système sanguin et vasculaire. A l'aide du courant sanguin, l'organisme peut, à chaque moment donné, expédier vers l'endroit menacé un nombre considérable de phagocytes pour arrêter le mal. Lorsque la circulation se fait en partie dans un système de lacunes, l'afflux des phagocytes s'opère sans dispositions spéciales. Mais, lorsque ces défenseurs de l'organisme se trouvent dans des vaisseaux clos, ils ne peuvent atteindre leur but qu'à l'aide d'*une adaptation spéciale qui est la diapédèse à travers les parois.*

« Une fois arrivé à ce résultat que l'inflammation, chez les animaux supérieurs, est une réaction salutaire de l'organisme, et que la diapédèse, avec tout ce qui l'accompagne, fait partie de cette réaction, plusieurs particularités des phénomènes inflammatoires deviennent simples et claires. Depuis longtemps on a été frappé par la forme lobée et polymorphe du noyau des globules de pus. Cette forme particulière est propre aux leucocytes polynucléaires qui représentent la grande majorité de la quantité totale des globules blancs... La forme de leur noyau s'explique par une adaptation spéciale au travers de la paroi vasculaire. Lorsqu'on observe la diapédèse, on est frappé par la difficulté que présente le passage du noyau. Une fois que ce dernier se trouve en dehors du vaisseau, le reste du protoplasma traverse la paroi presque d'un seul coup. Il est évident qu'un noyau fragmenté en plusieurs lobes doit traverser la paroi beaucoup plus facilement qu'un grand noyau tout entier. Voilà pourquoi les leucocytes polynucléaires se trouvent dans le pus en plus grande quantité que les mononucléaires, et voilà aussi pourquoi la forme polylobée du noyau, absente chez les invertébrés, ne se trouve que chez les leucocytes adaptés à la diapédèse. »

Bibliographie. — DUTROCHET (M. H.). *Recherches anatomiques et physiologiques sur la structure intime des animaux et des végétaux et sur leur motilité*, Paris, 1824, 214. — WALLER. *Microscopic observations of the perforation of the capillaries by the corpuscles of the blood, and on the origin of mucus and pus-globules* (Philosophical Magazin, 1846, XXIX, 271-398). — STRICKER. *Studien über den Bau und das Leben der capillären Blutgefässe* (Ak. W., 1865, LII). — CZERNY (Medicin. Jahrbücher, XIII, 12 décemb. 1866). — STRICKER et NORRIS. *Ueber die Keratitis* (Studien aus dem Inst. f. exp. Pathologie aus dem Jahre 1869, Wien, 1870). — COHNHEIM (C. W., 1866, 339); — *Ueber Entzündung mit Eiterung* (A. A. P., 1867); — *Ueber venöse Stauung* (Ibid., XLI, 220); — *Neue Untersuchungen über die Entzündung*, 1873. — PURVES. *The passage of white corpuscules through the capillaries*, 1873. — HAYEM. *Sur les phénomènes consécutifs à la stase veineuse observés sur la membrane natatoire de la grenouille et la possibilité de l'hémorragie par diapédèse* (A. de P., 1869, 53); — *Note sur la suppuration étudiée sur le mésentère, la langue et le poumon de la grenouille* (Gazette médicale, 1870); — *Du sang et de ses altérations anatomiques*, 1889, 463. — FELTZ (V.). *Étude expérimentale sur le passage des leucocytes à travers les parois vasculaires et sur l'inflammation de la cornée* (Journal de l'Anatomie et de la Physiologie, 1870); —

Recherches expérimentales sur l'inflammation du péritoine et l'origine des leucocytes (*Ibid.*, 1873). — DUVAL (M.). *Recherches expérimentales sur les rapports d'origine entre les globules du pus et les globules blancs du sang dans l'inflammation* (*A. de P.*, 1872). — PICOT (J. J.). *Les grands processus morbides*, 1876, 508. — ARNOLD (J.). *Ueber die Beziehung der Blut und Lymphgefässe zu den Saftkanälchen* (*A. A. P.*, 1874, LXII, 157); — *Ueber Diapedesis* (*Ibid.*, LXVIII). — ALFEROW. *Nouveaux procédés pour les imprégnations de l'argent* (*A. de P.*, 1874, 694). — ARNOLD (J.). *Ueber das Verhalten der Wandungen der Blutgefässe bei der Emigration weisser Blutkörper* (*A. A. P.*, février 1875). — TARCHANOFF (J.). *De l'influence du curare sur la quantité de la lymphe et l'émigration des globules blancs du sang* (*A. de P.*, 1875). — STRICKER. *De l'inflammation* (*Encyclopédie nationale de Chirurgie*, 1883, I, 5). — MARCHAND. *Untersuchungen über die Einheilung von Fremdkörpern* (*Ziegler's Beiträge z. path. Anat.*, IV, 1888). — BRAULT. *Étude sur l'inflammation* (*Archives générales de médecine*, 1888). — DISSELHORST (*A. A. P.*, 1888, CXIII, 108). — WEIGERT. *Entzündung* (*Eulenburg's Real Encyclopädie*). — KODIS (TH.). *Epithel und Wanderzelle in der Haut des Froschlarvenschwanzes* (*A. P.*, 1889, Suppl.). — RENAUT (*Traité d'Histologie pratique*, II, 119). — MASSART (J.) et BORDET (CH.). *Recherches sur l'irritabilité des leucocytes* (*Annal. Société méd.*, Bruxelles, 1890); — *Le chimiotaxisme des leucocytes et l'infection microbienne* (*Annal. Institut Pasteur*, 1891, V, 417). — MASSART (J.). *Chimiotaxisme des leucocytes et immunité* (*Ibid.*, 1892, VI, 321). — BOUCHARD. *Actions vaso-motrices des produits bactériens* (*C. R.*, 26 octobre 1891); — *Les microbes pathogènes*, Paris, 1892. — METCHNIKOFF. *Pathologie comparée de l'inflammation*, Paris, 1892. — LETULLE (M.). *Études anatomo-pathologiques. L'inflammation*, 1893. — BRUYNE (C. DE). *Contribution à l'étude de la phagocytose* (*Arch. de Biolog.*, 1895, XIV, 163). — WEISS (J.). *Beiträge zur Entzündungslehre. Eine historische Studie* (*Leipzig und Wien*, 1893). — CANTACUZÈNE (J.). *Appareils et fonction phagocytaires dans le règne animal* (*Année biologique*, II, 1896, chap. XIV, 294-340). — PORTIER. *Les oxydases dans la série animale, leur rôle physiologique* (*Diss.*, Paris, 1897, n° 63). — SEGALL. *Les chromatocytes. Une diapédèse particulière sous forme de chromatocytes* (*B. B.*, 23 juillet 1898).

P. E. LAUNOIS.

DIAPHRAGME. — Chez l'homme et les mammifères, le diaphragme est une cloison musculaire, *septum transversum*, qui sépare plus ou moins parfaitement la cavité thoracique de la cavité abdominale. Chez l'homme, cette cloison s'étend dans le sens transversal des six dernières côtes d'un côté aux six côtes correspondantes du côté opposé, et, dans le sens antéro-postérieur, de l'apophyse xiphoïde et du cartilage des septièmes côtes aux corps des trois premières vertèbres lombaires.

Le muscle diaphragme comprend une partie centrale blanche aponévrotique (centre phrénique formé de trois folioles, l'une antérieure, les deux autres latérales) et une partie périphérique, musculaire, dont l'épaisseur augmente vers la périphérie, surtout dans la région postérieure.

Par sa face inférieure, le diaphragme représente une voûte, mais une voûte à courbures variables : c'est ainsi que sa concavité est plus prononcée sur les côtés qu'au niveau de sa partie médiane, plus aussi à droite, où elle répond au foie, qu'à gauche, où elle répond à la rate. Nous n'insisterons pas sur les insertions du diaphragme.

Anatomie comparée. — Chez les mammifères, les dispositions anatomiques du diaphragme subissent quelques modifications peu importantes. Les insertions varient avec les modifications du squelette, et on peut, avec ROUGET, admettre que, chez la plupart des animaux, le diaphragme présente, au lieu des deux directions observées chez l'homme, une obliquité unique. C'est ainsi que, chez les pachydermes et les solipèdes, le diaphragme est très obliquement tendu entre les dernières vertèbres lombaires et les bords de la vaste échancrure costo-sternale.

Chez les cétacés, où les côtes sternales sont réduites au minimum (deux chez le lamentin), le diaphragme tend à devenir parallèle à l'axe du corps, et la cavité du tronc se trouve séparée en deux compartiments, situés, non pas l'un en avant, l'autre en arrière, mais l'un au-dessus de l'autre. Les poumons occupent toute l'étendue du compartiment supérieur, et le diaphragme constitue entièrement la paroi supérieure de l'abdomen (ROUGET).

Chez les oiseaux, le diaphragme affecte une disposition toute particulière. Il est constitué par deux plans confondus à leur point de départ, mais qui s'isolent ensuite pour prendre, l'un une direction transversale, l'autre une direction oblique, de sorte qu'en réalité il existe réellement deux diaphragmes. Le diaphragme pulmonaire ou transversal, qui s'applique sur la face inférieure des poumons, et répond, en fait, à la portion costale du diaphragme des mammifères par ses digitations sur les côtes et sa situation vis-à-vis des poumons (SAPPEY).

Le diaphragme thoraco-abdominal, ou oblique, qui s'étend de la face dorsale du rachis au sternum et divise la cavité du tronc en deux cavités secondaires : le thorax et l'abdomen. Ce diaphragme correspond aux piliers et à la portion sterno-lombaire du diaphragme des mammifères.

Chez les vertébrés inférieurs, le diaphragme n'est plus qu'à l'état rudimentaire, ou mieux à l'état d'ébauche. Chez les batraciens, il existe quelques fibres musculaires qui naissent de la crête iliaque et s'étalent en rayonnant sur la face postérieure des sacs pulmonaires où elles se fixent. Il existe, en outre, quelques fibres musculaires entourant l'œsophage, et qui, d'après ROUGET, complèteraient ainsi la voûte musculaire, qui ferme en avant la cavité du tronc. Chez les chéloniens, il existe un véritable diaphragme formant la base de la lamelle peritonéale qui entoure les poumons. Cette couche musculaire part, soit du corps des vertèbres, soit de leurs apophyses transversales conformes. Les recherches de P. BERT, de HARO, ont montré que ce muscle jouait un véritable rôle inspirateur.

Il existe bien, chez les crocodiles, un ensemble de muscles péritonéaux assez développés qui prend naissance sur la paroi antérieure du bassin, mais GEGENBAUR refuse de l'identifier avec le diaphragme des vertébrés supérieurs.

La même opinion peut être émise au sujet des rubans musculeux des reptiles qui, s'attachant aux côtes près de leur articulation, se réunissent en descendant et s'étendent en travers, entre celles-ci et le péritoine ; elles aboutissent, vis-à-vis des côtes, à une aponévrose très mince qui rassemble les rubans de chaque côté (CUVIER).

Les poissons présentent, d'après CUVIER, une cloison « qui sépare la cavité des branchies d'avec celle du bas-ventre » et qui serait l'ébauche d'un diaphragme.

Orifices du diaphragme. — Trois orifices sont disposés dans le diaphragme pour laisser passer la veine cave inférieure, l'aorte accompagnée de la veine azygos et du canal thoracique, enfin l'œsophage. Les deux premiers orifices ont des contours fibreux non contractiles, et les contractions diaphragmatiques ne paraissent pas exercer d'influence directe sur le diamètre de ces vaisseaux, quoique HALLER affirme avoir vu l'orifice de la veine cave se resserrer très nettement durant l'inspiration, et, d'autre part, que certains auteurs aient attribué la fréquence des anévrysmes de l'aorte au niveau de son passage à travers les fibres aponévrotiques des piliers du diaphragme, à la compression que ces fibres exercent sur les vaisseaux.

L'orifice œsophagien, par contre, est entièrement musculaire, et en contact intime avec le conduit œsophagien : chez quelques animaux comme les rongeurs, les fibres musculaires forment autour de l'œsophage un sphincter très puissant, et chez l'homme les contractions diaphragmatiques suffisent parfois pour s'opposer au passage de la sonde œsophagienne. L'importance du sphincter diaphragmatique chez les rongeurs explique pourquoi ces animaux ne peuvent vomir ; la contraction du diaphragme exerçant simultanément l'action compressive et expulsive sur l'estomac et l'action sphinctérienne sur l'œsophage.

Action du diaphragme sur la respiration. — Le diaphragme est le muscle inspirateur par excellence ; sous l'influence de sa contraction, la cavité thoracique augmente dans ses trois diamètres. Cette augmentation dans les trois dimensions n'a cependant pas été admise sans conteste.

En ce qui concerne le diamètre vertical, il n'existe de doute pour personne. En se contractant il diminue sa convexité et tend à former un plan horizontal, mais sans cependant arriver à effacer complètement sa courbure, contrairement à l'opinion de FONTANA et de HALLER, qui admettaient même que dans le cas d'inspiration très violente il pouvait y avoir renversement complet du côté de l'abdomen. En réalité, le mouvement de translation de la voûte diaphragmatique est assez faible. Dans les respirations ordinaires, Colin a trouvé, chez le cheval, une course de 10 à 12 centimètres. Hultkranz indique chez l'homme une course de 1 centimètre seulement; mais il s'agit de la région cardiaque.

Ce mouvement d'abaissement est en réalité très inégalement reporté sur toute la voussure diaphragmatique. Il est surtout marqué dans les régions musculaires qui se détachent des parties latérales et de l'échancrure du centre phrénique; il est beaucoup moindre dans les fibres antérieures.

En ce qui concerne l'augmentation des deux autres diamètres, on trouve parmi les auteurs de grandes divergences de vues.

Le diaphragme en se contractant élève-t-il les côtes et par suite détermine-t-il l'ampliation des deux diamètres horizontaux (chez l'homme) du thorax?

L'opinion positive a été énoncée par Galien et Vésale. Elle fut reprise par Magendie, et, disons-le immédiatement, adoptée par la majorité des physiologistes. Parmi les adversaires, il nous faut citer Béclard : « Si le diaphragme soulevait les côtes, il aurait par là même le pouvoir d'augmenter le diamètre de la base de la poitrine; or la contraction, en vertu de laquelle il efface sa convexité, lutte au contraire contre l'augmentation en ce sens, laquelle est déterminée et maintenue par d'autres muscles. La contraction du diaphragme ne peut pas amener des effets opposés. »

Beau et Maissiat, au contraire, attribuent un rôle éventuel et direct au diaphragme comme élévateur des côtes. En sectionnant chez le chien tous les muscles élévateurs des côtes, reprenant ainsi l'expérience de Galien, ils constatèrent que les côtes s'élevaient, et nécessairement se portaient en dehors à chaque contraction du diaphragme. Pour eux le diaphragme prend un point d'appui sur le péricarde qu'ils n'hésitent pas à appeler le tendon creux du diaphragme. Le péricarde constitue pour le centre phrénique un moyen de fixité, devenant le point d'appui de la partie périphérique qui attire les côtes en haut.

Les recherches de Duchenne de Boulogne, qui électrisait le nerf phrénique, de P. Bert qui utilisait la méthode graphique, permettent d'élucider la question.

L'excitation du phrénique, même localisée, détermine sur un chien, dont l'abomen est fermé, l'élévation des côtes. Les tracés obtenus par P. Bert montrent que, sous l'action du diaphragme, les côtes s'élèvent et qu'elles restent élevées tant que ce muscle reste en contraction; qu'elles retombent ensuite et restent à leur position nouvelle tant qu'il est en relâchement.

Mais le mécanisme de cette élévation n'est pas du tout celui qu'ont invoqué Beau et Maissiat. Ce sont les viscères abdominaux, et non le péricarde, qui constituent le point d'appui nécessaire, ainsi que l'avait annoncé Magendie et que l'ont démontré Duchenne, P. Bert et Béclard. Pour Béclard, l'excitation du phrénique sur un animal mort, mais à abdomen intact, fait rentrer les côtes en dedans, parce que dans ces conditions les muscles élévateurs n'entrent pas en jeu.

Les organes abdominaux n'ont d'autre effet que de diminuer l'amplitude de ce retrait. Béclard cite un autre fait pour prouver le rôle élévateur du diaphragme. On devrait observer le maximum d'élargissement de la base du thorax avec le maximum de contraction du diaphragme, par exemple pendant l'effort de vomissement. Or on observe un effet tout contraire. « Les côtes inférieures sont entraînées en dedans, précisément parce que le diaphragme, n'agissant pas alors comme muscle respirateur, ne rencontre pas en ce moment dans l'action des muscles élévateurs des côtes (action qui fait en ce moment défaut), les points fixes nécessaires à son action inspiratrice. Pendant les efforts du vomissement, les muscles abdominaux agissent avec énergie. Or les organes abdominaux, refoulés en arrière et en haut par la contraction de la paroi abdominale, devraient en ce moment, si la contraction du diaphragme avait le pouvoir qu'on lui attribue, fournir un point d'appui bien autrement fixe à l'action du diaphragme et porter la dilatation du thorax à ses limites extrêmes, tandis que c'est précisément un effet opposé qu'on observe. »

Pour les autres auteurs cités, cette attraction des côtes en dedans ne se fait que si, l'abdomen étant ouvert, les viscères peuvent fuir sous le diaphragme, sans opposer de résistance, et sans pouvoir par suite offrir le point d'appui nécessaire. Il y a alors abaissement des côtes en dedans. P. Bert a signalé encore une action curieuse du diaphragme. Quand ce muscle agit seul, par l'excitation du phrénique, ou la respiration spontanée chez un chien chloroformé à la limite extrême, les tracés donnés par les cinquième et dixième côtes sont inverses; c'est-à-dire que la dixième côte est projetée en haut et en dehors (contrairement par conséquent à l'affirmation de Béclard). Il existe donc, par la seule action du diaphragme, un antagonisme entre le jeu de la partie inférieure et celui de la partie supérieure du thorax, antagonisme qui n'est plus visible si les autres muscles respiratoires fonctionnent en même temps que le diaphragme.

Propriétés du muscle diaphragme. — Le diaphragme présente des particularités qui font de ce muscle un appareil spécial présentant certaines analogies remarquables avec le cœur. Il faut remarquer que les fonctions de ces deux muscles offrent de grandes analogies : tous deux président à des fonctions indispensables, et par suite ne cessent jamais de travailler; tous deux sont animés de mouvements rythmiques.

Cette rythmicité même, bien qu'ayant sa cause essentielle dans les incitations rythmiques envoyées du bulbe par les phréniques, se retrouve cependant dans le muscle diaphragmatique lui-même isolé des centres nerveux, ainsi qu'ont pu le constater Remak, Brown-Séquard, Vulpian, etc.

Sur des animaux jeunes, Brown-Séquard ouvre l'abdomen largement et étale les intestins dans le but d'abaisser la température de l'animal; après quelques minutes il ouvre la poitrine par la section d'une des côtes; il laisse alors encore quelques minutes de répit à l'animal, et ensuite ouvre tout un côté de la poitrine.

Dans ces conditions les mouvements respiratoires continuent avec force, le sternum est enlevé, les deux nerfs diaphragmatiques coupés, le mouvement du diaphragme n'en continue pas moins, d'accord avec les mouvements des autres muscles inspirateurs. Environ huit minutes après, le mouvement du diaphragme continue toujours avec régularité (de 5 à 20 mouvements par minute). Les muscles intercostaux se contractent, mais faisceaux par faisceaux. Cette contraction de parties isolées est régulière, et on voit la contraction revenir en général à des intervalles égaux dans un même faisceau. On détruit alors toute la moelle épinière; les mouvements du diaphragme et des nerfs intercostaux ne sont troublés en rien par cette opération; ils continuent encore pendant près d'un quart d'heure avec la même régularité.

Vulpian constate également la persistance des mouvements rythmiques du diaphragme séparé du centre cérébro-rachidien. Chez les chiens adultes vivants, il séparait la tête du tronc; il ouvrait rapidement l'abdomen, enlevait le sternum et les cartilages costaux, puis coupait les nerfs phréniques : le diaphragme, un moment troublé par cette opération, exécutait quelques mouvements d'ensemble peu réguliers; mais, après quelques instants, le mouvement devenait rythmique à intervalles parfaitement égaux. On comptait un nombre variable de mouvements par minute; puis, avec une tige en fer ou en bois introduite dans le canal rachidien, on détruisait la moelle épinière. Après cette destruction, Vulpian vit dans quelques cas les mouvements durer près d'une demi-heure.

Il restait à s'assurer si ces mouvements ne sont pas sous la dépendance d'autres centre nerveux. L'extirpation du ganglion semi-lunaire ou des plexus voisins, après la destruction de la moelle épinière sur des jeunes lapins, laisse quelquefois persister les mouvements rythmiques généraux du diaphragme. Mais il existe d'autres ganglions que l'on ne peut enlever, entre autres ceux représentés par Luschka (*Der Nervus phrenicus des Menschen*, 1853, pl. 11, fig. 1) et ceux décrits par Rouget et qui se trouvent sur des filets de distribution du nerf diaphragmatique.

Pendant ces contractions rythmiques, la totalité du diaphragme se contracte en même temps, bien que les deux nerfs phréniques aient une distribution nettement différenciée.

Brown-Séquard fait encore remarquer que le rythme du diaphragme après la section des nerfs diaphragmatiques reste le même, ou à peu près le même, que celui des muscles inspirateurs thoraciques. Mais la section des phréniques n'amène pas l'énervation totale du diaphragme : les nerfs intercostaux envoient en effet quelques filets moteurs au diaphragme (Cavalié), et, bien que les incitations portées par ces nerfs restent localisées dans des régions déterminées du diaphragme, elles peuvent expliquer la simultanéité des contractions du diaphragme avec les autres muscles inspirateurs.

Pour expliquer ces contractions rythmiques observées sur les animaux sacrifiés, Brown-Séquard invoque l'action excitante du sang veineux. Il est évident que ce rythme ne se présente que dans des conditions particulières, qu'on ne le retrouve pas par exemple après la section des phréniques. En effet, après la section ou la résection des deux nerfs phréniques, les mouvements actifs du diaphragme sont complètement supprimés. Si l'on ouvre la cavité abdominale aussitôt après la section, on voit le diaphragme complètement inerte et flasque, aspiré dans la cavité thoracique pendant l'inspiration, refoulé vers l'abdomen pendant l'expiration ; c'est, suivant l'expression admise, le type inverse.

Chez les animaux à respiration abdominale (lapins, cobayes), la suppression de l'activité fonctionnelle amène une telle perturbation dans le mécanique respiratoire que la mort survient à bref délai après la section des deux nerfs phréniques ; mais, chez les animaux qui possèdent le type costo-abdominal (chien, rat), la suppléance peut être assurée par les autres muscles inspirateurs, et il y a survie prolongée. On peut alors observer dans la respiration des modifications successives qui permettent de penser que le diaphragme retrouve au moins partiellement une partie de sa tonicité.

Chez le chien, pendant les premiers jours qui suivent la résection des deux nerfs phréniques, le début de l'expiration est brusque, forcée ; il se produit une sorte de toux qui se continue par une expiration normale très courte, et Cavalié, auquel nous empruntons cette description, attribue ces modifications de l'expiration à la perte de tonicité du diaphragme. Quinze jours après l'opération, l'expiration est redevenue normale, sans toux, sans début brusque formant crochet sur les graphiques. Le type respiratoire inverse subsiste toujours, mais il est probable que le diaphragme a repris un certain tonus qui lui permet de mieux résister aux variations de pression qui se produisent dans l'abdomen et dans le thorax à chaque mouvement respiratoire.

Chez le rat, les phénomènes de réparation sont encore plus accentués, la respiration calme paraît même normale ; mais, aussitôt que l'animal est troublé, le type inverse apparaît. Il n'y a donc pas, en fait, de récupération fonctionnelle vraie ; mais simplement tonicité retrouvée, et peut-être suppléance insuffisante, mais réelle cependant. Les nerfs intercostaux paraissent s'être hypertrophiés chez les animaux ayant été conservés vivants plusieurs mois.

Mais il est un autre groupe de nerfs qui paraît jouer vis-à-vis du diaphragme un rôle jusqu'ici négligé. Ce sont les filets et ganglions sympathiques. Le sympathique abdominal fournit de nombreux filets qui rampent sur la face inférieure ou sous-péritonéale du muscle, pénètrent dans son épaisseur et contribuent des deux côtés à la formation des plexus diaphragmatiques. D'autre part, des filets sympathiques suivent les vaisseaux intercostaux et gagnent avec eux les digitations du diaphragme ; enfin le phrénique reçoit au moment de sa formation de nombreux filets provenant du sympathique cervical.

Quel est le rôle de ces nerfs sympathiques vis-à-vis du diaphragme ? Cavalié, utilisant la découverte de Langley sur l'action paralysante de la nicotine (vis-à-vis des cellules ganglionnaires du système sympathique, a pu montrer [l'influence de cet appareil sur les mouvements du diaphragme. Chez les mammifères, les résultats obtenus par lui sont peu intenses, et les observations ne sont pas assez nombreuses et poursuivies assez loin pour donner des indications précises. Dix milligrammes de nicotine injectés à un lapin provoquent une dyspnée intense, une augmentation d'amplitude et *un type inverse* de courte durée qui indiquerait une paralysie momentanée du diaphragme. Mais, chez les oiseaux, les résultats sont autrement probants. La résection des ganglions sympathiques dorsaux et des segments des nerfs intercostaux qui les traversent ou leur sont accolés, abolit les mouvements respiratoires. Il en est de même si l'on injecte une faible quantité de nicotine, 1 à 5 milligrammes, ou encore si l'on badigeonne les ganglions sympathiques avec une solution de nicotine ; dans tous ces cas, les animaux meurent asphyxiés.

Ce rôle du sympathique nous paraît très important : il nous explique l'intégrité histologique observée dans le diaphragme chez les animaux qui avaient eu les phréniques réséqués et le retour de la tonicité diaphragmatique chez ces animaux. Enfin, la présence de nombreux ganglions nerveux disséminés dans le diaphragme, les relations que ces ganglions présentent avec les terminaisons des phréniques, d'après Pansini, expliquent également l'automatisme relatif du diaphragme, et les mouvements rythmiques observés par Remak et Brown-Séquard.

La contraction du diaphragme est-elle une contraction simple ou un tétanos de courte durée? Kronecker et Marckwald ont étudié cette question: ils ont vu que la durée d'une contraction oscillait entre 0,125 et 0,300 centièmes de seconde.

Après la section de la moelle, on pouvait imiter le rythme physiologique et reproduire une courbe identique à la courbe normale, en envoyant dans les deux phréniques une série d'excitations de 20 par seconde; si le nombre des excitations tombe au-dessous de 15, la courbe est complètement modifiée, et ne saurait être identifiée avec le tracé d'une contraction ordinaire.

Les incitations envoyées par le centre respiratoire correspondent-elles, en nombre, au chiffre trouvé par l'excitation directe du phrénique? Pour résoudre cette question, Kronecker et Marckwald font la section du bulbe, et mettent l'animal en état d'apnée, par une respiration artificielle énergique. A ce moment, les excitations électriques, même intenses, portées sur le bulbe, ne déterminent aucun mouvement dans le diaphragme. Mais, quand l'apnée est sur le point de cesser, des excitations même plus faibles, mais au nombre de 20 par secondes, provoquent l'apparition des contractions du diaphragme. D'où ces conclusions, que l'excitation électrique seule est insuffisante pour mettre en jeu le centre bulbaire, s'il ne s'y ajoute des excitations chimiques et que les cellules bulbaires doivent envoyer également une série d'excitations pour amener la contraction du diaphragme.

Patrizi a fait d'intéressantes expériences sur l'innervation du diaphragme. Il a excité le nerf phrénique par des courants interrompus peu fréquemment, et il a cherché à voir ce que devenait dans ce cas l'incitation physiologique inspiratoire qui passe aussi par les nerfs phréniques. Il a constaté que, si le courant excitateur n'est pas trop intense, l'excitation électrique et l'excitation physiologique passent toutes deux par le nerf phrénique, et que les deux courbes se superposent; la courbe respiratoire (mouvements dus à l'incitation bulbaire des phréniques) et la courbe des secousses électriques provoquées par l'incitation électrique des phréniques. Patrizi a aussi fait une autre expérience très curieuse; il a montré que pendant l'excitation du bout central des deux nerfs pneumogastriques (excitation qui à l'état normal, comme on sait, arrête la respiration), il y a une diminution considérable de l'excitabilité des phréniques. Il pense que c'est un phénomène d'inhibition *réflexe*, tandis que la perte de l'excitabilité (à l'incitation respiratoire) de ces nerfs lorsque le courant électrique appliqué aux nerfs vagues est un peu fort, peut être attribuée à une inhibition *directe* du nerf phrénique.

Bibliographie. — **(Anatomie).** — Rouget. *Le diaphragme chez les mammifères, les oiseaux et les reptiles* (B. B., iii, 165). — Luschka. *Der Nervus phrenicus des Menschen*, 1853. — Hasse. *Ueber die Bewegung des Zwerchfells und über den Einfluss desselben auf die Unterleiborgane* (*Archiv. für Anat.* 1886, 185-210). — Pansini. *Del plesso e dei gangli propri del diaframma* (*Progresso medico*, 1888). — Berkelli. *Contrib. alla anatomia del diaframma nei carnivori* (*Inst. anat. della Reale Univ. di Pisa*, 1894). — Cavalié. *De l'innervation du diaphragme* (*Thèse Fac. de médecine de Toulouse*, 1898). — Gley. *Mouvements rythmiques du diaphragme observés chez un supplicié* (B. B., 519, 1890). — Kauders. *Ueber den Einfluss der elektrischen Reizung der Vagi auf die Athmung* (A. g. P., lvii, 333). — Gronroos. *Das Centrum tendineum und die respiratorischen Verschiebungen des Zwerchfells* (*Anat. Anzeiger*, 536, 1897). — Pansini. *Du plexus et des ganglions au diaphragme* (A. i. B., 1888, x, 259-266). — Wilmart. *Action des muscles respirateurs et en particulier du Diaphragme* (*Journ. de méd. de Bruxelles*, liii, 54, 49, 1896).

Physiologie. — Beau et Maissiat. *Recherches sur le mécanisme des mouvements respiratoires* (*Arch. gén. de médecine*, 5e série, i, 265; ii, 257; iii, 249, 1843). — Colin. *Traité d Physiologie comparée*, Paris, 1856. — Brown-Séquard. *Mouvements rythmés du diaphragme* (B. B., 1849); — *Du Rythme dans le Diaphragme* (*Journal de la Physiologie*, ii, 115). — Duchenne de Boulogne. *Recherches électro-physiologiques sur le diaphragme* (*Arch. de médecine*, xviii, 470-903, 1852). — Budge. *Zur Physiologie des Zwerchfells* (*Deutsche Klinik*, n° 26; 30 juin 1860). — Bert (P.). *Physiologie comparée de la respiration*. Paris, 1870. — Carlet. *Sur le mode d'action des piliers du diaphragme* (C. R., 1878). — Kronecker et Marckwald. *Ueber die Athembewegung des Zwerchfells* (A. A. P., 1879, 592). — Hénocque et Eloy. *Le nerf phrénique* (B. B., juillet et août 1882). — Girard. *Recherches sur l'appareil respiratoire central*, 1891. — Langley et Anderson. *The action of nicotine on the ciliary* *ganglion (J. P.,* 1892) ; — *On reflex action from sympathica ganglion (J. P.,* 1894, 450). — MALCHINE. *Le nerf phrénique (Anatomie, physiologie. Thèse de Moscou,* 1897). — PATRIZI. *Sur l'addition et l'élision entre les incitations naturelles et artificielles dans les mouvements du diaphragme (A. i. B.,* 1896, xxv, 1). — HULTKRANZ. *Mouvements du diaphragme (Skand. Arch. f. Phys.,* 1890, ii, 70-88).

P. LANGLOIS.

DIAPHORÉTIQUES. — Voy. Sueur.

DIARRHÉE. — Cet état fonctionnel pathologique est caractérisé *toujours* par la *liquidité* des matières rejetées ; le plus *souvent*, il s'y ajoute la *fréquence* anormale des déjections, et, à un degré variable parfois, des douleurs sous forme de coliques.

Ce symptôme appartient à tant de maladies diverses qu'on ne saurait avoir la prétention ici de passer en revue tous les cas particuliers du trouble morbide, et d'exposer, par exemple, une étiologie complète. Mais, si nombreuses que soient les variétés des diarrhées, leur réalisation pathogénique se réduit à quelques conditions physiologiques générales qui sont toujours les mêmes, et que nous allons avoir à étudier : 1° Sous quelle influence les selles deviennent-elles, ou restent-elles liquides ? 2° Par quel mécanisme leur fréquence augmente-t-elle ? 3° Comment le trouble morbide peut-il retentir sur l'organisme, pour provoquer la douleur, et comment la diarrhée peut-elle modifier l'état général des sujets ?

Première partie. — La pathogénie de la diarrhée, trouble d'exagération de la fonction ordinaire de l'intestin, ne peut être mieux interprétée que par quelques considérations générales préalables, nous montrant ce qu'est cette fonction à l'état normal. Le travail de la muqueuse est de deux ordres : elle *absorbe,* elle *sécrète.* S'il y a défaut ou diminution de la première fonction, s'il y a exagération de la seconde, la diarrhée apparaîtra.

1. Absorption. — Recueillant le résidu de la digestion stomacale, l'intestin, excité par le chyme, sécrète son suc intestinal. A celui-ci, dont la quantité varie, d'ailleurs, suivant la nature de l'excitant, s'adjoignent les liquides de sécrétions biliaire et pancréatique. Sous l'influence combinée des digestions salivaire, gastrique, intestinale, biliaire et pancréatique, la masse alimentaire est transformée en un tout plus ou moins assimilable, suivant sa nature. Si tout ou très grande partie du bol alimentaire est absorbable, les résidus destinés à former les selles sont réduits à un minimum, et, s'il y a continuité de cette manière d'être, il y a constipation. Si, par contre, tout ou majeure partie du bol alimentaire n'est pas absorbable, si ce bol est surtout liquide, on comprend qu'il en résulte une élimination liquide intestinale exagérée, c'est-à-dire de la diarrhée. Ainsi donc, une des principales fonctions de la muqueuse intestinale, c'est l'absorption ; l'état normal n'existe que quand cette absorption est suffisante, et il peut y avoir des diarrhées par *défaut d'absorption.* Sans prétendre à l'énumération complète, d'ailleurs inutile ici, des causes de diarrhée par défaut d'absorption, nous pouvons en signaler quelques-unes par lesquelles il est aisé de comprendre toutes les autres : *a)* Dans le cas assez fréquent où les produits alimentaires sont en *surcharge* dans l'intestin, l'absorption restant relativement insuffisante, on voit les selles augmenter de *fréquence,* et, si la non-absorption porte sur des aliments solubles, et à plus forte raison sur des boissons, il y a *liquidité* des selles. Ainsi se trouvent réalisées par de simples troubles mécaniques les deux conditions essentielles du phénomène morbide : *fréquence* et *liquidité* des selles. Cette surcharge alimentaire qui fait la diarrhée peut être due à une ingestion unique massive, ou, plus ordinairement, à l'ingestion alimentaire répétée à trop bref délai.

En effet, l'absorption ne fait pas pénétrer en un instant dans la circulation les matériaux de la digestion : il faut quatre, six, huit heures, quelquefois plus, pour que l'absorption soit complètement terminée ; il y a donc, longtemps encore après l'ingestion alimentaire, du chyle dans les lymphatiques de l'intestin, et, justement, le besoin des aliments et l'ingestion d'une nouvelle ration alimentaire coïncident avec la fin de l'absorption précédente ; si donc il y a ingestion alimentaire prématurée, l'absorption reste incomplète, et il y a élimination de produits non élaborés, indigérés, souvent diarrhéiques. Cette même ingestion, si elle est trop abondante, peut devenir cause de modifications insuffisantes des produits de nutrition : ils restent alors à l'état de corps inassimilables, et ils peuvent passer en selles défectueuses : tels les féculents non transformés en glycose, seule forme sous laquelle ils soient absorbables, telles les matières albuminoïdes incomplètement digérées, et non transformées en peptones, etc. En résumé, produits indigérés et *indigestion*, voilà le *primum movens* du trouble pathologique dans tous ces cas de non-absorption (diarrhée du sevrage, diarrhée des nourrissons par un lait inassimilable, diarrhées des adultes *ab ingestis* de nombre indéterminé qu'il suffit de rappeler sans insister : légumes, fruits, etc.). Il y a lieu, toutefois, d'attirer l'attention sur les corps gras dont l'absorption est lente et difficile. Toutes les matières grasses neutres (graisses, huiles, beurre) passent dans les vaisseaux d'absorption (chylifères) à l'état de nature ; elles sont, au préalable, émulsionnées par les sucs digestifs, mais non tranformées chimiquement. Toutes les altérations fonctionnelles du foie ou du pancréas vont entraver l'émulsion des graisses, et par conséquent elles pourront provoquer le flux diarrhéique, graisseux, ou *stéatorrhée*.

Les conditions de physiologie générale qui régissent l'absorption nous sont bien expliquées par l'anatomie. Comme une éponge étalée en surface, la muqueuse doit se gorger des produits de digestion, et la surface absorbante a pour aboutissant deux trajets d'évacuation, les lymphatiques et les veines. Que la surface muqueuse, que ses canaux d'évacuation soient altérés, la fonction d'absorption s'arrête. En ce qui concerne les stases lymphatique et veineuse, si nous connaissons mal la physiologie pathologique de l'arbre lymphatique, la pathologie veineuse, par contre, est riche de détails qui peuvent expliquer certaines diarrhées au cours des maladies intéressant le tronc ou les radicules portes : diarrrhée des cirrhoses; diarrhée des péritonites chroniques, etc. Quant aux troubles d'absorption dus à des altérations de la muqueuse, nous les étudierons plus loin.

Il est facile, avec les notions précédentes, de comprendre la genèse des diarrhées par défaut d'absorption, diarrhées *ab ingestis*, pour la plupart. Elles semblent se ramener à une explication presque mécanique qu'il ne faudrait cependant pas accepter dans toute sa simplicité apparente : toute substance intolérée par l'intestin agit comme un corps étranger vis-à-vis de la muqueuse, et l'irritation qu'elle provoque se traduit par une excitation sécrétoire, et souvent par un état inflammatoire qui aboutit au catarrhe de la muqueuse. Cet élément catarrhal, nous allons le retrouver comme facteur dominant dans les variétés innombrables de diarrhées qui nous restent à étudier et qui constituent le groupe des diarrhées de *sécrétion*.

2. Sécrétion. — Tandis que dans la variété précédente (*D. ab ingestis*), les produits viciés d'alimentation constituaient presque toute la masse pathologique, dans cette variété-ci, c'est l'hypersécrétion muqueuse qui fait le trouble morbide. Le mucus intestinal prend, en général, une part prépondérante à la formation des selles diarrhéiques. C'est lui qui est le substratum histologique du désordre, et les théories pathogéniques de la diarrhée ont toujours dû, avant tout, chercher leur explication physiologique dans l'hypersécrétion muqueuse.

L'épithélium cylindrique qui revêt les plis et replis de la muqueuse, les glandes innombrables qui perforent la muqueuse, représentent non seulement des surfaces d'absorption, mais aussi des surfaces sécrétantes de la plus haute importance. A l'état normal, leur travail physiologique aboutit à la production d'un liquide muqueux filant, ou séro-muqueux, le suc intestinal. Cette sécrétion, comme toutes les sécrétions glandulaires, est sous la dépendance des capillaires sous-jacents, dont la fonction est règlementée par les nerfs vaso-moteurs. Des filets nerveux sécrétoires, se rendent aux agglomérations épithéliales glandulaires : c'est donc du système nerveux que relève essentiellement la fonction muqueuse intestinale.

Rappelons succinctement les relations anatomo-physiologiques des divers éléments destinés à l'innervation de cette muqueuse. L'intestin reçoit un nombre considérable de nerfs : tous les filets qu'on peut reconnaître proviennent du plexus solaire et du plexus mésentérique. Le plexus solaire est lui-même l'aboutissant de nerfs d'origines très diverses; des branches du pneumogastrique y arrivent, qui proviennent du bulbe; ce plexus reçoit aussi le grand splanchnique, qui contient un grand nombre de filets émanant du grand sympathique thoracique; enfin, les plexus mésentériques se composent de filets provenant du grand sympathique abdominal, et de filets qui viennent de la moelle lombaire. Les branches et les filets efférents se rendent à la paroi intestinale, destinés, les uns aux muscles intestinaux (plexus d'AUERBACH), d'autres à la muqueuse (plexus de MEISSNER), à ses glandes et à ses vaisseaux.

Étant donnée cette complexité d'origine des filets nerveux, il est extrêmement difficile d'apprécier exactement le rôle des divers éléments d'innervation. Toutefois, des expériences déjà anciennes de PFLÜGER ont montré que le grand splanchnique avait une influence bien nette; son électrisation, c'est-à-dire son excitation, provoque la pâleur intestinale : sa section aboutit à la congestion de la muqueuse.

On ne saurait considérer comme bien isolée l'action du pneumogastrique, mais ses lésions, comme celle des centres, et, en particulier, celle du quatrième ventricule, *en quelque point qu'on le touche*, dit VULPIAN, provoquent une congestion violente de la muqueuse intestinale; quelquefois même des ecchymoses, d'où l'apparition de selles sanglantes.

Donc, certaines modifications nerveuses amènent des perturbations dans la vascularisation et dans le mode sécrétoire de la muqueuse intestinale; voilà qui nous permet de prévoir que la diarrhée pourra se montrer chaque fois que l'un des éléments nerveux précédemment énumérés se trouvera mis en cause, soit directement, soit par voie détournée, par voie réflexe, ce qui est de beaucoup le cas le plus fréquent.

Pour ne citer que les faits d'observation courante, rappelons que le froid périphérique intervient comme une cause puissante de ce réflexe : par la peau, l'irritation des nerfs sensitifs gagne la moelle, et celle-ci répond par une stimulation sur les plexus, et, par eux, sur la muqueuse intestinale et sur les vaisseaux.

VULPIAN cite, en énumération, mais sans en donner l'explication, les faits de diarrhée de dentition des enfants. Est-il vraiment probable que l'irritation des filets sensitifs des maxillaires soit le point de départ d'un réflexe de cette importance? N'est-il pas préférable de voir une coïncidence entre les deux ordres de faits? Personne n'a jamais étudié cette question.

Comme types de diarrhées nerveuses se présentent toutes les diarrhées d'*émotion*. L'émotion, la peur, se montrent comme des phénomènes encéphaliques, et, plus exactement, comme un trouble fonctionnel de la protubérance et des pédoncules cérébraux. De ces centres part une incitation sur les plexus thoraciques et intra-abdominaux par la moelle et par les racines du grand sympathique, et les fonctions des nerfs vaso-moteurs et des nerfs sécrétoires pourront alors subir les modifications qui provoquent la diarrhée. Il en est de même dans le tabes, dans les névroses, comme le goître exophtalmique. Cette diarrhée apparaît donc toujours, en dernière analyse, comme un *trouble de la fonction des nerfs vaso-moteurs et des nerfs sécrétoires*, mis en jeu par des influences locales, périphériques ou centrales.

Les influences locales sont les corps irritants, corps étrangers, produits indigestes, toxiques, éléments pathogènes figurés, germes de toute nature.

Quant aux influences périphériques et centrales, nous venons de les passer en revue.

Toutes ces influences mettent en œuvre les nerfs de la fonction sécrétoire, et c'est, maintenant, à définir la part relative de l'une (vaso-moteurs), ou de l'autre (nerfs sécrétoires) variété des éléments nerveux que doit s'appliquer l'investigation physiologique.

a) *Vaso-moteurs*. — VULPIAN, dans ses leçons sur les vaso-moteurs, réfute l'opinion qui tend à attribuer l'hyperfonctionnement intestinal à l'action presque exclusive des phénomènes vasculo-capillaires sur la musculature de l'intestin, en particulier sur ses mouvements péristaltiques et antipéristaltiques. Théoriquement, on avait tendance à attribuer des mouvements pariétaux intenses à la vaso-dilatation suivie de congestion, tandis que la vaso-constriction avec ischémie ralentirait ou abolirait le péristaltisme; eh bien ! d'après VULPIAN, l'anémie des parois n'arrête pas le mouvement, elle l'excite plutôt; et, comme, en réalité, l'hypersécrétion de la muqueuse, ainsi que nous le verrons bientôt, n'a aucun rapport avec les mouvements de l'intestin, c'est dans un autre sens qu'il faut chercher l'interprétation.

Et voici comment VULPIAN en fait l'exposé : « A l'état normal, les nerfs vaso-moteurs doivent avoir une influence considérable sur les phénomènes qui se passent dans la muqueuse de l'intestin, et, en particulier, sur la sécrétion du mucus et des sucs intestinaux. »

Dans certaines conditions morbides, il se fait à l'intérieur de l'intestin un flux exagéré de liquides, d'où résulte la diarrhée. Il est clair que cette production considérable et rapide de liquides par la membrane muqueuse intestinale implique l'intervention d'un trouble fonctionnel des nerfs vaso-moteurs (V. **Intestin**).

Sur les animaux qui survivaient trente-six ou quarante-huit heures, on voyait survenir la diarrhée, en partie muqueuse, en partie séreuse. Cette expérience a été reproduite confirmativement par Cl. Bernard, par Brown-Séquard, par Schiff.

Comment se produit la diarrhée dans ces circonstances? Il est certain que, sous l'influence de l'extirpation des ganglions du plexus, il se produit une dilatation considérable des vaisseaux de l'intestin, pouvant aller jusqu'à la stase sanguine : cette stase a pour résultat une sorte d'œdème aigu, avec exsudation de liquide dans le canal intestinal.

D'autre part, les plexus ganglionnaires des parois intestinales, privés de tout frein modérateur, entrent en activité plus ou moins exagérée. Il en résulte vraisemblablement une excitation sécrétoire qui détermine un flux abondant des liquides sécrétés par les glandes de l'intestin.

Si l'on serre de près la physiologie des accidents, on voit que les diarrhées d'origine centrale ou d'origine réflexe relèvent de deux ordres de causes : de la vaso-dilatation capillaire, qui provoque la stase, et d'une excitation sécrétoire, les deux processus se réunissant.

On ne sait pas actuellement si la paralysie des nerfs vaso-moteurs de l'intestin peut, par elle-même, chez l'homme, déterminer une diarrhée séreuse, analogue à celle qui se produit dans les cas de lésions de la veine porte (périphlébite, par exemple) ou de compression de cette veine (cirrhose). Dans la plupart des cas, dit Vulpian, il y a autre chose qu'un affaiblissement ou une paralysie des nerfs vaso-moteurs; il y a *exagération de l'activité sécrétoire* des nerfs glandulaires de l'intestin.

C'est ce qu'établissent des expériences de physiologie presque quotidiennes, dans les cas de diarrhée artificielle produite par les purgatifs (V. **Purgatifs**).

La physiologie pathologique des purgatifs est un chapitre connexe nécessaire de la question que nous traitons. Bien que l'action de ces médicaments soit insuffisamment connue dans ses menus détails, il y a là des renseignements physiologiques précieux.

L'opinion la plus admise, c'est que les purgatifs salins agissent par *osmose* sur les liquides de l'organisme (ainsi le sulfate de magnésie, ainsi le sulfate de soude). La densité du liquide dépasse celle du sang, on a donc là toutes les conditions d'un courant exosmotique se faisant du sang vers l'intestin : d'où diarrhée séreuse.

Certains auteurs, avec et après Thiry, ont émis sur l'action des purgatifs l'hypothèse suivante : à l'état ordinaire, le péristaltisme, en brassant le liquide intestinal, favorise la résorption; mais, si les mouvements deviennent plus énergiques, les liquides sont poussés vers le gros intestin, sans résorption possible, d'où diarrhée séreuse.

Mais la réfutation d'une semblable hypothèse est aisée, grâce à l'expérience bien connue d'A. Moreau qui consiste à lier un segment d'anse intestinale dans laquelle on injecte une substance purgative : il y a alors hypersécrétion d'une diarrhée séreuse, sans manifestation même minime de péristaltisme. Comme réfutation également, on peut rappeler que les phénomènes d'osmose, et aussi de sécrétion directe, sont observables avec des sels purgatifs agissant sur la membrane interdigitale de la grenouille, ainsi que l'ont vu Vulpian et Jolyet.

Tous les purgatifs ont à peu près sur l'intestin une influence analogue : dans les expériences faites, soit à l'aide de sulfate de magnésie, soit à l'aide de la teinture de jalap, on a constaté des résultats assez concordants. On a reconnu que ces substances purgatives produisent leurs effets en déterminant un catarrhe intestinal assez intense, mais pas sager, avec gonflement de la muqueuse, avec congestion vive, soit uniforme, soit par plaques irrégulières et nombreuses. Ce catarrhe est caractérisé aussi par la nature des liquides sécrétés. Le liquide est muqueux, plus ou moins trouble, contenant en suspension une quantité énorme de cellules épithéliales desquamées.

D'autres expériences ont encore pu rendre compte de la solidarité ou de l'antagonisme des diverses surfaces muqueuses entre elles, en présence des sollicitations anormales des purgatifs. Une substance purgative, un sel, en particulier, introduit par la

bouche, permet, dans une mesure variable, mais parfois assez forte, l'absorption gastrique et l'élimination urinaire, d'où un effet purgatif souvent moindre, alors que, par
contre, des lavements purgatifs provoquent un catarrhe passager, non seulement de la
muqueuse du gros intestin, mais de la muqueuse de l'intestin grêle, et aussi des mouvements péristaltiques accentués.

En résumé, d'après VULPIAN, les purgatifs introduits dans les voies digestives agissent
en *irritant* la membrane muqueuse de ces voies. Cette irritation détermine des modifications de l'épithélium intestinal, et une excitation des extrémités périphériques des nerfs
intestinaux centripètes. Cette excitation est portée jusqu'aux ganglions nerveux thoraciques inférieurs et intra-abdominaux (ganglions des plexus solaire et mésentérique,
ganglions des plexus de MEISSNER et d'AUERBACH); puis elle se réfléchit, par les nerfs vaso-
moteurs, sur les vaisseaux des parois intestinales, et par les nerfs sécréteurs sur les éléments anatomiques de la membrane muqueuse, entre autres sur ceux des glandes de
LIEBERKUHN. Il en résulte une congestion plus ou moins vive de la membrane muqueuse
intestinale (action réflexe vaso-dilatatrice), une desquamation épithéliale, avec production rapide et abondante de mucus; et une sécrétion active de suc intestinal, auquel se
mêlent sans doute, dans certains cas, les produits d'une transsudation profuse, formée
surtout d'eau et de certains sels du sang, et due au travail exagéré et vicié dont les éléments de la membrane sont le siège.

Des expériences faites avec les divers purgatifs ont encore permis de faire l'examen
comparatif des liquides diarrhéiques, rejetés, suivant la variété des purgatifs employés,
RADZIEJEWSKY (1870-71) a reconnu :

1º Qu'avec le sulfate de magnésie introduit par la bouche, les fèces normales étaient
plus abondantes par exagération d'eau ;

2º Qu'avec le calomel, qu'on déclare théoriquement cholagogue, il n'y a pas de sécrétion biliaire exagérée, mais, par contre, augmentation de secrétion pancréatique, d'où
excès de produits de digestion des substances protéiques : leucine, tyrosine, peptones,
indol;

3º Qu'avec le séné et la gomme gutte, il semblait en être de même ;

4º Qu'avec l'huile de ricin et avec l'huile de croton, il y avait exagération manifeste
de la sécrétion biliaire.

Si nous rapportons ces faits, c'est que ce sont des arguments de premier ordre dans
l'interprétation des processus diarrhéiques, et ils conduiraient à se demander quel doit
être le rôle de la *bile* et du suc pancréatique dans la genèse de certaines diarrhées d'apparence spontanée, dites purement fonctionnelles.

Nous connaissons par la première partie de cet article le substratum anatomo-
physiologique de la diarrhée; nous avons vu comment des fonctions glandulaires, régies
par le système nerveux, directement ou par voie vaso-motrice, pouvaient être exaltées,
et réaliser le flux intestinal anormal exagéré. Nous savons qu'aucune théorie exclusive ne saurait convenir à l'interprétation du phénomène; l'exagération de la motricité
a une importance extrême, presque suffisante et nécessaire dans certains cas; mais l'hypersécrétion de la muqueuse et celle des glandes annexes l'emportent de beaucoup dans
d'autres cas, et, plus habituellement, les deux modes pathogéniques sont réunis, parce
que, bien que les excitations périphériques et centrales soient des plus variées, ce sont
cependant les mêmes éléments nerveux qui sont mis en cause par les diverses influences
étiologiques.

Ces influences, nous les avons envisagées en tant que portant pour ainsi dire sur des
éléments normaux (aliments, purgatifs salins, purgatifs végétaux). Avec ces derniers
déjà, toutefois, nous abordons un nouveau côté de la question. Si peu offensifs que
soient certains sucs végétaux, ils renferment d'ordinaire des produits complexes, des
alcaloïdes, de sorte qu'en procédant du simple au composé, nous pouvons passer des
agents purgatifs simples aux véritables produits toxiques. Ce sont les sels minéraux
toxiques (plomb, sublimé, etc.), les végétaux toxiques, à l'état naturel, ou sous la forme
de leurs alcaloïdes : ce sont les produits alimentaires avariés, par décomposition
impliquant presque toujours, à côté des ptomaïnes et des leucomaïnes de provenance
cellulaire directe, l'addition d'un élément infectieux microbien surajouté; ce sont,
enfin, toutes les infections, c'est-à-dire les états de pénétration et d'imprégnation de

l'organisme par des agents figurés dont l'action peut être diffuse, générale, ou plus particulièrement localisée à la muqueuse intestinale (entérites banales ou spécifiques), quand la localisation microbienne affecte spécialement l'intestin, les germes, microbes de banalité, microbes d'infection secondaire, ou bien microbes spécifiques agissant par leurs nombre et par leur pullulation sur les glandes intestinales, entraînant des réactions communes ou différenciées. Pour l'instant, ce qui nous intéresse plus particulièrement, c'est que l'expérimentation, aussi bien d'ailleurs que l'observation clinique, nous a fait connaître l'action diffusible des produits de sécrétion microbienne, de telle sorte qu'une infection se traduit toujours en majeure partie par cette diffusion de produits toxiques, ou éléments toxi-infectieux. Or, qu'il s'agisse d'un toxique minéral, d'un toxique végétal, d'un de ces produits plus ou moins bien définis de la biologie cellulaire de l'homme (produits d'auto-intoxication de la goutte, de l'urémie, du diabète, etc.) et aussi des produits de sécrétion microbienne, les réactions de l'organisme attaqué sont les mêmes, au degré d'intensité près.

Ces réactions varient d'abord suivant la porte d'entrée du produit toxique : introduit par voie digestive supérieure, un toxique minéral ou végétal, ou bien un des produits viciés de l'élaboration de la muqueuse digestive ou des glandes annexes, se comporte, comme son nom l'indique, ainsi qu'un poison, plus ou moins intolérable et intoléré ; d'où, pour le rejeter, les vomissements, et, comme phénomène connexe, la diarrhée d'intolérance. Si le toxique est aisément absorbable et diffusible, c'est par voie sanguine que se répartit l'empoisonnement, et il semble que la circulation disséminée aussitôt le corps nocif vers tous les émonctoires, parmi lesquels la muqueuse intestinale se montre un des plus puissants. Voilà l'interprétation la plus simple des phénomènes, et, nous le répétons, elle est applicable à tous les modes d'intoxication ; mais est-ce la seule interprétation qu'on soit en droit d'invoquer? Pour expliquer la simultanéité des désordres, leurs allures fréquemment paroxystiques, n'est-il pas permis de penser que la réaction intestinale se trouve parfois commandée par un trouble directeur plus central, qui n'est autre que la modification des centres ganglionnaires par le toxique en cause; peut-être même par une imprégnation des centres plus élevés (bulbe, encéphale)?

Pour nous faire comprendre par un exemple présent à tous les esprits, nous rappellerons que, si l'ipéca fait vomir par contact avec la muqueuse stomacale, il est possible parfois de provoquer le vomissement équivalent par l'injection du principe actif, c'est-à-dire de l'émétine, dans la circulation veineuse. Il suffit du temps matériel nécessaire pour que l'imprégnation toxique des centres par l'émétine soit réalisé pour que les nausées apparaissent : il est bien évident alors que l'action toxique est nettement d'origine centrale, puisque le contact du produit avec la muqueuse gastrique est pour ainsi dire supprimé totalement. Eh bien! cette même interprétation, ne peut-on pas l'invoquer pour certains produits dont le principe actif est une sorte de « diarrhéine »? qu'on nous passe ce néologisme. Déjà Cl. Bernard avait pensé que l'effet de certains purgatifs n'a pas lieu par contact direct avec la muqueuse intestinale, mais se fait par voie indirecte, ces produits étant absorbés dans l'estomac, et passant ensuite dans la circulation sanguine qui les porte consécutivement vers la muqueuse intestinale. Vulpian réfute, sans arguments probants d'ailleurs, cette manière de voir; nous ne saurions faire de même. La clinique fournit à ce propos des arguments de grande valeur. Soit un foyer septique, un foyer gangréneux; à son niveau, il se fait de la résorption des substances putrides, organiques et microbiennes, lesquelles, en passant dans le sang, y provoquent les grands phénomènes de septicémie (frisson, fièvre). Ces matières putrides vont solliciter tous les émonctoires de l'organisme, les glandes de la peau, d'où les sueurs critiques, les reins, d'où la polyurie de décharge, et presque invariablement la muqueuse intestinale (diarrhée des septicémies), sans que, d'ailleurs, il soit facile d'établir pour chaque cas particulier, s'il s'agit de la diffusion locale du toxique, ou de son action par l'intermédiaire du système nerveux. En faveur des deux hypothèses, il y a des arguments de valeur : a, Il s'agit bien de diarrhée par imprégnation toxique de la muqueuse et de ses glandes; car Bouchard a, par des expériences, constaté l'augmentation de la toxicité des selles au cours de ces états septiques; b, mais il s'agit bien, comme pour la fièvre, d'une influence nerveuse centrale, comme en témoignent le frisson, le refroidissement périphérique par constriction vaso-motrice, et les nausées, précurseurs si fréquents, sinon constants, de la crise diarrhéique. Nous en dirons autant des auto-intoxications de l'urémique, du goutteux, etc.

En somme, c'est un double mécanisme de défense ; défense réflexe, et défense centrale, comme l'a montré Ch. Richet (V. **Défense de l'organisme**, IV, 718).

Ce qui est particulièrement séduisant dans cette manière de voir, qui attribue une influence prédominante au système nerveux central, c'est qu'il en ressort des notions de physiologie pathologique générale, applicables dans une vue d'ensemble à tous les processus diarrhéiques, et que, si multipliées que soient les causes de la diarrhée, ce syndrôme morbide relève pourtant de modes pathogéniques quasi identiques.

Pour tout corps étranger, solides et liquides non assimilables; pour les matières organiques en putréfaction (amas stercoraux); pour les corps étrangers figurés vivants, helminthes et infections microbiennes de toute nature, la muqueuse a deux modes de réaction possible, toujours les mêmes : soit la congestion avec stase capillaire intestinale, soit l'hypersécrétion glandulaire; toutes deux conduisant au rejet des matières séro-mucoïdes en quantité anormalement exagérée. La diarrhée ainsi produite est, avant tout, une conséquence de l'irritation locale. Que cette excitation, d'abord physiologique, prenne, sous l'influence d'un irritant puissant par sa masse ou par son énergie, une intensité plus grande, que cette excitation, habituellement passagère, se prolonge, et nous arrivons à l'entérite aiguë ou chronique, et à un dernier élément provocateur de la diarrhée : l'infection microbienne.

Bornons-nous au rappel des quelques notions fondamentales. A l'état normal, depuis le rejet du méconium par le nouveau-né, et depuis la pénétration de l'air et des premiers éléments d'alimentation dans la bouche, le tube digestif héberge une flore microbienne dont le développement atteint son maximum dans l'intestin. De ces microbes, les uns se présentent à nous comme de vulgaires saprophytes; d'autres apparaissent comme adjuvants utiles des fermentations digestives; quelques-uns sont de famille pathologique d'occasion, ne sévissant qu'à la faveur de graves infections premières. Nous n'avons pas à nous occuper de ces germes de banalité relative; mais parmi eux se placent des éléments microbiens, déjà mieux différenciés, bien qu'habituellement confondus avec les premiers; et, sans faire ici de pathologie, il est bon de rappeler que certaines diarrhées relèvent de l'exaltation de virulence de coli-bacilles, de paracoli-bacilles, toutes espèces microbiennes voisines morphologiquement, mais dont les actes chimiques diffèrent parfois grandement.

Nous élevant successivement dans la hiérarchie de ces germes pathogènes, nous arrivons à des types finalement assez différenciés pour créer de véritables entérites spécifiques, avec diarrhée spéciale, nettement distincte (diarrhée de la fièvre typhoïde; diarrhée du choléra asiatique; diarrhée de la dysenterie).

Que la pathologie reconnaisse un nombre plus ou moins considérable de sous-variétés, diarrhée des choléras nostras, diarrhée de Cochinchine, diarrhée infantile, avec ou sans pigmentations (diarrhée verte), etc., la physiologie pathologique doit permettre d'interpréter les phénomènes morbides différents, grâce à la spécificité des actions chimiques du germe pathogène incriminé, grâce aussi à ses affinités organiques et anatomiques.

Les uns attaquent de préférence l'intestin grêle (choléra, fièvre typhoïde); les autres le gros intestin (colite de la dysenterie); les uns restent sur la surface muqueuse donnant lieu à un processus épithélial mucoso-glandulaire; les autres infiltrent l'élément lymphatique (fièvre typhoïde); les uns ulcèrent la muqueuse et peuvent l'intéresser dans toute sa profondeur; les autres ne font qu'entraîner la desquamation épithéliale. Et ce sont là autant de raisons anatomiques qui commandent une physiologie pathologique spéciale du désordre.

Mais ces considérations anatomiques le cèdent certainement, et de beaucoup, à l'action chimique spécifique de ces différents germes sur les matériaux de nutrition, et aussi et surtout sur les matières organiques fournies par la nutrition interstitielle (sérum). La physiologie pathologique de l'avenir serait faite de la notion exacte de ce chimisme microbien, déjà entrevu pour un grand nombre de variétés de coli-bacille, nettement différenciées grâce à ce chimisme du bacille d'EBERTH, plus hautement spécifique.

Ce qui reste commun à tous ces agents pathogènes, c'est de provoquer *in situ*, comme de véritables corps étrangers animés, tant par action mécanique que par action chimique, des phénomènes de stase capillaire, avec dilatation des petits vaisseaux favorisant la transsudation séreuse ; c'est enfin, par la résorption des produits toxiques qu'engendrent ces microbes, la réalisation d'un état toxi-infectieux dont nous avons signalé l'importance antérieurement : la surcharge toxique sanguine des centres nerveux provoquant, à n'en pas douter, une série de phénomènes réactionnels, parmi lesquels la défense par voie intestinale, grâce à un flux diarrhéique qui peut avoir les allures favorables d'un phénomène critique.

Troubles concomitants ou consécutifs. — Pour terminer cette étude de physiologie pathologique, il faut envisager les conséquences du trouble intestinal sur l'organisme. Une diarrhée, quel qu'en soit le *primum movens*, aboutit à un consensus anatomo-physiologique fait de la participation des éléments nerveux, vasculaire et glandulaire. Par l'élément *nerveux* s'explique la possibilité des phénomènes douloureux qui parfois précèdent la diarrhée, et leur irradiation vers des centres comme les plexus mésentérique et cœliaque leur communiquent ce caractère spécifique de toute douleur à point de départ abdominal (estomac, voies biliaires, etc.), c'est-à-dire d'une douleur présentant des allures syncopales.

Nous envisagerons en second lieu la participation de l'élément *glandulaire*. Au moment du flux diarrhéique, c'en est fait de la fonction utile de l'intestin : plus de digestion intestinale, plus d'absorption physiologique. On conçoit, si cet état se prolonge, que l'organisme ne puisse restaurer ses forces par une absorption réparatrice, et, même en dehors de l'état inflammatoire aigu, l'atonie de la muqueuse, au cours et à la suite de l'entérite chronique, nous explique bien, en partie, la déchéance organique si profonde des sujets atteints de dysenterie chronique, et de diarrhée de Cochinchine. Il y a encore des troubles *vasculaires* dont l'influence nous reste à envisager. Nous ne saurions trop rappeler l'attention sur la puissance des troubles vaso-moteurs qui accompagnent la diarrhée. Sous l'influence d'un irritant de la muqueuse, il se fait un afflux sanguin assez considérable pour tacher parfois la surface d'un piqueté hémorragique, ou même d'ecchymoses. Cela laisse à supposer à quel point peut être portée alors la dilatation capillaire, et, sous l'influence de cette stase active, ou parfois passive, il y a, comme toujours, transsudation de la sérosité sanguine en abondance. Cette sérosité est le substratum histologique de toute diarrhée, et, dans certains cas, elle la compose presque toute.

Comme les quantités éliminées peuvent être très considérables, et atteindre plusieurs litres en quelques heures, on conçoit que ce soit là comme une formidable saignée séreuse, saignée véritable dans les cas de diarrhées hémorragiques. En conséquence, le sujet atteint d'un flux intestinal intense a d'abord, à un haut degré, la sensation de déshydratation : soif vive, bouche sèche, nausées, sueurs froides, vertiges, tendances syncopales, petitesse et précipitation du pouls, diminution du taux urinaire, etc. Poussé au maximum, comme dans le choléra, cet état aboutit à l'algidité.

Cette physiologie pathologique, peut-être un peu simpliste, de la déshydratation au cours de certains flux diarrhéiques, a eu comme conséquence heureuse l'introduction en thérapeutique de la diète hydrique. Par la diète, suppression des matériaux de fermentation; par l'eau, possibilité de réparer provisoirement les pertes séreuses excessives, possibilité de maintenir une tension suffisante dans le système circulatoire, de maintenir l'énergie des contractions cardiaques, et la fonction rénale.

Enfin on doit opposer à ces méfaits les bienfaits de certains flux diarrhéiques, libérateurs ou *critiques*, suivant l'ancienne et si juste dénomination (critiques, qui jugent la maladie). Chez certains intoxiqués (cardiaques avec stase, urémiques, goutteux, etc.), il semble que la *natura medicatrix* profite de la voie intestinale pour éliminer la matière peccante.

Là encore une grande notion de physiologie pathologique a servi de guide à la thérapeutique.

TRIBOULET.

DIASTASE. —

§ I. — **Définition et mode général d'action de la diastase.** — Les produits que fournit l'industrie sous le nom de *diastase*, et qu'elle retire de plusieurs graines en germination (orge, avoine, blé) sont des mélanges de la plupart des *ferments solubles* ou *enzymes* que renferment ces graines au moment où la plantule commence à se développer. Mais, scientifiquement, on ne doit appliquer cette dénomination qu'à ceux d'entre ces ferments qui exercent une action hydrolysante sur l'amidon (*ferments amylolytiques*).

Autrefois, on admettait que la saccharification de l'amidon était produite par une espèce chimique unique (diastase de Payen et Persoz). Cette opinion n'est plus guère acceptable, depuis que l'on sait, par exemple, que certains ferments amylolytiques sont incapables de liquéfier l'empois d'amidon, tout en possédant la propriété de saccharifier l'empois préalablement liquéfié, tandis que d'autres peuvent à la fois liquéfier et saccharifier ce même empois. Ces derniers doivent être évidemment considérés, avec nos idées actuelles sur les ferments solubles, comme composés d'au moins deux ferments différents : un ferment liquéfiant, l'empois (*amylase* de Duclaux (1) et un ferment saccharifiant, l'empois liquéfié (*dextrinase* du même auteur.) Ajoutons qu'il est possible que la saccharification elle-même soit le fait de plusieurs ferments agissant successivement ; du moins des observations, qui seront exposées au cours de cet article, permettent de le supposer,

Que ces ferments soient au nombre de deux, ou qu'il y en ait davantage, ils concourent au même but physiologique : ils concourent au travail de désagrégation moléculaire qui doit aboutir à la transformation de l'amidon et du glycogène (amidon animal) en sucre assimilable. Et c'est pour cela qu'on peut conserver, pour les désigner, l'ancienne expression de *diastase*, qui s'appliquait, à l'origine, au produit qui les contient tous.

Il importe de remarquer immédiatement que ces ferments ne peuvent à eux seuls transformer l'amidon en sucre assimilable : leur action, que nous étudierons dans un chapitre spécial, s'arrête lorsque l'amidon est transformé en maltose, sucre non assimilable ; c'est un autre ferment soluble, la *maltase*, qu'on rencontre d'ailleurs souvent avec la diastase, qui termine le travail chimique en transformant le maltose en dextrose, sucre éminemment assimilable par tous les êtres vivants.

§ II. — **Etat naturel de la diastase.** — **A. Présence de la diastase chez les végétaux.** — C. Kirchoff, le premier (2), a annoncé qu'il existe dans la farine de blé une matière capable de liquéfier et de saccharifier l'empois d'amidon (1814). Pour lui cette matière était le gluten. L'expérience sur laquelle il s'appuyait consistait à ajouter du gluten préparé avec de la farine de blé à de l'empois de fécule de pomme de terre et à maintenir le mélange à une douce chaleur. Il obtenait ainsi, en quelques heures, la saccharification de la fécule : le produit fermentait en présence de la levure de bière. Il est vraisemblable que le gluten fixait une certain quantité de diastase, et que c'était cette diastase qui produisait les effets constatés ; on sait, en effet, combien les ferments solubles se fixent énergiquement sur certains corps solides.

D'après ce même chimiste, le gluten des graines germées possède la propriété de saccharifier une plus grande quantité d'amidon que le gluten des graines non germées. Nous savons aujourd'hui que la proportion de diastase s'accroît par le fait de la germination : l'observation de Kirchoff est donc exacte, si l'interprétation est erronée.

Quelques années plus tard, en 1823, Dubrunfaut (3) confirmait, quant au résultat principal, cette dernière observation de Kirchoff. Il constatait, en effet, qu'en mélangeant à de l'empois d'amidon un peu de farine de malt délayée dans l'eau tiède, et en exposant le tout pendant un quart d'heure à une température voisine de 65°, l'empois se liquéfiait et donnait un sucre fermentescible. En 1831 il faisait faire un nouveau pas à la question en établissant que la macération de malt agit comme le malt en farine ; d'où cette conclusion que la substance active est soluble dans l'eau. Ce n'est qu'en 1833 que cette substance fut isolée par Payen et Persoz (4), qui l'obtinrent en précipitant, par de l'alcool, une macération aqueuse d'orge germé. Ils lui donnèrent le nom de *diastase*.

Payen et Persoz ne se bornèrent pas à l'étude de l'orge germé, et, dans des recherches ultérieures, ils constatèrent l'existence de la diastase dans l'avoine, le blé, le maïs et le riz en germination, ainsi que dans les tubercules de pomme de terre en végétation.

Par la suite, les découvertes dans cette voie se sont multipliées. Ainsi, pour parler d'abord des végétaux phanérogames, Kossmann (5) et Krauch (6) ont trouvé de la diastase dans les feuilles et les jeunes pousses; Baranetsky (7) dans les tubercules de pomme de terre en repos; Kjeldahl (8) l'a signalée dans l'orge non germé; Brown et Morris (9) dans les jeunes embryons; Brasse (10) dans les feuilles de pomme de terre, de dahlia, de topinambour, de maïs, de betterave; Green (11) dans les graines de plusieurs plantes, etc., etc. En un mot, la dissolution des grains d'amidon, dans quelque organe des plantes qu'elle se produise, suppose, dans cet organe, la présence de diastase.

De même, pour les champignons, Duclaux (12) a montré que l'*Aspergillus niger* V. Tiegh, et le *Penicillium glaucum* Lin. produisent de la diastase en abondance. Atkinson (13) et Büsgen (14) en ont trouvé dans l'*Aspergillus Orizœ* Cohn; Hérissey et moi (15) nous avons constaté sa présence dans le *Polyporus sulfureus* Fr.; Grimbert (16) a constaté sa production par le *Bacillus orthobutylicus*, etc. Les champignons, moisissures, bactéries qui se nourrissent de matières amylacées doivent sécréter de la diastase.

B. **Présence de la diastase chez les animaux.** — La diastase se rencontre également chez la plupart, peut-être même chez tous les animaux. C'est Leuchs qui a fait la première observation relative à ce sujet: en 1831 (17), il reconnaissait que la salive humaine possède la propriété de saccharifier l'empois d'amidon. Plus tard, en 1845, Mialhe (18) réussissait à extraire de ce liquide une substance possédant les propriétés amylolytiques de la diastase de l'orge germé. Il l'appela *diastase salivaire*, nom préférable à celui de *ptyaline* qu'on lui donne quelquefois et que Berzelius avait créé pour désigner une substance albuminoïde retirée de la salive, il est vrai, mais dépourvue de propriétés fermentaires (19).

Remarquons en passant que la salive humaine est le liquide qui renferme la diastase la plus pure, en ce sens que, lorsque la bouche est saine, cette diastase n'est accompagnée ni d'invertine, ni de maltase, ni de tréhalase, ni de pectinase, ni de séminase, comme la macération d'orge germé.

En dehors de l'homme, il existe peu d'animaux vertébrés dont la salive renferme de la diastase. Par contre, chez l'homme et les animaux vertébrés, le pancréas sécrète une diastase très active, et c'est cette diastase, découverte en 1845 par Bouchardat et Sandras (20), qui joue le rôle le plus important dans la digestion des matières amylacées. Depuis lors, on en a retrouvé aussi dans le foie et dans l'urine.

Chez les Invertébrés (21), les glandes salivaires qui sécrètent de la diastase sont également assez rares. On cite, comme étant dans ce cas, les glandes salivaires de quelques insectes (Blattes), tandis que celles des Myriapodes et des Mollusques sont dénuées de toute activité amylolytique. Les liquides capables de saccharifier l'amidon et le glycogène sont fournis surtout par des organes variés dépendant en général de l'intestin moyen. Chez les Myriapodes, la sécrétion est produite par l'épithélium de cet intestin. Elle l'est, chez d'autres invertébrés, par des cœcums de ce même intestin, cœcums qui sont tantôt séparés (Insectes), tantôt ramifiés et réunis de façon à former une véritable glande (prétendu foie des Araignées, des Crustacés et des Mollusques). En ce qui concerne les Mollusques céphalopodes, en particulier, j'ai montré (22) que leur prétendu foie, qui est une glande digestive, comparable au pancréas des animaux supérieurs, n'est pas la seule glande qui fournit de la diastase; une autre glande qui est très voisine de la précédente et déverse aussi ses produits de sécrétion dans l'estomac, glande qu'on appelle à tort *pancréas*, en fournit également. Ni les glandes salivaires, qui sont pourtant très développées chez ces animaux, ni l'intestin spiral, ni les parois de l'intestin n'en sécrètent. La digestion des aliments amylacés se fait tout entière dans l'estomac. Chez les Vers, d'après L. Fredericq, c'est l'épithélium de l'intestin moyen; chez les Aphrodites, ce sont des cœcums de l'intestin. et chez les Astéries, ce sont les appendices rayonnants de l'intestin qui sécrètent un liquide amylolytique; c'est-à-dire un liquide renfermant de la diastase.

C. **Variations de la diastase chez les végétaux.** — Nous avons défini la diastase : l'ensemble des ferments amylolytiques qui transforment l'empois d'amidon en un mélange de dextrine et de maltose. La diastase de l'orge germé peut nous servir d'exemple à cet égard : quand le travail fermentaire qu'elle accomplit est arrivé à son terme, les produits obtenus résultant de la transformation de l'amidon possèdent un pouvoir réducteur (déterminé à l'aide de la liqueur de Fehling) qui est compris entre 50 et 52 centièmes de ce qu'il serait si ces produits étaient entièrement composés de dextrose. Les résultats sont les mêmes avec la salive, avec la diastase du pancréas, à condition qu'elle ne renferme pas de maltase, ainsi qu'avec la diastase du prétendu foie des Mollusques (23). Il s'ensuit que les diastases sont identiques, ou plutôt qu'elles sont composées des mêmes enzymes, ou, mieux encore, que le processus de la digestion de l'amidon est le même chez tous les êtres vivants.

Mais il peut arriver que, dans certains organes, l'un des enzymes constituant la diastase manque, et alors la réaction n'est plus la même ; ou que ces enzymes soient dans des proportions différentes, et alors les phases de la saccharification se poursuivent avec des vitesses différentes. Si, par exemple, une diastase est peu riche en enzyme liquéfiant et riche en enzyme saccharifiant, la saccharification se fait au fur et à mesure de la liquéfaction de l'empois ; tandis que, si c'est l'inverse qui existe, l'empois est tout entier liquéfié, alors que la saccharification ne fait que commencer.

Quand on considérait la diastase de l'orge germé comme un ferment soluble unique, il fallait, pour se rendre compte des faits observés, admettre l'existence de plusieurs diastases. C'est même dans cette hypothèse qu'on a étudié, durant ces dernières années, les actions amylolytiques variées que l'on constate chez les végétaux et dans leurs différents organes. En réalité, on a admis, pour expliquer ces actions variées, l'existence de deux diastases : *diastase de sécrétion* et *diastase de déplacement*. Il nous paraît plus facile d'exposer ces études sans rien changer aux idées de ceux qui les ont faites, quitte à montrer comment ces idées s'accordent avec notre définition de la diastase.

I. *Diastase de sécrétion.* — Cette diastase est particulière aux graines en voie de germination. Brown et Morris, d'une part (24), Haberlandt (25), d'autre part, ont étudié sa formation et son mode d'action sur l'orge et le seigle. L'embryon, dans les graminées, se trouve à l'une des extrémités du grain. Il est en contact avec le tissu de l'albumen par l'intermédiaire d'un organe, sur la nature morphologique duquel on a beaucoup discuté, et qu'on nomme *scutellum* ou *écusson*. La couche externe de cellules de ce scutellum, celle qui s'appuie sur l'albumen, ou épithélium, est composée de cellules rangées en palissades, étroitement rapprochées, trois fois plus longues que larges, à parois minces et délicates.

Avant les recherches de Brown et Morris, on pensait que cet épithélium avait pour unique fonction, durant la germination, d'absorber les matières de réserves digérées passant de l'albumen dans l'embryon. Ces deux biologistes ont montré qu'il est aussi le siège de la formation d'un, sinon de deux enzymes. Le premier est la diastase en question ; le second est un agent de la destruction préliminaire des parois cellulaires, une *cytase*. Les changements histologiques qui se produisent dans les cellules de l'épithélium, au moment de la germination, sont absolument semblables à ceux que l'on observe dans les cellules sécrétoires animales pendant la période d'activité, ce qui rend probable son origine de sécrétion et justifie le nom qu'on lui a donné.

C'est ainsi que quelques heures seulement après avoir placé des grains d'orge dans des conditions favorables à la germination, on voit la structure du protoplasma de ces cellules devenir plus grossière, les granulations devenir plus nombreuses et plus volumineuses, au point que le noyau cellulaire s'en trouve presque dissimulé. Alors le tissu de l'albumen contigu au scutellum perd son amidon, tandis que les tissus de l'embryon se chargent de grains d'amidon nouvellement formés. Quand la réserve d'amidon de l'albumen est absorbée, les cellules épithéliales du scutellum perdent leur état granuleux et reprennent leur transparence primitive. En même temps le noyau disparaît, ce qui montre que les cellules ont rempli le rôle qui leur est dévolu, et s'acheminent vers la désagrégation.

Le mode d'action de cette diastase sur les grains d'amidon est particulier. Ceux-ci sont corrodés, creusés irrégulièrement, puis désagrégés ; après quoi les différentes parties des grains disparaissent graduellement. Brown et Morris l'ont constaté dans diverses expériences dont nous rappellerons seulement la suivante qui montre, en même temps, le rôle de l'épithélium du scutellum. Des embryons d'orge en germination furent soigneusement dégagés par dissection, et leur surface scutellaire fut débarrassée des substances adhérentes en passant avec précaution sur cette surface un pinceau mouillé avec une solution diluée de sucre. On les plaça ensuite sur une couche mince d'amidon d'orge humide de manière que leurs scutellums fussent en contact avec elle. Au bout de quelque temps, on put constater que des grains d'amidon s'étaient formés dans le parenchyme des scutellums, et un examen microscopique des grains d'amidon en contact avec la surface de l'épithélium montra que ces grains étaient corrodés et en voie de désagrégation. Fait intéressant : la diastase ainsi produite est capable de corroder et de dissoudre non seulement l'amidon d'orge, mais encore les amidons de riz, de blé et de maïs; par contre, elle est sans action sur ceux de pomme de terre et de haricot.

L'épithélium du scutellum ne manifeste son activité sécrétoire que pendant la germination. Pour qu'il y ait production de diastase de sécrétion, il faut que l'orge soit tout à fait mûr. La quantité de cette diastase augmente d'ailleurs durant la germination. En comparant des embryons pris après quatre jours de germination avec d'autres pris trois jours plus tard, Brown et Morris ont constaté que les activités fermentaires de ces embryons étaient entre elles comme 6 et 66.

Haberlandt (25), dont les recherches ont porté sur la germination du seigle, a avancé que le scutellum n'est pas la seule partie du grain qui élabore de la diastase de sécrétion, et que la couche à aleurone de l'albumen en produit également. Cette couche à aleurone est composée de trois ou quatre assises de cellules à parois épaisses; elle est située à la périphérie du grain, et immédiatement sous-jacente à la paroi produite par la fusion du péricarpe et de l'épisperme. Les cellules renferment surtout des grains d'aleurone et des gouttelettes d'huile plongés dans le protoplasma, au sein duquel se trouve un noyau bien défini. La couche à aleurone recouvre l'ensemble de l'albumen; mais elle devient moins distincte au voisinage de l'embryon; là elle se réduit à une simple assise de cellules.

Haberlandt a fait, au cours de la germination, avec cette couche et des grains d'amidon, des expériences analogues à celles que Brown et Morris ont faites avec l'assise épithéliale du scutellum, et il a observé des faits analogues à ceux que nous avons relatés; l'aspect granuleux du contenu des cellules à aleurone et la corrosion de l'amidon.

En 1898, Brown et Escombe (26) ont repris les expériences de Haberlandt en évitant l'intervention des micro-organismes. Ils arrivèrent ainsi à constater que la couche à aleurone remplit bien, pendant la germination, une fonction sécrétoire et qu'elle sécrète, comme l'épithélium du scutellum, deux enzymes: une cytase et de la diastase; mais la diastase est cette *diastase de déplacement* dont il sera parlé plus loin.

Divers expérimentateurs se sont appliqués à fixer les propriétés caractéristiques de la diastase de sécrétion. Aux propriétés que nous, avons déjà indiquées, il faut ajouter celle-ci, qui permet de la reconnaître facilement : liquéfaction rapide de l'empois d'amidon.

Nous venons de voir le rôle de la diastase de sécrétion dans la germination des semences de graminées. Bien qu'on n'ait pas étudié avec autant de soin la germination des autres semences à albumen amylacé, on doit cependant supposer que la dissolution des grains d'amidon de cet albumen se fait par l'intermédiaire d'une diastase de sécrétion.

A l'appui de cette manière de voir, nous citerons une observation déjà ancienne (1873) de Van Tieghem (27). Ce botaniste ayant mis des embryons isolés de Belle-de-nuit en contact avec une pâte faite de fécule de pomme de terre et d'eau, a vu les embryons acquérir un certain développement. Ayant ensuite examiné au microscope les grains de fécule adhérents aux cotylédons, il a constaté que ces grains étaient rongés et perforés par place, tandis que, dans le reste de la masse, ils étaient demeurés intacts. Cette observation de Van Tieghem est tout à fait comparable à celle de Brown et Morris que nous rapportons plus haut, et nous devons admettre que les cotylédons de Belle-de-nuit produisent, comme le scutellum de l'orge, de la diastase de secrétion, sans que nous sachions encore cependant quels sont les éléments cellulaires qui sont le siège de cette production.

Il importe d'insister enfin sur ce fait que la diastase de sécrétion est fournie par un tissu glandulaire spécial, d'où elle est éliminée pour agir sur des matériaux nutritifs qui sont extérieurs à ce tissu. Les produits de son action sont absorbés ensuite par les cellules qui ont élaboré l'enzyme au début. En fait, l'embryon d'orge digère et absorbe l'albumen aux dépens duquel on peut dire qu'il vit en parasite.

Cette manière de concevoir le *modus vivendi* de l'embryon nous permet de lui comparer nombre d'organismes inférieurs : bactéries, champignons et moisissures. Ainsi, en particulier, les bactéries et les moisissures qui, ensemencées sur de l'empois d'amidon, le liquifient pour s'en nourrir, ne peuvent arriver à ce résultat que par une sorte de sécrétion de diastase.

II. *Diastase de déplacement.* — Cette seconde diastase est la plus répandue des deux. On la rencontre dans les graines durant le développement de l'embryon et dans les organes végétatifs. Si l'on étudie son action sur les grains d'amidon dans les tissus végétaux, on voit le grain se dissoudre graduellement : quelquefois à partir de l'extérieur seulement, quelquefois à partir de l'intérieur sans qu'il se produise de désagrégation, ni de corrosion. La forme et la transparence du grain restent intactes, presque jusqu'à sa disparition complète. La diastase de déplacement, à l'inverse de celle de sécrétion, agit très lentement sur l'empois d'amidon, mais elle saccharifie rapidement l'amidon soluble. On peut considérer la diastase de sécrétion comme un enzyme liquéfiant de l'empois, accompagné d'une petite quantité d'enzyme saccharifiant, et la diastase de déplacement comme une diastase saccharifiante, accompagnée d'une petite quantité de diastase liquéfiante.

La diastase trouvée par Kjeldahl, en 1889, dans les grains d'orge non germés est de la diastase de déplacement. Brown et Morris (24) ont étudié plus tard sa formation et sa distribution dans le grain d'orge pendant le processus de maturation. On la rencontre principalement dans la masse de l'albumen. Elle est toujours plus abondante dans la partie la plus rapprochée du jeune embryon, et paraît avoir pour rôle de préparer les réserves nutritives destinées à ce dernier, pendant qu'il se développe. Elle apparaît donc dans le grain d'orge plus tôt que l'autre diastase qui, comme on l'a vu plus haut, n'apparaît qu'à la germination. On la trouve du reste dès que commence le développement de l'albumen, et elle augmente en quantité jusqu'à ce que ce développement soit complet.

Brown et Morris ont déterminé, par un procédé que nous ne pouvons reproduire ici, les proportions de diastase présentes dans les grains d'orge à trois époques de leur développement.

1° L'albumen étant à moitié développé;
2° L'albumen étant développé aux deux tiers;
3° Le développement de l'albumen étant complet.

Ils ont trouvé que les quantités respectives de diastase contenue dans les grains étaient entre elles comme 4,4; 7,8 ; 9,7.

Le diastase de déplacement apparaît dans les cellules de l'embryon dès que celui-ci commence à s'accroître durant la germination. Il s'en produit moins dans le cotylédon que dans la tigelle et la radicule : parties dans lesquelles l'activité végétative est plus grande.

La diastase des feuilles et des pousses se rapproche beaucoup de celle des grains non germés. C'est d'elle sans doute que dépend la disparition, pendant les moments d'obscurité, de l'amidon des feuilles formé et déposé durant l'exposition au soleil.

L'existence de diastase dans les feuilles a été niée à maintes reprises; c'est que sa recherche dans ces organes exige des précautions particulières. Brown et Morris ont institué en 1893 (28) sur ce sujet des expériences qui résolvent la question et qui, en outre, expliquent pourquoi, dans certains travaux, on a pu aboutir à des résultats négatifs. Voici l'une de ces expériences :

On a desséché à l'air, à une température de 40 à 50°, des feuilles d'*Helianthus tuberosus*, et on les a réduites en poudre. On a pesé deux portions de 10 grammes de cette poudre. L'une des portions a été mise à macérer dans de l'eau chloroformée pendant un temps suffisant; après quoi on a séparé, par filtration, le liquide que l'on a mélangé avec une quantité déterminée d'une solution d'amidon soluble. D'autre part, on a ajouté la seconde portion de poudre à une même quantité de solution d'amidon soluble. Il s'est trouvé que les activités diastasiques de la macération et de la poudre étaient dans le rapport de 1 à 7.

D'après les auteurs, il y aurait deux causes à cette différence : 1° la grande résistance présentée par le protoplasma à la séparation de l'enzyme ; 2° l'action du tannin, qui est en assez grande quantité dans ces feuilles et qui rend impossible, dans beaucoup de cas, l'extraction de l'enzyme des cellules.

Brown et Morris ont porté leurs investigations sur les feuilles de trente-quatre plantes différentes, et ils ont trouvé que toutes renfermaient des quantités appréciables de diastase. Les feuilles de légumineuses (les feuilles du pois commun, en particulier) ont été trouvées les plus riches.

Ils ont constaté, en outre, que la proportion de diastase des feuilles varie sous l'influence du milieu. Ainsi cette proportion augmente dans l'obscurité et diminue à la lumière solaire.

La diastase de déplacement existe non seulement dans les parties végétatives des plantes, ainsi que dans les albumens amylacés, mais encore dans les tissus qui retiennent des réserves d'amidon. Elle y apparaît en grande quantité au moment où se produit un appel de ces réserves : par exemple, au réveil de la végétation.

Prunet (29) a fait, à cet égard, sur le tubercule de pomme de terre en voie de germination, quelques observations intéressantes. Il a constaté que si la diastase existe alors dans toutes les parties du tubercule, elle existe en plus grande quantité dans les régions avoisinant les points où la croissance est active. Ainsi le début du développement des jeunes pousses est accompagné de la production de l'enzyme dans leur voisinage immédiat, et, au fur et à mesure que ces pousses s'allongent, la diastase disparaît.

Enfin, au cours de ses recherches sur la germination des grains de pollen, Green (30) a reconnu, dans ceux-ci, la présence de diastase de déplacement ; il en a trouvé également dans le tissu des styles à travers lesquels pénètre le tube pollinique. La quantité de diastase qu'on peut extraire du pollen varie selon l'époque où on l'examine. Au moment de la germination du grain, il y en a généralement davantage, et l'on en rencontre dans le tube qui s'allonge. Quand le pollen, en vieillissant, perd ses facultés germinatives, la diastase qu'il contient disparaît. Du reste, les conditions dont dépend la sécrétion de la diastase vont être étudiées dans le chapitre suivant.

§ III. — Sécrétion de la diastase chez les êtres vivants.

Lorsqu'on a constaté, dans des conditions déterminées, qu'un organisme, une moisissure, par exemple, sécrète de la diastase, il n'en faut pas conclure qu'il en sécrète également dans toute autre condition. En réalité la sécrétion de la diastase est liée à des influences diverses, et cela non seulement chez les végétaux inférieurs, mais encore chez les végétaux élevés en organisation et chez les animaux. Chez les végétaux, elle dépend surtout de l'espèce d'aliments qu'on leur offre à consommer.

1° **Chez les végétaux.** — Ainsi Lauder Brunton et Mac Fadyen (31), au cours de recherches effectuées sur une bactérie, ont constaté que cette bactérie sécrétait de la diastase lorsqu'on la cultivait sur de l'empois d'amidon, et n'en sécrétait pas quand le milieu de culture était du bouillon de viande. Dans ce second cas, elle sécrétait un enzyme protéohydrolytique.

Duclaux (32) a fait des remarques semblables sur une moisissure qu'il a appelée *Aspergillus glaucus* et sur le *Penicillium glaucum*. Cultivé sur une solution de lactate de chaux additionnée d'un sel ammoniacal et de sels minéraux, l'*Aspergillus glaucus* ne sécrète que de la diastase ; et il ne fournit ni présure, ni trypsine, ni invertine. Cultivé sur une solution de sucre de canne, il ne sécrète plus de diastase, mais de l'invertine. Enfin, cultivé sur du lait, il ne fournit pas de diastase ; mais de la présure qui coagule le lait et de la trypsine qui peptonise la caséine.

Le *Penicillium glaucum* se développe également bien sur solution de lactate de chaux ; mais il n'y produit pas de diastase : il y produit de l'invertine. Il en est de même sur les solutions de sucre de canne. Sur milieu renfermant de la glycérine ou de l'amidon, il produit encore de l'invertine et, en plus, de la diastase.

Green (33) a fort bien étudié la marche de la production de la diastase dans les grains de pollen en germination de divers plantes. Il a observé chez différentes espèces de *Lilium* que la présence de diastase ne devient perceptible, dans le grain de pollen, qu'après absorption d'une trace de sucre par celui-ci. Pendant l'allongement du tube pollinique, la quantité de diastase augmente continuellement, probablement en conséquence de la proportion croissante de matières alimentaires agissant comme stimulant du protoplasma du pollen. Chez le *Zamia*, on ne peut déceler la présence de diastase dans le grain de pollen non germé ; mais lui fait-on absorber une petite quantité de sucre de canne ou de glucose, on constate, même avant la sortie du tube pollinique, qu'il s'est formé une petite quantité de ce ferment. Pour d'autres pollens, il n'est pas absolument nécessaire qu'ils aient absorbé du sucre pour qu'il s'y produise de la diastase ; car il s'en produit beaucoup quand les grains germent dans l'eau pure.

La sécrétion de diastase par l'épithélium scutellaire des graminées paraît être sous la dépendance de conditions différentes. Ainsi Brown et Morris ont constaté (34) que des embryons d'orge, cultivés dans de la gélatine tenant en suspension des grains d'amidon, attaquaient et dissolvaient ces grains, tandis que d'autres embryons exactement semblables aux précédents laissaient l'amidon intact quand la gélatine renfermait en plus une petite quantité d'un sucre assimilable. Cependant, quand la totalité du sucre était absorbée, alors les grains d'amidon étaient attaqués. Comme les auteurs s'en sont assurés, si, en présence du sucre, les grains d'amidon n'étaient pas attaqués, cela tenait à ce que, dans ce cas, l'embryon ne sécrète pas de diastase. Si au lieu de sucres assimilables, on introduisait dans le milieu de culture des matières sucrées non assimilables par l'embryon, telles que de la mannite et du sucre de lait, l'action de l'embryon sur les grains d'amidon n'était pas suspendue.

Il semble, d'après cela, ainsi que le font remarquer Brown et Morris, que la sécrétion d'une diastase active, par les cellules épithéliales du scutellum de l'embryon, soit une conséquence de l'inanition. Tant qu'il y a, dans le milieu de culture, des substances assimilables directement, l'embryon ne sécrète pas de diastase ; il en produit seulement quand ces substances n'existent pas ou quand elles ont disparu.

Dans la germination naturelle de l'orge, la diastase ne se produit pas immédiatement. D'après Petit, elle n'apparaît pas avant le quatrième jour (35). Elle atteint son maximum vers le neuvième jour, ou plutôt, au bout de quatorze jours, le trempage de l'orge ayant duré cinq jours. Ce fait peut également être interprété comme un argument à l'appui de l'opinion de Brown et Morris, que la sécrétion de la diastase se fait sous l'influence de l'inanition. Pendant la première période de germination, l'embryon se nourrit des substances assimilables qu'il contient ; ce n'est que lorsque ces substances sont consommées qu'il éprouve le besoin de recourir aux réserves déposées dans l'albumen. Après le neuvième jour, ces réserves sont à peu près épuisées, et le jeune embryon, ayant développé sa radicule, peut tirer sa nourriture de l'extérieur,

Quand on cherche à apprécier la quantité de diastase présente dans les feuilles, on trouve que cette quantité varie, non seulement suivant les espèces végétales, mais encore, pour les individus d'une même espèce, suivant les conditions extérieures. Les conditions qui apparaissent les plus favorables à l'assimilation et à la formation de l'amidon dans les feuilles sont les moins favorables à l'accumulation de la diastase. C'est ce qui ressort des expériences de Brown et Morris sur les feuilles d'*Hydrocharis Morsus Ranae* (36). Ils ont mesuré, par un procédé que nous ne pouvons indiquer ici, l'activité diastasique de ces feuilles après insolation, puis après quarante-sept et quatre-vingt-seize heures d'obscurité.

	ACTIVITÉ diastasique.	AUGMENTATION p. 100.
1. Après insolation	0,267	»
2. Après 47 heures d'obscurité	0,476	78
3. Après 96 heures d'obscurité	0,676	153

Or, dans les feuilles n° 2, il y avait environ deux fois moins d'amidon que dans les feuilles n° 1 ; et, dans les feuilles n° 3, l'amidon avait disparu.

Brown et Morris font ici encore, pour expliquer ces faits, intervenir l'inanition : pendant l'insolation, les cellules ont à leur disposition les sucres qui résultent du travail d'assimilation ; quand vient l'obscurité, les sucres ne se renouvellent pas, et il devient nécessaire de s'attaquer aux réserves d'amidon, d'où sécrétion de diastase. Il convient de faire remarquer que ces expériences, et d'autres sur lesquelles s'appuient les savants anglais, sont fort délicates. Les dosages de diastase, dans les conditions où ils se font, sont loin d'être rigoureux. Peut-être se fait-il à la lumière quelque substance qui empêche la diastase réellement présente d'agir, substance qui disparaît à l'obscurité. Aussi, quelque séduisante que soit l'hypothèse de Brown et Morris, faut-il n'y voir qu'un essai pour relier entre eux des phénomènes que leurs expériences n'ont pas encore analysés complètement.

2° **Chez les animaux.** — Chez les animaux supérieurs, comme nous l'avons déjà vu, la diastase qui intervient dans la digestion des aliments amylacés est surtout fournie, mélangée d'ailleurs à d'autres ferments solubles, par le pancréas. Chez les Invertébrés en général, elle est sécrétée, mélangée aussi à d'autres ferments, par une glande digestive que l'on désigne souvent, à tort, sous le nom de foie. Chez l'homme et quelques animaux, certaines glandes salivaires en fournissent également. Mais chez aucun animal la sécrétion du liquide qui contient ces ferments n'est constante, non plus que sa composition. Sécrétion et composition de ce liquide dépendent de circonstances variées. C'est ainsi qu'il est bien connu que l'odeur de certains aliments ou l'introduction de substances sapides dans la bouche excitent la sécrétion salivaire. Mais l'influence la plus remarquable est produite par les aliments eux-mêmes.

Dans l'intervalle des digestions, le suc pancréatique est peu abondant et peu actif ; il acquiert, au contraire, sa plus grande activité deux ou trois heures après que les aliments ont été ingérés.

J'ai constaté des influences analogues et très nettes sur le poulpe commun (37).

Si, sur un poulpe vivant et à jeun, on met à nu les deux canaux excréteurs de la glande digestive (canaux dits hépatiques), et si on les sectionne pour recueillir la petite quantité de suc qui s'écoule, on obtient un liquide brun, rempli de granulations brunes, complètement inactif sur l'empois d'amidon. Au contraire, si l'on fait la même opération sur un poulpe en digestion, on recueille beaucoup plus de liquide, et celui-ci, qui est incolore, limpide, un peu filant comme la salive, fluidifie et saccharifie rapidement l'empois d'amidon.

Ainsi donc les aliments en général ont une influence excitatrice sur les sécrétions digestives ; mais, ce qui nous intéresse ici surtout, est de savoir si la nature des aliments exerce une influence sur la nature des ferments solubles sécrétés.

Nous avons sur ce point les expériences de Vassilief (38). Ce physiologiste a soumis alternativement à un régime de viande, puis à un régime de lait et de pain, des chiens porteurs d'une fistule pancréatique et maintenus en bonne santé. La diastase et la trypsine étaient dosées dans le suc pancréatique recueilli par des procédés assez rigoureux. Vassilief a constaté ainsi que le régime de viande augmentait la quantité de trypsine et diminuait la quantité de diastase, tandis que le régime de pain et de lait produisait l'effet contraire. Nous retrouvons ici des faits analogues à ceux que nous avons signalés plus haut relativement aux milieux de culture des moisissures et des bactéries.

§ IV. — **Préparation de la diastase.** — On a donné divers procédés de préparation de la diastase. Ils reposent sur ce que la diastase (comme d'ailleurs les ferments, solubles en général) est précipitée par l'alcool de ses dissolutions aqueuses, ou sur la propriété qu'elle possède d'être entraînée par certains précipités dont on détermine la formation au sein des liquides qui en renferment. Dans tous les cas, le produit que l'on obtient contient des matières étrangères, surtout des albuminoïdes et des hydrates de carbone qui sont précipités ou entraînés de la même façon que la diastase. Voici quelques-uns des procédés préconisés actuellement.

A. **Procédé** Lintner (39). — Ce procédé n'est autre que l'ancien procédé de Payen et Persoz modifié. On fait macérer, pendant vingt-quatre heures ou davantage, une partie de malt frais ou desséché à l'air dans deux à quatre parties d'alcool à 20 p. 100. On essore pour retirer le liquide, et on ajoute à celui-ci deux fois ou deux fois et demie son volume d'alcool absolu. Il se forme un précipité consistant en flocons blanc jaunâtre qui ne tardent pas à se rassembler au fond du vase. Il n'y a pas avantage à employer, pour faire cette précipitation, une plus grande quantité d'alcool ; car cela n'augmenterait pas beaucoup la quantité de précipité, et ce qu'on ajouterait serait constitué uniquement par un peu de substance mucilagineuse.

Après un repos suffisant, on décante, on essore rapidement, puis on triture le précipité dans un mortier avec de l'alcool absolu. On jette sur un filtre, on lave à l'alcool absolu, on triture avec de l'éther, on filtre de nouveau, et l'on fait sécher dans le vide sulfurique. On obtient ainsi une poudre légère, presque blanche, douée d'une grande activité. Si le lavage était incomplet, la préparation se foncerait sous l'action de l'air et prendrait une consistance cornée nuisible à son emploi.

On peut encore redissoudre cette poudre dans l'eau et reprécipiter ensuite par l'alcool absolu ; on débarrasse ainsi la diastase de quelques matières étrangères qui sont devenues insolubles pendant la première précipitation. Mais il n'y a guère profit à effectuer cette manipulation, car le produit que l'on obtient est plutôt moins actif que la diastase primitive.

B. **Procédé** Cohnheim (40). — Ce procédé a été employé par son auteur pour la préparation de la diastase de la salive. Il est basé sur la propriété, déjà mise à profit avant lui par Brücke (41), que possèdent les ferments solubles d'être entraînés mécaniquement par les précipités que l'on produit au sein de leurs solutions.

Le précipité dont on détermine la formation dans la salive est le phosphate tribasique de chaux. L'adhérence de la diastase aux particules de phosphate de chaux n'est pas très intime ; on la sépare tout simplement par lavage à l'eau. Les matières albuminoïdes que contient la salive sont retenues plus fortement par le précipité, de sorte que la solution aqueuse ne renferme, pour ainsi dire, que la diastase. Voici comment on opère :

On produit une salivation abondante en remplissant la bouche de vapeurs d'éther ; on ajoute à la salive filtrée une petite quantité d'acide phosphorique tribasique, et l'on verse dans un volume d'eau de chaux calculé de façon à ce que, après mélange, le liquide présente encore une réaction légèrement alcaline. On sépare par filtration le précipité de phosphate tribasique ; on le délaie dans une quantité d'eau qui ne doit pas dépasser celle de la salive employée ; on filtre au bout de quelque temps, on précipite par l'alcool, on recueille le précipité sur un filtre et on fait sécher dans le vide sulfurique. Cette diastase est assez difficilement soluble dans l'eau; elle ne renfermerait pas trace d'albumine.

C. **Procédé** Wroblevski (42). — Ce procédé est basé sur la propriété que possèdent les ferments solubles d'être précipités de leurs solutions quand on sature celles-ci avec certains sels neutres. Il a été appliqué par Wroblevski à la préparation de la diastase du malt.

1 000 grammes de malt finement broyé sont mis à macérer pendant vingt-quatre heures dans 2 litres d'alcool à 68°. Le résidu fortement exprimé est délayé dans 2 litres d'alcool à 45°. Au bout de vingt-quatre heures, on filtre, on exprime et on fait une nouvelle macération dans 2 litres d'alcool à 45°. La diastase qui n'est pas soluble dans l'alcool à 68° l'est au contraire dans l'alcool à 45°. Le traitement par l'alcool à 68° a donc pour objet d'enlever au malt une certaine proportion de matières étrangères. Les liquides des deux dernières macérations sont réunis, filtrés, puis additionnés d'alcool à 96°, en quantité telle que le degré de l'alcool soit finalement de 70°. Il se fait un précipité qu'on laisse reposer pendant vingt-quatre heures. On le lave avec de l'alcool à 70°, puis on le redissout dans 2 litres d'alcool à 45°. On filtre et on précipite de nouveau comme précédemment.

On redissout le précipité dans aussi peu d'eau que possible et on ajoute du sulfate de magnésie à saturation. La diastase se précipite ; on la rassemble sur un filtre, on la lave avec une solution saturée de sulfate de magnésie ; on la dissout dans un peu d'eau et on soumet la solution à la dialyse pour éliminer les sels. Finalement on précipite le liquide qui reste dans le dialyseur par un mélange d'alcool et d'éther, en ayant soin d'ajouter quelques gouttes d'une solution concentrée d'acétate de potasse. En l'absence complète de sels, on n'obtient en effet qu'un trouble insignifiant. Le précipité est lavé à l'alcool absolu et à l'éther, puis desséché dans le vide sulfurique. 1 kilogramme de malt a donné à Wroblevski $0^{gr},94$ de produit.

§ V. — **Caractères et nature chimique de la diastase.** — La diastase préparée par l'un des procédés ci-dessus se présente sous la forme d'une poudre blanche ou grisâtre, amorphe, soluble lentement dans l'eau froide. C'est un corps colloïdal, susceptible de se fixer sur les matières étrangères et d'être retenu par les filtres en terre poreuse.

Ses solutions aqueuses précipitent plus ou moins lorsqu'on les additionne d'alcool ou lorsqu'on les sature avec certains sels neutres (sulfate de soude, de magnésie et d'ammoniaque); elles précipitent également lorsqu'on les chauffe aux environs de 70°. Enfin elles décomposent l'eau oxygénée; mais, comme l'a démontré Jacobson (43) pour la diastase du pancréas, cette dernière propriété appartient certainement à une impureté : sans doute à un de ces ferments oxydants que j'ai appelés *anaéroxydases* (44), et qui accompagne la diastase.

D'ailleurs la diastase, quel que soit le procédé employé pour sa préparation, n'est jamais pure. Les matières étrangères qui la souillent sont, outre d'autres enzymes que la diastase, surtout des matières albuminoïdes diverses et des hydrates de carbone; et les proportions respectives de ces deux sortes de matières varient elles-mêmes dans des limites très étendues. Aussi les analyses élémentaires de la diastase que l'on a publiées présentent-elles peu d'intérêt. Voici cependant un tableau dans lequel nous avons réuni les principales de ces analyses.

	CARBONE.	HYDROGÈNE.	AZOTE.	SOUFRE.	CENDRES.	OXYGÈNE ET SOUFRE	PHOS-PHORE.
			Diastase du malt.				
Zulkowski (45) . . .	46,66	6,32	8,12	non dét.	2,65	36,25	
Id. [1]	47,57	6,49	5,14	non dét.	3,16	37,64	
Krauch (46)	45,68	6,90	4,57	traces.	6,08	36,77	
Id. [2]	55,58	8,24	6,13		4,46	25,59	
Lintner (39)	44,33	6,98	8,92	1,07	4,79	34,98	
Iegorow [3] (47) . . .	40,24	6,78	4,70	0,70	4,60	42,23	1,45
Osborne [4] (48) . .	52,50	6,72	16,10	1,90	0,66	22,78	
			Diastase de la salive.				
Hüfner (49)	42,98	7,86	11,86	»	6,10	31,20	»

1. Produit obtenu en dissolvant le précédent dans l'eau et précipitant par un mélange d'alcool et d'éther.
2. Diastase préparée par la méthode von Wittich.
3. Diastase obtenue avec le blé germé; elle renfermait, d'après l'auteur, 1,45 p. 100 de phosphore.
4. Les chiffres de C, H, Az, S sont rapportés à 100 de matière organique.

La diastase est donc constituée par du carbone, de l'hydrogène, de l'azote et de l'oxygène. Elle renferme en outre une petite quantité de soufre qui entre sans doute dans sa composition.

A quelque purification qu'on la soumette, elle retient toujours des matières minérales, et cela dans des proportions variables et assez élevées. Les autres éléments, aussi, varient. Ainsi la proportion d'azote a été trouvée, dans un cas, égale à 16,10 et, dans un autre, égale à 4,57. Dans le premier cas, la composition élémentaire du produit rappelle celle des matières albuminoïdes; dans le second, elle tend vers celle des hydrates de carbone. De là, trois opinions différentes sur la nature chimique de la diastase. Pour les uns, ce ferment serait une substance azotée, mais différant des matières albuminoïdes; pour d'autres, ce serait une véritable matière albuminoïde; pour d'autres enfin, ce serait plutôt un hydrate de carbone ou, tout au moins, un composé non azoté.

Lintner (39) a soutenu la première opinion, et il a fait cette observation qui ne permet pas de rapprocher la diastase des hydrates de carbone : c'est que la diastase préparée par lui, purifiée plusieurs fois [par dissolution dans l'eau et précipitation par l'alcool, devenait plus riche en azote et en même temps plus active. Il cite, entre autres exemples, celui d'un échantillon renfermant originairement 5,1 p. 100 d'azote et possédant un pouvoir saccharifiant représenté par 24, qui, après deux purifications successives, renfermait 7,5 p. 100 d'azote et possédait un pouvoir saccharifiant de 34.3. Hüfner avait déjà, avant Lintner, développé une opinion semblable (49), admettant en outre que, si la diastase et les autres ferments solubles ne sont pas des matières albuminoïdes, on doit pourtant les considérer, en raison de leur teneur en oxygène, comme des produits dérivés de ces dernières par oxydation.

Brown et Heron (50) croyaient plutôt que la diastase est une matière albuminoïde. Ils s'appuyaient : 1° sur ce que, lorsqu'on chauffe des macérations d'orge germé, la coagulation des albuminoïdes marche parallèlement avec la diminution de la puissance diastatique ; 2° sur ce que la diastase, comme les matières albuminoïdes, ne traverse pas les cloisons en terre poreuse. Loew (51), de son côté, considère la diastase comme un produit analogue aux peptones.

Hirscheld (52) invoquait en faveur de la troisième opinion les deux analyses de Zulkowski (voir ci-dessus). La seconde diastase de ce chimiste, obtenue par purification de la première, renfermait, en effet, plus de carbone (47,57 p. 100 au lieu de 46,66) et moins d'azote (5,14 p. 100 au lieu de 8,12) que cette dernière, et pourtant elle était plus active. Cela laissait supposer que, si l'on pouvait aboutir à une purification complète, on devait arriver à un corps sans azote. Aussi Hirscheld pensait-il que la diastase devait être un corps analogue aux dextrines, et que les produits azotés qui l'accompagnent toujours constituent des impuretés.

Récemment cette question de la nature chimique de la diastase a été l'objet de nouvelles recherches de la part d'Osborne et de Wroblevski. Ces deux auteurs sont d'accord pour considérer la diastase comme une matière protéique ; mais, tandis que le premier tend à en faire une matière albuminoïde coagulable, l'autre y voit plutôt une protéose. Ils ne sont d'ailleurs, ni l'un ni l'autre, particulièrement affirmatifs.

Hypothèse d'Osborne. — Rappelons d'abord qu'Osborne a étudié dans ces dernières années les protéides de l'orge en se servant, comme dissolvants, d'une solution de chlorure de sodium et d'alcool, et, comme précipitants, de sulfate d'ammoniaque (53). Il a séparé ou caractérisé : 1° une *globuline* (albuminoïde soluble dans la solution de chlorure de sodium et insoluble dans l'eau) qu'il a appelée *édestine;* 2° une matière albuminoïde soluble dans l'eau et coagulable par la chaleur, qu'il a appelée *leucosine;* 3° une ou plusieurs protéoses accompagnant toujours la leucosine ; 4° une matière protéique soluble dans l'alcool faible, qu'il a désignée sous le nom d'*hordéine*. Ayant appliqué ses procédés à la séparation des protéides de l'orge germé, Osborne a observé que l'action diastasique était intimement liée à l'albumine coagulable, c'est-à-dire à la leucosine. Ainsi il a remarqué : 1° que la quantité de leucosine et l'activité fermentaire variaient simultanément et dans le même sens, sans pourtant qu'il y eût proportionnalité ; 2° que les solutions de protéides de l'orge ne contenant pas d'albumine coagulable étaient inactives ; d'où il suit que la propriété fermentaire serait une fonction de cette albumine.

Toutefois, comme il n'a pu isoler l'albumine active sans protéose, Osborne reste indécis. Voici, du reste, ce qu'il en a dit (48) : « Il est possible que la diastase active soit une combinaison d'albumine et de protéose, combinaison se décomposant par la chaleur avec séparation d'albumine coagulée ; il est possible, en outre, qu'à côté de cette albumine combinée, il y ait encore de l'albumine libre ne possédant pas d'activité diastasique et se coagulant en même temps ; aucun fait probant ne justifie d'ailleurs directement cette hypothèse. »

Hypothèse de Wroblevski. — Dans la manière de voir de Wroblevski, la protéose qu'Osborne semble regarder comme un corps inerte qu'on n'arrive pas à éliminer par les procédés ordinaires de purification de la diastase, serait, au contraire, la partie active du produit.

On a vu plus haut comment ce chimiste prépare sa diastase : celle-ci est composée d'une protéose ou d'un albuminoïde se rapprochant des protéoses, et d'un hydrate de carbone. C'est ce que Wroblevski a établi par deux méthodes d'analyses différentes. Nous n'en décrirons qu'une seule ici, la plus simple (54).

A une solution aqueuse de diastase on ajoute goutte à goutte une solution saturée de sulfate d'ammoniaque, jusqu'à ce qu'il se produise un trouble persistant. On laisse reposer, et, quand le précipité est rassemblé, on le lave avec une solution de sulfate d'ammoniaque à 64 p. 100. Désignons ce précipité par le chiffre 1. On ajoute alors, au liquide, assez de sulfate d'ammoniaque pour que ce liquide en renferme 60 p. 100. Il se fait un nouveau précipité que nous désignerons par le chiffre 2. On le sépare par filtration, on sature le filtrat avec le même sel, et on a un troisième précipité. Si l'on étudie les propriétés fermentaires de chacun de ces précipités, on constate que le n° 1 agit énergiquement sur l'amidon soluble, que le n° 2 agit moins, et que le troisième n'agit pas du tout. Or le premier précipité ne renferme que des matières albuminoïdes; le troisième est constitué par un hydrate de carbone qui donne de l'arabinose lorsqu'on le traite à chaud par l'acide sulfurique étendu, c'est-à-dire de l'*arabane;* et le précipité n° 2 est un mélange de matières albuminoïdes et d'arabane. Donc la diastase primitive de WROBLEVSKI est un mélange de matières albuminoïdes et d'arabane, et la diastase qu'il regarde comme pure est une matière albuminoïde. Celle-ci présente les propriétés suivantes : elle renferme 16, 57 p. 100 d'azote; elle se dissout assez facilement dans l'eau; ses solutions ne donnent pas de coagulum quand on les chauffe, ni directement, ni après acidification.; elles troublent légèrement avec l'acide nitrique; elles donnent la réaction de MILLON et la réaction du biuret; enfin elles donnent un volumineux précipité avec le tannin. La diastase pure de WROBLEWSKI est donc à rapprocher des protéoses.

On voit qu'on a fait de grands efforts pour résoudre cette question de la nature de la diastase; elle n'est cependant pas résolue. On peut dire que, de toutes les recherches effectuées récemment sur ce point, un seul fait ressort qui est aujourd'hui démontré, et cela par WROBLEWSKI : c'est que, dans les diastases ordinaires, il existe un hydrate de carbone particulier, une arabane. Mais ce fait paraît n'avoir aucun rapport avec la nature du ferment. Quant à l'existence d'une protéose dans les produits obtenus par les différents modes de précipitation des solutions de malt, elle n'a rien qui doive étonner. Pendant la germination de l'orge, il y a digestion des matières protéiques de cet orge, et, par conséquent, production de protéoses que l'on doit nécessairement retrouver. Mais est-ce une protéose qui jouit des propriétés diastasiques? Les expériences de WROBLEWSKI ne suffisent pas à l'établir. Ce chimiste ne nous dit rien des rendements qu'il obtient par sa méthode de précipitations fractionnées, non plus que de la puissance diastasique de chacun de ses précipités : il ne paraît pas avoir fait d'essais comparatifs.

On peut faire aussi diverses objections relativement aux recherches d'OSBORNE : celui-ci, d'après WROBLEVSKI, n'indique pas comment il a déterminé la puissance diastasique de ses produits; quand il trouvait cette puissance faible, il recommençait l'essai en ajoutant des matières minérales, ce qui n'est pas la marque d'une méthode rigoureuse. Au surplus, comme nous l'avons vu, OSBORNE ne conclut pas d'une façon ferme. Tout cela bien considéré, nous en sommes toujours à nous demander si la diastase n'est pas un principe fixé, ici, sur une matière albuminoïde coagulable, là, sur une sorte de protéose, ailleurs sur un hydrate de carbone; à moins que ce que nous appelons diastase ou plus généralement ferment soluble ne soit une sorte d'énergie, comparable à l'électricité par exemple, accumulée sur l'un ou l'autre de ces composés(?).

§ VI. — **Réactions produites par la diastase.** — Lorsque les graines, les tubercules, les bourgeons chargés d'amidon passent de la vie latente à la vie manifestée, on voit, comme nous l'avons dit plus haut, les grains d'amidon attaqués par la diastase se corroder, se dissoudre dans les cellules, et finalement y être remplacés par de la matière sucrée.

Cette saccharification des grains d'amidon cru nécessite des conditions difficilement réalisables *in vitro*. Quand on met simplement des grains de fécule de pomme de terre, par exemple, dans une solution de diastase, ces grains ne sont pas attaqués (55). Pour qu'ils le soient, il faut que le milieu renferme certaines substances; il faut en particulier qu'il soit très légèrement acide (56). Aussi le processus chimique de l'action de la diastase n'a-t-il pas été étudié sur l'amidon cru.

Par contre, si, à la température ordinaire, on ajoute de la diastase d'orge germé à de l'amidon préalablement transformé en empois à l'aide de l'eau et de la chaleur, la saccharification se fait rapidement. Si la proportion d'eau n'est pas trop considérable, l'empois se présente sous la forme d'une gelée plus ou moins translucide; lorsqu'on l'additionne d'une solution de diastase, la masse se fluidifie et se transforme peu à peu en un liquide sucré, clair ou très faiblement opalescent, tenant en suspension quelques débris cellulaires. Au commencement de la réaction, la fluidification étant déjà produite, le liquide additionné d'eau iodée se colore en bleu. Un peu plus tard, traité de la même façon, il prend une teinte violette. Plus tard encore, on a une coloration rouge brunâtre, puis jaune; et en dernier lieu, l'eau iodée est sans action.

Lorsque l'action de la diastase est arrivée à son terme, l'amidon se trouve remplacé par un mélange de maltose et de dextrine.

La dextrine ainsi formée est une substance incristallisable, non réductrice, fortemen dextrogyre ($\alpha j = + 218^\circ$ [57]). Elle ne donne pas de coloration avec l'iode et n'est pas attaquable par la diastase telle que nous l'avons définie au commencemeut de cet article; elle a la même composition élémentaire que l'amidon (**V. Dextrine**).

En n'envisageant que le terme de l'action diastasique, et en ne tenant pas compte des proportions réciproques des deux corps formés, on a pu formuler la réaction ainsi qu'il suit :

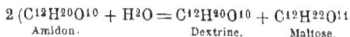

$$2 (C^{12}H^{20}O^{10} + H^2O = C^{12}H^{20}O^{10} + C^{12}H^{22}O^{11}$$
$$\text{Amidon.} \qquad \text{Dextrine.} \qquad \text{Maltose.}$$

Mais le phénomène est plus complexe. Si, dans le courant d'une saccharification de l'amidon par la diastase, on prélève de temps en temps des échantillons de la matière, et si on les analyse, on trouve bien du maltose; seulement les produits qui l'accompagnent diffèrent de la dextrine qui reste en dernier lieu : ils sont, comme celle-ci, incristallisables et précipitables par l'alcool; mais ils peuvent donner naissance à du maltose lorsqu'on les soumet à l'action de la diastase. Ils se distinguent d'ailleurs les uns des autres par la manière dont ils se comportent en présence de l'eau iodée, en ce sens qu'ils donnent, avec ce réactif, des colorations différentes.

On a supposé que ces corps étaient des dextrines au même titre que la dextrine envisagée tout d'abord : ils en ont la composition élémentaire et dévient fortement à droite le plan de la lumière polarisée.

On en a fait deux groupes : les *Érythrodextrines* qui sont colorées par l'iode, et les *Achroodextrines* qui ne le sont pas (38).

Pour relier ces faits entre eux, on a émis, sur la saccharification de l'amidon par la diastase, l'hypothèse suivante :

L'amidon ayant pour formule n ($C^{12}H^{20}O^{10}$), l'hydratation se ferait par phases successives, de telle sorte qu'à chaque phase il se séparerait un groupe $C^{12}H^{20}O^{10}$ changé immédiatement en maltose par addition d'une molécule d'eau H^2O, le résidu étant une dextrine de moins en moins condensée : $n-1$ ($C^{12}H^{20}O^{10}$) à la première phase ; $n-2$ ($C^{12}H^{20}O^{10}$ à la deuxième phase, et ainsi de suite jusqu'à la formation d'une dextrine inattaquable par la diastase. Le produit se composerait de quatre cinquièmes de maltose pour un cinquième de dextrine environ.

Cette hypothèse est due à MUSCULUS et GRUBER. BROWN et HERON l'ont d'abord défendue telle que nous venons de l'exposer; ils admettaient la formation successive de 8 dextrines différentes; mais, par la suite, BROWN et MORRIS ont modifié plusieurs fois cette dernière conception.

En dernier lieu (39), donnant à l'amidon la formule 5 [$(C^{12}H^{20}O^{10})^{20}$], ils admettent que la molécule « amidon » est formée de 5 groupes *amylines* ou semblables aux dextrines : quatre d'entre eux étant disposés symétriquement autour du cinquième qui est le plus stable. Le premier effet de la diastase serait de disloquer cette molécule, de telle sorte qu'on aurait :

$$5 [(C^{12}H^{20}O^{10})^{20}] = (C^{12}H^{20}O^{10})^{20} + 4 [(C^{12}H^{20}O^{10})^{20}]$$
$$\text{Amidon.} \qquad \text{Dextrine stable.} \qquad \text{Groupes amylines.}$$

Les quatre groupes amylines subiraient ensuite, et par phases successives, une hydrolyse donnant à chaque phase du maltose et une amyloïne (dextrine) de moins en moins complexe.

D'autres hypothèses ont été faites relativement au processus chimique de la saccharification de l'amidon par la diastase, qu'il est inutile de développer. Peut-être la complexité des phénomènes observés durant cette saccharification trouverait-elle plutôt son explication dans la complexité de l'amidon lui-même. Il paraît, en effet, prouvé que le grain d'amidon n'est pas une espèce chimique unique, mais un produit composé de plusieurs hydrates de carbones de condensation différente (60).

Quoi qu'il en soit, la diastase n'agit pas seulement sur l'amidon; elle saccharifie aussi le glycogène. La réaction paraît différer quelque peu de celle qui a lieu avec l'amidon. En effet, si le produit final est composé de maltose et d'achroodextrine, on ne voit pas apparaître d'érythrodextrine au cours de la saccharification. L'achroodextrine est, elle-même, plus résistante à l'hydrolyse par les acides que celle que donne l'amidon; aussi Miss Tebb (61) lui a-t-elle donné un nom particulier, celui de *dystropodextrine*, nom déjà employé par Seegen pour désigner une dextrine du glycogène : la même, probablement.

Le mode d'action de la diastase animale sur l'empois d'amidon ne diffère pas de celui que nous venons d'étudier. Quant aux produits qui se forment directement dans la plante, sous l'influence de la diastase qu'elle renferme, on en est réduit à des conjectures sur leur nature. Il n'est pas douteux que l'hydrolyse de l'amidon donne toujours naissance finalement à une matière sucrée réductrice, qui est vraisemblablement du dextrose; mais la formation de ce glucose est-elle précédée de celle de maltose qu'un autre ferment dédoublerait ensuite? Y a-t-il en même temps production de dextrine? Il est permis de le supposer; bien que nous ne possédions pas encore de données précises à cet égard.

§ VII. — **Influence des agents physiques et chimiques sur la diastase et sur les réactions qu'elle détermine. — I. Agents physiques.** — L'action des agents physiques, chaleur, lumière, électricité, doit être étudiée à deux points de vue distincts : A, action de ces agents sur la diastase en tant que composé chimique; B, influence des mêmes agents sur les réactions que détermine la diastase.

A. **Action des agents physiques sur la diastase. — 1. Chaleur.** — La diastase en solution aqueuse est détruite à une température voisine de la température de coagulation des matières albuminoïdes. Brown et Heron ont indiqué, comme température de destruction, 76°. Mais, à l'état sec, elle est, ainsi que les autres ferments solubles, beaucoup plus résistante et supporte sans dommage une température de 120 à 125°.

La destruction de la diastase en solution aqueuse par la chaleur ne se produit pas brusquement à 76°, elle s'achève seulement à cette température : déjà, plusieurs degrés au-dessous, la chaleur l'altère de telle sorte qu'elle ne peut plus produire qu'une partie des réactions qu'elle produit lorsqu'elle n'a pas été chauffée. C'est là un fait qui a été observé pour la première fois par C. O. Sullivan (62), et que j'ai étudié, après lui, avec quelques détails.

Voici l'une des séries d'expériences que j'ai relatées dans un travail sur ce sujet (63) :

Un empois a été préparé avec 5 grammes de fécule de pomme de terre pour 300 centimètres cubes d'eau. On en a traité 20 centimètres cubes, d'une part par 5 centimètres cubes d'une solution de diastase à 0gr,5 p. 100, et, d'autre part, par 5 centimètres cubes de cette même solution de diastase préalablement maintenue à 67° pendant douze heures (température des essais : 22 à 23°). Voici, dans le tableau qui suit, la succession des réactions obtenues avec l'eau iodée pendant la première heure : .

TEMPS ÉCOULÉ.	DIASTASE NON CHAUFFÉE (5 C.C.).	DIASTASE CHAUFFÉE A 67° (5 C.C.).
4'	Grains intacts.	Grains intacts.
7'	Id.	Id.
9'	Id.	Grains disparus.
15'	Grains disparus, violacé.	Color. violacé.
24'	Color. lie de vin.	Id.
39'	Id. plus faible.	Id.
49'	Color. brun pâle.	Id.
64'	Color. jaune très faible.	Color. lie de vin.

A partir de la soixante-quatrième minute, le processus s'est continué pour la diastase non chauffée, tandis qu'il n'a pas tardé à s'arrêter pour la diastase chauffée. Dans le premier cas, la réaction étant terminée (au bout de quarante-huit heures), le pouvoir réducteur du produit répondait à celui de 53 centièmes du glucose qu'on aurait pu obtenir par saccharification totale de l'amidon au moyen de l'acide sulfurique étendu. Dans le second cas, le pouvoir réducteur répondait seulement à 30 centièmes 1, et l'addition d'une nouvelle proportion de diastase chauffée à 67° n'a pas accru le pouvoir réducteur.

D'autres essais ont montré que cette sorte d'affaiblissement de la diastase ne se produit qu'à partir d'une température dépassant 63°. On peut en conclure que l'action de la chaleur à des températures inférieures à celle de destruction, mais supérieures à 63°, a pour effet de limiter la réaction à ses premières phases (dans l'hypothèse de Musculus et Gruber) : celles-ci se succédant toutefois aussi rapidement avec la diastase affaiblie qu'avec la diastase naturelle. Comme, d'ailleurs, l'affaiblissement de la diastase est d'autant plus marqué que la température se rapproche plus de la température de destruction, on voit qu'il n'est pas excessif d'admettre que la diastase est composée de plusieurs ferments se détruisant successivement à partir de 63°, à mesure que l'on chauffe davantage. C'est là une conclusion que nous avions fait pressentir au commencement de cet article.

2. *Lumière.* — Green (64) a étudié l'action de la lumière sur la diastase en solution aqueuse. Les sources lumineuses employées étaient soit la lumière solaire directe ou réfléchie, soit celle de l'arc électrique, dont la puissance, dans la plupart des cas, était de 2 000 bougies environ.

Les solutions diastasiques étaient disposées dans des vases de verre, ou, lorsqu'on voulait étudier l'action du spectre total, dans des cellules d'ébonite recouvertes d'une lame de quartz. Dans quelques expériences, la solution était solidifiée par addition d'agar-agar et coulée en plaques minces.

Dans tous les cas, les variations du pouvoir diastasique des solutions soumises à l'action de la lumière étaient évaluées d'après l'action de ces solutions sur de l'empois d'amidon ou sur une solution d'amidon soluble.

Voici les résultats principaux des expériences du physiologiste anglais :

Effet produit par les rayons du spectre total. — Une solution de diastase de malt solidifiée par l'agar-agar et exposée en plaques minces pendant dix à douzes heures à la lumière de l'arc électrique de 2 000 bougies, a montré une diminution du pouvoir diastasique de 78 p. 100, par comparaison avec une plaque identique conservée à l'obscurité.

Une autre expérience, faite avec une solution de diastase de malt contenue dans une cellule d'ébonite recouverte de quartz, a donné une diminution de 58 p. 100.

Avec la salive, le pouvoir diastasique a été réduit de 50 p. 100 ; avec de la diastase retirée des feuilles du *Phaseolus vulgaris*, seulement de 8 p. 100.

Effet de la lumière sur les solutions contenues dans les vases de verre. — On sait que le verre est opaque aux rayons ultra-violets ; en disposant les solutions de diastase à étudier dans des vases de verre, on avait ainsi l'effet produit par le spectre total, moins les rayons ultra-violets.

On a observé dans ces conditions, avec la diastase de malt, une augmentation de 12 p. 100 pour une exposition de trois heures à un arc électrique de 500 bougies et une augmentation de 33 p. 100 après vingt heures d'exposition à un arc électrique de 2 000 bougies.

La lumière solaire agit dans le même sens. On observe d'abord une augmentation ; en prolongeant l'expérience, la diastase diminue et disparaît peu à peu au bout de plusieurs jours. Le résultat est le même avec la diastase de la salive.

Pour Green, l'augmentation du pouvoir diastasique observé dans ces expériences s'explique par la présence, à côté de la diastase, d'un zymogène susceptible d'être converti en enzyme, par les rayons rouges et infra-rouges. Cet enzyme est ensuite détruit par l'action ultérieure du spectre total.

Effet de la lumière sur la diastase des feuilles vivantes. — On a opéré avec les feuilles du *Phaseolus vulgaris*. La moitié du limbe de chaque feuille était recouverte de papier noirci, et on les exposait ensuite à la lumière solaire ou à celle de l'arc électrique. On prélevait ensuite parties égales de tissu éclairé et non éclairé pour l'essai du pouvoir diastasique.

Les résultats ont montré que l'effet du spectre total était destructeur : la lumière solaire étant plus active à ce point de vue que la lumière électrique. Toutefois la diminution observée a été moindre, toutes choses égales d'ailleurs, que dans les solutions diastasiques de salive ou de malt. Il semble donc que la diastase soit protégée dans les feuilles vivantes, et Green pense qu'elle l'est par les substances protéiques qui l'accompagnent. Il a pu constater, en effet, qu'une solution de diastase additionnée d'un peu d'albumine de l'œuf était beaucoup moins sensible à l'action destructive de la lumière : la perte s'abaissait de 60 à 70 p. 100 jusqu'à 15 à 20 p. 100.

3. *Électricité.* — On ne sait rien relativement à l'action de l'électricité sur la diastase.

B. **Influence des agents physiques sur les réactions déterminées par la diastase.** — *Chaleur.* — La diastase commence à exercer son action vers 0°. De cette température, jusqu'à celle de sa destruction, son activité éprouve des variations importantes à connaître Cette activité croît d'abord avec la température, atteint un maximum, puis décroît, jusqu'à s'éteindre lorsqu'on arrive à la température de destruction. La température à laquelle l'activité de la diastase est à son maximum s'appelle la *température optimale.*

L'influence de la température sur l'activité de la diastase du malt a été étudiée surtout par KJELDAHL (65). On a vu que, pendant l'action de la diastase sur l'empois, il se forme du maltose. Pour apprécier l'importance de cette action à une température donnée et dans un temps donné, il suffisait par conséquent de doser le maltose produit, ce qui est possible en s'appuyant sur la propriété qu'il possède de réduire la liqueur cupro-potassique. Dans les recherches de KJELDAHL, ce sucre est dosé comme dextrose ; en d'autres termes, le chimiste danois exprime le travail effectué par la diastase ajoutée à un empois, en donnant la proportion en centièmes de sucre réducteur (calculé comme dextrose) contenu dans la matière sèche que renferme la solution. C'est cette grandeur qui est appelée, pour abréger, *pouvoir réducteur.* Soit, par exemple, un liquide renfermant 3 p. 100 de matière sèche et 1 p. 100 de sucre (dosé comme dextrose), le pouvoir réducteur est 33. Comme on sait d'ailleurs que 2 grammes de dextrose réduisent sensiblement autant que 3 grammes de maltose, il est facile de calculer ce que les chiffres trouvés comme dextrose représentent de maltose.

KJELDAHL a fait agir à différentes températures, pendant quinze minutes, 8 centimètres cubes de macération de malt sur 200 centimètres cubes environ d'empois préparé avec 10 grammes d'amidon. Les résultats de ces recherches sont les suivants :

TEMPÉRATURE.	POUVOIR RÉDUCTEUR.
degrés.	
18,5	17,5
35	30,5
54	41,5
63	42
64	40
66,5	34
68	29
70	18

On voit que la température optimale de la diastase est 63° environ. De la température ordinaire à 63°, l'activité du ferment augmente lentement ; plus haut, elle décroît rapidement. Si l'on représentait ces résultats par une courbe, on aurait une courbe montant d'abord assez lentement, puis descendant presque brusquement. C'est là une propriété de toutes les courbes représentant l'influence de la température sur les actions physiologiques ; cette courbe exprime, dans son allure, les changements qui surviennent par suite de variations de la température, dans l'ensemble des manifestations vitales chez les êtres vivants.

Nous avons dit qu'on pouvait considérer la diastase du malt comme un mélange de deux ferments solubles : diastase de sécrétion et diastase de déplacement ; la première caractérisée surtout par la propriété de fluidifier l'empois, et la seconde par celle de saccharifier l'amidon liquéfié. On a fait quelques essais pour déterminer l'influence de la température sur l'activité de chacun de ces ferments. On a trouvé, pour la température optimale de la diastase de déplacement : 45 à 50°, et pour celle de la diastase de sécrétion : 50 à 55°.

Enfin, on a étudié l'influence de la chaleur sur l'activité des diastases de la salive et du pancréas. On a trouvé comme température optimale des chiffres plus bas que les précédents (38 à 40°). Mais il est bon de faire remarquer, comme on va le voir, que la présence de matières étrangères, même en quantités minimes, peut faire varier beaucoup l'activité de la diastase.

L'influence de la lumière et celle de l'électricité sur l'activité de la diastase n'ont pas encore été étudiées.

II. Agents chimiques. — On devrait également examiner l'action des agents chimiques sur la diastase à un double point de vue : 1° Action sur le ferment lui-même, et 2° Influence sur la réaction produite par la diastase. Mais il n'y a guère que l'influence des agents chimiques sur la réaction diastasique qui ait attiré jusqu'ici l'attention ; c'est cette influence seulement que nous exposerons ici. A cet égard, les agents chimiques peuvent être partagés en quatre groupes ; 1° Acides et sels acides ; 2° Alcalis et sels alcalins ; 3° Sels neutres ; 4° Composés organiques.

Acides et sels acides. — L'influence des acides et des sels acides sur l'activité de la diastase a été beaucoup étudiée. Cela tient à ce que cette question se rattache à celle de savoir si la diastase salivaire continue à agir dans l'estomac, c'est-à-dire dans un milieu acide.

Ces recherches ont porté tantôt sur la diastase de l'orge germé, tantôt sur la salive. Nous allons résumer les travaux les plus récents.

Müller a constaté que l'acide carbonique favorise l'action de la diastase. Si un liquide amylacé dans lequel agit la diastase est saturé de cet acide, l'activité du ferment peut être triplée. Des faits analogues ont été observés également par Baswitz (66) et par Schierbeck (67).

Kjeldahl a établi qu'une très petite quantité d'acide sulfurique (2 milligrammes d'acide pour 100 centimètres cubes) accroît l'activité de la diastase, mais que si l'on dépasse, même de très peu, cette quantité, l'activité du ferment décroît avec une très grande rapidité. Ainsi avec 6 milligrammes d'acide sulfurique p. 100, l'action de la diastase devient presque nulle.

D'autres acides inorganiques : les acides chlorhydrique, azotique, phosphorique, se conduisent comme l'acide sulfurique, avec cette différence toutefois que leur action est plus faible. Les acides organiques, tels que les acides formique, acétique, lactique, butyrique, citrique et salicylique, agissent aussi dans le même sens, mais encore plus faiblement.

En définitive, on peut provoquer de grandes variations dans l'action de la diastase en ajoutant de très petites proportions d'acides. Ces proportions sont même si petites qu'elles sont à peine appréciables à l'aide des réactifs ordinaires. Aussi ces sortes de recherches exigent-elles qu'on prenne des précautions toutes particulières. L'amidon commercial présente presque toujours une faible réaction acide ; la macération de malt (extrait de malt), qui sert souvent comme solution de diastase, est elle-même acide. Si donc on ne neutralise pas exactement ces deux produits, il pourra arriver que les acides auxquels ils doivent leur réaction soient en proportion telle que toute addition ultérieure d'un autre acide nuise à la réaction fermentaire ; et l'on sera porté à conclure à la nocuité absolue de l'acide ainsi ajouté.

L'étude de l'influence des acides sur l'action de certaines solutions de diastase peut être encore rendue plus complexe par le fait que ces solutions sont alcalines. C'est ce qui a lieu précisément pour la salive. Aussi n'y a-t-il pas lieu de s'étonner que l'on ait émis relativement à l'influence des acides sur l'activité de ce liquide physiologique des opinions contradictoires.

Ch. Richet (68) ayant additionné de l'empois d'amidon d'acide chlorhydrique dilué à 2 de HCl p. 1000 c. c., a fait agir sur cet empois une *certaine* quantité de salive. Il a vu que la saccharification de l'amidon était plus rapide, dans ces conditions, que lorsque le liquide était neutre ou légèrement alcalin. Comme la proportion de 2 p. 1000 d'HCl correspond à l'acidité moyenne du suc gastrique, Ch. Richet en conclut que la salive doit agir, au milieu du suc gastrique acide, plus énergiquement que dans la bouche.

L'observation, très exacte pour les conditions dans lesquelles elle a été faite, ne comporte pas une conclusion aussi absolue. Cela ressort des deux séries de recherches suivantes, pour lesquelles j'ai fait varier successivement les proportions d'acide et celles de salive (69).

Dans ces recherches on n'a ajouté l'empois qu'après avoir préalablement mélangé l'acide chlorhydrique dilué avec la salive.

Dans la première série, on a employé 1 centimètre cube de salive et 5 centimètres cubes d'un empois liquide (5 grammes de fécule de pommes de terre pour 300 centimètres cubes). La seule différence entre chaque essai portait sur la proportion d'acide ajouté. Dans tous les cas, le volume était porté à 20 centimètres cubes.

L'examen était fait à la teinture d'iode et au microscope au bout de vingt-quatre et de quarante-huit heures.

EXPÉRIENCES.	HCl par litre.	APRÈS 24 HEURES.	APRÈS 48 HEURES.
	gr.		
1	0	Saccharification complète.	Saccharification complète.
2	2	Pas d'action.	Pas d'action.
3	1	—	—
4	0,5	—	—
5	0,25	—	—
6	0,20	—	—
7	0,10	—	—
8	0,05	Action presque nulle.	Action presque nulle.

Dans l'essai n° 8, l'iode donne une coloration bleue même après quarante-huit heures; mais le microscope montre que les grains de fécule qui n'étaient pas gonflés dans l'empois se sont liquéfiés. Il y a donc eu un commencement d'action.

Dans la seconde série d'expériences, j'ai fait varier la quantité de salive, tout en conservant le même volume de liquide, ainsi que les mêmes proportions d'empois et d'acide chlorhydrique. Ces nouvelles expériences ont été faites comparativement à celles qui portent les numéros 7 et 8 dans la série précédente.

EXPÉRIENCES.	HCl. par litre.	SALIVE ajoutée.	RÉSULTATS	
			Après 24 heures.	Après 48 heures.
		c. c.		
7) a	0,10	1	Pas d'action.	Pas d'action.
(7) b	0,10	2	—	—
(7) c	0,10	3	Action faible.	Action faible.
(8) a	0,05	1	Action presque nulle.	Action presque nulle.
(8) b	0,05	2	Saccharification complète.	Saccharification complète.
(8) c	0,05	3	—	—

Comme on le voit, la présence d'acide chlorhydrique n'a pas empêché l'action de la diastase en (8) b et (8) c. Ces résultats s'expliquent aisément : la salive étant légèrement alcaline, plus on en ajoute, plus on neutralise d'acide chlorhydrique et pour une certaine quantité de salive, l'acide chlorhydrique peut être neutralisé complètement. Dans ces conditions, l'acide n'exerce plus d'influence sur le processus fermentaire.

Ce n'est pas tout. Les alcalis ne sont pas les seules substances qui peuvent empêcher l'action des acides; certaines matières protéiques le font également, comme CHITTENDEN et E. SCHMITH (70) l'ont établi postérieurement aux recherches qui viennent d'être exposées. DANILEWSKI (71) avait montré que les acides s'unissent avec plusieurs matières protéiques pour former des composés acides au tournesol, mais ne donnant pas, avec la tropéoline, la coloration violette qui caractérise les acides libres. CHITTENDEN et SCHMITH ont cherché quelle était, dans la salive, la proportion de ces matières protéiques. Ils ont trouvé, comme moyenne de huit déterminations, que 20 centimètres cubes de salive, neutralisée au tournesol, et filtrée, contenaient des matières protéiques capables de se combiner à 7cc,74 d'acide chlorhydrique à 1 p. 1000. Ces chimistes ont comparé ensuite l'action diastasique : 1° de la salive normale; 2° de la salive neutralisée au tournesol; 3° de la salive dont les matières protéiques étaient saturées d'acide; 4° de la salive renfermant de petites proportions d'acide chlorhydrique libre. Ils ont constaté que la deuxième est plus active que la première; que la troisième est plus active que la deuxième, si la salive est diluée, et que la quatrième peut encore être plus active que les autres, si la salive est plus diluée, mais seulement pour des traces d'acide.

Quand la proportion d'acide libre atteint 0^{gr},03 p. 1000, l'action diastasique de la salive est presque nulle.

Dans leur ensemble, ces résultats concordent avec ceux que KJELDAHL a obtenus avec la diastase de l'orge germé, ainsi qu'avec ceux que j'ai moi-même publiés pour la salive. Ils sont plus complexes que ne paraissait le faire prévoir l'expérience de Ch. RICHET. Il est manifeste que, si les liquides de l'estomac acquièrent une acidité correspondant à 0^{gr},03 p. 1000 d'acide chlorhydrique libre, la diastase de la salive ne pourra pas agir ; elle sera même détruite, étant digérée par la pepsine en milieu physiologique comme je l'ai établi dans des recherches particulières (67). Cependant, durant les premiers temps de la digestion, tant qu'il n'y a pas encore d'acide libre en quantité suffisante, la saccharification commencée dans la bouche pourra se continuer dans l'estomac.

L'influence des sels acides — nous voulons parler non seulement de ceux qui sont acides chimiquement, mais encore de ceux qui agissent sur le tournesol bleu à la façon d'un acide — se rapproche de celle des acides : ces sels sont tous plus ou moins nuisibles à l'action de la diastase. C'est ainsi que, dans les recherches de KJELDAHL, si l'on représente par 100 l'accroissement normal du sucre en l'absence de sels, cet accroissement devient après l'addition de

0 ^{gr}.,10 d'azotate de plomb p. 100.	20
—　　　de sulfate de zinc.	20
—　　　de sulfate de protoxyde de fer	20
—　　　d'alun	2

Alcalis et sels alcalins. — Les bases alcalines arrêtent l'action de la diastase, même à très faible dose (72). DUGGAN (73) a constaté que 0^{gr},02 p. 1000 d'hydrate de soude réduisent l'action de la diastase à 26 p. 100 de ce qu'elle est en milieu neutre.

Les carbonates alcalins sont aussi des paralysants de la diastase. En additionnant 100 centimètres cubes d'empois neutre de 5 milligrammes de carbonate de soude, EFFRONT (74) a pu diminuer le pouvoir diastasique de 20 p. 100 environ.

Les sels à réaction alcaline agissent comme les carbonates alcalins. Les bicarbonates de soude et de potasse sont cependant inactifs.

Sels neutres. — L'action des sels neutres est assez variable, et dépend, à la fois, de leur nature et de leur proportion. Cette action a été étudiée par KJELDAHL. D'après cet expérimentateur, l'augmentation du sucre dans un temps donné, comparée à l'accroissement normal pendant le même temps, devient après l'addition de :

0 ^{gr}.,50　d'arséniate de soude p. 100.	20
—　　　de NaCl p. 100.	90
Liquide saturé de sulfate de chaux.	88

DUCLAUX (75) a trouvé de son côté que le chlorure de calcium à 1 p. 100 diminue de moitié l'activité de la diastase et que le bichlorure de mercure à 1 p. 1000 le rend très faible.

D'après certains auteurs, le chlorure de sodium, à la dose de 0,50 p. 100 produirait un ralentissement notable de l'action diastasique. EFFRONT (74) est arrivé dans ses expériences à des résultats différents : le sel marin commercial qui renferme des impuretés, serait en effet nuisible ; mais il n'en serait pas ainsi avec le sel pur.

Le même expérimentateur a signalé un certain nombre de substances, et parmi elles, divers sels qui accélèrent la marche de la saccharification par la diastase (74). L'action de ces substances a été étudiée par deux méthodes différentes.

1° La diastase a d'abord été mise en contact direct avec différentes doses de réactif, puis ajoutée à l'empois d'amidon.

2° Les réactifs étaient ajoutés directement à l'empois; puis on versait dans le mélange la solution de diastase.

La solution de diastase était une macération aqueuse de malt sec, préparée avec 1 partie de malt pour 40 parties d'eau. L'empois d'amidon avait une densité de 1015. Température de la saccharification : 50°; durée : 1 heure (76).

1 centimètre cube de la solution introduit dans 100 centimètres cubes d'empois a donné :

	MALTOSE p. 100 d'amidon.
Sans addition.	8,63
Avec 0,70 de phosphate d'ammonium $(PO^4H^2AzH^4)$. . .	51,62
— 0,50 de phosphate de calcum $[(PO^4)^2H^4Ca]$. . . .	46,12
— 0,25 alun ammonical	56,30
— 0,25 acétate d'aluminium.	62,40
— 0,25 alun potassique.	54,32

On remarquera le désaccord qui existe, en ce qui concerne l'action de l'alun de potasse, entre les expériences de Kjeldahl et celles d'Effront. Il y a là une explication à chercher, qui est peut être analogue à celle que nous avons donnée à propos des contradictions relativement à l'action des acides sur la salive.

Composés organiques. — Parmi les composés organiques dont l'action sur la diastase a été essayée jusqu'ici, il en est un certain nombre qui se sont montrés à peu près indifférents. Ainsi en est-il du chloroforme, de l'éther, du sulfure de carbone, du thymol, du benzol, qui sont des antiseptiques puissants et qui, comme tels, empêchent le développement des micro-organismes dans les solutions de diastase, sans nuire sensiblement à son action. Les alcaloïdes végétaux, la morphine et la strychnine par exemple, seraient également sans influence marquée. L'alcool, d'après Kjeldahl, à la dose de 10 centimètres cubes p. 100, réduirait déjà considérablement l'intensité de la diastase. L'aldéhyde formique, enfin, serait aussi un paralysant de la diastase.

Un seul composé organique a été indiqué comme accélérant la saccharification diastasique : c'est l'asparagine. Ainsi, d'après Effront, si à 100 centimètres cubes d'empois d'amidon on ajoute 5 centigrammes d'asparagine et 1 centimètre cube de macération de malt (1 partie de malt pour 40 d'eau), on constate qu'il s'est fait, au bout d'une heure, la température étant de 50°, 61,2 parties de maltose pour 100 parties d'amidon au lieu de 8,63 qu'on obtient sans addition. Ce résultat paraît assez net; cependant, lorsque la proportion de macération de malt est très élevée (10 centimètres cubes dans l'expérience ci-dessus), on ne constate plus de différence dans l'analyse après une heure. Cela tient vraisemblablement à ce qu'en cet espace de temps, avec la grande quantité de ferment employé, on arrive à la limite de l'action. L'asparagine étant un accélérant, il est probable que, si l'on faisait l'analyse au bout de peu de temps, on retrouverait des différences analogues.

Bibliographie[1]. — § I. — **1.** Duclaux (E.). *Traité de Microbiologie*, Paris, ii, 1899, 392.

§ II. — **2.** Kirchoff (C.). *Ueber die Zuckerbildung beim Malzen des Getreides, etc.* (*Schweigger's Journal*, xiv, 389, 1815; *Mémoire lu à l'Académie de Saint-Pétersbourg*, 30 novembre 1814). — **3.** D'après Duclaux (*Ouvrage cité*, 472). — **4.** Payen et Persoz. *Mémoire sur la diastase, les principaux produits de sa réaction, etc.* (Ann. de Chim., (2), liii, 73, 1833). — **5.** Kossmann. *Recherches chimiques sur les ferments contenus dans les végétaux* (*Bull. Soc. Chim.*, xxvii, 251, 1877). — **6.** Krauch (*Landwirthsch. Versuchsstat.*, xxiii, 77, 1879; d'après K. Green). — **7.** Baranetsky. *Die Stärkeumbildenden Fermente*, 1878. — **8.** Kjeldahl. *Recherches sur les ferments producteurs du sucre* (*Comptes rendus des tr. du lab. de Carlsberg*, i, 138, 1879). — **9.** Brown et Morris. *On the germination of some of the gramineae.* (*Journ. Chem. Soc.*, 458, 1890). — **10.** Brasse (L.). *Sur la présence de l'amylase dans*

1.   ABRÉVATIONS DES INDICATIONS BIBLIOGRAPHIQUES :

Annalen der Chemie und Pharmacie (de Liebig).	*Lieb. Ann.*
Annales des sciences naturelles (Botanique).	*A. Sc. N. B.*
Annales de l'Institut Pasteur.	*Ann. I. P.*
Berichte der deutschen botanischen Gesellschaft.	*D. Bot. G.*
Berichte der deutschen chemischen Gesellschaft.	*D. Ch. G.*
Bulletin de la Société mycologique de France.	*B. S. Myc.*
Journal de Pharmacie et de Chimie.	*J. Pharm.*
Journal für praktische Chemie.	*J. Pr. Ch.*

Pour les autres abréviations, voir le tableau inscrit en tête du tome I.

les feuilles (*C. R.*, xcix, 878, 1884). — **11.** Green (R.). *On vegetable Ferments* (*Annals of Botany*, vii, 85, 1893). — **12.** Duclaux (E.). *Chimie biologique*, Paris, 1883, 142 et 195. — **13.** Atkinson. *Memoirs of the science department*, Tokia Dalgaku, 1881. — **14.** Büsgen. *Aspergillus Orizæ* (*D. bot. G.*, iii, lxvi, 1885). — **15.** Bourquelot et Hérissey. *Les ferments solubles du Polyporus sulfureus* (*B. S. Myc.*, xi, 235, 1895). — **16.** Grimbert (L.). *Fermentation anaérobie produite par le Bacillus orthobutylicus* (*Thèse de doctorat ès sciences physiques*, Paris, 1893, 55). — **17.** Leuchs. *Ueber die Verzuckerung des Stärkemehls durch Speichel* (*Kastner's Arch. f. d. ges. Naturlehre*, 1831). — **18.** Mialhe. *De la digestion et de l'assimilation des matières sucrées* (*C. R.*, xx, 954, 1845). — **19.** Berzélius (*Lehrbuch*, iii, 218, 1849). — **20.** Bouchardat et Sandras. *Des fonctions du pancréas et de son influence sur la digestion des féculents* (*C. R.*, xx, 1085, 1845). — **21.** Bourquelot (Ém.). *Les phénomènes de la digestion chez les animaux invertébrés* (*Revue scientifique*, (3), v, 785, 1883) ; — **22.** *Recherches sur les phénomènes de la digestion chez les Mollusques Céphalopodes* (*Thèse de doctorat ès sciences naturelles*, Paris, 1885) ; — **23.** *Sur l'identité de la diastase chez les différents êtres vivants* (*B. B.*, (8), ii, 73, 1885). — **24.** Brown et Morris. *On the germination of some of the Gramineae* (*Journ. Chem. Soc. Trans.*, 458, 1890). — **25.** Haberlandt. *Die Kleberschicht des Gras. Endospermes als Diastase ausscheidendes Drüsengewebe* (*D. Bot. G.*, viii, 40). — **26.** Brown et Escomme. *On the depletion of the endosperm of Hordeum vulgare during germination* (*Proc. Roy. Soc.*, lxiii, 3, 1898). — **27.** Van Tieghem (Ph.). *Recherches physiologiques sur la germination* (*Ann. Sc. Nat., Bot.*, xvii, 221, 1873). — **28.** Brown et Morris. *A contribution to the chemistry and physiology of foliage leaves* (*J. Chem. Soc. Trans.*, 1893, 604). — **29.** Prunet (A.). *Sur le mécanisme de la dissolution de l'amidon dans la plante* (*C. R.*, cxv, 751, 1892). — **30.** Green (R.). *On the germination of the Pollen grain and the nutrition of the Pollen tube* (*Phil. Trans.*, Sect. B, clxxxv, 385, 1894).

§ III. — **31.** Lauder Brunton et Mac Fadyen (d'après Reynolds Green). — **32.** Duclaux (E.). *Traité de Microbiologie*, Paris, ii, 84 et 86, 1899). — **33.** Green (R.). *On the Germination of the Pollen grain and the Nutrition of the Pollen tube* (*Phil. Trans.*, B, clxxxv, 385, 1894). — **34.** Brown et Morris. *Researches on the germination of some of the Gramineae* (*Journ. chem. Soc. Trans.*, lviii, 458, 1890). — **35.** Petit (P.). *Variations des matières sucrées pendant la germination de l'orge* (*C. R.*, cxx, 687, 1895). — **36.** Brown et Morris. *A contribution to the chemistry and physiology of foliage leases* (*Journ. chem. Soc., Trans.*, lxiii, 604, 1893). — **37.** Bourquelot (Ém.). *Recherches sur les phénomènes de la digestion chez les Céphalopodes* (*Thèse, Paris*, 1885, 31). — **38.** Vassilief (*Archives de l'Institut de médecine expérimentale de Saint-Pétersbourg*, iii, d'après Duclaux, *Traité de Microbiologie*, ii, Paris, 1899, 91).

§ IV. — **39.** Lintner (C. J.). *Studien über Diastase* (*J. Pr. Ch.*, xxxiv, 378, 1886). — **40.** Cohnheim (J.). *Zur Kenntniss der Zuckerbildenden Fermente* (*A. A. P.*, xxviii, 241, 1863). — **41.** Brücke (Ern.). *Beiträge zur Lehre von der Verdauung* (*Wien: Ak. Sitz.*, xliii, Abth. 2, 601, 1861). — **42.** Wroblevski (A.). *Ueber die chemische Beschaffenheit der Diastase, etc.* (*Z. p. C.*, xxiv, 173, 1898).

§ V. — **43.** Jacobson (J.). *Untersuchungen über die lösliche Fermente* (*Z. p. C.*, xvi, 340, 1892). — **44.** Bourquelot (Ém.). *Remarques sur les matières oxydantes des plantes vasculaires* (*J. Pharm.*, (6), ix, 390, 1899). — **45.** Zulkowski (K.). *Ueber die chemische Zusammensetzung der Diastase und der Rübengallerte* (*Sitzb. d. Wien. Ak.*, lxxvii, Abth. 2, 647, 1878). — **46.** Krauch. *Beiträge zur Kenntniss der ungef. Fermente im Pflanzenreich* (*Landw. Versuchsstat.*, xxxiii, 77, 1879). — **47.** Jegorow (I. W.). *Ueber Weizendiastase* (*Journ. d. russ. chem. Gesellsch.*, xxv, 80, 1893). — **48.** Osborne (Thomas). *Die chemische Natur der Diastase* (*D. Ch. G.*, xxxi, 254, 1898). — **49.** Hüfner (G.). *Untersuchungen über « ungeformte Fermente »* *und ihre Wirkungen* (*J. Pr. Ch.* (*N. Folge*), v, 372, 1872). — **50.** Brown et Heron. *Beiträge zur Geschichte der Stärke und den Verwandlungen derselben* (*Lieb. Ann.*, cic, 165). — **51.** Loew (O.). *Ueber die chemische Natur der ungeformten Fermente* (*A. Pf.*, xxvii, 203, 1882). — **52.** Hirschfeld (E.). *Ueber die chemische Natur der vegetabilischen Diastase* (*Ibid.*, xxxix, 499, 1886). — **53.** Griessmayer (V.). *Die Proteide der Getreidearten*, 149, Heidelberg, 1897. — **54.** Wroblevski (A.). *Ueber die chemische Beschaffenheit der amylolytischen Fermente* (*D. Ch. G.*, xxxi, 1130, 1898).

§ VI. — **55.** Guérin Varry. *Mém. concernant l'action de la diastase sur l'amidon de pomme de terre* (*Ann. ch. phys.*, lx, 31, 1835). — **56.** Baranetsky (J.). *Die stärkeumbildenden*

Fermente in den Pflanzen, Leipzig, 1878. — **57.** Brown et Heron. *Beiträge zur Geschichte der Stärke und den Verwandlungen derselben* (*Lieb. Ann.*, CIC, 165, 1879). — **58.** Brücke. *Studien über die Kohlenhydrate, etc.* (*Wien. Ak. Sitz.*, LXV, Abth. 3, 126, 1872). — **59.** Brown et Morris. *The amylodextrin of W. Nägeli and its relation to soluble starch* (*Journ. Chem. Soc.*, LV, 449, 1889). — **60.** Bourquelot (Ém.). *Sur la composition du grain d'amidon* (*C. R.*, CIV, 167, 1887). — **61.** Tebb (Miss). *Hydrolysis of glycogen* (*J. P.*, XXII, 423, 1898).

§ VII. — **62.** O'Sullivan (C.). *Action de l'extrait de malt sur l'amidon* (*Mon. scientifique*, (3), VI, 1218, 1876) — **63.** Bourquelot (Ém.). *Sur les caractères de l'affaiblissement éprouvé par la diastase sous l'action de la chaleur* (*Ann. I. P.*, 1887, 336). — **64.** Green (J. Reynolds). *On the Action of Light on Diastase, etc.* (*Phil. Trans. of the roy. Soc. of London*, (13), CLXXXVIII, 167, 1897). — **65.** Kjeldahl (J.). *Recherches sur les ferments producteurs du sucre* (*Meidd. fra. Carlsberg Lab.*, I, 121, 1879 ; *résumé français*). — **66.** Baswitz (M.). *Zur Kenntniss der Diastase* (*D. Ch. G.*, XI, 1443, 1878). — **67.** Schierbeck (*Skand. Arch. f. Phys.*; d'après Duclaux). — **68.** Richet (Ch.). *Du suc gastrique chez l'homme et les animaux* (Thèse, Paris, 1878, 116). — **69.** Bourquelot (Ém.). *Sur les caractères pouvant servir à distinguer la pepsine de la trypsine* (*J. Pharm.*, (5), X, 177, 1884). — **70.** Chittenden et Smith. *The diastatic action of saliva, as modified by various conditions studied quantitatively* (*Chemical News*, LIII, 109, 1886). — **71.** Danilewski (Al.) (*C. W.*, 1880; d'après Chittenden et Smith). — **72.** Bouchardat. *Sur la fermentation saccharine ou glucosique* (*A. C.*, (3), XIV, 61, 1845). — **73.** Duggan (J. R.). *Ueber die Bestimmung diastatischer Wirkung* (*D. Ch. G.*, 1886; Ref., 104: tiré de *Amer. Chem. Journ.*, VII, 306). — **74.** Effront (J.). *Sur les conditions chimiques de l'action des diastases* (*C. R.*, CXV, 1324 et *B. S. Ch.*, 1893, 151). — **75.** Duclaux (E.). *Chimie biologique*, Paris, 1883, 183. — **76.** Effront (J.). *Les Enzymes et leurs applications*, Paris, 1899, 141.

EM. BOURQUELOT.

DIASTOLE. — Voyez Cœur.

DIGESTION (*Digestio*, de *digerere*, de *di* indiquant dispersion et *gerere* porter). — Fonction caractérisée par la dissolution et la liquéfaction des aliments venus du dehors, avec absorption des substances dissoutes et liquéfiées, suivies de la déjection des résidus (*Dictionnaire de* Littré et Robin).

En raison des difficultés que l'on éprouve à définir correctement les termes employés dans les sciences biologiques, nous ne chercherons pas à parfaire la définition précédente. Ce n'est pas qu'elle soit à l'abri de toute critique; elle contient à la fois trop et trop peu. L'absorption des substances dissoutes et liquéfiées est un acte qui peut être distingué de celui de la digestion proprement dite, quoique, à la vérité, il lui soit intimement uni à l'état physiologique : la liquéfaction des aliments, opérée *in vitro* dans un vase inerte au moyen des sucs digestifs, n'est-elle pas une digestion dans toute l'acception du mot? Les termes de dissolution et liquéfaction des aliments sont convenablement choisis; mais il semble que pour leur donner toute leur valeur, il faille leur adjoindre une autre expression indiquant les moyens mis en œuvre par l'organisme pour arriver au résultat indiqué; cette transformation des aliments est opérée en effet par différentes diastases, et l'idée de digestion est inséparable de l'idée d'action diastasique. La digestion est une fermentation. Les termes dissolution et liquéfaction ne paraissent pas, non plus, assez explicites à eux seuls pour caractériser le résultat de cette fermentation; du moins il est nécessaire qu'ils éveillent non seulement l'idée d'une modification physico-chimique grossière de l'aliment, mais encore celle d'un changement moléculaire profond rendant utilisable par l'organisme une substance qui ne l'était point sous son état primitif. Ce changement d'état, en effet, n'est pas seulement destiné à rendre absorbables des matières qui, sans cela, ne seraient que peu ou point résorbées, mais il est de plus indispensable à l'acte de l'assimilation. On connaît l'expérience classique de Schiff : après injection intraveineuse d'une solution aqueuse de sucre de canne et de blanc d'œuf chez un animal, on retrouve le sucre de canne et l'albumine dans l'urine; mais, si l'on injecte ces substances après leur avoir fait subir une digestion artificielle, elles ne passent plus dans l'urine, lorsque du moins la quantité injectée ne dépasse pas une certaine limite. L'albumine d'œuf, la saccharose qui, sont des aliments, ne sont donc pas directement utilisables par les tissus; pour qu'ils deviennent *assimilables*, ils faut qu'ils subissent préalablement l'action des sucs digestifs. Suivant l'expression de Schiff, la digestion transforme donc l'aliment en *nutriment*; elle apparaît ainsi comme un acte préparatoire à la nutrition. Cette notion est générale; elle s'applique aux animaux comme aux végétaux; mais il faut pour cela lui donner la plus large compréhension, en envisageant la digestion comme une propriété élémentaire des tissus, et non pas seulement comme une fonction dévolue à un appareil spécial. Si, en effet, on se plaçait au point de vue restreint de la digestion dans le tube digestif, la proposition précédente n'aurait plus la portée générale qu'elle doit conserver. Ainsi la peptone ne constitue point le terme extrême des transformations que doit subir l'albumine pour devenir nutriment; ce n'est point sous cette forme que les tissus l'utilisent; l'action d'un suc digestif sur l'aliment n'est point tout; il s'y ajoute encore une action cellulaire sur le produit absorbé. L'aliment ne devient donc en réalité nutriment qu'après avoir subi toute une série de modifications chimiques; les premières de ces modifications ont lieu extérieurement à l'organisme dans la cavité digestive sous l'influence des sucs qui y sont sécrétés : elles représentent ce qu'on nomme digestion dans le langage courant; les autres ont pour théâtre le protoplasma cellulaire, elles sont intérieures à l'organisme : on les étudie d'habitude avec les autres phénomènes intimes de la nutrition. Au fond, ce n'est qu'artificiellement et pour les besoins d'une classification des phénomènes physiologiques que l'on fixe une limite anatomique à l'acte digestif : la digestion est partout où il y a tranformation des matières par l'action des diastases. C'est par une véritable digestion que les animaux et les végétaux transforment les matières de réserve accumulées dans leurs tissus : la saccharification de l'amidon par l'amylase, l'interversion de la saccharose par la sucrase, au moment de la floraison et de la fructification d'une plante, représentent de véritables actes digestifs.

Tel est donc le sens large du terme digestion. Faut-il lui donner une telle extension dans cet article? Nous ne le pensons pas. Les articles **Nutrition, Ferments** doivent conserver leur autonomie, et ce serait empiéter sur leur domaine que de comprendre en une seule synthèse tous les actes nutritifs. Il suffira donc d'avoir indiqué une vue générale; et nous nous bornerons à analyser les premières modifications des substances alimentaires que l'on comprend dans le langage ordinaire sous le titre de digestion, c'est-à-dire celles qui sont extérieures à l'organisme : nous arrêterons notre étude au stade absorption. Ce n'est pas, toutefois, que nous songions à restreindre la notion de digestion aux êtres pourvus d'un appareil digestif différencié. La digestion n'implique pas forcément l'existence d'un tel appareil; les végétaux et les animaux inférieurs n'ont pas de tube digestif, mais la fonction de digestion ne manque pas chez eux pour cela. Chez tous les animaux les plus inférieurs, la digestion est intracellulaire. Cette digestion intra-cellulaire ne doit point nous échapper; en effet, comme nous le verrons, bien qu'elle s'opère dans la cellule, elle est en réalité extérieure au protoplasma.

Voici, du reste, la façon dont nous avons compris la rédaction de cet article et le plan que nous comptons suivre dans notre exposition.

Les différents temps qui composent l'acte digestif des animaux supérieurs devant être analysés dans autant d'articles distincts (Salive, Estomac, Pancréas, etc.), ce serait une superfétation que d'en fournir une sorte de résumé sous le titre de digestion. L'article **Digestion**, dans ce Dictionnaire, doit être un chapitre de généralisation; pour atteindre ce but, nous avons pensé que le mieux était de passer en revue l'acte digestif dans toute la série des êtres vivants pour en rechercher les analogies et les différences; de faire, en un mot, la physiologie comparée de la digestion. Les articles **Digestion** que l'on trouve dans les deux dictionnaires de médecine (*Dict. encyclop. des Sc. médic.* et *Dict. de méd. et chir. pratiques*) sont conçus dans un esprit tout à fait différent : l'un, celui de P. Bert, représente surtout une analyse rapide de la digestion chez les animaux supérieurs; l'autre, celui de Carlet, ne contient guère que l'anatomie comparée du tube digestif dans la série animale. Il est possible aujourd'hui de donner à ce chapitre une autre forme, grâce aux nombreux travaux qui ont été faits sur la physiologie comparée de la digestion, dans toutes les classes d'animaux, et même chez les végétaux. Après avoir tracé brièvement l'histoire des progrès de la physiologie dans l'étude de la digestion et donné un aperçu sur la morphologie de l'appareil digestif, nous rappellerons d'une manière succincte les phénomènes essentiels qui caractérisent cette fonction chez les animaux supérieurs, puis nous reprendrons l'analyse des actes digestifs dans toute la série animale, en commençant par les protozoaires ; un dernier paragraphe concernera la fonction digestive des végétaux. Nous laisserons de côté à peu près complètement la partie mécanique des phénomènes digestifs, pour porter toute notre attention sur les phénomènes chimiques qui, à eux seuls, suffisent, pour caractériser la fonction. La digestion est en effet, avant tout, une opération chimique ; tout ce qu'elle comporte de mécanique sera du reste suffisamment indiqué dans divers articles spéciaux de ce Dictionnaire (par exemple, **Préhension, Mastication**, etc.).

Historique. — L'histoire des progrès accomplis dans cette partie de la physiologie peut être divisée en trois périodes. La première s'étend depuis l'antiquité jusqu'à Réaumur (1683) et comprend ce long espace de temps pendant lequel on n'expérimentait guère. La seconde, ou phase de transition, correspond aux premières tentatives expérimentales de Réaumur et Spallanzani. On peut faire débuter la troisième, ou période moderne, aux travaux de Tiedemann et Gmelin (1823). Grâce à l'introduction des méthodes de la chimie dans l'analyse des phénomènes physiologiques et à la conception de plus en plus précise des phénomènes de fermentation, l'étude de la digestion accomplit alors des progrès considérables.

Première période. — Nous pouvons être brefs sur les premières théories physiologiques de la digestion. Les médecins de l'antiquité se bornaient [à comparer la digestion à un autre phénomène physique plus simple. Hippocrate en faisait une cuisson ou *coction* (πεψις) des aliments sous l'influence de la chaleur de l'estomac. La même idée se retrouve dans Galien ; toutefois il semble que, pour ce dernier, le mot coction avait un sens plus complexe : les aliments subissaient d'après lui une série de coctions successives, d'abord dans l'estomac, puis dans l'intestin, enfin dans le foie, et se rapprochaient ainsi de plus en plus de la nature du liquide sanguin. Cette théorie de Galien apparaît plus tard sous le nom d'*élixation* (*elixare*, cuire) et se trouve ainsi accréditée chez la plupart des savants du moyen âge, notamment Michel Servet. Même au commencement du siècle dernier, cette conception subsiste encore, et l'on voit Drake comparer l'estomac à la machine de Papin. La théorie de la putréfaction, attribuée à Plistonicus, disciple de Praxagore, eut aussi de nombreux adeptes ; on la retrouve jusqu'à une époque relativement récente ; par exemple Cheselden l'adopta dans son traité d'anatomie (1763) ; la digestion était comparée aux phénomènes de décomposition qu'éprouvent les matières organiques exposées à l'action de l'air, de l'humidité et de la chaleur. Il semble aussi qu'Asclépiade, médecin de Cicéron, ait eu l'idée d'une dissolution chimique des aliments. Enfin la théorie de la *fermentation* digestive des aliments paraît avoir été imaginée par Van Helmont vers le milieu du XVIIe siècle ; elle compte beaucoup de partisans, Sylvius, Willis, Boyle, Lower, Macbride [1]. Le mot fermentation cachait un sens assez mal déterminé ; toutefois on attribuait les modifications que subissent les aliments dans l'estomac à la présence d'un *levain*. Van Helmont accompagna sa théorie d'une série de conceptions plus ou moins bizarres ; à côté de ces défauts, dit Cl. Bernard, il avait l'esprit d'un véritable expérimentateur et il essaya d'expérimenter sur la digestion en se procurant par régurgitation les matières qui avaient séjourné dans l'estomac. A la même époque aussi, certains auteurs attribuaient la dissolution des aliments à un *suc gastrique*. Mais l'existence de ce suc n'était point démontrée ; c'était seulement, comme le dit Milne-Edwards, un être de raison. Aussi Cureau de Lachambre pouvait-il soutenir que la transformation des aliments était effectuée non par une humeur aqueuse ou acide, mais par des esprits dissolvants.

A côté de ces théories chimiques, florissaient d'autres théories antagonistes qui attribuaient seulement à des actions mécaniques de division, de broyage les résultats de la digestion. Erasistrate, sur l'observation des contractions de l'estomac en digestion, établit cette théorie mécanique qui fut soutenue plus tard par toute une école de physiologistes dits *iatro-mécaniciens*, Borelli (1608), Boerhaave (1668), etc.

---

1. Voyez pour les indications bibliographiques Milne-Edwards, *Anatomie et physiologie comparées*, v, 251 et Cl. Bernard, *Leçons sur les phénomènes de la vie*, ii, 260.

Il est intéressant de peser aujourd'hui la valeur de ces différentes théories à un point de vue philosophique et à la lumière des données de la science contemporaine. On peut trouver en effet dans chacune d'elles une semence de vérité. Sans doute l'assimilation des opérations digestives à une coction n'est pas soutenable, en tant qu'on envisage seulement les moyens mis en œuvre par les organismes. Comme le fit observer HALLER, dans ses *Elementa physiologiæ*, chez la plupart des animaux, la digestion ne se produit-elle pas à une température qui ne dépasse pas sensiblement celle du milieu ambiant? Mais, si l'on a en vue dans cette comparaison le résultat des opérations digestives, la théorie cesse d'être absurde. Ainsi la cuisson prolongée des albuminoïdes en vase clos a fourni des corps semblables aux peptones. La théorie de la putréfaction ne contient-elle pas aussi une part de vérité? Sans compter qu'il se passe certainement dans l'intestin des processus de putréfaction véritables sous l'influence de certaines bactéries, ne savons-nous pas maintenant que la putréfaction est de l'ordre des fermentations? Quant à la théorie de la fermentation, elle contient la conception moderne de la digestion. Sans doute le mot de fermentation n'avait alors qu'un sens obscur et vague, et il y a loin de l'idée que s'en faisait VAN HELMONT à celle que nous nous en formons aujourd'hui. Pourtant il faut bien reconnaître que le simple rapprochement entre les phénomènes digestifs et ceux qui sont produits par le ferment désigné sous le nom de *levure*, atteignait le fond même du problème, encore que le terme de levure ne s'appliquât point à une matière physiquement ou chimiquement déterminée. Aujourd'hui, la nature de ce que nous nommons ferment soluble n'est-elle pas tout aussi obscure? Enfin la théorie mécanique de la digestion renfermait aussi plus d'un fait important; mais l'exclusivisme et l'exagération de ses partisans ne pouvaient que la discréditer. BORELLI et BOERHAAVE dotaient l'estomac d'une puissance musculaire extraordinairement grande, et PITCAIRN (de Rotterdam) évaluait la force triturante de cet organe à 12 951 livres!

Deuxième période. — L'absence de toute expérimentation rendait les théories précédentes absolument vaines, et, quoique certains physiologistes eussent deviné assez juste, comme GREW, cité par MILNE-EDWARDS, il est certain que la plus grande obscurité régnait dans les esprits, ainsi qu'on peut s'en assurer en lisant l'exposé de l'état de la question dans les *Elementa physiologiæ* de HALLER.

RÉAUMUR (1683-1757) ouvre la voie expérimentale. Avant lui cependant les physiciens de l'académie *del Cimento* de Florence avaient reconnu que des corps mêmes, très durs, introduits dans le gésier des oiseaux peuvent être tordus, broyés. Un des membres de cette académie, REDI, avait aussi déterminé la perte de poids que subissaient divers corps dans l'intérieur de l'estomac chez des oiseaux de basse-cour et une autruche. Mais toutes ces expériences établissaient seulement la force triturante du gésier des oiseaux et ne démontraient pas clairement une action chimique. C'est donc bien RÉAUMUR qui eut le mérite d'établir cette dernière notion. Il fit avaler à des oiseaux des aliments contenus dans des tubes métalliques percés de trous, de façon à permettre aux sucs digestifs d'y pénétrer, tout en écartant l'action mécanique du viscère. Il put reconnaître de la sorte, en retirant les tubes au bout d'un séjour plus ou moins long dans la cavité stomacale, que certains aliments comme la viande étaient dissous, et n'avaient donc pas besoin pour cela d'être triturés; mais qu'il en était tout autrement des graines, pour lesquelles par conséquent un broyage préalable semblait nécessaire. RÉAUMUR n'opéra pas seulement sur les oiseaux granivores à estomac musculeux, mais aussi sur des oiseaux de proie à estomac membraneux, en mettant à profit la propriété singulière que possèdent ces animaux de pouvoir vomir au bout d'un certain temps les substances indigestes qu'ils ont avalées; il put ainsi faire de nombreuses expériences sur un même animal au moyen de ses tubes métalliques, et se convaincre que la viande est dans l'estomac complètement dissoute par un processus chimique. Il eut alors l'idée d'opérer le phénomène *in vitro*, mais il échoua, parce qu'il n'arriva pas à se procurer une assez grande quantité de suc stomacal.

Les expériences de RÉAUMUR furent répétées et confirmées sur l'homme par un médecin écossais, STEVENS (1777). Un bateleur, possédant la faculté de rejeter par la bouche des cailloux qu'il avait avalés, lui servit de sujet d'étude. Il fit aussi des expériences sur des chiens.

Malgré toutes ces expériences remarquables, la théorie chimique de la digestion ne s'imposait pas encore avec assez de force pour couper court aux interprétations vitalistes ; beaucoup de physiologistes tenaient obstinément pour une action vitale, une force nerveuse exercée par l'estomac. Il fallait donc, pour édifier complètement la théorie, réaliser des digestions artificielles en vase clos. C'est à SPALLANZANI que revient l'honneur de cette démonstration. Dans un célèbre mémoire publié à Genève en 1783 [1], il raconte en détail, et dans un style des plus attachants, toute la série des expériences qu'il entreprit sur la digestion stomacale. Il constata que la digestion s'opère encore dans l'estomac d'un animal mort, et que le suc gastrique est l'agent chimique de dissolution des aliments. En exprimant des éponges qu'il avait fait avaler à des animaux, il obtint un suc qu'il fit agir ensuite en vase inerte sur divers aliments. Il reconnut qu'une certaine chaleur active cette digestion artificielle, que le suc gastrique est imputrescible et enraye même les processus de la putréfaction, etc. Mais la quantité de suc gastrique dont il disposa ne lui permit pas de fixer d'une façon convenable la constitution de ce liquide. Aussi certains physiologistes, comme CHAUSSIER, DUMAS, en arrivèrent-ils à prétendre que le suc gastrique n'a pas de caractères fixes, mais varie avec la nature des aliments. Un autre auteur, JANIN de MONTÈGRE, dans une communication à l'Académie des sciences en 1812, considérait même le suc gastrique comme un produit d'acidification de la salive.

Troisième période. — C'est au milieu de cette confusion que parurent deux mémoires remarquables, celui de TIEDEMANN et GMELIN, et celui de LEURET et LASSAIGNE, provoqués par la mise au concours du sujet par l'Académie des sciences en 1823. Ces expérimentateurs se procurèrent du suc gastrique en sacrifiant les animaux après une ingestion de corps inattaquables comme des cailloux, et ils purent ainsi répéter les expériences de digestions artificielles de SPALLANZANI. De plus ils étendirent leurs investigations aux autres liquides digestifs, au suc pancréatique.

En 1833, un chirurgien américain, W. BEAUMONT, publia son fameux cas de fistule stomacale observé chez un chasseur canadien et les nombreuses observations qu'il put faire sur les conditions de la sécrétion gastrique chez cet individu. Alors on voit intervenir la vivisection. Un médecin russe, BASSOW, d'une part, et, d'autre part, BLONDLOT (de Nancy), à peu près à la même époque, en 1843, établirent des fistules stomacales chez les animaux.

D'un autre côté, en 1834, EBERLÉ (de Wurtzbourg) eut une ingénieuse idée en fabriquant un liquide digestif artificiel par infusion d'un lambeau de muqueuse stomacale dans de l'eau acidulée : idée féconde aussi par ses conséquences ; c'est en effet dans un tel liquide de macération que WASMANN put, en 1839, isoler la pepsine ou principe actif du suc gastrique, soupçonné par SCHWANN.

BIDDER et SCHMIDT, en 1852, publièrent à Leipzig un travail très étendu sur la digestion. De même que TIEDEMANN et GMELIN, ils n'étudièrent pas seulement la digestion stomacale, mais ils montrèrent aussi que la digestion est une fonction complexe pour laquelle un grand nombre de produits de sécrétion interviennent.

Il est clair que dès lors la vraie théorie, la théorie chimique de la digestion, est établie. Poursuivre cet historique ne présenterait plus un grand intérêt, parce que les travaux modernes se trouvent à chaque instant sous la plume des auteurs qui écrivent sur la digestion. Personne n'ignore les travaux de SCHIFF et de CL. BERNARD. Remarquons cependant le progrès considérable réalisé par les expériences de CL. BERNARD sur le pancréas. A la vérité ce physiologiste eut de nombreux prédécesseurs dans cette étude. S'il est douteux que REGNIER DE GRAAF, qui exécuta la première fistule du canal de WIRSUNG, ait jamais obtenu du suc pancréatique, nous devons reconnaître que les caractères de ce suc avaient été en partie fixés par les travaux de TIEDEMANN et GMELIN, de LEURET et LASSAIGNE, de MAGENDIE ; sans doute aussi l'action saccharifiante du suc pancréatique avait été vue par VALENTIN (1844), son pouvoir émulsif sur les graisses par EBERLÉ, son action peptique par CORVISART. CL. BERNARD consacra définitivement ces données (*Mémoire sur le pancréas*, 1858) ; de plus avec BERTHELOT il établit l'action saponifiante du suc pancréatique ; enfin, par de nombreuses expériences de destruction du pancréas sur

---

1. SPALLANZANI. *Expériences sur la digestion*, trad. par SÉNEBIER, Genève, 1784, et aussi *les Maîtres de la science*, bibliothèque rétrospective publiée sous la direction de CH. RICHET, Paris, Masson, 1893, in-16.

l'animal vivant, il montra clairement l'importance de cette glande dans les phénomènes digestifs.

L'étude de l'action des autres sucs digestifs ne fut pas non plus négligée. L'action saccharifiante de la salive fut signalée par Leuchs en 1831. Pour élucider le rôle de la bile on analysa les troubles digestifs produits par la fistule biliaire (opération imaginée par Schwann en 1844). On fit aussi des fistules intestinales (Thiry) pour recueillir le produit de sécrétion des glandes intestinales et rechercher son action digestive. Cl. Bernard découvrit le pouvoir inversif du suc intestinal sur le sucre de canne.

Enfin, lorsque les découvertes de Pasteur apprirent quel rôle jouent les microorganismes dans les phénomènes de fermentation, la physiologie de la digestion fit de nouveaux progrès; on rechercha la part que prennent les microbes aux processus digestifs.

D'un autre côté, dans ces dernières années, on a commencé l'étude de la physiologie comparée de la digestion. Une riche moisson de faits est venue récompenser le zèle des expérimentateurs. Bornons-nous à signaler, parce que nous aurons à les analyser longuement dans le courant de cet article, les travaux de Metchnikoff sur la digestion intra-cellulaire des protozoaires et des métazoaires inférieurs, ceux de Hoppe Seyler, de Krukenberg, de F. Plateau, de Léon Fredericq, de Bourquelot, etc., sur la digestion chez les invertébrés.

II. Aperçu sur la constitution de l'appareil digestif et son perfectionnement dans la série animale. — La digestion consistant essentiellement en une dissolution des aliments à l'aide de liquides fournis par l'organisme, la forme la plus simple que l'on puisse imaginer pour un appareil destiné à cette fonction serait celle d'un réservoir ou poche, dont l'orifice de communication avec l'extérieur se dilaterait pour laisser passer les aliments ou leurs résidus, mais demeurerait clos pendant la durée du travail digestif, afin de conserver les sucs sécrétés et le produit de leur action fermentaire. Un appareil d'une telle simplicité se montre chez les animaux les moins perfectionnés, les zoophytes; il consiste en effet en une cavité creusée dans le parenchyme du corps, et communiquant avec l'extérieur par un seul orifice servant à la fois de bouche et d'anus; cette cavité représente de plus le système circulatoire; elle sert aussi parfois à la respiration et loge encore chez certains animaux (Coralliaires) les organes reproducteurs. Mais la tendance à la division du travail fait que cette organisation si simple ne se rencontre pas chez les animaux plus élevés; un premier perfectionnement consiste dans l'ouverture de la cavité digestive au dehors par deux orifices opposés, dont l'un sert à l'entrée des aliments, (bouche) et l'autre livre passage au résidu de l'acte digestif (anus). La cavité digestive perd la forme primitive d'une poche, et affecte celle d'un tube plus ou moins renflé vers le milieu et plus ou moins contourné. De plus, ce tube acquiert une paroi propre distincte de la masse générale du corps; en s'isolant des tissus d'alentour, il devient libre et ne demeure plus que suspendu plus ou moins lâchement par un repli (*mésentère*) dans la cavité générale du corps. La paroi du tube est essentiellement formée par une membrane, dite muqueuse, chargée de sécréter les liquides digestifs; les cellules qui la tapissent jouissent aussi tout d'abord de la faculté d'imprimer le mouvement de progression à la masse alimentaire par leurs cils vibratiles; mais, chez les animaux les plus élevés, ce mouvement, qui doit être plus énergique, est donné par une tunique musculaire dont les parois du tube digestif se recouvrent extérieurement à la muqueuse. Le tissu connectif qui tapisse en dehors le tube intestinal se modifie corrélativement; quand les mouvements deviennent étendus, il se transforme en une membrane lisse séreuse. La propriété d'élaborer les liquides digestifs n'est d'abord localisée à aucune partie déterminée du tube digestif; mais la division du travail entraîne aussi une spécialisation dans les fonctions de l'épithélium de la muqueuse; de plus la fonction sécrétoire ne reste pas localisée à cet épithélium; elle s'étend à des organes qui en dérivent et qui se séparent plus ou moins de la paroi du tube digestif : ce sont les *glandes*. Enfin l'acte mécanique lié à la fonction digestive se complique de plus en plus; la bouche, qui n'est primitivement qu'un orifice contractile, s'arme de différents appareils de préhension, de mastication, etc. Un coup d'œil jeté sur la constitution du tube digestif chez quelques types zoologiques va nous permettre de juger des perfectionnements qu'il acquiert dans la série animale.

Protozoaires. — Les protozoaires n'ont pas d'appareil digestif; la digestion se fait chez eux suivant le mode dit intra-cellulaire que nous étudierons plus loin. Le seul organe différencié qui apparaisse chez quelques-uns d'entre eux, consiste dans une dépression d'un point de leur surface protoplasmique ou *bouche*, dont le pourtour est ordinairement garni d'appareils vibratiles.

Célentérés. — Ces animaux sont caractérisés par la grande simplicité de leur appareil de nutrition, lequel consiste en une cavité creusée dans le parenchyme du corps. Cette cavité digestive qui se divise en canaux, qui conduisent à des espaces plus grands, représente en même temps la cavité du corps; ce dernier n'offre pas d'autres parties creuses. Si plusieurs individus sont associés en colonies, le système des canaux auquels aboutissent les cavités digestives est commun à tous les individus et se continue dans le *cœnenchyme*, c'est-à-dire dans la substance commune de la colonie. La cavité digestive communique avec l'extérieur par un seul orifice; le produit de la digestion ou chyme mélangé d'eau représente en même temps le liquide nourricier; il est distribué dans le corps par le système de canaux ou cavités en connexion immédiate avec la cavité digestive. Aussi l'appareil digestif des célentérés est-il désigné souvent sous le nom de *système gastro-vasculaire.*

Vers. — Beaucoup de vers parasites (*Cestodes*) n'ont pas de tube digestif. Ils trouvent, en effet, dans le corps de leur hôte des matériaux nutritifs tout préparés pour l'absorption. La première ébauche du tube intestinal chez les vers rappelant l'organisation si rudimentaire des célentérés, consiste en un cœcum simple ou ramifié qui ne s'ouvre à l'extérieur que par un seul orifice. Cette disposition est la règle chez les *Trématodes;* elle domine aussi chez les *Turbellariés.* Chez les vers plus élevés (nématodes, rotifères, annélides, etc.), l'appareil digestif se différencie en plusieurs segments ayant des fonctions distinctes : intestins antérieur, moyen et terminal. L'intestin antérieur acquiert des appareils accessoires servant à la prise de la nourriture ; l'intestin moyen présente des dilatations ampullaires (estomacs des sangsues par ex.) ou des cœcums ramifiés (aphrodite). L'intestin terminal s'ouvre à l'extérieur par un orifice anal situé ordinairement à l'extrémité du corps opposée à celle que présente l'ouverture buccale. On peut reconnaître chez les vers des organes accessoires, ou glandes, présentant généralement le caractère unicellulaire; c'est ainsi que l'on a décrit des glandes salivaires annexées à l'intestin buccal de plusieurs espèces; dans l'intestin moyen l'épithélium présente aussi certaines modifications (de couleur notamment) qui ont fait penser qu'il est le siège d'une sécrétion biliaire.

Échinodermes. — Chez les échinodermes, le tube digestif à paroi membraneuse mince est séparé des parois du corps auxquelles il est relié par un mésentère. Il présente deux orifices, sauf cependant chez les *Ophiures* et quelques *Astérides* qui sont dépourvus d'anus. La bouche située au centre de la face ventrale du corps conduit dans une partie élargie ou estomac. Chez les Astérides, cet estomac est partagé par un repli circulaire en deux segments consécutifs; dans le second segment s'ouvrent les cœcums radiaux.

Le canal digestif présente des circonvolutions plus ou moins développées. Chez les Crinoïdes il s'enroule autour d'un pilier fusiforme situé dans l'axe du corps. Chez les Échinides il décrit autour de l'axe des circonvolutions héliçoïdales. Chez les Holothurides il est longitudinal, mais plus long que le corps et forme un double repli. L'orifice buccal s'arme parfois d'un véritable appareil de mastication (par exemple les pièces calcaires formant chez l'oursin l'appareil que l'on désigne sous le nom de *lanterne d'Aristote*). Quant aux organes glandulaires, on pense que certaines cellules colorées de la face interne de l'intestin fonctionnent comme foie ; cela paraît bien être le cas pour celles qui se trouvent dans les appendices cœcaux de l'estomac des Astéries.

Arthropodes. — Le canal digestif des Arthropodes commence à la partie antérieure du corps et s'étend dans toute sa longueur jusqu'au [dernier segment. Cette disposition rappelle celle des Vers supérieurs (annélides). Comme chez les Vers on peut distinguer au tube digestif trois segments : antérieur, moyen et postérieur, mais la différenciation de ces parties est poussée beaucoup plus loin. L'entrée du canal est caractérisée par la présence d'organes extérieurs particuliers, dont le nombre, la forme et la spécialisation fonctionnelle (succion, mastication) offrent de grandes variétés. Ces organes ou pièces buccales proviennent de modifications d'appendices articulés du corps (membres), comme il est facile de s'en assurer chez les Crustacés. A la bouche fait suite un canal appelé *œsophage* qui conduit à une partie élargie ou *estomac;* puis un intestin plus ou moins contourné lui succède; il aboutit à l'intestin terminal ou *rectum.* L'œsophage présente chez les *insectes* une dilatatation ou *jabot,* et plus loin un autre renflement dont la face interne présente des pièces chitineuses, le *gésier.* Chez les *Crustacés* aussi il existe une poche stomacale garnie intérieurement d'un squelette chitineux *(estomac masticateur).* Après l'estomac, l'intestin moyen : c'est la partie la plus importante pour l'acte digestif, celle qui reçoit les sucs digestifs des cœcums glandulaires : on donne à sa première portion le nom de *ventricule chylifique.* Parmi les organes glandulaires en connexion avec le tube digestif, les uns débouchent dans l'œsophage : ce sont les glandes salivaires, les autres dans l'intestin moyen : ces derniers se présentent le plus souvent sous la forme de *cœcums* plus ou moins ramifiés; ils constituent par leur accumulation l'organe appelé *foie.* Une troisième série de tubes glandulaires débouche dans l'intestin terminal : ce sont les *vaisseaux de* MALPIGHI, qui représentent un organe excréteur analogue au rein des animaux supérieurs. (V. **Crustacés**.)

Mollusques. — De même que chez les Vers et les Arthropodes, le canal intestinal chez les Mollusques possède une paroi propre complètement séparée de celle du corps. Mais il ne traverse plus le corps en suivant un trajet direct, de manière que l'orifice anal se trouve à l'extrémité opposée à celle qui porte l'orifice buccal; il affecte au contraire une disposition curviligne, de telle sorte que l'anus se trouve dans le voisinage de la bouche. La raison de cette disposition dissymétrique se trouve dans le développement du manteau et de la coquille. Chez les *Tuniciers* la bouche conduit dans le sac branchial et la première partie du tube digestif est de la sorte commune aux deux fonctions de digestion et de respiration. Des glandes salivaires sont annexées à l'œsophage chez les *Céphalophores* et les *Céphalopodes;* quant aux cœcums de l'intestin moyen, ils constituent un organe des plus évidents chez tous les Mollusques, le foie; le foie forme un parenchyme compact chez les Céphalopodes.

Vertébrés. — Le canal intestinal des vertébrés se compose d'un tube situé au-dessous du squeletitte axial et représenté dans la première ébauche de l'embryon par le feuillet interne du blastoderme doublé de la portion interne du feuillet moyen. Fermé en cœcum à son origine et à sa terminaison, il se met en rapport avec l'extérieur par l'intermédiaire d'invaginations qui se dirigent de dehors en dedans et qui viennent à la rencontre de ses extrémités antérieure et postérieure. La portion antérieure du tube digestif, entourée par les arcs viscéraux, fonctionne de plus comme vestibule de l'appareil respiratoire, rappelant ainsi la disposition primitive des Tuniciers. La cavité buccale primitive qui s'étend chez les *Poissons* et les *Amphibiens* le long de la base du crâne se sépare ultérieurement (à partir des *Reptiles*) par la cloison palatine en une partie buccale proprement dite et une partie nasale. Les mandibules qui limitent l'ouverture buccale se garnissent de productions osseuses (dents) ou cornées (bec) destinées à la préhension et à la division des aliments. A la bouche fait suite un conduit à couche musculaire très développée, le *pharynx* et l'*œsophage,* conduisant dans une poche spacieuse, l'*estomac.* L'intestin qui vient ensuite forme un tube que l'on distingue, en raison de différences de calibre, en deux portions, l'*intestin grêle* et le *gros intestin.* La portion terminale du rectum s'ouvre à l'extérieur par l'orifice anal toujours situé à l'extrémité postérieure du corps (sauf chez quelques poissons). La muqueuse du tube digestif est garnie dans toute son étendue de glandes nombreuses; de plus il existe des glandes volumineuses isolées de la paroi du tube : ce sont les *glandes salivaires* qui déversent leur produit de sécrétion dans la bouche, le *foie* et le *pancréas* dont les conduits excréteurs s'ouvrent dans la première portion de l'intestin grêle.

Chez les *Poissons,* animaux voraces et pour la plupart carnivores, la bouche est généralement garnie de dents; chez quelques-uns d'entre eux, les plus voraces, le canal alimentaire est court et se dirige presque tout droit de la bouche à l'anus (*Plagiostomes*); chez d'autres il est plus long et décrit de nombreuses circonvolutions (*cyprins* par exemple). La muqueuse intestinale présente des replis plus ou moins saillants. Chez les *Plagiostomes,* les *Ganoïdes,* les *Dipneustes,* ces replis forment dans l'intestin grêle une valvule spirale très remarquable, qui n'existe pas chez les *Téléostéens.* Les poissons ne possèdent pas de glandes salivaires. Chez eux le foie est toujours une glande très développée (avec vésicule du fiel), sauf chez l'*Amphioxus* où il est rudimentaire. Le pancréas n'existe pas chez tous, et il se confond chez quelques espèces avec le foie. De plus, un certain nombre de poissons présentent au niveau du pylore des diverticules plus ou moins nombreux et développés, appelés *appendices pyloriques*. (Voyez plus loin le paragraphe que nous consacrons à la digestion chez les poissons.)

Les *Reptiles* sont aussi généralement carnivores. Leur estomac n'est pas toujours très distinct de l'œsophage, et leur tube digestif est assez court. Il aboutit à un cloaque où se rendent aussi les canaux urinaires et ceux des organes génitaux. Le foie est volumineux, l'existence du pancréas constante.

Parmi les *Oiseaux*, les uns sont carnassiers ou insectivores, les autres granivores. Le tube digestif présente certaines variétés en rapport avec ces différences de régime alimentaire. Ordinairement le segment antérieur du tube digestif présente trois dilatations successives qui sont : le *jabot*, simple réservoir alimentaire, surtout développé chez les granivores et qui manque chez quelques carnassiers ; le *ventricule succenturié*, dont la muqueuse, riche en glandes, sécrète le suc gastrique ; le *gésier* ou estomac proprement dit, dont les parois membraneuses, chez les carnassiers, deviennent très épaisses et musculeuses en même temps que la muqueuse se revêt d'un épithélium corné, chez les granivores. L'intestin aboutit à un cloaque comme chez les reptiles. Généralement le gros intestin reçoit à son origine deux appendices tubiformes terminés en cul-de-sac ou cæcums. Les oiseaux ont des glandes salivaires ; un foie volumineux dont le produit biliaire est déversé dans le *duodénum*, tantôt par deux conduits *hépatique* et *cystique*, tantôt par un seul, *cholédoque* ; un pancréas très développé déversant aussi son suc dans le duodénum par un à trois conduits alternant avec les conduits hépatique et cystique.

Chez les *Mammifères*, en raison de la grande diversité du régime alimentaire (carnivores, herbivores, omnivores), le tube digestif présente des différences considérables dans son armature buccale, dans sa capacité, dans sa longueur ; en général, le tube digestif le plus simple appartient aux espèces carnivores. Ainsi, tandis que chez beaucoup de carnassiers sa longueur ne dépasse pas trois ou quatre fois celle du corps, elle atteint chez les herbivores dix à douze fois cette longueur, et même 28 fois (mouton par exemple). L'estomac est une poche spacieuse à parois membraneuses ; il est simple ou multiple, c'est-à-dire composé, comme chez les ruminants, de plusieurs compartiments distincts. A l'union de l'intestin grêle et du gros intestin existe un cæcum qui chez quelques herbivores atteint de grandes proportions. L'intestin terminal ou rectum s'ouvre à l'extérieur par un anus distinct de l'orifice génito-urinaire. Ce n'est que chez les *implacentaires* que l'on trouve encore un cloaque. La muqueuse de l'intestin forme des replis nombreux (*valvules conniventes*) destinées à en accroître la surface. Des glandes salivaires de plusieurs sortes, un foie et un pancréas volumineux sont annexés au tube digestif des mammifères. La bile et le suc pancréatique sont déversés dans le duodénum à une petite distance du pylore ; le canal cholédoque et le canal pancréatique s'insèrent sur l'intestin au même endroit (*ampoule de* VATER, chez l'homme) ou en deux points plus ou moins éloignés l'un de l'autre ; dans ce dernier cas l'ouverture du canal pancréatique est toujours située plus bas que celle du canal cholédoque.

III. Phénomènes chimiques de la digestion chez les animaux supérieurs. — Avant d'étudier la digestion dans la série animale, il nous paraît utile de rappeler les transformations chimiques subies par les aliments dans le tube digestif des animaux supérieurs et les agents de ces transformations, ce que nous ferons d'une façon très brève, renvoyant aux articles spéciaux pour les questions de détail [1]. Le processus chimique opéré par les différentes diastases des sucs digestifs consiste en un dédoublement des substances alimentaires avec fixation d'eau ; on peut dire d'une façon générale que la digestion est une hydratation. Cette notion ne pourrait être considérée comme douteuse que pour les albuminoïdes, dont les produits de transformations, les peptones, ont une constitution moléculaire encore mal connue ; mais, comme la digestion est poussée pour

---

1. Pour tout ce qui concerne le travail des plantes digestives, les rapports existant entre le travail sécrétoire et l'excitant alimentaire, le rôle du système nerveux dans le fonctionnement de ces glandes, nous renvoyons le lecteur aux articles spéciaux de ce Dictionnaire sur les sécrétions, et aux leçons de PAWLOW (*Die Arbeit der Verdauungsdrüsen*, Wiesbaden, 1898).

une partie des albuminoïdes, jusqu'à la formation d'acides amidés dont la nature comme produits de dédoublement de l'albumine n'est pas contestable, on est tenté de croire, ainsi que le dit BUNGE, dans son *Traité de chimie biologique*[1], que les peptones sont précisément les premiers produits de ce dédoublement.

1° Digestion des hydrates de carbone. — L'amidon est saccharifié sous l'influence de l'*amylase*, ferment très répandu dans les liquides et les tissus de l'organisme, mais qui n'agit d'une façon intense et rapide que dans la salive et le suc pancréatique. Le processus chimique de cette saccharification est plus compliqué qu'on ne le croyait autrefois et diffère de celui qui se passe par cuisson de l'amidon avec l'acide sulfurique. Dans ces dernières conditions, il se forme en effet du glycose, et la dextrine n'apparaît que comme produit intermédiaire. Or, dans la digestion de l'amidon et du glycogène par la salive, le suc reformé est du *maltose* (du groupe des saccharoses) et non du glycose; de plus, il se forme à côté du maltose plusieurs sortes de dextrines, dont l'une, l'*achroodextrine*, paraît être un produit définitif dans la fermentation de l'amidon par l'amylase. Cela résulte des travaux de GRUBER, de NASSE, de MERING, etc.[2]. Les mêmes transformations de l'amidon se passent sous l'influence du suc pancréatique; cependant il faut bien remarquer que le maltose et la dextrine ne sont pas les produits ultimes de dédoublement de l'amidon dans la digestion, puisqu'on ne les retrouve plus dans le sang et dans le foie. Le maltose est donc transformé en glycose dans l'organisme. Ce nouveau dédoublement est opéré par un ferment spécial, la *maltase*. BROWN et HERON[3] ont constaté sa présence dans le pancréas et l'intestin grêle du porc en 1880. Le maltose peut donc être dédoublé dans l'intestin par les produits de sécrétion de ces organes; il est possible encore qu'il soit transformé pendant l'acte de l'absorption, car les auteurs précédents ont montré que les plaques de PEYER possèdent cette propriété.

Les autres sucres du groupe des saccharoses doivent aussi être dédoublés pour devenir assimilables. Le sucre de canne est interverti, c'est-à-dire dédoublé en glycose et lévulose par un ferment, l'*invertine* ou *sucrase*, sécrété par la muqueuse de l'intestin grêle, phénomène bien connu depuis la découverte de CL. BERNARD[4] et PASCHUTIN[5]. Le tréhalose est de même dédoublé en glycose; le ferment qui agit sur ce sucre, ou *tréhalase*, a été rencontré dans l'intestin grêle par BOURQUELOT et GLEY[6]. Le lactose, pour être utilisé, doit aussi subir un dédoublement en glycose et galactose. Un ferment soluble agissant sur le lactose ou *lactase* n'a cependant pas encore été démontré chez les animaux supérieurs. Ainsi DASTRE[7] n'a pas réussi à opérer le dédoublement du lactose *in vitro*, à l'abri des microbes, ni avec l'extrait du pancréas, ni avec l'extrait de la muqueuse intestinale.

Pour la digestion des autres hydrates de carbone, dextrine, inuline, inosite, mannite, dans l'intestin, BLEILE[8] a vu que le sang de la veine porte s'enrichit en sucre chez les animaux auxquels on fait ingérer de grandes masses de dextrine. On sait que l'inuline, qui existe en grande quantité dans la racine de certaines plantes, aunée, topinambour, se transforme en lévulose sous l'influence d'un ferment, l'*inulase*, existant dans les mêmes racines, mais on ignore s'il en est de même dans le tube digestif des animaux. Quant à la cellulose, il est démontré qu'elle est pour une bonne partie (70 p. 100) digérée par les herbivores; et, même aussi chez l'homme, elle n'est point rejetée totalement dans les fèces Il est probable qu'elle est transformée partiellement en dextrine et glycose. Mais on ne connaît point de ferment soluble de l'intestin ayant cette action; au contraire, on sait d'une façon certaine que dans la panse des ruminants, dans le cæcum du cheval, la cellulose est décomposée par des ferments figurés (amylobacter, diplococcus, bactéries

---

1. G. BUNGE. *Cours de chimie biologique et pathologique*, trad. Jacquet, 1891, 179.

2. Voyez pour l'exposé des travaux sur ce sujet : V. MERING, *Ueber die Abzugswege des Zuckers aus der Darmhöhle* (*A. P.*, 1877, 389-395). V. aussi **Amylacées**, I, 452.

3. BROWN et HERON. *Ueber die hydrolytischen Wirkungen des Pankreas und des Dünndarms* (*Ann. d. Chemie u. Pharm.*, CCIV, 1880, 228).

4. CL. BERNARD. *Digestion du sucre de canne* (*Revue scientifique*, 1873, XI, 1062).

5. PASCHUTIN. *Einige Versuche mit Fermenten, etc.* (*A. P.*, 305, 1871).

6. BOURQUELOT et GLEY. *Digestion du tréhalose* (*B. B.*, 13 juillet 1895).

7. DASTRE. *Transformation du lactose dans l'organisme* (*A. P.*, janvier 1890).

8. BLEILE. *Usber Zuckergehalt des Blutes* (*A. P.*, 1879).

diverses). Hoppe Seyler [1] a bien démontré cette action des bactéries. Tappeiner [2] aussi a vu, en ensemençant les bactéries de la panse des ruminants dans un milieu stérilisé contenant de la cellulose, que 50 p. 100 de celle-ci disparaissaient et qu'il se formait de l'acide acétique, de l'hydrogène, de l'acide carbonique, du gaz des marais. Weiske [3] recherchala digestibilité de la cellulose chez l'homme; expérimentant sur lui-même, il vit qu'il résorbait 62,7 p. 100 de la cellulose d'une alimentation composée de carottes, de choux et de céleri. De même Knieriem [4] s'assura qu'il assimilait 25,3 p. 100 de la cellulose de la salade. D'après ce dernier, la cellulose joue aussi un rôle mécanique dans la digestion, en excitant la peristaltisme de l'intestin. Si l'on nourrit des lapins avec des aliments dépourvus de cellulose, la propulsion du contenu intestinal se fait mal, et les animaux meurent; mais la digestion se fait normalement si l'on ajoute à la même nourriture de la râclure de corne, laquelle ne peut agir que d'une façon mécanique, car elle n'est pas résorbée du tout.

2° **Digestion des albuminoïdes.** — Ces substances, par l'action du suc gastrique et du suc pancréatique, perdent leur caractère colloïde; elles deviennent dialysables et ne coagulent plus; elles sont transformées en peptones. Les substances gélatineuses subissent aussi sous la même influence une transformation analogue; elles se dissolvent et perdent la propriété de se prendre en gelée par refroidissement. Ces modifications sont attribuées à l'action de deux ferments : l'un, la *pepsine*, sécrété par l'estomac, n'agit que lorsqu'il est *lié* à un acide, normalement l'acide chlorhydrique; l'autre, la *trypsine*, formé par le pancréas, est actif en milieu neutre alcalin ou légèrement acide. L'estomac sécrète aussi un autre ferment qui a la propriété de faire coaguler le lait, la *présure*, dont on ne connaît encore que peu de chose. La dextrine doit se transformer en glycose. La peptonisation des albuminoïdes présente certaines particularités différentes pour la digestion stomacale et la digestion pancréatique. Pour les détails de ce phénomène on devra se reporter aux articles **Estomac, Pancréas et Peptones.** Dans la digestion gastrique de l'albumine, il se forme d'abord de l'*acidalbumine* ou *syntonine* (*parapeptone* de Meissner), précipitable par neutralisation, puis des *protéoses* (comprenant une partie des *propeptones* de Schmidt-Muhlheim) précipitables par le sulfate d'ammoniaque; enfin de la *peptone* (*peptone vraie* de Kühne qui ne précipite plus par le sulfate d'ammoniaque) [5]. Avant de se dissoudre, les matières albuminoïdes subissent un gonflement dans le suc gastrique. Les différentes espèces de matières albuminoïdes, fibrine, albumine, caséine, etc., donnent toutes des peptones qui peut-être ne sont pas identiquement les mêmes, mais qui cependant ne se laissent pas différencier par les réactifs. Le suc gastrique digère aussi de la même façon les substances collagènes; la gélatine donne des *gélatoses* et de la *gélatine peptone*, l'élastine de l'*élastose*, etc. La nucléine, par contre, n'est pas digérée par le suc gastrique, non plus du reste que par le suc pancréatique. Elle donne dans les digestions gastriques artificielles des matières albuminoïdes un résidu insoluble (*dyspeptone* de Meissner).

La digestion des albuminoïdes par le pancréas a été découverte par Corvisart [6] et étudiée d'une façon très approfondie par Kühne [7]. La peptonisation par la trypsine s'opère sans gonflement préalable des albuminoïdes : du reste les différents stades de la digestion consistent aussi en formation de protéoses et de peptones; mais le stade de formation de syntonine fait défaut. La trypsine, au contraire de la pepsine, n'arrête pas son

1. Hoppe-Seyler. *Ueber die Gährung der Cellulose mit Bildung von Methan und Kohlensäure* (*Z. p. C.*, x, 404, 1886).

2. Tappeiner (*Z. B.*, xx, 52, 1884 et xxix, 105, 1888).

3. Weiske (*Z. B.*, vi, 456, 1870).

4. Knieriem (*Z. B.*, xxi, 67, 1885). — Weiske (*Chem. Centralbl.* xv, 385, 1884). — Mallèvre (*A. g. P.*, xlix, 460). — Zuntz (*Ibid.*, xlix, 477). V. aussi **Aliments**, i, 334 et **Amylacés** (*Ibid.*, i, 458).

5. Voir Meissner (*Zeitschr. f. rat. Med.*, iii, vii, 1, 1859). — Brücke (*Ak. W.*, xxxvii, 131, 1859). — Kühne et Chittenden (*Z. B.*, xix, 159, 1883; xx, 11, 1884; xxii, 409, 1880). — Kühne (*Verhandl. d. nat. med. Vereins zu Heidelberg*, iii, 286, 1885). — Schmidt-Mühlheim (*A. P.*, 1880, 36).

6. Corvisart. *Sur une fonction peu connue du pancréas, la digestion des aliments azotés* (*Gaz. hebdom.*, 1857, n°s 15, 16, 19).

7. W. Kühne. *Ueber die Verdauung der Eiweissstoffe durch den Pankreas* (*A. A. P.*, xxxix, 130, 1867).

action fermentaire au stade peptone ; sous son influence une partie des peptones se transforment en acides amidés : *leucine* et *tyrosine*. Cette transformation, d'après Kühne, se passe dans l'intestin comme dans les digestions *in vitro*, et même lorsqu'on écarte l'action des micro-organismes ; mais il n'y a qu'une partie des peptones qui soient aptes à donner la leucine et la tyrosine ; aussi Kühne considère-t-il la peptone tryptique comme une substance complexe (*amphopeptone*) se comportant comme si elle comprenait un mélange de deux peptones ; l'une transformable en acides amidés (*hémipeptone*) et l'autre inattaquable même par une digestion tryptique prolongée (*antipeptone*). La trypsine agit aussi sur la gélatine pour la transformer en gélatoses, gélatine peptone et acides amidés (leucine et glycocolle). Il n'est pas probable que dans la digestion normale il se forme de bien grandes quantités de leucine et de tyrosine. « Ce serait, dit Bunge [1] (*loc. cit.*), une dilapidation des tensions chimiques qui, par ce dédoublement, seraient sans raison transformées en force vive, et il est peu probable qu'après une dissociation aussi profonde, une réunion des produits puisse s'effectuer de nouveau de l'autre côté de la paroi intestinale. » Effectivement, Schmidt-Muhlheim [2] n'a trouvé dans le contenu intestinal d'un grand nombre de chiens nourris de viande que des traces d'acides amidés. Outre la leucine et la tyrosine, il se forme encore des traces d'autres corps dans la digestion tryptique des albuminoïdes : de l'hypoxanthine et de l'acide aspartique dans la digestion de la fibrine et du gluten, ainsi que de l'acide glutamique, de l'acide amido-valérianique, et un corps qui se colore en rouge par l'eau de chlore ou de brome.

La digestion tryptique n'opère pas d'autres transformations des albuminoïdes ; mais une partie de ces substances subit cependant dans l'intestin une dissociation encore plus profonde. Sous l'influence des bactéries la molécule d'albumine peut être complètement disloquée, et donner des produits de putréfaction : indol, scatol, phénol, acides gras volatils, hydrogène, acide carbonique, hydrogène sulfuré, gaz des marais, azote.

3° **Digestion des graisses**. — Les graisses subissent dans le tube digestif une double action : l'une physique, l'émulsion ; l'autre chimique, la saponification, c'est-à-dire le dédoublement en glycérine et acides gras. Le dédoublement des graisses est opéré par le suc pancréatique, ainsi que l'a montré Cl. Bernard [3] avec la collaboration de Berthelot. Ce dédoublement commencerait dans l'estomac, d'après les recherches de Marcet [4], de Ogata [5] et de Cash [6]. Mais il est probable qu'il n'est point le fait d'un ferment soluble existant dans le suc gastrique, mais bien le résultat d'actions microbiennes. Contejean [7] pense que le suc pancréatique refluant dans l'estomac peut avoir une action saponifiante sur les graisses, même en milieu fortement acide. Quoi qu'il en soit, la saponification des graisses dans l'estomac n'est évidemment qu'un phénomène tout à fait secondaire, et on peut attribuer sous ce rapport une action spécifique au pancréas. Cl. Bernard ayant fait ses expériences sans écarter l'action des germes extérieurs, on a pu douter de l'existence dans le pancréas d'un ferment saponifiant soluble, ou *saponase ;* car beaucoup de bactéries possèdent cette action, et Duclaux [8] a montré que les conduits excréteurs du pancréas lui-même contiennent des microbes. Mais Nencki [9] a prouvé que l'extrait du pancréas dissocie la graisse en présence du phénol. De même A. Gautier [10] a constaté que la

1. Bunge (*Cours de chimie biologique*, 179).
2. Schmidt-Mühlheim. *Untersuchungen über die Verdauung der Eiweisskörper* (A. P., 1879, 39).
3. Cl. Bernard (*Ann. de Ch. et de Phys.*, (4), xxv, 474, 1849 et *Leçons de physiol. expérim.*, ii, 263).
4. Marcet. *Recherches sur le rôle de l'estomac et de la bile dans la digestion des graisses* (The medical Times and Gazette, v, 17, 210, 1858). Traduction : *Journ. de Brown-Séquard*, 1858.
5. Ogata. *Die Zerlegung neutraler Fette im lebendigem Magen* (A. P., 1881, 515).
6. Cash. *Ueber den Antheil des Magems und des Pankreas an der Verdauung des Fettes* (A. P., 323, 1880).
7. Contejean. *Sur la digestion gastrique de la graisse* (A. de P., 1894, 125).
8. Duclaux. *Chimie biologique*, 85.
9. Nencki. *Ueber der Spaltung der Säureester der Fettreihe und der aromatischen Verbindungen in Organismus und durch das Pankreas* (A. P. P., xx, 373, 1886).
10. Gautier. *Chimie biologique*, iii, 563.

saponification des graisses est immédiate avec la pulpe du pancréas frais et en présence d'acide cyanhydrique. La saponification des graisses n'est qu'un cas particulier d'une propriété plus générale que possède le pancréas de dédoubler un certain nombre d'éthers; c'est ainsi que sous son influence la tribenzoïcine, ou éther tribenzoïque de la glycérine, est dédoublée en acide benzoïque et glycérine et que le salol est dédoublé en acide salicylique et phénol. Les lécithines, qui sont des graisses phosphorées, sont aussi dédoublées par le suc pancréatique; elles donnent comme produits de décomposition de l'acide phospho-glycérique, de la choline et des acides gras. Le dédoublement des graisses neutres est bien opéré dans l'intestin; les acides gras s'unissent avec des alcalis pour former des savons; une autre partie est émulsionnée et absorbée comme telle (Munk[1]). De plus, on sait que la muqueuse intestinale a la propriété de régénérer les graisses neutres par synthèse aux dépens de leurs produits de dédoublement. Mais nous ne possédons pas beaucoup de données sur l'importance de la saponification des graisses à l'état physiologique. Il est probable que la plus grande partie de la graisse est absorbée sous forme d'émulsion. Celle-ci est produite par la bile et le suc pancréatique, mais l'action de la bile est moins efficace que celle du suc pancréatique, car l'émulsion qu'elle produit n'est pas stable comme celle qu'on obtient avec le suc pancréatique. Le pouvoir émulsif de ce dernier a été découvert par Eberlé[2]. L'émulsion n'est pas due, comme le croyait Cl. Bernard, à un ferment soluble; elle provient seulement de la viscosité et surtout de l'alcalinité du suc pancréatique. Lorsqu'une graisse contient des acides gras, il suffit de l'agiter avec une solution alcaline pour l'émulsionner complètement; en effet les molécules d'acides gras qui se trouvent partout entre les molécules des graisses neutres forment, avec l'alcali, des savons qui, interposés entre les molécules de graisses neutres, les empêchent de se réunir. Les différentes sortes de graisses contenues dans les aliments ne possèdent pas le même degré de digestibilité. Les plus facilement résorbées sont celles qui sont déjà émulsionnées, comme dans le lait, et pour les graisses solides, celles qui ont un point de fusion voisin de la température du corps; les graisses à point de fusion élevé donnent un déchet plus ou moins considérable; ainsi pour la stéarine (fus. = 60°), environ 90 p. 100 échappent à la digestion. Mais à l'état ordinaire, avec l'alimentation normale, on peut dire que les graisses sont avec les hydrates de carbone les aliments les mieux utilisés : les excréments n'en contiennent que de faibles quantités. Dastre a constaté que la valeur du déchet dépend de l'état de l'animal et des conditions du régime, à savoir la quantité et la nature des aliments qui sont mélangés à la graisse[3]

Telles sont les modifications subies par les aliments sous l'influence des différentes enzymes sécrétées dans le tube digestif. On peut se demander pourquoi les parois du canal intestinal elles-mêmes échappent à cette action. C'est une question embarrassante. Des tissus vivants, comme une patte de grenouille en vie (Cl. Bernard[4]), une oreille de lapin (Pavy[5]), introduits dans l'estomac par une fistule, sont digérés; pourtant la muqueuse de l'estomac reste inattaquée pendant la vie, le tissu du pancréas n'est point digéré par les ferments qu'il sécrète. Il faut renoncer pour le moment à donner l'explication de ces faits; peut-être l'épithélium intestinal jouit-il de propriétés spéciales. On peut remarquer à ce propos que les helminthes, qui vivent en parasites dans l'intestin, résistent aux sucs digestifs, alors que, morts, ils sont digérés. Dans des expériences de L. Fredericq[6], des Ascaris marginata intacts n'étaient pas attaqués par le suc pancréatique du chien. Coupés en morceaux, ils étaient parfaitement digérés. Cela tient sans doute, pense Fredericq, à ce que les ferments ne peuvent franchir le tégument externe. J. Frenzel[7] émet l'hypothèse que l'immunité dont jouissent les parois de l'intestin,

1. J. Munk. Die Resorption der Fettsäuren, etc. (A. P., 371, 1878).

2. Eberlé. Physiol. der Verdauung, Würzburg, 1834, 251.

3. Dastre. Recherches sur l'utilisation des aliments gras dans l'intestin (A. de P., 1891, 711).

4. Cl. Bernard. Leçons de physiol. exp., etc., ii, 406, 1856.

5. Pavy. On the gastric juice, etc. (Guy's hospital Reports, ii, 265, 1856).

6. L. Fredericq. La digestion des albuminoïdes chez quelques invertébrés (Arch. de zool. exp. et gén., vii, 1878).

7. Frenzel. Die Verdauung lebenden Gewebes und die Darmparasiten (A. P., 293, 1891). — Voyez aussi Fermi. Die Wirkung der proteolytischen Enzyme auf die lebendige Zelle als Grund einer Theorie über die Selbstverdauung (C. P., viii, n° 21).

ainsi que la surface des parasites intestinaux, vis-à-vis de l'action de la pepsine, de la trypsine, etc., provient de ce que les cellules de la surface de l'intestin, celles du revêtement externe des parasites, fabriquent pendant la vie des substances antagonistes (*antienzymes, antipepsine, antitrypsine*) qui neutralisent l'action des ferments digestifs.

4° Digestion dans les divers segments du tube digestif. — Après avoir passé en revue les transformations que subissent les aliments sous l'influence des diverses diastases, il faut se demander quelle est l'importance relative des différents segments du canal digestif dans la série des phénomènes de la digestion. La digestion des féculents par la salive doit être d'une importance très secondaire. Sans aller, avec quelques physiologistes, jusqu'à refuser à la salive toute action diastasique, on peut admettre, en raison de la rapidité du passage des aliments dans la bouche, que cette action ne saurait s'exercer d'une façon bien intense. Il est vrai que la saccharification des féculents peut continuer à s'effectuer dans l'estomac, à l'aide de la salive déglutie, malgré l'acidité du suc gastrique, d'après certains auteurs. Ainsi Ch. Richet[1] a vu que de l'empois d'amidon additionné d'une proportion d'HCl égale à 2 p. 1 000 était saccharifié par la salive d'une façon aussi rapide et même plus rapide qu'en milieu neutre ou alcalin; et il en conclut que la salive doit agir dans l'estomac d'une façon plus énergique que dans la bouche. D'après Bourquelot[2], cette observation, très exacte pour les conditions dans lesquelles elle a été faite, ne comporte pas une conclusion aussi absolue. La salive, par son alcalinité, peut saturer une certaine quantité d'HCl : la quantité employée doit donc entrer en ligne de compte. En fait, une petite proportion d'acide favorise l'action de l'amylase; mais, quand l'acide libre atteint 0gr,03 p. 1 000 dans un liquide, l'action fermentaire de la diastase salivaire est arrêtée presque complètement, ainsi qu'il résulte des recherches de Kjeldahl[3], Bourquelot, Chittenden et Smith[4]. On a cherché à se rendre compte de l'importance de la salive en extirpant les glandes salivaires à des animaux. Cette expérience, faite par Fehr[5] chez le chien, donna un résultat négatif; l'animal était seulement obligé de boire plus qu'à l'ordinaire pour humecter ses aliments.

L'estomac joue dans la digestion un rôle qui peut être facilement déduit de l'observation des phénomènes fermentaires qui s'y passent. Il représente un réservoir dans lequel les aliments s'accumulent pour y subir une première élaboration, qui les convertit en une masse pâteuse de composition très complexe, *chyme stomacal* (Voyez article **Estomac**). La sécrétion d'un suc acide en ce point du tube digestif est un phénomène bien digne de remarque; il n'est pas aisé toutefois d'en comprendre la nécessité; elle ne découle pas en effet forcément de cette notion que la pepsine ne digère les albuminoïdes qu'en milieu acide, puisque l'organisme peut arriver au même résultat par un autre ferment agissant en milieu neutre. L'extirpation de l'estomac avec soudure du cardia au pylore, faite par Czerny[6] chez le chien, et répétée récemment par Carvallo et Pachon[7] chez le chien et le chat, ne produit aucun trouble spécial de la digestion. D'autre part, Ludwig et Ogata[8], ayant pratiqué une fistule du duodénum chez un chien, constatèrent que les aliments introduits par la fistule, après occlusion du pylore au moyen d'un ballon de caoutchouc, étaient parfaitement digérés, de telle sorte que la composition des fèces ne différait pas de la normale. Il est difficile, d'après cela, de se faire une idée claire de l'importance de l'estomac dans les processus digestifs. Il est possible que la présence dans le canal alimentaire d'un liquide antiseptique soit nécessaire à l'accomplissement d'une bonne digestion; la sécrétion d'un acide trouverait

1. Ch. Richet. *Du suc gastrique chez l'homme et les animaux* (Paris, 1878, 116).
2. Bourquelot. *Les ferments solubles*, 1896, 173.
3. Kjeldahl. *Undersögelser over zukkerdannende Fermenter.* (*Meddelelser fra Carlsberg Laborat.* 2 Hefte, Kjobenharn, 1879, 107-184).
4. Chittenden et Smith. *The diastatic action of salive as modified by various conditions, studied quantitatively* (*Chemical News*, liii, 1886, 109, 3ᵉ édit.). — Voyez aussi Bourquelot. *Les Ferments solubles*, 168, et **Diastase**, iv, 1899.
5. Fehr. *Ueber die Extirpation sämmtlichen Speicheldrüsen beim Hunde* (*Diss.*, Giessen, 1862).
6. F. F. Kayser. *Czerny's Beiträge zur operativen Chirurgie*, Stuttgart, 1878, 141.
7. Carvallo et Pachon. *Recherches sur la digestion chez un chien sans estomac* (*A. de P.*, 1894, vi, 106 et 1895, vii, 349 et 766).
8. Ludwig et Ogata. *Ueber die Verdauung nach der Ausschaltung des Magens* (*A. P.*, 1883, 89).

ainsi sa raison d'être, car on sait que les acides minéraux sont des antiseptiques puissants, et on connaît bien le pouvoir antiputride du suc gastrique depuis les expériences de Spallanzani. Toutefois Carvallo et Pachon (*loc. cit.*) ont pu faire ingérer, sans qu'il en résultât aucun trouble, de la viande corrompue à un chien qui avait subi l'extirpation de l'estomac. D'autre part, il est certains microbes qui vivent parfaitement dans l'estomac et qui résistent par conséquent au suc gastrique; mais d'autres microbes, par exemple le vibrion cholérique, sont tués facilement par l'acide chlorhydrique dilué, et c'est pour ce motif qu'il n'est pas possible d'infecter les animaux par la voie gastrique avec ce microrganisme, tandis qu'on provoque des accidents cholériformes, si on l'introduit dans l'intestin ou l'estomac préalablement neutralisé [1].

Dans l'intestin l'alcalinité des sucs sécrétés (bile, suc pancréatique, suc intestinal surtout) neutralise rapidement l'acidité du chyme stomacal, d'après les auteurs classiques. On a admis aussi que cette alcalinité suffit pour saturer les acides qui prennent naissance par fermentation microbienne (lactique et butyrique). Mais c'est là vraisemblablement une notion inexacte. Car beaucoup d'auteurs (Prevost et Le Royer, Tiedemann et Gmelin chez les ruminants, Meissner chez les carnivores) ont constaté que la réaction de l'intestin grêle est acide jusqu'à l'iléon, et Ewald, chez un malade portant une fistule de la partie inférieure de l'intestin grêle, vit que les matières qui s'échappaient par la fistule avaient une réaction neutre ou légèrement acide, mais jamais alcaline. La digestion intestinale a pour agent essentiel le suc pancréatique. Le pancréas, par sa triple action sur les albuminoïdes, les féculents et les graisses, est véritablement le *factotum* de la digestion; on ne peut pas supprimer son action sans provoquer des troubles digestifs tels que la mort de l'animal n'en soit fatalement la conséquence. Cela résulte des expériences de destruction du pancréas à l'aide d'injections de corps gras dans ses conduits sécréteurs (Cl. Bernard) ou [d'extirpation de cette glande (Minkowski). Abelmann [2], qui analysa les fèces d'un certain nombre de chiens auxquels Minkowski avait enlevé le pancréas, trouva que (dans le cas d'ablation totale de la glande) 56 p. 100 environ des matières albuminoïdes ingérées étaient rejetées par les fèces, et que 20 à 40 p. 100 des féculents échappaient à la saccharification; quant aux graisses, elle paraissaient complètement inutilisées si elles étaient solides, mais, si elles étaient déjà émulsionnées comme dans le lait, une partie (70 p. 100) arrivait encore à la résorption. Les animaux qui ont subi l'extirpation du pancréas deviennent d'une voracité extraordinaire; mais, malgré la suralimentation, ils maigrissent très rapidement, et finissent par mourir d'inanition. De plus, si l'ablation de la glande est bien complète, ils présentent une glycosurie très intense qui accélère encore leur dépérissement (Von Mering et Minkowski). De plus amples détails seront donnés aux articles **Pancréas** et **Diabète** de ce Dictionnaire.

L'importance de la bile dans la digestion peut être déduite des troubles qui se produisent, après que l'on a détourné le cours de la bile à l'extérieur par une fistule biliaire [3]. Il résulte des expériences de Munk, de Voit, de Röhmann, de Müller, que, dans ces conditions, les animaux ne résorbent plus que la moitié environ des graisses qu'ils résorbent normalement, et qu'une bonne partie des graisses rejetées se retrouve dans les fèces sous forme d'acides gras. Cette question est déjà traitée dans ce Dictionnaire à l'article **Absorption**, p. 32; elle a été aussi envisagée à l'article **Bile**. Nous nous bornerons ici à ajouter que les chiens porteurs d'une fistule biliaire, auxquels Hédon extirpa en outre le pancréas, présentèrent des troubles digestifs encore plus intenses que ceux qui se montraient après l'extirpation du pancréas seulement, comme dans les expériences d'Abelmann. Lorsqu'ils étaient nourris de lait, leurs matières fécales avaient l'aspect de fromage blanc; elles étaient très riches en graisses. Les analyses de Ville [4] démontrèrent

1. Nicati et Rietsch (*Revue scientif.*, 1884, ii, 658). — R. Koch (*Deutsche med. Wochenschrift*, 1884, n° 43).

2. Abelmann. *Ueber die Ausnützung der Nahrungsstoffe nach Pankreasexstirpation* (*Inaug. Diss.*, Dorpat, 1890).

3. Schwann (*A. A. P.*, 1844, 127).

4. Hédon et Ville (*B. B.*, 1892, 308). — *Sur la digestion et la résorption des graisses après fistule biliaire et extirpation du pancréas.* — Hédon. *Sur le rôle du suc pancréatique et de la bile dans la résorption des graisses* (*A. de P.*, juillet 1897).

que, même dans ces conditions, les fèces contenaient une notable quantité d'acides gras. Le dédoublement des graisses neutres qui s'opère dans l'intestin malgré l'absence du suc pancréatique, de la bile ou de ces deux sucs à la fois, doit évidemment être attribué à l'action des bactéries. Il est probable qu'à l'état normal la bile et le suc pancréatique associent leur action et se prêtent un mutuel concours pour l'émulsion et l'absorption des graisses. Cette notion semble devoir résulter du rapprochement des deux données suivantes. On sait que EBERLÉ et CL. BERNARD observèrent chez le lapin en digestion que les chylifères n'apparaissent blancs qu'au-dessous du point d'abouchement du canal pancréatique dans l'intestin, lequel se trouve très loin au-dessous de l'ouverture du cholédoque. Or DASTRE[1], après avoir abouché chez un chien la vésicule biliaire dans l'intestin loin au-dessous du canal de WIRSUNG (*fistule cholécysto-intestinale*) et réséqué le cholédoque, constata que les chylifères ne prenaient l'aspect lactescent dû à l'émulsion graisseuse qu'à partir du point où la bile était déversée dans l'intestin.

Il est difficile de se faire une opinion sur l'importance des sucs sécrétés par les glandes de la muqueuse intestinale (glandes de BRUNNER et de LIEBERKÜHN) dans la digestion. Les expériences des physiologistes sur ce sujet sont contradictoires, les uns trouvant que le suc intestinal obtenu par une fistule de THIRY[2] est inactif, les autres que l'extrait de la muqueuse intestinale est doué de propriétés digestives sur toutes les catégories d'aliments. La discussion de cette question pourra être envisagée avec tous les développements qu'elle mérite à l'article **Intestin**. Nous nous contenterons ici de prendre en considération l'opinion de SCHIFF. Ce physiologiste accorde au suc intestinal une action marquée sur les albuminoïdes, les féculents et les graisses, action tout à fait analogue à celle du suc pancréatique. Il se base sur les expériences suivantes. Divers aliments sont renfermés dans des sacs formés de l'intestin desséché d'un mouton; ces sacs sont introduits dans l'intestin par une fistule de la portion pylorique de l'estomac et retenus par un fil; leur paroi conjonctive étant inattaquée par le suc pancréatique, c'est par osmose seulement que les sucs digestifs peuvent agir sur les aliments qu'elles renferment. Or, en opérant de la sorte chez le chien privé de pancréas (destruction de la glande sur place par injection de paraffine dans les conduits excréteurs), on constata que des fragments de viande et de graisse avaient disparu du sac au bout d'un temps variable, six ou huit heures. Cette expérience ne paraît pas à l'abri de toute critique. D'après HÉDON, la destruction lente du pancréas, même totale, n'est pas absolument comparable dans ses effets (troubles digestifs, troubles nutritifs) à l'extirpation chirurgicale; le pancréas pourrait être suppléé par d'autres glandes lorsqu'il est détruit par la méthode indiquée précédemment. Il est possible que dans ces conditions le suc intestinal acquière une importance digestive qu'il n'a pas à l'état normal. Mais les troubles qui apparaissent après l'extirpation chirurgicale du pancréas sont tels qu'ils laissent bien peu de crédit à l'hypothèse qui tendrait à assimiler l'action du suc intestinal normal à celle du suc pancréatique. Dans les expériences de SCHIFF, la graisse disparaissait quelquefois en totalité du sac, même si l'on employait de la graisse de mouton qui ne se liquéfie pas à la température du corps. Ce physiologiste conclut : « La graisse n'a pas été émulsionnée : elle ne peut pas avoir été emportée par les corpuscules blancs du sang qui ne pénètrent pas à travers le sac mort. Les graisses doivent donc avoir été saponifiées par la soude du suc intestinal[3]. » Or le suc intestinal ne contient point de soude, mais seulement du carbonate de soude, lequel est, comme on sait, dépourvu d'action saponifiante sur les graisses neutres; le dédoublement de ces dernières ne peut donc pas être mis sur le compte de l'alcalinité du suc intestinal. En présence des résultats annoncés par SCHIFF, il y aurait véritablement lieu de douter que l'accès du suc pancréatique ait été complètement empêché dans ses expériences, si sa méthode complexe ne comportait en réalité encore d'autres interprétations. Il faut évidemment songer à la possibilité d'une dissolution de l'albumine, et d'une saponification des graisses par des diastases d'origine microbienne.

On peut admettre que les actes digestifs prennent fin dans l'intestin grêle et que le gros intestin n'y a qu'une bien faible part (Voyez article **Excréments**). Chez une malade

---

1. DASTRE. *Recherches sur la bile* (B. B., 1887, 782 et A. de P., 1890, 323).
2. THIRY (Ak. W., L, 77, 1864).
3. SCHIFF. *Le suc intestinal des mammifères comme agent de la digestion* (A. de P., 1892, 699).

étudiée par Macfadyen, Nencki et Sieber[1], une fistule située au confluent de l'iléon et du cæcum donnait issue à la masse alimentaire tout entière, après qu'elle avait subi l'action de l'estomac et de l'intestin grêle sur toute son étendue. Cette malade fut soumise à un régime alimentaire composé de pain, viande, œufs, etc., le tout renfermant journellement 10^{gr},60 d'azote; soit 70^{gr},7 de matières albuminoïdes. On appréciait la durée du séjour des aliments dans le tube digestif par le temps que mettaient des pois verts ingérés à apparaître à la fistule. Cette durée était très variable : les premiers pois apparaissaient au bout de deux heures et demie dans un cas, et cinq heures un quart dans un autre ; les derniers au bout de quatorze heures et vingt-trois heures. Les matières qui s'écoulaient par la fistule, de consistance plus ou moins épaisse, avaient une odeur faible d'acides gras, parfois d'indol, et contenaient 5 à 10 p. 100 de matières solides. La quantité de vingt-quatre heures était de 550 grammes avec 4,9 p. 100 de résidu solide pour les matières les plus liquides, et de 232 grammes avec 11,23 p. 100 de résidu sec, lorsqu'elles étaient le plus compactes. En moyenne, il était donc évacué par la fistule 26^{gr},5 de matières renfermant 1^{gr},61 d'azote correspondant à 10,06 de matières albuminoïdes. Or, comme la malade en recevait journellement 70,7, on voit qu'il en avait été digéré et résorbé dans l'estomac et l'intestin grêle 85,75 p. 100, et qu'il n'y en avait que un septième qui fût réservé à la digestion et à l'absorption dans le gros intestin. Duclaux, qui a analysé ce travail, regrette que les expérimentateurs n'aient donné aucun résultat pour le carbone et l'hydrogène, et il tâche d'y suppléer en calculant à l'aide des tables de rations la quantité de matières sèches du régime alimentaire. Il trouve de la sorte que l'absorption totale était encore plus grande que pour l'azote, et que, en somme, si un septième des aliments azotés échappait à l'intestin grêle, environ un quatorzième seulement des aliments non azotés était réservé à l'absorption dans le gros intestin. « On se demande alors quelle eût été l'action du gros intestin sur ce faible résidu s'élevant en moyenne à 8 ou 9 p. 100 de la matière alimentaire ingérée. A l'état normal, ce résidu étant de 5 à 6 p. 100, l'action du gros intestin paraît donc négligeable. »

5° **Rôle des microrganismes dans la digestion.** — Depuis que Pasteur et Duclaux ont attiré l'attention sur l'importance que doivent avoir les microbes dans l'ensemble des processus digestifs, un grand nombre d'auteurs se sont occupés de cette question. La bibliographie complète pourra en être faite dans les articles spéciaux ; nous nous bornerons ici à un aperçu général. L'intervention des microrganismes dans la digestion paraît déjà très vraisemblable, quand on remarque la présence dans l'intestin de certains gaz, tels que hydrogène, hydrogène sulfuré, hydrogène carboné, acide carbonique ; car ces gaz sont produits dans les processus de fermentation par les anaérobies, tandis qu'aucune diastase connue ne peut leur donner naissance en quantité appréciable. D'autre part, plaide aussi dans ce sens l'existence dans le tube digestif de produits avancés de décomposition des albuminoïdes: acides gras (acétique, lactique, butyrique), indol, phénol, scatol. On sait, en effet, que les ferments solubles du pancréas sont incapables de produire une telle dislocation moléculaire. On peut donc dire, avec Duclaux, que les produits de transformation avancée des substances alimentaires sont l'œuvre des ferments figurés. Mais il n'est pas facile d'estimer à sa valeur la part que prennent les microbes à la digestion, à côté des ferments solubles provenant des glandes. Duclaux se défend d'avoir jamais soutenu l'opinion qu'on lui a prêtée que sans les microbes la digestion serait impossible. Il a dit seulement que les digestions artificielles, surtout pancréatiques, avaient été troublées par des microbes; que la digestion de la cellulose lui paraissait une pure affaire de microbes et que peut-être la moitié de la digestion totale était attribuable aux actions microbiennes[2]. Mais Pasteur s'est plus avancé. Rendant compte à l'Académie des sciences des travaux de Duclaux « sur la germination dans un sol riche en matières organiques, mais exempt de microbes », il déclara que « depuis des années il désirait voir un expérimentateur tenter d'élever un animal mis dans un air pur dès sa naissance,

1. Macfadyen, Nencki et Sieber. *Untersuchungen über die chemischen Vorgänge in menschlichen Dünndarm* (*A. P. P.*, xxviii). Analyse de ce travail par Duclaux dans *Ann. de l'Inst. Pasteur*, v, 1891, 406.

2. Voy. Duclaux. *Digestion intestinale* (*C. R.*, xciv, 877, 1884) et *Digestion des matières grasses et cellulosiques* (*Ibid.*, 976).

avec une nourriture privée de germes, car il était convaincu que la vie dans ces conditions deviendrait impossible ». L'expérience désirée par PASTEUR a été récemment réalisée
par NUTALL et THIERFELDER[1], mais elle n'a pas confirmé son hypothèse; en effet, ces
auteurs ont réussi à faire vivre un cobaye extrait par opération césarienne dans un milieu
stérilisé en le nourrissant pendant huit jours avec du lait stérilisé. Au bout de ce temps
l'animal fut tué : ses excréments étaient stériles. Quoi qu'il en soit, on peut admettre,
étant donnée l'existence à l'état normal dans toute l'étendue du tube digestif de nombreuses espèces de microbes, que ceux-ci sont de puissants adjuvants des ferments solubles dans la digestion par suite, des modifications de matières qu'ils opèrent, soit par
les diastases qu'ils sécrètent, soit par leur vie propre. On a réussi en effet à isoler et à
cultiver un grand nombre de ces microbes, et on s'est assuré de leurs propriétés digestives
en les faisant agir *in vitro* sur diverses substances alimentaires.

MILLER, qui a isolé 25 espèces de bactéries habitant dans la bouche (12 coccus et
13 bacilles), indique que certaines d'entre elles produisent la fermentation lactique des
matières féculentes et sucrées, et d'autres l'interversion du sucre de canne. VIGNAL[2] a
isolé 19 espèces de microbes dans le tartre lingual et dentaire. Certaines de ces bactéries
sont déjà connues; ce sont : *Staphylococcus aureus* et *albus*, le *Bacterium termo*, le *Bacillus
subtilis*, le *Bacille de la pomme de terre*, le *Leptothrix buccalis*, le *Vibrio rugula*, le *Micrococcus Pasteuri*. D'autres encore non décrits sont désignées par les lettres *a, b, c, d*, etc.
Beaucoup d'auteurs ont étudié les microbes des matières fécales. On y a trouvé : le
Bacterium termo, le *Bacillus subtilis*, un *Saccharomyces*, le *Bacterium coli commune* (ESCHE-
RICH), le *Bacillus cavicida* (BRIEGER), le *Bacillus coprogenes parvus* et le *Bacillus putrificus
coli* (BIENSTOCK), le *Streptococcus des selles* (CORNIL et BABÈS) et un grand nombre de
Micrococcus. VIGNAL (*loc. cit.*), qui a étudié aussi les microbes des selles, évalue leur
nombre à plus de 20 millions par décigramme de matières fécales; il en a isolé 10 espèces,
dont six existaient aussi dans la bouche. Contrairement à BIENSTOCK, qui prétendait que
les selles ne renferment pas de microcoques, il y a trouvé deux coccus. D'après les
recherches de BIENSTOCK[3], le *Bacillus putrificus coli* décompose l'albumine en donnant
naissance aux produits ordinaires de cette décomposition : peptones, leucine, tyrosine,
acides gras volatils, ammoniaque, indol, phénol, scatol, hydrogène sulfuré; un autre
bacille agit spécialement sur les solutions sucrées en produisant de l'alcool et de l'acide
lactique. D'après BRIEGER[4], un coccus qui se trouve dans les selles donne naissance,
aux dépens du sucre de raisin et du sucre de canne, à de l'alcool éthylique et parfois
à de l'acide acétique. Parmi les différents microbes isolés par VIGNAL de la salive et
des fèces, 7 dissolvaient plus ou moins rapidement l'albumine; 5 la gonflaient ou la rendaient transparente; 10 dissolvaient la fibrine : 3 la gonflaient ou la rendaient transparente; 8 dissolvaient le gluten; 4 transformaient l'amidon ou paraissaient vivre à ses
dépens; 9 coagulaient le lait; 6 dissolvaient la caséine; 24 transformaient le lactose en
acide lactique : 11 intervertissaient le sucre de canne; 10 faisaient fermenter le glycose
et le transformaient plus ou moins énergiquement en alcool.

Dans l'estomac vivent aussi de nombreux microbes. DE BARY[5] y a trouvé une sarcine
(*Sarcina ventriculi*), *Oidium lactis*, *Bacillus amylobacter*, *Leptothrix buccalis*, *Bacillus geni-
culatus*. ABELOUS[6] y a rencontré de plus le *Bacillus pyocyaneus*, le *Bacterium lactis aerogenes*, le *Bacillus subtilis*, le *Vibrio rugula*, le *Bacillus megaterium* (?) et en outre 9 autres
espèces qu'il désigne par les lettres *a, b, c*, etc., ne pouvant les rapporter d'une façon
sûre à aucune espèce connue : en tout 2 microcoques, 13 bacilles et 1 vibrion. Ces mi-

1. NUTALL et THIERFELDER. *Thierisches Leben ohne Bacterien im Verdauungscanal* (Z. p. C.,
XXI, 109).
2. VIGNAL. *Recherches sur l'action des microorganismes de la bouche sur quelques substances
alimentaires.* — *Recherches sur les microorganismes des matières fécales* (A. de P., 15 nov. 1885,
1 oct. 1887, 15 nov. 1887).
3. BIENSTOCK (*Fortschritte der Medicin*, I, 609, 1883).
4. BRIEGER. *Ueber Spaltungsprodukte der Bacterien* (Z. p. C., VIII, 308, 1883).
5. DE BARY. *Beitrag zur Kenntniss der niederen Organismen im Mageninhalte* (A. P. P., XX,
243-271, 1886).
6. ABELOUS. *Recherches sur les microbes de l'estomac à l'état normal et leur action sur les substances alimentaires* (Th. de doct., Montpellier, 1887).

crobes exercent tous une action plus ou moins profonde sur une ou plusieurs substances alimentaires, soit par les diastases qu'ils sécrètent (et dans ce cas les transformations qu'ils opèrent sont peu profondes), soit en raison de leur vie propre (et alors les transformations sont profondes et accompagnées de dégagement de gaz). On ne peut pas toutefois conclure que ces modifications des aliments obtenues *in vitro* se passent réellement dans l'estomac. Pour DUCLAUX, la digestion stomacale incombe en entier ou à peu près au suc gastrique. Les matières albuminoïdes, dit-il, sont en effet très difficilement attaquables par les microbes en milieux acides qui, au contraire, sont favorables à l'attaque des substances hydrocarbonées telles que les sucres. Il ne faut pourtant pas une acidité trop forte, et dans l'estomac les seules actions microbiennes un peu actives sont la fermentation des jus sucrés sous l'influence des levures, et un commencement d'attaque des mêmes sucres, surtout du sucre de lait, par le ferment lactique.

Les microbes vivant dans l'intestin ont pu être étudiés dans les cas de fistule. MACFA-DYEN, NENCKI, et SIEBER (*loc. cit.*) ont isolé des matières de l'intestin grêle : 1º un bacille court, analogue au *Bact. coli commune*, donnant comme lui avec le sucre de l'alcool éthylique, de l'acide acétique et de l'acide lactique; mais en différant parce qu'il donne de l'acide lactique inactif, tandis que le *Bact. coli* donne de l'acide lactique droit; du reste aucune action, pour l'un comme pour l'autre, sur l'albumine; 2º un streptococcus appelé *S. liquefaciens ilei*, qui n'agit aussi que sur le sucre en le transformant partiellement en acide lactique inactif; 3º un bâtonnet court, à extrémités arrondies, peu mobile, inactif sur l'albumine, mais donnant avec le sucre de l'acide lactique gauche, comme l'a constaté FREY (*Bacterium ilei Frey*); 4º un bâtonnet mobile, à la façon des bacilles du choléra, s'attaquant peu aux dextroses et mieux à la viande (*B. liquefaciens ilei*); 5º un bâtonnet court et en forme de coccus (*Bact. ovale ilei*) donnant avec le sucre de l'alcool et de l'acide paralactique; 6º un bacille mobile se comportant vis-à-vis du sucre comme le précédent; 7º un bâtonnet court, vraisemblablement identique avec le *Bact. lactis aerogenes* d'ESCHERICH, qui est anaérobie et fait fermenter le sucre avec dégagement d'acide carbonique et d'hydrogène. Les auteurs de ces recherches se sont demandé quelle est la part exercée par ces ferments sur les matières albuminoïdes dans le trajet au travers de l'estomac et de l'intestin grêle. En présence de la réaction acide de la masse qui s'écoulait par la fistule, de son odeur faiblement putride, il semblait bien qu'il n'y avait pas eu intervention active des ferments de la putréfaction. Du reste, on n'y trouvait ni hydrogène sulfuré, ni mercaptan, ni leucine, ni tyrosine, ni d'autres acides que l'acide acétique et les acides lactiques qu'on peut supposer provenir de la fermentation des substances hydrocarbonées. De là les auteurs concluent que « normalement, dans l'intestin grêle, les microbes n'ont aucune part, ou seulement une part très faible, à la décomposition de l'albumine ». Affirmation excessive, d'après DUCLAUX, parce que le premier effet de l'action des ferments des matières albuminoïdes est la peptonisation; c'est même là le seul effet des diastases qu'ils sécrètent, fait que DUCLAUX avait annoncé le premier, et qui a été confirmé par HARRIS et TOOTH. C'est seulement plus tard que les microbes transforment les peptones en ces corps divers cherchés par MACFADYEN, NENCKI et SIEBER [1]. Contentons nous donc, ajoute DUCLAUX, de dire que l'action de ces microbes dans l'intestin grêle est sans doute faible sur les matières albuminoïdes, plus forte sur les matières hydrocarbonées, sans que rien ne nous indique encore le quantum de l'action, qui doit être du reste variable suivant les estomacs, les jours et les régimes alimentaires.

IV. Digestion dans la série animale. — Les phénomènes digestifs que nous venons d'analyser chez les animaux supérieurs doivent se retrouver dans ce qu'ils ont d'essen-

---

[1]. Certains auteurs pensent que les produits aromatiques qui apparaissent dans la digestion intestinale peuvent prendre naissance indépendamment de toute action microbienne. D'après BAUMANN, les acides aromatiques passent encore dans l'urine, même après une énergique désinfection intestinale. Cette opinion serait confirmée par une intéressante expérience de NUTALL et THIERFELDER (*Thierisches Leben ohne Bacterien im Verdauungscanal, II Mittheilung.* — *Z. p. C.,* XXII, 1, 62 et *A. P.,* 3 mars 1896, 363). Ces expérimentateurs, poursuivant les recherches dont nous avons parlé plus haut, ont constaté que l'urine de deux cobayes, nourris d'aliments stérilisés et maintenus dans un air pur dès la naissance, donnait très notablement la réaction des acides aromatiques (couleur rouge par chauffage doux avec réactif de MILLON).

tiel pour tous les types zoologiques. Ce sont les mêmes procédés que la nature met en
œuvre chez tous les êtres pour la transformation des aliments; c'est-à-dire que partout
cette transformation a lieu sous l'influence de ferments solubles ou diastases. De quelle
nature sont ces diastases? Quelles analogies présentent-elles dans leur mode d'action
avec celles des animaux supérieurs et quelles différences? Dans quels organes se for-
ment-elles? Telles sont les questions que doit particulièrement envisager la physiologie
comparée de la digestion. Nous allons donc passer en revue systématiquement toutes
les grandes divisions zoologiques et étudier les processus digestifs pour les êtres qui
composent chacune d'elles. Mais auparavant remarquons que, si l'acte digestif est essentiellement de même nature chez tous les animaux, il présente cependant de grandes différences sous le rapport de la localisation fonctionnelle. Chez la plus grande partie des
animaux, la digestion se fait dans une cavité limitée par l'entoderme, la cavité du tube
digestif, sous l'influence des sucs qui y sont déversés et qui sont eux-mêmes un produit de sécrétion des cellules entodermiques. Le phénomène de la digestion est donc pour
eux manifestement extérieur à leur organisme. Or nous savons que chez les êtres les
plus simples, les protozoaires, il n'y a point de cavité digestive. Ces animaux doivent
donc avoir un mode de digestion particulier; car il est clair que, s'ils sécrétaient à l'extérieur leurs ferments digestifs, ceux-ci diffuseraient dans le milieu ambiant et seraient
perdus pour l'animal. Ce n'est pas toutefois que des êtres inférieurs ne puissent modifier
par ce procédé le milieu dans lequel ils vivent de façon à le rendre nutritif pour leur
substance; il suffit de rappeler que la levure de bière, ensemencée dans une solution de
sucre de canne, qu'elle ne peut utiliser directement pour sa nutrition, intervertit ce sucre
par un produit de sécrétion, la *sucrase*, de manière à la rendre assimilable. La levure
digère véritablement le sucre de canne à la façon d'un animal supérieur. Mais d'une manière générale, les animaux procèdent autrement; au lieu de déverser leurs sucs digestifs
dans le milieu qui les entoure, pour en modifier la composition, ils attirent dans l'intérieur même de leur masse protoplasmique les substances alimentaires qui doivent subir
l'action digestive. Chez eux la digestion est *intra-cellulaire*, pour employer l'expression
adoptée depuis les travaux de Metschnikow sur ce sujet. Ce mode de nutrition est commun à tous les protozoaires; mais de plus, il se rencontre chez un certain nombre d'animaux inférieurs pourvus d'une véritable cavité digestive. Occupons-nous donc tout
d'abord de cette digestion intra-cellulaire avant d'aborder l'étude de la digestion ordinaire par ferments sécrétés dans une cavité digestive.

A. Digestion intra-cellulaire. — Si l'on répand dans de l'eau contenant des amibes
des particules solides finement divisées, par exemple des grains de carmin, ainsi que
Gleichen[1] en eut le premier l'ingénieuse idée, on sait que l'on retrouve bientôt beaucoup
de ces corpuscules dans la masse protoplasmique du corps des amibes. Ces êtres unicellulaires ont donc la propriété de capter les corps solides en suspension dans le milieu
extérieur. Ce n'est pas tout; si le corps ingéré est digestible, il se dissout dans le sarcode
et y subit une véritable digestion. Cette digestion intracellulaire n'est pas spéciale aux
protozoaires; en effet, chez quelques métazoaires inférieurs, les cellules de l'entoderme
et même aussi celles de l'ectoderme, possèdent la même propriété de capter la nourriture pour lui faire subir les modifications digestives dans l'intérieur même de leur protoplasma; il en est de même pour les cellules amiboïdes du mésoderme chez les éponges.
Enfin on peut reconnaître aussi une telle propriété aux cellules entodermiques pendant
les premiers stades de l'évolution embryogénique, même chez les animaux supérieurs.
Digestion intracellulaire chez les protozoaires, les métazoaires inférieurs et chez l'embryon, tel est donc notre plan d'étude. Nous laisserons de côté toute la partie du phénomène qui se rapporte aux cellules migratrices du mésoderme; elle sera en effet suffisamment indiquée aux articles **Phagocytose** et **Diapédèse**, IV, 858.

1° *Digestion intra-cellulaire chez les Protozoaires.* — Chez les protozoaires les plus inférieurs, les *Rhizopodes*, le protoplasma est une masse fluide, séparée de l'eau ambiante
par une tension superficielle extrêmement faible; il se répand à la surface des corps
solides, sous forme d'expansions filiformes, appelées pseudopodes ou rhizopodes; sa
réfrangibilité est si voisine de celle de l'eau, que le contour de ces expansions serait

1. Gleichen. *Abhandlung über die Saamen und Infusionsthierchen*, 1778, 140.

invisible sans la présence de granulations à leur intérieur. Lorsque deux expansions se rencontrent, elles se fusionnent en confondant leur substance, et le protoplasma peut affecter de la sorte l'aspect d'un réseau, par suite de l'anastomose des pseudopodes. Si un corps étranger en suspension dans l'eau vient à toucher un des pseudopodes, il y adhère en le déprimant à cause de la faible tension superficielle qui limite le protoplasma. Au point de contact se produit une varicosité protoplasmique qui finit par englober totalement le corps étranger. Si ce dernier est nutritif, il s'y dissout et disparaît; s'il contient des particules insolubles, celles-ci sont abandonnées à l'extérieur après qu'elles ont séjourné un certain temps dans le sarcode; c'est ce qui arrive pour les grains d'amidon qui sont rejetés, non sans avoir subi de notables modifications; si le corps étranger est un être vivant, un infusoire cilié par exemple, on le voit nager quelque temps dans le protoplasma comme dans de l'eau, puis y périr et s'y dissoudre.

Chez des protozoaires un peu plus élevés, les amibes, la partie externe du protoplasma ou ectoplasme, acquiert un peu plus de consistance, et se trouve séparée de l'eau par une forte tension superficielle. Aussi les pseudopodes sont-ils obtus, et n'arrivent-ils jamais à se fusionner par leurs extrémités, à moins qu'une force n'intervienne qui soit capable de surmonter la résistance de cette tension superficielle. Une autre conséquence de cette forte séparation du protoplasma d'avec le milieu sera que les corpuscules en suspension dans l'eau ne pourront toucher l'amibe; c'est là le même phénomène que l'on observe lorsque deux liquides de densités très différentes sont superposés, de l'huile et de l'eau par exemple; si un corpuscule mouillé par l'huile, soit un grain de limaille métallique, arrive au contact de la surface de l'eau, il déprime cette surface, de façon à y creuser une cupule remplie par l'huile; si la pesanteur agit plus énergiquement, la cupule se refermera, et le corpuscule se trouvera inclus dans une goutte d'huile qui elle-même sera incluse dans l'eau. Il en est de même pour l'amibe dans le phénomène de l'ingestion des particules solides en suspension[1]; celles-ci ne pénètrent dans le protoplasma de l'amibe qu'entourées d'une couche d'eau, et ainsi se forme dans le sarcode une *vacuole*, véritable cavité digestive adventice, dans laquelle la substance ingérée va être dissoute si elle est digestible. Ainsi les corps étrangers ingérés ne touchent pas l'amibe, et, si la digestion y est intra-cellulaire, on peut dire qu'elle est extra-protoplasmique. De même que chez les rhizopodes, l'ingestion chez l'amibe doit être suivie d'une éjection des parties insolubles des aliments; c'est par une rupture de la vacuole que ce dernier phénomène a lieu. Le Dantec en a bien fait ressortir tout le caractère physique; il calcule que la pression doit être très grande à l'intérieur de cette vacuole de dimensions très petites, en raison même de la forte tension superficielle. « Cette pression explique ce qui se passe lorsque les déformations du corps ramènent au voisinage de la surface de l'amibe une vacuole qui vient de se former; elle se rompt brusquement et projette à l'extérieur le corps qu'elle contenait. » Il fait observer, en outre, l'importance de ces conditions, pour l'explication des phénomènes de diffusibilité dont la vacuole est le siège; nous en parlerons plus loin, ainsi que de la sécrétion acide qui s'y produit; achevons pour l'instant l'étude de la captation de la nourriture par les protozoaires.

Chez l'*Actinosphœrium*, les corpuscules nutritifs solides pénètrent aussi dans l'intérieur du corps, comme chez l'amibe; mais, dit Gegenbaur[2], « lès pseudopodes n'agissent ici qu'indirectement, en ce qu'ils amènent la proie vers le corps, sur un point déterminé de la couche corticale où, le parenchyme cédant, elle pénètre dans son intérieur. Le cas comparé aux Rhizopodes présente ceci de particulier, que la proie n'est pas enveloppée par le protoplasme amorphe des pseudopodes, mais pénètre directement dans la partie différenciée du corps. »

Chez les *Acinétiens*, les prolongements rayonnants du sarcode agissent comme des suçoirs. Leurs extrémités cupuliformes s'appliquent à la surface de la proie (généralement des infusoires), et la substance de celle-ci se transporte en un courant continu par les pseudopodes jouant le rôle de tubes, dans le parenchyme du corps de l'acinète.

1. Pour tous les phénomènes physiques d'ingestion chez les protozoaires, voyez Le Dantec. *La Matière vivante (Encycl. des Aides mémoires Léauté)*.
2. Gegenbaur. *Manuel d'anatomie comparée*. Trad. C. Vogt, p. 98.

Ces faits peuvent servir de transition pour passer au cas plus complexe de l'ingestion de la nourriture chez les infusoires ciliés. Dans les exemples précédents l'ingestion, aussi bien que l'éjection des particules solides, s'opérait sur un point quelconque de la surface du sarcode. Chez les infusoires ciliés le phénomène se localise en un point spécial ayant la forme d'une fente logée au fond d'une dépression ou vestibule. C'est une véritable bouche; il peut y avoir aussi un point déterminé pour l'éjection ou anus. Le vestibule est garni d'appareils vibratiles particuliers dont le mouvement occasionne un remous propre à entraîner les corpuscules vers la bouche, avec assez de force pour déprimer la substance protoplasmique du corps, plus molle en cet endroit que sur le reste du corps, et y déterminer la formation d'une vacuole, de même nature que chez l'amibe. Ce phénomène a été parfaitement décrit par Dujardin : « Le courant produit dans le liquide (par le mouvement vibratile) vient heurter incessamment le fond de la bouche qui est occupé seulement par la substance gélatineuse vivante de l'intérieur; il la creuse en forme de sac ou de tube fermé par en bas et de plus en plus profond, dans lequel on distingue par le tourbillon des molécules colorantes le remous que le liquide forme au fond. Les particules s'accumulent ainsi visiblement au fond de ce tube, sans qu'on puisse voir en cela autre chose que le résultat physique de l'action même du remous. En même temps que le tube se creuse de plus en plus, ses parois formées, non par une membrane, mais par la substance glutineuse seule, tendent sans cesse à se rapprocher en raison de la viscosité de cette substance et de la pression des parties voisines; enfin elles finissent par se rapprocher tout à fait et se soudent vers le milieu de la longueur du tube en interceptant toute la cavité du fond sous la forme d'une vésicule remplie d'eau et de matières colorantes. » Il peut se former ainsi plusieurs vacuoles dans le corps de l'infusoire par l'ingestion d'une série de corpuscules solides : c'est ce qui avait fait croire à Ehrenberg à une complication excessive des organes digestifs chez les infusoires; cet observateur avait pris en effet pour autant d'estomacs reliés entre eux les diverses vacuoles remplies par les bols alimentaires (*Infusoires polygastriques*). En réalité, il n'y a aucune trace d'appareil digestif, pas plus chez les infusoires que chez les autres protozoaires plus simples; les bols alimentaires s'accumulent dans le sarcode et y cheminent sans suivre aucune voie préétablie; l'ingestion semble limitée par une sorte de pléthore mettant obstacle à la formation de nouvelles vacuoles. Les protozoaires les plus rudimentaires, les infusoires à tourbillon (*vorticelles, stentors*) ingèrent sans distinction tous les corpuscules, nutritifs ou non, en suspension dans le milieu ambiant : ainsi les matières colorantes que l'on emploie pour étudier commodément le phénomène ne sont pas nutritives. Toutefois, chez certains infusoires dits *capteurs* (*glaucomes, prorodons*, etc.) l'ingestion devient beaucoup plus complexe; ces animaux paraissent en effet opérer un choix dans leur nourriture, et, s'ils ingèrent les substances non nutritives, c'est que celles-ci sont adhérentes à des matières véritablement alimentaires. Il faut encore noter que beaucoup de protozoaires vivent dans des milieux très richement peuplés en organismes unicellulaires, entre autres en bactéries dont ils font leur pâture. Ainsi on peut voir différentes sortes d'amibes s'incorporer des bacilles vivants; ceux-ci subissent bientôt dans le protoplasme de l'amibe des transformations indiquant une digestion; car ils deviennent aptes à se colorer par la vésuvine[1], alors que vivants ils résistent à ce colorant. Des conditions semblables s'observent pour les bactéries ingérées par les vorticelles et autres (Metschnikoff). De même B. Hofer caractérise bien cette digestion des amibes en démontrant que, plus la nourriture est altérée dans l'intérieur de ces rhizopodes, plus elle se colore par les couleurs d'aniline[2].

La vacuole une fois formée devient le théâtre de certains phénomènes sur lesquels il nous faut maintenant porter notre attention. Elle est le siège de phénomènes de diffusion extrêmement rapides; l'exemple suivant, cité par Le Dantec (*loc. cit.*), en est la preuve. Si le corps ingéré est un fragment d'oscillaire, algue possédant un pigment bleu, la *phycocyanine*, surajouté à la chlorophylle, ce pigment se répand avec une extrême rapidité dans le liquide de la vacuole, qui devient bleue, alors que l'oscillaire primitivement vert bleue, devient verte; or cette diffusion du pigment de l'algue serait beaucoup moins

---

1. El. Metschnikoff. *Leçons sur la pathologie comparée de l'inflammation*, 1892, 23.
2. B. Hofer (*Jenaische Zeitschr.*, 1889, xxiv, 109).

rapide dans l'eau ambiante; il y a par conséquent dans la vacuole des conditions de diffusibilité très spéciales. La vacuole va donc pouvoir s'enrichir de substances nouvelles empruntées au protoplasma qui l'entoure et qui y passeront par diffusion. En fait, il faut bien admettre que des substances diastasiques y sont déversées, puisque nous voyons les matières alimentaires y être digérées; l'albumine s'y dissout sans doute sous l'action d'un ferment protéolytique; il n'est point téméraire de l'avancer, car KRUKENBERG[1] a depuis longtemps montré qu'on peut extraire de la pepsine des plasmodies de myxomycètes; l'amidon s'y dissout aussi; il en est de même de la cellulose. Cette dernière est même digérée très activement par certains protozoaires qui ont besoin de percer l'enveloppe cellulosique des cellules végétales pour se nourrir de leur contenu (par exemple la *Vampyrelle* du *Spirogyra* étudiée par CIENKOWSKY[2]). Mais, outre cette formation de diastase, il se produit dans la vacuole un autre phénomène très intéressant qui a été bien étudié dans ces derniers temps : le contenu de la vacuole devient acide. Au début, comme nous l'avons dit, le liquide intra-vacuolaire n'est que de l'eau provenant du milieu ambiant: il en possède l'alcalinité; peu à peu le liquide devient acide, comme sous l'influence d'une sorte de sécrétion du protoplasma. Le phénomène est facile à constater en provoquant expérimentalement l'ingestion de grains de tournesol. C'est ainsi qu'ENGELMANN a vu des grains de tournesol bleu virer au rouge chez les *Stylonychia*, *Paramecium aurelia* et une espèce d'amibes; seulement il eut le tort d'attribuer la réaction acide qu'il observait au protoplasma lui-même. Car il est remarquable au contraire que le protoplasma demeure alcalin à côté des vacuoles acides, comme le montra METSCHNIKOFF[3] chez les *Stylonychia* et les *Vorticella convallaria*. Le tournesol n'est cependant pas un réactif des plus sensibles pour l'analyse de ce phénomène délicat; il ne vire qu'avec une acidité notable; de plus il faut remarquer que, dès que le grain de tournesol est rejeté à l'extérieur, il redevient immédiatement bleu par suite de l'alcalescence de l'eau. Ces faits expliquent pourquoi certains expérimentateurs, GREENWOOD[4] entre autres, ont méconnu la production d'acide chez certains protozoaires, d'après LE DANTEC[5]. Ce dernier a indiqué les précautions à prendre pour bien mettre en évidence le phénomène; en atténuant l'alcalinité primitive du tournesol, il réussit à démontrer la formation d'acide chez un grand nombre d'espèces, mais il n'y parvint pas pour les infusoires; à part *Vorticella microstoma*, aucun *Péritriche* ne lui donna la réaction acide. Par contre, en employant l'alizarine sulfoconjuguée, matière brun orangé qui vire au violet en présence des bases et au jaune en présence des acides, il put déceler la formation de l'acide dans la vacuole des infusoires. En étudiant par cette méthode l'ingestion chez les *Péritriches* (comme type *Carchesium*), il vit que le corps de l'animal se trouve bientôt bourré de vacuoles teintées de couleurs différentes suivant leur âge. Il conclut que chez tous les infusoires qu'il a étudiés, la vacuole digestive est le siège d'une sécrétion acide qui neutralise d'abord l'alcalinité de l'eau ingérée et qui continue quand la neutralité est atteinte, de façon à donner au contenu de la vacuole une acidité effective; que cette sécrétion se manifeste avec la même intensité dans la vacuole contenant des matières solides animales, végétales ou minérales; que du reste il y a des différences considérables dans la rapidité de la sécrétion d'acide suivant les diverses espèces, ce qui semble indiquer des différences notables dans la constitution du protoplasma chez ces espèces; enfin que chez toutes les espèces de protozoaires où le tournesol donne des résultats, on peut ajouter que l'acide sécrété semble le même et que c'est un acide fort. Plus récemment, GREENWOOD et E. R. SAUNDERS[6] ont publié d'autres observations sur ce sujet; ils ont décelé la présence de la liqueur acide par les changements de couleur du tournesol, du rouge du congo et du sulfate d'alizarine, ainsi que par des solutions de phosphates de chaux et de magnésie; ils ont trouvé, eux aussi, que chez les infusoires il y a formation de vacuoles

1. KRUKENBERG. *Ueber ein peptisches Ferment im Plasmodium der Myxomycœten und im Eidotter vom Huhn* (Unters. des physiol. Inst. zu Heidelberg, 273, 1878).
2. CIENKOWSKY. *Beiträge zur Kenntniss der Monaden* (Arch. f. mikrosk. Anat.; I, 203, 1865).
3. METSCHNIKOFF. *Recherches sur la digestion intra-cellulaire* (Ann. de l'Institut Pasteur, 1889, 28).
4. GREENWOOD. *On the Digestive Process in some Rhizopods* (J. P., VII, n° 3 et VIII, 263).
5. LE DANTEC, *Recherches sur la digestion intra-cellulaire chez les protozoaires* (Ann. de l'Institut Pasteur, 1890, 776 et 1891, 163).
6. GREENWOOD et SAUNDERS. *On the role of acid in Protozoan Digestion* (J. P., VI, 441, 1894).

contenant cette liqueur acide. Mais ils admettent que la formation de l'acide précède celle de la vacuole; qu'elle est due au stimulus exercé par la matière solide ingérée sur le protoplasma, et que d'ailleurs, quoique la sécrétion d'acide se forme autour de tous les ingesta, les véritables vacuoles digestives ne se produisent que pour les matières nutritives. Le Dantec s'élève avec force contre de telles conceptions. Dans son livre sur la matière vivante (*loc. cit.*), il fait ressortir avec talent que tous les phénomènes observés reçoivent une interprétation satisfaisante dans l'analyse des conditions physiques où se trouve la vacuole par rapport au protoplasma. Aussi, dit-il, n'y a-t-il pas à rechercher, comme Greenwood, si la présence d'un corps solide *quelconque* dans la vacuole détermine la sécrétion, si cette sécrétion est la même, que le corps solide inclus dans la vacuole soit nutritive ou indigeste, etc. Les résultats expérimentaux, en répondant affirmativement à toutes ces questions, ont permis de conclure qu'elles ne se posent pas, qu'il n'y a pas sécrétion (dans le sens qu'on attache à ce mot en physiologie), mais bien un phénomène devant être attribué à *l'activité physique propre*, aux propriétés physiques spéciales d'une goutte d'eau de dimensions très exiguës placée dans un protoplasma dont elle est séparée par une forte tension superficielle. Mais nous n'avons pas à insister sur ces faits qui sont, somme toute, en dehors de notre sujet, et qui concernent plutôt le mécanisme des sécrétions; il nous suffit de constater la présence de l'acide dans la vacuole à un moment donné pour saisir toute la portée du phénomène au point de vue de l'acte digestif. Il est clair, en effet, que cet acide doit jouer un rôle considérable dans la dissolution des albuminoïdes, si l'on suppose qu'un ferment analogue à la pepsine des animaux supérieurs s'y trouve associé. Or Krukenberg, après avoir constaté l'existence de la pepsine dans les protoplasmas des myxomycètes, considérait ce ferment comme devant demeurer inactif parce qu'il se trouvait dans un milieu alcalin. Reinke et Greenwood considéraient aussi, pour cette raison, la pepsine des myxomycètes comme une production de luxe, absolument inutile à l'économie de la plasmodie. Mais cette interprétation n'a plus de raison d'être en présence de la constatation si nette de l'acidité de la vacuole des protozoaires, constatation qui du reste a été faite aussi pour les protoplasmas de myxomycètes; car Metschnikoff[1] a vu que divers plasmodiums faisaient virer au rouge les grains de tournesol qu'ils ingéraient. Cet observateur, pour prouver que la pepsine n'apparaît point dans la plasmodie comme un corps de luxe et sans fonction, fait encore la remarque suivante : « Avant de former ses sporanges, le plasmodium cesse de prendre des corps étrangers et rejette ceux qui étaient englobés auparavant; pendant cet arrêt dans la fonction digestive, la production de la pepsine cesse complètement, ainsi que j'ai pu m'en convaincre sur la *Spumaria*. » L'hypothèse que la pepsine se trouve liée à un acide dans le liquide vacuolaire, comme dans le suc gastrique des animaux supérieurs, devient donc très séduisante.

2° *Digestion intracellulaire chez les métazoaires inférieurs.* — Une digestion intracellulaire se montre chez beaucoup de métazoaires, et non seulement chez ceux pour lequels le parasitisme a fait disparaître tout appareil digestif, mais encore chez nombre d'autres qui sont pourvus d'un tube digestif parfaitement différencié. Dans ce cas, les cellules de l'ectoderme ou de l'entoderme possèdent la propriété de capter les grains de nourriture de la même façon que le sarcode des protozoaires. Ce phénomène est aujourd'hui bien connu grâce aux remarquables travaux de Metschnikoff; c'est aux différents mémoires publiés par ce savant que nous empruntons les détails qui vont suivre. Les expériences de Trembley et de Baker pouvaient faire prévoir que, chez l'hydre, le processus digestif doit être différent de celui des animaux supérieurs; en effet, on ne saurait comprendre autrement comment un fragment de l'hydre peut régénérer l'être tout entier. En 1857, Lieberkühn[2] rapporta le fait que des éponges d'eau douce sont capables d'englober et de digérer des infusoires dans leurs cellules mésodermiques. Claus et Gegenbaur virent aussi en 1874 que des particules de nourriture pouvaient se trouver renfermées dans les cellules de l'entoderme des Siphonophores et communiquèrent oralement le fait à Metschnikoff. Ce dernier cite encore une intéressante observation d'Owsjannikow qui, chez un parasite des œufs du sterlet, analogue à l'hydre, mentionne dans

1. Metschnikoff. *Recherches sur la digestion intracellulaire* (*Ann. de l'Inst. Pasteur*, 1889, 27).
2. Lieberkühn (*Müller's Arch. für Anat. und Phys.*, 1857, 385).

la description des cellules de l'entoderme du parasite, un petit corpuscule fortement brillant, dont l'origine se rapporte indubitablement aux substances nutritives entrées dans l'intérieur de la cellule. Par contre, il s'élève contre une fausse interprétation de KRUKENBERG, qui rapporte à une digestion intracellulaire les faits signalés par ALEXANDRINI, BASSI et BLANCHARD; il ne s'agit, en effet, dans les observations de ces auteurs, que du passage des matières colorantes à l'état fluide, hors du canal intestinal dans le sang, chez les insectes, et BLANCHARD dit expressément que les substances nutritives passent dans le sang « en transsudant au travers des parois de l'intestin ». Il ne saurait donc être question ici de digestion intra-cellulaire; d'ailleurs, celle-ci ne se montre pas chez les insectes. METSCHNIKOFF[1] entreprit, en 1877, des recherches qui l'amenèrent à découvrir le processus de la digestion intra-cellulaire, chez un certain nombre de Vers turbellariés et chez les Célentérés. Il comprit aussi, dans le champ de ses études, les myxomycètes, avec la pensée que ces organismes représentent les parenchymes pluricellulaires les plus inférieurs. Depuis les recherches classiques de DU BARY, on savait que la plupart des myxomycètes sont capables, dans leur état de plasmodies, de s'incorporer différentes substances solides, comme grains de carmin, spores de champignons, etc. METSCHNIKOFF constata l'ingestion, à l'intérieur des plasmodies, non seulement de fines particules de matières colorantes ou de grains d'amidon, mais aussi de corps aussi gros que des grains de jaune d'œuf, ou des bandelettes de fibres musculaires de différents animaux, sans toutefois pouvoir y déceler un acte digestif; car toutes ces substances demeuraient dans la plasmodie vingt-quatre heures, ou plus longtemps encore, sans subir de modifications notables, puis étaient rejetées. Mais il obtint de meilleurs résultats, en nourrissant des plasmodies de Physarum (Phloebeomorpha rufa) avec des cellules de sclerotium rouge; ces cellules subissaient dans l'intérieur de la plasmodie des modifications indiquant une véritable digestion; elles devenaient pâles et diminuaient jusqu'à devenir indistinctes. Pour comprendre cette digestion, il faut se reporter à ce que nous avons dit plus haut de la production d'acide et de pepsine chez ces plasmodies.

Un des groupes les plus inférieurs des métazoaires, les Turbellariés, présente un intérêt tout particulier pour l'étude de la digestion intracellulaire. Plusieurs de ces vers, notamment dans le genre Convoluta, ne possèdent aucun canal digestif distinct; le fait n'est pas douteux, car il a été constaté par un assez grand nombre d'observateurs (METSCHNIKOFF, ULJANIN, SALENSKY, GRAFF), depuis que CLAPARÈDE l'a signalé en 1863 pour Convoluta minuta. METSCHNIKOFF le constata en 1865 pour les espèces de Convoluta, trouvées par lui à Naples (C. paradoxa, schultzii et sordida); il trouva notamment « que, chez ces turbellariés, il ne saurait être question d'organes digestifs distincts et que chez eux la nourriture passe directement de la bouche dans le parenchyme central du corps, où elle se modifie aussitôt, de telle sorte que les parties dures, chitineuses, seules restent[2] ». Cette absence de tube digestif ne saurait être généralisée à toute la classe des Turbellariés, mais la digestion intra-cellulaire se rencontre chez tels de ces vers qui possèdent un canal digestif complètement développé. C'est ce que METSCHNIKOFF prouva par ses observations sur quelques Turbellariés d'eau douce (1876), notamment sur deux sortes de Planaires et sur Mesostomum Ehrenbergii. Ce dernier ver est transparent et possède un canal digestif large tapissé de cellules cylindriques amiboïdes à noyau; il se nourrit d'autres vers, par exemple de Nais proboscidea. Après l'ingestion d'une telle proie, on trouve au bout d'une heure environ que la cavité intestinale du Merostomum est très rétrécie et ne contient plus que la cuticule du Naïs, tandis que les parties molles de celui-ci ont été englobées par les cellules intestinales. Les crochets, quelques autres parties dures, finissent même par passer dans les cellules digérantes. Si l'on nourrit les Naïs avec du carmin avant de les donner en pâture au Merostomum, on constate avec la plus grande facilité le passage de la matière colorante ingérée dans les cellules digérantes du ver. Les mêmes phénomènes apparaissaient chez les deux planaires (lactea et polychroa)

---

1. METSCHNIKOFF. Ueber die Verdauungsorgane einiger Süsswasserturbellarien (Zool. Anzeiger, 1878, 1, 387). — Ueber die intra-cellulare Verdauung bei Cœlenteraten (Ibid., 1880, III, 261). — Zur Lehre über die intracellulare Verdauung niederer Thiere (Ibid., 1882, v, 310).

2. METSCHNIKOFF (Zeitschr. des Ministeriums für Volksaufklärung, CXXIX, 1866 (en russe), 163-164).

étudiées par Metschnikoff; lorsqu'il déposait un de ces vers dans une goutte de sang contenant des grains de carmin et d'indigo, l'animal aspirait avec avidité le sang, et par là aussi, naturellement, une certaine quantité de particules colorées: en examinant alors aussitôt le canal intestinal du ver, il trouvait « sa lumière complètement effacée, tandis que les cellules intestinales paraissaient très grossies et contenaient dans leur intérieur une colossale quantité de globules rouges et respectivement de grains colorés ».

Bien qu'il soit démontré que le mode primitif de la digestion intracellulaire existe chez les Turbellariés, même chez ceux qui possèdent un tube digestif, Metschnikoff reconnaît cependant qu'il existe des représentants de ces vers qui digèrent la nourriture selon le mode habituel. Ainsi, chez *Microstomum lineare*, les cellules intestinales ont complètement perdu la propriété de prendre la nourriture, et c'est aussi la règle pour les rotateux, les annélides et beaucoup d'autres vers.

Le phénomène de la digestion intra-cellulaire a été observé encore chez les Célentérés (inclusivement les spongiaires), pour un grand nombre de types, depuis que Claus, en 1874, signala la présence de corps étrangers (*nématocystes*) dans l'intérieur des cellules endodermiques des Siphonophores, et émit l'idée que les particules nutritives sont prises par ces cellules, sans toutefois étendre plus loin ses investigations. Jeffery Parker[1], notamment, signale la digestion intra-cellulaire chez *Hydra fusca*. Mais c'est surtout encore à Metschnikoff que nous devons les principales données sur cette question. Des recherches qu'il exécuta en 1880 à la station zoologique de Naples, il conclut que ce mode de digestion est la règle chez la plupart des Cnides. En outre, sur des hydropolypes (*Plumularia, Tubularia*) et quelques hydroméduses (*Eucope, Oceania, Tiara*), il observa l'ingestion des grains de carmin chez *Pelagia*, plusieurs Siphonophores (*Praya, Forskalia, Hippopodius*), Cténophores (*Beroé*) et Actinies (*Sagastia, Aiptasia*); plus tard chez *Aurelia aurita*. La propriété de capter la nourriture peut être dévolue aux cellules de l'entoderme tout entier, comme par exemple chez les hydropolypes et les océanides; mais dans la plupart des cas elle est limitée à certains segments de l'entoderme, par exemple à une condensation en bourrelet de celui-ci; chez les siphonophores elle est exclusivement réservée aux cellules de l'entoderme du segment stomacal moyen et chez les actinies presque exclusivement aux cellules des filaments mésentériques. Il faut, de plus, remarquer qu'il n'y a que les cellules ordinaires de l'entoderme qui sont en état de prendre le carmin, et nullement les cellules urticantes ou les cellules glandulaires des filaments mésentériques.

Par les prolongements pseudopodiques qu'elles émettent, les cellules entodermiques des cœlentérés s'emparent des corpuscules solides de nourriture à la façon des rhizopodes; elles doivent donc être rangées dans la catégorie des épithéliums amiboïdes. De plus, en fusionnant leurs pseudopodes, ces cellules arrivent à former une couche protoplasmique continue, ou *plasmodium*, ce qui leur permet d'englober des corps de grandes dimensions. Metschnikoff trouva que le meilleur objet d'étude sous ce rapport est un siphonophore, *Praya diphyes*, dont les cellules de l'entoderme envoient des pseudopodes extraordinairement longs et nombreux qui entourent la nourriture contenue dans le segment stomacal correspondant, et se transforment en un plasmodium complet; il put, chez cet animal, démontrer devant plusieurs zoologistes présents à la station zoologique de Naples, la formation de plasmodie au dépens des cellules entodermiques autour d'une *Evadne* ingérée. Cette fusion des cellules de l'entoderme pendant l'ingestion de nourriture n'est du reste pas limitée aux Siphonophores; on la retrouve (bien qu'elle soit d'une constatation plus difficile que pour Praya) chez les Cténophores et les Actinies. Les jeunes Cténophores fournirent encore à Metschnikoff d'intéressantes observations; chez eux, il put suivre sur le même individu tout le processus de la digestion intracellulaire du commencement à la fin, c'est-à-dire jusqu'à la formation de concréments en partie cristallisés dans l'intérieur de la vacuole; les Cténophores lui permirent aussi de constater que la nourriture absorbée passe dans les cellules migratrices du mésoderme, ce qui rappelle les conditions analogues chez les Spongiaires. On sait, en effet, depuis Lieberkühn (*loc. cit.*), que les cellules amiboïdes du mésoderme des éponges d'eau douce englobent et

---

1. Jeffery Parker. *On the histology of hydra fusca* (*Quart. Journ. of microsc. science*, 1880, 223).

digèrent les corps étrangers, notamment les infusoires. Ce fait a été confirmé par d'autres auteurs et notamment par Metschnikoff[1], qui a constaté la dissolution d'une *oxytriche*, de *glaucomes* et d'*actinophrys* au milieu d'amas de phagocytes mésodermiques des jeunes spongilles, après quoi les corps avalés par ces protozoaires furent englobés par les mêmes phagocytes. On ne connaît point parfaitement le moyen par lequel les corps étrangers parvenus dans l'intérieur de l'éponge pénètrent dans le mésoderme, « mais il est pourtant sûrement démontré, dit Metschnikoff, que ces corps sont en grande quantité absorbés par les cellules mésodermiques mêmes. Si l'on ajoute à l'eau dans laquelle vivent les éponges une substance colorante, comme le carmin, l'indigo ou la sépia, on remarque bientôt que beaucoup de grains colorés sont englobés par les cellules entodermiques, mais aussi par les phagocytes amiboïdes du mésoderme[2] ». Pour ce qui concerne les conditions chimiques de cette digestion intracellulaire dans les phagocytes mésodermiques des éponges, on ne saurait admettre, d'après les expériences de Metschnikoff, la production d'un acide, comme chez les protozaires. Des grains de tournesol bleu, ingérés par les éponges, se retrouvèrent sans altération de couleur dans les phagocytes, même après un séjour prolongé. L'absence d'acide entraîne celle d'un ferment analogue à la pepsine. Or ce résultat négatif concorde parfaitement avec ce fait que Krukenberg[3] a pu extraire par la glycérine un ferment trypsique de plusieurs éponges.

Les travaux de Metschnikoff soulevèrent d'abord quelques critiques, surtout de la part de Krukenberg[4]. Ce dernier objecta qu'on ne pouvait pas se baser sur la capture par les cellules de substances non digestives, comme des grains de carmin, pour affirmer l'existence d'un véritable processus digestif. Mais Metschnikoff répondit avec raison que, dans ses expériences, il s'était toujours préoccupé d'associer à la nourriture au carmin une nourriture par des corps nutritifs, et que d'ailleurs l'opinion que les matières colorantes sont complètement indigestibles n'est pas exacte; car le carmin par exemple, s'il n'est pas nutritif, c'est-à-dire s'il est rejeté sans modifications, n'en est pas moins parfaitement dissous et absorbé par la cellule, et par conséquent digéré. Krukenberg[5] a aussi objecté que la destruction et la dissolution des infusoires vivants ne suffisent pas pour conclure à un acte de digestion, « parce que tout être protoplasmique se ramollit et se détruit dans des conditions qui n'ont aucun rapport avec une digestion; par exemple, on ne sait pas si ces animaux sarcodiques n'apportent pas en eux une enzyme propre ou d'autres substances causant une auto-liquéfaction. » Il est difficile en effet d'écarter une pareille objection par des preuves positives; cependant, fait remarquer Metschnikoff, « pour rester conséquent avec lui-même, Krukenberg aurait dû faire aussi la même objection contre l'hypothèse d'une digestion protoplasmique chez les Infusoires, animaux chez lesquels on n'a pas non plus de preuves chimiques : cependant il accepte celle-ci sans hésitation. » Quant à savoir si le mode ordinaire de digestion par sucs digestifs déversés à l'extérieur existe parallèlement à la digestion intra-cellulaire chez les Célentérés, c'est une question que nous étudierons plus loin.

Les phénomènes décrits par Metschnikoff ont été vérifiés par un grand nombre d'observateurs : Weismann, du Plessis, Kontneff, Graff, Lang, etc., et Krukenberg lui-même. Plus récemment Chapeaux[6], à la Station de zoologie maritine de Banyuls, a étudié très minutieusement les processus digestifs des Célentérés, principalement chez les actinies. Il admet pour les actinies que des sucs digestifs sont déversés dans la cavité gastro-vasculaire, comme nous le verrons plus loin; mais il analyse de plus le processus de la digestion intra-cellulaire. Après une injection d'huile d'olive dans la cavité gastro-vasculaire, il retrouve au bout de cinq à douze heures les éléments épithé-

1. Metschnikoff. *Spongiologische Studien (Zeitschr. f. wissensch. Zoologie*, 1879, xxxii, 371).
2. Metschnikoff. *Leçons sur la pathol. comp. de l'inflammation*, 56.
3. Krukenberg. *Grundzüge einer vergleichenden Physiologie der Verdauung*, Heidelberg, 1882, 52.
4. Krukenberg. *Vergleichend physiologische Studien. Zweite Reihe. Erste Abtheilung*, Heidelberg, 1882, 140.
5. *Grundzüge einer vergleich. Physiologie der Verdauung. Vergl. phys. Vorträge*, II, Heidelberg, 1882, 52.
6. M. Chapeaux. *Recherches sur la digestion des Célentérés (Arch. de Zool. exp.*, (3), i, 1893).

liaux gorgés de granulations graisseuses. De même, après injection de fibrine, il rencontre des globules albuminoïdes résultant de la dissociation de la fibrine au bout de vingt-quatre heures par les éléments cellulaires. Une actinie à jeun, hachée et triturée, ne donne après macération dans l'eau que des traces de peptones; mais traitée de la même façon après ingestion de fibrine, elle fournit une quantité notable de peptone. De plus, en se servant de grains de tournesol très peu alcalins, CHAPEAUX constata qu'ils virent au rouge dans le milieu intra-cellulaire chez les siphonophores et les actinies, ce qui indique une sécrétion d'acide analogue à celle que l'on a décrite chez les protozoaires et les infusoires. Seulement il ne croit pas que cette production d'acide soit liée à la digestion des albuminoïdes, parce qu'il a vu la dissociation de la fibrine précéder l'apparition de l'acidité; et il émet l'hypothèse que le ferment de l'albumine est plutôt comparable à la trypsine; quant à la production de l'acide, il la rattacherait volontiers à la digestion de la graisse, parce que la saponification des graisses est plus rapide en milieu acide qu'alcalin, d'après DUCLAUX.

La digestion intra-cellulaire n'a été observée jusqu'ici que chez les Célentérés et les vers turbellariés dans la classe des métazoaires; elle représente évidemment un mode primitif de digestion qu'il n'est point étonnant de voir disparaître chez les animaux plus élevés en organisation. Mais il est permis de se demander si, chez ces derniers, il n'en reste pas des traces, et comme un souvenir ancestral. L'épithélium intestinal est primitivement constitué par des cellules à pseudopodes ou à cils vibratils; chez les vertébrés supérieurs la cellule perd ces prolongements, mais on sait qu'elle se revêt d'un plateau strié, que beaucoup considèrent comme dû à l'accolement de bâtonnets protoplasmiques propres à capter les globules de graisses. Or, si cette conception est encore tout à fait hypothétique pour les vertébrés supérieurs, elle serait parfaitement en rapport avec des faits constatables, d'après WIEDERSHEIM, chez certains vertébrés inférieurs. Cet auteur s'exprime en effet ainsi dans un passage de son *Manuel d'anatomie comparée*[1] : « Chez les vertébrés supérieurs, l'épithélium intestinal est remarquable par son plateau strié qui représente le revêtement vibratile primitif, et qui, chez certains vertébrés inférieurs, émet des prolongements contractiles dans la cavité intestinale. La faculté que possède ainsi le bord libre de la cellule de prendre une part active au processus d'absorption — car il s'agit ici manifestement d'un processus de cette nature — doit être considérée comme s'étant transmise par hérédité des invertébrés aux vertébrés inférieurs. C'est ce dont on se rend parfaitement compte en comparant le phénomène avec celui qui a lieu chez les Célentérés. » Remarquons, toutefois, qu'il ne s'agit ici que du premier acte de la digestion intra-cellulaire, c'est-à-dire de la capture des aliments, et que celle-ci n'implique pas nécessairement une dissolution intra-protoplasmique des substances ingérées, c'est-à-dire une digestion. Quoi qu'il en soit, il y avait évidemment là un rapprochement à faire.

3° *Digestion intra-cellulaire pendant le développement embryonnaire.* — Il parait très admissible que ce mode de digestion existe chez l'embryon dans les œufs méroblastiques. Chez les oiseaux les cellules entodermiques tapissant la vésicule ombilicale sont à un moment donné remplies de globules vitellins; on peut penser que ces globules, en raison des différents aspects qu'il présentent, subissent une véritable digestion intra-cellulaire. Il est remarquable, par contre, que les cellules de l'intestin ne participent pas à cette élaboration du jaune. VIALLETON attribue à cette activité des cellules entodermiques la formation du plasma sanguin. Il écrit à ce sujet les lignes suivantes dans le Traité d'anatomie de TESTUT (3e éd., III, 818) : « Étant donnée la contiguïté immédiate au début des cellules entodermiques bourrées de grains de vitellus *qu'elles digèrent*, et des germes vasculaires, il n'est pas douteux que, chez le poulet, le plasma est dû en grande partie à une élaboration du jaune par les cellules entodermiques qui transmettent aux premiers vaisseaux le liquide ainsi élaboré. » Toutefois on n'assiste pas chez l'oiseau au passage des globules vitellins dans le protoplasma cellulaire; si, tout à fait au début du développement, les cellules entodermiques se fusionnent en un *plasmodium* dans le parablaste, cette disposition, du reste transitoire, n'est pas appropriée à la capture des grains de

---

1. WIEDERSHEIM. *Man. d'anat. comp.*, 1890, 271.

vitellus, et, plus tard, lorsque les cellules entodermiques sont nettement délimitées, on ne leur voit émettre aucun pseudopode. Mais il n'en est pas de même pour les œufs de céphalopodes; il est bien connu que, chez les embryons de ces animaux, par exemple ceux de la seiche, les cellules entodermiques de la vésicule ombilicale se fusionnent en un plasmodium des plus nets, qui envoie dans l'intérieur du vitellus des prolongements protoplasmiques extraordinairement développés; ces pseudopodes captent d'une façon évidente les grains de vitellus.

B. **Digestion par sucs digestifs déversés à l'extérieur.** — Dans ce mode de digestion, le plus répandu, les aliments sont dissous et liquéfiés par des produits de sécrétion déversés dans la cavité d'un tube digestif. Nous allons l'envisager dans toute la série animale et d'abord chez les Invertébrés.

1° **Digestion chez les invertébrés.** — Les nombreux travaux qui ont été faits sur les phénomènes digestifs chez les Arthropodes (PLATEAU, JOUSSET), chez l'Écrevisse (HOPPE SEYLER), et chez un grand nombre d'autres invertébrés (L. FREDERICQ), chez les Mollusques céphalopodes (L. FREDERICQ, BOURQUELOT), nous permettront d'accorder à cette question tous les développements qu'elle mérite. Toutefois nous n'analyserons pas ces travaux dans leur ordre chronologique, préférant suivre dans notre exposé la classification zoologique et considérer successivement les actes digestifs dans les différentes classes d'Invertébrés : Célentérés, Échinodermes, Vers, Arthropodes, Mollusques.

a) *Célentérés.* — La digestion chez les Célentérés s'opère-t-elle exclusivement par le processus intracellulaire que nous avons décrit précédemment? N'y a-t-il pas chez ces animaux, conjointement avec cette digestion intra-cellulaire, une digestion par sucs digestifs se produisant dans la cavité gastro-vasculaire? Les deux opinions ont été soutenues. METSCHNIKOFF, dans un de ses mémoires, après avoir cité d'anciennes observations de COUTECH et LEWES qui concluent à l'absence complète de sucs stomacaux chez les Actinies, se rattache à cette opinion qu'aucune digestion ne s'effectue en dehors des cellules de la cavité gastro-vasculaire. Aussi combat-il les idées de BALFOUR qui, dans son *Manuel d'embryologie comparée*, admet que, dans la plupart des cas de digestion intracellulaire, les deux sortes de digestion doivent exister à côté l'une de l'autre. Cette hypothèse, dit-il [1], n'est appuyée sur aucun fait, et les recherches sur les grands Célentérés, comme par exemple les Actinies, parlent contre elle : dans aucun cas on n'a pu constater l'existence de sucs digestifs. Pour le même motif, il rejette l'opinion des frères HERTWIG [2], d'après laquelle les filaments mésentériques des Actinies seraient des organes sécréteurs préparant les sucs digestifs dans leurs celllules glandulaires. D'après lui, les cellules glandulaires richement développées de ces organes doivent être considérées comme se rapportant à des glandes muqueuses, et des éléments complètement semblables se rencontrent aussi dans l'ectoderme. KRUKENBERG [3], qui est parvenu à retirer par la glycérine des filaments mésentériques d'actinies un ferment *trypsique*, identique à celui qu'il a isolé chez les spongiaires, n'admet pas non plus que le liquide de la cavité gastro-vasculaire fasse subir une action quelconque aux aliments. Il n'y aurait pas de ferment digestif dans cette cavité. Pourtant il rejette aussi le mode de digestion intra-cellulaire. Pour lui, ce serait par suite du contact intime de la proie avec les filaments mésentériques que la dissociation et la dissolution de celle-ci s'opérerait. CHAPEAUX (*loc. cit.*) a étudié attentivement l'action digestive du liquide de la cavité gastro-vasculaire que les actinies expulsent en quantité relativement considérable au moment où on les sort de l'eau. C'est un liquide alcalin (plus que l'eau de mer); il renferme une quantité de vacuoles réfringentes de nature indéterminée et contenant des bactéries, de fines granulations jaunissant par l'acide nitrique et de petits globules de graisse ; enfin des éléments jaune verdâtre contenant des corpuscules réfringents, des chloroleucites et un noyau, et

1. METSCHNIKOFF. *Zur Lehre über die intracellulare Verdauung niederer Thiere* (*Zool. Anz*' 1882, v, 310).
2. HERTWIG. *Die Actinien*, Iéna, 1879, 103.
3. KRUKENBERG. *Enzymbildung bei Everlebraten* (*Unters. aus der physiol. Inst. der Univ. Heidelberg*, II, fasc. 3, 1878, 363 et *Vergl. physiol. Studien an den Küsten der Adria*, Heidelberg, 1880; 48-49).

susceptibles de se diviser. Famintzin et Beyerinck considèrent ces derniers éléments comme des algues, et les appellent *chlorelles*. On y trouve aussi très souvent des diatomées vides ou intactes, des carapaces d'ostracodes et de copépodes et toujours des nématocystes. Ce liquide n'a aucune action sur l'amidon, la cellulose et les algues; mais il paraît exercer une action de dissociation sur la fibrine; en effet, quelques heures après ingestion de fibrine par l'actinie, celle-ci rejette un liquide contenant des granulations de nature albuminoïde. Toutefois on ne peut vérifier ce pouvoir *in vitro* que si l'on a, avant de recueillir le liquide, excité préalablement les éléments sécréteurs par l'ingestion de corps plus ou moins durs, tels que grains de carmin, petits crustacés, etc. Le suc de la cavité gastro-vasculaire pourrait bien aussi avoir une action émulsionnante sur les graisses; du moins de l'huile d'olive injectée dans l'actinie était-elle rapidement émulsionnée; mais on n'en observait jamais la saponification. Si maintenant on opère une macération dans l'eau des filaments mésentériques, on obtient un liquide alcalin digérant la fibrine (à 16°). L. Fredericq[1], de même que Krukenberg, considère le ferment agissant comme analogue à la trypsine. Ce suc émulsionne aussi les graisses et de plus les dédouble après un contact de huit à vingt heures; mais il n'attaque pas la cellulose, ni l'amidon cru, et ne transforme que très lentement l'amidon cuit; il n'a pas non plus d'action sur les algues. La présence de chlorelles chez beaucoup d'actinies se rapporte à un phénomène de symbiose. Il est remarquable, dit Chapeaux, que le liquide fermentifère des polypes qui contiennent des chlorelles en plus grand nombre est précisément celui qui possède la moindre action sur l'amidon. Il est donc très probable qu'une partie des substances hydrocarbonées leur est fournie par ces algues sous une forme soluble. On voit, d'après ces faits, que la digestion chez les actinies est principalement intra-cellulaire; l'action extra-cellulaire des sucs sécrétés se borne à un acte de dissociation des matières albuminoïdes et ne peut être considérée comme préparatoire au processus principal qui se réalise dans les cellules phagocytaires. Les aliments réduits en fines particules sont en effet non seulement plus facilement ingérés par ces cellules, mais encore plus rapidement dissous par les ferments intracellulaires.

b) *Échinodermes. Vers.* — On trouve quelques indications sur la digestion chez ces animaux dans le mémoire de L. Fredericq mentionné plus haut. Ce travail, entrepris sous la direction d'Hoppe Seyler en 1877, à Strasbourg, ne concernait d'abord que les articulés; plus tard l'auteur étendit ses recherches à un plus grand nombre d'invertébrés; il étudia notamment la digestion chez plusieurs espèces de vers : lombric terrestre, annélides, et chez l'étoile de mer. Les organes ou les animaux entiers étaient hachés ou broyés et mis à macérer dans l'alcool fort; puis séchés. On en faisait ensuite des extraits aqueux avec eau acidulée ou alcalinisée. L'extrait de 200 grammes de lombrics digérait la fibrine en milieu alcalin ou neutre (plus lentement dans ce dernier), mais n'avait aucune action en liquide acide. Par ces propriétés le ferment digestif des lombrics se rapproche donc du ferment trypsique du pancréas des animaux supérieurs. L'extrait avait aussi une action diastasique. Fredericq s'assura que ces propriétés appartiennent bien au tissu de l'intestin (surtout au second quart). Il obtint des résultats complètement semblables en opérant avec *Nereis pelagica* et *Hæmopis vorax*. Par contre, il n'eut que des résultats négatifs avec les vers parasites de l'intestin (*Tænia* et *Ascarides*). L'extrait aqueux de trois *Tænia serrata* pris dans l'intestin du chien, lavés à grande eau et fixés dans l'alcool, se montra complètement inactif sur la fibrine et l'amidon. Ce résultat n'a rien de surprenant, ces helminthes vivant au milieu de matières alimentaires déjà digérées par les sucs digestifs de l'hôte. Chez la sangsue, les poches stomacales ne produisent non plus aucune sécrétion digestive; les éléments nutritifs du sang sont simplement résorbés par l'intestin. Darwin indique pour les vers de terre un procédé de digestion extra-stomacale très remarquable; ces animaux, dont la bouche est nue, pour utiliser les feuilles sèches dont ils font leur nourriture, commencent par les ramollir en les humectant d'une sécrétion alcaline qui agit à la manière du suc pancréatique; de la sorte les feuilles sont partiellement digérées avant d'être introduites dans le tube digestif.

Pour les astéries, L. Fredericq fit aussi des extraits des cœcums glandulaires : il obtint

---

1. L. Fredericq. *La digestion des matières albuminoïdes chez quelques invertébrés* (Arch. de zool. exp., vii, 1878).

des liquides qui se comportaient encore comme des solutions de ferment pancréatique (action protéolytique et diastasique), mais d'une façon moins énergique que chez les Annélides. — Chez les Holothurides, l'intestin, bien qu'il ne présente pas d'organes sécrétoires, contient un liquide digestif plus ou moins coloré. On ignore d'où proviennent les ferments contenus dans ce suc.

c) *Arthropodes.* — Les travaux qui ont été faits sur la digestion dans cette classe d'animaux sont principalement ceux d'Hoppe Seyler pour les Crustacés (écrevisse) et ceux de F. Plateau pour les Arachnides, les Insectes et les Myriapodes.

Crustacés. Hoppe Seyler[1] expérimenta avec le liquide que l'on trouve normalement dans l'estomac de l'écrevisse. Ce suc, coloré en jaune brunâtre, de réaction faiblement acide, non muqueux, montrait une action fermentaire énergique, mais complètement différente de celle de la pepsine. Il dissolvait rapidement les flocons de fibrine à la température ordinaire sans les gonfler; à 40° le fait se produisait en quelques minutes. Il dissolvait également, mais très lentement, l'albumine cuite. Cette digestion était ralentie aussitôt par l'addition de faibles traces d'HCl et arrêtée par quelques gouttes d'une solution d'HCl à 0,2 p. 100. Ces réactions indiquaient |une analogie, sinon une identité, entre le ferment du suc stomacal de l'écrevisse et la trypsine pancréatique. Ce ferment pouvait du reste être précipité par l'alcool et redissous dans l'eau. Le suc stomacal de l'écrevisse contenait en outre de l'amylase et un ferment dédoublant les graisses (huile d'olive bien neutralisée) en glycérine et acides gras. Quant à la provenance de ce suc, il n'y avait point à le rechercher dans les parois de l'estomac; car l'estomac de l'écrevisse est recouvert d'une couche de chitine brillante et lisse qui ne sécrète aucun liquide ; mais il reçoit les conduits excréteurs du foie (deux glandes tubuleuses agrégées de couleur jaune brun, remplissant en grande partie le thorax, des deux côtés de l'estomac et de l'intestin). L'extrait aqueux ou glycériné de ces glandes montrait une complète conformité d'action avec le suc stomacal. En présence de ces faits, on était en droit de considérer la glande appelée foie en anatomie comparée chez l'écrevisse, comme l'analogue du pancréas. Ajoutons cependant que, d'après ses expériences, Krukenberg[2] admet que l'extrait de foie de l'écrevisse possède encore une action énergique en solution acide (même avec 0,2 p. 100 de HCl la fibrine crue ou cuite était digérée dans l'espace de une à deux heures) et non d'une manière aussi incertaine que Hoppe Seyler, paraît l'admettre. Aussi pense-t-il que chez l'écrevisse (de même que chez la blatte, nous le verrons plus loin), le ferment digérant les albuminoïdes ne se comporte pas comme la trypsine seulement, mais comme un mélange de pepsine et de trypsine. Hoppe Seyler fait remarquer qu'il n'y a aucune raison physiologique pour considérer comme un foie la glande qui porte ce nom chez l'écrevisse ; car le tissu hépatique se caractérise par la présence du glycogène et des produits biliaires (pigments et acides biliaires). Or il n'y a dans le foie de l'écrevisse que de faibles quantités de glycogène, qui peuvent très bien provenir du grand nombre de cellules amiboïdes se trouvant dans cet organe.

Plateau, de son côté, sans connaître les travaux de Hoppe Seyler, trouva d'abord que chez le crabe l'estomac n'est pas le siège d'une sécrétion locale digestive, mais que cependant les albuminoïdes y sont dissous[3]. Peu après il indiqua que le prétendu foie des crustacés décapodes est l'organe de sécrétion du liquide digestif destiné à l'émulsion des graisses et la dissolution des albuminoïdes[4].

Les cœcums du pseudo-foie des Crustacés sont tapissés par deux sortes de cellules épithéliales, des cellules à vacuoles graisseuses et des cellules plus petites (*Fermentzellen* de Frenkel). Il est possible que certaines de ces cellules jouent un rôle dans l'excrétion, comme cela a lieu pour le foie des mollusques gastéropodes. En effet, C. de Saint-Hilaire a vu chez l'écrevisse que diverses matières colorantes, par exemple bleu de méthyle, injectées dans la cavité du corps de l'animal, sont absorbées par les cellules de la glande digestive, dites *Fermentzellen*, pour être ensuite excrétées dans l'intestin.

---

1. Hoppe-Seyler. *Ueber Unterschiede im chemischen Bau und der Verdauung höherer und niederer Thiere* (*A. g. P.*, 1876, 14).

2. Krukenberg. *Unters. aus dem physiol. Inst. der Univ.*, Heidelberg, I, fasc. 4, 1878.

3. Plateau. *Mémoire sur la digestion des Myriapodes* (*Bull. Acad. des Sc. de Belgique*, 1876).

4. Plateau. *Note sur les phénomènes de la digestion chez les Phalangides* (*Ibid.*, 1876, 719).

Il peut exister certaines variations dans la disposition des différents organes digestifs chez les crustacés, de même qu'il en existe de nombreuses chez les autres arthropodes. CLAUS en a signalé chez les *Phronimides* de très singulières, dont on aura une idée, dit KRUKENBERG [1], « en imaginant chez nous les glandes salivaires, pancréatique et hépatique placées dans les bras, et leurs canaux excréteurs débouchant dans le creux de la main. De la sorte chaque bouchée serait pourvue de la quantité de sécrétion nécessaire à sa digestion dès son introduction dans la bouche, et là les aliments seraient mêlés de la façon la plus intime avec le suc digestif. » (Voy. pour plus de détails, l'art. **Crustacés** de ce Dictionnaire.)

Insectes. — Myriapodes. — Avant les importants travaux de F. PLATEAU [2] sur la digestion chez les insectes, il n'avait été fait qu'un très petit nombre de recherches expérimentales sur ce sujet. Cependant BOUCHARDAT (1851) et CORNALIA (1856) avaient étudié la digestion chez le ver à soie, et S. BASCH [3] (1858) avait soumis la *blatte orientale* à quelques expériences. Chez cet insecte, se prêtant facilement à l'analyse physiologique par ses grandes dimensions, BASCH avait vu notamment que les glandes salivaires sécrètent un liquide saccharifiant la fécule. En 1875, PLATEAU publia son mémoire principal, dans lequel il passe en revue l'acte digestif chez toutes les classes d'insectes. Les notions principales qui se dégagent de ce travail sont les suivantes : Chez tous les insectes à l'état normal les sucs digestifs sont alcalins ou neutres, jamais acides. Contrairement à ce qu'on trouve dans certains traités généraux, le suc qui est fourni par les parois de l'estomac (intestin moyen) n'est pas acide, et ne doit pas être assimilé au suc gastrique. La partie de l'intestin, appelée *gésier* chez certains insectes, n'est pas un organe tritura- teur auxiliaire des pièces buccales; il sert à régler le passage des matières alimentaires du jabot dans l'intestin moyen, tout en s'opposant par sa forme ou son armature intérieure à la rétrogradation des substances en digestion vers le jabot. Quant aux *tubes de Malpighi*, ce sont des organes exclusivement urinaires. Les insectes sont maxillés ou suceurs; les maxillés sont purement carnassiers, phyllophages ou coprophages. Les glandes sali- vaires qui existent à l'origine du tube digestif chez un grand nombre d'espèces, lorsqu'elles ne sont pas devenues des glandes à fonctions spéciales (glandes séricigènes, à venin, etc.), sécrètent un liquide neutre ou alcalin possédant (au moins pour l'une des paires de glandes) la propriété saccharifiante. Cette propriété se retrouve dans la sécré- tion de l'œsophage ou du jabot chez les espèces qui n'ont point de glandes salivaires (hydrophiliens). Chez un grand nombre d'espèces (*Insectes carnassiers, Orthoptères*) l'œsophage se dilate en un jabot dont la cuticule est hérissée de replis squamiformes ou de dents chitineuses, ne permettant la progression des matières que dans un seul sens. Les aliments s'accumulent dans ce jabot, qui est très dilatable, et y subissent une action digestive évidente sous l'influence de sucs particuliers neutres ou alcalins. Chez les insectes carnassiers les albuminoïdes y sont dissous et transformés en substances analogues aux peptones; chez ceux qui se nourrissent de végétaux il s'y produit une active transforma- tion de la fécule en sucre. Quand la digestion dans le jabot est terminée, les matières sont poussées dans l'intestin moyen au travers d'un appareil valvulaire (gésier des auteurs). Dans l'intestin moyen les matières qui ont résisté à l'action du jabot (ou qui y ont pénétré directement chez les espèces où manquent le jabot et l'appareil valvulaire) subissent l'action d'un suc alcalin ou neutre, jamais acide, sécrété soit par des glandes locales spéciales, comme chez les orthoptères, soit par une multitude de petits cœcums glandulaires, comme chez beaucoup de coléoptères, soit par une simple couche épithéliale (*Myriapodes*). Ce suc n'a rien d'analogue au suc gastrique des vertébrés. « Sa fonction est différente suivant le groupe auquel l'insecte appartient : chez les coléoptères carnas- siers il émulsionne activement les graisses; chez les coléoptères hydrophiliens il continue la transformation de la fécule en glycose commencée dans l'œsophage; chez les scara- béiens il produit aussi le glycose, mais cette action est locale, elle se passe dans l'intestin moyen, et pas ailleurs; chez les chenilles de lépidoptères, il détermine une production de

1. KRUKENBERG. *Grundzüge einer vergl. Physiol. der Verdauung*, Heidelberg, 1882, 69.

2. PLATEAU. Recherches sur les phénomènes de la digestion chez les Insectes (*Mémoires de l'Acad. roy. des sc. de Belgique*, XLI, 1875).

3. BASCH. *Unters. über das chylopoetische und uropoietische System der Blatta orientalis* Ak W., XXXIII, 1858).

glycose et de plus émulsionne les graisses; enfin chez les orthoptères herbivores il ne semble plus y avoir formation de sucre dans l'intestin moyen : ce corps serait produit et absorbé en totalité dans le jabot. » L'intestin moyen se vide dans l'intestin terminal dont la première portion généralement grêle et longue est sans doute le siège d'une absorption active, et la seconde plus large ne sert que de réservoir stercoral. Certaines substances (chitine, cellulose, chlorophylle) résistent au travail digestif et sont rendues avec les excréments.

En 1876, Jousset de Bellesme[1] étendit à la blatte orientale les faits que Plateau avait indiqués pour la digestion de l'albumine et des graisses chez les coléoptères carnassiers; il constata de plus l'interversion du sucre de canne dans le tube digestif de cet animal. Cette interversion du sucre a été vue aussi par Balbiani chez le ver à soie. Pourtant Jousset admet que le suc sécrété par les cœcums présente une réaction faiblement, mais nettement, acide, tout en l'assimilant, du reste, au suc pancréatique malgré son acidité. Plateau[2] contesta cette acidité des cœcums dans une note sur les phénomènes de la digestion chez la blatte américaine. Cependant, dans un travail ultérieur[3], il revient sur sa première opinion : « que chez tous les insectes à l'état normal les sucs digestifs sont alcalins ou neutres, jamais acides ». Il convient qu'en employant une teinture de tournesol sensible au 1/20 000 de HCl, on peut déceler une acidité très faible dans les liquides digestifs des insectes carnassiers et omnivores; mais il maintient que chez les phytophages ces liquides sont alcalins. L'ardeur de la discussion sur ce point entre Plateau et Jousset provenait de leur préoccupation à comparer les sucs digestifs de ces animaux inférieurs à ceux des vertébrés. Mais cette question de réaction n'a pas l'importance qu'ils lui attribuaient, depuis que Krukenberg (loc. cit.) a extrait des cœcums de la blatte un ferment qui digérait la fibrine crue ou cuite, aussi bien en solution acide qu'alcaline. Dans cette dernière solution, il se formait aussi comme produit de digestion un corps qui présentait la réaction de l'eau bromée. Ce ferment, dit Krukenberg, réunit donc les propriétés de la pepsine et de la trypsine, dont il constitue peut-être aussi seulement un mélange. Cette opinion, déjà formulée par le même auteur pour le foie d'écrevisse, comme nous l'avons dit plus haut, n'est cependant pas des plus solidement assises. Elle suppose en effet que la trypsine est inactive en milieu acide, ce qui n'est pas admis par tous les expérimentateurs. Nous reviendrons plus loin sur ce fait en parlant des travaux de Bourquelot sur la digestion chez les céphalopodes. W. Biedermann[4], qui récemment a étudié la digestion chez la larve du *Tenebrio molitor* (ver de farine), a constaté également que la sécrétion des cellules épithéliales de l'intestin (il n'y a pas de glandes digestives extérieures chez cet animal) ne correspond pas à celle de l'estomac, mais bien à la sécrétion pancréatique des vertébrés. Car elle possédait l'action amylolytique, intervertissait le sucre de canne, digérait les albuminoïdes avec formation de tyrosine et formation d'une coloration brune (présence d'une oxydase) et enfin saponifiait les graisses. De plus la larve formait aussi, comme les vertébrés, de la graisse neutre avec les acides gras, car après injection d'acides stéarique et palmitique on trouvait de la graisse dans l'épithélium intestinal.

Arachnides. — Les mémoires de Plateau sur la digestion chez les *Aranéides dipneumones*[5] et chez les *Phalangides*[6] représentent encore ce qui a été écrit de plus important sur le sujet. Il faut dire cependant que, dès 1855, E. Blanchard[7] avait exécuté quelques expériences sur la digestion chez les *Scorpionides;* ce naturaliste est même le premier

1. Jousset de Bellesme. *Recherches sur les fonctions des glandes de l'appareil digestif des insectes* (C. R., 1876, LXXXII, 97).

2. Plateau (*Bull. Acad. roy. des sc. de Belgique*, 1876).

3. Plateau. *Note additionnelle au mémoire sur les phénomènes de la digestion chez les Insectes* (*Bull. Acad. des sc. de Belgique*, 1877, 710).

4. W. Biedermann. *Beiträge zur vergleichenden Physiologie der Verdauung I. Die Verdauung der Larve von Tenebrio molitor.* A. g. P., LXXII, 1898, 105.

5. F. Plateau. *Recherches sur la structure de l'appareil digestif et sur les phénomènes de la digestion chez les Aranéides dipneumones* (*Bull. Acad. roy. des sc. de Belgique*, (2), XLIV, 1877).

6. *Notes sur les phénomènes de la digestion et la structure de l'appareil digestif chez les Phalangides* (*Ibid.*, 1876, 719).

7. E. Blanchard. *Organisation du règne animal* (Arachnides, 66 et C. R., XLI, 1256, 1855).

qui ait fait un essai de digestion de la chair animale par un liquide fourni par un articulé, au moyen des glandes dites stomacales du scorpion.

Les Aranéides dipneumones ont un œsophage d'une étroitesse capillaire; aussi n'avalent-elles jamais les particules solides de leur proie; elles en sucent seulement les liquides nutritifs. Plateau ne se prononce pas sur le rôle de la glande pharyngienne et des cœcums annexés à l'intestin moyen céphalo-thoracique; pour ces derniers, il dit seulement que la sécrétion qui s'y trouve n'est pas acide et n'a rien d'analogue avec un suc gastrique. C'est dans la portion abdominale de l'intestin moyen que se passent les principaux actes digestifs sous l'influence du liquide sécrété par la glande abdominale, constituée par de nombreux cœcums. Ce liquide jaunâtre, très légèrement acide, contient des cellules épithéliales, de fins granules colorés et de nombreux granules graisseux, mais point de cristaux préformés. Ceux-ci, lorsqu'on écrase la glande, proviennent des tubes de Malpighi, qui se ramifient à l'infini entre ses cœcums. A la température ordinaire de l'été le suc de la glande abdominale dissout activement les matières albuminoïdes, muscles d'articulés, fibrine fraîche et albumine cuite (plus lentement cette dernière, comme dans les expériences de Hoppe-Seyler chez l'écrevisse). Il saccharifie rapidement la fécule et intervertit le sucre de canne. Il émulsionne aussi très bien les graisses, mais Plateau n'a pu s'assurer s'il les dédouble en acide et glycérine. La nature de la glande peut être déduite de ces propriétés. Après avoir été considéré comme un énorme corps adipeux par Treviranus, Straus-Durckheim, etc., la glande abdominale des aranéides fut, comme la glande analogue des crustacés, assimilée au foie par la plupart des naturalistes (Marcel de Serres, Cuvier, Oken, Meckel, Dugès, etc.). Blanchard, ayant trouvé chez le scorpion qu'elle contient du sucre et qu'elle élimine des matières colorantes artificiellement introduites dans le sang, ne doutait pas de sa nature hépatique. Mais Plateau fait justement remarquer que la présence du sucre et du glycogène (du reste en faibles traces chez les Aranéides) ne suffit pas pour légitimer cette assimilation de la glande abdominale au foie; car ces éléments se rencontrent dans un grand nombre d'organes. D'autre part la glande abdominale ne contient pas de cholestérine ni de pigments et acides biliaires; elle ne se rapproche donc du foie ni par ses propriétés physiologiques ni par ses réactions chimiques. Il faut se demander alors si elle a les propriétés du pancréas. Or Plateau a observé chez les Aranéides le même fait que Hoppe-Seyler a signalé pour l'écrevisse, à savoir que l'acidification de l'extrait du prétendu foie en arrête l'action digestive sur les albuminoïdes. Le ferment peptonisant sécrété par cette glande abdominale n'est par conséquent pas la pepsine; sa manière d'agir physiquement sur les albuminoïdes le rapproche du reste plutôt du ferment pancréatique, car il ne détermine pas le gonflement, l'état en gelée qui précède la dissolution peptique, mais il désagrège d'emblée les albuminoïdes en granulations presque moléculaires. On peut dire encore que l'addition de carbonate de soude qui, ainsi que l'a prouvé Heidenhain, active la digestion pancréatique, favorise un peu la digestion par la glande abdominale des Aranéides. Cette glande a donc bien les propriétés du pancréas.

La glande abdominale possède-t-elle encore une autre fonction? Dugès (*Physiologie comparée*) la considérait comme une sorte d'estomac secondaire, jouant le rôle de réservoir aux sucs alibiles et il citait à l'appui le cas d'une *Erèse impériale* qui, ayant sucé un gros *géotrope* pendant trois jours, tripla de volume dans la région abdominale. Milne-Edwards (*Leçons sur l'anatomie et la physiologie comparées*) admit aussi la possibilité de cette pénétration des liquides dans les cœcums. Mais Plateau démontra que le liquide abondant qui s'écoule instantanément lorsqu'on fend les parois de l'abdomen d'une Aranéide n'est pas autre chose que le sang de l'animal qui circule entre les viscères. Il est probable toutefois que les diverticules abdominaux qui constituent la glande digestive des Aranéides fonctionnent aussi comme organes d'absorption. Bertkau[1] a décrit dans leurs follicules terminaux des cellules épithéliales de deux espèces différentes; il a démontré de plus que les substances colorantes (carmin) introduites par la voie intestinale se retrouvent six heures après, en grande partie localisées dans l'épithélium du pseudo-foie, confirmant ainsi histologiquement une donnée ancienne de E. Blanchard, qui avait vu le

---

1. Bertkau. *Ueber den Bau und die Function der sog. Leber bei den Spinnen* (*Arch. f. mikr. Anat.*, xxiii, 1884).

sang des Scorpions se teinter en bleu ou en rose après un régime prolongé avec des éléments contenant de l'indigo ou de la garance. On peut admettre encore avec vraisemblance que le foie des Arachnides fonctionne comme organe d'excrétion. (Voyez sur ce sujet l'article **Arachnides** de PLATEAU dans ce Dictionnaire.)

Dans l'intestin terminal des Aranéides il ne se passe plus aucun processus digestif. Les excréments se forment des résidus inutilisables des aliments qui se fractionnent et s'entourent d'une mince enveloppe sécrétée par l'épithélium de l'intestin. Il s'y joint un liquide blanc crayeux, sécrété par les tubes de MALPIGHI, et qui n'est autre chose que l'urine.

d) *Mollusques.* — Le tube digestif des mollusques reçoit les sucs de deux sortes de glandes : les glandes salivaires et le foie. L. FREDERICQ (*loc. cit.*) constata chez les limaces (*Arion rufus*) que les glandes salivaires ne contiennent aucun ferment digestif; mais que le produit brun sécrété par le foie, ou l'extrait de foie, digère la fibrine, surtout en solution alcaline (une faible acidité le rendait inactif). Le prétendu foie des limaces, dit-il, est donc une glande digestive qu'on ne saurait mieux comparer qu'au pancréas. Par contre, chez les mollusques lamellibranches (*Mya arenaria* et *Mytulus edulis*), il trouva que les liquides digestifs préparés avec le foie et l'intestin digéraient la fibrine en solution neutre ou alcaline (le contenu du tube digestif étant du reste fortement acide chez *Mya*). Le ferment digestif de la fibrine diffère donc chez ces deux mollusques de celui des limaces.

Certains mollusques sécrètent une salive très acide. Le fait est surtout remarquable chez une grande limace marine, *Dolium galea*. TROCHSEL[1] observa le premier que le liquide transparent qui s'échappe de la bouche de cet animal attaque le marbre avec violent dégagement de CO^2. BŒDEKER, qui en fit l'analyse, y trouva effectivement une grande quantité d'acide sulfurique (2,7 p. 100) et d'acide chlorhydrique (0,4 p. 100). Ces résultats ont été confirmés par DE LUCA et P. PANCERI[2] qui déterminèrent, de plus, la présence d'acide sulfurique libre dans la salive d'autres espèces du même genre. Malgré son acidité, ce liquide n'a aucune action digestive ni sur l'albumine, ni sur l'amidon (MALY)[3].

L'acidité des sucs digestifs est évidente aussi chez les céphalopodes. Dans son mémoire sur la physiologie du poulpe[4], L. FREDERICQ dit que le contenu de l'intestin a partout une réaction franchement acide, et qu'il en est de même du produit de sécrétion des deux paires de glandes salivaires et de la glande volumineuse à laquelle on donne le nom de foie. Le tissu de ces glandes est lui-même acide, comme l'avait déjà observé P. BERT (*Mémoire sur la physiologie de la seiche*).

Les phénomènes digestifs chez les céphalopodes sont bien connus, grâce aux travaux de L. FREDERICQ, de KRUKENBERG et de BOURQUELOT. Le premier de ces expérimentateurs[4] vit que les glandes salivaires ne fournissent aucun ferment digestif, mais que par contre l'infusion du tissu hépatique digère la fibrine en solution acide ou en solution alcaline et saccharifie l'amidon. Ces faits indiquent, d'après lui, qu'il y a là un ferment des albuminoïdes qui n'est ni la pepsine, ni la trypsine, et un ferment diastasique, et que le foie du poulpe est une glande digestive qu'on ne saurait mieux comparer qu'au pancréas des vertébrés. Mais KRUKENBERG émet une autre opinion : pour lui l'action digestive du foie du poulpe se rapporte à un mélange de pepsine et de trypsine. L'analyse de l'important travail de BOURQUELOT[5] va nous éclairer sur ce point. Cet expérimentateur a étudié attentivement l'action des liquides digestifs des céphalopodes sur les hydrates de carbone, les albuminoïdes et les graisses. La digestion chez ces animaux s'opère tout entière dans l'estomac par l'intermédiaire du liquide sécrété par le foie. Il n'y a pas de glandes stomacales ni intestinales. 1° *Hydrates de carbone*. Le ferment obtenu par l'alcool d'une macération aqueuse de foie de poulpe saccharifiait en grande partie une solution de gly-

---

1. TROCHSEL (*Journ. f. prakt. Chemie*, LXIII, 170, 1854).
2. LUCA et PANCERI (*Ç. R.*, LXV, 577 et 712, 1867).
3. MALY (*Ak. W.*, 1880, LXXXI).
4. L. FREDERICQ. *Recherches sur la physiologie du poulpe commun (Octopus vulgaris)* (*Arch. de zool. exp.*, VII, 1878).
5. BOURQUELOT. *Recherches sur les phénom. de la digestion chez les mollusques céphalopodes* (*Arch. de Zool. exp.*, (2), III, 1885).

cogène provenant de chair de moules (pâture ordinaire du poulpe). D'après la quantité transformée en sucre, comparée avec celle que transformait la salive, Bourquelot conclut à l'identité des actions fermentaires. L'intestin du poulpe et de la seiche en digestion se montrait par contre complétement inactif sur le sucre de canne et le maltose ; le sucre de canne ne se rencontre pas du reste dans l'alimentation des céphalopodes, mais il n'en est pas de même du maltose, puisque ce sucre résulte de la fermentation du glycogène ; seulement on sait par les expériences de Dastre et de Bourquelot que le maltose peut être directement assimilable. — 2° *Albuminoïdes*. Jousset de Bellesme[1] attribuait à la sécrétion des glandes salivaires inférieures du poulpe une action dissociante sur les faisceaux primitifs musculaires du crabe. Mais on sait que cette décomposition du faisceau musculaire en fibrilles, qui est opérée par le suc pancréatique, peut être aussi le résultat d'un phénomène spontané, peut-être de diffusion. Ainsi Plateau a remarqué que des muscles thoraciques de mouche se dissocient en fibrilles dans l'eau distillée au bout de vingt-quatre heures. Or, d'après Bourquelot, la salive du poulpe n'a pas d'action spécifique sur la fibre musculaire ; il est d'accord sur ce point avec Krukenberg et Fredericq. Comme ces derniers, il a vu aussi que l'extrait de foie digère les albuminoïdes en solution acide aussi bien que neutre et alcaline, et il se demande sur quels caractères on peut se baser pour admettre avec Krukenberg la présence simultanée de la pepsine et de la trypsine dans le liquide. Pour la trypsine, son existence ne paraît pas devoir être mise en doute : en effet, la fibrine se dissout dans l'extrait de foie sans subir de gonflement préalable, de même que dans le suc pancréatique, et les diverses phases de la peptonisation sont les mêmes que dans la digestion pancréatique ; l'alcalinisation du milieu avec une solution de carbonate de soude correspondant à 2 p. 1000 de HCl, n'empêche pas cette digestion. L'extrait de foie se comporte aussi avec le lait comme l'extrait de pancréas ; le lait ne se coagule pas, il prend une teinte gris jaunâtre, et la caséine est digérée. Mais pour la pepsine il est plus difficile d'en démontrer la présence dans l'extrait de foie de poulpe. Krukenberg l'a admise, parce que cet extrait digère encore la fibrine dans un milieu renfermant 2 p. 1000 d'HCl. Or il n'est pas rigoureusement démontré que la trypsine reste inactive dans un tel milieu. Si Kühne fixe à 0^{gr},30 p. 1000 d'HCl le maximum d'acidité au delà duquel la trypsine ne peut plus agir, Ewald[2], de son côté, a vu qu'une poudre de pancréas de bœuf dissolvait encore la fibrine dans une solution d'HCl à 3 p. 1000. De même Karl Mays[3] trouva que l'extrait de pancréas est encore actif en solution contenant 10 p. 1000 d'acide acétique, ou 3 p. 1000 d'HCl. Ainsi l'activité protéolytique de l'extrait de foie de poulpe en milieu acide ne saurait suffire pour y caractériser la pepsine. Bourquelot a alors imaginé de rechercher la présence de la pepsine en se servant de la diastase (*amylase*) comme réactif. On sait en effet que celle-ci est détruite par la pepsine en milieu acide (au contraire, la trypsine n'a aucune action sur elle, puisque ces deux ferments sont ordinairement associés). Or on peut constater que l'extrait de foie de poulpe détruit la diastase salivaire. Bourquelot en arrive donc aussi à admettre dans cet extrait les deux ferments digestifs des matières protéiques, mais en se basant sur d'autres considérations que celles de Krukenberg. Il pense toutefois qu'à l'état ordinaire un seul de ces ferments, la trypsine, est actif, et que la pepsine est inutilisée en raison de la très faible acidité du liquide digestif ; il n'y a pas lieu du reste, ajoute-t-il, de s'étonner de l'inutilisation de l'un des deux ferments ; c'est ainsi, par exemple, que la levure de bière ensemencée dans une solution de glycose ou de maltose sécrète de l'invertine, qui est sans objet. Il ne cache pas cependant quelles graves difficultés soulève l'opinion que la pepsine et la trypsine sont mélangées dans le même liquide et sécrétées par le même organe, lorsqu'on sait par les travaux de Kühne, de Karl Mays (*loc. cit.*), de Baginsky[4], de William Roberts[5], que la trypsine est détruite sous l'action de la pepsine digérante, et, par les observations de Duclaux[6], que le tissu pancréatique se dissout dans

1. Jousset. *Recherches sur le foie des Mollusques céphalopodes* (C. R, LXXXVIII, 1879, 304 et 428).
2. Ewald (*Zeitschr. f. klin. Med.*, 1, fasc. 3).
3. Karl Mays. *Ueber die Wirkung von Trypsin in Saüren und von Pepsin und Trypsin auf einander* (*Unters. a. d. physiol. Inst. d. Univ., Heidelb.*, 378-393, 1880).
4. Baginsky. *Ueber das Vorkommen und Verhalten einiger Fermente* (Z. p. C., VII, 209, 1883).
5. William Roberts. *Les ferments digestifs*, 96, trad. française.
6. Duclaux. *Sur la digestion pancréatique* (*Répert. de pharmacie*, x, 209, 1882).

le suc gastrique. Il est donc difficile de comprendre « comment le foie des céphalopodes peut sécréter deux ferments, dont l'un non seulement détruit l'autre, mais peut digérer le tissu qui lui donne naissance ». — 3° *Graisses.* Jousset avait prétendu qu'aucun des liquides digestifs du poulpe n'est capable d'émulsionner les graisses. Pourtant on trouve de la graisse émulsionnée dans le contenu intestinal. Or Bourquelot s'est assuré que le précipité alcoolique de la solution aqueuse du foie de poulpe et de seiche jouit de la propriété émulsionnante sur l'huile; mais il n'a pu constater aucune action saponifiante.

W. Biedermann et P. Moritz [1], qui dernièrement ont étudié la digestion chez l'escargot (*Helix pomatia*), attribuent à la sécrétion hépatique de ce mollusque une action cytohydrolytique très énergique. Le suc brun, fluide, trouvé dans le tractus intestinal, dissolvait les parois cellulosiques des cellules de maïs, de seigle, de blé, de riz. Même les parois cellulaires très épaisses de noyaux de dattes; de graines de café, de lupin étaient attaquées déjà au bout de deux heures et détruites en douze heures. Toutefois la cellulose artificiellement purifiée (par exemple, le papier) n'était pas modifiée. Il est à remarquer en outre qu'en opposition avec les données connues les extraits de foie d'escargots étaient inactifs, de telle sorte que l'enzyme, hypothétique, se formerait au moment de la sécrétion.

Les propriétés que nous venons d'assigner au foie des mollusques soulèvent le même problème de physiologie comparée que pour le foie des arthropodes. Cet organe est-il véritablement un foie? Nous voyons qu'il accomplit les fonctions digestives, qui, chez les animaux supérieurs, sont dévolues au pancréas; d'autre part, son tissu ne contient que de petites quantités de glycogène, et ni acides, ni pigments biliaires; mais il renferme de notables quantités de leucine et de tyrosine. Faut-il pour cela en faire un pancréas? Fredericq croit qu'il serait sage de s'abstenir provisoirement de changer à la légère une dénomination consacrée par un long usage; il fait remarquer que nous ne savons pas si cet organe ne fonctionne pas en réalité comme un foie, et que l'absence de produits biliaires dans sa sécrétion n'est pas une objection; car l'urine du poulpe ne contient, elle aussi, ni urée ni acide urique, et pourtant personne ne songe à en contester la nature. Bourquelot dit que l'on doit considérer le foie des céphalopodes comme une glande digestive n'ayant d'analogie complète avec aucune des glandes digestives des animaux supérieurs. Ce serait en quelque sorte une glande générale. Au point de vue de sa structure, du reste, le foie des mollusques paraît être un organe complexe. Pour le foie des céphalopodes, Livon [2], il est vrai, n'a pas vu ces cellules histologiquement différentes que l'on a décrites dans le même organe des gastéropodes pulmonés. Mais, pour ces derniers animaux, on sait par les travaux de Barfurth, [3] Yung et Frenzel, que l'épithélium de la glande digestive comprend, outre les cellules à granules calcaires destinées à la réparation de la coquille, deux autres sortes de cellules sécrétoires, les unes, à vacuoles remplies d'un liquide jaune, les autres, plus petites, à granules jaunes et incolores. D'après Cuénot, les grandes cellules à vacuoles sont excrétoires (elles éliminent les matières colorantes dissoutes que l'on injecte dans le cœlome d'un de ces mollusques), tandis que les petites cellules sécrètent les ferments digestifs.

e) *Résumé de la digestion chez les Invertébrés.* — D'après les faits que nous venons d'exposer, on voit que chez les Invertébrés (la digestion intra-cellulaire mise à part) les processus digestifs ne diffèrent pas essentiellement de ceux des animaux supérieurs. Nous y retrouvons les actions fermentaires sur les différentes catégories de matières alimentaires dont le tube digestif des vertébrés est le siège. « Si nous laissons de côté, dit Bourquelot [4], la sécrétion d'un ferment inversif, sécrétion peu étudiée jusqu'à présent, et en somme peu importante, nous trouvons que deux sortes d'organes glandulaires peuvent concourir au travail chimique de la digestion par les sécrétions qu'ils produisent : d'une part, les glandes salivaires ou œsophagiennes, qui tantôt sont développées sous forme de véritables glandes,

1. Biedermann et Moritz. *Beiträge zur vergleichenden Physiologie der Verdauung.* ii. *Ueber ein celluloselösendes Enzym im Lebersecret der Schneke (Helix pomatia) (A. g. P.,* lxxiii, 1898, 219).

2. Ch. Livon. *Structure des organes digestifs des poulpes (Journ. de l'Anat. et de la physiol.,* 1881, 97).

3. Barfurth (*Zool. Anzeiger*, iii, 499).

4. Bourquelot. *Les phénomènes de la digestion chez les animaux invertébrés (Revue scientifique,* 1883, i, 790).

tantôt sont remplacées par un revêtement épithélial glandulaire de l'œsophage, tantôt enfin sont rudimentaires ou n'existent pas; d'autre part, un système glandulaire qui est représenté chez les uns par une glande volumineuse qu'on a appelée foie, chez d'autres par des cœcums glandulaires de l'intestin moyen, chez d'autres enfin par une zone épithéliale glandulaire de cet intestin. Cette dernière forme doit être considérée comme l'origine des deux autres. L'assise de cellules glandulaires se localise : la portion de paroi qu'elle recouvre fait hernie à l'extérieur : on a les cœcums. Ceux-ci s'allongent, se ramifient : voilà le prétendu foie. Ainsi compris, ce système glandulaire ne manque jamais, et le nom de glande digestive peut lui être assigné. » Pour ce qui est des ferments élaborés par ces glandes, on peut dire qu'il est rare que le liquide salivaire ait une action diastasique, et que la triple action digestive sur les matières amylacées, les albuminoïdes et les graisses appartient au liquide sécrété par le prétendu foie. Une véritable digestion gastrique manque absolument chez les invertébrés; si l'on veut faire un rapprochement entre leurs processus digestifs et ceux des vertébrés supérieurs, c'est évidemment avec les phénomènes de la digestion pancréatique que l'on sera tenté d'établir une comparaison.

2° **Digestion chez les Vertébrés.** — Les notions générales sur les processus digestifs que nous avons données dans un chapitre antérieur se rapportent aux vertébrés. La physiologie comparée de la digestion chez ces animaux doit cependant envisager un certain nombre de particularités spéciales à tel ou tel groupe. C'est ce que nous allons faire en portant plus spécialement notre attention sur les poissons et les oiseaux.

a) *Poissons.* — La digestion chez les poissons présente certaines conditions dont l'étude est d'un haut intérêt. D'une part, la digestion gastrique s'opère dans un milieu fortement acide, et sous l'influence d'un ferment qui conserve son activité à de basses températures; d'autre part, les poissons présentent des organes particuliers, les appendices pyloriques, dont le rôle dans la digestion est très discuté, et certains d'entre eux possèdent une sécrétion hépatique qui agit, comme chez les invertébrés, de la même façon que le suc pancréatique.

Un ferment digestif actif à de basses températures devait évidemment se rencontrer chez les animaux à sang froid. Fick et Murisier [1] trouvèrent qu'il existe dans l'estomac des grenouilles, brochet, truite, un ferment que l'on peut extraire (de même que la pepsine des animaux à sang chaud) en traitant la muqueuse stomacale par HCl étendu, mais qui diffère de la pepsine des vertébrés supérieurs, en ce qu'il digère déjà fortement l'albumine à de basses températures et ne possède aucune action énergique à la température du sang des animaux à sang chaud. Hoppe-Seyler (*loc. cit.*) opéra aussi des digestions artificielles de fibrine à de basses températures à l'aide de l'extrait de muqueuse stomacale du brochet; mais il vit, à l'encontre des auteurs précédents, que l'élévation de température ne nuit pas à l'action digestive; des flocons de fibrine étaient rapidement digérés à 15° comme à 40°; la digestion la plus rapide s'opérait à 20°; à quelques degrés au-dessus de 0, l'action était plus lente qu'à 15°, mais encore très notable. D'après ce fait, il conclut qu'il est à peine douteux que cette différence d'action entre les extraits de la muqueuse de l'estomac chez les animaux à sang chaud et à sang froid repose sur une différence de nature du ferment; de même aussi que l'on doit admettre une distinction entre la diastase du pancréas et celle de l'orge germée, parce qu'elles montrent un maximum de pouvoir à des températures différentes.

La très forte acidité du suc gastrique de certains poissons (les squales notamment) est un fait bien connu depuis les recherches de Ch. Richet et Mourrut [2]. A l'état de jeûne, l'estomac chez *Scyllium* contient à peine quelques gouttes d'un liquide faiblement acide ; mais pendant la digestion l'acidité atteint un maximum qui peut s'élever à 6 et 15 grammes de HCl par litre. Ch. Richet est revenu sur cette question dans un mémoire étendu, en 1882, après avoir étudié, au laboratoire maritime du Havre, la digestion chez les poissons cartilagineux des genres *Scyllium* et *Acanthias*. Le suc gastrique chez ces

1. Fick et Murisier (*Verhandl. d. Wurzburg phys. med. Ges.*, iv, 120).
2. Ch. Richet et Mourrut. *De quelques faits relatifs à la digestion gastrique des poissons* (*C. R.*, xc, n° 15).
3. Ch. Richet (*A. de P.*, 1882, 536).

poissons n'est pas à proprement parler un liquide : c'est une masse mucilagineuse résultant d'une sorte de fonte de la muqueuse stomacale. Cette masse, d'abord cohérente, difficilement miscible à l'eau et impossible à filtrer, change bientôt de caractères au contact de l'air. « Elle se dissout elle-même, devient de plus en plus liquide, si bien qu'au bout de quelques heures les matières alimentaires nagent dans un liquide assez abondant, véritable suc gastrique primitif. » Mais cette dissolution est très lente en milieu neutre et ne s'opère pas sans putréfaction; au contraire, elle est très rapide si on lui donne une acidité répondant à 10 grammes d'HCl par litre. Ce suc gastrique n'a aucune action diastasique sur l'amidon; il ne digère pas non plus les albuminoïdes en solution neutre et ne contient pas par conséquent de trypsine (chez ces poissons cartilagineux du moins, car on ne peut pas généraliser); mais il a une activité protéolytique extrêmement énergique en milieu acide. Ch. Richet a constaté comme ses devanciers que la pepsine de ce suc gastrique agit à une température de 20° presque aussi énergiquement qu'à 40°, mais il a vu encore qu'elle agit dans des solutions très acides, contenant 10gr, 15 et même 20 grammes de HCl mieux que dans des solutions ne contenant que 1 gramme, 1gr,5 et même 2 grammes d'HCl. Dans ces conditions la muqueuse de l'estomac peut peptoniser durant un très court espace de temps jusqu'à six fois son poids de fibrine, même à de basses températures, à 12° par exemple. Le très fort pouvoir digérant du suc gastrique des squales apparaît encore par son action dissolvante sur la carapace chitineuse des crustacés.

Les phénomènes relatifs à la digestion stomacale chez les squales ne doivent pas être étendus à toute la classe des Poissons. En effet, chez beaucoup d'espèces les conditions en sont tout à fait différentes. En 1877, Luchau[1], dans des expériences qu'il exécuta sous l'impulsion de V. Wittich, vit que la muqueuse stomacale de quelques poissons du genre Cyprinus (C. tinca et C. carpio) fournit un extrait glycériné qui digère la fibrine seulement en solution neutre avec formation de tyrosine, et transforme encore l'amidon en sucre. Homburger[2] aussi, à la même époque, arriva aux mêmes résultats en opérant avec l'extrait du segment intestinal situé au-dessous de la vésicule biliaire chez plusieurs cyprins. De plus, il trouva que l'extrait du foie et même la bile digèrent la fibrine, transforment les solutions d'amidon en sucre et décomposent l'huile d'olive. D'après lui, toutes ces actions cessaient par addition d'HCl. De son côté, Krukenberg vérifia le fait que le foie de la carpe, de même que l'intestin, sécrète une enzyme digérant les albuminoïdes en réaction alcaline aussi bien que neutre, c'est-à-dire très vraisemblablement une trypsine. La bile se montra cependant dans ses expériences complètement inactive sur la fibrine à 40°. Le foie d'un certain nombre de poissons (par exemple la perche), d'après Krukenberg[3], tient la place d'un pancréas par ses fonctions digestives.

La triple propriété de l'extrait de foie sur les albuminoïdes, les féculents et les graisses, constatée par les auteurs précédents chez la carpe, serait tout à fait incompréhensible si l'on bornait son étude à la physiologie comparée de la digestion chez les Vertébrés. Nous sommes habitués, en effet, à considérer la séparation fonctionnelle entre le foie et le pancréas comme complète chez ces animaux. Mais les faits que nous avons établis précédemment chez les invertébrés relativement au pouvoir fermentaire du foie chez l'écrevisse, les céphalopodes, etc., suffisent pour éclaircir cette question. Il n'est point surprenant que nous trouvions chez les vertébrés les plus inférieurs des propriétés que possède le tissu hépatique chez les invertébrés les plus élevés en organisation. L'étude histologique du foie des poissons a du reste montré que, chez certaines espèces, le pancréas se fusionne avec le foie de manière à former un organe qui mérite bien le nom d'hépato-pancréas. Déjà, dès 1827, E. H. Weber[4] considérait le foie de la carpe comme un complexe de pancréas et de foie et supposait que cet organe est pourvu d'une double série de canaux évacuateurs : les uns pour la bile, les autres pour un autre suc. Malgré l'opposition que Cl. Bernard fit à cette conception de Weber (Leçons de Physiol. exp., ii, 485),

1. Luchau. Vorläufige Mittheilung über die Magenverdauung einiger Fische (C. W., n° 28, 1877, 497).
2. Homburger. Zur Verdauung der Fische (Ibid., n° 31).
3. Krukenberg (Loc. cit.).
4. J. H. Weber. Ueber die Leber von Cyprinus carpio, die zugleich die Stelle des Pankreas zu vertreten scheint (Arch. f. Anat. u. Phys., 1827, 294-299).

elle a été trouvée exacte, et Legouis[1] a montré qu'elle doit être acceptée sans réserve. Chez la carpe les tissus du foie et du pancréas sont mêlés; on voit le tissu pancréatique pénétrer à travers la substance du foie, « comme les racines d'un arbre pénètrent dans le sol ».

Toutefois, beaucoup de poissons ont un pancréas complètement distinct, et Cl. Bernard s'est assuré que l'extrait de cet organe saccharifie les féculents et dédouble les graisses. Ch. Richet aussi (loc. cit.) a constaté que le pancréas de Scyllium et Galeus possède une énergique action diastasique sur l'amidon, mais il n'y a découvert aucune propriété protéolytique sur la fibrine ni en solution acide, ni en solution neutre ou alcaline. Chez ces animaux, l'extrait de foie ne contient ni trypsine, ni diastase saccharifiante. Mais il est d'autres poissons chez lesquels les anatomistes ne sont pas parvenus à reconnaître le pancréas. Cl. Bernard pensait que, malgré l'absence d'une glande conglomérée chez ces animaux, la fonction pancréatique ne manquait point, et que les cellules sécrétoires du pancréas pouvaient être répandues à l'état diffus à la surface de la muqueuse intestinale.

Les recherches de Krukenberg sur la digestion des poissons ont appris qu'il existe une grande diversité suivant les espèces dans la répartition des zones formatrices de ferment. Une différenciation parfaitement achevée entre la zone productive de pepsine et la zone à sécrétion pancréatique se montre chez quelques Téléostéens (Thymnus vulgaris, Clupea sardina, Leuciscus, etc.); mais chez d'autres poissons la zone peptique s'étend ou se déplace; chez Accipenser sturio et chez les Squales (particulièrement Mustelus vulgaris) le district formant la pepsine ne se limite pas au soi-disant estomac, mais s'étend aussi souvent loin sur l'intestin. Chez d'autres animaux à sang froid, on voit aussi la zone peptique s'étendre sur l'œsophage. Ainsi, d'après Swiecicki[2], l'œsophage de la grenouille sécrète une pepsine plus abondante que la pepsine stomacale. De même la zone pancréatique, au lieu de se limiter à sa place primitive, peut s'étendre sur le segment du tube digestif situé en arrière (Cyprinus), elle peut même empiéter sur la muqueuse stomacale (Zeus faber, Scomber scomber). Chez l'esturgeon les glandes pyloriques possèdent une fonction pancréatique, comme certains anciens auteurs l'avaient bien vu; de plus on y rencontre des éléments formateurs de pepsine. Chez quelques poissons, toujours d'après Krukenberg, les glandes sécrétant un ferment pancréatique font complètement défaut, par exemple chez le congre, l'anguille et chez Esox lucius, tandis qu'au contraire les cellules sécrétant la pepsine manquent chez beaucoup de Cyprinoïdes et quelques Gobidés (comme l'ont vu Luchau et Homburger, loc. cit.).

Pour ce qui est des diverticules appelés appendices pyloriques, leur fonction est encore assez obscure. Cuvier avait admis qu'ils représentent le pancréas. Mais on a trouvé depuis que certains poissons possèdent et pancréas et appendices pyloriques. On en a inféré que ces derniers organes n'étaient point de même nature que le pancréas (Steller, Cl. Bernard, etc.). Mais, ainsi que le dit Krukenberg, c'est là un raisonnement tout à fait illogique, car, en présence de la coexistence des deux sortes d'organes, on peut penser non seulement à un renforcement fonctionnel, mais encore à une division fonctionnelle. « Mes expériences, ajoute-t-il, montrent que chez les poissons des organes très différents (muqueuse intestinale, appendices pyloriques, pancréas dans le sens propre, foie) peuvent fournir une sécrétion pancréatique pour la digestion, sans qu'une fonction exclue l'autre. Ainsi fonctionnent, par exemple, chez la carpe le foie et la paroi intestinale, chez la perche le foie et un autre organe représentant peut être un pancréas (Brockmann, de Pancreate piscium, Rostock, 1849); chez Scorpaena l'intestin, les appendices pyloriques et le foie. On ne trouve que rarement des rapports aussi nets qu'on le désirerait a priori. » Certains anatomistes (Schellhammer (1707), Rathke (1837), Meckel et plus récemment L. Edinger) considéraient les appendices pyloriques comme des appareils de résorption. Leur fonction sécrétoire est pourtant si évidente chez beaucoup d'espèces, qu'on ne peut guère la mettre en doute. Krukenberg, en colorant les aliments avec du vermillon et du bleu d'outre-mer, n'a pas réussi chez la carpe

---

1. Legouis. Recherches sur les tubes de Weber et sur le pancréas des poissons osseux (Ann. des sc. nat. de zool., (5), xvii, 31, 1872-73).

2. Swiecicki. Untersuchungen über die Bildung und Ausscheidung des Pepsins bei den Batrachiern (Jahresber. d. Thierchemie, vi, 172, 1876 et A. g. P., xiii, 444).

à voir se produire un cours notable de chyme dans ces diverticules; mais il a pu obtenir avec les appendices pyloriques de certains poissons des extraits jouissant d'une action vraiment pancréatique sur les albuminoïdes; aussi admet-il que chez quelques espèces ces organes tiennent lieu de pancréas (*Sturio, Thymnus, Cepola rubescens, Clupea sardina*), tout en reconnaissant que chez d'autres [ils ne servent peut-être seulement qu'à une sécrétion muqueuse (*Perca fluviatilis*). Dans d'autres recherches il a été amené à reconnaître une grande variété dans les ferments digestifs sécrétés par les appendices pyloriques suivant les espèces. Ces diverticules produiraient tout à la fois de la diastase, de la pepsine et de la trypsine chez *Acipenser sturio, Motella tricirrhata,* et *Lophius piscatorius;* de la pepsine et de la trypsine chez *Trachinus draco, Scorpoena scrofa,* et *Zeus faber;* de la pepsine seulement chez *Umbrina cirrhosa, Uranoscopus scaber,* et *Chrysophrys aurata;* de la trypsine et de la diastase, mais non de la pepsine chez *Dentex vulgaris;* de la trypsine sans pepsine ni diastase chez *Alosa finta* et *Trigla hirundo.*

Raphael Blanchard[1], après avoir énuméré ces résultats qu'il considère comme invraisemblables, dit que, pour lui, le rôle des appendices est au contraire des plus constants et des plus précis. Sur dix espèces étudiées (prises dans les Malacoptérygiens abdominaux, Anacanthiens et Acanthoptères), il a obtenu des résultats concordants : le suc sécrété est alcalin; il possède une rapide et énergique action diastasique sur l'amidon cuit (à 12° et 38°), plus énergique à chaud; il agit aussi sur les albuminoïdes en solution alcaline et neutre et même faiblement acide. Il n'a aucune action sur les graisses.

• b) *Oiseaux.* — Les processus digestifs chez les oiseaux ne diffèrent pas de ceux qui ont été décrits chez les mammifères. Comme chez tous les animaux à sang chaud, les ferments digestifs n'agissent chez eux qu'à des températures voisines de celles du corps. Une sécrétion stomacale acide (qui servit, comme on le sait, aux premiers expérimentateurs Réaumur et Spallanzani pour étudier la digestion dans l'estomac), une sécrétion pancréatique, dont l'action digestive est la même que celle du pancréas des mammifères, d'après les recherches de Cl. Bernard, se rencontrent chez les oiseaux comme chez les vertébrés les plus élevés. Nous donnerons cependant ici quelques détails sur la digestion chez les oiseaux, bien que le sujet intéresse plutôt la physiologie spéciale que la physiologie générale.

Chez les animaux carnassiers, la proie avalée tout entière, si elle n'est pas trop volumineuse, se rend directement dans un estomac à minces parois (estomac membraneux) où elle est digérée par le suc gastrique acide. A noter seulement cette particularité, que les parties indigestes, os, plumes, poils, sont au bout]d'un certain temps régurgitées sous forme de pelotes. Chez les oiseaux granivores (*gallinacés*), les graines avalées séjournent un temps plus ou moins long dans le jabot. D'après Tiedemann et Gmelin, les graines ingérées par une poule en un repas ne sortaient de ce réservoir qu'au bout de douze à treize heures; d'après Colin (*Physiologie comparée,* i, 843), ce temps de séjour peut être encore plus long : un dindon, qu'il entretenait avec de l'avoine, mettait de dix-huit à vingt heures à faire passer dans le gésier les deux décilitres de cette céréale qu'il mangeait en une seule fois. Dans le jabot les graines subissent un commencement de macération sous l'influence de la sécrétion exhalée par la muqueuse de cette poche; mais on ne les voit point se ramollir notablement ni se réduire en pâte. C'est dans le ventricule succenturié que se produit le vrai suc gastrique acide. A l'aide de petites éponges, Réaumur et Spallanzani, puis Tiedemann et Gmelin, recueillaient ce suc, et ces derniers expérimentateurs y découvrirent de l'acide chlorhydrique et de l'acide acétique. Ce n'est pas toutefois dans le ventricule succenturié, dont les dimensions sont trop exiguës, que se fait la digestion stomacale, mais bien dans le gésier qui reçoit avec les aliments le produit de sécrétion qui les imprègnent. Le gésier, dont la muqueuse est recouverte d'un épithélium corné extrêmement épais, possède en outre, grâce à l'épaisseur de sa couche musculaire, une force de trituration bien connue depuis les expériences des académiciens *del Cimento.* Borelli, sur les cygnes du palais de Florence, avait constaté que le gésier de ces palmipèdes broie aisément des noyaux de pistache et d'olive. Réaumur vit que des boules de verre étaient réduites en poudre dans le gésier du coq, et que chez le dindon des tubes de fer-blanc, qui supportaient sans se déformer un poids de 335 livres,

---

1. R. Blanchard. *Sur les fonctions des appendices pyloriques* (C. R., 1883, 1241).

étaient aplatis et bosselés. Dans des recherches de SPALLANZANI, une balle de plomb, traversée de douze aiguilles dont les pointes dépassaient, fut, après avoir été avalée par un dindon, retrouvée au bout d'un jour et demi avec ses aiguilles brisées; les pointes de deux d'entre elles seulement étaient encore dans l'estomac dont la face interne ne paraissait nullement blessée. Cette force de trituration extraordinaire, à laquelle du reste les oiseaux viennent encore en aide en avalant de petits cailloux, dont le frottement peut agir à la manière d'une meule, est absolument indispensable à la digestion des graines dures; celles-ci ne sont en effet attaquées par le suc gastrique qu'autant qu'elles sont préalablement broyées; ainsi RÉAUMUR vit que les graines renfermées dans des tubes percés de trous, qu'il faisait avaler à des gallinacés, se retrouvaient intactes au bout de quarante-huit heures.

Le gésier des oiseaux est-il exclusivement un appareil triturateur, comme l'enseignent la plupart des traités d'anatomie comparée? Sa muqueuse ne sécrète-t-elle pas aussi un suc gastrique? A la vérité, MALLING et LEYDIG y ont bien décrit des glandes chez certaines espèces (héron, notamment). Mais CURSCHMANN nia la communication des tubes glandulaires avec la cavité. JOBERT[1] dit avoir vu, chez l'autruche, les tubes excréteurs très gros s'ouvrir à l'extérieur et fournir un produit de sécrétion à très forte réaction acide. Il a pu, avec le liquide, obtenir une dissociation des cellules nerveuses des ganglions du sympathique, comme FAIVRE et POLAILLON l'ont fait avec du suc gastrique de Mammifères. Quant à la nature de l'acide de ce suc, il la laisse indéterminée.

A part ce travail de JOBERT, on peut dire que la digestion chez les oiseaux a été à peine étudiée depuis TIEDEMANN et GMELIN. Toutefois, dans ces derniers temps, quelques physiologistes ont apporté des données intéressantes à cette question. P. WILCZEWSKI[2] indique dans sa dissertation inaugurale quelques expériences spéciales concernant la digestion dans l'œsophage et le jabot. MAX TEICHMANN[3] a étudié aussi la digestion dans le jabot des pigeons; d'après lui, le liquide muqueux sécrété par les glandes œsophagiennes, combiné avec les acides prenant naissance par des processus de fermentation, doit ramollir les graines et les gonfler; comme aussi dans l'état normal il y aurait dans le jabot de petites quantités de pepsine et de HCl, les conditions pour un commencement de digestion se trouveraient ainsi réalisées.

Ces faits n'ont pu être vérifiés par F. KLUG[4], qui, dans un intéressant travail, a étudié les processus digestifs chez l'oie. Un liquide digestif artificiel préparé avec la muqueuse du jabot ne montre absolument aucune action digestive; la sécrétion des glandes du jabot et de l'œsophage est une sécrétion de mucus destinée à lubrifier la muqueuse. Les glandes du ventricule succenturié ou *préestomac (Vormagen)* de l'oie sécrètent un suc contenant de la pepsine, HCl, lab et ferment de la gélatine, et tous ces produits sont élaborés par les mêmes cellules. Après avoir fendu en long le préestomac d'une oie prise en pleine digestion, KLUG la partagea avec un fin rasoir en une moitié externe et une moitié interne, et vit que les deux coupes avaient une réaction acide; les sucs artificiels préparés avec les moitiés externe et interne digéraient également bien: même le suc obtenu avec la moitié extérieure agissait plutôt plus fortement. KLUG ne nie pas cependant qu'il s'opère une digestion dans l'œsophage. Si l'on réfléchit, dit-il, à la petitesse du préestomac et à la largeur de la lumière de l'œsophage, il sera logique d'admettre que la digestion stomacale doit s'accomplir particulièrement dans ce dernier. « Que la sécrétion du préestomac se déverse effectivement dans l'œsophage et le jabot, c'est ce qu'on peut observer directement chez l'animal à jeun empoisonné par la pilocarpine. Pour ce fait parle aussi la circonstance que les contractions du préestomac excité gagnent directement le jabot, tandis que les contractions stomacales chez les Mammifères, ainsi qu'il est connu, ne s'avancent pas sur l'œsophage. »

Pour la digestion intestinale, certaines conditions relatives à la sécrétion pancréa-

1. JOBERT. *Recherches pour servir à l'histoire de la digestion chez les oiseaux* (C. R., LXXVII, 133, 1873).
2. P. WILCZEWSKI. *Unters. über den Bau der Magendrüsen der Vögel* (Diss., Breslau, 1890).
3. M. TEICHMANN (*Arch. f. mikroskop. Anat.*, 1889, XXXIV, 235-247). — Voyez aussi J. FORSTER. *Zur Lehre von der Verdauung bei den Vögeln* (Deutsche Zeitschr. f. Thierm., 91, 1876).
4. F. KLUG. *Zur Kenntniss der Verdauung der Vögel, insbesondere der Gänse.* Communication au II° Congrès ornithologique international à Budapest, le 18 mai 1891.

tique sont aussi à signaler. Langendorff[1] avait trouvé chez le pigeon que le suc s'écoulant par une fistule pancréatique a une réaction alcaline. Klug reconnaît au contraire que, chez l'oie, la sécrétion du pancréas, aussi bien que le tissu de la glande, a une réaction faiblement acide par suite de la présence de HCl libre; et que le contenu intestinal des oies en digestion a aussi une réaction constamment acide. Il n'est pas admissible que cette acidité provienne du suc stomacal en raison de la longueur de l'intestin grêle de l'animal (2 à 5 mètres); sur un tel trajet le suc stomacal devrait être neutralisé ou résorbé. Le suc pancréatique des oies dans les expériences de Klug digérait bien l'albumine, la gélatine et les hydrates de carbone, mais ne coagulait pas le lait et ne dédoublait pas la graisse en glycérine et acides gras. Ce dernier résultat est différent de celui de Langendorff, qui, chez le pigeon, fut conduit à attribuer une action énergique sur les graisses au suc pancréatique. De plus, d'après Klug, la digestion de la gélatine est le fait d'un ferment particulier distinct de celui de la fibrine. Quant au suc intestinal artificiel, il agit comme le pancréas, mais plus faiblement, et seulement s'il est fabriqué avec la muqueuse de l'oie en digestion. Klug termine son étude par une remarque curieuse sur les conditions de l'absorption chez l'oie gavée. A un moment donné de la digestion, les muqueuses du préestomac et de l'intestin grêle ne sont plus recouvertes par aucun épithélium; celui-ci, avec l'épithélium des glandes qui produisent la sécrétion protectrice de la muqueuse, forme un détritus dans lequel on trouve des cellules de l'épithélium cylindrique en destruction, des cellules musculaires lisses, beaucoup de leucocytes et des restes de nourriture. De cette absence de tout épithélium résulterait une résorption plus abondante et plus active.

c) *Mammifères.* — Les phénomènes de la digestion chez les Mammifères présentent aussi différentes particularités suivant les groupes. Mais leur description intéresse plutôt la physiologie spéciale, et sera mieux placée dans les articles analytiques concernant les divers actes digestifs (salive, estomac, etc.). Comme, dans cet article, nous n'avons pour objet que les phénomènes généraux de la digestion, nous arrêtons ici cette étude de physiologie comparée.

V. Digestion chez les végétaux. — La fonction digestive ne fait point défaut aux végétaux. Non seulement les matériaux de réserve subissent une véritable digestion intra-cellulaire sous l'influence de divers ferments, amylase, invertine, émulsine, myrosine, saponase, pepsines, etc. (phénomènes qui se rapportent plutôt aux actes intimes de la nutrition et sur lesquels nous n'insisterons pas pour les raisons que nous avons données au début de cet article), mais encore les substances qui méritent, au sens propre, le nom d'aliments, subissent de la part de la plante une action digestive non douteuse. Les poils qui garnissent les jeunes racines sont humectés d'un liquide acide qui attaque par une action corrosive les corps solides (carbonates de chaux, de magnésie, phosphate de chaux) et les rend ainsi solubles et propres à être absorbés. Si l'on fait croître des racines de haricots ou de maïs sur une plaque bien polie de marbre, de dolomie, de magnésie, etc., après quelques jours on peut constater que, sur tout leur parcours, les racines ont gravé dans la pierre leur empreinte, celle de leurs ramifications les plus ténues et jusqu'aux poils délicats qui les recouvrent[2]. Une algue, l'*Euactis calcivora*, vivant dans les lacs de la Suisse, s'attache aux galets calcaires et les perce de trous nombreux et profonds qui les font ressembler à des éponges. Les lichens saxicoles qui végètent sur les rochers agissent de même pour décomposer et dissoudre la pierre dont ils font leur nourriture. C'est ainsi que par eux le granit, le gneiss et le micaschiste sont transformés peu à peu en kaolin[3]. Mêmes phénomènes pour les plantes parasites; au contact d'un liquide qui se forme à la surface des suçoirs, le corps de l'hôte est digéré. C'est encore de cette façon que nombre de champignons ou d'autres plantes vivent aux dépens des écorces, du bois mort ou des feuilles mortes; c'est par un liquide digestif qu'ils parviennent à dissoudre les matières ligneuses dont ils se nourrissent. « Quand la tige souterraine du chiendent, rencontrant dans le sol un tubercule de pomme de terre, le traverse de part en part en dissolvant sur son passage l'amidon et les autres principes

1. Langendorff. *Versuche über die Pankreasverdauung der Vögel (A. P., 1879).*
2. Sachs (*Physiologie végétale*, 216, 1868).
3. V. Tieghem. *Traité de botanique.*

solides qu'il renferme, le chiendent digère la pomme de terre et s'en nourrit. C'est
encore une digestion bien caractérisée quand l'Amylobacter pénètre sous l'eau dans les
organes végétaux, en attaque et en dissout peu à peu les membranes cellulaires, et parfois aussi l'amidon, pour les absorber ensuite et s'en nourrir (V. Tieghem). » Dans les
graines en germination l'embryon digère l'albumine par un processus exactement semblable. Il le traverse, non pas en le refoulant devant lui, mais bien en le perforant, c'est-
à-dire en dissolvant les cellules qui se trouvent sur son passage et en absorbant les produits solubles pour sa nutrition. L'embryon s'attaque donc à l'albumine par les diastases
qu'il sécrète; celles-ci sont formées par le cotylédon et déversées à la surface de son
épiderme inférieur, lequel absorbe en outre les substances dissoutes. L'action de ces
diastases peut être extrêmement énergique : « Quand l'action digestive de l'embryon
porte sur des substances aussi dures et aussi résistantes que les membranes cellulosiques
de l'albumen du *Dattier* ou du *Phytelephas*, son énergie est telle que les animaux les
mieux doués sous ce rapport, les rongeurs par exemple, ne sauraient lui être comparés
(V. Tieghem). »

La digestion nous apparaît de la sorte comme un phénomène très général chez les
végétaux. Aussi ne doit-on considérer la digestion des plantes dites carnivores que comme
un cas particulier d'une propriété très répandue chez les plantes. On sait que chez certaines plantes (*Nepenthes, Drosera, Dionœa, Pinguicula*, etc.), les feuilles sécrètent un
liquide glutineux doué de propriétés digestives très remarquables sur les albuminoïdes.
Les insectes qui viennent s'engluer à la surface de ces feuilles ne tardent pas à disparaître. Les morceaux de viande imbibés du liquide de sécrétion sont aussi attaqués et
dissous comme dans le suc gastrique. Les travaux de Ch. Darwin[1], ceux de Hooker, Burdon-Sanderson, Gorup-Besanez[2] et Will, etc., ont jeté quelque jour sur la sécrétion
digestive des plantes dites carnivores. La réaction notablement acide des sécrétions, la formation de peptones et les expériences qui ont été instituées par Gorup-Besanez avec la
sécrétion du Népenthes, parlent en faveur de ce fait que l'action digestive dépend d'un
ferment analogue à la pepsine. Toutefois Hoppe-Seyler (*loc. cit.*) n'est parvenu à retirer
ce ferment des feuilles du *Drosera rotundifolia*, ni par l'extraction directe avec de
l'eau additionnée de 0,2 p. 100 d'HCl, ni par une macération prolongée dans la glycérine et précipitation par l'alcool. Cet expérimentateur considère comme invraisemblable que le ferment se forme au moment de l'excitation de la feuille; il croit qu'il n'a
rien d'identique avec la pepsine de l'estomac des vertébrés à sang froid. On pourrait
peut-être admettre que ce ferment se forme dans d'autres organes que la feuille. En
tous cas on sait que l'on a pu extraire un ferment protéolytique des feuilles d'autres
plantes. Würtz et Bouchut[3] ont retiré la *papaïne* des feuilles du *Carica papaya*; mais ce
dernier ferment ne sert point à l'alimentation de la plante, non plus que celui que contient le suc laiteux du figuier[4] ou le suc de l'ananas[5]; car ces agents ou liquides digestifs demeurent toujours renfermés dans l'intérieur du corps. Pour avoir du reste le droit
de dire que les plantes carnivores utilisent pour leur nutrition la propriété digérante de
leurs feuilles, il faut pouvoir démontrer que les albuminoïdes sont non seulement dissous
par les sucs sécrétés, mais encore absorbés sous forme de peptones. Une preuve directe
en faveur de ce dernier fait n'a point encore été donnée. Mais il existe des expériences
tendant à prouver d'une façon indirecte que la digestion des albuminoïdes opérée par les
plantes carnivores peut servir à l'accroissement et à la nutrition du végétal. On a pour
cela comparé le développement de deux plants de Droseras, dont l'un recevait de la viande
sur les feuilles et l'autre non (Francis Darwin[6], Rees[7]). Or les plantes qui furent sou-

1. Ch. Darwin. *Les plantes insectivores*, trad. franç., 1877.
2. Gorup Besanez et Will. *Fortgesetze Beobachtungen über peptonbildende Fermente im
Pflanzenreich* (*D. Ch. Ges.*, ix, 673, 1877). — Voyez aussi Sidney Vines. *On the digestive ferment
of Nepenthes* (*Journ. of Anat. and Phys.*, xi, 124, 1877) et Miroczkowski (*Biol. Centralbl.*, ix, n° 5)
qui considère le ferment comme analogue plutôt à la trypsine.
3. Würtz. *Sur le ferment digestif du Carica papaya* (*C. R.*, lxxxix, 1879, 425).
4. E. Bouchut. *Sur un ferment digestif contenu dans le suc de figuier* (*C. R.*, xc, 1880, 67).
5. Marcano (*Bull. of Pharmacy*, v, 77, 1891).
6. Fr. Darwin. *Insectivorous plants* (*Nature*, 17 janvier et 6 juin 1878).
7. Rees. *Vegetationsversuche an Drosera mit und ohne Fleischfütterung* (*Botanische Zeitung*,
5 avril 1878, 200).

mises au régime carné devinrent plus vigoureuses et plus vertes que les témoins, et surtout elles produisirent des fleurs plus nombreuses, des graines plus abondantes et plus lourdes, et des réserves en plus grande quantité dans leurs bourgeons hibernaux. Chez elles le poids du corps non fleuri atteignait 121 ; celui des tiges florales, 240 ; celui des graines, 380 ; celui des plantules produits par les bourgeons hibernaux, 251 ; alors qu'il était de 100 chez les plantes témoins. Van Tieghem, qui mentionne ces résultats dans son *Traité de Botanique* (p. 206), ajoute : « Pour rendre ce résultat plus démonstratif, peut-être eût-il fallu parallèlement à ces deux cultures en disposer une troisième où les plantes auraient reçu la même ration de viande, mais sur le sol où plongent leurs racines, et non plus sur leurs feuilles? Quoi qu'il en soit, le fait de la digestion de la viande par les feuilles des plantes dites insectivores, quelque intérêt qui s'y attache, n'est qu'un cas particulier d'un phénomène général. À vrai dire, toutes les plantes sont carnivores.

E. HÉDON.

TABLE DES MATIÈRES

DU QUATRIÈME VOLUME

Paris. — Typ. Chamerot et Renouard, 19, rue des Saints-Pères. — 38251.

DICTIONNAIRE

DE

PHYSIOLOGIE

PAR

CHARLES RICHET

PROFESSEUR DE PHYSIOLOGIE A LA FACULTÉ DE MÉDECINE DE PARIS

AVEC LA COLLABORATION

DE

MM. E. ABELOUS (Toulouse) — ALEZAÏS (Marseille) — ANDRÉ (Paris) — S. ARLOING (Lyon)
ATHANASIU (Bukarest) — BARDIER (Toulouse) — BEAUREGARD (Paris) — R. DU BOIS-REYMOND (Berlin)
G. BONNIER (Paris) — F. BOTTAZZI (Florence) — E. BOURQUELOT (Paris) — ANDRÉ BROCA (Paris)
CAMUS (Paris) — J. CARVALLO (Paris) — CHARRIN (Paris) — A. CHASSEVANT (Paris) — CORIN (Liège)
E. DE CYON (Genève) — A. DASTRE (Paris) — R. DUBOIS (Lyon) — W. ENGELMANN (Berlin)
G. FANO (Florence) — X. FRANCOTTE (Liège) — L. FREDERICQ (Liège) — J. GAD (Leipzig) — GELLÉ (Paris)
E. GLEY (Paris) — L. GUINARD (Lyon) — M. HANRIOT (Paris) — HÉDON (Montpellier)
F. HEIM (Paris) — P. HENRIJEAN (Liège) — J. HÉRICOURT (Paris) — F. HEYMANS (Gand)
H. KRONECKER (Berne) — J. IOTEYKO (Bruxelles) — PIERRE JANET (Paris) — LAHOUSSE (Gand)
LAMBERT (Nancy) — E. LAMBLING (Lille) — P. LANGLOIS (Paris) — L. LAPICQUE (Paris)
CH. LIVON (Marseille) — E. MACÉ (Nancy) — GR. MANCA (Padoue) — MANOUVRIER (Paris)
L. MARILLIER (Paris) — M. MENDELSSOHN (Pétersbourg) — E. MEYER (Nancy) — MISLAWSKI (Kazan)
J.-P. MORAT (Lyon) — A. MOSSO (Turin) — J.-P. NUEL (Liège) — F. PLATEAU (Gand)
G. POUCHET (Paris) — E. RETTERER (Paris) — P. SÉBILEAU (Paris) — C. SCHÉPILOFF (Genève)
J. SOURY (Paris) — W. STIRLING (Manchester) — J. TARCHANOFF (Pétersbourg) — TRIBOULET (Paris)
E. TROUESSART (Paris) — H. DE VARIGNY (Paris) — E. VIDAL (Paris)
G. WEISS (Paris) — E. WERTHEIMER (Lille)

DEUXIÈME FASCICULE DU TOME IV

AVEC GRAVURES DANS LE TEXTE

PARIS

ANCIENNE LIBRAIRIE GERMER BAILLIÈRE ET Cie

FÉLIX ALCAN, ÉDITEUR

108, BOULEVARD SAINT-GERMAIN, 108

1899

11

BIBLIOGRAPHIA PHYSIOLOGICA

PHYSIOLOGIE

TRAVAUX DU LABORATOIRE

DE

M. CHARLES RICHET

Paris. — Typ. Chamerot et Renouard, 19, rue des Saints-Pères. — 37935.

DICTIONNAIRE

DE

PHYSIOLOGIE

PAR

CHARLES RICHET

PROFESSEUR DE PHYSIOLOGIE A LA FACULTÉ DE MÉDECINE DE PARIS

AVEC LA COLLABORATION

DE

MM. E. ABELOUS (Toulouse) — ALEZAIS (Marseille) — ANDRÉ (Paris) — S. ARLOING (Lyon)
ATHANASIU (Bukarest) — BARDIER (Toulouse) — BEAUREGARD (Paris) — R. DU BOIS-REYMOND (Berlin)
G. BONNIER (Paris) — F. BOTTAZZI (Florence) — E. BOURQUELOT (Paris) — ANDRÉ BROCA (Paris)
CAMUS (Paris) — J. CARVALLO (Paris) — CHARRIN (Paris) — A. CHASSEVANT (Paris) — CORIN (Liège)
E. DE CYON (Genève) — A. DASTRE (Paris) — R. DUBOIS (Lyon) — W. ENGELMANN (Berlin)
G. FANO (Florence) — X. FRANCOTTE (Liège) — L. FREDERICQ (Liège) — J. GAD (Leipzig) — GELLÉ (Paris)
E. GLEY (Paris) — L. GUINARD (Lyon) — M. HANRIOT (Paris) — HÉDON (Montpellier).
F. HEIM (Paris) — P. HENRIJEAN (Liège) — J. HÉRICOURT (Paris) — F. HEYMANS (Gand)
H. KRONECKER (Berne) — J. IOTEYKO (Bruxelles) — PIERRE JANET (Paris) — LAHOUSSE (Gand)
LAMBERT (Nancy) — E. LAMBLING (Lille) — P. LANGLOIS (Paris) — L. LAPICQUE (Paris)
LAUNOIS (Paris) — CH. LIVON (Marseille) — E. MACÉ (Nancy) — GR. MANCA (Padoue) — MANOUVRIER (Paris)
L. MARILLIER (Paris) — M. MENDELSSOHN (Pétersbourg) — E. MEYER (Nancy) — MISLAWSKI (Kazan)
J.-P. MORAT (Lyon) — A. MOSSO (Turin) — J.-P. NUEL (Liège) — PACHON (Bordeaux) — F. PLATEAU (Gand)
E. PFLÜGER (Bonn) — G. POUCHET (Paris) — E. RETTERER (Paris) — P. SÉBILEAU (Paris)
C. SCHÉPILOFF (Genève) — J. SOURY (Paris) — W. STIRLING (Manchester) — J. TARCHANOFF (Pétersbourg)
THOMAS (Paris) — TRIBOULET (Paris) — E. TROUESSART (Paris) — H. DE VARIGNY (Paris)
E. VIDAL (Paris) — G. WEISS (Paris) — E. WERTHEIMER (Lille)

TROISIÈME FASCICULE DU TOME IV

AVEC GRAVURES DANS LE TEXTE

PARIS

ANCIENNE LIBRAIRIE GERMER BAILLIÈRE ET Cie

FÉLIX ALCAN, ÉDITEUR

108, BOULEVARD SAINT-GERMAIN, 108

—

1900

12

Librairie FÉLIX ALCAN, 108, boulevard Saint-Germain, Paris.

EXTRAIT DU CATALOGUE

BIBLIOGRAPHIA PHYSIOLOGICA

PHYSIOLOGIE

TRAVAUX DU LABORATOIRE

DE

M. CHARLES RICHET

Paris. — Typ. Chamerot et Renouard, 19, rue des Saints-Pères. — 38844